英汉农业与生物技术词典

上

English-Chinese Dictionary of Agriculture and Biotechnology

詹英贤 翟志席 肖荧南 编

图书在版编目(CIP)数据

英汉农业与生物技术词典(上、下)/詹英贤,翟志席,肖荧南编. —北京:中国农业大学出版社,2013.6
ISBN 978-7-5655-0700-7

Ⅰ. ①英… Ⅱ. ①詹… ②翟… ③肖… Ⅲ. ①农业技术—词典—英、汉 ②农业—生物工程—词典—英、汉 Ⅳ. ①S3-61

中国版本图书馆 CIP 数据核字(2013)第 099924 号

书　　名	英汉农业与生物技术词典(上、下)		
作　　者	詹英贤　翟志席　肖荧南　编		
责任编辑	冯雪梅	**封面设计**	郑　川
出版发行	中国农业大学出版社		
社　　址	北京市海淀区圆明园西路 2 号	**邮政编码**	100193
电　　话	发行部　010-62731190,2620	**读者服务部**	010-62732336
	编辑部　010-62732617,2618	**出　版　部**	010-62733440
网　　址	http://www.cau.edu.cn/caup	**e-mail**	cbsszs@cau.edu.cn
经　　销	新华书店		
印　　刷	涿州市星河印刷有限公司		
版　　次	2013 年 10 月第 1 版	2013 年 10 月第 1 次印刷	
规　　格	880×1230　　32 开本	82.75 印张　5560 千字	
定　　价	上、下册 328.00 元		

图书如有质量问题本社发行部负责调换

本书由国家出版基金资助，
并被列为国家“十二五”重点图书

本词典审校人员

（按姓氏笔画排列）

马毓泉	马　骥	王明鉴	王馥棠	亓来福	韦安阜
凤元洪	叶和才	申宗拆	申葆和	冯　午	华　孟
庄巧生	庄晚芳	刘钟铃	齐兆生	江　仁	孙其信
孙岱阳	苏宝林	李正理	李扬汉	李学恭	李竞雄
李继耕	吴友三	吴文良	吴仲贤	吴绍骙	吴爱忠
吴湘钰	余松烈	余炳生	应廉耕	辛德惠	沈学年
张石城	张荣臻	陆子豪	陈万义	陈延熙	陈华葵
陈希凯	陈序阶	陈青云	陈俊愉	陈　道	林成耀
林华颜	林　培	周祖英	郑作新	郑炳宗	胡兴宗
钟晓初	俞和权	娄隆后	贾慎修	徐冠仁	奚庆恒
高由禧	高效民	唐才林	陶益寿	黄大文	黄文诚
黄可训	黄宗道	黄荣翰	彭克明	董愚得	蒋同庆
韩德章	程　明	熊　尧	樊庆笙	戴景瑞	

序　言

詹英贤教授所编的《英汉农学词典》(1989年)广受农业科学界的欢迎,荣获农业部科技进步奖(1992年),又获国家新闻出版署的首届全国辞书奖(1995年)。现在,该词典经过修订和补充之后,更名为《英汉农业与生物技术词典》,又以全新的面貌即将问世。谨志数语,以资恭贺。

科学当然是无国界的,但中文的方块字和西文的字母拼音法是两个完全不同体系的文字,又加上文化习俗之不同,所以中文—英文的翻译远较英文—德文的翻译困难。有的甚至无法翻译,令人不禁觉得还是直接采用西文较为容易。

我上的中学是天津新学书院,是英国伦敦会设立的。若干课程,直接采用英文教科书,例如西洋历史、科学、数学,这些课程的教员是英国人,其余的课程还是用中文和本国教员。有人批评说:"新学书院的汉文太差了。"这些人是没有上过新学书院的,只知其一,不知其二。我们新学书院有一个特别的课程,专门讨论中英文翻译的问题和技术。负责这门翻译课程的教员是黄道先生。黄先生是何许人也?他负责每天把外国新闻社的报道译成中文,中文报纸次日就可刊出。他每日工作十余小时,没有什么周末或假日的。但是,他答应新学书院的邀请不是为了那几块钱,而是为了培育一些青年注意中英文翻译工作之重要及其改进。

我们是一群中学的小孩子,黄道老师来向我们讲述和讨论中英文翻译的方法。黄老师向我们介绍了严复先贤翻译《天演论》的经历,特别注意严复的"译事三难:信、达、雅"。我们几乎可以背诵这篇文章。信、达、雅三个字是一层比一层更高的要求。"信"是不可翻错,"达"是传情达意,"雅"是文雅。因为严复的翻译天才,我们今天才有"物竞"、"天择"这一类的名词,既信且达又文雅,诚翻译文学中之极品也。

詹英贤教授所编《英汉农业与生物技术词典》不久即可以与各地读者见面。希望我们(读者与编者)大家一起努力,本着严复先贤"一名之立,旬月踟蹰"的精神,使得这部词典在学术上发挥出它应有的作用。

李景均谨识

2013年春,匹兹堡

前　言

詹英贤先生主编的《英汉农学词典》是我国最早出版的有关农学的综合性、多学科、大型的专业工具书。自1989年出版以来，读者反映良好，特别是受到了农林院校师生和农业科技工作者的普遍欢迎。由于出版印数有限，未能满足所有读者的需求，深感遗憾。

人类进入21世纪以来，有关农学的新学科蓬勃发展，跨学科和高新技术不断涌现，特别是生物技术的迅猛发展给传统农业带来了巨大变革。因此，为满足广大读者对新知识、新技术的渴求，《英汉农学词典》经修订和补充后，现更名为《英汉农业与生物技术词典》。本词典在原《英汉农学词典》的基础上除对原有各词条进行订正外，又收集了新学科的词条约7万余条，特别是大大增加了与生物技术有关的内容。这些新学科如下所示(按英文字母排序)：

1. 农业设施 (agricultural installation)
2. 农业系统工程 (agricultural system engineering)
3. 农业生物技术 (agrobiotechnology)
4. 生物技术 (biological technology)
5. 计算机技术 (computer technology)
6. 环境保护 (environmental protection)
7. 信息技术 (information technology)
8. 作物智能栽培学 (intelligent crop production)
9. 植物生态生理学 (phytoecophysiology)
10. 甘蔗科学 (science of sugarcane)
11. 遥感技术 (technology of remote sensing)

由于原《英汉农学词典》所请的审校专家有些已先后逝世，故在本词典进行重新编纂时又聘请了30多位知名专家(见本词典审校人员)。原主编詹英贤先生年逾80高龄时，还在致力于本词典的修订工作，为《英汉农业与生物技术词典》倾尽了毕生心血。遗憾的是，他老人家未能见到这本词典的出版就仙逝了。作为詹先生的学生，我们秉承先生的遗志，完成了本词典最后的修订工作。詹先生的在天之灵可以安息了。

国际统计学与遗传学大师、已逾90高龄的李景均院士为本词典作序，并以先贤严复的“译事三难：信、达、雅”相勉，语重心长，令人感激不已。美国孟山都生物技术公司负责玉米研究的程明博士寄来所收集的农业生物技术术语；留日专攻农业设施的陈青云博士给予了有关农业设施的资料；

辛德惠院士提供了有关农业系统工程的文献；俞和权与林培两位教授介绍了遥感技术词汇；张祺（中国农业大学）与冯午教授（北京大学）为本词典的序与前言做了认真翻译与精细校正；王明鉴研究员（广东甘蔗所）提供了甘蔗术语；林瑞荣同志（原全国侨联副秘书长）为信息技术与计算机技术的资料收集和词条选取付出了大量时间；黄宗道院士不但提供了热带作物栽培的词条，还提供了包括污水处理在内的环境保护的最新术语。谨向上述各位专家学者致以衷心的感谢。

本词典难免有所遗漏或词意不尽确切之处，望读者不吝指正。

罗志席

2013年夏，北京

编辑说明

1. 本词典供读者阅读、翻译或写作有关农业专业资料之用。

2. 本词典共有21万多词条。

3. 本词典各词按英文字母顺序排列。

4. 本词典所有术语采用已公布的有关各学科的名词。目前还没有公布的，或取自有关学科的名词，或暂拟定。

5. 本词典中"()"内字表示解释语、植物或作物别名、分类学所属科别或名词缩写。"[]"内文字表示可以省略、生物学名、化学分子式。"{}"内文字表示该术语所属的学科。˪拟˥表示暂拟术语。˪复˥表示英文名词复数的词义。"="表示相同或近似。凡一词中有不同词义，用①，②，③……分开。

6. 本词典植物学名词多附拉丁文，动植物名称后附有拉丁文学名，作物病害名称后附有病原菌学名，凡由拉丁文演变而来的术语多附拉丁文词源，以供参考。

7. 本词典植物保护学术语偏重于植物病理学，但主要作物害虫及其防治农药均有选录。农业试验统计学包括了生物统计、田间设计和试验分析。虽然高等植物和孢子植物都有植物名称，但重点在经济植物、牧草和杂草。

8. 本词典中列有词头与词尾。

学科名称缩写

{测量}土地测量(land surveying)
{土壤}土壤学(pedology)
{化}化学分析(chemical analysis)
{分遗}分子遗传学(molecular genetics)
{电脑}电脑技术(计算机技术)(computer technology)
{电}电镜技术(electromicroscopy)
{物}生物物理学(biophysics)
{蔗}甘蔗科学(science of sugarcane)
{生技}生物技术(biological technology)
{农机}农业机械学(agromechanics)
{农具}农具学(farm implements)
{加工}农产品加工和贮藏(processing and storage of farm products)
{水利}农田水利学(farmfield water conservancy)
{农管}农业企业管理(farm business management)
{统计}农业试验统计学(agroexperimental statistics)
{气象}农业气象学(agrometeorology)
{地质}地质学(geology)
{杂草}杂草及其防治(weed and its control)
{园}园艺学(horticulture)
{园林}园林工程学(landscape engineering)
{栽培}作物栽培学(crop production)
{农生技}农业生物技术(agrobiotechnology)
{环保}环境保护(environmental protection)
{农施}农业设施(agricultural installation)
{农系工}农业系统工程(agricultural system engineering)
{进化}进化论(evolutionism)
{智培}作物智能栽培学(intelligent crop production)
{药}药物学(pharmacology)
{生物}细胞生物学(cell biology)
{细胞}细胞遗传学(cytogenetics)
{蜂}养蜂学(bee keeping)
{信息}信息技术(information technology)
{肥料}肥料学(fertilizer science)
{茶}茶作学(tea cropping)
{昆虫}经济昆虫学(economic entomology)
{牧草}牧草与草原经营(grasses and grassland management)
{胚胎}胚胎学(embryology)
{狩猎}狩猎学(hunting science)
{真菌}真菌学(mycology)

{禽}家禽学(poultry)
{畜}畜牧学(animal husbandry)
{遥感}遥感技术(technology of remote sensing)
{耕作}耕作学(agroprinology,tillage science)
{遗传}遗传学(genetics)
{遗工}遗传工程(genetic engineering)
{蚕桑}蚕桑学(silkworm keeping and mulberry growing)
{生态生理}植物生态生理学(phytoecophysiology)
{分类}植物分类学(plant taxonomy)
{育种}作物育种学(crop breeding)
{形态}植物形态学(phytomorphology)
{解剖}植物解剖学(phytoanatomy)
{染色体}植物染色体技术(phytochromosome technique)
{病理}植物病理学(phytopathology)
{生态}植物生态学(phytoecology)
{植生}植物生理学(phytophysiology)
{生化}植物生物化学(phytobiochemistry)
{显技}植物显微技术(phytomicrotomy)
{数}数学(mathematics)
{辐射}辐射育种学(radiation breeding)
{森林}森林学(forestry)
{微生物}微生物学(microbiology)

目 录

A a

A ①(=absorbance) 吸光率{植生} ②(=adenosine) 腺苷{分遗} ③(=haploid set of autosome) 单倍常染色体组{细胞} ④(=area) 面积{耕作}

a- ⌊字头⌉①不,无,缺乏 ②异常,畸变

Å (=angström) 埃(=10^{-8}厘米)

A Ⅰ (=first anaphase) 第一次[减数]分裂后期{细胞}

A Ⅱ (=second anaphase) 第二次[减数]分裂后期

A-9 line A-9 鼠成纤维细胞系

A-antigen A 抗原

A-chromosome A 染色体,常染色体(A-chromosoma)

A-form DNA(DNA-A) A 型 DNA

A-hoe blade 箭形锄铲

A-horizon A 层,淋溶层{土壤}

A-kind-of (AKO) 类似于{电脑}

A-line A 品系,不育系{育种}

A-misdivision A 型着丝点错分,A 型错分裂

A-Rest 矮壮剂

A site(=aminoacyl site) 氨酰基部位,A 部位{分遗}

A-site (=aminoacyl site) 氨酰基部位,A 部位

A-site on ribosome 核蛋白体氨酰基部位,核蛋白体 A 部位

A-T/G-C ratio 碱基对比率(A=adenine 腺嘌呤,T=thymine 胸腺嘧啶,G=guanine 鸟嘌呤,C=cytosine 胞嘧啶)

A type A 型(指血型)

A type particle A 型颗粒

A-value A 值(用同位素测定土壤有效养分的指标){农化}

A820 地乐胺(除草剂)[$C_{14}H_{21}N_3O_4$]

aa (=amino acid) 氨基酸

AA-AMP (=aminoacyl adenylate) 氨酰腺苷酸

aabomycin A 阿卜霉素

aaron's beard 虎耳草 [*Saxifraga stolonifera* (L.)Cutt.](虎耳草科)

aaron's beard prickly pear 白毛仙人掌(白毛掌)[*Opuntia leucotricha* DC.](仙人掌科)

AAS (=atomic absorption spectroscopy) 原子吸收光谱

AAT (=alanine aminotransferase) 丙氨酸转氨酶

AAV (=adeno-associated virus) 腺伴随病毒

ab- ⌊字头⌉无,反,非,从,由

ABA (=abscisic acid) 脱落酸{农药}

abaca (=Manila hemp, abacabanana) 蕉麻(马尼拉麻)[*Musa textilis* Nees.](芭蕉科)

abacterial 无细菌的,无菌的(abacterialis)

abaku (=bulletwood, makoré) 麻扣油树 [*Dumoria heckelii*=*Mimusops heckelii*]

abalone ①鲍属 [*Haliotis*](鲍科) ②(=sea ear)鲍(鲍鱼)[*Haliotis gigantea*]

abandoned ①放弃的,废弃的 ②被抛弃的

abandoned call 废弃呼叫{信息}

abandoned channel 废河道,古河道{遥感}

abandoned cultivated land 熟荒地

abandoned land 撂荒地,弃用地

abandonment 撂荒

abandonment system 撂荒制

abas 列线图,曲线图{统计}

abasia 步行不能

abasic site 脱碱基位点,无碱基位点{分遗}

abassi 白埃及棉

Abate (=Abat, Biothion) 双硫磷(有机磷杀虫剂)[$C_{16}H_{20}O_6P_2S_3$]

abatis 鹿砦,障碍物{遥感}

abattoir ①(=slaughter house) 屠宰场 ②公共屠宰场

abattoir waste 屠宰场废水{环保}

abaxial 远轴的,离轴的(abaxialis)

abaxial parenchyma 远轴薄壁细胞(parenchyma abaxialis)

abaxial side 远轴面,背面

abaxial surface 远轴表面(surperficies abaxialis)

abban 退化病

Abbe camera lucida 阿培氏显微描图器

Abbe condenser 阿培氏聚光镜

Abbe double-diffraction principle 阿培氏两次衍射原理{遥感}

Abbe's test-plate 阿培氏检查片
abbreviated 缩短的,缩写的(abbreviatus)
abbreviated address 缩写地址{信息}
abbreviated character 简化字符{信息}
abbreviated Doolittle method 简易多李特尔氏法{统计}
abbreviated wireworm 短叩甲[*Hypolithus abbreviatus* (Say)](叩甲科)
abdomen 腹,腹部(ventrum)
abdominal 腹的,腹部的(ventralis)
abdominal fin 腹鳍
abdominal foot 腹足
abdominal groove 腹沟
abdominal leg 腹足
abdominal plate 臀板
abdominal scale 腹鳞
abdominal sense organ 腹部感受器官
abdominal vertebral 腹椎
abdominal white 腹白(指大米)
abduction ①外转{解剖} ②外展{昆虫}(abductio)
abductor ①展肌{昆虫} ②外展肌{畜}
abele (= silver-leaf poplar, white poplar) 银白杨[*Populus alba* L.](杨柳科)
abelia ①六道木属[*Abelia* R. Br.](忍冬科) ②六道木[*Abelia biflora* Turcz.]
Abelian group 交换群,阿贝耳群{统计}
abelmosk 秋葵[*Abelmoschus monihot* (L.) Medic.](锦葵科)
abequose 阿比可糖,3-脱氧-*D*-岩藻糖
Aberdeen Angus 安格斯牛(苏格兰肉用牛)
aberrant 异常的,畸形的(aberrans)
aberrant excision 畸形切割
aberrant mitotic product 畸形有丝分裂产物
aberrant progeny 畸形后代
aberrant segregation 畸形分离
aberrant splicing 异常剪接{农生技}
aberrant value 畸形值
aberration ①畸变{遗传} ②像差{显技} ③偏差{物} ④异常,失常{生技}(aberratio)
aberration formation 畸变形成
aberration frequency 畸变频率
aberration rate 畸变速率
aberration type 畸变型
aberrational correction 像差校正{显技}
abhauen (= abhieb) 斧伐法{森林}
abhymenial 远子实层(abhymenialis)
abies (= deal tree fir) ①冷杉属[*Abies* Mill.](松科) ②冷杉[*Abies fabri* Craib]
abies oil 松香油
abietic acid 松香酸[$C_{19}H_{29}COOH$]
abietiform hair 冷杉形毛[细胞](pilus abietiformis)
abietin 松香亭
abietine 松香烯[$C_{19}H_{30}$]
ability ①能力 ②智力(abilitas)
ability base 能力库{信息}
ability for tillering 分蘖力
ability to live ①生存性,存活力 ②生活能力
ability to put on fat 脂肪形成能力
ability to put on meat (= freshing ability, meat producing capacity, muscle growth ability) 生肉力,肉产生的能力
abiochemistry (= inorganic chemistry) 无机化学(abiochemia)
abiocoen (= abicoen) 无机生境(生境非生物成分)
abiogenesis (= abiogeny) ①无生源说 ②自然发生论
abiogenic 非生物源的(abiogenus)
abiogenic organic molecule 非生物源有机分子
abiogenic synthesis 非生物源合成
abiological (= abiologic) 非生物学的(abiologicus)
abiological manner 非生物学态度
abiological reaction 非生物学反应
abiotic ①无生命的,非生物的 ②无机的(abioticus)
abiotic control 非生物防治
abiotic environment 无机环境
abiotic environmental condition 非生物环境条件{生态生理}
abiotic environmental stressor 非生物环境胁迫因子
abiotic factor 非生物因素
abiotic stress 无机胁迫{生态生理}
abiotic surrounding 无生命环境,无机环境
abjection [孢子]掷出,[孢子]脱出(abjectio)
abjoint ①分离的 ②具关节的
abjunction ①[由生隔膜而]孢子切落 ②脱离(abjunctio)
abkultur 退化培养系(abcultura)
ablactation ①空中压条,压接 ②断奶(ablactatio)
ablastin 抑菌素,抑殖素
ablastous ①无芽的 ②无胚的(ablastus)
ablasty 芽切病(ablastia)
ablation ①切除,摘除 ②脱离 ③消融 ④磨削(ablatio)
ablation area 消融区(指冰川)
ablation cone 消融[冰]锥

ablation drift 消融漂碛
ablation swamp 消融沼泽,冰融沼泽
ablation zone 消融带
able-bodied 有工作能力的,能胜任工作的
able-bodied farm worker 全农业劳动力
abloom (正在)开花
abluent ①洗涤的 ②洗涤剂(abluens)
ablution ①清除 ②洗涤,洗净(ablutio){环保}
abmicropylar 远珠孔的(abmicropylaris)
abnormal ①反常的,异常的 ②变态的 ③例外的,违例的 ④非正态的(abnormis)
abnormal anther development 不正常花药发育
abnormal backcross plant 不正常回交植株
abnormal chromosome 10 反常染色体10(指玉米第10染色体)
abnormal chromosome complement 反常染色体套(组)
abnormal conjugation 反常接合
abnormal demand 异常需求
abnormal distribution 非正态分布{统计}
abnormal drainage 反常水系{水利}
abnormal early ripening 不正常早熟
abnormal end (ABEND) 异常终止{信息}
abnormal ending (ABEND) 异常结束
abnormal erosion 异常侵蚀
abnormal fertilization 反常受精(foecundatio abnormis)
abnormal formation of tubers 薯块异常形成
abnormal genotype 反常基因型
abnormal germination 异状发芽(指子叶先发)(germinatio abnormalis)
abnormal growth in thickness 异常肥大生长
abnormal high temperature 异常高温
abnormal level 不正常水平
abnormal low temperature 异常低温
abnormal meiotic behavior 反常减数[分裂]行为
abnormal metabolic pathway 不正常代谢途径
abnormal noise 异音,噪音,反常音
abnormal nuclear behavior 反常核行为
abnormal palisade mutant 反常栅栏突变体
abnormal parent 不正常亲本
abnormal quartet 反常四分孢子(quartus abnormis)
abnormal site 反常位点
abnormal soil 异常土
abnormal spore quartet 反常孢子四分体
abnormal stamen 反常雄蕊(stamen abnormis)
abnormal state 异常状态(status abnormalis)
abnormal thickening 不正常加厚(crassatio abnormis)
abnormal wood 反常材(lignum abnorme)
abnormality ①偏态{统计} ②反常性{形态}(abnormitas)
ABO antibodies ABO抗体
ABO blood group ABO血型
ABO blood group system ABO血型系统
ABO incompatibility ABO不亲和性
abomasum (= reed, true stomach, fourth stomach) 皱胃,真胃,第四胃(abomasum)
aboospore 单性卵孢子(aboospora)
aboriginal 原产的,原生的,土著的(aboriginus)
aboriginal mouse 原生鼠(mus aboriginus)
aboriginal place 原产地
aboriginal plants 土著植物(plantae aboriginae)
aborigines ①土著植物 ②土著动物(aboriginae)
abort ①败育 ②流产 ③放弃(abortus)
abort sequence 放弃序列,异常中止序列
aborted 发育不全的(abortus)
abortion ①败育(指植物) ②流产(指动物)(abortum)
abortive ①败育的,发育不全的,未成熟的 ②流产的(abortivus)
abortive bud 败育芽(gemma abortiva)
abortive egg 败育卵(ovum abortivum)
abortive embryo 败育胚(embryo abortiva)
abortive grain 败育子粒,败育颖果(granum abortivum)
abortive hair 败育毛(pilus abortivus)
abortive infection 流产感染(infectio abortiva)
abortive inflorescence 败育花序(inflorescentia abortiva)
abortive kernel (= abortive rice kernel, rice screening) (稻)瘪粒,秕粒
abortive lysogenization 败育溶源作用(lysogenisatio abortiva)
abortive lysogeny ①败育溶源性,败育溶源现象 ②流产溶源性,流产溶源现象(lysogenia abortiva)
abortive ovule 败育胚珠(ovulum abortivum)
abortive pieces of DNA 败育DNA断片
abortive pod 败育荚果(legumen aborti-

vus)
abortive pollen 败育花粉(pollen abortium)
abortive seed 败育种子(semen abortivum)
abortive stamen 败育雄蕊(stamen abortivum)
abortive tissue 败育组织(tela abortiva)
abortive transduction 流产转导(transductio abortiva)
abortive tube 败育花粉管(tubus abortivus)
abortive zone 无效病圈(zona abortiva)
about one fifth 约五分之一,约 1/5
about one quarter 约四分之一,约 1/4
about one third 约三分之一,约 1/3
above-ground ①出土的(指子叶) ②地上生的 ③地上节(epigaeus)
above-ground biomass 地上生物量
above-ground development 地上部发育
above-ground dry matter 地上部干物质
above-ground loss 地上损失
above-ground net primary production 地上净初级生产量{农系工}
above-ground organ 地上器官(organum epigaeum)
above-ground part 地上部分
above-ground shoot 地上茎(caulis, epigaeus)
above-ground storage 地上贮藏
above-mentioned temperature 上述温度
above normal 超常
above sea level 海拔[高度]
above-soil environment 地上环境
above transmitted as receive (ATAR) 以上发送收讫{信息}
above-zero temperature 零上温度
abporal lacuna 离孔隙(lacuna abporalis)
abrachan 油钓樟(大果山胡椒)[*Lindera praecox* Bl.](樟科)
abranchiate ①无鳃的 ②无鳃类动物(abranchiatus){水产}
abrasion ①擦破,破皮(指硬皮种子处理){栽培} ②磨损,损耗{农机} ③磨蚀{土壤}(abrasio)
abrasive (=abrasive material)磨料
abrasive hardness 磨料硬度
abrasive machine 砻谷机
abrasive resistance 抗磨性
abrasive roll rice polishing machine 碾辊式磨米机
abrasive wind 磨蚀风
abrasivity ①磨蚀度,冲蚀度 ②磨耗(abrasivitas)
abrasivity of soil 土壤冲蚀度,地面冲蚀度
abrastol β-萘酚磺酸钙
abreast milking parlour 并列式挤乳台
abridged ①省略的,缩短的 ②摘要的,概略的
abridged drawing 略图
abridged general view 示意图,略图
abridged spectrophotometer 滤色分光光度计(指甘蔗测定用)
abrine 红豆碱,N-甲基色氨酸 [$C_{12}H_{14}N_2O_2$]
abroma ①昂天莲属[*Abroma* Jasq.](梧桐科) ②(=cottonabroma)昂天莲[*Abroma angusta*(L.)L.f.]
abronia 叶子花属[*Abronia* Jacq.](紫茉莉科)
abrupt ①突然的,意外的 ②截形的,折曲的,不连贯的 ③陡峭的,险峻的(abruptus)
abrupt beak sedge 突喙薹[*Carex abrupta* L.](莎草科)
abrupt change of weather 天气突变
abrupt curve 折线,折曲线{统计}
abrupt fall of temperature 温度突降
abrupt slope 陡坡,峭壁
abrupt style 裂状花柱(stylus abruptus)
abrupt succession 急转演替
abrupt textural change 质地突变{土壤}
abrupt wind (=strong gale) 烈风,疾风
abruptly acuminate 急尖的(abrupte acuminatus)
abruptly pinnate 偶数羽状的(指复叶)(abrupte pinnatus)
abrus ①相思子属[*Abrus* Adans.](豆科) ②相思子[*Abrus precatorius* L.]
abscess 脓肿(abscessus)
abscisic acid 脱落酸(植物生长调节剂)[$C_{15}H_{20}O_4$]
Abscisin (=Abscisin, abscisic acid) 脱落酸
absciss ①横坐标{统计} ②脉横线{昆虫} ③离层{解剖}(abscissa)
absciss-layer (=abscission layer) 离层
absciss phelloid 木栓离层
abscission 脱离,脱落(abscissio)
abscission inhibitor 脱落抑制剂
abscission joint 脱离节
abscission of fruits 落果[现象]
abscission period 落叶期
abscission ring 断环[痕]{真菌}
abscission zone 离区(zona abscissionis)
absconding swarm (=absconded swarm) 逃亡蜂群
absence of individual chromosome 单个染

色体缺失
absence of twist 无卷(指羊毛)
absinthe (=absinth,wormwood) 洋艾[*Artemisia absinthium* L.](菊科)
absolute ①完全的 ②无限制的,绝对的,无条件的 ③纯的,真实的,无疑的 ④单纯的(absolutus)
absolute alcohol 纯酒精,无水酒精[C_2H_5OH]
absolute altitude 绝对高度
absolute amount 纯量
absolute area 绝对面积(area absoluta)
absolute average error 绝对平均误差{统计}
absolute block 旷地
absolute capacity 绝对容量
absolute chronology 绝对年代{地质}
absolute coding 绝对编码{信息}
absolute configuration 绝对构型{分生}
absolute continuity 绝对连续
absolute convergence 绝对收敛
absolute counting 绝对计数(指用计数法测定放射性)
absolute data 绝对数据
absolute deviation 绝对离差{统计}
absolute dispersion 绝对差数
absolute drought 绝对干旱
absolute dry weight 绝对干重
absolute duty of water [作物生长所需]绝对总供水量
absolute elevation 绝对高程{遥感}
absolute error 绝对误差
absolute extremes 绝对极限(值){统计}
absolute fallow ①绝对休闲 ②绝对休闲地
absolute fecundity 绝对生殖力
absolute fertility 绝对肥力
absolute fly height 绝对航高
absolute form-factor 绝对形数{森林}
absolute germinating power 实际发芽力
absolute head 绝对的水位落差
absolute height 绝对高度,海拔
absolute homogeneity 绝对均匀性
absolute humidity 绝对湿度
absolute immunity 绝对免疫性(immunitas absolutus)
absolute increment 绝对增长量
absolute index of refraction 绝对折射率
absolute instability 绝对不稳定[度](instabilitas absolutus)
absolute interference 绝对干扰(interferentia absoluta)
absolute lethal dose 绝对致死剂量
absolute lethal gene 绝对致死基因
absolute lethality 绝对致死现象(lethalitas absolutus)
absolute light intensity 绝对光强[度]
absolute limit 绝对极限
absolute linkage 绝对连锁,完全连锁
absolute location 绝对位置{遥感}
absolute magnitude 绝对值
absolute maximum fatal temperature 绝对最高致死温度
absolute measurement 绝对测量
absolute minimum fatal temperature 绝对最低致死温度
absolute misclosure 绝对闭合差
absolute number 绝对数
absolute object program 绝对目标程序{电脑}
absolute orientation 绝对定向
absolute parallax 绝对视差{测}
absolute plating efficiency 绝对出菌率
absolute precision 绝对精度
absolute pressure 绝对压力
absolute programming 绝对程序设计{电脑}
absolute pyrheliometer 绝对直接日射强度表
absolute refractory period 绝对修复期
absolute reliability 绝对可靠性
absolute resistance 绝对抗病性,免疫性
absolute scale 绝对标尺
absolute specific gravity 绝对比重
absolute specificity 绝对专化性
absolute strength 绝对强度
absolute susceptibility 绝对感病性,高度感病性
absolute temperature 绝对温度
absolute temperature scale 绝对温标
absolute terms 绝对项
absolute time 绝对年代{遥感}
absolute unit 绝对单位
absolute vacuum 绝对真空
absolute value 绝对值
absolute value number 绝对数值
absolute viscosity 绝对黏滞度
absolute volume 绝对容积
absolute vorticity 绝对涡度
absolute water capacity 绝对持水量
absolute weed 纯杂草,有害杂草
absolute weight ①绝对重量 ②千粒重
absolute zero 绝对零度
absorbability ①吸收本领,吸收力 ②吸收性(absorbabilitas)
absorbable 可吸收的(absorbabilis)
absorbance (=absorbancy)(A) ①吸光率,

吸光本领 ②吸收率,吸收系数(absorbantia)
absorbancy index 吸光指数
absorbed 吸收的(absorbus)
absorbed amount 吸收量
absorbed dose unit 吸收剂量单位
absorbed dosimetry ①吸收剂量测定 ②吸收剂量测定法 (absorbodosimetrica)
absorbed energy 吸收能[量]
absorbed material 吸收物质
absorbent ①吸收性的,有吸收力的 ②吸收剂(absorbens)
absorbent cotton 脱脂棉
absorbent gland (= lymph gland) 淋巴腺
absorbent peat 有吸收力泥炭
absorbent-sponge drier 海绵吸水式干燥器
absorbent system (= lymphatic system) 淋巴系[统]
absorber ①吸收器 ②吸收体 ③吸收装置 ④吸湿材料
absorbing 吸收的(absorbens)
absorbing ability 吸收力
absorbing agent (= absorbent) 吸收剂
absorbing capacity 吸收量,吸收能力
absorbing complex 吸收性复合体
absorbing inheritance 吞并遗传
absorbing medium 吸收介质
absorbing power (= absorbability) 吸收力
absorbing root (= sucking root) 吸收根
absorbing root surface 吸收根表面
absorbing well 渗水井
absorbing zone 吸收层,吸收区
absorptance ①吸收比,吸收系数 ②吸收能力 (absorptantia)
absorptiometer 吸光计
absorptiometry ①吸光测定 ②吸光测定法(absorptiometrica)
absorption 吸收[作用](absorptio)
absorption ability of nutrient 吸肥力
absorption band ①吸收光[谱]带 ②吸收带
absorption capacity (= absorbing capacity) 吸收量,吸收能力
absorption coefficient 吸收系数
absorption cross-section 吸收截面,吸收横切面
absorption dynamometer 吸收功率计
absorption efficiency 吸收效率
absorption factor 吸收率,吸收系数
absorption filter 吸收滤色镜(片){遥感}
absorption flask 吸收瓶,吸抽滤瓶
absorption function 吸收功(机)能
absorption hygrometer 吸收湿度计
absorption ion 吸收离子
absorption lags 吸收停滞,吸收延迟
absorption line 吸收线
absorption loss 吸收损失
absorption mechanism 吸收机制
absorption meter 吸收比色计,液体吸气计
absorption of energy 能量吸收
absorption of nutrient 养分吸收
absorption of substance 物质吸收
absorption of ultra-violet 紫外[线]吸收
absorption peak 吸收[高]峰
absorption percentage 吸收率(指肥料)
absorption photometry 吸收光度法{环保}
absorption pipette 吸收量管
absorption power of manure 吸肥力
absorption power of nutrient 养分吸收力
absorption radiation 吸收辐射
absorption scale 吸收鳞片
absorption shift 吸收转移,吸收变化
absorption spectrometry ①吸收光谱测定 ②吸收光谱[测定]法
absorption spectroscopy 吸收光谱学
absorption spectrum 吸收光谱
absorption stage 吸收阶段
absorption surface 吸收[表]面
absorption terrace 垄形阻流梯田(充分吸收径流)
absorption treatment of odor 吸收除臭法,吸收臭处理{环保}
absorption water 吸收水
absorptive ①吸收[作用]的,吸收性的 ②有吸收力的 (absorptivus)
absorptive capacity 吸收量,吸收能力
absorptive cell 吸收细胞 (cellula absorptiva)
absorptive crossing 吞并杂交
absorptive endocytosis 吸收性胞吞作用(endocytosis absorptivus){分生}
absorptive hair 吸收毛 (pilus absorptivus)
absorptive index 吸收指数 (index absorptiva)
absorptive pinocytosis 吸收型胞饮作用(pinocytosis absorptivus){分生}
absorptive power 吸收力
absorptive system 吸收系[统](systema absorptiva)
absorptive tissue 吸收组织(tela absorptiva)
absorptivity ①吸收性 ②吸收率 ③吸收系数(absorptivitas)
absorptivity-emissivity ratio 吸收-发射比{遥感}
abssinian well 深水井{水利}

abstergent 去垢剂
abstract data type（ADT） 抽象数据类型｛电脑｝
abstract symbol 抽象符号
abstracted river 袭夺河
abstraction of water 水分排出
abstracts of agronomy 农学文摘
abstriction ［孢子］缢断形成［作用］（abstrictio）
abterminal 近末端的（abterminalis）
abundance ①多度，丰度 ②丰富，充裕 ③发生度（指昆虫）（copia）
abundance class 多度级
abundance -frequency ratio 多度-频度比
abundance measurement 多度测量
abundance of food 食物量，饵料量
abundance of pelagic fishes 中上层鱼类资源量
abundant ①丰富的，充足的，充分的，充裕的 ②大量的，许多的 ③高丰度的（copius）
abundant growth 充分生长
abundant harvest（= bumper harvest） 丰收
abundant mRNAs 高丰度 mRNA，高丰度信使 RNA｛分遗｝
abundant production 丰产
abundant rains 充足雨水
abundant sunshine 充足日照
abundant year 丰［产］年，丰收年（= corn year）
abutment 桥座｛水利｝
abuttals ①接界 ②毗连
abutting joint （木件）对接
abysmal ①深海的 ②深渊的 ③深成的（abysmalis）
abysmal area 深海区
abysmal deposit 深海沉积
abysmal region 深海地区
abysmal rock 深成岩｛地质｝
abyssal 深海的，深水的（abyssalis）
abyssal association 深海群丛
abyssal community 深海底群落
abyssal zone 深海地带
Abyssinian hard wheat 埃塞俄比亚硬粒小麦［*Triticum durum* var. *abyssinium* Vav.］（禾本科）
AC（= alternating current） 交流电
Ac（= alto-cumulus） 高积云
AC-DS（= activator-dissociation system）激体离解系统
AC generator 交流发电机
acacetin 金合欢素
acacia ①金合欢属［*Acacia* L.］（豆科）②金合欢［*Acacia farnesiana*（L.）Willd.］③阿拉伯［树］胶
acacia gum 阿拉伯胶
academician ①院士 ②学术委员
academy of sciences 科学院
Acala 4-42 爱字棉 4-42（美国棉花品种）
Acala SJ-3 爱字棉 SJ-3（美国棉花品种）
acalcicosis 缺钙症
acalycine（= acalycinous） 无萼的（acalycinus）
acanaceous 具刺的（acanaceus）
acantha ①针，刺 ②棘突
acanthaceous ①具刺的 ②爵床科的，似爵床科的（acanthaceus）
acanthocarpous 刺果的（acanthocapus）
acanthocephaliasis 棘头虫病
acanthocephalous 刺头的（acanthocephalus）
acanthocladous 刺枝的（acanthocladus）
acanthopanax ①五加属［*Acanthopanax* Miq.］（五加科）②五加（五加皮）［*Acanthopanax gracilistylus* W. W. Sm.］
acanthophorous 具刺的（acanthophorus）
acanthophyllous 刺叶的（acanthophyllus）
acanthopodous 具刺柄的（acanthopodus）
acanthostachyous 刺穗的（acanthostachyus）
acanthus ①（= bear's breech）老鸦企属（老鼠簕属）［*Acanthus* Linn.］（爵床科）②老鸦企（老鼠簕）［*Acanthus ilicifolius* L.］③刺
acanthus family 爵床科［Acanthaceae］
acapnia 缺碳酸血
acariasis 螨病
acaricidal action 杀螨作用
acaricide 杀螨剂
acarid mite ①恙虫（武氏蜂盾螨）［*Acarapis woodi*（Rennie）］②［复］粉螨科［Acaridae］
acariform 螨形的（acariformis）
acarina ①蜱螨目 ②螨类［Acarina］
acarine disease（= acarinosis, Isle of Wight disease） 螨病，怀得岛病（acarinosis）
acarinosis of vine 葡萄螨病
acaroid gum 禾木胶
acaroid resin 禾木黄脂
acarol 溴螨酯
acarology 蜱螨学（acarologia）
acarophobia 昆虫恐怖症

acarpous 无果的(acarpus)
acaryote 无核期(acaryotus)
acaryotic (=anucleate) 无核的(acaryoticus)
acatalasemia (=acatalasia) 无触酶症,过氧化氢酶缺乏症
acaudate 无尾的(acaudatus)
acaulescence 无茎,短缩茎[现象](acaulescentia)
acaulescent 变无茎的(acaulescens)
acaulescent plant 无茎植物(planta acaulescens)
acauline (=acaulose,acaulous) ①无茎的 ②具短茎的(acaulosus)
acaulosia 无茎性
acc A (=accumulator A) 累加器 A{统计}
accedent ①附生的,附着的 ②相近的(accedens)
accelerant (=accelerator) ①加速器 ②加速澄清池{环保}
accelerate ①速,加速 ②催促,促进,促成(accelerare)
accelerated ageing 加速老化
accelerated clarification 加速澄清{环保}
accelerated clarifier 加速澄清池
accelerated erosion 加速侵蚀
accelerated flow 加速流
accelerated growth phase 加速生长期
accelerated oxidation 加速氧化
accelerated weathering 加速风化[作用]
accelerating ①加速的 ②促成的(accelerasens)
accelerating culture 催熟栽培,早熟栽培,促成栽培
accelerating force 加速力
accelerating fruit bearing 提早结果
accelerating germination 催芽,促进发芽
accelerating maturity 催熟,促进成熟
accelerating nozzle 加速型喷管,加速型喷嘴
accelerating production of seed 加速[良种]种子生产
acceleration ①加速度 ②促进作用,加速(acceleratio)
acceleration due to gravity 重力加速度
acceleration of circulation 环流加速度
acceleration of generation advancement 缩短育种年代,加速世代进程
acceleration of maturation 催熟,催速成熟
acceleration phase 加速增殖期
acceleration protection 加速度防护
acceleration pump (=accelerating pump)(化油器)加速泵
acceleration relay 加速度继动器
acceleration setter 加速度给定器
acceleration tolerance 加速度耐力
acceleration vector 加速度矢量
accelerator ①加速剂,催速剂 ②加速器 ③加速澄清池
accelerator globulin (=accelerin)(AcG) 促凝血球蛋白
accelerator in electron microscopy 电子[显微]镜检术加速器
accelerator of charged particles 荷电质点加速器
accelerator pedal 加速踏板
accelerin 促凝血球蛋白
accelerometry 加速度测量术(accelerometrica)
accent ①重音符{电脑} ②主景{园林} ③主体枝(指插花)(accentus) ④主景的(accens)
accent plant 主景植物,优型树(planta accens)
accentuation ①增强 ②强化(accentuatio)
accentuation contrast 增强反差{遥感}
accentuation organization 强化组织
accentuator ①选频放大器 ②加强电路
acceptable ①容许的,允许的 ②可接受的 ③合格的,满意的(acceptabilis)
acceptable daily intake (ADI) 每日允许吸入量
acceptable quality level 可接受质量级别
acceptable reliability level 容许可靠性水平
acceptable use policy 可接受使用策略
acceptable variety 可接受品种
acceptance ①接受 ②验收(acceptantia)
acceptance domain (=acceptance region) 接受域{生技}
acceptance gage 验收量器
acceptance inspection 接受检验,验收
acceptance of completed agricultural engineering project 农业工程项目竣工验收
acceptance region 接受地区{遥感}
accepted point mutation 认可点突变
accepting arm 接纳臂(指 tRNA 的){分遗}
accepting station 接收台,接收站{信息}
acceptor ①受体,接纳体{分遗} ②接受器 ③谐振电路 ④接收器,通波器{遥感}
acceptor concentration 受体浓度,接纳体浓度{分生}
acceptor molecule 受体分子,接纳体分子
acceptor RNA 受体 RNA,接纳体 RNA
acceptor site 受体部位,接纳体位点
acceptor splicing site 剪接受体位点,剪接接纳体位点{农生技}

acceptor stem 受体干,接纳体干(指 tRNA 中接受氨基酸的双螺旋区)
acceptor temperature 受体温度
acceptor zone 受体带
access ①发病{病理}②存取,访问,选取{电脑}③捷径,通路{信息}(accessa)
access control block (ACB) 存取控制块
access method 存取法
access method interface (AMI) 存取方法接口[程序]
accessibility ①可渗透性 ②可吸性 ③可采运 ④可及性(accessibilitas)
accessible ①可及的,可易达到的{分遗}②可吸收的{土壤}(accessibilis)
accessible form in soil 土壤可吸收[形]态
accessible promotor 可及启动子
accessible surface 可及表面
accessor 存取器{电脑}
accessory (= accessary) ①副的,次要的 ②辅助的,附属的 ③⌊复⌉附件,零件,附属物,辅助物(accessorius)
accessory branch 副枝(ramus accessorius)
accessory bud 副芽(gemma accessoria)
accessory calyx 副萼(calyx accessorius)
accessory cambium 副形成层(cambium accessorium)
accessory canal 副渠{水利}
accessory cell ①副卫细胞(= subsidiary cell) ②(翅)副室(cellula accessoria)
accessory chromosome 副染色体(chromosoma accessoria)
accessory dam 副坝{水利}
accessory DNA 副 DNA,剩余 DNA (= surplus DNA)
accessory factor 辅助因子
accessory fiber 副丝(fiber accessorius)
accessory fragment 副[染色体]断片(fragmentum accessorium)
accessory frame 副林班线,区划副线
accessory fruit 附果(fructus accessorius)
accessory genetic element 副遗传分子(elementum geneticum accessorium)
accessory genital organ 副生殖器官(organum genitale accessorium)
accessory gland ①生殖副腺 ②副腺(glandula accessoria)
accessory mark 副年轮,伪年轮
accessory nucleus 副核(nucleus accessorius)
accessory organ 附器(蛹)
accessory pelvic scale 腹鳍附属鳞
accessory pigment 辅助色素
accessory pinna 羽片(pinna accessoria)
accessory seed 混杂种子
accessory sex gland 副性腺(sexoglandula accessoria)
accessory species ①次要种 ②辅助树种(species accessorius)
accessory system 辅助作业法
accessory teat 副乳头,附属乳头
accessory transfusion tissue 副转输组织(tela transfusionis accessoria)
accessory vacuole 辅助液泡(vacuola accessoria)
accessory vascular supply 副维管组织(supplia vascularis accessoria)
accessory weight 副重,补加重量
accident ①偶然的,偶发的,反常的 ②紧急[用]的,急用的,救急的 ③故障,事故,事件 ④偶然性,意外(accidents)
accident at work (= work accident) 作业事故,劳动事故
accident cycle 反常循环(cyculus accidents)
accident damage 意外损害
accident insurance 事故保险
accident loss 意外损失
accident prevention 事故预防
accident tractor 安全拖拉机(为急救用的拖拉机)
accident variation 偶然变异(Variatio accidents){遗传}
accident yield 额外产量
accidental ①偶然的,意外的,临时的 ②随机的 ③外源的 ④附属的,不重要的(accidentalis)
accidental cross-pollination 偶然异花授粉(allogamia accidentalis)
accidental cutting ①临时收割{牧草}②临时采伐{森林}
accidental destruction 偶然破坏(destructio accidentalis)
accidental error 偶然误差
accidental evolution 机遇性进化(evolutio accidentalis)
accidental fire 失火
accidental fixation 偶然固定,机遇性固定
accidental host 偶然寄主
accidental migration 偶发性洄游{水产}
accidental parthenogenesis (= occasional parthenogenesis, tychoparthenogenesis) 偶然单性生殖(parthenogenesis accidentalis)
accidental self-pollination 偶然自花授粉

(autogamia accidentalis)
accidental selfing 偶然自交
accidental species 偶见种(species accidentalis)
accidental sport ①偶然突变,不定变异 ②偶然芽变,不定芽变
accidental threat 偶然威胁{生态生理}
acclimate 驯化(acclimatare)
acclimation 驯化(acclimatio)
acclimation effect 驯化效应(effectus acclimationis){生态}
acclimation indicator 驯化指示植物
acclimatization 驯化(acclimatisatio)
acclimatization gradient 驯化梯度
acclimatization of variety 品种驯化
acclimatization stage 驯化阶段
acclimatization to heat [对]热驯化
acclivous 倾斜的(acclivus)
accommodate ①调节 ②适应 ③供应 ④容纳(accommodasare)
accommodation ①适应 ②调节 ③环境设施(accommodatio)
accommodation coefficient 调节系数
accompanied 同伴的,伴生的
accompanied grass 伴生草
accompanied species (=accompanying species) 伴生种
accompanying diagram 附图
accompanying infection 并发感染
accompanying weeds (=companion weeds) 伴生杂草
accordion plate 折叠式图板{遥感}
account ①账,账目 ②计算 ③利益 ④价值(accomptus)
accountant 会计[员]
accounting 会计学
accounting for labour (=labour recording) 劳动核算
accounting information system (AIS) 会计信息系统{信息}
accrescence 花后增大(accrescentia)
accrescent 花后增大的,花后膨大的
accrete 合生的,拼生的(accretus)
accretion ①外着 ②连生,合生 ③生长,增长(accretio)
accretion borer (=growing cone) 生长锥
accretion thinning (=accretion cutting) 受光伐{森林}
accumbent 依伏的(accumbens)
accumbent cotyledon 缘倚子叶(cotyledon accumbens)
accumulate 累加{统计}(accumulare)
accumulated ①累积的,累加的 ②堆积的 ③积蓄的(accumulatus)
accumulated error 累加误差
accumulated island (=island of accumulation) 堆积岛,人工岛
accumulated mountain 堆积山,假山{园林}
accumulated RNA 累积 RNA
accumulated temperature 积温
accumulating diagram of water demand 需水量累计图
accumulating reserve 累积贮藏,累积贮备
accumulating totals 累计,总计{统计}
accumulation ①累积[作用] ②堆积 ③存储(accumulatio)
accumulation area 累积区(指冰川){遥感}
accumulation culture 富集培养系
accumulation effect 累积效应{生态生理}
accumulation horizon 累积层,类聚层
accumulation indicator 累积指示器(指表示污染物的积累)
accumulation level 累积水平,积聚水平
accumulation of cold 蓄冷{农施}
accumulation of flood 蓄洪,洪水量汇积
accumulation of mud ①淤积 ②泥浆堆积{环保}
accumulation process 累积过程
accumulation register 累加寄存器{电脑}
accumulation site 累积部位
accumulation terrace 堆积梯田
accumulation type 累积型{生态生理}
accumulation zone 累积带{遥感}
accumulative 累积的,聚集的(accumulativus)
accumulative drop plate 成穴盘{农机}
accumulative horizon 积聚层
accumulative soil 积聚土
accumulator ①存储器 ②蓄电池 ③蓄力器,蓄能器 ④累积器 ⑤蓄水器
accuracy ①精确度,准确度 ②精密,严密(accuratia)
accuracy adjustment 精确校正
accuracy agriculture 精确农业{智培}
accuracy agriculture operation 精确农业操作{智培}
accuracy agriculture support system (=support system of accuracy agriculture) 精确农业支持系统{智培}
accuracy determination 精确测定
accuracy grade 精确度级
accuracy of forecast 预报准确度
accuracy of measurement ①测定准确度 ②测量准确度
accuracy of spreading 撒布的精确度

accuracy verification package 精密检验组件{电脑}
accurate ①准确的 ②精确的,正确的(accuratus)
accurate determination 准确测定
accurate diagnosis ①确诊{医} ②准确诊断{栽培}
accurate method 精确方法
accurate mutation rate 精确突变率
accurate reading 正确读数(指表上指出的数字)
accurate seeding of accuracy agriculture 精确农业的精播(为主要措施之一){智培}
accurate segregation 准确分离(segregatio accurata)
accustom to climate 气候适应,风土驯化
accustomization 驯化(accustomisatio)
ACD (= asynchronous communication adapter) 异步通信适配器{信息}
acdysis 脱皮
ACE (= affinity coelectrophoresis) 亲和共电泳
ace ①最少量 ②量小距离
-aceae ⌞字尾⌝(分类)科
acedophilin 嗜酸菌素
acedophilous (= acidophilous) 嗜酸的(acidophilus)
acellular 非细胞的(acellularis)
acellular organism 非细胞生物(organismus acellularis)
acenaphthene 苊,萘嵌戊烷
acene 并苯
acentric (= akinetic) 无着丝粒的(acentricus)
acentric chromosome 无着丝粒染色体
acentric-dicentric translocation 无着丝粒-双着丝粒易位
acentric fragment 无着丝粒断片
acentric inversion 无着丝粒倒位
acentric ring 无着丝粒环{细胞}
acentriolar 无中心粒的(acentriolaris)
acephalous 无头的(acephalus)
acer 槭属[*Acer* L.](槭科)
acer bark beetle 槭红小蠹[*Bryocoetes picipennis* Eggers](小蠹科)
acer dagger-moth 槭剑纹夜蛾[*Acronycta aceri* L.](夜蛾科)
acer scale 槭毡蚧[*Eriococcus tokaedae* Kuwana](蚧科)
acer seed weevil 槭种子象虫[*Bradybabus creutzeri* Germ](象甲科)
aceraceous 槭树科的(aceraceus)
aceratosis 角化不全
acerb 酸涩的(acerbus)
acerbate 具酸涩的(acerbatus)
acerbity ①酸涩度 ②涩味(acerbitas)
acerentomids 无管蚖科[Acerentomidae]
acerifolious 槭叶的(acerifolius)
acerose 针状的(acerosus)
acerose leaf 针叶(folium acerosum)
acerous (= acerose) ①无触角的 ②针状的(acerosus)
acervate 成堆的(acervatus)
acervation 堆积,积聚(acervatio)
acervulus 分生孢子盘
acescent ①易变酸的 ②微酸的(acescens)
acetabularia ①伞藻属[*Acetabularia* Lamx.](伞藻科) ②伞藻[*Acetabularia caliculus* Quoy et Gaimard]
acetabuliform 杯状的(acetabuliformis)
acetabulum ①碟状体{形态} ②基节臼{昆虫} ③髋臼 ④腹吸盘{畜}
acetal 缩醛[$RCH(OR)_2$]
acetal phosphatide 缩醛磷脂
acetal resin 缩醛树脂
acetaldehyde 乙醛[CH_3CHO]
acetaldehyde dehydrogenase 乙醛脱氢酶
acetaldehyde in flooded soil 浸淹土中乙醛(指稻田)
acetaldehyde manufacture waste water 乙醛[制造]废水{环保}
acetaldehyde mutase 乙醛变位酶
acetaldol (= aldol) 丁间醇醛,3-羟基丁醛[$CH_3 \cdot CH(OH) \cdot CH_2 \cdot CHO$]
acetaldoxime 乙缩醛醇[$CH_3 \cdot CH:N \cdot OH$]
acetamidase 乙酰胺酶
acetamide 乙酰胺[C_2H_5ON]
acetamidoglucal 乙酰氨基葡烯糖
acetanilide N-乙酰苯胺
acetate ①乙酸[CH_3COOH] ②乙酸盐[CH_3COOM] ③乙酸酯[CH_3COOR] ④乙酸根[CH_3COO-]
acetate activating enzyme 乙酸激活酶
acetate base 乙酸片基{遥感}
acetate buffer 乙酸缓冲剂
acetate film 乙酸盐薄膜{电脑}
acetate-mevalonate pathway 乙酸甲羟戊酸途径{生态生理}
acetate of iron 乙酸铁
acetate of lime 乙酸钙,醋石
acetate polyketide pathway 乙酸聚乙酰途径{生态生理}
acetate silk 乙酸丝,纤维素丝
acetate staple fiber 乙酸短纤

acetate thiokinase 乙酸巯基酸酶
acetazolamide 乙酰唑[磺]胺
Acethion 家蝇硫磷(乙酯硫磷)(杀虫剂)[$C_8H_{17}O_4PS_2$]
acetic acid 乙酸,醋酸[CH_3COOH]
acetic acid anhydride (=acetic anhydride) 乙酸酐[$(CH_3CO)_2O$]
acetic acid as fixative 固定液用乙酸
acetic acid bacteria (=acetic bacteria) 醋酸菌(acetobacteria)
acetic acid carmine (=acetocarmine, acetic carmine) 乙酸胭脂红{染料}
acetic acid fermentation (=acetic fermentation) 乙酸发酵(acetofermentatio)
acetic acid in flooded soil 浸淹土中乙酸(稻田)
acetic acid in roots 根系中乙酸(水稻)
acetic acid methyl green 乙酸甲基绿(染料)
acetic alcohol 乙酸酒精[混液](固定剂)
acetic alcohol with sublimate 乙酸酒精的升汞(固定剂){显技}
acetic anhydride 醋酐,乙酐,乙酸酐[$(CH_3CO)_2O$]
acetic carmine (=acetocarmine) 乙酸胭脂红(染料)
acetic dahlia 乙酸大丽紫
acetic essence 醋酸香精、醋精,浓醋(70%浓醋酸溶液)
acetic lacmoid 间苯二酚蓝乙酸,树脂酚蓝[$C_{18}H_{15}O_8N$]
acetic orcein (=acetoorcein) 乙酸地衣红
acetic souring 酸果病(指菠萝)
acetification 乙酸化作用,醋化作用(acetificatio)
acetifier 醋化器
acetify 酸化
acetin 乙酸甘油酯
acetoacetate ①乙酰乙酸[$CH_3\cdot CO\cdot CH_2\cdot COOH$] ②乙酰乙酸盐[$CH_3\cdot CO\cdot CH_2\cdot COOM$] ③乙酰乙酸酯[$CH_3\cdot CO\cdot CH_2\cdot COOR$] ④乙酰乙酸根
acetoacetate decarboxylase 乙酰乙酸脱羧酶
acetoacetate thiokinase 乙酰乙酸硫激酶
acetoacetic acid 乙酰乙酸
acetoacetic decarboxylase 乙酰乙酸脱羧酶
acetoacetic ester 乙酰乙酸[乙]酯
acetoacetyl-CoA 乙酰乙酰辅酶A,乙酰乙酰CoA
acetoacetyl-CoA deacylase 乙酰乙酰辅酶A脱酰酶
acetoacetyl-CoA thiolase 乙酰乙酰辅酶A硫解酶
acetobacter ①醋杆菌属[*Acetobacter* Beijerinck](醋杆菌科) ②醋杆菌[*Acetobacter* SR]
acetobacter aceti 醋化醋杆菌(纹膜醋酸杆菌)[*Acetobacter aceti* (Pasteur) De Ley et Frateur](醋杆菌科)
acetobacter acetigenoideum 果醋醋杆菌[*Acetobacter acetigenoideum* (Krehan) Janke](醋杆菌科)
acetobacter melanogenum 生黑醋杆菌[*Acetobacter melanogenum* Beijerinck](醋杆菌科)
acetobacter oxydans 氧化醋杆菌[*Acetobacter oxydans* (Hennberg) Bergey et al.](醋杆菌科)
acetobacter pasteurianus 巴氏醋杆菌[*Acetobacter pasteurianus* (Hansen) Beijerinck et Folpmers](醋杆菌科)
acetobacter peroxydans 过氧化醋杆菌[*Acetobacter peroxydans* (Visser't Hooft) De Ley](醋杆菌科)
acetobacter rancens 恶臭醋杆菌[*Acetobacter rancens* (Beijerinck) Kelley](醋杆菌科)
acetobacter roseum 玫瑰色醋杆菌[*Acetobacter roseum* Vaughn](醋杆菌科)
acetobacter sorbose 山梨糖醋杆菌[*Acetobacter sorbose* Fred. Pterson et Anderson](醋杆菌科)
acetobacter suboxydans 弱氧化醋杆菌[*Acetobacter suboxydans* Kluyver et Leeuw](醋杆菌科)
acetobacter vini-acetati 葡酒醋杆菌[*Acetobacter vini-acetati* (Henneberg) Shimwell](醋杆菌科)
acetobacter xylinum 木醋杆菌[*Acetobacter xylinum* (Brown) Yamada]
acetobutyl bacteria 丙酮丁醇[细]菌
acetocarmine 乙酸胭脂红(染料)
acetocarmine method 乙酸胭脂红法{显技}
acetocarmine smear technique 乙酸胭脂红涂片技术
acetocarmine stain 乙酸胭脂红染色剂
acetohydroxamic acid 乙酰氧肟酸
acetoin 3-羟基丁酮,乙酰甲基甲醇[$CH_3CH(OH)COCH_3$]
acetokinase 乙酸激酶
acetol 丙酮醇[CH_2COCH_2OH]
acetolactate decarboxylase 乙酰乳酸脱羧酶
acetolysis 乙酰解[作用]
acetometer 乙酸计,醋酸计
acetone 丙酮[CH_3COCH_3]

acetone bodies 酮体
acetone butanol 丙酮丁醇
acetone-butanol bacteria 丙酮丁醇菌
acetone-butanol fermentation 丙酮丁醇发酵
acetone-ethanol bacteria 丙酮乙醇菌
acetone-ethanol fermentation 丙酮乙醇发酵
acetone fermentation 丙酮发酵
acetone in dehydration 脱水作用的丙酮
acetone in electron microscopy 电子[显微]镜检术的丙酮
acetone in flooded soil 浸淹土中丙酮(稻田)
acetone oil 丙酮油
acetone powder 丙酮[制]粉
acetonitrile 乙腈[CH_3CN]
acetoorcein 乙酸地衣红
acetophenone 苯乙酮[$CH_3COC_6H_5$]
acetose 酸性的(acetosus)
acetoulmic acid 乙酰棕腐酸
acetovanillon 加大麻素
acetyl- 乙酰[基][CH_3CO-]
acetyl-AMP 乙酰 AMP
acetyl cellulose 乙酰纤维素
acetyl cellulose sheet 乙酰纤维素薄片
acetyl chloride 乙酰氯[CH_3COCl]
acetyl-CoA (=acetylcoenzyme A) 乙酰辅酶A,乙酰 CoA
acetyl-CoA carboxylase 乙酰辅酶A羧化酶
acetyl-CoA synthetase 乙酰辅酶A合成酶
acetyl-CoA transacetylase 乙酰辅酶A转乙酰[基]酶
acetyl-coenzyme A (=acetyl CoA) 乙酰辅酶A,乙酰 CoA
acetyl-DL-amino acid 乙酰-DL-氨基酸
acetyl number 乙酰值
acetyl phosphate ①乙酰磷酸 ②乙酰磷酸盐 ③乙酰磷酸酯 ④乙酰磷酸根
acetyl phosphokinase 乙酰磷酸激酶
acetyl serine 乙酰丝氨酸
acetyl thiokinase 乙酰硫激酶
acetylacetone 乙酰丙酮[$(CH_3CO)_2CH_2$]
acetylaminofluorene 乙酰氨基芴
acetylaminoglucosidase 乙酰氨基葡糖苷酶
acetylase 乙酰基转移酶
acetylate ①乙酰化 ②乙酰化物
acetylation 乙酰化[作用](acetylatio)
acetylation in base test 碱基测验的乙酰化作用
acetylation of histone 组蛋白乙酰化
acetylation of NHP NHP 乙酰化
acetylcarnitine 乙酰肉碱
acetylcholine 乙酰胆碱
acetylcholine agonist 乙酰胆碱颉颃剂
acetylcholine esterase 乙酰胆碱酯酶
acetylcholine receptor 乙酰胆碱受体{分生}
acetylcoenzyme A (=acetyl-CoA) 乙酰辅酶A,乙酰 CoA
acetylcysteine 乙酰半胱氨酸
acetyldjenkolic acid 乙酰黎豆氨酸,乙酰亚甲胱氨酸
acetyldopamine 乙酰多巴胺
acetylene 乙炔,电石气[CH≡CH]
acetylene gas generator 乙炔气体发生器
acetylene lamp 乙炔灯
acetylene reduction test 乙炔还原试验(指检查生物体的固氮能力)
acetylene sludge 乙炔渣,电石渣{环保}
acetylene waste liquor 电石渣废水
acetylene welder 气焊机
acetylgalactosamine 乙酰半乳糖胺
acetylgalactosamine diphosphouridine 乙酰半乳糖胺二磷酸尿苷
acetylglucosamine 乙酰氨基酸葡糖
acetylglutamate ①乙酰谷氨酸 ②乙酸谷氨酸盐 ③乙酸谷氨酸酯 ④乙酰谷氨酸根
acetylhexosamine 乙酰己糖胺
acetylhexosaminidase 乙酰氨基己糖苷酶
acetylide 乙炔化合物[MC≡CM]
acetylmannosamine 乙酰甘露糖胺
acetylmuramyl pentapeptide 乙酰胞壁酰五肽
acetylneuraminate 乙酰神经氨[糖]酸,唾液酸
acetylphosphatase 乙酰磷酸酶
acetylpyridine 乙酰吡啶
acetylpyridine chloride 乙酰吡啶氯化物
acetylsalicylate (ASA) ①乙酰水杨酸 ②乙酰水杨酸盐、酯或根
acetylsalicylic acid 乙酰水杨酸[$CH_3CO_2C_6H_4COOH$]
acetylspiramycin 乙酰螺旋霉素
acetyltryptophan 乙酰色氨酸
acetyltyramine 乙酰酪胺
acetyltyrosine ethyl ester 乙酰酪氨酸乙酯
ACF (=access control field) 存取控制字段{电脑}
AcG (=accelerator globulin) 促拟血球蛋白
achaenocarp (=achenocarp) 不干裂果(achaenocarpus)
achascophytum 具不干裂果植物(achae-

scophytum)
acheb 短命植被,短暂植被{生态}
acheilary 无唇瓣的(指兰科植物)(acheilarius)
achemon sphinx 葡萄蔓天蛾[*Eumorpha achemon*(Drury)]
achene 瘦果(achaena,achaenium)
achenocarp (=achaenocarp) 不干裂果
achenodium 双瘦果(achaenodium)
achiasmate 无交叉的(achiasmatus)
achiasmate meiosis 无交叉减数分裂
achievement ①成就,成功,成绩,功绩,业绩,伟业 ②完成,达到 (achievementum)
achievements of agricultural science and technology 农业科技成果{智培}
achieving China's rejuvenation by science and education 科教兴[中]国
achira (= Queensland arrowroot, edible canna, purple arrowroot) 姜芋[*Canna edulis* Ker.](美人蕉科)
achiral 无手性的(achiralis){遗传}
achlamydeous 无被的(achlamydeus)
achlamydeous flower 无被花(flos achlamydeus)
acholeplasma ①无胆甾原体属[*Acholeplasma* Edward et Freundt](无胆甾原体科) ②无胆甾原体[*Acholeplasma* sp.]
acholeplasma brassicase 甘蓝无胆甾原体[*Acholeplasma brassicase* Tully et al.](无胆甾原体科)
acholeplasma palmae 棕榈无胆甾原体[*Acholeplasma palmae* Tully et al.](无胆甾原体科)
achondroplasia 胎儿性软骨异营养症
achroacyte 无色细胞(指淋巴细胞)(achroacyta)
achrodextrin 消色糊精
achroma (=achromia) 无色,非彩色
achromasy 核中染色质排出(achromasia)
achromatic ①非染色质的 ②消色[差]的(achromaticus)
achromatic aberration 非染色质畸变
achromatic colour 无色(color achromatica){电脑}
achromatic condenser 消色差镜聚光器
achromatic fiber 非染色质丝
achromatic figure 非染色质象
achromatic lens 消色差[透]镜
achromatic light 白光,金色光{电脑}
achromatic map 单色图{遥感}
achromatic objective 消色差物镜
achromatic phase plate 消色差相板
achromatin 非染色质(achromatina)
achromatism 消色差(achromatismus)
achromatoplasm 非染色原生质(achromatoplasma)
achromatopsia 全色盲
achromobacter ①无色杆菌属[*Achromobacter* Bergey et al.](无色杆菌科) ②无色杆菌[*Achromobacter* sp.]
achromophilous 不易染的(achromophilus)
achromosomal 非染色体的(achromosomalis)
achromosomal aberration 非染色体畸变
achromycin 无色霉素
achrosome 顶体(achrosoma)
achyrophytum 具颖花植物
A/Ci (= area /intercellular concentration ratio) 面积/胞间浓度比值{生态生理}
acicula ①[菌]针 ②刺
acicular 针状的(acicularis)
acicular aggregate 针状团聚体
acicular crystal 针晶体(crystallum aciculare)
acicular tree 针叶树(arculiarbor)
aciculate 具针状痕的,具针状体的(aciculatus)
aciculate flower 针状花(flos aciculatus)
aciculate leaf 针[形]叶,针状叶(folium aciculatum)
aciculiform 针形(aciculiformis)
aciculifruticeta 针叶灌木群落(针叶灌丛)
aciculignosa 针叶木本群落
aciculisilvae 针叶乔木群落,针叶林
acid- ⌞字头⌝酸
acid ①酸 ②酸的,酸性的,酸度的(acidus)
acid agglutination 酸凝集
acid alpine meadow soil 酸性高山草甸土
acid anhydride 酸酐
acid bark 酸性树皮
acid-base balance 酸碱平衡
acid-base catalysis 酸碱催化
acid-base catalyzed reaction 酸碱催化反应
acid-base equilibrium (= acid-base balance) 酸碱平衡
acid-base indicator 酸碱指示剂
acid-base metabolism 酸碱代谢
acid-base titration 酸碱滴定
acid-base transition 酸碱转换
acid board 脱蜂罩(用石炭酸脱蜂的装置)
acid bog 酸沼
acid brown forest soil 酸性棕色森林土
acid carmine 乙酸胭脂红(染料)

acid catalysis 酸催化
acid cherry 酸樱桃
acid clay 酸性黏土,酸性白土
acid cleaning waste water 酸洗废水{环保}
acid consumption 耗酸量(指酸消费量){环保}
acid cream 酸乳油
acid curd 酸乳酪
acid cyanine 酸性氰蓝,酸性花青
acid degree (=acidity) 酸度
acid-delinted floating graded cotton seed 酸除棉子短绒
acid deoxyribonuclease 酸性脱氧核糖核酸酶
acid deposition 酸性沉积物
acid dough 发酵面团
acid dye 酸性染料{显技}
acid equivalent(a.e.) 酸当量
acid extract 酸浸提液
acid-fast 抗酸性的
acid-fast bacteria 抗酸性细菌
acid-fast staining 抗酸性染色法(固酸染色法){显技}
acid fermentation 酸发酵
acid fertilizer 酸性肥料
acid fibroblast growth factor 酸性成纤维细胞生长因子{分生}
acid forest soil 酸性森林土
acid forming fertilizer 生成酸性的肥料,酸性肥料
acid-forming gas 形成酸性气体{生态生理}
acid-forming mineral 形成酸性矿物质
acid fuchsin 酸性品红(复红)
acid fumes 酸雾
acid gland 酸腺
acid humification 酸性腐殖化[作用]
acid humus 酸性腐殖质
acid hydrolysis 酸水解,醋解
acid hydrolyzed casein 酸水解酪蛋白
acid immissions 酸性注入[污染]物{生态生理}
acid-insoluble 酸不溶性的,不溶于酸的
acid-insoluble fraction 不溶于酸部分
acid-insoluble phosphorus 不溶于酸的磷
acid-insoluble phosphorus compounds 不溶于酸的含磷化合物
acid intoxication (=acid poisoning) 酸中毒(acidosis)
acid ion 酸离子,酸性离子
acid magenta 酸性品红(染料){显技}
acid medium ①酸性介质 ②酸性培养基
acid metabolism 酸性代谢
acid mine water 酸性矿水
acid mordant dye 酸性媒染染料
acid mucopolysaccharide 酸性黏多糖
acid number 酸值{生化}
acid orange 酸性橙(指一种染色剂){显技}
acid peat soil 酸性泥炭土
acid phosphatase 酸性磷酸[酯]酶
acid phosphate 酸性磷酸盐
acid phosphate of lime 重过磷酸钙(商品名称)
acid phosphorylase 酸性磷酸化酶
acid pickling 酸渍
acid plant 酸性植物(oxylophyta)
acid poisoning 酸中毒
acid precipitation 酸[性降]雨
acid-producing bacteria 产酸菌
acid-proof (=acid tolerant) 耐酸的
acid-proofing pipe 耐酸陶瓷管{环保}
acid protease 酸性蛋白酶
acid protection coating 防酸涂层
acid radical 酸根
acid rain 酸雨
acid removing 脱酸
acid residue 酸性残余物,酸性残渣
acid resistant 抗酸的
acid rhythm 酸节律
acid ribonuclease 酸性核糖核酸酶
acid runoff 酸径流
acid salt 酸式盐
acid scarlet 酸性猩红
acid seromucoid 血清类黏蛋白,α-酸性糖蛋白(α-acid glycoprotein)
acid sludge from petroleum refinery 废酸污泥(指在炼油厂用硫酸洗去汽油、煤油、润滑油以及液化气中的烯烃,所产生半固体黑色污泥){环保}
acid smut 酸性煤尘(指随烟囱排烟一起放出的含有硫酸成分的煤烟,名为酸性煤尘)
acid soil (pH6.6 以下的)酸性土
acid-soil plant 酸土植物
acid-soluble 酸溶性的,溶于酸的
acid solvent 酸性溶剂
acid soot 酸性烟灰(指是一种酸性的煤烟,是炭粒子与水及三氯化硫结合的凝聚物,因而具有酸性)
acid spleen DNase 酸性脾脏脱氧核糖核酸酶
acid sulfate soil 酸性硫酸盐土{土壤}
acid thermal spring 酸性温泉
acid tolerance 耐酸性
acid tolerant 耐酸的
acid tolerant crop 耐酸作物
acid tolerant species 耐酸种
acid tower 酸塔

acid transactivator 酸性反式激活蛋白{分生}
acid treated phosphate fertilizer 酸制磷肥,酸处理磷肥
acid-treatment ①浸酸,酸处理 ②酸性治疗
acid-treatment after chilling 冷藏浸酸
acid value 酸值
acid violet 酸紫(染料)
acid waste liquid 酸性废液{环保}
acid waste water(=steel acid picking waste water) 酸洗废水
acid water 酸性水
acid yellowing 酸性黄化
acidation 酸化(acidatio)
acidic ①酸的 ②酸性,酸式(acidicus)
acidic amino acid 酸性氨基酸
acidic cultural solution 酸性培养液
acidic group 酸基
acidic nuclear protein 酸性核蛋白
acidic precipitation 酸雨,酸性降雨(水)
acidic rock(=acidite) 酸性岩,酸性火成岩{地质}
acidic soil 酸性土
acidic substrate 酸性基质
acidic transcription activator 酸性转录激活蛋白{分遗}
acidicolous 适酸的,喜酸的(acidicolus)
acidiferous 含酸的(acidiferus)
acidification 酸化[作用](acidificatio)
acidification damage 酸化损害
acidification deposition 酸化沉积[物]
acidification precipitation 酸化降水,酸化降雨
acidified silage 酸化青贮饲料
acidifier ①酸化器 ②酸化剂
acidify 酸化(acidifia)
acidimeter 酸比重计
acidimetry 酸滴定法(acidimetrica)
acidity 酸度,酸性(aciditas)
acidity of precipitation 降雨的酸度
acidity-resistant 抗酸性的
acidofuge 避酸的,嫌酸的(acidofugus)
acidoglycoprotein 酸性糖蛋白
acidoid ①酸性胶体 ②酸胶基
acidoid-basoid ratio 酸碱胶基比
acidometer 酸度计
acidophil 嗜酸细胞(acidophile)
acidophilic 嗜酸的,喜酸的(acidophilus)
acidophilic bacteria 嗜酸细菌(bacteria acidophiles)
acidophilic calcifuge plant 嗜酸嫌钙植物(planta calcifuga acidophila)
acidophilic cell 嗜酸细胞(cellula acidophila)
acidophilic normoblast 嗜酸性幼红细胞,晚幼红细胞(normoblasta acidophila)
acidophilous 适酸的,嗜酸的,喜酸的(acidophilus)
acidophilous plant 嗜酸植物(planta acidophila)
acidophily 嗜酸性,喜酸性(acidophilia)
acidophobe 嫌酸植物
acidophobous(=acidofuge) 避酸的,嫌酸的(acidophibus)
acidosis 酸中毒
acidotroph 酸性营养型(acidotrophe)
acidotrophic 酸性营养型的(acidotrophus)
acidulant 酸化剂
acidulated 酸化的(acidulatus)
acidulated alcohol 酸[化]酒精
acidulated bone fertilizer 酸化骨肥
acidulated fish scrap 酸性鱼肥(渣)
acidulated fish tankage 酸性鱼肥
acidulation(=acidation) 酸化(acidulatio)
acidulous 微酸的(acidulus)
aciduric 耐酸的(aciduricus)
aciduric bacteria 耐酸细菌(bacteria aciduricae)
acinaceous ①多核仁的,多子的②弯刀状的(acinaceus)
acinacifolious 马刀形叶的(acinacifolius)
acinaciform 剑形的(acinaciformis)
acinar ①腺泡的 ②腺泡
acinose ①葡萄状的 ②粒状的(acinosus)
acinus ①小核果{形态} ②腺泡{昆虫}
Ackerman steering 梯形转向机构{农机}
acknowledge character 肯定符号,肯定字符,确认字符{电脑}
aclacinomycin 阿克拉霉素
aclinic 水平的,无倾斜的(aclinicus)
aclinic area 水平地区
aclinic line 水平线
ACM(=asynchronous communication control mode) 异步通信控制模式{信息}
Acme harrow 人字耙
acmodont 尖齿的(acmodontus)
acmophyllous 尖叶的(acmophyllus)
acmotrichous 尖毛的(acmotrichus)
acne 痤疮
acoelomata 无体腔动物(acoelomata)
acofriose 鼠李糖-3-甲醚

acolothrips 纹蓟马科［Acolothripidae］
acondylose（= acondylous） 无节的（acondylosus）
aconidial 无分生孢子的（aconidialis）
aconidial type 无分生孢子型（typus aconidialis）
aconitase （顺）乌头酸酶
aconitate ①（顺）乌头酸 ②（顺）乌头酸盐 ③（顺）乌头酸酯 ④（顺）乌头酸根
aconite 费氏乌头［*Aconitum fischeri* Reich.］（毛茛科）
aconite alkaloid（= aconitum alkaloid） 乌头植物碱
aconitic acid 乌头酸［$C_3H_3(COOH)_3$］
aconitine 乌头碱［$C_{34}H_{47}O_{11}N$］
aconitum ①乌头属［*Aconitum* L.］（毛茛科） ②乌头［*Aconitum chinense* Paxt.］
aconitum alkaloid 乌头生物碱
acormose ①无球茎的（acormosus） ②无花茎的（exscapus）
acorn 槲果，橡子，橡实（glans）
acorn cup ①壳斗，橡子壳｛形态｝ ②（= natural queen-cell cup）天然王台基｛蜂｝（cupula）
acorn nut 橡子仁
acorn planter 坚果（橡子）播种器
acornmast 槲果饲料
acorone 菖蒲酮［$C_{15}H_{24}O_2$］
acorus orthezia 日本旌蚧［*Orthezia japonica* Kuwana］（旌蚧科）
acotyledon 无子叶［植物］类（acotyledon）
acotyledonous 无子叶的（acotyleus，acotyledonus）
acoumeter 测听计
acoustic ①听觉的 ②声的，声学的，声波的 ③音响的（acousticus）
acoustic adaptation 听觉适应｛环保｝
acoustic cloud 声波反射云｛遥感｝
acoustic fish detection 音响鱼群探察
acoustic fishing 声学捕鱼法，音响捕捞
acoustic impulse response method 声脉冲反应法｛农施｝
acoustic nerve 听神经
acoustic noise 噪声｛电脑｝
acoustic radar 声雷达｛遥感｝
acoustic sounding 声学探测｛遥感｝
acousticolateral system 侧线听觉系统
acovenose 毒光药木糖，3-甲基-6-脱氧塔罗糖
ACP（= acyl carrier protein） 脂酰［基］载体蛋白
acqifer 含水层，蓄水层
acquired ①获得的，取得的 ②后天的 ③习性的（acquirus）
acquired character 获得性［状］
acquired characteristics 获得［特］性
acquired disease 后天病
acquired display 得到显示｛遥感｝
acquired immunity 获得免疫性
acquired reflex 后天反射，获得反射
acquired resistance 获得抗病性
acquired susceptibility 获得感病性
acquiring capacity 获取能力（指对农业信息）｛智培｝
acquisition ①获得，取得，获取 ②发现，探测，搜索 ③收集，采集 ④捕获，拦截 ⑤目标显示 ⑥获得物，添加物，收获（acquisitio）
acquisition expert 知识采集专家｛智培｝
acquisition of resistance 抗性获得，获得抗性｛育种｝
acquisition strategy 获取策略｛信息｝
acquisition value 收获价值，原始价值
ACR（= access control register） 存取控制寄存器｛电脑｝
acramphibryous 顶侧芽兼长的（acramphibryus）
acrandrous 顶生雄器的（acrandrus）
acranthous 顶花的（acranthus）
Acrasiales 集胞［黏］菌目［Acrasiales］
acrasin 聚集素黏菌素
acrasinase 聚集素酶，黏菌素酶
acre ①英亩（= 4047 平方米 = 6.07亩） ②⌞复⌝土地，耕地
acre day degree 英亩日度（指每英亩每日的度数）
acre value 每英亩产值
acre yield 每英亩产量
acreage 面积（以英亩计），英亩数
acreage allotment 面积分配
acreage indicator 英亩计数器
acreage of arable land 可耕地面积
acreage of lodging 倒伏面积
acreage planted 种植面积
acreage restriction ［耕种］面积限制
acreage under crops 播种面积
acreage under cultivation ①耕作面积 ②播种面积，栽培面积
acreage under food grain 粮食耕地面积
acreage under fruit 果树栽培面积，果园面积
acreage under vegetables（= vegetable growing area，area under vegetables） 蔬菜栽培面积
acreometer 播种面积计
acres harvested 收获面积
acrid ①苛性的 ②辛辣的，苦辣的（acer）

acrid substance 辛辣物质
acridine 吖啶 [$C_6H_4CHC_6H_4N$]
acridine alkaloid 吖啶生物碱
acridine dye 吖啶染料
acridine orange (AO) 吖啶橙(染料)
acridine yellow 吖啶黄(染料)
acridioxanthin 吖啶二羟基嘌呤
acridity ①苛性,腐蚀性 ②辛辣度 (acriditas)
acridivorous 食蝗的 (acridivorus)
acridone 吖啶酮
acridophagous 食蝗的 (acridophagus)
acriflavin (= acriflavine) 吖啶黄(染料)
acrisol 强淋溶土
acro- ⌞字头⌝①顶端,顶点,顶部,顶体 ②向顶,离顶 ③顶生
acroblast 原顶体 (acroblastum)
acrobrya 上长植物
acrocarpous 顶[生]蒴的,顶果的 (acrocarpus)
acrocentric 具近端着丝粒的 (acrocentricus)
acrocentric X-chromosome 具近端着丝粒性染色体,具近端着丝粒 X 染色体
acrocephalous 尖端头状的 (acrocephalus)
acroconidium 顶生分生孢子
acrocont (= acrocontous) 顶鞭,顶端毛 (acrocontus){真菌}
acrodextrin 消色糊精
acrodont 顶齿的 (acrodontus)
acrodrome 脉向尖聚集 (acrodroma)
acrofugal 离顶的 (acrofugus)
acrogamy 顶端受精 (acrogamia)
acrogen 顶生植物 (acrogene)
acrogenous 顶生的 (acrogenus)
acrogynous 顶生雌器的 (acrogynus)
acrolein 丙烯醛(杀水草剂)[C_3H_4O]
acrolein in electron microscopy 电子[显微]镜检术的丙烯醛
acrolein polymer 丙烯醛聚合物
acrolein resin 丙烯醛树脂
acrolein toluidine blue method 丙烯醛甲苯胺蓝法{显技}
acrolith 半身[石]雕像{园林}
acromelanism 端部黑化 (acromelanismus)
acromycosis 四肢霉菌病
acron 原头区(acrona)
acronecrosis 向顶坏死
acronychia ①山油柑属 [*Acronychia* Forst.](芸香科) ②山油柑 [*Acronychia pedunculata* (L.) Miq.]
acronychius 爪状的
acronycine 山油柑碱 [$C_{20}H_{19}NO_3$]
acronym [首字母]缩写[词],简称 (acronymum)
acropetal 向顶的,求顶的 (acropetalis)
acropetal development 向顶发育
acropetal translocation 向顶运输 (translocatio acropetalis)
acrophyll 顶生叶 (acrophyllum)
acrophyte (= acrophyta) 高山植物 (acrophyta)
acrophytia (= acrophyty) 高山植物群落
acropleurogenous [孢子]顶侧生的 (acropleurogenus)
acrorhynchous 具顶喙的 (acrorhynchus)
acrosacum 肉质假果
acroscopic 上侧的 (acroscopicus)
acrosin 顶体蛋白,精虫头粒蛋白
acrosomal ①顶体的 ②精虫头粒的 (acrosomalis)
acrosomal process 精虫头粒突起 (projectio acrosomalis)
acrosomal protease 顶体蛋白酶
acrosomal reaction 顶体反应 (reactio acrosomalis)
acrosome ①顶体 ②精虫头粒 (acrosoma)
acrosomic granule 原顶体,顶体微粒 (granulum acrosomicum)
acrospire 幼芽 (指初生叶或初生益的原始体) (acrospira)
acrospire length 幼芽长度(禾本科)
acrosporangiate 顶生孢子囊的 (acrosporangiatus)
acrosporangium 顶生孢子囊
acrospore 顶生孢子 (acrospora)
acrosporous 顶生孢子[式]的 (acrosporus)
across to the grain (= transverse to the grain) 横纹(指木材)
acrostical hair 中毛 (pilus acrosticus)
acrosyncarpy 顶生子实体 (acrosyncarpia)
acrosyndesis 端部联会
acrothea 顶侧孢子形成法
acrotrophic ovariole (= telotrophic ovariole) 端滋卵巢管
acrotropism 向氧性 (acrotropismus)
acrox 强酸性氧化土
acrumen 蜜柑类 (acrumen)
acryl 丙烯酰基
acryl acrylate 丙烯酸乙酯
acryl glass 丙烯酸酯类有机玻璃
acrylaldehyde (= acrolein) 丙烯醛

acrylamide 丙烯酰胺
acrylamide gel 丙烯酰胺凝胶
acrylate ①丙烯酸 ②丙烯酸盐,酯或根
acrylic acid 丙烯酸 [$CH_2=CHCOOH$]
acrylic plastic 丙烯酸塑料
acrylic polymer 丙烯酸聚合物
acrylic resin 丙烯酸树脂
acryloid 丙烯酸剂（指改进润滑油黏度指数用的）
acrylonitrile（= vinyl cyanide） 丙烯腈
ACS ①（= alarm and control system）告警与控制系统｛信息｝②（= Agricultural Cooperative Society）农业合作委员会
ACST（= Advisory Committee on Science and Technology） 科学技术咨询委员会
act ①法令,法规,条例,法案 ②动作,作用,行为（actum）
act of development 开发法案｛农施｝
ACTH（= adrenocorticotropic hormone） 促肾上腺皮质激素
actidione 放射菌酮,[戊二酰]亚胺环己酮
actiduin 放线抗生素
actin 肌动蛋白
actin-binding protein 肌动蛋白结合蛋白
actin filament 肌动蛋白丝
actin microfilament 肌动蛋白微丝
actin-myosin complex 肌动蛋白－肌球蛋白复合体
actinacanthous 辐射刺的（actinacanthus）
actinate 肌动蛋白化物
actinenchyma 星状组织
acting site ①作用部位 ②作用点,轰击点
actiniaria 海葵类 [Actiniaria]
actinic 有光化性的（actinus）
actinic absorption 光化吸收
actinic radiation 光化辐射
actinic ray 光化射线
actinidia ①猕猴桃属 [*Actinidia* Lindl.]（猕猴桃科）②猕猴桃 [*Actinidia chinensis* Planch.]
actinidia family 猕猴桃科 [Actinidiaceae]
actinidine 猕猴桃碱
actinine 辅机动蛋白
actinism ①射线化学 ②光化性,光化度 ③感光度（actinismus）
actinium 锕（Ac,89 号元素）
actino- ⌊字头⌉①光线,光束 ②放射 ③放线
actinobacillosis 放线杆菌病
actinobiology 辐射生物学,放射生物学（actinobiologia）
actinocarp 辐射果（actinocarpus）
actinocarpic 辐射果的（actinocarpicus）
actinocarpous 辐射状心皮的（actinocarpus）
actinocytic 环状辐射型(指气孔)（actinocyticus）
actinodrome 具掌状脉的
actinodromous 具掌状脉的（actinodromus）
actinogram 日射自记曲线（actinogramma）
actinograph 日射计
actinoid 放射形的（actinoides）
actinolichen 放线菌地衣（actinolichenus）
actinology ①光化学 ②射线学（actinologia）
actinolysin 放射菌溶素
actinometer ①光化线强度计,日射表 ②感光计,露光计
actinometry ①露光测定 ②日射测定法（actinometrica）
actinomorphic（= actinomorphous） 辐射对称的（actinomorphus）
actinomorphic corolla 辐射对称花冠（corolla actinomorphica）
actinomorphic flower 辐射对称花,整齐花（flos actinomorphicus）
actinomorphous（= actinomorphic） 辐射对称的
actinomorphy 辐射对称性（actinomorphia）
actinomycetes 放线菌类
actinomycetin 白放线菌素
actinomycin 放线菌素 [$C_{41}H_{56}N_8O_{11}$]
actinomycin D 放线菌素 D
actinomycin D resistance 放线菌素 D 抗性
actinomycosis（= wooden tongue） 放线菌病
actinomycotic 放线菌感染的（actinomycoticus）
actinophage 放线菌噬菌体（actinophagus）
actinophyllous 辐射叶的,掌状叶的（actinophyllus）
actinorhodine 紫放线菌素
actinorubin 红放线菌素
actinoscope 日射器
actinoscopy X-射线透视（actinoscopia）
actinospectacin（= spectinomycin） 放线壮观素,壮观霉素
actinospore 放线菌孢子（actinospora）
actinostele 星状中柱（actinostela）
actinotherapy 射线疗法（actinotherapia）

actinotrichous 星状毛的（actinotrichus）
actinotropism 向辐射性的（actinotropismus）
actinozyme 放线菌酶
action ①作用，机械作用 ②行动，动作，活动 ③措施，方法，方策 ④（枪机）机闩，扣闩（actio）
action bolt （枪机）机闩，扣闩
action center 活动中心
action command 作用指令〔电脑〕
action current 动作电流
action diagram 动作图〔电脑〕
action face （枪机）机面，立底
action mechanism 作用机构
action of gamma-rays on seeds γ射线对种子的作用
action of gravity 重力作用
action of high energy radiation 高能辐射作用
action of ionizing radiation 电离辐射作用
action of mutagenic agent 诱变剂作用
action potential 动作电位
action program 实施计划
action scanner 动作扫描程序〔电脑〕
action space 活动空间
action spectrum 作用光谱
action spectrum of farred potentiation 远红线潜在的作用光谱
action system 作用系统
actithiazic acid 放线噻唑酸
activate ①活化，激活 ②起动，启动 ③触发（activare）
activate button 启动按钮〔信息〕
activate channel 激活通道〔电脑〕
activate key 启动键〔电脑〕
activated ①活化的 ②活性的（activatus）
activated aeration process 活性曝气法〔环保〕
activated amino acid 活性氨基酸
activated carbon 活性炭
activated carrier 活化载体
activated charcoal 活性炭
activated clay 活性白土（指硫酸处理的黏土，做脱臭剂用）〔环保〕
activated diffusion 活化扩散
activated manganate method 活性氧化锰法〔环保〕
activated molecular 活性分子
activated sewage 活化污水，活性污泥〔环保〕
activated silica 活性硅〔土〕
activated sludge 活性污泥
activated sludge loading 活性污泥负荷（加载）
activated sludge method 活性污泥法
activated sludge plant 活性污泥厂
activated sludge process 污泥活化法
activated sludge tank 活性污泥池
activated state 活性态
activated sucrose 活化蔗糖
activated support 活化支持体〔生技〕
activated water 活化水
activater（= activator） 激活剂
activating biochemical process 活化生物化学过程，激活生化过程
activating channel 活化槽
activating enzyme 活化酶，激活酶
activating group 活化基团
activating transcription factor 转录激活因子〔分遗〕
activation ①激活作用 ②活化[作用]（activatio）
activation analysis technique 活化分析技术
activation center 激活中心
activation energy 活化能
activation mechanism 激活机制
activation network 激活网〔信息〕
activation of growth regulators 生长调节剂的活化
activation of metabolism 代谢作用的活化
activation of peroxidase 过氧化物酶激活
activation record 激活记录，活动记录〔信息〕
activation tank 活化池〔环保〕
activator ①激体 ②激活剂，活化剂，激活物 ③激活因子
activator development 激活[剂]显影
activator-dissociation-system （AC-DS）激体离解系统
activator-dissociator-system 激体离体系统
activator molecule 激体分子
activator of dissociator in maize 玉米离体的激体
activator of operon 操纵子的激体
activator RNA 激体RNA
active ①活性的，活动的 ②活泼的，活跃的 ③主动的，自动的 ④实际的，速效的，有效的 ⑤常用的，现用的（activus）
active absorption 主动吸收
active accumulation 主动积累
active acetate 活性乙酸
active acidity 活性酸度
active adaptation 自动适应（adaptatio activa）
active address 活跃地址〔信息〕

active alkali 活性碱
active biomass 有效生物量,实际生物量
active bud 活动芽
active cambium cell 活动形成层细胞
active capacity 实际容量
active carbon 活性炭
active carrier 主动带菌者
active center 活性中心,有效中心(centrum activum)
active center leaf 活动中心叶(folium centrum activum)
active chlorine 活性氯
active chlorophyll 活性叶绿素
active chromatin 活性染色质
active computer 现用计算机
active constituent 有效成分
active cytoplasmic particulate 活性胞质粒子(particulatus cytoplasmicus activus)
active database management system (active DBMS) 主动式数据库管理系统{智培}
active depression 主动衰退(depressio activa)
active disk table (ADT) 活动磁盘表{电脑}
active divider 活动式分禾器
active DNA 活化 DNA
active dry yeast 活性干酵母
active electrode 探查电极
active enzyme 活性酶
active ester of amino acid 氨基酸的活化酯
active fault 活动断层{地质}
active fertilizer 速效肥料
active file table (AFT) 现用文件表{电脑}
active front 活跃锋
active frozen ground 活性冻地
active glycolaldehyde 活性羟乙醛
active group 活性基
active growth stage 生长盛期
active head 有效水头
active humus 活性腐殖质
active hydrogen compound 活性氢化合物
active immunity 自动免疫性,主动免疫
active infection 自动侵染
active ingredient 有效成分
active insect 传病毒昆虫
active ion transport 离子主动运输
active layer 活性层
active leaf 活动叶,功能叶
active material 活性材料,放射性材料
active membrane 活性膜(membrana activa)
active microflora 活跃性微生物区系(microflora acitiva)
active microwave 主动微波,有源微波{遥感}
active microwave system 主动微波系统
active mobility 自动活动性
active monitoring 主动监测(指研究领域)
active mycelium 活性菌丝体(mycelium activum)
active nitrogen uptake 主动氮吸收
active nutritive period 有效营养期
active organic matter 活性有机质
active oxygen 活性氧
active parasite 自动寄生物(parasitus activus)
active part 活跃部位,活跃部分
active phage 活性噬菌体
active phase 活化状态
active pigment 活性色素
active pollution 活性污染
active porosity 有效孔隙度,活性孔隙度
active position addressing (APA) 主动位寻址{信息}
active power 有效功率
active pressure 主动压力,动压
active process 主动过程
active protection 自动保护,积极保护
active radiation 有效辐射
active radicals 活性根,活性基
active receptor 活性受体
active remote sensing 主动遥感,有源遥感{遥感}
active repressor configuration 活性阻遏物构型
active resistance 自动抗病性
active ribosome 活性核蛋白体
active root area 活性根面积
active root surface 活性根表面
active root system 有效根系(systema radicis activa)
active sensor 主动式遥感器,有源遥感器{遥感}
active site 活性部位
active soil 活性土
active solid 活性固体
active solvent 有效溶剂,活性溶剂
active spindle-mobility 主动纺锤体活动性
active substance 活性物质
active surface ①主动面{气象} ②活性表面{土壤}
active surface area 活性表面面积
active system 主动系统,有源系统{遥感}
active temperature 有效温度

active tillering period 有效分蘖期
active tillering stage 有效分蘖阶段,分蘖盛期
active-tillering varieties 有效分蘖品种
active tissue 活动组织(tela activa)
active transfer 主动传递,活性转移
active transport 主动转运,主动运输,活性运转
active type 活动型
active uptake 主动吸收
active vegetative phase 有效营养生长期
active volcano 活火山
active volume 有效容积
active wavelength 活性波长
active window 活动窗口,现用窗口,活化窗口{电脑}
activin 活化素
activity ①活动性,活动力,活力 ②活性,活度 ③功率 ④放射性(activitas)
activity coefficient 活化系数
activity limit 活性限界
activity model 活动模型
activity of photosystem 光系[统]活性
activity product 活度积{土壤}
activity rate 活度比
activity rhythm 活动性节律
activity scanning 活动扫描法
actomyosin 肌动球蛋白
actophorin 载肌动蛋白(指一种肌动蛋白的结合蛋白){分生}
actor 操作符{电脑}
actotrophic mycorrhiza 外菌根(mycorrhiza actotropha)
actual ①实际的,现实的,真实的,事实上的 ②实在的 ③现在的 ④现行的(actuus)
actual acidity 实际酸度
actual amount 实际量
actual area 实际面积
actual arrangement 实际排列
actual block processor (ABP) 实际块处理程序{电脑}
actual capacity 实际生产能力
actual catch ①实际渔获量{水产} ②实际捕获量{狩猎}
actual cellular water potential 实际细胞水势
actual cost 实际费用,实际成本
actual course 实际过程
actual crossover value 实际交换值
actual cut 实际收割量
actual degree 实际程度
actual depression 实际降低
actual efficiency 实际效率
actual evaporation 实际蒸发
actual fertility 实际肥力
actual forest 现实林
actual frequency ①实际次数{统计} ②实际频率{遗传}
actual growing-stock 现实蓄积量
actual increment ①实际生长量 ②实际增长量
actual internal CO_2 concentration 实际内部CO_2浓度
actual life 实际寿命,实际使用年限
actual measurement 实际测量
actual osmotic potential 实际渗透势
actual percentage of survival 实际成活率
actual photosynthesis 实际光合作用
actual production unit 实际生产单位(指甘蔗栽培)
actual reelability 实缫解舒率(蚕丝)
actual reserve 实际储备量
actual sap flow velocity 实际液流速度
actual sea level 实际海平面
actual separation 实际分离
actual site 现实立地{森林}
actual sowing rate 实际播种量
actual stress ①实际应力{环保} ②实际胁迫{生态生理}
actual supplementary head 实际增补水头{环保}
actual time 实时,实际时间{智培}
actual time forecast 实时预测{智培}
actual turgor potential 实际膨压势
actual value 实际值
actual variability 实际变异性
actual water content 实际含水量
actual water saturation deficit 实际饱和水分亏缺
actual weather condition 实际天气条件
actual wind 实际风
actual work time (AWT) 实际工作时间{电脑}
actual yield 实际产量
actual yield-table 实际收获表
actuating signal 启动信号{信息}
actuating unit 驱动机组
actuation ①驱动 ②操纵(actuatio)
actuator ①促动机构,促动器 ②执行元件,执行机构 ③动臂机构
actuator cylinder 动力油缸
acuity [敏]锐度(acuitas)
aculeate ①具皮刺的 ②有刺的 ③刺状的(aculeatus)
aculeiform 皮刺状(aculeiformis)
aculeolate 稍具皮刺的,有小刺的(aculeola-

tus)
aculeus ①皮刺{形态}②刺状产卵器{昆虫}
acumen 渐尖头
acuminate 渐尖的(acuminatus)
acuminate glume 尖颖(gluma acuminata)
acuminate tri-vein fern 渐光毛蕨[*Cyclosorus acuminatus* Hort.]
acupuncture 针刺,针刺法(acupunctura)
acupuncture anesthesia 针刺麻醉
acutangular 锐棱的,锐角的(acutangulus)
acutate 微尖的(acutatus)
acute ①短尖的,急尖的,尖的 ②锐的 ③急性的 ④敏锐的 ⑤剧烈的,严重的(acutus)
acute adaptation 急剧适应
acute angle 锐角
acute-angled 锐角的(acutangulus)
acute-angled triangle 锐角三角形
acute bee paralysis 蜜蜂急性麻痹病毒
acute collapse 急性崩溃
acute damage 严重损害
acute disease 急性病
acute experiment 急性实验
acute hoe 尖锄
acute infection ①急性侵染,重侵染{病理}②急性感染{微生物}③急性传染{医}
acute injury 严重损伤
acute intoxication 急性中毒
acute irradiation 急性照射,急性辐射
acute lethal damage 急性致死损害
acute phase response 急性期反应
acute phase serum 急性期血清
acute poisoning 急性中毒
acute radiation 急性辐射,短促照射
acute sida 黄花稔[*Sida acuta* Burm. f.](锦葵科)
acute stress 急性胁迫{生态生理}
acute toxicity 急性毒性
acutident 尖齿的(acutidens)
acutifid 尖裂的(acutifidus)
acutiflorous 尖花的(acutiflorus)
acutifrond 锐尖叶的(指蕨类,棕榈类,苏铁类)(acutifrons)
acutilingues 尖舌蜂
acutilobate 有尖锐裂片的(acutilobatus)
acutipetalous 有尖锐花瓣的(acutipetalus)
acutisepalous 有尖锐萼片的(acutisepalis)
ACV (= acyclovir) 无环鸟苷
acyanogenesis 无氰发生
acyclic ①非周期性的,非循环的{信息}②非轮列的{形态}③无环的,无圈的{电脑}(acyclicus)
acyclic arrangement 非轮生排列(dispositio acyclica)
acyclic directed graph (= acyclic digraph) 无圈有向图,非循环有向图
acyclic flower 非轮生花(flos acyclicus)
acyclic network 非循环网络,非周期网络
acyclic nucleotide 无环核苷酸{分生}
acyclic parthenogenesis 非周期性单性生殖,恒有单性生殖,完全单性生殖(parthenogenesis acyclicus)
acyclic phyllotaxis 非轮生叶序(phyllotaxis acyclicus)
acycloguanosine 无环鸟苷,9-(2-羟乙氧甲基)鸟嘌呤
acyclovir (ACV) 无环鸟苷
acyl- 酰基[R·CO-]
acyl carrier protein (ACP) 酰[基]载体蛋白
acyl-CoA 酰[基]辅酶 A,酰[基]CoA
acyl-CoA dehydrogenase 酰[基]辅酶 A 脱氢酶
acyl-CoA synthetase 酰[基]辅酶 A 合成酶
acyl migration 酰基转移[作用]
acyladenylate 酰基腺苷酸
acylase 酰基转移酶
acylating agent 酰化剂
acylation 酰化作用(acylatio)
acyltransferase 酰基转移酶
acystidiate 无囊状体的(acystidiatus)
acytogamous autogamy 同体核配
aczol 铜锌氨酚防腐剂(木材)
A. D. (= average deviation) 平均[离]差
ad- ⌞字头⌝,向,近
A/D and D/A conversion (= analog-digital and digital-analog conversion) 模拟/数字和数字/模拟转换{电脑}
ad libitum feeding 自由给饲,无限制给饲
ad valorem duty 从价税
adage 谚语(指包括农谚在内的各类谚语)
Adair frame 阿达氏巢框(18⅜×11¼英寸)
adamant 釉质
adamic earth 红黏土{土壤}
Adam's banana (= horse banana, plantain tree) 大蕉[*Musa paradisiaca* L.](芭蕉科)
adam's leaf beetle 细苔叶甲[*Syneta adamsi* Baly](叶甲科)
Adam's-needle ①丝兰属[*Yucca* Dill.](兰科)②丝兰[*Yucca filamentosa* L.]
adansonia ①猴面包属[*Adansonia* L.](木棉科)②猴面包[*Adansonia digitata* L.]
adaptability ①适应性,适应力 ②适用性(adaptabilitas)

adaptability for heavy manuring 耐肥性
adaptability for post season culture 晚(后)期栽培的适应性
adaptability of soil 土宜,适土,土壤适用
adaptability test 适应性试验
adaptable ①[可]适应的 ②适用的,通用的,合适的 (adaptabilis)
adaptable capacity 适应能力
adaptable database system (**ADABAS**) 自适应数据库系统{电脑}
adaptable software 自适应软件
adaptation 适应 (adaptatio)
adaptation norm(= adaptive norm) 适应规范,适应标准
adaptation of brightness and darkness 明暗适应{电脑}
adaptation plan(= adjustment scheme) 适应性计划
adaptation process 适应过程
adaptation range 适应范围
adaptation reaction 适应反应
adaptation to darkness 暗适应
adaptation to dry conditions 干化适应
adaptation to local conditions 因地制宜
adaptative (= adaptive) 适应的 (adaptativus)
adaptative capacity (= adaptive capacity, adaptable capacity) 适应能力
adaptative faculty(= adaptive faculty) 适应能力
adaptative histogram adjustment 适应性直方[柱形]图调整{遥感}
adaptative radiation(= adaptive radiation) 适应辐射
adaptative variability 适应变异性
adaptative variation 适应性变异
adaptative zymase 适应酒化酶
adapted ①改编 ②适应 (adaptus)
adapted genotype 适应基因型
adapted seed strain 适时种子(品种)
adapted soil 适应(合)土壤
adapted state 适应状态
adapted variety 适应(合)品种
adaptedness (= adaptability) 适应性
adapter (= adaptor) ①衔接头,衔接孔,连接物{分遗} ②接合器{物} ③适配器{电脑} ④管接头{农机}
adapter control block (**ACB**) 适配器控制块
adapter hypothesis 连接物假说{分生}
adapter protein 衔接蛋白
adaptibility 适应力 (adaptibilitas)
adaptin 衔接蛋白
adaptive 适应的 (adaptivus)
adaptive behavior 适应行为
adaptive capacity 适应能力,适应本领
adaptive character 适应性状
adaptive characteristics 适应特征(性)
adaptive compensation 适应补偿
adaptive control 适应控制
adaptive control of constraint (**ACC**) 限制式自适应控制{信息}
adaptive convergence 趋同适应
adaptive culture 适应培养{真菌}
adaptive differentiation 适应分化
adaptive enzyme(= adaptative enzyme) 适应酶
adaptive equalizer [自]适应均衡器
adaptive equilibrium 适应平衡
adaptive evolution 适应进化
adaptive faculty 适应能力 (= adaptive capacity)
adaptive fitness 适应适合性
adaptive flexibility 适应灵活度
adaptive form 适应类型
adaptive function 适应作用,适应功能
adaptive fussy associative memories (**AFAM**) 自适应模糊联想记忆{信息}
adaptive grid 适应行格{进化}
adaptive handicap 适应障碍,适应不利条件
adaptive immunity 继承免疫性,适应免疫性
adaptive immunization 继承免疫作用,适应免疫作用
adaptive mode 适应方式
adaptive norm 适应规范
adaptive offspring 适应子代
adaptive peak 适应峰
adaptive phase 适应期
adaptive phenotype 适应表型
adaptive process 适应过程
adaptive radiation 适应辐射
adaptive regression 适应退化
adaptive response 适应反应
adaptive selection 适应选择
adaptive subzone 适应亚带
adaptive surface 适应表面
adaptive value 适应值
adaptiveness 适应性 (adaptivitas)
adaptogenesis (= adaptiogenesis) 适应性状发生
adaptometer 适应计
adaptor (= adapter) ①衔接头,衔接子,连接物 ②适配器 ③接合器 ④管接头
adaptor hypothesis 连接物假说(设){分遗}
adaptor modification hypothesis 连接物修饰假说(设){分遗}
adaptor molecule 连接分子

adaptor RNA 连接 RNA
adaxial 近轴的,向轴的(adaxialis)
adaxial parenchyma 近轴薄壁组织(parenchyma adaxialis)
adaxial side 近轴面,表面
adaxial surface 近轴表面(surperficies adaxialis)
Add ①(=addendum)附录,补遗 ②(=address)地址③(=addition)加法,附加物,补充
add ①加 ②增加,追加,附加 ③加添,加法,加入(adder)
add-in ①附件,内插式附件 ②增加{信息}
add-in soft 内插式软件{信息}
add-on 扩充,添加,追加
add-on board 插件板{电脑}
add-on conference 加接电话会议{信息}
add-on memory unit 添加存储器
add rennet 加入凝乳酶
added copy 增添副本,增添复本{信息}
added edition 增添新版,重版
added value tax(=value added tax) 增值税
addendum ①补遗,补编,附录 ②附加,追加
addendum to statistical appendix 统计附录补遗
adder 加法器{统计}
Addermouth orchid ①沼兰属[*Malaxis* Soland.](兰科)②沼兰[*Malaxis* sp.]
adder's fern 广布水龙骨[*Polypodium vulgatum* L.](水龙骨科)
adder's mounth ①小柱兰属[*Microstylis* Nutt.](兰科) ②小柱兰[*Microstylis* sp.]
adder's spear 广布瓶尔小草[*Ophioglossum vulgatum* L.](猕猴桃科)
adder's-tongue ①车前叶山慈姑属(赤莲属)[*Erythronium* L.](百合科) ②车前叶山慈姑(犬齿赤莲)[*Erythronium dens-canis* L.]
adder's-tongue-fern ①瓶尔小草属[*Ophioglossum* L.](瓶尔小草科) ②瓶尔小草[*Ophioglossum pedunculosum* Desv.]
adder's-tongue-fern family 猕猴桃科[*Actinidiaceae*]
adder's-wort (=common bistort, snake root, English serpentary) 拳蓼[*Polygonum bistorta* L. = *Bistorta officinalis* Raf.](蓼科)
addiment 补体(addimentum){分遗}
adding enzyme 加成酶
adding machine 计算机
adding of water(=hydration) 水合[作用]
addition ①相加[现象]{显技} ②加法,加算 ③加,加成,加添,增加 ④增加物 ⑤加注,附注(additio)
addition compound 加成化合物
addition haploid($n+1$) 加单倍体{细胞}
addition line 加系(指染色体)(lina additionis)
addition of chromosome 加染色体
addition of yeast 加入酵母
addition polymerization 加聚[作用]
addition theorem 可加性定理{统计}
addition type (染色体)加型
additional ①附加的,外加的,另加的,追加的,加添的 ②辅助的,补充的 ③特别的 ④累加的 ⑤额外的(additionalis)
additional advantage 加[系]有利性
additional amount (=supplementary amount) 附加总额,附加额{农经}
additional application of fertilizer 增施肥料
additional application of fertilizer at a late stage of plant growth 作物生长后期追肥
additional attack 额外袭击(指病虫害){生态生理}
additional backcross 加添回交
additional backcrossing 加添回交
additional call library 附加调用程序库{信息}
additional carbon dioxide 外加二氧化碳
additional category 补充分类
additional character 累加性状
additional charge 增加电荷,附加电荷
additional chromosome 加染色体
additional cost 附加费用,附加成本
additional crops 加播作物(指牧草)
additional cultivation (牧草)加播栽培
additional data 附加资料
additional disturbance 额外干扰
additional energy 另加能量,额外能量
additional equipment 辅助设备
additional experiment 补充试(实)验
additional factor 另外因素,其他因素
additional fertilization 追肥[法]
additional fertilizer 追肥
additional information ①增添信息{统计} ②补充情报{气象}
additional land 外加土地
additional lighting 补充光照
additional manure 追肥
additional metabolite 附加代谢物
additional pistillate tissue 附加雌蕊组织(tela pistillata additionalis)

additional planting 补植,补栽,补种
additional planting of seedling 补苗
additional point 辅助观测点
additional pointer 副梗(指洋葱)
additional pollination 辅助授粉
additional pressure 附加压力
additional solidness 增加硬度
additional source 另一来源(指氮)
additional sowing 加播{牧草}
additional stress factor(= additional stressor) 附加胁迫因子{生态生理}
additional stressor 附加胁迫因子
additional test 补充试验
additional trisomic plant 加三体植株(planta trisomica additionalis)
additional variance 累加性变量
additional water ①补加水[分] ②附加水{环保}
additional weight 附加重量,配重
additive ①加性的,加成的 ②附加的,累加的 ③加插的,插入的 ④添加剂{农药}(additivus)
additive action ①累加作用 ②加性作用
additive action of genes 基因加性作用
additive base line 附加基线(指电离辐射)
additive basis 加性基础
additive color mixing 添加色彩混合{电脑}
additive component 加性组成部分
additive dimorphic trisomy 加性二型三体性
additive effect 加性效应{遗传}
additive factor 加性因子,累加因子
additive filter 加色滤光片{遥感}
additive food 辅助饵料{水产}
additive Gaussian noise 附加高斯噪声{遥感}
additive gene 加性基因,累加基因
additive gene action 加性基因作用,累加基因作用
additive gene effect 加性基因效应,累加基因效应
additive genetic variance 累加遗传变量,加性遗传方差
additive image enhancement 加色影像增强{遥感}
additive interaction 累加连应{统计}
additive method 累加法{统计}
additive mixture 加色混合
additive reaction 加成反应{生化}
additive recombination 加插重组,插入重组{分遗}
additive source 附加来源(指肥料)
additive theorem of exchange percentage 加性交换率定理{细胞}
additive three-colour exposure 加色法三色曝光{遥感}
additive typogenesis 积累性模式发生(typogenesis additivus)
additive value 加性值
additive variance ①累加变量{统计} ②加性方差{数}
additivity ①附加作用 ②可加性(additivitas)
addle ①腐败的 ②不育的
addle egg(= sterile egg) 不育卵,无胚卵
addled brood ①死蛹病 ②僵死幼蜂
addorsal 向背的(addorsalis)
address ①讲演,演说 ②地址{信息}(addrictum)
address constant(**ADCON**) 地址常数
address control vector(**ACV**) 地址控制向量
address matching 地址匹配
address space manager(**ASM**) 地址空间管理器
addressed direct access 编址直接存取,按地址直接存取{电脑}
addressed memory 编址存储器
addressin 地址素{生技}
addressing ①寻址 ②编址,定址 ③访问{信息}
addressing capability 寻址能力
addressing capacity 编址容量
addressing identifier(addressing ID) 寻址标识符
addressing mechanism 寻址机构
addressing range 寻址范围
adducin 内收蛋白
adduct ①加合物 ②内收(adductus){物}
adducted water 灌溉用水
adduction 内收[运动](adductio)
adductor 内收肌
ade 果汁饮料{加工}
Ade(= adenine) 腺嘌呤[$C_5H_5N_5$]
adeciduous 非落叶性的,常绿的(adeciduus)
adeciduous plant 非落叶性植物,常绿植物(planta adecidua)
adelgid ①球蚜 ②⌊复⌉球蚜科[Adelgidae]
adelphia 离生雄蕊
adelphic(= adelphous) 离生雄蕊的(adelphus)
adelphogamy ①子母孢交配{真菌} ②(姊妹交配){遗传}(adelphogamia)
adelphostele 管状中柱(adelphostela)
adelphotaxy 相互吸引作用(adelphotaxia)

adenanthous 腺花的（adenanthus）
adenase 腺嘌呤[脱氨]酶
adenia ①蒴莲属[*Adenia* Forsk.]（西番莲科）②蒴莲[*Adenia chevalieri* Gagnep.]
adenic 腺的（adenicus）
adeniform 腺状的（adeniformis）
adenine（Ade） 腺嘌呤[$C_5H_5N_5$]
adenine arabinoside（**ara A**） 阿糖腺苷{分遗}
adenine deaminase 腺嘌呤脱氨酶
adenine deoxyriboside 腺嘌呤脱氧核[糖核]苷
adenine nucleotide 腺嘌呤核苷酸
adenine phosphoribosyl transferase（APRT） 腺嘌呤转磷酸核糖基酶
adenine riboside 腺嘌呤核糖苷
adenine-thymine base pair 腺嘌呤-胸腺嘧啶碱基对
adeninyl- 腺嘌呤基
adeno- ⌞字头⌝腺
adeno-associated virus（**AAV**） 腺伴随病毒
adenocalycular 具腺萼的（adenocalycularis）
adenocarcinoma 腺癌
adenocarpous 具腺果的（adenocarpus）
adenocaulis 具腺茎的
adenocaulon ①和尚菜属[*Adenocaulon* Hook.]（菊科）②和尚菜[*Adenocaulon adhaerescens* Maxim.]
adenohypophysis 腺垂体
adenoid 腺状的（adenoideus）
adenoid tissue 腺状组织（tela adenoidea）
adenoma 腺瘤
adenoma sebaceum 皮脂腺瘤
adenophore 蜜腺柄（adenophora）
adenophyllous 具腺叶的（adenophyllus）
adenopodous 具腺柄的（adenopodus）
adenopterous 具腺翅的，具腺翼的（adenopterus）
adenosinase 腺苷酶
adenosine（A，Ado） 腺[嘌呤核]苷[$NH_2C_5H_2N_4C_5H_9O_4$]
adenosine-3′,5′-monophosphate（cAMP） 环腺苷酸，腺苷-3′,5′-磷酸
adenosine-5′-phosphosulfate（APS） 腺苷酰硫酸，腺苷-5′-磷酸硫酸酐
adenosine-5′-phosphosulfate pyrophosphorylase 腺苷酰硫酸焦磷酸化酶
adenosine deaminase 腺苷脱氨酶
adenosine diphosphate（ADP） 腺苷二磷酸
adenosine kinase 腺苷激酶
adenosine monophosphate（AMP） 腺苷一磷酸，腺苷酸[$C_{10}H_{13}N_5O_4HPO_3$]
adenosine phosphate 腺苷磷酸
adenosine triphosphatase（ATPase） 腺苷三磷酸酶
adenosine triphosphate（ATP） 腺苷三磷酸，三磷酸腺苷
adenostemma ①下田菊属[*Adenostemma* Forst.]（菊科）②下田菊[*Adenostemma lavenia*（L.）O.Ktze.]
adenosyl- 腺苷[基]
adenotrichous 具腺毛的（adenotrichus）
adenovirion 腺病毒子
adenovirus 腺病毒
adenovirus endonuclease 腺病毒核酸内切酶
adenyl- ①腺嘌呤[基]②腺苷[基]（误用）③腺苷酰[基]（误用）④腺苷酸（误用）
adenyl cyclase（= adenylate cyclase） 腺苷酸环化酶
adenyl pyrophosphatase 腺苷酰焦磷酸酶
adenylate 腺苷酸，腺苷一磷酸[$C_{10}H_{13}N_5O_4HPO_3$]
adenylate cyclase 腺苷酸环化酶
adenylate deaminase 腺苷酸脱氨酶
adenylate energy charge（**AEC**） 腺苷酸能荷
adenylate kinase 腺苷酸激酶
adenylate status 腺苷酸状态
adenylate system 腺苷酸系统
adenylic acid（AMP） 腺苷酸，腺苷一磷酸
adenylo- 腺苷酸基
adenylosuccinase 腺苷酸[基]琥珀酸[裂解]酶
adenylosuccinate 腺苷酸[基]琥珀酸
adenylyl- 腺苷酰
adenylyl cyclase（= adenylate cyclase） 腺苷酸环化酶
adenylyl transferase 腺苷酰[基]转移酶
adenylylation 腺苷酰[化]作用
adenylylsulfate kinase 腺苷酰硫酸激酶
adenylylsulfate pyrophosphorylase 腺苷酰硫酸焦磷酸化酶
adephagid ①肉食甲的 ②肉食甲
adeps lanate 羊毛脂，无水羊毛脂
adequate ①充分的，充足的，足够的 ②适当的，适宜的，相当的 ③适应的，可以胜任的（adequatus）
adequate amount 适量
adequate fertilizer ①适当施肥，合理施肥 ②适量肥料
adequate irrigation 适宜灌溉，合理灌溉
adequate moisture 适宜水分
adequate nutrient 足够养分，养分充足

adequate planting density 适宜种植密度，合理密植
adequate root system（systema radicis adequata） 适宜根系（指发育）
adequate sample（exemplum adequatum） 充足样本
adequate supply 适当供应
adequate system of classification 适当分类法
adequate variability 适应变异性
adequate variation 适应变异
adequate water status 适当水分状态，水分充足状态
adequate water supply 适宜供水
adequate yield of photosynthate 适当光合产物产量
adermin 抗皮炎素［$C_8H_{11}O_3N$］
ADH（= alcohol dehydrogenase） 乙醇脱氢酶
adhere 黏着，附着
adherence 黏着性，黏附（adherentia）
adherend 黏附体（adherens）
adherent 附着的，黏着的，贴壁的，固着的（adherens）
adherent cell 黏着细胞，贴壁细胞（cellula adherens）
adherent culture 贴壁培养（cultura adherens）
adherent ovary 附着子房（ovarium adherens）
adhering junction 黏着连接（junctio adherens）
adhering root 附着根（radix adherens）
adhering water 附着水
adhesin 黏附素
adhesion ①附着力 ②黏着性（力） ③黏附，粘连 ④黏着物（adhaesio）
adhesion factor 黏着因子，黏附因子
adhesion molecule 黏着分子，黏附分子
adhesion of tyres 轮胎附着力
adhesion plaque 黏着斑
adhesion receptor 黏着受体
adhesion-type tire 高附着性轮胎
adhesion zone 黏着带
adhesive ①附着的，黏着的，胶黏的，黏附的 ②胶黏剂，黏合剂，黏着剂（adhaesivus）
adhesive agent（= sticker，sticking agent） 黏着剂
adhesive capacity 黏着能力，附着能力
adhesive cell 黏着细胞（cellula adhaesiva）
adhesive disc 黏着盘，吸盘（discus adhaesivus）
adhesive egg ①黏着卵 ②黏性卵
adhesive gland 黏腺（glandula adhaesiva）
adhesive glycoprotein 黏着糖蛋白
adhesive moisture 黏附水分
adhesive organ 黏器官（organum adhaesivum）
adhesive plaster 橡皮膏{药物}
adhesive root 黏着根（radix adhaesivus）
adhesive tension 附着张力
adhesive water 附着水
adhesiveness ①黏着性 ②附着性（adhaesivitas）
ADI（= acceptable daily intake） 每日允许吸入量
adiabat 绝热线（adiabate）
adiabatic 绝热的（adiabaticus）
adiabatic atmosphere 绝热大气
adiabatic cooling 绝热冷却
adiabatic process 绝热过程{环保}
adiabatic saturation temperature 绝热饱和温度
adiabatic temperature gradient 绝热温度梯度
adiabatics 绝热曲线（adiabatica）
adiantum（= maidenhair fern） ①铁线蕨属［*Adiantum* L.］（铁线蕨科） ②铁线蕨［*Adiantum capillus-veneris* L.］
adiaspiromycosis 不育大孢子菌病
adiaspore 不育大孢子（adiaspora）
adiathermal 绝热的（adiathermalis）
adichogamy 雌雄同熟性（adichogamia）
adina ①水团花属［*Adina* Salib.］（茜草科） ②水团花［*Adina racemosa* Miq.］
adion 吸附离子
adipate ①己二酸 ②己二酸盐 ③己二酸酯 ④己二酸根
adipic acid 己二酸［$(CH_2)_4(COOH)_2$］
adipo- ⌊字头⌉ ①脂肪，脂肪组织 ②肥胖
adipocellulose 含脂纤维素
adipocyte 脂肪细胞（adipocyta）
adipokinetic 脂［肪］酸释放的，脂动的（adipokineticus）
adipokinetic action 脂［肪］酸释放作用
adipokinetic hormone（= adipokinin） 脂［肪］酸释放激素，脂动激素
adiponitrile 脂肪腈，己二腈
adipopexis 脂肪沉淀
adipose ①脂肪的 ②动物性脂肪（adiposus）
adipose eyelid 脂眼睑{水产}
adipose fin 脂鳍{水产}
adipose tissue 脂肪组织（tela adiposa）
adirondac 爱地明（葡萄品种）
adit ①入口 ②横坑（aditus）

adjacent ①邻近的，附近的 ②贴邻的，邻接的，毗连的（adjacens）
adjacent-1 distribution 贴邻-1分布，非同源贴邻分布，不离开分布
adjacent-2 distribution 贴邻-2分布，同源贴邻分布，离开分布
adjacent angle 邻角
adjacent character 邻接字符，相邻字符｛电脑｝
adjacent chromomere 贴邻染色粒（chromomera adjacens）
adjacent codon 相邻密码子
adjacent cylinders 毗连滚筒
adjacent disjunction 贴邻离开（disjunctio adjacens）
adjacent distribution 贴邻分布
adjacent epidermal cell 相邻表皮细胞（cellula epidermidis adjacens）
adjacent identifier 相邻标识符｛电脑｝
adjacent land 毗连地（指农地）
adjacent map 邻接图
adjacent marker 相邻标志[基因]
adjacent Mendelian population 相邻曼德尔式群体
adjacent mutational site 相邻突变位点
adjacent nucleotide 相邻核苷酸
adjacent nursery 相邻试验圃
adjacent orientation 贴邻[分离]定向（orientatio adjacens）
adjacent parcel of land 毗连地段
adjacent position 贴邻位置（positio adjacens）
adjacent row 邻行，靠近行
adjacent segment 贴邻[染色体]节段（segmentum adjacens）
adjacent segregation 贴邻分离（segregatio adjacens）
adjacent site 相邻位点
adjective 附加的，附属的（adjectivus）
adjective gland 附加腺（glandula adjectiva）
adjective glandular 附加腺的（adjectoglandulosus）
adjoining rock（= country rock） 围岩｛地质｝
adjoint ①伴随 ②依附图｛统计｝
adjoint equation 伴随方程
adjoint network 伴随网络｛信息｝
adjoint vector space 伴随向量空间
adjugated 转置伴随的（adjugatus）
adjugated determinant 转置伴随行列式｛统计｝
adjugated matrix 转置伴随矩阵
adjugated square 转置伴随方
adjunct ①加添物，附加物，附属物 ②助手
adjunct register 附加寄存器｛电脑｝
adjunct register set 附加寄存器组
adjust ①调节的 ②调整的 ③校准，使适合（adjuxtare）
adjust command 调整命令｛电脑｝
adjust effect data 调整效能数据
adjust price 调整价格
adjust skew 调整扭斜
adjustable 可调整的，可调节的（adjuxtabilis）
adjustable aperture 可调光圈｛遥感｝
adjustable dimension 可调尺寸，可调维数
adjustable divider 可调分苗器，可调分秧器
adjustable extent 可调范围
adjustable frame 可调温床
adjustable gate 可调闸门
adjustable marker 可调划行器｛栽培｝
adjustable micropipettor 可调微量移液管｛生技｝
adjustable pitch pump 可调螺距泵
adjustable plow 可调式犁
adjustable rake 可调搂草机
adjustable size 可调大小
adjustable spanner 活动扳手
adjustable speed motor 调速电动机
adjustable stand （显微镜）[可调整]台架
adjusted 调整过的，调整的（adjustus）
adjusted decibel（dBa） 调准分贝｛信息｝
adjusted drainage 适应水系｛水利｝
adjusted elevation 平差高程｛测｝
adjusted mean 调整平均数，调整平均值｛统计｝
adjusted retention time 调整保留时间
adjusted retention volume 调整保留体积
adjusted value ①调整值 ②平差值
adjusted volume ①调整的体积 ②调整的材积
adjuster 调整器｛电脑｝
adjusting ①调整的，平差的 ②校正的（adjussens）
adjusting computations 平差计算｛测｝
adjusting lath 可校正标尺
adjusting pin 校正针
adjusting screw 校正螺旋
adjustment ①调节 ②调整 ③调度 ④（显微镜）调焦 ⑤整理 ⑥校正，改正 ⑦初步培训 ⑧平差
adjustment correction 平差改正｛测｝
adjustment curve 校正曲线
adjustment for altitude 高程改正

adjustment for collimation 视准改正
adjustment in groups 分组平差
Adjustment Law for Agricultural Developing Area 农业开发区调整法规{农施}
adjustment method 平差法
adjustment of agricultural structure 农业结构调整{农经}
adjustment of economy 经济调整
adjustment of figure 图形平差,{遥感}
adjustment of production 生产调整
adjustment of stream ①水流调节 ②气流调节{环保}
adjustment scheme 调整计划,适应性计划
adjustment tank 调节水柜(箱){环保}
adjustor 调整器
adjuvant ①补助的 ②辅助剂,佐剂,佐药(adjuvans)
adjuvant cytokine 佐剂细胞因子{分生}
adjuvant grafting 助接{园艺}
adjuvant material 补助物质
adjuvant peptide 佐剂肽
adjuvanticity 佐剂[活]性(adjuvanticitas)
adlay(=Job's tears) 薏苡(回回米)[*Coix lacryma-jobi* L.](禾本科)
adligans(=adligant) 固着的
adlumia 阿露美属[*Adlumia* Rafin.](罂粟科)
adlumidine 山绿草定,藤荷包牡丹定
adlumine 紫罂粟碱
admeasurement ①测量 ②尺度(admeasurementum)
admeasuring apparatus 量测器具
admicropylar 近珠孔的(admicropylaris)
administer ①管理,支配,处理 ②实施,施行,执行(administare)
administration ①管理,经营 ②施用(指药物) ③参入 ④管理局,行政机构(administratio)
Administration and Finance Department (AF)(FAO) (粮农组织)行政财务司
administration category 管理范围
administration costs 管理费
administration expenses(=administration costs) 管理费
administration pastureland 管理放牧地
administration policy 经营方针
administrative ①管理的,行政管理的 ②参入的(administrativus)
administrative ability 管理才干,管理能力
administrative control 行政管理控制
administrative decision making 管理决策{农经}
administrative district ①管理区,辖区 ②大林区
administrative engineering 管理工程,经营工程
administrative expenditure 行政管理支出{农管}
administrative expense(=administration costs) 管理费
administrative information 管理信息
administrative office 管理局
administrative operation ①管理操作 ②˪复˥经营管理
administrative science 管理科学
administrative security 管理安全
administrative software 管理软件
administrative terminal system (ATS) 管理终端系统{信息}
administrator 管理员,系统管理员
admiralty chart 海图
admiralty knot 英制海里
admissibility 可采纳性,可容许性(admissibilitas)
admissible ①可容许的 ②可考虑的 ③宜取的(admissibilis)
admissible abrasion 容许磨损
admissible curve 容许曲线
admissible error 容许误差
admissible function 容许函数
admissible mark 容许符号
admissible parameter 容许参数
admissible situation 宜取形势,容许形势
admissible strategy 宜取策略{农管}
admissible transformation 宜取变换{电脑}
admission ①进气,进入,供料 ②许可(admissio)
admission passage 入路,通行路
admittance ①允许进入 ②导纳(admittanx)
admittance matrix 导纳矩阵
admixed ①夹杂的,混杂的,掺杂的 ②混合的,掺和的(immixtus)
admixed hay 混合干草
admixed variety 混杂品种
admixing ①混杂,夹杂,掺杂 ②掺和(admixens)
admixture ①混杂物,掺杂物,杂质 ②掺合剂 ③掺和,混合(admixtura)
admixturing ①混杂,掺杂 ②掺和,混合(admixturens)
adnascent 附生的(adnascens)
adnascent plant(=epiphyte) 附生植物

(planta adnascens)
adnate 贴生的,贴着的,着生的(adnatus)
adnate anther 贴着药,全着药(anthera adnata)
adnate volva 贴生菌托(volva adnata)
adnation ①贴生,着生 ②联生(adnatio)
adnation of branches 枝条联生
adnexed 附着的(adnexatus)
Ado(=adenosine) 腺苷
adobe ①砖状结构 ②[风干]土坯 ③冲积砖状黏土
adobe soil 砖状土壤,砖状黏土
adobelily 粉红花贝母[*Fritillaria pluriflora* Torr.](百合科)
adolescent ①成株{栽培} ②近伐木{森林}(adolescens)
adolescent fish 幼鱼
adolescent form 壮年型
adolescent plant 成[年]株
adolescent stage 壮年期(指果树)
adolph stonecrop 玉瓣(铭月)[*Sedum adolphii* Thunb.](景天科)
adonis ①侧金盏花属[*Adonis* L.](毛茛科) ②侧金盏花[*Adonis amurensis* L.]
adonis-flower 秋金盏花[*Adonis annua* L.](毛茛科)
adonite 阿东醇[$C_5H_{12}O_5$]
adonitol 侧金盏花醇,核糖醇[$HOCH_2(HCOH)_3CH_2OH$]
adopting 采用,选用
adoption 采用,选用(adoptio)
adoptive ①采用的,选用的,适用的 ②过继的(指遗产,遗物等)(adoptivus)
adoptive immunity 过继免疫
adoptive transfer 过继转移
adoral 近口的,口侧的(adorus)
adorned ①修饰的,装饰的,润饰的 ②观赏的(adornatus)
adornment plant 观赏植物(planta adornmens)
Adoxa type 五福花型(胚囊)(adoxotypus)
ADP(=adenosine diphosphate) 腺苷二磷酸
ADP-ribose(=adenosine diphosphate-ribose) 腺苷二磷酸核糖
ADP-ribosylation 腺苷二磷酸核糖基化
ADP ribosylation factor(**ARF**) 腺苷二磷酸核糖基化因子,ADP 核糖基化因子{分生}
ADP ribosyltransferase 腺苷二磷酸核糖基转移酶,ADP 核糖基转移酶
ADP/ATP cycle ADP/ATP 周期
adpressed ①贴着的,紧贴的 ②背腹扁的(adpressus)
adrenal ①肾上腺的,肾上体的,近肾的 ②肾上腺,肾上体(adrenalis)
adrenal cortex 肾上腺皮质
adrenal cortical hormone 肾上腺皮质[激]素
adrenal gland 肾上腺(glandula adrenalis)
adrenal medulla 肾上腺髓质
adrenaline 肾上腺素[$(OH)_2C_6H_3CH(OH)CH_2NHCH_3$]
adrenalotropic hormone 促肾上腺激素
adrenergic ①肾上腺素能的 ②肾上腺素能(神经,药物)
adrenergic receptor 肾上腺素能受体
adrenoceptor 肾上腺素受体
adrenocorticotropic hormone(**ACTH**) 促肾上腺皮质激素
adrenocorticotropin 促肾上腺皮质激素
adrenodoxin [肾上腺]皮质铁氧还蛋白
adrenoreceptor 肾上腺素受体
adrenosterol 肾上腺甾醇
adrenosterone 肾上腺[甾]酮
adret 山阳(adretum)
adriamycin 亚德里亚霉素
adscendent 上升的(adscendens)
adsorbability 吸附性,吸附能力(adsorbabilitas)
adsorbate 吸附物,吸附质(adsorbatus)
adsorbed layer 吸附层
adsorbed moisture 吸附水
adsorbed nutrient ion 吸附营养元素离子
adsorbed phosphate 吸附性磷酸盐(肥料)
adsorbed sulphate 吸附性硫酸盐
adsorbed water 吸附水
adsorbent 吸附剂
adsorbent substance 吸附物质
adsorber 吸附器
adsorption 吸附[作用](adsorptio)
adsorption capacity 吸附能力
adsorption catalysis 吸附催化
adsorption center 吸附中心
adsorption chromatography 吸附层析
adsorption complex 吸附性复合体{土壤}
adsorption equilibrium 吸附平衡
adsorption film 吸附膜
adsorption filtration 吸附过滤
adsorption heat 吸附热
adsorption isobar 吸附等压线
adsorption isotherm 吸附等温线
adsorption layer 吸附层
adsorption method 吸附方法{农施}
adsorption of arsenate 砷酸盐吸附

adsorption of bacteria 细菌吸附
adsorption of dye 染料吸附{显技}
adsorption of ion 离子吸附
adsorption of polar molecule 极性分子吸附
adsorption pad 吸附垫
adsorption potential 吸附位,吸附势
adsorption precipitation 吸附沉淀
adsorption quantity 吸附量
adsorption theory 吸附学说{生理}
adsorption water(= adsorptive water) 吸附水
adsorptive ①吸附的 ②吸附质(adsorptivus)
adsorptive action 吸附作用
adsorptive binding 吸附[性]结合
adsorptive catalyst 吸附催化剂
adsorptive clay 吸附性黏土
adsorptive force field 吸附力场
adsorptive water 吸附水
adsuki bean(= adzuki bean) 赤豆
adsurgant 上升的(adsurgans)
adult ①成年的,成[长]的 ②成熟的 ③成虫 ④成年,成熟,成株(adultus)
adult bee 成年蜂
adult bee disease 成年蜂病
adult cow housing 成年牛舍饲
adult education 成年人教育
adult fish 成鱼{水产}
adult form ①成熟型,成长型{栽培} ②成年型,壮年型{园林} ③成虫态
adult instar 成虫龄
adult language 成熟语言{电脑}
adult leaf 成长叶(folium adultum)
adult organism 成年生物(organismus adultus)
adult period ①成株期{栽培} ②壮年期(果树)
adult phase ①成年阶段(指果树开花年龄) ②成年期
adult plant 成株,成熟植株(planta adulta)
adult plant resistance 成株抗病性
adult-plant stage 成株期,成株阶段
adult seedling age 成苗[龄](指成苗的天数)
adult stage ①成虫期 ②成年期
adult state 成熟状态,成株状态
adult tree 成年树
adult wood 成年材
adulterant 掺杂物(adulterans)
adulteration ①掺杂,掺假{加工} ②掺杂物{种子}(adulteratio)
adulteration of milk 牛奶掺杂
aduncate(= aduncous) ①钩状的 ②具钩的(aduncus)
advance ①前进,进步,进展 ②提前,提前角{农机} ③上涨
advance growth 前生树(指伐前更新幼树)
advance in maturity 提前成熟
advance of glacier 冰川前进
advance of sea 海进,海侵
advance reproduction 伐前更新法
advanced ①高级的,高等的 ②高深的 ③前进的,进步的(abantus)
advanced agricultural producers' co-operative 高级农业生产合作社
advanced ballistic reentry system(ABRS) 高级弹道式再入系统{信息}
advanced bioengineering 高级生物工程{生技}
advanced character 优良性状
advanced communication function(ACF) 高级通信功能
advanced communication system 高级通信系统
advanced control system 高级控制系统
advanced database system 高级数据库系统
Advanced Earth Resources Observation System 高级地球资源观测系统{遥感}
advanced felling 预备伐,前伐
advanced fry 后期鱼苗
advanced function printing 高级功能打印{电脑}
advanced-generation 高代,隔代{育种}
advanced-generation crosses 隔代杂交法
advanced-generation hybrids 隔代杂种
advanced genetics 高级遗传学(abantogenetica)
advanced glycosylation 高级糖基化
advanced glycosylation end product(AGE) 高级糖基化终[点]产物
advanced information management(AIM) 先进信息管理{信息}
advanced innovation system 先进创新体制{农经}
advanced man-machine interaction system 高级人机交互系统{智培}
advanced manufacturing technology 先进制造技术
advanced math library 高级数学程序库{电脑}
advanced meteorological satellite(AMS) 高级气象卫星{遥感}
advanced mobile phone service(AMPS) 高级移动电话服务{信息}
advanced network system architecture

(ANSA) 先进网络系统体系{信息}
advanced office system (AOS) 高级办公室系统
advanced optical character reader (AOCR) 先进光学符阅读机
advanced peer to peer networking (APPN) 高级对等联网{信息}
advanced plant breeding 高级作物育种学
advanced practice of agronomy 先进农业技术,先进栽培技术
advanced program to program communication (APPC) 高级程序间通信协议{信息}
advanced programming 高级程序设计
advanced record system (ARS) 先进记录系统{信息}
advanced registry [纯种家畜]高级登记
advanced registry of merit 获奖的高级登记
advanced resources / pollution observatory 先进资源/污染观测卫星{遥感}
advanced science and technology 高科技,高新科学技术
advanced scientific computer (ABC) 先进科学计算机
advanced sparking(=advanced ignition) 提前点火
advanced synchronous meteorological satellite 高级同步气象卫星{遥感}
advanced test(=advanced trial) 高级试验
advanced text management system (ATMS) 高级文本管理系统{信息}
advanced thinning 后期疏伐
advanced vidicon camera system 高级光导摄像机系统{遥感}
advancement ①先进,前进 ②促进,改进
advancement of ripening 促进成熟,加速成熟
advances in agronomy 农学进展
advances in cytogenetics 细胞遗传学进展
advances in farm research 农业研究进展
advancing complexity 进化综合
advancing water front 水分伸展锋,水分前伸锋
advantage ①优点,优势,优越 ②有利条件,利益
advantage in regeneration 再生的优点
advantageous 有利的,有益的
advantageous heterozygote 有利杂合子(heterozygota advantagea)
advantages of microspore culture 小孢子培养的优点
advantages of monoploid 单倍体的优点
advection 平流(advectio){气象}
advection fog 平流雾
advection frost 平流霜冻
advection of cold air 冷空气平流
advection radiation frost 平流辐射霜冻,混合霜冻
advenous 外来的(advenus)
adventitia 外膜
adventitious ①不定的,无定形的 ②偶然的 ③外来的(adventivus,adventicius)
adventitious aerial root 不定气生根(radix earea adventiva)
adventitious bud 不定芽(gemma adventiva)
adventitious bud development 不定芽发育
adventitious cormel 不定小球茎(cormula adventiva)
adventitious embryo 不定胚(embryo adventiva)
adventitious embryony 不定胚性,不定胚生殖(embryonia adventiva)
adventitious inflorescence 不定花序(inflorescentia adventiva)
adventitious pathogen 随发性病原(pathogenum adventivum)
adventitious plant 外来植物,引进植物(planta adventiva)
adventitious root 不定根(radix adventiva)
adventitious shoot 不定枝(ramulus adventivus)
adventitious species 外来种(侵入种)(species adventicius)
adventive ①外来植物 ②外来动物 ③半驯化种 ④外来的(adventivus)
adventive bud(=adventious bud) 不定芽
adventive homoeosis 外来同源异型(homoeosis adventivus)
adventive root (=adventitious root) 不定根(radix adventiva)
adventure 冒险(adventura)
adverse ①逆的,反向的,反对的 ②逆境的,不利的(adversus)
adverse effect ①反效应 ②副作用
adverse environment 不利环境,逆境
adverse growing condition 不利生长条件
adverse osmotic effect 不利渗透效应,逆境渗透效应
adverse resistance 抗逆性,抗逆能力
adverse selection 反选择
adverse slope 反向坡度
adverse soil condition 不利土壤条件
adverse weather 恶劣天气
adverse wind 逆风

adversifoliate (= adversifolious) 具对生叶的 (adversifolius)
adversispinous 具对生刺的 (adversispinus)
advertising 广告
advisory ①推广的 ②咨询的,顾问的 (advisorius)
Advisory Committee on Science and Technology (ACST) 科学技术咨询委员会
advisory programme 咨询计划,推广计划
Advisory Services (= Extension Department) [农业]推广部
advocacy decision making 拥护决策
adynerin 无效苷 [$C_{30}H_{44}O_7$]
adynomandry 雄蕊无能 (adynomandria)
adze 锛子
adze hoe 锛锄
adzuki bean (= adsuki bean, azuki bean, small red bean) 赤豆(红豆) [*Phaseolus angularis* Wight] (豆科)
adzuki-bean bug 赤豆缘蝽 [*Anacanthocoris concoloratus* Uhler] (缘蝽科)
adzuki-bean mosaic virus 赤豆花叶病毒
adzuki-bean pod worm 赤豆荚小卷蛾 [*Thiodia azukivora* Matsumura] (小卷蛾科)
adzuki-bean weevil 绿豆象 [*Callosobruchus chinensis* L.] (象甲科)
a.e. (= acid equivalent) 酸当量
aecidioid ①似锈[孢]子器的 ②杯状的 (aecidioideus) {真菌}
aecidiosorus 锈孢子堆
aecidiospore 锈孢子 (aecidispora)
aecidium 锈孢子器
aeciospore (= aecidiospore) 锈孢子
aeciostage 锈孢子期 (aeciostaticum)
aeciotelium 春型冬孢子堆,锈型冬孢子堆 (aeclotelium)
aecium (= aecidium) 春孢器,锈[孢]子器
aedeagus ①阳茎[端] ②交尾器 (aedaeagus) {昆虫}
aedes mosquito (= yellow fever mosquito) 埃及伊蚊 [*Aedes aegypti* L.] (伊蚊科)
aegagropila (= egagropila) (反刍动物胃中的)毛团,毛球,毛块
aegilops 羊草属(山羊草属) [*Aegilops* L.] (禾本科)
aeglopsis 西非枳属 [*Aeglopsis* L.] (芸香科)
aelophilous 风布的 (aelophilus)
aeneous 古铜色的 (aeneus)
aeneous small leaf beetle 青金小叶甲 [*Nodina chalcosoma* Baly] (叶甲科)
aeolation 风成作用 (aeolatio)
aeolian 风成的 (aeolius)
aeolian basin 风成盆地
aeolian clastic rock 风成碎屑岩
aeolian deposit ①风蚀沉积物 ②风成沉积岩
aeolian deposition 风成沉积 [作用]
aeolian erosion 风蚀
aeolian material 风积物
aeolian plain 风成平原
aeolian rock 风成岩
aeolian sediment 风积物
aeolian soil 风成土,风积土
aeonium ①莲花掌属 [*Aeonium* Webb. et Berth.] (景天科) ②莲花掌 [*Aeonium* sp.]
aequilateral 两侧相等的 (aequilateralis)
aequorin 水母发光蛋白,水母素
aeragronomy ①航空农艺 ②航空农艺学,航空作物栽培学 (aeragronomia)
aerate ①通风 ②充气 ③曝气 (aerare)
aerated bin 通风粮仓,通风粮箱
aerated water 充气水
aerating ①通气的 ②通风的 (aerasens)
aerating root 通气根,呼吸根 (radix aerasens)
aerating system 通气系[统] (systema aerasens)
aerating tiller 土壤通气器
aeration ①通气 ②曝气 (aeratio)
aeration basin 曝气池 (指使污水受到激烈氧化和硝化) {环保}
aeration blower 曝气鼓风机
aeration channel 曝气渠,曝气槽
aeration coefficient 氧转移系数 {环保}
aeration condition 通气条件,通气状况
aeration drying 风干法,气干法
aeration equipment 通气设备,通风装置
aeration factor 通气因素
aeration lagoon 曝气塘,氧化塘 {环保}
aeration method 通气法 (指氨态氮的定量分析法之一)
aeration of hay 干草通风
aeration of soil 土壤通气[性]
aeration pond 通气池,曝气池 {环保}
aeration porosity 通气孔(隙)度
aeration porosity limit 通气孔隙度极限
aeration rate 曝气率
aeration rotor 曝气转子
aeration silo 通气青贮窖,通气粮仓
aeration sprinkler 航空人工降雨机
aeration system (谷物)通气系统

aeration tank ①通气粮箱〔农施〕②曝气池〔环保〕
aeration time 曝气时间〔环保〕
aerator ①通气装置,通气器 ②加气仪,加气装置,通风器 ③充气器
aerator nozzle 曝气喷嘴〔环保〕
aerenchyma 通气组织
aereous 气生的(aereus)
aerial ①空气的,大气的,气体的 ②气生的 ③空中的 ④气态的 ⑤架空的 ⑥航空的 ⑦稀薄的,淡的 ⑧天空的 ⑨天线(aerius)
aerial algae 气生藻(algae aeriae)
aerial application ①航空播种 ②航空施肥 ③航空喷洒农药
aerial application of fertilizer 航空施肥,飞机追肥
aerial archaeology 航空考古学(aeroarchaeologia)
aerial broadcaster 航空撒播机
aerial bulb 气生鳞茎(bulbus aerius)
aerial cable 架空电缆,天线电缆〔信息〕
aerial camera 航空摄影机〔遥感〕
aerial chart 航空图
aerial conveyor ①吊运器 ②高架轨道,吊道
aerial dressing 航空施肥,航空追肥
aerial dusting 航空喷粉,飞机喷粉
aerial exposure index (AEI) 航空曝光指数
aerial farming 航空农业
aerial fertilization 航空施肥[法]
aerial film 航空胶片
aerial film speed (AFS) 航空胶片感光度
aerial growth 地面生长,地上部生长(指茎、叶)
aerial hygienic environment 空气卫生环境
aerial hypha 气生菌丝(aerohypha)
aerial infrared imagery 航空红外成像〔遥感〕
aerial irrigation 空中灌溉,喷灌
aerial layer 空中压条,高压〔园艺〕
aerial layering 空中压条法,高压法〔园艺〕
aerial leaf 气生叶(follium aereum)
aerial line map 航线图〔遥感〕
aerial logging 空中集材
aerial map 航空图
aerial mapping(=aerial surveying) 航空摄影测量
aerial mapping photography 航测摄影
aerial mycelium 气生菌丝体(mycelium aereum)
aerial navigation map 领航图
aerial part(=ground part) 地上部分,空中部分,地面部分(指茎叶部分)
aerial pest control 飞机防治病虫害
aerial photoecology 航空摄影生态学
aerial photogrammetry 航空摄影测量学
aerial photograph 航空相片〔遥感〕
aerial photographic mosaic 航空相片镶嵌图
aerial photographic reconnaissance 航空照相侦察
aerial photographic surveying 高空摄影测量
aerial photography 航空摄影
aerial plant 气生植物(aerophyta)
aerial planting 航空播种,飞机播种,空中播种
aerial plot measurement 标地航测
aerial reconnaissance 空中勘测
aerial reconnaissance of peatlands 航空泥炭地勘测
aerial root 气生根(radix aerea)
aerial skidder 架空集材机
aerial sowing(=air sowing,aerial seeding) 飞机播种
aerial sprayer 航空喷雾器
aerial spraying and dusting 飞机喷雾粉
aerial spraying marker ①飞机喷雾标志 ②飞机喷雾信号员
aerial spreading ①空中撒布 ②飞机撒布
aerial stem 地上茎(caulis aerius)
aerial survey 航空测量
aerial topographic map 航测地形图
aerial transmission 空气传染
aerial tuber 气生块茎(tuber aerius)
aerial vegetative shoot 地上营养枝(ramulus vegetativu aerius)
aerial water absorbing roots 吸水气根
aerial wire ropeway (=aerial tramway) 架空索道
aerides ①指甲兰属[*Aerides* Lour.](兰科) ②指甲兰[*Aerides odorata* Lour.]
aeriform 气态的(aeriformis)
aerify ①通气 ②气化
aero- ⌞字头⌝①空气,气体 ②飞机,航空 ③空中
aero-accelerator method 加速曝气法(指利用微生物的生长率上升来处理废水的方法)〔环保〕
aero control 空中防治
aero spraying 空中喷雾
aerobacter aerogenes 产气杆菌
aerobe ①需氧[微]生物 ②需气[微]生物,好气[微]生物
aerobian ①好气性的 ②好气微生物,需氧微生物(aerobius)
aerobic ①需氧的 ②需气的 ③好气的(aer-

obius)
aerobic bacteria ①需氧[细]菌 ②需气[细]菌,好气[细]菌
aerobic biological treatment 好气生物处理法,需氧生物处理法{环保}
aerobic breakdown (= aerobic decomposition) 需氧分解,好气分解
aerobic condition 好气条件
aerobic culture 好气培养
aerobic decomposition 需氧分解[作用],好气分解[作用]
aerobic dehydrogenase(ADH) 需氧脱氢酶
aerobic dehydrogenation 需氧脱氢[作用],好气脱氢[作用]
aerobic denitrification 需氧反硝化[作用],好气反硝化[作用]
aerobic digestion 需氧消化,好气消化{环保}
aerobic exoenzyme 需氧外酶
aerobic fermentation [有氧]发酵
aerobic glycolysis 有氧糖酵解
aerobic horizon 好气层{土壤}
aerobic medium 需气培养基,需氧培养基
aerobic metabolism 需氧代谢作用
aerobic microbial activity 需氧微生物活动性
aerobic microorganism ①需氧微生物 ②好气微生物(microorganismus aerobius)
aerobic nitrogen fixing bacteria 好气固氮细菌
aerobic organism ①需氧生物 ②需气生物 ③好气生物
aerobic oxidation [有氧]氧化[作用]
aerobic pathogen 需氧性病原
aerobic pollutant 好气污染物
aerobic pond 需氧[池]塘,好气[池]塘{环保}
aerobic purification 需氧净化,好气净化
aerobic respiration 有氧呼吸
aerobic soil 好气土壤
aerobic treatment 需氧处理,好气处理{环保}
aerobic waste treatment 需氧废物处理[法],好氧废物处理[法]
aerobiology 空气微生物学(aerobiologia)
aerobiont (= aerobe) ①需氧[微]生物,需气[微]生物(aerobions)
aerobioscope 空气微生物测定器,空气细菌计数器
aerobiosis 需氧生活,好气生活
aerobiotic ①需氧的,好气的 ②需氧生物,好气生物(aerobioticus)
aerobism 好气性(aerobismus)
aeroboat 飞船,水上飞机{物}
aerocartographer 立体测图仪
aeroconcrete 加气混凝土
aerodrome 机场
aeroduster 航空喷粉器,飞机喷粉器
aerodusting 航空喷粉,飞机喷粉
aerodynamic 气体动力的(aerodynamus)
aerodynamic diameter 气动[直]径
aerodynamic diffusion resistance 气体动力扩散阻力
aerodynamic drag coefficient (气流清选)飘浮系数
aerodynamic exchange process 气体动力交换过程
aerodynamic exchange resistance 气体动力交换阻力
aerodynamic noise 空气动力噪声,气流噪声
aerodynamics 气体动力学(aerodynamica)
aerofilter 通气滤池{环保}
aerogams 显花植物(aerogamae)
aerogel 气凝胶
aerogen (= aerogenic bacteria) 产气菌
aerogenesis 产气
aerogenic ①产氧的 ②产气的(aerogenus)
aerogenic bacteria ①产氧细菌 ②产气细菌
aerogenous infection 产气侵染
aerogenous pathogen 气侵性病原
aerogens 产气微生物(aerogenes)
aerogram 高空图解(aerogramma)
aerograph ①无线电报机{信息}②高空气象仪{气象}
aerographical chart 高空[气象]图
aerohydrous 含水空气的(aerohydrus)
aeroionization 空气离子化(aeroionisatio)
aeroionotherapy 离子空气疗法(aeroionotherapia)
aeroklinoscope 浮水气胞(藻类)(aeroclinoscopa)
aerolite 陨石(meteorita)
aerological analysis 高空分析
aerological ascent 高空探测
aerological sounding (= aerological ascent) 高空探测
aerological theodolite 测风经纬仪
aerolysin 气单胞菌溶素
aeromagnetic 航磁的(aeromagneticus){遥感}
aerometer 气体比重计,量气计
aeromicrobes 大气微生物(aeromicrobae)
aeromonas ①气单胞菌属[*Aeromonas* Kluyver et Van Niel](气单胞菌科) ②气单胞菌[*Aeromonas* sp.]

aeromorphosis 气生变态
aeronautic（= aeronautical）①航空的，飞行的 ②导航［用］的（aeronauticus）
aeronautic data 飞行数据
aeronautical chart 航空图，航［行］图
aeronautical satellite（= aerosat）［航空］导航卫星
aeronautical telecommunications 航空电信｛信息｝
aeronautics 航空学（aeronautica）
Aeronomy satellite（**AEROS**）高层大气物理卫星｛遥感｝
aerophilic 好气的（aerophilus）
aerophilic algae 气生藻类
aerophilic bacteria 好气细菌
aerophilous（= aerophilic）好气的（aerophilus）
aerophilous shoot 气生苗
aerophotogrammetric survey 航空摄影测量
aerophotographical 航空相片的（aerophotographicus）｛遥感｝
aerophotographical mosaic 航空相片镶嵌图
aerophotography 航空摄影术，航空照相术（aerophotographia）
aerophyte 气生植物（aerophyta）
aerophytobiont 需气土壤微生物（aerophytobions）
aeroplane 飞机
aeroplane antenna 飞机天线
aeroplane chemical protection 飞机化学防治
aeroplane duster 飞机喷粉器
aeroplane spraying 飞机喷雾
aeroplane timber 飞机用材
aeroplankton 大气浮游植物
aeroplow 空气润滑犁
aeroponics 气培法（一种无土栽培）（aeroponica）
aeroprojector 航测投影器｛遥感｝
aeroprojector multiplex 多倍投影测图仪
aeropyle 荚［果］孔（aeropyla）
aeroscope 空气微生物采集器，尘埃计
aeroshed 飞机库，飞机修理库，飞机掩蔽库
aerosimplex 简单投影测图仪｛遥感｝
aerosol ①气溶胶 ②烟雾剂
aerosol bomb 烟雾剂弹
aerosol fog 烟雾
aerosol form 烟雾形式
aerosol gene delivery 气溶胶基因送递｛分遗｝
aerosol generator 烟雾发生器
aerosol producer 烟雾［剂］发生器
aerosol sprayer 烟雾喷射器，烟雾喷射机
aerosol spraying 喷烟
aerosowing（= airplane seeding）飞机播种
aerospace ①航空空间，航空太空，航空航天，宇航 ②宇宙空间 ③大气，空气圈（aerospatum）
aerospace computer ［航空］航天计算机
aerospace medicine 宇航医学
aerospace technology 航空航天技术｛信息｝
aerospace vehicle 宇航式飞船
aerospacecraft 宇航飞船
aerosphere 气圈，气界
aerosporin 气孢菌素
aerospray ①飞机喷雾，航空喷雾 ②气喷射
aerospray ionization 气喷射离子化
aerosprayer 航空喷雾器，飞机喷雾器
aerostat 浮空器，高空气球
aerostatics 气体静力学（aerostatica）
aerosurvey 航空测量
aerotaxis ①趋气性 ②趋氧性
aerotolerant ①耐气的 ②耐氧的（aerotolerans）
aerotropism ①向氧性 ②向气性（aerotropismus）
aeruginosin（= pyocin）铜绿假单胞素
AES（= agricultural extension service）农业推广部，农业推广站
aescigenin 七叶苷配基
aesculetin 七叶亭 6，7-二羟香豆素［$C_9H_6O_4$］
aesculin 七叶灵［$C_{15}H_{16}O_9$］（抑制剂）
aesculus hippocastanum（= horse chestnut）欧洲七叶树［*Aesculus hippocastanum* L.］（七叶树科）
aeshnids 蜓科［Aeshnidae］
aestatifruticeta 夏绿灌木群落
aestatisilvae 夏绿乔木群落，夏绿林（aestatisilvae）
aestatisilval 夏绿乔木［群落］｛生态｝
aesthesis 感触性
aesthetic forest 风景林｛园林｝
aestiduriherbosa 夏绿硬叶草本群落
aestidurilignosa 夏绿硬叶木本群落，夏绿硬叶林，落叶常绿混交硬叶林
aestilignosa 夏绿木本群落
aestival 夏季的（aestivalis）
aestival annual 夏季一年生植物（annuus aestivalis）
aestival aspect 夏季相（aspectus aestivalis）
aestivate 夏眠，夏蛰（aestivare）
aestivation（= estivation）①花被卷叠式

{形态} ②夏眠{生态} (aestivatio)
aestivation period 夏眠期
aethalium 黏菌孢子体,黏菌体
aëthogametism 近亲不亲和配子形成 (aethogametismus)
aetiohemin 本氯血红素
aetiolation (= etiolation) ①徒长 ②黄化 [现象] (aetiolatio)
aetiology (= etiology) 病原学 (aetiologia)
aetioporphyrin 本卟啉
Aetolian violet 埃陀利亚堇菜 [*Viola aetolica* L.] (堇菜科)
AF (= Administration and Finance Department FAO) (粮农组织)行政财务司
afetal 无胎的 (afetalis)
affecting factor 作用因素,影响因素
affection ①影响 ②感染 ③疾病,病态 ④属性,特性,癖性 (affectio)
afferent 传入的,输入的 (afferens)
afferent phase 传入期
Affi-Gel 亲和胶 (商)
affination 精制 (affinatio)
affine ①仿射的 ②亲合的,亲和的 ③仿射 (affinus)
affine cipher 仿射密码 {信息}
affine coordinate system 仿射坐标系统
affine space 仿射空间
affine transformation 仿射变换,均匀变换
affined 亲缘的,近缘的 (affinis)
affinin 千日菊酰胺
affinis toadlily 近缘油点草 [*Tricyrtis affinis* Makino] (百合科)
affinity ①亲和,亲和力,亲和性 ②亲缘,近缘 ③近似,类似 ④嗜好,喜好 ⑤引力 (affinitas)
affinity absorbent 亲和吸收剂
affinity adsorbent 亲和吸附剂
affinity chromatography 亲和层析
affinity coelectrophoresis (**ACE**) 亲和共电泳
affinity column 亲和柱
affinity constant 亲和力常数
affinity coupling 亲和耦联
affinity electron microscopy 亲和电镜术,亲和电子[显微]镜检术{显技}
affinity extraction 亲和提取,亲和抽取
affinity filtration 亲和过滤
affinity-isolated antibody 亲和分离[的]抗体
affinity labeling 亲和标记
affinity labeling technique 亲和标记技术
affinity ligand 亲和配体
affinity maturation 亲和力成熟
affinity partitioning 亲和分配
affinity precipitation 亲和沉淀
affinity purification 亲和纯化[法]
affinity tag 亲和标记[物]
affixed 附着的 (affixus)
affixing 附贴{显技}
afflight 绕月球背面的接近轨线{遥感}
affluent 支流,汇流
affluent level 支流水位
afforest 植树,造林
afforestation ①荒山造林,人工造林 ②绿化
afforestation and reclamation 林垦
afforestation by seeding 播种造林
afforestation movement 绿化运动
afforestation of barren land (= afforestation of waste land) 荒地造林
afforestation plan 绿化规划
afforestation project ①造林规划 ②绿化规划
afforestation system 绿化系统
affusion ①灌注 ②泼水疗法 (affusio)
Affynetrix chip Affynetrix 芯片
Afghan erysimum 阿富汗糖芥 [*Erysimum perofskianum* Fisch. et Mey.] (十字花科)
afibrinogenemia 无纤维蛋白原血
afield 在田间,野外
aflagellate (= aflagelar) 无鞭毛的 (aflagellatus)
aflatoxin 黄曲霉毒素
aflatoxin B 黄曲霉素 B
afloat ①漂浮的 ②传播的
afocal ①远焦的,焦外的 ②非聚焦系统{遥感}
afoliate 无叶的 (afoliatus)
African agapanthus ①百子莲属 [*Agapanthus* L'Her.] (石蒜科) ②百子莲 (非洲百合) [*Agapanthus africanus* Hoffmgg.]
African agriculture 非洲农业
African albizzia 非洲合欢 [*Albizzia adianthifolia* W.F. Wight] (豆科)
African arctotis ①蓝目菊属 [*Arctotis* spp.] (菊科) ②蓝目菊 [*Arctotis stoechadifolia* sp.]
African armyworm (= nutgrass armyworm) 莎草黏虫 [*Spodoptera exempta* (Walker)] (夜蛾科)
African bee 非洲蜂 (赛内加尔蜂) [*Apis mellifera* Adansonii] (蜜蜂科)
African Cape 非洲好望角
African castorbean 非洲蓖麻 [*Ricinus*

communis var. *africanus*]（大戟科）
African cyclamen 非洲仙客来[*Cyclamen africanum* Boiss et Reut.]（报春花科）
African daisy ①扶郎花（非洲菊）[*Gerbera jamesonii* Bolus]（菊科）②罗纳菊[*Lonus annua* sp.]（菊科）
African falsenettle 水苎麻[*Boehmeria platyphylla* D. Don. = *B. platyphylla* var. *macrostachya* (Wight) Wedd.]（荨麻科）
African flax 非洲亚麻[*Linum africanum*]（亚麻科）
African grasses 非洲牧(禾)草
African iris ①肖鸢尾属（摩利兰属）[*Moraea* Mill.]（鸢尾科）②肖鸢尾（摩利兰）[*Moraea iridioides* L.]
African marigold 万寿菊[*Tagetes patula* L.]（菊科）
African migratory locust（= tropical migratory locust） 非洲飞蝗(热带飞蝗)[*Locusta migratoria migratorioides* Reiche et Fairmaire]（蝗科）
African millet（= pear millet, Indian millet） 御谷（蜡烛稗，珍珠粟）[*Pennisetum typhoides* Rich. = *P. glaucum*(L.) R. Br. = *Panicum glaucum* L.]（禾本科）
African mole cricket 非洲蝼蛄[*Gryllotalpa africana* P. de B.]（蝼蛄科）
African myrsine ①铁仔属[*Myrsine* L.]（紫金牛科）②铁仔（非洲铁仔）[*Myrsine africana* L.]
African oats 非洲燕麦[*Avena byzantina* Koch.]（禾本科）
African oil palm（= oil palm） 油棕[*Elaeis guineensis* Jacq.]（棕榈科）
African peltophorum 非洲双翼豆[*Peltophorum africanum*]（豆科）
African pink borer 非洲大螟[*Sesamia calamistis* (Hampson)]（螟蛾科）
African rice 非洲稻[*Oryza glaberrima* Steud.]（禾本科）
African rice hispa 非洲铁甲[*Trichispa sericea* (Guérin)]（铁甲科）
African scabious 非洲山萝卜[*Scabiosa africana*]（川续断科）
African sheep louse 非洲绵羊长颚虱[*Linognathus africana* Kellogg et Paine]
African snail（= giant snail） 褐云玛瑙螺（非洲大蜗牛）[*Achatina fulica* Férussac.]（蜗牛科）
African spiderherb 白花菜[*Cleome gynandra* L. = *Gynandropsis gynandra* (L.) Briq.]（白花菜科）
African swine fever（= African swine pest） 非洲猪瘟
African violet ①非洲紫罗兰属（非洲紫苣苔属）[*Saintpaulia* H. Wendl.]（苦苣苔科）②非洲紫罗兰（非洲紫苣苔）[*Saintpaulia lonantha* H. Wendl.]
African white rice borer 稻粗角卷螟[*Maliarpha separatella* Ragonot]（螟蛾科）
African white-striped borer 非洲白条螟[*Parerupa africana* Auriv.]（螟蛾科）
Africander 南非瘤牛(肉役兼用)
aft ①尾部，后部 ②下游
aft gate 下游闸门{水利}
after burning 后燃烧，补烧{环保}
after-cultivation 出苗后作业(包括中耕，除草，培土等)
after-culture 补栽，补种，补植
after effect 后效，后作用
after-effect of ionizing radiation 电离辐射后效
after-fermentation 后发酵{微生物}
after filter 后滤器
after filtration 后[过]滤
after-floating 扫尾[子]，后管流
after-growth（= regrowth, second growth） 后生树
after manuring（= dressing） 追肥
after-regeneration 伐后更新法
after-replacement 补植，补种
after-riped seed 后熟种子
after ripening 后熟[作用]
after-ripening of seed 种子后熟
after-ripening period 后熟期
after-sensation 残感觉
after-shock 余震
after summer（= afterheat, Indian summer） 秋老虎
after swarm 新蜂群，再分蜂群
after-thought（= out-of-season） 贻误农时
after-treatment 补充处理
after-wine 劣质酒(葡萄酒渣制成的)
afterbreast 后胸
aftercooking darkening 煮后变黑(指马铃薯)
aftercrop ①后作 ②第二次收割 ③后[期]作物
aftercrop field 后作地，后茬地
aftercrop hay 第二次收割干草
aftergrass 再生草
aftergrowth ①再生，重生，再长，后生长 ②再

生茎 ③后生苗木 ④二茬作物(如二茬烟)
aftergrowth cotton 宿根棉
aftergrowth crop 再生作物,二茬作物
aftergrowth rice(=ratoon rice) 再生稻
aftergrowth tobacco 再生烟,二茬烟
afterharvest 后收获,第二次收获
afterimage 残像,后像{遥感}
afterings (=residual milk) 残留乳
aftermath (=aftergrass) 再生草
aftermath qualities(=recovery ability) 再生能力
afternoon ①下午,午后 ②后半期
afternoon observation 下午观察
afterreap 第二次收割,第二次收获
afterreap crops 第二次收获作物,后茬作物
afterstain 互补色,对比色{显技}
aftertaste 余味(烟草)
AFU (=autonomously fold unit) 自动折叠单位{分生}
AG (=azaguanine) 氮鸟嘌呤
AG complex AG综合体(产雌、雄性器官因子的综合,A为产雄性器官的因子,G为产雌性器官的因子)
Ag-horizon Ag层,表潜层{土壤}
A/G ratio 清蛋白球蛋白比率
AG-system AG系统{分遗}
agad 海滨植物
again flowering 再次开花的(remontans)
against natural disaster 防止自然灾害
against the grain 逆纹(指木材)
agalactia 泌乳缺乏,无乳
agamae 隐花植物
agamandroecism 雄无性花同株(指菊科)(agamandroecismus)
agameon 无配生殖种
agametangium 拟配子囊,孢子囊
agamete ①非配子 ②拟配子(指生殖的未分化细胞)(agameta)
agametophyte 拟配子体(agametophyta)
agamic 无配[子]的,无性生殖的(agamus)
agamic complex 无配系群
agamic reproduction 无配子生殖,无融生殖
agammaglobulinemia 无丙种球蛋白血[症],无γ球蛋白血[症](agammaglobulinaemia)
agamobium 无性世代
agamodeme 无性生殖同类群
agamodistomum (=metacercaria) 后囊蚴
agamogenesis ①无配生殖,无性生殖 ②出芽生殖
agamogony 无配子生殖,无融生殖(agamogonia)
agamogynaecism 雌无性花同株(指菊科)(agamogynaecismus)
agamogynomonoecism 三性花同株,无雌及完全花同株(agamogynomonoecismus)
agamohermaphroditism 无性两性花同株(agamohermaphroditismus)
agamonoecious 中性两性花同株的(agamonoecius)
agamonoecism 中性两性花同株(agamonoecismus)
agamont 无性个体
agamospecies 无性[生殖]种,无融[生殖]种
agamospermous 无融结子的(agamospermus)
agamospermy 无融结子(agamospermia)
agamotoploidy 无性倍性,无性多倍性(agamotoploidas)
agamotopseudopolyploidy 无性假多倍性(agamotopseudopolyploidas)
agamotype 无性型(agamotypus)
agamous 无性的(agamus)
Aganensis twistedstalk 阿耶湾箕盘七[*Streptopus aganensis* Tiling](百合科)
agar-agar (=agar) ①琼脂,琼胶,洋菜(俗称)②石花菜[*Gelidium amaneii* L.](石花菜科)
agar block technique 琼脂木块技术(木材防腐)
agar culture media 琼脂培养基
agar culture method 琼脂培养法
agar cup method 琼脂杯法{微生物}
agar deep culture 琼脂深层培养
agar diffusion method 琼脂扩散法{农药}
agar diffusion test 琼脂扩散试验
agar dilution method 琼脂稀释法{农药}
agar gel 琼脂胶
agar medium 琼脂培养基
agar piece method 琼脂小块法
agar plate ①琼脂平面 ②琼脂平面培养
agar plate count 琼脂平面培养计数
agar-plate method 琼脂平面培养法
agar slant ①琼脂斜面 ②琼脂斜面培养
agar stab ①琼脂穿刺 ②琼脂穿刺培养
agar streak 琼脂划线培养
agar-tube method 琼脂试管培养法
agarase 琼脂糖酶
agaric 伞菌[*Agaricus*]
agaric acid 松蕈酸
agaric family 伞菌科[Agaricaceae]
agaricaceous 伞菌科的(agaricaceus)
agaricin 伞菌素,蘑菇素
agaricinic acid 蘑菇酸

agaricology 伞菌学(agaricologia)
agaricolous 伞菌寄生的(agaricolus)
agaritine 伞菌氨酸
agarobiose 琼脂二糖
agaroid 拟琼脂
agaroidase 拟琼脂酶
agaroidine 拟琼脂素
agaropectin 琼脂胶
agarose 琼脂糖
agarose gel electrophoresis 琼脂糖凝胶电泳
agarose plate 琼脂糖平面[培养]
agate 玛瑙
agate mortar 玛瑙研钵
agati sesbania 木田菁[*Sesbania grandiflora* (L.) Pers. = *Agati grandiflora* (L.)Desv.](豆科)
agave ①龙舌兰属[*Agave* L.](龙舌兰科) ②龙舌兰(世纪树)[*Agave americana* L.]
agave cactus ①光山属[*Leuchtenbergia* Hook.](仙人掌科) ②光山[*Leuchtenbergia principis* Hook.]
agave family 龙舌兰科[Agavaceae]
agave scale (= California red scale) 红圆蚧(盾蚧科)
age ①寿命 ②使用期 ③龄,年龄 ④年代
-age ⌊字尾⌉ ①活动,动作 ②状态 ③集合
age and area hypothesis 年代与面积假说,老种广布假说{遗传}
age at first calving 初胎母牛的年龄
age at first capture 最初捕捞年龄
age at first egg 最初产卵龄(指母鸡生第一卵的日龄)
age at first maturity 最初性成熟年龄
age at sexual maturity 性成熟年龄
age class 龄级(指果树)
age class composition 龄级结构,龄组结构
age composition 年龄组成
age correction 年龄校正
age correction factor 年龄校正因子,年龄校正系数
age determination 年龄鉴定
age distribution 年龄分布
age effect on crossing-over 交换的年龄效应(年龄对交换的影响)
age for final cutting 伐期龄
age grade 龄阶
age group 同龄组,同龄群
age-growth 年龄增长(指树木)
age identification 年龄鉴定
age immunity 年龄免疫性
age in days 日龄
age in month 月龄
age involution 年老衰退
age mark 年龄标志
age of a mutant gene 突变基因寿命
age of leaf 叶龄
age of maturity (= final age, age for final cutting) 伐期龄
age of radiation 辐射年龄
age of seed 种子年龄
age of seedling 苗龄,秧龄
age of stand 林龄
age of the stand 植物群丛年龄
age of tree 树龄
age-performance interaction 年龄-表现相互作用
age variation 年龄变异
aged ①陈年的,老年的 ②衰老的,衰化的
aged floc 老凝絮,老凝粒
aged pigment 老年色素
aged seed ①陈年种子,老种子,旧种子 ②衰老种子
aged soil 老年土
aged-soil area 老年土地区
aged wine 陈年酒,老酒,陈酿
ageing (= aging) ①衰老,衰化,老化,陈化 ②成熟,熟化
ageing beef (= ripening beef) 成熟牛肉
ageing blemish 老化污点
ageing leaves 衰老叶,老化叶
ageing of seed 种子衰化
ageing of the leaf 叶的老化
ageing of tree 树木衰老
ageing part 衰老部分,衰老部位
ageing process 衰老过程,老化过程,衰化过程
agency ①营力[作用]{地质} ②机构,代办处 ③动作 作用,力(agencia)
agenda 待议事件{信息}
agenda control 议事日程控制
agenesis ①发育不全 ②无生殖力
agent ①剂,制剂,药剂 ②因素,作用力 ③代理人,经理 ④介质(agentum)
agent causing tumor 致瘤剂
agent of disease (= pathogen) 病原体
ageratum ①胜红蓟属(藿香蓟属)[*Ageratum* L.](菊科) ②胜红蓟(藿香蓟)[*Ageratum conyzoides* L.]
ageratum leaved achillea 希腊蓍草[*Achillea ageratifolia* Boiss](菊科)
agglomerate ①附聚物{土壤} ②集聚(指农药粉粒集聚成团或块) ③团集的(指花),结球的(指叶) ④群生的{生态}(agglomeratus)

agglomeration ①团集作用{形态} ②结块作用{农药} ③附聚作用{土壤}(agglomeratio)
agglomerative rule 聚合规则{遥感}
agglutinate ①黏结的,胶结的 ②凝集的(agglutinatus)
agglutination ①凝集[作用] ②黏结[作用],胶结[作用](agglutinatio)
agglutination reaction 凝集反应
agglutination test 凝集试验
agglutinative 凝集的(agglutinativus)
agglutinative absorption 凝集吸收作用
agglutinin ① 凝集素 ②凝抗体
agglutinogen ①凝集原 ②凝抗原
agglutinoid 类凝集素
aggradation 加积,填积(aggradatio)
aggravation 恶化,加重(aggravatio)
aggrecan 聚集蛋白聚糖
aggregate ①团粒,团聚体{土壤} ②聚生{形态} ③族聚{生态} ④聚合{遗传} ⑤群聚体 ⑥机组{农机} ⑦综合,总合{统计} ⑧凝集体{生技}(aggregatus)
aggregate analysis 团粒分析,团聚体分析
aggregate character 聚合性状
aggregate chromosome 聚合染色体(chromosoma aggregata)
aggregate clay 团聚性黏土
aggregate condition 团粒状态,团聚性状态
aggregate cup fruit 聚合杯果(calachifructus aggregatus)
aggregate deviation 综合离差{统计}
aggregate dominance 总显性,聚加显性(dominantia aggregata)
aggregate economic breeding value 综合经济育种值
aggregate expression 聚合表达式
aggregate flowers 密聚花(flores aggregati)
aggregate formation 团粒形成,团聚体形成
aggregate free fruit 聚合离果(dialycarpus aggregatus)
aggregate fruits ①聚合果 ②聚心皮果(fructus polyanthocarpi)
aggregate genotype 聚合基因型
aggregate operation 聚集运算
aggregate parenchyma 聚合薄壁组织(parenchyma aggregata)
aggregate plasmodium 聚合原[生]质团(plasmodium aggregatum)
aggregate porosity 团粒孔隙度,团聚体孔[隙]度(porositas aggregatus)
aggregate ray 聚合射线(radius aggregatus)
aggregate resin cell 聚合脂胞
aggregate resources 总体资源
aggregate species 复合种
aggregate stabilization 团粒稳定作用,团聚体稳定作用
aggregate structure 团粒结构
aggregating agent 聚合剂
aggregation ①团聚[作用],团粒形成[作用]{土壤} ②族聚{生态} ③聚集[作用]{生化} ④集群{水产} ⑤集合{农机}(aggregatio)
aggregation density 集群密度
aggregation moisture 团聚作用湿度
aggregation pheromone 群集信息素,聚集信息素
aggregation state 团聚状态
aggregativity 团粒性(度)(aggregativitas)
aggregrates of mineral 矿物集合体
aggression ①侵入素{细胞} ②侵占,侵袭(aggressio)
aggressive ①侵袭性的,侵占性的 ②侵蚀性的(aggressivus)
aggressive characteristics 侵蚀特性{环保}
aggressive oxygen species 侵蚀性氧核素
aggressive pathogen 侵袭性病原
aggressive root system 强根系
aggressive species 侵占种
aggressive type 侵占型
aggressive water 侵蚀性水
aggressiveness 侵袭性(指病原) ②侵占性(指杂草) ③侵入性,侵蚀性(指水)
aggressiveness of bees 蜜蜂攻击性
aggressivity ①侵袭力 ②侵占力 ③侵入力,侵蚀力 ④攻击力(aggressivitas)
agilawood 沉香(沉香木)[*Aquilaria agallocha* Roxb](瑞香料)
aging ①陈化,老化 ②衰化,衰老 ③熟化,老熟 ④陈酿 ⑤时效
aging date 时效日期{电脑}
aging gene 衰老基因
aging mechanism 衰老机理
aging properties 陈化性
aging susceptibility 老熟型感病性
aging theory 衰老理论
aging time 老化时间,衰化时间
aging variability 渐衰变异性
agitated conveyor 抖动式输送器
agitation ①搅拌[作用],振荡 ②激发,激动 ③骚动(agitatio)
agitator 搅拌机,搅拌器,搅动器
agitator fertilizer distributor 抖动式化肥撒布机
agitator type seed-metering device 搅拌式

排种器
aglaia ①米仔兰属[*Aglaia* Lour.](楝科) ②米仔兰[*Aglaia odorata* Lour.]
aglaonema ①粤万年青属[*Aglaonema* Schott](天南星科) ②粤万年青[*Aglaonema modestum* Schott]
aglet grafting 金具接(似凸凹接){园艺}
aglucone (=aglucon) 葡糖苷配基
aglycone (=aglycon) 糖苷配基,配质,苷元
agmatine 鲱精胺,胍基丁胺[$NH_2C(NH)NH(CH_2)_4NH_2$]
agmatoploid 假倍体(agmatoploidas)
agmatoploidy 假倍性,假多倍性,假非整倍性(agmatoploidas)
agmatopseudopolyploidy 假多倍性(agmatopseudopolyploidas)
agmenellum ①片藻属[*Agmenellum* spp.](片藻科) ②片藻[*Agmenellum* sp.]
agnathous 无颚的(agnathus){昆虫}
agnation 父本亲缘,雄系亲缘(agnatio)
agnosticism ①不可知论 ②不可知性(agnosticismus)
agon 辅基
agonadism 无性腺症(agonadismus)
agonist 激动剂,兴奋剂,刺激剂
agonsis 竞争(指授粉时,花粉竞争生长)
agony 濒死(agonia)
agouti ①野灰色,野鼠色 ②刺鼠
agrad 栽培植物(agras)
Agramon 粒状尿素(商)
agranular reticulum 无颗粒内质网(reticulum agranulare)
agranulocyte 无粒细胞(agranulocyta)
agrarian ①耕地的,农地的 ②耕种的 ③耕地生的(agrarius)
agrarian area 耕地面积,农地面积
agrarian crisis 农业危机
agrarian land 农地,耕地
agrarian laws 土地法
agrarian policy 土地政策
agrarian problem 土地问题
agrarian reform 土地改革
agrarian revolution 土地革命
agrarian system 土地制度
agrarian tractor 耕地拖拉机
agrarian zone 农田带,耕作带
agravitropism 无向动性(agravitropismus)
agretope 限制位(指抗原)
agri-robot 自动犁(一种自动单轴拖拉机)
agri-silviculture ①农林业结合 ②农林间作
agribusiness 农业综合体
agric horizon 耕作[熟化]层
agricultural 农业的,农事的,农作的(agriculturalis)
agricultural academy 农业科学院
agricultural acreage 耕地面积,耕地英亩数
agricultural act 农业法案,农业法令,农业法律
agricultural adjustment act 农业调整法案
agricultural administration ①农政学 ②农业管理[局]
agricultural adviser 农业顾问
agricultural advisory work 农业咨询工作
agricultural aerosol 农业烟雾剂
agricultural affairs 农务
agricultural afforestation 农业人工造林
agricultural aircraft 农用飞机
agricultural airplane (=agricultural aeroplane) 农用飞机
agricultural alcohol 农业酒精,农产品[制]酒精
agricultural amelioration 农业土壤改良
agricultural annual 农业年鉴,农业年报
agricultural ant 农蚁[*Pogonomyrmex barbatus molefacias* Dalla Torre](蚁科)
agricultural antibiotic 农用抗生素
agricultural application 农业应用
agricultural application of nuclear and space technology 核技术与空间技术的农业应用
agricultural apprenticeship scheme 农业实习计划
agricultural appropriation 农业拨款
agricultural architecture 农业建筑
agricultural area 农业地区,农业用地面积
agricultural aviation 农业航空
agricultural bank 农业银行
agricultural base 农业基地
agricultural belt 农业带
agricultural bibliography 农业书目,农业文献目录
agricultural bio-geochemistry 农业生物地球化学
agricultural biochemistry 农业生物化学(agrobiochemia)
agricultural biology 农业生物学(agrobiologia)
agricultural biomass resources 农业生物量资源{农施}
agricultural biotechnological environment engineering 农业生物技术环境工程{农生技}
agricultural board 农业局
agricultural botany 农业植物学(agrobo-

tanica)
agricultural broadcasting 农业广播
agricultural bureau 农业局
agricultural C_3 plant 农业 C_3 植物,C_3 农作物
agricultural census 农业普查
agricultural chemical drift residues 农药飘雾残留
agricultural chemicals (= pesticide) 农药,农用药剂
agricultural chemicals and applying instruments 农业药械
agricultural chemicals processing waste water 农药工业废水(指农药加工厂排出的废水){环保}
agricultural chemicals regulation law 农药管理法规
agricultural chemistry 农业化学(agrochemia)
agricultural civil engineering 农业土木工程
agricultural classification 农业分类
agricultural climatology (= agroclimatology) 农业气候学(agroclimatologia)
agricultural climax vegetation 农业演替顶极植被{生态}
agricultural co-operation 农业合作化
agricultural co-operative societies (ACS) 农业合作社
agricultural collectivization 农业合作化,农业集体化
agricultural college 农学院
agricultural committee 农业委员会
agricultural commodities 农产品
agricultural commodities market 农产品市场,农产品市集
agricultural condition ①农业条件,农业情况 ②耕作情况 ③⌊复⌉农业环境
agricultural conservation program 农业[资源]保持计划
agricultural construction 农业建设
agricultural construction project 农业建设项目{农经}
agricultural consultant 农业顾问
agricultural continuation school 农业进修学校
agricultural control 农业防治
agricultural corporation 农业法人(指农业团体或农业社团的)
agricultural country 农业国
agricultural cover type 农业覆盖类型
agricultural credit 农业信贷
agricultural crisis (= agrarian crisis) 农业危机
agricultural crops 农作物
agricultural cycle 农业周期
agricultural day release school (= agricultural school, farm school) 农业学校
agricultural decision 农业决议
agricultural density 农业密度(指人口)
agricultural department 农科
Agricultural Department (AD)(FAO)(粮农组织)农业司
agricultural depot 农业仓库
agricultural development ①农业开发 ②农业发展
agricultural development bank 农业发展银行
agricultural development programme 农业发展纲要
agricultural development strategy 农业发展战略{农经}
agricultural development tendency 农业发展趋势
agricultural districts 农业地区
agricultural division 农业区划
agricultural documentation 农业文献编纂
agricultural drain 农用排水管
agricultural drainage 农业排水
agricultural drought 农业干旱
agricultural eco-environment 农业生态环境{智培}
agricultural ecology 农业生态学(agroecologia)
agricultural economic model 农业经济模型{智培}
agricultural economics ①农业经济学 ②农业经济(agroeconomica)
agricultural economist 农业经济工作者,农业经济学家(agronomistus)
agricultural economy 农业经济[学](agroeconomia)
agricultural education 农业教育(agroeducatio)
agricultural electric drive 农业电力拖动,农业电力拉动
agricultural electric fan 农用电扇
agricultural electrification 农业电气化
agricultural engineer 农业工程师
agricultural engineering ①农业工程 ②农业工程学
agricultural engineering design [ing] 农业工程设计
agricultural engineering economics 农业工程经济[学]
agricultural engineering education 农业工程教育

agricultural engineering industry 农业机械工业
agricultural engineering planning 农业工程计划
agricultural engineering surveying 农业工程勘测
agricultural engineering system 农业工程体系〈农系工〉
agricultural engineering technology 农业工程技术
agricultural entomology 农业昆虫学（agro-entomologia）
agricultural environment 农业环境
agricultural environmental factor 农业环境因素〈智培〉
agricultural environmental monitoring 农业环境监测〈遥感〉
agricultural equipment 农机具，农业设备
agricultural evolution（=agricultural development）农业进展，农业发展
agricultural exhibition 农业展览会
agricultural experiment station 农业试验站
agricultural experimentation 农业试验法
agricultural export 农产品输出
agricultural exposition 农业展览（户外展览，如家畜，农机具等）
agricultural extension 农业推广
agricultural extension agent 农业推广员
agricultural extension department 农业推广部
agricultural extension division 农业推广区
agricultural extension service（AES）农业推广部，农业推广站
agricultural extension station 农业推广站
agricultural facility 农业设施
agricultural fair ①农业集市 ②农业展览会
agricultural field（=farm）农田，农地
agricultural financial law 农业财政法
agricultural foremost people 农业先进分子
agricultural forestry and fisheries administration information system 农林渔业行政信息系统〈农施〉
agricultural forestry and fisheries technical information network system 农林渔业技术信息网系统
agricultural geography 农业地理学（agro-geographia）
agricultural grease 农用润滑脂
agricultural hi-tech 农业高新技术
agricultural hi-tech achievement 农业高新技术成果
agricultural history 农业史（agrohistoria）
agricultural hydrology 农业水文学（agro-hydrologia）
agricultural implement and machinery 农机具
agricultural implements 农具
agricultural implication 农业含义
agricultural import 农产品输入
agricultural improvement 农业改进，农业改良
agricultural income 农业收入
agricultural industrialization ①农业产业化 ②农业工业化（industrialisatio agriculturalis）〈农经〉
agricultural industrialization in the frigid area 高寒地区农业产业化
agricultural industrialization management 农业产业化经营〈农管〉
agricultural industry ①农用工业，农业产业，农业副业，农业企业 ②农产品加工业
agricultural industry of normalization 规范化农业产业〈智培〉
agricultural industry of ordering 有序化农业产业〈智培〉
agricultural industry of quantization ［定］量化农业产业
agricultural industry of scientificalization 科学化农业产业
agricultural information 农业情报，农业消息，农业信息
agricultural information acquisition 农业信息获取〈智培〉
agricultural information science 农业信息科学
agricultural information system（AGRIS）农业信息系统〈信息〉
agricultural information system of intellectualization 智能化农业信息系统〈智培〉
agricultural information technology 农业信息技术
agricultural input 农业投入
agricultural insecticide 农用杀虫剂
agricultural installation（=agricultural facility）农业设施
agricultural instruction station 农业技术推广站
agricultural insurance 农业保险
agricultural investigation 农业研究
agricultural investment 农业投资
agricultural journalism 农业杂志业
agricultural knowledge economy 农业知识经济〈智培〉
agricultural knowledge innovation 农业知识创新
agricultural knowledge innovation capacity

农业知识创新能力
agricultural knowledge innovation engineering 农业知识创新工程
agricultural knowledge innovation system 农业知识创新体系
agricultural labour 农业劳动
agricultural labour legislation 农业劳动法
agricultural labourer 农业劳动力,农业劳动者,农业工人
agricultural labourer's union 农业工人工会
agricultural land 农业土地,农用土地,农地,农田
agricultural land resources 农业土地资源
agricultural land use 农地利用
agricultural land use engineering planning 农业土地利用工程规划{农系工}
agricultural landscape 农业景观(指包括地形,地貌,土壤,作物,水文和村落等){农系工}
agricultural laws 农业法规
agricultural legislation 农业立法
agricultural liming materials 农用石灰
agricultural literature 农业文献
agricultural livelihood 农活,庄稼活
agricultural loan 农业贷(借)款
agricultural loan agreement 农业借贷协定
agricultural loan agreement act 农业借贷协议法案
agricultural loan for smallscale capital investment 小本农贷
agricultural location 农业地点,栽培地点
agricultural machine 农业机械,农用机器
agricultural machine construction 农业机械制造
agricultural machine lending station 农机出租站
agricultural machine plant 农业机械厂
agricultural machine repair and manufacturing works 农机修造厂
agricultural machinery 农业机械
agricultural machinery and tractor station 农业机器拖拉机站
agricultural machinery census 农业机械保有量
agricultural machinery exports 农业机械出口量
agricultural machinery industry 农业机械工业{农机}
agricultural machinery maintenance workshop 农业机械维修车间
agricultural machinery work shops 农业机械修配间,农业机械车间
agricultural machinist 农业机械工,农业机械师
agricultural management 农业管理,农业经营
agricultural management information system 农业管理信息系统
agricultural map 农业地图
agricultural marketing agreement act 农业(农产品)销售协议法案
agricultural mechanical engineering 农业机械工程
agricultural mechanics 农业力学(agromechanica)
agricultural mechanization 农业机械化
agricultural meteorology (= agrometeorology) 农业气象学(agrometeorologia)
agricultural meteorology model 农业气象[学]模型{智培}
agricultural methods 农业技术措施,农业栽培方法
agricultural microbiology 农业微生物学(agromicrobiologia)
agricultural microclimate 农田小气候
agricultural modernization 农业现代化
agricultural modernization funds 农业现代化基金
agricultural motion pictures 农业电影
agricultural natural resources survey 农业自然资源调查{遥感}
agricultural needs ①农业需要,农业要求 ②农业需要量
agricultural news 农业消息,农业新闻
agricultural occupations 农业职业
agricultural operating cost 农业经营费
agricultural operation 农业经营
agricultural organization 农业组织,农业团体
agricultural outlook 农业展望
agricultural outlook digest 农业展望述评
agricultural output 农业生产量
agricultural periodical 农业周刊,农业周报,农业期刊
agricultural pest 农业病虫害
agricultural physics 农业物理学(agrophysica)
agricultural pilot 农用飞机驾驶员
agricultural plants 农业植物,农作物(plantae agriculturales)
agricultural plastic sheeting 农用塑料薄膜
agricultural policy 农业政策
agricultural practices 农业技术,农业措施
agricultural press 农业报刊,农业印刷品,农业定期刊物
agricultural prices 农产品价格
agricultural principles 农业法则,农业原理

agricultural process engineering ①农产品加工工程 ②农产品加工工程学
agricultural producers' cooperative 农业生产合作社
agricultural product constitution 农产品结构
agricultural product inspection law 农产品检验法
agricultural product processing 农产品加工
agricultural product processing engineering 农产品加工工程
agricultural production ①农业生产 ②农业生产量
agricultural production information 农业生产信息〔智培〕
agricultural production knowledge 农业生产知识〔智培〕
agricultural production pattern 农业生产模式〔农经〕
agricultural production potential 农业生产潜力
agricultural production zoning 农业生产区划
agricultural products 农产品
agricultural progress 农业进展
agricultural project consultation 农业项目咨询
agricultural propaganda 农业宣传
agricultural prosperity 农业繁荣
agricultural purpose ①农业决策 ②农业目的
agricultural raw materials 农业原料
agricultural region 农业区域
agricultural regionalization 农业区划化,农业区域化
agricultural research center 农业研究中心,农业研究站
agricultural research institute 农业研究所
agricultural research project 农业研究设计,农业研究计划,农业研究课题
agricultural resource development 农业资源开发〔农经〕
agricultural resource environment 农业资源环境〔智培〕
agricultural resource environment of informatization 信息化的农业资源环境
agricultural resource evaluation 农业资源评价
agricultural resource inventory survey through aerospace remote sensing 航空航天遥感调查农业资源〔遥感〕
agricultural resource of comprehensive evaluation 综合评定农业资源
agricultural resources 农业资源
agricultural retrospect and prospect 农业的回顾与前瞻
agricultural review 农业评论
agricultural road 农道,农用道路
agricultural scene understanding 农业景物分辨力〔遥感〕
agricultural school 农业学校
agricultural school system 农业学制
agricultural science 农业科学
agricultural science and technology 农业科学与技术,农业科技〔智培〕
agricultural scientific academy 农业科学院
agricultural scientific and technical achievement 农业科技成果
agricultural scientific and technical industry 农业科技产业〔农经〕
agricultural scientific and technical innovation 农业科技创新
agricultural scientific and technical knowledge 农业科技知识
agricultural scientific and technical organization 农业科技机构
agricultural scientific and technical progress 农业科技进步
agricultural scientific and technical revolution 农业科技革命
agricultural scientific and technical system 农业科技体系
agricultural seasons 农业季节,农时
agricultural seed 农用种子
agricultural show 农业展览
agricultural situation 农业形势,农业状况
agricultural specialist 农业专家,农业专业工作者
agricultural statistics ①农业统计 ②农业统计学(agrostatistica)
agricultural structure 农业结构
agricultural structure improvement 农业结构改善
agricultural sulphur 农用粗硫粉(增加土壤酸性)
agricultural survey 农业调查
agricultural sustainable development strategy 农业可持续发展策略〔农系工〕
agricultural system 农业系统,农业体系
agricultural system data 农业系统数据〔智培〕
agricultural system engineering (ASE) 农业系统工程
agricultural tax 农业税
agricultural tax paid in grain 公粮(用粮食

纳交农业税)
agricultural technical school 农业技术学校
agricultural technician (= agricultural technicist) 农业技术员,农业专家
agricultural technics (= agricultural technique) 农业技术
agricultural technology ①农业技术(= agricultural technique) ②农业工程(= agricultural engineering)
agricultural technology innovation 农业技术创新
agricultural technology policy 农业技术政策
agricultural thematic map 农业主题图,农业专题图
agricultural thematic mapping from remote sensing images 农业遥感[影像]专题制图{遥感}
agricultural timber 农业用材
agricultural toxicology 农业毒物学(agrotoxicologia)
agricultural tractor 农用拖拉机
agricultural trade policy 农产品贸易政策
agricultural trailer 农用挂车
agricultural training 农业训练
agricultural training school 农业技术学校
agricultural transportation 农业运输
agricultural type 农业类型
agricultural university (= University of Agriculture) 农业大学
agricultural use 农业用途,农业利用,农用
agricultural utilization 农业利用
agricultural value 农业价值
agricultural warehouse 农业仓库
agricultural wastes 农业废物,农业垃圾,农业废弃物{环保}
agricultural water 农业用水
agricultural water conservancy 农田水利
agricultural water conservancy project 农田水利工程
agricultural water conservation system 农业水利系统
agricultural water resources 农用水资源
agricultural water sheds 农用水分水岭
agricultural weather forecasting 农业天气预报
agricultural weekly 农业周刊
agricultural work 农业作业,农业劳动,农活,农业工作
agricultural work plan 农业作业计划,农业工作计划
agricultural worker ①农业工作者 ②农业工人
agricultural yearbook 农业年鉴
agricultural zone 农业带,农业区
agricultural zoning 农业生产分带制,农业生产区域制
agriculture ①农业,农事,农作,耕作 ②农学,农艺 ③作物栽培(agricultura)
agriculture area 农业地区,农业用地面积
agriculture census 农业普查(agrocensus)
agriculture in the loess plateau 黄土高原农业
agriculture in the national economy 农业在国民经济中的地位
Agriculture Publishing House 农业出版社
agriculture situation 农业形势,农业状况
agriculture to earn foreign exchange 创汇农业{农经}
agriculturist 农业工作者,农业家,农学家(agriculturistus)
agrimony ①龙牙草属[*Agrimonia* Tourn. ex L.](蔷薇科) ②龙牙草[*Agrimonia pilosa* Ledab.]
agrimony aphid 龙牙草二叉蚜[*Toxoptera agrimoniae* Shinji](蚜科)
agrimony orthezia 龙牙草旌蚧[*Orthezia agrimoniae* Shinji](旌蚧科)
agrimotor 农用动力机(指拖拉机,汽车等)
agrimycin 链霉素
agrioecology (= agroecology) 农业生态学
agrionids 豆娘科[Agrionidae]
agriotes 叩甲属
agriotype 野生类型
AGRIS (= agricultural information system) 农业信息系统{信息}
agrium 栽培群落
agro- ⌊字头⌉农业,农艺,农田,耕作
agro-ecological taxonomy 农业生态分类学(agroecotaxonomia)
agro-industrial complex 农工综合体,农工联合企业
agroatomizer (农用)喷雾机
agrobacteriocin 土壤杆菌素,农杆菌素
agrobacterium ①土壤杆菌属(农杆菌属)[*Agrobacterium* Conn.](杆菌科) ②土壤杆菌[*Agrobacterium* sp.]
agrobacterium rhizogenes 发根土壤杆菌(发根植物单胞菌)[*Agrobacterium rhizogenes* (Riker et al.) Conn.]
agrobacterium tumefaciens 根癌土壤杆菌(根癌农杆菌)[*Agrobacterium tumefaciens*]
agrobiological environment engineering 农业生物环境工程
agrobiological environment monitoring in-

stallation 农业生物环境监测设施〔智培〕
agrobiology 农业生物学（agrobiologia）
agrobiotechnology 农业生物技术（agrobiotechnologia）〔农生技〕
agrobotany 农艺植物学，农业植物学（agrobotanica）
agrocenology 农业群落学（agrocenologia）〔生态〕
agrocenosis 农业群落
agrochemical soil map 农化土壤图
agrochemicals（= agricultural chemicals）农药，农用化学品
agrochemistry 农业化学（agrochemia）
agrocin 土壤杆菌素，农杆菌素
agroclavine 田麦角碱［$C_{16}H_{18}N_2$］
agroclimate 农业气候（agrocaelum）
agroclimatic zone 农业气候带
agroecology 农业生态学（agroecologia）
agroeconomic survey 农业经济调查
agroecosystem 农业生态系统（agroecosystema）
agroecotype 作物生态型（agroecotypus）
agroforestry 农业森林学（agrosilvicultura）
agrogeological map 农业地质图
agrogeology 农业地质学（agrogeologia）
agrohydrology 农业水文学（agrohydrologia）
agroinfection 土壤杆菌侵染，农杆菌侵染〔微生物〕
agrology 农业土壤学（agrologia）
agromelioration 农业土壤改良
agrometeorological 农业气象的（agrometeorologicus）
agrometeorological forecasting 农业气象预报
agrometeorological model 农业气象模型
agrometeorological station 农业气象站
agrometeorology 农业气象学（agrometeorologia）
agromicrological 农业微生物的（agromicrologicus）
agromicrological fermentation technology 农业微生物发酵工程
agromicrology 农业微生物学（agromicrologia）
agrominimum 农业基本知识（agrominimum）
agronomic（= agronomical） 农学的，农艺的（agronomicus）
agronomic adaptation 农艺适应
agronomic background 农艺背景，栽培背景
agronomic character（= agronomic trait）农艺性状
agronomic characteristics 农艺特征
agronomic classification 农艺学分类［法］（指作物分类）
agronomic condition 农艺条件，栽培条件
agronomic data 农艺［学］资料，栽培记录
agronomic difference 农艺差异性，栽培差别
agronomic diversity 农艺多样性，栽培多样性
agronomic evaluation 农学［学］评价
agronomic habit 农艺习性，栽培习性
agronomic instruction 农学教育
agronomic limitation 农艺限制，栽培限制
agronomic management 农艺管理，栽培管理
agronomic measure 农艺措施，栽培措施，栽培方法
agronomic performance 农艺表现，农艺性状，农艺生产性能
agronomic possibility 农艺可能性，栽培可能性
agronomic practices 农艺技术，栽培技术，栽培措施
agronomic program 农艺程序，栽培计划
agronomic requirement 农艺需要量，栽培需要量
agronomic restriction（= agronomic limitation） 农艺限制，栽培限制
agronomic technician 农业技术员，农艺师
agronomic technique 农艺技术，栽培技术
agronomic trait 农艺性状，农艺特性，栽培特性
agronomic type 农艺型，栽培型（typus agronomicus）
agronomic use 农艺利用，栽培用途
agronomic usefulness 农艺有效性，农艺效用
agronomic variety 农艺品种，栽培品种
agronomic worth 农艺［学］价值
agronomical annual 农学年报
agronomical club 农学会，农艺研究社
agronomical crops 农艺作物，农作物
agronomical culture 作物栽培
agronomical experiment 农学试验
agronomical standpoint 农学观点
agronomical terminology 农学名词学，农学术语，农艺术语
agronomical value（= agronomic value）农艺［学］价值
agronomical yield（= agronomic yield） 农艺产量，栽培产量
agronomics 农业经营［学］（agronomica）
agronomist 农学家，农学工作者，农艺师

(agronomistus)
agronomization 农学化,农艺化(agronomisatio)
agronomy 农学,农艺学,作物栽培学(agronomia)
agronomy farm 农艺场,大田作物农场
agropedic degradation 农业土壤退化
agropedogenesis 农业土壤发生
agropedology 农业土壤学(agropedologia)
agrophysical 农业物理的(agrophysicus)
agrophysical property 农业物理性质
agrophysics 农业物理学(agrophysica)
agrophytocoenosium 农业植物群落
agroprinology (= geoponics) 耕作学(agroprinologia)
agroproduct (= agricultural product) 农产品
agroproduct storage buildings 农产品贮藏库
agropyrene 冰草炔
agropyron ①冰草属[*Agropyron* Gaertn.](禾本科) ②(= quackgrass)冰草[*Agropyron pectiniforme* R. et Sch.]
agropyron mosaic virus 冰草花叶病毒
agrosan (= PMA, PMAC, PMAS) 赛力散,醋酸苯汞(杀菌剂)[$C_8H_8HgO_2$]
agrosprayer 农用喷雾机
agrostology 禾草学,牧草学(agrostologia)
agrotechnic ①农业技术 ②农业技术的(agrotechnicus)
agrotechnic draft 农业技术草案,农业技术草图
agrotechnic training center 农业技术培训中心
agrotechnical 农业技术的(agrotechnicus)
agrotechnical measures 农业技术措施
agrotechnical significance 农业技术重要性
agrotechnical station 农业技术推广站
agrotechnician 农业技术员,农业技师,农艺师
agrotechnics (= agrotechnique) 农业技术,栽培技术(agrotechnica)
agrotechny 农产品加工学(agrotechnia)
agrotricum (= Agropyron × Triticum vulgare) 小麦鹅冠草(小麦与鹅冠草杂交的杂种)
agrotricum hybrid 小麦鹅冠草杂种
agrotype ①农业型 ②农业族(agrotypus)
aground 地面上
Agrox (= Phenylmercuric urea) 草汞脲
agustite 磷灰石
agworm-flower 复活节钟草[*Stellaria holostea* L.](石竹科)
agynous 无雌蕊的(agynus)
AHG (= antihaemophilic globulin) 抗血友病球蛋白
AHH (= arylhydrocarbon hydroxylase) 芳[香]基烃羟化酶
A.I. (= artificial insemination) 人工授精
ai (= active ingredient) 有效成分
A.I. daughter 人工授精青年母牛
aianthous ①经常开花的 ②永久的(aianthus)
A.I. bull 人工授精用公牛
aichlorodrymion [热带亚热带]常绿群落
aichlorothamnion 常绿灌木群落
aid ①帮助,援助,辅助 ②补助金 ③助手 ④[辅助]设备,工具 ⑤助剂(adjutare)
aid fund 补助基金
aid in kind 实物援助
aided decision service 辅助决策服务{智培}
aigret (= aigrette) 冠毛(aigrettum)
Aiken code 阿肯码{信息}
ailanthus ①臭椿属[*Ailanthus* Desf.](苦木科) ②臭椿[*Ailanthus altissima* (Mill.) Swingle]
ailanthus webworm ①具点巢蛾[*Atteva punctella* (Cramer)] ②臭椿巢蛾[*Atteva aurea* Fitch](巢蛾科)
aileron ①肩板 ②翅瓣
aim ①目的,目标 ②瞄准(aestinare)
aim of breeding 育种目标
aimed fishing 瞄准捕捞{水产}
aimed trawling 瞄准拖网捕捞
aimer 瞄准器
aiming 瞄准,照准,觇
aiming line 觇线,照准线{测}
aiming point 觇点,照准点
aiming rule 觇尺
aiming symbol 瞄准符,目标符号
aimless 无目标的,无目的
aimless farming 无系统耕作,盲目耕作
Aino millet 日本粟(粟栽培种分类)
ainsliaea ①兔儿风属[*Ainsliaea* DC.](菊科) ②兔儿风[*Ainsliaea pteropoda* DC.]
aioecuism 雌雄异株(aioecuismus)
aiphyllium 常绿林,常绿乔木群落
aiphyllus ①常绿的 ②常绿林
aiphytia 稳定群落
Aipi cassava 埃及木薯[*Manihot aipi*](大戟科)
air ①空气,大气 ②气隙,空间,天空,空中 ③微风,微弱气流(aer)
air agitation 气力搅拌

air atomizing 空气雾化
air bacteria 空气细菌(aerobacteria)
air bacteriology 空气细菌学(aerobacteriologia)
air base ①航空基地 ②空中基线{遥感}
air bath 空气浴
air bladder ①鳔 ②气泡{水产} ③气囊{形态}
air blast ①鼓风机,通风机,风机 ②风车
air-blast cleaner (风力)清选机
air-blast orchard sprayer 果园喷气式喷雾器
air-blast saw gin 气流式锯齿轧花机
air blower 鼓风机
air blowing system 鼓风系统
air-borne ①空运的 ②空气传播的 ③ 机载的
air-borne computer 机载计算机
air-borne dust 空气[传播]粉尘
air-borne early warning (AEW) 空中预警{信息}
air-borne electronic computer 航空电子计算机,机载电子计算机
air-borne geophysical device 机载地球物理装置{遥感}
air-borne image sensor 机载成像遥感器
air-borne imagery 机载成像
air-borne infection ①空气传染{微生物} ②空气侵染{病理}
air-borne laser fluorosensor 机载激光荧光遥感器
air-borne navigation computer 飞机导航计算机,机载导航计算机
Air-borne Oil Surveillance System (AOSS) 机载油污染监测系统{遥感}
air-borne particle 空气传播微粒(指尘埃)
air-borne pollen 气传花粉(空气传播的花粉)
air-borne pollutant 空气传播污染物{生态生理}
air-borne radar 机载雷达{物}
air-borne radiometer thermometer (ART) 机载辐射式温度计
air-borne rapid-scan spectrometer (ARSS) 机载快速扫描光谱仪
air-borne scanner 机载扫描仪
air-borne sound 空气传声
air-borne substance 空气传播物质
air-borne target location system 机载目标定位系统
air-borne transmission 空气传染
air bound 气塞
air box 风箱
air brake 气闸,风闸,空气制动器
air breaker 破坏性气流
air breather ①通气装置,通气器 ②减速板
air bubble [空]气泡
air-bubble curtain fishing 气泡幕鱼法,气泡幕捕鱼[法]
air-bubble method 气泡计算法
air bubbler 空气起泡器
air canal 通气道,通风道
air capacity 空气容量
air cargo fire control computer 机载火控计算机
air carrier sprayer 空气压力喷雾器,鼓风喷雾器
air cavity 气腔(acuna aerea, cavitas aereus)
air cell 气胞(aerocellula)
air chamber ①气室(camera aerea){解剖} ②空气室(喷雾机),气压室{农机}
air circulation 大气环流
air cleaner 空气滤清器
air cleaning ①空气滤清 ②气流式清选
air cleft 气缝(fissura aerea)
air clutch 气动离合器
air collector 空气收集器
air-coloured (= air-colored) 无色的,透明的{显技}
air column 气柱
air compressing machine (= air compressor) 空气压缩机
air compressor 空气压缩机,压风机
air conceptacle 气囊(conceptaculum aereum)
air condenser ①空气冷凝器 ②空气电容器
air condensing 空气冷凝
air-conditioned cab 调温驾驶室
air-conditioned growth room 调温生长室
air conditioner ①空气调节器 ②冷气设备
air conditioning 空气调节,空调
air conditioning cultivation 空调栽培{栽培}
air conditioning facility 空气调节设备,空调设备{农施}
air conditioning load calculation 空调[设备]负荷计算
air conditioning room 人工气候室
air conditioning system 空气调节系统
air conditioning unit 空气调节装置
air conductivity 空气电导率
air conduit 通气管(conductusaereus)
air consumption 空气耗量,耗气量
air contaminant 空气污染物
air contamination ①空气染菌 ②空气污染(contaminatio aerea)
air conveying duct 气流输送管

air-cooled 气冷的,风冷的
air-cooled compressor 气冷式压缩机,风冷式压缩机
air-cooled condensor 空气冷凝器
air-cooled engine 风冷发动机
air-cooled shelter [两端]通风畜舍
air-cooled storage 换气贮藏
air cooler 空气冷却器
air-cooling 空气冷却,气冷法,风冷法
air-cooling fin 空气散热器
air-cooling jacket 空气冷却套
air cooling system 空气冷却系统
air cure [空气]晾干,气干
air-cured tobacco leaf 晾[干]烟[草]
air curing ①[空气]晾干,气干 ②气干法
air current (=air flow) 气流
air current ripple 风成波痕{地质}
air cushion filter 气垫式滤池{环保}
air-damped balance 空气阻尼天平
air data computer 飞行参数计算机
air defence system 防空系统
air density 空气密度
air diffuser 空气扩散器
air discharge 排气
air drainage ①空气流泄 ②排气
air-dried 风干的,气干的
air-dried condition (=airdry condition) 风干状态
air-dried flower 风干花(如黄花菜)
air-dried lumber 气干材
air-dried malt 风干麦芽
air-dried matters (=air-dry matter) 风干物,气干物
air-dried seeds 风干种子
air-dried soil 风干土
air-dried wood 气干材,风干材
air drier [热]容器干燥机,[热]风干燥机
air drilling 飞机播种
air-driven generator 风力发电机
air-droppable expendable ocean sensor (ADEOS) 空投抛弃式海洋遥感器{遥感}
air dry ①气干,风干,晾晒干 ②气干的,风干的
air-dry mount 风干制片{显技}
air-dry sample 风干样品
air-dry seed 风干种子
air-dry weight 风干重
air drying ①风干,晾干 ②风干法,气干法
air drying in autoradiography 放射自显影术的风干
air dryness 空气干燥性
air duct (=ventilating duct) 通风道,通风沟{环保}
air-duster 飞机喷粉器
air-dusting 飞机喷粉
air-earth current 地空电流
air eliminator 消气器,排气器
air elutriation 风簸
air exhaust dust network 排气尘网络
air exhaust ventilator 排气通风机
air exhauster 抽气机
air field 飞机场
air-filled porosity 充气孔(隙)度{土壤}
air filter 空气滤清器
air flora 空气微生物群落(aeroflora)
air flow 气流
air flow meter 气流计
air flow noise 气流噪声
air-flow rate 风量,空气流量
air-flow sprayer 气流式喷雾机
air freezing 空气冷冻法
air friction 空气摩擦
air gage (=air gauge) 气压表
air glow (=air glow, light of night sky) 夜光,气辉
air grafting 高空嫁接,高接{园艺}
air heater 空气加热器
air heating 空气加热
air-heating furnace 空气加热炉
air hole 通风孔
air horsepower ①流体马力 ②扇风马力
air humidity 空气湿度
air in soil 土壤[中的]空气
air infection 空气侵染
air inflated greenhouse 充气膜温室{农施}
air injection atomization (=air injection spray, air injection spraying) 气体喷雾
air inlet ①进气口 ②进气
air-inlet valve 进气阀
air-intake tube 空气吸入管
air ionization of livestock house 畜舍空气电离
air knocker 气力抖动器,气力抖落器
air layer 气层
air-layering 空中压条,高压{园艺}
air lift ①空运 ②气升式的
air-lift bioreactor 气升式生物反应器
air-lift fermentation 气升式发酵
air-lift fermentor 气升式发酵罐
air-lift pump 气升式[水]泵,空气升水泵
air-line ①架空线,直线 ②定期航线
air-line cleaner (轧花机)风管式净棉器
air-mass ①气团{气象} ②空气质量{土壤}
air-meter 气流计,风速计
air microbiology 空气微生物学(aeromi-

crobiologia)
air micrometer 气动测微计
air miles 直线距离
air mist sprayer 鼓风式弥雾机
air monitor 大气污染监视器,空气监测仪
air monitoring 空气监测
air movement 空气运动
air navigation 航空
air-operated humidity controller 气动调湿器
air-operated thermostat 气动恒温器
air outlet 吹出口,空气出口
air-oven 热空气干燥炉
air passage 气道(via aerea)
air peak 空气峰,气泡峰
air permeability ①透气性,通气性 ②透气度
air photographical survey 航空摄影测量
air photography 航空摄影,空中摄影
air pipe 空气管,风管
air piping 空气管道
air-plane control of weeds 飞机除草
air-plane duster 飞机喷粉器
air-plane meteorograph 飞机气象计
air- plane seeding 飞机播种
air plankton ①大气浮游生物{生态} ②空气杂质
air-plant kalanchoe (=life plant) 复叶落地生根(千不死)[*Kalanchoepinnata* Pers.](景天科)
air plants (=epiphytes) 附生植物
air pocket ①空穴、空隙{解剖} ②气袋{气象}(acuna)
air poise 空气称重器,称气器
air pollinated 风媒的
air pollutant 空气污染物[质]
air pollution 空气污染
air pollution concentration 大气污染浓度
air pollution control law 防止空气污染法规
air pollution control system 空气污染控制系统{信息}
air pollution index 空气污染指标
air pollution monitoring 大气污染监测
air pollution monitoring system 大气污染监控系统{环保}
air pollution potential 空气污染倾向
air pollution stress 空气污染胁迫{生态生理}
air pollution with lead particles 空气铅[颗]粒污染{环保}
air-pores 气孔(pneumathodia)
air potato (=air potato ram) 黄独(黄药子,零余子薯蓣,气苕)[*Dioscorea bulbifera* L. var. *domestica* Mak. et Nemoto](薯蓣科)
air pressure 气压
air-proof 密封的,气密的,不透气的
air pump ①空气泵 ②空气压缩机 ③打气筒
air pump corn pollinator 气管式玉米授粉器
air purification 空气净化(aeropurificatio){环保}
air quality 大气质量,空气质量(aeroqualitas)
air quality criteria 空气质量准则{环保}
air quality index 大气质量指数
air quality standard 大气质量标准
air reconnaissance (=aerial reconnaissance) ①空中侦察,航空侦察 ②空中勘测,航空勘测
air regime 空气状态
air release valve 放气阀
air relief installation 排气设备
air relief pipe 放气管(指在泵壳上的)
air requirement 空气需要量,需气量
air resistance ①空气阻力 ②抗气性
air-root 气根(aeroradix)
air route 航线
air sac ①气囊 ②肺泡(saccus aereus)
air-sac mite 鸡气囊螨[*Cytodites nudus* (Viz.)]
air sampling system 空气取样系统
air scour 气体冲刷
air seasoning 风干,通风干燥,自然干燥
air-seasoning condition (=air-dried condition) 气干状态,风干状态
air separator 空气离析器
air-slaked lime 风化消石灰
air sowing (=air seeding) 飞机播种
air space 气隙(spatium aereum)
air-space porosity 容气孔(隙)度{土壤}
air-space ratio 容气孔隙比
air speed 空气速度,空速
air sterilization 空气灭菌(aerosterilisatio)
air strainer 空气过滤器,空气滤清器
air stream (=air flow) 气流
air-suction separator 气吸式[谷物]清选机
air surroundings 空气环境
air sweep 空气清除
air tanker 灭火飞机(通常用 $CaBO_3$ 水溶液)
air temperature 气温
air temperature measurement 气温测量
air-tight 气密,气封{农机}
air-tight coefficient 气密系数
air-tight separator 气密分离器
air-tight silo 气密青贮窖

air-tired tractor 气胎式拖拉机{农机}
air traffic control system (ATCS) 航空调度系统{信息}
air transport 飞机运输,空运
air-tube 气管
air-tuber 气生块茎(aerotuber)
air turbulence 空气湍流
air valve ①气门,气阀 ②风扇进风门
air vent 排气口
air-vesicle 气泡(vesicula aerea)
air view 鸟瞰[图]
air volume 风量
air volume adjustment dumper 风量调节垃圾车{环保}
air volume measurement device 风量测定装置
air volume ratio 风量比
air wash 空气冲洗
air washer 空气清净装置,空气滤清器
air wave 气波
airbrom ①红苞凤梨属(水塔花属)[*Billbergia* Thunb.](凤梨科) ②红苞凤梨[*Billbergia pyramidalis* Lindl.]
airbrush 喷枪工具
aircraft ①飞机,飞艇,飞船 ②航空[飞行]器
aircraft disinsection 飞机治虫
aircraft disinsectization 飞机治虫法
aircraft factory 飞机工厂
aircraft sprayer 飞机喷雾器
airglow (=light of night sky) 气辉,夜光
airing ①气干,风干 ②气曝
airless 无空气的(anaereus)
airless atomization (=airless spray, airless spraying) 无气喷雾
airless injection 无气喷射
airless space (=vacuum) 真空
airlock 气塞
airphoto 航空相片{遥感}
airphoto pair 航空相片对
airphoto transfer 航空相片转绘
airport ①航空站 ②机场
airport noise 机场噪声{环保}
airsick 航空病
Airy disk 爱里斑{遥感}
aitchison habenaria 落地金钱[*Habenaria aitchisonii* Rchb. f.](兰科)
aithalium 常绿植丛
aitonomic parthenocarpy 被动单性结果(parthenocarpia aitonomica)
AIV silage AIV型青贮饲料(对豆科植物的青贮饲料,加盐酸或硫酸调节到pH=4,以防止蛋白质分解)
aizoon draba 艾宗状葶苈[*Draba aizoon* Wahl.](十字花科)
aizoon stonecrop 土三七(景天)[*Sedum aizoon* L.](景天科)
ajacine 阿芥辛,飞燕草辛
aji 阿及椒
ajmaline 阿吗灵[$C_{20}H_{26}N_2O_2$]
ajonjoli (=sesame) 芝麻[*Sesamum indicum* L.](芝麻科)
Ajpoly 2 爱波利二号(波兰甜菜品种)
akagare disease (=red wilt disease) 红萎病
Akar (=chlorobenzilate) 乙酯杀螨醇
Akarp method 混合育种法
akaryobionta 无核生物(acaryobionta)
akaryote (=anucleate cell) 无核细胞(acaryota)
akaryotic 无核的(acaryoticus)
akatanda (高空穿的)加压服
Akbar 阿克巴(澳大利亚甘蔗品种)
akebia ①木通属[*Akebia* Decne.](木通科) ②木通[*Akebia quinata* (Thunb.) Decne.]
akebia leaf-like moth 木通枯叶蛾[*Adrias tyrannus* (Guenée)](枯叶蛾科)
akebia mealybug 木通粉蚧[*Warajicoccus akebiae* Shinji](粉蚧科)
akebia white fly 木通粉虱[*Aleyrodes akebiae* Kuwana](粉虱科)
akee apple [tree] 阿开木[*Blighia sapida* Kong]
akin 有亲缘关系的
akinesis ①静态 ②运动不能
akinete 无裂孢子,静止细胞(akineta)
akinetic 无着丝粒的(akineticus)
akinetic chromosome 无着丝粒染色体(chromosoma akinetica)
akinetic fragment 无着丝粒断片(fragmentum akineticum)
akinetic inversion 无着丝粒倒位(inversio akinetica)
akinetoplastic 非动质的(akinetoplasticus)
akiochi (=autumn decline) 秋衰,秋落(日本水稻的一种生理病害现象)
akiochi disease (=autumn decline disease) 秋衰病
akiochi soils (=autumn decline soils) 秋衰土
Akita columbine 秋田耧斗菜[*Aquilegia akitensis* Hath](毛茛科)
akund calotrope 牛角瓜[*Calotropis*

gigantea R. Br.](萝藦科)
-al ⌞字尾⌝醛
Ala (= alanine) 丙氨酸
ala ①翼瓣{形态} ②覆沙龟裂土{土壤} ③翅{昆虫} (ala)
alabaster 雪花石膏,白灰(一种纯白生石膏) [$CaSO_4 \cdot 2H_2O$]
alabaster glass 乳白玻璃
alabastrum 花蕾(指单花)
alachlor 草不绿(除草剂) [$C_{14}H_{20}ClNO_2$]
aladadium 扁茎
alameda 林阴路{园林}
alanap (= naptalam) 抑草生(西力特)(芽前除草剂)[$C_{18}H_{13}NO_3$]
alangium ①八角枫属[*Alangium* Lam.](八角枫科) ②八角枫[*Alangium chinense* (Lour.) Harms]
alangium family 八角枫科[Alangiaceae]
alanine (Ala) 丙氨酸 [$CH_3CH(NH_2)COOH$]
alanine aminotransferase (ALT) 丙氨酸转氨酶
alanosine 亚硝基羟基丙氨酸
alant (= elecampane, scabwort) 土木香[*Lnula helenium* L.](菊科)
alantic acid 菊酸[$C_{15}H_{22}O_3$]
alantic oil 菊油,土木香油
alantin 菊酚
alantol 菊醇[$C_{10}H_{16}O$]
alantolactone 阿兰内酯,土木香内酯
alanyl- 丙氨酰[基]
alanylglycine 丙氨酰甘氨酸
alanylhistidine 丙氨酰组氨酸
Alar (= daminoside) 丁酰肼{农药}
alar ①翼生的{形态} ②有翅的{昆虫} (alaris)
alar cell 翼细胞 (cellula alaris)
alarm ①警报 ②警报器 ③信号
alarm and control system (ACS) 告警与控制系统{信息}
alarm bell 警铃,信号铃{电脑}
alarm code 报警码{电脑}
alarm command 报警指令
alarm dance 报警舞,警报舞{蜂}
alarm display 告警显示{电脑}
alarm float 警报浮标 (指水位)
alarm indication signal 报警指示信号
alarm phase 报警阶段 (指水位)
alarm pheromone 告警信息素{分生}
Alaska Automated Land Record System 阿拉斯加自动化土地记录系统
Alaska black currant 疏花茶藨子[*Ribes laxiflorum* Pursh.](虎耳草科)
Alaska bluegrass 阿拉斯加早熟禾[*Poa paucispicula*](禾本科)
Alaska Environmental Geographic Information system (AEGIS) 阿拉斯加环境地理信息系统{遥感}
Alaska goldthread 三叶黄连[*Coptis trifolia* (Mak.) Mak. = *C. quinquefolia* var. *trifollata* Mak.](毛茛科)
Alaska pea 小青荚(豌豆品种)
alatae 有翅蚜 (alotae)
alate 有翼的,具翅的 (alatus)
alate crotalaria 翅托叶猪屎豆[*Crotalaria alata* Hamilt. et Roxb.]
alate stem 有翼茎 (caulis alatus)
alater flies (= orlflies) 泥蛉科[Sialidae]
albacore 长鳍金枪鱼,金枪鱼[*Thunnus alalunga* (Bonnaterre)]{水产}
Albanian forsythia 欧洲连翘[*Forsythia europaea* Deg. et Bald](木犀科)
albaspidin 三叉蕨素
albatross 信天翁[鸟]
albedo ①白软皮,内果皮{解剖} ②反照率{气象} ③反射能{物}
albedo browning 内果皮变褐病(指柑橘病害)
albedometer 反照[率]计
albeit 立即,即使,虽然{信息}
alberta cinquefoil 假岩生委陵菜[*Potentilla pseudorupestris* L.](蔷薇科)
albescent ①变白的 ②带白色的 (albescens)
albic horizon 白土层,假灰化层,漂白层
albicalyx 白萼的
albicans 白色
albicaulis 白茎的
albident 白齿的 (albidens)
albidin 白青霉素
albiflorous 白花的 (albiflorus).
albifolious 白叶的 (albifolius)
albilanate 白绵毛的 (albilanatus)
albimaculate 具白斑的 (albimaculatus)
albinerved 白脉的 (albinervius)
albinism ①白化[现象]{遗传} ②白化病{病理} (albinismus)
Albino 阿白(品种名)
albino 白化体
albino bee 白化蜜蜂
albino mutant 白化突变体
albino plant 白化植株
albino plantlet of cereals 禾谷类白化幼苗
albino protoplast 白化原生质体

albino rat 白[家]鼠[*Rattus* spp.]
albino red parrotbeak 白耀花豆[*Clianthus puniceus* var. *albus*](豆科)
albino shoot 白化茎
albinos from anther culture 花粉培养的白化体
albinotic 白色的,白化的(albinoticus)
albipunctate 具白点的(albipunctatus)
albisetose 被白刚毛的(albisetosus)
albispathous 白佛焰苞的(albispathus)
albispinous 白刺的(albispinus)
albite 钠长石[$NaAlSi_3O_8$]
albite twins 钠长石双晶
albizzia ①合欢属[*Albizzia* Durazz.](豆科)②合欢[*Albizzia julibrissin* Durazz.]
albizzia borer 合欢天牛[*Xystrocera festiva* Pascoe](天牛科)
albizzia yellow butterfly 合欢黄粉蝶[*Terias hecabe* L.]
albizziine 合欢氨酸,脲基丙氨酸
alboll 漂白软土
albomaculatus 具白斑的(albomaculatus)
albomycin 白霉素
Albrechti rhododendron 阿氏杜鹃花[*Rhododendron albrechtii* Maxim](杜鹃花科)
albumen ①胚乳 ②蛋清 ③蛋清清蛋白 ④清蛋白,白蛋白
albumen fixative 蛋白贴片液,蛋白粘贴剂{显技}
albumen glue 蛋白胶
albumen index 蛋清指数
albumin 清蛋白,白蛋白
albumin cell 白蛋白细胞(albumincellula)
albuminate 清蛋白盐
albuminoid ①硬蛋白 ②类蛋白
albuminolysin 溶清蛋白素
albuminolysis 白蛋白分解
albuminose(=albumose) 脲
albuminous ①有胚乳的(指种子){形态}②白蛋白的{生化}(albuminosus)
albuminous cell 胚乳细胞(cellula albuminosa)
albuminous nitrogen 白蛋白氮
albuminous seed 有胚乳种子(semen albuminosum)
albuminous yolk 清蛋白蛋黄
albumose 脲(白蛋白在水中裂解的产物)
alburnum(=sapwood) 边材
alburnum-tree 边材树
albus 白的
alcalitropism(=alkalitropism) 向碱性(alcalitropismus)
alcanet 红根草(阿看草)[*Alkanna tinctoria* Tausch.](紫草科)
alcapton 尿黑酸
alchemilla(=lady's mantle) ①斗篷草属[*Alchemilla* L.(蔷薇科)]②斗篷草[*Alchemilla vulgaris* L.]
alchemist 炼丹家(alchemistus)
alchemy 炼丹术(alchemia)
alchornea ①山麻杆属[*Alchornea* Sw.](大戟科)②山麻杆[*Alchornea davidii* Fr.]
alcohol ①醇[ROH]②乙醇,酒精[CH_3CH_2OH]
alcohol blast burner 酒精喷灯
alcohol blend 酒精混合液{显技}
alcohol burner 酒精灯
alcohol dehydration 醇脱水[作用]
alcohol dehydrogenase(ADH) [乙]醇脱氢酶
alcohol ether mixture 醇醚混合液(固定用)
alcohol fermentation 乙醇发酵,酒精发酵
Alcohol inky 墨汁鬼伞[*Coprinus atramentartus* Fr.](鬼伞科)
alcohol lamp 酒精灯
alcohol meter 酒精比重计(alcoholimeter)
alcohol preserved egg processing 糟蛋加工{加工}
alcohol thermometer 酒精温度计
alcoholase 醇酶
alcoholate 醇化物
alcoholature 酒精酊剂{药物}
alcoholic 酒精的,乙醇的(alcoholicus)
alcoholic beverages 酒精饮料
alcoholic cochineal 酒精胭脂红
alcoholic crops 酒精原料作物
alcoholic fermentation(=alcohol fermentation) 酒精发酵
alcoholic solution 酒精溶液
alcoholic strength 酒精浓度
alcoholic wax 酒精接蜡{园艺}
alcoholication 醇化[作用](alcoholisatio)
alcoholimeter(=alcohol meter) 酒精比重计
alcoholimetry 酒精测定法(alcoholimetria)
alcoholism 酒精(醇)中毒(alcoholismus)
alcoholysis 醇解
alcosol 醇溶胶
aldehydase 醛酶
aldehyde ①醛[RCHO]②乙醛[CH_3CHO]

aldehyde acid 醛酸[CHO·R·COOH]
aldehyde alkaline silver reaction 醛碱性银反应
aldehyde dehydrogenase 醛脱氢酶
aldehyde mutase 醛歧化酶
aldehyde oxidase 醛氧化酶
aldehyde reductase 醛还原酶
aldehydrol 水合醛
alder ①桤木属[*Alnus* L.](桦木科)②桤木[*Alnus crema stogyme* Bur K.]
alder bark 赤杨树皮(单宁材料)
alder bark beetle 桤木蠹(桤小蠹虫)[*Alniphagus aspericollis* LeC.](小蠹虫科)
alder buckthorn ①泻鼠李属[*Frangula* Dipp.](鼠李科)②泻鼠李[*Frangula alnus* Mill]
alder flea beetle 桤跳甲[*Altica ambiens* LeC.](跳甲科)
alder forest 桤木林
alder froghopper 桤沫蝉[*Aphrophora spumaria*(L.)](沫蝉科)
alder leaf beetle 桤叶甲(赤杨紫跳甲)[*Agelastica alni* L.](叶甲科)
alder scale 桤绵蚧[*Xylococcus betulae* Pergande](绵蚧科)
alder swamp 桤林沼泽
alder vegetation 桤木植被
alder wood wasp 桤长颈树蜂[*Xiphydria camelus*(Linnaeus)](树蜂科)
alderflies 泥蛉科[Sialidae]
aldoheptose 庚醛糖
aldohexose 己醛糖[$CH_2OH(CHOH)_4CHO$]
aldol ①醛醇 ②3-羟基丁醛[$CH_3CH(OH)CH_2CHO$]
aldol condensation 醇醛缩合
aldolactol 内缩醛
aldolase 醛缩酶
aldomet(= alpha-methyldopa) α-甲基多巴(一种抗高血压药)
aldonic acid 醛糖酸
aldopentose 戊醛糖
aldose 醛糖
aldose reductase 醛糖还原酶
aldosterone 醛固酮
aldoxime 醛肟
aldrin 艾氏剂(杀虫剂)[$C_{12}H_8Cl_6$]
aldrovanda(= water bugtrap) ①貉藻属[*Aldrovanda* L.](貉藻科)②貉藻[*Aldrovanda vesiculosa* L.]
alduronic acid 糖醛酸
ale 浓啤酒,高酒精啤酒
alecithal 无卵黄卵(alecithallum)
alehoof(= ground ivy) 活血丹[*Glechoma hederacea* L.](唇形科)
Alemow 阿利莫来檬(大翼来檬)[*Citrus macrophylla* Wester](芸香科)
aleopation 相互感染(aleopatio)
Aleppo avens 水杨梅[*Geum aleppicum* Jacq.](蔷薇科)
Aleppo-galls 没食子
Aleppo grass 阿拉伯高粱(顾买草,约翰逊草)[*Sorghum halepense*(L.)Pers. = *Andropogon halepensis*(L.) Brot., *Holcus halepensis* L.](禾本科)
alert ①警报[信息]②警告,警示{电脑}
alert time 警告时间,警戒时间
alerting ①提醒 ②报警{电脑}
alerting signal 报警信号,呼叫信号
alertor 报警器{电脑}
-ales ⌞字尾⌝(分类)目
alete ①无痕的 ②无缝的(aletus)
aleukocytosis 白血球减少(aleucocytosis)
aleuriospore 侧生⌞厚垣⌝孢子(aleuriospora)
aleurites ①油桐属[*Aleurites* Forst.](大戟科)②油桐[*Aleurites fordii* Hemsl.]
aleuritic acid 油桐酸[$C_{16}H_{32}O_5$]
aleurometer 面粉发力计
aleurone 糊粉[层]
aleurone colour 糊粉颜色
aleurone factor 糊粉因子
aleurone grain 糊粉粒
aleurone granule 糊粉[颗]粒
aleurone layer 糊粉层
aleuroplast 糊粉质体(aleuroplastis)
Aleutian mink 银貂
Aleutian mountain heath 阿留申梅樱[*Phyllodoce aleutica* A. Heller](杜鹃科)
Aleutian violet 阿留申堇菜[*Viola langsdorfi*](堇菜科)
aleuvite 粉沙岩{地质}
alevin ①初孵出的鱼苗 ②有卵黄囊的鲑苗
Alexanders 适默属[*Smyrnium* L.](伞形花科)
Alexandra king palm ①假槟榔属[*Archontophoenix* H. Wendl. et Drude](棕榈科)②假槟榔[*Archontophoenix alexandrae* H. Wendl. et Drude]
Alexandra rhubarb 亚历山大大黄[*Rheum alexandrae*](蓼科)
Alexandrian laurel 亚力山大囊子[*Danaë racemosa* Link.](百合科)⌞拟⌝

Alexandrium clover (= berseem, Egyptian clover) 埃及三叶草 [*Trifolium alexandrinum* L.](豆科)
alexin 补体
alexipharmic ①解毒的 ②解毒剂 (alexipharmicus)
alexipyretic ①解热的 ②解热剂 (alexipyreticus)
aleyrodiform 粉虱形的 (aleyrodiformis)
alfa (= halfa, Spanish grass, esparto grass, paper grass) 细茎针茅 [*Stipa tenuissima*](禾本科)
alfalfa ①苜蓿属 [*Medicago* L.](豆科) ②(= medic, medick, purple medick, lucerne) 苜蓿(紫苜蓿) [*Medicago sativa* L.]
alfalfa aftergrass 苜蓿再生草
alfalfa agrotechnique 苜蓿栽培技术
alfalfa anthracnose 苜蓿炭疽病 [*Colletotrichum trifolii* Bain]
alfalfa aphid 苜蓿蚜 [*Aphis medicaginis* Koch](蚜科)
alfalfa blotch leafminer 苜蓿斑潜蝇 [*Agromyza frantella* (Rohdani)](潜蝇科)
alfalfa butterfly (= alfalfa carterpillar) 苜蓿粉蝶 [*Colias eurytheme* Boisduval](粉蝶科)
alfalfa cleaning 苜蓿清选
alfalfa cropping system 苜蓿耕作制
alfalfa date of sowing 苜蓿播种期
alfalfa date test 苜蓿播种期试验
alfalfa dodoler 苜蓿菟丝子 [*Cuscuta approximata* Bab. = *Cuscuta planiflora* var. *approximata* Engelm.](菟丝子科)
alfalfa downy mildew (= downy mildew of alfalfa) 苜蓿霜霉病
alfalfa fallow ①苜蓿休闲 ②苜蓿休闲地
alfalfa forage 苜蓿[饲]草
alfalfa gall midge 苜蓿瘿蚊(韦氏苜蓿瘿蚊) [*Asphondylia websteri* Felt](瘿蚊科)
alfalfa grazing-land 苜蓿放牧地
alfalfa growing ①苜蓿栽培 ②苜蓿生长
alfalfa growing form 苜蓿生长型
alfalfa harrow (= rotary hoe) 苜蓿耙,旋转锄
alfalfa hay 苜蓿干草
alfalfa haymaking 苜蓿干草制造
alfalfa haystack 苜蓿干草垛
alfalfa leaf spot disease 苜蓿叶斑病 [*Cercospora medicaginis* Ell. et Ev.]
alfalfa leaf weevil 苜蓿叶象甲 [*Phytonomus variabilis* Hrb.](象甲科)
alfalfa leafcutting bee 苜蓿切叶蜂 [*Megachile rotundata*](Fabricius)(切叶蜂科)
alfalfa looper (= alfalfa semilooper) 苜蓿银纹夜蛾 [*Autographa californica* (Speyer)](夜蛾科)
alfalfa meal 苜蓿粉
alfalfa mixtus 苜蓿混播(作)
alfalfa mosaic 苜蓿花叶病 [*Medicago virus* 1+2]
alfalfa mosaic virus (= lucern mosaic virus, potato calico virus) 苜蓿花叶病毒 [Alfalfa virus 1 (Price) = Medicago virus 2 (Pierce, Zaumeyer, Wade), *Marmor medicaginis* (Holmes)]
alfalfa moth 苜蓿夜蛾 [*Chloridea digsacea* Linne](夜蛾科)
alfalfa plant bug (= cotton mirid bug) 苜蓿盲蝽 [*Adelphocoris lineolatus* Geoze](盲蝽科)
alfalfa row culture 苜蓿条作,苜蓿行作
alfalfa rust 苜蓿锈病 [*Uromyces striatus* Schroet]
alfalfa seed chalcid 苜蓿广肩小蜂(车轴车广肩小蜂) [*Bruchophagus roddi* (Gussakovsky)](广肩小蜂科)
alfalfa seed collection 苜蓿采种
alfalfa seedling 苜蓿幼苗
alfalfa snout beetle 苜蓿象甲 [*Brachyrhinus liqustici* L.](象甲科)
alfalfa thrips (= western flower thrips) 苜蓿蓟马 [*Frankliniella occidentalis* Pergande](蓟马科)
alfalfa webworm 苜蓿网螟 [*Loxostege commixtalis* Wlk.](草螟科)
alfalfa weevil (= lucerne leaf weevil) 苜蓿叶象甲 [*Hypera postica* Gyll.](象甲科)
alfalfa wilt 苜蓿萎蔫病 [*Corynebacterium insidiosum* Per.]
alfisol 淋溶土 (alfisolum)
algae 藻类 [Algae]
algae layer 藻层
algaecide 杀藻剂
algal 藻[类]的 (algalis)
algal bloom 藻[类]繁盛
algal cell 藻类细胞 (cellula algalis)
algal chromosome 藻类染色体 (chromosoma algalis)
algal component 藻类组成部分
algal disease (= red rust disease) 红锈病

algal fungi 藻状菌[纲][Phycomycetae]
algal genera 藻属
algal growth 藻增殖
algal oxidation pond 藻类氧化塘{环保}
algal plate method 藻类平面[培养]法
algal pond 藻池塘
algal spot 藻斑病
algaroba 角豆树[*Ceratonia siliqua* L.](豆科)
algarobilla 茇方单宁(由短叶茇方的荚果提取的)
algavobilla 苏木荚[指巴西木(*Caesalpinia brasiliensis*)的荚果,可用作单宁原料]
algebra 代数
algebraic coding technique 代数编码技术{电脑}
algebraic compiler 代数编译程序{电脑}
algebraic function 代数函数
algeny ①(=genetic engineering) 遗传工程学 ②(=genetic surgery) 遗传外科学(algenia)
Algerian ash 阿尔及利亚白蜡树[*Fraxinus dimorpha*](木犀科)
Algerian fir 阿尔及利亚冷杉[*Abies numidica* De Lannoy](松科)
Algerian iris 阿尔及利亚鸢尾[*Iris unguioularis* Poir](鸢尾科)
Algerian ivy 阿尔及利亚常春藤[*Hedera canariensis* Willd.](五加科)
Algerian oat 阿尔及利亚燕麦[*Avena algeriensis*](禾本科)
Algerian sea-lavender 阿尔及利亚补血草[*Limonium bonduelli* Kuntze=*Statice bonduelli* Lest.](蓝雪科)
Algerian violet 阿尔及利亚堇菜[*Viola munbyana* L.](堇菜科)
algicide 杀藻剂
algicolous 藻寄生的(algicolus)
algin 藻蛋白,藻胶
alginate 藻酸盐
alginic acid 藻酸$[C_5H_7O_4CO_2H)_n]$
algocyan 藻蓝素
algoflora ①藻类区系 ②藻类志
algoid ①似藻的 ②藻状的(algoides)
algology 藻类学(algologia)
algophagous 食藻的(algophagus)
algorithm ①算法 ②公式(algorithmma){电脑}
algorithm database 算法数据库
algorithm library 算法库
algorithmic language(ALGL) 算法语言
algotrophic nutrient 藻体营养
alhagi mannaplant 骆驼刺[*Alhagi pseudalhagi* Dasv.](豆科)
alias ①别名,同义名 ②寄生信号 ③替换入口(alius)
alias file 别名文件
alias name 别名
alias network address 别名网络地址{信息}
aliasing(=aliassing) ①混淆的,交叠的 ②干扰的 ③失真,失真图形{电脑}(aliasens)
aliasing error 混淆误差,交叠误差
aliasing free ①无混淆的 ②无干扰的
aliasion pattern 抽样不足图像{遥感}
aliassing 混淆现象,交叠现象{遥感}
alicyclic 脂环[族]的
alicyclic amine 脂环胺
alicyclic compound 脂环化合物
alicyclic hydrocarbon 脂环烃
alidade ①测云高仪 ②方位底盘(经纬仪的) ③照准仪,觇孔(alidada)
alien ①外来的,外地的,外国的 ②不同性质的(alienus)
alien addition line 异源[染色体]加系
alien addition monosomic 异源加单体生物(monosomicus additionis alienus)
alien chromosome 异源染色体(chromosoma aliena)
alien crop 引进作物,外来作物
alien gene(=allogene) 异基因
alien genome complex 异源基因组复合体
alien single chromosome 异源单染色体
alien substitution(=allosubstitution) 异源代换(substitutio aliena)
alien substitution line 异源[染色体]代换系,异源加系(lina substitutionis alienus)
alien tone 外来音调{信息}
alien variety 引进品种
alienation ①引进 ②转换,转让,转卖 ③相疏(alienatio)
alienation coefficient 不相关系数,相疏系数{统计}
alienicola 侨蚜
aliferous 具翼的,有翅的(aliferus)
aliform 翼状的(aliformis)
aliform parenchyma 翼状薄壁组织(parenchyma aliformis)
aliform type 翼状型(typus aliformis)
alighting-board (蜂箱巢门前的)降落板,起落板
aligne(=aline) 定线
aligner ①对中器,对准器{测} ②调行器
aligning pole 定线标杆
alignment ①(染色体在赤道板上)直线排列

②(农机具)[直线]对准,准直,调准成一直线 ③(排印印刷)对齐(alignmentum)
alignment behind the tractor 农具与拖拉机的直线对准
alignment chart 直线图
alignment in mower 刈草机直线对准
alignment network 定位网络,对准网络{信息}
alignment of strips 采伐带排列
alima 假水蚤幼虫,虾蛄幼体
alimentary ①滋养的,营养的 ②食物的,消化的(alimentarius)
alimentary canal (= digestive tract, gut) 消化道,肠道{昆虫}
alimentary crops 粮食作物,食用作物
alimentary egg 营养卵
alimentary fat 食用脂肪
alimentary organ 消化器
alimentary tract 消化道
alimentary tube 消化管,消化道
alimentary yeast 食用酵母
alimentation ①滋养,营养 ②饲养,哺育(alimentatio)
alinotum 具翅背板
aliphatic 脂肪[族]的
aliphatic acid 脂肪[族]酸
aliphatic amine alkaloid 脂肪族胺类生物碱
aliphatic compound 脂肪族化合物
aliphatic resin (= aliphatresin) 脂肪树脂
aliphatics 脂肪酸类(除草剂)
alipur 环氯混剂
aliquot ①[整分]部分(除得尽数) ②等分部分(aliquotus)
aliquote 温度常数(aliquotus)
alite 岩盐,石盐
alive ①活的 ②活动的③游动的 ④易感的,敏感的
alive catch 活捉,生擒{狩猎}
alizarin 茜素 [$C_6H_4(CO)_2C_6H_2(OH)_2$]
alizarin combination with mordant 茜素同媒染剂配合
alizarin dye 茜红染料
alkalescence 微碱性
alkalescent 微碱性的
alkali 碱,强碱
alkali barnyard grass 西来稗[*Echinochloa crusgalli* var. *zelayensis* (H. B. K.) Hitchc.](禾本科)
alkali bee 梅氏牧场集蜂(黑彩带蜂)[*Nomia melanderi* (Cockerell)]
alkali blue (= aniline blue) 碱性蓝{显技}
alkali blue grass 灯心草早熟禾[*Poa juncifolia*](禾本科)
alkali bulrush 碱土藨草[*Scirpus paludosus*](莎草科)
alkali cation 碱阳离子
alkali cellulose 碱纤维素
alkali chlorosis 碱致退绿病
alkali consumption 碱耗量(指碱消费量){环保}
alkali cordgrass 碱土网草(碱土大米草)[*Spartina gracilis* Schreb.](禾本科)
alkali damage 碱害
alkali digestion 碱性消化
alkali disease 碱毒病(硒毒病){医}
alkali distans (= alkali grass) ①碱茅属[*Puccinellia* Parl.](禾本科) ②碱茅[*Puccinellia distans* Parl.]
alkali earth 碱土
alkali-earth cation 碱土阳离子
alkali-earth metal 碱土金属
alkali filter paper method 碱性滤纸法{环保}
alkali flat 碱滩
alkali fusion 碱熔融
alkali ion 碱离子
alkali land 碱地
alkali lovegrass 碱土画眉草[*Eragrostis obtusiflora* L.](禾本科)
alkali marsh 碱性沼泽
alkali metal (= alkaline metal) 碱金属
alkali muhly 碱土乱子草[*Muhlenbergia asperifolia*](禾本科)
alkali reaction 碱性反应
alkali reserve 碱储备
alkali resistance 抗碱性
alkali-resistant 抗碱的
alkali-resistant crop 抗碱作物
alkali sacaton 碱地鼠尾粟(碱地鼠尾草)[*Sporobolus airoides* R. Br.](禾本科)
alkali-saline soil 盐碱土
alkali soil (= solonetz) 碱土
alkali-soluble pan 碱溶性盐磐
alkali spot (= alkaline spot). 碱斑
alkali tolerance 耐碱性
alkali treatment 碱处理
alkali waste liquid 碱性废液{环保}
alkali waste water 碱性废水
alkalimeter 碱度计
alkalimetry ①碱度测定 ②碱度测定法(alkalimetrica)
alkaline 碱性的,强碱的(alkalinus)
alkaline alcohol 碱性酒精{显技}
alkaline amino acid 碱性氨基酸

alkaline calcareous soil 碱性钙质土
alkaline denaturation 碱变性
alkaline development 碱性显影{显技}
alkaline earth ion (=alkali earth ion) 碱土离子
alkaline eosin 碱性曙红
alkaline farm fertilizer 微碱[性]土化肥
alkaline fermentation 碱性发酵
alkaline fertilizer 碱性肥料
alkaline gel electrophoresis 碱性凝胶电泳
alkaline gland 碱腺
alkaline hydrolysis 碱水解
alkaline land 碱地
alkaline lysis 碱裂解
alkaline matter 碱性物质
alkaline meadow soil 碱性草甸土
alkaline nitrobenzene oxidation 碱性硝基苯氧化作用
alkaline patch 碱斑
alkaline phosphatase 碱性磷酸[酯]酶
alkaline phosphatase method 碱性磷酸[酯]酶法
alkaline plant 喜碱植物,碱性植物
alkaline pyrophosphatase 碱性焦磷酸酶
alkaline reserve 碱储备
alkaline serozem 碱性灰钙土
alkaline soil 碱性土
alkaline solution 碱性溶液
alkaline spot 碱斑
alkaline spring 碱性泉
alkaline suspension 碱性悬液
alkaline takyr 碱性龟裂土
alkaline tetrazolium reaction 碱性四唑反应{显技}
alkaline treatment for tissue softening 组织软化的碱性处理{显技}
alkaline water 碱性水
alkalinity 碱度(在 pH7 以上)
alkalis 碱类
alkalitropism 向碱性(alcalitropismus)
alkalization 碱化[作用](alcalisatio)
alkalization horizon 碱化层
alkalized soil 碱化土
alkaloid 生物碱
alkaloid-mutachromosomic effect 生物碱诱变染色体效应
alkalosis 碱中毒(alcalosis)
alkamine 氨基醇[NH_2RCH_2OH]
alkane 烷
alkanet (=alcanet) 红根草
alkannin 紫草素[$C_{16}H_{16}O_5$]
alkapton (=alcapton) 尿黑酸
alkaptonuria 尿黑酸尿(alkaptonuria)
alkekengi 酸浆(红姑娘,洋姑娘)[*Physalis alkekengi* L.](茄科)
alkene [链]烯烃[C_nH_{2n}]
alkenoic acid 链烯酸
alkine [链]炔烃[C_nH_{2n-2}]
alkydal 邻苯二树脂
alkyl- 烷基[C_nH_{2n+1}]
alkyl benzene sulfonate (**ABS**) 烷基苯磺酸盐{环保}
alkyl group 烷基
alkylating agent 烷[基]化剂
alkylation 烷基化[作用]
alkylmercury 烷基汞[R_2Hg]
alkylsulphonic acid 烷基磺酸[RSO_3H]
alkyne 炔
All About Tea 茶叶全书
all-back training 倾斜棚架整枝
all-contact point 全接点
all-crop drill 通用条播机
all-crop inoculant 通用接种物(对作物无选择性)
all-crop tractor 通用拖拉机
all-dominating factors 支配全局因子{智培}
all-electric installation 全盘电气化设备
All-hallown summer (= All Saints' summer) 晚秋晴热天(相当于秋老虎)
all-important variety 最重要的品种
all-mash 全湿拌饲料,全价饲料
all-of 全部工作结束
all or none character 全或无性状
all or none growth method 有无生长法(抗生素测定法)
all or none law 全或无[定]律{遗传}
all or none trait 全或无性状{遗传}
all or nothing 全或无{生技}
all or nothing check 全检验或不检验
all-over broadcasting 全面撒施,全面散布
all pass network 全通过网络{信息}
all-purpose 通用的,全能的,万能的
all-purpose communication system 全能通信系统{信息}
all-purpose computer 通用计算机
all-purpose frame ①通用温床 ②通用机架
all-purpose gun 全能枪{狩猎}
all-purpose tractor 通用拖拉机
all resume 全部再开始{电脑}
all round computer center 综合计算机中心
all-round mechanization 全盘机械化
all-season turnip 四季芜菁
all-soil inoculant 适土接种物
all-steel threshing machine 钢制脱粒机,全钢脱粒机

all text after specified point (AA, all after) 下文{电脑}
all text before specified point (AB, all before) 上文{电脑}
all-the-year-round mutualaid team 常年互助组{农管}
all transconfiguration 全反构型{生技}
all-transistor 全晶体管
all trunks busy 全部占线{信息}
all-way adjustment 多向调节
all weather (A/W) 全天候
all-weather cab 全天候驾驶室,闭式驾驶室'
all weather electronics 全天候电子设备{信息}
all weather guidance system 全天候制导系统
all-wood house 木制温室
all wool 纯毛
all-year grazing(=yearlong grazing) 全年放牧
all-zero signal 全零信号
allaesthetic 复感的(allaestheticus)
allaesthetic character 复感性状
allagophyllous 叶互生的(allagophyllus)
allantoic acid 尿囊酸 [$(H_2NCONH)_2CHCOOH$]
allantoic fluid 尿囊液
allantoicase 尿囊酸酶
allantoid 腊肠状的(allantoideus)
allantoin 尿囊素[$C_4H_6O_3N_4$]
allantoinase 尿囊素酶
allantois 尿囊
allantospora 腊肠形孢子
allardyce process 氯化锌焦油木材防腐法
allatum hormone 咽侧体激素
allautogamy 机变授粉(allautogamia)
allee (=alley) 园林通道,小径
Allegany barberry 美国小檗[*Berberis canadensis* Mill.](小檗科)
Allegany blackberry 黑莓[*Rubus allegheniensis* Porter.](蔷薇科)
Allegany foamflower 心叶黄水枝[*Tiarella cordifolia* L.](虎耳草科)
Allegany onion 阿利根葱[*Allium allegheniense*](石蒜科)
Allegany pachysandre 平铺富贵草[*Pachysandra procumbens*](黄杨科)
Allegany plum 阿利根李[*Prunus allegheniensis* Porter](蔷薇科)
allele (=allelomorph) 等位基因{细胞}
allele center 等位基因中心
allele diminution [等位]基因降率
allele frequency 等位基因频率
allele linkage analysis 等位基因连锁分析
allele mechanism 等位基因机制
allele pair 等位基因对
allele shift [等位]基因易率,等位基因交替频率
allele-specific oligonucleotide (ASO) 等位基因特异寡核苷酸
allele specificity 等位基因特异性
allele trend [等位]基因频率趋势
alleles per locus 每座位等位基因数
allelic 等位[基因]的(allelicus)
allelic character 等位性状
allelic competition 等位基因竞争
allelic complementation 等位互补
allelic difference 等位差异
allelic diversity 等位[基因]多样化
allelic equivalence 等显
allelic exclusion 等位排斥
allelic factor 等位因子
allelic frequency [等位]基因频率
allelic gene loci 等位基因座位
allelic gene pair 等位基因对
allelic inactivation 等位[基因]失活
allelic inclusion 等位[基因]相容
allelic interaction 等位互作
allelic isozyme 等位同功酶
allelic locus 等位基因座位
allelic marker 等位标志[基因]
allelic potency 基因潜势
allelic replacement 等位[基因]置换
allelic series 等位基因系列
allelic substitution 等位[基因]代换
allelic variation 等位[基因]变异
allelism 等位性(allelismus)
allelism test 等位性测验
allelobrachial 等位臂的(指染色体)(allelobrachius)
allelochromosome 等位染色体
allelogenesis 世代交替
allelogenous 产单性的(allelogenus)
allelomorph (=allele) 等位基因(allelomorphe)
allelomorphic (=allelic) 等位[基因]的(allelomorphus)
allelomorphic gene 等位基因
allelomorphic series 等位基因系列
allelomorphism (=allelism) 等位[基因]性(allelomorphismus)
allelopathic 异株克生的(allelopathus)
allelopathic substance 异株克生物质
allelopathy 异株克生[现象](allelopathis-

mus)
allelosomal 等位染色体的(allelosomalis)
allelotype 等位基因型(allelotypus)
allemanda ①黄蝉属[*Allemanda* L.](夹竹桃科) ②黄蝉[*Allamanda cathartica* L.]
Allen eurcka 艾伦尤尔克加(柠檬品种)
allene(=propadiene) 丙二烯
Allen's rule 艾伦氏法则(动物适应法则){遗传}
allergen 变[态反]应素,变应原,过敏素
allergic ①变态反应的,变应性的 ②过敏反应的(allergicus)
allergic disease 变应性[疾]病(指过敏反应的疾病)
allergic reaction ①变态反应 ②过敏反应
allergic test 变态反应试验
allergin 变[态反]应素
allergy ①变态反应 ②过敏反应(allergia)
allethrin 丙烯除虫菊,丙烯菊酯(杀虫剂)[$C_{19}H_{26}O_3$]
alleviating prescription 缓和规定{农施}
alleviation 缓和,减轻(alleviatio)
alley ①园林甬道,小径,通道 ②行人道
alley of the nursery 苗圃通道,试验圃通道
alley-tree(=allee-tree) 行道树
allgood(=good King Henry) 亨利藜[*Chenopodium bonushenricus*](藜科)
alliaceous 蒜味的(alliaceus)
alliaceous odor 蒜味,大蒜气味
alliance ①联结 ②联合 ③群落属
allicin 蒜素
allied ①类似的,同类的 ②联合的,同盟的 ③同源的,近缘的
allied fibres 同类纤维
allied phenomena 联系现象
allied species 近缘种
alligator ①(=fulcrum) 叶附属器 ②短吻鳄
alligator alternanthera(=alligatorweed) 螃蜞菊(喜旱莲子草,空心苋)[*Allernanthera philoxeroides* Griseb.](苋科)
alligator apple 牛心果[*Anona glabra* L.](番荔枝科)
alligator pear(=avocado) ①鳄梨属[*Persea* Plum.](樟科) ②鳄梨[*Persea gratissima* Gaertn.]
alligator wrench 管钳,管扳手
alligatorweed 螃蜞菊(喜旱莲子草,空心苋)[*Alternanthera philoxeroides* (Mart.) Griseb.](苋科)
alliin 蒜氨酸[$C_6H_{11}O_3NS$]
alliinase 蒜氨酸酶
allin 蒜苷
allinase 蒜酶
allistain 蒜制菌素
allite 富铝土,铝质土
allithiamine 蒜硫胺[素]
allitic 富铝的(alliticus)
allitic soil 铝质土,富铝土
allitic weathering 富铝风化[作用]
allium ①葱属[*Allium* L.](百合科) ②葱[*Allium fistulosum* L.]
Allium-type 葱型(指胚囊)(Alliumtypus)
allo- ⌞字头⌝①异源,异体 ②变态 ③别,另一个
alloantibody 同种[异体]抗体(allоanticorpus){分生}
alloantigen 同种[异体]抗原(alloantigenum){分生}
allobar 变压区
allocarpy 异花授粉结果,杂交果(allocarpium)
allocate 分配,配给 分拨(allocare)
allocated cutting method 分区轮伐法
allocating foundation seeds 拨出原种
allocation ①定位 ②分配,配给 ③配置(allocatio)
allocation of assimilate 同化物分配
allocation of felling 伐木顺序
allocation of fertilizer 肥料分配
allocation of materials 配给物{农经}
allocation of photosynthate 光合产物分配
allocation of production 生产布局
allocation of work 作业分配,工作分配
allocations of quantities of canes 原料蔗分配额
allocholestanone 别胆[甾烷]酮,粪[甾烷]酮
allochromacy 异染色性(allochromatia)
allochronic 异时的(allochronus)
allochronic isolation 异时隔离
allochronic species 异时种
allochthonous(=allochthonic) ①引入的,获得的,外来的 ②外地生的(allochthonosus)
allochthonous flora 外来植物区系(flora allochthonosa)
allochthonous ground water 外源地下水,派生地下水
allochthonous peat 漂移泥炭,外来泥炭
allochthonous soil 漂移土,运生土,移积土
allochthonous species 外来种(species allochthonae)
allocinamic acid 别肉桂酸[$C_9H_8O_2$]
allocyclic 异周期的(allocyclicus)

allocyclic behavior 异周期行为
allocycly 异周期性（allocyclia）
allocyst 贮料休眠孢子（allocystus）
allodesmosome 异源桥粒（allodesmosoma）{细胞}
allodidiploid 异源二对二倍体（allodidiploida）{细胞}
allodihaploid 异源二对单倍体（allodihaploida）
allodimer 异二聚物
allodiploid 异源二倍体（allodiploida）
allodiploid type 异源二倍体型
allodiplomonosome 异源二倍单体（allodiplomonosoma）
allogamous ①异花受精的 ②异体受精的（allogamus）
allogamous plant 异花受精植物（planta allogama）
allogamy ①异花受精 ②异系配合，异系交配（allogamia）
allogamy-pollination 异花授粉
allogene 异基因，隐性基因（allogena）
allogeneic ①同种的（异基因）②异源的（allogeneus）
allogeneic chimera 异源嵌合体（chimaera allogenea）
allogeneic graft ①异源嫁接 ②同种异体移植
allogeneic transformation 异型转化
allogenetic 异生的（allogeneticus）
allogenic（= allogenous）异源的（allogenus）
allogenic antigen（= allotype antigen）同种异型抗原，同种异体抗原（antigenum allogenum）
allogenic recombination 异源重组（recombinatio allogena）
allogenic succession 异发演替
allogenic transformation 异源转化（transformatio allogena）
allogenous flora（= epibiotic plants）异源植物区系
allograft ①同种异体移植 ②异源嫁接
allograft rejection ①异源嫁接排斥 ②同种异体移植排斥
allogroup 同种异型组（allogruppa）
allohaploid 异源单倍体，异源多倍单倍体（allohaploida）
alloheteroploid 异源异倍体（alloheteroploida）
alloheteroploidy 异源异倍性（alloheteroploidas）
allohexaploid 异源六倍体
allohexaploidy 异源六倍性（allohexaploidas）
alloimmunization 异源免疫（alloimmunisatio）
alloiobiogenesis 世代交替
alloiogenesis 异态交替
alloisoleucine 别异亮氨酸 [$(C_2H_5)(CH_3)CHCHNH_2COOH$]
allolactose 别乳糖
allolymy（= allolimy）异居（allolimia）
allolysogenic 异溶源性的（allolysogenus）
allomerism 异质同晶［现象］（allomerismus）
allomerization 叶绿素酊氧化（allomerisatio）
allomerized chlorophyll 加氧叶绿素
allometric 比速生长的（allometricus）
allometric growth 比速生长
allometry 比速生长（allometria）
allomixis 杂交
allomone 异源激素
allomonodiploid 异源单对二倍体（allomonodiploida）
allomonoheteroploid 异源单对异倍体（allomonoheteroploida）
allomorphism 同质异晶［现象］（allomorphismus）
allomorphosis 异对相关
allomycin 别霉素
allooctoploid 异源八倍体（allooctoploida）
allooctoploidy 异源八倍性（allooctoploidas）
allopatric ①异区的，异地的 ②分布区不重叠的（allopatricus）
allopatric hybridization 异区杂交（hybridicatio allopatrica）
allopatric population 分布区不重叠群体，异地群体
allopatric progression 分布区不重叠渐渗，异地渐渗
allopatric race 分布区不重叠族，异地族
allopatric semispecies 分布区不重叠半种，异地半种
allopatric speciation 分布区不重叠种形成，异地种形成（speciatio allopatrica）{生态}
allopatric species 分布区不重叠种，异地种
allopatry 分布区不重叠，异地（allopatria）
allophane 水铝英石 [$H_{10}Al_2Si_{10}$]
allophanic soil 水铝英石土壤
allophene 非自主表型（allophenus）
allophenic 非自主表型的，异［决］表型的，嵌合体的

allophenic individual 嵌合体个体
allophenic mammal 异表型哺乳动物,嵌合体哺乳动物
allophenic mice 异表型小鼠,嵌合体小鼠
allophycocyanin (APC) 别藻蓝蛋白,别藻蓝素
alloplasm 异质 (alloplasma)
alloplectus 金红花 [*Alloplectus martius* sp.] (苦苣苔科)
alloploid 异源倍体,异源多倍体 (alloploida) {细胞}
alloploid hybrid 异源倍体杂种,异源多倍体杂种
alloploid nature 异源倍体遗传性,异源多倍体遗传性 (alloploidonatura)
alloploid organism 异源倍体生物,异源多倍体生物
alloploidion 异源[多]倍体种
alloploidy 异源倍性,异源多倍性 (alloploidas)
allopolyhaploid 异源多倍单倍体 (allopolyhaploida)
allopolyploid 异源多倍体 (allopolyploida)
allopolyploid form 异源多倍体类型
allopolyploid species 异源多倍体种
allopolyploidization 异源多倍化,异源多倍作用 (allopolyploidisatio)
allopolyploidy 异源多倍性 (allopolyploidas)
allopurinol 别嘌呤醇
allopurinol nucleotide 别嘌呤醇核苷酸
alloreactivity 同种异体反应性 (alloreactivitas)
allorecognition 同种异体识别 (allorecognitio)
allorhizic roots 异根型根系 (systema radicis allorhizica)
allose 阿洛糖 [$CHO(HCOH)_4CH_2OH$]
allosomal ①异染色体的 ②性染色体的 (allosomalis)
allosomal inheritance 性染色体遗传 (inheritantia allosomalis)
allosome ①异染色体 ②性染色体 (allosoma)
allosteric 别构的,变构[象]的 (allostericus)
allosteric activation 别构激活
allosteric activator 别构激活剂
allosteric behavior 变构行为
allosteric control 别构调节
allosteric effect 变构效应
allosteric effector 变构效应物
allosteric enzyme 变构酶
allosteric inhibition 别构抑制,异位抑制
allosteric inhibitor 变构抑制剂
allosteric interaction frequency 变构互相反应频率
allosteric model 变构模型,空间异构模型
allosteric modulator 变构调节物
allosteric preconditioning 别构预先调节
allosteric protein 变构蛋白质
allosteric regulation (allosteric control) 别构调节
allosteric site 变构部位
allosteric transition 别构转变
allosterism (= allostery) 别构性,变构性 (allosterismus)
allosubstitution 异源代换 (allosubstitutio)
allosynapsis (= allosydesis) 异源联会
allosynaptic 异源联会的 (allosynapticus)
allosynaptic bivalent pairing 异源联会二价染色体配对
allosyndesis ①异源联会 ②异亲联会
allosynheterozygote 异质接合杂合子 (allosynheterozygota)
allosynthesis 异源合成
allot ①分配 ②摊派
allotetraploid 异源四倍体 (allotetraploida)
allotetraploidy 异源四倍性 (allotetraploidas)
allotment ①分配 ②地块
allotment crops 蔬菜作物
allotment garden 小园圃,家庭园圃
allotment method 平分法
allotope 同种异型位 (allotopum)
allotopic 异源代谢性状的 (allotopus)
allotriophagy (= pica, licking sickness) 异食癖,嗜异癖
allotrioploid 异源三倍体 (allotrioploida)
allotrisomic 异源三体生物
allotrope 同素异形体
allotrophic 异养的 (allotrophus)
allotrophy 异养 (allotrophia)
allotropous 异向的 (allotropus)
allotropous flower 异向花 (flos allotropus)
allotropy ①异向复等位基因 ②异向 (allotropia)
allottee 接受分配人,被分配人
allotype ①异型,同种异型 ②性模标本 (allotypus)

allotypic 异型的，同种异型的（allotypicus）
allotypic antigen 同种异型抗原（antigenum allotypicum）
allotypic differentiation 异型分化（differentiatio allotypica）
allotypic marker 异型标记
allotypic nuclear division 异型核分裂，减数分裂（divisionuclearis allotypa）
allotypical division 异型分裂（divisio allotypica）
allowable ①可容许的，可允许的 ②可承认的
allowable blemish 容许污点
allowable burn area 容许烧垦面积
allowable concentration 容许浓度
allowable cut ①允许收割量{牧草} ②允许采伐量{森林}
allowable error 容许误差
allowable load 容许负荷
allowable strength 容许强度
allowable stress 容许胁迫{生态生理}
allowable stress intensity 容许胁迫强度
allowable value 容许值
allowable working pressure 容许工作压力
allowance ①容许，允许 ②折扣 ③[配合]公差 ④留量，余量 ⑤(饲料)供给量
allowance for shrinkage 收缩留量
allowance in corn 谷物配给量
allowance list 供给表
alloxan 阿脲，四氧嘧啶（=alloxanate）
alloxazin 咯嗪 [$C_{10}H_6N_4O_2$]
alloy 合金
alloy belt printer 合金带打印机
alloy diffusion 合金扩散
alloy steel (=alloyed steel)合金钢
allozygote 异合子（allozygota）{遗传}
allozyme 异酶，同种异型酶
allseed ①多荚草属 [*polycarpon* Loefl.]（石竹科）②多荚草 [*Polycarpon indicum* (Retz.)Merr.]⌞拟⌝③多子植物
allspice ①多香果属 [*Pimenta* Lindl.]（桃金娘科）②多香果 [*Pimenta officinalis* Berg. = *P. dioica* Lindl.]
allspice pimenta 众香树 [*Pimenta dioica* sp.]（桃金娘科）
allthorn acacia 非洲橡胶树 [*Acacia horrida*]（豆科）
alluring 诱引的，诱惑的，吸引的
alluring coloration 诱惑色
alluring gland 诱引腺(蛾){蚕}
alluvial ①冲积的 ②冲积土（alluvius）
alluvial brown soil 棕色冲积土
alluvial cone 冲积锥
alluvial dam 冲积阻塞
alluvial deposits 冲积[沉积]物
alluvial district 冲积地区
Alluvial epoch 冲积世
alluvial fan 冲积扇
alluvial field 冲积田，洲田
alluvial flat 河漫滩，冲积滩地
alluvial ground 冲积地
alluvial horizon 冲积层
alluvial land 冲积地
alluvial layer 冲积层
alluvial loam 冲积壤土
alluvial meadow soil 冲积草甸土
alluvial mud 冲积淤泥
alluvial muddy soil 冲积淤泥土
alluvial period 冲积期
alluvial plain 冲积平原
alluvial sandy soil 冲积沙质土
alluvial slime 冲积泥
alluvial soil 冲积土
alluvial terrace 冲积阶地
alluvial water 冲积水
alluviation 冲积作用（alluviatio）
alluvion 冲积物
alluvium ①冲积层 ②冲积物
alluvium cone 冲积锥
alluvium fan (=alluvium cone) 冲积扇，冲积锥
ally house 联合式温室
allyl- 丙烯[基]
allyl alcohol 丙烯醇
allyl cysteine 丙烯[基]半胱氨酸
allyl phenol 丙烯苯酚
allyl resin 丙烯基树脂
allyl starch 丙烯淀粉
allylmers 烯丙基聚合物
allylsenfol 挥发芥子油 [C_4H_5SN]
allylurea 烯丙基脲
allysine ε-醛[基]赖氨酸
allyxycarb 除害威(杀虫剂) [$C_{16}H_{22}N_2O_2$]
almaciga 白贝壳杉 [*Agathis alba* Foxworthy]（松科）
almanac 天文年历，历书（almanaca）
almandine 铁石，榴子石 [$Fe_3Al_2(SiO_4)_3$]
almometer ①蒸发测定计，蒸发计 ②汽化计
almometry ①蒸发测定 ②蒸发测定法（almometrica）
almond ①扁桃属 [*Amygdalus* L.]（蔷薇科）②扁桃(巴旦杏) [*Amygdalus communis* L. = *Prunus communis* Fritsch., *Prunus amygdalus* Stokes]

almond borer 扁桃吉丁［*Capnodis carbonaria* Klug.］
almond cherry 麦李［*Prunus glandulosa* Thunb.］（蔷薇科）
almond chrysomelid 扁桃叶甲（桑蓝叶甲）［*Mimastra cyanura* Hope］（叶甲科）
almond leaved willow 毛柳［*Salix amygdalina* L.］（杨柳科）
almond moth 干果粉斑螟（= dried fig moth, tropical warehouse moth）［*Ephestia cautella* Wlk.］（螟蛾科）
almond oil 杏仁油
almond peach 杏桃［*Prunus amygdalopersica* Rehd］（蔷薇科）
almond pear 杏状梨［*Pyrus amygdaliformis* Vill.］（蔷薇科）
almond scolytid 扁桃棘胫小蠹［*Scolytus amygdali* Guérin］（棘胫小蠹科）
almond tree 扁桃树（巴旦杏）［*Amygdalus communis* L.］（蔷薇科）
almond wasp 扁桃广肩小蜂［*Eurytoma amygdali* End.］（广肩小蜂科）
almost full scan 准全扫描
almost independence 几乎独立
almost linear 准线性
alnus aphid 赤杨刻蚜［*Glyphina alni* Schrank］（蚜科）
alnusenone 赤杨酮
alocasia ①海芋属［*Alocasia* Schott］（天南星科）②海芋［*Alocasia odora* C. Koch.］
aloe ①芦荟属［*Aloë* L.］（百合科）②（= eagle-wood）芦荟（油葱）［*Aloë vera* L. var. *chinensis*（Haw.）Berger.］
aloe extract 芦荟提出物
aloe hemp （= Mauritius hemp, green aloe）阿洛麻（毛里求斯麻）［*Furcraea gigantea* Vent.］（石蒜科）
aloe yucca 千手兰［*Yucca aloifolia* L.］（龙舌兰科）
aloin 芦荟素，葡糖［基］蒽酮［$C_{17}H_{18}O_7$］
alone signal unit（ASU） 独立信号单元｛信息｝
along order 进行的次序
along-shore current 顺岸流，沿岸流
along the grain 顺纹（木材）
alopecia 秃头，秃顶
alopecurus ①看麦娘属［*Alopecurus* L.］（禾本科）②看麦娘［*Alopecurus aequalis* Sobol.］
aloperine 苦豆碱
aloxite tube 铝砂管｛环保｝
alpaca 毛用驼（羊驼）［*Lama pacos* L.］（骆驼科）
alpestrine 生于高山的（alpestris）
alpha α（希腊字母）
alpha-activity α放射性
alpha-amino group α-氨基
alpha-amylase α-淀粉酶
alpha-carboxyl group α-羧基
alpha-carotin α-胡萝卜素
alpha-cellulose α-纤维素
alpha chain（α chain） α链
alpha code （电子计算机）字母编码
alpha cytomembrane α细胞质膜
alpha helical conformation α螺旋构象
alpha helix α螺旋
alpha heterochromatin α异染色质
alpha-iodine α-碘
alpha-naphthol α-萘酚［$C_{10}H_7OH$］
alpha-numeric character 文字数字式字符
alpha-particle α粒子
alpha-particle bombardment α粒子照射
alpha radiation α辐射
alpha ray method of treatment α射线处理法
alpha rays α射线
alpha rhythm α节律
alpha-streptococci α-链球菌
alpha subunit α亚单位
alpha-taxonomy 最初分类学（protaxonomia）
alpha-tocopherol α-生育酚，维生素E［$C_{19}H_{41}O_2$］
alphabet 字母｛电脑｝
alphabet code 字母代码
alphabet name 字母名
alphabetic coding 字母编码｛电脑｝
alphabetic data code 字母数据码｛电脑｝
alphabetic quantity 字母量
alphaestradiol α-雌甾二醇
alphameric ①字母数字的 ②字母数字（alphamericus）
alphameric data 字母数字数据
alphameric display 字母数字显示器
alphanumeric cursor （= alphameric cursor） 字母数字光标｛电脑｝
alphatoxine 梭细菌素
alphonse karr hedge bamboo 花观音竹（花凤凰竹，花孝顺竹）［*Bambusa multiplex* f. *alphonsokarri*（Mitf.）Sasaki.］（禾本科）
alpine ①高山的 ②非常高的（alpinus）
alpine aster 高山紫菀［*Aster alpinus*

Koidz.］(菊科)

alpine azalea ①峰苏方属［*Loiseleuria* Desv.］(杜鹃科) ②峰苏方［*Azalea procumben* L.］

alpine belt 高山[森林]带

alpine bent (= alpine poa) 高原早熟禾

alpine bentgrass 高山翦股颖［*Agrostis humilis*］(禾本科)

alpine bluegrass 高原早熟禾［*Poa alpina* L.］(禾本科)

alpine bog swertia 宿根樟牙菜［*Swertia perennis* L.］(龙胆科)

alpine carbonate raw soil 高山碳酸盐原[始]土

alpine centaurea 高山矢车菊［*Centaurea alpina*］(菊科)

alpine cerastium 高山卷耳［*Cerastium schizopetalum* Maxim.］(石竹科)

alpine chick weed 高山繁缕［*Stellaria sessiliflora* Yabe］(石竹科)

alpine circaea 高山露珠草［*Circaea alpina*］(柳叶菜科)

alpine clearweed 深山冷水花［*Pilea petiolaris* Blume］(荨麻科)

alpine climate 高山气候

alpine corydalis 深山紫堇［*Corydalis pallida* Pers.］(荷包牡丹科)

alpine currant 高山茶藨子［*Ribes alpinum* L.］(虎耳草科)

alpine dandelion 高岭蒲公英［*Taraxacum yuparense* H. Koidz.］(菊科)

alpine desert 高山荒漠

alpine dwarf shrub heath 高山矮生灌木荒原｛生态｝

alpine farming 高山农业

alpine fescue 高山羊茅［*Festuca alpina* Hast.］(禾本科)

alpine flax 高山亚麻［*Linum alpinum* L.］(亚麻科)

alpine fleece flower 高山蓼［*Polygonum alpinum* All.］(蓼科)

alpine flower 高山花卉

alpine forest 高山林

alpine forget-me-not 高山勿忘草［*Myosotis alpestris* Schm. = *M. silvatica* var. *alpestris* Koch］(紫草科)

alpine foxtail 高山看麦娘［*Alopecurus alpinus* S.M.］(禾本科)

alpine garden 高山植物园 (alpinatum)

alpine garlic 高山蒜［*Allium alpinum*］(石蒜科)

alpine gentian ①高山龙胆［*Gentiana algida* Pall.］(龙胆科) ②窄叶龙胆［*Gentiana angustifolia* Vill.］

alpine glacier 高山冰川

alpine goat 山地山羊(雪羊)［*Oreamnos americanus* Ord.］

alpine grass 风凌草苔［*Carex brizoides* Juslen］(莎草科)

alpine grassland 高山草地

alpine heath 高山石南荒原

alpine holly-fern 高山小耳蕨［*Polystichum lachenense* Bedd.］(鳞毛蕨科)

alpine house 高山植物温室

alpine humus soil 高山腐殖土

alpine husbandry 高山饲养业

alpine kiln 直立炭窑,纵形炭窑

alpine kittentails 高山猫尾草［*Synthyris alpina*］(禾本科)

alpine knotweed (= alpine fleece flower) 高山蓼

alpine land 高山地

alpine lettuce 高山乳苣［*Lactuca alpina*］(菊科)

alpine mad-wort 高山庭荠［*Alyssum alpestre* L.］(十字花科)

alpine mat 高山铺地植物

alpine meadow 高山草甸

alpine meadow rue 高山唐松草［*Thalictrum alpinum* L.］(毛茛科)

alpine meadow soil 高山草甸土

alpine milfoil 高山蓍草［*Achillea alpina*］(菊科)

alpine minuartia ①高山漆姑草属［*Minuartia* L.］(石竹科) ②高山漆姑草［*Minuartia* sp.］

alpine mountain sorrel 山蓼［*Oxyria digyna* Hill］(蓼科)

alpine New Zealand fiberlily 高山新西兰麻［*Phormium tenax* var. *alpinum*］(百合科)

alpine pasture 高山牧场

alpine pearl everlasting 高岭香青(山萩)［*Anaphalis alpicola* Makino］(菊科)

alpine plant 高山植物 (plantaalpina)

alpine plant formation 高山植物群系

alpine poa (= alpine bent) 高原早熟禾［*Agrostis alpina* Scop.］(禾本科)

alpine poppy 高山罂粟［*Papaver alpinum* L.］(罂粟科)

alpine puberulent listera 深山对叶兰［*Listera aipponica* Makino］(兰科)

alpine puya 高山普凤梨［*Puya alpestris* sp.］(凤梨科)

alpine racemose cherry 高山犬樱［*Prunus ssiori* Fr. Schm.］（蔷薇科）
alpine region 高山地区
alpine rice（= upland rice） 旱稻，陆稻
alpine rockcress 筷子芥（高山南芥）［*Arabis alpina* L.］（十字花科）
alpine roscoea 高山象牙参［*Roscoea alpina*］（姜科）
alpine rush 高山灯心草［*Juncus alpinus* Vill.］（灯心草科）
alpine sagebrush 高山蒿［*Artemisia scopulorum*］（菊科）
alpine saw-wort 高山风毛菊［*Saussurea alpina* DC.］（菊科）
alpine scutellaria 高山黄芩［*Scutellaria alpina*］（唇形科）
alpine sedge 高山苔草［*Kobresia myosurodes* sp.］（莎草科）
alpine silene 高山麦瓶草［*Silene alpestris* S.F. Gray］（石竹科）
alpine spiraea 高山绣线菊［*Spiraea alpina* Pall.］（蔷薇科）
alpine St. John's wort 高岭金丝桃［*Hypericum sikokumontanum* Makino］（金丝桃科）
alpine steppe soil 高山草原土
alpine stiff clubmoss 高岭二年石松［*Lycopodium annotinum* var. *acrifolum* Fernald.］（石松科）
alpine strawberry 高山草莓［*Fragaria semperflorens*］（蔷薇科）
alpine timothy 高山梯牧草［*Phleum alpinum* L.］（禾本科）
alpine toadflax 高山柳穿鱼［*Linaria alpina* Mill.］（玄参科）
alpine tundra 高山冻原
alpine vegetation 高山（寒）植被
alpine violet 高岭堇菜［*Viola crassa* Makino］（堇菜科）
alpine wallflower 高山桂竹香［*Cheiranthus alpina*］（十字花科）
alpine wild rye 高岭野麦［*Elymus yubaridakensis* Ohwi.］（禾本科）
alpine wild wampee 野黄皮［*Clausena cuchrestifolia* Kanehira］（芸香科）
alpine willow ①深山柳［*Salix reinii* Franch.］（杨柳科）②高山岩柳［*Salix nakamurana* Koidz］
alpine wolf's-bane 高岭乌头［*Aconitum zigzag* L'ev. et Van］（毛茛科）
alpine wormwood 高岭蒿［*Artemisia sinanensis* Yabe.］（菊科）
alpine zone（= alpine belt） 高山带
alpist 虉草子（一种喂鸟的草子）
alplily 萝蒂属（洼瓣花属）［*Lloydia* Salisb.］（百合科）
Alps 阿尔卑斯山
Alps cinquefoil 寒冷委陵菜［*Potentilla frigida*］（蔷薇科）
Alps onion 阿尔卑斯山葱［*Allium montanum*］（百合科）
Alps type valley glacier 阿尔卑斯山型山谷冰川
Alsike clover（= hybrid clover） 杂三叶［草］［*Trifolium hybridum* L.］（豆科）
alsinaceous ①花瓣具短爪的 ②似繁缕的（alsinaceus）
also know as（**AKA**） 亦即，也就是｛信息｝
alstoniline 鸭脚木灵｛生化｝
alstonine 鸭脚木碱
alstroemeria 六出花属［*Alstroemeria* L.］（石蒜科）
Altai columbine 大花耧斗菜［*Aquilegia glandulosa* Fisch. ex Link.］（毛茛科）
Altai hawthorn 阿尔泰山楂［*Crataegus altaica* Lge.］（蔷薇科）
Altai Scotch rose 阿尔泰蔷薇［*Rosa spinosissima* var. *altaica* Rehd. = *R. altaica* Willd］（蔷薇科）
altalf 黑淋溶土
altangle 高度角｛遥感｝
altazimuth instrument 地平经纬仪
alterability 可变性（alterabilitas）
alterable 可变的，可改变的（alterabilis）
alterable memory 可变存储器，可修改存储器｛电脑｝
alteration ①改变，变更，更改 ②修改（alteratio）
alteration halos 蚀变晕｛遥感｝
altered DNA polymerase 改变DNA聚合酶
altered DNA template 改变DNA模板
altered mineral 蚀变矿物
altered repressor 改变阻遏物
altered rocks 蚀变岩｛地质｝
alternant 互生的（alternans）
alternanthera 虾钳菜属［*Alternanthera* Forsk.］（苋科）②虾钳菜［*Alternanthera sessilies*（L.）R.Br］
alternaria ①链格孢属（交链孢属）［*Alternaria* Nees ex Wallr.］②链格孢［*Alternaria alternata*（Fr.）Keissl.］
alternaria black rot 黑腐病
alternaria black rot of carrot 胡萝卜黑腐病

[*Alternaria radicina* Meier.]

alternaria leaf spot 斑点[落叶]病,黑斑病

alternaria leaf spot of Adzuki bean 赤小豆黑斑病 [*Alternaria adzukiae* Hara]

alternaria leaf spot of bean 菜豆黑斑病 [*Alternaria brassicae* (Berk.) Sacc. var. *phaseoli* Brun.]

alternaria leaf spot of beet 甜菜黑斑病 [*Alternaria brassicae* (Berk.) Sacc.]

alternaria leaf spot of brussels sprouts 孢子甘蓝黑斑病 [*Alternaria brassicae* (Berk.) Sacc. var. *macrospora* Sacc.]

alternaria leaf spot of cabbage 甘蓝黑斑病 [*Alternaria brassicae* (Berk.) Sacc.]

alternaria leaf spot of carrot 胡萝卜黑斑病 [*Alternaria dauci* (Kuehn.) Groves et Skoldo = *A. carotae* (Ell. et Lang.) Ell.]

alternaria leaf spot of castor oil plant 蓖麻黑斑病 [*Alternaria ricini* (Yoshiiet Rakimoto) Hansford]

alternaria leaf spot of cauliflower 花椰菜黑斑病 [*Alternaria brassicae* (Berk.) Sacc. var. *macrospora* Sacc.]

alternaria leaf spot of chard 莙荙菜黑斑病 [*Alternaria brassicae* (Berk.) Sacc.]

alternaria leaf spot of cherry 甜樱桃黑斑病 [*Alternaria cerasi* Potebnia]

alternaria leaf spot of Chinese cabbage 白菜(青菜)黑斑病 [*Alternasia brassicae* (Berk.) Sacc.]

alternaria leaf spot of citrus 柑橘黑斑病 [*Alternaria citri* Pierce]

alternaria leaf spot of cotton 棉黑斑病 [*Alternaria gossypina* (Thuem.) Hopkins]

alternaria leaf spot of crucifers 十字花科蔬菜黑斑病 [*Alternaria herculea* (E. et Curt.) Ell. = *A. brassicae* (B.) Sacc.]

alternaria leaf spot of east Indian lotus 莲黑斑病 [*Alternaria nelumbii* (Ell. et Ev.) Enlow et Rand.]

alternaria leaf spot of grape 葡萄黑斑病 [*Alternaria viticola* P. Brum.]

alternaria leaf spot of Indian mallow 苘麻黑斑病 [*Alternaria abutilonis* Speg.]

alternaria leaf spot of leafmustard 芥菜黑斑病 [*Alternaria brassicae* (Berk.) Sacc.]

alternaria leaf spot of mandrin and tangerine orange 橘黑斑病 [*Alternaria citri* Pierce]

alternaria leaf spot of millet 粟黑斑病 [*Alternaria tenuis* Nees]

alternaria leaf spot of onion 洋葱及葱黑斑病 [*Alternaria porri* (Ell.) Cif.]

alternaria leaf spot of pear 梨轮斑病 [*Alternaria mali* Roberis.]

alternaria leaf spot of PehTsai 白菜黑斑病 [*Alternaria brassicae* (Berk.) Sacc.]

alternaria leaf spot of pomelo 柚黑斑病 [*Alternaria citri* Pierce]

alternaria leaf spot of radish 萝卜黑斑病 [*Alternaria brassicae* (Berk.) Sacc.]

alternaria leaf spot of rustic tobacco 黄花烟草黑斑病 [*Alternaria longipes* (Ell. et Ev.) Tisd. et Wadk.]

alternaria leaf spot of soybean 大豆黑斑病 [*Alternaria atrans* Gibson]

alternaria leaf spot of sunflower 向日葵黑斑病 [*Alternaria tenuis* Nees]

alternaria leaf spot of tobacco 烟草黑斑病 [*Alternaria longipes* (Ell. et Ev.) Tisd. et Wadk. = *A. tobacina* (Ell. et Ev.) Hori.]

alternaria leaf spot of tomato 番茄黑斑病 [*Macrosporium tomato* Cooke]

alternaria leaf spot of Welsh onion 葱黑斑病 [*Alternaria porri* (Ell.) Cif.]

alternaria rot of citrus 柑橘黑腐病 [*Alternaria citri* Ellis et Picrce]

alternaria seedling blight [黄麻]苗枯病

alternaric acid 格链孢酸 [$C_{31}H_{30}O_8$]

alternariol 格链孢菌酚

alternate ①互生的 ②互换的,交互的,交替的 ③交流的 ④变向的,交变的,变更的 (alternatus)

alternate angle 错角

alternate branching type 互生分枝型 (typus ramosus alternatus)

alternate change 轮换更替

alternate clear strip system 交互带状皆伐作业

alternate configuration 交错构型 (configuratio alternata)

alternate crops 填闲作物

alternate cultivation and fallow 轮休,轮作休闲(耕种与休闲交替)

alternate culture 换茬栽培

alternate current 交流[电]

alternate disjunction 相间离开 (disjunctio alternata)

alternate display 交替显示

alternate dominance 交替显性 (dominantia alternata)

alternate form 相间型（forma alternata）
alternate freezing and thawing 冻融交替
alternate generation ①世代交替{遗传}②隔代{育种}（generatio alternata）
alternate grazing 轮换放牧，轮牧
alternate growth 互生(指群落植物间相互生长)
alternate habit 大小年结果习性(指果树)
alternate host 转主寄主
alternate husbandry 换茬[农作]，轮作[栽培]
alternate leaf arrangement (= alternate phyllotaxis) 互生叶序（phyllotaxis alternatus）
alternate leaves 互生叶（folii alternates）
alternate library 替代库，备用库{信息}
alternate map 交替[显性]图（mappa alternata）
alternate orientation 相间定向（orientatio alternata）
alternate pairing segment 交替配对节段
alternate pathway theory 交替途径学说{生理}
alternate phyllotaxis 互生叶序（phyllotaxis alternatus）
alternate pitting 互列纹孔式（porosans alternatus）
alternate planting ①方形穴播，棋盘式栽植②间作
alternate plough (= alternate plow) 键式犁，双向犁
alternate ploughing (= alternate plowing) 轮翻(在耕地上，各地块轮流耕翻)
alternate row mulching 隔行覆盖，隔行盖草
alternate row seeding 方形穴播
alternate row sod system 带状生草法
alternate segregation 相间分离，交互分离
alternate segregation of chromosome 染色体相间分离
alternate sheaves 活动皮带轮，套合皮带轮
alternate stages 交变级{环保}
alternate three-cutting system 轮流三次收割制{牧草}
alternate year bearing (= alternate bearing) 隔年结果
alternately bearing 隔年结果(指果树)
alternately-pinnate 互生羽状的（alternatim pinnatus）
alternating chromosome 交替染色体
alternating copolymer 交替共聚物
alternating copolymerization 交替共聚合
alternating cropping 轮作，倒茬
alternating current (A.C.) 交流电
alternating current circuit 交流电路
alternating current motor 交流电动机
alternating current transformer 交流电变压器
alternating deposits 交替沉积
alternating dominance 交替显性
alternating double filtration 交替复过滤，交替两级过滤{环保}
alternating dynamo 交流发电机
alternating interspersion 交替散置
alternating load 交变负荷
alternating operating system 交替操作系统{电脑}
alternating phase ①更迭期②更迭阶段（phasis alternasens）
alternating sequence 交替顺序
alternating temperature 变温
alternation ①轮换②更换，变换，交替，交互③交错（alternatio）
alternation gate "或"门{信息}
alternation of agricultural and forest crops 农林间作
alternation of bed 交互层
alternation of crops 换茬，作物轮换
alternation of culture 轮作，倒茬，轮换栽培
alternation of dry and rainy period 旱期与雨期交替
alternation of forest and agricultural crop 农林间作，林粮间作
alternation of generation 世代交替（alternatio generationis）
alternation of hosts 转主，寄主交替
alternation of land usage between dry and flooded conditions (土地)水旱轮用，水旱轮作，水地旱地轮换使用
alternation of nuclear phases 核相交替
alternation switch 转换开关{电脑}
alternation variation 交互变异（variatio alternationis）
alternative ①交替的，交换的，转换的，互换的，交互的②二者任择其一的，备择的，随挑的③可变的④转主寄主（alternativus）
alternative allele 交替等位基因（allela alternativa）
alternative complement pathway [交替]补体途径{分生}
alternative configuration 交替表型（configuratio alternativa）
alternative crop 轮换作物，换茬
alternative direction 对立方向（directio alternativa）
alternative distribution 转换分布
alternative front or rear loader 前后双向装

载机

alternative genetic pathway 交替遗传途径

alternative host 转换寄主(hospes alternativus)

alternative hypothesis ①备择假设{统计} ②对立假说{细胞}

alternative inheritance 交替遗传(inheritantia alternativa)

alternative inhibition 交互抑制

alternative irrigation 间歇灌溉

alternative line 替换线路{信息}

alternative metabolic pathway 交替代谢途径{生态生理}

alternative motion 往复运动

alternative pathway 交替途径

alternative plow 双向犁,键式犁

alternative polyadenylation 可变聚腺苷酸化

alternative quasi-latin squares 转换拟拉丁方{统计}

alternative respiratory pathway 交互呼吸途径{生态生理}

alternative RNA processing 可变 RNA 加工(指 RNA 剪接)

alternative RNA splicing 可变 RNA 剪接{农生技}

alternative segregation 交替分离(segregatio alternativa)

alternative splicing 可变剪接{农生技}

alternative splicing factor (ASF) 可变剪接因子

alternative stress 交变应力

alternative transcription 可变转录(transcriptio alternativa){分遗}

alternative transcription initiation 可变转录起始

alternative variation 对立变异(variatio alternativa)

alternator 交流发电机

alterne 交错群落

alternipetalous 与花瓣互生的(雄蕊与花瓣互生)(alternipetalus)

alternipinnate 羽片互生的(alternipinnatus)

alternisepalous 与萼片互生的(花瓣与萼片互生)(alternisepalus)

althaea ①蜀葵属[*Althaea* L.](锦葵科) ②蜀葵[*Althaea rosea* Cav.]

altigraph 高度记录器

altimeter 高度计{测}

altimetric 测高的(altimetricus)

altimetric point 测高点,高程点

altimetry ①高度测定 ②高度测定法,测高术(altimetria)

altise ①跳甲 ②⌊复⌉跳甲[亚]科[Halticinae]

altitude ①高度,高线,顶垂线 ②海拔(altitudo)

altitude above sea level 海拔[高度]

altitude acclimatization ①高度驯化{育种} ②高空顺应{物}

altitude correction 高度校正

altitude gauge 测高计

altitude preference 海拔偏爱{生态}

altitude sickness 高空病

altitude surveying 高低测量学

altitude valve 池水位限制阀{环保}

altitudinal ①高度的,海拔高度的 ②垂直的(altitudinalis)

altitudinal belt 垂直带

altitudinal forest 高地森林

altitudinal profiles 垂直剖面图

altitudinal range 高度范围

altkultur 衰老培养系(altcultura){真菌}

Altmann's acid fuchsin 阿氏酸性品红(复红)

Altmann's granules 阿氏颗粒,线粒体

alto-cumulus(Ac) 高积云(altocumulus)

alto-cumulus lenticularis 荚状高积云(altocumulus lenticularis)

alto-cumulus translucidus 透光高积云(altocumulus translucidus)

alto-stratus(As) 高层云(altostratus)

altogether ①完全,一概 ②总共,全部,全体 ③总而言之,总之{信息}

altoherbiprata 高草草甸群落

altoherbosa 高草群落

altoll 黑软土

altritol 阿卓糖醇

altrose 阿卓糖 [$CHO(HCOH)_4CH_2OH$]

alula ①翼瓣{形态} ②翅瓣{昆虫} ③小翼羽{禽}

alum ①矾 ②明矾{显技}

alum carmine 明矾胭脂红

alum cochineal 明矾胭脂

alum earth 明矾土 [Al_2O_3]

alum flour 矾粉

alum haematoxylin 明矾苏木精

alum powder 明矾粉

alum-precipitated antigen 明矾沉淀抗原

alum-root ①矾根属[*Heuchera* L.](虎耳草科) ②矾根[*Heuchera* sp.]

alum shale 矾页岩{地质}

alum spot 矾斑

alumina 矾土,氧化铝[Al_2O_3]
alumina layer 铝氧片{地质}
alumina octahedral 铝氧八面体
alumina silicate 铝硅酸盐类
aluminate 铝酸盐,原铝酸盐[M_3AlO_3],偏铝酸盐[$MAlO_2$]
aluminium 铝(Al,13号元素)
aluminium acetate 醋酸铝,乙酸铝[$Al(CH_3COO)_3$]
aluminium ammonia sulphate 硫酸铝矾,铵矾,铵明矾[$Al(NH_4)(SO_4)_2 \cdot 12H_2O$]
aluminium chloride 氯化铝[$AlCl_3$]
aluminium compound 铝化合物
aluminium film 铝膜{农施}
aluminium foil 铝箔
aluminium hydroxide 氢氧化铝[$Al(OH)_3$]
aluminium hydroxide as mordant 媒染剂用氢氧化铝{显技}
aluminium oxide 氧化铝[Al_2O_3]
aluminium phosphate 磷酸铝[$AlPO_4$]
aluminium phosphide 磷化铝[AlP]
aluminium plant ①冷水花属[*Pilea* Lindl.](荨麻科) ②冷水花[*Pilea notata* Wright.]
aluminium salts 铝盐类{环保}
aluminium smelting industries 炼铝[产]业
aluminium sulphate 硫酸铝[$Al_2(SO_4)_3$]
aluminium toxicity 铝毒性,铝毒
aluminium waste water treatment 铝废水处理{环保}
alumino-calcium phosphate fertilizer 钙铝磷肥
aluminoferric ①铁矾土 ②铝铁剂{环保}
aluminosilicate 铝硅酸盐
aluminous slide 铝制载片{显技}
aluminous soil 矾质土,铝质土
alumite effluent 耐酸铝排水{环保}
Alunan 阿留南(菲律宾甘蔗品种)
alunite 明矾石[$KAl(SO_4)_2 \cdot 12H_2O$]
aluta 软皮革
alutaceous 革色的,牛皮色的(alutaceus)
alutation 鞣制皮革(alutatio)
alvein 蜂窝杆菌素
alveola 泡,小泡
alveolar ①蜂窝状[小泡]的 ②小泡状的(alveolaris)
alveolar cylinder (种子清选机)窝眼筒
alveolar disk 窝眼圆盘
alveolar sphere 泡球(sphaera alveolaris)
alveolar substance 泡质(substantia alveolaris)
alveolar theory 泡状说(指原生质)
alveolate ①具小泡的 ②蜂窝状的(alveolatus)
alveolation theory 泡化说(指染色体)
alveolus ①小泡{细胞} ②[蜂]窝 ③小窝,毛窝{昆虫}
alvine 下腹的,小腹的(alvinus)
alyce clover 炼荚豆[*Alysicarpus vaginalis* (L.)DC.](豆科)
alysogenic 非溶源性的(alysogenus)
alyssum ①庭荠属[*Alyssum* Tourn. ex L.](十字花科) ②庭荠[*Alyssum sibiricum* Willd.]
alytensin 产婆蟾[紧张]肽
Alzheimer disease 老年痴呆症,阿尔茨海默病
amacrine 无长突细胞,无足细胞(amacrinus)
amalgam 汞齐,汞合金
amalgam electrode 汞齐电极
amalgamation ①混合,联合,合并 ②汞齐化[作用] ③汞化(amalgamatio)
amalgamation of farms 农地合并
aman type 冬稻型(印度稻品种;在雨季栽培的高秆型水稻)
amandin 苦杏仁球蛋白
amanin 鹅膏素
amanita toxin 鹅膏毒素,毒伞肽
amanitine 鹅膏亭,鹅膏蕈碱
Amann solution 阿曼氏液{显技}
amaranth ①苋属[*Amaranthus* L.](苋科) ②苋菜[*Amaranthus tricolor* L.]
amaranth family 苋科[Amaranthaceae]
amarine 苦杏精
amarogentin 苦杏苷
amaroid 苦杏素
amaron 苦杏碱[$C_{20}H_{20}N_2$]
amaryllis ①孤挺花属[*Amaryllis* L.](石蒜科) ②孤挺花[*Amaryllis belladonna* L.]
amaryllis family 石蒜科[Amaryllidaceae]
amass ①收集,集聚 ②堆积 ③积蓄
amastigomycetes 无鞭毛菌类(Amastigomycetes)
amateur gardening 业余园艺
amateur weather station 业余气象站
amatids 鹿蛾科[Amatidae = Ctenuchidae]
amatungula (= natal-plum) 大花假虎刺[*Carissa grandiflora* A. DC.](夹竹桃

科）
amaurosis 黑矇
amaurotic idiocy 黑矇性白痴（idiocia amaurotica）
Amazon basin 亚马孙盆地
Amazon canistrum 亚马孙笼凤梨［*Canistrum amazonicum* Mez.］（凤梨科）
Amazon cocoa 可可树［*Theobroma cacao* L.］（梧桐科）
Amazon fly 蔗螟寄蝇（*Metagonistylum minense* Tns.）（寄蝇科）
Amazon lily ①亚马逊石蒜属［*Eucharis* Planch.］（石蒜科）②亚马逊石蒜［*Eucharis grandiflora* Planch.］
AMB（=ambit） 极面［观］轮廓
ambarella 加耶杧果（金酸枣）［*Spondias cytherea* Sonn.］（漆树科）
ambari hemp（=ambary hemp, ambaree hemp, kenaf, Java jute） 红麻（洋麻，槿麻）［*Hibiscus cannabinus* L.］（锦葵科）
ambelline 安贝灵，颠茄朱顶兰碱
amber ①琥珀 ②琥珀型｛分遗｝③龙涎香［$C_{40}H_{64}O_4$］
amber acid（=succinic acid） 琥珀酸，丁二酸［$C_4H_6O_4$］
amber codon 琥珀型密码子
amber-coloured 琥珀色的（electrinus）
amber common chokecherry 白果美国稠李［*Prunus virginiana* var. *leucocarpa* S. Wats.］（蔷薇科）
amber durum（=hard wheat, flint wheat, durum wheat） 硬粒小麦［*Triticium durum* Desf.］（禾本科）
amber honey 琥珀色蜂蜜
amber kernel 硬粒小麦子粒
amber mutant 琥珀型突变体
amber mutation（=UAG mutation） 琥珀型突变
amber oil 琥珀油
amber primrose 琥珀报春［*Primula helodoxa*］（报春科）
amber seeds 硬粒小麦种
amber suppression 琥珀型抑制
amber suppressor（=UAG suppressor） 琥珀型抑制基因
amber tea rose 淡黄香水月季［*Rosa odorata* var. *ochroleuca* Rehd.］（蔷薇科）
amber tree 枫香属［*Liquidambar* L.］（金缕梅科）
amber triplet 琥珀型三联体
amber triplet UAG 琥珀型三联体 UAG
amber type 琥珀型
ambergris 龙涎香［$C_{40}H_{84}O_4$］
amberlite 恩柏莱特［离子交换树胶商品名称］｛土壤｝
ambident 两可的（ambidens）
ambident ion 两可离子
ambient ①环境的 ②周围的（ambiens）
ambient air 环境空气，周围空气
ambient CO_2 concentration 环境 CO_2 浓度
ambient noise 环境噪音
ambient pressure 环境压力
ambient temperature 环境温度
ambient temperature storage 环境温度贮藏，常温贮藏
ambiguity 双关性，模糊性（ambiguitas）
ambiguity mutation 双关性突变
ambiguity of knowledge 知识模糊性
ambiguous ①双关的，不确定的 ②多义的，多歧的（ambiguus）
ambiguous codon 双关密码子，多义密码子
ambiguous file reference 多义文件引用｛信息｝
ambiguous model 不确定模型
ambiguous point 歧点
ambiguous ratio 双关比率，不定比率
ambilateral 两侧的（ambilateralis）
ambiparous 花叶兼具的（ambiparus）
ambisense 双义（ambisensus）｛分遗｝
ambisense genome 双义基因组｛分遗｝
ambisense RNA 双义 RNA
ambisexual 雌雄同体的，两性的（ambisexualis）
ambisporangiate 两性体，雌雄同株（ambisporangiatus）
ambivalent ①利害两值 ②双效的（ambivalens）
ambivalent mutant 双效突变体
amble 遛蹄，缓行（指马）（ambulare）
ambler 遛蹄马，缓行马
amblyanthous 钝花的（amblyanthus）
amblygonite 磷铝石
amblyocalycular 钝萼的（amblyocalycularis）
amblyocarpous 钝果的（amblyocarpus）
amblyophyllus 钝叶的
amblyopterous 钝翼的，钝翅的（amblyopterus）
amboceptor 双受体，双纳体
amboceptorgen 双受体原，双纳体原
amboina pitch tree 贝壳杉［*Agathis dammara*（Lamb.）Rich］（松柏科）
ambretto-lide 葵子内酯
ambretto-musk 葵子内麝香

ambrophyte 喜雨植物（ambrophyta）
ambrosia beetles（= bark beetles, shot-hole borers） 棘胫小蠹科与长小蠹科［Scolytidae et Platypodidae］
ambrosia cells 虫道真菌芽孢
ambrosia fungi 虫道真菌
ambulance 救护车
ambulatory leg 步足
ambulatory wart 步行突
ambury（= clab-root） 根瘤病
ambush 埋伏｛狩猎｝
ambush bug ①螳足蝽［*Phymata erosa*（L.）］②⌞复⌝螳足蝽科［Phymatidae］
ambutteseed oil 黄葵油
AMD（= arithmetic mean diameter） 算术平均直径
amDNA（= antimessenger DNA） 反信使 DNA
ameba（= amoeba） 变形虫，阿米巴
amebiasis of bees（= amoeba disease of bees） 蜜蜂阿米巴病
ameboid（= amoeboid） 变形虫状的（amoeboides）
ameiosis 非减数分裂
ameiotic 非减数分裂的（ameioticus）
ameiotic parthenogenesis 非减数分裂单性生殖，非减数分裂孤雌生殖（parthenogenesis ameioticus）
amelanchier sawfly 枸杞锯蜂［*Amauronematus amelanchieris* Takeuchi］（叶蜂科）
amelanotic 无黑［色］素的（amelanoticus）
amelioration ①改良 ②土壤改良（ameliorratio）
amelioration of marsh 沼泽［土壤］改良
amelioration of soil 土壤改良
ameliorative 改良的，改善的，改进的（ameliorativus）
ameliorative measure 改良措施
amending plan 修改计划
amendment ①改良 ②改良剂 ③改正 ④复原（amendmentum）
amendment code 改正码｛电脑｝
amendment record 改正记录
amenity garden 观赏植物园
amensalism ①非共生性，独生现象，孤生现象 ②偏害共栖（amensalismus）
amensalistic 独生的，非共生［性］的（amensalisticus）
amensalistic polyculture 非共生性多种种植｛栽培｝
ament 柔荑花序（amentum）
amentaceous 柔荑花序式的（amentaceus）
amentiferous 具柔荑花序的（amentiferus）
amentiform ①柔荑花序式的 ②具柔荑花序的（amentiformis）
amentotaxus ①穗花杉属［*Amentotaxus* Pilger］（紫杉科）②穗花杉［*Amentotaxus argotaenia*（Hce.）Pilger］
American adenocaulon 美洲和尚菜［*Adenocaulon bicolor* Hook.］（菊科）
American agave（= American aloe, century plant） 龙舌兰（世纪树）［*Agave americana* L.］（龙舌兰科）
American arbor-vitae 金钟柏（美国侧柏）［*Thuja occidentalis* L.］（柏科）
American armyworm（= armyworm） 美洲黏虫［*Mythimna unipuncta*（Haworth）］（夜蛾科）
American ash 美国白蜡树［*Fraxinus americana* L.］（木犀科）
American aspen 颤杨［*Populus tremuloides* Michx.］（杨柳科）
American avocado ①鳄梨属［*Persea* Mill.］（樟科）②鳄梨［*Persea americana* Mill.］
American Bee Journal 美国养蜂杂志
American bison 美洲野牛［*Bison bison*］
American black currant 美洲［黑］茶藨子［*Ribes americanum* Mill.］（茶藨子科）
American bollworm（= American cotton bollworm, corn earworm） 棉铃虫［*Heliothis zea*（Boddie）］（夜蛾科）
American buckwheatvine 美洲荞麦藤［*Brunnichia cirrhosa* Banks.］（蓼科）
American bugbane 美洲升麻［*Cimicifuga americana* Michx.］（毛茛科）
American bugleweed 美洲地瓜苗［*Lycopus americanus* L.］（唇形科）
American burnweed =（fireweed, pilewort） 山柳菊叶菊芹［*Erechitites hieracifolia* Rafin.］（菊科）
American chestnut 美洲栗［*Castanea americana* Raf. = C. *dentata* Borkh.］（山毛榉科）
American cockroach（= brown American cockroach） 美洲大蠊（美洲蜚蠊）［*Periplaneta americana* L.］（蜚蠊科）
American Code 美国法规
American cotton variety 美棉品种
American cowclip 流星花属［*Dodecatheon* L.］（报春科）
American dagger moth 美洲剑纹夜蛾［*Acronicta americana*（Harris）］（夜蛾科）

American elm 美洲榆［*Ulmus americana* L.］（榆科）
American ephedra 美洲麻黄［*Ephedra americana* Humb.］（麻黄科）
American false daisy 美洲鳢肠［*Eclipta prostrata* L.］（菊科）
American foulbrood 美洲腐蛆病，美洲［幼虫］腐臭病（由 *Bacillus lavae* 而致）
American ginseng 西洋蔘（西洋参）［*Panax quinquefolium* L.］（五加科）
American goldenrod 美洲一枝黄［*Solidago occidentalis* Torr. et A. Gray］（菊科）
American gooseberry mildew 美国醋栗白粉病［*Sphaerotheca mors-uvae*（Schw.）Berk. et Curt.］
American grape 美洲蘡薁（美洲葡萄）［*Vitis labrusca* L.］（葡萄科）
American grasshopper（= South American locust） 美洲蚱蜢［*Schistocerca americana*（Drury）］（蝗科）
American ipecac 洋吐根［*Gillenia stipulata* Trel.］（蔷薇科）
American ivy ①爬山虎属［*Parthenocissus* Planch.］②爬山虎［*Parthenocissus tricupidata* Planch.］（葡萄科）
American jute 苘麻［*Abutilon avicennae* Gaertn. ＝*A. theophrasti* Med.］（锦葵科）
American lawn ant（= corn ant） 玉米田蚁［*Lasius alienus*（Forstr.）］蚁科
American leopard frog（= common frog） 美洲豹蛙［*Rana pipiens*］
American lopseed 透骨草［*Phryma leptostachya* L.］（透骨草科）
American lotus 黄连（黄连花）［*Nelumbo lutea* Pers.］（睡莲科）
American maidenhair（= common maidenhair） 铁线蕨草（过坛龙）［*Adiantum pedatum* L.］（铁线蕨科）
American mangrove（= red mangrove） 美国红树［*Rhizophora mangle* L.］（红树科）
American mannagrass 美洲甜茅［*Glyceria grandis*］（禾本科）
American milletgrass 粟草［*Milium effusum* L.］（禾本科）
American mistletoe 美洲槲寄生属［*Phoradendron* spp.］
American mountain ash 美国花楸［*Sorbus americana* Marsh.］（蔷薇科）
American mountain leek 三花韭［*Allium triflorum*］（百合科）
American National Standard Labels.（ANSL） 美国国家标准标号｛信息｝
American plane-tree 美国梧桐［*Platanus occidentalis* L.］（悬铃木科）
American plum 美洲李［*Prunus americana* Marsh.］（蔷薇科）
American red currant 矮茶藨子［*Ribes triste* Pall.］（茶藨子科）
American red raspberry 绒毛覆盆子［*Rubus strigosus* Maxim.］（蔷薇科）
American retort（= wagon retort） 车辆式干馏装置
American rice leaf miner 稻小水蝇［*Hydrellia griola*（Fallén）］（潜蝇科）
American rice stink bug 美洲稻缘蝽［*Oebalus pugnax*（Fabricius）= *Solubea* or *Mormidea*］（缘蝽科）
American rice water weevil（= rice water weevil）［美洲］稻象甲［*Lissorhoptrus oryzophilus* Kusch.］（象甲科）
American salad 美国凉拌菜，美国色拉｛加工｝
American screw worm 美洲锥蝇［*Callitrcga americana* Cushing et Patton］
American sloughgrass 菵草［*Beckmannia syzygachne*（L.）Fer.］（禾本科）
American Society of Agricultural Engineers（ASAE） 美国农业工程师学会
American spilanthes 美国千日菊［*Spilanthes americana* Hieron］（菊科）
American starflower 美洲七瓣莲［*Trientalis borealis*］（报春科）
American strawberry 美洲草莓［*Fragaria vesca* var. *americana*］（蔷薇科）
American sugarcane borer（= small sugarcane moth borer） 小蔗螟［*Diatraea saccharalis*（Fabricius）］（螟蛾科）
American sweet gum（= red gum） 胶皮糖香树［*Liquidambar styraciflua* L.］（金缕梅科）
American sycamore（= American plane tree. buttonwood, button ball） 美国梧桐
American twayblade ①羊耳蒜属［*Liparis* Rich.］（兰科）②羊耳蒜［*Liparis forrestii* Rolfe］
American vetch 美洲野豌豆［*Vicia americana*］（豆科）
American waterlily 香睡莲［*Nymphaea odorata* Ait］（睡莲科）
American waterplantain 泽泻［*Alisma plantago-aquatica* L.］（泽泻科）
American waterwort 美洲沟繁缕［*Elatine triandra* Schk.］（沟繁缕科）

American white-backed rice plant hopper (= rice dephacid) 美洲稻飞虱[*Sogatodes orizicola* (Muir) = *Sogata brazilensis* Muir](飞虱科)
American wisteria 美洲紫藤[*Wisteria frutescens* Poir](豆科)
American wood anemone 五叶银莲花[*Anemone quinquefolia* L.](毛茛科)
American wormseed 美洲土荆芥[*Chenopodium ambrosioides* var. *anthelminticum* A. Gay](藜科)
americium 镅(Am,95号元素)
Ameriean artichake 菊芋[*Helianthus tuberosus* L.](菊科)
amerosporae 无隔孢子类,单孢子类[Amerosporae]
amerospore 无隔孢子(amerospora)
amesdial 测微仪
ametaboly 无变态(ametabolia)
amethopterin 氨甲蝶呤
amethyst 紫石英{地质}
amethyst fescue 紫水晶羊茅[*Festuca amethystina*](禾本科)
amethyst toadflax 小棘针状柳穿鱼[*Linaria amethystea* Hoffmg et Link](玄参科)
ametoecious 不转主寄生的,单主的(ametoecius)
ametryn (= ametryne) 莠灭净(除草剂)[$C_9H_{17}N_5S$]
amiantos 细丝石棉
Amiben (= chloramben) 草灭平(除草剂)[$C_7H_5Cl_2NO_2$]
amicrobic 无微生物的(amicrobicus)
amicron ①次微[胶]粒 ②超微粒(指直径小于10^{-7}厘米)
amicronucleate line 非小核系(lina amicronucleata)
amictic 无融合的(amicticus)
amid- ⌊字头⌉[酰]胺基
Amid-Thin (= NAAm) 萘乙酰胺
amidase 酰胺酶
amide 酰胺[$RCONH_2$]
amide bond 酰胺键
amide herbicides 酰胺类除草剂
amide nitrogen 酰胺氮
amide plant 胺植物
amides 酰胺类{农药}
amidinase 脒基酶
amidine 脒
amido- ⌊字头⌉①氨基[NH_2-] ②酰胺基[H_2NCO-]
amido black [酰]胺黑
amido black 10 B [酰]胺黑 10 B
amidol 阿米多,二氢氯化-2,4-二氨苯酚,二氨酚显影剂[$C_6H_3(NH_2)_2OH \cdot 2HCl$]
amidonaphthol red 酸性亮红{显技}
amiloride 氨氯吡嗪脒(利尿药)
amination 胺化,氨基化(aminatio)
amine 胺[RNH_2]
amine base 胺碱
amine formation 成胺[作用],胺形成[作用]
amine hormone 胺[类]激素
amine oxidase 胺氧化酶
amine salt 胺盐
amine treatment 胺处理(指在污泥消化池中)
amino- 氨基
amino acetic acid 氨基醋酸,乙氨酸,甘氨酸[NH_2CH_2COOH]
amino acid (aa) 氨基酸[NH_2RCOOH]
amino acid acceptor RNA 氨基酸受体RNA
amino acid activation 氨基酸活化作用
amino acid adaptor molecule 氨基酸连接分子
amino acid adenylate 氨基酸腺苷酸
amino acid analogue 氨基酸类似物
amino acid analyzer 氨基酸分析器
amino acid arm 氨基酸臂
amino acid attachment site 氨基酸附着部位
amino acid composition 氨基酸成分
amino acid cysteine 氨基酸半胱氨酸
amino acid decarboxylase 氨基酸脱羧酶
amino acid demethylase 氨基酸脱甲基酶
amino acid frequency 氨基酸频率
amino acid incorporation 氨基酸掺入
amino acid insertion 氨基酸插入
amino acid metabolism 氨基酸代谢
amino acid oxidase 氨基酸氧化酶
amino acid polymerization 氨基酸聚合作用
amino acid preference 氨基酸偏爱性
amino acid recognition 氨基酸识别
amino acid replacement 氨基酸置换
amino acid residue 氨基酸残基
amino acid-RNA ligase 氨基酸RNA连接酶
amino acid sequence 氨基酸序列
amino acid side chain 氨基酸侧链
amino acid side group 氨基酸侧基
amino acid starvation 氨基酸饥饿
amino acid substitution 氨基酸代换

amino acid transacetylase 氨基酸转乙酰酶
amino acid transport 氨基酸转运
amino acid transporter 氨基酸转运蛋白
amino acid tRNA acceptor 氨基酸 tRNA 受体
amino acid uria 氨基酸尿症
amino acid usage 氨基酸使用
amino alcohol 氨基醇
amino aldehyde 氨基醛
amino-anthraquinone 氨基蒽醌
amino-azo-benzene 氨基偶氮苯
amino group 氨基基团,氨基
amino nitrogen 氨基氮
amino resin 氨基树脂
amino sugar 氨基糖
amino terminal (= amino terminal end) 氨基端,N-端
amino valeramide 氨基戊酰胺
aminoacridine 氨基吖啶
aminoacyl 氨酰[基]
aminoacyl esterase 氨酰酯酶
aminoacyl group 氨酰基
aminoacyl hydrazine 氨酰肼
aminoacyl phosphatidylgly-cerol synthesis 氨酰磷脂酰甘油合成
aminoacyl site (A-site) 氨酰基部位,A 部位
aminoacyl site of ribosome 核蛋白体的氨酰基部位
aminoacyl synthetase 氨酰合成酶
aminoacyl-transfer RNA 氨酰[基]转移 RNA,氨酰 tRNA
aminoacyl-transfer RNA synthetase 氨酰转移 RNA 合成酶,氨酰 tRNA 合成酶
aminoacyl transferase 氨酰转移酶
aminoacyl transferase Ⅰ 氨酰转移酶Ⅰ
aminoacyl transferase Ⅱ 氨酰转移酶Ⅱ
aminoacyl-tRNA 氨酰 tRNA,氨酰转移 RNA
aminoacyl tRNA ligase 氨酰 tRNA 连接酶
aminoacyl-tRNA synthesis 氨酰 tRNA 合成
aminoacyl-tRNA-synthetase 氨酰 tRNA 合成酶
aminoacylation 氨酰化[作用]
aminoacylation of tRNA tRNA 氨酰化
aminoalcohol 氨基醇 [$R(NH_2)CH_2OH$]
aminoazotoluene 氨基偶氮甲苯
aminobenzene 氨基苯,苯胺(= aminobenzol)[$C_6H_5NH_2$]
aminobenzene sulfonamide 氨基苯磺酰胺,磺胺
aminobenzoic acid 氨基苯甲酸 [$C_6H_4(NH_2)COOH$]
aminobutyric acid 氨基丁酸[$NH_2C_3H_6$-$COOH$]
aminocapron acid 氨基已酸
aminocyciopropan-carboxylic acid 氨基环丙烷羧酸
aminoethanol 氨基乙醇
aminogalactose 氨基半乳糖,半乳糖胺
aminoglucose 氨基葡糖,葡糖胺 [$C_6H_{11}O_5(NH_2)$]
aminoglutaric acid 氨基戊二酸,谷氨酸 [$HOOC(CH_2)_2CH(NH_2)COOH$]
aminoglycoside 氨基糖苷
aminoglycoside antibiotics 氨基糖苷抗生素
aminoglycoside phosphotransferase (APH) 氨基糖苷磷酸转移酶
aminoguanidine 氨基胍
aminohexose 氨基已糖
aminoimidazole 氨基咪唑
aminoisobutyric acid 氨基异丁酸
aminolink 氨基连接臂
aminolysis 氨解
aminomodified oligonucleotide 氨基修饰的寡核苷酸
aminomycetin 氨基菌素
aminomycin 氨基霉素
aminomyelin 氨基髓磷脂
aminopeptidase 氨肽酶
aminophenol 氨基苯酚
aminopherase 转氨酶
aminophylline 氨茶碱,氨基非林(药)
aminopropanol 氨丙醇
aminopropionic acid 氨基丙酸,丙氨酸 [$HOOCCH(NH_2)CH_8$]
aminopropyl transferase 氨丙基转移酶
aminoprotein 氨基蛋白
aminopterin 氨基喋呤
aminopurine 氨基嘌呤
aminopyridine 氨基吡啶[$C_5H_6N_2$]
aminosubstrate 氨基底物
aminosugar 氨基糖
aminotransferase 转氨酶
aminotriazole (= amitrole) 杀草强
aminoxidase 氨基氧化酶
Amiton (= R 6199) 胺吸磷(杀螨剂) [$C_{10}H_{24}NO_3PS$]
amitosis 无丝分裂
amitotic 无丝分裂的(amitoticus)
amitotic nuclear division 无丝分裂,直接核分裂
amitotic process 无丝分裂过程

amitrole (= aminotriazole, Amitrole-T) 杀草强(除草剂)[$C_2H_4N_4$]
amixia 无交配,相互不孕(amixia)
amixis 无融合(amixis)
ammannia 水苋属[*Ammannia* L.](千屈菜科)
Ammate 氨基磺酸铵(除草剂)[$H_6N_2O_3S$]
ammeter 安培计,电流表
ammine 氨络物
ammobium ①银苞菊属(贝细工属)[*Ammobium* R. Br.](菊科) ②银苞菊[*Ammobium alatum* R. Br.]
ammonbacteria (= ammonibacteria) 氨细菌(ammonibacteria)
ammonia 氨,阿摩尼亚[NH_3]
ammonia acetate (= ammonium acetate) 乙酸铵
ammonia alun 铵矾 [$(NH_4)_2 \cdot Al_2(SO_4)_4 \cdot 24H_2O$]
ammonia Bordeaus mixture 氨波尔多混合液
ammonia concentration 氨浓度
ammonia copper oxide 氧化铜氨液
ammonia ferric sulphate 硫酸铁氨液
ammonia fertilizer 铵肥
ammonia formation 成铵[作用],铵形成[作用]
ammonia gas injury 氨气害
ammonia hydrate 水合铵
ammonia hydroxide 氢氧化铵,氨水
ammonia liquid 氨液,氨水
ammonia-lyase (= deaminase) 脱氨酶
ammonia oxidizing bacteria 氨氧化细菌
ammonia picrate 苦味酸铵 [$(NO_3)_3C_6H_2ONH_4$]
ammonia plant 喜氨植物
ammonia recovery processes 氨回收法
ammonia soda 碳酸钠(氨法制成的碱),氨法[制的]苏打
ammonia solution 氨溶液
ammonia sorption 氨吸着
ammonia-still 蒸氨器
ammonia treatment 氨处理(指贮藏)
ammonia volatilization 氨挥发[作用]
ammoniac plant 安莫尼亚屈谟[*Dorema ammoniacum* D. Don.](伞形科)
ammoniacal 氨的(ammoniacus)
ammoniacal nitrogen 氨态氮
ammoniacal silver nitrate 氨态硝酸银
ammoniacal silver nitrate test 氨态硝酸银试验
ammoniacal silver staining technique 氨[态]银染色技术
ammoniacum 氨草胶
ammonialyase 解氨酶
ammonialysis 氨解[作用]
ammoniate 氨化物,有机氨肥{农化}
ammoniate superphosphate 氨化过磷酸钙
ammoniated 含氨的,充氨的(ammoniatus)
ammoniated fertilizer 氨化肥料
ammoniated peat 含氨泥炭,氨化泥炭
ammoniated superphosphate 含氨过磷酸钙,氨化过磷酸钙
ammoniation 氨化[作用](ammoniatio)
ammoniator 加氨器
ammonification 氨化作用,氨合成作用,生氨作用(ammonificatio)
ammonification coefficient 氨化系数
ammonifier ①氨化细菌②氨化生物③加氨器(ammonifier)
ammonifying bacteria 氨化细菌
ammonifying capacity 氨化能力,氨化量
ammonium 铵[基][NH^{++}]
ammonium acetate 乙酸铵
ammonium alum (= ammonia alum) 铵矾
ammonium bacteria 铵细菌
ammonium bicarbonate 碳酸氢铵 [NH_4HCO_3]
ammonium carbonate 碳酸氨 [$(NH_4)_2CO_3$]
ammonium chloride 氯化铵[NH_4Cl]
ammonium fertilizer 铵肥
ammonium hydrochloride (= ammonium muriate) 盐酸铵
ammonium hydroxide 氢氧化铵 [$(NH_4)OH$]
ammonium iodide 碘化铵[NH_4I]
ammonium ion 铵离子
ammonium iron alum 铁明矾,铁铵矾,硫酸铁铵
ammonium molybdate 钼酸铵 [$(NH_4)_2MoO_4$]{显技}
ammonium nitrate 硝酸铵[NH_4NO_3]
ammonium nitrate limestone (ANL) 硝酸铵钙
ammonium nitrate-sulfate 硝酸-硫酸铵
ammonium nitrate with lime 硝酸铵钙
ammonium nitrite 亚硝酸铵[NH_4NO_2]
ammonium nitrogen 铵态氮
ammonium perchlorate 高氯酸铵 [NH_4ClO_4]
ammonium persulfate 过硫酸铵 [$(NH_4)_2S_2O_6$]
ammonium phosphate 磷酸铵
ammonium phosphate sulfate 磷硫酸铵

ammonium polyphosphate 聚磷酸铵
ammonium salt 铵盐
ammonium soil 铵质土
ammonium sulfa-nitrate 硫硝酸铵
ammonium sulfate (= ammonium sulphate) 硫酸铵 [$(NH_4)_2SO_4$]
ammonium sulfate nitrate 硫硝酸铵
ammonium sulfate precipitation 硫酸铵沉淀
Ammonium sulphamate (= Ammate) 氨基磺酸铵{农药}
ammonium sulphate 硫酸铵 [$(NH_4)_2SO_4$]
ammonium sulphate phosphate 硫磷酸铵
ammonium sulphatenitrate 硝硫酸铵
ammonium superphosphate 过磷酸铵
ammonium thiosulfate 硫代硫酸铵(脱叶剂,干燥剂) [$H_8N_2O_3S_2$]
ammonium toxicity 铵毒性
ammonolysis 解氨
ammonotelism 排氨型代谢 (ammonotelismus)
ammophilous 喜沙的 (ammophilus)
Ammophos 磷铵肥料(商) [$(NH_4)_2HPO_4$]
ammophos in powdered form 磷铵粉
Ammophoska 铵磷钾肥料,NPK 肥料(商)
ammophoska in powdered form 铵磷钾粉
ammotelism 排铵代谢 (ammotelismus) {生态生理}
amniocentesis 羊膜[腔]穿刺
amnion 羊膜
amniota 羊膜动物
amniotic 羊膜的 (amnioticus)
amniotic cell 羊膜细胞 (cellula amniotica)
amniotic fluid 羊水,羊膜液
amniotic sac (= embryo-sac) 胚囊 (saccus amnioticus)
AMO-1618 爱米好-1618 (= 2-isopropy1-5-methylphenyl trimethylamino chloridelpiperidinecarboxylate) (生长阻滞剂) [$C_{19}H_{34}ClN_2O_2$]
amobam (= Ambam) 代森铵(杀菌剂) [$C_4H_{14}N_4S_4$]
amoeba (= ameba) 变形虫,阿米巴
amoeba disease 变形虫病,阿米巴病 [*Malpighamoeba mellificae*]
amoeba proteus 大变形虫 [*Amoeba proteus*]
amoebicide (= amebicide) 杀变形虫剂
amoebiform 变形虫状 (amoebiformis)
amoebocyte 变形细胞 (amoebocyta)
amoebodiastase 变形虫糖化酶
amoeboid ①变形虫状的{微生物} ②变形的 (amoeboides)
amoeboid locomotion (= amoeboid movement, amoeboid motion) 变形虫状运动
amoeboid tapetum 变形绒毡层 (tapetum amoeboides)
amoebosis (= amoeba disease) 变形虫病
amoena phlox 愉悦福禄考 [*Phlox amoena* Sims.] (花荵科)
amomum ①豆蔻属 [*Amomum* L.] (姜科) ②豆蔻 [*Amomum costatum* Roxb.]
amorph 无效等位基因 (amorphe)
amorpha ①紫穗槐 [*Amorpha fruticosa* L.] (豆科) ②异态蛹类
amorphic soil 幼年土,初成土,初型土
amorphism ①无效[等位基因]性 ②无定形[现象] (amorphismus)
amorphophallus ①蒟蒻属 [*Amorphophallus* Bl.] (天南星科) ②蒟蒻 [*Amorphophallus rivieri* Dur.]
amorphous ①无定形的{细胞} ②非晶[形]的,无结晶的{生化} (amorphus)
amorphous area 无定形区 (指细胞壁)
amorphous background material 无定形本底物质
amorphous colchicine 非晶形秋水仙碱
amorphous film 非晶膜
amorphous humus 无定形腐殖质
amorphous ice 无定形冰
amorphous material 无定形物质
amorphous oxide 无定形氧化物
amorphous precipitation 非晶形沉析
amorphous region (= amorphous area) 无定形区 (指细胞壁)
amorphous substance 无定形物质
amortization ①缓冲,阻尼{物} ②减震{农机} ③折旧{农经} (amortisatio)
amortization fund ①折旧费 ②分期偿还基金
amortization loan 分期偿还贷款
amortization rate 分期偿还率
amount ①量,总量,总数,总额,总和 ②总计,共达,等于,相当
amount of application 施用量
amount of applied fertilizer (= amount of fertilizer applied, amount of fertilizer application, amount of applied nutrient) 施肥量
amount of available cut ①可供收割量{牧草} ②可供采伐量{森林}
amount of branching 总分枝数,分枝量
amount of clouds 云量
amount of crop residues 作物残留量

amount of effective temperature 有效积温
amount of fertilizer 肥料用量
amount of fertilizer applied (= amount of fertilizer application) 施肥量
amount of fishing 捕捞量,捕捞规模
amount of growing stock 立木度,蓄积量
amount of growth 生长量
amount of harvest 收获量
amount of hay missed 干草漏搂量
amount of heat 热量
amount of husk ①脱谷量(指玉米剥苞叶) ②脱荚量
amount of information 信息量
amount of insolation (= solar radiation) 日射量
amount of light 光量
amount of livestock on hand 家畜存栏数
amount of natural increase 自然增长量
amount of newly hatched silkworms 蚁量(指蚕)
amount of percolate (= amount of percolating water) 渗漏水量
amount of photosynthate 光合产物[数]量{生态生理}
amount of planting seed (= amount of sowing seed) 播种量
amount of precipitation 降水量
amount of rainfall 降雨量
amount of refrigeration 冷冻量
amount of return sludge 回流污泥量{环保}
amount of salt used 用盐量{加工}
amount of soil eroden 土壤流失量
amount of soil respiration 土壤呼吸量
amount of solar radiation 日[辐]射量,太阳辐射量
amount of spawned egg 产卵量{蚕}
amount of supplied leaves 供桑量(指养蚕)
amount of temperature 温度总和,积温
amount of temperature rise 温度上升度数
amount of transpiration 蒸腾量{植生}
amount of variation 变异量
amount of water per irrigation 每次灌溉水量
amount of water required 需水量
amount required 用量,需要量
amount supply 供给量
amount tendered 偿付量
AMP (= adenosine monophosphate, adenylic acid) 腺苷一磷酸,一磷酸腺苷,腺苷酸
ampeliograph 葡萄谱,葡萄图解(ampeliographum)
ampeliography 葡萄志,葡萄史(ampeliographia)
ampeliology 葡萄学(ampeliologia)
ampelopsin (= ampeloptin) 白蔹素
ampelopsis ①白蔹属(蛇葡萄属)[*Ampelopsis* Michx.](葡萄科) ②白蔹[*Ampelopsis japonica* Mak.] ③蛇葡萄[*Ampelopsis brevipedunculata* (Maxim.) Koehne]
ampelopsis berry gall-midge 野葡萄瘿蚊[*Asphondylia baca* Monzen](瘿蚊科)
amperage 安培数
ampere 安[培](电流强度单位)
ampere hour meter 安培小时计
amperemeter (= ammeter) 安培计
amphi- [字头]①两侧,两端,两面 ②双组 ③两性
amphiagamospecies 兼性无性种,兼性无融生殖种
amphiapomict ①有性无性生殖个体 ②有性无性生殖的
amphiaster 双星体(amphiaster)
amphiastral 双星的(amphiastralis)
amphiastral figure 双星象(figura amphiastralis)
amphiastral mitosis 双星有丝分裂(mitosis amphiastralis)
Amphibia 两栖纲
amphibia 两栖类
amphibian ①两栖的,水陆两用的 ②两栖动物 ③水陆两用拖拉机 ④水陆两用飞机(amphibius)
amphibian oocyte 两栖动物卵母细胞(oocyta amphibia)
amphibian sperm histone 两栖动物精子组蛋白
amphibious 两栖的(amphibius)
amphibious knotweed (= amphibious bistort) 两栖蓼[*Polygonum amphibium* L.](蓼科)
amphibious marshcress 两栖蔊菜(风花菜)[*Rorippa palustris* (Leyss.) Bess.] = [*Nasturtium amphibium* R. Br.](十字花科)
amphibious plant 两栖植物(amphiphyta)
amphibivalent 双二价体(amphibivalens){细胞}
amphibole 角闪石[类][(Mg, Fe)S_iO_3]{地质}
amphibolic pathway 两用代谢途径
amphibrya 单子叶植物
amphicarpic (= amphicarpous) ①具两种果实的 ②两季成熟的(amphicarpus)

amphicarpogenous 果易位成熟的（amphicarpogenus）
amphicarpous ①两型果的，具两种果实的 ②两季成熟的（amphicarpus）
amphicarpy 地上下结果性（amphicarpia）
amphichromatism 两季异色性(现象)（amphichromatismus）
amphichrome 两色植物（= a plant of two colours）
amphicoelous 两面凹的（amphicoelus）
amphicon 扩增子{分遗}
amphicribral 周韧的（amphicribralis）{解剖}
amphicribral bundle 周韧维管束（fasciculus amphicribralis）
amphicribral concentric vascular bundle 周韧同心维管束（fasciculus vasorum concentricus amphicribralis）
amphicribral siphonostele 周韧管状中柱（siphonostela amphicribralis）
amphicyclic 双环的（amphicyclicus）
amphidiploid 双二倍性（amphidiploida）{细胞}
amphidiploid plant 双二倍体植物
amphidiploidy 双二倍性（amphidiploidas）
amphidipyniid 复杂交杂种{育种}
amphigameous（= amphigamous） 无性器官的（amphigameosus）
amphigamy 受精作用（amphigamia）
amphigastrium 腹叶
amphigenesis ①合子形成 ②两性生殖
amphigenous 遍生的，两面生的（amphigenus）
amphiglycan 双栖蛋白聚糖
amphigonic 两性生殖的（amphigonus）
amphigonic generation（= bisexual generation） 两性生殖世代
amphigony 两性生殖（amphigenesis）
amphigynous 穿雄生的（amphigynus）
amphihaploid 双单倍体（amphihaploida）
amphikaryon（= amphicaryon） 合子核，两组核
amphilepsis 双亲遗传
amphilinear 双线的（amphilinearis）
amphilinear heredity 双线遗传（hereditas amphilinearis）
amphilinearity ①双线性 ②两侧性（amphilinearitas）
amphimict 两性融合体（amphimicte）
amphimictic 两性融合的（amphimicticus）
amphimictic diploid 两性融合二倍体（diploida amphimictica）
amphimictic organism 两性融合生物（organismus amphimicticus）
amphimictic population 自由杂交群体（populatio amphimictica）
amphimixis ①两性融合，有性生殖 ②异系交配
amphimutation 双突变组合（amphimutatio）
amphinema 偶线
amphinucleolus 双核仁
amphinucleus 双质核
amphion 两性离子
amphiont 双体，接合体（amphions）
amphiorientation 双定向（amphiorientatio）
amphioxus 厦门文昌鱼[*Branchiostoma belcherii* Gray]
amphipath（= amphiphil） 两亲脂分子（amphipathe）
amphipathic（= amphiphilic） ①两亲的(有极性基，也有非极性基) ②中极两性的（amphipathus）
amphipathic characteristics 两亲特性
amphipathic compound 两亲化合物
amphipathic helix 两亲[性]螺旋{分遗}
amphipathic lipids 两亲脂类
amphipathic molecule 两亲脂分子
amphipathicity（= amphiphilicity） 两亲性（amphiphicitas）
amphiphloic 双韧的（amphloicus）{解剖}
amphiphoic siphonostele 双韧管状中柱（siphonostela amphiphoica）
amphiphyte 两栖植物（amphiphyta）
amphiplasty 随体丧失（amphiplastas）{细胞}
amphiploid 双倍体（amphiploida）
amphiploid derivatives 双倍体衍生物
amphiploid generation 双倍体世代
amphiploid hybrid 双倍体杂种
amphiploid material 双倍体材料
amphiploid sector 双倍体扇形
amphiploidy 双倍性（amphiploidas）
amphipneustic ①两端气门式的 ②两端气门的（amphipneusticus）
amphipneustic respiration 两端气门呼吸
amphipolyploid 双多倍体（amphipolyploida）
amphipolyploidy 双多倍性
amphiprotic 两性的（amphiproticus）
amphiprotic solvent 两性溶剂
amphipyrenin 核膜质（amphipyreina）

amphiregulin 双调蛋白
amphisarca 瓜果
amphisorus 休眠夏孢子堆
amphispermium 种状果
amphispermous 种状果的(amphispermus)
amphispore 休眠夏孢子(amphispora)
amphistomatous(= amphistomatic) 两面气孔的(amphistomatus)
amphistomatous leaf 两面气孔叶(folium amphistomatum)
amphitelic 双定向的(amphitelicus)
amphitene(= zygotene) 偶线[期](amphitena)
amphitene stage 偶线期
amphithallic 呈现同宗异宗配合现象的(amphithallicus)
amphithallism 同宗异宗配合[现象](amphithallismus)
amphithecium [蒴]周层
amphitoky 雌雄单性生殖(amphitocia)
amphitolerance 双耐[受]性(amphitolerantia)
amphitolerant 双耐[性]的(amphitolerans)
amphitricha 两端单毛菌(细菌)
amphitrichiate 两端具单毛的(amphitrichiata)
amphitrichous 两端单毛的(amphitrichus)
amphitropal 横生的(amphitropus)
amphitrophic 兼性营养性(amphitrophus)
amphitrophy 兼性营养性(amphitrophia)
amphitropous(= amphitropal) 横生的(amphitropus)
amphitropous ovule 横生胚珠(ovulum amphitropum)
amphitropy 横生性(amphitropia)
amphivalent 双二价[染色]体(amphivalens)
amphivasal 周木的(amphivasalis){解剖}
amphivasal bundle 周木维管束(fasciculus amphivasalis)
amphivasal concentric bundle 周木同心维管束(fasciculus concentricus amphivasalis)
amphivasal type 周木型(typus amphivasalis)
amphogenic ①两性基因的 ②产等性比子代的(amphogenicus){细胞}
amphogenous 产等性比子代的(amphogenus)
amphogeny 产等性比子代(amphogenia)
amphoheterogony 双传嵌合体(amphoheterogonia)
ampholyte ①两性电解质 ②两性物(ampholytus)
ampholytic surfactant 两性表面活性剂
ampholytoid 两性胶体
amphophile 双嗜性
amphophilic 双嗜性的(amphophilus)
amphoteric 两性的,兼性的,两电荷的(amphoterus)
amphoteric character 两性性状
amphoteric characteristics 两性特性(特征)
amphoteric colloid 兼性胶体
amphoteric emulsifier 两性乳化剂
amphoteric ion 兼性离子
amphoteric ion exchange resin 两性离子交换树脂
amphoteric reaction 两性反应
amphotericin B 两性素 B
amphoterotoky(= amphitoky) 雌雄单性生殖
amphyl (消毒剂用)酚衍生物
ampicillin 氨苄青霉素
ampicillin resistance 氨苄青霉素抗性
ample ①丰富的 ②充足的,足够的,充分的 ③大的,广大的,广阔的(amplus)
amplectant 抱持的,环抱的(amplectans)
amplexicaul 抱茎的(amplexicaulis)
amplexicaul leaf 抱茎叶(folium amplexicaule)
amplexicaul plantain 抱茎车前[*Plantago amplexicaulis* Vahl.](车前草科)
amplexicaul stipules 抱茎托叶(stipulae amplexicaules)
amplexicaular 抱茎的(amplexicaularis)
amplexifoliate 抱茎叶的(amplexifoliatus)
amplexifoliate thistle(= amplexifolium thistle) 抱茎叶蓟[*Cirsium amplexifolium* Kitam.](菊科)
amplexus 抱合
amplicate 扩大的,放大的(amplicatus)
amplicon ①放大染色体区 ②放大基因
amplification ①扩大,扩增 ②放大,放大率 ③加强(amplificatio)
amplification constant 放大系数,放大常数
amplification of rDNA rDNA 放大率
amplification of ribosomal gene 核糖体基因放大率
amplification primer 扩增引物
amplifier ①放大器 ②增音器 ③扩增引物

amplifier-inverter 倒相放大器〔显技〕
amplifier stage 放大级〔显技〕
amplitude ①振幅，幅度 ②广大，广阔，宽广 ③充足，丰富
amplitude filter 振幅滤波器
amplitude half adder 幅度半加法器〔统计〕
amplitude-modulated 调幅的
amplitude modulation (AM) 调幅，幅度调制
amplitude of annual oscillation 年波动幅度
amplitude of returned pulse 回波脉冲幅度
amplitude shift keying (ASK) 移幅键控
ampoule 安瓿
amprolin 氨丙啉〔药物〕
ampule (= ampoule, ampulla) ①安瓿 ②针药管 ③壶腹(解剖)
ampuliform 安瓿形的，瓶状的 (ampuliformis)
ampulla ①捕虫囊 ②壶腹
amputation ①切断术 ②切断 (amputatio)
Amsak 埃姆萨克(棉品种)
Amsden June 埃姆斯丁(黄桃品种)
amsonia ①水甘草属［*Amsonia* Walt.］(夹竹桃科) ②水甘草［*Amsonia elliptica* (Thunb) Roem. et Sch.］
Amur adonis 侧金盏花［*Adonis amurensis* Regel. et Radd.］(毛茛科)
Amur ampelopsis (= ampelopsis) ①蛇葡萄属［*Ampelopsis* Michx.］(葡萄科) ②蛇葡萄(蛇白蔹)［*Ampelopsis brevipedunculata* (Maxim.) Trautv.］
Amur barberry 小檗［*Berberis amurensis* Rupr.］(小檗科)
Amur caddice fly 阿穆尔石蚕［*Limnophilus amurensis* Ulmer］
Amur chokecherry 斑叶稠李(山桃稠李)［*Prunus maackii* Rupr.］(蔷薇科)
Amur cork-tree 黄檗(黄波罗)［*Phellodendron amurense* Rupr.］(芸香科)
Amur galingale 阿穆尔莎草［*Cyperus amuricus* Maxim.］(莎草科)
Amur grape 山葡萄(阿穆尔葡萄)［*Vitis amurensis* Rupr.］(葡萄科)
Amur honeysuckle 金银木［*Lonicera maackii* Maxim.］(忍冬科)
Amur lilac 跑马子(荷花丁香)［*Syringa amurensis* Rupr.］(木犀科)
Amur maackia 櫰槐(朝鲜槐)［*Maackia amurensis* Rupr.］(豆科)
Amur maple 茶条［槭］［*Acer ginnala* Maxim.］(槭科)
Amur ninebark 风箱果［*Physocarpus amurensis* Maxim.］(蔷薇科)
Amur silvergrass 阿穆尔芒［*Miscanthus saccharifer* Hack.］(禾本科)
Amur wood white 窄翅异粉蝶［*Leptidea amurensis* Menetries.］(粉蝶科)
amusement park 娱乐公园，娱乐公苑〔园林〕
amygdala 扁桃［*Prunus amygdalus* Batsch］(蔷薇科)
amygdalase 苦杏仁苷酶
amygdaliform 扁桃状 (amygdaliformis)
amygdalin 苦杏仁苷［$C_6H_5CH(CH)OC_{12}H_{21}O_{10}$］
amygdaloid (= amygdaliform) 扁桃状的 (amygdaloides)
amygdaloidal structure 杏仁状构造〔地质〕
amygdalose 苦杏仁糖［$C_{12}H_{22}O_{11}$］
amyl- 戊基
amyl acetate 醋酸戊酯，乙酸戊酯［$CH_3COOC_5H_{11}$］
amyl acetate as antemedium 前介质用乙酸戊酯
amyl alcohol 戊醇［$C_5H_{11}OH$］
amyl nitrate 硝酸戊酯［$C_5H_{11}ONO_2$］
amylaceous 淀粉状的 (amylaceus)
amylase 淀粉酶
amylin 糊精
amylo (1,4-1,6)-glucosidase 淀粉(1,4-1,6)转葡糖苷酶
amylo mold 淀粉原料制酒精用霉菌
amylo process 淀粉发酵法，霉菌糖化法
amylocellulose 含淀粉纤维素
amylodextrin 淀粉糊精，极限糊精
amylogen 淀粉溶质
amylogenesis 淀粉形成 (amylogenesis)
amylogenic 产淀粉的 (amylogenus)
amylogram 淀粉黏度谱 (amylogramma)
amylograph 淀粉黏度计
amyloid ①淀粉状的 ②淀粉状蛋白 (amyloideus)〔分生〕
amyloid protein precursor 淀粉状蛋白前体
amyloid ring 淀粉状蛋白环
amyloidosis 淀粉状蛋白储积症
amylolysis 淀粉分解
amylolytic 淀粉分解的 (amylolyticus)
amylolytic activity 淀粉分解活性
amylolytic enzyme 淀粉［分解］酶
amylolytic fermentation 淀粉发酵
amylomaltase 麦芽糖转葡糖基酶，淀粉麦芽糖酶
amylomaltose 麦芽糖
amylome 含(淀)粉薄壁组织 (amyloma)

amylomyces 淀粉菌,糖化菌(Amylomyces)
amylopectase 支链淀粉酶
amylopectin 支链淀粉
amylophosphatase 淀粉磷酸[酯]酶
amylophosphorylase 淀粉磷酸化酶
amylophyll 淀粉叶(amylophyllum)
amylophylous plant 淀粉性植物(planta amylophyla)
amyloplast 造粉体,淀粉质体(amyloplasta)
amyloplastid 造粉粒(amyloplastis)
amyloprocess 淀粉菌糖化法
amylopsin 胰淀粉酶
amylose 直链淀粉,糖淀粉[$(C_6H_{10}O_5)_x$]
amylosucrase 淀粉蔗糖酶,蔗糖-4-葡糖基转移酶
amylun 淀粉[$(C_6H_{10}O_5)_n$]
amyrin 香树素[$C_{30}H_{49}OH$]
an- ⌞字头⌝①不,无,缺少 ②异常,畸变
ANA(= anti-nuclear antibody) 抗核抗体
ana- ⌞字头⌝后,向上,再
anaamphitropous 倒横生的(指胚珠)(anaamphitropus)
anabadust 假木贼碱粉剂
anabaena ①鱼腥藻属(太湖念球藻属)[*Anabaena* Bory](念球藻科) ②鱼腥藻[*Anabaena* sp.]
anabaenopsis ①项圈藻属[*Anabaenopsis* spp.](念球藻科) ②项圈藻[*Anabaenopsis* sp.]
anabasine 灭虫碱,假木贼碱,新烟碱(杀虫剂)[$C_{10}H_{14}N_2$]
anabatic 上升的,上滑的(anabaticus)
anabatic wind 谷风,上坡风
anabiont 常年结实植物,常年花果植物(anabions)
anabioses ①[失水]休眠 ②复苏,回生(anabioses)
anabiotic 复苏的,回生的(anabioticus)
anabiotic state 半死状态
anabolic ①组成代谢的 ②促蛋白合成的(anabolicus)
anabolic agents 组成代谢作用剂
anabolic process 组成代谢过程
anabolic steroid 促蛋白合成甾类,促蛋白合成类固醇
anabolism 合成代谢,组成代谢(anabolismus)
anabolite 组成物质(anabolitus)
anaboly ①末期改进 ②后加演化,后演(anabolia)
anacampylatropous 倒弯生的(指胚珠)(anacampylatropus)
anacanthous 无刺的(anacanthus)
anacardiaceous 漆树科的(anacardiaceus)
anacardic acid 漆树酸[$C_6H_3(C_{15}H_{27})(COOH)(OH)$]
anachromasis ①前期核变 ②深染
anacidity 酸缺乏(anaciditas)
anacrogynous 侧生雌器的(anacrogynus)
anadrome side 上边
anadromous ①上行的 ②向上的(anadromus)
anadromous fish ①溯河[产卵]鱼 ②⌞复⌝溯河性鱼类{水产}
anadromy ①上行式 ②向上式(anadromia)
anaemochore 风布植物
anaemochorous 风布的(anaemochorus)
anaemochory 风布(anaemochoria)
anaemophilae 风媒植物
anaemophilous 风媒的(anaemophilus)
anaemophilous flower 风媒花(flos anaemophilus)
anaemophilous pollination 风媒传粉(pollinatio anaemophila)
anaemophily(= anemophily) 风媒(anaemophilia)
anaemophobe 嫌风植物
anaemosporae 风布植物
anaerobe ①厌氧[微]生物 ②厌气[微]生物
anaerobic ①厌氧的 ②厌气的(anaerobus)
anaerobic bacteria ①厌氧[细]菌 ②厌气[细]菌
anaerobic biological process 厌气生物过程,厌氧生物过程
anaerobic chamber 无氧培养室,缺氧培养室
anaerobic condition 缺氧情况,嫌气条件
anaerobic contact digestor 厌氧接触消化器
anaerobic corrosion 缺氧溶蚀
anaerobic cultivation 无氧培养法
anaerobic culture 无氧培养
anaerobic decomposition 缺氧分解[作用]
anaerobic dehydrogenase 不需氧脱氢酶
anaerobic digestion 厌氧消化,缺氧消化
anaerobic dissimilation 缺氧异化作用
anaerobic environment 缺氧环境
anaerobic fermentation 缺氧发酵
anaerobic filter system 缺氧过滤系统
anaerobic horizon 嫌气层
anaerobic incubation 缺氧培养
anaerobic jar 缺氧培养瓶
anaerobic medium 缺氧培养基

anaerobic membrane bioreactor 厌氧膜生物反应器
anaerobic metabolism 缺氧代谢
anaerobic metabolism in flooded soil 浸淹土的缺氧代谢[作用](指稻田)
anaerobic microorganism 嫌气微生物(microorganismus anaerobus)
anaerobic nitrogen-fixing bacteria 厌氧固氮细菌,嫌气固氮细菌
anaerobic organism 厌氧生物,厌气生物
anaerobic oxidation 缺氧氧化(oxidatio anaeroba)
anaerobic pathogen 嫌气性病原
anaerobic pond 厌氧池塘,厌气池塘{环保}
anaerobic process 嫌气过程
anaerobic reactor 厌氧反应器
anaerobic respiration 缺(无)氧呼吸
anaerobic seed 嫌气种子
anaerobic soil conditions 缺氧土壤条件
anaerobic stability of liquid waste 废液的厌氧(厌气)稳定性
anaerobic treatment 厌氧处理,厌气处理
anaerobic waste treatment 废水厌氧(厌气)处理{环保}
anaerobiont 厌氧生物,嫌气生物(anaerobions)
anaerobiosis ①厌氧生活 ②厌气生活,嫌气生活
anaerobiosis polypeptide 厌氧生活多肽
anaerobiotic ①厌氧生活的 ②厌气生活的(anaerobioticus)
anaerobism 厌氧性(anaerobismus)
anaerogenic 不产气的(anaerogenus)
anaerogenic bacteria 不产气[细]菌(bacteria anaerogenae)
anaerophytobiont 嫌气土壤微生植物(anaerophytobions)
anaesthesia (= anesthesia) ①感觉缺失 ②麻醉,麻醉法
anaesthetic (= anesthetic) ①麻醉的 ②麻醉剂(anaesthticus)
anafront 上滑锋(anafrons)
anagenesis ①累加式进化,谱系进化 ②组织再生
anagesia 痛觉缺失
anaglyph 互补色立体法,立体影像{遥感}
anagyrine 臭豆碱
anal ①肛门的 ②臀的(analis)
anal angle 臀角
anal appendage 肛附器
anal cell 臀域
anal cleft 臀裂
anal comb 臀栉
anal filament 尾丝
anal fin 臀鳍
anal foot 臀足
anal forceps 臀铗
anal leg 臀足
anal lobe 臀叶,臀瓣
anal opening 肛门
anal operculum 肛上板
anal orifice 肛,肛门
anal plate 肛板,臀板
anal ring 肛环
anal ring hairs 肛环毛
anal style 尾针
anal vein 臀脉
analept 远极薄壁区(analeps)
analgesic 止痛药(analgesicus)
analgesis 镇痛
analog (= analogue) ①类似,类似物 ②模拟,模型 ③模拟量
analog alignment disk (AAD) 模拟调[整]校[准]软盘{电脑}
analog channel 模拟通道,模拟信道{信息}
analog circuit diagram 模拟电路图解{生态生理}
analog computer 模拟计算机
analog-digital converter (电子计算机)模拟-数字转换器
analog display 模拟显示
analog facility terminal (AFT) 模拟设置终端{信息}
analogic ①同工的 ②类似的 ③模拟的(analogus)
analogic method 类似法,相似法
analogous ①同工的 ②类似的(analogus)
analogous enzyme 同工酶
analogous gene 同工基因
analogous map 相似天气图
analogous organ 同工器官(organum analogum)
analogous protein 类似蛋白质(指由趋同进化而产生的相似蛋白)
analogous stimulation 类似刺激(stimulatio analoga)
analogous structure ①类似结构 ②同工器官(structura analoga)
analogousness 类似性
analogue (= analog) 类似物
analogue-digital element 模拟数字元件
analogue integrated circuit 模拟集成电路{电脑}
analogy ①同工,模拟 ②同工器官 ③后加演化(analogia)
analogy calculation 模拟计算

analogy computing device 模拟计算装置
analogy model 模拟模型
analphabetism 文盲状态（analphabetismus）
analysator 分析种
analyser ①分析器，分析仪｛种子｝②检光镜｛显技｝③分析种｛生态｝④偏振器｛物｝
analysin 枯草菌溶素
analysis ①分析，分解 ②解剖 ③解析
analysis area 分析区
analysis block 分析块，分析组｛电脑｝
analysis by dry way 干法分析
analysis by sedimentation 沉降法分析
analysis by wet way 湿法分析
analysis of confounding experiment 混杂试验分析｛统计｝
analysis of covariance ①互变量分析｛统计｝②协方差分析｛数｝
analysis of crop growth phase 作物[生]长相分析｛智培｝
analysis of damage 受害[情况]分析
analysis of difference 差异分析
analysis of forage 饲料分析
analysis of frequency distribution 频率分布分析
analysis of half-plaid latin square 半分条拉丁方分析｛统计｝
analysis of multivariate 多变值分析｛统计｝
analysis of quasi-latin square 拟拉丁方分析
analysis of radiation mortality 辐射死亡率分析
analysis of reciprocal translocation 相互易位分析
analysis of residuals 剩余误差分析｛统计｝
analysis of soil 土壤分析
analysis of spatial data 空间数据分析｛遥感｝
analysis of synthetic benefits of land use engineering 土地利用工程综合效益分析｛农经｝
analysis of urban regions 城市地区分析，城区分析
analysis of variance 方差分析｛统计｝
analysis of water 水分分析
analysis program 分析程序
analysis synthesis system 分析综合系统｛智培｝
analyst 分析员，化验员（analystus）
analyst programmer 程序分析员｛信息｝
analytic 分析的（analyticus）
analytic breeding 分析育种学
analytic hierarchy process (AHP) 层次分析法，分析层次过程｛电脑｝
analytic method 分析法
analytic technique 分析技术
analytic topology 分析拓扑学
analytical（= analytic） 分析的
analytical approach 分析方法
analytical balance 分析天平
analytical biochemistry 分析生物化学
analytical chemistry 分析化学
analytical chromatography 分析型层析
analytical column 分析柱
analytical determination 分析测定法
analytical electron microscope 分析[用]电子显微镜，分析电镜
analytical electron microscopy 分析[用]电子显微镜检术，分析电镜检术
analytical electrophoresis 分析电泳
analytical expression 分析表示式
analytical key 分析检索表，分析表解
analytical pure 分析纯(指化学药品)
analytical reagent (A.R.) 分析纯试剂
analytical technique 分析技术
analytical ultracentrifugation 分析超速离心（ultracentrifugatio analytica）
analytical ultracentrifuge 分析超速离心机
analytical variability 分析变异性
analytical vegetation science 分析植被[科]学
analyzer（= analyser） ①分析器｛种子｝②检光镜｛显技｝③分析种｛生态｝④偏振器｛物｝
analyzing chart for reason 原因分析图｛遥感｝
anamnesis 病历
anamorphic ①变形的 ②合成变质的（anamorphus）
anamorphic lens 变形镜头
anamorphic system 变形[光学]系统，歪像[光学]系统
anamorphic zone 合成变质带
anamorphism 畸形发育（anamorphismus）
anamorphosis ①（= anamorphism） 畸形发育，畸态 ②渐变 ③增节变态
ananas（= pineapple） 凤梨，菠萝
anandrarious（= anandrous） 无雄蕊的，缺雄蕊的
anandrous 无雄蕊的，缺雄蕊的（anandrus）
anangenesis 前进进化
anantherous 无花药的（anantherus）
ananthous 无花[序]的（ananthus）
anaphalanx 暖锋面
anaphase 后期（anaphasis）｛细胞｝
anaphase Ⅰ (AⅠ) 后期Ⅰ

anaphase Ⅰ configuration 后期Ⅰ表形
anaphase Ⅱ（A Ⅱ） 后期Ⅱ
anaphase break 后期断裂
anaphase bridge 后期桥
anaphase chromosome distribution 后期染色体分配
anaphase chromosome separation 后期染色体分离
anaphase movement 后期移动
anaphoresis 阴离子电泳
anaphragmic 补偿突变（anaphragmus）
anaphylactic 过敏性的（anaphylacticus）
anaphylactic reaction 过敏性反应
anaphylactin 过敏素
anaphylatoxin 过敏毒素
anaphylaxis 过敏性[反应]
anaplasia 退生，退行发育
anaplasmosis 红血球孢子虫病（鞭虫病）
anaplast（= amyloplast） 造粉体（anaplasta）
anaplastid（= amyloplastid） 造粉粒（anaplastis）
anaplerosis ①[糖]添补；回补 ②补缺术
anaplerotic ①添补的，回补的 ②补缺的（anapleroticus）
anaplerotic reaction 添补反应
anapleurite 上基侧片（anapleurita）
anaporata 具远极孔
anareduplication ①后期再重复 ②后期复制 ③后期增组（anareduplicatio）
anaschistic 纵裂二价染色体（anaschisticus）
anascosporogenous 不产子囊孢子的（anascosporogenus）
anasthetic（=anaesthetic） ①麻醉的 ②麻醉剂（anaestheticus）
anastigmat 去像散透镜，消像散透镜
anastigmatic 去像散的，消像散的（anastigmatus）
anastigmatic lens 去像散透镜，消像散透镜
anastomosing ①网结的（指叶脉）②联结的（指菌丝），交织的（指水系）③吻合的 ④接通的（anastomosans）
anastomosing bundle 联结维管束（fasciculus anastomosans）
anastomosing drainage pattern 交织状水系｛水利｝
anastomosis ①染色线侧丝 ②[菌丝]联结[现象] ③吻合术
anastomosous ①联结的 ②网结的（anastomosus）
anastral 无星的（anastralis）
anastral figure 无星象（figura anastralis）
anastral mitosis 无星有丝分裂（mitosis anastralis）
anastral spindle 无星纺锤体（fusus anastralis）
anastral type 无星型（typus anastralis）
anatabine 新烟草碱
Anatolian bee 安纳托利亚蜂（小亚细亚蜂）
anatomical 解剖的，解剖学的（anatomicus）
anatomical differentiation 解剖学分化（differentiatio anatomica）
anatomical feature 解剖学特征（featura anatomica）
anatomical lens 解剖镜（lens anatomicus）
anatomical peculiarity 解剖特征（peculiaritas anatomicus）
anatomical structure 解剖结构（structura anatomica）
anatomist 解剖学工作者，解剖学家（anatomistus）
anatomy ①解剖 ②解剖学（anatomia）
anatomy of seed 种子解剖学
anatonosis 增渗[现象]
anatoxin 变性毒素
anatreme 远极萌发孔（anatrema）
anatropous（= anatropal） 倒生的（anatropus）
anatropous ovule 倒生胚珠（ovulum anatropum）
anattotree ①胭脂树属 [*Bixa* L.]（胭脂树科）②胭脂树 [*Bixa orellana* L.]
anauxite 富硅高岭石，蠕陶土
anauxotrophic（= prototrophic） 原养的（anauxotrophus）
anbury ①种瘤，疖 ②（十字花科）根肿病
-ance ⌞字尾⌝①性质 ②行动，过程 ③总量，程度
ancer culture（=anther culture） 花药培养
ancestor 祖先，祖宗
ancestor form（= ancestral form） 起始类型，遗传类型
ancestors of wheat 小麦祖先
ancestral ①祖先的，祖宗的 ②祖传的，遗传的（ancestralis）
ancestral feature 遗传性状（factura ancestralis）
ancestral macronucleus 遗传大核（macronucleus ancestralis）
ancestral niche 遗传位（aedicula ancestralis）
ancestral two row barley 野生二棱大麦

[*Hordeum spontaneum* Koch.](禾本科)
ancestry 祖先(ancestria)
anchimeric assistance (= neighboring group assistance) 邻助作用{分生}
anchor ①锚 ②抛锚 ③系紧,联结
anchor bolt (= anchorage bolt) 地脚螺栓,系紧螺栓{农施}
anchor capper 锚式压盖机
anchor catalyst 锚式催化剂
anchor cell 锚状细胞(cellula ancorata)
anchor hair 锚状毛(pilus ancoratus)
anchor ice 锚冰{环保}
anchor knot 锚爪结(结索法)
anchor point 锚点
anchor primer 锚定引物
anchor share (= anchor furrow-opener) 锚式开沟器
anchor stake 固定桩
anchorage ①锚式固定,铰钉固定{农机} ②固底物{分遗}
anchorage bolt 系紧螺栓,地脚螺栓
anchorage dependence 固底物依赖性
anchorage-dependent cell 依赖于固底物的细胞
anchorage-independent cell 不依赖于固底物的细胞
anchorage length 锚式固定长度
anchoreaform 锚状的(ancoreaformis)
anchored PCR 锚式聚合酶链[式]反应,锚式PCR{分生}
anchoring ①固着 ②安装 ③锚着,锚定
anchoring chain 限位链,锁定链,锚链
anchoring disk 固着盘(discus ancorans)
anchoring organ 固着器官,攀援器官(organum ancorans)
anchoring root 固着根(radix ancorans)
ancient ①古代的,远古的 ②旧式的,很旧的(antianum)
ancient bird-nest fern 大鳞巢蕨[*Neottopteris antiqua* Masamune](铁角蕨科)
ancient crops 古老作物
ancient erosion 古代侵蚀
ancient glaciation 古冰川作用{水利}
ancient marsh 古沼泽
ancient peat 古泥炭
ancients euphorbia 火殃簕[*Euphorbia antiquorum* L.](大戟科)
ancillary ①附属的 ②辅助的(ancillarius)
ancillary control process 辅助控制进程
ancillary equipment 辅助设备,补充设备
ancillary road 辅助道路
ancipital ①剑形的 ②二棱形的(ancipitalis)
ancistracanthous 钩状刺的(ancistracanthus)
ancistrocarpous 钩状果的(ancistrocarpus)
ancistrocarpus najad 钩状果茨藻[*Najas ancistrocarpa* A. Br.](茨藻科)
ancistrophyllous 钩状叶的(ancistrophyllus)
Ancon 安康羊(短腿羊)
ancon 肘(ancona)
Ancona 安康纳鸡(意大利产)
anconal 肘的(anconalis)
ancylostomiasis 钩虫病(ancylostomiasis)
ancymidol 嘧啶醇{农药}
andalusite 红柱石 [$Al_2(SiO_4)O$]{地质}
Andaman canarytree 安达曼橄榄[*Canarium euphyllum*](橄榄科)
Andean canna 圆锥美人蕉[*Canna paniculata*](美人蕉科)
Andean potato latent virus 安第斯马铃薯潜病毒
Andean sundrops 安第斯月见草[*Oenothera andina*](柳叶菜科)
andept 火山灰始成土{土壤}
Anderson grape 安德逊氏葡萄[*Vitis andersoni* Rehd.](葡萄科)
Anderson peachbrush 安德逊杏[*Prunus andersoni* Rehd.](蔷薇科)
Anderson's disease 遗传性肝糖储积病,安德逊氏病
Andes barberry 安第斯小檗[*Berberis montana*](小檗科)
andesite 安山岩{地质} [$NaCaAl_3Si_5O_{16}$]
ando soil 暗色土
andrachne 黑钩叶属[*Andrachne* L.](大戟科)
andradite 钙铁石,榴子石 [$Ca_3Fe_2(SiO_4)_3$]
andrenas (= endrenid bees, mining bees) 地花蜂科[Andrenidae]
Andrews scotch rose 安德鲁氏蔷薇[*Rosa spinosissima* var. *andrewsi* Willm.](蔷薇科)
Andrews thistle 安德鲁氏蓟[*Cirsium andrewsi*](菊科)
andrigenesis 雄核发育
andro- [字头] ①雄,男性 ②精子
androautosome 雄性常染色体(androautosoma)

androclinium 药床(指兰科植物)
androconidium 雄分生孢子
androcyte 雄细胞(androcyta)
androdioecious ①雄花两性花异株的 ②雄性两性异体的 ③雄全异株的 ④雄全异体的(androdioecius)
androdioecy(= androdioecism) ①雄花两性花异株 ②雄性两性异体 ③雄全异株 ④雄全异体(androdioecia)
androdynamic 雄蕊发达的(androdynamus)
androecial 雄蕊群的(androecius)
androecial primordia 雄蕊群原基(primordia androecia)
androecious 雄株的,纯雄的,单雄性的(androecius)
androecium ①雄蕊群 ②雄性生殖器官
androecy 纯雄植物(androecia)
androgamete 雄配子(androgameta)
androgamone 雄性交配素
androgamone Ⅰ 雄性交配素 Ⅰ
androgamone Ⅱ 雄性交配素 Ⅱ
androgamone Ⅲ 雄性交配素 Ⅲ
androgamy 雄细胞受精(androgamia)
androgen 雄激素
androgen binding protein(**ABP**) 雄激素结合蛋白
androgenesis(= andrigenesis) ①雄性生殖 ②雄核发育
androgenesis condition 雄核发育条件
androgenesis efficiency 雄核发育效率
androgenesis induction 雄核发育诱导
androgenesis nomenclature 雄核发育命名法
androgenetic 产雄的(androgenus)
androgenetic development 产雄发育
androgenetic parthenogenesis 产雄单性生殖(parthenogenesis androgenus)
androgenic ①产雄的 ②促成雄性性状的(androgenus)
androgenic gland 雄腺(glandula androgena)
androgenic plantlet 雄性幼株(促成雄性性状幼植株)
androgenous 产雄的(androgenus)
androgeny(= androgenesis) ①雄性生殖 ②雄核发育
androgonial 精原的,雄原的(androgonius)
androgonial cell 精原细胞(cellula androgonia)
androgonial tissue 精原组织(tela androgonia)
androgonium 雄原细胞
andrographis ①穿心莲属[*Andrographis* Wall.](爵床科) ②穿心莲(榄核莲)[*Andrographis paniculata*(Burm. f.)Nees]
androgynal ①雌雄同序的 ②雌雄同体的 ③雌雄同丝的(androgynus)
androgynary 雌雄蕊花瓣状花(androgynarium)
androgyne 两性体,雌雄同体(androgynium)
androgynism(= androgyny) ①两性现象 ②雌雄同株(androgynismus)
androgynodioecious ①雄花雌花两性花异株的 ②雄雌全异株的(androgynodioecius)
androgynophore 雌雄蕊柄(androgynophorum)
androgynous ①雌雄同体的 ②雌雄同序的 ③雌雄同丝的(androgynus)
androgyny ①雌雄同体 ②雌雄同序(株) ③雌雄同丝(androgynium)
androhermaphrodite 强雄性两性花(androhermaphroditus)
andromeda 缐木属[*Andromeda* L.](杜鹃科)
andromerogony 卵片受精(andromerogonia)
andromonoecious ①雄花两性花同株的 ②雄性两性同体的 ③雄全同株的 ④雄全同体的(andromonoecius)
andromonoecy(= andromonoecism) ①雄花两性花同株 ②雄性两性同体 ③雄全同株 ④雄全同体(andromonoecia)
andropetalous 雄蕊花瓣状的(andropetalus)
androphile 伴人植物
androphore ①雄蕊柄 ②雄器梗(androphorum)
androphyll 小孢子叶(androphyllum)
androplasm 雄质(androplasma)
androsome 限雄染色体(androsoma)
androspermium 产雄精子
androsporangium 雄孢子囊,小孢子囊
androspore ①雄孢子,小孢子 ②产雄器孢子(androspora)
androsporogenesis 雄孢子发生,小孢子发生
androsporophyll 雄孢子叶(androsporophyllum)
androst- 雄[甾]
androsterility(= male-sterility) 雄性不育(androsterilitas)
androsterone 雄[甾]酮[$C_{19}H_{30}O_2$]
androtermone 兆雄素,雄性决定物质
androtype 雄型(androtypus)

androus 雄[蕊]的(andrus)
-ane ⌞字尾⌝饱和烃,烷(烃)
anechole chamber 消声室
anelectrotonic current 阳极电紧张电流
anelectrotonus 阳极[电]紧张
anemarrhena ①知母属[*Anemarrhena* Bunge](百合科)②知母[*Anemarrhena asphodeloides* Bunge]
anemia 贫血[症](anaemia)
anemo- ⌞字头⌝风
anemochore 风布植物(anaemochore)
anemochory 风[传]布(anaemochorius)
anemocinemograph 电动风速计
anemoentomophily 风虫媒(anaemoentomophilia)
anemofication 风力探测(anaemoficatio)
anemogamous 风媒授粉的(anaemogamus)
anemogamous plant (= anemogamic plant) 风媒植物(planta anaemogama)
anemogamy 风媒授粉(anaemogamia)
anemogeolyochory 地面风传布(anaemogeolyochorius)
anemogolyochory 高空风传布(anaemogolyochorius)
anemogram 风力自记曲线(anaemogramma)
anemograph 风速计
anemogravichory 地上风传布(anaemogravichorius)
anemometer 风速表
anemometer cup 风杯
anemometer mast 风速计杆,风速杆
anemometry ①风速测定 ②风速测定法(anaemometria)
anemone ①银莲花属[*Anemone* L.](毛茛科)②银莲花[*Anemome nercissittora* L.]
anemone type 银莲花型{园艺}
anemonella ①小银莲花属[*Anemonella* L.](毛茛科)②小银莲花[*Anemonella thalictroides* L.]
anemonin 银莲花素[$C_{10}H_9O_4$]
anemophilae 风媒植物(anaemophilae)
anemophilous 风媒的(anaemophilus)
anemophilous flower 风媒花(flos anaemophilus)
anemophilous plant 风媒植物(planta anaemophila)
anemophilous pollination 风媒传粉(pollinatio anaemophila)
anemophily 风媒(anaemophilia)
anemophobes 避风植物,嫌风植物(anaemophobes)
anemoscope 风向仪
anemosis [树木]年轮分离(受大风所致)(anaemosis)
anemotaxis 趋风性(anaemotaxis)
anemotropism 向风性(anaemotropismus)
anemovane 接触式风向风速器(加拿大)
anergy 无[细胞免疫]反应性(anergia)
anerobic (= anaerobic) 厌氧的(anaerobus)
anerobiosis 厌氧生活(anaerobiosis)
aneroid barograph 空盒气压计
aneroid barometer 空盒气压表,无液气压表
aneroidogram 空盒气压曲线(anaeroidogramma)
aneroidograph 空盒气压计
anesthesia 麻醉(anaesthesia)
anesthetic ①麻醉的 ②麻醉剂(anaestheticus)
anesthetization 麻醉处理(anaesthetisatio)
anestrus 乏情期,不动情期
anethole 茴香脑,对丙烯基茴香醚,对甲氧基丙烯
aneucentric 多着丝粒的,连着丝粒的(aneucentricus)
aneucentric chromosomes 多着丝粒染色体
aneucentric translocation 多着丝粒易位(translocatio aneucentrica)
aneugamy (= abnormal fertilization) 不正常受精(aneugamia)
aneuhaploid 非整倍单倍体(aneuhaploida){细胞}
aneuhaploidy 非整倍单倍性(aneuhaploidas){细胞}
aneuploid 非整倍体(aneuploida){细胞}
aneuploid cell line 非整倍体细胞系
aneuploid daughter nuclei 非整倍子核
aneuploid gamete 非整倍配子
aneuploid individual 非整倍个体
aneuploid progeny 非整倍体后代
aneuploid reduction 非整倍减数
aneuploid series 非整倍体系列
aneuploidy 非整倍性(aneuploidas)
aneupolyhaploid 非整倍多倍单倍体(aneupolyhaploida)
aneurine 抗神经炎素,维生素 B_1 [$C_{12}H_{17}OH_4ClSHCl$]
aneusomatic 同体异数的,染色体异数的(aneusomaticus)
aneusomaty 同体异数(aneusomatia)

aneuspory 异数孢子生殖（aneusporium）
anfractuose（= anfractuous） ①波状的 ②曲折的 ③蜿蜒的（anfractuosus）
angeleen-tree 甘蓝木属［*Andira* Lam.］（豆科）⌞拟⌝
angelica ①当归属［*Angelica* L.］（伞形科）②当归［*Angelica polymorpha* Maxim. var. *sinensis* Oliv.］
angelica aphid 当归二尾蚜［*Cavarilla angelicae* Matsumura］（蚜科）
angelica oil 当归油
angelica-tree 楤木［*Aralia chinensis* L.］（五加科）
angelica yabeana 大叶芎劳［*Angelica yabeana* Maxim.］（伞形花科）
angels-tears 西班牙水仙［*Narcissus triandrus* L.］（石蒜科）
angels-trumpet 木曼陀罗［*Datura arborea* L.］（茄科）
angeltear's datura 香曼陀罗［*Datura suaveolens* Humb. et Bonpt.］（茄科）
angienchyma 脉管组织
angina 窒息
angio- ⌞字头⌝管道，导管
angiocarp 被果［植物］（angiocarpum）
angiocarpous（= angiocarpic） ①被果型的 ②闭合子囊盘（地衣）③具囊孢子（angiocarpus）
angiogamy 拟配囊配合，器内受精（angiogamia）
angiograph 脉搏描记图
angiokeratoma 血管角膜瘤（angioceratoma）
angiometer 脉搏计
angiomonospermous 具单子心皮的，心皮具单种子的（angiomonospermus）
angiopteris ①莲座蕨属［*Angiopteris* spp.］（莲座蕨科）②莲座蕨［*Angiopteris* sp.］
angiopteris family 莲座蕨科［*Angiopteridaceae*］
angiosperm evolution 被子植物进化
angiosperm microspore 被子植物小孢子
angiosperm species 被子植物种
angiosperm tree 被子植物树木
angiospermous ①被子［植物］的 ②被子植物（angiospermus）
angiospermous forest 阔叶树林（pistillum angiospermum）
angiospermous pistil 被子雌蕊（pistillum angiospermum）
angiosperms 被子植物（angiospermae）
-angium ⌞字尾⌝ ①容器，贮藏器 ②花托，花囊
angium 产孢子器，产配子器
angle ①角，隅｛数｝②原基｛形态｝③钓具｛水产｝④钩针｛农机｝⑤角度，观点，看法（angulus）
angle bar ①角铁 ②角钢条
angle-bar cylinder 角钢条脱粒滚筒
angle blade scraper 平地机
angle centrifuge 斜角离心机
angle check valve 止回角阀｛环保｝
angle cutting 钩针插甘薯（扦插方法之一）
angle dekkor 测角仪
angle deviation 角差
angle displacement 角移
angle equation 角方程
angle gage（= angle gauge） 角规角度计
angle-iron 角铁
angle-iron rotor 角铁转子
angle leaf rose 角叶蔷薇［*Rosa clinophylla* Thory］（蔷薇科）
angle measurement grid 量角格网
angle meristem 角隅分生组织（卷柏）（angulomeristema）
angle-meter（= angulometer） 测角器
angle-mirror 测角镜
angle-notched disk 缺口圆盘
angle of altitude 高度角｛测｝
angle of aperture 孔位角
angle of ascent 上升角
angle of avertence 偏角
angle of bank 倾斜角
angle of contact（= contact angle） 接触角
angle of coverage 视场角，覆盖角｛遥感｝
angle of crossing 交会角
angle of declination 偏角
angle of deflection 偏转角
angle of depression 俯角
angle of dip 倾角
angle of disk gangs 圆盘耙组偏角
angle of divergence 开［展角］度（divergentiangulus）
angle of elevation 仰角
angle of field 视场角
angle of incidence 入射角
angle of inclination 倾［斜］角
angle of inclination of the leaf 叶倾角
angle of nadir 天底角｛遥感｝
angle of pitch 俯仰角
angle of reflection 反射角
angle of refraction 折射角
angle of repose 静止的，休止角（指滴液在固

体表面静止时的接触角)〔农药〕
angle of roll 滚动角
angle of shearing resistance 剪切摩擦角
angle of situation 位置角
angle of slope 坡度角
angle of solar irradiance 太阳辐照度角,太阳入射角
angle of swing 旋角
angle of tilt 倾角
angle of total reflection 全反射角
angle of vision 视角
angle of yaw 偏航角
angle onion 角葱［*Allium angulosum* L.］(石蒜科)
angle planting 钓钩状根部种植(指根部弯曲如钓钩状的种植)
angle rotor 角转头〔生技〕
angle shoe 角形附加行走装置
angle sieve 阶梯筛
angle steel 角钢
angle to the left 左转角
angle to the right 右转角
angle valve 角阀〔环保〕
angledozer 斜铲式推土机
angledozing 斜铲推土
angler 琵琶鱼［*Lophiomus setigerus* Vahl.］〔水产〕
angleton bluestem 环状须芒草［*Andropogon annularis*］(禾本科)
angletwig magnoliavine 蒙自五味子［*Schisandra propinqua* Bl. Hook. f. et Thoms. = *Sphaerostema propinquum* Bl.］(五味子科)
angling ①［圆盘耙组］偏角调节 ②安装角调节 ③钓鱼
angling adjustment of disk gangs 圆盘耙组偏角调节
angling fishery 钓鱼业
angling rate 钓获率
angling rod 钓竿
Anglo-Arab 盎格鲁-阿拉伯马(英国骑用种)
Angola cherry orange 安哥拉樱桃橘［*Citropsis angolensis* L.］(芸香科)
Angola crinum 安哥拉文殊兰［*Crinum fimbriatulum* L.］(石蒜科)
Angola goat 安哥拉山羊［*Capra hircus* var. *angorensis*］
Angola goat bitting louse 羊虱(安哥拉山羊羽虱)［*Bovicola limbatus* Gerv.］
Angola rabbit 安哥拉兔
Angola weed (= lima weed, orcella, orcigilia, orchil) 纺锤染料衣［*Rocella fucitormis* DC.］(染料衣科)
Angola wool 安哥拉羊毛
angolensin 安哥拉紫檀素
angoumois grain moth 麦蛾［*Sitotroga cerealella* Oliv.］(麦蛾科)
angström(Å) 埃(长度单位,$=10^{-8}$厘米)
angue mineral 脉石矿物〔地质〕
anguidin 蛇形菌素
anguimois grain moth 麦蛾［*Sitotroga cerealella* Olivier］(麦蛾科)
angulaperturate 具角萌发孔的(angulaperturatus)
angular 有棱的,具角的(angularis)
angular acceleration 角加速度
angular aperture 镜口角
angular blocky structure 角［棱］块状结构
angular collenchyma 角隅厚角组织(collenchyma angularis)
angular coverage 角视场,扇形视界〔遥感〕
angular displacement 角位移
angular distance 角距
angular divergence ①开［展角］度 ②角发散,角偏向〔遥感〕
angular error 角度误差
angular error of closure 角度闭合差
angular field of view 视场角
angular instrument 测角仪器
angular interstices 楔形裂隙,棱角裂隙
angular leaf spot ①角斑 ②角斑病
angular leaf spot of bean 菜豆角斑病［*Cerospora columnaris* Ell. et Ev. = *Isariopsisgriseola* Sacc.］
angular leaf spot of cotton 棉角斑病［*Xanthomonas malvacearum* (Smith.) Dowson］
angular leaf spot of cucumber 黄瓜角斑病［*Pseudomonas lachrhymans* (Sm. et Bryan) Casrner］
angular leaf spot of loguat 枇杷角斑病［*Ceresporina criobotryae* Enjoji.］
angular leaf spot of melon 甜瓜角斑病［*Pseudomonas lachrymans* (Smith et Bryan) Casrner］
angular leaf spot of persimmon ①柿落叶性圆斑病［*Mycosphaerella nawae* Hiura］②柿角斑病［*Cercospora Kaki* Ell. et Everhart］
angular leaf spot of ramie 苎麻角斑病［*Cercospora boehmeriae* Peck］
angular leaf spot of tobacco 烟草细菌性角斑病［*Pseudomonas angulata* (Fromme et Merray) Holland］
angular leaf spot of zinnia 百日草角斑病

[*Aphelenchoides nitzemabosi* Schwartz.]
angular parallax 角视差
angular point 角顶点
angular resolution 角分辨率
angular resolving power 角分辨本领
angular size 视角大小(指天线的){遥感}
angular space 角度间隔
angular surveying 角度测量
angular transformation 角度变换法
angular unconfromity 角度不整合
angular variation 角变化
angular velocity 角速度
angular width 角幅
angular-winged grasshoppers 螽斯科[Tettigoniidae]
angular-winged katydid 角翅螽斯(棱翅螽斯)[*Microcentrum retinerve* Burm.](螽斯科)
angulate ①具棱的 ②角状的(angulatus)
angulate drainage pattern 角状水系{水利}
angulated bark beetle 角齿小蠹[*Ips angulatus* Eichhoff](小蠹科)
angulatus star-glory 有棱茑萝[*Quamoclit angulata* Boj.](旋花科)
angulinerved 有棱脉的,交叉脉的(angulinervius)
angulodentate 具棱齿的(angulodentatus)
angulometer 测角计
angusti- ⌊字头⌉狭,窄
angustifoliate 具狭叶的(angustifoliatus)
angustilobate 有狭裂片的(angustilobatus)
angustimurate 具窄网脊的(angustimuratus)
angustimycin 狭霉素
angustione 安古树酮
angustiseptal 窄萼片的(angustiseptus)
angustiseptate 具窄隔膜的(angustiseptatus)
angustiserrate 具窄锯齿的(angustiserratus)
angustus soldenray 狭叶橐吾[*Ligularia angusta* Kitam.](菊科)
anhalamine 无盐掌胺
anhist 非细胞的(anhistus)
anhistous 无结构的(anhistosus)
anholocyclic 不全周期的(指蚜虫)(anholocyclicus)
anhydrase 脱水酶
anhydride 酐
anhydrite 硬石膏,无水石膏[$CaSO_4$]
anhydro-hydroxy-progesterone (= pregneninolone) 17-乙炔睾酮
anhydrobiosis 间生态,低温休眠
anhydroleucovorin 脱水甲酰四氢叶酸,甲川四氢叶酸
anhydrotetracycline 无水四环素
anhydrous 无水的(anhydrus)
anhydrous acetonitrile 无水乙腈
anhydrous alcohol 无水乙醇,无水酒精
anhydrous ammonia 无水氨,液氨
anhydrous ammonia application 施用液氨
anhydrous ammonia applicator 液氨撒施机
anhydrous ammonia-sulfur 无水氨硫
anhydrous lanolein 无水羊毛脂
anhydrous liquid ammonia 无水液氨
anhydrous sulfuric acid 无水硫酸
anhydrous zinc chloride 无水氯化锌
anhydrovitamin A 脱水维生素 A
anhyetism 缺雨性(anhyetismus)
anidian (= blastoderm) 囊胚层
anil indigo 假蓝靛[*Indigofera suffruticosa* Mill. = *I. anil* L.](豆科)
anilazine 敌菌灵,防霉灵(杀菌剂)[$C_9H_5Cl_3N_4$]
anilide 酰替苯胺,烃酰氨基苯[C_6H_5NHCOR]
aniline 苯胺,氨基苯,阿尼林[$C_6H_5NH_2$]
aniline black 苯胺黑
aniline blue 苯胺蓝,阿尼林蓝[$C_{37}H_{29}N_3 \cdot HCl$]
aniline blue as double stain 双重染色剂用苯胺蓝
aniline blue with orange G 苯胺蓝同橙 G 合用
aniline chlorate 氯酸苯胺[$C_6H_5NH_2 \cdot HClO_3$]
aniline chloride 氯化苯胺[$C_6H_5NH_2 \cdot HCl$]
aniline dye 苯胺染料
aniline dye preparation 苯胺染料制片
aniline hydrochloride 盐酸苯胺[$C_6H_5NH_2 \cdot HCl$]
aniline oil 苯胺油,阿尼林油
aniline water 苯胺水
aniline water safranin 苯胺水[碱性]藏红
animal ①动物、家畜,牲畜,四足兽 ②动物的,家畜的,兽畜的 ③感觉的(animale)
animal adhesive 动物胶(明胶){显技}
animal alkaloid 动物碱,尸碱
animal and human manure 人畜粪便
animal and poultry farm 畜牧场,畜禽场

animal and vegetable oils 动植物油
animal at pasture 放牧家畜
animal biotechnology 动物生物技术{农生技}
animal body 动物体
animal bone 兽骨
animal-borne disease 动物传染病
animal breeder ①家畜育种家 ②家畜饲养员
animal breeding ①家畜(动物)育种[学] ②家畜饲养业,畜牧业 ③家畜繁育,家畜繁殖
animal breeding stock 畜种
animal burrow 动物穴洞
animal calorimeter 动物量热计
animal capsule 动物舱(指宇航)
animal cell culture 动物细胞培养
animal cell hybridization 动物细胞杂交
animal cell line 动物细胞系
animal charcoal 动物炭,兽炭,骨炭
animal chemistry 动物化学
animal chromosome squash 动物染色体压片{显技}
animal clone 动物克隆,动物无性[繁殖]系{农生技}
animal clone technology 动物克隆技术,动物无性[繁殖]系技术
animal community ①动物社会 ②动物群落
animal draft 畜力牵引
animal-draft hay rake 畜力搂草耙
animal-draft riding cultivator 畜力乘式中耕机
animal-drawn ①畜力牵引的 ②畜力牵引力
animal-drawn farm implements 畜力[牵引]农机具
animal-drawn prime motor 畜力原动机
animal-drawn tillage implement 畜力耕作农具
animal-drawn traffic 畜力交通,畜力运输
animal driving ①驾驭 ②驾驶法
animal ecology 动物生态学(zooecologia)
animal embryo 动物胚胎
animal embryogenesis 动物胚胎形成
animal environment 动物性环境
animal excrement 动物排泄物
animal excreta (= animal faeces) 牲畜粪便
animal extract 动物提取物
animal farm 畜牧场
animal fat 动物脂
animal feed 家畜饲料
animal feed industry 饲料工业
animal feeding ①家畜(动物)饲养 ②家畜饲养学
animal feedstuff (= animal feeding stuff) 动物性饲料
animal fertilizer 动物质肥料
animal fiber 动物纤维
animal food 肉食
animal force 畜力
animal geneticist 动物遗传工作者,动物遗传学家
animal genetics 动物遗传学(zoogenetica)
animal glue 动物胶
animal hair 动物毛
animal hauling ①畜力牵引 ②畜力拖运
animal health ①家畜卫生 ②家畜健康,家畜保健
animal health information process system 家畜卫生信息处理系统{农施}
animal hormone 动物激素
animal house 畜舍
animal husbandman ①牧人,牧工 ②畜牧工作者
animal husbandry (= livestock husbandry) ①畜牧业 ②畜牧学
animal husbandry adviser 畜牧业顾问
animal husbandry and veterinary medicine 畜牧兽医
animal hygiene (= livestock hygiene) 畜体卫生
animal improvement 家畜改良
animal industry 畜产业,畜牧业
animal inoculation 动物接种
animal insecticide applicator 畜体杀虫用喷雾器
animal keeper 饲养员
animal kingdom 动物界
animal labour 畜力劳动
animal labour costs 畜力劳动费
animal manure 厩肥,牲畜粪
animal model 动物模型
animal motor 畜力原动机,畜力驱动装置
animal-nature feed 动物性饲料
animal nutrition ①动物营养 ②动物营养学
animal nutrition science 动物营养学
animal nutritionist 动物营养学家
animal oil 动物油
animal organism 动物有机体
animal owner 畜主
animal parasite 家畜寄生虫
animal pedigree 家畜谱系,牲畜谱系
animal pests 动物疫病,动物瘟疫
animal plow 畜力犁
animal pole 动物极(polos animalis)
animal population 动物群体
animal power 畜力
animal-powered farm implement 畜力农具

animal-powered tractor 畜力拖拉机
animal-powered weeder 畜力除草机
animal preference 动物嗜好性
animal product industry 畜产品加工业
animal production 家畜生产,家畜饲养
animal products 畜产品
animal protein factor (APF) 动物蛋白因子
animal-pulled transplanter 畜力插秧机
animal raising 动物饲养,养畜业,畜牧业
animal remedy 兽药
animal repellent 兽用驱避剂
animal residues 动物残体,动物残留物
animal science 畜牧学
animal sociology 动物社会学
animal solid tissue direct preparation 动物固体组织直接制片法
animal starch 糖原 (= glycogen) [$(C_6H_{10}O_5)_n$]
animal sweep power 畜力原动机
animal tallow 兽脂
animal tankage 骨肉粉
animal tissue pachytene 动物组织粗线期
animal to be reared 养育的家畜
animal traction 畜力牵引
animal unit 家畜单位(牛单位)
animal virus 动物病毒
animal waste management equipment 家畜粪尿管理工具,家畜粪尿处理设施{农施}
animal wastewater treatment 家畜尿污水处理
animal welfare 家畜福利
animal yield 畜产量
animal zone 动物带
animalcle 小动物 (animalculus)
animalculist 精源说者 (animalculistus)
animalicule 微小动物
animals for slaughter (= slaughter cattle) 屠宰用畜
animated map 动画[地]图{智培}
animated oat 红燕麦 [*Avena sterilis* L.] (禾本科)
animater ①动画片制作者 ②动画制作程序{智培}
animation 动画 (animatio){智培}
animation kit 动画制作成套设备{智培}
Animert 杀螨好(杀螨剂) [$C_{12}H_6Cl_4S$]
animism 万物有灵论 (animismus)
anincretinosis 内分泌缺乏病
anion 阴离子
anion base 阴离子碱
anion channel 阴离子通道
anion displacement 阴离子替位
anion exchange 阴离子交换
anion exchange capacity 阴离子交换量
anion exchange chromatography 阴离子交换层析[法]
anion exchange filter 阴离子交换滤池{环保}
anion exchange membrane 阴离子交换膜
anion exchange packing 阴离子交换填充法
anion exchange resin (= anion resin) 阴离子交换树脂
anion exchanger 阴离子交换剂
anion group 阴离子基团
anion penetration 阴离子渗入[作用]
anion respiration 阴离子呼吸
anion respiration theory 阴离子呼吸说{农化}
anion retention 阴离子吸持[作用]
anionic 阴离子的 (anionicus)
anionic acid 阴离子酸
anionic detergent 阴离子去污剂
anionic dye 阴离子染料
anionic layer 阴离子层
anionic surface active agent (= anionic surfactant) 阴离子表面活性剂(指农药辅剂)
anionite 阴离子交换剂
anionotropy 向阴离子性 (anionotropismus)
anirdia 无虹膜
anisacanthous 不等刺的,异刺的 (anisacanthus)
anisaldehyde 茴香醛,对甲氧苯甲醛 [$C_6H_4 \cdot (OCH_3) \cdot CHO$]
anisallobar 等正变压线
anisandrous 不等雄蕊的,异雄蕊的 (anisandrus)
anisanthous 不整齐花的 (anisanthus)
anisate 具茴香味的,具八角味的 (anisatus)
anise 茴芹(洋茴香) [*Pimpinella anisum* (L.) Nakai.](伞形科)
anise alcohol 大茴香醇
anise bark oil 茴香皮油
anise fruit 茴香实
anise hyssop 茴萝藿香(香藿香,蓝藿香) [*Agastache foeniculum* sp.](唇形科)
anise magnolia 柳叶木兰 [*Magnolia salicifolia* Maxim.](木兰科)
anise oil 茴香油
anise tree ①八角属 [*Illicium* L.](八角科) ②八角(大茴香) [*Illicium verum* Hook. f.]
aniseed (= anise seed) 茴香种子,茴香子 (anisemen)

aniseed cake 茴香油粕
aniseed oil 茴香油,茴香子油
aniseed oil in mounting 封藏用茴香子油,装片用茴香子油
anisembiids 异丝蚊科 [Anisembiidae]
anisic acid 茴香酸,对甲氧基苯甲酸 [$C_6H_4 \cdot (OCH_3) \cdot COOH$]
anisidine (= aminoanisole) 茴香胺,甲氧基苯胺 [$CH_3OC_6H_4NH_2$]
aniso- ⌞字头⌝不等
anisocarpous 歪果的 (anisocarpus)
anisocharic 不等压[的] (anisocharicus)
anisochronous signal 准同步信号 {信息}
anisocotyledonous 子叶不等形的 (anisocotyledonus)
anisocotyly 不等子叶性 (anisocotylia)
anisocytic 不等细胞的 (anisocyticus)
anisocytic type 不等细胞型(指气孔) (typus anisocyticus)
anisocytosis 血球变异现象
anisodont 不等齿的,异齿的 (anisodontus)
anisodynamous 生长不等的(指子叶) (anisodynamus)
anisogametangiogamous 异形配囊配合的 (anisogametangiogamus)
anisogametangiogamy 异形配囊配合 (anisogametangiogamia)
anisogametangium 异形配子囊
anisogamete 异形配子 (anisogameta)
anisogamonty 配子体异型 (anisogamontia)
anisogamous 异配生殖的 (anisogamus)
anisogamous conjugation (= anisogamy) ①异配生殖 ②配子异型 (conjugatio anisoga)
anisogamous fungi 异配生殖真菌 (fungi anisogamae)
anisogamous planogamete 异性游动配子 (planogameta anisogama)
anisogamy (= heterogamy) ①异配生殖(接合) ②配子异型 (anisogamia)
anisogenomatic 异基因组的 (anisogenomaticus) {细胞}
anisogenome 异基因组 (anisogenomium) {分遗}
anisogenous 雌雄异型遗传的 (anisogenus)
anisogeny 雌雄异型遗传 (anisogenia)
anisogynous 果瓣少于被数的 (anisogynus)
anisohologamy 异形整体配合 (anisohologamia)
anisole 茴香醚,苯甲醚,甲氧基苯 [$C_6H_5OCH_3$]
anisolobous 不等裂的,异裂的 (anisolobus)
anisomerism ①不重复现象 ②非异构性 (anisomerismus)
anisomerogamy 近异配生殖 (anisomerogamia)
anisomerous (= anisomeric) ①不重复的 ②非异构的 ③不对称的 ④不同数的 (anisomerus)
anisometric 不等轴的 (anisometricus)
anisomorpha 异形变态
anisomorphic ①异形的 ②配子[囊]异形的 (anisomorphus)
anisomorphic DNA 异形 DNA {分遗}
anisomycin 异霉素,茴香霉素
anisopetalous 异花瓣的 (anisopetalus)
anisophyll 不等叶,异形叶 (anisophyllum)
anisophyllous 不等叶的,异形叶的 (anisophyllus)
anisophylly 不等叶性 (anisophyllia)
anisopleural 两侧不对称的 (anisopleuralis)
anisoploid 奇倍体 (anisoploida)
anisoploidy 奇倍性 (anisoploidas)
anisopolar 异极的 (anisopolaris)
anisopolyploid ①奇多倍体 ②奇倍体 (anisopolyploidas)
anisopterous 不等翼的,异形翼的 (anisopterus)
anisosepalous 不等萼片的,异形萼片的 (anisosepalus)
anisosmotic 非等渗的,不等渗的 (anisosmoticus)
anisospore 异形孢子 (anisospora)
anisostemonous (= anisostamenous, anisostemopetalus) ①异基数雄蕊的 ②异形雄蕊的 (anisostemonus)
anisostichous 不等列的 (anisostichus)
anisostyly 不等花柱 (anisostylia)
anisotomic dichotomy 不等二歧分枝 (dichotomia anisotomica)
anisotomy 不等二歧分枝 (anisotomia)
anisotonic 不等渗的,异渗的 (anisotonicus)
anisotonic solution 异渗溶液
anisotrichous 异毛的 (anisotrichus)
anisotrisomic 异三体生物 (anisotrisomicus)
anisotrisomy 异三体性 (anisotrisomia)
anisotropic 各向异性的 (anisotropus)
anisotropic membrane 各向异性膜 (membrana anisotropa)
anisotropisation 各向异性化作用 (anisot-

ropisatio)
anisotropy ①各向异性 ②定轴[卵](anisotropia)
anisozygote 异形合子(anisozygota)
anisylacetone 茴香丙酮
Anjou 安求(洋梨品种)
ankistrodesmus ①纤维藻属[*Ankistrodesmus* spp.](藻类) ②纤维藻[*Ankistrodesmus* sp.]
ankle 踝,踝节部
anklet (牛)脚号
ANL (= ammonium nitrate limestone) 硝酸铵钙
anlage ①原基 ②原遗传因子(anlagium)
anlageplasm 原基质(anlageplasma)
Anna Geodetic Satellite 安娜测地卫星{遥感}
annals ①年鉴,年报 ②历史记录(annus)
Annamese trevesia 越南棁树[*Trevesia sanderi*](五加科)
annatto (= annato, annato tree, annatto tree) 红木(胭脂树)[*Bixa orellana* L.](红木科)
anneal 退火{分遗}
annealing 退火
annelid 环节动物(annelides)
annellospore 环痕孢子(annellospora)
annex (= appendix) 附件,附录(annexus){电脑}
annexed 贴着的(annexus)
annexin 钙结合蛋白
annidation 全适应,变适现象(annidatio)
annidation mutant 全适应突变体
annihilation ①消灭,歼灭 ②消除,湮没 ③熄灭(annihilatio)
annihilator 熄灭器,减震器,阻尼器
anniversary wind 年周风,定期风,季节风
annona ①番荔枝属[*Annona* L.](番荔枝科) ②番荔枝[*Annona squamosa* L.]
annona family 番荔枝科[Annonaceae]
annotate 注解,注记,注释(annotare)
annotated list of seed-borne diseases 种子传染病害的注解目录
annotated photograph 注释相片{遥感}
annotation 注解,注记,注释(annotatio)
annotinous 一年生的(annotinus)
annual ①一年生的(annualis) ②一年生植物(planta annua)
annual amplitude 年振幅
annual assimilation period 年同化期
annual balance 年[度]平衡
annual balance-sheet 年度收支平衡表
annual beard grass (= rabbitfoot grass) 兔脚草(长芒棒头草)[*Polypogon monspeliensis* Dest.](禾本科)
annual bearer 年年结果树
annual bearing 年年结果
annual bluegrass (= annual meadow grass, low spear grass) 早熟禾[*Poa annua* L.](禾本科)
annual branch 一年生枝(ramus annuus)
annual broadleaf weed 一年生阔叶杂草
annual catch ①年渔获量{水产} ②年捕获量{狩猎}
annual change 年变化(指一年内的变化)
annual chrysanthemum 花环菊[*Chrysanthemum carinatum* L. = *Chrysanthemum tricolor* Andr.](菊科)
annual colony 一年生群体
annual consumption by respiration 年呼吸消耗量
annual costs 年费用,年成本
annual coupe 年伐面积{森林}
annual cover crops 一年生覆盖作物(指绿肥)
annual crops 一年生作物
annual cutting area 年伐面积
annual cutting percent 年伐率
annual cycle ①年周期 ②一年生周期
annual depreciation 年折旧{农管}
annual deviation 年变动,年偏差
annual erosion 年侵蚀量
annual evaporation 年蒸发量
annual fleabane (= daisy fleabane) 一年蓬[*Erigeron annus* Pers.](菊科)
annual flood 年最大洪水量
annual flow 年径流
annual flower 一年生花卉
annual forage crops 一年生饲料作物
annual forage grasses 一年生禾(饲)草
annual frost zone 年冻层
annual global emissions 全球年发散[污染物]量{生态生理}
annual grass weeds 一年生草本杂草
annual grasses (= pasture grasses) 一年生牧(禾)草
annual ground cover 一年生地被物
annual growth ①(= annual ring) 年轮 ②(= annual increment) 年生长量
annual growth cycle 年生长周期
annual habit 一年生习性
annual hairgrass ①一年生埃若禾[*Aira capillaris* Host.](禾本科) ②一年生发草[*Deschampsia danthonioides*](禾本科)

annual herbs (= annual herbaceous plant) 一年生草本植物(herbae annuales)
annual income 全年收入
annual increment (= annual growth) 年生长量
annual koeleria 一年生落草［*Koeleria phleoides*］(禾本科)
annual labour program 全年劳动计划
annual layer ①年轮层 ②年生长层
annual leaf 一年生叶(folium annuum)
annual legumes 一年生豆类作物
annual life cycle 年生活史,年周期
annual litter production 年死被物生产［量］{生态生理}
annual loss of dry matter 年干物质损失
annual marjoran (= sweet marjoran) 圆马珠草［*Marjorana hortensis* Moench. = *Origanum marjorana* L.］(唇形科)
annual maximum 年最高
annual meadow-grass (= annual bluegrass) 早熟禾
annual mean 年平均
annual mean air temperature 年平均气温
annual mean biomass 年平均生物量
annual mean duration of sunshine 年平均日照持续期
annual mean temperature 年平均温度
annual meeting 年会
annual meeting of crop breeding 作物育种学年会
annual minimum 年最低
annual narrowleaf weeds 一年生窄叶杂草
annual net production 年净生产量{农经}
annual nettle 小荨麻［*Urtica urens* L.］(荨麻科)
annual nutrient loss 年养分损失
annual ornamental plant 一年生观赏植物(planta ornamentalis annua)
annual ornamentals 一年生观赏植物
annual overhaul 年度检修
annual pasture 临时牧场
annual pattern 年特性曲线(指蒸发蒸腾作用)
annual percolates 年渗漏水量
annual phlox 福禄考［*Phlox drummondii* Hook.］(花荵科)
annual plans 年度计划
annual plants 一年生植物(plantae annuales)
annual precipitation 年降水量
annual production 年［生］产量
annual program of work 年度工作计划
annual progress report 年度进度报告
annual publication 年刊
annual purchase 年采购量
annual rainfall 年雨量
annual range 年较差{气象}
annual report 年报,年度报告
annual review ①周年评论 ②一年回顾
annual ring 年轮(annulus annotinus)
annual ring density 年轮密度
annual ring phenometry 年轮物候测量法
annual root 一年生根(radix annualis)
annual runoff ①年径流量 ②年地面径流量
annual salmarsh aster 钻形紫菀(美国紫菀)［*Aster subulatus* Michx.］(菊科)
annual savory 香薄荷［*Satureja hortensis* L.］(唇形科)
annual season 年季节,年季度
annual seasonable operation rate 年适期作业［速］率
annual seed fall 年天然下种量
annual shoot 当年生枝
annual sorghum 一年生高粱(高粱分类类型)
annual sowthistle 苦苣菜［*Sonchus oleraceus* L.］(菊科)
annual species 一年生种
annual stock 一年生紫罗兰(夏紫夏兰)［*Matthiola incana* var. *annua* Voss.］(十字花科)
annual strain 一年生品系
annual summer crops 一年生夏作物
annual sunflower 向日葵［*Helianthus annuus* L.］(菊科)
annual supervisory return 年度经营收益{农管}
annual sweet clover 一年生草木犀［*Melilotus alba* Desr. var. *annua* Coe.］(豆科)
annual total global radiation 年总环球辐射
annual value 年值
annual variation 年变［化］
annual variety 一年生品种
annual vernalgrass 具芒黄花茅［*Anthoxanthum aristatum* Boiss］(禾本科)
annual weeds (= annuals) 一年生杂草
annual white grub 玉米一化性蛴螬［*Ochrosidia villosa* Burmeister］
annual wildrice 菰［*Zizania aquatica* Gronov.］(禾本科)
annual work program 年工作计划
annual yellow sweet clover 印度草木犀(野苜蓿)［*Melilotus indicus* Desr. = *M. arvensis* Wallr.］(豆科)
annual yield 年产量

annual yield by unit area 单位面积年产量
annual yield per unit area 每单位面积年产量
annual zone（= annual ring） 年轮
annuals ①一年生植物 ②一年生作物（annuales）
annuals and biennials 一、二年生杂草（指一年生杂草与二年生杂草）
annuation 生物数量年变化（annuatio）
annular（= ring-like） 环状的（annularis）
annular bark 环状树皮
annular budding（= ring budding） 环状芽接｛园艺｝
annular cell 环纹细胞（cellula annularis）
annular condenser 环形聚光器
annular cutter 环状剥皮机
annular diaphragm 环状光阑
annular drainage pattern 环状水系｛水利｝
annular duct 环纹导管（vasa annularis）
annular element 环纹分子（elementum annulare）
annular gear 内齿轮
annular roller 环形镇压器
annular tracheid 环纹管胞（tracheida annularis）｛解剖｝
annular vessel（= annular trachea, ring vessel） 环纹导管（vasa annularis）
annularis willow 环状柳［*Salix annularis* Forhes.］（杨柳科）
annulate lamella 具环状层（lamella annulata）
annulate-legged earwing 环纹足蠼螋［*Anisolabis annulipes* Lucas］
annulated ①有环纹的 ②环状的（annulatus）
annulated boletus 黄皮牛肝菌［*Boletus leteus*（L.）Fr.］（牛肝菌科）
annulatiform 环状的（annulatiformis）
annulation 环（annulatio）
annuliform 环状的（annuliformis）
annulospiral 环状螺旋的（annulospiralis）
annulus ①环，环节｛昆虫｝ ②菌环｛真菌｝ ③纹孔环｛解剖｝
anoa 倭水牛，西里伯水牛（水牛品种）
anobiid beetle 硬毛窃蠹［*Nicobium castaneum* Olivier］（窃蠹科）
anobium beetle（= common furniture beetle, furniture beetle） 具斑窃蠹（家具窃蠹）［*Anobium punctatum* De Geer］（窃蠹科）
anoda ①蔓锦葵属［*Anoda* Cav.］（锦葵科） ②蔓锦葵［*Anoda* sp.］
anodal ①阳极性的 ②顺螺旋线的（anodalis）
anodal depression 阳极性阻抑
anodal trace 离节迹（vestigium anodale）
anode 阳极，正极，氧化极
anode oxidation 阳极氧化
anode polarization 阳极极化
anode protection 阳极保护｛环保｝
anode ray 阳极射线
anode reduction 阳极还原
anoderm 无角质层的，无外皮的（anodermidis）
anodic ①向上的一边，上方 ②阳极的（anodus）
anodic oxidation method 阳极氧化法｛环保｝
anodyne 止痛剂
anoestrus（= anestrus） ①不发情 ②乏情期
anogamic propagation 无配繁殖，无配生殖（prepagatio anogamica）
anolobine 番荔枝叶碱
anolyte 阳极电解液（anolytus）
anomalous ①异常的，反常的 ②距平的（anomalus）
anomalous behavior 异常行为（指染色体）
anomalous flocculation 反常絮凝作用，反常凝聚作用
anomalous form 反常型，异常型
anomalous growth 畸形生长
anomalous junction 异常接合
anomalous line 异常云线
anomalous structure 异常构造，异常结构（structura anomala）
anomalous transverse division 异常横向分裂
anomalous trichromatism 异常三色性色觉
anomalous viscosity 反常黏滞度
anomaly ①异常，反常 ②距平（anomalia）
anomer 异头物（糖类 α,β 异构体）
anomeric 异头的（anomericus）
anomeric configuration 异头构型｛分遗｝
anomeric effect 异头［物］反应
anomocytic type 无规则型（指气孔）（typus anomocyticus）
anomodromy 异常脉序（anomodromia）
anomophyllous 无叶序的（anomophyllus）
anomospermous 具异常种子的（anomospermus）
anomotreme 不规则萌发孔（anomotrema）
anonymous 无名的，不知名的（anonymus）
anonymous pipe 无名管道
anopheles mosquitoes 按蚊属［*Anopheles*

spp.]
anophelicide 灭疟蚊剂
anophthalmia 无眼
anoplocephaliasis 裸头绦虫病
anorak 防水布,防水衣
anorganotrophic 非有机营养的(anorganotrophus)
anormogenesis 异常发育
anorthite 钙长石[$CaAl_2Si_2O_8$]
anorthogenesis 绞花进化(预适应的适应变化进化)
anorthoploid 奇倍体,非整倍体(anorthoploida)
anorthospiral [染色体]平行螺旋(anorthospiralis)
ANOVA (= analysis of variance) 变量分析,方差分析{统计}
anovulation 不排卵,停止排卵(anovulatio)
anoxemia 缺氧血症(anoxaemia)
anoxia 缺氧症
anoxic 缺氧的,无氧的(anoxicus)
anoxic culture 无氧培养
anoxic environment 缺氧环境
anoxic reactor 无氧反应器
anoxidation 非氧化发酵(anoxidatio)
anoxidative fermentation 非氧化发酵,缺氧发酵
anoxybiontic 缺氧生活的,厌氧生活的(anoxybionticus)
anoxybiontic bacteria 缺(厌)氧生活细菌(bacteria anoxybionticae)
anoxybiosis 厌氧生活
anoxybiotic 厌氧的(anoxybioticus)
anoxygenic (= anoxygenous) ①不生氧的 ②不含氧的(anoxygenus)
anoxygenic photosynthesis 不生氧光合作用
anoxyphotobacteria 无氧光细菌
anoxytropic dehydrogenase 绝氧脱氢酶
ANS (= American National Standard) 美国国家标准{信息}
Ansar (= cacodylic acid) 二甲胂酸(除草剂)[$C_2H_7AsO_2$]
ansate ①有叶耳的 ②有柄的(ansatus)
ANSCC (= American National Standard Control Character) 美国国家标准控制字符{信息}
ansu apricot 山杏[*Prunus armeniaca* var. *ansu* Maxim.](蔷薇科)
answer 应答,应答过程{信息}
answer-back key 应答键
answer delay 应答延迟
answer lamp 应答灯
answering 应答
answering service 接听电话服务{信息}
answerphone 应答电话
ant ①蚂蚁[*Oecophylla longinoda* Latr.] ②⌞复⌝蚁科[Formicidae]
ant beetle 蚁态郭公虫[*Thanasimus formicarius* (L.)]
ant colony 蚁群
ant heap (= anthill) 蚁塚
ant-plant 喜蚁植物,适蚁植物(myrmecophyta)
ant-proof bee hive shed 蜂箱防蚁棚
antacava 触角窝
antagonism 颉颃作用,对抗作用(antagonismus)
antagonism game 对抗性对策
antagonism in behaviour 行为对抗作用
antagonist ①颉颃物,颉颃剂 ②颉颃肌(antagoniste)
antagonistic 颉颃的,对抗的(antagonisticus)
antagonistic actinomyces 颉颃性放线菌,对抗性放线菌
antagonistic action 颉颃作用,对抗作用,相克作用
antagonistic character ①相对性状{遗传} ②对抗性质,颉颃性质{生理}
antagonistic effect 对抗效应
antagonistic inhibitation 对抗抑制,颉颃抑制
antagonistic muscle 颉颃肌
antagonistic plant 对抗植物,颉颃植物(planta antagonistica)
antagonistic symbiosis 对抗共生(symbiosis antagonisticus)
antapical plate 后[藻]片(platus antapicus)
antarctic ①南极的 ②南极(antarcticus)
Antarctic Circle 南极圈
antarctic desert 南极荒漠
antarctic pole 南极
antarctic realm 南极洲界
Antarctica (= Antarctic Continent) 南极洲,南极大陆
ante- ⌞字头⌝前
ante-apical 端前的(anteapicalis)
ante-chamber 前腔(antecamera)
ante-phyllome 原叶(antephylloma)
antecedent ①前提的,前例的,前项的,前的 ②先行的,先成的 ③⌞复⌝履历,经历(antecedens)

antecedent drainage 先成排水系统,先成水系{水利}
antecedent goat 先行目标
antecedent precipitation 前期降水量
antecedent river 先成河
antecedent rule 先行规则
antecedent set 先行集合
antecedent soil moisture 前期土壤水分(湿度)
antecedent soil moisture constant 前期土壤水分常数
antecedent soil moisture content 前期土壤含水量
antecedent soil moisture measurement 前期土壤水分测定
antecedent soil moisture regime 前期土壤水分状况
antecedent soil moisture storage 前期土壤蓄水量
antecedent soil moisture supply 前期土壤水分供应[能力]
antecedent soil water 前期土壤水
antecedent soil water capacity 前期土壤持水量
antecedent soil water diffusivity 前期土壤水扩散率
antecedent soil water management system 前期土壤水管理系统
antecedent soil water potential 前期土壤水势
antecedent temperature 径流期前温度
antecedent years 以前年份
anteclypeus 前唇基
antelope 羚羊[*Antilope americana*]
antemarginal 近边缘的(antemarginalis)
antemedium 前介质
antenatal 出生前的,产前的(antenatalis)
antenatal diagnosis 产前诊断(指家畜)
antenna ①卷须{形态} ②触角{昆虫} ③天线{电}
antenna angle 天线张角
antenna aperture 天线孔径
antenna automatic tracking 天线自动跟踪{遥感}
antenna beamwidth 天线波束宽度
antenna cleaner 净角器,触角清理器
antenna comb 净角栉
antenna directivity 天线方向
antenna efficiency 天线效率
antenna feed 天线馈源
antenna gain 天线增益
antenna illumination 天线照射
antenna noise temperature 天线噪声温度
antenna pattern 天线方向图,辐射方向图
antenna pigment system 辅助色素系统(集光色素)
antenna polarization 天线极化
antenna servo system 天线伺服系统
antenna tracking subsystem 天线跟踪子系统
antennal 触角的(antennalis)
antennal efficiency 触角效率
antennal receptor 触角感受器
antennate 具触角的(antennatus)
antenniform 触角状的(antenniformis)
antepenulfimate 倒数第三位的(antepenulfimatus)
antephase 先期,预前期(antephasis){细胞}
anteplacenta 胎座前的
anterior 前[方、面、端、部、时]的
anterior border 前缘(margina anterior)
anterior branch 前枝(前部的叉枝)(ramus anterior)
anterior end 前端(terminus anterior)
anterior intestine 前肠
anterior leg 前腿节
anterior-posterior polarity 前后极性
anterior wing 前翅
antero-posterior 中间的(anteroposterior)
anthecology 花生态学,花虫生态(anthecologia)
anthela 长侧枝聚伞花序
anthelmintic ①驱虫的 ②驱虫剂(anthelminticus)
anthelmintic action 驱虫作用
anthema 疹,皮疹
anthemy(= anthemia) 花丛
anther 花药(anthera)
anther and callus culture 花药和愈合组织培养
anther and microspore culture 花药与小孢子培养
anther bed 药床(androclinium)
anther cap(= anther case) 药帽(pileus antherae)
anther chamber(= anther cell) 药室(loculus antherae)
anther colour 花药颜色
anther culture 花药培养
anther culture requirements 花药培养要求
anther dehiscence 药裂(dehiscentia antherae)
anther development 花药发育

anther dust 花粉（pollen）
anther-like（= antheroid）花药状的
anther locule（= anther cell） 药室
anther mold（= anthermould） 花粉葡萄孢［*Botrytis anthophila* Pers.］（丛梗孢科）
anther primodium 药原基（antheroprimodium）
anther sac 花粉囊，药囊（antherosaccus）
anther-shaped（= antheroid） 花药状的
anther slit 药［裂］缝（antherolacina）
anther stalk 花丝（filamentum）
anther-unslit 花药不开裂
anther wall 花药壁（antheroparies）
anther-wing 药翅（antherala）
antheral 花药的（antheralis）
antheraxanthin 花药黄质，环氧玉米黄质
antheric ①多花属［*Anthericum* L.］（百合科）②多花（草百合）［*Anthericum liliago* L.］
antheridial ①雄器的，精［子］囊的 ②精子器的（antheridialis）
antheridial cell 精子器细胞（cellula antheridialis）
antheridial filament 精囊丝，雄器丝（filamentum antheridiale）
antheridial initial 精子器原始细胞（initialis antheridialis）
antheridial mother cell 精囊母细胞（cellula matricalis antheridialis）
antheridial receptacle 精子器托（receptaculus antheridialis）
antheridiogen 成精子囊素
antheridiospore 精孢子（antheridiospora）
antheridium ①精子囊，雄器 ②精子器（指苔，蕨）
antheriferous 具药的（antherifer）
antherless 无药的（anantherathus）
antheroid （= antherlike，anthershaped）花药状的（antheroides）
antheromania 花药异常
antherophore 药轴（指麻黄属）（antherophorum）
antherophylly 花药叶化（antherophyllia）
antherozoid 游动精子（antherozoon）
anthesis ①开花期（指单花盛花期）②开花 ③开药
anthill 蚁塚
anthion 过硫酸钾［$K_2S_2O_8$］
antho- ⌞字头⌝ 花
anthocarp 掺花果（anthocarpium）
anthocarpous 假果的（指那些具有附属器官的果而言）（anthocarpus）
anthocarpous fruit 掺花果（fructus anthocarpus）
anthoceros ①角苔属［*Anthoceros* L.］（角苔科）②角苔［*Anthoceros laevis* L.］
anthoceros family 角苔科［Anthocerotaceae］
anthochlorin 花黄素
anthoclinium 总花托
anthocorid bugs（= flower bugs） 花蝽科［Anthocoridae］
anthocyan 花色素
anthocyanase 花色素酶
anthocyanidin ①花色素 ②花青素
anthocyanin ①花色素苷 ②花青苷
anthocyanin and exogenous factor 花色素苷与外源因子
anthocyanin content of plant 植物花色素苷含量
anthocyanin formation in vitro 花色素苷离体形成，花色素苷试管内形成
anthocyanin production in vitro 花色素苷离体生产，花色素苷试管内生产
anthocyanophore 花色素苷载体
anthodium ①头状花序 ②总苞
anthoecium 小穗
anthoecology 花生态学（anthoecologia）
anthoid 花状的（anthoideus）
anthology 花谱，花集（anthologia）
antholysis 花部退化变态
anthomyiid flies（= root maggot flies） 花蝇科［Anthomyiidae］
anthophaein 花斑（anthophaeina）
anthophilous 喜花的（anthophilus）
anthophore 花冠柄（anthophorum）
anthophorids 花蜂科［Anthophoridae］
anthophorous 具花的（anthophorus）
anthophyllous 具瓣状叶的（anthophyllus）
anthophyte 有花植物，显花植物（anthophyta）
anthostrobilar 花球果的（anthostrobilaris）
anthostrobiloid 原始花状的（anthostrobiloideus）
anthostrobilus 花球果
anthotaxy 花序列（anthotaxia）
-anthous ⌞字尾⌝花
anthoxanthin ①花黄素 ②黄酮
anthoxanthum ①黄花茅属［*Anthoxanthum* L.］（禾本科）②黄花茅［*Anthoxanthum odoratum* L.］
anthracene 蒽［$(C_6H_4CH)_2$］
anthracidin 杀炭疽菌素

anthracin 炭疽菌素
anthracinous 煤黑色的(anthracinus)
anthracite 无烟煤、硬煤、白煤
anthracite sand filter 煤沙双层滤池{环保}
anthracnose 炭疽病(anthracnosis)
anthracnose of Adzuki bean 赤小豆炭疽病[*Colletotrichum phaseolorum* Tak.]
anthracnose of apricot 杏炭疽病[*Gloeosporium serotinum* Ell. et Ev.]
anthracnose of asitic ginseng 人参炭疽病[*Colletotrichum panacicola* Uyeda et Taki.]
anthracnose of aspidistra 蜘蛛抱蛋炭疽病[*Colletotrichum omnivorum* Haist.]
anthracnose of banana 香蕉炭疽病[*Gloeosporium musarum* Cke. et Mass.]
anthracnose of barnyard grass 稗炭疽病[*Colletotrichum graminicolum* (Ces.) Wils.]
anthracnose of bean 菜豆炭疽病[*Colletotrichum lindemuthianum* (Sacc. et Magn.) Bri. et Cav.]
anthracnose of beet 甜菜炭疽病[*Colletotrichum omnivorum* de Bary]
anthracnose of birch 白桦炭疽病[*Gloeosporium betulinum* West.]
anthracnose of black pepper 黑胡椒炭疽病[*Colletotrichum nigrum* Ell. et Haist]
anthracnose of broad bean 蚕豆炭疽病[*Colletotrichum lindemuthianum* (Sacc. et Magn.) Bri. et Cav. = *Glomerella lindemuthianum* (Sacc. et Magn.) Shear et Wood]
anthracnose of brome grass 雀麦炭疽病[*Colletotrichum graminicolum* (Ces.) Wils.]
anthracnose of castor 蓖麻炭疽病[*Colletotrichum erumpens* Sacc.]
anthracnose of cereals 禾谷类炭疽病[*Colletotorichum graminicotum* (Ces.) wils.]
anthracnose of chard 莙荙菜炭疽病[*Colletotrichum omnivorum* Halst.]
anthracnose of Chinese cabbage 白菜炭疽病[*Colletotrichum higginsanum* Sacc.]
anthracnose of Chinese yam 参薯(大薯)炭疽病[*Gloeosporium pestis* Mass.]
anthracnose of chise 韭炭疽病[*Colletotrichum circinans* (Berk.) Vogl.]
anthracnose of citrouille 西瓜炭疽病[*Colletotricum lagenarium* (Passerini)]
anthracnose of citrus 柑橘炭疽病[*Colletotrichum gloeosporioides* Penz.]
anthracnose of coconut 椰子炭疽病[*Gloeosporium cocophilum* Wake field]
anthracnose of coffee 咖啡炭疽病[*Colletotrichum coffearum* Noach]
anthracnose of corn 玉米炭疽病[*Colletotrichum graminicolum* Wilson]
anthracnose of cotton 棉炭疽病[*Glomerella gossypii* (South.) Edg.]
anthracnose of cucumber 黄瓜炭疽病[*Colletotrichum lagenarium* (Pass.) Ell. et Halst.]
anthracnose of cucurbits 葫芦科炭疽病[*Colletotrichum lagenarium* (Pass.) E. et H.]
anthracnose of currant 穗状醋栗炭疽病[*Gloeosporium ribis*]
anthracnose of eggplant 茄炭疽病[*Colletotrichum nigrum* Ell. et Halst.]
anthracnose of fig 无花果炭疽病[*Colletotrichum Carica* Stev. et Hall.]
anthracnose of flax 亚麻炭疽病[*Colletotrichum linicolum* Pethyb. et Laff.]
anthracnose of gambo hemp 红麻炭疽病[*Colletotrichum hibisci* Pollaci.]
anthracnose of grape 葡萄炭疽病[*Colletotrichum ampelinum* Cav.]
anthracnose of guava 番石榴炭疽病[*Glomerella psidii* Sheld.]
anthracnose of Indian mallow 苘麻炭疽病[*Colletotrichum pekinensis* Katsura]
anthracnose of jute 黄麻炭疽病[*Colletotrichum corchorum* Ikata et Tanaka]
anthracnose of kaki 柿炭疽病[*Glomerella cingulata* (Stonem.) Sch. et Spauld]
anthracnose of kaoliang 高粱炭疽病[*Colletotrichum graminicolum* (Ces.) Wils.]
anthracnose of kidney bean 菜豆炭疽病[*Glomerella lindemuthianum* (Sacc et Mag) Shear.]
anthracnose of leaf-mustard 芥菜炭疽病[*Colletotrichum higginsanum* Sacc.]
anthracnose of lily 百合炭疽病[*Colletotrichum liliacearum* Ferraris.]
anthracnose of lima bean 利玛豆炭疽病[*Colletotrichum truncatum* (Schw.) Andr. et Moore]
anthracnose of mango 杧果炭疽病[*Gloeosporium mangiferae* P. Henn.]
anthracnose of melon 甜瓜炭疽病[*Colletotrichum lagenarium* (Pass.) Ell. et Halst.]

anthracnose of mulberry 桑炭疽病[*Colletotrichum morifolum* Hara.]
anthracnose of mung bean 绿豆炭疽病[*Glomerella lindemuthianum* (Sacc. et Magn.) Shear et Wood]
anthracnose of nightshade 茄属炭疽病[*Colletotrichum nigrum* Ell. et Halst.]
anthracnose of oats 燕麦炭疽病[*Colletotrichum graminicolum* (Ces.) Wils.]
anthracnose of onion 葱及洋葱炭疽病[*Colletotrichum circinans* (Berk.) Vogl.]
anthracnose of papaya 番木瓜炭疽病[*Colletotrichum papayae* (Henn.) Syd.]
anthracnose of pea 豌豆炭疽病[*Colletotrichum pisi* Pat]
anthracnose of peach 桃炭疽病[*Gloeosporium laeticolor* Berk.]
anthracnose of pear 梨炭疽病[*Glomerella cingulata* (Stonem.) Schr. et Spauld.]
anthracnose of Peh-Tsai 白菜炭疽病[*Colletotrichum higginsanum* Sacc.]
anthracnose of pepper 辣椒炭疽病[*Colletotrichum nigrum* Ell. et. Halst.]
anthracnose of pineapple 菠萝炭疽病[*Colletotrichum ananas*]
anthracnose of plum 李炭疽病[*Gloeosporium serotinum* Ell. et Ev.]
anthracnose of pomelo 柚炭疽病[*Colletotrichum foliicolum* Nishida]
anthracnose of radish 萝卜炭疽病[*Colletotrichum higgin sanum* Sacc.]
anthracnose of ramie 苎麻炭疽病[*Colletotrichum boehmeriae* Sawada]
anthracnose of rose 蔷薇炭疽病[*Sphaceloma rosarum* Jenk.]
anthracnose of sieve bean 雪豆炭疽病[*Colletotrichum lindemuthianum* (Sacc. et Magn.) Bri. et Cav. =*Glomerella lindemuthianum* (Sacc. et Magn.) Shear et Wood]
anthracnose of sisal 剑麻炭疽病[*Colletotrichum agaves* Cavara]
anthracnose of soybean 大豆炭疽病[*Colletotrichum glycines* Hori = *Glomerella glycines* (Hori) Lehman et Wolf]
anthracnose of spinach 菠菜炭疽病[*Colletotrichum spiniaciae* Ell. et Halst.]
anthracnose of sugar-cane 甘蔗炭疽病，甘蔗赤腐病[*Colletotrichum falcatum* Went = *Physalospora tucumanensis* Speg.]
anthracnose of sweet clover 草木犀炭疽病[*Colletotrichum graminicolum* (Ces.) Wils.]
anthracnose of sweet orange 香橙炭疽病[*Colletotrichum gloeosporioides* Penz.]
anthracnose of tea 茶树炭疽病[*Gloeosporium theaesinensis* Miyake]
anthracnose of tobacco 烟草炭疽病[*Colletotrichum destructivum* D'Gara.]
anthracnose of tomato 番茄炭疽病[*Colletotrichum phomoides* (Sacc.) Chester.]
anthracnose of urd 黑吉豆炭疽病[*Colletotrichum lindemuthianum* (Sacc. et Magn.) Bri. et Cav. =*Glomerella lindemuthianum* (Sacc. et Magn.) Shear et Wood]
anthracnose of vanilla 香子兰炭疽病[*Glomerella vanillae* (Zimm.) Petch et Ragun]
anthracnose of vine 葡萄炭疽病[*Gloeosporium ampelophagum*]
anthracnose of water melon 西瓜炭疽病[*Colletotrichum lagenarium* (Pass.) Ell. et Halst.]
anthracnose of Welsh onion 葱炭疽病[*Colletotrichum circinans* (Berk.) Vogl.]
anthracnose of wheat 小麦炭疽病[*Colletotrichum graminicolum* (Ces.) Wils.]
anthracnose of white-flowered gourd 葫芦炭疽病[*Colletotrichum lagenarium* (Pass.) Ell. et Halst.]
anthracoid 拟炭疽病(anthracoideus)
anthracometry 空气中二氧化碳测定法(anthracometrica)
anthracycline 蒽环素
anthramycin 黑霉素
anthranilate 邻氨基苯甲酸
anthranilate synthetase 邻氨基苯甲酸合成酶
anthranilic acid 邻氨基苯甲酸[$C_6H_4(NH_2)COOH$]
anthraquinone 蒽醌
anthrax (=charbon, splenic fever) 炭疽
anthrax bacillus 炭疽杆菌
anthrax of cattle 牛炭疽
anthrax toxin 炭疽毒素
anthrone 蒽酮
anthropic 人为的(anthropus)
anthropic epipedon 人为表层，耕作表层
anthropic factor 人为因素

anthropic soil 人造土壤
anthropo- ⌞字头⌝人类
anthropocenology 人类群落学（anthropocenologia）
anthropocentrism 人类中心说（anthropocentrismus）
anthropochorous 人为散布的（anthropochorus）
anthropochory ①人为散布 ②随人植物（anthropochorius）
anthropogenesis 人类起源
anthropogenic 人为的（anthropogenus）
anthropogenic association 人为植物群丛
anthropogenic component 人为组分(指温室效应
anthropogenic factor 人为因素
anthropogenic influence 人为影响
anthropogenic origin（= anthropogenesis）人类起源
anthropogenic plant association 人为植物群丛
anthropogenic pollution 人为污染(指空气){生态生理}
anthropogenic process 人为过程（耕作土壤发生过程）
anthropogenic soil 人造土壤,人为土壤,耕作土壤
anthropogenic stress 人为胁迫
anthropogenic succession 人为演替
anthropoid ①类人猿 ②似人形（anthropoides）
anthropolithic age 石器时代
anthropometry 人体测量术（anthropometrica）
anthropomorphic pressure suit 人形加压服
anthropomorphic robot 人形机器人
anthropomorphic system 拟人系统
Anthropozoic era 灵生代
anthurium 安修里昂属［*Anthurium* Schott.］(天南星科)
anthyllis 绒毛花属［*Anthyllis* L.］(豆科)
anti- ⌞字头⌝ ①反,抗,对 ②解,退 ③代替
anti-ballistic missile system 反导弹系统{物}
anti-detonating quality 抗爆性
anti-dumping tariff 反倾销关税
anti-electrode 反电极
anti-form 反式
anti-G suit (高空穿的)抗荷服
anti-icer 防冰器,防冰装置
anti-icing fluid 防冻液
anti-idiotypic antibody 抗独特型抗体
anti-inducer 抗诱导剂
anti-infectional 抗侵染的
anti-infectional reaction 抗侵染反应
anti-infectious 抗传染病的（antiinfectius）
anti-inflammatory action 抗炎作用
anti-insulin factor 抗胰岛素因子
anti-interference 抗干扰
anti-isomorphism 反类质同晶,反同态性（antiisomorphismus）
anti-movement treatment 稳定性处理
anti-nuclear 抗核的（antinu clearis）
anti-nuclear antibody（ANA） 抗核抗体
anti-nyctalpia vitamin（= vitamin A） 维生素 A,抗干眼醇（= axerophthol）
anti-periplanar conformation 反叠构象{分遗}
anti-rust oil 防锈油
anti-seep 防渗漏
anti-sense 反[意]义的（antisensus）{分遗}
anti-sense DNA 反[意]义 DNA
anti-sense DNA of phosphorothioate 硫代磷酸反义 DNA
anti-sense Oligonucleotide 反义寡核苷酸
anti-sense RNA 反义 RNA
anti-sense strand 反义链
anti-sigma factor 反 δ 因子,反转录起始因子{分遗}
anti-specificity factor 抗特异性因子
anti-symmetrical 反对称的（antisymmetricus）
anti-termination 抗终止[作用]（antiterminatio）{分遗}
anti-termination ability 抗终止能力
anti-wilting agent 抗萎蔫剂
antiaggressin 抗攻击素
antialopecia factor 抗脱毛因子
antianaphylaxis 抗过敏性
antiandrogen 抗雄激素物质
antianemia factor 抗贫血因子
antiantibody 抗抗体
antiantitoxin 抗抗毒素
antiar（= upas-tree） 见血封喉
antiarin 见血封喉苷
antiarrhythmics 抗心律不齐药
antiauxin 抗植物生长素
antibacterial 抗细菌的（antibacterialis）
antibacterial action 抗细菌作用
antibacterial agent 抗细菌因素(剂)
antibacterial gases 抗细菌气体
antibacterial immunity 抗细菌免疫性
antibacterial immunization 抗细菌免疫法
antibacterial peptide 抗[细]菌肽
antibacterial serum 抗细菌血清

antibionts 相克生物（antibionses）
antibiosis ①抗生现象，抗生[作用] ②（微生物间的）抗菌作用
antibiotic ①抗生的，抗菌的 ②⌊复⌉抗生素，抗生素（antibioticus）
antibiotic action 抗菌作用
antibiotic agent 抗生剂
antibiotic cake fertilizer 抗生菌饼土肥料
antibiotic-dependent strain 抗生素依存菌株
antibiotic effect in cell culture 细胞培养的抗生素效应
antibiotic fertilizer 抗生素肥料，抗生素肥料
antibiotic mutachromosomic effect 抗生素诱变染色体效应
antibiotic preparation 抗生素制剂，抗生素制剂
antibiotic producer 抗生素生产者
antibiotic resistance 抗生素抗性，抗生素抗性
antibiotic spectrum 抗菌谱
antibiotic substance 抗生素，抗生物质
antibiotic therapy 抗生活疗法
antibiotic used on plants 植物用抗生素
antibiotics 抗生素，抗生素
antibiotics in soils 土壤抗生素
antibiotics modification 抗生素修饰
antiblastin 抗凋萎素
antibody 抗体（anticorpus）{分生}
antibody binding site（= antibody combining site） 抗体结合部位
antibody capture ELISA 抗体捕捉酶联免疫吸附测定，抗体捕捉 ELISA
antibody catalysis 抗体催化
antibody cloning 抗体克隆[化]，抗体无性繁殖{农生技}
antibody-dcpendent enhancement（ADE） 依赖于抗体的增强作用{分生}
antibody-dependent phagocytosis 依赖于抗体的吞噬作用{分生}
antibody education 抗体培养
antibody engineering 抗体工程
antibody excess 抗体过量
antibody fingerprinting 抗体指纹[法]
antibody formation 抗体形成
antibody-forming cell 抗体形成细胞
antibody fusion protein 抗体融合蛋白[质]
antibody induction 抗体诱发
antibody library 抗体库
antibody-like receptor 抗体状受体
antibody-magnetic bead conjugate 抗体－磁珠缀合物
antibody production 抗体生产
antibody repertoire 抗体谱
antibody response 抗体反应
antibody rosetting 抗体花结[法]
antibody specificity 抗体专一性
antibody structure 抗体结构
antibolic system 组成代谢系统
antibonding orbital 反键轨道
antibump rod 防暴沸棒
anticaking agent 抗固化剂，抗结块剂{农药}
anticancer 抗癌剂
anticancer drug 抗癌药物
anticarcinogen 抗致癌物，防癌剂
Anticarie 六氯苯（选择性杀菌剂）[C_6Cl_6]
anticephalin 抗脑磷脂
antichlors 脱氯剂{环保}
antichoke plough 防堵塞犁
anticholinesterase 抗胆碱酯酶
anticipation 前发，早现遗传（anticipatio）
anticipation adaptation 前发适应性（adaptatio anticipationis）
anticipation symptom 前发症状
anticipator 预测器
anticipatory control（= feedforward control） 超前控制，前馈控制{生技}
anticlinal ①垂周的 ②背斜的（anticlinalis）
anticlinal axis 背斜轴
anticlinal conformation 背斜构象，反错构象（conformatio anticlinalis）{分遗}
anticlinal division 垂周分裂（divisio anticlinalis）
anticlinal line 背斜线（linea anticlinalis）
anticlinal ridge 背斜岭
anticlinal valley 背斜谷
anticlinal wall 垂周壁（pariese santiclinalis）
anticlinanthous 残留花被，鳞片或托片（指菊科）（anticlinanthus）
anticline 背斜层（anticlinium）
anticline fold 背斜褶皱
anticline strata 背斜层
anticlinorium 复背斜（anticlinorium）
anticlockwise（= counterclockwise）逆（反）时针方向的
anticlockwise reading 反时针方向读数
anticlockwise rotation 逆时针方向旋转
anticoagulant ①抗凝剂 ②抗凝血剂
anticoagulation 抗凝[作用]（anticoagulatio）
anticode 反密码{分遗}
anticoding 反编码{分遗}
anticoding strand 反编码链

anticodon 反密码子{分遗}
anticodon arm 反密码子臂{分遗}
anticodon helix 反密码子螺旋
anticodon loop 反密码子环
anticodon stem 反密码子干
anticompensator 反补偿因子
anticompetitive 反竞争的(anticompetitivus)
anticompetitive inhibition 反竞争抑制{分生}
anticomplement 抗补体
anticonformation 反[式]构象(anticonformatio){分遗}
anticontagious 抗感染的(anticontagius)
anticorrosion 抗蚀,防腐蚀{农机}(anticorrosio)
anticorrosion alloy 抗蚀合金
anticorrosion incrustation 防蚀层,防蚀结壳{环保}
anticorrosive ①抗蚀的,防蚀的 ②防腐蚀剂,防腐蚀材料
anticorrosive agent 防腐蚀剂
anticorrosive paint 抗蚀漆
anticous ①在前的 ②远轴的(anticus)
anticyclogenesis 反气旋生成
anticyclolysis 反气旋消散
anticyclone 反气旋,高[气]压
anticytokine 抗细胞因子{分生}
anticytokine therapy 抗细胞因子治疗
anticytokinin 抗细胞分裂素
antide 抗排卵肽
antidegradant 抗降解剂
antidepressant 抗抑郁剂
antiderivative 反式衍生物
antidetonation 抗爆
antidetonation fuel 抗爆燃料
antidetonator 抗爆剂
antidiarrheal ①止泻的 ②防止下痢的(antidiarheus)
antidimorphism 同株器官二形性(antidimorphismus)
antidiuresis 抗利尿[作用]
antidiuretic hormone (**ADH**) 抗利尿[激]素
antidote 解毒药
antidrip 防滴,防漏
antidrip device 防漏装置(喷雾)
antidromal torsion 异向扭转(torsio antidroma)
antidromic illumination 反向照明
antidromous 异旋的(antidromua)
antidromy 异旋性(antidromia)
antielectron 反电子,阳电子
antiemetic 止吐的(antiemeticus)
antienzyme 抗酶
antierosion 抗侵蚀,防侵蚀(antierosio){土壤}
antierosion measure 防[止]侵蚀措施
antiestrogen 抗雌激素
antievolution 反进化论(antievolutio)
antifebrile (= antipyretic) ①退热的 ②解热剂(antifebrilis)
antifeedant 拒食剂,阻食剂
antiferment 抗酶
antifermentive 抗发酵的(antifermentivus)
antiferromagnet 反铁磁体
antiferromagnetism 反铁磁性(antiferromagnetismus)
antifertilizin 抗受精素
antifibrinolysin 抗纤维蛋白溶素,抗纤维蛋白酶
antifoam ①消沫,消泡 ②(= antifoaming agent)消沫剂
antifoam agent (= antifoaming agent) 消沫剂,消泡剂
antifoam controller 消泡控制器
antifoam meter 消泡计
antifoam probe 消泡剂探针
antifoaming 消泡,消沫
antiformin 溶痰剂{药物}
antifreeze ①防冻剂 ②抗冻性
antifreeze glycopeptide 抗冻糖肽
antifreeze glycoprotein 抗冻糖蛋白
antifreeze peptide 抗冻肽
antifreezing agent 防冻剂
antifreezing mixture 防冻剂,阻冻剂
antifriction ①抗摩,防摩,耐摩,减摩 ②减摩剂(antifrictio)
antifriction material 减摩材料
antifrost 防霜,防冻(antifrigus)
antifrost device 防霜[冻]装置
antifrost smoke projector 防霜冻烟雾喷射器
antifungal 抗真菌的(antifungus)
antifungal action 抗真菌作用
antifungal agent 抗真菌剂
antifungal immunity 抗真菌免疫
antigeling agent 抗胶凝剂
antigen 抗[体]原(antigenum)
antigen-antibody complex 抗原抗体复合体
antigen-antibody reaction 抗原抗体反应
antigen-antibody recognition 抗原抗体识别
antigen-antibody system 抗原抗体系统

antigen-antibody type 抗原抗体型
antigen-binding fragment 抗原结合段
antigen-binding site 抗原结合部位
antigen crosslinking 抗原交联
antigen determinant（= antigenic determinant） ①抗原决定因素｛分遗｝②抗原定子｛遗传｝
antigen excess 抗原过量
antigen mimicking（= antigen mimicry） 抗原模拟
antigen of cell surface 细胞表面抗原
antigen of nucleus 核抗原
antigen preparation technique 抗原制备技术
antigen-presenting cell（APC） 抗原呈递细胞
antigen processing 抗原加工
antigen receptor 抗原受体
antigen recognition 抗原识别
antigen redistribution in membranes 膜的抗原重分布
antigen selection 抗原选择
antigenic 抗原的（antigenus）
antigenic action 抗原作用
antigenic analysis 抗原分析
antigenic determinant ①抗原定子 ②抗原决定簇
antigenic drift 抗原漂移
antigenic formula 抗原公式
antigenic heterogeneity 抗原异质性
antigenic identity 抗原同一性
antigenic mutant ①抗原突变型 ②抗原突变体
antigenic polysaccharides 抗原性多糖类
antigenic shift 抗原转变
antigenic specificity 抗原专一性
antigenic stimulation 抗原刺激[作用]
antigenic stimulus 抗原性刺激
antigenic structure 抗原结构
antigenic variation 抗原变异
antigenicity 抗原性（antigenicitas）
antigenized antibody 抗原化抗体
antigenome 反基因组（antigeomium）｛分遗｝
antigibberelin 抗赤霉素，抗 920
antiglobulin 抗球蛋白
antiglobulin antibody test（AGAT） 抗球蛋白抗体试验
antigrowth 抗生长作用
antihaemoagglutinin 抗血凝集素
antihaemolysin 抗溶血素
antihaemolysis 抗溶血作用
antihaemophilic（= antihemophilic） 抗血友病的（antihaemophilus）
antihaemophilic factor（AHF） 抗血友病因子
antihaemophilic globulin（AHG） 抗血友病球蛋白
antihaemorrhagic vitamine（= vitamin K） 维生素 K，凝血维生素
antihalation layer 防光晕层｛遥感｝
antihelminthic 驱蠕虫剂
antiherpetic 防止脱毛癣药剂｛药物｝
antiheterophylly（= antidimorphism） 同株器官二形性
antihormone 抗激素
antihuman serum 抗人血清
antihydrophobic 抗疏水的（antihydrophobus）
antihydrophobic agent 抗疏水剂
antihypertensive 抗高血压剂
antijamming 抗干扰
antiknock 抗爆，抗震｛农机｝
antiknock agent 抗爆剂
antiknock fuel 抗爆燃料
antilogarithm 逆对数，反对数
antiluteolytic 抗黄体溶解的，抗溶黄体的（antiluteolyticus）
antiluteolytic protein 抗黄体溶解蛋白
antilysin 抗溶菌素
antimere 体辐（antimerium）
antimessenger 反信使
antimessenger DNA（amDNA） 反信使 DNA
antimetabolite 抗代谢物，代谢拮抗物
antimicrobial（= antimicrobic） 抗微生物的（antimicrobus）
antimicrobial agent 抗微生物因素（剂）
antimicrobial peptide 抗微生物肽
antimicrobic（= antimicrobial） ①抗微生物的 ②抗微生物剂（antimicrobious）
antimicrobic spectrum 抗菌谱，抗微生物谱（spectrum antimicrobium）
antimitotic agent（=antimitotics） 抗裂剂
antimitotics 抗有丝分裂剂，抗裂剂（antimitoticus）
antimonate 锑酸盐［M_3SbO_4］
antimonial ①锑的 ②复锑化合物，锑制剂
antimonite 辉锑矿｛地质｝
antimonsoon 反季风
antimony 锑（Sb，51 号元素）
antimony electrode 锑电极
antimony trichloride 三氯化锑［$SbCl_3$］
antimony trioxide 三氧化二锑［Sb_2O_3］
antimorph 反效等位基因（antimorphus）

antimutagen (=antimutagenic agent) 抗诱变剂
antimutagenic ①抗诱变的 ②抗诱变剂 (antimutagenus)
antimutator 抗突变基因,抗增变基因
antimutator allele 抗突变等位基因,抗增变等位基因
antimutator gene 抗突变基因,抗增变基因
antimycin 抗霉素
antimycosis 抗真菌现象
antimycotic 抗真菌的 (antimycoticus)
antimycotic immunity 抗真菌免疫
antineoplastic 抗肿瘤的 (antineoplasticus)
antineoplastic agent 抗肿瘤剂,抗癌剂
antineuritic factor 抗神经炎因子,维生素 B_1
antineuritic vitamin (=vitamin B) 维生素 B,抗神经炎维生素
antinoise carrier operated device (CODAN) 抗噪音载波操作装置〈电脑〉
antioncogene 抗癌基因 (antioncogena)
antiovalbumin 抗蛋清蛋白
antioxidant ①抗氧化剂 ②抗阻氧化物
antioxidant enzyme 抗氧化酶
antiozonant 防臭氧剂
antiparallel 逆平行的,反向平行的
antiparallel base-pairing 反向平行碱基成对
antiparallel microtubule 反向平行微管
antiparallel β-pleated sheet 反向平行 β 折叠〈生技〉
antiparallel β-strand 反向平行 β[折叠]链
antiparasitic 抗寄生的 (antiparasiticus)
antiparasitic immunity 抗寄生免疫
antiparasitism 抗寄生性 (antiparasitismus)
antipeduncular 对花梗的 (antipeduncularis)
antipellagra vitamin 抗糙皮病维生素,维生素 PP
antipest equipment 杀虫设备
antipetalous 对瓣的 (antipetalus)
antiphage 抗噬菌体 (antiphagus)
antiphage activity 抗噬菌体活性
antiphlogistic ①抗炎的 ②消炎剂
antipiriculin 抗稻瘟素
antiplasmin 抗纤溶酶
antipleion 负偏差中心
antipodal 反足的 (antipodalis)
antipodal cell 反足细胞 (cellula antipodalis)
antipodal chamber 反足室 (cubiculum antipodale)
antipodal cone 反足锥 (conus antipodalis)
antipodal embryo 反足胚 (embryo antipodalis)
antipodal haustorium 反足吸器 (haustorium antipodale)
antipodal nucleus 反足核 (nucleus antipodalis)
antipode 对映体 (antipodium)
antipolar 反极的 (antipolaris)
antipolar effect 反极效应 (effectus antipolaris)
antipolarity 反极性 (antipolaritas)
antiport 反向转移,反向转运
antipoverty 反贫困 (antipovertas)
antipoverty and economic development 反贫困与经济发展
antipoverty and technique reformation 反贫困与技术革新
antipoverty policy 反贫困政策
antiproliferative 抗增殖的 (antiliferativus)
antiproliferative activity 抗增殖活性
antiprotective 抗防护的 (antiprotectivus)
antiproteinase 抗蛋白酶
antipruritic ①止痒的 ②止痒剂
antipsychotics 抗精神病药
antiputrefactive (=antiputrescent) 防腐的 (antiputrefactivus)
antipyretic ①退热的 ②解热剂
antiquated 陈旧的,老朽的 (exoletus)
antique sap beetle 古露尾甲 [*Carpophilus antique* Melsh] (露尾甲科)
antique tussock moth (=rusty tussock moth) 古毒蛾(大毒蛾) [*Orgyia antiqua* L.] (毒蛾科)
antirabic 抗狂犬病的 (antirabicus)
antirachitic factor 抗佝偻病因子,维生素 D
antirachitic vitamin (=vitamin D) 维生素 D,抗软骨病维生素,抗佝偻病维生素
antiradiation effect 抗辐射效应
antirecapituation 反重演 (antirecapitulatio)
antirennin 抗凝乳酶
antirepression 抗阻抑[作用] (antirepressio)
antirepressor 抗阻遏物
antiroll device 防侧滚装置
antirolling 防滚
antirrhinum ①金鱼草属 [*Antirrhinum* L.] (玄参科) ②金鱼草 (=common snapdragon) [*Antirrhinum majus* L.]

antirrhinum beetle 金鱼草短翅甲[*Brachypterolus pulicarius* (L.)](叶甲科)
antirust 防锈
antirust grease 防锈脂
antisatellite 反卫星[的](antisatelles)
antiscaling compound 防垢剂
antiscolic powder 驱虫粉
antiscorbic 抗坏血病的(antiscorbicus){生化}
antiscorbutic vitamin 抗坏血病维生素,维生素 C
antiseismic 防震的,抗震的(antiseismicus)
antiseismic design 抗震设计{农施}
antisepalous 对萼[片]的(antisepalus)
antisepsis 防腐[作用]
antiseptic 防腐的
antiseptics ①防腐法 ②防腐剂(antiseptica)
antiseptin 防腐粉
antiserum 抗血清
antishrink efficiency 抗缩能力
antishrinkage treatment 抗缩处理
antiskid 防滑移
antiskid device 防[车轮]滑移装置
antiskid tire 防滑轮胎
antislip 防滑,防滑转
antislip device 防滑装置
antispasmodic ①治痉挛的 ②镇痉剂
antisterility ①抗不育性 ②抗不孕
antisterility factor 抗不育因子,维生素 E
antisterility vitamine (= vitamine E) 维生素 E,生育酚
antistreptodornase 抗链球菌脱氧核糖核酸酶
antistreptokinase 抗链球菌激酶
antistreptolysin O test (As O test) 抗链球菌溶血素 O 试验
antisuppressor 反抑制基因
antisymmetrization 反对称化(antisymmetrisatio)
antisymmetry 反对称[性](antisymmetrica)
antitarnished film 抗锈[氧化]膜
antitemplate 反模板(antitemplatus)
antitermination factor 抗终止因子
antitermination of transcription 转录抗终止
antitermination signal 抗终止信号
antiterminator 抗终止子
antiterminator protein 抗终止蛋白
antithetic alternation 异源世代交替,倍数世代交替(alternatio antithetica)
antithetic generation [单数倍数]显别世代(generatio antithetica)
antithetic theory 异源世代交替学说
antithetical dominance 独亲显性,相对显性(dominantia antithetica)
antithrombin 抗凝血酶
antithrombin Ⅲ (ATⅢ) 抗凝血酶Ⅲ
antithrombotics 抗凝剂,抗凝物
antithyroid agent 抗甲状腺剂
antitoxic ①解毒的,抗毒性的 ②解毒剂
antitoxin 抗毒素
antitoxin unit 抗毒素单位
antitrade 反信风
antitranspirant 抗蒸腾剂
antitropal 直生的(antitropus)
antitropal ovule 直生胚珠(ovulum antitropum)
antitropic ①左旋的,背时针转动的 ②背向的(antitropiicus)
antitropy 背轴性(antitropia)
antitrorse 向上的(antitrorsus)
antitrypsin 抗胰蛋白酶
antituberculosis 抗结核菌病
antitumor 抗肿瘤,抗癌
antitumor agent 抗肿瘤剂,抗癌剂
antitumor antibiotics 抗肿瘤抗生素
antitumor drug 抗肿瘤药,抗癌药
antiturbulence 抗干扰(antiturbulentia)
antivenin 抗蛇毒素
antiviral ①抗病毒的 ②抗病毒剂,抗病毒药(antiviralis)
antiviral activity 抗病毒活性
antiviral agent 抗病毒剂
antiviral drug 抗病毒药物
antiviral immunity 抗病毒免疫
antiviral peptide 抗病毒肽
antiviral property 抗病毒性
antiviral therapy 抗病毒治疗
antivirulent 抗病毒的
antivirus 抗病毒素
antivitamin 抗维生素
antiwilight 反曙暮光
antiwind ①反信风{气象} ②防缠绕{农机}
antiwrap shield (= anti wind shield) 防缠罩(防茎秆、藤蔓)
antixerophthalmic factor 抗干眼病因子,维生素 A
antizymote 抗酶的(antizymotus)
antler moth 牧草夜蛾[*Cerapteryx graminis* (L.)](夜蛾科)
antler sawfly 蔷薇栉角叶蜂[*Cladius difformis* (Panz.) = *C. pectinicornis* (Geof-

froy)]（叶蜂科）

antlered ①角鹿状的 ②具义角的（cornutus）

antlike flower beetles 蚁形甲科［Anthicidae］

antlions（= doodle bugs） 蚁蛉科［Myrmeleontidae］

Antonovka 安敦诺夫卡苹果

antostab 血清性促性腺激素

antrorse 向上的（antrorsus）

antrorse-spinulose 具上向细刺的（antrorspinulosus）

ants ①蚁科［Formicidae］② 蚁总科［Formicoidea］

antu 安妥（杀鼠剂）［$C_{11}H_{10}N_2S$］

anucleal 弱染（anucleus）｛显技｝

anucleate 无核的（anucleatus）

anucleate cell 无核细胞，胞质体

anucleolate ①缺核仁的 ②缺核仁突变型（anucleolatus）

anucleolate mutant 缺核仁突变体（mutans anucleolatus）

anucleolate mutation 缺核仁突变（mutatio anucleolatus）

anurous 无尾的（anurus）

anus 肛门

anvil 砧，铁砧［子］

anvil cloud 砧状云

anvil pruner 直刀修枝剪

anzacwood ①安匝木属［*Pomaderris* Labill.］（鼠李科）②安匝木［*Pomaderris spetala* Labill.］

AO（= acridine orange） 吖啶橙（染料）

aogare（= blue-greenwithering） 蓝绿凋萎

aorta ①大血管｛昆虫｝②主动脉｛畜｝

AP（= apyrimidinic） 无嘌呤嘧啶，脱嘌呤嘧啶｛分遗｝

Ap（= arbor pollen） 木本植物花粉

AP endonuclease 脱嘌呤嘧啶内切核酸酶，AP 内切核酸酶

AP site 脱嘌呤嘧啶位点，无嘌呤嘧啶位点，AP 位点

apandrous 无雄产卵的（apandrus）

aparaphysate 无隔丝的，无侧丝的（aparaphysatus）

apartment kiln 分室干燥窑

apathetic coloration 保护色（coloratio apathetica）

apatite 磷灰石

apatite group 磷灰盐类

apatite meal 磷矿粉（肥料）

APC ①（= allophycocyanin） 别藻蓝蛋白，别藻蓝素｛生化｝②（= antigen-presenting cell）抗原呈递细胞｛分生｝③（= automatic picture control）自动图像控制｛电脑｝

APC virus APC 病毒，感冒病毒

Apennine mixedflower 亚平宁牧根草［*Phyteuma sieberi* L.］（桔梗科）

Apennine sunrose 亚平宁半日花［*Helianthemum apennium* Mill.］（半日花科）

aper（= European wild boar） 欧洲野猪［*Sus scrofa*］

aperiodic 非周期性的，无定期的（aperiodicus）

aperiodic bridge 无定期桥（指微管丝）（pons aperiodicus）

aperiodic crystal 非周期晶体（crystallus aperiodicus）

aperiodic model 非周期模型（modum aperiodicum）

aperiodic oscillation 非周期振动（oscillatio aperiodica）

aperiodical（= aperiodic） ①非周期的，无定期的 ②无规的（aperiodicus）

aperiodical coil（= random coil） 无规卷曲｛分遗｝

aperiodicity 非周期性，无定期性（aperiodicitas）

aperispermic（= sperispermous） 无胚乳的（aperispermus）

aperitive（= aperitif） 开胃酒（饭前饮）

aperture ①口 ②萌发孔 ③孔径，口径 ④开度 ⑤光圈（apertura）

aperture of stoma 气孔开度

aperture ratio 孔径比

aperture setting 光圈调节［装置］

aperture stop ①光圈挡 ②孔径光圈｛遥感｝

aperture tube 口管（aperturotubulus）

aperturoid ①类口 ②拟萌发孔（aperturoides）

aperwind 解冻风

apes-earrings ①金龟树属［*Pithecellsobium* Mart.］（豆科）②金龟树［*Pithecellobium dulce* Benth.］

apetalae 无［花］瓣植物

apetaloid 无［花］瓣状的（apetaloideus）

apetalous 无瓣的（apetalus）

apetalous flower 无瓣花（flos apetalus）

apetalousness（= apetaly） 无［花］瓣性，单［花］被性（apetalia）

apex ①［先］端 ②顶端，尖 ③顶部

apex angle 顶角

apex conical 顶端圆锥体（apex conicalis）

apex of a leaf 叶尖

APF (= animal protein factor) 动物蛋白因子
aphananthe prominent 朴树舟蛾[*Phalera muku* Matsumura](舟蛾科)
aphanitic 隐晶质
aphanizomenon ①蓝针藻属[*Aphanizomenon* spp.](藻类) ②蓝针藻[*Aphanizomenon* sp.]
aphanocyclae 隐轮植物
aphanoplasmodium 不显原质团
aphantzophyll 阿番叶素
aphasic 不定期的(aphasicus)
aphasic lethal 不定期致死
aphasic lethal factor 不定期致死因子
aphasic lethal mutant 不定期致死突变体
aphelandra 单药爵床属[*Aphelandra* R. Br.](爵床科)
aphelion 远日点{遥感}
apheliotropic 背光性的(apheliotropus)
apheliotropism 背光性(apheliotropismus)
aphicidal 杀蚜的(aphicidalis)
aphicidal activity 杀蚜活性
aphicide (= aphidicide) 杀蚜剂
aphid (= aphis) ①蚜虫 ②⌊复⌉蚜科[Aphididase]
aphid control 蚜虫防治
aphid injury 蚜害,蚜虫伤害
aphid inoculation 蚜虫接种
aphidicolous 栖蚜的(aphidicolus)
aphidivorous 食蚜的(aphidivorus)
aphidocolin 蚜肠霉素
aphins 蚜色素
aphis lions (= green lacewings) 草蛉科[Chrysopidae]
aphis wolves (= brown lacewings) 褐蛉科[Hemerobiidae]
aphlebia 无脉叶片(指蕨类)
apholate 唑磷嗪(不孕剂)[$C_{12}H_{24}N_9P_3$]
Aphomide 不孕磷,不育磷
aphosphorosis 缺磷症
aphotic zone 无光带
aphototropism 背光性(aphototropismus)
Aphoxide (= Tepa) 涕巴(昆虫不孕剂)[$C_6H_{12}N_3OP$]
aphthous fever (= foot and mouth disease) 口蹄疫[*Aphthae epizooticae*]
aphyllous 无叶的,缺叶的(aphyllus)
aphylly 无叶性,缺叶性(aphyllia)
API (= application programming interface) 应用程序设计接口{电脑}
apiarian ①养蜂的,蜜蜂的 ②养蜂人(apiarius)
apiarist (= beekeeper) 养蜂工作者,养蜂家
apiary (= bee yard, hive stand)养蜂场,蜂场
apical ①顶端的,顶点的 ②顶生的 ③向顶的(apicalis)
apical angle 顶角
apical body (= acrosome) 顶体
apical bud 顶芽(gemma apicalis)
apical cap 顶帽,顶冠(pileus apicalis)
apical capsomer 顶部壳粒(指噬菌体)
apical cell ①顶端细胞{解剖} ②端室{昆虫}(cellula apicalis)
apical cell membrane 顶端细胞膜(membrana cellularis apicalis)
apical cell theory 顶端细胞学说
apical cells 顶端细胞群(cellulae apicales)
apical cone 生长锥(conus apicalis)
apical crack 顶部裂纹(rimaapicalis)
apical cytoplasm 顶端细胞质(cytoplasma apicalis)
apical dominance 顶端优势(dominatia apicalis)
apical fruit 顶果(fructus apicalis)
apical growing point 顶端生长点(punctum vegetationis apicalis)
apical growth 顶端生长(crescentia apicalis)
apical inflorescence 顶生花序(inflorescentia apicalis)
apical initials 顶端原始细胞(initiales apicales)
apical leaf 顶叶(folium apicale)
apical meristem 顶端分生组织(meristema apicalis)
apical meristem culture 顶端分生组织培养,生长点培养
apical mosaic 尖顶花叶病
apical necrosis 顶端坏死(necrosis apicalis)
apical node (= apical joint) 顶节(nodus apicalis)
apical pit 顶穴(fovea apicalis)
apical plate ①顶[藻]片{形态} ②顶板{昆虫}(platus apicalis)
apical point 生长点(punctum apicale)
apical pore 顶孔(porus apicalis)
apical rolling 尖顶卷叶
apical rosette 顶生莲座叶丛(rosula apicalis)
apical side 顶面(latus apicalis)

apical spikelet 顶小穗(spicula apicalis)
apical spur 端距(calcar apicalis)
apical stage 顶端孢子期(staticum apicale)
apical swelling 顶端膨大
apical teeth 顶齿(acrodens)
apical tuft 端簇,顶束(fasciculus apicalis)
apical wood 梢头木
apicifixed 顶着的(指花药)(apicifixus)
apicillary 顶生的(apicillaris)
apiculate ①具细尖的 ②具突出极部的(指花粉)(apiculatus)
apiculture (=bee-keeping)①养蜂 ②养蜂学(apicultura)
apiculturist 养蜂者,养蜂家(apiculturistus)
apiculus (=apicule) 凸尖,稃尖,颖尖
apigenin 芹菜配质
apiin 芹菜苷
apilary 无上唇的(apilarius)
apimyiasis 蜜蜂蝇蛆病(由双翅目幼虫而致)
apiocarpous (pear-fruit) 梨果的(apiocarpus)
apiol 芹菜脑[$C_{12}H_{14}O$]
apiol aldehyde 洋芹子醛
apiology 蜜蜂学(apiologia)
apiose 芹菜糖 [$(HOCH_2)C(OH) \cdot CH(OH)CHO$]
apiton ①龙脑香属[*Dipterocarpus* Gaertn. f.](龙脑香科)②龙脑香[*Diptorocarpus pilosus* Roxb.]
apitong 大花龙脑树[*Dipterocarpus grandiflorus* Blanco]
apivorous 食蜂的(apivorus)
aplanate 平展的(aplanatus)
aplanatic ①等光程的 ②不晕的,齐明的(aplanaticus)
aplanatic condenser 等光聚光器,消球面差聚光器
aplanatic lens 等光[程]透镜,消球面差透镜
aplanetic 静的(aplaneticus)
aplanobacter ①不游走杆菌属[*Aplanobacter* Smith](杆菌科)②不游走杆菌[*Aplanobacter* sp.]
aplanogamete 静配子,不动配子(aplanogameta)
aplanospore 不动孢子,静孢子(aplanospora)
aplanospory 静孢子现象(aplanosporia)
aplasia ①发育不全 ②先天萎缩
aplasmic 无原生质的(aplasmicus)
aplasmomycin 除疟霉素
aplastic ①再生障碍的 ②发育不全的,器官缺少的 ③非塑性的(aplasticus)
aplastic anemia 再生障碍性贫血
aplication speed 撒药速度,散布速度
aploid 非倍体(aploida){细胞}
aplysia ①海兔属[*Aplysia* spp.](海兔科)②海兔[*Aplysia* sp.]
aplysia toxin 海兔毒素
apnea 窒息,呼吸不利,呼吸暂停
apneustic 无气门的(apneusticus)
apneustic centre 长吸中枢(center apneusticus)
apneustic respiratory system 无气门呼吸系统
apnoea (=apnea) 窒息,呼吸不利,呼吸暂停
apo- ⌞字头⌝ ①离,离开 ②除去 ③脱辅[基]
apoamphimict 兼性无融体(apoamphimicte)
apobasidium 简担子
apoblast 露顶芽(apoblastus)
apoblastic 露顶芽的(apoblasticus)
apocalmodulin 脱钙钙调蛋白
apocarboxylase 羧化酶脱辅基
apocarp 离心皮果(apocarpium)
apocarpous 离生心皮的(apocarpus)
apocarpous fruit 离心皮果(fructus apocarpus)
apocarpous gynaecium 离心皮雌蕊(gynaecium apocarpum)
apocarpous ovary 离心皮子房(ovarium apocarpum)
apocarpous pistil 离心皮雌蕊(pistillum apocarpum)
apocarpy 离心皮果性(apocarpia)
apochromat (=apochromatic lens) 复消色差透镜(apochromate)
apochromatic 复消色差的(apochromaticus){显技}
apochromatic lens 复消色差透镜
apochromatic objective 复消色差物镜
apochromatism 复消色差[现象](apochromatismus)
apocrenic acid 阿卜白腐酸
apocrine 顶质分泌,顶泌
apocynaceous 夹竹桃科的(apocynaceus)
apocyte [短暂]多核细胞,多核体(apocyta)
apodal ①无足的 ②无柄的(apodus)
apodehydrogenase 脱氢酶脱辅基,脱氢酶蛋白
apodemal 表皮内突的(apodemidis)
apodeme 表皮内突(apodema)
apodes ①无足类{昆虫} ②无腹鳍类{水产}

apodial 无柄的（apodius）
apodous larva 无足型幼虫
apoenzyme 酶蛋白，脱辅基酶蛋白
apofacial 反面的（apofacialis）
apofacial reaction 反面反应
apoferredoxin 脱铁铁氧还蛋白
apoferritin 脱铁铁蛋白
apogameon 无融种
apogamety（=apogamy）无配子生殖
apogamic seedling 无配苗
apogamogony ［世代交替后］无融合结实（apogamogonia）
apogamous 无配子生殖的（apogamus）
apogamy 无配子生殖（apogamia）
apogee 远地点，［弹道］最高点｛狩猎｝
apogee altitude 远地点高度｛遥感｝
apogee motor 远地点发动机
apogeny 不育性（由于器官缺陷以致）（apogenia）
apogeoesthetic 背地弯曲的（apogeoestheticus）
apogeotropic 无向地性的，背地性的（apogeotropus）
apogeotropism 无向地性，背地性（apogeotropismus）
apogyny（=female sterility） 雌不育性（apogynia）
apohomotypic meiosis 前后减数分裂
apolar ①无极面的，无极的 ②非极性的（apolaris）
apolar adsorption 非极性吸附
apolar aprotic solvent 非极性非质子溶剂
apolar cell 无极细胞（cellula apolaris）
apolar interaction 非极性相互作用
apolegamy 选择配合，选择繁育（apolegamia）
apolipoprotein 载脂蛋白
apollinaris water 矿泉水（含有硫酸成分）
Apollo lunar sounder 阿波罗月球探测器｛遥感｝
Apollo Program 阿波罗计划（指登月）
Apollo spacecraft 阿波罗航天飞行器
apollonian paraboloid（=paraboloid） 抛物线体
apomeiosis 无减数无配子生殖
apomeiotic spory 无减数无孢子生殖（sporia apomeiotica）
apomict 无融［合］体（apomicte）
apomict-coenospecies 无融杂交种（apomicte-coenospecies）
apomictic 无融［体］的（apomicticus）
apomictic behavior 无融行为
apomictic development 无融发育
apomictic hybrid 无融杂种，无性杂种
apomictic offspring 无融子代
apomictic parthenogenesis 无融单性生殖，体细胞单性生殖，非减数孤雌生殖
apomictic population 无融群体，无性生殖群体
apomictic reproduction 无融生殖
apomictic species 无融种，无性种（species apomicticus）
apomictosis 连续配子世代
apomixis 无融［合］生殖
apomorph 离态（apomorpha）｛分类｝
apopetalous ①离瓣的 ②无瓣的（apopetalus）
apopetalous flower 离瓣花（flos apopetalus）
apophase 有丝分裂后重组期（apophasis）
apophyllous 离被［片］的（apophyllus）
apophyse 岩株｛地质｝
apophysis ①蒴托（指藓苔）②吸丝基（指孢子植物）③鳞盾（指球鳞片）④表皮突（指昆虫）⑤骨突（指脊椎动物）
apophyte 土著栽培植物（apophyta）
apoplasmodial ①非原质团的 ②非变形体的（apoplasmodius）
apoplast 质外体（apoplastis）
apoplastic 质外体的（apoplasticus）
apoplastic route 质外体路线
apoplastic translocation 质外体运输｛生技｝
apoplastic transport 质外体转运
apoplastidy 质体缺失（apoplastidia）
apoplexy ①干枯症｛病理｝②卒中，中风｛医｝（apoplexia）
apoporium 孔界极区
apoprotein 脱辅基蛋白［质］
apoptosis（=programmed cell death） 编程性细胞死亡，细胞程序死亡｛分遗｝
aporachial 离花序轴的（aporachius）
aporate 无孔的（aporatus）
aporepressor 阻遏蛋白
aporium 极区
aporocactus ①扭仙人指属［*Aporocactus* Lem.］（仙人掌科）②扭仙人指［*Aporocactus flagelliformis* Lem.］
aporogamy 非珠孔受精（aporogamia）
aporphine 阿朴啡（吗啡的一种衍生物）
aporphine alkaloid 阿朴啡生物碱
aposandstone 石英岩｛地质｝
aposematic 警戒［色］的（aposematicus）
aposematic coloration（=warning coloration） 警戒色（coloratio aposematica）

aposeme 仿警戒色个体
aposepalous 离瓣花萼的 (aposepalus)
aposperms 离座种子植物 (apospermae)
aposporous 无孢子的 (aposporus)
apospory 无孢子生殖 (aposporia)
apostasia ①拟兰属 [*Apostasia* Bl.] (拟兰科) ②拟兰(假兰) [*Apostasia mallichii* B. Br.]
apostasia family 拟兰科 [Apostasiaceae]
apostasis 脓肿症
apostatic selection 常变选择 (selectio apostatica)
apostema 脓肿 {医}
apostemation 化脓 (apostematio)
apostilb 阿煦提(亮度单位)
apothecaries French rose 药用法国蔷薇 [*Rosa gallica* var. *officinalis* Thory] (蔷薇科)
apothecium 子囊盘
apotitude 诱变适合性 (apotitudo)
apotracheal parenchyma 离管薄壁组织 (parenchyma apotrachealis)
apotransaminase 转氨酶蛋白
apotransferrin 脱铁运铁蛋白
apotropous [向]下转的 (apotropus)
apotropous ovule [向]下转胚珠(指倒生及弯生胚珠) (ovulumapotropum)
apotryptophanase 阿朴色氨酸酶
apozem 煎剂{药物}
Appalachian hemlockparsley 莕蓉 [*Conioselinum chinense*] (伞形花科)
Appalachian sand cherry 阿帕拉沙樱 [*Prunus pumila* var. *sus quchanae* Jaeg] (蔷薇科)
apparato reticolare (= Golgibody) 高尔基体
apparatus ①器,器具 ②仪器,器械 ③装置,设备 ④机构
apparatus for water softening 软水装置{环保}
apparent ①外表的,表面的,表现的,表观的 ②目视的 ③显然的,明白的 ④外显的 (apparens)
apparent activation energy 表观活化能
apparent assimilation rate 外表同化率
apparent association 表观联会
apparent charge 外显电荷
apparent cohesion 外显黏结,表观黏结{土壤}
apparent color 表色
apparent complexity 表面复杂性
apparent contradiction 明显的矛盾
apparent deleterious effect 表面有害效应
apparent density 外显密度,假密度,容重
apparent diameter 视直径{测}
apparent dissolution 表现溶解
apparent distance 视距离
apparent efficiency 视效率
apparent enzyme induction 表现酶诱导
apparent free space 自由空间,无阻空间,表观自由部位
apparent function 表现功能,可见功能
apparent horizon 视地平
apparent infection rate 表现侵染率
apparent linkage 表现连锁
apparent misclassification 表现错分类
apparent molar mass 表现摩尔质量
apparent molecular weight 表观分子量
apparent motion 表面运动
apparent osmotic space 表观渗透空间(部位不固定)
apparent osmotic volume 表观渗透容量
apparent photosynthesis 表观光合作用
apparent purity 视纯度
apparent radiance 视辐射率
apparent rate ①表现量 ②视速度
apparent solar time 视太阳时
apparent specific gravity 假比重
apparent stress 视应力
apparent temperature 表现温度
apparent value 外显值,表观值
apparent velocity 视速度
apparent viscosity 外显黏滞度,表现黏滞度
apparent volume 表观容积
appearance ①状态 ②外形,外貌,外观 ③(作物)长相 ④现象 (apparantia)
appendage ①附属丝,附属物{形态} ②附肢{昆虫} (appendix)
appendant organ 附属器[官] (organum appendens)
appendicled 具小附器的 (appendiculus)
appendicular ridge 附脊 (jugum appendiculare)
appendiculate ①附着的 ②横节状的 (appendiculatus)
appendix ①附器{形态} ②阑尾{医} ③附录{统计}
appendix table 附表
appense 悬[起]的 (appensus)
appetite 食欲
appetizer 开胃剂,健胃剂
appetizer wine 加香葡萄酒,开口酒
applanate ①平扁的 ②平展的 (applanatus)
apple (= apple tree) ①苹果属 [*Malus*

Mill.]（蔷薇科）②苹果[*Malus pumila* Mill.]

apple alternaria fruit rot 苹果轮斑病[*Alternaria mali* Roborts]

apple-and-plum casebearer 苹黑鞘蛾[*Coleophora nigricella*（Steph.）]（鞘蛾科）

apple-and-thorn skeletonizer 苹雕翅蛾[*Anthophila pariana*（Clerck）= *Simethis or Hemerophila*]（雕翅蛾科）

apple aphid（= apple tree aphid） 苹[绿]蚜[*Aphis pomi* De Geer = *A. mali* Fabr.]（蚜科）

apple bark beetle 苹棘胫小蠹[*Xyleborus defensus* Blandford]（小蠹科）

apple bark borer 苹旋皮虫[*Synanthedon pyri*（Harris）]（透翅蛾科）

apple bark miner 苹旋皮细蛾[*Marmara elotella*（Busck）]（细蛾科）

apple bitter rot 苹果苦腐病[*Glomerella cingulata*（Stonoman）Schrenk et Spauld.]

apple black rot（= black rot of apple） 苹果黑腐病[*Sphaeropsis malorum* Peck]

apple black spot 苹果黑星病[*Venturia inacqualis*（Cooko）Wint.]

apple blister canker 苹果泡疡病[*Nummularia disreta*（Schw.）Tul.]

apple blossom weevil（= pear flower bud weevil） 梨花象甲（苹花象甲）[*Anthonomus pomorum* Linnaeus]（象甲科）

apple blossom weevil parasite 苹花象姬蜂[*Ephialtes pomorum*（Ratz.）]（姬蜂科）

apple-blosson senna 爪哇决明[*Cassia javanica*]（豆科）

apple blotch 苹果圆斑病[*Phyllosticta solitaria* Ell. et Ev.]

apple blue mold rot 苹果青霉病[*Penicillum expansum* Link.]

apple blunt tipped moth 苹粗尖夜蛾[*Pangrapta obscurata* Butler]（夜蛾科）

apple borer 苹吉丁虫[*Agrilus mali* Matsumura]（吉丁科）

apple botryosphaeria canker 苹果干腐病[*Botryosphaeria ribis*（Tode）Goss et Dugger]

apple box 苹果包装箱

apple brandy 苹果白兰地

apple brown rot 苹果褐腐病[*Selerotinia fructigena* Aderh. et Ruhl.]

apple brown spot 苹果褐斑病[*Marssonina mali*（Honn）Ito]

apple brown tortrix 苹褐卷蛾[*Pandemis heparana* Schiff.]（卷蛾科）

apple bud moth 苹果芽小卷蛾（苹果白[小]卷蛾）[*Spilonota ocellana* Denis et Schiffermüller]（小卷蛾科）

apple bud rot 苹果芽腐病[*Fusarium lateritium* Nees et Fr.]

apple bud weevil 苹芽象虫[*Anothomus pedicularis* L.]（象甲科）

apple butter 苹果泥

apple can 苹果罐头

apple canker 苹果腐烂病[*Valsa mali* Miyabe]

apple canker of fruit 苹果轮纹病（疣皮病，粗皮病）[*Physalospora piricola* Nose]

apple canning 苹果罐藏

apple casebearer 苹黑鞘蛾[*Coleophora nigricella* Step.]（鞘蛾科）

apple caterpillar 苹果枯叶蛾[*Odonestis pruni* L.]（枯叶蛾科）

apple cider 苹果酒{加工}

apple clearwing moth 苹透翅蛾[*Aegeria myopaeformis*（Bork.）]（透翅蛾科）

apple compote 糖渍苹果{加工}

apple cosmopterygid 苹果尖翅蛾[*Chrysoclista basiflavella* Matsumura]（尖翅蛾科）

apple crown gall 苹果冠瘿病[*Agrobacterium tumefacicers*（Smith et Towns）]

apple cucumber 节瓜

apple curculio 苹果象甲（苹虎）[*Tachypterellus guadrigibbus* Say]（象甲科）

apple dagger moth 苹果剑纹夜蛾[*Acronicta incretata* Hampson]（夜蛾科）

apple disintegrator 苹果破碎机

apple ermine moth 苹果巢蛾[*Hyponomeuta malinella* Zellec.]（巢蛾科）

apple fire blight 苹果火疫病[*Erwinia amylovora*（Buur.）Winslow et al.]

apple flat limib 苹果软枝病（病毒病害）

apple flea weevil 苹跳象甲[*Rhynchaenus pallicornis* Say]（象甲科）

apple flower weevil 苹果花象甲[*Anthonomus pomorum* L.]（象甲科）

apple frosted green 苹果吹粉青象甲（苹果切叶象）[*Phyllobius armatus* Roelofs]（象甲科）

apple frosted leaf beetle 苹果白[吹]粉叶甲[*Lypesthes ater*（Motschulsky）]（叶甲科）

apple fruit moth 苹实巢蛾[*Argyresthia conjuguella* Zeller]（巢蛾科）

apple fruit rhynchites 苹实象甲[*Caenorhinus aequatus*（L.）]（象甲科）

apple fruit sawfly 苹实叶蜂［*Hoplocampa testudinea* (Klug)］(叶蜂科)
apple gatherer 苹果捡拾器,苹果收集器
apple geometrid 苹果尺蛾［*Coenotephria consanguinea* Butler.］(尺蛾科)
apple grader 苹果分级器(机)
apple grain aphid ①小米蚜(黍蚜)［*Rhopalosiphum prunifoliae* (Fitch)］②苹红缢管蚜［*Rhopalosiphum fitchii* (Sanderson)］(蚜科)
apple-grass aphid 苹草缢管蚜［*Rhopalosiphum insertum* (Walker)］(蚜科)
apple-green 苹果绿的 (pomaceus)
apple greenish geometrid 苹绿尺蛾［*Hemithea mali* Matsumura］(尺蛾科)
apple grove 苹果林,苹果园
apple hairy caterpillar 苹舞毒蛾［*Lymantria obfuscata* Walker］(毒蛾科)
apple hawk moth 苹天蛾［*Langia zenzeroides* Moore］(天蛾科)
apple heliodinid 苹展足蛾［*Stathmopoda theoris* Meyrick］
apple horned looper 苹角尺蛾［*Buzura superans* Butler］(尺蛾科)
apple jam 苹果酱{加工}
apple juice processing 苹果汁加工{加工}
apple kernel 苹果种子
apple leaf aphid 苹叶绵蚜［*Prociphilus sasaki* Monzen］(绵蚜科)
apple leaf bug 苹叶盲蝽［*Heterocordylus flavipes* Matsumura］(盲蝽科)
apple leaf casebearer 苹叶草螟［*Eurhodope tokiella* Ragonot］(草螟科)
apple leaf-curling aphid 苹果瘤蚜
apple leaf-curling midge (= leaf-curling apple midge) 苹瘿蚊［*Dasyneura moli* (Kieffer)］(瘿蚊科)
apple leaf golden-miner 苹金纹细蛾［*Lithocolletis ringoninella* Matsumura］(细蛾科)
apple leaf hopper ①苹微叶蝉(桃叶蝉)［*Empoasca maligna* Walsh］②(= common apple leaf hopper) 苹小叶蝉［*Typhlocyba froggati* Baker］③(= white apple leaf hoppar) 苹白小叶蝉［*Typhlocyba pomaria* McAtee］(叶蝉科)
apple leaf-miner ①梨叶肿瘿螨［*Eriophyes pyri*(Pagenstecher)］(瘿螨科) ②窄翅潜叶蛾［*Lyonetia clerkella* (L.)］(潜蛾科)
apple leaf roller 苹角纹卷蛾［*Archips xylosteana* L.］(卷蛾科)
apple leaf skeletonizer 苹潜叶螟［*Psorosina hammondi* (Riley)］(螟蛾科)
apple leaf spot 苹果叶斑病［*Phyllosticta pirina* Sacc.］
apple leaf sucker (= apple sucker, apple psylla) 苹木虱［*Psylla mali* Schmidberg］(木虱科)
apple leaf weevil 苹切叶象［*Phyllobius longicornis* Roelofs］(象甲科)
apple longicorn beetle 苹天牛(日本苹天牛)［*Oberea japonica* Thunberg］(天牛科)
apple lotus 盘叶睡莲［*Nymphaea lekophylla*］(睡莲科)
apple lyonetid 苹潜蛾［*Lyonetia prunifoliella* Hübner］(潜蛾科)
apple maggot (= apple fruit fly, blue berry maggot) 苹实蝇［*Rhagoletis pomonella* Walsh.］(实蝇科)
apple marmorated leaf hopper 苹果斑叶蝉［*Orientus ishidai* Matsumura］(叶蝉科)
apple marrow 苹果渣
apple mealybug ①苹大绵粉蚧［*Phenacoccus aceris* Signoret］(粉蚧科) ②苹粉蚧［*Pseudococcus piricola* Shiraiwa］(粉蚧科)
apple mint 圆叶薄荷［*Mentha rotundifolia* Hudsi.］(唇形科)
apple minute bark beetle 苹细小蠹［*Cryphalus malus* Niisima］(小蠹科)
apple minute weevil 苹细象甲［*Rhamphus pullus* Hustache］(象甲科)
apple mosaic virus 苹果花叶病毒［*Pyrus virus* Z. = *Marmor mali* (Holmes)］
apple moth (= ermine moth) 苹巢蛾［*Yponomenta padella* L.］(巢蛾科)
apple narrow longicorn 苹细天牛［*Oberea nigriventris* Bates］(天牛科)
apple-of-Peru ①假酸浆属［*Nicandra* Adons = *Physaloides* L.］(茄科) ②假酸浆［*Nicandra physoloides*(L.) Gaertn.］
apple of the parth 仙客来［*Cyclamen europaeum* L.］(报春科)
apple oil 苹果油
apple orchard 苹果园
apple oyster-shell scale (= mussel scale) 苹蛎蚧(榆蛎盾蚧)［*Lepidosaphes ulmi* L.］(盾蚧科)
apple pastila 苹果糕
apple pigmy moth 苹微蛾［*Stigmella malella* (Staint.)］
apple plant bug 苹盲蝽［*Plesiocris rugicollis* Fallen］(盲蝽科)
apple pomace 苹果渣酱{加工}

apple powdery mildew 苹果白粉病［*Podosphaera leucotricha*（E. et E.）Salm.］
apple press 苹果压榨机
apple proliferation 苹果增殖病
apple red bug（= dark apple red bug） 苹红盲蝽［*Heterocordylus malinus* Rent. = *Lygidea mendax* Rent.］（盲蝽科）
apple roeselia 东北苹天牛［*Mimerastria mandschuriana* Oberthür.］（天牛科）
apple root aphis（= woolly apple aphis） 苹绵蚜［*Eriosoma lanigerum*（Hausmann)］（绵蚜科）
apple root borer 苹根天牛［*Dorysthenes hugelii* Redtenbachl］（天牛科）
apple rose 苹果蔷薇［*Rosa pomifera* Desv.］（蔷薇科）
apple rosette ①赤疹病 ②苹果簇生病
apple round bark beetle 苹圆小蠹［*Xyleborus apicalis* Blandford］（小蠹科）
apple rust 苹果锈病［*Gymon sporangium yamadai* Miyabe］
apple rust mite 苹刺瘿螨［*Aculus schlechtendali*（Nalepa)］（瘿螨科）
apple-sauce 苹果酱〔加工〕
apple sawfly（= apple fruit sawfly, European apple sawfly） 苹实叶蜂［*Hoplocampa testudinea*（Klug)］（叶蜂科）
apple scab 苹果黑星病［*Venturia inaequalis*（Cke.）Wint.］
apple scald 苹果灼伤病（noninfectious）
apple scar skin 苹果锈果病（病毒病害）
apple shoot borer 苹沟胫天牛［*Apriona cinerea* Chevrolet］（天牛科）
apple shot hole borer 苹弹孔小蠹［*Scolytoplatypus raja* Blandford］（小蠹科）
apple skeletoniser 苹雕蛾［*Anthophila pariana* Clerck］（雕翅蛾科）
apple sorting 苹果分级
apple spanworm 苹果锯齿尺蛾［*Ennomos alniaria* L.］（尺蛾科）
apple stem grooving virus（ASGV） 苹果凹茎病毒
apple stock ①苹果砧木 ②苹果树主干
apple storage ①苹果贮藏 ②苹果贮藏库
apple sucker（= apple leaf sucker） 苹木虱［*Psylla mali* Schmidberger］（木虱科）
apple tent caterpillar 苹天幕毛虫(美洲天幕毛虫)［*Malacosoma americana*（Fabricius)］（枯叶蛾科）
apple thrips 苹蓟马［*Thrips imaginis* Bagnall］（蓟马科）
apple tortoise beetle 苹龟甲［*Metriona thais* Boheman］（龟甲科）
apple tree ①苹果属［*Malus* Mill.］（蔷薇科）②苹果［*Malus pumila* Mill.］
apple tree borer（= apple borer） 苹果［小］吉丁虫［*Agrilus mali* Matsumura］（吉丁科）
apple twig beetle 苹枝小蠹［*Hypothenemus obscurus*（Fabricius)］（小蠹科）
apple twig borer 苹枝长蠹［*Amphicerus bicaudatus*（Say)］（长蠹科）
apple twig cutter（= cutting weevil） 苹折枝象甲［*Rhynchites coeruleus* De Geer］（象甲科）
apple virus 苹果病毒
apple water core disease 苹果水心病（生理病害）
apple weevil 苹象甲［*Hylobius freyi* Zumpt］（象甲科）
apple white root rot 苹果白纹羽病［*Rosellinia necatrix*（Hartig）Berlese］
appliance ①用具，工具 ②设备（appliantia）
applicability 适用范围（applicabilitas）
applicability of comprehensive system 综合系统的应用范围〔智培〕
applicable ①适用的，可采用的 ②合宜的，合适的（applicabilis）
applicable concentration 适用浓度
applicable disease （药剂）适合防治的病害
applicable insect pest （药剂）适合防治的虫害
applicable weed （药剂）适合防治的杂草
application ①施肥，撒药 ②应用，适用，使用 ③申请，请求，申请书（applicatio）
application amount 施用量
application at paddy water inlet 稻田入水口施用
application binary interface（ABI） 应用二进制接口〔信息〕
application capacity 应用能力（指对农业信息）〔智培〕
application control language translator 应用控制语言翻译机
application dosage 撒药剂量，施用剂量
application dose ①施用剂量 ②撒药剂量
application for credit 贷款申请书
application for registration 申请登记，申请注册〔育种〕
application height 撒药高度，散布高度
application into water 水中施用，施入水中
application knife ①施肥刀形开沟器 ②撒药刀形开沟器
application layer 应用层〔信息〕

application load list（ALL） 应用装入表，应用程序装入表｛电脑｝
application master 应用主程序｛电脑｝
application of accuracy agriculture 精确农业的应用｛智培｝
application of base manure 施基肥
application of carbon nanotubes 炭纳米管应用
application of chemical fertilizer 化肥施用
application of computer in agriculture 计算机在农业的应用
application of electric energy in agriculture 电能在农业的应用｛农施｝
application of fertilizer 施用肥料，施肥
application of fertilizer to the subsoil 施底肥
application of geothermal energy in agriculture 地热[能]在农业的应用｛农施｝
application of infrared rays in agriculture 红外线在农业的应用｛农施｝
application of nitrogenous fertilizer 施用氮肥
application of nuclear science to agriculture 核科学在农业上的应用
application of refrigeration 冷冻法应用
application of ultraviolet rays in agriculture 紫外线在农业的应用｛农施｝
application over whole surface 全面施用（施肥或撒药）
application processing function（APF） 应用处理功能
application program bag 应用程序包｛智培｝
application program interface（API） 应用程序接口｛电脑｝
application program system（APS） 应用程序系统
application programming interface（API） 应用编程接口
application prospect 应用前景｛智培｝
application range ①适用范围 ②施用范围
application rate ①播种量 ②施肥量 ③施药量
application software 应用软件
application software for agricultural economics 农业经济[学]应用软件｛农施｝
application software for agricultural mechanization 农业机械化应用软件｛农施｝
application software for agricultural meteorology 农业气象应用软件｛农施｝
application software for agricultural water conservancy engineering 农田水利工程应用软件｛农施｝
application software for agriculture 农业应用软件
application software for rural electrification 农村电气化应用软件
application system（AS） 应用系统｛智培｝
application system of agricultural production management 农业生产管理的应用系统｛智培｝
application technique 采用技术，应用技术（施肥或撒药）
Application Technology Satellite（ATS） 应用技术卫星｛遥感｝
application time ①施肥期 ②撒药期，散布期
application under flooded condition ①灌水施药，灌水撒药 ②灌水施肥
application value 应用价值
application width 撒药幅，撒药宽度
applicator ①施肥机，撒药机 ②追肥器 ③追肥铲，施肥开沟器 ④应用器，施用器
applicator blade 追肥铲
applicator chisel（= applicator boot, applicator shank） 施肥开沟器
applicator foot ①施肥开沟器 ②追肥铲
applicator shovel ①追肥铲 ②施肥或施化学药剂开沟器
applied ①应用的，适用的 ②实用的（applicatus）
applied aspect 应用方面
applied biology 应用生物学
applied botany 应用植物学
applied climatology 应用气候学
applied computer science 应用计算机[科]学｛电脑｝
applied computer techniques 应用计算机技术
applied economic engineer 企业经济学家
applied expert system 应用专家系统｛智培｝
applied force （机械）驱动力
applied mechanics 应用力学
applied microbiology 应用微生物学
applied program 应用程序｛智培｝
applied pruning 人为修剪｛园艺｝
apply ①施肥撒药 ②应用，使用（applia）
apply fertilizer 施肥
applying compost 施用堆肥
apportionment method 分摊法（指防护污水污染）｛环保｝
apposite ①并生的，并列的 ②适当的，适合的（appositus）
apposition ①并生，并列 ②敷着，添附 ③同位（appositio）
apposition growth 敷着生长（cresentia appositionis）
appraisal 鉴定，评价（aestimatio）

appraisal method 鉴定法
appraisal of agricultural construction project 农业建设项目评定〈农经〉
appraisal of conformation 外貌鉴定
appraisal of farms (= farm evaluation) 农地评定
appraisal of quality 品质鉴定
appraisal of scientific and technical achievements 科技成果鉴定
appraisal value 鉴定值
appraiser 评定员,评价员
appreciable ①显著的,明显的,相当大的 ②可估价的,有价值的 ③看得出的,感觉得到的(appreciabilis)
appreciable error 显著误差〈统计〉
appreciable precipitation ①相当大降雨量 ②相当大沉淀
appreciable role 重要作用,有价值作用,明显作用
appreciable variety 有价值品种
appreciation in currency 货币升值
apprenticeship 培训所,实习地点
appressed ①紧贴的 ②腹背扁的(appressus)
appressed branching 紧贴分枝(ramificatio appressa)
appressorium 附着孢〈真菌〉
approach ①途径,引道,通路 ②近似,接近③渐近
approach angle (工作部件)碎土角,挺进角
approach grafting 靠接〈园艺〉
approach light 诱导灯(指捕虫)
approaching alteration 接近改变
approaching shot 迎射〈狩猎〉
approbation 品种[纯度]鉴定(approbatio)
appropriate ①应当的,正当的,合适的 ②相称的,适当的 ③适应的(appropriatus)
appropriate agent 适当作用力
appropriate condition 适当条件
appropriate mechanism 适应机制
appropriate species specific habitat 适合种特异生境
appropriation ①占用〈电脑〉②拨款,预算〈农管〉(appropriatio)
appropriation bill 预算账单
approximate ①近似的,大概的,大约正确的 ②附近,接近,靠近(approximatus)
approximate adjustment 近似平差
approximate calculation method 近似计算法〈统计〉
approximate formula 近似公式
approximate method 近似法
approximate solution 近似解法
approximate treatment 近似计算,近似处理
approximate value 近似值
approximate weight 约重,近似重
approximation ①近似法 ②近似值(approximatio)
approximation arbitrary 近似值
appurtenance ①辅助设备,附加装置,附件 ②附属品,附属物(appurtenantia)
appurtenant ①附属的,从属的 ②附属物(appurtenans)
apricot ①杏属[*Armeniaca* Juss.](蔷薇科) ②杏[*Armeniaca vulgaris* L. = *Prunus armeniaca* L.]
apricot armillaria root rot 杏根腐病[*Armillaria mellea* (Vahl.) Fr.]
apricot bacterial gummosis 杏细菌性流胶病[*Pseudomonas spongisa* Griffin]
apricot bacterial leaf spot 杏细菌性叶斑病[*Xanthomonas pruni* (Smith) Dowson]
apricot borer (= cherry borer moth) 樱桃堆沙蛀[*Cryptophagus unipuncta* Donovan]
apricot brown rot 杏褐腐病[*Sclerotinia laxa* Aderh. et Ruhl.]
apricot crown gall 杏树冠瘿病[*Agrobacterium tumefacien* (Smith et Towns.) Conn]
apricot felt fungus 杏膏药病[*Septobasidium bogoriense* Pat.]
apricot kernel 杏仁
apricot kernel oil 杏仁油
apricot leaf caterpillar 杏刺蛾[*Parasa repunda* Hampson](刺蛾科)
apricot leaf curl 杏叶肿病[*Taphrina mume* Nishida]
apricot mamey (= mamey, mammee apple) 曼密苹果[*Mammea americana*](蔷薇科)
apricot mosaic 杏花叶病(病毒病害)
apricot noctuid 杏夜蛾[*Cosmia subtilis* Staudinger](夜蛾科)
apricot plum 红李(杏李)[*Prunus simonii* Carr.](蔷薇科)
apricot powdery mildew 杏白粉病[*Podosphaera oxyacanthae* (DC.) de Bary]
apricot pox 杏疔病[*Polystigma deformans* Syd.]
apricot shot hole 杏穿孔病(梅穿孔病)[*Mycosphaerella cerasella* Aderhold]
apricot silver leaf 杏银叶病[*Stereum purpureum* (Fr.) Fr.]
apricot tree belt 杏树带

apricot weevil 杏虎［*Rhychites anratus* Scopoli］（象甲科）
apricot wood rot 杏木腐病［*Fomes fulvus* (Scop.) Gill.］
apricots in syrup 糖水杏｛加工｝
apricus 向阳的
April snowflack 四月雪片莲［*Leucojum hyemale*］（石蒜科）
apriori probability 先验概率｛统计｝
apriori reason 先验理由
apron ①防蚀层，防护层 ②挡帘，挡板，护板 ③输送带 ④围裙
apron conveyor 输送带，传送带
apron-conveyor drier 输送带式干燥机
apron feed distributor 带式排肥撒肥机
apron feeder 喂入输送带
apron hay loader 输送带式干草装载机
apron pickup 带式捡拾器
apron plain 冰川沉积平原，冰前平原
apron washer 输送带式洗涤机
aprotic ①非质子的 ②对质子［有］惰性的 (aproticus)
aprotic solvent 非质子［传递］溶剂
APRT (= adenine phosphoribosyl transferase) 腺嘌呤转磷酸核糖基酶
APS ①(= adenosine-5′-phosphosulfate) 腺苷酰硫酸｛生化｝②(= application program system) 应用程序系统｛智培｝
APSC (= automatic picture sharpness control) 自动图像清晰度控制｛电脑｝
apsilate 有纹饰的，不光滑的 (apsilatus)
apterous 无翼的 (apterus)
apterous form 无翼型
apterous gall wasp 无翅瘿蜂［*Callirhytis tobiiro* Ashmead］（瘿蜂科）
apterygota 无翅类
aptitude 倾向性（指溶源性细菌菌株在诱发剂下一种特殊的生理状态）
Apulian poppy 亚浦利罂粟［*Papaver apulum* L.］（罂粟科）
apurinic acid (= apurinic nucleic acid) 无（脱）嘌呤［核］酸
apurinic site 无嘌呤部位
APV Gaulin press APV Gaulin 压碎器，APV 戈林压碎器（指细胞）（商）
APV homogenizer APV 匀浆器（商）
APV press APV 压碎器（指细胞）（商）
apyrase 腺苷三磷酸双磷酸酶
apyrene sperm 无核精子 (sperma aprena)
apyrene spermatozoon (= apyrene sperm) 无核精子
apyrimidinic acid 脱嘧啶核酸

A.Q. (= achivement quotient) 成就系数（=教育年龄÷智力年龄）
aqua ①水 ②液体 ③溶液
aqua ammonia 氨水，氨液
aqua ammonia applicator 氨水注施机
aqua ammonium phosphate 磷酸铵溶剂
aqua regia 王水［$3HCl+HNO_3$］
aquaculture (= aquariculture) 水产养殖
aquaculture environment engineering 水产养殖环境工程｛水产｝
aqualf 潮淋溶土
aquanaut 潜航员
aquar garden 水际园 (aquarium)
aquariculture ①水产养殖 ②水产养殖学 (aquaricultura)
aquarium ①水生植物馆，水族馆 ②养鱼槽，养鱼缸
aquasol 水溶胶
aquated ion 水合离子
aquatic ①水生的 ②水的 (aquaticus)
aquatic animal 水生动物
aquatic bacteria 水生［细］菌 (bacteria aquaticae)
aquatic biology 水生生物学 (aquatobiologia)
aquatic bird 水禽，水鸟
aquatic chikusichloa ①山涧草属［*Chikusichloa* Koidz.］（禾本科）②山涧草［*Chikusichloa aquatica* Koidz.］
aquatic community 水生生物群落
aquatic cormophyte 水生茎叶植物 (cormophyta aquatica)
aquatic ecosystem 水生生态系统 (ecosystema aquatica)
aquatic environment 水生环境，水生生境
aquatic farming 水产养殖
aquatic fern 水生蕨
aquatic flora ①水生植物区系 ②水生植物志 (flora aquatica)
aquatic form 水生型
aquatic formation 水生植物群系 (formatio aquatica)
aquatic fungi 水生真菌 (fungiaquaticae)
aquatic green algae 水生绿藻
aquatic green manure crops 水生绿肥作物
aquatic growth 水中增殖
aquatic herbicide 杀水生杂草剂，杀藻剂
aquatic insect 水生昆虫
aquatic life 水生生物
aquatic lower algae 水生低等藻类
aquatic macrophyte 水生大型植物 (macrophyta aquatica)

aquatic mannagrass 水甜茅 [*Glyceria aquatica* Wahlb.](禾本科)
aquatic organism (=aquatic life) 水生生物
aquatic plant 水生植物(planta aquatica)
aquatic plant community 水生植物群落
aquatic potato 水生马铃薯(乌拉圭马铃薯)[*Solanum commersonii* Dunal.](茄科)
aquatic rice (=paddy rice) 水稻
aquatic root 水生根(radix aquaatica)
aquatic saline habitat 水生盐性生境{生态生理}
aquatic soil 水成土
aquatic species 水生种(species aquaticae)
aquatic stand 水生植物群丛
aquatic vascular plant 水生维管植物(planta vascularis aquatica)
aquatic vegetation 水生植被(vegetatio aquatica)
aquatic weed control 水草防除
aquatic weed cutter 水草割草机
aquatic weeds 水生杂草,水草
aquaticus lovegrass 水生画眉草[*Eragrostis aquatica* Honda.](禾本科)
aqueduct ①输水道,导水管 ②水管桥
aquent 潮新成土{土壤}
aqueoglacial deposit 冰水沉积
aqueous ①水的 ②含水的(aquosus)
aqueous ammonia (=aqua ammonia) 氨水,氨液
aqueous current ripple mark 水流波痕
aqueous deposit 水成沉积[物]
aqueous medium ①液体培养基 ②水介质
aqueous partitioning 水[相]分配
aqueous phase 水相(phasis aquosus)
aqueous plant 储水植物(planta aquosa)
aqueous rock 水成岩{地质}
aqueous saturated soil 水分饱和土壤
aqueous saturation extract 水饱和提取物
aqueous soil 含水土壤
aqueous solution 水溶液
aqueous solution polymerization 水溶液聚合
aqueous space 储水空隙
aqueous system [储]水系统(systema aquosa)
aqueous tissue 储水组织(tela aquosa)
aqueous two-phase partitioning system 水两相分配系统
aqueous two-phase system 水两相系统
aqueous vapor 水汽
aquept 潮始成土{土壤}
aquert 潮变性土{土壤}
aquiclude 难透水层,上水层(指在地下)(aquicludium)
aquifer 蓄水层
aquiferous 含水的(aquiferus)
aquiferous tissue 储水组织(tela aquifera)
aquiherbosa 水生草本群落
aquilous 深褐色的(aquilus)
aquiprata (=aquiherbosa)水生草本群落
aquired character 获得性
aquit 潮老成土{土壤}
aquitard 缓水层(指在地下)
aquocobalamin 水钴胺素,维生素 B_{12}
aquogel 水凝胶
aquorizem 有B层发育水稻土{土壤}
aquose 多水的(aquosus)
ara A (=adenine arabinoside) 阿糖腺苷{分遗}
ara C (=cytosine arabinoside) 阿糖胞苷
ara operon 阿糖操纵子{分遗}
ara T (=thymine arabinoside) 阿糖胸苷
Arab (=Arabian horse) 阿拉伯马
araban ①阿拉伯树胶 ②阿[拉伯]聚糖
arabanase 阿拉伯聚糖酶
arabanose 阿[拉伯]糖,阿戊糖
Arabian camel 单峰驼[*Camelus dromedarius* L.](骆驼科)
Arabian coffee 咖啡(阿拉伯种咖啡)[*Coffea arabica* L.](茜草科)
Arabian cotton 阿拉伯棉[*Gossypium stocksi*](锦葵科)
Arabian gum 阿拉伯树胶
Arabian jasmine 茉莉[*Jasminum sambac* Soland.](木犀科)
Arabian jasmine pyralid 阿拉伯茉莉螟[*Hendecasis duplifascialis* Hampson](螟蛾科)
Arabian millet 阿拉伯高粱(石茅,约翰逊草)[*Sorghum halepense*(L.)Pers.](禾本科)
Arabian mulberry 阿拉伯桑[*Morus arabica* L.](桑科)
Arabian sourfpea 阿拉伯补骨脂[*Psoralea bituminosa* L.](豆科)
Arabian star-of-Bethlehem 阿拉伯虎眼万年青[*Ornithogalum arabicum* L.](百合科)
Arabian tea ①阿拉伯茶属[*Catha* Forsk.] ②阿拉伯茶(巧茶)[*Catha edulis* Forsk.]
Arabic acid 阿拉伯酸 [$HOCH_2(CHOH)_3CO_2H$]
Arabic cowry 阿拉伯绶贝[*Mauritia ara-*

bica L. = *Arabica arabica* L.]
Arabic gum (= Arabian gum) 阿拉伯树胶
Arabic teleprinter 阿拉伯字母电传打字机
arability 可耕度,可耕性(arabilitas){耕作}
arabinofuranose 阿拉伯呋喃糖
arabinogalactan 阿拉伯半乳聚糖
arabinose 阿拉伯糖[$C_4H_9O_4CHO$]
arabinose operon 阿拉伯糖操纵子
arabinose system 阿拉伯糖系
arabis mosaic virus (= raspberry yellow dwarf virus, rhubarb mosaic virus) 南芥菜花叶病毒
arabitol 阿拉伯糖醇[$C_5H_7(OH)_5$]
arable 可耕的(arabilis)
arable area 可耕地面积,耕地面积
arable crops (= farm crops) 农作物
arable farming ①[农]作物栽培 ②耕作
arable harrow 大田耙
arable horizon 耕作层
arable land 可耕地,宜耕地,耕地
arable land improvement 耕地改良
arable land weeds 耕地杂草
arable layer 耕层,耕作层
arable man 农场主,农夫
arable meadow 栽培割草地,栽培草甸
arable pasture 栽培牧场
arable rotation 大田轮作
arable saline soil 可耕盐土
arable soil 可耕土壤,宜耕土壤
arable system 耕作制
arable takyr 耕地龟裂土,可耕龟裂土
arable tine 耕耘锄齿
araboascorbic acid 阿拉伯糖型抗坏血酸,异抗坏血酸
araboflavin 阿拉伯黄素
arabogalactan 阿拉伯半乳聚糖
arabonic acid 阿拉伯糖酸 [$CH_2OH(CHOH)_3CO_2H$]
Araca 巴西番石榴[*Psidium guineese*](桃金娘科)
arachain 花生仁蛋白酶
arachidic acid 花生酸,廿[碳]烷酸 [$CH_3(CH_2)_{18}COOH$]
arachidonic acid 花生四烯酸,廿碳四烯酸 [$C_{20}H_{32}O_2$]
arachin 花生球蛋白
arachis oil (= peanut oil) 花生油
arachnodactyly 蜘蛛状指(趾)(arachnodactylia)
arachnoid ①蛛丝状的 ②具蛛丝状毛的(arachnoideus)
arachnoid hair 蛛丝状毛(pilus arachnoideus)
aragonite 硬石膏[$CaSO_4$]
araldite 环氧树脂
aralia ①楤木属[*Aralia* Tourn.](五加科)②楤木[*Aralia chinensis* L.]
aralia family 五加科[Araliaceae]
aralia ivy 常春金盘(五加科)
aralin 楤木素
aramina (= Indian mallow) 阿拉密麻(肖梵天花)[*Urena lobata* L.](锦葵科)
Aramite 杀螨特(杀螨剂)[$C_{15}H_{23}ClO_4S$]
araneid ①蜘蛛 ②⌊复⌉蜘蛛目[Araneida]
arar tree (= fandarac tree) 先达拉硬胶树[*Tetraclinis articulata*]
Arasan (= thiram) 福美双{农药}
Arathane (= dinocap) 敌螨普(开拉散,消螨普)
araticu ①番荔枝属[*Anona* L.](番荔枝科) ②番荔枝[*Anona squamosa* L. = *A. cinerea* Dunal.]
araucaria ①南洋杉属[*Araucaria* Juss.](南洋杉科)②南洋杉[*Araucaria cunninghamii* Sweet.]
araucaria family 南洋杉科[Araucariaceae]
araucariod pit 南洋杉型纹孔(porus araucariodes)
araujia ①阿鲁藤属[*Araujia* spp.](萝藦科)②阿鲁藤[*Araujia sericifera* sp.]
Arber's law of loss 阿柏氏永失法则
arbitrarily primed PCR 任意引物 PCR,任意引物聚合酶链式反应{分遗}
arbitrarily-sectioned file 随机分段文件{信息}
arbitrary ①任意的,随意的,任选的 ②随机的,不定的 ③适宜的 ④独立的,自主的(arbitraris)
arbitrary access 随机存取{信息}
arbitrary cutting 随意收割(指饲料作物)
arbitrary factor 任意因子
arbitrary limit 不定限额,任意限额
arbitrary polygonal area covering 任意多边形面积覆盖{遥感}
arbitrary sequence 任意序列(无一定顺序)
arbitrary sequence computer 任意序列计算机
arbitrary value 不定值,任意值
arbitration ①仲裁,裁决 ②判优(arbitratio)
arbitration analysis (= referee analysis) 仲裁分析
arbitration control 判优控制{电脑}

arbitration scheme 仲裁方案
arbor ①乔木,树{森林} ②轴,杆,柄轴{农机}(arbor)
arbor bolt 圆盘耙组方轴
arbor crops 木本作物
arbor press 心轴装拆压力机
arbor species 乔木树种
Arbor-Day 植树节
arboreal (=aboreous) 乔木状的(arboreus)
arboreal growth 树木生长
arboreous 乔木状(arboreosus)
arboreous cotton 树棉[*Gossypium arboreum* L.](锦葵科)
arborescence 乔木性(arborescentia)
arborescent 乔木状的(arborescens)
arborescin 乔木素,蒿萜
arboret ①小树 ②灌木(arboreculus)
arboretum ①树木园 ②树木志
arbor-form 乔木状的(arborescens)
arboricide 杀树木剂{农药}
arboricity 荫度(arboricitas)
arboricolous 树栖的(arboricolus)
arboriculture ①树木栽培 ②树木栽培学(arboricultura)
arboriculturist 树木栽培工作者,树木栽培学家
arborine 山小橘碱(山柑子碱)[$C_{16}H_{14}N_2O$]
arborisation 树状分枝(arborisatio)
arboroid 乔木性的,木本的(arboroideus)
arborous layer 乔木层
arborvitae (=arbor-vitae) ①金钟柏属(崖柏属)[*Thuja* L.](柏科) ②金钟柏[*Thuja occidentalis* L.] ③崖柏[*Thuja sutchuenensis* Franch.]
arbour ①凉亭 ②棚架
arbovirus 节枝介体病毒
arbuscular 灌木状(arbuscularis)
arbusculus (=arbuscle) 灌木,矮树
arbustum ①灌木 ②树木志
arbutin 熊果苷,对苯二酚葡糖苷[$HO \cdot C_6H_4 \cdot O \cdot C_6H_{11}O_5$]
arbutoid ①草莓树状 ②杨梅状(arbutoideus)
arbutoid mycorrhiza 草莓树状菌根(mycorrhiza arbutoidea)
arbutus (=strawberry tree) ①草莓树 ②杨梅
arc ①弧,弓形 ②电弧(arcus)
arc digraph 弧有向图{电脑}
arc distance 弧距
arc lamp (=arc light) 弧光灯
arc length 弧长
arc parabolic curve 抛物线形曲线
arc segment 弧段
arc sine transformation 逆正弦变换
arc triangulation 弧度三角测量
arcade 绿廊{园林}
arcadia 乡村乐园{园林}
arcain 魁哈素,丁烷二胍
arch ①拱,弓形 ②(中耕机)拱形架 ③背斜层 ④拱门,牌楼(arcus)
arch breaker 架空搅动器
arch bridge (=arched bridge) 拱桥
arch culvert 拱形暗渠涵洞
arch dam 拱坝
arch layering 弧形压{园艺}
arch length (弓箭)弧长{狩猎}
arch of honey above brood nest 子脾上蜜环
archaea- ⌊字头⌉原始,古代,古老
Archaebacteria 古生菌纲
archaeocyte 原始生殖细胞(archaeocyta)
archaeological finds 考古学发现
archaeology 考古学(archaeologia)
Archaeophytic era 太古植物代
archaeopteryx 始祖鸟[*Archaeopteryx* sp.]
archaeornis 古鸟[属][*Archaeornis* spp.]
archallaxis 初胚变异
Archangelsk 阿尔汉格斯克(指在白海的一个地名)
arche- ⌊字头⌉开始
Archean [era](=Archaeozoic era) 太古代{地质}
archebiosis 生物自发(生命来源)(archaebiosis)
archecyte 原始细胞(archecyta)
arched ①弓形的,拱形的,弧形的 ②弓形地(arcuatus)
arched beam frame (犁)拱形梁架
arched scale 空心鳞(fornix)
arched tire 拱形轮胎
archegonial 颈卵器的(archegonialis)
archegonial canal 颈卵器沟(canalis archegonialis)
archegonial chamber 颈卵器室(camera archegonialis)
archegonial initial 颈卵器原始细胞(initialis archegonialis)
archegonial jacket 颈卵器套(vestis archegonialis)
archegoniatae 颈卵器植物
archegoniophore 颈卵器托(archegonio-

phorum)
archegonium ①颈卵器 ②藏卵器
archenteron 原肠(archaenteron)
archeobasidium 早生担子(archaeobasidium)
Archeozoic [era] 太古代
Archeozoic group 太古界
archesporial 孢原的(archaesporialis)
archesporial cell 孢原细胞(cellula archaesporialis)
archesporium 孢原,孢原组织(archaesporium)
archesporium tissue 孢原组织(tela archaesporalis)
archetelome 原始顶枝(archaeteloma)
archetype 原[始]型,祖型(archaetypus)
archicarp 产囊体(archicarpium)
Archie 阿奇[工具]{电脑}
archigenesis ①无生源说 ②自然发生
archil 拟藻染料衣 [*Roccela phycopsis* Ach.](染料衣科)
archilichenes 绿藻地衣(Archilichenes)
archimedean screw 阿基米德螺旋泵
Archimede's number 阿基米德数{农施}
archimycetes 古生菌[纲][Archimycetes]
arching ①弓形的,拱形的,弧曲的 ②架空(arcuatus)
arching layers 拱枝压{园艺}
archipelago 群岛(archipelagos)
archiplasm 线原生质(archiplasma)
archistreptes 叶序主旋,叶序螺旋线
architectonics 构筑学(architectonica)
architectural ①体系结构的{信息} ②建筑的{园林} ③结构的{分遗}(architecturalis)
architectural design 体系结构设计
architectural gene 结构基因
architectural planting 建筑式种植
architectural structure 体系结构,总体结构
architectural style 建筑式
architecture ①结构 ②建筑 ③建筑学(architectura)
architrave 画廊画框{园林}
archival 档案的(archivalis){信息}
archival data storage 存档数据存储
archival data structure 存档数据结构
archival repository 档案库
archival storage condition 档案储存条件
archive ①档案 ②编档保存,存档,归档{信息}
archive file 档案文件
archive server 文档查询服务器
archiving process 归档处理,归档过程
arch-stone 拱石
archway ①拱门 ②拱廊 ③拱道{园林}
archway spray boom (喷雾器)弧形喷杆
arciform 弓形的(arciformis)
arcose 长石沙岩{地质}
arcs of contact of halo 珥
arcsine 反正弦{统计}
arcsine transformation 反正弦代换
arctalpine community 北极高山群落
arctic ①北极的,北极区的 ②北极,北极区,北极圈(arcticus)
arctic air (=arctic mass) 北极空气,北极气团
arctic alkaligrass 极地碱茅 [*Puccinellia pumila* L.](禾本科)
arctic-alpine dwarf shrubs 北极高山矮灌丛
arctic bentgrass 北方翦股颖 [*Agrostis borealis* Hartm.](禾本科)
arctic bluegrass 极地早熟禾 [*Poa arctica* R. Br.](禾本科)
arctic bramble 极地莓(北极悬钩子)[*Rubus arcticus* L.](蔷薇科)
Arctic Circle 北极圈(circulus arcticus)
arctic climate 北极气候
arctic continental air [mass] 北极大陆空气,北极大陆气团
arctic desert 北极荒漠(deserta arctica)
arctic diapensia (=diapensia) ①岩梅属 [*Diapensia* L.](岩梅科) ②岩梅 [*Diapensia lapponica* L.]
arctic diapensia family (=diapensia family) 岩梅科[Diapensiaceae]
arctic dwarf shrubs 北极矮生灌丛
arctic ecotype 北极生态型(ecotypus arcticus)
arctic flora 北极植物区系(flora arctica)
arctic fox 北极狐 [*Alopex lagopus*]
arctic front 北极锋
arctic iris 刚毛鸢尾 [*Iris setosa* Pall.](鸢尾科)
arctic meadow 北极草甸
arctic mire 北极沼泽
arctic plant 北极植物(planta arctica)
arctic pole 北极
arctic region 北极地区
arctic smoke 冰雾
arctic soil 极地土壤
arctic thicket 北极灌丛
arctic tundra 北极冻原(tundra arctica)
arctic tundra climate 极地冻原气候(climata tundra arctica)

arctic zone 北极带,北寒带
arctiin 牛蒡因
arctophilous 喜冷的,适冷的(arctophilus)
arctophobous 嫌冷的,避冷的(arctophobus)
arctotis ①灰毛菊属[*Arctotis* L.](菊科) ②灰毛菊[*Arctotis* sp.]
arcuate 弧曲的,弧形的,弓形的(arcuatus)
arcuate delta 弧形三角洲
arcuate mountain 弧形山脉
arcuate ridge 弓形脊(jugum arcuatum)
arcuate structure 弧形构造(structura arcuata)
arcuate tectonic belt 弧形构造带{遥感}
arcuate vein 弓脉(vena arcuata)
arcuate venation 弓脉序(venatio arcuata)
arcuation ①弯曲 ②弓形压条(arcuatio)
arcus ①滚轴云 ②弧状
arc-welder 电焊机,电弧焊机
arcwise convex function 弧式凸函数
ard share 木犁犁铧
ardisia ①紫金牛属[*Ardisia* Sw.](紫金牛科) ②紫金牛[*Ardisia japonica* Bl.]
ardometer 光学高度计
area ①面积 ②区域,地区 ③平坪,平地,空地 ④苗床 ⑤[牲畜活动]范围
area chart 区域图{电脑}
area code 地区码,区域[代]码
area control [栽培]面积控制
area curve 面积曲线{统计}
area estimation 面积测定
area for ground true collection 地面实况收集区{遥感}
area frame method 面积平分法
area-increment 断面积生长{森林}
area-increment percent 断面积生长率
area-list quadrat 优势记名样方
area meter 面积计,面积计量器
area method 面积法{水利}
area numbering plan(ANP) 区域编号方案{信息}
area of age-classes 龄级面积{森林}
area of alimentary crops 粮食作物面积
area of arable land 耕地面积
area of cereal crops 谷类作物面积
area of circle 圆面积
area of dense planting 密植地
area of distribution 分布区
area of fallow field 休闲地面积
area of fishing 捕鱼区,渔捞作业区
area of fog 雾区,湿区
area of forage crops 饲料作物面积
area of grape production 葡萄种植面积
area of ground covered by the vegetation 植被所覆盖的土地面积
area of high pressure 高压区
area of nutrition 营养面积{栽培}
area of precipitation 降水区
area of reproduction 增殖区
area of rising pressure 升压区,气压上升区
area of shifting sand 流沙地区
area of structure 建筑面积{园林}
area of the final felling 主伐面积
area of the rearing bed 蚕座面积
area opaca 暗区
area pellucida 明区
area ratio 面积比
area regulation 面积调节法
area required per plant 单株需要的营养面积
area sampling 面积抽样法
area sources 区域污染源{环保}
area subject to rainfall 雨区
area-survey photographic reconnaissance satellite 普查型照相侦察卫星{遥感}
area table 面积表
area target 面目标{遥感}
area to be consolidated 合并区域
area to regeneration 更新区{森林}
area triangulation 全面三角测量
area type 分布区型(林分区类型){森林}
area under canopy 林冠覆盖面积
area under crop(= acreage under crop) 播种面积,栽培作物面积
area under cultivation 耕作面积
area under glass 保护地(温室或温床内面积)
area under rotation 轮作地
area under vegetables 蔬菜栽培面积
area under vines 葡萄种植面积
area under wheat 小麦播种面积
area weighted average resolution(AWAR) 面积加权平均分辨率{遥感}
areal ①分布区 ②面积的(arealis)
areal center ①面积中心{测} ②分布区中心{生态}
areal coordinates 面积坐标
areal extent 面积范围
areal map 面积图
areal of community 群落分布区
areal of species 种分布区
areal rain fall depth 区域雨量,面积雨量
areal range(= areal distribution) 分布区范围

areal stability 分布区稳定性
areal type 分布区型
arealization 场化（arealisatio）{遗传}
areca（= areca palm） ①槟榔属［*Areca* L.］（棕榈科）②槟榔［*Areca catechu* L.］
areca palm 槟榔［*Areca catechu* L.］（棕榈科）
arecoid 槟榔子状的（arecoideus）
arecoline 槟榔碱
aregelia 阿瑞盖利属［*Aregelia* L.］（凤梨科）
arenaceous 多沙的，沙质的（arenaceus）
arenaceous quartz 沙质石英
arenaceous rock 沙质岩{地质}
arenaceous shale 沙质页岩
arenarious 沙地的（arenarlus）
arenarius wild sweetcane 沙地甜根子草［*Saccharum arenicola* Ohwi］（禾本科）
arenavirus 沙粒病毒（arenavirus）
arene 粗沙（arena）
arenga 山棕（貌佳草）［*Arenga engleri* Becc.］（棕榈科）
arenicolous 沙栖的（arenicolus）
arenoferralsol 沙质铁铝土（arenoferralsolea）{土壤}
arenose ①多沙的 ②粗沙质（arenosus）
arenosol 粗沙质土（红沙土）（arenosolea）
areographic spectrum 分布区谱
areola ①网目，网孔，网隙 ②小窠 ③着生面 ④果脐 ⑤小翅室
areolar tissue 蜂窝组织（tela areolaris）
areolate ①负网状的{形态} ②具小翅室的{昆虫}（areolatus）
areolate mildew（= frosty blight） 白霉病（棉花）
areolate mildew of cotton 棉苗白霉病（棉苗粉霉病）［*Mycosphaerella areola* Eh. et Wotf］
areoles 副室（鳞翅目）（areolum）
areometer ［液体］比重计
areometry ①液体比重测定 ②液体比重测定法（areometria）
areosaccharimeter 糖液比重计
arepyenometer 稠液比重计
arescomycetes 抗干菌类，耐干菌类［Arescomycetes］
ARF（= ADP ribosylation factor） ADP核糖基化因子，腺苷二磷酸核糖基化因子{分遗}
Arg（= arginine） 精氨酸
argan-tree 亚干尼油树（铁木）［*Argania sideroxylon* Roem et Schult］（山榄科）
argentatic parthenium 灰白银胶菊［*Parthenium argentatum* A. Gray］（菊科）
argenteous 银色的（argenteus）
argentiferous 含银的（argentiferus）
argentine ①似银的（argentinus）②鳞水珍鱼［*Argentina silus* Ascanius］③脂水珍鱼［*Argentina sialis* Gilbert］
Argentine ant 阿根廷蚁［*Iridomyrmex humilis* Mayr］（蚁科）
Argentine black walnut 阿根廷黑胡桃［*Juglans australis*］（胡桃科）
Argentine feathergrass 阿根廷针茅［*Stipa argentea*］（禾本科）
Argentine jujube 阿根廷枣［*Zizyphus mistol*］（鼠李科）
Argentine rice water weevil 阿根廷象甲［*Lissorhoptrus bosqui* Kuschel］（象甲科）
Argentine trumpet vine 连理藤［Clytostoma callistegioides Bur.］（紫葳科）
argentite 辉银矿（argentita）{地质}
argentophilic（= argyrophilic） 喜银的，嗜银的（argentophilus）
argentophilic substance 嗜银物质
argentophobic 嫌银的（argentophobus）
arghan 长齿凤梨［*Ananas macrodontes*］（凤梨科）
argid 黏化旱成土{土壤}
argid sawflies 叉角蜂科（三节叶蜂科）［Argidae］
argilla 泥土
argillaceous 泥质的，黏土质的（argillaceus）
argillaceous bottom 黏质底土［层］
argillaceous cement 泥质胶结物
argillaceous limestone 泥质灰岩
argillaceous red bed 红色黏土层
argillaceous rock 泥质岩{地质}
argillaceous sandstone 泥质沙岩
argillaceous sediment 泥质沉积
argillaceous shale 泥质页岩
argillaceous soil 泥质土
argillan 黏粒胶膜
argillic 黏化的（argillus）
argillic horizon 黏化层
argillization 黏粒化（argillisatio）
argilloarenaceous 泥沙质的（argilloarenaceus）
argillocalcareous 泥石灰质的（argillocalcareus）
argillous 泥质的，含黏土的，黏土状的（argillus）
arginase 精氨酸酶

arginine（Arg） 精氨酸
arginine biosynthesis 精氨酸生物合成
arginine dehydrase 精氨酸脱水酶
arginine fork 精氨酸叉
arginine in histone 组蛋白的精氨酸
arginine phosphate 磷酸精氨酸
arginine phosphokinase 精氨酸[磷酸]激酶
arginine-rich histone 富含精氨酸的组蛋白，高精氨酸的组蛋白
arginine test 精氨酸测定
arginine-urea cycle 精氨酸-尿素循环
arginine vasopressin（**AVP**） 精氨酸升压素，精氨酸加压素
argininosuccinase 精氨[基]琥珀酸[裂解]酶
argininosuccinate lyase 精氨[基]琥珀酸裂解酶
argininosuccinate synthetase 精氨[基]琥珀酸合成酶
argininosuccinic acid 精氨[基]琥珀酸
argininosuccinic acid uria 精氨基琥珀酸尿
arginosucinyluria 精氨基琥珀酰尿
arginyl- 精氨酰[基]
argol ①粪干（指牛，骆驼）②粗酒石英
argon 氩（Ar，18号元素）
argument ①争论，论证 ②自变量 ③幅角（argumentum）
argument of perigee 近地点幅角（角距）{遥感}
ARGUS 百眼巨人卫星计划（德）{遥感}
argus pheasant tree 龙头树［*Dracontomelom mangiferum* Blume.］（漆树科）
argute 锐齿形的（argutus）
argutum maple 齿叶槭［*Acer argutum* Maxim.］（槭科）
argyreia ①白鹤藤属［*Argyreia* Lour.］（旋花科）②白鹤藤［*Argyreia obtusifolia* Lour.］
argyroderma rose 红银叶花［*Argyroderma roseum* sp.］（番杏科）
argyrol 弱蛋白银
argyrophilic（＝argentophilic） 嗜银的（argentophilus）
arhizal 无主根的（arhizus）
arhythmicity 无节律性（arhythmicitas）
ariboflavinosis 核黄素缺乏症
arid ①干燥的，干旱的 ②荒芜的（aridus）
arid area 干旱地区
arid atmosphere 干燥大气
arid climate 干燥气候
arid condition ①干燥条件 ②干旱情况
arid cycle 干燥周期
arid desert 干旱漠境，干旱荒漠
arid desert climate 干旱荒漠气候
arid environment 干旱环境
arid farming ①旱地农作 ②旱农学
arid farming system 旱地农作制
arid forest 旱地森林
arid gradient 干旱梯度
arid land 旱地
arid-land subterranean termite 旱地白蚁［*Reticulitermes tibialis* Banks］
arid landform 干燥地形
arid nature 干旱性质
arid plant 旱地植物（planta arida）
arid region 干旱地区，旱境，旱区
arid soil 干旱区土壤，旱境土壤
arid steppe 干草原
arid subtropics 干旱亚热带地区
arid zone ①干旱区 ②干带，干区
arid zone soil 干旱区土壤
aridity 干旱性，干旱度（ariditas）
aridity gradient 干旱[度]梯度
aridity index 干旱[度]指数{土壤}
aridization 干旱化作用（aridisatio）
aridization of climate 气候干旱化作用
aridosol 旱成土
arietinous 羊头形的（arietinus）
aril 假种皮（arillus）
arillate 具假种皮的（arillatus）
arillocarpium 假种皮果
arillode 拟假种皮（arillodium）
arista 芒
aristate 具芒的（aristatus）
aristate goosefoot 刺藜［*Chenopodium aristatum* L.］（藜科）
aristate sweetroot 香根芹（野胡萝卜）［*Osmorhiza aristata* Makino et Yabe］
aristeromycin 隐陡头霉素
aristida ①三芒草属［*Aristida* L.］（禾本科）②三芒草［*Aristida adscensionis* L.］
aristogenesis ①芒发生 ②芒状发生
aristolochic acid 马兜铃酸
aristolochine 马兜铃碱
aristostylous 花柱左曲的（aristostylus）
aristulate ①具小芒的 ②具喙的（aristulatus）
aritasone 土荆芥酮
arithmetic average 算术平均数
arithmetic average deviation 算术平均离差{统计}
arithmetic device 运算器
arithmetic effects of genes 基因和差性效应
arithmetic mean 算术平均数
arithmetic mean diameter（**AMD**） 算术平

均直径

arithmetic mean sampletree 中央木,算术平均标准木

arithmetic operation 算术运算

arithmetic register 运算寄存器〔电脑〕

arithmetical progression 算术级数

arithmetical unit 运算器,运算单元

ARITHMICON system 人机联系地图制图模拟系统〔遥感〕

arithmometer 四则计算机

Arizona cotton stainer 棉小红蝽(阿里佐纳棉红蝽)[*Dysdercus mimulus* Hussey](蝽科)

Arizona fescue 阿里佐纳羊茅[*Festuca arizonica*](禾本科)

Arizona peavine 阿里佐纳山黧豆[*Lathyrus arizonicus*](豆科)

Arkansas buckeye 布氏七叶树[*Aesculus bushi* Schneid.](七叶树科)

Arkansas erysimum 阿肯色糖芥[*Erysimum asperum* var. *arkansanum*](十字花科)

Arkansas hawthorn 阿肯色山楂[*Crataegus arkansana* Sarg.](蔷薇科)

Arkansas rose 阿肯色蔷薇[*Rosa arkansana* Porter](蔷薇科)

arm ①亲蔓,母蔓 ②[染色体]臂 ③臂,镜臂杆,手柄(轮子)辐条 ④树枝,树干(arma)

arm length ratio 臂长度比率(指染色体)

arm mixer 叶片式搅拌机

arm pair [染色体]臂对

arm palisade cell 分枝栅栏细胞(cellula brachipaludis)

arm palisade parenchyma 分枝栅栏薄壁组织(parenchyma brachipaludis)

arm-prosthesis 假臂

arm ratio (染色体)两臂比

arm-tie 横担木

armadillo 犰狳(犰狳科)

armand clematis 山木通[*Clematis armandii* Fr.](毛茛科)

armand pine 华山松[*Pinus armandi* var. *amamiana* Hatusima.](松科)

armature ①针刺〔形态〕②电枢〔电〕(armatura)

armed 具刺的(armatus)

armed interrupt 待处理中断,待命中断〔信息〕

armed state 待处理状态,待命状态

armed tapeworm 猪绦虫(有钩绦虫)[*Taenia solium*]

Armenian geranium 阿美尼亚老鹳草[*Geranium psilostemon* Ledeb. = *G. armenum* Boiss](牻牛儿苗科)

Armenian grapehyacinth 阿美尼亚麝香兰[*Muscari armeniacum* Leicht.](百合科)

Armenian plum 阿美尼亚李[*Prunus curdica* Steud.](蔷薇科)

Armenian poppy 阿美尼亚罂粟[*Papaver lateritium*](罂粟科)

armepavine 杏黄罂粟碱

armillaria ①密环菌属[*Armillaria* (Fr.) Quél.](真菌)②密环菌(假密环菌)[*Armillaria mellea* (Vahl. ex Fr.) Karst]

armillaria root rot(= mushroom root rot) 蘑菇根腐病

armillaria root rot of apple 苹果根朽病[*Armillaria mellea* Fr.]

armillaria root rot of avocado 鳄梨根朽病[*Armillaria mellea* (Vahl. et Fr.) Karst]

armillaria root rot of rubber tree 橡胶根腐病[*Armillaria mellea* (Vahl. et Fr.) Karst]

armillary 环形的(armillarius)

armillate ①具环的 ②有菌环的(armillatus)

armogenesis(= armogony) ①胚胎部分适应 ②分支发生

armoracia ①辣根属(马萝卜属)[*Armoracia* Gaertn.](十字花科)②辣根[*Armoracia lapathifolia* Gaertn.]

armored car 装甲车

armored scale ①盾蚧 ②⌊复⌉盾蚧科[Dispididae]

armour 甲鞘(arma)

armoured 被甲的,被壳的〔昆虫〕

armoured scale(= shield scale) ①盾蚧 ②⌊复⌉盾蚧科(Diaspidiae)

armoured share 硬质合金镶尖犁铧

armstrong(= begger weed) 萹蓄[*Polygonum aviculare* L.](蓼科)

armstrong freesia 红小苍兰[*Freesia armstrongii* W. Wats.](鸢尾科)

army ①军 ②大群 ③协会,社,团体

army beetle(= army weevil, rice hispa) [稻]铁甲虫[*Hispa armigara* (Olivier)][铁甲科]

army cut worm(= true armyworm) 原切根虫[*Euxoa auxilliaris* (Crote)][夜蛾科]

army reclamation farm 军垦农场

armyworm(= common armyworm, corn armyworm, grass worm, paddy climbing cutworm) 一星黏虫(美洲黏虫)(夜蛾

科)
arnica ①山金车属[*Arnica* L.](菊科)②山金车[*Arnica montana* L.]
Arnold banana 阿诺德氏芭蕉[*Musa arnoldiana*](芭蕉科)
Arnold crabapple 阿诺德氏海棠[*Malus arnoldiana* Sarg.](蔷薇科)
Arnold flowering plum 阿诺德氏花杏[*Prunus arnoldiana* Rehd.](蔷薇科)
Arnold hawthorn 阿诺德氏山楂[*Crataegus arnoldiana* Sarg.]
Arnold johnswort 阿诺德氏金丝桃[*Hypericum arnoldianum* Rehd.](蔷薇科)
Arnold rose 阿诺德氏蔷薇[*Rosa arnoldiana* Sarg.](蔷薇科)
Arnold steam sterilizer 阿氏蒸汽灭菌器
Arnold-sterilizer 阿氏蒸锅,常压蒸汽灭菌器
arnotto-tree (=anatto-tree) 胭脂树
aroid corm 海芋状球茎(cormus-aroideus)
arolium 中垫{昆虫}
aroma 芳香,香味
aroma and taste 香气滋味,香味(茶)
aroma of wine 酒香
aromadendrene 香橙烯
aromagramme 气味谱(aromagramma)(指花果)
aromatic ①芳香的 ②有香味的 ③芳香族的 ④芳香剂(aromaticus)
aromatic amino acid 芳[香]族氨基酸
aromatic compound 芳[香]族化合物
aromatic crops 香料作物
aromatic group 芳[香]基
aromatic herb 芳香草本植物(herba aromatica)
aromatic hydrocarbon 芳[香]烃
aromatic hydrocarbon receptor (Ah receptor) 芳[香]烃受体
aromatic nature 芳香[本]性
aromatic oil 芳香油
aromatic plant resource 芳香植物资源,香料植物资源
aromatic plants 香料植物,芳香植物(plantae aromaticae)
aromatic rice 香米,香稻
aromatic sneezeweed 芳香堆心菊[*Helenium aromaticum*](菊科)
aromatic substance 芳香物质(substantia aromatica)
aromatic sweetbrier rose 芳香多花蔷薇[*Rosa eglanteria* var. *duplex* West.](蔷薇科)
aromatic tobacco 芳香烟草[*Nicotiana suaveolens* Lehm.](茄科)
aromatic turmeric 郁金(姜黄)[*Curcuma aromatica* Salisb.](姜科)
aromaticity 芳香度(aromaticitas)
aromatizer 香料,芳化剂
aromoline 阿莫灵[$C_{36}H_{38}O_6N_2$]
aromorphosis 形态演进,升级进化
around shift 循环移位
around-the-clock illumination 全昼夜光照
arousal reaction 觉醒反应(指打破休眠)
Arprocarb (=propoxur) 残杀威(杀虫剂)
arrack 棕榈烧酒(东方国家的烧酒)
arrangement ①排列 ②布置,布局,配置 ③整顿,整理(dispositio)
arrangement of axes 坐标轴配置
arrangement of buildings 建筑物布局
arrangement of flowers ①插花 ②花卉配置
arrangement of hammers 锤片排列
arrangement of leaves 叶序(phyllotaxis)
arrangement of plants ①植物网 ②植物配置
arrangement of plots 小区排列
arrangement of soil aggregates 土壤团聚体排列
arrangement of soil particles 土粒排列
array ①依次表,整列,阵列{统计} ②布置,陈列,安排{园艺} ③数组{电脑}
array allocation 数组分配
array component 数组成分,阵列组件
array computer 阵列计算机
array logic 阵列逻辑
array method 排列法(指棉纤维)
array operation 组数运算,阵列运算
array pipeline 数组流水线
array printer 阵列打印机
array processing hardware 阵列处理硬件
arrect 直立的(arrectus)
arrest ①停止,阻止,阻滞 ②扣留 ③抑制(adrestare)
arrest of development 发育停滞
arrested dune 稳定沙丘,固定沙丘
arrested evolution 滞留演化
arrested fold 平缓褶皱{地质}
arrester ①制动器,②放电器 ③过压保险丝
arrestin 抑制蛋白
arresting cell 停滞细胞
arresting nut 止动螺母
arrhenal 甲基砷酸[$CH_3AsO(OH)_2$]
arrhenal mutachromosomic effect 甲基砷酸诱变染色体效应
Arrhenius diagram 阿雷纽斯图解{生态生理}

Arrhenius equation 阿雷纽斯方程
Arrhenius plotting 阿雷纽斯作图法{分遗}
Arrhenius theory 阿雷纽斯理论{生态生理}
arrheno- 「字头」雄
arrhenogenic 产雄的(arrhenogenus)
arrhenogeny 产雄(arrhenogenesis)
arrhenokaryon 雄核(arrhenocaryon)
arrhenoplasm 雄质(arrhenoplasma)
arrhenotokous 产雄单性生殖的(arrhenotocus)
arrhenotokous parthenogenesis 产雄单性孤雌生殖,产雄单性生殖(parthenogenesis arrhenotocus)
arrhenotoky 产雄孤雌生殖(arrhenotocia)
arrhizous(=arrhizal, arhizal) 无根的(arrhizus)
arrhostia 拟病态发育
arrhostic 拟病态发育的(arrhosticus)
arrhythmia 无节律性
arrhythmic 无节律的,无节奏的(arrhythmicus)
arrideserta 流沙荒漠[群落]
arris 边棱
arrival ①到达,出现 ②到达者(adripare){遥感}
arrival interval 到达间隔
arrival pattern 到达方式
arrival rate ①到达比率,到达率 ②输入流强度
arrive ①到达 ②发生(adripare)
arrow ①箭头{狩猎} ②测针{测} ③穗(指甘蔗)
arrow bamboo 矢竹(箭竹)[*Pseudosasa japonica* (Sieb. et Zuce.) Nakai.](禾本科)
arrow button 方向按钮{信息}
arrow crotalaria 箭形猪屎豆[*Crotalaria sagittalis*](豆科)
arrow diagram 箭头图,向量图
arrow emergence(=heading, earing) 抽穗
arrow head 箭头
arrow key 箭头键,方向键
arrow podgrass(=arrowgrass) 水麦冬属
arrow rot ①穗腐 ②穗腐病
arrow-shaped 箭形的(sagittatus)
arrow-shaped share 箭形铲
arrow starch(=arrowheadstarch) 慈姑淀粉
arrow-wood ①荚蒾属[*Viburnum* L.](忍冬科) ②荚蒾[*Viburnum dilatatum* Thunb.]
arrowarum 椭蕊芋属[*Peltandra* L.](天南星科)
arrowed stalk 抽穗茎,交配茎
arrowgrass(=arrow podgrass) ①水麦冬属[*Triglochin* L.](水麦冬科) ②水麦冬[*Triglochinp alustre* L.]
arrowgrass family 芝菜科[Scheuchzeriaceae]
arrowhead ①慈姑属[*Sagittaria* L.](泽泻科) ②慈姑[*Sagittaria sagittifolia* L.]
arrowhead scale(=yanon scale) 矢尖蚧[*Prontaspis yanonensis* Kuwana](蚧科)
arrowhead-shaped round scale 矢尖圆蚧[*Chrysomphalus setiger* Maskell](蚧科)
arrowhead shovel 箭形松土铲
arrowhead vine ①箭头藤属[*Syngonium* spp.](天南星科) ②箭头藤[*Syngonium podophyllum* sp.]
arrowroot ①竹芋属[*Maranta* Plum.](苳叶科) ②竹芋[*Maranta arundinacea* L.]
arrowroot family 苳叶科(竹芋科)[Marantaceae]
arroyo 旱谷
ARS(=autonomously replicating sequence) 自主复制序列{分遗}
arsenate 砷酸盐(总称),偏砷酸盐[$MeAsO_3$],正砷酸盐[Me_3AsO_4],焦砷酸盐[$Me_4As_2O_7$]
arsenate of lime 砷酸钙[$Ca_3(AsO_4)_2$]
arseniasis 砷中毒
arsenic 砷(As,33号元素)
Arsenic acid 砷酸(脱叶剂)[H_3AsO_4]
arsenic ion(=arsenous ion) 砷离子
arsenic mirror 砷镜{显技}
arsenic of lime 砷酸钙
arsenic pentoxide 五氧化二砷[As_2O_5]
arsenic powder 砒粉,砷粉(毒药)
arsenic salt 砷盐
arsenic toxicity 砷中毒
arsenic trioxide(=white arsenic) 白砒,砒霜,三氧化二砷(杀鼠剂)[As_2O_3]
arsenical ①砷化物 ②含砷制剂,砒毒剂
arsenical insecticide 砷化物杀虫剂
arsenide 砷化物
arsenious acid(=**arsenous acid**) 亚砷酸[H_3AsO_3]
arsenious anhydride 白砒(指药)
arsenite 亚砷酸盐,偏亚砷酸盐[$MAsO_2$],原亚砷酸盐[M_3AsO_3],焦亚砷酸盐[$M_4As_2O_5$]
arsenite sodium 亚砷酸钠
arsenocholine 砷胆碱

arsenolite (= arsenic trioxide) 白砒,砒霜,三氧化三砷
arsenomethane-As-1,2-disulfide 双甲硫砷
arsenopyrite 毒砂[FeAsS]
arsenous acid 亚砷酸[$HAsO_2$]
arsine ①胂 ②砷化氢[AsH_3]
art ①艺术 ②技艺 (ars)
art of gardening(= art of garden making) 造园[学]艺术
art pumpkin 苦瓜[*Momordica charantia* L.](葫芦科)
artabotrine (= isocorydine) 异紫堇定
artabotrinine 鹰爪花宁
artabsin 苦艾内酯
artefact (= artifact) ①假象,人为影响 ②矫作物 (artefactus){显技}
artefact of fixation 固定假象{显技}
artefact of staining 染色假象
artemisia (= mugwort) 艾蒿
artemisia gall-midge 青蒿瘿蚊[*Rhopalomyia caterva* Monzen](瘿蚊科)
artenkreis 种圈(artencreis)
arterial ①干线的 ②动脉(arterialis)
arterial drainage 干支渠排水
arteries road 干路
arteriosclerosis 动脉硬化
artery ①干线 ②动脉 (arteria)
artesian ①自流的,自流水的 ②喷水的,喷泉的
artesian aquifer 自流含水层{水利}
artesian fountain 自流喷泉
artesian head 自流水头
artesian pressure 自流井水头,喷泉压
artesian spring 喷泉,自流井,自流泉
artesian water 喷泉水,自流井水
artesian well 喷水井,自流井
arthroaleurium 分节式形成{真菌}
arthrobacter 节细菌[属][*Arthrobacter* spp.]
arthrogenous 分节式形成的 (arthrogenus)
arthromere 体节 (arthromera)
arthropod 节肢动物 (arthropoda)
arthrospira ①节旋藻属[*Arthrospira* spp.](藻类) ②节旋藻[*Arthrospira* sp.]
arthrospore 节孢子 (arthrospora)
arthrosporulation 节孢子形成 (arthrosporulatio)
artichoke ①(= cardoon)洋蓟属[*Cynara* L.](菊科) ②(= globe artichoke)洋蓟(朝鲜蓟)[*Cynara scolymus* L. = *C. cardunculus* var. *sativa* Mor.]
artichoke betony 甘露子(宝塔菜)[*Stachys sieboldi* Miq.](唇形科)
artichoke curly dwarf virus 菊芋卷缩病毒
artichoke mottle crinkle virus 菊芋斑驳皱叶病毒
artichoke plume moth 洋蓟羽蛾[*Platyptilia carduidactyla* (Riley)](羽蛾科)
artichoke thistle(= cardoon) 刺菜蓟(西班牙洋蓟)[*Cynara cardunculus* L.](菊科)
article ①节,关节 ②条款,项目 ③制品(articulus)
articles in wood 木制品
articular 关节的(articularis)
articulate ①有节的 ②有关节的 ③铰接(articulatus)
articulate candle-plant 仙人笔[*Senecio articulatus* Schultz-Bip](菊科)
articulate compound 有节复叶的 (articulatocompositus)
articulate latex tube (= articulate latex duct, articulate laticifer) 有节乳汁管 (ductus laticiferus articulatus)
articulate-pinnate 有节羽状叶的 (articulatopinnatus)
articulated hair 分节毛 (pilus articulatus)
articulated harrow 活节耙
articulated index 挂接索引{信息}
articulated leaves 有节叶 (folii articulati)
articulated rachis 具节穗轴 (rachis articulatus)
articulated steering 扭腰式转向{农机}
articulated tractor 扭腰式转向拖拉机
articulation 关节(articulatio)
articuliform 节状的(articuliformis)
artifact ①矫作物,人工制品 ②[人为]假象 (artifactus)
artificial ①人为的,人工的,人造的 ②非天然的,非真实的 ③仿真的 (artificialis)
artificial activation 人工激活(activatio artificialis)
artificial aeration 人工通风
artificial afforestation 人工造林
artificial aggregate 人工团粒,人工团聚体
artificial aging 人工陈化
artificial amphiploid 人工[诱发]双倍体 (amphiploida artificialis)
artificial antigen 人工抗原
artificial atmosphere ①人造大气 ②调节空气
artificial atmosphere storage 人工气藏
artificial autotetraploid 人工[诱发]同源四倍体 (autotetraploida artificialis)

artificial bait 人工钓饵,拟饵
artificial bare area 人为裸地
artificial barrier 人工障碍,人为障碍
artificial brain 人工脑
artificial breeding ①人工配种,人工育种 ②人工繁殖,人工繁育
artificial brooding 人工孵化,人工育雏
artificial camphor 人造樟脑
artificial cell 人工[诱发]细胞(cellula artificialis)
artificial cell cup 蜡盏{蜂}
artificial chimera 人工嵌合体
artificial chromosome doubling 人为染色体加倍
artificial classification 人为分类[法](classificatio artificialis)
artificial climate control installation for agriculture 农用人工气候控制设施{农施}
artificial climate laboratory 人工气候室,人造气候试验室
artificial cognition 人工识别
artificial coluring(= artificial coloring) 人工着色
artificial compulsory fertilization 人工强迫受精
artificial compulsory pollination 人工强迫授粉
artificial contaminant 人工污染物{环保}
artificial control 人工防治
artificial crossing (= artificial hybrid at on) 人工杂交
artificial cultivation 人工栽培
artificial culture medium (= artificial medium) 人工培养基
artificial deastringency 人工脱涩
artificial deposition 人工淤填
artificial diet 人工饲料{蚕}
artificial draft drier 人工通风干燥机
artificial drainage ①人工排水 ②人工排水法
artificial drainage pattern 人工型水系{水利}
artificial drying 人工干燥
artificial earth satellite 人造地球卫星{遥感}
artificial epiphytotic 人为流行病(指植物)(epiphytoticus artificialis)
artificial evolution 人为进化(evolutio artificialis)
artificial farm manure 堆肥
artificial farmyard manure 人造堆肥,速成堆肥
artificial fecundation ①人工授精 ②人工受胎
artificial feeding ①人工饲养{畜} ②人工喂养{水产}
artificial fertility 人造肥力
artificial fertilization 人工受精(foecundatio artificialis)
artificial fertilizer 人造肥料
artificial fiber 人造纤维
artificial fish reef 人工鱼礁
artificial food ①(= artificial stuff)人工饵料{水产} ②(= artifical diet) 人工饲料{蚕}
artificial forcing 人工催熟
artificial forest 人造林
artificial form factor (= breast-height form factor) 胸高形数{森林}
artificial formation of woods 人工造林
artificial freezing method 人工冷冻法
artificial gene 人工基因(gena artificialis){分遗}
artificial germination 人工催芽
artificial gum 人造胶
artificial hatching 人工孵化(指蚕,蜂)
artificial hatching of dormant egg 休眠卵人工孵化{蚕}
artificial hibernation 人工越冬
artificial hillock 假山{园林}
artificial honeycomb 人造蜂巢
artificial hybridization 人工杂交
artificial ice 人造冰
artificial illumination 人工照明
artificial illumination for vegetable growing 蔬菜栽培人工光照{农施}
artificial immunity 人工免疫性
artificial incubation 人工孵化[法](指家禽)
artificial induced spawning 人工诱导产卵,催产{水产}
artificial induction 人工诱发(inductio artificialis)
artificial induction mutation 人工诱发突变(mutatio inductionis artificialis)
artificial induction of mutation 人工诱变
artificial infectation 人工致害(infectatio artificialis)
artificial infection 人工侵染(指抗病育种)(infectio artificialis)
artificial inoculation 人工接种(inoculatio artificialis)
artificial insemination 人工授精(inseminatio artificialis)
artificial insemination bull (= A. I. bull) 人工授精用公牛
artificial insemination daughter 人工授精青年母牛

artificial insemination station (= artificial insemination center) 人工授精站
artificial intellectual 人工智能器{智培}
artificial intelligence(AI) 人工智能{智培}
artificial intelligence language 人工智能语言
artificial intelligence principle 人工智能原理{智培}
artificial intelligence programming 人工智能程序设计
artificial intelligence technology 人工智能技术{智培}
artificial irrigation 人工灌溉
artificial leather 人造革,仿皮纸
artificial light 人工光[照]
artificial light culture 照明栽培,灯光栽培
artificial light source 人工光源
artificial lightening (= artificial lighting) 人工照明
artificial lighting of livestock house 畜舍人工照明{农施}
artificial line 仿真线{电脑}
artificial lodging 人为倒状
artificial lure 拟饵
artificial mains network 仿真电源网络{信息}
artificial manure 人造肥料(粉末肥料,堆肥)
artificial manure distributor (= artifical manure spreader) 粉末肥料撒布器,人造肥料撒布机
artificial mean 人工措施
artificial membrane 人工膜
artificial messenger RNA 人造信使 RNA
artificial miniature hill 人造假山{园林}
artificial minichromosome 人工微型染色体
artificial mixed pollination 人工混合授粉
artificial mulch ①人工覆盖物 ②人工覆盖层
artificial mutagenesis in maize 玉米人工诱变
artificial mutation method of breeding 人工突变育种法
artificial network 人工网络
artificial neural network(ANN) 人工神经网络{智培}
artificial nursery 人工哺育设施{农施}
artificial nutrient medium 人造营养培养基
artificial nutrition 人工培养基{微生物}
artificial organ 人造器官(organum artificialis)
artificial parthenogenesis 人工单性生殖(parthenogenesis artificialis)
artificial pasture 非天然牧场,栽培牧场
artificial plant hybrid 人为植物杂种
artificial pollen 人造花粉(指养蜂)(pollen artificialis)
artificial pollination 人工授粉(pollinatio artificialis)
artificial population 人为群体
artificial precipitation 人工降雨
artificial production of epiphytotics 人工产生发病环境,人造植病流行(指抗病育种)
artificial propagation 人工繁殖
artificial pruning 人工整枝
artificial radioactive element 人工放射性元素
artificial rain 人造雨
artificial rain device 人工降雨装置
artificial rain irrigation 人工降雨灌溉
artificial rainfall 人工降雨,人工降雨量
artificial raining 人工降雨
artificial rainmaking 人工降雨
artificial rearing 人工饲养
artificial recharge 人工回补,人工回灌(地下水)
artificial recognition 人工识别
artificial reef 人工礁
artificial reflection communication 人造反射层通信
artificial refrigeration ①人工冷藏法 ②人工冷却法
artificial regeneration 人工更新
artificial regeneration of forest with the aid of field crops 乔林大田作物间作
artificial reproduction 人工造林法
artificial resin 人造树脂
artificial restocking 人工更新
artificial rice-soil profile 人造水稻土剖面
artificial ripening 人工催熟
artificial ripening of sugarcane 甘蔗人工催熟
artificial rubber 人造橡胶
artificial seasoning 人工干燥法,人工风干法
artificial seed 人造种子,合成种子
artificial seeding 人工采苗,人工播苗{水产}
artificial selection 人工选择
artificial self-pollination 人工自花授粉(autopollinatio artificialis)
artificial shading 人工遮荫
artificial shift erosion 人为移动侵蚀
artificial silk 人造丝
artificial soil profile 人为土壤剖面
artificial spawn run area 人工[食用菌]栽培种场
artificial stimulation 人为刺激,人工刺激(stimulatio artificialis)

artificial sub-irrigation 人工地下灌溉
artificial sucking 人工哺乳
artificial sunlight lamp 太阳灯
artificial supplementary pollination 人工辅助授粉
artificial swarm ①人工分蜂 ②人工分群
artificial sweetener 人造甜味剂
artificial synthesis of new species 人工新种合成
artificial texture 人工纹理
artificial traffic generator 人工信息量发生器
artificial training 人工整枝
artificial transmutation 人工诱变（transmutatio artificialis）
artificial transposon 人工转座子{分生}
artificial vernalization 人工春化
artificial watering system 人工浇灌系统
artificial weeding ①人工除草 ②人工去杂
artificial wine 人造酒，合成酒（指化学合成）
artificial withering 人工凋萎
artificial wool 人造羊毛
artillery clearweed 透明草［*Pilea microphylla*（L.）Liebm. ＝ *P. muscasa* Lindl.］（荨麻科）
artillery plant ①冷水花属［*Pilea* Lindl.］（荨麻科）②冷水花［*Pilea notata* Wight］
artiodactyl 偶蹄类［动物］［Artiodactyla］
artioploid 偶倍体，偶序多倍体（artioploida）
artiphyllous 具芽节的（artiphyllus）
artisan 手工业工人，技工，工匠
artisan reaction 主宰［作用］{进化}
artisan sugar 土糖
artisanal fishery 个体渔业
artistic gardening 美术园艺学（horticultura artistica）
artistic style 艺术风格{园林}
artist's acanthus 茛芳花［*Acanthus mollis* L.］（爵床科）
artist's conk 树舌［*Ganoderma applanatum*（Pers.）Pat.］
artocarpus scale（＝Florida red scale） 茶褐圆蚧［*Chrysomphalus anonidium*（Linnaeus）］（盾蚧科）
artus 附肢（指昆虫）
artwork master 照相底图，照相原图{显技}
arum ①海芋属［*Arum*（Tourn.）L.］（天南星科）②海芋［*Arum macrorhiza* L. ＝ *A. odoratum* Roxb.］
arum family 天南星科［Araceae］
arum lily（＝cuckoopint） 白星海芋［*Arum maculatum* L.］（天南星科）
arundinaceous 似芦苇的，芦苇状的（arundinaceus）
arundinaceous sweetcane 芒草（大密，斑茅）［*Saccharum arundinaceum* Retz.］（禾本科）
"Arundoid"mutation 芦竹状突变（指甘蔗）
arval 耕地的（arvalis）
aryl- 芳［香］基［AR-］
aryl cation 芳基阳离子
aryl hydrocarbon receptor（Ah receptor） 芳［香］烃受体
aryl hydroxylase 芳基羟化酶
aryl sulfatase 芳基硫酸酯酶
arylation 芳基化（arylatio）
arylesterase 芳［香］基酯酶
arylhydrocarbon hydroxylase（AHH） 芳［香］烃羟化酶
As（＝alto-stratus） 高层云（altostratus）
asafoetida giant fennel 阿魏［*Ferula asafoetida* L.］（伞形科）
asarbaca（＝European wild ginger） 欧细辛［*Asarum europaeum* L.］（马兜铃科）
asarinin 细辛素
asarone 细辛酮 ［$(CH_3O)_3C_6H_2CHiCHCH_2$］
asarum ①细辛属［*Asarum* L.］（马兜铃科）②细辛［*Asarum sieboldii* Miq.］
asarum oil 杜衡油［指为杜衡（*Asarum blumei* Duch.）种子榨出的油］
asaryl-aldehyde 细辛醛 ［$(CH_3O)_3C_6H_2CHO$］
asbestine 滑石棉、石棉粉
asbestos 石棉［$Mg_2CaSi_4O_{12}$］
asbestos board（＝asbestos felt, asbestos sheet） 石棉板
asbestos cardboard（＝asbestos fiber） 石棉纸板
asbestos-cement pipe 石棉水泥管{环保}
asbestos diaphragm 石棉隔膜
asbestos fabric 石棉布
asbestos gasket 石棉垫片
asbestos packing 石棉包装
asbestos rope 石棉绳
ascalaphus flies 蝶角蛉科［Ascalaphidae］
ascaricide 杀蛔虫剂
ascarid ①蛔属［*Ascaris* L.］（蛔虫科）②蛔虫［*Ascaris lumbricoides* L.］
ascaridol 驱蛔脑，驱蛔素（杀蛔虫剂） ［$C_{10}H_{14}O_2$］
ascariosis 蛔虫病

ascarite 烧碱石棉
ascending 上行的,上升的(ascendens)
ascending activating system 上行激活系统{分生}
ascending air 上升空气
ascending axis 上升轴(指主茎)(axis ascendens)
ascending branch ①上升枝(ramus ascendens) ②上升支流
ascending chromatography 上行层析
ascending current 上行电流
ascending development 上行展开[法]{生技}
ascending face 上升割面(指采脂)
ascending frontal bristle 上额鬃{昆虫}
ascending habit 上升习性(指茎)
ascending inflorescence 上升花序(inflorescentia ascendens)
ascending key 升序键{电脑}
ascending machine 扬水机,提水机
ascending order 升序,升序排列
ascending paper chromatography 上行纸层析
ascending pathway 上行途径,上行通路
ascending pipe 直管,注水管(指泵的){环保}
ascending sap 上升液
ascending shot 上升射击{狩猎}
ascending stream 上升水流
ascending system 向上分类式(systema ascendens)
ascending transpiration flow 上升蒸腾流{生态生理}
ascending velocity (=ascension velocity) 上升流速
ascending water 上升水
ascending water level 上升水位,上涨水位
ascension 上升,升高(ascensio)
ascension pipe 上行管,上升管
ascension spring [上]升泉
ascension theory 升腾[学]说{气象}
ascensional motion 上升运动
ascent curve 上升曲线{统计}
ascertainment 查明,探实,确认,确定
asci 子囊(ascus 的复数)
ascidiate 瓶状的(ascidiatus)
asciform 瓶状的(ascidiformis)
ascidium 瓶状体
asciferous 具子囊的(asciferus)
ascigerous centrum 子囊中心体(centrum ascigerum)
ascites 腹水
ascitic tumor 腹水瘤
asclepain 萝藦蛋白酶
asclepiads family 萝藦科[Asclepiadaceae]
asclepion 萝藦蛋白
asco- [字头]囊
ascocarp 子囊果(ascocarpium)
ascochymenium 子囊子实层
ascochyta blight 褐斑病,茎枯病
ascochyta leaf spot(=leaf spot) 轮斑病(菜豆),褐斑病(蚕豆)
ascochyta spot of bean 菜豆轮斑病[*Ascochyta phaseolorum* Sacc.]
ascochyta spot of broad bean 蚕豆褐斑病[*Ascochyta fabae* Speg.]
ascochyta spot of common vetch 巢菜褐斑病[*Ascochyta phaseolorum* Sacc.]
ascochyta spot of eggplant 茄褐斑病[*Ascochyta melongenae* Padman.]
ascochyta spot of jujube 枣褐斑病[*Ascochyta zizyphi* Hara]
ascochyta spot of lettuce 莴苣褐斑病[*Ascochyta lactucae* Rost.]
ascochyta spot of mulberry 桑褐斑病[*Ascochyta moricola* Berl.]
ascochyta spot of mung bean 绿豆褐斑病[*Ascochyta phaseolorum* Sacc.]
ascochyta spot of nightshade 茄属褐斑病[*Ascochyta melongenae* Padman.]
ascochyta spot of pea 豌豆淡褐斑病[*Ascochyta pisi* Lib.]
ascochyta spot of sesame 芝麻褐斑病[*Ascochyta sesami* Miura]
ascochyta spot of soybean 大豆褐斑病[*Ascochyta sojae* Miura]
ascochyta spot of spinach 菠菜褐斑病[*Ascochyta chenopodii*(Karst.)Rostr.]
ascochyta spot of tobacco 烟草褐斑病[*Ascochyta nicotianae* Pass.]
ascochyta spot of urd 黑吉豆褐斑病[*Ascochyta phaseolorum* Sacc.]
ascochyta spot of vetch 巢菜褐斑病[*Ascochyta phaseolorum* Sacc.]
ascoconidiophore 子囊状分生孢子梗(ascoconidiophorum)
ascoconidium 子囊状分生孢子(ascoconidium)
ascogenous 具子囊的,产子囊的(ascogenus)
ascogenous hypha 产囊[菌]丝(hypha ascogena)
ascogenous hyphal system 产囊丝系统(systema hyphalis ascogena)

ascogonium 产囊体(ascogonium)
ascohymenium 子囊子实层(ascohymenium)
ascolichen [子]囊菌地衣(ascolichen)
ascoma 子囊果实体,有子囊子实(ascoma)
ascomycetes 子囊菌[纲][Ascomycetes]
ascomycetous fungus 子囊菌(fungus ascomycetus)
ascophore 产囊丝(ascopherum)
ascoplasm 子囊质(ascoplasma)
ascorbate 抗坏血酸,维生素 C
ascorbic acid 抗坏血酸,维生素 C
ascorbic oxidase (= ascorbic acid oxidase) 抗坏血酸氧化酶
ascorbigen 抗坏血酸原
ascosin 杀子囊菌素
ascospore 子囊孢子(ascospora)
ascospore mutant ①子囊孢子突变型 ②子囊孢子突变体
ascosporic stage 子囊孢子期
ascosporogenous yeast 产子囊酵母
ascosporophyte 子囊孢子体(ascosporophyta)
ascosporulation 子囊孢子形成(ascosporulatio)
ascostome 子囊顶孔,子囊口(ascostoma)
ascostroma 子囊座
ascus 子囊
ascus apparatus 子囊器(ascoapparatus)
ascus crown 子囊冠(ascocorona)
ascus layer 子实层(hymenium)
asdic control room 声呐控制室{信息}
-ase ⌊字尾⌉酶
asecretory 无分泌的(asecretoris)
asellids 栉水虱科[Asellidae]
asemantide 无信息分子
asepalous 无萼的(asepalus)
asepalous flower 无萼花(flos asepalus)
asepsis ①无菌 ②无毒 ③防腐(asepsis)
aseptate 无隔的(aseptatus)
aseptic 无菌的(asepticus)
aseptic canning 灭菌罐装{加工}
aseptic condition ①无菌,无毒 ②无菌环境
aseptic culture 无菌培养
aseptic degeneration 退化现象
aseptic distillation 防腐蒸馏
aseptic filtration 除菌过滤
aseptic packaging 防腐包装
aseptic rearing 无菌饲育(指蚕)
aseptic technic 无菌技术
aseptic tissue culture 无菌组织培养
asexual 无性的(asexualis)
asexual alternation of generation 无性世代交替(generao alternationis asexualis)
asexual bud 无性芽(gemma asexualis)
asexual cell 无性细胞(cellula asexualis)
asexual embryo 无性胚(embryo asexualis)
asexual evolution 无性进化(evolutio asexualis)
asexual flower 无性花(flos asexualis)
asexual generation 无性世代(generatio asexualis)
asexual groups 无性繁殖植物类群(catervae asexuales)
asexual hybrid 无性杂种
asexual hybridization(= vegetative hybridization) 无性杂交(hybridisatio asexualis)
asexual individual 无性生殖个体,无性个体(individuum asexuale)
asexual mode 无性方式(modus asexualis)
asexual multiplication 无性繁殖
asexual propagation 无性繁殖,无性生殖(propagatio asexualis)
asexual reproduction 无性生殖,无配子生殖,无融生殖(reproductio asexualis)
asexual seedling 无性菌(plantula asexualis)
asexual spore 无性孢子(spora asexualis)
ASF (= alternate splicing factor) 可变剪接因子{生技}
ASG (= acetic-saline-Giemsa) 乙酸-盐水-吉姆沙{显技}
ash ①灰分 ②草木灰 ③梣属[*Fraxinus* L.](木犀科) ④梣(白蜡树)[*Fraxinus chinensis* Roxb.]
ash borer 梣透翅蛾(紫丁香透翅蛾)[*Podosesia syringae* (Harris) = *P. syringae fraxini* (Lugger)](透翅蛾科)
ash bunker 灰斗
ash-coloured 灰色的,灰白色的(cinereus)
ash constituent 灰分组成
ash content 灰分含量,含灰量
ash conveyer 灰渣输送带
ash element 灰分成分
ash-free dry matter 无灰分干物质
ash-free organic matter 无灰分有机物
ash-gray blister beetle 梣灰芫菁[*Epicauta fabricii* Le-Conte](芫菁科)
ash-grey light 灰色光
ash-lagoon 灰分处理池{环保}
ash-leaved maple 梣叶槭[*Acer negundo* L. = *Negundo aceroides* Moench., *N.*

fraxinifolium Nutt.](槭科)
ash manure 灰肥,(肥料)草木灰
ash manuring 施用灰肥,施用草木灰
ash method 灰化法
ash pan 灰盘
ash-pit 灰坑
ash score 灰分指数
ash soil 灰[分]土
ash solution for soaking seeds 浸种用草木灰液
ash-tree (= ash) 梣(白蜡树)[*Fraxinus chinensis* Roxb.](槭树科)
ash weight 灰分重
Ashby's culture solution 爱茨拜氏培养液(固氮用)
ashed material 灰分材料
ashed plant material 草木灰
ashen-grey soil 灰色土
ashes 灰粉
ashing 灰化
ashless filter paper 无灰滤纸{显技}
ashless peat 少灰泥炭
Ashmouni 阿茨摩尼(棉品种)
ashweed (= woodland angelica, wild angelica) 林白芷(林独活)[*Angelica silvestris* L.](伞形花科)
ashy ①灰分的 ②灰色的
ashy leaf spot (梨)褐斑病
ashy leaf spot or fruit spot of pear 梨褐斑病[*Mycosphaerella sentina* Schraet]
Ashy Mauritius 灰色毛里求斯(甘蔗热带原种)
ashy substance 灰分物质
ashycoloured ironweed (= little ironweed) 夜香牛(假碱虾花)[*Vernonia cinerea* Less.](菊科)
Asia and Pacific region 亚洲及太平洋地区,亚太地区
Asia baneberry 亚洲类叶升麻[*Actaea asiatica* Hara](毛茛科)
Asia bell ①党参属[*Codonopsis* Wall.](桔梗科) ②党参[*Codonopsis pilosula* Nannf.]
Asia cotton 草棉[*Gossypium herbaceum* L.](锦葵科)
Asia glory ①银叶花属[*Argyreia* Lour.](旋花科) ②银叶花[*Argyreia acula* Lour.]
Asia minor wormweed 小亚细亚蒿[*Artemisia splendens*](菊科)
Asia poppy 亚洲罂粟属[*Roemeria* L.](罂粟科)
Asian bluebells (= sea lungwort) 滨瓣灰(亚洲滨紫草)[*Mertensia asiatica* Macbr.](紫草科)
Asian butterfly bush 驳骨丹[*Buddleia asiatica* Lour.](马钱科)
Asian dryad (= Asiatic eightpetal dryad) 亚洲仙女木(多瓣木)[*Dryas octopetala* L. var. *asiatica* Nakai](蔷薇科)
Asian pigeon wings 蝶豆(蓝花豆)[*Clitoria ternata* L.](豆科)
Asian service berry 扶移(东亚唐棣)[*Amelanchier asiatica* Endl.](蔷薇科)
Asian varieties 亚洲品种
Asiatic barberry 亚洲小檗[*Berberis asiatica* DC.](小檗科)
Asiatic beetle (= oriental beetle) 东方丽金龟[*Anomala orientalis* Waterh.](金龟科)
Asiatic cockroach (= oriental cockroach) 东方蜚蠊(黑蠊)[*Blatta orientalis* Linnaeus](蜚蠊科)
Asiatic cotton 亚洲棉(含有鸡脚棉)[*Gossypium arboreum* L.]和草棉[*Gossypium herbaceum* L.]
Asiatic currant 细枝茶藨子[*Ribes tenue* Janes.](虎耳草科)
Asiatic dayflower (= dayflower) 鸭跖草[*Commelina communis* L.](鸭跖草科)
Asiatic dragonfly orchis 蜻蜓兰[*Tulotis asiatica* Hara](兰科)
Asiatic erysimum 亚洲糖芥[*Erysimum rupestre*](十字花科)
Asiatic garden beetle 甘薯绒黑金龟(紫绒鳃角金龟)[*Maladera japonica* Motschulsky = *Aserica japonica* Motschulsky](金龟科)
Asiatic ginseng 人参(人蓡)[*Panax schinseng* Nees.](五加科)
Asiatic leaf roller 亚洲卷蛾[*Cacoecia breviplicana* Walsingham](卷蛾科)
Asiatic locust (= palaearctic migratory locust) 亚洲飞蝗[*Locusta migratoria migratoria* L.](蝗科)
Asiatic moonseed 蝙蝠葛[*Menispermum dauricum* DC.](防己科)
Asiatic pennywort ①积雪草属[*Centella* L.](豆科) ②积雪草[*Centella asiatica* (L.) Urban]
Asiatic plantain 车前[*Plantago asiatica* L.](车前科)
Asiatic rice borer (= Asiatic rice striped borer, rice stem borer) 二化螟[*Chilo*

suppressalis(Walker)](螟蛾科)

Asiatic sweetleaf 白檀[*Symplocos paniculata* (Thunb.) Miq.](山矾科)

Asiatic tree cotton 树棉[*Gossypium arboreum* L. = *G. nanking* Meyen., *G. indicum* Lam.](锦葵科)

asiaticoside 积雪草苷

Asiaticus colubrina ①蛇藤属[*Colubrina* L.C.Richard](鼠李科) ②蛇藤[*Colubrina asiatica* (L.)Brongn.]

asimina 合心皮果

asiphonogamous plant 无管植物(planta asiphonogamae)

a.s.l.(= above sea level) 海拔高度

Asn (= asparagine) 天冬酰胺

ASO (= allele-specific oligonucleotide) 等位基因特异寡核苷酸{分遗}

asoka (= sorrowless tree) ①无忧花属[*Saraca* L.](豆科) ②无忧花[*Saraca indica* L.]

Asomate 福美砷(杀菌剂)[$C_9H_{18}AsN_3S_6$]

Asozine 苏化911,硫甲胂(杀菌剂)[CH_3AsS]

Asp (= aspartic acid) 天冬氨酸

asparagi 具鳞片根出条

asparaginase 天冬酰胺酶

asparagine(Asn) 天冬酰胺[$NH_2CO \cdot CH_2 \cdot CH(NH_2) \cdot COOH$]

asparagine synthetase 天冬酰胺合成酶

asparaginic acid 天冬氨酸 [$COOHCH(NH_2)CH_2COOH$]

asparaginyl- 天冬酰胺酰[基] [$CONH_2 \cdot CH_2 \cdot CHNH_2 \cdot CO$-]

asparagus ①天冬属[*Asparagus* L.](百合科) ②石刁柏(芦笋,龙须菜)[*Asparagus officinalis* L.]

asparagus bean 长豇豆(长豆角)[*Vigna sesquipedalis*(L.) Fruwirth](豆科)

asparagus beetle 石刁柏叶甲[*Crioceris asparagi* (Linnaeus)](叶甲科)

asparagus broccoli 花茎甘蓝(意大利芥蓝)[*Brassica oleracea* L. var. *italica* Plenck.](十字花科)

asparagus caterpillar (= asparagus fern caterpillar, beet armyworm) 甜菜夜蛾[*Spodoptera exigua*(Hübner)(夜蛾科)

asparagus-fern 文竹[*Asparagus plumosus* Baker](百合科)

asparagus fly 石刁柏蝇(石刁柏实蝇)[*Platyparea poeciloptera* Schrank.](实蝇科)

asparagus garden lettuce(= asparagus lettuce) 莴苣(笋)[*Lactuca sativa* L. var. *angustana* Irsh. = *L. angustana* Hort.](菊科)

asparagus grass 天冬草[*Asparagus cochinchinensis* (Lour.) Merr. = *A. lucidus* Lindl.](百合科)

asparagus knife 石刁柏用刀

asparagus lettuce 莴苣[*Lactuca sativa* var. *angustana* L.](菊科)

asparagus miner(= small asparagus fly) 石刁柏潜蝇(天门冬潜蝇)[*Agromyza simplex* (Loew)](潜蝇科)

asparagus pea 四棱豆[*Psophocarpus tetragonolobus* DC.](豆科)

asparagus rust 石刁柏锈病[*Puccinia asparagi* DC.]

asparagus spider mite 文竹裂爪叶螨[*Schizotetranychus asparagi* Oudemans](叶螨科)

asparagus tretoil 长角百脉根[*Lotus tiliquosus* L.](豆科)

asparagus virus 1 石刁柏病毒1号

aspartase 天冬氨酸酶

aspartate ①天冬氨酸 ②天冬氨酸盐,天冬氨酸酯或天冬氨酸根

aspartate aminotransferase 天冬氨酸转氨酶

aspartate kinase (= aspartokinase) 天冬氨酸激酶

aspartate protease (= aspartic protease) 天冬氨酸蛋白酶

aspartate transcarbamylase (= aspartate carbamyl transferase) 天冬氨酸转氨甲酰酶

aspartic acid (Asp) 天冬氨酸 [$COOH \cdot CH \cdot (NH_2) \cdot CH_2 \cdot COOH$]

aspartic transaminase 天冬氨酸氨基转移酶

aspartokinase 天冬氨酸激酶

aspartyl- 天冬氨酰[基] [$-COCH_2CH(NH_2) \cdot CO$-]

aspartyl hydroxamate 天冬氨酰异羟肟酸

aspartylphosphate 天冬氨酰磷酸

aspect ①相,季相{生态} ②方位,方面,方向 ③外观,外貌 ④景况,状况 ⑤[平面]形状,样子(aspectus)

aspect angle 视线(界)角,扫描角{遥感}

aspect card system 标号卡片系统{信息}

aspect indexing 关键字检索{电脑}

aspect ratio 高宽比,纵横比(指尺寸)

aspen 欧洲山杨(洋山杨)[*Populus tremula* L.](杨柳科)

aspen blotch miner 青柳细蛾(欧山杨细蛾)[*Lithocolletis tremuloidiella* Braun](细

蛾科)
aspen leaf beetle 青杨叶甲(欧山杨叶甲)[*Chrysomela tremulae* Brown](叶甲科)
aspen mushroom 变形牛肝菌[*Boletus versipellus* Fr.](牛肝菌科)
aspen peavine 白花山黧豆[*Lathyrus leucanthus* L.](豆科)
aspen rot 杨树曲霉病[*Aspergillus niger* Ven Tiegh]
asperate 粗糙的(asperatus)
aspergillic acid 曲毒酸[$C_{12}H_{20}O_2N_2$]
aspergilliform 刷状的(aspergilliformis)
aspergillin 曲霉素
aspergillosis 曲霉病
aspergillosis of bees 蜂曲霉病
aspergillus ①曲霉属[*Aspergillus* Mich. ex Fr.](曲霉科) ②曲霉
aspergillus flavus (=aflatoxin) 黄曲霉毒素
aspergillus nidulans 构巢曲霉[*Aspergillus nidulans* (Eid.) Wint.]
aspergillus niger 黑曲霉[*Aspergillus niger* V.Tiegh.]
aspergillus oryzae 米曲霉[*Aspergillus oryzae* (Ahlb.) Cohn]
aspergillus proteinase 曲霉蛋白酶
aspergillus rot of citrus 柑橘曲霉病[*Aspergillus niger* Van Tiegem.]
aspergillus species 曲霉种
asperifoliate (=asperifolius) 具粗糙叶的(asperifoliatus)
asperity 粗糙(asperitas)
aspermia ①无种子 ②无精,精液缺乏
aspermous ①无[种]子的 ②无精的(aspermus)
aspermous grape 无子葡萄(品种)
aspermous watermelon 无子西瓜(品种)
asperous 粗糙的(asper)
aspersus 有糙点的
asperulous 微糙的(asperulus)
asphalt 柏油,沥青
asphalt lac 沥青胶
asphalt vernish 沥青油漆
asphaltic coating 沥青涂层{环保}
aspherical lens 非球面透镜
asphodel 阿福花属[*Asphodelus* L.](百合科)
asphyxia (=asphyxy) 窒息
asphyxiant 窒息剂
asphyxiation ①窒息[作用] ②窒息病(asphyxiatio)
aspidate ①具突出口的 ②具盾状区的(aspidatus)
aspidin 鳞毛蕨素
aspidinol 绵马醇[$C_{12}H_{16}O_4$]
aspidiotus ficus (=brown scale) 褐圆蚧[*Chrysomphalus ficus* Ashmead.](盾蚧科)
aspidistra ①蜘蛛抱蛋属[*Aspidistra* Ker-Gawl.](百合科) ②(=common aspidistra)蜘蛛抱蛋[*Aspidistra elastior* Bl.]
aspidistra scale(=fen scale) 橘长盾蚧(蜘蛛抱蛋盾蚧)[*Pinnaspis aspidistrae* (Signoret)](盾蚧科)
aspiral 非螺旋的(aspiralis)
aspiral arrangement 非螺旋排列(dispositio aspiralis)
aspirated grain conveyor 气吸式谷物输送器
aspirated pit-pair 闭塞纹孔对(porusopar aspiratus)
aspirated thermometer (=ventilated thermometer) 通风温度计,通风温度表
aspirating air 吸气
aspirating chamber 吸气室,抽气室
aspiration ①吸气,吸入 ②通气,通风 ③抽出,吸出(aspiratio)
aspiration channel 吸气管,吸气塔
aspiration column 吸气筒,吸气塔
aspiration pneumonia 吸入性肺炎
aspiration psychrometer 通风干湿表
aspirator ①通风器,吸尘器 ②气吸管道,吸气器,抽气器
aspirator-type precleaner 吸气风扇式粗选机
aspirin 阿司匹林,乙酰水杨酸[$CH_3COOC_6H_4COOH$]
aspis 盾(状区)
aspleen worts ①铁角蕨属[*Asplenium* L.](铁角蕨科) ②铁角蕨[*Asplenium trichomanes* L.]
asplenium 虎尾蕨[*Asplenium incisum* Thunb.](铁角蕨科)
asporogenous (=asporogenic) 不产孢子的(asporogenus)
asporogenous microorganism 不产孢子微生物(microorganismus asporogenus)
asporogenous yeast 不产孢子酵母,无孢酵母
asporous 无孢子的(asporus)
asporous microorganism 无孢子微生物(microorganismus asporus)
ass ①驴属[*Asinus* Gray](马科) ②驴[*Equus asinus*] ③公驴,牡驴
ass breeding ①养驴业 ②养驴学

ass-colt 幼驴
ass-foal 种驴,公驴
Assam fanpalm 阿萨姆蒲葵[*Livistona jenkinsiana* Griff.](棕榈科)
Assam jats of tea 阿萨姆种茶树
Assam king begonia 毛叶秋海棠[*Begonia rex* Putz.](秋海棠科)
Assam rubber(= Indian ficus) 菩提树[*Ficus religiosa* L.](桑科)
Assam rubber tree(= Indian rubber tree) 印度胶树(印度橡皮树)[*Ficus elastica* Roxb.](桑科)
Assam Tea 阿萨姆茶(大叶种品种)
Assam tea 普洱茶[*Thea cochinchinensis* Lour. = *T. assamica* Mast., *T. sinensis* var. *assamica* Pierre](茶科)
assanation 环境卫生(assanatio)
assarting 土地清除
assassin bug ①(= kissing bug)猎蝽 ②⌞复⌝猎蝽科[Reduviidae]
assassin fly ①(= robber fly)食虫虻 ②⌞复⌝食虫虻科[Asilidae]
assay ①试验,化验 ②鉴定,测定,检定 ③试样 ④分析
assay for RAV-O specific sequence RAV-O特异序列鉴定
assay for SV40 specific sequence SV40特异序列鉴定
assay method 化验法
assay strain 检定菌株
assaying of mineral 矿物鉴定
assaying of seed 种子鉴定
assemblage ①集合 ②装配 ③集合物
assemble ①汇编{信息} ②装配{生技}
assemble-and-go 汇编并执行,边汇编边执行
assemble duration 汇编持续时间
assemble editing 汇编编辑
assembled epitope 装配型表位{生技}
assembled program 汇编程序
assembler ①装配器{生技} ②汇编程序,汇编器{电脑} ③集合机{加工}
assembler control 汇编控制
assembler translator 汇编翻译程序
assembling ①集合,聚集{栽培} ②安装,装配{农机} ③架设(桥梁等) ④汇编{电脑}
assembling of machine 机器安装
assembling phase 汇编阶段
assembling time 汇编时间
assembly ①部件,组合件 ②装置,设备,机组 ③安装,装配组装 ④总体,集合体 ⑤汇编
assembly automation 装配自动化
assembly buffer ①汇编缓冲器 ②汇编缓冲区
assembly chaining 汇编连接
assembly compost 汇集堆肥
assembly drawing 装配图纸
assembly exchange repairing method 总成(组合件)互换修理法
assembly mapping of ribosomal proteins 核蛋白体蛋白的集合体制图
assembly of characters 性状总体
assembly protein 装配蛋白[质]
asserting(= land clearing) 开垦荒地
assertion ①断定,断言 ②维持,坚持 ③确定,确立 ④主张,要求(assertio)
assertion database 断言数据库{信息}
assertion logic 断言逻辑
asses 驴类
asses'box tree(= prickly box, box-thora) ①枸杞属[*Lycium* L.](茄科) ②枸杞(= Chinese matrimonyvine)[*Lycium chinensis* Mill.]
assessing ①测定,鉴定 ②评定,查定(assessens)
assessment ①估价,评价,估计 ②评定,评查,查定 ③征收,税额
assessment bias 评价倾向性
assessment of sustainable development system 可持续发展系统的评价
assessment of yield-capacity [生]产量估测,估产
assessment value function 评估价值函数
assets 资产,财产
assign ①分配 ②指定 ③给予,授予 ④转让,赋予(assignare)
assign network address command 指定网络地址命令{信息}
assignation ①分配 ②指定(assignatio)
assigned priority 指定优先[级]{电脑}
assignment ①指定工作,分配任务 ②委派 ③排布(assignmentum)
assignment gene 指定基因
assignment of configuration 构型排布{生技}
assimilability 同化能力(assimilabilitas)
assimilate ①同化 ②同化物(assimilatus)
assimilate allocation 同化物分配
assimilate movement ①同化运动 ②同化过程
assimilate stream 同化物流
assimilating filament 同化丝(filamentum assmilativum)
assimilating parenchyma 同化薄壁组织(parenchyma assimilativa)
assimilating part 同化部分
assimilating plant(= assimitative plant)

同化植物(planta assimitativa)
assimilating surface (= assimilatory surface) 同化表面
assimilating tissue(= assimilation tissue, assimilatory tissue) 同化组织(tela assimilativa)
assimilation 同化[作用](assimilatio)
assimilation characteristics 同化特征
assimilation coefficient(= assimilatory coefficient) 同化系数
assimilation number 同化数
assimilation organ(= assimilator, assimilatory organ) 同化器官(organum assimilationis)
assimilation period 同化期
assimilation pigment 同化色素
assimilation product 同化产物
assimilation quotient(= assimilatory quotient) 同化商
assimilation rate 同化率
assimilation respiration 同化呼吸
assimilation starch 同化淀粉
assimilation system 同化系统(systema assimilationis)
assimilation tissue (= assimilating tissue) 同化组织
assimilation type 同化类型
assimilation yield 同化产量
assimilative 同化的(assimilativus)
assimilative nitrate reduction 同化硝酸还原作用
assimilative root(= assimilatory root) 同化根,光合根(radix assimilativus)
assimilator 同化器,同化器官
assimilatory 同化的(assimilatorius)
assimilatory activity 同化活性(activitas assimilatorius)
assimilatory cell 同化细胞(cellula assimilatoria)
assimilatory induction 同化诱导(inductio assimilatoria)
assimilatory power 同化力
assimilatory starch 同化淀粉
assimilatory surface (= assimilating surface) 同化表面(superficies assimilatorius)
assimilatory tissue 同化组织(tela assimilatoria)
assiminum (= asiminum) 合心皮果
assistance ①援助,帮助 ②辅助(assistantia)
assize 测树,材积测定
asska 无忧花[*Saraca indica* L.](豆科)
Assmann psychrometer 阿斯曼干湿表
associated ①结合的 ②联系的,关联的,联想的 ③连带的,相连的 ④伴生的(assosiatus)
associated chinese character input 联想式汉字输入法{电脑}
associated data 关联数据
associated diagram 关联图
associated virus 伴生病毒
associates (= associated species) 伴生树种
associating inputting 联想输入{电脑}
association ①配对 ②联会 ③[植物]群丛 ④组合,缔合 ⑤关联(associatio)
association area 缔合区,{分生}
association coefficient 关联系数{信息}
association complex 群丛复合体{生态}
association constant 缔合常数{分生}
association control service element (ACSE) 关联控制服务元件
association energy 缔合能{分生}
association forest ①社团体 ②群丛林
association fragment 群丛片段{生态}
association group 群丛组
association interpreter 关联解释程序{信息}
association of plant 植物群丛
association of soil 土壤组合
association reaction 缔合反应
association-segregate 群丛隔离
association table ①群丛表 ②关联表
association test ①联合试验 ②联合测试{统计}
association type 群丛型
associative ①选型的 ②联会的 ③联合的,相连的 ④缔合的 ⑤联想的,关联的(associativus)
associative action 联会作用
associative effect 缔合效应
associative information storage 联合信息存储
associative network 联想网络
associative operation 结合运算
associative overdominance 联合过显性
associative processing 关联处理
associative processor 关联处理机
associator ①联系文件 ②相关物,伴随物
associes 演替系列群丛,不稳定群丛(associes)
assortative 选型的(assortativus){育种}
assortative breeding 选型育种(指选型交配)
assortative marriage 选型结婚,选型配合
assortative mating 选型交配
assorted flower bed 交植花坛{园林}

assorting cylinder ①选粮筒 ②圆筒筛
assortive mating(= assortative mating) 选型交配
assortment ①分类 ②分配 ③组合 ④选型交配 ⑤材种
assortment of American timbers 美国材种
assortment of chromosome ①染色体分配 ②染色体组合
assortment of gene ①基因分配 ②基因组合
assortment of particle 颗粒分配,颗粒分类
assortment table 材种表
assumed ①假定的 ②采用的 ③计算的,理论的 (assumatus)
assumed fishing rate 假定渔获率
assumed load 假定负荷
assumed mean 假定平均数
assumenta 长角裂片
assumption 假定,假设 (assumptio)
assumption in model 模型假设
assurance ①保证,保险,担保 ②确信 (assurantia)
assurance coefficient 安全系数{电脑}
assurgent 上升的(assurgens)
astacin 龙虾肽酶,龙虾素
astatic ①无定向的 ②不稳定的(astaticus)
astatic control 不稳定控制
astatic galvanometer 无定向电流计
astatine 砹(At,85 号元素)
astatism 无定向性(astatismus)
astaxanthin 变胞藻黄素
astely 无中柱式(astelia)
aster- ⌊字头⌉星形
aster ①紫菀属[*Aster* L.](菊科) ②紫菀[*Aster tataricus* L.] ③星体(aster)
aster leafhopper 紫菀叶蝉[*Macrosteles fascifrons* Stalàl)](叶蝉科)
aster sea-gray ①沙生狗娃花(沙生紫菀)[*Heteropappus hispidus* var. *arenarius* Kitam.]
asterad type 紫菀型(指胚)
asteriated 星状[生长]的(asteriatus)
asteriated habit 星状[生长习性](habitus asteriatus)
asteriform 星形的(asteriformis)
asterin 紫菀苷,花青-3-葡糖苷
asterionella ①星杆藻属[*Asterionella* spp.](藻类) ②星杆藻[*Asterionella* sp.]
asterisk 符号"*"
asterisk notation 星符号,星号记法
asterocarpous 具星芒状果的(asterocarpus)
asteroid ①(= asteriate)星状的 ②拟紫菀的 ③星形曲线 ④小行星(asteroides)
asterotrichous 具星芒状毛的(asterotrichus)
asterrubin 二甲胍基乙磺酸
asthemosphere 软流圈
asthenostachyous 疏穗的,柔穗的(asthenostachyus)
asthma 气喘病
asthma weed 路俾利草[*Lobelia inflata* L.](半支莲科)
astigmatism 象散,集散,散光(astigmatismus)
astigmatometer 散光计
astilbe 落新妇属[*Astilbe* Bush](虎耳草科)
astipulate 无托叶的(astipulatus)
astomatous 无口的(astomatus)
astomous 无开口的(astomus)
astracus (= earth's star, man fungus) ①硬皮地星属[*Astracus* Morg.](硬皮地星科) ②硬皮地星[*Astracus hygrometricus* Morg.]
astracus family 硬皮地星科[Astracaceae]
astragaloid ①骰子形的 ②似紫云英属的(astragaloides)
astragalus ①紫云英属(黄芪属)[*Astragallus* L.](豆科) ②(= Chinese milk vetch, Chinese milky vetch)紫云英[*Astragalus sinicus* L.]
astral ①星的,多星的 ②星状的(astralis)
astral fiber (= astral ray) 星射线,星体丝
astral mitosis 有星有丝分裂(mitosis astralis)
astral ray ①星射线{解剖} ②星光{细胞}(radius astralis)
astral spindle 星纺锤体(fusus astralis)
Astria bent(= colonial bent) 细弱剪股颖(欧洲翦股颖)[*Agrostis tenuis* Sibth. = *A. vulgaris* With. = *A. capillaris* L.](禾本科)
astringency 涩味(astringentia)
astro- ⌊字头⌉①星,星形 ②宇宙 ③天文,天体
astrobiology 天体生物学,行星生物学(astrobiologia)
astrocaryum ①星果棕属[*Astrocaryum* spp.](棕榈科) ②星果棕[*Astrocaryum mexicanum* sp.]
astrocenter 星心体(astrocentrus)
astrocyte 星形细胞(astrecyta)
astrolabe 等高仪
astrolabic survey 等高仪测量
astroloba ①松塔掌属[*Astroloba* spp.](百合科) ②松塔掌[*Astroloba pentagona*

sp.]
astronomical 天文[学]的(astronomicus)
astronomical almanac 天文年历
astronomical azimuth 天文方位角
astronomical day 天文日
astronomical super telescope 超级天文望远镜{遥感}
astronomical telescope 天文远望镜
astronomical tides 天文潮
astronomical time 天文时
astronomical trigger 天文学起动信号
astronomical unit 天文单位
astronomy 天文学(astronomia)
astrosclereid 星状石细胞(astrosclereida)
astrosphere 星心球(astrosphera)
astrovirus 星状病毒
asulam 黄草灵(除草剂)[$C_8H_{10}N_2O_4S$]
Asuntol (= coumaphos) 蝇毒磷,蝇毒
asymbiotic 非共生的(asymbioticus)
asymbiotic nitrogen fixation 非共生固氮作用
asymbiotic nitrogen fixer 非共生固氮生物
asymmetric I/O (= asymmetric input/output) 非对称输入输出{电脑}
asymmetric atom 不对称原子
asymmetric carbon 不对称碳
asymmetric cell division 不对称细胞分裂(cytokinesis asymmetricus)
asymmetric chromatid translocation 不对称染色单体易位
asymmetric chromosome 不对称染色体
asymmetric cryptosystem 不对称密码系统{信息}
asymmetric DNA replication 不对称 DNA 复制
asymmetric double-sized ring chromosome 不对称双倍大环染色体
asymmetric exchange 不对称交换
asymmetric half disk (AHD) 不对称半圆盘{电脑}
asymmetric hybrid 不对称杂种
asymmetric karyotype 不对称染色体组型,不对称核型{分遗}
asymmetric labeling 不对称标记
asymmetric reciprocal translocation 不对称相互易位
asymmetric reunion 不对称复合
asymmetric segregation 不对称分离
asymmetric synthesis 不对称合成
asymmetric video compression 非对称视频压缩{电脑}
asymmetrica 不对称青霉群(asymmetrica)
asymmetrical 不对称的(asymmetricus)
asymmetrical bivalent ①不对称二价的 ②不对称二价染色体
asymmetrical chromatid exchange 不对称染色单体交换{细胞}
asymmetrical compression 不对称压缩
asymmetrical corolla 不对称花冠(corolla asymmetrica)
asymmetrical distribution 不对称分布
asymmetrical flower 不对称花(flos asymmetricus)
asymmetrical growth 不对称生长
asymmetrical interchange 不对称[染色体]互换
asymmetrical second division 不对称第二次分裂
asymmetrical second division segregation 不对称第二次分裂分离
asymmetrical transmission 非对称传输,同步传输{信息}
asymmetrical type 不对称型
asymmetry 不对称[性](asymmetria)
asymmetry in selection response 不对称选择反应
asymmetry of lipid bilayer 双分子脂膜不对称性
asymptote ①渐近线 ②渐近的(asymptotus){统计}
asymptote length 渐近长度
asymptote of growth curve 生长曲线渐近线
asymptotic 渐近的(asymptotus)
asymptotic complexity 渐近组合
asymptotic distribution 渐近分布
asymptotic efficiency 渐近效率
asymptotic error 渐近误差
asymptotic population 渐近种群
asynapsis 不联会
asynaptic 不联会的(asynapticus)
asynaptic disomic 不联会二体生物(disomicus asynapticus)
asynaptic gene 不联会基因(gena asynaptica)
asynchronization 不同步化(asynchronisatio)
asynchronous ①不同步的,异步的 ②不同期的(asynchronus)
asynchronous balanced mode (ABM) 异步平衡方式{信息}
asynchronous cleavage 不同时卵裂
asynchronous communication control adaptor (ACCA) 异步通信控制适配器
asynchronous communication interface 异步通信接口
asynchronous computer 异步计算机

asynchronous development 不同时发育
asynchronous disconnected mode (ADM) 异步断路方式{信息}
asynchronous DNA synthesis 异步 DNA 合成
asynchronous mitosis 异步有丝分裂
asynchronous motor 异步电动机
asynchronous replication 异步复制
asynchronous teletype 异步电传打印机{电脑}
asynchronous transfer mode (ATM) 异步传输模式{信息}
asyndesis (= asynapsis) 不联会
asyndetic (= asynaptic) 不联会的
asyngamic 无配子配合的(asyngamicua)
asyngamy 雌雄异形(asyngamia)
asyntenic 无连锁[座位]的(asyntenicus)
asyntenic loci 无连锁座位(loci asyntemicae)
asynteny 无连锁关系(asyntenia)
asyntrophia 发育不均
at bay 负隅(指狩猎)
at bench level 实验室阶段
at end condition 末端条件
at home 国内
at home and abroad 国内外
at stake 插标,立标
at symbol 位于符号
at the right moment 适当的时期
ATA (= amitrole, aminotriazole) 杀草强(除草剂)
atactilia 触觉失调
atactostele 散生中柱(atactostela)
atalantia 酒饼簕属[*Atalantia* Correa.](芸香科)
atavism 返祖[现象],返祖性(atavismus)
atavism regeneration 返祖性再生
atavistic 返祖性的(atavisticus)
ataxia 运动失调,协调不能
ataxia hereditaria 遗传性共济失调
ataxinomic ①异常的 ②畸形构造的(ataxinomicus)
ataxite 角砾斑杂石{地质}
ATCase (= aspartate transcarbamylase)天冬氨酸转氨甲酰酶
-ate ⌊字尾⌉盐,酯
Atebrin (= Atebrine) 阿的平
ategminous 无珠被的(ategminus)
ateleiotic dwarf 发育不全的侏儒
atelia 发育不全
ateliosis (= ateleiosis) 发育不全(垂体性侏儒症)
atelocentric 非端着丝粒的(atelocentricus)
atelocentric chromosome 非端着丝粒染色体(chromosoma atelocentrica)
atelomitic 非端着丝的(atelomiticus)
athalamous 无花托的(athalamus)
athel tamarisk 无叶柽柳[*Tamarix aphylla* Karst.](柽柳科)
Athenian maple 雅典槭(*Acer atheniense*)(槭科)
Athenian poplar 希腊杨[*Populus graeca* Loud.](杨柳科)
athera 芒
athericerous 具芒的(athericerus)
athermancy 不透辐射热性(athermantia)
athermobiosis 低温滞育
athermous 不透辐射热的(athermus)
atherosclerosis [动脉]粥状硬化
athletic ①运动的 ②体育的(athleticus)
athletic physiology 运动生理学
athymic mutant(= thymusless mutant) 无胸腺突变型
athyrium 亚美蹄盖蕨[*Athyrium pycnosorum* Christ.](水龙骨科)
-ation ⌊字尾⌉行为,状态,性质,情形,结果,作用
atis borer 番荔枝果螽螟[*Heterographis bensalella* Rag.]
atisine 异叶乌头碱[$C_{21}H_{31}NO_2$]
Atlantic 1150 大西洋 1150 飞机{遥感}
Atlantic alyssum 大西洋庭荠[*Alyssum atlanticum*](十字花科)
Atlantic blue-eyedgrass 大西洋豚鼻花[*Sisyrinchium atlanticum*](鸢尾科)
Atlantic blueberry 大西洋越橘[*Vaccinium atlanticum*](乌饭树科)
Atlantic coastal heath 大西洋沿岸石南荒原{生态}
Atlantic ericaceous heath 大西洋欧石南型荒原{生态}
Atlantic fern 小莎草蕨[*Schizaea pusilla*](海金沙科)
Atlantic houseleek 大西洋长生花[*Sempervivum atlanticum*](景天科)
Atlantic isopyrum 大西洋人字果[*Lsopyrum biternum* L.](毛茛科)
Atlantic mannagrass 大西洋甜茅[*Glyceria obtusa*](禾本科)
Atlantic pigeon wings 蝶豆[*Clitoria mariana*](豆科)
Atlantic pogonia 大西洋须唇兰(大西洋朱兰)[*Pogonia verticillata*](兰科)
Atlantic sardine 沙丁鱼[*Sardina pilchardus* (Walbaum)](水产)
Atlantic spinder mite 大西洋红叶螨[*Tet-*

ranychus atlantica McGregor](叶螨科)
Atlantic white cedar 大西洋花柏(白扁柏)[*Chamaecyparis thyroides* B. S. P.](柏科)
Atlantic wild indigo 大西洋赝靛[*Baptisia leucantha*](豆科)
Atlantic yam 大西洋薯蓣[*Dioscorea villosa* L.](薯蓣科)
Atlas 阿特拉斯(澳大利亚甘蔗品种)
atlas 地图集{遥感}
Atlas cedar 小亚细亚雪松[*Cedrus atlantica* Manett.](松科)
atlas-colour 颜色图谱
atlas moth(= giant wild silkworm) 大柏天蚕[*Attacusatlas* (L.)](大蚕蛾科)
Atlas pistachia 小亚细亚黄连木[*Pistacia atlantica* Desf.](漆树科)
Atlas poppy 大西洋罂粟[*Papaver atlanticum*](罂粟科)
ATM (= asynchronous transmission mode) 异步传输模式{信息}
atmidometer 蒸发表
atmidometry ①蒸发测定 ②蒸发测定法(atmidometrica)
atmidoscope 湿度指示器
atmo- ⌞字头⌝大气,蒸汽
atmology 水气学(atmologia)
atmometer 陶面蒸发表
atmometry ①蒸发测定 ②蒸发测定法(atmometrica)
atmosphere ①大气 ②大气压 ③大气圈(atmosphera)
atmosphere drought(= atmospheric drought) 大气干旱
atmosphere selectivity scatter 大气选择性散射
atmosphere window 大气窗口
atmospheric ①大气的 ②空气的(atmosphericus)
atmospheric absorption 天气吸收
atmospheric absorption band 大气吸收波段{遥感}
atmospheric attenuation 大气衰减
atmospheric circulation 大气环流
atmospheric CO_2 大气 CO_2
atmospheric composition 大气组成
atmospheric condensation 大气凝结,大气降雨
atmospheric contaminant 大气污染物
atmospheric correction 大气校正
atmospheric corrosive(= atmospheric corrosion) 大气腐蚀
atmospheric cycle 大气循环
atmospheric dilution 大气稀释
atmospheric dispersion 大气色散
atmospheric disturbance 大气扰动
atmospheric drought 大气干旱
atmospheric dust 大气尘埃
atmospheric effect 大气效应
atmospheric electricity ①大气电学 ②大气电
atmospheric environment 大气环境
Atmospheric Explorer Mission (AEM) 大气探测卫星{遥感}
atmospheric fluoride level 大气氟化物水平,大气氟化物含量
atmospheric humidity (= atmospheric moisture) 大气湿度
atmospheric hypothesis 大气成分变化说{气象}
atmospheric immissions 大气注入[污染]物{生态生理}
atmospheric loss 大气损耗
atmospheric metamorphism 大气变性
atmospheric model 大气模式
atmospheric molecular oxygen 大气分子氧
atmospheric nitrogen 大气氮
atmospheric noise 大气噪声,天电干扰
atmospheric oscillation 大气波动,大气振荡
atmospheric oxidant 大气氧化剂
atmospheric oxidation 大气氧化
atmospheric oxygen 大气氧
atmospheric ozone layer 大气臭氧层
atmospheric path radiance 大气程辐射率
atmospheric plankton 大气浮游生物
atmospheric pollutant 大气污染物
atmospheric pollution 大气污染
atmospheric precipitation [大气]降水
atmospheric pressure 大气压力,气压
atmospheric radiation 大气辐射
atmospheric reaction 大气反应
atmospheric refraction 大气折射
atmospheric remote sensing 大气遥感
atmospheric scintillation 大气闪烁
atmospheric sounding 大气探测
atmospheric stability 大气稳定度
atmospheric static(= atmospherics) 天电
atmospheric steam 常压蒸汽
atmospheric swamp 天然沼泽
atmospheric temperature 大气温度,气温
atmospheric temperature profile sounder 大气温度廓线探测[卫星]系统
atmospheric thermodynamics 大气热力学
atmospheric transmission band 大气透射波段{遥感}
atmospheric transmittance 大气透过率

atmospheric turbidity 大气浑浊度
atmospheric visibility 大气能见度
atmospheric vortex 大气涡旋
atmospheric water 降水,大气水
atmospheric waves (= atmospheric billows) 大气波
atmospherics 天电(atmospherica)
atoll 环状珊瑚岛,环礁
atoll lagoon 环礁泻湖
atom 原子(atomus)
atom action 原子活动
atom formula 原子公式
atom percent excess 超量原子百分数
atomic 原子的(atomicus)
atomic absorption analysis 原子吸收分析[法]{环保}
atomic absorption method 原子吸收法
atomic absorption spectrophotometer 原子吸收分光光度计
atomic absorption spectrophotometry 原子吸收分光光度测定法
atomic absorption spectroscopy (AAS) 原子吸收光谱
atomic coordinate 原子坐标
atomic data element 原子数据元素
atomic disintegration 原子蜕变
atomic emission spectroscopy 原子发射光谱[法]
atomic energy 原子能
atomic energy level 原子能级
atomic fertilizer 原子肥[料]
atomic fluorescence spectroscopy 原子荧光光谱[法]
atomic fractional coordinate 原子分数坐标
atomic heat 原子热
atomic layer 原子层
atomic model 原子模型
atomic nucleus 原子核
atomic number 原子序(数)
atomic operation 原子操作
atomic orbital 原子轨道
atomic oxygen 氧原子,原子氧
atomic power 原子动力
atomic power station 原子能发电站,核电站
atomic radius 原子半径
atomic rays 原子射线
atomic reactor(= atomic pile) 原子反应堆
atomic refraction 原子折射
atomic spectrum 原子光谱
atomic structure 原子结构
atomic theory (= atomism) 原子学说{物}
atomic thermal motion 原子热运动
atomic weight 原子量
atomicity ①原子价 ②原子数 ③可分性(atomicitas)
atomism 原子学说(atomismus){物}
atomization ①雾化[法] ②喷雾(atomisatio)
atomizer 喷雾器
atomizing ①雾化 ②喷雾
atomizing concentrate 浓雾剂
atomizing machine ①弥雾机 ②喷雾机
atomizing nozzle ①喷嘴 ②雾化喷嘴
atomizing pump 喷雾泵,雾化泵
atomizing sprayer 弥雾机
atomizing unit 雾化装置
atonic ①张力缺乏的 ②清音的,无声的(atonicus)
atopy ①感毒性 ②特应性 ③衰弱(atopia)
-ator ⌞字尾⌝人,物
atout 粗大的
atoxic 无毒的(atoxicus)
ATP (= adenosine triphosphate) 腺苷三磷酸,三磷酸腺苷
ATP binding site ATP 结合部位,腺苷三磷酸结合部位{分遗}
ATP-dependent protease 依赖于 ATP 的蛋白酶,依赖于腺苷三磷酸的蛋白酶
ATP-hydrolyzing protein ATP 水解蛋白,腺苷三磷酸水解蛋白
ATP synthesis ATP 合成
ATP synthesis in mitochondrion 线粒体的 ATP 合成
ATP-synthetase activity ATP 合成酶活性,腺苷三磷酸合成酶活性
ATPase (= adenosine triphosphatase) 腺苷三磷酸酶,ATP 酶
ATPase knob ATP 酶染色纽
ATPase of inner membrane subunit 内膜亚单位的 ATP 酶
ATPase of membrane 膜 ATP 酶
atractylogenin 苍术苷配基
atractyloside 苍术苷
atranorin 黑茶渍素
atratone (= atraton) 阿特拉通,莠去通(除草剂)[$C_9H_{17}N_5O$]
atrazine 阿特拉津,莠去津(除草剂)[$C_8H_{14}ClN_5$]
atreme 无萌发孔(atrema)
atresia ①闭锁(畸形) ②无孔状态 ③不通
atretic follicle 萎缩卵泡
atrial 围鳃的(atrialis){水产}
atrial aperture 围鳃腔孔
atrial chamber 围鳃腔
atrichia 无毛(突变型)

atrichous 无鞭毛的（atrichus）
atricide 杀锥虫剂
atro- ⌞字头⌝深浓，黑暗
atrophic rhinitis（=bull nose）［猪］萎缩性鼻炎
atrophy ①萎缩 ②减缩［现象］（atrophia）
atropids 窃虫科［Atropidae］
atropine 阿托品，颠茄碱［$C_{17}H_{23}O_3N$］
atropinism 颠茄碱中毒（atropinismus）
atropisomer 阻转异构体{生技}
atropous 直生的（atropus）
atropous ovule 直生胚珠（ovulum atropum）
att（=attachment site） 着丝位点{细胞}
attached ①附着的，着生的 ②并连的 ③附属的（insurtus）
attached cell 附着细胞（cellula insurta）{分生}
attached chromosome 并连染色体
attached ground water 结合［地下］水（地面下附着在土壤孔隙界面上的水）
attached implement ①附加农机具 ②悬挂式农机具
attached processor（AP） 附属处理机{信息}
attached site 附着位点
attached X-chromosome 并连X染色体
attaching device for field implements 农机具的牵引装置
attaching organism 附着生物
attachment ①附着 ②附属装置，附件 ③配套农机具 ④固定，联结
attachment cell of comb （与巢框黏接处的）附着巢房（边缘巢房）
attachment chain 爪接链，钩头链
attachment chromomere（=centrogene）着丝染色粒
attachment constriction 着丝缢痕，附着缢痕
attachment of anther 花药着生式（insurtio antherae）
attachment point 着丝点
attachment protein 附着蛋白，吸附蛋白
attachment region（=attachment constriction） 着丝缢痕
attachment site 着丝位点
attachment unit interface（AUI） 连接器接口{信息}
attack ①（害虫等）袭击，侵袭 ②发病，发作③侵蚀，腐蚀
attack a fire 扑火
attack of locusts 蝗虫侵袭
attack time ①出动时间（指害虫）②启动时间（指打印）
attacked plant 发病植株，受感染植株
attainability ①可达 ②可得 ③可及（attainabilitas）
attainable ①可达［到］的 ②可得［到］的（attainabilis）
attainable region 可达域{环保}
attar 玫瑰油
attemperator 温度调节器，减温器
attendance ①出勤 ②照管 ③护理
attendance time 出勤时间
attendant cabinet 操作箱{信息}
attended mode 值班方式
attended operation 值班操作（指有人看管的操作）
attended time 值班时间
attended trail printer 手工式托架打印机，单页打印机
attention（ATTN） ①保养，维护 ②注意［事项］，引起注意的信号（attentio）
attention command 注意命令{信息}
attention in 注意输入{信息}
attention out 注意输出
attenuance 衰减率（attenuantia）
attenuate ①渐狭的 ②细的，薄的 ③稀薄的，稀释的 ④减毒 ⑤衰减（attenuatus）
attenuated live vaccine 减毒活疫苗
attenuated strain 减毒菌株
attenuated vaccine 减毒疫苗
attenuated virus 减弱病毒
attenuation ①驯化［育种］②致弱［作用］{病理}③衰减{气象}④稀释{生化}（attenuatio）
attenuation coefficient ①驯化系数 ②衰减系数
attenuation coefficient due to rain 雨引起的衰减系数{遥感}
attenuation of radiation 辐射衰减
attenuation of virulence 减毒作用
attenuator ①调节部位 ②衰减器 ③减温器 ④减压器 ⑤消声器 ⑥弱化子，衰减子
attenuator region 调节区
attenuator region of tryptophan operon 色氨酸操纵子调节区
attestation 证明（attestatio）
attitude ①姿势，胎势{畜}②姿态
attitude control system 姿态控制系统{遥感}
attitude reference system 姿态参政系统
attitude sensor 姿态传感器
attlalea 巴西棕属［*Attlalea* L.］（棕榈科）
attoto yam 黄薯蓣［*Dioscorea cayennensis*

L.](薯蓣科)
attractancy 诱杀性,引诱性(attractantia)
attractant 引诱剂(attractans)
attracting action 引诱作用,诱杀作用
attracting fish lamp 诱鱼灯
attraction ①吸引,牵引 ②吸力,引力(attractio)
attraction center 吸引中心
attraction fiber 牵引丝,纺锤丝(fiber attractionis)
attraction particle 中心粒(particula attractionis)
attraction sphere 吸引球(sphaera attractionis)
attraction spindle 吸引纺锤体(fusus attractionis)
attractive ①有吸引力的,吸引性的 ②吸引力(attractivus)
attractive force 吸引力
attractive odour 吸引性气味
attractive taste 吸引性味觉
attractiveness ①吸引性 ②引诱性,诱杀性
attractoplasm 纺锤体基质(attractoplasma)
attractor 吸引子{电脑}
attractosome 纺锤体质体(attractosoma)
attribute ①属性{统计} ②归于,归因于(attributus)
attribute analysis 属性分析
attribute file 属性文件,特征文件{电脑}
attribute sampling 按属性抽样
attribute summary statistics 属性累加统计法,特征累加统计法
attributive character 属性性状
attrition ①摩擦 ②磨损 ③研磨(attrictio)
attrition mill ①对磨式磨粉机 ②对转盘磨
attune ①协调 ②一致,适合(attunus)
Atwood Navel 阿特伍德脐橙(美国早熟脐橙品种)
atypical(=atypic) 非典型的,非模式的(atypicus)
atypical antibody 非定型抗体
atypical behavior 异常行动{畜}
atypical division 非典型分裂(divisio atypica)
AT&T(=American Telephone and Telegraph Company) 美国电话电报公司{信息}
aubergine(=eggplant) 茄
aubrieta ①南庭荠属[*Aubrieta* Adans.](十字花科) ②南庭荠[*Aubrieta cultorum* sp.]
Auburn disk (沙地用)碟形耙片
auction(=auction sale) 标售,标卖,拍卖(auctio)
auction of timber 木材标售
aucuba ①桃叶珊瑚属[*Aucuba* Thunb.](山茱萸科) ②桃叶珊瑚[*Aucuba chinensis* Benth.]
aucuba mosaic 黄斑花叶病
audibility 听度,听力,可听性(audibilitas)
audibility meter 听度计
audible ①可听的,听得见的 ②音响的(audibilis)
audible alarm 音响警报
audible cue 可听见信号
audible feedback 音响反馈,声音反馈
audio(=audiofrequency) 音频{信息}
audio- ⌊字头⌉可听,听觉
audio amplifier 音频放大器
audio casette 卡型盒式录音机
audio tape 录音磁带
audio taping 磁带录音
audiofrequency 音频,声频(audiofrequentia)
audiogenic seizure 声波痉挛
audiogram ①听力图 ②听力敏度图(andiogramma)
audiolocator 声波定位器
audiomasking 听觉淹没,遮声,掩声
audiometer 听力计,听度计
audiomoniter 监听器
audiovisuals 视听教材{智培}
audit ①查账 ②账目核算{农管} ③监听{信息} ④审计{农经}
audit area ①监听区域{信息} ②审计区域{农经}
audit window 监听窗口
auditing ①审计学{农经} ②检查{电脑}
audition 听觉(auditio)
audito- ⌊字头⌉可听,听觉
auditory ①听觉的 ②耳的 ③听众(auditorius)
auditory acuity 听敏度
auditory area(=audible range) 听觉区域,可听范围
auditory cortex 听觉皮层
auditory information 听觉信息
auditory nerve 听觉神经
auditory neuron 听觉神经元
auditory organ 听觉器,听器官
auditory reflex 听反射
auditory sense 听觉(指昆虫)
auditron 语言识别机

AUG 碱基三联体(A=腺嘌呤,U=尿嘧啶,G=鸟嘌呤)
augen gneiss 眼球状片麻岩{地质}
augen structure 眼球状构造
augend 被加数{统计}
auger ①螺旋钻 ②螺旋推进器 ③螺旋
auger beater (联合收获机收割台的)整体运禾螺旋拨禾筒
auger beet cleaner-loader 螺旋喂送式甜菜清理装载机
auger bin sweep (塔式)仓库卸粮用回转螺旋
auger bit 木螺钻
auger bunk feeder 螺旋式饲料分送器
auger conveyor 螺旋输送器
auger crop lifter 螺旋扶茎器
auger delivery 螺旋输送
Auger electron 俄歇电子{生技}
Auger electron spectroscopy (AES) 俄歇电子能谱[学]
auger elevator 螺旋升运器
auger feed distributor ①螺旋排肥施肥机 ②螺旋式饲料分配器
auger-feed type grain blower 螺旋喂入式吹送扬场机
auger feeder ①螺旋喂送器 ②螺旋式饲料分送器
auger grain loader 螺旋装粮机
auger header 运禾螺旋式收刈台
auger hole injection 钻孔注射[法]{园艺}
auger hole method 钻穴法,钻孔法{土壤}
auger platform 螺旋式收割台
auger-type fertilizer distributer 螺旋式撒肥机
auger-type grain cleaner 螺旋式清粮机
auger unloader 螺旋卸载机
augerized feeding 螺旋送料喂饲
augite 普通辉石
augmentation ①扩大,增加 ②增长 (augmentatio)
augmented ①扩大的,扩张的 ②扩充的 (augmentus)
augmented design 扩张设计
augmented transition network (ATN) 扩充转移网络{信息}
augmenter 增量
augmenting path 增广路{信息}
augmenting response 增大反应
augmentor ①细胞分裂促进因子,促进物 ②增压器,增强器
Aujeszky's disease (=pseudorabies) 斯奇氏病,伪狂犬病
aulacanthous 具槽纹刺的 (aulacanthus)
aulacocarpous 具槽纹果的 (aulacocarpus)
aulacodont 具槽纹齿的 (aulacodontus)
aulacogonous 具槽纹角的 (aulacogonus)
aulacolobate 具槽纹裂片的 (aulacolobatus)
aulacophyllous 具槽纹叶的 (aulacophyllus)
aulacospermous 具槽纹种子的 (aulacospermus)
aural ①耳的 ②听觉的 ③气味的,香味的 (auralis)
auramine O (=auramin O) 金[色]胺O(染料){显技}
auramine stains 金胺染色剂
aurantiamarin 酸橙素
aurantiform 柑形的 (aurantiformis)
aurantium 柑果
aurate russula 金红菇 [*Russula aurata* Fr.] (伞菌科)
aurea 黄化植物
aurelia 金蛹
aureo- ⌞字头⌝黄色,金黄
aureobasidioagglutinin 金黄担子凝集素
aureofungin 金黄真菌素
aureomycin 金霉素
aureus 金黄色的
aureus bladderwort 黄花狸藻 [*Uericularia aurea* Loureiro.] (狸藻科)
auricle ①叶耳{形态} ②心耳{昆虫} ③外耳{畜} ④耳形突(指蜂后足第一跗节前端的结构,用以使花粉推进花粉筐) (auricula)
auricled leafhopper ①耳叶蝉 [*Ledra auditura* Walker] ②⌞复⌝耳叶蝉科 [Ledridae]
auricula (=bearsear) 耳状报春花 [*Primula auricula* L.] (报春花科)
auriculate 耳状的 (auriculatus)
auriculate dayflower 耳苞鸭跖草 [*Commelina auriculata* Bl.] (鸭跖草科)
auriform 耳形的 (auriformis)
aurintricarboxylic acid 金精三羧酸
aurochrome 金色素
aurora 极光{气象}
auroral 极光的 (auroralis)
auroral spectra 极光光谱
auroxanthin 金黄质
aurum 金 (Au, 79号元素)
aus type 夏秋稻型(印度稻品种;旱季栽培的矮秆型水稻)
auscultation 听诊 (auscultatio)
austral 南方的 (australis)
Australia antigen (HAA) 澳大利亚抗原
Australian 澳大利亚的 (australis)

Australian beefwood 细枝木麻黄［*Casuarina cunninghamiana* Miq.］（木麻黄科）

Australian bluebell creeper 澳洲梭利藤［*Sollya heterophylla* Lindl.］（海桐花科）

Australian bluestem 臭根子草［*Andropogon intermedius* R. Br.］（禾本科）

Australian bottle plant 佛肚树［*Jatropha podagrica* Hook.］（大戟科）

Australian Braford 澳洲白来福牛（用婆罗门牛与海福特牛杂交育成）

Australian brushcherry eugenia 澳洲圆锥花番樱桃［*Eugenia paniculata* var. *australis*］（桃金娘科）

Australian bug dorthesia（= cottony cushion scale） 吹绵蚧［*Icerya purchasi* Maskell］（绵蚧科）

Australian burnweed 澳洲菊芹［*Erechites prenanthoides*］（菊科）

Australian carpet beetle 澳洲皮蠹［*Anthrenocerus australis*（Hope）］（皮蠹科）

Australian clematis 澳洲铁线莲［*Clematis aristata*］（毛茛科）

Australian cockroach 澳洲大蠊［*Periplaneta australasiae*（Fabricius）］（蜚蠊科）

Australian common armyworm（= oriental armyworm moth）［东方］黏虫［*Lucania separata*（Walker）= *Pseudaletia australis* Francl.］（夜蛾科）

Australian cotton 澳洲棉［*Gossypium sturti*］（锦葵科）

Australian cowplant 匙羹藤［*Gymnema sylvestre* Schult.］（萝藦科）

Australian dodder 澳大利菟丝子［*Cuscuta australis* R Br.］（菟丝子科）

Australian dracena 剑叶铁树［*Cordyline stricta*］（龙舌兰科）

Australian elfinwanda（= wand flower） 仙钓竿（澳洲漏斗花）［*Dierama pulcherrima* Baker］（鸢尾科）

Australian euphorbia 澳洲大戟［*Euphorbia australis*］（大戟科）

Australian fanpalm 澳洲蒲葵［*Livistona australis*］（棕榈科）

Australian feathergrass 澳洲针茅［*Stipa elegantissima* Labill.］（禾本科）

Australian fingerlime 指橘［*Microcitrus australasica*］（芸香科）

Australian grain borer（= Australian spider beetle） 澳洲蛛甲［*Ptinus ocellus* Brown］（蛛甲科）

Australian gum 澳洲［树］胶

Australian gumtree（= blue gum, blue eucalyptus, fever tree） 桉树（有加利）［*Eucalyptus globulus* Lab.］（桃金娘科）

Australian harebell 细兰花参［*Wahlenbergia gracilis* A. DC.］（桔梗科）

Australian indigo 澳洲槐蓝（澳洲木蓝）［*Indigofera australis*］（豆科）

Australian jasmine 澳洲素馨［*Jasminum gracile*］（木犀科）

Australian kino（= red gum） 赤桉［*Eucalyptus calophylla* R. Br.］（桃金娘科）

Australian lady beetle（= vedalia） 澳洲瓢虫［*Rodolia cardinalis*（Mulsant）］（瓢虫科）

Australian Merino 澳大利亚美利奴羊

Australian minute egg parasite 澳洲赤眼蜂［*Trichogramma australicum* Girault］（纹翅卵蜂科）

Australian nightshade 澳洲茄［*Solanum aviculare*］（茄科）

Australian pea dolichos 木扁豆［*Dolichos lignosus*］（豆科）

Australian pine ①木麻黄属［*Casuarina* L.］（木麻黄科）②木麻黄［*Casuarina equisetifolia* Forst.］

Australian pine borer 澳松吉丁［*Chrysobothris tranquebarica*（Gmelin）］（吉丁科）

Australian plague locust（= wandering grasshopper） 澳洲疫蝗［*Chortoicetes terminifera*（Walker）］（蝗科）

Australian realm 澳洲区

Australian Region 澳大利亚区（指植物分布区）

Australian round wildlime 澳洲小柑［*Microcitrus australis* Sw.］（芸香科）

Australian saltbush 澳洲滨藜［*Atriplex semibaccata*］（藜科）

Australian smutgrass 鼠尾粟［*Sporobolus elongatus* R. Br.］（禾本科）

Australian sour orange 澳大利酸橙（品种）

Australian termite ①达尔文澳白蚁［*Mastotermes darwiniensis* Froggatt］②［复］澳白蚁科［Masttoermitidae］

Australian violet 澳洲堇菜［*Viola hederacea*］（堇菜科）

Australian waterlily 澳洲睡莲［*Nymphaea gigantea*］（睡莲科）

Australian windmillgrass 澳洲虎尾草［*Chloris ventricosa*］（禾本科）

Australopithecine 南方古猿（亚科）［Australopithecine］

Australorp 澳洲黑（鸡品种）

Austrian brier rose 臭蔷薇［*Rosa foetida* Herrm.］（蔷薇科）
Austrian flax 奥地利亚麻［*Linum austriacum*］（亚麻科）
Austrian pine 南欧黑松［*Pinus nigra* Arn. = *P. laricio* Poir］（松科）
Austrian wormwood 奥地利蒿［*Artemisia austriaca*］（禾本科）
autacoid 生物活性物质，激素（autacoideus）
autapse 自身突触（autotapsus）
autarcesis（= natural immunity） 天然免疫性
autarchic 同原型（autarcus）
autarchic gene 同原基因，自效基因
autarky 自给自足，经济独立
autechoscope 自检听诊器
autecology 单种生态学（autecologia）
auteu-form 单主全孢型
authentic ①可靠的，有根据的 ②真正的（authenticus）
authentication ①验证，证实 ②鉴定，鉴别 ③确认，辨认（authenticatio）
authentication exchange 验证交换
authentication of users 用户鉴别〔信息〕
authentication server（AS） 鉴别服务器
authenticity ①真实性 ②可靠性（authenticitas）
author ①作者 ②程序设计者 ③编辑 ④命名者（= author of the scientific name）（auctor）
author language 编辑语言〔电脑〕
authoring 创作
authoring software 创作软件
authoring tools 创作工具
authority ①权力，权限 ②特许（authoritas）
authority credentials 权限凭证
authorization ①授权 ②委托 ③指定 ④特许（authorisatio）
authorization code 授权代码，特许代码〔信息〕
authorized ①授权的 ②特许的 ③指定的（authorisatus）
authorized hybrid 指定杂交种
authorized race 指定蚕品种
authorized user 特许用户〔信息〕
auto- ［字头］① 同源 ②自己，自体 ③自动
auto analysis 自动分析（autoanalysis）
auto answering machine 自动电话应答机〔信息〕
auto bypass 自动旁路
auto-feeding 自动喂饲
auto-filling 自动填充
auto-header 自动收割机
auto-orientation ①自定向 ②单独定向（autoorientatio）
auto-orientation of centromere 着丝粒自定向
auto-oxidation 自动氧化（指在大气中）
auto-oxidation phase ①自动氧化相 ②自动氧化期
auto-packing 自动打包
auto separator ①自动分离机（指液体）②自动分级机 ③自动脱粒机 ④自动清棉机
auto spraying car 自动喷洒车〔农施〕
auto-transformer 自耦变压器
autoactive 自动性的（autoactivus）
autoactive cell 自动活化细胞（cellula autoactiva）
autoagglutinin 自拟集体
autoaggressive process 自侵占过程
autoalloploid 同源异源多倍体（autoalloploida）
autoallopolyploid 同源异源多倍体（autoallopolyploida）
autoanalyzer 自动分析仪
autoantibiosis 自动抗生作用
autoantibody 自体抗体
autoantigen 自体抗原
autoantitoxin 自体抗毒素
autoassociative memory 自动相连存储器
autoauthentication 自动验证
autoauxone 同功同化物
autobacteriophage 自体噬菌体（autobacteriophagus）
autobarotropy 自动正压状态（autobarotropia）
autobasidiomycetes 单孢担子菌类［Autobasidiomycetes］
autobasidium 单孢担子
autobias（= auto-bias） 自动偏压
autobiology 个体生物学（autobiologia）
autobivalent ①同源二价的 ②同源二价染色体（autobivalens）
autocarp 自花授粉果（autocarpa）
autocarpous fruit 自花授粉果（fructus autocarpus）
autocarpy 自花授粉结果性（autocarpia）
autocartography 自动制图
autocatalysis ①自体催化［作用］②自生催化
autocatalytic function 自体催化功能
autocatalytic replication 自［体］催化复制
autochaperoning 自陪伴［作用］〔分生〕

autochemograph 组织化学自显影
autochrome 彩色胶片{遥感}
autochthone 本地品种
autochthonous（= auchthonal） ①本地生的，土生的，土著的 ②先天的，遗传的（autochthonus）
autochthonous bacteria 土著细菌，固有细菌（bacteria autochthonae）
autochthonous flora 土著植物区系（flora autochthona）
autochthonous peat 原生泥炭
autochthonous soil 原生土，原地土壤
autoclave 高压灭菌器，高压蒸锅，消毒蒸锅，热压器
autoclave sterilization 高压蒸锅灭菌
autoclave tape 高压灭菌[指示]胶带
autoclaved sterilization 高压灭菌
autoclaving 高压灭菌，高压处理
autocoagulation 自动凝聚（autocoagulatio）
autocoder ①（电子计算机）自动编码器 ②自动编码语言
autocoding 自动编码{电脑}
autocoid 内分泌物
autocollimater 准直望远镜
autocolony 似亲群体（autocolonia）
autocomplex coacervation 自动复合团聚现象
autocontrol 自动控制，自动调整
autoconvection 自动对流（autoconvectio）
autoconvection gradient 自动对流温度直减率
autocorrection 自动校正（autocorrectio）
autocorrelation 自相关（autocorrelatio）
autocorrelation analysis 自相关分析
autocorrelation coefficient 自相关系数
autocorrelation function 自相关函数
autocorrelation matrix 自相关矩阵
autocorrelogram 自相关图（autocorrelogramma）
autocrine 自分泌，自泌（autocrinus）{生态生理}
autocrine hypothesis 自泌假说（指生长）{生态生理}
autocrine loop 自分泌环
autocutout 自动熔断器，自动切断器
autocytometer 血球自动计数器
autocytoxin 自生细胞毒素
autodecomposition 自分解（autodecompositio）
autodecrement 自动减量的，自减的（autodecremens）
autodecrement addressing 自动减量寻址，自减寻址{信息}
autodecrement mode 自动减量方式，自减方式
autodegauss 自动消磁
autodeliquescence 自解[作用]（由于潮湿）（autodeliquescentia）
autodeliquescence of sugar 糖自解
autodeme ①自花受精同类群，自花受精混合群体 ②自体受精同类群，自体受精混交群体（autodema）
autodesign 自动设计
autodesmosome 自体桥粒，同细胞桥粒（autodesmosoma）
autodial 自动拨号{信息}
autodigestion 自体消化（autodigestio）
autodiploid 同源二倍体（autodiploida）{细胞}
autodiploidization 同源二倍体化（autodiploidisatio）
autodiploidy 同源二倍性（autodiploidas）{细胞}
autodraft 自动制图{遥感}
autodrinker 自动饮水器
autodup 自动复制
autodup indicator（= autoduplication indicator） 自动复制指示符{信息}
autoduplication 自体复制（autoduplicatio）{分生}
autoecious ①单主寄生的 ②[雌雄]异苞同株的（autoecius）
autoecism 单主寄生[现象]（autoecismus）
autoecology 个体生态学（autoecologia）
autoenzyme 自溶酶
autoexcitation 自激活（autoexcitatio）
autoexec 自动执行
autofax 公众传真业务（美国电信公司的业务名称）
autofermentation 自动发酵（autofermentatio）
autofertilization 自体受精（autofertilisatio）
autofocus 自动聚焦{显技}
autofocus mechanism 自动聚焦机构
autofolding 自折叠{生技}
autogamic plants（= autogamous plants） 自花受精植物（plantae autogamicae）
autogamous ①自体受精的 ②自花受精的 ③自核交配的（autogamus）
autogamous crops 自交作物
autogamous plant 自花受精（传粉）植物（planta autogama）
autogamy ①自花受精 ②自体受精 ③自核交配（autogamia）

autogardener 园艺用动力耕耘机
autogeneration 自动产生,自动发生(autogeneratio)
autogenesis 自然发生
autogenetic 自然发生的(autogeneticus)
autogenetic drainage [沟头冲刷致成的]自成排水系统
autogenic 同源的(autogenus)
autogenic succession 自发演替
autogenic transformation 同源转化,同型转化
autogenomatic ①同源染色体组的 ②同源染色体组(autogenomaticus)
autogenous (=autogenic) ①自生的 ②同源的(autogenus)
autogenous bacterin 自体菌苗
autogenous chimaera 自生嵌合体(chimaera autogena)
autogenous insect 自身昆虫
autogenous regulation 自动调节(regulatio autogena)
autogenous vaccine 自体疫苗(vaccina autogena)
autogenous variation 自生变异,遗传的变异(variatio autogena)
autogenus 单种属(autogenus)
autogeny (=autogenesis) 自然发生
autograft (=autogeneic graft, autologous graft) 同体移植,同种嫁接
autograph 自动绘图仪
autographic auxanometer 自记生长计
autographic records 自记记录
autohemagglutinin 自体凝血素
autoheteroploid 同源异倍体(autoheteroploida){细胞}
autoheteroploidy 同源异倍性(autoheteroploidas)
autohexaploid 同源六倍体(autohexaploida){细胞}
autohitch 自动挂钩
autohoist 汽车起重机
autohub 自动卡盘{电脑}
autohydromorphic soil 自型水成土
autohyphenation 自动连字符连接{信息}
autoicous 两性的(autoicus)
autoigniter 自动点火器
autoimmune 自身免疫
autoimmunity 自身免疫性(autoimmunitas)
autoimmunity disease 自身免疫病
autoimmunization 自身免疫接种(autoimmunisatio)
autoincrement 自动增量的(autoincremens)
autoincrementing 自动增量
autoindent 自动缩进,自动缩排{电脑}
autoindex ①自动编索引 ②自动变址{信息}
autoindex register 自动变址寄存器
autoinfection ①自发侵染{病理} ②自体传染{微生物}(autoinfectio)
autoinjection 自动进样(autoinjectio){生技}
autoinoculation 自身接种(autoinoculatio)
autointoxication 自体中毒(autointoxicatio)
autokey 自动键{电脑}
autolethal constitution 自致死组成
autolift 自动升降机
autolimiting infection 自限性感染
autologin 自动登录
autologous 自体的(autologus)
autologous antigen 自体抗原(antigenum autologum)
autolysate 自溶物,自体分解物
autolysin 自溶素
autolysis 自溶[作用],自体分解(autolysis)
autolysosome 自溶酶体(autolysosoma)
autolytic enzyme 自解酶,自溶酶
AUTOMAP Ⅱ自动制图,Ⅱ型格网{遥感}
automata (automaton 的复数)自动机
automata logic 自动机逻辑{信息}
automated bibliography 自动文献目录
automated console operation (ACO) 自动控制台操作
automated data medium 自动数据媒体
automated data processing (ADP) 自动数据处理{电脑}
automated design engineering 自动设计工程
automated design tool 自动设计工具
automated digital network (AUTODIN) 自动数字网络
automated digitising system 自动数字化系统
automated drafting 自动绘图
automated engineering design (AED) 自动工程设计
automated glossary 自动术语词汇
automated indexing techniques 自动索引技术
automated manufacturing plan (AMP) 自动制订加工计划
automated office (AO) 自动化办公室
automated statistical mapping 自动统计制

图

automated urban land conversion detection system 城市土地变化自动探测系统{遥感}

automatic ①自动的 ②机械的 ③无意识的(automaticus)

automatic abstract 机编文摘,自动文摘

automatic activation 自动启动

automatic adjustment 自动调节

automatic airlock 自动气锁

automatic amino acid analyzer 氨基酸自动分析仪

automatic analyser 自动分析仪

automatic bale sledge 草捆自动拖运器

automatic bale wagon 自走式草捆捡拾装载机

automatic batch grain drier 分批式谷物自动干燥机

automatic batch weighing 自动选份称量,自动分批称量

automatic beet topper-lifter loader 甜菜切顶挖掘装车机

automatic box-assembler 自动集箱机

automatic brake 自动制动车

automatic brightness control (ABC) 自动亮度控制{遥感}

automatic call distributor (ACD) 自动呼叫分配器{信息}

automatic calling unit (ACU) 自动呼叫装置{信息}

automatic camera platemaker 自动照相制版机

automatic carrier ①自动运载器 ②自动字符链{电脑}

automatic centrifuge 自动离心机

automatic checkrower 自动方形穴播机

automatic cluster remover 自动脱离装置

automatic combine harvester 谷物联合收获机

automatic computation 自动计算

automatic computer 自动计算机

automatic control system 自动控制系统

automatic curvature 自动屈曲(curvatura automatica)

automatic data collection buoy 自动数据搜集浮标{遥感}

automatic data logging 自动数据记录

automatic data processing 自动数据处理,电子数据处理

automatic data reducer 自动数据简化器

automatic decision system 自动决策系统{电脑}

automatic design aids 自动设计辅助工具

automatic design engineering 自动设计工程

automatic desk computer 台式自动计算机

automatic dialing unit 自动拨号装置{信息}

automatic digital accumulator 自动数字累加器

automatic digital network (AUTODIN) 自动数字网络

automatic discharge (= automatic dump) 自动卸料

automatic discharge valve 自动排水阀{环保}

automatic dissemination 自动传递

automatic DNA sequencer 自动 DNA 序列测定仪,自动 DNA 测序仪{分遗}

automatic DNA synthesizer 自动 DNA 合成仪

automatic dosing 自动投量{环保}

automatic draft control system 自动调节系统

automatic drafting machine 自动绘图机

automatic drinking bowl (= self-regulating cattle bowl, automatic drinking cup) 自动饮水器

automatic dumper 自动垃圾翻斗车{环保}

automatic egg collector 自动集蛋机{农施}

automatic egg grading 自动蛋品分级

automatic egg washing 自动蛋品清洗

automatic enzyme analysis 自动酶分析{分生}

automatic equalization 自动补偿

automatic error correction 自动误差校正{统计}

automatic error detection 自动错误检测

automatic exchange 自动交换

automatic feed dispenser 自动饲料分配器

automatic feedback 自动反馈

automatic feeder ①自动给饲箱{蜂} ②自动给饲装置{禽}

automatic feeder [of mulberry leaves] 自动给桑机

automatic feeding 自动喂饲,自动给饲

automatic feeding device of seedling box 苗箱自动供给装置{农施}

automatic filing [method] 自动锉破法(指促进硬种皮种子发芽){农施}

automatic filter method 自动滤光法{遥感}

automatic flare correction 自动光斑校正{电脑}

automatic flushback 自动反冲{环保}

automatic flushing tank 自动冲洗水箱

automatic focus 自动聚焦

automatic following (AF) 自动跟踪

automatic footnote tie-in 自动配写脚注{电脑}

automatic formatting 自动格式化

automatic frequency control（AFC） 自动频率控制{电脑}
automatic frequency response 自动[基因]频率反应
automatic fuel regulator 燃料自动调节器
automatic function 自动功能
automatic gain control 自动增益控制{遥感}
automatic guidance 自动导航，自动导引
automatic haymower 自走式干草收割机
automatic hook 自动挂钩
automatic humidity controller 自动湿度调节器
automatic hydraulic lift unit 自动调节的液压提升器
automatic intercept center（AIC） 自动截取中心{信息}
automatic interplanetary station 自动行星际站
automatic interrupt hardware 自动中断硬件
automatic irrigation（= automatic watering） 自动灌溉
automatic irrigation apparatus 自动灌溉装置
automatic justification 自动对齐(指排版或印刷，打印)
automatic leveling and packing machine 自动均匀打包机
automatic leveling and random-filling device 自动均匀随机填充装置
automatic line adjust 自动行调整{电脑}
automatic line spacing 自动行间隔
automatic marker 自动滑行器{农具}
automatic micropipettor 自动微量移液器{生技}
automatic migration 自动迁移
automatic monitor 自动监测仪，自动监控器{遥感}
automatic monitoring 自动监测{遥感}
automatic movement 自发运动
automatic multifrequency ionospheric recorder 自动多频电离层记录器
automatic operation ①自动操作 ②自动运算
automatic operation system ①自动操作系统{生技} ②自动运算系统{电脑}
automatic packing ①自动包装 ②自动打包
automatic packing machine 自动包装机
automatic parallel operation of synchronous generator 同步发电机自动并列运行
automatic parthenocarpy 自动单性结实（parthenocarpium automaticum）
automatic pattern stacker 自动式堆垛机
automatic pattern stacking robot 自动式堆垛机器人{农施}
automatic peptide sequencer 自动肽序列测定仪，自动肽测序仪{分遗}
automatic peptide synthesizer 自动肽合成仪{分遗}
automatic picture control（APC） 自动图像控制
automatic picture sharpness control（APSC） 自动图像清晰度控制
automatic picture transmission 自动图像传送{遥感}
automatic pipet 自动吸管
automatic pipet rinser 自动吸管清洗器{生技}
automatic pipetting device 自动移液器{装置}
automatic pipettor 自动移液器
automatic plotter 自动绘图器{遥感}
automatic plow（= automatic plough） 自动犁
automatic plowing tractor 自动耕地拖拉机
automatic position control system 自动位调节系统
automatic poultry feeder 家禽自动饲槽
automatic principle 自发原则
automatic program loading 自动程序载入
automatic programming 自动程序设计
automatic protein sequencer 自动蛋白质序列测定仪，自动蛋白质测序仪{分遗}
automatic pump 自动泵
automatic punch 自动穿孔
automatic puncher 自动穿孔机
automatic quality control 自动质量控制
automatic radiometeorolograph 自记无线电气象仪
automatic rearing machine （蚕）自动饲育机
automatic recall 自动重呼{信息}
automatic recloser 自动重合闸装置
automatic recorder 自记器
automatic recording instrument 自动记录仪
automatic regulation 自动调节
automatic regulation of frequency in electric power system 电力系统频率的自动调节
automatic rest 自然休眠
automatic restart 自动再启动，自动重新开始
automatic return 自动返回
automatic route management 自动销路管理，自动货品销路管理
automatic routing 自动走线

automatic sampler 自动取样器
automatic sampling 自动取样
automatic scrolling 自动滚动
automatic sealing ①自动密封 ②自动封罐{加工}
automatic selection 自动选择
automatic selector ①自动选择器 ②自动选线器{信息}
automatic self-pollination 自动自花授粉(autopollinatio automatica)
automatic send/receive set (ASR) 自动发送接收机{信息}
automatic send/receive teleprinter (ASR teleprinter) 自动发送接收式电传打印机
automatic sensibility control 自动灵敏度控制
automatic sequencer 自动序列测定仪,自动测序仪{分遗}
automatic sequencing ①自动序列测定,自动测序{分遗} ②自动定序{电脑}
automatic shift 自动换挡
automatic silo 自动青贮塔
automatic sprayer 自动喷雾机
automatic stacking device of seedling box 苗箱自动堆集装置,秧箱自动堆集装置{农施}
automatic starter 自动起动机
automatic steam trap 凝水自动排除器{环保}
automatic steering 自动转向
automatic sterilizer 自动灭菌器
automatic synthesis 自动合成
automatic synthesizer 自动合成仪
automatic system ①自动式 ②自动系统
automatic tab memory 自动标记存储器
automatic tap puncher 自动纸带穿孔机{电脑}
automatic target recognition 自动目标识别
automatic tea-distributor 自动茶叶分拣机
automatic teaching 自动教学
automatic test equipment (ATE) 自动测试设备
automatic thermoregulation 自动体温调节(thermoregulatio automatica)
automatic thresher (= automatic thrasher) 自动脱粒机
automatic ticketing 自动填写票据{农管}
automatic titration 自动滴定(titratio automatica){生技}
automatic toll ticketing 自动长途电话记录单{信息}
automatic track 自动追踪
automatic tractor 无人驾驶拖拉机
automatic trailed two-furrow plow 牵引式自动起落双铧犁
automatic translation 机器翻译,自动翻译
automatic transmission 自动变速器
automatic typesetting 自动排版,自动排字
automatic typewriter 自动打字机
automatic ventilation 自动通风,自动换气
automatic voice network (AUTOVON) 自动话音网{信息}
automatic water-level valve 自动调节(控制)水位阀
automatic water supply system with electric heating and forced circulating 电加温强迫循环[的]自动供水系统{农施}
automatic waterer 自动供水机
automatic watering 自动喂水
automatic weather station 自动气象站
automatic weigher 自动秤
automatic weighing and random-filling machine 自动称重随机填充机
automatic weighting machine 自动[化]秤
automatic window adjust 自动窗口调节{电脑}
automatic wire release 自动松索器
automatically-discharging siphon 自动放水虹吸管{环保}
automaticity 自动性(automaticitas)
automatics 自动学(automatica)
automation ①自动[化] ②自动装置,自动机械,自动机(automatio)
automation control technology 自动化控制技术{智培}
automation in cartography 制图自动化{遥感}
automation of dispatching and monitoring for electric power system 电力系统调度与监控自动化{农施}
automatism ①自动性 ②自动症(automatismus)
automatization 自动化,机械化(automatisatio)
automictic parthenogenesis 自融孤雌生殖(parthenogenesis automicticus)
automixis 自体融合(automixis)
automobile ①自动的 ②汽车,自动车(automobilis)
automobile industry 汽车工业
automonitor ①自动监控器 ②自动监督[程序]
automonitor routine 自动监督程序
automorphism 自同构(automorphismus){分遗}
automorphous (= automorphic) ①自型的 ②自同构的(automorphus)

automorphous process 自型过程
automorphous soil 自成土,自型土
automotive ①自动的 ②汽车的(automotivus)
automotive combine 自走式联合收获机
automotive mower 自动刈草机
automotive-type steering 汽车式转向机构
automount 自动安装
automutagen 自发诱变剂,自体诱变剂
automutagenicity 自发诱变性
automutation 自发突变(automutatio)
autonastic 自曲的(autonasticus)
autonastism 自曲性(autonastismus)
autonetwork shutdown 网络自动关闭
autonomic ①自发的 ②自主的(autonomus)
autonomic development (= autonomous development) 自主发育
autonomic dormancy 自发休眠
autonomic growth movement 自发生长运动
autonomic movement 自发运动
autonomic parthenocarpy 自发单性结实(parthenocarpia autonomica)
autonomic reflex 自发反射
autonomic turgor movement 自发膨压运动,自发紧张性运动{生理}
autonomous (= autonomic) ①自发的 ②自主的(autonomus)
autonomous apomixis 自发无融合生殖(apomixis autonomus)
autonomous cell 自主细胞
autonomous channel operation 自主通道操作
autonomous computer system 自主计算机系统
autonomous controlling element 自主控制因子{分生}
autonomous duty 自主关税
autonomous F-factor 自主能育因子,自主F因子
autonomous intron 自主内含子{分生}
autonomous-mosaic development 自主镶嵌发育
autonomous multiplication 自主增殖
autonomous multivibrator 自激多谐振荡器
autonomous organelle 自主性细胞器
autonomous plasmid 自主质体
autonomous-regulatory development 自主调节发育
autonomous state 自主状态
autonomous survival 自主性成活
autonomous system (AS) 自主系统{电脑}
autonomous unit 自主性单位
autonomous work 独立工作,自主性工作
autonomously folding unit (AFU) 自动折叠单位{生技}
autonomously replicating plasmid 自主复制质粒
autonomously replicating sequence (ARS) 自主复制序列{分遗}
autonomously replicating vector 自主复制载体
autonomy 自主性,自发性,独立性(autonomia)
autoparasite 自发寄生物(autoparasitus)
autoparasitism 自复寄生(autoparasitismus)
autoparthenogenesis 人工单性生殖(autoparthenogenesis)
autopatch system 自动编排系统{电脑}
autopelagic plankton 上层浮游生物
autophage 自体吞噬(autophagare)
autophagic lysosome 自体吞噬溶酶体
autophagic vacuole 自体吞噬泡(vacuola autophagica)
autophagosome 自体吞噬体(autophagosoma){分生}
autophagy 自体吞噬现象,自噬(autophagia)
autophene 自决表型,自主表型(autophenus)
autophilous 自花授粉的(autophilus)
autophosphorylation 自磷酸化(autosphorylatio)
autophyte (= autotrophic plant) 自养植物(autophyta)
autopilot 自动驾驶仪
autoplacement ①自动布局 ②自动定点施肥
autoplant 自动设备,自动装置
autoplantation 自体移植(autoplantatio)
autoplasm 同源细胞质(autoplasma)
autoplast 叶绿体(autoplastis)
autoplastic graft ①自体嫁接 ②同体移植
autoplastic transplant 同体移植
autoploid 同源倍体,同源多倍体(autoploida){细胞}
autoploid nature 同源倍体[遗传]性(autoploidonatura)
autoploid origin 同源倍体来源(autoploidorigina)
autoploidy 同源倍性,同源多倍性(autoploidas)
autoplotter 自动绘图仪
autopolyhaploid 同源多倍单倍体(au-

topolyhaploida)
autopolymerization 自动聚合(autopolymerisatio)
autopolyploid 同源多倍体(autopolyploida)
autopolyploid derivative 同源多倍衍生物
autopolyploid plant 同源多倍体植物(planta autopolyploidas){细胞}
autopolyploidy 同源多倍性(autopolyploidas)
autopositive 直接正像(指文件复印纸){遥感}
autoprecipitation 自沉淀(autoprecipitatio)
autoprompting 自动提示
autoproteolytic cleavage 自[我]蛋白酶解
autopsy 尸体解剖(autopsia)
autopurification ①自净[现象] ②自净[作用](autopurificatio)
autopush 自动压入
autoradiogram 放射自显影照片(autoradiogramma){显技}
autoradiograph 放射自显影[图]
autoradiographic efficiency 放射自显影效率
autoradiography 放射自显影术,自动射线照相术(autoradiographia)
autoradiography application of emulsion 放射自显影术的乳化液应用
autoradiography drying 放射自显影术干燥
autoradiography enhancer spray 放射自显影术增效喷雾剂
autoradiography exposure 放射自显影术照射
autoradiography factors involved in fixation 放射自显影术所包含固定的因素
autoradiography factors involved in general conclusions 放射自显影术所包含一般总结的因素
autoradiography factors involved in incorporation 放射自显影术所包含掺入的因素
autoradiography in chromosome chemistry 染色体化学的放射自显影术
autoradiography isotope administration schedule for animal 放射自显影术动物的同位素施用表
autoradiography isotope administration schedule for human materials 放射自显影术人体材料的同位素施用表
autoradiography isotope administration schedule for plants 放射自显影术植物的同位素施用表
autoradiography light microscopy 放射自显影术的光学[显微]镜检术
autoradiography liguid emulsion technique 放射自显影术液体乳化剂技术
autoradiography of DNA DNA 的放射自显影术
autoradiography of DNA replication DNA 复制的放射自显影术
autoradiography of DNA synthesis in chromosome 染色体 DNA 合成的放射自显影术
autoradiography paraffin embedding or smearing 放射自显影术石蜡包埋或涂片
autoradiography photographic processing 放射自显影术照相处理
autoradiography staining 放射自显影术染色法
autoradiography technique 放射自显影术
autoradiography tracer ①放射自显影术描记器 ②放射自显影术示踪物
autoradiolysis 自辐射分解
autoreceptor 自身受体
autoreduplication 自复制(autoreduplicatio)
autoreduplicative 自复制的(autoreduplicativus)
autoregression 自回归(autoregressio)
autoregression method 自回归法{统计}
autoregressive 自回归的(autoregressivus)
autoregressive moving average model(ARMAM) 自回归移动平均值模型{信息}
autoregressive process 自回归过程
autoregulation ①自动调节 ②自体调节(autoregulatio)
autoremoval 自动拆除
autorepressor system 自阻遏物系统
autoreproduction 自体繁殖(autoreproductio)
autorestart 自动再启动
autorhythmic 自主节律的(autorhythmus)
autorhythmic cell 自主节律细胞,自律细胞(cellula autorhythma)
autorhythmicity 自主节律性,自律性(autorhythmicitas)
autorouting 自动布线{信息}
autosampler 自动取样器
autosave 自动存储
autoscaling 自动缩放
autoscore 自动划线
autosegression 自动分离(autosegressio)
autosensibilization 自敏化(autosensibilisatio)

autosensitization 自身敏感,自敏化(autosensitisatio)
autosexing 性别自体鉴定,自别雌雄
autosexing breed 自别雌雄品种(公鸡头顶白斑大,母鸡的小)
autosexing race ①(蚕)限性品种 ②性别自体鉴定种
autosite 自养体(自养畸形)
autoskip option 自动跳转选择{信息}
autosledge 自卸式拖运器
autosomal 常染色体的(autosomalis)
autosomal disease 常染色体病
autosomal dominant disorder 常染色体显性失常
autosomal gene 常染色体基因
autosomal genotype 常染色体基因型
autosomal inheritance 常染色体遗传
autosomal interchange 常染色体互换
autosomal lethal 常染色体致死
autosomal marker 常染色体标志基因
autosomal recessive disorder 常染色体隐性失常
autosome 常染色体(autosoma)
autospore 似亲孢子(autospora)
autostart 自[动]启动
autostart job 自启动作业
autostart routine 自启动程序{电脑}
autosteric 同构的,自构的(autostericus)
autosteric effector 同构[象]效应物
autosterilization 自动灭菌(autosterilisatio)
autosterilizer 自动灭菌器,自动消毒器
autostop ①自动停止 ②自动停止装置
autostop memory 自停存储器
autosubstitution 同源代换(autosubstitutio)
autosynapsis 同源联会
autosyndesis (=autosynapsis) 同源联会
autosyndetic pairing 同源联会配对
autosynthesis 自[身]合成
autotetraploid 同源四倍体(autotetraploida)
autotetraploid chromosome number 同源四倍染色体数
autotetraploid form 同源四倍型
autotetraploid genotype 同源四倍基因型
autotetraploid phenotype 同源四倍表型
autotetraploid rye 同源四倍体黑麦
autotetraploid synthetic variety 同源四倍体合成品种
autotetraploid type 同源四倍体型
autotetraploidy 同源四倍性(autotetraploidas)
autothinning 自然稀疏
autotitrator 自动滴定仪
autotomize ①自行分裂 ②自动解剖(autotomisare)
autotomy 自残(autotomia)
autotoxic 自体中毒的(autotoxicus)
autotoxin 自体毒素
autotrace 自动跟踪
autotransplant 同体[组织]移植
autotransplantation 同体[组织]移植法(autotransplantatio)
autotriploid 同源三倍体(autotriploida)
autotroph 自养生物(autotrophe)
autotrophic 自养的(autotrophus)
autotrophic bacteria 自养细菌(bacteria autotrophae)
autotrophic component 自养成分
autotrophic microbe 自养微生物
autotrophic nitrification 自养硝化[作用]
autotrophic nutrition ①自养营养 ②无机营养
autotrophic organism 自养生物(organismus autotrophus)
autotrophic plant 自养植物(planta autotropha)
autotrophism (= autotrophy) 自养(autotrophismus)
autotrophy 自养(autotrophismus)
autotropic 自向的(autotropus)
autotropism 向自性(autotrophismus)
autotype ①网板{细胞} ②图模标本{昆虫}(autypus)
autovaccine 自身疫苗,自身菌苗
autovariance 自协方差(autovariantia){统计}
autowindow 自动窗口,自动窗孔
autoxidation 自[身]氧化[作用](autoxidatio)
autoxin 自生毒素
autozygote 同合子(autozygota)
autrose 向上的(autrosus)
autumn 秋[季](autumnus)
autumn and winter sowing 秋冬播种
autumn and winter squash 笋瓜[*Cucurbita maxima* Duch.](葫芦科)
autumn bedding 秋[季]花坛坛植{园林}
Autumn begins 立秋(中国的24节气之一)
autumn bentgrass 秋剪股颖(宿根剪股颖)[*Agrostis perennans*](禾本科)
autumn bluegrass 秋早熟禾[*Poa autumnalis*](禾本科)
autumn cattleya 秋卡特兰[*Cattleya labi-*

ata Lindl.］（兰科）
autumn-crocus ①秋水仙属［*Colchicum* L.］（百合科）②秋水仙［*Colchicum autumnale* L.］
autumn cropping ①秋季耕作 ②秋作,秋季栽培
autumn crops 秋季作物
autumn cultivation ①秋季耕作,秋耕 ②秋季栽培
autumn decline（= akiochi） 秋衰,秋落（日本水稻一种生理病害现象）
autumn-declined paddy field 秋衰稻田
autumn elaeagnus 牛奶子［*Elaeagnus umbellata* Thunb.］（胡颓子科）
autumn equinoctial period 秋分期
Autumn equinox（= Autumnal equinox） 秋分（中国的 24 节气之一）
autumn fallow ①秋季休闲 ②秋季休闲地
autumn flood 秋汛
autumn flowering 秋季开花
autumn flush 秋发条
autumn garden 秋花园{园林}
autumn-grown seed potatoes 秋收种薯
autumn growth 秋梢
autumn leaf 秋季叶,秋生叶（folium autumnalis）
autumn lycoris 鹿葱［*Lycoris squamigera* Maxim.］（石蒜科）
autumn manure 秋肥
autumn manuring 秋季施肥
autumn planted variety 秋播品种
autumn planting 秋植,秋栽,秋种
autumn ploughed fallow land 秋耕休闲地
autumn ploughing（= autumn plowing） 秋耕
autumn purple rhododendron 小枇杷（密枝杜鹃）［*Rhododendron fastigiatum* Fr.］（杜鹃花科）
autumn rain 秋雨（piuvia autumnalis）
autumn rainy period 秋季雨期
autumn rearing 秋季饲育{蚕}
autumn rearing season 秋季饲育期
autumn-ripened food crop 秋熟粮食作物
autumn rolling 秋季镇压
autumn season 秋汛
autumn seeding（= autumn sowing） 秋播,秋种
autumn shoot 秋梢
autumn snowflake 秋雪片莲［*Leucojum autumnale* L.］（石蒜科）
autumn soil cultivation system 土壤秋耕制,秋季土壤耕作制
autumn sowing 秋播,秋种
autumn-sown crop 秋播作物
autumn-sown groundnut 秋播花生
autumn-sown wheat 秋播小麦
autumn soybean 秋大豆
autumn spawner 秋宗{水产}
autumn spawning type 秋季卵型
autumn spore 越冬孢子
autumn starvation 秋季饥饿（缺肥）
autumn transpiration 秋季蒸腾作用
autumn variety 秋季品种
autumn vigor（= autumn vigour） 秋季活力,秋季健势,秋季生长强度
autumn-winter dormancy 秋冬休眠
autumn wood（= late wood） 晚材（lignum latum）
autumn zephyrlily ①葱莲属［*Zephyranthes* Herb.］（石蒜科）②葱莲（葱兰）［*Zephyranthes candida* Herb.］
autumnal 秋天的（autumnalis）
autumnal aspect 秋季相,晚季相
Autumnal equinox（= Autumnal equinox） 秋分（中国的 24 节气之一）
autumnal hawkbit（= fall dandelion） 狮牙草属
autumnal shoot（= fall shoot） 秋梢,秋枝
autumnal tea 秋茶
auxanograph 生长谱（auxanographus）
auxanography 生长谱法（auxanographia）
auxanometer 生长计（植物生长过程测定器）
auxenolonic acid（= auxin A） 植物生长素 A
auxentriolic acid（= auxin B） 植物生长素 B
auxesis ①诱发细胞分裂 ②无分裂生长
auxespore 复大孢子（auxespora）
auxetic 细胞分裂素
auxiliaries 有益动物
auxiliary ①辅助的 ②帮助的 ③副的（auxiliarius）
auxiliary access storage 辅助存取存储器{信息}
auxiliary bond 副键
auxiliary buffer 辅助缓冲器
auxiliary bus-bar 备用总线{信息}
auxiliary cell 辅［助］细胞（cellula auxiliaria）
auxiliary chemicals 补助剂
auxiliary computing system 辅助计算系统
auxiliary condition 附加条件
auxiliary console 辅助控制台
auxiliary contour 辅助等高线{测}
auxiliary counter 辅助计数器

auxiliary data 辅助数据{遥感}
auxiliary decision 辅助决策{智培}
auxiliary equipment 辅助设备
auxiliary farm tractor 农业辅助作业用拖拉机
auxiliary file 辅助文件
auxiliary function 辅助功能
auxiliary man-power 半劳动力,辅助劳动力,从属劳动力
auxiliary matrix 辅助基质
auxiliary memory 辅助存储器
auxiliary pump 辅助泵
auxiliary register 辅助寄存器
auxiliary species ①伴生树种 ②树下灌木层
auxiliary starting equipment 起动设备
auxiliary valency 副价
auxiliary view 辅助视图
auxiliary washing unit 辅助冲洗设备{环保}
auxilin 辅助蛋白
auximones (=auxin) 植物生长素
auxin 植物生长素
auxin A 植物生长素 A [$C_{18}H_{32}O_5$]
auxin activity 植物生长素活度
auxin and regeneration 植物生长素与再生
auxin B 植物生长素 B [$C_{18}H_{30}O_4$]
auxin balance 植物生长素平衡
auxin binding protein 植物生长素结合蛋白
auxin concentration 植物生长素浓度
auxin-cytokinin balance 植物生长素-细胞分裂素平衡
auxin degradation and oxidation 植物生长素的降解与氧化
auxin-lactone 生长素内脂
auxin level 植物生长素水平
auxinic metabolism 植物生长素代谢
auxinology 生长激素学 (auxinologia)
auxo- ⌊字头⌉①增加,生长 ②助
auxoautotroph 生长素自给(养)微生物 (auxoautotrophe)
auxoblast 增生条 (auxoblastus)
auxochromes 助色团 (auxochromae)
auxochromous group (=auxochrome) 助色团
auxocyte 初级性母细胞 (auxocyta)
auxograph 生长记录器,植物生长自记计
auxoheterotroph 生长素他给微生物 (auxoheterotrophe)
auxon 助长素
auxone 生长同化物
auxospireme 联会染色丝纽 (auxospirema){细胞}
auxospore 复大孢子 (auxospora)
auxotroph ①营养缺陷型,专养性 ②营养缺陷体 (auxotrophe)
auxotroph selection 营养缺陷体选择
auxotrophic 营养缺陷的,专养的 (auxotrophus)
auxotrophic bacteria 营养缺陷细菌
auxotrophic complementation 营养[缺陷]互补作用
auxotrophic mutant ①营养[缺陷]突变型 ②营养[缺陷]突变体
auxotrophic mutation 营养[缺陷]突变
auxotrophy 营养缺陷性,专养性 (auxotrophia)
auxsesis 诱发细胞分裂
Avadex (=diallate-allate) 燕麦敌(除草剂) [$C_{10}H_{17}Cl_2NOS$]
availability ①有效性 ②有效利用率,可利用率 ③可用性 (availabilitas)
availability control unit 可用控制装置
availability factor ①有效系数 ②使用效率 ③运转因子
availability model 可用性模型{电脑}
availability of CO_2 CO_2 有效利用率,二氧化碳有效利用率
availability of food 饵料的用度
availability of mineral nutrient 矿质营养有效性
availability of nitrogen 氮素有效利用率
availability of radiation 辐射有效性
availability of residual phosphorus 磷肥残效,残留磷的有效性{农化}
availability of soil water 可利用的土壤水分
availability of substrate 底物有效性
availability performance 可用性性能
availability ratio [可]利用率
available ①有效的 ②可用的,可利用的 ③可给态的 ④市场上出售的 (availabilis)
available act 有效行为,可取行为
available bandwidth ratio 可用带宽比{电脑}
available base 有效性盐基{农化}
available capacity 有效容量
available chlorine 有效氯{环保}
available component 有效成分
available data 有用资料,可用数据
available depth of soil 有效土层
available dilution 有效稀释
available energy 有效能,可用能量
available fertilizer 有效肥料
available field capacity 有效田间持水量
available form of superphosphate 可给态过磷酸钙
available gravitational water 有效重力水,

可利用重力水
available green mass 有效绿色体
available ground water 可取用的地下水量
available head 有效水头,有效水位落差
available humidity 有效湿度
available light 有效光照
available machine time 可用机时{电脑}
available minor element 有效微量元素{生化}
available moisture 有效水分,有效湿度
available moisture range 有效水分范围
available nitrogen 有效性氮
available nutrient 有效养分
available organogenic element 器官形成[的]有效元素
available oxygen 有效氧
available percentage of seed 种子可利用率
available phosphoric acid 有效磷酸
available phosphorus 有效磷
available plant food (= available plant nutrient) 有效植物养分
available point 可用点
available population 可利用群体,可利用种群
available precipitation 有效降水量
available radiation 有效辐射
available rate 可利用率
available silicon 有效硅
available soil moisture 有效土壤水分
available soil nitrogen 有效土壤氮素
available space 可[利]用空间
available stock ①可利用资源 ②有效库存量
available strategy 有效策略,有用策略
available sugar 有效糖分
available surface of evaporation 有效蒸发面[积]
available tiller 有效分蘖
available tillering time 有效分蘖期
available time 可用时间(指机器)
available water ①有效水分,可给态水分 ②可利用水
available water capacity 有效水容量
available water holding capacity 有效持水量
available work 可用功
avalanche 雪崩
avalanche chute 雪崩沟槽
avalanche cone 雪崩堆积物
avalanche effect 雪崩效应
avalanche of loose snow 粉状雪崩
avalanche of massive snow 块状雪崩
avalanche photo diode 雪崩光二极管
avalanche transistor 雪崩晶体管
avalanches 反倾销{农经}
avare pod borer 扁豆蛀荚虫[*Adisura atkinsoni* Moore]
avena (= oat) ①燕麦属[*Avena* L.](禾本科) ②(= common oat) 燕麦[*Avena sativa* L.]
avena straight growth test 燕麦伸长生长试法
avena test 燕麦试法,燕麦测定
avena unit (AU) 燕麦单位
avenaccin 燕麦链霉素
avenin 燕麦蛋白
avens ①水杨梅属[*Geum* L.](蔷薇科) ②水杨梅[*Geum aleppicum* Jacq.]
avens root (= bennet, wood avens) 城市水杨梅[*Geum urbanum* L.](蔷薇科)
avenue ①林阴大道 ②途径
avenue planting ①道旁种植 ②道旁植树
avenue tree (= alley tree, allee tree) 行道树
average ①平均,平均数 ②平均的,中等的,平常的
average accretion (= average increment) 平均生长量
average age ①平均年龄 ②平均林龄
average allowable error 平均容许误差
average amount of information 平均信息量
average annual catch ①平均年渔获量 ②平均年捕获量{狩猎}
average annual growth rate 平均年生长率
average annual precipitation 平均年降水量
average annual yield of grain per mu 粮食每亩平均年产量
average association constant 平均缔合常数
average basal area 林分中央横断面,平均断面积{森林}
average calculating operation time 平均运算时间
average closing error (= average closure) 平均闭合差
average closure 平均闭合差
average combining ability 平均配合力
average comparable variance 平均可比较变量,平均可比较方差
average composition 平均组成
average computer 平均计算机
average consumption 平均消费量(指用水量){环保}
average correlation 平均相关
average correlation coefficient 平均相关系数
average cost optimal policy 平均费用最优策略

average costs 平均成本,平均费用
average crop (= normal crop) 平均收成,正常收成
average crop field 一般田
average daily consumption 平均日消费量
average daily transpiration 平均日蒸腾量
average data transfer rate 平均数据传输率
average density 平均密度
average departure 平均距平,平均偏差
average deviation 平均离差
average diameter 平均直径
average difference 平均差异
average dominance 平均显性度
average draft 平均牵引阻力
average dressed carcass weight 平均胴体重量
average effectiveness level 平均使用率,平均有效率
average error 平均误差,平均机误
average fixed costs 平均固定费
average flow 平均流量
average gene effect 平均基因效应
average generation interval 平均世代间隔
average gradient 平均梯度
average growth rate 平均生长率
average hardness 平均硬度
average head positioning time 平均磁头定位时间{信息}
average height 平均高度
average incident radiation 平均入射辐射
average increment ①平均生长量 ②平均增长量
average individual yield ①平均单位产量 ②平均单株产量
average information content 平均信息量
average information rate 平均信息率(速度)
average instructions per second (AIP) 每秒平均指令数{信息}
average latency 平均等待时间{信息}
average leaf size 平均叶片大小,平均叶面积
average least significant difference 平均最小显著差异{统计}
average length of the rachis internode 平均穗轴节间长度
average life 平均寿命
average life of fluorescence molecule 荧光分子平均寿命
average load 平均负载
average lodging index 平均倒伏指数
average maturity 平均成熟度
average maximum value 平均最大值
average mineral nutrient requirements 平均矿质营养元素需要量
average moisture content 平均含水量
average number of chiasmata per bivalent 平均每二价染色体的交叉数
average onset time 平均开始时间
average operation time ①平均操作时间 ②平均运算时间
average order 平均订货{农管}
average outgoing quality ①平均输出量 ②平均交货质量
average outgoing quality limit ①平均输出量极限 ②平均交货质量极限
average percentage deviation 平均百分数离差
average percentage distribution 平均百分率分布
average percentage of shattering 平均脱粒率
average percolation 平均渗漏
average position action 平均地位作用
average position effect 平均地位效应
average price 平均价格
average probability 平均概率
average quality 平均质量,平均品质
average rainfall 平均降雨量
average rate 平均速度(率)
average ratio 平均比
average regression coefficient 平均回归系数
average respiratory intensity 平均呼吸强度
average response curve 平均反应曲线
average search time 平均查找时间
average seed weight 平均种子重
average service rate 平均服务率
average size 平均纤度(丝){蚕}
average soil specific resistance 平均土壤比阻
average speed 平均速度
average stability 平均稳定量
average stand height 平均林分高
average substitution time 平均代(替)换时间
average sugar content 平均含糖量
average temperature 平均温度
average transinformation content 平均传送信息量{信息}
average useful life 平均使用期限,平均寿命{农机}
average value 平均值
average value of mean square 均方的平均值{统计}
average variability 平均变率
average velocity 平均速度

average waiting time 平均等待时间
average worldwide agricultural yield 世界范围平均农业产量,全世界平均农业产量
average yearly loading capacity 年平均负荷容量
average yield 平均产量
averaging ①平均的 ②中和的 ③求平均数
averaging operator 求平均数算子{统计}
averaging time 平均时间
avermectin 除虫菌素
averruncator 高枝剪
averse 反向的 (aversus)
aversion 排斥 (aversio)
avertin 三溴乙醇 [CBr_3CH_2OH]
Avery's sodium oleate agar 阿威尔氏油酸钠琼脂培养基
Aves 鸟纲
avia- ⌞字头⌝①航空,飞行 ②鸟
avian diphteria (= avian diphtheria, fowl diphteria) 禽痘与禽白喉 [*Variola avium*, *Epithelioma contagiosa* et *Diphtheria avium*]
avian encephalomalacia 家禽脑软化
avian encephalomyelitis 禽脑脊髓炎
avian infectious bronchitis 家禽传染性支气管炎
avian laryngo-tracheitis 禽喉头气管炎
avian leukemia virus 禽白血症病毒
avian leukosis (= avian leucosis) 禽(鸟类)白血症
avian lymphomatosis 鸡马立克病
avian myeloblastosis virus 禽(鸟类)成髓细胞性白血病毒
avian pasteurellosis 禽霍乱,禽巴氏杆菌病
avian pneumoencepha litis (= Newcastle disease) 鸡新城疫 [*Pestis avium*]
avian PPD 家禽型提纯结核菌素
avian reverse transcriptase 禽逆转录酶{分生}
avian spirochaetosis 禽螺旋体病
avian tuberculosis 禽结核菌病
avianized 减毒的(指病毒)
aviary 养鸟室,养禽室 (aviarium)
aviation 航空 (aviatio)
aviation climatology 航空气候学
aviation duster 航空喷粉器
aviation forecast 航空预报
aviation industry 航空工业
aviation sprayer 航空喷雾器
avicennielum 红树群落
avicularin 萹蓄苷
aviculture ①养禽(鸟) ②养禽(鸟)学 ③养禽(鸟)业 (avicultura)
avidin 抗生物素蛋白
avidin-biotin staining 抗生物素蛋白-生物素染色
avidin mRNA assay 抗生物素蛋白 mRNA 检定
avidity 抗体亲抗原性,亲合力 (aviditas)
avionics 航空电子学 (avionica) {遥感}
avirulence 无毒性 (avirulentia)
avirulence gene 无毒性基因
avirulent ①无毒性,无毒害的 ②无致病力的 (avirulens)
avirulent strain 无毒菌株
avitaminosis 维生素缺乏症
avocado ①鳄梨属 [*Persea* Plum.] (樟科) ②鳄梨 [*Persea gratissima* Gaertn. = *P. americana* Mill.]
avocado brown mite 鳄梨褐小爪螨 [*Oligonychus punicae* (Hirst)] (叶螨科)
avocado oil 鳄梨油
avocado red mite 鳄梨红小爪螨 [*Oligonychus yothersi* McGregor] (叶螨科)
avocado sunblotch viroid 鳄梨日斑类病毒
avocado whitefly 鳄梨粉虱 [*Trialeurodes floridensis* Quaintance] (粉虱科)
avoidance ①避免 ②回避,逃避 (avoidantia)
avoidance mechanism 逃避机制{生态生理}
avoidance of stress 胁迫的避免,逃避胁迫{生态生理}
avoidance of taxation 逃税(逃避纳税)
avoidance of toxic drug 避免毒药
avoiding desiccation 避免干化,防止干化
avoiding reaction 回避反应
avoiding sunning 防止日晒
avoiding toxic effect 避免毒性效应
avometer 万用表{统计}
awaiting parts 备件
awaiting repair time 等待修复时间
awake 萌发
awaken 唤醒
awareness ①认识,意识 ②了解 ③知道,知晓
awareness network 知晓网络{信息}
awareness of the market situation 了解市场情况
away running 飞车{农机}
aweto 冬虫夏草(一种生物)
awl-leaf arrowhead 钻叶慈姑 [*Sagittaria subulata*] (泽泻科)
awl-leaved 凿形叶的 (subulifolius)
awl-shaped ①凿形的 ②锥状的 (subuliformis)

awl-wort 苏拔属[*Subularia* L.](十字花科)
awn 芒(arista)
awn barbing 倒刺芒
awn barbing character 倒刺芒性状
awn barbs 倒刺芒
awn chaff 芒屑
awn character 芒性状
awn development 芒发育
awn inheritance 芒遗传
awn-inhibiting allele 抑芒等位基因
awn length 芒长
awn mutation 芒突变
awn of grain 谷芒
awn primordium 芒原基(aristoprimordium)
awn-producing allele 生芒等位基因
awn-tipped phenotype 尖芒表型
awn type 芒型
awned 有芒的(aristatus)
awned type 有芒型
awned variety 有芒品种
awned wheat 有芒小麦
awned wheat grass(= dog's wheat, fibrous rooted wheat grass) 狗冰草[*Agropyron caninum*(L.)P.B. = *Triticum caninum* L., *Roegaeria canina*(L.) Nevski.](禾本科)
awnedness 有芒性(aristatas)
awner(= awn cutter) 除芒器
awning ①生芒 ②覆盖帘 ③帆布篷,雨篷(aristasans)
awnless 无芒的(exaristatus)
awnless barley 六棱大麦[*Hordeum hexastichon* L.](禾本科)
awnless brome(= Hungarian brome) 无芒雀麦[*Bromus inermis* Leyes.](禾本科)
awnless phenotype 无芒表型
awnless plant 无芒植株(planta exaristata)
awnless type 无芒型(typus exaristatus)
awnless wheat 无芒小麦
awnlessness 无芒性(exaristatas)
awnleted 具小芒的,具短芒的(aristulatus)
awns remover 除芒器
axe 斧子
axe hammer 斧锤
axe wedge 劈裂用楔子
axehead ribozyme 斧头状核酶{分遗}
axenic ①拒受的 ②无菌的(axenicus)
axenic cultivation 纯种培养法
axenic culture 纯种培养
axenic isolation 纯种分离
axeny 拒受性(axenia)
axerophthene 抗干眼烯,脱水维生素 A
axerophthol 抗干眼醇,维生素 A
axes(= axis) 轴,轴线(axis)
axi- ⌞字头⌝轴
axial ①轴的,中轴的,轴间的 ②轴向的(axilis)
axial admission 轴向进气{农机}
axial bond 垂直[向]键,*a* 键{分遗}
axial cam 凸轮轴
axial cell 轴间细胞(cellula avialis){解剖}
axial core 轴心,轴丝{细胞}(cor axialis)
axial core of synaptonemal complex 联会丝复合物的轴心
axial cross section 轴向横切面
axial dissymmetry 轴向不对称性(dissymmetria axialis)
axial element 轴间分子(elementum axiale)
axial engine 轴向原动机
axial fan(= axial flow fan) 轴流风扇
axial fiber(= axial filament) 轴丝
axial filament 轴丝(filamentum axile)
axial flow 轴流
axial flow fan 轴流风扇
axial flow impulse turbine 轴流冲动式涡轮
axial flow pump 轴流泵
axial force 轴线力,轴向力
axial line 轴线
axial load 轴向负荷
axial organ 轴向器官(organa axialis)
axial parenchyma 轴向薄壁组织(parenchyma axilis)
axial piston pump 轴向活塞泵
axial placenta(= axile placenta) 中轴胎座(placenta axilis)
axial ratio 轴比
axial root 直根,主根(radix axilis)
axial shoot 主苗,主枝(ramulus axialis)
axial strand 轴束(fasciculus axialis)
axial stress 轴向应力
axial structure ①轴向结构 ②茎轴结构(structura axialis)
axial system 中轴系统(systema axialis)
axial thrust 轴向推力
axial tissue 中轴组织(tela axialis)
axial trace 轴迹
axial triradius 轴三角(triradius axialis)
axial wall 纵断面壁(指水利工程)
axial wood 轴材(lignum axile)

axiality 轴性（axialitas）
axiferous 具轴的（axiferus）
axil ①腋，叶腋{形态} ②腋真区{昆虫}（axilla）
axil of leaf 叶腋（axilla）
axile ①中轴的 ②轴生的（axilis）
axile placentation 中轴胎座式（placentatio axilis）
axilla 三角片（卵蜂科）
axillary 腋生的（axillaris）
axillary area 腋域（area axillaris）
axillary bud 腋芽（gemma axillaris）
axillary bulblet 鳞腋芽（bulbulus axillaris）
axillary calli 腋胛{昆虫}
axillary cell 腋室
axillary flower 腋生花（flos axillaris）
axillary inflorescence 腋生花序（inflorescentia axillaris）
axillary membrane 腋膜
axillary meristem 腋生分生组织（meristema axillaris）
axillary placenta 腋生胎座（placenta axillaris）
axillary plate 腋板{昆虫}
axillary region 腋部{昆虫}
axillary sclerite ①腋片 ②翅关节片
axillary shoot 腋生枝（ramulus axillaris）
axillary stipule 腋生托叶（stipula axillaris）
axillary vein 腋脉
axillary veronicastrum 爬岩红［*Veronicastrum axillare* Yamazaki］（玄参科）
axis ①轴 ②轴径 ③坐标轴
axis label 轴标
axis of abscissa 横坐标轴
axis of collimation 视准轴{测}
axis of coordinate 坐标轴
axis of imaginary 虚轴
axis of inflow 入流的轴{水利}
axis of level tube 水准(管)轴
axis of ordinate 纵坐标轴
axis of outflow 出流的轴
axis of real 实轴
axis of rotation 旋转轴
axis plane 轴面
axisymmetric 轴对称的（axisymmetricus）
axle ①轴{真菌} ②车轴{农机}（axis）
axle bolt 轴螺栓
axle housing 轴套
axle tree 车轴，轮轴，心轴
axo- ⌞字头⌝轴
axo-axonic synapse 轴-轴突［突］触
axo-dendritic synapse 轴-树突［突］触
axo-somatic synapse 轴-体突触
axogamic 轴生式的（指性器官）（axogamus）
axogamy 轴生式(性器官)（axogamia）
axolotl 美西螈
axon 轴突，轴索
axon elongation 轴突延伸
axon fasciculation 轴突成束
axon growth 突轴生长
axon guidance 轴突导向
axon model 轴突模型
axonal delay 轴突延迟
axonal signal 轴突信号
axonal transport 轴突运输
axonemal microtubule 轴线微管丝（microtubula axonemalis）
axoneme 轴丝（axonema）
axonometric（= axonometoical） 轴测的（axonometricus）
axonometric projection 轴测投影
axonometrical drawing 轴测图，不等角投影图{测}
axonometry ①轴测法 ②均角投影法（axonometrica）
axoplasm 轴浆(轴质)（axoplasma）
axoplasm flow 轴浆流
axoplasmic transport 轴浆运送
axopodia 轴足
axosome 轴体
axospermous 具中轴胎座的（axospermus）
axostyl 轴柱(指鞭毛)（axos tyllum）
axseed（= creeping crownvetch，purple coronilla，varia crownvetch） 多变小冠花［*Coronilla varia*］（旋花科）
axunge 脂肪，油脂
ayfivin 地衣形杆菌素
Ayrshire 爱尔夏牛(苏格兰乳牛)
azadeoxycytidine 氮脱氧胞嘧啶{分生}
azaguanine 氮鸟嘌呤
azakinetin 氮激动素
azalea ①杜鹃［花］属［*Azalea* L. = *Rhododendron* L.］（杜鹃花科）②杜鹃［*Azalea indica* Sims. = *Rhododendron simsii* Planch.］
azalea aphid 杜鹃花烟管蚜(踯躅烟管蚜)［*Vesiculaphis caricis* Fullaway］（蚜科）
azalea bark scale 杜鹃花皮绒蚧［*Ericoccus azaleae* Comst.］（皮蚧科）
azalea gracilarid 踯躅细蛾［*Gracillaria azaleella* Brants］（细蛾科）
azalea lace bug 闹羊花网蝽［*Stephanitis*

pyriodes Scott]（网蝽科）
azalea leaf miner 杜鹃花细蛾[*Gracillaria azaleella* Brants]（细蛾科）
azalea sawfly ①梨三节叶蜂[*Arge simillima* Smith]（叶蜂科）②杜鹃花叶蜂[*Dolerus* sp.]（叶蜂科）
azalea whitefly 杜鹃花粉虱[*Aleyrodes azaleae* B. et M.]（粉虱科）
azaleine 品红
azara 阿查拉属[*Azara* Ruis. et Pav.]（十字花科）
azaserine 氮丝氨酸,重氮乙酰丝氨酸
azathioprine [硝基]咪唑硫嘌呤
azathymidine 氮胸苷
azathymine 氮胸腺嘧啶
azatyrosine 重氮酪氨酸
azauracil 氮尿嘧啶
azauridine 氮尿苷
azelaic acid 壬二酸 [$COOH \cdot (CH_2)_7 \cdot COOH$]
azelaoyl- ①壬二酰[基]②壬二酸酰[基][$—CO(CH_2)_7CO—$]
azelon 蛋白纤维类
azeotrope 共沸混合物
azeotropic 共沸的,恒沸点的（azeotropus）
azeotropic copolymer 恒沸[点]共聚物
azeotropic mixture 共沸点混合物
azerolier（= Mediterranean medlar） 山楂[*Crataegus azarolus*]（蔷薇科）
azide 叠氮化[合]物[$N_3—$]
azide glucose broth 叠氮化物葡萄糖肉汁
azidithion（= menazon） 灭蚜松[$C_6H_{12}N_5O_2PS_2$]
azidoacridine 叠氮吖啶
azima 刺茉莉属[*Azima* Lam.]（刺茉莉科）
azimuth 方位,方位角
azimuth angle（= azimuthal angle） 方位角
azimuth determination（= azimuthal determination） 方位角测定
azimuth diaphragm 方位光阑{显技}
azimuth distortion 方位畸变
azimuth magnetic recording 方位磁记录器
azimuth mark 方位标
azimuth rotation track 方位偏转磁道
azimuth sweep 方位扫描
azimuthal ①方位的,方位角的 ②水平的
azimuthal equal-area projection 等[面]积方位投影{遥感}
azimuthal equidistant projection 等距方位投影
azimuthal orientation 方位定向
azimuthal orientation by aerial photo 航空相片方位定向{遥感}
azine 氮杂苯
aziprotryne 叠氮津(除草剂)[$C_7H_{11}N_7S$]
aziridine mutagen 乙撑氨诱变剂
azo 偶氮
azo compound 偶氮化合物
azo compound mutachromosomic effect 偶氮化合物诱变染色体效应
azo dye 偶氮染料{显技}
azo dye coupling method 偶氮染料耦联法
azo dye in cancer study 癌研究的偶氮染料
azo dye non-coupling method 偶氮染料不耦联法
azo reductase 偶氮还原酶
azobenzene 偶氮苯(杀螨剂)[$C_{12}H_{10}N_2$]
azocarmine 偶氮胭脂红
azochloramide 偶氮氯氨
azofer 固氮铁[氧还]蛋白
azofication 固氮作用（azoficatio）
azoic 无生物的（azoicus）
azoic era 无生[物]代
azoic water 无生物水层
azoic zone 无生物带
azole antifungal agent 唑类抗真菌剂
azolitmin 石蕊素
azolla ①满江红属[*Azolla* Lam.]（槐叶蘋科）②满江红[*Azolla pinnala* var. *africana* Bak.]
azolla anabaena 满江红鱼腥藻[*Anabaena azollae*]（此为一种共生生物）
azomycin 氮霉素
azon 按方位控制（azonare）
azonal 隐域的,非地带性的（azonalis）
azonal community 隐域群落
azonal formation 隐域群系
azonal vegetation 隐域植被
azoospermia（= oligospermia） 精子缺乏症（azoospermia）
azophoska 氮磷钾肥料
azoprotein 偶氮蛋白
azotase 固氮酶
azote（= nitrogen） 氮
azotic substance 含氮物质
azotification（= nitrogen fixation） 固氮作用
azotobacter ①固氮菌属[*Azotobacter* Beijerinck]（固氮菌科）②固氮菌[*Azotobacter* sp.]
azotobacter chrococcum 褐球固氮菌[*Azo-*

tobacter chrococcum Beijerinck]（固氮菌科）
azotobacter family 固氮菌科 [*Azotobacteriaceae*]
azotobacter vinelandii 棕色固氮菌 [*Azotobacter vinclandii* Lipmann]（固氮菌科）
azotobacteria 固氮菌
azotobacterin 固氮[细]菌肥料(剂)
azotoflavin 固氮黄素
azotogen 固氮菌剂
azotomanas ①固氮单孢菌属 [*Azotomanas* Stapp]（固氮菌科）②固氮单孢菌 [*Azotomanas* sp.]
azotometer 定氮仪
azotometry 氮滴定法,定氮法
azoturia 氮尿
azoxybenzene 氧化偶氮苯 [$C_6H_5N(O)C_6H_5$]
azran 方位和距离
AZT（= 3'-azido-deoxythymidine） 3'-叠氮脱氧胸苷,叠氮胸苷
aztec dahlia 大丽花 [*Dahlia pinnata* Cav.]（菊科）
aztec marigold 万寿菊 [*Tagetes erecta* L.]（菊科）
aztec tobacco 黄花烟草 [*Nicotiana rustica* L.]（茄科）
azteclily ①龙头花属 [*Sprekelia* Heist.]（石蒜科）②火燕兰 [*Sprekelia formosissima* Herb.]
aztekium 皱棱球(花笼) [*Aztekium rittert* sp.]（仙人掌科）
azuki 赤豆 [*Vigna angularis* Ohwi et Ohashi = *Phaseolus angularis* Wight.]（豆科）
azuma bamboo scale 竹绒蚧 [*Eriococcus azumae* Kuwana]（盾蚧科）
azure ①淡蓝的,碧蓝的,天蓝的 ②天(青)蓝（指染料）
azure-Ⅰ 天[青]蓝-Ⅰ
azure-Ⅱ 天[青]蓝-Ⅱ
azure B 天[青]蓝 B
azure blue 标准酸性天[青]蓝
azure ceanothus 天蓝美洲茶 [*Ceanothus coeruleus*]（鼠李科）
azurephile granule 嗜天青蓝颗粒（granula azurephila）
azurin 天青蛋白
azusa 无线电跟踪制导
azygosperm 非接合子,拟接合子（azygosperma）
azygospore ①拟接合子 ②单性孢子 ③无配[接]合子(指接合藻)（azygospora）
azygote 单性合子（azygota）
azygous 不成对的（azygosus）
azylase 酰胺酶
azymia 酶缺乏
azymic（= azymous） 不发酵的（azymus）

B b

B (= biomass) 生物量{分生}

b ①(= linear regression coefficient) 直线回归系数 ②(= base number) 基数(指染色体)

B_1, B_2, B_3 (= first, second and third backcross) 第一次回交,第二次回交,第三次回交

B-9 (= daminoside) 丁酰肼{农药}

B antigen B抗原

B cell B细胞(指一种血浆细胞)

B-cell B细胞,骨髓产生细胞{分生}

B-cell antigen receptor B细胞抗原受体

B-cell differentiation factor (BCDF) B细胞分化因子

B-cell growth factor (BCGF) B细胞生长因子

B-cell proliferation B细胞增殖

B-cell receptor (BCR) B细胞受体

B-cell transformation B细胞转化

B-chromosome B染色体(附加染色体)

B-chromosome in sorghum 高粱的B染色体

B-complex vitamins 维生素B复合物

B-DNA B型DNA(指一般生物的主要类型,即右手螺旋有大沟和小沟)

B-form DNA (DNA-B) B型DNA

B-horizon B层,淀积层

B-ionone 紫罗酮[$C_{13}H_{20}O$]

B-line B系,保持系{育种}

B-lymphocyte B淋巴细胞

B to Z transition B-Z转换(B型DNA向Z型DNA转换){分遗}

B-type B型(指血型)

B-type chromosome B型染色体(植物中异染色质超数染色体)

B-type DNA B型DNA{分遗}

B-type particle B型颗粒{分遗}

B-type standard of grading microgranule F deposit 微粒剂F降落量调查的B型指标{农药}

B82 mutant B82突变体(指鼠Earle's L系)

BA ①(= bachelor of agriculture) 农学学士 ②(= bus adapter) 总线适配器{信息}

BA 6-benzylamino purine (= benzyladenine, Bap, verdan) 6-苄氨基-嘌呤(细胞分裂素)

babaco 五角形番木瓜[*Carica pentagona* Heilb.](番木瓜科)

babassu palm 巴巴苏油椰[*Orbignya oleifera*](棕榈科)

babbit metal 巴比特合金,巴氏合金(轴承用)

babble 串音,多路串扰,混合串音{信息}

Babes-Ernest granule 异染粒

babesiosis (= piroplasmosis, Texas fever) 巴贝虫病

babiana ①狒狒花属[*Babiana* Ker.](鸢尾科) ②狒狒花[*Babiana stricta* Ker.]

babul acacia (= gum arabic tree) 阿拉伯相思树[*Acacia arabica* Willd.]

baby-beef 小牛肉(指一岁以内的小牛肉)

baby-blue-eye nemophila 幌菊粉蝶花[*Nemophila menziesii* Hook et Arn.](田基麻科)

baby combine 小型联合收获机

baby croaker ①梅童鱼属[*Collichthys*] ②梅童鱼(棘头梅童鱼)[*Collichthys lucidus* (Richardson)]

baby nucleus 小交尾群,小核群(养蜂王用)

baby oyster 牡蛎苗

baby rose 野蔷薇[*Rosa multiflora* Thunb.](蔷薇科)

baby squares 小方(指4~5英寸见方,10~20英尺长的材种)

baby tractor 小型拖拉机

babylon willow (= weeping willow) 垂柳[*Salix babylonica* L.](杨柳科)

baby's breath 线型瞿麦(宿根霞草)[*Gypsophila paniculata* L.](石竹科)

BAC (= bacterial artificial chromosome) 细菌人工染色体{分遗}

bacaba palm 酒果椰属[*Oenocarpus* Mart.](棕榈科)⌊拟⌉

bacca (= berry) 浆果(bacca)

baccate (= berry-shaped) 浆果状的(baccatus)

baccate fruit ①多室核果(nuculana) ②浆

果状核果(fructus baccatus)
baccausus(=etaerio) 聚心皮果
bacciferous 具浆果的(baccifer)
bacciform 浆果状的(bacciformis)
baccivorous 食浆果的(baccivorus)
bachelor ①学士 ②雄性动物(指幼雄海豹)
bachelor of agriculture(BA) 农学学士
bachelor of science(BS) 科学学士,理学士
bachelor's-button ①矢车菊属[*Centaurea* L.](菊科) ②矢车菊[*Centaurea cyanus* L.]
bacilipin 枯草杆菌脂
bacillar 杆状的(bacillaris)
bacillaria ①硅藻属[*Bacillaria* ssp.](硅藻科) ②硅藻[*Bacillaria* sp]
bacillaria family 硅藻科[Bacillariaceae]
bacillary ①杆菌的,细菌性的 ②杆状的(bacillaris)
bacillary dysentery 细菌性痢疾(dysenteria bacillaris)
bacillary tissue 杆菌组织(tela bacillaris)
Bacille Calmette-Guérin(BCG) 卡介苗
bacilli- ⌞字头⌝杆菌
bacillicide 杀杆菌剂
bacilliculture 细菌培养(bacillicultura)
bacilliform 杆状的(bacilliformis)
bacillin 杆菌素
bacillo- ⌞字头⌝杆菌
bacillocin(=bacillosporin) 芽孢杆菌素
bacillomycin 芽孢菌霉素
bacillosis 细菌病
bacillosporin 芽孢杆菌素
bacillus ①芽孢杆菌属[*Bacillus* Cohn.](芽孢杆菌科) ②芽孢杆菌[*Bacillus* sp.]
-bacillus [字尾] ①杆菌 ②棒,杆,支柱
bacillus anthraris 炭疽芽孢杆菌[*Bacillus anthraris* Cohn](芽孢杆菌科)
bacillus asterosporus 星孢芽孢杆菌[*Bacillus asterosporus* Migula](芽孢杆菌科)
bacillus carrier 带杆菌体,杆菌载体
bacillus cereus 蜡状芽孢杆菌[*Bacillus cereue* Frankland.](芽孢杆菌科)
bacillus excreter 杆菌排出体
bacillus family 芽孢杆菌科[Bacillaceae]
bacillus megatherium 巨大芽孢杆菌[*Bacillus megatherium* De Bary](芽孢杆菌科)
bacillus mycoides 蕈状芽孢杆菌
bacillus proteus 变形芽孢杆菌[*Bacillus proteus* Trevisan](芽孢杆菌科)
bacillus subtilis 枯草芽孢杆菌[*Bacillus subtilis* Cohn. et Prazmowzki](芽孢杆菌科)
bacillus thuringiensis 苏云金芽孢杆菌[*Bacillus thuringiensis* Berliner](芽孢杆菌科)
bacilysin 枯草杆菌溶素
bacitracin 杆菌肽
back ①背,背部 ②后部,后面,背面 ③反向,背向 ④过时未付的,欠的 ⑤过时的,旧的(dorsum)
back-acter(=backhoe) 反铲挖土机
back-acter excavator 反铲挖掘机
back-acter trencher 反铲开沟机
back acting hay tedder 反向作用式摊草机
back action 反作用
back-action lock 倒吊簧板{狩猎}
back angle 后视角{测}
back azimuth 反方位角
back bearing ①反象限角 ②反方向
back body 后犁体
back-bulb(=old bulb) 老鳞茎
back-by-back display 双向距离显示器
back cavity 后腔(cavitas dorsalis)
back chaining(=back link) 反向链接
back coating 背涂层
back copy 副本
back country 未垦地
back cupping 背面割面(指采脂)
back curtain (收割台)挡风板,后挡板
back cut 上口,追口{森林}
back digger 反铲
back dike 支撑堤
back donation 反馈作用
back elevation drawing 反视图{显技}
back end ①晚秋,秋末 ②后端
back-end computer 后端计算机
back-end network 后端网{信息}
back-end processor(BEP) 后端处理机{遥感}
back face 背面
back fat 背膘(指猪)
back fire ①回爆{农机} ②迎面火{狩猎}
back flow 回流
back flushing 反吹,反冲洗{环保}
back-flushing chromatography 反吹层析,反冲层析{生技}
back focal distance 后焦距
back focus ①背景清晰照片{遥感} ②后焦距(=back focal distance)
back furrow 闭垄{耕作}
back gear ①倒挡 ②倒挡齿轮装置
back-in (车辆)退回,驶入
back-land 腹地,内地

back-log 衰弱木
back-lot beekeeping 副业养蜂
back mark 反标记
back matter 附录
back mix reactor 返混反应器{环保}
back mutant ①回复突变型 ②回复突变体{遗传}
back mutation 回复突变
back mutation method 回复突变法
back mutation rate 回复突变率
back number (期刊)旧的期数
back-off algorithm 补偿算法
back panel 背板{信息}
back pointer 反向指示器
back pollinating 回交
back posture 背部姿态{畜}
back pressure 反压力,吸入压力
back-pressure regulator 反压调节器
back-pressure valve (= check valve) 单向阀{环保}
back radiation 逆辐射
back ridge 闭垄,合垄
back-run 反转的 (reversus)
back saw 手锯(指金属的)
back scattering 反散射
back selection 回复选择
back shop 大修厂,大修车间
back side 背部
back sight 后视{测}
back suction 反吸,反抽
back swamp 漫滩沼泽
back swimmer ①仰泳蝽,松藻虫 ②⌊复⌉仰泳蝽科 [Notonectidae]
back titration 回滴定,反滴定
back-to-back gateways 背对背网关{信息}
back traverse 闭合导线{测}
back-up water level 回升水位
back view ①背视图 ②反视图{显技}
back vision 后视{测}
back wool (羊)背部毛
back yard 贮木场
backbone ①脊柱,脊椎{畜} ②主链(大分子){分遗} ③主干{信息}
backbone hydrogen bond 主链氢键{分遗}
backbone network architecture 主干网络结构{信息}
backbone switch 主干开关,中枢开关
backbone wire model 主链金属丝模型
backboned animal (= backbone animal) 脊椎动物
backcoated computer tape 背面涂覆式计算机磁带
backcross 回交
backcross breeding 回交育种
backcross data 回交资料,回交数据
backcross generation 回交世代
backcross hybrid 回交杂种
backcross hybrid vigor 回交杂种优势
backcross method of breeding (= backcross breeding method) 回交育种法
backcross offspring 回交子代
backcross parent 回交亲本
backcross plant 回交植株
backcross population 回交群体
backcross progeny designation 回交后代编号
backcross ratio 回交比率
backcross segregation 回交分离
backcross system 回交方式,回交法
backcross variance 回交变量
backed-up value 备用值
backend loader 后身垃圾打包卡车{环保}
backfill ①回填,回填土 ②回填物
backfiller 填沟机,填坑机
backfilling 回填
backflash 反闪[光]
backflow (= back flow) 回流
backflow connection 回流连接物{环保}
backflow preventer 逆止阀,单向阀,回流防止阀{水利}
backgear ①倒挡 ②倒挡齿轮装置
background ①背景,远景 ②本底 ③后台
background absorption 背景吸收{生技}
background adaptation 背景适应
background colour 背景色
background computer 后台计算机
background conditions 背景条件
background correction 背景校正{生技}
background display image 背景显示图像,后台显示图像{电脑}
background factor 背景因子{生技}
background genotype 背景基因型,剩余基因型
background hybridization 背景杂交
background irradiation 本底辐射
background level 背景层次
background luminance 背景亮度{遥感}
background noise ①本底噪声{环保} ②背景噪声{电脑}
background plant 背景植物
background planting 种植背景
background radiation ①本底照射,本底辐射{分遗} ②背景辐射{电脑}
background survey 本底调查
background user 后台用户{信息}
backhand ①不意的,意外的 ②间接的 ③反

向的
backing ①逆转 ②支撑,支持
backing of the wind 风的逆转
backing of wind 风向逆转
backing paper 纸板{测}
backing signal (风)逆转信号
backlash ①[齿轮]后退 ②游隙
backlight 背部照明,背景光
backlog ①储备,积累 ②积压任务
backlogging 积压
backmixing 反向混合
backplane bus 底板总线{信息}
backplane interface 底板接口
backrest 座位靠背(指驾驶室)
backroll 重新运算,重算
backscatter 后向散射,后散射{遥感}
backscatter ultraviolet radiometer (BUR) 反向散射紫外辐射计
backscattering coefficient 反向散射系数
backscattering cross-section 后向散射截面
backscrolling 后向滚动
backset ①壅水,回水{水利} ②重耕,再耕{耕作}
backshaft 后轴{农机}
backshell D型连接器插头座座套{信息}
backshore deposit 后滨沉积物
backshore terrace 后滨阶地
backside attack 背面进攻,背面袭击,背面侵袭
backslope 斜坡,斜面
backspace (BS) 退格,回退,返回{电脑}
backstop 托架
backswamp 河漫滩沼泽(指天然堤外沼泽)
backswimmer 仰[泳]蝽科[Notonectidae]
backtracking program 回溯程序{电脑}
backup ①支持,支撑 ②后备,后援 ③备用,备份 ④回潮,回升
backup battery 后援电池
backup copy 副本,备份拷贝
backup diskette 后备软盘{信息}
backup equipment 后援设备
backup satellite 备用卫星
backup system 备用系统,后备系统
backup water level 回升水位
backward ①向后的,倒着的,反向的,逆向的,退向的 ②迟缓的 ③回反的,返回的
backward and bidirectional 反向与双向
backward chaining 反向链接
backward channel 反向信道{信息}
backward delay 反向延迟
backward field 落后田
backward flow 倒流
backward-forward counter 两向计数器,正反向计数器
backward motion 回反运动
backward mutation 退向突变,反向突变
backward option 反向选择,后向选择
backward osmosis 退向渗透,反向渗透
backward plant 生长落后植株(指蔗株)
backward production system 逆向生产系统
backward pruning procedure 反向修剪过程
backward reaction 逆向反应
backward recovery 反向恢复,向后恢复
backward recycling 反向循环
backward search 反向搜索{电脑}
backward unloading elevator 后卸升运器
backwash 反冲{环保}
backwash cycle 反冲周期
backwash rate 反冲速率
backwash storage 冲洗水箱
backwash valve 反洗阀
backwash water 反冲洗水{环保}
backwash water requirement 反冲洗水需要量
backwashing 反冲洗,反洗,回洗{环保}
backwater ①回水,壅水 ②死水,滞水 ③(=white water) 白水,废水(造纸厂的)
backwater curve 回水曲线,壅水[曲]线
backwater effect 回水影响,壅水影响
backwoods 森林地,未开垦地
backyard (=service yard) 后院(指农家的)
backyard garden 庭后花园{园林}
backyard poultry raising 家庭养鸡
bacmid 杆粒{生技}
bacon 腌肉,腊肉,火腿
bacon beetle (=larder beetle) 火腿皮蠹[*Dermestes lardarius* Linnaeus](皮蠹科)
bacon curing 腊肉腌制
bacon fly (=cheese skipper) 酪蝇[*Piophila casei* L.](酪蝇科)
bacon-odor fungus 伯克利绒柄革菌[*Veluticeps berkeleyi* (Berk. et Curt.) M. C. Cooke]革菌
bacon processing ①腊肉加工 ②火腿加工{加工}
baconer (=bacon type swine, bacon pig) 腌用型猪,腌肉用猪,腊肉用猪
bacter- [字头]①细菌 ②棒棍
bacteremia 菌血症
bacteria 细菌
bacteria bed ①细菌床 ②细菌滤床
bacteria carrier 带菌者,细菌载体
bacteria coli 大肠杆菌[*Escherichia coli*

Castellani et Chalmers]（杆菌科）
bacteria decomposing 细菌分解的
bacteria enzyme product 细菌酶产品
bacteria family 杆菌科[Bacteriaceae]
bacteria fertilizer 细菌肥料
bacteria in higher plant cells 高等植物细胞的细菌
bacteria in protoplast 原生质体的细菌
bacteria rhodopsin 细菌视紫红质
bacteriaceous 细菌的（bacteriaceus）
bacterial 细菌的（bacterialis）
bacterial action 细菌作用
bacterial activity 细菌活性
bacterial adhesion 细菌黏附
bacterial alkaline phosphatase（BAP） 细菌碱性磷酸酶
bacterial artificial chromosome（BAC） 细菌人工染色体
bacterial black node 黑节病
bacterial black spot of garden radish 萝卜细菌性黑斑病[*Bacterium maculicola* Mcc.]
bacterial blight 细菌性疫病
bacterial blight of adzuki bean 赤豆细菌性疫病[*Xanthomonas phaseoli*（Smith）Dowson]
bacterial blight of bean 菜豆细菌性疫病[*Xanthomonas phaseoli*（Smith）Dowson]
bacterial blight of cotton（= angular leaf spot of cotton） 棉花角斑病[*Xanthomonas malvacearum*]
bacterial blight of mulberry 桑细菌性疫病[*Pseudomonas syringae* pv. *mori*（Boyer et Lambert）Young et al.]
bacterial blight of mung bean 绿豆细菌性疫病[*Xanthomonas phaseoli*（Smith）Dowson]
bacterial blight of pea 豌豆细菌性疫病[*Xanthomonas phaseoli*（Smith）Dowson]
bacterial blight of rice 稻白叶枯病[*Xanthomonas oryzae*（Uyeda et Ishiyama）Dowson]
bacterial blight of soybean 大豆细菌性斑点病[*Xanthomonas glycines*（Nakano）Dowson]
bacterial blight of urd 黑吉豆细菌性疫病[*Xanthomonas phaseoli*（Smith）Dowson]
bacterial blight of vines 葡萄细菌性枯萎病[*Erwinia vitivora*]
bacterial blight of walnut 胡桃细菌性疫病[*Xanthomonas juglandis*]
bacterial blossom blight of pear 梨花[序]枯萎病[*Pseudomonas syringae* V. Hall]
bacterial blotch 细菌性褐斑病
bacterial breakdown 细菌分解
bacterial brown rot 草莓青枯病[*Pseudomonas sotanacearum* E. F.]
bacterial canker 细菌溃疡病
bacterial canker and leaf spot of cherry 甜樱桃溃疡及叶斑病[*Pseudomonas cerasi* Griff.]
bacterial canker of tomato 番茄细菌性溃疡病[*Corynebacter michigenense*]
bacterial cell 细菌细胞
bacterial chlorin 细菌绿素
bacterial chromosite 细菌染色位点
bacterial chromosome 细菌染色体
bacterial colony [细菌]菌落
bacterial colony counter 菌落计数器
bacterial conjugation 细菌接合[作用]
bacterial contamination 细菌污染
bacterial content 细菌含量
bacterial culture 细菌培养
bacterial decomposition 细菌分解作用，细菌分解
bacterial diseases 细菌病害[bacterioses]
bacterial DNA in angiosperms 被子植物细菌 DNA
bacterial DNA modification restriction system 细菌 DNA 修饰限制系统
bacterial DNA molecule 细菌 DNA 分子
bacterial DNA replication 细菌 DNA 复制
bacterial DNA synthesis 细菌 DNA 合成
bacterial donor 细菌供体
bacterial donor cell 细菌供体细胞
bacterial endosymbiont 细菌内共生体
bacterial enzyme 细菌酶
bacterial equilibrium 细菌平衡
bacterial etiology 细菌病原学（bacterioetiologia）
bacterial fermentation 细菌发酵
bacterial fertility 细菌能育性
bacterial fertilizer（= bacteriological fertilizer） 细菌肥料
bacterial filter 细菌滤器
bacterial flagella 细菌鞭毛
bacterial flora 细菌区系（flora bacterialis）
bacterial fusarium wilt [黄瓜]细菌性萎蔫病
bacterial gall（= crown gall） 细菌性根瘤病
bacterial gene 细菌基因

bacterial genetic material 细菌遗传物质
bacterial genetic translation 细菌遗传转译
bacterial genetics 细菌遗传学(bacteriogenetica)
bacterial genome 细菌基因组
bacterial gill disease 细菌性烂鳃病
bacterial hard rot of potato 马铃薯硬腐病
bacterial heterogenote 细菌杂基因子
bacterial host cell 细菌宿主细胞
bacterial induced chlorosis 细菌性缺绿病
bacterial infection ①细菌侵染 ②细菌传染
bacterial invasion 细菌侵染
bacterial Kornberg polymerase 考恩柏格氏细菌聚合酶
bacterial leaf blight ①白叶枯病 ②细菌性叶疫病
bacterial leaf blight of milk vetch 紫云英细菌叶枯病[*Pseudomonas astragali* Savulescu.]
bacterial leaf-blight of rice 水稻白叶枯病[*Xanthomonas oryzae* (Uyeda et Ishiy.) Dowson]
bacterial leaf spot ①细菌性叶斑病 ②细菌性黑点病
bacterial leaf spot of alfalfa 苜蓿细菌性叶斑病[*Xanthomonas alfalfae* (Riker, Jones, Davis) Dowson]
bacterial leaf spot of cauliflower 花椰菜细菌性叶斑病[*Pseudomonas maculicola* (McCul.) Stev.]
bacterial leaf spot of Chinese cabbage 白菜细菌性叶斑病[*Pseudomonas maculicola* Stevens.]
bacterial leaf spot of garden radish 萝卜细菌性叶斑病[*Pseudomonas maculicola* Mcc.]
bacterial leaf spot of jute 黄麻细菌性叶斑病[*Xanthomonas nakatae* (Okabe) Dowson]
bacterial leaf spot of leafmustard 芥菜黑点病[*Pseudomonas maculicola* (McCul.) Stev.]
bacterial leaf spot of PehTsai 白菜白斑病[*Cercosporelia albo-maculans* (Ell. et Ev.) Sacc.]
bacterial leaf spot of radish 萝卜细菌性叶斑病[*Pseudomonas maculicola* (McCul.) Stev.]
bacterial leaf spot of rape 油菜细菌性叶斑病[*Bacterium maculicola* Mcc.]
bacterial leaf spot of sunflower 向日葵细菌性斑点病[*Bacterium helianthi* Schwein]
bacterial leaf spot of tobacco 烟草野火病[*Pseudomonas tobaci* (Wolf et Foster) Stevens]
bacterial leaf spot of tomato 番茄细菌性叶斑病[*Pseudomonas tomato* (Okabe) Breed et al.]
bacterial leaf spot of turnip 芜菁黑点病[*Pseudomonas maculicola* (McCul.) Stev.]
bacterial leaf streak of corn 玉米细菌性条斑病[*Pseudomonas andropogoni* Stapp]
bacterial linkage group 细菌连锁群
bacterial lysis 细菌溶菌作用
bacterial manure 细菌肥料
bacterial marker 细菌标志[基因]
bacterial marker gene 细菌标志基因
bacterial mass 细菌块
bacterial merozygote 细菌部分合子
bacterial messenger RNA 细菌信使 RNA,细菌 mRNA
bacterial motility 细菌运动性(motilitas bacterialis)
bacterial mottle 细菌性斑驳
bacterial mRNA 细菌 mRNA
bacterial mRNA synthesis 细菌 mRNA 合成
bacterial multiplication 细菌增殖
bacterial mutant clone 细菌突变型克隆,细菌突变型无性[繁殖]系
bacterial mutation 细菌突变
bacterial necrosis 细菌性坏死
bacterial nucleoid 细菌拟核
bacterial ooze 细菌溢脓
bacterial operon 细菌操纵子
bacterial physiology 细菌生理学(bacteriophysiologia)
bacterial plasmid 细菌质粒
bacterial plasmid replicon 细菌质粒复制子
bacterial population 细菌种群
bacterial positive control element 细菌正控制分子
bacterial product 细菌产物
bacterial product effect on chromosome 细菌产物对染色体的效应
bacterial protoplast 细菌原生质体
bacterial pustule 叶烧病
bacterial pustule of soybean 大豆叶烧病(大豆细菌性斑疹病)[*Xanthomonas phaseoli* var. *sojensis* Starr. et Hurkholder]
bacterial recipient cell 细菌受体细胞

bacterial reduction 细菌还原作用
bacterial removal 细菌去除
bacterial ribosome 细菌核蛋白体(核糖体)
bacterial ring rot of potato 马铃薯环腐病 [*Corynebacterium sepedonicum* (Spieck et Kotth.) Skaptason et Burkholder]
bacterial root rot 赤腐病,细菌性根腐病
bacterial rot 细菌性腐烂病,腐败病
bacterial rot of radish 萝卜腐败病 [*Bacillus aroideae* Townsend]
bacterial rot of zinnia 百日草腐败病 [*Bacillus aroideae* Tow.]
bacterial rRNA species 细菌 rRNA 种
bacterial scab 细菌性疮痂病
bacterial self-purification 细菌自净作用
bacterial shot-hole 细菌性穿孔病
bacterial shot hole of apricot 杏细菌性穿孔病 [*Xanthomonas pruni* (Smith) Dowson]
bacterial shot hole of cherry 甜樱桃细菌性穿孔病 [*Xanthomonas pruni* (Smith) Dowson]
bacterial shot hole of plum 李细菌性穿孔病 [*Xanthomonas pruni* (Smith) Dowson]
bacterial soft rot of cabbage (= slimy soft rot of cabbage) 甘蓝软腐病 [*Erwinia aroideae* (Townsend) Holland.]
bacterial soft rot of carrot 胡萝卜细菌性软腐病 [*Erwinia carotovora* Holland. (= *E. aroideae* Holland.)]
bacterial soft rot of Chinese yam 薯蓣软腐病 [*Erwinia aroideae* Holland.]
bacterial soft rot of onion 洋葱细菌性软腐病 [*Erwinia carotovora* Holland.]
bacterial soft rot of pepper 辣椒软腐病 [*Erwinia aroideae* Holland.]
bacterial soft rot of welsh onion 大葱细菌性软腐病 [*Erwinia carotovora* Holland. = *E. aroideae* Holland.]
bacterial soft rot or hollow stalk of tomato 番茄软腐病 [*Botrytis cinerea* Pers.]
bacterial soft rot or slimy soft rot of Chinese cabbage 白菜软腐病 [*Erwinia croideae* Holland.]
bacterial soft sot ①软腐 ②软腐病
bacterial species 细菌种
bacterial spore 细菌孢子 (spora bacterialis)
bacterial sporulation 细菌孢子形成
bacterial spot ①细菌性斑腐病 ②细菌性斑点病
bacterial spot of chard 莙荙菜细菌斑点病 [*Pseudomonas aptata* (Brown et Jamieson) Stev.]
bacterial spot of eggplant 茄细菌性褐斑病 [*Pseudomonas cichorii* Stepp.]
bacterial spot of mandarine and tangerine orange 橘黑点病 [*Phoma citricarpa* McAlp.]
bacterial spot of pepper 辣椒细菌性斑点病 [*Xanthomonas vesicatoria* (Doidge) Dowson]
bacterial spot of pomelo 柚黑点病 [*Phoma citricarpa* McAlp.]
bacterial spot of sesame 芝麻细菌性斑点病 [*Pseudomonas sesami* Malkoff.]
bacterial spot of sour orange 酸橙斑点病 [*Phoma citricarpa* McAlp.]
bacterial spot of soybean 大豆斑点病 [*Pseudomonas glycinea* Coerper]
bacterial spot of tomato 番茄细菌性斑腐病 [*Xanthomonas vesicatoria* (Doidge) Dowson]
bacterial stem blight of Alfalfa 苜蓿细菌性茎疫病 [*Pseudomonas medicagenis* Sackett]
bacterial stem blight of broad bean 蚕豆细菌性茎枯病 [*Pseudomonas fabae* (Yu) Burkh.]
bacterial stem rot [玉米]茎腐病
bacterial strain 细菌菌株
bacterial streak 细菌性条斑病
bacterial streak of rice 稻细菌性条斑病 [*Xanthomonas oryzicola* Fang et al.]
bacterial stripe 细菌性条纹病
bacterial stripe of Kaoliang 高粱细菌性条纹病 [*Pseudomonas andropogoni* Stapp]
bacterial stripe of oats 燕麦细菌性条纹病 [*Pseudomonas coronafaciens* (Ell.) Stapp]
bacterial stripe of rice 稻细菌性褐条纹病 [*Pseudomonas setariae* (Okabe) Savulescu]
bacterial suppressor tRNA 细菌抑制基因 tRNA
bacterial suspension 细菌悬液
bacterial synthesis 细菌合成
bacterial toxin 细菌毒素
bacterial transduction 细菌转导
bacterial transfection 细菌传染,细菌转染
bacterial transformation 细菌转化
bacterial trap ①滤菌器 ②细菌捕捉器
bacterial twig blight 黑枯病,细菌性枝枯病

bacterial uptake 细菌摄入,细菌吸收
bacterial uptake and nitrogen fixation 细菌摄入与氮素固定
bacterial vaccine 细菌疫苗
bacterial vascular disease 细菌性维管束病
bacterial viability 细菌成活力
bacterial virulence 细菌毒力
bacterial virus 细菌病毒
bacterial wilt ①细菌性萎蔫病 ②青枯病
bacterial wilt of castor oilplant 蓖麻青枯病[*Xanthomonas solanacearum* (Smith) Dowson]
bacterial wilt of corn 玉米萎蔫病[*Xanthomonas stewartii* (Smith) Dowson = *Bacterium stewartii* E. F. Smith]
bacterial wilt of cucumber 黄瓜细菌性萎蔫病[*Erwinia tracheiphila* (Smith) Holl.]
bacterial wilt of eggplant 茄青枯病[*Xanthomonas solanacearum* (E. Sm.) Dowson]
bacterial wilt of peanut 花生青枯病[*Xanthomonas solanacearum* (E. Sm.) Dowson]
bacterial wilt of pepper 辣椒青枯病[*Xanthomonas solanacearum* (Smith) Dowson]
bacterial wilt of radish 萝卜青枯病[*Bacterium solanaccarum* Smith]
bacterial wilt of sesame 芝麻细菌性青枯病[*Xanthomonas solanacearum* (Smith) Dowson]
bacterial wilt of tobacco 烟草枯萎病[*Xanthomonas solanacearum* (Smith) Dowson]
bacterial wilt of tomato 番茄枯萎病[*Xanthomonas solanacearum* (Smith) Dowson]
bacterial wilt resistance 对细菌性萎蔫病的抗性,抗细菌性萎蔫病性
bactericidal 杀菌的,杀细菌的(bactericidalis)
bactericidal agent 杀菌剂
bactericidal lamp 杀菌灯
bactericidal reaction 杀菌反应
bactericidal serum 杀细菌血清
bactericidal vapor 杀菌蒸汽
bactericide 杀菌剂,杀细菌剂
bactericidin 杀细菌素
bacterin [死]菌苗
bacterioagglutinin 细菌凝集素
bacteriochlorin 细菌绿,菌绿素
bacteriochlorophyll 细菌叶绿素
bacteriochlorophyll protein 细菌叶绿素蛋白
bacteriocidal (= bactericidal) 杀[细]菌的(bacteriocidalis)
bacteriocidal action 杀[细]菌作用
bacteriocidal activity 杀[细]菌活性
bacteriocidal antibiotics 杀[细]菌抗生素
bacteriocidal property 杀细菌性质
bacteriocidal protein antibiotics 杀菌蛋白抗生素
bacteriocidal spectrum 杀[细]菌谱
bacteriocide (= bactericide) 杀[细]菌剂
bacteriocide action (= fungicidal action) 杀菌作用
bacteriocide resistance 细菌抗药性
bacteriocin 细菌素
bacteriocin receptor 细菌素受体
bacteriocin typing 细菌素分型
bacteriocinogenesis 细菌素形成
bacteriocinogenic 产细菌素的(bacteriocinogenus)
bacteriocinogenic factor 产细菌素因子
bacterioerythrin 菌红素
bacteriofluorescein 细菌荧光素
bacteriohemolysin 细菌溶血素
bacterioid ①类菌体,拟菌体(根瘤菌)②变形细菌 ③细菌状的(bacterioideus)
bacteriological 细菌学的(bacteriologicus)
bacteriological analysis 细菌学分析
bacteriological contamination 细菌污染
bacteriological count 细菌计数
bacteriological examination 细菌[学]检验
bacteriological method 细菌学方法
bacteriologist 细菌学工作者,细菌学家(bacteriologistus)
bacteriology 细菌学(bacteriologia)
bacteriolysin 溶菌素
bacteriolysis ①细菌溶解 ②溶菌作用,溶菌[现象]
bacteriolytic 溶菌的(bacteriolyticus)
bacteriolytic action 溶菌作用
bacteriolytic enzyme 溶菌酶
bacteriolytic immunity 细菌溶解免疫性,溶菌免疫
bacteriolytic reaction 细菌溶解反应,溶菌反应
bacterioopsin 细菌视蛋白
bacteriophaeophytin 细菌叶褐素
bacteriophage (= phage) 噬菌体(bacteriophaga)
bacteriophage arm 噬菌体臂
bacteriophage conversion 噬菌体转变

bacteriophage-encoded DNA-dependent RNA polymerase 噬菌体编码依赖于DNA的RNA聚合体{分遗}
bacteriophage f2 噬菌体 f2
bacteriophage head 噬菌体头部
bacteriophage lambda 噬菌体兰姆达,噬菌体λ
bacteriophage M13 噬菌体 M13
bacteriophage MS-2 噬菌体 MS-2
bacteriophage particle 噬菌体颗粒
bacteriophage R17 噬菌体 R17
bacteriophage repressor 噬菌体阻遏物
bacteriophage RNA polymerase 噬菌体RNA聚合酶
bacteriophage SP8 噬菌体 SP8
bacteriophage surface expression system 噬菌体表面表达系统
bacteriophage system 噬菌体系统
bacteriophage T2 噬菌体 T2
bacteriophage T4 噬菌体 T4
bacteriophage tail 噬菌体尾部
bacteriophage transcription 噬菌体转录
bacteriophage typing 噬菌体分型
bacteriophage virus 噬菌体病毒
bacteriophagic 噬菌的(bacteriophagus)
bacteriophagic lysin 噬菌性溶解素
bacteriophagic lysis 噬菌性溶解
bacteriophagology 噬菌体学(bacteriophagologia)
bacteriophagy 噬菌现象(bacteriophagia)
bacteriophilous 喜细菌的,嗜细菌的(bacteriophilus)
bacterioplankton 浮游细菌
bacteriopsonin 噬菌调理素
bacteriopurpurin 菌紫素
bacteriorhiza 细菌菌根(bacteriorrhiza)
bacteriorhodopsin 细菌视紫红质
bacterioris of begonia 秋海棠细菌性斑点病[*Botrytis cinerea* Pers.]
bacterioruberin 菌红素
bacterioscopy 细菌镜检术(bacterioscopia)
bacteriosis ①细菌性病害 ②细菌病
bacteriosome 细菌小体(bacteriosoma)
bacteriostasis ①制菌作用 ②细菌停殖
bacteriostat 制菌剂
bacteriostatic ①细菌抑制的,制菌的 ②制菌剂(bacteriostaticus)
bacteriostatic action 抑[细]菌作用,制菌作用
bacteriostatic agent 制菌剂
bacteriostatic effect 制菌效应
bacteriotoxin (= bacterial toxin) 细菌毒素
bacteriotrophic 细菌营养的(bacteriotrophus)
bacteriotrophism (= bacteriotrophy) 细菌营养(bacteriotrophismus)
bacteriotropic 吸引细菌的(bacteriotropus)
bacteriotropin 细菌调理素
bacterium 细菌
bacterium immunity 细菌免疫性
bacteriuria [细]菌尿
bacterized peat 细菌化泥炭
bacteroid (= bacterioid) 拟菌体,类菌体(bacteroidium)
bacteroid-free insect 无类菌体昆虫
bacterorrhiza (= bacteriorhiza) 细菌菌根
Bacto-agar 细菌培养用琼脂(商)
Bacto-tryptone 细菌用胰蛋白胨(商)
bactophytohaemagglutinin 细菌植物血球凝集素
bactoprenol 细菌萜醇
bactospeine 苏云金杆菌
Bactrian camel 双峰驼[*Camelus bactrianus*]
bacularium ①基粒丛 ②棒群(bacularium){细胞}
baculate ①基粒棒的 ②棒的(baculatus)
baculiferous 具棒的,具杆的(baculifer)
baculiform 棒状的,杆状的(baculiformis)
baculine ①杖状的 ②笞的,笞打的(baculinus)
baculovirus 杆状病毒
baculum ①棒 ②基粒棒{细胞}
bad ①坏的,不良的,不好的,低劣的 ②有害的,不利的 ③不充足的,不恰当的,不舒服的,不合算的 ④恶性的,严重的,厉害的
bad accident 严重灾祸,严重事故
bad account 呆账,坏账{农管}
bad attack ①大量侵袭(指害虫) ②严重发病(指病害)
bad baiting school 不上钩的鱼群
bad chemicals 失效农药
bad condition 不良条件
bad crop 坏收成,歉收
bad crop rotation 不良轮作
bad cultivation 不良耕作
bad data 不正确资料
bad debt 倒账,呆账
bad drainage 不良排水
bad farming system 不良耕作制
bad fertilizer 无效肥料
bad harvest 歉收

bad parameter 坏参数,不可靠参数
bad quality 劣等品质
bad sector 坏区,坏扇区{电脑}
bad seed 低级种子(指生产性能不好的种子)
bad seedling 弱苗,有病幼苗
bad taste 恶味,臭味
bad theory 错误理论
bad times (市场)不景气,萧条
bad weather 坏天气
bad weather condition 恶劣天气条件,坏天气条件
bad year 灾年,凶年
badge 标记{信息}
badge reader 标记阅读器
badge security 标记安全检查
badger 獾[*Meles meles* L.](鼬科)
Badila (=N.G.15) 白地(甘蔗热带原种)
badland ①重蚀地 ②劣地,荒地
Bael fruit 印度枳(孟加拉苹果)[*Aegle marmelos* Correa](芸香科)
baenopoda 胸足
baetids 四节蜉科[Baetidae]
baetiscids 圆裳蜉科[Baetiscidae]
baffle ①导流片 ②(逐稿器)挡帘 ③遮护物,挡板 ④反射板
baffle board 挡板{环保}
baffle drier 导流片式干燥机
baffle plate ①(穴播用)阻种板 ②排种器活门
baffle wall 挡板墙{环保}
baffled reaction chamber 隔板式反应室{环保}
baffling ①折流 ②挡板设置{环保}
baffodil lily ①朱顶兰属[*Amaryllis* L.](石蒜科) ②朱顶兰(朱顶红)[*Amaryllis vittata* Ait.]
bag ①袋,口袋,袋子(指试验用) ②麻袋,粮袋 ③(牛)乳房
bag beater 打袋机
bag closing machine (=bag closer) 封袋机
bag conveyor 粮袋输送器
bag filter 袋滤器,袋式过滤器
bag holder 麻袋夹持器
bag lifter 麻袋起重机
bag packing 装袋
bag piler 粮袋码垛机
bag probe 袋装探针
bag removing 脱袋,去袋
bag sampler 袋装取样器
bag sealer 封边机
bag strainer 布袋滤[蜜]器
bag trier 袋中取样器
bag type accumulator 囊式蓄能器
bagasse 蔗渣(baca)
bagasse baler 蔗渣压捆机
bagasse fibre 蔗渣纤维
bagasse particle board 蔗渣碎粒板
bagasse pith 蔗渣髓
BAGG broth 缓冲性叠氮葡萄糖甘油肉汁(分离粪链球菌用)
bagged head 套袋穗
bagged line 套袋品系
bagged plant 套袋植株
bagged variety 套袋品种
bagger ①装袋器 ②(联合收获机)谷物装袋装置
bagger combine 自动装袋式联合收获机
bagging ①套袋{育种} ②装袋{农机}
bagging and weighing machine 装袋称重机
bagging apparatus 装袋器
bagging auger 装袋螺旋
bagging bag 套袋纸袋
bagging date 套袋日期
bagging-off chute 灌袋滑槽
bagging-off platform (谷物)装袋平台
bagging pollination 套袋授粉{育种}
bagging scales 装袋计量秤
bagging spout ①装袋口 ②装袋滚槽
bagging time ①套袋期 ②装袋时间
baghouse ①滤袋室 ②滤袋装置{环保}
baghouse precipitator 滤袋除尘器
bagtikan 南洋柳桉[*Parathorea malaanonan* Merr. var. *tomentella* Sym.]
baguio 碧瑶风(baguio)
bagworm moth ①蓑蛾(袋蛾,避债蛾) ②⌞复⌝蓑蛾科[Psychidae]
bahad (=bajade) 山麓冲积平原(bahada)
bahama-grass 狗牙根(绊根草)[*Cynodon dactylon* (L.) Pars.](禾本科)
Bahia grass 巴喜亚雀稗(标志雀稗)[*Paspalum notatum* Pliigge](禾本科)
Bahia piassaya 巴西棕[*Attalea funifera* Mart.](棕榈科)
Bahia rosewood (=Jacaranda wood, Rio rosewood) 黑黄檀[*Dalbergia nigra*](豆科)
Bai Lan 白兰(白兰花)[*Michelia alba* DC.](木兰科)
Bai Shao 白芍[*Paeonia lactiflora* Pall.](毛茛科)
baib grass 拟金茅[*Eulaliopsis binata* (Retz.) C.E.](禾本科)
baical fish 贝湖鱼[*Cottocomephorus comephoroides* (Berg)]

Baical skullcap 黄芩［*Scutellaria baicalensis* Georgi］(唇形科)
baikiaine 蓓豆碱，四氢吡啶羧酸［$C_6H_9N_2O$］
bail (畜圈内的)横栏
bail water 戽水
bait ①饵，诱饵，毒饵 ②钓饵 ③撒毒饵
bait broadcaster ①撒饵器 ②撒饵机
bait crops 诱饵作物，草料
bait dispenser 毒饵撒布器
bait formulation 毒饵，饵剂{农药}
bait insecticide 饵诱杀虫剂
bait preparation 毒饵备制
bait spreader (= bait dropper, bait applicator) 毒饵撒布机
bait spreading 撒布毒饵
baitfish 钓饵鱼
baitfishing ①饵钓 ②饵诱捕捞
baiting 饵诱
baiting method 饵诱法
Baizhi 白芷［*Angelica anomala* Pall.］(伞形科)
bajada 山麓平原
bajoura citron 圆佛手柑［*Citrus limonimedica* Lush.］(芸香科)
Bakanae disease (水稻)恶苗病，马鹿苗病
Bakanae disease of rice 稻恶苗病［*Gibberella fujikuroi* (Saw.) Wr.］
bake ①烘，烤 ②焙干
bakelite 酚醛塑料，电木
baker ①面包师傅 ②烘炉
Baker's garlic (= seallion) 火葱(荞头)［*Allium chinense* G. Don.］(百合科)
Baker's mixture 贝克尔混合剂{显技}
baker's yeast 发面酵母
bakery ①面包厂，面包店 ②焙房，烤房
bakery industry 面包业
bakery mold 好食丛梗孢
baking 烘焙，烤焙
baking-hot 炎热，极热
baking oven ①烘焙炉 ②恒温器
baking powder 酵粉，起子，发酵粉
baking quality ①烘焙质量 ②制面包特性{加工}
baking soda 焙碱，小苏打，碳酸氢钠
baking the field 烤田
baking the seedling 烤苗
"baking" honey 焙烤[业]用蜂蜜，糕点用蜂蜜
BAL 31 nuclease BAL 31 核酸酶{分遗}
BAL (= British anti-Lewisite) 二巯基丙醇{药物}
BAL for radioprotection 辐射防护用二巯基丙醇
BAL mutachromosomic effect 二巯基丙醇诱变染色体效应
balance ①天平 ②平衡 ③结算，核算 ④差额，信贷两方差额，收支差额 (balanx)
balance arm 天平臂{显技}
balance at the bank 银行结余
balance barometer 天平气压计
balance beam 天平杆，天平梁
balance check 平衡检验
balance concept of sex determination 性决定[的]平衡概念{细胞}
balance due 结欠金额
balance factor 平衡因子
balance height [of aerostat] [高空气球的]平衡高度
balance hypothesis 平衡假说{育种}
balance network 平衡网络{信息}
balance of basic ion 碱性离子平衡
balance of financial revenue and expenditure 财政收支平衡
balance of nature (= ecological balance) 自然平衡，生态平衡
balance of payments 支付平衡
balance of radiation 辐射平衡
balance of trade (国际)贸易差额
balance out ①抵消 ②补偿 ③中和
balance plough (= balance plow) 平衡犁
balance pressure 平衡压
balance ratio 平衡比率
balance sheet 资产负债表，借贷核对表
balance sowing 均匀播种，匀播
balance theory 平衡说(性决定){遗传}
balance weight (= counter weight) 平衡重
balanccd ①平衡的，均衡的 ②对称的 ③法正的
balanced [reciprocal] structural change 平衡[相互]结构改变
balanced algorithm 平衡算法
balanced amplifier 平衡扩大器
balanced array 平衡阵列
balanced chromosomal polymorphism 平衡染色体多态性
balanced circuit 平衡电路{信息}
balanced complex 平衡复合体
balanced configuration 对称配置，均衡配置
balanced confounding design 平衡混杂设计{统计}
balanced cube 平衡立方体
balanced double heterozygote ①平衡二重杂合体 ②平衡二重杂合子 ③平衡二异形接合

体 ④平衡二重异形接合子
balanced error range 平衡误差范围
balanced fertilizer 均衡肥料
balanced forest (= normal forest) 法正林
balanced gametes 平衡配子
balanced group 平衡群{统计}
balanced heterocaryon (= balanced heterokaryon) 平衡异核体
balanced hypothesis 平衡假说{遗传}
balanced incomplete block (BIB) 平衡不完全区组{统计}
balanced incomplete block design 平衡不完全区组设计
balanced incomplete randomized blocks 平衡不完全随机区组
balanced lattice 平衡格子方{统计}
balanced lattice design 平衡格子方设计{统计}
balanced lethal 平衡致死{遗传}
balanced lethal factor 平衡致死因子
balanced lethal gene 平衡致死基因
balanced lethal mechanism 平衡致死机制
balanced lethal strain 平衡致死品系
balanced lethal system 平衡致死系[统]
balanced lethality 平衡致死现象
balanced line 平衡传输线{信息}
balanced linkage 平衡连锁
balanced load 平衡性[遗传]负荷
balanced merge 对称合并,平衡合并
balanced modulator 平衡调制器{遥感}
balanced pathogenicity 平衡致病性
balanced polygenic system 平衡多基因系统
balanced polymorphism 平衡多态[现象]
balanced population 平衡群体
balanced population technique 平衡群体技术
balanced proportion 平衡比例
balanced recessive lethal 平衡隐性致死
balanced saline 平衡盐[水]溶液
balanced salt solution (BSS) 平衡盐溶液
balanced set 平衡[染色体]组
balanced soil fertility 平衡土壤肥力
balanced solution 平衡溶液
balanced strain 平衡品系
balanced structural change 平衡结构改变
balanced system ①平衡系统,均衡系统 ②平衡制
balanced tertiary trisomic 平衡三级三体生物
balanced translocation 平衡易位{细胞}
balanced trisomic 平衡三体生物
balanced type 平衡型{遗传}
balanced valve 平衡阀{环保}
balanceless 不平衡的
balancer ①平衡棒(双翅目) ②平衡用混合料 ③平衡器,摇杆
balancing ①平衡 ②结算,核算,清算
balancing reservoir 均衡水库{水利}
balancing rig 平衡试验台
balancing selection 平衡选择
balancing stand 平衡机
balancing tank 平衡池{环保}
balancing test 平衡试验,均衡试验
balancing unit 平衡装置
balancing weight ①平衡重量,②平衡块,配重
balanocarpous 棒形果 (balanocarpus)
balanophore wax ①蛇菰属 [*Balanophora* Forst.] (蛇菰科) ②蛇菰 [*Balanophora involucrata* Hook. f.]
balanophore-wax family 蛇菰科 [Banophoraceae]
balansia ①瘤座菌属 [*Balansia* Speg.] (真菌) ②瘤座菌 [*Balansia take* (Miyake) Hara]
balantidial dysentery 小袋虫痢疾
balantidiasis 小袋虫病
balata ①铁线子属 [*Manilkara* Adans.] (山榄科) ②二齿铁线子 [*Manilkara bidentata* A. Chev.] ③巴拉塔树胶
balata gum 巴拉塔树胶
balausta 安石榴果
Balbiani chromosome 巴尔比亚尼染色体
Balbiani ring 巴尔比亚尼环[染色体]
Balbiani ring granule 巴尔比尼氏环粒
Balbiani ring structure 巴尔比尼氏环结构
Balbiani-type chromosome 巴尔比尼氏型染色体
Balbis banana 野蕉 [*Musa balbisiana* Colla] (芭蕉科)
balcony 阳台
balcony design ①平台设计 ②阳台设计
balcony plant 阳台植物{园林}
bald ①无毛的,光秃的 (glaber) ②裸露的 (nudus) ③裸顶蜂
bald barley (= naked barley, awnless barley) 裸大麦(无芒大麦) [*Hordeum vulgare* var. *nudum* Hook. f. = *H. sativum* var. *nudum* L.] (禾本科)
bald bee 秃顶蜂
bald cypress 落羽杉(美国水松) [*Taxodium distichum* Rich] (杉科)
bald ear ①裸穗 (指玉米剥苞叶后的穗) ②无芒穗 (指禾谷类的无芒品种)
bald-headed brood 开口蛹,秃头蛹(指漏了

封盖的蜂蛹)
bald hill 光山,秃山
bald oats (= naked oats) 裸燕麦(无芒燕麦,油麦,莜麦)[*Avena nuda* L.](禾本科)
bald stem 无毛茎,光茎
bald tree 光秃树(指树叶落光的树)
bald wheat (= awnless wheat) 无芒小麦
baldmoney 蜜母属 [*Meum* Adans.](伞形花科)
baldness ①光秃性 ②裸露 ③秃[发]病,脱发
Baldwin effect Baldwin 效应,包尔文氏效应{遗传}
bale ①捆、包 ②(马厩的)保护栏
bale accumulator 草捆收集车
bale aligner 整捆器、草捆整平器
bale bogie 集捆车
bale breaker 拆包器,拆捆器
bale buncher 垛捆机
bale buster 草捆抖散器
bale cage 栅条式捆夹
bale counter 草捆计数器
bale cutter 解捆刀
bale density 草捆压实度
bale dial 草捆计数盘
bale ejector 抛捆器
bale length adjuster 捆长调节器
bale-length control wheel 捆长控制轮
bale of cotton 棉花包(= 500 磅 = 226.8 公斤)
bale stook 草捆堆
bale stook lifter 草捆堆提升机
bale transporter 运捆器
bale width adjuster 捆宽调节器
bale wrapper 包包装(指棉花包)
baled hay 打捆干草
baled hay drier 草捆干燥机
baled hay storage 草捆仓,草捆储存室
baled straw silo 稿砌青贮窖(用稿秆捆砌成的)
baler (= baling press) 压捆机,打包机
baler twine 压捆机捆绳
Balfour snapweed 巴尔弗凤仙 [*Impatiens balfouri* Hook. f.](凤仙花科)
Bali wind 巴里风(爪哇东部的一种东风)
baling 压捆,打包
baling twine 捆绳
balk ①地边,地沿 ②漏耕地,漏播地 ③梁木,方材
balk and footpath 地边小路,田埂
balk-ploughing 内外翻垡法
balk-timber 梁材
balking ①漏耕 ②漏播 ③障碍 ④回避
ball ①(甜菜)种球{种子} ②土球{土壤} ③滚球{农机} ④丸,弹丸{狩猎}
ball ammonium sulphate 硫铵球
ball-and-burlap planting 土球包扎栽植,带土栽植
ball-and-stick model 球棍模型(指低酒精的三维结构实体模型){生技}
ball bearing 滚珠轴承
ball check valve 球式单向阀{环保}
ball clay 土球,球状黏土
ball cock 球[心]阀,浮球阀
ball cutting 球插{园艺}
ball fern 骨碎补 [*Davallia mariesii* sp.](骨碎补科)
ball fertilizer 球状肥料,颗粒肥料
ball float 浮球{环保}
ball float level controller 浮球液面控制器
ball float valve 浮球阀
ball joint 球形接头
ball-like 球形的 (globosus)
ball metaphase 球形中期{细胞}
ball mill 球磨机
ball mill pulverizer 球磨粉碎机
ball milling 球磨机研磨
ball-mustard 球果芥 [*Neslia paniculata* (L.) Desv.](十字花科)[拟]
ball of earth 土球
ball piston motor 球形活塞式液压马达
ball-plant 带土植株,带土苗
ball-planting 带土栽植
ball plug 球塞
ball printer 球型打印机
ball race 轴承圈,轴承环,滚球滚道圈
ball screw 滚球丝杠
ball-socket coupler 球窝式连接器
ball thrust bearing 滚珠止推轴承
ball type virus 球型病毒{电脑}
ball valve 球式单向阀{环保}
ballabactivirus 球形噬菌体 (ballabactivirus)
ballast ①配重,压载物 ②道床,道渣
ballast tray (= ballast box) 配重箱,压载箱
ballast water 压舱水
ballast weeds (铁路)道床杂草,道渣杂草
balled plant 带土植株,带土苗
balled seedling 带土幼苗,带土实生苗
balled stock 带土苗木
balling 带土球
balling a queen 包围蜂王
ballistic 抛射物的,弹道的 (ballisticus){狩猎}
ballistic camera 弹道照相机{遥感}
ballistic density 弹道密度

ballistic flight 弹道飞行
ballistic temperature 弹道温度
ballistic wind 弹道风
ballistics 弹道学（ballistica）
balloon ①气球 ②气囊
balloon catheter 气囊导管
balloon construction ①球形构造 ②球形水塔{环保}
balloon observation 气球观测
balloon sounding 气球探测
balloon tire 低压轮胎
ballooned tractor 低压轮胎拖拉机
balloonflower ①桔梗属［*Platycodon* A. DC.］（桔梗科）（= Chinese bellflower, Japanese bellflower）②桔梗［*Platycodon grandiflorum* (Jacq.) A. DC. = *P. glaucum* (Thunb.) Nakai.］
balloonflower family 桔梗科［Campanulaceae］
balloons-sondes 探测气球
balloonvine heartseed ①倒地铃属［*Cardiospermum* L.］（无患子科）②倒地铃［*Cardiospermum halicacabum* L.］
ballospore 掷子囊孢子（ballospora）
ballot ①抽签 ②投票
ballstone 块状石灰岩
balm ①滇荆芥属［*Melissa* Tourn. ex L. f.］（唇形科）②滇荆芥［*Melissa parviflora* Benth.］
balm-mint ①蜜蜂花属［*Melissa* L.］（唇形科）②蜜蜂花［*Melissa officinalis* L.］
balm-tree ①南美槐属［*Myroxylon* L. f.］（豆科）②南美槐［*Myroxylon toluiferum* L.］
balsa（= balsa wood） 轻木（白塞木）［*Ochroma lagopus* Swartz.］（木棉科）
balsam ①枞胶，软树脂 ②香脂，油树脂 ③白冷杉［*Abies concolor* Engelm.］（松科）④凤仙花［*Impatiant balsamina* L.］（凤仙花科）
balsam apple 胶苦瓜［*Momordica balsamina* L.］（葫芦科）
balsam balm 枞胶（指含油树脂的一种）
balsam bottle 树胶瓶{显技}
balsam family 凤仙花科［Balsaminaceae］
balsam fir（= Canada balsam） 香脂冷杉（树胶冷杉）［*Abies balsamea* Mill.］（松科）
balsam gall midge 凤仙花瘿蚊［*Dasineura balsamicola* Lintner］（瘿蚊科）
balsam of copaiba 柯巴香脂，南美洲香脂
balsam of gilead 大叶钻天杨（大叶香脂杨）［*Populus balsamifera* L.］（杨柳科）
balsam-of-Peru（= balsam tree） ①南美槐属［*Myroxylon* L.］（豆科）②南美槐（秘鲁香胶木）［*Myroxylon pereirae* Kloztsch.］
balsam pear （= bitter melon）苦瓜［*Momordica charantia* L.］（葫芦科）
balsam poplar 香脂白杨［*Populus balsamifera* Muenchh. et Anth.］（杨柳科）
balsam tree（= balsam-of-Peru） 南美槐
balsam-yielding 产香脂的（balsamifer）
Baltic pine 欧洲赤松［*Pinus sylvestris* L.］（松科）
Baltimore stick 巴替摩尔测杖{测}
baltimorite 硬蛇纹石
balustrade 栏杆{园林}
Bambara groundnut（= earth pea, Madagascar peanut） 马岛花生［*Voandzeia subterranea* Thouarsi］（豆科）
bamboo ①簕竹属［*Bambusa* Schreb.］（禾本科）②簕竹［*Bambusa stenostachya* Hack.］③竹，竹材
bamboo "bubok"（= bamboo postpowder beetle） 竹［长］蠹［*Dinoderus minutus* Fabr.］（长小蠹科）
bamboo aphid 竹野蚜［*Agrioaphis arundinariae* Essig.］（蚜科）
bamboo asterolecanium 竹星镣蚧［*Asterolecanium bambusicola* Kuwana］（镣蚧科）
bamboo basket ①竹篮 ②竹篓、鱼篓
bamboo borer（= bamboo tiger longicorn） 竹虎天牛［*Chlorophorus annularis* (Fabricius)］（天牛科）
bamboo brake 竹林
bamboo cane ①竹竿，竹杖 ②竹蔗（中国种）
bamboo charcoal 竹炭
bamboo drain 竹筒排水管
bamboo evergreen forest 常绿竹林
bamboo false cottony scale 竹软绵蚧［*Heliococcus takae* Kuwana］（绵蚧科）
bamboo flower sticks 花竹［竿］
bamboo forest 竹林
bamboo grove 竹林
bamboo lath screen 竹箔，竹栅
bamboo-leaf prickleyash 竹叶［花］椒［*Zanthoxylum planispinum* Sieb. et Zucc.］（芸香科）
bamboo locust（= yellow-spined bamboo locust） 黄脊竹蝗［*Ceracris kiangsu* Tsai］（蝗科）
bamboo longicorn beetle（= bamboo tiger longicorn, bamboo borer） 竹虎天牛［*Chlorophorus annularis* (Fabricius)］

(天牛科)

bamboo lyctid 褐粉蠹(欧洲粉蠹)[*Lyctus brunneus* Stephens.](粉蠹科)

bamboo mat 竹席

bamboo partridge 竹鸡

bamboo planthopper 竹稻蜡蝉[*Eurysa nawae* Matsumura](蜡蝉科)

bamboo pulp 竹浆(制纸用)

bamboo rake 竹耙

bamboo round scale 竹圆盾蚧[*Aspidiotus inusitatus* Green](盾蚧科)

bamboo shoot (= bamboo sprout) 笋,竹笋

bamboo splits 竹篾

bamboo sprout 竹笋,笋

bamboo sprout moth (= bamboo-shoot cutworm) 笋夜蛾[*Atrachea vulgaris distincta* Walker](夜蛾科)

bamboo stake trap 竹栅陷阱

bamboo-stand regeneration 竹林更新

bamboo thicket 竹丛薄{生态}

bamboo ware 竹制品

bamboo wood 竹材

bamboo woolly aphid 竹花绵蚜[*Trichoregma bambusifoliae* Takahashi](绵蚜科)

bamboo working 竹工

bamboo zygaenid 竹斑蛾[*Artona funeralis* Butler](斑蛾科)

bamboos 竹林

bambum mango 香杧果(香芒果)[*Mangifera odorata* Griff.](漆树科)

bambusa (= bamboo) ①簕竹属[*Bambusa* Schreb.](禾本科) ②簕竹[*Bambusa stenostachya* Hack.]

bamicetin 贝友菌素

ban forest 禁伐林

ban meadow 禁用草甸

banana ①芭蕉属[*Musa* L.](芭蕉科) ②香蕉(甘蕉)[*Musa paradisiaca* var. *sapientum* L.]

banana anthracnose 香蕉炭疽病[*Gloeosporum musarum* cke et Mass.]

banana aphid 香蕉交脉蚜[*Pentalonia nigronervosa* Coq.](蚜科)

banana bacterial wilt 香蕉细菌性萎蔫病[*Pseudomonas solanacerum* Smith]

banana black leaf streak 香蕉黑裂纹病[*Mycosphaerella fijiensis* Morclot]

banana bond 香蕉键{生技}

banana bunchy top 香蕉束顶病

banana burrowing nematode 香蕉穿孔线虫[*Radopholus similis* (cobb) Thorne.]

banana cercospora leaf spot 香蕉叶斑病[*cercospora musicola* Saw.]

banana collar rot 香蕉轴腐病[*Botryodiplodia theobromae* (Pat.) Griff et Maubl.]

banana corm 香蕉球茎

banana dotted line mosaic 香蕉点线花叶病

banana family 芭蕉科[Musaceae]

banana fruit borer moth 香蕉蛀果潜蛾[*Hieroxestis subcervinella* Meyrick](潜蛾科)

banana fruit fly 香蕉二带实蝇[*Dacus curvipennis* Frogg.](实蝇科)

banana fruit pitting 香蕉果陷斑病[*Piricularia grisea* (Cke) Sacc.]

banana fruit speckle 香蕉果斑病[*Deightoniella torulosa* (Syd.) Ellis]

banana lacebug (= banana tingid) 香蕉网蝽[*Stephanitis typicus* Distant](网蝽科)

banana leaf rollers (= banana skipper) 香蕉弄蝶(蕉包虫)[*Erionota thrax* Linnaeus](弄蝶科)

banana marasmius root rot 香蕉根腐病[*Marasmius semiustus* Berk. et Curt.]

banana oil 香蕉油,乙酸戊酯

banana panama disease 香蕉枯萎病[*Fusarium oxysporum* f. *cubense* Snyder et Hanson]

banana pestalotia leaf spot 香蕉叶斑病[*Pestalotia leprogena* Speg.]

banana root borer 香蕉根茎象[*Cosmopolites sordidus* (German)](象甲科)

banana root weevil 香蕉象[*Calandra sordide* Germar.](象甲科)

banana scab moth 香蕉野螟[*Lamprosema octosema* Meyrick](野螟科)

banana-shrub ①含笑属[*Michelia* L.](木兰科) ②含笑[*Michelia figo* (Lour.) Spreng.]

banana skipper 香蕉弄蝶[*Erionota thrax* L.](弄蝶科)

banana spiral nematode 香蕉螺旋线虫[*Helicotylenchus multicinctus* (Cobb) Golden]

banana sucker 香蕉吸芽

banana thrips 香蕉黄蓟马[*Scirtothrips signipennis* Bagnall](蓟马科)

banana weevil 香蕉双带黑象[*Odoiporus* sp.](象甲科)

banana wilt 香蕉萎蔫病[*Fusarium oxys-*

porum Schl.]
banat sweet clover 细齿草木犀[*Melilotus dentatus* (Waldst.et Kit.) Pers.](豆科)
band ①[唾腺染色体]横纹,[染色]带 ②牧群,羊群单位{畜} ③带,箍 ④组,队 ⑤束缚,结扎 ⑥频带,波段{信息}(vitta)
band application ①带状施肥 ②带状撒药
band applicator ①带式施肥机 ②带式撒药机
band brake 带式制动器
band broadening [条]带加宽{生技}
band chemical application 带状施药
band cirrus 带状卷云
band dryer 带状干化机(指污泥用){环保}
band elimination filter 带阻滤波器{遥感}
band filter 带通滤波器
band flooding irrigation 带式淹灌
band girdling 带状环剥,环割
band interleaved by line (BIL) 逐行交替波段{遥感}
band lightning 带状闪电
band matrix method 带状矩阵法{电脑}
band number 带号,带数,段号
band pass filter 带通滤波器{遥感}
band pattern 横纹型,带型(指唾腺染色体)
band placement of fertilizer 条施肥料
band planting ①带种,条播 ②带状栽植
band printer 带式打印机{电脑}
band ratio image 波段比值图像{遥感}
band region 带区{细胞}
band saw 带锯
band saw mill (= band mill) 带锯制材厂
band screen (= belt screen) 带式格网,带条滤网{环保}
band seeder 带播机,带状播种机
band seeding 带播,条播
band sharpening [条]带变细,[条]带锐化{生技}
band-shift analysis (= band shift assay) 条带移位分析(指电泳)
band slug-caterpillar 荨麻刺蛾[*Parasa lepida* Cramer](刺蛾科)
band sowing 带播,条播
band spectrum 带状光谱
band sprayer 带式喷雾器(机)
band spraying 带式喷雾,带式喷洒
band spread 频带扩展{遥感}
band spreader 带式撒肥机
band spreading 带式撒布
band steel 带钢
band tire (= band tyre) 实心轮胎
band treatment 条状处理,带状处理
band type 板状型(指生长)
band width ①带宽(BW){生技} ②频带宽度{信息}
bandage ①缚束物,结扎物 ②绷带
banded ①具带的 ②带状的 ③有条纹的,有横纹的 (vittatus)
banded alder borer 接骨木天牛[*Rosalia funebris* Motschulsky](天牛科)
banded arrowroot 白脉竹竽[*Maranta leuconeura* sp.](苳叶科)
banded cable 带札电缆{信息}
banded chlorosis 带状失绿症
banded cucumber beetle (= belted cucumber beetle) 黄瓜条叶甲[*Diabrotica balteata* LeConte](叶甲科)
banded fabric 带状组织
banded gnat 带蚋[*Simulium vittatum* Zetterstedt](蚋科)
banded gneiss 带状片麻岩{地质}
banded greenhouse thrips 温室条蓟马[*Hercinothrips femoralis* O. M. Reuter](蓟马科)
banded hickory borer 胡桃天牛[*Cerasphorus cinctus* Drury](天牛科)
banded leaf hopper 黑带叶蝉[*Erythria zonata* Matsumura](叶蝉科)
banded moth 普通带蛾[*Aphatychoona* Butler]
banded or cold chlorosis 低温褪绿病
banded perenchyma 带状薄壁组织 (perenchyma vittata)
banded rhombic planthopper 黑褐菱蜡蝉[*Cixius nervosus* L.](蜡蝉科)
banded rose sawfly 蔷薇叶蜂[*Emphytus cinctus* L.](叶蜂科)
banded selerotial disease 虎斑病
banded structure 条带状构造
banded sunflower moth 向日葵细卷蛾[*Phalonia hospes* Walsingham](细卷蛾科)
banded woollybear 带纹灯蛾(具带灯蛾)[*Isia isabella* J.E.Smith](灯蛾科)
bandgap 带隙
banding ①绷带法(阻止昆虫通道){昆虫} ②显带[现象],分带[现象]{染色体}
banding in polytene chromosome 多线染色体显带现象(经染色后在染色体呈现深染与浅染荧光带){染色体}
banding mechanism 捆扎机构,捆束机构
banding method 卷杀法(以黏着剂涂于布条或纸条,卷于树干,以黏杀在树干化蛹的幼虫)
banding pattern 显带带型{染色体}
banding pattern of chromosome 染色体显带带型

banding pattern of prematurely condensed chromosome 早期浓缩染色体显带带型
banding technique ［染色体］显带技术，分带技术
bandlimited signal 限带信号｛电脑｝
bandpass 带通｛信息｝
bandscrambler 扰频器｛信息｝
bane ①毒，毒物 ②毒害的，祸害的
baneberry ①类叶升麻属［*Actaea* L.］（毛茛科）②类叶升麻［*Actaea spicata* L.］
banewort（= belladonna） 颠茄［*Atropa belladonna* L.］（茄科）
bang-bang control 开关式控制｛电脑｝
bang-bang robot 继电式机器人｛物｝
bangosome（= liposome） 脂质体
Bang's disease 布氏杆菌病，牛传染性流产
bank ①堤，堤岸，河岸 ②斜坡 ③浅滩 ④云堤，雪堤 ⑤银行 ⑥库，储蓄所 ⑦堆积 ⑧倾斜行进 ⑨存款于银行 ⑩垄
bank and furrow method 垄沟［种植］法｛栽培｝
bank and verge cutter 堤边割草机
bank bar 坡地切割器
bank-bed 垄床｛耕作｝
bank caving 堤岸塌陷，淘岸
bank credit 银行信贷
bank credit card（BCC） 银行信用卡｛农经｝
bank earth 堤土
bank erosion 堤岸侵蚀
bank field ①堤滨地 ②沙洲
bank filter 多孔滤器
bank honeysuckle 浜忍冬［*Lonicera affinis* Hook. et Arnott.］（忍冬科）
bank of soil 土堤
bank planting ①堤岸栽植，沿堤栽种 ②起垄栽植
bank protection 护堤，护岸
bank protection work 护堤工程
bank raspberry 悬钩子［*Rubus palmatus* Thunb.］（蔷薇科）
bank sand 河沙
bank slope 岸坡，堤坡
bank top 堤顶
bank-up water level 壅高水位，回水水位
bank wire 银行通信系统｛信息｝
banker ①筑埂机 ②培土器，培土机
bankful stage 满槽水位
banking ①筑堤 ②培土 ③堆积
banking body 培土犁体，筑埂犁体
banking computer application 银行计算机应用
banking hoe 培土铲
banking machine 培土机，覆土机
banking of the current 气流堆积现象
banking on-line system 银行业务联机系统
banking process 堆积过程
banking system 银行业务系统
banking up ①培土，培垄 ②筑埂，筑堤
bank's grass mite 草地小爪螨［*Oligonychus pratensis* Banks］（叶螨科）
bank's rose（= Banksia rose） 木香［*Rosa banksiae* Ait.］（蔷薇科）
Banksian pine 班克松（短叶松）［*Pinus banksiana* Lamb.］（松科）
banner ①旗瓣 ②旗（bandum）③宽显线｛电脑｝
banner cloud 旗状云
banner word 标签字，标题字｛电脑｝
banokan 晚王柑［*Citrus grandis* Osbeck var. *banokan* Hort. et Tanaka］（芸香科）
banomite 杀螨脒（杀螨剂）［$C_{13}H_8Cl_4N_2$］
Banpeiyu 晚白柚（柚品种）
Bansa 班萨（甘蔗印度原种）
bantam 矮脚鸡
banteng 爪哇牛［*Bibos banting*］
Banxia 半夏［*Pinellia ternata* Breitenbach］（天南星科）
banyan tree（= banian tree） 榕树［*Ficus retusa* L.］（桑科）
baobab（= monkey bread tree） 猴面包［*Adansonia digitata* L.］（锦葵科）
BAP（= bacterial alkaline phosphatase） 细菌碱性磷酸酶
BaP［= 6-(benzylamino) purine］ 6-苄氨基嘌呤
bar ①棒眼（B）（指果蝇）｛遗传｝②巢梁｛蜂｝③棒，条，连接杆 ④巴（气压单位）｛气象｝⑤沙洲 ⑥阻碍，阻塞（barra）
Bar charts 列线图｛统计｝
bar code reader 条［形］码阅读器
bar-code scanner 条［形］码扫描器
bar coding 条形编码｛电脑｝
bar cultivator 杆式中耕机
bar cutter 杆式切割器
bar cylinder 击杆式脱粒滚筒，纹杆脱粒滚筒
bar-drum thresher 纹杆滚筒式脱粒机
bar frame 巢框，架框
bar gravel 沙洲砾石
bar marker 杆式划行器
bar-point bottom ［棒钢］可伸凿尖犁体
bar-point plow（= bar-point plough） ［棒钢］可伸凿尖犁
bar point share ［棒钢］可伸凿尖犁铧
bar rack 粗格栅｛环保｝

bar reel feed 滚筒式撒肥器
bar roller 栅杆式镇压器,栅面镇压器
bar screen ①条杆筛 ②(清花机)分离筛 ③格栅{环保}
bar share 棒钢铧尖犁铧,伸出凿齿犁铧
bar sickle 栅镰
bar slit method 铲缝栽植法
bar spade 杆叉铲
baragnosis 压觉缺失
barat 巴拉特风(苏拉威西岛的一种烈飑)
barb 倒刺刚毛,钩状毛(barba)
barba ①芒 ②髯毛
Barbados aloe 翠叶芦荟[*Aloe barbadensis* Mill.](百合科)
Barbados cherry ①金虎尾属[*Malpighia* Plum.](金虎尾科) ②金虎尾[*Malpighia glabra* L.]
Barbados-gooseberry ①虎刺属[*Pereskia* Plum.](仙人掌科) ②虎刺[*Pereskia aculeata* Mill.]
Barbados-lily ①孤挺花属[*Amaryllis* L.](石蒜科) ②孤挺花[*Amaryllis belladonna* L.]
Barbados nut 麻风树[*Jatropha curcas* L.](大戟科)
Barbados pride 金凤花[*Caesalpinia pulcherrima* Sw.](豆科)
barban(=barbamate,barbane) 燕麦灵(除草剂)[$C_{11}H_9Cl_2NO_2$]
barbarian 未开垦的
barbary fig tree 仙人掌[*Opuntia vulgaris* Mill.](仙人掌科)
barbary wolfberry 枸杞子(非洲枸杞,中宁枸杞)[*Lycium barbarum* L.](茄科)
barbate ①具缘毛的 ②具毛簇的 ③多芒的(barbatus)
barbatic acid 四甲基地衣缩酚酸
barbatus chloris 具髯毛虎尾草[*Chloris barbata* Swartz.](禾本科)
barbed 具髯毛的(barbatus)
barbed bulbostylla ①球柱花属[*Bulbostylis* Kunth](莎草科) ②球柱花[*Bulbostylis barbata* Kunth]
barbed drainage pattern 倒钩状水系{水利}
barbed wire 刺铁丝,倒刺铁丝
barbed wire entanglement 倒刺铁丝网
barbed wire fence(=barbed fence) 倒刺铁丝围栏
barbel 鲃[*Barbus barbus*(L.)]{水产}
barbellate 具短冠毛的,具短羽毛的(barbellatus)
barbellulate 具小短冠毛的,具小短羽毛的(barbellulatus)
barber 大风雪,冷风暴
Barber pipette method ①巴伯氏吸管单细胞分离法 ②巴伯氏单个细菌分离法
barbero 芒果红角天牛[*Plocaederus ruficornis* Newm.](天牛科)
barberry ①小檗属[*Berberis* L.](小檗科) ②小檗[*Berberis amurensis* Rupr.]
barberry aphid(=berberis aphid) 小檗苞蚜[*Liosomaphis berberidis* Kaltenbach](蚜科)
barberry eradication 小檗消灭法
barberry fly 小檗实蝇[*Rhagoletis meigeni* Loew](实蝇科)
barbery ①小檗属[*Berberis* L.](小檗科) ②小檗[*Berberis amurensis* Rupr.]
barbery family 小檗科(Berberidaceae)
barbital 巴比妥
barbiturate 巴比妥酸盐
barbulate 具细小芒的(barbulatus)
barchan 新月形沙丘
bard vetch(=monantha vetch) 单花野豌豆
bare ①裸的,光秃的 ②空的
bare area 裸地,空地
bare board 空板{电脑}
bare branch 裸枝,光秃枝
bare computer 裸计算机
bare contract 无条件契约
bare cotton seed 光子,无毛棉籽
bare exposed rock 露头岩石
bare fallow ①绝对休闲 ②绝对休闲地
bare field 裸露地[面]
bare ground 裸露地
bare hill(=barren hill) 秃山
bare land ①绝对休闲地 ②裸地
bare machine 裸机
bare mountain 秃山,童山
bare-root planting 裸根栽植,露根栽培
bare-root seedling 露根苗
bare site 裸[露]生境{生态生理}
bare soil 裸土
bare-stalked 裸茎的(gymnocaulis)
bare takyr 光板龟裂土
bare tree 光干树(指已全落叶)
bare twig 裸枝,光秃枝
bareback (马)无鞍的
bareet grass(=tiger's-tongue grass) ①草稗[*Echinochloa crusgalli* Beauv. var. *praticola* Ohwi.] ②台湾稗[*Echinochloa crusgalli* Beauv. var. *kasaharae* Ohwi. = *E. crusgalli* Beauv. var. *formosensis*

Ohwi.] ③稻稗 [*Eahinochloa oryzicola* Vasing = *E. crusgalli* Beauv. var. *oryzicola* Ohwi.](禾本科)
bareground ①裸地 ②绝对休闲地
barely flow 明流
bareness ①赤裸 ②空,无
barge 驳船,趸船
barge-board 挡风板
baric ①气压的 ②钡的 (baricus)
baric topography 气压形势
barines 巴林风(委内瑞拉东部的一种西风)
barite 重晶石{地质}
barium 钡(Ba,56号元素)
barium carbonate 碳酸钡 [$BaCO_3$]
barium chloride 氯化钡 [$BaCl_2$]
barium fluosilicate 氟硅酸钡 [$BaSiF_6$]
barium hydroxide 氢氧化钡 [$Ba(OH)_2$]
barium nitrate 硝酸钡 [$Ba(NO_3)_2$]
barium peroxide 过氧化钡 [BaO_2]
barium polysulfide 多硫化钡 [Ba_mS_n]
barium sulfate 硫酸钡 [$BaSO_4$]
barium titanate 酞酸钡 [$BaTiO_2$]
bark ①皮部 ②树皮,豆皮 (cortex)
bark aphids ①木虱科 [Chermidae] ②根瘤蚜科 [Phylloxeridae]
bark bed 皮制温床
bark beetle ①小蠹虫,木蠹虫 ②⌊复⌉小蠹科 [Scolytidae]
bark blazer (= scretcher) 刮皮器(指树木刻痕用)
bark borer 蛀皮虫(指小蠹科的昆虫)
bark brown 茶褐色
bark bug 皮蝽
bark coicepp 剥皮林
bark compost production plant 皮壳堆肥生产设施{农施}
bark crops 皮用作物
bark deduction 皮厚减量{森林}
bark feeding cutworm (= turnip moth) 黄地虎(芜菁夜蛾) [*Agrotis segetum* Schifferm üller](夜蛾科)
bark for fuel 燃料树皮
bark gauge 树皮规
bark grafting 皮下接{园艺}
bark greening 青皮
bark lice 啮虫
bark-like ①树皮状的 (corticatus) ②硬壳质的 (crustaceus)
bark-like moth 柿癣皮蛾 [*Blenina senex* Butler]
bark louse (= aphid, plant louse, green fly) 蚜虫
bark-mark 皮号{森林}
bark mill 碾[树]皮机
bark miner 树皮蛀虫
bark necrosis 树皮坏死
bark peeling machine (= barker) 剥皮机
bark pellet production plant 皮壳颗粒生产设施(指皮壳经发酵或粉碎制颗粒肥料的生产设备){农施}
bark pine 白皮松 [*Pinus bungeana* Zucc.](松科)
bark proliferation 树皮增生
bark removing 剥皮,去皮,脱皮
bark scale 皮蚧
bark scorching 树皮灼伤
bark scraper ①刮皮刀 ②剥皮器
bark slipping 树皮脱离,树皮脱落
bark splitting frost injury 树皮裂伤型霜冻害
bark splitting injury 树皮裂伤害
bark thrips ①皮蓟马②⌊复⌉(= phlaeothrips) 皮蓟马科 [Phlaeothripididae]
bark treatment 树皮处理(指在树干的树皮上涂抹农药)
bark tree (= cinchona) 金鸡纳树 [*Cinchona succirubra* Pav.](茜草科)
barked wood 剥皮木
barker 剥皮机,去皮机,剥皮器
barkery 制革厂
barkhan 新月形沙丘
barking 剥皮,去皮,脱皮
barkless 无皮的,去皮的,脱皮的 (decorticatus)
barks of paper mulberry 构树皮
barleria ①假杜鹃属 [*Barleria* L.](爵床科) ②假杜鹃 [*Barleria cristata* L.]
barley ①大麦属 [*Hordeum* L.](禾本科) ②大麦 [*Hordeum vulgare* L.]
barley and wheat 麦类,大小麦,麦子
barley anthracnose 大麦炭疽病 [*Collectotrichum graminicolum* (Ces.) Wils.]
barley aphid 大麦蚜 [*Brachycolus noxius* Mordv.](蚜科)
barley awner 大麦除芒器
barley beer 大麦啤酒
barley biology 大麦生物学
barley black loose smut 大麦散黑穗病 [*Ustillago nigra* Tapke]
barley bran 大麦麸
barley breaker 大麦粉碎机
barley caryopses 大麦颖果(即大麦粒)
barley corn 大麦粒
barley covered smut (= covered smut of

barley）大麦坚黑穗病［*Ustillago hordei* （Pers.）Lagerh］
barley downy mildew 大麦霜霉病［*Sclerophthora macrospora*（Sacc.）Thirum et al.］
barley embryo culture 大麦胚培养
barley ergot disease（= ergot disease of barley）大麦麦角病［*Claviceps purpurea*（Fr.）Tul.］
barley eyespot 大麦黑点病（大麦黑斑病）［*Cercosporella herpotrichoides* Fron］
barley feed 饲用大麦粉
barley flea beetle 大麦跳甲［*Chaetocnema hortensis* Geoffroy.］（跳甲科）
barley forage 大麦饲料
barley germs 大麦芽
barley grain 大麦子粒
barley groats ①大麦米（去壳的大麦粒）②大麦片
barley growing ①大麦栽培 ②大麦生长
barley jointworm 大麦广肩小蜂［*Harmolita hordei* Harris］（广肩小蜂科）
barley kernel 大麦子粒，大麦粒
barley leaf maggot 大麦秆蝇［*Chlorops hordei* Matsumura］
barley leaf rust（= leaf rust of barley）大麦叶锈病［*Puccinia hordei* Otth. = *P. simplex*（koern）Rostt.］
barley leaf stripe（= stripe disease on barley）大麦条纹病［*Helminthosporium gramineum*（Rabh.）Erikss.］
barley levelling 大麦平地
barley-like 大麦状的（hordeiformis）
barley loose smut（= loose smut of barley）大麦散黑穗病［*Ustillago nuda*（Jens）Hostr.］
barley malt 大麦芽
barley meal 大麦粉（粗粉）
barley mining fly（= barley fly, smaller rice leaf-miner）大麦水蝇［*Hydrellia griseola* Fallén］（水蝇科）
barley minute leaf beetle 大麦小跳甲［*Aphthona pygmaea* Baly］（跳甲科）
barley net blotch（= net blotch of barley）大麦网斑病［*Helminthosporium* teres Sacc.］
barley scab（= scab of barley）大麦赤霉病［*Gibberella zeae*（Sehw.）］
barley scald 大麦云纹病［*Rhynchosporium secalis*（Oud）J.I.Davis］
barley sheller 大麦去壳机
barley spot blotch 大麦斑纹病［*Helminthosporium sativum* P.K.et.B.］
barley stem maggot 大麦秆蝇［*Meromyza saltatrix* Linné］（秆蝇科）
barley stem rust 大麦秆锈病［*Puccinia graminis* Pers. f. sp. *hordei* Erikss et E. Henn.］{病理}
barley stripe（= stripe of barley, stripe on barley）大麦条纹病［*Helminthosporium gramineum*（Rabh.）Erikss.］
barley stripe mosaic（= barley false stripe）大麦条纹花叶病（病毒病害）
barley stripe mosaic virus（**BSMV**）（= barley false stripe virus）大麦条纹花叶病毒
barley stripe rust 大麦条锈病［*Puccinia glumarum*（Schw.）Erikss. et E. Henn.］
barley sugar 大麦糖［$C_{12}H_{22}O_{11}$］
barley water ①大麦浸液 ②大麦汤
barley wireworm 细胸叩甲［*Agriotes fuscicollis* Miwa］（叩甲科）
barley yellow dwarf virus（BYDV）（= general yellow dwarf virus）大麦黄矮病毒
barley yellow leaf-miner fly 大麦齿角黄潜蝇［*Cerodonta denticornis* Panzer］（黄潜蝇科）
barley yellow leaf spot 大麦黄叶斑点病［*Pyrenophora trichostoma*（Fr.）Fuckel］
barley yellow mosaic virus 大麦黄花叶病毒
Barlow's table 巴罗表{统计}
barm（= brewer's yeast）面包酵媒，酵母
barminutor 磨碎［用］格栅{环保}
barn ①谷仓，粮仓 ②畜舍，畜栏，厩舍 ③巴恩（核与中子作用的重量单位）
barn approbation 谷仓检定
barn arrangement 畜舍布置，畜舍安置
barn book（= stable book）马厩簿，畜舍簿
barn cleaner 厩舍清洁机
barn door fowl 普通家禽
barn drying 牧草库内鼓风干燥
barn drying plant 室内干燥设备
barn equipment 谷仓设备
barn fattening（= indoor fattening, winter fattening, barn fattening）舍饲肥育
barn feeding 舍饲，畜舍饲养
barn floor ①打谷场，脱谷场 ②粮仓
barn for drying crops 谷物风干室
barn hay drying 牧草库内干燥
barn haymaking 干草棚干草备制，干草棚干草干燥
barn implement 谷仓用具

barn louse 仓虱[*Atropus kuesatoria* L.](窃虫科)
barn machinery ①谷仓用机械 ②畜舍用机械
barn manure 厩肥,圈粪
barn sewage 畜舍污水{环保}
barn store 仓库
barn thresher 固定式脱粒机,场上脱粒机
barn unit 巴恩单位
barn wastes ①仓库废物 ②畜舍排泄物
barna 鱼木[*Crataeva religiosa* Forst](白花菜科)
barnacle scale 卷足蜡蚧[*Ceroplastes cirripediformis* Comstock](蜡蚧科)
barnacles 鼻钳
barnase 芽孢杆菌 RNA 酶
barning ①谷仓 ②牲口棚 ③收纳(指谷物入仓或牲口进棚)
barnyard ①场院(谷仓近旁的场地) ②打谷场,晒谷场,晒粮场 ③家畜围栏,牲口圈,圈场
barnyard fodder 谷场饲料,场院饲料(指粗饲料)
barnyard grain cleaner 扬场机
barnyard grass (=cockspurgrass, barnyard millet) 稗[*Echinochloa crus-galli* Beauv.](禾本科)
barnyard manure (=farmyard manure, stable manure) 厩肥,圈肥
barnyard manure loader 装载厩肥机
barnyard millet (=barnyard grass) 稗
barochamber 压力舱
barocline state 斜压状态
baroclinic flow 斜压气流
barograph 气压记录器
barograph trace 自记气压曲线
barometer 气压表
barometer case (=barometer box) 气压表匣
barometer constant 气压测高常数
barometer formula 气压测高公式
barometric altimetry 气压测高法
barometric condenser 大气压凝汽器
barometric depression 低气压
barometric fluctuations 气压变动
barometric height 气压高度
barometric high 高气压
barometric low (=barometric depression) 低气压
barometric maximum ①高气压 ②气压最高值
barometric mean temperature 测高平均气温
barometric minimum ①低气压 ②气压最低值
barometric pressure 气压
barometric tendency 气压趋势
barometrical depression 低气压
barometrography 气压测定学(barometrographia)
barometry ①气压测定 ②气压测定法(barometrica)
baromil [气]压毫巴(测气压的单位)
baropacer 血压调节器
barophilic bacteria 适压细菌,嗜压细菌(bacteria barophilae)
baroreceptor 压力感受器
baroscope 验压器
barosphere 气压层
barostat 恒压器
baroswitch 气压开关(无线电探空仪上用)
barotaxis 趋压性
barothermograph 气压温度计
barotolerant bacteria 耐压细菌(bacteria barotolerantes)
barotropic ①正压的{气象} ②向压的{生态}(barotropicus)
barotropic condition 正压情况
barotropic state 正压状态
barotropism 向压性(barotropismus)
barotropy 正压(barotropia)
barovina AC 型土壤,似黑色石灰土
Barr body 巴尔氏小体,性染色质小体
Barr body and X-chromosome 巴尔氏小体与性染色体
barrack 临时干草棚,临时干草库
barrage ①拦河坝,堰坝{水利} ②栅栏现象{遗传} ③阻塞,拦阻,遮断
barrage jamming 阻塞干扰
barranco 山峡,谷峡
barred ①带状,条纹状 ②有环节的(zonatus)
Barred Plymouth Rock 横斑洛克鸡,芦花鸡(蛋肉性能均好)
barred staining 线条染色{显技}
barrel ①桶,小桶,木桶 ②(家畜)喂水器,滚筒,圆筒 ③枪筒,枪管 ④胴,躯体{畜}
barrel beer 桶装啤酒
barrel beet slicer 滚筒式甜菜切片机
barrel chaff-cutter 滚筒式切稿机
barrel gentian 肥皂龙胆[*Gentiana saponaria*](龙胆科)
barrel haytedder 滚筒式摊草机,滚筒式干草摊晒机
barrel of pipe 管筒{环保}
barrel printer 鼓式打印机
barrel-shaped 筒形的,筒的(doliaris)

barrel-shaped plasma mass 筒形原生质团
barrel sprayer 筒式喷雾器,筒式喷雾机
barrel switch 桶形开关
barrel-type root cutter 滚筒[刀]式块根切片机
barren ①荒地,废地,不毛地 ②荒原{生态} ③不育的,不结果的(指果树),不结实的(指禾谷类){育种} ④贫瘠的 ⑤不生产的{栽培}
barren axil 无花穗叶腋
barren brome grass 不实雀麦[*Bromus sterilis* L.](禾本科)
barren cow (= barrener) 交配未孕的母牛
barren cultivation 瘠地耕作法
barren flower 不育花(flosinanis)
barren hermaphrodite flower 不结实两性花(木瓜)
barren ivy 常春藤[*Hedera sinensis* Tobl.](五加科)
barren land 裸地,不毛地,光板地
barren limestone plateau 不毛石灰石高原
barren nut 秃果(椰子)
barren palm 公椰子树
barren patch 芜原地块{生态生理}
barren peatland 不毛泥炭地,贫瘠泥炭地
barren plant 不结实植株(planta innanis)
barren quadrat 无株样方(荒原样方){生态}
barren sand 不毛沙地
barren soil 废土,瘠土
barren tree 不结果树
barrener 交配未孕的母牛
barrenness ①不生产,不孕,不结实,秕粒 ②荒芜 ③不育性
barrenwort ①淫羊藿属[*Epimedium* L.](小檗科) ②淫羊藿[*Epimedium macranthum* Morr. et Dcnc.]
barrette file 扁三角锉
barretter 镇流电阻器
barricade ①栅,栅栏 ②拦鱼装置,鱼障,鱼簗,罾{水产}
barricade tissue 栅栏组织
barrier ①阻限,障碍 ②限界,境界 ③障碍物,阻碍物(如墙,篱,栅等) ④冰障 ⑤隔离
barrier berg 平板状冰山
barrier code 隔离码{电脑}
barrier dam 拦鱼坝
barrier filter 阻挡滤片
barrier layer ①阻碍层,界面层 ②阻挡层
barrier net 木栅网,拦鱼网,樯张网
barrier of infection 传染防御法
barrier reef 堡礁,堤礁
barrier synchronization 障碍同步
barrier to diffusion 扩散障碍,扩散阻力
barringtonia ①玉蕊属[*Barringtonia* Forst.](玉蕊科) ②玉蕊[*Barringtonia racemosa* Bl.]
barringtonia climber 薄叶买麻藤[*Gnetum tonuifolium* Ridl.](买麻藤科)
barringtonia family 玉蕊科[*Barringtoniaceae*]
barroom plant ①蜘蛛抱蛋属[*Aspidistra* Ker-Gawl.](百合科) ②蜘蛛抱蛋[*Aspidistra elatior* Bl.]
barrow ①去势公猪 ②手推独轮车
barrow sprayer 手推式喷雾器
bars 纹孔阶段{解剖}
bars of Sanio (= crassulae) 眉条{解剖}
barstar 芽孢杆菌 RNA 酶抑制剂
bart 竖堆,竖立禾堆(田地里禾捆码成的小堆)
barter (= traffic by exchange)交易,以货易货,物物交换
barthrin 熏虫菊酯[$C_{18}H_{21}ClO_4$]
Bartlett-pear 巴梨,香蕉梨(洋梨品种)
Bartlett window 巴特利窗口{信息}
Bartlett's test for homogeneity of variance 巴特利氏变量均一性测验法{统计}
barton 庄园中的农场
Baruk 巴鲁克(甘蔗印度原种)
barycentric 重心的(barycentrus)
barycentric coordinate 重心坐标
barye 微巴(压强单位)
barystachyous 重穗的(barystachyus)
basad 基向(basas){形态}
basal ①基的,基部的 ②基础的,根本的(basalis)
basal apparatus 基器
basal area ①底面积{森林} ②基域{昆虫}(area basalis)
basal body 基体(指鞭毛)(corpus basalis)
basal body temperature (BBT) 基础体温
basal bristle 基刺(seta basalis)
basal bud 基芽(gemma basalis)
basal cell ①基细胞{解剖} ②基室{昆虫}(cellula basalis)
basal component 基本成分,基本组分
basal corpuscle 基小体(corpuscula basalis)
basal coverage 基盖度{生态}
basal decay 基腐病(油棕)
basal diameter 胸高,直径(指树木)
basal diet 基础饲料
basal dressing 施基肥
basal dry rot 基部干腐病
basal expression 基础表达,基本表达{分遗}
basal fertilizer 基肥
basal fertilizer application 施基肥,上底肥

basal fold ①基褶 ②基翅(ruga basalis)
basal glume 基部颖片(gluma basalis)
basal granule 基粒(granula basalis)
basal green streak 基部绿色条纹病
basal growth 基部生长
basal hair 基毛(pilus basalis)
basal heat producing rate 基础产热率
basal knot 基部结(结索法)
basal laminae 基板(laminae basales){细胞}
basal leaf 基生叶(folium basale)
basal level 基础水平,基态水平
basal line 基线(鳞翅目)
basal lobe 基部裂片(lobus basalis)
basal manure 基肥,底肥
basal manuring 施基肥
basal medium 基本培养基
basal medium Eagle (BME) Eagle 基本培养基
basal membrane 基膜(membrana basalis)
basal meristem 基部分生组织(meristema basalis)
basal metabolic rate (BMR) 基础代谢率
basal metabolism 基础代谢
basal-nerved 基础脉的(basinervis)
basal node 基节(nodus basalis)
basal orientation 基面定向,基向{遥感}
basal part 基部(pars basalis)
basal pedigree 基础系谱
basal placenta 基底胎座(placenta abasalis)
basal placentation 基底胎座式(placentatio basalis)
basal plane 底面(plana basalis)
basal plate 鳞茎盘(plata basalis)
basal pole 基极(pola basalis)
basal portion 基部,底部(portio basalis)
basal promoter element 启动子基本元件{生技}
basal ration 基础定量,基础饲料(日量)
basal side 基面(latans basalis)
basal spacing 基面间距{水利}
basal spikelet 基部小穗(spicula basalis)
basal stem rot 基部茎腐病(甘蔗)
basal stem rot of soybean 大豆茎腐病(大豆株枯病)[*Ophionectria sojae* Hori.]
basal sterile mutant 绝对不育突变体(小麦)(mutans sterilis basalis)
basal sterility ①绝对不育性 ②基部不育性(sterilitas basalis)
basal transcription factor 基础转录因子{分遗}
basalt 玄武岩{地质}
basantenna 角基膜
basculating trough 倾翻式饲槽,翻斗式饲槽
base ①基,基础,根基 ②底,基底,基部 ③碱基,盐基{农化}(basis)
base altitude 基地高度
base analog 碱基类似物,类碱基
base-analog mutagen 碱基类似诱变剂
base analogue (= base analog) 碱基类似物
base angle 底角
base arrangement 碱基排列
base capital 基金
base catalysis 碱[基]催化
base changes in new gene 新基因的碱基变化
base changes in old gene 旧基因的碱基变化
base cleaner (甘蔗)削根器
base colour 底色,基色{显技}
base complement (= b's complement) 补码{电脑}
base composition 碱基组成
base construction 基地建设{农系工}
base content 盐基含量
base cutter (甘蔗收获机)根部切割器
base data 基本数据,基数据
base deletion 碱基缺失
base density 片基密度{电脑}
base desaturation 盐基脱饱和[作用]
base direction 基线方向{测}
base dressing 施基肥,施底肥
base element 基本元素
base exchange ①碱基交换[作用]{分遗} ②盐基交换{土壤}
base exchange capacity 盐基代换量,盐基交换量
base exchange material 盐基代换物质,盐基交换物质
base exchanger 碱基交换剂
base fertilizer 基肥,底肥
base flow 基流(湖泊排水时,从地下水源流进排水沟的流量)
base goods 过磷酸盐与氮肥混合物
base group 基本组
base hypoxanthine 碱基次黄嘌呤
base incorporation 碱基掺入
base increment 碱基增加量
base leaf 基叶(basifolium)
base length 基线长
base level 基准,基准面
base line 基线,基准线
base manure 基肥
base manuring 施基肥
base map 底图{显技}

base map file 基本地图文件{遥感}
base memory 基本存储器,常规存储器{电脑}
base metal 原金属,贱金属
base modification 碱基改性
base notation ①基本符号,基本记号 ②基本记数法
base number (b) (= basic number) 基数
base of cloud 云底
base of leaf 叶基
base of tail (= tail setting) 尾基
base of tree trunk 树干基部
base pair (bp) 碱基对{分遗}
base pair addition 碱基对补加
base-pair change 碱基对对换
base pair deletion 碱基对缺失
base pair mismatch 碱基对错配
base pair ratio (= A-T/G-C ratio) 碱基对比率
base pair replacement 碱基对替位,碱基对置换
base pair substitution 碱基对代换
base pair substitution mutation 碱基对代换突变
base-pair transition 碱基对转移
base-paired region 碱基成对区
base pairing 碱基配对
base pairing rules 碱基配对规律
base parameter 基参数{电脑}
base peak 基峰{生技}
base period 基期,基准期间
base permission 基本许可
base plate ①底板{农施} ②基片{生技}
base-plate fibril 基片丝(指噬菌体)
base-plate hub 基片插孔(指噬孔体)
base-plate wedge 基片楔突(指噬菌体)
base point ①小数点{统计} ②基点{智培}
base population 碱基群体
base program 基本程序
base ratio ①碱基比{分遗} ②盐基率{土壤}
base record 基本记录{信息}
base record slot 基本记录槽
base replacement 碱基置换
base rock (= basic rock) 基性岩{地质}
base saturation 盐基饱和[作用]{土壤}
base-saturation percentage 盐基饱和率
base sequence 碱基序列{分遗}
base sequence complexity 碱基序列复杂性
base shape 基本形状
base sheet 底图{显技}
base-specific cleavage method 碱基特异裂解法{分遗}
base-specific ribonuclease 碱基特异核糖核酸酶
base stacking 碱基堆集
base stock ①底纸,原纸 ②基体(电脑)
base substitution 碱基代换
base-substitution mutation 碱基代换突变
base test 碱基测验
base transition 碱基转换
base transversion 碱基颠换
base unsaturation 盐基不饱和[作用]
base year 基年,基准年{统计}
baseband 基本频带,基带
baseband network 基带网[络]{信息}
based on national conditions 依据国情,立足国情
baseless ①无底的 ②无基础的 ③无根据的
baseline ①原始的,基本的 ②原始资料,原始数据 ③碱基系 ④基线,底线,基准线
baseline activity 碱基系活度
baseline correction 基线校正
baseline drift 基线漂移{信息}
baseline noise 基线噪声
basella ①落葵属 [*Basella* L.] (落葵科) ②白落葵 [*Basella alba* L.]
basella family 落葵科 [Basellaceae]
basement ①地下室,地窖 ②最下部,底部 ③基底
basement complex 基底杂岩{地质}
basement membrane ①底膜,基膜{蜂} ②基底膜{分生}
basement membrane link protein 基底膜连接蛋白{分生}
basement rock 基岩{地质}
basement storage 地下储存库
basendite 基内叶 (basenditus)
BASF 3170F (= benodanil) 麦锈灵(内吸性杀菌剂) [$C_{13}H_{10}INO$]
basi- [字头] ①基,足 ②碱
BASIC (= beginner's all-purpose symbotic instruction code) 初学者通用符号指示码{电脑}
basic ①基本的,基础的,根本的(= fundamental) ②基数的 ③碱性的,盐基性的 (basalis)
basic access method (BAM) 基本存取法{电脑}
basic accounting unit 基本核算单位
basic amino acid 碱性氨基酸
basic application 施基肥,施底肥
basic autocoder 基本自动编码器
basic biology 基础生物学
basic block 基本程序块,基本块{电脑}
basic calcium arsenate [碱式]砷酸钙 [$Ca_3(AsO_4)_2Ca_3(AsO_4)_2$]

basic categories 基层分类单元
basic cation 碱性阳离子
basic characteristics 基本特征
basic characteristics of intelligent crop production 作物智能栽培学的基本特征{智培}
basic chromosomal protein 碱性染色体蛋白{分遗}
basic chromosome number 染色体基数
basic chromosome set 基数染色体组
basic code 基本代码,基本码{电脑}
basic coding 基本编码
basic component 基本组成部分,基本成分
basic compound 碱性化合物
basic control mode (BC mode) 基本控制方式
basic conversation 基本会话{信息}
Basic copper chloride (= Copper chloride) 王铜(杀菌剂) [$Cl_2Cu_4H_6O_6$] [$3Cu(OH)_2 \cdot CuCl_2$]
basic copper silicate 碱式硅酸铜 [$Cu(OH)_2CuSiO_3$]
basic copper sulfate [碱性]硫酸铜
basic cupric carbonate 碱式碳酸铜 [$Cu(OH)_2 \cdot CuCO_3$]
basic data 基本数据
basic defect 基本缺陷(遗传病症状)
basic device unit(BDU) 基本设备部件
basic dressing (= base dressing) 施基肥,施底肥
basic duty ①基本任务 ②出口关税率,基本税
basic dyes 碱性染料(盐基性染料){显技}
basic dyestuff 碱性染料
basic education 基础教育
basic element 基本元素
basic engineering design data 基本工程设计数据
basic equipment 基本设备
basic exchange diskette 基本交换软盘
basic failure rate 基本失败率
basic fertilizer 碱性肥料
basic fibroblast growth factor(bFGF) 碱性成纤维细胞生长因子{分生}
basic file 基本文件
basic food 基本粮[食]
basic format 基本格式{信息}
basic fuchsin (= basic fuchsine) 碱性品红(盐基性品红){显技}
basic functional unit 基本功能单位
basic group 碱基
basic helix-loop-helix domain (bHLH domain) 碱性螺旋-环-螺旋结构域{分遗}
basic helix-loop-helix protein (bHLH protein) 碱性螺旋-环-螺旋蛋白
basic hydrological parameter 基础水文参数
basic information unit (BIU) 基本信息单位{信息}
basic ingredient 基本成分,主要成分
basic ion balance 碱离子平衡
BASIC language operating system BASIC语言操作系统{电脑}
basic lime phosphate 加石灰过磷酸钙{农化}
basic link unite (BLU) 基本连接部件{信息}
basic loop 基本循环
basic magenta 碱性品红{显技}
basic manure 基肥
basic map 基本图
basic mapping support (BMS) 基本映像支持{电脑}
basic mapping system 基本[地图]制图系统{遥感}
basic mechanism 基本机制
basic medium ①盐基培养基 ②基本培养基
basic metabolic process 基本代谢过程{生态生理}
basic number (X) [染色体]基数
basic number of chromosome (X) 染色体基数
basic operating system (BOS) ①基本操纵系统{电脑} ②基本运算系统{统计}
basic oxide 碱性氧化物
basic oxygen furnace (BOF) 纯氧顶吹炼钢转炉{环保}
basic ploughing 基本耕作,基耕(指秋耕)
basic polypeptide 碱性多肽
basic population 基本种群,基本群体
basic prerequisite 基本先决条件
basic price 基本价格,基价
basic principle 基本原则
basic process 基本过程
basic protein 碱性蛋白质
basic race of breed (蚕)基础品种
basic rate ①(= basic wage) 基本工资 ②基本速度
basic ration 基本定量供应,基本配给供应
basic requirement 基本需求
basic research 基础研究
basic residues 碱性残留物
basic rock 碱性岩{地质}
basic salt 碱式盐
basic science 基础科学
basic scientific studies 基础科学研究
basic seed (=elite) 原种{育种}(elita)

basic seed number 基本种子数
basic seedlings 基本苗
basic set 基数[染色体]组
basic slag 碱性炉渣,托马斯磷肥
basic stain 碱性染色剂(盐基性染色剂)
basic status register (**RSTAT**) 基本状态寄存器
basic substrate 碱性基质
basic sum (= basic pollen sum) (花粉)基数(summa basalis)
basic superphosphate 碱性过磷酸钙
basic target price 指标基价
basic task 基本任务
basic taste sensation 基本味觉
basic theoretical research 基础理论研究
basic-tone tree species 基调树种,主要绿化树种{园林}
basic training 基本功训练
basic transmission unit (**BTU**) 基本传输单位{信息}
basic trend 基本趋势
basic trilayered structure 碱性三层结构
basic twig 基础枝(ramusculus basicus)
basic unit of mutation 突变基本单位
basic vegetative growth 基本营养生长
basic wages 基本工资
basic weight 标准重量(克/平方厘米纸的重量)
basichromatin 嗜碱染色质
basicity ①碱度 ②碱性(basicitas)
basicosta ①基内脊 ②光肩片
basicoxite 基缘片(basicoxitus)
basidial 担子的(basidialis)
basidial layer 担子层
basidial stipe 担子柄
basidiocarp 担子果(basidiocarpum)
basidiolichenes 担子菌地衣
basidioma 担子菌子实体
basidiomycetes 担子菌[纲][Basidiomycetes]
basidiophore 担子体(basidiophora)
basidiospore 担孢子(basidiospora)
basidium 担子
basification 碱化,盐基化(basificatio)
basifix placenta (= basal placenta) 基底胎座(placenta basifixa)
basifixed 底着的(basifixus)
basifixed anther 底着药(anthera basifixa)
basiflory 基花,基生花(basifloris)
basifracture 基部弯曲(basifractura)
basifugal 离基的(basifugus)
basifuge 避碱[性]植物,嫌碱[性]植物(basifuga)
basigamy ①基部受精 ②基配(basigamia)
basigynium 心皮柄
basikaryotype 基数染色体组型(basicaryotypus)
basil 罗勒属[*Ocimum* L.](唇形科) ②罗勒[*Ocimum basilicum* L.]
basil-like soap-wort 罗勒石碱花[*Saponaria ocymoides* sp.](石竹科)
basil thyme ①风轮菜属[*Acinos* Moench.](唇形科) ②欧风轮菜[*Acinos vulgaris* Pers.]
basilar ①基部的 ②基生的(指花柱)(basilaris)
basilar-membrane model 基膜模型
basilar style 基生花柱(stylus basilaris)
basin ①流域{水利} ②洼地,盆地{土壤} ③果底,果洼{形态} ④盘,钵,盆{园艺} ⑤池塘,水潭,盛水池{栽培} ⑥造穴器,造穴铲{农具}
basin check irrigation 格田淹灌
basin database 流域数据库
basin harrow ①造贮水穴铲 ②造穴铲
basin irrigation 淹灌,淤灌
basin irrigation system 小区淹溉方式
basin lister 贮水坑耕作双壁开沟犁
basin listing 盆地开沟耕作
basin marsh 盆地沼泽
basin plain 盆地平原
basin planning 流域规划
basin planter 盆地种植机,贮水坑田面播种机
basin pond 水泉,池泉
basin-shaped 盆状的(pelviformis)
basin soil 盆地土塘
basinerved (= basal-nerved) 基出脉的(basinervis)
basipetal 向基的(basipetus)
basipetal translocation 向基运输(translocatio basipeta)
basiphilous (= basiphilic) ①喜碱[性]的,嗜碱[性]的 ②适碱[性]的(basiphilus)
basipodite ①(甲壳类)基节 ②肢基{水产} ③底肢节{昆虫}
basis ①基础,基准,基线,基数,基本,基底 ②根据 ③主要成分
basis of issue 论据
basis rule 基本规则
basis vector 基底向量
basis weight 基本重量
basitarsus (= metatarsus) 基跗节,第一跗节(basitarsus){蜂}
basitolerant 耐碱的(basitolerans)
basitonous 贯基的(用于花药)(basitonus)

basjoo 芭蕉[*Musa basjoo* Sieb.](芭蕉科)
basjoo bark beetle 芭蕉小蠹[*Cryphalus basjoo* Niisima](小蠹科)
bask 晒太阳
basket ①篮,笼,筐,篓 ②(收获机)棉箱
basket centrifuge 篮式离心机
basket drier 篮式干燥机
basket-flower 大矢车菊[*Centaurea americana* Nutt.](菊科)
basket for collecting 树脂采集笼
basket layering 篮压
basket lip (摘棉机)棉箱顶盖
basket nursery ①篮插育苗 ②篮式苗圃
basket-oak 宓氏栎[*Quercus michauxii* Nutt.](山毛榉科)
basket of centrifuge 离心机篮
basket of gold 岩生庭荠[*Alyssum saxatile* L.](十字花科)
basket osier (= osier, osier willow, basket willow) 青刚柳(筐柳)[*Salix viminalis* L.](杨柳科)
basket plant 篮栽植物,篮播苗
basket planting 吊(悬)篮栽培
basket-pot 盆栽篮
basket-shaped 篮状的(calath inus)
basket type evaporator 篮式蒸发器
basket withe ①紫丹属[*Tournefortia* L.](紫草科) ②紫丹[*Tournefortia ovata* Wall.]
basket work 篮筐编制
basket worm ①(= bagworm) 蓑蛾 ②⌞复⌝蓑蛾科[Rsychidae]
basketry 篮筐生产,篮筐编制
basograph 步态描记器
basoid 碱性胶体,碱胶基
basonuclin 碱性核蛋白
basonym 基本异名(basonymum)
basophile (= basophil) ①喜碱细胞 ②喜碱植物 ③嗜碱细菌(basophile)
basophile degranulation 嗜碱细胞脱粒
basophile leucocyte 嗜碱白细胞
basophilia 嗜碱性
basophilia enhancement by fixation 嗜碱性固定强化法{显技}
basophilic ①喜碱[性]的,嗜碱[性]的 ②适碱[性]的(basophilus)
basophilic area 嗜碱区
basophilic behavior 嗜碱行为
basophilic element 嗜碱细胞(elementum basophile)
basophilic granule 嗜碱性颗粒(granula basophila)
basophilic normoblast 嗜碱性幼红细胞,早幼红细胞(normoblasta basophila)
basophilic plant 嗜碱植物,喜碱植物(planta basophila)
basophilous ①适碱的 ②喜碱的(basophilus)
basophobe 嫌碱植物(basophobus)
basophobic (= basophobous) ①嫌碱[性]的 ②避碱[性]的(basophobus)
basosexine 外基层(basosexina)
bass ①椴树皮 ②狼鲈[*Morone labrax* (L.)]
Bassa (= BPMC) 丁苯威(巴沙)(杀虫剂)[$C_{12}H_{17}NO_2$]
basset 猎獾狗,巴赛脱犬{狩猎}
basswood (= linden) ①椴属[*Tilia* L.](椴科) ②椴[*Tilia tuan* Szyszy.]
basswood family 椴科[Tiliaceae]
bast 韧皮部(liber, phloema)
bast cell 韧皮细胞(cellula liberolignosa)
bast-cells 厚壁组织(sclerenchyma)
bast fiber 韧皮纤维(fibra liberolignosa)
bast island 韧皮岛(insula liberolignosa)
bast layer 韧皮层(stratum corticale)
bast parenchyma 韧皮薄壁组织(parenchyma liberolignosa)
bast plant 韧皮植物(planta liberolignosa)
bast ray 韧皮射线(radius liberolignosus)
bast strand 韧皮束(fasciculus liberolignosus)
bast zone 韧皮层(zona liberolignosa)
bastard ①杂种 ②劣等砂糖
bastard acacia (= black locust) 刺槐(洋槐)[*Robinia pseudoacacia* L.](豆科)
bastard alkanet (= corn gromwell) 麦家公[*Lithospermum arvense* L.](紫草科)
bastard-balm 滇荆芥叶蜜利得[*Melittis melissophyllum* L.](唇形科)
bastard cedar 香肖楠[*Libocedrus decurrens* Torr.](松科)
bastard cut file 粗纹锉
bastard daisy 丽菊属[*Bellium* L.](菊科)⌞拟⌝
bastard-elm 欧洲朴[*Celtis occidentalis* L.](榆科)
bastard fallow ①短期休闲 ②短期休闲地
bastard grain (= tangential cut) 弦向截切向切面
bastard hemp 大麻蔓属[*Datisca* L.](打提斯卡科)[Datiscaceae]⌞拟⌝
bastard horehound 巴劳草属[*Ballota* L.](唇形科)

bastard indigo ①紫穗槐属［*Amorpha* L.］（豆科）②紫穗槐［*Amorpha fruticosa* L.］
bastard lignum-vitae 伪伤疮木［*Guaiacum sanctum* L.］
bastard mahogany（= toon） 红椿（马来香椿）
bastard merogony 杂种卵片发育
bastard nigella（= corn cockle） 麦仙翁［*Agrostemma githago* L.］（石竹科）
bastard saffron（= saffron, safflower） 番红花（藏红花）［*Crocus sativus* L.］（鸢尾科）
bastard sawn grain（= diagonal grain） 对角状纹理，斜纹理
bastard slip 吸枝
bastard speedwell 水蔓菁［*Veronica spuria* L.］（玄参科）
bastard teak 印度柚木（吉纳）［*Pterocarpus marsupium* Roxb.］（豆科）
bastard toadflax ①百蕊草属［*Thesium* L.］（檀香科）②百蕊草［*Thesium chinensis* Turcz.］
bat ①蝙蝠［*Chiroptera*］②（拨禾轮）拨禾板
bat bug ①蝠蝽，寄蝽 ②⌞复⌝寄蝽科（Polyctenidae）
bat guano 蝙蝠粪
batate（= sweet potato） 甘薯（白薯，番薯）
batatic acid 巴他酸，甘薯黑疤霉酸
batch ①一批，一组 ②一炉（指一次所烤的面包数，饼干数）③计量，定量，配量 ④（蚕）蛾区
batch accumulator 批量累加器
batch agitator 分批搅和机，分批混合机
batch bin ①量斗，分批箱 ②小批［干燥］箱
batch controlled program 批量控制程序｛电脑｝
batch crystallization 分批结晶
batch cultivation ①分批培养法｛生技｝②分批栽培｛栽培｝
batch culture ①成批培养 ②分批培养
batch cycle 间歇式处理（指在处理污水时，使用 A、B 两个贮槽进行轮换处理）｛环保｝
batch data exchange（BDE） 成批数据交换
batch demineralization 分批式脱矿质
batch digester 分批消化器｛环保｝
batch distillation 分批蒸馏
batch drier（= batch dryer） 分批式干燥机，间歇式干燥机
batch drying 分批干燥，间歇干燥
batch elutriation 分批淘析（淘洗）
batch extraction 分批抽提，分批提取
batch farrowing 分批产子
batch fermentation 分批发酵
batch filtration 分批过滤，间歇过滤
batch initiation 成批启动
batch loader 斗式装载机
batch mixer 分批式混合机，间歇式混合机
batch model 分段式（稻预蒸）
batch operation ①分批操作 ②分批运行
batch pasteurizer 间歇式巴氏灭菌器
batch printing 分批打印
batch process 分批工艺，分批法｛生技｝
batch processing ①批量处理 ②成批加工
batch processor 分批处理机
batch production 分批生产，批量生产
batch reactor 分批反应器，间歇反应器
batch recycle culture 分批再循环培养
batch run 成批运行
batch scanning 分批扫描
batch seed dresser 间歇式种子拌药机
batch selection 分批选择
batch setting 分批沉淀
batch spawning 分批产卵
batch steamer 分批式蒸煮器，间歇式蒸煮器
batch suckling 多犊分批哺乳
batch test ①分批试验 ②分批测验
batch thresher for sampling 取样用分批脱粒机
batch treatment 分批处理，间歇处理
batch type 分批式
batch-type seed mixer 分批式拌种器，定量式拌种器
batch vaporization 分批汽化
batcher 定量器，计量器
Batesian mimicry 贝氏拟态
bath ①浴，浸泡 ②蒸浴，洗澡 ③浴器，热槽，消毒槽，熔池 ④电解液，卤水，定影液 ⑤电镀，电解
bath tub 浴盆
bathe ①用水洗，浸洗 ②浸湿
bathile 深湖底的，深海底的（bathilus）
bathing waters 浴池｛环保｝
bathmic force ［进化］控制力
bathochrome 向红［增色］
bathochromic effect 向红［增色］效应
bathochromic shift 向红［增色］转移，红移
batholith（= batholite） 岩基，岩盘｛地质｝
bathometer 测深计
bathroom 浴室｛环保｝
Bathurin 苏云金杆菌
bathyal lake zone 半深水湖带
bathybic 深海底的（bathybicus）
bathylith 岩基
bathymeter 水深测量器
bathymetric ①测深的 ②深海的（bathy-

metricus)
bathymetric chart 等深线图{遥感}
bathymetric contour (= bathymetric line) 等深线
bathymetric line 等深线{水利}
bathymetric map (= bathymetric chart) 等深线图
bathymetry ①水深测量 ②水深测量法,测[水]深法 (bathymetria)
bathypelagic 深海的 (bathypelagus)
bathypelagic fauna ①深海动物区系 ②深海动物志
bathypelagic fishes 次深海层鱼类
bathyphotometer 深海光度计
bathyscaphe 深海探察器
bathythermograph 深水温度自记器
bating process waste water 鞣化处理废水{环保}
Batjan 白特珍(甘蔗热带原种)
Battaglia's 5111 mixture 巴他格里亚 5111 混合剂{显技}
batten (= fatten) 肥育
batter drainage 倾斜排水
battery ①电池,蓄电池 ②组 ③鸡舍,多层式鸡笼
battery backup 后备蓄电池
battery backup system 电池备用系统
battery brooder 笼架式育雏器
battery-brooder house 育雏器组房,多层式鸡舍
battery cage management (鸡)笼养
battery capacity 电池容量
battery charge 电池充电
battery charger 充电机
battery fattening 笼养肥育
battery house 笼式禽舍,多层式禽舍
battery jar 电瓶
battery keeping 笼养
battery motor 电池电动机
battery mower 蓄电瓶式剪草机
battery powered machine 电池电源计算器(指用蓄电池供电的计算机)
battery raiser 多层式禽笼
battery relay 蓄电池继电器
battery separator 蓄电池隔板
battery system 笼饲法
batton (= batten) 肥育
battonatte 高尔基体部分
battue 追猎,围捕{狩猎}
batyl alcohol 鲨肝醇,十八烷基甘油醚
baud 波特(信息速度单位)
baud rate 波特速率
Baudot code 博多码{信息}
baueretisation 离铁[作用](baueretisatio)
bauhinia ①羊蹄甲属 [*Bauhinia* L.](豆科) ②羊蹄甲 [*Bauhinia cauminata* L.]
Bauhinia type 羊蹄甲型(指生长)
Baule unit 包勒单位(要素供应强度单位,一包勒单位能使植物增产,充分供应时所能达到的最高产量比实际产量增加50%)
Baumé degree 波美度{环保}
Baumé hydrometer 波美比重计
bauxite (= beauxite) 铝矾土,铝土矿
bauxite allite soil 铝矾土性富铝土
bauxite laterites 铝矾土性砖红壤
bauxite slag 铝土矿矿渣
bauxitic allite soil (= bauxite allite soil) 铝矾土性富铝土
bauxitic latterite (= bauxite latterite) 铝矾土性砖红壤
bauxitisation 铝矾土化[作用](bauxitisatio)
bave 茧丝
bavin (= bavin wood) 薪束,柴捆
bavin drain 薪束排水通道
bavin drainage 薪束排水
bavin wood 薪束,柴捆
Bavistin 多菌灵(棉萎灵,苯并咪唑 44 号)(内吸性杀菌剂)[$C_9H_9N_3O_2$]
bawn 小畜舍
bay ①海湾 ②水闸,堰口 ③月桂树 ④(室内)干草藏放处 ⑤(建筑物支柱)间隔 ⑥(飞机上)隔间,隔室 ⑦栗色马 ⑧栗色的,枣红色的 (baia, badius)
Bay Area Spatial Information System (BASIS) 海湾地区空间信息系统{遥感}
bay delta 海湾三角洲
bay felling 弯状带伐
bay horse 栗色马,枣红马
bay ice 海湾冰
bay laurel (= tree bay, sweet laural, laurel) 月桂(月桂树)[*Laurus nobilis* L.](樟科)
bay-leaf 月桂树叶
bay oil 桂花油,月桂油
bay-rum tree 香叶多香果 (桃金娘科)
bay-salt 粗粒盐
bay sucker 月桂木虱 [*Trioza alacris* Flor.]
bay tree (= tree bay) ①月桂属 [*Laurus* L.](樟科) ②月桂树 [*Laurus nobilis* L.]
bay-tree scale 月桂蚧 [*Dynaspidiotus britannicus* Newstead](蚧科)
bay willow (= bay-leaved willow) 五蕊柳 [*Salix pentandra* L.](杨柳科)
Baya 缔鸟(损害谷类作物的害鸟)[*Ploceus philippinus*]

bayamo 巴雅莫风（古巴南海的一种狂风）
bayard ①栗色的 ②栗色马{畜}
bayberry ①杨梅属［*Myrica* L.］（杨梅科）②杨梅［*Myrica rubra* Seib. et Zuce.］③月桂果
bayberry wax 杨梅蜡
baycovin 焦碳酸二乙酯
Bayer 21/199（=coumaphos）蝇毒磷{农药}
Bayer 22/299（=chlorothion, chlorthion）氯硫磷（杀虫剂）［$C_8H_9ClNO_5PS$］
Bayer 9015（=niclofolan） 硝氨酚（拜耳 9015）
Bayer 17147（=azinphos methyl） 谷硫磷，保棉磷（杀虫，杀螨剂）［$C_{10}H_{12}N_3O_3PS_2$］
Bayer 19639（=disulfoton）乙拌磷{农药}
Bayer L-13/59（=trichlorfon） 敌百虫
Bayes decision rule 贝叶斯决策规划{信息}
Bayes decision theory 贝叶斯决策理论
Bayes detection 贝叶斯检测
Bayes estimation 贝叶斯估计
Bayes risk 贝叶斯风险
Bayesian classifier 贝叶斯分类法
Bayesian probability theory 贝叶斯概率论{统计}
Baylis turbidimeter 培氏浊度计
bayonet ①插销，插栓 ②卡口
bayonet coupling 卡口接头{环保}
bayonet pin 卡口插头，卡口销
bayou lake（=oxbow lake） 牛轭湖
Baytex（=fenthion） 倍硫磷{农药}
Baythion 腈肟磷（辛硫磷，倍腈松，肟硫磷）（有机磷杀虫剂）［$C_{12}H_{15}N_2O_3PS$］
bb（=bobbed） 截毛（突变型）
BBFB-cycle（=bridge-breakage-fusion-bridge cycle） 桥裂合桥周期
BBWV（=broad bean wilt virus） 蚕豆萎蔫病毒
BCG（=Bacille Calmette Guerin） 卡介苗
BD（=boom defence） 障碍栅{电脑}
BDC（=bottom dead center） 下死点
BDdR（=5-bromodeoxycytidine） 5-溴脱氧胞苷
BDOS（=basic disc operating system） 基本磁盘操作系统{信息}
BDP（=data base processor） 数据库处理机{信息}
be-keeping legislation 养蜂法令
beach ①海滩，水滨 ②小砾石，卵石
beach deposit 海滩沉积物
beach grass（=sea sand-reed） ①海沙草属［*Ammophila* Host.］（禾本科）②海沙草［*Ammophila arenaria* Host.］
beach ice 海滩冰
beach line 滩线，海岸线
beach pea 海边香豌豆［*Lathyrus maritimus*（L.）Bigel］（豆科）
beach plain 海滩平原
beach plant 海岸植物，滨海植物（planta maritima）
beach sand 海滩沙
beach seine 地曳网，大拉网
beach terrace 海滨阶地，海岸阶地
beach-wall 堤岸
beach wonder bean 海刀豆［*Canavalia maritima*（Aubl.）Thou.］（豆科）
beachy 沿海的，滨海的（littoralis）
beacon ①烽火台，信号站{森林} ②浅水标{水利} ③界标{耕作} ④信标{信息}
beacon message 信标信息
beacon tracking 信标跟踪
beaconage 立界标
bead ①露滴，水珠 ②卷边（指罐头）③玻珠 ④磁球
bead-bed reactor 玻珠床反应器（指用于细胞培养）
bead column 圆球分馏器
bead mill 玻珠研磨机
bead mill homogenizer 玻珠研磨匀浆机
bead plant ①薄柱草属［*Nertera* Banks et Soland.］（茜草科）②薄柱草［*Nertera sinensis* Hems.］
bead tree ①楝属（海红豆属）［*Melia* L.］（楝科）②楝（海红豆）［*Melia azedarach* L.］
beaded lacewing 鳞蛉
beaded lightning 珠状闪电
beading ①形成水珠 ②卷边
beading tool 卷边工具
beadlike 珠状
beadruby ①舞鹤草属［*Mainthemum* Wigg.］（百合科）②舞鹤草［*Mainthemum bifolium* F.W.］
beads ①相思子属［*Abrus* L.］（豆科）②相思子［*Abrus precatorius* L.］
beagle (IL-28) "小猎犬"式飞机（伊尔 28）{遥感}
beagle 猎兔狗，比格尔犬
beak ①喙，嘴（rostrum）②壳突 ③乳头
beak-fruited 喙果的（rhynchocarpus）
beak-leaved 尖叶的（rhynchophyllus）
beak-sedge（=beakrush） 刺子莞属［*Phynchospora* Vahl.］（莎草科）
beak-shaped（=beaked）①具喙的 ②喙状的（rostratus）

beak trimming (=debeaking) 断嘴
beaked sedge 北方喙果苔草[*Carex rostrata* var. *borealis* Kukenth.](莎草科)
beaker 烧杯
beaker-shaped puff-ball 浅杯状马勃[*Lycoperdon cyathiforme*](马勃科)
beakgrain ①龙常草属[*Diarrhena* Beauv.](禾本科)②龙常草[*Diarrhena japonica* Fr. et Sav.]
beakless 无喙的(erostratus)
beakpod eucalyptus 大叶桉[*Eucalyptus robusta* Sm.](桃金娘科)
beakrush ①刺子莞属[*Rhynchospora* Vahl.](莎草科)②刺子莞[*Rhynchospora rubra* (Lour.)Mak.]
beal fruit (=stone-apple) 印度枳(木苹果)[*Aegle marmelos* Correa](蔷薇科)
beam ①犁辕 ②秤杆 ③梁,横梁,桁 ④车轴 ⑤光线,光束 ⑥射束
beam angle 射束孔径角{遥感}
beam balk 房梁,横梁,梁木
beam-bridge 梁式桥{水利}
beam caliper 大卡尺
beam clearance 犁架高度
beam control 光束控制
beam deflection 光束偏转,电子束偏转
beam expander 扩束器{遥感}
beam lead integrated circuit 梁式引线集成电路{信息}
beam positioner 光束定位器
beam recording 光束记录
beam splitter 分束板,分光镜,光束分离器
beam standard 犁柱{农具}
beam trawl 桁拖网
beam trawler 桁拖网渔船
beamhouse waste water 浸灰车间废水(在皮革厂进行鞣制之前,对原皮要加以处理,在这一过程中流出的废水,总称为浸灰车间废水){环保}
bean ①⌊复⌉豆,豆类,豆科作物 ②菜豆属[*Phaseolus* L.](豆科) ③菜豆 ④(=bulb of endophallus) 阳茎球{蜂}
bean angularical spot 菜豆角斑病[*Phaecisariopis lindemuthianum* (Sacc et Magn) Bri. et Car.]
bean aphid (= black bean aphid, bean greyish black aphid, cow pea aphid) ①豆蚜(槐蚜)[*Aphis laburni* Kaltenbach] ②豆卫矛蚜[*Aphis fabae* Scopoli](蚜科)
bean ashystem blight 菜豆茎基腐病[*Macrophomina phaseoli* (Maubl.) Ashpy]
bean asochyta leaf spot 菜豆褐斑病[*Asochyta phaseolorum* Sacc.]
bean bacterial blight 菜豆细菌性疫病[*Xanthomonas campestris* pv. *phaseoli* (Smith) Dye]
bean beetle 豆金龟[*Popillia indigonacea* Motschulsky](金龟科)
bean blight 菜豆疫病[*Xanthomonas phaseoli* (Smith) Dowson]
bean blister beetle (=beet leaf beetle, legume blister beetle) 豆芫菁[*Epicauta gorhami* Marseul](芫菁科)
bean borer 豆小卷蛾[*Cydia phaseoli* Matsumura](小卷蛾科)
bean bruchid 豌豆象[*Bruchus pisorum* (Linnaeus)](豆象科)
bean bug 豆缘蝽[*Riptortus clavatus* Thunberg](缘蝽科)
bean cake 豆粕,豆饼(肥料,饲料用的)
bean-cake fertilizer 饼肥
bean caper 霸王属[*Zygophyllum* L.](蒺藜科)
bean caterpillar 豌豆夜蛾[*Polia pisi* Linnaeus](夜蛾科)
bean cinch bug 豆长蝽[*Chauliops fallax* Scot.](长蝽科)
bean cleaner 豆荚清选机
bean combine 豆类联合收获机
bean common mosaic virus 菜豆普通花叶病毒[*Phaseolus virus* 1 = *Marmor phaseoli* (Holmes)]
bean cultivator 豆类中耕机
bean culture 豆类作物栽培
bean cultures 豆类作物
bean curd 豆腐
bean damping-off 菜豆猝倒病[*Pythium aphanidermatum* (Eds) Fitzp.]
bean dregs 豆渣
bean drill 豆类条播机
bean flour 豆粉
bean flower capsid 豆花盲蝽[*Callicratides rama* Kirk.](盲蝽科)
bean fly 豆潜蝇[*Agromyza pusilla* Meigen](潜蝇科)
bean forsted weevil 豆小绿象甲[*Eugnathus distinctus* Roelofs](象甲科)
bean fusarium wilt 菜豆枯萎病[*Fusarium oxysporum* f. *phaseoli* Kendnick et snyder]
bean grader 豆类分级机,豆类筛选机
bean gray mold 菜豆灰霉病[*Botrylis cinerea* Pers.]
bean greyish black aphid (= common

plant louse) 豆蚜(槐蚜)[*Aphis laburni* Kaltenbach](蚜科)
bean harvester 豆类收割机
bean huller 豆类脱荚机
bean husk 豆荚,豆壳
bean lacebug(= cotton lacebug) 棉网蝽[*Corythucha gossypii* Fabricius](网蝽科)
bean leaf beetle ①豆红足黑叶甲[*Cerotoma ruficornis* Olivier]②豆叶甲(菜豆守瓜)[*Cerotoma trifurcata* Forster]③豆青叶甲[*Pagria signata* Motschulsky](叶甲科)
bean leaf hopper 蚕豆微叶蝉[*Empoasca fabae* Harris](叶蝉科)
bean leaf miner 豆卷叶螟[*Lamprosema indicata* Fabricius](螟蛾科)
bean leaf roller 豆叶弄蝶[*Urbanus proteus* Linnaeus](弄蝶科)
bean leaf skeletonizer 豆叶夜蛾[*Autoplusia egena* Guenée]夜蛾科
bean lifter 豆类扶茎器
bean-like 豆荚状的(leguminiformis)
bean meal 豆粉(指豆饼粉碎后的)
bean milk 豆乳,豆浆
bean mitoribosome 菜豆丝裂核蛋白体
bean mosaic virus 四季豆花叶病[*Phaseolus virus* 1]
bean narrow-mouth weevil 豆细口象[*Apion collare* Schilsky](象甲科)
bean oil 豆油
bean oil-cake 豆饼,豆粕
bean oil in bulk 散装豆油
bean picker ①摘豆机②豆类收获机
bean picking 菜豆采摘,豆类采收
bean-plant 荚果作物,豆类作物
bean plant bug 豆叶盲蝽[*Megacaelum modestum* Distant](盲蝽科)
bean planter 豆类播种机
bean pod borer ①豇豆荚螟[*Maruca testulalis* Geyer]②豆蛀荚螟[*Fundella cistipennis* Dyar](螟蛾科)
bean pod mottle virus 菜豆荚斑驳病毒[*Marmor valvolarum* (Zaumeyer), Thomas]
bean pods ①豆荚②豆类
bean powdery mildew 菜豆白粉病[*Sphaeratheca fuliginea* (Schlocht.) Poll.]
bean residue 豆腐渣
bean rust 豆类锈病[*Uromyces appendiculatus* (Pers.) Link. = *U. phaseoli* (Pers.) Wint. var. *typica* Arthur]
bean seed beetle ①蚕豆红足象[*Bruchus rufimanus* Boheman]②大豆象(菜豆象)[*Acanthoscelides obtectus* (Say)](象甲科)
bean seed fly 豆黛实蝇[*Deliacilicsrura* Rond.](实蝇科)
bean-shaped structure 豆形结构
bean sheller(= bean huller) 豆类脱荚机
bean sphinx moth(= death's head hawk moth) 茄天蛾(小骷髅天蛾)[*Acherontia styx* Westwood](天蛾科)
bean sprout 豆芽
bean sprouts medium 豆芽汁培养基
bean stalk weevil 豆茎象[*Sternechus paludatus* (Casey)](象甲科)
bean thrips 豆白带蓟马[*Caliothrips fasciatus* Pergande](蓟马科)
bean-tree ①金链花属[*Laburnum* L.](豆科)②金链花(毒豆)[*Laburnum anagyroides* Medic.]③梓树属[*Catalpa* Scop.]
bean tussock moth 大豆毒蛾[*Cifuna locuples* Walker](毒蛾科)
bean webworm 豆卷叶野螟[*Sylepta ruralis* Scopoli](野螟科)
bean weevil(= pea weevil) ①豆根直条根瘤象(豌豆叶象)[*Sitona lineata* Linnaeus]②大豆象(菜豆象)[*Acanthoscelides obtectus* (Say)]③蚕豆红足象[*Bruchus rufimanus* Boheman](象甲科)
bean whey cheese 豆腐干
bean yellow mosaic virus 菜豆黄色花叶病毒[Phaseolus virus 2 (Smith) = Bean virus 2 (Pierce)]
bear 熊[*Ursus arctos* L.](熊科)
bearberry 熊果[*Arctostaphylos uva-ursi* Spreng. = *Arbutus uva-ursi* L.](杜鹃花科)
bearbind ①打碗花属[*Calystegia* R. Br.](旋花科)②打碗花[*Calystegia hederacea* Wall.]
bearbine(= climbing buckwheat) 荞麦蔓[*Polygonum convolvulus* L.](蓼科)
beard ①髯毛{畜}②壳芒{形态}③鬃{昆虫}(barba)
beard-grass ①须芒草属[*Andropogon* L.](禾本科)②华须芒草[*Andropogon chinensis* (Nees.) Merr.]
beard-tongue ①钓钟柳属[*Pentstemon* Mitch.](玄参科)②钓钟柳[*Pentstemon campanulatus* Willd.]
bearded ①具髯毛的(barbatus)②具芒的(aristatus)

bearded darnel 毒麦［*Lolium temulentum* L.］（禾本科）
bearded primrose 有毛岩樱［*Primula thodotricha* Nakai et F. Mack.］（报春花科）
bearder 除芒器
beardless ①无髯毛的 ②无芒的，无毛的（imberbis）
beardless barley 三叉大麦［*Hordeum vulgare* var. *trifurcatum*］（禾本科）
beardless darnel ryegrass 无毛毒麦［*Lolium temulentum* var. *leptochaetor*］（禾本科）
beardless ryegrass（= perennial ryegrass）黑麦草
beardletted 具细小芒的（aristulatus）
beardlip penstemon 髯毛钓钟柳（草本象牙红）［*Penstemon barbatus*（Cav.）Roth.］（玄参科）
bearer ①支座，托架{农机} ②结实植株，结果树 ③携带者
bearer channel 集合信道{信息}
bearer of heritable characters 遗传性状携带者
bearers 护条，压条
bearing ①结实{栽培} ②轴承支承{农机} ③畜仔{畜} ④方位{电脑} ⑤具有的，带有的{形态}
bearing age（= fruit bearing age，fruiting age）结果年龄
bearing alloy 轴承合金
bearing angle 象限角，方位角
bearing area 支承面积
bearing-bacteria 带菌的
bearing branch（= fruiting branch）结果枝
bearing cane（= fruiting cane）结果蔓
bearing capacity 承载力，承载量
bearing capacity of soil 土地承载力
bearing distance computer 方位距计算机
bearing habit（= fruiting habit）结果习性
bearing line 方位线（指海图的）
bearing liner 轴瓦，轴承衬垫
bearing marker 方位标志
bearing of flower bud 结蕾，着蕾
bearing orchard（= fruiting orchard）成年果园
bearing part（= fruit bearing part）结果部位
bearing puller 轴承拆卸器
bearing season 结果期
bearing shoot（= bearing branch，fruiting shoot）结果枝
bearing strength 支承强度
bearing stress 支承应力
bearing tree（= fruiting tree）成年树，结果树
bearing vine（= fruiting vine）结果蔓，结果藤
bearing year（= fruiting year）结果年份
bearings 滚动轴承
bear's breech ①老鸦企属［*Acanthus* L.］（爵床科）②老鸦企［*Acanthus ilicifolius* L.］
bear's-ear（= auricula）耳状报春花［*Primula auricula* L.］（报春花科）
bear's-ear sanicle ①假报春属［*Cortusa* L.］（报春花科）②假报春［*Cortusa matthioli* L.］
bear's hand tooth 珊瑚状猴头菌［*Hericium coralloides* S. F. Gray］（猴头菌亚科）
beast ①动物 ②野兽 ③牧畜（bestia）
beast of burden 役畜，驮畜
beast of prey 猛兽，肉食兽
beast of the chase 猎兽
beast protection fence 防兽篱
beastings（= colostrum）初乳
beastliness 兽性
beastly ①动物的 ②牧畜的 ③兽性的
beastman 马厩工人，马夫
beat frequency 拍频，差频{遥感}
beat generator 节拍脉冲发生器
beaten cob construction 夯土工程，夯土建筑（草泥墙建筑）
beater ①逐稿轮 ②脱粒滚筒 ③滚刀式切茎器 ④捣碎轮，搅动轮，击碎机 ⑤打麻器，弹棉花器 ⑥打猎手 ⑦打浆机
beater-bar thresher 纹杆滚筒式脱粒机
beater grinder 锤式粉碎机
beater plate 脱粒滚筒脱粒板
beater sizing 打浆上胶
beater-type drum（= beaterbar type drum）击杆式脱粒滚筒
beating ①打，打落 ②打麻，弹棉 ③锻打 ④打浆
beating down 倒伏
beating machine 打浆机
beating method 击落法（指捕捉昆虫的方法）
beating up 补种，补栽
Beaufort wind scale 蒲福风级{气象}
Beaumó hydrometer（= Baumé hydrometer）波美比重计
Beaumó scale 波美比重标度
beaune（= red Burgundy）红葡萄酒
beautiful buttercup 美丽毛茛［*Ranunculus pulchellus* C. A. Mey.］（毛茛科）

beautiful galangal 艳山姜［*Alpinia zerumbet* (Pers.) Burtt et Smith］(姜科)
beautiful ming moth (=ermine moth) 巢蛾
beautiful place 名胜{园林}
beautiful sisyrinchium 美丽庭菖蒲［*Sisyrinchium angustifolium* var. *bellum* Hort.］(鸢尾科)
beautiful spider flower ①醉蝶花属［*Cleome* L.］(白花菜科) ②醉蝶花［*Cleome spinosa* L.］
beautiful termites (=drywood termites) 木白蚁科［Kalotermitidae］
beauty-berry ①紫珠属［*Callicarpa* L.］(马鞭草科) ②紫珠［*Callicarpa dichotoma* (Lour.) K. Koch］
beauty-leaf ①红原壳属［*Calophyllum* L.］(藤黄科) ②红原壳(胡桐)［*Calophyllum inophyllum* L.］
Beauty seedless 美丽无核(葡萄品种)
beauty spot 风景点,风景区{园林}
beautybush ①蝟实属［*Kolkwitzia* Gracbn.］(忍冬科) ②蝟实［*Kolkwitzia amabilis* Graebn.］
beauvericin 白僵菌素
beaver ①海狸,河狸［*Caster fiber*］(河狸科) ②海狸毛皮
beavertail cactus 褐毛掌［*Opuntia basilaris* Engelm et Bigel.］(仙人掌科)
Beckmann thermometer 贝氏温度计
Beckmann's grass (=sloughgrass) 菵草［*Beckmannia syzygachne* Fernald］(禾本科)
becquerel (**Bq**) 贝克［勒尔］(放射性强度单位){生技}
bed ①苗床,宽垄,宽畦 ②花坛,花园,菜圃 ③垫草,垫稿 ④子座{真菌} ⑤河床,地层 ⑥(公路或铁路)路基 ⑦机架,机座
bed and bird bugs 臭虫科［Climicidae］
bed arc 畦幅,畦弧
bed bug ①［温带］臭虫(床虱)［*Cimex lectularius* Linnaeus］②⌞复⌝臭虫科［Cimicidae］
bed bug hunter (= kissing bug, masked hunter bug) 臭虫猎蝽［*Reduvius personalis* L.］(猎蝽科)
bed cleaning 除沙(指养蚕)
bed-cleaning after molting (=ecdysis) 起除,脱皮{蚕}
bed-cleaning before molting 眠除
bed crop-rotation 温床轮作
bed culture 畦作,宽畦栽培
bed formation 做畦{栽培}
bed former 作畦器,作垄器
bed ground (林中)畜圈
bed in feeding stage of an instar 中除{蚕}
bed load ①底沙,底堆积物 ②堆移质
bed log 养菇原木
bed of a river 河床
bed of nails 陷阱床
bed of nursery stock 苗圃苗床
bed out 移植
bed planting ①垄种,畦种 ②花坛栽植
bed plate 底板
bed ploughing ①垄耕,畦耕 ②套行耕作
bed rearrangement 整座(指养蚕)
bed rock (=underlying rock) 底岩,基岩
bed roller (播种后)覆土压土轮
bed rot 幼苗立枯病
bed seeding 床播,畦播
bed shaper 作畦打埂器,作垄器
bed soil ①温床土壤,床土 ②底土心土
bed stone ①基石 ②(磨粉机)下磨盘
bed system (=bedding system) ①坛植法{园林} ②畦植法{栽培}
bed temperature 温床温度,床温
bed volume ［柱］床体积{生技}
bedabble 喷灌
bedded clay 层状黏土
bedded deposit 层状沉积物
bedded formation 层状形成［作用］
bedded land 苗床地,作垄地
bedded structure 层状构造{地质}
bedder ①作畦机 ②作畦器,作垄器 ③培土器 ④(花坛)整边器
bedder-lister 开沟作垄器
bedder-planter 作垄播种机
bedding ①(=rebedding) 作畦,作垄 ②垄耕{耕作} ③坛植{园林} ④床植{栽培} ⑤(=stratification) 层理{土壤} ⑥褥草,垫草,敷草(指垫圈){畜}
bedding cultivation 作垄栽培,起垄栽培
bedding dahlia 光滑大丽花［*Dahlia merckii* Lehm.］(菊科)
bedding flowers 坛植花卉
bedding grasses 坛植花草
bedding in earth 假植
bedding material 垫圈材料
bedding of land 垄耕,播前土壤准备
bedding ornamentals 坛植观赏植物
bedding-out ①栽植,种植{栽培} ②花盆下地{园林}
bedding plane 层面{地质}
bedding plants 坛植植物,花坛植物
bedding straw 褥草,垫草

bedding surface 层面{土壤}
bedding sweep ①平畦铲,平畦机 ②平垄顶箭形铲
bedding system 坛植法{园林}
bedding up 作畦,作垄,[为播种]准备苗床
bedeck 装饰,点缀(=adorn)
bedeguar gall wasp(=mossy rose gall) 蔷薇瘿蜂[*Rhodites rosae* L.](瘿蜂科)
bedew 露湿,沾湿,洒湿,濡
bedewed 露湿的(roridus)
bedim ①遮光 ②黄化
bedrock(=underlying rock) 盘岩,基岩{地质}
bedsores 褥疮
bedstraw ①猪秧秧属[*Galium* L.](茜草科)②猪秧秧[*Galium aparine* L.]
bedwork irrigation 顺垄灌溉
bedye 着色,施彩色
bee ①蜜蜂属[Apis L.](蜜蜂科)②蜜蜂[*Apis mellifera* L.] ③勤勉工作者
bee balm(=common balm) 蜜蜂花[*Melissa officinalis* L.](唇形科)
bee blower 吹蜂机,风力脱蜂机
bee bob (引诱分蜂群的)蜜蜂串球
bee bread 蜂粮
bee breeding ①蜜蜂育种 ②蜜蜂繁育
bee brush 蜂刷,蜂帚
bee colony 蜂群
bee crops 蜜源作物
bee culture ①养蜂[业] ②养蜂学(apicultura)
bee dance 蜜蜂舞蹈
bee-dress 养蜂工作服
bee dysentery 蜜蜂痢疾
bee eater 蜂虎[*Merops apiaster*]
bee enemy 蜜蜂敌害
bee entrance 蜂箱入口,巢门
bee-escape 脱蜂器
bee farm 养蜂场
bee farmer 蜂农,职业养蜂者
bee flies 蜂虻科[Bombyliidae]
bee forage(=bee pasture) 蜜蜂采蜜场,蜜源基地
bee gloves 养蜂手套,防蜇手套
bee glue(=bee gum, propolis) 蜂胶
bee glue processing 蜂胶加工{加工}
bee hat 养蜂用帽,面罩帽
bee-hive ①蜂箱,蜂房,蜂巢 ②蜂群
bee honey 蜂蜜
bee honey processing 蜂蜜加工{加工}
bee-house 养蜂屋,养蜂室
bee hunting 猎捕[野生]蜜蜂
bee inspector 蜜蜂检疫员
bee journal 养蜂杂志,养蜂期刊
bee-keeper ①养蜂者,蜂主 ②养蜂家,养蜂工作者 ③养蜂员
Bee-Keepers' Association 养蜂工作者协会,养蜂家协会
bee-keeping ①养蜂[业] ②养蜂学(apicultura)
bee-keeping equipment 蜂具,养蜂工具,蜂具设备
bee-killer wasp(=bee wolf) 胡蜂(黄蜂)[*Philanthus triangulum*]
bee lice 蜂蝇科[Braulidae]
bee line 蜜蜂飞行线,直线
bee louse 蜂[虱]蝇[*Braula coeca* Nitzsch](蜂蝇科)
bee-master 养蜂者,蜂主
bee metamorphosis 蜜蜂变态
bee milk 王浆,蜂乳
bee moth ①(=greater wax moth) 大蜡螟[*Galleria mellonella*(L.)] ②(=lesser wax moth) 小蜡螟[*Achroia grisella* Fabricius](蜡螟科)
bee nest 蜂巢
bee nettle 美鼬瓣花(美黄鼠狼花)[*Galeopsis speciosa* Mill. = *G. versicolor* Curt.](唇形科)
bee paralysis 蜜蜂麻痹病
bee pasture(=bee forage) 蜜蜂采蜜场
bee pest 蜜蜂黑死病,腐蛆病
bee plant(=nectariferous plant) 蜜源植物
bee poison 蜂毒
bee pollination 蜜蜂传粉
bee product processing 蜂产品加工{加工}
bee repellent 驱蜂剂,蜜蜂驱避剂
Bee Research Association (BRA)蜜蜂研究协会
bee resin(=propolis) 蜂胶
bee royal jelly(=bee milk) [蜂]王浆
bee royal jelly processing [蜂]王浆加工{加工}
bee-skep 蜜蜂蜂巢
bee-space 蜂路
bee sting 蜜蜂蜇伤
bee tent 蜂帐
bee toxin 蜂毒
bee tree 蜜蜂(住着)的树
bee veil 养蜂面罩,养蜂面网
bee venom 蜂毒
bee vert(=natural pollen) 天然花粉
bee wax processing 蜂蜡加工{加工}
bee wolf(=bee beetle) 蜂甲虫,蜂狼

bee yard 养蜂场
beech ①山毛榉属[*Fagus* L.](山毛榉科) ②山毛榉(水青冈)[*Fagus longipetiolata* Seem. et Diels.]
beech aphid 山毛榉叶蚜[*Phyllaphis fagi* L.](蚜科)
beech-canker 山毛榉树干溃疡病[*Nectria ditissima* Tul.]
beech family 山毛榉科[Fagaceae]
beech forage 山毛榉饲料,山毛榉果饲
beech-like 山毛榉状的(fagineus)
beech marten 石貂,榉貂[*Martes foina*]
beech-viburnum 小叶荚蒾[*Viburnum erosum* Thunb.](忍冬科)
beechmast (= beech forage)山毛榉饲料,山毛榉果饲
beechnut 山毛榉坚果
beechnut oil 山毛榉油
beef 牛肉
beef belt 肉牛产区
beef breed 肉用品种,肉牛,菜牛
beef broth 牛肉羹,牛肉汁(培养基)
beef bull 肉用公牛
beef calf 肉用牛犊,屠宰用牛犊
beef carcass 肉牛屠体,菜牛屠体
beef cattle ①肉用家畜 ②肉牛,菜牛{畜}
beef cattle housing 肉牛舍饲
beef cattle housing and facility 肉牛舍饲设施{农施}
beef cow 肉用母牛
beef extract 牛肉浸膏(培养基)
beef fat 牛脂肪,牛油
beef lactose agar 牛肉汁乳糖琼脂(培养基)
beef lard 牛板油
beef performance (= meat performance) 肉产量
beef raising ①肉牛业 ②肉用牛饲养
beef-steak 牛排{加工}
beef steer 肉用阉牛
beef tapworm (= beef bladder worm) 牛绦虫,无钩绦虫[*Taenia saginata*]
beef type 肉用型
beef type cattle 肉用牛
beef yield 牛肉产量,产肉量
beefiness 肉用体型
beefing performance testing (= meat performance testing) 肉产量的检验
Beefmaster 肉牛王(美国肉用种)
beefsteak fungus 肝色牛排菌[*Fistulina hepatica* Huds ex Fr.](离管科)
beefsteak morel 鹿花菌[*Gyromitra esculenta* (Pers.) Fr.]
beefsteak plant 紫苏[*Perilla frutescens* var. *crispa* Decne.](唇形科)
beefwood ①木麻黄属[*Casuarina* L.](木麻黄科) ②木麻黄[*Casuarina equisetifolia* Forst.]
beefwood family 木麻黄科[Casuarinaceae]
beeman 养蜂员,养蜂工人
been root knot nematode 菜豆根结线虫病[*Meloidogyne* sp.]
beer 啤酒
beer brewing 啤酒酿造
beer brewing barley 酿酒大麦,啤酒大麦
beer brewing industry 啤酒酿制业
beer brewing malt 啤酒酿制麦芽
beer brewing vat 啤酒制造桶
beer engine 啤酒吸扬器
Beer-Lambert law 比尔-兰伯特二氏定律(有关溶液吸收光线的定律){栽培}
beer vinasse 啤酒[酒]糟
beer vinegar 啤酒醋
beer wort [啤酒]麦芽汁
beer yeast 啤酒酵母
Beer's law 比尔定律{分生}
bees 蜜蜂科[Apidae, Apoidea]
bees wax 蜂蜡
bees wax mould 铸蜡模型,蜂蜡模子
beestings (= beastings) 初乳
beet ①甜菜属[*Beta* L.](藜科) ②甜菜(莙菜,糖萝卜)[*Beta vulgaris* L.]
beet agrotechnique 甜菜栽培技术
beet aphid 甜菜蚜[*Aphis fabae* Scop.](蚜科)
beet armyworm 甜菜夜蛾[*Spodoptera exigua* Hübner](夜蛾科)
beet ball 甜菜种球
beet beetle (= sugar beet chrysomelid) 甜菜龟甲[*Cassida vittata* Villers](龟甲科)
beet blocking 甜菜分簇间苗
beet bug (= beet leaf bug) 方背皮蝽[*Piesma quadrata* Fabricius](皮蝽科)
beet carrion beetle 甜菜埋葬甲[*Blitophaga opaca* L.](葬甲科)
beet chip 甜菜切片
beet chopper (= beet gapper) 甜菜间苗机
beet clamp 甜菜堆
beet clamping 甜菜堆藏
beet classification 甜菜分类
beet cleaner-loader 甜菜清理装车机
beet combine 甜菜联合收获机
beet culture ①甜菜栽培 ②甜菜栽培学

beet curly top 甜菜曲顶病［*Beta virus* 1］
beet cutter 甜菜切碎机
beet cyst nematode 甜菜异皮线虫［*Heterodera schachtii* Schmidt.］
beet damping-off（=beet core rot） 甜菜蛇眼病［*Phoma betae* Frank］
beet decapitation 甜菜去头
beet deflector （甜菜联合收获机输送带的）甜菜导向槽
beet drilling with band sprayer 具有带状喷雾装置的甜菜播种机
beet eelworm（=beet nematode） 甜菜线虫［*Heterodera schachtii* Schmidt.］
beet flea beetle 甜菜胫跳甲［*Chaetocnema tibialis* Illiger］（跳甲科）
beet fly（=spinach leaf miner，beet leaf miner，mangold fly） 甜菜潜叶花蝇［*Pegomya hyoscyami* Panzer］（花蝇科）
beet gray weevil 甜菜灰色象虫［*Tanymecus palliatus* F.］（象甲科）
beet grown for seed 采种用甜菜
beet harvester 甜菜收获机
beet harvester with squeeze wheels 具有夹持轮甜菜收获机
beet heart rot 甜菜心腐病
beet hoe ①甜菜中耕单面平铲 ②甜菜中耕器
beet hoeing set 甜菜除草铲组
beet hopper （收获机）甜菜箱
beet leaf beetle 甜菜叶甲［*Erynephala puncticollis* Say］（叶甲科）
beet leaf bug 方背皮蝽［*Piesma quadrata* Fabricius］（皮蝽科）
beet leaf hopper 甜菜叶蝉［*Circulifer tenellus* Baker］（叶蝉科）
beet leaf miner 甜菜潜叶花蝇［*Chaetocnema concinna*（Marsh.）］（花蝇科）
beet leaf moth 甜菜麦蛾［*Phthorimaea ocellatela* Bayd.］（麦蛾科）
beet leaf spot 甜菜褐斑病［*Cercospora beticola* Sacc.］
beet leaf tier 甜菜白带螟［*Hymenia fascialis* Cramer］（野螟科）
beet leaf washer 甜菜叶清洗机
beet lifter 甜菜起掘铲，甜菜挖掘机
beet lifter-collector 甜菜挖掘收集机
beet lifter fork 甜菜挖掘叉
beet lifting plough（=beet lifting plow） 甜菜挖掘犁
beet lifting point 甜菜挖掘铲
beet molasses 甜菜糖蜜，甜菜糖浆
beet mosaic 甜菜花叶病［*Beta virus* 2］
beet mosaic virus 甜菜花叶病毒［*Beta virus* 2（Smith）=Sugar beet *virus* 2（Johnson），*Marmor betae*（Holmes）］
beet mound storage 甜菜堆藏
beet namatode（=beet eelworm） 甜菜线虫［*Heterodera schachtii* A. Schmidt.］
beet pickup elevator 甜菜捡拾升运器
beet pickup loader 甜菜捡拾装载机
beet piler 甜菜堆藏机
beet plant bug 甜菜盲蝽［*Poecyloscytus congatus* Fieber］（盲蝽科）
beet planter 甜菜播种机
beet puller 甜菜拔取器，甜菜拔取式联合收获机
beet pulp 甜菜浆
beet-root ①西风古［*Amaranthus retroflexus* L.］（苋科）②甜菜根
beet root aphid（=sugar beet root aphid） ①甜菜瘿绵蚜［*Pemphigus betae* Doane］ ②甜菜多脉瘿绵蚜［*Pemphigus populivenae* Fitch.］（绵蚜科）
beet rust 甜菜锈病［*Uromyces betae*（Pers.）Lev.］
beet scalper 甜菜顶切除器
beet seed stalk 甜菜薹
beet singling hoe 甜菜间苗锄
beet slicer 甜菜切片机
beet slicing 甜菜切片
beet slop 甜菜废液
beet sugar 甜菜糖［$C_{12}H_{22}O_{11}$］
beet sugar process water 甜菜制糖用水
beet sugary process waster water 甜菜制糖废水{环保}
beet tails 甜菜边皮
beet taproot 甜菜主根
beet thinner 甜菜间苗机
beet top harvester 甜菜切顶收获机
beet top swather 甜菜顶铺条机
beet top windrower 甜菜顶堆行机
beet topper 甜菜切顶器
beet topper and chopper 甜菜切顶切碎机
beet topper and lifter 甜菜切顶挖掘机
beet topping 甜菜打顶，甜菜去顶，甜菜切顶
beet topping machine 甜菜切顶机
beet tops 甜菜头，甜菜缨，甜菜茎叶
beet tortoise beetle（=clouded tortoise beetle，small green tortoise beetle） 甜菜龟甲［*Cassida nebulosa* L.］（龟甲科）
beet transplanter 甜菜栽植机
beet triploid 甜菜三倍体
beet washer 甜菜洗涤机
beet wastes 甜菜废物
beet webworm（=meadow moth） 甜菜网

螟(草地螟)[*Loxostege sticticalis* L.](野螟科)

beet weevil ①甜菜点腹象甲[*Bothynoderes punctiventris* Germar] ②甜菜皐微象甲[*Conorrhynchus mendicus* Gyllenhal](象甲科)

beet windrower 甜菜挖掘堆行机

beet worm 丫纹夜蛾(伽马金翅夜蛾)[*Phytometra gamma* L.](夜蛾科)

beet yellow virus 甜菜黄化病毒[*Corium batae* (Holmes) = *Jaunisse virus* (Roland)]

beet yellows (= yellow virosis of beets, virus yellows) 甜菜黄化病

beetle ①甲虫 ②木夯,杵槌

beetle mites 甲螨科[Oribatidae]

beeway (= between comb) (巢脾间的)蜂路,蜂巷

before and after diagram 前后图式{电脑}

before and after look 前后检查

before filling (种子)灌浆前

before image 前像{电脑}

befouled water 污水{水利}

beggal clock vine 大花老鸦嘴[*Thunbergia grandiflora* Roxb.](爵床科)

beggar's lice (= corn buttercup, corn crowfoot, goldlocks) 野毛茛[*Ranunculus arvensis* L.](毛茛科)

beggarticks ①鬼针草属[*Bidens* (Tourn) L.](菊科) ②鬼针草[*Bidens bipinnata* L.]

beggarweed (= armstrong) 萹蓄[*Polygonum aviculare* L.](蓼科)

beggiatoa ①贝日阿托菌属(贝氏硫菌属)[*Beggiatoa* Trevisan](贝日阿托菌科) ②贝日阿托菌[*Beggiatoa* sp.]

beggiatoa alba 白色贝日阿托菌(白色贝氏硫菌)[*Beggiatoa alba* (vaucher) Trevisan](贝日阿托菌科)

begin 开始

begin chain 开始链,链头{电脑}

begin picking (茶树)开采

begin symbol 开始符号{电脑}

Beginning of autumn (= Autumn begins) 立秋(中国24节气之一)

beginning of Bai-u 入梅(指进入梅雨期)

beginning of conversation 对话开始{信息}

beginning of genetics 遗传学起源

beginning of irrigation [灌溉]进水(指稻田)

beginning of regeneration cutting 前伐{森林}

beginning of season (= early season) 早季,期初

Beginning of spring (= spring begins) 立春(中国24节气之一)

Beginning of summer (= summer begins) 立夏(中国24节气之一)

beginning of tape label (BOT label) 磁带开始标号

beginning of the rainy season 雨季开始,进入雨季

Beginning of winter (= winter begins) 立冬(中国24节气之一)

beginning temperature 初温度

begonia ①秋海棠属[*Begonia* L.](秋海棠科) ②秋海棠[*Begonia evansiana* Andr.]

begonia family 秋海棠科[Begoniaceae]

begonia thrips 秋海棠蓟马[*Scirtothrips longipennis* Bagnall](蓟马科)

begonia tree-bine ①白粉藤属[*Cissus* L.](葡萄科) ②白粉藤(青紫葛)[*Cissus discolor* Blume.]

behavior (= behaviour) ①行为[习性] ②行动,动态 ③品行 ④功效,作用,性能

behavior adaptation 行为适应

behavior changes 行为改变

behavior flexibility 行为灵活性{遗传}

behavior genetics 行为遗传学,品行遗传学(研究智力,个性等)

behavior in soil 土中动态(指农药在土中的分解、残留、移动等情况)

behavior of fishing net 渔网作业性能

behavior of herbicide 除草剂功效

behavior pattern 行为型

behavior plasticity 行为可变性

behavior scheme 行为模式

behavioral character 行为性状

behavioral complexity 行为复杂性

behavioral control 行为控制

behavioral difference 行为差异

behavioral expression 行为表现

behavioral flexibility 行为适应性,行为灵活度

behavioral information 行为信息

behavioral isolation 行为隔离

behavioral model 行为模型

behavioral requirements 行为需求

behavioral simulation 行为模拟

behavioral thermoregulation 行为性体温调节

beheaded river 夺流河,断头河

beheading 切头,去头,打顶

behenic acid 山萮酸,正廿二烷酸[$CH_3(CH_2)_{20}COOH$]

behind beater 逐稿轮

beidellite 贝得石{地质}

beijerinckia ①拜叶林克氏菌属［*Beijerinckia* Derx］（细菌）②拜叶林克氏菌［*Beijerinckia* sp.］
being uniformly good 齐整｛电脑｝
Belar's fluid 比拉氏液｛显技｝
belat 皮拉脱风（阿拉伯南海的一种北风或西北风）
Belgium region 比利时地区
Belgium walnut 石栗［*Aleurites molcucana*（L.）Willd.］（大戟科）
belid weevils 大象甲科（直角象科）［Belidae］
belief ①信念 ②信任
belief function 信任函数
belief system（BS） 信念系统，置信系统
bell ①钟 ②承口｛环保｝
bell a moth 美丽灯蛾［*Utetheisa ornatrix bella* L.］（灯蛾科）
bell and socket joint 承插口，承接口｛环保｝
bell and spigot 承插口
bell and spigot pipe 承插管
bell character（BEL） 报警［字］符｛电脑｝
bell-flower ①风铃草属［*Campanula* L.］（桔梗科）②风铃草［*Campanula medium* L.］
bell-flower family 桔梗科［Campanulaceae］
bell-flowered 钟花的（codonanthus）
bell-flowered squill 聚铃花（蓝钟花）［*Scilla hispanica* sp.］（百合科）
bell jar 玻璃罩，钟罩
bell-jar dusting chamber 玻璃罩喷粉室
bell-leaved 钟叶的（codophyllus）
bell mouth 钟口，喇叭口
bell-mouthed pipe 喇叭口管
bell pepper 甜椒（灯笼椒）［*Capsicum frutescens* var. *grossum*（L.）Bailey］（茄科）
bell-shaped 钟形的（campaniformis）
bell-shaped corolla（= campanulate corolla） 钟形花冠（corolla campanulata）
bell-shaped curve 钟形曲线
bell-shaped wintersweet 西南腊梅［*Chimonanthus campanulatus* R. H. Chang et C.S. Ding］（腊梅科）
bell trap 钟形存水弯｛环保｝
bell type pulsator 钟形式脉冲器｛环保｝
bell-wether 待肥育的羔羊
bell wheel （中耕机）钟形轮
belladine 孤挺花定［$C_{19}H_{25}NO_3$］
belladonna（= deadly nightshade） 颠茄［*Atropa belladonna* L.］（茄科）
belladonna-lily 孤挺花［*Amaryllis belladonna* L.］（石蒜科）
belladonna mottle virus 颠茄斑驳病毒
belladonnine 颠茄碱［$C_{17}H_{21}O_2N$］
bellbit 马衔
bellibine（= bearbind） 篱天剑［*Calystegia septium* R. Br.］（旋花科）
Belling's fixative 贝林氏固定液｛显技｝
Belling's hypothesis 贝林假说（与染色体断裂愈合相对立的染色体交换假说）
bellows ①风箱，皮老虎 ②伸缩盒 ③波纹管
bellows duster 手动风箱式喷粉机
bellows pump 风箱式泵
bellwether 带头羊
bellwort ①颚花属［*Uvularia* L.］（百合科）②颚花［*Uvularia* sp.］
belly（= abdomen） 腹部
belly-band 腹带（牛马），肚带
belly tag 腹部标志
beloperone ①麒麟吐珠属［*Beloperone* Nees.］（爵床科）②麒麟吐珠［*Beloperone guttata* Nees］
below ①低于｛统计｝②下游｛水利｝
below normal 低于平均
below proof 不合格，废品
belozem（= whitish soil）白土，漂白土
belt ①带，地带，林带 ②皮带，皮条，轮带，输送带（balteus）
belt conveyor 皮带输送器
belt conveyor type trencher 皮带输送器式挖沟机
belt desmosome 带状桥粒（desmosoma baltea）｛细胞｝
belt drive implement 皮带传动农机具
belt elevator 带式升运器
belt filter press 带式脱水机（指污泥用）｛环保｝
belt horsepower 皮带轮马力，皮带轮功率
belt loader 带式装载机
belt of convergency 辐合带
belt of folded strata 褶皱带｛地质｝
belt of soil water 土壤水带
belt of weathering 风化带
belt planter 带式播种机
belt planting ①带播 ②防护带栽植
belt press 压带机
belt press filter 压带［式］滤器
belt printer 带式打印机
belt pulley 皮带轮，带盘
belt tensioner 皮带张紧装置
belt tightener 皮带张紧轮
belt transect 样条法，带状统计法
belt transporter 带式输送器，输送带

belt-type distributor 带式排肥器
belt-type ear retarder （剥玉米苞叶装置的）带式阻穗器
belt-type fertilizer distributor 皮带式施肥机，皮带式撒肥机
belt-type pickup 带式捡拾器
belt-type seed metering device 带式排种器
belt-type spindle picker 带式纺锭摘棉机
belt watering (= bed watering) 带状灌溉，苗床灌溉
belted coastal plain 分带沿岸平原
belted cucumber beetle (= banded cucumber beetle) 黄瓜条叶甲
beltlike region 带状区
beluga 白鲸[*Delphinapterus leucas* Pallas]
belvedere (= broom cypress, belvedere summercypress) ①地肤属[*Kochia* Roth]（藜科）②地肤[*Kochia scoparia* Schrader]
bembicid wasps (sand wasps) 沙蜂科[Bembicinae]
benazolin 草除灵（除草剂）[$C_9H_6ClNO_3S$]
Bence-Jones protein (BJ protein) 本琼二氏蛋白质（指多发性骨髓癌患者尿中的特种蛋白质）
bench ①植台，沙床 ②阶地 ③（木工）工作台，钳工台，试验台 ④基准，标准
bench grafting 植台埋接
bench gravel 阶地砾石
bench mark ①水准[标]点，基准点{测} ②标准程序{电脑} ③劳动生产率基准{农系工}
bench mark plot 标准区{统计}
bench mark program 标准程序，基准程序
bench mark year 基[准]年
bench scale 植台规模{栽培}
bench terrace 台地，阶式梯田，水平梯田
bench terrace farming 水平梯田耕作
bench type terrace field 水平型梯田
bench type terracing 水平型梯田修筑
bench vise 台老钳
benching 梯田化，阶地化
benchtop microcentrifuge 台式微量离心机
bend ①弯曲 ②屈曲 ③斜向，倾斜 ④引伸，拉长 ⑤转向 ⑥弯头，弯管 ⑦转角
bend cutting 弯插，船底插（指甘薯）
Benda's fixative 贝达氏固定液{显技}
Benda's fluid 贝达氏液{显技}
bender 弯曲机，弯管机
bending 弯曲
bending angle 弯曲角度
bending curvature ①弯曲曲率 ②屈曲
bending moment 弯曲力矩
bending point 弯曲点
bending strength 抗曲强度
bending stress 抗曲应力
bending type 弯曲型（指倒伏）
bending-wood 弯曲木
beneaped 搁浅的
beneath ①下面，底下 ②低于，劣于
Benedict's reagent Benedict 试剂，本尼迪特试剂{分生}
beneficial ①有益的，有利的 ②有用的（beneficius）
beneficial effect 有益（利）效应
beneficial element 有益元素
beneficial insects 益虫
beneficial new hereditary traits 有益的新遗传性状
beneficiation 废物回收加工（beneficiatio）{环保}
benefin 氟草胺（除草剂）[$C_{13}H_{16}F_3N_3O_4$]
benefit ①利益，益处，好处 ②津贴，保险赔偿费（benefacere）
benefit area 受益面积，受益区地
benemid 对二丙磺酰胺基苯甲酸
Benesh network 贝尼什网络{信息}
benestrol 苯雄酚
benfluralin (= benefin) 氟草胺{农药}
Bengal clockvine 大花老鸦嘴（大花山牵牛）[*Thunbergia grandiflora* (Roxb. ex Rottl.) Roxb.]（爵床科）
Bengal gambir (= gambir) 黑儿茶[*Uncaria gambir* Roxb.]（茜草科）
Bengal gram (= chick pea) 鹰嘴豆
Bengal hemp (= Bombay hemp, sunn hemp, sunn crotalaria) 印度麻（菽麻）[*Crotalaria juncea* L.]（豆科）
Bengal kino ①紫铆属[*Butea* Koen.]（豆科）②紫铆[*Butea frondosa* Boxb.]
Bengal quince 印度枳（木苹果）[*Aegle marmelos* Correa]（蔷薇科）
Bengal rose 月季[*Rosa chinensis* Jacq.]（蔷薇科）
Benguela current 贝古拉潮流
benign ①良性的 ②温和的，良好的（benignus）
benign environment 温和环境
benign virus 良性病毒{电脑}
benign weather 温和天气
Benikoji 红柑子（红蜜柑）[*Citrus benikoji* Hort. et Tan.]（芸香科）
benjamin fig (= willow fig-tree) 垂叶榕[*Ficus benjamina* L.]（桑科）

Benjamin tree (= benzoin tree spice bush) 安息香[*Styrax benzoin* Dry.](安息香科)
benlate (= benomyl) 苯菌灵(内吸性杀菌剂)[$C_{14}H_{18}N_4O_3$]
Benlhamii dysophylla [边氏]水珍珠菜[*Dysophylla verticillata* Benth.](唇形科)
bennet (= wood avens, avens root) 城市水杨梅[*Geum urbanum* L.](蔷薇科)
benomyl (= benlate) 苯菌灵,苯来特
benquinox (= QBH) 敌菌腙(杀菌剂)[$C_{13}H_{11}N_3O_2$]
Bensley's fluid 贝氏液{显技}
bensulide 地散磷(除草剂)[$C_{14}H_{24}NO_4PS_3$]
bent ①荒地 ②弯曲,屈曲 ③苇草 ④剪股颖
bent bond 弯键[生技]
bent DNA 弯曲 DNA
bent pipe 曲管
bent plywood 成型胶合板
bent-stalked 弯柄的(cyrtopodus)
bent stem 倾斜茎(caulis camplotropus)
bent stem thermometer 曲管温度计
bentanal 苯敌草{农药}
bentazon 噻草平,苯达松(除草剂)[$C_{10}H_{12}N_2O_3S$]
bentgrass ①剪股颖属[*Agrostis* L.](禾本科) ② 剪股颖[*Agrostis matsumurae* Hack.]
benthic ①海(水)底的 ②底栖生物的 ③底栖生物(benthus)
benthic community 底栖生物群落
benthic diatom 底栖硅藻
benthic fishes 底栖鱼类
benthic organisms 底栖生物
benthiocarb 杀草丹,稻草完(除草剂)[$C_{12}H_{16}ClNOS$]
benthon 水底生物,底栖生物(Benthos)
benthon belt 水底生物带
benthon deposit 水底[生物]沉积物
benthophytes 水底植物(benthophyti)
Benton-Davis hybridization Benton-Davis 杂交(指噬斑原位杂交){分生}
bentonite 膨润石,皂土,浆土
bentonite grease 皂土润滑脂
benz- 苯基[C_6H_5-]
benzaldehyde 苯甲醛[C_6H_5CHO]
Benzalkonium chloride (= dimanin) 杀藻铵{农药}
benzamide 苯[甲]酰胺[$C_6H_5CONH_2$]
benzanthracene 苯并蒽[$C_{18}H_{12}$]
benzedrine 1-苯基-2-氨基丙烷[$C_6H_5CH_2CH(CH_3)NH_2$]
benzene 苯[C_6H_6]
benzene as antemedium 前介质用苯
benzene hexachloride (= BHC) 六六六(已淘汰农药)
benzene sulfonic acid 苯磺酸
benzene sulfonic amide 苯磺酰胺
benzene sulfonyl chloride (= benzene sulfonic chloride) 苯磺酰氯
benzene vapour 苯气
benzestrol 苯雌酚
benzhydrylamine resin (BHA resin) 二苯甲基胺树脂
benzidine 联苯胺[$(C_6H_4)_2(NH_2)_2$]
benzimidazole (= benzim midazole) 苯并咪唑
benzine ①汽油 ②挥发油
benzine blow-lamp 汽油喷灯
benzoate and eugenol 苯丁诱虫酚(指苯酸和丁子香酚)
benzochromone 苯[并]色酮
benzodiazine (= phthalazine) 苯并二嗪,酞嗪[C_8H_6N]
benzoic acid 苯甲酸[C_6H_5COOH]
benzoics 苯甲酸类{农药}
benzoin 二苯乙醇酮,苯基苯甲酰甲醇,安息香[$C_6H_5CH(OH)COC_6H_5$]
benzoin aphid 安息香胸蚜[*Thoracaphis linderae* Shinji](蚜科)
benzoin strychnifolium 天台乌药[*Benzoin strychnifolium* O. Kuntze](樟科)
benzoin tree (= Benjamin tree) 安息香
benzol 苯[C_6H_6]
benzoline 不纯汽油
benzomate (= benzoximate) 苯螨特(杀螨剂)[$C_{18}H_{18}ClNO_5$]
benzophenanthrene 苯并菲
benzoquinone 苯醌
benzoyl- 苯甲酰[基][C_6H_5CO]
benzoyl chloride 苯甲酰氯[C_6H_5COCl]
benzoyl thiokinase 苯甲酰硫激酶
benzoylation 苯甲酰化[作用]
benzoylation in base test 碱基测验的苯甲酰化
benzoylcholine 苯甲酰胆碱
benzoylglycine 苯甲酰甘氨酸,马尿酸
benzphetamine 甲基苯异丙基苄胺
benzpyrene 苯并芘
benzyl- 苄[基],苯甲[基][$C_6H_5CH_2-$]
benzyl adenine 苄基腺嘌呤
benzyl alcohol 苯甲醇[$C_6H_5CH_2OH$]

benzyl-amine 苄胺[$C_6H_5 \cdot CH_2 \cdot NH_2$]
benzyl benzoate ①苯[甲]酸苄酯[$C_6H_5COOCH_2C_6H_5$]②苄基苯[甲]酸盐[$C_6H_5CH_2C_6H_4COOM$]③苄基苯[甲]酸酯[$C_6H_5CH_2C_6H_4COOR$]
benzyl dimethyl amine 苄二甲基胺
benzyl dimethyl amine in electron microscopy 电子[显微]镜检术的苄二甲基胺
benzyl mustard oil 苄基芥子油
benzyl penicillin 苄青霉素,青霉素G(=penicillin G)[$C_{16}H_{18}O_4N_2S$]
benzyl viologen 苄基紫精,联苄吡啶
benzyladenine 苄[基]腺嘌呤
benzylaminopurine 苄[基]氨基嘌呤
benzylisoquinoline 苄基异喹啉
benzylisoquinoline alkaloid 苄基异喹啉生物碱
bequeathing 遗赠
berberastin 5-羟[基]小檗碱,小檗亭[$C_{20}H_{18}NO_5$]
berberin(=berberine) 小檗碱
berberin mutachromosomic effect 小檗碱诱变染色体效应
berberin sulphate 硫酸小檗碱
berberine 小檗碱,黄连素[$C_{20}H_{18}NO_4 \cdot 6H_2O$]
berberis aphid 小檗苞蚜
berberis seed fly 小檗实蝇[*Phagocarpus permundus* Harris](实蝇科)
berbery 小檗[*Berberis amurensis* Rupr.](小檗科)
berbine 小檗因
bere(=four-row barley) 四棱大麦,普通大麦[*Hordeum vulgare* L.](禾本科)
berg winds 山风(南非南海岸的一种热风)
bergamot 香柠檬[*Citrus bergamia* Risso.](芸香科)
bergamot mint 橘味薄荷(柠檬留兰香)[*Mentha citrata* Ehrh.](唇形科)
bergamot oil 香柠檬油
bergamot oil as antemedium 前介质用香柠檬油
bergamot oil in mounting 封藏用香柠檬油,装片用香柠檬油
bergamot pear 香梨[*Pyrus communis* Thunb. var *bergamota*](蔷薇科)
bergenia ①岩白菜属[*Bergenia* Moench](虎耳草科)②岩白菜[*Bergenia purpurascens*(Hook. f. et Thoms.) Engl.]
Berger code 伯格码{电脑}
Bergey's system 柏格氏细菌分类法
Bergmann's rule 柏克曼氏法则{遗传}
bergmeal 硅藻土
bergschrund 冰川边缘裂隙
beriberi 脚气病
Berkefeld filter 柏开氏过滤器,柏开氏细菌滤器
berkelium 锫(Bk,97号元素)
Berkshire 巴克夏猪
Berkshire boar 巴克夏种公猪
Berkshire breed of hog 巴克夏猪[品]种
Berlese funnel 贝列斯漏斗
Bermuda arrowroot 竹芋[*Maranta arundinacea* L.](竺叶科)
Bermudagrass(=dog's tooth grass) 狗牙根(绊根草)[*Cynodon dactylon*(L.) Rich.](禾本科)
Bermudagrass mite 狗牙根瘤瘿螨[*Aceria cynodoniensis* Sayed](瘿螨科)
Berna lemon "维那"柠檬(柠檬品种)
bernard's lily 蜘蛛百合[*Anthericum liliago* sp.](百合科)
Bernoulli's equation 伯努里方程{农机}
Bernoulli's theorem 伯努里定理{农施}
berried 具浆果的(baccifer)
berries 浆果类(baccae)
berry 浆果(bacca)
berry-bearing 具浆果的(baccifer)
berry blotch 浆果疱斑病
berry borer(=coffee berry borer) 咖啡果小蠹螟[*Stephanoderes hampei* Ferris](小蠹科)
berry crops 浆果作物
berry field 浆果园,浆果地
berry fruits 浆果类果树
berry-like 浆果状的(baccaus)
berry plantation 浆果种植园
berry rot 果腐病
berry set 果盘
berry-setting factor [浆果]坐果因素
berry-shaped 浆果状的(baccaceus)
berry shatter 落果,落粒
berry shrub 浆果灌木
berry stripper 浆果疏摘机
berry sucking bug(=antestiopsis) ①咖啡花斑蝽[*Antestia lineaticollis* Stal]②咖啡蝽[*Antestia faceta* Germar](蝽科)
berry thinning 疏果粒
berry wine 浆果酒
berrylobelia ①铜锤玉带草属[*Pratia* Gaud.](半边莲科)②铜锤玉带草[*Pratia nummularia*(Lam) Kurz]
berseem(=Egyptian clover) 埃及三叶草(埃及车轴草,亚历山大车轴草)[*Trifolium*

alexandrinum L.]（豆科）

berteroella ①北荠属[*Berteroella* O. E. Schuiz]（十字花科）②北荠[*Berteroella maximowiczii* (Palibin) O. E. Schulz]

bertha armyworm 披肩黏虫[*Mamestra configurata* Walker]（夜蛾科）

Berthelot's solution (= Berthelot's soln.) 柏梨洛氏溶液

Bertrand rule 贝特朗法则{分生}

beryl 绿柱石

beryllium 铍(Be,4 号元素)

beryllium copper 铍铜

bespoke 定做

Bessel's formula 柏氏公式{统计}

Bessel's function 柏氏函数

Bessel's inequality 柏氏不等式

Bessel's method 柏氏法

best available technology 最佳可用技术

best compromise 最优折中方案

best decision function 最佳决策函数

best effort synchronization 最大努力同步

best estimate 最好估计值,最佳估计值

best estimator 最佳估计量

best-first search 最佳优先搜索{电脑}

best fishing period 旺汛,盛渔期

best fit curve 最佳适合曲线{统计}

best fit method 最优装配法,最优满足法{电脑}

best fit policy 最佳满足策略

best fit rule 最佳适合规则

best management practices 最佳管理措施{农管}

best policy 最佳政策,最佳策略,最佳方针

best possible dusting 有效喷粉

best possible spraying 有效喷雾

best strategy 最佳策略

best utilization 最佳利用

bestatin 苯丁抑制素

beta ①甜菜属[*Beta* L.]（藜科）②甜菜(甜菜,糖萝卜)[*Beta vulgaris* L.] ③β(希腊文字母)

beta-aminoisobutryric acid β-氨基异丁酸

beta-amylase β淀粉酶

beta-annulus β-环

beta-barrel (= β-sheet barrel) β桶,β折叠桶{分遗}

beta-bend β转角{分生}

beta-bulge β凸起

beta-carboline β-咔啉

beta-cell β-细胞

beta cellulose β纤维素

beta-chain β链(指 β-肽链)

beta configuration β构型{分遗}

beta conformation β构象

beta-constriction β-压缩机构

beta counter β-计数器

beta-cytomembrane β-细胞质膜

beta-decay β-衰变

beta distribution 贝塔分布,β-分布{统计}

beta-emission β-发射(指射线)

beta-emitter β-发射体

beta factor β-因素(指活性污泥混合液氧饱和值与清水氧饱和值之比){环保}

beta function β-函数

beta-galactosidase β-半乳糖苷酶

beta-hairpin β-发夹(指结构){生技}

beta-helix β-螺旋{分遗}

beta heterochromatin β-异染色质,乙异染色质

beta-hydroxy-β-methyl glutaryl-coenzyme A (HMG-COA) β-羟基-β-甲基戊二酸单酰辅酶 A{分生}

beta-lactam β-内酰胺

beta-lactam antibiotics β-内酰胺抗生素

beta-lactamase β-内酰胺酶

beta-lactose (= β-lactose) β-乳糖

beta-lipoprotein (= β-lipoprotein) β脂蛋白

beta-lysin β-溶素

beta-meander β-回曲{分生}

beta-mercaptoethanol (BME) β-巯基乙醇

beta-microglobin (= β-microglobin) β-微珠蛋白

beta-oxidation (= β-oxidation) β-氧化

beta particle β粒子,乙粒子{辐射}

beta-pleated sheet (= β-pleated sheet) β-折叠

beta-prime subunit β-引物亚单位

beta-radiating isotopes β-辐射同位素

beta-radiation β-辐射,β射线辐射

beta radioisotopes β放射性同位素

beta ray detection β-射线探测

beta ray measurement β-射线测量

beta-ray method of treatment β-射线处理法

beta rays β射线,乙射线

beta-ribbon (= β-ribbon) β-带(指结构){生技}

beta-ribbon protein (= β-ribbon protein) β-带蛋白[质]

beta-sheet (= β-sheet, β-pleated sheet) β-折叠{分遗}

beta site 临时场地{信息}

beta-strand (= β-strand) β-链(指折叠){分遗}

beta-strand sandwich (=β-stand sandwich) β-链夹层,β-链夹心
beta structure β结构
beta-subunit β亚单位,β亚基
beta-turn (=β-turn) β-转角
betacel β原子电池
betaglycan β-蛋白聚糖
betaine 甜菜碱,甘氨酸三甲内盐
betaine aldehyde 甜菜醛,三甲基甘氨酸
betalamic acid 甜菜醛氨酸
betanidin 甜菜[苷]配基
betanin 甜菜苷
betatron 电子回旋加速器,电子感应加速器
betel bit (=betel chip) 海狸香,海狸胶
betel nut palm 槟榔[*Areca catechu* L.](棕榈科)
betel pepper 蒌叶(蒟)[*Piper betle* L.](胡椒科)
betelnut ①槟榔属[*Areca* L.](棕榈科) ②槟榔[*Areca catechu* L.]
bethlehem-sage 白斑叶疗肺草[*Pulmonaria saccharata* Mill.](紫草科)
bethylids 肿腿蜂科[Bethylidae]
Betjan 比特赞(阿萨姆茶树土种)
betonicine 左旋水苏碱,左旋羟脯氨酸二甲内盐[$C_7H_{13}NO_3$]
betony 慧草属[*Betonica* L.](唇形科)
better crop varieties 优良作物品种
better cultural practices 更完善栽培技术
better rotation 优良轮作
betterment ①改良,改善 ②修缮
betterment of land 土地改良
betula ①桦属[*Betula* L.](桦木科) ②桦(木)[*Betula platyphylla* Suk.]
betula aphid 桦五节扁蚜[*Hammelistes betula* Mordviko](蚜科)
betula pyralid 桦螟[*Omphisa plagialis* Wileman](螟蛾科)
betulinol (=betulin) 桦木醇[$C_{30}H_{50}O_2$]
between blocks 区组间{统计}
between-class distance 类间距离{遥感}
between failures 故障间(指二次故障之间){电脑}
between-farming system 间作方式
between-group variance 组间方差{统计}
between hills 穴距
between pairs 成对间(指染色体)
between-row application ①行间施肥 ②行间撒药,行间散布
between-row space 行距
between-season care 休闲期管理
between varieties 品种间
Bev (=billion electron volt) 十亿电子伏
bevel ①斜面,倾斜面 ②斜角 ③斜角规
bevel angle 斜角,坡口角度
bevel edge 斜缘,斜边
bevel gear 圆锥齿轮
bevel gear differential 锥齿轮差速器
bevelled joint 斜接(木工)
bevelled tenon (=oblique tenon) 斜榫(木工)
beverage 饮料,饮品
beverage crops 饮料作物
bevy 鸟群
bezel button 边框按钮
Bezier curve 贝齐尔曲线{统计}
Bezier surface 贝齐尔曲面
BFPO (=dimefox) 甲氟磷(四甲氟){农药}
Bh-horizon Bh层,腐殖质积聚层
bhang (=Indian hemp) 印度大麻
BHC (=benzene hexachloride, HCH, HCCH) 六六六(杀虫剂)[$C_6H_6Cl_6$]
BHK line (=hamster kidney fibroblast line) 腮鼠肾成纤维细胞系
BHL (=biological half-life) 生物半衰期{分生}
bHLH domain (=basic helix-loop-helix domain) 碱性螺旋-环-螺旋结构域{分遗}
bHLH protein (=basic helix-loop-helix protein) 碱性螺旋-环-螺旋蛋白{分遗}
BHP (=brake horse power) 制动马力,有效马力
bi- [字头]二,双,两
bi-ionic potentials 双离子电位
biacetyl (=diacetyl) 双乙酰,丁二酮[$CH_3COCOCH_3$]
biachaenium 分果
biachenium 双瘦果(diachenium)
biacuminate 二渐尖的(biacuminatus)
bial ①畜栏 ②挤乳台
bialar 具二翅的(bialaris)
bialate 双翅的,双翼的(bialatus)
biallelic 二等位[基因]的(biallelicus)
biallelic genotype 二等位基因型
biallelic loci 二等位基因座位
Bianconi's plate 毕氏板{解剖}
biandry 二雄性(biandria)
biangulate 具二棱角的(biangulatus)
bianisidinc 联茴香胺,二茴香胺
Bianium 双肛[吸虫]属[*Bianium* spp.]
biannual 一年二次的,半年一次的(biannuus)
biaristate 具二芒的(biaristatus)

biarticulate 具两关节的 (biarticulatus)
bias ①偏祖{统计} ②偏倚{遗传} ③偏离,偏置,偏压{电脑} ④边缘,偏向,歪向,转向{信息} ⑤偏因,偏性,癖性,倾向 ⑥偏见
bias check 边缘检查
bias data 偏祖数据{统计}
bias distortion 偏离失真
bias error 偏误差
bias level 偏压电平,偏磁电平
bias logic 偏置逻辑
bias of mitochondrial gene transmission 线粒体基因传递偏倚
bias ratio ①偏祖率{统计} ②偏离率{电脑}
bias test 边缘检验
biasong (= small-flower) 小花苦橙 [*Citrus micrantha* Wester] (芸香科)
biassed 有偏祖的{统计}
biassed data 偏祖数据
biassed error 偏祖误差
biassed estimator 偏祖估计量
biassed statistics 偏祖统计量
biauriculate 具二耳垂的(biauriculatus)
biax memory 双轴[磁心]存储器{电脑}
biaxial 二轴的,两轴的,双轴的(biaxialis)
biaxial crystal 双轴晶体
biaxial orientation 双轴取向
biaxiality 二轴性(biaxialitas)
bib (= bibb) ①活门,龙头 ②弯管旋塞,活塞
BIB (= balanced incomplete block) 平衡不完全区组
bib cock (= bib tap) 小水龙头{环保}
bibacca 双浆果(用于忍冬)
bibasic 二盐基性的(bibasicus)
bibijagua 橘切叶蚁 [*Atta insularis* Guer.]
bibionid fly 庭园毛蚊 [*Bibio hortulanus*]
bibit fly (= rice seedling fly) 稻秧芒角蝇 [*Atherigona exigua* Stein]
bibit garden (= bibit nursery) 苗圃(指甘蔗)
bibits 种苗(指甘蔗)
bible frankincense (= olibanum tree) 乳香 [*Boswellia carteri* Birdwood] (橄榄科)
bibliography 文献目录学 (bibliographia)
bibliometrics 书目计量学 (bibliometrica)
bibracteate 具两苞[片]的 (bibracteatus)
bibracteolate 具两小苞[片]的 (bibracteolatus)
bibulous 吸水的,吸收性的(bibulus)
bicable aerial tramway 双线索道
bicalcarate 具双距的(bicalcaratus)
bicallose 两胼胝质(bicallosus)
bicalyculate 具二层萼状苞的(bicalyculatus)
bicapitate 具二头的(bicapitatus)
bicapsular 两蒴的(bicapsularis)
bicarbonate ①酸式碳酸盐,碳酸氢盐 ②碳酸氢钠,小苏打
bicarbonate alkalinity 碳酸氢盐碱度
bicarbonate hardness 碳酸氢盐硬度
bicardiogram 双心电图(bicardiogramma)
bicarinate ①具两龙骨瓣的 ②具两龙骨突起的 ③具两肋的(bicarinatus)
bicarpellary 双心皮的 (bicarpellaris)
bicarpellary pistil 双心皮雌蕊 (pistillum bicarpellarium)
bicarpellatae 双果爿植物
bicaudate 双尾的 (bicaudatus)
bice 淡蓝色
bicellular ①两室的 ②两细胞的(bicellularis)
bicentric 两分布中心 (bicentricus)
bicephalous 二头的(bicephalus)
biceps ①双头的 ②臂力 ③二头肌
biceptor 双受体
bichloride 二氯化物
bichloride of mercury 二氯化汞,升汞 [$HgCl_2$]
bichromate ①二色的(bichromaticus) ②重铬酸钾 [$K_2Cr_2O_7$] ③重铬酸盐[MCr_2O_7]
bichromate mixture 重铬酸钾混合液{显技}
bicine N-二[羧乙基]甘氨酸
bicistronic 双顺反子的 (bicistronicus)
bicistronic mRNA 双顺反子 mRNA {分遗}
bicoccous 二果爿的 (bicocccus)
bicollateral ①二并生的 ②双行并列的 ③双韧的(bicollateralis)
bicollateral bundle (= bicollateral vascular) 双韧维管束 (fasciculus bicolla teralis)
bicolor (= bicolour) 两色的(bicolorus)
bicolor geometrid 双色尺蛾 [*Plemyria bicolorata* Hufnagel] (尺蛾科)
bicolorable 双色的 (bicolorabilis)
bicolorable graph 双色图,双色图形
bicolorimeter 双色比色计{显技}
bicomponent 双分支 (bicomponens)
bicompound 二回复生的 (bicompositus)
biconcave 双凹的 (biconcavus)
biconcave lens 双凹[透]镜
bicondition 双条件 (biconditio)
biconditional ①双条件的 ②双条件,等价 ③"同"{电脑} (biconditionalis)
biconditional gate "同"门

biconditional operation “同”操作
biconical beet slicer 双圆锥式甜菜切片机
biconjugate 重对的(biconjugatus)
biconjugato-pinnate 重对羽状的(biconjugatopinnatus)
biconnected 双连通的(biconnectus)
biconvex 双凸的(biconvexus)
biconvex lens 双凸[透]镜
bicoordinate navigation 双坐标导航
bicorn 双角的(bicornis)
bicornute 双角的(bicornutus)
bicrenate 具重圆齿的(bicrenatus)
bicristate 具双鸡冠状突起的(bicristatus)
bicrystals (=crystal twin) 双晶
bicubic 双三次的(bicubicus){电脑}
bicubic spline 双三次样条
bicubic surface 双三次曲面
bicuspid 双尖的(bicuspis)
bicuspid valve 二尖瓣(valvabicuspis)
bicuspidate 具双尖头的(bicuspidatus)
bicycle undercarriage 双轮底盘
bicyclomycin 双环霉素
bid ①出价,报价,喊价{农管} ②投标,标价{农经} ③尝试,寻求 ④捕获信道{信息}
bid price 标价
bidder ①出价者,投标者 ②通信竞争者
bidder session 投标者会晤过程
bidding 投标,招标
bidens borer 鬼针草卷叶蛾[*Epiblema otiosanum* Clemens](卷叶蛾科)
bidentate 具两牙齿的(bidentatus)
bidet 坐浴盆{环保}
bidiagonal 两对角线的(bidiagonalis)
bidiagonal matrix 两对角线矩阵
bidigitate 重对的(bidigitatus)
bidirectional 双向的,二向的(bidirectionalis)
bidirectional buffer 双向缓冲器
bidirectional bus driver 双向总线驱动器{信息}
bidirectional data line 双向数据线
bidirectional data transceiver 双向数据收发器
bidirectional deletion 双向缺失{分遗}
bidirectional DNA replication 二向DNA复制,双向DNA复制
bidirectional flow 双向流
bidirectional information transfer 双向信息传送
bidirectional one-shot 双向单稳电路
bidirectional operation 双向操作
bidirectional polarity 双向极性
bidirectional port 双向端口
bidirectional printer 双向打印机
bidirectional printing 双向打印
bidirectional promoter 双向启动子{分遗}
bidirectional reflectance distribution function 双向反射比分布函数{遥感}
bidirectional replication 二向复制,双向复制
bidirectional transcription 双向转录{分遗}
bidirectional transistor 双向晶体管
bidirectional translocation 双向运输
bidirectional transmission 双向传输{信息}
bidirectionary movement 双向移动
biduous 二天寿命的(biduus)
Biebrich scarlet 皮氏猩红
bielozem 白[色]土
biennial ①二年生的(biennis) ②二年生植物(planta biennis)
biennial bearing 隔年结果,大小年
biennial crops 二年生作物
biennial fruit 越年果,二年果(fructus biennis)
biennial growth cycle 二年生生长周期
biennial habit 二年生习性
biennial herbaceous species 二年生草本种(species herbaceae biennes)
biennial herbs 二年生草本[植物](herbae biennes)
biennial plants 二年生植物(plantae biennes)
biennial report 二年度报告
biennial root 二年生根(radix biennis)
biennial rosette plant 二年生辐射叶植物(planta roslacea biennis)
biennial strain 二年生品系
biennial weeds (=biennials) 二年生杂草
biennial wormwood pampan 艾(艾蒿)[*Artemisia princeps* Pampan](菊科)
biennials ①二年生植物 ②二年生作物 ③二年生杂草(biennes)
bieremus 假双生果(bieremus)
biface 双界面(bifacies)
bifacial ①异面的 ②腹背的(bifacialis)
bifacial leaf 异面叶(folium bifaciale)
bifacial tension 双界面张力
bifactorial 双因子的(bifactorialis)
bifactorial segregation 双因子分离
bifarious 二列的(bifarius)
bifid 二裂的(bifidus)
bifid hempnettle ①鼬瓣花属[*Galeopsis* L.](唇形科) ②鼬瓣花[*Galeopsis bifida* Boenn.]

bifid-tongued bees 叶舌花蜂科［Prosopididae＝Hylaeidae］
bifidus bladder wort 二裂耳挖草(二裂狸藻)［*Utricularia bifida* L.］(狸藻科)
bifilar 双股的,双线的(bifilaris)
bifilar helix 双股螺旋
biflagellate 双鞭毛的(biflagellatus)
biflorate(＝biflorous) 具两花的(bifloratus)
biflorate wedgelet fern 阔片乌蕨［*Sphenomeris biflora* Tagawa.］(鳞始蕨科)
biflorous 具两花的(biflorus)
bifocal 二焦点的(bifocus){显技}
bifoliate 具两叶的(bifolius)
bifoliolate 具两小叶的(bifoliolatus)
bifoliolate leaf 并生叶(folium bifoliolatum)
bifollicular 双蓇葖的(bifollicularis)
bifora 杈木属［*Bifora* Hoffm.］(伞形花科)
biforate 双孔的(biforatus)
biform 双形的(biformis)
biformin 二形多孔菌素
biformis moss 二形卷柏［*Selaginella biformis* A. Br.］(卷柏科)
biforous 双孔的(biforus)
bifrons ①两面的 ②叶两面生的
bifunctional 双功能的(bifunctionalis)
bifunctional agent 双功能试剂{生技}
bifunctional antibody 双功能抗体{分生}
bifunctional antigen 双功能抗原
bifunctional attack 双功能攻击{狩猎}
bifunctional catalyst 双功能催化剂{分生}
bifunctional initiator 双功能引发剂{生技}
bifunctional intercalator 双功能插入剂,双功能嵌入剂{生技}
bifunctional linker 双功能接头
bifunctional vector 双功能载体{分遗}
bifurcate 二叉的,双叉的(bifurcatus)
bifurcate cyme 二歧聚伞花序(cyma bifurcata)
bifurcated contact 双叉簧片触点{电脑}
bifurcated hydrogen bond 分叉氢键{分遗}
bifurcation ①二歧式 ②分叉,分支(bifurcatio)
bifurcation gate 分水闸门
bifurcation ratio 分叉比,分叉系数{遥感}
bifurcation theory 分歧理论,分支理论{电脑}
bifurcature 二歧式(bifurcatura)
bifurous 桠杈(bifurus)
big ①大的 ②重要的,重大的 ③大量地,宽广地 ④成功地
big bale ①大包(指棉花) ②大捆(指禾秆)
big baler ①大打包机 ②大打捆机
big bang testing 痛快测试法{电脑}
big-base plow 宽幅犁
Big Bird (program 407) 大鸟［照相侦察］卫星(407计划){遥感}
big bird-of-paradise-flower 大鹤望兰［*Strelitzia nicolai* Regel et Korn.］(旅人蕉科)
big blue grass 大早熟禾［*Pcaampla* L.］(禾本科)
big blue liriope 大蓝麦冬［*Liriope platyphylla* Wang et Tang］(百合科)
big blue stem 大蓝须芒草［*Andropogon gerardi* L.］(禾本科)
big bud ①巨芽,大芽(gemma grandis) ②巨芽病
big-bud hickory 大芽山核桃［*Carya alba* K. Koch.］(胡桃科)
big capsicum 柿子椒(辣椒品种)
big cone nose 大锥蝽［*Triatoma megista* Burmeister］(锥蝽科)
big deervetch (＝big trefoil) 沼泽牛角花
big-endian computer "大尾数"计算机{电脑}
big event 重要事件
big eye tuna 肥壮金枪鱼［*Parathunnus obesus* (Lowe)］{水产}
big-flower achimenes 大花耐寒苣苔［*Achimenes grandiflora* DC.］(苦苣苔科)
big-flower coreopsis 大花金鸡菊［*Coreopsis grandiflora* Hogg.］(菊科)
big-flower fringeorchis 大花玉凤花［*Habenaria psycodes* var. *grandiflora* Gray］(兰科)
big-flower gilia 大花吉利草［*Gilia grandiflora* Stend.］
big-flower incarvillea 大花角蒿［*Incarvillea compacta* var. *grandiflora* Wehrhahn］(紫葳科)
big-flower ladyslipper 大花杓兰［*Cypripedium macranthum* Sw.］(兰科)
big harvest 大熟(指三秋大忙季节收获)
big head carp 花鲢(鳙鱼)［*Aristichys nobilis* (Richardson)］{水产}
big-headed ant 大头蚁［*Pheidole megacephala* Fabricius］(蚁科)
big-headed flies 头蝇科［Pipunculidae］
big-headed golden-fly 大头金蝇［*Chrysomyia megacephala* Fabricius］(丽蝇科)
big-headed grasshopper 巨头蚱蜢［*Aulo-*

cara elliotti (Thomas)](蝗科)
big hickory 美国山核桃(大糙皮山核桃)[*Carya laciniosa* Loud.](胡桃科)
big hornbill 大牻牛儿苗[*Erodium botrys* Bertol](牻牛儿苗科)
big industrial and commercial group 大型工商集团
big laurel 荷花玉兰(洋玉兰,美国厚朴)[*Magnolia grandiflora* L.](木兰科)
big-leaf bracket plant 大叶吊兰[*Chlorophytum malayense* Ridley](百合科)
big-leaf calathea ①肖竹芋属[*Calathea* G.F.W. Meyer](芩叶科)②肖竹芋[*Calathea ornata* Koern.]
big-leaf echeveria 大叶莲花掌(黄铜拟石莲花)[*Echeveria gibbiflora* DC.](仙人掌科)
big-leaf linden 大叶椴[*Tilia platyphyllus* Scop.](椴科)
big leaf mustard (= broad-leaved mustard) 大叶芥[*Brassica juncea* var. *folliosa* Bailey](十字花科)
big-leaf thorowax 大叶紫胡[*Bupleurum longiradiatum* Turcz.](伞形花科)
big-leaf tobacco 大叶烟草[*Nicotiana tabacum* var. *macrophylla* Comes](茄科)
big-leaf tomato 大叶番茄[*Lycopersicum esculentum* var. *grandifolium* Bailcy](茄科)
big-leaf white mulberry 大叶桑[*Morus alba* var. *macrophylla* Loud.](桑科)
big-leaf winter creeper euonymus 大圆叶爬行卫矛[*Euonymus fortunei* var. *vegetus* Rehd.](卫矛科)
big livestock 大牧畜,大家畜
big-nosed 大鼻子的(nasutus)
big-powered tractor 大型拖拉机,大马力拖拉机
big quaking grass 大风凌草[*Briza maxima* L.](禾本科)
big-seed false-flax (= gold of pleasure) 亚麻荠[*Camelina sativa* L.](十字花科)
big slip ①切条,插条(茶)②插杆(长 1 - 2 米)
big square (木材)大方
big tree 巨杉(世界爷)[*Sequoiadendron giganteum* (Lindl.) Buchh.](松科)
big trefoil 沼泽牛角花(大百脉草,湿地百脉根)[*Lotus uliginosus* Schk.](豆科)
big-vein ①巨脉的 ②巨脉病(grandinervus)
big wind 大风,强风
bigable hotbed 双斜面温床
bigarade (= sour orange) 酸橙
bigbulk 头子茶
bigcalyx rhododendron 大萼杜鹃花[*Rhododendron macrosepalum* Maxim.](杜鹃花科)
bigcatkin willow 水杨[*Salix gracilistyla* Miq.](杨柳科)
bigcone (= bigcone spruce) 大果黄杉[*Pseudotsuga macrocarpa* Mayr](松科)
bigelow sneezeweed [翼]锦鸡菊(堆心菊)[*Helenium bigelovii* A. Gray](菊科)
bigeminal pregnancy 怀双胎
bigeminate 重对的(bigeminatus)
bigemmate 有二芽的(bigemmatus)
bigener (= intergeneric hybrid) 属间杂种
bigeneric 属间的(bigenerus)
bigeneric cross 属间杂交
bigeneric hybrid 属间杂种
bigg (= four rowed barley) 四棱大麦
bight ①绳圈 ②湾,湾浦,小湾,[海岸线]弯曲
bigibbous 二肿胀体的(bigibbus)
biglandular (= biglandulous) 两腺的(biglandularis)
biglandulous 两腺的(biglandulosus)
biglobular 二球形的(biglobosus)
biglycan 双糖链蛋白聚糖
bignay China laural ①五月茶属[*Antidesma* L.](大戟科)②五月茶[*Antidesma bunius* Spreng.]
bigness 大,巨大(granditas)
bigness scale 粗测
bignonia ①紫葳属[*Bignonia* L.](紫葳科)②紫葳[*Bignonia* sp.]
bignonia family 紫葳科[Bignoniaceae]
bigram 双字母{电脑}
bigseed falseflax (= gold of pressure) 亚麻荠
biguanide 双缩胍
bigwing everlasting 大花银苞菊[*Ammobium alatum* var. *grandiflorum* Hort.](菊科)
bihaploid 二单倍体(bihaploida)
bihar hairy caterpillar (= common hairy caterpillar) 人纹灯蛾[*Spilarctia obliqua* Walker](灯蛾科)
biharmonic equation 双调和方程
biharmonic operator 双调和算子,重调和算子
bihaviour (= behavior) 行为,习性
bihoromycin 比奥罗霉素
bijection 双射(bijectio){电脑}
bijugate ①二对的 ②二对小叶的(bijuga-

tus)
bijugous 二对的(bijugus)
bilabiate 二唇的(bilabiatus)
bilabiate corolla 双唇花冠(corolla bilabiata)
biladiene 二甲川胆色素
bilamellar (= bilamellate) ①两片状的 ②双层状的(bilamellatus)
bilamellate ①两片状的 ②双层状的(bilamellatus)
bilane [原]胆色烷
bilateral 两侧的,左右的(bilateralis)
bilateral duplication 左右重复(ZN × ZN){统计}
bilateral homology 左右同型
bilateral plane of symmetry 两侧对称平面
bilateral spade 双边铲
bilateral spore 二面形孢子(spora bilateralis)
bilateral symmetry 两侧对称(symmetria bilateralis)
bilaterally symmetrical ①两侧对称的 ②两轴对称的
bilatrine 三甲川胆色素
bilayer 双分子层
bilberry 欧洲越橘(蔓越橘)[*Vaccinium myrtillus* L.](杜鹃花科)
bilberry tortrix moth 覆盆子卷蛾[*Tortrix viburnianana* Schiffermüller](卷蛾科)
bile 胆汁(bilis)
bile acid 胆汁酸
bile pigment 胆色素
bile salt 胆汁盐
bile salt micelle 胆汁盐微团,胆汁盐胶团,胆汁盐胶束
bilene 甲川胆色素
bilevel ①双值的 ②单色的(bilibella)
bilevel image 双值图像{电脑}
bilge 船舱污水{环保}
bilharziasis 裂体吸虫病(bilharziasis)
biliary calculus 胆石
bilicyanin 胆青素
bilifuscin 胆褐素 [$C_{16}H_{10}O_4N_2$]
bilimbi[tree] (= Cucumber tree) 三捻(三敛)[*Averrhoa bilimbi* L.](酢浆草科)
bilineal 二线的,二系的(bilinealis)
bilineal relatives 两线亲缘
bilinear ①两系的,系间的{育种} ②双线的,二系的{统计}(bilinearis)
bilinear form 双线性型(forma bilinearis)
bilinear formula 双线性公式(formula bilinearis)
bilinear hybrid 两系杂种,系间杂种{育种}
bilinear interconnection 双线性关联(interconnectio bilinearis)
bilinear interpolation 双线性插值
bilinear programming 双线性计划
bilinear relation 二线性关系(relatio bilinearis)
bilinear system 双线性系统(systema bilinearis)
bilineurine 胆碱
bilingual microprocessor 双语言微处理机{电脑}
bilinogens 后胆色素原类
bilins 后胆色素类
bilipurpurin 胆紫素
bilirubin 胆红素 [$C_{32}H_{36}N_4O_6$]
bilirubin diglucuronide 胆红素二葡糖苷酸
bilirubin glucuronide 胆红素葡糖苷酸
bilirubin monoglucuronide 胆红素单葡糖苷酸
bilirubinoid 类胆红素
bilirubinuria 胆红素尿
biliuria 胆汁尿
biliverdin 胆绿素 [$(C_{16}H_{18}N_2O_4)_2$]
biliverdin reductase 胆绿素还原酶
bill ①嘴,喙 ②钩镰 ③捆束装置 ④账单,清单,提货单,收货单 ⑤发票,汇票,票据 ⑥招贴,广告,海报,通告 ⑦证明书(bulla)
bill hook ①钩镰 ②打结嘴钩 ③砍刀
bill of change 汇票{农经}
bill of health 检疫证,检疫单
bill of lading 运单
bill of material 材料单,材料清单
bill poster 广告,招贴
bill tongue (打结器)卡嘴颚
billberry ①乌饭树属 [*Vaccinium* L.](乌饭树科) ②乌饭树 [*Vaccinium bracteatum* Thunb.]
billet ①蔗段 ②短条段
billet deflector roller 蔗段导向棍
billet shattering 损坏蔗段
billet timber 劈材
billet-wood 短原木
billi 纳,纳诺(千兆分之一,10^{-9})
billing ①记账 ②编制账单,开发票,列清单 ③票据{农管}
billing accounts receivable sales analysis 开发票,应收账款,销售分析{农管}
billing machine 记账计算机,票据计算机
billion 十亿(美、法),万亿(英)

billion-dollar grass = barn-yard grass 稗[*Echinochlo acrus-galli*(L.) Beauv.](禾本科)
billion electron volt (BeV,GeV) 十亿电子伏
billnook 切碎机刀片
billow ①大浪,巨浪 ②波涛 ③海
billow cloud 浪云
bills of quantities 分量证明书,数量证明书
billy goat 公羊,雄山羊
bilobed (= bilobate) ①两浅裂片的 ②两圆裂片的 ③两裂片的(bilobatus)
bilobular 有二裂片的(bilobularis)
bilobus false-nettle 二裂苎麻[*Boehmeria biloba* Wedd.](荨麻科)
bilocellate 具两分室的(bilocellatus)
bilocular 两室的(bilocularis)
bilocular anther 二室药(anthera bilocularis)
bilolo 山来檬[*Citrus montana* Tanaka.](芸香科)
biloment 节裂果(属长角果)(bilomentum)
bilomentum 双节荚
Biltmore stick (= scale stick) 毕氏测杖{测}
bimaculate 具两斑点的(bimaculatus)
bimag core 双稳态磁心
bimarginate 具二边缘的(bimarginatus)
bimastism 具二乳房的(bimastismis)
bimatrix game 双矩阵对策
bimerous 二基数的(bimerus)
bimestrial (= bimonthly) 二月一次的,隔月的(bimestrius)
bimetal 双金属 (bimetallum)
bimetal thermometer 双金属温度计
bimetallic 双金属的 (bimetallicus)
bimetallic actinometer 双金属日射表
bimetallic enzyme 双金属酶
bimetallic thermograph 双金属温度记录器
bimetallic thermometer 双金属温度计
bimitosis 二有丝分裂
bimodal 双峰的 (bimodalis)
bimodal curve 双峰曲线{统计}
bimodal distribution 双众数分布
bimodal pacemaker 双峰起搏器
bimodal population 双峰群体
bimodal rhythm 双峰节律
bimolecular 双分子的(bimolecularis)
bimolecular electrophilic substitution 双分子亲电取代
bimolecular elimination 双分子消除
bimolecular film 双分子膜
bimolecular leaflet 双分子层
bimolecular lipid membrane(BLM) 双分子脂膜
bimolecular nucleophilic substitution 双分子亲核取代
bimolecular reaction 双分子反应
bimolecular reduction 双分子还原
bimorph ①双态的 ②双压电晶片 (bimorphus)
bimorph memory cell 双态存储元件{电脑}
bin ①仓,粮仓 ②箱,粮箱
bin- [字头]二,重
bin activator 粮箱抖动器
bin drier 箱式干燥器
bin in a granary 仓箱
bin inspection 仓检,箱检[种子]
bin self-feeder 料斗式自动饲槽
bin type composter with ventilation 箱型通气堆肥发酵装置{农施}
bin unloader 卸箱装置
binac (= binary computer) 二进制自动计算机
binapacryl 乐杀螨(杀螨,杀菌剂)[$C_{15}H_{18}N_2O_6$]
binarization 双值化 (binarisatio)
binary ①二的,双的,重的 ②二数的, ③二元的 ④二进制的 ⑤双态的,双体型的 (binarius)
binary accumulator 二进制累加器{电脑}
binary adder 二进制加法器
binary bit 二进制位
binary choice 二进制信息选择
binary code representation 二进制码表示法
binary combination 重组合,二组合
binary computer 二进制计算机
binary counter 二进制计数器
binary division (= binary fission) 二分裂
binary fertilizer 二要素合成肥料
binary fission 二[等]分裂(fissio binaria)
binary floating-point data 二进制浮点数
binary information 二进制信息
binary multiplier 二进制乘法器
binary name 双名
binary nomenclature 双名法
binary normal (= binary ordinary) 二进制
binary operation 二进制运算
binary phase-shift keying 二进制相移键控
binary scaler ①二进制定标器 ②二进制计数器
binary search 对半检索,对分检索
binary signal 双态信号
binary signaling 双态通信

binary state 双态
binary symmetry 二元对称现象
binary synchronous communication (BSC) 二进制同步通信,双同步通信{信息}
binary system 二进制
binary theory 二元论
binary-to-decade counter 二-十进制计数器
binary unit 二进制信息单位
binary vector 二元向量{农施}
binary viruses 双体型病毒{电脑}
binate ①双生的,并生的 ②成对的(binatus)
binato-palmate 二回掌状的(binatopalmatus)
binato-pinnate 二回羽状的(binatopinnatus)
binaural 双耳的(binauralis)
binaural effect 双耳效应
bind ①缠绕植物 ②蔓 ③束缚,捆扎,包扎 ④装订{育种} ⑤凝固 ⑥结合,并合 ⑦黏合 ⑧连接
bind image 连接映像{电脑}
bind session (BIND) 结合会晤{信息}
binder ①(雪茄)中包叶 ②割捆机 ③黏合剂 ④肘节 ⑤打捆机,捆蝇 ⑥联编程序{电脑}
binder attachment 捆束装置
binder for wood work 木材胶着剂
binder-harvester 割捆机
binder needle 打捆针
binder program 联编程序
binder sickle 割捆机切刈器刈刀
binder twine 割捆机捆绳,捆束绳
bindin 结合蛋白{分生}
binding ①结合{分遗} ②缚蔓,扎缚物 ③打捆,捆束 ④汇集
binding activity 结合活性
binding efficiency 结合效率
binding energy 结合能,束缚能
binding energy of electron 电子结合能
binding factor 结合因子
binding material ①黏合剂,胶合剂 ②胶结物质
binding nature of soil 土壤结合性
binding of rafts 联筏(指木排的编联)
binding plant 缠绕植物
binding power 结合力
binding site 结合部位
binding species 结合种
binding specificity 结合特异性
binding stage 结合期
binding time 汇集时间
binding unit 打捆装置,捆扎装置
binding vine 绑蔓,缚蔓
bindweed ①旋花属[*Convolvulus* L.](旋花科) ②旋花[*Convolvulus chinensis* Ker-Gawl.]
bindweed leaf miner 旋花潜蛾[*Bedellia sommulentella* Zeller](潜蛾科)
bine ①蔓 ②蔓生植物(habitaculum)
binemic 双线的(指染色体)(binemicus)
binervate 具两脉的(binervatus)
Binet-Simon classification 比奈-西蒙二氏分类
biniflorous 成对花的(biniflorus)
binnacle (= binocle) 支流
binocular ①双目的,双眼的 ②双筒的(binocularis){显技}
binocular magnifier 双筒放大镜
binocular microscope 双筒显微镜
binocular stereopsis 双眼体视
binocular vision 双目视觉
binoculars 双筒望远镜(binoculares)
binodal ①两节的 ②双结点的(binodis)
binodal curve 双结点曲线
binom ①无配生殖种 ②无融生殖种
binomial ①二次的,二项的{统计} ②二名法{分类}(binomialis)
binomial coefficient 二项式系数
binomial curve 二项曲线
binomial data 二项分布数据
binomial distribution 二项分布
binomial equation 二项方程式
binomial expansion 二次展开式
binomial expression 二项式
binomial formula 二项式公式
binomial nomenclature 二名法(nomenclatura binomialis){分类}
binomial number system 二项数系
binomial probability paper 二项概率作图纸
binomial series ①二项式系列{统计} ②二项级数{数}
binomial system 二名制(systema binomialis)
binomial test 二项检验
binomial theorem 二项式定理
binomial type 二项分布型
binomials 二项式(binomiales)
binuclear 双核的(binuclearis)
binucleate 具两核的(binucleatus)
binucleate pollen grain (= binucleate grain) 双核花粉粒(granum binucleatum)
binucleate pollen mother cell 双核花粉母细胞(cellula matricalis pollinis binucleata)
binucleated cell 双核细胞(cellula binucleata)
binucleated egg cell 具双核卵细胞

binucleolated 具双核仁的(binucleolatus)
bio- ⌊字头⌉ ①生命,生物 ②生活
bio-chip 生物芯片
bio-degradative operon 生物降解操纵子
bio-denitrification 生物脱氮(biodenitrificatio)
bio-diesel oil 生物柴油
bio-disc 生物转盘
Bio-Dot microfiltration apparatus Bio-Dot 微量过滤装置(商)
Bio-Gel chromatography media Bio-Gel 层析介质(商)
bio-instruments 生物仪器
bio-like structure 类生物结构
bio-logic 生物逻辑
bio-nitrification-denitrification 生物-硝化-脱硝{环保}
bio-osmosis 生物渗透[现象](bioosmosis)
bio-oxidation 生物氧化(biooxidatio)
Bio-Rex resin Bio-Rex 树脂(可用于离子交换层析)(商)
bio-robot 仿生自动机
bio-science 生物科学
bioaccumulation 生物累积[作用](bioaccumulatio)
bioacoustics 生物声学(bioacoustica)
bioactivator 生物活性剂
bioactive 生物活性的(bioactivus)
bioactive molecule 生物活性分子(molecula bioactiva)
bioactive peptide 生物活性肽
bioactive plant substance 植物生物活性物质
bioactive polymer 生物活性聚合物,生物活性高分子
bioactivity 生物活性(bioactivitas)
bioaeration 生物通气(bioaeratio)
bioamine 生物胺
bioanalysis 生物分析[法]
bioassay 生物测定,生物检定,生物鉴定
bioassays for plant growth regulators 植物生长调节剂的生物测定
bioassociation 生物社会(bioassociatio)
bioastronautic 生物宇航的,生物航天的(bioastronauticus)
bioastronautics 生物宇宙航行学,生物航天学(bioastronautica)
bioastrophysics 天体生物物理学(bioastrophysica)
bioautography 生物自显影[法](bioautographia)
bioavailability 生物利用率,生物有效性(bioavailabilitas)
biobalance 生物平衡(biobalanx)
biobattery 生物电池
bioblast 原生质体
bioblast theory [细胞质]生活粒说{细胞}
BioBrene solution BioBrene 溶液(指一种溴化季铵盐的溶液)(商)
biocabina (宇航)生物舱
biocalorimetry ①生物热测定 ②生物热测定法,生物量热法(biocalorimetrica)
biocatalysis 生物催化[作用]
biocatalyst 生物催化剂
biocatalyzer (=biocatalyst) 生物催化剂
biocell 生物电池(biocellula)
bioceramics 生物陶瓷(bioceramica)
biochemical 生化的,生物化学的(biochemicus)
biochemical activity 生化活度
biochemical basis 生化基础(basis biochemicus)
biochemical breeding 生化育种
biochemical character 生化性状(character biochemicus)
biochemical concentration mechanism 生物化学浓度机制
biochemical criteria 生化标准
biochemical defect 生化缺陷
biochemical disorder 生化失调
biochemical disturbance 生化障碍,生化失调
biochemical engineering ①生化工程 ②生化工程学
biochemical evolution 生化进化(biochemoevolutio)
biochemical examination 生物化学检查(biochemoexaminatio)
biochemical examination for mammalian toxicity 人畜毒性的生物化学检查,哺乳动物毒性的生物化学检查
biochemical fuel cell 生化燃料电池
biochemical genetics 生化遗传学(biochemogenetica)
biochemical lesion 生化损伤
biochemical manipulation 生化操作(biochemomanipulatio)
biochemical mechanism 生化机制
biochemical medium 生化培养基
biochemical mutant ①生化突变型 ②生化突变体(biochemomutans)
biochemical mutation 生化突变(biochemomutatio)
biochemical nature 生化性质(bioche-

monatura)
biochemical oxygen demand（BOD） 生化需氧量
biochemical pathway 生化途径
biochemical polymorphism 生化多态性
biochemical process 生化过程
biochemical property 生化性质，生化特性
biochemical regulation 生化调节（biochemoregulatio）
biochemical repertoire 生化积累
biochemical specificity 生化特异性
biochemical taxonomy 生化分类学（biochemotaxonomia）
biochemical technique 生物化学技术，生化技术
biochemical trait 生化性状
biochemical unity ①生化一致性 ②生化单位元素
biochemical variant 生化变种
biochemical weathering 生化风化
biochemicals ①生化试剂 ②生化药品（biochemicae）
biochemiluminescence 生化发光（biochemiluminescentia）
biochemist 生化学家，生化工作者（biochemistus）
biochemistry 生物化学（biochemica）
biochemistry of incompatibility 不亲和性的生物化学
biochemistry variation 生化变异
biochore ①等生活型线 ②［森］林区气候（柯本分类之一）
biochrome 生物色素
biochron ①生物人工气候室 ②生物环境调节器
biochronometer 生物钟
biochronometry 生物钟学（biochronometria）
biocide 杀生物剂，毒剂
bioclimate 生物气候
bioclimatic law 生物气候律｛气象｝
bioclimatic parameter 生物气候参数
bioclimatic zone 生物气候带
bioclimatograph 生物气候图
bioclimatology 生物气候学（bioclimatologia）
bioclock（= biochronometer） 生物钟（bioclоca）
biocoenology 生物群落学（biocoenologia）
biocoenosis（= biocenosis）生物群落
biocolloid 生物胶体（biocolloides）
biocommunity 生物群落（biocommunitas）
biocompatibility 生物亲和性（biocompatibilitas）
biocomputer 生物计算机
bioconcentration（= biological concentration） 生物浓度（bioconcentratio）
bioconnector 生理传感连接器
biocontrol 生物控制
biocontrol system 生物控制系统
bioconversion 生物转化（bioconversio）
biocosmonautics 生物宇航学（biocosmonautica）
biocrystallography 生物晶体学（biocrystallographia）
biocurrent 生物电流
biocybernetic model 生物控制论模型
biocybernetics 生物控制论（biocybernetica）｛物｝
biocycle 生物循环（biocyculus）
biocytin 生物胞素，ε-N-生物素酰-*L*-赖氨酸
biocytoculture 活细胞培养法（biocytocultura）
biodegradability 生物降解性（biodegradabilitas）
biodegradable 生物可降解的（biodegradabilis）
biodegradable plastic 生物可降解塑料薄膜
biodegradation 生物降解（biodegradatio）
biodegradation pathway 生物降解途径
biodemography 生物人口［统计］学（biodemographia）
biodeterioration 生物退化作用（biodeterioratio）
biodisaster 生物灾害
biodiversity 生物多样性（biodiversitas）
biodynamic fertilization 生物动态施肥，看苗施肥
biodynamics 生物动力学（biodynamica）
biodyne 生命达因（影响呼吸物质）
bioecological 生物生态［学］的（bioecologicus）
bioecological factor 生物生态学因素
bioecology 生物生态学（bioecologia）
bioeconomy 生物经济｛农经｝
bioelectric 生物电的（bioelectricus）
bioelectric amplifier 生物电放大器
bioelectric current（= biocurrent） 生物电流
bioelectric potential 生物电位
bioelectric power 生物电源
bioelectricity 生物电（bioelectricitas）
bioelectrochemistry 生物电化学（bioelectrochemia）
bioelectrode 生物电极

bioelectrogenesis 生物电发生(bioelectrogenesis)
bioelectronic 生物电子的(bioelectronicus)
bioelectronic device (BED) 生物电子器件
bioelectronics 生物电子学(bioelectronica)
bioelement 生物元素,[生命]必要元素(bioelementum)
bioenergetics 生物能[力]学,生物能量学(bioenergetica)
bioenergy 生物能[量](bioenergia)
bioengineering 生物工程[学]
bioenrichment 生物富集
bioergonomics 生物功效学(bioergonomica)
bioerosion 生物侵蚀(bioerosio)
bioethics 生物伦理学(bioethica)
biofacies 生物相
biofacies map 生物相图
biofeedback 生物反馈
biofeedback control 生物反馈控制
biofermin 活酶素
biofertilizer 生物肥料
biofilm 生物膜
biofilm in the trickling filter 滴滤池的[微]生物膜{环保}
biofilm process 生物膜法{农施}
biofilter ①生物滤池{环保} ②生物滤器{生技}
biofiltration 生物过滤(biofiltratio)
bioflavonoid 生物类黄酮
bioflocculation 生物絮凝[作用](bioflocculatio)
bioflocculation process 生物絮凝法(指生物滤池前的活性污泥法){环保}
biofouling 生物附着物
biofuel 酿热物,生物燃料
biofuel cell 生物燃料电池
biogalvanic source 生物电源
biogas 生物气体,沼气(biogassa)
biogas engineering 生物气体工程,沼气工程
biogas fermentation technology 沼气发酵工艺
biogas generation plant 生物气体发生装置沼气发生装置{农施}
biogel 生物胶
biogen 生源体,生命素,生命基因(biogenum)
biogenerator 生物发生剂
biogenesis ①生源说 ②生物发生{遗传}
biogenesis of mitochondrium 线粒体的生源说
biogenetic 生物发生的,生物进化的(biogeneticus)
biogenetic data 生物发生资料
biogenetic law 重演律,生物发生律{进化}
biogenic amine 生物胺
biogenic salts 生物盐类(指活的生物体所需溶解盐类)
biogenous 活物寄生的(biogenus)
biogeny ①生物发生 ②进化研究(biogenia)
biogeochemical 生物地球化学的(biogeochemicus)
biogeochemical balance 生物地球化学平衡
biogeochemical cycle 生物地球化学循环
biogeochemical disease 生物地球化学病
biogeochemical exchange processes 生物地球化学交换过程
biogeochemical theory 生物地球化学理论
biogeochemistry 生物地球化学(biogeochemica)
biogeocoenology 生物地理群落学
biogeocoenosis 生物地理群落
biogeographic 生物地理的(biogeographicus)
biogeographic realm 生物地理分布区
biogeographic region 生物地理区
biogeography 生物地理学(biogeographia)
biograph ①生物运动描记器 ②呼吸描记器
biography ①生物运动摄影术 ②传,传记(biographia)
biohazard ①生物危险,生物危害 ②生物公害
biohazard bag 生物危险品袋
biohazard glove 生物危害[防护]手套
bioheating 酿热加温
bioholography 生物全息术(bioholographia)
bioid 类生物体系(bioides)
bioimagery 生物显象术(bioimageria){显技}
bioindicator 生物指示器
bioinformatics 生物信息学(bioinformatica)
bioinformation 生物信息(bioinfomatio)
bioinorganic chemistry 生物无机化学
bioisolation 生物隔离(bioisolatio)
bioisotope 生物同位体
biokinetic 生物动力学的(biokineticus)
biokinetic temperature limits 生物活动温度临界
bioleaching 生物浸提
biolipid 生物脂

biologic (= biological) 生物[学]的(biologicus)
biologic isolation 生物[学]隔离(bioisolatio)
biologic nitrogen fixation 生物固氮
biological ①生物学的 ②⌊复⌉生物制品,生物制剂(biologicus)
biological abstracts 生物学文摘
biological accumulation 生物积累
biological action 生物学作用
biological action of diepoxides 二环氧化物的生物学作用
biological action of nitrogen mustards 氮芥子气的生物学作用
biological action of peroxides 过氧化物的生物学作用
biological action of X-rays X射线的生物学作用
biological activity 生物学活度,生物学活性,生物活动力
biological admixture 生物[学上的]混杂
biological agent ①生物因素 ②生物制剂
biological altruism 生物舍己主义{遗传}
biological amplification 生物放大
biological amplifier 生物放大器
biological analysis 生物分析
biological assay 生物测定
biological assessment 生物评价
biological association 生物社会
biological autopurification 生物自然净化(bioautopurificatio)
biological barrier 生物障碍
biological breakdown 生物降解
biological buffer 生物学缓冲液
biological cabinet 生物学工作橱
biological catalysis 生物催化[作用]
biological catalyst 生物催化剂
biological change 生物[学]变化
biological characteristics 生物学特性(characteristica biologica)
biological chemistry (= biochemistry) 生物化学(biochemia)
biological chip (= bio-chip) 生物芯片{电脑}
biological clarification plant 生物净水厂{环保}
biological cleaning 生物净化
biological clock 生物钟
biological concentration 生物浓缩
biological constant 生物常数
biological constraints 生物约束[因子]{分生}
biological containment 生物防范,生物防护
biological contamination 生物污染
biological control 生物防治
biological control agent 生物农药
biological control mechanism 生物[学]控制机制
biological current 生物电流
biological cycle 生物循环
biological damage 生物学损伤
biological decomposition 生物分解
biological degradation ①生物降解 ②生物退化
biological denitrification 生物反硝化作用,生物脱氮作用
biological deodorization 生物除臭作用
biological description 生物学描述
biological determination 生物测定
biological diaster 生物灾害{智培}
biological effect 生物学效应
biological effect of high voltage X-rays 高电压X射线的生物学效应
biological effect of X-rays X射线的生物学效应
biological efficiency 生物学效能
biological electronics (=bioelectronics) 生物电子学(bioelectronica)
biological energy (= bioenergy) 生物能(bioenergia)
biological engineering 生物工程
biological entity 生物实体
biological equilibrium 生物平衡
biological erosion 生物侵蚀
biological evolution 生物进化
biological factor 生物因素
biological fertilizer 生物肥料
biological fidelity 生物[学]保真性(fidelitas biologicus)
biological film (= bio-film) 生物膜
biological filter (= biofilter) ①生物滤池{环保} ②生物滤器{生技}
biological filter loading 生物滤器负荷[率]
biological filtration 生物过滤(biofiltratio)
biological fitness 生物[学上]合理性{进化}
biological fixation 生物固定{显技}
biological fixation of nitrogen 生物固氮
biological floc 生物絮凝物
biological flocculation (= bioflocculation) 生物絮凝[作用](bioflocculatio)
biological form (= biological race, biological strain) 生理小种
biological freezer 生物冷冻剂
biological fuel cell 生物燃料电池

biological function 生物学功能(functio biologica)
biological group 生物类群
biological half-life 生物半衰期
biological hazard 生物公害
biological immobilization 生物固定[作用](immobilisatio biologica)
biological improvement 生物改良
biological impurity 生物混杂
biological index 生物指数{环保}
biological information (= bioinformation) 生物信息(bioinformatio)
biological information theory 生物信息论{分生}
biological isolation 生物隔离
biological limitation 生物限制
biological load 生物负荷
biological magnification ①生物浓缩,生物增浓 ②生物放大
biological manipulation 生物操作
biological manure 生物肥料
biological mass (= biomass) 生物量(指生物体总重量)
biological material 生物材料
biological maturity 生物成熟度,生理成熟度
biological measure for land improvement 土地改良的生物措施{农施}
biological mechanism 生物机制
biological membrane (= biological film) 生物膜(membrana biologica)
biological mineralization 生物[学]矿化
biological monitoring 生物监测
biological nitrogen fixation 生物固氮[作用]
biological orbiting space station 生物轨道空间站{信息}
biological order 生物有序
biological oscillator 生物振荡器
biological oxidation 生物氧化
biological oxidation pond process 生物氧化塘法{环保}
biological oxidation treatment 生物氧化处理{环保}
biological oxygen demand (**BOD**) 生物需氧量
biological pathways 生物学途径
biological pest control 病虫害生物防治
biological phenomena 生物学现象
biological phosphate removal 生物除磷酸法
biological population ①生物群体 ②生物种群
biological preparation 生物制品{显技}
biological process 生物过程
biological productivity 生物生产力
biological products 生物制品
biological property 生物学性质
biological prototype 生物原型(bioprototypus)
biological race ①生物族 ②生物小种,生理小种
biological radio communication 生物无线电通信
biological reaction 生物[学]反应
biological reactor 生物反应池{环保}
biological resources 生物资源
biological response 生物反应{生技}
biological response modifier 生物反应调节物
biological rhythm 生物节律
biological safety cabinet 生物学安全工作橱{生技}
biological science 生物科学
biological science communication project 生物科学通信工程{信息}
biological selection 生物选择
biological sewage treatment 生物法污水处理{环保}
biological signal 生物信号
biological significance 生物学意义,生物学重要性
biological slime ①生物黏泥{环保} ②生物[黏]膜{生技}
biological soil activity 生物性土壤活度,生物土壤活动性
biological solid 生物固体
biological space probe 生物宇宙试验,生物宇宙探测器{物}
biological specialization 生物分化,生物专化,生理专化
biological species 生物学种(species biologicus)
biological specimen 生物标本
biological spectrum 生活型谱
biological stabilization 生物稳定(biostabilisatio)
biological strain ①生物品系 ②生理小种
biological substrate 生物底物
biological system 生物学系统(biosystema)
biological traits 生物学特性(征)
biological transducer 生物换能器
biological transformation 生物转化
biological transmission 生物性传染
biological treatment 生物处理
biological treatment unit 生物处理单元
biological type 生物型

biological unit 生物学单位
biological universe 生物学领域
biological value 生物价,生理价值
biological variation 生物性变异
biological warming 酿热加温
biological weapon 生物武器
biological weathering 生物风化
biological weed control 杂草生物防除,生物除草
biologically decomposable 生物可分解的,能生物分解的(biodecomposabilis)
biologicals (= biologics)①生物材料 ②生物制品 ③生物制剂(biologicae)
biologism 生物学说(biologismus){进化}
biologist 生物学家,生物学工作者(biologistus)
biologization 生物学化(biologisatio)
biology 生物学(biologia)
bioluminescence 生物发光(bioluminescentia)
bioluminescent 生物发光的(bioluminescens)
bioluminescent immunoassay (**BLIA**) 生物发光免疫测定
bioluminescent probe 生物发光探针,生物发光探剂
biolysis ①生物分析 ②生物分解
biolysis of sewage 下水道污物的生物分解,污水的生物分解,污泥的生物分解
biolytic 生物分解的(biolyticus)
biolytic tank 生物分解池{环保}
biolytics 溶生素
biomacromolecule 生物大分子,生物高分子(biomacromolecula)
biomagnetic effect 生物磁效应
biomagnetism ①生物磁学 ②生物磁性(biomagnetismus)
biomass (B) ①生物量,生命体,生物体 ②生物统计
biomass concentration 生物量浓度
biomass energy 生命体能量
biomass fouling 生物体附着物
biomass from domestic life 家庭生活的生物量
biomass hold-up 生物体留存量
biomass loss 生物量损失
biomass of cryptogams 隐花植物生物量
biomass production 生物量生产
biomass pyramid 生物量金字塔
biomass pyrolysis 生物量高温分解
biomaterial 生物材料(biomaterialis)
biomathematics 生物数学(biomathematica)
biome 生物群落
biome-type 生物群落型
biomeasurement 生物测量
biomechanics 生物力学(biomechanica)
biomechanism 生物机制(理)(biomechanismus)
biomedical 生物医学的(biomedicus)
biomedical data 生物医学数据
biomedical engineering 生物医学工程学
biomedical measurement 生物医学测量
biomedical transducer 生物医学换能器
biomedicinal 生物性药物(biomedicinalis)
biomedicine 生理医学(biomedicina)
biomembrane 生物膜(biomembrana)
biometeorological 生物气象学的(biometeorologicus)
biometeorological time scale (**BMTS**) 生物气象学时间标度
biometeorology 生物气象学(biometeorologia)
biometer 生物计
biomethanation 生物产甲烷[作用]
biometrical ①生物统计的 ②生物统计资料(biometricus)
biometrical analysis 生物统计分析
biometrical genetics 生统遗传学
biometrical method 生物统计法
biometrics (= biometry) 生物统计学(biometrica)
biomicrominiaturization 生物微[小]型化(biomicrominiaturisatio)
biomicroscope 生物显微镜
biomimesis 生物拟态
biomimetic ①仿生的 ②生物模拟的,生物拟态的(biomimeticus)
biomimetic chemistry 仿生化学
biomimetic synthesis 仿生合成
biomimics 仿生学(biomimica)
biomineral ①生物矿物的 ②生物矿物(biomineralis)
biomineralization 生物矿化(biomineralisatio)
biomolecular 生物分子的(biomolecularis)
biomolecular structure 生物分子结构(structural biomolecularis)
biomolecule 生物分子(biomolecula)
biomonitor 生物监测器
biomorphosis 生理畸形病
biomorphous 生活形态(biomorphus)
bion ①生命单元 ②进化控制素 ③生物型(bios)

bionecrosis 渐近性细胞坏死
bionic 仿生的(bionicus)
bionic computer 仿生计算机
bionic man (= robot) 机器人
bionics ①仿生学 ②仿生电子学(bionica)
bionome (= biosphere) 生物圈
bionomics ①生物学特性 ②个体生态学(bionomica)
bionosis 生物病
biont 生物,有机体(bions)
bionursery 生物圃{农施}
bionursery systems 生物圃体系{农施}
bioorganic chemistry 生物有机化学(bioorganochemia)
bioorganomineral complex 生物有机矿物复合体,生物有机矿物综合体{土壤}
biopack 生物遥测器
biopesticide 生物农药
biophage 生物噬菌体
biophagous 食生物的(biophagus)
biopharmaceutics 生物药剂学(biopharmaceutica)
biophore 生源体(biophorum)
biophotoelement 生物光电元件
biophotogenesis (= bioluminescence) 生物发光
biophotolysis 生物光解
biophoton 生物光子
biophysical 生物物理的(biophysicus)
biophysical chemistry 生物物理化学(biophysicochemia)
biophysical mutant 生物物理突变体
biophysics 生物物理学(biophysica)
biophyte 寄生植物(biophyta)
bioplasm 原生质,活质(bioplasma)
bioplasmin 原生质素
bioplast 原生质体,活体(bioplastis)
biopoesis [第一个]生物起源,生物创造
biopolymer 生物高聚物
biopotential 生物电位,生物电势
biopower 生物电源
biopreparate 生物制剂
bioprobe 生物探针,生物探头
bioprocess technology 生物工艺学,生物加工技术
biopsy 活体解剖,活组织检查(biopsia)
biopterin 生物蝶呤
biordinal crochets 双序趾钩(鳞翅目幼虫)
bioreactor 生物反应器
biorealm 生物群落型
bioremediation 生物除污(bioremediatio)
biorepressor (Bir) 生物素阻抑蛋白{分生}
biorheology 生物流变学(biorheologia)
biorhythm 生物节律
bios 生物活素
bios Ⅰ 生物活素Ⅰ,肌醇,肌糖[$C_6H_6(OH)_6$]
bios Ⅱ 生物活素Ⅱ
biosatellite 生物卫星(biosatelles)
bioscrubbing 生物清除
biose 二糖[$C_2H_4O_2$]
bioselective chromatography 生物选择层析
biosensor ①生物感受器 ②生理传感器
bioseparation technology 生物分离技术
biosequence 生物序列(biosequentia){进化}
biosimulation 生物模拟(biosimulatio)
biosis 生命
-biosis ⌞字尾⌝生命
biosis previews 生命预测(指数据库的使用期亦即利用寿命的预测)
biosociology 生物社会学(biosociologia)
biosome 生物体,自去细胞组分增殖(biosoma)
biosonar 生物声呐
biosorption 生物吸附(biosorptio)
biosorption process 生物吸附法(活性污泥法的一种){环保}
biosphere ①生物界 ②生物圈 ③生物层(biosphora)
Biostat fermentor Biostat 发酵罐(商)
biostatics 生物静力学(biostatica)
biostatistical ①生物统计的 ②生物统计学的(biostatisticus)
biostatistical area 生物统计区
biostatistics 生物统计学(biostatistica)
biostereometrics 生物立体测量技术(biostereometrica)
biostratigraphy 生物地层学(biostratigraphia)
biostrome 生物层
biosurfactant 生物表面活性剂
biosurvey 生物调查(bioridere)
biosynthesis 生物合成
biosynthesis of nucleic acid 核酸生物合成
biosynthetic 生物合成的(biosyntheticus)
biosynthetic pathway 生物合成途径
biosynthetic sequence 生物合成序列
biosynthetic template process 生物合成模板过程
biosystem 生物系统(biosystema)
biosystematics (= biosystematy) 生物系统学,综合分类学(biosystematica)
biota 生物区系

biotaxy 生物分类学(biotaxia)
biotechnique (= biotech) 生物技术
biotechnology 生物工程[学],生物技术(biotechnologia)
biotechware 生物技术器具
biotelemetry 生物指标遥测术(biotelemetrica)
biotelescanner 生物遥测扫描器
biotemperature 物候,生物温度(biotemperatura)
biotherapeutics 生物治疗学(biotherapeutica)
biotherapy 生物治疗,生物疗法(biotherapia)
biothermal disinfection 生物热消毒,生物热杀菌
biothermodynamics 生物热力学(biothermodynamica)
biotic ①生命的 ②生物的(bioticus)
biotic area 生物区
biotic balance 生物平衡
biotic barrier 生物障碍
biotic climax 生物演替顶极
biotic community 生物群落
biotic condition 生物条件
biotic control 生物控制,生物防治
biotic ecotype 生物生态型
biotic environment 生物环境
biotic equilibrium 生物平衡
biotic factor 生物因子
biotic formation ①生物群系 ②生物形成
biotic index [水体]生物群指数{环保}
biotic influence 生物影响
biotic interaction 生物相互作用(interactio biotica)
biotic pesticide 生物农药(利用天敌消灭病虫害)
biotic pollution 生物污染
biotic population 生物群体
biotic potential ①生物潜力 ②生殖潜力
biotic pressure 生物压力,生物扩张力
biotic resistance 生物抗性
biotic season 生物季节
biotic space 生物空间
biotic stress 生物胁迫{生态生理}
biotic stress factor (= biotic stressor) 生物胁迫因子
biotic stressor 生物胁迫因子
biotic succession 生物性演替
biotic time 生物时间
biotin 生物素,维生素 H [$C_{10}H_{16}O_3N_2S$]
biotin-avidin conjugate 生物素－抗生物素蛋白缀合物
biotin carboxyl carrier protein 生物素羧基载体蛋白
biotin carboxylase 生物素羧化酶
biotin enzymes 生物素酶类
biotin-labeled 生物素标记的
biotin phosphoramidite 生物素亚磷酰胺
biotinsulfone 生物素砜
biotinylated 生物素[酰]化的(biotinylatus)
biotinylated nucleotide 生物素化核苷酸
biotinylated phosphoramidite 生物素化亚磷酰胺
biotinylation 生物素[酰]化(biotinylatio)
biotite 黑云母
biotite gneiss 黑云母花岗岩
biotomy ①活体解剖 ②生物解剖学(biotomia){遗工}
biotope 生态环境,群落生境,生物小环境,生境小区(biotopium)
biotopology 生物拓扑学(biotopologia)
biotoxin 生物毒素
biotransformation 生物转化(biotransformatio)
biotron 生物[人工]气候室
biotronics 生物环境调节技术(biotronica)
biotrophic pathogen 生体营养病原
biotype ①生物型(遗传相同个体) ②纯系群 ③同型小种(biotypus)
biotypology 生物型学(biotypologia)
biovar 生物变型
biovarial 双子房的(biovarialis)
bioviscoelasticity 生物黏弹性(bioviscoelasticitas)
biozone 生物带(biozona)
bipalatate 双盾形的(bipalatatus)
bipaleolate ①具二膜片的 ②具两内稃的(bipaleolatus)
bipalmate 二回掌状的(指复叶)(bipalmatus)
bipalmate compound leaf 二回掌状复叶(folium bipalmaticompositum)
biparasitic 重寄生的(寄生物上寄生的)(biparasiticus)
biparent 两亲,双亲(biparens)
biparental ①双亲的 ②双亲本的(biparentalis)
biparental cross ①双亲交配(动) ②双亲杂交(植)
biparental inheritance of chloroplast 叶绿体双亲遗传
biparental males 双亲雄体(膜翅目)

biparental organism 双亲生物
biparental phage chromosome 双亲噬菌体染色体
biparental progeny 双亲后裔,双亲后代
biparental recombinant 双亲重组体
biparous ①二出的 ②二歧的 ③成双的 ④两胎[的](biparus)
biparous branching 二出聚伞分枝式(ramificatio bipara)
biparous cyme 二歧聚伞花序(cyma bipara)
bipartite ①二深裂的 ②(染色体)双连的(bipartitus)
bipartite genetic unit 双连遗传单位
bipartite genome 双连基因组{分遗}
bipartite structure 双连结构{分遗}
bipartition 二等分裂(bipartitio)
BiPC (= chlorbufam) 氯草灵(芽前除草剂)[$C_{11}H_{10}ClNO_2$]
bipectinate 两边篦齿状的(bipectinatus)
biped ①双足的,双肢的 ②双足动物
bipennated ①两翼的,双翅的 ②二羽状的,二回羽状的(bipennatus)
bipentaphyllus 具 2～5 小叶的
bipetalous 具两花瓣的(bipetalus)
biphase 双相 (biphasis)
biphase mark 双相标记
biphase recording 双相[制]记录
biphaser 双相转接器{信息}
biphasic 双相的 (biphasicus)
biphasic cultivation 双相培养法 (cultivatio biphasica){生技}
biphasic culture 双相培养
biphasic system 两相系统 (systema biphasica)
biphenyl 联苯[$C_6H_5C_6H_5$]
bipinnaria larva 羽腕动物幼虫(海星幼体)
bipinnate 二回羽状的(指复叶)(bipinnatus)
bipinnate compound leaf (= bipinnate leaves) 二回羽状复叶(folium compositum bipinnatum)
bipinnatifid 二回羽状分裂的(bipinnatifidus)
bipinnatipartite 二回羽状深裂的(bipinnatipartitus)
bipinnatisect 二回羽状全裂的(bipinnatisectus)
biplicate 两褶的(biplicatus)
bipolar ①两极的 ②双极的(bipolaris)
bipolar cell 两极细胞(cellula bipolaris)
bipolar chip 双极芯片
bipolar code 双极性码
bipolar coding 双极性编码
bipolar device 双极器件
bipolar distribution 两极分布
bipolar flip-flop 双极性[半导体]触发器{信息}
bipolar incompatibility 两极不亲和性
bipolar integrated circuit 双极型集成电路{信息}
bipolar microcontroller 双极型微控制器
bipolar semiconductor memory 双极型半导体存储器
bipolar species 两极种
bipolar spindle 双极纺锤体
bipolar spore 吕字形孢子(指地衣)(spora bipolaris)
bipolar staining 两极染色{显技}
bipolar system 两极系统
bipolar transistor circuit 双极型晶体管电路{信息}
bipolarity 两极性(bipolaritas)
bipolaron 两极子{分遗}
biporose (= biporous) 双孔的(biporosus)
biporose anther 双孔花药(anthera biporosa)
bipunctate ①具两腺点的 ②二点的(bipunctatus)
bipyridyliums 联吡啶类(除草剂)
biquinary 二五混合进制的 (biquinaris)
biquinary scaler 二五混合进制计数器
biquinary system 二五混合进制{电脑}
biradially symmetrical 两轴对称的(biradialiter symmetricus)
biradiate ①二伞梗的 ②双辐射的(biradiatus)
biradical ①双基 ②双基的
birainy 两个雨季的(bipluvius)
birameous 具二枝的(birameus)
biramous ①二枝的 ②分枝的(biramus)
biramous appendage 二岔肢
birch ①桦属[*Betula* L.](桦科) ②桦木(白桦)[*Betula platyphylla* Suk.]
birch aphid 桦蚜[*Callipterus betulaecoleus*](蚜科)
birch bark 桦树皮
birch bark beetle 桦棘胫小蠹[*Dryocoetes betulae* Hopkins](小蠹科)
birch-bark tar 桦皮焦油
birch-bud oil 桦芽油
birch casebearer 桦鞘蛾[*Coleophora salmani* Heinr.](鞘蛾科)
birch family 桦[木]科 [Betulaceae]

birch fungus 桦滴孔菌[*Piptoporus betulinus*(Bull. ex Fr.) Karst.]
birch gashing 桦树割汁
birch grove 桦木林
birch honey 桦树蜜
birch leaf miner 桦潜叶蜂[*Fenusa pusilla* Lep.](叶蜂科)
birch-leaf pear 杜梨(棠梨)[*Pyrus betulaefolia* Bge.](蔷薇科)
birch-leaf spiraea 桦叶绣线菊[*Spiraea betulifolia* Pall.](蔷薇科)
birch oil 桦木油
birch sawfly 桦三节叶蜂[*Arge pectoralis* Leach](叶蜂科)
birch-seed oil 桦子油
birch-spruce mixed forest 桦木-云杉混交林
birch wine 桦果酒
bird ①鸟,禽 ②猎鸟(avis)
bird-cage 鸟笼,禽笼
bird-catcher ①伞花腺果藤[*Pisonia umbellifera* sp.](紫茉莉科) ②捕鸟器,捕鸟机 ③捕鸟者,捕鸟人
bird-cherry ①稠李属[*Padus* Mill.](蔷薇科) ②稠李(稠梨)[*Prunus padus* L.]
bird-cherry aphid 稠李缢管蚜[*Rhopalosiphum padi* L.](蚜科)
bird damage 鸟害
bird-dogs 鸟犬{狩猎}
bird dropping 鸟粪
bird flea 禽蚤[*Pulex avium* L.]
bird guano 海鸟粪
bird house 禽舍,鸟舍
bird injury 鸟害
bird louse 鸟虱,羽虱
bird net 防鸟网
bird of passage 候鸟
bird of prey 猛禽
bird preservation 鸟保护
bird rape 野油菜[*Brassica rape* var. *silvestris*](十字花科)
bird resistance 抗鸟害性,对鸟害的抗性
bird scarer 惊鸟器
bird shot 小粒弹,铅沙{狩猎}
bird tick 禽盲蜱(鸟血蜱)[*Haemaphysalis chordeilis* Packard]
bird trap (=bird catcher) 捕鸟器
bird vetch (=bird's tare, crow vetch, tufted vetch, cow vetch) 草藤(广布野豌豆)[*Vicia cracca* L.](豆科)
bird-winged butterfly(=swallowtail) 凤蝶
birding 捕鸟
bird's eye gilia 三色介代花(三色吉莉花)[*Gilia tricolor* Benth.]
bird's eye grain (=bird's eye figure) 鸟眼纹理
bird's eye perspective [view] 鸟瞰透视图
bird's -eye rot 黑痘病(葡萄)
bird's-eye speedwell (=Byzantine speedwell) 波斯婆婆纳[*Veronica persica* Poir.](玄参科)
bird's eye view 鸟瞰图{显技}
bird's eye wood 鸟眼纹[理]材
bird's foot (=serradella) ①鸟足豆属[*Ornithopus* L.](豆科) ②鸟足豆(锯齿草)[*Ornithopus sativa* L.](豆科)
bird's foot deer-vetch ①百脉根属[*Lotus* L.](豆科) ②百脉根[*Lotus corniculatus* L.]
bird's-foot trefoil ①牛角花属[*Lotus* L.](豆科) ②牛角花(鸟足百脉草)[*Lotus corniculatus* L.]
bird's-knotgrass 萹蓄[*Polygonum aviculare* Linn.](蓼科)
bird's nest fern 鸟巢铁角蕨(鸟巢蕨)[*Asplenium nidus* L.](铁角蕨科)
bird's nest fungi 鸟巢菌[科][Nidulariceae]
bird's nest moss 鳞叶卷柏[*Selaginella lepidophylla* Spring](卷柏科)
bird's-nest orchis ①腐生兰属[*Neottia* Sw.](兰科) ②腐生兰[*Neottia nidus* Sw.]
bird's seed grass (=birdseed, Canary grass) 金丝雀虉草[*Phalaris canariensis* L.]
bird's tare (=bird vetch) 草藤
birdseed ①鸟食 ②(=bird's seed grass) 金丝雀虉草
birecurvate 双下弯的,双外弯的(birecurvatus)
birefraction 双折射(birefractio)
birefringence (=birefraction)双折射(birefringentia)
birefringence in microscopy [显微]镜检术双折射
birefringence of flow 流动双折射
birefringent 两折射的(birefringens)
bireleys 桔子汁{加工}
birimose ①二缝的 ②具两裂口的(指花药)(birimosus)
birnavirus 双 RNA 病毒{分遗}
Birnboin Doly procedure Birnboin Doly 方法(指提取质粒 DNA 的方法){分遗}
birotation 双异旋光(birotatio)

birth ①出产,生产{栽培} ②分娩{畜} ③起源,原始{进化}
birth control 节制生育,节育
birth control measures 节育措施
birth control method 节育方法
birth-death ratio 生死比率
birth injury 产伤
birth order 出生次序
birth rate ①出生率{畜} ②出产率{栽培}
birth season 出产季节,生产季节
birth weight 出生重(生时体重){畜}
birthplace 原产地
birthwort ①马兜铃属[*Aristolochia* L.](马兜铃科) ②马兜铃[*Aristolochia debilis* Sieb. et Zucc.]
birthwort family 马兜铃科[Aristochiaceae]
bis- [字头]①二度,二回,二次 ②二个地方 ③反复,重复
bisabolene 甜没药烯[$C_{15}H_{24}$]
bisbifid 二次分叉的(bisbifidus)
bischofite 水氯镁石[$MgCl_2 \cdot 6H_2O$]
bisconnected graph 双向连通图{电脑}
biscuit ①素烧陶器 ②淡褐色(biscuitus) ③饼干,软饼面包干
biscuit beetle (=drug-store beetle) 药谷盗(大谷盗)[*Stegobium paniceum* Linnaeus](谷盗科)
biscuit processing 饼干加工{加工}
biscutella ①双碟荠属[*Biscutella* spp.](十字花科) ②双碟荠(李果荠)[*Biscutella laevigata* sp.]
bise 北寒风(bisus)
bisect ①对分 ②剖面样条(bisecare)
bisect method ①对分法 ②剖面样条法
bisecting [二]等分的,二分的(bisecarens)
bisecting conformation 等分构象{生技}
bisection 二等分(bisectio)
bisection method 对分法
bisectional 二等分的(bisectus)
bisector 二等分线
bisepoxy lignan 双环氧型木脂体
biseptate ①具两层隔膜的 ②二分隔的(biseptatus)
bisergostadienol 联麦角[甾]醇
biserial 双列的(biserialis)
biserial ray 双列射线(rdius biserialis)
biseriate 双行的(biseriatus)
biseriate crochet 双行趾钩
bisetous (=bisetose) 具两刺毛的,具两刚毛的(bisetosus)
bisexual 两性的(bisexualis)
bisexual flower 两性花(flos bisexualis)
bisexual generation 两性[生殖]世代
bisexual group 两性种群
bisexual inflorescence 两性花序(inflorescentia bisexualis)
bisexual organism 两性生物
bisexual paedogenesis 幼体两性生殖(paedogenesis bisexualis)
bisexual potency 两性势能(potentia bisexualis)
bisexual reproduction 两性生殖(reproductio bisexualis)
bisexualism 两性体,雌雄体(bisexualismus)
bisexuality ①两性体 ②两性现象(bisexualitas)
bishomo-γ-linolenic acid 双高-γ-亚麻酸,8,11,14-二十碳三烯酸
bishop's-cap ①唢呐草属[*Mitella* L.](虎耳草科) ②唢呐草[*Mitella nuda* L.]
Bishop's elder (=common goutweed, dwarf goutweed) 竹节菜(羊角芹)[*Aegopodium podograria* L.](伞形花科)
bishop's hood (=bishop's hood star cactus) 鸾凤玉[*Astrophyllum myriostigma* Lam.](仙人掌科)
bishop's mitre 尖头蝽[*Aelia acuminata* Linnaeus](蝽科)
bishop's weed 大阿米芹[*Ammi najus* sp.](伞形花科)
bishydroxycoumarin 双[羟]香豆素
bisiliquose 二长角果的(bisiliquosus)
bisimulation 双模拟(bisimulatio)
bisindole alkaloid 双吲哚生物碱
Bismarck brown 俾斯麦棕(染料)
Bismarck brown preparation 俾斯麦棕制片
bismuth 铋(Bi,83 号元素)
bismuth nitrate 硝酸铋[$Bi(NO_3)_3$]
bismuthate ①铋酸 ②铋酸盐
bismuthic acid 铋酸[$HBiO_3$]
bison ①美洲野牛属[*Bison*] ②美洲野牛,鬃牛[*Bison bison*]
bispecific antibody 双特异性抗体
bisphenols 双酚类
bisphosphate (=diphosphate) 二磷酸
bispinose 具两刺的(bispinosus)
bisporangiate 具大小孢子囊的(bisporangiatus)
bisporic 两孢的(bisporus)
bisporic embryo sac 两孢胚囊(saccus embryonalis bisporus)
bisporous 双孢的,两孢的(bisporus)

bisque 素坯,素烧陶器(试验用)
Bisseti violet 毕氏堇菜[*Viola bisseti* Maxim.](堇菜科)
bissextile ①(年,月)闰的 ②闰年(bissextilis)
bissextile day 闰日(通例二月廿九日)(dies bissextilis)
bissextile year 闰年(annuus bissextilis)
bissley-rock 砾岩{地质}
bistable 双稳的(bistabilis)
bistable circuit 双稳[态]电路{信息}
bistable device 双稳装置,双稳器件
bistable flip-flop 双稳触发器
bistable multivibrator 双稳态多谐振荡器
bistable oscillation 双稳态振荡
bistable trigger 双稳态触发器
bistipular (=bistipulate)具两托叶的(bistipularis)
bistipulate 具两托叶的(bistipulatus)
bistort (=snakeweed, adder's wort) 拳蓼[*Polygonum bistorta* L.](蓼科)
bistriate ①二纵线的 ②具两条纹的(bistriatus)
bistrichloroacetal dehyde urea 双三氯乙醛脲
bisulcate 具两槽的(bisulcatus)
bisulcous 偶蹄的(bisulcus)
bisulfite sodium 亚硫酸氢钠
bisulphate 酸式硫酸盐
bisulphite 酸式亚硫酸盐[$MHSO_3$]
bisymmetrical (=bisymmetric) 两轴对称的(bisymmetricus)
bisymmetry 两轴对称性(bisymmetria)
bisync (=bisynchronous) 双同步的{信息}
bisync protocol 双同步协议{信息}
bisynchronous transmission 双[向]同步传输
bit ①(=bigit) 比特(信息量单位),位(指二进制的) ②马口哨(马具) ③小片,小块,少量,小部分 ④一口,一咬 ⑤小景 ⑥瞬时,短时间 ⑦刀刃,刀片 ⑧钻,锥
bit bare 空位
bit-by-bit execution 逐位执行
bit OFF 该位为0
bit ON 该位为1
bit plane 位面,位平面
bit rate 位速率
bit set 位组
bit slice microprocessor 位片式微处理器
bit stream 位流
bit synchronization 位同步
bitch 雌兽(母狗,母狐,母狼等)
bite ①(昆虫)咬,螫 ②锯口,锯缝 ③(车轮)咬合 ④(鱼)吞饵 ⑤(木材)吃刀量
bite into the soil 车轮下陷量
bitegminous 具两珠被的(bitegminus)
biternary ①双三进制的 ②双三进制 (biternarius){电脑}
biternate 二回三出的(biternatus)
bithallic 二菌体的(bithallicus)
biting ①辛辣的 ②刺激性的,刺痛的 ③腐蚀性的 ④咀嚼的
biting house fly (=stable fly) 厩螯蝇[*Stomoxyes calcitrans* L.](蝇科)
biting insect 咀嚼口器昆虫
biting knotweed aphid 蓼蚜[*Aphis polygonaceae* Matsumura](蚜科)
biting midge ①蠓 ②[复]蠓科[Ceratopogonidae]
biting mouth parts 咀嚼式口器
biting stone-crop (=goldmoss stone-crop, wall pepper)苔景天(辛辣景天)[*Sedum acre* L.](景天科)
bitonic 双调的,双声调的,双音调的(bitonicus)
bitten 啮蚀状的(erosus)
bitter ①苦[味]的 ②有毒的 ③难受的 ④剧烈的,严厉的
bitter almond 苦扁桃(苦味扁桃,苦味巴旦杏)[*Prunus amygdalus* var. *amara* (DC.) Focke](蔷薇科)
bitter almond oil 苦扁桃油,苦杏仁油
bitter apple 药西瓜[*Citrullus colocynthis* Schrad.](葫芦科)
bitter bamboo ①苦竹属[*Pleioblastus* Nakai](禾本科) ②苦竹[*Pleioblastus amarus* (Keng) Keng f. = *Arundinaria amarus* Keng]
bitter beer 生啤酒
bitter boletus 苦牛肝菌[*Boletus felleus* Fr. = *Tylopsis felleus* (Fr.) Karst.](牛肝菌科)
bitter cold (=biting cold, severe cold) 严寒,酷寒
bitter dock (=broadleaved dock) 钝叶酸模[*Rumex obtusifolius* L.](蓼科)
bitter-fruited 苦果的(picrocarpus)
bitter gourd ①苦瓜属[*Momordica* L.](葫芦科) ②苦瓜[*Momordica charantia* L.] ③杂交苦瓜[*Momordica charantia* (F_1) hybrid]
bitter gourd downy mildew 苦瓜霜霉病

[*Pseudoperonospora cubensis* (Berkeley et Curtis) Rost.]
bitter gourd phyllody 苦瓜变叶病(生理病害)
bitter gourd powdery mildew 苦瓜白粉病[*Erysiphe cichoracearum* de Candolle]
bitter lake 苦湖
bitter lettuce 毒萵苣[*Lactuca virosa* L.](菊科)
bitter manioc (= cassava, manioc, mandioca, tapioca plant, bitter cassava) 木薯[*Manihot esculenta* Crantz. = *M. utilissima* Pohl.](大戟科)
bitter melilot 印度草木犀[*Melilotus indicus* (L.) All. = *M. occidentalis* Nutt](豆科)
bitter melon 苦瓜[*Momordica charantia* L.](葫芦科)
bitter orange 酸橙[*Citrus aurantium* L.](芸香科)
bitter-orange oil 酸橙油
bitter pit 苦陷病
bitter pit of apple 苹果苦痘斑病(non-infectious)
bitter popular 苦杨[*Populus laurifolia* Ledeb. = *P. lindleyana* Carr.](杨柳科)
bitter principle (= bitter substance) 苦味素,苦味质
bitter-root lewisia 苦根琉维草[*Lewisia rediviva* Pursh](马齿苋科)
bitter rot 苦腐病
bitter rot of apple 苹果苦腐病[*Glomerella cingulata* (Stonem.) Schr. et Spauld.]
bitter rot of citron 香橼苦腐病[*Colletotrichum gloeosporioides* Penz.]
bitter rot of citrus 柑橘苦腐病[*Colletotrichum gloeosporioides* Penz.]
bitter rot of fig 无花果苦腐病[*Glomerella cingulata* (Stonem.) Schr. et Spauld.]
bitter rot of grape 葡萄苦腐病[*Glomerella cingulata* (Stonem.) Schr. et Spauld.]
bitter rot of kaki 柿苦腐病[*Glomerella cingulata* (Stonem.) Schr. et Spauld.]
bitter rot of lemon 柠檬苦腐病[*Colletotrichum gloeosporioides* Penz.]
bitter rot of orange 柑橘苦腐病[*Colletotrichum gloeosporioides* Penz.]
bitter rot of papaya 番木瓜苦腐病[*Glomerella cingulata* (Stonem.) Schr. et Spauld.]
bitter rot of pear 梨苦腐病[*Glomerella Cingulata* (Stonem.) Schr. et Spauld.]
bitter rot of pomelo 柚苦腐病[*Colletotrichum gloeosporioides* Penz.]
bitter rot or anthracnose of apple 苹果炭疽病[*Gloeosporium album* Osterw.]
bitter rot or anthracnose of grape 葡萄炭疽病[*Glomerella cingulata* (Stonem.) Schr. et Spauld.]
bitter sophora 苦参[*Sophora flavescens* Ait](豆科)
bitter spring 苦泉
bitter substance 苦味[物]质,苦味素
bitter-sweet 千年不烂心(欧白英)[*Solanum dulcamara* L.](茄科)
bitter taste 苦味
bitter variety 苦味品种(木薯)
bitter vetch (= lentil vetch, ervil) 苦野豌豆[*Vicia ervilia* (L.) Willd.](豆科)
bitter willow (= purple osier, purple willow) 杞柳(紫柳,红皮柳)[*Salix purpurea* L.](杨柳科)
bitter wintercress 山芥[*Barbarea vulgaris* R. Br.](十字花科)
bitter-wood (= quassia) 苦木(括矢亚)[*Picrasma quassioides* (D. Don) Benn.](苦木科)
bittercress 弯曲碎米荠[*Cardamine flexuosa* Withering](十字花科)
bittering 变苦(amarens)
bitterness 苦,苦味(amaritas)
bitternut 心果山核桃[*Caryacordiformis* K. Koch.](胡桃科)
bitternut hickory 苦山核桃[*Hicoria minima* Britt.](胡桃科)
bittersweet 蜀羊泉(白英)[*Solanum lyratum* Thunb.](茄科)
bitumen 沥青,柏油
bituminization 沥青化(bituminisatio)
bituminous 沥青的(bituminus)
Biuisikul 瓶橘[*Citrus platymamma* Hort. ex Tan.](芸香科)
biumbellate 二伞形花序式的(biumbellatus)
biuncinate 二钩的(biuncinatus)
biurate 酸式尿酸盐
biuret 双缩脲 [$NH_2 \cdot CO \cdot NH \cdot CO \cdot NH_2 \cdot H_2O$]
biuret reaction 双缩脲反应
bivalent ①二价的 ②二价染色体(bivalens)
bivalent chromosome 二价染色体
bivalent formation 二价染色体形成

bivalent heteromorphy 二价[染色体]异态性
bivalent interlocking 二价染色体互锁
bivalent-like association 二价[染色体]状配对
bivalent pairing 二价染色体配对
bivalent X-chromosome 二价 X 染色体，二价性染色体
bivalva larva 双壳类动物幼体
bivalvate 二瓣的(bivalvatus)
bivalve ①两活瓣的 ②两裂爿的 ③双壳 ④双壳类(bivalvis)
bivalve shells 双壳类
bivalvular ①二果爿的 ②两[活]瓣裂的(bivalvis)
bivariate 双变数，双个数值，成对数值{统计}
bivariate data 双变数资料
bivariate distribution 双变数分布
bivariate normal distribution 成对数值正态分布
bivariate normal population 成对数值正态群体
biverticillate 双层轮生的(biverticillatus)
bivicon 双光导摄像管{遥感}
bivittate ①具两油道的 ②具两条带的(bivittatus)
bivoltine ①二化的 ②二化性(bivoltinus)
biweekly ①两周一次的，隔周的 ②双周[刊]
bixa ①红木属[*Bixa* L.](红木科) ②红木[*Bixa orellana* L.]
bixa family 红木科[Bixaceae]
bixin 胭脂树橙，红木素[$C_{26}H_{30}O_4$]
bizarre ①奇异的，怪异的 ②奇异品种
bize 比士风(法国南部山地区的一种干冷风)
BJ protein (= Bence-Jones protein) Bence-Jones 蛋白(出现于单纯性免疫球蛋白轻链二聚体){分生}
B/L (= Bill of lading) 提货单，运货单{农管}
blaberids 折翅蠊科[Blaberidae]
blachia ①巴蜡属(柏桨木属)[*Blachia* Baill](大戟科) ②巴蜡(柏桨木)[*Blachia pentzii* Benth.]
black acacia ①洋槐属[*Robinia* L.](豆科) ②洋槐(刺槐)[*Robinia pseudoacacia* L.]
black acid prairie soil 黑色酸性湿草原土
black adobe soil 黑色砖状黏土，黑色冲积黏土
black alder 欧洲桤木[*Alnus glutinosa* Vill.](桦木科)
black alkali soil 黑碱土，碱土
black and blue 紫斑{畜}
black and white ①黑白斑的 ②黑白斑奶牛，弗利然奶牛
black and white image 黑白影像{遥感}
black and white infrared (B/WIR) 黑白红外{遥感}
black and white panchronatic (B/W pan) 黑白全色{遥感}
black and white transparency 黑白透明片{遥感}
black andean soil 黑色火山灰土
black ant 日本褐蚁[*Formica fusca japonica* Motschulsky](蚁科)
black apple capsid 苹黑盲蝽[*Atractotomus mali* MeyDür](盲蝽科)
black apple sucker 苹黑木虱[*Psylla malivorella* Matsumura](木虱科)
black-arches moth (= nunmoth) 舞毒蛾[*Ocneriadispar* L. = *Lymantria dispar* L.](毒蛾科)
black army cutworm 黑行军虫[*Actebia fennica* (Tauscher)](夜蛾科)
black ash 黑梣[*Fraxinus nigra* Marsh.](木犀科)
black atmometer 黑色汽化计
black Austrian pine (= Austrian pine) 南欧黑松
black bamboo 紫竹[*Phyllostachys nigra* Munro](禾本科)
black-banded grained moth 黑带舟蛾[*Cerura lanigera* Butter.](舟蛾科)
black-barked 黑皮的(melamophloeus)
black bean 黑豆
black bean blister beetle 豆黑芫菁[*Epicauta taishoensis* Lewis](芫菁科)
black bear 喜峰熊(黑熊)[*Ursustibetanus*]
black bee (= dark bee) 德国黑蜂[*Apis mellifera mellifera* L.](蜜蜂科)
black bent (= red top) 红顶草
black bindweed (= climbing buckwheat) 荞麦蔓[*Polygonum convolvulus* L.](蓼科)
black birch 西方桦[*Betula occidentalis* Hook.](桦木科)
black blight (= sooty mould)煤污病
black blister beetle 黑芫菁[*Epicauta pensylvanica* DeG.](芫菁科)
black blotch 黑斑病
black blow fly 黑花蝇(黑丽蝇)[*Phormia regina* Meig.](丽蝇科)
black body 黑体{农施}
black bog 黑色沼泽
black bottom plough 黑黏土[犁体]犁
black box 黑匣子

black-box theory 黑匣子理论{物}
black boy 树百合[*Xanthorrhoea arborea* sp.](百合科)
black bread 黑面包
black-bristled 黑刺毛的,黑刚毛的(melanochaetus)
black bryony ①欧薯属[*Tamus* L.](薯蓣科) ②欧薯[*Tamus communis* L.]
black-bulb thermometer 黑球温度计
black calcareous soil 黑色碳酸盐土
black calla 黑海芋(巴勒斯坦海芋)[*Arum palaetinum* Boiss.](天南星科)
black camphor thrips 樟黑皮蓟马[*Phloeothrips nigra* Sasaki](蓟马科)
black canary tree 乌[橄]榄 [*Canarium pimela* Koenig](橄榄科)
black canker of apple 苹果黑色溃疡病[*Sphaeropsis malorum* Peck.]
black capsid 可可瘤盲蝽[*Distantiella theobroma* Distant](盲蝽科)
black card[for dust] (粉剂用)黑纸板,黑卡片{农药}
black carp 青鱼[*Mylopharyngodon piceus*(Richardson)]
black carpenter ant 黑木工蚁[*Camponotus pennsylvanicus* DeG.](蚁科)
black carpet beetle [毛毡]黑皮蠹[*Attagenus piceus* Oliv.](皮蠹科)
black catechu (=catechu) 儿茶[*Acacia catechu*(L.)Willa.](豆科)
black chaff of barley 大麦黑颖病[*Xanthomonas translucens*(Jones et al.)Dowson var. *nudulosa* Dowson]
black chaff of wheat 小麦黑颖病[*Xanthomonas translucens*(Jones et al.)Dowson var. *nudulosa* Dowson]
black charcoal 黑炭
black check 树脂囊
Black Cheribon 黑色谢列波恩(甘蔗热带原种)
black cherry (=American cherry) 野黑樱(美国樱)[*Prunus serotina* Ehrb.](蔷薇科)
black cherry aphid 樱桃黑瘤额蚜[*Myzus cerasi* Fabricius](瘤额蚜科)
black cherry fruit fly 樱桃黑实蝇[*Rhagoletis fausta* O.S.](实蝇科)
black chert 黑燧石
black citrus aphid 橘二岔蚜[*Toxoptera aurantii* Fonscolombe](蚜科)
black citrus leaf beetle 橘黑叶甲[*Luperus moori* Baly](叶甲科)
Black Cochin 九斤黑(鸡)
black cockroach 黑蜚蠊[*Blatta picca* Shiraki](蜚蠊科)
black cocoa ant 可可臭蚁[*Dolichoderus bituberculatus* Mayr.](蚁科)
black coffee twig borer (=oil palm shothole borer) 咖啡黑小蠹[*Xyleborus morstatti* Hag.](小蠹科)
black-colored rice[kernel] (=black kerneled rice) 黑色稻谷,黑壳稻
black cook 蒸焦(指木材)
Black Corinth 黑可因(无核葡萄品种)
black cotch (=fine bent grass) 欧洲剪股颖[*Agrostis vulgaris* With.](禾本科)
black cotton bug 棉黑长蝽[*Oxycarenus lugubris* Motsch.](长蝽科)
black cotton soil (=regur) 黑棉土
black cotton wood 美国黑杨[*Populus trichocarpa* Torr et Gr.](杨柳科)
black cowpeas 黑豇豆
black crops (=leguminaceous crops)豆科作物
black crown rot [of celery] [芹菜]黑冠腐病
black cucurbit leaf beetle 黄守瓜(黑茶藨叶甲)[*Aulacophora nigripennis* Motschulsky](叶甲科)
black currant 黑穗茶藨子(黑茶藨子)[*Ribes nigrum* L.](虎耳草科)
black currant aphid 黑茶藨隐瘤额蚜[*Cryptomyzus galeopsidis* Kaltenbach](瘤额蚜科)
black currant gall mite 黑茶藨瘿螨[*Eriophyes ribis* Hübner](瘿螨科)
black currant leaf midge 黑茶藨瘿蚊[*Dasyneura tetensi* Rübs.](瘿蚊科)
black currant reversion 黑刺莓重瓣病[*Ribis virus* 1]
black current 黑潮
black cutworm (=greasy cutworm, dark sword grass moth) 小地[老]虎[*Agrotis ypsilon* Rott. = *A. ipsilon* Hufnagel = *Rhyacia ypsilon* Rott.](夜蛾科)
black cypress (=bald cypress) 落羽杉(美国水松)[*Taxodium distichum* Rich.](杉科)
black death (=plague) 黑死病
black deer 黑鹿
black disease (=infectious necrotic hepatitis) 羊黑疫,羊传染性坏死性肝炎
black diving beetle 黑龙虱[*Cybister brevis* Sharp](龙虱科)

black dogwood (= alder buckthorn) 药炭鼠李[*Frangula alnus* Mill. = *Rhamnus frangula* L.](鼠李科)
black dot disease 黑点病(马铃薯)
black dot root rot of potato 马铃薯炭疽病[*Colletotrichum atramentarium* (Berk et Br.) Taub.]
black-dotted caddice fly 稻苗黑点长角石蛾[*Oecetis nigropunctata* Uhler](长角石蛾科)
black duster 黑色风暴(严重的风蚀)
black earth 黑[钙]土,黑壤
black earth zone 黑[钙]土带
black elongate ant 黑长蚁[*Messor aciculatum* Smith](蚁科)
black end 黑蒂病
black eye-spot of rice grains 稻粒黑眼病
black-eyed susan (= black-eyed clockvine) 翼叶老鸦嘴[*Thunbergia alata* Bojer](爵床科)
black fallow ①黑色休闲,秋耕休闲 ②黑色休闲地,秋耕休闲地
black false hellebore ①藜芦属[*Veratrum* (Tourn) L.](百合科) ②藜芦[*Veratum nigrum* L.]
black field cockroach 蔗绿蜚蠊[*Phychoscelus surinamensis* L.](蜚蠊科)
black fire (= angluar leaf spot) 角斑病(烟草)
black flax flea beetle 亚麻黑跳甲[*Longitarsus parvulus* Payk.](跳甲科)
black-flowered 黑花的(melananthus)
black fly ①墨蚊,墨蚋 ②⌞复⌝蚋科[Simuliidae]
black fog 黑雾
black forest earth 黑色森林土
black frost (= late frost) 黑霜,晚霜,黑冻
black fungus beetle 黑菌虫[*Alphitobius laevigatus* Fabricius](拟步甲科)
black game 松鸡[*Tetraourogallus*]
black giant aphid 黑长足大蚜[*Cinara vanduzei* Swain](蚜科)
black globe humidity index 黑球湿度指标
black globe temperature 黑球温度
black goose 黑鹅
black grain beetle (= Codelle beetle) 大谷盗[*Tenebroides mauritanicus* L.](谷盗科)
black grain of corn (= ergot) 麦角
black grain stem sawfly 麦黑足茎蜂[*Cephus tabidus* Fabricius](茎蜂科)
black gram (= urd bean) 黑绿豆[*Phaseolus mungo* L.](豆科)
black grass (= slender foxtail) 鼠尾看麦娘[*Alopecurus myosuroides* Huds.](禾本科)
black ground stink bug 黑地蝽[*Macroscytus niponensis* Signoret.](蝽科)
black grouse (black-cock) 黑琴鸡[*Lyrurus tetrix*]{禽}
black gum ①紫树属[*Myssa* L.](珙珂科) ②美国紫树[*Nyssa sylvatica* Marsh.]
black gun-powder 黑色火药
black head 一种家禽传染性肝炎,黑冠病[*Histomonas meleagridis*]
black-headed leaf cutting bee 黑头切叶蜂[*Megachile monticola* Smith](切叶蜂科)
black heart ①黑心病 ②黑心材
black heart of potato 马铃薯黑心病(non-infectious)
black henbane (= henbane) 天仙子[*Hyoscyamus niger* L.](茄科)
black-horned katydid 黑角树螽[*Phaneroptera nigroantennata* Brunnre](螽斯科)
black horse fly 黑牛虻[*Tabanus atratus* Fabricius](虻科)
black Houdan chicken 黑武当鸡
black humus earth 黑色腐殖质土
black hyacinth bean 黑扁豆
black hyponomeutid 黑巢蛾[*Hyponomeuta megaronis* Matsumura](巢蛾科)
black ironwood 疣齐墩果(野橄榄树)[*Olea verrucosa* Limk.](木犀科)
black Italian poplar 黑杨[*Populus monilifera* Ait.](杨柳科)
black-jack 马列兰栎树[*Quercus marilandica* Muenchh.](山毛榉科)
black jetbead ①鸡麻属[*Rhodotypos* Sieb. et Zucc.](蔷薇科) ②鸡麻[*Rhodotypos tetropetala* Makino = *R. scandens* Makino]
black kite 鸢[*Milvus korschun* Gmelin](鸢科)
black knot ①黑瘤病 ②黑结节病(梅李) ③黑腐节(指木材)
black knot of plume 梅李黑节病[*Plowrightia morbosa* (Schw.) Sacc.]
black lady beetle 黑根瓢虫[*Rhizobius ventralis* Er.](瓢虫科)
Black Langshan 黑狼山鸡
black larch (= tamarack) 美洲落叶松
black larder beetle [火腿]黑皮蠹[*Dermestes ater* DeG.](皮蠹科)

black leaf spot ①黑叶斑 ②黑色叶斑病

black leg [streak] of wasabi 山葵花叶病 [*Dhoma wasabine* Yokogi.]

black leg ①黑胫病{病理} ②气肿疽[*Gangraena emphysematosa*]{医}

black leg dry heart rot (= phoma leaf spot of beet) 甜菜蛇眼病[*Phoma betae*(Oud) Frank.]

black leg of beet 甜菜丝核菌病[*Corticium vagum* Berk. et Curt.]

black leg of cabbage 甘蓝黑胫病[*Phoma lingam*(Tod.)Desm.]

black leg of cauliflower 花椰菜黑胫病 [*Phoma lingam*(Tod.)Desm.]

black leg of potato 马铃薯黑胫病[*Erwinia phytophora*(Appel)Burg.]

black leg of rape (= hollow stalk of rape) 油菜黑胫病(油菜空洞病)[*Erwinia aroideae* (Townsend) Holland]

black leg of sugar beet (= black leg of beet) 甜菜丝核菌病

black-legged tick 黑胫蓖子硬蜱[*Ixodes ricinus scapularis* Say](蜱总科)

black-legged tortoise beetle 黑胫龟甲[*Jonthonota nigripes* Oliv.]

black light 黑光{电脑}

black lightning 暗[电]闪

black lipid membrane (BLM) 黑脂膜

black liquor 黑液(指造纸废液){环保}

black loam soil 黑壤土

black locust 刺槐[*Robinia pseudoacacia* L.](豆科)

black loose smut of oats 燕麦散黑穗病 [*Ustilago avenae* (Pers.)Rostr.]

black magnoliavine 内风消[*Schisandra nigra* Maxim.](五味子科)

black maiden hair 铁线蕨[*Adiantum capilus-veneris* L.](铁线蕨科)

black-maiden-hair family 铁线蕨科[Adiantaceae]

black maize beetle 玉米黑独角仙(玉米黑金龟蝉)[*Heteronychus licas* Klug]

black mangrove 海榄雌[*Avicennia marina* var. *alba* Bakh.](马鞭草科)

black maple 黑糖槭[*Acer nigrum* Michx](槭科)

black-marked prominent 苹黄舟蛾[*Phalera flavescens* Bremer et Grey](舟蛾科)

black market 黑市(市场)

black marking capsid (= mosquito blight of tea) 茶角盲蝽[*Helopeltis theivora* Waterhouse](盲蝽科)

black meadow soil 黑色草甸土

black medic (= yellow trefoil) 天蓝[*Medicago lupulina* L.](豆科)

black mediterranean soil 地中海黑土,黑色地中海土

black mica 黑云母

black millet 黑稷

black mint 黑薄荷[*Mentha piperita* L. var. *vulgaris* Sole.](唇形科)

black molasses 黑糖浆,废蜜

black mold (= black mould) ①黑霉 ②黑霉病

black mold of barley 大麦黑霉病[*Cladosporium herbarum* (Pers.) Link.]

black mold of barnyard grass 稗黑霉病 [*Cladosporium herbarum* (Pers.)Link.]

black mold of eggplant 茄黑霉病[*Cladosporium fulvum* Cke.]

black mold of millet 粟黑霉病[*Cladosporium herbarum* (Pers.)Link.]

black mold of onion 洋葱黑霉病[*Aspergillus niger* van Tieghem.]

black mold of pomelo 柚黑霉病[*Cladosporium sclerotiophilum* Saw.]

black mulberry 黑桑[*Morus nigra* L.](桑科)

black muscardine (蚕)黑僵病

black mustard 黑芥(幽芥)[*Brassica nigra* Koch.](十字花科)

black mustard oil 黑芥子油

black nightshade 龙葵[*Solanum nigrum* L.](茄科)

black node campion 大娄叶剪秋罗[*Lychnis miqueliana* Rohrb.](石竹科)

black noise 黑噪声{电脑}

black oak (= dyer's oak, quercitron oak, yellow oak) 色柞(黑栎,美国栎)

black oil 重油,柴油

black olive 乌榄(黑橄榄)[*Canarium pimela* Koenig.](橄榄科)

black onion fly 葱扁口蝇[*Tritoxa flexa* Wiedemann](斑蝇科)

black Orpington chicken 黑奥平顿鸡

black palm weevil 棕榈黑象甲[*Rhynchophorus papuanus* Kirsch.](象甲科)

black pepper 胡椒(黑胡椒)[*Piper nigrum* L.](胡椒科)

black pine (= Austrian pine) 南欧黑松

black pipe 黑铁管{环保}

black poplar 黑杨[*Populus nigra* L.](杨柳科)

black quarter 气肿疽

black radiator (= black body) 黑辐射体

black rape 芸薹(油菜)[*Bras sica napus* L.](十字花科)

black raspberry 糙莓[*Rubus occidentalis* L.](蔷薇科)

black rat (= house rat) 玄鼠[*Rattus rattus* L.]

black rice[plant] 黑稻,乌稻

black rice bug (= rice black stink bug) 稻黑蝽[*Scotinophora lurida* Burmeister](蝽科)

black rice plant weevil 稻黑象甲[*Notaris oryzae* Ishida](象甲科)

black rice planthopper 稻黑飞虱[*Unkanodes albifascia* Matsumura](飞虱科)

black rice stem fly 稻黑水蝇[*Hydrellia sasakii* Yuasa et Ishitani](水蝇科)

black rice worm 米黑虫[*Aglossa dimidiata* Haworth]

black ring of grasses 禾草黑环病

black ring virus 黑环病毒

black-ringed 黑环的(melanocyclus)

black root ①黑根 ②黑根病,根黑腐病(甜菜)

black root of rice 稻苗根黑腐病

black root of tobacco 烟草根黑腐病[*Thielaviopsis basicola* (Berk. et Br.)Ferr.]

black root rot 黑色根腐病(烟草,甘薯)

black root rot of sweet potato 甘薯黑色根腐病[*Thielaviopsis basicola* (Berkeley et Broome) Fer.]

black root rot of tobacco 烟草黑色根腐病[*Thielaviopssi basicola* (Barkeley et Broome) Ferraris]

black rosewood 宽叶黄檀[*Dalbergia latifolia*](豆科)

black rot 黑腐病

black rot of applc 苹果黑腐病[*Physalospora obtusa* Cooke.]

black rot of cabbage 甘蓝黑腐病[*Xanthomonas campestris* (Pam.)E. Sn. Dowson]

black rot of Chinese cabbage 小白菜黑腐病[*Xanthomonas campestris* (Pam.)E. Sn. Dowson]

black rot of crucifers 十字花科蔬菜黑腐病[*Xanthomonas campestris* (Pam.)E. Sn. Dowson]

black rot of cucurbits 瓜类黑腐病[*Mycosphaerella melonis* (Pass.)Chiu et Walker]

black rot of eggplant 茄黑腐病[*Sclerotinia sclerotiorum* de Bary.]

black rot of garden radish (= black rot of radish) 萝卜黑腐病[*Xanthomonas campestris* Dowson]

black rot of grape 葡萄黑腐病[*Guignardia bidwelli* (Ellis) Viala et Ravaz]

black rot of loquat 枇杷黑腐病[*Sphaeropsis malorum* PK. = *Physalospora obtusa* (Schw.)Cke.]

black rot of pear 梨轮纹病[*Physalospora piricola* Nose]

black rot of Peh-Tsai 白菜黑腐病[*Xanthomonas campestris* (Pam.) E. Sn. Dowson]

black rot of radish 萝卜黑腐病[*Xanthomonas campestris* (Pam.) E. Sn. Dowson]

black rot of rape 油菜黑腐病[*Xanthomonas campestris* Dowson]

black rot of rice 稻黑腐病

black rot of sweet potato 甘薯黑腐病[*Ceratostomella* (*Ophostoma*) *fimbriata* (Ell. et Huls.) Elliott]

black rot of tomato 番茄黑腐病[*Diplodina destructiva* (Plowr.) Petr.]

black rot of turnip 芜菁黑腐病[*Xanthomonas campestris* (Pam.) E. Sn. Dowson]

black rush 水葱[*Scirpus lacustris* L.](莎草科)

black rust 黑锈病

black salsify 细卷鸦葱[*Scorzonera crispatula* Boiss.](菊科)

black scab (= potato wart) 马铃薯癌肿病

black scale ①油橄榄黑盔蚧[*Saissetia oleae* Bernard](蜡蚧科) ②方黑点蚧[*Parlatoria zizyphus* Lucas] ③茶褐圆蚧(红星黑圆蚧)[*Chrysomphalus ficus* Ashmead] ④ 黑圆蚧 [*Chrysomphalus pinnulifer* Mask.](盾蚧科)

black scours 黑泻病(牛、猪的急性赤痢)

black scurf 丝核菌病

black scurf of potato 马铃薯丝核菌病[*Rhizoctonia solani* Kuehn.]

Black Sea coast 黑海海岸

black seed (= clean seed) 黑子(指棉花)

black sesame seed 黑芝麻子

black shank 黑胫病(烟草)

black shank of tobacco 烟草黑胫病[*Phytophthora parasitica* var. *nicotianae* (Breda de Haan) Tucker]

black shell 珠母贝,黑蝶珠母贝

black signal 黑信号

black skipper 黑弄蝶[*Notocrypta curvifascia* Felder et Felder](弄蝶科)
black slug 黑蛞蝓[*Arion ater* L.](蛞蝓科)
black smoke 黑烟
black snake-root 总状升麻[*Cimicifuga racemosa* Nutt.](毛茛科)
black soil 黑[钙]土
black soil stage 黑[钙]土阶段
black soybean blister beetle 大豆黑芫菁[*Epicauta megalo cephala* Gebler](芫菁科)
black soybeans 黑大豆
black soybeans with green kernel 青仁乌豆(大豆品种)
black Spanish chicken 西班牙鸡
black speck 黑色叶脉病
black speck of tea 茶叶黑色叶脉病
black-spines copiapoa 黑天球[*Copiapoa cinerea* sp.](仙人掌科)
black spot 黑斑病,黑星病,黑点病
black-spot disease 黑点病,复口吸虫病
black spot of burdock 牛蒡黑斑病[*Xanthomonas nigromaculans* (Takim.) Dowson]
black spot of clover 三叶草黑斑病[*Stemphylium sarcinaeforme* (Cav.) Wiltsh]
black spot of garlic 大蒜黑斑病[*Macrosporium commune* Rabh. = *Pleoaspora herbarum* (Pers.) Rab.]
black spot of hazelnut 榛子黑斑病[*Mamiania fimbriata* (Pers.) Ces. et de Not.]
black spot of Indian mallow 苘麻黑斑病[*Macrosporium abutilonis* Speg.]
black spot of leek 韭葱黑斑病[*Macrosporium commune* Rabh. = *Pleospora herbarum* (Pers.) Rab.]
black spot of onion 洋葱黑斑病[*Macrosporium commune* Rabh. = *Pleospora herbarum* (Pers.) Rab.]
black spot of persimmon 柿黑星病[*Fusicladium levieri* Magnus]
black spot of rape 油菜黑斑病[*Alternaris brassicae* Bolle]
black spot of rose 蔷薇黑斑病[*Diplocarpon rosae* Wolf = *Actinonema rosae* (Lib.) Fr.]
black spot of sweet potato 甘薯黑星病[*Alternaria bataticola* (Ikata) et Yamamoto]
black spot of tea 茶黑星病[*Fusicladium theae* Hara]
black spot of welsh onion 葱黑斑病[*Macrosporium commune* Rabh. = *Pleospora herbarum* (Pers.) Rab.]
black-spotted bug 黑纹长蝽[*Paradieuches lewisi* Distant](长蝽科)
black-spotted leafhopper 黑点叶蝉[*Macropsis scutellata* Boheman](叶蝉科)
black-spotted longicorn 黑点天牛[*Apalimna liturata* Bates](天牛科)
black-spotted silvery prominent 黑纹银舟蛾[*Wilemanus bidentatus* Wileman.](舟蛾科)
black spruce 黑云杉[*Picea nigra* Link.](松科)
black squall 乌云飑
black-stalked 黑茎的(melanocaulis)
black stem ①茎枯病 ②黑茎病(苜蓿)
black stem borer 咖啡黑长蠹[*Apate monacha* Fabricius]
black stem rust (= black rust) 秆锈病(指麦类)
black stem rust of barley 大麦秆锈病[*Puccinia gramins* Pers.]
black stem rust of brome grass 雀麦秆锈病[*Puccinia graminis* Pers.]
black stem rust of cereals 禾谷类秆锈病[*Puccinia graminis* Pers.]
black stem rust of oats 燕麦秆锈病[*Puccinia graminis* Pers.]
black stem rust of rye 黑麦秆锈病[*Puccinia graminis* Pers.]
black stem rust of wheat 小麦秆锈病[*Puccinia graminis* Pers.]
black steppe soil 黑色草原土
black-streaked dwarf virus of rice 水稻黑条矮缩病毒
black stripe 黑条病(指甘蔗)
black-striped arctiid 黑条灯蛾(蔗虎纹灯蛾)[*Creatonotus gangis* L.]
black-striped leaf bug 棉金毛盲蝽[*Adelphocoris suturalis* Jakovlev](盲蝽科)
black swallowtail 黑凤蝶(= common American swallowtail, celeryworm, parsleyworm)[*Papilio polyxenes aeterius* Stoll](凤蝶科)
black syrphid fly 黑带食蚜蝇[*Syrphus balteatus* de Geer](食蚜蝇科)
Black Tanna 黑坦纳(甘蔗热带原种)
Black Tartarian 大紫樱桃(甜樱桃品种)
black Tartarian oats 东方燕麦[*Avena sativa* var. *orientalis*](禾本科)
black tea (= brown tea) 红茶(发酵茶)

black tea processing 红茶加工{加工}
black teeth (=needle teeth) 子猪獠牙
black tiger longicorn 黑虎天牛[*Chlorophorus figuratus latifasciatus* Fischer](天牛科)
black-tipped fritillary butterfly 黑尾蛱蝶[*Argynnis hyperbirs* Johanssen](蛱蝶科)
black-tipped leafhopper 黑尾大叶蝉[*Cicadella ferruginea* Fabricius](叶蝉科)
black-tipped oedemerid 黑尾拟天牛(码头蛀虫)[*Nacerdes melanura* L.](拟天牛科)
black-tipped pellucid plan thopper 蔗长头蜡蝉[*Orthopagus lunulifer* Uhler](长头蜡蝉科)
black-tipped yellow 黑缘黄粉蝶[*Eurema laeta bethesba* Janson](粉蝶科)
black top soil 暗色表土
black truffle 黑孢块菌[*Tuber melanosporum* Vittadini](块菌科)
black turf 黑色草炭
black turf soil 黑色草炭土
black-veined white 山楂黑脉粉蝶(苹粉蝶,苹芽粉蝶)[*Aporia crataegi adherbal* Fruhstorfer](粉蝶科)
black vine weevil 葡萄黑象甲[*Brachyrhinus sulcatus* Fabricius](象甲科)
black volcanic ash soil 黑色火山灰土壤
black walnut 黑胡桃[*Juglans nigra* L.](胡桃科)
black-water fever 黑尿热[病]
black water rat 水䶄[*Arvicola terrestris* L.]
black wattle (=tan wattle) 澳洲金合欢[*Acacia decurrens* var. *mollissima* Wild.](豆科)
black waxy soil 黑油土
black wheat gall-midge (=wheat midge) 小麦黄吸浆虫[*Contarinia tritici* Kirby](瘿蚊科)
black willow 黑柳[*Salix nigra* Marsh.](杨柳科)
black wood 黑檀(=black wood sally)[*Acacia melanoxylon* R. Br.](豆科)
black woolly-bear 甘蓝灯蛾[*Arctia caja* L.]
black yeast 黑酵母
blackberry ①悬钩子属[*Rubus* L.](蔷薇科) ②悬钩子[*Rubus palmatus* Thunb.] ③欧洲黑莓[*Rubus fructicosus* L.]
blackberry aphid 悬钩子长管蚜[*Macrosiphum fragariae* Walker](蚜科)
blackberry lily ①射干属[*Belamcanda* Adans.](鸢尾科) ②射干[*Belamcanda chinensis*(L.)DC.]
blackboard approach 黑板法{电脑}
blackboarding 黑板化{电脑}
blackbottle fly 鱼尸伏蝇[*Phormia terraenovae* Rob. Desvoidy](丽蝇科)
blackcap (=black raspberry) 糙莓
blackend swallow-wort 白薇[*Cynanchum atratum* Bge.](萝藦科)
blackened ①变黑色的(nigrifactus) ②黑心病(生理病害)
blackening 变黑病
blackening of chestnut 粟变黑病[*Blepharospora cambivora* Petri = *Melanconis modonia* Tul.]
blackfaced 黑脸的,面黑的
blackflowered sedge 黑花薹草[*Carex melanantha* C. A. Mey](莎草科)
blackhawk 美洲李(洋李)[*Prunus americana* L.](蔷薇科)
blackheaded budworm 黑头食心虫(黑头卷蛾)[*Acleris variana* Fern.](卷蛾科)
blackheaded cricket (=house cricket) 家蟋蟀(灶马)[*Acheta domesticus* Linnaeus](蟋蟀科)
blackhull millet 黑壳黍(黑壳稷)[*Panicum miliaceum* var. *nigrum* Mill.](禾本科)
blackhull oats 黑壳燕麦[*Avena sativa* var. *montana*](禾本科)
blacking ①变黑 ②黑色涂料
blackish 淡黑色的,略带黑色的(nigricans)
blackish cicada 桑黑蝉[*Cryptotympana japonensis* Kato]
blackland 黑土地,重黏土[地](我国东北地区如黑龙江广大地区有这样的土地,色黑暗,肥力高,故名)
blackland bottom 重黏土犁体
blackland bottom plow 重黏土用有壁犁
blackland planter 重黏土播种机
blackland planting 重黏土地播种
blackland plow (=blackland plough) 重黏土犁
blacklight traps 黑光灯(捕虫用)
Blackman window 布拉克曼窗口{电脑}
Blackman's reaction 布拉克曼反应
blackness 黑度
blackness degree 黑度
blackout ①黑视,黑障{环保} ②遮蔽,中断{电脑}
blackout dosage 涂黑剂量,黑面剂量{环保}
blacksamson echinacea (=purple coneflower) ①松果菊属[*Echinacea* Moench](菊科) ②松果菊[*Echinacea*

purpurea Moench]

blackseed feathergrass 黑子针茅[*Stipa avenacea* L.](禾本科)

blackseed plantain 黑子车前[*Plantago rugelii* Dcne.](车前草科)

blackseed spikesedge 黑子荸荠[*Eleocharis geniculata* (L.) Roem.](莎草科)

blackshot soil 黑黏土,重黏土

blacksmith 铁匠,锻工

blacksmith shop ①锻工车间 ②铁匠铺

blacksmithing 锻制,锻造

blackstrap molasses 废糖蜜

blackstraw crops 豆类作物

blackthorn (= sloe) 黑刺李(乌荆子)[*Prunus spinosa* L.](蔷薇科)

blacky 微黑的,浅黑的(nigratus)

bladder ①膀胱(ampulla) ②浮囊(vacuola){水产} ③孢囊,气囊(cistula) ④小孢,小囊(vesicula)

bladder-campion ①狗筋蔓属[*Cucubalus* L.](石竹科) ②狗筋蔓[*Cucubalus baccifer* L.]

bladder cell 膀胱状细胞,囊状细胞,腔状细胞(cellula ampullacea)

bladder-fern ①冷蕨属[*Cystopteris* Bernh.](水龙骨科) ②冷蕨[*Cystopteris fragilis* (L.) Bernh.]

bladder-fruited 囊果的(cystocarpus)

bladder germ 囊胚(cystogermen)

bladder-herb 酸浆(红姑娘)[*Physalis alkekengi* L.](茄科)

bladder-nut ①省沽油属[*Staphylea* L.](省沽油科) ②省沽油[*Staphylea bumalda* L.]

bladder-nut family 省沽油科[Staphyleaceae]

bladder plum (= plum pocket) 李袋果病[*Taphrina pruni* (Fcl.) Tul.]

bladder-pod 囊荚属[*Vesicaria* Lam.](十字花科)[拟]

bladder senna 鱼鳔槐[*Colutea arborescens* L.](豆科)

bladder-worm disease 囊尾蚴病

bladder wrack ①墨角藻属[*Fucus* L.](鹿角菜科) ②墨角藻[*Fucus vesiculosus* L.]

bladderwort ①狸藻属[*Utricularia* L.](狸藻科) ②狸藻[*Utricularia vulgaris* L.]

bladderwort family 狸藻科[Lentibulariaceae]

bladdery 膀胱状的(ampullaceus, ampulliformis, vesiculiformis)

blade ①叶片(lamina) ②刀,刀片 ③平铲,推土铲 ④锯条

blade apple (= lemon-vine) 虎刺(有刺仙人棒)[*Peireskia aculeata* Mill.](仙人掌科)

blade coverer 铲式覆土器

blade cultivator 平切铲中耕机

blade ear 叶耳(auricula)

blade grader 铲式平地机

blade grinder 磨刀砂轮

blade harrow (= knife harrow) 刀齿耙

blade homogenizer 叶片式匀浆机,桨式匀浆机{生技}

blade joint (= blade node, leaf segment) 叶节

blade membrane (= leaf membrane) 叶膜

blade node (= leaf segment) 叶节

blade runner 刀口滑道{电脑}

blade scraper 刮铲式平地机

blade sheath (= leaf sheath) 叶鞘(vagina)

blade-type share 梯形犁铧

bladebone 肩胛骨

bladhia scale 紫金牛旌蚧[*Nipponorthezia ardisiae* Kuwana](旌蚧科)

blady grass (= cogongrass) 白茅(针茅)[*Imperata cylindrica* (L.) P. Q.](禾本科)

blain ①脓疱 ②马的舌疽

blanching ①软化,黄化[现象]{栽培} ②烫漂,水漂(指罐藏){加工} ③苍白{微生物}

blanching by pot 套钵软化

blanching cellar 软化[栽培]室,软化窖

blanching culture 软化栽培

blanching ditch 软化沟

blanching hut 软化小屋,软化房

blanching in nursery bed 温床软化栽培

blanching reaction 苍白反应

bland ①温和的 ②甘口的,刺激性少的(blandus)

blandness 柔和,温和

blank ①空白,缺苗,缺株{栽培} ②空白处,空地{耕作} ③空白表面,未填的表格 ④白色的,苍白的

blank after 后清除{环保}

blank concave 无钉齿凹板

blank diskette 空白软盘

blank form (试验用)空白纸

blank hill 空白穴,缺株穴

blank knifing 横向分簇间苗

blank listing 平耕

blank map 空白图{显技}

blank pole 无合沟极

blank space 空地,林中空地

blank spot ①漏耕地,漏播地 ②没有耕种好的地方
blank tape 空白带
blank test 空白试验,规划试验(= blank assay),均一度试验
blanked region 空白区
blanket ①覆盖层,涂层,涂敷层 ②绒布,橡皮布,毡,毯 ③[马]鞍褥 ④综合的,全面的
blanket application 全面施用
blanket bog 毯式沼泽
blanket cleaner 绒布清选机
blanket flower 天人菊[*Gaillardia pulchella* Foug.](菊科)
blanket seeding 全面播种
blanking ①清屏,清除{电脑} ②断流{水利} ③空白,间隔{栽培}
blansand (沼泽土中)钙质铁结核
blasia ①壶苞苔属[*Blasia* spp.](非顶雌鳞苔科) ②壶苞苔[*Blasia* sp.]
blast ①狂风,疾风 ②送风,吹风,喷吹 ③瘟疫,瘟病 ④枯萎,凋萎 ⑤毁坏,损害 ⑥清除
-blast ⌞字尾⌝ ①胚 ②幼芽,嫩枝
blast burner 喷灯
blast cell 母细胞
blast disease 瘟病,疫病
blast engine 鼓风机
blast fan ①鼓风机,吹风机 ②风扇叶轮
blast furnace 鼓风炉{农机}
blast furnace gas ①高炉气{环保} ②鼓风炉气{农机}
blast hole 爆裂穿孔,炮眼,爆破眼(指水利工程)
blast lamp 喷灯
blast nursery 瘟病圃
blast of millet 粟瘟[*Piricularia grisea* (Cke.) Sacc. = *P. setariae* Nisikado]
blast of rice 稻瘟病[*Piricularia oryzae* Br. et Cav.]
blast of wheat 小麦瘟病[*Piricularia oryzae* Br. et Cav.]
blast pipe 鼓风管,放气管
blast pressure gauge 风压计
blast resistance [水稻]抗瘟性
blast separator 种子风选机
blast sprayer 鼓风喷雾机
blastanin 胚活素
blastema ①胚轴原 ②胚茎 ③芽基
blaster germ (= bladder germ) 囊胚
blasticidin S 灭瘟素(杀菌剂) [$C_{17}H_{26}N_8O_5$]
blasting ①起爆,爆炸,爆破 ②过载失真
blasting and shooting 爆裂法
blasting powder 爆炸火药
blasting-root (= springwurzel) 扇羽蹄盖蕨[*Athyrium yokoscense* Christ](水龙骨科)
blasting tool 爆破工具
blastocoele 囊胚腔,分裂腔(blastocoelum)
blastocyst ①胚胞 ②胚囊(blastocysta)
blastocyte (未分化)胚细胞(blastocyta)
blastoderm 囊胚层(blastoderma)
blastodisk (= blastodisc) 胚盘(blastodiscus)
blastogenesis ①种质起源 ②出芽生殖(blastogenesi)
blastogenic ①属种质的 ②胚的,胚胎的(blastogenus)
blastogenic factor 胚变因子
blastokinesis 胚动
blastokolin 胚痛素
blastomere [分]裂球(blastomera)
blastomycetes 芽生菌类(子囊酵母菌)
blastomycin 稻瘟霉素
blastomycosis 芽生菌病
blastophore 囊胚(blastophorum)
blastophyllum 胚叶,胚层
blastoporal 胚孔的(blastoporalis)
blastoporal lip (= blastopore lip) 胚孔唇(blastoporolabium)
blastopore 胚孔(blastopora)
blastopore lip 胚孔唇(blastoporolabium)
blastospore 芽生孢子(blastospora)
blastula ①囊胚(= blaster germ) ②囊胚期
blastula stage 囊胚期
blastulation 囊胚形成(blastulatio)
blattellids 姬蠊科[Blattellidae = Phyllodromiidae]
blattids 蜚蠊科[Blattidae]
blaze ①火焰,火灾 ②(牛、马面上)星斑,白斑 ③(树上)砍号,记号
blazed grating 闪烁光栅{遥感}
blazing star 蛇鞭菊属[*Liatris* Schreb.](菊科)
bleach ①软化 ②黄化 ③漂白
bleach linen 漂白麻布
bleached brown forest soil 漂洗棕色森林土,淋溶棕色森林土
bleached cotton 漂白棉
bleached earth 漂洗土,漂白土
bleached forest soil 漂洗森林土,漂白森林土
bleached fracture plane 漂洗断裂面
bleached hemp stem 漂洗大麻茎,漂麻
bleached horizon 漂洗层
bleached layer 漂洗层

bleached oil 脱色油
bleached pulp sewage 漂白纸浆废水{环保}
bleached sand 漂洗沙粒,漂白沙粒
bleached sand fabric 漂白沙粒组织
bleached sandy soil 漂洗沙质土,漂白沙质土
bleached soil 漂白土
bleached zone 漂白带
bleaching 漂白
bleaching agent 漂白剂
bleaching bath (= bleaching liquid) 漂白液
bleaching earth 漂白土,淋溶土
bleaching podzolisation 漂白灰化[作用]
bleaching powder 含氯石灰,漂白粉[$Ca(OCl)_2$]
bleak ①荒凉的,裸露的 ②寒冷的,阴冷的
bleb ①疱疹 ②水泡
bled timber ①去脂材 ②采脂用树
bleed ①渗出,渗漏{土壤} ②伤流,溢流{生理} ③出血{医} ④印扩{电脑}
bleed-off ①溢流调节 ②渗出
bleed through 透字{电脑}
bleeder ①血友病个体{医} ②采脂管{森林} ③放水装置,放出管,放出阀,滴水口,分压器{水利}
bleeder disease (= hemophilia) 血友病(haemophilia)
bleeder hose 放油软管
bleeding ①伤流{生理} ②泌脂{森林} ③出血{医}
bleeding exudation of sap 伤流,溢泌
bleeding fluid 伤流液
bleeding heart ①荷包牡丹属[*Dicentra* Bernh.](荷包牡丹科) ②荷包牡丹[*Dicentra spectabilis* Lem.]
bleeding-heart glorybower 龙吐珠[*Clerodendrun thomsonnae* Balf.](马鞭草科)
bleeding pressure 伤流压
bleeding pressure of roots 根[系]伤流压
bleeding sap 伤流液
bleeding water 伤流液
blemish ①生理缺陷 ②损害,损伤 ③瑕疵,缺点(指木材)
blend ①混合物 ②混合,融合 ③混播 ④过渡曲面{电脑}
blend spread (= cheese spread) 软形干酪
blend test 混播试验{牧草}
blended oil 混合油
blender 混合机,搅拌机,拌和机
blending ①拼和(指茶叶) ②掺和,混合 ③融合 ④混杂 ⑤连接
blending character 融合性状
blending hopper 搅拌箱,掺和箱
blending inheritance 融合遗传
blending machine 混合机,搅拌机,拌和机
blending of seeds 混合种子
blending theory 融合说{遗传}
blendling 融合杂种
blendor (= blender) 搅切器,搅碎器
bleomycin 博莱霉素
blepharanthous 具流苏状花的(blepharanthus)
blepharicarpous 具流苏状果的(blepharicarpus)
blepharocalyx 具流苏状萼的,毛萼的
blepharoleped 缝缘鳞片的(blepharolepis)
blepharophorous 具睫毛的(blepharophorus)
blepharoplast 生毛体,鞭基质,毛基体(blepharoplasta)
blepharopous 具睫毛柄的(blepharopus)
blessed thistle 轴节蓟(莱廉菊)[*Cnicus benedictus* L.](菊科)
blet 软斑(指果实)
bletilla ①白芨属[*Bletilla* Reichb. f.](兰科) ②白芨[*Bletilla striata* (Thunb.) Reichb. f.]
bletting 软化(指果实)
blewitt 带盾环柄菇[*Lepiota personata* (Fr. ex Fr.) W. G. Smith]
BLIA (= bioluminescent immunoassay) 生物发光免疫测定
blight 疫病
blight of apple (= phomopsis canker of apple) 苹果胴枯病[*Phomopsis truncicola* Miura.]
blight of tea 茶立枯病[*Cryptospora theae* Hara.]
blight on acer 槭疫病[*Phytophthora cactorum* (Lebert. et Cohn) Schräet.]
blight on castor oil-plant 蓖麻疫病[*Phytophthora formosana* Saw.]
blight on chestnut 栗疫病[*Endothia parasitica* Ander.]
blight on fig 无花果疫病[*Phytophthora colocasiae* Rac.]
blight on luffa 丝瓜绵腐病[*Pythium aphanidermatum* (Eds.) Fitz]
blight on oats (= loose smut of oats) 燕麦散黑穗病[*Ustilago avenae* (Pers.) Rostr.]
blight on taro 芋疫病[*Phytophthora colocasiae* Rac.]

blight or ink disease of chestnut 栗黑水病［*Phytophthora cambivora* (Petri) Buis.］
blighted kernel 有病［害］子粒（麦）
blighting 凋萎的
blighting fungi 疫菌
blind ①瞎的，盲的 ②色盲的 ③味盲的 ④盲芽 ⑤隐棚 ⑥隐藏处 ⑦挡板，护板 ⑧盲区
blind alley 死胡同（只有一个进口的胡同）
blind bud 盲芽
blind coal 无烟炭，无烟煤
blind concave 闭式［有孔］凹板
blind creek 雨季河，间歇河床
blind cultivation ①闭垄耕作 ②出苗前中耕（松土）
blind ditch 暗渠，尽头渠
blind drain 尽头沟，尽头地下排水沟，排水暗沟
blind eye (= hard eye) 不育芽眼（椰子）
blind furrow 闭垄
blind image restoration 盲目图像复原｛遥感｝
blind keyboard 盲键盘｛电脑｝
blind knot 盲节（指树木）
blind milking 手工挤乳
blind ocellus 盲眼，夜眼（附在马的前肢内侧）
blind ore 盲矿体｛地质｝
blind passage 盲传｛分生｝
blind pit 盲纹孔
blind plant 盲株
blind seed 瞎眼蔗种
blind staggers ①盲目跳跃病 ②羊脑共尾绦虫病
blind tillage 早期耕作
blind touch 盲按，瞎按，盲触｛电脑｝
blind tree 盲树（指不开花、不结果的树）
blind trial 不定样品试验
blind valley 盲谷
blind variation 色盲变异
blind weed (= Shepherd's purse) 荠菜［*Capsella bursapastoris* Medic.］（十字花科）
blind weeding 盲［目］除草
blind wood 盲枝
blind zone 盲区，隐蔽层｛遥感｝
blinder (= blinkers) 遮眼罩（马具）
blinding ①堵塞，挡住 ②除芽
blinding breeze fly 盲斑虻［*Chrysops caecutiens* Linnaeus］（虻科）
blinding tree 土沉香［*Aquilaria sinensis* (Lour.) Gilg = *A. grandiflora* Benth.］（瑞香科）
blindness(of caulfilower) （花椰菜）瞎花病
blindworm 蛇蜥［*Ophisaarus gracilis* sp.］（蛇蜥科）
blink ①闪视，闪光，闪亮 ②瞬间
blinker tube 闪光管
blinking 闪烁
blinking characteristic 闪烁特性
blinks 满七草属［*Montia* L.］（马齿苋科）
blip ①标志，文件标志｛信息｝②回波
blip counting 标志记数
blip facility 标志功能
Bliss angular transformation 布里斯氏转百分数为角度，布里斯氏角度转换［法］｛统计｝
blister ①疱疹 ②水泡，疱
blister beetle ①芫菁 ②⌊复⌉芫菁科［Meloidae］
blister blight 疱病
blister blight or white blight of tea plant 茶饼病，茶疱病
blister buttercup 石龙芮［*Ranunculus sceleratus* L.］（毛茛科）
blister canker 桃瘤皮病［*Physalospora persica* Abiko et Kitajima］
blister grain 泡状纹理
blister-leaved ①具硬瘤状叶的 ②具疣状体叶的（tylophyllus）
blister mite (= gall mite) 瘿螨
blister plant 毛茛［*Ranunculus acris*］（毛茛科）
blister rust 疱锈病
blister rust of white pine 白松疱锈病［*Cronartium ribicola* T.C. Fish.］
blister tetter 疱疹，湿疹
blistered ①具小泡的，具囊状突起的 ②疱状的（vesiculosus）
blistering foot 水泡足
blistering of barks by the sun 日灼皮焦
blitter 位块传输器｛电脑｝
blizzard 雪暴
blizzard wind 暴风
BLM ①(= bimolecular lipid membrane) 双分子脂膜 ②(= blacklipid membrane) 黑脂膜
bloat ①气臌，臌胀，气胀病 ②（鱼）熏制
bloat in cattle 牛气胀病（瘤胃臌胀）
blob ①滴｛显技｝②小斑点，小圆块 ③块，区｛电脑｝
Blochmann bodies 布洛茨曼小体｛细胞｝
block ①区组，大区｛统计｝②（切片用）木块｛显技｝③地块｛耕作｝④部件｛物｝⑤（禾苗）簇，兜，丛｛栽培｝⑥林斑，伐区｛森林｝⑦滑车，滑轮｛农机｝⑧阻碍，堵塞，障碍｛水利｝⑨模序，模块｛生技｝⑩［程序］块｛电脑｝
block arrangement 区组排列
block bill 宽刃斧

block board 细杠板
block-bond (= English bond) 英式砌石法{水利}
block code 分组码{电脑}
block construction 整体结构
block copolymer 嵌段共聚物{生技}
block cursor 块光标{电脑}
block design 区组设计
block diagram ①区组图 ②[方]框图{显技}
block effect 区组效应
block gauge 平放水准仪
block glacier 泥石流
block hothouse 活动温室
block house 木棚,木屋
block-like structure 似块状结构,类块状结构
block mass 团块
block method 区组法{统计}
block mutation 区段突变
block number 区组号{统计}
block of ice 冰块
block out 分簇间苗
block percolation 全渗透
block planting ①大区种植 ②块植法
block sandstone 块状砂岩
block scraper 方木拖板
block staining 片块染色
block structure 块状结构
block sugar 块[砂]糖,砖糖
block system 区组系统
block totals 区组总和
block variation 区组间变异
blockade-runner 封锁线
blockage 堵塞,阻塞
blocked 5′ end 受阻的5′末端(指真核 mRNA 的5′末端)
blocker ①横向间苗机 ②封阻剂,阻断剂
blocking ①块植法 ②分簇间苗 ③阻塞,堵塞 ④封闭,封阻,阻断
blocking action 阻塞作用
blocking agent 封闭剂,封阻剂
blocking antibody 封阻抗体
blocking generator 间歇发生器
blocking hoe 间苗锄
blocking network 阻塞网络{信息}
blocking of ice 冰阻塞[作用]
blocking reaction for proteins 蛋白质的阻塞反应
blocking signal 阻塞信号
blocky 团块状的(glebosus)
blocky soil 块状土壤
blood ①血,血液 ②流血 ③血缘,亲缘 ④血统
blood agar 血琼脂(培养基)
blood boil 血肿
blood bread 黑面包,血色面包
blood bud 肉芽(gemma sanguinea)
blood capillary 毛细血管,微血管
blood cell 血细胞,血球
blood cell counter 血细胞计数器
blood charcoal 血炭
blood circulating 血液循环
blood circulation 血液循环
blood clot 血块
blood clot retraction 血块收缩
blood clotting 血液凝固,凝血
blood coagulation (= blood clotting) 血液凝固,凝血
blood coagulation factor 凝血因子
blood corpuscle (= blood cell) 血细胞,血球
blood currant 血红茶藨子[*Ribes sanguineum* Pursh.](虎耳草科)
blood dust 血粉
blood flour 血粉
blood flow 血流
blood flower [**milkweed**] 马利筋[*Asclepias curassavica* L.](萝藦科)
blood flowmeter 血流速计
blood flukes 血吸虫(裂体吸虫)[*Schistosoma*](裂体吸虫科)
blood formation 血液形成
blood gill 血鳃
blood glue 血胶
blood-green algae 蓝藻[纲][Cyanophyceae]
blood group 血型
blood group antigen 血型抗原
blood group determination 血型鉴定
blood group incompatibility 血型不亲和性
blood group mosaic 血型嵌合体
blood group system 血型系统
blood horse 纯种马,纯血马
blood laminar flow 血液层流
blood leaf 法氏牛膝[*Achyranthes fauriei* Lév. et Van](苋科)
blood leucocyte 血液白细胞
blood-lily 网球花属[*Haemanthus* (Tourn.)L.](石蒜科)②网球花(虎耳兰)[*Haemanthus multiflorus* Martyn.]
blood line 血缘,血统
blood manure 血肥
blood matching 配血(指试验)
blood meal 血粉
blood medium 血[液]培养基

blood orange (= red orange) 红橘
blood plasma 血浆
blood plasma in tissue culture 组织培养的血浆
blood platelet 血小板
blood poisoning 血中毒
blood poudrette 血干粪
blood pressure 血压
blood pressure transducer 血压传感器
blood protein 血蛋白
blood rain 血雨
blood-red 血红色的(sanguineus)
blood-red boletus 魔牛肝菌(血红牛肝菌)[*Boletus satanas* Lenz.](牛肝菌科)
blood-red-flowered 血红花的(haemanthus)
blood-red-haired 血红毛的(haematotrichus)
blood-red-leaved 血红叶的(haematophyllus)
blood-red slave-maker 血红牧蚁[*Formica sanguinea rubicunda* Emery]
blood relation 血统关系
blood relationship (= kinship) 亲缘关系(consanguineus)
blood relative 血缘
blood-root ①(= blood-wort, dommon tormentil) 直立委陵菜[*Potentilla erecta* Neck.](蔷薇科) ②血根草[*Sanguinaria canadensis* L.](罂粟科)
blood screenings 血液筛渣
blood serum 血清
blood sinus 血窦
blood smear examination 血涂片检查(指焦虫病)
blood snow 血雪
blood spot (蛋内的)血斑
blood substitute 血液代用品
blood sucking body louse 羊盲虱[*Haematopinus ovillus* Neumann](盲虱科)
blood sucking ceratopogonids(= sand flies) 白蛉亚科(毛蠓科)[Phlebotominae]
blood sucking conenose (= Mexican bed bug) 吸血锥蝽(墨西哥猎蝽)[*Triatoma sanguisuga* Leconte](猎蝽科)
blood sucking foot louse (= sheep foot louse) 羊足长颚虱[*Lingnathus pedalis* Osb.](光兽虱科)
blood sucking midges 蠓科[Ceratopogonidae]
blood sugar 血糖
blood tankage 干血[肉粉]
blood tellurite medium 血碲盐培养基
blood transfusion 输血
blood tumor (= blood boil) 血瘤
blood type 血型
blood typing 血型鉴定
blood-vessel 血管
blood viscosity 血[液]黏度
blood-warm 温血的
blood-wood 赤桉[*Eucalyptus corymbosa* Smith.](桃金娘科)
bloodleaf ①血苋属[*Iresine* P. Br.](苋科) ②血苋[*Iresine herbstii* Hook.f.]
bloodwort ①仙茅属[*Curculigo* Gaertn.](仙茅科) ②仙茅[*Curculigo capitulata* (Lour.) O. Ktze.]
bloodwort family 仙茅科[Haemodoraceae]
bloody dogwood (= bloodtwig dogwood, dogberry) 血红梾木(欧洲红瑞木)[*Cornus sanguinea* L.](山茱萸科)
bloody geranium 血红花老鹳草[*Geranium sanguineum* L.](牻牛儿苗科)
bloody scours 血泻病,[猪]黑泻病
bloom ①花(指花卉的花),开花 ②果霜,果粉,白粉,叶霜,蜡被(指果实) ③茂盛期{栽培} ④大量增殖,大量繁殖,旺发{水产} ⑤钢坯,钢锭{农机}
bloom accelerator 开花加速剂
bloom band 蜡带
bloom blight 花腐病
bloom fly ①花蝇 ②⌊复⌉花蝇科[Anthomyiidae]
bloom regulating agent 开花调节剂
bloom removal ①摘花 ②落花
blooming ①(= flowering)开花(florescentia) ②开花的(florens) ③繁茂(指藻类)
blooming date 开花日期
blooming in good time 适时开花(指柑橘的)
blooming-inducing hormone 开花激素
blooming of boll 吐絮(棉)
blooming period 花期
blooming schedule 开花时间表
blooming season 开花季节,花季
blooming stage 开花期
Bloomocide 勒路摩撒特(杀菌剂)
blossom ①花(指果树的花) ②开花,开放 ③开花期{栽培} ④花簇 ⑤壮年期
blossom and fruit drop 落花落果
blossom beetle (= rape beetle) 洋芜菁油菜露尾甲[*Meligethes aeneus* Fabricius](露尾甲科)
blossom blight 花腐病(苹果,樱桃)

blossom blight of apple (= spur blight of apple) 苹果花腐病［*Sclerotinia mali* Takahashi］
blossom blight of loquat 枇杷花腐病［*Botrytis eriobotryae* Takimoto］
blossom bud(= flower bud) 花芽
blossom cluster 花簇
blossom cup 花眼(指菠萝)
blossom drop 落花［现象］
blossom end 果顶,花端,蒂
blossom-end rot ①蒂腐 ②蒂腐病,尻腐病
blossom-end rot of tomato 番茄尻腐病 (non-infectious)
blossom fall 花落,花谢
blossom honey(= flower honey) 花［蜂］蜜
blossom rot ①花腐 ②花腐病
blossom rot of apple 苹果花腐病［*Sclerotinia mali* Takahashi］
blossom rot of cotton 棉花腐病［*Choanephora cucurbitarum*(B.et R.)Thaxter］
blossom rot of eggplant 茄花腐病［*Choanephora cucurbitarum*(B.et R.) Thaxter］
blossom rot of gambo hemp 大麻花腐病［*Choanephora cucurbitarum* (B. et R.) Thaxter］
blossom spray 花期喷雾
blossom thinning 疏花
blossom time 开花期
blossom weevil 苹花象甲［*Anthonomus pomorum* L.］(象甲科)
blossom wilt (= brown rot of apple or pear) 苹果或梨褐腐病
blossoming ①开花 (florescentia) ②开花期(anthesis)
blot ①污点,染污 ②涂抹 ③涂泥 ④污损,破损 ⑤污迹,印迹
blot transfer apparatus 印迹转移装置｛生技｝
blotch ①斑点(macula) ②污斑 ③褐斑病,干腐病
blotch-miner moth 甘薯斑叶潜蛾［*Bedellia orchilella* Wals.］
blotched 斑点的 (maculatus)
blotched necrosis 斑点状坏死
blotchy ripening 斑熟 (番茄)
blotter ①吸水纸 ②(附有吸墨纸的) 记载本 ③印迹装置
blotter method 吸水法(指种子保健)
blotting ①吸干,涂去 ②印迹 ③吸水
blotting membrane ①吸水膜 ②印迹膜
blotting paper 吸水纸
blow ①吹,吹风,一阵强风 ②产卵(指蝇) ③开花 ④打击,猛打 ⑤排放
blow-by gas 漏气
blow-cock 排放旋塞｛环保｝
blow-down ①风倒 ②风倒木 ③排放(指汽锅)
blow fly ①丽蝇,肉蝇 ②丽蝇科［Calliphoridae］
blow gun 喷粉器,喷枪
blow-hole (= blowhole) 气孔(指铸铁内的)
blow lamp 喷灯,焊接灯(低温焊接)
blow-off 吹出,排出
blow-off pipe 吹出管
blow-off valve 吹出阀
blow-out ①风蚀窝(指沙丘),风穴 ②中断,断路 ③爆裂,破裂(指蒴果)
blow-pipe (= blow pipe) 吹管
blow up ①放大 ②破坏,炸毁 ③暴发(指洪水)
blowball (= dandelion) 蒲公英［*Taraxacum vulgare* Sch.］(菊科)
blowby 渗漏,漏气
blower ①鼓风机,吹风机 ②清选风车
blower kiln 送风干燥窑
blower sprayer 风送式喷雾机
blower type winnower 吹扬式扬场机
blowhole ①喷水孔 ②吹穴,蚀穴 ③气孔
blowing ①编制｛电脑｝②吹,扬,鼓风
blowing of boll (= blooming of boll) (棉)吐絮
blowing of soil 土壤吹失
blowing off 吹出
blowing sand 扬沙
blowing snow 吹雪
blowing well 自流井
blowland 风蚀地
blown sand 飞沙
blowpipe analysis 吹管分析
bloxam 求布洛克山平均法(曲线修匀的一种方法)｛统计｝
blubber (= whale-oil) 鲸油
blue ①蓝,蓝色 ②晴,晴天,蓝天
blue admiral 琉璃蛱蝶［*Kaniska canace no-japonicum* Siebold］(蛱蝶科)
blue agriculture 蓝色农业(指开发海洋生物资源)｛农系工｝
blue alfalfa 苜蓿 (紫苜蓿)［*Medicago sativa* L.］(豆科)
blue algae (= blood-green algae) 蓝藻［纲］［Cyanophyceae］
blue algae fertilizer 蓝藻肥料
blue and yellow lupins (= sweet strain of fodder lupin) 甜羽扇豆(饲用甜性品系)
blue ash 方棱梣［*Fraxinus quadrangula-*

ta Michx](木犀科)

blue barley flea beetle 大麦青跳甲[*Chaetocnema japonica* Jacoby](跳甲科)

blue barrel cactus 王冠龙 [*Ferocactus glaucescens* sp.](仙人掌科)

blue base 蓝色底图{测}

blue beard ①莸属[*Caryopteris* Bge](马鞭草科) ②莸[*Caryopteris incana* Miq.]

blue beech(= American hornbeam) 美洲鹅耳枥(美国榛树)[*Carpinus caroliniana* Walt.](榛木科)

blue beetle 稻蓝叶甲[*Leptispa pygmaea* Baly](叶甲科)

blue-bell (= bell flower) 风铃草

Blue Belle 蓝贝尔(美国水稻品种)

blue-black 深蓝色的

blue blister beetle 烟草钢青叶甲[*Cyaneolytta pectoralis* Gerst.](叶甲科)

blue-bottle 矢车菊[*Centaurea cyanus* L.](菊科)

blue-bottle fly 红头丽蝇(蓝肉蝇)[*Calliphora erythrocephala* Meigen](丽蝇科)

blue bug(= fowl tick) 波斯隐喙蜱[*Argas persicum* Oken](蜱科)

blue butterfly 百合蓝蛱蝶[*Vanessa canace no-japonicum* Siebold](蛱蝶科)

blue cactus borer 仙人掌蓝斑螟[*Melitara dentata* Grote]

blue candle 龙神柱[*Myrtillocactus geometrizans* sp.](仙人掌科)

blue ceratostigma ①蓝雪花属 [*Ceratostigma* Bunge](蓝雪科) ②蓝雪花 [*Ceratostigma plumbaginoides* Bunge]

blue Chinese poppy 多刺绿绒蒿[*Meconopsis horridula* Hook. f](罂粟科)

blue cohosh ①威岩仙属 [*Caulophyllum* Michx.](小檗科) ②威岩仙[*Caulophyllum thalictroides* Michx.]

blue comb [火鸡]蓝冠病(由丹毒杆菌 *Erysipelothrix rhusiopathiae* 所引起)

blue contact mould 青霉病

blue copperas (= blue vitriol) 蓝矾,胆矾

blue cow-wheat 栎山萝花[*Melampyrum nemorosum* L.](玄参科)

blue crab 三疣梭子蟹,枪蟹[*Neptunus trituberculatus*(Miers)]{水产}

blue crown passion flower ①西番莲属 [*Passiflora* L.](西番莲科) ②西番莲 [*Passiflora coerulea* L.]

blue crown passion flower family 西番莲科[Passifloraceae]

blue cupids-dart ①玻璃菊属(= cupids-dart)[*Catananche* L.](菊科) ②玻璃菊 [*Catananche caerulea* L.]

blue daisy (= blue felicia) 蓝费利菊[*Felicia amelloides* Voss.](菊科)

blue devil ①蓝蓟属[*Echium* L.](紫草科) ②蓝蓟[*Echium vulgare* L.]

blue dracema 蓝朱蕉[*Cordyline indivisa* Kunth](龙舌兰科)

blue eared pheasant 毛马鸡,蓝马鸡

blue Egyptian waterlily 埃及蓝睡莲 [*Nymphaea caerulea* Sav.](睡莲科)

blue-eyed grass ①庭菖蒲属[*Sisyrinchium* L.](鸢尾科) ②庭菖蒲[*Sisyrinchium micranthum* Cav.]

blue fescue 蓝羊茅[*Festuca ovina* var. *glauca*](禾本科)

blue fin tuna 金枪鱼[*Thunnus thynnus* (L.)]

blue fish 海豚

blue flea beetle 蓝跳甲[*Haltica pagana* Blkb.](跳甲科)

blue flour IB粉(小麦)

blue-flowered 蓝花的(cyaniflorus)

blue-flowered fenugreek 蓝花葫芦巴 [*Trigonella caerulea* Ser.](豆科)

blue-flowered leadwort 蓝花丹[*Plumbago auriculata* Lam.](白花丹科)

blue-flowered torch 铁兰[*Tiliandsia lindenian* sp.](凤梨科)

blue-fluorescent 蓝荧光性的(cyanofluorescens)

blue-fruited 蓝果的(cyanocarpus)

blue gramagrass(= blue grama) ①格兰马草属[*Bouteloua* Lag.](禾本科) ②格兰马草[*Bouteloua gracilis* (H. B. K.) Steud.]

blue-green algae 蓝绿藻[纲][Schizophyceae]

blue green gentian 粉绿龙胆[*Gentiana glauca* Pall](龙胆科)

blue-green mold (= bluegreen mould) 蓝绿霉

blue-green twilight 蓝绿曙光

blue-green withering 蓝绿凋萎(指水稻一种生理病害)

blue gum 蓝桉[*Eucalyptus globulus* Labill.](桃金娘科)

blue ham beetle 蓝郭公虫[*Necrobia violacea* L.](郭公虫科)

blue horntail 钢青树蜂[*Sirexcyaneus* Fabricius](树蜂科)

blue ice ①纯洁冰 ②[冰川]蓝水带

blue isogenic line 蓝等基因系

blue jack-oak 岩栎[*Quercus prinus* L.](山毛榉科)

blue Japanese oak 青冈栎(飞龙槠)[*Cyclobalanopsis glauca* (Thunb.) Oerst.](山毛榉科)

blue lace flower ①蓝带花属[*Trachymene* Rudge.](伞形花科) ②蓝带花[*Trachymene coerulea* R. Grah.]

blue leaf beetle ①蓝叶甲[*Linaeidea aenea* Linnaeus] ②豆青叶甲[*Pagria signata* Motschulsky](叶甲科)

blue leaved 蓝叶的(cyanophyllus)

blue leck 大头蒜(南欧蒜)[*Allium ampeloprasum* L.](石蒜科)

blue light radiation 蓝光辐射

blue light receptor 蓝光受体

blue longicorn beetle(=pear borer) 梨绿天牛[*Chreonoma fortounei* Thomson](天牛科)

blue lungwort 蓝花肺草[*Pulmonaria officinalis* sp.](紫草科)

blue lupine 毛羽扇豆(窄叶羽扇豆)[*Lupinus angustifolius* L.](豆科)

blue marsh-vetching(=marsh pea) 沼生山黧豆[*Lathyrus palustris* L.](豆科)

blue mold(=blue mould) ①青霉 ②青霉病

blue mold of Chinese yam 薯蓣青霉病[*Penicillium sclerotigenum* Yamamoto.]

blue mold of citron 枸橼青霉病[*Penicillium italicum* Wehmer]

blue mold of citrus 柑橘青霉病[*Penicillium italicum* Wehmer]

blue mold of limon (=blue mold of lemon) 柠檬青霉病[*Penicillium italicum* Wehmer]

blue mold of mandarin and tangerine orange 橘青霉病[*Penicillium italicum* Wehmer]

blue mold of orange 四季橘青霉病[*Penicillium italicum* Wehmer]

blue mold of oval kumquat 金橘青霉病[*Penicillium italicum* Wehmer]

blue mold of pomegranate 石榴青霉病[*Penicillium purpurogenum* Stoll]

blue mold of pomelo 柚青霉病[*Penicillium italicum* Wehmer]

blue mold of sweet orange 香橙青霉病[*Penicillium italicum* Wehmer]

blue mold of tobacco 烟草青霉病[*Peronospora tobacina* Adam.]

blue moor grass 天蓝密穗草[*Sesleria coerulea* Ard.](禾本科)

blue mud 青泥

blue mussel 紫贻贝[*Mytilus edulis* L.]

blue oat mite(=winter grain mite) 麦圆红叶爪螨[*Penthaleus major* Dugès]

blue palm (=dwarf sabal) 萨布榈[*Sabal adansonal* Guersent.](棕榈科)

blue panicgrass 蓝稷(蓝黍草)[*Panicum antidotale* Retz.](禾本科)

blue pea ①蝶豆属[*Clitoria* L.](豆科) ②蝶豆(蓝花豆)[*Clitoria ternatea* L.]

blue pear twig borer 梨眼天牛[*Bacchisa fortunel* Thomson](天牛科)

blue pimpernel 蓝琉璃繁缕[*Anagallis foemina* Mill.](报春花科)

blue plantain lily 紫萼[玉簪][*Hosta ventricosa* (Salisb.) Stearn](百合科)

blue polished chafer 蓝光丽金龟[*Mimela splendens* Gyllenhal](金龟科)

blue print 蓝图{测}

blue-print papcr 蓝图纸

blue rice 青米

blue rose 蓝玫瑰,磺钙素(指一种农药助剂)

blue rose leaf beetle 蔷薇蓝隐头叶甲[*Cryptocephalus approximatus* Baly](叶甲科)

blue rot 青腐

blue sap stain(=blue stain) 蓝斑,青斑(木材)

blue sap stain fungus 慈姑霉

blue sclera 蓝巩膜(sclera caerulea)

blue selaginella 翠云草[*Selaginella uncinata* Spring.](卷柏科)

blue sensitive photodiode 蓝敏光电二极管

blue sheep 岩羊

blue shieldbug (=bright blue stink bug) 蓝蝽(纯蓝蝽)[*Zicrona coerula* L.](蝽科)

blue shift 蓝移{生技}

blue sky 晴天,碧空

blue soilors (=chicory, succory) 欧洲菊苣[*Cichorium intybus* L.](菊科)

blue spiraea ①莸属[*Caryopteris* Bge.](马鞭草科) ②莸[*Caryopteris incana* Miq.]

blue spruce 蓝叶云杉[*Picea pungens* Engelm.](松科)

blue stain fungus 蓝变菌(ceratocystis)

blue-star 蓝星水甘草(柳叶水甘草)[*Amsonia tabernaemontana* sp.](夹竹桃科)

blue stem (=angleton grass) 须芒草(蓝茎

草)[*Andropogon nodosus* L.](禾本科)
blue tongue 蓝舌病(指绵羊)
blue tongue virus 蓝舌病病毒
blue torenia(=blue wings) 蓝猪耳(拟花公草,蓝翅蝴蝶草)[*Torenia fournieri* Lind. et Four.](玄参科)
blue tree(=eucalyptus) 蓝桉树(尤加利树)[*Eucalyptus globulus* Labill.](桃金娘科)
blue vitriol 胆矾,五水[合]硫酸铜
blue water(=soil water) 土壤水
blue wild rye 蓝野麦[*Elymus glaucus* L.](禾本科)
blue-wings(=blue torenia) ①蓝猪耳属[*Torenia* L.](玄参科) ②蓝猪耳(蓝翅蝴蝶草)[*Torenia fournieri* Linden et Four.]
blueberry(=bilberry) 欧洲越橘(蔓越橘)
blueberry case beetle 越橘叶甲[*Neochlamisus cribripennis* LcConte](叶甲科)
blueberry flea beetle 越橘跳甲[*Altica sylvia* Malloch](跳甲科)
blueberry fruit fly(=blueberry maggot) 越橘实蝇[*Rhagoletis mendax* Curran](实蝇科)
blueberry thrips 越橘蓟马[*Frankliniella vaccinii* Morgan](蓟马科)
blueberry tip midge 越橘瘿蚊[*Contarinia vaccinii* Felt](瘿蚊科)
bluegrass(=annual blue grass) 早熟禾[*Poa annua* L.](禾本科)
bluegrass aphid 早熟禾缢管蚜[*Rhopalosiphum poae* Gillette](蚜科)
bluegrass billbug 早熟禾谷象甲[*Sphenophorus parvulus* Gyllenhal](象甲科)
bluegrass webworm 早熟禾草螟[*Crambus teterrellus* Zincken](草螟科)
bluegrasses 早熟禾类杂草
blueing 变蓝作用,蓝变(淀粉)
bluerim airbrom 俯垂水塔花[*Billbergia nutans* Wendl.](凤梨科)
blues(=coppers,hairstreaks) 灰蝶科[Lycaenidae]
bluestem wheatgrass 蓝茎冰草[*Agropyron smithi* Rudb.](禾本科)
bluestriped nettle grub 荨麻刺蛾[*Parasa lepida* Cramer](刺蛾科)
bluewhite trigonella 蓝花葫芦巴[*Trigonella coerulea* Ser.](豆科)
bluff board (脱粒机)挡板,挡帘
bluff podzol 洼地灰壤,沼泽灰壤
bluffing 吓唬
bluish(=light blue) 淡蓝色的(cyanscens)
bluish zygaenid 兰尖斑蛾[*Procris pruniesmeralda* Butler](斑蛾科)
blumea ①艾纳香属[*Blumea* DC.](菊科) ②艾纳香[*Blumea balsamifera* DC.]
Blumei-wildginger 布氏细辛[*Asarum blumei* Duchart.](马兜铃科)
blunger 黏土搅拌机
blunt 钝的,钝圆的(obtusus)
blunt end 钝端,平端,平头
blunt end ligation 平端连接{生技}
blunt-ended forceps 平头镊子
blunt-ended root 钝端[直]根
blunt file 直边锉
blunt-nosed 圆头式(指弹头)
blunt terminus(=blunt end) 平端
bluntleaf sandwort 钝叶蚤缀[*Arenaria lateriflora* L.](石竹科)
blur ①污点 ②模糊,不清晰{显技}
blurring degradation 模糊衰减,模糊退化
blurring effect 模糊效应{遥感}
blush-red(=deep red) 深红的(rubicundus)
blush stonecrop 景天(黄花万)[*Sedum japonicum* Sieb.](景天科)
blusher 赭盖鹅膏[*Amanitarubescens* (Pers ex Fr) Gray](鹅膏科)
BMR(=basal metabolic rate) 基础代谢率
bo-tree (=bodhi)菩提树[*Ficus religiosa* L.](桑科)
BOA(=benzothiazole-2-oxyacetic acid) 苯并噻唑-2-氧基乙酸(植物生长调节剂)
boar ①成年公猪 ②野[公]猪[*Sus scrofa fera* L.]
boar piglet 小公猪
boar testing 公猪鉴定
board ①板,木板,闸板,护板 ②招牌,牌子,广告牌,标语牌 ③棋盘 ④硬纸板⑤会议桌 ⑥会议 ⑦委员会,理事会,董事会 ⑧议员,评议员 ⑨部,局 ⑩伙食,膳食
board-chute 板滑道
board computer 单板式计算机{电脑}
board-fence 板垣,板篱
board foot 板英尺(=1/12立方英尺)
Board of Agriculture 农业局
board of directors(=administrative office) [森林]管理局
board terrace 阔幅梯阶(指梯田)
boardless plough(=boardless plow) 无壁犁
boards 板材
boat ①小船,汽艇 ②舟皿

boat conformation 船型构象{分生}
boat form 船式
boat-shaped 船形的(cymbiformis)
bob ①钓饵{水产}②(马)截尾{畜}③扩孔器(指暗沟){环保}
bobac 旱獭[*Marmota bobak*]
bobbed(bb) 截毛(突变型)
bobbed mutation 截毛突变(指果蝇)
bobber 浮标
bobbin 纱管(纺织)
bobbin-shaped 细腰式
bobbin-shaped roller 压垄滚子
bobbing 上下或左右振动
bobeat 猞猁狲(大山猫)[*Lynx rufus*](猫科)
bobtail 截尾马(指截短了尾的马)
bobtail barley 丛生芒麦草[*Hordeum jubatum* var. *caespitosum*](禾本科)
bobtailed ①短尾的②截尾的
bock beer 浓味啤酒
BOD ①(= biological oxygen demand) 生物需氧量②(= biochemical oxygen demand) 生化需氧量
BOD loading(= BOD burden) 生化需氧量负荷,BOD负荷
BOD removal 生化需氧量去除,BOD去除
bodega 酒窖
bodement 预示,预兆
bodhi 菩提树[*Ficus religiosa* L.](桑科)
bodinier box 雀舌黄杨[*Buxus bodinieri* Lévl.](黄杨科)
bodkin ①锥,粗针,大针,刺针②引木(马具){畜}
body ①本体②身体,躯体,躯干③物体,实体,立体④体积⑤犁体⑥车身,车箱⑦林木,立木(soma)
body barrier 身体防御物
body capacity 体积
body case 壳体,外壳{电脑}
body cavity 体腔
body cell(= somatic cell) 体细胞(cellula somatica)
body chromatid 拟染色单体
body cloth 马披(马具)
body-color(= body-colour) ①不透明色②体色
body color of newly hatched larva 蚁色{蚕}
body condition score 体况评分(指家畜)
body conformation 体型,体格
body elementary 原粒体(soma elementaria){细胞}
body feed 主体进料{环保}
body-feed filtration 充气过滤(指在过滤过程直接加入助滤剂而进行过滤,称为充气过滤){环保}
body flora 身体微生物区系(corpoflora)
body fluid 体液
body fluid equilibrium 体液平衡
body fold 体褶
body length 体长(指蚕)
body length-coefficient 体长系数
body louse(= human body louse) 体虱(衣虱)[*Pediculus humanus corporis* de Geer.](虱科)
body matter ①本文,正文②毛条版面{电脑}
body measurements 体格测量值
body of rotation 旋转体
body of water(= water body) 水体(指地面或地下的水系统){环保}
body piece (甘蔗)全茎苗
body pigmentation stage 转青期(指蚕种)
body pitch 犁体入土角
body segment 体节
body stock 树干砧,体砧
body surface temperature 体表温度
body temperature 体温
body temperature rhythm 体温节律
body tube (显微镜)镜筒
body wall 体壁
body waste disposal 人体废物处理
body weight 体重
body weight gain 体增重
body weight of larva 蚕体重
body weight of live livestock 牲畜活重
body wood 主干材(指无枝丫材)
boea ①旋蒴苣苔属[*Boea* Comm.](苦苣苔科)②旋蒴苣苔[*Boea clarkeana* Comm.]
Boehmer's haematoxylin 波梅氏苏木精{显技}
boehmite 勃姆石{地质}
bog ①沼泽②沼泽地,泥炭地,泥泞地③厕所④陷入泥中
bog airphoto 沼泽航摄片{遥感}
bog angelica 沼独活(沼泽奥斯特)[*Ostericum palustre* Hoffm. = *Angelica palustre* Hoffm.](伞形花科)
bog asphodel ①纳茜菜属[*Narthecium* Hud.](百合科)②欧纳茜菜[*Narthecium ossifragum* L.]
bog bilberry 水越橘[*Vaccinium uliginosum* L.](杜鹃花科)
bog birch 沼桦[*Betula glandulosa* Michx.](桦木科)

bog boundary 沼泽限界
bog burst 穹隆状沼泽
bog clearage 沼泽开垦地
bog climate 沼泽气候
bog climatology 沼泽气候学
bog clubmoss 泥泽石松[*Lycopodium inundatum* L.](石松科)
bog configuration 沼泽形态结构
bog degeneration 沼泽退化[作用]
bog development stage 沼泽发育期
bog distribution 沼泽分布
bog down 沼泽地下沉
bog drainage 沼泽地排水,沼泽疏干
bog earth 沼泽土
bog featherfoil 颓顿草[*Hottonia palustris* L.](报春科)
bog form 沼泽型
bog formation 沼泽形成
bog garden(=swamp garden) 沼泽园
bog genesis 沼泽起源
bog geomorphology 沼泽地貌
bog ground 沼泽地
bog harrow 重型沼泽地缺口圆盘耙
bog improvement 沼泽改良
bog iron(=limonite) 褐铁矿
bog landscape 沼泽景观
bog lime 沼泽石灰
bog-loving 喜沼泽的(helobius, elodes)
bog marl 沼泽泥灰岩
bog moss ①泥炭藓属[*Sphagnum*(Dill.) Ehrh.](泥炭藓科)②泥炭藓
bog muck 沼泽腐泥
bog myrtle(=bog gale, sweet gale, waxberry) 香杨梅
bog orchis ①沼兰属[*Malaxis* Sw.](兰科)②沼兰(*Malaxis paludosa* Sw.)
bog peat 沼泽泥炭
bog-peaty soil 沼泽泥炭土壤
bog plant species 沼泽植物种
bog pond weed 蓼叶眼子菜[*Potamogeton polygonifolius* Pour.](眼子菜科)
bog-rosemary ①马醉木属[*Andromeda* L.](杜鹃科)②马醉木[*Andromeda japonica* Thunb.]
bog-rush ①签草属[*Schoenus* L.](莎草科)②签草[*Schoenus sinensis* Hand-Mazz.]
bog soil 沼泽土
bog spavin 飞节内肿(马),跗节赘
bog specificity 沼泽特异性
bog star-wort 雀舌草[*Stellaria uliginosa* var. *undulata* Chwi.](石竹科)
bog surface area 沼泽表面面积
bog theory 沼泽理论
bog water 沼泽水
bog whortle-berry(=bog bilberry) 水越桔
bog woods ①沼泽林②沼泽林地
bogbean(=buck bean) ①睡菜属[*Menyanthes* L.](荇菜科)②睡菜(=buckbean, common bogbean)[*Menyanthes trifolia* L.]
bogberry(=small crane berry) 酸果蔓[*Vaccinium oxycoccus* L.](乌饭树科)
bogginess 沼泽性,沼泽强度
boggy 沼泽的(paludosus)
boggy area 沼泽地区
boggy ground 沼泽地
boggy soil(=bog soil) 沼泽土
bogie ①台车,转向车②转向架
bogie frame 台车架
bogie roller 下滚轮,轨道滚轮
bogie truck 台车转向架
bogus soil 人为土壤
bogviolet 捕虫堇[*Pinguicula vulgaris* L.](狸藻科)
BOH(=HEH) 羟基乙肼(植物生长刺激剂)
bohea[tea] 武夷茶(岩茶,半发酵茶)
Bohr effect 玻尔效应{生技}
Bohr model of atom 玻尔原子模型
Bohr radius 玻尔半径
boil ①沸腾,(水)煮开(=bubble up)②疖,脓肿{医}
boil-off loss 熟丝损失{蚕}
boil-off silk 熟丝{蚕}
boil-off test (蚕丝)练减检验
boil smut [玉米]黑粉病
boil smut of corn 玉米黑粉病[*Ustilago zeae* (Beckm.)Unger. =*U. maydis* (DC.) Cda.]
boiler 蒸煮器,锅炉
boiler control 锅炉控制
boiler dust 锅炉粉尘
boiler feed water 锅炉进水,锅炉给水
boiler room 锅炉房
boiling 蒸煮,煮沸,沸腾
boiling characteristics of rice 米的蒸煮特性
boiling flask 烧瓶
boiling house recovery 煮炼回收率,煮炼得糖率(指制糖)
boiling lysis 煮沸裂解[法]{生技}
boiling method 煮沸法{生技}
boiling point 沸点
boiling point elevation 沸点升高
boiling point lowering 沸点降低

boiling point thermometer 沸点温度计
boiling water 沸水,开水
boinco camphor tree 龙脑树[*Dryobalanopsis camphora* Colebr.]
bois de rose 蔷薇木[*Aniba panurensis*](豆科)
bois de rose oil (= rose wood oil) 蔷薇木油,玫瑰木油
boisduval scale (= coconut longridged scale) 椰长脊盾蚧(棕榈白盾蚧)[*Diaspis boisduvalii* Singoret](盾蚧科)
boivinose 2-脱氧-6-鼠李糖
bokhara clover (= white melitot, honey clover ,white sweet clover) 白花草木犀(白香草木犀,金花草)[*Melilotus albus* Desr.](豆科)
bolbostemma ①假贝母属[*Bolbostemma* Franquet.](葫芦科) ②假贝母(土贝母)[*Bolbostemma paniculatum* (Maxim.) Franquet]
bold 黑体字{电脑}
boldface font 黑体字型
boldness 鲜明度,醒目程度
bole ①主干,树干 ②干材 ③红玄武土,红色易碎黏土
bole area 干材面积
bole form-factor 树干形数
bole rot (剑麻)茎腐病
boletization 牛肝菌化(boletisatio)
boliden salt 加铬砷酸锌剂(木材防腐剂)
boll ①蒴 ②[棉]铃,棉桃(capsula)
boll breaker 棉桃破壳机
boll breaking cleaner 剥铃清花机
boll drop (= boll shedding) 落铃
boll-forming stage (棉)结铃期
boll gathering 棉铃收集,棉铃采集
boll picker 摘铃器
boll picking 摘铃,摘桃
boll rot ①铃腐 ②铃腐病
boll rot of cotton 棉铃红腐病[*Fusarium* ssp. *cephalothecium roseum* Cda.]
boll setting 结铃,结桃
boll shedding 落铃,落桃,落蒴
boll-to-row test 铃行试验(一个铃的种子种一行){育种}
boll weevil (= cotton boll weevil) 棉铃象甲[*Anthonomus grandis* Boh.](象甲科)
bolling 结铃,结蒴
bollinger body 包氏菱角体(指病毒)
bollworm 棉铃虫[*Heliothis obsoleta* Hübner](夜蛾科)
bolo (割马尼拉麻用)割刀
bolograph 分光测热记录器
bolometer ①测辐射热计 ②心搏[力]计
bolster 枕梁(建筑用材)
bolt ①螺栓 ②筛子 ③抽薹 ④闪电 ⑤系杆
bolt-on 扩充型{电脑}
bolt timber 短圆材,锯材
bolter ①抽薹植株 ②脱缰马 ③巨芽病{病理} ④筛,筛选机,筛分机
bolting ①抽薹,早期结子 ②巨芽病{病理} ③筛选
bolting characteristics 抽薹特性
bolting-cloth beetle 大谷盗[*Tenebroides mauritanicus* L.](谷盗科)
bolting in celery 芹菜巨芽病
bolting in rape 油菜抽薹
bolting machine 筛选机,筛分机
bolting phenomena 抽薹现象
bolting plant(= bolter) 抽薹植株
bolting resistance 抗抽薹性
bolting tendency 抽薹倾向
bolting tree 缚枝
Bolton-Hunter reagent Bolton-Hunter 试剂(商){生技}
boltonia ①波斯菊属[*Boltonia* L'Her.](菊科) ②波斯菊[*Boltonia latisqama* L'Her.]
bolts from the blue 晴天霹雳
Boltzmann constant 波耳兹曼常数{统计}
Boltzmann distribution 波耳兹曼分布
Boltzmann distribution law 波耳兹曼分布定律{统计}
Boltzmann equation 波耳兹曼方程
Boltzmann machine 波耳兹曼[计算]机
bolus ①团块 ②大丸剂
bomb ①失败 ②炸毁 ③毁坏程序{电脑} ④炸弹{物}
bomb calorimeter [炸]弹式量热器{环保}
bomb fly (= northern cattle grub, warble fly) 牛皮蝇[*Hypoderma bovis* De Geer](皮蝇科)
bombardier (= bombardier beetle) 气步甲,炮手(指有放气功能的步行虫)
bombardment 轰击
bombax ①木棉属[*Bombax* L.](木棉科) ②木棉[*Bombax malabaricum* DC.]
bombax family 木棉科[Bombacaceae]
Bombay aloe (= Manila aloe) 狭叶龙舌兰[*Agave angustifolia* Haw. var. *marginata* Trelease.](龙舌兰科)
Bombay black wood 铁刀木[*Cassia siamea* Lam.](藤黄科)
Bombay canary (= American cockroach) 美洲大蠊[*Periplaneta americana* L.]

(蜚蠊科)
Bombay hemp (= Bengal hemp) 印度麻(菽麻)
Bombay rosewood (= black rosewood) 宽叶黄檀
Bombay sumbil(= ammoniac plant) 氨草
bombesin 铃蟾肽,韩蛙皮素
bombinin 铃蟾抗菌肽
bombiosterol 蚕甾醇,蚕固醇[$C_{27}H_{46}O$]
bombycin 蚕素
bombycine 丝质的(bombycinus)
bombykol 蚕蛾性诱醇
bona-fide difference 真差异{统计}
bonanza ①高产量的,丰产的 ②繁荣兴旺的
bonanza farm 高产农场
bonanza farming ①高产农业(应用最新农具获得巨利) ②高产栽培
bonavist (= lablab)扁豆[*Dolichos lalab* L.](豆科)
bonbon 夹心糖{加工}
bond 键
bond angle 键角
bond energy 键能
bond length 键长
bond moment 键矩
bond order 键级
bond stability 键稳定度
bond strength 键强度
bond valence 键价
bond valence-bond length correlation 键价-键长相关性
bondage 约束,缚束
bondage occurrence 约束出现
bonded phase 键合相
bonded phase chromatography 键合相层析{生技}
bonded silica 键合硅
bonded stationary phase 键合固定相
bonding agent 黏合剂
bonding layer ①黏结法{电脑} ②键合层{生技}
bonding orbital 成键轨道
bonding pad 焊接区{电脑}
bonding region 键[合]区
bonding strip 搭接条{电脑}
bone 骨,骨头(os)
bone ash 骨灰,磷酸三钙
bone black(= bone charcoal) 骨炭
bone dry 绝对干燥
bone dust 骨粉
bone earth 骨土,骨灰
bone fat 骨脂
bone fertilizer 骨肥
bone flour 骨粉(指细骨粉)(饲料用)
bone glue 骨胶
bone grinder 骨头粉碎机
bone manure 骨肥
bone marrow 骨髓
bone marrow cell 骨髓细胞
bone marrow derived cell (B-cell) 骨髓产生细胞,B-细胞
bone marrow mitosis 骨髓有丝分裂
bone marrow mitosis method 骨髓有丝分裂方法
bone marrow smear 骨髓涂片
bone marrow stem cell 骨髓干细胞
bone marrow transplantation 骨髓移植
bone meal 骨粉(指粗骨粉)
bone morphogenetic protein (BMP) 骨形态发生蛋白
bone oil 骨油
bone phosphate of lime 骨质磷酸三钙
bone softening 骨软化
bone spavin 跗节内肿
bone superphosphate 过磷酸骨粉
bone tankage 脱脂骨粉
bongossi (= African oak, dwarf ironwood) 非洲柞栎树[*Lophira alata*](山毛榉科)
boning beef 去骨牛肉
bonita 金枪鱼科[Thunnidae]
bonitation ①繁殖适度,发生适度 ②土地评估(bonitatio)
bonito shark 灰鲭鲨[*Isurus glaucus* (Müller et Henle)]
bonnet (= cover) 罩,盖{农机}
Bonn's fluid 保恩氏固定液{显技}
Bonny best 真善美(番茄品种)
bons-ai (= pot culture) 盆栽
bonus ①生活补助费 ②额外利息 ③额外津贴 ④奖金
bony ①骨的 ②多骨的 ③瘦(osseus)
bony cotton 长绒棉(绒长 28.6 毫米以上的)
bonyberry ①小石积属[*Osteomeles* Lindl.](蔷薇科) ②(= roundleaf bonyberry)小石积[*Osteomeles subrotunda* K. Koch]
book ①账簿,账本,会计簿 ②书籍
book keeper 簿记员,会计员
book keeping ①簿记,会计 ②簿记学,会计学
book lice 书虱科[Liposcelidae = Troctidae]
book louse ①书虱(白书生)[*Atropus pulsatoria* L.] ②家书虱[*Liposcelis divinatorius* Mull.](书虱科)

bookfax 挂号传真{信息}
booklet 手册,小册子
bookmark 书签
Boolean analyzer 布尔分析器
Boolean criteria 布尔标准{遥感}
Boolean operation table 布尔运算表
boom ①筏堰 ②流材挡栅,拦木 ③喷杆,管形杆 ④转臂,起重臂 ⑤支架,横梁
boom cables 流材索,缏绳
boom chain 流材链,缏链
boom defence (BD) 障碍栅
boom nozzle 水平式喷嘴(指喷雾器的)
boom sprinkler irrigation 悬臂式喷灌
boom stacker 铰接杆式堆垛机
boom stage of growth 大生长期(指迅速发展的生长期)
boom type blowhead for dusting 多孔喷粉喷头
boon 麻秆
boony 木质化的
boony fiber 木质化纤维
boor 农民(指荷兰或德国的)
boost system 助力系统,增压系统
booster ①升压器 ②助推器 ③加力器 ④增强器,充电器
booster dose 促升剂量
booster immunization 加强免疫
booster pump 增压泵
boosting carboxylation 加速羧化作用
boot ①叶鞘(指剑叶下的鞘部) ②(玉米穗)总苞 ③输种管,排种管 ④开沟器 ⑤滑脚 ⑥筛架 ⑦长筒靴 ⑧引导程序(指电脑)
boot leaf 剑叶,止叶,旗叶(指水稻)
boot opener 靴式开沟器
boot record 引导记录
boot sector virus 引导扇区病毒{电脑}
boot-shaped 靴状的(peronatus)
boot-shaped cell [长]靴状细胞 (cellula peronata)
boot up 启动
bootable ①可引导的 ②可启动的 (bootabilis)
booted 靴状的 (peronatus)
Booth multiplier 布斯乘法器{统计}
booting ①孕穗 ②引导
booting stage 孕穗期
bootleg 盗版软件{电脑}
bootstrap amplifer 自举放大器
bootstrap circuit 自举电路
bora 布拉风(亚得利亚海东岸的一种干冷东北风)
boracite 方硼石{地质} [$6MgO \cdot MgCl_2 \cdot B_2O_3$]
borage ①玻璃苣属 [*Borago* L.](紫草科) ②玻璃苣[*Borago officinalis* L.]
borage family 紫草科 [Boraginaceae]
borage fork 玻璃苣叉(药圃用)
boralf 极地淋溶土
borasco 巴拉斯各雷暴(地中海上的一种雷暴或猛烈飑)
borate buffer 硼酸盐缓冲剂
borax 硼砂[$Na_2B_4O_7 \cdot 10H_2O$]
borax carmine 硼砂胭脂红{显技}
borax soap 硼砂皂
Borda loss 博尔达损失{环保}
Bordeaux injury 波尔多液伤害
Bordeaux liquid(= Bordeaux mixture) 波尔多液
Bordeaux Malachite E 特级波尔多(杀菌剂)
Bordeaux mixture 波尔多液 [$CuSO_4 \cdot XCu(OH)_2 \cdot YCa(OH)_2 \cdot 2H_2O$]
Bordeaux red 波尔多红(染料){显技}
Bordeaux-type nozzle 波尔多型喷雾头
border ①边际,边缘,边界,边境,边线,花边 ②界限,界面 ③田埂,畦 ④边坛,花床,高床 ⑤境界种植,境栽
border bed ①边畦{栽培} ②境栽花坛,边坛{园林}
border bedding 边坛坛植
border body 边缘体
border cell 边缘细胞
border check ①畦田 ②保护畦
border coating (= plastening of bark)(稻田)田埂涂抹黏泥
border crops 边缘作物
border-cutting 带伐
border dike 边缘堤带
border disk 圆盘作埂器
border effect 边际效应,边行影响
border flooding 畦灌
border flow 边界流
border flower bed 境栽花坛
border irrigation (= strip irrigation) 带状灌溉,畦灌
border land 边疆,边区
border levee 边际田埂,边埂
border line 境界线,边界线
border method of irrigation 畦灌法
border mulberry tree 四边桑{蚕}
border node 边界节点{电脑}
border of forest 林缘
border parenchyma (= marginal parenchyma) 边缘薄壁组织
border plant 边行植株
border plants excepted from investigation

(= guard row) 保护行
border region 边界地区,边区
border row 边行
border seedling 边缘幼苗,边行幼苗
border slope 边缘坡地
border surveillance 边界监视[卫星]{遥感}
border tree ①花境树,边坛树{园林} ②林缘树{森林}
border zone 边界区
bordered ①具边缘的 ②加边的(marginatus)
bordered pit 具缘纹孔(porus marginatus)
bordered pit-pair 具缘纹孔对(poroparia marginata)
bordered white moth(= pine geometrid) 松尺蛾[*Bupalus piniarius* L.](尺蛾科)
bordering ①围堤 ②筑埂
bore ①内径,口径 ②钻孔,穿孔,蛀孔 ③钻,锥
bore dust 蛀屑
bore hole ①蛀孔 ②钻孔
bore-hole poisoning 钻孔毒杀
bore-hole pump ①深井泵,潜水泵 ②钻井[泥浆]泵
bore-hole treatment 穿孔处理(指木材)
bore sight 瞄准线,视轴{遥感}
bore-sight camera 瞄准[照]相机{遥感}
bore sighting 枪筒瞄准{狩猎}
bore specimen 钻孔土样,钻孔岩心
boreal 北方的(borealis)
boreal birch forest 北方桦林
boreal climate 北部[森林]气候
boreal climate type 北部气候[森林]型
boreal coniferous belt 北方针叶林带
boreal coniferous forest 北方针叶林
boreal conifers 北方针叶树
boreal deciduous tree 北方落叶树
boreal forest 北方森林
boreal plankton 寒温带浮游生物
boreal species 北方种
boreas 北风
borecole (= kale) 羽衣甘蓝[*Brassica oleracea* L. var. *acephala* DC.](十字花科)
bored ①穿过的 ②穿叶的 ③虫蛀的(perfossus)
bored cane stalk 虫蛀蔗茎
bored shoot 虫蛀株,螟害株(指甘蔗受螟虫蛀孔)
bored well (= bore well) 机井,钻井
borer ①吉丁虫,吉丁甲 ②天牛 ③蛀螟 ④穿孔器,钻,锥子 ⑤⌊复⌉吉丁科[Buprestidae]
borer injury 螟害
boric 硼的,含硼的(boricus)
boric acid 硼酸(总称) ①原硼酸[H_3BO_3] ②偏硼酸[HBO_2] ③四硼酸[$H_2B_4O_7$]
boric fertilizer 硼肥
boring ①钻孔 ②钻探
boring animal 穿孔动物
boring-bit 钻头
boring lathe 镗床
boring machine ①钻孔机 ②镗床
boring-powder 蛀屑
boring stick 钻杆
boring well 机井
boring white dotty weevil 胡麻白点象甲[*Baris helleri* Hartm.](象甲科)
borium 硼
borium nutrition 硼[素]营养
born itch 脱毛癣
Borna disease 马地方流行性脑脊髓炎(是equine encephalomyelitis 的一种)
bornan 布南风(日内瓦湖中央的一种风名)
borneo-camphor (= borneocamphor tree) ①龙脑香属[*Dryobalanops* Gaertn. f.](龙脑香科) ②龙脑香[*Dryobalanops aromatica* Gaertn. f = *D. camphora* Colebn] ③龙脑
borneo cedar 菲律宾柳桉(红柳桉)[*Shorea negrosensis* Foxw.](龙脑香科)
borneo ironwood 苏门答腊铁木[*Eusideroxylon zwageri* Teijsm et Binn.]
borneol 冰片,莰醇[$C_{10}H_{17}OH$]
bornite 斑铜矿
bornyl acetate 醋酸冰片脂[$C_{10}H_{17}O \cdot COCH_3$]
bornyl chloride 冰片基氯,2-氯(代)莰烷{农药}[$C_{10}H_{17}Cl$]
boro 春季稻,春稻(指印度的)
boro type 春稻型(印度稻品种)
boroll 温带软土
boron 硼(B,5号元素)
boron application 施用硼肥
boron content 含硼量
boron deficiency 缺硼,硼素缺乏症
boron-deficiency symptom 缺硼症状
boron in river water 河水中的硼
boron nutrition 硼[素]营养
boron requirements 硼需要量
boron steel 硼钢
boron toxicity 硼毒性
Borovinka 波罗文卡(苹果品种)
Borrel bodies 波氏体{微生物}
Borrelidin 波氏体素

borrow ①借 ②借用,借位 ③模仿
borrow digit 借位数{统计}
borrowed capital 借入资金
borrowed funds 借入专款
borrowing 引进
borzi-cactus ①武烈柱[*Oreocercus celsianus* var. *bruennowii* sp.](仙人掌科) ②醉翁玉[*Arequipa leucotricha* sp.](仙人掌科) ③白仙王[*Matucana haynei* sp.](仙人掌科)
boscage 矮林,下木
boscoellia (= Boswellia) 乳香树[*Boscoellia carterii* Birdw.]
bosk 小丛林
bosket 丛林
Bosnquet's formula 鲍费克特公式(指计算排烟上升高度的公式){环保}
bosom ①胸,胸部 ②矿藏,蕴藏
bosque 滩地林
boss ①轮套,轮毂 ②圆形突出,突起物,岩瘤 ③领工员,领班
bossed 具突起的(nodosus)
boston ivy 爬山虎[*Parthenocissus tricuspidata* Planch.](葡萄科)
bostrix (= bostryx) 螺状聚伞花序
bostrychid ①长蠹 ②⌊复⌉长蠹科[Bostrychidae]
bostrychoid 螺旋状(bostrychoideus)
bostrychoid cyme 螺状聚伞花序,卷伞花序(cyma bostrychoidea)
bostrychoid dichotomy 螺状二歧分枝式(dichotomia bostrychoidea)
bostryx (= bostrix) 螺状聚伞花序
bot fly ①狂蝇[*Oestrus* spp.] ②⌊复⌉狂蝇科[Oestridae]
botan- ⌊字头⌉ ①草,牧草 ②植物
botanic (= botanical) 植物[学]的(botanicus)
botanic alternation of generation 植物世代交替
botanic classification 植物学分类法(classificatio botanica)
botanic garden 植物园(botanicum)
botanic reserve 植物储备
botanical 植物[学]的(botanicus)
botanical analysis 植物[学]分析
botanical appraisal 植物[学]鉴定
botanical composition 植物成分
botanical constitution 植物结构
botanical insecticide 植物杀虫剂
botanical knowledge 本草学(scientia botanica)
botanical nomenclature 植物命名法(nomenclatura botanica)
botanical park (= betanic park) 植物[公]园
botanical point of view 植物学观点
botanical research 植物学研究
botanical variety ①植物学变种 ②形态变种
botanical zone 植物带
botanist 植物学工作者,植物学家(botanistus)
botanizing 植物采集
botanizing box 植物采集箱
botany 植物学(botanica)
botany of crop plants 作物植物学
both ①两个,两者,两面 ②双,双方,双侧 ③(二者)都
both-way communication 双向通信{信息}
both-way operation 双向操作
bothriochloa ①孔颖草属[*Bothriochloa* Kuntze](禾本科) ②孔颖草[*Bothriochloa pertusa* (L.) A. Camus]
Botran (= dicloran) 氯硝胺(杀菌剂)[$C_6H_4Cl_2N_2O_2$]
botry-cymose 聚伞总状花序(botrycymosus)
botryanthous 总状花序的(botryanthus)
botryocarpous 总状果序的(botryocarpus)
botryococcus ①丛粒藻属[*Botryococcus* spp.](丛粒藻科) ②丛粒藻[*Botryococcus* sp.]
botryococcus family 丛粒藻科[Botryococcaceae]
botryoid 总状花序状的(botryoides)
botryomycosis 葡萄状霉菌病
botryose 总状花序式的(botryosus)
botryose inflorescence 总状花序(inflorescentia botryosa)
botrys 总状花序(raceme)
botrytis blight 菌核病,叶枯病
botrytis blight of lily 百合叶枯病[Botrytis elliptica Cooke]
botrytis disease (向日葵)灰腐病[*Botrytis cinerea* Pers.]
botrytis rot 灰霉病
bottle ①瓶 ②(干草,禾草)一束,一把 ③外壳
bottle-butted ①干基肥大的 ②干脚
bottle cultivation of mushroom 蘑菇[的]瓶[式]栽培
bottle feeder 瓶式饲喂器{蜂}
bottle filter 瓶式过滤器
bottle fly 肉蝇(黑须污蝇)[*Wohlfahrtia magnifica* Schtner](麻蝇科)

bottle-gourd ①葫芦属［*Lagenaria* Ser.］（葫芦科）②（= trumpet gourd）葫芦［*Lagenaria siceraria* Standl.］
bottle grafting 插瓶接,瓶水接{园艺}
bottle grass （= green foxtail）狗尾草［*Setaria riridis* Beauv.］(禾本科)
bottle method 瓶浸法(玉米杂交)
bottle-neck ①瓶颈 ②阻塞 ③隘道,喉道 ④关键
bottle-neck effect 瓶颈效应{育种}
bottle-neck process 瓶颈过程
bottle palm 酒瓶椰子［*Hyophorbe logenicaulis* sp.］(棕榈科)
bottle-shaped 瓶状的,葫芦状的（lageniformis)
bottle system of culture 瓶培养法(指插花)
bottle-tree ①苹婆属［*Sterculia* L.］(梧桐科)②苹婆［*Sterculia nobilis* Sm.］
bottlebrush 问荆［*Equsietum arvense* L.］(木贼科)
bottlebrush grass ①蝟草属［*Asperella* Humb.］(禾本科)②蝟草［*Asperella duthiei* Stapf］
bottled 瓶装的
bottled beer 瓶装啤酒
bottled honey 瓶装蜂蜜
bottleneck check 闭合裂缝
bottler 捆束器,捆束装置
bottling ①瓶栽,瓶插 ②装瓶,瓶装
bottom ①犁体 ②低地 ③河床 ④底,底面,底部 ⑤尾部,后部 ⑥水底[生物]
bottom application 底施,施底肥
bottom board ①箱底,底板{蜂}②斜滑板,抖动板{农机}
bottom clay 淤泥,污泥
bottom cleaner 底部清选机
bottom community 水底群落
bottom cross 非近交雄与近交雌交配
bottom culture 底层养殖,海底养殖
bottom current 底层流
bottom cutter （甘蔗切割机)根部切割器
bottom dead center(BDC) 下死点
bottom deposit 水底沉积{环保}
bottom-diameter 根际直径
bottom drift net 底层流网
bottom dwelling organisms 水底生物{环保}
bottom entrance 箱底巢门
bottom erosion 底部侵蚀
bottom feeder 食底泥生物,食底泥鱼类
bottom fermentation 下面发酵,底发酵
bottom fishes 底层鱼类
bottom floor 底板
bottom gill net 底层刺网
bottom grass 下繁(层)草
bottom heat 底[层]热(指床温)
bottom land 河滩地,水泛地,低地
bottom-land forest 低地林
bottom latch 犁体锁销
bottom layer ①底层 ②底面,焊接面
bottom leaf 低出叶(cataphyllum)
bottom long line 底层延绳钓
bottom margin 底边,底线
bottom moraine 底碛石
bottom of sedimentary bed 沉积层底部
bottom phase 下相,底相
bottom-plankton 底层浮游生物
bottom plow （= bottom plough)有底犁,铧式犁
bottom recessive 隐性基因纯合体
bottom reflection 底面反射{遥感}
bottom roller 下滚轮,轨道滚轮
bottom rot of chinese cabbage （= bottom brown rot of chinese cabbage）白菜立枯病［*Pellicularia filamentosa* Rogers.］
bottom sampler 底泥采样器{环保}
bottom sediment 水底沉积物
bottom set 小球根,小球茎,地下结球(指块根,块茎作物)
bottom-set bed 底积层
bottom-set gillnet 底层定置刺网
bottom slice 下层
bottom slide （粮箱)活底门
bottom soil 底土,心土
bottom suction 犁体垂直间隙
bottom thawing 底部融解
bottom trawl 底拖网
bottom up 自底向上,自下向上
bottom-up analysis 自底向上分析
bottom-up design 自底向上设计{电脑}
bottom-up testing 自底向上测试
bottom view 底视图{显技}
bottom water 底层水
bottom weed 下繁杂草(指果树、林木下的杂草)
bottom weed control 下繁杂草防除
bottom width 底宽(畦底)
bottom yeast 底面(层)酵母
botuliform 香肠状的(botuliformis)
botulin 肉毒[杆菌]毒素
botulinal toxin test 肉毒毒素试验
botulinus toxin 肉毒毒素
botulism 肉毒,肉毒杆菌病(botulismus)
Boucherie process 包肖尼树液置代法{森林}

bougainvillen ①九重葛属［*Bougainvillea* Comm.］（紫茉莉科）②九重葛［*Bougainvillea glagra* Choisy］
bough 枝（ramus）
bough pot ①花钵，花盆 ②花束
bough scraper ①枝条拖运机 ②枝条拖板
bought-in feedstuffs 购入饲料
boughy 多枝的（ramosus）
bouillon 肉羹，肉汤（指培养基用）
bouillon agar 肉羹琼脂（培养基）
bouillon culture solution 肉羹培养液
bouillon gelatine 肉羹明胶
Bouin-Allen's fluid 包因-爱兰二氏液｛显技｝
Bouin's fixative 包因固定液
boulder （=bowlder）漂砾，浮砾，巨砾
boulder bed 漂砾层，沙砾层
boulder clay 砾泥
boulder fan 漂砾冲积扇，砾质冲积扇
boulder flint 卵石
boulder removal 清除砾石
boulder rock 漂砾石
bouldery ground 砾质土
boule flyover 立体交叉道
boulevard 林阴大道｛园林｝
bounce ①颤动，抖动 ②弹回 ③起落打字
bounceless contact 无声接点｛电脑｝
bouncing ball 小球病毒，弹球病毒｛电脑｝
bouncing bet（=common soap-wort） 肥皂草［*Saponaria officinalis* L.］（石竹科）
bound ①受束缚的，受约束的 ②结合的 ③ ⌞复⌝边界，境界，限界，上下界，上下限，领域，范围限制，约束
bound amylase 结合淀粉糖化酶
bound auxin 结合植物生长素
bound charge 束缚电荷
bound control module（BCM） 界限控制模块｛信息｝
bound energy 束缚能，结合能
bound form ①缚束方式，缚束形态 ②结合形态
bound form in soil 土壤结合形态
bound greatest lower 最大下界｛遥感｝
bound K 结合钾，结合 K
bound least upper 最小上界｛遥感｝
bound material 捆扎材料，捆扎物
bound moisture（=bound water, bond water） 束缚水，结合水
bound pupa 缚蛹
bound register 界限寄存器
bound setter ①测量员 ②地形测绘者
bound water（=bond water） 束缚水，结合水
boundary ①界，边界，境界 ②限界，界面 ③分界线 ④田埂，边埂，堤
boundary air layer 边界空气层
boundary alignment 边界调整，边调对准
boundary belt 保护带
boundary building （=border building）边埂修筑
boundary condition 边界条件
boundary curve 边界曲线
boundary dam 挡水坝
boundary ditch 地边［壕］沟
boundary element 边界元件｛生技｝
boundary fence 边界篱笆，边篱
boundary film 界面膜
boundary furrow 地边沟，界沟
boundary layer 界面层，边界层
boundary layer climate 界面层气候｛生态生理｝
boundary layer phenomenon 边界层现象
boundary layer resistance 边界层阻力
boundary line 境界线，分界线
boundary map 境界图
boundary mark 境界标
boundary network node（BNN） 边界网络节点｛信息｝
boundary of field 地界，田界
boundary of horizon 土层边界，层界，层次界线
boundary of property 所有权境界
boundary of rice field ①稻田边埂，稻田边界 ②稻田埂，田埂
boundary of servitude 地役（使用）权境界
boundary of village land 全村土地的限界
boundary parenchyma 限界薄壁组织（parenchyma peripherica）
boundary planting 边境种植，边界种植
boundary position 界标位置
boundary row 保护行，边行
boundary scan 边界扫描
boundary settlement 界标设置
boundary stone 界石
boundary strip ①田界 ②防风林带
boundary surface 界面
boundary survey 边界测量
boundary tissue 限界组织（tela peripherica）
boundary treatment 边界处理
boundary tree 境界树
boundary violation 越界
boundary zone 界面区
bounded area 限定面积
bounded function 有界函数｛遥感｝
bounded sequence 有界序列

bounded surface 界表面
bounded utility 有界效用
bounding attachment ①集草车 ②装禾捆附加装置
bounding capacity 黏着力
bounding effect 边行效应
bounding hyperplane 边界超平面
bounty 赏金,奖励金(bonitas)
bouquet ①花束 ②[葡萄酒]香味
bouquet branch 花束状结果枝
bouquet configuration 花束表型{遗传}
bouquet flower branch 花束状结果枝
bouquet larkspur 大花飞燕草(翠雀)[*Delphinium grandiflorum* L.](毛茛科)
bouquet spur 花束状短果枝
bouquet stage 花束期{遗传}
bouquet thinning 分簇间苗
Bourbon 波尔博恩(甘蔗热带原种)
Bourbon cotton 紫棉(蓬蓬棉)[*Gossypium purpurascens* Poir.](锦葵科)
Bourdon thermometer 波塘温度表
bourgeon (=burgeon)①芽,嫩枝 ②萌芽,发芽
bourne 间歇河
bourse 果台
bourse bud 果台芽
bourse shoot 果台枝
bout ①(耕地,犁地,收割的)一来回,一往复{耕作} ②发作{病理}
bouteloua ①格兰马草属[*Bouteloua* Lagasca](禾本科) ②格兰马草[*Bouteloua curtipendula* (Michx.) Tovr.]
bouvardia ①寒丁子花属[*Bouvardia* Salisb.](茜草科) ②寒丁子花[*Bouvardia longiflora* Salisb.]
bovine ①牛 ②牛的
bovine actinomycosis 牛放线菌病[*Actinomyces bovis*]
bovine brucellosis 牛布氏杆菌病
bovine coccidiosis 牛球虫病[*Lsospora bovis*]
bovine contagious pleuropneumonia 牛传染性胸膜肺炎(=lung plague)
bovine embryo extract 牛胚胎提取液
bovine haemoglobinuria 牛血尿病
bovine leptospirosis 牛细螺旋体病
bovine leukemia virus (BLV) 牛白血病病毒
bovine malignant catarrh 牛恶性黏膜炎
bovine mastitis 牛乳房[腺]炎
bovine pancreatic ribonuclease 牛胰 RNA 酶
bovine pancreatic trypsin inhibitor (BPTI) 牛胰胰蛋白酶抑制剂
bovine papilloma virus (BPV) 牛乳头瘤病毒
bovine paratuberculosis 牛副结核
bovine pest 牛瘟[*Pestisbovum*]
bovine piroplasmosis 牛梨浆虫病
bovine rhino-tracheitis 牛鼻气管炎
bovine scabies 牛疥病
bovine serum albumin 牛血清清蛋白
bovine spleen phosphodiesterase 牛脾磷酸二酯酶
bovine trichomoniasis 牛滴虫病
bovine tuberculosis (=bovine T.B.)牛结核病
bovine viral diarrhea virus (BVDV) 牛病毒性腹泻病毒
bow 弓{狩猎}
bow case 弓袋
bow crook ①弓 ②弯弓{狩猎}
bow crop divider 弓形杆式分禾器
bow hoe 弓形牵引锄
bow-legged 弯腿的
bow net 盛鱼网框
bow-saw 弓锯
bow training 弓形整枝
bow-wire tooth cylinder 弓齿滚筒
bow wood 弓木[*Maclura pomifera* Sch.](桑科)
bowed-branch layering 偃枝压{园艺}
bowel complaint 腹泻,下痢
Bowen's ratio 鲍文比率{气象}
Bowen's reaction series 鲍文反应系列
bower 园亭,凉亭{园林}
bower actinidia (=tara vine) 软枣猕猴桃(藤瓜)[*Actinidia arguta* (Sieb. et Zucc.) Planch.](猕猴桃科)
bower plant 粉花凌霄[*Pondorea jasminoides* K. Schum.](紫葳科)
bowing ①弓形弯曲,侧向弯曲 ②侧向偏移 ③弓形横列
bowl ①花钵{园艺} ②(离心机)分离钵{显技} ③铲斗{农机}
bowl capacity 铲斗容量
bowl crown 杯状树冠
bowl shape training 杯状整枝[法]
Bowman-Birk protease inhibitor Bowman-Birk 蛋白酶抑制剂,鲍曼-柏克蛋白酶抑制剂
bowstring-hemp ①虎尾兰属[*Sansevieria* Thunb.](百合科) ②虎尾兰[*Sansevieria zeylanica* Willd.]
bowstrings 弓弦{狩猎}

box ①黄杨属［*Buxus* L.］（黄杨科）②黄杨［*Buxus microphylla* Sieb. et Zucc.］③畜栏，畜舍 ④箱，盒 ⑤车身，车厢 ⑥轴套，轴瓦
box and arrow notation 方盒－箭头表示法｛电脑｝
box cart 带箱式小车
box condenser 箱形冷却器
box culvert 矩形涵洞，箱形涵洞
box diffusion 箱式扩散
box drier （制乳粉、蛋粉用）箱式干燥器
box edging 黄杨篱，黄杨边［缘］｛园林｝
box elder （= ash-leaved maple）梣叶槭［*Acer negundo* L.］（槭树科）
box-elder bug 梣叶槭蛛缘蝽［*Leptocorisa trivittatus* Say.］（蛛缘蝽科）
box-elder leaf roller 梣叶槭细蛾［*Gracilaria negundella* Chamb.］（细蛾科）
box family （= boxwood family） 黄杨科［Buxaceae］
box feeding 箱饲
box-feeding shooter 箱饲射击器｛农施｝
box-feeding slider 箱饲滑动器
box filter 箱形滤波器｛遥感｝
box fold 箱状褶皱｛地质｝
box hive 木箱蜂巢
box honey 框蜜，巢蜜
box kiln 箱式干燥窑
box level 圆水准器｛测｝
box lumber 箱材
box making 箱制造，制箱
box measurement 铜盒测定法（旧式测定磨碎土样容重和最大持水量的方法）
box number 框号，信箱号｛信息｝
box packing ①装箱 ②箱装（包装法之一）
box planting ①箱栽 ②箱栽法
box rearing 箱饲｛蚕｝
box scheme 盒格式
box shear apparatus 剪切仪
box sheeting 平板支撑，箱式支撑
box shelves 箱形栽培架｛园林｝
box-stall 单畜舍
box sucker 黄杨木虱［*Psylla buxi* Linnaeus］（木虱科）
box-system 箱形采脂法
box-thorn ①枸杞属［*Lycium* L.］（茄科）②枸杞［*Lycium chinensis* Mill.］
box trap （捕兽用）陷笼
box tree （= box）①黄杨属［*Buxus* L.］（黄杨科）②黄杨［*Buxus microphylla* Sieb. et Zucc.］
box-tree pyralid 黄杨螟［*Margaronia perspectalis* Walker］（螟蛾科）
box-trough compass 方框罗针｛测｝
box wood （= box timber）箱板材
box wrench （= box spanner）套筒扳手
boxboard 箱纸板
boxed heart 髓心材
boxed heart check 心材开裂
boxing ①加框｛电脑｝②箱栽｛园艺｝
boxleaf atalantia ①酒饼簕属［*Atalantia* Correa］（芸香科）②酒饼簕［*Atalantia buxifolia* （Poir.） Oliv.］
boxleaved cotaneaster 黄杨叶栒子［*Cotaneaster buxifolius* Lindl.］（蔷薇科）
boy stall 幼畜栏，幼畜舍
Boyce-Codd normal form （BCNF） 波义斯－柯德范式，BC 范式｛信息｝
boycott 拒绝买卖，抵制
Boyle-Mariotte law 波义尔－马里奥特定律｛生态生理｝
Boyle's law 玻意尔定律｛物｝
Boys Ballot's law 白贝罗定律｛气象｝
boys camera 波士照相机
bp （= base pair） 碱基对｛分遗｝
BPS （= basal portion of stalk） ［蔗］茎基部｛甘蔗｝
Bq （= becquere） 贝可［勒尔］（射放性强度单位）
brace ①支柱 ②曲柄 ③撑条，撑杆 ④钩住，拉紧 ⑤一对，一双 ⑥括号，花括号（brachium）
brace bar ①撑杆 ②（拖车）斜牵引杆
brace comb 连接脾，赘脾（蜜蜂自造的小巢脾）
brace root 支柱根（radix fulcrans）
brachiate 分枝开展的（brachiatus）
brachionectin （= tenascin） 臂粘连蛋白｛分生｝
brachiopods 腕足动物（brachiopodes）
brachium ①上臂 ②前胫节 ③肘脉
brachy- ⌊字头⌉短
brachy-fold 短轴褶折｛遥感｝
brachy-form 无春孢型，无锈孢型
brachyacanthous 短刺的（brachyacanthus）
brachyandrus 短花丝的
brachyantherous 短花穗的（brachyantherus）
brachyanthous 短花的（brachyanthus）
brachyblast 短枝的（brachyblastus）
brachybotrys 短总状［花序］的
brachycalyx 短萼的
brachycarpous 短果的（brachycarpus）

brachycaulis 短茎的
brachycephalous 短头的(brachycephalus)
brachycerous 短角的(brachycerus)
brachychaetous 短刺毛的(brachychaetus)
brachychiton ①瓶子木属[*Brachychiton* R. Br.](梧桐科) ②瓶子木[*Brachychiton populneus* R. Br.]
brachycladous 短枝的(brachycladus)
brachycuspid 短尖的(brachycuspis)
brachydactyly ①短指畸形 ②短趾畸形 ③短指 ④短趾(brachydactylia)
brachydodromous 具网脉的(brachydodromus)
brachyglosse 短舌的(brachyglossus)
brachylobous 短裂的(brachylobus)
brachymeiosis 简化减数分裂
brachyneurous 短脉的(brachyneurus)
brachypetalous 短瓣的(brachypetalus)
brachyphyllous 短叶的(brachyphyllus)
brachypodous ①短柄的{形态} ②短足的{昆虫}(brachypodus)
brachypterism 短翅现象(brachypterismus)
brachypterous 短翅的(brachypterus)
brachypterous form 短翅型
brachysclereid (=bracheid)短石细胞
brachysm 短缩现象(指玉米秆高度、节间缩短)(brachysmus)
brachysporium blotch 煤纹病(水稻)
brachystachys 短穗的
brachystyle 短花柱的(brachystylus)
brachystylous (=brachystyle)短花柱的(brachystylus)
brachytely 弱速,缓进化{遗传}(brachytelia)
brachytic 短茎的(brachyticus)
brachytic plant 畸形植株(planta brachytica)
brachytic type 短茎型
brachytrichous 短毛的(brachytrichus)
brachyurous 短尾的(brachyurus)
bracing ①缚枝{园艺} ②弓上弦,上弓{狩猎} ③支柱{栽培}
bracken (=brake)蕨[*Pteridium aquilinum* (L.) Kuhn](蕨科)
bracken crusher 灭蕨压碎机
bracken cutter 铲蕨机
bracken fern (=eastern bracken)欧洲蕨[*Pteridium aquilinum* Kuhn. var. *Latiusculum* Und.](蕨科)
bracket ①支架,托架 ②括弧,括号 ③标界消息
bracket bolt 托架螺栓
bracket communication 按类通信,标界通信{信息}
bracket-hair 钩头毛,弧形毛(pilus braccatus)
bracket pair 括号对
bracket plant (=spider-plant) ①吊兰属(青百合属)[*Chlorophytum* Ker-Gawl.](百合科) ②吊兰(折鹤兰,垂钓兰)[*Chlorophytum capense* Kuntze]
bracket protocol 标界协议(指按类通信协议){信息}
bracket-shaped 弧形的(braccatus)
brackish ①微碱的,微咸的 ②有盐味的
brackish biotope 微咸群落生境{生态生理}
brackish deposit 微碱沉积物
brackish water 微咸水
brackish water fishery 咸淡水渔业
braconid fly ①(=braconid wasp)小茧蜂 ②⌊复⌉(braconid flies, braconid wasps)小茧蜂科[Braconidae]
bract 苞,苞片(bractea)
bract leaf (=bracteal leaf)苞叶
bract scale 苞鳞(epimatium bracteale)
bracteal ①苞片状的 ②具苞[片]的(bractealis)
bracteal leaf 苞叶(folium bracteale)
bracteate 具苞[片]的(bracteatus)
bracted fir (=bracted red fir)大冷杉[*Abies nobilis* Lindl.](松科)
bracted spiderwort 具苞紫露草[*Tradescantia bracteata* Small](鸭跖草科)
bracteifer (=bract-bearing)具苞片的
bracteody 苞轮(苞片取代花轮),苞片化(bracteodia)
bracteoid 苞状的(bracteoideus)
bracteolar 小苞片状的(bracteolaris)
bracteolate 具小苞片的(bracteolatus)
bracteole 小苞片(bracteola)
bracteose ①多苞片的 ②苞片显著的(bracteosus)
bractless 无苞[片]的(bracteatus)
bractlet 小苞片(bracteola)
bractlet-shaped 小苞片状的(bracteolaris)
bradsot 羊快疫
bradsot black leg 快疫黑腿病
brady- ⌊字头⌉缓慢
bradyauxesis 低速生长,弱异速生长
bradykinin 舒缓激肽
bradykinin potentiating peptide [舒]缓激

肽增强肽
bradykininogen 舒缓激肽原
bradypepsia 消化不良，消化徐缓
bradyrhizobium ①慢生根瘤菌属［*Bradyrhizobium* Jordan］（根瘤菌科）②慢生根瘤菌［*Bradyrhizobium* sp.］
bradytelic 低速的，缓速的，弱速的（bradytelicus）
bradytelic evolution 低速进化，缓速进化
bradytelic rate of evolution 进化低速率
bradytocia 分娩延缓
bradyuria 排尿徐缓
bradzot （= bradsot，braxy）羊快疫
Braford 白来福牛（美国肉用种）
Bragg angle 布莱格角｛生技｝
Bragg equation 布莱格方程
Bragg-peak 布莱格峰｛辐射｝
Brahman ①婆罗门牛（美国瘤牛）②婆罗门鸡
braid ①辫子（指大蒜，洋葱的）②编辫子｛园艺｝
braid of garlic 大蒜辫
braid of onion 洋葱辫
braided channel 网状水道
braided hose 编织软管
braided stream pattern 网状水系，辫状水系｛水利｝
brail net 抄网｛水产｝
brain 脑（cerebrum）
brain behavior intelligence（BBI） 脑行为智能｛电脑｝
brain broth 脑煎汁
brain case 颅骨
brain-gut peptide 脑肠肽
brain hormone 脑激素
brain puffball 头状秃马勃［*Calvatia craniformis*（Schw.）Fr.］（担子菌）
brain scans 脑［放射性］同位素扫描
brain storming（BS） 集思法，妙主意，头脑风暴法，智暴｛智培｝
braindamaged 电脑受损，电脑损坏
brainware 脑件｛电脑｝
brainworm 脑包虫，多头蚴
brajilian wax tree（= Carnauba wax palm）①蜡棕榈［*Copernicia cerifera* Mart］（棕榈科）②巴西棕榈蜡
brake ①凤毛蕨属［*Pteris* L.］（凤毛蕨科）②凤毛蕨［*Pteris vittata* L.］③丛林 ④闸，制动器 ⑤打麻 ⑥重型耙
brake arrangement 制动装置
brake band 带式制动器
brake block 闸块式制动器，瓦块式制动器
brake booster 制动助力器
brake compressor 制动气泵
brake cylinder 制动分泵
brake-disk（= brake-wheel） 制动轮
brake drum 制动鼓
brake dynamometer 制动测功仪
brake gear 制动机构
brake handle 制动手杆
brake horse power（BHP） 制动马力，有效马力
brake master cylinder 制动总泵
brake pedal 制动踏板，刹车踏板
brake reservoir 制动储气罐
brake roll ①揉［麻］棍 ②破碎辊，碾碎辊
brake root （= polypod，polypody root）水龙骨
brake-rope 制动钢索
brake wheel 制动轮
braked hemp 梳过［大］麻
braking action 刹车，制动
braking machine 打麻机
bramble（= bramble berry，blackberry）欧洲黑莓
bramble leafhopper 树莓叶蝉［*Ribautiana tenerrima*（Herrich-Schäffer）］（叶蝉科）
brambles 蔓生浆果
brampton stock（= stock） ①紫罗兰属［*Matthiola* R. Br.］（十字花科）②紫罗兰［*Matthiola incana*（L.）R. Br.］
bran 糠，麸
bran coat 麸皮
bran flour 糠
bran layer 糠层｛农施｝
bran mash 糠麸饲料（湿拌饲料）
bran meal mixed feed 麸粉混合饲料
bran oil 糠油
bran removal 除糠，去糠
bran roll 糠麸碾压辊
branch ①枝（ramus）②分支，支流 ③分支指令，转移指令｛电脑｝
branch abscission 枝脱离（abscissio ramosa）
branch breakage 枝折
branch bud 枝芽（gemma ramosa）
branch canal 支渠
branch canker 胴枯病
branch connection 支管连接，支管接头｛环保｝
branch drain 排水支沟
branch exchange 变换分机｛信息｝
branch experiment station 试验分站
branch gap 枝隙（lacuna ramosa）
branch height 枝下高度

branch line 支线
branch litter 枯枝层
branch migration 分支移位{分遗}
branch network 分支网络
branch of first order 一级枝
branch on 转移{信息}
branch on indicator (= branch indicator) 转移指示器
branch operation 转移操作
branch out 分枝
branch pipe 支管{环保}
branch point ①分支点 ②转移点
branch primordia 分枝原基
branch program 分支程序(指电子计算机)
branch root 分枝根
branch rot 枝枯病
branch shears 修枝剪
branch site 分支位点
branch spread (= tree spread)枝伸展(张)
branch station 分站
branch system 分支系统
branch tendril 新梢
branch trace 枝迹(vestigium ramosum)
branch-wood (= lapwood) 枝条材
branched ①具分枝的 ②分支的 ③支化(ramifer)
branched attitude 枝姿,枝态
branched chain 支链
branched chain amino acid 支链氨基酸
branched chain peptide 支链肽{分遗}
branched chromosome 分支染色体
branched DNA 分支 DNA
branched ear 分枝穗(spicaramosa)
branched enzyme 分支酶,分支因子
branched form 分枝类型
branched habit 分枝习性(habitus ramosus)
branched inflorescence 分枝花序(inflorescentia ramosa)
branched knot 分歧节(nodus ramosus)
branched local variety 当地分枝品种
branched meiotic configuration 分支减数分裂表型
branched polymer 支化聚合物
branched raceme 分枝总状花序(racemus ramosus)
branched raceme character 分枝总状花序性状(character racemosus ramosus)
branched root 分枝根(radix ramosa)
branched root system 分枝根系
branched sclereid 分枝硬化细胞(sclereida ramosa)
branched spike 分枝穗(spica ramosa)
branched spikelet 分枝小穗(spicula ramosa)
branched-stachys type 分枝穗型
branched-stachys wheat 分枝穗型小麦
branched synthetic peptide 支化合成肽
branched wheat 分枝小麦[*Triticum vulgare compositum* Tum. = *T. vaviloviaum* Jakubz](禾本科)
brancher 幼猛禽
branchery [橘]络
branches and tendrils 枝蔓
branches and trunk 枝干
branchia ①鳃 ②气管鳃(branchia)
branchial 鳃的(branchialis)
branchial arch 鳃弓
branchial cleft 鳃裂
branchiate 有鳃的(branchiatus)
branchiblast-strobilus 分枝[条]球果
branchicolous 鳃栖的(branchicolus)
branchiness 分枝性(ramositas)
branching ①分枝式 ②抽条 ③分支 ④转移(ramosus)
branching characteristics 分枝式特征(characteristica ramosa)
branching cytodifferentiation 分枝细胞分化
branching enzyme 分支酶
branching factor 分支因子
branching form 分支型
branching growth habit 分枝生长习性
branching habit 分枝习性
branching larkspur 疏花翠雀[*Delphinium consolida* L.](毛茛科)
branching mycelium 分枝菌丝体(mycelium ramosum)
branching node 分蘖节,分枝节(nodus ramosus)
branching operation ①转移运算 ②转移操作
branching point 分支点
branching process 分支过程{环保}
branching system 分枝系统(systema ramosa)
branching type 分枝型(稻,小麦)(typus ramosus)
branching variety 分枝品种
branchless 无枝的,不分枝(eramosus)
branchlet 小枝(ramulus)
branchline 支线
branchroad 支路
branchy 分枝的,多枝的(ramosus)

branchy brome 分支雀麦 [*Bromus ramosus* Huds.]（禾本科）
branchy onion 野韭 [*Allium ramosum* L.]（石蒜科）
branchy paliurus ①马甲子属 [*Paliurus* Mill.]（鼠李科）②马甲子 [*Paliurus ramosissmus* (Lour.) Poir.]
branchy plant 分枝植株（planta ramosa）
branchy pycreus 多穗扁莎 [*Pycreus polystachyus* (Rottb.) Beauv.]（莎草科）
branchy stem 分枝（ramus）
branchy tamarisk 分支柽柳 [*Tamarix ramosissima* Ledeb.]（柽柳科）
brand ①黑粉病 ②品种 ③商标 ④烙印
brand fungi 黑粉菌
brand-mark 烙印，烙号，打火印
brand name（= trade mark） 商标
brand spore 黑粉菌冬孢子
branded article 有商标的商品
branding 打烙印，打火印
branding-iron 烙铁
brandling ①蚯蚓 [*Lumbricus terrestris* L.]（巨蚓科）②幼龄鲑鱼
brandy 白兰地，(烧酒，白酒，谷酒)
brank (– buckwheat)(荞麦) [*Fagopyrum esculentum* Moench.]（蓼科）
brank-ursine (= bear's breech)老鸦企属
Branma 婆罗门鸡
branny ① 有糠麸的 ②糠麸状的（furfuraeus）
brash ①枝梢，枝屑 ②骤雨 ③碎片（指岩石或冰块）④发疹子
brash chopper 枝梢切断机
brash ice 碎冰
brashness (= brittleness)脆性
brasiletto ①云实属(苏木属) [*Caesalpinia* L.]（豆科）②云实 [*Caesalpinia sepiaria* Roxb.]
brass 黄铜
brass-buttons 长毛铜扣菊(长毛山芫荽) [*Cotula barbata* sp.]（菊科）
brassica ①芸薹属 [*Brassica* L.]（十字花科）②芸薹 [*Brassica napus* L.]
brassica pod midge 芸薹荚瘿蚊 [*Dasyneura brassicae* (Winn.)]（瘿蚊科）
brassicasterol 菜子甾醇，菜子固醇
brassicin 蔓菁苷，异鼠李黄酮葡糖苷
Brassicol (= quintozene)五氯硝基苯（杀菌剂）[$C_6Cl_5NO_2$]
Bratancon 勃拉邦松马(比利时种重挽马)
Braun's holly-fern 棕鳞耳蕨 [*Polystichum braunii* Fee.]（鳞毛蕨科）
Bravais lattices 布拉威点格{生技}
bravaisite 漂云母
brawn (经过切块及压缩的)腌肉
brawner ①去势公猪（= castrated boar）②牡鹿（= male deer）
braxy (= bradsot, botryomycosis)羊快疫，绵羊败血性梭菌病
bray stone 多孔砂岩{地质}
Bray's method 卜拉依氏法(土壤测定)
braze 硬钎焊，铜锌合金
brazed hologram 硬钎焊全息图
brazier 火盆，金属炭盆
Brazil bougainvillea ①九重葛属 [*Bougainvillea* Comm.]（紫茉莉科）②九重葛(毛宝巾，红花九重葛) [*Bougainvillea spectabilis* Willd.]
Brazil cherry 巴西红果 [*Eugenia uniflora* L.]（桃金娘科）
Brazil cocoa moth 可可浪纹螟 [*Sylepta prorogata* Hampson]（螟蛾科）
Brazil melocactus 卷云球 [*Melocatus neryi* sp.]（仙人掌科）
Brazil-nut tree ①巴西果属 [*Bertholletia* Humb. et Bonpl.]（桃金娘科）②巴西果 [*Bertholletia excelsa* Humb. et Bonpl.]
Brazil pepper-tree (= California pepper-tree, Peruvian mastic tree)加州胡椒树，漆椒树 [*Schinus molle*]
Brazil rain tree 大鸳鸯茉莉 [*Brunfelsia calycina* Benth.]（茄科）
Brazil rubber-tree 巴西橡树 [*Hevea gayanensis* A.]（大戟科）
Brazil wood 棘云实(巴西苏木) [*Caesalpinia echinata* Lam.]（豆科）
brazilein 苏木素
Brazilian bois de rose (= Brazilian rosewood) 巴西蔷薇木 [*Aniba rosaeodora* Ducke var. *amazonic* Ducke]（豆科）
Brazilian cashew 槚如树(鸡腰果) [*Anacardium occidentale* L.]（漆树科）
Brazilian cocoa 寇纳茶 [*Paulinia cupana*]
Brazilian current 巴西暖流
Brazilian glory bush ①光荣花属 [*Tibouchina* Aubl.]（野牡丹科）②光荣花 [*Tibouchina semidecandra* Cogn.]
Brazilian guava 巴西番石榴 [*Psidium araca* Raddi]（桃金娘科）
Brazilian lucerne 笔花豆 [*Stylosanthes gracilis* Hbk.]（豆科）
Brazilian nightshade 藤茄 [*Solanum seaforthianum* Andr.]（茄科）

Brazilian pepper tree ①肖乳香属［*Schinus* L.］(漆树科) ②肖乳香［*Schinus terebinthifolius* Raddi］
Brazilian piassava fiber 巴西［制绳、地席、帚刷用的］椰子纤维
Brazilian rose-wood 巴西黑檀(黑黄檀)［*Dalbergia nigra* Fr. Allem.］(豆科)
Brazilian senna 巴西朵［*Myriophyllum brasiliense* Camb.］(小二仙草科)
Brazilian wax tree (= carnauba palm, carnauba wax tree)巴西蜡棕(蜡叶椰,蜡科布榈)［*Copernicia cerifera* Mart］(棕榈科)
brazilin 巴西红(巴西木素){显技}
brazilwood 巴西木［*Caesalpinia cerifera* Mart.］(豆科)
brazing 钎焊
breach ①破口,破隙 ②损伤,裂伤 ③侵害,妨害 ④袭击 ⑤违反,违背
breach of contract 违约
breach of plant 植株损伤
breach of weeds 杂草侵害
breach yeast 絮状酵母
bread ①面包 ②日常食物,粮食
bread-corn 常用谷物
bread fruit (= bread-fruit tree) ①木波罗属［*Artocarpus* Forst.］(桑科) ②木波罗［*Artocarpus integritolia* L.］
bread grains (= food grains)食用谷物,普通谷物
bread-making 面包制造
bread mold 黑根霉［*Rhizopus nigricans* Ehrenb.］(毛霉科)
bread-nut tree 有核面包果［*Artocarpus incisa* L. f.］(桑科)
bread processing 面包加工{加工}
bread stuffs 制面包原料(面粉,谷物)
bread wheat 普通小麦［*Triticum vulgare* Host.］(禾本科)
breadboard 实验电路板,试验电路板{信息}
breadth (= width)宽,宽度 (alxitas)
breadth of annual ring 年轮宽
breadth of road 路幅,路面宽度{园林}
breadthways 横放,横置
break ①断裂(指染色体){遗传} ②变异(指花卉){园艺} ③中断(指寒潮或热浪前后的气温突变){气象} ④展出叶{形态} ⑤破裂,破口{栽培} ⑥间断,故障{农机} ⑦粉碎,破碎,压碎
break box 中断盒{信息}
break chromatid 断裂染色单体
break chromosome 断裂染色体
break-even ①无损失的 ②无冗余的,无盈亏的 ③能量收支相抵
break-even point 利润界限
break fiber 弹过纤维(棉,麻)
break flour 粉碎粉
break harrow ①碎土耙 ②碎土机
break hemp 碾碎麻
break-in ①压滚,压磨,磨合{耕作} ②试车{农机} ③截断{环保}
break-in function 截断功能
break in the profile 剖面中断
break key 打断键,中断键,断路键
break mode 断开方式
break of dormancy (= break of rest)休眠打破,打破休眠
break of monsoon 季风爆发
break pin (安全器)剪断销,安全销
break point 断裂点(指染色体)
break point translocation 断裂点易位
break release 出粉率
break roll 粉碎辊
break shovel 松土铲
break stone 破碎石
break tail 粉碎渣,粉碎筛尾,粉碎筛除物
break through ①(= escaper) 幸存者(指通过临界生存期的基因型) ②林间通道
break through point ①断缺点 ②突破点
break up ①分散,解散 ②破裂 ③打断
break value 断点值
breakability 断裂性
breakability of chromosome 染色体断裂性
breakage ［染色体］断裂
breakage and rejoining model 断裂与复合模型(指重组)
breakage and reunion 断裂与复合
breakage and reunion hypothesis 断裂复合假说
breakage cycle 断裂周期
breakage effect 断裂效应
"breakage first" hypothesis ［染色体畸变］先断假说{细胞}
breakage-fusion-bridge cycle (= breakfusion-bridge cycle)断合桥周期{遗传}
breakage joining model 断合模型,断合假说(这是基因重组机制的一种假设)
breakage-pseudopolyploid 断裂假多倍体{细胞}
breakage-pseudopolyploidy 断裂假多倍性
breakage-reunion hypothesis 断裂复合假说
breakage-reunion-model 断裂复合模型
breakaway connection 断销式离合器
breakaway device 安全分离装置,安全脱钩装置
breakaway plow 具有脱钩安全装置的犁

breakdown ①破落{遗传}②衰退,衰落{栽培}③瓦解,分解{生化}④故障{农机}⑤溃烂,罹病化{病理}⑥分摊,分配{农管}⑦断裂,破坏{生技}
breakdown by occupations 按职业分工
breakdown of fruit 果实腐烂,果实腐败
breakdown product 分解产物
breakdown test 破坏试验
breakdown tractor 救险拖拉机
breaker ①破碎机 ②断路器(指电器)③破波,碎波
breaker bar 喷杆
breaker bottom plow 开荒[犁体]铧犁
breaker plow (=newground plow)开荒犁
breaking ①折梢 ②破坏,破碎,破裂,破折,断裂 ③粉碎,破碎,压碎
breaking buckthorn (=alder buckthorn)药炭鼠李
breaking-down 松土,疏松
breaking-flax 打麻
breaking hardpan 敲碎硬盘
breaking in 驯服,驯化
breaking in horse 驯马
breaking length 断裂长度{森林}
breaking limit 破坏限界
breaking of bank 破垄{耕作}
breaking of dormancy (马铃薯)休眠打破
breaking of flowers 杂锦病
breaking of land ①开荒 ②开荒地
breaking of rest (=breaking of dormancy)打破休眠
breaking of resting period (=breaking of dormant period)打破休眠期
breaking of soil 土壤破碎,打碎土壤
breaking of tulip 郁金香杂色花叶病[*Tulipa virus 1*]
breaking plow (=breakingup plow, breaker plow, breaker bottom plow)①开荒犁 ②无壁松土犁{农具}
breaking point ①断裂点{细胞}②破碎点{土壤}③破坏点{森林}④破裂点,破折点{气象}
breaking ratio 破碎率
breaking resistance 抗折性(指倒伏)
breaking strain 断裂应变{森林}
breaking strength ①断裂强度{细胞}②抗断强度{农机}③破碎强度{土壤}④破坏强度{森林}
breaking stress ①断裂应力{细胞}②破坏应力{森林}
breaking test 断裂试验
breaking tradition 打破传统
breaking type 破折型(指倒伏)
breaking-up of grassland 草地耕作
breaking-up plow 新垦土犁,开荒犁
breakout ①中断,断开 ②分接{电脑}
breakout box 断路检测盒,断开盒
breakout load (安全装置)断开力,脱开力
breakover 飞火扩散
breakpoint ①断点,中断点{信息}②折点{环保}
breakpoint address 断点地址
breakpoint chlorination 折点氯化{环保}
breakpoint fault 断点故障
breakpoint halt 断点停机,断点暂停,断点停止
breakpoint information 断点信息
breakpoint window 断点窗口
breaks 垦地,耕地{耕作}
breaks counting test [in winding] (蚕丝)再缫整理检查
breakthrough ①突破(=make a way through)(指克服种子衰退)②技术革新 ③穿透,贯穿 ④泄漏
breakwater 防波堤
breakwind ①防风林,防风篱 ②挡风墙
breast ①胸,胸部 ②胸肉 ③胸骨
breast collar 软颈圈(指马具)
breast drafting method 胸挽法(指挽畜)
breast drill 胸压手摇钻
breast harness (马)胸革颈垫
breast height 胸高(指果木)
breast-height diameter 胸高直径
breast-height form-factor 胸高形数
breast-height girth 胸高周围
breast pump 吸乳器
breast strap 胸带(指挽畜)
breast wheel 胸高水车,中高水车
breastband 胸带
breastbone 胸骨
breastplate ①胸板 ②(收割机)挡风板
breath ①微风 ②呼吸[力]
breather ①热带飑 ②通风孔 ③通气装置
breather drier 蒸汽吸放干燥机,通风干燥机
breather valve 呼吸阀,通风阀{环保}
breathing "呼吸"(瞬时结构变化){分遗}
breathing apparatus "呼吸"防护具{环保}
breathing intensity 呼吸强度
breathing-pore 气孔{环保}
breathing rate 呼吸速率
breathing root 呼吸根
breathing time 通风干燥时间
breba 春熟无花果
breccia 角砾岩{地质}
bred 纯育(不分离)

bred line 纯育系
bred strain 纯育品系
bred-true 纯育
bred variety 育成品种,纯育品种
bredia ①野海棠属[*Bredia* Bl.](野牡丹科) ②野海棠[*Bredia hirsuta* Bl.]
breech 臀部
breeching 尻带(马具)
breed ①品种 ②畜种 ③饲育,饲养 ④繁育,繁殖 ⑤泡茶(品茶用)
breed certificate 种畜证书
Breed count 白来氏牛奶计菌法
breed for fattening (= fattening breed)肥育品种
breed improvement ①家畜改良 ②作物改良
breed nursery 育种圃
breed of sheep 羊品种
breed of variety 品种培育,品种繁育
Breed Registration Association 品种登记协会{畜}
breed selection 选育
breed society 繁育协会,育种协会
breed-true 纯育,纯育不变,纯一传代
breed variety 品种
breeder ①育种工作者,育种家{育种} ②饲养员,饲养家{畜} ③种畜{畜}
breeder cooperative association 畜牧业合作社
breeder of dairy cattle 乳牛育种家
breeder queen 种[用蜂]王
breeder's gladiolus ①唐菖蒲属[*Gladiolus* Tourn.](鸢尾科) ②唐菖蒲[*Gladiolus grandavensis* Van Houtte]
breeder's seed 原原种
breeder's stock ①原原种 ②原原种材料
breeder's stock farm 原原种圃,原原种材料圃
breeding ①育种 ②繁殖,繁育 ③饲养,饲育 ④配种,良种繁育
breeding ability 饲养能力,繁殖能力
breeding activity 繁殖活动
breeding adviser 育种顾问
breeding age 生殖年龄
breeding aim ①育种目标 ②繁育目标
breeding and anther culture 育种与花药培养
breeding animal 种畜
breeding application of embryo culture 胚培养的育种应用
breeding arboretum 育种树木园{森林}
breeding association 育种协会
breeding barrier 育种阻碍
breeding behavior 育种习性
breeding by cloning 无性繁殖育种法,克隆[化]育种法{农生技}
breeding by crossing (= breeding by hybridization)杂交育种法{育种}
breeding by garden (茶)园圃育种法
breeding by induction 诱变育种法
breeding by mutation 突变育种法
breeding by radiation 辐射育种法
breeding by selection 选择育种法
breeding by separation 分离育种法
breeding by wide cross 远缘杂交育种法
breeding cultivation ①育种繁育 ②育种栽培
breeding cycle ①生育周期(植) ②繁殖周期(动)
breeding cytogenetics 育种细胞遗传学
breeding diploid level 繁育二倍体水平
breeding efficiency ①育种效能 ②繁殖效能
breeding experiment 育种试验
breeding farm 育种场,繁殖场
breeding field 育种圃地,育种场
breeding fish 怀卵鱼,产卵鱼,带子鱼
breeding fitness 繁育适合性
breeding for cold-resistance 抗寒育种{育种}
breeding for disease resistance 抗病育种
breeding for heterosis 杂种优势育种
breeding for insect-resistance 抗虫育种
breeding for lodging-resistance 抗倒伏育种
breeding for parasexual hybrization 体细胞杂交育种
breeding for performance 生产性能育种,效能育种
breeding for wind-resistance 抗风育种
breeding garden 育种圃
breeding ground 产卵场,繁殖场
breeding group 繁育种群
breeding habit ①生育习性{育种} ②配种习性{畜}
breeding herd [良]种畜群,系谱畜群
breeding high-response variety 培育高反应品种(指对氮)
breeding hog 种猪
breeding improved varieties or strains 选育良种
breeding method 育种方法
breeding objective 育种目的,育种目标{育种}
breeding of ear-to-row method 穗行法育种(每穗种一行的育种方法)
breeding of heterosis 杂种优势育种
breeding of line 系统育种
breeding of new variety 新品种选育

breeding performance ①育种生产性能 ②繁殖效能
breeding pig 种猪
breeding plan 育种计划,育种方案
breeding planting plan 育种种植计划书
breeding plot 育种小区,育种圃
breeding population 繁育群体
breeding potential 繁殖率,繁殖潜力
breeding poultry 种用家禽
breeding principles 育种原理
breeding procedure 育种步骤,育种方法
breeding programmes ①育种程序 ②育种计划
breeding project ①育种计划,育种设计 ②育种课题
breeding rack 配种架{畜}
breeding range ①育种范围,育种幅度 ②繁殖幅度
breeding rate 繁殖率
breeding record 育种记录
breeding scale 育种规模
breeding season ①生育季节{育种} ②配种季节{畜} ③产卵季节,繁殖季节{水产}
breeding shed 种畜舍
breeding size 繁育数量(群体的个体数)
breeding sow 种用母猪
breeding stable resistance 选育稳定抗性
breeding station ①育种站 ②配种站,繁育站
breeding stock ①育种原种 ②种畜,种用家畜
breeding structure 繁育结构
breeding system 繁育体系(有性生殖突变的变量组成部分)
breeding technique 育种技术
breeding technique of ovule culture 胚珠培养的育种技术
breeding test 育种试验
breeding time 育种时间
breeding tools ①育种工具{育种} ②配种工具{畜}
breeding true 纯育,纯种繁育(不分离)
breeding unit 配种单位{畜}
breeding use of citrus culture 柑橘培养的育种利用
breeding value 育种值(基因相加效应)
breeding value of selection 选择的育种值
breedy ①结果多的 ②多产的
breeze ①微风{气象} ②煤渣{地质} ③虻{昆虫}
brei (= paste) 糊,浆
bremsstrahlung 轫致辐射
brentid beetles 三锥象甲科 [Brentidae]
breva 白里伐风(哥莫湖的一种日风)
brevetoxin 短裸甲藻毒素
brevi- ⌊字头⌉短
brevialate 短翼的,短翅的 (brevialatus)
breviaristate 短芒的 (breviaristatus)
brevicaudate 短尾的 (brevicaudatus)
brevicollate 短颈的 (brevicollatus)
brevicolpate 具短槽的 (brevicolpatus)
brevicorn 短角的 (brevicornis)
breviflorous 短花的 (breviflorus)
brevifoliate 短叶的 (brevifrons)
brevipaniculate 短圆锥花序的 (brevipaniculatus)
brevipapus gall 瘿瘤病
breviradiate ①短伞梗的 ②短放射体的 (breviradiatus)
breviramose 短分枝的 (brevirameus)
breviscape 短花茎的 (breviscapus)
brevisetous 短刺毛的,短刚毛的 (brevisetus)
brevissimicolpate 具极短槽的,具特短沟的 (brevissimicolpatus)
brevissimirupate 具特短皱的 (brevissimirupatus)
brevity 短促,简短,简洁 (brevis)
brevity code 简码{电脑}
brewage ①啤酒酿造 ②酿造
brewer 啤酒酿造者,啤酒工人
brewer's barley (= brewing barley) 啤酒大麦(酿酒大麦,二棱大麦) [*Hordeum distichon* L.] (禾本科)
brewer's draff (= brewer's grains) 啤酒糟
brewer's grains ①啤酒糟 ②葡萄渣 ③(苹果)渣
brewer's rice 酿酒米
brewer's yeast 酿酒酵母,啤酒或面包酵母
brewery 啤酒厂,酿酒厂
brewery waste 啤酒厂废水{环保}
brewery yeast (= beer yeast) 啤酒酵母
brewing 酿造
brewing industry 酿造业
brewing malt 啤酒麦芽,酒曲
brewing process waste water 酿造过程废水{环保}
brewing sugar 麦芽糖,饴糖[$C_{12}H_{22}O_{11}$]
brewing technique 酿造技术
Brewster angle 布儒斯特角{遥感}
Brewster point 布儒斯特点
briar 石南根
bribane-box tristania ①红胶木属 [*Tristania* R. Br.] (桃金娘科) ②红胶木 [*Tristania conferta* R. Br.]
brick ①砖 ②程序块{电脑}
brick canal 砖渠{水利}

brick dam 砖坝
brick fertilizer 肥料砖(块状肥料)
brick humus 腐殖土砖
brick kiln 砖窑
brick masonry construction 砖石结构
brick-red 砖红色的(laterious)
brick silo 砖砌青贮塔
brick tea 砖茶
brick tea processing 砖茶加工{加工}
brick tops 红垂幕菇[*Hypholoma sublateritium* (Schaeff.) Quél.](伞菌科)
brick well 砖井(砖砌成的井)
brick works 砖厂
bricktop 亚砖红沿丝伞[*Naematoloma sublateritium* (Fr.)Karst.](伞菌科)
bridal bouquet 新娘花束(指给结婚新娘的花束)
bridal rose (= brier rose) 佛见笑(重瓣空心泡)[*Rubus rosaefolius* var. *coronarius* Sims](蔷薇科)
bridal wreath 笑靥花[*Spiraea prunifolia* Sieb et Zucc.](蔷薇科)
bridelia ①土密树属[*Bridelia* Will.](大戟科) ②土密树[*Bridelia tomentosa* Bl.]
bridge ①桥,桥梁 ②桥脉 ③电桥,桥接器(pons)
bridge abutment 桥墩
bridge-breakage-fusion-bridge cycle (BBFB-cycle) 桥裂合桥周期,断合桥周期
bridge-building 造桥
bridge circuit 桥接电路,桥路{信息}
bridge comb 桥脾{蜂}
bridge crane 桥式起重机
bridge crosses 过渡杂交种
bridge down 网桥断路{信息}
bridge-erection (= bridge-building)造桥
bridge fault 桥接故障{电脑}
bridge floor 桥板,桥面
bridge for protection against avalanche 防雪崩桥
bridge formation 桥形成{细胞}
bridge-fragment configuration [染色体]桥断片表形
bridge framing 桥式犁架,桥式机架
bridge-girder 桥梁
bridge grafting 桥接{园艺}
bridge host 桥梁寄主,过渡寄主
bridge host hypothesis 过渡寄主假说
bridge infection 过渡侵染
bridge limiter 桥式限幅器
bridge machine 桥接计算机
bridge of chromosome 染色体桥
bridge of nose 鼻梁,鼻根
bridge-pile (= bridge pier)桥脚,桥墩
bridge plant 过渡植物,搭桥植物
bridge processor 桥式处理机
bridge region 桥接区{生技}
bridge rupture 桥破裂(细胞)
bridge tap 桥接插头,桥式分接头
bridge-type sludge scraper 桥式刮泥机{环保}
bridged-ring system 桥环体系{生技}
bridgeware 桥接件,转换件{电脑}
bridging ①过渡,搭桥,桥渡{育种} ②造桥{细胞} ③架桥{水利} ④架空,形成拱堆 ⑤桥接,桥式{电脑}
bridging amplifier 桥式放大器
bridging group 桥连基{分生}
bridging host 过渡寄生,桥梁寄主
bridging hypha 过渡菌丝
bridging ligand 桥连配体
bridging material 造桥物质
bridging of the seed pieces 蔗段架空
bridging off command 拆桥命令{信息}
bridging-on command 搭桥命令
bridging species 过渡种(指杂交)
bridle ①鞍桥{水利} ②马笼头,马勒,头络(马具) ③(围网)底环绳,手纲{水产} ④卡箍(钢板弹簧),限动器{农机}
bridle hand 执缰手,执缰人
bridle-joint 啮接
bridle-path 乘马道,骑道,马行道
bridled anemometer 制动风速表
brid's nest plant ①巢凤梨属[*Nidularium* Lem.](凤梨科) ②巢凤梨[*Nidularium fulgens* Lem.]
brief ①暂时的 ②短的,简短的 ③撮要,简报(brevis)
brief acceleration 短时加速度
brief activation 暂时激活
brief articles 简报
brief description 简述,简要描述
brief exposure 短暂照射
brief fluctuation 暂时波动
brief period 短期
brief sign 简号
brief spell 短周期
briefcase computer 公事皮包计算机,皮包计算机
briefing ①汇报,简报,简要情况 ②扼要介绍,简况介绍
brier ①(= dog rose) 犬蔷薇(野蔷薇)[*Rosa canina* L.](蔷薇科) ②(= briar) 石南根 ③荆棘
brier rose (= bridal rose) 佛见笑(重瓣空心

泡)[*Rubus rosaefolius* var. *coronarius* Sims](蔷薇科)
bright ①光明的,发光的,明亮的 ②鲜明的,鲜艳的(指色泽) ③晴朗的(指天气)
bright band 亮带{遥感}
bright band echoes 亮带回波
bright blue stink bug (= blue shield bug) 蓝蝽(纯蓝蝽)[*Zicrona coerula* L.](蝽科)
bright-coloured 鲜艳色的(laetus)
bright contrast 明反差{显技}
bright eruption ①喷焰 ②日闪
bright-field microscope 明视野显微镜{显技}
bright kappa (= brights)亮卡巴粒{分生}
bright light 明亮光线
bright-red 鲜红的(flammeus)
bright sapwood 原色边材
bright true logic (BTL) 光亮真值逻辑{电脑}
brightness ①亮度{物} ②鲜明,清楚{显技}
brightness constancy 亮度不变
brightness contrast ①亮度对比,明暗对比 ②亮度反差
brightness range 亮度范围
brightness ratio 亮度比
brightness scale ①亮度级 ②亮度标尺
brightness sensation 亮度感觉
brightness temperature 亮度温度
brightness vision 亮度视觉,亮度显示
brighton wainscot moth 麦秆夜蛾[*Oria musculosa* Hübner](夜蛾科)
brights 亮卡巴粒
Brij 35 detergent Brij 35 去污剂(商)
brilliance ①亮度 ②光泽 ③逼真度
brilliant ①极明亮的 ②闪光的 ③辉煌的,灿烂的 ④卓越的(beryllus)
brilliant campion 大花剪秋罗[*Lychnis fulgens* Fisch.](石竹科)
brilliant cresyl blue 亮甲酚蓝
brilliant cresyl blue mutachromosomic effect 亮甲酚蓝诱变染色体效应
brilliant green 亮绿,闪绿(染料){显技}
brilliant green agar 亮绿琼脂(培养基)
brilliant line 亮线
brilliant scientist 卓越的科学家
brim 缘,边(margo)
brimstone ①硫磺石 ②山黄粉蝶[*Gonepteryx rhamni maxima* Butler](粉蝶科)
brin 液丝(指家蚕唾腺吐出的液丝)
brindle 虎斑,斑纹,杂斑{畜}
brindled highland cattle 杂斑高原牛
brine 盐水
brine assortment 盐水选[种]
brine injury 盐害
brine-pan 盐坑
brine-pit 盐井
brine spraying 盐水喷雾,盐溶液喷雾
brine spring 盐泉,卤泉
Brinell hardness 布氏硬度
bring most of the farmland under irrigation 农业水利化
bring up 重新启动
bringing in (= carting in)粮谷入仓,粮谷入库,收谷入仓
brining 盐浸作用
brink 水边,水际
briquette ①泥坯 ②压块(指饲料) ③煤球,煤饼,煤砖
briquetted fertilizer 煤砖状肥料
brisk 活跃的
bristle ①刚毛,硬毛(seta) ②刺毛 ③[猪]鬃 ④脆的,脆弱的
bristle-fern ①碗蕨属[*Trichomanes* L.](膜叶蕨科) ②碗蕨(小碗蕨)[*Trichomanes parvulum* Poir.]
bristle-form 刺毛状的(setoformis)
bristle inula 旋复花[*Inula britannica* L.](菊科)
bristle-like 刚毛状的(setosus)
bristle mutant 刚毛突变体(果蝇)
bristle organ 刚毛器官
bristle-pointed 末端有刚毛的(setiacutus)
bristle tail (= silver fish)西洋衣鱼[*Lepisma sacchrina* L.]
bristle tails 缨尾目[Thysanura]
bristle-thistle ①飞廉属[*Carduus* L.](菊科) ②飞廉[*Carduus acanthoides* L.]
bristled grain 逆纹理
bristlegrass (= rough panic grass)狗尾草[*Setaria viridis* (L.) Beauv.](禾本科)
bristleleaf peavine 刺叶山黧豆[*Lathyrus setifolius* L.](豆科)
bristly ①刚毛状的 ②具刚毛的(horridus)
bristly cutworm 硬毛夜蛾[*Lacinipolia renigera* Stephens](夜蛾科)
bristly oxtongue 刚毛毛连菜[*Picris echinoides*](菊科)
bristly-scaled 刚毛状鳞片的(squamisetus)
British agriculture 英国农业(不列颠农业)
British barilla 海草灰
British-Canadian Halstein Friesian 英国-加拿大白花牛

British Columbia log scale 圆木材积表
British Dane 英国丹麦牛
British gum (= dextrin, starch gum)糊精
British inula ①旋复花属[*Inula* L.](菊科) ②旋复花(大花旋复花)[*Inula britannica* L.]
British Soanen 英国萨能山羊
British standard (BS) 英国标准,英国规格{农机}
British standard frame 英国标准巢框(14英寸×8.5英寸)
British Standards Institution (BSI) 英国标准学会{信息}
British thermal unit (BTU) 英国热量单位
British Toggenburg 英国吐根堡山羊
British Triesian 英黑白花牛
Brittany spaniel 不列坦奈斯斑尼犬{狩猎}
Britten-Davidson model 布立顿-大卫森模型(指动物细胞的基因调节)
brittle 脆的,易碎的 (exaratus)
brittle bean 无纤维菜豆(品种)
brittle bladder fern (= brittle fern) 冷蕨[*Cystopteris fragilis* Bernth.](水龙骨科)
brittle bone 脆骨症
brittle consistency 脆性结持度
brittle fiber 脆纤维
brittle gel 脆凝胶
brittle heart 脆心材
brittle pan 脆磐{土壤}
brittle point 脆化点,脆化温度
brittle substance 易碎物质
brittle willow 爆竹柳(脆柳)[*Salix fragilis* L.](杨柳科)
brittleness 脆性,脆度 (fragilitas)
brittlewort 等片藻科 [Diatomaceae]
Brix (Bx) 锤度,[白利]糖度(指甘蔗育种测含糖量)
brix-acid ratio 糖酸比值
Brix hydrometer 锤度计,白利比重计
Brix in bagasse 蔗渣锤度
Brix in cane 甘蔗锤度
Brix spindle [白利]糖度计
broach ①拉力 ②拉削{农机}
broad ①宽的,广的,阔的 ②广大的,泛的 ③充足的,完全的,明白的 ④主要的,概括的
broad-angled 阔角的 (platygonus)
broad annual ring 宽年轮
broad application prospect 广阔应用前景{智培}
broad base terrace 宽基梯田,宽底梯田,波式梯田
broad-beaked mustard 乌塌菜(塌窠菜)[*Brassica narinosa* L.](十字花科)
broad bean 蚕豆[*Vicia faba* L.](豆科)
broad bean brown spot 蚕豆褐斑病(豌豆褐斑病)[*Ascochyta pici* Libert]
broad bean mosaic 蚕豆花叶病(病毒病害)
broad bean mottle virus 蚕豆斑驳病毒
broad bean necrosis virus 蚕豆坏死病毒
broad bean rust 蚕豆锈病 [*Uromyces fabae* (Pers.) de Bary]
broad bean stain virus 蚕豆着色病毒
broad bean weevil (= bean bruchid, bean seed beetle, European bean weevil, bean weevil)蚕豆红足象[*Bruchus rufimanus* Boheman](象甲科)
broad bean wilt 蚕豆萎蔫病
broad bean wilt virus (= broad bean vascular wilt virus (Stubbs), PO virus(Kim, Hagedorn), subclover mottle virus)蚕豆萎蔫病毒
broad-bloom 盛开的,满开的
broad bran 粗麸
broad bug 豆广腹缘蝽[*Homoeocerus dilatatus* Horvath](缘蝽科)
broad cane nozzle 宽雾锥角喷嘴
broad channel 宽带通道{信息}
broad cocklebur (= burweed)臭苍耳[*Xanthium strumarium* L.](菊科)
broad-crested weirs 宽顶堰{水利}
broad dwarf day-lily 大花萱草[*Hemerocallis middendorfii* Trautv. et Mey.](百合科)
broad Egyptain privet 指甲花(散沫花)[*Lawsonia inermis* L.](千屈花科)
broad exotherm 完全升温
broad fan nozzle 宽扇形雾锥喷嘴
broad field 原野
broad-flower dendrocalamus (= giant bamboo) 麻竹[*Dendrocalamus latiflourus* Munro.](禾本科)
broad gang implement 宽幅农机具
broad-headed leafhopper 阔头叶蝉[*Bythoscopus lateralis* Matsumura](叶蝉科)
broad heritability 广义遗传力
broad-horned flour beetle 阔角粉甲[*Gnathocerus cornutus* Fabricins](拟步甲科)
broad image 模糊图像
broad irrigation 大水漫灌
broad leaf 阔叶,宽叶 (latifolium)
broad-leaf aborvitae ①罗汉柏属[*Thujopsis* Sieb. et Zucc.](柏科) ②罗汉柏[*Thujopsis dolabrata* (L. f.) Sieb. et

Zucc.]

broad-leaf actinidia 阔叶猕猴桃[*Actinidia latifolia* Merr.](猕猴桃科)

broad-leaf addermouth orohid 阔叶沼兰[*Malaxis latifolia* Smith](兰科)

broad-leaf brich 白桦(桦,桦木)[*Betula platyphylla* Suk.](桦木科)

broad-leaf common valeriana 宽叶缬草[*Valeriana officinalis* var. *latifolia* Miq.](败酱科)

broad-leaf deciduous forest 落叶阔叶林

broad-leaf elaeagnus 宽叶胡颓子[*Elaeagnus latifolia* L.](胡颓子科)

broad-leaf evergreen forest 常绿阔叶林

broad-leaf forest 阔叶林

broad-leaf lady palm 筋头棕竹[*Rhapis excelsa* Henry](禾本科)

broad-leaf lavender 宽叶薰衣草[*Lavandula patifolia* Vill. = *L. spica* D. C.](唇形科)

broad-leaf pepper weed (= Grande passerage) 宽叶独行菜[*Lepidium latifolium* L.](十字花科)

broad-leaf podocarpium 宽卵叶山马蝗[*Desmodium fallax* Schindl.](豆科)

broad-leaf rain tree 鸳鸯茉莉[*Brunfelsia latifolia* L.](茄科)

broad-leaf species 阔叶树种

broad-leaf toadlily 宽叶油点草[*Tricyrtis latifolia* Maxim.](百合科)

broad-leaf tree brightness coefficient 阔叶树亮度系数

broad-leaf vetch 山野豌豆[*Vicia amoena* var. *sachalinensis* Fr. Schm.](豆科)

broad leaf weeds (= broad-leaved weeds) 阔叶杂草

broad-leaved 阔叶的(latifolius)

broad-leaved deciduous forest 阔叶落叶林

broad-leaved dock (= bitter dock) 钝叶酸模[*Rumex obtusifolius* L.](蓼科)

broad-leaved evergreen 常绿阔叶树

broad-leaved forest 阔叶林

broad-leaved garlic (= ramson)熊葱[*Allium ursinum* L.](百合科)

broad-leaved herb 阔叶草本植物

broad-leaved lime-tree 大叶椴[*Tilia grandifolla* Ehrh.](椴树科)

broad-leaved maple 大叶槭[*Acer macrophyllum* Pursh.](槭树科)

broad-leaved mustard (= big-leaf mustard) 大叶芥菜(大芥,皱叶芥)[*Brassica juncea* var. *folliosa* Bailey](十字花科)

broad-leaved tree 阔叶树

broad-leaved weeds 阔叶杂草

broad-leaved wood 阔叶树材

broad-leaved woodland 阔叶树林

broad-lily ①七筋菇属[*Clintonia* Raf.](百合科) ②七筋菇[*Clintonia alpina* (Royle) Kunth = *C. udensis* Trautv. et Mey.]

broad-line seeding 宽行条播

broad mite (= yellow mite) 茶半跗线螨[*Hemitarsomus latus* Banks](跗线螨科)

broad modulative amplitude 广调幅(指生理反应)

broad-necked root borer 宽颈地栖天牛(宽额天牛)[*Prionus laticollis* Drury](天牛科)

broad-nosed grain weevil 阔鼻谷象[*Caulophilus oryzae* Gyllenhal = *C. latinasus* Say](象甲科)

broad-ovate 广卵形的(latovatus)

broad-range plasmid 广范围质粒

broad red clover 红三叶草[*Trifolium pratense* L.](豆科)

broad ridge 宽垄,宽畦

broad-ringed (= broadzoned)宽年轮的

broad-row cultivator 宽行中耕机

broad search plan 广阔搜索方案{电脑}

broad search sensor 广阔搜索探测设备

broad seeding 宽行播种

broad sense 广义

broad shallow type gully 宽浅型沟

broad share 宽铲

broad spectrum antibiotics 广谱抗生素

broad-spectrum pesticide 广谱性农药

broad-spectrum resistance 广谱抗性

broad sprayer 宽辐喷雾机

broad tapeworm 阔节裂头绦虫[*Diphyllobotherium latum*]

broad thresher 宽辐滚筒脱谷机

broad-winged katydid 阔翅螽斯[*Microcentrum rhombifolium* Sauss.](螽斯科)

broad-winged tanternflies 广翅蜡蝉科[Ricaniidae]

broad-zoned 宽年轮的

broadaxe 宽刃斧

broadband ①宽带的 ②宽频带的{电脑}

broadband amplifier 宽带放大器

broadband equipment 宽带设备

broadband exchange (BEX) ①宽带交换 ②宽带交换机

broadband exchange service (BEXS) 宽带交换业务{信息}

broadband local network 宽带局域网
broadband network 宽带网络
broadband noise 宽带噪声
broadband signaling 宽带发送技术{信息}
broadband transmission 宽带传输
broadcast ①撒播(种子) ②撒布(农药) ③撒施(肥料) ④广播{信息}
broadcast address 广播地址
broadcast application 撒播,撒施(指播种、施肥或洒农药)
broadcast application of fertilizer 全面施肥,撒施肥料
broadcast area 撒播面积
broadcast band 广播波段{信息}
broadcast boom 宽幅喷杆
broadcast burning 成片烧除(处理林内废材)
broadcast bus 广播总线
broadcast center 广播中心,广播站
broadcast communication network 广播通信网
broadcast conference 广播会议
broadcast crop planter 撒播作物播种机
broadcast crops 撒播作物
broadcast distribution 撒施
broadcast distributor 撒肥机,肥料撒布机
broadcast dressing 撒施追肥
broadcast experiment 撒播试验
broadcast fertilization 撒施肥料[法]
broadcast fertilizer 撒肥
broadcast message 广播信息
broadcast multipoint communication 多点广播通信
broadcast plot 撒播小区(指试验)
broadcast population 撒播群体
broadcast potato digging 散放式挖掘马铃薯,抛撒式挖掘马铃薯
broadcast routing 广播路径选择
broadcast satellite 广播卫星
broadcast seeded field 撒播地
broadcast seeder (= broadcast sower)撒播机
broadcast seeding (= broadcast sowing)撒播
broadcast seeding from aeroplane 飞机撒播
broadcast seedling ①撒布秧苗(指水稻){栽培} ②撒播苗木{园林}
broadcast sowing (= broadcasting)撒播
broadcast sowing machine 撒播机
broadcast spraying 宽幅喷射,宽幅喷雾
broadcast spreader 撒播机{农机}
broadcast storm 广播风暴
broadcast topology 广播拓扑
broadcast transfer 广播传输
broadcast treatment ①(= overall treatment) 全面处理(指在栽培地全面撒药){农药} ②撒播处理(指试验){栽培}
broadcast videotex system 广播式信息传视系统
broadcaster ①撒播机 ②撒布机
broadcasting ①撒播 ②散布 ③撒施 ④广播
broadcasting additional fertilizer 撒施追肥
broadcasting of fertilizer 撒施肥料
broadcatch 广捕{电脑}
broader perspective 广大的远景
broadsharer 宽铲
broadspike melic 广序臭草[*Melica onoei* Franch. et Sav.](禾本科)
broadsword 砍刀{农具}
Broadtail 卡拉库尔羊
broadtail 脂尾
broccoli 木立花椰菜[*Brassica oleracea* var. *botrytis cymosa*](十字花科)
brochonema 环染色丝
brochus 网胞
brocket 小雄鹿(二岁)(= young male deer)
brodiea ①卜若地属[*Brodiaea* Sm.](石蒜科) ②卜若地(加州卜若地)
broiler ①肉用子鸡(指7~8周子鸡,活重不超过1.8公斤) ②烤焙子鸡
broiler battery 肉用鸡笼,层架式肥育鸡笼
broiler house 肉用鸡舍
broiler-type chicken 肉用子鸡(生长迅速,饲料报酬高,肉多质嫩,7周达2公斤左右)
broiling 炎热的,酷热的
broke 造纸中丢弃纸{环保}
broke off 打断,断绝{电脑}
broken ①破裂的,破碎的 ②折断了的 ③凹凸不平的 ④零碎的 ⑤有不规则斑纹的
broken-backed 脊背断折的
broken bond 断键,破键
brokcn-bond water 断键水
broken caruncle 破裂种阜
broken current 断流(指江河){水利}
broken current of the Yellow River 黄河断流
broken-down ①临时出故障的 ②坏了的 ③分解了的
broken edge charge 断键电荷
broken face 裂面
broken flax 揉过亚麻(揉好的亚麻)
broken furrow ①平毁犁沟 ②不整齐的垄沟
broken grain 碎粒,破碎子粒
broken ground 耕翻地
broken growth 弯曲枝

broken kernel 碎粒
broken knee 凹膝(马向后弯曲的膝)
broken line 破折线,虚线(指曲线)
broken-line graph 破折线图
broken millet 碎黍米
broken mouth 淘汰羊,(齿衰)老羊
broken number 分数
broken rice 碎米
broken sky 有云天
broken stone pavement 碎石路面
broken stone road 碎石路
broken strand 不整齐链{分遗}
broken tape detection 断带检测
broken timber (= broken wood)损伤木
broken time 停车时间{农机}
broken up 捣碎
broken weather 不稳定天气
broken wind (马)肺气肿病
broken-winded 喘息的,气喘的
broken windedness 喘息性
broker ①中介器{信息}②中间人,中介人{农管}
bromacil 除草定(除草剂)[$C_9H_{13}BrN_2O_2$]
bromate 溴酸盐[$MBrO_3$]
bromatium 蚁菌瘤(bromatium){真菌}
bromatology 食品学,营养学,饮食学(bromatologla)
bromatoxism 食物中毒(bromatoxismus)
brome-grass (= brome)①雀麦属[*Bromus* L.](禾本科)②雀麦[*Bromus japonicus* Thunb.]③无芒雀麦[*Bromus inermis* Leyss.]
brome mosaic virus (= bromovirus)雀麦花叶病毒[*Marmor graminis* (Mckinney)]
bromel (= bromeliad) ①凤梨属[*Ananas* Tourn. ex L.](凤梨科)②凤梨(菠萝)[*Ananas sativa* L. = *A. comosus* (L.) Merr.]
bromel family 凤梨科[Bromeliaceae]
bromeliaceous 似凤梨的(bromeliaceus)
bromeliads 凤梨类
bromelin 菠萝蛋白酶
Bromethrin 二溴苄呋菊酯(杀虫剂)[$C_{20}H_{20}Br_2O_3$]
bromic ①溴的②含溴的(bromicus)
bromide paper ①溴化银相纸,溴素纸{遥感}②放大纸{显技}
bromides 溴化物
bromine 溴(Br,35号元素)
bromine-containing fumigant 含溴熏蒸剂
bromo- ⌊字头⌉溴
bromochlorophenol blue 溴氯酚蓝(染料){显技}
bromocresol green 溴甲酚绿
bromocresol purple 溴甲酚紫(染料){显技}
bromodine 溴碘合剂(脱叶剂)
bromophenol blue 溴酚蓝(染料){显技}
bromophenol red 溴酚红(染料){显技}
bromopropylate (= phenisobromolate, phenithobromolate)溴螨酯(杀螨剂)[$C_{17}H_{16}Br_2O_3$]
bromopyrogallol red 溴[代]邻苯三酚红{显技}
bromosulfophthalein (BSP) 四溴酚酞磺酸钠
bromothymol blue 溴麝香蓝(染料){显技}
bromouracil(BU) 5-溴尿嘧啶
bromovirus 雀麦花叶病毒
bromoxynil 溴苯腈(除草剂) [$C_7H_3Br_2NO$]
bronchi 支气管
bronchial gland 支气管腺
bronchitis 支气管炎
broncho-grass (= awnless brome-grass, Hungarian brome, smooth brome-grass)无芒雀麦[*Bromus inermis* Leyss.](禾本科)
bronite 古铜辉石{地质}
Bronnert process 布朗赖尔防腐法(木材用氯化锌处理)
brontograph 雷雨计
brontometer 雷雨表
bronze 青铜,古铜(铜与镍的合金)(brundusinum)
bronze age 青铜器时代
bronze apple-tree weevil 苹果树青铜色象甲[*Mogdalis aenescens* LcConte](象甲科)
bronze coloured 青铜色的,古铜色的(aeneus)
bronzed disease 青铜病(缺K)
bronzing (= browning)褐变病(水稻的一种生理病害,呈古铜色)
bronzing in Ceylon 锡兰的褐变病
brood ①同窝,一窝(一窝所孵的雏,或一窝产的仔猪)②育雏,孵化③蜂儿{蜂}④幼虫{蚕}⑤一次产出的幼鱼
brood amount 怀卵量
brood body ①繁殖芽,繁殖体②芽体,芽孢
brood-bud ①繁殖芽②粉芽(soredium)
brood by brood rearing 一蛾育{蚕}
brood-cell ①芽孢②藻[细]胞(gonidium)
brood chamber 育虫箱,巢箱{蜂}
brood-comb 子脾,幼虫脾{蜂}
brood cow 种母牛,繁殖用母牛
brood disease (= foul brood)幼虫病,腐蛆

病{蜂}
brood fish 怀卵鱼
brood fluctuation 怀卵量变化
brood food (=larva food)幼虫饲料{蜂}
brood-food gland 舌腺,幼虫饲料腺{蜂}
brood frame 幼虫脾,子脾
brood-gemma 芽孢体
brood-hen 孵雏母鸡,抱卵鸡,抱窝鸡
brood lac 种胶(紫胶)
brood mare 种母马,繁殖用母马
brood mare station 种母马站
brood nest 育虫巢,育虫区{蜂}
brood pond 孵化池
brood rearing 幼虫饲养,育虫{蜂}
brood size 一窝数量
brood sow 种母猪,繁殖用母猪
brood spot 孵卵场所,孵房
brood time 孵化期,育雏期
brood tree 抱树,孵虫树
brooder ①孵化器,孵卵器,育雏器 ②孵化期
brooder battery (=rearing battery)①饲笼 ②畜产育种室
brooder-house 孵化室,育雏室
brooder-nest (母鸡)孵卵窝
broodiness 就巢性,抱窠性,抱卵性
brooding ①孵化 ②育雏
brooding ability 孵化力,孵化率
brooding time 孵化期
broody hen (=brood hen)孵雏母鸡,抱窠鸡
broohal 网胞的(brochalis)
brook 小河,溪流
brook-weed 水茴草属[*Samolus* L.](报春花科)
Brookhaven Protein Data Bank Brookhaven蛋白质数据库,布鲁哈文蛋白质数据库{分生}
Brooks fruit spot 黑点病
broom ①染料木属[*Genista* L.](豆科) ②扫帚,笤帚
broom cell 帚细胞
broom corn (=broom sorghum)散穗高粱(帚高粱,帚黍)[*Sorghum vulgare* Pers. var. *technicum* (Koern.) R. et W. = *Andropogon sorghum* Brot. var. *technicus* Koern.](禾本科)
broom-corn millet 黍,稷[*panicum miliaceum* L.](禾本科)
broom cypress ①地肤属[*Kochia* Roth.](藜科) ②地肤[*Kochia scoparia* Schrad.]
broom-head harvesting machine 黍稷穗收获机
broom made of kaoliang straw 高粱秸笤帚(用高粱秸做成的帚把)
broom millet (=broom sorghum) 散穗高粱(帚高粱,帚黍)
broom pine 美国长叶松[*Pinus palustrus* Mill.](松科)
broom rape ①列当属[*Orobanche* (Tourn.) L.](列当科) ②列当[*Orobanche coerulescens* Steph.]
broom-rape family 列当科[Orobanchaceae]
broom straw 帚用秸(供做帚把的高粱茎秆)
broom variety 帚用品种
broom wattle 藤叶相思树[*Acacia calamifolia*](豆科)
broomjute sida (=Queensland hemp) 黄稔花[*Sida rhombifolia* L.](锦葵科)
broomsedge 弗吉尼亚须芒草[*Andropogon virginicus* L.](禾本科)
broth 羹,汤,肉汁,肉汤
broth agar 肉汁琼脂(培养基)
broth culture 肉汁培养
broth gelatine 肉汁明胶(培养基)
brother node 同级节点{电脑}
brother-sister mating 兄妹交配,同胞交配
broticolous 户栖的(brotiocolus)
brough sea 大波(波高5~8尺)
brow ①额 ②眉毛 ③山顶,陡坡
brow-band 额革,脑门革(马具)
brow tine (鹿角)眉叉
brown 棕色的,褐色的(brunneus)
brown acid soil 棕色酸性土
brown algae 褐藻[门][Phaeophyta]
brown alkali soil 棕色碱土
brown andean soil 棕色火山土
brown apricot scale (=European fruit lecanium)李蜡蚧[*Lecanium corni* Bouché][蜡蚧科]
brown atrophy 褐色萎缩
brown-backed rice planthopper 褐稻虱[*Nilaparvata lugens* Stal.](飞虱科)
brown bamboo scale 竹褐蚧[*Asoplaspis bambusarus* Cockerell](蚧科)
brown bear 褐熊(马熊)[*Ursus arctos* L.]
brown bent (=brown bent-grass, brown foiorin, velvet bent-grass)绒毛剪股颖(小糠草)[*Agrostis canina* L.](禾本科)
brown blight (=copper blight)褐疫病,云纹叶枯病(茶树)
brown blight of tea (=copper blight of tea) 茶叶枯病(茶云纹叶枯病)[*Glomerella cingulata* Spaulding et Schr.]

brown brieb-fish beetle 黑褐皮蠹(双带皮蠹)[*Dermestes coarctatus* Harold.](皮蠹科)

brown calcareous soil 棕色钙质土

brown calcium acetate 褐色乙酸石灰

brown carpenter ant 褐杠蚁(褐举腹蚁)[*Crematogaster laboriosa* Smith](蚁科)

brown cement 褐封固胶{显技}

brown chafer 红褐鳃角金龟[*Serica brunnea* L.](金龟科)

brown chicken louse 鸡圆虱[*Goniodes dissimilis* Denny.](羽虱科)

brown citrus aphid 橘二叉蚜[*Aphis citricida* Kirkaldy](蚜科)

brown coal 褐煤

brown cotton bug (= western brown stink bug)棉褐蝽[*Euschistus impictiventris* Stàl.](蝽科)

brown cotton leafworm 棉褐丽夜蛾[*Acontia dacia* Druce](夜蛾科)

brown cubical rot 龟裂性褐腐

brown desert soil 棕漠土

brown desert steppe soil 棕漠草原土,棕色荒漠草原土

brown dog tick 血红肩头蜱[*Rhipicephalus sanguineus* Latreille](蜱总科)

brown dry forest soil 棕色干旱森林土

brown dry rot 褐色干腐病

brown durra 褐壳北非高粱(都拉高粱,北非高粱)[*Sorghum durra* = *S. vulgare* var. *durra*](禾本科)

brown earth 棕壤

brown earth soil 棕钙土

brown earthened soil 棕壤化土壤

brown earthening 棕壤化

brown-eyed susan 三裂叶金光菊[*Rudbeckia triloba* L.](菊科)

brown-felt blight 褐毡病

brown-felt fungus 黑蔓毛壳[*Herpotrichia nigra* Hartig]

brown flax flea beetle 亚麻褐跳甲[*Apthona flaviceps* All.](跳甲科)

brown flour 褐色粉

brown forest dark soil 暗棕色森林土

brown forest soil 棕色森林土

brown garden snail 庭园大蜗牛[*Helix aspersa* Müller](大蜗牛科)

brown gourd-shaped weevil 葫形褐象甲[*Scepticus uniformis* Kono.](象甲科)

brown granulation 棕色团粒[作用]

brown ground pulp 机械纸浆

brown hay 棕色干草

brown heart 褐心病(果实)

brown humic acid 棕色腐殖酸

brown humus calcareous soil 棕色腐殖质石灰性土,棕色腐殖质钙质土

brown illimerized soil 灰棕色灰化土

brown kernel of rice 变质米(指胚变棕色),茶色米

brown kernel rice 褐壳稻

brown knapweed 棕鳞矢车菊[*Centaurea jacea* L.](菊科)

brown lacewing ①褐蛉 ②⌞复⌝褐蛉科[Hemerobiidae]

brown lateritic soil 棕色砖红壤化土

brown leaf blight 褐条斑病,叶枯病

brown leaf blight of grasses 禾草褐条斑病[*Scoletotricum graminis* Fckl.]

brown leaf rust (= leaf rust)叶锈病(禾本科)

brown leaf spot 褐斑病

brown leaf spot of soybean 大豆褐斑病[*Mycosphaerella sojae* Hara.]

brown leaf weevil 褐切叶象甲[*Phyllobius oblongus* L.](象甲科)

brown lepra 褐色膏药病

brown loam 棕色壤土

brown locust 褐飞蝗[*Locustana pardalina* Walker](蝗科)

brown mediterranean soil 地中海型棕壤

brown mite 小红苔螨[*Bryobia rubrioculux* Scheuten.](叶螨科)

brown mottled rot 条斑状褐腐

brown mulberry beetle 桑褐鳃角金龟[*Holotrichia sauteri* Moser.](金龟科)

brown muscardine 蚕褐僵病[*Aspergillus flavus*]

brown mustard (= black mustard)黑芥(幽芥)

brown oxisiallitic soil 棕色氧化硅铝土

brown paper 褐色包装纸,牛皮纸

brown patch 褐斑病

brown pine (= broom pine)美国长叶松

brown planthopper (= brown rice planthopper)褐稻虱(稻褐飞虱)[*Nilaparvata oryzae* Matsumura = *N. lugens* Stàl.](飞虱科)

brown plastor mould 褐皮病

brown pocket rot 蜂窝状褐腐

brown podzolic soil 棕色灰化土

brown rat (= Norway rat)褐鼠[*Rattus norviegicus*]

brown rayed knapweed (= meadow knapweed, wild safflower)棕鳞矢车菊

[*Centaurea jacea* L.](菊科)
brown rendzina 棕色石灰土
brown rib 褐肋病
brown rice 糙米,红米
brown rice bin 糙米粮仓
brown rice bug 稻褐蝽 [*Nipha elongata* L.](蝽科)
brown rice grader 糙米分选机
brown rice storage 糙米贮藏
brown rice yield 糙米率,红米率
brown ring and stringy rot 环状及纤维状褐腐
brown rot ①褐腐 ②褐腐病
brown rot and spur canker 褐腐病与枝腐病
brown rot fungus 褐腐菌
brown rot of apple 苹果褐腐病 [*Sclerotinia fructigena* Schröet. = *S. fructigen*Ader. et Ruhl. = *S. mali* Tankahashi]
brown rot of apricot 杏褐腐病 [*Sclerotinia laxa* Aderh. et Ruhl.]
brown rot of cherry 甜樱桃褐腐病 [*Sclerotinia laxa* Aderh.]
brown rot of Chinese quince 木瓜褐腐病 [*Sclerotinia fructigena* Aderh. et Ruhl.]
brown rot of citrus 柑橘褐[色]腐[败]病 [*Phytophthora citrophthora* Leonian]
brown rot of eggplant (= stem rot of eggplant) 茄菌核病
brown rot of loquat 枇杷褐腐病 [*Sclerotinia fructigena* Schroeter.]
brown rot of peach 桃褐腐病 [*Sclerotinia laxa*(Ehreb.)Aderh.]
brown rot of pear 梨褐腐病 [*Sclerotinia fructigena* Aderh. et Ruhl.]
brown rot of plum 李褐腐病 [*Sclerotinia laxa* Aderh. et Ruhl.]
brown rot of stone fruits 核果褐腐病 [*Sclerotinia cinerea* Schröet. = *S. laxa* Aderh. et Ruhl.]
brown round spot of tea 茶圆赤星病(茶褐色圆星病) [*Cercospora theae* Breda de Haan.]
brown rust (= rust)褐锈病(四季豆)
brown rust of barley 大麦叶锈病 [*Puccinia hordei* Otto]
brown rust of peach 桃褐锈病 [*Tranzschelia discolor* Tran. et Lit.]
brown rust of rye 黑麦叶锈病 [*Puccinia dispersa* Eriks. = *P. secalina* Grove., *P. rubigovera secalis*(Eriks. et Henn.) Carleton]
brown rust of wheat 小麦叶锈病 [*Puccinia triticina* Erikss. = *Puccinia recondita* Rob. et Desm. f. sp. *tritici* Erikss. et Henn.]
brown sclerotial disease 褐色菌核病
brown seed-chafer 褐籽丽金龟 [*Sericania mimica* Lewis](金龟科)
brown semi-desert soil 棕色半漠[境]土
brown small longicorn 桑小褐天牛 [*Ceresium flavipes* Fabricius.]
brown smoke 褐烟,棕色烟气{环保}
brown soft scale 褐软蚧 [*Coccus hesperidum* L.](蚧科)
brown soil 棕钙土
brown spider beetle 褐蛛甲 [*Ptinus hirtellus* Sturm.](蛛甲科)
brown spongy rot 海绵状褐腐
brown spot ①褐纹病(大豆) ②胡麻叶枯病,胡麻斑病(水稻) ③斑点病(玉米) ④赤星病(烟草) ⑤叶片赤斑病(甘蔗) ⑥褐斑病(啤酒花,芝麻,荏,蚕豆)
brown spot of Adzuki bean 赤豆褐斑病 [*Cercospora cruenta* Sacc. = *Mycosphaerella cruenta* (Sacc.)Lath.]
brown spot of apple 苹果褐斑病 [*Marssoniana mali* (P. Henn.)Ito]
brown spot of apricot 杏褐斑病 [*Sclerotinia laxa* Aderh. et Ruhl.]
brown spot of chard 君荙菜褐斑病 [*Cercospora beticola* Sacc.]
brown spot of corn 玉米斑点病 [*Physoderma zeae-maydis* Shaw.]
brown spot of grape 葡萄褐斑病 [*Isariopsis clavispora* (B. et C.)Sacc.]
brown spot of Indian mallow 苘麻褐斑病 [*Mycosphaerella abutilontidicola* Miura.]
brown spot of jute 黄麻褐斑病 [*Phyllosticta corchori* Saw.]
brown spot of kaki 柿褐斑病 [*Phoma diospyri* Syd.]
brown spot of mulberry 桑褐斑病 [*Cylindrosporium mori* (Lev.) Beri.]
brown spot of pea 豌豆深褐斑病 [*Mycosphaerella pinodes* (Berk. et Blox.) Vesterger.]
brown spot of pomelo 柚褐斑病 [*Mycosphaerella horii* Hara.]
brown spot of rice (= helminthosporiose spot of rice)稻胡麻斑病
brown spot of soybean ①大豆褐皮病(*non-infectious*) ②大豆褐斑病 [*Mycosphaerella sojae* Hori.]

brown spot of strawberry 草莓褐斑病［*Marssoniana potentillae*（Desm.）Fisch.］
brown spot of sweet clover 草木犀褐斑病［*Pseudomonas syringae* Van Hall.］
brown stain ①褐色染剂{显技}②褐变{森林}
brown stem rot 褐色茎腐病
brown steppe soil 棕色草原土
brown stink bug 褐臭蝽(烟草蝽)［*Euschistus servus* Say.］(臭蝽科)
brown streak 褐条死病
brown streaked chlorosis 褐条萎黄病
brown stripe 褐条病(甘蔗)
brown sugar 红糖
Brown Swiss 瑞士褐牛
brown tail moth 黄尾白毒蛾(桑毛虫)［*Euproctis similis* Füeessly］(毒蛾科)
brown tea 红茶(发酵茶)
brown tea leafhopper 茶褐叶蝉［*Tettigonilla fenaginea* Walker］(叶蝉科)
brown top (=colonical bent)细弱剪股颖
brown tree-hopper 褐角蝉［*Machaerotypus sibiricus* Lethierry］(角蝉科)
brown trout 河鳟［*Salmo trutta fario* L.］
brown tube slime 褐发网菌［*Stemonitis fusca* Roth.］(发网菌科)
brown turf 棕色草炭
brown vegetable weevil 蔬菜象甲［*Listroderes costirostris obliquus* Klug］(象甲科)
brown wheat mite 小麦长足红蛛(麦岩螨)［*Peterobia latens* Müll.］(叶螨科)
brown wilt of peanut 花生青枯病［*Pseudomonas solanacearum* E. F. Smith.］
brown-winged green bug 橘茶翅青蝽［*Plautia stali* Scott］(蝽科)
brown wood mushroom 林地蘑菇［*Agaricus silvaticus* Schaeff. ex Secr.］(蘑菇科)
brown wood soil 棕色森林土
brownheart 褐心,褐色果心
Brownian movement 布朗运动{生理}
browning ①变褐色,褐化(fuscensens)②棕壤化
browning and stem-break of flax 亚麻褐斑病［*Polyspora lini* Laff.］
browning enzyme 变褐酶
browning root rot ①褐色雪腐病(小麦)②褐化根腐病(甘蔗)
brownish oxisiallitic soil 棕色氧化硅铝土
brownish stink-bug 中华褐盾蝽［*Eurygaster sinica* Walker］(盾蝽科)
brownout 电压不足,电压下降
Browns lily 百合［*Lilium brownii* F. E. Brown.］(百合科)
browntail house mosquito 褐尾库蚊［*Culex fuscanus* Wiedmann］(蚊科)
browntail moth (=cup moth,yellow tail moth)棕尾毒蛾［*Nygmia phaeorrhoea* Donov.］(毒蛾科)
brownwort (=knotted figwort)林生玄参(节玄参)［*Scrophularia nodosa* L.］(玄参科)
browse ①监视 ②浏览,翻阅 ③快速查找
browse display 浏览显示{电脑}
browse line 啃牧线
browse member 浏览成员
browse plant 饲料植物(供啃牧用)
browser ①浏览器 ②监视器 ③浏览程序{电脑}
browser interface 浏览器界面{智培}
browser technology 浏览技术
browsing ①啃牧 ②浏览
browsing animal 啃牧牲畜
browsing by game 兽害,野兽食害
browsing level 啃牧线
browsing on-line with selective retrieval 带有选择性检索的联机浏览{电脑}
brucea ①鸦胆子属［*Brucea* Mill.］(苦木科)②鸦胆子(鸦胆树)［*Brucea javanica*(L.)Merr.］
brucella ①布鲁氏菌属(布鲁菌属,布氏菌属)［*Brucella* Breed, Murray et Smith］(布鲁氏菌科)②布鲁氏菌［*Brucella* sp.］
brucella family 布鲁氏菌科［Brucellaceae］
brucellin 布鲁氏菌素
Brucellosis 布鲁氏［杆］菌病
Brucellosis of cattle 牛布鲁氏菌病［*Brucellosis abortus*（Schmidt）Meyer et shaw］
Brucellosis of goat 山羊布鲁氏菌病,山羊热［*Brucellosis melltenis*（Hughes）Meyer et Shaw］
Brucellosis of swine 猪布鲁氏菌病［*Brucellosis suis* Huddleson］
bruchid seed beetle (=bruchid weevil)①豆象 ②［复］豆象科［Bruchidae］
brucine 番木鳖碱,二甲氧基马钱子碱［$C_{23}H_{26}O_4N_2$］
brucite 滑石,水镁石,氢氧镁石［$Mg(OH)_2$］
bruise (果品的)伤斑
bruise-root 黄花海罂粟［*Glaucium flavum* Crantz.］(罂粟科)
bruiser 压碎机,压扁机
bruising mill 锤式磨粉机

brumal ①冬的,冬天似的 ②雾深的(brumalis)

brunfelsia ①番茉莉属(鸳鸯茉莉属)[*Brunfelsia* L.](茄科)②番茉莉[*Brunfelsia hopeana* L.]③鸳鸯茉莉[*Brunfelsia acuminata* (Pohl) Benth.]

brunigra soil 湿草原土

brunisolic soil 棕壤

brunizem 湿草原土

brunnichia ①荞麦藤属[*Brunnichia* L.](蓼科)②荞麦藤[*Brunnichia cirrhosa* L.]

brunsvigia ①布朗维吉属[*Brunsvigia* Heist.](石蒜科)②布朗维吉[*Brunsvigia* sp.]

brush ①刷,电刷,接线爪{农机}②冠毛,髯毛(barba,barbella){形态}③矮木丛,灌丛(virgultum){生态}④粗垛材(大头直径在7厘米以下){森林}

brush aeration 钢刷曝气{环保}

brush-and-bog plow 灌木沼泽地犁

brush beater 灌木铲除切碎机

brush border 刷状缘

brush breaker ①灌木犁 ②灌木铲除机

brush check dam 柳条坝

brush compare check 电刷比较检验

brush control 灌木防除

brush cotton gin 刷式轧花机

brush cotton stripping roll 刷式棉花摘铃辊

brush-cut pruning 短截(指蔷薇类)

brush cutter 灌木铲除机

brush dam 灌木坝,柴草坝,柳条坝{水利}

brush discharge 刷形放电

brush drag 荆条耢{农具}

brush elimination 灌木清除,灌木消灭

brush feed wheel 刷式排种轮

brush-field 灌木林

brush harrow 灌木耙,荆条耢,荆条拖耙{农具}

brush killer 灌丛消灭剂,灭灌木剂

Brush killers (=2,4,5-T)2,4,5-涕{农药}

brush-like 画笔状的(penicillaris)

brush method 涂刷法(指果木刷白)

brush of kernel (小麦)子粒刷毛

brush pen 毛笔(写字,绘画或实验室用笔)

brush plow (=brush plough)灌木犁{农具}

brush reader 电刷阅读器

brush saw gin 刷式锯齿轧花机

brush scythe 重型短柄镰{农具}

brush set 电刷组

brush-stage 幼年期

brush treatment 药剂涂刷处理(指果木)

brush-type stripper 刷式摘棉铃机

brush washer 刷式洗涤机

brush wood 灌丛,矮木丛

brush-wood peat 灌丛泥炭

brushfooted butterfly 蛱蝶(=pained beauty)②⌊复⌉(=four-footed butterflies)蛱蝶科[Nymphalidae]

brushing ①(蚕丝)索绪 ②刷,涂刷

brushland 丛林地,灌木地

brushland breaking plow 灌木地开荒犁

brushless 无刷的

brushy 灌木林的,灌木丛的

brusone (=blast of rice,rice blast)稻瘟病[*Piricularia oryzae* Cav.]

brusque variation 突然变异,突变

Brussel witloof (=witloof chicory, French endive)菊苣

Brussels Code 布鲁塞尔法规{真菌}

Brussel's spouts 抱子甘蓝(汤菜,珠芽甘蓝)[*Brassica oleracea* L. var. *gemmifera* (DC.)Thell.](十字花科)

brute ①强制的 ②粗暴的(brutus)

brute force [radar system] ①大口径[雷达系统]②暴力的,强力的,大规模的(指干扰)

brute force approach 强制法,粗略近似法

Brutus 布鲁杜斯(澳大利亚甘蔗品种)

bryo- [字头]苔,藓

bryoflora 苔藓植物区系

bryoid 苔藓状的(bryoideus)

bryokinin 苔藓[激]动素

bryology 苔藓植物学(bryologia)

bryonopsis ①毒瓜属[*Bryonopsis* Arn.](葫芦科)②毒瓜[*Bryonopsis laciniosa* (L.) Naud.]

bryony ①泻根属[*Bryonia* L.](葫芦科)②泻根[*Bryonia alba* L.]

bryophilous 适苔藓的,喜苔藓的(bryophilus)

bryophobous 避苔藓的,嫌苔藓的(bryophobus)

bryophyllum ①落地生根属[*Bryophyllum* Salisb.](景天科)②落地生根[*Bryophyllum pinnatum* (L.) Kurz.]

bryophyte 苔藓植物(bryophyta)

bryopsis ①羽藻属[*Bryopsis* C.](羽藻科)②羽藻(=plume bryopsis)[*Bryopsis plumosa* C.]

bryopsis family 羽藻科[Bryopsidaceae]

bryotherophyte 苔藓一年生植物(bryotherophyta)

BS ①(=British standard) 英国标准,英国规格{农机}②(=bachelor of science)理

学士,科学学士
BSC-l line (=kidney line of African green monkey)非洲绿猴肾系
BSMV (=barley stripe mosaic virus) 大麦条纹花叶病毒
BSP (=bromosulfophthalein)四溴酚酞磺酸钠
BSS (=balanced salt solution)平衡盐溶液
BSV (=bushy stunt virus)灌木矮丛病毒
Bt-horizon Bt层,黏化淀积层{土壤}
BTU (=British thermal unit)英国热量单位
BU ①(=bromouracil) 5-溴尿嘧啶 ②(=build-up)更新值(指甘蔗)
bubble ①气泡 ②泡,泡沫 ③磁泡
bubble aeration 气泡曝气{环保}
bubble agitation tank 气泡搅动池{环保}
bubble annihilation 磁泡消除{电脑}
bubble annihilator 磁泡消除器
bubble barn 充气仓库
bubble-cap 泡罩(指蒸馏)
bubble chip control 磁泡芯片控制
bubble-cloud reactor 泡雾反应器{生技}
bubble collapse 磁泡消失,磁泡缩灭
bubble column 泡罩塔
bubble column fermentor 泡罩塔发酵罐{生技}
bubble computer 磁泡计算机
bubble diameter 泡径
bubble display 磁泡显示器
bubble economy (=foam economy) 泡沫经济{农经}
bubble irrigation 喷水式灌溉
bubble memory 磁泡存储器
bubble memory device 磁泡存储装置
bubble mobility 泡迁移率
bubble of level 水准仪气泡
bubble structure 鼓泡结构{生技}
bubble tube 水准管{测}
bubbling 起泡
bubonic plague [淋巴]腺鼠疫
bucca ①口腔 ②颊{畜}
buccae 翼萼,侧萼
Buccal smear 布柯氏涂片(性染色体)
Buchler process 比娄木材保藏法
Buchner funnel 布氏漏斗(斗内有穿孔瓷板上置滤纸){生技}
buck ①雄兔 ②牡鹿 ③公山羊
buck-eye rot 绵疫病
buck grass (=buck horn) 石松[*Lycopodium clavatum* L.](石松科)
buck-rake 集堆机(甘蔗收获用)
buck-rake hay stacker 集草垛草机
buck scraper 弹板式刮土机
buck-shot land 熔岩地
buck-shot soil 大弹丸土
buck-shot structure 弹丸状结构
buck-stacker 堆垛机
buckbean ①睡菜属[*Menyanthes* L.](龙胆科) ②睡菜[*Menyathes trifoliata* L.]
bucket ①水桶,提桶 ②(水车)水戽,吊桶 ③(升运器)戽斗,铲斗 ④存储桶
bucket conveyor 斗式输送器
bucket dredger 斗式挖掘机
bucket elevator (=buckettype elevator) 斗式升运器
bucket excavator 斗式挖掘机
bucket grab 抓斗
bucket lip ①铲斗刀口 ②[溢洪道]鼻坎{水利}
bucket loader 铲斗装载机
bucket milking installation 奶桶式挤奶设备
bucket pump ①斗式唧筒 ②活塞式抽水泵,戽斗泵,水斗泵{环保}
bucket sprayer 桶式喷雾机,桶式喷雾器
bucket survey 斗测
bucket tipping device 翻斗装置
bucket trencher 斗式挖沟机
bucket type milking machine 奶桶型挤奶机
buckeye ①七叶树属[*Aesculus* L.](七叶树科) ② 欧洲七叶树 [*Aesculus nippocastanum* L.]
buckeye rot of tomato 番茄牛眼腐病[*Phytophthora parasitica* Dast.]
buckhorn 鹿角
buckhound 猎鹿犬
bucking 造材
bucking percent 造材率
buckle ①锁状联合(fibula) ②卡箍,管箍 ③扣环,扣子
buckle-shaped 锁状联合形的(fibuliformis)
buckler of beef 牛屠体脊椎部
buckler-shaped 圆盾形的,长圆盾状的(scutiformis)
buckler-shaped sorrel 盾状酸模[*Rumex scutatus* L.](蓼科)
buckling ①扭曲,压曲 ②小公羊
buckling strength 扭曲强度
buckmast 椈实(山毛榉果实)
buckram 防雨胶布
buckskin 鹿皮
buckstall 捕鹿网

buckthorn ①鼠李属［*Rhamnus* L.］(鼠李科)②鼠李(冻绿)［*Rhamnus utilis* Dcne.］
buckthorn family 鼠李科［Rhamnaceae］
buckthorn plantain (=rib grass, narrow-leaved plantain)长叶车前［*Plantago lanceolata* L.］(车前科)
buckwheat ①荞麦属［*Fagopyrum* Hall.］(蓼科)②荞麦［*Fagopyrum esculentum* Moench.］
buckwheat bran 荞麦麸
buckwheat culture ①荞麦栽培 ②荞麦栽培学
buckwheat cutworm 荞麦铜翅夜蛾［*Trachea atriplicis* L.］(夜蛾科)
buckwheat eczema (=buckwheat poisoning, fagopyrism)荞麦中毒
buckwheat family 蓼科［Polygonaceae］
buckwheat field care 荞麦田间管理
buckwheat field practices 荞麦田间措施
buckwheat flour 荞麦粉
buckwheat frost-bite 荞麦霜害
buckwheat frost injury 荞麦霜害
buckwheat growing ①荞麦栽培 ②荞麦生长
buckwheat growth form 荞麦生长型
buckwheat growth habit 荞麦生长习性
buckwheat growth period 荞麦生长期
buckwheat harvesting time 荞麦收获期
buckwheat hull 荞麦壳,三角麦壳
buckwheat husks 荞麦皮壳
buckwheat killing temperature 荞麦致死温度
buckwheat meal 荞麦粉
buckwheat sowing in place 荞麦直播
buckwheat sowing norm 荞麦播种量
buckwheat sowing plot 荞麦播种区
buckwheat sowing time 荞麦播种期
buckwheat straw 荞麦秸(秆)
buckwheat tussock moth 荞麦毒蛾［*Notolophus anstralis posticus* Walker］(毒蛾科)
buckwheat variety 荞麦品种
buckwheat weed control 荞麦除草
bucolics 牧歌(=pastoral songs or poems)
bud ①芽(gemma)②接芽(=grafting bud)
bud atrophy 缩芽病
bud-bearing 具芽的(gemmifer)
bud blasting 花蕾枯死
bud break 芽展出叶,发芽
bud burst 出芽,芽开放
bud-bursting 裂芽,放芽,出芽
bud cell (=germ cell)生殖细胞
bud chip 芽片
bud culture 芽培养
bud cutting 芽插{园芽}
bud differentiation 芽分化
bud dormancy 芽休眠
bud drop 落芽
bud-end 芽端(指马铃薯)
bud excision 芽切除
bud forcing 催芽
bud forcing treatment 催芽处理
bud formation in vitro 芽离体形成,芽在试管内形成
bud furrow (=bud groove) 芽沟
bud grafted stock 芽接苗
bud grafting 芽接(=budding)
bud growth in vitro 芽离体生长,芽在试管内生长
bud in vitro culture 芽离体培养,芽试管内培养
bud induction 花芽诱发
bud inhibition 芽抑制［作用］
bud-like growth 芽状生长
bud meristem 芽分生组织
bud moth (=eyespotted bud moth)芽小卷蛾［*Spilonota ocellana* (Denis et Schiffermüller)］(小卷蛾科)
bud moth borer 芽螟［*Opogona glycyphaga* Meyr］(螟蛾科)
bud mutation 芽变
bud off 发芽,出芽
bud opening 芽开放
bud picking 摘芽
bud pollination 蕾期授粉
bud position 芽位
bud primordium 芽原基
bud proliferation ［蔗］芽繁生症,丛芽
bud pruning 截芽,去芽(=disbudding, debudding)
bud removal 除芽,摘芽
bud reproduction 芽［生］殖
bud rot ①芽腐 ②芽腐病
bud scale 芽鳞(perula gemmae)
bud scale scar 芽鳞痕(cicatricula perulae gemmae)
bud selection 芽选,芽条选择
bud shedding (=bud drop)落蕾
bud size 芽大小
bud-sport (=bud variation)芽变
bud stage 孕蕾期
bud stick 芽条

bud swelling 芽膨大
bud tissue 芽组织
bud union 芽[嫁接]愈合点
bud union disorder 芽嫁接口不亲和现象
bud variability 芽变异性
bud variation 芽变异,芽变
buddha bamboo 佛肚竹[*Bambusa ventricosa* McClure](禾本科)
buddhist bauhinia ①羊蹄甲属[*Bauhinia* L.](苏木科) ②羊蹄甲[*Bauhinia purpurea* L.]
budding ①出芽 ②芽殖,分芽法 ③芽接(gemmatio)
budding cell 芽殖细胞
budding knife 芽接刀
budding operation 芽接操作,芽接作业
budding success 芽接成活率
budding time 出芽期
budding wax 芽接蜡
budding yeast 出芽酵母
buddleja ①醉鱼草属[*Buddleja* L.](马钱科) ②醉鱼草[*Buddleja lindleyana* Fort.]
buddy system 伙伴系统{电脑}
buddy system for storage allocation 存储分配的伙伴系统
buddy system strategy 伙伴系统策略
budget ①预算,收支{农经} ②积存,堆存,堆积,聚集{耕作} ③一束,一捆{栽培}
budget allocation 预算拨款
budget estimate 概算
budget regulation (= regulation of cut) 收获预定法{森林}
budget surplus 预算盈余
budget totals 预算总计值
budget year 预算年度
budgeting [进行]预算
budlet 幼芽
budling 芽接苗
BUdR (= 5-bromodeoxyuridine) 5-溴脱氧尿苷
budwood ①取芽树,接芽母树 ②芽枝
budwood selection 芽枝选择
budworm 烟青虫
Buerger lespedeza 伯格氏胡枝子[*Lespedeza buergeri* Miq.](豆科)
Buerger raspberry 寒莓[*Rubus buergeri* Miq.](蔷薇科)
Buerger's columbine 山耧斗菜[*Aquilegia buergeriana* Sieb et Zucc.](毛茛科)
buff ①纯褐色,暗黄色(= dull yellow colour) ②水牛皮(= buffalo-leather)
Buff Cochin 九斤黄(指肉用鸡)
buffalo 水牛(印度水牛)[*Bos bubolus*]
buffalo berry 银沙棘[*Hippophae argentea* Nutt.](胡颓子科)⌊拟⌉
buffalo carpet beetle (= common carpet beetle, museum beetle) 红缘皮蠹(地毯皮蠹)[*Anthrenus scrophulariae* (Riley)](皮蠹科)
buffalo currant 香茶藨子[*Ribes odoratum*](虎耳草科)
buffalo gnat (= blackfly) ①畜蚋(水牛蚋)[*Prosimulium pecuarum* Riley] ②[复]蚋科(墨蚊科)[Simuliidae]
buffalo-grass ①野牛草属[*Buchloe* Engelm.](禾本科) ②野牛草[*Buchloe dactyloides* (Nutt.) Engelm.]
buffalo-grass webworm 水牛草网螟[*Surattha indentella* Kearfott](网螟科)
buffalo hides 水牛[生]皮
buffalo louse 水牛虱[*Haematopinus tuberculatus* Burmeister](盲虱科)
buffalo skins 水牛皮
buffalo's milk 水牛奶
buffer ①缓冲 ②缓冲器 ③缓冲期{物} ④缓冲剂(液) ⑤缓冲区
buffer action ①缓冲作用 ②减震作用,阻尼作用
buffer action of soil 土壤缓冲作用
buffer area 缓冲区{电脑}
buffer capacity 缓冲量,缓冲能力
buffer cells 充填细胞
buffer container 缓冲容器
buffer counterion 缓冲配对离子
buffer curve 缓冲曲线
buffer device 缓冲装置
buffer exchange 缓冲液更换{生技}
buffer fault 缓冲区故障
buffer gene 缓冲基因
buffer-gradient polyacrylamide gel 缓冲液梯度聚丙烯酰胺凝胶
buffer index 缓冲指数
buffer intensity 缓冲强度
buffer invalidation 缓冲失效
buffer layer 缓冲层
buffer mixture 缓冲混合液
buffer power 缓冲能力
buffer solution 缓冲溶液
buffer species 缓冲种
buffer storage 缓冲存储
buffer strip 缓冲带
buffer strip cropping 缓冲带状耕作
buffer substance 缓冲物质

buffer value 缓冲值
buffer yellow 缓冲黄
buffer zone ①缓冲区 ②缓冲地带
buffered computer 缓冲计算机,带缓冲的计算机
buffered keyboard printer 缓冲键盘打印机
buffered line printer 缓冲行式打印机
buffered salt solution 缓冲盐溶液
buffering 缓冲[作用]
buffering action of soil 土壤缓冲作用
buffering capacity 缓冲能力
buffering exchange 缓冲变换
buffering for synchronous operation 缓冲同步操作
buffering gene 缓冲基因
buffering power of soil 土壤缓冲力
buffering range 缓冲范围
buffering resistance mechanism 缓冲抗性机制{生态生理}
buffering technology 缓冲技术
bufotenine 蟾毒色胺
bufotoxin 蟾毒素
bug ①错误 ②故障 ③蝽[象] ④⌞复⌝(=true bugs)半翅目[Hemiptera]
bug-bane ①升麻属[*Cimicifuga* L.](毛茛科) ②升麻[*Cimicifuga foetida* L.]
bug fix 故障修理
bug model 故障模型
bug monitor 错误检测程序
buggy plow(=buggy plough) 乘式犁
bugle ①筋骨草属[*Ajuga* L.](唇形科) ②筋骨草[*Ajuga decumbens* Thunb.] ③角笛(猎人用)
bugle lily ①喇叭鸢尾属[*Watsonia* Mill.](鸢尾科) ②喇叭鸢尾[*Watsonia densiflora* Mill.]
bugle-weed ①地笋属[*Lycopus* L.](唇形科) ②地笋[*Lycopus lucidus* Turcz.]
bugloss (=ox-tongue) ①牛舌草属[*Anchusa* L.](紫草科) ②牛舌草[*Anchusa azurea* Mill.]
buglossoides 梓木草[*Lithospermum zollingeri* A. DC.](紫草科)
buhach 除虫菊粉
buhrstone mill 砥石磨粉机
build ①建筑,建造(=construct) ②置放,嵌(=place,lay) ③结构(=structure)
build a dike 打坝,筑堤
build-in check 自动检验{信息}
build-in reliability 结构可靠性
build terraces 修筑梯田
build-up(Bu) 更新值(指甘蔗)
build-up flow 增殖期流蜜(指春季蜂群发展期出现的小流蜜期)
build-up sequence 组合顺序{电脑}
build-up thickness 拼装厚度
builder 助剂(指洗涤剂的)
builder's knot 卷结(结索法)
building ①建筑,建造,建设 ②建筑作业,建筑材料,建地 ③建筑物,房屋
building approval 建筑核准,建筑确认申请
building area 建筑面积
building block ①构件,结构单元{生技} ②建筑块材{环保}
building block molecule 构件分子{生技}
building board 建筑板材
building connection 建筑物连接管{环保}
building coverage 建筑覆盖率
building drain 建筑物内污水总管{环保}
building drainage system 建筑物排水系统
building element 建造元件
building equipment 建筑设备(指附带设备)
building frame 采蜡巢框,造脾巢框{蜂}
building industry 建筑业
building land 修建地,建筑地
building layout 建筑布局,建筑配置
building maintenance costs 建筑物维修费
building manager 建筑管理人,建筑干事
building materials ①建筑材料 ②建造材料(指花、果形成所需的)
building model 建立模型
building operation 建筑作业,建筑操作
building out 补偿
building-out circuit 附加电路
building-out network 附加网络
building plot (=building site)建筑区,建筑基地
building plumbing 室内装管工程{环保}
building poria 厚卧孔菌[*Poria incrassata* (Berk. et Curt.) Curt.]
building sewer (=house sewer) 建筑物外污水总管{环保}
building site ①建筑物坐落 ②建筑基地
building standard law 建筑标准法规{农施}
building structure 建筑结构
building timber (=building lumber)建筑材
building underground drains 修建下水道工程,修建地下排水管道
building-up 壅土现象
building up of colony 蜂群渐壮
buildings and facilities of protected culture land 保护地栽培[的]建筑设施{农施}
built ①建造成的 ②组合的

built beam 组合梁
built-in ①内部的 ②固有的
built-in adapter 内部适配器，内部转接器 {信息}
built-in automatic check 内部自动检验
built-in control 内部控制
built-in diagnostic 内部诊断
built-in error correction 内部错误校正
built-in self test（BIST） 内部自测试
built-in system 内装系统
built-up 合成，拼成
built-up time ①建立时间 ②增长时间
bukkum-wood 苏木（苏方木）[*Caesalpinia sappan* L.]（苏木科）
bulb ①鳞茎 ②灯泡 ③延脑，延髓 ④球部（温度计下的球状部分）（bulbus）
bulb and potato aphid 马铃薯囊管蚜 [*Rhopolosiphoninus latysiphon* Davids]（蚜科）
bulb-bearing ①生鳞茎的 ②生球茎的（bulbifer）
bulb cellar 鳞茎用地窖
bulb corydalis 山延胡索（延胡索）[*Corydalis bulbosa* DC.]（罂粟科）
bulb crops 鳞茎作物
bulb digging machine （= bulb lifter，bulb lifting machine）鳞茎挖掘机
bulb eelworm （= stem eelworm）鳞茎线虫（马铃薯线虫）[*Ditylenchus dipsaci*]
bulb-fly （= onion fly，onion maggot）葱蝇（鳞茎蝇）[*Hylemyia antique* Meig]（花蝇科）
bulb forcing 鳞茎促成栽培，鳞茎早熟栽培
bulb formation 鳞茎形成
bulb forms 菌丝球体
bulb geophyte 鳞茎地下芽植物（bulbogeophyta）
bulb grading machine 鳞茎分级机
bulb grower 鳞茎[作物]栽培者
bulb growing 鳞茎[作物]栽培（生长）
bulb holder 灯头
bulb lifter 鳞茎挖掘机
bulb maggot 鳞茎蛆（球茎蛆）[*Dyspessa ulula*]
bulb mite ①刺足根螨（葱根瘿螨）[*Rhizoglyphus echinopus*（Fumouze et Robin）] ②鳞茎根螨 [*Rhizoglyphus hyacinthi* Banks]（瘿螨科）
bulb nematode（= stem nematode） 甘薯茎线虫病（玉米茎线虫病）[*Ditylenchus dipsaci* Kühn]
bulb of a shallot 韭白
bulb of endophallus 阳茎球{蜂}
bulb of garlic 大蒜头
bulb of sting sheath 螯针鞘球
bulb pan 鳞茎盘
bulb pigment 鳞茎色素
bulb pipet pump 移液管吸球 {生技}
bulb planter 鳞茎种植机
bulb rot 茎腐病
bulb rot of lily 百合鳞茎腐烂病 [*Rhizopus nigricans* Ehrenb.]
bulb scale 鳞茎鳞片
bulb separation 分球（指球茎）
bulb vegetables 鳞茎类蔬菜
bulbaceous （= bulbiferous）具鳞茎的（bulbaceus）
bulbaceous plant 鳞茎植物（planta bulbosa）
bulbel （= bulbil）①珠芽，零余子 ②小鳞茎（bulbillus）
bulbiceps 茎基鳞茎
bulbiferous woodnettle 具鳞茎艾麻草 [*Laportea bulbifera* Weddell]（荨麻科）
bulbifery 小鳞茎无性繁殖（bulbiferia）
bulbiform 鳞茎形的（bulbiformis）
bulbil ①小菌核{真菌} ②珠芽，零余子{形态}（bulbillus）
bulbilosis 小菌核形成
bulbing（= bulb formation） 鳞茎形成
bulblet 小鳞茎（bulbillus）
bulbochaeta ①毛鞘藻属 [*Bulbochaeta* spp.]（藻类） ②毛鞘藻 [*Bulbochaeta* sp.]
bulbodium （= corm）球茎
bulbophyllum ①石豆兰属 [*Bulbophyllum* Thou.]（兰科） ②石豆兰 [*Bulbophyllum radiatum* Lindl.]
bulbosum 鳞茎
bulbosum method 鳞茎法
bulbotuber （= bulbodium）球茎
bulbous （= bulbose）①具鳞茎的 ②鳞茎状的（bulbosus）
bulbous barley 球茎大麦 [*Hordeum bulbosum*]（禾本科）
bulbous butter cup （= bulbous crowfoot） 鳞茎毛茛 [*Ranunculus bulbosus* L.]（毛茛科）
bulbous hair 鳞茎状毛（pilus bulbosus）
bulbous meadow grass （= sweet tussock，bluegrass）鳞茎早熟禾 [*Poa bulbosa* L.]（禾本科）
bulbous onion 荞葱
bulbous plant （= bulbaceous plant）鳞茎植物

bulbs 鳞茎作物
bulbs and tubers 球根类(指花卉)
bulbul 夜鹰,鸫[*Coprimulgus indicus jotaka*](夜鹰科)
bulbule (=bulbil)珠芽,零余子
bulbus ①柄基节{昆虫} ②球状物{形态}
bulge ①膨胀部,隆起,鼓起 ②土壤鼓胀(convexitas,convexio)
bulge loop 凸环,胀环{生技}
bulged base 凸起碱基{分遗}
bulgy 膨胀的,突出的(convexus)
bulk ①量,巨量,大量,巨大体积 ②集团,大多数,大部分,大半,大批 ③填充料 ④散装的 ⑤混合的,综合的
bulk analysis 总分析,大量分析{统计}
bulk application ①施基肥 ②撒施粒肥
bulk arrival 大批到达
bulk bin ①散粒储存仓 ②集装箱
bulk blend 散装混肥(指肥料)
bulk breeding 混合(综合)育种
bulk buying 大量购买
bulk comb honey 大块巢蜜
bulk conveying 散装运输
bulk cooler (=bulk milk cooler)冷藏箱,冷却箱
bulk crops 混播作物
bulk cross 混合杂交
bulk crosses 混合杂交种
bulk crossing 混合杂交
bulk density ①(土壤)容重{土壤} ②装载密度,松紧度{农机} ③堆密度{生技}
bulk elastic modulus 容积弹性模数
bulk emasculation 集团去雄
bulk eraser 整盘磁带消磁器{电脑}
bulk erasure 成块擦除
bulk feed 混合饲料
bulk feed store 混合饲料仓库
bulk fertilizer 散装肥料,散装化肥
bulk goods 散装物
bulk grab 抓斗容量
bulk grain aerotor 粮堆通风机
bulk grain tank 粮囤
bulk handling potato digger 具有盛薯箱的马铃薯挖掘机
bulk harvester 箱斗式收获机
bulk harvesting 大面积收获
bulk header (澳)带粮箱的谷物联合收获机
bulk hopper 散装[蔗种]箱
bulk hybrid 混合杂种,综合杂种
bulk hybrid method 混合杂种法,综合杂种法
bulk hybrid population 混合杂种群体
bulk index 体积指数
bulk loader 散装物装载机
bulk maceration ①大块浸解 ②大批浸渍{显技}
bulk message testing 大信息量检验
bulk method 混合法,综合法(指多品系混合育种法)
bulk method of breeding 混合育种法
bulk method of emasculation 集团去雄法
bulk milk cooler 牛奶冷藏箱,牛奶冷却箱
bulk milk tank 牛奶罐
bulk modulus 体积弹性模量
bulk pasteurization 大量消毒法,大量巴氏灭菌法
bulk piling 实积(无垫木堆积){森林}
bulk plot 混合区,混合圃
bulk population 混合[育种]群体
bulk population method 混合群体育种法
bulk print 批量打印,整批打印
bulk processing 大量处理
bulk progeny 混合[育种]后代
bulk property 体积性质,体积特性{物}
bulk pruning 粗剪{园艺}
bulk quota (=global quota)[分配]总额
bulk sample 混合样品
bulk sampling 混合取样
bulk seed transport ①散装蔗种运输 ②散装种子运输
bulk seeds 混合种,综合种
bulk selection ①混合选择,集团选择 ②混合选种,集团选种
bulk service 大批服务
bulk sowing ①混合选种播种 ②混播
bulk stacking (=bulk piling)实积(无垫木堆积){森林}
bulk storage ①堆藏,大量贮藏 ②大型仓库 ③溶气存储器
bulk store 散放仓库
bulk sugar 散装糖
bulk transfer protocol (BTP) 大容量传输协议{信息}
bulk transport 散装运输
bulk trials 混合选种试验
bulkage (=swell)涨方{森林}
bulked progeny-test system 混合后代测验法
bulkhead 挡土板,挡水墙,桩,隔板{水利}
bulkhead gate 堵水闸门,平板闸门
bulkhead with fixed earth supported 固端挡土板
bulkhead with free earth supported 简支挡土板
bulkiness 膨大性,庞大性(烟草)
bulking ①膨胀(指活性污泥) ②膨大(指烟

草）③混合
bulking agent 膨大剂(指烟草)
bulking selection 混合选种
bulking sludge （= bulking of activated sludge） 活性污泥膨胀｛环保｝
bulky ①粗的，粗大的 ②散装的 ③笨重的
bulky feed 粗饲料
bulky organic matter 粗大有机质
bulky vegetables 粗菜类(指大路菜)
bulky waste 粗大废料｛环保｝
bull 公牛
bull bay 洋玉兰(广玉兰)［*Magnolia grandiflora* L.］(木兰科)
bull calf 小公牛，公牛犊
bull ditcher 双壁开沟犁
bull fighting 斗牛
bull for breeding 配种用公牛
bull heifer 发情小母牛
bull housing kept for breeding 保持配种用公牛舍饲
bull index 公牛指数
bull nose （= atrophic rhinitis)［猪］萎缩性鼻炎
bull nose ring 公牛鼻圈
bull oak （= beefwood)木麻黄属
bull pcn 公牛栏
bull pine 美国［西部］黄松［*Pinus ponderosa* Dougl.］(松科)
bull rake ［悬挂式］集草机，集堆机
bull shoot 过底笋(指甘蔗)
bull the market 哄抬价格
bull tongue ①牛舌 ②窄松土铲 ③单铧犁
bull trencher 大型开沟机
bullace （= damson plum）布拉斯李［*Prunus insitita* L.］(蔷薇科)
bullace grape 圆叶葡萄［*Vitis rotundifolia* L.］(葡萄科)
bullate 具泡状隆起的（bullatus）
bullate leaf 多泡叶（folium bullatum）
bulldeep-well pump 杆式深井泵
bulldog 叭喇狗(指一种颈粗性猛的犬)｛狩猎｝
bulldog clamp ①动脉夹 ②［钻杆］安全夹子
bulldoze 推土机推土
bulldozer 推土机
bullen 麻秆［碎屑］
buller 慕雄狂乳牛(长期发情母牛)
bullet planting （= container planting)容器栽植法，无土栽培法(溶液栽培)
bulletin 通报，布告，公告
bulletin board ①通报板 ②公告牌 ③布告栏
bulletin board system（BBS） 公共布告栏系，公共公告系统｛电脑｝
bullfrog 牛蛙［*Rana catesbiana*］
bullgrader 大型平地机
bulliform cell 泡状细胞（cellula bulliformis）
bulling 发情［期］
bullock （= ox, steer)公牛
bullock's heart 牛心果［*Annona glabra* L.］(番荔枝科)
bull's eye ①风暴眼 ②(打靶)靶心
bullwheel 主动轮
bully tree （= balata tree)巴拉塔胶树［*Mimusops balata*］
bulrush ①藨草属［*Scirpus* L.］(莎草科) ②藨草［*Scirpus triqueter* L.］
bulrush millet （= pearl millet)珍珠粟(御谷，蜡烛稗)
Bulso 宽叶买麻藤［*Gnetum indicum* Merr.］(买麻藤科)
bulu type 春秋稻型(印尼稻品种)
bulwark ①防波堤，防御物｛水利｝②堡垒
bumalda bladder nut ①省沽油属［*Staphylea* L.］(省沽油科) ②省沽油［*Staphylea bumalda* DC.］
bumble-bee ①(= humble bee, wild bee)熊蜂(丸花蜂)［*Bombus* spp.］②［复］熊蜂科(丸花蜂科)［Bombidae, Bremidae］
bumble-bee-flowered 熊蜂状花的（fuciflorus）
bumble-bee-shaped 熊蜂形的（fuciformis）
bumble-bee venom 熊蜂毒
bumble, carpenter, honey and stingless bees 蜜蜂科［Apidae］
bummer 低轮车(集材用)
bump ①凸起 ②块
bumper ①保险杆，保险柱 ②缓冲器｛物｝③丰收
bumper crop ①丰收，创记录产量 ②丰产作物
bumper harvest 大丰收，创记录收成
bumper mill 反射式分选器
bumper seed year 种子丰收年｛森林｝
bumper year 丰年
bumping 暴沸，迸沸
bumpy 颠簸的，起伏不平的（salebrosus）
buna 人造橡胶
bunch ①串，簇，束（faseis）②总状花序，果穗（racemus）③(播种)穴 ④(蔬菜)捆把 ⑤(木材)归堆
bunch-berry 石生悬钩子［*Rubus saxatilis* L.］(蔷薇科)
bunch caterpillar （= tea bunch caterpillar)茶蚕［*Andraca bipunctata* Walker］(蚕蛾科)

bunch end rot 果穗端腐病
bunch evergreen 玉柏［*Lycopodium obacurum* L.］(石松科)
bunch grass 丛生草,疏丛性牧草
bunch groundnut 丛生花生(指直立型花生)
bunch-like 总状花序式的(botryoideus)
bunch of bananas 一串香蕉,香蕉串
bunch of dates 海枣丛,椰枣丛
bunch of flowers 一束花
bunch of grapes 葡萄串
bunch planting 穴播,穴栽,穴植
bunch planting method 穴栽法,穴播法,点播法
bunch rot (=shanking,stem dieback)葡萄果梗萎缩病
bunch seeding 丛播(指多粒穴播)
bunch thinning ①丛播间苗 ②疏果穗(指葡萄)
bunch top 花束状梢头,梢簇
bunch type 丛生型(直立型)(花生)
bunch variety 丛生型品种
bunchberry dogwood 御膳橘［*Cornus canadensis* L.］(山茱萸科)
bunched vegetables 捆把蔬菜,蔬菜捆
buncher ①捆束机,捆把机(蔬菜) ②集草机,堆垛机 ③(电子)聚束栅,聚束器
bunching ①分簇间苗 ②捆束,捆把(蔬菜) ③聚束
bunching vegetables 捆把蔬菜
bunchings ①簇生蔬菜 ②捆把蔬菜
bunchy 成束的
bunchy top ①簇顶,僵顶,束顶(番茄病毒病时表现) ②僵顶病
bunchy top of tomato 番茄僵顶病［*Lycopersicum virus* 5］
bunchy-type 丛生型
bunchy-type groundnut 丛生型花生
bund 田埂,垄,土堤
bund former ①起垄器,培垄器 ②筑埂机
bunding 筑埂
bundle ①维管束(fasciculus) ②束,把,捆,包,包裹 ③附带
bundle carrier 积捆器
bundle end 维管束末梢
bundle flange 维管束缘
bundle-flowered 开花成束的(desmanthus)
bundle-headed 成束头状的(desmocephalus)
bundle of ray 光束,射束
bundle of sticks 束把,柴捆,柴把(烧火用)
bundle parenchyma 维管束薄壁组织(parenchyma fascicula)
bundle scar 维管束痕
bundle-shaped 束形的(desmodus)
bundle sheath 维管束鞘(vagina fascula)
bundle-sheath cell 维管束鞘细胞(cellulus vaginalis fasciculus)
bundle-sheath extension 维管束鞘伸展区
bundle system of cane transport 甘蔗捆束运输
bundle trunk 维管束干
bundled feature 附带特性
bundled software 附带软件
bundler 捆束机,捆把机
bundling 捆束,捆把
Bunela plum (=Rataugurессa) 罗旦梅(巴尼阿拉)［*Flacourtia jongomas* Raeusch.］(大风子科)
bung 木塞,塞子{显技}
Bunga ①野菰属(蔗寄生属)［*Aeginetia* L.］(列当科) ②野菰(蔗寄生)［*Aeginetia indica* Roxb.］
bunge bedstraw 四叶葎［*Galium gracilens* Bge.］(茜草科)
Bungo 丰后(梅品种)
bunias (=corn rocket)女真芥［*Bunias erucago* L.］(十字花科)
bunk 饲槽,饲喂槽
bunk auger 饲槽饲料分送螺旋
bunk feeder ①饲料分送器 ②饲料分配器
bunk silo 水平式青贮窖
bunker ①液体燃料储罐 ②粮箱 ③青贮窖 ④障碍物 ⑤洼,浅沟
bunker silo 青贮槽,青贮栅
bunnyears 黄毛掌［*Opuntia microdasys* Pfeiffer］(仙人掌科)
bunophil 适山的,喜山的(bunophilus)
bunostomiasis 仰口线虫病
Bunsen burner 本生灯
Bunsen cone 本生焰锥
Bunsen eudiometer 本生量气管
Bunsen flame 本生焰
bunt 腥黑穗病,腥黑粉病(大麦,小麦)
bunt ball 腥黑穗病菌瘿
Bunt Cure 六氯代苯-2{农药}
bunt fungi 黑粉科［Ustilaginaceae］
Bunt-No-More 六氯代苯-3{农药}
bunt of wheat (=wheat stunking smut)小麦网腥黑穗病［*Tilletia caries* (de Candolle)］
bunt resistance 对腥黑穗病的抗性
bunt-resistant variety 抗腥黑穗病品种
bunt smut of wheat 小麦光腥黑穗病［*Tilletia foetida* (Wallr.) Liro. = *T. levis* Kuehn.］

bunya-bunya 大叶南洋杉［*Araucaria bidwillii* Hook.］（南洋杉科）
buoy 浮标，浮杆，浮圈
buoyancy 浮力
buoyancy density 浮力密度
buoyancy force 浮力
buoyancy lift 浮升，浮力
buoyancy theory 浮力学说
buoyant ①能浮的，有浮力的 ②活跃的，有弹性的
buoyant density 浮力密度
buoyant density centrifugation 浮力密度离心
buoyant egg 浮性卵
buoyant probe 浮飘探针
buprestid beetle （= borer）①吉丁虫 ②⌞复⌝吉丁科（Buprestidae）
bur ①刺果 ②芒刺 ③刺球状花序（lappa）
bur boggarticks 狼把草［*Bidens tripartita* L.］（菊科）
bur cleaner 芒刺清除机
bur clover 金花菜［*Medicago hispida* Gaertn. = *M. denticulata* Willd.］（豆科）
bur-flag ①黑三棱属［*Sparganium* L.］（黑三棱科）②黑三棱［*Sparganium longifolium* Turcz.］
bur gherkin 西印度黄瓜［*Cucumis anguria*］（葫芦科）
bur-grass ①蒺藜草属［*Cenchrus* L.］（禾本科）②蒺藜草［*Cenchrus echinatus* L.］
bur ironweed 中国蓟［*Cirsium chinense* Gard. et Champ.］（菊科）
bur machine 剥铃清花机
bur marigold 狼把草［*Bidens tripartita* Linn.］（菊科）
bur-marigold ①鬼针草属［*Bidens* L.］（菊科）②鬼针草［*Bidens bipinnata* L.］
bur oak 大果栎［*Quercus macrocarpa* Michx.］（山毛榉科）
bur-parsley ①挂衣属［*Caucalis* L.］（伞形花科）②挂衣［*Caucalis daucoides* L.］
bur-reed （= bur-flag）黑三棱属
burbot 江鳕［*Lota lota*（Linnaeus）］
burclover （= small medic，little medic）小苜蓿［*Medicago minima* Lamk.］（豆科）
burden ①负担，负荷 ②吨位
burden animals 驮兽，驮畜，役畜
burden of taxation 税务负担
burdo 体细胞杂种，嫁接杂种（burdo）
burdock ①牛蒡属［*Arctium* L.］（菊科）②牛蒡［*Arctium lappa* L.］
burdock aphid 牛蒡长翅蚜［*Aulacorthum cirsicola* Takahashi］（蚜科）
burdock borer 牛蒡夜蛾［*Popaipema cataphracia* Grote］（夜蛾科）
burdock bug 东方菱形缘蝽［*Coreus marginatus* orientalis Kiritscheno.］（缘蝽科）
burdock fruit fly 牛蒡实蝇［*Chaetostomella vibrissata* Coquillett］（实蝇科）
burdock Japanese weevil 日本牛蒡象甲（方喙象）［*Cleonus japonicus* Faust.］（象甲科）
burdock mosaic virus 牛蒡花叶病毒
burdock mottle virus 牛蒡斑驳病毒
burdock oil 牛蒡油
burdock weevil 牛蒡象甲［*Larinus latissimus* Roelofs］（象甲科）
Burdon stain 白顿氏［脂肪粒］染色剂｛显技｝
Burdon staining 白顿氏［脂肪粒］染色｛显技｝
bureau ①局，处，所 ②办公桌
bureautique 办公自动化｛电脑｝
burette （= buret）①滴定管 ②量管
burgeon ①芽，嫩枝 ②萌芽，发芽
burging croton ①巴豆属［*Croton* L.］（大戟科）②巴豆［*Croton tiglium* L.］
Burgundy mixture 布根底液（用碳酸钠与硫酸铜配制的波尔多液）
Burgundy truffle 钩块菌［*Tuber uncinatum* Chatin］
burial ①埋藏 ②冷却（burialis）
burial layer（= buried layer） 埋层
buried ①埋藏的，深埋的，埋葬的 ②隐蔽的
buried cable 地下电缆，深埋电缆
buried channel ①地下灌溉渠 ②埋藏河道
buried depth 埋藏深度
buried fertilizer 深施肥料
buried fracture 隐伏断裂
buried ice 埋藏冰
buried main 地下灌溉干渠
buried peat 埋藏泥炭
buried seed ①深播种子 ②埋藏种子
buried servo 埋层伺服｛信息｝
buried soil 埋藏土
buried soil horizon 埋藏土层
buried soil profile 埋藏土壤剖面
buried stored seed 埋藏种子
buried structure 隐伏结构
burkeite 碳酸钠矾
burl ①树瘤 ②瘤状纹理
burl figure 瘤状花纹，瘤状纹理
burlap 粗麻布，粗帆布
burlap bag 麻袋
Burley tobacco 黄花烟草（伯莱烟草）［*Nicotiana rustica* L.］（茄科）（这种烟草种在肥沃地，有特殊香味，叶色黄白）
Burley type 黄花型，伯莱型（烟草）

burmannia family 水玉簪科［Burmanniaceae］
Burmese rosewood 青龙木［*Pterocarpus indicus* Willd.］(豆科)
Burmese variety 缅甸品种(指水稻)
Burmese varnish tree 缅甸漆树［*Melanorrhoea usitata* Wall.］(漆树科)
burn ①烧垦,烧垦地{耕作} ②日灼病{病理} ③灼伤,烧伤,焚伤 ④雾消 ⑤熔固
burn-in ①局部加厚处理 ②老化,老炼 ③残留
burn in image 残留影像{遥感}
burn-in test 老化测试
burn-out ①全部,曝光,曝光过度 ②烧光,烧毁(=burn through)
burn scar ①火伤痕 ②烧瘢痕
burn through 烧毁
burnable poison 可燃性毒物{环保}
burned lime 生石灰,氧化钙［CaO］
burned tip (农药)烧枯叶尖
burner ①喷灯 ②火焰除草中耕机 ③喷火头
burnet ①地榆属［*Sanguisorba* Rupp. ex L.］(蔷薇科) ②地榆［*Sangisorba afficinalis* L.］
burnet saxifrage ①茴芹属［*Pimpinella* L.］(伞形科) ②茴芹［*Pimpinella anisum* Nakai.］
Burnett process 氯化锌全吸收法(指木材防腐法之一)
burning ①燃烧 ②灼伤 ③烧灭,烧毁(指有病枝干等) ④激烈的,强烈的
burning-bush ①白鲜属［*Dictamnus* L.］(芸香科) ②白鲜［*Dictamnus albus* L.］
burning-numbing taste 麻辣味
burning over ［燃］烧完
burning point 燃点,着火点
burning power 燃力
burning quality 燃烧性
burning rate 燃烧速度
burning up ①烧枯(由于农药) ②干枯(缺乏水分)
burnish 磨光,抛光
burnt 烧成的,烧焦的,烧灼的
burnt ale 蒸馏酒初渣
burnt brick 窑烧砖
burnt cane 烧后蔗
burnt field 火烧地
burnt granulated caustic potash 烧成颗粒苛性钾
burnt husk 壳灰(指皮壳烧成的)
burnt-like rice 炒米,熟米(指像烧焦的米)
burnt lime 熟石灰
burnt soot water 焦煤烟水
burnt standing cane 烧后未砍收原料蔗
burnt tea 熏焙香茶
burnt-wood 烧损木
burnweed 菊芹［*Erechtites valerianaefolga* DC.］(菊科)
burozem 棕壤
burr ①(成熟棉铃)铃壳 ②树瘤 ③磨刀石 ④磨盘
burr-comb 赘脾
burr mill (=burr grinder)磨盘式粉碎机,研磨机
burreed ①黑三棱属［*Sparganium* L.］(黑三棱科) ②黑三棱［*Sparganium stoloniferum* Hamilton.］
burreed family 黑三棱科［Sparganiaceae］
Burri's Indian ink method 伯利氏印度墨汁负染法{微生物}
Burroughs network architecture (BNA) 巴勒斯公司网络体系结构{信息}
Burroughs scientific processor (BSP) 巴勒斯公司科学处理机
burrow ①洞穴 ②蛀孔,虫眼
burrower bug 土蝽
burrowing animals 掘穴动物
burrowing leg 开掘足
burrowing mayflies 小蜉蝣科［Zygaenidae］
burrowing nematode 掘穴线虫［*Radopholus similis* Cobb］
burrowing wasps 小唇沙蜂科［Larridae］
burrstone mill 磨盘式磨粉机
burry 似刺果的,刺芒状的(lappaceus)
bursa ①交合伞 ②土耳其奶酒 ③囊(bursa)
bursa copulatrix (=copulatory pouch)交配囊{蜂}
bursa of Fabricius 法氏腔上囊
bursar ①会计,会计员 ②奖学金,研究补助费(bursarius)
bursian 鞣化激素
bursicle ①小囊 ②囊状体(bursicula)
bursiculate 小囊状的(bursiculatus)
bursiform 囊形的(bursiformis)
bursigerous 具囊状的(bursiger)
bursin 法氏囊肽{生技}
bursine 荠碱
bursopoietin 法氏囊生成素
burst ①爆炸,爆破 ②破裂,胀裂 ③决口{水利} ④开放,释放{微生物} ⑤爆发集落{生技} ⑥突发,猝发{电脑}
burst check 轮裂,风裂,弧裂(指木材)
burst correcting ability 突发错误纠正能力
burst error 突发错误,突发差错
burst forming unit (BFU) 爆发集落形成单

位{分生}
burst noise 猝发噪声
burst pressure 破裂压力
burst refresh 突发恢复,突发更新
burst size [噬菌体]释放数量
burst speed 猝发速度
burster 分纸器(指打印)
burster point 松土铲
burster-trimmer-stacker(BTS) 分纸器-剪切器-堆垛器组合
bursting ①炸裂,开裂 ②破裂 ③松土
bursting of buds 发芽,放芽,裂芽
bursting of head 裂球(指甘蓝球)
bursting pressure ①碎损压力 ②猝发压力
bursting stress 破裂应力
burweed (= broad cocklebur)臭苍耳(*Xanthium strumarium* L.)(菊科)
bury 盖土,掩土,埋土
burying ①盖土,覆土{栽培} ②埋土{耕作}
burying beetle ①埋葬虫 ②⌞复⌝埋葬甲科[Silphidae]
burying cover slips method 埋片法{显技}
burying of manure 耕埋厩肥
burying storage 埋藏法
bus ①公共汽车 ②总线{信息}
bus adapter 总线适配器
bus connector 总线接插件
bus controller 总线控制器
bus conversion interface 总线转换接口
bus coupler 总线耦合器
bus hub 总线中枢
bus idle state 总线空闲状态
bus in 总线输入
bush ①丛枝灌木,矮灌 ②套筒,衬套 ③轴瓦,轴衬{农机}
bush allemanda ①黄蝉属[*Allemanda* L.](夹竹桃科) ②黄蝉[*Allemanda nerifolia* Hook.]
bush and bog disk 缺口圆盘,花形圆板
bush and bog disk harrow 缺口圆盘耙,重型灌木沼泽地缺口圆盘耙
bush and swamp plough 沼泽灌木犁
bush bean (= bush kidney bean, dwarf bean)矮菜豆(龙芽豆)[*Phaseolus vulgaris* L. var. *humilis* Alef.](豆科)
bush beans 丛生性豆类
bush breaker 除灌丛机
bush cinquefoil 金老梅[*Potentilla fruticosa* L. = *Dasiphora fruticoca* (L.) Rydb.](蔷薇科)
bush clover ①胡枝子属[*Lespedeza* Michx.](豆科) ②胡枝子[*Lespedeza bicolor* Turcz.] ③(= Japan clover)鸡眼草[*Lespedeza striata* Hook. et Arn.]
bush-clover aphid 胡枝子长管蚜[*Macrosiphum hagicola* Matsumura](蚜科)
bush cricket 螽斯科[Tettigoniidae]
bush crown (茶丛)树冠
bush crusher 灌丛[重型]压碎机
bush cutter 除灌丛机
bush division 分株
bush drain 树枝束地下排水道
bush fallow 丛林,灌丛
bush form 丛生类型(即直立类型)
bush formation ①树冠定形(茶) ②矮灌丛群系
bush fruits 丛枝果树,灌木性果树
bush grass (= wood small reed)拂子茅[*Calamagrostis epigeios* (L.) Roth. = *Arundo epigeios* L., *Calamagrostis macrolepis* Litw.](禾本科)
bush harrow 灌木耙,枝条耢{农具}
bush harrowing 用枝条耢耢地
bush-herbs 丛枝草本植物
bush-kidney bean 矮菜豆[*Phaseolus vulgaris* var. *humilis* Alef.](豆科)
bush knife 砍刀,短柄弯刀
bush lespedeza 胡枝子(二色胡枝子)[*Lespedeza bicolor* Turcz.](豆科)
bush nursery 临时苗圃(茶)
bush pea 矮豌豆(品种)
bush pillar 灌木砍伐机
bush planting 丛栽
bush puller 灌木挖根机
bush pumpkin 密生西葫芦[*Cucurbita pepo* var. *condensa* Bailey](葫芦科)
bush red-pepper 丛生辣椒[*Capsicum frutescens* L.](茄科)
bush-rope 藤
bush training 丛枝式整枝
bush tree 矮干树
bush type ①丛生型(直生型) ②矮化型
bush type culture 矮化栽培
bush vetch 野豌豆(篱草藤)[*Vicia sepium* L.](豆科)
bush violet ①布洛华丽属[*Browallia* L.](茄科) ②布洛华丽[*Browallia speciosa* Hook.]
bush-wood 灌丛
bushel 英斗,蒲式耳(谷物容量单位,英=36.37升,美=35.24升)
bushel package 英斗包装
bushel weight 英斗容重
bushiness ①分蘖性 ②灌木密茂性
bushing 套袖,套管,衬管{农机}
bushing out 分蘖,丛生

bushland 矮灌丛地
bushland harrow 重型灌木耙{农具}
Bushman's poison 铁枣 [*Acokanthera venenata* Don](夹竹桃科)
bushveld 灌丛草原(非洲南部草原称 veld)
bushy ①从生的 ②灌木茂密的,灌木型的
bushy crown 灌木型树冠
bushy grass 从生禾草
bushy leguminous crop 矮生豆科作物
bushy stunt 丛缩病
bushy stunt virus (BSV) 灌木矮丛病毒
bushy tree ①(=bush tree, low tree) 矮树 ②(=spreading young tree) 枝叶扩展幼树
bushy variety ①从生品种 ②矮生品种
business ①买卖,贸易 ②企业,策划 ③商业 ④营业,业务,事务
business accounting at different level 企业分级核算
business accounting unit 企业核算单位
business application 商业应用
business automation 事务自动化
business communication 企业用通信
business compiler 商用编译程序
business computer 商用计算机,企业用计算机
business cycle 经济循环
business description language (BDI) 商用描述语言{电脑}
business fluctuation 行情波动
business game 商业竞争
business incubator 企业"孵化器"(指高新技术创业服务中心){农经}
business information system (BIS) 企业信息系统
business information warehouse 企业信息仓库
business machine 事务处理机
business management 业务管理
business risk 经营风险
business software 企业软件
business tree 经济树{信息}
bust 操作错,失误
buster (=busting plow, buster plow, double breasted plow)双壁开沟犁
buster plow 双壁开沟犁,双壁起垄犁{农具}
busting 沟耕,垄耕
busulfan 甲磺酸丁二醇二酯
busy 忙,忙碌
busy bit 忙碌位{电脑}
busy condition 忙状态
busy farming season 农忙季节
busy flag 忙碌标记
busy hour 忙时{信息}
busy line 忙线,占用线{信息}
busy period 忙期,忙碌期间
busy season ①旺季{水产} ②农忙
busy season nursery 农忙托儿所
busy signal 忙碌信号,占线信号
busy tag 忙标记
busy time 占用时间{信息}
busy token 忙碌标记,忙碌记号{信息}
busy trunk 占线中继线
busy waiting 忙等待{信息}
butachlor 去草胺(除草剂)
butadiene 丁二烯
butane 丁烷 [C_4H_{10}]
butanediol 丁二醇 [$HOCH_2(CH_2)_2CH_2OH$]
butanol 丁醇 [C_4H_9OH]
butcher ①屠宰 ②屠宰工人 ③屠宰畜
butcher-bird 百舌鸟
butcher hog 屠宰用猪
butcher steel 屠宰用滑棒
butchering 屠宰
butcher's beast 肉用家畜
butcher's broom ①假叶树属 [*Ruscus* (Tourn.)L.](假叶树科) ②假叶树 [*Ruscus aculeata* L. = *R. ponticus* Woron.]
butcher's meat 鲜肉
butchery ①屠宰场 ②屠宰业
butein 紫铆因
butenolide 丁烯羟酸内酯
butin 紫铆黄酮
butomus ①花蔺属 [*Butomus* L.](花蔺科) ②花蔺 [*Butomus umbellatus* L.]
butt ①枕地{耕作} ②根端,粗端,根蔸{森林} ③大酒桶(=500 升容量) ④草制巢窠,草制巢框{蜂} ⑤箭靶垫{狩猎} ⑥蔗茎底部{甘蔗}
butt adjuster ①草秆撞齐器 ②齐根器,整捆器
butt chiset 平头铲刀
butt cut 根端材,树基材
butt-end 根端,树基
butt-joint 端面接合,对接
butt line 接缝{电脑}
butt log 树基材,根段原木
butt plate 底板(指鸟枪枪托)
butt root 支撑根
butt rot 根腐,树基污腐,株腐
butt rot of citrus 柑橘株腐病
butt severing device (甘蔗)根部切除装置
butt-swelling (=root-swelling) 脚材,扩基树干{森林}
butt to butt planting 顶接下种(指甘蔗)
butt unevenness 根差
butt-weld fitting 熔化平接{环保}

butte 孤峰群(悬岩险峻的孤立丘陵)
butter ①黄油,奶油 ②果酱,果膏 ③齐根器,整捆器
butter-and-eggs ①柳穿鱼属[*Linaria* Mill.](玄参科) ②柳穿鱼[*Linaria vulgaris* Mill.]
butter bean (=Lima bean)棉豆(金甲豆,香豆,雪豆)[*Phaseolus lunatus* L. = *Phaseolus limensis* Macf.](豆科)
butter-bur ①蜂斗叶属[*Petasites* Mill.](菊科) ②蜂斗叶[*Petasites japonicus* Miq.]
butter-bur plume moth 款冬羽蛾[*Pselnophorus vilis* Butler](羽蛾科)
butter churn 搅乳机,黄油制作器
butter cooler 奶油冷却器
butter culture 奶油培养
butter defect 黄油质量差(有缺陷)
butter fat (=milk fat) 乳脂
butter-head lettuce 结球莴苣(卷心莴苣,球叶莴苣)[*Lactuca sativa* var. *capitata* DC.](菊科)
butter making 黄油制造
butter mold (=butter mould)奶油模型,奶油模具
butter molding machine (= butter moulding machine)奶油造模机
butter mushroom 褐环黏盖牛肝菌[*Suillus lutens* (L.ex Fr.)S.F.Gray]
butter packing machine 奶油包装机
butter processing 奶油加工{加工}
butter production 黄油生产
butter starters 奶油发酵种
butter treatment machine 黄油加工机
buttercup ①毛茛属[*Ranunculus* L.](毛茛科) ②毛茛[*Ranunculus japonicus* Thunb.]
buttercup family 毛茛科[Ranuculaceae]
buttercup winterhazel 少花蜡瓣花[*Corylopsis pauciflora* Sieb. et Zucc.](金缕梅科)
butterfat 奶油脂,乳脂
butterfly 蝶,蝴蝶
butterfly bauhinia 蝴蝶羊蹄甲[*Bauhinia monandra* Kurz](苏木科)
butterfly-bush (=buddleja) ①醉鱼草属[*Buddleja* L.](马钱科) ②醉鱼草[*Buddleja lindleyana* Fort.]
butterfly flower ①蛾蝶花属[*Schizanthus* Ruiz et Pav.](茄科) ②蛾蝶花[*Schizanthus pinnatus* Ruiz et Pav.]
butterfly iris ①肖鸢尾属(摩利兰属)[*Moraea* Mill.](鸢尾科) ②肖鸢尾(摩利兰)[*Moraea iridioides* L.]
butterfly network 蝶形网络{信息}
butterfly nut 蝶形螺母
butterfly operation 蝶式运算
butterfly orchid ①金蝶兰属(蝴蝶兰属)[*Oncidium* Sw.](兰科) ②金蝶兰(金蝴蝶)[*Oncidium sphacelatum* Lindl.] ③四季蝶兰(蝴蝶兰)[*Oncidium papilio* Lindl.]
butterfly-pea ①蝶豆属[*Clitoria* L.](豆科) ②蝶豆[*Clitoria mariana* L.]
butterfly permutation 蝶式排列
butterfly processor 蝶式处理机
butterfly tree ①羊蹄甲属[*Bauhinia* L.](豆科) ②羊蹄甲[*Bauhinia purpurea* L.]
butterfly valve 蝶阀{环保}
butterfly-weed 块根马利筋[*Asclepias tubrosa* L.](萝藦科)
butteris 修蹄刀
buttermilk 酪乳
butternut 灰胡桃(油胡桃)[*Juglans cinerea* L.](胡桃科)
butterwort ①捕虫堇属[*Pinguicula* Tourn. ex L.](狸藻科) ②捕虫堇[*Pingicula vulgaris* L.]
buttery 富含油分的,含脂的(oleosus)
buttock ①臀 ②⌊复⌉臀部[肉]
button ①菌蕾{真菌} ②花蕾{形态} ③果蒂,子房 ④电钮,钮 ⑤纽扣 ⑥按钮
button ball (=buttonwood)美国梧桐
button-bush ①风箱树属[*Cephalanthus* L.](芸香科) ②风箱树[*Cephalanthus occidentalis* L.]
button cactus 月世界(纽扣掌)[*Epithelantha micromeris* Weberb.](仙人掌科)
button clover 圆形苜蓿(纽扣苜蓿,杯形苜蓿)[*Medicago orbicularis* L.](豆科)
button cursor 圆形光标
button device 按钮型设备(指制图输入设备){电脑}
button fern 圆叶旱蕨[*Pellaea rotundifolia* Hook.](水龙骨科)
button grabbing 按钮获取
button mushroom growing 小蘑菇栽培
button snakeroot (=blazing star) ①蛇鞭菊属[*Liatris* Schreb.](菊科) ②蛇鞭菊[*Liatris spicata* Schreb.]
buttoning ①生蕾,孕蕾 ②果蒂 ③纽扣化(指花菜)
buttonwood (=button ball)美国梧桐[*Platanus occidentalis* L.](悬铃木科)
buttor 禾秆撞齐器
buttress ①板[状]根 ②板状干基 ③拱形结构 ④前扶垛

buttress-like root 板状干基
buttress root 板根
buttressed base root 板状基根
buttressed trunk [扩基]树干
buturon 播土隆(除草剂)
butyl- 丁基
butyl alcohol 丁醇 [C_4H_9OH]
butyl alcohol bacteria 丁醇细菌
butyl cellulose 丁基纤维素
butyl CoA dehydrogenase 丁基辅酶 A 脱氢酶
butyl group 丁基
butyl salicylate 水梅酸丁酯 [$HOC_6H_4COOC_4H_9$]
butylate 苏达灭(除草剂) [$C_{11}H_{23}NOS$]
butylbenzene 丁基苯 [$C_6H_5C_4H_9$]
butylene 丁烯
butylene glycol 丁二醇 [$C_4H_8(OH)_2$]
butylene glycol fermentation 丁二醇发酵
butynediol 丁炔二醇
butyraceous ①含油的 ②油性的 (butyraceus)
butyral 丁缩醛
butyraldehyde 丁醛 [$C_3H_7 \cdot CHO$]
butyrase 丁酯酶
butyrate ①丁酸 ②丁酸盐,丁酸酯或丁酸根
butyric acid 丁酸 [C_3H_7COOH]
butyric acid bacteria 丁酸细菌
butyric acid fermentation 丁酸发酵
butyric acid in flooded soil 淹浸土中丁酸
butyrometer 乳脂计
butyrous 奶油状的,乳脂状的 (butyrus)
butyryl- 丁酰[基] [C_3H_7CO-]
butyryl-CoA dehydrogenase 丁酰 CoA 脱氢酶
Buxaria 布札里亚(甘蔗印度原种)
buy grain 籴粮
buy ricc 籴米
buyer 买主,购买者
buyers' market 零售市场,购买者市场
buying co-operative 零售合作社,购买合作社
buying power 购买力
buzz 蜂鸣音
buzz saw 圆锯
buzzer 蜂鸣器
buzzing [振翅]作嗡嗡声
BV (= biotic value)生物价
Bx (= Brix) 锤度(指测糖度)
by- ⌊字头⌉ ①附近,邻近 ②边,侧 ③副,次要
by-fruit 副果
by-hand input 手工输入{电脑}
by-pass ①旁通 ②旁路,支路 ③旁通阀 ④旁通管
by-pass canal 路沟
by-pass capacitor 旁路电容器
by-pass conduit 溢流管,旁通导管{水利}
by-pass hypha 旁枝菌丝
by-pass line 旁通管
by-pass opening 旁通孔,支路孔{水利}
by-pass outlet 回流出口
by-pass pipe 旁通管
by-pass plug 旁路插头
by-pass road ①小路,间道 ②副林道
by-pass valve 旁通阀
by-pass vent 分支排气管{环保}
by-passing of river 河流旁线
by-path 小径道,次要小路
by-product 副产物,副产品
by-product of fruit 果品加工副产物
by-product of lime 废石灰,石灰渣
by-product recording 附带记录{信息}
by-product silk 副蚕丝
by-road ①副林道 ②旁路,支路
by-way 小路,旁路
BYDY (= barley yellow dwarf virus) 大麦黄矮病毒
bygone period 过去时期,以往时期
bylink 旁路{电脑}
byne 麦芽
bynin 麦芽醇溶蛋白
byre 牛棚,牛栏,牛舍
byre average 牛舍平均
byssaceous 细丝状的 (= byssine, byssoid) (byssaceus)
byssine 细丝状的 (byssinus)
byssoceous ①细丝状的 ②茸毛状的 (byssoceus)
byssoid (= byssine)细丝状的
byssus ①菌丝 ②足丝(指软体动物)
byte ①信息组,[二进]位组 ②字节{电脑}
byte computer 字节计算机
byte control protocol 字节控制协议{电脑}
byte counter 字节计数器
byte format 字节格式{电脑}
byte machine 字节机(指计算机或处理机)
bytes per inch (BPI) 每英寸字节数,字节/英寸{信息}
bytes per second (bps, byte/s) 每秒字节数,字节/秒
Byzantine speedwell (= bird's-eye speedwell)波斯婆婆纳(波斯水苦荬) [*Veronica persica* Poir.] (玄参科)

C c

C ①(= curie) 居里(放射性强度单位){辐射} ②(= cytidine) 胞苷{分生} ③(= concentration) 浓度{生技}

C_0 (= acentric)无着丝点的

C_1 ①(= monocentric)单着丝点的{细胞} ②(= first generation of vegetative propagation) 营养生殖第一代{遗传}

C_2 ①(= dicentric)双着丝点的 ②(= second generation of vegetative propagation) 营养生殖第二代

C_3 ①(= tricentric)三着丝点的 ②(= third generation of vegetative propagation) 营养生殖第三代

^{14}C ^{14}碳(辐射碳同位素)

C-band C 带{染色体}

C-banding (= constitutive banding)组成带型,C 显带(指染色体)

C-bivalent (= colchicine bivalent) 秋二价染色体(秋水仙碱处理的){细胞}

C_3 - C_4 cycle intermediate 三碳 - 四碳循环中间产物{生态生理}

C_3 CAM intermediate 三碳景天酸代谢中间产物,C_3 CAM 中间产物{生态生理}

C_3 cycle 三碳循环,C_3 循环

C_4 cycle 四碳循环,C_4 循环

C_4-dicarboxylic acid cycle C_4 二羧酸循环

C effect (= colchicine effect) 秋水仙效应,C 效应{细胞}

C-factor C 因素,体细胞交换频率

C-form C 型 DNA(= DNA-C)

CGS units (= centimeter-gram-second units) 厘米-克-秒单位

C gene (= constant gene) 恒定基因,C 基因

C_4 grasses 四碳禾本科植物,C_4 禾本科植物

C-horizon C 层,母质层{土壤}

C-line C 系(指化学杀雄的母本品系){育种}

C-meiosis (= colchicine meiosis) 秋减数分裂(秋水仙碱处理反应的减数分裂){细胞}

C_4 mesophyll cell 四碳叶肉细胞,C_4 叶肉细胞

C-metaphase (= colchicine metaphase)秋-中期(秋水仙碱处理反应的减数分裂中期){细胞}

C-mitosis (= colchicine mitosis) 秋有丝分裂(秋水仙碱处理反应的有丝分裂){细胞}

c-mitotic agent 秋水仙碱有丝分裂剂

C-N ratio (= carbon-nitrogen ratio) 碳氮比[率],C-N 比[率]

c-oncogene (= cellular oncogene) 细胞癌基因

C-pair 秋水仙碱对(秋水仙碱效应的染色体对)

C_3 pathway of CO_2 assimilation 二氧化碳同化的三碳途径,CO_2 同化的 C_3 途径{生态生理}

C_3 pathway plant 三碳途径植物,C_3 途径植物

C_4 pathway plant 四碳途径植物,C_4 途径植物

C_2 photosynthesis 二碳光合作用,C_2 光合作用{生态生理}

C_3 photosynthesis 三碳光合作用,C_3 光合作用

C_4 photosynthesis 四碳光合作用,C_4 光合作用

C_3 plant 三碳植物

C_4 plant 四碳植物

C_3 process 三碳过程,C_3 过程

C_4 process 四碳过程,C_4 过程

C region (= constant region) 恒定区,C 区{分遗}

C-stage 最终状态(热硬化性树脂)

C strategy (= conser vation strategy) 保存策略,C 策略{生态生理}

C-terminal (= C-terminus, carboyl terminal) C[末]端,羧基[末]端

C-terminal fusion C 端融合{分遗}

C-terminal heterogeneity C 端不均一性

C-terminal homogeneity C 端均一性

C-terminus (= carboxyl terminal, C-terminal) 羧基[末]端,C[末]端

C_3 terrestrial plant 三碳陆生植物,C_3 陆生植物

C-tumour C 瘤肿(秋水仙瘤肿){细胞}

C_3 type 三碳型,C_3 型

C-type natriuretic peptide (CNP) C 型钠尿肽{分生}

C-type particle C型颗粒
C type particle C型粒子(病毒)
C-type virus C型病毒
C-value (= DNA content value) DNA含量值(指每染色体组)
C value paradox (= content value paradox) 含量值不合理(指单倍体细胞 DNA 的含量值不合理){分遗}
CA ①(= computer application) 计算机应用{电脑} ②(= cost account) 成本计算{农管}
ca (= about, around) 大约,左右,前后{信息}
Ca-binding protein 钙结合蛋白
CA storage (= controlled atmosphere storage) 调节大气贮藏
CAAS (= Chinese Academy of Agricultural Science) 中国农业科学院
cab 驾驶室{农机}
caba (= Indian rice, water oat) 茭白(茭笋)[*Zizania latifolia* Turcz.](禾本科)
cabana 加瓦纳雪茄(cigar 的一种,古巴 Cabana 地方因制造雪茄而闻名)
cabapple (= malus) 苹果属[*Malus* Mill.](蔷薇科)
cabbage ①芥属(芸薹属)[*Brassica* L.](十字花科) ②芥菜[*Brassica juncea* L.] ③芸薹(油菜)[*Brassica campestris* L.] ④甘蓝[*Brassica oleracea* L.]
cabbage aphid 菜蚜[*Brevicoryne brassicae*(L.)](蚜科)
cabbage armyworm 甘蓝夜蛾[*Barathra brassicae* L.](夜蛾科)
cabbage black rot 甘蓝黑腐病[*Xanthomonas campetris* pv. *campestris* (Pam.) Donson]
cabbage butterfly (= cabbage white butterfly)菜粉蝶
cabbage cell hybrid 结球甘蓝细胞杂种
cabbage club root 甘蓝根肿病[*Plasmodiophora brassicae* Woron]
cabbage curculio 芜菁象甲[*Ceuthorhynchus rapae* Gyllenhal](象甲科)
cabbage downy mildew 甘蓝霜霉病[*Peronaspora parasitica* (Pers.) Fr.]
cabbage family 十字花科[Cruciferae]
cabbage flea beetle ①甘蓝跳甲[*Haltica oleracea* L.] ②芜菁黄条跳甲[*Phyllotreta cruciferae* Goeze](跳甲科)
cabbage fly ①(= cabbage maggot)甘蓝种蝇[*Hylemya brassicae* Bouchě] ②(= turnip maggot) 萝卜种蝇[*Hylemya floralis* Fallèn](花蝇科)
cabbage gall-midge 甘蓝吸浆虫[*Cecidomyia brassicae* Linnaeus](瘿蚊科)
cabbage gall weevil 芜菁瘿象甲(甘蓝根瘿象甲)[*Ceuthorrhynchus pleurostigma* (Marshall)](象甲科)
cabbage head 甘蓝结球,甘蓝叶球
cabbage leaf miner 甘蓝潜叶蝇[*Phytomyza rufipes* Meig.](潜蝇科)
cabbage lettuce (= lettuce, head lettuce) 结球莴苣(球叶莴苣)[*Lactuca sativa* var. *capitata* DC.](菊科)
cabbage lifter 甘蓝收获机
cabbage looper (= ni moth)粉纹夜蛾[*Trichoplusia ni* Hübner](夜蛾科)
cabbage maggot (= cabbage fly)甘蓝种蝇[*Hylemya brassicae* Bouchè](花蝇科)
cabbage mosaic 甘蓝花叶病(病毒病害)
cabbage moth 甘蓝夜蛾[*Mamestra brassicae* Linnaeus = *Barathra*](夜蛾科)
cabbage mustard 芥蓝[*Brassica alboglabra* Bailey](十字花科)
cabbage palm 菜棕[*Roystonea oleracea*](棕榈科)
cabbage palmetto 扇叶蓑棕(萨布榈)[*Sabal palmetto* R. et S.](棕榈科)⌊拟⌉
cabbage powdery mildew 甘蓝白粉病[*Erysiphe polygoni* DC.]
cabbage pythium damping-off 甘蓝猝倒病[*Pythium debaryanum* Hosse]
cabbage root fly 甘蓝根花蝇[*Erioischia brassicae* Bouchè](花蝇科)
cabbage root rot 甘蓝根腐病[*Corticium centrifugum* (Lev.) Bres.]
cabbage rose 洋蔷薇[*Rosa centifolia* L.](蔷薇科)
cabbage sawfly 甘蓝叶蜂[*Athalia colibri japonensis* Rohwer](叶蜂科)
cabbage seedpod weevil (= turnip seed weevil)甘蓝荚象甲[*Ceuthorrhynchus assimilis* Paykull](象甲科)
cabbage seedstalk curculio 甘蓝[子]茎象甲[*Ceutorhynchus quadridens* Panzer](象甲科)
cabbage soft rot 甘蓝软腐病[*Erwinia carotorova* pv. *carotorova* (Jones) Bergey. et al.]
cabbage stem flea beetle 油菜蓝跳甲[*Psylliodes chrysocephala* Linnaeus](跳甲科)

cabbage stem weevil 甘蓝[子]茎象甲[*Ceutorhynchus quadridens* (Panzer)](象甲科)

cabbage stink bug 甘蓝菜蝽[*Eurydema rugosum* Motschulsky](蝽科)

cabbage stump 甘蓝短缩病

cabbage thrips 甘蓝蓟马[*Thrips angusticeps*(Uzel)](蓟马科)

cabbage tip-turn 甘蓝尖枯病(生理病害)

cabbage-tree ①甘蓝树属[*Andira* Lam.](豆科) ②巨朱蕉[*Cordyline australis*](龙舌兰科)

cabbage webworm (= turnip webworm, centre cabbage grub)菜[心]螟[*Hellula rogatalis* Fabricius. = *H. undalis* Hulst](野螟科)

cabbage white blight 甘蓝菌核病[*Sclerotinia sclerotiorum* (Lib.)de Bary]

cabbage white butterfly (= cabbage worm) ①(= small white butterfly)[小]菜粉蝶[*Pieris rapae* (L.)] ②(= large white butterfly)大菜粉蝶[*Pieris brassicae* L.](粉蝶科)

cabbage white rust 甘蓝白锈病[*Albugo candida* (Pers.) Kuntzo]

cabbage whitefly 甘蓝粉虱[*Aleyrodes brassicae* Walker](粉虱科)

cabbage worm (= small white butterfly)[小]菜粉蝶

cabbage yellow 甘蓝黄萎病[*Fusarium oxysporum* Sch. ex Fr. = *F. conglutinans* (Wollenw)Snyder et Hanson]

cabicidin 杀真菌素

cabinet ①柜,机柜,机壳,机箱 ②橱,工作橱,工作柜,小操作台 ③陈列室,通话间,小房间,工作间

cabinet assistance 机箱附件{电脑}

cabinet beetle (= varied carpet beetle)小圆皮蠹(红斑皮蠹)[*Anthrenus verbasci* Linnaeus](皮蠹科)

cabinet drier 柜式干燥器

cabinet surface temperature 机柜表面温度

cable ①粗绳、大索、缆 ②电缆、钢索 ③锚索、锚链

cable bridge 索桥

cable control 钢索操纵,钢索控制

cable cultivation 钢索耕作(用钢索牵引农具)

cable-drawn plow 绳索牵引犁

cable ferry 缆索渡桥

cable harness 电缆束

cable haulage system 索引式

cable lift ①绳索起重机,卷扬机 ②索引起落机构

cable logging 索道集材

cable loss 电缆损耗{信息}

cable matcher 电缆匹配器,电缆转换接头

cable noise 电缆干扰,电缆噪声

cable plow 绳索犁

cable plowing 钢索牵引耕翻

cable powering 电缆功率

cable powering supplying 电缆供电电源

cable scraper 索引式铲运机

cable stacker 索引式堆垛机

cable-tackle plow 索引式平衡犁,绳索平衡犁

cable television (cable TV) 有线电视,电缆电视{电脑}

cable-towed machine 绳索牵引机

cable traction 绳索牵引

cable tramway 架空索道,架空电车道

cable-way 架空索道,钢绳吊车(起重机)

cablin patchouli 广藿香[*Pogostemon cablin* (Blanco) Benth. = *Mentha cablin* Blanco. *P. patchouli* Pellet](唇形科)

cabuya (= Mauritius hemp) 毛里求斯麻[*Furcraea foetida* = *F. gigantea*]

cabuyao 毛里塔尼亚苦橙[*Citrus hystrix*](芸香科)

CAC (= computer-aided creating) 计算机辅助创造

cacaerometer 空气污染[程度]检查器

cacao (= cocoa, cacao tree) ①可可属[*Theobroma* L.] (悬铃木科) ②可可[*Theobroma cacao* L.]

cacao bean 可可豆

cacao beetle 可可天牛[*Steirastoma depressum* L.](天牛科)

cacao butter (= cacao fat)可可脂

cacao husk 可可[果]壳

cacao moth 可可粉螟[烟草粉螟][*Ephestia elutella* Hbn.](斑螟科)

cacao pod 可可果实

cacao pruner 可可象甲[*Chalcodermus marshalli* Bondor](象甲科)

cacao shell 可可壳

cacao thrips (= cocoa thrips)可可红节蓟马

cacao tree 可可[树][*Theobroma cacao* L.](梧桐科)

cache ①超高速缓冲存储器 ②超高速缓存{电脑}

cache sweep 超高速缓存扫描

cachectin 恶液质素
cachet ①印,压印 ②标记
cachexia 极度疲弱
caching 超高速缓存{电脑}
caching disk 超高速缓存软盘
cachrys 卡立伞属[*Cachrys* L.](伞形花科)
caco- ⌊字头⌉恶,丑
cacodorous 恶臭的(cacodorus)
cacodylate buffer 二甲胂酸盐缓冲剂
cacodylic acid 二甲胂酸[$(CH_3)_2AsO \cdot OH$]
cacoethes ①恶习,恶癖 ②躁狂,热狂{畜}
cacogenesis ①劣生 ②杂交无能
cacogenic 劣生的(cacogenus)
cacotrophy 营养不良(cacotrophia)
cacti (为 cactus 的复数)仙人掌类(cactae)
cactus ①仙人掌属[*Opuntia* Tourn. et Mill.](仙人掌科) ② 仙人掌 [*Opuntia vulgaris* L.]
cactus-alkaloid 仙人掌生物碱
cactus dahlia 卷瓣大丽花[*Dahlia juarecii* Hort.](菊科)
cactus family 仙人掌科[Cactaceae]
cactus house 仙人掌温室
cactus scale ①仙人掌白蚧[*Diaspis echinocacti* Bouchě] ②仙人掌胭脂虫[*Eriococcus saboteneus* Kuwana] ③(= cochineal insect) 胭脂虫[*Dactylopius coccus* Costa = *Coccus cacti* L., *Diaspis echinocasti* Bouché](蚧科)
cactus type 仙人掌型
cactus virus 2 仙人掌病毒 2
cactus virus X 仙人掌病毒 X
CAD (= computer-aided design) 计算机辅助设计{电脑}
cadaster 土地,地籍(cadastre)
cadastral 土地的,地籍的(cadastralis)
cadastral map (= cadastral plan) 地籍图{遥感}
cadastral register 土地登记册
cadastral survey 土地测量,地籍测量
cadaveric alkaloid 尸碱
cadaverine 尸胺,1,5-戊二胺 [$NH_2(CH_2)_5NH_2$]
caddisfies (= caddice worms) 毛翅目[Trichoptera]
cadelle (= cadelle beetle, black grain beetle) 大谷盗[*Tenebroides mauritanicus* Linnaeus](谷盗科)
cadens 珠柄残痕
cadherin 钙黏着蛋白
cadillo (= Indian mallow) 起绒草
cadinene 荜澄茄烯,杜松烯
cadminate 琥珀酸镉
cadmium 镉(Cd,48 号元素)
cadmium bromide 溴化镉[$CdBr_2$]
cadmium cell 镉电池
cadmium chloride 氯化镉[$CdCl_2$]
cadmium compound 镉化合物
cadmium disease 镉病{环保}
cadmium ion 镉离子
cadmium plating 镀镉
cadmium pollution 镉污染{环保}
cadmium standard cell 镉标准电池
cadmium sulfate 硫酸镉[$CdSO_4$]
cadmium waste water 含镉废水{环保}
cadre ① 骨架、支架、骨干 ② 干部 (quadrum)
caducity 早落性,凋落性(caducitas)
caducous 早落的,凋落的,脱落的(caducus)
caducous calyx 落萼(calyxcaducus)
caducous corolla 落冠(corolla caduca)
caducous leaves 落叶(folii caducae)
caducous stipule 早落托叶(stipula caduca)
CAE ①(= computer aided editing) 计算机辅助编辑 ②(= computer aided engineering) 计算机辅助工程
caeciform 盲肠形的(caeciformis)
caecum ①胚的延长部分 ②盲囊{昆虫} ③盲肠
caeleste 天蓝色的(caelestus)
caenids 细蜉科[Caenidae]
caeno-monoecious 雌花雄花两性花同株的,单全同株的(caenomonoecius){遗传}
caenogenesis 新性发生
caenogenetic 新性发生的(caenogeneticus)
caenophytic era 新植物代(aera caenophytica)
caenozoic era (= cainozoic era) 新生代(aera caenosoica)
caeoma 裸春孢器,裸锈子器
caerulin 雨蛙肽
caesalpinia 云实属[*Caesalpinia* L.](云实科)
caesarean section 开腹取子术
caesar's mushroom (= royal agaric orange, amanita) 橙盖鹅膏[*Amanita caesarea* (Scop. ex Fr.) Pers. ex Schw. var. *alba* Gill.](鹅膏科)

caesious 蓝灰色的 (caesius)
caesium (= cesium) 铯(Cs,55 号元素)
caesium isotope 铯同位素
caespitellose 小丛的,小簇的 (caespitellosus)
caespiticolous 草栖的 (caespiticolus)
caespitose 丛生的,簇生的 (caespitosus)
caespitulose 略成丛状的 (caespitulosus)
cafestol 咖啡醇
cafeteria 自动喂饲器
cafeteria feeding method 自由采食法
caffeic acid 咖啡酸(抑制剂)[$C_9H_8O_2$]
caffein-tree (= coffee) 咖啡[树]
caffeine 咖啡碱,咖啡因 [$C_8H_{10}O_2N_4 \cdot H_2O$]
caffeine-free mutation 无咖啡碱突变
caffeine mutachromosomic effect 咖啡碱诱变染色体效应
caffeol 咖啡油
cage ①笼 ②(轴承)夹珠圈 ③(杂交)隔离罩 ④(电梯升降机)室 ⑤栅条式滚筒 (cavea)
cage cleaner 禽笼清洁器
cage compound 笼形化合物
cage coordination compound 笼形配合物
cage cross 套笼交配(甘蔗用)
cage effect 笼蔽效应
cage experiment 罩内试验{育种}
cage method 饲育笼法{昆虫}
cage oil press 笼式榨油机
cage rearing (= cage confinement, cage management)笼养
cage roller 笼形镇压器{耕作}
cage rotor 笼式转子{生技}
cage rotor aeration system 转笼曝气体系{环保}
cage screen 笼筛,笼格栅
cage structure 笼形结构{生技}
cage system 笼养法{禽}
cahiota (= chayote)佛手爪
cahmois 羚羊 [*Capriconis crispus* Temm](牛科)
cailloutis 卵石
cainito 星苹果 (= star apple) [*Chrysophyllum cainito* L.](山榄科)
Cainozoic [era]新生代
Cainozoic group 新生界
cairn 石标
Cairns model 凯恩斯氏模型{分遗}
Cairo morning glory 五爪金龙 [*Lpomoea cairica* (L.) Sweet = *L. palmata* Forsk](旋花科)
cajan (= cango pea, pigeon pea)木豆(树豆)[*Cajanus cajan* (L.) Mill.](豆科)
cajanus (= cajan) ①木豆属 [*Cajanus* DC.](豆科) ②(= cango pea, pigeon pea)木豆(树豆)[*Cajanus cajan* (L.) Mill.]
cajeput oil 白千层油 [$C_{10}H_{18}O$]
cajeput-tree 白千层 [*Melaleuca leucadendra* L.](桃金娘科)
cajeputene 白千层萜
cake ①饼,糕饼,蛋糕 ②饼肥,油饼,油粕 ③饼饲 ④滤饼
cake bait 饼饵
cake conveyer 滤饼输送带{环保}
cake feed 饼渣饲料
cake fertilizer 饼肥
cake fodder 饼饲[料]
cake of alum 明矾块{环保}
cake yeast 饼酵母
caked breast 硬化乳房
caked mass 硬块
caking ①块结,黏结,结块性,固化 ②碎块
cal (= calorie) 卡(1 卡 = 4.1868 焦耳)
calabar ①鼠色的 ②褐鼠的
calabar bean ①毒扁豆属 [*Physostigma* L.](豆科) ②毒扁豆 [*Physostigma venenosum* Balf.]
calabash (= calabash gourd) 葫芦 [*Lagenaria vulgaris* Ser.](葫芦科)
calabash gourd anthracnose 葫芦炭疽病 [*Colletotrichum lagenarium* Ell. et Halst.]
calabash-tree ①葫芦木属 [*Crescentia* L.](紫葳科) ②葫芦木 [*Crescentia cujete* L.]
calabrian soapwort 喀拉布利亚肥皂草 [*Saponaria calabrica*](石竹科)
calabura (= jamfruit) 文丁果(牙买加樱桃)[*Muntingia calabura* L.](蔷薇科)
caladium ①花叶芋属 [*Caladium* Vent.](天南星科) ②花叶芋 [*Caladium bicolor* Vent.]
calamarian 苔草状的 (calamarius)
calamiferous 具管茎的 (calamifer)
calamint ①风轮菜属 [*Calamintha* Moenth.] (唇形科) ②风轮菜 [*Calamintha chinensis* Benth.] ③药用风轮菜 [*Calamintha officinalis*]
calamity ①灾难,灾害 ②惨祸、灾祸 (calamitas)
calamodia orange (= calamodin)四季橘(金橘)[*Citrus mitis* Blanco = *Citrus mi-*

crocarpa Bge.](芸香科)
calamus ①菖蒲(白菖)[*Acorus calamus* L.](天南星科)②管茎
calamus oil 白菖油
calanthe ①虾脊兰属[*Calanthe* R. Br.](兰科)②虾脊兰[*Calanthe discolor* Lindl.]
calathea 蓝花蕉属(肖竹芋属)[*Calathea* G. F. W. Mey.](竹叶科)
calathidiphorum 头状花序柄(calathidiphorum)
calathidium (=calathium)①花盘,篮状花序(指菊科的头状花序似篮状)②总苞(指菊科)
calathiform 杯状的(calathiformis)
calathinous 篮状的(calathinus)
Calbin cycle 喀尔宾循环{育种}
calbindin (=visnin) 钙结合蛋白{分生}
calc- ⌞字头⌝石灰,钙
calcaneal 跟骨的(calcanealis)
calcaneum 跟骨,腓跗骨
calcar (=spur)①距 ②距状突起
calcarate ①有距的 ②距状的(calcaratus)
calcareous 石灰性的,钙质的(calcareus)
calcareous alluvial soil 石灰性冲积土
calcareous argillaceous sediment 石灰性黏质沉积物
calcareous brown soil 石灰性棕色土
calcareous clay 石灰性黏土
calcareous concretion 石灰结核
calcareous crust 石灰结壳,钙质结壳
calcareous deposit 石灰性沉积物
calcareous deposition 石灰性沉积
calcareous desert soil 石灰性漠境土
calcareous hardpan 石灰硬磐,石灰磐
calcareous lithosol 石灰性岩成土
calcareous paddy soil 石灰性水稻土
calcareous peat 石灰性泥炭,钙质泥炭
calcareous regosol 石灰性粗骨土
calcareous rock 石灰质岩{地质}
calcareous sandstone 石灰质沙岩
calcareous sandy clay 石灰性沙质黏土
calcareous shale 石灰质页岩
calcareous soil 石灰性土壤
calcareous spur (=calcite)方解石[$CaCO_3$]
calcariform 距状的(calcariformis)
calcemia (=calcaemia)钙血
calcemic factor-A 血钙因子A,甲状旁腺激素前体
calceolaria 蒲包花属[*Calceolaria* L. = *Fagelia* Schwencke](玄参科)
calcic 石灰质的,钙质的(calcicus)
calcic brown soil 棕钙土
calcic horizon 钙质[积]层
calcic mull 钙质腐殖质
calcicole 钙生植物
calcicole species 钙生[植物]种(species calcicolae)
calcicolous 适钙的,喜钙的(calcicolus)
calcicolous plant (=calciphile)适钙植物,喜钙植物(planta calcicola)
calcifames 缺钙症
calciferol 麦角钙化[固]醇,钙化[甾]醇,维生素D_2[$C_{28}H_{43}OH$]
calciferous (= calcigerous)含碳酸钙的(calcifer)
calcification 钙化[作用](calcificatio)
calcifuge 避钙植物,嫌钙植物
calcifugous 避钙的,嫌钙的(califugus)
calcifugous plant 避钙植物,嫌钙植物(planta calcifuga)
calcimedin 钙介蛋白{分生}
calcimeter 碳酸计
calcimine 刷墙粉
calcimorphic soil 钙成土
calcinated phosphatic fertilizer 烧制磷肥
calcinated potassium alumite powder 烧制钾明矾粉末
calcination 煅烧,灰化(calcinatio)
calcined bone 煅烧骨
calcined phosphate 烧制磷肥
calcined plaster 烧石膏,熟石膏
calcineurin 钙调磷酸酶
calcinol 碘酸钙[$Ca(IO_3)_2$]
calcinosis 钙质沉着
calciotrophic species 钙营养种(species calciotrophae)
calcipenia 钙质减少
calcipete (=calciphile) 适钙植物,喜钙植物
calcipexis 钙固定
calciphile 适钙植物,喜钙植物
calciphilous (=calciphilic)适钙的,喜钙的(calciphilus)
calciphilous crops 喜钙作物
calciphilous plant (=calciphilic plant)适钙植物,喜钙植物(planta calciphila)
calciphobe 避钙植物,嫌钙植物
calciphobous (=calciphobic)避钙的,嫌钙的(calciphobus)
calciphobous plant (=calciphobic plant)避钙植物,嫌钙植物(planta calciphoba)

calciphobous species 嫌钙种(species calciphobae)
calciphyte 钙生植物(calciphyta)
calciprivic 缺钙的(calciprivus)
calcite (=calcareous spur)方解石
calcitonin 降钙素
calcitonin-gene-related peptide (CGRP) 降钙素基因相关肽(指与降钙素基因有关的肽){分遗}
calcitration (马)踢,蹴(calcitratio)
calcium 钙(Ca,20号元素)
calcium / calmodulin-dependent protein kinase 依赖于钙/钙调蛋白的蛋白激酶
calcium absorption 钙吸收
calcium accumulation in grains 子粒中钙累积
calcium acetate 醋酸钙,乙酸钙 [$Ca(C_2H_3O_2)_2$]
calcium ammonia 氨钙 [$Ca(NH_3)_2$]
calcium-ammonium nitrate 硝酸铵钙 [$NH_4NO_3 \cdot CaCO_3$]
calcium apply 应用钙,施用钙,施钙肥
calcium arsenate 砷酸钙(杀虫剂) [$As_6Ca_{10}H_2O_{26}$] $3Ca_3(AsO_4)_2 \cdot Ca(OH)_2$
calcium arsenite 亚砷酸钙(杀虫剂) [$Ca_3(AsO_3)_2$]
calcium-base grease 钙基润滑脂
calcium bicarbonate 重碳酸钙,碳酸氢钙 [$Ca(HCO_3)_2$]
calcium binding protein 钙结合蛋白[质]{分生}
calcium binding site 钙结合部位
calcium carbide 碳化钙,电石(植物开花促进剂)[CaC_2]
calcium carbonate 碳酸钙 [$CaCO_3$]
calcium carbonate cement 钙质胶结物
calcium carbonate fertilizer 碳酸钙肥料
calcium carbonate layer 碳酸钙层{环保}
calcium caseinate 酪蛋白钙
calcium channel 钙通道{生技}
calcium chlorate 氯酸钙 [$Ca(ClO_3)_2$]
calcium chloride 氯化钙 [$CaCl_2$]
calcium clay 钙质饱和黏粒,钙质黏土
calcium cobalt method 钙钴法
calcium cyanamide 氰氨化钙 [CaNCN]
calcium cyanide 氰化钙 [$Ca(CN)_2$]
calcium cycle 钙循环
calcium deficiency 缺钙
calcium-deficient soil 缺钙土{土壤}
calcium-dependent neutral protease 依赖于钙的中性蛋白酶,依钙中性蛋白酶
calcium-dependent protein 依赖于钙的蛋白[质],依钙蛋白
calcium-depleted soil 钙用尽土壤,缺钙土壤
calcium hardness 钙硬度
calcium humate 腐殖酸钙
calcium hydrogen phosphate 磷酸氢钙 [$CaHPO_4$]
calcium hydroxide 氢氧化钙,消石灰 [$Ca(OH)_2$]
calcium hypochhlorite 次氯酸钙 [$Ca(OCl)_2$]
calcium influx 钙流入
calcium ion 钙离子
calcium ion of erythrocyte 红细胞的钙离子
calcium ion of protozoa 原生动物的钙离子
calcium level 含钙量,钙水平
calcium line (=calcium oxide) 石灰,生石灰 [CaO]
calcium loss 钙损失
calcium-magnesium acetate 钙镁乙酸盐
calcium magnesium phosphate 钙镁磷肥
calcium-magnesium-phosphate fertilizer 含钙镁磷肥,钙镁磷肥料
calcium mediatory protein 钙中介蛋白[质]
calcium metaarsenite 偏亚砷酸钙 [$Ca(AsO_2)_2$]
calcium metabolism 钙代谢
calcium metaphosphate 偏磷酸钙 [$Ca(PO_3)_2$]
calcium monophosphate 磷酸氢钙
calcium nitrate 硝酸钙 [$Ca(NO_3)_2$]
calcium nitrate-urea 尿素硝酸钙
calcium nitrophosphate 硝酸铵化成肥料(硝酸磷酸钙)
calcium oxalate 草酸钙 [$CaC_2O_4 \cdot H_2O$]
calcium oxide 氧化钙 [CaO]
calcium paracaseinate 副酪蛋白钙
calcium pectate 果胶酸钙
calcium phosphate 磷酸钙,偏磷酸钙 [$Ca(PO_3)_2$],正磷酸钙[$Ca_3(PO_4)_2$],焦磷酸钙 [$Ca_2P_2O_7$]
calcium phosphate-DNA coprecipitate 磷酸钙-DNA共沉淀物
calcium phosphate-DNA coprecipitation 磷酸钙-DNA共沉淀
calcium phosphate gel 磷酸钙凝胶
calcium phosphate precipitation 磷酸钙沉淀
calcium physiotype 钙生理型
calcium polyphosphate 聚磷酸钙
calcium polysulfide 多硫化钙,石硫合剂

[CaS·Sx]
calcium pump 钙泵
calcium requirements 钙需要量
calcium saltpeter 钙硝石,硝酸钙 [$Ca(NO_3)_2$]
calcium sensor protein 钙传感蛋白[质]
calcium sequestration 集钙[作用]
calcium silicate 硅酸钙[$CaSiO_3$]
calcium silicide 硅化钙
calcium soil 钙质土
calcium sulfate 硫酸钙,石膏 [$CaSO_4 \cdot 2H_2O$]
calcium superphosphate 过磷酸钙,过磷酸石灰
calcium supply 补充钙,供应钙
calcium uptake 钙吸收
calcium urea 尿素钙
calcium-β-naphthyl phosphate β-萘基磷酸钙
calcivorous 嗜钙的,食石灰的 (calcivorus)
calculability ①计算力 ②推断力 (calculabilitas)
calculable ①可计算的 ②可靠的,可依赖的 ③能预测的 (calculabilis)
calculagraph 计时器
calculate ①计算 ②预测,推断 ③假设,假定 (calculare){统计}
calculated address structure 计算地址结构{信息}
calculated dose 计算剂量{环保}
calculated expectation 理论期望数
calculated frequency 理论次数
calculated growth 推算生长
calculated oven-dry weight 计算烘干重,理论烘干重
calculated value 理论值
calculated yield 理论产量,预测产量,推算产量
calculating apparatus 计算装置
calculating disc 计算盘
calculating display board 计算用显示板
calculating machine 计算机
calculating table 计算用表
calculation ①计算,计算法 ②打算,计划,设计,考虑 ③推断,推测,预测,预想 ④假设,假定 (calculatio)
calculation data 计算数据
calculation error 计算误差
calculation machine (= calculating machine)计算机
calculation of azimuth 方位角计算
calculation of cutting and filling 土方计算
calculation of economic dressing 经济施肥预算
calculation of fusion index 融合指数计算
calculation of result ①结果计算{统计} ②成果预测{栽培}
calculation period 计算期
calculation procedure ①计算方法 ②计算程序
calculation specifications 计算说明
calculator ①计算器 ②计算者 ③计算表
calculator chip 计算器芯片
calculator for extensive use 广泛使用的计算器,连续使用的计算器
calculator for occasional use 不经常使用的计算器,偶尔使用的计算器
calculator with algebraic logic 带有代数逻辑的计算器
calculator with arithmetic logic 带有算术逻辑的计算器
calculator with programmability 可编程序计算器
calculous 石状的 (calculus)
calculus ①微积分{数} ②演算{统计}结石{医}
calculus of variation 变分法
caldera 破火山口
caldesmon 钙调[蛋白]结合蛋白
caldoactive bacteria 极端高温细菌
Caledonian Queen 卡里多尼亚皇后(甘蔗热带原种)
calendar ①日历,历书 ②(年)历法 ③目录,一览表 (calendarium)
calendar clock 日历时钟,计时钟
calendar view 日历视图
calendar year 历年,日历年度
calender 研光机,轮压机
calendering 研光,碾光
calendic acid 十八碳三烯酸
calendula ①金盏花属[*Calendula* L.](菊科) ②金盏花[*Calendula officinalis* L.]
calf ①犊,犊牛,小牛 ②犊牛皮 ③小块冰
calf-and-young-stock barn 犊牛与育成牛舍
calf bone 小腓骨
calf box 犊牛栏,犊牛圈
calf crop 产犊数量
calf dehorner 犊牛去角器
calf dehorning 犊牛去角
calf dehorning iron 犊牛去角烙铁
calf diphtheria 犊牛白喉
calf diphtherin 犊牛白喉毒素
calf feeder 犊牛饲喂桶

calf feeding 犊牛饲养,犊牛饲育
calf housing 犊牛舍饲
calf housing center 犊牛舍饲中心
calf housing facility 犊牛舍饲设施{农施}
calf hutch 犊牛棚屋
calf intestinal alkaline phosphatase (CIP)犊牛小肠碱性磷酸酶
calf pen 犊牛栏,犊牛圈,犊牛舍
calf rearing (=calf raising)①犊牛饲养 ②犊牛饲养学
calf serum 小牛血清,犊牛血清
calf-skins 犊牛皮,小牛皮
calf starter 断乳犊牛的饲料
calf thymus 小牛胸腺
calf tongue 窄松土铲
calf weaner 犊牛断奶器
Calgon 六聚偏磷酸钠去垢剂(商)
caliber ① 口径,管径 ② 圆管内径 (calibrum)
caliber gage 测径规
calibrate ①校准,检验,校正 ②定标,定分度(calibratus)
calibrated altitude 标定高度,校准高度
calibrating method 校准方法
calibration ①校准〔法〕{统计} ②口径测定 ③检定 ④刻度 ⑤标定 (calibratio)
calibration accuracy 校准精[确]度
calibration certificate 检定[合格]证
calibration constants 检定常数
calibration curve ①校准曲线{统计} ②标定曲线{测}
calibration data 校正数据
calibration filter 校准滤光片{遥感}
calibration of instrument 仪器校准{显技}
calibration plate 校准板
calibration source for remote sensor 遥感器校准源{遥感}
calibration templet 校准模片
calibration testing 校准测试
calibration wedge 校准楔
calibrator (=calibrater) ①校准器 ②标定器 ③管径测量器
caliche ①生硝,智利硝 ②钙质层(calichium)
calicheamycin 刺孢霉素
calicivirus 杯状病毒
calicle 杯状体 (caliculus)
calico ①白洋布,白棉布 ②印花布 ③印色花叶病
calico bag 布口袋(试验用)
calico cat 三毛猫
calico dutchmanspipe 花纹马兜铃 [*Aristolochia elegans* Mast.](马兜铃科)
calico salmon (= chum salmon, dog salmon, keta, salmon)大马哈鱼 [*Oncorhynchus keta* (Walbaum)]{水产}
calico scale 杂色蜡蚧 [*Lecanium cerasorum* Cockerell](蜡蚧科)
caliculate (=calyculate)具副萼的(calyculatus)
California 23 加州23(苏丹草品种)
California alkaligrass 加州碱茅 [*Puccinellia simplex*](禾本科)
California bentgrass 加州翦股颖 [*Agrostis californica*](禾本科)
California big tree (=red wood)红杉
California blue-bell 艾菊叶泛喜草 [*Phacelia tanecetifolia* Benth.](田基麻科)
California bottle-brush grass 加州蝟草 [*Hystrix californica*](禾本科)
California burclover 金花菜(南苜蓿,刺苜蓿) [*Medicago hispida* Gaertn. = *M. denticulata* Willd.](豆科)
California canarygrass 加州虉草 [*Phalaris californica*](禾本科)
California colubrina 加州蛇藤 [*Colubrina californica*](鼠李科)
California cordgrass 加州网茅 [*Spartina leiantha*](禾本科)
California croton 加州巴豆 [*Croton californicus*](大戟科)
California fescue 加州羊茅 [*Festuca californica*](禾本科)
California giant sequoia ①巨杉属 [*Sequoiadendron* Bucholz.](松科) ②巨杉 [*Sequoiadendron giganteum* (Lindl.) Bucholz]
California grape root worm 葡萄根叶甲 [*Adoxus obscurus* L.](叶甲科)
California harvester-ant 加州农蚁 [*Pogonomyrmex californicus* Buck](蚁科)
California hemlock spruce 加州铁杉 [*Tsuga heterophylla* Sarg.](松科)
California heyderia 香肖楠 [*Heyderia decurrens* (Torr.) K. Koch. = *Libocedrus decurrens* Torr.](柏科)
California hillside habenaria 华美玉凤花 [*Habenaria elegans*](兰科)
California hyacinth ①卜若地属(花韭属) [*Brodiae* Smith.](百合科) ②卜若地(花韭) [*Brodiae californica* Smith]

California melica 加州臭草［*Melica californica*］(禾本科)
California muhly 加州乱子草［*Muhlenbergia californica*］(禾本科)
California needlegrass 加州针茅［*Stipa pulchra*］(禾本科)
California nightshade 加州茄［*Solanum californicum*］(茄科)
California pear sawfly 加州梨短叶蜂［*Pristiphora abbreviata* Hartig］(叶蜂科)
California peppertree 加州胡椒树(秘鲁乳香)［*Schinus molle* L.］(漆树科)
California pitcher plant 眼镜蛇草［*Darlingtonia californica* sp.］(瓶子草科)
California-poppy ①花菱草属［*Eschscholtzia* Cham.］(罂粟科)②花菱草［*Eschscholtzia californica* Cham.］
California prionus (= giant apple root borer)加州地栖天牛［*Prionus californicus* Mots.］(天牛科)
California privet 加州女贞(卵叶水蜡,山指甲)［*Ligustrum ovalifolium* Hassk.］(木犀科)
California red scale (= agave scale, citrus red scale)红圆蚧［*Chrysomphalus aurantii* Maskell = *Aonidiella aurantii* Maskell, *Aspidiotus aurantii* Maskell, *A. coccineus* Genn］(盾蚧科)
California redwood 红杉(红木树)［*Sequoia sempervireus* Lindl.］(杉科)
California salt-marsh mosquito 加州盐沼伊蚊［*Aëdes squamiger* Coq.］(伊蚊科)
California satintail 加州白茅［*Imperata hookeri*］(禾本科)
California scale 梨圆盾蚧［*Diaspidiotus perniciosus* Comst.］(盾蚧科)
California slim nettle 加州荨麻［*Urtica gracilis* var. *holosericea*］(荨麻科)
California tent caterpillar (= western tent caterpillar)加州天幕毛虫［*Malacosoma californicum* Pack.］(枯叶蛾科)
California torreya 加州榧树［*Torreya california* Torr.］(紫杉科)
California tortoise shell 加州蛱蝶［*Nymphalis californía* Bdv.］(蛱蝶科)
California vench 加州野豌豆［*Vicia californica*］(豆科)
California walnut 加州胡桃［*Juglans californica* S. Wats.］(胡桃科)
Californian Spanish moss 网树花［*Ramalina reticulata* (Noedh.) Kremph.］(松萝科)
caligo 蝴蝶幼虫(指在哥伦比亚吃蔗叶的)
caliper ①卡规,卡尺 ②轮尺,测径尺 ③⌊复⌉卡钳 ④⌊复⌉两脚规 ⑤尾铗
caliper measure 轮尺测量
caliper scale 轮尺
caliper-stick 轮尺杖
calipering 直径测量
calisaya bark ［黄色］金鸡纳树皮
Calixin (= tridemorph) 克啉菌(内吸性杀菌剂)［$C_{19}H_{39}NO$］
calkin 蹄铁钉
calking 嵌缝
calking tool 嵌缝工具
call ①呼叫 ②调用 ③访问,请求{信息}
call-a-mart 计算机化超级市场{农经}
call address 调用地址,调入地址{信息}
call by mechanism 调用机制
call circuit 呼叫线
call detail record (CDR)呼叫详细记录
call in 调入
call lamp (= signal lamp)呼叫[信号]灯
call number ①调入数 ②调用号,调用数
call on 访问
call request (CRO)调用请求,呼叫请求
call up 打开
calla ①水芋属［*Calla* L.］(天南星科)②水芋［*Calla palustris* L.］
calla family 天南星科［Araceae］
calla lily ①马蹄莲属［*Zantedeschia* Spr.］(天南星科)②(= calla of gardeners)马蹄莲［*Zantedeschia aethiopica* Spr.］
calla of gardeners 马蹄莲［*Zantedeschia aethiopica* Spr.］(天南星科)
callback 回调{信息}
callback reason 回调理由
called station 被呼站{信息}
caller ①新鲜的,凉爽的 ②调用程序
callery pear 豆梨［*Pyrus calleryana* Dcne］(蔷薇科)
calliandra 朱缨花属［*Calliandra* Benth］(豆科)
calliferous ①具愈伤组织 ②具胼胝体 ③具颖托(指禾本科)(calliferus)
calligonium ①沙拐枣属［*Calligonium* L.］(蓼科)②沙拐枣［*Calligonium mongolicum* Turcz.］
calligraphic drawing 线条图
calligraphic plotter 线条绘图仪
calling ①呼叫 ②调用{信息}

calling area 呼叫范围
calling device 呼叫装置
calling station ①呼叫站 ②调用站
calliopsis（= golden tickseed）蛇目菊（金钱梅，小波斯菊）[*Coreopsis tinctoria* Nutt.]（菊科）
callipers（= calipers） 测径规
calliphorid（= blow fly）①丽蝇 ②⌊复⌉丽蝇科 [Calliphoridae]
callisection 麻醉动物解剖[学]（callisectio）
callistephin 翠菊苷，花葵素-3-葡糖苷
callitrichaceous 水马齿科的（callitrichaceus）
callitroid thickening（= callitrisoid）澳柏型加厚
callose ①胼胝质{解剖} ②愈伤葡聚糖{生化}（callosus）
callose synthetase 愈伤葡聚糖合成酶
callosity ①胼胝体（用于筛管）②颖托（禾本科）③愈伤组织（callositas）
calloso-serrate 胼胝质锯齿的（callososerratus）
callous 胼胝质的（callosus）
callout 呼号程序{信息}
callow ①低地的{耕作} ②羽毛未生的，幼小的{禽} ③低湿草地{牧草}（calvus）
callus ①愈伤组织，愈合组织 ②胼胝体（用于筛管）③颖托（用于禾本科）④骨痂[组织]
callus anthocyanin 愈合组织花色素苷
callus cell 愈合组织细胞
callus culture 愈合组织培养
callus-derived plantlet（= callus plantlet）愈合组织幼植株（苗）
callus differentiation 愈合组织分化
callus formation 胼胝形成（calloformatio）
callus from anther 花药愈合组织
callus from cambial explant 形成层外植体愈合组织
callus from cotton ovule 棉胚珠的愈合组织
callus from endosperm 胚乳的愈合组织
callus from pollen 花粉的愈合组织
callus from protoplast 原生质体的愈合组织
callus from tree 树木愈合组织
callus from tuber tissue 块茎组织的愈合组织
callus greening 愈合组织绿变
callus growth 愈合组织生长
callus growth in sugarcane 甘蔗的愈合组织生长
callus growth of orchids 兰科植物的愈合组织生长
callus haploid formation 愈合组织单倍体形成
callus induction 愈合组织诱导
callus inhomogeneity 愈合组织不均一性
callus initiation 愈合组织原始体形成
callus initiation effected by season 受季节影响的愈合组织原始体形成
callus lignin production 愈合组织木[质]素产生
callus medium 愈合组织培养基
callus of Lolium endosperm 毒麦[属]胚乳的愈合组织
callus of sugarcane clone 甘蔗无性[繁殖]系愈合组织
callus pad 胼胝垫（callocoxinum）
callus plantlet 愈合组织幼植株（苗）
callus plantlet differentiation 愈合组织幼植株分化
callus plate 胼胝板（calloplatus）
callus rod 胼胝杆（calloarundo）
callus tissue 胼胝组织（callotela）
callus-wood ①愈伤木质 ②愈合材（callolignum）
callusing 形成愈伤组织，形成愈合组织（callusens）
callusogenesis 愈伤组织形成，愈合组织形成
calm ①平静的，无风的 ②镇静的，镇定的 ③平静，安静，宁静 ④无风，静 ⑤静稳（calor）
calm air 安静空气
calm belt 无风带
calm day 无风日
calm layer 无风层
calm night 静夜
calm region（= calm zone） 无风带
calm smog 无风烟雾
calmative ①镇静 ②镇静剂
calmness ①平静，安静，宁静 ②镇静
calmodulin 钙调素
calmodulin-dependent transport 依赖于钙调素的运输
calnitro 硝酸铵钙（商）
calobiosis 同栖性，同栖共生
calomel 甘汞，氯化亚汞 [Hg_2Cl_2]
calomel cell 甘汞电池
calomel electrode 甘汞电极
calomel half cell 甘汞半电池
calomel normal electrode 甘汞标准电极
calometer 量热计
calomorphic soil 钙成土
calophyllolide 红厚壳烯酮内酯

calophyllous 美叶的(calophyllus)
calopterous 美翼的(calopterus)
calorescence 热光(calorescentia)
caloric 热质(caloricus)
caloric value 热质值
caloricity 热值,卡值(caloricitas)
calorie(cal) 卡(路里)(热量单位)
calorifacient 产热力的,生热力的(calorifaciens)
calorifer ①加热器,预热器 ②热风机
calorific 产热的,发热的,生热(calorificus)
calorific power on organic matter 有机物质产热力
calorific value 热值,热量
calorification 产热,发热(calorificatio)
calorifics 热学(calorifica)
calorigenic 产热的(calorigenus)
calorimeter ①量热器,热量计 ②卡计
calorimetric 量热的(calorimetricus)
calorimetric bomb 量热器弹
calorimetric detector 热量探测器
calorimetric determination 热量测定
calorimetry ①热量测定 ②热量测定法,量热法(calorimetria)
caloritaxis 趋热性
caloritropism 向热性(caloritropismus)
Caloro 卡劳罗(美国水稻品种)
calorstat 恒温器
calory (=calorie)卡(热量单位)
calothrix ①眉藻属[*Calothrix* spp.](藻类) ②眉藻[*Calothrix* sp.]
calotropagenin 牛角瓜配基{分生}
calotrope ①牛角瓜属[*Calotropis* R. Br.](萝藦科) ②牛角瓜[*Calotropis gigantea* Ait.]
calpain [需]钙蛋白酶
calpain inhibitor Ⅰ [需]钙蛋白酶抑制剂Ⅰ
calpain inhibitor Ⅱ [需]钙蛋白酶抑制酶Ⅱ
calpastain [需]钙蛋白酶抑制蛋白{分生}
calphobindin 钙磷脂结合蛋白
calphotin 钙感光蛋白
calprotectin 钙防卫蛋白
calsi-ureor fertilizer 含钙尿素(商)
calspectin (=fodrin) 钙影蛋白
calspermin 钙精蛋白
caltraction 钙牵蛋白
caltrop 美洲蒺藜属[*Kallstroemia* Lam.](蒺藜科)
caltrop family 蒺藜科[Zygophyllaceae]
calumet 管形果实(calumetum)
calurea 硝钙尿素
calvarium 头盖,颅骨
calvary medic 刺苜蓿[*Medicago echinus*](豆科)
calve(of a cow) 产犊
calver 产犊母牛
calvescent 秃化的(calvescens)
Calvin-Benson cycle 卡尔文-本森循环{生态生理}
Calvin cycle 卡尔文循环
calving ①裂冰[作用](指冰川) ②产犊,生小牛 ③崩解{土壤}
calving fever 产犊热,产后轻瘫痪
calving harness 产犊挽架
calving interval 产犊间隔期
calving number (牛)产犊数,产次
calving order 产犊次序
calving pen 产犊牛间,产房
calving percentage (=calving rate)产犊率,母牛分娩率
calving rate 产犊率
calving time 产犊期,分娩期
calvinphos 钙杀畏,敌敌钙(杀虫剂)[$C_{14}H_{22}CaCl_8O_{16}P_4$]
calvous 裸的,秃的(calvus)
calx (=calk)生石灰[CaO]
calycanthemous 花萼瓣化的(calycanthemus)
calycanthemy 花萼瓣化性(calycanthemia)
calycanthus ①洋腊梅属[*Calycanthus* L.](腊梅科) ②洋腊梅[*Calycanthus occidentalis* Hook. et Arn.]
calycanthus family 腊梅科[Calycanthaceae]
calyciflore 萼状花
calyciflorous 萼花的(calyciflorus)
calyciform ①杯形的 ②萼状的(calyciformis)
calyciform cell 杯形细胞(cellula calyciformis)
calycine ①萼的 ②萼状的(calycinus)
calycle 副萼(calyculus)
calycled 具副萼的(calyculosus)
calycoid 似花萼的(calycoideus)
calycostemon 附萼雄蕊
calycotomine 萼卷豆碱[$C_{11}H_{15}NO_3$]
calycular 副萼的(calycularis)
calyculate 具副萼的(calyculatus)
calycule (=accessory calycule) 副萼
calyculin 花萼海绵诱癌素
calymma (=calymna) 染色质基质

calyphyomy 萼瓣黏附性(calyphyomia)
calypso ①匙唇兰属[*Calypso* Salisb.](兰科)②匙唇兰[*Calypso bulbosa* Oakes.]
calyptra (=calypter)①根冠{解剖}②种阜 ③蒴帽,藓帽{形态}④腋瓣{昆虫}⑤帽状体{真菌}(calyotra)
calyptral deperulation 芽鳞帽状脱落(deperulatio calyptriformis)
calyptrate ①具帽状的 ②具根冠的(calyptratus)
calyptrate anther 具帽花药(指木麻黄)(anthera calyptrata)
calyptriform (=calyptrimorphous)帽状的(calyptriformis)
calyptrogen 根冠原(calyptrogenum)
calyx [花]萼,萼体冠
calyx apigynous (=calyx superior) 上位萼(calyx apigynus)
calyx deciduous ①落萼 ②无蒂(calyx deciduus)
calyx end (=calyx basin)萼洼
calyx inferior 下位萼(calyxinferior)
calyx liber 离生萼
calyx limb 萼檐(artus calycis, limbus calycis)
calyx lobe (=sepal)萼裂片(sepalum)
calyx perigynous 周位萼(calyx perigynus)
calyx perpetual ①永存萼,宿萼 ②有蒂(calyx perpetualiscalyce)
calyx segment 萼裂片(sepalum calyce)
calyx-shaped 萼片状(calyciformis)
calyx splitting 萼裂(dissiliens calycis)
calyx superior 上位萼
calyx throat 萼喉(jugulum calyce)
calyx tube 萼管,萼筒(tubus calycis)
calyx with united segments 合被花萼(calyx monosepalus)
cam 凸轮{农机}
CAM ①(=computor-aided management)计算机辅助管理{电脑}②(=computor-aided manufacture)计算机辅助制造{电脑}③(=crassulacean acid metabolism)景天酸代谢{生态生理}④(=cell adhesion molecule)细胞粘连分子{生技}
CaM (=calmodulin) 钙调蛋白{分生}
cam-action reel 偏心拨禾轮
CAM CO_2 fixation 景天酸代谢 CO_2 固定,CAM CO_2 固定{生态生理}
cam disk 凸轮盘
CAM evolution 景天酸代谢进化,CAM 进化
cam follower 凸轮随动件
CAM plant 景天酸代谢植物,CAM 植物
CAM recycle 景天酸代谢再循环,CAM 再循环
cam track 滑道
cam wheel 凸轮
CAMA (=CMA)甲基胂酸钙,稻宁(除草剂)[CH_5AsCaO_4]
camara [果]室
camass (=camas) ①卡马百合属[*Camassia* Lindl.](百合科)②卡马百合[*Camassia leichtlinii* Lindl.]
cambalida 角马陆目[Cambalida]
cambalids 角马陆科(Cambalidae)
camber ①弯曲,挠曲 ②弯度,挠曲度 ③曲面,弧
camber angle 弯曲角
camber interpolation 曲面插值
cambered ①曲面的 ②弧形的
cambered bed 弧形畦(指供植蔗用的)
cambial 形成层的(cambialis){解剖}
cambial activity 形成层活动性(activitas cambialis)
cambial cell (=cambium cell)形成层细胞(cellula cambialis)
cambial cell division 形成层细胞分裂(cytokinesis cambialis)
cambial derivative 形成层衍生物(derivativus cambialis)
cambial growth 形成层生长(vegetatio cambialis)
cambial initial (=cambial element)形成层原始细胞(initialis cambialis)
cambial layer 形成层(cambium)
cambial region 形成层区(regio cambialis)
cambial ring 形成层环,形成层轮(=cambium ring)(annulus cambialis)
cambial zone (=cambium zone)形成层带(zona cambialis)
cambic horizon 过渡层{土壤}
cambiform ①纺锤形 ②纺锤状的(cambiformis)
cambiogenetic 生形成层的(cambiogeneticus)
cambisol 始成土(cambisolum)
cambium 形成层
cambium beetle (=bark beetle, engraver)小蠹虫
cambium initial 形成层原始细胞
cambium insect 形成层害虫
cambium miner 形成层潜蝇[*Agromyza*

spp.](潜蝇科)
cambium ring 形成层环
Cambodia anisetree 柬埔寨茴香[*Illicium cambodianum*](八角科)
Cambodia castorbean 柬埔寨蓖麻[*Ricinus communis* var. *cambodgenesis*](大戟科)
Cambodia cucurbit 柬埔寨南瓜(印度南瓜)[*Cucurbita mochata* Duch.](葫芦科)
Cambrian [era] 寒武纪
Cambridge ring (V形镇压器)楔形环,V形环
Cambridge roll (=Cambridge roller)V形镇压器
Cambridge University 剑桥大学
camel ①骆驼属[*Camelus* L.](骆驼科)②骆驼
camel bird (=ostrich)鸵鸟[*Struthio camelus*](鸵鸟科)
camellia ①茶属(山茶属)[*Camellia* L.](茶科)②茶[*Camellia sinensis* O. Ktze.]③山茶[*Camellia japonica* L.]
camellia cake 茶油饼(指茶子榨油后的榨粕压成饼)
camellia cottony scale 山茶绵蚧[*Pulvinaria camellicola* Signoret](绵蚧科)
camellia curculio 茶象[*Curculio comelliae* Roelots](象甲科)
camellia false cottony scale 山茶伪绵蚧[*Lichtensia japonica* Kuwana](绵蚧科)
camellia flower worm 山茶花夜蛾[*Sugitania maculifera* Matsumura](夜蛾科)
camellia fruit fly 山茶实蝇[*Staurella camelliae* Ito](实蝇科)
camellia leaf miner 山茶螟[*Ramaria ardentella* Ragonot](螟蛾科)
camellia oil 茶油
camellia oil-cake (=camellia cake)茶油饼,茶油粕
camellia phenacaspis scale 山茶长蚧[*Phenacaspis dilatata* Green](长蚧科)
camellia scale (=camellia oystershel scale) 山茶花蛎蚧[*Lepidosaphes camelliae* Hoke](蚧科)
camellia white fly 茶粉虱[*Aleurotrachelus camelliae* Kuwana](粉虱科)
Camels 骆驼科[Camelidae]
camel's hair 骆驼毛,骆驼绒
camel's hair brush 驼毛刷(杂交用)
camel's-thorn 骆驼刺[*Alhagi camelorum* Fisch. =*A. pseudalhagi* Dasv.](豆科)
camera ①照相机,摄影机,摄像 ②暗室 ③支垫片{昆虫}
camera blanking 摄像机逆程{遥感}
camera calibration 照相机检定
camera coverage 照相机视场
camera for single photograph 单镜头摄影机
camera lucida 显微描绘器
camera magazine 照相机片盒(暗盒)
camera microfilm 摄影显微胶片
camera mounting 摄影机架
camera obscura ①暗箱 ②暗室
camera processor 摄像处理机
camera station 摄影站{测}
camera tube 摄像管
Cameroon cherryorange 喀麦隆樱桃橘[*Citropsis zenkeri*](芸香科)
Cameroon waterlily 喀麦隆睡莲[*Nymphaea zenkeri*](睡莲科)
camerula 小[果]室
camomile ①春黄菊属[*Anthemis.* L.](菊科)②春黄菊[*Anthemis tinctoria* L.]
camomile tea (=flower tea)花茶
camouflage 伪装{遥感}
camouflage target 伪装目标
camouflage with colors 迷彩伪装
camouflaging coloration 伪装色(coloratio camouflagans)
cAMP (=cyclic adenosine monophosphate)环腺苷酸
camp ①蔬菜窖 ②帐篷(野)营 ③保管呼叫(campus)
cAMP binding protein 环腺苷酸结合蛋白,cAMP结合蛋白
cAMP-dependent protein kinase 依赖于环腺苷酸的蛋白激酶,依赖于cAMP的蛋白激酶
camp-fire 篝火,营火
cAMP level cAMP水平
camp on 保留呼叫,预占线{信息}
cAMP receptor protein (cRP) cAMP受体蛋白,环腺苷酸受体蛋白
cAMP response element (CRE) 环腺苷酸效应元件,cAMP效应元件
cAMP response element binding protein (CREB protein) 环腺苷酸效应元件结合蛋白,cAMP效应元件结合蛋白
camp run 圆材堆
campagnol (=field vole)田鼠[*Microtus agrestis* L.]
campanula ①风铃草属[*Campanula* L.](桔梗科)②(=bell-flower, blue-flower)

风铃草［*Campanula medium* L.］
campanulaceous 桔梗科的（campanulaceus）
campanulate 钟状的（campanulatus）
campanulate corolla 钟形花冠（corolla campnulataa）
campanumoea ①金钱豹属［*Campanumoea* Bl.］（桔梗科）②金钱豹［*Campanumoea ovatum* Waldst.］
Campbell 坎贝尔（晚生橙品种）
Campbell early 坎贝尔早（葡萄品种）
Campbell model 坎贝尔模型{分遗}
Campbell-Stokes sunshine recorder 坎贝尔斯托克日照记录器
campeachy wood （= logwood）洋苏木
campernelle jonquil 香水仙［*Narcissus odorus* L.］（石蒜科）
campestral ①田间的 ②田野生的（campestris）
campestrol 菜油甾醇，菜油固醇
camphane 莰烷［$C_{10}H_{18}$］
camphane derivative 莰烷衍生物
camphene 莰烯［$C_{10}H_{16}$］
camphor 樟脑，莰酮［$C_{10}H_{16}O$］
camphor lacebug 樟网蝽［*Stephanitis globulifera* Matsumura］（网蝽科）
camphor liquid （= camphor water）樟脑液
camphor oil 樟脑油
camphor reddish longicorn 樟红天牛［*Pyresthes cordinalis* Pascoe］（天牛科）
camphor scale ①樟圆蚧［*Pseudaonidia duplex* Cockerell］②茶褐圆蚧（红星黑圆蚧）［*Chrysomphalus ficus* Ashmead］（盾蚧科）
camphor silkmoth （= Japanese giant silkmoth，wild silkworm）樟蚕［*Dictyoploca japonica* Butler］（大蚕蛾科）
camphor thrips ①佛州樟蓟马［*liothrips floridensis* Watson］②樟蓟马［*Liothrips setinodis* Reuter］（蓟马科）
camphor tree ①樟属［*Cinnamomum* B1.］（樟科）②樟［树］［*Cinnamomum camphora*（L.）Presl.］
camphor wood 樟木
camphorated oil （= camphor oil）樟脑油
camphorfume 樟味藜属［*Camphorosma* L.］（藜科）
camphoric acid 樟脑酸
camphorism 樟脑中毒（camphorismus）
campine （= campo）开普群落（刚果稀树干草原）
campion ①女娄菜属［*Melandrium* Roehl.］（石竹科）②绳子草属（麦瓶草属）（= catchfly）［*Silene* L.］（石竹科）
campodeids ①双尾虫科［Campodeidae］②双尾目［Diplura］
campodeiform 蛃型（campodeiformis）
camporum 园地
Campos 坎普斯群落{生态}
campshedding 被覆，覆盖
camptocarpous 弯果的（camptocarpus）
camptocladous 弯枝的（camptocladus）
camptodromous 弯曲的（camptodromus）
camptotheca ①喜树属［*Camptotheca* Decne.］（珙垌科）②喜树［*Camptotheca acuminata* Decne.］
camptothecin 喜树碱［$C_{20}H_{16}N_2O_4$］
camptotropal （= camptotropus）弯生的（camptotropus）
campus 校园、园地、校区
campus wide information system（CWIS） 校园信息服务系统{信息}
campyacanthous 弯刺的（campyacanthus）
campylidium 铜绿挂钟菌［*Cyphella aeruginascens* Karst.］
campylobacter ①弯曲杆菌属（弯曲菌属）［*Campylobacter* Sebald et Véron］（弯曲杆菌科）②弯曲杆菌［*Campylobacter* sp.］
campylobacter family 弯曲杆菌科（弯曲杆科）［*Campylobacteraceae*］
campylobotryose 弯总状花序的（campylobotrys）
campylodentate 具弯齿的（campylodentatus）
campylodromous 弧状的（campylodromus）
campylodromous venation 弧状脉序（venatio campylodroma）
campylogynous 弯雌蕊的（campylogynus）
campyloneurous 弯脉的（campyloneurus）
campylospermous 弯种子的，种子弯生的（campylospermus）
campylotropism 弯生性（campylotropismus）
campylotropous （= campylotropic，campylotropal）弯生的（campylotropus）
campylotropous ovule 弯生胚珠（ovulum campylotropum）
camshaft case 凸轮轴箱

CaMV (= cauliflower mosaic virus) 花椰菜花叶病毒
can (= tin)马口铁罐,罐头罐
can dump 奶罐倾翻器
can lifter 奶罐提升器
can products 罐头食品
Canada balsam 加拿大树胶{显技}
Canada beadruby 加拿大舞鹤草 [*Maianthemum canadense* Dest.](百合科)
Canada blue-berry 加拿大越橘[*Vaccinium canadense* Kalm.](乌饭树科)
Canada bluegrass (= flattened meadow grass, English blue grass) 加拿大莓系[*Poa compressa* L.](禾本科)
Canada garlic 加拿大大蒜[*Allium canadense*](百合科)
Canada hemlock (= hemlock spruce) 加拿大铁杉[*Tsuga canadensis* Carr.](松科)
Canada lettuce 加拿大莴苣[*Lactuca canadensis* L.](菊科)
Canada-nettle (= Canada woodnettle)加拿大艾麻草
Canada parrotfeather 狐尾藻 [*Myriophyllum verticillatum* L.](小二仙草科)
Canada plum 加拿大黑李[*Prunus nigra* Ait.](蔷薇科)
Canada poplar 加拿大白杨[*Populus canadensis* Moench](杨柳科)
Canada potato 菊芋(洋姜)[*Helianthus tuberosus* L.](菊科)
Canada rice 菰(茭白、茭儿菜、茭尔菱草)[*Zizania caduciflora* (Turcz.) Hand.-Mazz. = *Limnochloa caduciflora* Turcz.](禾本科)
Canada ricegrass 加拿大落芒草[*Oryzopsis canadensis*](禾本科)
Canada sagebrush 加拿大蒿[*Artemisia canadensis*](禾本科)
Canada sanicle 加拿大变豆菜[*Sanicula canadensis*](伞形花科)
Canada thistle 田蓟[*Cirsium arvense* (L.)Scop.](菊科)
Canada turpentine oil 加拿大松节油
Canada waterweed 加拿大伊乐藻[*Elodea canadensis* Rich. et Michx.](水鳖科)
Canada wildrye (= Canadalymegrass)加拿大披碱草(果园草)[*Elymus canadensis* L.](禾本科)
Canada wood nettle 加拿大艾麻草[*laportea canadensis* Goud.](荨麻科)
Canadian cultivator (= springtine cultivator, springtooth cultivator)弹齿式中耕机
Canadian eyebright 加拿大小米草[*Euphrasia canadensis*](玄参科)
Canadian fleabane (= horseweed) 加拿大飞蓬[*Erigeron canadensis* L. = *Conyza canadensis* (L.)Cronq.](菊科)
Canadian hemlock (= Canada hemlock) 加拿大铁杉[*Tsuga canadensis* Carr.](松科)
Canadian tall meadowrue 高唐松草[*Thalictrum polygamum*](毛茛科)
canal ①运河,渠,渠道(canalis){水利} ②管{形态}
canal cell 沟细胞(cellula canalis)
canal construction 兴修渠道,渠道施工
canal distribution system 渠道分布系统
canal elater 沟叩头虫[*Pleonomus canaliculatus* Falderman](叩甲科)
canal irrigation area 渠灌区
canal lock 水闸,闸门
canal mud 河泥
canal rider 巡渠员
canal seepage 渠道渗漏
canal seepage control 渠道防漏{水利}
canal side slope 渠道侧坡
canal slope 渠道比降
canal system 渠系
canal theory 水槽[学]说{气象}
canalicular apparatus 微管器(apparatus canalicularis){细胞}
canaliculate ①具纵沟的 ②花痕状的(canaliculatus)
canaliculus ①细沟 ②小管,微管
canalifolious 沟叶的(canalifolius)
canaline 副刀豆氨酸 [$N_2NOCH_2CH_2CH(NH_2)COOH$]
canalization ①渠化{水利} ②渠限化{遗传} ③发生诱导{育种} ④造管术{物}(canalisatio)
canalization of river 河道渠化
canalized character 限向性状,渠限性状
canalized development hypothesis 限向发育说,渠限发育说{遗传}
canalizing selection 渠限化选择
cananga oil 依兰油
canarium ①橄榄属[*Canarium* L.](橄榄科) ②(= canarytree) 橄榄[*Canarium album* Raeusch.]
Canary banana (= dwarf banana)矮生香

蕉[*Musa cavendishii* = *M. nana*](芭蕉科)
Canary date 槟榔竹[*Phoenix canariensis* Chabaud.](棕榈科)
Canary-grass ①虉草属[*Phalaris* L.](禾本科) ②金丝雀虉草(洋虉草)[*Phalaris canariensis* L.]
Canary island mignonette 卡内里木犀草[*Reseda crystallina*](木犀草科)
Canary islands holly 卡内里冬青[*Ilex perado* var. *platyphylla*](冬青科)
Canary nasturtium 五裂叶旱金莲[*Tropaeolum peregrinum* L.](旱金莲科)
Canary seed 虉草子(一种喂鸟的草子)
Canary violet 卡内里堇菜[*Viola praemorsa*](堇菜科)
Canarybird crotalaria 木田菁花猪屎豆[*Crotalaria agatiflora*](豆科)
Canarytree 橄榄[*Canarium album* Raeush](橄榄科)
canavaline 刀豆球蛋白
canavanase 刀豆氨酸酶
canavanine 刀豆氨酸
canavaninosuccinate 刀豆氨酸[基]琥珀酸
canavanosuccinic acid 刀豆氨酸[基]琥珀酸
Canby pachistima 坎氏革叶卫矛[*Pachistima canbyi* Gray](卫矛科)
cancel ①删去,注销 ②取消,解除,作废 ③相消(cancellare)
cancel character (CAN) 取消字符{电脑}
cancel closedown 作废关闭,异常停机{信息}
cancel code 作废码,删除码{电脑}
cancel indicator ①作废标志 ②作废指示符 ③作废指示器
cancel key 删除键,消除键
cancel message 作废信息,作废消息,作废信号
cancellable ①可消除的,可取消的 ②可约的(cancellabilis)
cancellate 方格状的(cancellatus)
cancellation ①取消,注销 ②作废,解除 ③相消法{统计} ④海绵结构{医}(cancellatio)
cancellation law 可约律,相消律
cancellation of winter nature 冬性解除(指秋播品种低温阶段已通过)
cancelled call 作废呼叫
cancelled leaf 不合格印张,取消印张
cancellous ①有孔的 ②海绵状的(cancellus)
cancer ①癌,癌肿,恶性肿瘤 ②夏至 ③刺蟹[*Paralithodes camtshatica*]
cancer cell 癌细胞
cancer chromosome 癌染色体
cancer-inducing virus 癌诱发病毒
cancer metastasis 癌转移
cancer of mice 小鼠癌
cancer suppressor gene 抑癌基因
cancer suppressor protein 抑癌蛋白[质]
cancer tissue culture 癌组织培养
cancer tree 癌肿树
cancer virus 癌病毒
cancerogen 致癌物
cancerogenous 致癌的,产癌的(cancerogenus)
cancerogenous substance 致癌物质
cancerometastasis 癌转移
cancerous 癌肿的(cancerus)
cancomitance 共存,并存(cancomitantia)
candela 烛光,坎德拉{遥感}
candelabra euphorbia 灯台大戟[*Euphorbia candelabrum*](大戟科)
candelabriform 有枝干灯架状的(candelabriformis)
candelabriform hair (= candelabra hair) 叠生星状毛(pilus candelabriformis)
candelabriform training 马蹄形整枝
canderable training 灯台状整枝
candicidin 杀假丝菌素
candicin 坎底辛,对羟苯乙基三甲基铵
candida ①假丝酵母属[*Candida* Berkh.](假丝酵母亚科) ②假丝酵母[*Candida* sp.]
candidate ①候选的,候补的 ②候选,候补(candidatus)
candidate elimination approach 候选删除算法{统计}
candidate substance 候补物质
candidulin 白曲菌素[$C_{11}H_{15}O_5N$]
candidus loosestrife 白毛珍珠菜[*Lysimachia candida* Lindl.](报春花科)
candied ①糖渍的,蜜饯的,糖果的 ②砂糖结晶的
candied fruit 果脯,蜜饯
candied fruit waste 蜜饯厂废水{环保}
candied honey 结晶蜜
candied jujuba 蜜枣{加工}
candied lemon-peel 糖渍柠檬皮,柠檬皮果脯
candied peel 橘皮果脯
candle ①蜡烛 ②烛光 ③(松类)顶芽 ④透光检验(蛋)(candela)
candle-berry myrtle (= wax myrtle) ①杨梅属 ②蜡杨梅
candle-berry tree (= belgaum walnut) 石

栗
candle filter ①沙滤缸{环保} ②过滤棒
candle jar 烛罐
candle larkspur 高飞燕草 [*Delphinium elatum* L.] (毛茛科)
candle-nut (= belgaum walnut)石栗
candle-nut oil 石栗油
candle plant 仙人笔 [*Senecio articulatus* Sohz.] (菊科)
candle power 烛光(光力单位)
candle-snuff fungus 鹿角菌 [*Xylaria hypoxylon* (L. ex Fr.) Grev.] (鹿角菌科)
candleabrum form training (= canderabre) 烛台形整枝
candler 蛋品灯(透)光检验器
candletree croton 棉叶巴豆 [*Croton gossypiifolius*] (大戟科)
candling (蛋品透)光检验法
candollea 花柱草属 [*Candollea* Labill. = *Stylidium* Sw.] (花柱草科)
candy ①糖果,蜜饯 ②冰糖,冰糖块
candy fuchsia 壮丽倒挂金钟 [*Fuchsia splendens* Zucc.] (柳叶菜科)
candytuft ①屈曲花属 [*Iberis* Dill.] (十字花科) ②屈曲花 [*Iberis amara* L.]
cane "woolly bear" ①黑条灯蛾(蔗虎纹灯蛾) [*Creatonotus gangis* Linnaeus] ②花生灯蛾 [*Spilosoma strigatula* Walker] (灯蛾科)
cane ①[实心]秆 ②蔓,种蔓,母蔓 ③蔓生茎,藤 ④甘蔗 (= sugarcane) ⑤省藤属 [*Calamus* L.] (棕榈科) ⑥茶秆竹属(青篱竹属) [*Pseudosasa* Makino et Nakai] (禾本科) ⑦笞打,鞭打(指脱粒)
cane agrotechniques 甘蔗栽培技术
cane aphis 蔗缢管蚜 [*Rhopalosiphon sacchari* Zehntner] (蚜科)
cane blister mite 蔗狭跗线螨 [*Tarsonemus bancrofti* Mich.] (跗线螨科)
cane borer 甘蔗钻心虫(小蔗螟) [*Diatraea saccharalis* Fabricius] (螟蛾科)
cane borer beetle 蔗蛀茎象甲 [*Sphenophorus obscurus* Boisduval] (象甲科)
cane bottom blade 蔗茎根部切刀
cane brake ①青篱竹属 [*Arundinaria* Michx.] (禾本科) ②青篱竹 [*Arundinaria amabilis* Meclure]
cane breeding 甘蔗育种
cane canopy 蔗冠
cane chair 藤椅
cane clump 蔗丛,蔗株
cane cultivator 甘蔗中耕机
cane cut green 青砍蔗(指成熟前砍的)
cane cutter 甘蔗收割机
cane cutting 甘蔗切割,甘蔗收割
cane deterioration 甘蔗劣变
cane dormancy 种蔓休眠
cane dressing 甘蔗追肥
cane farmer 蔗农
cane fertilization 甘蔗施肥法
cane fibre 甘蔗纤维
cane field care 甘蔗田间管理
cane fly 蔗飞虱
cane fruit 果蔓果(指葡萄)
cane giant katydid 蔗点翅螽(纺织娘) [*Mecopoda elongata* L.] (螽斯科)
cane grower 蔗农,甘蔗栽培者
cane growing ①甘蔗栽培 ②甘蔗栽培学
cane growth 甘蔗生长
cane growth form 甘蔗生长型
cane grub 甘蔗蛴螬
cane harvesting 甘蔗收获
cane haulage unit 甘蔗转运装置
cane inspector 甘蔗检查员
cane juice 甘蔗汁
cane knife 砍蔗刀
cane leaf scale 蔗雪盾蚧 [*Chionaspis sacchari folii* Zehntner] (盾蚧科)
cane long bug 蔗束腰蝽 [*Colobathristes saccharicida* Karsch.] (长蝽科)
cane long-horned locust (= giant katydid) 蔗点翅螽(纺织娘) [*Mecopoda elongata* L.] (螽斯科)
cane manuring 甘蔗施肥
cane mealy bug 蔗粉蚧 [*Pseudococcus sacchari* Cockerell] (粉蚧科)
cane mill ①糖厂 ②甘蔗压榨机
cane mite 蔗黄叶螨 [*Tetranychus exsicator* Zehntner] (叶螨科)
cane molasse 甘蔗废糖蜜
cane oval scale 蔗黄雪盾蚧 [*Chionaspis tegalensis* Zehntner] (盾蚧科)
cane palm ①省藤属 [*Calamus* L.] (棕榈科) ② 白藤 [*Calamus tetradactylus* Hance]
cane passage (甘蔗收获机)甘蔗导槽
cane piler 甘蔗堆集器
cane pith 蔗髓
cane plant (= sugar cane)甘蔗 [*Saccharum officinarum* L.] (禾本科)
cane plantation 甘蔗种植场

cane planthopper ①(= long-winged planthopper) 蔗长翅蜡蝉 [*Phenice maesta* Westwood] ②蔗点翅绿蜡蝉 [*Tropidocephala saccharivorella* Matsumura](蜡蝉科)
cane planting 甘蔗种植,甘蔗栽植
cane plantlet 甘蔗幼苗
cane price's regulations 蔗价规则
cane-processing schedules 甘蔗加工程序
cane pruning 种蔓修剪
cane quality 甘蔗品质
cane-receiving station 收蔗站
cane regeneration 甘蔗更新
cane ripener 甘蔗催熟剂
cane root borer ①蔗蛀根螟 [*Emmalocera depressella* Swinhoe] 螟蛾科 ②(= sugarcane root weevil) 蔗根象甲 [*Diaprepes abbreviatus* L.](象甲科)
cane root bug 蔗褐土蝽 [*Stibaropus molginus* Schiödte](土蝽科)
cane root system 甘蔗根系
cane round scale 蔗红雪盾蚧 [*Chionaspis madiunensis* Zehntner](盾蚧科)
cane row spacing 甘蔗行距
cane seed 蔗苗,蔗种
cane seedling saw (甘蔗)侧芽锯
cane segmentizing blade 甘蔗切段刀
cane segmentizing unit 甘蔗切段装置
cane selection 甘蔗选种
cane spoil 甘蔗变坏
cane spotted mite 蔗旁叶螨 [*Paratetranychus exsiccator* Zehntner](叶螨科)
cane stalk grab 甘蔗茎秆抓斗
cane stalk pickup 甘蔗茎秆捡拾器
cane stool 甘蔗植株
cane stripper 甘蔗梳叶器,甘蔗梳叶机
cane sugar 蔗糖 [$C_{12}H_{22}O_{11}$]
cane thrips ①蔗黄蓟马 [*Thrips saccahri* Krüg.] ②蔗褐蓟马 [*Thrips serratus* Kob.](蓟马科)
cane tonnage 甘蔗产量,甘蔗吨数
cane topping 甘蔗打顶
cane topping unit 甘蔗打顶装置
cane trash ①甘蔗夹杂物(指枯老叶) ②蔗渣(甘蔗压榨后的渣)
cane trash compost 蔗渣堆肥
cane valuation 原料蔗估价
cane variety plot 甘蔗品种区
cane volume 蔗茎体积
cane wax 蔗蜡
canelaspore leaf spot of lotus lily 莲斑叶病 [*Canalaspora nelumbii* Sak.]
canella 白肉桂,白桂皮
canereed spiral flag ①闭鞘姜属 [*Costus* L.](姜科) ②闭鞘姜 [*Costus speciosus* (Koenig) Smith.]
canescent 被灰白毛茸的 (canescens)
canewheat (= English wheat) 圆锥小麦 [*Triticum turgidum* L.](禾本科)
Cango coffee (= robust coffee) 粗壮咖啡 [*Coffea robusta* Lind.](茜草科)
canine distemper 狗瘟[热] [*Febris catarrhalis* et *nervosa canum*]
canine madness 疯犬病
canine plague (= canine distemper) 狗瘟
canine tooth 犬齿
canine typhus 犬伤寒,犬钩端螺旋体病
caning 笞打,用棍打(脱粒)
canistel (= eggfruit) ①鸡蛋果属 [*Lucuma* Molina.](山榄科) ②鸡蛋果 [*Lucuma nervosa* A. DC.]
canister ①金属罐,金属容器 ②箱
canistrum ①筒凤梨属(笼凤梨属) [*Canistrum* Morr.](凤梨科) ②筒凤梨 [*Canistrum amazonieum* Morr.]
canker ①溃疡病(柑橘类) ②癌肿病(苹果) ③枝枯病,胴枯病(其他果树) ④(树木)蛀孔 ⑤(马)蹄疮伤 (cancer)
canker of apple fruit 苹果黑点病 [*Diaporthe pomigena*]
canker of citron ①枸橼褐色蒂腐病 [*Phomopsis citri* Fawcett = *Diaporthe citri* (Fawcett) Wolf] ②枸橼溃疡病 [*Xanthomonas citri* (Hasse) Dowson]
canker of citrus ①柑橘溃疡病 [*Xanthomonas citri* (Hasse) Dowson] ②柑橘褐色蒂腐病,柑橘沙皮病 [*Phomopsis citri* Fawcett]
canker of lemon ①柠檬褐色蒂腐病 [*Phomopsis citri* Fawcett = *Diaporthe citri* (Fawcett) Wolf.] ②柠檬溃疡病 [*Xanthomonas citri* (Hasse) Dowson]
canker of lime 莱姆(中国柠檬)溃疡病 [*Xanthomonas citri* (Hasse) Dowson]
canker of limon 柠檬溃疡病 [*Xanthomonas citri* (Hasse) Dowson]
canker of loquat (= bud blight of loquat) 枇杷癌肿病
canker of mandarin and tangerine orange 桔褐色蒂腐病 [*Phomopsis citri* Fawcett = *Diaporthe citri* (Fawcett) Wolf]
canker of melon 甜瓜蔓枯病 [*Mycosphae-*

rella melonis (Pass.) Chiu et Walker.]
canker of orange 金橘溃疡病 [*Xanthomonas citri* (Hasse) Dowson]
canker of peach 桃癌肿病 [*Valsa japonica* Miy. et Hem.]
canker of pear ①梨枝枯病 [*Diaporthe ambigena* (Sacc.) Nitschke] ②梨溃疡病 [*Neofabraea malicorticis* (Corda) Jackson]
canker of persimmon 柿胴枯病 [*Phomopsis* sp.]
canker of pomelo 柚褐色蒂腐病 [*Phomopsis citri* Fawcett = *Diaporthe citri* (Fawcett) Wolf]
canker of rose 蔷薇腐烂病 [*Diaporthe umbrina* Jenkins]
canker of sour orange 酸橙溃疡病 [*Xanthomonas citri* (Hasse) Dowson]
canker of sweet orange 香橙溃疡病 [*Xanthomonas citri* (Hasse) Dowson]
canker of tea tree 茶树枝枯病 [*Macrophoma theicola* Petch]
canker of the hoof 蹄癌 [*Pododermatitis chronica papillomatosa*]
canker of tomato 番茄溃疡病 [*Corynebacterium michiganese* (Smith) Jenson]
canker worms (= looper caterpillars) 尺蠖类及少数夜蛾科幼虫
cankered 癌肿病状
canna ①美人蕉属 [*Canna* L.] (美人蕉科) ②(= Indian shot) 美人蕉 [*Canna indica* L.]
canna family 美人蕉科 [Cannaceae]
cannabene 大麻烯 [$C_{18}H_{20}$]
cannabic 大麻的 (cannabicus)
cannabichrome 大麻色素
cannabidiol 大麻二醇 [$C_{21}H_{30}O_2$]
cannabidiolic acid 大麻二醇酸
cannabin (= cannabine) ①大麻苷 ②大麻脂
cannabinol 大麻醇 [$C_{21}H_{26}O_2$]
cannabinone 大麻酮 [$C_8H_{12}O$]
cannabinous 大麻状的 (cannabinus)
cannabis (= hemp) ①大麻属 [*Cannabis* L.] (大麻科) ②(= common hemp) 大麻 [*Cannabis sativa* L.]
canned ①罐装的,罐头的 ②固定的 ③封装的,已存的
canned cycle 固定循环 {电脑}
canned data 已存数据 {电脑}
canned fish 罐头鱼,鱼罐头
canned food 罐头食品
canned format 固定格式 {信息}
canned mandarin orange 罐头柑橘,罐头蜜柑,罐头橘 {加工}
canned meat 罐头肉 {加工}
canned pineapple 罐头菠萝
canned program ①封装程序 {电脑} ②罐装程序 {加工}
canned software 固定软件,现成软件
canned tea 罐装茶 {加工}
canned vegetable processing 罐头蔬菜加工 {加工}
canned vegetables 罐头蔬菜
canner 膘情差的牛肉
cannery 罐头工厂
cannery farm products 罐装用农产品
cannery fruits 罐装用水果
cannery waste 罐头厂废水 {环保}
cannibalism ①肛门(鸡) ②同类相食性,(猪)食子癖,(鸡)啄毛癖 (cannibalismus) ③同类相残
canning 罐头制造,罐藏,罐装
canning factory 罐头厂
canning industry 罐头[产]业,罐头制造业
canning industry waste 罐头[产]业废水 {环保}
canning machinery 罐藏机械
canning ripe stage 罐藏成熟期 {加工}
canning tools 罐藏工具
canning waste 罐头制造废物 {环保}
cannon 空心轴 {农机}
cannon-ball tree ①炮弹树属 [*Couroupita* Aubl.] (玉蕊科) ②炮弹树 [*Couroupita guianensis* Aubl.]
cannon bone 胫骨,管骨
cannon circumference 管围管骨圆周,管的围周
cannon-type projector 短管式喷射器
canon ①标准 ②规范 ③原则,准则
canonical ①典型的,典范的 {统计} ②标准的 {生技} ③正则的,正规的,规范的 {数} (canonicalis)
canonical base 规范碱
canonical correlation 典型相关 {统计}
canonical correlation analysis 典型相关分析
canonical distribution 典型分布
canonical equation 正则方程式
canonical form 正则形式 (forma cannonicalis)
canonical generation 规范生成

canonical maximum likelihood 典型最大似然性{统计}
canonical molecular orbital 正则分子轨道
canonical sequence 规范序列
canonical structure 典型结构
canonical synthesis 典型合成
canonical trend variation 典型趋势变化
canonical variable 正则变数
canonical variation 典型变异量
canonization 规范化(cononisatio){智培}
canopy ①株冠,叶冠{栽培} ②树冠,林冠{森林} ③(古代种子)冠层{种子} ④天空{气象} ⑤盖,罩,篷帐,帆布篷,遮伞,顶篷{农机}
canopy architecture 株冠结构
canopy brooder (=chickrearing hood)育雏器
canopy class 林冠级
canopy closure 林冠郁闭
canopy cover 林冠覆被,树冠覆盖度
canopy cover index 林冠覆被指数
canopy density [林冠]郁闭度
canopy index 林冠指数
canopy morphology 林冠形态学
canopy reflectance 冠层反射能力(指树冠){生态生理}
canopy resistance 树冠阻力
canopy surface 林冠表面
canopy throughfall 树冠降落量(指降水)
canopy trailer 有篷挂车
canopy transpiration 株冠蒸腾作用(指作物植株)
canopy tree 林冠木
canopying 郁蔽(指森林的)
cant ①倾斜 ②斜面,倾侧 ③毛方(棱方木块) ④加高,外轨加高 ⑤⌊复⌉圆柱材
cant dog (木材搬运用)搬钩
cant hook 套环搬钩
cantaloupe (=cantaloupe melon) 罗马甜瓜(硬皮甜瓜)[*Cucumis melo* var. *cantaloupensis* Mak.](葫芦科)
cantaloupe powdery mildew 罗马甜瓜白粉病[*Sphaerotheca fuliginea* (Schlecht.) Poll.]
Canterbury bells 风铃草[*Campanula medium* L.](桔梗科)
Canterbury hoe 宽鹤嘴锄
canthariasis 甲虫寄生病(canthariasis)
cantharid (=blister beetle)芫菁
cantharidin 斑蝥素 [$C_{10}H_{12}O_4$]
canthaxanthin 角黄素
canthium ①铁屎米属[*Canthium* Lam.](茜草科) ②铁屎米[*Canthium clicoccum* Lam.]
cantilever ①支架,托架 ②悬臂,悬桁,肱梁 ③悬杆,回转臂,起重臂,悬航线{测}
cantilever beam 悬臂梁{水利}
cantilever bridge 悬臂桥
cantilever crane 悬臂起重机
cantilever strip 悬航线
Canton lemon 黎檬(广东黎檬)[*Citrus limonia* Osbeck](芸香科)
Cantonese fairy bells ①万寿竹属[*Disporum* Salisb.](百合科) ②万寿竹[*Disporum cantoniense* (Lour.) Merr.]
Cantontea 广东茶(毛萼茶)[*Thea sinensis* var. *cantoniensis* Pierre = *Camellia sinensis* var. *cantoniensis* Pierre](茶科)
canula (=cannula)套管
canvas ①帆布,防水布 ②⌊复⌉帆布输送带
canvas apron 帆布输送带
canvas-apron unloader 帆布输送带式卸料机
canvas binder 帆布带式割捆机
canvas conveyer 帆布带输送器
canvas hood 帆布车篷
canvas hose 帆布水带{环保}
canvas table 帆布带式收割台
canvas tightener 输送带张紧装置
cany ①藤制的 ②多藤的
canyon 深峡谷(canna)
canyon grape 峡谷葡萄[*Vitis arizonica* Engeim](葡萄科)
canyon habenaria 疏花玉凤花[*Habenaria sparsiflora*](兰科)
canyon peavine 乳白花山黧豆[*Lathyrus lactiflorus* L.](豆科)
canyon wind 下降风
caoba mahogany (=common mahogany)桃花心木
caoutchouc ①印度胶树(印度橡皮树)[*Ficus elastica* Roxb.](桑科) ③弹性橡胶,生橡胶
caoutchouc tree ①三叶胶[*Hevea brasiliensis* L.](大戟科) ②印度橡树[*Ficus elastica* Roxb.](桑科)
cap ①菌盖,菌帽 ②根冠 ③云帽 ④(核果)果壳 ⑤雷管 ⑥套、盖板、罩 ⑦帽(齿结构)(cappa)
CAP ①(=catabolite activator protein)分解[代谢]物活化蛋白{分生} ②(=catabolite gene activation protein)分解基因活

化蛋白{分生} ③(=cyclic AMP receptor protein) 环AMP受体蛋白,cAMP受体蛋白{分生}
CAP activity 分解[代谢]物活化蛋白活性,CAP活性
cap binding protein 帽结合蛋白
CAP binding-site structure 分解[代谢]物活化蛋白结合部位结构,CAP结合部位结构
cap cell 帽细胞
cap cloud 帽状云
CAP factor 分解[代谢]物活化蛋白因子,CAP因子
cap fungi 帽菌
cap jet 帽状喷口
cap-like structure 帽状结构
cap nut 螺母
cap-off attachment 垄顶平整附加装置
cap plasmolysis 帽状质壁分离
cap screw 内六角螺钉,有帽[封口]螺钉
cap site 加帽位点{分遗}
cap structure 帽结构{农施}
cap-type nozzle 冠式喷嘴
capability ①能力,权力 ②性能,容量 ③标准采伐量(capabilitas)
capability mechanism 权力机构
capability scheme 权力方案
capability to contaminate 污染性
capable of being cultivated (=cultivable,croppable)适合耕种的
capacious ①容积大的 ②宽敞的,广阔的(capacius)
capacious specialized tissue 容积大[的]专化组织
capacitance 电容(capacitantia)
capacitance method 电容法(农产品湿度测定)
capacitation [精子]获能[作用](capacitatio)
capacitive element 容量成分
capacitor 电容器,电容电机
capacitor storage 电容存储器
capacity ①容量,容积 ②能力,本领 ③生产力,生产率 ④功率 ⑤[负]载[额]量(capacitas)
capacity assignment 容量分配
capacity coefficient ①生产力系数 ②容量系数,容积系数
capacity factor ①生产力因素 ②容量因素
capacity for heat 热容量
capacity for heat transmission 传热容量
capacity for reaction 反应能力
capacity for tolerance 忍受力
capacity-head curve 容量水头曲线{环保}
capacity in inherit 遗传能力
capacity of channel ①通道能力 ②信道容量{信息}
capacity of display 显示容量
capacity of pasture 放牧地容畜量
capacity of producing offspring 产生子代能力
capacity of wind 风载量
capacity operation 全容量操作,满载操作
Cape ①好望角 ②海角岬(Caput)
cape ①护颖{形态} ②⌞复⌝碎谷{土壤}
Cape bee 好望角蜂[*Apis mellifera capensis*](蜜蜂科)
Cape bugloss 好望角牛舌草[*Anchusa capensis* Thunb.](紫草科)
Cape bulb 海角球根(好望角产球根花卉)
Cape chestnut 好望角栗树(好望角美树)[*Calodendrum capense* Thunb.]
Cape chinkerichee 好望角虎眼万年青[*Ornithogalum thyrsoides*](百合科)
Cape cod waterlily 红香睡莲[*Nymphaea odora* var. *rubra*](睡莲科)
Cape crotalaria 好望角猪屎豆[*Crotalaria capensis* Jacq.](豆科)
Cape fox 北极狐(白狐)[*Alopex lagopus* sp.](犬科)
Cape fuchsia (Cape fuchsia phygelius) 南非吊金钟(南非金钟花)[*Phygeliuscapensis* E. Mey.](玄参科)
Cape-gooseberry 灯笼果[*Physalis peruviana* L.](茄科)
Cape gum tree 非洲金合欢[*Acacia horrida*](豆科)
Cape hare 草兔
Cape honey-suckle ①硬骨凌霄属[*Tecomaria* Spech.](紫葳科) ②硬骨凌霄(铁角凌霄)[*Tecomaria capensis* (Thunb.) Spach.]
Cape jasmine 栀子(黄栀,山栀,黄枝)[*Gardenia jasminoides* Ellis](茜草科)
Cape jasmine pyralid 栀子三纹螟[*Archernis tropicalis* Walker](螟蛾科)
Cape jasmine spiny whitefly 栀子刺粉虱[*Aleurocanthus spinosus* Kuwana](粉虱科)
Cape jasmine whitefly 栀子粉虱[*Aleurodes kuchinasii* Sasaki](粉虱科)
Cape marigold ①异果菊属[*Dimorphotheca* DC.](菊科) ②异果菊[*Dimorphotheca*

sinuata DC.]
Cape night-phlox 好望角夜福禄考［*Zaluzlanskya capensis* Walp.］(花葱科)
Cape oxalis 多变酢浆草［*Oxalis variabilis* Jacq.］(酢浆草科)
Cape plumbago 蓝茉莉(蓝矶松)［*Plumbago capensis* Thunb.］(白花丹科)
Cape pond-weed ①水蕹属［*Aponogeton* L.f.］(水蕹科) ②水蕹［*Aponogeton natans* (L.)Engl. et Krause］
Cape-primrose 好望角苣苔属［*Streptocarpus* Lindl.］(苦苣苔科)
Cape shamrock 大花酢浆草［*Oxalis bowicana* Lodd.］(酢浆草科)
Cape silvergrass 好望角芒［*Miscanthus capensis*］(禾本科)
Cape waterhawthorn 田干草［*Aponogeton distachyus* Thunb.］(水蕹科)
Cape waterlily 南非睡莲［*Nymphaea capensis*］(睡莲科)
Cape wool 南非羊毛
capelet (马)肘关节肿大,踝关节肿大
caper ①马槟榔属［*Capparis* L.］(白花菜科) ②马槟榔［*Capparis masaikal* Levl.］
caper-bush (=common caper) 刺山柑(老鼠瓜)［*Capparis spinosus* L.］(白花菜科)
caper euphorbia 续随子［*Euphorbia lathyris* L.］(大戟科)
caper family 白花菜科［Capparidaceae］
caper spurge (=caper euphorbia, moleplant)续随子［*Euphorbia lathyrus* L.］(大戟科)
capes ①碎谷 ②护颖
capfuchsia phygelius 南非金钟花［*Phygelius capensis* E. Mey］(玄参科)
capicious ①广大的 ②能容多量的,能容量大的(capax)
capiciousness 广大,大容量
capillament 花丝(capillamentum)
capillamentous 具丛毛的(capillamentosus)
capillarity ①毛管性 ②毛[细]管[作用](capillaritas)
capillarity of soil (=soil capillarity)土壤毛管
capillary ①毛[细]管的 ②毛[细]管(capillaris)
capillary absorbed water 毛[细]管吸水
capillary absorption 毛管吸收
capillary action 毛管作用
capillary adjustment 毛管调节
capillary adsorbed water 毛管吸附水
capillary ascent 毛管上升
capillary attraction 毛管吸力
capillary border 毛管[边]缘
capillary capacity 毛管容量,毛管能力
capillary column 毛管柱
capillary condensation 毛管凝结[作用]
capillary conductivity 毛管导水率,毛管传导率
capillary constant 毛管常数
capillary culture 毛管培养
capillary depression 毛管下降
capillary electrode 毛管电极
capillary electrometer 毛管静电计
capillary electrophoresis (CE) 毛管电泳
capillary film 毛管膜
capillary flow 毛管流动
capillary force 毛管力
capillary free flow electrophoresis (CFFE)
capillary fringe 毛管边缘
capillary front 毛管[湿]锋
capillary gas chromatography 毛管气相层析
capillary glass microelectrode 玻璃微电极
capillary gravitation pore space 毛管重力孔[隙]
capillary height 毛管上升高度
capillary humidity 毛管湿度
capillary interstice 毛管空隙
capillary isoelectric focusing (CIEF) 毛管等电聚焦
capillary isotachophoresis (CITP) 毛管等速电泳
capillary layer 毛管[水]层
capillary membrane module 毛管膜色{分生}
capillary migration 毛管运行
capillary moisture 毛管水
capillary movement 毛管运动
capillary number 毛管值
capillary penetration (=capillary percolation) 毛管渗透
capillary percolation 毛管渗透
capillary permeability 毛管渗透率
capillary phenomenon 毛管现象
capillary pore (=capillary space)毛管孔隙
capillary porosity 毛管孔[隙]度
capillary-porous body 毛管多孔体
capillary potential 毛管势
capillary potential gradient 毛管势梯度

capillary pressure 毛管压力
capillary rise 毛管上升
capillary seepage 毛管渗漏
capillary sodge 毛状苔[*Carex capillaris* L.](莎草科)
capillary stage 毛管阶段
capillary suction time 毛管空吸时间(指测定污泥过滤性)
capillary tension 毛管张力
capillary trachea 毛细气管(trachea capillaris)
capillary transfer 毛管转移
capillary tube 毛管
capillary tubing 毛管道
capillary vessel 毛细管,微血管(vessellum capillare)
capillary viscometer 毛细管黏度计
capillary water 毛管水
capillary water capacity 毛管持水量
capillary water potential 毛管水势
capillary wetting method 毛管湿润法
capillary zone electrophoresis (CZE) 毛管区带电泳
capillate 具毛的(capillatus)
capillator 毛管比重计
capilliform 毛状的(capilliformis)
capillitum 孢丝
capillovirus 毛状病毒
capita 按人口平均计算
capital ①首位的 ②首创的 ③主要的,首要的 ④第一流的,上等的 ⑤优美的,隽美的,极好的 ⑥资本,资金(capitallum)
capital accumulation 资本积累
capital budget 资金预算
capital construction (= fundamental construction)基本建设
capital construction on farmland 农田基本建设
capital cost ①基建费,基本建设费 ②投资[费] ③资本值 ④资本成本
capital cost internationalization 资本成本国际化
capital for production 生产资金
capital growing stock 资金累积
capital loan 资金借贷,生产信贷,经营贷款
capital market 资金(本)市场
capital rent (土地,建筑物,机器等)财产租金,财产利息
capital repair 大修[理]
capital stock 股本
capitate ①头状的 ②锤形的(capitatus)
capitate antenna 锤形触角(antenna capitata)
capitate gland 头状腺(glandis capitatus)
capitate hair 头状毛(pilus capitatus)
capitellate 细头状的(capitellatus)
capitular 细头状的(capitularis)
capituliform 略似头状的(capituliformis)
capitulum ①头状体 ②头细胞 ③头状花序 ④假头{昆虫}
capline 顶线
capneic 适二氧化碳的(copneus){生化}
Capniids 黑石蝇科[Capniidae]
capon ①(家禽)去势,阉割 ②阉公鸡,去势公鸡
caponette 激素去势公鸡
caponize 去势,阉割
caponizing ①去势,阉割 ②阉鸡肥育
capped ①(= sealed)(巢房)封口,封盖{蜂} ②加帽[生技]
capped 5′-end 加帽的5′端{分遗}
capped bottle 挥发瓶,加盖瓶
capped brood ①封盖子{蜂} ②已封口幼虫{蜂}
capped elbow 肘节后肿
capped hock 飞节后肿
capper ①压盖机,封口机 ②引水机 ③(整治沟壁用)带侧圆盘的挖沟犁
capping ①封盖 ②(蜂的)巢房盖 ③加帽 ④帽化,成帽
capping enzyme 加帽酶{分遗}
capping knife 蜂巢割蜜刀
capping machine ①引水机 ②盖罐机
capping melter 蜡盖熔化器
capping of ground water 地下水引水机,地下水引水装置
capping of HnRNA 不均一RNA封盖,HnRNA封盖{分遗}
capping of mRNA 信使RNA封盖,mRNA封盖
capping of well 水井引水机,水井引水装置
capping process 落差注入法(木材防腐法)
capping protein 加帽蛋白
capra (= goat, ibex) 山羊[*Capra hircus* L.](牛科)
capreolate 具卷须的(capreolatus)
capreomycin (= capromycin) 卷曲霉素,缠霉素
capric acid 癸酸[$C_6H_{19}COOH$]
capricious 多变的(capriciosus)
capricorn (= winter solstice)冬至(capricornus)

capricorn beetle ①(=longhorn beetle, sawyer) 天牛 ②⌊复⌉天牛科[Cerambycidae]
capriculture ①山羊饲养 ②山羊学(capricultura)
caprifer 无花果虫媒
caprification 无花果[虫媒]授粉(caprificatio)
caprifig 野无花果[*Ficus carica* var. *sylvestris*](桑科)
caprin [三]癸酸甘油酯
caproic acid 己酸[$CH_3(CH_2)_4 \cdot COOH$]
caproic-stearic acids in flooded soil 浸淹土的己酸-硬脂酸
caproin [三]己酸甘油酯
caproleic acid 癸烯酸
caproyl- 己酰基
capryl- ①癸酰基 ②辛基 ③辛酰基
caprylic acid 辛酸[$CH_3(CH_2)_6COOH$]
caprylin [三]辛酸甘油酯
caprylyl- (=capryloyl-)辛酰基
caps 大写字母{电脑}
capsaicine 辣椒素 [$CH_3OC_6H_3(OH)CH_2NHCOC_9H_{17}$]
capsanthin 辣椒红[$C_{40}H_{58}O_3$]
capsella ①荠属[*Capsella* Medic.](十字花科) ②荠菜[*Capsella bursapastoris* L.] ③瘦果
capsicol 辣椒油
capsicum (=red pepper)①番椒属[*Capsicum* L.](茄科) ②番椒(辣椒)[*Capsicum frutescens* L.]
capsid ①衣壳,壳体,荚膜 ②盲蝽
capsid maturation protein 衣壳成熟蛋白
capsid protein 衣壳蛋白
capsidation 衣壳化(capsidatio){分遗}
capsochrome 辣椒红呋喃素
capsomere ①[衣]壳粒 ②衣壳[蛋白亚]单位
capsorubin 辣椒玉红素
capstan ①绞盘 ②主动轮
capstan headed screw 绞盘[头]螺旋
capstan motor 主动轮马达
capstan servo 主动轮伺服机构
capstan tachometer 主动轮测速计
capsular ①蒴果状的 ②荚膜状的(capsularis)
capsular antigen (=K antigen)荚膜抗原
capsular polysaccharide 荚膜[状]多糖
capsular pome 颖实梨果(pomum capsulatum)
capsulate 包于蒴果内的(capsulatus)
capsulation ①封装,密封 ②包囊化[作用],胶囊化[作用](capsulatio)
capsule ①蒴果{形态} ②孢蒴(指苔藓) ③被膜,荚膜{分遗} ④胶膜层{土壤} ⑤胶囊{医} ⑥小皿,小盒 ⑦膜片,振动片膜盒(capsula)
capsule abscission 落蒴
capsule dehiscence alleles 蒴果开裂性等位基因
capsule dispenser 起动液分配器{农机}
capsule morphology 蒴果形态学(capsulomorphologia)
capsule stain 荚膜染色剂
capsule staining 荚膜染色[法]
capsule swelling reaction 荚膜肿胀反应
capsuliferous 具蒴果的(capsulifer)
captafol 敌菌丹(杀菌剂) [$C_{10}H_9Cl_4NO_2S$]
captan 克菌丹,开普顿(杀菌剂) [$C_9H_8Cl_3NO_2S$]
caption ①标题,题目 ②字幕(captio)
caption scanner 字幕扫描器
captions for the deaf (CFD) 具有文字说明的电视系统{电脑}
captive ballon 系留气球
capture ①捕捉,捕获,俘获{生技} ②攻占,夺取{栽培} ③记录,拍摄{显技}(captura)
capture antigen 捕捉抗原
capture assay 捕捉试验
capture effect 捕捉效应
capture radius 捕获半径
capture-recapture [标志]放流垂捕
capture region 捕获区域
capture-release sampling 捕捉-释放取样[法]{生技}
capture time 捕获时间
captured river 被夺河
capturing (蜂群)采蜜
capturing precipitation 雨量储存
capulasan 易变韶子[*Nephelium mutabile*](无患子科)
capus tortrix 褐纹卷蛾[*Capua grotiana* Fabricius](卷蛾科)
caput ①头,头部 ②棒头,棒端
car ①车,车辆 ②汽车,电车,货车 ③火车车厢 ④小车,马车(carrus)
carabao 水牛
carabid ①步行虫,步甲 ②[复]步甲科[Carabidae]
carabiform 步行虫式(幼虫)
caraboid 步行虫状的(caraboideus)
carabull 公水牛

caracole (车辆)回旋
caracow 母水牛
caracul 阿拉斯特罕黑皮,仿黑皮(一种羔皮)
carafe ①水瓶 ②酒瓶
carafe wine 桶装酒
caragana (=pea tree)锦鸡儿
caragana blister beetle 锦鸡儿芫菁[*Epicauta subglabra* Fall](芫菁科)
caragana groves 锦鸡儿树丛,柠条林(为恢复植被的良好树种)
caragana plant bug 锦鸡儿盲蝽[*Lopidea dakota* Knight](盲蝽科)
carageen ①角叉菜属[*Chondrus* Stackh.](杉海苔科) ②角叉菜[*Chondrus crispus* Lynsb.]
carallia ①竹节树属[*Carallia* Roxb.](红树科) ②竹节树[*carallia cliplopetala* How et Ho]
caralluma ①水牛角属[*Caralluma* spp.](萝摩科) ②水牛角[*Caralluma nebrownii* sp.]
carambola 五敛子(阳桃)[*Averrhoa carambola* L.](酢浆草科)
caramel ①焦糖(着色和调味用) ②酱色
caramelization 焦糖化(caramelisatio)
caranday palm (=carnauba palm)巴西蜡棕(蜡科布榈)[*Copernicia cerifera* = *C. prunifera*](棕榈科)
carapace ①(龟)背甲,头胸甲 ②甲壳
caraway 茴蒿[*Carum carvi* L.](伞形科)
caraway moth 茴蒿织叶蛾[*Depressaria nervosa* Howard]
caraway oil 茴蒿油
caraway seed 茴蒿种子
carbamate 氨基甲酸酯(除草剂,杀虫剂)
carbamate herbicide 氨基甲酸酯类杀草剂
carbamate insecticide 氨基甲酸酯类杀虫剂
carbamate kinase 氨甲酸激酶
carbamates 氨基甲酸酯类(除草,杀虫剂)
carbamic acid 氨基甲酸[H_2NCOOH]
carbamide 脲,尿素[NH_2CONH_2]
carbamidine 胍
carbamido- 脲基
carbamino- 氨甲酰基
carbamino acid 氨基甲酸[H_2NCOOH]
carbamino alanine 氨甲酰丙氨酸
carbamino protein 氨甲酰蛋白
carbaminohaemoglobin 氨甲酰血红蛋白
carbaminoylcholine 氨甲酰胆碱
carbamyl- (=carbamoyl-) 氨甲酰基
carbamyl aspartate 氨甲酰天冬氨酸
carbamyl ornithine 氨甲酰鸟氨酸,瓜氨酸
carbamyl phosphate 氨甲酰磷酸
carbamyl phosphate synthetase 氨甲酰磷酸合成酶
carbamylaspartic dehydrase 氨甲酰天冬氨酸脱水酶,二氢乳清酸酶
carbamylation 氨甲酰化(carbamylatio)
carbamylglutamic acid 氨甲酰谷氨酸
carbamyltaurine 氨甲酰牛磺酸
carbamyltransferase 氨甲酰基转移酶,转氨甲酰酶
carbanion 负碳离子
carbaryl 西维因,胺甲萘(杀虫剂)[$C_{12}H_{11}NO_2$]
carbazole 咔唑
carbazole reaction 咔唑反应
carbendazol (=carbendazim)多菌灵,苯并咪唑44号,棉萎灵(杀菌剂)[$C_9H_9N_3O_2$]
carbenicillin 羧苄青霉素
carbide ①碳化物 ②碳化钙
carbide-tipped share 碳化物镶尖犁铧,硬质合金镶尖犁铧
carbimazol 甲亢平
carbinol 甲醇[CH_3OH]
carbo- ⌊字头⌉①碳 ②羰
carboanhydrase 碳脱水酶
carboanion 碳阴离子
carbobenzoxy- (cbz-)苄氧羰基
carbobenzoxyglycine 苄氧羰基甘氨酸
carbocation 碳阳离子
carbodiimide 碳二亚胺
carbohaemoglobin (=carbhemoglobin)碳酸血红蛋白
carbohydrase ①糖酶 ②⌊复⌉糖酶类
carbohydrate 碳水化[合]物,糖类
carbohydrate accumulation 碳水化合物累积,糖累积
carbohydrate assimilation 碳水化合物同化,糖同化
carbohydrate-binding protein 碳水化合物结合蛋白,糖结合蛋白
carbohydrate content 碳水化合物含量,含糖量
carbohydrate equivalent 碳水化合物当量
carbohydrate fingerprinting 碳水化合物指纹分析,糖指纹分析
carbohydrate fixation 碳水化合物固定,糖固定
carbohydrate inclusion 碳水化合物内含物,糖内含物
carbohydrate level 碳水化合物水平,糖量

carbohydrate mapping 糖作图,糖定位
carbohydrate metabolism 糖代谢[作用],碳水化合物代谢
carbohydrate nitrogen ratio (C-N ratio)糖氮比率 C-N 比率
carbohydrate-protein interaction 糖-蛋白质相互作用
carbohydrate sequencing 糖序列测定,糖测序{分遗}
carbohydrate starvation 碳水化合物饥饿(缺少)
carbohydrate supply 碳水化合物供应,糖供应
carbohydrate transport 碳水化合物运输,糖运输
carbol crystal violet 石炭酸结晶紫{显技}
carbol erythrosin 石炭酸藻红
carbol fuchsin 石炭酸品红,卡宝品红(含品红,石炭酸,酒精的染色液)
carbol fuchsin as double stain 双重染色剂用的卡宝品红
carbol xylol 石炭酸二甲苯
carbolic acid 石炭酸,苯酚(杀菌剂)[C_6H_6O]
carbolic cloth 石炭酸盖布,驱蜂布
carboligase 醛连接酶
carbolineum 氯化蒽油
carboloy nozzle 合金喷嘴
carbomycin 碳霉素
carbon 碳(C,6 号元素)
carbon 13 magnetic resonance (CMR, cmr)碳^{13}核磁共振
carbon arc lamp 碳极弧灯
carbon assimilation 碳同化[作用](carboassimilatio)
carbon atom 碳原子
carbon balance 碳平衡
carbon bisulphide (= carbon bisulfide)二硫化碳
carbon black 炭黑,松烟,黑烟末
carbon budget ①碳收支(包括碳收入与支出)②碳积存
carbon budget of plant communities 植物群落碳积存
carbon budget of whole plant 整个植株碳收支,全株碳收支
carbon chain 碳链
carbon content 含碳量
carbon costs 碳费用
carbon cycle 碳[素]循环(carbocirculus)
carbon dioxide 二氧化碳(CO_2)
carbon dioxide application 施用二氧化碳,施用 CO_2
carbon dioxide assimilation 二氧化碳同化作用,CO_2 同化作用
carbon dioxide compensation point 二氧化碳补偿点,CO_2 补偿点
carbon dioxide concentration gradient 二氧化碳浓差梯度,CO_2 浓差梯度
carbon dioxide deastringency 二氧化碳脱涩,CO_2 脱涩
carbon dioxide exchange rate 二氧化碳交换率
carbon dioxide fertilization 二氧化碳施肥法
carbon dioxide fixation 二氧化碳固定
carbon dioxide generator 二氧化碳发生器,CO_2 发生器
carbon dioxide in freeze microtomy 冷冻显微切片技术用二氧化碳
carbon dioxide injury 二氧化碳损害,CO_2 损害
carbon dioxide pathway 二氧化碳途径,CO_2 途径
carbon dioxide saturation point 二氧化碳饱和点,CO_2 饱和点
carbon dioxide spring 碳酸泉
carbon dioxide tension 二氧化碳张力,CO_2 张力
carbon dioxide uptake (= CO_2 uptake)二氧化碳吸收
carbon disulfide (= carbon bisulfide)二硫化碳
carbon efficiency 碳[素]利用率
carbon expenditure 碳消耗[量]
carbon fiber 碳纤维
carbon filter 碳滤池{环保}
carbon fixation 碳固定
carbon gain 碳增加
carbon income 碳收入
carbon isotope 碳同位素
carbon isotope analysis 碳同位素分析
carbon isotope composition 碳同位素组成
carbon-isotope ratio 碳与同位素比率
carbon metabolism 碳化谢[作用]
carbon monoxide 一氧化碳[CO]
carbon-monoxide bacteria 一氧化碳细菌
carbon monoxide poisoning 一氧化碳中毒,CO 中毒
carbon nanotube 碳纳米管
carbon-nitrogen ratio (C-N ratio) 碳氮比[率]
carbon nutrition 碳素营养

carbon paper 复写纸,炭纸
carbon removal 除碳,清除积碳
carbon requirements 碳需要量
carbon reserves 碳储备
carbon ribbon 复写色带(指碳精,炭质的){电脑}
carbon set 复印衬纸
carbon skeleton 碳骨架
carbon source 碳源
carbon steel 碳钢
carbon tetrachloride 四氯化碳 [CCl_4]
carbon turnover 碳循环
carbon use efficiency (CUE) 用碳效率
carbon utilization 碳利用
carbon yield 碳产量,碳产额
carbonaceous ①碳的、碳质的 ②含碳的 (carbonaceus)
carbonaceous compound 含碳化合物
carbonaceous matter 含碳物
carbonaceous oxidation 含碳物氧化
carbonaceous substance 含碳物质
carbonate ①碳酸盐 [MCO_3] ②碳酸酯 [$CO(OR)_2$]
carbonate alkalinity 碳酸盐碱度
carbonate clay 碳酸盐黏土
carbonate concentration 碳酸盐浓度
carbonate concretion 碳酸盐结核,石灰结核
carbonate fertilizer 碳酸盐肥料
carbonate hardness 碳酸盐硬度
carbonate horizon 碳酸盐层,石灰层
carbonate of lime 碳酸钙 [$CaCO_3$]
carbonate rock 碳酸盐类岩
carbonate soil 碳酸盐土壤
carbonated ①碳酸盐的 ②碳化的 (carbonatus)
carbonated plant 碳化植物 (planta carbonata)
carbonated spring 碳酸泉{水利}
carbonatile 碳酸盐岩{地质}
carbonating chamber 充碳酸气池{环保}
carbonation ①碳[酸]化作用,碳酸盐化 ②碳酸盐法 ③碳酸饱和 ④羧化作用(=carbosylation)(carbonatio)
carbonation process 碳酸法(指制糖)
carbonatoapatite 碳酸盐磷灰石
carbonator 碳酸化器
carbonic acid 碳酸 [H_2CO_3]{生化}
carbonic anhydrase 碳酸酐酶
carbonic anhydride 碳酸酐
carbonide ①碳化物 ②碳酸泉
carboniferous 含碳的 (carbonifer)
carboniferous mire 含碳沼泽
carboniferous system 石炭系{地质}
carbonite 碳质炸药(含有硝化甘油,硝酸钾和锯屑的炸药)
carbonium ion (=carbocation) 碳阳离子
carbonization 碳化[作用](carbonisatio)
carbonization of wood 木材碳化
carbonization temperature 碳化温度
carbonized chaff 碳化谷壳
carbonized rice husks 碳化谷壳
carbonized wool 碳化羊毛{农化}
carbonless paper 无碳复印纸
carbon/protein balance 碳/蛋白质平衡
carbonyl- 羰基,碳酰
carbonyl chloride 碳酰氯,光气
carbonyl ferroheme 碳氧[亚铁]血红素,羰络血红素
carbonyl myoglobin 碳氧肌红蛋白,羰络肌红蛋白
carbonyl oxygen 羰基氧
carbonylhaemoglobin 碳氧血红蛋白
carbophenothion 三硫磷(杀虫、杀螨剂) [$C_{11}H_{16}ClO_2PS_3$]
carborundum 金刚砂,碳化硅 [SiC]
carborundum paper 金刚砂纸
carbowax 碳化蜡
carboxin 萎锈灵(杀菌剂) [$C_{12}H_{13}NO_2S$]
carboxy- (=carboxyl-)羧基
carboxybiotin 羧基生物素
carboxydismutase 羧基歧化酶,核酮糖二磷酸羧化酶
carboxydotrophic bacteria 一氧化碳营养菌 (bacteria carboxydotrophae)
carboxyglutamic acid 羧基谷氨酸
carboxyhemoglobin (=carbohaemoglobin)碳氧血红蛋白
carboxyhemoglobinemia (=carboxyhaemoglobinemia)一氧化碳血红蛋白血,碳氧血红蛋白血
carboxyl- (=carboxy-)羧基
carboxyl cation exchanger 羧基阳离子交换剂
carboxyl protease 羧基蛋白酶
carboxyl terminal (=C-terminal, c-terminus)羧基[末]端,C-[末]端
carboxyl transferase 羧基转移酶
carboxylase 羧化酶
carboxylase efficiency 羧化酶效率
carboxylation 羧化[作用](carboxylatio)
carboxylation efficiency 羧化效率

carboxylation enzyme 羧化酶
carboxylation resistance 羧化阻力
carboxylesterase 羧酸酯酶
carboxylic acid 羧酸
carboxyltransferase 羧基转移酶
carboxymethyl- 羧甲基
carboxymethyl cellulose (CMC)羧甲基纤维素
carboxymethyl hydantoinase 羧甲基乙内酰脲酶
carboxymethyl uridine 羧甲基尿[嘧啶核]苷
carboxypeptidase 羧肽酶
carboxyphenylaminodeoxyribulose phosphate (CDRP) 磷酸羧苯氨基脱氧核糖
carboy 坛,酸坛,
carbuncle ①疽 ②痈 (carbuncula)
carburation ①渗碳 ②汽化 (carburatio)
carburetor ①增碳器 ②汽化器,化油器
carburetor adjusting needle 汽化器调节针
carburetor anti-icer 汽化器防冰器
carburetor fitting 汽化器接头
carburetor float 汽化器浮子
carburetor jet 汽化器喷油口
carburetor strainer screen 汽化器滤网
carburization 渗碳(carburisatio)
carburized steel 渗碳钢(经过渗碳的钢)
carburizer 渗碳剂
carcass ①动物尸体 ②胴体,屠体 ③鲜肉
carcass dressing percentage (= carcass yield) 屠宰率,出肉量(屠宰畜体经修整后包括骨头在内的肉重量百分数)
carcass grading 胴体评级
carcass meal (= tankage) 骨肉粉
carcass measurement 胴体测定
carcass meat 鲜肉
carcass quality 胴体质量
carcass weight (= slaughtering weight) 屠宰体重
carcerular ①小坚果群的 ②虚空蒴果的 ③种室的 (carcerularis)
carcerule ①小坚果群 ②虚空蒴果 ③种室 (carcerula)
carcinectomy 癌切除术 (carcinectomia)
carcino- ⌊字头⌉ 癌
carcino-embryonic antigen (CEA) 癌胚抗原
carcinogen 致癌物[质],致癌因素(剂)
carcinogen effect on chromosome 致癌物对染色体的效应
carcinogenesis 生癌作用,致癌性
carcinogenic 致癌的 (carcinogenus)
carcinogenic compound 致癌化合物
carcinogenic hydrocarbon 致癌烃 {环保}
carcinogenic product 致癌物
carcinogenic substance 致癌物质
carcinogenic virus 致癌病毒
carcinogenicity 致癌性 (carcinogenicitas)
carcinogenicity test 致癌性试验
carcinoid 类癌 (carcinoideus)
carcinology ①癌学 ②甲壳动物学 (carcinologia)
carcinolysin 溶癌素
carcinolysis 癌溶解
carcinoma 癌
carcinomycin 癌霉素
carcinostatic 制癌的 (carcinostaticus)
carcinostatic agent 制癌剂
carcinostatic substance 制癌物质
carcinostatin 制癌菌素
carcoplasm 肌浆 (carcoplasma)
card ①卡片 ②表格 ③印刷插件板 (charta)
card-board computer 插板式计算机
card box 卡片柜,卡片盒
card bus 插件总线 {信息}
card catalog 卡片目录
card chassis 插件底盘
card collator 卡片整理机
card duplicator 卡片复制机
card ejector 插件拨出器
card power supply 插件电源
Card process 卡特浸注法(用氯化锌酚油浸注木材)
card puncher 卡片穿孔机
card selector 选卡机
card sensor 卡片读出器
card sorting 卡片分类
cardamine aphid 锦鸡儿蚜 [*Aphis mizutakarashi* Shinji] (蚜科)
cardamon ① 小豆蔻属 [*Elettaria* Maton.] (姜科) ②小豆蔻 [*Elettaria cardamomum* Maton.]
cardamon oil 小豆蔻油
cardan ①万向节 ②万向轴,万向节头{农机}
cardan axis 万向节轴
cardan joint (= cardan universal joint) 万向节
cardan link 万向关节
cardan shaft 万向轴
Cardasan 可得生(割面涂剂)
carded cotton waste 弹废棉,弹旧棉
carded flax 梳理亚麻
carded wool 粗纺毛纱

cardenolid (= cardiac glycoside) 强心苷
carder ①梳整机,梳毛机 ②钢丝刷,毛刷,毛梳
carder bee 藓熊蜂 [*Bombus muscorum*] (熊蜂科)
cardia ①心 ②贲门 ③(昆虫)前胃
cardiac ①心的,心脏的 ②强心的,心动的 ③强心苷
cardiac aglycone 强心苷配基
cardiac cycle 心动周期
cardiac glycoside 强心苷
cardiac receptor 心脏感受器
cardinal ①主要的,最重要的 ②基本的 ③基本色 ④鲜红色
cardinal climber (= cardinal starglory) 掌叶茑萝(杂种茑萝) [*Quamoclit sloteri* House] (旋花科)
cardinal coordinates 主坐标
cardinal-flower ①半边莲属 [*Lobelia* L.] (半边莲科) ②半边莲 [*Lobelia radicans* Thunb.]
cardinal number 基数 (numerus cardinalis)
cardinal point ①基点 ②方位基点
cardinal point of temperature 温度基点
cardinal red 深红色,鲜红色 (cardinalis)
cardinal sum 基数和
cardinal temperature 基本温度,最适温度
cardinal wind 主要风向
cardinal' s guard 厚穗爵床属 [*Pachystachys* Nees.] (爵床科)
carding 梳毛
carding bottom (花生收获机)梳荚凹板
cardio- [字头]心
cardio virus 心病毒素 (cardiovirus)
cardiocarpous 心形果的 (cardiocarpus)
cardiocrinum ①荞麦叶贝母属 [*Cardiocrinum* Endl. et Lindl.] (百合科) ②荞麦叶贝母 [*Cardiocrinum cordatum* (Thunb.) Mak.] ③中国荞麦叶贝母(心叶大百合) [*Cardiocrinum cathayanum* Wils.]
cardioexcitatory 兴奋心脏的 (cardioexcitatoris)
cardiohepatid toxin 心肝毒素
cardioid ①心形的 ②心形线 (cardioideus)
cardioid condenser 心形面聚光器{显技}
cardiolipin 心磷脂,双磷脂酰甘油
cardiolipin in mitochondria 线粒体心磷脂
cardiospermous 心形种子的 (cardiospermus)
cardiospermum ①倒地铃属 [*Cardiospermum* L.] (无患子科) ②倒地铃 [*Cardiospermum halicacabum* L.]
cardiotoxin 心脏毒素
cardiovascular center 心血管中枢 (centrum cardiovasculare)
cardiovascular disease 心血管病 (diseasis cardiovascularis)
cardiovascular system 心血管系统 (systema cardiovascularis)
carditioner 卡片调整机
cardo ①轴节 ②阳(茎)基环(膜翅目)
cardoon 刺菜蓟(大叶菜蓟) [*Cynara carduncuius* L.] (菊科)
care ①管理{栽培} ②护理,保护,照料{畜} ③抚育{森林} ④注意,用心,小心,谨慎{加工}
care of animals 家畜管理
care of field 田间管理
care of forest 森林抚育
care of hoofs (家畜)蹄护理
care of woods (= tending of woods) 森林抚育
care-taker 管理人,护理员,看护者
careful ①仔细的,精细的,精心的,细致的 ②注意的 ③小心的,谨慎的 ④合理的
careful and intensive cultivation 精耕细作
careful irrigation 合理灌溉
careful observation 仔细观察
careless ①不用心的,粗心的 ②不注意的
careless harvesting 粗收
careless mistake 粗心出错,疏忽
carelessness ①粗心[大意],不小心,疏忽 ②草率,轻率
carene 蒈烯 [$C_{10}H_{16}$]
caressing (queen) (工蜂以舌)舔(蜂王)
caret ①插入记号 ②脱字号{电脑}
carex ①苔属 [*Carex* L.] (莎草科) ②欧苔 (= common sedge) [*Carex vulgare* L. = *carex goodenonghii* Gay.]
carex-deyeuxia angustifolia swamp 苔草-小叶樟沼泽
carex lasiocarpa swamp 毛果苔草沼泽
carex pseudocuraica swamp 漂筏苔草沼泽
carex sedge 漂筏苔草 [*Carex pseudocuraica* Fr. schm.] (莎草科)
carex swamp 苔草沼泽
carex tundra 苔冻原
cargo ①货,载货,货物 ②荷重,负荷,重量 (carricare)
cargo boat 货船,载货船
cargo collecting and shipping organization

集货海运组织{农施}
cargo insurance 货物保险
cargo meal 大麦米片
cargo rice 糙米
cargo shape 负荷型
cargo tractor 牵引用拖拉机
Caribbean pitch pine 加勒比松 [*Pinus caribaea*](松科)
Caribbean pod borer 加勒比海荚斑螟 [*Fundella pellucens* Zeller](斑螟科)
caribou 白腰驯鹿 [*Rangifer caribu*]
carica ①番木瓜属 [*Carica* L.](番木瓜科) ②番木瓜 [*Carica papaya* L.]
carica family 番木瓜科 [Caricaceae]
caries ①龋齿 ②骨疡 (caries)
carina ①龙骨瓣 ②龙骨突起 ③脊 ④隆线 (carina)
carinal ①龙骨瓣的 ②龙骨突起的 ③具脊的 ④隆线的 (carinalis)
carinal canal 脊下道 (canalis carinalis)
carinal cavity 脊腔 (cavitas carinalis)
carinate ①龙骨状的 ②具龙骨的 (carinatus)
carinate glume 龙骨状颖片 (gluma carinata)
carinimurate 有脊网壁的 (carinimuratus)
cariopside (= caryopsis) 颖果 (cariopsida)
cariopsideous 颖果的 (cariopsideus)
cariopsis (= caryopsis) 颖果
carious ①龋齿的 ②骨疡性的 (carius)
carissa ①假虎刺属 [*Carissa* L.](夹竹桃科) ②假虎刺 [*Carissa carandas* L.]
carl-hemp 大麻 [*Cannabis sativa* L.](大麻科)
carlarmate 氨基甲酸盐
Carlavirus (= Carla-virus) 香石竹病毒[组]
carline thistle (= stemless caroline) 无茎刺菊 [*Carlina acaulis* L.](菊科)
Carlsbad twins 卡氏双晶{地质}
carmalum 胭脂红明矾{显技}
carmalum mixture 胭脂红明矾混液(指染色剂){显技}
carmine ①胭脂红,洋红 ②深红色的,胭脂红色的 (carmmatus){显技}
carmine mite 普通红叶螨(棉红蜘蛛) [*Tetranychus telarius* L.](叶螨科)
carmine spider mite 朱砂叶螨 [*Tetranychus cinnabariunus* Boisduval](叶螨科)
carminic acid 胭脂红酸 [$C_{22}H_{20}O_{13}$]
carminic red 胭脂红,卡红{显技}
carminomycin 洋红霉素
carmustine 亚硝[基]脲氮芥
CarMV (= carnation mottle virus, carmovirus) 香石竹斑驳病毒
carnadine 麝香石竹(康乃馨) [*Dianthus caryophyllus* L.](石竹科)
carnallite 光卤石 [$KCl \cdot MgCl_2 \cdot 6H_2O$]
carnassial tooth 裂牙,裂齿
carnation ① 石竹属 [*Dianthus* L.](石竹科) ②麝香石竹 [*Dianthus caryophyllus* L.]
carnation bud mite 石竹芽瘤螨 [*Aceria paradianthi* Keifer]
carnation clover (= crimson clover) 绛三叶草(大红三叶草) [*Trifolium incarnatum* L.](豆科)
carnation collar blight 麝香石竹根茎疫病 [*Alternaria dianthi* Stevens et Hall.]
carnation etched ring virus 香石竹蚀环病毒
carnation fly 石竹种蝇,麝香石竹种蝇
carnation Italian ringspot virus 香石竹意大利环斑病毒
carnation latent virus (CLV) 香石竹潜病毒
carnation leaf roller 石竹卷蛾 [*Platynota stultana* Walshingham](卷蛾科)
carnation maggot 麝香石竹种蝇 [*Hylemya brunnescens* Zett.](花蝇科)
carnation mottle virus (CarMV) 香石竹斑驳病毒
carnation ringspot virus (CRSV) 香石竹环斑病毒
carnation thrips 石竹蓟马 [*Taeniothrips atratus* Hal.](蓟马科)
carnation tip maggot 石竹梢花蝇 [*Hylemya echinata* Seguy](花蝇科)
carnation vein mottle virus (= carnation mosaic virus) 香石竹脉斑驳病毒
carnauba palm (= Brazilian wax palm, caranday palm, carnauba wax palm) 蜡叶榔(蜡科布榈,巴西蜡棕) [*Copernicia cerifera* L.](棕榈科)
carnauba wax 巴西蜡棕蜡(由巴西蜡棕取得)
carnauba wax palm (= carnauba palm) 巴西蜡棕 [*Copernicia cerifera* L.](棕榈科)
carnaubic acid 巴西蜡棕酸
Carnegie-Melion network 卡内基－梅隆网络{信息}

carnification 肉质化（carnificatio）
carnine 肌苷,次黄嘌呤核苷［$C_7H_8N_4O_3 \cdot H_2O$］
Carniolan bee 喀尼阿兰蜂
carnitine 肉碱［$C_7H_{15}O_3N$］
carnitine acyl transferase 肉碱脂酰转移酶
carnivore ①肉食植物 ②肉食动物 ③二级消费者{环保} ④食肉类{昆虫}
carnivorous 食肉的（carnivorus）
carnivorous insect 肉食昆虫（insecta carnivora）
carnivorous plant 肉食植物（planta carnivora）
carnivory 肉食性（carnivoria）
carnose 肉质的（carnosus）
carnosinase 肌肽酶
carnosinc 肌肽［$N_2C_3H_3CH_2CH(COOH)NHC_3H_6ON$］
carnosol 鼠尾草酚
Carnoy-Lebrum fixative 卡诺李普安二氏固定液{显技}
Carnoy's fixative 卡诺氏固定液
Carnoy's fluid 卡诺氏液{显技}
caro 果肉
carob ①角豆树属［*Ceratonia* L.］（豆科）②角豆树［*Ceratonia siliqua* L.］
carob moth 稻子豆粉螟［*Ephestia calidella* Guenée］
carob-tree 角豆树［*Cerotonia siliqua* L.］（豆科）
Carolina foxtail 加罗林看麦娘［*Alopecurus carolinianus*］（禾本科）
Carolina grasshopper 加罗林蝗［*Dissosteira carolina* Linnaeus］（蝗科）
Carolina jessamine ①钩吻属［*Gelsemium* Juss.］（马钱科）②钩吻［*Gelsemium elegans* Benth.］
Carolina lupine 美洲决明［*Thermopsis caroliniana* sp.］（豆科）
Carolina magnolla-vine 美洲五味子［*Schisandra coccinea*］（五味子科）
Carolina mantid 加罗林螳螂［*Stagmomantis carolina* Linnaeus］
Carolina phlox 厚叶福禄考［*Phlox carolina* L. = *P. ovata* L.］
Carolina silver-bell 四翅银钟花［*Halesia carolina* Ellis.］（安息香科）
Carolina snailseed 美国青藤［*Cocculus carolinus* DC.］（防己科）
Carolina triodia 加罗林三齿稃［*Triodia caroliniana*］（禾本科）
Carolina vetch 加罗林野豌豆［*Vicia caroliniana*］（豆科）
Carolinus-night shade 卡罗林茄［*Solanum carolinense* Linn.］（茄科）
Caromex 卡罗米克(美国甘薯品种)
carossier attalea 粗苞巴西棕［*Attalea crassispatha*］（棕榈科）
carotenase 胡萝卜素酶
carotene （=carotine)胡萝卜素［$C_{40}H_{56}$］
carotene dioxygenase 胡萝卜素双加氧酶
carotene epoxide 环氧胡萝卜素
carotene oxygenase 胡萝卜素加氧酶
carotenemia 胡萝卜素血
carotenoid 类胡萝卜素
carotenoid pigment 类胡萝卜素色素
carotenol 胡萝卜醇,叶黄素
carotenoprotein 胡萝卜素蛋白
Carothers' fluid 喀洛尔氏[固定]液
carotid sinus baroreceptors 颈动脉窦压力感受器
carotin 胡萝卜素［$C_{40}H_{56}$］
carotinase 胡萝卜素酶
carotinoide 类胡萝卜素
carotol 胡萝卜素醇
caroubier （=carob-tree)角豆树［*Ceratonia siliqua* L.］（豆科）
carousel 圆盘传送带
carozo nut 大象牙椰子［*Phytelephas macrocarpa* Ruiz et Pav.］（棕榈科）
carp （=carpel)鲤［*Cyprinus carpio* L.］{水产}
carp louse 鲤虱［*Argulus foliaceus*］
carp mitochondrial DNA 鲤线粒体 DNA
carpadelium （=carpadelus)双悬果
carpaine 番木瓜碱［$C_{28}H_{50}NO_2$］
carpal bone 腕骨
Carpathian bee 喀尔巴阡蜂
Carpathian currant 喀尔巴阡茶藨子［*Ribes petraeum* var. *carpathicum* Schneid.］（虎耳草科）
Carpathian spring snowflake 喀尔巴阡雪片莲［*Leucojum vernum* var. *carpathicum*］（石蒜科）
carpel ①心皮 ②果爿（carpellum）
carpellary 心皮的（carpellaris）
carpellary bundle 心皮维管束（fasciculus carpellaris）
carpellary disc （=carpellary disk)心皮盘（discus carpellaris）
carpellary primordia 心皮原基（primordia carpellaris）

carpellary scale 心皮鳞片（squama carpellaris）
carpellate 具心皮的（carpellatus）
carpellody 心皮化（carpellodia）
carpellotaxy 心皮序列（carpellotaxia）
carpellum（=carpel） 心皮
carpenter ant 木蚁
carpenter bee （=great carpenter bee）大木蜂［*Xylocopa virginica* Drury］（木蜂科）
carpenter moth ①木蠹蛾 ②［复］木蠹蛾科［Cossidae］
carpenteria 卡喷特木属［*Carpenteria* Torr.］（虎耳草科）②卡喷特木［*Carpenteria californica* Torn.］
carpenters' shop 木工工场，木工车间
carpenters' wood 建筑用材
carpenterworm moths 木蠹蛾科［Cossidae］
carpentry 木工制品，木工生产
carpentry wood 细木工用材
carpet ①地毯，毛毯 ②覆盖
carpet bed 铺地花坛，地毯花坛｛园林｝
carpet bedding 铺地式坛植，地毯式坛植
carpet bentgrass （= creeping bent, white bent, water grass, marsh bent grass, carpet bent）匍匐剪股颖［*Agrostis palustris* Huds.］（禾本科）
carpet bugle 匍匐筋骨草［*Ajuga repens* L.］（唇形科）
carpet flower bed 铺地花坛，地毯花坛｛园林｝
carpet grass ①地毯草属［*Axonopus* Beauv.］（禾本科）②地毯草（= sarannah grass, Louisiana grass, petil grass）［*Axonopus compressus* Chas.］
carpet herb 铺地草本植物（carpetoherba）
carpet-like growth 铺地式生长
carpet moth （= tapestry moth）毛毡衣蛾［*Trichophaga tapetzella*（L.）］（衣蛾科）
carpet-weed ①粟米草属［*Mollugo* L.］（粟米草科）②粟米草［*Mollugo pentaphylla* L.］
carpet-weed family 粟米草科［Molluginaceae］
carpet wool 地毯［羊］毛
carpid ①小心皮，②小果爿（carpidum）
carpinus aphid 鹅耳枥黑斑蚜［*Chromaphis carpini* Takahashi］（蚜科）
carpo- ［字头］果
carpodermis 果皮
carpodes 废心皮
carpogenous 果生的（carpogenus）
carpogonial branch 造果枝（ramus carpogonius）
carpogonium 产果器
carpology 果实分类学（carpologia）
carpomany 心皮化（carpomania）
carpophagous 食果的（carpophagus）
carpophore ①果瓣柄 ②心皮柄 ③子实体柄 ④（高等菌）子实体（carpophorum）
carpophyll 大孢子叶（carpophyllum）
carpophytes 显花植物，种子植物（carpophytae）
carpopodial depression ［黑］梗洼（depressio carpopodialis）
carpopodite 胫肢节（carpopodita）
carpopodium 果柄
carposide（= caricin） 番木瓜糖苷
carposporangium 果孢囊
carpospore 果孢子（carpospora）
carposporophyte 子实体，果孢体（carposporophyton）
carpostome 孢囊口（carpostoma）
carpoxenia 果实直感
Carr 卡尔群落（疏林）
carrageen （= carageen）角叉菜
carragheenin（= carrageenin） 角叉菜胶
carratene （= carrotene）胡萝卜素
Carrel flask 卡里尔烧瓶
carriage ①货运，搬运，运输 ②运费 ③车，马车 ④架，底盘，平台，导轮架，支撑架，托架
carriage by land 陆地运输
carriage by sea 海上运输
carriage charge 运费
carriage control ①托架控制 ②走纸控制（指打印）
carriage feed 跑车进料
carriage jack 车辆千斤顶
carriage lock 托架闭锁［器］，托架锁定
carriage way 跑车道
carried ①带菌的 ②悬挂的 ③载运的，携带的
carried plow （= carried plough）悬挂式犁
carried soil 运积土
carried type 悬挂式
carried weed 带菌杂草
carrier ①带基因者｛遗传｝②载体，载菌体，带病菌者｛病理｝③配水沟｛水利｝④增量剂｛农药｝⑤输送器，小车，机架，农具架，底盘｛农机｝⑥媒介物｛物｝⑦载波｛信息｝⑧航空母舰｛遥感｝

carrier ampholyte 载体两性电解质｛生技｝
carrier beads 载体珠
carrier catalysis 载体催化
carrier cell 传递细胞，传病毒细胞
carrier coprecipitation 载体共沉淀
carrier detect（CD） 载波检测
carrier DNA 载体 DNA｛分遗｝
carrier dust 载菌垃圾
carrier-free 无载体的
carrier-free radioisotope 无载体放射性同位素
carrier frequency 载波频率，载频
carrier hole ①载体孔 ②导孔
carrier idler （输送带）支持滚轮
carrier line filter 载波线路滤波器｛遥感｝
carrier management system 载体管理系统
carrier-mediated ion transport 载体介导的离子转运
carrier mobility 载流子迁移率｛电脑｝
carrier model 载体型
carrier noise 载波噪声
carrier of agricultural modernization 农业现代化载体（指农业信息系统）｛智培｝
carrier of disease 带病者
carrier of game 施行对策｛农管｝
carrier of gene 带基因者
carrier of infection 带传染病者
carrier of information agriculture 信息农业的载体｛智培｝
carrier phage 载体噬菌体
carrier precipitation 载体沉淀[作用]
carrier radioisotope 载体放射性同位素
carrier return ①回车 ②媒体返回｛信息｝
carrier rocket 运载火箭｛物｝
carrier roller （履带拖拉机）托带轮
carrier sense 载波监听
carrier ship 航空母舰
carrier signal 载波信号
carrier signaling 载波通信
carrier state 载体状态
carrier system ①载体系统｛生技｝②载波系统｛信息｝
carrier theory 载体学说｛微生物｝
carrier-type field cultivator 装轮式休闲地耕耘机，装轮式休闲地中耕机
carrier wave 载波｛遥感｝
carrion beetle （＝burying beetle）①埋葬虫 ②[复]葬甲科 [Silphidae]
carrion-flower 豹皮花属（五星国徽属）[*Stapelia* L.]（萝藦科）豹皮花 [*Stapelia pulchella* L.]
carrot ①胡萝卜属 [*Daucus* L.]（伞形花科）②野胡萝卜 [*Daucus carota* L.]
carrot aphid 胡萝卜圆尾蚜 [*Anuraphis dauci* Fabricius]（蚜科）
carrot bacterial soft rot 胡萝卜软腐病 [*Erwinia carotovora* (Jones) pv. *carotovora* Bergey Harrison, et al.]
carrot beetle 胡萝卜金龟 [*Ligyrus gibbosus* DeG.]（金龟科）
carrot budworm 胡萝卜芽卷蛾 [*Epiblema leucantha* Meyrick.]（小卷蛾科）
carrot bug 胡萝卜缘蝽 [*Rhopalus maculatus* Fieber]（缘蝽科）
carrot cercospora spot 胡萝卜叶斑病 [*Cercospora apii* Fres. var. *carotae* Pass.]
carrot clamping 胡萝卜堆藏
carrot family 伞形花科 [Umbelliferae]
carrot fly 胡萝卜蝇（＝carrot rust fly）（胡萝卜茎潜蝇）[*Psila rosae* Fabricius]（茎蝇科）
carrot for feeding （＝fodder carrot）饲用胡萝卜
carrot leaf-sucker ①胡萝卜木虱 [*Trioza nigricornis* Förster] ②胡萝卜绿木虱 [*Trioza viridula* Zett.]（木虱科）
carrot mealy aphid 胡萝卜微管蚜 [*Brachycolus hereculei* Takahashi]
carrot moth 胡萝卜织叶蛾 [*Depressaria nervosa* Haw.]（螟蛾科）
carrot motley dwarf virus 胡萝卜矮缩病（病毒病害）
carrot psyllid 胡萝卜木虱 [*Trioza nigricornis* Förster]（木虱科）
carrot rust-fly （＝carrot fly）胡萝卜茎潜蝇（茎蝇科）
carrot soft rot 胡萝卜软腐病 [*Bacillus carotovorus* Jones]
carrot violet root rot 胡萝卜栗色纹羽病 [*Hellenbasidium purpureum* Pat.]
carrot weevil 胡萝卜象 [*Listronotus oregonensis* (LoConto)]（象甲科）
carrot yellow 胡萝卜黄萎病
carrotene （＝carotene, carotin, carratene）胡萝卜素
carry ①传送，运输，运载，搬运 ②进位，进位数 ③射程 ④水陆联运[点]（carrus）
carry-all scraper 通用铲运机
carry bit 进位位｛信息｝
carry chain 进位链
carry clear signal 进位清除信号
carry digit 进位数字，进位数

carry flag 进位标记,进位标志
carry flip-flop 进位触发器
carry gate 进位门
carry generator 进位发生器
carry in (=carry input) 进位输入
carry indicator 进位指示器
carry logic 进位逻辑
carry look ahead 先行进位
carry number 进位数
carry operation 进位操作
carry out (=carry output) 进位输出
carry out nutrient (=nutrient losses) 养分损失{栽培}
carry-over ①库存物(指收获后的谷物)②遗留(指样品)③传播
carry-over cane 遗留甘蔗(指延期收割的甘蔗)
carry-over effect 残余效应
carry-over of diseases 病害传播
carry shift 悬挂架移动
carry skip 跳跃进位
carry to ①输入 ②进位到
carrying agent 载体
carrying capacity ①运载量,负荷量 ②容纳量
carrying implement 运输机具
carrying-over-shoulder duster 肩背型喷粉器
carrying-over-shoulder sprayer 肩背型喷雾器
carrying pollen leg 携粉足(指昆虫)
carrying power 运输力
carrying trap 背负型(指喷粉器)
carrying tube 悬架管件
carscarin 药鼠李苷
cart ①马车{畜}②手推车,拖车
cart balance 车秤
cart broadcaster 车载撒播机
cart-load 装车
cart-load of woods (=wood-transport, timber transportation) 木材装运,运材
cart-road 公路(指林间的)
cart-wheel 车轮
cartap 巴丹,杀螟丹,克虫普(杀虫剂)[$C_7H_{16}ClN_3O_2S_2$]
carter 马车驾驶员,大车把式(赶大车的人)
carteria ①四鞭藻属[*Carteria* spp.](藻类)②四鞭藻[*Carteria* sp.]
Carter's method 喀特氏法(研究叶绿体){生理}
Cartesian coordinate robot 笛卡儿坐标机器人,直角坐标式机器人
cartesian diver 浮沉子
carthamin 红花素
Carthusian pink 丹麦石竹[*Diathus carthusianorum* L.](石竹科)
cartilage 软骨(cartilago)
cartilaginous bone 软骨性骨
cartographer 制图员
cartographic (=cartographical) ①制图的 ②地图的(cartographicus)
cartographic database 制图数据库{遥感}
cartographic document 制图资料,图件
cartographic generalization 制图综合
cartographic projection 制图投影
cartographic representation 地图表示法{遥感}
cartographic symbolization 地图图例,地图符号
cartography ①制图 ②制图学(cartographia){测}
cartography of mire 沼泽制图学
cartometer 量规,两脚规
carton 纸板盒(箱)
cartoon ①卡通片,动画片 ②漫画{智培}
cartridge ①胶卷,软片{显技},②衬套,套轴,套筒,卡盘{农机},③神经束{动},④弹药筒,子弹{狩猎}⑤(排水)暗沟塑孔器{水利}⑥柱体{生技}
cartridge disk 盒式磁盘{信息}
cartridge filter 筒式过滤器
cartridge filter-sterilizer 滤芯式过滤消毒器
cartridge magnetic tape (=cartridge tape) 盒式磁带{信息}
cartridge paper 点火纸
cartulary ①资料存放处 ②文件集{智培}
cartwheel substance 车轮[形]物质
caruncle ①种阜{形态}②肉突{昆虫}③肉阜{畜}④肉冠,肉瘤{禽}(caruncolus)
caruncolate 具种阜的(carunculatus)
carved stone inscription 石刻碑文{园林}
carved works 雕刻品
carvene 苋蒿萜[$C_{10}H_{16}$]
carveol 苋蒿[萜]醇
carving ①胴体解剖,尸体解剖 ②雕刻
carving machine 雕刻机,刻字机
carvone 苋蒿萜酮
carwash 洗车
carwash facility 洗车设备{农施}
carwash site 洗车场
carying 集材法(指用人力或畜力的)
caryo- ⌞字头⌝核

caryochylema 核液
caryoclastic 无丝分裂的（caryoclasticus）
caryogamy 核配[合]（caryogamia）
caryogenetics 核遗传学（caryogenetica）
caryogram 核型图（caryogramma）
caryokinesis 核分裂，有丝核分裂
caryology 核学（caryologia）
caryolymph 核液（caryolympha）｛细胞｝
caryolysis 核融解
caryonidal 大核的（caryonidalis）
caryonidal inheritance 大核遗传
caryonide 大核系
caryophyllaceous 石竹科的（caryophyllaceus）
caryophyllaceous corolla 石竹科花冠（corolla caryophyllacea）
caryophyllaceous type 石竹科型（指气孔）（typus caryophyllaceus）
caryophyllene 丁子香烯［$C_{15}H_{24}$］
caryophyllin 丁子香素
caryoplasm 核质（caryoplasma）
caryopsis 颖果
caryosome 染色体核仁，核体（caryosoma）
caryosphere 核球（caryosphera）
caryotin 核质
caryotype （＝karyotype）染色体组型，核型（caryotypus）
caryotype analysis 染色体组型分析
carzinophillin 嗜癌菌素
CAS（＝Chinese Academy of Science） 中国科学院
casaba （＝cassaba）加沙巴甜瓜（冬香瓜）［*Cucumis melo* var. *inodorus*］（葫芦科）
casamine acid 酪蛋白氨基酸
cascadable ①可级联的 ②可串联的，可连接的（cascadabilis）
cascade ①串联，级联 ②格，栅 ③叶棚 ④喷流，冰瀑布 ⑤阶式蒸煮器
cascade address 级联地址｛信息｝
cascade aeration 多级跌水曝气法｛环保｝
cascade aerator ①级联曝气器 ②多级跌水曝气池
cascade amplification 级联放大
cascade button 平分按钮｛电脑｝
cascade carry 逐位进位
cascade chromatography 级联层析
cascade compensation ①串联补偿 ②串联校正
cascade connection 串联，串级，级联
cascade control ①串级控制，级联控制（指自动化技术）②串联调速
cascade cycle 阶式循环
cascade fermentation 级联发酵
cascade grain drier 阶式谷物干燥机
cascade menu 级联菜单｛电脑｝
cascade merging 逐项合并
cascade milk cooler 阶式牛奶冷却器
cascade mountain-ash 喀斯喀花楸［*Sorbus cascadensis*］（蔷薇科）
cascade network 级联网络｛信息｝
cascade regulation 级联调节，阶式调节
cascade sequence 串列顺序
cascade stage 串级
cascade tank 阶式冰箱
cascade type dryer 阶式型干燥机｛农施｝
cascade type two stage cooler 两级阶式冷却器
cascaded bridges 串联桥
cascara buckthorn 药鼠李［*Rhamnus purshiana* DC.］（鼠李科）
cascara sagrada 药鼠李树皮（可做药）
case ①病例，实例 ②箱，盒，罩，壳体 ③情况，事件 ④大小写 ⑤格（capsa, cassus）
case-based reasoning（CBR） 基于事件的推理
case board 箱板
case device 自动取款机
case-hardening 表面硬化（指金属品）
case history ①病历 ②典型事例
case of succession 继承案
case packing machine 装箱机
case rate 罹病率
case record 病历记载，病志
case study 案情研究，事例研究
case wood 箱板材
case worm 石蚕（毛翅目的幼虫）
casease 酪蛋白酶
caseate necrosis 干酪状坏死
casebearer ①鞘蛾 ②⌊复⌉鞘蛾科［Coleophoridae］③⌊复⌉斑螟亚科［Phycitiinae］④⌊复⌉蓑蛾科［Psychidae］
casebearing clothes moth （＝casemaking clothes moth）织网衣蛾［*Tinea pellionella* Linnaeus］
casein 酪蛋白
casein adhesive 酪胶，酪蛋白胶
casein glue 酪蛋白胶
casein hydrolysate 酪蛋白水解产物
casein kinase 酪蛋白激酶
casein-paste 酪蛋白胶
casein sodium 酪蛋白钠
casein spreader 酪蛋白增量剂

caseinogen (= casinogen)酪蛋白原
Casella's siphon rainfall recorder 加萨拉虹吸雨量记录计
caseous lymphadenitis 干酪性淋巴腺炎
cash ①现款,现金 ②兑现,兑付{农经}
cash account 现金账目
cash against document 交单[据]付款
cash at bank 活期存款
cash book 现金账
cash budget 现金预算
cash card 现金卡
cash credit 现金信贷,现金贷款
cash cropping (= commercial growing)商品[作物]栽培(栽培商品作物出售得现金)
cash crops 商品作物,现金作物
cash discount 现金折扣
cash dispenser 现金售货机
cash down 付现金
cash equivalent 现金等价物
cash flow 资金周转,资金流转,资金流量
cash grain farm 商品谷物农场,现金谷物农场
cash holdings 库存现金
cash in 兑现
cash in checking 现金支票
cash in flow 现金流入
cash in vault 库存现金
cash-like document 类似现金单据,准现金支付票据
cash-like tender 类似现金货币,准现金支付票据
cash management 现金管理
cash market 现金[贸易]市场
cash on delivery 货到付款,交货付款
cash outflow 现金流出
cash payment 现金支付
cash receipt 现金收据,现金收入
cash register 现金记录器
cash send 现金发货
cash service 现金业务
cash take 现金提货,现取货
cash tenancy 现金地租(交付现金的地租)
cash worth 现金值
cashew (= cashew-nut)鸡腰果(槚如树)
cashew family 漆树科[Anacardiaceae]
cashew markingnut 肉托果[*Semecarpus anacardium*](漆树科)
cashew nut ①鸡腰果属[*Anacardium* L.](漆树科) ②鸡腰果(槚如树)[*Anacardium occidentale* L.]
cashier 出纳员
cashless 无现金的
cashless checkless society 无现金和支票的社会
cashless shopping 信用卡购货
cashless society 无现款社会
Cashmere 克什米尔羊
Cashmere goat 克什米尔山羊
casing ①覆土(指菇类栽培) ②箱、壳、盒、罩 ③肠衣 ④包装,包衣 ⑤套筒 ⑥装箱
casing method 箱移法(果木移植)
casing pipe 套管
casino machine 电子游戏机(我国出口产品){电脑}
cask (= barrel)桶
cask beer 桶装啤酒
casket ①小箱 ②棺,棺材,柩
Casparian dots 凯氏点{解剖}
Casparian strip (= Casparian band)凯氏带
Casparian thickening 凯氏加厚
Caspary's band (= Casparian band)凯氏带
Caspary's point 凯氏点
casque ①盔瓣{形态} ②外颚叶{昆虫}(casquus)
cassabanana 香蕉瓜[*Sicana odorifera* Naud.](葫芦科)
cassation (= abrogation) 取消,废除,废弃(cassatio)
cassava (= manioc, mandioca, tapioca plant)①木薯属[*Manihot* L.](大戟科) ②木薯[*Manihot utilissima* Pohl = *Jotropa manihot* L.]
cassava caterpillar 木薯天蛾[*Erinnyis ello* Linnaeus](天蛾科)
cassava common mosaic virus 木薯普通花叶病毒
cassava eelworm 木薯根线虫[*Pratylenchus brachyurus* Steiner]
cassava leafhopper 木薯斑叶蝉[*Erythroneura cassavae* China](叶蝉科)
cassava plant bug 木薯黑缘蝽[*Dasynus manihotis* Blöte](缘蝽科)
cassava scale 木薯贝盾蚧[*Aonidomytilus albus* Cockerell](盾蚧科)
cassava starch 木薯淀粉
cassava starch processing 木薯淀粉加工{加工}
cassava thrips 木薯蓟马[*Scirtothrips manihoti* Bondar](蓟马科)
cassava whitefly 木薯粉虱[*Bemisia nigeriensis* Corbett](粉虱科)
casse 葡萄酒变质
casse luisante 光叶决明[*Cassia laevigate*

Widd]（豆科）
Cassegrain antenna 卡塞格伦天线{遥感}
Cassegrain telescope 卡塞格伦望远镜
cassena （= dahoon holly, dahoon）达宏冬青[*Ilex cassine*]（冬青科）
casserote ①锅，蒸煮锅（陶器）②勺皿
cassette ①盒，弹夹{生技}②盒式磁带机{信息}③暗盒，循环式胶卷盒{显技}
cassette encoder 盒式磁带编码器{电脑}
cassette handler 盒式磁带处理器
cassette magnetic tape（= cassette tape）盒式磁带
cassette mutagenesis 盒式[磁带]诱变{遗传}
cassette recorder 盒式记录装置，盒式录音机
cassette videotape 盒式录像带{电脑}
cassia bark 肉桂皮
cassia-bark tree 肉桂（= cinnamon, Chinese cinnamon, red cassia tree）[*Cinnamomum cassia* Presl]（樟科）
cassia flower tree 桂（牡桂）[*Cinnamomum loureiri* Nees]（樟科）
cassia large pierid （= cassia white butterfly）山扁豆白粉蝶[*Catopsilia crocale* Cramer]（粉蝶科）
cassia oil 肉桂油
cassideous 盔状的（cassideus）
cassie-plant （= sweet acacia, cassie flower）金合欢（田皂角）[*Acacia farnesiana* Wild.]（豆科）
cassine ①开心茶（类似茶的饮料）②（= Dahoon）达宏冬青[*Ilex cassine* L.]（冬青科）
cassioid 山扁豆状的（cassioides）
cassiope 岩须属[*Cassiope* D. Don.]（杜鹃科）
cassowary tree （= Australian pine, swamp oak, bull oak） 木麻黄[*Casuarina equisetifolia* Forst.]（木麻黄科）
cassytha ①无根藤属[*Cassytha* L.]（樟科）②无根藤[*Cassytha filiformis* L.]
cast ①开垈耕作，外翻法 ②再分蜂群 ③（木材）出裂缝 ④流产{畜}⑤加起，计算 ⑥落，脱落 ⑦铸件，铸造 ⑧管状物
cast back ①追溯 ②回想
cast furrow 外翻犁沟
cast-iron 铸铁，生铁
cast-iron cover 铸铁盖{环保}
cast-iron manhole ring 铸铁井圈{环保}
cast iron pipe 铸铁管
cast-off skin 脱壳，脱皮
cast-pipe 铸管
cast shadow 投影
cast-steel 铸钢
casta（= main nerve） 主脉，中脉
castanea bark beetle 栗黑里小蠹[*Xyleborus pelliculosus* Eichhoff]（小蠹科）
castaneous garden beetle 紫绒鳃角金龟[*Autoserica castanea* Arrow.]（金龟科）
castanetalia 栗树群落
castanozem 栗钙土
caste ①级（社会性昆虫的不同型）②品级（casta）
castellated 堡状的（castellatus）
castellated shaft 花键轴
caster ①计算者 ②撒播机，撒肥机
castering wheel 自位轮
castillo bamboo 黄金间碧玉竹[*Phyllostachys bambusoides* var. *castilloni* (Latour-Marliac) H. de Lehaie = *Bambusa castilloni* Latour-Marliac]（禾本科）
castilloa rubber 美洲橡胶树（= castilloa rubber tree, Panama rubber tree, Panama gum tree）[*Castilloa elastica* Cerb]
casting ①铸造{农机}②包皮 ③外翻耕作法，开垈耕作法
casting net 撒网
casting plowing 外翻耕，开垈耕作
casting-returning plowing 外翻来回耕法
Castle-Wright formula 卡斯托-莱特二氏公式（计算数量性状遗传）
castor-bean ①蓖麻属[*Ricinus* L.]（大戟科）②蓖麻[*Ricinus communis* L.]
castor-bean oil （= castor oil）蓖麻油
castor-bean seeding time 蓖麻播种期
castor-bean sugar 蓖麻糖
castor froghopper 蓖麻灰斑沫蝉[*Ptyelus grossus* Fabricius]（沫蝉科）
castor green fly （= tea green fly）茶微叶蝉[*Empoasca flavescens* Fabricius]（叶蝉科）
castor hairy caterpillar 蓖麻毒蛾[*Euproctis lunata* Walker]（毒蛾科）
castor-meal 蓖麻饼粉
castor oil 蓖麻油
castor oil in mounting 封藏用蓖麻油{显技}
castor oil plant （= castor-bean）蓖麻[*Ricinus communis* L.]（大戟科）
castor plant bug 蓖麻褐盲蝽[*Adelphocoris apicalis* Reuter]（盲蝽科）
castor silkworm （= smaller atlas moth, eri-silkworm）蓖麻蚕[*Philosamia cynthia ricini* Donovan]（大蚕蛾科）
castor sugar 细白砂糖
castor tentcaterpillar 蓖麻黄枯叶蛾[*Tra-*

bala vishnou Lefebure]（枯叶蛾科）
castor tussock moth ①蓖麻红缘毒蛾［*Euproctis rubricosta* Fawc.］②蓖麻褐毒蛾［*Euproctis scintillans* Walker］（毒蛾科）
castoreum 海狸香，海狸胶
castorseed 蓖麻子
castrate ①缺药花丝 ②去雄 ③去势，阉（castare）
castrated animal 去势家畜，阉畜
castration ①去雄｛育种｝②去势，阉割｛畜｝③（桑）除雄｛栽培｝（castratio）
Castrix （= crimide）鼠立死，杀鼠嘧啶
casual ①偶然的 ②不定的，临时的 ③不注意的 ④随机的（casualis）
casual analogy 偶然类推
casual connection 偶然连接
casual labour （= casual labor）临时劳动
casual labourer （= casual laborer, day-labourer）临时劳动者，临时工人，日工
casual network user 临时网络用户｛信息｝
casual revenue 临时收入
casual species 偶见种（species casualis）
casualty ①故障，事故 ②损坏（casualtas）
CAT ①（= computer-aided test） 计算机辅助测试｛电脑｝②（= chloramphenical acetyltransferase）氯霉乙酰转移酶｛分生｝
cat ①猫［*Felis domestica*］②⌊复⌉猫科［Felidae］
cat biting louse （= cat louse）猫羽虱［*Felicola subrostrata* Nitz.］（兽羽虱科）
CAT box CAT箱（指真核生物结构基因上游的顺式作用元件）｛分生｝
cat clay 嗅黏土（指一种酸性硫酸盐土）
cat-cry syndrome 猫哭叫综合征
cat ear mite 猫耳痒螨［*Otodectes cynotis* subsp. *felis* Hübner］（痒螨科）
cat face ①（木材因伤）生瘤 ②猫脸纹（未痊愈的树木伤疤，火烧伤疤）
cat fish 鲶鱼（鲇）［*Parasilurus asotus* (Linnaeus)］｛水产｝
cat flea 猫栉头蚤（猫蚤）［*Ctenocephalides felis* Bouché］
cat fluke 猫后睾吸虫［*Opishorchis felineus*］
cat follicle mite （= cat mange mite）猫蠕形螨［*Demodex cati* Mégnin］（蠕形螨科）
cat grape 掌叶葡萄［*Vitis palmata* Vahl.］｛葡萄科｝
cat green-brier （= cat-brier） 粉缘菝葜［*Smilax glauca* Walt.］（菝葜科）
cat head mange mite 猫头疥螨［*Notoedres cati* Hering］（疥螨科）
cat soil 嗅黏土（一种酸性硫酸盐土）
cat spruce 加拿大云杉［*Picea canadensis* B.S.P.］（松科）
cat squirrel 猫貂［*Bassaria astuta*］
cata- ⌊字头⌉下，低，降
catabasis 缓解期
catabolic 降解［代谢］的（catabolicus）
catabolic process 降解过程
catabolism 降解代谢，分解代谢（catabolismus）
catabolite 降解［代谢］物，分解物
catabolite activator protein （CAP） 分解物活化蛋白
catabolite gene activation protein （CAP） 分解基因活化蛋白，降解物活化蛋白
catabolite repression 分解物阻遏
catabolite sensitive 分解物敏感［的］
catacholaminergic receptor 儿茶酚胺能受体
catachromasis 浅染｛显技｝
catacladous 枝下弯的（catacladus）
cataclysm ①激变论｛进化｝②洪水泛滥（= deluge）｛水利｝（cataclismus）
cataclysmic origin of species 物种的激变起源
catacolpate 具近极的（catacolpatus）
catacomb 酒窖
catacorolla 副花冠
catadrome side 下边
catadromous ①下行的 ②向下的｛形态｝③降海产卵的｛水产｝（catadromus）
catadromous fish ①降海产卵鱼 ②⌊复⌉降海产卵鱼类
catadromy ①下行 ②向下（catadromia）
catafront 下滑锋
catagonesis 退化
catalase 过氧化氢酶，触酶，催化酶
catalase-azide 过氧化氢酶叠氮物
catalase blocking 过氧化氢酶阻塞
catalase in peroxisome 过氧物酶体的过氧化氢酶
catalase reactivation 过氧化氢酶重激活
catalept 近极薄壁区（指孢粉）（cataleps）
catalog （= catalogue） ①编目，编目录 ②目录，目录表，一览表 ③产品目录，产品样本
catalog database 目录数据库
catalog search 目录检索
catalog views 目录视图
cataloging 编目
cataloging system 编目系统
catalogue 目录（librorum index）
Catalonian jasmine （= Italian jasmine, Spanish jasmine, royal jasmine） 素馨花

(耶悉名,大茉莉)[*Jasminum grandiflorum* L. = *J. officinale* var. *grandiflorum* (L.) Kobuski](木犀科)
catalpa ①梓属[*Catalpa* Scop.](紫葳科) ②梓[树][*Catalpa oxata* Don]
catalpa midge 梓瘿蚊[*Itonida catalpae* Comst.](瘿蚊科)
catalpa scale 梓白边蚧[*Sasakiaspis pentagona* Targioni-Tozzetti](蚧总科)
catalpa sphinx 梓天蛾[*Ceratomia catalpae* Boisduval](天蛾科)
catalysagen 催化剂原
catalysant 被催化物
catalysate 催化产物
catalysis 催化[作用]
catalysis in proteinoid 类蛋白[质]催化
catalyst 催化剂
catalytic 催化的(catalyticus)
catalytic action 催化作用
catalytic active site 催化活性位
catalytic activity 催化活性
catalytic antibody 催化性抗体
catalytic autooxidation 催化自动氧化{环保}
catalytic combustion system 催化助燃系统(指催化燃烧装置){环保}
catalytic constant (Kcat) 催化常数
catalytic converter 催化式排气净化器
catalytic core 催化核心
catalytic enzyme 催化酶
catalytic function 催化作用
catalytic hydrogenation 催速氢化[作用]
catalytic mechanism 催化机制
catalytic odor treatment 催化法除臭{环保}
catalytic power 催化力
catalytic process 催化过程
catalytic reactor (排气净化)催化剂反应器
catalytic residue 催化残基
catalytic RNA 催化性 RNA{分遗}
catalytic selectivity 催化选择性
catalytic site 催化部位
catalytic subunit 催化亚单位,催化亚基
catalyzer 催化剂
catalyzing DNA replication 催化 DNA 复制
catanet 全网{信息}
catapetalous 花瓣下的,下联花萼的(catapetalus)
cataphalanx 冷锋面
cataphoresis 阳离子电泳,电[粒]泳
cataphoretic 阳离子电泳的,电[粒]泳的(cataphoreticus)
cataphoretic velocity 阳离子电泳速度
cataphyll ①低出叶 ②芽苞叶 ③鳞片(cataphyllum)
cataphylla (=cataphyll)①低出叶 ②芽苞叶 ③鳞片
cataphyllary ①低出叶的 ②芽苞叶的 ③鳞片的(cataphyllaris)
cataplasia 退化
cataporate 具近极孔的(cataporatus)
cataract ①瀑布 ②大雨 ③洪水 ④白内障
catastaltic 抑制的(catastalticus)
catastaltica 抑制剂
catastrophe ①大变动,骤变,突变 ②大灾祸
catastrophe theory (=cataclysm) 激变论{地质}
catastrophic accident 大灾难事故,灾难性事故
catastrophic error 灾难性错误
catastrophic failure 灾难性故障,致命故障,致命失效
catastrophic flood 特大洪水,大洪灾
catastrophic phenomenon 灾难性现象
catastrophic theory (=cataclysm, catastrophe theory) 激变论{地质}
catathermometer 干湿球温度计
catatonosis 减渗[现象]
catatreme 近极萌发孔(catatrema)
catatrepsis 胚体下降{畜}
catch ①捕获量(指狩猎,捕鱼) ②感染 ③[接]受器 ④握弹器{昆虫}
catch ability ①可捕性 ②渔获能力 ③可捕率
catch-all ①垃圾箱 ②总受器 ③截液器,分沫器{环保}
catch arrangement 锁定装置
catch basin 集水池,雨水井,流域
catch boom 流材挡栅
catch crop cultivation 填闲栽培
catch crop fodder 填闲饲料作物
catch crop growing 填闲栽培
catch cropping 填闲栽培
catch crops 填闲作物
catch drain ①截水沟{水利} ②捕虫沟{栽培}
catch-feeder 灌溉农渠
catch in number 捕获个体数,渔获尾数
catch lamp 捕虫灯,捕捉灯
catch limit 捕获量限制
catch of exception 异常捕捉{电脑}
catch of rain-gauge 承雨器,雨量筒
catch per boat 单船渔获量
catch per haul 单位网次渔获量
catch per unit 单位渔获量

catch pit ①集水坑{水利} ②液肥坑,厩液坑{栽培}
catch prediction 捕获量预报
catch quota 捕获量限额,渔获量分配额
catch statistics 捕获量统计
catch trench 捕虫沟,捕捉沟
catch trough 接受槽
catch water 汇集水
catch water drain 截水沟{水利}
catchability ①可捕量 ②可捕性
catchability coefficient 可捕系数
catchable size 可捕规格
catcher ①集草器 ②捕捉器 ③[接]受器
Catcheside fluid 喀齐塞氏[固定]液{显技}
catchfly ①麦瓶草属[*Silene* L.](石竹科) ②麦瓶草[*Silene conoidea* L.]
catchfly silene 捕蝇雪轮[*Silene muscipula*](石竹科)
catchflygrass 透镜状李氏禾[*Leersia lenticularis*](禾本科)
catching ①捕捉的,捕获的{狩猎} ②传染性的,感染性的,侵染性的{病理} ③拦截{水利} ④收集,回收{加工}
catching hook 捕捉[用]钩
catching pen 小羊圈,临时羊圈
catching range 捕捉范围
catchment 集水区,流域
catchment area (=catchment basin)①受雨区{气象} ②集水区,流域面积{水利}
catchment basin ①集水盆地,集水区域 ②受雨区
catchpit 集水坑,排水井
catchweed 猪殃殃(=catchweed bedstraw, cleavers)[*Galium aparine* L.](茜草科)
catchwork irrigation 漓漫灌溉,蓄水灌溉
catclaw funnelcreeper 猫爪藤[*Doxantha unguis-cati* Rehd. = *Bignonia unguis-cat* L.](紫葳科)
catclaw mimosa 猫爪含羞草[*Mimosa biuncifera*](豆科)
catechin 儿茶酸[$C_{15}H_{14}O_6$]
catechol 儿茶酚,邻苯二酚[$C_6H_4(OH)_2$]
catechol-O-methyltransfe-rase 儿茶酚-O-甲基转移酶
catechol oxidase 儿茶酚氧化酶
catecholamine 儿茶酚胺
catecholamine hormone 儿茶酚胺激素
catecholase 儿茶酚酶,邻苯二酚酶
catechu (=catechu-tree, cutch, black catech) 儿茶[*Acacia catechu* (L.) Willd.](豆科)
categorical ①范畴的 ②无条件的 ③明确的 ④分类的(categoricus)
categorical analysis 范畴分析(analysis categoricus)
categorical data 分类数据(data categoricae)
categorization ①编目 ②归类,分类(categorisatio)
categorizer 分类器
category ①范畴,范围 ②分类单位,类别,种类,分类阶元(categorius)
category of cold resistance 抗寒性类别{生态生理}
category of crops 作物种类,作物类别
category of forest 林种
category pattern 分类模式
category size effect 类别大小效应
catelectrotonus 阴极电紧张
catena 土链
catenane 环连体{分遗}
catenary ①土链{土壤} ②悬链,悬链线{测} ③双垂曲线{统计} ④(电缆)吊线{信息}(catenaris)
catenary association 土链组合
catenary bridge 吊桥
catenary complex 土链复域
catenary correction 垂曲改正
catenary curve 双垂曲线,变曲线
catenate ①链状的 ②连接的(catenatus)
catenated 连环的(catenatus)
catenated dimer 连环二体
catenated oligomeric molecule 链状低聚物分子
catenating 连环,连接
catenation 链状排列(染色体)(catenatio)
cateniform ①链状的,串珠状的 ②连环,连锁,成链(cateniformis)
catenular 串珠状的(catenulatus)
catenulate (=catenular)串珠状的
caterer 给养者
caterpillar ①荷叶蕨[*Phyllitis scolopendrium* Ludw.](荷叶蕨科) ②链轨,履带 ③(鳞翅的幼虫)毛虫,蠋
caterpillar combine 履带式联合收获机
caterpillar-plant 蝎尾草属[*Scorpiurus* L.](豆科)
caterpillar track 履带式拖拉机的链轨
caterpillar traction 履带牵引,链轨牵引
caterpillar tractor 履带式拖拉机,链轨式拖拉机
catgut 肠线,干肠筋(由羊肠做成,供做网球拍用的)
cathaemoglobin 变性高铁血红蛋白
cathartic ①泻的 ②泻药,泻剂(cathartic-

us)

cathay hickory 山核桃［*Carya cathayensis* Sargent］(胡桃科)

cathay Japanese rose 日本蔷薇［*Rosa multiflora* var. *cathayensis* Rehd. et Wils.］(蔷薇科)

cathay lily 华百合［*Lilium cathayana* Wils.］(百合科)

cathay poplar 青杨(小叶杨)［*Populus cathayana* Rehd.］(杨柳科)

cathay semiliquidambar ①半枫荷属［*Semiliquidambar* spp.］(金缕梅科) ②半枫荷［*Semiliquidambar cathayensis* H. T. Chang.］

cathay silver fir ①银杉属［*Cathaya* Chun et Kuang］(松科) ②银杉［*Cathaya argyrophylla* Chun ct Kuang］

cathay willow 中国柳［*Salix cathayana* Diels.］(杨柳科)

cathepsin 组织蛋白酶

catheter 导液管

catheterization 导管插入术 (catheterisatio)

cathetometer 测高计,高度计

cathexic 恶病体质的 (cathexicus){生化}

cathod rays tube terminal 阴极射线管终端

cathodal 阴极性的 (cathodalis)

cathodal depression 阴极性阻抑

cathode 阴极,负极 (cathodo)

cathode chamber 阴极室

cathode density 阴极密度

cathode follower ①阴极输出器 ②阴极跟踪电路

cathode layer enrichment method 阴极区富集法{生技}

cathode protection (=cathodic protection) 阴极保护

cathode-ray oscillograph 阴极射线示波器

cathode ray polarograph 阴极射线极谱仪

cathode-ray spectroradiometer 阴极射线分光辐射计{遥感}

cathode-rays 阴极射线

cathode rays oscilloscope (=cathode-ray oscillograph) 阴极射线示波器

cathode-rays tube 阴极[射线]管

cathode spectrum 阴极光谱

cathodic polarization 阴极极化[作用]

cathodic protection 阴极保护、阴极防腐

cathodic reduction 阴极还原

catholicon 万能药 (cotholicos)

cathranthus ①长春花属［*Catharanthus* G. Don］(夹竹桃科) ②长春花［*Cathranthus roseus* (L.) G. Don］

cathranthus alkaloid 长春花生物碱

cation 阳离子,阳电荷

cation acid (=cationic acid) 阳离子酸

cation activity 阳离子活度

cation balance 阳离子平衡

cation equivalent constant 阳离子当量常数

cation exchange 阳离子交换

cation-exchange capacity (CEC) 阳离子交换量,阳离子交换能力

cation exchange chromatography 阳离子变换层析[法]{生技}

cation-exchange equilibrium 阳离子交换平衡

cation exchange membrane 阳离子交换膜

cation exchange method of water softening 阳离子交换软水法{环保}

cation exchange packing 阳离子交换填充法

cation-exchange process 阳离子交换过程(法)

cation-exchange resin 阳离子交换树胶

cation-exchange softener 阳离子交换软水器

cation exchanger 阳离子交换剂

cation fixation 阳离子固定

cation interfacial active agent 阳离子表面活性剂

cation layer 阳离子层

cation leaching 阳离子淋溶

cation size 阳离子大小

cation status 阳离子状况

cationic 阳离子的 (cationicus)

cationic catalyst 正离子催化剂,阳离子催化剂

cationic detergent (=synthetic detergent) 阳离子[型]去污剂,合成洗涤剂

cationic dye 阳离子染料

cationic initiator 正离子引发剂,阳离子引发剂

cationic polymerization 正离子聚合,阳离子聚合

cationic surface active agent (=cationic surfactant) 阳离子表面活性剂

cationite 阳离子交换剂

cationization 阳离子化 (cationisatio)

cationoid group 阳离子基团

cationotropy 阳离子移变

catjang cowpea 眉豆［*Vigna cylindrica* Skeels = *V. catjang* Walp.］(豆科)

catkin ①柔荑花序 (amentum) ②类坚果 (nucamentum) ③柳絮

catmint ①假荆芥属［*Nepeta* L.］(唇形科) ②(=catnip) 假荆芥［*Nepeta cataria* L.］

Cato 卡托(澳大利亚甘蔗品种)
catoptric ①反射的 ②反射镜的(cateptricus){显技}
cat's-ear ①猫儿菊属[*Hypochoeris* L.](菊科) ②猫儿菊[*Hypochoeris radicata* L.]
cat's eyes 马来红毛丹[*Nephelium malaiense* Griff.](无患子科)
cat's-foot 异株蝶须[*Antennaria dioica* (L.)Gaertn.](菊科)
cat's paw ①猫掌风(一种小区微风) ②猫爪结(结索法)
cat's tail 问荆[*Equisetum arvense* L.](木贼科)
cat's-tail grass 猫尾草[*Phleum pratense* L.](禾本科)
cattail ①香蒲属[*Typha* L.](香蒲科) ②香蒲[*Typha orientalis* Pres](象甲科)
cattail billbug 香蒲谷象[*Calendra pertinax* Olivier]
cattail family 香蒲科[Typhaceae]
cattail flag 香蒲(蒲菜)[*Typha orientalis* Presl](香蒲科)
cattail ginger 猫尾姜[*Zingiber cylindricum*](姜科)
cattail millet (= African millet, pearl millet, penicillaria, horse millet, Egyptian millet, Indian millet, spike millet) 珍珠粟(御谷,蜡烛稗,番碑,乌禾)[*Pennisetum glaucum* (L.) R. Br. = *Panicum glaucum* L.](禾本科)
cattail reed mace 阔叶香蒲[*Typha latifolia* L.](香蒲科)
cattail tree 猫尾树[*Dolichandon candafelina* Benth et Hook.]
Cattalo 凯他洛牛
cattle ①家畜 ②牛(capitale)
cattle bath 家畜浴槽
cattle-bearing housing 分娩牛舍饲
cattle biting fly 牛血蝇[*Haematobia stimulans* Meig.](蝇科)
cattle biting louse (= little red louse)牛羽虱[*Bovicola bovis* L.](兽羽虱科)
cattle bowl 家畜饮水器
cattle-breeder 养牛家,养牛者
cattle breeding (= cattle husbandry)①养牛业 ②养牛学
cattle breeding area 畜牧地区
cattle-breeding country 牧业国
cattle breeds 牛种
cattle brush 畜刷
cattle buildings 家畜用建筑物畜舍
cattle cake 家畜用饼饲
cattle car 运畜汽车
cattle cleaner 畜体清洁器
cattle clipper 牲畜剪毛机
cattle dealer 牲畜商人,畜贩
cattle-drawn tamp 牛后蹴
cattle farm ①畜牧场 ②养牛场
cattle fattening 家畜肥育
cattle feeder 家畜饲槽,饲料分送器
cattle follicle mite (= cattle mange mite)牛蠕形螨[*Demodex bovis* Stiles](蠕形螨科)
cattle grooming machine 畜体洗刷吸尘器
cattle grub (= warble grub)牛皮蝇[*Hypoderma bovis* De Geer.](皮蝇科)
cattle grub infestation 牛皮蝇侵袭病
cattle guard 家畜挡[门]板
cattle herd 牛群
cattle hides 家畜皮革
cattle housing ①家畜舍饲 ②牛舍饲
cattle industry 畜牧业
cattle inventory cycles 牛类存栏数周期
cattle itch mitc 牛疥螨[*Sarcoptes scabiei bovis* Robin.](疥螨科)
cattle judging 畜牛鉴别
cattle keeping ①牛饲养管理 ②养牛学
cattle kept for breeding 种畜
cattle louse 牛畜虱[*Damalinia bovis* L.]
cattle market 畜市、牛市
cattle mating ①家畜交配 ②牛交配
cattle neoplasia 牛白血球组织增生
cattle on the hoof 活畜
cattle-operated water pump 畜力驱动饮水泵
cattle pest (= rinderpest, cattle plague) 牛瘟[*Pestis bovum*]
cattle range 牧场
cattle ring 牛鼻环,鼻圈
cattle run ①畜牧场 ②牛通道 ③一定时期内上市牛数
cattle sale 家畜出售
cattle scab (牲畜)疥癣
cattle scab mite 牛痒螨[*Psoroptes communis bovis* Herig](痒螨科)
cattle scabies 牛疥病
cattle scale 牛称重器(秤)
cattle shears (牲畜)剪毛剪
cattle shed 牛棚,牛舍
cattle show 家畜展销
cattle squeeze 牛保定栏
cattle stock 牛头数,牛只
cattle-tail louse 牛尾盲虱[*Haematopinus*

quadripertusus Fahrenh.]（盲虻科）

cattle tick （=Texas-fever tick）具环方头蜱[*Boophilus annulatus* Say]（蜱总科）

cattle track 牧道，放牧过道

cattle trailer 牲畜运输挂车

cattle weighbridge 牲畜地秤

cattle weighing platform 家畜称重台，家畜台秤

cattle weighing unit 家畜称重装置

cattle wire 刺铁丝

cattle yak 犏牛

cattle yard 畜圈，牛圈

cattleman 畜工，牧工，牧人

cattleya ①卡特兰属[*Cattleya* Lindl.]（兰科）②卡特兰[*Cattleya hybrida* Lindl.]

cattleya scale 枯黄褐蚧[*Parlatoria proteus* Curtis]（盾蚧科）

CATTS （= computer assisted teaching training system）计算机辅助教学培训系统{电脑}

catwalk ①梯 ②桥形通，道窄道{水利}

Caucasian aster 高加索紫菀[*Aster caucasicus*]（菊科）

Caucasian bee 高加索蜂

Caucasian black rot 浆果轮纹病，浆果穗枯病[*Physalospora baccae* Cav.]

Caucasian dewberry 高加索露莓[*Rubus nemorosus* Hayne]（蔷薇科）

Caucasian fir 高加索冷杉[*Abies nordmanniana* (Steven) Spech]（松科）

Caucasian inula 高加索旋复花[*Inula glandulosa* Willd.]（菊科）

Caucasian nepeta 高加索假荆芥[*Nepeta cyanea*]（唇形科）

Caucasian onosma 高加索驴臭草[*Onosma rupestre*]（紫草科）

Caucasian peony 高加索牡丹[*Paeonia mlokosewitschii*]（毛茛科）

Caucasian pink 高加索石竹[*Dianthus caucasicus*]（石竹科）

Caucasian poppy 高加索罂粟[*Papaver caucasicum*]（罂粟科）

Caucasian whortleberry 高加索越橘[*Vaccinium arctostaphylos* L.]（乌饭树科）

Caucasus goatsrus 高加索山羊豆[*Galega orientailis*]（豆科）

Caucasus hellebore 高加索嚏根草[*Helleborus caucasicus* A. Br.]（毛茛科）

Cauchy distriction 柯西分布{统计}

Cauchy matrix 柯西矩阵

cauda ①尾 ②尾臀

cauda bactivirus （双 DNA）尾噬菌体(caudabactivirus)

caudad 尾向(caudas)

caudal ①尾的 ②尾部的(caudalis)

caudal fin 尾鳍

caudal proleg 臀足

caudal vein 臀脉

caudate ①具尾的 ②尾状的(caudatus)

caudate-bracted iris 长尾鸢尾[*Iris rossii* Baker]（鸢尾科）

caudate sweet leaf ①山矾属[*Symplocos* Jacq.]（山矾科）②山矾[*Symplocos caudata* Wall.]

caudatifolius 尾叶的

caudation 有尾(caudatio)

caudex ①主轴 ②茎基 ③[直立蕨]茎 ④(剑麻)粗干

caudiciform 茎干状的(caudiciformis)

caudicle 花粉块柄(caudicula)

caudiferous 有尾的(caudiferus)

caul 垫板(木材弯曲用)

caulescent 具茎的(caulescens)

cauli- ⌞字头⌝柄，茎

caulicarpy 茎上结实(caulicarpium)

caulicle ①幼茎 ②胚轴(caulicula)

caulicolous 茎生的(caulicolus)

cauliculate 具幼茎的(cauliculatus)

caulidium 拟茎体

cauliferous ①具茎的 ②具柄的(caulifer)

cauliflory 老茎开花现象(caulifloria)

cauliflower 花椰菜[*Brassica oleracea* var. *botrytis* L.]（十字花科）

cauliflower bacterial leaf spot 花椰菜细菌性叶斑病[*Pseudomonas syringae* pv. *maculicola* (McCullock) Young, Dye et Wilkie]

cauliflower fungus 绣球菌[*Sparassis crispa* (Wulf.) Fr.]

cauliflower mosaic virus （= cabbage mosaic virus, CaMV. cabbage virus B）花椰菜花叶病毒[Brassica virus 3]

cauliform 茎状的(cauliformis)

cauligenous 茎出的(cauligenus)

cauligerous 茎生的(cauliger)

caulimovirus 花椰菜花叶病毒(caulimovirus)

caulinar （=caulinary）茎的，茎出的(caulinaris)

cauline 茎的，茎生的(caulinus)

cauline bundle 茎维管束(fasciculus caulinus)

cauline leaf 茎生叶(folium caulinum)

caulis 草茎
caulk 填隙,填孔眼 (calcara)
caulo- ⌞字头⌝茎
caulobacteria 柄细菌
caulocaline 促成茎素
caulocarpic 多次结果的 (caulocarpus)
caulocystidium 柄生囊状体
caulody 顶枝 (caulodius)
cauloid 假茎 (cauloideus)
cauloma 棕榈茎
caulonema 茎原丝
caulorrhizous 茎状根 (caulorrhizus)
caulosapogein 葳严仙配质
caulosome 顶枝 (caulosoma)
caulotaxis 枝序列
causal ①原因的,表示原因的 ②因果的 (causalis)
causal analysis 因果分析
causal factor 引因,引致因素
causal forecasting method 因果[分析]预报法
causal independence 无因果关系
causal organism 病原菌 (organismus causalis)
causal organism of a chronic disease 慢性病原菌
causal reasoning 因果推理
causality 因果[性] (causalitas)
causative agent 病原体
cause-and-effect 因果
cause-and-effect chain digram 因果链图{电脑}
cause-and-effect relationships 因果关系
cause-and-effect system diagram 因果系统图
causeway 堤道,长堤
causing death 致死
caustic ①苛性的,腐蚀性的 ②烧灼的,焦散的 ③腐蚀剂
caustic alkali 苛性碱
caustic alkalinity 苛性碱度
caustic curve 焦散曲线{电脑}
caustic embrittlement 苛性脆化
caustic lime (= quicklime, unslaked lime, burned lime)生石灰 [CaO]
caustic potash 苛性钾 [KOH]
caustic soda 苛性钠 [NaOH]
caustic solution 苛性溶液
causticity 苛性 (causticitas)
causticization 苛性化 (causticisatio)
cauter (= cautery)烙器,烧灼器
cauterization 烧灼[法]
cauterize 烙,烧灼
caution ①注意,小心,谨慎 ②保证 ③警戒 (cautio)
caution money 保证金
cavate 凹陷的 (cavatus)
cave ①腔,室 ②穴洞,洞窟 ③穴居 (cavus)
cave and camel crickets 蟋蟀科 [Gryllacrididae]
cave animal 穴居动物
cave deposit 洞穴沉积物
cave-dweller (= cave-man)穴居者(指有关作物栽培历史)
cave-dwelling 穴居生活
cave in 塌陷
cave period 穴居时代(栽培历史时期)
cave storage 山洞窖藏
cavea 腔 (cavum)
cavelet (= caveola)小窝,小穴洞,小穴孔 (caveola)
caveman 过时货{农管}
Cavengerie 卡文格里埃(甘蔗热带原种)
cavern 穴洞,石洞,岩窟 (caverna)
cavern flow 洞穴水流
cavern spring 洞穴泉{环保}
cavernicolous 穴栖的 (cavernicolus)
cavernous ①洞穴状的,穴管状的 ②海绵体 (cavernus)
cavernous body 穴管状体,海绵体
cavernous porosity 穴管孔[隙]度
cavernous structure 穴管状结构
cavesson 鼻勒,鼻带(马具)
caviare 鱼子酱
caving ①坍塌,塌陷,下沉 ②⌞复⌝谷壳,谷糠(脱粒禾谷类的颖壳与砻糠)
caving zone 坍塌区,下沉区
cavings-blower 糠壳吹送器
cavings-conveyor 糠壳输送器
cavings riddle 糠壳筛
cavitation ①空[腔]化[作用] ②成穴,成腔 ③汽蚀 (cavitatio)
cavity ①腔{解剖} ②凹处,穴窝{土壤} ③梗洼{形态} (cavitas)
cavity-down 空腔向下
cavity spot 陷斑(胡萝卜)
cavity-up 空腔向上
cavy 豚鼠 [*Cavia porcellanus*]
Cayenne pepper 牛角椒 [*Capsicum frutescens* var. *longum* (DC.) Bailey]
Cayenne rosewood 蔷薇木 [*Aniba rosaeodora* Ducke](樟科)
Cayenne tick 美洲花蜱(卡延钝眼蜱) [*Amblyomma cajennense* Fabricius](蜱总科)

Cayuga 卡幼加鸭
Cb (=cumulo-nimbus)积雨云
CBA (=cyanogen-bromide-activated) 溴化氰活化纸
CBA paper (=cyanogen-bromide-activated paper) 溴化氰活化纸,CBA纸{生技}
CBD (=cash before delivery) 交货前付款{农管}
CBG (=corticosteroid-binding globulin) 结合皮质甾类球蛋白,皮质类固醇结合球蛋白
Cbz- (=carbobenzoxy-) 苄氧羧基
Cc (=cirro-cumulus) 卷积云
CCA pyrophosphorylase CCA 焦磷酸化酶
CCC (=chlorocholine chloride, chlormequat, cycocel) 矮壮素(植物生长调节剂)[$C_5H_{13}Cl_2N$]
C_0, C_1, C_2, C_3 (=generation of cochicine treatment)秋水仙碱处理当代,第一代,第二代,第三代
cccDNA (=covalent closed circular DNA) 共价闭环[状] DNA{分遗}
ccDNA (=closed circular DNA) 闭环环状DNA{分遗}
ccH (=circumference at chest height) 胸高干周{森林}
CCMS (=circulation models) 循环模式
CCS (=commercial cane sugar) 甘蔗商品糖,商品蔗糖
CD ①(=compact disk) 光盘{电脑} ②(=critical difference)临界差{生态生理} ③(=circular dichroism)圆二色性{生技}
Cd-band (=centromere dot band) Cd带,着丝粒小点带{染色体}
Cd-banding Cd显带,着丝粒小点显带{染色体}
CD-ROM (=Compact Disc Read Only Memory) 光盘只读存储器{电脑}
CDAA (=allidochlor, alidochlore) 草毒死(除草剂)[$C_8H_{12}ClNO$]
CDC (=complement-dependent cytotoxicity) 依赖于补体的细胞毒性{分生}
CDC gene (=cell division cycle gene) 细胞分裂周期基因{细胞}
cDNA (=complementary DNA)、互补DNA{分遗}
cDNA cloning cDNA克隆,cDNA无性繁殖,互补DNA无性繁殖{分遗}
cDNA library cDNA文库,互补DNA文库
CDP (=cytidine diphosphate) 胞苷二磷酸
CDP-diglyceride CDP二脂酰甘油酯
CDR (=complementary determining region) 互补决定区{分生}
CDRP (=carboxyphenylaminodeoxyribulose) 磷酸羧苯氨基脱氧核糖
CDu (=crotonylidene diurea) 丁烯叉二脲
CDU (=cyclodiurea) 环二尿素(长效肥料)
CE (=capillary electrophoresis) 毛管电泳
CEA (=carcino-embryonic antigen) 癌胚抗原
ceanothus 美洲茶属[*Ceanothus* L.](鼠李科)
Ceara rubber plant (=ceara rubber tree, manihot rubber) 西拉橡胶树(胶木薯)[*Manihot glaziovi* Mull.-Arg.](大戟科)
cease to exist (=extinct) 消灭
cebetox (=M_{82}) 甲基硫吸磷{农药}
CEC (=cation-exchange capacity) 阴离子交换量
cecidium 虫瘿
cecidogenous 生瘿的(cecidogenus)
cecity 盲目性(cecitas)
cecropin 杀菌肽
cecum 盲肠
cedar ①雪松属[*Cedrus* Mill.](松科) ②雪松[*Cedrus deodara* (Roxb.) Lour.]
cedar elm 硬叶榆(厚叶榆)[*Ulmus crassifolia* Nutt.](榆科)
cedar lichen 桧岛衣[*Cetraria juniperina* (L.) Ach.](梅花衣科)
cedar moth (=Siberian spinning moth, larch caterpillar) 西伯利亚松毛虫[*Dendrolimus sibiricus* Tschetwerikov]
cedar-of-Lebanon 黎巴嫩雪松[*Cedrus libani* Laws.](雪松科)
cedar oil 雪松油{显技}
cedarnut 雪松坚果
cedartree borer 雪松天牛[*Semanotus ligneus* Fabricius]天牛科
cedarwood oil 桧油
cedarwood oil as antemedium 前介质用桧油
cedrate fruits 柑橘类果树
cedrela ①香椿属[*Cedrela* L.](楝科) ②香椿[*Cedrela sinensis* A. Juss.]
cedrene 雪松烯[$C_{15}H_{24}$]
cedrol 雪松醇[$C_{15}H_{26}O$]
cedron simaba 希麻巴[*Simaba cedron*](苦木科)
CEE (=chick embryo extract)鸡胚胎提取物
cefoxitin 头孢噻吩
ceiba ①吉贝属[*Ceiba* Adans](木棉科) ②吉贝[*Ceiba pentandra* Gaertn. = *C. casearia* Medic. = *Eriodendron anfractuosum* DC.]

ceiling ①(CIG) 云幂,云幕 ②最高限度,上升限度
ceiling alarm 云幂警告器
ceiling balloon 云幂气球
ceiling height ①[上]升限[度] ②云幂高度
ceiling height indicator 云幂高度指示器
ceiling of convection 对流高度
ceiling price 最高限价,最高价格
ceiling projector 云幂灯,测云灯
ceilometer 云幂仪
celadonite 绿鳞石
celandine ①白屈菜属[*Chelidonium* L.](罂粟科) ②白屈菜[*Chelidonium majus* L.]
celandine poppy 二叶苞罂粟[*Stylophorum diphyllum*](罂粟科)
celation period 循回期
Celebes bitterorange 施里氏苦橙[*Citrus celebica* koord.](芸香科)
Celebe's papeda (= alemov, Celebe's bitter orange) 普通酸橙(施里氏苦橙)[*Citrus celebica* Koord.](芸香科)
Celebes pepper 施里氏胡椒[*Piper ornatum* N.E.Br.](胡椒科)
celebrated place 风景区,名胜地{园林}
celeriac (= rooted celery, German celery) 根芹菜[*Apium rapaceum* Mill. = *A. graveolens* var. *rapaceum*](伞形花科)
celery ①芹属[*Apium* L.](伞形花科) ②芹菜[*Apium graveolens* L.]
celery aphid 芹菜蚜(胡萝卜微管蚜)[*Brachycolus heraclei* Takahashi](蚜科)
celery bacterial soft rot 芹菜细菌性软腐病[*Erwinia carotovora* pv. *carotovora* (Jones) Bergey, et al.]
celery bleaching 芹菜软化
celery cabbage 白菜[*Brassica pekinensis* Rupr.](十字花科)
celery damping-off 芹菜猝倒病[*Rhizoctonia solani* Kühn]
celery early blight 芹菜斑点病[*Cercospora apii* Fr.]
celery fly 芹菜潜叶实蝇[*Philophylla heraclei* Linnaeus](实蝇科)
celery fusarium wilt 芹菜萎缩病
celery gray mold 芹菜灰霉病[*Botrytis cinerea* Pers.]
celery hiller 芹菜培土器
celery leaf spot 芹菜叶斑病[*Septoria apii* (Bnosi et Cav.) Chester]
celery leaftier (= celery greenhouse leaftier) 芹菜网螟[*Udea rubigalis* Guenée](野螟科)
celery lettuce 长叶莴苣[*Lactuca sativa* var. *longifolia* Lam.](菊科)
celery looper 芹菜夜蛾[*Anagrapha falcifera* Kby.](夜蛾科)
celery mosaic virus (= western celery mosaic virus) 芹菜花叶病毒[*Apium virus* 1 (Smith) = *Marmor umbelliferarum* (Holmes)]
celery-top pine 叶枝杉属[*Phyllocladus* Rich.](紫杉科)⌊拟⌉
celeryleaved crowfoot (= celeryleas buttercur) 石龙芮[*Ranunculus sceleratus* L.](毛茛科)
celeryworm (= black swallowtail) 芹菜凤蝶(黑凤蝶)
celeste ①蔚蓝,天蓝色 ②蓝色的,天蓝色的 (caelum)
celestial ①天空 ②天上的 ③中华的,中国的(指古时代的)(celestialis)
celestial body 天体
celestial chart 天体图
celestial coordinate 天体坐标
celestial equator 天[球]赤道
celestial globe 天球仪
celestial mechanics 天体力学
celestial navigation computer 天体导航计算机
celestial sphere 天球
celesticetin 天青菌素
celestine blue B 天蓝B(染料){显技}
celestine blue B as double stain 双重染色剂用天蓝B
celite 色来特[硅藻土的商品名称]
cell ①细胞 (cellula){细胞} ②室,翅室{解剖} ③巢房{蜂} ④电池{电} ⑤茅屋{狩猎} ⑥测力计{物} ⑦单体,单元,元件{气象}
cell adhesion 细胞粘连
cell adhesion molecule (**CAM**) 细胞粘连分子
cell affinity chromatography 细胞亲和层析
cell age 胞龄 (cytaetas)
cell ageing 细胞衰老
cell aggregate 细胞集合体
cell aggregation 细胞集合
cell antigen 细胞抗原
cell architecture 细胞结构,细胞建造 (cytoarchitectura)
cell automaton 细胞自动机{电脑}
cell autonomy 细胞自主性 (cytoautonomia)
cell bank 细胞库

cell bar 王台板,王台托条{蜂}
cell behavior 细胞行为
cell biology 细胞生物学,细胞学
cell biotransformation 细胞生物转化
cell body 胞体(cytosoma){细胞}
cell body division 胞体分裂
cell-bound antibody 联胞抗体
cell breakage 细胞破碎
cell budding 细胞芽殖
cell by cell 单元中的单元{电脑}
cell cap 巢房盖{蜂}
cell cavity 细胞腔(lumen)
cell-cell adhesion 细胞间粘连,细胞－细胞粘连
cell-cell comunication 细胞间联络,细胞－细胞联络
cell-cell contact 细胞间接触,细胞－细胞接触
cell-cell interaction 细胞间相互作用,细胞－细胞相互作用
cell-cell junction 细胞间连接,细胞－细胞连接
cell-cell recognition 细胞间识别,细胞－细胞识别
cell center 细胞中心体
cell clone 细胞克隆,细胞无性[繁殖]系
cell closed system 细胞密闭系统
cell coat 细胞外壳
cell-coded protein 细胞编码蛋白质
cell colony 细胞群体,细胞某落
cell communication 细胞联络
cell compartment 细胞区隔
cell compartmentation 细胞区隔化(cytocompartmentatio)
cell competition 细胞竞争
cell component 细胞组成部分
cell conjugation 细胞接合,细胞融合
cell constancy 细胞定数(cytoconstantia)
cell constituent 细胞组分
cell contents (＝cell inclusion)细胞内容物
cell cortex 细胞周缘胞质区
cell count 细胞计数
cell counter 细胞计数器
cell cryobiology 细胞低温生物学
cell cube 单元立方体,单元体{电脑}
cell culture 细胞培养
cell cup 蜡碗,蜡盏(人工蜂王用)
cell cycle 细胞周期
cell cycle arrest 细胞周期停滞
cell cycle checkpoint 细胞周期检查点
cell cycle control 细胞周期控制
cell cycle determination 细胞周期测定
cell cycle of myoblast 成肌细胞的细胞周期
cell cycle span 细胞周期期间
cell cytological instability 细胞细胞学不稳定度
cell data 单元数据{电脑}
cell death 细胞死亡
cell debris 细胞碎片(debris cellularis)
cell degeneration 细胞退化
cell dehydration 细胞脱水
cell determination (＝cell speciation)细胞物种形成
cell development 细胞发育
cell differentiation 细胞分化(cytodifferentiatio)
cell disruption 细胞破碎(cytodisruptio)
cell dissociation 细胞解离(cytodissociatio)
cell dissociation buffer 细胞解离液
cell division ①细胞分裂 ②巢房间隔(cytokinesis)
cell division arrest 细胞分裂停滞(抑制)
cell division cycle gene (**CDC gene**) 细胞分裂周期基因
cell division lag 细胞分裂延迟现象
cell division poison 细胞分裂毒物
cell doctrine 细胞学说,细胞理论(doctrina cellularis)
cell-dump suspension 细胞块悬[浮]液
cell electrophoresis 细胞电泳
cell elongation 细胞伸长(cytoelongatio)
cell engineering ①细胞工程 ②细胞工程学
cell enlargement 细胞加大
cell envolope 细胞质膜(＝cytoplasmic membrane)
cell extension 细胞伸展(cytoextensio)
cell factory 细胞工厂
cell fate 细胞命运,细胞结局
cell feed wheel 窝眼式排种轮
cell filtration 细胞过滤(cytofiltratio)
cell-finishing colony (培育蜂王)完成群,完工群
cell fluid 细胞液体
cell form 细胞形式(forma cellularis)
cell formation 细胞形成(cytogenesis)
cell fractionation 细胞分级分离
cell free 无[脱]细胞的
cell free extract 无细胞提取物,无细胞提取液
cell-free fermentation 无细胞发酵
cell free system 无细胞系统
cell-free translation 无细胞翻译{分遗}
cell-free translation system 无细胞翻译系统
cell freeze storage 细胞冷冻贮藏

cell freezing 细胞冷冻
cell function 细胞机能（functio cellularis）
cell fusion 细胞融合（cytomixis）
cell gate 单元门{电脑}
cell gene transfer 细胞基因转移
cell generation 细胞世代
cell generation time 细胞连续分裂间期，每细胞世代时间
cell genetics（= cytogenetics） 细胞遗传学（cytogenetica）
cell granule 核外粒体（ectosoma）
cell growth 细胞生长（excresentia cellularis）
cell harvesting 细胞收获
cell heredity 细胞遗传学（cytohereditas）
cell hybrid 细胞杂种（cytohybrida）
cell hybridization 细胞杂交
cell immortalization 细胞无限增殖化（cytoimmortalisatio）
cell impedance 细胞阻抗（impedantia cellularis）
cell inclusion 细胞内含物（inclusio cellularis）
cell isolatcs 细胞分离体
cell junction 细胞接合
cell kinetics 细胞动力学
cell layer 细胞层（stratum cellularis）
cell lethal 细胞致死[因子]
cell lethal mutant 细胞致死突变型
cell lethality 细胞致死现象
cell lethals 细胞致死因子
cell ligand 细胞配体
cell line 细胞[繁殖]系（指存活细胞无性繁殖系）
cell lineage 细胞系谱
cell locomotion 细胞移动（cytolocomotio）
cell lumen 细胞腔（lumen）
cell lysis 细胞溶胞作用
cell mass 细胞群（块）
cell-matrix interaction 细胞－基质相互作用
cell-mediated immunity（CMI） 细胞[介导]免疫
cell-mediated lymphocytotoxity 细胞介导淋巴细胞毒性
cell membrane [细]胞膜（membrana cellularis）
cell membrane chalone 细胞膜抑素
cell membrane complex 细胞膜复合物
cell membrane material 胞膜物质
cell membrane system 细胞膜系[统]
cell metabolism 细胞代谢
cell migration 细胞移动
cell mobility 细胞活动性
cell model 细胞模式
cell modification 细胞饰变
cell monoterpene 细胞单萜
cell movement 细胞运动
cell multiplication 细胞增殖
cell mutation 细胞突变
cell nuclear cytology 胞核细胞学
cell nucleus 细胞核（cytoblastus）
cell number 细胞数目（numerus cellularis）
cell nutrition 细胞营养
cell of bee 巢房{蜂}
cell open system 细胞开放系统
cell organ 细胞器（organa cellularis）
cell organelle 细胞器（organelle cellulare）
cell organelle isolation 细胞器分离
cell organelle transfer 细胞器转移
cell organized display 细胞组织显示[器]
cell origin 细胞起源
cell parameter 细胞参量（数）
cell pathology 细胞病理学（cytopathologia）
cell periphery 细胞周边
cell permeability 细胞渗透性（permeabilitas cellularis）
cell permeabilization 细胞[渗]透化[作用]（cytopermeabilisatio）
cell physical circumstance 细胞物理环境
cell physics 细胞物理[学]（cytophysica）
cell physiology 细胞生理[学]（cytophysiologia）
cell plate ①细胞板（platus cellularis）②窝眼盘
cell plating 细胞平面培养
cell polarity 细胞极性（cytopolaritas）
cell pole 细胞极
cell population 细胞群体
cell preparation ①细胞预备 ②细胞制片
cell proliferation 细胞增殖
cell protector 蜂王王台保护器
cell radiation effect 细胞辐射效应
cell reactive-pleiotropy 细胞反应多效性
cell recognition 细胞识别
cell recognition of myoblast 成肌细胞的细胞识别
cell recovery 细胞回复
cell recycle 细胞再循环（cytorecyculus）
cell regeneration 细胞更新
cell renovation 细胞复壮
cell repository（= cell bank） 细胞库
cell respiration 细胞呼吸（cytorespiratio）
cell rhythm 细胞节律（cytorhythmum）

cell rupture 细胞破裂,细胞破碎(ruptura cellularis)
cell sap 细胞液(cytolymphus)
cell sap concentration 细胞液浓度
cell scattering factor 细胞分散因子
cell scraper 细胞刮棒
cell seed distributor 窝眼式排种器
cell selection 细胞选择
cell senescence (= cell ageing cell aging) 细胞衰老(cytosenescentia)
cell shape 细胞形状
cell shrinkage 细胞皱缩
cell signaling 细胞信号传导,细胞信号发放
cell sociology 细胞社会学(cytosociologia)
cell sorter 细胞分选仪{生技}
cell sorting 细胞分选
cell space (= cell cavity) 细胞腔
cell-specific action 细胞特异作用
cell spectrometer 细胞分光计
cell stage 细胞阶段
cell strain 细胞品系(株)
cell structure 细胞结构(structura cellularis)
cell subclone 细胞亚无性[繁殖]系,细胞亚克隆{农生技}
cell substrain 细胞亚株
cell-substrate attachment 细胞-底物附着
cell-substrate interaction 细胞-底物相互作用
cell surface 细胞表面(superficies cellularis)
cell surface antigens of heterokaryons 异核体的细胞表面抗原
cell surface architecture 细胞表面构造
cell surface changes in transformed cells 转化细胞的细胞表面变化
cell surface desmosome 细胞表面桥粒
cell surface receptor 细胞表面感受器
cell surface recognition 细胞表面识别
cell survival 细胞成活,细胞生存
cell suspension 细胞悬[浮]液
cell suspension protoplast 细胞悬浮原生质体
cell synchrony 细胞同步性
cell synthesis 细胞合成
cell system 细胞系统(systema cellularis)
cell targeting 细胞寻靶
cell tetrad 细胞四分体
cell theory ①细胞学说{细胞} ②环形说{气象}
cell therapy 细胞治疗
cell transformation 细胞转化
cell tropism 细胞嗜性(cytotropismus)
cell turgor 细胞膨压
cell type 细胞型
cell-type straw rack 鱼鳞筛式逐稿器
cell volume 细胞体积
cell wall "loosening" factor 细胞壁"疏松"因素
cell wall ①细胞壁(integumentum cellulare){细胞} ②巢房壁{蜂}
cell-wall crack 胞壁开裂
cell wall-defective bacteria 细胞壁缺损细菌
cell-wall differentiation 细胞壁分化
cell wall incrustation 细胞壁镶嵌物
cell-wall layer 胞壁层
cell wall pressure 细胞壁压
cell-wall substance 细胞壁物质
cell water 细胞水
cell weight 细胞重量(pondus cellularis)
cella 板窝(calla){昆虫}
cellar ①地下室 ②窖,菜窖 ③窖藏,穴藏,贮藏(cellare)
cellar fungus ①粉革菌[*Coniophora puteana* (Schum ex Fr.) Karst.](革菌科) ②地窖菌[*Rhacodium callare* Pers. ex Wallr.]
cellar slug (= tawny garden slug)网纹黄蛞蝓[*Limax flavus* Linnaeus](蛞蝓科)
cellar storage 窖藏,地窖贮藏
cellarage ①窖藏法 ②窖藏设备 ③窖藏用铺垫材料 ④窖藏费
cellarer 管地窖(酒窖,菜窖)的人
cellariole 薄壁贮胞(cellariola)
cellender (= coriander) 芫荽[*Coriandrum sativum* L.](伞形花科)
celliferous ①具细胞的 ②生细胞的(cellifer)
celliform 细胞形的(celliformis)
cellifugal 离细胞的(cellifugus)
cellipetal 向细胞的(cellipetus)
cellobiase 纤维二糖酶
cellobiose 纤维二糖 [$C_{12}H_{22}O_{11}$]
cellobiuronic acid 纤维二糖醛酸,4-葡糖-β-葡糖苷酸
cellocidin 叶枯散(杀菌剂)[$C_4H_4N_2O_2$]
cellodextrin 纤维糊精
cellohexose 纤维六糖[$C_{36}H_{62}O_{31}$]
celloidin 火棉,胶棉,火棉胶,赛璐珽{显技}
celloidin embedding 火棉埋藏,火棉包埋
celloidin infiltration 火棉胶浸润
celloidin method 火棉胶法
celloidin section 火棉胶切片

celloidin section staining 火棉胶切片染色
cellomate 叶枯散{农药}
cellophane 赛璐玢,玻璃纸
cellophane membrane 赛璐玢膜
cellophane squash 赛璐玢压片{显技}
cellophane swab 玻璃纸拭子
cellosolve 溶纤剂
cellosolve dehydration 溶纤剂脱水作用
cellotetrose 纤维四糖 [$C_{24}H_{42}O_{21}$]
cellotex 蔗渣软质纤维板
cellotriose 纤维三糖 [$C_{18}H_{32}O_{16}$]
cellspectrometer 细胞分光计
cellula (= cell) 细胞
cellular ①细胞的 ②细胞状的,细胞结构的 ③多细胞的 ④微孔的 (cellularis) {细胞}
cellular activity 细胞活性
cellular affinity 细胞亲和力
cellular approach 细胞接近法
cellular array ①细胞阵列 {分生} ②单元阵列 {电脑}
cellular array processor 细胞阵列处理机
cellular automata (automata 为 automaton 的复数) 细胞自动机,细胞式自动机 {电脑}
cellular automation 分区自动化 {电脑}
cellular boundary 细胞限界
cellular bridge 细胞桥
cellular center 细胞中心体
cellular circulation ①细胞循环 ②环型,环流
cellular cloning 细胞无性繁殖,细胞克隆化 {农生技}
cellular cloud 细胞状云系 {气象}
cellular compartment 细胞区室,细胞区隔
cellular computation 细胞结构式计算
cellular computer 细胞结构计算机
cellular contents 细胞内含物
cellular control system 细胞控制系统
cellular cylinder ①窝眼式滚筒 ②(选种机)选粮筒
cellular damage 细胞损伤
cellular death 细胞死亡
cellular dehydration 细胞脱水[作用]
cellular differentiation 细胞分化
cellular disruption 细胞破坏
cellular effect 细胞反应
cellular element 细胞分子
cellular energy supply 细胞能量供应
cellular enzyme 细胞酶
cellular evolution 细胞进化
cellular function 细胞功能
cellular fusion 细胞融合 (cytomixis)
cellular homogenization 细胞匀浆
cellular immunity 细胞免疫性
cellular immunology 细胞免疫学 (cytoimmunology)
cellular inclusion 细胞内含物
cellular interaction 细胞相互作用
cellular level 细胞水平
cellular localization 细胞定位
cellular logic array 细胞逻辑阵列
cellular material 微孔材料 {信息}
cellular mechanism 细胞机制
cellular metabolism 细胞代谢 (metabolismus cellularis)
cellular morphology 细胞形态学 (cytomorphologia)
cellular movement ①环型运动{气象} ②细胞运动{细胞}
cellular necrosis 细胞坏死 (necrosis cellularis)
cellular network 细胞网络 {信息}
cellular oncogene (c-oncogene) 细胞癌基因 (oncogena cellularis)
cellular oxidation 细胞氧化
cellular pattern 细胞状云型
cellular physiology 细胞生理学 (cytophysiologia)
cellular plants 无维[管束]植物 (plantae cellulares)
cellular porosity 细胞状孔[隙]度
cellular production 单元生产 {电脑}
cellular protoplasm 细胞原生质
cellular radiation effects 细胞辐射效应
cellular radiator ①细胞辐射装置{物} ②蜂窝式放热器{农机}
cellular reaction 细胞反应
cellular repair function 细胞修复功能
cellular repair process 细胞修复过程
cellular repressor 细胞阻遏物
cellular reproduction 细胞生殖
cellular respiration 细胞呼吸[作用]
cellular secretion 细胞分泌
cellular slime molds 细胞状黏菌
cellular soil 多孔状土壤,蜂窝状土壤
cellular spindle 细胞纺锤体 (fusus cellularis)
cellular splitting 细胞式分裂,细胞式分裂法 {电脑}
cellular spore 孢子球
cellular structure ①环型构造{气象} ②细胞结构{生技}
cellular texture 细胞状结构
cellular tissue 细胞组织
cellular transformation 细胞转化 (trans-

formatio cellularis)
cellular type 细胞型(指胚乳)(typus cellularis)
cellular vortex 环型涡旋
cellular wall 细胞壁
cellular water 细胞水分(aqua cellularis)
cellular wheel (选种机)窝眼圆盘
cellular zone 单元区{电脑}
cellulase 纤维素酶
cellulate 细胞质的(cellulatus)
cellule ①小细胞{遗工} ②双分子膜泡{生化} ③空隙{物}(cellula)
celluliform 细胞状的(celluliformis)
cellulifugal 细胞离心的,离细胞的(cellulifugus)
cellulin 动物纤维素
celluloid 赛璐珞,假象牙
celluloid paper 赛璐珞纸
celluloid sheet 赛璐珞片
celluloid templet 赛璐珞模板
cellulolytic 纤维分解的(cellulolyticus)
cellulolytic activity 纤维分解活性
cellulolytic enzyme 纤维分解酶
cellulosan 纤维聚糖
cellulose 纤维素
cellulose acetate 乙酸纤维素,人造丝
cellulose acetate film electrophoresis 乙酸纤维素薄膜电泳
cellulose acetate method 乙酸(醋酸)纤维素法{显技}
cellulose acetate proces 乙酸纤维素法,醋化法
cellulose adhesive 纤维素胶黏剂
cellulose-decomposing bacteria 纤维素分解细菌
cellulose decomposing capacity 纤维素分解强度
cellulose decomposing fungi 纤维素分解真菌
cellulose decomposition 纤维素分解[作用]
cellulose degradation 纤维素降(分)解
cellulose dissolving fungi 纤维溶解菌
cellulose ester 纤维素酯
cellulose ether 纤维素醚
cellulose fermentation 纤维素发酵
cellulose fermenting bacteria 纤维素发酵细菌
cellulose fibre 纤维素纤维
cellulose ion exchanger 纤维素离子交换剂
cellulose lacquer 纤维素漆料
cellulose microfibril 纤维素微纤维
cellulose nitrate(CN) 硝酸纤维素
celmisia 银毛山雏菊[*Celmisia spectabilis* sp.](菊科)
celoglass 硅玻璃
celsia 塞耳夏草属[*Celsia* L.](玄参科)
Celsius degree (= centigrade degree)摄氏温度,百分温标
Celsius thermometer 摄氏温度计
Celsius thermometric scale 摄氏温标
Celte (= diatomaceous earth)硅藻土(农药载体)
celtis aphid 朴蚜[*Aphis celtis* Shinji](蚜科)
celtis shiraphis 朴绵叶蚜[*Shiraphis celtis* Das.]
cembran pine 瑞士五叶松[*Pinus cembra* L.](松科)
cement ①水泥 ②油灰,黏合剂 ③黏合,结合(caementum)
cement and sand cushion 水泥沙浆垫层{环保}
cement asbestos pipe 水泥石棉管{环保}
cement duct 水泥管
cement flue dust 水泥窑灰
cement gland 黏腺{昆虫}
cement joint 水泥接口
cement layer 黏质层
cement lined pipe 水泥衬管(指衬水泥的管){环保}
cement mortar 水泥砂浆
cement mortar canal lining 水泥砂浆渠道衬砌
cement-paved drying ground 水泥晒场
cement pipe 水泥管
cement substance 粘结物质,黏合物质
cementation 胶结[作用],粘固作用(cementatio)
cementation action 胶结作用
cemented soil 胶结土
cementing agent 胶结剂
cementing material ①胶接剂,接合剂 ②胶接材料,接合材料
cementite 碳化铁体,三铁化碳[CFe_3]
CEN (= centromeric) 着丝粒的{分遗}
CEN sequence (= centromeric sequence) 着丝粒序列{分遗}
cenanthous 空花的(cenanthus)
cenanthy 空花现象(无雌雄蕊)(cenanthius)
cenchrus (= sandbur) ①蒺藜草属[*Cenchrus* L.](禾本科) ②蒺藜草[*Cenchrus calyculata* Cavan.]
cenobium ①多核细胞 ②四裂小坚果(coenobium)
cenogenesis 新性发生

cenogenetic 新性发生的(cenogeneticus)
cenogonous 卵胎互生的(蚜虫)(coenogonus)
cenophyte 新生代植物(cenophyta)
cenosere 新生代演替系列(cenoserum)
cenosis (=coenosis) 生物群落
cenospecies 聚合种,群型种 (coenospecies)
cenotype 群落型,群落成员型(coenotypus)
Cenozoic[**era**] 新生代
cense 香的,香熏的(incensum)
censer-holes 蒴果孔
censor 审查,检查(censere)
censored sample ①已审查样品 ②已校对样本
census ①人口普查,户口调查,人口统计 ②普查
census computer 户口调查计算机
census district 普查地区
census method 普查方法
Census of Agriculture 农业普查局,农业统计局
census quadrat 普查样方{生态}
census schedule 调查表
cent 分(货币单位)
centage 百分率,百分比
cental 百磅,100 磅
centare 1 平方米(=1 m^2)
centaurea ①矢车菊属[*Centaurea* L.](菊科) ②矢车菊[*Centaurea cyanus* L.]
centaurium 百金花属[*Centaurium* Hill.](龙胆科)
centaury 矢车菊[*Centaurea cyanus* L.](菊科)
centenary ①每百年的,百年间的,百年一次的 ②一百年,一世纪{地质}
centenium 一百年,一世纪{地质}
Centennial 百年纪念薯(美国甘薯品种)
center (=centre)①中心,中央,中心点 ②中心区,中心地 ③中枢,核心 ④承轴(centrum)
center batch processing 集中成批处理
center bogie plate 有心转盘
center calipers 测径规
center computer 中央计算机
center control system 中心控制系统
center-delivery auger 向中螺旋推运器
center-delivery windrower 中间铺条式割晒机
center divider 中央分禾器
center drive motor mower 中央驱动刈草机
center feed 中心投配{环保}
center feed tape 中导孔纸带{信息}
center firing method 中心点火烧除法(处理废材防火)
center for studies in economic development 经济开发研究中心{农经}
center frequency 中心频率{环保}
center gathering 向中间搂集草条
center hoe 箭形锄草铲,双翼锄草铲
center line 中线,轴心线,中心线{统计}
center mark 中心标记,中心符号
center of action 作用中心,活动中心
center of buoyancy 浮力中心{环保}
center of circle 圆心
center of cyclone 气旋中心
center of development 发育中心
center of differentiation 分化中心
center of dispersal 散布中心{生态}
center of distribution 分布中心
center of diversification (栽培品种)多样化中心(指栽培品种最多的地区)
center of diversity 多样性中心,变异中心{进化}
center of earth (=earth's core)地心
center of floatation 漂浮中心{环保}
center of gene 基因中心
center of gravity 重心,重力中心
center of gyration 回转中心,旋转中心
center of infection ①传染中心{微生物} ②侵染中心{病理}
center of instrument 仪器中心
center of origin ①发源中心{水利} ②起源中心{进化}
center of perspective 透视中心
center of photosynthesis 光合[作用]中心
center of pressure 压力中心
center of projection 投影中心
center of pull 牵引中心
center of respiration 呼吸作用中心
center of rotation 转动中心,旋转中心
center of symmetry 对称中心
center of variation ①变异中心 ②变化中心{遗传}
center of vision 中视点
center operator 中央操作员
center peg 中心桩{水利}
center pivot irrigation system 中心转动喷灌系统
center-pivot sprinkle 中心旋转自动喷灌
center ridge 闭垄,合垄
center ridger body 中央作垄犁体
center row 中间行
center-sawed 径切面,径切木纹
center slicing (=center clipping) 中心削波{电脑}

center stake 中心标桩
center to center 中心距
centering ①对中 ②向心 (centrens){物}
centering of level bubble 气泡置中
centering telescope 合轴调整望远镜
centerless 无中心的,无心的 (acentrus)
centerless bogie plate 无心转盘
centerpiece 十字轴,十字架,中心环
centers of origin 起源中心
centers of recombination 重组合中心
centerx ①电话设备 ②中央交换机 ③集中式交换,电话分局交换{信息}
centerx central office (=centerx co) 集中交换式中心局
centerx customer user (centerx cu) 集中交换式用户
centesimal circle graduation 百分分度
centesimal notation 百进位符号
centesimal system 百分制
centgener plan 百株育种法
centgener plot 百株育种圃
centi- ⌞字头⌝厘,百分之一
centi-bar 厘巴
centigrade 百分度(centigradus)
centigrade scale (=centigrade degree)摄氏温标,百分温标
centigrade thermometer 百分温度表,摄氏温度表
centigram (cg)厘克(=1/100 克)(centigramma)
centiliter (cl)厘升(=1/100 升)
centimeter (cm)厘米(=1/100 米=3 分)
centimeter-gram-second system (CGS system) 厘米-克-秒制
centimeter-gram-second units (CGS units) 厘米-克-秒单位
centimorgan (CM) 分摩(基因交换单位,=1%交换)
centipeda ①石胡荽属[*Centipeda* Lour.](菊科) ②石胡荽[*Centipeda minima* (L.) A. Br. et Aschers.]
centipedaplant ①竹节蓼属[*Homalocladium* Bailey](蓼科) ②竹节蓼[*Homalocladium platycladium* Bailey]
centipede (=centiped)①蜈蚣 ②⌞复⌝唇足[亚]纲[Chilopoda]
centipede-grass ①蜈蚣草属[*Eremochloa* Büse](禾本科) ②蜈蚣草[*Eremochloa ciliaris* (L.) Merr.]
centipede tongavine 麒麟叶[*Epipremnum pinnatum* (L.) Engl.](天南星科)
centipedegrass 假俭草(百足草)[*Eremochloa ophiuroides* Hack.](禾本科)
centipoise 厘泊(黏度单位)
centner (德)重量名(=50 千克)
centonate 具花斑的(centonatus)
central ①中心的,中央的,中心生的 ②主要的,最重要的(centralis)
Central Alps 中部阿尔卑斯山脉
Central American fruit-fly (=guava fruit fly)中美实蝇[*Anastrepha striata* Shiner](实蝇科)
Central American rubber (=Panama rubber) 中美橡胶 [*Castilloa elastica* Cerv.](桑科)
central angle 中心角(angulus centralis)
Central Asia region 中亚地区
central axial filament 中央轴丝(filamentum axiale centrale)
central axis ①中心柱②中轴
central body ①中心体(=centrosome){细胞}②中央体(指蓝藻){解剖}(centriola)
central bundle 中央输导束(fasculus centralis)
central business district 中心商业区
central canal 中央沟 (canalis centralis){形态}
central cell 中央细胞(cellula centralis)
central chamber 中央腔(指胚乳)(cubiculum centrale)
central chemoreceptor 中央化学感受器
central component (=central element, axial element, axial core, medial complex, synaptic center, medial ribbon) 中体
central composite design 中间复合设计{统计}
central computer 中央计算机
central control 中央操纵,中央控制
central controller (=central control unit) 中央控制器
central core ①中心核{土壤}②中心髓部{解剖}(cora centralis)
central cylinder 中柱(cylindrus centralis)
central dark stain of acasia 合欢木黑心病[*Fusarium negundi* Scherb.]
central data library (=central database) 中央数据库{电脑}
central distributed system 中央分布系统
central dogma 中心法则{分遗}
central element 中心分子(指接合丝复合物)
Central European mixed deciduous forest 中欧混交落叶林
central experiment farm 中央试验农场
central eye 眼区{气象}
central filament 轴丝,中央丝状体

central flower 中心花(flos centralis)
central flower of cluster 中心花簇
central force 中心力,有心力
central fruit 中心果(fructus centralis)
central granule 中心粒(granula centralis)
central group 中央细胞群
central hair 中丝{测}
central heating 中央加热
central layer 中心层
central leader 中央主枝(ramus primarius centralis)
central leader type 主干型(指果树)
central leader type training 主干型整枝
central leaf 心叶(folium centrale)
central limits theorem 中心极限定理{统计}
central mean 中心均值
central meridian 中央子午线
central message facility 中央消息机制{信息}
central microfibril 中央微纤维
central mounting 中间悬挂
central nippers ①(马)钳齿②第一对切齿{昆虫}
central nucleus 中心核,次级核(nucleus centralis)
central office (CO) [中心]电话局,中心局,中央局,中心站{信息}
central office exchange (CO exchange) 中心局交换台
central pair 中央对
central parallel circle 中央平行圈{显技}
central parallel interface 中央并行接口{电脑}
central percussion 中央发火(指处理废材)
central plane of the objective 物镜中心面{显技}
central point 中点(punctum centrale)
central point figure 中点图
central polygon system 中点多边形系
central processor command 中央处理机命令{遥感}
central projection 中心投影
central reducer unit 中央减速器
central region 中央区
central resource function 中央资源功能
Central Rice Research Institute (CRRI) 中央水稻研究所
central role in hereditary function 遗传功能的中心作用
central row 中央行,中间行
central scanning loop 主扫描回路,中央扫描环路
central sheath 中央鞘(vagina centralis)
central-shoot borer ①蔗白螟[*Scirpophaga nivella* Fabricius]②单斑白螟[*Scirpophaga monostigma* Zeller](螟蛾科)
central shutter 中央快门{显技}
central siphon 轴管(siphon centralis)
central spindle 中心纺锤体(fusus centralis)
central spindle fiber 中央纺锤丝{细胞}
central station 中心站,中央站{信息}
central stele 中央中柱(stela centralis){解剖}
central stop 中央光挡{显技}
central strand 中心束
central tendency 中心趋向,集中趋势{统计}
central tendency measures 中心趋向度量{统计}
central terminal unit (CTU) 中央终端设备(装置){信息}
central theme 中心论题
central tissue zone 中央组织区(zona tela centralis)(解剖)
central-tube tool carrier 管式单桨自动底盘
central vacuole 中央液泡(vacuola centralis)
central vascular bundle 中间维管束(fasculus vasorum centralis)
central vision 中央视觉(visio centralis)
central water treatment 集中废水处理{环保}
centrality 集中性(centralitas)
centralization 集中化,集中式(centralisatio)
centralized automatic message accounting (CAMA) 集中式自动通话记账
centralized bus architecture 中央总线结构{信息}
centralized communication system 集中[式]通信系统
centralized computer network 集中式计算机网络
centralized control structure 集中控制结构
centralized data processing 集中[式]数据处理
centralized design 集中设计
centralized intercept bureau 集中式监听台{信息}
centralized monitoring system 集中监控系统
centralized multipoint facility 集中式多点设施
centralized refresh 集中[式]刷新
centrally mounted type 中间悬挂式
centrarch 心始式(指原生中柱)(centrar-

cus)
centrate 离心法去除的污泥液{环保}
centre ①中心,中央②核心③中枢(centrus)
centre cabbage grub (=cabbage webworm)菜[心]螟[*Hellula rogatalis* Hulst](野螟科)
centre control 中央控制[方式]
centre-field 中洲(即河川中的沙洲)
centre-mounted accessories 中央悬挂农具
centre of attraction 吸引中心
centre of distribution 分布中心
centre of diversity 多变性中心,多样性中心
centre of equilibrium 平衡中心
centre of reticule 十字线中心{测}
centre pruning 中心剪
centre stake (=centre peg) 中心桩
centric ①具着丝粒的{分遗}②具着丝点的{遗传}(centrus)
centric constriction 着丝点缢痕
centric diatoms 辐射硅藻目[Centrales]
centric dissociation 着丝点离异
centric fission 着丝点分裂
centric fragment 有着丝点染色体断片
centric fusion 着丝点并合,着丝点融合
centric leaf 圆柱形叶(foliumcentricum)
centric mesophyll 环列叶肉(mesophyllum centricum)
centric region 着丝点区
centric split 着丝点分裂,着丝点解离
centrifugal 离心的(centrifugus)
centrifugal acceleration 离心加速度
centrifugal blower 离心风机,离心式鼓风机
centrifugal broadcaster 离心式撒播机
centrifugal clarifier ①离心净化器,离澄清器 ②离心净乳器心
centrifugal clutcher 离心式孵化器
centrifugal compressor 离心式压缩机
centrifugal drier 离心干燥机
centrifugal drying 离心脱水
centrifugal dust collector 离心集尘装置{环保}
centrifugal effect 离心效应
centrifugal evaporator 离心蒸发器
centrifugal extractor ①离心分蜜机,离心摇蜜机 ②离心提取仪
centrifugal filter 离心过滤机
centrifugal filtration 离心过滤
centrifugal force 离心力
centrifugal governor 离心式调速器
centrifugal head 离心水头{环保}
centrifugal heavy impurity separator 离心式重杂物分离器
centrifugal impeller 离心式推进器,离心式叶轮
centrifugal inflorescence 离心花序(inflorescentia centrifuga)
centrifugal invasion 离心侵占
centrifugal load 离心荷重
centrifugal machine 离心机
centrifugal mill 离心式磨粉机
centrifugal moisture equivalent 离心持水当量
centrifugal moisture of soil 土壤离心含水量
centrifugal pump 离心泵
centrifugal seasoning 离心干燥法
centrifugal separation 离心分离
centrifugal separator 离心式分离器,离心式分离机
centrifugal sewage pump 离心污水泵{环保}
centrifugal sprayer 离心式喷雾器
centrifugal sugar 离心分离蜜糖
centrifugal sugar factories 分蜜糖厂(机制糖厂)
centrifugal thickening 离心加厚
centrifugal ultrafiltration 离心超滤
centrifugal vacuum evaporator 真空离心蒸发器
centrifugal xylem 离心木质部(xylema centrifuga)
centrifugally cast-iron pipe 离心法铸铁管{环保}
centrifugation ①离心 ②离析(centrifugatio)
centrifugation of ribosome 核蛋白体离心作用
centrifugation of rolling circle 滚环离心
centrifugation of sludge 污泥离心[分离]{环保}
centrifugation separation 离心分离
centrifuge ①离心的 ②离心机(centrifugus)
centrifuge microscope (=centrifugal microscope)离心显微镜
centrifuge plant 离心工厂(指浓缩铀)
centrifuge rotor 离心[机]转子{生技}
centrifuge shield 离心管套
centrifuge tube 离心管
centrifuging 离心法(指受离心分离){环保}
centrifuging machine 离心机
centrifuging of algae 藻类离心分离
centring 对中
centring arrow 中心位置箭头记号{电脑}
centring of level bubble (=centring of

bubble)气泡置中
centriolar 中心粒的(centriolaris)
centriolar pinwheel 中心粒针轮
centriolar triplet 中心粒三联体
centriole 中心粒(centriola)
centriole and nuclear division 中心粒与核分裂
centriole cycle 中心粒周期
centriole division 中心粒分裂
centriole satellite 中心粒随体
centriolum 中心体
centripetal 向心的(centripetalus)
centripetal development 向心展开[法]{生技}
centripetal drainage pattern 向心状水系{水利}
centripetal force 向心力
centripetal inflorescence 向心花序(inflorescentia centripetala)
centripetal selection 向心选择
centripetal xylem 向心木质部(xylema centripatala)
centris 螯针{昆虫}
centro- ⌞字头⌝中央,中心
centroblepharoplast 中心生毛体(centroblepharoplastum)
centrodesmose (= centrodesm) 中心体连丝(centrodesmosis)
centrogene 中心基因(centrogena)
centroid ①重力 ②质心,形心,距心(centroidus)
centroid vector 质心向量{电脑}
centrolecithal egg (= centrolecithal ova) 中黄卵(ovum centrolecithale)
centromere (= primary construction) ①着丝粒{分遗} ②着丝点{遗传}(centromera)
centromere binding protein 着丝粒结合蛋白{分遗}
centromere breakage 着丝点断裂
centromere constriction 着丝点缢痕
centromere coorientation 着丝点互定向
centromere distance 着丝点距离
centromere DNA (= centromeric DNA) 着丝粒 DNA
centromere fibre 着丝点牵丝
centromere heterochromatin 着丝点异染色质
centromere index 着丝点指数
centromere interference 着丝点干扰
centromere loop 着丝点环
centromere mapping 着丝点制图
centromere marker 着丝点标志物
centromere microtubule 着丝点微管丝
centromere misdivision 着丝点错分(misdivisio centromerica)
centromere orientation 着丝点定向(orientatio centromerica)
centromere plate 着丝粒板
centromere repulsion 着丝点相斥(repulsio centromerica)
centromere shift ①着丝点移位 ②着丝点变位
centromeric ①着丝粒的 ②着丝点的(centromerus)
centromeric chromomere 着丝点染色粒(chromomera centromerica)
centromeric exchange (CME) 着丝粒交换
centromeric fission 着丝点分裂(fissio centromerica)
centromeric fusion 着丝点并合(fusio centromerica)
centromeric granule 着丝点颗粒
centromeric heterochromatic band 着丝点异染色质带,C 带{染色体}
centromeric heterochromatin 着丝点异染色质
centromeric sequence (CEN sequence) 着丝粒序列
centronema 中心核线
centronervin 中枢神经素
centronucleus 中心核
centroplasm 中心质(centroplasma)
centroplast 中心质体(centroplastus)
centrosema 毛蝶豆[*Centrosema pubescens* Benth.](豆科)
centrosema mosaic virus 毛蝶豆花叶病毒
centrosomal 中心体的(centrosomalis){细胞}
centrosomal fiber 中心体连丝(fibrus centrosomalis)
centrosome 中心体(centrosoma)
centrosphere 中心球(centrosphaera)
centrosphere misdivision 中心球错分裂
centrotaxis 趋中性
centrotheca 中心鞘
centrum ①髓部{解剖} ②椎体{畜} ③中心体{细胞}
centuplicate 百倍的(centuplicatus)
century 一世纪(=100 年)(centuria)
century plant (= centuryplant agave, centurytree, Mexican maguey)龙舌兰(世纪树)[*Agave americana* L.](石蒜科)
cep 美味牛肝菌[*Boletus edulis* Bull. ex

Fr.]
cephaeline 吐根酚碱
cephalanthium 头状花序
cephalanthus ①风箱树属[*Cephalanthus* L.](茜草科)②风箱树[*Cephalanthus occidentalis* L.]
cephalaria 聚首花属[*Cephalaria* Schrad.](川续断科)②聚首花[*Cephalaris gigantea* Schradi]
cephalic ①头的②健脑剂(cephalicus)
cephalic bristle 头鬃(双翅目)
cephalic fin 头鳍
cephalin 脑磷脂
cephalium 花座(用于仙人掌)
cephalization ①趋上进化 ②头部形成(cephalisatio)
cephalo- ⌊字头⌉头
cephalobrachial 短臂的(cephalobrachius)
cephalobrachial chromosome 短臂染色体
cephalochord 头索动物
cephalodium 地衣瘿
cephaloglycine 头孢甘氨酸
cephaloid (=cephaloideus)头状的(cephaloideus)
cephaloid beetle ①长颈甲 ②⌊复⌉长颈甲科[Cephaloidae]
cephalomere 头节{昆虫}
cephalon 头
cephalophorum 花托
cephalosporin 头孢菌素
cephalosporinase 头孢霉素酶
cephalosporium ①头孢[霉]属[*Cephalosporium* Corda](头孢科)②头孢[霉][*Cephalosporium* sp.]
cephalosporium stripe of wheat 麦类条斑病[*Cephalosporium gramineum* Nisikado et Ikata]
cephalotaxine 粗榧碱
cephalotaxus ①粗榧属[*Cephalotaxus* Sieb. et Zucc.](粗榧科)②粗榧[*Cephalotaxius harringtonia* Koch var. *sinensis* Rehd.]
cephalotaxus alkaloid 粗榧[属]生物碱
cephalotaxus family 粗榧科[Cephalotaxaceae]
cephalothin 头孢金素
cephalothorax 头胸部
cephalous 有头的(cephalus)
cepharanthine 千金藤素,顶花防已碱
cepifolious 葱叶的(cepifolius)
cera 蜂蜡
ceraceous 蜡质的(ceraceus)
ceram 陶瓷
cerambycid beetle ①天牛 ②⌊复⌉天牛科[Cerambycidore]
ceramet 金属陶瓷
ceramic ①陶瓷的②陶瓷制品(ceramicus)
ceramic dual in line package (cer Dip) 陶瓷双列直插式封装{电脑}
ceramic factory 陶瓷[工]厂
ceramic packaging 陶瓷封装{电脑}
ceramicarpous 坛状果的(ceramicarpus)
ceramics 陶瓷学,陶器学(ceramica)
ceramide N-[脂]酰基[神经]鞘氨醇,神经酰胺
ceramide trihexosidase [脂]酰基鞘氨醇己三糖苷酶
ceramist 陶瓷制造者(ceramistus)
cerase 蜡酶
cerasiflorous 樱桃花的(cerasiflorus)
cerasifolious 樱桃叶的(cerasifolius)
cerasiform 樱桃状的(cerasiformis)
cerasin 角苷脂[$C_6H_{10}O_5$]
cerastium 卷耳属[*Cerastium* L.](石竹科)
cerate 蜡膏药,膏药
ceratitis 角膜炎
ceratium 长角蒴果
ceratium family 角藻科[Ceratiaceae]
ceratocarpous 角状果的(ceratocarpus)
ceratocaule 角状茎的(ceratocaulis)
ceratophyllids 毛列蚤科[Ceratophyllidae, Dolichopsyllidae]
ceratophyllous 角状叶的(ceratophyllus)
ceratopteris (=water fern) ①水蕨属[*Cerapteris* Brongn](水蕨科)②(=oriental watern fern)水蕨[*Cerapteris thalictroides* Brongn]
ceratopteris family 水蕨科[Parkeriaceae]
ceratospermous 角状种子的(ceratospermus)
ceratostigma 蓝雪花属[*Ceratostigma* Bunge.](蓝雪科)
ceraunograph 雷电记录器,雷电计
cerberin 海杧果毒素
cerberus-tree ①海杧果属[*Cerbera* L.](夹竹桃科)②海杧果[*Cerbera mangha* L.]
cercaria 尾蚴
cercidiphyllum family 连香树科[Cercidiphyllaceae]
cercidium 废退菌丝体
cercospora black spot of peanut 花生黑斑病[*Cercospora personata* (B. et C.)Ell.]
cercospora blight 斑点病

cercospora blight of carrot 胡萝卜斑点病[*Cercospora apii* Fresenius]
cercospora brown spot of peanut 花生褐斑病[*Cercospora arachidicola* Hori]
cercospora brown spot of tobacco 烟草褐斑病[*Cercospora cruenta* Sacc. = *Mycosphaerella cruenta*(Sacc.) Lath.]
cercospora leaf mold of tomato 番茄煤霉病[*Cercospora fuligena* Rolden.]
cercospora leaf mold off eggplant 茄煤霉病[*Mycovellosiella nattrassii* Deighton.]
cercospora leaf spot ①褐斑病②条叶枯病
cercospora leaf spot of barnyard 稗褐斑病[*Cercospora fusimaculata* Atkinson]
cercospora leaf spot of bean 菜豆叶斑病[*Cercospora canascens* Ell. et Mart.]
cercospora leaf spot of beet 甜菜褐斑病[*Cercospora beticola* Sacc.]
cercospora leaf spot of Chinese yam 薯蓣斑点病[*Cercospora dioscoreae* Ell. Mart.]
cercospora leaf spot of cotton 棉叶斑病[*Cercospora gossypina* Cke. = *Mycosphaerella gossypina*(Cke.)Earie]
cercospora leaf spot of eggplant 茄褐色圆星病[*Cercospora melongenae* Welles.]
cercospora leaf spot of flax 亚麻叶斑病[*Cercospora sasami* Zimm.]
cercospora leaf spot of gambo hemp 红麻叶斑病[*Cercospora abelmoschi* Ell. et Ev. = C. *hibiscicannabini* Saw.]
cercospora leaf spot of grape ①葡萄角斑病[*Cercospora viticola*(Ces.)Sacc. = *Isariopsisclavispora* Sacc.]②葡萄叶斑病[*Cercospora truncata* Ell. et Ev.]
cercospora leaf spot of kaki 柿角斑病[*Cercospora kaki* Ell. et Ev.]
cercospora leaf spot of pea 豌豆角斑病[*Cercospora columnaris* Ell. et Ev. = *Isariopsis griseola* Sacc.]
cercospora leaf spot of potato 马铃薯叶斑病[*Cercospora concors* (Caps.)Sacc.]
cercospora leaf spot of rice plant 稻叶枯病[*Sphaerulina oryzina* Hara]
cercospora leaf spot of sorghum 高粱叶斑病[*Cercospora andropogonis* Ou]
cercospora leaf spot of soybean ①大豆斑点病[*Cercospora sojina* Hara]②大豆叶斑病[*Cercospora cruenta* Sacc. = *Mycosphaerella cruenta* (Sacc.)Lath.]
cercospora leaf spot of sugarcane 甘蔗赤斑病[*Cercospora kopkei* Krueger = *C. longipes* Butl.]
cercospora shot hole 穿孔病
cercospora shot hole of cherry 樱桃穿孔病[*Cercospora circumscissa* Sacc.]
cercospora spot 褐斑病
cercospora spot of clover 三叶草斑点病[*Cercospora zebrina* Pass.]
cercospora spot of rice 稻条斑病[*Cercospora oryzae* Miyake]
cercospora spot of sugarbeet 甜菜褐斑病[*Cercospora beticola* Saccardo]
cercospora stem spot 茎斑病
cercosporin 尾孢菌素
cercosporiosis 尾孢菌病(cercosporiosis)
cercus 尾须,尾铗
CERE (= computer entry and readout equipment) 计算机输入与读出设备{电脑}
cereal ①谷物的,[禾]谷类的②谷类作物(ceres)
cereal androgenesis 禾谷类雄核发育
cereal anther culture 禾谷类花药培养
cereal auxin effect 禾谷类[植物]生长素效应
cereal base 谷物基地
cereal breeder 谷类作物育种工作者,谷类作物育种家
cereal breeding ①谷类作物育种 ②谷类作物育种学
cereal breeding projects 谷类作物育种计划
cereal bug 澳盾蝽(摩尔盾蝽)[*Eurygaster austriacus* = *E. maura*](蝽科)
cereal callus 禾谷类愈合组织
cereal callus growth 禾谷类愈合组织生长
cereal cell metabolism 禾谷类细胞代谢作用
cereal chaff 谷物皮壳,谷壳,砻糠
cereal chemicals 谷类作物农药
cereal chemistry 谷物化学
cereal combine 谷物联合收获机
cereal cropping 谷类作物栽培
cereal cropping system 谷类作物耕作制
cereal crops (= grain crops) 谷类作物
cereal cultivation ①谷类作物栽培{栽培} ②谷类作物耕作,谷类作物中耕{耕作}
cereal culture ①谷类作物栽培 ②谷类作物栽培学
cereal diseases 禾谷类作物病害
cereal drill 谷物条播机
cereal endosperm callus 禾谷类胚乳愈合组织
cereal eyespot 禾谷类眼斑病[*Cercosporella herpotrichoides*]
cereal farmer 谷物栽培者,谷农

cereal farming practices 谷类作物耕作措施
cereal farming system 谷类作物耕作制
cereal flea beetle 麦跳甲[*Chaetocnema aridula* = *C. hortensis*](跳甲科)
cereal forage 谷物饲料
cereal fruit 谷物果实,颖果
cereal genetics 禾谷类遗传学
cereal grader 谷物分级机
cereal grain ①谷粒②粮食
cereal grain storage 粮食贮藏,谷物贮藏
cereal growing ①谷类作物栽培[学]②谷类作物生长
cereal herbicides 谷类作物除草剂
cereal insects 谷类作物害虫,谷物害虫
cereal laboratory method 禾谷类实验法
cereal leaf aphid (= corn leaf aphid) 玉米缢管蚜[*Rhopalosiphum maidis* Fitch](蚜科)
cereal leaf beetle 禾谷负泥虫(红胸叶甲)[*Lema melanopus* Linnaeus = *Oulema melanopus* L.](叶甲科)
cereal meal 谷物面粉,粗面粉
cereal medium for callus 禾谷类愈合组织培养基
cereal mildew (= powdery mildew of cereals) 麦类白粉病[*Erysiphe graminis* DC.]
cereal mite (= grass and cereal mite) 谷虱螨[*Pediculopsis graminum* Reuter = *Siteroptes*]
cereal pathology 禾谷类病理学
cereal products 粮食产品,谷物产品
cereal psocid 家书虱[*Liposcelis divinatorius* Müller](虫虱科)
cereal root eelworm 禾谷类根线虫[*Heterodera schachtii* A. Schmidt.]
cereal scab 赤霉病
cereal seed (= grain seed) 谷类作物种子,种用谷物
cereal straw 禾谷类稿秆,禾谷类茎秆
cereal technology 谷物工艺学
cereal tissue culture 禾谷类组织培养基
cereal utilization 谷物利用
cereal weed control 谷类作物除草
cereals ①禾谷类 ②谷物,粮食
Cereals Agricultural Cooperative Group of the EEC 欧洲经济共同体谷物合作社联合会
cereals cut green for fodder 青割饲料用禾谷类,青饲料
cereals exporting country 谷物出口国,粮食出口国
cereals importing country 谷物进口国,粮食进口国
cereals warehouse 粮食仓库,谷物仓库
cerebelloid 脑皱状的(cerebelloideus)
cerebellum 小脑
cerebriform 脑状的(cerebriformis)
cerebrocuprein 脑铜蛋白,超氧物歧化酶
cerebrolein 脑油脂
cerebroma 脑瘤
cerebron 羟脑苷脂[$C_{48}H_{93}O_9N$]
cerebronic acid α-羟[基]廿四[烷]酸[$CH_3(CH_2)_{21}CHOHCOOH$]
cerebrose 脑糖[$C_6H_{12}O_6$]
cerebroside 脑苷脂[类]
cerebroside sulfotransferase 脑苷脂转硫酸酶
cereiferous 产蜡的(cereiferus)
cereiform 蜡膜状的(cerciformis)
ceremonial arch 牌楼{园林}
Cerenkov counter 契仑科夫计数器
Cerenkov counting 契仑科夫计数法{统计}
Cerenkov radiation 契仑科夫辐射
cereous 蜡质的(cereus)
Ceresan (EMC, ethylmercuric chloride) 西力生,氯化乙汞(杀菌剂)[C_2H_5ClHg]
ceresan lime 赛力散石灰(西力生石灰)
Ceresan M 磺胺乙汞(杀菌剂)[$C_{15}H_{17}HgNO_2S$]
cereum (= cerio) 颖果(cerium)
cereus 仙影拳属(仙人山属,仙人卷属)[*Cereus* Mill.](仙人掌科)
cerevisterol 酒酵母甾醇
ceriman (= monstera) ①龟背竹属[*Monstera* Adans](天南星科) ②龟背竹(蓬莱蕉)[*Monstera deliciosa* Liebm.]
cerinous 蜡黄色的(cerinus)
ccrinuous penduious 俯垂的
cerio (= cereum) 颖果(cario)
cerise 鲜红色(cerisus)
cerium 铈(Ce,58 号元素)
cernuous 垂头的(cernuus)
cernuous saxifrage 点头虎耳草[*Saxifraga cernua* L.](虎耳草科)
cerocarpous 蜡状果的(cerocarpus)
cerolipoid 植物类脂
ceropegia 吊灯花属[*Ceropegia* L.](萝藦科)
cerophyllous 蜡状叶的(cerophyllur)
ceroplastic ①蜡塑的 ②⌊复⌉蜡塑模型(ceroplasticus)
ceroplastic acid 卅六[烷]酸[$C_{36}H_{72}O_2$]
cerospermous 蜡状种子的(cerospermus)

cerotic acid 蜡酸,廿六[烷]酸[$C_{26}H_{52}O_2$]
Cerrado 色拉多群落{生态}
certain ①确定,确实 ②必定,肯定,必然 ③确信,深信(certus)
certain decision 确定性决策
certain event 必然事件
certainty 必然性,确定性
certainty equivalence ①确定当量 ②确定性等价
certainty factor(CF) ①确信度 ②确定因子,可信度因子,必然率因素
certation 花粉管竞生(certatio)
certation crossing 花粉竞生杂交
certificate ①检定证{育种} ②检验证{种子} ③证[明]书,保证书{农经}(centificatus)
certificate of authenticity 鉴定证书
certificate of efficiency 效率证明书{农机}
certificate of fitness 适合性证明书
certificate of land ownership 土地证,地契
certificate of mother seeds 原种检定证
certificate of origin 原产地证明书
certificate of seeds ①良种检定[合格]证{育种} ②种子检验证{种子}
certificatc of variety 品种检定[合格]证
certificate registry 检定登记
certification ①检定{育种} ②检验,鉴定,检查{种子} ③证明,保证{农管}(certificatio)
certification of proof 验证,检验证明
certification of seeds ①良种检定 ②种子检验
certified ①经过检验的 ②合于规格的,合格的
certified milk 合格奶
certified public accountant(CPA) 会计师
certified second generation 合格第二代(指种子){育种}
certified seeds ①合格种子,保质种子 ②检验种
certified tape 合格磁带{信息}
certify 核准(certificare)
cerulean 天蓝色(caelum)
cerulenin 浅蓝菌素
ceruloplasmin 血浆铜蓝蛋白
cerurid moth ①舟蛾 ②⌊复⌉舟蛾科[Ceruridae]
cervanotum 颈背板
cervical 颈的(ceryicalis){昆虫}
cervical ampulla 颈泡
cervical foramen 颈孔
cervical vertebra 颈椎{动}
cervicalia 颈片{昆虫}
cervicum 颈部
cervix ①颈{蜂} ②根状茎{形态} ③子宫颈{医}
ceryl alcohol 蜡醇,廿六[烷]醇[$C_{26}H_{53}OH$]
cesium 铯(Cs,55号元素)
cesium beam tube 铯电子束管
cesium chloride 氯化铯[CsCl]
cesium chloride centrifugation (= CsCl centrfugation) CsCl 氯化铯离心
cesium chloride equilibrium density gradient centrifugation 氯化铯平衡密度梯度离心
cesium chloride gradient centrifugation 氯化铯梯度离心法
cesium chloride gradient in ultracentrifugation 氯化铯超离心梯度
cesium sulfate 硫酸铯[Cs_2SO_4]
cespititious (= cespitose) 丛生的,簇生的(cespititius,cespitosus)
cespitose 丛生的,簇生的(cespitosus)
cespitulose 略成簇的,略成丛的(cespitulosus)
cessation ①停止,终止,休止,中止 ②中断,断绝(cessatio)
cession 让与,(土地)转让,(权利)放弃
cession of land 土地转让
cesspipe 下水管,排污管
cesspit ①污水池,污水坑 ②粪坑,粪堆
cesspool ①污水池 ②粪池
cestrum ①夜香树属[*Cestrum* L.](茄科) ②夜香树[*Cestrum nocturnum* L.]
cetambycid beetle (= longicorn beetle) 天牛
cetanol 鲸蜡醇,十六[烷]醇[$C_{16}H_{33}OH$]
cetin 鲸蜡,棕榈酸鲸蜡[醇]酯
cetoleic acid 鲸蜡烯酸,廿二[碳]烯酸[$C_{21}H_{41}COOH$]
cetraric acid 冰岛衣酸
cetyl- 鲸蜡基,十六烷基
cetyl alcohol 鲸蜡醇,十六[烷]醇[$CH_3(CH_2)_{14}CH_2OH$]
cetylpyridinium bromide precipitation (CPB) 鲸蜡基溴化吡啶鎓沉淀法{分生}
cetyltriethylammonium bromide(CTAB) 鲸蜡三乙基溴化铵
cevadine 藜芦碱[$C_{32}H_{49}O_9N$]
cevitamic acid (= vitamine C) 维生素 C,抗坏血酸
Ceylon arecapalm 锡兰槟榔[*Areca concinna*](棕榈科)
Ceylon atalantia 锡兰酒饼簕[*Atalantia ceylonica*](芸香科)
Ceylon beautyleaf 锡兰红厚壳[*Calophyllum calaba*](山竹子科)
Ceylon cinnamon (= cinnamon) 桂皮

[*Cinnamomum zeylanicum* Blume](樟科)

Ceylon citronella 亚香茅[*Cymbopogon nardus* Rendle.](禾本科)

Ceylon crinum 锡兰文殊兰[*Crinum zeylanicum* L.](石蒜科)

ceylon helminthostachys 七指蕨[*Helminthostachys zeylanica* Hook](七指蕨科)

ceylon helminthostachys family 七指蕨科[Helminthostachyaceae]

ceylon iron wood ①铁刀木属[*Musua* L.] ②铁刀木[*Musua ferrea* L.]

Ceylon sansevieria 虎尾兰[*Sansevieria zeylanica* Willd.](百合科)

Ceylon spinach 潺菜

Ceylongooseberry 锡兰莓[*Dovyalis hebecarpa* Warb. = *Aberia gardneri* Clos.](大风子科)

Ceylonpoon beautyleaf 茸毛红厚壳[*Calophyllum tomentosum*](山竹子科)

Ceyoln mango 锡兰杧果[*Mangifera zeylanica*](漆树科)

Ceyoln Orangeaster 翅柄多子桔[*Pleiospermum alatam*(芸香科)

CF (= citrovorum factor) 嗜橙菌因子,亚叶酸,N^5-甲酰-5,6,7,8-四氯叶酸

Cf (= colicinogenic factor) 产大肠杆菌素因子

cf (= confer) 比较,参照

CFC (= colony forming cell) 集落形成细胞{分生}

CFFE (= capillary free flow electrophoresis) 毛管自由流动电泳

CFU (= colony forming unit) ①菌落形成单位{微生物} ②集落形成单位{分生}

cg (= centigram) 分克

CG value C-G 值,胞嘧啶鸟嘌呤值

CGA (= Cotton Growing Association) 棉花栽培协会

cGMP (= cyclic guanylic acid) 环鸟苷酸

cGMP-dependent protein kinase 依赖于 cGMP 的蛋白激酶,依赖于环鸟苷酸的蛋白激酶{分遗}

cGMP-specific phosphodiesterase cGMP 特异性磷酸二酯酶,环鸟苷酸特异性磷酸二酯酶

cGMPase (= guanylate cyclase) 鸟苷酸环化酶,环鸟苷酸酶

CGN (= cis-Golgi network) 高尔基体内侧网络{分生}

CGR (= crop growth rate) 作物生长率

CGRP (= calcitonin-gene-related peptide) 降钙素基因相关肽{分生}

CGS system (= centimeter-gram-second system) 厘米-克-秒制

Cha Ching (= The Classic of Tea) 茶经(唐代陆羽著)

chactomin 黑毛霉素

chad 孔屑{电脑}

Chad beef cattle 乍得肉用牛(非洲)

chadded ①穿孔的 ②全穿孔,无孔屑{电脑}

chadded paper tape 无孔屑纸带,全穿孔纸带

chadless 半穿孔

chadless paper tape 半穿孔纸带

chadless perforation 半穿孔

chaeta ①刺毛 ②刚毛 ③蒴柄 ④体毛(chaeta)

chaeto- ⌞字头⌝毛,刺毛,刚毛

chaetocarpous 刺毛果的(chaetocarpus)

chaetocephalous 刺毛头的(chaetocephalus)

chaetodont 刺毛齿的(chaetodontus)

chaetolobate 刺毛裂片的(chaetolobatus)

chaetomin 毛壳菌素

chaetophara ①胶毛藻属[*Chaetophara* spp.](胶毛藻科) ②胶毛藻[*Chaetophara* sp.]

chaetophara family 胶毛藻科[Chaetopharaceae]

chaetophorus 具刺毛的

chaetophyllous 刺毛叶的(chaetophyllus)

chaetotaxy ①体毛序(chaetotaxia){畜} ②毛序{昆虫}

chafer ①(= cockchafer, lamellicorn beetle, scarab) 金龟子 ②⌞复⌝金龟科[*Scarabaeidae*]

chafer larva 鸡杫虫(金龟子幼虫)

chaff ①颖壳,膜片(指禾本科)(gluma) ②托苞(指菊科)[*Squama involurolis*] ③草料,铡草,秣 ④谷壳,砻糠 ⑤废物

chaff blower 谷壳吹送器

chaff character 膜片性状

chaff colour (= chaff color) 膜片色

chaff cutter 铡草机

chaff dung 垫草厩肥(由垫草加粪而成的)

chaff-flower ①牛膝属[*Achyranthes* L.](苋科) ②牛膝(怀牛膝)[*Achyranthes bidentata* Blume]

chaff riddle 谷糠筛

chaff scale (= brown scale) 圆点蚧(糠片蚧,山茶盾蚧,圆点介壳虫)[*Parlatoria pergandii* Comstock](盾蚧科)

chaff tank 颖糠收集器

chaffer (谷物脱粒机)谷糠筛,上筛

chaffer extension 颖糠延长筛,尾筛
chaffinch [欧洲]燕雀[Fringilla]
chaffing 切稿,铡草
chaffweed 神荡草属[*Centunculus* L.](报春科)
chaffy ①膜片状的 ②有膜片的 ③有托苞的 ④多谷糠的(glumaceus)
chaffy receptacle 有托苞花托(receptaculus glumaceus)
chain ①链{分遗} ②链条,链锁{农机} ③测链(长度单位=66英尺){测}
chain address 链式地址{信息}
chain address method 链址法{遥感}
chain addressing ①链式寻址 ②链式访问{信息}
chain and flight bunk feeder 链条刮板式饲料分送器{农施}
chain-and-slat unloader 链板式卸载机
chain assembly 链装配{农机}
chain axis 链轴
chain block design 连锁区组设计{统计}
chain brake 链闸{环保}
chain break 链[锁]中断
chain bridge 链索桥,链吊桥{水利}
chain bucket excavator 链斗式挖土(掘)机
chain cable 链索
chain circuit system 链式电路系统{信息}
chain configuration 链构型
chain console typewriter 链式控制台打字机
chain conveyer 链条输送器
chain coverer 覆土链
chain destroy 消链
chain elevator 链式升运器
chain elongation 链延长{生技}
chain entanglement 链缠结
chain extension 链延伸
chain-fern ①狗脊属[*Woodwardia* Smith](乌毛蕨科) ②狗脊(狗脊蕨)[*Woodwardia japonica* Smith]
chain folding 链折叠{生技}
chain format 链格式{遥感}
chain gauge 链尺
chain gemma 链状芽孢
chain grazing (=pasture chain) 放牧链
chain growth 链增长
chain-growth rate 链增长率
chain harrow 链式耙
chain in 链式通道输入{信息}
chain infection 链式感染{电脑}
chain inhibition 链抑制{生技}
chain inhibitor 链抑制剂
chain-initiating codon 链起始密码子{分遗}
chain-initiating mutation 链起始突变
chain-initiation 链起始作用
chain-initiator codon 链起始密码子
chain job 链式作业
chain length 链长度
chain-length determination 链长度决定
chain line printer 链式宽行打印机
chain-link fencing 链环围栏
chain molecule (纤维素)链分子
chain of signals 信号链{生态生理}
chain orientational disorder 链取向无序{生技}
chain-out 链式通道输出{信息}
chain pin 测钎
chain polymer 链聚合物
chain polymerization 链聚合{生技}
chain printer 链式打印机
chain propagation (=chain growth) 链增长
chain pump 链泵,链式水车
chain reaction ①链反应 ②连锁反应
chain rule ①链锁法{数} ②链式法则{电脑}
chain saw 链式锯
chain scheduling 链式调度
chain scraper 链式刮泥器{环保}
chain separation 链分离
chain-slat conveyor 链板式输送器
chain-spotted looper (=chain-spotted geometer) 链点尺蛾[*Cingilia catenaria* Drury](尺蛾科)
chain structure 链结构{生技}
chain substitution 链取代{生技}
chain survey 测链测量
chain tensioner 传动链张紧装置
chain-terminating codon 链终止密码子{分遗}
chain-terminating inhibitor (chain terminator) 链终止子{分遗}
chain-terminating mutation 链终止突变
chain termination 链终止作用{分遗}
chain termination codon [肽]链终止密码子
chain termination method (=Sanger method) 链终止法{分遗}
chain termination mutant 链终突变型
chain termination suppressor 链终突变抑制基因
chain terminator 链终止子{分遗}
chain tie 链式颈枷
chain track 履带,链轨
chain-track combine 履带式联合收获机
chain-track tractor ①履带式拖拉机 ②履带式牵引车

chain transfer 链转移{生技}
chain tying 牲畜栓链,钢绳
chain-type side-delivery rake 链式侧向搂草机
chain-type straw ejector 链式逐稿器
chain wheel 链轮
chain yield 链产额{分遗}
chained 链接的
chained file management system (CFMS) 链接文件管理系统{信息}
chained sublibraries 链接子库
chaining ①链接 ②链接存储{电脑}
chaining arrow 测针
chaining backward 逆向链,向后链
chaining check 链锁检验
chaining forward 正向链,向前链
chaining tree 缚枝
chainlet 小链
chair ①坐椅,座位 ②脱粒滚筒盘
chair conformation 椅式构象{分遗}
chair form 椅式{分遗}
chaksin 山扁豆碱[$C_{11}H_{20}N_3O_2$]
chalastogastra (= symphyta, sessiliventres) 广腰亚目(膜翅目)[Chalastogastra]
chalaza ①合点{形态} ②卵[黄系]带{禽} ③毛突{昆虫}
chalaza lend 合点端
chalazal 合点的 (chalasalis)
chalazal chamber 合点腔(camera chalasalis)
chalazal haustorium 合点吸器(haustorium chalasale)
chalazal nucleus 合点核(nucleus chalasalis)
chalazal pocket 合点袋 (sacculus chalasalis)
chalazal pole 合点极
chalazal sac 合点囊 (saccus chalasalis)
chalazogamy 合点受精(chalasogamia)
chalcedony 玉髓{土壤}(chalcedonia)
chalcephora type 小蜂幼虫型
chalcid wasp ①小蜂 ②[复]小蜂[总]科[Chalidoidea, Chalicididae]
chalcone 苯基苯乙烯酮
chalcopyrite (= chalcocite) 黄铜矿
chalet ①农舍,木屋 ②别墅
chalice 杯状花 (chalix)
chalice-vine ①曼陀罗属 [*Solandra* Sw.] (茄科) ②曼陀罗 [*Solandra grandiflora* Sw.]
chalk 白垩(calx)
chalk brood 蜜蜂僵死症[由 *Ascosphaera apis* (Maass. ex Clauss.) Olive et Spilt. 引致],幼虫白垩病
chalk-crust soil 石灰结壳土
chalk early jewel 早雀钻(番茄品种)
chalk gland 垩腺
chalk humus soil 白垩腐殖土
chalk-loving 喜钙的 (calcareus)
chalk maple 白皮槭[*Acer leucoderme* Small.](槭科)
chalk-plant ①丝石竹属[*Gypsophila* L.](石竹科) ②白垩植物,石膏植物
chalk soil 白垩土
chalking ①白垩化,石灰化 ②起垩 ③施用石灰
chalkleaf barberry 刺红珠[*Berberis dictyophylla* Fr.](小檗科)
chalkstone 白垩岩
chalky 白垩[质]的(cretatus)
chalky clay 白垩质黏土
chalky grain 腹白,白垩质子粒
chalky rice 白垩质米
chalky soil 白垩质土壤
chalky white 白垩色的(cretaceus)
challenge ①攻击,责备,[受到]批评 ②挑战 ③任务 ④询问,提出疑问 (calumnia)
challenge and countermeasure 挑战与对策{农经}
challenge and oppotunity 挑战与机遇
challenge of bio-economy 生物经济挑战{农经}
challenge of knowledge economy 知识经济挑战
chalone 抑素
chalone action 抑素作用
chalybeate 铁质的 (chalybeatus)
chalybeate spring 铁质泉{水利}
chalybeate water 铁质水
chamaephyta lichenosa 地衣型地上芽植物
chamaephyte 地上芽植物(chamaephyta)
chamber ①室 ②腔{解剖} ③心室{昆虫} ④池{环保}
chamber of agriculture 农业公署
chamber-type rotor 腔式转头{生技}
chambered 分室的(locularis)
chambered crystalliferous cell 分室含晶细胞(cellula crystallifera locularis)
chambered ovary 分室子房(ovarium loculare)
chambered parenchyma 分室薄壁组织(parenchyma locularis)
chambered pith 分隔髓[部](medulla septata)
chambered spirit level (= chambered lev-

el) 水准气泡室
chambered[level]tube 盒形水准管
chambering (排种盘槽中种子的)聚积
Chamberlain filter 张伯伦氏滤器
chambon's rule (= GT-AG rule) 钱博法则,chambon 法则{分遗}
chameleon amaranth 柳叶苋[*Amaranthus salicitolius* Hort.](苋科)
chameleon computer 可变式计算机
chamfer ①棱面(指木材)②沟槽,开槽 ③切面
Chamisso rugose rose 柔毛玫瑰[*Rosa rugosa* var. *chamissoniana* C. A. Mey.](蔷薇科)
Chamisso sedge 粗穗苔[*Carex pachystachya*](莎草科)
chamois ①岩羚羊(臆羚)[*Rupicapra rupicapra*]②小羚羊 ③羚羊皮,鹿皮
chamois leather 鹿皮革,油鞣革
chamomile ①春黄菊属[*Anthemis* L.](菊科)②春黄菊[*Anthemis nobilis* L.]
chamomile-leaved mifoil 黑蓍草[*Achillea atrata*](菊科)
chamosite 缅绿泥石
champ ①(牲畜)大声咀嚼 ②嚼声
champac ①含笑属[*Michelia* L.](木兰科)②含笑[*Michelia figo* (Lour.) Spreng.]
champac michelia 黄兰(蒼蔔)[*Michelia champaca* L.](木兰科)
champaca oil 黄兰油
champagne 香槟酒(一种法国酒)
champagne cider 苹果香槟酒(一种汽水)
champagne-cork organ (= pit peg) 坛形感觉器(指触角表皮上小穴内的)
champaign ①平地,平原 ②原野,旷野
champedak (= small jack) 香波罗密(小波罗密)[*Artocarpus integer* L.f.](桑科)
champignon (= mushroom) 食用伞菌[*Agaricus bisporus* Sing]
Champion 香槟葡萄(葡萄品种)
champion data 优异数据
champion magnolia 香港玉兰[*Magnolia championii* Benth. = *M. dumila* var. *championii* Finet et Gagnep.](木兰科)
champy's fixative 香拜氏固定液{显技}
chamydospore 厚垣孢子,芽孢(chamydospora){真菌}
chanar steppe 阿根廷刺灌丛干草原
chance ①机遇,随机 ②偶然的,意外的
chance distribution 随机分布
chance errors 机误{统计}
chance even 机会均等
chance event 偶然事件
chance failure 偶然故障,偶发故障
chance of a loss 随机损失
chance of a profit 随机利润{农管}
chance of continued growth 继续生长机遇{生态生理}
chance of survival 生存机遇
chance seedling 偶生实生苗,偶然实生苗
chance sown 天然播种
chanet dendranthema 小红菊[*Dendranthema chanetii* (Lévl.) Shih](菊科)
changa 近邻蝼蛄[*Scapteriscus vicinus* Scudder](蝼蛄科)
change ①变化,改变,变异{遗传}②变更,变动,转换{栽培}③交替,替换,取代{育种}④交换,兑换,互换{农经}(cambire)
change accumulation 变异累积
change bit 变更位
change by years 年变,逐年变化
change control 更改控制
change-direction protocol 换向协议{电脑}
change dump 变更转储
change from sapwood to heartwood 心材化
change gear 变速齿轮,变速装置
change in DNA DNA 含量变化
change in phase 相变{细胞}
change in quality 品质变化
change lever 换挡杆
change management ①改变管理{栽培}②改变经营{农管}
change of agricultural methods 改变农业技术措施
change of circumstance 环境变化
change of climate 气候变化
change of colour ①葡萄酒变质 ②颜色改变,变色
change of course 改变途径,改变方针
change of crop 更换作物,换茬
change of crop in a rotation 轮作作物更换
change of culture technique 改变栽培技术
change of dominance 显性更换
change of farming practices 耕作措施改变
change of feed 饲料更换
change of host 宿主更换
change of immunity 免疫性转变
change of parent 亲本更换
change of seed grain 换种,谷种更换
change of seeds 换种,种子更换{栽培}
change of stooling 分蘖力变化
change of the kind of tree 树种更替
change of the monsoon 季风变化

change of thickness of sowing 播种密度改变
change of tide 危机
change of variety 品种更换
change-on-one method 不归零法{电脑}
change-over design 反转设计{水利}
change point 变换点
change sign 变更符号{生技}
change tape 变更[磁]带{信息}
change temperature 变温
change temperature hardening 变温锻炼
change with time 随时而变,随机应变
changeability 可变性,易变性(variabilitas)
changeable 可变的,易变的(variabilis)
changeable storage 可换存储器{电脑}
changed situation of scientific and technical funds 科技基金变化态势
changeover ①转向,换向 ②(犁)翻转
changeover mechanism (翻转犁)翻转机构
changeover switch 转换开关,换向开关{信息}
changer 变换器
changing magazine 换片暗盒{显技}
changing-moisture level 动态水分平衡,变化中水分平衡
changing priority 改变优先权(指植株对光合产物的吸收)
changing temperature 变温
Changli 昌黎猪(中国河北昌黎产)
changshau kumquat (= obovate kumquat) 长寿金柑(月月橘,寿星橘)[*Foriunella obovata* Tanaka](芸香科)
chanhi 高效通道{信息}
chanlo 低效通道
channel I/O command (**CHIO command**) 通道输入输出命令
channel ①沟,渠 ②渠道,河道 ③(收获机)导槽,沟槽 ④通道,通路,信道{信息}
channel adapter (**CA**) 通道适配器(指衔接器,转接器){电脑}
channel blocker 通道封阻剂{生技}
channel busy tone 信道忙音{信息}
channel capacity ①信道容量 ②通道传输率
channel check 通道检查
channel design 通道设计
channel digital signal 通道数字信号
channel effect 渠道效应,沟道效应{栽培}
channel error 信道误差{遥感}
channel fabric 脉络组织{土壤}
channel fill deposit 河床沉积,渠道沉积
channel for irrigation 灌(溉)渠
channel-forming peptide 通道形成肽{分生}
channel-free ①无通道{电脑} ②无频道{信息} ③无信道{信息}
channel gate 通道门{电脑}
channel inoperative 通道无法使用
channel interface 通道接口{电脑}
channel intrinsic protein (**ChIP**) 通道内在蛋白{分生}
channel link 通道链接
channel loading 导槽装入
channel mark 航标
channel mash 通道屏蔽
channel of approach 引槽{水利}
channel of main stream 主流河道,主槽,流路
channel pointer 通道指示器,通道指针
channel protocol 通道协议
channel routing 信道路由选择{信息}
channel scanner 通道扫描器
channel sedimentation 河(渠)道淤积
channel spring ①渠泉 ②泉渠{水利}
channel steel 槽钢{环保}
channel straightening 河槽取直
channel synchronizer 通道同步器
channel-to-channel adaptor 通道到通道适配器
channel unit 通道传送装置
channel vocoder 信道声码器
channel volume 通道容量
channel width ①通道宽度 ②渠道宽度
channel work 水道工{环保}
channeled 具沟的(canaliculatus)
channelizing 信道化{信息}
channelled (= grooved) 具纵沟的(canaliculatus)
channeller 凿沟机
channels of trade 贸易渠道,贸易路线
chanoclavine 裸麦角[菌]碱
chantarelle 鸡油菌(香菌)[*Cantharellus cibarius* Fr.]
chantrier tacca ①蒟蒻薯属[*Tacca* Forst.](蒟蒻薯科) ②蒟蒻薯[*Tacca chantrieri* Andre.]
chaor 积水地,水涝地
chaos ①混沌{气象} ②纷乱,混乱,完全无序{农管}
chaos model 无序模型,混乱模型
chaos neural network 无序神经网络
chaos neuron model 无序神经模型
chaos virus 混沌病毒{电脑}
chaotic ①混乱的 ②无序的(chaoticus)
chaotic dynamics 混沌动力学
chaotic mode 混乱状态

chaotic zone 混乱层{生态生理}
chaotrope 离液剂
chaotropic ①离液的 ②离液序列高的(chaotropus)
chaotropic agent 离液剂
chaotropic anion 离液序列高阴离子
chaotropic salt 离液盐
chap ①破裂{形态} ②龟裂{土壤} ③⌊复⌉颚{畜}
chaperone 陪伴分子,侣伴蛋白{分生}
chaperone machanism 陪伴机制(理)
chaperone machine 陪伴机{生技}
chaperone protein 侣伴蛋白质
chaperoning 陪伴
chapman bluegrass 查普曼早熟禾[*Poa chapmani*](禾本科)
chapparal 沙巴拉群落(北美夏旱灌木群落)
Chapparal shrub 沙巴拉群落灌木{生态生理}
chaptalization (=sugaring) 加糖
chapter ①段 ②章,章节(chaput)
char ①木炭,炭{加工} ②烧黑烧焦{物} ③湖红点鲑[*Salvelinus namaycush* (Walbaum)]{水产}
chara ①轮藻属[*Chara* Gmel.](轮藻科) ②轮藻[*Chara braunii* Gmel.]
chara family 轮藻科[Characeae]
chara zone 轮藻带
character ①性状,特征 ②字符
character association 性状结合
character-at-a-time printer 字符打印机,单字符打印机
character ball printer 球式打印机
character cline 性状渐变群
character combination 性状组合
character comparison 性状比较
character cursor 字符光标{电脑}
character delete 字符删除
character difference 性状差异
character displacement 性状替位
character divergence 性状分歧
character error rate 字符出错率
character expression 性状表现
character factor 性状因子
character factor of quality 质量性状因子
character factor of quantity 数量性状因子
character figure [逐日]磁变示数
character gradient 性状变异梯度
character grading 性状分级
character machine 字符计算机
character of rice seedling 稻秧苗性状
character pair 性状对
character printer 字符打印机
character progression 性状地理分级
character seed 特征种子
character sharpness 字符清晰度
character skew 字符歪斜
character species (=characteristic species) 特征种
character unit 性状单位
character wheel printer 字符轮式打印机
character yield 性状产量
characteristic ①特征的,特性的 ②特有的,特殊的,特色的(characteristicus)
characteristic alteration 特征改变
characteristic appearance 特征长相{栽培}
characteristic behavior 特征行为
characteristic change 特定变化
characteristic climate 特征气候,特有气候
characteristic cross-configuration 特征杂交表型,特有杂交表型
characteristic curve 特征曲线{统计}
characteristic curve of photographic film 照相软片特征曲线{显技}
characteristic description 特性描述
characteristic distortion 特性失真
characteristic equation 特征方程
characteristic feature 特有特征
characteristic floristic distribution pattern 特有植物种类分布模式{生态生理}
characteristic frequency 特征频率
characteristic function 特征函数
characteristic gradient 特征梯度
characteristic impedance 特征阻抗
characteristic integrity 特性完整性
characteristic morphogenetic feature 特有的形态发生特征
characteristic necrosis 特征枯斑
characteristic pattern 特征模式
characteristic phase 特征阶段{生态生理}
characteristic point 特性点
characteristic polynomial 特征多项式
characteristic property 特有性质
characteristic relationship 特有关系
characteristic root 特征根
characteristic species 特征种
characteristic spectrum 特征谱
characteristic stomatal apparatus 特有气孔器
characteristic stress syndrome 特有胁迫综合特征
characteristic symptom 特征症状
characteristic value 特征值
characteristic X-ray 特性 X 射线
characteristics ①特征,特性{遗传} ②特色,

特质，特点{加工} ③指标{物} ④特性植物{生态}(characteristica)
characteristics and enlightenment 特色与启示
characteristics of centrifugal pump 离心泵特性
characteristics of crop 作物特征(性)
characteristics of crop variety 作物品种特性
characteristics of flow 水流特征
characteristics of liquor (泡茶)茶汤品质，汤质(指饮用品质，为品茶项目之一)
characteristics of soil 土性，土壤特性
characterization ①性状鉴定 ②特性描述 ③区分(characterisatio)
charactron 显像管，显字管，字码管
Charalais 夏洛来牛(法国肉用种)
charbon (= anthrax) 炭疽
charcoal 木炭，炭
charcoal beetle 木炭吉丁[*Melanophila consputa* Leconte](吉丁科)
charcoal-burner 烧炭者
charcoal burning plant 烧炭厂
charcoal filter 炭滤器
charcoal kiln (= charcoal oven, charcoal pit) 炭窑
charcoal-making in pits 坑式烧炭法
charcoal oven 炭窑
charcoal rot of soybean 大豆炭腐病[*Macrophomina phaseoli* Asbby.]
charcoal rot of sweet-potato 甘薯炭腐病[*Macrophomina phaseoli* Ashby. = *Sclerotum babaticola* Taube.]
charcoal wood 炭材
charcoaling 烧炭
charcoaling in heaps 堆积烧炭法
chard 莙荙菜(牛皮菜)[*Beta vulgaris* var. *cicia* Roch.](藜科)
Chardonnet silk 卡当纳特丝(一种人造丝)
Charford 夏福特牛(美国肉用种)
Chargaff's rule 夏格夫法则{分遗}
charge ①电荷{物} ②载荷，负荷 ③费用，定价，要价，记账，记入借方 ④管理，保护，看护 ⑤信托，委托(carricere)
charge-altering substitution 改换电荷的置换
charge amplifier 电荷放大器
charge balance 电荷平衡
charge computer 收费计算机
charge-coupled device (CCD) 电荷耦合器件
charge-coupled device image sensor 电荷耦合器图(影)像传感器{遥感}
charge-coupled imaging device 电荷耦合成像器
charge density 电荷密度
charge distribution 电荷分布
charge gradient 电荷梯度
charge imbalance 电荷不平衡
charge kiln (= apartment kiln) 分室干燥窑
charge measurement 电荷测量
charge neutralization 电荷中和
charge of ionizing particle 电离颗粒电荷
charge relay network 电荷中继网
charge relay system 电荷中继系统
charge to the brigade's account 记在大队账上
charge transfer 电荷传递，电荷转移
charged 带电荷的，荷电的
charged acid 荷电酸
charged atom 荷电原子
charged body 带电体
charged particle 带电粒子，荷电粒子
charged particle activation analysis (CPAA) 带电粒子活化分析，荷电粒子活化分析
charged plate 荷电板
charged RNA 荷电 RNA
charger unit 电晕器
charger unit cleaner 静电除尘器
charges on real estate 不动产的支付
charging ①充电 ②充气 ③进料④加油 ⑤增压{农机} ⑥费用
charging for computer service 计算机服务费用{信息}
charging tank ①供应槽 ②计量槽(指木材防腐)
Charles's scepter 卡洛林马先蒿[*Pedicularis sceptrum carolinum* L.](玄参科)
charlock (= wild mustard) 田芥菜(野芥)[*Brassica sinapistrum* Boiss. = *Sinapis arvensis* L.](十字花科)
Charmel mixedflower 恰米氏牧根草[*Phyteuma charmeli*](桔梗科)
Charolais 夏洛来牛(法国肉用牛品种)
Charomid 卡龙粒{生技}
Charon 卡龙(指噬菌载体)
Charon vector 卡龙载体(指置换型噬菌体载体){分遗}
charred ear (= leaf spot, seedling blight) 胡麻斑病(玉米)
charred fertilizer 熏肥
charred mixture of soil and straw 焦泥灰
charred peat 焦泥炭(肥料)
charred sod 焦土灰(指草根烧成的)
charred wood 炭化木材

charring ①炭化法 ②烧炭
charring and spraying treatment 炭化喷涂处理(木材防腐)
charring in pit 坑内烧炭法
charry leaf-miner bettle 樱桃小吉丁[*Trachys inedite* Saunders](吉丁科)
chart 图表,流形图(carta)
chart datum 地图基准面,海图基准面
chart format 图表格式
chart frame 图表框,图表帧
chart layout 图表布局,图表分布
chart of main factor 主要因素图{遥感}
chart of resistance to air flow 气流抗性图
chart paper ①图纸,记录纸 ②卡片
chart pattern 图案
chart quadrat 图解样方{生态}
chart reader 图形阅读器
chart recorder ①卡片记录器 ②图形记录器
chart scale 地图缩尺,图标格
chart speed 纸速(指记录纸)
chartaceous 坚纸质的(chartaceus)
charter ①许可证,执照 ②特许,特权
charting 测图,绘图{遥感}
chartography 绘图法(chartographia)
chartometer 测图器
chase ①狩猎,追猎 ②猎场 ③追踪
chase experiment 追踪试验{生技}
chase indicator 跟踪指示器
chase solution 追加液
chaser 追猎者
chasing behavior 追逐行为{生技}
chasm ①深裂,裂缝 ②隙,间隙{地质} ③分歧{物}
chasmogamous (= chasmogamic) 开花受精的(chasmogamus)
chasmogamy 开花授精(chasmogamia)
chasmophyte (= chasmocho mophyte) 石隙植物(chasmophyta)
Chasselas 卡色拉(葡萄品种)
chassis ①机架 ②底盘{农机}
chassis assembly 机架总成,底盘总成
chassis frame 底盘架
chaste-tree ①牡荆属[*Vitex* L.](马鞭草科) ②牡荆[*Vitex cannabifotia* Sieb. et Zucc.]
chat 交谈{信息}
chat message 非正式信息
chat script 会谈手稿文件{信息}
chattel 动产
chattel loan 动产信贷,设备信贷
chattel mortgage 动产抵押
chattel real 准不动产
chatter ①(机器)震颤,振动 ②(鹊)鸣,(猿)叫 ③听震器{物}
chattering 震颤,振动
chaulmoogra-tree 海南大风子属[*Hydnocarpus* Gaertn.](大风子科)
chaulmoogric acid 2-环戊烯十三[烷]酸[$C_5H_7(CH_2)_{12}COOH$]
chaulmugra ①大风子属[*Gynocardia* R. Br.](大风子科) ②大风子(马蛋果)[*Gynocardia odorata* R. Br.]
chavicol 蒌叶酚,对烯丙基苯酚
chaw (= chew) 咀嚼
chawstick 嘴签[*Gouania lupuloides* Jacq.](鼠李科)
chayote ①佛手瓜属[*Sechium* P. Br.](葫芦科) ②佛手瓜[*Sechium edule* Sw.]
ChE (= cholinesterase) 胆碱酯酶
cheap credit 低息贷款,低息信贷
cheapen 减价、削价,廉价
cheapernet 廉价网络{信息}
cheat ①雀麦属[*Bromus* L.](禾本科) ②黑麦雀麦[*Bromus secalinus* L.]
cheatgrass 旱雀麦[*Bromus tectorum* L.](禾本科)
cheating coloration 伪装色,欺骗色
chebulinic acid 云实鞣酸
Chebyshev's inequality 凯拜雪夫氏不等式{统计}
Chebyshev's polynomial 切比雪夫多项式
check ①对照,对比,畦,行,(方形穴播)方格式{栽培} ②标准,标准区{育种} ③校对,核对,检验,校验,检查{统计} ④控制,阻止,制止{生技} ⑤支票,账单{农管} ⑥制动装置,刹车装置{农机}
check base 校核基线
check beater 反转逐稿轮
check book 核对簿(本)
check bus 校验总线
check by summation 总和检核{统计}
check chain 限动链
check code 校验码{电脑}
check computation 核算
check cross 对比杂交,验证杂交
check dam ①谷坊(指横筑于山溪沟道里低于5米的小坝){环保} ②拦沙坝{水利}
check disk 检查盘{电脑}
check experiment 对照试验,验证试验
check fork 定距叉
check irrigation 畦灌,方格灌溉
check irrigation system 畦灌系统
check level 校核水平
check line 校核线,检核线

check method 核对法{统计}
check milking (= milking trial) 挤乳试验
check nut 防松螺母
check plant ①对照植株 ②对照植物
check plot (= test plot, control plot) ①对照[小]区,对比[小]区{栽培} ②标准区{育种}
check point 检查点,检验站,关卡
check-point gene 关卡基因{分遗}
check protect 检验保护
check row ①对照行,标准行{育种} ②方形穴播行{栽培}
check-row boot 方形穴播开沟器
check-row bunch planter 方形穴播机
check-row clutch (播种机)方形穴播同步离合器
check-row drill 方形穴播机
check-row drilling 方形穴播
check-row planter 方形穴播机
check-row sowing (= check-row planting, check rowing) 方形穴播
check-rower 方形穴播机
check sample 对照样本
check sampling 对照取样{栽培}
check station (= check point) 检验站
check strain 对照品系
check sum (CKS) 核对总和
check test (= check trial) 对照试验
check tester 标准测验种
check testing 对照测验
check treatment ①对照处理{栽培} ②标准处理{育种}
check trial 对照试验
check up 检查,查对,查核
check valve (= non-return valve) 逆止阀,单向阀{环保}
check variety ①对照品种 ②标准品种
checkboard diagram 棋盘图解{遗传}
checkboard method 棋盘法{育种}
checkboard stacking 棋盘形堆放(指蘑菇栽培)
checked rice 裂粒米,胴裂米
checker 筑埂犁
checker-berry (= wintergreen) ①白珠树属[*Gaultheria* L.](杜鹃花科) ②白珠树[*Gaultheria cumingiana* Vidal]
checker-berry wintergreen 平铺白珠树[*Gaultheria procumbens* L.](杜鹃花科)
checker bloom ①双葵属[*Sidalcea* Gray.](锦葵科) ②双葵(双锦葵)[*Sidalcea malviflora* Gray.]
checker board ①检验板{电脑} ②方格盘
checker pocket planting 方形穴播
checker tree 红叶花楸[*Sorbus torminalis* Crantz.](蔷薇科)
checkered beetle ①郭公虫(= ham beetle) ②⌊复⌉郭公虫科[Cleridae]
checkered fritillary 小贝母(棋盘贝母)[*Fritillaria meleagris* L.](百合科)
checkered order 棋盘式排列{育种}
checkered seeding 棋盘式播种
checkhead 定距触头
checking by shade 荫[蔽妨]害
checking coloration 校对色,校对染色
checking computation 检验计算,验算{统计}
checking dam 防洪坝,节制坝{水利}
checking experiment 检查试验
checking procedure ①检验步骤 ②校验过程
checking sequence 检查序列
checkless 无支票的
checkout ①检查,检出,查出 ②检验,校验 ③调整 ④测试
checkpoint entry 检验点入口
checkpoint review 检查点评审
checkrein 制缰,紧拉把绳(驾驭法)
checkwire 定距索
checkwire button 定距结
Chediak-Higashi syndrome 切希二氏综合征
Chee reed-grass 拂子茅[*Calamagrostis epigegos* (L.) Roth. = *Arundo epigegos* L.](禾本科)
cheek ①颊 ②颊板(马具) ③颊页{昆虫}
cheek apron 防风罩
cheek bone 颊骨,颧骨
cheek-strap 颊革(马具)
cheek teeth 颊齿,臼齿
cheeper (鹧鸪等的)雏
cheese 乳酪,干酪
cheese aux herbes (= spiced cheese) 香味乳酪
cheese cloth 包乳酪用纱布(即冷纱,一种粗纱布)
cheese-cloth cages 布笼,布罩(育种用)
cheese-cloth filter paper 粗孔滤纸{显技}
cheese-curd 凝乳,副干酪素
cheese dairy 乳酪场,乳酪制造厂
cheese-flower 圆叶锦葵[*Malva neglecta* Willr. = *M. rotundifolia* L.](锦葵科)
cheese fly (= bacon fly) 酪蝇(酪蝇科)
cheese for grating (= grating cheese) 乳酪丝
cheese ham and flour mites 粉螨科[Tyroglyphidae]

cheese hopper (= cheese skipper) 酪蝇
cheese industry 乳酪业
cheese making (= cheese production) 干酪生产,干酪制造
cheese milk 制干酪用牛乳
cheese mite (= copra mite, mold mite, mushroom mite) ①干向酪螨[*Tyrophagus casei* Oudeman] ② 腐食酪螨[*Tyrophagus putrescentiae* Schrank](酪螨科)
cheese mold (= cheese mould) 干酪压模
cheese poison 干酪毒,酪毒素
cheese press 乳酪压块机
cheese processing 乳酪加工{加工}
cheese skipper (= bacon fly, ham skipper) 酪蝇[*Piophila casei* Linnaeus](酪蝇科)
cheese vat 乳(干)酪制作桶
cheese-wood 岛海桐花[*Pittosporum undulatum* Vent.](海桐花科)
cheesynecrosis 干酪样坏死
chefoo larkspur 烟台翠雀[*Delphinium chefoense*](毛茛科)
cheilanthous 唇形花的(cheilanthus)
cheilocystidium 褶缘囊状体
cheilodromous 直行的(指侧脉)(cheilodromus)
cheiridopsis ①虾蚶花属[*Cheiridopsis* spp.](番杏科) ②虾蚶花[*Cheiridopsis bifida* sp.]
cheiroline 桂竹香砜 [$CH_3SO_2(CH_2)_3NCS$]
cheiropterophily 蝙蝠媒(指传粉)(cheiropterophilia)
Cheken eugenia 契昆樱桃[*Eugenia chequen*](桃金娘科)
chela 螯钳
chelant (= chelate agent) 螯合剂
chelatase 螯合酶
chelate ①具螯的 ②螯形的 ③螯合的 ④螯合 ⑤⌊复⌉螯合物
chelate agent 螯合剂
chelate complexes 螯合物
chelate compound 螯合物,螯形化合物
chelate effect 螯合效应
chelate group 螯合基
chelate polymer 螯合聚合物
chelate ring 螯合环
chelates in the soil 土壤螯合物
chelatig resin 螯合[型]树脂
chelating agent 螯合剂
chelating ion-exchanger 螯合[型]离子交换剂
chelating ligand 螯合配体
chelating reagent 螯合反应剂
chelating substance 螯合物[质]
chelation 螯合作用(chelatio)
chelation group 螯合基团
chelatometric titration 螯合滴定[法]{生技}
chelatometry 螯合滴定法
chelidonic acid 白屈菜酸[$C_7H_4O_6$]
chelidonine 白屈菜碱[$C_{20}H_{19}O_5N$]
chelidonium (= celandine) ①白屈菜属[*Chelidonium* L.](罂粟科) ②白屈菜[*Chelidonium majus* L.]
cheliped 爪足,钳足{水产}
chelometry (= chelatometry) 螯合滴定法(chelometrica){生技}
chelone barbatus ①草木象牙红属[*Penstemon* Mitch.](玄参科) ②草本象牙红(髯毛钓钟柳)[*Penstemon barbatus* Roth.](玄参科)
cheluviation 螯合淋溶[作用],螯合萃取[作用](cheluviatio)
chemi- ⌊字头⌉ 化学
chemical 化学的(chemicus)
chemical absorption 化学吸收
chemical action 化学作用
chemical activation 化学活化,化学激活
chemical activity 化学活性
chemical adsorption 化学吸附
chemical affinity 化学亲和力
chemical agent ①化学试剂 ②化学因素
chemical agent effect on chromosome 化学试剂对染色体的效应
chemical analysis 化学分析
chemical application tools ①农药施用机具 ②化肥施用机具
chemical attack 化学腐蚀
chemical availability 化学有效性
chemical barking 化学剥皮法
chemical behavior 化学行为
chemical bending 化学弯曲法
chemical blocking ①化学反应停止 ②化学分簇间苗
chemical bond 化学键
chemical carcinogen 化学致癌物
chemical carcinogenesis 化学致癌
chemical cementation 化学胶结[作用]
chemical changes in flooded soil 淹浸土的化学变化
chemical character 化学性状
chemical characteristics 化学特性
chemical clarification 化学澄清化[处理]
chemical closet 化学[处理]便桶{环保}

chemical coagulation 化学混凝,化学凝聚
chemical combination 化学化合
chemical communication 化学交流
chemical complex 化学复合物
chemical complexity 化学复合度
chemical component 化学成分
chemical composition 化学组成,化学成分
chemical composition of mire 沼泽的化学组成
chemical conditioner 化学调节剂(使污泥容易脱水)
chemical conditioning 化学调节(使污泥容易脱水)
chemical constituent 化学组分
chemical constitution 化学组成
chemical content 化学含量
chemical control 化学防除,农药防除
chemical control method 化学防除法
chemical control of flowering 开花的化学控制
chemical corrosion 化学腐蚀
chemical cost ①药剂费 ②化学剂成本
chemical coupling 化学耦联
chemical coupling hypothesis 化学耦联假说{分遗}
chemical crosslinking 化学交联
chemical damage 化学[损]害
chemical deaeration 化学脱气,药剂脱气{环保}
chemical debarking 化学剥皮
chemical decomposition 化学分解
chemical defoliant 化学除(脱)叶剂
chemical defoliation 化学除(脱)叶
chemical degradation 化学降解
chemical degradation method 化学降解法(指DNA测序)
chemical degreasing 化学去脂
chemical dehorning 化学除角
chemical denitrification 化学脱氮
chemical denudation 化学剥蚀[作用]
chemical deposit 化学沉积物
chemical derivatization 化学衍生化
chemical desiccant 化学干燥剂
chemical desiccation 药剂干燥
chemical development 化学显影
chemical difference 化学差异
chemical dip 化学浸药
chemical effect 化学效应,化学影响{显技}
chemical element 化学元素
chemical eluviation 化学淋溶[作用]
chemical embryology 化学胚胎学(chemoembryologia)
chemical energy 化学能
chemical engineering ①化学工程 ②化学工程学,化工学
chemical entity 化学个体
chemical environmental factor 化学环境因素
chemical equation 化学方程式
chemical equilibrium 化学平衡
chemical equivalent 化学当量
chemical erosion 化学侵蚀
chemical evolution 化学进化
chemical exchange 化学交换
chemical exchange method 化学交换法
chemical fertilizer 化学肥料,化肥
chemical fiber 化学纤维
chemical fixation 化学固定(作用){显技}
chemical fixative 化学固定液
chemical flocculation 化学絮凝
chemical fog 化学雾
chemical footprinting 化学足迹[试验]法
chemical forcing of flowering 药剂促进开花,药剂催花
chemical formula 化学式
chemical fruit thinner 化学疏果剂
chemical fruit thinning 药剂疏果,化学疏果
chemical gardening ①化学园艺 ②化学园艺学(chemohorticultura)
chemical glove 化学防护手套
chemical gradient 化学梯度
chemical growth regulator 化学生长调节剂
chemical hazard 化学危害[性]
chemical herbicide 化学除草剂
chemical heterosis 化学杂种优势(指DNA成分)
chemical hood 化学通风橱
chemical hygrometer 化学湿度计
chemical immunity 化学免疫性
chemical influence 化学影响
chemical information 化学信息
chemical inhibition 化学抑制
chemical inhibitor 化学抑制剂
chemical injury 药害
chemical inlet 化学剂入口{环保}
chemical inlet line 化学剂进入线{环保}
chemical interaction 化学交互作用
chemical ionization (CI) 化学电离
chemical isolation 化学隔离
chemical kinetics 化学动力学(chemokinetica)
Chemical laser 化学激光[器]
chemical means 化学方法,化学手段
chemical mechanism 化学机制
chemical method of weed control 化学除草

法
chemical microsensor 化学微型传感器
chemical milieu 化学环境
chemical modification ①化学修饰 ②化学改变
chemical monitoring 化学监测
chemical mutagenesis 化学突变形成,化学诱变
chemical mutagens 化学诱变剂
chemical name 化学名
chemical nature 化学性质
chemical nitrogenous fertilizer 化学氮肥
chemical nutrients 化学营养元素
chemical oxidation 化学氧化
chemical oxygen demand (COD) 化学需氧量
chemical peeling 化学去皮法
chemical pest control 化学病虫害防治
chemical phenomenon 化学现象
chemical physics 化学物理学
chemical plant 化工厂
chemical plating 化学电镀
chemical ploughing 化学耕作
chemical polarity 化学极性
chemical polishing 化学抛光
chemical pollutant 化学污染物{环保}
chemical pollution 化学污染{环保}
chemical polymorphism 化学多型现象
chemical potential 化学势
chemical precipitation 化学沉淀,化学淀析{环保}
chemical probing 化学探测
chemical profile 化学剖面
chemical property 化学性质
chemical protection 化学保护,化学防护
chemical pruning 化学整枝
chemical pruning agent 化学修剪剂
chemical pulp 化学纸浆
chemical purification 化学净化{环保}
chemical purification plant 化学净化站{环保}
chemical reaction 化学反应
chemical reaction isotherm 化学反应等温式
chemical reactivity 化学反应性
chemical reagent 化学反应剂{显技}
chemical regulation 化学调节
chemical resistance ①化学抗性 ②化学阻力 ③抗药性
chemical resistant polymer 抗化学聚合物
chemical retardation 化学阻滞,化学抑制
chemical ripening 化学促熟,化学催熟
chemical route (= chemical process) 化学过程
chemical seasoning of wood 木材化学干燥法
chemical sediment 化学沉积物
chemical seed dresser 药粉拌种机[器]
chemical seed dressing 农药拌种
chemical seed treatment 化学拌种,化学种子处理
chemical shift 化学位移
chemical signal 化学信号
chemical solution tank 化学品溶液池[环保]
chemical spray 喷药
chemical stability 化学稳定性
chemical stain 化学染色剂{显技}
chemical staining 化学染色{显技}
chemical sterilization 化学灭菌法
chemical stimulant 化学刺激剂
chemical stimulation 化学刺激
chemical stress factor 化学胁迫因子{生态生理}
chemical subtraction 化学去杂,化学去污
chemical suppressor 化学抑制基因
chemical synapse 化学突触{分生}
chemical synthesis 化学合成
chemical technology of wood ①木材化学工艺 ②木材化学工艺学
chemical thermodynamics 化学热力学(chemothermodynamica)
chemical thermometer 化学温度计
chemical thermoregulation 化学的体温调节
chemical thinner ①化学疏果剂 ②农药间苗器,化学间苗器
chemical thinning ①化学间苗 ②化学疏果
chemical tissue test 化学组织测验,植株速测
chemical toilet ①化学品干厕 ②化学掩臭剂{环保}
chemical tolerance 耐药性
chemical tracer ①示踪原子 ②化学指示剂,化学示踪剂
chemical transfer process 化学转移过程
chemical treatment for odor 化学除臭法
chemical treatment method 化学处理法{环保}
chemical vernalization 化学春化
chemical waste 化学制品废水{环保}
chemical weapon 化学武器
chemical weathering 化学风化
chemical weed control 杂草化学防除,农药除草
chemical weed killer 化学除草剂

chemical weedicide 化学除草剂
chemical weeding 化学除草
chemical wood-pulp 化学木浆
chemical works 化学制品厂
chemical yield 化学产率(额)
chemically-bonded phase 化学键合相
chemically combined water 化学结合水
chemically pure (**C.P.**) 化学纯(指实验用化学品的纯度)
chemicals ①农药 ②化学药品,化学药物 ③化学制剂 ④药剂(=drugs)
chemicals for rooting 发根剂,生根剂
chemiclave 化学灭菌器
chemicophysics ①化学物理 ②化学物理学(chemicophysica)
chemigeography 化学地理学{环保}
chemiground pulp waste water 化学磨木浆废水{环保}
chemiluminescence 化学发光(chemiluminescentia){遥感}
chemiluminescent 化学发光的(chemiluminescens)
chemiluminescent immunoassay (**CLIA**) 化学发光免疫测定[法]
chemiluminescent indicator 化学发光指示剂
chemiluminescent labeling 化学发光标记[法]
chemiluminogenic 致化学发光的(chemiluminogenus)
chemiluminogenic compound 致化学发光化合物
chemiluminometry 化学发光分析法(chemiluminometrica)
chemiosmosis 化学渗透
chemiosmotic 化学渗透的(chemiosmoticus)
chemiosmotic hypothesis 化学渗透[耦联]假说{分遗}
chemiosmotic theory 化学渗透学说
chemiotaxis (=chemotaxis) 趋化性,趋药性
chemiotropism (=chemotropism) 向化性,向药性(chemotropismus)
chemism ①化学机制,化学机理 ②化学[反应]历程(chemismus){物}
chemism of nitrification 硝化作用的化学反应过程
chemism of pesticide 农药的化学机制
chemisorption 化学吸着[作用](chemisorptio)
chemistry 化学(chemia)
chemistry of nucleolus 核仁化学
chemization 化学化(chemisatio)
chemization of agriculture 农业化学化{农经}
chemo- ⌊字头⌉铺,化学
chemo-immunity 化学免疫性(chemoimmunitas)
chemoanalytic 化学分解的(chemoanalyticus)
chemoattractant 化学引诱物,化学吸引物,趋化物
chemoattracting cytokine 趋化细胞因子{分生}
chemoautotroph 化能自养生物(chemoautotrophe)
chemoautotrophic 化能自养的(chemoautotrophus)
chemoautotrophic bacteria 化能自养细菌(bacteria chemoautotrophae)
chemoautotrophism 化能自养(chemoautotrophismus)
chemoautotrophy 化能自养(chemoautotrophia)
chemocoagulation 化学凝固[法](chemocoagulatio)
chemode 化学刺激器
chemodifferentiation 化学分化(chemodifferentiatio)
chemodiffusional 化学扩散的(chemodiffusionalis)
chemodynesis 药物致原生质流动
chemoecological relationships 化学生态相互关系
chemoecotype 化学生态型(chemoecotypus){生态生理}
chemoelectrical transducer 化电换能器
chemoevolution (=chemical evolution)化学进化
chemography 组织化学摄影术(chemographia)
chemoheterophism 化能异养[现象](chemoheterophismus)
chemoheterotroph 化能异养生物(chemoheterotrophe)
chemoheterotrophic 化能异养的(chemoheterotrophus)
chemoheterotrophic bacteria 化能异养细菌(bacteria chemoheterotrophae)
chemoheterotrophy 化能异养(chemoheterophia)
chemokine 趋化因子(chemokinus)
chemokinesis 化学增活现象,化学激活[现象]
chemolithotroph 化能无机营养生物(che-

molithotrophe)
chemolithotrophic 化能无机营养的,化能矿质营养的(chemolithotrophus)
chemolithotrophic bacteria 化能无机营养细菌(bacteria chemolithotrophae)
chemolithotrophy 化能无机营养(chemolithotrophia)
chemoluminescence (=chemiluminescence) 化学发光
chemolysis 化学分解,化学溶蚀
chemometrics 化学计量学(chemometrica)
chemomorphosis 化学诱变
chemonasty 感化性,感药性(chemonastia)
chemoorganotroph 化能有机营养生物(chemoorganotrophe)
chemoorganotrophic 化能有机营养的(chemoorganotrophus)
chemoorganotrophic bacteria 化能有机营养细菌(bacteria chemoorganotrophae)
chemoorganotrophy 化能有机[质]营养(chemoorganotrophia)
chemophysiology 生理化学(chemophysiologia)
chemoreception 化学感觉(chemoreceptio)
chemoreceptor (=chemoceptor) 化学受器,化学受体
chemoreflex 化学感应
chemorepellent 化学排斥物
chemoresistance 药物抗性(chemoresistantia)
chemosensing system 化学感受系统
chemosensory 化学感受的
chemosensory transducer 化学感受传导物
chemosmosis 化学渗透
chemosorption 化学吸着[作用](chemosorptio)
chemosphere ①光化圈 ②臭氧层
chemostat 恒化器(保持培养液成分不变的仪器)(chemostas)
chemostat culture 恒化器培养
chemostat system 恒化器法{遗工}
chemosterilant ①化学消毒剂 ②化学不育剂(chemosterilans)
chemosynthesis 化学合成[作用]
chemosynthetic 化学合成的(chemosyntheticus)
chemosynthetic bacteria 化能自养细菌(bacteria chemosyntheticae)
chemotactic 趋化的(chemotacticus)
chemotactic attraction 趋化吸引
chemotactic cytoking 趋化细胞因子{发生}
chemotactic factor 趋化因子
chemotactic lipid 趋化脂质
chemotactic peptide 趋化肽
chemotactic repellant 趋化拒斥剂
chemotactic response 趋化反应
chemotaxin 化学吸引素
chemotaxis 趋化性,趋药性
chemotaxonomic 化学分类[学]的(chemotaxonomicus)
chemotaxonomic feature 化学分类特征
chemotaxonomy 化学分类学,成分分类学(chemotaxonomia)
chemotherapeutant (=chemotherapeutic agent) 化疗剂(chemotherapeutans)
chemotherapeutic ①化疗的,药物治疗的 ②⌊复⌉化疗法(chemotherapeuticus)
chemotherapeutic index 药物治疗指数
chemotherapeutics (=chemotherapy) 化疗法,药物治疗
chemotherapy 化疗法,药物治疗(chemotherapia)
chemotroph 化养生物(chemotrophe)
chemotrophic 化养的,化能营养的(chemotrophus)
chemotropic 向药性的,向化性的(chemotropus)
chemotropic bacteria 向药性细菌(bacteria chemotropae)
chemotropic growth 向化性生长
chemotropism 向化性,向药性(chemotropismus)
chemotype 化学型(chemotypus)
chemovar 化学变型
chemurgy ①农业化学加工 ②农业化学加工学 ③实用化学,工业化学(chemurgia)
chengtu clematis 杯柄铁线莲[*Clematis trullifera* (Franch.) Finet et Gagnep.](毛茛科)
Chengtu lilac 四川丁香[*Syringa sweginzowii* Koehne = *S. tetanoloba* Schneid.](木犀科)
chenille 丝绒线
chenocholic acid 鹅[脱氧]胆酸
chenodeoxycholic acid 鹅[脱氧]胆酸
chenopodiaceous 藜科的(chenopodiaceus)
chenopodiad type 藜型(指胚)
cheque (=check) 支票
chequer (=checker) 筑埂犁
chequer-board planting 棋盘式种植
chequer-shaped 棋盘方格形的(tessellatus)

chequered 交错的
chequered field 格田
cherimoya (= cherimoyer) 南美番荔枝[*Annona cherimola* Mill](番荔枝科)
cherno 黑土{土壤}
cherno plain 黑土平原
Chernobyl nuclear power station 切诺贝利核电站
chernozem 黑[钙]土{土壤}
chernozem-like alluvial soil 黑[钙]土状冲积土
chernozem-like meadow soil 黑钙土状草甸土
chernozem-like soil 黑钙土状土壤,类黑钙土
chernozem rendzinas 黑[钙]土状黑色石灰土
chernozem stage 黑[钙]土阶段
chernozem with pseudomy-celium 有假菌丝体的黑钙土
cherokee rose 金缨子[*Rosa laevigata* Michx. = *R. sinica* Murn = *R. cherokeensis* Donn.](蔷薇科)
cheroot 方头雪茄烟
cherry ①(= cherries) 樱桃属[*Prunus* (Tourn.) L.](蔷薇科) ②樱桃[*Prunus pseudocerasus* Lindl.]
cherry anthracnose 樱桃炭疽病[*Glomerella cingulata* Schr. et Spauld]
cherry aphid (= black cherry aphid) 樱桃黑瘤额蚜[*Myzus cerasi* Fabricius](蚜科)
cherry bark beetle 樱桃小蠹[*Polysraphus ssiori* Niisima](小蠹科)
cherry-bark tortrix moth 台湾樱小蠹蛾[*Enarmonia formosans* (Scopoli)](小卷蛾科)
cherry birch 矮桦[*Betula lenta* L.](桦木科)
cherry blackfly (= black cherry aphid) 樱桃黑瘤额蚜
cherry blossom 樱花[*Prunus yedoensis* Mat.](蔷薇科)
cherry blossom beetle 樱[桃]花金龟[*Protaetia neglecta* Hope](金龟科)
cherry blossom moth (= cherry moth) 樱[桃]花巢蛾[*Argyresthia ephippella* Fabricius](巢蛾科)
cherry blueberry 樱桃越橘[*Vaccinium praestans* Lamb.](乌饭树科)
cherry brandy 樱桃白兰地[酒]{加工}
cherry brown rot ①(= cherry spur blight) 樱桃菌核病[*Sclerotinia kusanoi* P. Henn] ②樱桃褐腐病[*Monilinia fructicola* Honey]
cherry budworm 樱桃蛀心蛾[*Laspeyresia cerasivora* Matsumura](小卷蛾科)
cherry casebearer 樱桃鞘蛾[*Coleophora pruniella* Clemens](鞘蛾科)
cherry cercospore shot 樱桃圆星落叶病(樱桃轮纹穿孔病)[*Cercospora cireumscissa* Sacc.]
cherry chafer 樱桃丽金龟[*Anomala daimiana* Harlod](金龟科)
cherry crab-apple 西伯利亚海棠[*Malus robusta* Rehd.](蔷薇科)
cherry curculio 樱桃象甲[*Tachypterallus consors cerasi* List](象甲科)
cherry dagger moth 樱桃剑纹夜蛾[*Acronicta strigosa* (Schiffermüller)](夜蛾科)
cherry drosophila 樱桃果蝇[*Drosophila suzukii* Matsumura](果蝇科)
cherry elaeagnus 木半夏[*Elaeagnus multiflora* Thunb. = *E. longipes* Gray., *E. edulis* Carr.](胡颓子科)
cherry ermine moth 樱桃巢蛾(苹果巢蛾)[*Hyponomeuta padella* L.](巢蛾科)
cherry fruit-fly (= cherry maggot) 樱桃实蝇(樱实蝇)[*Rhagoletis cerasi* Loew.](实蝇科)
cherry fruit-sawfly 樱实叶蜂[*Hoplocampa cookei* Clarke](叶蜂科)
cherry fruitworm 樱桃小食虫(樱桃小卷蛾)[*Grapholitha packardi* Zeller](小卷蛾科)
cherry garden 樱桃园
cherry gelechid 樱桃麦蛾[*Compsolechia metagramma* Meyrick](麦蛾科)
cherry grained moth 樱桃天蛾[*Hupodonta pulcherrima cortialis* Butler](天蛾科)
cherry green beetle 樱桃绿鳃角金龟[*Diphucephala colaspidoides* Gyllenhal](鳃角金龟科)
cherry gum 樱桃树胶
cherry gummosis 樱桃树脂病(樱桃树胶病)[*Bacterium ceras* (G. Riffin)]
cherry horn worm 柳天蛾[*Smerinthus planus* Walker](天蛾科)
cherry kernel oil 樱桃仁油,樱子油
cherry laurel ①桂樱属[*Lourocerasus* M. Roem.](蔷薇科) ②葡萄牙桂樱[*Prunus lusitanica* L.]
cherry leaf roll virus 樱桃卷叶病毒
cherry leaf scorch 樱桃褐色干叶病[*Gnomonia erychrostoma* Auersw.]
cherry mycosphaerella shot hole 樱桃穿孔

性褐斑病［*Mycosphaerella cerasella* Aderh.］

cherry narrow bark beetle 樱桃材小蠹［*Xyleborus atlenuatus* Blandford］（棘胫小蠹科）

cherry-orange ①樱桃橘属［*Citropsis* Swingle et Kellerm］（芸香科）②樱桃橘［*Citropsis* sp.］

cherry party 观樱会｛园艺｝

cherry pepper（= cherry red pepper） 五色椒［*Capsicum frutescens* var. *cerasiforme* Bailey］（茄科）

cherry plum 樱桃李［*Prunus divaricata* Led. = *P. cerasifera* Ehrh.］（蔷薇科）

cherry powdery mildew 樱桃白粉病［*Podosphaera tridactyla* De Barx］

cherry prinsepia 东北蕤核［*Prinsepia sinensis*（Oliv.）Komor. = *Plagiospermum sinense* Oliv.］（蔷薇科）

cherry red scale 樱桃红蚧［*Sphaerococcus parvus* Cockerell］（蚧科）

cherry-redness 樱桃红叶

cherry rhopalosiphum 樱桃缢管蚜［*Rhopalosiphum pruni* Shinji］（蚜科）

cherry sawfly（= pear slug, pear sawfly） 樱桃黏叶蜂［*Hoplocampa brevis* Klug］（叶蜂科）

cherry sawfly leaf miner 樱桃潜叶蜂［*Profenusa collaris* Mac G.］（叶蜂科）

cherry slug 樱桃叶蜂［*Eriocampoides limacina* Retzius］（叶蜂科）

cherry stem borer 樱桃天牛［*Aeolesthes holosericea* Fabricius］（天牛科）

cherry tomato 樱桃番茄［*Lycopersicum esculentum* var. *cerasiforme* Alef.］（茄科）

cherry-tree 樱花［*Prunus serrulata* Lindl.］（蔷薇科）

cherry tree borer 樱桃透翅蛾（苹猛透翅蛾）［*Conopia hector* Butler］（透翅蛾科）

cherry web-spinning sawfly 樱桃结网扁锯蜂［*Neurotoma iridescens* Andre］（叶蜂科）

cherry weevil 樱桃象甲［*Anthonomus rectirostris*］（象甲科）

cherry witche's broom 樱桃天狗巢病（樱桃丛枝缩叶病）［*Taphrina cerasi*（Fuckel）Sadeb.］

cherryberry cotoneaster 西北栒子［*Cotoneaster zabelii* Schneid］（蔷薇科）

cherryorange 樱桃橘属［*Citropsis* L.］（芸香科）

chersophyte 干荒植物（chersophyta）

chert 燧石，黑硅石

cherty 燧石质，石英质

cherty loam 石英质壤土

chervil ①细叶芹属［*Chaerophyllum* L.］（伞形花科）②细叶芹［*Chaerophyllum bulbosum* L.］

chervil larkspur 还亮草［*Delphinium anthriscifolium* Hce.］（毛茛科）

chervil-like violet 南山堇菜［*Viola chaerophyllo ides* W. Beck.］（堇菜科）

chervin（= skirret） 泽芹［*Sium sisarum* L.］（伞形花科）

chess ①雀麦属［*Bromus* L.］（禾本科）②雀麦［*Bromus japonicus* Thunb.］

chess brome（= chess brome-grass） 黑麦雀麦［*Bromus secalinus* L.］（禾本科）

chessboard method 棋盘法｛育种｝

chessboard seeding 棋盘式播种

chessel 制乳酪模板

chessom 疏松土壤

chest ①胸，胸腔 ②箱，柜，盒

chest capacity 胸容量

chest cross（= test cross） 测交｛育种｝

chest depth 胸深

chest drying machine 箱式干燥机

chest foundering 喘息，呼吸困难

chest freezer 低温冷冻箱，快速冷冻柜

chest girth 胸围

chest-height 胸高（指果木高度）

chest-height diameter 胸高直径

chest-height diameter-increment 胸高直径生长

chest-mounted microphone 胸挂微音器

chest-mounted sprayer 胸挂喷粉器

chest width 胸宽

Chester White 吉士白猪（美国肉用品种）

chestnut ①栗属［*Castanea Mill.*］（山毛榉科）②栗［*Castanea bungeana* Bl.］③栗色马 ④蹄腕骨

chestnut aphid 栗角斑蚜［*Myzocallis kuricola* Matsumura］（蚜科）

chestnut bark tannin 栗皮单宁｛生化｝

chestnut blight 板栗胴枯病［*Endothia parasitica*（Murr.）P.J. etAnders.］

chestnut-brown 栗褐色的（badius）

chestnut brown chafer 栗丽金龟（稻茶色金龟）［*Adoretus tenumaculatus* Waterhouse］（金龟科）

chestnut-brown soil 栗钙土-棕钙土

chestnut-coloured 栗色的（castaneus）

chestnut-coloured soil 栗钙土，栗色土

chestnut curculio 栗实象甲（栗淡色象甲）

[*Curculio dentipes* Roelofs](象甲科)
chestnut damping off 栗立枯病(立即死亡的板栗病害)
chestnut dioon ①双子苏铁属[*Dioon* spp.](苏铁科) ②双子苏铁[*Dioon edule* sp.]
chestnut frosted weevil 栗鳃角金龟[*Eugnamptus fragilis* Sharp](鳃角金龟科)
chestnut gall wasp 栗瘿蜂[*Dryocosmus kuriphilus* Yasumatsu](瘿蜂科)
chestnut lace-bug 栗网蝽[*Uhlerites debilis* Uhler](网蝽科)
chestnut leaf-cut weevil 栗卷叶象甲[*Apoderus jekeli* Roelofs](象甲科)
chestnut oak 橡栗
chestnut powdery mildew 栗白粉病[*Microsphaera alni* (Wallr.) Salman]
chestnut pyralid 栗中褐粗螟[*Orthaga achatina* Butler.](螟蛾科)
chestnut root rot 栗根腐病[*Armillaria mellea* (Vahl.) Fr.]
chestnut rust 栗锈病[*Pucciniastrum castaneae* Dietel]
chestnut scale 栗硬蚧[*Lecanium pulchrum* March.](蚧科)
chestnut soil 栗钙土
chestnut takachiho scale 栗高地蚧[*Coccus takachihoi* Kuwana](蚧科)
chestnut timberworm 栗筒蠹[*Melittomma sericeum* Harris](筒蠹科)
chestnut trunk-borer 栗山天牛[*Mallambyx raddei* Blessig](天牛科)
chestnut tussock moth 栗红须毒蛾[*Dasychira lunulata* Butler](毒蛾科)
chestnut twig blight 栗枝枯病[*Diplodia longispora* C. et Ell.]
chestnut weevil (= large chestnut weevil) 栗实象甲[*Curculio proboscideus* Fabricius](象甲科)
chetah (= cheetah) 猎豹
cheviot 哈福特羊(毛肉兼用)
chevron ①山形 ②人字形 ③山形斜纹呢,人字斜纹呢(caper)
chevron expander 人字形扩展器
chevron mosaic 山形嵌纹病(指甘蔗)
chew (= chaw) ①咀嚼 ②反刍
chew up ①粉碎 ②折毁 ③咀嚼
chewer 嚼烟
chewing cane 果蔗
chewing fescue (= red fescue) 紫羊茅[*Festuca rubra* L.](禾本科)
chewing-gum 口香糖,橡皮糖
chewing gum tree (= sapodilla, sapodilla plum) 人心果(苏铁果,芝果)[*Achras zapota* L.](山榄科)
chewing lice (= pcultry lice) 食毛目[Mallophaga]
chewing mouth part 咀嚼式口器
chewing stomach 前胃
chewing test ①粉碎试验(指种子检验) ②咀嚼试验(指烟叶)
chewing tobacco 嚼用烟草
chewings fescue 多变紫羊茅[*Festuca rubra* var. *fallax*](禾本科)
CHFE (= contour-clamped homogenous field electrophoresis) 钳位均匀电场电泳
chi-square (χ^2) 卡方{统计}
chi-square distribution 卡方分布,χ^2分布{统计}
chi-square method 卡方法,χ^2法
chi-square probability value 卡方概率值
chi-square test (χ^2-test) 卡方测验,卡方检验法
chi-square value 卡方值
Chianina 契安尼娜牛(肉用品种)
chiasma 交叉{遗传}
chiasma centralization 交叉集中化
chiasma frequency 交叉频率
chiasma intensity 交叉强度
chiasma interference 交叉干扰
chiasma interpretation 交叉解释
chiasma localization 交叉局部化
chiasma model 交叉模型
chiasma movement index 交叉移动指数
chiasma number 交叉数
chiasma position interference 交叉位置干扰
chiasma terminalization 交叉移端[作用]
chiasma theory of pairing 配对交叉说
chiasmate 交叉的(chiasmatus)
chiasmate meiosis 具交叉减数分裂
chiasmate pairing 具交叉配对
chiasmatype 交叉型(chiasmatypus)
chiasmatype theory 交叉型说
chiasmatypy 交叉型性(chiasmatypia)
chiastophyllum ①对叶景天属[*Chiastophyllum* spp.](景天科) ②对叶景天[*Chiastophyllum oppositifolium* sp.]
chibouk 长烟管
Chicago formula 芝加哥[固定液]公式{显技}
chick 幼雏,小鸡(指刚孵化出来的)
chick beetle 叩头虫(指金针虫的成虫)
chick breeding station 雏鸡饲养场
chick bronchitis 鸡气管炎

chick embryo extract (CEE) 鸡胚胎提取物
chick management (= chick rearing) 雏鸡饲养
chick mitochondria 鸡线粒体
chick mRNA 鸡信使 RNA,鸡 mRNA {分遗}
chick nursing 育雏
chick rearing farm (= chick breeding farm) 雏鸡饲养场
chick-rearing hood (= canopy brooder) 育雏器
chick sexer 雏鸡雌雄鉴别器(者)
chick sexing 雏鸡雌雄鉴别
chick sexing specialist 雏鸡雌雄鉴别专家
chick starter 雏鸡料,小鸡料
chick weed ①繁缕属 [*Stellaria* L.] (石竹科) ②繁缕 [*Stellaria media* (L.) Cyr.]
chick weed cutworm 繁缕地[老]虎[*Rhyacia triangulum* Hufnagel] (夜蛾科)
chickasaw plum 窄叶李 [*Prunus angustifolia* Marsh.] (蔷薇科)
chicken ①雏鸡,小鸡,鸡 ②鸡肉
chicken battery 小鸡笼,层架式小鸡笼
chicken body louse 雏鸡羽虱(火鸡翎虱) [*Menacanthus stramineus* (Nitzsch)] (羽虱科)
chicken breeding farm 种鸡场
chicken brooding house 雏鸡舍,育雏室
chicken cholera 鸡霍乱,鸡巴斯德杆菌病 (pasteurellosis)
chicken coop 养鸡舍
chicken dropping 鸡粪
chicken farm 养鸡场
chicken fattening 小鸡肥育
chicken feed 小鸡饲料
chicken feeder 小鸡饲槽
chicken feeding 小鸡饲养
chicken fluff louse 雏鸡姬虱 [*Goniocotes hologaster* (Nitzsch)]
chicken head louse 雏鸡头羽虱 [*Cuclotogaster heterographus* (Nitzsch)]
chicken housing 雏鸡合饲
chicken leukosis 鸡白血增生
chicken lymphomatosis 鸡淋巴[组织]瘤病
chicken manure 鸡粪[肥]
chicken mite (= poultry mite) 鸡皮刺螨 [*Dermanyssus gallinae* De Geer] (刺螨科)
chicken mushroom (= sulphur fungus) 硫色多孔菌 [*Polyporus sulfureus* (Bull.) Fr.] (多孔菌科)
chicken Newcastle disease 鸡新城疫
chicken ovalbumin upstream promotor 鸡卵清蛋白上游启动子 {分生}
chicken pox 鸡痘
chicken pox virus 鸡水痘病毒
chicken run (= hen run) 养鸡场
chicken sarcoma virus 鸡肉瘤病毒
chicken shaft louse (= shaft louse) 鸡羽虱 [*Menopon gallinae* (Linnaeus)]
chicken tester (= chicktester) 鸡雏雌雄鉴别机(器)
chicken wing louse (= wing louse) 鸡翅长圆虱 [*Lipeurus caponis* (Linnaeus)]
chickery 雏鸡舍,小鸡舍
chickling 小鸡,雏鸡
chickling vetch (= grass pea (vetchling, grass peavint)) 草香豌豆 [*Lathyrus sativus* L.] (豆科)
chickpea (= common gram, Bengal gram, garbanzo) ①鹰嘴豆属 [*Cicer* L.] (豆科) ②鹰嘴豆 [*Cicer arietium* L.]
chicksaw lima ①刀豆属 [*Canavalia* DC.] (豆科) ②刀豆 [*Canavalia gladiata* DC.]
chicksaw plum 窄叶李 [*Prunus angustifolia* Marsh.] (蔷薇科)
chicktester 鸡雏雌雄鉴别器
chickweed 繁缕 [*Stellaria media* Vill. = *Alsine media* L.] (石竹科)
chicle (= chicleo) 制口香糖的树胶
chicleo ① (= sapodilla, naseberry) 人心果 [*Achras zapota* L. = *Manilkara achra* Fosberg.] (山榄科) ②糖胶树胶(一种制口香糖的树胶)
chico mamcy (= mammey sapote) 狮头果 [*Calocarpum mammosum* Pierre.] (山榄科)
chicoric acid 菊苣酸,二咖啡因[基]酒石酸
chicory ①菊苣属 [*Cichorium* L.] (菊科) ②菊苣 [*Cichorium intybus* L.]
chicory blotch virus 菊苣斑痕病毒 [*Marmor cichorii* (Kvicala) = *Cichorium virus*]
chicory fly 菊苣蝇 [*Napomyza laceralia* Fall.] (蝇科)
chief ①主要的 ②首长,首领,主任 (caput)
chief annual weeds 主要一年生杂草
chief engineer 总工程师
chief farm products 主要农产品
chief fertilizer practices 主要施肥措施
chief field crops 主要大田作物,主要农作物
chief field practices 主要田间措施
chief mechanic 总机械师,主任机械师
chief notebook 记载本(试验用)

chief nutrients 主要营养物质
chief operator 主操作员
chief programmer 主程序员
chief ray 主光线
chief rhizome weeds 主要根茎类杂草
chief root weeds 主要根生杂草
chief species 主要树种
chief vein 主脉
chieh-qua 节瓜[*Benincasa hispida* var. *chieh-qua* How.](葫芦科)
chiffon 软纱(丝织薄纱)
chigger 北美普通真恙螨[*Eutrombicula alfeddugesi* (Oudemans)](恙螨科)
chigger mite ①鸡新勋恙螨[*Neoschongastia gallinarum* Hatori] ②⌊复⌉(= chiggers, jiggers, red bugs)恙螨科[Trombiculidae]
chigoe ①穿皮潜蚤[*Tunga penetrans* (Linnaeus)] ②⌊复⌉(= sticktights)潜蚤科[Echidnophagidae]
chilarium 种[子]孔唇
chilary layer 种[子]孔唇层
chilauni 乌叶荷树(峨嵋木荷)[*Schima wallichii* Choisy = *S. hypoleuca* Miq.](茶科)
chilblain 冻疮
child ①子女,孩子,儿童 ②子段{电脑}
child device 子设备
child gadget (= child widget) 子窗口零件{电脑}
child labour 童工
child print 子打印
child process 子进程
child window 子窗口{电脑}
children chain 子女链{电脑}
children relation 子女关系
Children's Vaccine Initiative (CVI) 儿童免疫创议
chile avens 智利水杨梅[*Geum chiloense* Balb.](蔷薇科)
Chile guava ①智利石榴属[*Ugni* L.](桃金娘科) ②智利石榴[*Ugni molinae* L.]
Chile pyrrhocactus ①智利球属[*Neoporteria* spp.](仙人掌科) ②智利球[*Neoporteria chilensis* sp.]
Chile saltpeter (= Chilean nitrate, Chili nitrate, Chiil nitre, Chili saltpeter) 智利硝[石],钠硝石,硝酸钠[$NaNO_3$]
Chilean alstroemeria 智利六出花[*Alstroemeria chilensis*](石蒜科)
Chilean cestrum 智利夜来香[*Cestrum parqui* L'Her.](茄科)
chilean glory-flower 智利垂果藤[*Eccremocarpus scaber* Ruiz et Pav.](紫葳科)
Chilean jasmine 曼得藤[*Mandevilla suaveolens* Lindl.](夹竹桃科)
Chilean lovegrass 智利画眉草[*Eragrostis virescens*](禾本科)
Chilean nitrate 智利硝石
Chilean peppertree 智利胡椒树[*Schinus latifolia*](漆树科)
Chilean saltpetre 智利硝石
Chilean tarweed (= media-oil plant) 麻迪菊
Chilean wineberry 智利酒果[*Aristotelia macqui*]
Chilestar 白棒莲属[*Leucocoryne* L.]
Chili pimento (= long red pepper) 牛角椒[*Capsicum annuum* L. var. *longum* Sendt.](茄科)
Chili pine (= chile pine) 南美杉[*Araucaria imbricata* Pav.](松科)
Chili-salpeter (= chilean saltpetre) 智利硝石[$NaNO_3$]
Chili strawberry (= chiloe strawberry) 智利草莓[*Fragaria chiloensis* Duchesne](蔷薇科)
chiliata 纤毛虫[纲][Chiliata]
chill ①寒冷 ②感冒 ③冷却
chill room 冷藏间
chilled 速冻的,冷却的
chilled brood 受冻幼虫
chilled cast iron moldboard 冷硬铸铁犁壁
chiller 冷冻机,冷却机
chilli 干辣椒
chilli pepper 辣椒(红辣椒)[*Capsicum annuum* L.](茄科)
chilli pepper sauce 辣椒酱{加工}
chilli powder 辣椒粉{加工}
chillie thrips 茶黄蓟马[*Scirtothrips dorsalis* Hood](蓟马科)
chillies (= red pepper, green pepper) 辣椒
chilling 冷冻,冷藏
chilling damage 冷冻[损]害
chilling dose 冷冻剂量
chilling hardiness 耐冷冻性
chilling injury 冷冻损伤,冷[冻]害
chilling requirement 低温要求
chilling resistance 抗冷冻性
chilling-sensitive plant 冷冻敏感植物,低温敏感植物
chilling stress 冷害,冷冻胁迫
chilling treatment 冷冻处理,低温处理

chilly ①冷冻的，寒冷的 ②严寒的，峭寒的
Chilopoda 唇足亚纲
chilotype 稿模标本（chilotypus）
chimera（＝chimaera） ①嵌合体 ②嫁接杂种
chimeric（＝chimaeric） 嵌合的（chimaericus）{分生}
chimeric antibody 嵌合抗体
chimeric DNA 嵌合 DNA
chimeric embryo 嵌合胚
chimeric formation 嵌合体形成
chimeric gene 嵌合基因
chimeric meristem 嵌合体分生组织
chimeric molecule 嵌合分子
chimeric plasmid 嵌合质粒
chimeric protein 嵌合蛋白
chimeric sequence 嵌合序列
chimeric state 嵌合态
chimeric vector 嵌合载体
chimeriferous ①具嵌合体的 ②具无性杂种的（chimaerifer）
chimerism 嵌合现象（chimaerismus）
chimney ①烟囱，烟突（指甘薯育苗坑的）（caminus）
chimney cap 烟囱罩
chimney draft 烟囱抽力
chimney effect 烟囱效应{生技}
chimney in pile 材堆通风道
chimney piece 炉栅
chimney pot 烟囱顶管
chimney soot 烟囱灰
chimney stack 烟道
chimney water 烟囱头水（作肥料用）
chimonanthine ［山］腊梅碱［$C_{22}H_{26}N_4$］
chimonochlorous 薄叶常绿的（chimonochlorus）
chimonophile 喜冬植物
chimonophilous ①冬季发育的 ②喜冬的（chimonophilus）
chimonophilous crop 喜凉作物
chimopelagic plankton 冬季表层浮游生物
chimpanzee（＝African ape）非洲猿人（黑猩猩）
chimyl alcohol ［银］鲛肝醇［$CH_3(CH_2)_{15}OCH_2CHOHCH_2OH$］
chin 颏，下巴
chin fly（＝throat bot fly） 马鼻胃蝇［*Gasterophilus nasalis*（L.）］（狂蝇科）
China-aster ①翠菊属［*Callistephus* Cass.］（菊科）②翠菊［*Callistephus chinensis*（L.）Nees.］
China aster plume-moth 中华虾夷菊羽蛾［*Platyptilia direptalis* Walker］（羽蛾科）
China bark（＝cinchona bark） 金鸡纳树皮
China bark tree（＝cinchona tree） ①金鸡纳树属［*Cinchona* L.］（茜草科）②金鸡纳树［*Cinchona succirubra* Pav.］
China bean（＝cowpea） 豇豆
China bed bug（＝western bloodsucking conenose） 中国猎蝽［*Triatoma protracta*（Uhler）］（猎蝽科）
China bells ①赤杨叶属［*Alniphyllum* Matsmura］（安息香科）②赤杨叶（拟赤杨）［*Alniphyllum fortunei*（Hemsl.）Perkins］
China clay 高岭土
China cotton 鸡脚棉［*Gossypium arboreum* var. *nanking* Meyen］（锦葵科）
China dove tree ①珙桐属［*Davidia* Baill.］（珙桐科）②珙桐［*Davidia involucrata* Baill.］
China-fir ①杉属［*Cunning hamia* R. Br.］（杉科）②杉［*Cunninghumia lanceolata*（Lamb.）Hook.］
China fleece-vine（＝silvorvine fleeceflower） 花蓼（奥氏蓼，夏雪蔓）［*Polygonum aubertii* L.］（蓼科）
China franchetvine ①串果藤属［*Sinofranchetia* Hemsl.］（木通科）②串果藤［*Sinofranchetia chinensis*（Fr.）Hemsl.］
China grass（＝ramie） ①苎麻属［*Boehmeria* Jacq.］（荨麻科）②苎麻（荨麻）［*Boehmeria nivea* Gaud.］
China grass banded caterpillar 苎麻夜蛾［*Cocytodes coerulea* Guenée.］（夜蛾科）
China green（＝Chinese evergreen） 亮丝草（广东万年青）［*Aglaonema modestum* Schott.］（天南星科）
China ink 墨，中国墨汁
China jat （茶）中国种
China jute（＝lndian mallow，butter print，velvet leaf） 苘麻［*Abutilonavicennae* Gaertn.］（锦葵科）
China mandarin 中国柑（柑橘品种）
China marble 中国大理石{地质}
China Network Information Centre（CNIC）中国网络信息中心{信息}
China-nuttall rhododendron 辛氏杜鹃花［*Rhododendron sinonuttalli*］（杜鹃花科）
China palm（＝fortunes windmillpalm） 棕榈［*Trachycarpus excelsus* Wendl.＝*T. fortunei*（Hook. f.）H. Wendl.］（棕

桐科)

China paper-birch 红桦 [*Betula albosinensis* Burkill](桦木科)

China pertybush 华帚菊 [*Pertya sinensis*](菊科)

China prier (= Chinaroot greenbrier) 菝葜 [*Smilax faurei* Lévl. = *S. china* non L.](菝葜科)

China root green brier ①菝葜属 [*Smilax* L.] (百合科) ②菝葜 [*Smilax faurei* Lével (= *Smilax china* L.)]

China rose ①朱槿 [*Hibiscus rosasinensis* L.] (锦葵科) ② 月季花,月月红 [*Rosa chinensis* Jacq.](蔷薇科)

China squash 南瓜(中国南瓜,倭瓜) [*Cucurbita moschata* Duch.](葫芦科)

China tea 茶 [*Thea sinensis* O. Ktze.](茶科)

China teasel 华川续断 [*Dipsacus chinensis*](川续断科)

China tree 楝(苦楝) [*Melia azedarach* L. = *M. sempervirens* Sw.](楝科)

China tree-pink 灌丛石竹 [*Dianthus arbuscula*](石竹科)

Chinaberry ①楝属 [*Melia* L.](楝科) ②楝 (= China tree) [*Melia azedarach* L. = *M. sempervirens* Sw.]

Chinaberry family 楝科 [Meliaceae]

Chinabox jasminorange 九里香(月桔) [*Murraya paniculata* (L.) Jack.](芸香科)

Chinacane ① 箭竹属 [*Sinarundinaria* Nakai](禾本科) ②箭竹 [*Sinarundinaria nitida* (Mitf.) Nakai = *Arundinaria nitida* Mitford]

Chinacypress ① 水松属 [*Glyptostrobus* Endl.] (杉科) ② 水松 [*Glyptostrobus pensilis* (Staunton) K. Koch.]

Chinajap wistaria 美丽紫藤(美丽藤萝) [*Wistaria formosa* Rehd. = *W. floribunda*×*W. sinensis*](豆科)

Chinalaurel ① 五月茶属 [*Antidesma* Burm. ex L.](大戟科) ②五月茶 [*Antidesma bunius* Spr.]

Chinaman's breeches (= bleeding-heart, showy dicentra) 荷包牡丹 [*Dicentra spectabilis* DC.](罂粟科)

CHINANET 中国公用计算机互联网{电脑}

Chinapaper birch 红桦 [*Betula albosinensis* Burk.](桦科)

Chinarue ①石椒属(松风草属) [*Boenninghausenia* Reichb.] (芸香科) ② 石椒 [*Boenninghausenia albiflora* Reichb.]

Chinarue boenninghausenia 石椒(松风草) [*Boenninghausenia albiflora* Reichb.](芸香科)

China's countryside 中国农村

Chinaspurge pachysandra 腋花富贵草 [*Pachysandra axillaris* Franch.](黄杨科)

Chinawood oil (= tung oil) 桐油

Chinawood oil tree ① 油桐属 [*Aleurites* Forst.](大戟科) ②油桐 [*Aleurites fordii* Hemsl.]

Chinawool grape 毛葡萄 [*Vitis pentagona* Diels. et Gilg.](葡萄科)

chinch bug ①麦长蝽 [*Blissus leucopterus* (Say)] ②⌞复⌝长蝽科 [Lygaeidae]

Chinchilla 青紫蓝兔(毛用种)

chinchilla ①毛丝鼠 [*Chinchilla*] ②银灰色

Chinchwan 秦川牛(中国陕西关中役用种)

chine ①脊,脊骨 ②脊肉,里脊肉{畜}

Chinese [goose] 中国鹅

Chinese abelia 糯米条 [*Abelia chinensis* R. Br. = *A. hanceana* Mart.](忍冬科)

Chinese abutilon 华苘麻 [*Abutilon sinense* Oliver.](锦葵科)

Chinese Academy of Agricultural Science (CAAS) 中国农业科学院

Chinese Academy of Science (CAS) 中国科学院

Chinese aconite ① 乌头属 [*Aconitum* Tourn.](毛茛科) ②乌头 [*Aconitum chinense* Paxt.]

Chinese aeginetia 中国野菰 [*Aeginetia sinensis* G. Beck]

Chinese alangium 八角枫 [*Alangium chinense* (Lour.) Harm.](八角枫科)

Chinese aloe 芦荟 [*Aloe vera* var. *chinensis* (Haw.) Berger](百合科)

Chinese altingia 阿丁枫 [*Altingia chinensis* (Champ.) Benth. et Hook.](金缕梅科)

Chinese amesiodendron ①细子龙属 [*Amesiodendron* Hu] (无患子科) ② 细子龙 [*Amesiodendron chinense* (Merr.) Hu]

Chinese andrachne ①雀儿舌头属(黑钩叶属) [*Andrachne* L.](大戟科) ②雀儿舌头(黑钩叶) [*Andrachne chinensis* Bunge]

Chinese angelica aphid 中华白芷二尾蚜 [*Cavariella araliae* Takahashi](蚜科)

Chinese angelica-tree (= Chinese aralia) ①楤木属 [*Aralia* L.](五加科) ② 楤木

[*Aralia chinensis* L.]

Chinese anise (= star anise) 八角(大茴香)[*Illicum verum* Hook. f.](八角科)

Chinese aralia (= Chinese angelica-tree) 楤木[*Aralia chinensis* L.](五加科)

Chinese arbor-vitae 侧柏[*Biota orientalis* (L.)Endl. = *Thuja orientalis* L.](柏科)

Chinese arbor vitae aphid 中华柏长大足蚜[*Cinara thujafoliae* Theobald](蚜科)

Chinese armyworm (= oriental armyworm) [东方]黏虫[*Leucania separata* Walker](夜蛾科)

Chinese artichoke 甘露子(宝塔菜)[*Stachys sieboldii* Miq.](唇形科)

Chinese arundina ①竹叶兰属[*Arundina* Bl.](兰科) ②竹叶兰[*Arundina chinensis* Bl.]

Chinese ash 梣(白蜡树) [*Fraxinus chinensis* Roxb.](木犀科)

Chinese aspen 响叶杨[*Populus adenopoda* Maxim. = *P. silvestrii* Pamp.](杨柳科)

Chinesc astilbe 落新妇[*Astilbe chinensis* Fr. et Sav.](虎耳草科)

Chinese aucuba 桃叶珊瑚[*Aucuba chinensis* Benth.](山茱萸科)

Chinese azalea 羊踯躅[*Rhododendron molle* G. Don = *R. sinense* Sweet., *Azalea mollis* Bl.](杜鹃科)

Chinese banana 粉蕉[*Musanana* Lour.](芭蕉科)

Chinese bandolina Wood 鲍花楠[*Machilus pauhoi* Kaneh.](樟科)

Chinese bead plant ①薄柱草属[*Nertera* Banks et Soland.](茜草科) ②薄柱草[*Nertera sinensis* Hemsl.]

Chinese bellflower (= balloonflower) 桔梗[*Platycodon grandiflorum*(Jacq.)A. DC. = *P. glaucum* (Thunb) Nakai.](桔梗科)

Chinese berry (= lime-berry) 山柑(臭橘)[*Triphasia trifolia* P. Wilson](芸香科)

Chinese birch 坚桦[*Betula chinensis* Maxim.](桦科)

Chinese black henbane 中国天仙子(莨菪)[*Hyoscyamus niger* var. *chinensis* Makino.](茄科)

Chinese black olive 乌榄[*Canarium pimela* Koenig.](橄榄科)

Chinese bladder-nut 膀胱果[*Staphylea holocarpa* Hemsl](省沽油科)

Chinese blister beetle 中华芫菁[*Epicauta chinensis* Laporte](芫菁科)

Chinese bonyberry 华西小石积[*Osteomeles schwerinae* Schneid.](蔷薇科)

Chinese box 黄杨[*Buxus sinica* (Rehd. et wils) Cheng](黄杨科)

Chinese boxorange 酒饼簕(蠔壳刺)[*Atalantia buxifolia* (Poir.)Oliv.](芸香科)

Chinese buckeye ①七叶树属[*Aesculus* L.] (七叶树科) ②七叶树[*Aesculus chinensis* Bunge]

Chinese buckthorn (= Chinese green) 鼠李(冻绿)[*Rhamnus utilis* Dcne.](鼠李科)

Chinese bugle weed ①筋骨草属[*Ajuga* L.](唇形科) ②筋骨草[*Ajuga decumbens* Thunb.]

Chinese bush cinquefoil 白毛金露梅[*Potentilla fruticosa* var. albicans Rehd. et Wils.](蔷薇科)

Chinese bushbrown (= rice satyrid) 中华眉眼蝶(稻黄褐眼蝶)[*Mycalesis gotama* Moore](眼蝶科)

Chinese bushcherry 郁李[*Prunus japonica* Thunb.](蔷薇科)

Chinese cabbage ①小白菜(青菜)[*Brassica chinensis* L.](十字花科) ②白菜[*Brassica pekinensis* Rupr.](十字花科)

Chinese cabbage ring spot 白菜轮点病[*Brassica virus* 1]

Chinese calophaca ①丽豆属[*Calophaca* Fisch.](豆科) ②丽豆[*Calophaca sinica* Rehd.]

Chinese cane 甘蔗(中国蔗)[*Saccharum sinense* Roxb. et Jesw. = *S. officinarum* L.](禾本科)

Chinese canna 华美人蕉[*Canna chinensis* = *C. nepalensis*](美人蕉科)

Chinese catalpa 梓树[*Catalpa ovata* Don.](紫葳科)

Chinese cedar ①柳杉属[*Cryptomeria* D. Don](杉科)②柳杉[*Cryptomeria fortunei* Hooibrenk]

Chinese cedrela ①香椿属[*Toona* Roem.](楝科) ②香椿[*Toona sinensis* (A. Juss.) Roem.]

Chinese character 汉字[字符]{电脑}

Chinese character controller 汉字控制器{电脑}

Chinese character input system 汉字输入系统

Chinese character library 汉字库

Chinese character operation system 汉字

操作系统〔信息〕

Chinese character printer 汉字打印机

Chinese cherry 中国樱桃(疏花樱)[*Prunus pauciflora* Bunge](蔷薇科)

Chinese cherry judasbaum 紫荆 [*Cercis chinensis* Bunge](豆科)

Chinese chestnut 板栗 [*Castanea mollissima* Bl.](山毛榉科)

Chinese chirita ①唇柱苣苔属 [*Chirita* Buch.-Ham.] (苦苣苔科) ②唇柱苣苔 [*Chirita sinensis* Buch.-Ham.]

Chinese chive 韭菜 [*Allium odorum* L. = *A. ramosum* L.](百合科)

Chinese chive rust 韭菜锈病 [*Puccinia allii* (DC.) Rudolph.]

Chinese cinnamon (= cassia cinnamon) 肉桂 [*Cinnamomum cassia* L.](樟科)

Chinese cinquefoil ①委陵菜属 [*Potentilla* L.](蔷薇科) ②委陵菜 [*Potentilla chinensis* Ser.]

Chinese citrus fly (Chinese citrus fruit fly) 橘大实蝇 [*Tetradacus citri* Chen](实蝇科)

Chinese civil code 中文明码〔信息〕

Chinese clematis 中国铁线莲(铁脚威灵仙) [*Clematis chinensis* Osbeck.](毛茛科)

Chinese clinopodium 风轮菜 [*Clinopodium chinense* O. Kuntze](唇形科)

Chinese clovershrub 杭子梢 [*Campylotropis macrocarpa* Rehd.](豆科)

Chinese cochlid 中华里黑青刺蛾 [*Parasa sinica* Moore](刺蛾科)

Chinese coffeetree 肥皂荚 [*Gymnocladus chinensis* Baill.](豆科)

Chinese-coir palm 棕榈 [*Trachycarpus fortunei* (Hook. f. H. Wendl.)](棕榈科)

Chinese coralberry 雪果 [*Symphoricarpus sinensis* Rehd.](忍冬科)

Chinese coriaria ①马桑属 [*Coriaria* L.](马桑科) ②马桑 [*Coriaria sinica* Maxim.]

Chinese coriaria family 马桑科 [Coriariaceae]

Chinese corktree 黄皮树 [*Phellodendron chinense* Schneid. = *P. sinense* Dode.](芸香科)

Chinese corydalis 华紫堇 [*Corydalis cheilanthifolia*](荷包牡丹科)

Chinese cotton 中国棉(指栽培在中国的棉花)

Chinese cowpea burchid 绿豆象 [*Callosobruchus chinensis* L.](豆象科)

Chinese crabapple (= Chinese pearleaf crabapple) 花红(林檎,沙果,文林郎果) [*Malus asiatica* Nakai = *M. prunifolia* var. *rinki* (Koidz.) Rehd.](蔷薇科)

Chinese cryptocarya ①厚壳桂属 [*Cryptocarya* R. Br.](樟科) ②厚壳桂 [*Cryptocarya chinensis* Hemsl.]

Chinese cryptomeria [云南]柳杉 [*Cryptomeria fortunei* Hooibrenk = *C. kawaii* Hayata](杉科)

Chinese cuscuta (= Chinese dodders) 中华菟丝子(海滨金钱藤) [*Cuscutachinensis* L.](菟丝子科)

Chinese cymbidium 墨兰 [*Cymbidium sinense* (Andr.) Willd.](兰科)

Chinese cypress 干柏杉 [*Cupressus duclouxiana* Hickel. = *C. torulosa* Rehd. et Wils. non D. Don.](柏科)

Chinese data transfer system 汉字数据传输系统〔信息〕

Chinese-date (= Chinese date palm) 枣 [*Zizyphus jujuba* Mill. = *Z. sativa* Gaertn.](鼠李科)

Chinese deciduous cypress ①水松属 [*Glyptostrobus* Endl.](杉科) ②水松 [*Glyptostrobus pensilis* (Abel) C. Koch]

Chinese decumaria 赤壁草 [*Decumaria sinensis* Oliv.](绣球科)

Chinese desert candle 独尾[草] [*Eremurus chinensis* O. A. Fedtsch.](百合科)

Chinese deutzia (= deutzia in China) 中国溲疏(全国包括有18种)

Chinese dischidia ①眼树莲属(瓜子金属) [*Dischidia* R. Br.](萝摩科) ②眼树莲(瓜子金) [*Dischidia chinensis* Champ.]

Chinese dodder ①菟丝子属 [*Cuscuta* L.](菟丝子科) ②菟丝子 [*Cuscuta chinensis* Lam.]

Chinese dogwood 四照花 [*Cornus kousa* var. *chinensis* Osborn = *Cornus kousa* Buerg.](山茱萸科)

Chinese Douglas fir 黄杉 [*Pseudotsuga sinensis* Dode.](松科)

Chinese dovetree 珙垌 [*Davidia involucrata* Baill.](珙垌科)

Chinese dwarf chinquapia 茅栗 [*Castanea seguinii* Dode](山毛榉科)

Chinese eagle wood 土沉香 [*Aquilaria sinensis* (Lour.) Gilg](瑞香科)

Chinese economic and trade exhibitions 中国经济贸易展览会〔农经〕

Chinese editor 中文编辑程序〔电脑〕

Chinese elder ①接骨木属［*Sambucus* L.］（忍冬科）②接骨木［*Sambucus williamsii* Hance］

Chinese elm 榔榆（红鸡油）［*Ulmus parvifolia* Jacq. = *U. chinensis* Pers., *U. shirasawana* Dev.］（榆科）

Chinese elongate cottony scale 中华长绵蚧［*Phenacaspis chinensis* Cockerell］（绵蚧科）

Chinese English machine translation system 汉英机器翻译系统

Chinese enkianthus 灯笼树［*Enkianthus chinensis* Fr. = *E. sinohimalaicus* Craib. = *E. himalaicus* var. *chinensis* Diels］（杜鹃科）

Chinese ephedra 麻黄［*Ephedra sinica* Stapf］（麻黄科）

Chinese eumenol angelica 华土当归［*Angelica anomala* var. *chinensis*］（伞形花科）

Chinese evergreen chinkapin 甜槠［*Castanopsis caudata* Fr.］（山毛榉科）

Chinese falsepistache 银鹊树［*Tapiscia sinensis* Oliv.］（省沽油科）

Chinese fan palm 蒲葵［*Livistona chinensis* R. Br.］（棕榈科）

Chinese fevervine 鸡矢藤（牛皮冻）［*Paederia scandens*(Lour.) Merr. = *P. chinensis* Hce., *P. foetida* Thunb.］（茜草科）

Chinese fighazal 水丝梨［*Sycopsis sinensis* Oliv.］（金缕梅科）

Chinese filbert 山白果［*Corylus chinensis* Fr.］（榛科）

Chinese fir 冷杉［*Abies faberi* Craib.］（冷杉科）

Chinese flat cabbage 塌窠菜［*Brassica narinosa* Bailey］（十字花科）

Chinese flowering apple（= Chinese flowering crabapple） 海棠花［*Malus spectabilis* (Ait.) Berkh. = *Pyrus spectabilis* Ait.］（蔷薇科）

Chinese flowering crabapple 海棠［*Malus spectabilis* Borkh.］（蔷薇科）

Chinese flowering-quince（= Chinese quince） 木瓜［*Chaenomeles sinensis* (Thouin.) Kochne.］（蔷薇科）

Chinese forget-me-not（= Chinese houndstongue） 中国勿忘草（倒提壶）［*Cynoglossum amabile* Stapf］（紫草科）

Chinese fringe tree 流苏树［*Chionanthus retusa* Lindl.］（木犀科）

Chinese gall（= Chinese gallnut） 五倍子

Chinese gall aphid 五倍子蚜［*Melaphis chinensis* Bell］（蚜科）

Chinese gallotannin（= Chinese tannin）［中国］五倍子单宁

Chinese garden 中国庭园｛园林｝

Chinese gentian 华龙胆［*Gentiana sino-ornata*］（龙胆科）

Chinese gerbera 大丁草［*Grebera anandria* (L.) SchBip.］（菊科）

Chinese ginger lily 华山姜［*Alpinia chinensis* sp.］（姜科）

Chinese globeflower 金莲花（金梅草）［*Trollius chinensis* Bge.］（毛茛科）

Chinese glycosmis 山小橘［*Glycosmis citrifolia* (Willd). Lindl.］（芸香科）

Chinese golden larch 金钱松［*Pseudolarix amabilis* (Nels.) Rehd. = *P. Kaempfert* Gord.］（松科）

Chinese gooseberry 猕猴桃［*Actinidia chinensis* Planch.］（猕猴桃科）

Chinese grand crinum ①文珠兰属［*Crinum* L.］（石蒜科）②文珠兰［*Crinum asiaticum* L. var. *sinicum* Baker］

Chinese grasshopper（= rice grass hopper）①稻蝗［*Oxyachinensis* Thunberg］②等歧蔗蝗［*Hicroglyphus banian* Fabricius］（蝗科）

Chinese green 鼠李绿（染料）｛显技｝

Chinese green lacewing 中华草蛉［*Chrysopa sinensis* Walker］（草蛉科）

Chinese green ramie 中国青苎麻（青叶苎麻）［*Boehmeria nivea* var. *tenacissima* (Gaud.) Bl. = *B. tenacissima* Gaud.］（荨麻科）

Chinese grewia ①扁担杆属［*Grewia* L.］（椴树科）②扁担杆［*Grewia biloba* G. Don var. *parviflora* (Bge.) Hand-Mazzetti］

Chinese hackberry 朴［*Celtis sinensis* Pers.］（榆科）

Chinese hairy aphid 中华毛蚜［*Chaitophorus chinensis* Takahshi］

Chinese ham 中国火腿（著名特产）

Chinese ham processing 中国火腿加工｛加工｝

Chinese hamster 原仓鼠［*Cricetus cricetus* L.］（仓鼠科）

Chinese hamster cell 原仓鼠细胞

Chinese hamster ovary cell（CHO cell）［中国］原仓鼠卵巢细胞｛生技｝

Chinese-hat-plant 冬红花［*Holmskioldia sanguinea* Retz.］（马鞭草科）

Chinese hawthorn 山楂［*Crataegus pinnatifida* Bunge.］（蔷薇科）

Chinese hazel 山白果（榛子树）［*Corylus chinensis* Franch.］（榛科）

Chinese hemlock（= Chinese hemlock-spruce） 铁杉（仙柏）［*Tsuga chinensis* Pritz.］（松科）

Chinese hibiscus 朱槿［*Hibiscus rosa-sinensis* L.］（锦葵科）

Chinese holly 枸骨［*Ilex cornuta* Lindl.］（冬青科）

Chinese honey bee 中国蜜蜂［*Apis chinensis*］（蜜蜂科）

Chinese honey locust 皂荚［*Gleditschia sinensis* Lam.］（豆科）

Chinese honey suckle 盘叶忍冬［*Lonicera tragophylla* Hemsl.］（忍冬科）

Chinese horsechestnut 七叶树［*Aesculus chinensis* Bge.］（七叶树科）

Chinese house 二色科林花［*Collinsia bicolor* Benth］（玄参科）

Chinese hydrangea 华绣球［*Hydrangea chinensis*］（绣球科）

Chinese hydrangeavine 金叶钻地风［*Schizophragma integrifolium* Sieb. et zucc.］（绣球科）

Chinese incense cedar 翠柏［*Calocedrus macrolepis* Kurz.］（柏科）

Chinese indigo ①庭藤（胡豆）［*Indigofera decora* Lindl.］（豆科）②蓼蓝［*Polygonnum tinctorium* Lour.］（蓼科）

Chinese information processing 中文信息处理

Chinese insect wax 白蜡虫蜡

Chinese iris 马蔺（马莲）［*Iris pallasii* var. *chinensis* Fisch.］（鸢尾科）

Chinese ivy ①常春藤属［*Hedera* L.］（五加科）②常春藤［*Hedera nepalensis* K. Koch var. *sinensis*（Tobl.）Rehd.］

Chinese ixora ①龙船花属［*Ixora* L.］（茜草科）②龙船花［*Ixora chinensis* Lam.］

Chinese joint fir 草麻黄（麻黄）［*Ephedra sinica* Stapf］（麻黄科）

Chinese jujube 枣（枣树）［*Ziziphus jujuba* Mill.］（鼠李科）

Chinese juniper 桧［*Juniperus chinensis* L.］（柏科）

Chinese juniper round scale 中华杜松圆蚧［*Aspidiotus pseudomeyeri* Kuwana］（盾蚧科）

Chinese kale 芥蓝［*Brassica alboglabra* Bailey.］

Chinese katsuratree 银叶连香树［*Cercidiphyllum japonicum* var. *sinense* Rehd. et Wils.］（连香树科）

Chinese kousa dogwood 凋凌树［*Cornus kousa* var. *chinensis* Osb.］（山茱萸科）

Chinese ladybell 中华沙参［*Adenophora sinensis* A.DC.］（桔梗科）

Chinese Language Computer Society（**CLCS**） 中文计算机学会

Chinese language understanding 中文理解

Chinese languages 中文

Chinese lantern lily ①灯笼百合属［*Sandersonia* spp.］（百合科）②灯笼百合［*Sandersonia aurantiaca* sp.］

Chinese lantern-plant（= strawberry groundcherry, wintercherry） 酸浆（红姑娘）［*Physalis alkekengi* L. = *P. francheti* Mast.］（茄科）

Chinese larch 红杉（波氏落羽松）［*Larix potaninii* Batal. = *L. chinensis* Beiss. = *L. thibetica* Fr］（松科）

Chinese laurel（= salamander tree） 五味子（五月茶，酸味子）［*Antidesma bunius* Spreng.］（大戟科）

Chinese layering 高压法{园艺}

Chinese leek（= gynmigit） 韭菜（韭）［*Allium tuberosum* Rottler］（石蒜科）

Chinese leptodermis ①野丁香属［*Leptodermis* Wall.］（茜草科）②野丁香（薄皮木）［*Leptodermis oblonga* Bge.］

Chinese lespedeza 绢毛胡枝子（截叶铁扫帚）［*Lespedeza cuneata*（Dum.-cours.）Don. = *L. sericea* Miq.］（豆科）

Chinese lettuce 长叶莴苣（生菜）［*Lactuca sativa* var. *longifolia* Lam.］

Chinese lilac 华丁香（什锦丁香）［*Syringa chinensis* Willd. = *S. persica* × *S. vulgaris*］（木犀科）

Chinese linden 华椴树［*Tilia chinensis* Maxim. = *T. baroniana* Dlels.］（椴科）

Chinese littleleaf box 华黄杨［*Buxus microphylla* var. *sinica* Rehd.et wils.］（黄杨科）

Chinese lizard-tail ①三白草属［*Saururus* L.］（三白草科）②三白草［*Saururus chinensis*（Lour.）Baill.］

Chinese lophantherum 中华淡竹叶［*Lophantherum sinense* Kendle］（禾本科）

Chinese loropetalum ①檵木属［*Loropetalum* R. Br.］（金缕梅科）②檵木［*Loropetalum chinense* R. Br.］

Chinese lovegrass 牛虱草［*Eragrostis uni-*

oloides(Retz.) Nees. = *Poa unioloides* Retz.](禾本科)

Chinese maackia 马鞍树[*Maackia chinensis* Tak.](豆科)

Chinese magnolia 圆叶玉兰[*Magnolia sinensis* Staph. = *M. globosa* var. *sinensis* Rehd. et Wils.](木兰科)

Chinese magnoliavine 五味子[*Schisandra chinensis* (Turcz.)Baill.](五味子科)

Chinese mahogany 香椿[*Cedrela sinensis* A.Juss.](楝科)

Chinese mahonia 十大功劳[*Mahonia fortunei* Mouill.](小檗科)

Chinese malaria mosquito 中华按蚊[*Anopheles hyrcanus sinensis* Wied](按蚊科)

Chinese mantid 中华螳螂[*Tenodera aridifolia sinensis* Sauss.](螳螂科)

Chinese maple 丫角树[*Acer sinense* Pax.](槭科)

Chinese mat flatsedge 席草状莎草[*Cyperus tegetiformis*](莎草科)

Chinese mat grass 席草[*Cyperus malaccensis* L.](莎草科)

Chinese mat rush 包席蔺[*Lepiconia mucronata* Rich.](莎草科)

Chinese Materia Medica 本草纲目(李时珍著)

Chinese matgrass 三角蔺(席草状莎草,七岛蔺,琉球蔺,芏苡)[*Cyperus tegetiformis* Roxb.](莎草科)

Chinese matrimony-vine (= Chinese wolfberry) 枸杞[*Lycium chinensis* Mill.](茄科)

Chinese may apple ①鬼臼属[*Podophyllum* L.](小檗科) ②鬼臼[*Podophyllum versipelle* Hance]

Chinese medicinal herbs 中草药

Chinese medicine 中医

Chinese milk vetch (= genge) 紫云英[*Astragalus sinicus* L.](豆科)

Chinese millet (= Kaoliang, Chinese sorghum) 中国高粱

Chinese mock orange ①山梅花属[*Philadelphus* L.](虎耳草科) ②山梅花[*Philadelphus incanus* Kochne]

Chinese monkshood 乌头[*Aconitum chinense* Paxt.](毛茛科)

Chinese mulberry 华桑[*Morus cathayana* Hemsl](桑科)

Chinese mulberry leaf beetle 华桑叶甲[*Platyxantha chinensis* Maulik](叶甲科)

Chinese mushroom 苞脚菇(草菇)[*Volvaria volvacea* (Bull.) Fr.](伞菌科)

Chinese mustard 大油菜(芥菜)[*Brassica cernua* Forbes et Hemsl.](十字花科)

Chinese narcissus ①水仙属[*Narcissus* L.](石蒜科) ②水仙[*Narcissus tazetta* L. var. *chinensis* Room.]

Chinese Neillie 奈尔李[*Neillia sinensis* Oliv.](蔷薇科)

Chinese nut oil 中国壳果油

Chinese oak silkworm 柞蚕[*Antheraea pernyi* Guérin](蚕蛾科)

Chinese obscure scale 中国黑星圆蚧[*Parlatoria chinensis* Marlatt](盾蚧科)

Chinese olive 橄榄[*Canarium album* Raeusch.](橄榄科)

Chinese orange [柑]橙[*Citrus sinensis* (L.)Osbeck.](芸香科)

Chinese osmanthus 红柄木犀[*Osmanthus armatus* Diels.](木犀科)

Chinese paliurus 铜钱树(大叶马甲)[*Paliurus hemsleyanus* Rehd. = *P. orientalis* Hemsl.](鼠李科)

Chinese parasol tree 梧桐[*Firmiana simplex* W.F. Wight.](梧桐科)

Chinese pea tree ①锦鸡儿属[*Caragana* Lam.](豆科) ②锦鸡儿[*Caragana sinica* Rehd = *C. chamlagu* Lam.]

Chinese pear 白梨[*Pyrus bretschneideri* Rehd.](蔷薇科)

Chinese pear-leaf crabapple 花红(林檎)[*Malus asiatica* Nakai](蔷薇科)

Chinese pearlbloomtree 山拐枣[*Poliothyrsis sinensis* Oliv.](大风子科)

Chinese peashrub 锦鸡儿[*Caragana sinica* Rehd. = *C. chamlagu* Lam.](豆科)

Chinese pennisetum 狼尾草[*Pennisetum alopecuroides* (L.)Spreng.](禾本科)

Chinese peony (= Chinese paeony) 芍药[*Paeonia albiflora* Pall.](毛茛科)

Chinese pepper scale 中华胡椒蜡蚧[*Lecanium sansho* Shinji](蜡蚧科)

Chinese persimmon 乌柿[*Diospyros sinensis* Hemsl. = *D. armata* Diels. non Hemsl.](柿科)

Chinese pholidota ①石仙桃属[*Pholidota* Lindl.](兰科) ②石仙桃[*Pholidota chinensis* Lindl.]

Chinese photinia 石楠[*Photinia serrulata* Lindl.](蔷薇科)

Chinese pieris 福氏马醉木[*Pieris forresti*

Harrow.]（杜鹃科）

Chinese pine 油松 [*Pinus tabulaeformis* Carr.]（松科）

Chinese pine caterpillar 松毛虫 [*Dendrolimus tabulaeformis* Tsal et Liu]（枯叶蛾科）

Chinese pink 石竹 [*Dianthus chinensis* L.]（石竹科）

Chinese pistache 黄连木 [*Pistacia chinensis* Bunge.]（漆树科）

Chinese plum 李 [*Prunus salicina* Lindl.]（蔷薇科）

Chinese plumyew 三尖杉 [*Cephalotaxus fortunei* Hook.]（粗榧科）

Chinese podocarpus 短叶罗汉松 [*Podocarpus macrophyllus* var. *maki* End.]（罗汉松科）

Chinese poplar 大叶杨 [*Populus lasiocarpa* Oliv. = *P. fargesii* Fr.]（杨柳科）

Chinese poppy 黄花绿绒蒿 [*Meconopsis chelidonifolia* sp.]（罂粟科）

Chinese potato（= Chinese yam, cinnamon vine） 薯蓣（山药）[*Dioscorea batatas* Dcne.]（薯蓣科）

Chinese potato thrips（= onion thrips） 葱蓟马(烟蓟马)[*Thrips tabaci* Lindeman]（蓟马科）

Chinese pothos ①藤橘属 [*Pothos* L.]（天南星科）②藤橘（中国石柑子）[*Pothos chinensis*（Raf.）Merr.]

Chinese primrose 藏报春（中国樱草）[*Primula sinensis* Sab.]（报春科）

Chinese printer 汉字印刷机，汉字打印机

Chinese privet ①女贞属 [*Ligustrum* L.]（木犀科）②女贞 [*Ligustrum lucidum* Ait.] ③小蜡（山蜡树）[*Ligustrum sinense* Lour.]

Chinese pulsatilla 白头翁 [*Pulsatilla chinensis*（Bge.）Regel]（毛茛科）

Chinese pussy willow 银芽柳 [*Salix gracilistyla* Miq.]（杨柳科）

Chinese quince ①木瓜属 [*Chaenomeles* Lindl.]（蔷薇科）②木瓜(山东木瓜）[*Chaenomeles sinensis* Kochne]

Chinese race 中国种（指动物）

Chinese radish 萝卜(莱菔）[*Raphanus sativus* L. var. *longipinnatus* Bailey]（十字花科）

Chinese randia 鸡爪簕 [*Randia sinensis*（Lour.）Schultes]（茜草科）

Chinese rat louse 中华鳞虱 [*Polyplax chinensis* Ferris.]

Chinese rattan vine ①勾儿茶属 [*Berchemia* Neck.]（鼠李科）②勾儿茶 [*Berchemia lineata* DC.]

Chinese red bud ①紫荆属 [*Cercis* L.]（苏木科）②紫荆 [*Cercis chinensis* Bunge]

Chinese rhubarb 掌叶大黄 [*Rheum palmatum* L.]（蓼科）

Chinese rice small skipper 中华稻苞虫 [*Relopides sinensis* Mabille]（弄蝶科）

Chinese rose 月季 [*Rosa chinensis* Jacq.]（蔷薇科）

Chinese rose beetle（= rose beetle） 茶色丽金龟 [*Adoretus sinicus* Burm.]（金龟科）

Chinese sacred lily 水仙 [*Narcissus tazetta* var. *chinensis* Roem.]（石蒜科）

Chinese sapium（= Chinese tallow tree） 乌桕 [*Sapium sebiferum* Roxb.]（大戟科）

Chinese sasa 华赤竹 [*Sasa sinica* Keng]（禾本科）

Chinese sassafras 檫树 [*Sassafras tzumu* = *Pseudosassafras tzumu*, *P. taxiflora*]（樟科）

Chinese sausage 中国腊肠，中国香肠（著名特产）

Chinese sausage processing 中国腊肠加工 {加工}

Chinese scale（= San José scale） 梨圆蚧（轮心蚧）[*Quadraspidiotus perniciosus*（Comstock）]（盾蚧科）

Chinese scholar-tree ①槐 [*Sophora* L.]（豆科）②槐 [*Sophora japonica* L.]

Chinese sea-lavender 补血草(匙叶草）[*Limonium sinense*（Girard）O. Ktze. = *Statice sinensis* Girard]（蓝雪科）

Chinese service-berry ①扶移属 [*Amelanchier* Medih.]（蔷薇科）②扶移（唐棣）[*Amelanchier sinica*（Schneid）Chun]

Chinese silkvine ①杠柳属 [*Periploca* L.]（萝藦科）②杠柳 [*Periploca sepium* Bge.]

Chinese silvergrass 芒 [*Miscanthus sinensis* Anders.]（禾本科）

Chinese simmodsia 中华西蒙德木 [*Simmondsia chinensis* Schneid.]（黄杨科）

Chinese singkwa 棱角丝瓜(粤丝瓜）[*Luffa acutangula* Roxb.]（葫芦科）

Chinese snowball（= Chinese viburnum） 木绣球 [*Viburnum macrocephalum* For.]（忍冬科）

Chinese snowbell 矮茉莉 [*Styrax wilsonii* Rehd.]（安息香科）

Chinese snowberry (Chinese coral berry) ①雪果属［*Symphoricarpos* Duham.］忍冬科 ②雪果［*Symphoricarpos sinensis* Rehd.］

Chinese soapberry 无患子［*Sapindus mukorossi* Gaertn.］(无患子科)

Chinese soaptree ①皂荚属［*Gleditsia* Clayton］(苏木科) ②皂荚［*Gleditsia sinensis* Lam.］

Chinese Society of Agricultural Engineering (CSAE) 中国农业工程学会

Chinese soft-shelled turtle 鳖［*Amyda sinensis* (Wiegmann)］

Chinese spicebush 香叶树(冷青子,千斤树)［*Lindera communis* Hemsl.］(樟科)

Chinese spinach (= inca wheat) 老枪谷(千穗谷)［*Amaranthus caudatus* L.］(苋科)

Chinese spiraea 华绣线菊(铁黑汉条)［*Spiraea chinensis Maxim.*］(蔷薇科)

Chinese spotted neck dove 珠颈斑鸠(鹁鸪)

Chinese spruce ①云杉属［*Picea* A. Dictr.］(松科) ②云杉［*Picea asperata* Mast.］

Chinese squill 锦枣儿［*Scilla chinensis* (Lour) Merr.］(百合科)

Chinese St. John, swort 金丝桃［*Hypericum chinensis* L.］(金丝桃科)

Chinese stachyurus ①旌节花属［*Stachyurus* Sieb. et Zucc.］(旌节花科) ②旌节花［*Stachyurus praecox* Sieb. et Zucc.］

Chinese starjasmine 络石［*Trachelospermum jasminoides* Lem.］(夹竹桃科)

Chinese statice ①补血草属［*Limonium* Mill.］(蓝雪科) ②补血草(匙叶草)［*Limonium sinense* (Girard) O. Ktze.］

Chinese stauntonia ①野木瓜属［*Stauntonia* DC.］(木通科) ②野木瓜［*Stauntonia chinensis* DC.］

Chinese stephanandra 中华空木［*Stephanandra chinensis* Hance］(蔷薇科)

Chinese stewartia 紫茎［*Stewartia sinensis* Rehd. et Wils.］(茶科)

Chinese stranvaesia 红果树(脱斯兰木)［*Stranvaesia davidiana* Rehd. et Wils.］(蔷薇科)

Chinese sumac 盐肤木［*Rhus chinensis* Mill.］(漆树科)

Chinese sumac aphid 盐肤木倍蚜［*Melaphis intermedius* Matsumura］

Chinese sumac pyralid 盐肤木黑条螟［*Bostra indicator* Walker］(螟蛾科)

Chinese sumac rosy gall aphid 盐肤木红仿棓蚜［*Nurudea rosea* Matsumura］(蚜科)

Chinese superfine groundnut oil 中国香味花生油

Chinese swallow wort ①鹅绒藤属(牛皮消属)［*Cynanchum* L.］(萝藦科) ②鹅绒藤［*Cynanchum chinense* R. Br.］

Chinese sweet cherry 中国樱桃［*Prunus pseudocerasus* Lindl.］(蔷薇科)

Chinese sweet leaf 华山矾［*Symplocos chinensis* (Lour.) Druce = *S. sinica* Ker.］(山矾科)

Chinese sweet spire 鼠刺［*Itea chinensis* Hook. et Arn.］(虎耳草科)

Chinese system interface 中文系统接口{信息}

Chinese tallow 乌桕油

Chinese tallow tree 乌桕［*Sapium sebiferum* Roxb.］(大戟科)

Chinese tamarisk 柽柳［*Tamarix chinensis* Lour.］(柽柳科)

Chinese tannin (= Chinese gallotannin)［中国］五倍子单宁

Chinese tea-oecophorid 茶织叶蛾［*Cosmara patrona* Meyrick］(织叶蛾科)

Chinese tetracentron ①水青树属［*Tetracentron* Oliv.］(水青树科) ②水青树［*Tetracentron sinense* Oliv.］

Chinese thrips 中华皮蓟马［*Haplothrips chinensis* Priesner］(蓟马科)

Chinese thyme ①百里香属［*Thymus* L.］(唇形科) ②百里香［*Thymus vulgaris* L.］

Chinese toon 香椿［*Toona sinensis* (A. Juss.) Roem.］(楝科)

Chinese torreya 榧［*Torreya grandis* Fortune］(紫杉科)

Chinese trapella 茶菱［*Trapella sinensis* Oliv.］(胡麻科)

Chinese trumpet-creeper 凌霄花［*Campsis chinensis* Voss.］(紫葳科)

Chinese tsoongstree ①观光木属［*Tsoongiodendron* Chun.］(木兰科) ②观光木(宿轴木兰)［*Tsoongiodendron odorum* chun］

Chinese tuliptree 鹅掌楸［*Liriodendron chinensis* Sargent］(木兰科)

Chinese tung oil ［中国产］桐油

Chinese tupelo 紫树［*Nyssa sinensis* Oliv.］(珙珂科)

Chinese tusser 柞蚕［*Antheraea pernyi* Guérin-Mé-neville］

Chinese twinleaf 鲜黄连［*Jeffersonia*

dubia Benth. et Hook. f.]（小檗科）
Chinese vegetable wax 乌桕蜡
Chinese velvetbean 龙爪黧豆（狗爪豆，狗踭豆）[*Stizolobium cochinchinensis*（Lour.）Tang et Wang = *Marcanthus cochinchinensis* Lour. *S. niveum* O. Ktze.]（豆科）
Chinese walnut 野核桃 [*Juglans cathayensis* Dode.]（胡桃科）
Chinese wampee 黄皮 [*Clausena lansium*（Lour.）Skeels.]（芸香科）
Chinese water chestnut 荸荠（地栗）[*Heleocharis plantaginea* R. Br.]（莎草科）
Chinese water scorpion 螳蝽 [*Ranatra chinensis* Mayr]（蝎蝽科）
Chinese wax 白蜡
Chinese wax insect（= white wax insect）白蜡虫 [*Ericerus pe-la* Chavannes]（蜡蚧科）
Chinese waxgourd 冬瓜 [*Benincasa hispida* Cogn. = *B. cerifera* Savi]（葫芦科）
Chinese waxmyrtle ①杨梅属 [*Myrica* L.]（杨梅科）②杨梅 [*Myrica rubra*（Lour.）Sieb. et Zucc.]
Chinese waxy maize 中国蜡型种玉米
Chinese weeping cypress 柏（柏木）[*Cupressus funebris* Endl.]（柏科）
Chinese weigela 华杨栌 [*Weigela japonica* var. *sinica*]（忍冬科）
Chinese wheat sawfly（= wheat sawfly）麦叶蜂 [*Dolerus tritici* Chu]（叶蜂科）
Chinese wheel 水车{农具}
Chinese white olive 白榄 [*Canarium album* Raeusch.]（橄榄科）
Chinese white poplar 毛白杨（大叶杨）[*Populus tomentosa* Carr.]（杨柳科）
Chinese wildrye 羊草 [*Elymus chinensis*（Trin.）Kitag.]（禾本科）
Chinese willow 中国柳 [*Salix cathayana* Diels]（杨柳科）
Chinese wingleaf pricklyash 竹叶椒 [*Zanthoxylum planispinum* Sieb. et Zucc. = *Z. alatum* Hemsl. non Roxb.]（芸香科）
Chinese wingnut 枫杨 [*Pterocarya stenoptera* DC.]（胡桃科）
Chinese winterberry currant 大蔓茶藨子 [*Ribes fasoiculatum* var. *chinensis* Maxim.]（虎耳草科）
Chinese winterhazel 蜡瓣花 [*Corylopsis sinensis* Hemsl.]（金缕梅科）
Chinese wistaria 紫藤 [*Wistaria sinensis* Sweet.]（豆科）
Chinese witchhazel 金缕梅 [*Hamamelis mollis* Oliv.]（金缕梅科）
Chinese wolfberry ①枸杞属 [*Lycium* L.]（茄科）②枸杞 [*Lycium chinensis* Mill.]
Chinese wood fern 中华鳞毛蕨 [*Dryopteria chinensis* Koidzumi]（鳞毛蕨科）
Chinese xanthoceras ①文冠果属 [*Xanthoceras* Bunge]（无患子科）②文冠果 [*Xanthoceras sorbifolia* Bunge]
Chinese yam（= Chinese potato cinnamon vine）薯蓣（山药）[*Dioscorea batatas* Dcne.]（薯蓣科）
Chinese yam with flat tuber 佛掌薯（品种）
Chinese yeast 酒药（中国酵母）[*Saccharomyces mandshuricus* Saito.]（内孢霉科）
Chinese yellowwood 小花香槐 [*Cladrastis sinensis* Hemsl.]（豆科）
Chinese yew 红豆杉 [*Taxus chinensis* Rehd.]（紫杉科）
Chinese young white cabbage 小白菜（青菜）[*Brassica chinensis* L.]（十字花科）
Chinese zanthoxylum ①花椒属 [*Zanthoxylum* L.]（芸香科）②花椒 [*Zanthoxylum simulans* Hance]
Chinese zelkova 小叶榉树（大果榉）[*Zelkova sinica* Schneid.]（榆科）
Chingma abutilon 苘麻 [*Abutilon theophrasti* Med. = *A. avicennae* Gaertn.]（锦葵科）
chinine 奎宁 [$C_{20}H_{24}O_2N_2$]
chink ①裂缝，裂隙，裂罅（fissura）②龟裂（rima）
Chinkapin 茅栗 [*Castanea seguinii* Dode]（山毛榉科）
chinkapin oak 黄栗栎 [*Quercus muhlenbergii* Engelm.]（山毛榉科）
chinked ①裂缝的 ②龟裂的（rimatus）
chinolin blue 喹啉蓝，氮萘蓝{显技} [$C_{29}H_{25}N_2I$]
chinomethionat（= chinomethionate，oxythioquinox）灭螨猛（杀螨剂）[$C_{10}H_6N_2OS_2$]
chinone 醌 [$C_6H_4O_2$]
chinosa rose 美果蔷薇 [*Rosa calocarpa* Willm. = *R. rugosa*×*R. chinensis*]（蔷薇科）
chinovin 金鸡纳[树皮]苷
chinquapin 毛枝栗 [*Castanea pumila* Mill.]（山毛榉科）
chintz ①印花棉布 ②换纱，更纱
chionophilous 适雪的，喜雪的（chiono-

philus)
chionophilous plant 喜雪植物(planta chionophila)
chionophobe 嫌雪植物
chionophobous 避雪的,嫌雪的(chionophobus)
chionophyllous 雪叶的(chionophyllus)
chionophyllous saussurea 雪白叶凤毛菊[*Saussurea chionophylla* Takeda.](菊科)
chionophyte 雪地植物(chionophyta)
chionophytia 雪地植物群落
chip ①(芽接的)嵌片 ②木片 ③薯片 ④芯片,晶片 ⑤组件
ChIP (= channel intrinsic protein) 通道内在蛋白{分生}
chip architecture 芯片{本系结构}{电脑}
chip attachment 芯片贴装
chip board 粗纸板
chip budding 嵌接
chip carrier 芯片载体
chip color 薯片色泽{栽培}
chip die 芯片
chip enable (CE) 片选{电脑}
chip grinder 木片研磨机(指做木浆)
chip inspection 芯片检测,芯片检验
chip layout 芯片设计,芯片布设
chip microprocessor 单片微处理机(器)
chip on board (COB) 芯片直接电路板
chip selection 芯片选择,片选
chip set 成套芯片
chip size ①芯片大小,芯片尺寸 ②集成电路片尺寸
chip size package 芯片大小组件{信息}
chipidium 扇状聚伞花序
chipmunks 金花鼠
chipper 削切机,切片机,切碎机
chippewa 七百万(马铃薯品种)
chipping 切片,削片
chips of wood 木片
chir pine 长叶松[*Pinus longifolia* Roxb.](松科)
Chiral 手性的{分生}
chiral building block (= chiron) 手性构件,手性结构单元
chiral molecule 手性分子
chiral polymer 手性聚合物
chiral reagent 手性试剂
chirality 手性(chiralitas){分生}
chiron 手性子{分生}
chironomus (= chironomous) ①摇蚊属[*Chironomus* Wiedemann](摇蚊科)②摇蚊[*Chironomus* sp.] ③⌊复⌉摇蚊科[Chironomidae]
chiropterophilous 蝙蝠媒的(chiropterophilus)
chiru 长角羚(chirus)
chise (= Chinese chive) 韭菜[*Allum tuberosum* Roxb. = *A. odorum* non L.](百合科)
chise sprout 韭黄
chise stem 韭菜薹
chisel 凿子
chisel opener 凿形开沟器
chisel plow 凿形[松土]犁
chisel plowing 凿耕法(用凿形松土犁深松土,不翻垡)
chisel-type cultivator 心土松土机,深耕松土机
chisel-type harrow 凿齿耙,
chiseling (= chiselling) 凿耕,深松土
chiseling method 凿耕法(chisel plowing)
chisley soil 石质土,砾质土
chit ①(马铃薯)幼芽,嫩芽 ②便条,单据 ③证明书 ④发芽
chitin ①几丁质,甲壳质 ②壳多糖,聚乙酰氨基葡糖
chitin decomposing bacteria 几丁质分解细菌
chitinase 几丁[质]酶,壳多糖酶
chitinization 几丁化(chitinisatio)
chitinized 几丁化,明角化
chitinolytic 壳多糖分解的(chitinolyticus)
chitinolytic activity 壳多糖分解活性
chitinous membrane 几丁质膜
chitobiose 壳二糖,几丁二糖
chitodextrin 壳糊精
chitosamine 壳糖胺,氨基葡糖,葡糖胺[$C_6H_{11}O_5 \cdot NH_2$]
chitosan 脱乙酰壳多糖,脱乙酰几丁质,聚氨基葡萄糖
chitose 壳糖,2,5-缩水甘露糖[$C_6H_{12}O_6$]
chittagong chickrassy ①麻楝属[*Chukrasia* A. Juss.](楝科)②麻楝[*Chukrasia tabularis* A. Juss.]
chitted potato planter 带芽马铃薯种植机
chitting ①萌动 ②催芽,萌芽
chitting period 催芽期
chitting tray 萌芽器(皿)
chive 细香葱[*Allium schoenoprasum* L.](百合科)
chl ①(= chlorophyll) 叶绿素 ②(= chloroplast) 叶绿体
chl DNA (= chloroplast DNA) 叶绿体DNA{分遗}
chlamydate ①有护被的 ②具芽鳞的

(chlamydatus)
chlamydeous 具花被的(chlamydeus)
chlamydeous flower 有被花(flos chlamydeus)
chlamydia ①护被 ②芽鳞(chlamydia) ③衣原体属[*Chlamydia* Rake](衣原体科)
chlamydobacteriales 衣细菌目[Chlamydobacteriales]
chlamydocarpous 被果的(chlamydocarpus)
chlamydomonad 衣藻型的(chlamydomonadeus)
chlamydomonad type 衣藻型(typus chlamydomonadeus)
chlamydomonas ①衣藻属[*Chlamydomonas* Ehreb.](衣藻科) ②衣藻[*Chlamydomonas* sp.]
chlamydomonas family 衣藻科[Chlamydomonadaceae]
chlamydomorphic fabric 鞘膜状组织
chlamydospore 厚垣孢子(chlamydospora)
chlamyolia family 衣原体科[Chlamydiaceae]
chlamys 护被
chlidanthus ①千花属[*Chlidanthus* Horb.] ②千花[*Chlidanthus* sp.]
chlon 五氯酚[钠]
chlor- ⌊字头⌉绿,氯
chlor-containing organic insecticide 含氯有机杀虫剂
chlor-containing organic pesticide 含氯有机农药
chloracanthous 绿刺的(chloracanthus)
chloracetyl- 氯乙酰[基]
chloral 氯醛,三氯乙醛[CCl_3CHO]
chloral carmine 三氯乙醛胭脂红{显技}
chloral hydrate 氯醛水化物,水合氯醛,一水合三氯乙醛[$Cl_3CCH(OH)_2$]
chloral hydrate in cancer 癌研究的氯醛水合物
chloramben 草灭平,豆科威(除草剂)[$C_7H_5Cl_2NO_2$]
chlorambucil 苯丁酸氮芥
chloramine 氯胺[NH_2Cl]
chloramphenicol (=chloromycetin) 氯霉素(杀菌剂)
[$C_{11}H_{12}Cl_2N_2O_5$]
chloramphenicol acetyltran'sferase (CAT) 氯霉素乙酰转移酶
chloramphenicol resistance 氯霉素抗性
chloranil 四氯苯醌(杀菌剂)[$C_6Cl_4O_2$]
chloranthous 具绿花的(chloranthus)
chloranthus family 金粟兰科[Chloranthaceae]
chloranthy 绿叶化(指花)(chloranthia)
chlorapatite 氯磷灰石[$3Ca_3P_2O_8 \cdot CaCl_2$]
chlorate 氯酸盐[$MClO_3$]
chlorate ion 氯酸根离子,氯酸盐离子
chlorate mehtod 氯酸盐法
chlorathiazide 氯[苯并]噻嗪
chlorazine 可乐津(除草剂)
[$C_{11}H_{20}ClN_5$]
chlorazol black E 氯偶氮黑E(染料){显技}
chlorbensid (=chlorocide) 氯杀螨,氯杀(杀螨剂)[$C_{13}H_{10}Cl_2S$]
chlorbromide paper 氯溴纸
chlorbromuron 氯溴隆(除草剂)
[$C_9H_{10}BrClN_2O_2$]
chlorbufam 氯草灵(除草剂)
[$C_{11}H_{10}ClNO_2$]
chlordane 氯丹(杀虫剂)
[$C_{10}H_6Cl_8$]
chlordimeform 杀虫脒(通称)
chlorella ①小球藻属[*Chlorella* Bei.](绿球藻科) ②小球藻[*Chlorella vulgaris* Bei.]
chlorellin 藻素,球藻素
chlorenchyma 绿色薄壁组织
chlorenchyma cell 绿色薄壁组织细胞(cellula chlorenchymatica)
chloretone 氯惹酮,偕三氯叔丁醇
chlorfenethol 杀螨醇,敌螨(杀螨剂)
[$C_{14}H_{12}Cl_2O$]
chlorfenson 杀螨酯,螨卵酯(杀螨剂)
[$C_{12}H_8Cl_2O_3S$]
chlorfensulphide 敌螨丹(杀螨剂)
[$C_{12}H_6Cl_4N_2S$]
chlorfenvinphos 毒虫畏(杀虫剂)
[$C_{12}H_{14}Cl_3O_4P$]
chlorhydrin 氯醇(指含氯的醇)
chloric acid 氯酸[$HClO_3$]
chloride 氯化物
chloride channel 氯离子通道{生技}
chloride ion 氯化离子
chloride of lime (=chlorinated lime) 漂白粉,氯化石灰{环保}
chloride of potash 氯化钾
chloride remote sensing 氯化物遥感{遥感}
chloride shift 氯[离子]转移
chloride sodium 氯化钠
chlorin 二氢卟酚
chlorinated ①绿色的 ②氯化的(chlorina-

tus)

chlorinated copperas 氯化绿矾［$FeCl \cdot SO_4$］｛环保｝

chlorinated hydrocarbon 氯化烃

chlorinated insecticide 氯化杀虫剂,含氯杀虫剂

chlorinated lime 氯化石灰,漂白粉

chlorinated pesticides 氯化农药,含氯农药

chlorinated product 氯制剂

chlorination 氯化,加氯作用(chlorinatio)

chlorination acetolysis method 氯化醋解法

chlorination in trade waste 工业废水的氯化［处理］｛环保｝

chlorination of cooling water 冷却水的氯化

chlorination of drinking water 饮用水加氯(消毒)｛环保｝

chlorination of sewage 污水氯化,污水加氯｛环保｝

chlorination room 加氯间｛环保｝

chlorination with ammonification 氨法加氯,加氯氨［法］｛环保｝

chlorinator 加氯机｛环保｝

chlorinator installation 加氯设施｛农施｝

chlorinator operating under pressure 压力加氯机

chlorinator operating under vacuum 真空加氯机

chlorine ①氯(Cl,17号元素)②氯气

chlorine absorpability 吸氯性

chlorine addition 加氯

chlorine-consuming 耗氯的

chlorine consumption 耗氯量

chlorine container 盛氯器,氯瓶

chlorine content 含氯量

chlorine cylinder 氯筒

chlorine demand 氯需要量,需氯量

chlorine dioxide 二氧化氯［ClO_2］

chlorine dosage 氯剂量,加氯量

chlorine feed unit 投氯设备,加氯单元｛环保｝

chlorine gas poisoning 氯气中毒

chlorine hydrate 水合氯

chlorine ice 氯冰

chlorine level 含氯量,氯水平

chlorine number 氯价

chlorine organic insecticide 有机氯杀虫剂

chlorine output 产氯［气］量

chlorine requirement 需氯量

chlorine taste 氯味

chlorine water 氯水

chlorinity 氯度,含氯量

chloris ①虎尾草属［*Chloris* Sw.］(禾本科)②虎尾草［*Chloris virgate* Sw.］

chlorite ①亚氯酸盐［$MClO_2$］②绿泥石

chlorite of potash 次氯酸钾

chlorite schist 绿泥石片岩［$H_4(Mg,Fe)_2Si_2O_9$］

chloritoid 硬绿泥石［$(Fe, Mg, Mn)Al_2SiO_7$］

chlorlignin 氯化木质素

chlormadione 氯地孕酮

chlormequat 矮壮素(生长调节剂)［$C_5H_{13}Cl_2N$］

chlormerodrin 氯汞丙脲

chloro- ［字头］绿

chloroacetone 氯丙酮

chlorobacteriaceae 绿硫菌科［Chlorobacteriaceae］

chlorobenzilate 乙酯杀螨醇(杀螨剂)［$C_{16}H_{14}Cl_2O_3$］

chlorobium vesicle 叶绿层泡

chlorobromide paper 氯溴化银相纸｛遥感｝

chlorocephalous 绿头的(chlorocephalus)

chlorocholine chloride (=CCC) 矮壮素

chlorocide (=chlorbensid) 氯杀螨

chlorocobalamin 氯钴胺素

chlorococcum ①绿球藻属［*Chlorococcum* spp.］(绿球藻科)②绿球藻［*Chlorococcum* sp.］

chlorococcum family 绿球藻科［Chlorococcaceae］

chlorocruorin 血绿蛋白

chlorofenson 杀螨酯(杀螨剂)［$C_{12}H_8Cl_2O_3S$］

chloroform 氯仿,三氯甲烷［$CHCl_3$］

chloroform as antemedium 前介质用氯仿

chloroform as fixative 固定用氯仿

chloroformismus ①氯仿中毒 ②氯仿麻醉

chlorofucine 叶绿素C

chlorogenic acid 绿原酸［$HO_2C_6H_3CHCHCOOC_6H_7(OH)_3COOH$］

Chlorogulfane 克氯杀粉(杀菌剂)

chlorolabe 绿敏素,感绿色素

chloroleukemia (=chloroleukaemia) 绿色白血病,绿色瘤

chloroma 绿色瘤,绿色白血病

chlorometer 氯量计

chlorometry ①氯测定 ②氯测定法(chlorometrica)

chloromycetin 氯霉素

chloroneb 地茂散,地茂丹(杀菌剂)［$C_8H_8Cl_2O_2$］

chloroneurous 绿脉的(chloroneurus)

chloropal 绿旦白石［$H_6Fe_2(SiO_4) \cdot 2H_2O$］

chloropalladic acid 钯氯酸［$H_2(PdCl_6)$］
chloropetalous 绿瓣的(chloropetalus)
chlorophacinone 氯鼠酮(杀鼠剂)［$C_{23}H_{15}ClO_3$］
chlorophenol 氯酚，氯苯酚［ClC_6H_4OH］{生化}
chlorophenol red 氯酚红
chlorophenol taste 氯苯酚味
chlorophenoxy herbicides 氯代苯氧型除草剂
chlorophore 载绿体(chlorophorum)
chlorophyceae 绿藻［纲］［Chlorophyceae］
chlorophyll 叶绿素(chlorophyllum)
chlorophyll a 叶绿素 a［$C_{55}H_{72}O_5N_4Mg$］
chlorophyll a/b ratio 叶绿素 a/b 比值(指叶绿素 a 与叶绿素 b 的比)
chlorophyll abnormality 叶绿素反常性
chlorophyll absorption effect 叶绿素吸收效应
chlorophyll accumulation 叶绿素聚积
chlorophyll activity 叶绿素活度
chlorophyll apparatus 叶绿素器
chlorophyll b 叶绿素 b［$C_{55}H_{70}O_6N_4Mg$］
chlorophyll-binding protein 叶绿素结合蛋白
chlorophyll breakdown 叶绿素降解
chlorophyll c 叶绿素 c
chlorophyll concentration 叶绿素浓度
chlorophyll content 叶绿素含量
chlorophyll content per chloroplast 每叶绿体叶绿素含量
chlorophyll corpuscle(= chloroplast) 叶绿体
chlorophyll d 叶绿素 d
chlorophyll defect 叶绿素缺乏，缺绿症
chlorophyll deficiency 叶绿素缺乏
chlorophyll deficient character 叶绿素缺乏性状
chlorophyll deficient wheat 叶绿素缺乏的小麦
chlorophyll degradation 叶绿素降解［作用］
chlorophyll density 叶绿素密度
chlorophyll density per unit water surface 每单位水面积的叶绿素密度
chlorophyll destruction 叶绿素破坏
chlorophyll detection 叶绿素探测
chlorophyll-dip 叶绿素浸渍
chlorophyll formation 叶绿素形成
chlorophyll high steep slope 叶绿素陡坡
chlorophyll in stem 茎叶绿素
chlorophyll in vitro 离体叶绿素
chlorophyll in vivo 活体叶绿素
chlorophyll inactivation 叶绿素钝化
chlorophyll index 叶绿素指数
chlorophyll metabolism 叶绿素代谢
chlorophyll molecule 叶绿素分子
chlorophyll mutation 叶绿素突变
chlorophyll pattern 叶绿素型式
chlorophyll solution 叶绿素液{显技}
chlorophyll synthesis 叶绿素合成
chlorophyllase 叶绿素酶
chlorophyllide 脱植基叶绿素，叶绿素酸酯
chlorophyllin 叶绿酸
chlorophyllogen 叶绿素原
chlorophyllous 叶绿［素］的(chlorophyllus)
chlorophyllous stem 叶绿素茎
chlorophyllous-stemmed shrub 具叶绿素茎灌木
Chlorophyta 绿藻门［Chlorophyta］
chlorophytum ①吊兰属［*Chlorophytum* Ker-Gawl.］(百合科) ②吊兰［*Chlorophytum capense* (L.) Kunth］
chloropicrin 氯化苦(杀虫剂)［CCl_3NO_2］
chloropid flies 黄潜蝇科［Chloropidae］
chloroplast(= chloroplastid, chlorophyll corpuscle) 叶绿体(chloroplastis)
chloroplast abnormality 叶绿体反常性
chloroplast activity 叶绿体活度
chloroplast aminoacyl-tRNA synthetase 叶绿体氨酰 tRNA 合成酶
chloroplast autonomy 叶绿体自主性
chloroplast-cell-tissue level 叶绿体-细胞-组织水平
chloroplast characteristics 叶绿体特征
chloroplast cistrons code 叶绿体顺反子密码
chloroplast-containing cell 含叶绿体细胞
chloroplast-containing tissue 含叶绿体组织
chloroplast-containing woody parenchyma 含叶绿体木质薄壁组织
chloroplast differentiation 叶绿体分化
chloroplast DNA(ctDNA) 叶绿体 DNA
chloroplast DNA code 叶绿体 DNA 密码
chloroplast DNA polymerase 叶绿体 DNA 聚合酶
chloroplast endosymbiosis 叶绿体内共生［现象］
chloroplast envelope 叶绿体被膜
chloroplast fragments 叶绿体碎片
chloroplast gene 叶绿体基因
chloroplast genome 叶绿体基因组
chloroplast grana 叶绿体基粒
chloroplast implantation 叶绿体埋植

chloroplast inactivation 叶绿体钝化
chloroplast isolation 叶绿体分离
chloroplast lamellae 叶绿体层
chloroplast membrane 叶绿体膜
chloroplast-mitochondria system 叶绿体-线粒体系统
chloroplast movement 叶绿体运动
chloroplast mRNA 叶绿体 mRNA
chloroplast mutant 叶绿体突变体
chloroplast partial pressure 叶绿体分压
chloroplast pigment 叶绿体色素（chloroplastopigmenturn）
chloroplast ribosome 叶绿体核蛋白体
chloroplast RNA（ctRNA） 叶绿体 RNA，ctRNA
chloroplast RNA extraction 叶绿体 RNA 提取，ctRNA 提取
chloroplast RNA fractionation 叶绿体 RNA 分级分离
chloroplast RNA hybridization to DNA 叶绿体 RNA 对 DNA 杂交，ctRNA 对 DNA 杂交
chloroplast RNA polymerase 叶绿体 RNA 聚合酶
chloroplast rRNA 叶绿体 rRNA，叶绿体核糖体 RNA
chloroplast senescence 叶绿体衰老（chloroplastosenescentia）
chloroplast-specific transfer RNAs 叶绿体特异转移 RNAs
chloroplast stroma 叶绿体基质（chloroplastostroma）
chloroplast tRNA 叶绿体 tRNA，叶绿体转移 RNA
chloroplast uptake 叶绿体摄入
chloroplast uptake by cell 细胞的叶绿体摄入法
chloroplast uptake potential 叶绿体摄入潜势
chloroplastic 叶绿体的（chloroplasticus）
chloroplastic protein 叶绿体蛋白质
chloroplastid（= chloroplast） ①叶绿粒 ②叶绿体（chloroplastis）
chloroplastin 叶绿蛋白
chloroplastonema 叶绿体线
chloroplasts per leaf area 每叶面积的叶绿体数
chloroplatinic acid 铂氯酸，六氯络铂[氢]酸 [$H_2(PtCl_6)$]{化}
chloroprene 氯丁二烯
chloroprene rubber 氯丁橡胶
chloropropylate 丙酯杀螨醇（杀螨剂）[$C_{17}H_{16}Cl_2O_3$]

chloroquine 氯喹
chloroquinone 氯醌
chlororaphin 氯针菌素
chlororibosome 叶绿核蛋白体
chlorosis ①褪绿，失绿 ②缺绿病，褪绿病，萎黄病
chlorosis-inducing strain 致缺绿病品系
chlorosis of plantlet 幼苗萎黄病
chlorosis of rice 稻褪绿病（缺铁）（iron-deficiency）
chlorosis-resistant strain 抗缺绿病品系
chlorospermous 绿子的（chlorospermus）
chlorostachyous 绿穗的（chlorostachyus）
chlorosulfonic acid 氯磺酸 [HSO_3Cl]
chlorothalonil 百菌清（杀菌剂）[$C_8Cl_4N_2$]
chlorothion（= Bayer 22/290） 氯硫磷
chlorotic 缺叶绿素的，褪绿的，失绿的（chloroticus）
chlorotic disorder 黄叶病，失绿病，退绿病
chlorotic group 失绿类（育种材料）
chlorotic inoculant 失绿接种物
chlorotic leaf blotch 失绿叶疱，黄斑[病]（指甘蔗）
chlorotic lesion 失绿病痕，失绿病斑
chlorotic parent 失绿亲本
chlorotic plant 失绿植株
chlorotic progeny 失绿后代
chlorotic row 失绿行
chlorotic streak 枯条病，褪绿条死病
chlorotrichous 绿毛的（chlorotrichus）
chlorous acid 亚氯酸 [$HClO_2$]
chlorox 褪绿剂（一种漂白剂，商品名）
chloroxuron 枯草隆（除草剂）[$C_{15}H_{15}ClN_2O_2$]
chlorozinc iodine 碘氯化锌{显技}
chlorozinc iodine solution 碘氯化锌液
chlorparacid（= chlorbensid） 氯杀螨
chlorphenamidine（= chlordimeform） 杀虫脒（杀虫，杀螨剂）[$C_{10}H_{43}ClN_2$]
chlorphos 珂罗福（消毒剂）
chlorpicrin 氯苦，三氯硝基甲烷 [NO_2CCl_3]
chlorpromazine 氯丙嗪，冬眠灵
chlorpropham（= chlorprophame） 氯苯胺灵（除草剂）[$C_{10}H_{12}ClNO_2$]
Chlorpyriphos（= chlorpyrifos） 毒死蜱（杀虫剂）[$C_9H_{11}Cl_3NO_3PS$]
chlortetracycline（= aureomycin） 金霉素，氯四环素
chlorthal-dimethyl（= DCPA） 敌草索（除草剂）[$C_{10}H_6Cl_4O_4$]

chlorthalonil 百菌清(杀菌剂)[$C_8Cl_4N_2$]
chlorthiamid (= chlorthiamide) 草克乐(除草剂)[$C_7H_5Cl_2NS$]
chlorthion (= Bayer 22/290) 氯硫磷
chlotizol (= chlothizol, PH40-21) 灭草荒(除草剂)[$C_6HCl_3N_2S$]
chobber 搓擦器
chocho (= chayote) 佛手瓜[*Sechium edule* Sw.](葫芦科)
chocolate ①巧克力糖 ②巧克力色,深褐色(chocolatus)
chocolate agar 巧克力琼脂(培养基)
chocolate biscuit 巧克力饼干
chocolate cream 巧克力甜食,巧克力奶油
chocolate seed 可可种子
chocolate soil 巧克力色土,深褐色土
chocolate spot of broadbean 蚕豆斑点病[*Botrytis fabae* Sard.]
chocolate tree ①可可属[*Theobroma*L.](梧桐科) ②可可[*Theobroma cacao* L.]
choerospondias ①[南]酸枣属[*Choerospondias* Burtt et Hill](漆树科) ②[南]酸枣(酸枣)[*Choerospondias axillaris* (Roxb.) Burtt et Hill]
choice ①选择,挑选 ②选择力,选择品种
choice-again 再选择
choice device 选择设备
choice-finish 选择完毕
choice-in 选进
choice list 选择单{电脑}
choice-making 作选择(指正在进行选择)
choice of fine berries 小粒浆果选择
choice of optimum selection strategy 最佳选择策略的选择{农经}
choice-out 选出
choice situation 选择状况
choice-start 启动选择,开选
choicest grapes 选择收获葡萄
chokage 堵塞
choke ①窒息 ②阻塞,堵塞,充塞 ③压熄 ④闸门,闸板{水利} ⑤气哽{医} ⑥香柱病
choke blight of rice 稻一柱香病[*Ephelis oryzae* Syd. = *Balansia oryzae* (Syd.) Narus et Thirum.]
choke cable 线圈铁丝
choke disease of grasses 牧草香柱病[*Epichloe typhina* Tul.]
choke of barnyard grass 稗香柱病[*Balansia andropognis* Syd.]
choke of epichloe head blight of grasses 禾本科牧草香柱病[*Epichloe typhina* (Pers. et Fr.) Tul.]
choke of poa 早熟禾香柱病[*Epichloe typhina* (Pers.) Tul.]
choke of quack grass 鹅观草香柱病[*Epichloe typhina* (Pers.) Tul.]
choke rod 风门杠杆
choke up ①窒息,堵塞,填塞,阻塞,闭塞,充塞{栽培} ②(胃)壅塞,(大肠)秘结{医}
choke valve 抑制阀,阻流瓣
chokecherry ①李属[*Prunus*L.](蔷薇科) ②美国稠李(= common chokecherry)[*Prunus virginiana*]
choking resistance 阻塞阻力
choking up of soil 土壤堵塞
choks 未脱尽的残穗
cholagog (= cholagogue) 利胆剂
cholamine 胆胺,乙醇胺
cholane 胆[甾]烷[$C_{24}H_{42}$]
cholanic acid 胆[甾]烷酸[$C_{23}H_{39}COOH$]
cholanthrene 胆蒽
cholanthrene derivative 胆蒽衍生物
cholebilirubin 直应胆红素
cholecalciferol 胆钙化[固]醇,维生素 D_3
cholecyanin 胆青素
cholecystitis 胆囊炎
cholecystokinin (CCK) 缩胆囊肽,肠促胰酶肽
choleglobin 胆绿蛋白
cholehemalin 胆紫素
cholelithiasis 胆石病
cholera 霍乱
cholera toxin 霍乱毒素
choleraphage 霍乱噬菌体(choleraphagus)
cholerythrin 胆红素
cholest- 胆甾[基]
cholestadienol 胆[甾]二烯醇
cholestane 胆甾烷[$C_{27}H_{46}$]
cholestanol 胆甾烷醇,二氢胆固醇[$C_{27}H_{48}O$]
cholestanone 胆甾烷酮[$C_{27}H_{44}O$]
cholestantriol 胆甾烷三醇
cholestene 胆甾烯
cholestenol 胆甾烯醇
cholestenone 胆甾烯酮
cholesterase 胆甾醇酯酶,胆固醇酯酶
cholesterin 胆甾醇,胆固醇[$C_{27}H_{45}OH$]
cholesterol 胆甾醇,胆固醇[$C_{27}H_{45}OH$]
cholesterol digitonide 胆甾醇毛地黄皂苷,胆固醇毛地黄皂苷
cholesterol esterase 胆甾酮酯酶,胆固醇酯酶

cholesteroluria 胆固醇尿,胆甾醇尿
cholesterone 胆甾酮,胆固酮
cholic acid 胆酸 [$C_{23}H_{26}(OH)_3COOH$]
choline 胆碱 [$CH_2(OH)CH_2N(CH_3)_3OH$]
choline acetyl transferase 胆碱乙酰转化酶
choline acetylase 胆碱乙酰化酶
choline dehydrogenase 胆碱脱氢酶
choline esterase 胆碱酯酶
choline kinase 胆碱激酶
choline oxidase 胆碱氧化酶
choline phosphatase 胆碱磷酸酶
choline phosphate 磷酸胆碱
choline receptor 胆碱受体
choline transacetylase 胆碱转乙酰酶
cholinephosphate cytidylyltransferase 磷酸胆碱转胞苷酰酶
cholinephosphotransferase 转磷酸胆碱酶
cholinergic ①胆碱能的 ②乙酰胆碱能药物
cholinergic receptor 类胆碱能感受器
cholla ①仙人掌属 [*Opuntia* Mill.] (仙人掌科) ②仙人掌 [*Opantia dillenii* Haxx]
choluria (= choleuria) 胆汁尿
chomophyte ①石生植物 ②杂草 (chomophyta)
chondral 软骨的 (chondralis)
chondrio- ⌊字头⌉谷,粒
chondriocont 杆状线粒体
chondriods 拟线粒体 (chondriodes)
chondriogene 线粒体基因
chondriokinesis 线粒体分裂
chondriokont (= chondriocont) 杆状线粒体
chondriolysis 线粒体溶解
chondriome 线粒体系 (chondrioma)
chondriomere 线粒体区 (chondriomera)
chondriomite 链状线粒体,丝状线粒体
chondriosomal mantle 线粒体套 (amiculum chondriosomale)
chondriosome 线粒体 (chondriosoma)
chondriosome starch 线粒体淀粉
chondriosphere 线粒体球 (chondriosphera)
chondro- ⌊字头⌉①软骨 ②粒子
chondroalbuminoid 软骨硬蛋白
chondroblast 成软骨细胞,软骨形成细胞
chondrocyte 软骨细胞 (chondrocyta) {分生}
chondrocyte growth factor (**CGF**) 软骨细胞生长因子
chondrodystrophic dwarf 软骨营养障碍侏儒
chondrodystrophy 软骨营养障碍 (chondrodystrophia)
chondroitin 软骨素
chondroitin sulfate (= chondroitin sulfuric acid) 硫酸软骨素
chondroma 软骨瘤
chondromucin 软骨黏蛋白
chondromucoid 软骨黏蛋白
chondrophyllous 粒状叶的 (chondrophyllus)
chondroprotein 软骨蛋白
chondroproteoglycan 软骨蛋白聚糖
chondrosamine 软骨糖胺,半乳糖胺,2-氨基半乳糖 [$C_6H_{11}O_5NH_3$]
chondrosulphatase 软骨素硫酸[酯]酶
chonta palm 马丁榔 [*Martinezia caryotaefolia* Humbololt.] (棕榈科)
choose 选择
chooser 选择器,选择子
chop ①砍伐,采伐 ②间苗 ③切碎,截短 ④商标(商品)牌子 ⑤⌊复⌉(港湾)入口
chop-thresher 切碎脱粒机
chopped hay 切碎干草
chopped leaves 剉叶{蚕}
chopped shootlets 剉芽
chopped shoots 剉条
chopped silage 切碎青贮料
chopped straw 切碎稿秆,切稿
chopper ①(= cutter) 切碎机 ②削波器
chopper-blower 切碎吹送机
chopper-harvester 切段式收获机 (指甘蔗)
chopping ①切碎,细切(指饲料) ②间苗,疏苗 ③砍伐,伐木 ④(风,波)急变,骤变 ⑤截短,截断
chopping device 切碎装置
chopping drum (= chopper drum) ①切碎滚筒 (指饲料) ②切蔗滚筒 (指甘蔗)
chopping knife 铡刀
chopping length 切碎长度
chopping out 间苗,疏苗
chopping tree 砍树
chord ①索,脊索 ②弦(指弓上的)
chord length 弦长
chorda ①绳藻属 [*Chorda* spp.] (绳藻科) ②绳藻 [*Chorda* sp.]
chorda family 绳藻科 [Chordaceae]
chordamesoderm 脊索中胚层
Chordata 脊椎动物门
chordate 绳索状的 (chordatus)
chordeumida 马蚿目 [Chordeumida]
chordophyllus 绳状叶的 (chordophyllus)

chordorrhizous 绳状根的(chordorrhizus)
chordotonal organ 弦音器
chore route 作业路线{农施}
chorea 舞蹈病
choriheterosis ①异核刺激〔作用〕②异核优势
choring 零碎工作,零活,杂活(指农活)
chorioallantoic grafting 绒毛膜-尿囊移植
chorioallantoic membrane 绒毛尿囊膜
chorioiditis 脉络膜炎
chorioma 绒毛膜瘤
chorion ①卵壳 ②绒毛膜 ③浆膜(chorio)
chorionic appendages 卵壳突起
chorionic gonadotrophin (= chorionic gonadotropine) 绒毛膜促性腺激素
chorionic somatomammotropin 绒毛膜生长激素(催乳素)
chorionic thyrotropin 绒毛膜促甲状腺素
chorionin 卵壳蛋白
chorioptic mange mite (= oxtail mange mite) 牛尾痒螨[*Chorioptes bovis* (Hering)]
choripetalous 离瓣的(choripetalus)
choripetalous corolla 离瓣花冠(corolla choripetala)
choriphyllus 圆叶的
chorisepalous 离萼的(chorisepalus)
chorisepalous calyx 离萼(calyx chorisepala)
chorisis (叶部)分离
chorismic acid 分支酸
chorismite 混合岩{地质}
choristophyllous 离叶的(choristophyllus)
chorogi 甘露子(宝塔菜)[*Stachys sieboldii* Miq.](唇形科)
chorograph 位置测定器
chorography 地图编制学(chorographia)
choroisotherm [地区]等温线
chorology 生物分布学(chorologia)
chorometry 土地测量学(chorometrica)
choropleth map 等值区域图
chosen 选择的,精选的(selectus)
chosen quadrat 特选样方
chost plant ①风车草属[*Graptopetalum* spp.](景天科)②风车草[*Graptopetalum paraguayense* sp.]
Chou-Fasman algorithm Chou-Fasman 算法(指预测蛋白质二级结构的算法)
chow chow ①中国咸菜 ②中国食品
chreod 稳定变化途径
chresard 有效水量,可用水量
Christmas beetle 食根虫
Christmas bell 红钟百合[*Blandfordia grandiflora* sp.](百合科)
Christmas berry-tree (= Brazilian pepper-tree) 肖乳香[*Schinus terebinthifolius* Raddi](漆树科)
Christmas boot virus 圣诞节引导病毒{电脑}
Christmas-bush ①山麻秆属[*Alchornea* Sw.](大戟科)②山麻秆[*Alchornea davidii* Fr.]
Christmas-cactus 蟹爪兰[*Zygocactus truncatus* Schum.](仙人掌科)
Christmas disease (= bleeder disease) 克雷司马血友病,B型血友病
Christmas-fern ①耳蕨属[*Polystichum* Roth.](水龙骨科)②耳蕨[*Polystichum tripteron*(Kze.)Presl]
Christmas-flower 一品红(猩猩木)[*Euphorbia pulcherrima* Willd](大戟科)
Christmas-oriental bittersweet 小叶南陀藤[*Celastrus orbiculatus* var. *Punctatus* Rehd.](卫矛科)
Christmas-rose 嚏根草(黑儿波)[*Helleborus niger* L.](毛茛科)
Christmas tree virus 圣诞树病毒{电脑}
Christmas virus 圣诞节病毒
Christ's hair 荷叶蕨[*Phyllitis scolopendrium* Ludw.](荷叶蕨科)
Christ's thorn (= Christthorn paliurus) 刺马甲子[*Paliurus spina-christi* Mill. = *P. australis* Gaertn., *P. aculeatus* Lam., *P. trinervatus* Moench.](鼠李科)
chRNA (= chromosomal RNA) 染色体RNA,cRNA
-chrom ⌞字尾⌝色,颜色,色素
chroma- (= chromato-) ⌞字头⌝色,色素
chroma 色度,色品
chroma-Key color 色度键控颜色
chroma-keying 色度键控
chroma signal 色度信号
chromaffin cell 嗜铬细胞
chromaffin granule 嗜铬颗粒
chromaffin reaction 嗜铬反应
chromaffin tissue 嗜铬组织
chromagenic bacteria 产色细菌(bacteria chromagenae)
chromasie 染色质增加
chromate ①铬酸盐[M_2CrO_4]②有色的(chromatus)
chromate compound 酪酸盐化合物
chromate treatment 铬酸盐处理{环保}

chromatic ①染色质的 ②色彩的{细胞}(chromaticus)
chromatic aberration 色差 (aberratio chromatica){显技}
chromatic adaptation 色彩适应(adaptatio chromatica){生态生理}
chromatic agglutination 染色质凝集
chromatic agglutinization 染色质黏凝[化]
chromatic apparatus 染色质器
chromatic body 染色体,有色体(chromosoma)
chromatic dispersion 色散现象{遥感}
chromatic figure 染色质象{细胞}
chromatic granule 染色粒(chromomera)
chromatic number 色数
chromatic partitioning 色彩划分,染色划分
chromatic resolving power 色分辨率{遥感}
chromatic sensation 感色能力{遥感}
chromatic sensitivity 感色灵敏度{显技}
chromatic sphere 染色质球(sphaera chromatica)
chromatic thread 染色线(nema chromatica)
chromaticity (= chroma)色度,色品(chromaticitas){遥感}
chromaticity coordinates (= chromate coordinate) 色度坐标{遥感}
chromaticity diagram ①色度图{遥感}②色度表{环保}③色彩图{电脑}
chromatid 染色单体(chromatis){细胞}
chromatid aberration 染色单体畸变
chromatid break 染色单体断裂
chromatid bridge 染色单体桥
chromatid crossing over 染色单体交换
chromatid deficiency duplication 染色单体缺失复制
chromatid disjunction 染色单体离开
chromatid distribution 染色单体分配
chromatid exchange 染色单体交换
chromatid gap 染色单体缺口
chromatid interchange 染色单体互换
chromatid interference 染色单体干扰
chromatid inversion 染色单体倒位
chromatid non-disjunction 染色单体不离开
chromatid recombination 染色单体重组
chromatid reunion 染色单体复合
chromatid segment 染色单体节段
chromatid segregation 染色单体分离
chromatid separation 染色单体分离
chromatid tetrad 染色单体四分体
chromatid tie 染色单体纽[带]
chromatid tie effect 染色单体纽[带]效应
chromatid translocation 染色单体易位
chromatid type 染色单体型
chromatid type structural change 染色单体型结构改变
chromatin 染色质(chromatinus){细胞}
chromatin agglutination 染色质凝聚
chromatin body 染色质小体
chromatin-bound enzyme 染色质结合酶
chromatin bridge 染色质桥
chromatin condensation 染色质浓缩
chromatin condensation cycle 染色质浓缩周期
chromatin continuity 染色质连续性
chromatin decondensation 染色质去浓缩
chromatin diminution 染色质消减
chromatin dissociation 染色质离解
chromatin elimination 染色质消失
chromatin expansion 染色质膨胀
chromatin extrusion 染色质流出
chromatin fiber 染色质丝
chromatin form 染色质型
chromatin granule 染色质粒
chromatin knot 染色质结
chromatin negative 染色质阴性
chromatin network 染色质网
chromatin nucleolus 染色质核仁
chromatin-positive 染色质阳性
chromatin protein 染色质蛋白
chromatin reconstitution 染色质重组成
chromatin structure 染色质结构
chromatin transcription 染色质转录
chromatism 现色,色[象]差(chromatismus){显技}
chromato- ⌊字头⌉色,颜色,色素,层析
chromatocyte 嗜铬细胞(chromatocyta)
chromatofocusing 层析聚焦
chromatogram 层析谱(chromatogramma)
chromatograph 层析仪(chromatographus)
chromatographic 层析的,色谱的(chromatographicus){生技}
chromatographic adsorption 层析吸附
chromatographic analysis 层析分析,色谱分析
chromatographic band 层析带
chromatographic column 层析柱
chromatographic data 层析数据
chromatographic detector 层析检测器
chromatographic determination 层析测定
chromatographic fractionation 层析分级分

离
chromatographic grade 层析级
chromatographic grade reagent 层析级试剂
chromatographic grade solvent 层析级溶剂
chromatographic method 层析法
chromatographic pattern 层析型
chromatographic peak 层析峰
chromatographic performance 层析效能
chromatographic profile 层析剖面[图]
chromatographic property 层析性能
chromatographic purification 层析提纯
chromatographic separation 层析分离
chromatographic system 层析系统
chromatographic technique 层析技术
chromatographic theory 层析理论{生技}
chromatography 层析法,色谱法(chromatophia){生技}
chromatography column 层析柱
chromatography media 层析介质
chromatoid body 拟染色体(corpus chromatoideus)
chromatolysis ①染色质溶解 ②溶色作用
chromatometer 色觉计
chromatophil ①易染的{显技} ②亲色细菌{微生物}(chromatophile)
chromatophilous 易染色的(chromatophilus)
chromatophilous substance 易染质(substantia chromatophila)
chromatophore ①载色体 ②色素细胞(chromatophorum){细胞}
chromatoplasm 色素质(chromatoplasma)
chromatospherite (= nucleolus) 深染体,核仁
chrome alum (= chromic alum) 铬矾,硫酸铬钾 [$Cr_2(SO_4)_3 \cdot K_2SO_4 \cdot 24H_2O$]
chrome-alum fixative 铬矾固定液{显技}
chrome-alum method 铬矾法
chrome-haematoxylin 铬苏木精
chrome osmium 铬锇酸混合液{显技}
chrome-plated 镀铬的
chrome-plating 镀铬
chrome red 铬红 [$PbCrO_4 \cdot PbO \cdot H_2O$]{显技}
chromic acid 铬酸 [H_2CrO_4]
chromic acid as fixative 固定液用铬酸
chromic acid as mordant 软化剂用铬酸
chromic anhydride 无水氧化铬{显技}
chromidia 核外染色粒(chromidium 的复数)
chromidia hypothesis 核外染色假说{真菌}
chromidial substance 核外染色质
chromidiogamy 核外染色体融合(chromidiogamia)
chromidiome 核外染色质系
chromidiosome 核外染色体(chromidiosoma)
chromidium 核外染色粒
chromiole 染色微粒(chromiola)
chromite 铬铁矿{地质}
chromium 铬(Cr,24 号元素)
chromium compound 铬化合物
chromium fluoride 氟化铬 [CrF_3]
chromium plating 镀铬
chromo- ⌞字头⌝ ①色 ②铬
chromo-acetic acid 铬醋酸{显技}
chromo-acetic fixative 铬醋酸固定液
chromo-acetic-osmic acid 铬醋酸锇酸混合液
chromo-acetic solution 铬醋酸混合液
chromo-formic acid 色甲酸
chromo-nitric acid 色硝酸
chromobindin 嗜铬粒结合蛋白{分生}
chromoblast 成色素细胞,原始色素细胞(chromoblastus)
chromoblastomycosis 着色芽生菌病,黄色酿母菌病
chromocenter 染色中心
chromocyte 色素细胞(chromocyta)
chromocytometer 血红蛋白计
chromocytometry ①血红蛋白测定 ②血红蛋白测定法(chromocytometrica)
chromodiopin 辨色肽
chromofibril 染色纤丝(chromofibrilla)
chromogen ①色素原 ②产色细菌(chromogenum)
chromogene 染色体基因(chromogena)
chromogenesis 产生色素
chromogenic 产色[素]的,显色的,生色的(chromogenus)
chromogenic agent 显色剂,生色剂
chromogenic bacteria 产色细菌(bacteria chromogenae)
chromogenic substrate 显色底物,产色底物
chromogenic type 产色型(typus chromogenus)
chromogranin 嗜铬粒蛋白
chromoid [细菌]并连膜染色体
chromomembrin 嗜铬粒膜蛋白{分生}
chromomere 染色粒(chromomera)
chromomere-pattern 染色粒图形
chromomere size gradient 染色粒大小梯度

chromometer 比色计
chromometry ①比色法 ②色觉检法（chromometrica）
chromomycin 色霉素
chromone 色酮
chromonema 染色丝
chromoparous 胞外色素的（chromoparus）
chromoparous bacteria 泌色细菌（bacteria chromopara）
chromopexy ①色素原吞噬[作用] ②色素固定（chromopexis）
chromophil 易染的（chromophilus）{显技}
chromophilic 嗜色的（chromophilus）
chromophilic ground substance 嗜色基质
chromophilous（= chromophilic） 易染的（chromophilus）{显技}
chromophobous（= chromodhobic） 难染的（chromophobus）{显技}
chromophore 发色团，生色团（chromophorum）{细胞}
chromophore group 生色团
chromophoric 生色的（chromophorus）
chromophoric substrate 生色底物
chromophorous 具色素的，胞内色素的（chromophorus）
chromophorous bacteria 含色细菌（bacteria chromophorae）
chromophotometer 比色计
chromoplast ①有色体 ②有色粒（chromoplasta）
chromoplastid 有色质体（chromoplastis）
chromoprotein 色蛋白
chromoresin 色树脂
chromosin 染色素
chromosite [细菌]染色体位点（chromositus）
chromosomal 染色体的（chromosomalis）{细胞}
chromosomal aberration 染色体畸变
chromosomal abnormality（= chromosome abnormality） 染色体反常性
chromosomal aneuploid 染色体非整倍体（aneuploida chromosomalis）
chromosomal arm（= chromosome arm, chromosome limb） 染色体臂
chromosomal break 染色体断裂
chromosomal breakage 染色体断裂
chromosomal breeding 染色体育种
chromosomal change 染色体变化
chromosomal constituent 染色体组分
chromosomal defect 染色体缺陷
chromosomal deficiency 染色体缺失
chromosomal differentiation（= chromosome differentiation） 染色体分化
chromosomal disjunction（= chromosome disjunction） 染色体离开
chromosomal disorder 染色体紊乱，染色体无序
chromosomal DNA 染色体 DNA
chromosomal domain 染色体域
chromosomal elimination（= chromosome elimination） 染色体消失
chromosomal fertility 染色体能育性
chromosomal fiber（= chromosome fiber） 染色体牵丝
chromosomal fragment（= chromosome fragment） 染色体断片
chromosomal gene 染色体基因
chromosomal histone（= chromosome histone） 染色体组蛋白
chromosomal imbalance 染色体不平衡
chromosomal inheritance（= chromosome inheritance） 染色体遗传，孟德尔遗传
chromosomal interchange（= chromosome interchange） 染色体互换
chromosomal interference（= chromosome interference） 染色体干扰
chromosomal lesion 染色体损伤
chromosomal lipids 染色体脂类
chromosomal localization 染色体定位
chromosomal matrix（= chromosome matrix） 染色体基质
chromosomal metabolism 染色体代谢
chromosomal mosaic（= chromosome mosaic） 染色体嵌合体
chromosomal mutation（= chromosome mutation） 染色体突变
chromosomal non-histone protein 染色体非组蛋白蛋白质
chromosomal origin 染色体来源
chromosomal pairing block 染色体配对区段
chromosomal pairing configuration 染色体配对表型
chromosomal pattern 染色体图形，染色体型
chromosomal polaron 染色体极化子
chromosomal polymorphism（= chromosome polymorphism） 染色体多态性（现象）
chromosomal position 染色体位置
chromosomal protein 染色体蛋白质
chromosomal protein-DNA interaction 染色体蛋白 DNA 相互作用
chromosomal puff（= chromosome puff）

染色体疏松
chromosomal race 染色体族
chromosomal rearrangement（= chromosome rearrangement）染色体重排
chromosomal reduction 染色体减数[作用]
chromosomal RNA（cRNA）染色体 RNA
chromosomal RNA hybridization to DNA 染色体 RNA 对 DNA 杂交
chromosomal RNA preparation 染色体 RNA 制备
chromosomal satellite 染色体髓体
chromosomal scaffold 染色体支架
chromosomal segment（= chromosome segment）染色体节段
chromosomal shift 染色体转移
chromosomal site 染色体部位
chromosomal spindle fiber 染色体纺锤丝
chromosomal sterility（= chromosome sterility）染色体不育性
chromosomal structural change 染色体结构改变
chromosomal structural type 染色体结构型
chromosomal transmission 染色体传递
chromosomal tubule 染色体微管
chromosomal ultrastructure（= chromosome ultrastructure）染色体超微结构
chromosomal vesicle 染色体泡
chromosome 染色体（chromosoma）{细胞}
chromosome aberration in cell culture 细胞培养的染色体畸变
chromosome abnormality 染色体异常［性］
chromosome addition 染色体加[添]
chromosome ageing 染色体衰老
chromosome alignment 染色体排成直线
chromosome alteration 染色体改变
chromosome anomaly 染色体异常
chromosome arm 染色体臂
chromosome-associated prophage 染色体配对的原噬菌体
chromosome association 染色体配对
chromosome assortment ①染色体组合 ②染色体分配
chromosome balance in transformed cells 转化细胞的染色体平衡
chromosome band 染色体带
chromosome banding 染色体显带
chromosome banding technique 染色体显带技术 {染色体}
chromosome behaviour 染色体行为
chromosome blotting 染色体印迹［法］
chromosome breakage 染色体断裂
chromosome breakage syndrome 染色体断裂综合症
chromosome breaks after UV-irradiation 染色体紫外线辐射后断裂
chromosome bridge 染色体桥
chromosome center（= chromocenter）染色中心
chromosome chain 染色体链
chromosome chemistry 染色体化学
chromosome chimera（= chromosomal chimera）染色体嵌合体
chromosome chimerism 染色体嵌合现象
chromosome clump 染色体团块
chromosome coiling 染色体螺旋
chromosome coiling cycle 染色体螺旋周期
chromosome complement 染色体组
chromosome complex 染色体群
chromosome condensation 染色体浓缩
chromosome configuration 染色体表型
chromosome constitution 染色体组成
chromosome contraction 染色体收缩
chromosome core 染色体轴
chromosome crawling 染色体缓移
chromosome cycle 染色体周期
chromosome damage 染色体损害
chromosome deficiencyduplication 染色体缺失复制
chromosome deletion 染色体缺失
chromosome difference 染色体差异
chromosome diminution 染色体消减
chromosome distribution pattern 染色体分布型
chromosome disturbance 染色体紊乱
chromosome doubling 染色体加倍
chromosome duplication 染色体复制，染色体重复
chromosome elimination 染色体排除
chromosome end 染色体端
chromosome engineering 染色体工程[学]
chromosome erosion 染色体侵蚀
chromosome evolution 染色体进化
chromosome exchange 染色体交换
chromosome extraction 染色体提取
chromosome field 染色体场
chromosome flow sorting 染色体流式分选
chromosome fragmentation 染色体断裂
chromosome fusion 染色体并合
chromosome gap 染色体缺口
chromosome gene 染色体基因
chromosome gradient 染色体梯度
chromosome heterogeneity curve 染色体异质性曲线
chromosome hot spot 染色体热点(指染色体易突变点)

chromosome hybridity 染色体杂种性
chromosome identification 染色体鉴定
chromosome in regenerated plant 再生植物的染色体
chromosome in regeneration 再生的染色体
chromosome inactivation 染色体钝化
chromosome injury 染色体伤害
chromosome instability syndrome 染色体不稳定并发症
chromosome interchange 染色体互换
chromosome interference 染色体干扰
chromosome inversion 染色体倒位
chromosome isolation from cell culture 细胞培养的染色体分离
chromosome jumping 染色体跳查〔生技〕
chromosome knob 染色体结
chromosome length 染色体长度
chromosome linear map 染色体直线图
chromosome longitudinal split 染色体纵裂
chromosome loop 染色体环
chromosome loss 染色体丧失,染色体丢失
chromosome loss technique 染色体丧失技术
chromosome manipulation 染色体操作
chromosome map 染色体图
chromosome mapping 染色体制图
chromosome marker 染色体标志基因
chromosome matrix 染色体基质
chromosome mechanism 染色体机制
chromosome microfibril 染色体微纤丝
chromosome mobilization 染色体移动[作用]
chromosome monad 染色体单体
chromosome morphology 染色体形态[学]
chromosome mosaicism 染色体嵌合现象
chromosome mottling 染色体斑纹,染色体侵蚀
chromosome multiformity 染色体多型性
chromosome mutation 染色体突变
chromosome non-disjunction 染色体不离开
chromosome number 染色体数
chromosome number and amitosis 染色体数与非有丝分裂
chromosome number constancy 染色体数恒定性
chromosome number in suspension culture 悬[浮]液培养的染色体数
chromosome number of crop plants 作物染色体数
chromosome number of haploid 单倍体的染色体数
chromosome operation 染色体操作
chromosome orientation 染色体定向
chromosome packing 染色体装填
chromosome pair 染色体对
chromosome pairing 染色体配对
chromosome ploidy 染色体倍性
chromosome polymorphism 染色体多态性
chromosome puff 染色体疏松
chromosome puffing 染色体疏松作用
chromosome pulverization 染色体粉碎化
chromosome rearrangement 染色体重排
chromosome recombination 染色体重组
chromosome reduction 染色体减数
chromosome reduplication 染色体复制
chromosome region 染色体区
chromosome reinitiation 染色体再起始作用
chromosome rejoining 染色体再接合
chromosome rejoining capacity 染色体再接合能力
chromosome repeat 染色体重复
chromosome replication 染色体复制
chromosome replication asynchrony 染色体复制非同步性
chromosome replication control 染色体复制控制
chromosome replication mode 染色体复制方式
chromosome reunion 染色体复合
chromosome ring 染色体环
chromosome satellite ①染色体随体〔遗传〕②染色体卫星〔分遗〕
chromosome segregation 染色体分离
chromosome segregation in polyploid 多倍体的染色体分离
chromosome set 染色体组
chromosome sheath 染色体鞘,染色体外膜
chromosome size 染色体大小
chromosome-specific chromomere pattern 染色体特殊染色粒型
chromosome-specific linear sequence 染色体特异直线序列
chromosome specific staining 染色体特异染色
chromosome splitting 染色体分裂
chromosome stickiness 染色体黏着性
chromosome structure 染色体结构
chromosome substitution 染色体代换
chromosome suspension 染色体悬[浮]液
chromosome suspension preparation 染色体悬浮液制备
chromosome synapsis 染色体联会
chromosome tetrad 染色体四分体
chromosome theory 染色体理论〔分遗〕
chromosome thread 染色体丝
chromosome translocation 染色体易位

chromosome variant 染色体变异体
chromosome walking 染色体步查,染色体步移
chromosomics 染色体学(chromosomica)
chromosomin 染色体蛋白
chromosomoid 拟染色体,类染色体(chromosomoides)
chromosomology 染色体学(chromosomologia)
chromosorlic mosaic 染色体嵌合植株
chromosphere 色球(chromosphaera)
chromospire 核粒纽丝(chromospira)
chromostatin 嗜铬粒抑制蛋白{分生}
chromotropism 向色性(chromotropismus)
chromotype 染色体组
chromous acid 亚铬酸[H_2CrO_2]
chromulina ①单鞭金藻属[*Chromulina* spp.](单鞭金藻科)②单鞭金藻[*Chromulina* sp.]
chromulina family 单鞭金藻科[Chromulinaceae]
chronaxie ①时值 ②兴奋时{医}
chronaximeter 时值计
chronaximetry 时值(chronaximetrica)
chronic ①慢性的 ②长期的,持久的 ③紧张的,严重的(chronus)
chronic adaptation 慢性适应
chronic bacterial enteritis 牛慢性细菌性肠炎,牛副结核性肠炎
chronic bee paralysis virus 慢性蜜蜂麻痹病毒
chronic cystitis of cattle 牛慢性膀胱炎
chronic damage 慢性损害
chronic deficit 长期赤字{农经}
chronic disease 慢性病害
chronic dropsy of ventricles of brain 慢性脑室积水病[*Hydrocephalus internus chronicus*]
chronic dysentery of cattle 牛慢性痢疾
chronic exposure 慢性照射
chronic granulomatous disease 慢性肉芽肿病,慢性肉芽瘤病
chronic infection 慢性感染
chronic injury 慢性损伤
chronic intoxication 慢性中毒
chronic invalid 久病衰弱者
chronic irradiation 慢性照射,慢性辐射
chronic irradiation source 慢性辐射源
chronic laminitis 慢性蹄叶炎
chronic myeloid leukaemia 慢性脊髓白血病
chronic nature 慢性
chronic parasitosis 慢性寄生虫病
chronic pollution injury 慢性污染损伤(害){生态生理}
chronic radiation 长期辐射,慢性辐射
chronic respiratory disease [家禽]慢性呼吸道病
chronic rheumatism 慢性风湿症
chronic source 慢性病源
chronic stress 慢性胁迫{生态生理}
chronic toxicity 慢性毒性
chronic toxicity test 慢性毒性试验{环保}
chronic winter desiccation 慢性冬季干化
chronobiology 生物钟学,时间生物学(chronobiologia)
chronocline ①年代渐变群 ②纪年线
chronogenetics 年代遗传学(chronogenetica)
chronograph 测秒时计,时间记录器
chronological ①编年的 ②按年月日顺序的,按时间顺序的,时序的 ③按年代先后的(chronologicus)
chronological backtracking 时序回溯
chronological order 年月日次序
chronological set 时序系{遥感}
chronological table 年表
chronology ①编年学,年代学 ②年表(chronologia)
chronometer ①时计 ②天文钟
chronometer correction 时计校正
chronometry 计时法(chronometrica){物}
chronomorphic soil 年成土,成年土
chronon 定时转录子{分遗}
chronoscope 精密计时器
chronosequence 年龄[时间]系列(指地质或土壤)
chronothermometer 平均温度计
chronotoxicology 生物钟毒理学,慢性毒理学(chronotoxicologia)
chroococcoid 蓝球藻型的(chroococcoides)
chrysalidocarpus ①散叶葵属[*Chrysalidocarpus* H. Wendl.](棕榈科)②散叶葵[*Chrysalidocarpus lutescens* H. Wendl.]
chrysalis 蚕蛹,蝶蛹
chrysalis cake 蚕蛹粕
chrysalis oil 蚕蛹油
chrysanthemaxanthin 菊黄质
chrysanthemic acid 菊酸
chrysanthemin 紫菀苷,花青3-葡糖苷
chrysanthemum ①菊属[*Chrysanthemum*

L.] (菊科) ② 菊 [*Chrysanthemum morifolium* Ramat.]
chrysanthemum aphid 菊姬长管蚜(菊巨管蚜)[*Macrosiphoniella sanborni*(Gillette)](蚜科)
chrysanthemum arctid 菊黑红灯蛾 [*Rhyparia purpurata* L.](灯蛾科)
chrysanthemum bed 菊花花坛{园林}
chrysanthemum bedding 菊花坛植
chrysanthemum black rust 菊[黑]锈病 [*Puccinia chrysantheni* Roze]
chrysanthemum capitophorus 菊钉毛蚜 [*Capitophorus formosartemisiae* Takahashi](蚜科)
chrysanthemum flea beetle 菊长跗跳甲 [*Longitarsus succineus*(Foudras)](跳甲科)
chrysanthemum gall midge 菊瘿蚊[*Diarthronomyia chrysanthemi*(Ahlberg)](瘿蚊科)
chrysanthemum golden phytometra 菊金翅夜蛾 [*Phytometra intermixta* Warren](夜蛾科)
chrysanthemum grained moth 菊冬夜蛾 [*Cucullia asteris* Schiffermüller](夜蛾科)
chrysanthemum greenish geometrid 菊绿尺蛾 [*Euchloris albocostaria* Bremer](尺蛾科)
chrysanthemum lace-bug 菊网蝽 [*Corythucha marmorata* (Uhler)](网蝽科)
chrysanthemum leaf miner 菊潜叶蝇(豌豆潜叶蝇)[*Phytomyza atricornis* Meig. = *P. nigrocornis* Macq.](潜蝇科)
chrysanthemum leaf spot 菊褐斑病 [*Septoria obesa* Syd.]
chrysanthemum longicorn 菊天牛 [*Phytoecia rufiventris* Guat](天牛科)
chrysanthemum looper 菊小白尺蛾 [*Acidalia nivearia* Leech](尺蛾科)
chrysanthemum mild mottle virus (= Lawson's chrysanthemum virus) 菊轻斑驳病毒
chrysanthemum monocarboxylic acid 菊-酸,除虫菊-羧酸
chrysanthemum nematode 菊线虫 [*Aphelenchoides* spp.]
chrysanthemum rust 菊黑锈病 [*Puccinia chrysanthemi* Roze]
chrysanthemum silver phytometra 菊连纹夜蛾 [*Phytometra crassisigma* Warren](夜蛾科)
chrysanthemum spatiosum 茼蒿 [*Chrysanthemum spatiosum* Bailey](菊科)
chrysanthemum stool miner 菊茎潜蝇 [*Psila nigricornis* Meigen](潜蝇科)
chrysanthemum stunt viroid 菊矮化类病毒
chrysanthemum thrips 菊蓟马 [*Thrips nigropilosus* Uzell](蓟马科)
chrysanthemum virus B 菊花 B 病毒 [*Noordam's B virus* (Smith)]
chrysanthemum white rust 菊白锈病 [*Puccinia horana* P. Hennings]
chrysanthous 金黄花的 (chrysanthus)
chrysanthus mockstrawberry 黄花蛇莓 [*Duchesnea chrysantha* Miq.](蔷薇科)
chrysarobin 柯丫素 [$C_{15}H_{12}O_3$]
chrysin 柯因 [$C_{15}H_{10}O_4$]
chryso- ⌊字头⌉金黄
chrysobotryous 金黄总状花序的 (chrysobotryus)
chrysocarpous 金黄果的 (chrysocarpus)
chrysocaulous 金黄茎的 (chrysocaulus)
chrysocauly 金黄茎态 (chrysocaulia)
chrysocephalous 金黄头的 (chrysocephalus)
chrysochrome 金藻色素
chrysochrous 具黄皮的 (chrysochrus)
chrysogenin 黄色青霉素
Chrysolaminarin 金藻昆布多糖
chrysoleped 金黄鳞片的 (chrysolepis)
chrysolobated 金黄裂片的 (chrysolobatus)
chrysomel (= leaf beetle) 叶甲
Chryson (= resmethrin) 苄呋菊酯
chrysophanic acid (= chrysophanol) 大黄酚,大黄酸
chrysophyllous 金黄叶的 (chrysophyllus)
chrysopterous 金黄翼的 (chrysopterus)
chrysosis 黄叶病
chrysotile 纤维蛇纹石 [$3MgO \cdot 2SiO_2 \cdot 2H_2O$]{地质}
chrysoxanthophyll 金藻叶黄素
Chu Chieh 朱橘(小红蜜橘)
Chu-lan tree ①珠兰(金粟兰)[*Chloranthus spicatus* (Thunb.) Makino](金粟兰科) ②米仔兰(碎米兰)[*Aglaia odorata* Lour.](楝科)
chuanxiong 川芎 [*Ligusticum chuanxiong* Hort.](伞形花科)
chuck ①(牛)颈部肉 ②(母鸡)叫声
chufa (= chufa flatsedge) 铁荸荠(地栗)[*Cyperus esculentus* L.](莎草科)
chuker 石鸡

chum salmon 大马哈鱼［*Oncorhynchus keta* (Walbaum)］{水产}
chump 木块
Chungwei 中卫山羊(我国宁夏裘毛种)
chunk ①混合块 ②信息块 ③成块程序 ④知识块(指语言)
chunk honey 混合块蜜
chunk size 信息块量度
Chunnee 春尼(甘蔗印度原种)
churn ①搅乳机 ②大型乳罐,乳桶 ③搅拌,搅动
churn barrel (黄油分离)搅拌桶
churn carrier 乳桶车
churn cooling 乳桶中冷却
churn dasher 搅乳机匀杆
churn lift 乳桶提升器
churn washer 搅动洗涤机
churn washing machine 乳桶洗涤机
churning ①旋涡,旋涡度 ②搅乳(提制黄油) ③搅动
churnmilk 脱脂乳
chusquea 朱丝贵竹属［*Chusquea* L.］(禾本科)
chute ①急流 ②畜栏,分群栏 ③滑道,滑槽,斜槽,陡槽,急流槽 ④导种管
chute delivery 斜槽输出{电脑}
chutting 滑道集材
chylaceous 乳糜质的 (chylaceus)
chyle 乳糜
chyle stomach (=chylostomach) 胃,中肠 (ventriculus){蜂}
chylocaula 肉茎植物
chylocaulous 肉质茎的 (chylocaulus)
chylocauly 肉质茎态 (chylocaulia)
chylomicron 乳糜微粒
chylophylla 肉叶植物
chylophyllous 肉质叶的 (chylophyllus)
chylophylly 肉质叶态 (chylophyllia)
chyluria 乳糜尿
chyme 食糜 (chymus)
chymochrome 胞液色素
chymopapain 木瓜凝乳蛋白酶
chymoplasm 填充质 (chymoplasma)
chymosin 凝乳酶
chymosinogen 凝乳酶原
chymostatin 胰凝乳蛋白酶抑制剂
chymotrypsin 胰凝乳蛋白酶,糜蛋白酶
chymotrypsinogen 胰凝乳蛋白酶原,糜蛋白酶原
chytrid ①壶菌属［*Chytridium* Braun］(壶菌科) ②壶菌 ［*Chytridium olla* Braun］
chytrid family 壶菌科［Chytridaceae］
ci ①(=cirrus) 卷云 ②(=curie) 居里(放射性强度单位)
CIA (=Crop Improvement Association) 作物改良协会
CIB method CIB法{遗传}
CIBA (=colcemide) 乙酰甲基秋水仙碱
CIBA 2059 (=fluometuron) 伏草隆(除草剂)［$C_{10}H_{11}F_3N_2O$］
CIBA 3470 (=difenoxuron) 枯莠隆(除草剂)［$C_{16}H_{18}N_2O_3$］
cibarial 食窦的 (cibarius)
cibarial apparatus 取食器
cibarial pump 食窦泵
cibarian 口器的 (cibarius)
cibarious 食物的 (cibarius)
cibarium 食窦,食室
cibiva 食物道
cicada (=leafhopper) 叶蝉
cicada killer 杀蝉泥蜂［*Sphecius speciosus* (Drury)］
cicadas (="locusts") 蝉科［Cicadidae］
cicatrical 瘢痕的 (cicatricus)
cicatriced membrane 伤痕膜
cicatricle (=cicatrice) ①疤痕,痕迹 (cicatricula) ②叶痕 (phyllula) ③种脐 (hilum) ④(卵黄)胚点 (cicatrix)
cicatricose ①多疤痕的 ②具痂的 (cicatricosus)
cicatriculiform 种脐状的 (cicatriculiformis)
cicatrization ①结疤 ②愈合［作用］(cicatrisatio)
CID (=collision-induced dissociation) 碰撞诱导解离
-cide ［字尾］杀
cider 苹果酒,苹果露,苹果汁
cider apple 酒用苹果,酿酒苹果
cider fermentation 果酒发酵
cider fruit 酒用水果,酿酒水果
cider making 果酒制造
cider press 果汁压榨机
ciderage 蓼［*Polygonum hydropiper* L.］(蓼科)
cidial (=phenthoate) 稻丰收(杀虫杀螨剂)［$C_{12}H_{17}O_4PS_2$］
CIEF (=capillary isoelectric focusing) 毛管等电聚焦
CIF-price 到岸价格{农经}
cifax 密码传真{信息}
CIG (=ceiling) 云幂,云幕
cigar 雪茄烟,吕宋烟 (cigara)
cigar-binder tobacco 做雪茄烟叶

cigar casebearer ①雪茄鞘蛾［*Coleophora serratella*（L.）］②西洋雪茄鞘蛾［*Coleophora occidentis* Zeller］③胡桃鞘蛾［*Coleophora caryaefoliella* Clemens］④樱桃鞘蛾［*Coleophora pruniella* Clemens］（鞘蛾科）
cigar leaf 雪茄［烟］叶
cigar-shaped 雪茄烟形的（cigariodes）
cigar tobacco 雪茄烟
cigar toxin 雪茄毒素
cigarbox cedrela 烟香椿［*Cedrela odorata*］（楝科）
cigarette 香烟，纸烟，烟卷
cigarette beetle 烟草夜蛾［*Lasioderma serricorne* F. = *L. testaceum*Duct.，*L. castaneum* Melsh.］（夜蛾科）
cigarette case 香烟盒
cigarette holder 烟嘴
cigarette paper 卷烟纸
cigarette works 香烟厂
cilia ①纤毛 ②缘毛 ③齿毛
ciliary ①纤毛的 ②缘毛的 ③齿毛的（ciliaris）
ciliary arrangement 纤毛排列
ciliary body 纤毛状体（corpus cillaris）
ciliary component 纤毛组成部分
ciliary microtubule 纤毛微管丝
ciliary movement 纤毛运动（movementum ciliare）
ciliate ①具纤毛的 ②具缘毛的 ③具齿毛的（ciliatus）
ciliate-toothed 具细锯齿的（ciliatodentatus）
ciliated protozoa 具纤毛原生动物
ciliates 纤毛虫类（ciliatae）
ciliatine 氨乙基膦酸
ciliato-dentate（= ciliatetoothed） 具细锯齿的（ciliatodentatus）
cilice 毛制布
Cilician bladder senna 西里西亚膀胱豆［*Colutea cilicica*］（豆科）
ciliform ①纤毛状的 ②缘毛状的 ③齿毛状的（ciliformis）
ciliogenesis 纤毛发生
ciliograde 借纤毛走动的（cilogradus）
ciliolate ①具短纤毛的 ②具短缘毛的 ③具短齿毛的
cilium ①纤毛 ②缘毛 ③齿毛（指苔藓）
cimidisplay（= cincinnal cyme，scorploid cyme） 蝎尾状聚伞花序
cin-duction（= colicinoduction） 大肠肝菌素导入作用
cinch ①肚带，腰带（马具）②卷
cinch mark 卷痕
cinchona（= cinchona-tree） ①金鸡纳树属［*Cinchona* L.］（茜草科）②金鸡纳树［*Cinchona succirubra* Pav.］｛分类｝
cinchona alkaloid 金鸡纳生物碱
cinchona bark（= cinchona quinine China bark） 金鸡纳树皮
cinchona hawk-moth 金鸡纳天蛾［*Daphnis hypothous* Cr.］（天蛾科）
cinchona leaf-case weevil 金鸡纳卷叶象甲［*Apoderus cinchonae* Rpke］（象甲科）
cinchona leaf moth（= cinchona tussock moth） 金鸡纳黄带毒蛾［*Euproctis varia* Müller］（毒蛾科）
cinchona looper ①金鸡纳叉带尺蠖［*Hyposidra talaca* Walker］ ②榆雪尺蛾［*Boarmia crepuscularia* Hübner］③金鸡纳绿斑尺蛾［*Trygodes divisaria* Walker］（人蛾科）
cinchona moth ①金鸡纳丝绿野螟［*Glyphodes psittacalis* Hübner］②金鸡纳点绿带野螟［*Glyphodes marginata* Hampson］（野螟科）
cinchona quinine（= cinchona bark） 金鸡纳树皮
cinchona weevil 金鸡纳灰象甲［*Dermatodes costatus* Gyllenhal］（象甲科）
cinchona wine 奎宁葡萄酒（用金鸡纳树皮制的）
cinchonamine 辛可胺，辛可明［$C_{19}H_{24}ON_2$］
cinchonamine alkaloid 辛可胺生物碱
cinchonine 辛可宁［$C_{19}H_{22}ON_2$］
cincinnal 蝎尾状的（cincinnalis）
cincinnal cyme 蝎尾状聚伞花序（*cyma cincinnalis*）
cincinnal dichotomy 蝎尾状二歧式（dictomia cincinnalis）
cincinnate 弯卷的（cincinnatus）
cincinnus 蝎尾状聚伞花序
cincol 桉油精
cinder 煤渣｛环保｝
cine 电影｛电脑｝
cine mode 活动式，电影式
cine-oriented image 影片［式的］图像
cinemerica 有线电视节目（cinemerica）｛电脑｝
cinenchyma 乳管组织，乳汁组织
cineol 桉树脑［$C_{10}H_{18}O$］

cineraria ①瓜叶菊属［*Cineraria* L.］（菊科）②瓜叶菊［*Cineraria cruenta* Masson］
cinereous 灰的（cinereus）
cinerin 丁烯除虫菊酯
Cinerin Ⅰ 瓜菊酯Ⅰ（天然除虫菊的杀虫有效成分之一）［$C_{20}H_{28}O_3$］
Cinerin Ⅱ 瓜菊酯Ⅱ（天然除虫菊的杀虫有效成分之一）［$C_{21}H_{28}O_5$］
cineroentgenography X线电影摄影术
cinerolone 瓜菊醇酮
cinerubin 烬灰红菌素
cingula 菌环
cingulate 具色带的（cingulatus）
cingulum 瓣环
cinnabar 朱砂，辰砂（HgS）
cinnabar cuphea 朱红色萼距花［*Cuphea miniata* Brongn.］（千屈菜科）
cinnabar moth 千里光蛾［*Callimorpha jacobaeae*（L.）］（拟灯蛾科）
cinnabar mutant （果蝇）朱红棒眼突变体
cinnabar-pink 朱红石竹［*Dianthus cinnabarinus* Sprun.］（石竹科）
cinnabar red 朱红色（miniatus）
cinnabarine 朱红［色］的（cinnbarinus）
cinnamaldehyde 肉桂醛［$C_6H_5CHCHCHO$］
cinnamate ①肉桂酸［$C_9H_2O_2$］②肉桂酸盐
cinnamic acid 肉桂酸（抑制剂）［$C_9H_8O_2$］
cinnamic aldehyde 肉桂醛
cinnamic oil 肉桂油
cinnamomum scale 肉桂白蚧［*Aulacaspis yabunikkei* Kuwana］（蚧科）
cinnamon ①樟属［*Cinnamomum* Bl.］（樟科）②肉桂［*Cinnamomum cassia* Bl.］（樟科）
cinnamon bark 肉桂皮（香料）
cinnamon gall mite 樟叶瘿螨［*Eriophyes doctersi* Nal.］（瘿螨科）
cinnamon oil 肉桂油
cinnamon soil 褐土，褐色土
cinnamon speck of rice grains 黑点米（虾米病）［*Xanthomonas atroviridigena* Miyake et Tsunoda］
cinnamon tree 桂皮［*Cinnamomum zeylanicum* Nees］（樟科）
cinnamonvine 薯蓣（山药）［*Dioscorea babatas* Dcne.］（薯蓣科）
cinnamycin 肉桂霉素
cinobufagin 华蟾毒配基
cinquefoil ①委陵菜属［*Potentilla* L.］（蔷薇科）②委陵菜［*Potentilla chinensis* Ser.］
cion（＝scion） 接穗
cion budding 枝芽接
CIPAC（＝Collaborative International Pesticides Analytical Council Limited）国际农药分析协作委员会
CIPC（＝chlorpropham） 氯苯胺灵
cipher ①零 ②暗号，密码 ③计算，运算 ④编号，号数
cipher feedback 密码反馈｛信息｝
cipher out 计算
cipher system 密码体制
ciphering 计算，运算
ciphertext 密文，密码文件，密码电报｛信息｝
cirasole（＝Jerusalem artichoke） 菊芋［*Helianthus tuberosus* L.］（菊科）
circadian clock ［周期近］似昼夜钟
circadian oscillation ［周期近］似昼夜摆动
circadian oscillator ［周期近］似昼夜振荡器
circadian rhythm 24小时节律
circaea ①露珠草属［*Circaea* L.］（柳叶菜科）②露珠草［*Circaea cordata* Royle］
circannual rhythm 大约年节律，［周期近］似年节律
circassian bean 海红豆［*Adenanthera pavonina* L.］（豆科）
circinal（＝circinate） 蜷曲的（circinatus）
circle ①圆，圆周，圆形空间，圈，环 ②周期，循环 ③轨道 ④旋转，回转（circus）
circle criterion 圆判据，圆判定标准｛电脑｝
circle diagram 圆形图解
circle distribution 环形配水｛环保｝
circle distribution system 环形配水系统
circle illumination 光圈｛显技｝
circle of altitude 等高度线
circle of common center 同心圆
circle of confusion 模糊圆，弥散圆｛遥感｝
circle of equal probability（CEP） 等概率圆，圆概率
circle of influence 感应圈
circle of species 种圈，种环
circle of vegetation 群落环，植被圈
circle right 盘右，倒镜｛测｝
circle setting 度量装置
circle sprinkler 环形喷灌机，环形喷灌器
circle theorem 圆定理
circle weeding 环形除草
circlet 小圆，小圈，小环（circiculus）
circling disease （羊）转圈病，脑包虫［*Conurus cerebralis*］
circuit ①环行，绕行一周 ②环行线，环绕线

③电路（circuitus）
circuit analysis and tester 电路分析测试仪{信息}
circuit analyzer 电路分析器
circuit board 电路板
circuit breaker 断路器
circuit capacity 电路能力，电路容量，线路容量
circuit card 电路卡，电路插件板
circuit-closer 通路器
circuit complexity 电路复杂性
circuit constant 电路常数
circuit diagram 电路图
circuit drop-out 线路失灵
circuit equation 电路方程
circuit equipment 电路设备
circuit error 环线闭合差
circuit grab hoist 周转吊爪
circuit load 电路负载，线路负载
circuit parameter 电路参数
circuit protection 电路保护
circuit protector 电路保护器
circuit reliability 电路可靠性
circuit switch ①电路开关 ②电路转接
circuit switched connection 线路交换连接
circuit switched digital network 线路变换数字网络{信息}
circuit switched network（CSN） 电路转接网络，线路交换网
circuit switching ①电路交换，线路交换 ②电路开关 ③电路转接
circuit switching network 电路交换网
circuit tester 电路测试器
circuitous ①迂回的 ②间接的（circuitus）
circuitous route 迂回路线
circulant matrix 轮换矩阵{电脑}
circular ①圆形的{形态} ②环形的{耕作} ③循环的{农机}（circularis）
circular arc method 圆弧法{园林}
circular area 圆面积
circular arrangement of stalls 牛舍环形排列
circular bin 圆形粮仓{农施}
circular birefringence 圆双折射
circular black scale 黑褐圆盾蚧［*Aspidiotus ficus* Ashm.］（盾蚧科）
circular bubble 圆形水准器
circular buffer 循环缓冲
circular building 圆形建筑物
circular chromosome 环状染色体
circular clarifier 圆形澄清池{环保}
circular cone 圆锥
circular correlation 循环相关
circular curve 圆形曲线
circular development 环形展开［法］{生技}
circular dichroism（CD） 圆二色性
circular dichroism spectroscopy 圆二色谱学{生技}
circular dichroism spectrum 圆二色谱
circular dimer 环二聚物
circular discontinuity 环状不连续性
circular DNA 环状 DNA
circular double-stranded DNA 环双链 DNA
circular drainage system 环形排水系统
circular error of probability 圆形概率误差{统计}
circular harrow 环形耙
circular irrigation 环形灌溉
circular kiln 圆窑{农施}
circular leaf spot 柿圆斑病
circular leaf spot of persimmon 柿落叶性圆斑病［*Mycosphaerella nawae* Hiura et Ikatai.］
circular level 圆形水准器
circular linkage ①环状连锁{遗传} ②循环链接{电脑}
circular linkage group 环状连锁群
circular linkage map 环状连锁图
circular manure grasp 厩肥圆形抓爪
circular map 环状图
circular mating 循环交配
circular measure 弧度
circular mill 圆锯制材厂
circular mixer 圆筒式拌和机
circular motion ①循环运动 ②圆周运动
circular negative strand 环状负链，环状负股{细胞}
circular normal target distribution 圆规范目标分布
circular nut 圆螺母
circular oscillation 弧形颤动，弧形振动{物}
circular paper chromatography 圆形纸层析［法］{生技}
circular permutation ①圆排列{电脑} ②环状排列{遗传}
circular permutation of genetic map 遗传图的环状排列
circular pit 圆纹孔（porus circularis）{解剖}
circular pitch （齿轮）圆周齿距，周节
circular plowing（= circular ploughing）环形耕地，环耕法
circular polarization 圆极化，圆偏振{遥感}
circular queue 循环排队
circular reservoir 圆形蓄水池{环保}

circular restriction map 环形限制图{生技}
circular road 环行路
circular saw 圆锯
circular saw mill (=circular mill) 圆锯制板厂
circular scanning 圆扫描
circular section 圆形断面
circular shift 循环移位
circular silo ①圆形青贮塔 ②圆形粮仓
circular spade 圆锄{农具}
circular spike harrow 圆形钉齿耙{农具}
circular spirit level 圆形水准器
circular sprinkler 环形喷灌机(器)
circular strand 环[状]链,环[状]股
circular structure 球形构造
circular symbol 循环符号,再现符号
circular trench 环沟
circular trench manuring 环沟施肥
circular trough 环形饲槽
circular valve 圆阀{环保}
circular vectogram 圆向量图{电脑}
circularity ①环状 ②圆形(circularitas)
circularization 环状化[作用](circularisatio)
circularization of phage DNA of lambda 兰姆达(λ)噬菌体 DNA 环状化
circularly polarized light 圆偏振光
circularly variable filter 环形渐变滤光片{遥感}
circulating ①循环 ②流动
circulating application 环施,轮状施肥
circulating capital 流动资金(本)
circulating decimal 循环小数
circulating funds 流动基金
circulating library 巡回图书馆
circulating line 循环管路
circulating lubrication 循环润滑
circulating medium 通货(指纸币)
circulating register 循环寄存器
circulating solution culture apparatus 循环溶液培养装置
circulating water 循环水,活水
circulation ①(原生质)循环[作用]{细胞} ②(水流)环流{水利} ③通货{农经}(circulatio)
circulation cleaning 循环洗涤
circulation control system 环流控制系统
circulation dryer 循环干燥机
circulation hormone 循环激素
circulation models 循环模式{生态生理}
circulation movement 循环运动
circulation of blood 血液循环
circulation of chemical elements 物质循环,化学元素循环
circulation of information 信息流通[业]
circulation of period ①循环期{生理} ②轮牧期{牧草}
circulation of sap 胞液环流
circulation-period of sap 树液流动期
circulation port 环流孔{环保}
circulation test 循环试验{生理}
circulation theory 环流理论{气象}
circulator ①循环小数 ②环流泵,循环泵 ③循环器,回转器
circulator bath 循环水浴{环保}
circulator clarifier 循环澄清池(指水力循环){环保}
circulatory failure 循环衰竭
circulatory movement 循环运动(motio circulatoria){细胞}
circulatory system 循环系统
circulin 环杆菌素
circum- ⌊字头⌉环
circumambiency 围绕,环绕,包围(circumambientia)
circumambient 围绕的,环绕的,包围的(circumambiens)
circumaxile 环轴的(circumaxilis)
circumduction 环行[运动](circumductio)
circumference ①圆周 ②周围(circumferentia)
circumference at chest height (CCH) 胸高干周
circumference at the height of the eye 目高周围
circumference tape 直径卷尺
circumference topping 打围尖
circumferential velocity 圆周速度
circumfluence ①环流{水利} ②周速{物}(circumfluentia)
circumjacent ①周围的,四周的 ②四面相邻的(circumjacens)
circummedullary 环髓的(circummedullaris)
circumnuclear 围细胞核的(circumnuclearis)
circumnutation 转头运动(circumnutatio){生理}
circumocular 围眼的(circumocularis)
circumpolar lacuna 环孔隙(lacuna circumpolaris)
circumpolar map 绕极地图
circumpolar whirl 绕极旋风
circumposition 空中压条,高压法(circumpositio){园艺}

circumscissile （果实）周裂的（circumscissilis）
circumscissile dehiscence 周裂（dehiscentia circumscissilis）
circumscissile volva 周裂菌托（volva circumscissila）
circumscribed ①限定的 ②外切的
circumscribed catchment area 限定集水区
circumscribed circle 外切圆，外接圆
circumscribed halo 外切晕
circumscription ①界线，界限 ②范围，区域 ③限制 ④限定论{电脑}（circumscriptio）
circumstance ①环境{栽培} ②经济情况（circumstantia）
circumvallate 围住的（circumvallatus）
circumvolution ①旋转，周转，回转{物} ②（柱头）涡线{形态}（circumvolutio）
circus 圆谷
cirque 冰斗
cirque erosion 冰斗侵蚀
cirque glacier 冰斗冰川
cirque lake 冰斗湖
cirquc platform 冰斗台
cirque step 冰斗阶[地]
cirrate antenna 栉状触角
cirrhiferous 具卷须的（cirrhifer）
cirrhiform 卷须状的（cirrhiformis）
cirrhose 有卷须的（cirrhosus）
cirrhosis 硬变
cirrhus ①孢子角{真菌} ②卷须{形态}
cirro-cumulus（Cc） 卷积云
cirro-cumulus lenticularis 荚状卷积云
cirro-stratus（Cc） 卷层云（cirrostratus）
cirrous 有卷须的（cirrus）
cirrus ①卷云（Ci）②卷带孢子，孢子角 ③细干卷 ④（甲介类）蔓足 ⑤棘毛{畜}
cis- ⌞字头⌝在一边，顺式
cis-aconitate ①顺乌头酸 ②顺乌头酸盐、酯或根
cis-aconitic acid 顺乌头酸
cis-acting 顺式作用
cis-acting element 顺作用元件{生技}
cis-acting locus 顺式作用座位（指基因）
cis-acting ribozyme 顺式作用核酶
cis-activation 顺式激活［作用］
cis-arrangement 顺[式]排列
cis cleavage 顺式切割
cis-configuration 顺[式]构型
cis dominance 顺式显性
cis-dominant constitutive expression 顺式显性组成表现
cis-dominant effect 顺式显性效应
cis element 顺式元件
cis-Golgi network（CGN） 高尔基体内侧网络{分生}
cis-heterogenote 顺式杂基因子
cis-heterozygote ①顺式杂合子 ②顺式杂合体 ③顺式异型子接合 ④顺式异型接合体（cisheterozygota）
cis-isomer 顺式异构体
cis-position 顺[式]位置
cis regulation 顺式调节
cis-splicing 分子内剪接{生技}
cis-trans complementation test 顺[式]反[式]互补试验
cis-trans configurations 顺反[式]构型
cis-trans effect 顺反[式]效应
cis-trans isomerase 顺反异构酶
cis-trans isomerism 顺反异构
cis-trans isomerization 顺反[式]异构化
cis-trans position effect 顺反[式]位置效应
cis-trans propyl isomerism 顺反脯氨酰异构
cis-trans test 顺反[式]测验
cis-trans type 顺反[式]型，稳定型
cis-vection effect（= cistrans position effect） 顺反[式]位置效应
cis-zeatin 顺式玉米素（细胞分裂素）[$C_{10}H_{13}N_{50}$]
CISC（= complex instruction set computer） 复杂指令系统计算机{电脑}
cisoid conformation 顺向构象{分遗}
cistanche ①肉苁蓉属［*Cistanche* Hoffmgg et Link］（列当科）②肉苁蓉［*Cistanche salsa* Benth］
cistern ①贮水池，贮水槽，贮水缸 ②（卡车上装液罐的）槽车，罐车
cisternae 潴泡
cistolith（= cystolith） 钟乳体（cystolithus）
cistron 顺反子，作用子{分遗}
cistron coding 顺反子编码
cistron gene 顺反子基因
cistron genetic recombination 顺反子遗传重组
cistron specific suppressor 顺反子特异校正基因，顺反子特异抑制基因
cistron specificity 顺反子特异性
cistron-specificity of action 顺反子作用特异性
cistronic 顺反子的（cistronicus）
cistus（= rockrose） ①爱花属（岩蔷薇属）[*Cistus* L.]（半日花科）②爱花（岩蔷薇）[*Cistus ladaniferus* L.]
citation 引证（citatio）{智培}
citation indexing 引证索引

citation report 引证报告
cite ①引用,引证 ②举例(ciere)
citiservice 都市市场信息服务{信息}
citizens' environmental awareness 公民环境意识{环保}
CITP (=capillary isotachophoresis) 毛管等速电泳
citr- ⌞字头⌝柑橘,柠檬
citral 柠檬醛,橙花醛 [$C_9H_{15}CHO$]
citrange 枳橙(甜橙×枳的杂种)
citrange stunt 枳橙矮化病(指病毒引起的)
citrangeade 枳橙香味果汁{加工}
citranguma 枳橙蜜柑(枳橙×温州蜜柑的杂交种)
citrate ①柠檬酸 ②柠檬酸盐,柠檬酸酯,柠檬酸根
citrate buffer 柠檬酸盐缓冲剂
citrate lyase 柠檬酸裂合酶
citrate-soluble phosphate 柠檬酸盐溶性磷
citrate synthase 柠檬酸合酶
citrate synthetase 柠檬酸合成酶
citraurin 柠乌素
citremon [*Poncirus trifoliata* × *citrus limon*] 枳柠檬(枳橙×柠檬)
citric acid 柠檬酸 [$HO_2CCH_2C(OH)(CO_2H)CH_2CO_2H$]
citric acid cycle 柠檬酸循环
citric acid fermentation 柠檬酸发酵
citric acid in flooded soil 淹浸土壤中柠檬酸
citric acid soluble phosphate 柠檬酸溶性磷酸盐
citricola scale (=grey citrus scale) 橘灰蚧 [*Coccus pseudomagnoliarum* (Kuwana)] (介壳虫科)
citriculture ①柑橘栽培 ②柑橘栽培学(citricultura)
citriculus mealybug 橘小粉蚧 [*Pseudococcus citriculus* Green] (粉蚧科)
citridic acid 乌头酸 [$C_5H_4O_4$]
citrifolius indianmulberry 橘叶鸡眼藤 [*Morinda citrifolia* L.] (茜草科)
citrin 柠檬素,维生素 P
citrine 柠檬色的,柠檬黄的(citrinus)
citrinin 橘霉素
citritin 柠檬酸青霉素
citro-chloride paper 盐代柠檬酸纸
citrogenase 柠檬酸合酶
citrograph 柑橘图谱,柑橘志(citrographus)
citroille ①西瓜属 [*Citrullus* Neck.] (葫芦科) ②西瓜 [*Citrullus vulgaris* Schrad.]
citrologist 柑橘学家(citrologistus)
citrology 柑橘学(citrologia)
citromyces 柠檬酸霉
citromycetin 柠檬菌素
citron 枸橼(香橼) [*Citrus medica* L.] (芸香科)
citron daylily 金针菜 [*Hemerocallis citrina* Baroni.] (百合科)
citron thyme 阔叶百里香 [*Thymus citroclarus*] (唇形科)
citron zephyrlily 橘黄葱莲 [*Zephyranthes citrina* Baker] (石蒜科)
citrondos carmes 小优梨,六月梨(晚熟西洋梨品种)
citronella ① 香茅属 [*Cymbopogon* Spreng.] (禾本科) ②香茅 [*Cymbopogon citratus* Stapf.]
citronella grass 亚香茅 [*Cymbopogon nardus* (L.) Rendle.] (禾本科)
citronella oil 香茅油
citronellal 香茅醛 [$C_9H_{17}CHO$]
citronellol 香茅醇 [$C_{10}H_{20}O$]
citronmelon 枸橼西瓜 [*Citrullus vulgaris* var. *citroides*] (葫芦科)
citrophilous mealybug 盖氏橘粉蚧 [*Pseudococcus gahani* Green] (粉蚧科)
citrostadienol α_1-谷甾醇
citrovorum factor (CF) 嗜橙菌因子,亚叶酸,甲酰-5,6,7,8-四氯叶酸
citroxanthin 柠黄质
citroyl-CoA 柠檬酰辅酶 A
citrulline 瓜氨酸
citrullinemia 瓜氨酸血
citrullinuria 瓜氨酸尿
citrullus 西瓜属 [*Citrullus* Neck.] (葫芦科)
citrumelo 枳柚(枳橙×柚的杂交种)
citrus ①柑属 [*Citrus* L.] (芸香科) ②柑橘类
citrus alternaria rot 柑橘黑腐病 [*Alternaria citri* Ell. et Pierce]
citrus anthracnose rot 柑橘炭疽病 [*Colletotrichum gloeosporioides* Penz.]
citrus aphid 橘蚜 [*Aphis citricidis* Kirkaldy] (蚜科)
citrus bacterial canker 柑橘溃疡病 [*Xanthomonas citri* (Hasse) Dowson]
citrus bagworm 橘褐蓑蛾 [*Clania fuscescens* Snellen] (蓑蛾科)
citrus banded weevil 橘横带象甲 [*Crato-

somus punctulatus Gyllenhal]（象甲科）

citrus bark borer（= citrus branch borer）橘黑长吉丁 [*Agrilus occipitalis* Eschsch.]（吉丁科）

citrus beverage processing 柑橘饮料加工{加工}

citrus black scale [方]黑点蚧 [*Parlatoria zizyphi*（Lucas）]（蚧科）

citrus black spot 柑黑斑病[*Phoma citricarpa* McAip.]

citrus blackfly 橘黑刺粉虱（吴氏刺粉虱）[*Aleurocanthus woglumi* Ashby]（粉虱科）

citrus blast 柑橘细菌性火疫病 [*Pseudomonas citripetaleae*（Smith）Staph.]

citrus blind pocket 柑橘瞎囊病（病毒病害）

citrus blossom midge 橘花蕾蛆 [*Contarinia citri* Barnes]

citrus blue mold 柑橘青霉病 [*Penicillium italicum* Wehmer]

citrus botrytis rot 柑橘灰霉病 [*Botrytis cinerea* Pers.]

citrus branch borer（= citrus bark borer, citrus buprestid beetle）①橘黑长吉丁 [*Agrilus occipitalis* Eschsch.] ②橘褐长吉丁（橘爆皮虫）[*Agrilus auriventris* Saunders]（吉丁科）

citrus brood-banded geometrid 橘阔带枝尺蛾 [*Hemerophila conjunetaria* Leech]（尺蛾科）

citrus brown plant bug 橘褐盲蝽 [*Distantiella collarti* Scho.]（盲蝽科）

citrus brown-rot gummosis and foot rot 柑橘褐色流胶和脚腐病 [*Phytophthora citrophthara*（Sm. et Am.）Leom.]

citrus bud-feeder [橘]恶性叶虫 [*Clitea metallica* Chen]

citrus bud mite 橘芽瘤螨 [*Aceria sheldoni*（Ewing）]（瘤螨科）

citrus buprestid beetle 橘长吉丁虫（爆皮虫，锈皮虫）[*Agrilus citri* Mats.]（吉丁科）

citrus cachexia 柑橘木质陷点病（病毒病害）

citrus canker 柑橘溃疡病 [*Xanthomonas citri*]

citrus coccus 橘蜡蚧 [*Coccus pseudomagnoliarum* Kuwana]（蜡蚧科）

citrus common green mold 柑橘绿霉病 [*Penicillium digitatum* Sacc.]

Citrus concave gum 柑橘胶囊病（病毒病害）

citrus cottony scale 黄绿絮蚧 [*Pulvinaria aurantii* Cockerell]（绵蚧科）

citrus cultivation 柑橘栽培

citrus culture ①柑橘培养 ②柑橘栽培

citrus dagger moth 柑橘剑纹夜蛾 [*Acronycta pruinosa*]（夜蛾科）

citrus decline 柑橘衰老病

citrus diplodia rot 柑橘黑色蒂腐病 [*Diplodia natalensis* Pole-Evans]

citrus embryogenesis in vitro 柑橘离体胚发生

citrus exocortis 柑橘裂皮病（类病毒病害）

citrus flat-headed borer 橘褐长吉丁 [*Agrilus auriventris* Saunders]（吉丁科）

citrus flat mite 橘短须螨 [*Brevipalpus lewisi* McGregor]

citrus flower click beetle 橘花叩甲 [*Corymbites notabilis* Candeze]（叩甲科）

citrus flower gall-midge 橘花瘿蚊 [*Diplosis okadai* Miyoshi]（瘿蚊科）

citrus flower moth（= citrus young fruit borer）橘花巢蛾 [*Prays citri* Billberg]（巢蛾科）

citrus flower thrips 橘皮蓟马 [*Haplothrips subtissimus* Haliday]（蓟马科）

citrus foot rot 柑橘脚腐病 [*Phytophthora parasitica* Daster.]

citrus fruit borer 橘蛀果点翅螟 [*Citripestis sagittiferella* Moore]

citrus fruit fly（= mango fruit fly, oriental fruit fly）橘小实蝇 [*Dacus dorsalis* Hendel. = *Chaetodacus dorsalis* Hendel]（实蝇科）

citrus fruits 柑橘类果树

citrus gall mite 柑橘瘿螨 [*Eriophyes oleivorus* Ashmead]（瘿螨科）

citrus gall wasp 橘瘿广肩小蜂 [*Eurytoma fellis* Girault]（广肩小蜂科）

citrus green mold 柑橘绿霉病 [*Penicillium digitatum* Sacc.]

citrus ground mealy bug 柑橘铜粉蚧 [*Rhizoecus kondonis* Kuwana]（粉蚧科）

citrus grove 柑橘园

citrus hassku dwarf 八朔柑橘衰退病 [*Virus-tristeza*]（病毒病害）

citrus impietratura 柑橘石果病（病毒病害）

citrus industry 柑橘[工]业

citrus industry of Brazil 巴西柑橘业

citrus infectious variegation virus（= citrus infectious chlorosis virus, citrus infectious mottling virus, citrus varieation virus）柑橘杂色病毒 [*Citrivir italicum*（Fawcett）= *Marmor italicum*（Holmes）]

citrus inflata 饼子橙（饼柚）[*Citrus infla-*

ta Hort ex Tan]（芸香科）

citrus juice 柑橘汁

citrus jumping plant-louse 橘叶瘿木虱[*Euphalerus citri* Kuwana]（木虱科）

citrus katydid 橘螽斯[*Holochlora longifissa* Shiraki]（螽斯科）

citrus leaf miner ①橘细潜蛾[*Phyllocnistis citrella* Stainton] ②橘红潜叶甲（橘潜蜉）[*Podagricomela nigricollis* Chen]（潜蛾科）

citrus leaf-roller ①橘褐卷蛾[*Cacoecia eucroca* Diakonoff]（卷蛾科）②橘小黄卷蛾[*Adoxophyes fasciata* Walsingham]（小卷蛾科）

citrus likubin 柑橘黄龙病（类立克氏体病）

citrus Mal secco 柑橘干枯病[*Deuterophoma tracheila* Petri]

citrus may beetle 橘红褐鳃角金龟[*Lachnosterna citri* Sm.]（金龟科）

citrus mealy-wing (= spiny white fly) 橘刺粉虱[*Aleurocanthus spiniferus* Quaintance]（粉虱科）

citrus mealybug (= common mealybug) 橘粉蚧[*Pseudococcus citri* Risso = *P. adonidum* Linè]（粉蚧科）

citrus melanosis 柑橘树脂病，柑橘褐色蒂腐病[*Diaporthecitri* (Fawcett) Wolf]

citrus mistle-toe 柑橘桑寄生[*Loranthus parasiticus* (Linn) Merr.]（桑寄生科）

citrus mussel scale (= purple scale) 橘紫蛎蚧[*Lepidosaphes beckii* (Newman)]（蚧科）

citrus nematode 柑橘线虫病[*Tylenchulus semipeneralis* (Thunberg)]

citrus noctuid 橘苔藓夜蛾[*Metachrostis* obscura Warren]（夜蛾科）

citrus oil 柑橘油

citrus oleocellosis 柑橘虎斑病

citrus olive green bug (= citrus stink bug) 橘棘蝽[*Rhynchocoris humeralis* (Thunberg)]（蝽科）

citrus parlatoria [方]黑点蚧[*Parlatoria zizyphus* (Lucas)]（蚧科）

citrus pink disease 柑橘赤衣病[*Corticium salmonicolor* Berk et Br.]

citrus plantlet tissue culture 柑橘幼苗组织培养

citrus plants 柑橘亚科[Aurantioideae]

citrus powdery mildew 柑橘白粉病[*Oidium tingitaninum*]

citrus psorosis 柑橘鳞皮病

citrus psylla ①橘木虱[*Diaphorina citri* Kuwayama] ②橘红木虱[*Spanioza erythreae* d. Gue]（木虱科）

citrus red mite 橘全爪螨（橘红蜘蛛，瘤皮红蛛）[*Paratetranychus citri* McGregor]（叶螨科）

citrus red scale (= California red scale) 红圆蚧[*Aonidiella aurantii* (Maskell)]（盾蚧科）

citrus rind borer 橘果巢蛾[*Prays endocarpa* Meyrick]（单蛾科）

citrus ring spot virus 柑橘环斑病毒

citrus root-bark channeller 橘根皮缘蝽[*Decilaus citriperda* Tryon]（缘蝽科）

citrus root cerambycid (= citrus trunk borer) 橘星天牛[*Anoplophora chinensis* Forster]（天牛科）

citrus root mealybug 柑橘根粉蚧[*Rhizoecus kordenis* Kuwana]（粉蚧科）

citrus root nematode 橘垫刃线虫[*Tylenchulus semipenetrans* Cobb.]

citrus root scale 橘根蚧[*Geococcus citrinus* Kuwana]（蚧科）

citrus root weevil 柑橘根象甲[*Pachnaeus litus* (Germ.)]（象甲科）

citrus rosette 柑橘簇生病（生理病害）

citrus rust mite (= maori mite) 橘锈螨[*Phyllocoptruta oleivora* Ashm.]（瘿螨科）

citrus sawyer 橘小长须天牛[*Monochamus subfasciatus* Bates]（天牛科）

citrus scab 柑橘疮痂病[*Sphaceloma fawcetti* Jenk.]

citrus scale (= citrus mealy bug) 橘粉蚧[*Planococcus citri* (Risso)]（粉蚧科）

citrus seedling yellow 柑橘菌黄病（病毒病害）

citrus slender katydid 柑小螽斯[*Plaula gracilis* Matsumura et Shiraki]（螽斯科）

citrus small round brown spot 柑橘褐色小圆星病[*Mycosphaerella horii* Hara]

citrus smoky blotch 柑橘煤污斑病

citrus snow scale 橘盾蚧[*Unaspis citri* (Comstock)]（盾蚧科）

citrus somatic hybridization 柑橘体细胞杂种

citrus sooty mold 柑橘煤污病[*Capnodium citri* Berk. et Desm.]

citrus sour rot 柑橘酸腐病[*Oospora citri-aurantii* (Ferr) Sacc. et Syd.]

citrus spinner moth 橘织叶卷蛾[*Sparganothis stutana* Wals.]（卷蛾科）

citrus spiny whitefly 橘刺粉虱[*Aleuro-*

canthus spiniferus Quaintance]（粉虱科）
citrus splits 柑橘裂果病（生理病害）
citrus stem-end rind breakdown disease 柑橘蒂缘果皮衰败病
citrus string cottony scale 橘蒂绵蚧［*Takahashia citricola* Kuwana］（绵蚧科）
citrus stubborn 柑橘僵缩病（螺旋菌病原体病）
citrus sucker（= fruit piercing moth） 通木落叶夜蛾［*Ophiderus fullonica* Cl.］（夜蛾科）
citrus sun scald 柑橘日灼病（柑橘日焦病）
citrus thrips（= orange thrips） 橘实蓟马［*Scirtothrips citri*（Moulton）］（蓟马科）
citrus tortrix 柑橘卷蛾［*Adoxophyes citripetaleae*（Smith）Staph.］（卷蛾科）
citrus trichoderma rot 柑橘实腐病［*Trichoderma viride* Pers. ex Fr.］
citrus tristeza virus（=*citrus quick decline* virus） 柑橘速衰病毒
citrus trunk borer 星天牛［*Anoplophora chinensis*（Förster）］（天牛科）
citrus trunk cerambycid 橘褐天牛［*Cerambyx cantori* Hope］（天牛科）
citrus variegation virus 柑橘杂色病毒
citrus vein enation 柑橘脉突病
citrus virus elimination 柑橘病毒消失
citrus water spot 柑橘水斑病
citrus white scale 棉小盾蚧［*Hemichionaspis minor* Maskell］（盾蚧科）
citrus white-striped longicorn 白条天牛［*Exocentrus lineatus* Bates］（天牛科）
citrus whitefly 橘黄粉虱［*Daileurodes citri*（Ashmead）］（粉虱科）
citrus"locust"（= cotton grasshopper） 大青蝗（棉蝗）［*Chondracris rosae* De Gcer］（蝗科）
citryl-CoA 柠檬酰辅酶 A
city 城市，都市
city block distance 都市街区距离
city bridges 城市桥梁
city-call 城市呼叫业务{信息}
city center 市中心
city climate 都市气候
city fog 城市雾
city forestry ①都市林业 ②都市森林学
city garbage 城市垃圾
city garden 城市庭园，城市花园{园林}
city milk 市乳
city-owned utilities 城市公用事业
city park 城市公园{园林}
city plan 城市平面图，都市平面图
city planning 都市计划
city planning act 城市计划法案，都市计划法案
city planning area 城市规划范围
city system 城市系统
city traffic management database 城市交通管理数据库{电脑}
city water 城市供水
city wind 城市风，都市风
cive（= chive） 细葱［*Allium schoenoprasum* L.］（石蒜科）
civet 麝香（为灵猫所分泌的）
civet cat 灵猫（麝香猫）［*Uiverra zivetta* L.］（灵猫科）
civet-cat-fruit（= durian, civet durian） 榴莲（榴梨）［*Duriozibethinus* Murr.］（锦葵科）
civet durian 榴莲［*Durio zibethinus* Murr.］（锦葵科）
civic beauty 城市美[化]
civic engineering 土木工程{水利}
civic landscape 城市景色
civil ①民间的，民用的，土木[的] ②民航的，国内的（civilis）
civil information system 国内信息系统{信息}
civil time 民用时
civilian map 民用地图
civilization ①文化，文明 ②教化，开化（civilisatio）
CJD（= Creutzfeldt-Jacob disease） 克雅二氏病，早老痴呆症
CK ①（= check） 对照[种]，标准[品种]{育种} ②（= cytokinin）细胞分裂素{生技}
cl（= centiliter） 厘升（= 1/100 升）
clab-root（= ambury） 根瘤病
clabber ①[凝结的]酸牛乳 ②凝结
cladanthus ①羽叶香菊属［*Cladanthus* Cass.］（菊科）②羽叶香菊［*Cladanthus arabicus* Cass.］
cladautoicous [雄苞]枝生同株的（cladautoicus）
cladding 包层{信息}
clade 进化枝（cladus）
clado- ⌊字头⌉芽
cladocerans 枝角类{畜}
cladode 叶状枝（cladodium）
cladodification 枝化（cladodificatio）
cladogenesis ①分枝进化 ②分支发生
cladogenous 枝上生的（cladogenus）
cladogenous root 横原根（radix cladogena）

cladogram 进化分枝图,进化树,支序图(cladogramma)
cladonia ①石蕊属[*Cladonia* Web.](石蕊科)②石蕊[*Cladonia rangiferina* Web.]
cladonia family 石蕊科[Cladoniaceae]
cladophora ①刚毛藻属[*Cladophora* spp.](刚毛藻科)②刚毛藻[*Cladophora* sp.]
cladophora family 刚毛藻科[Cladophoraceae]
cladophore 梗状枝(cladophorum)
cladophyll 叶状枝(cladophyllum)
cladosclereids 星状体(含草酸钙){细胞}
cladose ①多枝的 ②分枝的(cladosus)
cladosiphonic 具枝隙的(cladosiphonus)
cladosporium Leaf mold 叶霉病
claim ①要求 ②声称 ③索赔(claimare)
claim compensation 要求赔偿
clam ①蛤 ②蛤肉
clam bed 养蛤埕
clam shell (动力挖掘机)蚌式漏斗
clam-shell excavator 蚌斗式挖土机
clam-type loader 抓斗式装载机
clamber 攀登,攀爬,爬上
clammy ①黏湿的,潮湿的 ②冷湿的
clammy campion 洋剪秋萝[*Lychnis viscaria* L.](石竹科)
clammy hedgehyssop 黏水八角[*Gratiola viscidula*](玄参科)
clammy hopseedbush 车桑仔[*Dodonaea viscosa* L.](无患子科)
clammy locust 小洋槐[*Robinia viscosa* Vent](豆科)
clammy-weed ①臭矢菜属[*Polanisia* Rafin.](白花菜科)②臭矢菜[*Polanisia icanandra* (L.)W. et A.]
Clamondin orange (= musk lime) 四季橘[*Citrus madurensis* Lour.](芸香科)
clamp ①锁{真菌} ②夹头,夹紧装置{农机} ③堆,垛堆{栽培} ④(蜂群越冬用)土窖{蜂} ⑤钳位电路{电脑}
clamp cell 锁细胞
clamp connection ①锁状连合{形态} ②锁状联合{真菌}
clamp coverer 堆藏覆土机
clamp covering 堆藏覆盖,盖堆
clamp covering machine 盖堆机
clamp dog ①制块,止块 ②夹头{农机}
clamp force 夹紧力
clamp formation 锁状形成
clamp forming machine 垛堆机
clamp-on ①保留呼叫{信息} ②固定 ③钳位
clamp planting 穴播
clamp-screw 制动螺丝
clamp silage 堆贮青贮料
clamp silo 青贮堆
clamp-type conveyer 夹持输送器
clamper 钳位电路{信息}
clamping ①堆藏 ②青贮(= ensiling)
clamping chain 夹持链
clamping time 加压时间
clamshell 挖泥机{环保}
clan 异种集团,植物小群落(plantae)
clandestine evolution 新生进化
clanor 克拉诺尔(甜橙品种)
clapeyron's diagram 克拉伯龙图解
clapnet 捕鸟网
clarase 澄解酶
clarase for tissue softening 组织软化用澄解酶
claret 红葡萄酒(产波尔多地区)
claret-colour 紫红色,深红色(vinicolor)
claretleaf European grape 紫叶葡萄[*Vitis vinifera* var. *purpurea* Bean.](葡萄科)
clarificant 澄清剂{环保}
clarification 澄清[作用](clarificatio)
clarification compartment 澄清室{环保}
clarification tank 澄清池
clarification unit 澄清单元
clarification zone 澄清区
clarified effluent 澄清水流,澄清出流,澄清溢流{环保}
clarified juice 澄清汁{加工}
clarified water 澄清水
clarifier ①透明剂 ②澄清剂 ③澄清器,净化器 ④澄清池 ⑤分类器,分类符
clarifying ①透明,透化{显技} ②澄清,净化
clarifying agent (= clarificant, clarifier) 澄清剂
clarifying filtration 澄清过滤{环保}
clarifying solution ①透明液{显技} ②澄清液,净化液
clarite 透明剂{显技}
clarity ①透明度{显技} ②纯洁度{物}
clarity of gas 气体纯洁度
clarkia 克拉花属[*Clarkia* Pursh.](柳叶菜科)
clary 南欧丹参[*Salvia sclarea* L.](唇形科)
clash 对撞
clash of colour 颜色不调和(指花卉装饰)
clasolite (= clastic rock) 碎屑岩{地质}
clasp ①抱茎 ②握弹器{昆虫} ③钩环,扣环,扣钩 ④紧握,紧持

clasper ①卷须{形态} ②抱[握]器{昆虫} ③交合突,鳍脚{水产}
clasper [of drone] (雄蜂)抱握器
clasping ①抱茎的 ②抱持的 (amplectans)
clasping coneflower 抱茎金光菊 [*Rudbeckia amplexicaulis* Vahl.] (菊科)
clasping leaf 抱茎叶 (folium amplexicaule)
clasping leg 抱握足
clasping venuslookirg-glass 抱茎镜花 [*Specularia perfoliata* A. DC.] (桔梗科)
class ①纲{分类} ②组{统计} ③级,等级{加工} ④阶级{农经} ⑤类,类别,种类{生技} (classis)
class A film A类胶卷{遥感}
class any user 任意类用户{信息}
class boundary 组界
class category menu 类别菜单{电脑}
class-center value 组中值
class code 类别代码{电脑}
class comparison 分组比较
class condition 分类条件,类别条件
class finding 分类归并
class frequency 组频数{统计}
class hierarchy 分类层次
class index 分类索引
class insecta 昆虫纲
class interval 组距{统计}
class library 分类 [程序]库
class limit 组限
class method 分类法
class mid-point (= class center value) 组中值
class name 类别名
class number 组数
class of channel 信道种类{信息}
class of formation 植物群系分级{生态}
class of service 服务类别,业务类别{信息}
class of soil 土纲{土壤}
class polarization 阶级两极分化
class range 组范围
class switching 类别转换{分生}
class symbol 分类符号
class value 组值
class wrapping 分类包装{加工}
classbook of agriculture 农业课本
classer ①分级机 ②分粒器(机)
classes ①分类 ②类型
classes of cities 城市类型
classes of settlements [植物] 集落类型
classes of vector processor 向量处理机分类
classical (= classic) ①经典的,古典的 ②传统的 ③典型的 ④第一流的 (classicus)
classical approach 古典方法,老式方法
classical breeding method 传统育种法
classical control 典型控制
classical cooperative game 传统合作对策
classical cultural technique 传统栽培技术
classical farming method 传统耕作法
classical genetic map 经典遗传图
classical genetics 经典遗传学
classical hemophilia 典型性血友病
classical hypothesis 经典假说
classical logic 经典逻辑
classical mechanics 经典力学
classical network theory 经典网络理论{信息}
classical pathway of complement 补体经典途径{生技}
classical swine fever (= hog cholera) 猪瘟
classical system theory 经典系统理论{信息}
classical types of interaction 经典互作型式
classical way 传统方法,经典手法
classification ①分类,分级 ②分类法 (classificatio)
classification data 分类资料
classification effectiveness 分类效率
classification image ①分类图像{电脑} ②分类影像{遥感}
classification map 分类图
classification mark 分类号印(标记){森林}
classification of breeding methods 育种方法分类
classification of cereals 禾谷类分类
classification of crops 作物分类
classification of fallow fields 休闲地分类
classification of food crops 食用作物分类,粮食作物分类
classification of genotypes 基因型分类
classification of goods 商品分级
classification of grasses 禾(牧)草分类
classification of isozymes 同工酶分类
classification of lands 土地分类
classification of leaf on stalk position 叶在茎部位上的分类
classification of peat 泥炭分类
classification of saplings 苗木分级
classification of soils 土壤分类
classification of sowing methods 播种方法分类
classification rule 分类规则
classification system ①分类系统 ②分类法

classified ①分类的{分类}②密级的{信息}
classified data 密级数据
classified index 分类索引
classified information 密级信息
classified management of peasant household 农户分类管理{农管}
classifier ①分级机{栽培}②洗沙机{环保}③分类器{遥感}
classify 分类
classis 纲{分类}
classroom information system (CIS) 教室信息系统{智培}
classy wood 压缩材
clastic 碎屑状的(clasticus)
clastic constituent 碎屑成分
clastic enzyme 分解酶
clastic parent material 碎屑母质
clastic rock 碎屑岩
clastic sediment 碎屑沉积物
clastogen 染色体异常诱变剂,断裂剂
clastogenesis 染色体异常诱变
clastogenic 产染色体异常诱变的(clastogenus)
clastogenisity 染色体异常诱变力(clastogenisitas)
clathrate ①粗筛孔状的 ②笼形的(clathratus)
clathrate compound 笼形化合物
clathrate structure 笼形结构{分生}
clathration 笼形包合[作用](clathratio){分生}
clathrin 网格蛋白{分生}
clathrin assembly protein 网格蛋白装配蛋白质
clathrin associated protein 网格蛋白相关蛋白质
clathrin cage 网格蛋白笼
clathrin-coated pit 披网格蛋白小窝
clathrin-coated vesicle 披网格蛋白小泡
clathrin lattice 网格蛋白格网
clathrin triskelion 网络蛋白三脚复合体
clause 条款,条文(citem)
clausena ①黄皮属[*Clausena* Burm. f.](芸香科)②黄皮[*Clausena lansium* (Lour.) Skeels]
Clausius equation of state 克劳修斯气态方程式
claustrum 连翅器
clava 棒节
clavacin (= claviformin) 棒曲霉素[$C_7H_6O_4$]
clavate (= club-shaped) 棒状的(clavatus)
clavate antenna 棒状触角(antenna clavata)
clavate hair 棍棒状毛(pilus clavatus)
clavate head type 棍棒状穗型(禾谷类)
clavated bentgrass 棒状剪股颖[*Agrostis clavata* Trin.](禾本科)
clavatin (= patulin) 棒曲霉素
clavato-capitate 棍棒头状的(clavatocapitatus)
clavatol 克拉瓦醇
clavel-la-India ①狗牙花属[*Ervatamia* Stapf](夹竹桃科)②狗牙花[*Ervatamia coronaria* stapf = *Tabernaemontana coronaria* Willd.]
clavellate 小棍棒的(clavellatus)
clavenn yarrow 银叶蓍草[*Achillea clavennae* L.](菊科)
clavicle 卷须(claviculus)
claviculate 具卷须的(claviculatus)
claviflorous 棒状花的(claviflorus)
clavifolious 棒状叶的(clavifolius)
claviform 棍棒状的(claviformis)
claviform cherry 长腺樱[*Prunus claviculata* Yü et Li](蔷薇科)
claviformin 棒曲霉素
clavigerous 具棍棒的(clavigerus)
clavulanic acid 棒酸
clavus ①棒麦角{真菌}②爪片{禽}③棒节,脉结,抱器腹突{昆虫}
clavusate 粗短刺状的(clavusatus)
claw ①爪{禽}②[瓣]爪{形态}③钩,爪形器具{农具}④(挤乳装置)集乳器 ⑤蹄{畜}(unguis, brachium)
claw body 集乳器壳体
claw clutch 牙嵌式离合器,爪形离合器
claw hook 爪钩
claw-like 爪状(unguiformis)
claw lobster ①螯状指 ②螯状趾{遗传}
claw-shaped weeder 爪形除草器
claw spring cultivator 爪式弹齿中耕机
claw weeder 爪式除草器
clawed 有爪的(unguiculatus)
clawless (exunguiculatus) 无爪的
clay 黏土,黏粒(argilla){土壤}
clay accumulation 黏粒累积
clay acid 黏粒酸
clay area 黏土地区
clay brick 砖坯
clay brown loam 黏质棕色壤土
clay bucket 黏土挖掘铲斗
clay catalyst 黏粒催化剂
clay coating 黏粒膜

clay colloid 黏粒胶体
clay-coloured 土黄色的 (argillaceus)
clay complex 黏粒复合体
clay content 黏粒含量
clay fertilizer 土肥
clay film 黏粒薄膜
clay flocculation 黏粒絮凝[作用]
clay fraction 黏粒部分,黏粒粒级
clay gravelly soil 黏粒土
clay ground 黏土地
clay-humus complex 黏土腐殖质复合体
clay impoverishing 黏粒消失
clay land 黏土地
clay landside 黏土地内陷
clay loam 黏壤土
clay loam soil 黏质壤土
clay marl 黏质泥灰岩
clay material 黏粒物质
clay membrane electrode 黏粒膜电极
clay mineral 黏土矿物
clay mineral formation 黏土粒矿物形成[作用]
clay minerals 黏粒矿物
clay mortar 黏土浆
clay movement 黏粒移动
clay particle 黏粒
clay peptization 黏粒胶溶[作用]
clay pipe ①瓦管,烟筒 ②陶制烟斗
clay pot 素烧盆,素烧钵
clay restoration 黏土复原[作用]
clay rock 黏土岩
clay sand 黏质沙土
clay shale 黏质页岩
clay shingle 黏土板,黏土扁砾石
clay silty loam 黏质粉壤土
clay skin 黏粒皮膜
clay slate 黏板岩
clay slurry 黏泥浆
clay soil 黏土
clay soil field 胶田,黏土地
clay suspension 黏粒悬液
clay swelling 黏粒膨胀
clay transformation 黏土变化
clay warp 黏质淤积物
clay well 黏土井
claybacked cutworm 泥背地[老]虎 [*Agrotis gladiaria* (Morrison)] (夜蛾科)
claycolored billbug 泥色谷象 [*Sphenophorus aequalis aequalis* Gyllenhal] (象甲科)
claycolored leaf beetle 泥色叶甲 [*Anomoea laticlavia* (Forster)] (叶甲科)
claycolored weevil 泥色阔喙象甲 [*Otiorhynchus singularis* (L.)] (象甲科)
clayed ①黏性的 ②黏质的
clayed bottom 黏质底土,黏质底
clayed podzol 黏质灰壤
clayed soil 黏性土壤
clayey ①黏质的 ②多黏土的 ③黏土状的 (argillaceus)
clayey ground 黏土地
clayey loam 黏质壤土
clayey marl 黏质灰岩,泥灰岩
clayey pan ①土盆{栽培} ②黏盘{土壤}
clayey pot 土盆
clayey sand 黏质沙土
claying 施用黏土
clayish 黏质的 (argillaceus)
clayite 黏土石
clayization 黏化
claypan ①黏磐 ②黏粒磐
claypan chernozem 黏磐黑[钙]土
claypan soil 黏磐土
clayslate (= clay slate) 黏板岩
Clayson land-lord combine 克勒逊自走式联合收获机
CLB method CLB 法(测果蝇伴性致死及活性突变基因的方法)
CLB technique (= crossover suppressorlethal-Bar-technique) 交换抑制因子-致死-棒眼技术
clean ①清洗 ②清除 ③清洁的,干净的 ④清晰的 ⑤原始的 ⑥完全的,全的
clean bench 清选工作台{育种}
clean bill 健康证明书
clean-bole 无枝干材,无节干材
clean burn 烧除,全烧
clean cane 去叶蔗
clean compiling 清晰编译{电脑}
clean computer 清除计算机
clean copy 原始副本{分遗}
clean cultivated area ①无杂草耕作区,机械化耕作区 ②单作区
clean cultivation ①无杂草耕作,机械化耕作 ②单作
clean culture ①无杂草栽培法,机械化栽培 ②单作,单播,清种,纯作(单一作物栽培)
clean culture system 无杂草栽培法,(清除杂草栽培法)机械化栽培法
clean cut 净割(清理的刈割)
clean cutting (= clear felling, clear cutting) 皆伐
clean fallow ①绝对休闲 ②绝对休闲地
clean land 无杂草地

clean memory 清洁存储器
clean out ①清理 ②清除口,清通口{环保}
clean-out chamber 清通井{环保}
clean picking 全采(指米茶叶)
clean proof 清件{电脑}
clean punching 干净穿孔
clean rice processing 纯净米加工
clean room ①无菌工作室,净化室,超净室 ②接种室
clean seed 去肉种子
clean separator 清选分离机
clean stop 完全停机{信息}
clean summer fallow ①夏季绝对休闲 ②夏季绝对休闲地
clean tape 清洁磁带
clean tillage 无杂草耕作,机械化耕作
clean tillage system 无杂草耕作法(清除杂草耕作法),机械化耕作法
clean up ①清选 ②清理,清除 ③清扫
clean up of seeds 种子清选
clean-up scraper 刮土板
clean water 清洁水
clean wool 纯净毛
cleaned ①提纯的,洗净的,净化的 ②清选的
cleaned barley 清选大麦
cleaned seed 清选种子
cleaner ①清选器{育种} ②滤清器,清洁器{加工} ③洗涤剂,去污剂{显技}
cleaner-grader 清选分级机
cleaning ①清选{育种} ②除草、灭草 ③清洗,清洁,净化{加工} ④除伐{森林} ⑤冲洗,清除{环保}
cleaning and sorting machinery 清选机械
cleaning bee 清洁蜂,清扫蜂(指工蜂)
cleaning boulder 清除块石
cleaning comb 花粉刷{蜂}
cleaning crops 抑草作物,机械化栽培作物,清耕作物,精耕作物
cleaning-cutting 除伐
cleaning dam site 清理坝基
cleaning dance 清洁舞{蜂}
cleaning down ①清除 ②清洗
cleaning effect by rain 雨水净化作用{环保}
cleaning efficiency 清选效率
cleaning equipment 清选设备
cleaning loss 清选损失
cleaning loss percentage 清选损失率
cleaning machine 清选机
cleaning mechanism 清粮装置
cleaning of barley 大麦清选
cleaning of grain by pounding 辗米,碾米(指将糙米精捣)
cleaning of land 开垦
cleaning of sand 洗沙{环保}
cleaning of seeds 种子清选
cleaning shoe 清粮筛体
cleaning solution 洗涤液,清晰液{显技}
cleaning-up operation 茬地清理作业
cleaning web ①清洗卷筒 ②清洗丝网
cleanliness 清洁度
cleanliness of seeds 种子清洁度
cleanness ①清洁,清洁度 ②改善
cleanser ①恶露{气象} ②清洗器,清洁器{加工} ③洗涤剂,去污剂{显技}
cleanser flight 排粪飞行{昆虫}
cleansing ①净化 ②排泄
cleansing flight 排泄飞行,爽身飞行{蜂}
clear ①无节的,无枝的 ②透明的 ③纯净的 ④纯利,纯益(clarus)
clear accumulator 清除累加器
clear air ①纯洁空气 ②晴空
clear air echo 晴空回波{遥感}
clear air turbulence 晴空湍流
clear all 全部清除,全清
Clear and bright 清明(中国的 24 节气之一)
clear area ①空白区 ②清洁区,清晰区域 ③透明区{电脑}
clear away 除去
clear bole height (= clear length, clear height) (林木)枝下高
clear burn (= clean burn) 烧除,全烧
clear circuit 清零电路{信息}
clear collision 清除冲突
clear column radiance 晴空[柱]辐射率{遥感}
clear-cutting (= clear felling)皆伐{森林}
clear-cutting by strips 带状皆伐
clear cutting forest 皆伐林
clear-cutting high-forest system 皆伐乔木林作业
clear-cutting method (= clear-felling system) 皆伐法,皆伐作业
clear-cutting of forest 森林皆伐
clear data 纯数据,空白数据
clear day 晴天
clear effluent 清水溢流,清水出流{环保}
clear felling 皆伐
clear felling vegetation 皆伐地植被
clear filtrate 清滤液
clear flag 清除标志
clear honey (= liquid honey) 液体蜜
clear ice 明冰
clear interrupt 清除中断
clear key 清除键

clear land 开垦地
clear length 枝下高{森林}
clear line-image 明线图像{电脑}
clear log 原木{森林}
clear night 晴夜
clear out area (收刈地)清理地面
clear packet 清除包{电脑}
clear plaque mutant 清晰噬菌斑突变体
clear pulse 清除脉冲,归零脉冲
clear seeding 无覆盖播种
clear signal 清除信号,置"0"信号{电脑}
clear sky 晴空
clear summer day 晴朗夏天
clear supernatant 上层清液{环保}
clear the felling area 伐区清理
clear the field 清除茬地
clear water 纯净水,清水
clear-water basin (= clear-water tank) 清水池{环保}
clear-water reservoir 清水[水]库
clear-weed ①冷水花属[*Pilea* Lindl.](荨麻科) ②冷水花[*Pilea notata* Wight.]
clear well 清水井{环保}
clearage ①开垦地 ②清理
clearance ①空地,余地 ②间隙,距隙,距离 ③清除[率] ④终伐 ⑤许可
clearance adjustment 间隙调节
clearance level 许可级别
clearance of lower branches 打枝,打丫枝(指棉花)
clearance of span 跨度净空{水利}
clearance of woods from land (= cleaning of land) 开垦,开荒{耕作}
clearance sale 清仓贱卖{农管}
cleared condition 清除条件,清零状态{信息}
cleared lysate 澄清裂解液
clearer-board 脱蜂器
clearing ①开垦,整治荒地 ②集材 ③皆伐 ④清算 ⑤清除,清理,整理 ⑥精制,提纯 ⑦清洁,澄清,清晰 ⑧透明 ⑨断开 ⑩折线
clearing agent 澄清剂
clearing agreement 清算协定
clearing axe 劈斧{农具}
clearing blade 清除铲,清理铲
clearing in block preparation 蜡块制片透明
clearing interrupt 清除中断
clearing jungle land 垦荒
clearing key 清除键
Clearing of caterpillars 清除毛虫(鳞翅目幼虫)
clearing of forest 森林皆伐
clearing of land 土地清理
clearing of wasteland and making it usable 开荒
clearing road 集材道,运材道
clearing water channel 清理水渠(槽)
clearness 清晰度
clearweed ①冷水花属[*Pilea* Lindl.](荨麻科) ②冷水花[*Pilea notata* Wright]
clearwing moth ①透翅蛾 ②⌞复⌝透翅蛾科[Sesiidae, Aegeriidae]
clearwinged bugs 长头蝽科[Henicocephalidae, Enicocephalidae]
clearwinged grasshopper 透翅土蝗[*Camnula pellucida* Scudder]
cleavability 劈裂性
cleavability of wood 木材劈裂性
cleavage ①卵裂 ②割裂 ③劈裂,分裂 ④介理(指矿物),劈理(指岩石) ⑤切割{分遗} ⑥分离{电脑}
cleavage-block 裂块{胚胎}
cleavage cavity 卵裂腔
cleavage cell 卵裂细胞
cleavage center 卵裂中心
cleavage faces 介理面
cleavage furrow 卵裂沟
cleavage line 卵裂线
cleavage map 卵裂[解]图
cleavage nucleolus 卵裂核仁
cleavage nucleus 卵裂核
cleavage pattern 卵裂型
cleavage polyembryony 裂生多胚现象
cleavage resistance of wood 木材劈裂阻力
cleavage site 切割位点{分遗}
cleavage-strength of wood 木材劈裂强度
cleavers (= goose grass, catchweed bedstraw) 猪殃殃(*Galium aparine* L. = *G. vaillanta* DC.)(茜草科)
cleaving axe 劈斧
cleaving enzyme 分裂酶
clef-non (= calcium carbonate) 碳酸钙[$CaCO_3$]
cleft ①半裂的(fidus) ②劈裂的(fissutatus) ③条裂的(lacinatus) ④裂缝(fussura) ⑤龟裂(rima)
cleft-beaked 裂喙的(fissirostris)
cleft cutting 割插{园艺}
cleft graft 劈接,割接
cleft grafting 劈接,割接
cleft grafting knife 割接刀
cleft hand 裂手
cleft leaf 裂叶(folium fissulatum)
cleft-leaved 裂叶的(fissifolius)
cleft lip (= hare lip) 兔唇

cleft palate ①裂口盖 ②裂腭
cleft-texture 裂隙质地{土壤}
cleft timber 劈材
cleft-toothed 裂齿的(fissidens)
clegs 雨麻虻(厚角麻虻)[*Haematopota crassicornis* Wahl.]
cleidoic egg 有壳卵,封闭式卵
cleisto- ⌞字头⌝闭
cleistocalyx ①水榕属[*Cleistocalyx* Bl.](桃金娘科)②水榕(水翁)[*Cleistocalyx operculatus*(Roxb.)Merr. et Perry]
cleistocarp ①闭囊果{真菌}②闭蒴{形态}(cleistocarpium)
cleistocarpous ①闭囊果的 ②闭蒴型的(cleistocarpus)
cleistoflorous 闭花的(cleistoflorus)
cleistoflory 闭花性(cleistofloria)
cleistogameon 闭花受精生殖
cleistogamous(=cleistogamic) 闭花受精的(cleistogamus)
cleistogamous flower 闭花受精花(flos cleistogamus)
cleistogamy 闭花受精(cleistogamia)
cleistogene 闭花受精植物
cleistogenous 闭花受精的(cleistogenus)
cleistogeny 闭花受精(cleistogenia)
cleistothecium 闭囊壳
Cleland reagent 克来兰试剂{生技}
clematis ①铁线莲属[*Clematis* L.](毛茛科)②铁线莲[*Clematis florida* Thunb.]
clematis aphid 铁线莲瘤额蚜[*Myzus clematifoliae* Shinji](瘤额蚜科)
clematis blister beetle 铁线莲芫菁[*Epicauta cinerea*(Forster)](芫菁科)
clematis hybrids 杂种铁线莲[*Clematis hybridus* sp.](毛茛科)
clematis looper 铁线莲尺蛾[*Melanthia procellata inquinata* Butler](尺蛾科)
Clementine 宽皮橘[*Citrus reticulata* × *C. salicifolia*](芸香科)
Clementine mandarin 克里曼丁红橘[*Citrus clementina* Hort. et Tanaka](芸香科)
clench ①抓紧,抓牢 ②紧握
Cleopatra mandarin "克莱帕特"橘(印度酸橘)[*Citrus reshal* Hort et Tanaka](芸香科)
cleptobiosis 盗食共生
clerodendron thrips 台湾三色蓟马[*Frankliniella formosae tricolor* Moulton](蓟马科)
cleroid longicorn 臭牡丹天牛[*Miceolamia cleroides* Bates](天牛科)
clerotic cell 强韧细胞(cellula clerotica)
clethra ①山柳属[*Clethra* Gronov.](山柳科)②山柳[*Clethra barbinervis* Sieb. et Zucc.]
clethra family 山柳科[Clethraceae]
clethra loosestrife 珍珠菜[*Lysimachia clethroides* Duby.](报春花科)
Cleveland procedure 克里夫兰程序(指肽做图){生技}
clevis ①U形钩,U形铁箍 ②犁钩 ③套钩拉钩
clevis drawbar 牵引环联结钩
cleyen(=eurya) ①柃木属[*Eurya* Thunb.](茶科)②柃木(柃)[*Eurya japonica* Thunb.]
cleyera ①红淡比属[*Cleyera* Thunb.](茶科)②红淡比[*Cleyera japonica* Thunb.]
CLIA(=chemiluminescent immunoassay) 化学发光免疫测定[法]{分生}
click ①按动 ②单击,击键 ③喀嗒声
click beetle ①黑背叩甲[*Melanotus fissilis*(Say)] ②⌞复⌝(=wireworms)叩甲科[Elateridae]
client ①客户 ②客户机{信息}
client agent 客户代理
client interface 客户接口,委托接口
client platform 客户平台
client server 客户服务器
client/server computing 客户机/服务器计算
cliff ①悬岩,悬崖 ②峭壁,绝壁(=precipice)
cliff-brake ①旱蕨属[*Pellaea* Link.](旱蕨科)②旱蕨[*Pellaea atropurpurea* sp.]
cliff-brake family 旱蕨科[Pellaeaceae]
cliff cherry 崖樱桃[*Prunus persica*(L.) Batsch.](蔷薇科)
cliff cinquefoil 岩生委陵菜[*Potentilla rupestris* L.](蔷薇科)
cliff glacier 悬冰川
cliff habitat 悬崖生境{生态生理}
cliff of displacement 断崖
Climaciaceae 万年藓科
climacteric ①[呼吸]跃变,呼吸高峰 ②危期的,危机的 ③颓化的(climactericus)
climacteric fruits ①呼吸高峰果实 ②呼吸高峰果树
climacteric maximum 呼吸高峰(指果实)
climacteric respiration 跃变呼吸
climacteric rise 跃变升高
climacteric rise in respiration 呼吸跃变上升,呼吸颓化上升{生态生理}

climagram 气候图（climagrammа）
climagraphs 气候图线
climate ①气候 ②风土（caelum）{气象}
climate accident 气候偶变
climate bioindicator 气候生物指示器
climate change 气候变化
climate comfort 气候调节
climate conditions 气候条件
climate diagram 气候图解
climate divide 气候分界
climate in relation to corps 气候与作物的关系
climate limits of distribution 气候分布限界
climate monitor 气候监测器
climate near the ground 近地面气候
climate region（= climatic region） 气候区
climate room 人工气候室
climate synchronization 气候同步化
climate variability 气候变率
climate zone 气候带
climatic ①演替顶极的（climaticus）②气候的 ③风土的{气象}
climatic amelioration 气候改良
climatic anamolies 气候异常
climatic barrier 气候障壁
climatic belt 气候带
climatic chamber 人工气候室
climatic changes 气候变化
climatic chart 气候图
climatic classification 气候分类[法]
climatic climax 气候[演替]极顶，气候安定期
climatic climax community 气候演替极顶群落
climatic contrast 气候差异
climatic controls 气候控制[因子]
climatic cycles 气候循环
climatic damage 气候灾害
climatic data 气候记录
climatic diagrams 气候图表
climatic ecotype 气候生态型
climatic element 气候要素
climatic extremes 气候极值
climatic factor（= climate factor） 气候因子
climatic fluctuation 气候变动
climatic index 气候指数
climatic indicator 气候指示植物
climatic limits of crop 作物气候限界
climatic map 气候图
climatic modification 气候变态
climatic modificatory 气候控制
climatic optimum 气候适宜[期]
climatic pathology 气候病理学
climatic physiology 气候生理学
climatic plant formation 气候植物群系
climatic productivity index 气候生产力指数
climatic province 气候省
climatic region 气候区
climatic resources 气候资源
climatic rhythms 气候节律
climatic sensitivity 气候感应性
climatic soil formation 气候成土[作用]
climatic soil type 气候性土型
climatic sphere 气候圈
climatic stress 气候胁迫{生态生理}
climatic stressor 气候胁迫因子
climatic subdivision 气候副区
climatic trend 气候趋势
climatic type 气候型
climatic variation 气候变迁
climatic variety 气候变种
climatic year 气候年
climatic zonation 气候地带性
climatic zone（= climate zone） 气候带
climatization 气候适应过程，风土驯化
climatize 适应气候
climatizer 气候实验室
climatogenesis 气候生成
climatography 气候志
climatological 气候学的{气象}
climatological atlas 气象图集
climatological chart 气候图
climatological data 气候资料
climatological diagram 气候图表
climatological forecast 气候[学方法]预报
climatological observation 气候观测
climatological standard normals 标准气候平均值(30年的平均值)
climatological station 气候站
climatological summary 气候概要
climatologist 气候学工作者，气候学家
climatology 气候学（climatologia）
climatophytic soil 气候性土壤
climatotherapy 气候治疗学（climatotherapia）{气象}
climatype 气候型（指植物）（climatypus）
climax 演替顶极，安定期
climax area 演替顶极区，安定区
climax association 演替顶极群丛，安定群丛
climax community 演替顶极群落，安定群落
climax complex 演替顶极群落复合体，安定群落复合体

climax forest [演替]顶极森林
climax forest stage 顶极森林阶段
climax leaves 成熟叶
climax soil 成熟土
climax stage 演替顶极阶段,安定阶段
climax unit [演替]顶极群落单位
climax vegetation ①顶极生长 ②演替顶极植被,安定植被
climber 攀缘植物(planta scandens)
climber cutting 切蔓,割蔓
climbing ①攀缘的 ②蔓生的(scandens)
climbing ability 爬坡能力
climbing aloe 攀缘芦荟 [*Aloe ciliaris* Haw.](百合科)
climbing bean (= pole bean) 普通菜豆
climbing buckwheat 荞麦蔓 [*Polygonum convolvulus* L.](蓼科)
climbing capacity ①攀缘能力{生态} ②升高能力
climbing entada 榼藤子(牛肠麻,前合母,老鸦枕)[*Entada phaseoloides* (L.) Merr. = *Lens phaseoloides* L., *E. scandens* (L.) Benth.](豆科)
climbing false buckwheat 攀缘蓼 [*Polygonum scandens*](蓼科)
climbing-fen 海金沙 [*Lygodium japonicum* (Thunb.) Sw.](海金沙科)
climbing fig 薜荔 [*Ficus pumila* L. = *F. stipulata* Thunb., *F. repens* Hort.](桑科)
climbing fruits 蔓性果树,藤本果树
climbing fumitory ①荷包藤属 [*Adlumia* Rafin.](荷包牡丹科) ②荷包藤 [*Adlumia fungosa* sp.]
climbing gentian 蔓龙胆 [*Tripterospermum japonicum* Maxim.](龙胆科)
climbing greening 攀缘绿化,垂直绿化
climbing groundsel ①千里光属 [*Senecio* L.](菊科) ②千里光 [*Senecio scandens* Ham.]
climbing habit 攀缘习性(habitus scandens)
climbing hair 攀缘毛(pilus scandens)
climbing harrisia ①卧龙柱属 [*Harrisia* spp.](仙人掌科) ②卧龙柱 [*Harrisia guelichii* sp.]
climbing hempweed ①米甘草属 [*Mikania* Willd.](菊科) ②米甘草 [*Mikania scandens* Willd.]
climbing herb 攀缘草本植物(herba scandens)
climbing hydrangea 藤绣球 [*Hydrangea petiolaris* Sieb. et Nuce. = *H. scandens* Maxim. non Ser., *H. volubilis* Hort.](绣球科)
climbing jackbean 攀缘刀豆 [*Canavalia plagiosperma*](豆科)
climbing liana 攀缘藤本植物(liana scandens)
climbing-lily (= glory-lily, gloriosa) ①嘉兰属 [*Gloriosa* L.](百合科) ②嘉兰 [*Gloriosa superba* L.]
climbing movement 攀缘运动(movementum scandens)
climbing pea ①蔓性豌豆 [*Pisum sativum* L.](豆科) ②(= Mediterranean pea) 地中海豌豆 [*Pisum elatus* Stev.](豆科)
climbing plant 攀缘植物(planta scandens)
climbing pricklyash 狭叶花椒 [*Zanthoxylum stenophyllum* Hemsl.](芸香科)
climbing root 附着根(radix scandens)
climbing rose (= rambler) 蔓性蔷薇,攀缘蔷薇(品种)
climbing scandent 攀缘的
climbing shrub 攀缘灌木(frutex scandens)
climbing smartweed 何首乌 [*Polygonum multiflorum* Thunb.](蓼科)
climbing stem 攀缘茎(caulis scandens)
climbing therophyte 攀缘一年生植物(therophyta scandens)
climbing ylang-ylang 鹰爪花 [*Artabotrys odoratissimus* R. Br.](番荔枝科)
climmer switch 变光开关
Climsat 气候卫星{遥感}
clinandrium 药窝(用于兰科)
clinanthium 总花托(用于菊科)
clinch 待处理状态{电脑}
clincher 铆钉,钉子
clindamycin 克林达霉素
cline 渐变群(单向渐变群),倾群,生态群
cling 附着,密着,黏着(alligans)
cling root 气根(radix aerea)
clingstone 黏核(指桃)
clingstone peach 黏核桃 [*Prunus persica* var. *sclerópersica* Rehd.](蔷薇科)
clingy ①黏的,有黏性的 ②攀缘的,攀缠的
clinical 临床的(clinicus)
clinical diagnosis 临床诊断
clinical examination 临床检验
clinical genetics 临床遗传学(clinico-genetica)
clinical laboratory 临床实验室(laboratorius clinicus)

clinical medicine 临床医学（medicina clinica）
clinical psychology 临床心理学（clinicopsychologia）
clinical thermometer 体温计
clinism 倾斜（clinismus）
clinium 总花托（用于菊科）
clinochlore 斜绿泥石
clinocolpate 横[长]沟（clinocolpata）
clinodeme 渐变群混交群体
clinograph ①平行板（指绘图用）{遥感}②孔斜计
clinometer ①测倾器,测斜器,仰角器 ②坡度仪
clinometric map 坡度图{遥感}
clinophyllous 柔软叶的（clinophyllus）
clinopodium ①风轮菜属[*Clinopodium* L.]（唇形科）②风轮菜[*Clinopodium chinese* O. Kuntze]
clinoptilolite 斜发沸石（天然脱氨离子交换剂）{环保}
clinosol 坡积土
clinospore 弯孢子（clinospora）
clinostat 倾斜扶直器,回转器
clintonite 脆云母
clip ①修剪 ②剪草,割草 ③除芒 ④（蜂王）剪翅 ⑤剪毛[量] ⑥⌞复⌝夹子,回纹夹 ⑦⌞复⌝压夹{狩猎}
clip art ①裁剪艺术品 ②剪辑艺术{电脑}
clip method 切颖法(稻杂交方法)
clip path 裁剪路径
clip quadrat 茎叶干重样方{生态}
clip the first growth 第一次收刈
clip wool 剪羊毛
clipped tree 剪型树{园林}
clipped-wing queen bee 剪翅蜂王
clipped-wing share 切翼犁铧,短翼犁铧
clipper ①剪草机,割草机 ②青贮料联合收获机 ③剪毛机 ④除芒器 ⑤⌞复⌝剪子,修剪剪刀,修枝剪,剪钳 ⑥剪毛手,修剪工 ⑦限幅电路,削波电路{电脑}
clipper bottom 草地用熟地型犁体
Clipper Bow "飞弓"计划{遥感}
clipping ①修剪,剪切{园艺}②收刈,刈取,剪取{牧草}③剪毛{畜}④刨花,刨屑{加工}
clipping divider 剪取划分器
clipping hedge 剪形绿篱
clipping machine 修剪机
clipping of crown 树冠修剪
clipping pasture 刈割牧草
clipping plane 裁剪平面{电脑}
clipping region 裁剪区域{电脑}
clipping treatment 刈割处理
clipping volume 裁剪体
clique ①小集团,派系 ②集团型
clistogastra 细腰亚目（膜翅目）[Clistogastra]
clitocybine 蕈素,杯伞菌素
cliver（= cleavers） 猪殃殃[*Galium aparine* L.]（茜草科）
clivia ①君子兰属[*Clivia* Lindl.]（石蒜科）②君子兰[*Clivia miniata* Regel]
clo 衣着指数
cloaca ①泄殖腔,共泄腔 ②下水道,阴沟
cloacal aperture 泄殖腔孔
cloacal chamber 泄殖腔
cloacin 排殖腔素
cloak ①斗篷 ②覆盖[物] ③覆,盖,掩遮
clobber 乱码,乱码现象{电脑}
cloche 玻璃罩(用于幼苗覆盖)
clock（CLK） 钟,时钟,时计（cloca）
clock amplifier 时钟放大器
clock circuit 时钟电路
clock comparator 时钟比较器
clock counter 时钟计数器
clock frequency 时钟[节拍]频率
clock generator and driver 时钟发生驱动器
clock interrupt 时钟中断
clock oscillator 时钟振荡器
clock pointer 时钟指针
clock pulse 时钟脉冲,同步信号
clock recovery 时钟恢复,同步恢复{遥感}
clock signal generator 时钟信号发生器
clock skew 时钟歪斜
clock stars 校钟星
clock window 时钟窗口
clocked ①钟控的 ②定时的
clocked flip-flop circuit 时钟触发电路{信息}
clocked sequential circuit 时钟时序电路
clocked signal 定时信号
clocking 定时,同步
clockvine 老鸦嘴属(山牵牛属）[*Thunbergia* Retz.](爵床科)
clockwise 顺时针方向的
clockwise direction 顺时针方向
clockwise rotation 顺时针旋转
clockwork anemometer 钟制风速表
clod 土块,泥块,土坷垃
clod breaker 土块压碎机
clod breaking 破碎土块,打碎土块
clod breaking roller（= clod break roller） 碎土镇压器
clod crusher 碎土机
clod formation 土块形成

clod mulch 土坷垃覆盖{耕作}
cloddy 土块状的(gebusus)
cloddy-pulverescent structure 土块-散粒结构
cloddy structure 块状结构
cloddy surface 板结土面{土壤}
clodhopper 庄稼人,老农,农夫,农民
clog ①堵塞,填塞,充塞,阻塞 ②妨碍,防害 ③障碍物,阻塞物
clogging 阻塞
clogging by weeds 杂草丛生
clomiphene 氯芪酚
clon(=clone) 无性繁殖系,克隆{农生技}
clonal 无性[繁殖]系的,克隆的(clonalis)
clonal activation 无性系激活,克隆激活(activatio clonalis){农生技}
clonal bank 无性[繁殖]系库,克隆库
clonal deletion 无性系缺失,克隆缺失(deletio clonalis)
clonal diversity 无性系多样性,克隆多样性(diversitas clonalis)
clonal evaluation 无性[繁殖]系评定,克隆评定
clonal line 无性[繁殖]系,克隆系
clonal material 无性[繁殖]系材料,克隆材料
clonal multiplication 无性[繁殖]系繁殖,克隆繁殖
clonal preservation 无性[繁殖]系保存,克隆保存
clonal progeny 无性[繁殖]系后代,克隆后代
clonal propagation 无性[繁殖]系繁殖,克隆繁殖
clonal propagation of haploid 单倍体的无性[繁殖]系繁殖,单倍体的克隆繁殖
clonal pure line 无性繁殖体纯系,克隆纯系
clonal reproduction 无性系繁殖,克隆繁殖(reproductio clonalis)
clonal rootstock 无性系砧木,克隆砧木(rhisoma clonalis)
clonal selection 无性[繁殖]系选择,克隆选择
clonal selection theory 无性[繁殖]系选择说,克隆选择说
clonal separation 无性[繁殖]系分离,克隆分离
clonal strain 无性系品系,克隆品系
clonal test 无性[繁殖]系比较试验,克隆比较试验
clonal variant 无性系繁殖体,克隆繁殖体(varians clonalis)
clonal variation 无性系变异,克隆变异(variatio clonalis)
clone ①无性[繁殖]系,克隆 ②仿制品,复制品(clonus)
clone expansion 无性[繁殖]系扩充,克隆扩充(clonoexpansio)
clone from single cell [来自]单细胞[的]无性[繁殖]系,单细胞克隆
clone progeny 无性系后代,克隆后代(clonoprogenies)
clone selection 无性[繁殖]系选择,克隆选择
clone technology 无性系技术,克隆技术(clonotechnologia)
clone technology and ethics 无性系技术与伦理学,克隆技术与伦理学(指克隆人要思考的问题)
cloned 无性繁殖的,克隆[化]的
cloned animal 无性繁殖动物,克隆动物
cloned cow 无性繁殖牛,克隆牛
cloned gene 无性繁殖基因,克隆基因
cloned line 无性[繁殖]系,克隆系
cloned mammal 无性繁殖哺乳动物,克隆哺乳动物
cloned monkey 无性繁殖猴,克隆猴
cloned plant 无性繁殖植物,克隆植物
cloned sheep Dolly 无性繁殖多利羊,克隆多利羊
cloned swine 无性繁殖猪,克隆猪
cloned tomato 无性繁殖番茄,克隆番茄
cloned vegetable 无性繁殖蔬菜,克隆蔬菜
clonic(=clonal) 无性[繁殖]系的,克隆的
clonic selection 无性[繁殖]系选种,克隆选种
cloning 无性繁殖,克隆[化]
cloning efficiency 无性繁殖效率,克隆效率
cloning of gene 基因无性繁殖,基因克隆[化]
cloning research 无性繁殖研究,克隆研究
cloning site 无性繁殖位点,克隆[化]位点
cloning technique 无性繁殖技术,克隆技术
cloning vector 无性繁殖载体,克隆载体
cloning vehicle 无性繁殖载体,克隆[化]载体
clonodeme 无性繁殖系同类群,无性繁殖系混合群体,克隆同类群
close ①密闭的,密集的,密切的 ②紧密的,严密的,精密的,周密的,稠密的,秘密的,亲密的 ③接近的,靠近的,亲近的,近亲的 ④几乎相等的 ⑤精细的,详尽的,专心的,用心的 ⑥有限制的,限定的,窄狭的 ⑦闷热的,沉闷的(claudere)
close analysis 精细分析
close argument(=detail discuss) 详细讨论
close attention(=pay attention closely) 密切注意
close-bred plant 近亲植物
close breeding(=closed breeding) 近亲繁

殖
close canopy 郁闭
close case method (=casing method) 箱移法(移栽果木)
close-centered training 闭心式整枝
close classification 近亲分类法
close-clustered 成束的(fascicatus)
close connection 紧密联系
close-contact adhesive 密接胶黏剂
close correlation 密切相关
close coupled mounting 紧密连接式悬挂
close crossing (=closed crossing) 近亲(有性)杂交
close cultivation 密植栽培
close cut 低刈
close-cut cutterbar 低割型切割器
close day 闷热日
close drill 窄行条播机
close drill sowing 窄行播种
close fertilization ①近亲受精 ②闭花受精(cleistogamia)
close fit 紧配合
close forest 密林
close formation ①密集植物群系,郁闭植物群系 ②密集队形
close grain 精致纹理,细纹
close-grained wood 细纹材
close-growing crop 密植(播)作物
close-grown (=slow-grown, narrowringed) 窄年轮的
close hedge 围篱,绿篱,篱笆
close herding 密集放牧,强度放牧
close hill planting 小丛密植
close ice 坚冰
close-in 封行
close-kernelled type 粒密型
close linkage 闭锁连锁
close-look photographic reconnaissance satellite 详查型照相侦察卫星{遥感}
close loop system 闭环系统{信息}
close mapping 详测
close mowing 低位刈割,低割(指紧贴地刈割)
close of horizon 水平角全测
close of leaf canopy 林冠郁闭
close piling 密堆法,实堆法(木材无垫木堆积)
close planting 密植,密栽
close planting with fewer seedlings in each cluster (水稻)小株密植
close planting with small plant 小株密植
close plucking ①重采摘 ②茶树封园(停止采摘)
close pollination ①自花授粉 ②近亲授粉(autogamia)
close population 闭锁群体
close proximity 近似
close relative plant 近亲植物
close resemblance 相似,酷似
close row 窄行
close-row drill (=close drill) 窄行条播机
close-row machine 窄行机具
close-row planter 窄行播种机
close-row spacing 窄行距
close season (=close time) 禁猎期
close seeding (close sowing) 密播,密植
close selection 近亲选择
close shearing 重剪
close sheath 闭鞘
close shift counter 闭合移位计数器
close society 密闭组合
close sowing 密播,密种
close spacing 窄株行距
close stand ①密苗 ②郁闭林分
close sward 紧密草地
close symbol 关闭符号{电脑}
close system 闭合系统
close texture ①致密质地{土壤} ②精致纹理,细纹{解剖}
close thicket 密植丛
close time 抚养期{森林}
close together 密集的(cre ber)
close type 密闭型{形态}
close up ①闭塞,堵塞,充塞 ②紧排,靠紧
close vegetation 郁闭植被{生态}
close working fit 紧滑配合
closed ①郁闭的 ②闭合的,闭锁的 ③封闭的(clausus)
closed aggregate 闭集
closed association 郁闭群丛
closed-boll cotton 闭合铃棉
closed bundle 有限维管束(fasciculus clausus)
closed bus 闭总线{信息}
closed canopy 密郁闭{森林}
closed cell 闭室(翅脉)
closed-center type 闭心型
closed chromosome 闭锁染色体
closed circle ①闭环 ②闭[合电]路{信息}
closed circuit 闭[合线]路{信息}
closed circuit signalling 闭路通信
closed circuit television 闭路电视
closed circular DNA (ccDNA) 闭合环状DNA{分遗}
closed circular template 闭环模板

closed circulation 闭式循环
closed class 封闭组{统计}
closed community 郁(密)闭群落
closed conduit 暗沟,地下排水管道
closed cover 郁闭覆盖层
closed crossing 近亲杂交
closed curve 闭合曲线
closed cycle 闭合循环,密闭循环
closed-cycle system 密闭循环系统
closed delivery drill 窄行条播机
closed delivery opener 窄行开沟器
closed developing software (CDS) 保密开发软件{电脑}
closed domain 闭域
closed-down policy 闭关政策
closed drainage 暗沟排水,暗管排水,地下管道排水
closed ecological system 密闭生态系统
closed-end frame ①宽边紧切巢框{蜂}②闭端耙架{农机}
closed-end reel 闭端式拨禾轮
closed fishing ground 禁渔区
closed flock 封闭式畜群(指牛,羊),闭锁群(指牛,羊)
closed flock breeding 封闭式畜群育种,闭锁群育种
closed flock selection 封闭式畜群选择,闭锁群选择
closed forest 郁闭林,封山育林
closed formation 郁闭群系
closed furrow method 闭垄法
closed game season 禁猎季节
closed growth system 封闭生长系统
closed herd ①封闭式畜群(牛,猪)②无病猪群
closed herd breeding 封闭式畜群育种
closed ice 密集冰
closed-impeller pump 闭式叶轮泵
closed isobar 闭合等压线
closed level circuit 闭合水准网
closed loop system 闭合回路系统{环保}
closed molecules of doublestranded DNA 闭合双链DNA分子{分遗}
closed plant formation 郁闭植物群系{生态生理}
closed planted area 密植地
closed population ①密生群体{栽培}②闭锁群体{遗传}
closed regulatory loop 闭合调节环
closed respiratory gas system 密闭呼吸的气体系统
closed sea 封闭海
closed season ①禁渔期 ②(狩猎,放牧等)停止期 ③(果蔬进口)禁期
closed sheath 闭鞘(vagina clausa)
closed sowing 密播
closed stand ①郁闭林分 ②密集植株 ③郁闭植物群落
closed surface 闭合面(superficies clausus)
closed system 封闭系统{电脑}
closed traverse 闭合导线
closed type ①闭合型(typus clausus){形态}②闭式{农机}
closed univalent 闭锁单价染色体,环单价染色体
closed vascular bundle 有限维管束
closed vegetation 郁闭植被
closed venation 闭锁脉序(venatio clausus)
closedown 封闭,关闭
closely ①紧密的,细密的,致密的 ②严密的,秘密的 ③近的,密接的,亲密的④精确的
closely-bloomed 密花的(confertiflorus)
closely bunched ①密丛生长的 ②紧捆的,紧扎的
closely coincide 精确符合{统计}
closely coupled system 紧耦合系统
closely-fruited 密果的(pycnocarpus)
closely-leaved 密叶的(confertifolius)
closely-lobed 密裂片的(pycnolobus)
closely-related 近亲的,近缘的
closely related organism 近缘生物
closely-scaled 密鳞片的(pycnolepis)
closely-thorned 密刺的(pycnacanthus)
closely-veined 密脉的(venulosus)
closely-winged 密翼的(pycnopterus)
closeness 紧密度,密集度
closeness of contact 接触紧密度(指穗)
closer ①覆土器 ②闭合器,闭路器 ③塞子
closet ①储藏室 ②盥洗室{环保}
closing ①郁闭 ②关闭
closing band 闭带{昆虫}
closing cell 封闭细胞
closing device 关闭设备
closing down ①关闸 ②停止营业 ③(无线电广播)停止播送 ④停工
closing error 闭合误差
closing flag 关闭标记
closing layer 封闭层
closing leaf canopy 林冠郁闭
closing line 闭合线
closing membrane 封闭膜
closing of crop ①封行,封垄 ②林分郁闭
closing of root 根部密集
closing point 闭合点

closing time 结束时间
closing value 闭合值
closterium ①新月藻属［*Closterium* spp.］（鼓藻科）②新月藻［*Closterium monilife-rum* sp.］
closterospore 多核多隔孢子（closterospora）
closterovirus 线形病毒（closterovirus）
clostridial 梭菌的（clostridialis）
clostridiopeptidase A 梭菌肽酶 A，胶原酶
clostridium ①梭菌属［*Clostridium* Prazmowski］（梭菌科）②梭菌［*Clostridium* sp.］
clostridium family 梭菌科［Clostridace］
clostridium pasteurianum 巴氏梭菌［*Clostridium pasteurianum* Winogradsky］（梭菌科）
clostripain 梭菌蛋白酶
closure ①闭合 ②闭包 ③闭体 ④封闭 ⑤禁止（closura）
closure against grazing 禁止放牧
closure condition 闭包条件｛细胞｝
closure error（= closing error） 闭合差｛遥感｝
closure error of traverse 导线闭合差｛测｝
closure generator 封闭发生器
closure line 封闭线
closure of guard cell 保卫细胞闭合
closure of horizon 水平角全测
closure property 封闭特性，封闭性质
closure theorem 闭合定理｛形态｝
clot ①凝块｛生化｝②血块｛医｝
clotbird 鹀［*Emberiza*］
cloth 布
cloth alarm 山牡荆（薄姜木）［*Vitex quinata* F. N. will.］（马鞭草科）
cloth house 布遮［育种］室
cloth ribbon 布色带，编织色带
cloth tent ①帐幕，布幕 ②布罩
clothe louse 衣虱（体虱）［*Pediculus humanus corporis* De Geer］（虱科）
clothed ①被盖的（indutus）②被遮盖的（obtectus）③被覆的（覆以茸毛）（vestitus）
clothes moth ①织网衣蛾［*Tinea pellionella* L.］②负袋衣蛾［*Tineola biselliela Hummel*］③地毯衣蛾（毛毡衣蛾）［*Trichophaga tapetzella* L.］④⌞复⌝谷蛾科［Tineidae］
clothing hair 被毛（pilus vestitus）
clothing industry 服装［产］业
clothing wool 粗纺毛
clotted 凝固，凝结
clotting ①（牛奶）凝结 ②凝血
clotting factor 凝血因子
cloud 云（nubes）｛气象｝
cloud-amount 云量
cloud atlas 云图
cloud band 云带
cloud bank 云堤
cloud base 云底
cloud belt 云带
cloud burst 暴雨
cloud canopy 云，云幔
cloud chart 云图
cloud cluster 云团
cloud cover 云量
cloud current 云［中气流］
cloud detection radar 测云雷达｛遥感｝
cloud direction 云向
cloud drift 浮云，飞云
cloud element 云单体
cloud forest 云林
cloud forest tree 云林树木
cloud form 云状
cloud grass 云草（云剪股颖）［*Agrostis nebulosa* Boiss. et Reut.］（禾本科）
cloud level（= cloud layer）云层
cloud line 云线
cloud mass 云块
cloud motion vector 云移动向量
cloud nuclei 云核
cloud particle 云粒，云滴
cloud searchlight 云幕灯，云幂灯
cloud seeding ①人造云 ②播雨（飞机在空中撒干冰引雨）
cloud shadows 云影
cloud-sheet 云片
cloud species 云种（指按云形与云结构而分）
cloud street 云街
cloud system 云系
cloud theodolite 测云经纬仪
cloud top 云顶
cloud top height estimation system 云［顶］高估计系统｛遥感｝
cloud type 云型
cloud veil 云幕
cloud wind extraction system 云风提取系统｛遥感｝
cloud zone 云带
cloudage 云量
cloudberry（= yellow berry, salmonberry）云莓［*Rubus chamaemorus* L.］（蔷薇科）
cloudchart 云图

cloudcrest 云冠
clouded drab moth 云斑褐夜蛾［*Orthosia incerta* (Hufnagel)］(夜蛾科)
clouded plant bug 云纹盲蝽［*Neurocolpus nubilis* (Say)］(盲蝽科)
clouded sulphur 云纹粉蝶［*Colias philodice* Latreille］(粉蝶科)
cloudheight 云高
clouding 浑浊,不清楚
cloudless 无云,全晴
cloudless days 无云日数
cloudless zone 无云带
cloudlet 小云,细云
cloudmeter 测云仪
cloudmirror (=cloud mirror) 测云镜
clouds 云彩
cloudy ①多云 ②昙天
cloudy sky 多云天空(总云量为3-5/8)
cloudy weather 多云天气
cloudywinged whitefly 橘云翅粉虱［*Dialeurodes citrifolli* (Morgan)］(粉虱科)
clough ①深谷,溪谷 ②水闸
clove ①丁香(丁香花)［*Syringaobtata* Lindl.］(木犀科) ②瓤瓣 ③蒜瓣 ④小鳞茎(clavus)
clove bark 丁香桂皮
clove bed 丁香花坛{园林}
clove bedding 丁香坛植
clove currant 芳香茶藨(香醋果)［*Ribes odoratum* Wendl.］(茶藨子科)
clove gilly-flower (=clove pink) 麝香石竹(康乃馨)［*Dianthus caryophyllus* L.］(石竹科)
clove hitch 卷结(结索法)
clove of garlic 大蒜瓣
clove of orange 柑橘瓤瓣
clove oil 丁香油{显技}
clove oil as antemedium 前介质用丁香油
clove oil as mounting 封藏用丁香油,装片用丁香油
clove tree 鸡舌香(丁子香)［*Eugenia aromatica* Baill.］(桃金娘科)
cloven-lip loadfla 矮穿柳鱼［*Linaria bipartita* Willd.］(玄参科)
clover 白三叶草(白车轴草)［*Trifolium repens* L.］(豆科)
clover aftercrop 三叶草第二次收割
clover aftergrass 三叶草再生草
clover aphid 三叶草圆尾蚜［*Anuraphis bakeri* (Cowen)］(蚜科)
clover aphid parasite 三叶草蚜日光小蜂［*Aphelinus lapisligni* Howard］
clover broomrape 小列当［*Orobanche minor* Sutt.］(列当科)
clover chalcid 车轴车广肩小蜂［*Bruchophagus gibbus* Boheman］(户肩小蜂科)
clover cutworm 三叶草切根夜蛾(车轴草切根夜蛾)［*Scotogramma trifolii* Rott.］(夜蛾科)
clover cyst nematode 三叶草囊线虫［*Heterodera trifolii* Goffort.］(线虫科)
clover disease 三叶草病
clover dodder 三叶菟丝子［*Cuscuta epithymum*］(菟丝子科)
clover-dominant pasture 三叶草占优势的牧场
clover fallow ①三叶草休闲 ②三叶草休闲地
clover flower midge 三叶草瘿蚊［*Dasineura leguminicola* (Lintner)］(瘿蚊科)
clover growing 三叶草栽培
clover hay 三叶草干草
clover hayrick 三叶草干草垛
clover hayworm (=gold fringe moth) 苜蓿螟(车轴草金镶螟)［*Hypsopygia costalis* (Fabricius)］(螟蛾科)
clover-head caterpillar 三叶草小卷蛾(车轴草梢小食心虫)［*Grapholitha interstinctana* (Clemens)］(小卷蛾科)
clover head weevil ①三叶草梢象甲［*Hypera meles* (Fabricius)］②斯氏象甲(红苜蓿子象甲)［*Tychius stephensi* Schönherr］(象甲科)
clover honey 三叶草蜜
clover leaf beetle 三叶草叶甲(车轴车守瓜)［*Luperodes praeustus* Motschulsky］(叶甲科)
clover-leaf fold 三叶草叶折叠
clover leaf hopper 三叶草叶蝉［*Aceratagallia sanguinolenta* (Provancher)］(叶蝉科)
clover leaf midge 三叶草叶瘿蚊［*Dasineura trifolii* Loew］(瘿蚊科)
clover-leaf model 三叶草叶模型{分遗}
clover-leaf pattern 三叶草叶图形
clover-leaf secondary structure 三叶草叶二级结构
clover-leaf shape 三叶草叶形状
clover-leaf structure 三叶草叶结构
clover leaf weevil 三叶草叶象(车轴草叶象)［*Hypera punctata* (Fabricius)］(象甲科)
clover looper 三叶草霜尺蛾［*Caenurgina crassiuscula* (Haworth)］(尺蛾科)
clover mamestra 三叶草花夜蛾［*Scotgramma trifolii* Rottemberg］(夜蛾科)

clover mite 苜蓿四爪螨（= gooseberry red spider mite)（苜蓿苔螨，醋栗苔螨）[*Bryobia praetiosa* (C.L.)Koch]（叶螨科）
clover mixtus 三叶草混播
clover mosaic 三叶草花叶病 [*Trifolium virus* 1]
clover pasture 三叶草牧场(地)
clover root borer 三叶草根小蠹 [*Hylastinus obscurus* (Marsham)]（小蠹科）
clover root curculio (= clover weevil) ①三叶草根瘤象甲 [*Sitona hispidula* (Fabricius)] ②筒颈根瘤象甲 [*Sitona cylindricollis* Fabricius] ③沟额根瘤象甲 [*Sitona sulcifrons* (Thunberg)]（象甲科）
clover rot 三叶草菌核病 [*Sclerotinia trifoliorum* Erikss.]
clover rotation system 三叶草轮作制
clover rubber 三叶草碾种机
clover seed barrow 三叶草手推播种机
clover seed chalcid 三叶草广肩小蜂 [*Bruchophagus gibbus* (Boheman)]（广肩小蜂科）
clover seed midge (=clover flower midge) 三叶草瘿蚊 [*Dasineura leguminicola* (Lintner)]（瘿蚊科）
clover seed outfit 三叶草种子收获附属装置
clover seed weevil ①三叶草夏象甲 [*Apion aestivum* Germar] ②三叶草暖象甲 [*Apion apricans* Herbst.] ③三叶草象甲 [*Apion assimile* kirby] ④三叶草黑喙象甲 [*Miccotrogus picirostris* (Fabricius)]（象甲科）
clover stem borer 三叶草拟叩甲 [*Languria mozardi* Latreille]（拟叩甲科）
clover stem nematode 三叶草茎线虫病 [*Tylenchulus dipsaci* Schmitt]
clover thrips 三叶草蓟马 [*Taeniothrips konumensis* Ishida]（蓟马科）
clover wound-tumor virus (= clover big-vein virus) 三叶草伤瘤病毒 [*Aureoaenus magnivera* (Black)]
clover yellow mosaic virus 三叶草黄色花叶病毒
clover yellow vein virus 三叶草黄脉病毒
clovershrub ①杭子梢属 [*Campylotropis* Bunge.]（豆科）②杭子梢 [*Campylotropis macrocarpa* Rehd.]
club ①棒节{昆虫} ②棍棒状器官 ③棍棒构造（clava）④（= club wheat, cluster wheat）密穗小麦 [*Triticum compactum* Lam. = *T. compactum* Host.]（禾本科）
club-bearing 具棍棒的（claviger）
club-flowered 棒状花的（claviflorus）
club foot 内外足{遗传}
club-footed 棒状柄的（clavipes）
club-forming 具小球状花束的（glomulifer）
club fruited 棒状果的（corynocarpus）
club-fungi ①珊瑚菌科（Clavariaceae）②担子菌纲（Basidiomycetes）
club-grass (= clubawn grass) 棒芒草属 [*Corynephorus* P.B.]（禾本科）
club hand 内外手{遗传}
club-horned beetles 棒角总科(鞘翅目，多食亚目)[Clavicornia]
club-leaf vetch 三裂野豌豆 [*Vicia trifida*]（豆科）
club-leaf virus 棒叶病毒
club-leaves 棒状叶的（clavifolius）
club-legged weevil 锤腿灰象甲 [*Sympiezomias frater* M.]
club-moss ①石松属 [*Lycopodium* L.]（石松科）②石松 [*Lycopodium clavatum* L.]
club-moss crassula 青锁龙 [*Crassula lycopodioides* Lam.]（景天科）
club palm (= dracaena) ①朱蕉属 [*Cordyline* Comm.]（龙舌兰科）②朱蕉 [*Cordyline fruticosa* (L.)A. Chev.)]
club panicle 棍棒[型]穗
club root 根肿病
club root of cabbage 甘蓝根肿病 [*Plasmodiophora brassicae* Woron.]
club root of Chinese cabbage 白菜根肿病 [*Plasmodiophora brassicae* Woron.]
club root of crucifers 十字花科蔬菜根肿病 [*Plasmodiophora brassicae* Woron.]
club root of garden radish 萝卜根肿病 [*Plasmodiophora brassicae* Woron.]
club root of leaf-mustard 芥菜根肿病 [*Plasmodiophora brassicae* Woron.]
club root of mulberry 桑根肿病 [*Plasmodiophora mori* Yendo]
club root of Pe-tsai 白菜根肿病 [*Plasmodiophora brassicae* Woron.]
club-rush (= bulrush) 欧莞
club shaped 棍棒状的（clavatus）
club stroma 棒状子座
club-top 珊瑚菌属 [*Clavaria* Fr.]（珊瑚菌科）
club wheat 密穗小麦 [*Triticum compactum* Host.]（禾本科）
clubbed form 棒状（claviformis）
clubhead cutgrass 李氏禾 [*Leersia hexan-*

dra Sw.]（禾本科）
clue ①线索 ②暗示 ③思路
clumn echidnopsis 柱状苦瓜草［*Echidnopsis cereiforme* sp.］（萝藦科）
clump ①簇，群｛形态｝②植丛 ③块，土块
clump of bamboo 竹丛，竹林
clump of trees 树丛，树林
clump planting 穴播
clumping ①聚丛 ②丛生｛生态｝
clunch 硬白垩
clupanodonic acid 鱼鲦鱼酸，廿二碳-4，8，12，15，19-五烯酸［$C_{22}H_{34}O_2$］
clupein 鲱精蛋白
cluster ①花簇，花穗，总状花序（botrys）②团聚体 ③全套挤奶杯 ④串组｛农机｝⑤蜂团 ⑥（甜菜）种球 ⑦成群，群集，集群，簇，丛
cluster amaryllis ①石蒜属［*Lycoris* Herb.］（石蒜科）②石蒜（= short-tube lycoris）［*Lycoris radiata* Herb.］
cluster analysis 群［集］分析
cluster bed 花丛式花坛｛园林｝
cluster bedding 花丛式坛植｛园林｝
cluster bud 丛生芽
cluster bug 胡麻毛蝽［*Agonoscelis pubescens* Thunb.］（蝽科）
cluster clover 簇生三叶草［*Trifolium glomeratum* L.］（豆科）
cluster coding 集群编码｛电脑｝
cluster compound 簇合物
cluster compression 集群压缩
cluster computer 群集计算机
cluster computing 簇计算
cluster controller（= cluster control unit）群集控制器，群控器
cluster crystal（= crystal conglomerate）丛晶体
cluster-cup（= accidium） 锈子腔
cluster-flowering 簇状开花的
cluster fly 粉蝇［*Pollenia rudis*（Fabricius）］（蝇科）
cluster-forming valve （开沟器）穴播阀
cluster function 簇功能
cluster gear 连身齿轮，塔齿轮，齿轮组
cluster ion 簇离子
cluster jetter 全套挤奶杯喷洗装置
cluster mallow 冬葵［*Malva verticillata* L.］（锦葵科）
cluster model 群集模型
cluster mutant 簇状突变体
cluster oak（= durmast oak，sessile oak）无梗花栎［*Quercus sessiliflora* Salisb.］（山毛榉科）
cluster of banana 一挂香蕉
cluster of eggs 卵块
cluster of flower 花穗
cluster of grapes 一串葡萄
cluster of swarm 分群结团｛蜂｝
cluster outside entrance 巢门外结团
cluster pasteurizer 集套挤奶杯消毒器
cluster pattern sample 聚合模式样品
cluster-pine （= maritime pine）南欧海松［*Pinus pinaster* Sol.］（松科）
cluster point 凝聚点
cluster primordium 花穗原始体，花序原基
cluster red-pepper 朝天椒［*Capsicum frutescens* var. *fasciculatum* Bailey = *C. annuum* var. *fasciculatum* Irish］（茄科）
cluster sampling ①成团抽样｛统计｝②丛块取样，密集取样｛生态｝
cluster shutter 穴播阀门
cluster st. John's wort 球状金丝桃［*Hypericum glomeratum* Small.］（金丝桃科）
cluster stool 簇株病（指甘蔗）
cluster system 群集系统
cluster terminal 群集终端
cluster thinning ①簇状间苗 ②疏花穗
clustered ①簇生的，丛生的（fasciculatus）②团聚的，成球的（glomeratus）
clustered aggregate 聚集团粒，聚集团聚体
clustered coral 葡萄状枝瑚菌［*Ramaria botrytis*（Pers）Ricken］
clustered-flowered 具总状花序花的（racemiflorus）
clustered fruit spur 花束状短果枝
clustered fruiting habit 簇生结果习性
clustered monoecious flower 丛生雌雄同株花
clustered tuberous root 簇生块根
clustering ①成簇，（葡萄）串，（香蕉）挂 ②成团，结团（指蜜蜂）③群集
clustering agent 群集剂
clustering method 簇状间苗法
clustering procedure 群聚过程
clustering space 结团位置（指冬季蜂团所占脾数）
clutch ①离合器｛农机｝②产卵期 ③一窝（一次所孵化的蛋数）
clutch-equipped planter 带有离合器的播种机
clutch-operating device 离合器操纵机构
clutch ratchet power lift 棘轮式起落装置
clutch size 一窝卵数
clutch slave cylinder 离心器伺服缸
clutch steering （履带式拖拉机的）离合器式转向装置

clutter ①杂乱,散乱(=litter)②乱堆,乱塞(=make untidy or confused)
CLV(=carnation latent virus) 香石竹潜病毒
clypeal 唇基的(clypeus)
clypeal suture 唇基沟
clypeate 圆盾状的(clypeatus)
clypeiform 圆盾状的(clypeiformis)
clypeolar(=clypeolate) 略似盾状的(clypeolaris)
clypeole ①细盾属[*Clypeole* L.](十字花科)②盾状体(指木贼属的孢子叶)
clypeus ①盾状体{形态}②唇基{昆虫}
cm ①(=coefficient of nonlinear regression)非直线回归系数{统计}②(=centimeter)厘米③(=centimorgar)分摩
CMA(=CAMA) 甲基胂酸钙稻宁
cmc ①(=critical micelle concentration)临界胶粒浓度②(=carboxymethyl cellulose)羧基纤维素
CME(=centromeric exchange) 着丝粒交换{细胞}
CMEA(=Council Mutual Economic Aid)经互会
CMI(=cell-mediated immunity) 细胞免疫
CMIP(=common management information protocol) 公共管理信息协议{信息}
CMIS(=common management information service) 公共管理信息服务{信息}
CMP(=cytidine monophosphate, cytidylic acid) 胞苷一磷酸,胞苷酸
CMP-ceramide phosphocholine transferase CMP酰基鞘氨醇转磷酸胆碱酶
CMR(=carbon-13 magnetic resonance)碳^{13}核磁共振
CMU 灭草隆(=monuron)
CMV(=cytomegalovirus) 细胞巨大病毒{分生}
cnidarian toxin 海葵毒素
CNTIEC(=China National Tea Import and Export Corporation) 中国茶叶进出口公司
co- ⌊字头⌉和,具
Co ①(=cobalt) 钴②(coenzyme)辅酶
Co Ⅰ(=coenzyme Ⅰ) 辅酶Ⅰ
Co Ⅱ(=coenzyme Ⅱ) 辅酶Ⅱ
Co 60 钴60(=cobalt 60)
Co 60 gamma ray field irradiation facilities 钴^{60} γ射线场照射设备
CO_2(=carbon dioxide) 二氧化碳,CO_2
Co-281(=coimbatore-281) 印度-281(印度甘蔗品种)
co-altitude 天[体]顶距
CO_2 assimilation 二氧化碳同化,CO_2同化
CO_2 balance 二氧化碳平衡,CO_2平衡
co-carcinogen 致癌辅助因子
CO_2 compensation concentration 二氧化碳补偿浓度,CO_2补偿浓度
CO_2 concentrating mechanism CO_2浓缩机制
CO_2 concentration 二氧化碳浓度,CO_2浓度
CO_2 conservation 二氧化碳恒定,CO_2恒定
co-conservation 互保留(coconservatio)
co-conversion 互[基因]转变,共转变(coconversio)
co-cultivation 共培植(cocultivatio)
CO_2 deficiency 二氧化碳缺乏,CO_2缺乏
CO_2 exchange 二氧化碳交换,CO_2交换
CO_2 exchange of poikilohydric plant 变水植物的CO_2交换{生态生理}
CO_2 exchange ratio 二氧化碳交换比率,CO_2交换比率
co-expression in heterokaryon 异核体等显性,异核体等表现
co-expression in hybrid 杂种等显性,杂种等表现
CO_2 fertilization 二氧化碳施肥法,CO_2施肥法
CO_2 fixation 二氧化碳固定,CO_2固定
CO_2-free distilled water 无二氧化碳蒸馏水
CO_2 gradient 二氧化碳梯度,CO_2梯度
co-heir 共同继承人{农经}
CO_2 increase 二氧化碳增加,CO_2增加
co-inducer 辅诱导物,辅诱发物
co-initiated factor(Co-IF) 辅起始因子{分生}
co-ion 同离子
co-isogenic(=congenic, congeneic) 同类系的
co-lessee 共同租用人,合租人{农经}
CO_2 liberation 二氧化碳释放,CO_2释放
co-mutation 并发突变(comutatio)
"co-op"(=co-operative) 合作社
co-op share 合作社股份
co-operation ①(co-operative system) 合作制②合作,协力,协同③共操纵(cooperatio)
Co-operation Centre for Scientific Research Relative to Tabacco 烟草科学研究协作中心
co-operation index 合作指数
co-operative ①合作的②协同的,协作的(cooperativus)
co-operative bank 合作银行
co-operative bimatrix game 合作双矩阵对

策{电脑}
co-operative control 合作防治,共同防治
co-operative credit 合作信贷,合作贷款
co-operative effect 协同效应{生技}
co-operative effort 合作工作
co-operative farm 合作农场
co-operative farm credit system 农业信贷合作[社]系统
co-operative feedback inhibition 协同反馈抑制{生技}
co-operative fund 合作社基金
co-operative installation 联合安装
co-operative interaction 合作连应{统计}
co-operative multitasking 合作多任务工作
co-operative pasture 合作牧场
co-operative project 合作[研究]课题(项目)
co-operative property 合作社财产
co-operative seed production 共同采种栽培
co-operative selling ratio 合作出售比率,共售率{农管}
co-operative site 协同部位{生技}
co-operative sorting 合作选材,共选材
co-operative stores 合作商店
co-operative test 联合测验{统计}
co-operative trials 合作试验
co-operative utilization 合作利用
co-operative work 协同工作
co-operativity 共操纵性(cooperativitas)
co-ordinal 同目的(coordinalis)
co-ordinate ①同等的 ②配价的,配位的,协调的 ③坐标(coordinatus)
co-ordinate adjustment 坐标平差
co-ordinate analyzer 坐标解析器
co-ordinate axis 坐标轴
co-ordinate bond 配位键
co-ordinate control 同等控制
co-ordinate data receiver 坐标数据接收机
co-ordinate data transmitter 坐标数据发送机
co-ordinate development 协调发展
co-ordinate digitization 坐标数字化{遥感}
co-ordinate digitizer 坐标数字化仪
co-ordinate expression 同等表现
co-ordinate graphics 坐标制图学
co-ordinate grid 坐标格网{遥感}
co-ordinate in place 空间坐标
co-ordinate index 坐标索引,组配索引
co-ordinate induction 同等诱导
co-ordinate machine 坐标仪,测验仪
co-ordinate management 协调管理{农管}
co-ordinate measuring apparatus 坐标测量仪
co-ordinate method 经纬距法{森林}
co-ordinate movement 同等运动,同等移动
co-ordinate paper 坐标纸
co-ordinate plane 坐标面
co-ordinate positioning system 坐标定位系统
co-ordinate regulation 同等调节,协同调节
co-ordinate repression 同等阻遏,同时阻遏{分遗}
co-ordinate strings 坐标串{遥感}
co-ordinate system 坐标系
co-ordinated enzyme 同位酶,协调酶
co-ordinated enzyme synthesis 同位酶合成
co-ordinated way 协调方式
co-ordinates 经纬距
co-ordinates method 经纬距法
co-ordinating ①协调 ②配位
co-ordinating ion 配位离子
co-ordination ①协调,协同 ②配位 ③同位(coordinatio)
co-ordination compound 协调化合物
co-ordination number 配位数
co-ordination of production and marketing 产销平衡
co-ordination principle 协调原理
co-ordination site 配位点
co-ordination valence 配位价
co-ordinatograph 坐标仪
co-ordinator ①坐标测定器 ②配位体 ③协调器,协调程序{电脑}
co-orientation ①互定向 ②成对取向(co-orientatio)
co-orientation in meiosis 减数分裂互定向
co-orientation of cantromeres 着丝粒互定向
CO_2 outburst CO_2 猝发,二氧化碳猝发
co-ovarial 同子房的(coovarialis)
co-proprietor 财产共有者
CO_2 pump 二氧化碳泵,CO_2 泵
CO_2-saturated condition 二氧化碳饱和条件,CO_2 饱和条件
CO_2 saturation point 二氧化碳饱和点,CO_2 饱和点
CO_2 supply 二氧化碳供应,CO_2 供应
co-tenant 共有者,共同占有者{农经}
co-tidal chart 等潮线图
CO_2 transfer resistance 二氧化碳转移阻力,CO_2 转移阻力
CO_2 trap 二氧化碳捕获,CO_2 捕获
co-twin 同对双生
co-twin control 同对双生控制
CO_2 uptake 二氧化碳吸收,CO_2 吸收
CO_2 uptake by plant 植物[对]CO_2 吸收
CO_2 utilization 二氧化碳利用,CO_2 利用

CoA (= coenzyme A) 辅酶 A
CoA-psychosine acyltransferase CoA 鞘氨醇半乳糖苷转酰基酶
CoA-transferase 辅酶 A 转移酶, CoA 转移酶 {分遗}
coacervate ①团聚体 ②凝聚层 (coacervatus)
coacervation ①团聚 ②凝聚 (coacervatio)
coacetylase 乙酰化辅酶
coach horse 挽马
coach house 车库
coaction ①[生物]互应 ②相互作用 ③强制, 强迫 (coactio)
coactivator 共活化物
coadaptation 互适应 (coadaptatio)
coadapted 互适应的 (coadaptus)
coadapted gene 互适应基因
coadapted gene complex 互适应基因复合物
coadjacent 相邻的, 邻接的 (coadjacens)
coadjutant ①相互协助 ②协助者 (coadjutans) {农管}
coadjuvant 辅佐剂, 协佐剂 (coadjuvans)
coadsorption 共吸附 (coadsorptio)
coadunate ①合生的, 贴生的, 着生的, 侧生的 ②连着的 (coadunatus)
coagglutination 同族凝集 (coagglutinatio)
coaggregant 共聚集体 (coaggregans)
coagulability ①凝聚能力 ②凝结性 (coagulabilitas)
coagulant ①凝固剂 ②凝血剂 ③凝聚剂, 混凝剂
coagulant agent 混凝剂, 凝聚剂 {环保}
coagulant aids 助凝剂 {环保}
coagulant feeder 混凝剂投加器 {环保}
coagulant storage 混凝剂库
coagulase 凝固酶
coagulase factor 凝固酶因子
coagulate ①凝聚 ②凝聚物
coagulater 沉淀凝集装置
coagulating basin 混凝池, 凝聚池 {环保}
coagulating power 凝聚力
coagulation ①凝聚 ②凝固 (coagulatio)
coagulation action 凝聚作用, 混凝作用
coagulation condition 凝聚状况
coagulation point 凝聚点
coagulation promotor 促凝剂, 凝聚促进剂
coagulation sedimentation 凝聚沉降
coagulation structure 凝聚结构
coagulation threshold 凝聚极限
coagulation value 凝聚值
coagulative precipitation 凝聚沉淀
coagulator ①凝聚器 ②凝聚剂
coagulin 凝固素
coagulum 凝块
coal ①煤, 石炭 ②炭 (carbo)
coal ash 煤灰, 炭灰
coal bed gas 煤层气
coal-black 煤黑色 (anthracinus)
coal carbonization waste 炼焦废水 {环保}
coal clay 耐火黏土
coal delivery system 煤输送系统
coal dressing waste water 洗煤废水 {环保}
coal dust 炭层
coal field 煤田, 煤矿区
coal gas resource 煤层气资源
coal-heated brooder 煤炉加热育雏器
coal industry 煤炭工业
coal mineral 煤矿
coal-mining waste 采煤废水 {环保}
coal mouse 四十雀(捕食森林害虫)
coal resource 煤炭资源
coal-tar 煤塔, 煤焦油
coal-tar creosote 水焦油, 煤焦杂酚油
coal-tar dyes 煤塔染料
coal-tar oil 煤焦油
coal-tar pitch 煤焦油沥青
coal-tar waste 煤焦油废水 {环保}
coal underground pneumatolysis technology 煤炭地下气化技术
coalesce ①接合, 融合, 愈合 ②合并, 结合, 组合 (coalescre)
coalescence ①合生, 并生 ②拼合, 愈合, 粘连 ③聚结 ④接合 (coalescentia)
coalescent ①合生的, 并生的 ②拼合的, 愈合的, 粘连的 ③聚结的 (coalescens)
coalescent aperture 合生纹孔口 (apertura coalescens)
coalescent carpel 合生心皮 (carpellum coalescens)
coalescent ovary 合生子房 (ovarium coalescens)
coalescent pistil (= united pistil) 合生雌蕊 (pistillum coalescens)
coalescing alluvial fan 接合冲积扇 {土壤}
coalescing operator 结合算子 {电脑}
coalification 煤化 (coalificatio)
coalite 半焦炭
coalite tar 低温焦油, 半焦油
coalition ①合生 ②联合, 联盟 (coalitio)
coalition analysis 联合分析
coalition change 联盟变更
coalition structure 联盟结构
coamplification 共扩增 (coamplificatio)

coancestry (= coefficient of percentage)共祖率{遗传}
coarctate ①密挤的,密聚的(= compact) ②压缩的 ③团蛹(coarctatus)
coarctate larva 坚皮幼虫
coarctate pupa 围蛹
coarse ①粗的,粗糙的 ②粗制的 ③粗劣的
coarse adjustment (= coarse turning) 粗调(指显微镜){显技}
coarse articles 粗制品
coarse bar rack 粗格栅{环保}
coarse bran 粗糠麸
coarse bread 普通面包,家常面包
coarse broken grains 初碾谷物,粗碾谷物
coarse bubble aeration 大气泡曝气{环保}
coarse chopped straw 粗切稿[料],粗铡草[料]
coarse colza meal 菜子饼粉
coarse control 粗调控制{显技}
coarse crumb 粗团块
coarse crushing 粗压碎,粗粉碎{耕作}
coarse deposit 粗粒沉积物
coarse disperse system 粗分散系[统]
coarse dispersion 粗分散[系]
coarse dust ①粗粉剂{农药} ②粗尘粒{土壤}
coarse emulsion 粗乳状液
coarse fare 粗食,粗饭淡菜
coarse fiber 粗纤维
coarse filter ①粗滤器 ②粗滤池{环保}
coarse finger spacing cutterbar 宽齿距切割器
coarse fish 粗杂鱼[类]
coarse flour 粗粉,粗面粉
coarse fodder 粗饲料
coarse fraction 粗粒级,粗粒部分
coarse fragment 粗碎片,粗碎块
coarse grain ①粗疏纹理 ②粗粒
coarse-grained ①粗疏纹理的,粗纹的 ②粗粒的
coarse-grained snow 粗粒雪
coarse-grained soil 粗粒土
coarse-grained wood 粗纹材
coarse granular 粗团粒
coarse granular structure 粗团粒结构{土壤}
coarse gravel 粗砾
coarse green tea 毛茶,粗制茶
coarse grind 粗磨
coarse grit sickle 粗硬镰
coarse hair sheep 粗毛羊
coarse hemp meal 大麻油粕,大麻油饼粉
coarse humus 粗腐殖质
coarse line 粗线[条]{统计}
coarse mango (= horse mango) 粗杧果(灰杧)[*Mangifera foetida* Lour.](漆树科)
coarse meal 粗粉
coarse mesh 粗筛眼,粗筛孔
coarse particle 粗粒,粗土粒
coarse ploughing (= coarse plowing) 粗耕
coarse plucking 粗采
coarse positioning 粗定位
coarse pruning (= bulk pruning) 粗剪
coarse puddling 粗黏团
coarse rice 糙米
coarse sand 粗沙
coarse sandy loam 粗沙质壤土
coarse sandy soil 粗沙土
coarse screen 粗筛
coarse screening 过粗筛,过粗滤网{环保}
coarse screenings 粗筛渣
coarse sieve 粗筛
coarse silt 粗粉粒
coarse soil 粗质土
coarse solid 粗固体
coarse soybean meal 大豆粗粉
coarse strainer 粗滤器
coarse sugar 粗砂糖
coarse texture ①粗质地[土壤] ②粗结构(指木材)
coarse-textured drainage pattern 粗结构状水系{水利}
coarse textured soil 粗质地土壤
coarse turning 粗调{显技}
coarse wool 粗[羊]毛
coarseness ①粗糙性,粗硬性 ②粗度
coarseserrate mangolian-oak 粗齿栎(粗齿蒙古栎)[*Quercus mongolica* var. *grosseserrata* Rehd.]
coast ①海岸 ②海边,海滨,沿海地区(costa)
coast casuarine streifer 小木麻黄[*Casuarina equisetifolia* Forster](木麻黄科)
coast cockspur 海岸稗[*Echinochloa* Walteri](禾本科)
coast current 沿岸流
coast deposit 海岸沉积物,滨海沉积物
coast dune 海岸沙丘
coast erysimum 头状糖芥[*Erysimum capitatum*](十字花科)
coast line (= coastline) 海岸线
coast lining 沿海测量
coast oak 木麻黄[*Casuarina equisetifolia* Forst.](木麻黄科)
coast of emergence 上升岸

coast of submergence 下沉岸
coast pigment hickory 大果山核桃[*Carya tomentosa*(Poir.) Nutt.](胡桃科)
coast plain 海滩地
coast plant(= beach plant) 海岸植物,滨海植物
coast redwood(= Californiaredwood) 红杉
coast sand 海岸沙
coast terrace 海岸阶地
coast vegetation 海岸植被
coastal ①海岸的,沿岸的 ②沿岸生的,滨海的(litoralis) ③河岸生的(riparius)
coastal antimissile system 海岸反导弹系统{物}
coastal area 沿岸地区
coastal beach 沿岸沙滩
coastal climate 沿海气候
coastal Cordillera of Venezuela 委内瑞拉沿海岸的雁列山脉
coastal current 近岸流,沿岸流
coastal dam 海岸堤,海岸坝
coastal deposition 海岸沉积,滨海沉积
coastal desert 海岸漠境
coastal erosion 沿岸侵蚀
coastal fishery 沿海渔业
coastal fishing ground 沿海渔场
coastal grassland 沿海草地
coastal lake 滨海湖
coastal landform 海岸地形,沿岸地形
coastal marsh 滨海沼泽
coastal monitoring 海岸监测{遥感}
coastal night fog 沿海夜雾
coastal plain 沿海平原
coastal plant 滨海植物(planta litoralis)
coastal platform 沿海台地
coastal pollution 海岸污染
coastal resources 海岸资源
coastal soil 滨海土壤,沿海土壤
coastal species 沿海物种
coastal type 海岸型
coastal zone 海岸带
Coastal Zone Color Scanner 沿岸水色扫描仪{遥感}
coasting chart 沿海海图{遥感}
coasting-down 沿下降弹道惯性飞行{物}
coasting-up 沿上升弹道惯性飞行{物}
coastline 海岸线
coastplain crotalaria 海滨猪屎豆[*Crotalaria maritima*](豆科)
coastrange melic 海滨臭草[*Melica imperfecta*](禾本科)
coastwise 沿岸的,沿海的
coastwise trade 沿海贸易
coat ①[外]皮,皮毛 ②外壳 ③膜,表膜,膜被(pellicula) ④鳞茎皮 ⑤层,涂层(tunica)
coat colour 皮毛色
coat flower ①膜萼花属[*Petrorhagia* Link](石竹科) ②膜萼花(外套花,洋石竹)[*Petrorhagia saxifraga* Link = *Tunica saxifraga* Scop.]
coat of animal 动物皮毛,家畜皮毛
coat protein (病毒)外壳蛋白
coated ①包膜的 ②有被的
coated fertilizer 包膜肥料
coated lens 滤光镜
coated paper ①加工纸 ②被复纸
coated pit 有被小窝
coated rice(= glazed rice) 涂亮米(以葡萄糖与滑石粉在米粒表面涂一层薄膜以增加白米亮度)
coated seed(= pilled seed) ①药衣种子,包衣种子 ②带皮种子
coated vacuole 有膜液泡
coated vesicle (高尔基体中)有膜泡
coated with microstructure 微结构包被的
coating ①覆盖物{栽培} ②覆盖地{耕作} ③包被,胶膜{土壤} ④涂料{加工} ⑤涂层,涂覆{环保}
coating antigen 包被抗原
coating disk 涂覆磁盘{电脑}
coating material ①涂料 ②被覆剂
coating of ultra thin section 超薄切片胶膜
coating process 涂亮法(富强米制法)
coatmer 外被体
coax ①同轴,共轴 ②同轴电缆{信息}
coaxial 并轴的,合轴的,同轴的(coaxilis)
coaxial cable ①同轴电缆 ②同轴链{信息}
coaxial power gear 同轴动力转向装置
coaxiality 同轴性,共轴性(coaxialitas)
cob ①佛焰花序(肉穗花序)(spadix) ②穗轴,穗心 ③旧墙土,荒壁土
cob cactus 朱丽球[*Lobivia hermanniana* sp.](仙人掌科)
cob-collecting comb 穗轴梳集器,穗轴梳集板
cob crusher 穗轴压碎机
cob diameter 穗轴直径
cob length 穗轴长度
cob pike 烟斗(由穗轴制成的)
cob rack (玉米脱粒机)穗轴分离筛
cob shake(= cob rack) (玉米脱粒机)穗轴分离筛
cob stacker 穗轴输送堆集器
cob walker(玉米脱粒机)穗轴筛架

coba ①茭白属［*Zizania* L.］（禾本科）②茭白［*Zizania caducifolia*（Turcz.）Hand-Mazz.］
cobaea ①电灯花属［*Cobaea* Cav.］（花荵科）②电灯花［*Cobaea scandens* Cav.］
cobalamin 钴胺素，维生素 B_{12}
cobalamin deficiency 钴胺素缺乏
cobalt 钴（Co，27 号元素）
cobalt 60 钴 60
cobalt 60 as mutagen 钴 60 诱变剂
cobalt-60 gamma irradiation 钴-60 的 γ 照射｛辐射｝
cobalt-60 gamma-radiation field 钴-60γ 辐射场
cobalt-60 gamma rays 钴 60γ 辐射线
cobalt-ammine ion 钴氨离子 $[Co(NH_3)_6]^{3+}$
cobalt blue 钴蓝｛显技｝
cobalt chloride 氯化钴［$CoCl_2 \cdot 6H_2O$］
cobalt glass 钴玻璃
cobalt naphthenate 环烷酸钴
cobalt naphthenate in electron microscopy 电子显微镜检术的环烷酸钴
cobalt nitrate 硝酸钴［$Co(NO_3)_2$］｛显技｝
cobalt paper 钴纸
cobalt paper method 钴纸试法（测蒸腾强度）
cobalt-paper test 钴纸试验
cobalt test 钴试验｛生理｝
cobalt toxicity 钴毒性
cobaltous sulfate 硫酸钴［$CoSO_4$］
cobaltous sulfide 硫化钴［CoS］
cobaltous sulfite 亚硫酸钴［$CoSO_3$］
cobamic acid 钴胺酸
cobamide 钴胺酰胺
cobamide coenzyme 钴胺酰胺辅酶，钴胺素辅酶
cobble ①中砾，鹅卵石 ②粗补，补修
cobble round stone 漂砾，圆浮石
cobble stone 砾石
cobble stone drain 卵石排水沟
cobblestone share 砾石地犁铧
cobbly soil 粗砾质土
Cobb's disease of sugar cane 甘蔗柯布氏病
cobinamide 钴啉醇酰胺
cobinic acid 钴啉醇酸
cobnut ①榛实 ②欧洲榛［*Corylus avellana* L.］（榛木科）
coboglobin 钴球蛋白
coboundary 上边界，余边界
COBRA（= color-based recognition and analysis）彩色图像识别分析｛电脑｝
cobra venom factor（CVF） 眼镜蛇毒因子｛分生｝
cobratoxin 眼镜蛇毒蛋白
cobresia meadow 蒿草草甸
cobweb 蜘蛛网
cobweb disease 蚕豆花腐病［*Dactylium dendroides* Bull. Fr.］
cobweb houseleek 蛛丝长生花［*Sempervivum crachnoideum* L.］（景天科）
cobwebby 蛛网状的（arachnoicleus）
cobyric acid 钴啉胺酸
cobyrinamide 钴啉胺酸
cobyrinic acid 钴啉酸
coca（= cocaine-plant，cocaine tree） ①古柯属［*Erythroxylum* P. Br.］（古柯科）②古柯［*Erythroxylum coca* Lam.］
coca family 古柯科［Erythroxylaceae］
coca leaves 古柯叶
cocaine 柯卡因，古柯碱［$C_{17}H_{21}NO_4$］
cocancerogen 辅致癌因素
cocapping 共帽化［反应］，共成帽［反应］｛分生｝
cocarboxylase 辅羧酶，脱羧辅酶，硫胺焦磷酸
coccaceae 球菌科［Coccaceae］
Coccales 球菌目
cocceryl alcohol 胭脂虫蜡醇
coccic 球菌的（coccus）
coccid ①蚧 ②［复］蚧总科［Coccidae］
Coccidia 球虫目
coccidioidin 球孢子菌素
coccidioidomycosis 类球虫霉菌病，球霉菌病
coccidioidosis（= coccidioidomycosis） 类球虫霉菌病，球霉菌病
coccidiosis 球虫病
coccidiosis of cattle 牛球虫病［*Dysenteria coccidiosa bovum*］
cocciferous 具浆果的（coccifer）
coccinellid ①瓢虫 ②［复］瓢虫科（coccinellidae）
coccinelloid flea beetle 赤星跳甲［*Argopistes coccinelloides* Baly］（跳甲科）
coccineous 胭脂色的（coccineus）
coccobacillus ①球杆菌属［*Coccobacillus* Tissier］（杆菌科）②球杆菌［*Coccobacillus* sp.］
coccochrorina black 茶枝黑痣病［*Helicochorina hottai* Hara.］
coccodes 粒球体
coccoid ①球孢 ②球形的（coccoideus）
cocconeis ①卵形藻属［*Cocconeis* spp.］

(藻类) ②卵形藻[*Cocconis* sp.]

cocculin 木防已苦毒素

cocculine 木防已碱,衡州乌药灵 [$C_{17}H_{21}NO_2$]

cocculus ①木防已属[*Cocculus* DC.](防已科) ②木防已[*Cocculus trilobus* DC.]

coccus ①分果爿{形态} ②球菌{微生物}

coccus form 球形

cochicine-blocked meiosis (C-meiosis) C-减数分裂(秋水仙碱处理的减数分裂)

cochicine-blocked metaphase (C-metaphase) C-中期

Cochin 交趾鸡,九斤黄(肉用种,原产中国)

Cochin-Chinese excaecaria 红背桂花[*Excaecaria cochinchinensis* Lour.](大戟科)

cochin lemon-grass 蜿蜒香茅[*cymbopogon flexuosus* Stapf.](禾本科)

Cochinchina cudrania 香港柘树[*Vanieria cochinchinensis* Lour.](桑科)

Cochinchina helicia 越南山龙眼(红叶树)[*Helicia cochinchinensis* Lour.](山龙眼科)

cochineal ①胭脂红(染料) ②胭脂虫

cochineal cactus 胭脂掌[*Nopalea cohinellifora* Salm-Dyck.](仙人掌科)

cochineal insect (=cactus scale cochineal mealybug) 胭脂虫(洋红虫)[*Dactylopius cacti* Costa=*D. coccus* Costa](粉蚧科)

cochineal nopalcactus 胭脂仙人掌[*Nopalea coccinilifer* Dyck.](仙人掌科)

cochlea ①卷荚{形态} ②耳蜗{畜}

cochlear ①匙形的 ②螺状的 ③耳蜗的 ④卷荚的(Cochlearis)

cochlear aestivation 螺状花被卷叠式(aestivatio cochlearis)

cochleariform ①匙状的 ②螺状花被叠式的(cochleariformis)

cochleate 螺卷的(cochleatus)

cochlianthus ①旋花豆属[*Cochlianthus* Benth.](豆科) ②旋花豆[*Cochlianthus montanus* (Diels) Harms]

cochromatography 混合色谱法

cocircuit ①余环,余回路 ②共电路{信息}

cock ①稻丛,禾堆,干草堆,粪堆 ②旋塞,开关,龙头,活门,活栓 ③雄鸡 ④(钟)时针,(天平)指示针

cock carrying platform 堆垛机,集草车

cock feather 公鸡毛(做箭羽、扫帚等用)

cock pigeon 雄鸽

cockburn primrose 鹅黄报春[*Primula cockburniana* Hemsl.](报春花科)

cockchafer ①(=May bud)[西方]五月鳃金龟[*Melolonthamelolontha* L.] ②⌞复⌝(=chafers, scarabs) 金龟科[Scarabaeidae]

cockchafer larva 金龟子幼虫,蛴螬(=White grub)

cocker 堆草机,垛草机,集草机

cocker spaniel 考克斯班尼犬(猎犬)

cockerel 小公鸡,小雄鸡

cockerel plasma(cp) 小公鸡血浆

cocking 集堆,垛堆,码堆,集草堆

cocking platform 集草台,垛草台

cockle (=corn cockle, cockle companion) 麦仙翁

cockle cylinder 麦仙翁选除器

cocklebur ①苍耳属[*Xanthium* L.](菊科) ②欧龙牙草(仙鹤草)[*Agrimonia eupatoria* L.](蔷薇科)

cocklebur weevil 十三星象甲[*Rhodobaenus tredecimpunctatus* Illiger](象甲科)

cockles 麦粒线虫病[*Anguina tritici* (Steinbuch) Filipjev]

cocklifter 移垛机,运垛机

cockpit 汽车驾驶室

cockroach (=German cockroach)[*Phyllodromia germanica* L.]德国小蠊(德国小蜚蠊) (姬蠊科)

cockroaches and mantids 脉翅目[Dictyoptera]

cock's-foot (=orchardgrass) ①鸭茅属[*Dactylis* L.](禾本科) ②鸭茅(鸭脚草)[*Dactylis glomerata* L.]

cock's-foot aphid 鸭茅拟大尾蚜[*Hyalopteroides dactylidis* (Hayhurst)](蚜科)

cock's-foot midge 鸭茅瘿蚊[*Contarinia dactylidis* (H. Loew)](瘿蚊科)

cock's-foot mottle virus 鸭茅斑驳病毒

cock's-foot streak virus 鸭茅条斑病毒

cock's head (=sainfoin, esparcet) 驴喜豆[*Onobrychis viciifolia* Scop.](豆科)

cockscomb ①青葙属[*Celosia* L.](苋科) ②青葙[*Celosia* **argentea** L.]

cockscomb berry 鸡冠果(草莓)

cockscomb sainfoin 匍匐驴喜豆(匍匐驴食草)[*Onobrychis cnistagalli* Lam.](豆科)

cockscombed 扁化的

cockspur (=cockspur grass, barnyardgrass) ①稗属[*Echinochloa* Beauv.](禾本科) ②稗[*Echinochloa cr usglli* (L.) Beauv.]

cockspur coralbean 海红豆[*Erythrina*

crista-galli L.](豆科)

cockspur-flower ①香茶菜属[*Plectranthus* L'Herit.](唇形科) ②香茶菜[*Plectranthus amethystoides* Benth.]

cocktail ①混合 ②混合物 ③鸡尾酒

cockur ①石蕊茶渍[*Lecanora tartarea* Ach.](茶渍科) ②脐梅衣[*Parmelia omphalodes* Ach.](梅花衣科)

coclaurine 衡州乌药碱[$C_{17}H_{19}NO_3$]

coco(= cocoa palm, coconut) ①椰子属[*Cocos* L.](棕榈科) ②椰子[*Cocos nucifera* L.]

coco de chile(= honey palm, wine palm) 柔美棕[*Jubaea spectabilis* = J. *chilensis*](棕榈科)

coco fiber 椰衣纤维

coco grass(= nut grass) 莎草(香附子)[*Cyperus rotundus* L.](莎草科)

coco palm(= coconut palm) 椰子[*Cocos nucifera* L.](棕榈科)

coco-plum(= cocoa plum, icaco plum) 可可李[*Chrysobalanus icaco* L.](蔷薇科)

cocoa(= cocoa tree) ①可可属[*Theobroma* L.](梧桐科) ②可可[树][*Theobroma cacao* L.]

cocoa bean 可可豆

cocoa bean borer 可可黑脉螟[*Mussidia nigrivenella* Ragonot](螟蛾科)

cocoa borer 可可九星棺天牛[*Glenea novemguttata* Guérin](天牛科)

cocoa branch borer 可可粉天牛[*Olenecamptus bilobus* (Fabricius)](天牛科)

cocoa butter 可可脂

cocoa capsid ①可可黄胸盲蝽[*Helopeltis collaris* Stål] ②可可红盲蝽[*Helopeltis bakeri* Poppius](盲蝽科)

cocoa cockchafer 可可红褐龟甲[*Camenta westermanni* Har.](龟甲科)

cocoa flea beetle 可可红褐圆跳甲[*Euphitrea micans* Baly](跳甲科)

cocoa fruit fly 可可红眼实蝇[*Ceratitis punctata* Wiedemann](实蝇科)

cocoa jumping plant louse 可可黄带木虱[*Mesohomotoma tessmanni* Aulm.](木虱科)

cocoa longicorn 南美可可黑天牛[*Steirastoma breye* Guby](天牛科)

cocoa market 可可市场

cocoa meal 可可粕粉

cocoa mealybug 可可粉蚧[*Pseudococcus lilacinus* Cock](粉蚧科)

cocoa moth(= tobacco moth, warehouse moth) 可可粉螟(烟草粉螟)[*Ephestia elutella* Hbn.](螟蛾科)

cocoa nib 可可子叶

cocoa plant hopper 可可蛾态白蜡蝉[*Lawana candida* Fabricius](蜡蝉科)

cocoa pod boring moth 豆荚夜蛾[*Characoma stictigrapta* Hampson](夜蛾科)

cocoa pod weevil 可可荚象甲[*Hilipus claripes* Fabricius](象甲科)

cocoa powder 可可粉

cocoa round scale 可可三叶圆蚧[*Pseudaonidia trilobitiformis* Green](盾蚧科)

cocoa shell 可可壳,可可果皮

cocoa swollen shoot virus 可可芽肿病毒[*Theobroma virus* (Posnette) = *Marmor theobrome* (Posnette)]

cocoa thrips(= redbanded thrips) 可可红节蓟马[*Selenothrips rubrocinctus* (Giard)](蓟马科)

cocoa tree borer(= metallic green beetle) 可可蠹吉丁[*Chrysochroa bicolor* Fabricius](吉丁科)

cocoa trunk borer 可可木蠹蛾[*Eulophonotus myrmeleon* Feld. et Rog.](木蠹蛾科)

cocoa yellow mosaic virus 可可黄色花叶病毒

cocobolo 毒黄檀[*Dalbergia retusa* Hemsl.](豆科)

cococarde 半透明型突变噬斑〈分生〉

cocondensation 共缩合(cocondensatio)

coconut (= coco, coconut palm, coconut tree) 椰子[*Cocos nucifera* L.](棕榈科)

coconut black click beetle 椰黑叩甲[*Lacon sinensis* Cand.](叩甲科)

coconut cake(= coconut oilcake) 椰子油饼

coconut coreid bug 椰果缘蝽[*Amblypelta cocophaga* China](缘蝽科)

coconut earwig 椰穗螋螋[*Chelisoches morio* Fabricius](螋螋科)

coconut fibre(= coco fiber) 椰衣纤维,椰布丝

coconut flower-eater 椰花红脉螟[*Melissoblaptes rufoventalis* Sn.]

coconut leaf beetle 椰叶甲[*Brontispa froggatti* Sharp](叶甲科)

coconut leafroller 椰卷叶螟[*Omiodes blackburni* (Butler)](卷蛾科)

coconut longridged scale 椰长脊盾蚧(棕榈白盾蚧)[*Diaspis boisduvalii* Signoret.](盾蚧科)

coconut meal 椰子粕粉

coconut mealybug 椰粉蚧［*Pseudococcus nipae*（Maskell)］（粉蚧科）
coconut milk 椰子汁
coconut nematode 椰滑刃线虫［*Aphelenchoides cocophilus* Cobb］（滑刃科）
coconut oil 椰子油
coconut palm （＝coco palm）椰子
coconut research station（**CRS**） 椰子研究站
coconut scale 椰圆蚧［*Aspidiotus destructor* Sign.＝A. *transparens* Green］（盾蚧科）
coconut shell ash 椰壳灰
coconut skipper ①椰六斑弄蝶［*Gangara thyrsis* Mr.］②椰七斑弄蝶［*Hidari irava* Mr.］（弄蝶科）
coconut wilt monitoring 椰子枯萎［病］监测｛遥感｝
cocoon ①（蚕）茧 ②（蜘蛛）卵袋
cocoon breaker 破茧器
cocoon certification by reeling test 蚕茧缫丝检定
cocoon color 茧色
cocoon cooking 煮茧
cocoon crops 产茧量
cocoon dryer 干茧机
cocoon drying 蚕茧干燥，烘茧
cocoon drying machine 蚕茧干燥机
cocoon elimination 选茧
cocoon filament（＝fiber） 茧丝
cocoon for egg production 种茧
cocoon for silk reeling 丝茧
cocoon frame 蚕蔟
cocoon holder making machine 蚕茧清理机，清茧机
cocoon in rearing bed 座中茧
cocoon length 茧长
cocoon of wild silkworm 野蚕茧
cocoon production 蚕茧生产［量］
cocoon quality 茧质
cocoon shape 茧形
cocoon shell 茧层，茧壳
cocoon shell percentage 茧层率
cocoon shell weight 茧层重
cocoon sorting machine 蚕茧分选机
cocoon sorting table 蚕茧分选台
cocoon storage 贮茧
cocoon testing 茧检定
cocoon wax 茧丝
cocoon weight 茧重
cocoonery 养蚕场，养蚕室
cocooning 结茧
cocooning frame 蚕蔟
cocooning frame for natural mounting 自然蔟
cocrystallization 共结晶（cocrystallisatio）
coculture 共培养（cocultura）
cocurrent drier 直流式干燥机
cocuswood 柏雷草属［*Braya* Sternb. et Hoppe.］（十字花科）
cod ①长角［果］，荚［果］②荚壳，荚皮 ③鳕鱼［*Gadus morrhua* L.］④阴囊
COD（＝chemical oxygen demand）化学需氧量
cod liver oil （鳕）鱼肝油
codase 密码酶
code ①密码 ②编码 ③法规，规则 ④代码，电码（codex）
code area 编码区，代码区｛电脑｝
code block（＝code group） 码组
code book 密码本｛信息｝
code book encoding 密码本编码
code degeneracy 密码简并｛分遗｝
code designation 规定牌号，规定名称
code fetch 取出码，取码
code generator 代码发生器
code inhibit 代码禁止
code language 代码语言｛电脑｝
code length 码长度
code letter ①密码文字 ②代码字母
code list 码本
code machine 编码机
code number 代码号，代码数字系统
code of folding 折叠密码
code of practice 工作规程，业务法规｛环保｝
code page ①代码页，码页 ②代码表｛智培｝
code page switching 码页转换｛智培｝
code rule 编码规则
code scanner 代码扫描器
code selector 选码器
code sending radiosonde 发码式探空仪
code signal 编码信号
code symbol 编码符号
code table 密码表
code telegram 密码电报
code translating mechanism 密码转译机制
code translator 译码器
code violation 代码违例
code weight 码重
code word 密码字
codeaminase 辅脱氨酶
codec（＝coder-decoder） 编码译码器
codecarboxylase 辅脱羧酶

codecontamination 共去污（codecontaminatio）
coded ①编码的 ②编码
coded abstract 编码式文摘
coded address 编码地址{信息}
coded data 编码数据{分遗}
coded form 编码形式
coded format 编码格式
coded graphic 编码图形
coded graphics 编码制图学
coded image 编码图像
coded instruction 编码指令
coded pulse 编码脉冲
coded sequence 编码序列
codehydrase（=codehydrogenase） 辅脱氢酶
codehydrogenase 辅脱氢酶
codeine 可待因 [$C_{17}H_{18}(CH_3)NO_3$]
codelle [beetle]（=black grain beetle） 大谷盗[*Tenebroides mauritanicus* Linne]（谷盗科）
coder ①编码器，发码器 ②编码员
coder decoder（CODEC） 编码译码器
codex ①处方集{医} ②抄本，誊写本（codex）
coding ①编码{分遗} ②缩小{统计}
coding ambiguity 编码双关性
coding capacity 编码容量
coding efficiency 编码效率
coding error 编码错误
coding for（=encoding） 编码{分遗}
coding interface 编码界面
coding ratio 编码比率，密码比
coding-recognition site 编码识别部位
coding region 编码区，编码部位
coding sequence 编码顺序
coding site 编码部位
coding specificity 编码专一性
coding strand 编码链{分遗}
coding style 编码风格{电脑}
coding system 编码系统，代码系统
coding technique 编码技术
coding theory 编码理论
coding triplet 编码三联体
coding unit 编码单位
codium family 海松科[Codiaceae]
codlin（=codling） 小苹果
codling moth（=codlin moth） 苹果蠹蛾[*Laspeyresia pomonella*（Finnaeus）=*Carpocapsa pomonella*（Finnaeus），*Cydia pomonella*（Finnaeus）]（小卷蛾科）
codogenic 编码的，有密码意义的（codogenus）{分遗}
codogenic strand 产密码链
codomain 共域，上域{电脑}
codominance 等显性（codominantia）{遗传}
codominant ①等显性的{遗传} ②等优势的{森林}（codominans）
codominant allele 等显性等位基因
codominant tree 等优势木
codon 密码子{分遗}
codon-amino acid catalogue 密码子-氨基酸名录
codon-anticodon interaction 密码子-反密码子相互作用
codon-anticodon mispairing ①密码子-反密码子缺对(错配)
codon-anticodon pairing 密码子-反密码子成对，密码子-反密码子配对
codon-anticodon recognition 密码子-反密码子识别
codon-anticodon recognition process 密码子-反密码子识别过程
codon bias 密码子偏倚[性]
codon coding 密码子编码
codon-directed binding 密码子直接结合
codon end 密码子末端
codon family 密码子组
codon in mRNA mRNA密码子
codon in translation 翻译密码子{分遗}
codon of mRNA mRNA密码子，信使RNA密码子
codon position 密码子位置
codon reading-frame 密码子解读码组（框架）
codon recognition 密码子识别
codon recognition process 密码子识别过程
codon recognition site 密码子识别部位
codon stop 密码子终止
codon type 密码子型
codon usage 密码子使用
codonanthe 厚叶钟花苣苔[*Codonanthe crassifolia* sp.]（苦苣苔科）
codonanthous 钟状花的（codonanthus）
codonopsis 新疆党参[*Codonopsis elematidea* sp.]（桔梗科）
codophyllous 钟状叶的（codophyllus）
coecum 盲囊
coefficient ①系数，因数 ②率，比（coefficiens）
coefficient matrix 系数矩阵
coefficient of [over-all] heat transmission

总热传递系数
coefficient of aberration production 畸变产生系数
coefficient of absorption 吸收系数
coefficient of adhesion 吸(黏)附系数,附着系数
coefficient of agreement 符合系数{统计}
coefficient of alienation 不相关系数,相疏系数
coefficient of arrival variation 出现变异系数
coefficient of ash content to water (桑)硬软系数
coefficient of association 群丛系数
coefficient of attenuation 衰减系数
coefficient of binomial 二项式系数{统计}
coefficient of charge (= coefficient of admission) 充电系数{电}
coefficient of coancestry 共祖率系数
coefficient of coincidence 并发系数
coefficient of community ①相同度系数 ②群落系数
coefficient of compressibility 压缩系数
coefficient of concordance 和谐系数
coefficient of conductivity 传导系数
coefficient of confidence 可靠性系数{统计}
coefficient of consanguinity (= coefficient of kinship) 亲缘系数
coefficient of consolidation 固结系数
coefficient of contingency 联列系数{统计}
coefficient of contraction 收缩系数
coefficient of correction 校正系数{统计}
coefficient of correlation 相关系数
coefficient of coupling ①交配系数 ②耦合系数
coefficient of cubic expansion 体积膨胀系数
coefficient of deformation 变形系数
coefficient of desalinization 脱盐系数
coefficient of determination 决定系数{育种}
coefficient of differentiation 分化系数
coefficient of diffusion 扩散系数{环保}
coefficient of discharge 流量系数{水利}
coefficient of dispersion 分散系数,散布系数
coefficient of distribution 分配系数
coefficient of divergence 发散系数{植生}
coefficient of drag 曳力系数
coefficient of elastic recovery 回弹系数
coefficient of elasticity 弹性系数,弹性模数
coefficient of elongation 伸长系数
coefficient of erosion 侵蚀系数
coefficient of expansion 膨胀系数
coefficient of extension 伸长系数
coefficient of extinction ①削弱系数 ②消光系数
coefficient of fatness 肥满度系数
coefficient of feeding 进给系数,投加系数{环保}
coefficient of filtration 渗滤系数
coefficient of fineness 细度系数
coefficient of friction 摩擦系数
coefficient of fullness 装填系数,填空因数,空间因数
coefficient of genetic determination 遗传决定系数
coefficient of germination 发芽系数,萌发系数
coefficient of growth 生长系数
coefficient of hardness 硬度系数
coefficient of haze (COH) ①模糊系数 ②能见度 ③干烟系数{环保}
coefficient of heat conductivity 导热系数
coefficient of heat transfer 热转移系数
coefficient of heat transmission 传热系数
coefficient of heterogeneity [土壤]非均质系数,差异系数
coefficient of homogeneity 同质性系数,均匀性系数,同一性系数
coefficient of humidity 湿润[度]系数
coefficient of hybridity 杂种性系数
coefficient of impurity 混杂系数(指种子)
coefficient of inbreeding 近交系数{育种}
coefficient of integration 综合系数,全面选择系数
coefficient of internal resistance 内阻系数
coefficient of irregularity 不均匀系数
coefficient of irrigation 灌溉系数,浸润灌溉系数
coefficient of kinematic viscosity 运动黏滞系数
coefficient of kinship 亲缘关系数
coefficient of land utilization 土地利用系数{耕作}
coefficient of local resistance 局部阻力系数
coefficient of magnification 放大系数{显技}
coefficient of migration 迁移系数{生技}
coefficient of mixing 混合系数
coefficient of mobility 迁移系数,可动系数
coefficient of molecular diffusion 分子扩散系数
coefficient of multiple correlation 复相关系数{统计}
coefficient of multiplication 繁殖系数,增

殖率
coefficient of mutual inductance 互感系数{辐射}
coefficient of natural mortality 自然死亡系数
coefficient of nonuniformity 不均匀系数
coefficient of parentage 亲缘系数{育种}
coefficient of passive earth pressure 被动土压系数
coefficient of performance(CP) 有效系数,效率{耕作}
coefficient of permeability 可透性系数
coefficient of population 群体系数
coefficient of productivity 生产率,生产力系数
coefficient of purification 净化系数{环保}
coefficient of racial likeness 品种相似系数{育种}
coefficient of radiation 辐射系数
coefficient of reflection 反射系数{显技}
coefficient of regression 回归系数{统计}
coefficient of relationship(r) 血缘系数,亲缘系数
coefficient of reproduction 繁殖率
coefficient of resistance ①抗性系数{育种} ②阻力系数{农机}
coefficient of respiration 呼吸系数{生理}
coefficient of restitution 偿还系数
coefficient of retardance 延缓系数
coefficient of reunion 复合系数
coefficient of rolling resistance 滚动阻力系数{耕作}
coefficient of roughness 粗糙[度]系数
coefficient of safety 安全系数
coefficient of sample 样品系数{统计}
coefficient of selection 选择系数
coefficient of selectivity 选择性系数
coefficient of self-induction 自感系数{辐射}
coefficient of similarity 相似[性]系数
coefficient of sprinkling 喷洒系数{环保}
coefficient of stability 稳定系数
coefficient of thermal expansion 热膨胀系数,热膨胀率
coefficient of traction 牵引系数
coefficient of transmission 透射系数{显技}
coefficient of turbulence 紊流系数,湍流系数
coefficient of uniformity 均匀性系数,均一系数
coefficient of utilization 利用系数
coefficient of variability 变异性系数
coefficient of variation 变异系数
coefficient of velocity 流速系数
coefficient of viscosity 黏滞度系数,黏度
coefficient of water requirement 蒸腾系数,需水量
coefficient of weight 权系数{统计}
coefficient unit 系数部件,常数部件{电脑}
coelacanth 空棘鱼
coelastrum ①腔星藻属[*Coelastrum* spp.](腔星藻科) ②腔星藻[*Coelastrum* sp.]
coelastrum family 腔星藻科[Coelastraceae]
coelectrophoresis technique 同电泳技术
coelenterate 腔肠动物的(coelenteratus)
coeliac 腹的,下腹的(coeliacus)
coeloblast 成体腔细胞(coeloblastus)
coelogyne ①贝母兰属[*Coelogyne* Lindl.](兰科) ②贝母兰[*Coelogyne fimbriata* Lindl.]
coelom 体腔
coelomic cavity 体腔
coelomic fluid 体腔液
coelomic sac 体腔囊
coelomycetes 腔孢类[Coelomycetes]
coelosperm 倒生胚珠(coelospermum)
coelospermous 弯种子的(用于伞形科)(coelospermus)
coemzyme A(CoA) 辅酶A
coen 群落[社会](coenum)
coenagrionids 蟌科[Coengrionidae]
coenangium 多核孢子囊
coenanthium 总托苞(用于菊科)
coencentrum 卵器中央体(coencentrum)
coeno- ⌞字头⌝共同
coenobe 小坚果群(coenobus)
coenobial 属宇庙的(coenobialis)
coenobiar 小坚果群的(coenobiaris)
coenobiology 群落生物学(coenobiologia)
coenobiosis 群落生活
coenobium ①连生体 ②定形群体,菌落
coenocarpium 聚合果
coenocarpous 聚合心皮的(coenocarpus)
coenocarpy 聚合心皮性(coencarpia)
coenocentrum ①卵质中心体,多核卵心 ②卵器中央体
coenocline 群落生态群,群落渐变群
coenocyte ①多核细胞 ②多核体(coenocyta)
coenocytic 多核的(coenocyticus)
coenocytic mycelium 多核菌丝体(mycelium coenocytium)
coenocytism 多核结构(coenocytismus)

coenogametangium 多核配子囊
coenogamete 多核配子(coenogameta)
coenogamodeme(= coenospecies) 互变生态种
coenogamy 多核配子囊结合(coenogamia)
coenogenesis ①同胞,血缘 ②后生变态 ③新性发生 ④同祖发生{遗传}
coenogenetic character 新生性状
coenogenetic metamorphosis 新生变态(metamorphosis coenogeneticus)
coenogenetic phenomenon 新生现象
coenogenous 卵胎互生的(coeno genus)
coenogony 多核体增殖(coenogonia)
coenology 群落学(coenologia)
coenomegaspore 多核大孢子(coenomegaspora)
coenomonoecia 三性[花]同株,两性花雄花雌花同株
coenomonoecious 三性花同株的,两性花雄花雌花同株的(coenomonoecius)
coenopodus 合基的
coenosis 生物群落
coenosium 群落
coenosorus 汇生囊群
coenospecies(= coenogamodeme) ①杂交种{育种} ②近群种{生态}
coenosporangium 多核孢子囊
coenospore 多核孢子(coenospora)
coenotype 群落类型(coenotypus)
coenozygospore 多核接合孢子(coenozygospora)
coenozygote 多核合子(coenozygota)
coenurosis(= sturdy. gid) 脑包虫病,多头蚴病(羊)
coenzyme(Co) 辅酶{分生}
coenzyme Ⅰ ①辅酶Ⅰ(CoⅠ)②烟酰胺腺嘌呤二核苷酸 ③二磷酸吡啶核苷酸
coenzyme Ⅱ ①(CoⅡ)辅酶Ⅱ②烟酰胺腺嘌呤二核苷酸磷酸 ③三磷酸吡啶核苷酸
coenzyme A(CoA) 辅酶A
coenzyme M(CoM) 辅酶M{分生}
coenzyme Q(CoQ) 辅酶Q,泛醌
coenzyme R(CoR) 辅酶R,维生素H,生物素
coequal 相等的,同等的,同格的(coaequus)
coerce(= forcibly constrain) 强制,强迫(coercere)
coercimeter 矫顽磁力计
coercion 强制、强迫(coercio)
coercive ①强迫的,强制的 ②矫顽[磁]性的(coercivus)
coercive force 矫顽[磁]力
coercive function 强制函数
coercivity ①矫顽磁力 ②矫顽磁性(coercivitas)
coes wrench 活动扳手(工具)
coetaneous ①同期的 ②并发的(coetaneus)
coetonium 外颖
coeval ①同日期的 ②同年龄的 ③同期间的 ④同时期的(coaevus)
coevolution 协同进化(coevolutio)
coexist 共存,同时存在(coexistere)
coexistence 共存性(coexistantia){分生}
coexistence model 共存模式
coexistence of transmitters 递质共存[性]
coexpression ①等表现,等显性 ②共表达
cofactor 辅〔助〕因子
cofactor recycling 辅因子再循环
coferment 辅酶,辅酵素
coffee ①咖啡属[*Coffea* L.](茜草科)②(= coffee plant)咖啡(小果咖啡)[*Coffea arabica* L.]
coffee anther culture 咖啡花药培养
coffee atlas beetle 咖啡独角仙[*Chalcosoma atlas* Linnaeus]
coffee bagworm(= cotton bagworm) 棉蓑蛾(大蓑蛾)[*Clania variegata* Snellen](蓑蛾科)
coffee bean 咖啡豆
coffee bean borer 咖啡豆小蠹[*Cryphalus arecae* Horn.](小蠹科)
coffee bean decorticator 咖啡豆去壳机
coffee bean skin-remover 咖啡豆去皮机
coffee bean weevil(= notorious coffee weevil) 咖啡长角象(可可长角象)[*Araecerus fasciculatus* (De-Geer)](长角象甲科)
coffee berry 咖啡[浆]果
coffee berry borer(= coffee berry bettle, berry borer) 咖啡果小蠹螟[*Cryphalus hampei* Ferr. = *Stephanoderes hampei* Ferr](小蠹科)
coffee berry butterfly 咖啡浆果灰蝶[*Virachola bimaculata* Hew.](灰蝶科)
coffee borer 咖啡虎天牛[*Xylotrechus quadripes* Chevrolat](天牛科)
coffee capsid 咖啡盲蝽[*Lygus simonyi* Reuter](盲蝽科)
coffee clear wing moth(= coffee hawk moth) 咖啡透翅天蛾[*Cephonodes hylas* Linnaeus](天蛾科)
coffee drupe 咖啡核果
coffee fruit fly 咖啡浆果蝇[*Trirhithrum inscripta* Graham](实蝇科)

coffee green twig fly 咖啡嫩枝实蝇［*Anomaea alboscutellata* de Meij.］（实蝇科）
coffee grounds 咖啡滓
coffee hook tips 咖啡斜纹钩翅蛾［*Oreta extensa* Walker］（钩蛾科）
coffee leaf-curling thrips 咖啡卷叶蓟马［*Hoplandrothrips marshalli* Karny］（蓟马科）
coffee leafroller（＝tea tortrix） 茶黄卷蛾［*Homona menciana* Walker］（卷蛾科）
coffee perisperm 咖啡外胚乳
coffee-plant（＝coffee-tree，coffee） 咖啡［树］
coffee plantation 咖啡种植园
coffee red spider mite（＝tea red spider mite） 咖啡小爪螨［*Oligonychus coffeae* （Nietner）］（叶螨科）
coffee root weevil 咖啡根象甲［*Pachnaeus azurescens* Gyll.］（象甲科）
coffee senna 望江南（羊角豆）［*Cassia occidentalis* L.］（豆科）
coffee stemborer 咖啡角胸天牛［*Bixadus sierricola* White］（天牛科）
coffee substitute 咖啡代用品
coffee syrup 咖啡［糖］汁｛加工｝
coffee thrips ①咖啡蓟马［*Diarthrothrips coffeae* Will.］②咖啡黄蓟马［*Physothrips xanthoceros* Hood］（蓟马科）
coffee thrips of quinine（＝green house thrips） 温室蓟马［*Heliothrips haemorrhoidalis* （Bouché）］（蓟马科）
coffee-tree ①肥皂荚属 ［*Gymnocladus* Lam.］（豆科）②肥皂荚 ［*Gymnocladus chinensis* Baill.］
coffee tree cricket 咖啡树蟀［*Chremon repentinus* Rehn］（树蟀科）
coffeine 咖啡碱，咖啡因［$C_8H_{10}O_2N_4$］
coffer-dam 围堰，防水坝
coffin ①蹄壳 ②棺材
coffret ①传输接口 ②法国电话网络接口｛信息｝
coformycin 助间型霉素
cog ①大齿，轮齿 ②木齿，嵌齿
cog region 轮齿区
cognac 法国白兰地
cognate（＝closely-related） ①亲缘的，近亲的 ②关联的（cognatus）
cognate amino acid 关联氨基酸
cognate tRNA 关联 tRNA
cognation ①近亲，同血族 ②关联性（cognatio）
cognition ①认识 ②认知（cognitio）
cognitive ①认识的 ②认知的（cognitivus）
cognitive economy 认知经济学
cognitive ergonomics 认知工效学，认知人机工程学
cognitive intelligence 认知性智能｛智培｝
cognitive model 认知模型
cognitive psychology 认知心理学
cognitive science 认知科学
cognitive system 认知系统
cognitron 认知机
cogongrass（＝cogon satintail，blady grass，needle grass） 白茅（针茅）［*Imperata cylindrica* （L.）P.B.］（禾本科）
cograil 齿条
cogwheel 齿轮
cogwheel medic 小瘤苜蓿［*Medicago tuberculata*］
cohelix 相关螺旋｛分遗｝
coherence ①连着，黏着，密着 ②黏结性，内聚力 ③联合，结合，联络，连接 ④连贯性，相关性（coherentia）
coherent ①相干的 ②黏附的（coherens）
coherent beam 相干光束
coherent carrier recovery 相干载波恢复｛信息｝
coherent demodulation 相干解调｛遥感｝
coherent detection 相干检测｛遥感｝
coherent effect 相干效应
coherent excitation 相干激发
coherent filtering 相干滤波
coherent imaging radar 相干成像雷达｛遥感｝
coherent length 相干长度｛遥感｝
coherent light 相干光｛遥感｝
coherent light beam 相干光束
coherent network 相干网络，一致网络
coherent optical corrector 相干光相关器
coherent pulse 相干脉冲
coherent radiation 相干辐射
coherent sand 黏结性沙［土］
coherent soil 黏结性土壤
coherent stamen 连接雄蕊
coherent tissue system 连接组织系（统）
coherent wave 相干波｛遥感｝
coheritability 共遗传率，共遗传力（coheritabilitas）
cohesion ①内聚力 ②凝聚性 ③黏性，黏结（cohesio）
cohesion movement 内聚运动
cohesion pressure 内聚压力
cohesion theory 内聚说｛细胞｝

cohesionless 松散的,非黏结性的
cohesive ①黏性的,黏合的 ②内聚的(cohesivus)
cohesive action 内聚作用
cohesive end (= cohesive terminus) 黏性末端,黏端
cohesive extension 黏性扩展
cohesive force 内聚力
cohesive resistance ①(车轮对地面)附着力 ②(土壤)内聚力强度
cohesive strength 内聚强度
cohesiveness 内聚性,黏结性
CO_2/H_2O ratio 二氧化碳/水比率,CO_2/H_2O比率
cohort 同期群体
cohosh bugbane 总状升麻[*Cimicifuga racemosa* Nutt.](毛茛科)
cohune palm 硬壳油椰[*Orbignya cohune* = *Attalea cohune*](棕榈科)
coil ①螺旋{分遗} ②螺旋聚伞花序(cincinas){形态} ③线圈{电} ④旋管,蛇管{生化}(colligere)
coil condenser 旋管冷却器
coil filter 弹簧线圈[污泥]真空滤机{环保}
coil heater 旋管加热器
coil radiation surface 输热管辐射面
coil roller 螺旋形镇压器
coil spring damper 螺旋弹簧减振器
coil spring tine 螺旋弹簧齿
coil weld 卷板对接焊
coila 关接点{昆虫}
coiled ①螺旋状的 ②旋生的 ③卷曲的(spiralis)
coiled chromosome 卷曲染色体
coiled chromosome segment 卷曲染色体节段
coiled coil 卷曲螺旋{分遗}
coiled coil model 卷曲螺旋模型
coiled-coil α-helix 卷曲螺旋[型]α螺旋{分遗}
coiled larva 卷曲幼虫{蜂}
coiled radiator 螺旋管式散热器
coiling 螺旋
coiling cycle 螺旋周期
coiling movement 螺旋运动
coimmobilization 共固定化(coimmobilisatio)
coimmune 互免疫,同种免疫
coimmunoprecipitation 互免疫沉淀(coimmunoprecipitatio)
coin ①货币,硬币,金钱 ②精压 ③铸造,制造(cuncus)
coin control 硬币控制
coin metal 货币合金
coin selector 硬币分选器
coincidence ①适合度,一致性{育种} ②[交叉]并发{遗传} ③符合{测} ④同步{电脑}(coincidentia)
coincidence adder 符合加法器
coincidence analyzer 符合分析器
coincidence apparatus 符合器
coincidence circuit 符合电路,"与"电路{电脑}
coincidence coefficient 符合系数
coincidence correction 符合校正
coincidence counter 同步计数器
coincidence element "与"门{电脑}
coincidence gate 符合门"与"门{电脑}
coincidence interval 符合间隔
coincidence method 符合法
coincidence value 并发值
coincident ①符合的,重合的,叠合的 ②巧合的,一致的 ③同时发生的,共同存在的(coincidens)
coincident current selection 电流重合选择法{电脑}
coincident draft 同时发生汲水{环保}
coincidental ①符合的,重合的,叠合的 ②巧合性的,一致的 ③同时发生的(coincidentalis)
coincidental cohesion 巧合内聚
coincidental correlation 叠合相关{统计}
coincidental strength 巧合强度
coinduction 共诱导(coinductio)
coinfection 共感染(coinfectio)
coinformation 共信息(coinformatio)
coinitiator 共引发剂
coinsurance 共同保险
cointegrate 共合体(cointegratum)
coir 椰衣纤维,椰壳纤维
coir fibre 椰衣纤维
coir yarn 椰衣纱
coital exanthem 媾疹
coital vesicular exanthema 牛交合疹
coition (= coitus) ①交配,交尾 ②交媾,性交
coke 焦炭
coke and gas waste 炼焦煤气废水{环保}
coke fired furnace 焦炭炉
coke oven gas 焦炉气
coke oven tar 焦炉焦油
Coker 100 wilt 抗枯萎病珂字棉-100(美国棉花品种)
Coker-132 珂字棉-132(美国棉花品种)
Coker-319 珂字烟-319(美国烤烟品种)

Coker cotton 珂字棉
coking 焦化{环保}
col ①气压谷,鞍形低压 ②[山地]狭口(collum)
COL-factor(=colicinogenic factor) 产大肠杆菌素因子
cola black weevil 科拉黑象甲[*Zyrcosa brunnea* Hust.](象甲科)
cola nigra scale(=nigro scale) 香蕉黑蚧[*Saissetia nigra* Nietner](蜡蚧科)
cola pod boring fly(=Mediterranean fruit-fly) 地中海实蝇[*Ceratitis capitata* (Wiedemann)](实蝇科)
cola tree(=colnut) ①苏丹梧桐属[*Cola* Schott. et Endl.](梧桐科) ②苏丹梧桐[*Cola vera* K. Schum.]
colamine 胆胺,乙醇胺 [$NH_2CH_2CH_2OH$]
colander ①滤器,滤锅,滤盆 ②过滤
colation 过滤(colatio)
colatitude 余纬[度](colatituda)
cola[tree]nut 苏丹梧桐坚果
colature 过滤液,粗滤产物(colatura)
colcemide(CIBA) 乙酰甲基秋水仙碱(=colcemid)
colchiceine 脱甲[基]秋水仙碱 [$C_{21}H_{23}NO_6 \cdot H_2O$]
colchicine 秋水仙碱 [$C_{22}H_{25}NO_6$](诱变剂)
colchicine agar solution 秋水仙琼胶液
colchicine-binding protein 秋水仙碱结合蛋白
colchicine crystalline 秋水仙碱结晶
colchicine effect(C effect) 秋水仙碱反应,C 反应{细胞}
colchicine effect on meiosis 秋水仙碱对减数分裂效应
colchicine effect on pairing 仙水仙碱对配对效应
colchicine-induced male sterile mutant 秋水仙碱诱发雄性不育突变体{遗传}
colchicine-induced tetraploid 秋水仙碱诱发四倍体
colchicine induction 秋水仙碱诱发
colchicine lanolin emulsion 秋水仙碱羊毛脂乳剂
colchicine metaphase(=C metaphase) 秋-中期(秋水仙碱处理效应的中期){细胞}
colchicine mitosis(C-mitosis) 秋水仙碱处理反应有丝分裂
colchicine narcosis 秋水仙碱麻醉
colchicine pre-treatment in different tissues 不同组织的秋水仙碱预先处理
colchicine reactive group 秋水仙碱反应型
colchicine techniques for inducing polyploids 秋水仙碱诱发多倍体技术
colchicine thermodynamic activity 秋水仙碱热力学活性
colchicine-treated hybrid 秋水仙碱处理杂种
colchicine-treated plant 秋水仙碱处理植株
colchicine treatment 秋水仙碱处理
colchicum=(autumn crocus, meadow saffron) ①秋水仙属[*Colchicum* L.](百合科) ②秋水仙[*Colchicum autumnale* L.]
colchihaploid 秋单倍体(用秋水仙碱诱发的)(colchihaploida){细胞}
colchiploid 秋多倍体(colchiploida)
colchiploidy 秋多倍性(用秋水仙碱诱发的多倍性){遗传}
cold ①低温的,寒冷的,冷的 ②冷冻的 ③寒冷 ④伤风,感冒
cold acclimation 冷冻适应(驯化)
cold-adapted mutant 冷适应突变体,冷适应实体型{遗传}
cold-adapted mutation 冷适应突变
cold agglutinin 低温凝集素
cold air 冷空气
cold air current 冷气流
cold-air drying(=cold drying) 冷风干燥
cold air machine 冷气机
cold air mass 冷气团
cold air sinks 冷气汇
cold application creosote 冷用杂酚油
cold barn 冷仓库,低温仓库
cold bed 阳畦,冷床
cold belt 冷带
cold-blooded 冷血的
cold boot 冷引导
cold cap 寒带
cold chain 低温链{农施}
cold chamber 冷室,低温温室
cold chlorosis 低温退绿症
cold climate 寒冷气候
cold-climate ecotype 寒冷气候生态型
cold climate with dry winter 冬干寒冷气候
cold climate with moist winter 冬湿寒冷气候
cold colour 冷色(如黑、蓝、灰)
cold curing 冷疗
cold current 冷流
cold damage(=cold injury) 冷害,寒害
cold death 冻死
cold denaturation 冷变性
cold desert 寒漠
Cold dews 寒露(中国的 24 节气之一)

cold digestion 自然温度下厌气消化{环保}
cold district 寒冷区
cold dome 冷气丘
cold dormancy 冷眠,冬眠
cold-dry type of refuse channel 冷干式垃圾[渠]道{环保}
cold endurance 耐寒力,耐寒性
cold fault ①冷故障,冷机故障 ②冷错误{电脑}
cold fermentation method 低温发酵法
cold-flow cooler (牛奶)冷流式冷却器
cold forest zone 寒带林带
cold frame 冷床,阳畦
cold frame forced sprouting 冷床催芽
cold freezing 冷冻的
cold front 冷锋
cold front rain 冷锋雨
cold front thunderstorm 冷锋雷雨
cold front type of occlusion 冷锋型锢囚
cold frost 冷霜
cold germination 低温萌发
cold glasshouse 低温玻璃温室
cold gluing 冷胶合
cold grind 冷磨
cold habitat 寒冷生境{生态生理}
cold hardening 寒冷锻炼(指幼苗)
cold hardiness 耐寒性,抗寒性
cold hardy plant 抗寒植物
cold hardy variety 抗寒品种
cold-house ①低温温室,冷室 ②冷藏室
cold ice 冷冰
cold injury 寒害,冷害
cold light 冷光
cold limit 低温极限
cold-loving 喜冷的(psychrophilus)
cold manure 冷性肥料,冷性厩肥
cold mass 冷气团
cold mastic wax 冷用接蜡
cold meat 冷藏肉
cold milk clarifier 冷奶净化器
cold mixing 冷拌(种子处理)
cold moist pretreatment 冷湿预措,冷湿预先处理
cold morality 冻死率
cold ocean 冷水性海洋
cold ocean current 冷海流
cold period 冷期
cold photosynthesis 低温光合作用
cold plate 冷板,冷却板
cold polar region 寒冷极地
cold pole 寒极
cold-press oil 冷榨油
cold-press soap 冷制皂
cold pressing 冷榨法(香油)
cold protection 防寒
cold radiation sterilization 低温辐射灭菌
cold rain 冷雨
cold receptor 冷感受器
cold region 寒冷地区
cold requirement 低温需求
cold-requiring biennials 需寒二年生植物
cold resistance 抗寒性
cold resistance test 抗寒性试验
cold-resistant 抗寒的(frigidoresistans)
cold-resistant crop 抗寒[性]作物
cold-resistant plant 抗寒植物
cold-resistant variety 抗寒品种
cold ridge 冷畦,冷垄{耕作}
cold rigor ①冷麻痹 ②冷僵
cold rolling waste water 冷轧[钢]废水{环保}
cold room 冷室
cold sea 冷海,寒冷海洋
cold season 冷季,寒季
cold-season vegetables 寒季蔬菜
cold sector 冷区
cold sensitive mutant 寒冷敏感突变体,寒冷敏感突变型
cold sensitive mutation 寒冷敏感突变
cold-sensitive variety 寒冷敏感品种
cold sensitivity 寒冷敏感性
cold setting 冷固化
cold setting glue (= cold setting adhesive) 冷固胶黏剂
cold shock ①冷击法{微生物} ②冷休克{医} ③冷激{生技}
cold shock protein 冷激蛋白
cold soil 冷土
cold source 冷源
cold spell 寒潮
cold spell in spring 春寒潮
cold spring 冷泉
Cold Spring Harbor Laboratory (CSHL) 冷泉港实验室(指美国){生技}
cold-stable phospholipids 冷稳定磷脂
cold standby sparing 冷备[用]
cold start 冷启动
cold sterilization 冷冻灭菌法
cold stimulation 霜冻刺激,寒冷刺激
cold storage ①冷藏(低温贮藏) ②冷藏库
cold-storage after acid-treatment 浸酸冷藏{蚕}
cold storage depot 冷藏库
cold storage eggs 冷藏蛋品
cold storage fruits 冷藏果品

cold storage injury 冷藏损伤
cold storage installation 冷藏设施,低温贮藏设施{农施}
cold storage loss 冷藏损失
cold storage method 冷藏法
cold storage of plant (= cold storage of stock) 根株冷藏
cold storage room 冷藏室
cold storage vegetables 冷藏蔬菜
cold stratification 冷层积处理
cold stress [寒]冷胁迫{生态生理}
cold-stressed plant 受寒冷胁迫植物
cold-summer sterility 夏季低温不育[性]
cold susceptible variety 不抗寒品种
cold-temperate climate 冷温带气候
cold test 冷测
cold test method 冷测法{生理}
cold tolerance (= cold endurance) 耐寒性
cold treatment ①冷处理,低温处理 ②冷拌(指种子处理)
cold vigor 寒冷活力,寒冷健势
cold water 冷水
cold water condenser 冷水冷却器
cold water cultivation 冷水养殖
cold water cylinder liner 冷水式汽缸套
cold water damage 冷水害
cold water fish 冷水性鱼[类]
cold water layer 冷水层
cold water method 冷水除雄法
cold water retting 冷水浸[麻]法
cold water species 冷水种
cold water tolerance 耐冷水性,冷水耐性
cold waterlogged field 返黄田,冷渍田
cold wave 寒潮
cold wave prediction 寒潮预告
cold way 冷式蜂巢(巢脾的放置与巢门垂直)
cold weather 寒冷天气,冷天
cold weather damage 寒冷[天气]灾害,冷害,冻寒
cold weather lubrication 冷天润滑
cold weather resistance 抗寒性
cold wedge 冷楔
cold wet soil 冷湿土
cold-winter region 冬季寒冷地区
cold winter season 寒冷冬季
cold working rivet 冷制铆钉
cold zone 寒带
coldness ①冷,寒冷 ②冷性
coldroom ①冷藏室 ②低温室
cole 卷心菜(莲花白,葵花白菜,洋白菜)[*Brassica oleracea* Var. *capitata* L.](十字花科)
cole crops 甘蓝类作物
cole-wort (= sea kale) 海甘蓝[*Crambe maritima* L.](十字花科)
coleo- ⌊字头⌉鞘
coleocotyle 子叶鞘
coleogen 鞘原(coleogenum)
coleophyllous 鞘叶的(coleophyllus)
coleopteroid 甲虫状的(coleopteroideus)
coleopterous 鞘翅类的(coleopterus)
coleoptile 胚芽鞘(coleoptilum)
coleoptile length 胚芽鞘长度
coleoptile tip 胚芽鞘尖端
coleorhiza 胚根鞘(coleorrhiza)
coles 甘蓝类
Cole's iodine haematoxylin 可里氏碘苏木精{显技}
coleseed (= colza, rape) 欧洲油菜[*Brassica napus* var. *oleifera* DC.](十字花科)
coleslaw 凉拌卷心菜
coleus ①锦紫苏属[*Coleus* Lour.](唇形科) ②锦紫苏[*Coleus blumei* Benth.]
coli-aerogenes bacteria 产气大肠菌{微生物}
coli-index (= Colibacillus index) 大肠[杆]菌指数
colibacillosis 大肠杆菌病
Colibacillus 大肠杆菌
colic ①绞痛,腹痛,疝痛 ②结肠的(colicus)
colicidal efficiency 灭大肠菌效率
colicin 大肠杆菌素
colicin factor (= colicinogenic factor) 产大肠杆菌素因子
colicin tolerant 耐受大肠杆菌素的
colicin typing 大肠[杆]菌素分型
colicinoduction 大肠杆菌素导入作用(colicinoductio)
colicinogenic 产大肠杆菌素的(colicinogenus)
colicinogenic determinant 产大肠杆菌素决定子
colicinogenic factor 产大肠杆菌素因子
colicinogenic strain 产大肠杆菌素菌株
colicinogeny 产大肠杆菌素,大肠杆菌素产生(colicinogenesis)
coliclonal antibody 大肠[杆]菌克隆抗体
colicolitis 大肠杆菌性结肠炎
colicoplegia 结肠麻痹
coliform 大肠杆菌类
coliform group 大肠菌类群
colilysin 大肠杆菌溶素
colinear ①共线性的 ②共直链的(colinearis)

colinear transcript 共线性转录物{分生}
colinearity ①共线性,线性对应 ②共直链性(colinearitas)
colinearity of nucleotide sequence and amino acid sequence 核苷酸序列和氨基酸序列共直链性
colipase 共脂肪酶
coliphage 大肠杆菌噬菌体
colisepsis 大肠杆菌性败血病
coliseum maple 青皮槭[*Acer cappadocicum* Gleditsch.](槭科)
colistatin 制大肠菌素
colistin 黏菌素
colititer 大肠[杆]菌值
colitose 可立糖,3-脱氮-*L*-岩藻糖
colitoxin 大肠杆菌毒素
collaboration ①合编,合著 ②共同研究③合作,协作(collaboratio)
collaboration diagram 协作图
collaboration laboratory 合作实验室,共同研究实验室
collaboration mode 协作模式
Collaborative International Pesticides Analytical Council Limited 国际农药分析协作委员会
collaborator 共同研究者,合作试验者
collagen 胶原(指蛋白)(collagenum)
collagen fiber 胶原纤维
collagen fibril 胶原原纤维
collagen helix 胶原螺旋
collagen mRNA assay 胶原信使 RNA 检定
collagenase 胶原酶,梭菌肽酶 A
collagenic 胶原的(collagenus)
collagenous (=collagenic) 胶原的(collagenus)
collagenous fiber (=collagen fiber) 胶原纤维
collapse ①塌方,塌陷{耕作} ②崩溃{水利} ③崩解{土壤} ④萎缩,虚脱{医} ⑤崩坏{病理} ⑥折叠{农机} ⑦(木材)不定形皱缩{森林} ⑧折拢,折卷{分生}
collapse of a pile of straw 倒垛
collapse phase 挤压节拍(挤乳)
collapse soil 坍积土,颓积土
collapse therapy 萎缩疗法
collapsed polypeptide chain 折拢多肽链
collapsible ①可折叠的,可拆卸的 ②可分解的,可分析的 ③活动的,可卷缩的(collapsibilis)
collapsible pallet 栅壁可开集装箱
collapsing rule 降级规则
collar ①根颈 ②(银杏)珠孔 ③囊领 ④菌环 ⑤(昆虫)颈片 ⑥项圈,颈圈(马具) ⑦垫圈,皮钱(collum) ⑧(病毒)颈部
collar blight of carnation 麝香石竹斑点病[*Alternaria dianthi* Stevens et Hall]
collar bone 锁骨
collar borer 象虫,根颈蛀虫
collar cutting 根颈台刈(茶)
collar diameter 根颈直径
collar lobe 根颈裂片(指甘蔗)
collar oiler 加油环
collar pruning 根颈修剪
collar root disease of groundnut 花生紫纹羽病[*Helicobasidium mompa* Tanaka]
collar rot (=dieback,root rot) 顶枯,根腐病,疫病(苹果,梨)
collar rot of apple 苹果疫病[*phytophthora cactorum*(Lebert et Cohn.)Schroet.]
collar thrust bearing 环形止推轴承,环形推力轴承
collar work 马耕
collard 羽衣甘蓝[*Brassica oleracea* var. *acephala* DC.](十字花科)
collare 后颈
collarium [皮伞属]菌环
collate ①分类,排序 ②整理,整序 ③校对④配页{电脑}(collatus)
collate program 校对程序
collateral ①并生的,并行的,并列的 ②副的,附属的 ③间接的 ④偶然的 ⑤傍亲的[神经]侧支{昆虫}(collateralis)
collateral accessory buds 并生副芽(gemmae accessoriae collaterales)
collateral action 并行作用,并行动作(actio collateralis)
collateral arrangement 内外排列(指韧皮部与木质部的排列位置)(dispositio collateralis)
collateral branch 副枝(ramus collateralis)
collateral bundle 外韧维管束(fasciculus collateralis)
collateral inheritance 傍亲遗传,并列遗传(inheritantia collateralis)
collateral relatives 傍亲亲缘个体
collateral response 二次反应
collateral type 并列型(typus collateralis)
collateral vascular bundle (=collateral bundle) 外韧维管束
collaterals 傍亲
collating ①对照 ②排序 ③校对
collation ①对照,校对,校正 ②便餐(collatio)
collation operation "与","与"运算{电脑}
collator ①校对机,配页机,排序装置,整理装

置 ②整理程序｛电脑｝
colleague 共同工作者，同事(colleaga)
collect 采集(colligere)
collected stack 组合烟囱｛环保｝
collecting basin 集水池
collecting box 采集箱｛昆虫｝
collecting chamber 集水室，集合室｛环保｝
collecting channel 集水渠
collecting ditch 集水沟
collecting drain 集水排水沟
collecting electrode 集尘电极｛环保｝
collecting hair ①集粉毛(用于花柱) ②黏毛(用于芽)(pilus collector)
collecting layout 集水布置
collecting line 天线
collecting main 集水干渠，集水干线｛水利｝
collecting place 集材场
collecting system 集水系统(指沟渠)
collecting trough 集水槽｛环保｝
collecting well 集水井
collection ①收集，搜集，采集，征集｛育种｝②捡拾｛农机｝③累积，积聚｛水利｝④收集品[种]｛育种｝(collectio)
collection and distribution center 收集分配中心
collection and making of manure 积肥造肥
collection center 收集中心站｛环保｝
collection channel 集水槽｛环保｝
collection data 收集数字资料，收集数据
collection delivery 收集品种供给
collection efficiency 兼并效率
collection of female moth after oviposition 收蛾
collection of moisture 水分积蓄
collection of specimen 标本采集
collection of statistic data 收集统计资料
collection of synoptic information 天气情报收集
collection of taxes 征税
collection of technical information 技术信息收集｛智培｝
collection of variety 品种收集
collection pit 收集坑，集水坑
collection point block (CPB) 集点块｛电脑｝
collection station 收集站
collection system 采集系统
collection works 取水建筑物｛环保｝
collective ①集合的，聚合的 ②集体的，共同的(collectivus)
collective accumulation 集体积累
collective agreement 集体公约
collective centers of origin 起源的共同中心
collective control 集体防治
collective cultivation 集体耕种
collective economy 集体经济
collective farm 集体农庄
collective farmer 集体农庄庄员
collective farming 集体经营
collective fruit 聚花果(fructus aggregatus)
collective intelligence 集体智能｛智培｝
collective lens (=collection lens) 聚合透镜｛显技｝
collective media 通用培养基
collective nerve 聚合脉(nervus aggregatus)
collective nursery 搜集圃
collective ownership 集体所有制
collective pasture 集体牧(草)场
collective property 集体财产
collective random sequence 聚合随机序列
collective species 综合种
collective use 集体使用
collectivism 集体主义(collectivismus)
collectivist 集体主义者(collectivistus)
collectivistic 集体主义的(collectivitus)
collectivity 集体性(collectivitas)
collectivization 集体化(collectivisatio)
collectivization of agriculture 农业集体化
collector ①取样器｛土壤｝②集水渠｛水利｝③集电器，集电极｛电｝④收集器，捡拾器，集送器｛农机｝⑤捕捉器｛狩猎｝⑥收集者，搜集者｛育种｝⑦捕集剂｛环保｝
collector node 汇集结点｛电脑｝
collector ring ①汇流环 ②接触环，集电环｛电｝
collectors 黏液毛
college ①学院，专科学校，高等教育机关 ②学会，社团(collegium)
college for est 教育林
college of agriculture 农学院
collenchyma 厚角组织
collenchymatous cell 厚角组织细胞(cellula collenchymata)
colleterial gland 黏腺｛昆虫｝
colleterium 黏腺｛解剖｝
colleters 黏液毛
colletid bees (=colletids) 分舌花蜂科[Colletidae]
colliculose 具圆突起的(colliculosus)
colliculus superior 上丘
collide 互撞，碰撞，冲撞(collidare)
collidine 可力丁，三甲〔基〕吡啶[混合物][$CH_3C_5H_3NC_2H_5$]

Collier 考里尔(美国甜高粱品种)
colliery 煤坑,煤矿场
colliferous 具根颈的(collifer)
colligate ①扎,捆,缚 ②综述,概括(colligare)
colligation 综述,概述(colligatio)
collimate 对准,准直(collimare)
collimated light beam 平行光束
collimating axis 视准轴{测}
collimating error 视准差
collimating lens 准直透镜
collimating line 视准线
collimating mark 框标,测标,照准标{遥感}
collimating point of picture frame 框标
collimating telescope 视准望远镜
collimation ①准直,瞄准 ②视准,照准(collimatio)
collimation axis 视准轴
collimation constant 视准常数
collimation correction 视准改正
collimation error 视准误差
collimation marks 标框
collimator 视准管,准直仪平行光管
collinear 同一直线上的,共线的(collinearis)
collinous 山丘生的(collinus)
collision ①互撞,碰撞,冲击{农机} ②截击{物} ③冲突{电脑}(collisio)
collision avoidance 回避冲突{电脑}
collision course ①冲突航向 ②冲突路线 ③碰撞方向
collision detection circuit 冲突检测电路
collision dynamics 碰撞力学
collision-induced dissociation (CID) 碰撞诱导解离{生技}
collision resolutions technique 冲突分解技术
collisional activation 碰撞激活{分生}
collisional quenching 碰撞淬火
collocation 配置,布置,安排(collocatio)
collocation method 配置方法
collochore 配对区(collochora)
collodion 火[棉]胶,硝棉胶
collodion cotton [火]胶棉,低氮硝化纤维
collodion filter 棉胶滤器
collodion paper 火棉纸
collodion silk 胶棉丝,胶丝
collodion varnish 火棉漆
colloid ①胶体 ②胶态 ③胶质的,胶体的,胶状的(colloideus)
colloid admixture 胶体混合物
colloid aggregate 胶体团聚体
colloid chemistry (= colloidal chemistry) 胶体化学
colloid complex 胶体复合物(复杂胶质)
colloid content 胶体含量
colloid electrochemistry 胶体电化学
colloid flocculation 胶体絮凝
colloid form structure 胶状结构
colloid fraction 胶体部分
colloid osmotic pressure 胶体渗透压
colloid stability 胶体稳定性
colloidal 胶体的(colloidalis)
colloidal alumina 胶体氧化铝
colloidal amphion 胶体两性离子
colloidal clay method 胶体黏粒法
colloidal clay particle 胶体黏粒
colloidal complex (= colloid complex) 胶体复合物(复杂胶质)
colloidal dispersion ①胶体分散 ②胶体分散体
colloidal electrolyte 胶体电解质
colloidal fertilizer 胶质肥料
colloidal film 胶质膜,胶片(电子显微镜用){显技}
colloidal fluid 胶体液
colloidal gel 胶状凝胶
colloidal gold 胶体金,胶态金{生技}
colloidal humus 胶状腐殖(植)质
colloidal medium 胶体介质,胶体媒
colloidal particle 胶粒
colloidal phosphate 胶状磷酸盐
colloidal precipitate 胶体沉淀{物}
colloidal property 胶体性质
colloidal silica 胶状硅,胶体二氧化硅
colloidal solution 胶体溶液
colloidal state 胶体状态,胶态
colloidal substance 胶态物质
colloidal sulphurs 胶体硫(速灭净),(杀菌,杀螨剂)[S_X]
colloidal suspension 胶体悬液
colloidal system 胶系,胶体系统
colloidal water 胶水
colloidization 胶[体]化[作用](colloidisatio)
colloidopexy 胶体固定[作用](colloidopexia)
collollary pollutant 自然污染物(指水体的){环保}
collomia ①黏胶花属[*Collomia* Nutt.](花荵科) ②黏胶花[*Collomia cavanillesii* Nutt.]
collophane (= collophanite) 胶磷矿
collophore 黏管(collophora)

colloquy 学术座谈,学术讨论会(colloquium)
collosol 溶胶
collotype 柯罗版(指印刷)
collum ①颈 ②根颈 ③基,基地
colluvial 崩积,重积(colluvialis){土壤}
colluvial deposit 崩积物,重积物
colluvial mellow deposit 崩积疏松沉积物,重积疏松沉积物
colluvial soil 崩积土,重积土
colluvium 崩积层,重积层
Colman 柯尔曼(美国甜高粱品种)
colmatage 淤灌,放淤
colnut (=cola tree) ①苏丹梧桐属 ②苏丹梧桐
colocynth 药西瓜[*Citrullus colocynthis* Shrad.](葫芦科)
colocynthin 药西瓜素
cologarithm 余对数(cologarithmus)
cololing moth (=codling moth) 苹果蠹蛾[*Carpocapsa pomonella* L. = *Cydia pomonella* L.](小卷叶蛾科)
Colombian abutilon 哥伦比亚苘麻[*Abutilon insigne* Planch.](锦葵科)
colominic acid 多聚乙酰神经氨[糖]酸
colon ① 结肠 ②冒号{电脑}
colon classification 冒号分类法{电脑}
colonial ①群体的 ②集体的 ③菌落的(colonialis)
colonial bentgrass (=colonial bent) 细弱翦股颖[*Agrostis tenuis* L.](禾本科)
colonial morphology 菌落形态学(colonomorphologia)
colonial mutation 菌落突变(mutatio colonialis)
colonial organism 群体生物
colonial policy 殖民政策
colonial protozoa 群生原生动物
colonization ①群集[现象] ②定殖(colonisatio)
colonizing 定居的
colonizing factor 定居因子
colonizing period 定居时期
colonnade (长廊)列柱{园林}
colonnen apparatus 酒精蒸馏塔
colony ①群体 ②菌落 ③集群,集落(colonia)
colony counter 菌落计数器
colony formation ①群居生活 ②菌落形成
colony forming cell (CFC) 集落形成细胞
colony forming efficiency ①菌落形成率 ②集落形成率
colony forming unit (CFU, cfu) ①菌落形成单位 ②集落形成单位
colony house ①活动鸡舍 ②活动猪舍
colony hybridization 菌落杂交
colony immunoblotting 菌落免疫印迹
colony lift 菌落转移
colony odor 群味{蜂}
colony stimulating factor (CSF) 集群刺激因子
colony with laying worker or drone-laying queen 工蜂产卵群或蜂王只产雄蜂的蜂群
colophon ①版权记录 ②出版者商标 ③书尾标记
colophony 松香(colophanium)
color (=colour) 色,色泽,色度
color aberration 色差(指颜色失真)
color aerial film 彩色航空胶片{遥感}
color analyzer 颜色分析器
color and gloss 色泽(即指颜色与光泽)
color balance 色平衡
color bars 色带,色线
color base 生色基,底色
color bleeding 色彩渗透
color blindness 色盲
color change 体色变化
color chart 彩色图
color comparison tube 比色管
color compensating filter 彩色补偿滤光镜(片){遥感}
color composite image 彩色合成图(影)像{遥感}
color constancy ①色恒定性 ②色守恒现象{遥感}
color contrast 彩色反差{遥感}
color correction 彩色校正
color density ratio 色调强度比例{遥感}
color depth 颜色深度
color development reagent 显色剂{显技}
color development reation 显色反应
color difference 色差{遥感}
color difference meter 色差计
color dimorphism (=colour dimorphism) 双态色
color display 彩色显示
color enhancement 彩色增强
color film 彩色胶片,彩色胶卷
color filter 滤色器,滤色板
color-fixing stage 定色期(烟草烘烤过程)
color grading machine 颜色分级机
color graphics adapter (CGA) 彩色图形适配器{电脑}
color imitation 拟色,模仿色
color index (=colour index) 色指标

color infrared film 彩色红外胶片{遥感}
color layers 分层设色{遥感}
color matching 配色
color measure 色计量{遥感}
color measurement (= colour measurement) 着色测定
color menu 颜色菜单{电脑}
color monitor 彩色监视器
color mutant 色突变体
color noise 颜色噪声
color of glume (= colour of glume) 颖色
color of infused tea 泡茶色(泡茶)
color of leaves 叶色
color of liquor (泡茶用水)水色,液色(品茶项目之一)
color of reverse 反面色泽
color of seed (= colour of seed) 种子色泽
color palette 调色板
color pattern (= colour pattern) 色谱
color perception (蜂)色觉
color primaries 基色
color printer 彩色打印机
color producing reaction 生色反应
color purity 色彩纯度
color-ratio composite 彩色比值合成
color reaction 显色反应
color reagent 显色试剂
color removal 除色
color resolution 颜色分辨率
color reversal film 彩色反转胶片{遥感}
color saturation 色饱和,色彩浓度{遥感}
color scanner 彩色扫描器
color sensation 色感觉{遥感}
color sensitiser 色敏化剂
color separation 色泽分离
color separation drafting 分色绘制{遥感}
color signal 彩色信号{遥感}
color sorter (= color sorting machine) 彩色分选机
color stability 颜色稳定度
color standard (= colour standard) 颜色标准
color standard solution 颜色标准液,色度标准液
color temperature 色温{遥感}
color test (= coloring test) 显色试验
color transformation 彩色变换
color trap 色彩交错
color value 颜色值
color vision 色[视]觉
Colorado (= white fir) 白冷杉(北美冷杉)[*Abies concolor* Lindl. et Gord.](松科)
Colorado beetle (= Colorado potato beetle) 马铃薯叶甲[*Leptinotarsa decemlineata* Say](叶甲科)
Colorado blue stem 蓝茎冰草[*Agropyron smithi* Rudb.](禾本科)
Colorado columbine 蓝花耧斗菜[*Aqullegia caerulea* James](毛茛科)
Colorado four-o'clock 多花紫茉莉[*Mirabilis multiflora* A. Gray](紫茉莉科)
Colorado needlegrass 科罗拉多针茅[*Stipa porteri*](禾本科)
Colorado primrose 窄叶报春花[*Primula angustifolia* Torr.](报春花科)
Colorado white fir 科罗拉多冷杉[*Abies concolor* Parry](松科)
coloration (= colouration)①颜色 ②着色,显色 ③染色法 ④天然色(coloratio)
colorectal carcinoma 结肠癌
colored (= coloured) ①有色的,彩色的 ②着色的 ③变色的(coloratus)
colored cellophane 有色玻璃纸
colored cocoon 着色茧
colored cotton 有色棉花
colored film 有色膜
colored glass 有色玻璃
colored grain 着色子粒
colored guineagrass 色稷[*Panicum coloratum* L.](禾本科)
colored leaf (= coloured leaf) 具彩叶,有色叶(folium coloratum)
colored milk 变色牛奶
colored non-hibernating egg (蚕)再出卵
colored paper 色纸
colored spectacles 补色眼镜
colored suspended matter 带色悬浮物,有色悬浮物{环保}
colored water 有色水{环保}
colorimeter 比色计
colorimetric 比色的(colorimetricus)
colorimetric analysis 比色分析
colorimetric determination 比色测定
colorimetric estimation 比色测定
colorimetric measurement 比色测定
colorimetric method 比色测定法
colorimetric purity 比色纯度
colorimetric tube 比色管
colorimetry ①比色测定 ②比色测定法,比色法,色度学(colorimetrica)
coloring (= colouring) 染色,着色{显技}
coloring agent (= colouring agent) 染色剂,着色剂{显技}
coloring crops (= colouring crops)染料作

物
coloring material 染色材料{显技}
coloring matter 染色物质
coloring treatment 染色处理
colorization 彩色化,着色(colorisatio)
colossal ①巨大的 ②庞大的(colossus)
colostrokinin 初乳激肽
colostrum (=colostral milk)初乳
colostrum corpuscle 初乳小体(colostrocor pusculus)
colour (=color) ①色,色泽 ②色度(color)
colour absorber 消色器{遥感}
colour adaptation (=color adaptation) ①色彩适应 ②体色适应
colour balance 彩色平衡{遥感}
colour class 色组
colour coat 涂色,着色,上色
colour-coded cable 色码电缆
colour coding 彩色编码
colour composite 彩色合成{遥感}
colour data 彩色数据
colour development 色素发育(evolutio coloris)
colour disappearing 彩色消失,无色
colour display 彩色显示
colour distortion 彩色畸变(失真)
colour filter (=color filter) ①滤光镜 ②滤色纸{显技}
colour formation 颜色产生,产色
colour frame 色帧
colour graph 彩图,色图
colour hue 色调,色彩
colour killer 消色器
colour kinescope 彩色显像管
colour mapping 色彩映射
colour microfilm 彩色缩微胶片
colour natural scene analysis 彩色自然景象分析
colour photography 彩色摄影
colour primary 基色,原色{遥感}
colour score 色痕
colour sensation 颜色感觉,色觉
colour sensitiveness 彩色感光度
colour sensitometer 彩色感光计
colour separation filter 分色滤光镜{遥感}
colour temperature meter 比色温度计
colour tone 色调{遥感}
coloured (=colored) ①有色的,具色的 ②染色的,着色的{显技}(coloratus)
coloured film (=color film) 彩色胶卷{显技}
coloured kidney beans 花芸豆
coloured noise 有色噪声
colouring 染色
colouring bottle 色素瓶
colouring material 染色剂,着色剂
colouring matter 色素{显技}
colouring of seed coat 种皮色泽
colouring power 染色力{显技}
colourless (=colorless) 无色[的](incolor decolor)
colourless patch 无色斑点
colourless plant (=colorless plant) 无叶绿素植物,白色植物
colpate ①具沟的 具槽的(colpatus)
colpenchyma 波壁组织
colpoid 拟沟,类槽(colpoideus)
colpoidorate 具拟沟孔的(colpoidoratus)
colporate 具沟孔的(colporatus)
colporoidate 具拟孔沟的(colporoidatus)
colpus ①沟,槽 ②子午槽,赤道槽
colquhounia ①炮仗花属[*Colquhounia* Wall.](唇形科) ②炮仗花[*Colquhounia coccinea* Wall.]
colt ①马驹,公驹 ②驴驹 ③骆驼驹
colt distemper 马腺疫
colt foal (=male foal) 公马驹,小公马
colter (=coulter) 犁刀
colt's cutte 民间兽医
colt's foot ①款冬属[*Tussilago* L.](菊科) ②款冬[*Tussilago farfara* L.](菊科)
colubrina ①蛇藤属(野咖啡属)[*Colubrina* L. C. Richard](鼠李科) ②蛇藤[*Colubrina asiatica* (L.) Brongn.]
colubrine 蛇状的(colubrinus)
columbary 鸽舍(columbarium)
Columbia basin 哥伦比亚盆地
Columbia sheep 哥伦比亚羊
Columbia-tea sweetleaf 哥伦比亚茶[*Symplocos alstonia*](山矾科)
Columbian abutilon 哥伦比亚苘麻[*Abutilon insigne* Planch.](锦葵科)
Columbian Datura virus 哥伦比亚曼陀罗病毒
Columbian ledum 哥伦比亚喇叭茶[*Ledum columbianum* Piper](杜鹃花科)
columbine ①耧斗菜属[*Aquilegia* L.](毛茛科) ②耧斗菜[*Aquilegia viridiflora* Pall.]
columbine aphid 耧斗菜大尾蚜[*Hyalopterus trirhoda* Walker](蚜科)
columbine borer 耧斗菜剑纹夜蛾[*Papaipema purpurifascia* (Grote et Robinson)](夜蛾科)

columbine leaf miner 耧斗菜潜叶蝇[*Phytomyza minuscula* Gour.](潜蝇科)
columbine meadow-rue 唐松草[*Thalictrum aquilegifolium* L.](毛茛科)
columbine sawfly 耧斗菜叶蜂[*Pristiphora alnivora* Hartig](叶蜂科)
columbium 钶,铌(Nb,41 号元素)(过去名钶,现改名为铌)
Columbusgrass 哥伦布草[*Sorghum almum* Parod.](禾本科)
columella ①中柱 ②囊轴
columellae 小柱
columellar 中柱的(columellaris)
columelliform 柱状的(columelliformis)
column ①柱,圆柱,柱体 ②合蕊柱 ③直行,纵行,直向{统计} ④(烟道)竖筒 ⑤座,架(columna) ⑥段,栏,列{电脑}
column base 柱基
column capacity 柱容量
column chromatography (= columnar chromatography) 柱层析
column component 直行组成部分,直列成分{统计}
column coupling 柱耦联(指层析)
column drier 竖筒干燥机
column efficiency 柱效率
column extractor 提取柱,萃取柱
column-free 无列,无柱,无栏
column heading 栏题头,栏眉{电脑}
column-like structure 拟柱状结构
column-loading buffer 上柱缓冲液
column matrix 列矩阵
column number ①栏数 ②列数
column of mercury 水银柱(指温度计)
column of water 水柱
column printer 竖式打印机
column reactor 柱式反应器
column sedimentation 柱沉积
column still 柱馏器
column structure 柱状结构
columnalis disease 柱状病
columnar 柱状的(columnaris)
columnar aggregate 柱状团聚体,柱状团粒
columnar alkali soil 柱状碱土
columnar arrangement 柱状排列(depositio columnaris)
columnar baffle type 柱状导流片式{农施}
columnar cell 柱状细胞(cellula columnaris)
columnar cleavage 柱状劈裂,柱状裂痕
columnar crystal 柱状晶体
columnar joint 柱状节理
columnar screen type 柱状筛式{农施}
columnar section ①柱状剖面{地质} ②柱状断面{土壤}
columnar structure 柱状结构
columnar vortex 柱状涡旋
columniform 圆柱状的(columniformis)
Colville butterfly bush 考尔维尔氏醉鱼草[*Buddleia colvillei* Hookfil et Th.](马钱科)
colyone 抑素
colza (= coleseed) 欧洲油菜[*Brassica napus* var. *oleifera* DC.](十字花科)
colza cake 菜子饼
colza oil 菜子油
coma ①种缨 ②序缨 ③树冠 ④昏迷 ⑤彗形象差
comanthosphace 富士山天人草[*Comanthosphace japonica* S. Mooref.](唇形科)
Comassie blue 考马斯蓝(商){显技}
Comassie brilliant blue 考马斯亮蓝(商){显技}
comate ①具种缨的 ②簇生的,丛生的 ③粗毛状的,多毛的(comatus)
comb ①(梳麻用的)麻梳{栽培} ②鸡冠{禽} ③蜂房{蜂} ④(梳麻机)梳齿板{农机} ⑤蚁筑菌巢{真菌} ⑥梳[电泳胶膜]{生技} ⑦垄{耕作}
comb-basket (摇蜜机内的)框笼
comb-carrier 巢脾运送箱
comb culture 垄作{耕作}
comb finger 切割器护刃器
comb foundation 巢础
comb foundation machine (= comb foundation mill, comb foundation rolls) 巢础机
comb guide 巢脾导条,巢础条
comb harrow 梳齿耙
comb honey 巢[脾]蜜(带巢脾的蜂蜜)
comb in micrometer 测微孔梳尺{显技}
comb nephoscope 梳状测云器
comb scale 梳尺(量麻纤维的)
comb shape 鸡冠形状
comb-shaped 篦齿状的,栉状的(pectinatus)
comb-shaped fold 梳状褶皱
comb sowing 垄播
comb structure 梳状构造
comb thresher 梳齿型脱粒机
comb-type cotton stripper 梳齿式摘棉桃机
comb-type radiosonde 梳状[无线电]探空仪
combat ①战斗,搏斗 ②斗争,竞争,抗争 ③争论,反对(combatuere)
combat action team (CAT) 战斗行动队[专

家系统]{智培}
combat drought 抗旱
combat system decision 战斗体系决策{电脑}
combed ①梳整{栽培}②“搜寻”{电脑}
combed cotton 梳整棉花
combed flax 梳整亚麻
combed hemp 梳整大麻
combed wool 梳整羊毛
comber ①梳刷装置,梳刷机 ②梳刷者
comber cylinder 梳整滚筒,栉梳滚筒
combfooted spiders 珠腹蛛科[Theridiidae]
combgrass 栉茅属[*Ctenium* L.](禾本科)
combinant ①等显性的(=codominant)②组合子,功能相互作用非等位基因的
combination ①组合{遗传}②化合{生化}③结合{土壤}④配合剂,混合剂{农药}⑤综合{育种}(combinatio)
combination ability (=combining ability)配合力
combination breeding 组合育种(组合二遗传力最高的要求性状品种进行杂交)
combination cable 组合电缆{信息}
combination control 综合控制
combination-curved-blade fan 复合弯曲叶片风扇
combination error 复合误差
combination forbidden 非法组合,禁止组合
combination line 综合峰{生技}
combination method of neckdrafting and trunkdrafting 颈部牵引与胸部牵引联用法(驾驭法)
combination of character 性状组合
combination of forest and agricultural crops 农林混作,农林结合
combination of forest and field crops 粮林混作,粮林结合
combination of genes 基因组合
combination of genomes 染色体组组合
combination of hybrid 杂种组合
combination of probabilities 概率组合{统计}
combination of time of application 施肥期组合
combination therapy 联合治疗
combination treatment 联合处理,混合处理{环保}
combinational algorithm 组合算法{统计}
combinational circuit 组合电路
combinational decomposition theory 组合分解理论{电脑}
combinational design 组合设计
combinational gate 组合门{电脑}
combinational hazard 组合险态
combinational logic circuit 组合逻辑电路
combinational network 组合网络{信息}
combinational switching system 组合开关系统
combinatorial 组合的(combinatorius)
combinatorial analysis 组合分析{统计}
combinatorial antibody library 组合抗体库{生技}
combinatorial chemistry method 组合化学法(指用寡核苷酸显微阵列合成DNA的方法){生技}
combinatorial system 组合系统
combinatorial theory 组合理论
combine 联合收割机,康拜因{农机}
combine cane harvester 甘蔗联合收获机
combine drilling 联合混播(指种子与肥料混播或作物与牧草混播)
combine driver 联合收获机驾驶员,康拜因手
combine harvester 联合收获机
combine harvesting 联合收获机收割
combine loss 谷物联合收获机损失
combine operator (=combineman) 联合机操纵手
combine plant 联合收获机制造厂
combine plow with rotary tiller 耕耙犁
combine potato planter 马铃薯联合种植机
combine tea blending-packing machine 茶叶匀堆装箱联合机
combined ①联合的,结合的 ②混合的,调合的,配合的,复合的 ③化合的 ④组合的 ⑤汇合的,合流的
combined action 联合作用,联合行动
combined application 配合施用,混合施用
combined assessment of system 综合系统评价
combined available chlorine 化合性有效氯{环保}
combined bud grafting 复芽接
combined cleaning and grading machine 联合精选分级机{农施}
combined coder/decoder 组合编码/译码器{信息}
combined concave 组合式凹板
combined condition 组合条件
combined cropping system 混作耕作制(指农林混作或粮林混作)
combined development tool 组合开发工具
combined distributing frame (CDF) 组合配线[框]架{信息}
combined drill 施肥播种机
combined electrode 复合电极

combined error 混合差错
combined estimation 联合推定
combined family and individual selection 家系与个体综合选择
combined feed (= combined forage) 配合饲料
combined fertilizer 配合肥料
combined fertilizer and seed drill 施肥条播机
combined grafter V形芽接刀
combined harvest 联合收获
combined harvester and thresher 联合收获脱粒机
combined hybrid computer 组合式混合计算机
combined inoculation 混合接种
combined market and planning economy 市场经济与计划经济组合
combined monitor 组合监控器
combined nitrogen 结合氮,化合氮
combined occurrence 共同出现
combined pin-friction safety device (销接摩擦)联合安全装置
combined piston-diaphragm pump 活塞隔膜泵
combined pollination 共同授粉,混合授粉
combined radiation 联合辐射
combined rake 联合搂草机{农机}
combined read/write head 组合读写[磁]头{电脑}
combined recombination value 联合重组值
combined resistance 综合抗性
combined rice mill 混合式碾米机
combined selection ①综合选择 ②综合选种
combined sewage 合流污水{环保}
combined sewer 合流沟渠{水利}
combined sewerage system ①合流沟渠系统{水利} ②合流制下水道系统{环保}
combined simulator 组合模拟器
combined sketch 拼接草图{遥感}
combined sprayer and duster 联合喷雾喷粉机
combined station 组合台{信息}
combined strategy 组合策略
combined stream 汇合流{生态生理}
combined stress 复合应力
combined system ①混作法{耕作} ②组合系统{育种} ③第一种换气{农施}
combined system of field crops and coppice 矮林与大田作物混作法
combined system of field crops and high forest 乔林与大田作物混作法
combined tedder 联合摊草机
combined tolerance 总公差
combined vaccination 混合接种
combined vaccine 联合疫苗
combined waste water 混合废水{环保}
combined water (= bound water) 结合水
combined yield analysis 产量组合分析
combineman 康拜因手,联合收获机驾驶员
combiner ①配合肥料 ②配合饲料,调合肥料 ③组合的品种(测配合力) ④组合器{电脑} ⑤合成仪{遥感}
combing 梳理,梳刷(棉,麻,毛)
combing action 梳刷作用
combing heat 化合热
combing machine (= dressing machine) 梳整机,梳理机
combing oil 梳理油,梳用油
combing plant ①梳理厂(指棉、麻、毛) ②梳理设备
combing straw 理直茎秆(玉米青饲,切碎前准备)
combing tooth 梳整齿
combing wool 精纺羊毛
combining ①配合,组合{育种} ②联合作业,联合收获{栽培} ③合成{电脑}
combining ability 配合力
combining display 合成显示器
combining network 组合网络
combining site 结合部位{分遗}
combining-subsoil-shelf hothouse 半地下式框架联合温室{农施}
combining switch 组合转换
comboard 硬化纤维板
combretum ①风车子属[*Combretum* L.](使君子科) ②风车子[*Combretum alfredi* Hance]
combretum family 使君子科[Combretaceae]
combs built in the open 露天巢脾
combs for flax (= combers for flax) 梳麻器
combs parallel to entrance (= warm way) 暖式蜂巢(巢脾的放置与巢门平行){蜂}
combs perpendicular to entrance (= cold way) 冷式蜂巢(巢脾的放置与巢门垂直)
combustibility 可燃性,燃烧性(combustibilitas)
combustibility of wood 木材燃力
combustible ①可燃烧的,易燃的 ②可燃物(combustibilis)
combustible material 可燃材料
combustible matter 可燃物
combustible mixture 可燃混合气
combustible refuse 可燃[性]垃圾{环保}

combustible substance 可燃物
combustion ①燃烧 ②烧毁,焚毁 ③(有机物)酸化,氧化(combustio)
combustion analysis 燃烧分析
combustion chamber 燃烧室
combustion efficiency 燃烧效率
combustion-gas pipe 燃气管
combustion of mist 雾气燃烧{环保}
combustion products 燃烧产物
combustion rate 燃烧率
combustion system 燃烧系统
combustion treatment of poultry manure 禽类燃烧处理法{农施}
combustion value 热值,卡值
combustor 燃烧室
come back (=comeback) 回交种{育种}
come back job 复原作业
come back wool 回交种[羊]毛
come down (=fall) 降,下[雨]
come into bloom 开花(=flowering)
come into ear 抽穗(=earing)
come into lay 开始产卵(=laying)
come into play 应用
come of age 成年
come off 脱落,分离,掉下
come on 发育,发展
come out (总数,平均数等)达到
come short (=shortage) 短缺
come under the axe 采伐
come up 长出地面
come up system 按期处理方式
come up to 等于
comedone 黑头粉刺
comestible 食品,食物(comestibilis)
comet 彗星
comfit ①糖果 ②蜜饯,果脯
comfort 舒适性
comfort curve 舒适度曲线(温度、湿度图)
comfort index 舒适性指数{环保}
comfort stall 舒适畜舍
comfort station 公共厕所{环保}
comfort zone 舒适区
comfort zone with air conditioning 舒适空调区{环保}
comfrey ①聚合草属[*Symphytum* L.](紫草科) ②聚合草[*Symphytum peregrinum* L.]
coming (=sprouting) 发芽
coming century 新世纪
coming into ear 抽穗
comm (=communication) 通信{信息}
comm device 通信设备
comm operator 通信操作员
comma ①逗点,逗号 ②弧形,逗点形
comma bacillus 弧杆菌
comma butterfly 狸白蛱蝶[*Polygonia calbum hamigera* Butler]
comma cloud 逗点状云系
comma code 逗号码{电脑}
comma-free code 无逗点密码
comma symbol 逗号符号
commaless 无逗点(指密码子)
command (=CMD, CMND) ①指令{分遗} ②命令{电脑} ③指挥 ④控制,管理
command analyzer 命令分析器
command and communication system 指挥与通信系统{信息}
command attention key (CA key) 命令注意键
command interpreted 命令解释{遥感}
command module 指挥舱,指令舱{物}
command remote control 指令遥控
command signal 指令信号
commanding point (=commanding height) 制高点{遥感}
commelina ①鸭跖草属[*Commelina* L.](鸭跖草科) ②鸭跖草[*Commelina communis* L.]
commelina yellow mottle virus (CoYMV) 鸭跖草黄斑驳病毒
commelinin 鸭跖草苷
commence 开始
commencement of crushing 开榨期(指甘蔗)
commensal ①同位的{生态} ②共生的{微生物} ③共栖的{昆虫} ④共生物,同住生物(commensalis)
commensal group 共生群,同住群
commensal union 同住结合
commensalism ①同居,同住[现象]{生态} ②共生[现象]{微生物} ③偏利共生{昆虫}(commensalismus)
commensalistic polyculture 共生性多种栽培(指多种作物共生栽培){栽培}
comment 注释,注解(commentum)
comment declaration 注解说明
comment item 注解项目
comment symbol 注释符号
commerce ①(国际)贸易 ②商业,商务,通商(commercium)
commerce and marketing of agricultural products 农产品贸易
commercial ①商品的 ②商业的,商务的 ③商用的(commercius)

commercial agreement 贸易协定
commercial agriculture 商品农业
commercial area 商品[栽培]区
commercial articles 商品
commercial aspect 商品外观(指兰科植物)
commercial beekeeper 职业养蜂者
commercial bole 商品干材
commercial brooder 商品性育雏室,商品性育禽室
commercial catch 商业渔获量
commercial center 商业中心
commercial certified seed production 商品良种(检验种)生产
commercial communication satellite 商用通信卫星{信息}
commercial computer 商用计算机
commercial crops 商品作物
commercial culture 商品栽培
commercial database 商用数据库
commercial defoliation 商品[栽培]除(脱)叶
commercial district 商品栽培区
commercial eggs ①商品蛋品 ②普通蚕种
commercial feed 商品饲料
commercial fertilizer 商品肥料
commercial fishery 商业性渔业
commercial fishes 商品鱼类
commercial flock 商品鸡群,实用鸡群
commercial food 商品粮食
commercial forest 企业林
commercial formulation 商品制剂
commercial fruit ①商品水果 ②⌊复⌉ 商品果树
commercial fruit growing 商品果树栽培
commercial gardening ①商品园艺 ②商品园艺学
commercial grains 商品谷物
commercial growing 商品栽培
commercial harvest 商品采收,商品收获
commercial herd 商品畜群,实用畜群
commercial horticulture ①商品园艺 ②商品园艺学
commercial hybrid 商品杂[交]种
commercial loan 商业信贷{农经}
commercial malting barley variety 商品酿酒大麦品种
commercial manure 商品肥料
commercial maturity 商品成熟度{栽培}
commercial message 商用消息
commercial mixed feed 商品混合饲料
commercial network 商用网络,商用型网
commercial nursery 商品性苗圃
commercial oil emulsion 商品油乳剂
commercial picking stage of ripeness 商品成熟采收期{园艺}
commercial planting 商品化种植
commercial policy 商业政策
commercial port 贸易港
commercial price 商业实价
commercial production 商品生产,大量生产
commercial race 现行品种{蚕}
commercial sample 商品样品
commercial scale 商用比例尺
commercial seed 商品种子
commercial seed production ①商品种子生产 ②商品良种生产
commercial seeds 商品良种
commercial service system 商业服务系统{信息}
commercial size 商品规格
commercial slaughtering 商品性屠宰
commercial species 商品种
commercial standard variety 商品标准品种,商品合格品种
commercial sugar 商品糖
commercial traffic 商业运输
commercial translator 商用翻译机
commercial type 商品型
commercial use 商业用途
commercial value 商品价值
commercial variety 商品品种,推广品种,实用品种
commercial vegetable growing 商品蔬菜栽培
commercial vegetable production 商品蔬菜生产
commercial waste 商业废弃料(水){环保}
commercial yield 商品产量
commercialization 商品化,商业化(commercialisatio)
commingle 混合,混杂
comminute (= pulverize) 粉碎(comminuare)
comminuting device 粉碎装置
comminuting screen 磨碎格网
comminutor 磨碎机,粉碎机
commiscuum 杂交限界属,混合界限群
commission 试车(commissio){农机}
commissural ①联合的,联结的{解剖} ②合缝处的{真菌} ③(嫁接)接合处{园艺}(commissuralis)
commissural bundles 联结维管束(fascicules commissurales)
commissural flange 联结边(margo commissuralis)
commissural furrow 联结沟(sulcus com-

missuralis)

commissure 合缝处,联合处(commissura)

commit ①调拨 ②提交 ③确认 ④委托(committee)

commit cycle 确认周期

commit event 委托事件

commit identifier 确认标识符〔电脑〕

commitment ①定型〔分生〕②委托〔农管〕③提交 ④确认 ⑤承担

commitment boundary 确认边界

commitment function 确认功能

committed ①关键的 ②定型的 ③委托的 ④提交的 ⑤确认的(committus)

committed cell 定型细胞(cellula committa)

committed state 定型状态,已确认状态(status committus)

committed stem cell 定型干细胞(cellula caulis committa)

committed step 关键步骤,关键反应

committed transaction 委托事务(transactio committa)

Committee of Network Operation and Management (CNOM) 网络营运与管理事务委员会〔信息〕

commix 混合,混杂(comixus)

commixture ①混合 ②混合物(commixtura)

commodious 宽敞的(commodiosus)

commodity 货物,商品(commoditas)

commodity bundle 商品包〔电脑〕

commodity grains 商品粮

commodity loan 货物借贷

commodity market 商品市场

commodity polymer 通用高分子〔生技〕

common ①普通的,常见的〔栽培〕②共有的,公用的,共做的〔农管〕③劣等的,低级的〔加工〕④公有地,公用地 ⑤普通种〔生态〕⑥共用权〔农经〕(communis)

common action 公共动作

common adder's tongue fern 广布瓶尔小草[*Ophioglossum vulgatum* L.](瓶尔小草科)

common adenostemma ①田下菊属[*Adenostemma* Forst.](菊科) ②田下菊[*Adenostemma lavenia* (L.) O. Ktze]

common agrimony 欧龙芽草[*Agrimonia eupatoria* L.]

common alder 欧洲桤木(胶桤木)[*Alnus glutinosa* Vill.](桦科)

common alfalfa group 普通苜蓿类群(苜蓿品种分类)

common alplily 草花萝蒂(洼瓣花)[*Lloydia serotina* Reichenb](百合科)

common amentotaxus ①穗花杉属[*Amentotaxus* Pilger](紫杉科) ②穗花杉[*Amentotaxus argotaenia* (Hce.) Pilger]

common American swallowtail (= black swallowtail butterfly) 北美黑凤蝶[*Papilio polyxenes asterius* Stoll](凤蝶科)

common ammannia 水苋菜[*Ammannia baccifera* Butler.](千屈菜科)

common ancestor 共同祖先

common ancestral macronucleus 共同祖先大核

common anemarrhena ①知母属[*Anemarrhena* Bunge](百合科) ②知母[*Anemarrhena asphodeloides* Bunge]

common annual ①蜂室花属[*Iberis* L.](十字花科) ②蜂室花(屈曲花)[*Iberis amara* L.]

common anopheles mosquito 五斑按蚊[*Anopheles maculipennis* Meigen]

common anthurium 安祖花[*Anthurium scherzerianum* Schott.](天南星科)

common apple 苹果(西洋苹果)[*Malus pumila* Mill.](蔷薇科)

common apple leafhopper (= apple leafhopper) 苹小叶蝉[*Typhlocyba froggati* Baker](叶蝉科)

common apple leafroller 苹黄褐卷蛾[*Cacoecia longicellana* Walsingham](卷蛾科)

common apricot 山杏[*Prunus armeniaca* L. var. ansus Maxim. = *P. ansu* Komar.](蔷薇科)

common armyworm (= armyworm) 一星黏虫[*Pseudaletia unipuncta* Haworth](夜蛾科)

common arrowhead 宽叶慈姑[*Sagittaria latifolia* L.](泽泻科)

common ash 欧洲梣(欧洲白蜡树)[*Fraxinus excelsior* L.](木犀科)

common asparagus 石刁柏(龙须菜,芦笋)[*Asparagus officinalis* L.](百合科)

common asparagus beetle (= asparagus beetle) 石刁柏叶甲[*Crioceris asparagi* L.](叶甲科)

common aspidistra 蜘蛛抱蛋(一叶兰)[*Aspidistra elatior* Bl.](百合科)

common aubrieta 南庭荠[*Aubrieta deltoidea* DC.](十字花科)

common autum nocrocus 秋水仙[*Colchicum autumnale* L.](百合科)

common averrhoa ①阳桃属［*Averrhoa* L.］（酢浆草科）②阳桃［*Averrhoa carambola* L.］

common bacteria blight of bean 四季豆细菌性疫病［*Xanthomonas phaseoli*（E. Smith）Dowson］

common badger 獾［*Meles meles*］

common balata 二齿铁线子［*Manilkara bidentata*］（山榄科）

common baldcypress 落羽松［*Taxodium distichum* Rich.］（杉科）

common balm 蜜蜂花［*Melissa officinalis* L.］（唇形科）

common bamboo 龙头竹［*Bambusa vulgaris* Schrad.］（禾本科）

common banana 香蕉（甘蕉）［*Musa paradisiaca* var. *sapientum* O. Ktze］（芭蕉科）

common bane-berry 类叶升麻［*Actaea spicata* L.］（毛茛科）

common barberry 刺檗（普通小檗）［*Berberis vulgaris* L.］（小檗科）

common basil ①罗勒属［*Ocimum* L.］（唇形科）②罗勒［*Ocimum basillicum* L.］

common battery central office 公用电源中心站

common beaked moss 毛真喙藓［*Eurhynchium strigosumrobustum*］

common bean 菜豆（四季豆）［*Phaseolus vulgaris*（L.）Savi.］（豆科）

common bean weevil（= bean bruchid, bean seed beetle, dried bean beetle, pea weevil） 大豆象（菜豆象）［*Bruchus obtectus*（Say）= *Mylabris obtectus*（Say）, *Acanthoscelides obtectus*（Say）］（象甲科）

common bear grass 旱叶草［*Xerophyllum tenax*］

common bearberry（= bearberry） 熊果

common bedstraw 软猪殃殃［*Galium mollugo* L.］（茜草科）

common bee larkspur 高翠雀［*Delphinium elatum* L.］（毛茛科）

common beech 欧洲山毛榉［*Fagus sylvatica* L.］（山毛榉科）

common beet 甜菜（糖萝卜，恭菜）［*Beta vulgaris* L.］（藜科）

common bentgrass 小糠草（红顶草）［*Agrostis alba* L.］（禾本科）

common betony 药用水苏［*Stachys officinalis* Franch.］（唇形科）

common bilberry 黑果越橘（欧洲越橘）［*Vaccinium myritillus* L.］（乌饭树科）

common birch 欧洲桦［*Betula alba* L.］（桦科）

common bird's-foot trefoil 牛角花（百脉根）［*Lotus corniculatus* L.］（豆科）

common black ant 普通黑蚁［*Lasius niger*（L.）］（蚁科）

common blackberry 黑莓［*Rubus villosus* Ait.］（蔷薇科）

common bladdersenna 鱼鳔槐［*Colutea arborescens* L.］（豆科）

common bladderwort 狸藻［*Utricularia vulgaris* L.］（狸藻科）

common bleeding heart 荷包牡丹［*Dicentra spectabilis* Mig.］（荷包牡丹科）

common bletilla ①白芨属［*Bletilla* Reichb. f.］（兰科）②白芨［*Bletilla striata*（Thunb.）Reichb. f.］

common blue beard 莸［*Caryopteris incana* Miq.］（马鞭草科）

common blue-eyedgrass 豚鼻花［*Sisyrinchium angustifolium* L.］（鸢尾科）

common blue squill 蓝绵枣儿［*Scilla nonscripta* Hoffm. et Link. = *S. mutans* Sm *Endymion nutans* Dum.］（百合科）

common body louse（= shaft louse） 鸡羽虱［*Menopon gallinae*（L.）］（羽虱科）

common bogbean 睡菜［*Menyanthes trifoliat* L.］（莕菜科）

common borage 琉璃苣［*Borago officinalis* L.］（紫草科）

common borneocamphor 龙脑香［*Dryobalanops aromatica* Gaertn. f. = *D. camphora* Colebr.］（龙脑香科）

common box 欧洲黄杨（锦熟黄杨）［*Buxus sempervirens* L.］（黄杨科）

common brake 蕨（欧洲蕨）［*Pteridium aguilinum*（L.）Kuhn.］（蕨科）

common breadroot scurfpea 食用补骨脂［*Psoralea esculenta* L.］（豆科）

common buckthorn 泻鼠李［*Rhamnus cathartica* L.］（鼠李科）

common buckwheat 荞麦［*Fagopyrum esculentum* L.］（蓼科）

common bud 混合芽（gemma vulgaris）

common bugle 匍根筋骨草［*Ajuga reptans* L.］（唇形科）

common bugloss 小花牛舌草［*Anchusa officinalis* L.］（紫草科）

common bundle 共同维管束（fasciculus communis）

common burdock（= bur） 牛蒡［*Arctium lappa* L.］（菊科）

common burnet-saxifrage 虎耳草茴芹[*Pimpinella saxifraga* L.](伞形科)
common bus system 公用总线系统{信息}
common butterwort 捕虫堇[*Pinguicula vulgaris* L.](狸藻科)
common buttonbush ①风箱树属[*Cephalanthus* L.](茜草科) ②风箱树[*Cephalanthus occidentalis* L.]
common cabbage lettuce 结球莴苣[*Lactuca sativa* var. *capitata* DC.](菊科)
common cabbage worm (= small white butterfly) [小]菜粉蝶[*Pieris rapae* (Linnaeus)](粉蝶科)
common calabush tree 葫芦树[*Crescentia cujete* L.](紫葳科)
common caladium ①花叶芋属[*Caladium* Vent.](天南星科) ②花叶芋(杯芋,花叶洋芋,二色芋)[*Caladium bicolor* Vent.]
common calceolaria 荷包花[*Calceolaria crenatiflora* L.]
common callalily 马蹄莲[*Zantedeschia aethiopica* Spreng](泽泻科)
common camas 卡马夏[*Camassia quamash* Greene = *C. esculenta* Lindl. not *Scilla esculenta* Ker., *Quamasia esculenta* Raf.](百合科)
common camellia 山茶[*Camellia japonica* L.](茶科)
common canary-grass 洋虉草[*Phalaris canariensis* L.](禾本科)
common canker of rose 蔷薇枝枯病[*Coniothyrium fuckelii* Sacc.]
common caper (= caper bush) 刺山柑(老鼠瓜)[*Capparis spinosus* L.](白花菜科)
common carp (= carp) 鲤鱼[*Cyprinus carpio* (L.)]{水产}
common carpesium ①天名精属[*Carpesium* L.](菊科) ②天名精[*Carpesium abrotanoides* L.]
common carpet beetle (= buffalo carpet beetle) 红缘皮蠹(地毯皮蠹)[*Anthronus scrophulariae* Linnaeus](皮蠹科)
common carpet grass 近缘地毯草[*Axonopus affinis* Sw.](禾本科)
common cashew 槚如树[*Anacardium occidentale* L.](漆树科)
common cassave 木薯[*Manihot esculenta* Crantz = *M. utilissima* Pohl.](大戟科)
common cat tail 宽叶香蒲[*Typha latifolia* L.](香蒲科)
common cat's tail (= common timothy, herd's grass) 梯牧草[*Phleum pratense* L.](禾本科)
common cattle grub (= heelfly) 纹皮蝇[*Hypoderma lineatum* (De Villers)](皮蝇科)
common cerastium 劲直卷耳[*Cerastium strictum* L.](石竹科)
common cereus 仙人山(山影掌)[*Cereus pitajaya* DC.](仙人掌科)
common chain-fern 淮州狗脊[*Woodwardia virginica*](乌毛蕨科)
common channel interoffice signaling (CCIS) 公用信道局间通信技术,公用信道局间信号传输{信息}
common chaulmoogra-tree 大风子[*Hydnocarpus anthelminticus* L.](大风子科)
common chickweed 繁缕[*Stellaria media* (L.)Cyr.](石竹科)
common chicory (= common succory) 菊苣[*Cichorium intybus* L.](菊科)
common China-aster 翠菊[*Callistephus chinensis* Nees. = *C. hortensis* Cass.](菊科)
common China-fir 杉[*Cunninghamia lanceolata* (Lamb.)Hook.](杉科)
common chokecherry 美洲稠李[*Prunus virginiana* L.](蔷薇科)
common cineraria 瓜叶菊[*Senecio cruentus* DC. = *Cineraria cruentus* Masson](菊科)
common clothes moth (≑ webbing clothes moth, clothes moth) 负袋衣蛾[*Tineola bisselliella* (Hummel)](谷蛾科)
common clover 红三叶草[*Trifolium pratense* L.](豆科)
common clubmoss 石松[*Lycopodium clavatum* L.](石松科)
common cockchafer (= May bug, cockchafer) [西方]五月金龟子[*Melolontha molotha* L.](金龟科)
common cockcomb (= common cock's comb) 鸡冠花[*Celosia cristata* L.](苋科)
common codariocalyx (= telegrapraph ticklover) 舞草(舞萩)[*Desmodiumgyrans* DC.](豆科)
common cold 感冒
common cold virus 感冒病毒
common coleus 锦紫苏(彩叶草)[*Coleus blumei* Benth.](唇形科)
common colewort (= cole wort, sea kale) 海甘蓝[*Crambe maritima* L.](十字花科)
common coltsfoot 款冬[*Tussilago far-*

fara L.]（菊科）

common columbine 普通耧斗菜[*Aquilegia vulgaris* L.]（毛茛科）

common comandra 假柳穿鱼[*Comandra umbellata* L.]（玄参科）

common combine 普通康拜因，普通联合收获机

common comfrey（= consound） 西门肺草[*Symphytum officinale* L.]（紫草科）

common communication adapter（CCA） 公用通信适配器

common concern 公共关注

common coralbean 龙芽花[*Erythrina corallodendron* L.]（豆科）

common corncockle 麦仙翁[*Agrostemma githago* L.]（石竹科）

common cosmos 大波斯菊[*Cosmos bipinnata* Cav.]（菊科）

common cotoneaster 全缘栒子（全缘栒子木）[*Cotoneaster integerrimus* Medic.]（蔷薇科）

common cotton wood 胶白杨[*Populus balsamifera* var. *virginiana* Sarg.]（杨柳科）

common cowparsnip 花土当归[*Heracleum lanatum* Michx.]（伞形花科）

common cowpea 豌豆[*Vigna sinensis* Savi]（豆科）

common crapemyrtle 紫薇[*Lagerstroemia indica* L.]（千屈菜科）

common crocus 春藏红花（春番红花）[*Crocus rernus* All.]（鸢尾科）

common crops 普通作物

common cultivated mushroom（= mushroom） 蘑菇（二孢蘑菇）[*Agaricus bisporus* Sing.]（蘑菇科）

common currant 欧洲茶藨子（普通红茶藨子）[*Ribes vulgare* Lam = *R. sativum* Syme]（虎耳草科）

common cutworm（= cotton leafworm tobacco caterpillar tobacco cutworm） 斜纹夜蛾[*Prodenia litura*（Fabricius）]（夜蛾科）

common cyclamen（= Florist's cyclamen） 仙客来（兔耳花）[*Cyclamen persicum* Mill]（报春花科）

common daffodil 黄水仙[*Narcissus pseudo-narcissus* L.]（石蒜科）

common dahlia ①大丽花属[*Dahlia* Cav.]（菊科）②大丽花[*Dahlia pinnata* Cav.]

common daisy（= English daisy） 雏菊（延命菊）[*Bellis perennis* L.]（菊科）

common damsel bug 普通拟猎蝽[*Nabis americoferus* Carayon]（姬蝽科）

common dandelion 药用蒲公英[*Taraxacum officinale* Wigg.]（菊科）

common dayflower 鸭跖草[*Commelina communis* L.]（鸭跖草科）

common deerberry 鹿莓越橘[*Vaccinium stamineum* L. = *Polycodium stamineum* Greene]（乌饭树科）

common devil's claws 角胡麻[*Proboscidea louisiana* Woot et Stand = *P. jussieui* Steud]（胡麻科）

common dewberry 悬钩子[*Rubus palmatus* Thunb.]（蔷薇科）

common dill 莳萝[*Anethum graveolens* L.]（伞形花科）

common diplachne 双稃草[*Diplachne fusca* Beauv.]（禾本科）

common dodder 百里香菟丝子[*Cuscuta epithymum* Murr.]（菟丝子科）

common double cleft grafting 普通双枝劈接{园艺}

common douglas fir 花旗松[*Pseudotsuga taxifolia* Brit. = *P. douglasii* Carr., *P. mucronata* Sudw.]（松科）

common dracena 铁树（朱蕉）[*Cordyline terminalis* Kunth = *C. fruticosa*（L.）A. Cheval]（龙舌兰科）

common ducksmeat 紫萍[*Spirodela polyrrhiza* Schleid. = *Lemna polyrrhiza* L.]（浮萍科）

common duckweed 浮萍[*Lemna minor* L.]（浮萍科）

common dune wildrye 野麦[*Elymus mollis* Trin.]（禾本科）

common dutchman's pipe 美洲马兜铃[*Aristolochia durior* L.]（马兜铃科）

common dwarf lupine 矮羽扇豆[*Lupinus nanus* Dauglas.]（豆科）

common dysophylla 水蜡烛[*Dysophylla yatabeana* Makino]（唇形科）

common earwig（= European earwig） 欧洲球螋（普通蠼螋）[*Forficula auriculaia* L.]（球螋科）

common edelweiss 高山火绒草[*Leontopodium alpinum* L.]（菊科）

common eelgrass 大叶藻[*Zostera marina* L.]（大叶藻科）

common eider 绒鸭[*Somateria molissima*]

common element 普通要素，公共单元{统

计}
common elm (=field elm) 大叶榆(田榆)[*Ulmus campestris* L.](榆科)
common environmental effect 共同环境效应
common epipacitis 普通火烧兰(浜柿兰)[*Epipactis sayekiana* Makino](兰科)
common epipogum 虎舌兰[*Epipogium roseum* Lindl.](兰科)
common epitope 共同表位{分遗}
common evening-primrose 月见草(夜来香)[*Oenothera biennis* L.](柳叶菜科)
common evergreen cypress 地中海柏树[*Cupressus sempervirens* L.](柏科)
common extinguisher moss 旋脉大帽藓[*Encalypta streptocarpa* Hedw.](大帽藓科)
common facility 公共设施,公用设施{农施}
common fawnlily 美洲赤莲[*Erythronium americanum* L.](百合科)
common fennel 茴香(小茴香)[*Foeniculum vulgare* Mill.](伞形花科)
common fenugreek 胡芦巴[*Trigonella foenum-graecum* L.](豆科)
common fern moss 柔弱羽藓[*Thuidium delicatulum*(Heda.)Mitt.](羽藓科)
common fig 无花果[*Ficus carica* L.](桑科)
common filbert (=hazelbush, filbert tree, European filbert tree) 欧洲榛子(大榛子)[*Corylus avellana* L.](榛科)
common fishtail-palm ①鱼尾葵属[*Caryota* L.](棕榈科)②鱼尾葵[*Caryota ochlandra* Hance.]
common flax 亚麻[*Linum usitatissimum* L.](亚麻科)
common fleabane 蚤草[*Pulicaria dysenterica* Gaertn.](菊科)
common fleas (=Pulicid fleas) 蚤科[Pulicidae]
common flower stalk (=common peduncle) 总花序梗(Pedunculus communis)
common flowering-quince 贴梗海棠[*Chaenomeles lagenaria*(Loisel.)Koidz.](蔷薇科)
common forest 公有林
common forget-me-not (=water forget-me-not) 沼泽勿忘草[*Myosotis palustris* With.](紫草科)
common form factor (=breast-height form factor) 胸高形数{森林}
common four-o'clock 紫茉莉[*Mirabilis jalapa* L.](紫茉莉科)
common foxglove 毛地黄[*Digitalis purpurea* L.](玄参科)
common freesia 小苍兰(洋玉簪)[*Freesia refracta* Klatt.](鸢尾科)
common frog hopper (=meadow spittle bug) 牧场沫蝉[*Philaenus spumarius*(Linnaeus)](沫蝉科)
common fuchsia 倒挂金钟[*Fuchsia hybrida* Voss.](柳叶菜科)
common furniture beetle 具斑窃蠹(家具窃蠹)[*Anobium punctatum* (De Geer)](窃蠹科)
common garden canna 大花美人蕉[*Canna generalis* Bailey](美人蕉科)
common garden fuchsia 吊钟海棠[*Fuchsia hybride* Voss.](柳叶菜)
common garden parsley 欧芹[*Petroselinum crispum* var. *latifolium*](伞形花科)
common garden peony ①芍药属[*Paeonia* L.](毛茛科)②芍药[*Paeonia lactiflora* Pall. = *P. albiflora* Pall.]
common garden petunia 碧冬茄(矮牵牛)[*Petunia hybrida* Vilm.](茄科)
common garden ranunculus 波斯毛茛[*Ranunculus ariaticus* L.](毛茛科)
common garden verbena 美女樱[*Verbena hybrida* Voss](马鞭草科)
common gardenia ①栀子属[*Gardenia* Ellis](茜草科)②栀子(栀子花)[*Gardenia jasminoides* Ellis]
common garlic 大蒜[*Allium sativum* L.](百合科)
common gene pool 共同基因库
common giantfennel 大阿魏[*Ferula communis* L.](伞形科)
common ginger 姜[*Zingiber officinale* Rosc.](姜科)
common gingerlily 姜花[*Hedychium coronarium* Koenig](姜科)
common globeamaranth 千日红[*Gomphrena globosa* L.](苋科)
common globedaisy 球花[*Globularia vulgaris* L.](球花科)
common globeflower 欧洲金莲花[*Trollius europaeus* L.](毛茛科)
common globethistle 球花刺头[*Echinops sphaerocephalus* L.](菊科)
common gloxinia 大岩桐[*Sinningia speciosa* Benthet Hook. = *Gloxinia speciosa* Lodd.](苦苣苔科)

common gnat 尖音库蚊［*Culex pipiens* (Linnaeus)］(蚊科)
common goat biting-louse (= goat biting-louse) 山羊羽虱［*Bovicola caprae* (Gurlt.)］(兽羽虱科)
common goatsrue 山羊豆［*Galega officinalis* L.］(豆科)
common goldenrod ①一枝黄花属［*Solidago* L.］(菊科) ②一枝黄花［*Solidago virgaurea* L.］
common gorse 荆豆［*Ulex europaeus* L.］(豆科)
common goutweed (= Bishops goutweed) 竹节菜［*Aegopodium podograria* L.］(伞形科)
common grafting 普通接,切接{园艺}
common grain mite 腐食酪螨［*Tyrophagus putrescentiae* Schrank］(酪螨科)
common gram (= chick pea) 鹰嘴豆［*Cicer arietinum* L.］(豆科)
common grapehyacinth 麝香兰(葡萄风信子)［*Muscari botryoides* Mill.］(百合科)
common grate 普通格栅{环保}
common green aphis (= corn aphid) 玉米蚜［*Aphis maidis* Fitch］(蚜科)
common green capsid ①苹绿盲蝽［*Xygus pabulinus* Linnaeus］②苹盲蝽［*Plesiocoris rugicollis* Fallén］(盲蝽科)
common green lacewing 普通草蛉［*Chrysopa carnea* Stephens］(草蛉科)
common green mould of citrus 柑橘绿霉病［*Penicillium digitatum* Sacc.］
common green stink bug (= southern green stink bug) 稻绿蝽［*Nezara virituda* L.］(蝽科)
common greenbrier 圆叶菝葜［*Smilax rotundifolia* L.］(菝葜科)
common greytwig ①香芙木属(青皮木属)［*Schoepfia* Schreb.］(铁青树科) ②香芙木［*Schoepfia chinensis* Gardn. et Champ.］③青皮木［*Schoepfia fasminodora* Sieb. et Zuce.］
common gromwell 药用紫草［*Lithospermum officinale* L.］(紫草科)
common groundsel 欧洲狗舌草［*Senecio vulgaris* L.］(菊科)
common guava 番石榴(鸡屎果)［*Psidium guayava* L.］(桃金娘科)
common gypsophila 丝石竹(缕丝花)［*Gypsophila elegans* Bieb.］(石竹科)
common hackberry (= hackberry) 美洲朴树［*Celtis occidentalis* L.］(榆科)
common hair-cap 大金发藓［*Polytrichum commune* L.］(金发藓科)
common hairy caterpillar (= bihar hairy caterpillar) 人纹灯蛾［*Spilarctia obliqua* Walker］(灯蛾科)
common hairy rockcress 密果野南芥［*Arabis hirsuta* var. *pycnocarpa*］(十字花科)
common hardware 通用硬件
common hazel-nut 欧洲榛［*Corylus avellana* L.］(榛科)
common head cabbage (= cabbage) ①芥属 ②甘蓝
common heath 普通石南荒原
common heliotrope 天芥菜(香水草)［*Heliotropium arborescens* L.］(紫草科)
common hemp 大麻［*Cannabis sativa* L.］(大麻科)
common hemp-nettle (= bastard hemp) 黄鼠狼花［*Galeopsis tetrahit* L.］(唇形科)
common henbane 天仙子［*Hyoscyamus niger* L.］(茄科)
common Heron's bill ①牻牛儿苗属［*Erodium* L'Her.］(牻牛儿苗科) ②牻牛儿苗［*Erodium stephanianum* Willd.］
common hoarhound 普通夏至草［*Marrubium vulgare* L.］(唇形科)
common hogfennel 药用前胡［*Peucedanum officinale* L.］(伞形科)
common honeylocust 美洲皂荚［*Gleditschia triacanthos* L.］(豆科)
common hop 啤酒花(忽布)［*Humulus lupulus* L.］(大麻科)
common hoptree 榆橘［*Ptelea trifoliata* L.］(芸香科)
common horse bot fly (= horse bot fly) 大马胃蝇［*Gasterophilus intestinalis* (De Geer)］(胃蝇科)
common horse-chestnut 欧洲七叶树［*Aesculus hippocastanum* L.］(七叶树科)
common houndstongue 药用琉璃草［*Cynoglossum officinale* L.］(紫草科)
common house fly (= white eyed house fly) 舍蝇(东方家蝇)［*Musca domestica vicina* Macquart］(蝇科)
common household thysanuran (= firebrat) 家衣鱼［*Thermobia domestica* (Packard)］(衣鱼科)
common housetail ①木贼属［*Equisetum* L.］(木贼科) ②木贼［*Equisetum hiemale* L.］
common hyacinth 风信子［*Hyacinthus*

orientalis L.]（百合科）

common immortelle 一年生灰毛菊（旱花）[*Xeranthenum annuum* L.]（菊科）

common Indian muiberry 羊角藤 [*Morinda umbellata* L.]（茜草科）

common involucre 大总苞（involucrum commune）

common ion effect 共同离子效应

common ipil 印茄 [*Intsia bijuga* M. Ktze.]（豆科）

common ivorypalm 象牙椰子 [*Phytelephas macrocarpa* L.]（棕榈科）

common ivy（= creepers） 常春藤（洋常春藤）[*Hedera helix* L.]（五加科）

common jackbean 洋刀豆 [*Canavalia ensiformis* DC.]（豆科）

common jackinthepulpit 深红天南星 [*Arisaema atrorubens* Mart.]（天南星科）

common jacobsrod 日光兰 [*Asphodeline lutea* Reichb.]（百合科）

common jasmine 素方花 [*Jasminum officinale* L. = *J. affine* Lindl., *J. viminale* Salisb., *J. vulgatum* Lam.]（木犀科）

common jasminorange 九里香（月橘）[*Murraya paniculata* (L.) Jack.]（芸香科）

common joist 普通搁栅

common jujube 枣 [*Zizyphus jujuba* Mill.]（鼠李科）

common juniper 璎珞柏（欧洲刺柏）[*Juniperus communis* L.]（柏科）

common key 公共键｛电脑｝

common knot-grass 萹蓄 [*Polygonum aviculare* L.]（蓼科）

common label 公用标号

common ladymantle 斗篷草 [*Alchemilla vulgaris* L.]（蔷薇科）

common lamb's-quarters（= fat hen, white goosefoot） ①藜属 [*Chenopodium* L.]（藜科）②藜 [*Chenopodium album* L.]

common land 公有地

common lantana 马缨丹 [*Lantana camara* L.]（马鞭草科）

common larch 欧洲落叶松 [*Larix decidua* Mill.]（松科）

common laurelcherry 桂樱 [*Prunus laurocerasus* L.]（蔷薇科）

common layerage 普通压条法

common leaf spot of alfalfa 苜蓿黄斑病 [*Pyrenopeziza medicagins* (Lib.) Fckl.]

common leaf weevil（= large green weevil, leaf-eating weevil） 梨切叶象甲（食叶象，梨叶象）[*Phyllobius pyri* L.]（象甲科）

common lentil 兵豆（滨豆）[*Lens culinaris* Medic]（豆科）

common lespedeza（= Japan clover） 鸡眼草 [*Lepedezas striata* Hook. et Arn.]（豆科）

common library 公用库｛电脑｝

common licorice 洋甘草 [*Glycyrrhiza glabra* L.]（豆科）

common lignumvitae 疮愈木 [*Guaiacum officinale* L.]（蒺藜科）

common lilac 西洋丁香（欧丁香）[*Syringa vulgaris* L.]（木犀科）

common lizardtail 美洲三白草 [*Saururus cernuus* L.]（三白草科）

common Indian rice 野稻茭 [*Zizania palustris* L.]（禾本科）

common local optimization 公用局部优化

common logarithm 常用对数｛统计｝

common loosestrife（= yellow loosestrife） 黄莲花 [*Lysimachia vulgaris* L.]（报春科）

common ludwigiantha 拟丁香蓼 [*Ludwigiantha arcuata* L.]（柳叶菜科）

common lungwort 疗肺草 [*Pulmonaria officinalis* L. = *P. maculata* F. G. Dietr.]（紫草科）

common lupine ①羽扇豆属 [*Lupinus* L.]（豆科）②羽扇豆 [*Lupinus hirsutus* L.]

common machine language 公用计算机语言

common macrocarpium ①山茱萸属 [*Macrocarpium* (Spach) Nakai]（山茱萸科）②山茱萸 [*Macrocarpium officinalis* Nakai = *cornus officinalis* Sieb. et Zucc.]

common madder（= madder） 西洋茜草（染料茜草）[*Rubia tinctorum* L.]（茜草科）

common magpie moth 醋栗尺蠖 [*Abraxas grossulariata* Linnaeus]（尺蠖蛾科）

common maiden hair 铁线蕨草（过坛龙）[*Adianium pedatum* L.]（铁线蕨科）

common malaria mosquito 四斑按蚊 [*Anopheles quadrimaculatus* Say]

common management information protocol (CMIP) 公共管理信息协议｛信息｝

common mango 杧果 [*Mangifera indica* L.]（漆树科）

common maple 栓皮槭 [*Acer campestre* L.]（槭科）

common marjoram（= pot marjoram, pe-

rennial marjoram, oregano) 牛至[*Origanum vulgare* L.](唇形科)
common marshmarigold 驴蹄草[*Caltha palustris* L.](毛茛科)
common mass selection 普通混合选种
common mayapple 盾叶鬼臼[*Podophyllum peltatum* L.](小檗科)
common meadow grass (= smooth-stalked meadow grass, June grass, Kentucky bluegrass) 六月禾[*Poa pratensis* L.](禾本科)
common meadow saffron (= meadow saffron) 秋水仙
common mealybug (= citrus mealybug) 橘粉蚧[*Planococcus citri* (Risso)](粉蚧科)
common mean square 共同均方{统计}
common melastoma ①野牡丹属[*Melastoma* L.](野牡丹科) ②野牡丹[*Melastoma candidum* D. Don]
common melilot (= field melilot, sweet clover) 草木犀
common memory 公用存储器
common mesquite 牧豆树[*Prosopis chinensis* L.](豆科)
common mignonette 木犀草[*Reseda odorata* L.](木犀草科)
common milfoil 欧蓍草[*Achillea millefolium* L.](菊科)
common milkweed 叙利亚马利筋[*Asclepias syriaca*](萝藦科)
common millet ①(= millet, proso millet, bog millet) 黍,稷[*Panicum miliaceum* L.](禾本科) ②(= foxtail millet) 粟[*Setaria italica* (L.) Beauv. = *Panicum italica* L.](禾本科)
common mistletoe (= European mistletoe) 槲寄生[*Viscum album* L.](桑寄生科)
common miterwort 二叶唢呐草[*Mitella diphylla*](虎耳草科)
common mode current 共模电流{电脑}
common mode emission 共模发射
common mode rejection ratio (CMRR) ①共模抑制比 ②共态抑制比{电脑}
common mole cricket (= European mole cricket, mole cricket) 欧蝼蛄[*Gryllotalpa gryllotalpa* L.](蝼蛄科)
common monkey-flower 多斑沟酸浆[*Mimulus guttatus* DC.](玄参科)
common monk's cowl (= common monkshood) 舟形乌头[*Aconitum napellus* L.](毛茛科)
common moonflower 月光花[*Calonyction aculeatum* House](旋花科)
common moonseed 美洲蝙蝠藤[*Menispermum canadense* L.](防己科)
common morel 羊肚菌[*Morchella esculenta* L.](马鞍菌科)
common mormon 玉带凤蝶[*Popilio polytes* L.](凤蝶科)
common morning-glory 圆叶牵牛(紫牵牛花)[*Ipomoea purpurea* (L.) Roth](旋花科)
common mosaic of cucumber 黄瓜花叶病[*Cucumis virus* 1]
common mosaic of pea 豌豆花叶病[*Pisum virus* 1]
common mosaic of tobacco 烟草花叶病[*Nicotiana virus* 1]
common motherwort 欧洲益母草[*Leonurus cardiaca* L.](唇形科)
common mouse-ear chick-weed 普通卷耳[*Cerastium triviale* L.](石竹科)
common mullein 熊耳毛蕊花[*Verbascum thapsus* L.](玄参科)
common mushroom 蘑菇[*Agaricus bisporus* Imbach](蘑菇科)
common myoporum 苦槛蓝[*Myoporum bontioides* A. Gray](苦槛蓝科)
common myrrhtree 没药(密儿拉)[*Commiphora myrrha* Engl.](橄榄科)
common name (= popular name) 普通名称,俗名,土名(nomencommunis)
common nasturtium 旱金莲[*Tropaeolum majus* L.](金莲花科)
common nepenthes 猪笼草[*Nepenthes mirabilis* (Lour.) Drucc.](猪笼草科)
common network 公用网[络]{信息}
common nightblooming cereus 量天尺[*Hylocereus undatus* (Haw.) Britt. et Rose](仙人掌科)
common nightshade (= black nightshade) 龙葵[*Solanum nigrum* L.](茄科)
common ninebark 美洲风箱果[*Physocarpus opulifolius* Maxim. = *Spiraea opulifolia* L.](蔷薇科)
common nipple wort 欧洲稻茬菜[*Lapsana communis* L.](菊科)
common nutmeg 肉豆蔻[*Myristica fragrans* Houtt.](肉豆蔻科)
common oak 有梗花栎(橡树,柞树,夏橡树,英国栎)[*Quercus robur* L. = *Q. pedunculata* Ehrn.](山毛榉科)

common oats 燕麦［*Avena sativa* L.］（禾本科）
common of estovers 木材采伐权
common of pasture 牧场放牧权
common oleander 欧洲夹竹桃［*Nerium oleander* L.］（夹竹桃科）
common olive 齐墩果（洋橄榄）［*Olea europaea* L.］（木犀科）
common onion 洋葱［*Allium cepa* L.］（百合科）
common or plumed thistle 小蓟［*Cirsium japonicum* DC.］（菊科）
common orache 平俯滨藜［*Atriplex patula* L.］（藜科）
common orange 橙（柑橘）［*Citrus sinensis* (L.) Osbeck.］（芸香科）
common orange daylily 萱草（＝金针菜，黄花菜）［*Hemerocallis fulva* L.］（百合科）
common origanum 牛至［*Origanum vulgare* L.］（唇形科）
common origin 共同来源
common oscularia ①覆盆花属［*Oscularia* spp.］（番杏科）②覆盆花（光淋菊）［*Oscularia caulescens* sp.］
common osier（＝basket willow） 青刚柳（筐柳）［*Salix viminalis*L.］（杨柳科）
common otter 水獭［*Lutralutra chinensis*］
common oviduct 总输卵管
common paper-mulberry 构树［*Broussonetia papyrifera* Vent.］（桑科）
common pasture 公共牧场
common path 普通路径，普通途径
common pawpaw 巴婆［*Asimina triloba* Dunal.］（番荔枝科）
common peach 桃［*Prunus persica* (L.) Batsch.］（蔷薇科）
common pear 洋梨［*Pyrus communis* L.］（蔷薇科）
common pearlbush 白鹃梅［*Exochorda racemosa* Rehd.］（蔷薇科）
common pearleverlasting 香青（山荻）［*Anaphalis margaritacea* Benth. et Hook. f.］（菊科）
common peduncle 总花序梗（pedunculus communis）
common pennywort 石胡荽［*Hydrocotyle vulgaris* L.］（伞形科）
common penstemon 钓钟柳［*Penstemon campanulatus* Willd.］（玄参科）
common peony 芍药（药用牡丹）［*Paeonia officinalis* L.］（毛茛科）
common pepper（＝black pepper） 胡椒（普通胡椒，黑胡椒）［*Piper nigrum* L.］（胡椒科）
common peppergrass（＝virginia pepperweed） 美洲独行菜［*Lepidium virginicum* L.］（十字花科）
common perennial gaillardia 大天人菊［*Gaillardia aristata* Hursh.］（菊科）
common perianth 总苞（用于菊科）（perianthium commune）
common perilla 白苏［*Perilla frutescens* Britt.］（唇形科）
common persimmon 美洲柿［*Diospyros virginiana* L.］（柿科）
common petiole 总叶柄（petiolus communis）
common petunia 矮牵牛［*Petunia hybrida* Vilm.］（茄科）
common pilus（＝common fimbria） 普通伞毛{分遗}
common pimpernel 海绿［*Anagallis arvensis* L.］（报春科）
common pipsissewa 伞形梅笠草［*Chimaphila umbellata* Nutt.］（鹿蹄草科）
common pistache 阿月浑子［*Pistacia vera* L.］（漆树科）
common pitcher-plant ①瓶子草属［*Sarracenia* L.］（瓶子草科）②瓶子草［*Sarracenia purpurea* L.］
common plant louse（＝bean greyish black aphid, cowpea aphid, permanent dock aphid） 豆蚜（槐蚜）［*Aphis laburni* Kaltenbach＝*A. rumicis* Maki］（蚜科）
common plantain 车前［*Plantago asiatica* L. ＝ *P. major* var. *asiatica* Decne.］（车前科）
common plum 洋李（欧洲李，西洋李）［*Prunus domestica* L.］（蔷薇科）
common plumbago 欧洲蓝茉莉［*Plumbago europaea* L.］（白花丹科）
common poinsettia 一品红（猩猩木）［*Euphorbia pulcherrima* Willd. ＝ *Poinsettia pulcherrima* Graham］（大戟科）
common poisonivy 气根毒藤［*Rhus radicans*］（漆树科）
common pokeberry 美洲商陆［*Phytolacca americana* L.］（商陆科）
common polemonium ①花荵属［*Polemonium* L.］（花荵科）②花荵［*Polemonium coeruleum* L.］
common polypody 水龙骨［*Polypodium vulgatum* L.］（水龙骨科）
common pomegranate 石榴［*Punica*

granatum L.](安石榴科)
common poolmat 角果藻[*Zannichellia palustris* L.](角果藻科)
common portulaca 半支莲[*Portulaca grandiflora* K.](马齿苋科)
common potato (=potato) 马铃薯[*Solanum tuberosum* L.](茄科)
common prickly-ash 美洲花椒[*Zanthoxylum americanum* Mill.](芸香科)
common prickly-thrift 刺花丹(彩花)[*Acantholimon alatavicum* Bunge](蓝雪科)
common pricklypear 仙人掌[*Opuntia vulgaris* Mill.](仙人掌科)
common privet (=privet, European privet) 欧女贞[*Ligustrum vulgare* L.](木犀科)
common purslane 马齿苋[*Portulaca oleracea* L.](马齿苋科)
common pussytoes 蝶须[*Antennaria dioica* (L.) Gaertn.](菊科)
common pygmyweed 东爪草[*Tillaea aquatica* Mich.](景天科)
common quaking grass (=quaking grass) 中风凌草[*Briza media* L.](禾本科)
common quince 榅桲[*Cydonia oblonga* Mill.](蔷薇科)
common rafter 椽
common ragweed (=hog weed) 美洲豚草[*Ambrosia artemisiaefolia* L.](菊科)
common rambai 木奶果(黄果树,竺背果)[*Saccaurea motleyana* Muell Arg.]
common receptacle 总[花]托(receptaculum commune)
common red spider (=cotton red spider)普通红叶螨(棉红蜘蛛)[*Tetranychus telarius* Linnaeus](叶螨科)
common reed (=common reed-grass) 芦苇[*Phragmites communis* Trin.](禾本科)
common resource 公用资源
common rosemallow 草芙蓉[*Hibiscus palustris* L.](锦葵科)
common royal waterplatter 普通王莲[*Victoria regia* var. *randi* Sturt.](睡莲科)
common rue (=rue) 芸香[*Ruta graveoleus* L.](芸香科)
common rush 灯心草[*Juncus effusus* L.](灯心草科)
common rustic moth 裸麦夜蛾[*Apamea secalis* (Linnaeus)](夜蛾科)
common sage 荔枝草[*Salvia plebeia* R. Br.](唇形科)
common sainfoin 驴喜豆[*Onobrychis viciaefolia* Scop.](豆科)
common saltwort (=Russian thistle) 钾猪毛菜[*Salsola kali* L.](菊科)
common saraca ①无忧花属[*Saraca* L.](苏木科) ②无忧花[*Saraca indica* L.]
common sassafras 檫木(檫树)[*Sassafras tsumu* (Hemsl.) Hemsl.](樟科)
common scab of cattle (=common mange of cattle) 牛痒螨
common scab of potato (=common potato scab) 马铃薯疮痂病[*Streptomyces scabies* (Thaxter) Bergey. et al. = *Actinomyces scabies* (Thaxter) Güssow]
common screwpine 扇叶露兜树[*Pandanus atilia* Bory](露兜树科)
common selfheal (=Selfheal, heal-all, sicle wort) 夏枯草[*Prunella vulgaris* L.](唇形科)
common sense reasoning 常识理解{智培}
common sesbania 田菁[*Sesbania cannbina* (Rotz) Pers.](豆科)
common shamrockpea 金雀花[*Parochetus communis* Buch.-Ham.](豆科)
common silvery moth (=gamma moth) 银星夜蛾
common single cleft grafting 普通单枝劈接,半劈接
common skippers 弄蝶科[Hesperiidae]
common smart-weed (=water pepper, marsh pepper) 蓼[*Polygonum hydropiper* L.](蓼科)
common smoketree 黄栌[*Cotinus coggygria* Scop.](漆树科)
common smut 普通黑穗病,普通黑粉病
common smut of corn 玉米黑粉病[*Ustilago zeae* (Beckm.)Ung.]
common smut of millet 粟黑穗病[*Ustilago crameri* Koern.]
common snapdragon 金鱼草[*Antirrhinum majus* L.](玄参科)
common sneezeweed 堆心菊[*Helenium autumnale* L.](菊科)
common snipe 鹬[*Scolopax gallinago*]
common snowberry 雪球[*Symphoricarpos albus* L.](忍冬科)
common snowdrop 雪花莲[*Galanthus nivalis* L.](石蒜科)
common soapwort 肥皂草[*Saponaria officinalis* L.](石竹科)
common software 通用软件,公用软件

common solisia ①白斜子属[*Solisia* spp.](仙人掌科)②白斜子[*Solisia pectinata* sp.]

common sorrel (= garden sorrel) 酸模[*Rumex acetosa* L.](蓼科)

common sowthistle 苦苣菜[*Sonchus oleraceus* L.](菊科)

common spatterdock 圆叶萍蓬草[*Nuphar advena* Ait. f.](睡莲科)

common spelt wheat (= spelt, dinkel, German wheat) 斯卑尔脱小麦[*Triticum spelta* L.](禾本科)

common spiderwort 紫露草(紫鸭跖草)[*Tradescantia virginiana* L.](鸭跖草科)

common spikesedge [沼]针蔺[*Eleocharis palustris*(L.) R. Br.](莎草科)

common spinder-flower 白花菜[*Cleome gynandra* L.](白花菜科)

common spring vetch (= summer vetch) 巢菜(*Viciasativa* L.)(豆科)

common spruce (= Norway spruce) 欧洲云杉[*Picea excelsa* L.](松科)

common squill 绵枣儿[*Scilla scilloides* (Lindl.) Druce](百合科)

common St. John's wort 黑点叶金丝桃[*Hypericum perforatum* L.](金丝桃科)

common St. Paul's wort 豨莶[*Siegesbeckia orientalis* L.](菊科)

common staghorn-fen (= staghorn-fen) 蝙蝠蕨(鹿角蕨)[*Platycerium bifurcatum* C. Chr.](水龙骨科)

common stalk borer (= stalk borer) 普通蛀茎夜蛾[*Papaipema nebris*(Guenée)](夜蛾科)

common standard error of mean 平均数共同标准误差{统计}

common sterculia 苹婆[*Sterculia nobilis* Smith](梧桐科)

common stiletto fly 普通剑虻[*Thereva plebeia* (Linnaeus)](剑虻科)

common stinging nettle 大荨麻[*Urtica dioica* L.](荨麻科)

common stinkdragon 龙木芋[*Dracunculus vulgaris* Schott.](天南星科)

common stock 紫罗兰[*Mathiola incana* R. Br.](十字花科)

common storage ①土窖贮藏[法]②土窖③公共存储器{电脑}

common storksbill 芹叶太阳花(和蓝牻牛儿苗)[*Erodium cicutarium*(L.)L'Herit. = *Geranium cicutarium* L.](牻牛儿苗科)

common sturgeon [欧]鲟[*Acipenser sturio* L.]

common sunflower 向日葵[*Helianthus annuus* L.](菊科)

common swallow 燕[*Hirundo rustica*]

common sweet clover (= white sweet clover, Bokhara clover, honey clover) 白花草木犀(白香草木犀)[*Melilotus alba* Desr.](豆科)

common sweet-shrub 洋腊梅[*Calycanthus floridus* L.](腊梅科)

common tansy 艾菊[*Tanacetum vulgare* L.](菊科)

common target machine 通用目标机{电脑}

common tea (= common tea plant) 茶树[*Thea sinensis* O. Ktze.](茶科)

common tea thrips 茶褐蓟马[*Taeniothrips setiventris* Bagn.](蓟马科)

common teak 柚木[*Tectona grandis* L. f.](马鞭草科)

common thrift 海石竹[*Armeria martima* L. = *A. vulgaris* Willd., *A. maritima* Willd.](白花丹科)

common thrips 普通蓟马[*Frankliniella intonsa* Trybom](蓟马科)

common throat wort 疗喉草[*Trachelium caeruleum* L.](桔梗科)

common thyme (= garden thyme) 百里香[*Thymus vulgaris* L.](唇形科)

common tiger-flower 虎皮花(老虎百合)[*Tigridia pavonia* Ker.-Cawl.](鸢尾科)

common toad flax (= yellow toadflax) 柳穿鱼[*Linaria vulgaris* Mill.](玄参科)

common tobacco 烟草[*Nicotiana tabacum* L.](茄科)

common tobacco mosaic (TMV) 烟草花叶病[*Nicotiana virus* 1]

common tomato 番茄(西红柿)[*Lycopersicum esculentum* Mill.](茄科)

common torchlily 剑叶兰(火把兰,火炬花)[*Kniphofia uvaria* Hook. = *K. alooides* Moench.](百合科)

common tritonia 鸢尾兰(观音兰)[*Tritonia crocosmaeflora* Benth.](鸢尾科)

common trumpetcreeper 美国凌霄花[*Campsis radicans* seem. = *Tecoma radicans* Juss. *Bignonia radicans* L.](紫葳科)

common tulip 郁金香[*Tulipa gesneriana* L.](百合科)

common turmeric 郁金[*Curcuma longa*

L.］（姜科）
common type 普通型
common type wheat（= common wheat）普通小麦
common unicorn flower ①角胡麻属［*Proboscidea* Schmid.］（角胡麻科）②角胡麻［*Proboscidea louisiana* Woot et Stand.］
common use size 通用尺寸，通用规格
common user network 用户公共网络｛信息｝
common valerian 缬草［*Valeriana officinalis* L.］（败酱科）
common vanilla 香子兰（哔呢拉）［*Vanilla planifolia* Andr.］（兰科）
common velvetgrass 绒毛草［*Holcus lanatus* L. = *Nothocus lanatus* Nash.］（禾本科）
common vetch（= common spring vetch）巢菜（苕子，野豌豆）［*Vicia sativa* L.］（豆科）
common viper's bugloss 蓝蓟［*Echium vulgare* L.］（紫草科）
common vole 田鼠［*Microtus arvalis* Pall.］（仓鼠科）
common wallflower 桂竹香［*Cheiranthus cheiri* Linn.］（十字花科）
common wasp 普通黄蜂［*Vespula vulgaris*（Linnaeus）］（胡蜂科）
common water hyacinth ①凤眼莲属（凤眼蓝属）［*Eichhornia* Nakai］（雨父花科）②凤眼莲（凤眼蓝、大水萍）［*Eichhornia crassipes*（Mart.）Solms］
common water moss 瑞典水藓［*Fontinalis dalecarlica*］（水藓科）
common water starkwort 沼泽马齿苋［*Callitriche palustris*］（水马齿苋科）
common waxplant 球兰［*Hoya carnosa* R. Br.］（萝藦科）
common wheat（= common type wheat）普通小麦［*Triticum vulgare* Vill.］（禾本科）
common white basella（= vine spinach）白落葵［*Basellaalba* L.］（落葵科）
common white candytuft 蜂室花（屈曲花）［*Iberis amara* L.］（十字花科）
common white jasmine 素方花（耶悉名）［*Jasminum officinale* L.］（木犀科）
common winter cress（= yellow rocket）山芥［*Barbarea vulgaris* R. Br.］（十字花科）
common winter-cressper enonymus 扶芳藤［*Evonymus radicans* Sieb.］（卫矛科）
common witchgrass 毛线稷［*Panicum capillare*］（禾本科）
common wood mouse（= longtailed field mouse）林鼷鼠［*Apodemus sylvaticus* L.］
common woodwaxen（= dyers' broom, dyers' greenweed, woodwax）染料木［*Genista tinctoria* L.］（豆科）
common worm wood 洋艾［*Artemisia absinthium* L.］（菊科）
common yam 薯芋（山药）［*Dioscorea opposita* Thunb.］（薯蓣科）
common yarrow 欧蓍草（金尾草）［*Achillea millefolium* L.］（菊科）
common year 平年
common yellow daylily 黄花菜［*Hemerocallis flava* L.］（百合科）
common yellow swallow-tail butterfly（= yellow swallowtail butterfly）黄凤蝶［*Papilio machaon* Linnaeus］（凤蝶科）
common yew（= English yew）欧洲紫杉［*Taxus baccata* L.］（紫杉科）
common zeuxine 线柱兰［*Zeuxine strateumatica* Schltr.］（兰科）
common zinnia 百日草［*Zinnia elegans* Jacq.］（菊科）
commonage（= common land）公有［土］地
commonness 常见性｛生态｝
commotion 骚动，骚扰
commulator radiosonde 整流式探空仪
communal ①群落｛生态｝②群居｛昆虫｝③公社的，公有的，公用的（communus）
communal area 公有面积
communal connubium 杂婚（connubium communum）
communal evolution 共进化，互进化
communal forest 公有林
communal habitate 群落生境
communal land 公有地
commune 公社（communus）
commune member 公社社员
communicability 传染性（communicabilitas）
communicable ①可传染的 ②可传播的（communicabilis）
communicable disease 传染病
communicate ①通信 ②传达 ③通知 ④传染（communicare）
communicating state 互通状态，通信状态
communicating trench 交通壕｛遥感｝
communicating typewriter 通信打字机
communicating word processor（CWP） 通信字处理机

communication ①交通,联络 ②传染 ③传递,传播 ④通讯,通信(communicatio)
communication adapter 通信适配器,通信转接器
communication buffer 通信缓冲器,通信缓冲区
communication by mean of rural electric power network 农村电力网通信{农施}
communication cable 通信电缆
communication card 通信卡
communication centre 通信枢纽,通信中心
communication channel 通信信道,通信通道
communication circuit 通信电路
communication computer 通信计算机
communication facility 通信设施{遥感}
communication information technology 通信信息技术
communication input/output control system(CIOCS) 通信输入输出控制系统
communication line adaptor(CLA) 通信线转接器
communication line terminal(CLT) 通信线路终端
communication map 交通图{遥感}
communication network architecture(CNA) 通信网络体系结构
communication network management(CNM) 通信网络管理
communication satellite 通信卫星,通讯卫星{遥感}
communication scanner 通信扫描器
communication scanner base(CSB) 通信扫描器板
communication scanner processor(CSP) 通信扫描[器]处理器
communication security(COMSEC) 通信安全性
communication software 通信软件
communication technology 通信技术{智培}
communicator ①通信程序 ②通信装置 ③通信员
community ①群落{生态} ②共有,共用{农经} ③城镇,居民区{农经}(communitas)
community antenna television(CATV) 公用天线电视
community antenna television line extender(CATV line extender) 公用天线电视线路扩展器
community antenna television main line amplifier(CATV main line amplifier) 公用天线电视主线放大器
community automatic exchanger(CAX) 公用自动交换机
community biomass 群落生物量
community complex 群落复合体
community composition 群落成分
community dial office(CDO) 公用自动电话局{信息}
community ecology 群落生态学
community forest 公有林
community habitat 群落生境
community on-line intelligence system(COINS) 团体联机情报系统
community organization for cropping 农业生产组织,集体生产组织
community pasture 公有牧场
community phenomenon 共有现象
community property 公共财富,共有财产
community site 群落位置,群落之地
community structure 群落结构{生态}
community transpiration 群落蒸腾量
commutation ①转换,换向{物} ②整流{电} ③折算,折合偿付,折现{农经} ④解除{农管}(commutatio)
commutation by agreement 协定解除
commutation switch 转换开关
commutative ①交换的 ②互换的(commutativus)
commutative operation 交换运算{统计}
commutative production system 交换生产系统
commutativity 交换性(commutativitas)
commutator ①转向器,转换开关 ②整流器
commutator motor 整流式电机
comolecule 同型分子(comolecula)
comonomer 共聚用单体
comopt 光学声带合成拷贝{电脑}
comose ①具丛毛的{形态} ②有毛的{昆虫}(comosus)
comospores 具冠毛种子(comosporae)
comp-u-store 联机售货服务
compact ①密生的,密集的{形态} ②细致纹理的{解剖} ③紧密,坚实{土壤} ④合同,契约,协定(compactus)
compact baler ①紧密压捆机 ②紧密打包机{农施}
compact barrier in the soil 土壤中的紧实障,心土
compact bread 硬面包
compact crop ①密植 ②密植作物
compact crop stand 密植株群,密植株丛
compact crown 密集树冠
compact disk(CD) 光盘,激光唱片
compact disk player 袖珍盘唱机
compact disk read only memory(CD-

ROM) 光盘只读存储器
compact ear 紧密穗
compact floopy disk (CFD) 微型软盘
compact ground 板地
compact planting 密植
compact snow 紧实雪
compact soil 紧实土
compact sowing 密播
compact structure 紧密(实)结构
compact texture ①紧密(实)质地{土壤} ②致密结构{地质}
compact tree form 紧密树型,紧凑树型
compact X-chromosome 紧密X染色体{细胞}
compacted coiled (= tightly coiled) 紧密卷曲的
compacted layer 紧实层
compacter (= compacting machine) 压实机
compactibility 紧实度,紧实性(compactibilitas)
compacting ①镇压 ②紧密,紧凑
compacting of soil 土壤镇压
compacting of subsoil 心土镇压
compacting quality 镇压质量
compacting requirement 镇压要求
compacting time 镇压期
compaction ①压实,压紧 ②紧实度 ③镇压 ④压缩
compaction of data 数据压缩
compaction of file records 文件记录压缩
compactness ①紧实,密实,紧密 ②紧实度(耕作) ③紧密度{形态}
compactness meter 紧实度计
compactness of soil 土壤紧实度
compactness of wood 木材坚实度
compactness property 紧实特性
compactor (= compaction machine) ①镇压器 ②捆包机
compactor truck [垃圾]打包卡车{环保}
companding 信号压缩{信息}
compandor (= compressor expander) 压缩扩展器
companied grass 伴生禾(牧)草
companion ①同伴,伙伴 ②手册,参考书(companio)
companion cell 伴细胞(cellula companionis)
companion crop 伴生作物,间作物,套作物
companion cropping 套作,间作
companion crops (= intercropping crops) 间[作]作物
companion grasses 间(伴)牧草
companion keyboard 副键盘{电脑}
companion planting 套种,间植
companion virus 同伴病毒{电脑}
companion weed 伴生杂草
companions ①伴生种{生态} ②间[作]作物
comparability 可比较性,可比性(comparabilitas)
comparable 可比较的(comparabilis)
comparable experiment 比较试验
comparable test 比较试验
comparable yields 比较产量
comparand 比较数,比较字
comparate chiasmata 偶线交叉,成双交叉
comparative 比较[性]的(comparativus)
comparative analysis 比较分析
comparative anatomy 比较解剖学(anatomia comparativa)
comparative biochemistry 比较生物化学
comparative biology 比较生物学(biologia comparativa)
comparative cytology 比较细胞学(cytologia comparativa)
comparative ecophysiological research 比较生态生理学研究
comparative electrophoresis 比较电泳
comparative embryology 比较胚胎学(embryologia comparativa)
comparative evaluation 比较性评价
comparative genetics 比较遗传学(genetica comparativa)
comparative judging 比较性评比
comparative maturity 比较成熟度
comparative method 比较研究法
comparative morphology 比较形态学(morphologia comparativa)
comparative observation ①比较观察 ②比较观测
comparative phytaecophysiology 比较植物生态生理学(phytoecophysiologia comparativa)
comparative strength 比较强度
comparative variety 比较品种
comparative-yield trial 产量比较试验
comparator ①比较仪,比长仪,比例仪,坐标量测仪 ②比色器 ③比较电路
comparator block 比色座
compare ①对照,比较 ②类似(comparare)
comparer (= comparater) 比较器
comparing 比较(comparens)
comparing unit 比较装置
comparison 比较,对照
comparison expression 比较表达式

comparison eyepiece 比较目镜
comparison of variance 变量比较
comparison plot 对比小区,比较小区
comparison trials 比较试验
comparium 可交配群体
compart ①区划 ②间隔 (compars)
compartment ①区域化,区隔 ②室,隔间区室 ③方格 ④林班 ⑤舱
compartment analysis 区隔分析
compartment drier 干燥室,干燥间
compartment dry kiln (= apartment kiln) 分室干燥窑
compartment felling (= compartment cutting) 林班采伐
compartment line 区划线,林班线
compartment model 区室模型
compartment of uncoupling of receptor and ligand (CURI) 受体配体解联区室〈分生〉
compartmental organization 区室化组织,区隔化组织
compartmentalization 区隔化(细胞组成部分区分),区室化
compartmentation 区隔化,区域化,区室化
compass ①罗盘,指南针 ②圆规,两脚规
compass box 罗盘盒
compass card 罗盘牌(罗盘仪的指针面)
compass circle 罗盘圈
compass needle 罗盘针
compass plant ①罗盘草属[*Silphium* L.](菊科)⌞拟⌝ ②指向植物,指示植物
compass rules 罗盘仪法规
compass saw 曲线锯
compass sketch 罗盘仪测量草图
compass survey 罗盘仪测量
compass-theodolite 罗盘经纬仪
compass-timber 曲干材
compass traverse 罗盘仪导线
compass-triangulation 罗盘仪三角测量
compass tripod 罗盘仪三脚架
compatibility ①亲和性,亲和力 ②适合性 ③相容性,兼容性 (compatibilitas)
compatibility box 兼容盒〈电脑〉
compatibility condition ①相容性条件〈电脑〉②亲和性条件〈遗传〉
compatibility feature ①相容特性,兼容特性 ②亲和特性
compatibility forward 向上兼容性,正向兼容性
compatibility group 亲和性种群
compatibilizer 增容剂
compatible ①亲和的 ②兼容的 ③匹配的 ④适合的 (compatibilis)
compatible class 亲和性级
compatible computer 兼容计算机
compatible di-mon's 亲和性双单核配合
compatible hardware 兼容硬件〈电脑〉
compatible nucleus 亲和性核
compatible organic compound 适合有机化合物,亲和有机化合物
compatible pathogen 亲和性病原
compatible pollen 亲和花粉〈育种〉
compatible population 亲和性群体
compatible range 亲和范围
compatible software 兼容软件〈电脑〉
compatible strength 亲和力
compatible termini 匹配末端〈分遗〉
compatible variety 亲和品种
compelled signalling 强制发信号
compendious ①摘要的,简要的,精简的 ②简明的,简洁的 (compendius)
compendium 概要,纲要
compensate ①补偿 ②赔偿 (compensare)
compensated acidosis 代偿性酸中毒
compensated air thermometer 补偿空气温度计
compensated alkalosis 代偿性碱中毒
compensated amplifier 补偿放大器
compensated grade 补偿坡度〈水利〉
compensated monomorphic trisomy 补偿单形三体性
compensating action 补偿作用
compensating adjustment 补偿调节
compensating chiasma 补偿交叉
compensating error 补偿误差
compensating nullisometetrasome combination 补偿缺体-四体组合〈细胞〉
compensating ocular (= compensating eyepiece) 补偿目镜
compensating planimeter 补偿求积仪,补正求积仪
compensating pyrheliometer 补偿日射表
compensating trisomic 补偿三体生物
compensating trisomy 补偿三体性
compensation ①补偿[作用]〈遗传〉②代偿[作用]〈生化〉③赔偿〈农经〉④报酬,偿金〈农经〉(compensatio)
compensation adjustment 补偿调整
compensation basis 补偿基础(指调整价格)
compensation concentration 补偿浓度
compensation current 补偿气流,补偿[海]流
compensation depth 补偿深度
compensation dosage 补偿剂量
compensation for calibrating error 校准误差补偿
compensation for crop fluctuation 收成波

动补偿
compensation for risks 风险补偿
compensation fund 补偿基金
compensation ion 补偿离子
compensation method 平差法{测}
compensation payment 补偿支付{农管}
compensation point 补偿点
compensation reservoir 补偿水库
compensation technique 补偿技术
compensation water 补偿放水{环保}
compensative method 补偿法{土壤}
compensative root 补偿根
compensator ①补偿器 ②补偿棱镜 ③自耦变压器
compensator gene 补偿基因
compensator valve 补偿阀
compensatory ①补偿的,代偿的,补充的 ②补偿作用(compensatorius)
compensatory cell 补充细胞(cellula compensatoria)
compensatory effect 补偿效应
compensatory growth 代偿生长
compensatory hypertrophy 补偿性肥大
compensatory payment (= compensation payment) 补偿支出(付)
compensatory role 补偿作用
compensatory secondary mutation 补偿次生突变
compensatory tax (进口)补偿税
compete ①争夺,竞争 ②对抗 ③比赛(competere)
compete for space 争夺空间
competence ①感受态,感受性 ②能力(competentia)
competence factor 感受态因子,感受态诱导因子
competence in enzymatic adaption 酶适应的感受性
competence in recombination 重组合感受性
competence in transformation 转化感受性
competence inducing factor 感受态诱发因子(指有诱发力因子)
competence of the wind 风的挟带力
competence provoking factor 感受态刺激因子(指有刺激力因子)
competent ①感受的 ②胜任的,有能力的 ③足够的,适当的(competens)
competent bacteria 能感受的细菌
competent cell 能感受的细胞
competent state 感受态
competition ①竞争{遗传} ②竞赛,比赛,赛会{农管}(competitio)
competition curve 竞争曲线{统计}
competition-density effect 竞争密度效应
competition diallel 竞争二对等位基因
competition for food 摄食竞争
competition for light 光照竞争
competition for nutrient 养分竞争
competition for survival curve 生存[竞争]曲线
competition network 竞争网络
competitional variance 竞争方差
competitive 竞争的,竞赛的(competitivus)
competitive ability 竞争力
competitive advantage 竞争优势
competitive conjugation 竞争结合
competitive crops 竞争作物
competitive efficiency 竞争效果
competitive equilibrium 竞争平衡
competitive examination 竞争试验
competitive exclusion principle 竞争排他原理{生态}
competitive hybridization 竞争杂交
competitive inhibition 竞争性抑制[作用]
competitive inhibitor 竞争性抑制物
competitive interaction ①竞争相互作用,竞争互作{遗传} ②竞争连作{统计}
competitive interconnection 竞争性关联
competitive plant 竞争植物
competitive power 竞争力
competitive pressure 竞争压力
competitive price 竞争性价格
competitive relationship 竞争相互关系
competitive selection 竞争性选择
competitive shoot 竞争枝
competitive situation 竞争状况
competitive strategy 竞争策略{生态生理}
competitiveness 竞争性(competivitas)
competitiveness in fertilization 受精的竞争性
competitor 竞争者
compilation ①编辑,汇制,绘制 ②汇编 ③编译(compilatio)
compilation facility 编译功能
compilation sheet 编绘原图{遥感}
compile ①编辑,编制 ②搜集,汇编 ③编译{电脑}
compile a budget 编制预算
compile duration 编译期间
compile error 编译错误,编辑错误
compile step 编译步骤
compiler ①(计算机)自动编码器 ②编译程序 ③编译器
compiler aids 编译程序辅助工具

compiling cost 编译成本
compiling phase 编译阶段
compilon of constantinople 皱叶剪秋萝[*Lychnis chalcedonica* L.](石竹科)
COMPIS (= Comarc-Planning Information System) 科玛克规划信息系统{遥感}
compital 脉叉处生的(compitus)
complanar 共面的(complanaris)
complanate 扁平的(complanatus)
complanatic eyepiece 平周(场)目镜
complanation ①扁平 ②平坦 ③四面求积法(complanatio)
complement ①补充 ②配套 ③配套部分 ④补码 ⑤(染色体)套 ⑥(免疫)补体 ⑦全数,全量 ⑦补码{电脑}(complementum)
complement address 补码地址{信息}
complement-binding site 补体结合部位{分生}
complement component 补体组成部分,补体组分
complement-dependent cytotoxicity (CDC) 依赖于补体的细胞毒性
complement fixation (CF) 补体结合
complement fixation test 补体结合[反应]试验
complement protein 补体蛋合[质]
complement receptor 补体受体
complementarity ① 互补性 ② 互补率(complementaritas)
complementary ①互补的 ②补充的 ③补码的(complementarius)
complementary action 互补作用
complementary angle 余角
complementary area 互补面
complementary assay 互补试验
complementary base 互补碱基
complementary base pair 互补碱基对
complementary base pairing information 互补碱基配对信息
complementary base sequence 互补碱基序列
complementary binary 补码二进制{电脑}
complementary cell 补充细胞(cellula complementaris)
complementary chain 互补链
complementary character 互补性状
complementary characteristics 互补特征
complementary chiasma 互补交叉
complementary chromatic adaptation 补色适应性
complementary colour 补色
complementary crop 互补作物
complementary cumulative effect 互补累加效应
complementary determing region (CDR) 互补决定区{分遗}
complementary DNA (cDNA) 互补 DNA{分遗}
complementary DNA strand 互补 DNA 链,cDNA 链
complementary duplication deficiencies 互补复制缺失
complementary effect 互补效应
complementary factor 互补因子
complementary fertilizer 补充肥料
complementary gene 互补基因
complementary gene action 互补基因作用
complementary gene interaction 互补基因相互作用,互补基因互作
complementary hyperploid 互补超倍体
complementary hypoploid 互补亚倍体
complementary interaction ①互补相互作用,互补互作{遗传} ②互补连应{统计}
complementary ion 互补离子
complementary metal oxide semiconductor (CMOS) 互补金属氧化物半导体电路{信息}
complementary molecular surface 互补分子表面
complementary nucleotide chain 互补核苷酸链
complementary nucleotide sequence 互补核苷酸顺序
complementary nutrient 补充养分
complementary planting 补植,补栽,补种
complementary pollination 补充授粉,辅助授粉
complementary probability 互补概率
complementary ration 补充日粮,补充日料
complementary relation 互补关系
complementary RNA 互补 RNA
complementary RNA sequence 互补 RNA 序列
complementary scheme 补色配合{生态}
complementary seeding 补播,补种
complementary sequence 互补序列
complementary sex factor theory 互补性因子说{遗传}
complementary strand 互补链
complementary test 互补测验
complementary tissue 补充组织(tela complementaris)
complementary tractor 补助拖拉机
complementary transcription 互补转录
complementary transistor logic (CTL) 互补晶体管逻辑电路

complementation 互补[作用](complementatio)
complementation analysis 互补作用分析
complementation analysis of auxotrophic mutant 营养突变体的互补分析
complementation analysis of malignancy 恶性的互补分析
complementation cloning 互补无性繁殖,互补克隆化{农生技}
complementation group 互补群
complementation in hybrid 杂种互补作用
complementation map 互补[作用]图
complementation pattern 互补[作用]型
complementation test 互补测验,顺[式]反[式]测验
complementation unit 互补单位
complementoid 类补体(complementoides)
complementor 补码器{电脑}
complete ①完全的,全的,整的 ②全量的,全面的 ③完善的 ④总成,部件(completus)
complete abscission 全部脱落(指叶)
complete additivity 完全可加性
complete allosyndesis 完全异源联会
complete analysis 全量分析
complete antibody 完全抗体
complete antigen 完全抗原
complete association 完全联会
complete auto-allosyndesis 完全同源-异源联会
complete autosyndesis 完全同源联会
complete barrier 完全阻障
complete bigraph 完全双图,完全二部图
complete bivalent pairing 完全二价染色体配对
complete block design 完全区组设计{统计}
complete blockage 完全阻障
complete canopy 完全郁闭
complete carry 全进位,完全进位{统计}
complete cessation 完全停止
complete chain 完全链
complete change of weather 天气完全变化
complete chiasma termination 完全交叉移端[作用]
complete chinese character input method 汉字整字输入法{信息}
complete chloroplast 完整叶绿体
complete chromatid aberration 完全染色单体畸变
complete clearance 全部清除
complete combustion 完全燃烧
complete complementation 完全互补作用
complete conductivity 全导电性
complete confounding 完全混杂{统计}
complete crop failure 完全无收,颗粒无收,失收
complete cultivation 全面中耕
complete cultivator 全面中耕机
complete cyme 二歧聚伞花序(cyma completa)
complete daughter strand 完全子链
complete degeneration 完全退化
complete diallel cross ①完全多系相互杂交 ②完全两雄同雌异时交配
complete diamagnetism 全抗磁性
complete digestion 完全消化{环保}
complete dissolution 完全溶解
complete dominance 完全显性
complete dormancy 完全休眠
complete endophyte 全内生植物(endophyta completa)
complete failure 完全失效
complete fallow ①完全休闲 ②完全休闲地
complete feed 全价饲料、全料
complete fertilizer (含有 N、P、K 的)完全肥料
complete flower 完全花(flos completus)
complete gene 完善基因
complete genetic block 完全遗传性阻碍
complete genetic homology 完全遗传同源
complete genome 完全基因组{分遗}
complete harvest 全部收获
complete heredity 完全遗传
complete homologous chromosome pairing 完全同源染色体配对
complete homologous genome 完全同源染色体组
complete inactivation 完全钝化,完全失活
complete independence 完全独立性
complete indexing 完备索引
complete inhibition of synthesis 合成完全抑制
complete initiation complex 完全起始复合物
complete intermittent working 间歇性常年作业
complete isolation 完全分离
complete leaf 完全叶(folium completum)
complete lethal (= absolute lethal) ①完全致死的 ②完全致死
complete linkage 完全连锁
complete lodging 完全倒伏
complete machine 成套计算机,整机
complete male sterile progeny 完全雄性不育后代
complete manure 完全肥料

complete medium 完全培养基
complete metamorphosis 全变态
complete metric space 完备度量空间{遥感}
complete milking 全挤乳
complete mixing process 完全混合法{环保}
complete mutant 完全突变型
complete overhaul 大修,全面检修
complete oxidation fermentation 完全氧化发酵
complete package unit 整包单位
complete parthenogenesis 完全单性生殖,恒有单性生殖,非周期性单性生殖
complete penetrance 完全外显率
complete phenotypic repair 完全表型修复
complete positive chromosome interference 完全正染色体干扰
complete positive interference 完全正干扰
complete prevalence ①完全浸透 ②完全优势
complete protein 完全蛋白质
complete radiator (= black body) 黑体
complete randomized block design 完全随机区组设计{统计}
complete randomized design 完全随机设计
complete recessiveness 完全隐性
complete recovery 完全恢复
complete response (**CR**) 完全有效{生技}
complete ripe stage 完熟期
complete ripeness 完熟[度]
complete rooting 完全发根,完全生根
complete sequence 全序列{分遗}
complete sequence determination 全序列测定,全测序
complete sex linkage ①完全性连锁 ②完全伴性[遗传]
complete spindle inactivation 完全纺锤体失活
complete stabilization 完全稳定化
complete stand 林区
complete sterility 完全不育性
complete stool 全株,整丛(指甘蔗)
complete substitution 完全代换
complete susceptibility 完全易感性,完全感病性
complete synthesis 全合成
complete telomere 完全端粒
complete transduction 完全转导
complete treatment ①深度处理{环保} ②完全处理{栽培}
complete turn 完全翻转
complete vernalization 完全春化
complete virion 完全病毒粒子
complete virus genome 完全病毒染色体组,完全病毒基因组
complete X-chromosome 完全 X 染色体
completely ①完全[地] ②完整[地]
completely balanced polycross design 完全均衡多杂交组合设计{统计}
completely compatible machine 完全兼容[计算]机
completely desiccation-tolerant species 完全耐干化种{生态生理}
completely mixed bioreactor 完全混合型生物反应器{生技}
completely orthogonalized square 完全均衡方,完全正交方{统计}
completely randomized design 完全随机设计
completely randomized hiding strategy 完全随机隐藏策略
completeness ①完全度{栽培} ②完整性{种子}
completeness check ①完全性检查 ②完整性检查
completeness error 完整性错误
completeness of protocol 协议的完整性{电脑}
completeness of reaction 反应的完全度{生技}
completer 完成符{电脑}
completion ①完成,完结 ②完满 ③完工 (completio)
completion date of grinding 收榨期(指甘蔗)
completion drawing 竣工图{农施}
completion event 完成事件,完成事项
completion return 完成返回(指回收)
completion status 完成状态
complex ①复合的,复体的 ②复杂的 ③染色体组 ④复合体,络合物 ⑤复数 ⑥杂岩{地质} (complex)
complex amplitude distribution 复振幅分布{遥感}
complex anion 络合阴离子
complex association 复合,结合
complex bog 复域沼泽
complex carbohydrate 复合糖,复合碳水化合物
complex cation 络合阳离子
complex character 复杂性状
complex characteristics 综合特征
complex chart 综合图
complex climatology 综合气候学
complex coacervation 复合团聚现象
complex compound 络合物

complex condition 复合条件
complex constant 复常数
complex data 复数据,复数值数据
complex digital array 复合数字阵列
complex disease 复合病(指森林衰落)
complex factorial experiment 复因子试验{统计}
complex fertilizers 复合肥料
complex filter 复合滤波器{遥感}
complex frame 复框架
complex gene dosage 复基因剂量
complex genetic locus 复合遗传座位
complex glycan 复合聚糖
complex glycosylation 复合糖基化
complex habitat 复合生境
complex heterozygosity 复合杂合性
complex heterozygote 复合杂合子
complex heterozygous species 复合杂合种
complex hybrid 复合杂种
complex immunity 复合免疫性
complex inheritance 复杂遗传性
complex instruction set computer (CISC) 复杂指令集计算机{电脑}
complex interchange heterozygosity 复互换杂合性
complex interchange heterozygote 复合互换杂合子
complex interplay 复杂相互作用
complex inversion 复合倒位
complex ion 络合离子
complex lipid 复合脂
complex loci 复合座位
complex mechanization 全盘机械化,综合机械化
complex metamorphosis 全变态
complex modulation 复合调制
complex molecule ①复杂分子 ②络合分子
complex mRNA (= scarce mRNA) 复杂 mRNA{分遗}
complex multimedia database system 复杂型多媒体数据库系统{信息}
complex multiplication 虚数乘法
complex multivalents 复合多价体
complex mutation 复合突变
complex number 复数
complex number type 复数型
complex of clay-antibiotic 黏土抗生素复合体
complex of external conditions 外界条件总体(综合)
complex pairing configuration 复合配对表形
complex polyploid 复合多倍体
complex polysaccharides 复杂多糖类{生化}
complex population 复合群体
complex rock 复合岩石
complex salts 络盐,复合盐
complex segregation 复合分离
complex selection ①综合选种 ②综合选择
complex sensors 复合传感器
complex soil 复域土壤
complex stress 复合胁迫{生态生理}
complex stress pattern 复合胁迫模式
complex structure 复合结构
complex symmetry 复合对称
complex synthetic fertilizer 复合合成肥料,多元合成肥料
complex system 复合系统(指生态系统)
complex telemetering system 综合遥测系统{遥感}
complex tissue 复合组织 (tela complex)
complex traits 复合性状
complex translocation heterozygote 复合易位杂合子
complex variable 复变数
complex vector space 复向量空间
complex whip grafting 复舌接
complexant 络合剂
complexation 络合 (complexatio)
complexation chromatography 络合层析
compleximetry 络合滴定[法] (compleximetrica){生技}
complexing agent 络合剂
complexing reagent 复式试剂
complexion ①表征,外观 ②姿态,形貌 (complexio)
complexity ①综合 ②复杂性 (complexitas)
complexity in HnRNA 核不均 RNA 复杂性,HnRNA 复杂性
complexive 综合的 (complexivus)
complexive agrotechnique 综合农业技术,综合栽培技术
complexive mechanization 综合机械化
complexive practice 综合[栽培]措施
complexive selection ①综合选择 ②综合选种
complexive survey 综合勘查,综合调查
complexometric titration 络合滴定
complexone 氨羧络合剂{生技}
compliance ①符合,一致 ②顺从,依从,顺应性 ③可塑性 (compliantia)
compliant 顺从的,顺应的 (complians)
complicate ①复杂的,错杂的 ②折叠的 (complicatus)

complication ①复杂化,复杂状态{栽培} ②并发症{遗传}(complicatio)
complication control 并发症控制
complications arising from primary infections in animals 畜疫并发症
complimentary implements 机力农机具
complon ①互补子{分遗} ②互补亚群{遗传}
complotype 补体单元型(complotypus){分生}
compo 灰泥
component ①组成部分{统计} ②构成因素{栽培} ③成分,组分{生理} ④分力,分量,分支{物} ⑤零件,部件{农机} ⑥元件,组件{生技}(componens)
component analysis ①组成部分分析 ②成分分析
component character 部分性状
component code 成分代码{电脑}
component coding 分量编码
component density 元件密度
component error 元件误差
component of enzyme 酶组分{分生}
component of force 分力
component of genetic variance 遗传方差成分
component of nucleic acid 核酸的组成部分
component of variance 方差成分,方差分量
component parts ①组成部分 ②组成件,部件,零件
component reliability 元件可靠性
component solvent 混合溶剂
component surface temperature 元件表面温度,器件表面温度
component type 成分类型
component velocity 分速度
compose ①构成,组成,组合 ②构图,设计 ③排版,排字(compausare)
composed ①合成的 ②组成的
composed table 合成表
composed view 组成视图
composer 设计者
composite ①复合的 ②合成的 ③复合材料(compositus)
composite abject 复合对象
composite absorber 复合吸收体
composite aggregate 复合团聚体,复合团粒
composite and node (CEN) 复合终端节点{电脑}
composite aperture 复口(aperatura composita)
composite artwork 合成原图
composite bar chard 复合条形图
composite beam 叠合梁,混合梁{水利}
composite bodies 并合体
composite bow 复合弓(东方弓)(狩猎用)
composite cable 复合电缆{信息}
composite capsid 组合衣壳(荚膜)
composite chromosome 复染色体{细胞}
composite circuit 复合电路,组合电路
composite color 复合色,复合彩色
composite console 组合控制台{信息}
composite coppice (=compound coppice, composite forest) 中林
composite cross 复系杂交
composite crossing 复系杂交
composite data 组合数据
composite design 复合设计{统计}
composite display 复合显示,复合显示器
composite experiment design 复合试验设计{统计}
composite family 菊科[Compositae]
composite feedback system (CFS) 复合反馈系统{信息}
composite forest 实生萌芽混交林
composite fruit 复合果(fructus compositus)
composite hybridization 复系杂交
composite hypothesis 复合假设{分遗}
composite image 合成图像
composite key 组合键
composite landscape 复合景观
composite leg 复合引线
composite map 综合图,混合图{显技}
composite mapping 合成映射,合成映象{电脑}
composite materials 复合材料
composite monitor 复合监控器
composite neural network 组合神经网络{智培}
composite photograph ①联配相片{显技} ②合成相片{遥感}
composite sample 复合样品
composite sampling 复合取样,组合取样
composite strain 复合品系
composite system (CS) 复合系统
composite theoretical performance (CTP) 综合理论性能{电脑}
composite thrips 菊小头蓟马[*Microcephalothrips abdominalis* (D. L. Crawford)](蓟马科)
composite transposon 复合转座子{分生}
composite variety 多系品种,复合品种混系种
composite video display 复合视频显示[器]
composite widget 复合窗口部件{电脑}
composite window 复合窗口

composition ①组成,成分 ②构图 ③排字{电脑}(compositio)
composition analysis (= compositional analysis) 组成分析,成分分析
composition disk head 组合磁头{信息}
composition of air 大气组成,空气组成
composition of atmosphere 大气组成,大气成分
composition of catch 渔获物组成
composition of feed 饲料配合,饲料组成
composition of force 力的合成
composition of milk [牛]奶成分
composition of minicell 小型细胞组成,小型细胞成分
composition of oilseed 油子成分
composition of plant 植物组成
composition of plastic combustion 塑料燃烧气体的成分{环保}
composition of soil 土壤成分
composition of species 树种组成
compositional heterogenity 组成不均一性{分遗}
compositional rule 合成法则
compositor ①排字工 ②排字机 ③发酵槽
compositor viewer 合成仪{遥感}
compost ①堆肥 ②混合肥料
compost-applier 施堆肥机
compost block (育苗用)混合肥料营养块(钵)
compost block press 混合肥料营养块(钵)压制机
compost cultivation 混合肥料栽培(指混合肥料用做栽培的肥料)
compost depot 堆肥库
compost fermentation 堆肥发酵
compost grinder 混合肥料粉碎机
compost heap [堆]肥堆,粪堆
compost hut (= compost pile) 堆肥棚
compost maker 堆肥制备机
compost mixer ①堆肥拌和机 ②混合肥料拌和机
compost pit 堆肥坑
compost rasping 堆肥捣碎
compost rasping machine (= compost shredder) 堆肥捣碎机
compost shed 堆肥场,堆肥棚
composted straw 秸秆堆肥
composting ①制造堆肥 ②施用堆肥
composting pit with ventilation 通风型制造堆肥坑
composting plant [制造]堆肥站
composting refuse 堆肥垃圾
composting soil 堆肥土
composting yard 制造堆肥堆置场
compote 糖渍水果
compound ①复合的 ②复出的 ③化合物 ④复合物,混合物(compositus)
Compound 118 (= aldrin) 艾氏剂{农药}
Compound 269 (= endrin) 异狄氏剂
Compound 497 (= dieldrin) 狄氏剂
Compound 923 (= Genite) 杀螨磺
Compound 1836 (= p-2) 敌敌磷
compound achene 复瘦果(achenium compositum)
compound allele 复等位基因
compound alluvial fan 复合冲积扇
compound antenna 复触角(antenna composita)
compound arms 复[染色体]臂
compound beam 复合梁
compound berry 复浆果(bacca composita)
compound binomial distribution 复合二项式分布{统计}
compound botrys 复总状花序(botrys compositus)
compound bud 复芽(gemma composita)
compound catkin 复柔荑花序(amentum compositum)
compound chromosome 复染色体
compound cirque 复合冰斗
compound coastline 复合岸线
compound compensatory duty 混合滑动税{农经}
compound condition 复合条件,组合条件
compound corymb 复伞房花序(corymbus compositus)
compound crossing 复杂交
compound crossing-over 复交换
compound curve 复曲线
compound cyme 复聚伞花序(cyma composita)
compound determiners ①复定因 ②复因子
compound dichasium ①复二歧聚伞花序 ②复二歧式(dichasium compositum)
compound distribution 复合分布
compound duty (= mixed duty) 混合税{农经}
compound embryo sac 复胚囊(saccus embryonalis compositus)
compound expression 复合表达式
compound eye 复眼
compound feed 混合饲料,配合饲料
compound fertilizer 复合肥料
compound fish fertilizer 复合鱼肥,多元鱼

肥
compound flower 复合花 (flos composita)
compound fruit 复合果 (fructus compositus)
compound function 复合函数
compound glacier 复合冰川
compound grain (花粉)复粒 (granum compositum)
compound grain structure 复粒结构
compound hair 复毛 (pilus compositus)
compound head 复头状花序 (capitum compositum)
compound inflorescence 复花序 (inflorescentia composita)
compound instruction 复合指令{电脑}
compound interest 复利(指利息)
compound interest law 复利律
compound layer 重复压,蛇状压,波状压{园艺}
compound layerage 重复压法,波状压法{园艺}
compound layering (= serpentine layering) 波状压[条]法,蛇状压[条]法
compound leaf 复叶 (folium compositum)
compound lens 复式透镜
compound locus 复座位
compound logic element 复合逻辑元件{电脑}
compound manure 复合肥料
compound medullary ray 复髓射线 (radius medullaris compositus)
compound metal 合金
compound microscope 复式显微镜
compound middle lamella 复中层 (lamella mediana composita)
compound motion 复杂运动
compound of clusters 计算机群的组合{电脑}
compound oil 合成油
compound oösphere 复合卵球
compound ovary 复[合]子房 (ovarium compositium)
compound pendulum 复摆(指测量仪器)
compound petal 多瓣 (petallum compositum)
compound pistil 复雌蕊 (pistillum compositum)
compound planetary gears 复合行星齿轮组
compound poisson distribution 复合波依逊分布{统计}
compound pollen grain 复花粉粒 (granum pollinis compositus)
compound probability 复[合]概率{统计}
compound raceme 复总状花序 (racemus compositus)
compound rate 复合率
compound ray 复射线 (radius compositus)
compound ring chromosome 复环染色体
compound sepal 复萼 (sepallum compositum)
compound shutter 复快门(指摄影机)
compound sieve plate 复筛板 (platus cribrosus compositus)
compound signal 组合信号{信息}
compound spike 复穗状花序 (spica composita)
compound spirits 混合酒
compound spore 复合孢子
compound starch grain 复淀粉粒 (granum amylum compositum)
compound stem 复合茎,分枝茎 (caulis compositus)
compound storied forest 复层林
compound stress 复合应力
compound strobilus 复孢子叶球 (strobilus compositus)
compound structure 复结构
compound style 复花柱 (stylus compositus)
compound sugar 复合糖
compound term 复合项
compound tissue (= complex tissue) 复合组织 (tela composita)
compound umbel 复伞形花序 (umbellum compositum)
compound X-chromosomes (= compound X) 复X染色体
compounded feedingstuffs (= compounded feedstuffs) 混合饲料
compounding ①配合{栽培} ②配料{加工} ③配方{医}
compounds 混合饲料
comprehension ①包含,包括 ②理解,理解力 (comprehensio)
comprehensive 综合[性]的 (comprehensivus)
comprehensive chart 详图{遥感}
comprehensive cross 综合杂交
comprehensive description 综合描述
comprehensive direction 综合指导(指作物智能栽培){智培}
comprehensive electronic office (CEO) 综合电子办公软件
comprehensive environment control of greenhouse 温室综合环境控制{农施}

comprehensive fertilizer system 综合肥料体系
comprehensive fishery 综合性渔业
comprehensive forecasting 综合预测{智培}
comprehensive forecasting of natural disasters 天灾综合预测,天然灾害综合预测
comprehensive geographic information system 综合地理信息系统{遥感}
comprehensive hybrid variety 综合杂种品种
comprehensive information system of agricultural production 综合农业生产信息系统{智培}
comprehensive judge 综合评判
comprehensive knowledge base 综合知识库{智培}
comprehensive knowledge function 综合知识功能(指有关智能栽培方面的知识)
comprehensive maintenance workshop 综合维修车间{农施}
comprehensive management ①综合经营 ②综合治理 ③综合管理
comprehensive management of marsh and water-logged land 沼泽和水涝地的综合治理{农经}
comprehensive management of red and yellow earth 红壤和黄壤的综合治理
comprehensive management of saline-alkali land 盐碱地的综合治理
comprehensive management of soil and water erosion 土壤侵蚀和水蚀的综合治理
comprehensive management of windy sands 风沙地的综合治理
comprehensive mechanization 综合机械化
comprehensive planning and more effective leadership 全面规划加强领导
comprehensive research program 综合性研究课题
comprehensive research work 综合性研究工作
comprehensive review 综合[性]评论
comprehensive suggestion 综合论述,综合讨论
comprehensive system of flood control and disaster reduction 综合防洪减灾体系{农经}
comprehensive transport market 综合运输市场{农管}
comprehensive utilization 综合利用{加工}
comprehensive utilization of bast fibre crop by-products 韧皮纤维作物副产品的综合利用
comprehensive utilization of cotton 棉花综合利用
comprehensive utilization of oil seed cake and meal 油子饼粕的综合利用
comprehensive utilization of wheatby-product 小麦副产品的综合利用
comprehensiveness 综合性(comprehensivitas)
compress ①压缩,浓缩 ②精简(comprimere)
compress phase 压缩相
compressed ①扁的,左右扁的 ②压缩的,压榨的(compressus)
compressed air 压缩空气
compressed air sprayer 压缩喷雾机(器)
compressed audio 压缩音频{电脑}
compressed carbon dioxide 压缩二氧化碳
compressed cavity 扁平果洼(cavitas compressus)
compressed dried grass 成型干草
compressed pincushion 白龙球[*Mammillaria compressa* sp.](仙人掌科)
compressed pulse radar altimeter (CPRA) 压缩脉冲雷达高度计{遥感}
compressed snow 压缩雪,压实雪
compressed soil 压实土
compressed tea 压制茶
compressed video 压缩视频{电脑}
compressed wood 胶压木
compressed yeast 压榨酵母
compressibility ①压缩性 ②压缩率(compressibilitas)
compressibility modulus 体积弹性模量
compressible 压缩性的,可压缩的(compressibilis)
compressible fluid 压缩性流体
compressing ①压紧,压实 ②压榨,挤压(compressens)
compression ①压缩 ②压型化石(compressio)
compression amplifier 压缩放大器
compression atrophy 压缩性萎缩
compression border 压型化石边缘
compression failure (= wind-break thundershake) 风折
compression index 压缩指数
compression link ①(悬挂装置)上拉杆,中央拉杆 ②压杆
compression member 压缩构件
compression ratio (CR) 压缩比
compression refrigeration system 压缩式冷冻
compression ring 压缩环

compression stroke 压缩行程
compression test 压缩试验
compression wave 压缩波
compression wood 应压木
compressive 压缩性的（compressivus）
compressive force 压缩力
compressive load 压缩载重
compressive strain 压缩应变
compressive strength 压缩强度，抗压强度｛物｝
compressive stress 压缩应力
compressometer 压缩计
compressor ①压缩机，压捆机｛农机｝②压肌｛昆虫｝③压缩物｛环保｝
compressor-expander（= compandor） 压缩扩展器｛电脑｝
compromise ①综合平衡，综合考虑，妥善处理，策略 ②妥协，折中，折中办法 ③损害，连累，危及 ④放弃，泄露(指秘密)
compromise net 平衡网[络]，折中网[络]
compromise reaction 温和反应(指显微阵列杂交过程的反应)
comptie（= coontie） 佛罗里达苏铁［*Zamia floridana* DC.］(苏铁科)
comptodacytylism 弯曲小指（comptodacytylismus）
comptometer（= calculating machine） 计算机
Compton effect 康卜坦效应(关于 X 射线诱变)
compu- ⌊字头⌉ 计算机，运算，计算
compulsive 强迫的，有强迫力的（compulsivus）
compulsive crossing 强迫杂交
compulsive interrupt 强迫中断｛信息｝
compulsive self-fertilization 强迫自花受精（autofoecundatio compulsiva）
compulsive self-pollination 强迫自花授粉（autopollinatio compulsiva）
compulsory ①强迫，强制 ②义务（compulsorius）
compulsory bookkeeping 义务簿记
compulsory collectivization 强制性集体化
compulsory commutation 强制解除
compulsory cultivation 规定耕作[法]
compulsory delivery 义务交售
compulsory lease 强迫租赁
compulsory notification 法定疫情报告
compulsory sale 强迫出售，强制拍卖
compulsory slaughtering 义务屠宰，强迫屠宰
compulsory stockpiling 义务储存
compulsory storage 义仓
compunication（= computer communication） 计算机通信
compuserve 计算机服务
computability 可计算性，可算性（computabilitas）
computable 可计算的（computabilis）
computable function 可计算函数
computable probability 可计算概率
computation ①计算，核算 ②估计，推测（computatio）
computation center 计算中心
computation in scalar mode 标量方式计算
computation in venter mode 向量方式计算
computation measure 计算度量
computation method 计算法
computation migration 计算迁移
computation of coordinate 坐标计算｛测｝
computation of yield 估产
computation sheet 计算表格
computation space 计算空间
computation technique 计算技术
computation unit 运算部件
computational 计算的
computational biology 计算生物学
computational economics 计算经济[学]
computational effort 计算工作量
computational error 计算误差
computational format 计算格式
computational geometry 计算几何学
computational hydromechanics 计算流体力学
computational intelligence（CI） 计算智能
computational item 计算项目
computational mathematics 计算数学
computational processor 运算处理机
computator 计算机
compute 计算（computere）
compute-limited（= compute-bound） 受计算量限制的
compute mode ①计算方式 ②计算状态
computed path control 计算路径控制
computed value 计算值
computer ①计算机，电子计算机 ②计数器 ③计量器 ④计算员
computer abuse 计算机乱用
computer-aided analysis（CAA） 计算机辅助分析
computer-aided circuit analysis 计算机辅助电路分析｛信息｝
computer-aided creating（CAC） 计算机辅助创造
computer aided design（CAD） 计算机辅助设计

computer aided editing (CAE) 计算机辅助编辑
computer-aided engineering (CAE) 计算机辅助工程
computer-aided industry (CAI) ①计算机辅助工业 ②计算机辅助产业
computer-aided instruction (CAI) 计算机辅助教学〔智培〕
computer-aided interpretation 机助解译,计算机辅助解译
computer-aided machineshop operation system (CAMOS) 计算机辅助车间操作系统
computer-aided management (CAM) 计算机辅助管理
computer-aided manufacture (CAM) 计算机辅助制造[业]
computer aided manufacturing (CAM) 计算机辅助制造(生产)
computer-aided measurement and control (CAMAC) 计算机辅助测量和控制
computer-aided multivariate analysis 计算机辅助多变量分析技术
computer-aided page make up 计算机辅助排版
computer-aided photorepeat 计算机辅助精缩照相
computer-aided processing planning (CAPP) ①计算机辅助工艺设计 ②计算机辅助加工计划
computer-aided quality assurance (CAQ assurance) 计算机辅助质量保证
computer-aided radiotherapy 计算机辅助放射治疗
computer-aided retrieval (CAR) 计算机辅助检索
computer-aided software engineering (CASE) 计算机辅助软件工程
computer-aided structure design (CASD) 计算机辅助结构设计
computer-aided system evaluation (CASE) 计算机辅助系统评估
computer-aided test (CAT) 计算机辅助测验
computer-aided transcription (CAT) 计算机辅助誊写
computer-aided typesetting 计算机辅助排版
computer allergy 计算机过敏症
computer and system engineering 计算机和系统工程
computer application 计算机应用
computer application criterion 计算机应用标准
computer application system for agriculture 计算机农业应用系统
computer approach 计算机方法
computer architecture 计算机体系结构
computer-assisted cartograph 计算机辅助地图制图,机助制图〔遥感〕
computer-assisted indexing program (CAIP) 计算机辅助索引程序
computer-assisted information retrieval system (CAIRS) 计算机辅助情报检索系统
computer-assisted message processing system 计算机辅助信息处理系统
computer-assisted retrieval 计算机辅助检索
computer assisted teaching training system (CATTS) 计算机辅助教学培训系统
computer-assisted tomography (CAT) 计算机辅助 X 射线断层摄影技术
computer-automated measurement and control standards (CAMAC standards) 计算机自动测量和控制标准
computer-based education 以计算机为基础的教育,计算机教育
computer-based learning 以计算机为基础的学习,计算机学习
computer-based teaching 以计算机为基础的教学,计算机教学
computer-based training (CBT) 以计算机为基础的培训,计算机培训
computer biomedicine 计算机生物医学
computer bureau 计算机服务局(站,中心)
computer calculation 计算机计算
computer capacity 计算机能力
computer card 计算机插件
computer cataloging system 计算机编目系统
computer center 计算机中心
computer character 计算机字符
computer circuit 计算机电路
computer circulation system 计算机流通系统
computer close-loop control 计算机闭环控制
computer communication (compunication) 计算机通信
computer compatible form 计算机可用形式
computer conferencing program 计算机会议程序
computer conferencing system (CCS) 计算机会议系统
computer configuration 计算机配置
computer console 计算机控制台

computer control 计算机控制,计算机管理
computer controlled feeder 计算机控制供料器(指精饲料)｛农施｝
computer controlled feeding gate 计算机控制进料门,计算机控制饲养门｛农施｝
computer controlled feeding system 计算机控制进料系统,计算机控制饲养系统｛农施｝
computer-controlled telegraph switching 计算机控制[的]电报交换｛信息｝
computer-controlled traffic 计算机控制城市交通
computer credit system 计算机信贷系统
computer cryptography 计算机加密
computer data entry system 计算机数据录入系统
computer design language (CDL) 计算机设计语言
computer development system 计算机开发系统
computer digital technology 计算机数字技术
computer documentation 计算机编制文献
computer engineering 计算机工程
computer environment 计算机环境｛智培｝
computer evaluation 计算机评价,计算机评估
computer field service 计算机就地维修
computer for management 农场经营用计算机
computer function test 计算机功能测试
computer-generated hologram 计算机产生的全息图
computer generation 计算机世代(指计算机的发展阶段)
computer graphic 计算机绘图
computer graphic display 计算机图形显示
computer graphic procedure 计算机绘图程序
computer graphics (CG) ①计算机绘图学(图形学) ②计算机图示法
computer hardware 计算机硬件
computer identification 计算机识别
computer image processing 计算机图像处理
computer input microfilm 计算机输入缩微胶片
computer installation 计算机安装
computer instruction ①计算机教学 ②计算机指令
computer integrated manufacturing (CIM) 计算机集成制造
computer integrated production 计算机集成生产
computer interface unit (CIO) 计算机接口部件
computer language symbol 计算机语言符号
computer listing 计算机清单
computer magnetic tape 计算机磁带
computer mail 计算机邮件
computer managed instruction (CMI) 计算机管理教学
computer managed parts manufacture (CMPM) 计算机管理零件制造
computer management system 计算机管理系统
computer manipulation of geographic data 地理数据的计算机处理｛遥感｝
computer mapping 计算机作图
computer micrographics ①计算机缩微照相术 ②计算机显微图形学
computer module 计算机样[模]型
computer navigation 计算机导航
computer network 计算机网络｛智培｝
computer network architecture 计算机网络结构
computer network component 计算机网络部件
computer network facilities 计算机网络设备
computer network protocol 计算机网络协议
computer network system 计算机网络系统｛智培｝
computer numerical control (CNC) 计算机数字控制
computer on a chip (= computer on-slice) 单片计算机
computer open-loop control 计算机开环控制
computer operating system 计算机操作系统
computer operation 计算机操作
computer operation package 计算机操作程序包
computer operator 计算机操作员
computer optimization package 计算机优化程序包
computer output microfilm (COM) 计算机输出缩微胶片｛遥感｝
computer output microfilmer (COM) 计算机输出缩微胶片机
computer output microfilming (COM) 计算机输出缩微胶片技术
computer packaging 计算机组装
computer pattern 计算机模式
computer performance 计算机性能
computer plotting system 计算机绘图系统
computer power 计算机效率
computer printout 计算机打印输出

computer privacy 计算机保密
computer procedure flowchart 计算机过程流程图
computer product 计算机结果
computer program 计算机程序
computer program abstract 计算机程序摘要
computer program annotation 计算机程序注解
computer program library 计算机程序库
computer programmer 计算机程序设计员
computer programming 计算机程序设计
computer programming language 计算机程序设计语言
computer recognition 计算机识别
computer repair 计算机修理
computer resource sharing 计算机资源共享
computer room 计算机房
computer run chart 计算机运行表
computer sabotage 计算机破坏
computer scales 计算机规模
computer science 计算机科学
computer search 计算机检索
computer security 计算机安全
computer series 计算机系列
computer simulation 计算机模拟〔智培〕
computer simulation model 计算机模拟模型
computer simulator 计算机模拟程序
computer software 计算机软件
computer software management 计算机软件管理
computer storage 计算机存储器
computer supported collaborative work (**CSCW**) 计算机支持协同工作
computer system analysis 计算机系统分析
computer system analyst 计算机系统分析员
computer system architecture 计算机系统结构
computer system methodology 计算机系统方法学
computer system operator 计算机系统操作员
computer tape cleaner 计算机磁带清洗机
computer tape reader (**CTR**) 计算机磁带读入机
computer taxonomy 计算机分类学
computer technology (= computer technique) 计算机技术
computer test scoring 计算机测试评分
computer time 电脑时代
computer tomography 计算机 X 射线断层造影
computer translation (**CT**) 计算机翻译
computer typesetting 计算机排字
computer useful time 计算机有效时间(指利用寿命)
computer user association 计算机用户协会
computer utility 计算机效益
computer vaccine 计算机疫苗
computer virology 计算机病毒学
computer virulent vaccine 计算机病毒疫苗
computer virus 计算机病毒
computer virus countermeasure 计算机病毒对抗技术
computer vision expert system 计算机视觉专家系统〔智培〕
computerization 计算机化 (computerisatio)
computerization time 计算机化时代
computerized acquistion system 计算机化采集系统
computerized branch exchange (**CBX**) 计算机化交换分机
computerized circulation system 计算机化流通系统
computerized conference 计算机化会议
computerized credit card system 计算机化信用卡系统
computerized database 计算机化数据库
computerized electrocardiography system 计算机化心电图分析系统
computerized mail 计算机化邮件
computerized navigation set 计算机化导航设备
computerized tomography (**CT**) 计算机化[X 线]断层显像
computerized tomography scanner 计算机化 X 线断层扫描器
computing 计算 (compusens)
computing center 计算中心
computing complexity 计算复杂性
computing control system 计算控制系统
computing controller 计算控制器
computing device 计算设备
computing element 计算部件,计算元件
computing error 计算误差
computing interval ①计算间隔 ②计算[间]距
computing logger 计算记录器
computing machine 计算机
computing power (= computing capacity) 计算能力
computing rule 计算尺
computing scale 求积尺

computing technology 计算技术
computopia 计算机乌托邦
compuvision 计算机电视 (compuvisio)
comsat 通信卫星[公司] {遥感}
Comstock mealybug (= catalpa mealybug, white beach scale) 康氏粉蚧 [*Pseudococcus comstocki* (Kuwana) = *Dactylopius comstocki* (Kuwana)] (粉蚧科)
Comus 科马斯(澳大利亚甘蔗品种)
con- ⌊字头⌉集,总,合
con A (= concanavalin A) 伴刀豆球蛋白 A
conalbumin 伴清蛋白
concanavalin 伴刀豆球蛋白
concanavalin A (Con A) 伴刀豆球蛋白 A
concatemer 连环[体],多联体
concatenate 连环,多联体 (concatenare)
concatenate of phage DNA molecules 噬菌体 DNA 分子连环
concatenated circle 连环体多联环
concatenated molecule 连环分子
concatenated probes 多联探针,串联探针
concatenation ①并置,串联,连环,多联 ②拼接,连接 (concatenatio)
concatenation character 并置字符 {电脑}
concatenation operation 连接运算
concaulescence 拼生茎 (concau lescentia)
concave 凹的 (concavus)
concave aggregate 凹状团聚体,凹状团粒
concave bank 凹岸
concave beater 逐稿轮
concave function 凹函数
concave grid (脱粒机)凹板筛
concave leaf 凹状叶 (folium concavum)
concave lens 凹面透镜
concave meniscus 凹形液面
concave mirror 凹面镜(反光镜)
concave planting 船底状栽植(甘薯)
concave plasmolysis 凹形质壁分离 (plasmolysis concavus)
concave protecting disc 凹面防护圆盘
concave saw 凹面锯,碟式圆锯
concave slide 凹玻片 {显技}
concave slope 凹坡
concave vein 凹脉
concavifolious 凹叶的 (concavifolius)
concavity 凹度 (concavitas)
concavo-concave 两面凹的 (concavoconcavus)
concavo-convex 凹凸的 (concavoconvexus)
concavo-convex bank 凹凸岸
concealed ①隐藏的,隐蔽的 ②潜伏的,隐伏的
concealed antigen 隐蔽抗原
concealed erosion 隐侵蚀
concealed fen 埋藏沼泽(英国)
concealed fracture 隐伏断裂
concealed genetic variability 潜伏遗传变异性
concealed line 隐蔽线
concealed mineral deposits 隐伏矿体
concealed mull 隐细腐殖质,隐细腐殖质
concealed mutation 潜伏突变
concealed podzol 隐灰化土
concealed solonchak 埋藏盐土
concealed water 潜水
concealing coloration (= concealing colouration) 隐匿色
concealment ①隐藏,隐匿,躲藏,隐蔽 ②隐藏处所
conceiving 受胎,怀胎
concentrate ①浓缩饲料,精饲料 {畜} ②浓药液,原液 {农药}
concentrate application 浓缩施用,浓厚撒药
concentrate fish 集群鱼
concentrate juice (= concentrate fruit juice) 浓缩果汁
concentrate sprayer 高浓度喷雾机
concentrated ①浓缩的 ②密集的 ③集中的 (concentratus)
concentrated blue 深蓝色的
concentrated feed 精饲料
concentrated feedstuff 精饲料
concentrated fertilizer 高效肥料,浓缩肥料
concentrated fodder 精饲料
concentrated forage 精饲料
concentrated formula feed production [配合]精饲料生产
concentrated fruit juice 浓缩果汁
concentrated fruit set 坐果集中
concentrated heating 集中加热
concentrated industry 工业密集,产业密集
concentrated juice 浓缩果汁 {加工}
concentrated management 集中管理
concentrated manure 浓肥料
concentrated message 集中信息,综合消息
concentrated milk 浓缩牛乳,炼乳
concentrated population 密集人口
concentrated school 密集鱼群
concentrated sludge 浓缩污泥 {环保}
concentrated solution 浓缩液
concentrated spraying 浓溶液喷射(雾)
concentrated stack 集中烟囱 {环保}
concentrated storage ①精饲料贮藏 ②集中贮藏

concentrated superphosphate 重过磷酸钙,浓缩过磷酸钙
concentrating mechanism 浓度机制(指 SO_2)
concentration ①浓度 ②浓缩 ③集中,集合 ④浓缩物,集中物(concentratio)
concentration amplitude 浓度幅度
concentration area [野兽]集中区
concentration by freezing 冻结浓缩[法]{环保}
concentration cauldron (制糖)浓缩锅,熬糖锅
concentration cell 浓差电池
concentration change 浓度变化
concentration determination 浓度测定
concentration difference 浓度差,浓差
concentration diffusion 浓差扩散
concentration effect 浓度效应
concentration factor 浓度因子
concentration gradient 浓差梯度,浓差陡度
concentration gradient of minerals 矿物质浓差梯度
concentration index 浓度指数
concentration of solution 溶液浓度
concentration pit 浓缩井{环保}
concentration potential 浓差电位
concentration processor 集中处理机
concentration range 浓度范围
concentration scales 浓度度量法,浓度表示法
concentration threshold 浓度阈值
concentrative economy 集聚经济
concentrator ①浓缩器{环保} ②集中器{物} ③集线器{信息}
concentrator data ready queue (DRQ) 集中器数据就绪排列{电脑}
concentrator terminal buffer (CTB) 集线器终端缓冲器
concentric ①同心的 ②聚合的 ②集中的(concentricus)
concentric adjustable bearing 同心调节轴承
concentric atrophy 同心性萎缩
concentric bundle 同心维管束(fasciculus concentricus)
concentric circle 同心圆
concentric cylinder viscometer 同心柱黏度计
concentric domed mires 同心圆状沼泽
concentric fertilization 集中施肥[法]
concentric lamina 同心层(lamina concentrica)
concentric layer 同心层
concentric microelectrode 同轴微电极
concentric ring 同心环(annulus concentricus)
concentric siphon 同心虹吸{环保}
concentric vascular bundle 同心维管束(fasciculus vasorum concentricus)
concentricity 同心环纹 ②同心度,同心性(concentricitas)
concept (=general notion) 概念
concept and content 概念与内涵{智培}
concept hierarchy 概念层次体系
concept mode 概念模式{智培}
conceptacle ①生殖窠 ②产孢子器(conceptaculus)
conception ①概念,观念 ②受胎妊娠(conceptio)
conception of autogenesis of life 生命自生观念
conception of the constancy of species 种永恒不变观念
conception rate 受胎率
conceptional data structure 概念数据结构{电脑}
conceptual ①概念的 ②方案的(conceptualis)
conceptual analysis 方案分析
conceptual database 概念数据库
conceptual design and study 方案设计与研究
conceptual framework 概念化框架
conceptual graph 概念化图
conceptual model 概念[化]模型(指作物智能栽培学研究工作过程)
conceptual region 概念区
conceptualization 概念化(conceptualisatio)
conceptus interferon 妊娠干扰素
concerted ①协调的,协同的 ②一致的(concertus)
"concerted action" (经济上采取的)一致行动
concerted catalysis 协同催化
concerted feedback inhibition 协同反馈抑制
concession 特许(concessio)
conch ①介壳,贝壳 ②海螺
concha 耳壳,外耳
conchate ①贝壳状的{形态} ②胫耳叶{昆虫}(conchatus)
conche 巧克力乳化剂
conchiform 贝壳状的(conchiformis)
conchiolin 贝壳硬蛋白
conchita ①蝶豆属[*Clitoria* L.](豆科) ②

蝶豆［*Clitoria mariana* L.］
conchocelis 丝状体
conchoidal fracture 贝壳状断口
conchoporphyrin 贝卟啉
conciliation 调和,调解,和解（conciliatio）
concision 切断
concluding stage 终期{土壤}
conclusion ①结论,结束语 ②最后结果（conclusio）
conclusive contact investigation 最后接触调查
concn（= concentration） 浓度
concoction ①配制,调制 ②调制品,混合饮料（concoctio）
concolorous leaf 上下[两面]同色叶（folium concolorum）
concoloured （= concolored）同色的（concolorus）
concombre ①胡瓜属（甜瓜属）［*Cucumis* L.］（葫芦科）②胡瓜（黄瓜）［*Cucumis sativus* L.］③甜瓜［*Cucumis melo* L.］
concomitance（= co-existence） 共存,并存
concomitant 伴生的,伴随的（concomitans）
concomitant change 伴随改变
concomitant fertilizer 伴肥
concomitant immunity 伴随免疫
concord 康可(葡萄品种)
concordance ①一致性 ②索引（concordantia）
concordance list 索引表{电脑}
concordant 一致的（concordans）
concordant orientation 一致定向
concordant polymitosis 一致多次有丝分裂
concordant segregation 一致分离
concordant twin 相似双生
concourse ①汇聚,汇合{水利} ②群集{生态}（concoursus）
concrement 凝结（concrementum）
concrescence ①合生 ②愈合（concrescentia）
concrescent 合生的（concrescens）
concrete ①具体的 ②固结成的,凝结的混凝土制的 ③结核 ④混凝土,水泥（concretus）
concrete analysis 具体分析
concrete block silo 凝结土块青贮塔
concrete boundary 混凝土田界
concrete community 合生群落,基本群落,具体群落
concrete construction 混凝土构造
concrete dam 混凝土坝
concrete design 具体设计
concrete drain pipe 混凝土排水管
concrete form 具体形式
concrete frame 混凝土构架
concrete lining 混凝土衬砌
concrete pipe 混凝土管{环保}
concrete pump truck 混凝土泵车
concrete silo 混凝土青贮塔
concrete stave silo 混凝土块青贮塔
concrete tank 混凝土水池,混凝土水箱{环保}
concrete wall 混凝土墙
concrete work 混凝土作业
concretion ①凝固 ②结核{土壤} ③结石{医}（concretio）
concretion form 结核形状
concretionary 结核的（concretionaris）
concretionary brown soil 结核棕色土
concretionary laterite 结核砖红壤
concretionary sand 结核[状]沙
concurrence（= concurrency） 并发,俱发,同时发生 ②并行（concurrentia）
concurrency control 并发控制
concurrency relation 并发关系
concurrent ①并发的,并行的,共行的 ②同时的（concurrens）
concurrent bus architecture 并行总线结构{信息}
concurrent computer 并行[操作]计算机
concurrent control mechanism 并发控制机制
concurrent data structure 并发数据结构
concurrent disinfection 同时消毒
concurrent infection ①同时侵染{病理} ②合并传染{微生物}
concurrent inhibition 并发抑制
concurrent interruption 同时[出现]中断{信息}
concurrent operation ①并行操作{电脑} ②并行运算{统计}
concurrent photosynthetic activity 同时光合活力
concurrent process ①并行过程 ②并发过程
concurrent processing ①并行处理 ②并发处理
concurrent processor ①并发处理机 ②并行处理程序,并行加工程序
concurrent protocol 并发协议{电脑}
concurrent register 并行寄存器
concurrent replication 并行复制{分生}
concurrent run unit 并行运行单位
concurrent simulation 同时模拟
concurrent transmission 并行传输
concuss 振动,震荡

condemn ①没收,充公 ②报废(condemnare)
condensability ①冷凝性,凝结性 ②可压缩性 ③浓缩力(condensabilitas)
condensate ①冷凝液{土壤} ②缩合物{生化}
condensate water (= condensated water) 冷凝水
condensation ①(染色体)浓缩{遗传} ②冷凝[作用]{土壤} ③凝结[作用]{气象} ④缩合[作用]{生化} ⑤凝聚{环保}(condensatio)
condensation adiabat 凝结绝热线
condensation compound 缩合物
condensation cycle 浓缩周期
condensation efficiency 凝结效率
condensation level ①凝结层 ②凝结高度
condensation limit 凝结限度
condensation method 浓缩法
condensation nucleus 凝结核
condensation point 凝结点
condensation polymer 缩[合]聚[合]物
condensation polymerization 缩聚[作用]
condensation pressure 凝结压
condensation product 缩合产物
condensation reaction 缩合反应
condensation return pump 冷凝水回水泵{环保}
condensation stage 凝结阶段
condensation tank 冷凝箱{环保}
condensation temperature 凝结温度
condensation trail 凝结尾迹
condensation trial 凝结试验
condensation water 凝结水,冷凝水
condensation wave 密波
condensator 浓缩器,浓缩装置
condense ①浓缩 ②压缩(condensus)
condensed ①浓缩的,凝缩的,压缩的 ②稠合的,密集的(condensus)
condensed chromatin 浓缩染色质
condensed chromosome 浓缩染色体
condensed milk 炼乳,浓缩牛乳
condensed milk processing 炼乳加工{加工}
condensed planting (= close planting) 密植
condensed print 压缩印刷
condensed set 凝聚集,凝结集{遥感}
condensed state 凝缩态,固缩态
condensed system 凝缩系统,浓缩系统
condensed tannin 缩合单宁
condensed water 冷凝水,凝结水
condenser (= condensor) ①冷凝器{生化} ②聚光镜,聚光器{显技} ③电容器{物}
condenser coil 冷凝器蛇管
condenser discharge anemometer 放电式风速计{气象}
condenser kiln 冷凝式干燥窑
condenser lens 聚光镜
condenser liquor 煤气冷凝液{环保}
condenser paper 绝缘纸
condenser stand 冷凝器台
condenser storage 电容存储器
condensery 炼乳厂
condensing agent 冷凝剂
condensing enzyme 缩合酶,柠檬酸缩合酶
condensing routine 压缩程序{电脑}
condensing unit 冷凝装置
condiment 调味品,调味剂,佐料,香辛料(condimentum)
condiment crops 香辛[料]作物
condiment herbs 香辛类草本植物
condiment plants 香辛类植物
condiment vegetables 香辛类蔬菜
condition ①条件,必要条件 ②状态,目前情况 ③[复]环境,情形
condition collateral 附带条件
condition equation 条件方程式
condition expression 条件表达式
condition for existence 生存条件
condition handle facility 条件处理设备
condition indicator 条件指示器
condition information content 条件信息量
condition of aftercrop 第二次收割条件
condition of arable layer 耕层状态
condition of atmospheric drought 大气干旱情况
condition of autumn ploughing 秋耕情况
condition of body 体况,膘情
condition of compacting 镇压状态
condition of compromise reaction 温和反应条件(指显微阵列杂交过程)
condition of deep culture 深耕情况
condition of degeneration 退化情况
condition of development 发育条件
condition of differentiation 分化状态
condition of dormancy 休眠状态
condition of erosion 侵蚀状态
condition of fertilization ①施肥情况 ②受精情况
condition of forest 林况
condition of granular structure 团粒结构状态
condition of grazing land 放牧地条件
condition of growth ①生长条件 ②生长状态
condition of harrowing 耙地状态

condition of hoeing 锄地情况,耕翻情况
condition of intersection 交线条件
condition of layer ploughing 分层耕作状态
condition of ploughing 耕地情况,耕翻情况
condition of preparation of soil (播种前)整地情况
condition of site 植株生长地条件,立地条件
condition of storehouse temperature 库房温度条件
condition of stubble 留茬地情况
condition of tamping 镇压状态
condition of tillage (播种前)整地情况
condition of topsoil 表土状态
condition of upland field 旱田状态
condition of virgin soil 生荒地情况
condition precedent 先决条件
conditional ①依赖条件的 ②有条件的(conditionalis)
conditional association 条件结合
conditional capture ①条件捕获 ②条件收集
conditional conservatism 条件保守性
conditional convergence 条件收敛{遥感}
conditional cost 条件费用,条件开销
conditional distribution 条件分布{统计}
conditional dominance 条件显性
conditional entropy 条件熵{遥感}
conditional equilibrium 条件[性]平衡
conditional error 条件误差{统计}
conditional factor 条件因子
conditional gene 条件基因
conditional independence 条件独立,条件无关
conditional indicator 假定指标
conditional instability 条件[性]不稳定度
conditional lethal mutant 条件致死突变体
conditional lethal mutation 条件致死突变
conditional lethality 条件致死现象
conditional lethals 条件致死因子
conditional loss 条件损失
conditional mean estimate 条件均值估计
conditional mutant 条件突变体,条件突变型
conditional mutation 条件突变
conditional observation 条件观测
conditional payoff 条件支付
conditional probability 条件概率
conditional profit 条件利润,条件收益
conditional reflex 条件反射
conditional risk 条件风险
conditional stability 条件性稳定度
conditional statistic 条件统计量
conditional stop order (= conditional stop instruction) 条件停机指令{信息}
conditional streptomycin dependent mutant 依赖于条件性链霉素的突变体
conditional synchronization 条件同步
conditional transfer 条件转移
conditional unstable 条件性不稳定
conditional variance 条件方差
conditioned ①有条件的,限制性的 ②习惯性的
conditioned behavior 条件行为
conditioned dominance 条件显性,不规则显性
conditioned medium 条件培养基
conditioned pathogen 条件致病菌,条件致病病原菌
conditioned reflex 条件反射
conditioned response 条件反应
conditioned weight test (丝)正量检查{蚕}
conditioner ①调节器,调节装置 ②(土壤结构)改良剂
conditioner roll 压扁棍,压平辊
conditioning ①调节{遗传} ②风干,气干,干燥{加工} ③(蚕丝)检查{蚕} ④(干草)调制,加工处理{加工}
conditioning agent 调节剂
conditioning ground 肥育场{水产}
conditioning pond 暂养池
conditioning with ethylene 乙烯处理{环保}
conditions ①情况,状况 ②环境 ③条件
conditions of land tenure 土地占有状况
conditions of location 场址条件
conditions of reseeding 重播情况,补种情况
conditions of site [植株]部位环境
conduct ①引导,指导 ②实施,处理 ③传导
conduct of water 水管道
conductance ①电导 ②传导 ③热传(conductantia)
conductance cell 电导池
conductance of water vapour 水汽传导
conductance ratio 电导率
conducted emission 传导发射
conducted interference 传导干扰
conductibility ①传导性,导电性{物} ②输导本领{解剖}(conductibilitas)
conductimetric titration 电导滴定
conducting area 输导面积(area conductans)
conducting bundle ①维管束 ②输导束(指苔,藓)(fasciculus conductans){解剖}
conducting element 输导分子(elementum conductans){解剖}
conducting parenchyma 输导薄壁组织(parenchyma conductans)

conducting system 输导系统（systema conductans）
conducting tissue 输导组织（tela conductans）
conducting vessel 输导导管（vas conductans）
conduction ①传导，导电{物} ②输导{解剖} ③引流{水利}（conductio）
conduction band 导带
conduction cooling 传导冷却
conduction of heat 热传导，热导
conductive 传导性的，有传导力的（conductivus）
conductive body ①导体 ②导电体
conductive coupling ［电］导耦［合］
conductive equilibrium 传导平衡
conductive pattern 导电图形
conductive system 输导系统（systema conductiva）
conductive tissue 输导组织（tela conductiva）
conductive window 导电窗{电脑}
conductivity ①传导性，传导率 ②导电性，导电率（conductivitas）
conductivity apparatus 导电仪
conductivity cell 电导池
conductivity-cell constant 电导常数
conductivity coefficient 传导系数，导电系数
conductivity detector 电导率检测器
conductivity meter 导电表（计）
conductivity of waste water 废水的电导率
conductivity type flow meter 电导式流速计
conductivity water 电导水
conductometer ①热导计 ②电导计
conductometric 电导的（conductometricus）
conductometric analysis 电导［定量］分析
conductometric method 电导法
conductometric titration 电导滴定［法］
conductometry ①电导测定 ②电导测定法（conductometrica）
conductor ①导体 ②导管，导线 ③避雷针 ④管理员
conductor barrel 导线筒
conductor cross-section selection 导体截面选择
conductor spacing 导体间距
conductor tensile force 导线拉脱力
conductron 光电摄像管，导像管
conduit ①水管，沟渠，暗渠 ②导管，导线管，管道
conduplicate 对折的（conduplicatus）
conduplicate cotyledon 对折子叶（cotyledon conduplicatus）
conduplication 对折（conduplicatio）
condurango ①牛奶菜属［*Marsdenia* R. Br.］（萝藦科）②牛奶菜［*Marsdenia tomentosa* Morr. et Dcne.］
conduritol 牛奶菜醇，环已烯四醇［$C_6H_{10}O_4$］
condylar ①髁的 ②关节的（condylaris）
condyle ①髁（突）②关节（condyla）
cone ①（生长）锥 ②锥体，圆锥形 ③球果，球花 ④视锥细胞 ⑤防风罩 ⑥暴风信号 ⑦火山口丘（conus）⑧水斗，灰斗{环保}
cone aerator 锥体形曝气器{环保}
cone and plate viscometer 锥板式黏度计
cone-bearer（= cone-bearing tree） 针叶树
cone bearing ①结实{形态} ②锥形轴承{农机}
cone belt 三角［皮］带
cone bore 锥孔内径
cone-bract 球果萼片
cone brake 锥形摩擦制动器
cone cell 视锥细胞
cone clutch 锥形［摩擦］离合器
cone collector 球果收集机
cone delta 锥形三角洲
cone drop 落果
cone-drum thresher 锥形圆筛式脱粒机
cone-nose 锥蝽
cone of cypress 浆果状球果
cone of debris 岩屑圆锥
cone of growth（= growth cone） 生长锥（conus vegetationis）
cone of influence 受影响锥体{环保}
cone of tangents 切锥{电脑}
cone penetrometer 锥形透度计
cone pepper 圆锥椒［*Capsicum frutescens* var. *conoides* Bailey］（茄科）
cone planting method 锥形种植法
cone pulley 级轮，塔轮
cone ray tracing 锥形光线追踪
cone redpepper（= cone pepper）指天椒［*Capsicum frutescens* var. *conoides* Irish = *C. annuum* var. *grossum* Sendt.］（茄科）
cone-scale（= ovuliferous scale） 球鳞，果鳞
cone-shaped training 圆锥形整枝
cone-sowing 球果直播
cone-spray nozzle 锥型雾喷头
cone wheat（= English wheat, Poulard wheat, Rivet wheat） 圆锥小麦［*Tritic-*

um turgidum L.]（禾本科）
cone yield 球果产量，产果量
coneflower ①金光菊属[*Rudbeckia* L. = *Echinacea* Moech.]（菊科）②金光菊[*Rudbeckia laciniata* L.]
conehead 马兰属[*Strobilanthes* Blume.]（爵床科）
conelet 小球果（strobiculus）
conelet sowing （甜菜）小球果播种
conelike（= conoidal） 似圆锥的，圆锥状的（conoideus）
conessin 止泻木碱
coneworm（= pine shoot borer） 球果螟（松斑螟）[*Dioryctria abietella* Schiffer-Müller]（螟蛾科）
confection ①调制，备制，制造，调和 ②糖果，蜜饯点心（confectio）
confection industry 糖果制造业
confectionery ①糖果类 ②糖果制造 ③糖果制造业 ④糖果店（confectionerius）
confederate jasmine 洛石[*Trachelospermum jasminoides* Lem.]（夹竹桃科）
confederate-rose 木芙蓉（芙蓉）[*Hibiscus mutabilis* L.]（锦葵科）
confederate-vine 珊瑚藤（蓼科）[*Antigonon leptopus* Hook. et Arn.]
confer ①参看，参照 ②比较（conpare）
conference 会议（conferentia）
conference call 会议电话，会议呼叫
conference control ①会议控制 ②灵敏度控制
conference microphone 会议传话器，会议麦文风
conference on agriculture 农业会议
conferruminate 黏合的（指子叶）（conferruminatus）
conferted 密集的（confertus）
conferted distribution 密集分布
confertiflorous 密花的（conferti florus）
confertifolious 密叶的（confertifolius）
confervaceous（= confervoid） 丝状的
confidence 可靠性，置信（confidentia）{统计}
confidence belt 置信带
confidence bound 置信界限
confidence coefficient 可靠系数，置信系数
confidence factor 置信因子
confidence inference 置信推断
confidence interval 置信距，可靠距
confidence level 置信度，置信水平{遥感}
confidence limit 置信限，可靠限
confidence measure 置信量度
confidential 机密的（confidentialis）
confidential telegram 密电，亲展电报
confidentiality 机密性
configurable station 可配置站{信息}
configuration ①表型{遗传} ②构型{分遗} ③配置{电脑} ④结构{信息}（configuratio）
configuration assignment unit（**CAU**） 结构分配部件
configuration facility 配置机制
configuration frequency 表型频率
configuration hierarchy 配置分层结构
configuration image 配置映象
configuration of ground 地形，地势
configuration of surface 表面形态，表面结构
configuration restart 配置再启动
configuration stability 布局稳定性
configuration state ①结构状态 ②配置状态
configurational disorder 构型无序{分遗}
configurational unit 构型单位
configurator ①配置器 ②配置程序
configured-in 合用配置{电脑}
configured-off 非合用配置
configured-out 非通用的合用配置
confine ①境界，边界 ②边界地 ③限制，禁用
confined ①限制的 ②舍饲的 ③防护的 ④承压的（confinis）
confined water ①舍饲水 ②禁闭水 ③承压水
confinedness 舍饲（= housing）
confinement ①限制 ②分娩 ③舍饲，圈饲 ④防护
confinement rearing（= confinement raising） 屋内饲养，舍饲
confining bed 不透水层，封闭层{遥感}
confirmation ①巩固，强化 ②证实，确证（confirmatio）
confirmation of delivery 提交确证
confirmation of receipt（**COR**） 接收证实
confirmation signaling 确认信号[法]
confirmatory sequencing 确证性测序，确证性序列测定{分遗}
confirmatory test 确证试验，证实试验（指大肠菌的确断）
conflagration 大火灾（conflagratio）
conflation 归并（conflatio）{统计}
conflict ①冲突 ②争执 ③矛盾
conflict analysis 冲突分析，争执分析，矛盾分析
conflict-free 无冲突的，无矛盾的
conflict objective 冲突目标
conflict resolution 冲突消除，争执消除
conflict resolver 冲突分解[器]
conflicting observations 矛盾的观察

confluence ①汇流,合流 ②会合,聚集 ③连生,合生(confluentia)
confluent ①合流的,汇流的 ②会合的,聚集的 (confluens)
confluent culture 聚集培养
confluent fruit 会合果 (fructus confluens)
confluent monolayer 会合单层
confluent monolayer cell 连生单层细胞
confluent parenchyma 聚翼薄壁组织 (parenchyma confluens)
confluent stream 会流
confluent type 合生型 (typus confluens)
confocal 共聚焦的(confocalis)
confocal laser scanning 共聚焦激光扫描技术
conformability 整合 (comformabilitas) {遥感}
conformable ①适合的,符合的,整合的,一致的 ②相应的,相似的 (conformabilis)
conformal ①正形 ②保形的,保角的 (conformalis)
conformal condition 正形条件
conformal conic projection 正形圆锥投影
conformal cylindrical projection 正形圆柱投影
conformal double projection 正形双重投影
conformal mapping 保形映射,保角映射{电脑}
conformal orthomorphic projection 等角投影[图]法
conformal polyconic projection 正形多圆锥投影
conformal projection 正形投影[法]
conformality 正形性 (conformalitas)
conformance ①一致性 ②适应,符合 ③约束程序{电脑}
conformance testing 一致性测试
conformation ①体型,体型结构{畜} ②构象{分遗} ③构型{生化} (conformatio)
conformation-dependent determinant 依赖于构象的决定[因]子
conformation-dependent epitope 依赖于构象的表位
conformation in solution 溶液构象
conformation-independent determinant 不依赖于构象的决定[因]子
conformation-independent epitope 不依赖于构象的表位
conformation of protein molecule 蛋白质分子构型
conformation similarity 构象相似性
conformational analysis 构象分析
conformational change 构象改变
conformational determinant 构象决定[因]子
conformational disorder 构象无序
conformational epitope 构象表位
conformational inversion 构象倒位,构象反转
conformational restriction 构象限制
conformational switching 构象转换
conformational transmission 构象传递
conformed ①紧贴的,密接的 ②同形的 ③均一的,均匀的 (conformis)
conformer 构象体{分遗}
conformity ①整合,符合 ②一致性 (conformitas)
conformity accuracy 符合[精确]度
confounded 混杂{统计}
confounded design 混杂设计
confounded experiment 混杂试验
confounded factorial design 混杂因子设计
confounding 混杂[试验]{统计}
confounding arrangement 混杂[试验]排列
confounding design 混杂设计
confounding experiment 混杂试验
confounding method 混杂[试验]法
confront 比较,对比,对照
confrontation ①比较,对比,对照 ②对抗 (confrontatio)
confrontation token 对抗记号{电脑}
confused 紊乱的,混乱的,混淆的 (confusus){遗传}
confused flour beetle (= rust red flour beetle) 杂拟谷盗 [*Tribolium confusum* Jacquelin duVal]
confused stage 混淆期
confusing coloration 混淆色,迷惑色 (coloratio confusens)
confusion ①混乱,紊乱,杂乱 ②混淆,混同
confusion matrix 混淆矩阵,模糊矩阵
congeal 冻结,凝结 (congelare)
congealment 冻结,凝结
congelation 冻凝[作用] (congelatio)
congelation point 冻凝点
congelifraction 融冻[崩解]作用 (congelifractio)
congener ①同属植物 ②同性的,同属的,同种的
congeneric ①同属的 ②同类的 (congenericus)
congeneric elements 同类分子
congeneric line 同类系{育种}
congeneric strain 同类品系(株)
congenerity 同属式 (congeneritas)

congenetic 同源的(congeneticus)
congenial graft 亲和嫁接
congenial host 同质感病寄主
congeniality (嫁接)亲和力(congenialitas)
congenital ①先天的,天生的 ②同源的(congenitalis)
congenital behavior 先天性行为
congenital blood coagulation factor disorder 先天血凝固因子失调
congenital character 先天性状
congenital defect 先天性缺陷
congenital deformity 先天缺陷
congenital disease 先天病
congenital immunity 先天免疫性
congenital infection 先天传染
congenital lactose intolerance 先天性乳糖不耐症
congenital malformation 先天性畸形
congenital methemoglobinemia 先天性高铁血红蛋白血症
congenital night blindness 先天性夜盲症
congenital pentosuria 先天性戊糖尿症
congenital pyloric stenosis 先天性幽门闭塞(狭窄症)
congenital x factor deficiency 先天性 x 因子缺乏症
congeries 聚堆
conges 粥,稀饭
congested ①密集的,紧靠的 ②充血的(congestus)
congestion ①密集,紧靠 ②充血 ③拥挤,拥塞(congestio)
congestion control 拥塞控制
congestus 浓云{气象}
congestus cumulus 浓积云(cumulus congestus)
conglobate 团聚的,聚合成球的(conglobatus)
conglomerate ①成簇的,簇生的 ②砾岩(conglomeratus)
conglomerates 联合大企业(农工商联合大企业)
conglomeration ①聚结[作用] ②联合,集团化(conglomeratio)
conglutin 羽扇豆球蛋白
conglutinate 黏集的,黏聚的(conglutinatus)
conglutination 共凝集作用(conglutinatio)
conglutinative 共凝集的(conglutinativus)
conglutinative complement absorption 共凝集补体吸收
conglutinin 共凝集素,团集素

Congo alstonia 刚果鸭脚树[*Alstonia congensis*](夹竹桃科)
Congo basin 刚果流域
Congo blue 刚果蓝[$C_{34}H_{24}N_6Na_4O_{14}S_4$]{显技}
Congo coffee (= robusta coffee)刚果咖啡,中粒种咖啡[*Coffea robusta* Lind.](茜草科)
Congo copal 刚果柯巴(刚果产化石树脂)
Congo floor maggot 黄塵蝇[*Auchmeromyia luteola* (Fabricius)](蝇科)
Congo kafirbread 刚果大苏铁[*Encephalartos laurentianus*](苏铁科)
Congo paper 刚果试纸
Congo pea (= pigeon pea, cajan pea, red gram) 木豆[*Cajanus cajan* Mill. sp. = *C. flavus* DC.](豆科)
Congo red 刚果红[$C_{32}H_{22}N_6O_6S_2Na_2$]
Congo senna 狭叶番泻树[*Cassia angustifolia* Vahl.](豆科)
Congo snake sansevieria 金边虎皮兰[*Sansevieria trifasciata* var. *laurentii* N. E. Brown](龙舌兰科)
congregate 集聚的(congregatus)
congregation 群类(congregatio)
congression (染色体)中板集合(congressio)
congression movement 中板集合移动
conhydrine 羟毒芹碱[$C_8H_{17}NO$]
conic (= conical) 圆锥体的,圆锥形的(conicus)
conic section 锥线,二次曲线,圆锥曲线
conical bottom ①锥形底 ②[水]斗底{环保}
conical flask 锥形烧瓶
conical friction clutch (= cone friction clutch, cone clutch) 锥形摩擦离合器
conical headed grasshopper (= long headed locust) 小尖头蝗[*Acrida turrita* Linnaeus](蝗科)
conical lens 圆锥透镜
conical projection 圆锥投影
conical roll 锥形镇压器
conical root 圆锥根(radix conicus)
conical scan 圆锥扫描
conical silene 圆锥麦瓶草[*Silene conica*](石竹科)
conical spade 圆锥铲(种树用)
conical type clarifier 圆锥形澄清池{环保}
conicein 烯毒芹碱
conidendrin 铁杉内酯
conidial 分生孢子的(conidialis)
conidial fructification 分生孢子产孢结构

(fructificatio conidialis)
conidial spore 分生孢子(conidiospora)
conidiangium 内生分生孢子囊
conidiation 分生孢子受精作用(conidiatio)
conididium 分生孢子实体
conidioaleuriospore 类似顶生分生孢子(conidioaleuriospora)
conidiocarp 分生孢子果(conidiocarpium)
conidiole 小分生孢子,次生分生孢子(conidiola)
conidiome 生分生孢子体(conidioma)
conidiophore 分生孢子梗(conidiophora)
conidiosporae 分生孢子类
conidiosporangium 分生孢子囊
conidiospore 分生孢子(conidiospora)
conidium 分子孢子
conifer 针叶树,松柏类植物
conifer cone baeospora 松金钱菇(蘑菇科)[*Collybia conigena* (Ricken) Lange]
conifer forest 针叶林
conifer leaved tree (= needle leaved tree) 针叶树
conifer ncedle 针叶树针叶
conifer sawflies 锯角叶蜂科[Diprionidae]
conifer sawfly (= European pine sawfly) 松柏锯角叶蜂[*Neodiprion sertifer* (Geoffroy)](锯角叶蜂科)
conifer sawyer 巨墨天牛[*Monochamus grandis* Waterhouse](天牛科)
conifer stand 针叶树群丛
conifer wood ①针叶树材 ②针叶林
coniferales 针叶树类,松柏类
coniferin 松柏苷[$C_{10}H_{22}O_8 \cdot 2H_2O$]
coniferophyte 球果植物,松柏类植物,针叶植物(Coniferophyta)
coniferous ①具球果的 ②针叶树的 ③松柏科的(conifer)
coniferous forest 针叶林
coniferous plant 松柏科植物(planta conifera)
coniferous tree 针叶树
coniferous type 松柏科型(typus coniferus)
coniferous wood 针叶树材,松柏科材
conifers 松柏科[Coniferae]
conifers needle casting 松柏科落叶
coniferyl alcohol 松柏醇[$C_{10}H_{12}O_3$]
coniform (= conical) 圆锥的,圆锥体的(coniformis)
conifruticeta 针叶灌丛,针叶灌木群落
coniine 毒芹碱,2-丙基六氢吡啶[$C_8H_{17}N$]
conilignosa 针叶木本群落
coniocyst 瘤状孢子囊(coniocystus)
coniogramme ①凤丫蕨属[*Coniogramme* spp.](裸子蕨科) ②凤丫蕨[*Coniogramme japonica* sp.]
coniology 微尘学(koniologia)
coniscope 计尘器
conisilvae 针叶林,针叶乔木群落
conivium 隔离群
conjecture 推测,猜测(conjectura)
conjecture method 猜测法
conjoint ①合生的 ②结合的,联结的 ③联合的(conjunctus)
conjoint bundle 合生维管束(fasciculus conjunctus)
conjugal 接合的(conjugalis)
conjugal mating 接合交配,接合配合
conjugal pair 接合对
conjugal transfer 接合转移
conjugant 接合体(conjugans)
conjugate ①成对的 ②共轭的 ③组合的(conjugatus)
conjugate acid 共轭酸
conjugate acid-base pair 共轭酸碱基对
conjugate angle 共轭角
conjugate area 共轭面{显技}
conjugate axis 共轭轴
conjugate base 共轭碱
conjugate complex 共轭复数
conjugate diameters 共轭直径
conjugate distance 共轭距
conjugate division 双核分裂,接合分裂
conjugate fiber 组合纤维
conjugate foci 共轭焦点
conjugate function 共轭函数
conjugate nuclear division 双核分裂
conjugate pair 配合对{统计}
conjugate-palmate 成对掌状的(conjugato palmatus)
conjugate-pinnate 成对羽状的(conjugato pinnatus)
conjugate point 共轭点
conjugate section 共轭截面
conjugate spirals 成对螺旋(用于叶)(conjugatospirales)
conjugate square 对合方,配合方{统计}
conjugate stress 共轭应力
conjugated ①接合的 ②共轭的 ③结合的(conjugatus)
conjugated antigen 结合抗原
conjugated bile acid 结合胆汁酸
conjugated bilirubin 结合胆红素
conjugated complex 共轭复数

conjugated depth 共轭水深
conjugated double bond 共轭双键
conjugated enzyme 接合酶,结合酶
conjugated fault 共轭断层〔地质〕
conjugated joint 共轭节理
conjugated protein 结合蛋白[质]
conjugated system 共轭系统
conjugates 接合藻科[Conjugatae]
conjugating tube 接合管
conjugation ①轭合[作用] ②共轭 ③连接,逻辑乘法〔物〕(conjugatio)
conjugation and zygotic induction 接合与合子诱变
conjugation bridge 接合桥
conjugation bridge formation 接合桥形成
conjugation in tetrahymena 四膜虫接合
conjugation in unselected marker 不选择标志[基因]接合
conjugation map 接合图
conjugation method 接合法
conjugation of cells 细胞接合
conjugation of chromosome 染色体接合,染色体配对
conjugation of nature (= protection of nature) 自然保护
conjugation of species 种共轭性
conjugation partner 接合配偶,接合伴侣
conjugation tube 接合管
conjugational cross 接合杂交
conjugational DNA synthesis 接合 DNA 合成
conjugational transfer 接合转移
conjugative 接合的(conjugativus)
conjugative bacteria 接合细菌(bacteria conjugativae)
conjugative element 接合因子(elementum conjugativum)
conjugative mobilization 接合移动(mobilisatio conjugativa)
conjugative plasmid 接合质粒(plasmis conjugatirus)
conjugative replication 接合复制(replicatio conjugativa)
conjugative transposon 接合转座子(transposona conjugativa)〔分遗〕
conjugon 接合子
conjunction ①连接 ②结合 ③逻辑乘法〔物〕④"与"操作,"与"运算〔电脑〕(conjunctura)
conjunction kinetics 连接动力学
conjunction of successive photographs 连续照片的衔接
conjunctiva 节间膜
conjunctive ①接合的,结合的 ②连接的(conjunctivus)
conjunctive parenchyma 接合薄壁组织(parenchyma conjunctiva)
conjunctive path 连接路线,连接通道,"与"通道〔电脑〕
conjunctive segment 结合节段配对区
conjunctive symbiosis 合体共生(symbiosis conjunctivus)
conjunctive tissue 结合组织(tela conjuntivus)
conjunctivitis 结膜炎
conjuncture 翅关节(conjunctura)
conk 木腐菌
conmarin 香豆素
connate 合生的(connatus)
connate-perfoliate 对生连基抱茎的(connatoperfoliatus)
connate water 天然水,原生水
connation 合生(connatio)
connect 连接(connectere)
connect box 连接框〔电脑〕
connect charge 连接费[用]
connected 连接的,连通的(connectus)
connected graph 连接图
connected hypergraph 连通超图
connectedness ①连通件 ②连通性(connectivity)
connectin 肌联蛋白〔分生〕
connecting ①连接的,联结的 ②联系的,联络的(connecsans)
connecting arrangement 连接配置
connecting branch 连接支管〔环保〕
connecting fiber 联结丝
connecting filament 输子管(filamentum connectens)
connecting film 联系膜,联结膜
connecting rod 连杆
connecting strand 联络索(用于筛管)(fasciculus connectens)
connecting unit 联结体,联结单位
connecting utricle 连接鞘(utriculus connectens)
connection ①连接 ②亲缘,亲缘关系(connectio)
connection establishment 连接建立〔电脑〕
connection location 连接位置
connection machine 连接机
connection pipe 连接管,连接管〔环保〕
connection release 连接释放
connection splitting 连接分割

connection trap 连接陷阱
connectionism 连接机制(connectionismus)
connectionless ①无连接的 ②无连接
connectionless network protocol (CLNP) 无连接网络协议{信息}
connectionless network service (CLNS) 无连接网络服务
connective ①药隔{形态} ②孢间连丝,孢间连体{真菌} ③联结[的]{电脑}(connectivum)
connective asymptotic stability 联结渐近稳定性
connective instability 联结不稳定性
connective reachability 联结可达性
connective tissue 结缔组织(tela connectiva)
connectives 连接符{电脑}
connectivity 连通性(connectivitas){电脑}
connector ①插头座 ②接管嘴,套管 ③颈圈(指噬菌体) ④连字符{电脑}
connector assembly 接插件,插头座
connector cable 接插件电缆
connector performance 接插件性能
connector reliability 接插件可靠性
connexin 连接蛋白{分生}
connexon 连接子{分生}
connivent 靠合的(connivens)
connoisseur ①品评家(指茶酒) ②鉴定家(cognoscitor)
connotation 涵义,内涵(connotatio)
conocarpium 聚合果
conocarpous 圆锥状果的(conocarpus)
conoe cedar 美国西部侧柏[*Thuja plicata* Don](松柏科)
conoid ①回转体 ②旋转体 ③类圆锥体(conoidens)
conoidal 圆锥状的(conoideus)
conomon muskmelon 菜瓜[*Cucumis melo* var. *conomon*(Thunb.)Makino](葫芦科)
conophorium 针叶林群落
conopodium 圆锥花托
conorhizous 圆锥状根的(conorrhizus)
conoscope 锥光镜
conotoxin 芋螺毒素
conpeito-grain 表面具细颗粒花粉(指某些裸子植物花粉)(conpeitogranum)
conqlomerate 砾岩
conquer ①获得 ②克服,制服(conquaerere)
conringia ①康瑞芥属[*Conringia* Adans.](十字花科) ②康瑞芥[*Cnringia orientalis*(L.)Andrz.]⌊拟⌉
consanguineous 血亲的,血缘的,近亲的(consanguineus)
consanguineous breeding 近亲繁殖
consanguineous cross 近亲杂交
consanguineous marriage 近亲结婚,血亲婚姻
consanguineous mating 近亲交配,血亲交配
consanguinity 血亲关系,血缘,血亲,亲缘(consanguinitas)
conscious ①有意识的 ②知道的,已知的(conscius)
conscious error 已知误差
conscious selection 有意识选择(selectio conscius)
consciousness 意识(conscusitas)
consectary 推论(consetarius)
consecutive ①连串的,连续的 ②定向的,顺序的 ③动态的(consecutivus)
consecutive crops 连作物
consecutive division 顺序分裂
consecutive hermaphroditism 连续的雌雄同体(hermaphroditismus consecutivus)
consecutive mean 动态平均{统计}
consecutive operation 连续操作,顺序操作
consecutive ratooning 连续宿根栽培
consecutive reaction 串联反应
consecutive selection 定向选择
consecutive sequence computer 连续顺序计算机
consecutive sexuality 连续性别
consensus ①一致,同意,合意 ②舆论(consensus)
consensus decision making 一致性决策
consensus motif 一致序列特征{分遗}
consensus processing 一致性处理{电脑}
consensus protocol 同意协议{信息}
consensus sequence 一致序列{分遗}
consequence ①因果{进化} ②成果,后果{遗传} ④后项{电脑} ⑤顺向的{水利}
consequence comparability 结果可比性,成果可比性
consequent ①因果的 ②顺向的(consequens)
consequent divide 顺向分水岭
consequent drainage pattern 顺向水系{水利}
consequent evolution 因果演化
consequent river (= consequent stream) 顺向河
consequent succession ①因果演替 ②顺序
consequent valley 顺向谷

consequential evolution 因果演化
consere (= cosere) 同生演替系列,同地演替系列
conservancy ①(自然资源的)管理,保护 ②资源保护区(conservantia)
conservancy system 便桶制{环保}
conservant 保存剂
conservation ①保守性{遗传} ②保存,保留{分遗} ③保持{土壤} ④保护,自然保护{狩猎} ⑤守恒,不变{物}(conservatio)
conservation department 动物保护局
conservation equation 守恒方程
conservation irrigation 保持灌溉
conservation law 生物保护法
conservation measures 保护措施
conservation movement 自然保护运动
conservation of aquatic resources 水产资源保护
conservation of areas 面积守恒
conservation of biodiversity 生物多样性保护
conservation of energy 能量不变
conservation of heredity 遗传性的保守性
conservation of mass 物质不灭
conservation of natural resources 自然资源保护
conservation of nature 大自然保护
conservation of orbital symmetry 轨道对称守恒
conservation of property 保守性
conservation of soil and water 水土保持
conservation of vorticity 涡度守恒
conservation of wildlife 野生动物保护
conservation pool 蓄水池
conservation practice 保持措施
conservation regulation 保护条例
conservation reserve program 自然资源保持计划
conservation treatment 保持处理
conservatism 保守性(conservatismus)
conservative ①保守的 ②保存的,保留的 ③适度的,稳当的(conservativus)
conservative budget 保持收支(指光合作用)
conservative character 保守性状
conservative estimate 保守估计
conservative grazing 适度放牧
conservative inheritance 保守遗传性
conservative property 保守性
conservative recombination 保守重组
conservative replacement 保守替换
conservative replication 保留复制
conservative strategy (c-strategy) 保存策略{生态生理}
conservative substitution 保守置换,保留代换{分遗}
conservative survival strategy 保持生存策略{生态生理}
conservator's charge [森林]管理局管辖区域
conservatory ①温室养花的 ②温室育苗的 ③温室养花房,温室育苗器(conservatorius)
conservatory house ①(= ornamental house) 温室养花房(指陈列或观赏的温室) ②(= green house) 温室育苗室
conservatory vine-culture 温室葡萄栽培
conserve 蜜饯
conserve processing 蜜饯加工{加工}
conserved 保守的(conservus)
conserved sequence 保守序列{分遗}
conserving ①保存,保藏,保养 ②糖渍
conserving manure 保肥
conserving moisture 保水
conserving seed 保种(子)
conserving seedling 保苗
conserving soil 保土
considerable ①相当大的,大量的 ②重要的 ③值得考虑的(considerabilis)
considerable investment 大量投资,大量投入{农经}
considerable quantity 大量
considerable value 重大价值
consigned state forest 委托国有林
consignment ①托运 ②交付{农管}(consignmentum)
consignment food 托运粮食
consignment fruits 托运果品
consignment numbers 托运号,托运数码
consignment stage 交付期
consignment vegetables 托运蔬菜
consignor 批发商人,批发单位
consistence (= consistency) ①稠性,稠度{物} ②结持性{土壤} ③一致性{统计}
consistence limit 结持极限
consistency check 一致性检查
consistency indicator ①稠度指示器 ②浓度指示器
consistency meter ①稠度计 ②浓度计
consistency operation 一致性操作
consistency regulator 稠度调整器
consistent ①一致的,一贯的 ②坚固的 ③调和的,协同的,协调的(consistens)
consistent effect 一致效应
consistent estimate 一致估计量,一致估计值{统计}
consistent pattern 固定图形

consistent policy 一贯政策
consistent statistic 一致统计值
consistometer 稠度计
consociation 单优种群丛,单优种社会(consociatio)
consocies 单优种演替系列
console ①托架 ②仪表盘 ③控制台
console buffer 控制台缓冲器
console debug 控制台调试
console display 控制台显示器
console job 控制台作业
console monitor type writer 控制台监视打字机
console printer 控制台打印机
console spooling 控制台假脱机
console supply 控制台电源
console typewriter 控制台打字机
consolette 小型控制台{电脑}
consolid 坚固的,坚硬的(consolidus)
consolidated ①固结的 ②异体愈合的(consolidatus)
consolidated soil 固结土壤
consolidation ①固结[作用]{水利} ②整理[土地]归并{农管} ③浓缩{环保}(consolidatio)
consolidation of land (consolidation of fragmented holdings) 土地整理,土地归并
consolidation stage 固结阶段
consolidation tank [污泥]浓缩池{环保}
consort 协调,符合,一致(consors)
consortism ①同生现象{生态} ②交互共生性,共生现象{真菌}(consortismus)
consortium 聚生体
consortive group 同生群
consound (= common comfrey) 西门肺草
conspecies 同种
conspecific 同种的(conspecificus)
conspectus 综述,概观
consperse 散布的(conspersus)
conspicuous 显著的(conspicuus)
conspicuous cotyledon 显著子叶(cotyledon conspicuus)
constancy ①稳定性,持续性 ②恒存度,恒有度 ③定型性(constantia)
constancy of climate 气候的稳定性
constancy of type 类型稳定性
constancy of volume 体积不变
constant ①常数,常量 ②恒定的,不变的(constans)
constant altitude plan position indicator 等高平面位置显示器{遥感}
constant angular velocity (CAV) 等角速
constant bearing navigation 常方位导航{遥感}
constant canal 固定渠[道](指灌溉)
constant carbon gain 碳恒定增加
constant current 恒[电]流
constant current source 恒流电源
constant delivery pump 定量泵
constant depth opener 定深开沟器
constant difference coding 定差编码{电脑}
constant dosage 恒定剂量
constant equilibrium (keq) 常数平衡
constant error 常差
constant experimental condition 恒定试验条件
constant factor ①不变因子{统计} ②不变因数{数}
constant failure period 常故障期
constant failure rate (CFR) 常故障率
constant fault 固定性故障
constant fertilization 经常施肥
constant fitness 恒定适合度
constant flow 恒流
constant flow pump 恒流泵
constant flow stirred tank 恒流搅拌池{环保}
constant force 恒力
constant gene (c gene) 恒定基因(指为C区编码的基因){分遗}
constant gene segment 恒定基因区段(指在恒定区的编码)
constant gradient 恒梯度{电脑}
constant growth-rate phase 常数增殖率期
constant-head tank 定水头水池{环保}
constant humidity [稳]定湿[度]
constant humidity line [稳]定湿[度]线
constant hybrid 定型杂种
constant increment 常增量
constant labourer 固定工人,长期工人
constant length 恒定长度
constant level chart 等高面图
constant level filter 定水头滤池{环保}
constant linear velocity 恒线速
constant mesh 常啮合,恒定啮合
constant night-time temperature control 夜间恒温管理
constant of aberration 光行差常数
constant of dispersion 离中常数,分散常数
constant of friction 摩擦常数
constant of instrument 仪器常数{显技}
constant of position 位置常数

constant parent regression (CPR) 常数亲本回归法,定亲回归
constant parthenogenesis 恒有单性生殖,完全单性生殖
constant position 定位
constant pressure 定压,常压,等压
constant pressure chart 等压面图
constant pressure filtration 常压过滤
constant-pressure pump 定压泵,恒压泵
constant-pressure surface 等压面
constant probability 恒定概率
constant quantity 恒量,常数
constant-rate drying period 等速干燥期
constant recruitment 恒定补充量
constant region (cregion) 恒定区
constant region of antibody 抗体恒定区
constant running powertake-off (= continuous running power-take-off) 独立式动力输出轴
constant species 恒有种,常见种
constant speed 等速度
constant-speed governor 恒速调速器
constant stress 恒定胁迫,稳定胁迫{生态生理}
constant temperature 恒温,平温
constant-temperature incubation 平温催青{蚕}
constant temperature storage 恒温贮藏
constant-temperature water tank 恒温水槽
constant value 常数值
constant-velocity grit channel 恒速沉沙槽{环保}
constant-velocity universal joint 恒速万向节
constant voltage 恒[电压]
constant voltage and constant frequency power (CVCE) 稳压稳频电源
constant voltage charge 恒压充电
constant voltage transformer 恒压变压器
constant wavelength recording (CWR) 恒波长记录
constant weight 恒重
constant wind 稳定风
constantinople nut (= Turkish hazel) 土耳其榛子[*Corylus colurna*](榛科)
constants (= constant species) 恒有种,常见种
constants method of fitting 常数配合法{统计}
constellation ①星座,恒星群 ②构象,组合体(constellatio)
constipated ①团聚的{形态} ②便秘的,秘结的{医}(constipatus)
constipation ①团聚 ②秘结,粪结(constipatio)
constituent ①组成 ②组分,成分(constituens)
constituent of tides 分潮
constituting factor of yield 产量构成因素
constitution ①构造,结构 ②组成 ③体质(constitutio)
constitution water 结构水
constitutional ①先天性的 ②体质的 ③结构的,构成的 ④组成的(constitutionalis)
constitutional disease 遗传病
constitutional drought resistance 体质抗旱性,遗传抗旱性
constitutional formula 结构式
constitutional heterogenity (= compositional heterogenity) 组成不均一性{分遗}
constitutional infirmity 先天虚弱
constitutional repeating unit 结构重复单位
constitutional type ①遗传型,先天型{遗传} ②"结构型"{生态生理}
constitutional unit 结构单位{生技}
constitutional water 结构水,化合水
constitutive ①组成的 ②结构的 ③本质的,固有的(constitutivus)
constitutive enzyme 组成酶,原有酶
constitutive expression 组成[型]表达{分遗}
constitutive gene 组成基因
constitutive heterochromatin 组成型异染色质
constitutive heterochromatin band 组成型异染色质带
constitutive level 组成水平
constitutive marker 组成标志基因
constitutive mutant 组成型突变体
constitutive mutation 组成型突变
constitutive promoter element 组成型启动元件
constitutive protein 结构蛋白
constitutive secretion 固有分泌
constitutive synthesis 组成合成
constrained ①强制的 ②抑制的 ③约束的
constrained condition 约束条件
constrained derivative 约束导数
constrained optimization 约束最优化
constrained parameter 约束参数
constrained regression 约束回归
constrained restoration 约束复原{遥感}
constraint ①约束,固定 ②强制,限制,抑制,制约(constringere)
constraint curve 约束曲线

constraint factor 制约因素
constraint widget 约束窗口部件{电脑}
constricted 缢缩的(constrictus)
constricted horizon 压缩层
constricted refuse beetle 小步甲[*Harpalus tridens* Morawitz]
constricted spined beetle 阔肩铁甲虫[*Dactylispa subquadrata* Baly](铁甲科)
constricticopate 具缢沟的(constricticopatus)
constriction ①缢痕{遗传}②缢断作用{微生物}③缢缩{真菌}④收缩,压缩{物}(constrictio)
constriction of Ranvier 郎飞结
constructed profile 示意剖面图{遥感}
constructer(=constructor) 施工人员
construction ①建筑{园林}②构造{土壤}③构建,组成{生技}④建设,施工{农经}(constructio)
construction activity 结构活动性
construction costs 建筑费
construction equipment 施工设备
construction expenditure ①基建支出②结构费用
construction map 建筑地图
construction materials 建筑材料
construction of agricultural engineering project 农业工程建设项目{农经}
construction of agricultural modernization 农业现代化建设
construction of farm roads ①建筑农场道路②建筑农村公路
construction plan ①建筑计划②建筑平面图,施工布置图
construction plant ①施工预制厂②施工机械厂
construction survey 施工测量
construction timber 建筑用材
construction unit 结构单位,构造单位
construction waste 施工废料{环保}
construction work 施工工程
constructional ①构造的②建筑的③构建的
constructional plain 堆积平原,构造平原
constructional respiration amount 构建呼吸量{生态生理}
constructional surface 堆积面,构造面
constructional terrace 堆积阶地,构造阶地
constructional valley 堆积谷,构造谷
constructive ①建设性的,构建的,构成的②作图的(constructivus)
constructive metabolism 构成代谢,组成代谢
constructive process 构建过程{生态生理}
constructive proof 构造性证明{电脑}
constructive proposal 积极的建议
constructive species 建群种
constructiveness 建群性
Constructs 建筑图纸生成系统{电脑}
construe ①分析,解释②翻译(construere)
consubstantiate 同物的,同质的(consubstantiatus)
consuetude ①习惯②惯例(consuetudo)
consult ①查阅②咨询(consulere)
consultant ①顾问,商议者②咨询
consultant call 咨询呼叫{信息}
consultant program 顾问程序
consultant service of agricultural production information 农业生产信息的咨询服务{智培}
consultation ①鉴定,诊断②商议,协商③咨询(consultatio)
consultation system 咨询系统
consulting ①咨询的②顾问资格的(consulsens)
consulting agricultural engineer 农业顾问工程师
consulting firm 咨询机构
consulting market 咨询市场
consulting officer(=extention agent)[农业技术]推广员
consume 消费,消耗
consumed power 消耗功率
consumer 消费者,用户
consumer aids 用户助手
consumer calculator 家用计算器
consumer demand 消费者需要
consumer education 消费者教育
consumer procedure 消费者过程
consumer subsidies 消费者补助金(津贴)
consumers' cooperative 消费合作社
consumers' goods 消费品
consumers' maturity 消费成熟度
consumers' price 零售价格
consumers' unions 消费者联合会
consummate 完全的,完美的(consummatus)
consummate skill 极熟练技艺
consummate taste 精湛鉴赏力(指品烟、茶等)
consummation ①成就,完成(=completion)②完全,圆满成功(=perfection)(consummatio)
consumption ①消费,消耗,浪费②消耗量③肺结核(consumptio)
consumption by stands 群落[地段]消耗{生

态}
consumption composition of rural energy 农村能源消费结构
consumption crisis ①肺结核危期 ②消费危机
consumption level of rural energy 农村电源消费水平
consumption market 消费市场
consumption of agricultural products 农产品消费[量]
consumption of first quality products 优质品消耗(费)量
consumption of foodstuff 食品消耗[量]
consumption of fresh food 新鲜食品消费[量]
consumption of stores 贮存饲料的消耗{蜂}
consumption stream 消费量流
consumption taxes 消费税{农经}
consumption unit 消费单位
consumptive ①消费的 ②消耗的 ③肺结核患者 (consumptivus)
consumptive part 消耗件{电脑}
consumptive patient 肺结核患者
consumptive use 消费用
contabescence 花药萎缩 (contabescentia)
contact ①接触(防虫) ②触点
contact adhesive 接触胶黏剂(木工用)
contact aeration process ①接触通气法{农施} ②接触曝气法{环保}
contact aerator 接触曝气池{环保}
contact agent 触杀剂(杀虫)
contact anemometer 接触式风速表
contact angle 接触角
contact application ①触施(施肥法) ②施用触杀剂
contact arboricide 接触杀树剂
contact area 接触面[积]
contact basin 接触池{环保}
contact bed 接触床
contact bed method 接触床法{环保}
contact biological filter 接触生物滤池{环保}
contact bounce 接触跳动
contact chamber 接触池{环保}
contact chemoception 接触化学感受
contact chemoreceptor 接触化学感受器
contact cooling 接触冷却
contact copying 接触拷贝,接触式复印方法
contact cycle 接触轮(指花序) (cyclus contactus)
contact depletion 接触排出,接触亏耗
contact drier 接触式干燥机
contact drying 接触干燥
contact engaging and separating force (=contact insertion and withdrawal force) 触点插拔力{电脑}
contact exchange 接触交换
contact exchange theory 接触交换说(指肥料){农化}
contact face 接触面
contact factor 接触因子{分生}
contact failure 接触破坏(指杀虫)
contact filter 接触滤池,粗滤池{环保}
contact filtration method 接触过滤法{环保}
contact flight 目视飞行
contact force 接触压力
contact freezing 接触冻结{环保}
contact guidance 接触引导,接触导向
contact herbicide 接触性除草剂
contact hypothesis (染色体变异)接触说
contact infection ①接触侵染{病理} ②接触传染{微生物}
contact inhibition 接触抑制
contact inhibition in hybrid cells 杂种细胞的接触抑制
contact insecticide 接触杀虫剂
contact intake 接触吸收
contact lens 接触透镜,贴眼透镜{显技}
contact life 触点寿命
contact lubrication 触点润滑
contact magnetic recording 接触式磁记录{信息}
contact material ①接触剂 ②接触材料
contact metamorphism 接触变质作用
contact of soil and fertilizer 土肥相融
contact of vessels 导管接触
contact paralysis 接触麻痹
contact parastichies 接触斜列线
contact period 接触时间,接触周期
contact phase 接触阶段
contact phenomenon 接触现象,触杀现象
contact plating 触点电镀
contact point 接触点
contact poison 接触性毒剂,触杀剂
contact potential 接触电位
contact pre-emergence weed control 苗前触杀杂草防除[法]
contact preparation (土壤微生物用)接触装置
contact print 接触式打印
contact printer 接触式打印机
contact printing ①接触晒印{显技} ②接触式打印{电脑}
contact protection ①接触保护 ②触点保护
contact receptor 接触感受器

contact recording 接触式记录
contact residue 接触残基
contact resistance 接触电阻
contact retraction 接触缩回
contact sensor 接触式传感器
contact size ①触点大小,接触尺寸 ②插针大小
contact slide method 埋片法
contact softener 接触软水器{环保}
contact spray 接触喷雾剂
contact spraying 触杀剂喷射(雾)
contact stabilization process 接触稳定法{环保}
contact-stabilization treatment 接触稳定处理
contact strip 接触条
contact surface 接触面
contact time 接触时间
contact toxicity 接触毒性
contact transmission 接触传染,接触传布
contact treatment 接触处理
contact wear 触点磨损{电脑}
contact zone 接触地带
contacting sedimentation tank 接触沉淀池{环保}
contacting tower 接触塔{环保}
contactor 接触器,开关{物}
contagion 传染,感染,接触传染(contagio)
contagion by air ①空气侵染 ②空气传染
contagion by contact ①接触侵染 ②接触传染
contagious 传染性的,传染的,接触传染的(contagius)
contagious abortion 传染性流产
contagious abortion of sheep 羊传染性流产
contagious agalactia [羊]传染性无乳症,传染性乳液不足症
contagious bovine pleuropneumonia 牛传染性胸膜肺炎
contagious caprine pleuropneumonia 羊传染性胸膜肺炎
contagious disease 接触传染病
contagious distribution (= contagious dispersion) 接触传染分布,核心分布
contagious ecthyma [羊]传染性脓疮皮炎
contagious enterohepatitis 传染性肠肝炎
contagious infection ①接触传染{微生物} ②接触侵染{病理}
contagious ophthalmia 传染性结膜炎
contagious pleuropneumonia (牛)传染性胸膜肺炎,肺疫
contagious pleuropneumonia of cattle 牛肺疫
contagious pustular dermatitis 传染性脓疱性皮炎
contail (= hornwort) 金鱼藻 [*Ceratophyllum demersum* L.](金鱼藻科)
contain 包含,包括,内涵(continere)
container ①容器,集装箱 ②含有物
container class 容器类
container industry 集装箱[工]业,集装箱产业
container nursery 容器育苗圃
container planting 容器栽培法
container scale 容器秤,容器天平
container weighing machine 容器台秤
containerisation (= containerization) 集装箱化(containerisatio)
containerization system 集装箱化系统
containerized traffic 集装箱运输
containment ①防范 ②节制,抑制
containment facility 防范措施
containment of viruses 病毒防范,病毒抑制{电脑}
contaminant 污染物(contaminans)
contaminate 污染
contaminated 污染的
contaminated area ①污染面积 ②污染区
contaminated rock 混杂岩{地质}
contaminated water 污染水
contaminating pollen 污染花粉
contamination ①污染{栽培} ②[基因]混杂{遗传}(contaminatio)
contamination by pesticide 农药污染
contaminative 污染的(contaminativus)
contaminativity 污染性(contaminativitas)
contematose 硬刺毛(contematosus)
contemporaneus erosion 同期侵蚀[作用]
contemporary ①当代的,现代的 ②同时代的,同时期的(contemporarius)
contemporary agriculture 现代农业
contemporary agronomist 现代农学家
contemporary biotic factor 近代生物因素
contemporary comparison 同时期比较
contemporary glaciation 现代冰川作用
contemporary herd average 同龄牛群平均值
contemporary scientific and technical activities 当代科学技术活动,当代科技活动
contemporary stablemates 同栏同龄牛
contend 竞争,斗争
content ①含量 ②内容,目录(contincre)
content addressibility method 内容定址法

{遥感}
content analysis ①目录分析 ②含量分析
content architecture 内容结构
content of grave 墓石的内容(指古墓石上的铭刻){园林}
contention ①论战,争论 ②论点,争点 ③冲突 ④争夺,争用
contention free ①无争用 ②无争论
contention interval 争用时间间隔{信息}
contention network 争用网络
contention polarity 冲突极性
contention state 冲突状态
contest of food 食物竞争
context ①组织 ②菌肉 ③前后关系,上下文关系,关联(contextus)
context effect 前后[序列]效应,邻近[序列]效应{分生}
context free ①无前后关系的{分生} ②上下文无关的{电脑}
contig 重叠群,毗连[序列]群{生技}
contiguity 邻近(contiguitas)
contiguous ①接触的 ②相邻的,邻接的,邻近的
contiguous allocation 邻接分配{电脑}
contiguous disk 邻接磁盘,相连磁盘
contiguous holding 邻近占有土地
contiguous item 连续项,邻接项
contiguous land 邻近土地
contiguous population 相邻群体
continent 大陆,洲(continere)
continent making movement 造陆运动
continental 大陆的(continentalis)
continental air 大陆空气
continental body 熟地型犁体
continental cambridge roller 齿盘及V形盘镇压器
continental climate 大陆性气候
continental climate type 大陆[性]气候型
continental cyclone 大陆气旋,大陆低气压
continental deposit 大陆沉积物
continental drift 大陆漂移
continental forest decline 大陆森林衰落
continental glacier 大陆冰川
continental hemisphere 陆半球
continental humus soil 大陆腐殖土
continental island 大陆岛,陆边岛
continental margin 大陆边缘
continental plateau 大陆性高原
continental platform 大陆地台
continental region 大陆地区
continental sea 大陆海
continental share terrace 陆边阶地
continental shelf 大陆架
continental slope 大陆坡
continental sphere 陆圈,陆界
continental surface 大陆表面
continental swamp soil 大陆沼泽土
continental tropical air-mass 热带大陆气团
continental wind 大陆风
continentality 大陆性,大陆度(continentalitas)
contingency ①关联性,联系 ②偶然性,偶发性 ③应急性(contingentia)
contingency planning 应急计划
contingency procedure 应急过程,偶然过程
contingency table 关联表,偶然表,列联表
contingent ①偶然的,意外的 ②临时的 ③非主要的 ④附条件的(contingens)
contingent event 偶然事故
contingent work 临时作业,临时工作
continual ①连续的 ②临时的 ③不停的,频繁的(continuus)
continual command 连续指令{电脑}
continual model 连续式(稻预蒸)
continuation 连续,延拓(continuatio)
continuation method 连续[方]法
continuation passing style (CPS) 连续传递风格{信息}
continuation property 连续特性
continued branch 延长枝
continued irrigation 续灌
continued replication 继续复制
continued self-pollination 连续自花授粉
continuing engineering education 继续工程教育
continuing stress 继续胁迫{生态生理}
continuity 连续性(continuitas)
continuity check 连续性检查
continuity equation 连续性方程
continuity in mean 均方连续性{统计}
continuity in production 生产连续性
continuity of windrow 晾晒行连续性
continuous 连续的,不断的(continuus)
continuous absorption 连续吸收
continuous analyzer 连续分析器
continuous annular chromatography 连续环形层析
continuous backcross 连续回交
continuous blanket spraying 全面喷射,连续喷雾
continuous branching ①连续分支{电脑} ②连续分枝{形态}
continuous breeder 周年繁殖动物
continuous budding 连续出芽
continuous butter maker 连续式奶油制作机

continuous calving 连产(牛)
continuous carrier ①连续载体{分遗} ②连续载波器{电脑}
continuous cassette 连续式盒式磁带{信息}
continuous cell line 连续细胞系{分生}
continuous cell recycle reactor 连续细胞再循环反应器
continuous channel 连续信道{信息}
continuous character 连续性状
continuous chromatography 连续层析[法]
continuous connectivity 连续连通性
continuous contact 连续接触
continuous contact printing 连续接触式打印
continuous convolution 连续卷积{遥感}
continuous correspondence 连续应对
continuous cropping 连作
continuous cropping system 连作制
continuous cultivation 连作,连续栽培
continuous culture ①连作{栽培} ②连续培养{微生物}
continuous culture method 连续培养法
continuous current 直流
continuous curve 连续曲线
continuous darkness 连续黑暗
continuous decomposable process 连续可分过程
continuous degumming (=scouring) 连续精炼(指蚕丝)
continuous density gradient 连续密度梯度
continuous deterministic process 连续确定性过程
continuous development 连续展开[法]{生技}
continuous diffusion 连续扩散
continuous distillation 连续蒸馏
continuous distribution 连续分布
continuous DNA double helix 连续 DNA 双螺旋
continuous double-crop late rice 双季连作晚稻
continuous double cropping 两熟连作
continuous dryer 连续干燥机
continuous drying 连续干燥
continuous epitope 连续表位{分遗}
continuous expansion 连续扩展
continuous feeding ①继续进料{加工} ②继续饲养{畜,禽} ③继续投加{环保}
continuous fermentation 连续发酵
continuous fertilization 连续施肥
continuous fiber 连续丝(fiber continuus)
continuous flooding 时常淹没,连续泛滥,连续漫灌
continuous flow centrifugation 连续流动离心
continuous flow chromatography 连续流动层析
continuous flow culture system 连续流动培养系统
continuous flow electrophoresis 连续流动电泳
continuous flow method 连续流动法{生技}
continuous-flow milk meter 连续式量乳计
continuous flow reactor 连续流动反应器
continuous flow rotor 连续流动转头
continuous-flow type dryer 连续流动式干燥机
continuous footing 连续基脚{水利}
continuous forest 保续择伐林
continuous forms stacker (CFS) 连续格式纸堆积箱,连续纸张堆积箱{电脑}
continuous free flow electrophoresis 连续自由流动电泳
continuous fruit bearing habit 连续结果习性(指瓜类连续每节都着生雌花而结果的习性)
continuous fruiting 连续结果(指瓜类连续每节都着生雌花而结果)
continuous fruiting variety 连续结果品种(指瓜类每节都着生雌花而结果的品种)
continuous function 连续函数
continuous game 连续对策{农管}
continuous gradient 连续梯度
continuous grazing 连续放牧
continuous growth 继续生长
continuous heavy rain 连续大雨
continuous horizon 连续土层
continuous house 温室组
continuous illumination 连续光照
continuous immigration ①连续移民 ②连续迁移
continuous irrigation 连续灌溉
continuous layered forest 连续层林
continuous layering 连续压条法
continuous lightening 整夜光照,终夜光照
continuous linear function 连续线性函数{遥感}
continuous manger 连续饲槽
continuous mapping 连续映射{电脑}
continuous mass selection 连续混合选种
continuous measurement ①连续测定 ②连续测量
continuous measurement and record 连续测定与记录
continuous mixer 连续拌和机
continuous moderate rain 连续中雨
continuous overhead sprinkling 连续空中

喷灌
continuous passage culture 连续传代培养
continuous phase 连续相
continuous phenotypic variation 连续表型变异
continuous planting 连续种植,连续栽培
continuous ploughing (= continuous plowing) 环形耕作,环耕
continuous precipitation 连续性降水
continuous processing ①连续工艺,连续法 ②连续加工,连续处理
continuous rain 连续雨,连绵雨
continuous record 连续记录
continuous rectification 连续精馏
continuous refrigeration 连续冰冻
continuous root growth 根继续生长
continuous rotation 连年轮作
continuous row sowing 密条播
continuous running 连续运输
continuous sedimentation 连续沉积[作用]
continuous selection ①连续选择 ②连续选种
continuous self-pollination 连续自花授粉 (autopollinatio continua)
continuous sludge removal tank 连续除[污]泥沉淀池{环保}
continuous snow cover 连续积雪[层]
continuous source 连续信源{信息}
continuous spectrum 连续光谱
continuous spindle fiber 连续纺锤丝
continuous sterilization 连续灭菌法
continuous stirred tank reactor (**CSTR**) 连续搅拌槽反应器
continuous strip camera 连续航摄像机(连续带式照相机){遥感}
continuous system 连续系统(指胞间隙) (systema continua)
continuous timer 连续计时器
continuous tone 连续色调{遥感}
continuous variable 连续变数
continuous variate 连续变量
continuous variation 连续变异
continuous wave laser radar system 连续波激光雷达系统{遥感}
continuous-wave radar 连续波雷达
continuous wave radio telegraphy(**cw radio telegraphy**) 连续波无线电报{信息}
continuous wheat 连作麦,原茬麦
continuum ①连续区[域] ②[群体]连续体
continuum index [群体]连续体指数
continuum of living protoplast 活原生质体连续区
contort ①扭曲 ②旋转 (contortus)
contorted ①扭曲的 ②旋转的 (contortus)
contorted hankow willow 龙爪柳[*salix matsudana* var. *tortuosa* Hort.](杨柳科)
contortion 扭转,扭曲 (contortio)
contortuplicate 卷折的 (contortuplicatus)
contour ①等高 ②等高线 ③轮廓 ④略图
contour analysis 轮廓分析{电脑}
contour banks 等高埂{耕作}
contour chart 等高线图
contour check irrigation 等高畦灌
contour checks 等高作畦
contour cropping ①等高耕作 ②等高栽培
contour cultivation ①等高耕作 ②等高栽培
contour culture 等高栽培
contour diagram 等高线图
contour enhancement 轮廓增强,边缘增强{遥感}
contour farming 等高耕作法
contour field 等高耕作地,梯田
contour furrow 等高[犁]沟
contour furrow irrigation 等高沟灌
contour image 轮廓图像
contour interval 等高距
contour layout 等高规划{耕作}
contour level 等高法水准测量
contour line ①等高线 ②等值线
contour line map 等高线图
contour listing 等高垄作
contour map 地形图
contour microclimate 地形小气候
contour pen 曲线笔(制图用)
contour plane 等高面
contour planting 等高种植
contour ploughing (= contour plowing) 等高耕地,等高耕翻
contour ridge 等高垄
contour ridge culture 等高垄栽(种)
contour ridger 等高起垄机
contour ridging 等高起垄,等高作垄
contour road 等高道路
contour strip 等高带
contour strip-cropping ①等高带状耕作 ②等高带状栽培
contour terrace 等高梯田
contour tillage (播种前)等高整地
contour trench 等高沟,水平沟
contouring ①等高耕作 ②路径控制
contouring system ①路径控制系统{信息} ②⌊复⌉曲线系统
contra- ⌊字头⌉面对,相对,相反
contraband ①走私 ②私货,违禁品
contraband goods 禁运品,私货

contraband trade 走私,私货买卖
contraception 避孕(contraceptio)
contraceptive 避孕药(contraceptivus)
contracomplementation 反互补作用(contracomplementatio)
contract ①收缩,缩小,缩短,紧缩,缩窄 ②合同,合约
contract date 合约日期
contract definition phase 签订合同阶段{农管}
contract drawing 施工图
contract farmer 合同制农民{农管}
contract farming 合同制农业
contract for delivery 供应合同,交货合同
contract for fixed output 包产合同
contract for work and labour (= contract for services) 劳动契约
contract image 缩小图像,缩小影像{遥感}
contract of delivery thresher 供应脱粒机合同
contract of insurance 保险合同
contract price 合同价格
contract rate ①税率 ②工资标准
contracted drawing (制图)缩绘{显技}
contracted hoof 缩窄蹄
contracted rate 收缩率
contracted weir 收缩堰
contractibility ①收缩性 ②收缩力(contractibilitas)
contractibleness 可收缩性(contractibiltas)
contractile ①可收缩的 ②有收缩性的(contractilis)
contractile force 收缩力
contractile protein 收缩蛋白[质]
contractile ring 收缩环
contractile root 收缩根(radix contractilis)
contractile vacuole 收缩泡(vacuola contractilis)
contractility ①收缩性 ②收缩力(contractilitas)
contraction ①收缩[作用] ②萎缩 ③罹病,发病(contractio)
contraction crack 收缩裂隙
contraction figure 收缩象
contraction phase ①收缩期 ②收缩相
contraction producing factor 致缩因子
contraction ratio 收缩比率
contraction root 收缩根
contraction stage 收缩期
contraction-type header 束流式收割台
contractive 收缩的(contractivus)
contractive cell 收缩细胞(cellula contractiva)
contractive pressure 缩压
contractor 承包者,承包人,承包单位,订约人
contracture 挛缩(contractura)
contradiction ①矛盾 ②否定 ③永假式(contradictio)
contradictory ①矛盾的,对立的 ②矛盾因素,对立物(contradictorius)
contradictory opposite 矛盾否定
contradistinction 对照的区别,对比的不同
contraflow 逆流,对流
contraflow cooler 对流式冷却器
contraflow drier 对流式干燥机
contralateral 对侧的(contralateralis)
contrapolarization 反极化(contrapolarisatio)
contraposition 反位(contrapositio)
contrary ①逆的,逆向的,反向的 ②相反的,反对的 ③不利的 ④倔强的
contrary current 逆流
contrary weather 恶劣天气
contrary wind 逆风
contrast ①差异 ②对比,对照 ③反差(contrastare)
contrast character (= relative character) 相对性状{遗传}
contrast compression 对比压缩,反差压缩
contrast control 对比度控制
contrast detector 反差检测器
contrast enhancement 反差增强{遥感}
contrast filter 反差滤光片{遥感}
contrast-media ①反差剂 ②对比基质
contrast of a negative or a print 照片反差{显技}
contrast radio 对比度{遥感}
contrast sensitivity 对比灵敏度
contrast staining 对比染色{显技}
contrast stretching 对比度扩展{遥感}
contrast variation 对比变异
contrasting character 对比性状
contrasting colour 对比[彩]色
contrasting variants 对比变异体
contrate 逆齿的(contratus)
contravariant component 逆变分量
contravariant vector 逆变向量
contravention of forest police 森林违警
contribution ①促成 ②贡献 ③影响,作用 ④著作(contributio)
contribution margin (= gross margin) 总余额,毛利润

contribution to profit 利润收益{农管}
contrivance 计划,设计(contrivantia)
control ①防除,防治{栽培}②对照,对比,标准[区]{育种}③控制{统计}④管理,监督{农管}(contrarotulus)
control accuracy 控制精[确]度
control action 控制动作,控制行动
control analysis 对照分析{育种}
control and inspection of foodstuff 食品量检查
control apparatus 控制装置
control block ①控制块,控制程序块②控制器,控制部件{电脑}
control-book 查对簿,查对表册
control bus 控制总线{信息}
control by chemicals 农药防除
control cabinet ①控制盘,操纵板②操纵室③控制屏④控制柜
control certification 控制鉴定
control change 控制变换
control charts 控制图
control circuit ①控制系统②控制器③控制电路{信息}
control combination 控制组合
control computer 控制用计算机
control console ①操作台②计算机控制台③中心控制台
control counter 控制计数器
control criterion 控制准则
control cycle ①管理周期②控制周期
control effect 防除效果
control electronics 控制电路
control element 控制要素(因子)
control equipment 控制设备{环保}
control experiment 对照试验
control factor 控制因子
control figures 控制数字
control filter ①控制过滤器②控制滤波器{电脑}
control flow 控制流[程]
control flow computer 控制流计算机
control flowchart 控制流程图
control footing ①控制合计②控制基点
control for record 控制记录{遥感}
control format 控制格式
control forms 查对表
control function ①控制操作②控制功能③控制函数
control gallery (= operating gallery) 控制廊,操作廊{环保}
control gate 调节闸
control gear 操纵机构
control group ①控制组{分遗}②控制栏{电脑}③对照组{育种}
control heading ①控制头栏②控制标题{电脑}
control hierarchy ①控制层次②多级控制
control hole 控制孔,标志孔
control information 控制信息{智培}
control input 控制输入
control integration 控制集成
control interface 控制接口{电脑}
control interval 控制间隔{遥感}
control level guide 导杆{测}
control line 防火线
control link (悬挂装置)上拉杆,中央拉杆
control measure 防除法,防除措施
control menu 控制菜单{电脑}
control message display ①控制信息显示器②控制信号显示{信息}
control method 对照法
control mode ①控制方式②控制状态
control network 控制网{遥感}
control number 控制号,控制数
control objective 控制目标
control of annual weeds 一年生杂草防除
control of avalanches ①雪崩除治{耕作}②反倾销{农经}
control of broadleaved weeds 阔叶杂草防除
control of diseases and insect pests 病虫害防治
control of economy 经济统制
control of gene expression 基因表现控制
control of heredity in viruses 病毒的遗传控制
control of insect and disease 防治病虫害
control of insects 害虫防除
control of light environment for greenhouse 温室光环境的控制{农施}
control of lodging 控制倒伏
control of mitosis 有丝分裂控制
control of nematode 线虫[病]防治
control of nitrification 控制硝化[作用]
control of pests 病虫害防治
control of plant disease 植物病害防治
control of pollination 授粉控制
control of principal distance 像主距控制{显技}
control of production 控制生产,生产管理
control of resources 资源管理
control of ripening 成熟控制{栽培}
control of shipment 装运量控制
control of silviculture 造林监督
control of soil erosion 土壤侵蚀控制,土壤侵蚀防治

control of soil fertility 土壤肥力控制
control of stomatal movement 气孔运动控制
control of sugarcane wilt disease 甘蔗萎蔫病防治
control of supply 供应调节,控制供应
control of synthesis 合成控制
control of tryptophan operon 色氨酸操纵子控制
control of water level 水位控制
control of waterlogging 除涝
control of weather 天气控制
control of weeds 防除杂草,除草
control office 控制局,管理局{信息}
control operation 控制操作
control operator 控制操作员
control overrun 超限控制,控制越限
control panel ①控制板 ②仪表板
control path 控制通路
control pen (= light pen) 光笔{电脑}
control period ①控制期 ②禁期
control plant ①对照植株 ②对照植物
control plot 对照[小]区
control point 控制点
control port 控制端口
control precision 控制精密度
control process 控制过程
control profile 对照剖面
control read only memory (CROM) 控制只读寄存器,控制 ROM{电脑}
control rod 操纵杆
control rope 驾驭绳,操纵绳
control sample 对照样品
control section (CSCT) 控制段,控制节{电脑}
control sequence chaining 控制序列链接
control signal 控制信号
control stand 控制台,操纵台
control station 检查站
control stick 控制杆,操纵杆
control store monitor 存储监控器,存储地址监控器{电脑}
control stream 控制流
control strip ①控制航带 ②控制片{遥感}
control survey 控制测量
control switching point (CSP) ①控制变换中心 ②控制开关点
control tape 控制带
control theory 控制[理]论
control total 控制总数
control track 控制磁道{电脑}
control trajectory 控制轨线
control unit (CU) ①控制器,控制装置{物}②控制部件,控制单元{电脑} ③审核单位{农管}
control valve 控制闸{环保}
control weeds 除草
control weir 控制堰{环保}
control wheel 控制轮
control window 控制窗口{电脑}
controllability ①可控制,可控制性 ②可控度 (controllabilitas)
controllability index 可控性指数
controllable 可控的,可控制的 (controllabilis)
controllable environment 可控制环境
controllable factor 可控制因子
controllable isolation 可控制隔离
controllable pair 可控对
controllable state representation 可控状态表示方式
controlled ①控制的,限制的 ②调节的 ③抑制的,受控的
controlled air storage 空调库,空调贮藏{农施}
controlled air storage installation 空调贮藏设施
controlled allele 控制等位基因{细胞}
controlled atmosphere effect 控制大气效应
controlled atmosphere storage 控制气体贮藏
controlled-availability fertilizer 长效肥料
controlled burn 控制燃烧
controlled cancel 受控取消,控制消除
controlled chromosomal distribution 控制染色体分配{细胞}
controlled climate chamber 调控气候室
controlled condition 控制条件
controlled cross breeding 控制杂交育种
controlled crossing 控制杂交{育种}
controlled deletion 控制缺失,受控缺失
controlled device ①受控装置 ②被控对象
controlled expression 控制表达,受控表达
controlled feeding 限制饲喂
controlled germination 控制发芽
controlled greenhouse 调节温室
controlled irrigation 控制灌溉
controlled irrigation and drainage 控制灌排
controlled laboratory condition 实验室控制条件
controlled mating 控制交配
controlled parameter 受控参数{统计}
controlled path system (CPS) 控制路径系统
controlled plant ①受控植株{栽培}②受控

对象{电脑}
controlled pollination 人工授粉,强制授粉
controlled pore glass (CPS) 可控孔度玻璃
controlled prescribed burning 计划烧除(指病株杂草)
controlled price 限价,限制价格{农经}
controlled production system 可控生产系统,调节生产系统
controlled redundancy 可控冗余,控制冗余
controlled release 控制释放,控释{生技}
controlled release fertilizer 长效肥料
controlled sheave 可控皮带轮
controlled slip 被控位移
controlled surface 可控表面,控制表面
controlled surface pore glass 可控表面孔度玻璃
controlled surface porosity 可控表面孔度
controlled system 受控系统
controlled transpiration 抑制蒸腾[作用]
controller ①控制器,调节器,操纵杆{农机} ②检验员,管理员{农管} ③控制程序{电脑}
controller configuration facility (CCF) 控制器配置设备
controller creation parameter table (CCPT) 控制器建立参数表
controller function ①控制器操作 ②控制器功能
controlling ①防治 ②控制 ③操纵
controlling dry bulb 控制干球
controlling element ①控制因子{细胞} ②控制元件,调控元件{生技}
controlling element mutation 控制因子突变
controlling element regulation 控制因素调节
controlling equipment 调控装置,施控装置
controlling gear 操纵装置
controlling gene 控制基因
controlling measure 防治办法,防治措施
controlling parasite 天敌
controlling site 控制部位
controlling system 调控系统,施控系统
controlling wet-bulb 控制湿球
contuse 撞伤,挫伤
conundrum in geoponics 耕作学的难题
conus ①圆锥体 ②晶锥 ③视锥
convalescence 痊愈,恢复(convalescentia)
convalescent serum 恢复期血清
convallamarin 铃兰苦苷
convallaria ①铃兰属(草玉铃属)[*Convallaria* L.](百合科) ②铃兰(草玉铃)[*Convallaria keiskei* Miq.]
convallaria cardiac glycoside 铃兰强心苷
convallarin 铃兰苷
convallatoxin 铃兰毒[苷]
convariant 变种群(covarians)
convariety 品类,品种
convection 对流(convectio)
convection cell 对流性单体
convection cooling 对流冷却
convection current ①对流气流 ②对流电流
convection drying 对流干燥
convectional circulation 对流[性]环流
convectional rain 对流性雨
convectional theory 对流学说{气象}
convective 对流的(convectivus)
convective cloud 对流性云
convective condensation level 对流凝结高度
convective equilibrium 对流性平衡
convective instability 对流不稳定度
convective mass transfer 对流传质
convective region 对流区
convective stability 对流[性]稳定度
convective thunderstorm 对流性雷暴
convective transfer 对流传递
convenience ①便利,简便,方便 ②合宜,合适(convenientia)
convenient ①便利的,简便的,方便的 ②合宜的,合适的(conveniens)
convention ①惯例 ②常规,传统(conventio)
convention area 公约区,协议区
conventional 传统的,惯用的,常规的(conventionalis)
conventional activated sludge process 传统活性污泥法{环保}
conventional aeration 传统曝气法,习用曝气法{环保}
conventional agrotechnique 常规农业技术,传统栽培技术
conventional application 惯用(撒药),常规施用,传统施用
conventional breeding technique 常规育种技术,传统育种技术
conventional coordinate 通用坐标
conventional cultural practice 常规栽培技术,惯用栽培方法
conventional duties 合同关税,协定关税{农经}
conventional equipment 常规设备,标准设备
conventional gear 常规渔具{水产}
conventional head 常规磁头{电脑}
conventional heritability percentage 通用

遗传率
conventional information system 常规信息系统
conventional mouse 习用小鼠,通用小鼠(指做实验用的)
conventional plowing 套行耕作
conventional projection 惯用投影
conventional regression method 通用回归法{统计}
conventional representation 惯用表示法
conventional sign 通用符号
conventional threshold value 常规阈值
conventional tillage system 常规耕作制,传统耕作制
conventional trickling filter 传统洒滴滤池,传统生物滤池{环保}
converge ①辐合 ②收敛
convergence (=convergency)①集聚{生态}②辐合{气象}③趋同{进化}④收敛{数}⑤汇集{生技}(convergentia)
convergence criterion 收敛准则
convergence factor 收敛因子
convergence field 辐合场
convergence forward pruning 收敛正向修剪
convergence in mean 平均收敛
convergence in probability 依概率收敛
convergence of symptom 症状趋同
convergence point 辐合点{气象}
convergent ①集聚的 ②辐合的 ③趋同的 ④收敛的 ⑤汇集的(convergens)
convergent adaptation 趋同适应
convergent cirque 辐合冰斗
convergent co-orientation 会聚互定向
convergent community 趋同群落
convergent evolution 趋同进化
convergent improvement ①聚合改良法{育种}②辐合改进{遗传}
convergent improvement plan 聚合改良计划
convergent lady beetle 集栖瓢虫[*Hippodamia convergens* G.-M.](瓢虫科)
convergent lens 聚透镜
convergent photographs 交向摄影{显技}
convergent pole 聚合沟极(polos convergens)
convergent series 收敛级数
convergent synthesis 汇集合成{生技}
converging paper chromatography 锥形纸层析[法]
conversation 对话,会话(conversatio){信息}
conversation monitor system (CMS) 会话监督系统
converse ①逆的,反的,反转 ②反面的
conversion [**of timber**](=sawing) 制材,木材加工
conversion ①[基因]转变{遗传}②转化{生理}③转换{物}④换算{统计}⑤变换{信息}(conversio)
conversion coefficient 转化系数
conversion constant 换算常数
conversion costs 转化费用
conversion device 转换设备,转换装置
conversion factor 换算因子
conversion frequency 转变频率
conversion mode 转换方式
conversion of information 信息变换
conversion of matter 物质转化
conversion of soil nutrition 土壤营养转化
conversion polarity 转变极性
conversion process 转变过程
conversion rate ①转变速度{遗传}②兑换率{农经}
conversion rate of food 食物转化率,饵料系数
conversion scale ①换算计算尺 ②兑换表
conversion system 变更作业法
conversion table 换算表
conversion time 转换时间
conversion-type inheritance 转变型遗传
convertant ①转变基因 ②转化物(convertans)
converted ①改建的,改造的 ②改装的 ③变换的,转换的
converted timber 锯制材,粗加工材
converter ①转换器,变换器 ②对讲电话机,对讲机{信息}
converter chip 转换器芯片
converter gas 转炉气{环保}
converter logic element 转换器逻辑元件
convertibility ①变换性 ②可兑换性,自由兑换(convertibilitas)
convertible ①可变换的,可改变的 ②可兑换的(convertibilis)
convertible husbandry 轮作[经营]
convertible information system 可变换信息系统
convertible shovel 两用铲
convertible transit level 经纬水准仪
convertin ①转变素 ②(血清凝血酶原)转变加速因子
converting factor 换算因子
convertogenic ①诱发基因转变的 ②产转变素的(convertogenus)
convertor 转化器

convex ①凸的,凸起的,凸面的,凸状的 ②凸面体 (convexus)
convex combination 凸组合
convex-concave 凸凹面的 (convexoconcavus)
convex cover 凸覆盖
convex fuzzy decision 凸模糊决策
convex gum 胶种病
convex hull 凸包,凸壳
convex lens 凸面透镜〔显技〕
convex mirror 凸面镜〔显技〕
convex plasmolysis 凸形质壁分离 (plasmolysis convexus)
convex polygon 凸多边形
convex polyhedron 凸多面体
convex polylope 凸多面形
convex ridging body 凸面起垄犁体
convex vein 凸脉
convex-vein actinidia 凸脉猕猴桃[*Actinidia arguta* var. *nervosa* C. F. Liang](猕猴桃科)
convexity 凸度 (convexitas)
convey phenomenon 轮转现象〔电脑〕
conveyance ①运输,搬运,运送 ②运输工具,车辆
conveyance canal 输水渠
conveyance loss 输水损失
conveyance of water 输水
conveyance power of water 输水能力
conveyer (=conveyor) ①传送带,运输机,输送器 ②运送机械设备 ③搬运者,运输工人
conveyer belt 输送带,传送带
conveyer straw shaker 输送带逐稿器
conveyer system 输送系统
conveyer unloader 输送带式卸料机
conveying ①运输,搬运,运送,输送 ②传送,传达
conveying capacity 输送能力(指水)
conveying roller 传送滚筒
conveyor (=conveyer) ①传送带,运输机,输送器 ②运送机械设备 ③搬运者,运输工人
conveyor belt (=conveyor apron, conveyer belt) 输送带,传送带〔农机〕
conveyor canvases 帆布输送带
conveyor idler roller 输送带支持滚轮
conveyor raddle 输送带式逐稿器
conveyor stretcher 输送带张紧装置
convivium 地理隔离种
convocation ①召集 ②集会 (convocatio)
convolute ①席卷的(指个叶卷叠式) ②旋转的(指多叶或花卷叠式) ③卷曲的 (convolutus)
convolute sheath 卷鞘 (vagina convoluta)
convolution ①盘绕,捻曲,卷曲盘旋 ②旋转 ③卷积 (convolutio)
convolution angle 取向角(指纤丝)
convolution operation 卷积运算〔电脑〕
convolution theorem 卷积定理〔遥感〕
convolutional code 卷积码
convolutional integration 卷积(褶积)
convolve ①旋转 ②盘旋 (convolvere)
convolver ①旋转处理机 ②盘旋器
convolvicine 旋花素
convolving 卷曲的 (convolvens)
convolvotion 虚拟三维音像定位系统〔电脑〕
convolvulin 旋花苷
convolvulinolic acid 旋花醇酸,11-羟[基]十五[烷]酸[$C_{15}H_{30}O_3$]
convoy 传递,护送 (conviarc)
convulsant poison 痉挛性毒剂
cony (=rabbit) 兔
cook ①烹饪,烹调 ②蒸煮,受煮 (coquus)
cook out 再煮(指蘑菇栽培)
cookbook ①"食谱"式参考书 ②菜谱〔加工〕
cooked ①蒸煮过的 ②加工过的
cooked cocoon 煮茧
cooked cocoon distribution 配茧
cooked meat medium 煮肉培养基
cooked mode 加工模式〔电脑〕
cooked rice 蒸饭,煮饭
cooker ①蒸煮器 ②炉灶
cookery 烹饪术,烹饪法〔加工〕
cookery book 食谱,烹饪全书
cooking ①烹饪,烹调 ②蒸煮,煮沸,蒸解
cooking banana 大蕉[*Musa paradisiaca* L.](芭蕉科)
cooking behaviour of rice varieties 水稻品种蒸煮动态
cooking fat 烹饪油脂,食脂
cooking liquor 蒸煮液
cooking quality 蒸煮品质
cool ①凉的,微冷的,清凉的 ②凉爽的 ③冷静的,平静的 ④冷却的
cool-area type 冷区型(水稻品种)
cool bed 冷床
cool-damage due to delayed growth 迟缓生长型冷害
cool damage due to floral impotency 小花性无能型冷害
cool day 寒日,冷日
cool down ①变冷 ②冷静
cool hardiness 耐凉性,耐冷性
cool house ①低温温室〔栽培〕②冷藏室〔加工〕

cool resistance 抗冷性,抗凉性
cool season ①冷季,凉季 ②淡季 ③(牧草)冬型
cool season crop 淡季蔬菜
cool season crops ①冷季作物,耐冷作物{栽培} ②淡季蔬菜{园艺}
cool season grasses 冬型禾(牧)草,寒温带禾(牧)草
cool start 冷启动
cool summer 凉夏,冷夏
cool summer damage 冷夏害(指夏季寒冷害)
cool-summer damage due to delayed growth 迟缓生长型冷夏害
cool-summer damage due to floral impotency 小花性无能型冷夏害
cool tankard (= borage) ①玻璃苣属 ②玻璃苣
cool-temperate climate type 寒温带气候型
cool temperate grasses 寒温带牧草
cool temperate species 寒温带种
cool temperate zone (= cool temperature zone) 寒温带
cool water 冷水,凉水
cool wave 凉波
cool wax 冷用接蜡
cool weather 凉爽天气
cool weather damage 冷害
cool-weather resistance 抗冷性
cool weed 无刺荨麻[*Urtica pumila*](荨麻科)
coolant ①冷却液,冷凝液 ②冷却剂,散热剂
coolant distribution unit (CDU) 冷却剂分配部件
coolant material 冷却材料,蓄冷材料,散热材料{农施}
cooler ①冷却器,冷凝器 ②冷冻器 ③冷藏车 ④清凉剂
cooler bin 冷却箱
Cooley's anemia 柯里氏贫血
cooling ①冷却 ②变凉 ③冷房
cooling agent 冷却剂
cooling air 冷却空气
cooling apparatus 冷却器,冷却装置
cooling bath 冷却水浴
cooling chain 冷却链
cooling chamber ①冷却室 ②冷藏室
cooling coil 冷却蛇管
cooling during milking 挤乳过程冷却
cooling effect 冷却效应
cooling fin 散热片,散热板
cooling in atmosphere 大气冷却
cooling jacket 冷却套管
cooling liquid 冷却液
cooling medium 冷却剂
cooling on the trolley (牛乳)吊运中冷却
cooling period 冷却期
cooling plant 制冷装置
cooling plate 散热片,百叶窗
cooling pond 凉水池,冷却池
cooling process 冷却过程
cooling pump 冷却泵
cooling range 冷却范围
cooling stud 冷却柱
cooling system 冷却系统
cooling tower 冷却塔
cooling tube 冷却管
cooling unit 冷却装置
cooling water 冷却水
cooling water capacity 冷却水容量
cooling water circulation 冷却水循环
coolnics ①冷却电子学 ②冷却电子技术 ③冷却电子设备
coolometer 冷却率测定仪
coom ①煤末,煤炭 ②煤烟 ③煤屑,煤渣
coomb (= coom) 库姆(容量单位,= 4 普式耳){物}
coombe (= coomb) 狭谷,峡谷,冲沟
coontie (= Florida arrowroot) 佛罗里达泽米[*Zamia floridana* A. DC.](苏铁科)
coop 育雏箱
coop and cask 桶笼用材
cooper 桶匠
cooperage ①木桶制作 ②制桶业
cooperating ①合作 ②协同
cooperating expert system 协同[操作]的专家系统{智培}
cooperating process 协同进程
cooperating software process 协同软件进程
cooper's wood 桶板材
coordinates origin 坐标原点{遥感}
coordinating mechanism 协调机制
coordinating role 协调作用
coordination agent 配位剂
coordination anion 配位阴离子
coordination bond 配位键
coordination catalysis 配位催化
coordination ion (= coordinating ion) 配位离子
coordination isomerism 配位异构{分生}
coordination processor 协调处理器
coordination sphere 配位层
coot 水鸡(骨顶鸡,白骨顶)[*Fulica*]
copaene 珐玭烯
copaiba tree (= capaiba plant) 苦配巴树

（骨湃波撒谟树）［*Copaiba officinalis* Jaq. = *C. officinalis* L.］
copal resin 柯耙树脂，硬树脂
copalic acid 黄脂酸
coparcenary 共同继承｛农经｝
coparcener 共同继承人
cope ①墙帽，顶层［盖］｛园林｝②小室，通话室｛信息｝③笼罩｛育种｝
cope chisel 齿槽刀
cope cutter ①钻头 ②切削雄榫器
coped joint 暗缝
Copenhagen market 哥本哈根市集（早熟圆头甘蓝品种）
Copenhagen water（= normal water） 国际（哥本哈根）标准海水
copier 复印机，复制机
copier-duplicator 复印－复制机
copier monitor device 复印机监视装置
copigment 辅［助］色素
coping saw 线锯
copious ①多产的，丰产的 ②大量的，丰富的（copius）
copious flow of water 丰富水流
copious harvest 丰收
copious notes 详注，详细注明
copious rainful 充沛雨量
copiousness ①多产，丰产 ②大量，丰富
Coplanar tape 柯普冷娜盒式磁带（指同面型盒式磁带）｛电脑｝
coplin jar 染色缸｛显技｝
Copoloid（= copper soap） 克菌铜，铜皂
copolycondensation 共缩聚（copolycondensatio）
copolymer 共聚物
copolymerase 共聚合酶
copolymeric molecular 共聚分子
copolymerisation 共聚作用（copolymerisatio）
copolymerism 共聚性（copolymerismus）
copox 氧化亚铜（杀菌剂）
copper 铜（Cu，29号元素）
Copper 8-hydroxyquinolinolate（= oxine-copper） 喹啉铜
copper acetate 乙酸铜［$Cu(C_2H_3O_2)_2$］
copper acetoarsenite（= Paris Green） 巴黎绿
copper alternanthera 红草［*Alternanthera versicolor* Regel.］（苋科）
copper beech 紫叶山毛榉［*Fagus silvatica* var. *purpurea* Ait.］（山毛榉科）
copper blight（= brown blight） 赤叶枯病（茶）
copper blight of tea-tree 茶树赤叶枯病［*Guignardia camelliae*（Cooke）Butler］
copper carbamate 氨基甲酸铜
copper carbonate 碳酸铜
copper chloride 氯化铜［$CuCl_2$］
copper clad laminate（= copper foil laminate） 铜箔板，敷铜箔板
copper compound 铜化合物
copper content 含铜量
copper deficiency 缺铜
copper etching 铜凸版（印刷）
copper facing 镀铜
copper fungicides 含铜杀菌剂
copper grid 铜载网
copper in nutrition 铜的营养作用
copper ion 铜离子
copper iris 铜红鸢尾［*Iris fulva*］（鸢尾科）
copper leaf ①红桑属（铁苋菜属）［*Acalypha* L.］（大戟科）②红桑［*Acalypha wilkesiana* Muell et Arg.］③铁苋菜［*Acalypha australis* L.］
copper-lime 19－90 铜－石灰制剂
copper-manganese mixture 铜锰合剂
copper-manganese-zinc mixture 铜锰锌剂
copper manuring 施用铜肥
copper naphthenates 环烷酸铜（木材防腐剂）［$C_{14}H_{22}CuO_4$］
copper number 铜价
copper ore 铜矿砂
copper ore deposit 铜矿床
copper oxide 氧化铜［CuO］
Copper oxychloride 王铜（杀菌剂）
copper pipe 铜管｛环保｝
copper plate 铜版
copper plating 镀铜
copper printing process 铜版印刷法
copper product 铜制剂
Copper soap 克菌铜，铜皂（杀菌剂）
Copper soap mixture 铜皂液
copper spot q. v. 斑点病
copper stonecrop 铜景天［*Sedum cupreum*］（景天科）
Copper sulfate（= Copper sulphate） 硫酸铜（杀菌剂）［$CuH_{10}O_9S$］$CuSO_4 \cdot 5H_2O$
copper-tip 金黄臭藏红花（金黄火星花）［*Crocosmia aurea* Planch.］（鸢尾科）
copper wire 铜线
copperas 硫酸亚铁，绿矾［$FeSO_4 \cdot 7H_2O$］
coppers（= hair-streaks，blues） 灰蝶科［Lycaenidae］
coppice ①萌芽林，矮林 ②萌芽
coppice forest ①矮林 ②萌生林

coppice-land 矮林地
coppice regeneration ①矮林更新 ②萌生林更新
coppice selection system 矮林择伐作业
coppice shoot（=coppice sprout） 萌条，根蘖
coppice system 矮林作业
coppice with field crops system 矮林混农作业，矮林大田作物混作制
coppice with standards 中林
coppicing 萌生林[作业]
copra 干椰肉，椰干(榨油做肥皂用)
copra-cake meal 椰子粕粉
coprecipitation 共沉淀(coprecipitatio)
coprime 互质的，互素的{电脑}
coprinin 4-甲氧甲苯醌
copro（=dung） 粪便
copro antibody 粪便抗体
coprobious 粪生的（coprobius)
coprocessing 协同处理
coprocessor 协同处理器
coprolite 粪化石{地质}
coprolithus（=coprolith） 粪石
coprology 粪便学（coprologia){环保}
coprophaga 食粪动物(甲虫)
coprophagous（= coprophagus） 食粪的(coprophagus)
coprophagy 食粪性（coprophagia)
coprophil 喜粪的，适粪的（coprophilus)
coprophilic fungus 喜粪[真]菌（fungus coprophilus)
coprophilous（=coprophil） 喜粪的，适粪的
coprophyte 粪居植物（coprophyta)
coproporphyrin 粪卟啉
coproporphyrinogen 粪卟啉原
coprostane 粪[甾]烷
coprostanol 粪[甾]醇
coprostanone 粪[甾]酮
coprostenol 粪[甾]烯醇
coprostenone 粪[甾]烯酮
coprosterol 粪[甾]醇
coprosterone 粪[甾]酮
coprozoon 粪生动物
copse（=coppice） ①萌芽林，矮林 ②萌芽
copse buckwheat 篱蓼[*Polygonum dumeforum* L.]（蓼科)
copsewood（=underwood） 幼林，萌生林
copsy（=bushy） 灌木丛生的
coptine 黄连次碱
coptis ①黄连属[*Coptis* Salisb]（毛茛科) ②黄连[*Coptis chinensis* Franch.]
coptis root 印度黄连 [*Coptis teeta*]（毛茛科)
coptisine 黄连碱 [$C_{19}H_{14}NO_4$]
copulating ①接合，配合 ②交配，交尾（copulasens)
copulating gamete ①接合配子 ②交配配子
copulating germ cell 交配生殖细胞
copulation ①接合，配合 ②交配，交媾，交尾（copulatio)
copulation chamber 交配室
copulation path 接合道
copulation tube 接合管
copulational protuberance 接合突起（protuberantia copulationalis)
copulative impotency 交尾不能
copulator 交配器
copulatory ①接合的，配合的 ②交配的，交尾的（copulatoris)
copulatory organ 交尾器
copulatory pouch 交配囊
copurification 共纯化(copurificatio)
copy ①样板，副本，拷贝{分遗} ②正片复印片(指照片){显技} ③复写，复印，复制{电脑}
copy back 复录，回录{电脑}
copy bit 复制位
copy buster 拷贝切割程序
copy camera（=copying camera） 复照仪，复印机
copy cell 复制件
copy check 复制检查
copy choice 样板选择
copy choice hypothesis 样板选择假说
copy choice mechanism 样板选择机制
copy choice model 样板选择模型(基因重组机制的一种假设)
copy-choice model of recombination 样板选择的重组模型
copy choice recombination 样板选择重组
copy counter ①复印计数器 ②复制计数器 ③拷贝计数器
copy cycle 复印周期，拷贝周期
copy-error 复制错误
copy-error lag 复制错误迟延
copy fitting ①复制选配 ②版面调整 ③划版
copy full 完全复制{电脑}
copy function ①复印功能 ②拷贝操作
copy guard tape 副本保护带
copy guide ①复印导向器 ②拷贝导向装置
copy image ①图像复制，图像拷贝{电脑} ②影像复制，影像拷贝{遥感}
copy length selector 复印长度选择器，拷贝长度选择器
copy modification 复制修改，拷贝调整

copy notes 抄录
copy number 样本数,拷贝数
copy-on-reference 复制后引用
copy operation ①复写操作 ②复制操作 ③拷贝操作
copy option 副本任选
copy paper 复写纸,复印纸
copy pattern 复制图
copy protect 副本保护
copy quantity selector 拷贝数量选定器
copy revision 复制修订
copy rule 复写规则
copy separation ①分离拷贝 ②复制间隙
copy stand 复制架
copygraph 复写器
copyholder ①稿件夹持器 ②复制架
copying ①晒印(指制图) ②复制 ③复写 ④复印
copying camera 复照仪,复印摄影机
copying ink 复写用墨水
copying machine 复印机,复制机,拷贝机
copying paper ①复写纸 ②复印纸
copying ribbon 色带
copyright 版权,著作权
copyrighted 版权所有
coracoid 鸟喙状的(coracoideus)
CORAL (= computer on-line real time application language) 计算机联机实时应用语言〈电脑〉
coral ①珊瑚 ②珊瑚状的,珊瑚色的(corallinus)
coral ardisia ①朱砂根属[*Ardisia* Sw.](紫金牛科) ②朱砂根 [*Ardisia crispa* DC.]
coral begonia 珊瑚秋海棠[*Begonia corallina*](秋海棠科)
coral-bells (= crimson bells) 珊瑚钟[*Heuchera sanguinea* Engelm.](虎耳草科)
coral bristlegrass 珊瑚狗尾草[*Setaria macrosperma*](禾本科)
coral diels cotoneaster 小叶木帚子[*Cotoneaster dielsiana* var. *elegans* Rehd. et Wils.](蔷薇科)
coral dropseed 珊瑚鼠尾粟[*Sporobolus domingensis*](禾本科)
coral evergreen 石松[*Lycopodium clavatum* L.](石松科)
coral flower ①土人参属[*Talinum* Adans.](马齿苋科) ②土人参[*Talinum patanx* (L.) Willd.]
coral fungi 珊瑚菌科[Clavariaceae]
coral-head plant ①相思子属[*Abrus* L.](豆科) ②相思子(红豆,相思豆,相思藤)[*Abrus precatorius* Linn.]
coral honeysuckle 贯叶忍冬[*Lonicera sempervirens* L.](忍冬科)
coral island 珊瑚岛
coral ixora 爪哇龙船花[*Ixora javanica* L.](茜草科)
coral lily (= low lily) 山丹[*Lilium pumilum* DC. = *L. concolor* Silisb.](百合科)
coral limestone soil 珊瑚石灰岩土壤
coral milky cap 疝痛乳菇[*Lactarius torminosus* Fr.](伞菌科)
coral panicum 珊瑚稷[*Panicum chapmani*](禾本科)
coral paspalum 珊瑚雀稗[*Paspalum blodgetti*](禾本科)
coral peatree (= red sandal wood) 海红豆(孔雀豆)[*Adenathera pavonina* L.](豆科)
coral peony 珊瑚牡丹[*Paeonia corallina*](毛茛科)
coral plant 珊瑚花[*Jatropha multifida* L.](大戟科)
coral-red 珊瑚红的(corallinus)
coral reef 珊瑚礁
coral rock 珊瑚岩
coral sand 珊瑚沙
coral spot ①珊瑚斑病 ②癌肿病
coral spot fungus 朱红丛赤壳[*Nectria cinnabarina* (Tode ex Fr.) Fr.]
coral spot of mulberry 桑癌肿病[*Nectria cinnabarina* Tode]
coralbead greenbrier 金姜豆藤[*Smilax meglantha* C. H. Wright](百合科)
coralbean ①刺桐属[*Erythrina* L.](豆科) ②刺桐[*Erythrina variegata* L. var. *orientalis* (L.) Merr.]
coralblow ①炮仗竹属[*Russelia* Jacq.](玄参科) ②炮仗竹[*Russelia equitiformis* Schlecht et Cham.]
coraldrops ①白丝瑞属[*Bessera* Schulf.](百合科) ②白丝瑞[*Bessera elegans* Schulf.]
coralline ①珊瑚状的 ②珊瑚色的(corallinus)
coralline honey-suckle 金花忍冬[*Lonicera chrysantha* Turcz.](忍冬科)
corallita 珊瑚藤[*Antigonon leptopus* Hook.](蓼科)
corallocarpous 珊瑚果的(corallocarpus)
coralloflorous 珊瑚花的(coralloflorus)

coralloid 珊瑚状的（coralloideus）
coralloid root 珊瑚状根（指甘蔗缺镁症状）
corallorhizous 珊瑚根的（corallorrhizus）
coralplant（fountain plant） 炮仗竹［*Russelia equisetiformis* Schlecht et Cham. = *R. juncea* Zucc.］（玄参科）
coralroot ①珊瑚兰属［*Corallorhiza* Hall.］（兰科）②珊瑚兰［*Corallorhiza trifida* Chat. = *C. innata* R. Br.］
coralstone 珊瑚石
coraltree ①刺桐属［*Erythrina* L.］（豆科）②刺桐［*Erythrina indica* Lam.］
coralvine 珊瑚藤属［*Antigonon* Endl.］（蓼科）
corbel 托肩，枕梁｛水利｝
Corbett rice bug 拟蛛缘蝽［*Leptocorisa corbetti* China］（蛛缘蝽科）
corbicula ①冬孢子堆护膜 ②花粉筐，花粉篮
corcassian walnut 胡桃［*Juglans regia* L.］（胡桃科）
corcle（= corcule） ①胚 ②胚芽 ③胚根（corcula）
cord ①粗线，细绳，索，带 ②柳条花纹布 ③考得（木材层积计算单位 = 128 立方英尺）
cord control 绳索操纵，绳索控制
cord factor 索状因子｛生技｝
cord moss ①葫芦藓属［*Funaria* Hedw.］（葫芦藓科）②葫芦藓［*Funaria hygrometrica* Sibth.］
cord-moss family 葫芦藓科［Funariaceae］
cordage 绳索类（绳索的总称）｛农具｝
cordate（= heart-shaped） 心形的（cordatus）
cordate-hastate 心形戟形的（cordatohastatus）
cordate-ovate 心形卵圆形的（cordatovatus）
cordate-sagittate 心形箭头形的（cordatosagittatus）
cordate telosma ①夜来香属［*Telosma* Cov.］（萝藦科）②夜来香（夜香花）［*Telosma cordata*（Burm. f.）Merr.］
cordgrass 网茅属［*Spartina* L.］（禾本科）
cordia 破布木属［*Cordia* L.］（紫草科）
cordial ①甜酒 ②强心剂，兴奋剂
cordifolious 心形叶的（cordifolius）
cordiform 心形的（cordiformis）
cording （薪材）层积垛
cordite 无烟火药
cordless 无线的，无软线的
cordless telephone 2（CT2） 无线电话标准 2
cordlichen ①扇衣属［*Cora* Fr.］（扇衣科）②扇衣［*Cora pavonia* E. Fr.］
cordlichen family 扇衣科［Coraceae］
cordon 单干形
cordon training 单干形整枝
corduroy ①柳条花纹布 ②木排路
corduroy road core 木排路中心部分
cordycepin 虫草菌素，3′-脱氧腺苷
core ①［周缘嵌合体的］内生区｛遗传｝②中心，果心｛解剖｝③（玉米）穗轴，穗心，（白菜）叶球茎｛形态｝④原状土粒｛土壤｝⑤（磁铁）铁心｛物｝⑥核心｛分生｝⑦磁心｛电脑｝（cora）
core bank 磁心体
core breakdown 心腐病
core-browning 果心褐变（生理病害）
core curriculum 核心课程｛智培｝
core DNA 核心 DNA｛分遗｝
core drier （玉米）穗轴干燥器
core dump 磁心信息转储｛信息｝
core enzyme 核心酶
core enzyme of RNA polymerase RNA 聚合酶的核心酶
core flush 果心变红
core gateway 核心网关｛信息｝
core glycosylation 核心糖基化
core granule 核心颗粒
core-insert hollow-cone nozzle 插芯式空圆锥喷嘴
core line 果心线
core-of-dam 心墙（指坝）｛水利｝
core of fishing area 渔场中心
core oven 穗轴烘炉
core particle 核心颗粒
core plane 磁心板
core promoter element 核心启动子元件｛分生｝
core-punch sampling method 穿孔钻心取样法（指甘蔗）
core rot 褐色心腐病
core sample 原形土柱样本，芯样
core sampler 原形土柱取样器，土芯采样器
core sampling 原形土柱取样，土芯取样
core white 心白（稻米）
core widget 核心窗口部件｛电脑｝
core wood 未［成］熟材
core worker 基干工人，核心劳动力
corean pine（= Korean pine） 海松（朝鲜松，红松）［*Pinus koraiensis* Sieb. et Zucc.］（松科）
coreceptor 共同受体｛分生｝
corecognition 共同识别（corecognitio）
coregonin 白鲑精蛋白

coreid bugs （= squash bugs, leaffooted bugs and others） 缘蝽科［Coreidae］
coreless 无果心的
coremiform 帚形的（coremiformis）
coremiospore 孢梗束孢子（coremiospora）
coremium ①孢梗束，菌丝束 ②束状体{真菌}
coreopsin 紫铆因－葡糖苷，金鸡菊苷
coreopsis ①金鸡菊属（波斯菊属）［*Coreopsis* L.］（菊科）②金鸡菊［*Coreopsis drummondii* Torr. et Gray］③波斯菊［*Coreopsis tinctoria* Nutt.］
corepressor 辅阻遏物，共阻遏物，协阻抑物
corer 去核机
corex tube 科里克斯管，corex 管{生技}
Cori ester 可立氏酯，葡糖-1-磷酸
coriaceous 革质的（coriaceus）
coriaceous leaf 革质叶（folium coriaceum）
coriaceous-leaf actinidia 革叶弥猴桃［*Actinidia rubricaulis* var. *coriacea*（Finet et Gagnep.）C. F. Liang］（猕猴桃科）
coriander ①芫荽属［*Coriandrum* L.］（伞形花科）②芫荽［*Coriandrum sativum* L.］
coriander oil 芫荽油
coriander oil-cake 芫荽油饼（粕）
coriandrol 芫荽［萜］醇［$C_{10}H_{17}OH$］
coriaria ①马桑属［*Coriaria* L.］（马桑科）②欧马桑［*Coriaria myrtifolia* L.］
coriaria family 马桑科［Coriariaceae］
corifolious 革质叶的（corifolius）
coring 除心，去心
coring machine 除心机
coriolin 革盖菌素
Coriolis effect 科里奥利效应{气象}
Coriolis' force 科里奥利力（地球自转偏向力）
Coriolis' parameter 科里奥利参数
coriphosphine 沉香磷化氢
corium ①革片 ②真皮 ③节间膜
cork ①木栓{解剖}②软木塞{显技}③缩果病{病理}（cortex）
cork board 木栓板
cork borer 软木塞穿孔器
cork cambium 木栓形成层（phellocambium）
cork-carpet 软木毡
cork cell 木栓细胞（phellocellula）
cork cortex 木栓皮层（phellocortex）
cork elm 栓榆［*Ulmus suberosa* Moench.］（榆科）
cork formation 木栓形成（phelloformatio）
cork-fruited 木栓质果的（phellocarpus）
cork gasket 软木密垫
cork layer 木栓层（phellostratum）
cork leaved 木栓质叶的（suberifolius）
cork oak 栓皮槠［*Quercus suber* L.］（山毛榉科）
cork pit 缩果病
cork powder 软木粉
cork press 压软木塞器
cork-producting layer 木栓形成层（phellogenum）
cork products 栓制品
cork-seed 木栓质种子的（phellospermus）
cork sheets 软木纸
cork spot 斑点落叶病
cork-stone 软木石
cork stopper 软木塞，栓皮塞
cork tissue 木栓组织（phellem）
cork tree ①黄檗属［*Phellodendron* Rupr.］（芸香科）②黄檗（黄波罗）［*Phellodendron amurense* Rupr.］③栓皮槠［*Quercus suber* L.］（山毛榉科）
corkification 木栓化
corking （用软木塞）塞住
corks 脐梅衣［*Parmelia omphalodes* Ach.］（梅花衣科）
corkscrew divider 螺旋式分禾器
corkscrew-flower bean 饭豆［*Phaseolus caracalla* L.］（豆科）
corkwing ①珊瑚菜属［*Glehnia* F. Schmidt］（伞形花科）②珊瑚菜［*Glehnia littoralis* Fr. Schmidt］
corkwood ①塞子木属［*Leitneria* Chapm.］（塞子木科）②塞子木［*Leitneria floridana* Chapm.］③软木（栓皮）
corkwood family 塞子木科［Leitneriaceae］
corky 木栓质的（suberosus）
corky core 缩果病
corky cracks 木栓［质］裂缝
corky intumescence 木栓质肿胀（intumescentia suberosa）
corky patch 木栓［质］斑块
corky scab［**of potatoes**］ ①马铃薯疮痂病［*Streptomyces scabies*］②（= powdery scab of potato）马铃薯粉疮痂病［*Spongospora suberanea*］
corm ①球茎 ②球鳞茎，球鳞盘（cormus）
cormel（= cormlet） 小球茎（cormellum）
cormogenous ①具茎的 ②具球茎的（cormogenus）
cormophyte 茎叶植物（cormophyta）
cormophytic 茎叶植物的（cormophyticus）

cormorant 鱼鹰,鸬鹚
corms 球茎类(cormes)
cormus ①茎叶体(孢子植物)②球茎
corn ①(= maize) 玉米(玉蜀黍)[*Zea mays* L.](禾本科)②谷类作物,禾谷类 ③粮食,食粮 ④谷粒
corn agrotechniques 玉米栽培技术
corn aphid (= cominon green aphid) 玉米蚜[*Aphis maidis* Fitch](蚜科)
corn-apple aphid (= apple grain aphid, leaf and blossom aphis) 高粱缢管蚜(黍蚜)[*Rhopalosiphum prunifoliae* (Fitch)](蚜科)
corn armyworm (= armyworm, grass worm, paddy climbing cutworm) 一星黏虫(美洲黏虫)[*Pseudaletia unipuncta* (Haworth)](夜蛾科)
corn belt 玉米带
corn belt climate 玉米带气候
corn billbug (= southern corn billbug) 坚皮谷象[*Calendra callosa* (Olivier)](象甲科)
corn-bind ①荞麦蔓[*Polygonum convolvulus* L.](蓼科)②野旋花[*Convolvulus arvensis* L.](旋花科)
corn binder (= maize binder) 玉米割捆机
corn blotch leafminer 玉米斑潜蝇[*Agromyza parvicornis* Löw](潜蝇科)
corn blue bottle (= corn flower) 矢车菊
corn borer (= European corn borer) 玉米螟[*Ostrinia nubilalis* (Hübner)](螟蛾科)
corn bread 玉米面包
corn breeding ①玉米育种 ②玉米育种学
corn breeding techniques 玉米育种技术
corn broadsword 玉米砍刀
corn brown spot 玉米褐斑病[*Physoderma maydis* Miyabe]
corn budworm (= corn root worm, twelve-spotted cucumber beetle) 南瓜十二星叶甲[*Paropsides duodecimpunctata* Gebler]
corn bug 小麦盾蝽[*Eurygaster integriceps*](后蝽科)
corn buttercup (= corn crowfoot, begger´s lice) 野毛茛[*Ranunculus arvensis* L.](毛茛科)
corn cart (= harvest wagon) 收获用车
corn chamomile (= field chamomile) 刺甘菊
corn chinch bug (= chinch bug) 麦长蝽[*Blissus leucopterus leucopterus* (Say)](长蝽科)
corn chop 玉米稿料
corn chrysanthemum 珍珠菊[*Chrysanthemum segetum* L.](菊科)
corn clad field 谷物种植地
corn cleaner 玉米清选机
corn cleaning ①玉米清选 ②谷物清选
corn cob 玉米穗轴
corn-cob crusher 玉米穗轴压碎机
corn-cob meal 玉米芯粉
corn-cob processing machine 玉米穗轴加工机
corn cockle ①麦仙翁属[*Agrostemma* L.](石竹科)②麦仙翁[*Agrostemma githago* L.]
corn collecting truck 集粮卡车
corn combine 谷物联合收获机
corn combining attachment 玉米联合收获附加装置
corn companion (= corn cockle) 麦仙翁[*Agrostemma githago* L.](石竹科)
corn crib 玉米囤,玉米通风仓
corn crops (= grain crops) 谷类作物
corn crusher 玉米粉碎机
corn degerming machine 玉米去胚机
corn drill 玉米条播机
corn drying shed 玉米干燥棚
corn ear 玉米果穗
corn earworm (= American cotton bollworm, false budworm, gram caterpillar, scarce bordered straw moth, tobacco budworm, tobacco cutworm, tomato caterpillar, tomato fruitworm, tomato stem borer) 棉铃虫[*Heliothis zea* Boddie = *H. armigera* Hüber. = *H. obsoleta* Hüber. = *Phalaena zea* Boddie](夜蛾科)
corn exchange ①谷物交易 ②谷物交易所
corn flakes 玉米花,玉米爆花
corn flea beetle 玉米跳甲[*Chaetocnema pulicaria* Melsheimer](跳甲科)
corn flour 面粉(指玉米,稻米及其他禾谷类所磨成的粉)
corn for silage 青贮用玉米
corn germ meal 玉米胚饼粉
corn germ oil 玉米胚芽油
corn gluten feed 玉米麸质饲料
corn grass 无伤草[*Apera spicaventi* P. B.](禾本科)
corn gromwell (= bastard alkanet) 麦家公[*Lithospermum arvense* L.](紫草科)
corn ground beetle 麦步甲(玉米步甲)[*Zabrus tenebrioides* Goeze](步甲科)
corn grower ①玉米栽培者 ②谷物栽培者

corn growing ①玉米栽培 ②玉米栽培学
corn-growing country 谷物生产国
corn-growing region 玉米栽培地区
corn harvest 玉米收获
corn-hog ratio 玉米与生猪比价
corn horsetail 问荆［*Equisetum arvense* L.］(木贼科)
corn husker 玉米剥苞叶机
corn hybrids 玉米杂[交]种
corn kernel 玉米籽粒
corn lantern fly (= maize planthopper) 菲岛玉米蜡蝉［*Peregrinus maidis* (Ashmead)］(蜡蝉科)
corn laws 谷物条例(指英国)
corn leaf aphid ①玉米缢管蚜［*Rhopalosiphum maidis* (Fitch)］(蚜科) ②玉米[黄]蚜［*Aphis maidis* Fitch］(蚜科)
corn leaf disease 玉米叶病害
corn leaf-eating ladybird beetle 玉米星瓢虫［*Epilachna similis* Thunberg］(瓢虫科)
corn leafhopper 玉米黄翅叶蝉［*Baldulus maidis* D. et W.］(叶蝉科)
corn maggot (= corn seed maggot) 玉米种蝇
corn marigold (= yellow oxeye-daisy) 珍珠菊(金银菊)［*Chrysanthemum segetum* L.］(菊科)
corn market 谷物市场(指英国)
corn marketing 谷物市场交易,谷物销售
corn marketing law 谷物贸易法
corn meal 玉米粉
corn meal agar 玉米粉琼脂(培养基)
corn merchant 谷物商,粮商
corn mill ①玉米磨粉机,谷物磨粉机 ②制粉厂,谷物加工厂
corn mint 薄荷［*Mentha arvensis* L.］(唇形科)
corn mosaic 玉米花叶病［*zea virus* 1］
corn mosaic virus (= corn virus 1, maize mosaic virus) 玉米花叶病毒［*Zea virus* 1 = *Marmor zeae* (Holmes)］
corn moth (= grain moth) 谷蛾［*Tinea granella* Linnaeus］(谷蛾科)
corn nematode 玉米根线虫［*Pratylenchus zeae* Graham］
corn oil 玉米油
corn oil industry 玉米油[工]业,玉米油制造业
corn picker-chopper 玉米摘穗切秆机
corn picker-husker 玉米摘剥机
corn picker-sheller 玉米摘脱机
corn planter 玉米点播机
corn planthopper 玉米飞虱［*Peregrinus maidis* Ashmead］(飞虱科)
corn pone 牛乳面包(玉米面与牛乳制成)
corn poppy 虞美人［*Papaver rhoeas* L.］(罂粟科)
corn problem 谷物问题
corn prop root (= corn brace root) 玉米支持根
corn pulp 玉米浆
corn rachis 玉米轴
corn radish 海滨萝卜(野萝卜)［*Raphanus raphanistrum* L.］(十字花科)
corn ration 粮食定量,谷物定量
corn rent 谷租
corn reserve 粮食储藏量,谷物储备量
corn rocket ①女真芥属［*Bunias* L.］(十字花科) ②女真芥［*Bunias orientalis* L.］
corn root aphid 玉米根蚜［*Anuraphis maidiradicis* Forbes］(蚜科)
corn root webworm (= tobacco webworm) 玉米根网螟［*Crambus caliginosellus* Clemens］(草螟科)
corn rootworm ①(= corn budworm, twelve-spotted cucumber beetle) 南瓜十二星叶甲［*Paropsides duodecimpunctata* Gebler］②(= northern corn rootworm) 长角叶甲［*Diabrotica longicornis* Say］(叶甲科)
corn row spacing 玉米行距
corn row width 玉米行宽
corn rust 玉米锈病［*Puccinia sorghi* Schw.］
corn salad (= field salad) 野莴苣
corn sap beetle (= maize blossom beetle) 玉米红褐露尾甲［*Carpophilus dimidiatus* (Fabricius)］(露尾甲科)
corn scabious ①克氏草属［*Knautia* (L.)］(川续断科) ②克氏草［*Knautia arvensis* Coult.］
corn seed growing 玉米种子繁育
corn seed maggot (= seedcorn maggot, shallot fly) 种蝇［*Hylemya platura* (Meigen)］(花蝇科)
corn seed plot 玉米种子区
corn sheller 玉米脱粒机
corn shredder 玉米切碎机
corn silage 玉米青贮料
corn silk 玉米[花]丝
corn silk beetle 玉米守瓜［*Calomicrus brunneus* (Crotch)］(叶甲科)
corn smut 玉米黑粉病［*Ustilago Zeae*

(Beckm.) Unger. = *U. Maydis* (DC.) Cda.]
corn snapper 玉米摘穗机
corn sow thistle (= field sow thistle) 苦荬菜
corn speedwell (= wall speedwell) 直立婆婆纳 [*Veronica arvensis* L.] (玄参科)
corn spurry (= corn spurrey) 大爪草 [*Spergula arvensis* L.] (石竹科)
corn stack 粮垛,谷堆
corn stack bug 玉米长蝽 [*Scolopostethus pictus* (Schill)] (长蝽科)
corn stalk ①玉米茎秆 ②麦秸
corn-stalk macerator 玉米茎秆纸浆机
corn-stalk meal 玉米秆粉
corn-stalk shaver 玉米秆切割机
corn stand 玉米植株[生长]密度
corn starch 玉米淀粉
corn starch processing 玉米淀粉加工 {加工}
corn steep liquor 玉米浆
corn stem nematode 玉米茎线虫 [*Ditylenchus dipsaci* Kühn.]
corn stover 玉米秆
corn stover mulch 玉米秆覆盖
corn-straw mixture 玉米茎叶混合物(饲料)
corn sugar 玉米糖 [$C_6H_{12}O_6$]
corn sweep 玉米中耕箭形铲
corn tank 粮箱
corn tax 粮食税
corn thistle (= Canada thistle) 田蓟
corn thresher 玉米脱粒机
corn thrips (= grain thrips) 禾蓟马
corn top remover (= corn topper) 玉米打顶机(器)
corn topping 玉米打顶
corn van 清粮机,风车
corn vinosse ①玉米酒糟 ②谷物酒糟
corn year 丰年
corn yield ①玉米产量 ②粮食产量 ③出粮率
cornea 角膜
corneal 角膜的 (cornealis)
corneal layer 角膜层
corneal lens 角膜晶体
corned 盐腌的,腌渍的
corned beef 腌牛肉
corned meat 腌肉
corned radish 腌萝卜
cornelian cherry (= cornel cherry) 欧亚山茱萸(硬山茱萸,雄株木) [*Cornus mas* L. = *C. mascula* L. = *C. vernalis* Salisb.] (山茱萸科)
Cornell method of modified backcross 康乃尔大学改良回交法
corneous 角质的 (corneus)
corner ①角,隅 {物} ②地区,区域 {耕作} ③垄断市场 {农经} ④隐秘处
corner cut 切角
corner effect 壁角效应
corner point 拐角点
corner radii 转弯半径
corner reflector 角反射器 {遥感}
corner stone 基石,柱石,基础
corner test of association 相连性象限检验法 {统计}
corner tooth 隅齿
corners of the field 田角,地角
cornet 小角 (corniculum)
cornfield ①玉米地 ②麦田
cornfield ant (= American lawn ant) ①玉米田蚁 [*Lasius alienus* (Förster)] ②玉米黑田蚁 [*Lasius nigeralienus americanus* Emery] (蚁科)
cornflag ①唐菖蒲属 [*Gladiolus* L.] (鸢尾科) ②欧唐菖蒲 [*Gladiolus communis* L.]
cornflower 矢车菊 [*Centaurea cyanus* L.] (菊科)
cornicle 腹管(蚜虫) (corniculus)
corniculate ①具小角的 ②小角状的 (corniculatus)
corniculate spurgentian ①花锚属 [*Halenia* Borkh.] (龙胆科) ②花锚 [*Halenia corniculata* Cornaz]
corniculiferous ①具小角的 ②具瘤的 (cornicullifer)
cornification 角化 (cornificatio)
cornifin 角质蛋白 {分生}
corniform 角状的 (corniformis)
cornigerous 具小角的 (corniger)
corning 盐腌,腌渍
Cornish 考尼什鸡
Cornish heath 英国欧石南(考尼什欧石南) [*Erica vagans* L.] (杜鹃花科)
cornless 无子粒的
cornloft 谷仓,粮仓
cornopteris ①角蕨属 [*Cornopteris* spp.] (蹄盖蕨科) ②角蕨 [*Cornopteris decurrenti-alata* sp.]
cornsalad (= field salad, lamb's lettuce) 家独活 [*Valerianella olitoria* Moenth.] (败酱科)
cornu ①角状突起,基突 ②距 ③(= common macrocarpium) 山茱萸
cornucopian 非常丰饶的,极为丰富的 (cor-

nucopius)
cornute ①具角的 ②具角状突起的 ③具距的 ④角状器 (cornutus)
cornute-leaves 具角状突起叶
corny ①谷制的 ②谷类的 ③胼胝的 ④角质的
corolla (= corol) 花冠
corolla appendage ①副冠 (paracorolla) ②副瓣 (parapetalum)
corolla erignous 上位花冠(corolla erigna)
corolla hypogynous 下位花冠(corolla hypogyna)
corolla limbs [花]冠檐 (limbi corollae)
corolla lobs [花]冠[裂]片 (lobi corollae)
corolla perigynous 周位花冠(corolla perigyna)
corolla throat 花喉
corolla-tube [花]冠筒 (corollitubus)
corollaceous ①花冠状的 ②花瓣状的 (corollaceus)
corollaceous calyx 花冠状萼(calyx corollaceus) {形态}
corollary 推论 (corollarium)
corollated (= corolliferous) 具花冠的 (corollatus)
corollet 小花(用于菊科) (coronula)
corolliflorous 雄蕊附冠的 (corolliflorus)
corolline ①附冠的 ②花冠状的 (corollinus)
corollule ①小花冠 ②小花(用于菊科) (corollula)
corona ①冠,树冠 ②副[花]冠 ③根颈 ④华,日华,月华 ⑤电晕
corona-crown (= coronet) 副冠
corona-discharge field 电晕放电场
corona unit 电晕器
coronagraph 日冕仪
coronal root 冠根 (radix coronalis)
coronarious 冠状的(coronarius)
coronarious gingerlily 姜花[*Iledychium coronarium* Koenig](姜科)
coronate ①具冠的 ②具副冠的 (coronatus)
coronavirus 冠状病毒[组]
coronet ①冠 (corona) ②副花冠 (coronula) {形态} ③蹄冠 {畜}
coroniform ①冠状的 ②副花冠状的 (coroniformis)
coronilla 小冠花属 [*Coronilla* L.] (豆科)
coronoid 鸦嘴状的 (coronoideus)
coronule ①小花冠,小花 ②冠毛 ③小副花冠 (coronula)
corossol (= soursop) 刺果番荔枝
coroutine (= co-routine) 共行程序,协同程序{电脑}
corozo-nut 象牙棕榈坚果
corphate 具有细长毛的 (corphatus)
corpora allata 咽侧体
corpora pedunculata (= mushroom bodies) 具柄体,蕈状体(脑的)
corporal ①体的,身体的 ②具[身]体的 (corporalis)
corporation ①社团 ②协会 ③(股份有限)公司 (corporatio)
corporation forest 团体林
corporeal ①具[身]体的 ②物质的 (corporeus)
corpse 尸体 (corpus, cadaver)
corpulent 肥大的,肥满的,肥胖的 (corpulentus)
corpus ①(具气囊花粉的)体 ②原体
corpus adiposum 脂肪体
corpus allatum 咽侧体
corpus cardiacum 心侧体
corpus centrale 中央体
corpus cillare (= cililary body) 纤毛状体 (corpus ciliare)
corpus luteum 黄体
corpus ventrale 脑腹体
corpuscle ①微粒,粒子 ②小体 ③细胞,血球 (corpusculum) {物}
corpuscula (= corpuscule) 小体
corpuscula lamellosa 环层小体
corpuscula tactus 触觉小体
corpuscular 微粒的,颗粒的 (corpuscularis)
corpuscular radiation 粒子辐射
corpuscular system of heredity 颗粒遗传系统
corpuscular theory 微粒说 {细胞}
corpusculum ①颈卵器 ②卵(用于松柏类)
corral 畜栏,畜圈,围栏
corrasion 蚀刻[作用]
correct ①准确的,正确的,对的 ②合适的,恰当的 (corrigere)
correct area under crops 准确播种面积
correct calculation 准确计算
correct conformation 正确构象
correct crop rotation 正确轮作
correct date of transplanting rice 合适插秧期
correct forecast 订正预报
correct incorporation 合适渗入
correct insertion 正确插入
correct irrigation 合理灌溉
correct name 正确名称

correct of thinning 适当间苗
correct position 合适位置
correct reading frame 正确解读码组
correct recognition 正确识别
correct recognition rate 正确识别率
correct seeding time 合适播种期
correct thickness of soil layer 合适土层厚度
correct thickness of sowing 适宜播种密度
correct topping ①适当打顶(芝麻) ②适当切顶(甜菜)
correctable error 可校错误{电脑}
corrected lime potential 校正石灰[能]位
corrected recombination frequency 校正重组频率
corrected retention time 校正保留时间{生技}
corrected retention volume 校正保留容积
correcting feature 校正特性
correcting projector 改正投影仪
correction ①订正[值]{气象} ②改正[数]{测量} ③矫正[数]{统计} ④校正{生技}(correctio)
correction bchaviour 相关行为
correction coefficient 校正系数
correction computer 相关计算机
correction control unit 相关控制部件
correction detection 相关检测
correction detector 相关检测器
correction factor 矫正因子,校正因子
correction for alignment 定线改正
correction for continuity 连续性矫正数
correction for grouping 组群矫正
correction for mean 平均数矫正
correction for sum of squares 平方和矫正
correction for temperature 温度订正
correction from signals 信号纠正
correction function 校正函数
correction guidance 相关制导
correction increment 校正增量
correction measure 相关度量
correction of channel 河槽治理
correction process 校正过程
correction reasoning 相关推理
correction strip ①修整带 ②校正防护带
correction term 矫正项{统计}
correction time 校正时间
corrective ①订正的,校正的 ②改正的 ③矫正的 ④制止的(correctivus)
corrective action 校正作用
corrective maintenance time 校正维护时间(指出错校正维修的时间)
corrective mating 矫正配种法
corrective service 校正服务{电脑}
correctly plucking 合理采摘
correctness 正确性,精确性(correctivitas)
correctness of forecast 预报精确性
correctness proof 正确性证明
corrector ①校正者 ②校正器 ③校正电路
corrector formula 校正公式
corrector method 校正方法
correlate 联系数{统计}
correlate equation 联系数方程式
correlated between treatments 处理间相关
correlated bud dormancy 相关芽休眠
correlated character 相关性状
correlated condition 相应条件
correlated noise 相关噪声{环保}
correlated orientation 相关定向
correlated sampling 相关抽样,相关取样
correlated selection response 相关选择反应
correlated spectroscopy 相关光谱学
correlated variability 相关变异性
correlated variation 相关变异
correlation ①相关,相关性 ②对射[变换]{物}(correlatio)
correlation algorithm 相关算法
correlation analysis 相关分析
correlation bandwidth 相关带宽{电脑}
correlation between crop and climate 作物与气候间的相关性
correlation between crop and soil 作物与土壤间的相关性
correlation between cytoplasm and nucleus 质核间相关
correlation between gametes 配子间相关
correlation between parent and offspring 亲子间相关
correlation between relatives 亲缘间相关
correlation between varieties 品种间相关
correlation between zygotes 合子间相关
correlation coefficient 相关系数
correlation diagram 相关[简]图
correlation factor 相关因子
correlation index 相关指数
correlation line 相关线
correlation matrix 相关矩阵,相关系统矩阵
correlation method ①相关法 ②相关率
correlation of breeding value 育种值的相关
correlation of growth 生长相关
correlation of morphological characters 形态性状相关
correlation of ratios 比值相关
correlation of yield components 产量构成因素相关
correlation pleiade 相关性状群

correlation radiometer 相关辐射计{遥感}
correlation ratio 相关比
correlation rule 相关规则
correlation spectroscopy (= correlated spectroscopy) 相关光谱学
correlation surface 相关面
correlation table 相关表
correlation test 相关性检验{统计}
correlation time 相关时间
correlation value 相关值
correlation within treatments 处理内相关
correlation within varieties 品种内相关
correlative ①相关[性]的 ②关联的
correlative appraisal method 相关鉴定法
correlative development 相关发育
correlative differentiation 相关性分化
correlative index 相关索引
correlator ①相关器 ②关联子
correlogram 相关图(指计算记录器的)(correlogramma)
corrensite 柯绿泥石,夹层绿泥石
correspondence ①符合,相符,一致 ②相应,对应{统计} ③通讯,通信,函件{信息}(correspondentia)
correspondence quality 通信质量
correspondence school 函授学校
correspondent ①符合的,相符的,一致的 ②相应的,对应的(correspondens)
correspondent entities 相应实体
correspondent variability 相应变异性
corresponding ①符合的,相符的 ②相应的,对应的(correspondens)
corresponding angle 同位角
corresponding organ 相应器官
corresponding state 对应态
corresponding temperature 对应温度
corresponding variability 相应变异性
corridor ①走廊,通路 ②走廊地带 ③流槽{环保}
corrie 冰坑,山腹空地,山凹,冰斗
Corriedale 考力代羊(新西兰毛肉兼用绵羊品种)
corrigible 可改正的(corrigibilis)
corrin 咕啉
corrinoid 类咕啉
corrode 腐蚀
corroder 腐蚀物,腐蚀剂
corrodibility 腐蚀性(corrodibilitas)
corrosion ①腐蚀(指农机具) ②溶蚀(指花粉) ③熔蚀,流蚀(指土壤)(corrosio)
corrosion inhibitor 腐蚀抑制剂,防蚀剂,减蚀剂,抗腐蚀剂
corrosion of pipe 管道腐蚀{环保}
corrosion proof (= corrosion resistant) 抗腐蚀
corrosion protection 防腐[蚀性]
corrosion resistance 抗腐[蚀性]
corrosive ①腐蚀的,溶蚀的 ②腐蚀物,腐蚀剂(corrosivus)
corrosive action 腐蚀作用
corrosive carbon dioxide 侵蚀性二氧化碳
corrosive sublimate (= mercuric chloride) 氯化汞,升汞
corrosive water 有腐蚀性废水{环保}
corrugated ①皱纹的,皱褶的 ②波纹的,波状的 ③沟纹的 ④花痕状(corrugatus)
corrugated-bar cylinder 纹杆式脱粒滚筒
corrugated cardboard 皱纹[厚硬]纸板,瓦楞纸板
corrugated fibreboard 皱纹纤维板,瓦楞纤维板
corrugated hose 波纹软管
corrugated iron 波状铁皮(盖房顶用)
corrugated plywood 波纹胶合板
corrugated roller 波纹形镇压器
corrugated sheet 波纹板
corrugated tile 波状瓦
corrugating 波纹板加工{农施}
corrugating medium 波纹板加工介质
corrugation 灌水垄沟,波纹状沟
corrugation infiltration 垄沟渗漏
corrugation irrigation 沟灌
corrugation method 沟灌法
corrugative 皱缩的(corrugativus)
corrundophilite 脆绿泥石
corrundum 刚玉{地质}
corrupt ①腐败的,腐烂的 ②讹误,信息破坏 ③污染的,污浊的(corruptus)
corrupt data 污染数据
corruptible 易腐败的(corruplibilis)
corruption ①腐败,腐烂 ②腐败物(corruptio)
corsage 装饰胸部花束(指妇女)
corselet 前胸
corsor 光标{电脑}
corsor-dependent scrolling 依赖于光标的滚动
cortex ①(= cortical layer) 皮层 ②树皮,皮 ③皮质 ④(细胞)周缘胞质
cortex field 周缘胞质区
cortexolone 11-脱氧皮[甾]醇
cortical ①皮层的 ②树皮的,外皮的 ③皮质的 ④周缘胞质的(corticalis)
cortical bundle 皮层维管束(fasciculus corticalis)

cortical cell 皮层细胞（cellula corticalis）
cortical cytoplasm（= cortex） 周缘胞质
cortical granule 周缘胞质颗粒
cortical hormone 皮质激素
cortical layer 皮层（cortex）
cortical orientation 周缘定向
cortical parenchyma 皮层薄壁组织（parenchyma corticalis）{解剖}
cortical pore（= lenticel） 皮孔（pora corticalis）
cortical sheath 皮层鞘（vagina corticalis）
cortical tissue 皮层组织（tela corticalis）
corticate ①具皮层的 ②具树皮的 ③皮层状的（corticatus）
corticating 皮层的（corticatens）
corticiform 皮层状的（corticiformis）
corticin 皮孔菌素
corticium brown rot of Chinese cabbage 白菜褐腐病［*Corticium vagum* Berk. et Curt.］
corticoid 类皮质激素
corticointegration 皮层整合［作用］（corticointegratio）
corticoliberin 促［肾上腺］皮质［激］素释放［激］素
corticoliberin-binding protein 促［肾上腺］皮质［激］素释放［激］素结合蛋白
corticolous 皮寄生的（corticolus）
corticose（= corticous） ①多皮的 ②外皮的 ③树皮的（corticosus）
corticosteroid 皮质甾类，皮质类固醇
corticosteroid-binding globulin（CBG） 皮质类固醇结合球蛋白
corticosterone 皮质［甾］酮
corticotropin（= corticotrophin） 促肾上腺皮质［激］素
corticotropin-like intermediate peptid（**CLIP**） 促［肾上腺］皮质［激］素样中间肽
corticotropin releasing factor（CRF） 促［肾上腺］皮质［激］素释放因子
corticotropin releasing hormone（**CRH**） 促［肾上腺］皮质［激］素释放激素
corticous（= corticose） ①树皮的 ②多皮的 ③皮质的（corticosus）
corticrocin 黄色菌色素
cortin 肾上腺皮质激素，皮质激素
cortina ［菌盖］丝膜
cortinellin 香菇菌素
Corti's organ 柯蒂氏器
cortisol 皮质［甾］醇，氢化可的松
cortisol-binding-globulin 皮质醇结合球蛋白
cortisol receptor 皮质［甾］醇受体
cortisone 可的松，17-羟-11-脱氢皮质［甾］酮
cortisone hormone 可的松激素
cortol 皮［甾］五醇
cortolone 皮［甾］酮四醇
corundum 刚玉｛地质｝
corvidae 乌鸦科［Corvidae］
corybulbine 紫堇鳞茎碱
corycavamine 紫堇胺
corycavidine 紫堇锥定
corydaline 延胡索碱，紫堇碱［$C_{22}H_{27}O_4N$］
corydalis ①紫堇属［*Corydalis* DC.］（荷花牡丹科）②紫堇［*Coydalis incisa* Pers.］
coryfin 可力芬，乙基乙醇酸薄荷酯
corylifolius birch 榛叶桦［*Betula corylifolia* Regel et Maxim.］
corylin 榛仁球蛋白
corylus aphid 榛斑须蚜［*Agrioaphis hashibamii* Shinji］（蚜科）
corymb 伞房花序（corymbus）
corymb woodsorrel 红花酢浆草（铜锤草）［*Oxalis corymbosa* DC.］（酢浆草科）
corymbate（= corymbiate） 具伞房花序的（corymbatus）
corymbiferous 具伞房花序的（corymbifer）
corymbiform 伞房花序状的（corymbiformis）
corymbiform cyme 伞房状聚伞花序（cyma corymbiformis）
corymbose 伞房花序式的（corymbosus）
corymbose beakrush 伞房花序式刺子莞［*Rhynchospora corymbosa* Britt.］（莎草科）
corymbose cyme 伞房状聚伞花序（cyma corymbosa）
corymbose panicle 伞房状圆锥花序（paniculus corymbosus）
corymbothyraus 伞房圆锥花序的
corymbous 伞房花序的（corymbus）
corymbulose（= corymbulous） 成小伞房花序的（corymbulosus）
corynantheidine 柯楠碱
corynantheine 柯楠质
corynanthidine 柯楠定
corynebacterium ①棒杆菌属（棒状杆菌属）［*Corynebacterium* Lehmann et Neumann］（棒杆菌科）②棒杆菌（棒状杆菌）［*Corynebacterium* sp.］
corynebacterium family 棒杆菌科［Corynebacteriaceae］
corynespora leaf spot of cucumber 黄瓜褐

斑病［*Corynespora mazei* Güssow.］
corypha ①团扇葵属［*Corypha* spp.］(棕榈科）②团扇葵［*Corypha umbraculifera* sp.］
coryphantha（= dense-spine coryphantha）①菠萝球属［*Coryphantha* Lom.］(仙人掌科）②菠萝球［*Coryphantha pycnacantha* Lom.］
coryphile 高山草甸
coryphion 高山草甸群落
cos lettuce（= romaine lettuce） 直立莴苣（木立生菜）［*Lactuca sativa* L. var. *romana* Gars.］(菊科）
cos site 黏性位点｛分遗｝
coscheduling（= co-scheduling） 共调度
cosedimentation 共沉降（cosedimentatio）
cosequence register 并列顺序寄存器
cosere 同生演替系列
cosine 余弦
cosine equalizer 余弦均衡器
cosine kernel 余弦核｛遥感｝
cosine transform 余弦变换｛遥感｝
cosmene 波斯菊萜，2，6-二甲-1，3，5，7-辛四烯
cosmetic processing 整容处理｛遥感｝
cosmic 宇宙的
cosmic dust 宇宙尘
cosmic medicine 宇宙医学
cosmic noise 宇宙噪声
cosmic radiation 宇宙辐射
cosmic ray beam 宇宙射线
cosmic rays 宇宙［射］线
cosmic rocket 宇宙火箭
cosmid 黏粒（指具 λ-噬菌体及细菌质粒的优点的新型基因载体，为美国 Collins 等 1978 年所制）｛分生｝
cosmid library 黏粒库
cosmid mapping 黏粒作图
cosmid vector 黏粒载体
cosmobiology 宇宙生物学（cosmobiologia）
cosmodrome 宇宙发射场
cosmogenetic 宇宙进化的（cosmogeneticus）
cosmogeny 宇宙进化说（cosmogenia）
cosmogony 宇宙起源（cosmogonia）
cosmology 宇宙学（cosmologia）
cosmonautics 宇航学，宇宙航行学（cosmonautica）
cosmopolitan ①世界性的 ②世界种（cosmopolitanus）
cosmopolitan ambrosia beetle 虎耳草小蠹［*Xyleborus saxeseni* Ratzeburg］(小蠹科）
cosmopolitan grain psocid 广谷分啮虫［*Lachesilla pedicularia*（L.）］(分啮科）
cosmopolitan plant 世界性植物（planta cosmopolitana）
cosmopolitan species 世界种
cosmopolitan tea and olive scale 茶棕盾蚧［*Fiorinia theae* Green］(盾蚧科）
cosmopolitanism 世界性（cosmopolitanismus）
cosmopolitanism theory 宇宙泛生说｛进化｝
cosmopolite 世界种
cosmopterigid moths 尖翅蛾科［Cosmopterigidae］
cosmos ①宇宙 ②大波斯菊属［*Cosmos* Cav.］(菊科）
cosmos satellite 宇宙卫星
cosmos thrips ［大波斯］菊小头蓟马［*Microcephalothrips abdominalis* Crawford］(蓟马科）
cosmotron 同步稳相加速器
cosmotropical 亚热带的（cosmotropicus）
cosmozoa 宇宙虫
cossid ①木蠹蛾 ②⌊复⌉木蠹蛾科［Cossidae］
cost ①价格 ②成本 ③价值 ④代价（costare）
cost account 成本计算｛农管｝
cost accountant 成本会计员
cost accounting 成本核算，成本会计，用费计算
cost analysis 成本分析
cost and effectiveness trade-off criteria 价格和效能综合准则
cost and freight 价格与运费
cost benefit 成本利益，成本效益
cost benefit analysis 成本效益分析
cost benefit evaluation 成本效益评价
cost book 会计簿，成本簿
cost calculation 成本核算
cost category 成本种类
cost coding 价值编码｛电脑｝
cost coefficient 成本系数
cost comparison 成本比较
cost control 成本管理
cost curve 成本曲线
cost data 成本数据
cost effective 成本有效性
cost effectiveness（**CE**） 成本实效（指利益价值与成本之比）

cost engineering 成本管理
cost estimate 成本估算
cost estimating procedure 成本估计方法
cost estimation 成本估算
cost for pumping 抽水费{环保}
cost function 成本函数
cost of [the] means of production 生产资料的价格
cost of a loan 信贷费用,借贷开支
cost of application 应用成本(指肥料,种子)
cost of catching 捕捞成本,渔获成本
cost of construction 建造费,施工费
cost of draught 驾驶费
cost of drought power 牵引费用
cost of excavation 挖土费
cost of fuel 燃料费
cost of labour 劳动成本
cost of living index 生活用费指数
cost of loading 装载费
cost of maintenance 维修费
cost of natural selection 自然选择价值
cost of operation 运转费
cost of production 生产成本,生产费用
cost of recirculation pumping 回流抽升费{环保}
cost of sample 样本费
cost of traction power 牵引[功率]费用
cost of transportation 运费
cost price 成本价格,收购物价
cost reduction 成本[降]低
cost reduction program 降低成本计划
cost sheet 费用表
cost slope 成本斜率
cost structure 成本结构
cost trade-off 成本折中
cost value 成本价
cost value of forest 林价
costa ①缘 ②肋,中脉 ③圆脊 ④抱器背 ⑤前缘脉 ⑥背脊
Costa Rican guava [月桂树叶]番石榴[*Psidium friedrichsthalianum* = *P. laurifolium*](桃金娘科)
costae pori 孔缘
costae transversales 横沟缘
costal ①中脉的{形态}②肋骨的 ③前缘的(costalis)
costal cell 前缘室
costal margin 前缘
Costard 科斯大苹果(英国品种)
Costas loop 正交环路(考斯塔斯环){遥感}
costate ①具肋的 ②具中脉的 ③共态的(costatus)
costate coordination 共态协调
costellate 具小肋的(costellatus)
costi (= saussurea) 广木香[*Saussurea lappa* C. B. Clarke](菊科)
costiasis 口丝虫病{水产}
costimulation 共同刺激(costimulatio)
costing 成本计算,作价
costive 便秘的(costivus)
costliness 昂贵,高价
costly branded variety 名牌品种
costly registered variety 名牌品种
costs ①费用 ②代价
costs of loading 装载费用
costs of overcoming stress 克服胁迫的代价{生态生理}
costs of pollution 污染代价{环保}
costs of processing 加工费用
costs of production 生产费用,成本
costs of shortage 缺货费用(指由于缺货造成的费用)
costs sensitivity 成本灵敏度
cost/time cure 成本-时间曲线
cosuppression 共抑制(cosuppressio)
cosynthesis 伴生合成,同合成
cosynthetase 同合成酶
Cot 浓度时间乘积(Å = 260 单位/毫升×时/2)
Cot 1/2 value 浓[度]时[间]乘积 1/2 值,Cot 1/2 值
Cot curve 浓[度]时[间]乘积曲线,Cot 曲线
Cot plot 浓[度]时[间]乘积图,Cot 图
Cot unit 浓[度]时[间]乘积单位,Cot 单位
Cot value 浓[度]时[间]乘积值,Cot 值
cotal address 八进制地址{信息}
cotangent scale 余切尺
cote (= cot) ①羊栏,畜圈,畜栏 ②棚,鸽棚
coterminous 同地理分布的(coterminus)
cotoin 柯桃因
cotoneaster ①栒子属[*Cotoneaster* Med.](蔷薇科)②栒子[*Cotoneaster multiflorus* Bge.]
cotransaminase 辅转氨酶
cotranscript 共转录物{生技}
cotransduction 共转导[作用],(cotransductio)
cotransduction of genetic marker 遗传标记物共转导
cotransfection 共转染(cotransfectio)
cotransformation 共转化(cotransformatio)
cotranslation 共翻译(cotranslatio){分遗}
cotranslational cleavage 共翻译切割{分遗}

cotranslational glycosylation 共翻译糖基化
cotranslational integration 共翻译整合
cotranslational secretion 共翻译分泌(指蛋白质边翻译边通过内质网膜的过程)
cotranslational transfer 共翻译转移
cotranslational translocation 共翻译移位{分遗}
cotransmission 共传递(cotransmissio)
cotransport 协同运输,协同转运
cotransporter 协同转运蛋白
Cotswold 考茨沃羊(英国长毛羊品种)
cottage ①茅屋,农舍,村舍,田舍 ②别墅
cottage cheese (= curds) 凝乳块
cottage industries 乡村工艺
cottage pink 羽裂石竹[*Dianthus plumarius* L.](石竹科)
cottage rose 白蔷薇[*Rosa alba* L.](蔷薇科)
cottagrass ①寇蒂禾属[*Cottea* L.](禾本科) ②寇蒂禾[*Cottea pappophoroides* L.]
cotter ①楔形销子 ②开口销 ③扁栓,楔子
cotter pin 开尾销
cotton ①棉属[*Gossypium* L.](锦葵科) ②棉 ③棉织品
cotton [harvesting] sled 摘棉铃机
cotton ablasty 棉芽切病
cotton abroma 昂天莲[*Abroma angusta* (L.) L. f.](梧桐科)
cotton abstracts 棉花文摘
cotton acreage statistics 棉花[播种]面积统计
cotton agrotechniques 棉花栽培技术
cotton angular leaf spot (= bacterial blight of cotton) 棉角斑病[*Xanthomonas malvacearum* (Smith) Dowson]
cotton anthracnose (= anthracnose of cotton) 棉炭疽病
cotton aphid ①(= melon aphid) 棉蚜[*Aphis gossypii* Glover] ②(= corn leaf aphid) 玉米缢管蚜[*Rhopalosiphum maidis* (Fitch)](蚜科)
cotton ascochyta blight 棉茎枯病(轮纹病)[*Ascochyta gossypil* Syd.]
cotton back 棉布反面
cotton bagging 棉花套袋(指杂交)
cotton bagworm (= coffee bagworm) 棉蓑蛾(大蓑蛾)[*Clania variegata* Snellen](蓑蛾科)
cotton bale ①棉包,棉捆 ②棉球
cotton bale store 棉包仓库
cotton baling 棉花打包
cotton baling press 棉花打包机
cotton ball ①老乐柱属[*Espostoa* spp.](仙人掌科) ②老乐柱[*Espostoa lanta* sp.] ③(= cotton boll) 棉桃,棉铃 ④棉球
cotton ball cloud 棉球云
cotton basket 棉箱
cotton batting ①棉絮 ②棉胎
cotton beaver 法兰绒
cotton beetle 棉金龟[*Anomala trachypyga* Bates](金龟科)
cotton belt 植棉[地]带,棉作区
cotton belt climate 棉作带气候
cotton black rust 棉黑斑病(棉轮纹斑病)[*Alternaria macrospora* Zimm.]
cotton bleaching 棉花漂白
cotton blister mite 棉叶下毛瘿螨[*Acalitus gossypii* (Banks) = *Aceria gossypii* (Banks), *Eriophyes gossypii* (Banks)](瘿螨科)
cotton blooming 棉开花
cotton blooming habit 棉开花习性
cotton blue 棉蓝{显技}
cotton boll 棉铃,棉桃
cotton boll blowing 棉花吐絮
cotton boll-borer 棉铃蛀螟[*Mescinia peruella* Schaus](螟蛾科)
cotton boll chafer 棉铃散点金龟[*Poecilophila maculatissima* Boheman](金龟科)
cotton boll nettled bug 棉铃斑刺蝽[*Calidea dregii* Germ.](刺蝽科)
cotton boll worm (= corn earworm) 棉铃虫[*Heliothis zea* (Boddie)](夜蛾科)
cotton borer 棉籽灰象甲[*Eutinobothrus brasiliensis* var. *gossypii* Herce](象甲科)
cotton breeder 棉育种工作者,棉育种家
cotton breeding ①棉育种 ②棉育种学
cotton brown spot (= cotton brow leafsport) 棉褐斑病(棉叶斑病)[*Phyllosticta gossypina* Ell. et Mart.]
cotton bud caterpillar 棉芽斑螟[*Phycita infusella* Meyrick](野螟科)
cotton cage 棉笼,棉罩子(指杂交时用)
cotton cake 棉子饼
cotton candle wick 棉烛心(指蜡烛)
cotton caterpillar 棉毛虫(梨纹丽夜蛾)[*Acontia transversa* Guenée](夜蛾科)
cotton character divergence 棉性状分歧
cotton chinch bug 棉长蝽[*Nysius expressus* Distant](长蝽科)
cotton chopper 棉花间苗机
cotton chromosome number 棉染色体数
cotton chromosome set 棉染色体组

cotton cicada 棉荒漠蝉［*Cicadatra quaerula* Pallas］（蝉科）
cotton classer 棉花分级机
cotton cleaner 清棉机，棉花清选机
cotton closing 棉花封垄
cotton cloth 棉布
cotton consumption 棉花消费量
cotton control test 棉花对比试验
cotton cord ［白］棉绳
cotton crinkle 棉皱叶病
cotton crop 原棉收获量
cotton culture ①棉花栽培，棉作 ②棉花栽培学，棉作学 ③棉培养
cotton cutworm （= yellowstriped armyworm） 黄条黏虫［*Spodoptera ornithogalli* (Guenée)］（夜蛾科）
cotton cyrtosis 棉缩叶病
cotton damaged boll pink worm 蓖麻饰翅蛾（拟红铃虫）［*Pyroderces simplex* Walsingham］（夜蛾科）
cotton date 棉开花日期
cotton date of intertillage 棉花中耕日期
cotton date test 棉花播种期试验
cotton defoliation 棉花打（脱）叶
cotton defoliator 棉花打叶喷雾器
cotton development of character 棉性状发育
cotton disease injury 棉病害
cotton disease loss 棉病害损失
cotton disease resistance 棉抗病性
cotton diseases 棉病害
cotton drier 棉花干燥机
cotton drilling seed 棉条播
cotton drop 棉子排种装置，棉子排种器
cotton drought training 棉干旱锻炼
cotton emergence 棉花出苗，棉花现苗
cotton extractor （= cotton cleaner） 清棉机
cotton fabric 棉织品
cotton facts 棉花实况
cotton fallow ①棉休闲 ②棉休闲地
cotton fan 子棉吹送风扇
cotton farming practices 棉耕作措施
cotton fiber （= cotton fibre） 棉纤维，花衣
cotton fiber fineness 棉纤维粗细度
cotton fiber length 棉纤维长度
cotton fiber strength 棉纤维强度
cotton field 棉田
cotton field care 棉田管理
cotton filed planting 棉田定植
cotton flannel （= cotton beaver） 法兰绒
cotton flea beetle ①棉红圆跳甲［*Nisotra gemella* Erichs.］②棉褐跳甲［*Podagrica punctilollis* Weise］（跳甲科）
cotton flea hopper 棉跳盲蝽［*Psallus seriatus* Reut.］（盲蝽科）
cotton flower bud maggot 棉花芽瘿蚊［*Contarinia gossypii* Feit.］（瘿蚊科）
cotton fusarium rot 棉红腐病［*Fusarium moniliforme* sheld］
cotton fuzz 棉籽短绒
cotton gatherer 落棉捡拾器
cotton genus hybridization 棉属间杂交
cotton geometrid 大造桥虫（棉尺蛾）［*Ascotis selenaria dianeria* Hübner］（尺蛾科）
cotton gin （= cotton ginning machine） 轧花机
cotton gin building 轧花车间
cotton gin equipment 轧花设备
cotton gin for separating seed 棉花脱子机
cotton ginnery 轧花厂
cotton ginning 轧花
cotton ginning machine 轧花机
cotton ginning plant 轧花厂
cotton goods 棉织品
cotton-grass ①羊胡子草属［*Eriophorum* L.］（莎草科）②羊胡子草（乌拉草）［*Eriophorum vaginatum* L.］
cotton grasshopper （= citrus locust, large green locust） 大青蝗（棉蝗）［*Chondracris rosae* De Geer = *Gyrtacanthacris rosae* De Geer］（蝗科）
cotton green cricket 棉油葫芦［*Gryllus consperus* Schatm］（蟋蟀科）
cotton green manuring 棉田施用绿肥
cotton green moth 鼎点金刚钻［*Earias cupreoviridis* Walker］
cotton grey weevil 棉灰象［*Myllocerus maculocus* Desberdes］（象甲科）
cotton grower 棉农，棉花栽培者，植棉者
cotton growing ①棉花栽培 ②棉花栽培学｛栽培｝
Cotton Growing Association （CGA） 棉花栽培协会
cotton growing space 棉营养面积
cotton gum 紫树［*Nyssa aquatica* L.］（珙垌科）
cotton harvester 棉花收获机
cotton hopper planter 箱斗式棉花播种机
cotton hull ash 棉壳灰｛生化｝
cotton huller 清棉机，清花机
cotton improvement 棉作改良
cotton impurities in seeds 棉种子混杂物
cotton impurity of seed 棉子种子混杂度

cotton induction breeding 棉诱发育种
cotton jassid (= potato leaf hopper) 马铃薯微叶蝉[*Empoasca devastans* Distant](叶蝉科)
cotton-kiering waste 煮棉废水(指煮棉纱或棉布的){环保}
cotton lace bug 棉网蝽[*Corythucha gossypii* (Fabricius)](网蝽科)
cotton leaf beetle 棉黑叶甲[*Syagrus rugifrons* Bulg.](叶甲科)
cotton leaf caterpillar 棉小造桥虫[*Anomis flava* Fabricius](夜蛾科)
cotton leaf decayer 棉凋叶盲蝽[*Helopeltis schoutedeni* Reut.](盲蝽科)
cotton leaf-eating moth 棉叶夜蛾[*Cosmophila flava* Fabricius](夜蛾科)
cotton leaf-spot 棉叶斑病[*Mycosphaerella gossypina* Earle]
cotton leafhopper ①棉叶跳虫[*Empoasca biguttula* Shiraki] ②(= bean leafhopper) 非洲豆微叶蝉[*Empoasca facialis* Jacobi](叶蝉科)
cotton leafminer ①棉潜叶细蛾[*Acrocercops bifasciata* Wals.](细蛾科) ②棉潜叶微蛾[*Nepticula gossypii* Forbes et Leonard](微蛾科)
cotton leafperforator ①棉叶穿孔潜蛾[*Bucculatrix thuberiella* Busck] ②棉叶潜蛾[*Bucculatrix gossypii* Turn.](潜蛾科)
cotton leafroller 棉大卷螟[*Syllepta derogata* Fabricius](螟蛾科)
cotton leafworm ①(= cotton worm, common cutworm) 斜纹夜蛾[*Prodenia litura* Fabricius] ②(= cotton leafworm moth) 棉叶波纹夜蛾[*Alabama argillacea* (Hübner](夜蛾科)
cotton leveling 棉田平地
cotton line selection 棉品系选择
cotton-lint 皮棉
cotton-linters 棉绒毛,短绒
cotton lyrtosis 棉缩叶病
cotton manuring 棉施肥
cotton market 棉花市场,棉花交易所
cotton mill 棉花厂,纺织工场
cotton mirid bug (= alfalfa plant bug) 苜蓿盲蝽[*Adelphocoris lineolatus* (Goeze)](盲蝽科)
cotton mite 棉螨(东方红叶螨)[*Anychus latus* C. et F.](叶螨科)
cotton ovule culture 棉胚珠培养
cotton paper 棉纸
cotton pick 棉花采收,棉花收摘
cotton picker (= cotton picking machine) 摘棉机
cotton picker drum 摘棉滚筒
cotton picking by hand 棉花手工采收
cotton picking by machine 棉花机器采收
cotton picking receptacle (棉花收获机)采棉室
cotton picking spindle 摘棉机摘锭
cotton pickup nozzle ①(棉花收获机)吸棉管 ②棉花捡拾器喉口
cotton pickup tube (棉花收获机)吸棉管
cotton piece goods 棉织品
cotton pinching 棉花摘心
cotton pink boll worm (= pink boll worm) [棉]红铃虫[*Pectinophora gossypiella* (Saunders)](麦蛾科)
cotton plant ①棉(草棉,亚洲棉)[*Gossypium herbaceum* L.](锦葵科) ②棉株{形态}
cotton plant bug 棉盲蝽[*Campylomma nicolasi* Put. et Reut.](盲蝽科)
cotton-plant gatherer (棉花收获机)棉枝导入器
cotton-plant puller (= cotton stalk puller) 棉花拔秸机
cotton plant topper 棉花打顶机
cotton plantation ①植棉场 ②棉花种植
cotton planted on winter fallow land 春播棉(正茬棉)
cotton planter 棉花播种机
cotton planting 棉花种植
cotton ploughing 棉田耕翻
cotton plug 棉花塞
cotton polyploid 棉多倍体
cotton popular (= cottonwood) 三角白杨(加拿大白杨)
cotton powder 棉火药
cotton preparation of seed 棉种子准备
cotton press 棉花打包机
cotton print 印花布
cotton processing 棉花加工
cotton pulling machine 拔棉机
cotton rake 落棉捡拾器
cotton receiving chamber 集棉室
cotton red spider (= common red spider, greenhouse red spider, hop red spider, red spider mite, two spotted spider mite, tapioca mite) 普通红叶螨(棉红蜘蛛)[*Tetranychus telarius* Linnaeus = *Tetranychus bimaculatus* Harvey = *Tetranychus urticae* Koch](叶螨科)
cotton research institute 棉花研究所
cotton retriever 落棉捡拾器

cotton root-knot nematode 棉根结线虫病(棉根瘤线虫病)[*Meloidogyne incognita* var. *acrita* Chitwood]
cotton rose 木芙蓉[*Hibiscus mutabilis* L.](锦葵科)
cotton rust 棉锈病[*Phakopsora gossypii* Hiratsuka]
cotton sap beetle 棉露尾甲[*Haptoncus luteotus* Erichson](露尾甲科)
cotton scraper 落棉捡拾器
cotton scraping machine ①落棉捡拾机 ②棉铃收获机
cotton sedge (=cotton-grass) 羊胡子草(乌拉草)[*Eriophorum vaginatum* L.](莎草科)
cotton seed 棉籽,棉种子
cotton seed blower 棉籽吹送机
cotton seed bug 棉籽长蝽[*Oxycarenus hyalinipennis* Costa](长蝽科)
cotton-seed cake 棉籽饼
cotton-seed cleaner 棉籽清选机
cotton seed delinter 棉子剥绒机{农施}
cotton seed delinting 棉子剥绒
cotton-seed disinfection 棉籽消毒
cotton-seed drier 棉籽干燥机
cotton-seed feed 棉籽饲料
cotton-seed growing 棉花良种繁育
cotton-seed handling 棉籽处理
cotton-seed hull 棉籽壳
cotton seed inspection 棉花种子检验
cotton-seed investigation 棉花种子检查
cotton-seed manure 棉种肥
cotton-seed meal 棉籽[粕]粉(指棉籽饼粉碎后的)
cotton seed oil 棉籽油
cotton seed oil extraction 棉子油提取
cotton seed processing 棉子加工
cotton-seed weevil (=coffee-bean weevil) 咖啡豆象(豆象科)[*Araecerus fasciculatus* De Geer]
cotton seed worm 棉籽织草蛾[*Promalactis inopisema* Butler]
cotton seedling blight 棉苗猝倒病[*Pythium aphanidermatum* Fita]
cotton seeds 棉种
cotton selection 棉选种
cotton shield bug 棉盾蝽[*Solenosthedium chinese* Stal.](盾蝽科)
cotton sleeve 棉花套管(自交用)
cotton spinner (=cotton spinning machine) 棉花纺织机,棉纺机
cotton spinnery 棉花纺织厂,棉纺厂
cotton spinning industry 棉花纺织业,棉纺业
cotton spinning machine 棉花纺织机,棉纺机
cotton spinning mill 棉花纺织厂,棉纺厂
cotton square borer 棉灰蝶[*Strymon melinus* (Hübner)](灰蝶科)
cotton stainer ①棉红蝽[*Dysdercus cingulatus* Fabricius] ②棉黑翅红蝽[*Dysdercus suturellus* (Herrich-Schäffer)](红蝽科)
cotton stalk bark (=cotton stem peelings) 棉秆皮,棉秸皮
cotton stalk shredder 棉秸粉碎机
cotton stem moth 棉茎麦蛾[*Platyedra viella* Zell.](麦蛾科)
cotton stem weevil ①棉茎象甲[*Pempheres offinis* Faust] ②棉茎黑象[*Apion soleatum* Wagn.](象甲科)
cotton stocks 棉花贮备量
cotton stopper 棉絮塞
cotton stripper (=cotton stripper harvester) 摘棉铃(桃)机
cotton stripper unit 摘棉铃部件
cotton stripping ①摘棉铃 ②(从棉铃中)摘棉花
cotton suction duct (气力摘棉机)吸棉管
cotton sweep 棉花中耕箭形铲
Cotton Testing Service (CTS) 棉花检验处
cotton thistle ①大翅蓟属[*Onopordum* L.](菊科) ②大翅蓟(大鳍蓟)[*Onopordum acanthium* L.]
cotton thread 棉线
cotton thrips ①棉黑蓟马[*Caliothrips fumipennis* Bagnall] ②棉褐蓟马[*Heliothrips indicus* Bagnall](蓟马科)
cotton tillage ①棉田整地(播种前) ②棉田中耕
cotton tomosis 棉叶切病
cotton topping 棉花打顶
cotton tramper 棉花压实器
cotton tree 木棉[*Bombax malabaricum* DC.](木棉科)
cotton velvet 棉天鹅绒
cotton waste 废棉,旧棉
cotton wax 棉蜡
cotton weed ①絮菊属[*Filago* L.](菊科) ②絮菊[*Filago arvensis* L.]
cotton weed killer 棉除草剂
cotton weeding 棉去杂
cotton weevils ①花象甲属[*Anthonomus* spp.](象甲科) ②花象甲[*Anthonomus* sp.]

cotton whitefly ①(= sweet potato whitefly) 棉粉虱(烟粉虱)[*Bemisia tabaci* Gennadius] ②印度棉粉虱[*Bemisia gossypiperda* Misra et Lamba](粉虱科)
cotton wick 棉灯心
cotton wilt 棉花萎蔫病[*Fusarium vasinfectum* Atk.]
cotton wool ①皮棉 ②棉絮
cotton woolly bear 棉灯蛾[*Diacrisia oblique bisecta* Leech](灯蛾科)
cotton worm (= tobacco caterpillar) 斜纹夜蛾
cotton yarn 棉纱
cotton yield 棉花[单位面积]产量
cottoner (= wayfaring tree) 绣球花
cottonwood 三角白杨(加拿大白杨)[*Populus deltoides* Marsh. = *P. canadensis* Moench.](杨柳科)
cottonwood borer 加拿大白杨天牛(黑杨天牛)[*Plectrodera scalator* (Fabricius)](天牛科)
cottonwood dagger moth 加拿大白杨剑纹夜蛾[*Acronycta lepusculina* Guenée](夜蛾科)
cottony ①具棉毛的 ②棉毛状的,绒毛状的,③柔软的
cottony apple scale 苹长粉蚧[*Phenacoccus pergandei* Cockerell](粉蚧科)
cottony-cushion scale (= Australian bug dorthesia, fluted scale, mealy scale, white scale) 吹绵蚧[*Icerya purchasi* Maskell](蚧科)
cottony grape scale 葡萄绵蚧[*Pulvinaria vitis* L.](绵蚧科)
cottony jujube 滇刺枣[*Zizyphus mauritiana* Lam.](鼠李科)
cottony leak 绵腐病
cottony leak of bean 菜豆绵腐病[*Pythium aphanidermatum* (Eds.) Fitzpatrick]
cottony leak of eggplant 茄绵疫病[*Phytophthora melongenae* Sawada]
cottony maple scale (= woolly currant scale) 槭绵蚧[*Pulvinaria innumerabilis* (Rathvon)](绵蚧科)
cottony peach scale 桃绵蚧[*Pulvinaria amygdali* Ckll.](绵蚧科)
cottony rice aphid 稻四条绵蚜[*Tetraneura hirsuta* (Baker)](绵蚜科)
cottony rot 菌核病(柑橘类)
cottony scale ①绵蚧[*Pulvinaria polygonata* Comstock] ②[复]绵蚧科[Monophlebidae]
cotyledon ①子叶{形态} ②子宫小丘{畜} ③瓦松属(寇太来顿属)[*Cotyledon* P. P.](景天科)
cotyledon petiole 子叶柄(petiolus cotyledonaris)
cotyledon trace 子叶迹(vestigium cotyledonare)
cotyledon tube 子叶管(tubus cotyledonaris)
cotyledonary collar 子叶领(collum cotyledonare)
cotyledonary sheath 子叶鞘(vagina cotyledonaris)
cotyledonous 具子叶的(cotyledonus)
cotyliform (= cotyloideus) 碟形的(cotyliformis)
cotyloid ①似皿的 ②中空的(cotyloideus)
cotyloid receptacle 盘状花托(receptaculum cotyloideum)
cotype ①同型 ②总模式标本,全模(cotypus)
couch ①麦芽床 ②兽窝 ③偃卧,蹲伏(collocare)
couch grass 匍匐冰草[*Agropyron repens* P. B.](禾本科)
cough 咳嗽(tussis)
couline (= stemmed) 茎[生]的(couline)
coulisse fallow ①屏障休闲 ②屏障休闲地
coulisse planting [防风]屏障播种,留株播种
couloir ①深沟 ②挖泥机
coulomb (c) 库伦(电量单位)
coulombmeter 库伦计,电量计
Coulomb's law 库伦法则{物}
coulometry 库伦[测定]法,电量法(coulometrica)
coulter (= colter) ①犁刀 ②小前犁 ③开钩器 ④铲
Coulter counter 古罗特计数器
coulter disk 圆犁刀,圆盘刀
coulter double-disk opener 双圆盘开沟器
coulter drill 带锄式开沟器条播机
coulter harrow 刀齿耙
coulter opener 开沟器
coulter pine 考尔泰松[*Pinus coulteri* D. Don](松柏科)
coulter seeder 带开沟器播种机
coulura 葡萄落果
coumachlor (= Tomorin) 氯杀鼠灵,比猫灵(杀鼠剂)[$C_{19}H_{15}ClO_4$]
coumaphos 蝇毒,蝇毒磷(杀虫剂)[$C_{14}H_{16}ClO_5PS$]

coumaric acid 香豆酸,对羟苯丙烯酸
coumarin 香豆素 [$C_9H_6O_2$]
coumarin and furanocoumarin 香豆素与呋喃香豆素
coumarin metachromosomic effect 香豆素异染色体效应
coumarin production in vitro 香豆素离体生产
coumatetralyl 杀鼠迷(杀鼠剂) [$C_{19}H_{16}O_3$]
council 理事会,委员会,社团
Council for Mutual Economic Aid (CMEA) 经互会(经济互助委员会)
Council of FAO 粮农组织理事会
counseling psychology 咨询心理学 {智培}
count ①计算,计数 ②总计,总数 (comes)
count decrement 计数减量
count extend 计数扩展
count in 算入
count machine 计数机,计数装置
count method (= counting method) 计数法,统计[数字]法
count of bacteria 细菌计算,细菌计数
count pulse 计数脉冲
count register 计数寄存器
count up 计数完了
count value 计数值
countability 可数性(countabilitas)
countable 可计数的,可数的(countabilis)
counter ①反,逆,相反,对 ②计数器 (continentia)
counter-circulation 反环流
counter-clockwise direction 反时针方向
counter current 逆流,反[向]流,回流,对流
counter dam 护坝 {水利}
counter electrode 对电极
counter electromotive force 反电动势
counter enable 允许计数,可计数
counter example 反例
counter fire (= counter firing) 迎火 {狩猎}
counter flow (= counterflow) ①逆流,反流 ②对流
counter heatstroke livestock house cooling 畜舍防暑降温 {农施}
counter immumoelectrophoresis 对流免疫电泳
counter initialization ①计数器清除 ②计数器初值
counter ion 反离子,平衡离子
counter ligand 反配体 {分生}
counter machine 计算[机]器
counter motion 回反运动,逆向运动,反向运动
counter object 计数目标
counter of nuclei 计核器
counter planning 对抗计划
counter plot 防止,预防措施
counter poise ①平衡器,平衡物 ②平衡网路,地网,补偿地线
counter pressure 均衡压力
counter pulley 中间皮带轮
counter-radiation 逆辐射
counter reaction 逆反应
counter receptor 反受体
counter reel (蚕丝)检尺器
counter-reservoir 对置水库 {水利}
counter rock (= country rock) 围岩 {地质}
counter-slope cattle barn 反斜面牛舍
counter stain 复染,二重染色 {显技}
counter staining 对比染色
counter-sunk head 埋头[螺丝]
counter-sunk head bolt 埋头螺栓
counter timer 计数定时器
counter trade 反信风
counter transport 逆向转运,逆向运输
counter tube 计数管
counter type adder 累加型加法器 {统计}
counter unit 计数器部件
counter weight ①砝码 ②抗衡
counter wheel 计数器轮
counteract ①抵抗,抵消,抵制 ②反作用,减少,阻碍 ③平衡,中和,清解
counteracting ①反作用的 ②相互作用的
counteracting factor 反作用因子
counteracting force 相互作用力
counteraction ①抵消 ②消解 ③反作用
counteragent 中和力
counterattraction 反引力
counterbalance ①抗偿,抗衡,平衡,抵消补偿 ②平衡力 ③平衡重,配重,平衡块,平衡锤
counterbalance spring 平衡弹簧,补偿弹簧
counterbalance system 平衡系统
counterblast 逆风
counterbuffer 缓冲器,阻尼器
counterchange 交换,互换
counterclockwise 反时针方向的,逆时针方向的
countercurrent 逆流
countercurrent chromatography 逆流层析 {生技}
countercurrent condenser 逆流冷却器
countercurrent distribution ①逆流分布 ②逆流分溶 ③逆流分配

countercurrent distribution apparatus 逆流分溶装置
countercurrent electrophoresis 逆流电泳,对流电泳
countercurrent elutriation 逆流淘洗{环保}
countercurrent exchange 逆流交换{机制}
countercurrent extraction 逆流提取
countercurrent flow 逆流,反流,对流
countercurrent multiplication 逆流倍增[机制]
countercurrent principle 逆流原理{森林}
counterdown 分频器
counteredge 固定刀刃,底刀刃
counterfeit ①赝造的,摹做的 ②伪造的,假做的 ③伪造物,赝品,摹造品
counterflow ①反流,逆流 ②对流
counterflow drier 对流式干燥机
counterflow drying 对流式干燥
counterflow heat exchanger 逆流式热交换器
counterforce 对抗能力
counterfort 护墙,扶壁
counterimmunoelectrophoresis 对流免疫电泳
counterirritant 对抗刺激剂
counterlight 逆光线
countermand 取消命令{电脑}
countermeasure ①防范措施,对抗措施 ②对策 ③干扰
countermeasures of ecological restoration 生态恢复对策{农系工}
countermove 对抗措施,对抗手段
counterplot 对抗策略
counterpoise ①平衡器 ②配重
counterpropagation network 逆传网络
countersecure 再保证,双重保证
counterselection 反选择
countershaft 中间轴
counterstaining 对染[法],复染[法]{显技}
countervailing charge (进口)补偿税{农经}
countervailing power 对销力量
counterweight 平衡重,对重
counting 计算,计数
counting calibration factor 计算校准系数
counting cell 计数框
counting chamber 计数室,计菌室
counting circuit 计数电路
counting control 计数控制,计算控制
counting device 计数装置,计数器
counting element 计数元件
counting forward 顺向计数
counting house 会计室,会计课
counting in reverse 反向计数
counting instrument 计数器
counting keyboard 计数键盘
counting loop 计数循环,循环计数
counting machine (= calculating machine) 计算机
counting method ①计菌法 ②计算法
counting of bacteria 细菌计数
counting of radioactivity in liquid samples 液体样本放射性的计数{辐射}
counting rate ①计数率 ②计数速度,计算速度
counting room 会计室,账房
counting scale 计算盘
counting slide 计数载片
countless 无数的,数不尽的
countour-line (= contour line) 等高线
countour planting (= contour planting) 等高种植
countour ridge (= contour ridge) 等高垄
countour strip-cropping (= contour strip-cropping) ①等高带状耕作 ②等高带状栽培
country ①国家 ②地区,地方 ③农村,乡村④土地,农地,农田,旷地,空地(contrata)
country elevator ①农村仓库 ②农村扬谷机
country estate 乡村,田舍
country of departure (= country of shipment) 海运国
country of origin 原产国,原产地
country park 国家公园
country planning 农村规划
country road 国道
country school system 农村学制
country town 乡镇
country walnut 石栗[*Aleurites moluccana* (L.) Willd.](大戟科)
countryfarm institute (= agricultural day release school) 农村业余学校
countryside 乡间,乡间居民
counts per minute 每分钟计数
county 县(comitatus)
county boundary database 县界数据库{遥感}
county forest 区县林
COUP (= chicken ovalbumin upstream promoter) 鸡卵清蛋白上游启动子{分生}
coup ①笼 ②鸡笼
couple ①力偶 ②偶联 ③双,对
coupled ①偶联的 ②成对的 ③耦合的,联结的
coupled action 偶联反应
coupled camera 联配摄影机
coupled computer 耦合计算机

coupled implements 联结农具,双联农具
coupled oxidation 耦联氧化
coupled phosphorylation 偶联磷酸化
coupled reaction 偶联反应,耦合反应
coupled synchronous mechanism 耦合同步机构
coupled tetrazonium reaction 四唑偶联反应
coupler ①挂结装置 ②耦合器
coupling ①相引,相斥相 ②交配,交尾 ③偶联 ④耦合,配合 ⑤联结,结合 ⑥直管接,联轴节,耦合器
coupling action 耦合作用
coupling agent 耦联剂{生技}
coupling azodye method 偶联偶氮染色法
coupling bar 连接杆,拉杆,牵引杆
coupling bit 耦合位{电脑}
coupling coefficient 耦合系数
coupling constant 耦联常数
coupling device 联结装置,联结器
coupling factor 偶联因子
coupling inhibition 偶联抑制作用
coupling linkage 相引连锁
coupling medium 传递体
coupling phase 相引相
coupling pin 联结销
coupling polymerization 耦联聚合
coupling reaction 偶联反应
coupling series 相引组
courgette (= zucchini) 小西葫芦
course ①过程,经过 ②路线,航线,航程,河道 ③走向,去向 ④学程,课程,课目,学科 (curriculum)
course-and speed computer 航向速度计算机
course calculator 航线计算器
course computer 航向计算机,航线计算机
course development system 课程开发系统{智培}
course modernization 课程现代化
course of decline ①衰退过程,衰老过程 ②枯萎过程
course of development 发育过程
course of genesis 发生过程
course of maturation 成熟过程
course of river 河道
course of shedding 脱落过程
course of the year 全年过程
coursed ashlar walling 规整砌石{农施}
courser 速步马
courseware 课程软件,课软{智培}
courseware engineering (CE) 课程软件工程,课软工程
court-nodé 节间短小病(指葡萄)
courtship 求偶[现象]
courtship dance 求偶舞蹈
courtship habit 求偶习性
courtship pattern 求偶类型
courtship ritual 求偶仪式,求偶行为
cousin 表亲(表兄弟)
cousin marriage 表亲结婚
cousin mating 表亲交配
cousin selection 表亲选择
COV (= crossing-over value) 交换值
covalence 共价 (covalentia)
covalent bond 共价键
covalent chromatography 共价层析{生技}
covalent close cyclic DNA (ccc DNA) 共价闭合环状 DNA
covalent coordination bond 共价配位键
covalent link (= covalent bond, covalent linkage) 共价键
covalent linkage 共价键
covalent radius 共价半径
covalently closed circular DNA (**ccc DNA**) 共价闭[合]环[状] NDA{分遗}
covalently closed relaxed DNA 共价闭合松弛 DNA
covariance 协方差{统计}
covariance analysis 协方差分析
covariance between family means 谱系均数间协方差{统计}
covariance between half sibs 半同胞间协方差
covariance component 协方差成分
covariance function 协方差函数
covariance in completely randomized experiment 完全随机试验的协方差
covariance in Latin square 拉丁方的协方差
covariance in randomized blocks 随机区组的协方差
covariance matrix 协方差矩阵
covariance stationary process 协方差平衡过程
covariant ①互变数 ②互变的
covariation 互变异,相关变异 (covariatio)
covarion 互变[异]子{分遗}
cove ①小海湾,江口{水利} ②山腹洼地
covellite (= covelline) 铜蓝
covenant 契约 (convenire)
cover ①盖(指蒴盖,囊盖,孔盖) ②盖(指农机具)[蜂]箱盖 ③覆盖,覆盖层,覆盖物,遮蔽物 ④包装纸 ⑤隐藏处,潜伏处 ⑥保证金
cover class 盖度级,优势等级
cover crop moth 黑点蚀叶螟(覆盖作物斑螟) [*Nacoleia diemenalis* Guen. = *Lam-*

prosema diemenalis Guen]（野螟科）
cover cropping 覆盖栽培
cover crops 覆盖作物，护土作物
cover culture 覆盖栽培
cover degree ①盖度｛生态｝②覆盖度｛栽培｝
cover glass 盖片，盖玻片｛显技｝
cover glass forceps 盖片镊子｛显技｝
cover-glass gauge 盖玻片测厚计
cover layer 覆盖层
cover-like 盖状的（operculatus）
cover-most 覆盖最多的
cover-overheaded 郁闭的
cover plant 覆盖植物，地被植物
cover plate ①盖板 ②盖片
cover ratio 盖度比例
cover sand 覆盖沙
cover slip ①盖片，盖玻片｛显技｝②龙骨瓣｛形态｝
cover-stratification 覆盖层次，覆盖层
cover time 覆盖时间
cover type 覆盖类型
cover up（=covering up） 封行｛栽培｝
cover vegetation 覆盖植被
coverability 可覆盖性(coverabilitas)
coverage ①覆土，覆盖层 ②优势度 ③覆盖[法] ④幅宽 ⑤作用范围，作用区域 ⑥有效距离
coverage ratio 覆盖率
coverboard 犁壁覆土板，犁壁延长部
covercell 盖细胞，被盖细胞
covered ①被盖的（indutus），被覆着的(obtectus)，被覆[茸毛]的（vesititus）｛形态｝②遮盖的，遮蔽的，隐匿的，隐藏的
covered barley（=hully barley） 皮大麦[*Hordeum vulgare* L.]（禾本科）
covered bed 保护地
covered canal 加盖渠｛水利｝
covered cell（=cover-cell） 盖细胞
covered conduit 地下排水管
covered drain 暗沟(管)
covered drainage ditch 暗沟，阴沟
covered dung storage 加盖粪坑
covered emplacement 掩藏部｛遥感｝
covered kernel smut 粒坚黑穗病(高粱)
covered kernel smut of kaoliang 高粱坚黑穗病[*Sphacelotheca sorghi*（Link.）Clinton]
covered land 被覆地，覆盖地
covered market 大厅市场
covered position 隐蔽位置｛遥感｝
covered rearing 覆盖育(指养蚕)
covered rearing with dampproof paper（=impermeable paper） 防干纸[覆盖]育(指养蚕)
covered reservoir 加盖清水池｛环保｝
covered seed 覆盖种子
covered sludge dry bed 加盖污泥干化床｛环保｝
covered smut 坚黑穗病(麦类)
covered smut of barley 大麦坚黑穗病[*Ustilago hordei*（Pers.）Lagerh.]
covered smut of oats 燕麦坚黑穗病[*Ustilago levis*（Kell. et Sw.）Magn. = *U. kolleri* Wille.]
covered sowing 覆盖作物播种
covered stockyard 有顶棚畜圈
covered storage 有顶仓库
covered structure 覆盖结构
covered tea 覆下茶
covered with hoarfrost 白霜覆盖
covered yard 有棚畜围，畜舍
coverer ①培土器 ②覆土器
coverer wing 培土器，铲壁，覆土翼板
covering ①蒴帽，藓帽 ②旗瓣 ③覆盖 ④覆土 ⑤培土 ⑥翻埋，掩埋 ⑦交配 ⑧套，罩
covering case 总苞
covering chain ①(播种机)覆土链 ②链条式耢
covering curve 覆盖曲线
covering depth (种子)覆土深度
covering device 覆土器
covering disease 媾疫，交配病[*Trypanosoma equiperdum*]
covering effect 覆盖效应
covering factor 覆盖因子
covering gene 覆盖基因
covering in 覆入，翻入，埋入
covering litter 覆盖死被物｛生态｝
covering material 覆盖材料
covering number 覆盖数
covering season 交配期
covering with soil 覆土
covert ①隐蔽地，隐蔽处 ②隐蔽
covert channel 隐蔽信道｛信息｝
covert timing channel 隐蔽定时信道
covity 梗洼（covitas）
covolume 共体积，协体积（covolumen）
cow ①牛，母牛 ②乳牛，奶牛
cow alley 乳牛通道
cow and bullock manure 牛粪
cow bags（=udder） 乳房
cow barn 牛舍，牛棚
cow-basil 麦蓝菜[*Vaccaria pyramidata*

L.]（石竹科）
cow becoming dry 涸乳奶牛
cow building 牛舍
cow byre 牛舍，牛棚
cow cabbage（= kale） 羽衣甘蓝［*Brassica subspontanea* Lizg. = *B. oleracea* L. var. *acephala* DC.］（十字花科）
cow calf 母牛犊
cow-cart 牛车
cow close to calving 临产母牛
cow day 放牧日
cow dung（= cow dirt, cow droppings） 牛粪
cow-fat（= cow-soapwort） 王不留行［*Vaccaria segetalis*（Neck.）Garcke］（石竹科）
cow grass（= zigzag clover） 反曲三叶草
cow-grazing day（= cow day） 放牧日
cow hairs（= slender spikerush） 牛毛毡［*Eleocharis acicularis* Roem.］（莎草科）
cow-herb ①麦蓝菜属［*Vaccaria* Medic.］（石竹科）②麦蓝菜［*Vaccaria pyramidata* Medic.］
cow-house 牛舍
cow in calf 孕牛
cow in milk 泌乳牛
cow keeper 牛饲养员
cow manure 牛粪肥，牛厩肥
cow month 牛牧养月数
cow not in milk 干乳牛
cow parsley 醉细叶芹［*Chaerophyllum temulum* L.］（伞形科）
cow parsnip ①白芷属［*Heracleum* L.］（伞形花科）②区白芷（牛防风）［*Heracleum sphondylium* L. = *H. sphondylium* ssp. *australe* Neum.］
cow pat 牛粪团
cow pen 乳牛栏，牛围
cow scab-mite 牛痒螨［*Psoroptes communis bovis* Hering］（痒螨科）
cow shed 牛舍，乳牛舍
cow shed cleaning 牛舍清洁
cow shed manure（= cow dung） 牛粪，牛厩肥
cow shed pipeline 牛舍乳管，牛舍管道
cow soapwort 麦蓝菜［*Vaccaria pyramidata* Medik.］（石竹科）
cow spunk 乳牛肝菌［*Suillus bovinus*（L. ex Fr.）O. Kuntze］
cow stalls 牛栏，乳牛栏
cow tester 奶量测定器
cow testing ①乳牛检查 ②奶量测定
cow-to-can milking room 直接装罐挤乳室
cow-tongue ①脂麻掌属（虎皮掌属）［*Gasteria* Duval］（仙人掌科）②脂麻掌（沙鱼掌）［*Gasteria verrucosa* Haw.］③虎皮掌［*Gasteria minima* Hort.］
cow trainer 牛驯养员
cow vetch 草藤（广布野豌豆）［*Vicia cracca* L.］（豆科）
cow with calf 孕牛
cowage velvetbean 发痒黧豆［*Stizolobium pruritum*］（豆科）
cowbane 毒芹［*Cicuta virosa* L.］（伞形花科）
cowbell silene 白玉草［*Silene latifolia* Brit, et Rendle］（石竹科）
cowbells 大颚花［*Uvularia grandiflora* sp.］（百合科）
cowberry 牙疙疸（越橘）［*Vaccinium vitis-idaea* L.］（乌饭树科）
cowboy 牧童
cowflap 毛地黄［*Digitalis purpurea* L.］（玄参科）
cowgirl 牧女
cowherd 牧人，牧牛者
cowhide ①牛皮，牝牛皮 ②牛皮鞭
cowl ①僧帽形烟囱顶罩，通风帽 ②（通风机的）集风器 ③（汽缸的）外壳，外罩
cowled（= cucullate） 兜状的，勺状的（cucullatus）
cowlily ①萍蓬草属［*Nuphar* Smith.］（睡莲科）②萍蓬草［*Nuphar pumilum*（Hoffm.）DC.］
cowman 挤乳工人，牧牛人
coworker 合作者
cowpea ①豇豆属［*Vigna* Savi.］（豆科）②豇豆［*Vigna sinensis*（Stickm）Endl. = *Vigna catiang* Endl.］
cowpea aphid（= bean aphid, common plant louse） 豇豆蚜［*Aphis craccivora* Koch］（蚜科）
cowpea aphid-borne mosaic virus（= asparagus bean mosaic virus, blackey cowpea mosaic virus） 豇豆蚜传花叶病毒
cowpea chlorotic mottle virus 豇豆退绿斑驳病毒
cowpea curculio 豇豆象［*Chalcodermus aeneus* Boh.］（象甲科）
cowpea mosaic virus（= cowpea yellow mosaic virus） 豇豆花叶病毒（CPMY）
cowpea noctuid 棉拟蠖夜蛾［*Anomis erosa* Hübner］（夜蛾科）

cowpea weevil ①四纹豆象(=four spotted bean weevil)[*Callosobruchus maculatus* (Fabricius)] ②绿豆象(牛豆象)[*Bruchus chinensis* L.](豆象科)
cowport 堆肥
cowpox 牛痘[*Variola vaccinae*]
cowpox virus 牛痘病毒(CPY)
cowquake 中风凌草[*Briza media* L.](禾本科)
cow's-tail pine 日本粗榧[*Cephalotaxus harringtonia* (Forbes) Koch](粗榧科)
cowslip 黄花九轮车(立金花)[*Primula veris* L. = *P. officinalis* Jacq.](报春科)
cowslip lungwort 窄叶疗肺草[*Pulmonaria angustifolia* L.](紫草科)
cowwheat 山萝花属[*Melampyrum* L.](玄参科)
coxa 基节{昆虫}
coxal 基节的(coxalis)
coxcomb 梳齿板,锯齿板,梳形物
Coxsackle virus 考克斯萨奇病毒 coxsackle病毒(病害)
cozymase 辅酿酶,辅酶
cozymus 辅酶
C.P. (=chemically pure)化学纯
CP (=coefficient of performance) 有效系数,效率
Cp (=creeper) 爬行(突变型)
cp (=cockerel plasma) 小公鸡血浆
CP28-11 (=Canal Point 28-11) 美28-11(美国甘蔗品种)
CPA 稻丰宁(杀菌剂)[$C_8H_3Cl_5O_2$]
CPAA (=charged particle activation analysis) 带电粒子活化分析
CPE (=cytopathic effect) 细胞病变效应
CPL (=common programming language) 通用程序设计语言{电脑}
CPMV (cowpea mosaic virus) 豇豆花叶病毒
CPOV (=The Committee for the Protection of New Plant Varieties) 新植物变种保护委员会
CPR (=constant parent regression) 常数亲本回归法,定亲回归
CPV ①(=cowpox virus)牛痘病毒 ②(=cytoplasmic polyhederosis virus)细胞质型多角体病毒
CR ①(=compression ratio) 压缩比 ②(=complete response)完全有效
CR-409 (=dimefox) 甲氟磷
CR-1639 (=dinocap) 敌螨普
crab ①蟹,蟹肉 ②捕蟹
crab apple ①苹果属[*Malus* Mill.](蔷薇科) ②西洋苹果[*Malus pumila* Mill.]
crab cactus ①蟹爪属[*Zygocactus* Schum.](仙人掌科) ②蟹爪[*Zygocactus truncatus* Schum.] ③令箭荷花[*Epiphyllum ackemannii* Haw.]
crab dredge 扒网
crab-grass ①马唐属[*Digitaria* Scop.](禾本科) ②萹蓄[*Polygonum aviculare* L.](蓼科) ③海蓬子[*Salicornia herbacea* L.](藜科) ④穇子(龙爪稷,鸭脚粟)[*Eleusine coracana* (L.) Gaertn. = *Cynosurus coracanus* L.](禾本科) ⑤马唐[*Digitaria sanguinalis* (L.) Scop.]
crab hole mosquito 蟹洞蚊[*Deinocerites cancer* Theobald]蚊科
crab louse 阴虱(八角虱)[*Phthirus pubis* (Linnaeus)]
crab sperm histone 蟹精子组蛋白
crab spiders 蟹蛛科[Thomisidae]
crab trammel 捕蟹双层刺网
crab-weed 萹蓄[*Polygonum aviculare* L.](蓼科)
crab's claw (=lady's thumb) 春蓼(桃叶蓼)[*Polygonum persicaria* L.](蓼科)
Crabtree effect 克雷布特里效应,Crabtree效应(指酶解抑制有氧氧化的效应){分生}
crack ①开裂,龟裂,裂隙,间隙,裂缝 ②冰间 ③爆裂(如蒴果) ④破碎,粉碎
crack length 裂缝长度
crack of thunder 雷鸣
crack resistance 裂果抗性
crack width 裂缝宽度
crack willow 爆竹柳[*Salix fragilis* L.](杨柳科)
cracked 裂缝的,破裂的
cracked seed 裂缝种子
cracked seedcoat 破裂种皮
cracked stem 裂缝茎
cracker ①饼干,薄脆饼干 ②粉碎机
cracking ①裂,开裂,破裂,裂缝,裂化 ②破裂噪声,噼啪声
cracking of fruit 果实开裂
cracking of head (=bursting of head)(甘蓝)叶球破裂
cracking of pear 梨裂果病(生理病害)
cracking of skin 皮裂(鳞茎)
cradle ①发源地 ②(有兜禾器)大镰刀 ③钩键 ④机架 ⑤支座
cradle-land 发源地
cradle scythe 带升降式收刈台收刈机
cradling ①收刈 ②卷起的

CRAF's fixative (= Randolph's fixative) CRAF 固定液
craft ①手艺,技艺,工艺 ②手工业
craftman ①技工,艺人 ②精于一门技艺的工人,名工,名匠
crag 悬崖,峭壁
Crag fruit fungicide 341 (= glyodin) 果绿定(保护性杀菌剂)[$C_{22}H_{44}N_2O_2$]
Crag industrial fungicide 974 (= dazomet) 棉隆(土壤杀菌剂)[$C_5H_{10}N_2S_2$]
Crag potato fungicide 658 铬酸铜锌一号(杀菌剂)[$Cr_6Cu_{15}H_{48}O_{67}Zn_{10}$]$15CNO \cdot 10ZnO \cdot 6CrO_3 \cdot 24H_2O$
Cramer's rule 克拉姆法则(指死记硬背的规则){智培}
cramming 填喂(人工强制肥育)
cramming machine (北京鸭)填喂机
cramomycin 乳霉素
cramp ①抽筋,痉挛 ②凹形起苗器 ③铁箍,铁塔,钢筋(建筑用) ④夹子,钳子(工具)
cramp balls 黑轮层炭壳[*Daldinia concentrica* (Bolt, ex Fr.) Ces. et de Not.]
cramping 图像压缩{电脑}
crane ①起重机,吊车 ②给水管(指汽车) ③虹吸管 ④摄影升降机
craneberry ①酸果蔓属[*Oxycoccus* Pers.](乌饭树科) ②酸果蔓[*Oxycoccus palustris* Pers.]{分类}
craneberry cotoneaster 细尖栒子[*Cotoneaster apiculatus* sp.](蔷薇科)
craneberry fruitworm 酸果蔓果蛀螟[*Acrobasis vaccinii* Riley = *Mineola*](草螟科)
craneberry girdler 酸果蔓苞螟[*Chrysoteuchia topiaria* (Zeller) = *Crambus*](草螟科)
craneberry juice 酸果蔓汁
craneberry rootworm 蔓越橘根叶虫[*Rhabdopterus picipes* (Oliv.)]
craneberry spanworm 蔓越橘尺蛾[*Anavitrinella pampinaria* (Guenée)](尺蛾科)
craneberry tipworm 蔓越橘瘿蚊[*Dasyneura vaccinii* (Smith)](瘿蚊科)
craneberry weevil (= blueberry blossom weevil) 蔓越橘花象甲[*Anthonomus musculus* Say](象甲科)
cranefly ①大蚊 ②⌊复⌉大蚊科[Tipulidae]
crane's bill ①老鹳草属[*Geranium* L.](牻牛儿苗科) ②老鹳草[*Geranium wilfordii* Maxim.]
crane's bill family 牻牛儿苗科[Geraniaceae]
cranial 头颅的,头盖骨的(cranialis)
cranium 颅
crank 曲轴,曲柄{农机}
crank case 曲轴箱,曲柄箱
crank case breather 曲轴箱呼吸器
crank duster 手摇喷粉器
crank rod 曲柄连杆
crank shaft 曲轴
crank-shaft balance weight 曲轴平衡块
crank-shaft balancer 曲轴平衡机
crank-shaft bearing 曲轴轴承
crank-shaft grinder 曲轴磨床
crank-up time 回程时间{信息}
cranking torque 起动扭矩
crankle ①内外曲折 ②之字形曲折 ③挠曲 ④曲折
cranny 间隙,罅隙,小孔
crape-jasmine (= clavel-de-la-India) 冠状狗牙花[*Ervatamia coronaria* Stapf](夹竹桃科)
crapemyrtle ①紫薇属[*Lagerstroemia* L.](千屈菜科) ②紫薇[*Lagerstroemia indica* L.]
crapemyrtle aphid 紫薇蚜(百日红长美蚜)[*Myzocallis kahawaluokalani* Kirk.](蚜科)
crash ①(毛巾用)粗麻布 ②(雷)轰声 ③塌陷,下沉 ④粉碎 ⑤临界
crash costs 临界费用,应急费用
crash point 临界点
crash time 临界时间
crashed rice 碎米
crasher 粉碎机
crashing ratio 粉碎率
craspedodrome 直行(指叶侧脉)(craspedodroma)
craspedodromous 直行的(craspedodromus)
crass ①厚的 ②粗的(crassus)
crassation ①加厚 ②增粗(crassatio)
crassexinous 具厚外壁的(crassexinus)
crassicaule 粗茎的(crassicaulis)
crassident 粗锯齿的(crassidens)
crassifolious 厚叶的(crassifolius)
crassilabial 厚唇的(crassilabius)
crassimarginate 具厚缘的(crassimarginatus)
crassinexinous 厚内层的(crassinexinus)
crassinucellate 具厚珠心的(crassinucellatus)
crassipetalous 厚瓣的(crassipetalus)
crassisepalous 厚萼片的(crassisepalus)

crassisexinous 厚外层的(crassisexinus)
crassispinous 粗刺的(crassispinus)
crassitegillate 有厚被层的(crassitegillatus)
crassitude 粗大,巨大(crassitudo)
crassula ①青锁龙属[*Crassula* L.](景天科)②青锁龙[*Crassula lycopodioides* Lem.]
crassulacean acid 景天酸
crassulacean acid metabolism(CAM) 景天酸代谢
crassulacean acid metabolism plant(CAM plant) 景天酸代谢植物,CAM 植物
crassulae 眉条
crassus ginger 肉质细辛[*Asarum crassum* F. Mackawa](马兜铃科)
crataegus ①山楂属[*Crataegus* L.](蔷薇科)②山楂[*Crataegus pinnatifida* Bunge]
crataegus leaf aphid 苹卷叶绵蚜[*Prociphilus crataegicola* Shinji](绵蚜科)
crataegus scale 山楂蜡蚧[*Lecanium bituberculatum* Targ. Tozzetti](蜡蚧科)
crataeva(=crateva) ①鱼木属[*Crataeva* L.](白花菜科)②鱼木[*Crataeva religiosa* Forst.]
cratch (牛马饲养用)饲料架
crate ①板条箱,果筐 ②笼子 ③单畜栏,畜床(cratio)
crater ①火山口,陨石坑 ②焊口
crater lake 火山口湖
cratera 杯状子层托
crateriform 量杯状的,漏斗状的(crateriformis)
craton 克拉通,稳定地块{遥感}
cravassed area 龟裂地
craw 嗉囊
crawl ①匍匐,爬行,蠕动 ②缓行,徐缓而行
crawler 履带式拖拉机,链轨式拖拉机
crawler dozer 履带式推土机
crawler excavator 履带式挖掘机
crawler loader 履带式装载机
crawler scraper 履带式刮土机
crawler tractor 履带式拖拉机
crawler unit 履带式行走装置
crawling of queenless bees 无王群蜜蜂的爬行,无王群蜜蜂的懒慢状态
crayfish ①龙虾(*Panultrum* sp.)(龙虾科)②淡水大螯虾
crazy ant 家褐蚁[*Paratrechina longicornis* (Latreille)](蚁科)
crazy paving 斜砖式铺路{园林}
crazyweed 棘豆属[*Oxytropis* DC.](豆科)
CRD =(cross-reaching determinant) 交叉反应决定子{分生}
CRE (=cAMP response element) cAMP 效应元件{分生}
cream 奶油,乳油,乳脂[chrisma]
cream buns 奶油小面包
cream butter 乳脂黄油
cream cake 奶油点心,奶油糕点
cream cheese 软酪,乳脂干酪
cream clematis 铁线莲[*Clematis florida* Thunb.](毛茛科)
cream-coloured 乳脂色的,淡黄色的
cream-cups ①宽蕊罂粟属[*Platystemon* Benth.](罂粟科)②宽蕊罂粟(乳杯花)[*Platystemon californicus* Benth.]
cream ices 乳脂冰
cream-laid paper (= smooth cream-coloured writing-paper) 光滑淡黄色写字纸
cream line 奶油层(奶油和脱脂牛奶的分界线)
cream nut (=Brazil nut) 巴西果
cream of lime 石灰乳
cream of tartar 酒石英
cream peavine 乳白山黧豆[*Lathyrus ochroleucus*](豆科)
cream separator 乳脂分离机
cream skimming ①择优服务{电脑}②奶油撇取{加工}
creamed honey 奶油状结晶蜜,乳酪型蜂蜜
creamery 乳脂厂,奶油厂,奶品[加工]厂
creamery butter 奶品厂的黄油,工厂制黄油
creamery industry 奶品[工]业
creaming 乳状液分层
creaming down (红茶,乌龙茶的茶汤冷后)呈白色乳浊现象(高品质的表现)
creamy 含奶油的
creamy scabious 乳白色山萝卜[*Scabiosa ochroleuca* L.](川续断科)
crease ①折,折叠 ②褶痕,皱褶 ③纵沟
creased stem 不正常茎
create ①产生 ②创造,建立 ③引起(creare)
create link pack area(CLPA) 建立链接打包区{电脑}
creatinase 肌酸酶
creatine 肌酸
creatine kinase 肌酸激酶
creatine phosphate 磷酸肌酸
creatine phosphokinase(CPK) 肌酸磷酸激酶
creating disc image files 建立盘图像文件{遥感}
creatininase 肌酸酐酶

creatinine 肌酸酐
creatinine coefficient 肌酸酐系数
creatinuria 肌酸腺
creation ①创造,创作 ②生产,制造 ③创设,设立,建立(creatio)
creation data 建立数据
creation date 建立日期,编成日期{电脑}
creation of allotment ①分配生产 ②土地分块
creationism 神创论,特创论(creationismus){进化}
creative ①创造性的,有创造力的 ②产生的(creativus)
creative Darwinism 创造性达尔文主义(Darwinismus creativus)
creative engineering 创造工程
creative evolution 创世进化论(evolutio creativa)
creative plan 造物图案(planus creativus)
creative selection 创造性选择
creative talent 独创力(才能)
creative thinking 创造性思维{智培}
creativity 创造性(creativitas)
creativity mobilization technique 创造性运用技术
creator 创造者,独创者
creatotoxin 肌毒,尸毒
creature 生物(creatura)
creature of a day 蜉蝣
credazine (= credazin) 哒草醚(除草剂)[$C_{11}H_{10}N_2O$]
credibility ①可靠性 ②可信性 ③接受性(credibilitas)
credibility of evidence 证据可靠性,证明可靠性
credible ①可信的 ②可靠的(credibilis)
credit ①信贷 ②贷方{农经}③信用量,信誉
credit account 欠账,赊账
credit allocation 贷方分配
credit card 信用卡
credit card reader 信用卡阅读机
credit charges 信贷费用
credit co-operative 信贷合作社
credit discount 信用折扣
credit entry 记入贷方
credit facilities 信贷特惠
credit for enlargement of holdings (农场)扩建信贷
credit for upgrading of farms 农场扩建信贷
credit in kind 实物信贷
credit institution 信贷机构
credit instrument 信贷证券
credit message 信贷消息,信贷报文
credit policy 信贷政策
credit restrictions 信贷限制
credit squeeze 紧缩贷款
credit system 信贷组织,信贷制度
credit telephone 信用电话{信息}
credit transaction 信贷业务
credit veritification 信用核实
creditor 债权人,贷方{农经}
creek stopping net 河口定置网
creel 柳条鱼篓,虾笼,鱼笼
creep ①蠕变,蠕动 ②渗流,潜力 ③爬行
creep feed 幼畜补料
creep feeder ①幼畜饲喂器 ②幼畜饲喂场
creep feeding 幼畜饲喂,幼畜补饲
creep grazing (羔羊)隔栏放牧
creep in wood 木材蠕变
creep ratio 渗流比值
creep ration 断乳定量饲料
creep speed 减速,缓行
creep speed gear 减速器
creeper ①匍匐植物 ②匍匐枝(caulis reptans){形态} ③爬山虎属[*Parthenocissus* Planch.](葡萄科) ④啄木鸟 ⑤匍匐鸡 ⑥(Cp)爬行(突变型) ⑦螺旋输送器
creeper attachment 爬行速度附加减速器
creeper fowl 匍匐鸡
creeper gear 爬行挡
creeper tree 匍匐树(arbor repans){园林}
creeping ①匍匐的(repens) ②匍匐生根的(reptans) ③滑塌,潜动{土壤} ④蠕动
creeping bent 葡股颖(蔓生草)[*Agrostis palustris* L.](禾本科)
creeping bluestem 匍匐须芒草[*Andropogon stolonifer*](禾本科)
creeping buttercup 匍枝毛茛[*Ranunculus repens* L.](毛茛科)
creeping charley clear-weed 铜钱叶冷水花[*Pilea nummulariaefolia* Wedd.](荨麻科)
creeping chickling (= earth chestnut, grundnut peavine) 块茎香豌豆[*Lathyrus tuberosus* L.](豆科)
creeping Chinese juniper 矮桧[*Juniperus chinensis* L.](柏科)
creeping crowfoot (= creeping butter cup) 匍枝毛茛[*Ranunculus repens* L.](毛茛科)
creeping crown vetch 多变小冠花[*Coronilla varia* L.](豆科)
creeping dayflower 竹节草[*Commelina*

nudiflora L.](鸭跖草科)

creeping disease ①爬行疹(马皮蝇蚴所引起)②匍匐疹

creeping fescue (=red fescue) 紫羊茅[*Festuca rubra* L.](禾本科)

creeping figtree 薜荔[*Ficus pumila* L. = *F. stipulata* Thunb., *F. repens* Hort.](桑科)

creeping form 匍匐类型(forma repens)

creeping foxtail 大看麦娘[*Alopecurus ventricosus*](禾本科)

creeping jenny 草甸排草[*Lysimachia nummularia* L.](报春科)

creeping juniper 匍匐桧(平铺圆柏)[*Juniperus communis* L.](柏科)

creeping legume 匍匐豆科植物(legumen repens)

creeping lettuca 匍匐苦苣[*Lactuca repens* Maxim.](菊科)

creeping liriope (=creeping lily-turf) 麦冬[*Liriope spicata* Lour.](百合科)

creeping lovegrass 匍匐画眉草[*Eragrostis reptans*](禾本科)

creeping mahonia 匍匐十大功劳[*Mahonia repens* (Lindl.) G. Don.](小檗科)

creeping mannagrass 甜茅[*Glyceria acutiflora* Torr.](禾本科)

creeping movement 匍匐运动

creeping navel-seed 匍匐琉璃草[*Omphalodes verna* Moench](紫草科)

creeping of soil 土壤滑塌

creeping perennial weeds (=creeping perennials) 匍匐性多年生杂草

creeping plant 匍匐植物(planta repens)

creeping rattle-snake plantain 小斑叶兰[*Goodyera repens* (L.) R. Br.](兰科)

creeping red fescue 紫羊茅[*Festuca rubra* L.](禾本科)

creeping rockfoil ①虎耳草属[*Saxifraga* L.](虎耳草科)②虎耳草[*Saxifraga stolonifera* Mecreb.]

creeping root 匍匐根(radix repens)

creeping skyflower ①假连翘属[*Duranta* L.](马鞭草科)②假连翘[*Duranta repens* L.]

creeping soft-grass (=soft holcus) 软绒毛草(德国绒毛草)[*Holcus mollis* L.]

creeping soil 流[沙]土

creeping St. John's wort 匍匐金丝桃[*Hypericum repens* L.](金丝桃科)

creeping stem 匍匐茎(caulis repens)

creeping stem grasses 匍茎茎禾草

creeping therophytes 匍匐一年生植物(therophyti repentis)

creeping thistle 田蓟[*Cirsium arvense* L.](菊科)

creeping thyme (=mother-of-thyme) 欧百里香[*Thymus serpyllum* L.](唇形科)

creeping thyme-leaf sandwort ①蚤缀属[*Arenaria* L.](石竹科)②蚤缀[*Arenaria serphyllifolia* L.]

creeping type 匍匐型

creeping underground stem (=creeping rootstock) 匍匐地下茎

creeping water fern 沼泽金星蕨[*Thelypteris palustris* Schott.](金星蕨科)

creeping waterprimrose 水龙[*Jussiaea repens* L.](柳叶菜科)

creeping wheat (=couch grass) 冰草(麦穗草,大麦草)

creeping wildrye 匍匐野麦[*Elymus triticoides*](禾本科)

creeping wood sorrel 酢浆草[*Oxalis corniculata* L.](酢浆草科)

creeping yellow-cress 林蔊菜(黄蔊菜)[*Rorippa silvestris* (L.) Bess. = *Nasturtium silvestre* R. Br.](十字花科)

crelin 克辽林(防腐剂)

cremaster (鳞翅目蛹)臀棘

cremocarp 双悬果(cremocarpium)

cremocarpous 双悬果的(cremocarpus)

cremophyllous 垂叶的(cremophyllus)

cremostachyous 垂穗的(cremostachyus)

crena 圆齿,圆锯齿,钝锯齿

crenate ①圆齿状的②具圆齿的(crenatus)

crenation ①圆齿,圆锯齿,钝锯齿②皱缩(crenatio)

crenation of erythrocyte 红血球皱缩

crenellate ①小圆齿状的②具小圆齿的(crenellatus)

crenelled 具圆齿的(crenellus)

crenelling 圆齿(crenelleus)

crenic acid 克连酸,白腐酸

crenophilus 喜泉的,适泉的

crenothrix ①泉发菌属(铁细菌属)[*Crenothrix* Cohn](细菌类)②泉发菌(铁细菌)[*Crenothrix* sp.]

crenulate ①细圆齿状的②具细圆齿的(crenulatus)

crenule 小圆齿(crenula)

creode 发育定径(creodium)

Creole 克里奥尔(甘蔗品种)

creolin 杂甲酚

creolinum 杂酚皂溶液

creosol 甲氧甲酚,2-甲氧基-4-甲酚 [$CH_3C_6H_3(OCH_3)OH$]
creosote 杂酚[油],木馏油
creosote bush 馏油木属[*Larrea* Cav. = *Corillea* Vail.](蒺藜科)⌞拟⌝
creosote emulsion 杂酚油乳剂
creosote oil 杂酚油
crepance 交突伤
crepenynic acid 还阳参油酸,顺十八碳-9-烯-12-炔酸
crepidiastrum ①假还魂参属[*Crepidiastrum* Nakai](菊科) ②假还魂参[*Crepidiastrum taiwanianum* Nakai]
crepis ①还阳参属[*Crepis* L.](菊科) ②(= hawk's-beard) 还阳参[*Crepis rigescens* Diels]
crepuscular 黄昏的(crepuscularis)
crescent ①增长的,增加的 ②新月形的 ③高尔基体部分 ④月牙卡铁(即犁,播种机自动起落器的离合臂)(crescens)
crescent beach 新月形海滩
crescent dance 新月形舞{蜂}
crescent dune 新月形沙丘
crescent hoe 月牙锄铲
crescent marked lily aphid 百合新瘤额蚜[*Neomyzus circumflexus* (Buckton)]
crescent-shaped 新月形的,半月形的(lunaris)
crescent-shaped land (内啮合齿轮泵中)月牙形间隙
crescograph 生长[指示]器,生长测定计
Cresol 甲酚(杀菌,杀虫剂)[C_7H_8O]
cresol in staining 染色用甲酚
cresol purple 甲酚紫
cresol red 甲酚红
cresol resin adhesive 甲酚树脂胶黏剂
cresolase 甲[苯]酚酶
cresolphthalein 甲酚酞
cress (= garden cress, pepper grass) ①独行菜属[*Lepidium* L.](十字花科) ②独行菜[*Lepidium sativum* L.]
crest ①肉冠,鸡冠 ②口缘 ③脊突 ④顶,顶峰,山顶,坡顶,堤顶 ⑤浪头{气象} ⑥牙顶 ⑦田垄(crista)
crest of screw thread 螺纹牙顶
crest profile 洪峰纵剖面
crest stage 洪峰阶段,洪峰水位(高度)
crest value 峰值,最大值
crested 具鸡冠状突起的(cristatus)
crested dog's tail (= goldgrass) 洋狗尾草(狗茅)[*Cynosurus cristatus* L.](禾本科)
crested elsholtzia 冠突香薷[*Elsholtzia cristata* Shinji.](唇形科)
crested hair-grass ①落草属[*Koeleria* Pers.](禾本科) ②落草[*Koeleria cristata* (L.) Pers.]
crested iris (= flour-de-lis) 冠状鸢尾[*Iris cristata* Ait](鸢尾科)
crested land 畦地
crested millipedes 长蛇科[Lysiopetalidae]
crested needlegrass 冠状针茅[*Stipa coronata*](禾本科)
crested oleander cactus 霸王鞭[*Euphorbia nerifolia* L.](大戟科)
crested pricklepoppy 老鼠艻[*Argemone platyceras* Link. et Otto](罂粟科)
crested ryegrass 冠状黑麦草[*Lolium perenne* var. *cristatum*](禾本科)
crested tacca 冠状箭根薯[*Tacca cristata*](蒟蒻薯科)
crested wheatgrass 冰草(麦穗草,大麦草)[*Agropyron cristatum* (L.) Gaertn. = *Bromus cristatus* L.](禾本科)
cresting 箭标{狩猎}
cresyl violet 甲苯酚紫
Cresylic acid (= Cresol) 甲酚
cretaceous 白垩的,白垩质的(cretaceus)
Cretaceous [period] 白垩纪
Cretan mullein ①赛西花属[*Celsia* L.](玄参科) ②赛西花[*Celsia orientalis* L.]
cretinism 呆小病(cretinismus)
cretonne (做窗帘、椅套用)印花棉布
Creutzfeldt-Jacob disease (CJD) 早老痴呆症
crevasse ①裂缝,裂隙 ②堤岸,决口
crevice 裂隙,罅隙
crevice drainage 裂隙排水
crevice plant 石隙植物
crevice water 裂隙水
crew ①一群共同工作的人 ②帮,群,组(crescere)
crew platform (马铃薯联合收获机)工人工作台
CRF (= corticotropin releasing factor) 促[肾上腺]皮质[激素]释放因子,促皮质释放素
cri-du-chat syndrome 猫叫综合征(指人的染色体与短臂上缺失一大节段的杂合性基因所致)
crib ①饲料槽,秣槽 ②饲料垛 ③小畜舍,牛舍 ④柳条篓,柳条笼,柳条筐 ⑤粮箱,谷仓{加工} ⑥(建筑的)脚手架,木笼 ⑧格架(指环保的)
crib bucket 栅条式挖掘斗

crib dam 木笼坝{水利}
crib filter 格架滤器{环保}
crib stacking 三角形堆积,三角形垛
cribbing maturity 黄熟
cribble ①粗筛,大筛,分离筛 ②过筛,筛分
cribellate ①多孔的 ②具均匀散孔的(cribellatus){真菌}
cribling 交槽摄气癖,喘气癖
cribral parenchyma 筛状薄壁组织(parenchyma cribralis)
cribrate 筛状的(cribratus)
cribriform 筛状的(cribriformis)
cribriform pit 筛状纹孔(porus cribriformis)
cribrose 筛状的(cribrosus)
cricket ①蟋蟀[*Scapsipedeus aspersus* Walker.] ②[复]蟋蟀科[Gryllidae]
Crigler-Najjar syndrome 克纳二氏综合征
crimidine (=W491) 鼠立死,杀鼠嘧啶(杀鼠剂)[$C_7H_{10}ClN_3$]
crimp ①皱褶,曲褶,曲折,卷皱 ②(羊毛的)卷曲 ③碾平,平扁 ④压接
crimp connection 压接连接{电脑}
crimp-wired foundation 曲线巢础,铁线巢础
crimper [牧草]碾折机
crimping method 压接法{电脑}
crimping roll [深]槽纹辊
crimson ①深红色的 ②深红色(incarnatus)
crimson bells (=coral-bells) 珊瑚钟[*Heuchera sanguinea* Euglm.](虎耳草科)
crimson China rose (=Chines monthly rose) 月月红(紫月红)[*Rosa chinensis* var. *semperflora* Kochne](蔷薇科)
crimson clover (=Italian clover, carnation clover, French clover) 绛三叶草[*Trifolium incarnatum* L.](豆科)
crimson colour 深红色,绯红色
crimson monkey flower 品红沟酸浆[*Mimulus cardinalis* Douglas](玄参科)
crimson weigela 路边花[*Weigela floribunda* Sieb. et Zucc. = *W. floribunda* C. Mey.](忍冬科)
crimsonflag 红花裂柱莲[*Schizostylis coceinea* Harvey](睡莲科)
criniferous 具长鞭毛的(crinifer)
crinite 具多软毛的(crinitus)
crinkle ①皱叶病 ②皱(ruga)
crinkle garden lettuce 皱叶莴苣(玻璃生菜)[*Lactuca sativa* var. *crispa* L.](菊科)
crinkle leaf ①皱叶 ②皱叶病
crinkle mosaic of cotton 棉皱缩花叶病[Gossypium virus 2]
crinkle mosaic of potato 马铃薯皱缩花叶病[Solomum virus 2+1]
crinkleawn 糙须禾[*Trachypogon montufari*](禾本科)
crinkled 具皱缩的(rugatus)
crinkled paper 皱纹纸
crinkum-crankum ①错杂,缠绵 ②错杂的,缠绵的
crinophagy 分泌自噬(crinophagia){分生}
crinum (=crinum lilles) ①文殊兰属[*Crinum* L.](石蒜科) ②文殊兰[*crinum asiaticum* var *sinicum* Baker]
cripple ①粗枝材 ②跛畜③ 跛行④ 倾斜树⑤ 脚手架⑥ 瘪果(菠萝)
cripple tree 矮树
cripple tree limit 矮乔木限界线
crippled leapfrog test 踏步检查{电脑}
crippled mode 削弱方式
crisis ①转折点 ②危机,危急关头,艰苦危难的时期
crisis period 临界期,危险期
crisp ①脆的,酥的 ②有霜气的,寒冷的 ③卷紧的 ④(工作方法)干脆利落的,明决的,斩铁的 ⑤炸薯片(crispus)
crisp-leaved 卷叶的(ulophyllus)
crisp-winged 卷翼的(ulopterus)
crispate 皱缩状的(crispatus)
crispature ①皱波 ②卷曲(crispatura)
crisped (=crispate) 皱波状的(crispatus)
crispident 波齿的(crispidens)
crispifloral 具波缘花瓣的(crispifloralis)
crispiflorous 皱花的(crispiflorus)
crispifolious 具波缘叶的(crispifolius)
crisping 勾边(指使图像轮廓显明){遥感}
criss-cross ①十字形的 ②交叉的
criss-cross bridge 交叉桥
criss-cross cultivation 交叉中耕
criss-cross eyepiece 十字线目镜
criss-cross hybridization 交叉杂交
criss-cross inheritance 交叉遗传
criss-cross row seeding 纵横向条播
criss-cross seeding 交叉播种
criss-cross separation 交叉分离
criss-cross sowing method 对角交叉播种法
criss-crossing 交叉回交
crista ①鸡冠状突起 ②帽缘(孢粉) ③纲壁
cristae (线粒体内膜)脊{细胞}
cristae membrane [粒线体]脊膜

cristae mitochondriate 线粒体脊
cristae type 脊型
cristate ①鸡冠状的 ②具鸡冠状突起的 (cristatus)
cristatellous ①小鸡冠状的 ②具小鸡冠状突起的 (cristatellus)
cristo-reticulate 具脊[合成的]网 (cristoreticulatus)
cristobalite 方英石 [SiO_2]
criteria 标准 (criterio 的复数)
criteria for early recognition 早期识别标准{生态生理}
criteria frame 标准框,判定框
criteria mutation 标准突变
criteria of classification 分类标准
criteria of effect 效应标准
criteria of stress 胁迫标准
criterion ①准度{统计} ②准数,鉴别{数} ③判据,判据校准{气象} ④标准,规准,准则,准绳{栽培} ⑤征象 (criterio)
criterion for consistent judgement 一致判断的准则
criterion function 准则函数{遥感}
criterion of choice 选择准则,选择判据
criterion of convergence 辐合的征象{生态}
criterion of discounted costs 折扣费用准则{农管}
criterion of optimism 乐观准则(指最佳的){电脑}
criterion of pessimism 悲观准则(指最劣的){电脑}
criterion selection 准则选择
critical ①临界的,危急的 ②评论的,评述的 ③关健的 (criticus)
critical acidity 临界酸度
critical activities 关键活动
critical allele configuration 临界等位基因表形
critical angle 临界角
critical area 临界区{电脑}
critical area planting 临界面积种植
critical band 临界频带{信息}
critical bearing point 临界承载量[点]
critical coefficient 临界系数
critical cold point 临界冷点
critical compressive force 临界压力
critical computation application 关键性计算应用
critical concentration 临界浓度
critical conditions ①临界条件 ②临界状态
critical constant 临界常数
critical content of soil moisture 临界土壤含水量
critical content-residue of soil moisture 临界土壤残余水分
critical cooling rate 临界冷却速度
critical cross 临界杂交
critical crossing-over 临界交换
critical damping 临界阻尼{遥感}
critical damping factor 临界阻尼因子
critical dark-period 临界暗期
critical day-length 临界昼长
critical deficit 临界亏损,临界亏空,临界亏缺
critical density 临界密度
critical depth ①临界深度{土壤} ②临界水深{水利}
critical depth of water 临界水渠,临界水流深度
critical dimension 临界范围
critical dip 临界倾角{遥感}
critical dissolved oxygen concentration 临界溶氧浓度
critical distance 临界距离
critical dosage 临界剂量
critical effect 临界效应
critical energy 临界能
critical error ①关键性误差,临界误差 ②临界错误
critical error angle 临界误差角
critical error handler 临界错误处理器
critical evaluation 关键评估
critical factor 临界因素
critical failure ①致命故障 ②致命失效
critical field ①临界磁场 ②临界字段,关键字段{电脑}
critical floatation gradient 临界浮动坡降
critical focus 临界焦点
critical frequency 临界频率
critical function 临界功能
critical fusion frequency 临界融合频率
critical genotype 临界基因型
critical height 临界高度
critical humidity 临界湿度,临界含水量
critical killing dilution 临界杀菌浓度
critical length 临界长度(指日长)
critical level ①临界水平 ②临界水位 ③临界级
critical life-period 临界生命期
critical light length 临界光长
critical limit 临界极限
critical line 紧急线,临界线
critical load 临界负载
critical mass 临界质量
critical maximum 临界最大值
critical micelle concentration (CMC) 临

界胶粒(束)浓度
critical microoperation 关键微操作,临界微操作
critical minimum 临界最小值
critical moisture content 临界含水量
critical moisture period 水分临界期
critical moisture point 水分临界点
critical moment 危期{农经}
critical mutation 临界突变
critical night temperature 临界夜温
critical nutrient concentration 临界营养浓度
critical operation 临界操作
critical oxygen concentration 临界氧浓度
critical path method 判别通路法{电脑}
critical percentage 临界百分率
critical period 临界期
critical period of development 发育临界期
critical period of growth 临界生长期
critical phase 临界期
critical phenomenon 临界现象
critical phenotype 临界表型
critical photoperiod 临界光周期
critical physiological age 临界生理学年令
critical plasmolysis 临界质壁分离(plasmolysis criticus)
critical plasmolytic concentration 临界质壁分离浓度(concentratio plasmolytica critica)
critical plasmolytic point 临界质壁分离点(punctum plasmolyticum criticum)
critical point 临界点(punctum criticum)
critical point drying method 临界点干燥法
critical pore 临界孔隙
critical potential 临界势[位]
critical pressure 临界压
critical property 临界性质
critical race 临界竞争
critical region 弃离区,危急区
critical relative humidity 临界相对湿度
critical resource 临界资源
critical rolling weight 临界滚动重量,临界滚动重力
critical selective factor 临界选择因子
critical shearing stress 临界剪切应力
critical situation notification 紧急状态通知
critical slope 临界坡度
critical sowing time 临界播种期
critical speed 临界转速,临界速度
critical stage 临界期
critical state 临界状态
critical step 关键步骤
critical stress 临界应力
critical temperature 临界温度
critical temperature range 临界温度范围
critical temperature threshold 临界温度阈值
critical tractive force (驱动轮)临界牵引力
critical value 临界值
critical velocity ①临界速度 ②临界流速
critical void ratio 临界孔隙比
critical volume 临界容积
CRM (= cross reacting material) 交叉反应物质
CRM negative (CRM^-) 负 CRM,负交叉反应物质
CRM positive (CRM^+) 正 CRM,直交叉反应物质
cRNA (= chromosomal RNA) 染色体 RNA{分遗}
cRNA sequence cRNA 顺序
croccus 分果爿
croceate 番红花色的,深黄色的(croceus)
croceine scarlet 藏红花猩红
croceine scarlet as double stain 双重染色剂用的藏红花猩红
crocetin 藏花酸[$C_{20}H_{24}O_4$]
crochet ①趾钩(鳞翅目幼虫) ②钩针织品
crocin 藏花素[$C_{44}H_{64}O_{24}$]
crock ①瓦罐,瓮 ②陶器碎片,碎瓦,罐片(盖花钵底孔用的) ③废马(老弱无用或残废的马),老牝羊 ④破旧车辆
crockery 陶器类
crocus 藏红花属(番红花属)[*Crocus* L.](鸢尾科)
croft ①小农场 ②宅旁地
cron 考隆(进化时间单位,= 1,000,000 年)
cronstedite 绿锥石{地质}
crook ①牧羊杖 ②(河流)弯处,弯子 ③屈曲部,扭曲部 ④(弄蝶触角)角端钩
crookback (= crooked back) 伛偻
crooked ①弯曲的,曲折的 ②挠曲的,扭曲的 ③斜行纹理的
crooked neck ①弯颈(鸡) ②弯头(花)
crooked tree 挠曲木
crookneck pumpkin 西葫芦[*Cucurbita pepo* L.](葫芦科)
crookneck squash (= bush pumpkin) 矮生西葫芦[*Cucurbita pepo* var. *condensa* Bailey](葫芦科)
croomia ①黄精叶钩吻属[*Croomia* Torr. et Gray](百部科) ②黄精叶钩吻[*Croomia japonica* Miq.]
crop ①收成,产量 ②收获 ③栽培,耕作 ④播种,种植 ⑤收割,割取,剪刈,剪切 ⑥(花木)切

除 ⑦(蜜蜂)蜜囊 {蜂} ⑧嗉囊,食道盲囊 ⑨林分,立木 {森林} ⑩⌊复⌉作物

crop acreage 作物面积(英亩数)

crop age 林龄

crop-alternate cropping system 换茬耕作制

crop alternation 作物轮换,换茬

crop analysis of geographical adaptation 作物地理适应性[的]分析{智培}

crop area (= cultivated area, area under cultivation, area under crop) 作物面积,种植面积

crop barrier 作物屏障,作物隔离

crop biomass 作物生物量

crop birthplace 作物原产地

crop breeding ①作物育种 ②作物育种学

crop bulletin ①作物小册子 ②作物通报

crop calendar model 作物历模型

crop canopy temperature 作物冠层温度

crop chopper 作物间苗机

crop chute 作物滑送槽

crop classification performance 作物生产性能分类

crop clearance ①作物空地(因漏播缺苗) ②作物间隙(机器与植株的必要距离)

crop climate 作物气候

crop community 作物群落,作物群体

crop condition 作物状(情)况

crop conditioner 谷物干燥机

crop conditioning 谷物干燥

crop cultivation ①作物耕作 ②作物栽培

crop cultivation implements 作物耕种机具

crop cultivation method ①作物耕作法 ②作物栽培法

crop culture ①作物栽培 ②作物栽培学

crop culture decision system 作物栽培决策系统{智培}

crop culture science (= crop production science) 作物栽培科学{智培}

crop cycle 作物[生长]周期

crop damage (= harvesting injuries) ①作物灾害 ②收获损失

crop damage relief loam 歉收贷款

crop database 作物数据库{智培}

crop database technology 作物数据库技术{智培}

crop degeneration 作物退化

crop degree of greenness 作物绿色度{智培}

crop density ①作物密度 ②立木度

crop desiccating agent (= crop desiccant) 作物干燥剂

crop-destroying insect 作物害虫

crop development model 作物发育模型

crop disease endurance 作物耐病性

crop disease resistance 作物抗病性

crop disease susceptibility 作物感病性

crop diseases 作物病害

crop distribution 作物分布

crop distribution map 作物分布图

crop diversification 作物多样化栽培法

crop divider ①分茎器(指甘蔗) ②分禾器(指谷物)

crop divider for wheel tractor 轮式拖拉机分禾护禾器

crop drying ①谷物干燥 ②作物干燥

crop drying with sunshine 谷物日光干燥法

crop dusting 作物喷粉

crop duty 作物灌水率(量)

crop ecology 作物生态学

crop ecophysiological process 作物生态生理过程

crop ecophysiology 作物生态生理学{智培}

crop enterprise 种植业

crop estimate 收成估计,估产

crop estimate by unit area 单位面积估产

crop expenses 采收费

crop failure 歉收,坏收成

crop farming 耕作

crop forage 饲料作物

crop forecast 产量预测,收成预测

crop-glassland rotation 作物草田轮作

crop growing ①作物栽培 ②作物栽培学

crop growth 作物生长

crop-growth dynamics 作物生长动态

crop growth environment 作物生长环境

crop-growth factor 作物生长因素

crop growth model 作物生长模型{智培}

crop growth phase 作物生长相

crop growth potential 作物生长势(潜力)

crop growth potential monitoring in large area 大面积的作物[生]长势监测(指遥感技术的优点)

crop growth prediction and monitoring system 作物生长预测与监测系统{智培}

crop growth rate (CGR) 作物生长[速]率

crop growth state 作物生长状况{智培}

crop growth system 作物生长系统{智培}

crop husbandman 栽培者,栽培人员

crop husbandry 作物栽培

crop identification (= crop recognation) 作物识别{遥感}

crop identification performance (CIP) 作物识别生产性能

crop improvement 作物改良

Crop Improvement Association (CIA) 作

物改良协会
crop improvement program 作物改良课题(计划)
crop in storage (= harvest in the granary) 进仓收获量
crop index of growth and development 作物生长与发育指标,作物生育指标{智培}
crop information service system 作物信息服务系统{智培}
crop information system 作物信息系统{遥感}
crop insect endurance 作物耐虫性
crop insect resistance 作物抗虫性
crop insects 作物害虫
crop insurance 收获保险
crop intelligence decision support system 作物智能决策支持系统{智培}
crop intelligence instruction 作物智能教学{智培}
crop isolation 作物隔离
crop knowledge base 作物知识库{智培}
crop land 耕地,栽培地
crop lifter (= crop lifting finger) 作物扶直器,扶禾器,扶茎器)
crop loader 作物装载机
crop logging (= crop log) ①作物历 ②作物生态调查图示法{智培}
crop losses 收获损失
crop management ①作物管理 ②作物管理学{智培}
crop management decision 作物管理决策{智培}
crop management decision technology 作物管理决策技术{智培}
crop management measure (= crop management practices) 作物管理措施{智培}
crop management practices 作物管理措施
crop map 农作物图
crop marks 剪切标记{电脑}
crop maturation 作物成熟
crop maturity 作物成熟度
crop micrometeorology 作物小气象学{智培}
crop model 作物模型{智培}
crop model base 作物模型库{智培}
crop morphogenesis 作物形态发生{智培}
crop morphology 作物形态学
crop native country 作物原产地
crop network technology 作物网络技术{智培}
crop nutrition 作物营养
crop nutrition experiment 作物营养试验
crop of small poles 杆材林
crop output 作物产量
crop pasture 作物牧场(栽培作物如玉米、麦类供放牧的牧场)
crop persistent pesticide 作物残留性农药,作物持久性农药
crop pest 作物病虫害,作物寄生物
crop physiology 作物生理学
crop plan ①耕作计划 ②播种计划
crop plant ①作物 ②作物植株,作物植物体 ③栽培植物
crop plant nutrition 作物植株营养
crop plant propagation in vitro 作物植物体离体繁殖
crop plant regeneration 作物植物体再生
crop plant virus elimination 作物植物体病毒消失
crop plant virus-free stock 作物植物体无病毒原种
crop planting plan 作物种植计划书
crop population 作物群体
crop population constitution 作物群体结构
crop-processing equipment 作物加工设备
crop producing power ①作物生产力 ②肥力,肥沃性
crop production ①作物生产,作物栽培 ②作物栽培学
crop production database 作物生产数据库{智培}
crop production database and information system 作物生产数据库与信息系统{智培}
crop production decision system 作物生产决策系统{智培}
crop production enviroment 作物生产环境{智培}
crop-production factor 作物生产因素
crop production information system 作物生产信息系统{智培}
crop-production level 作物生产水平,作物生产量
crop production situation 作物生产态势
crop production system ①作物栽培学体系 ②作物生产系统
crop productive composition 作物生产成分{智培}
crop productive environment and situation 作物生产环境和状况{智培}
crop prospects (= harvest prospects) 收获预测,收获预报
crop protection 作物保护
crop protection equipment 作物保护机具
crop protection measures 作物保护方法
crop quality 作物品质
crop ratio ①田间作物布局 ②耕作[面积]布局
crop regulation and control of growth 作

物生长调节与控制,作物生长调控{智培}
crop remains 作物残体,收获后残留物
crop reporting-district(CRD) 作物报告区{遥感}
crop research 作物研究
crop residues 作物残留物,残茬,作物残体
crop response to fertilizer 作物对肥料的反应,作物耐肥性
crop response zone 作物反应区
crop restriction ①栽培限制 ②播种面积限制
crop roots 作物根系
crop rotation (= rotation of crop, farming rotation, succession of crops) 轮作
crop rotation experiment 轮作试验
crop rotation farming 轮作栽培
crop rotation scheme 轮作计划
crop rotation system 轮作制
crop row 作物[种植]行
crop science 作物学
Crop Science Society (CSS) 作物学会
crop season 栽培季节,农时
crop seasonal characteristic ①期作性(如春播作物、夏播作物、秋播作物的种植期特性) ②季作性(如早季稻、中季稻、晚季稻的种植期特性)
crop seed 作物种子
crop seed industrialization 作物种子产业化{农系工}
crop sequence 作物顺序(指轮作)
crop sequence in a rotation 轮作作物顺序,茬口顺序
crop-share 分成制,分成佃租制{农经}
crop shield (中耕机)作物护板
crop simulation model 作物模拟模型{智培}
crop situation 栽培状况,栽培情况
crop situation index 作物情况指数
crop smothering (杂草充塞)作物窒息,严重阻碍作物生长
crop space application 作物株间撒药
crop spacing 作物行株距(指营养面积),作物种植密度
crop specialist 作物专业工作人员,作物专家
crop sprayer 作物喷雾器(机)
crop spraying boom 作物喷杆
crop stage 作物生长阶段{遥感}
crop stand 作物植株密度
crop statistics 收获统计
crop system model 作物系统模型(指作物生长模型,农业气象模型,养分利用模型,水分平衡模型,病虫草害模型和农业经济模型等的总称){智培}
crop technology of management regulation and control 作物管理调控技术
crop tolerating excessive water 耐水作物
crop tree 主伐木
crop tuber 作物块茎
crop type 作物类型
crop uniformity (= unicrop) 作物单一化,作物单一性,品种单一性
crop up 突然出现,突然发生
crop variety 作物品种
crop vulnerability 作物脆弱性
crop water stress 作物水分胁迫
crop-weed competition 作物杂草竞争
crop year ①作物年份 ②收获季节
crop yield 作物产量,收获量
crop-yield difference 作物产量差别
crop yield estimation 作物估产
crop yield per capita 按人口平均收获量
crop-yield physiology 作物产量生理{智培}
crop yield prediction 作物产量预报{智培}
cropland 连续轮作制
croppable 适合耕种的
croppage 栽培法
cropped ①栽培的 ②耕作的 ③收获的
cropped area (= arable areas, cultivated areas) 栽培面积
cropped land 栽培面积,种植面积,栽培地
cropped location 栽培地点
cropped soil 耕作土壤
cropper ①收割机,收获机 ②截短机 ③收割手 ④收获物,结实植株 ⑤鸠鸽
cropping ①耕作 ②栽培,生产 ③[农]作 ④收割,收获 ⑤修剪
cropping advancement 收获过早
cropping capacity (土地)生产力
cropping characteristics 栽培特性,栽培特征
cropping co-operative 耕种合作社,农业生产合作社
cropping delay 收获过迟
cropping effect 耕作效应
cropping farm 种植[农]场
cropping history 耕作记录,耕作史
cropping index 复种指数
cropping pattern ①种植方式,栽培方式 ②耕作类型
cropping power 单位面积产量,生产力
cropping practices 耕作技术
cropping season ①耕作季节,耕作期 ②栽培季节,栽培期
cropping sequence 耕作顺序
cropping system ①(= farming system) 耕制 ②种植制度
cropping treatment 耕作处理

cropping type ①耕作型 ②栽培型
cropping without cultivation 免耕[栽培]法
crops 作物
crops adaptable to waste land 撂荒地适用作物
crops harvested in autumn 秋收,大秋
crops show preview 作物预展
crops tolerant to unfavorable[conditions] 备荒作物,救荒作物{栽培}
cropwise 作物方面,作物方向
croskill roller 横齿环星轮镇压器
cross ①杂交{育种}②日柱{气象}③交叉{分遗}④四通管{生技}⑤十字{环保}
cross ability 杂交能力
cross absorption 交叉吸收
cross-activation 交互激活[作用]
cross addition 交叉相加{统计}
cross adsorption test 交互吸附试验
cross agglutination (= co-agglutination, group agglutination) 交叉凝集
cross-arm (= cross-wood, cross-piece) 横担木{森林}
cross-bar ①横条(指果蝇染色体上的){遗传}②横脉{形态}③横杆{农机}④冠木{森林}
cross beam ①横梁 ②天平梁
cross bedding ①交错带 ②交错层理
cross blocking 株间除草,横向分簇间苗
cross bracing 横撑{环保}
cross branch 交叉枝,丫枝
cross break 横折,横断裂
cross breed 杂种(指动物)
cross-breeding 杂交育种,杂交繁育
cross bridge 交联桥,横桥{细胞}
cross bud grafting 重复芽接
cross call 交叉调用,相互调用{信息}
cross cell (小麦子粒)横细胞
cross channel switching 交叉通道转接{信息}
cross check [方形穴播]横向检查
cross check system 交叉检查方式{电脑}
cross checking ①交叉核对 ②方形穴播
cross chopper 横向间苗机
cross circulation 横向循环(干燥窑类型)
cross classification 交叉分组,交叉分类
cross colour 串色
cross combination 杂交组合
cross combination in barley 大麦的杂交组合
cross compatibility 杂交亲和性
cross competition 交叉竞争
cross compile 交叉编译{电脑}
cross complement fixation test 交叉补体固定试验,交叉补体结合试验{生技}
cross computer software 交叉计算机软件
cross configuration ①杂交表型 ②交叉配置{电脑}
cross connection 交叉连接,叉接{环保}
cross conveyor 横向传送刮板{环保}
cross correlation 交互相关
cross correlation detection 交互相关检测
cross-correlation matrix 交互相关矩阵{遥感}
cross-country ability 越野性{农机}
cross-country vehicle 越野车
cross coupled flip-flop 交叉耦合触发器{电脑}
cross coupling 交叉耦合
cross-cultivated 交叉(横向)中耕的
cross cultivation ①交叉耕作 ②株间除草
cross current 横流{环保}
cross-current flow 错流
cross cut ①横切,横断 ②捷径,近路
cross cut saw 横截锯,横割手锯
cross-cutting method 横切法
cross cutting relation 穿插关系{遥感}
cross-cutting saw (= cross cut saw) 横截锯
cross dam 横坝{水利}
cross development system (CDS) 交叉开发系统{农管}
cross difference 交叉差异
cross direction 横向
cross disking 圆盘耙交叉耕作
cross domain ①交叉域{电脑}②交叉地区{栽培}
cross-draining (= transverse draining) 横向排水
cross drilling 交叉条播
cross-elevator 横升运器
cross end tooth 闭端式齿耙
cross fault 横断层{地质}
cross-fertile ①杂交可育的 ②杂交可孕的
cross-fertile species 杂交能育种
cross-fertility ①杂交可育性 ②杂交可孕性
cross-fertilization ①异花受精 ②异体受精(xenogamia)
cross-fertilization flower 异花受精花
cross-fertilization plant 异花受精植物
cross-fertilized crops 异花受精作物
cross-fertilizing species 异花受精种
cross field 交叉场{解剖}
cross field pit pair 交叉场纹孔对
cross-field pitting 交叉场纹孔式
cross flight ①横飞行 ②横刮板
cross flow 交错水流

cross-flow chromatography 交叉流层析{生技}
cross flow combine 横流式谷物联合收获机
cross-flow cutter 横向流动切割器,横流式切割器
cross-flow filtration 交叉流过滤
cross-flow grain drying system 谷物交流型干燥系统
cross-flow heat exchanger 垂直交流式热交换器
cross-flow membrane 交叉流膜,错流膜
cross-flow microfiltration 交叉流微量过滤
cross-fruitful 杂交结实的
cross-fruitfulness 杂交结实性
cross furrow plowing 横向耕作
cross gentian 十字龙胆[*Gentiana cruciata* L.](龙胆科)
cross grafting 反复嫁接
cross grain 斜行纹理
cross grinding 横磨,普通磨碎法
cross hair 十字丝(线){显技}
cross-hair cursor 十字准线光标,十字丝光标{电脑}
cross hair reticule 十字丝网线{显技}
cross hair ring 十字丝环{显技}
cross harrowing 交叉耙地
cross hatching 交叉阴影线
cross homology 杂交同源,残余同源
cross hybrid 杂交[杂]种
cross hybrid prediction 杂交种预测
cross hybridization 交叉杂交
cross immunological reaction 交互免疫反应
cross impact analysis 交叉影响分析
cross impregnation 异体受精
cross incompatibility 杂交不亲和性
cross-induction (= zygotic induction) 接合诱导
cross infection ①交互侵染 ②交互传染 ③交叉感染
cross-infertile ①杂交不孕的 ②杂交不育的
cross-infertility ①杂交不孕性 ②杂交不育性
cross inheritance 交叉遗传
cross inoculation group 互接种族
cross-insemination 杂交受精
cross joint 横节理
cross key 交叉键
cross laminate 交错层积
cross laminated wood 交叉层积材
cross levelling ①横向平地{耕作} ②横向调平{农机}
cross line 十字丝{测}
cross link ①交联 ②变联键
cross-linked ①交联的{生技} ②交叉链接的{电脑}
cross-linked file 交叉链接文件{电脑}
cross-linked gel 交联凝胶{生技}
cross-linked network 交联网络
cross-linked polymer 交联聚合物
cross-linker (= cross-linking agent) 交联剂
cross linking 交联{生技}
cross-linking density 交联密度
cross-linking group 交联基
cross-linking index 交联指数
cross mark 十字标记{电脑}
cross-marked 横向划行
cross matching 交叉配对
cross network 交叉网络,跨网络{信息}
cross network session 跨网络会晤
cross neutralization 交互中和
cross out 作废,勾销,杠丢
cross-overs 交换型{遗传}
cross parity check 交叉奇偶校验{电脑}
cross-pathway regulation 交叉途径调节
cross percentage 杂交率
cross phosphorylation 交叉磷酸化{分生}
cross-piece (= cross-wood) 横担木{森林}
cross-piling 横向交叉堆积(木材)
cross platform computing 跨平台计算
cross platform transmission 跨平台传输{信息}
cross ploughing ①交叉耕地,交耕 ②株间除草
cross polarized 正交极化{遥感}
cross-pollinated crops 异花授粉作物
cross pollinated floret 异花授粉小花
cross pollinated plant 异花授(传)粉植物
cross-pollination 异花授粉,异花传粉
cross-pollination in vitro 离体异花授粉,试管内异花授粉
cross pollination plant (= cross pollinated plant) 异花授粉植物
cross pollinator 异花授粉作物
cross product ①乘积 ②杂交产物
cross-product ratio 杂交产物比率
cross profile 横剖面,交错剖面
cross protection ①交互保护作用 ②交互免疫作用
cross ratio 交比
cross-reacting antibody 交叉[反应]抗体
cross-reacting antigen 交叉[反应]抗原
cross-reacting determinant (CRD) 交叉反应决定子{分生}
cross-reacting material 交叉反应物质

cross reaction 交叉反应,交互反应
cross-reactivation 交叉复[激]活作用
cross recessed head machine screw 十字穴头小螺钉
cross reference 相互对照(指译文)
cross regulation 交叉调节,交互调节
cross-resistance 交互抗性(指一种杀虫剂用于防治某种害虫,害虫对其杀虫剂也产生抗性)
cross-ride 横林班线
cross ripping 横向松土
cross-section ①横切面,断面,截面 ②横切片{显技}
cross section area 横切面积
cross section diagram 剖面图
cross section image 横切面图像,剖面图像
cross-section of canal 渠道横切面
cross section paper 方格纸
cross section rendering 横断面绘制,截面绘制
cross-section rod 截面测尺,板形测尺
cross-sectional area 横断面[积]
cross sectioning 横切{显技}
cross seed set 杂交结实
cross seedling 杂交实生苗,杂种实生苗
cross septation 横分隔
cross-shaft 悬挂轴
cross-shaped budding 十字形芽接
cross shooting 交叉射击
cross slide system 交滑系统
cross-slope furrow irrigation 横向沟灌
cross software 交叉软件
cross stacking 交叉堆积(木材)
cross-sterile 杂交不育的
cross-sterile group 杂交不育类群
cross-sterility 杂交不育性
cross-streak method 交叉划线法
cross-striped cabbage worm 甘蓝横条螟[*Evergestis rimosalis* (Guenée)]
cross support system 交叉支持系统{电脑}
cross-suppression 交互[校正]抑制{分遗}
cross tester 十字测器
cross tie 枕木
cross track scanning 垂直[轨迹]扫描{遥感}
cross tracking 十字跟踪{电脑}
cross trade 买空卖空{农管}
cross transfer 横向转移
cross turbine 横口水涡轮
cross under 穿接{电脑}
cross-unfruitful 杂交不[结]实的
cross-unfruitfulness 杂交不[结]实性
cross validation 交叉证实,交叉确认
cross vein 横脉
cross ventilation 横向通风,横向换气{环保}
cross-vine 紫葳藤[*Bignonia capreolata* L.](紫葳科)
cross wall ①横壁{解剖}②石坎,冰坎{土壤}
cross-weaved screen 十字纹滤网{环保}
cross-wind 侧风
cross wing type 横翼型
cross wire 十字丝{显技}
cross wire micrometer 十字丝测微器
cross-wood 横担木{森林}
cross zone 交叉区
crossability 杂交力,可交配性,杂交限度
crossability barrier 可交配性阻障
crossbar (= crossbar switch)纵横开关,交叉开关
crossbar network 交叉开关网
crossbill 交嘴鸟
crossbred 杂交体,杂种
crossbred plant 杂交植株,杂种植株
crossbreed 杂种,杂交品种
crossbreed of blood transfusion 输血杂种
crossbreeder 杂交育种工作者,杂交育种家
crossbreeding ①杂交育种 ②远系繁殖
crossbreeding by blood transfusion 输血杂交育种{畜}
crossed ①杂交的 ②交叉的,十字形的,相交的
crossed affinity immumoelectrophoresis 交叉亲和免疫电泳
crossed boll 杂交棉铃
crossed contamination 交叉污染
crossed immumoelectrophoresis 交叉免疫电泳
crossed Nicols 互交二棱镜{显技}
crossed pits 十字纹孔对{解剖}
crossed seedling 杂交实生苗
crossed sowing [in line] 交叉播种
crosses ①杂交 ②杂交种
crosses in self-pollinated crop 自花授粉作物杂交
crosses of inbreeding lines 自交系杂交
crossfeeding 互养[作用]
crossfeeding of mutants 突变体互养
crossfoot 交叉结算,交叉合计{农管}
crossing ①杂交 ②异花受精,异体受精 ③交叉
crossing ability 杂交能力
crossing barrier 杂交障碍
crossing behavior 杂交行为,杂交行动
crossing between different batches 异蛾杂交{蚕}

crossing branches 交叉枝,交错枝
crossing counter 交叉计数器
crossing form 杂交类型
crossing lantern 杂交笼{育种}
crossing light 交叉光
crossing membrane 闭锁膜
crossing off 删去
crossing over 交换{遗传}
crossing-over analysis 交换分析
crossing-over frequency 交换频率
crossing-over homozygote 交换纯合子
crossing-over interference 交换干扰
crossing-over map 交换图
crossing-over modifier 交换修饰因子
crossing-over percentage 交换率
crossing-over polarity 交换极性
crossing-over position interference 交换位置干扰
crossing-over potential 交换潜势,交换可能性
crossing-over process 交换过程
crossing-over rate 交换率
crossing-over reducer (= crossover reducer) 交换抑制因子
crossing-over reduction 交换降低
crossing-over region (= crossover region) 交换区
crossing-over role 交换作用
crossing-over site 交换部位
crossing-over suppressor 交换抑制因子
crossing-over unit 交换单位
crossing-over value (COV) 交换值
crossing-over within the gene 基因内交换
crossing percentage 杂交率
crossing plot 杂交区{育种}
crossing procedure 杂交程序
crossing program 杂交课题(计划)
crossing rate 杂交率
crossing ray 交叉场射线{解剖}
crossing season 杂交季节{育种}
crossing sequence 交叉序列{分遗}
crossing shot 横射{狩猎}
crossing technique 杂交技术
crosskill roller 网纹形镇压器
crossosoma 缕体木属[*Crossosoma* L.](缕体木科)
crossosoma family 缕体木科[Crossosomataceae]
crossover ①交换 ②交换型 ③交换体 ④跨接线
crossover chromatid 交换染色单体{遗传}
crossover fixation 交换固定{遗传}
crossover frequency ①交换频率 ②交叉频率
crossover gamete 交换配子
crossover interference 交换干扰
crossover percentage 交换[百分]率
crossover position interference 交换位置干扰
crossover reducer (= crossover suppressor) 交换抑制因子
crossover region 交换区
crossover suppressor 交换抑制基因(因子)
crossover suppressor-lethal-Bar-technique (CLB technique) 交换抑制因子-致死-棒眼技术
crossover type gamete 交换型配子
crossover unit 交换单位
crossover value 交换值
crosspoint ①交换单元 ②交叉点
crossroad 交叉路(农机行走路线)
crosstalk (XTAK) ①串话 ②通讯{信息}
crossveinless (cv) 横脉缺失(指果蝇)
crosswise ①横的,横向的,斜的,斜向的 ②十字形状的,逆的,相反的
crosswise-alternate ①十字形互生的 (cruciatialternus) ②交互互生的 (decussatialternus)
crosswise cultivation 交叉中耕
crosswise harrowing 交叉耙地
crosswise levelling 交叉平地
crosswise-opposite ①十字形对生的 (cruciatioppositus) ②交互对生的 (decussatioppositus)
crosswort 长柱花属[*Crucianella* L.](茜草科)
crotal (= corcir, litmus lichen) 石蕊茶渍[*Ochrolechia tartarea*]
crotalaria ①猪屎豆属[*Crotalaria* L.](豆科) ②猪屎豆[*Crotalaria mucronata* Desv.]
crotalaria "woolly-bear" 猪屎豆黑点灯蛾[*Deiopeia pulchella* L. = *Utetheisa*](灯蛾科)
crotalaria pod borer 豆荚灰蝶[*Lycaena cnejus* Fabricius = *Catochrysops*](灰蝶科)
crotapolin (= crotoxin A) 响尾蛇毒素 A
crotch ①桠杈{真菌} ②桠杈木
crotch angle 分枝角(动物角)
crotch figure 桠杈纹(指木材)
crotchet ①解剖叉{解剖} ②刈草镰{农具}
crotin 巴豆毒蛋白
crotinytidene diurea (CDU) 丁烯叉双脲(长效肥料)
Crotodur 丁烯叉双脲(商)

croton ①巴豆属[*Croton* L.](大戟科)②巴豆[*Croton tiglium* L.]

croton bug (= German cockroach) 德国小蠊[*Blattella germanica* L.](姬蠊科)

croton nightshade 巴豆叶茄[*Solanum crotonifolium*](茄科)

croton oil 巴豆油

croton semi-looper 锦葵夜蛾[*Amyna puncta* Fabricius](夜蛾科)

crotonase 巴豆酸酶,烯酰水合酶

crotonic acid 巴豆酸

crotons ①变叶木属[*Codiaeum* Juss.](大戟科)②变叶木[*Codiaeum variegatum* Blume var. *pictum* Muell. Arg.]

crotonyl-CoA 巴豆酰辅酶A,丁烯酰辅酶A

crotonylidene diurea (CDU)丁烯叉二脲

crotowina 填土动物穴,鼹鼠穴

crotoxin 巴豆毒蛋白(素)

crotyl bromide 溴丁烯[C_4H_2Br]

crouching survey 蹲点调查

croufoot (= buttercup) ①毛茛属[*Ranunculus* L.](毛茛科)②毛茛[*Ranunculus acris* L.]

croup ①臀部,尻部(指牛马)②膜喉头炎、哮喘

crow ①乌鸦[*Corvus*]②系膜,肠系膜

crow Fly distance 垂直距离{遥感}

crow garlic (= crow onion, field garlic, stag's garlic) 鸦蒜[*Allium vineale* L.](百合科)

crow-quill pen 鸭嘴笔

crow vetch 草藤(广播野豌豆)[*Vicia cracca* L.](豆科)

crowbar ①撬杠,吊钩(工具)②短路器

crowbar switch 短路开关,过压保护开关

crowberry ①岩高兰属[*Empetrum* L.](岩高兰科)②岩高兰[*Empetrum nigrum* L.]

crowberry family 岩高兰科[Empetraceae]

crowd ①拥挤、充塞(指杂草)②组,一大批

crowded ①密集的,丛集的(creber){形态}②适度郁闭{生态}

crowded (of colony) (蜂群)拥挤的,蜂数过多空间不足的

crowding 拥挤

crowding gate 拥挤门{农施}

crowding stress 拥挤胁迫{生态生理}

crowflower 毛茛[*Ranunculus acris* L.](毛茛科)

crowfoot 毛茛属[*Ranunculus* L.](毛茛科)

crowfoot family 毛茛科[Ranunculaceae]

crowfoot millet 稗[*Echinochloa crusgalli* (L.) Beauv. var. *frumentaceum* (Roxb.) Wight = *Panicum frumentaceum* Roxb.](禾本科)

crowfoot packer (= crowfoot roller) 爪形镇压器,网形镇压器

crowfootgrass ①龙爪茅属[*Dactyloctenium* Willd.](禾本科)②龙爪茅[*Dactyloctenium aegyptium* (L.) Richt.]

crown ①冠②根颈③副[花]冠④叶冠,株冠(corona)

crown area index 树冠面积指数

crown board 蜂箱副盖,子盖,内盖

crown bud 冠芽(gemma coronata)

crown budding 冠芽接

crown campion 剪夏罗[*Lychnis coronata* Thunb.](石竹科)

crown canopy 树冠层

crown class 树冠级

crown cleaner 甜菜茎叶清理机

crown closure 郁闭{森林}

crown closure in aerial photo measurement 航空相片树冠郁闭度测定{遥感}

crown contact ①树冠接触,郁闭②(茶)封行

crown cover 树冠层,树冠覆盖层

crown daisy (= garland chrysanthemum, garden chrysanthemum) 茼蒿[*Chrysanthemum coronarium* L.](菊科)

crown degree 树冠覆盖度

crown density 树冠密度,郁闭度

crown depth 树冠厚度

crown diameter 树冠直径,冠径

crown diameter in aerial photo measurement 航空相片树冠直径测定{遥感}

crown diameter ratio 冠径树径比

crown diameter scale 树冠直径量测模片

crown diameter wedge 冠径量测楔{遥感}

crown fire 树冠火

crown flax 油用亚麻(多短茎亚麻,分枝亚麻)[*Linum usitatissimum* proles *blevimulticaulis*](亚麻科)

crown forest 国有林,王室林

crown gall ①冠瘿②细菌性根癌病(果树类,啤酒花)[*Agrobacterium tumefaciens* (Smith, Townsena) Conn.]

crown gall nodule 冠瘿瘤

crown gall of apple 苹果细菌性根头癌肿病[*Agrobacterium tumefaciens* (Smith et Towns.) Conn.]

crown gall of apricot 杏细菌性根癌病(杏根头癌肿病)[*Agrobacterium tumefaciens*

(Smith et Towns.) Conn.]
crown gall of chard 莙荙菜细菌性根瘤病 [*Agrobacterium tumefaciens* (Smith et Towns.) Conn.]
crown gall of Indian mallow 苘麻根头癌肿病 [*Agrobacterium tumefaciens* (E. F. Smith et Towns.) Conn.]
crown gall of peach 桃根头癌肿病 [*Agrobacterium tumefaciens* (Smith et Towns.) Conn.]
crown glass 冕牌玻璃{显技}
crown grafting 冠接
crown grafting by inlaying 冠嵌接
crown height 树冠高度
crown imperial (= imperial fritillary) 壮丽贝母 [*Fritillaria imperialis* L.] (百合科)
crown interception 树冠截留,树冠截阻作用(指降水)
crown land 国有土地,公有地
crown land office 国有土地管理处
crown land tenant farm (= stateowned tenant farm) 国有土地
crown layer 树冠层
crown length 冠长,树冠厚
crown length ratio 冠厚树高比
crown light distribution 树冠光照分布
crown mean diameter 树冠平均直径
crown of root 根颈
crown of thorns 铁海棠(虎刺,麒麟花) [*Euphorbia splendens* Bojer.] (大戟科)
crown of tree 树冠
crown percent (= crown ratio) 树冠率
crown projection diagram 树冠投影[图]
crown pruning (= crown thinning) 树冠疏伐,上层疏伐
crown release 树冠透光伐
crown root (= coronal root) 冠根,根颈
crown rot 颈腐病
crown rot of grasses 禾草颈腐病
crown rot of stock 紫罗兰花菌核病 [*Sclerotinia sclerotiorum* Massee.]
crown rust 冠锈病
crown rust of brome grass 雀麦冠锈病 [*Puccinia coronata* Corda]
crown rust of oats 燕麦冠锈病 [*Puccinia coronata* (Pers.) Cda.]
crown rust of quack grass 鹅冠草冠锈病 [*Puccinia coronata* Corda]
crown rust of ryegrass 黑麦冠锈病 [*Puccinia coronata* Corda]
crown saw 冠锯(工具)
crown sucker 冠颈萌蘖
crown surface 树冠面
crown tapper 螺帽攻丝机
crown thinning 树冠疏剪
crown tipped coral 杯冠珊菌 [*Clavicorona pyxidata* Doty.]
crown type 冠型(花冠)
crown vetch ①小冠花属 [*Coronilla* L.] (豆科) ②小冠花 [*Coronilla buxifolia* Hance]
crown wart of alfalfa 苜蓿冠瘿病 [*Urophlyctis alfalfa* (Lagerh.) Mag.]
crown wheel 平面伞齿轮
crown wood (= crown forest crown timber) 国有林,王室林
crowndaisy chrysanthemum 茼蒿 [*Chrysanthemum coronarium* var. *spatiosum* Bailey] (菊科)
crowned ①具冠的 ②具副花冠的 (coronatus)
crowned pulley 凸面皮带轮
crowning 顶生的 (apicalis)
crowning polypodium 欧亚水龙骨 [*Polypodium vulgare* L.] (水龙骨科)
crownless 无冠的 (ecoronatus)
crown's treacle (= garlic) 大蒜 [*Allium sativum* L.] (百合科)
crow's-bill ①钳子 ②镊子
crozier ①产囊丝钩 ②钩状体 (crosier)
crozier cell 钩状细胞
crozier cycas 卷圈苏铁 [*Cycas circialis* L.] (苏铁科)
CRP ①(= cAMP receptor protein) 环腺苷酸受体蛋白,cAMP 受体蛋白 ②(= c-reactive protein) c 反应蛋白
CRP factor CRP 因子
CRRI (= Central Rice Research Institute) 中央水稻研究所
CRSV (= carnation ringspot virus) 香石竹环斑病毒
CRT display (= cathode ray tube display) 阴极射线管显示,CRT 显示
cruci- ⌊字头⌉十字形
crucial ①决定性的,关键的,关系重大的 ②严酷的,极困难的,严重的 ③十字形的 (crucialis)
crucial component 关键组成部分
crucial process 关键过程
crucial quantity 决定性数量
crucial role 决定性作用
crucian carp ①(= glodencarp, goldfish) 鲫鱼 [*Carassius auratus* (L.)] ②(=

gibel, prussian carp) 欧鲫 [*Carassius carassius* (L.)] {水产}
cruciate 十字形的 (cruciatus)
cruciate dichotomy 十字形二歧分枝式 (dichotomia cruciata)
cruciate flower 十字形花 (flos cruciatus)
crucible 坩埚
crucifer ①具十字形花的 ②十字花科植物
crucifer caterpillar 菜野螟 [*Udea forficalis* L.]
crucifer mosaic virus 十字花科蔬菜花叶病
cruciferae 十字花科 [Cruciferae]
cruciferous 具十字形花的 (crucifer)
cruciferous corolla 十字花冠 (corolla crucifera)
cruciferous leaf beetle 大猿叶虫(乌壳虫) [*Colaphellus bowringi* Baly] (叶甲科)
cruciferous type 十字花科型(指气孔) (typus cruciferus)
cruciferous vegetable soft rot 十字花科蔬菜软腐病 [*Erwinia carotovora* pv. *carotovora* (Jones) Bergey et al.]
cruciform 十字形的 (cruciformis)
cruciform corolla (= cruciferous corolla) 十字形花冠 (corolla cruciformis)
cruciform division 十字形分裂 (divisio cruciformis)
cruciform loop 十字形环 {细胞}
cruciform stage 十字形载物台 {显技}
cruciform structure 十字形结构 (structura cruciformis)
crude ①原状的,天然的,粗制的,未提炼的,未加制造的,粗制滥做的,粗糙的,不完善的 {加工} ②未成熟的 {栽培} ③生硬的,未消化的 {生化} ④裸露的 {形态} ⑤近似众数 {统计} (crudus)
crude ash 粗灰分
crude asphalt 生沥青{环保}
crude calcium acetate 粗制乙酸钙
crude camphor 粗制樟脑
crude drug 生药 {指中药}
crude extract 粗提物
crude fat 粗脂肪
crude fertilizer 粗肥
crude fiber (= crude fibre) 粗纤维
crude filtration 粗滤{环保}
crude fish scrap 粗制鱼肥
crude flour 粗制粉
crude fodder 粗稿料,粗饲料
crude fruit 未熟果
crude hemp (= crude jute) 粗麻
crude honey 原蜜,未加工蜜
crude humus 未腐熟腐殖质
crude Japan tallow (= crude Japan wax) 生蜡
crude oil 原油
crude oil refining 粗油精制
crude paraffin 原蜡
crude persimmon tannin 柿涩(未熟柿含有单宁)
crude petroleum 重油,原石油
crude potassium carbonate 粗制碳酸钾
crude product 粗制品
crude protein 粗蛋白质
crude protein content 粗蛋白含量
crude rubber 生橡胶
crude scheme 不成熟计划,尚欠整理计划
crude sewage 原污水 {环保}
crude spirit 粗制酒精
crude sugar 粗制糖
crude survival rate 概略存活率,概略残存率
crude tallow 粗蜡
crude wax (= crude tallow) 粗蜡
crude wood 原木
crude wood spirit 粗木精
crude wood vinegar 粗木醋液
cruel storm 暴风,十一级风
cruise missile 巡航导弹 {物}
cruiser 勘测者,调查员
cruising ①勘测,勘查 ②调查
cruising data 调查数据
cruising range 调查范围
crumb ①团块,团粒 ②碎屑、碎片、屑末
crumb capacity 团块量,团块形成能力
crumb formation 团块形成
crumb mull 团块状细腐殖质,团块状细腐殖质
crumb structure 团块结构
crumber (开沟机)清沟器
crumbing black soil 团块状黑色土
crumble ①破碎、碎土 ②(坝)崩溃 ③(力)消失
crumbled structure 团块结构
crumbler ①旋转碎土铡 ②⌊复⌉旋转耕作部件
crumbling of snow 雪崩
crumbling soil 团块结构土
crumbly ①疏松的 ②易碎的 ③团块状的
crumbly granulary structure 团块团粒结构
crumbly-shelled variety 薄壳品种(核果类)
crumbly soil 团块状土壤
crumena 口针囊 (crumena) {昆虫}
crumpled ①皱褶的,皱折的 ②弯曲的
crumpled aestivation 皱折花被卷叠式

crunch ①咬碎声 ②踩碎声,碾碎声 ③处理信息,数字处理{信息}
cruncher 数字计算器
crunode ①分支 ②叉点
crupper 尾鞦
crura 腿{昆虫}
Cruse's 5A medium 克鲁色氏5A培养基{遗工}
crush ①压榨,压溃,挤压,挤出,榨出,压皱,揉皱,起皱 ②破碎,压碎,切碎,粉碎
crush capacity 破碎力
crush out 扑灭(指杂草、害虫、病株)
crushed ①粉碎的,碾碎的 ②捣碎的
crushed bone meal 碎骨粉
crushed ear corn 碎玉米
crushed stone 碎石{环保}
crusher 压碎机
crusher juice 初压汁(指甘蔗){加工}
crushers 油厂,油坊
crushing 压碎,压榨
crushing by snow 雪压
crushing clods 破碎土块
crushing mill 压碎机,破碎机,粉碎机
crushing resistance 破碎阻力,抗破碎力
crushing season 榨期,榨季(指甘蔗)
crushing strength ①破碎强度 ②抗压强度
crushing stress 压碎应力
crust ①表土硬化,结皮,结壳 ②[葡萄酒的]浮渣 ③疮痂{病理} ④壳状地衣 ⑤地壳 ⑥外皮、外壳、介壳、贝壳(crusta)
crust and mulch structure 结皮和覆盖结构,上实下松结构
crust breaking 破碎结壳
crust-columnar solonetz 结皮柱状碱土
crust concretion 壳状结核(指土壤)
crust of earth 地壳
crust of weathering 风化壳,风化层
crust soil 结壳土壤
Crustacea 甲壳纲
crustacean 甲壳动物
crustacean plankton 浮游甲壳动物
crustaceous ①壳质的 ②坚脆的(crustaceus)
crustaceous lichen 壳质地衣
crustacyanin 甲壳蓝蛋白,虾青蛋白
crustal movement (= movement of earth's crust, earth movement) 地壳运动
crustated ①具壳的,有结皮的{土壤} ②瘤状口膜的,具赘物的{医}(crustatus)
crustification of soil 土壤结壳
crustose 壳状的(crustosus)
crustose-lichen 壳状地衣
crustose-lichen stage 壳状地衣阶段
crusty 结壳的,结皮的
cry ①舆论呼声 ②(禽)鸣叫 ③(狗)叫,吠(quirtare)
cry down 轻视,不重视
cry up (= extol) 表扬,赞扬
cry wolf 虚伪警报
cryescopic method 冻点[降低]法
crymiom 冻原植被型{生态}
cryo- ⌊字头⌉寒冷,冻结,低温
cryobiochemistry 低温生物化学
cryobiological 低温生物学的(cryobiologicus)
cryobiological method 低温生物学法
cryobiological technique 低温生物学技术
cryobiology 低温生物学(cryobiologia)
cryobiology of cell culture 细胞培养低温生物学
cryobiology of various species 不同物种的低温生物学
cryoconcentration 低温浓度(cryoconcentratio)
cryoconite holes 冰穴
cryocrystallography 低温晶体学(cryocrystallographia)
cryodamage 冷冻损伤
cryoelectron microscope 冷冻电[子显微]镜,冷冻电镜
cryoelectron microscopy 冷冻电[子显微]镜术,冷冻电镜术
cryoelectronics 低温电子学(cryoelectronica)
cryoenzymology 低温酶学(cryoenzymologia)
cryoextraction 低温摘除术(cryoextractio)
cryofixation 冰冻固定(cryofixatio)
cryogen 冷冻剂
cryogenic ①冷冻的 ②低温的(cryogenus)
cryogenic bog soil 冷冻沼泽土
cryogenic device 低温器件
cryogenic glove 低温防护手套{环保}
cryogenic material 低温材料{遥感}
cryogenic meadow forest soil 冷冻草甸森林土
cryogenic purification 低温纯化(净化)
cryogenic refrigerator 低温冰箱
cryogenic separation 低温分离
cryogenic soil 冷冻土
cryogenic storage 低温存储器
cryogenics 低温实验法(cryogenica)
cryogenine 喹嗪致幻碱

cryoglobulin 冷球蛋白
Cryolite 冰晶石,氟铝酸钠(杀虫剂)[Na_3AlF_6]
cryolysis 低温活化现象
cryometer 低温计
cryomicroscope 低温显微镜
cryopedology 冰冻土壤学(cryopedologia)
cryophilic bacteria 适冷细菌(bacteria crysphilae)
cryophilous 适冷的,喜冷的(cryophilus)
cryophobous 避冷的,嫌冷的(cryophobus)
cryophylactic 耐冷的,抗低温的(cryophylacticus)
cryophyte 冰雪植物(cryophyta)
cryoplankton 冰雪浮游生物
cryopreservation 低温保藏[法](cryopreservatio)
cryoprotectant(= cryoprotector) 低温防护剂,冷冻保护剂
cryoprotection 低温防护(cryoprotectio)
cryoprotective agent 低温防护剂
cryosar 低温雪崩开关
cryoscope 冰点测定器
cryoscopic method 冰点下降法,冻点[降低]法{物}
cryoscopy 冻点降低测定法(cryoscopia)
cryostat 恒冷箱,低温恒温器,冷冻装置,制冷器
cryosurgery 低温外科(cryosurgeria)
cryotaxis 趋冷性
cryotherapy 冷疗法(cryotherapia)
cryotomy(= freezing microtomy) 冷冻切片术(cryotomia){显技}
cryotron 低温管,冷持元件,冷子管
cryotron memory 冷子管存储器{电脑}
cryotropism 向冷性(cryotropismus)
cryoultramicrotome 冰冻超薄切片机{显技}
cryoultramicrotomy 冷冻超薄切片术(cryoultramicrotomia){显技}
cryovial 冷冻管,冷冻小瓶
Cryphaeaceae 隐蒴藓科[Cryphaeaceae]
cryprotector 低温防护剂
crypsis ①隐花草属[*Crypsis* Ait.](禾本科)②隐花草[*Crypsis aculeata*(L.)Ait. = *Anthoxanthum aculeatum* L.]
crypt ①土窖、地窖 ②小囊 ③隐窝
cryptanthous 隐花的(cryptanthus)
cryptate compound 穴合物{分生}
cryptic ①隐藏的,潜在的 ②隐微的 ③隐蔽的(crypticus)
cryptic coloration 隐藏色(coloratio cryptica)
cryptic contamination 隐藏混杂(contaminatio cryptica)
cryptic genetic variability 隐藏遗传变异性,潜在遗传变异性(variabilitas geneticus crypticus)
cryptic glycolipid 隐蔽性糖脂
cryptic mosaic 隐蔽[性]嵌合体
cryptic mutant 隐藏突变型(mutans crypticus)
cryptic plasmid 隐蔽[性]质粒(plasmis crypticus)
cryptic polymorphism 隐藏多态现象(polymorphismus crypticus)
cryptic prophage 隐原噬菌体
cryptic species 隐存种(species crypticus)
cryptic splice site 隐蔽剪接位点{农生技}
cryptic structural difference 隐微结构差异
cryptic structural heterozygosity 隐微结构杂合性
cryptic structural hybrid 隐微结构杂种(hybrida structuralis cryptica)
cryptic structural hybridity 隐微结构杂种性(hybriditas structuralis crypticus)
cryptic variability 隐藏变异性,潜在变异性
cryptic variation 隐微的变异(variatio cryptica)
crypto-bog 埋藏沼泽
crypto-mull 隐细腐殖质层,埋藏细腐殖质层
crypto-podzol 隐灰壤,埋藏灰壤
cryptoanalysis 密码分析{分遗}
cryptobiosis 隐生现象
cryptocarpous 隐果的(cryptocarpus)
cryptocarya 厚壳桂属[*Cryptocarya* R. Br.](樟科)
cryptocercids 隐尾蠊科[Cryptocercidae]
cryptochiasmate 隐交叉(cryptochiasmatus)
cryptochimera 隐嵌合体(cryptochimaera)
cryptochrome ①隐铬黄 ②隐花色素(cryptochroma)
cryptoclimate 低温小气候,室内小气候
cryptococcosis 隐球菌病
cryptocolpate 具隐沟的(cryptocolpatus)
cryptoendomitosis 隐核内有丝分裂
Cryptogamia 隐花植物纲
cryptogamic(= cryptogamous) 隐花植物的,孢子植物的(cryptogamus)
cryptogamic disease 隐花植物病害
cryptogamic wood 隐花植物式[木]材(lignum cryptogamum)

cryptogamous plants 隐花植物(cryptogamae)
cryptogams (= cryptogamous plants) 隐花植物(cryptogamae)
cryptogamy 隐花植物学(cryptogamia)
cryptogenetics 隐性遗传学(cryptogenetica)
cryptogenic 原因不明的(cryptogenus)
cryptogenin 隐配基,延龄草苷
cryptogonomery 隐藏分核现象(cryptogonomeria)
cryptogram ①密文,密报 ②密码(cryptogramma){信息}
cryptographic ①加密的 ②密码的(cryptographus){信息}
cryptographic algorithm 密码算法
cryptographic communication 密码通信
cryptographic facility 密码设施
cryptographic mail protocal 密码信箱协议,密码邮件协议{信息}
cryptographic security 加密安全性(cryptosecuritas)
cryptographic session 密码对话,密码会话
cryptography 密码学(cryptographia)
cryptoguard 密码保护
cryptology 密码学(cryptologia)
cryptomere ①隐微粒 ②下陷气孔(cryptomera)
cryptomeria ①柳杉属[*Cryptomeria* D. Don](杉科) ②柳杉[*Cryptomeria japonica* D. Don]
cryptomeria-like taiwania 台湾杉[*Taiwania cryptomerioidea* Hayata](杉科)
cryptomerism (= cryptomery) 隐微粒现象(cryptomerismus)
cryptomitosis 隐有丝分裂
cryptomonad 隐单分子{分遗}
cryptone 隐酮,异丙基环己烯酮
cryptonervius 隐脉的
cryptophagid beetles 隐食甲科[cryptophagidae]
cryptophytes 隐芽植物(cryptophyti)
cryptopine 隐品碱[$C_{21}H_{23}NO_5$]
cryptoplasm 均细胞质(cryptoplasma)
cryptopolar 隐极性的(cryptopolaris)
cryptopore 下陷气孔(cryptopora)
cryptoporphyrin 隐卟啉
cryptopyrrole 隐吡咯,2,4-二甲基-3-乙基吡咯
cryptorchidism 隐睾[症]
cryptoscope 荧光镜{显技}
cryptosecurity (= cryptographic security) 加密安全性(cryptosecuritas)
cryptostachyous 隐穗的(cryptostachyus)
cryptostoma 不育窠
cryptostructural change 隐微[染色体]结构变化
cryptosystem 密码系统,密码体制(cryptosystema)
cryptotext 密码电文{信息}
cryptothorax 隐胸
cryptovirus 隐病毒{电脑}
cryptoxanthin 隐黄质,玉米黄质
cryptozoic ①隐生的 ②隐生宙(cryptozoicus)
cryptozoite 隐孢子虫(cryptozoita)
crysomel 叶甲科[Chrysomelidae]
crystal ①晶体 ②结晶 ③晶[体]的(Crystalis)
crystal axis 晶轴(axis crystalis)
crystal bring-up 晶体培育
crystal cell 含晶细胞(cellula crystalis)
crystal chamber fabric 晶腔组织
crystal chronometer 石英钟
crystal conglomerate (= cluster crystal) 丛晶体(crystalum conglomeratum)
crystal-containing body 含晶体
crystal defect 晶体缺陷
crystal diffraction 晶体衍射
crystal diode 晶体二极管
crystal druse 晶簇
crystal dust (= crystal sand) 晶沙
crystal edge 晶棱
crystal element 晶体元件
crystal engineering 晶体工程[学]
crystal face 晶面(facia crystalis)
crystal fiber 含晶纤维(fiber crystalis)
crystal field 晶体场
crystal field splitting 晶体场分裂
crystal field theory 晶体场理论
crystal form 晶状(forma crystalis)
crystal growth 晶体生长(vegatatio crystalis)
crystal habit 晶癖(habitus crystalis)
crystal hair 晶毛(pilus crystalis)
crystal idioblast 含晶异细胞(idioblastus crystalis)
crystal imperfection 晶体不完整性(imperfectio crystalis)
crystal lattice 晶体点阵,晶格
crystal nucleus 晶核(nucleus cryotalis)
crystal of calcium oxalate 草酸钙结晶
crystal oscillator 晶体振荡器
crystal osmotic pressure 晶体渗透压(pre-

ssura osmotica crystalis)
crystal receptacle 藏晶体（receptaculus crystalis）
crystal sac 晶囊（saccus crystalis）
crystal sand（= sand crystal） 砂晶
crystal sclerenchyma 含晶厚壁组织（sclerenchyma crystalis）
crystal size（= crystalline size） 晶体大小，晶粒大小
crystal skeleton 晶体间架
crystal structure 晶体构造
crystal sugar 冰糖
crystal system 晶系（systema crystalis）
crystal transducer 晶体换能器
crystal triode 晶体[三级]管
crystal twin 双晶，孪晶
crystal violet 结晶紫，龙胆紫
crystal violet as double stain 双重染色剂用的结晶紫
crystal violet preparation 结晶紫制片
crystal water 结晶水（aqua crystalis）
crystallaria 簇状晶粒
crystalliferous cell 含晶细胞（cellula crystallifera）
crystallin [眼]晶体蛋白
crystalline ①结晶，晶态 ②结晶的，晶态的（crystallinus）
crystalline aggregate 结晶聚集体
crystalline-amorphous transition 晶态-非晶态转变
crystalline area 结晶领域
crystalline birefringence 晶体双折射
crystalline cone 晶锥（指蜂蜜）
crystalline cone cell 晶锥细胞
crystalline fiber 晶体丝，晶状体纤维{物}
crystalline grains 晶粒
crystalline humor 晶液，晶状体
crystalline lens 晶体，晶柱体
crystalline phenol 结晶酚
crystalline precipitate 晶形沉淀[物]
crystalline rock 结晶岩石{地质}
crystalline schist 结晶片岩
crystalline silica 石英
crystalline size 结晶大小，晶粒大小
crystalline soil 结晶土壤
crystalline state 晶态
crystalline structure 晶形结构，结晶构造
crystalline substance 结晶体
crystalline virus protein 晶体病毒蛋白
crystallinity 结晶性（crystallinitas）
crystalliser 结晶器
crystallite 结晶子，微晶[体]
crystallizability 可结晶性（crystallisabilitas）
crystallizable 可结晶的（crystallisabilis）
crystallizable fragment（Fc） 可结晶段{分生}
crystallization 结晶[作用]（crystallisatio）
crystallization of urease 脲酶结晶作用
crystallization water 结晶水
crystallized fruit 糖衣蜜饯
crystallized ginger 糖衣姜
crystallizer 结晶器
crystallizing 结晶
crystallizing dish 结晶皿
crystallobionts 结晶性生物（crystallobiontes）
crystallogram 晶体衍射图（crystallogramma）
crystallographic 结晶学的，晶体学的（crystallographus）
crystallographic data 晶体学数据
crystallographic plane groups 晶体学平面群
crystallographic point groups 晶体学点群
crystallographic space groups 晶体学空间群
crystallographic structure 晶体[学]结构
crystallographic symmetry 晶体学对称性
crystallographic texture 晶体学质地
crystallography 结晶学，晶体学（crystallographia）
crystalloid ①拟晶体 ②晶体状的（crystalloideus）
crystallon 子晶，晶子
crystaltea 喇叭茶［*Ledum palustre* L.］（乌饭树科）
crytogenin 隐配基，延龄草苷配基
Cs ①（= cirro-stratus） 卷层云 ②（= cesium）铯
Cs^{137} 铯^{137}
Cs^{137} gamma ray field irradiation facilities 铯^{137} γ 射线场照射设备
CsCl centrifugation 氯化铯离心
CsCl density gradient sedimentation 氯化铯密度梯度沉降
CsCl-ethidium bromide gradient 氯化铯-溴化乙锭梯度
CSD（= chlorotic streak disease） 枯条病，波条病
CSF（= colony stimulating factor） 集落刺激因子{分生}
CSI（= cane sugar industry） 制糖[产]业{蔗}
CSMACD（= carrier-sense multiple access

with collision detection) 带有冲突检测的载波侦听多路存取{信息}
CSS(=Crop Science Society) 作物学会
CT ①(=calcitonin)降钙素{生化} ②(=capacity ton)载重吨{农机} ③(=computerized tomography)计算机 X 射线断层显像{电脑}
ct RNA (= chloroplast RNA) 叶绿体 RNA{分遗}
cteinophytes 杀寄主菌类(cteinophyti)
cteinotrophic 杀寄主营养的(cteinotrophus)
ctenidium 栉
ctenoid 蓖齿状的(ctenoideus)
ctenophore 栉水母
CTP(cytidine triphosphate) 胞苷三磷酸
CTS(=Cotton Testing Service) 棉花检验处
Cu(=cumulus) 积云
cub(=stall, barn) 畜栏
cub tractor 小型拖拉机(指在畜栏内用的拖拉机)
Cuba bean (= cowpea) 豇豆[*Vigna sinensis* (Stickm) Endl. = *V. catjang* Endl.](豆科)
Cuba colubrina 古巴野咖啡[*Colubrina cubensis*](鼠李科)
Cuba grass(=Johnson grass) 阿拉伯高粱(石茅,约翰逊草)
Cuba royal palm ①王棕属[*Roystonea* O. F. Cook](棕榈科) ②王棕[*Roystonea regia* (HBK.)O. F. Cook]
Cuban bast(=rose-mallow hibiscus) ①木槿属[*Hibiscus* L.](锦葵科) ②木槿[*Hibiscus syriacus* L.]
Cuban bulrush 古巴藨草[*Scirpus cubensis* L.](莎草科)
Cuban fly 古巴蝇[*Lixophaga diatraeae* Towns](蝇科)
Cuban frangipani 微缺鸡蛋花[*Plumeria emarginata*](夹竹桃科)
Cuban pine 古巴松[*Pinus cubensis* Griseb.](松柏科)
Cuban royal palm 散尾葵[*Chrysalidocarpus luttescens* H. Wendl.](棕榈科)
Cuban walnut 古巴胡桃[*Juglans insularis*](胡桃科)
Cuban white-backed rice planthopper 古巴飞虱[*Sogatodes cubanus* (Crawford)](飞虱科)
Cuban zephyrlily 古巴葱莲[*Zephyranthes rosea* Hort. non Lindl.](石蒜科)
cubby set 隧洞装夹法{狩猎}
cube ①立方体,正六面体 ②立方 ③颗粒饲料
cube connected cycle 立方形连接环
cube ice 块冰
cube-like structure 拟立方结构
cube manager 立方体管理器
cube network 立方体网络{信息}
cube root 立方根
cube spar 硬石膏
cube sugar 方糖
cubeb(= cubeba, cubed pepper)荜澄茄[*Piper cubeba* L.](胡椒科)
cubebin 荜澄茄苦素[$C_{20}H_{20}O_6$]
cubed feed 块状饲料
cuber ①压块机 ②制粒机(指饲料)
cubic ①立方体的,立方形的 ②三次方(cubicus)
cubic capacity 立方容量
cubic centimeter 立方厘米
cubic close packing ①立方密堆积 ②立方密封包装
cubic component 三次方组成部分
cubic content 立方容积
cubic convolution 三次[方]卷积{遥感}
cubic curve 三次方曲线
cubic effect 三次[方]效应
cubic equation 三次方程式
cubic foot 立方英尺
cubic inch 立方英寸
cubic interpolation method 三次插值法{电脑}
cubic lattice 立体格子方{统计}
cubic lattice analysis 立体格子方分析
cubic lattice design 立体格子方设计
cubic lattice experiment 立体格子方试验
cubic meter(=cubic metre) 立方米
cubic millimeter 立方毫米
cubic notation 立方体表示法
cubic parabola 三次抛物线
cubic quantic 三次函数
cubic salt peter 智利硝石
cubic structure 立方结构
cubic system 立方[晶]系
cubic ton 立方吨(=25～30 立方英尺)
cubical(=cubic) ①立方体的,立方形的 ②三次方
cubical symmetry 立[方]体对称(symmetria cubica)
cubicle ①小屋 ②单畜棚(舍)
cubiform 骰子形的(cubiformis)
cubing formula 求积式
cubital 肘脉的(cubitalis)
cubital index 肘脉指数

cubital vein 肘脉（cubitus）
cubitus ①肘脉 ②肘室
cuboid 核块，类立方状（cuboideus）
cuboid rectangular 似立方状的，长方形的
cuboidal ①似立方体的 ②似骰子形的（cuboideus）
cuckoo 杜鹃［*Cuculuscanorus telephonus* Heine］（杜鹃科）
cuckoo bee 艳花蜂［*Psithyrus* spp.］
cuckoo-flower 欧洲剪秋萝［*Lychnis flos-cuculi*（L.）A. Br.］（石竹科）
cuckoo-pint 斑叶海芋（斑海芋）［*Arum maculatum* L.］（天南星科）
cuckoo-spit insect（= meadow spittle bug）①牧场沫蝉［*Philaenus spumarius*（L.）］②⌊复⌉（= spittlebugs）沫蝉科［Cercopidae］
cuckoo wasps（= rubytailed wasps）青蜂科［Chrysididae］
cuctus（flowered）**type** 仙人掌花型
cucubitaceous vegetables 葫芦科蔬菜
cucujid beetles（= flat bark beetles）扁甲科［Cucujidae］
cucullate 勺状的（cucullatus）
cucullate calyptra 勺状蒴帽（calyptra cucullata）
cuculliform 盔状的（cuculliformis）
cucullus 盔
cucumber ①黄瓜属［*Cucumis* L.］（葫芦科）②黄瓜［*Cucumis sativus* L.］
cucumber anthracnose 黄瓜炭疽病［*Colletotrichum lagenarium*（Pass.）Ell. et Halst.］
cucumber bacterial wilt 黄瓜细菌性萎蔫病［*Erwinia trachelphila*（Smith）Bergey et al.］
cucumber beetle ①中国守瓜［*Rhaphidopalpa chinensis* Weise = *Aulacophora*］②（= striped cucumber beetle）黄瓜黑头叶甲［*Diabrotica melanocephala* Fabricius］（叶甲科）
Cucumber Day 黄瓜节（指美国的8月18日）
cucumber downy mildew 黄瓜霜霉病［*Colletotrichum lagenarium*（Pass）Ell. et Halst.］
cucumber fusarium wilt 黄瓜枯萎病［*Fusarium oxysporum*（Schl.）F. *cucumerinum* Owen.］
cucumber green mosaic 黄瓜绿色花叶病［*Cucumis virus* 2］
cucumber green mottle mosaic virus 黄瓜绿斑驳花叶病毒［*Cucumber virus* 3（Ainsworth）= *Cucumis virus* 2（Smith），*Marmor astericum* var. *chlorogenum*（Holmes）］
cucumber gummosis（= cucumber scab）黄瓜流胶病（黄瓜叶霉病）［*Cladosporium cucumerinum* Ell. et Halst.］
cucumber leaf maggot 黄瓜黄潜蝇［*Chlorops eucurbitae* Matsumura］（秆蝇科）
cucumber leaf sunflower 小向日葵（小花葵）［*Helianthus debilis* Nutt. = *H. cucumerifolius* Torr. et Gray］（菊科）
cucumber mildew 瓜类白粉病［*Erysiphe cichoriacearum* DC.］
cucumber mosaic disease 黄瓜花叶病［*Cucumis virus* 1］
cucumber mosaic virus 黄瓜花叶病毒［*Cucumis virus* 1（Smith）= *Marmor cucumeris* var. *valgare*（Holmes）］
cucumber phytophthora blight 黄瓜疫病［*Phytophthora melonis* Katsura］
cucumber pickles 黄瓜泡菜
cucumber pox（= cucumber scab）黄瓜黑星病［*Cladosporium cucumericum* Ellis et Arthur.］
cucumber tree magnolia 锐叶木兰［*Magnolia acuminata* L.］（木兰科）
cucumopine 南瓜氨酸
cucumovirus 南瓜花叶病毒
cucurbit（= gourd） 南瓜
cucurbit leaf beetle 黄守瓜［*Aulacophora femoralis* Mot.］（叶甲科）
cucurbit looper 葫芦金翅夜蛾［*Plusta peponis* Fab.］（夜蛾科）
cucurbit midge 葫芦瘿蚊（南瓜瘿蚊）［*Cecidomyia citrulii*（Felt）］（瘿蚊科）
cucurbitaceous 葫芦科的（cucurbitaceus）
cucurbitacine 葫芦素［类］
cucurbitin 南瓜子氨酸
cucurbitol 西瓜子甾醇，西瓜子固醇
cucurbits 葫芦科植物，瓜类植物（cucurbitaceae）
cucurbits anthracnose 瓜类炭疽病［*Colletotrichum lagenarium*（Pass.）Ell. et Halst.］
cucurbits downy mildew 瓜类霜霉病［*Pseudoperonospora cubensis*（Berk. et Curt.）Rostr.］
cucurbits leaf spot 瓜类叶斑病［*Mycosphaerella melonis*（Pass.）Chiu et Walk.］
cucurbits powdery mildew 瓜类白粉病［*Erysiphe cichoracearum* DC.］

cucurbits root knot nemetode 瓜类根结线虫病［*Meloidogyne* sp.］
cucurbits sclerotinia fruit rot 瓜类菌核病［*Sclerotinia sclerotiorum*（Lib.）de Bary］
cucurbits southern blight 瓜类白绢病［*Pellicularia rolfsii*（Sacc.）West.］
cud ①反刍(指牛) ②瘤胃
cud chewer 反刍动物
cudrania 柘树［*Cudrania tricuspidata*（Carr.）Bur.］(桑科)
cudweed ①絮菊属［*Filago* L.］(菊科) ②鼠曲草属［*Gnaphalium* L.］(菊科)
CUE（= carbon use efficiency） 用碳效率{生态生理}
cue ①尾接指令 ②信息标号{信息}
cue-lure 诱蝇酮(昆虫引诱剂)［$C_{12}H_{14}O_3$］
cue track 控制磁道,辅助磁道,尾接磁道,提示磁道{电脑}
cuesta ①段丘 ②单面山
cuesta face（= cuesta scarp） 鬣崖,单面山,陡崖
Cuf（= cumuliformis） 积状云
cujete（= calabash tree） 加拉巴木［*Crescentia cujete*］
cuke 小黄瓜
culex mosquitoes ①库蚊属［*Culex* spp.］(蚊科) ②［贪食］库蚊［*Culex volax* Edwards］
culicide 杀蚊剂
culicifuge 拒蚊剂
culinary ①烹调的 ②厨房的（culinaris）
culinary fruit 厨用果品,烹调用果品
culinary herbs 调味香菜,厨用香菜
culinary pea（= garden pea） 豌豆［*Pisum sativum* L.］(豆科)
culinary quality 煮食品质
culinary vegetable 厨用蔬菜,烹调用蔬菜
cull ①采摘,采收 ②采集,收集 ③选择,拣选 ④淘汰,剔除 ⑤去杂,去劣 ⑥不产蛋的母鸡 ⑦被淘汰的家畜 ⑧等外品
cull cotton 等外棉花,降级棉花
cull eliminator 拣选台
cull factor 降等(级)因素
cull fruit 等外果
cull-leaved lettuce 分叶山莴苣［*Lactuca chaixi* Vill.］(菊科)
cull stock（= cull animal） 被淘汰的家畜
culled forest 择伐林
culler 测树者,检尺员
cullet 玻璃片,破玻璃
culling ①淘汰 ②采摘
culling level 淘汰水平
Culm（= Kulm） 库尔木统(地质年代)
culm ［空心］秆、禾秆（culmus）
culm and midrib rot ［蔗］茎和中肋腐烂病
culm base 秆基部
culm breaking strength 禾秆粉碎强度
culm bud 茎芽
culm diameter 秆径
culm height 秆高
culm length 秆长
culm node 秆节,茎节
culm number 秆数
culm of plant 每株茎秆
culm quality 秆品质
culm rot 小球菌核病［*Helminthosporium oryzae* Breda de Hann.］
culm stiffness 秆强度
culm weight 秆重
culmicolous 秆上长的（culmicolus）
culmiferous（= culmifer） 具秆的（culmifer）
culminated point 顶点（punctum culminatum）
culmination 顶上,顶点,极点（culminatio）
culrage 蓼［*Polygonum hydropiper* L.］(蓼科)
culti-cutter 果园草地耕耘犁
culti-pack 碎土镇压
culti-pack roller 碎土镇压器
culti-packer V字形表土镇压器,碎土镇压器
culti-vision 中耕视野
culticular excretion 角质层排出
cultigen（= cultispecies） 栽培种（cultigens）
cultimulcher 碎土松土压土器,耙地松土压土器
cultipacker 表土镇压器,碎土镇压器
cultivability 耕性,可耕度,熟化度（cultivabilitas）
cultivable ①可耕种的 ②可栽培的,可培养的 ③适合栽培的（cultivabilis）
cultivable area 耕地面积
cultivable land 耕地
cultivar（CV）（= cultivated variety） 栽培品种
cultivar-name 栽培品种名称
cultivate ①耕作,整地 ②中耕,耘地 ③栽培,培养,培育 ④(野生植物)驯化,改良 ⑤(水产品)养殖（cultivare）
cultivate fertilizer source 培养肥源
cultivate seedling 育苗

cultivate the soil 松土
cultivated ①耕作的,中耕的 ②栽培的(cultivus)
cultivated area 栽培面积,种植面积
cultivated carrot 胡萝卜[*Daucus carota* var. *sativa* DC.](伞形花科)
cultivated cereals 禾谷类[作物]栽培
cultivated character 栽培性状
cultivated condition 栽培条件
cultivated crops ①中耕作物 ②栽培作物
cultivated dryland soil 耕种旱地土壤
cultivated fallow land 栽培休闲地
cultivated form 栽培类型(formis cultivus)
cultivated grasses 栽培牧(禾)草
cultivated grassland 栽培草地
cultivated horizon 耕作层
cultivated land 耕地
cultivated layer 耕作层
cultivated melons 栽培瓜类
cultivated oats 燕麦[*Avena sativa* L.](禾本科)
cultivated parsnip 欧洲防风[*Pastinaca sativa* L.](伞形花科)
cultivated pasture 栽培牧场
cultivated phytocoenology 栽培植物群落学
cultivated phytocoenosium 栽培植物群落
cultivated plants 栽培植物(plantae cultivatae)
cultivated plot 栽培[小]区(试验)
cultivated rice 稻[*Oryza sativa* L.](禾本科)
cultivated row crop 栽培行播作物
cultivated rye 黑麦[*Secale cereale* L.](禾本科)
cultivated soil 耕作土壤
cultivated species (= cultispecies, cultigens) 栽培种
cultivated takyr 耕种龟裂土
cultivated type 栽培型
cultivated variety (= cultivar) 栽培品种
cultivated yeast 培养酵母
cultivating ①中耕,松土 ②耕作,耕耘
cultivating and weeding 中耕除草
cultivating clearance 中耕间隙
cultivating equipment (= cultivating implement) 中耕机具,耕耘机具
cultivating fishery (= culture fishery) 水产养殖业
cultivating owner 自耕农,单干户
cultivating rotor 耕耘滚[筒]刀
cultivating speed 中耕速度
cultivating tine 中耕锄齿
cultivating work 中耕除草作业
cultivation ①栽培,培养 ②耕作,(播种前)整地 ③中耕,耕耘,耘地(cultivatio)
cultivation and banking 中耕培土
cultivation and weeding during the early stage of plant growth 苗期中耕除草
cultivation before sowing 播种前耕作,播种前整地
cultivation by direct seeding 直播栽培
cultivation by setting seedlings 移苗栽培,插秧栽培
cultivation conditions 栽培条件
cultivation depth 耕作深度
cultivation experiment 栽培试验
cultivation fallow ①中耕休闲 ②中耕休闲地
cultivation in bed 畦作,做畦栽培
cultivation in the absence of weeds 机械化栽培,无杂草栽培
cultivation limit 栽培限界
cultivation method ①栽培法 ②耕作法 ③培养法{微生物}
cultivation of cereals (= grain growing, cereal cropping, cereal husbandry) 禾谷类作物栽培
cultivation of forage crops 饲料作物栽培
cultivation of oil-crops 油料作物栽培
cultivation of peat soils (= muck farming) ①泥炭地栽培 ②泥炭土耕作
cultivation of short or dwarf branches 矮秆栽培
cultivation of slopes ①坡地栽培 ②坡地耕作
cultivation of soil 土壤耕作,播前整地
cultivation of stubble crops 茬地作物栽培,宿根栽培
cultivation of superior grain varieties 优良谷类品种栽培
cultivation of tilled crops 中耕作物栽培
cultivation on sandy soil 沙土栽培
cultivation ratio 垦殖率
cultivation spade 中耕铲
cultivation technique ①栽培技术 ②耕作技术
cultivation treatment 栽培处理
cultivation type 栽培型
cultivation under glass 温室栽培
cultivation without tillage 免耕栽培法
cultivator ①中耕机,除草松土器,耕耘机 ②栽培者
cultivator drill 耕耘条播机
cultivator-fertilizer (= cultivator plant feeder) 中耕追肥机

cultivator harrow 深松土中耕机,松土除草中耕机
cultivator hiller (= cultivator ridger) 中耕培土机
cultivator loosener 松土中耕机
cultivator-planting combine 耕作播种联合作业机
cultivator plow 耕耘犁
cultivator side dresser 行侧追肥中耕机
cultivator tillage 耕耘机耕作
cultivator tooth 中耕锄齿,耙齿,松土器
cultivator with broad shares 宽铲中耕机
cultivator's field 机械化栽培地
cultivision 作业视野(从操纵位置上所看到的)
cultrate 小刀形的(cultratus)
cultrate lindsaea 网脉鳞始蕨[*Lindsaea cultrata* Swartz](鳞始蕨科)
cultural ①栽培的 ②培养的 ③养殖的(culturalis)
cultural characteristics ①栽培特性 ②培养特征
cultural community 栽培群落
cultural conditions 栽培条件
cultural control 栽培防治
cultural expenses ①栽培开支,栽培费用 ②造林费用
cultural experiment 栽培试验
cultural factor 栽培因素
cultural fallow ①栽培休闲 ②栽培休闲地
cultural landscape ①文化景观{园林} ②栽培景观{栽培}
cultural management practices 栽培管理措施
cultural manipulation 栽培操作
cultural means 栽培方法,栽培手段
cultural method 栽培方法
cultural method of controlling weeds 控制杂草栽培法(指水稻)
cultural object 文物{园林}
cultural obstacle 人工障碍
cultural operation ①田间操作,栽培操作 ②幼林抚育
cultural plan ①栽培计划 ②造林计划
cultural practices 栽培措施(技术)
cultural property 培养特性
cultural requirements ①栽培要求 ②栽培需要条件
cultural system 栽培制度
cultural-technical improvement 栽培技术改进
cultural technique 栽培技术
cultural trials 栽培试验
cultural value 栽培价值(指种子)
cultural vegetation 栽培植被
culture ①栽培,耕作,繁殖 ②培养 ③饲养,培养物 ④造林 ⑤地物{测量} ⑥养殖{水产}(cultura)
culture chamber 培养室
culture collection 培养物收集{分生}
culture community 栽培群落,人工群落
culture dish 培养皿
culture flask 培养瓶
culture improvement 栽培改进
culture in enclosure 围养,圈养
culture in floating cage 浮式网箱养殖
culture in the field (= culture in the open) 露地栽培
culture in vitro 离体培养,试管内培养{分生}
culture in vivo 活体培养,体内培养
culture jar 培养缸
culture manipulation 培养操作
culture mass 培养细胞群
culture medium 培养基
culture medium constituents 培养基成分
culture medium for Drosophila 培养果蝇用培养基
culture method ①培养法 ②栽培法
culture of ornamental fish 观赏鱼养殖
culture of plants 植物栽培
culture of truncated plants 无土苗栽植
culture on the hill 垄作栽培,坡地栽培
culture optimization 培养优化
culture pan (= culture pot) 营养钵,培养钵
culture period ①培养期 ②栽培期
culture room 培养室
culture season 栽培季节,农时
culture solution 培养液
culture starter [培养]起子,引子
culture tank 培养槽
culture technics (= culture technique) ①栽培技术 ②培养技术
culture transferring ①移种 ②培养物转移
culture tube 培养[试]管
culture type 培土型(指刮土板)
culture under cover 覆盖栽培
culture under glass 温室栽培,保护地栽培
culture vessel 培养容器
culture without rotation 连作
culture without tillage 免耕栽培
cultured cell 培养细胞
cultured mushroom 栽培蘑菇
cultured plants (= cultivated plants) 栽培植物
culturing period 栽培期

culturization ①栽培化 ②熟化(指土壤)(culturisatio)
culvert ①涵洞,涵管,暗渠,下水道 ②地下电缆道
cumbora eucalyptus 大叶桉[*Eucalyptus amplifolia* Naud.](桃金娘科)
cumec (=cubic meter/se) 立方米每秒
cumene 枯烯,茴香质[$C_6H_5CH(CH_3)_2$]
cumin ①枯茗属[*Cumunum* L.](伞形花科) ②枯茗(伞形茴香)[*Cumunum syminum* L.]
cumin oil 伞花茴香油,枯茗油
cumin seed oil 伞花茴香子油
cumquat (=kumquat) 圆金橘
cumulant 累积量(cumulans)
cumulation ①累积 ②堆积 ③积蓄(cumulatio)
cumulative ①累积的 ②累加的 ③积蓄的(cumulativus)
cumulative benefit/loss curve 累积收益/亏损曲线
cumulative benefit curve 累积收益曲线
cumulative charts 累积图
cumulative contribution 累积贡献率
cumulative cost curve 累积费用曲线
cumulative curve 累积曲线
cumulative departure 累积偏差
cumulative distribution 累加分布,累积分布
cumulative-drop planter 带有穴播阀门的播种机,积累式穴播机
cumulative effect 累加效应
cumulative effort function 累积作用函数
cumulative egg production 累积产卵数
cumulative error 累加误差
cumulative evidence 累积证据
cumulative factor 累加因子
cumulative failure percent 累积失败百分率{遥感}
cumulative failure probability ①累积故障概率 ②累积失效概率
cumulative feedback inhibition 累积性反馈抑制
cumulative fertility 积累肥力
cumulative frequency 累积频率
cumulative frequency histogram 累积频率[柱形]图{遥感}
cumulative frequency table 累积频率表{遥感}
cumulative gene 累积基因
cumulative grain temperature 谷物积温
cumulative increase 累积增加
cumulative isomery 累积异构性
cumulative mass selection 多次混合选择
cumulative milk production 累积产乳量
cumulative mortality 累积死亡率
cumulative percentage 累计百分率
cumulative poison 积累性毒物{环保}
cumulative radiation dose 积累辐射剂量
cumulative ratio 累积比率
cumulative selection 累积选择
cumulative selection differential 累积选择差数
cumulative table 累积表
cumulative temperature 积温
cumulative yield 累积产量,累积产额,累积产率
cumuliformis (Cuf) 积状云
cumulo-nimbus (Cb) 积雨云
cumulo-nimbus arcus 弧状积雨云(cumulonimbus arcus)
cumulo-nimbus calvus 秃积雨云
cumulo-nimbus capillatus 鬃状积雨云(cumulonimbus capillatus)
cumulo-nimbus incus 砧状积雨云(cumulonimbus incus)
cumulo-nimbus mammatus 乳状积雨云(cumulonimbus mammatus)
cumulose 腐积土(cumulosus)
cumulose soil 腐泥土,高腐殖质淤泥土
cumulosol 泥灰质土(cumulosolum)
cumulus (Cu) 积云
cumulus base 积云底(basis cumulus)
cumulus congestus 浓积云
cumulus convection 积云对流(convectio cumula)
cumulus humilis 淡积云
cumulus lenticularis 荚状积云
cumulus oöphorus 卵丘
cumulus pileus 幞状积云
cumulus undulatus 波状积云
cuneate 楔形的(cuneatus)
cuneifolious 楔形叶的(cuneifolius)
cuneiform 楔形的(cuneiformis)
cunette 附槽(指在沟底上的){环保}
cunette-shaped section 附槽形剖面(指管底有小槽的沟管剖面){环保}
cuneus ①楔片 ②三角形顶
cuniculate 具长沟的(cuniculatus)
cunilene 克聂林(克聂门)(杀菌剂)
cunningham araucaria 南洋杉[*Araucaria cunninghamia* Sweet](南洋杉科)
cunonia 库诺尼属[*Cunonia* L.](库诺尼科)
cunonia family 库诺尼科[Cunoniaceae]
cuorin 心磷脂

cup ①壳斗 ②杯形结构 ③排种杯,皮碗 ④采脂集聚杯 ⑤(蘑菇)绷紧的菌幕(cuppa)
cup anemometer 风杯风速表
cup-conveyor type potato planter 马铃薯杯送式种植机
cup drinker 杯式饮水器
cup feed 杯式排种器
cup-feed drill 杯式排种条播机
cup fern 冷蕨[*Cystopteris fragilis* (L.) Bernh.](蹄盖蕨科)
cup-figurative crown 杯状树冠
cup fungi 盘菌[亚纲][Discomycetes]
cup gall 杯状瘿
cup irrigation 盘状灌溉
cup leather 厚皮革
cup method 杯碟法{微生物}
cup moss 石蕊[*Cladonia rangiferina* Hoffm.](石蕊科)
cup moth (= brown tail moth) 棕尾毒蛾[*Nygmia phaeorrhoea* (Donovan)](毒蛾科)
cup packing 皮碗密封
cup product 上积{电脑}
cup ring 胀圈,皮碗
cup-rose (= corn peppy) 虞美人(丽春花)[*Papaver rhoeas* L.](罂粟科)
cup shake 轮裂(指木材)
cup-shaped 杯状的,盘状的(crateriformis, cyathiformis)
cup system 杯式采脂法
cup-type elevator 斗式升运器
cup-type nozzle 杯式喷嘴
cup-type transplanter 杯夹式栽植机
cup wad 杯垫
cup wheel printer 杯型打印机
cupania 库盘尼属[*Cupania* L.](无患子科)
cupeth 波纹电缆护套{信息}
cupflower 赛亚麻属[*Nierembergia* Ruiz et Pav.](茄科)
cupful 一杯量,满杯
cupgrass 野黍属[*Eriochloa* H.B. et K.](禾本科)
cuphea 萼距花属[*Cuphea* P. Br.](千屈菜科)
cupid's-dart ①玻璃菊属[*Catananche* L.](菊科) ②玻璃菊(蓝箭菊)[*Catananche caerulea* L.]
cupola-shaped 圆屋顶形的
cuppery click beetle 小铜色叩甲[*Corymbites puncticollis* Motschulsky](叩甲科)
cupping ①采脂 ②受脂法
cupping axe 采脂斧
cuprammonia 铜氨液
cupravit forte 王铜
cuprein 铜蛋白
cupreous chafer 铜绿金龟(大绿丽金龟)[*Anomala cuprea* Hope](金龟科)
cupreous flattened click beetle 铜色扁叩甲[*Corymbites gratus* Lewis](叩甲科)
cupreous leaf beetle 铜光叶甲[*Lamprosoma cupr eatum* Baly](叶甲科)
cupressoid 柏木型(cupressoides){解剖}
cupressoid pit 柏木型纹孔
cupric [二价]铜的(cupricus)
cupric arsenite 亚砷酸铜[$Cu_3(AsO_3)_2$]
cupric chloride 氯化铜[$CuCl_2$]
cupric oxide 氧化铜[CuO]
cupric silicate 硅酸铜[$CuSiO_3$]
cupric subcarbonate 碱式碳酸铜
cupric sulfate 硫酸铜,胆矾[$CuSO_4 \cdot 5H_2O$]
cupric sulfide 硫化铜[CuS]
cupric sulphate 硫酸铜[$CuSO_4$]
cuprophyte 含铜植物(cuprophyta)
Cuprosal 克普鲁赛尔(杀菌剂)
cuprous oxide 氧化亚铜(杀菌剂)[Cu_2O]
cupscale 囊颖草属[*Sacciolepis* Nash](禾本科)
cupula 壳斗
cupula-shaped 壳斗状的,半球形的(cupulatus)
cupular ①有壳斗的 ②具杯状的(cupularis)
cupulate ①有壳斗的 ②具杯状体的(cupulatus)
cupulate disc 壳斗状盘(discus cupulatus)
cupule ①壳斗 ②小杯(cupula)
cupuliferous 有壳斗的(cupulifter)
cupuliform 壳斗状的(cupuliformis)
curage 蓼[*Polygonum hydropiper* L.](蓼科)
curare 箭毒
curarine 箭毒碱[$C_{19}H_{26}N_2O$]
curative ①医疗的 ②能治疗的,能治病的(curativus)
curative bacteriocide (= curative fungicide) 治疗杀菌剂
curative effect 治疗效果
curb ①马衔(马具) ②饲槽栏板 ③(马)跗节赘 ④路边,路缘,路石,侧石
curbing 缘饰{园林}
curculigo ①仙茅属[*Curculigo* Gaertn.](仙茅科) ②仙茅[*Curculigo orchioides*

Gaertn.]
curculigo family 仙茅科[Curculigoaceae]
curculio ①象甲 ②L复⌉象甲科[Curculionidae]
curcuma ①姜黄属[*Curcuma* L.](姜科) ②(= turmeric) 郁金[*Curcuma longa* L.]
curcuma skipper 姜黄弄蝶[*Udaspes folus* Cramer](弄蝶科)
curcumine 姜黄色素[$C_{21}H_{20}O_6$]
curd ①凝固乳酪,凝乳 ②(花椰菜)块状花序
curd soap 凝脂皂
curdle ①凝结 ②凝固,冻结
curds 凝乳块,软干酪
curdy ①凝固的 ②似凝乳的
cure ①治疗 ②用盐腌,烟熏,干燥等方法以保藏(肉、鱼、皮、烟草等)
cure all (= panacea) 万能药,万灵药
cured ①干燥的 ②熏制的 ③腌制的
cured bacon [腌制]火腿
cured dried grain 风干粮
cured hay [风干]干草
cured hides and skins 硝制毛皮
cured leaf 干叶
cured raisins 葡萄干
cured seeds 晒干种子
cureless ①无法医疗的 ②难矫正的
curf 锯口,锯缝
curie (ci) 居里(放射性强度单位)
curie equivalent 居里当量
curie point 居里点(指居里温度点)
curie point writing 居里点写入
curie temperature of magnetic core 磁芯居里温度
curietherapy 镭疗法(curietherapia)
curing ①干燥(茶叶、烟草)烘干,(谷物)晒干,(牧草)风干 ②(熏腌制品)保藏,熏制,腌制 ③固化,熟化 ④消除{分遗} ⑤治愈,自愈
curing agent ①熟化剂,硫化剂 ②固化剂
curing barn 熟化室,干燥室
curing boards 养护板
curing cord (= curing string) 干燥绳,串绳(指烟叶穿在绳上干燥)
curing in smoke 熏制
curing of prophage 原噬菌体消除
curing on string (烟草)串绳干燥
curing period ①干燥期{加工} ②养护期{医}
curing temperature 固化温度
curio (= curiosity) 古董,珍品{园林}
curium 锔(Cm,96号元素)
curl ①卷,卷曲 ②扭转,扭曲 ③卷缩
curled ①卷缩的 ②皱缩的 ③卷发状的(tortilis)
curled dock (= curly dock, yellow dock) 皱叶酸模[*Rumex crispus* L.](蓼科)
curled leaf cabbage 皱叶甘蓝[*Brassica oleracea* var. *capitata bullata* L.](十字花科)
curled mallow 皱叶锦葵[*Malva crispa* L.](锦葵科)
curled mint 皱叶薄荷[*Mentha crispata* Schrad ex Willd.](唇形科)
curled mustard (= potherb mustard) 雪里红[*Brassica juncea* var. *cripifolia* L. H. Balley](十字花科)
curled rose sawfly 蔷薇曲叶蜂[*Allantus cinctus* (Linnaeus)](叶蜂科)
curled-sorrel (= curly dock) 皱叶酸模(羊蹄大黄)[*Rumex crispus* L.](蓼科)
curled tea dryer 揉捻茶叶干燥器
curlew-bug (= southern corn billbug, corn billbug) 坚皮谷象[*Calendra callosa* (Olivier)](象甲科)
curliness of beet (= beet cyrtosis) 甜菜缩叶病
curling 卷曲
curlleaf pelargonium 菊叶天竺[*Pelargonium radula* L'Her.](牻牛儿苗科)
curly abutilon 皱叶苘麻[*Abutilon crispum* Medic](锦葵科)
curly bristlethistle 卷飞帘[*Carduus crispus* L.](菊科)
curly dock (= curled dock) 皱叶酸模
curly dwarf 卷缩病
curly endive 皱叶苦苣[*Lactuca sativa* var. *crispa* L.](菊科)
curly figure 皱状花纹(指木材)
curly garden parsley 香芹菜(皱叶欧芹)[*Petroselinum cripum* (Mill.) Mym.](伞形花科)
curly grain 皱状纹理
curly grass 小莎草蕨[*Schizaea pusilla*](海金沙科)
curly inversion 翘翅倒位{遗传}
curly kale (= green cabbage) 皱叶羽衣甘蓝[*Brassica oleracea* var. *sabellica*](十字花科)
curly mallow (= curled mallow) 皱叶锦葵
curly mitchellgrass 芒刺阿司吹禾[*Astrebla lappcaea*](禾本科)
curly parsley 香芹菜(洋芫荽)[*Petroselinum crispum* (Mill.) Nym.](伞形花科)
curly pondweed 菹草(茌草)[*Potamogeton crispus* L.](眼子菜科)

curly top 曲顶病,卷顶病
curly top of califlower 花椰菜曲顶病[Stock mosaic virus]
curly top of tulip 郁金香曲顶病[Stock mosaic virus]
currant ①茶藨子属[*Ribes* L.](虎耳草科) ②⌊复⌉无核葡萄干
currant aphid 茶藨毛蚜(茶藨隐瘤额蚜[*Capitophorus ribis* L.](蚜科)
currant borer (= imported currant borer, currant clearwing moth) 茶藨透翅蛾[*Synanthedon tipuiformis* (Clerck)](透翅蛾科)
currant bud mite 茶藨芽瘿螨[*Cecidophyopsis ribis* (Wetswood)](瘿螨科)
currant fruit fly 茶藨实蝇[*Epochra canadensis* (Loew)](实蝇科)
currant fruit weevil 茶藨果象甲[*Pseudanthonomus validus* Dietz](象甲科)
currant moth 茶蔗穿孔蛾[*Incurvaria capitell* Clorck](穿孔蛾科)
currant plant louse 茶藨钉毛蚜[*Capitophorus ribis* L.](蚜科)
currant rust 醋栗锈病[*Crontrium ribicola* Fisch. et Waldh.]
currant sawfly (= improved currant sawfly) 茶藨黄叶蜂[*Nematus ribesii* (Scopoli) = *Pteronidea*](叶蜂科)
currant-sowthistle aphid 茶藨苦菜蚜[*Hyperomyzus lactucae* (Linnaeus)](蚜科)
currant spanworm 茶藨尺蛾[*Itame ribearia* (Fitch)](尺蛾科)
currant stem girdler 茶藨茎蜂[*Janus integer* (Norton)](茎蜂科)
currant tomato 芹叶番茄[*Lycopersicum pimpinellifolium* Mill.](茄科)
currant worm (= currantsawfly) 茶藨黄叶蜂
currency ①通货,货币{农经} ②通用 ③流通,流行 ④行情,市价{农管} ⑤经过,期间
currency appreciation 货币升值
currency depreciation 货币贬值
currency indicator 现行状态指示器
currency pointer 现值指针,现值指示器
currency stabilization 币值稳定
currency symbol 货币符号
current ①流(水流,潮流,电流) ②激流,急流 ③通用的,通行的,流行的,公认的 ④现行的,现今的,现时的,当前的,目前的 ⑤流动的 ⑥实际的 (currere)
current account 活期存款
current accretion 实际增长量,当前生长量
current activity stack 当前活动栈{信息}
current agricultural and rural problems 当前农业与农村问题{农经}
current agricultural reports 农业现况报道
current agricultural trends 当前农业趋势
current ambient level 目前环境水平(指 CO_2)
current annual 连年的
current annual increment 连年生长量
current annual uptake 连年吸收量,连年吸水量
current assets 流动资金,流动资本
current awareness 最新情报通报{信息}
current beam position 当前电子束位置{信息}
current bedding 波状层理
current bus master 当前总线主控器
current chart 海流图{遥感}
current collector 集电器,受电器
current component 电流分量
current consumer ①电流消耗装置 ②电力负荷
current controlled current source 电流控制电流源
current controlled voltage source 电流控制电压源
current cursor address 当前光标地址{信息}
current damper 电流阻尼器
current database 现行数据库{信息}
current density 电流密度
current detector 检流器
current device 当前设备
current disk 现行磁盘
current distribution 现行电流分布
current drain 电流负载
current expenditure 经常费
current goal 当前目标
current growth ①当年枝 ②当年生长
current hogging logic 电流错乱逻辑
current host 当前宿主
current increment 当年生长量
current integrator 电流积分器
current intensity 电流强度
current knife 电流刀
current lamination 波状纹理
current limiter 限流器
current malt 通用麦芽
current market value 现行市场价值
current meter 流速计,流速仪
current microinstruction 当前微指令{电脑}

current mirror 电流反射镜
current mode switch 电流型开关
current money 通货,硬通货
current observation 水流观测
current of action 作用电流
current of air 气流
current of water 水流
current order 现时指令{环保}
current page register（CPR） 现行页面寄存器{智培}
current position counter 当前位置计数器
current price 现行价格
current production 流水作业,流水生产
current protector 电流保护器
current pulser 电流脉冲发生器
current regulator 整流器
current relay protection 电流继电保护
current repair 小修,日常修理
current ripple mark 波纹痕记{水利}
current rise time 电流上升时间
current rush 电流骤增
current security label ①当前安全标志 ②电流安全标志
current shoot 新梢
current sink 电流吸收[器]
current source 电源
current stabilizer 稳流器
current state 当前状态,目前状态,现行状态
current status 当前现况(状)
current task 当前任务
current time 当时,实时,当前时刻
current tracer 电流示踪器
current transformer 变压器
current user 现行用户,当前用户
current window 现行窗口,当前窗口{电脑}
current year 本年,当年
current year leaf 当年叶
current year needle 当年针叶
curriculum information network 课程信息网络{智培}
currier 制革工人,制皮匠（currium）
curry ①咖喱 ②梳刷清洁(指马) ③制革,硝皮
curry-comb 马梳,马栉
curry powder (调味用)咖喱粉
curse ①灾害,灾难,灾祸 ②祸因,祸源
cursor ①游标 ②光标,指示器{电脑}
cursor buffer memory 光标缓冲存储器
cursor indicator 光标指示器
cursor joystick 光标操纵杆
cursor on-off brink 光标通断点
cursor printer 光标打印机
cursor resource 光标资源
cursor up down 光标上下
cursor window 光标窗口
cursorial birds 走禽类
cursory ①粗略的,疏漏的,表面的 ②急促的,急忙的（cursorius）
cursory inspection 粗略检查
cursory observation 粗略观察,急促观察
curt ①简略的（= over-concise, terse）②简陋的（= rudely）③简短的（= short）（curtus）
curtailed ①截短的 ②残缺的（mutilatus）
curtailment ①缩短,缩减,减少 ②简化,缩写,省略
curtain ①丝膜（coritna）②[挡]帘 ③屏蔽,屏障
curtain baffle (逐稿器)挡帘
curtain holder 挡帘悬架
curuba 香蕉瓜[*Sicana oderifera* Naud.]（葫芦科）
curvation 曲率,曲度（curvatura）{统计}
curvation correction 曲率改正
curvature ①曲率,曲度 ②弯曲（curvatura）
curvature loss 曲率曲耗
curvature measure 曲率量
curvature movement 屈曲运动
curvature of earth 地球曲率
curvature of field ①地面曲率 ②像场弯曲{遥感}
curvature of the image field 像场弯曲{显技}
curvature of the plumb line 垂线曲率
curvature response 曲线反应,曲度反应
curve ①曲线{统计} ②弯曲{形态}（curvus）
curve circle 回转半径
curve compensation 曲线折减
curve fitting ①曲线配合 ②安配曲线
curve in space 空间曲线
curve of distortion 畸变曲线
curve of error 误差曲线
curve of growth 生长曲线
curve of light intensity 光[照]强度曲线
curve of probability 概率曲线
curve of regression 回归曲线{统计}
curve of water consumption 用水曲线,水消耗曲线
curve setting 曲线设定法
curve smoothing 曲线圆滑化(指曲线修整){统计}
curve-tined harrow 弯齿耙
curve twig disease of pine 松曲枝病[*Melampsora pinitorqua* A. Brauh.]
curved 弯曲的（curvatus）

curved blade 弯形刀齿,铊刀
curved dam 曲线式坝,弧形坝
curved DNA 弯曲 DNA,弯形 DNA {分遗}
curved-edge detector 曲边检测器
curved embryo 弯胚(embryo curvata)
curved isobars 弯曲等压线
curved-leaf wampee 过山香(番仔香草)[*Clausena lunulata* Hay.](芸香科)
curved plow beam 弯犁柱(辕)
curved-roof greenhouse 圆顶温室
curved saw 弧形锯,曲线锯
curved surface 曲面 {电脑}
curved web 曲线网
curvembryonic 弯胚的(curvembryonicus)
curveribbed (= curvinerved) 具曲[叶]脉的
curvicaudate 弯尾的(curvicaudatus)
curvicaulis 弯茎的
curvidentate 具弯齿的(curvidentatus)
curviflorous 弯花的(curviflorus)
curvifoliate 弯叶的(curvifoliatus)
curviform 弯曲的(curviformis)
curvilinear 曲线(curvilinearis){统计}
curvilinear coordinates 曲轴坐标
curvilinear correlation 曲线相关
curvilinear house (= curved-rest greenhouse) 圆顶温室
curvilinear motion 曲线运动
curvilinear net (= curvilinear network) 曲线网络
curvilinear regression 曲线回归
curvilinearity 曲线性(curvilinearitas){统计}
curvimeter 曲线计
curvimurate ①具曲网脊的 ②有波形网壁的(curvimuratus)
curvinerved 具曲[叶]脉的(curvinervis)
curving 弯曲的(curvans)
curvirameous 弯枝的(curvirameus)
curvirostral 弯喙的(curvirostris)
curviserial ①弯行列的 ②斜螺旋的(curviserialis)
curvispinous 弯刺的(curvispinus)
curvistyle 弯花柱的(curvistylus)
curvularia leaf blight 污斑病
curvularin 弯孢霉菌素
cusec (= cubic feet per second) 每秒立方英尺
cushaw (= musky gourd, musky pumpkin) 南瓜(倭瓜)[*Cucurbita moschata* Duch.](葫芦科)
cushcush yam 三裂叶薯蓣[*Dioscorea trifida* L.f.](薯蓣科)
Cushings syndrome 柯兴氏综合征
cushion ①叶枕,垫 ②垫板,垫座,缓冲装置(coxinum)
cushion hitch 缓冲式联结装置
cushion plant 垫形植物(planta pulvinata)
cushion-shaped 垫形的(pulvinatus)
cushion-shaped distortion 垫形畸变
cushion-spring drawbar 带弹簧减振器的牵引装置
cushion vegetation 垫状植被
cushioning ①柔化 ②缓冲 ③加垫
cusp ①齿尖{形态} ②尖突{昆虫}(cuspis)
cusparine 库柏碱[$C_{19}H_{17}NO_3$]
cuspate bar 三角沙洲
cuspidate ①具硬尖的 ②具骤尖的(cuspidatus)
cuspidate leaf 硬尖叶(folium cuspidatum)
custard-apple ①番荔枝属[*Anona* L.](番荔枝科) ②番荔枝[*Anona squamosa* L. = *A. cinerea* Dunal.]
custard-apple family 番荔枝科[Anonaceae]
custard marrow (= summer squash) 弯头西葫芦
custodial 保管的(custodialis)
custodian 保管人(= care-taker)(custodianus)
custody 保管(custodia)
custom card 定制插件{电脑}
custom circuit ①定制电路,特制电路 ②专用电路
custom clearance 出口结关
custom design 定制设计,专门设计(指按客户要求设计)
custom duty 关税
custom engineer disk 客户工程师用的磁盘
custom entry 进口报关
custom-made 定做的,定制的
custom menu 定制菜单{电脑}
custom microprocessor 定制微处理机
custom office 海关
custom operator 季节工
custom preparation 委托备制
custom service 常规服务,惯例服务
custom synthesis 委托合成
custom system 定制系统
customary breeding method 习惯育种法,传统育种法
customary cultivation practices 传统栽培措施,常规栽培措施
customary price 通常价格,流通价格

customer 客户
customer engineer (CE) ①现场工程师 ②客户工程师
customer engineer cylinder (CE cylinder) 客户工程师用的[磁道]柱面
customer information control system (CICS) 客户信息控制系统
customer replaceable unit (CRU) 客户可换部件
customer set-up 客户安装
customer software 客户软件
customization 客户化 (customisatio)
customized computer 定制型计算机
customized software 定制软件
customized tool 定制工具
customizing 按用户要求制作
cut ①(双链聚核苷酸中的双链断裂) 切口{分遗} ②挖方{水利} ③割幅{农机} ④(马)骗{畜} ⑤伤口{医} ⑥半裂的,缺刻的{形态}
cut a new record 创新记录
cut and paste 剪切和粘贴,剪贴(指收集资料的一种的手段){智培}
"cut-and patch"repair 切口与小段修复{分遗}
cut away 割去
cut-away view 剖视图{显技}
cut back 修剪,短截
cut-back system of irrigation 细流灌溉方式{栽培}
cut comb honey 切块巢蜜
cut ditches 挖沟,开渠
cut flower ①切花 ②插瓶花
cut-flower production 切花生产,切花栽培{园艺}
cut for hay (= hay cutting) 干草收割
cut gear 切制齿轮
cut glass 雕花玻璃器(如碗、瓶等)
cut grafting 切接
cut grafting knife 切接刀
cut grass 李氏禾属 [*Leersia* Swartz] (禾本科)
cut-in ①接通(指电话) ②开始工作 ③加载
cut-leaved lettuce 裂叶莴苣 [*Lactuca intybacea* Jacq.] (菊科)
cut-leaved waterparsnip 直毒人参 [*Sium erectum* Huds.] (伞形科) ⌞拟⌝
cut lettuce 散叶莴苣 [*Lactuca sativa* var. *secalina* Alef.] (菊科)
cut-load harvester [甘蔗]切段装载收获机
cut-off ①断开 ②关机,关闭,封闭 ③截止 ④修剪,切去部分
cut-off basin 封闭盆地
cut-off computer 关闭计算机
cut-off condition 关机条件
cut-off corn harvester 玉米割茎式收获机
cut-off current 截止电流
cut-off ditch 截水沟{水利}
cut-off frequency 截止频率{遥感}
cut-off machine 切割机
cut-off point 截止点
cut-off ratio 停点比
cut-off relay 断离继电器
cut-off valve ①关闭阀,断流阀,截流阀 ②膨胀阀 ③截断值
cut-off wall 截水墙,齿墙{水利}
cut operation 修剪操作
cut out ①中断,阻断 ②断路器,中断器{电}
cut-out device 安全开关
cut-out disk (= cutaway disk) 缺口圆盘,缺口耙片
cut-out disk harrow (= notched disk harrow) 缺口圆盘耙
cut out test 开罐试验
cut over ①主伐 ②系统转换
cut-over forest 主伐林
cut-over land 主伐迹地
cut peas 采收豌豆
cut plane 截平面,切割面
cut point 割点,切点
cut prices 降价,削价
cut-rake 割草搂草耙,割草搂草机
cut rank patches 消除杂草丛生的地块
cut sheet 切片
cut shoot (桑树)伐条
cut short ①中止 ②捷径
cut test (= cutting test) 切断试验
cut tobacco 烟丝
cut top 截去顶端,截顶
cut up ①深裂 (disectus) ②带伐 ③切段(指甘蔗)
cut-up cane 切段甘蔗
cut-up harvester 切段式收获机(指甘蔗)
cut vertex 割点
cut-windrow machine 砍收-堆行机(指甘蔗)
cutan 胶膜
cutaneous ①皮的,表皮的,外皮的{昆虫} ②皮肤的{畜} (cutaneus)
cutaneous covering 皮肤
cutaneous inoculation 皮肤接种
cutaneous respiration 皮肤呼吸
cutaway colter 缺口圆犁刀
cutaway disk 缺口圆盘,缺口耙片
cutaway disk harrow 缺口圆盘耙
cutch (= catechu, black catechu) 儿茶

[*Acacia catechu* (L. f) Willd.](含羞草科)
cutellus 刺喙
cutex 皮
cutgrass ①李氏禾属[*Leersia* Sw.](禾本科)②李氏禾[*Leersia hexandra* Sw.]
cutic acid 角质酸
cuticle ①角质层 ②表皮,护膜(cuticula)
cuticle remover ①角质层去除器 ②角质层去除剂
cuticula 表皮
cuticular ①角质层的 ②表皮的(cuticularis)
cuticular appendage 表皮附器
cuticular bead 角质珠
cuticular colour 表皮色
cuticular conductance 角质层传导
cuticular crest 角质脊
cuticular crown 角质冠
cuticular diffusion resistance 角质层扩散阻力
cuticular epithelium 角化上皮
cuticular excretion 表皮排泄
cuticular layer ①角化层 ②表皮层
cuticular nodules 表皮结
cuticular peg 角质钉
cuticular permeability 角质层透性
cuticular processes 表皮突
cuticular resistance 角质层阻力
cuticular ridge 角质脊
cuticular route 角质层途径{生态生理}
cuticular transpiration 角质层蒸腾
cuticular transpiration account 角质层蒸腾量
cuticular uptake ①表皮吸收 ②角质层吸收
cuticular wax 表皮蜡
cuticularization ①角质层形成 ②表皮层形成 ③角化[作用](cuticularisatio)
cuticule (=cuticle) 角质层(cuticula)
cuticulin 壳脂蛋白
cuticuloid 拟角质的(cuticuloideus)
cutin 角质(cutis)
cutin-degrading enzyme 角质降解酶
cutinization 角化(cutinisatio)
cutinized 角化的(cutinisatus)
cutinized cell wall 角化细胞壁
cutinized epidermal structure 角化表皮结构
cutinized epidermis 角化表皮(epidermis cutinisatus)
cutinized layer 角化层(labulatum cutinisatum)
cutis tissue 栓皮组织(tela cutis)
cutlass ①捕鹿者 ②砍刀,弯刀
cutleaf blackberry 裂叶悬钩子[*Rubus laciniatus* Willd.](蔷薇科)
cutleaf chastetree 荆条[*Vitex negundo* var. *incisa* Clarke. =*V. laciniata* Hort.](马鞭草科)
cutleaf coneflower 金光菊[*Rudbeckia laciniata* L.](菊科)
cutleaf crabapple 变叶海棠[*Malus toringoides* (Rchd.) Hughes](蔷薇科)
cutleaf groundcherry 苦蘵[*Physalis angulata* L.](茄科)
cutleaf nightshade 裂叶茄[*Solanum triflorum*](茄科)
cutleaf persian lilac 矮丁香[*Syringa persica* var. *laciniata* West.](木犀科)
cutlift 割草装载机
cutocellulose 角质纤维素
cutover forest 主伐林
cutset 割集{电脑}
cutset equation 割集方程
cutset matrix 割集矩阵
cuttage ①扦插 ②扦插法 ③(桑)插木苗
cuttage grafting 插接
cutter ①中叶(烟叶) ②收割机 ③切刀,切接刀 ④切碎机(器) ⑤犁胫,[犁体]垂直切刀 ⑥小渔船,快艇 ⑦砍段,切段(甘蔗)
cutter-and-cleaner 切洗器
cutter blade 切割器动刀片
cutter-blower 切割鼓风机,切碎吹送机
cutter dip planter 砍段浸种栽植机(指甘蔗)
cutter forage harvester 青饲料切碎收获机
cutter guard 切割器护刃器
cutter head 刀盘
cutter loader 收割装载机
cutter-rower 割晒机
cutter stator 定刀片
cutter vine 豆类作物收割脱荚机,豆类作物联合收获机
cutter windrower 割晒机
cutterbar (=cutting apparatus) 切割器
cutterbar mower [往复运动]切割器式刈草机
cutterbar overlap 割幅搭接[量]
cutterbar tilt 切割器倾斜度
cutting ①(茶树)台刈,切割,②扦插,插穗,插条,插木 ③伐木,采伐 ④(照片)剪辑 ⑤切土(整地工作) ⑥切段蔗种(甘蔗)
cutting age 采伐龄{森林}
cutting area 伐区,采伐面积
cutting back ①截短 ②疏伐 ③修枝(桑) ④截顶(甘蔗)

cutting back pruning 截短修剪
cutting bed 插床
cutting-blank 采伐迹地
cutting box (巢础)切形器,切巢础盒模(生产格子巢蜜用)
cutting by area system 按收获面积付酬制(指甘蔗)
cutting by contract system 砍蔗合同制
cutting by task system 计件收获制
cutting chaff 铡草器
cutting cultivation 扦插栽培(繁殖)
cutting cycle ①砍收周期(指甘蔗) ②回归年,循环期(指树木)
cutting depth 铲土深度
cutting disk ①切割圆盘 ②圆盘刀,圆犁刀
cutting down 采伐,伐倒
cutting dry wood (=dry wood cutting) 卫生伐{森林}
cutting edge ①切屑刀,刀刃 ②(纸)裁边
cutting flower 插花{园艺}
cutting fluid 减热液{环保}
cutting for green soiling 收割青饲料
cutting frequency 收割次数,割草次数
cutting graftage 插接法
cutting grafting 插接
cutting height 割茬高度
cutting held by splinter 木杵插
cutting held by toothpick 牙签插
cutting in a frame bed 床插(指向苗床进行扦插)
cutting in advance 前伐
cutting inarching 插靠接
cutting index 刈割指数
cutting insect 咀嚼式昆虫
cutting interval 收割间隔
cutting lettuce 散叶莴苣[*Lactuca sativa* var. *acephala* Alef.](菊科)
cutting lines 切割线
cutting medium 扦插媒质(培养土)
cutting of cancer tree 癌肿木[的]采伐
cutting of grape 葡萄插条
cutting of woody plant 硬枝插
cutting of working hours (=reduction of working hours) 缩短工时
cutting offals 屠宰废弃物,屠宰内脏,屠宰下水
cutting oil 切削油
cutting orchard 采插条园
cutting out 剪除,切除
cutting part ①切割部分 ②切部,收割部分
cutting pattern 收割迹{牧草}
cutting-plan of by-product 副产物利用计划
cutting plant 扦插株(指扦插繁殖的植株)
cutting pliers ①秧夹(指水稻插秧机的) ②整枝剪
cutting plot 扦插区
cutting plotter 切割标绘器
cutting propagation 插条繁殖,扦插繁殖
cutting range 割茬高度范围
cutting repeat 动刀重割
cutting reproduction 扦插繁殖,插枝繁殖
cutting root 种苗根(指甘蔗)
cutting-rooted plant 扦插生根植株
cutting series ①砍蔗顺序,收获顺序(甘蔗) ②(=felling series) 采伐列区(指森林)
cutting short 截短修剪
cutting side-grafting 插腹接
cutting slips 插穗(桑)
cutting speed index 切割速比(指数)
cutting stock 扦插苗木,插砧
cutting stroke 刈割行程
cutting table ①铡草台 ②收刈台
cutting time ①台刈时间(指茶树) ②刈割时间(指牧草) ③⌊复⌉刈割次数
cutting tools ①台刈工具 ②刈割工具
cutting tooth 门齿,切齿
cutting unit 切割器
cutting weevil (=apple twigcutter) 苹折枝象甲[*Rhynchites coeruleus* De Geer](象甲科)
cutting width 割幅,切割宽度
cutting with heel 踵插,踵状插条
cutting with the potato [vines] 薯蔓扦插繁殖(指用薯蔓进行的扦插繁殖)
cutting wood 插条
cutting work ①台刈作业 ②刈割作业
cuttings ①木片,木屑 ②切屑
cuttings orchard 采穗园(供扦插用)
cutworm ①地老虎,切根虫[鳞翅目 *Agrotis* 属的幼虫] ②⌊复⌉夜蛾亚科[Noctuinae],切根虫亚科[Agrotinae],盗夜蛾亚科[Hadeninae]
cutworm moths (=owlets) 夜蛾科[Noctuidae]
cuvette ①杯 ②小池
CV (=coefficient of variability) 变异性系数
cyamium 单膏荚果
cyan ①青[色] ②氰
cyan-fast bacteria 耐氰菌
cyanacetylene 氰乙炔[HC≡CCN]
cyanamide ①氨基氰[$H_2N \cdot CN$] ②氨腈(类名)[RNHCN] ③氰氨[基]化钙
cyanamide nitrogen 氰氨态氮[N_2CN_2]
cyanamide toxicity 氰酸中毒

cyanate 氰酸盐［MOCN］
cyanelles 共生体｛环保｝
cyanhemoglobin（＝cyanhaemoglobin） 氰血红蛋白
cyanic 蓝色的（cyaneus）
cyanic acid 氰酸［CNOH］
cyanide 氰化物(指高价的氰化物)
cyanide-attack bacteria 氰化物分解细菌
cyanide biosynthesis 氰化物生物合成
cyanide contaminated plating solution 含氰电镀废水｛环保｝
cyanide decomposition by ozone 氰化物的臭氧分解｛环保｝
cyanide effluents treatment 氰化物污水处理｛环保｝
cyanide ion 氰化物离子
cyanide-resistant respiration 抗氰化物呼吸
cyanide waste 含氰废水｛环保｝
cyanidin 花青素，矢车菊色素［$C_{15}H_{10}O_6 \cdot HCl$］
cyaniding 氰化
cyaniflorous 蓝花的（cyaniflorus）
cyanin 花青苷，矢车菊色素苷
cyan/magenta/yellow（CMY） 青橙黄｛电脑｝
cyan/magenta/yellow/black 青橙黄黑
cyano- ⌞字头⌝蓝，青，氰，氰基
cyanobacteria 蓝细菌（cyanobacteria 为 cyanobacteriam 的复数）
cyanobacterium ①蓝细菌属［*Cyanobacterium* Lefevre］（细菌类）②蓝细菌［*Cyanobacterium* sp.］
cyanocarpous 蓝果的（cyanocarpus）
cyanochilous 蓝唇的（cyanochilus）
cyanochrous 具青皮的（cyanochrus）
cyanocobalamin 氰钴胺素，维生素 B_{12}
cyanocrylate 氨基丙烯酸酯
cyanoethanol 氰乙醇
cyanoethylation 氰乙基化（cyanoethylatio）
cyanogen 氰［$(CN)_2$］
cyanogen bromide 溴化氰
cyanogen-bromide-activated agarose 溴化氰活化琼脂糖
cyanogen-bromide-activated paper（CBA paper） 溴化氰活化纸，CBA 纸
cyanogen chloride 氯化氰［CNCl］
cyanogenesis 生氰作用
cyanogenetic 生氰的（cyanogeneticus）
cyanogenic 生氰的（cyanogenus）
cyanogenic glycoside 生氰糖苷，含氰糖苷
cyanohydrin 氰醇［$R_2C(OH)CN$］
cyanolabe 蓝敏素
cyanophage 蓝绿藻噬菌体
cyanophilous 喜蓝的，适蓝的（cyanophilus）
cyanophobous 嫌蓝的，避蓝的（cyanophobus）
cyanophoric 含氰的（cyanophorus）
cyanophos（＝cyanock，cyanox） 杀螟腈［$C_9H_{10}NO_3PS$］
Cyanophyceae 蓝藻纲［Cyanophyceae］
cyanophycin 藻青素
cyanophycin granule 藻青素颗粒
cyanophyll 叶青素
cyanophyllous 蓝叶的（cyanophyllus）
cyanophyllum scale（＝hemp palm scale） 蓝叶圆蚧(大麻椰圆蚧)［*Aspidiotus cyanophylli* Signoret］（盾蚧科）
Cyanophyta 蓝藻门［Cyanophyta］
cyanoplast 蓝质体（cyanoplastis）
cyanopsin 视蓝质
cyanosis 蓝变症，青紫症
cyanox（＝cyanophos） 杀螟腈（有机磷杀虫剂）［$C_9H_{10}NO_3PS$］
cyanuric acid 氰尿酸
cyanuric chloride 氰尿酰氯［$C_3N_3Cl_3$］
cyanuric chloride paper 氰尿酰氯纸
cyathiform 杯状的（cyathiformis）
cyathium 杯状聚伞花序
cyathus 杯状总苞
cyberculture 控制论优化（cybercultura）｛电脑｝
cybernate 计算机控制
cybernation 计算机控制化（cybernatio）
cybernetic 控制论的（cybernetus）
cybernetic anthropomor phous machine system 控制论仿人机器系统｛物｝
cybernetic approach 控制论方法
cybernetic control 控制论控制
cybernetic machine 控制论机
cybernetic organism（＝cyborg） ①生控体系统 ②电子人
cybernetics 控制论（cybernetica）
cybersetting 网上行销｛电脑｝
cybertron 控制机
cyberware 控制件
cyborg（＝cybernetic organism）①生控体系统 ②电子人
cyborgian 生控体系统的
cybotactic state 群集态
cybrid 胞质杂种
cybridization 胞质杂交（cybridisatio）
cycad ①苏铁科植物 ②苏铁［*Cycas revo-*

luta Thunb.]（苏铁科）
cycad age 苏铁时代
cycad family 苏铁科 [Cycadaceae]
cycas（= cycad） ①苏铁属 [*Cycas* L.]（苏铁科）②苏铁 [*Cycas revoluta* Thunb.] ③苏铁科植物
cycas blue-butterfly 苏铁灰蝶 [*Cycaena pandava* Hors f. = *Catochrysops*]（灰蝶科）
cycasin 苏铁苷
cyclamen ①仙客来属 [*Cyclamen* (Tourn.) L.]（报春花科）②仙客来 [*Cyclamen europacum* L.]
cyclamen aldehyde 仙客来香料
cyclamen mite（= strawberry mitear） 樱草狭跗线螨 [*Steneotarsonemus pallidus* Banks]（跗线螨科）
cyclamen thrips 樱草蓟马 [*Heliothrips femoralis* Reuter]（蓟马科）
cyclamen weevil（= black vine weevil） 葡萄黑象甲 [*Otiorhynchus sulcatus* Fabricius]（象甲科）
cyclantha family 环花科 [cyclanthaceae]
cyclarch 首轮（cyclarus）
cyclase 环化酶
cycle ①循环，周期｛栽培｝②周（用于叶的排列），轮（用于花部）｛形态｝③周波｛物｝④自动车（二轮或三轮自行车的简称）（cyclus）
cycle availability 有效周期
cycle channel 循环通道
cycle counter 循环计数器
cycle criterion 循环准则
cycle-development 循环发育的
cycle disease development 循环性发病
cycle duration 循环期间
cycle economy 循环经济
cycle extend operation 循环扩展操作
cycle flower（= cyclic flower） 轮生花（floscyclicus）
cycle infection 循环性侵染
cycle inventory 周期性贮存量
cycle method of statistical analysis 统计分析循环法
cycle of carbon 碳素循环，碳循环
cycle of fruit setting 结果周期
cycle of growth and development 生长发育周期
cycle of infection 侵染循环
cycle of matter 物质循环
cycle of plant nutrients 植物营养[元素]循环
cycle of river erosion 河蚀周期，河蚀循环
cycle of sedimentation 沉积周期
cycle of succession 演替循环（指火灾）
cycle operation 循环运行，循环作业
cycle process 循环过程
cycle reduction 循环缩减
cycle sequencing 循环测序，循环序列测定｛分遗｝
cycle shift operation 循环移位运算
cycle time 循环期，周期
cycled interrupt 周期中断
cycles per second（CPS, cps） 每秒周期数，赫，赫兹｛电脑｝
cyclic ①循环的 ②周期的，有周期性的｛栽培｝③轮列的 ④轮卷的，筒卷的｛形态｝⑤环[化]的｛分遗｝（cyclicus）
cyclic access ①循环访问｛信息｝②循环存取｛电脑｝
cyclic adenosine monophosphate（cAMP） 环腺苷酸｛分遗｝
cyclic alteration 周期性变化
cyclic AMP（cAMP） 环 AMP，环腺苷酸｛分遗｝
cyclic AMP accepting protein 环 AMP 受体蛋白
cyclic AMP binding site 环 AMP 结合部位
cyclic AMP receptor protein（CAP） 环 AMP 受体蛋白
cyclic change 周期性变化
cyclic CMP 环化 CMP，环化胞苷一磷酸
cyclic coil 环状卷曲
cyclic compound 环式化合物
cyclic correlation 循环相关
cyclic curve 周期曲线
cyclic digital transmission 循环数字传递｛信息｝
cyclic disease development 循环性发病，周期性发病
cyclic DNA 环[状] DNA
cyclic electron flow 循环电子流
cyclic electron transport 循环电子传递
cyclic epiphytotics 循环流行[病害]
cyclic flower 轮生花（floscyclicus）
cyclic fruit setting 周期性结实
cyclic function 循环功能
cyclic GMP（cGMP） 环 GMP 环鸟苷酸
cyclic guanosine monophosphate（cGMP） 环鸟苷酸
cyclic guanylic acid（= cyclic guanosine monophosphate, cGMP） 环鸟苷酸
cyclic infection ①循环性侵染｛病理｝②循环性感染｛医｝
cyclic lightening 交互照明
cyclic memory 循环存储器
cyclic motion 周期运动，循环运动

cyclic nucleoside 环核苷{分遗}
cyclic nucleotide 环核苷酸
cyclic nucleotide-gated ion channel 环核苷酸控制的离子通道
cyclic nucleotide phosphodiesterase 环核苷酸磷酸二酯酶
cyclic parthenogenesis 周性单性生殖,周性孤雌生殖,单性双性交替生殖
cyclic patrogenesis 周性孤雌生殖(patrogenesis cyclicus)
cyclic peptide synthetase 环肽合成酶
cyclic periodicity 周期性定期发作
cyclic phosphorylation 循环磷酸化[作用]
cyclic photophosphorylation 循环光合磷酸化[作用]
cyclic phyllotaxis 轮生叶序(phyllotaxis cyclus)
cyclic process 循环处理{遥感}
cyclic program 循环程序
cyclic query 循环查询{信息}
cyclic queuing network 循环排队网络
cyclic redundancy check(CRC) 循环冗余校验
cyclic rule 循环规则
cyclic selection 循环选择
cyclic series of reaction 循环反应系列
cyclic sterility 周期性不育(Seriltitas cyclicus)
cyclic terminal nucleotides 环状末端核苷酸
cyclical(= cyclic) ①循环的 ②周期的,有周期性的 ③轮列的 ④轮卷的,筒卷的(cyclicus)
cyclical fluctuation 循环变动,周期性变动(指行情波动或物价涨落){农经}
cyclical parthenogenesis(= cyclic parthenogenesis) 周性单性生殖,周性孤雌生殖{遗传}
cyclical process 循环过程
cyclical selection(= cyclic selection) 周期性选择,循环选择
cyclical transcription and reverse transcription 循环[式]转录和逆转录[反应]{分遗}
cyclical translocation 周期性易位(translocatio cyclica){细胞}
cyclical upswing 周期性回升(指物价)
cyclin 细胞周期蛋白
cyclin-dependent kinase 依赖于细胞周期蛋白的激酶
cycling ①循环的 ②交替的 ③循环
cyclite 环醇
cyclitol 环多醇
cyclization 环化(cyclisiato)
cyclo- [字头]圆,循环
cyclo-oxygenase 环加氧酶
cycloalliin 环蒜氨酸
cycloartenol 环阿屯醇,9,19-环-24-羊毛甾-3β-醇
cyclobotryous 环状总状花序(cyclobotryus)
cyclobutadipyrimidine 环丁二嘧啶
cyclocarpous 环状果的,圆果的(cyclocarpus)
cyclodeaminase 环化脱氨酶
cyclodehydrase(= cyclohydrase) 环化脱水酶
cyclodextrin 环糊精
cyclodiastereomerism 环键间异构[现象]
cycloenantiomerism 键映环异构[现象]
cyclogenesis ①循环发生 ②气旋发生
cyclogenic theory [细菌]周期发育学说{微生物}
cyclogeny 循环发生说(cyclogenia){微生物}
cyclograph 圆弧规
cyclohexane 环己烷
cyclohexanediaminetetraacetic add(CyDTA) 环己二胺四乙酸
cyclohexanhexol 环己六醇,肌醇
cycloheximide 放线菌酮(杀菌剂)[$C_{15}H_{23}NO_4$]
cyclohexylcarbamate ①环己基氨基甲酸 ②环己基氨基甲酸盐 ③环己基氨基甲酸酯
cycloid ①圆滚线 ②摆线
cycloid gear 摆线[齿轮]啮合
cycloid scale 圆鳞
cycloidal 摆线的(cycloidalis)
cycloidal gear 摆线齿轮
cyclolignan 环木脂体
cyclolignolide 环木脂内酯
cycloloma ①环翅萼藜属[*Cycloloma* L.](十字花科)②环翅萼藜[*Cycloloma atriplicifolium* L.]
cyclolysis 气旋消失
cyclome 药环(cycloma)
cyclometer 回转计(育种试验用)
cyclomorphosis 形态周期变化,周期形变
cyclone ①气旋 ②旋风聚料桶
cyclone collector 旋风收集器
cyclone distributor 旋风式撒肥机
cyclone grit washer 旋流洗沙池(指洗去有机物){环保}
cyclone model 气旋模式
cyclone of dynamic origin 动力气旋

cyclone path 气旋路径
cyclone separator 旋风分离器,气旋分离器
cyclone tracks 气旋路径
cyclone wave 气旋波
cyclonic 气旋的(cyclonicus)
cyclonic rain 气旋性雨
cyclonic storms 气旋性风暴
cyclonic thunderstorm 气旋性雷暴
cyclonic vorticity 气旋涡度
cyclonic wind 气旋风
cyclonitrifying filter 回流硝化池{环保}
cyclopenin 圆弧[青霉]菌素
cyclopentane 环戊烷
cyclopentanoperhydrophenanthrene 环戊烷多氢菲
cyclopeptide(= cyclic peptide) 环肽
cyclopeptide alkaloid 环肽生物碱
cyclophilin 亲环蛋白,亲环素
cyclophosphamide 环磷酰胺
cyclophyllous 圆叶的(cyclophyllus)
cyclophysics 母树树龄效果(cyclophysica)
cyclophysis 周期特性
cycloporous(= ring-porous) 环孔的(cycloporus)
cycloporous angiosperm woody species 被子植物环孔木本种
cycloporous broad-leaved woody plant 环孔阔叶木本植物
cycloporous tree 环孔树
cycloporous tree species 环孔树种
cycloporous wood 环孔材
cyclopropagative 循环繁殖的(cyclopropagativus)
cyclops 独眼畸形蜂
cyclops acacia 巨相思树[*Acaciacyclops* Cunn.](豆科)
cyclopterous 圆翼的(cyclopterus)
cycloserine 环丝氨酸
cycloserine enrichment 环丝氨酸富集[法]
cyclosis 胞质环流
cyclosis diffusion 胞质环流扩散
cyclosporin 环孢菌素
cyclotella ①小环藻属[*Cyclotella* spp.](藻类) ②小环藻[*Cyclotella* sp.]
cyclothem 旋回层
cyclotheric sedimentation 旋回沉积
cyclotron 回旋加速器
cyclotron beams 回旋加速器射束
cyclotron neutron 回旋加速器中子
cyclotron resonance absorption 回旋共振吸收
cyclotron resonance mass spectrometer 回旋共振质谱仪
cyclura 轮末
cycluron(= cycloron) 环莠隆(除草剂)[$C_{11}H_{22}N_2O$]
cycly 周期性,周期现象(cyclia)
cycocel(= chlormequat chloride) 矮壮素(植物生长调节剂)
Cycolor 色膜压印法
Cyd(= cytidine) 胞苷
cyesis 怀胎期
cylinder ①[中]柱,圆柱体,圆柱面 ②磁道柱面 ③圆筒,脱粒滚筒,选粮筒 ④汽缸,汽筒,泵(cylindrus)
cylinder-belt type grain blower 滚筒胶带式扬场机
cylinder bore 汽缸内径,缸径
cylinder boring machine 镗缸机
cylinder clearance 脱粒间隙
cylinder diaphragm 圆筒光阑
cylinder gage 汽缸量规
cylinder gate ①圆筒漏嘴,滚筒漏嘴 ②圆柱闸门
cylinder grinding machine 磨缸机
cylinder head ①汽缸盖 ②脱粒滚筒圆盘
cylinder mower 滚刀式割草机
cylinder oil 汽缸油
cylinder-plate method 筒板法
cylinder plow 垂直圆盘犁
cylinder seed grader (窝眼)筒选粮机,(窝眼)筒式种子精选机
cylinder separator ①选粮筒 ②圆筒分选机
cylinder stone picker 筒式清石机
cylinder tedder 滚筒式摊草机
cylinder-type germinator for grain seed 圆筒式谷物种子发芽器
cylinder-type granule 圆筒形颗粒(指压制出的农药颗粒)
cylinder wall 汽缸壁
cylinders in series 串联油缸
cylindraceous 圆柱状的(cylindraceus)
cylindrantherae 药筒{形态}
cylindric(= cylindrical) ①圆柱状的,圆筒状的 ②直干形的(cylindricus)
cylindric bacteria 圆柱状细菌(bacteria cylindricae)
cylindric cell 圆柱状细胞(cellula cylindrica)
cylindric hair 圆柱状毛(piluscylindricus)
cylindric level 圆柱形水准器
cylindrical ①圆柱状的,圆筒状的 ②直干形的(cylindricus)
cylindrical bale 圆柱形草捆
cylindrical baler 圆柱形压捆机,卷压式捡拾

压捆机
cylindrical bark beetle 坚甲科［colydiidae］
cylindrical bottom 圆柱形犁体
cylindrical coordinate 圆柱坐标
cylindrical coordinate robot 圆柱坐标机器人{物}
cylindrical coordinator 圆柱形坐标测定器
cylindrical cutter 滚刀式切碎机
cylindrical dam 圆筒形坝
cylindrical ear (玉米)圆筒状果穗
cylindrical function 圆柱函数
cylindrical granule 圆筒形颗粒
cylindrical lens 柱面透镜
cylindrical plot 圆柱形图{统计}
cylindrical projection 圆柱形投影
cylindrical root 圆柱根(radix cylindrica)
cylindrical shaft 圆柱状轴
cylindricality 柱面性(cylindricalitas)
cymarin 磁麻苷［$C_{20}H_{44}O_9$］
cymarose 磁麻糖［$C_7H_{14}O_4$］
cymbella ①桥弯藻属［*Cymbella* spp.］(藻类) ②桥弯藻［*Cymbella* sp.］
cymbidium ①兰属［*Cymbidium* Sw.］(兰科) ②［春］兰［*Cymbidium virescens* Lindl.］③建兰［*Cymbidium ensifolium* (L.) Sw.］
cymbidium scale (= coconut longridged scale) 椰长脊盾蚧［*Diaspis boisduvalii* Signoret］(盾蚧科)
cymbifolious 舟形叶的(cymbifolius)
cymbiform 舟形的(cymbiformis)
cymbocarpous 舟形果的(cymbocarpus)
cyme 聚伞花序(cyma)
cyme-botrys (= thyrse) 聚伞圆锥花序
cymelet 小聚伞花序(cymula)
cymene 百里香素,异丙[基]甲苯
cymiferous 具聚伞花序的(cymifer)
cymo-botryoid (= cymobotyose) 总状聚伞花序
cymo-botryose 总状聚伞花序(cymobotryosus)
cymoid 聚伞花序状的(cymoideus)
cymose 聚伞状的(cymosus)
cymose branching 聚伞分枝式(ramificatio cymosa)
cymose inflorescence 头状聚伞花序(inflorescentia cymosa)
cymose panicle 聚伞状圆锥花序(panicula cymosa)
cymose raceme (= thyrse) 聚伞圆锥花序
cymose umbel 聚伞状伞形花序(umbellum cymosum)
cymule 小聚伞花序(cymula)
cynara 洋蓟属(朝鲜蓟属)［*Cynara* L.］(菊科)
cynarin 洋蓟酸,二咖啡酰奎尼酸
cynarrhodium (= cynarrhodion) 蔷薇果
cynipid ①(= gall wasp) 瘿蜂 ②˪复˥瘿蜂科［Cynipdiae］
cynocrambe ①假繁缕属［*Cynocrambe* Gaertn.］(假繁缕科) ②假繁缕［*Cynocrambe macrantha* (Franch.) Poulsen］
cynocrambe family 假繁缕科［Cynocrambaceae］
cynodotin 长蠕孢犬牙素,四羟基甲基蒽醌
cynthia moth 小柏天蚕［*Attacus cynthia pryeri* Butl. = *A. cynthia* Drury, *Philosamia cynthia* Pryeri Butl, *Samia cynthia* Drury, *Samia cynthia pryeri* Butl.］(大蚕蛾科)
cynthia silk moth (= cynthia moth) 小柏天蚕［*Samia cynthia* (Drury)］(大蚕蛾科)
cyperaceous weeds 莎草科杂草
Cypermethrin 氯氰菊酯(杀虫剂)
cyphella 孢芽杯(地衣)
cypovirus 质型多角体病毒[组]
cyprenin 鲤精蛋白 B
cypress ①柏属［*Cupressus* L.］(松柏科) ②柏［*Cupressus funebris* Endl.］
cypress aphid 柏长足大蚜［*Cinara cupressi* Buckton］(蚜科)
cypress cone 闭合球果(galbulus)
cypress family 柏科［Cupressaceae］
cypress-grass ①莎草属［*Cyperus* L.］(莎草科) ②莎草［*Cyperus rotundus* L.］
cypress oil 柏油
cypress-pine 山达树属［*Callitris* Vent］(松科)
cypress pine girdle 松柏旋蛀天牛［*Diadoxus erythrurus* White］
cypress scale 柏绵蚧［*Xylococcus macrocarpae* Colem. = *Xylococculus*］(绵蚧科)
cypress spurge (= cypress euphorbia) 柏大戟［*Euphobia cyparissias* L.］(大戟科)
cypress swamp 柏木沼泽
cypress-vine 茑萝属［*Quamoclit* Choisy.］(旋花科)
cypress-vine star glory 茑萝［*Quamoclit pennata* Bojer.］(旋花科)
cypress wood 柏木
Cyprian bee 塞浦路斯种蜜蜂
cyprinine 鲤精蛋白 A

Cyprus farming 塞浦路斯农业
cypsela 连萼瘦果
cyrilla 西里拉属［*Cyrilla* L.］（西里拉科）
cyrilla family 西里拉科［Cyrillaceae］
cyrrhus 卷须
cyrtanthera ①珊瑚花属［*Cyrtanthera* Noss.］（爵星科）②珊瑚花［*Cyrtanthera carnea* Bremak.］
cyrtolobous 弯裂片的（cyrtolobus）
cyrtopodous 弯柄的（cyrtopodus）
cyrtosis 缩叶病
Cys（= cysteine） 半胱氨酸
-cyst ⌞字尾⌝囊
cyst ①囊 ②孢囊 ③囊肿 ④休眠孢子（cysta）
cyst-formation 孢囊形成（cystoformatio）
cyst nematode 孢囊线虫
cystamine 胱胺
cystathionase 胱硫醚酶
cystathionine 胱硫醚，丙氨酸丁氨酸硫醚
cystathionuria 丙氨酸丁氨酸硫醚尿症
cysteamine 半胱胺
cysteamine radioprotective 半胱胺辐射防护物
cysteic acid 磺基丙氨酸［$SO_3H \cdot CH_2 \cdot CHNH_2 \cdot COOH$］
cysteic acid decarboxylase 磺基丙氨酸脱羧酶
cysteine（Cys） 半胱氨酸［$HSCH_2CH(NH_2)COOH$］
cysteine desulfhydrase 半胱氨酸脱巯基酶
cysteine dioxygenase 半胱氨酸双加氧酶
cysteine hydrochloride 半胱氨酸氢氯化物
cysteine protease 半胱氨酸蛋白酶
cysteine radioprotective 半胱氨酸辐射防护物
cysteine reaction with DNA 半胱氨酸同DNA反应
cysteine residues 半胱氨酸残基
cysteine sulfenate 半胱次磺酸
cysteine sulfenic acid 半胱次磺酸
cysteine sulfinate 半胱亚磺酸
cysteine sulfinic acid 半胱亚磺酸
cysteinyl- 半胱氨酰［基］
cystic fibrosis ①纤维囊泡症 ②囊性纤维化
cystic fibrosis tramembrane conductance regulator（CFTR） 囊性纤维化跨膜传导调节蛋白｛分生｝
cystic form 囊状（cystiformis）
cystic ovary 卵巢囊肿（ovarium cysticum）
cysticercosis 囊尾幼虫病
cysticercus 囊尾幼虫
cysticercus bovis 牛囊尾幼虫病
cysticercus cellulosae 猪囊尾幼虫病
cystidiole 小囊状体（cystidiola）
cystidium ①隔孢 ②囊状体
cystine 胱氨酸［$HO_2CCH(NH_2)CH_2S_2$］
cystine disulfoxide 胱氨酸二亚砜
cystinuria 胱氨酸尿
cysto- ⌞字头⌝胞，囊，膀胱
cystoblast 胞囊干细胞
cystocarp 囊果（cystocarpium）
cystocarpous 囊果的（cystocarpus）
cystocyte ①囊孢 ②胞囊细胞（cystocyta）
cystolith 钟乳体（cystolithus）
cystoma 囊肿
cystoplasmic strand 细胞质束（fasciculus cystoplasmicus）
cystosore 休眠孢子堆（cystosorus）
cystospore 休眠孢子（cystospora）
cystovirus 囊状病毒
Cyt（= cytosine） 胞嘧啶
cytase 溶胞酶
cytase for tissue softening 组织软化用溶胞酶
cytase from snail stomach 蜗牛胃的溶胞酶
cytaster 细胞星体
cyte ⌞字尾⌝①细胞 ②空的脉管
cytes 细胞（cytae）
cytidine（Cyd）（= cytosine riboside） 胞［嘧啶核］苷［$C_5H_9O_4 \cdot C_4H_2ON_2 \cdot NH_2$］
cytidine diphosphate（CDP） 胞苷二磷酸
cytidine diphosphate ethanolamine CDP乙醇胺，胞苷二磷酸乙醇胺
cytidine diphosphocholine CDP胆碱，胞苷二磷酸胆碱
cytidine monophosphate（CMP） 胞苷一磷酸，胞苷酸
cytidine triphosphate（CTP） 胞苷三磷酸
cytidylate 胞［嘧啶核］苷酸［$C_9H_{14}O_8N_3P$］
cytidylic acid（CMP） 胞［嘧啶核］苷酸［$C_9H_{14}O_8N_3P$］
cytinus 大花草属［*Cytinus* L.］（大花草科）⌞拟⌝
cytisine 野靛碱，金雀花碱
cyto- ⌞字头⌝细胞
cyto-diagnosis 细胞诊断（cytodiagnosis）
cyto-embryology 细胞胚胎学（cytoembryologia）
cyto-morphology 细胞形态学（cytomorphologia）
cyto-physiology 细胞生理学（cytophysiologia）

cyto-taxonomy 细胞分类学（cytotaxonomia）
cytoactive 细胞活性（cytoactivus）
cytoadherence 细胞粘连（cytoadherentia）
cytoanatomy 细胞解剖学（cytoanatomia）
cytoarchitectonic 细胞构筑的（cytoarchitectonicus）
cytoarchitectonics 细胞构筑学（cytoarchitectonica）
cytobiology 细胞生物学（cytobiologia）
Cytobios 细胞生物学(未说明每年出版期数)
cytoblast ①细胞形成核 ②细胞形成粒（cytoblastus）
cytoblastema 细胞形成质
cytocatalytic 细胞催化剂
cytocatalytic speciation 细胞催化物种形成
cytocentrum 中心体
cytochalasin B 细胞松弛素 B
cytochalasin effect 细胞松弛素效应
cytochemical 细胞化学的（cytochemicus）
cytochemical specificity 细胞化学专一性（specificitas cytochemicus）
cytochemical stain 细胞化学染料，细胞化学染色剂
cytochemical staining 细胞化学染色
cytochemistry 细胞化学（cytochemia）
cytochimera 细胞嵌合体（cytochimaera）
cytochondriome 线粒体（cytochondrioma）
cytochrome 细胞色素
cytochrome C oxidase 细胞色素 C 氧化酶
cytochrome enzyme 细胞色素酶
cytochrome of mitochondria 线粒体细胞色素
cytochrome of trypanosome 锥虫细胞色素
cytochrome oxidase 细胞色素氧化酶
cytochrome oxidase method 细胞色素氧化酶法
cytochrome peroxidase 细胞色素过氧化物酶
cytochrome reducing factor 细胞色素还原因子
cytochrome reductase 细胞色素还原酶
cytochrome system 细胞色素系统
cytochromoid C 类细胞色素 C
cytochylema 细胞液
cytocidal 杀细胞的（cytocidalis）
cytocidal infection 杀细胞感染（infectio cytocidalis）
cytoclasis 细胞解体
cytococcus 受精卵核
cytocyst 胞囊（cytocysta）
cytode 无核细胞（cytodium）
cytodeme 细胞同类群
cytodiaeresis 胞体分裂
cytodifferentiation 细胞分化（= cell differentiation）（cytodifferentiatio）
cytodifferentiation and metabolite 细胞分化与代谢物
cytodifferentiation in batch culture 成批培养中的细胞分化
cytodifferentiation indicator 细胞分化指示剂
cytodynamics 细胞动力学（cytodynamica）
cytoecology 细胞生态学（cytoecologia）
cytofectin 细胞转染剂
cytogamy ①细胞配合 ②细胞质结合（cytogamia）
cytogene 细胞质基因（cytogena）
cytogenesis 细胞发生
cytogenetic 细胞遗传学的（cytogeneticus）
cytogenetic behavior 细胞遗传学行为（vita cytogenetica）
cytogenctic characteristics 细胞遗传学特征（characteristica cytogenetica）
cytogenetic classification 细胞遗传学分类（taxonomiacytogenetica）
cytogenetic differentiation 细胞遗传学分化（differentiatio cytogenetica）
cytogenetic effects 细胞遗传学效应（effectae cytogeneticae）
cytogenetic effects of slow neutrons 慢中子的细胞遗传学效应
cytogenetic effects of thermal neutron radiation 热中子辐射的细胞遗传学效应
cytogenetic effects of X rays X-射线的细胞遗传学效应
cytogenetic map 细胞遗传学图（mappa cytogenetica）
cytogenetic mechanism 细胞遗传机制
cytogenetic structure 细胞遗传学结构（structura cytogenetica）
cytogenetics 细胞遗传学（cytogenetica）
cytogenetics of differentiation 分化细胞遗传学
cytogenetics of maize 玉米细胞遗传学
cytogenetist 细胞遗传学家（cytogenetistus）
cytogeny 细胞发生（cytogenia）
cytogeography 细胞地理学（cytogeographia）
cytogony 细胞发生
cytohet 胞质基因杂合细胞，胞质杂合子
cytohlasmic male sterile 胞质雄性不育

cytohyaloplasm 细胞透明质(cytohyaloplasmus)
cytokeratin 细胞角蛋白
cytokine 细胞因子(cytokina)
cytokine network 细胞因子网络
cytokine therapy 细胞因子治疗
cytokinesis 胞质分裂
cytokinin(CK) 细胞激动素(植)
cytokinin activity 细胞激动素活性
cytokinin-auxin ratio 细胞激动素-植物生长素比率
cytokinin precursor 细胞激动素前体
cytolipin 细胞糖苷酯,胞糖酯
cytolite(=cystolith) 钟乳体
cytologic 细胞学的(cytologicus)
cytologic mapping 细胞学制图
cytologic technique 细胞学技术
cytological(=cytologic) 细胞学的(cytologicus)
cytological [numerical] nondisjunction 细胞的[数量]不离开(indisjunctio [numerica] cytologica)
cytological aberration 细胞学畸变(aberratio cytologica)
cytological analysis 细胞学分析(analysis cytologicus)
cytological basis 细胞学基础
cytological behavior 细胞学行为(vita cytologica)
cytological cause 细胞学原因(causa cytologica)
cytological demonstration 细胞学证明(demonstratio cytologica)
cytological drift 细胞学漂变
cytological effect 细胞学效应(effectus cytologicus)
cytological feature 细胞学特性(properitas cytologicus)
cytological findings 细胞发现物
cytological interference 细胞学干扰(interferentia cytologica)
cytological level 细胞学水平(libilla cytologica)
cytological localization 细胞学局部性(localisatio cytologica)
cytological map 细胞学图(mappa cytologica)
cytological method 细胞学方法
cytologist 细胞学工作者,细胞学家(cytologistus)
cytology 细胞学(cytologia)
cytology of cultured cell 培养细胞的细胞学
cytology of endosperm 胚乳细胞学
cytolymph 细胞液(cytolympha)
cytolysin 溶细胞素
cytolysis 细胞溶解
cytolysosome 细胞溶酶体(cytolysosoma)
cytolytic 细胞溶解的(cytolyticus)
cytolytic infection 细胞溶解感染(infectio cytolytica)
cytolytic molecule 细胞溶解分子(molecula cytolytica)
cytomechanics 细胞力学(cytomechanica)
cytomegalovirus(CMV) 细胞巨大病毒
cytomembrane 细胞膜(cytomembrana)
cytomere 细胞区(cytomerum)
cytometer [血]细胞计数器
cytometry 细胞计量术,细胞统计学(cytometrica)
cytomicrosome 微粒体(cytomicrosoma)
cytomictic formation 细胞融合形成
cytomin 细胞分裂素
cytomitome 胞质网丝(cytomitoma)
cytomixis 细胞融合
cytomorphosis ①细胞形成 ②细胞变态
cytomycin 胞霉素
cyton ①细胞体 ②神经细胞
cytonuclear ratio 细胞质核比率(ratio cytonuclearis)
cytopathic effect(CPE) 细胞病变效应
cytopathologic changes 细胞病理变化
cytopathology 细胞病理学(cytopathologia)
cytopempsis 胞饮泡排出
cytopenia 血细胞减少症
cytopharynx(=cytopharinx) [细]胞咽
cytophil 亲细胞的(cytophilus)
cytophilic antibody 亲细胞抗体
cytophilous 亲细胞的(cytophilus)
cytophore 被寄生细胞(cytophora)
cytophotometry 细胞光度学,细胞分光光度法(cytophotometria)
cytophysical 细胞物理学的(cytophysicus)
cytophysics 细胞物理学(cytophysica)
cytophysiological 细胞生理的(cytophysiologicus)
cytophysiological activity 细胞生理活性(activitas cytophysiologicus)
cytoplasm [细]胞质(cytoplasma)
cytoplasm-resistant gene 抗细胞质基因
cytoplasmic [细]胞质的(cytoplasmicus)
cytoplasmic area 细胞质区
cytoplasmic body 细胞质小体(指果蝇)

cytoplasmic bridge 胞质桥（pons cytoplasmicus）
cytoplasmic bubbling 胞质小泡形成
cytoplasmic control 细胞质控制
cytoplasmic cycle 胞质周期（cyclus cytoplasmicus）
cytoplasmic division 细胞质分裂
cytoplasmic donor 胞质供体
cytoplasmic droplet 胞质小滴
cytoplasmic evolution 细胞质进化
cytoplasmic factor 胞质因子（factor cytoplasmicus）
cytoplasmic female sterility 细胞质雌性不育
cytoplasmic filament 胞质丝（filamentum cytoplasmicum）
cytoplasmic gene 胞质基因
cytoplasmic genome 胞质基因组（genoma cytoplasmica）
cytoplasmic granule 胞质粒
cytoplasmic hereditary determinant 细胞质遗传定子
cytoplasmic heterozygote 胞质杂合子
cytoplasmic hybrid 胞质杂种（hybrida cytoplasmica）
cytoplasmic inclusion 胞质内含物（inclusio cytoplasmica）
cytoplasmic incompatibility 细胞质不亲和性
cytoplasmic induced sterility 细胞质诱发不育
cytoplasmic influence 胞质影响（influentia cytoplasmica）
cytoplasmic inheritance 胞质遗传（inheritantia cytoplasmica）
cytoplasmic lag 胞质[表型]延迟现象
cytoplasmic localization 胞质定位（localisatio cytoplasmica）
cytoplasmic male sterile line 细胞雄性不育系
cytoplasmic male sterile source 胞质雄性不育来源
cytoplasmic male sterility 胞质雄性不育性
cytoplasmic male sterility factor 细胞质雄性不育因子
cytoplasmic mass 胞质团（massa cytoplasmica）
cytoplasmic material 胞质物质（materialis cytoplasmicus）
cytoplasmic matrix [细]胞基质（matrix cytoplasmicus）
cytoplasmic membrane 细胞质膜（membrana cytoplasmica）
cytoplasmic messenger RNA 细胞质信使RNA{分遗}
cytoplasmic movement 胞质运动（movementum cytoplasmicum）
cytoplasmic mutant 胞质突变体（mutans cytoplasmicus）
cytoplasmic mutation 胞质突变（mutatio cytoplasmica）
cytoplasmic nuclear interaction 质核相互作用（interactio nuclearis cytoplasmica）
cytoplasmic-nuclear ratio 质核比率（ratio cytoplasmiconuclearis）
cytoplasmic organelle 胞质细胞器
cytoplasmic plaque 胞质斑（plaquus cytoplasmicus）
cytoplasmic pole 细胞质极
cytoplasmic poly（A）elongation 细胞质多腺苷酸延伸
cytoplasmic polyadenylation 细胞质多腺嘌呤基化
cytoplasmic polyhedrosis virus（CPV） 质型多角体病毒（virus polyhedrosis cytoplasmicus）
cytoplasmic polyribosome 胞质多核蛋白体
cytoplasmic polysome 胞质多核蛋白体
cytoplasmic process 胞质突（projectio cytoplasmica）
cytoplasmic protein 胞质蛋白
cytoplasmic ray 胞质射线（radius cytoplasmicus）
cytoplasmic region 胞质区（regio cytoplasmica）
cytoplasmic replicon 细胞质复制子
cytoplasmic ribonucleoprotein 细胞质核糖核蛋白
cytoplasmic ribonucleoprotein particle 细胞质核糖核蛋白颗粒
cytoplasmic ribosome 胞质核蛋白体
cytoplasmic RNA 胞质RNA{分遗}
cytoplasmic satellite 细胞质随体
cytoplasmic sterility 胞质不育[性]
cytoplasmic storage granule 细胞质贮存颗粒
cytoplasmic streaming 胞质流动
cytoplasmic suppressor 细胞质抑制基因
cytoplasmic tail 胞质尾区（cauda cytoplasmica）
cytoplasmic variation 胞质变异
cytoplasmic vesicle 细胞质囊（vesicula cytoplasmica）
cytoplasmic volume 细胞质容积
cytoplasmon 胞质遗传决定子

cytoplast 胞质体（cytoplastus）
cytoplastin 胞质素
cytopolyhedrosis 中肠型脓病，细胞多角体病
cytopon 胞质桥（cytopons）
cytoproct [细]胞肛（cytoprocto）
cytopyge [细]胞肛（cytopyga）
cytoreticulum 胞质纲
cytorheology 细胞流变学（cytorrheologia）
cytoribosome 细胞核[糖核]蛋白体，细胞核糖体（cytoribosoma）
cytorrhysis ①细胞起皱现象 ②胞流
cytosegresome（= cytosegrosome） 胞质离解颗粒，细胞溶酶体（cytosegresoma）
cytosine（Cyt） 胞嘧啶 [$C_4H_5N_3O$]
cytosine arabinoside（araC） 阿糖胞苷
cytosine deoxyriboside（dC，dCyd） 脱氧胞苷
cytosis 细胞溶入
cytoskeletal framework 细胞骨架
cytoskeletal protein 细胞骨骼蛋白
cytoskeletal structure 细胞骨架结构
cytoskeleton 细胞骨架
cytoskeleton system 细胞骨架系统
cytosol 细胞溶质，胞液
cytosol receptor 细胞溶质受体
cytosolic 细胞溶质的
cytosolic localization 细胞溶质定位
cytosolic space 细胞溶质空间
cytosome 胞质体（cytosoma）
cytospectrophotometry 细胞分光光度学（cytospectrophotometrica）
cytospora sheath disease [甘蔗]鞘枯病
cytostatic ①细胞生长抑制的 ②细胞生长抑制剂（cytostaticus）
cytostatic agent 细胞生长抑制剂
cytostatic tactor 细胞生长抑制因子
cytosterility 胞质不育（cytosterilitas）
cytostome [细]胞口（cytostoma）
cytotactin（= tenacin） 腱生蛋白
cytotaxis 细胞趋性
cytotaxonomic 细胞分类学的（cytotaxonomicus）
cytotaxonomic relation 细胞分类学关系（relatio cytotaxonomica）
cytothesis 细胞再生
cytotoxic 胞毒的（cytotoxicus）
cytotoxic antibody 胞毒抗体（anticorpus cytotoxicus）
cytotoxic T cell [细]胞毒[性]T 细胞
cytotoxicity 细胞毒性（cytotoxicitas）
cytotoxicity of lysolecithin 溶血卵磷脂细胞毒性
cytotoxin 细胞毒素
cytotropism 细胞向性（cytotropismus）
cytotubulus 细胞微管
cytotype 细胞型（cytotypus）
cytoxan 环磷酰胺
cytula ①合子 ②受精卵
Czapek's medium 查贝氏培养基
Czapek's solution 查贝氏溶液
CZE（= capillary zone electrophoresis） 毛管区带电泳
Czernosem 黑土

D d

D ①（= dust） 粉剂｛农药｝②（= deviation）离差｛统计｝③（= deuterium）氘｛化｝④（= inside diameter）内[直]径｛物｝⑤（= Devonian period）泥盆纪｛地质｝

d（= disintegration constant） 衰变常数

D-14（= nabam） 代森钠｛农药｝

D-Biotin D 生物素，维生素 H

D-colony（= Dwarf colony） 矮型菌落

D-D（= D-D mixture） 滴滴混剂，氯丙混剂（杀线虫剂）[$C_3H_4Cl_2$]

D gene（= diversity gene） 多变基因，D 基因｛分遗｝

D-horizon 母岩层，D 层｛土壤｝

D layer D 层｛气象｝

D-loop（= displacement loop） 替位环，D 环｛分遗｝

D-loop DNA D 环 DNA

D-loop of mtDNA 线粒体 DNA 的 D 环

D region（= diversity region） 多变区，D 区

D-ribose D-核糖

D-RNA（= DNA-like RNA） DNA 状 RNA

D_1 trisomy syndrome D_1 三体综合征｛分遗｝

D-valine section technique D-缬氨酸切片技术｛显技｝

dA（= deoxyadenosine） 脱氧腺苷

dab ①轻打（指芝麻脱粒）②涂抹，涂敷 ③比目鱼[*Pleuronectes* sp.]｛水产｝

dab chick （刚孵化出来的）雏鸡

dachshund 德国猎狗

dacite 英安岩｛地质｝

Daconil（= chlorothalonil） 百菌清（杀菌剂）[$C_8Cl_4N_2$]

dacryolin 泪白蛋白

Dacthal（= chlorthal methyl） 敌草索（芽前除草剂）[$C_{10}H_6Cl_4O_4$]

dactinomycin 放线菌素 D

dactyl ①指，趾 ②跗节（dactylus）

dactyline 指状的（dactylinus）

dactylogram ①指纹，指印 ②指纹谱（dactylogramma）

dactylogyriasis 旋指病，旋趾病

dactyloid 指状的（dactyloideus）

dactylopiid scale ①粉蚧 ②⌞复⌝粉蚧科[Dactylopiidae]

dactylopoditus 趾肢节

dactylorhiza 肿根（dactylorrhiza）｛真菌｝

dactylose ①具指的 ②指状的（dactylosus）

Dadant hive 达旦氏蜂箱

daddylonglegs（= harvestmen） 蛸目[Phalangida]

dAde（= deoxyadenosine） 脱氧腺苷

daedalenchyma 迷路组织

daedaleous（= dedaleous） 模式的（daedaleus）

DAF（= decay accelerating factor） 衰变加速因子｛分生｝

daffodil ①水仙属[*Narcissus* L.]（石蒜科）②水仙[*Narcissus tazetta* L. var. *chinensis* Roem]

daffodil lily 朱顶兰（朱顶红，华胃兰）[*Amaryllis vittata* L'Hér]（石蒜科）

daffy（= trumpet narcissus） 皱[黄]水仙[*Narcissus pseudonarcissus* L.]（石蒜科）

dag（= decagram） 十克

dagger 剑形符｛电脑｝

dagger fern 鞭叶耳蕨（华北耳蕨）[*Polystichum craspedosorum* sp.]（鳞毛蕨科）

dagger harrow 菱形耙

dagger moth ①剑纹夜蛾 ②⌞复⌝燕蛾科[Uraniidae]

dagger nematode 咖啡刺根线虫（宝剑线虫）[*Xiphinema insigne* Loos.]

dagger-pointed 匕首尖的（dolichacanthus）

dagger-pointed tooth 剑形齿，菱形齿

dagger-shaped 匕首状的（pugioniformis）

daghestan sweet clover 草木犀[*Melilotus suaveolens* Ledeb.]（豆科）

Dahlia ①大丽花属[*Dahlia* Cav.]（菊科）②大丽花[*Dahlia pinnata* Cav.]③大丽紫，甲基紫

Dahlia mosaic virus（= Dahlia stunt virus, Dahlia dwarf virus, Dahlia rosette vi-

rus） 大丽花花叶病毒
dahlia violet 大丽紫
dahoon（=dahoon holly, cassena） 达宏冬青［*Ilex cassine*］（冬青科）
Dahuria cranebill 粗根老鹳草［*Geranium dahuricum* DC.］（牻牛儿苗科）
Dahurian birch 棘皮桦［*Betula davurica* Pall.］（桦科）
Dahurian larch 落叶松（黄花松）［*Larix dahurica* Turcz.］（松科）
Dahurian moon-seed ①蝙蝠葛属［*Menispermum* L.］（防已科）②蝙蝠葛［*Menispermum dauricum* DC.］
Dahurian patrinia 黄花龙芽［*Patrinia scabiosifolia* Fisch. et Link］（败酱科）
Dahurian rhododendron 野杜鹃花（达子香）［*Rhododendron dahuricum* L.］（杜鹃科）
Dahurian rose 刺玫蔷薇（山刺玫）［*Rosa davurica* Pallas.］（蔷薇科）
Dahurian wildrye 披碱草［*Elymus dahuricus* Turcz.］（禾本科）
dai-dai 代代花［*Citrus aurantium* var. *amara* Engl.］（芸香科）
daikon leaf beetle 猿叶虫［*Phaedon brassicae* Baly］（叶甲科）
daikon weevil 萝卜象甲［*Ceutorhynchus albo-sutualis* Roelofs］（象甲科）
daily ①日的,每日的,逐日的,日常的 ②昼夜的 ③日报
daily adjustment ［每］日调节
daily amount 日总量
daily amount of precipitation 日降水量（指24小时的降水量）
daily amplitude 日变幅
daily availability factor 日使用效率｛农施｝
daily balance 日平衡
daily bread 每日口粮,每日食粮
daily carbon uptake 每日碳吸收
daily course 日变程
daily duration 每日持续时间
daily exposure 日露光,日见光
daily extremes 日极值
daily flow 日流量,逐日流量｛环保｝
daily fluctuation 日波动
daily forecast 每日预报
daily gain 日增重（=daily gain in weight）｛畜｝
daily grinding capacity 日榨能力,日榨量（指甘蔗）
daily heat load 日热负荷（指暖房、温室的）
daily illumination 日照明,日照光
daily increment of development 日发育增长量
daily inspection 每日检查,逐日检查
daily maintenance 日保养｛农机｝
daily maximum temperature 日最高温度
daily mean temperature 日平均气温
daily minimum temperature 日最低温度
daily norm 每日定额
daily operation rate ①日操作速率｛农施｝②日运算率｛电脑｝
daily output 日产量｛环保｝
daily pattern ［每］日特征曲线｛生态生理｝
daily periodicity 日周期性
daily precipitation 日降水量
daily range 日较差｛气象｝
daily respiration intensity 每日呼吸强度
daily successive variation 日周期变化
daily temperature range（=daily range of temperature） 日温度较差
daily theoretical capacity 日理论处理能力｛农施｝
daily thermoperiodity 日温周期性
daily treatment rate 每日处理量
daily variation 日变化
daily variation coefficient 逐日变化系数
daily wages 日工资,计日工资
daily weather bulletin 每日天气公报
daily weather chart 每日天气图
daily work 每日作业,日常工作
daily yield 日产量
daimyo oak 槲［*Quercus dentata* Thunb］（山毛榉科）
daimyo skipper 海神弄蝶［*Daimyo tethys* Menetries.］（弄蝶科）
dairy ①奶牛 ②奶牛场 ③乳品厂,制酪坊,牛奶场 ④奶牛的,乳牛的,乳品的
dairy bacteriology 乳品细菌学（cellobacteriologia）
dairy barn 奶牛舍,乳牛舍
dairy breed 乳用［品］种
dairy bull 乳用种公牛
dairy by-products 牛乳副产品
dairy cattle（=dairy cow） 乳牛
dairy cattle housing and facility 乳牛舍饲设施｛农施｝
dairy cow 乳牛,奶牛
dairy cow population 乳牛群
dairy equipment 乳品加工设备
dairy expert 乳业专家,乳品专业人员
dairy factory 乳品厂
dairy farm 乳牛场
dairy farm with beef cattle raising 具肉牛饲养的乳牛场（指乳牛与肉牛兼有的牛场）
dairy farm with food wastes feeding in the

suburbs 郊区用食品废物(水)饲养的乳牛场
dairy farm with grass feeding in hilly areas 山区用牧草饲养的乳牛场
dairy farm with straw feeding in paddy areas 稻田区用稻草饲养的乳牛场
dairy farmer 乳牛饲养员,乳农
dairy farming 乳牛业,乳牛饲养
dairy-house 牛奶间,牛奶厂
dairy husbandry 乳牛业,乳牛饲养
dairy industry 乳品[工]业
dairy machinery 乳品加工机械
dairy pasture 奶牛牧场
dairy performance 产乳能力,产乳性能
dairy produce 乳产品,乳制品
dairy produce act 乳产品法令
dairy product processing 乳[制]品加工{加工}
dairy production ①乳牛生产 ②乳品生产
dairy products (= dairy produce, milk produce) 乳产品,乳制品
dairy ration balancer 乳牛日料[的]平衡混合饲料
dairy residues 乳品厂废渣
dairy stock (= dairy cattle, milk cattle) 乳畜,乳牛
dairy type 产乳型,乳用型
dairy utensils 乳品制造工具
dairy waste ①牛奶场废水 ②乳品制造废水{环保}
dairying ①乳牛场经营,乳牛饲养 ②乳品制造业,乳品[产]业
dairying enterprise (= dairy enterprise) 奶牛业
dairyman 乳牛场工人
daisen lycaenid 标签灰蝶[*Theclasognata guercivora* Standinger](灰蝶科)
daisy ①雏菊属[*Bellis* L.](菊科) ②雏菊[*Bellis perennis* L.]
daisy-fleabane 一年蓬[*Erigeron annuus* Pers.](菊科)
daisy oil 雏菊油
daisy wheel printer 菊花轮打印机
dakota verbena 重羽裂马鞭草[*Verbena bipinnatifide* Nutt.](马鞭草科)
dalapon 茅草枯(除草剂)[$C_3H_4Cl_2O_2$]
dalapon-Na 茅草枯,达拉朋(除草剂)[$C_3H_3Cl_2NaO_2$]
dale pasture (= lowland pasture) 低地牧场
dalles 急流,湍流
Dallis grass (= large water grass) 毛花雀稗(达利雀稗)[*Paspalum dilatatum* Poir.](禾本科)
Dalmatian chrysanthemum (= insectpowder plant, insect flower) 除虫菊[*Chrysanthemum cinerariaefolium* Visiani](菊科)
Dalmatian insect powder 除虫菊粉
Dalmation insect flower (= Dalmation pyrethrins, insectpowder plant) 除虫菊[*Chrysanthemum cinerariaefolium* Vis.](菊科)
dalmon flies (= dragon flies) 差翅亚目(蜻蜓目)[Anisoptera]
dalton(D) 道尔顿(分子量单位)
dalton monomer 道尔顿单体
Dalton's law 道尔顿定律{物}
dam ①水坝,堤坝,坝{水利} ②垄,畦,埂{栽培} ③雌亲,母本{育种} ④母畜{畜} ⑤母蜂,蜂王{蜂} ⑥(= decameter) 十米,公丈
dam break 堤坝溃决
dam buttress 坝垛,坝撑
dam component 母本成分
dam crest 坝顶,堤顶
dam-daughter comparison 母子比较
dam ear 母本穗
dam for driving timbers (= splash-dam) 水闸,临时挡水坝
dam in 围坝堵水
dam of merit 良种母牛,良种母畜
dam off 开坝放水
dam-offspring correlation 母子相关
dam plant ①母本 ②壅水建筑物,拦河坝
dam retted flax 池沤亚麻,水坑沤亚麻
dam retting 池沤,水坑沤麻(指麻类)
dam-site 坝地,水坝场地
dam site selection 坝址选择
damage ①损害,损伤,毁坏 ②被害,受害(damnum)
damage assessment 损害评价,毁坏评价
damage by caterpillars 毛虫食害
damage by chemicals 药害
damage by chilling 冷冻害
damage by complex causes 复杂原因(致)害
damage by disease (= injury by disease) 病害
damage by disease and pest (= injury by disease and pest) 病虫害
damage by drought 旱害,旱灾
damage by flood 水害,水灾
damage by frost 霜害
damage by frost in the ground 霜举害,冻拔害
damage by fume 烟害
damage by game 野兽食害,兽害

damage by hail 雹害(灾)
damage by hoar frost 白霜冻害
damage by insects 虫害
damage by lightning 闪电害
damage by lightning strike 雷击害
damage by mine pollution 矿毒害,矿污[染]害
damage by mycoparasites 真菌寄生物害
damage by pest (= injury by insect) 虫害
damage by rodent 鼠害
damage by snow 雪害
damage by storm 暴风雨害
damage by wind 风害(灾)
damage by wind and flood 风洪害
damage caused by birds 鸟害
damage caused by games 猎物损害,兽害
damage caused by weeds 草害,草荒
damage done by severe frost 严霜冰害
damage in handling and transport 装运伤害,装卸与运输伤害
damage level 损害水平,损害程度
damaged 受损害的,受损伤的
damaged acreage 受害[播种]面积
damaged area 受害面积,受害地区
damaged by frost 受霜害的
damaged DNA base 受损害 DNA 碱基
damaged DNA molecule 受损害 DNA 分子
damaged grain (= damaged kernel) 受害子粒
damaged losses 受害损失
damaged replication complex 受损害复制复合物
damaged seedling 伤秧(受损伤秧苗)
damaged seedling rate 伤秧率
damaged template 受损害模板{分遗}
damaged tree 受损伤树
damaged tree canopy 受损害树冠
Damask rose 大马士革蔷薇[*Rosa damascena* Mill.](蔷薇科)
Damask silk 锦缎
dambo 泛滥平原(指雨季为沼泽,见于赞比亚)
dames-rocket (= dames-violet) 紫花香芥(欧亚香花芥)[*Hesperis matronalis* L.](十字花科)
daminoside (= aminozide) 丁酰肼(植物生长调节剂)[$C_6H_{12}O_3N_2$]
dammar (= damar) 珐玛树胶,珐玛树脂
dammar-pine ①贝壳杉属[*Agathis* Salisb.](南美杉科) ②贝壳杉[*Agathis dammara* Rich.]
dammer 作横埂器(开沟犁附件)
dammer balsam (= dammon) 珐玛香脂
dammer-plow 作蓄水横埂犁
dammer resin (= dammer balsam) 珐玛树脂,珐玛香脂
damming 筑坝
damming ability 母本特性,母性
damming up of water 壅水
dAMP (= deoxyadenylic acid) 脱氧腺苷酸
damp ①潮湿,湿气 ②不完全干燥的,潮湿的,有湿气的(udus, madidus)
damp air 潮湿空气
damp cotton 湿棉
damp grind 湿磨
damp marsh 多水沼泽(潮湿沼泽)
damp pad cooling system of livestock house 畜舍湿帘风机降温系统{农施}
damp-proof 防湿、防水、不透水
damp-proof material 防湿材料
damp-proof paper 防水纸
damp-proofing 防湿的
damp shade 阴湿地
damp soil 湿土
damp sorting 湿选
damp storage 湿藏
damp substrate 潮湿基质
damp treatment 湿处理,湿拌(种子消毒)
damp weight 鲜重,湿重
damp wood termites 原白蚁科[Termopsidae]
damped oscillation 阻尼振荡
damped regression 阻尼回归
dampener 湿润器
damper ①阻尼器,缓冲器,均湿器 ②阀,闸门,[调节]风门 ③挡板 ④湿润剂
damper applicantor roller 湿润剂施用滚筒
damper gear 缓冲装置
damper regulator 风门调节器,气流调节器{环保}
damper truck 自动倾卸卡车
damping ①阻尼(指阻碍物体作相对运动),减震,衰减 ②潮湿,回潮
damping action 阻尼作用
damping adjustment 阻尼调整
damping capacity 衰减能
damping control ①阻尼控制 ②湿润控制 ③加湿控制器
damping down 浇湿,洒湿
damping effect 减震作用
damping off ①猝倒病,立枯病{病理} ②舞病{畜}
damping-off fungi 猝倒病菌
damping off fungus of beech seedling 山毛榉实生苗立枯病菌[*Phytophthora annivora*]

damping off of bean 菜豆猝倒病［*Pythium aphanidermatum*（Eds.）Fitz］
damping off of beet 甜菜猝倒病［*Pythium aphanidermatum*（Eds.）Fitz.］
damping off of cabbage 甘蓝猝倒病［*Pythium debaryanum* Hesse］
damping off of corn 玉米猝倒病［*Pythium debaryanum* Hesse］
damping off of cotton seedling 棉苗猝倒病［*Pythium aphanidermatum*（Eds.）Fitz.］
damping off of cucumber 黄瓜猝倒病［*Pythium aphanidermatum*（Eds.）Fitz.］
damping off of eggplant 茄猝倒病［*Pythium aphanidermatum*（Eds.）Fitz.］
damping-off of lupine 羽扇豆猝倒病［*Botrytis cinerea* Pers］
damping-off of onion 洋葱立枯病［*Pellicularia filamentosa* Rogers.］
damping-off of pepper 辣椒立枯病［*Rhizoctonia solani* Kühn］
damping off of pine seedling 松苗立枯病［*Rhizoctonia solani*］
damping off of seedling 苗木立枯病
damping off of sorghum 高粱猝倒病［*Pythium debaryanum* Hesse］
damping off of tobacco 烟草猝倒病［*Pythium aphanidermatum*（Eds.）Fitz.］
damping-off of tomato 番茄立枯病［*Corticium vagum* Berk. et Curt.］
damping off of water-melon 西瓜猝倒病［*Pythium aphanidermatum*（Eds.）Fitz.］
damping-off of welsh onion 大葱立枯病［*Rhizoctonia solani* Kühn.］
damping period 阻尼期
damping ratio 阻尼系数
damping resistance 阻尼阻力
dampness 潮湿，湿润
damsel bug ①拟猎蝽（姬蝽）②⌊复⌉拟猎蝽科（姬蝽科）［Nabidae］
damsel flies 束翅亚目（蜻蜓目）［Zygoptera］
damson（= damson plum，bullace plum，bullace）乌荆子李（布拉斯李）［*Prunus insititia* L.］（蔷薇科）
damson-hop aphid（= hop damson aphid，hop aphid）啤酒花疣额蚜［*Phorodon humuli*（Schrank）］疣额（蚜科）
dan shen 丹参［*Salvia multiorrhiza* Bge.］（唇形科）
dance 舞蹈（指牲畜，蜜蜂）
dance fly ①舞虻 ②⌊复⌉舞虻科［Empididae］
dandelion ①蒲公英属［*Taraxacum* L.］（菊科）②（= milk gowan）蒲公英［*Taraxacum vulgare* Sch. = *T. officinale* Wigg.］
dandelion cutworm 蒲公英地［老］虎［*Rhyacia ditrapezium* Schiffermüller］（夜蛾科）
Dane particle 丹氏粒（指病毒）
danesblood（= dwarf-elder，danewort）矮接骨木
danesblood bellflower 丛生风铃草［*Campanula glomerata* L.］（桔梗科）
Danforth equilibrium 但福尔平衡（群体中突变出现的频率）
Dangeardian caryogamy（= Dangeardian fusion）当热尔核配，当热尔融合｛真菌｝
dangeardium 当热尔结构
danger ①危险，危害，威胁 ②危险物，危险信号（dominium）
danger line（水位）危险线
danger meter 测险仪，火险估测仪
danger of desiccation 干化危害
danger signal 危险信号
danger table 险情计算表，火险计算表
dangerous ①危险的 ②危害的，有害的（dangerus）
dangerous concentration 危险［的］浓度
dangerous function 危险函数
dangerous overheating 危险［的］过热
dangerous to bees 对蜜蜂有害的
dangerous zone 危险区，危险地带
Danggui 当归［*Angelica sinensis*（Oliv.）Diels］（伞形花科）
dangle 悬吊，悬挂（= hang）
danglepod sesbania 出水田菁［*Sesbania emerus*］（豆科）
Danielli-Davson model 但德二氏模型｛分遗｝
Danish cultivator 丹麦式中耕机
Danish plum line pattern virus 丹麦李线纹病毒
Danish type swine house 丹麦型猪舍
dansyl chloride 丹磺酰氯，5-二甲氨基萘磺酰氯
dansyl method 丹磺酰法｛生技｝
danthonia ①扁芒草属［*Danthonia* Lam. et DC.］（禾本科）②扁芒草［*Danthonia schneideri* Pilger.］
Dao dragonplum 人面子（银捻）［*Dracontomelum dao* Merr. et Rolfe］（漆树科）

DAP (= diaminopimelate) ①二氨基庚二酸 ②二氨基二酸盐、酯或根
Daphene (= dimethoate) 乐果{农药}
daphne ① (= spurge laurel) 瑞香属 [*Daphne* L.] (瑞香科) ②瑞香 [*Daphne odora* Thunb.]
daphne flower valeriana 瑞香缬草 [*Valeriana dephniflora* Hand. -Mazz.] (败酱科)
daphnetin 瑞香素,二羟香豆素
daphnid ①水蚤 ②⌊复⌉水蚤科 [Daphiidae]
daphniphyllum ①交让木属 [*Daphniphyllum* Bl.] (交让木科) ②交让木 [*Daphniphyllum macropodum* Miq.]
daphniphyllum family 交让木科 [Daphniphyllaceae]
dapple ①斑点的 ②斑,斑点,圆斑 (maculosus)
dapple-bay 栗色圆斑[马]
dapple-grey 灰色圆斑[马]
Darjeeling 大吉岭(印度著名茶区)
dark ①黑暗的 ②黑色的 ③阴沉的
dark adaptation 暗适应
dark amber honey 深琥珀色蜂蜜
dark apple red bug (= apple red bug) 苹红盲蝽 [*Lygidea mendax* Reuter = *Heterocordylus malinus* Reuter] (盲蝽科)
dark atom 暗原子(指无放射性的原子)
dark blood-red 暗血红色的 (atrosanguineus)
dark blue 深蓝色
dark brown 棕褐色,暗褐色 (fuscus)
dark brown ant 黑蚁(普通黑蚁) [*Lasius niger* L.] (蚁总科)
dark-brown borer 暗褐天牛 [*Tetropium fuscum*] (天牛科)
dark brown-headed rice stem borer 稻暗头螟 [*Chilo diffusilineus* (De Joannis)] (螟蛾科)
dark-brown soil 暗棕钙土
dark chestnut soil 暗栗钙土
dark CO_2 fixation 暗处 CO_2 同化作用,暗处 CO_2 固定
dark color (= dark colour) 暗色
dark-coloured 暗色的 (atrocoloratus)
dark-coloured mineral 深色矿物
dark-coloured soil 暗色土
dark coniferous forest 阴暗针叶林
dark contrast 暗反差{显技}
dark cotton-leaf thrips 棉叶暗蓟马 [*Hercothrips fumipennis* Bagnall et Cameron] (蓟马科)
dark current 暗电流
dark drosophila 酱油果蝇 [*Drosophila obscura* Fallén] (果蝇科)
dark-favored seed 喜暗种子,需暗种子
dark felling 下种伐
dark fixation 暗固定{显技}
dark flour beetle 黑拟谷盗 [*Tribolium destructor* Uyttenb.] (拟步甲科)
dark forest soil 暗色森林土
dark germination 需暗发芽
dark germinator ①需暗种子发芽器 ②需暗发芽种子
dark grain borer (= lesser grain borer) 谷蠹 [*Rhyzopertha dominica* (Fabricius)]
dark grayish brown 暗灰棕色的
dark green 暗绿色 (atrovirens)
dark-green leaves 暗绿色叶 (folii atrovirentes)
dark-growth reaction 暗生长反应
dark hard winter [**wheat**] 黑色硬质冬麦
dark-headed rice borer 稻多丽螟 [*Chilo polychrysa* (Meyrick)] (螟蛾科)
dark heart 暗色心材
dark holding recovery 暗保持恢复
dark honey 深色蜂蜜
dark humus soil 暗色腐殖质土
dark-inhibited seed 受暗抑制种子,需光发芽种子
dark inhibition 暗抑制
dark inhibitory process 暗抑制过程
dark inhibitory reaction 暗抑制反应
dark-leaved 暗叶的 (scotophyllus)
dark light 不可见光
dark lines 暗线
dark mealworm 黑粉虫 [*Tenebrio obscurus* (Fabricius)] (拟步甲科)
dark muscle (= dark meat) 带血肉
dark oystershell scale 黑牡蛎盾蚧(东方蛎盾蚧,柿蛎蚧) [*Lepidosaphes tubulorum* Forris] (盾蚧科)
dark pear pyralid 梨暗纹螟 [*Rhodophaea marmorea* Haworth] (螟蛾科)
dark period 暗期
dark phase (= dark period) 暗期
dark pith 心腐病,黑心病
dark-purple 暗紫色的 (atropurpureus)
dark-purple cymbidium 墨兰(报岁兰) [*Cymbidium sinense* (Andr.) Willd.] (兰科)
dark radiation 暗辐射
dark rays 暗射线

dark reaction 暗反应
dark reactivation 暗重激活,暗复活作用
dark red bean (= adzuki bean, adsuki bean) 红豆(赤豆)[*Phaseolus angularis* Wight](豆科)
dark red ferralsols 暗红色铁铝土
dark red latosols 暗红色砖红土
dark red light 暗红光
dark repair 暗修复
dark repair mechanism 暗修复机制
dark respiration 暗呼吸
dark rigour 暗醉,暗痹,黑暗僵直
dark satellite 秘密卫星,暗卫星,哑卫星(指失去作用的卫星){物}
dark seed 需暗种子
dark-sided cutworm 黑缘地蚕[*Euxoa messoria* (Harr.)]
dark sword grass moth (= black cutworm) 小地老虎[*Agrotis ipsilon* Hufnagel](夜蛾科)
dark trace tube 暗迹管(指暗迹阴极射线管)
dark vigor 黑暗活力,黑暗生长强度
dark-violet 暗紫蓝色的(atroviolaceus)
darkening 暗色化
darkening filter 暗色过滤器
darkening of wine [with age] 使有酒味,带有马德拉葡萄酒色
darkfield 暗视野
darkfield condenser 暗视野聚光镜
darkfield illumination ①暗视野照明 ②暗视野映光法
darkfield microscope 暗视野显微镜
darkfield microscopy 暗视野镜检术
darkfire-curved tobacco 闷烘种烤烟(指微热量烘干的烟叶)
darkling ground beetle ①拟步甲 ②⌞复⌝拟步甲科[Tenebrionidae]
darkness 黑暗,阴暗
darkroom 暗室
darkroom filter 暗室滤光器
darkroom lamp 暗室灯
darkroom processor 暗室显影机
Darlington amplifier 达林顿放大器
Darlington circuit 达林顿电路
Darlington pair 达林顿对
Darlington rule 达林顿法则{细胞}
darn ①织补,编织 ②织补处
darnel 毒麦(= darnel ryegrass, bearded darnel, bearded ryegrass)[*Lolium temulentum* L.](禾本科)
darning 织补
darning-needle ①蜻蜓[*Lestes* spp.] ②⌞复⌝蜻蜓科[Aeschnidae] ③织补针
dart ①发射,放射,照射 ②飞奔,急驰 ③螯针,针刺,螯刺 ④射器
dart moth ①鸣夜蛾[*Agrotis exclamationis* L.](夜蛾科) ②⌞复⌝地老虎类及切根虫类
darvan 达尔万(一种分散剂)
darwin 达(进化速率单位)
Darwinian competition 达尔文氏竞争
Darwinian evolution 达尔文氏进化
Darwinian fitness 达尔文氏适合度,适应值
Darwinian selection 达尔文氏选择
Darwinism 达尔文学说,达尔文主义(Darwinismus){进化}
Darwin's pheasant 勺鸡,达尔文野鸡
Darwin's theory of sexual selection 达尔文有性选择说{进化}
dash 破折号
dash board ①遮泥板,除泥板(指马车) ②仪器板(指汽车)
dash light 仪表板灯
dash-out 删去,涂丢
dashdot-line 点划线
dashed line 虚线
dasheen (= taro) 芋[*Colocasia antiquorum* Schott var. *esculenta* Engl. = *C. esculenta* (L.) Schott](天南星科)
dasheen horn worm 芋黄褐天蛾[*Theretra pinastrina* Martyn](天蛾科)
dasheen tree-borer 芋蝙蝠蛾[*Palpifer sexnotatus ronin* Pfitzener]
dasher 搅拌器
dashpot ①减振器,阻尼筒 ②(流变学机械模型中的)黏性元件
dasiphora ①金露梅属[*Dasiphora* Rydb.](蔷薇科) ②金露梅[*Dasiphora fruticosa* Rydb.]
dasyacanthous 粗刺的(dasyacanthus)
dasyandrous 粗雄蕊的,毛雄蕊的(dasyandrus)
dasyanthous 毛花的(dasyanthus)
dasycarpous 毛果的(dasycarpus)
dasycladous 毛枝的(dasycladus)
dasyphyllous ①毛叶的,厚叶的 ②密集叶的 ③具绵毛叶的(dasyphyllus)
dasystylous 毛花柱的(dasystylus)
data (为 datum 的复数) ①记录 ②资料 ③数据{统计}
data abnormal 数据异常
data access protocol (DAP) 数据存取协议{电脑}
data access register (DAR) 数据存取寄存器

data accumulation 数据累积〔统计〕
data acquisition 数据获取，数据采集〔智培〕
data acquisition and control（DAC） 数据采集与控制
data acquisition computer 数据采集计算机
data acquisition equipment（DAE） 数据采集设备
data analysis routine 数据分析程序
data bank（= database） 数据库〔信息〕
data block（DBLK） 数据块〔遥感〕
data-book 数据手册〔信息〕
data bus connector（DB connector） 数据总线连接器
data card 资料卡片，数据卡〔智培〕
data carrier detected（DCD） 被检测数据载体
data collection 数据收集〔遥感〕
data collection system tape 数据收集系统磁带〔遥感〕
data communication（DC） 数据通信〔信息〕
data communication adaptor unit（DCA） 数据通信转接器
data communication equipment 数据通信设备
data communication network architecture（DCNA） 数据通信网络体系
data compression factor 数据压缩系数〔遥感〕
data compression routine 数据压缩程序〔遥感〕
data control block（DCB） 数据控制块
data control language（DCL） 数据控制语言〔电脑〕
data description language（DDL） 数据描述语言
data digital audio tape（DAT） 数据数字音频磁带
data entry database（DEDB） 数据输入数据库
data entry procedure 数据进入程序〔遥感〕
data extend block（DEB） 数据扩充块〔信息〕
data file 数据文件
data flow control（DFC） 数据流控制[器]
data for comparison 比较用资料
data handling 数据处理
data-in 输入数据
data independence access model 数据独立存取模型〔遥感〕
data input bus（DIB） 数据输入总线〔信息〕
data item description（DID） 数据项描述〔信息〕
data length 数据长度
data link adapter（DLA） 数据链路适配器
data link control（DLC） 数据链[路]控制
data logger 数据记录器
data logging 数据记录
data loop transceiver（DLT） 数传机，数据环路收发机
data machine 数据[处理]机
data management block（DMB） 数据管理块
data management language 数据管理语言
data management of production system of informatization 信息化[的]生产系统数据管理〔智培〕
data management software（DMS） 数据管理软件
data management structure 数据管理结构〔遥感〕
data manipulation 数据操作〔遥感〕
data manipulation and display software 数据操作与显示软件〔遥感〕
data manipulation language 数据操作语言〔遥感〕
data model 数据模型〔遥感〕
data network 数据网络〔遥感〕
data output 数据输出〔电脑〕
data output option 数据输出选择〔遥感〕
data packet 数据包，数据分组
data pool 数据库，数据源
data portability 数据可移性〔遥感〕
data processing（= data handling）（DP） 数据处理
data processor（= datatron） 数据处理机
data rate 数据率〔遥感〕
data recording control（DRC） 数据记录控制[器]
data recording device（DRD） 数据记录设备
data redundancy 数据冗余〔遥感〕
data register 数据寄存器
data relatability 数据关联法〔遥感〕
data security monitor（DSMON） 数据安全监控器
data sequence number（DSN） 数据序列号
data services unit（DSU） 数据服务设备
data serving region（DSR） 数据服务区
data set（DS） 数据集
data smoothing 数据平滑〔遥感〕
data storage ①数据存储 ②数据存储器
data storage control language（DSCL） 数据存储控制语言〔遥感〕
data stream interface（DSI） 数据流接口
data structure（DS） 数据结构
data structure diagram（DSD） 数据结构图

data switching equipment（DSE） 数据交换设备
data terminal equipment（DTE） 数据终端设备〔遥感〕
data text 数据文本
data transfer bus 数据传送总线〔信息〕
data transmission 数据传输〔遥感〕
data typewriter 数据打字机
data update system 数据更新系统
data valid 有效数据
data validity 数据有效性
data warehouse 数据[仓]库
data window 数据窗口
database（DB） 数据库〔信息〕
database administration language（DAL） 数据管理语言
database administrator（DBA） 数据库管理员
database computer（DBC） 数据库计算机
database design aid（DBDA） 数据库设计辅助工具〔智培〕
database environment 数据库环境〔遥感〕
database facility（DBF） 数据库设备
databasc industry 数据库产业〔智培〕
database interface（DBI） 数据库接口（指与数据库计算机的接口）
database key 数据库关键码〔遥感〕
database language（DBL） 数据库语言〔信息〕
database machine 数据库处理机〔遥感〕
database management system（DBMS） 数据库管理系统〔遥感〕
database processor（BDP） 数据库处理机
database system of crop production 作物生产数据库系统〔智培〕
database task group（DBTG） 数据库任务组[系统]〔遥感〕
database technology 数据库技术〔智培〕
datamation 数据自动化（datamatio）
dataphone digital system（DDS） 数据电话[机]数字系统〔信息〕
datastore 数据区
datatron 数据处理机（指十进制计算机）〔智培〕
date ①日期（指年月日）②时代，年代（datum）
date-compiled 编译完成日期
date line 日界线
date mite 草地小爪螨［*Oligonychus pratensis* Banks］
date of blooming 开花期
date of booting 孕穗期
date of closing of crop 封垄期
date of dead-ripening 枯熟期
date of earing（＝date of heading） 抽穗期
date of early frost 早霜[日]期
date of elongation ①拔节期（指禾谷类）〔栽培〕②伸长期〔解剖〕
date of expiration of a term 限期满，契约终止期
date of full blooming 盛花期
date of full-ripening 完熟期
date of ground manuring 施基肥日期
date of harvest（＝date of harvesting） 收获期
date of head sprouting 抽穗期
date of heading ①抽穗期（禾谷类）②卷心期（甘蓝类）
date of initial blooming 始花期
date of maturity（＝ date of ripening） 成熟期
date of milking 灌浆期（禾谷类）
date of milky ripening 乳熟期
date of mowing 刈草日期
date of pinching ①打尖日期 ②摘心日期
date of planting ①播种期 ②种植期，栽种期 ③定植期
date-of-planting experiment 播种期试验
date of preparation of soil（＝date of tillage）（播种前）整地日期
date of replant 补种日期，补栽日期，重栽日期
date of resowing（＝date of reseeding） 补种日期，重播日期
date of ripening 成熟期
date of roguing 去劣去杂日期
date of seeding 播种期
date of silking 吐（抽）丝期（玉米）
date of soiling 青刈日期（饲料作物）
date of sprouting 发芽期
date of tamping 镇压日期
date of the first egg 最初产蛋日期（产第一个蛋的日期）〔禽〕
date of thinning 间苗期
date of transplanting ①移植期，移栽期 ②插秧期（指水稻）
date of transplanting rice ［水稻］插秧期
date of waxen ripening 蜡熟期
date of yellow ripening 黄熟期
date palm ①海枣属［*Phoenix* L.］（棕榈科）②海枣（枣椰子，番枣）［*Phoenix dactylifera* L.＝*P. cycadifolia* Hort.］
date palm fruit borer 海枣髓斑螟［*Myelois decolor* Zeller.］（斑蛾科）
date palm scale 枣片盾蚧［*Parlatoria blanchardi*（Targioni-Tozzetti）］（盾蚧

科)
date palm yellow mite 枣椰旁叶螨[*Paratetranychus afrasiaticus* McGregor](叶螨科)
date plum 君迁子(软枣)[*Diospyros lotus* L.](柿科)
date pyrgeometer 大气辐射表,白昼地面辐射表
date test (= date-of-planting experiment) 播种期试验
date wine 海枣酒,枣椰酒
date wood 枣木(指木材)
date-written 写成日期
Datel 数据通信(指英国公用电话网的)
Datel circuit 得泰尔电路,数据通信电路
dating routine 记日期程序{电脑}
dative bond 配价键
dATP (= deoxyadenosine triphosphate) 脱氧腺苷三磷酸
dattack 带毒豆[*Detarium senegalense* Gmelin.](豆科)
datum level 基准水位,基准高程
datum line 基线
datum plane 基准面
datum point 基准点
datura ①曼陀罗属[*Datura* L.](茄科)②曼陀罗[*Datura stramonium* L.]
datura innosia 毛曼陀罗[*Datura inoxia* sp.](茄科)
daucus ①胡萝卜属[*Daucus* Baill.](伞形花科)②胡萝卜[*Daucus carota* L. var. *sativa* DC.]
dauer larva 永续幼虫{蚕}
dauer pupa 永续蛹
dauermodification ①定期变异{微生物}②持久饰变{遗传}(dauermodificatio)
daughter ①子[体],子[系]②子女(fillalis)
daughter board 子插件板{电脑}
daughter bulb 子鳞茎,小球
daughter cell 子细胞(cellula filialis)
daughter chromatid 子染色单体(chromatis filialis)
daughter chromosome 子染色体(chromosoma filialis)
daughter colony 子菌落
daughter lubercorm 子芋,小块茎
daughter nucleus 子核(nucleus filialis)
daughter plant 子株,新苗
daughter ring 子环
daughter spore 子孢子(spora filialis)
daughter sporophyte 子孢子体(sporophyta filialis)
daughter strand 子链,子股
daughter tuber 子块茎,子薯,薯子(= daughter tuberous root)
daughtercard 辅助卡{电脑}
daunomycin 道诺霉素
daunorubicin 道诺红菌素
daunorubicinol 道诺红菌素醇
David false panax ①梁王茶属[*Nothopanax* Miq.](五加科)②梁王茶[*Nothopanax davidii* (Fr.) Harms = *N. delavayi* (Fr.) Harms]
David lily 大卫氏百合[*Lilium davidii* Duch.](百合科)
David maple 青榨槭[*Acer davidii* Franch.](槭科)
David peach 山桃(山毛桃)[*Prunus davidiana* (Carr.) Franch.](蔷薇科)
David poplar 山杨[*Populus davidiana* Dode](杨柳科)
Davidson's plum 虎耳果(库龙果)[*Davidsonia prurieus* F. V. Muell.]
Davis U-tube 大卫斯U形管
dawn redwood ①水杉属[*Metasequoia* Miki ex Hu et Cheng](杉科)②水杉[*Metasequoia glyptostroboides* Hu et Cheng]
day ①日,天②白天,白昼
day-book 日记本(试验用)
day breeze 昼风,日风
day cestrum (= day fessamine) 昼开夜香树[*Cestrum diurnum* L.](茄科)
day degree method 日度法(测定蒸腾)
day-fly ①蜉蝣[*Ephemera vulgare* L.]②⌊复⌉蜉蝣科[Ephemeridae]
day-fly moth ①(= luna moth) 天蚕蛾②⌊复⌉大蚕蛾科[Saturniidae]
day free of frost (= day without frost) 无霜日
day intermediate plant 中昼长植物,中日性植物
day labourer (计日工资)临时工,短工,日工
day-length 昼长,日长
day-length and growth duration 日照长度与生育期,昼长与生育期
day-length control 日照长度控制,昼长控制
day-length-neutral annuals ①中日性一年生作物②中间性一年生植物(光期钝感一年生植物)
day-lily ①萱草属[*Hemerocallis* L.](百合科)②萱草(金针菜,黄花菜)[*Hemerocallis citrina* Baroni]
day-neutral characteristics 中日性特征(光期钝感特征)

day-neutral plant 中日性植物,光期钝感植物,中间性植物
day-neutral variety 中日性品种
day-night rhythm 昼夜节律
day of hail 雹日
day-off 休息日
day-old chick 一日雏(孵出一天小鸡)
day-round grazing (= day-round pasturing) 昼夜放牧
day-shift 日班
day-stone 露头{地质}
day-taler 计日工
day temperature 日温,白天温度
day-to-day ①每天的,一天又一天的,逐日的 ②日常的,经常性的
day-to-day change 逐日变化
day-wage work 计日工资
day with fog 雾日
day with frost 霜日
day with rain 雨日
day with snow 雪日
day without frost 无霜日
day work ①临时作业 ②日常工作
dayflower (= Asiatic dayflower) 鸭跖草[*Commelina communis* L.](鸭跖草科)
daylight 日光,日照
daylight effect 日光效应
daylight lamp 日光灯
days for maturation 成熟日数
days from first to full heading 抽第一穗到全部抽穗的日数
days to heading [出苗]到抽第一穗的日数
daytime 日间,白天[时间]
daytime temperature 日间温度
dazoment (= Mylone) 棉隆{农药}
dB (= decibel) 分贝
DBC (= N^6-2′-O-dibutyryladenosine-3′,5′-monophosphate) 双丁酰环腺苷酸
DBH (= diameter at breast height) 胸高直径
DB·HP (= drawbar horsepower) 牵引马力,牵引功率
DC (= direct current) 直流电
dC (= cytosine deoxyriboside) 脱氧胞苷
DCC (= dicyclohexylcarbodiimide) 二环己基碳二亚胺
dCD (= deoxycytidine deaminase) 脱氧胞苷脱氨酶
dCK (= deoxycytidine kinase) 脱氧胞苷激酶
dCMP (= deoxycytidylic acid) 脱氧胞苷酸
DCMU (= 3-(3,4-dichlorophenyl)-1,1-dimethylurea) 二氯苯[基]二甲脲
DCP (= digestible crude protein) 可消化粗蛋白质
DCPA (= Chlorthal-dime-thyl) 敌草索
DCPM (= K 1875) 杀螨醚(杀螨剂)[$C_{13}H_{10}Cl_2O_2$]
DCT (= data communication terminal) 数据通信终端{信息}
dCTP (= deoxy cytidine triphosphate) 脱氧胞苷三磷酸
DCU (= dicyclohexylurea) 二环己[基]脲
DD (= Dicyandiamid) 双氰胺[$C_2H_4N_4$]
ddATP (= 2′,3′-dideoxyadenosine triphosphate) 2′,3′-双脱氧腺苷三磷酸{分遗}
ddC (= 2′,3′-dideoxycytidine) 2′,3′-双脱氧胞苷
ddCTP (= 2′,3′-dideoxycytidine triphosphate) 2′,3′-双脱氧胞苷三磷酸
DDD (= TDE) 滴滴滴{农药}
DDE 滴滴伊(滴滴涕降解产物)[$C_{14}H_8Cl_4$]
ddG (= 2′,3′-dideoxyguanosine) 2′,3′-双脱氧鸟苷
ddGTP (= 2′,3′-dideoxyguanosine triphosphate) 2′,3′-双脱氧鸟苷三磷酸
ddI (= 2′,3′-dideoxyinosine) 2′,3′-双脱氧肌苷
ddN (= 2′,3′-dideoxyribonucleoside) 2′,3′-双脱氧核苷
ddname (= data definition name) 数据定义名{电脑}
ddNTP (= 2′,3′-dideoxyribonucleosine triphosphate) 2′,3′-双脱氧核苷三磷酸
DDSA (= dodecenyl succinic anhydride) 十二[碳]烯琥珀酸酐
DDT (= dichlorodiphenyl trichloroethane) 滴滴涕(杀虫剂)[$C_{14}H_9Cl_5$]
ddT (= 2′,3′-dideoxythymidine) 2′,3′-双脱氧胸苷
DDT emulsion 滴滴涕乳剂
DDT emulsive powder 滴滴涕乳粉
DDT mutachromosomic effect DDT 诱变染色体效应
DDT residues 滴滴涕残留量
ddTTP (= 2′,3′-dideoxythymidine triphosphate) 2′,3′-双脱氧胸苷三磷酸
DDVP (= dichlorvos) 敌敌畏
de- ⌞字头⌝①离,下 ②除,脱,减
de-acclimation 消除[气候]适应
de-desertification 改造沙漠
de-etiolation 去黄化,脱黄化(deetiolatio)
de-icing salt 防[结]冰盐,去[结]冰盐
de-ironed brown loam 离铁棕壤
de-ironed red loam 离铁红壤

de-leafing 自脱叶
de novo 从头
de novo origin 从新起源
de novo sequencing 从头序列测定,从头测序{分遗}
de novo synthesis 从头合成,全程合成
de soto (=blackawk) 森林树木园
de-vernalization 解除春化(devernalisatio)
deacetylation 脱乙酰[基]作用
deacetylmethyl colchicine 脱乙酰甲基秋水仙碱
deacidifying 脱酸
deacidite 碱性类型离子交换树脂(商品名称)
deactivated ①去活化,失活 ②使失效 ③释放(deactivatus)
deactivation 去活化[作用],钝化,失活(deactivatio)
deactivator 去活化剂,钝化剂
deacylase 脱酰[基]酶
deacylated tRNA 脱酰 tRNA
deacylation 脱酰[基]作用
dead ①死亡的,凋谢的,无生命的,枯落的 ②完全的,全然的,绝对的,精确的 ③已不可用的,不流通的 ④(颜色)不鲜明的 ⑤截止的期限(mortuus)
dead air 闭塞空气,不流通的空气
dead-and-down 枯倒木
dead and dry face 干枯面(采脂树)
dead and dying tree 枯死树
dead arm (=deadside arm) 蔓割病,黑腐节,坏死病(葡萄)
dead arm of grape 葡萄蔓割病[*Cryptosporella viticola* (Red.) Shear]
dead band 静带,静区,死区,不工作区{电脑}
dead body 死体(corpus mortuus)
dead branch 枯枝,死枝(ramus mortuus)
dead card 停用卡{电脑}
dead cell 死细胞(cellula mortua)
dead cell staining 死细胞染色
dead channel 静通道,静信道{信息}
dead cotton 死棉
dead dam 死坝,无效坝
dead egg (蚕)死卵
dead embrace 死包围{电脑}
dead end 死路,死端
dead-end batch reactor 死端式分批反应器{生技}
dead-end filtration 死端式过滤
dead-end main 尽头干管{环保}
dead face (=dry face) 干割面(指采脂割面已停止采脂)
dead fallow ①绝对休闲 ②绝对休闲地
dead fallowing 绝对休闲
dead file 停用文件
dead flower 凋谢花(flos mortuus)
dead furrow 墒沟(开垄耕作法)
dead glacier 死冰川
dead halt 死停,完全停机{信息}
dead head 白穗(禾谷类)
dead heart 枯心[苗]
"dead heart" moth 高粱黑点蛀螟[*Proceras argyrolepidus* Hamps.](螟蛾科)
dead hedge 柴篱
dead horizon 死[土]层
dead-ice area 死冰区{遥感}
dead key 停用键,固定键,死位键,静键
dead knot 死节(nodus mortuus)
dead lake 死湖
dead leaves 枯落叶(folii mortuae)
dead level 绝对平面
dead line ①静线,空线,暂停路线,死线{电脑}②最后限期,截止限期{农管}
dead line game ①不可逾越界线对策 ②死线对策
dead litter [死]枯枝落叶层{生态}
dead load (=dead loading) 静负荷
dead loss 不可补偿的损失
dead man's fingers 多形炭角菌[*Xylaria polymorpha* (Pers.) Grev.]
dead margin 边缘萎凋(制岩茶的茶叶)
dead matter 无机物
dead memory 静止存储器
dead nettle ①野芝麻属[*Lamium* L.](唇形科) ②野芝麻[*Lamium album* L.]
dead number 空号
dead page 死页,无效页
dead path 死路
dead piled 实积的
dead plant cover 死地被物
dead plant part (=stubble) 植株残体,残茬
dead point (=death point) 死亡点(指温度)
dead program 停用程序
dead rice kernel 死稻粒(无发芽力)
dead-ripe 枯熟的
dead-ripe stage 枯熟期
dead ripeness ①枯熟 ②枯熟度
dead roll 静滚轮
dead season 寒季
dead silkworm in cocoon 茧中死蚕
dead silkworms in cocooning frame 蔟中死蚕
dead-smooth-flat file 光扁锉(工具)
dead soil 死土(无土壤肥力)

dead soil covering 死地被物,枯枝落叶层
dead space 不工作区,无信号区,静区
dead spot 盲区,死点
dead stalk ①枯秆 ②枯秆病(亚麻)
dead standing tree 枯立木
dead state 停滞状态
dead stop 完全停止
dead streak (木材)条纹
dead structural material 死结构物质{生态生理}
dead supporting material 死支持物质
dead terminal 无效终端
dead time 死时间,死期,停滞时间
dead track 失效磁道,死道{信息}
dead volume 死体积
dead water 死水,静水
dead weight ①死重{畜} ②(无生命)笨重物
dead-weight brake 配重闸
dead wind 逆风
dead wire 死线(不通电流的电线)
dead-wood ①沉材,沉木(流送或水中贮材时沉入水底的木材) ②(= dead standing trcc) 枯立木
dead wool 死毛
dead worm cocoon 死笼茧
dead zone 不工作区,静区,死区
deadborn 死胎的
deadenylation 脱腺苷化(deadenylatio)
deadenylylating enzyme 脱腺苷酰酶
deadfall (= dead-and-down) 枯倒木
deadlock 死锁{信息}
deadlock absence 死锁排除
deadlock detection 死锁检测
deadlock diagnosis 死锁诊断
deadly amanita 毒鹅膏(鬼笔鹅膏菌)[*Amanita phalloides* Secr.](鹅膏科)
deadly calabar-bean 毒扁豆[*Physostigma venenosum* Balf.](豆科)
deadly embrace ①封锁 ②静态
deadly nightshade 颠茄[*Atropa belladonna* L.](茄科)
deadly temperature 致死温度
deadstock 固定资产(如农机具)
DEAE (= diethylaminoethyl) 二乙氨乙基
DEAE-cellulose (= diethylaminoethyl cellulose) 二乙氨乙基纤维素,DEAE-纤维素
DEAE-cellulose membrane 二乙氨乙基纤维素膜,DEAE-纤维素膜
DEAE-dextran 二乙氨乙基葡聚糖,DEAE-葡聚糖
deaeration 除气(deaeratio)
deaerator 除气器

deaf ①不实的(用于酸模属的果实) ②聋的
deaf-seed 空种子(用于禾本科)
deairing 脱气(指将水中溶存的气体脱除,使其散发到空气中,这一过程称为脱气){环保}
deal ①分配,分给 ②处理,处置 ③枞木板 ④交易 ⑤协议
deal fallowing 黑色休闲,绝对休闲
deal frame-saw 固定排锯
deal furniture 枞木家具
dealation 脱翅(dealatio)
dealbate 白色的(dealbatus)
dealcoholization 脱醇作用
dealer 零售商
dealer net 零售商网
dealkalization 脱碱作用
dealkalization horizon 脱碱层
dealkylation 脱烃(烷)作用
deallocation ①去分配,解除分配 ②重新分配(deallocatio)
deallocation of devices 设备重新分配
dealtree ①冷杉属[*Abies* Mill.](松科) ②冷杉[*Abies faberi* Craib]
dealumination 脱铝[作用](dealuminatio)
deamidase [脱]酰胺酶
deamidation 脱酰胺作用
deamidinase 脱脒基酶
deamidination 脱脒基作用
deamidization 脱酰胺作用
deamidizing enzyme 脱酰基酶
deaminase 脱氨[基]酶
deaminase coenzyme 脱氨[基]辅酶
deamination 脱氨[基]作用
deangling 消除耙组偏角(使圆盘耙转为运输状态)
deaquation 脱水[作用](deaquatio)
dearth ①稀少(= scarcity),不足,缺乏(= lack) ②饥饿,饥馑(= famine)
dearth of food 粮食缺乏
deastringency 脱涩(如柿子){园艺}(deastrictio)
deastringency with carbon dioxide gas 二氧化碳气脱涩,碳酸气脱涩
deastringency with hot water 温汤脱涩
death ①死亡(= dying, ending of life) ②死亡状态(= state of being dead)
death angel 毒鹅膏[*Amanita phalloides* (Vaill. ex Fr.) Secr.](鹅膏科)
death by low temperature 低温死亡
death cup ①(= death angel) 毒鸦膏 ②(= death cap) 剧毒毒伞的子实体
death-day 死亡日期

death-feigning 装死｛狩猎｝
death from pressure 压死(指受压力而死的)
death mimicry 装死
death phase 死亡期
death point 致死温度,死亡点(指温度)
death process 死亡过程
death rate (= mortality) 死亡率
death ray 死光
death-ring 死亡环
death tick ①食蚜蝇 ②⌞复⌝食蚜虻科［Syrphidae］
death-watches ①(= deathwatch beetles)窃蠹科［Anobiidae］②(= booklice)窃虫科［Atropidae, Trogiidae］
death's head 颠茄天蛾［*Acherontia atropos* Linnaeus］(天蛾科)
death's head hawk moth 骷髅天蛾［*Acherontia atropos* (Linnaeus)］(天蛾科)
deawner 除芒器
deawning 除芒
debacle 解冻 (debaculus)
debanker 破埂器,平埂器
debark (= decorticate) ①剥［树］皮 ②除皮,脱皮
debarking machine 剥皮器,剥皮机
debase 贬低,降低
debatable 有争议的 (debatabilis)
debatable land 有争议［境界］地
debatable time 有争议时间
debeaking 断喙
debilitate 虚弱的,衰弱的 (debilitatus)
debilitated plant 衰弱植株 (planta debilitata)
debilitation 虚弱,衰弱 (debilitatio)
debit ①借方 ②记入借方
debit card (DC) ①信用卡 ②结算卡
debit card system 信用卡系统,借方卡系统
deblocking ①去封闭去阻塞｛生技｝②解块,程序分块,数据分块｛电脑｝
deblocking agent 去阻塞剂
deblossoming 摘花
debone 剔骨
debooster 减压器
debouch 河口,出口
debounce 去反跳,抑制振动,抑制摆动
debounce circuit 去反跳电路
debounce counter 去反跳计数器,去抖动计数器
debouncing 去抖动,消除抖动,清除反冲
debounder ①去抖动器 ②去抖动电路
debranching ①剪枝 ②脱枝｛园艺｝
debranching enzyme 脱枝酶,淀粉-1,6-葡萄苷酶
debregeasia ①水麻属［*Debregeasia* Gaudich.］(荨麻科) ②水麻［*Debregeasia edulis* Wedd.］
debris ①岩屑 ②碎屑,碎片 ③碎屑状物 ④瓦砾堆
debris avalanche 岩屑崩塌｛地质｝
debris barrier 拦沙坝
debris cone 岩屑锥,倒石锥
debris fall 岩屑崩落
debris slide 岩屑滑动
debromination 脱溴作用
debt 债,债务｛农经｝
debt relief 免除［农业］债务
debud 去芽,抹芽
debug ①驱除害虫,驱虫｛栽培｝②调试,调整｛电脑｝③排除故障,排除误差｛统计｝④排除窃听器｛信息｝
debug aids 调试辅助工具
debug card 调试卡
debugging ①调试,调整 ②排除错误,排除故障
debugging software package 调试软件包
debugging suppression 调试抑制
debugging tool 调试工具
Debye-Waller factor 德拜－沃勒因子｛分生｝
Debye's equation 德拜方程｛分生｝
deca- ⌞字头⌝十,癸
decade ①十年 ②十进位,十进制
decade adder 十进制加法器
decade computer 十进制计算机
decade counter 十进制计数器
decade divider 十进制除法器
decade scaler 十进制定标器,十进制计数器
decade subtracter 十进制减法器
decaffeinated 除去咖啡因的
decagonal 十角形的 (decagonalis)
decagram (dag) 十克 (decagramma)
decagynian (= decagynous) ①具十花柱的 ②具十心皮的 (decagynus)
decahedral 十面的 (decahedrus)
decahedron 十面体
decalcification 脱钙 (decalcificatio)
decalcification residue 脱钙残余物
decalcified soil 脱钙土壤
decalcifying agent 脱钙剂
decalcity 脱钙性,脱钙度 (decalcitas)
decalin 十氢萘［$C_{10}H_{18}$］
decameter (dam) 十米
decamethonium 十烷双胺,癸烷双胺
Decamethrin 溴氰菊酯(杀虫剂)
decametre (= decameter) 十米

decandrous (= decander, decandrian) 十雄蕊的 (decandrus)
decane 癸烷 [$C_{10}H_{22}$]
decanoate ①癸酸 ②癸酸盐,癸酸酯或癸酸根
decanoic acid 癸酸 [$C_9H_{19}COOH$]
decanoin [三]癸酸甘油酯
decanol 癸醇 [$C_{10}H_{21}OH$]
decanoyl- 癸酰[基]
decant 澄清,(把澄清液)倾析
decantation ①倾析 ②倾洗,倾注法 (decantatio)
decanting 倾析 (decantharens)
decanting valve 倾析阀,面液阀 {环保}
decantor 倾析器
decapacitating factor 去能因素
decapacitation 去能作用(精子) (decapacitatio)
decapetalous 具十花瓣的 (decapetalus)
decaphyllous 具十叶的 (decaphyllus)
decapitated coleoptile 去尖芽鞘 (coleoptilum decapitatum)
decapitation ①切头法,顶部切除法 ②切头,去尖,打顶 (decapitatio)
decapitation callus method 愈伤(合)组织顶部切除法
decaploid 十倍体 (decaploida) {细胞}
decaploidy 十倍性 (decaploidas)
decapod 十足类 [Decapodae]
decarbonation 脱碳酸作用 (decarbonatio)
decarbonator 除二氧化碳器,脱碳酸器 {环保}
decarbonization 脱碳[作用] (decarbonisatio)
decarboxylase 脱羧酶
decarboxylating enzyme 脱羧酶
decarboxylation 脱羧作用
decasepalous 具十萼片的 (decasepalus)
decaspermial 具十种子的 (decaspermus)
decationizing ①除阳离子的 ②除阳离子[作用]
decatron 十进制计数管,十进管
decay ①腐解,分解 ②腐朽,腐败 ③衰变,蜕变,减退 ④凋谢
decay accelerating factor (DAF) 衰变加速因子 {分生}
decay constant 衰变常数
decay control 防腐
decay durability 比较耐朽性
decay factor 衰减因子
decay hazard 腐朽危险
decay of genetic variability 遗传变异性衰退
decay of variability 变异性衰退
decay of variation 变异衰退
decay ooze 腐泥
decay process 腐解过程
decay rate 腐解率 {生态生理}
decay rate of detritus 碎屑腐解率
decay ratio 衰减比
decay resistance 比较抗朽性
decay time 衰减时间
decay type 腐朽型
decayed earth 朽壤(土壤肥力衰退)
decayed knot 朽节
decayed rock 风化岩石
decayed timber 腐朽木
decaying egg 退化卵,腐败卵
Deccan hemp (= kenaf, Java jute, ambari-hemp) 红麻(槿麻,洋麻) [*Hibiscus cannabinus* L.] (锦葵科)
decease ①死,死去 ②死亡 (decessus)
deceive ①伪装,掩饰 ②欺骗 (decigere)
deceiving 迷惑的,欺骗的 (decipiens)
deceiving coloration 欺骗色 (coloratio decipiens)
decelerate 减速
deceleration 减速,负加速度 (deceleratio)
deceleration phase 减速期
deceleration strip 减速[缓冲]带
deceleration time 减速时间
deceleration valve (= delayed-action valve) 减速阀
decelerator ①减速器 ②减速电极
decemdentate 具十牙齿的 (decemdentatus)
decemfid 具十半裂的(decemfidus)
decemflorous 具十花的 (decemflorus)
decemlocular 具十室的 (decemlocularis)
decending pathway 下行途径,下行通路
decennary ①十年间的 ②十年间 (decennis)
decenoyl- 癸烯酰[基]
decentralization 分散 (decentralisatio)
decentralization principle 分散原则 {电脑}
decentralized computer network 非集中式计算机网络,分布式计算机网络
decentralized controller design 分散控制器设计
decentralized data processing 分散数据处理,非集中式数据处理
decentralized estimator 分散估计器
decentralized gain matrix 分散增益矩阵
decentralized input 分散输入
decentralized management 分散经营 {农

经}
decentralized network 分散网络{信息}
decentralized optimization 分散最优化
decentralized regulator 分散调整器
decentralized system 分散系统
decerebration 大脑切除术(decerebratio)
dechlorinating agent 脱氯剂{环保}
dechlorination 脱氯作用(dechlorinatio)
deci- ⌊字头⌉十分之一,分
decibel(dB) 分贝
decibel meter(**dB meter**) 分贝计
decibels above reference noise(dBrn) 超过基准噪音的分贝数
decidability ①可判定性 ②可决定性(decidabilitas)
decidability of virus 病毒可判定性{电脑}
decidable ①可判定的 ②可决定的(decidabilis)
decide ①决定(= bring or come to a resolution) ②解决(= settle) ③判断,判定(= give judgment)(decidere)
decidua(= afterbirth) 胞衣,遗腹子
deciduilignosa 落叶木本群落
deciduous 脱落的,凋落的,落叶的(deciduus)
deciduous "bottle" trees "瓶型"落叶树(指猴面包属型)
deciduous broad-leaved forest 落叶阔叶树林
deciduous broad-leaved microporous woody plant 落叶阔叶微孔木本植物
deciduous broad-leaved tree 落叶阔叶树
deciduous calyx 落萼(calyx deciduus)
deciduous canopy 落叶树冠
deciduous coniferous forest 落叶针叶林
deciduous corolla 落冠(corolla decidua)
deciduous cypress(= common baldcypress) 落羽松[*Taxodium distichum* (L.) Rich.](杉科)
deciduous forest 落叶林(silva decidua)
deciduous forest tree 落叶林树木
deciduous forest zone 落叶林带
deciduous fruit(= fruit) 水果
deciduous fruit tree 落叶果树
deciduous humus 落叶腐殖质,落叶腐殖质(humus deciduus)
deciduous leaf 落叶(folium deciduum)
deciduous mixed forest 落叶混交林
deciduous needle-leaved tree 落叶针叶树
deciduous orange 枳[*Poncirus trifoliata* Raf. = *Citrus trifoliata* L.](芸香科)
deciduous period 落叶期(periodus deciduus)
deciduous plant 落叶植物(planta decidua)
deciduous scrub 落叶密灌丛(virgultum deciduum)
deciduous shrub 落叶灌木(frutex deciduus)
deciduous shrub with perennial rootstock 多年生[根砧]落叶密灌丛
deciduous species 落叶种(species deciduus)
deciduous stipule 凋落托叶(stipula decidua)
deciduous tree(= broad-leaved tree, hard wood tree) 落叶树,阔叶树(arbor deciduus)
deciduous undershrub 落叶灌木
deciduous woodland 落叶林地
deciduous woody plant 落叶木本植物
decigram(dg) 分克(= 1/10 克)(decigramma)
decile 十分位数
decilitre(dl) 分升(=1/10 升)
decimal ①十进的,小数的 ②小数,十进分数(decimalis)
decimal arithmetic operation 十位制算术运算
decimal balance 十进位天平,十进位秤
decimal carry 十进制进位
decimal code 十进制码,十进码
decimal computer 十进制计算机
decimal counter 十进制计数器
decimal fraction 十进位小数
decimal marker ①十进制标记 ②十进制小数点标记
decimal multiplier 十进制乘法器
decimal point 十进制小数点
decimal sequence 十进序列
decimal string 十进制数串
decimal system 十进制
decimalism 十进法,十进制(decimalismus)
decimeter(= decimetre)(dm) 分米(= 1/10 米)
decimillimetre 丝米(1/10,000 米)
decimolar 1/10 克分子[量]的
decimonic frequency 振铃频率{电脑}
decipher 密码译解,密码破译
decipherable map 易读地图{遥感}
decipherator 译码机

decipherer 译码器
deciphering 译解密码
decipherment 解密
decipiens fern 异盖鳞毛蕨[*Dryopteris decipiens* O. Kuntze.](鳞毛蕨科)
decision ①决策 ②决定,判定,判断,解决③坚定,坚决,决断,果断(decisio)
decision action 决策行动
decision analysis(DA) 决策分析,判定分析
decision capacity 决策能力{智培}
decision center 决策中心
decision conference 决策会议
decision content 判定量
decision criterion 决策准则
decision feedback system 决策反馈系统
decision function 决策功能(指专家系统的推理决策){智培}
decision maker 决策人员,决策者
decision-making 决策,判定,作判决
decision mechanism 决策机制
decision model 决策模型
decision plan 判定方案
decision point 决策点,裁决点
decision rule 决策规则{遥感}
decision support system(DSS) 决策支持系统{智培}
decision support system of simulation model 模拟模式的决策支持系统{智培}
decision system of intelligent crop production 作物智能生产的决策系统{智培}
decision theory 决策[理]论{遥感}
decision tree(DT) 决策树{遥感}
decisive ①决定性的,确定的,明确的,明显的 ②决然的,断然的,果断的(decisivus)
decisive competitive advantage 明显竞争优势
decisive factor 决定性因子
decisive life phase 决定性生活期
decisive role 决定性作用
decit 十进单位
deck ①台,平台 ②板,凹版 ③甲板 ③磁带机 ④卡片叠,卡片组
deck bridge 上承式桥{水利}
deck plank 桥面板
decker 浓缩脱水装置
declaration 说明,声明(declaratio)
declaration condition 说明条件
declarative 说明的(declarativus)
declarative part 说明部分
declinate 下倾的,斜向的,弯下的(declinatus)
declination ①下倾,倾斜 ②方位角,偏角,偏差(declinatio)
declination compass 偏差指南针
decline ①下倾,下垂,下弯 ②枯萎,[生长]衰亡 ③黄龙病 ④[人口]下降,[物价]下跌,跌落(declinus)
decline in prices 物价跌落,跌价
decline of birth-rate 出生率下降
decline of citrus 柑橘黄龙病
decline of lemon 柠檬黄龙病
decline phase ①衰亡期(指细胞生长曲线) ②下降期(指光合能力){生态生理}
declined [先端]下倾的(指习性)(declinatus)
declining growth phase 生长衰落期
declining photosynthetic capacity 光合能力下降
declivitous 倾斜的,倾向的(declivis)
declivity 倾斜度(declivitas)
declivity of hill 坡度
declutch (使离合器)脱离,分离
declutch mechanism 离合器分离机构
declutch safety device 离合器分离安全装置
decluttering 整理操作
decoagulant (= anticoagulant) 抗凝剂
decoction ①煎,煎药 ②煮沸(decoctio)
decoction method 煮沸法
decodability 可解码性(decodabilitas)
decodable 可解码的(decodabilis)
decodable code 可解码
decode [密电码]译解,译码,解码
decode card 译码卡
decode machine 译码机
decode operation 译码操作
decoder 译码器
decoder algorithm 译码器算法{遥感}
decoder driver 译码驱动器
decoder enable 译码器启动
decoding ①译电码{物}②解码{分遗}
decoding logic 译码逻辑
decoding matrix 译码矩阵
decoding site 解码部位
decoding tree 译码树{遥感}
decollate ①拆散 ②分割,分开(decollare)
decollator 多联纸分理机{电脑}
decolor (= decolour) 脱色(指漂白)
decolorant (= decolourant) 脱色剂,漂白剂
decoloration (= decolouration) 脱色法(decoloratio){显技}
decoloration by active carbon 活性炭脱色{环保}

decolorising carbon 脱色炭
decolorization 脱色[作用](decolorisatio)
decolorize (= decolourize) 脱色
decolorizer 脱色剂
decommulation 反互换(decommulatio)
decommulator ①反转换器,反互换器 ②多路分路开关
decompaction ①去紧密,疏松 ②压缩还原(decompactio)
decomposability 可分解性(decomposabilitas)
decomposable ①可分解的 ②会腐败的(decomposabilis)
decomposable game 可分解对策
decompose ①分解 ②腐败(decompausare)
decomposed degree 分解度{遥感}
decomposed dung (= decomposed manure) 腐熟粪肥
decomposed manure 腐熟厩肥,腐熟粪肥
decomposed marl 分解的泥灰岩,泥灰土
decomposed nightsoil 腐熟人屎尿
decomposed organic matter 腐烂有机物
decomposed products 分解产物
decomposer 分解剂
decomposing action 分解作用
decomposite leaf 裂叶(folium decapositum)
decomposition ①腐败,腐烂,腐熟 ②分解[作用](decompositio)
decomposition combustion 分解燃烧{环保}
decomposition course 分解过程
decomposition ferment 分解酶
decomposition intensity 分解强度
decomposition of activated sludge 活性污泥解体(分解){环保}
decomposition of humus 腐殖质分解
decomposition of organic matter 有机质分解
decomposition of paddy-soil nitrogen 水稻土氮分解
decomposition product 分解产物
decompound 多回复出的,多回分裂的(decompositus)
decompound leaf 多回复出叶,重复叶(folium decompositum)
decompression 减压(decompressio)
decompression device 减压装置
decompression sickness 减压病
decompressor 减压装置,减压器
deconcentration 分离,分散(deconcentratio)
deconcentrator ①分散器 ②分线器
decondensation 去浓缩作用(decondensatio)
decondensation stage 去[染色体]浓缩期
decondense 去浓缩(decondensus)
deconjugation 早期解离,联会消失(deconjugatio)
decontaminant (= decontaminating agent) 去污剂
decontamination ①去污染,去杂质,净化 ②消毒(decontaminatio)
decontamination device 去污装置
decontamination factor 除污系数{环保}
decontamination fee 消毒费
decontamination index 净化指数{环保}
decontraction 反收缩(decontractio)
decontrol 解除管制,解除控制(decontrarotulus)
deconvolution 去卷积(deconvolutio)
deconvolution filter 去卷积滤波器{电脑}
decorated ①修饰的,装饰的(adornatus) ②观赏的(ornatus)
decorated gonatanthus 秀丽曲包芋[*Gonatanthus ornathus* Schott](天南星科)
decorating stand 花座
decoration ①修饰,装饰 ②染色 ③观赏(decoratio)
decorative ①装饰的,修饰的 ②观赏的(decorativus)
decorative gardening 观赏园艺学(horticultura decorativa)
decorative indoor plants 室内观赏植物
decorative plants 观赏植物(plantae decorativae)
decorative type 观赏型(typus decorativus)
decorative veneer 装饰单板
decorin 核心蛋白聚糖
decorticate 剥[树]皮(decorticare)
decorticated 去壳的,去皮的(decorticatus)
decorticated seed 脱壳种子
decorticating machine (= decorticator) ①剥皮机,剥麻机 ②脱壳机
decortication ①剥皮 ②脱壳,脱皮(decorticatio)
decosane 二十二烷[$C_{22}H_{46}$]
decoupler 耦联破坏剂
decoupling 解耦[联]

decoy ①媒鸟 ②诱饵 ③诱惑（cavea）
decoy hive 诱蜂箱
decoy missile 诱饵导弹｛物｝
decoy target 假目标｛遥感｝
decoyinine 德奈菌素
decrease ①减少，减低，减退，减弱，递减 ②降低，下降 ③缩短，压缩，变小（decreasere）
decrease in population ①群体减少 ②人口下降
decrease progressively 递减
decrease yield 减产
decreased virulence 降低致病强度，降低毒力
decreaser（= decreased plant species） 减量植物种
decreasing drying rate period 干燥减速期
decreasing failure rate（DFR） 递减失效率
decreasing germinating power 发芽力降低
decreasing risk aversion 递减厌恶风险
decreasing sequence 递降序列｛遥感｝
decreasing species 减少种
decreasingly pinnate 渐小羽状的（decrescente pinnatus）
decrement ①减小，减少 ②减小量，减少量（decrementum）
decrement counter 减量计数器
decremeter 减量器
decrept（= senescence） 衰老，老衰
decrescence ①减小，减少，渐减 ②减退，衰退（decresentia）
decrescent ①减小的（从下向上减小），逐渐小的 ②减少的 ③减退的，衰退的（decrescens）
decrown 除冠
decrustation ①破壳（土壤）剥壳 ②脱皮（decrustatio）
decryption 解密，译码（decryptio）
decumbence（= decumbency） 匍匐（decumbentia）
decumbent ①外倾的（指习性）②俯状的，偃伏的（decumbens）
decumbent harrisia 拱龙柱［*Harrisia tortuosa* sp.］（仙人掌科）
decumbent heath grass 外倾新格草［*Sieglingia decumbens*］
decumbent stem 偃伏茎（caulis decumbens）
decuple ①十倍的 ②十倍（decuplus）
decurl ①弄平整 ②去卷曲
decurrent 下延的（decurrens）
decurrent leaf 下延叶（folium decurrens）
decursive 下延的（decursivus）
decursively-pinnate 下延羽状的（decursive-pinnatus）
decurtation 截短，缩短（decurtatio）
decussate 交互对生的（decussatus）
decussate arrangement of leaves（= decussate leaf arrangement） 交互对生叶序（phyllotaxis alterna）
decussate leaf arrangement 交互对生叶序（phyllotaxis alterna）
decussation 交互对生式（decussatio）
decy- 癸基
decyanation 脱氰作用
decyclization 解环作用
dedention 脱牙（dedentio）
dedicated 专用的（dedicatus）
dedicated computer 专用计算机
dedicated device 专用设备
dedicated line 专用线路｛信息｝
dedicated mini-computer 专用小型计算机
dedication 专用（dedicatio）
dedifferentiation 反分化，消分化（dedifferentiatio）
dedikaryolization 反二倍化（dedicaryolisatio）
dediploidization 反二倍化（dediploidisatio）
dedoublement（= deduplication） 反复制，反重复
deduction ①扣除｛农经｝②推论，演绎法｛统计｝（deductio）
deduction from wages 工资扣除
deductive ①演绎法的 ②导出的（deductivus）
deductive data 导出数据
deductive database machine（deductive DBM） 演绎数据库机
deed digger body 深翻耕犁体
deep ①深的，深奥的，深入的，纵深的 ②厚的，浓厚的，饱和的，密集的 ③非常的，极度的
deep aeration tank 深层曝气池｛环保｝
deep agar method 深层琼脂培养法
deep application of fertilizer 深层施肥
deep applicator 深层施肥器
deep bed drying 厚垫层干燥｛农施｝
deep bore-hole 深钻孔
deep box 育虫箱，巢箱｛蜂｝
deep chernozem soil 深黑［钙］土｛土壤｝
deep colony 深层菌落｛微生物｝
deep-coloured plant 深（浓）色植株
deep-columnar solonetz 深位柱状碱土
deep cooling 冻透

deep cultivation 深耕法
deep culture ①深耕{耕作}②深层培养{微生物}
deep cyclone 深厚气旋
deep digging 深挖,深翻
deep ditch application of fertilizer 深沟施肥
deep dormancy 熟休眠
deep drilling 深[条]播{栽培}
deep erosion 强度侵蚀
deep etching 深度蚀刻
deep fault 深断层{地质}
deep-fissured sheath 敞鞘
deep flooding 深[淹]水
deep freeze box 深度冻结柜,冰箱,冰冻箱
deep-freeze chamber (= deep-freeze room) 低温冻结室,快速冻结间
deep-freeze chest 低温冻结箱,快速冻结箱
deep-freeze food 低温冻结食品,快速冻结食品
deep freezer ①制冰机 ②冷藏库
deep freezing ①深冻结,厚冻结 ②冷藏
deep freezing truck 低温冻结车,快速冻结车
deep frozen 冰冻,冷冻
deep frozen fruits (= quick-frozen fruits) 速冻水果
deep frozen meat 冻肉
deep frozen semen 冷冻精液
deep frozen vegetables (= quick-frozen vegetables) 速冻蔬菜
deep furrow drill 深沟条播机,沟播机
deep furrow seeder 深沟播种机
deep furrow seeding 深沟播{栽培}
deep-furrowed cultivation 深沟栽培
deep furrower 深沟开沟器
deep greenhouse 地下[土]温室
deep grey soil 深位潜育土[壤]
deep-groove sheave for V-belt 深槽三角胶带轮
deep hill seeding 深穴播
deep hole drill 深孔钻头
deep hotbed 低设[酿热物]温床
deep insight 深刻洞察
deep irrigation 深水灌溉
deep jet fermentor 深部喷注发酵罐
deep knowledge system 深层知识系统{智培}
deep landslide 深塌方(滑坡,山崩)
deep level ①深水位{水利}②深层{壤}
deep litter 厚垫草
deep litter house 厚垫草畜圈
deep mud lug [轮胎]高花纹
deep of sowing 播种深度
deep percolation 深渗漏
deep placement ①深层施肥 ②深播
deep placement of fertilizer 深层施肥
deep planting 深植,深栽,深播
deep plough (= deep plow) 深耕犁
deep plough technique 深耕犁技术{耕作}
deep-ploughed soil 深耕土壤
deep ploughing (= deep plowing) 深耕
deep ploughing and close planting 深耕密植法
deep ploughing and intensive cultivation 深耕细作
deep ploughing and shallow seeding 深耕浅播
deep ploughing and thorough harrowing 深耕细耙
deep-pool reactor 深水池供热堆(反应堆){环保}
deep-purple flower indigo 深紫木蓝[*Indigofera atropurpurea* Buch-Ham.](豆科)
deep reasoning 深度推理{智培}
deep refrigeration 深度冷冻
deep rest 熟休眠
deep rest stage 熟眠期
deep root system 深根系
deep-rooted 深根的
deep-rooted crops 深根作物
deep-rooted deciduous tree 深根落叶树
deep-rooted plants 深根植物
deep-rooted weeds 深根杂草
deep-rootedness 深根性
deep roots 深根系
deep-sea submarine cable 深海海底电缆
deep-seated 根深的
deep seeding 深播
deep seeding and shallow covering 深播浅盖(覆土)
deep shade site 浓荫生境
deep-shaft airlift fermentor 深井气升式发酵罐
deep shaft system 深井系统(指污水处理){环保}
deep snow set 深雪装夹法(狩猎)
deep socket wrench 长套筒扳子(工具)
deep soil 厚层土壤
deep soil sealing 深覆土
deep sowing (= deep seeding) 深播
deep space instrumentation system (DSIS) 深空探测系统{信息}
deep space probe 深空探测器{遥感}
deep spring 深泉
deep stable 厚垫草畜圈,深厩

deep stable manure 深施厩肥
deep stall method 深厩法
deep structure 深层结构
deep submergence 深淹,深灌
deep subsoil 深心土层,厚心土层
deep subsoil water 深心土层水
deep-suction share 大垂直间隙犁铧
deep supercooling 深[位]过冷
deep tap root 深主根
deep-thermometer 深层地温计
deep tillage ①深耕,深翻 ②深松土
deep tillage cultivator 深松土中耕机
deep tillage moldboard plow 深耕铧式犁
deep-tillage plough 深耕犁
deep tillage to preserve soil moisture 深耕保墒
deep tillage work 深耕作业
deep topsoil 深表土,厚表土
deep torn grain 深裂纹(木材)
deep-water algae 深水藻类
deep-water field 深水田
deep water muck 深水腐泥土
deep-water rice 深水稻
deep well 深井
deep well injection 深井灌注{环保}
deep well pump 深井泵
deep well water 深井水
deep work 深耕
deepened plowing (= deepened ploughing) 加深耕地,加深耕翻
deepening 加深
deepening cyclone 加深[中]气旋
deepening of arable layer 加深耕作层
deeper plough (= deeper plow) 深耕
deeper water 深水
deeply rooted ①深度扎根的 ②固守故乡[而不愿远离]的
deepness ①深度 ②浓度 ③深处
deepness of soil 土壤深度
deepoxidase 脱环氧酶
deer ①鹿属[*Cervus* L.](鹿科) ②鹿[*Cervus* sp]
deer farm 鹿苑,养鹿场
deer fly ①斑虻 ②⌊复⌉(= gad flies) 虻科[Tabanidae]
deer nostril fly 鹿鼻狂蝇[*Cephenomyia auribarbis* (Meigen)](狂蝇科)
deer-skin 鹿皮,鹿毛皮
deer-vetch ①百脉根属[*Lotus* L.](豆科) ②百脉根[*Lotus corniculatus* L.]
deer warble fly (= deer grub) 鹿瘤皮蝇[*Hypoderma diana* Brauer](皮蝇科)
deer yard 鹿苑
deerhound 猎鹿犬
deer's spinach 火焰状黄麻[*Corchorus aestuans* L.](椴树科)
defacto standard 事实标准
defat 脱脂
defatted rice bran 脱脂米糠
defatted soybean 脱脂大豆
default ①默认[值] ②系统设定[值],预置[值]
default condition 默认条件
default database 默认数据库
default parameter 默认参数
default printer 系统预置打印机
default strategy 默认策略
default window 预置窗口{电脑}
defeated branch 次枝,劣败枝
defecation ①澄清 ②通便,排粪,排便[作用](defecatio)
defecation process 澄清法(用石灰)
defecator 澄清器
defecatory 排便的,排粪的(defecatorius)
defect 缺陷(defectus)
defect density 缺陷密度
defect detecting 缺陷检查
defect in wood 木材缺陷
defective ①有缺陷的,有缺点的 ②不充分的,不完全的 ③缺少的,不足的(defectivus)
defective cell 缺陷性细胞
defective cocoon 下茧,次茧
defective DNA repair system 缺陷性 DNA 修复系统{分遗}
defective endosperm 缺陷性胚乳(endospermium defectivum)
defective fertility 不完全能育性(fertilitas defectivus){育种}
defective gamete 缺陷性配子
defective gene 缺陷性基因
defective genomes of SV40 virus SV40 病毒的缺陷性基因组
defective hoof 损坏蹄,缺陷蹄
defective interfering (DI) 缺陷性干扰{分生}
defective interfering particle (DI particle) 缺陷性干扰颗粒
defective interfering RNA (DI RNA) 缺陷性干扰 RNA
defective interfering virus (DI virus) 缺陷性干扰病毒
defective lysogen 缺陷性溶原
defective lysogenic bacteria 缺陷性溶原细菌[*Bacteria lysogenae defectivae*]
defective lysogenic strain 缺陷性溶原菌株

defective lysogenic transductant 缺陷性溶原转导体
defective micronucleus 缺陷性小核
defective mutant 缺陷突变体,缺陷突变型
defective phage 不完全噬菌体,缺陷噬菌体
defective pistil 残缺雌蕊(pistillum defectivum)
defective polypeptide 缺陷多肽链
defective prophage 缺陷原噬菌体
defective prophage mutant 缺陷原噬菌体突变体
defective regulatory system 缺陷调节系统
defective temperate phage 缺陷温和噬菌体
defective track 缺陷磁道,故障磁道{信息}
defective transcription 缺陷转录{分遗}
defective transducting phage 缺陷转导噬菌体
defective virus 缺陷病毒
defective wood 次等材
defence(= defense) ①防御,防卫,防备,守卫 ②掩护,保护 ③防御物(defensum)
defence adaptation 防御适应
defence data network(DDN) 防卫数据网{信息}
defence material 防御材料
defence mechanism 防御机制{生态生理}
defence reaction 保卫反应
defence substance 防御物质
defence system 防御体系{遥感}
defender ①防御物,保护器 ②保护程序
defense(= defence) ①防御,防卫,防备,守卫②掩护,保护 ③防御物(defensum)
defense data network(DDN) 防卫数据网
defense peptide 防卫肽
defense reflex 防御反射
defense response 防卫反应,防御反应
defense substance ①保护剂 ②保护物质
defensin 防卫素
defensive ①防御的 ②保护的(defensivus)
defensive hedge 保护树篱
defensive measure 防御手段{生态生理}
defensive programming 防御性程序设计{电脑}
defensor 保护装置
defer ①延缓,延迟(= delay) ②展期,延期(= postpone)(defere)
defer execution 推迟执行
deferent 输送的,传送的(deferens)
deferment 延期(= postponement)
deferred ①缓慢的 ②延迟的,迟的
deferred entry 延迟入口,延期入口{电脑}
deferred exit 延迟出口,延期出口
deferred freezing 缓慢结冻
deferred grazing 延迟放牧
deferred input/output 延迟输入输出,延期输入输出
deferred shoot 迟出条
defiberer 剥纤维机,剥韧皮机
defibration 纤维分离(defibratio)
defibration machine 纤维离析机
defibrination 去纤维蛋白[作用](defibrinatio)
deficiency ①(Df) 缺失 ②缺乏,短少,不足 ③缺素病,营养缺乏病 ④补贴,补偿(deficientia)
deficiency area ①减产面积 ②接受补贴的地区
deficiency disease 缺素症,营养缺乏病
deficiency exaggeration 缺失夸张
deficiency mapping 缺失制图,缺失定位法(= deletion mapping)
deficiency of growing stock (林木)积蓄不足
deficiency payment ①不敷支付 ②补偿支付
deficiency stress strategy 缺乏胁迫策略{生态生理}
deficiency symptom (= deficient symptom) 营养缺乏症状
deficient ①缺乏的,不足的 ②不完全的(deficiens)
deficient parent 缺失亲本
deficient pollen grains 缺乏花粉粒(granum pollinis deficiens)
deficient precipitation 缺乏降水[量](precipitatio deficiens)
deficient soil moisture 缺乏土壤水分
deficient uptake 缺乏吸收(absorptio deficiens)
deficit 亏损,收支不平衡差数,赤字{农经}
deficit spending farm 亏损农场,吃补贴的农场
definable 可下定义的,可详细说明的(definabilis)
define ①下定义 ②叙述明白,详细说明,示明(definite)
defined ①确定的 ②限定的 ③定义的
defined medium 确定[成分]培养基
defined stage 限定阶段
defining range 定义范围
defining scalar 定义标量
definite ①一定的,有定数的 ②有限的,限定的(definitus)
definite binomial coefficient 确定二项式系数,限定二项式系数
definite branching 聚伞状分枝式(ramifi-

catio determinata)
definite bud (= normal bud) 定芽(gemma definita)
definite corymb (= corymbose cyme) 伞房状聚伞花序(corymbus definitus)
definite-day plant 定日性植物
definite education 定向培育
definite extent modulation 有限范围调整
definite host (= definitive host) 特定寄主,终寄主,终宿主
definite inflorescence 有限花序(inflorescentia definita)
definite polarity 定极性
definite raceme (= cymose raceme) 聚伞圆锥花序(racemus determinatus)
definite spike (= spicate cyme) 穗状聚伞花序(spica determinata)
definite system 确定系统(systema definita)
definite training 定向培育,定向锻炼,定向健化(指幼苗)
definite variability 一定变异性,定向变异性(variabilitas definitus)
definite variation 一定变异,定向变异(variatio definita)
definiting power 清晰度
definition ①定义 ②[透镜]清晰度(definitio)
definition of agricultural biotechnology 农业生物技术的定义{农生技}
definition of agronomy 农学定义,农艺学定义
definition of crop breeding 作物育种学定义
definition of crop production 作物栽培学定义
definition of intelligent crop production 作物智能栽培学的定义
definition of molecular genetics 分子遗传学定义
definition of molecular plant genetics 植物分子遗传学的定义
definition of the image ①图像清晰度{电脑}②影像清晰度{遥感}
definitive ①最后的 ②充分发育的 ③限定的(definitivus)
definitive callus 固定胼胝体(callus definitivus)
definitive host 特定寄主
definitive multivalent chromosome 确定多价染色体
definitive nucleus 胚乳原核,定形核(nucleus definitivus)
definitive spermatogonium 确定精原细胞
definitive variation 一定变异(variatio definitiva)
deflation ①风蚀 ②排气,放气,抽气 ③紧缩通货(物价)(deflatio)
deflation basin 风蚀盆地
deflation valley 风蚀谷
deflator 紧缩数{统计}
deflect (= **turnaside**) 偏斜,偏向,转向(deflectere)
deflected ascent search 斜升搜索{电脑}
deflected gradient 偏斜梯度
deflected succession 偏途演替
deflecting colter 小前犁
deflecting force 偏向力,偏转力
deflecting yoke 致偏轭,偏转系统{遥感}
deflection ①外折,反曲 ②偏斜,偏向,偏转(deflectio)
deflection anemometer 偏转风速表
deflection angle 偏转角
deflection coil 偏转线圈
deflection force of earth rotation 地球自转偏向力
deflection sensitivity 偏转灵敏度
deflector ①挡板,挡帘 ②导向器导板 ③反射器
deflector plate ①挡板 ②偏导板{环保}
deflector wheel (排种装置)阻种轮
deflexed 外折的(deflexus)
deflexion 偏转,偏差(deflexio)
deflocculating agent 反絮凝剂,分散剂
deflocculation 反絮凝[作用],分散作用(defloculatio)
deflorate ①开花过期的 ②落花的(defloratus)
deflorated plant 落花植株(planta deflorata)
deflorating ①落花 ②摘花(defloratens)
defloration ①落花 ②摘花(defloratio)
deflower 摘花,疏花(deflora)
defluorinated phosphate (= defluorinated phosphorous fertilizer) 脱氟磷肥
defluorinated tricalcium phosphate 脱氟磷酸三石灰
defluorination 脱氟作用(defluorinatio)
defluxion ①流下{水利}②炎症{医}(defluxio)
defoam 去泡沫
defoamant (= defoaming agent) 消沫剂,去沫剂{环保}
defoaming agent 消沫剂,去沫剂
defocus data 散焦数据
defoliant 落叶剂,去叶剂

defoliate ①去叶 ②落叶 ③无叶的（defoliatus）
defoliate plant 落叶植物，无叶植物（planta defoliata）
defoliating ①落叶 ②去叶，剪叶，摘叶（defoliatens）
defoliating agent 脱叶剂，去叶剂
defoliating beetles ①鳃角金龟科［Melolonthidae］②丽金龟科［Rutelidae］③花金龟科［Cetoniidae］
defoliating drepanid 咖啡钩翅蛾［*Epicampoptera marantica* Tams.］
defoliating implement 除叶器
defoliation ①落叶［现象］②去叶、剪叶、摘叶 ③落叶期（defoliatio）
defoliation boom 除叶喷杆
defoliation date（= date of defoliation）落叶日期，去叶日期
defoliation efficiency 脱叶效能
defoliation period 落叶期
defoliation stage 落叶阶段，落叶期
defoliator ①除叶器 ②除叶喷粉器 ③食叶害虫 ④落叶剂，脱落剂
deforest 毁林，滥伐森林
deforestation 滥伐
deform 变形，畸形（deformis）
deformability 变形性，变形度（deformabilitas）
deformable 可变形的（deformabilis）
deformable mirror device（DMD）［可］变形镜装置
deformation ①变形［作用］②风化变质［作用］③畸形，畸变（deformatio）
deformation field 变形场｛气象｝
deformed 变形的，畸形的（deformis）
deformed cocoon 畸形茧
deformed system 变形系统
deformity ①畸形，残废 ②畸形部分（deformitas）
deformylase 去甲酰酶
defrost 断霜，解冻，化冻，融解（defrigus）
defroster 防霜（冻）装置
defrosting 除霜，防霜，解冻，融化，融霜
defrothing agent 去沫剂，除泡沫剂｛环保｝
defruiting 脱果，疏果
defuzzification 去模糊［作用］（defussificatio）
degas 除气，脱气（degassa）｛环保｝
degasification 脱气作用（degasificatio）
degasser 除气器，去气器
degassing ①除气，放气 ②解毒气
degauss 去磁，退磁
degelatinize 脱胶
degelatinized bone dust（= degelatinized bone meal） 脱胶骨粉
degeneracy ①（遗传密码）简并性，简并度｛分遗｝②退化性｛育种｝（degeneratia）
degeneracy in linear programming 线性计划的退化｛电脑｝
degeneracy of genetic code 遗传密码简并性
degeneracy rule 简并法则
degenerate ①退化 ②简并（degenerare）
degenerate code 简并密码
degenerate codon 简并密码子｛分遗｝
degenerate network 退化网络｛信息｝
degenerate oligonucleotide 简并寡核苷酸｛分遗｝
degenerate primer 简并引物
degenerate process 退化过程
degenerate sequence 简并序列｛分遗｝
degenerated 退化的（degeneratus）
degenerated bog 退化沼泽｛生态｝
degenerated form 退化类型
degenerated soil 退化土壤
degenerated spikelet 退化小穗（spicula degenerata）
degenerated variety 退化品种
degeneration ①退化，变性｛育种｝②退化病｛病理｝③简并化｛分遗｝（degeneratio）
degeneration disease 退化病
degeneration factor ①退化因子，衰减因子 ②降级因子，递降因子｛电脑｝
degeneration of cultivar 栽培品种退化
degeneration of potato 马铃薯退化
degeneration of seed 种子退化
degeneration of spikelet 小穗退化
degeneration of variety 品种退化
degeneration protein 变性蛋白质，变质蛋白质
degenerative ①退化的 ②变质的（degenerativus）
degenerative breakdown 退化崩坏
degenerative character 退化性状
degenerative characteristics 退化特征
degenerative feedback 负反馈
degenerative form 退化型
degenerative organ 退化器官（organa degenerativa）
degenerative plasmid（= dissimilation plasmid） 降解质粒
degenerative process ①退化过程 ②衰退过程
degerm 无胚，去胚（degermen）
degermed 无胚的（deplantulatus）

degerminator 去胚器（指种子）
deglaciation 冰消[作用]，脱冰川作用（deglaciatio）{环保}
degleyfication 脱潜育化[作用]
deglutition 吞下，咽下（deglutitio）
deglycosylation 去糖基化（deglycosylatio）
degradable 可降解的（degradabilis）
degradable polymer 可降解多聚物，可降解高分子
degradated failure 退化失效
degradated system 降级系统
degradation ①降解 ②变质 ③渐崩，消耗 ④退化 ⑤减少（指效能价值）⑥降级{电脑}（degradatio）
degradation curve 降解曲线
degradation model 递降模型{遥感}
degradation of deoxyribo-nucleic acid 脱氧核糖核酸降解
degradation of energy 能量降低，能量递减（降）
degradation of variety 品种退化
degradation product 降解产物
degradation solodization 脱碱化[作用]
degradation testing 退化测试，老化测试
degradative enzyme 降解酶
degradative pathway 降解途径
degradative plasmid（= dissimilation plasmid） 降解质粒
degraded ①变质的 ②退化的 ③降解的 ④降级的
degraded alkali soil 变质（退化）碱土
degraded allite 变质（退化）铝土
degraded chernozem 退化黑[钙]土，灰色森林土
degraded copy 降级拷贝{电脑}
degraded DNA segment 降解 DNA 节段
degraded forest 退化林
degraded humus carbonate soil 退化腐殖质碳酸盐土
degraded land 退化土地
degraded paddy field 退化稻田，变质稻田
degraded paddy soil 退化水稻土
degraded recovery 降级恢复，软化恢复
degraded red earth 退化红壤
degraded rendzina 退化黑色石灰土
degraded running 降级运行
degraded soil area 变质土壤区，秋落（衰）地带
degraded solonetz 变质碱土，退化碱土
degraded yellow soil 退化黄壤
degranulation 去团粒作用（degranulatio）{土壤}
degras 油鞣余物
degrease 脱脂
degreasing 去油脂，脱脂
degree ①度（角的单位）②度（温度单位）③程度，阶段（degradus）
degree-days 度-日{气象}
degree-hour 度－小时
degree of abortion 败育度
degree of abrasion 剥蚀度
degree of accumulation 积累度
degree of accuracy 准确度
degree of acidity 酸度
degree of activity 活动度，活度
degree of aeration 透气度
degree of aetiolation 黄化[现象]程度
degree of aggregation 团聚度
degree of alkalization 碱化度
degree of approximation 逼近度
degree of base saturation 盐基饱和度
degree of belief（= degree of confidence）置信度{统计}
degree of blanching 软化度
degree of bleaching ①漂白度 ②淋溶度
degree of bud variation ①芽变异度 ②芽变程度
degree of calcium saturation 钙饱和度，石灰饱和度
degree of Centigrade 摄氏度(℃)
degree of chlorosis 失绿程度
degree of choking-up 堵塞程度
degree of clogging 阻塞程度
degree of closeness 郁闭度
degree of closing 疏密度
degree of closing of crop 封垄程度
degree of compaction 紧实度
degree of confirmation 可确定程度，确定度
degree of consistency 一致性程度
degree of consolidation 固结度
degree of contamination 污染度
degree of correlation 相关程度
degree of curvature 弯曲度
degree of damping 阻尼度，衰减度（指激后复原度）
degree of dead-ripe 枯熟度
degree of density ①疏密度{森木}②紧密度{土壤}
degree of deterioration ①凋萎度 ②腐坏程度
degree of dieback 枝梢枯死程度
degree of differentiation 分化程度
degree of dilution 稀释度
degree of dispersion 分散度
degree of dissociation 解离度

degree of distortion 畸变度,失真度{电脑}
degree of dominance 显性度
degree of dustiness 含尘度{环保}
degree of erosion 侵蚀度
degree of eutrophication 富[营]养化程度
degree of expansion 膨胀度
degree of Fahrenheit 华氏度(℉)
degree of finish 肥育[程]度
degree of freedom (DF) 自由度{统计}
degree of freedom for error 误差自由度
degree of freedom for larger mean square 大均方自由度
degree of freedom for larger variance 大变量自由度
degree of freedom for plot 小区自由度
degree of freedom for treatment 处理自由度
degree of freedom for varieties 品种自由度
degree of fruit drop ①落果度 ②落粒度
degree of full-ripe 完熟度
degree of gene mutation 基因突变程度
degree of genetic determination 遗传决定程度
degree of granular structure 团粒结构程度
degree of hard seed 硬实度
degree of hardness 硬度
degree of heat 热度
degree of heritability 遗传力程度
degree of horizon differentiation 层次分化[程]度
degree of hydration 水合程度
degree of impeded drainage 排水不良程度
degree of inclination 倾斜度
degree of ionization 电离度
degree of latitude 纬度(度数)
degree of leaching out 淋溶度
degree of linearity 线性度
degree of lodging 倒伏程度
degree of longitude 经度(度数)
degree of maturity (= degree of ripeness) 成熟度
degree of milky-ripe 乳熟度
degree of milling 磨粉度
degree of natural crossing 自然杂交率
degree of natural mutation 自然突变程度
degree of outcrossing 异型杂交率,外交率
degree of parallelism 并行度{电脑}
degree of photosensitivity 光敏感度,感光度
degree of physiological drop 生理落果度
degree of plasmolysis 质壁分离度
degree of ploidy 倍性程度,多倍性程度
degree of plugging 堵塞程度
degree of pollution 污染程度
degree of polymerization 聚合度
degree of precision 精密度
degree of preharvest drop 采前落果度
degree of prunning 修剪度
degree of purity 纯度
degree of putrescibility 可腐化度
degree of recovery 回复度
degree of resistance ①抗性程度 ②抗病程度
degree of reversion 返祖程度
degree of ripeness 成熟度
degree of rotation of crop [作物]轮作程度,倒茬程度
degree of safety 安全度
degree of salinity 盐化[程]度
degree of saturation 饱和度
degree of self-sufficiency 自给,自给自足
degree of sensibility (天平)灵敏度{显技}
degree of sensitivity 敏感度
degree of separation 分离度
degree of severity 严重性程度
degree of similarity 相似度
degree of slope 坡度
degree of soil condensation 土壤凝结度
degree of soil drought 土壤干旱度
degree of spring habit 春性度
degree of steeping 浸渍度
degree of stocking 立木度,疏密度
degree of stomatal opening 气孔开放度
degree of succulence 多汁[性程]度
degree of superheat 过热程度
degree of susceptibility ①感染程度 ②感病程度
degree of thermosensitivity 温度敏感度,感温度
degree of thinning ①间苗程度{栽培} ②疏伐度{森林}
degree of training 整枝程度
degree of treatment 处理程度
degree of under-ripe 未熟度
degree of uniformity of germination 发芽整齐度
degree of viability 成活度,成活率
degree of washing 片蚀度
degree of water absorption 吸水程度,吸水率
degree of waxen-ripe 蜡熟度
degree of weathering 风化度
degree of weed growing 杂草滋长程度
degree of windfall 风吹落果度
degree of winter habit 冬性度
degree of yellow ripe 黄熟度
degreening ①催色 ②脱绿 ③着色处理
degression of variety 品种退化

degressive 离开的,递减的(degressivus)
degressive double crossing over 递减双交换
degressive mutation 返祖突变(mutatio degressiva)
degron 降解定子{分生}
degrowth 退行生长(devegetatio)
deguelin 鱼藤素
degumming 脱胶(麻类茎秆处理)
degumming loss percentage 练减率{蚕}
degustation 品味,尝味(degustatio)
degustation of tea 品茶
degustation of wine 品酒
dehalogenate 脱卤素
dehalogenation 脱卤[作用](dehalogenatio)
dehanding 分支(指香蕉)
dehardening ①解除锻炼{生理}②失去耐寒力{育种}
deheading 切去叶球{园艺}
dehelmintization 驱蠕虫法(dehelmintisatio)
dehiscence 开裂(dchiscentia)
dehiscence of anther 药裂,花药裂开
dehiscent 开裂的(dehiscens)
dehiscent by lid 盖裂的(operculodehiscens, operculatim dehiscens)
dehiscent by pores 孔裂的(porodehiscens)
dehiscent by valves 瓣裂的(valvodehiscens)
dehiscent capsule 开裂蒴果,裂蒴(capsula dehiscens)
dehiscent crosses 裂蒴杂交种
dehiscent fruit 裂果(fructus dehiscens)
dehiscent parent 裂蒴亲本(parens dehiscens)
dehiscent stocks 裂蒴材料
dehiscent strain 裂蒴品系
dehiscent type 裂蒴型(typus dehiscens)
dehiscent variety 裂蒴品种
dehorn ①去心(指果树修剪)②除角,断角(指有角家畜)
dehorning ①去心(指果树修剪)②除角,断角
dehorning saw 除角锯
dehorning shears 除角剪
dehull ①去壳,脱壳,脱稃 ②碾种,砻谷
dehulled rice 糙米
dehuller 碾种机,脱壳机,砻谷机
dehulling 去壳,脱稃
dehumidification 减湿[作用](dehumidificatio)
dehumidifier 干燥器,减湿器
dehumidifying drying under near norm temperature 近常温下减湿干燥
dehumidifying ventilation system 减湿通风系统(指减湿用热交换型的通气装置)
dehumidity 减湿(dehumiditas)
dehusk 剥去皮壳(指玉米穗苞叶)
dehusker 剥苞叶器,除叶器
dehydrant 脱水剂
dehydrase 脱水酶
dehydratase 脱水酶
dehydrate 脱水物
dehydrated 脱水的(dehydratus)
dehydrated eggs 脱水蛋品
dehydrated fruit 脱水果实
dehydrated fruits and vegetables 脱水果蔬
dehydrated medium 脱水培养基,干燥培养基
dehydrated soil mass 脱水土体
dehydrated vegetable processing 脱水蔬菜加工
dehydrating agent 脱水剂
dehydrating force 脱水力
dehydration 脱水[作用](dehydratio){显技}
dehydration curve 脱水曲线
dehydration in electron microscopy 电子[显微]镜检术的脱水作用
dehydration of alcohol 酒精脱水
dehydration of cell wall 细胞壁脱水
dehydration stress 脱水胁迫{生态生理}
dehydrator 脱水装置,脱水器,除水器
dehydro- ⌊字头⌉ 脱氢
dehydroandrosterone 脱氢雄酮[$C_{19}H_{28}O_2$]
dehydroascorbate reductase 脱氢抗坏血酸还原酶
dehydroascorbic acid 脱氢抗坏血酸
dehydrobilirubin 胆绿素
dehydrochlorophyll 脱氢叶绿素
dehydrocorticosterone 脱氢皮质[甾]酮
dehydrocyclization 脱氢环化[作用]
dehydrodigallic acid 脱氢双没食子酸
dehydroepiandrosterone 脱氢表雄[甾]酮,脱氢异雄[甾]酮
dehydrofreezing 脱水冷冻
dehydrogenase 脱氢酶
dehydrogenation 脱氢作用(dehydrogenatio)
dehydrohumic acid 脱水胡敏酸,脱水腐殖酸
dehydroisoandrosterone 脱氢异雄[甾]酮,脱氢表雄[甾]酮

dehydroluciferin 脱氢荧光素
dehydropeptidase 脱氢肽[水解]酶
dehydroquinic acid 脱氢奎尼酸
dehydrorotenone 脱氢鱼藤酮
dehydrositosterol 脱氢谷甾醇,脱氢谷固醇
dehydrotachysterol 脱氢速甾,脱氢速固醇
dehydrothiamine 脱氢硫胺素
deice 防冰、除冰
deicer 防冰器,除冰器
deinhibition 消除抑制 (deinhibitio)
deinking 脱墨{显技}
deiodination 脱碘[作用] (deiodinatio)
deionization ①去离子作用 ②解除电离作用 (deionisatio)
deionized (D.I.) 去离子的 (deionisus)
deionized water 去离子水
deionizing 去离子[处理]
dejagging ①去混叠 ②去锯齿,去锯齿状
dejecta ⌞复⌝排泄物,粪便
dejure standard 法定标准
Delafield's haematoxylin 狄拉费尔德氏苏木精
delamination ①层离 ②剥离 ③离层术 (delaminatio)
Delavay clethra 云南山柳 [*Clethra delavayi* Franch] (山柳科)
Delavay peony 紫牡丹 [*Paeonia delavayi* Franch.] (毛茛科)
Delavay rhododendron 马缨杜鹃 [*Rhododendron delavayi* Franch.] (杜鹃花科)
delay ①延迟,延缓,停滞 ②延期,展期 (dilatare)
delay carry 延迟进位{统计}
delay chain 延迟链
delay characteristics 延迟特性
delay compensation 延迟补偿
delay counter 延迟计数器
delay distortion ①延迟畸变{电脑} ②延迟失真{遥感}
delay distribution 延迟分布
delay equalization 延迟均衡
delay equalizer 延迟均衡器
delay fault 延迟故障
delay flip-flop 延迟触发器
delay line memory 延迟线存储器
delay line register 延迟线寄存器
delay modulation 延迟调制
delay network 延迟网络
delay policy 延迟策略
delay state 延迟状态
delay system 延迟系统
delayed absorption 延迟吸收
delayed-action lifting device 缓动提升装置,平稳起落装置
delayed-action system 延迟作用系统
delayed-action valve 减速阀
delayed delivery 延迟发送{信息}
delayed dominance 缓发显性,延迟显性
delayed drop 平稳下降,缓慢下落
delayed early transcription 延迟早期转录{分遗}
delayed effect 迟延效应
delayed elongation 迟延伸长
delayed enrichment method 延迟补加法{分遗}
delayed expression [表型]迟延表现
delayed fallowing 延期休闲
delayed fermentation 延期发酵
delayed floral development 延迟花发育
delayed flower 迟花,晚性花
delayed fluorescence 延迟荧光
delayed fruit picking 延迟采果
delayed germination 迟延发芽,迟延萌发
delayed heading ①延迟抽穗 ②延迟结球
delayed heat 延迟热
delayed hypersensitivity 迟发过敏性
delayed infection 延缓侵染
delayed inheritance 延迟遗传
delayed light emission 延迟发光,延迟光发射
delayed maintenance 延迟维护
delayed maturity 延迟成熟
delayed mutation 延迟突变
delayed output equipment 延迟输出设备
delayed phenotypic expression of mutation 突变的延迟表型表现作用,突变的延迟显性作用
delayed planting ①延期栽种 ②延期定植
delayed pollination 延迟授粉[作用]
delayed port 延迟端口{电脑}
delayed-release fertilizer 迟效肥料,缓效肥料
delayed seeding 迟种,延迟播种
delayed start 延迟启动
delayed thinning 延期间苗
delayed thinning fruit 延期疏果
delayed transplantation 延期移植
delayed type hypersensitivity 迟发型过敏性
delaying desiccation 延迟干化
delaying effect 延缓效应(指衰老)
delaying state 延迟状态
Delbard three-crossarm system 德尔巴三交叉式整形[法]{园艺}
Delcrest 代尔克利斯特(加拿大烤烟品种)

delebpalms (= wine raffiapalm) 酒椰[*Raphis vinifera* Beauv](棕榈科)
delegation ①授权 ②妥托(delegatio)
deletable ①可删除,可除掉的 ②可缺失的(deletabilis)
deletant 缺失体(deletans)
deleted ①删除的 ②缺失的 ③残余的(deletus)
deleted chromosome segment 缺失染色体节段
deleted file 删除文件{遥感}
deleted image 删除影像{遥感}
deleted marker 删除标志{电脑}
deleted record 删除记录{信息}
deleted species 残遗种(species deletus)
deleterious 有害的(deleterius)
deleterious character 有害性状
deleterious effect 有害效应
deleterious mutation 有害突变
deleterious recessive gene 有害隐性基因
deleterious recombinant 有害重组体
deleterious substance 有害物质
deletion ①缺失{遗传} ②删除{电脑}(deletio)
deletion bit 删除位{电脑}
deletion heterozygote (= deficiency heterozygote) ①缺失杂合子 ②缺失杂合体 ③缺失异型接合子 ④缺失异型接合体
deletion loop (= deficiency loop) 缺失环
deletion mapping (= deficiency mapping) 缺失制图,缺失定位法
deletion method 缺失法{细胞}
deletion mutagenesis 缺失诱变{遗传}
deletion mutant 缺失突变体
deletion mutation 缺失突变
deletion of a block of six base pairs 一个六碱基区段缺失
deletion of a single base pair 一个单碱基对缺失
deletion of a variable 一个变数的取消
deletional recombination 缺失重组{遗传}
Delfos 531 德字棉(品种)
delicacies of season 时鲜果蔬
delicacy cucumber 鲜嫩黄瓜
delicate ①美味的,可口的 ②柔软的,细嫩的,脆弱的 ③(颜色)淡的,不浓的 ④(仪器)灵敏的,敏感的(delicatus)
delicate cell wall 柔软细胞壁(integumentum cellulare delicatum)
delicate humus 嫩性腐殖质
delicate plant 幼嫩植株
delicate seedling 纤细实生苗
delicate white 小粉蝶[*Leptidea amurensis* Menetries](粉蝶科)
delicious ①美味的 ②有香味的(delicius)
delicious crops 香料作物
delicious flavour (= delectable flavour) 适口
delicious forage 适口性饲料
delicious fruit 香甜果品
delicious vegetables 香味蔬菜,香菜
delicious wine 美酒
delignification 去木质化作用(delignificatio)
delimit 定界,分界,划界线(delimitare)
delimitable monophyletic unit 可划界线的单线系进化单位
delimitation 定界,划界(delimitatio)
delimited identifier 定界标识符{电脑}
delineate ①描画,描绘,描写 ②叙述,描述(delineare)
delineation ①清绘,勾绘 ②草图,略图(delineatio){遥感}
delinescope 幻灯
delink ①反连接,解除连接 ②解链 ③拆除
delinted seed (棉)无绒种子,光子
delinter (棉子)剥绒机
delinting (棉子)剥绒,除绒
deliquation 冲淡,稀释(deliquatio)
deliquescence ①潮解 ②融解(deliquescentia)
deliquescent ①歧散的(指茎),伞状(指树形) ②潮解的(deliquescens)
deliquescent layer 溶化层(指化石种子)
deliquescent salts 易潮解盐类
Delis soap 德列斯皂
delivered cow 产后母牛(指经过分娩的牛)
delivery ①输送,供应 ②流量,输出量 ③压送,排送 ④分娩 ⑤交付 ⑥投递,传送(deliberius)
delivery cycle 支付周期
delivery date 交货日期
delivery flask 分液瓶
delivery head 送水水头,送水扬程{环保}
delivery interval 分娩间隔
delivery mechanism 输送机构
delivery of silkworms (to each farmer) 分配蚕
delivery pipe ①输送管,压送道 ②卸载管、排出管 ③运水管,送水管
delivery platform 传送平台,输送平台
delivery port 输出港
delivery pump 送水泵{环保}
delivery quota [粮食]交售定额
delivery rate ①供应量 ②播种量 ③分娩率

delivery roll 喂入滚筒,进料滚筒
delivery roller 传送滚轮,输送卷筒
delivery service 投送业务{信息}
delivery valve ①出油阀,②送水阀
dell ①出水沟{环保}②狭谷
delnav (= dioxathion)敌杀磷,二噁磷{农药}
delocalized bond 离域键{生技}
delosperma ①露子花属[*Delosperma* spp.](番杏科)②露子花[*Delosperma echinatum* sp.]
delousing 除虱
delphacid planthopper 稻蜡蝉科(飞虱科)[Delphacidae,Areopodidae]
Delphi method 德尔菲法{电脑}
delphinidin 花翠素,飞燕草色素
delphinin 花翠苷,飞燕草色素苷[$C_{33}H_{47}O_9N$]
Delta 德耳塔(美国水稻品种)
delta ①δ(希腊字母)②三角洲③三角地带
delta-amino levulimic acid δ-氨基乙酰丙酸
delta chain δ链
delta clock δ时钟,再启动时钟
delta connection 三角形连接法
delta deposit 三角洲沉积[物]
delta grain drier 金字塔形谷物干燥机
delta lake 三角洲湖
delta learning rule δ学习规则{电脑}
delta modulation Δ调剂,增量调制(Δ也是delta的另一符号){遥感}
delta noise δ噪声{环保}
delta plain 三角洲平原
delta rays δ射线
delta signal δ信号{信息}
delta-sleep inducing peptide δ睡眠[诱导]肽
delta time δ时间,Δ时间{电脑}
delta-toxin δ毒素
delta virus δ病毒
deltaic fan 三角洲沉积扇
deltaic marine 海成三角洲
Deltapine-15 岱字棉15号(美国棉花品种)
deltoid ①三角形的②三角板(deltoideus)
deltoid moth 金斑蛾
deltorphin δ啡肽
deluge ①大洪水②大雨③淹没
delve ①钻研,深入研究②穴,洞穴,坑凹面③皱
demagnetization 去磁,退磁(demagnetisatio)
demagnetizer 退磁装置,消磁器
demand 需要,需求{农经}
demand and supply of food 粮食供求
demand assigned 按需分配的
demand constraint 需求约束条件
demand correspondence 需求应对
demand decrease 需求减低
demand exceeds the supply 求过于供,供不应求
demand for credit 信贷需求
demand for fish 鱼品需求量,鱼品需求
demand forecasting 需求预测
demand grows 需求增长
demand rate 需水率
demand signal 需求信号
demarcation ①划界,分界②区分,划分,区划③限制反应(demarcatio)
demarcation line 分界线,界线,区界
demarcation zone 限制反应圈
Demaree plan of swarm control 地马利控制分蜂法
demasking 解蔽
deme 同类群,混交群体
demecolcine 脱羰秋水仙碱
dementia praecox 早发性痴呆
demerit 缺点,短处(demeritium)
demersal egg (鱼)沉性卵
demersal fishes 底层鱼类
demersal species 底栖种类
demethylation 脱甲基化作用
demeton (= 1059,E-1059)内吸磷(杀虫、杀螨剂)[$C_8H_{19}O_3PS_2$]
demeton-s-methyl (= demeton methyl)甲基1059,甲基内吸磷(杀虫剂)[$C_6H_{15}O_3PS_2$]
demicircle 测角器
demicolporate 具半沟的(demicolporatus)
demicolpus 半槽,半沟
demicyclic 缺夏孢型的(demicyclus)
demicyclic rust 缺夏孢子型锈菌
demineralization 脱矿质[化][作用]
demineralization of water 水的脱矿质[化]
demineralize 脱除矿质{环保}
demineralized 脱除矿质的(demineralisus)
demineralized water 脱[除]矿质水(aqua demineralisa)
demineralizer 脱[除]矿质器(demineraliser)
demissine 垂茄碱[$C_{30}H_{83}NO_{20}$]
demister 除雾器
democarpia 果实群

democratic network 共同控制网[络]{信息}
demode 过时的,老式的
demoder 解[脉冲编]码器
demodicidosis ①蠕形螨病 ②毛囊虫病
demodulation 解调[制](demodulatio)
demodulator ①解调[制]器 ②析波器
demographic ①人口统计[学]的 ②群体消长的(demographicus)
demographic approach 人口统计[学]途径
demographic genetics 群体消长遗传学
demographic model 人口统计[学]模型
demography 人口统计学(demographia)
demolish ①拆除 ②(论点)推翻 ③毁坏,破坏(demoliri)
demolition ①拆除,拆毁 ②爆破,破坏,毁坏 ③推翻 ④⌊复⌉废墟,遗址(demolitio)
demolition waste 爆破废料{环保}
demon 守护程序{电脑}
demon's butter 黏菌
demonstration ①示范 ②演示 表演 ③证明,论证 ④直观教学,示范教学(demonstratio)
demonstration area 示范面积,机器性能试验地
demonstration breeding farm (= demonstration propagation farm) 示范繁殖场
demonstration farm 示范农场
demonstration field 示范田,样板田
demonstration forest 示范林
demonstration jack 演示插孔{电脑}
demonstration plot 示范区,示范圃
demonstration program 演示程序
demonstration project 示范设计
demonstration province 示范者
demonstration trials 示范试验
demonstrative ①证明的 ②论证的 ③明确的(demonstrativus)
demonstrator ①示教器 ②检示仪 ③解说员
demotic ①人民的,大众的 ②通俗的(demoticus)
demotic readings 大众读物
demotic science 大众科学
demotion 降级(demotio)
demount 拆卸,卸下
demountable 可卸下的
demulsifier (= emulsion breaker) 破乳剂,去乳化剂
demultiplexer ①多路分解器,多路分配器 ②信号分离器,译码器{信息}
demultiplication 倍减[作用](demultiplicatio)
demultiplicator 副变速箱,减速装置
demyelinization 脱髓鞘作用(demyelinisatio)
den ①兽穴 ②冬眠,蛰伏
DEN (= dengue virus) 牛三日热病毒
denary ①十的 ②十进制的(denarius){统计}
denaturant 变性剂
denaturant gel (= denaturing gel) 变性凝胶
denaturation 变性[作用](denaturatio)
denaturation mapping 变性制图
denaturation of DNA DNA 变性
denaturation of macromolecule 大分子变性
denaturation of protein 蛋白质变性
denaturation reversibility 变性可逆性
denature ①改造自然属性 ②变性(denatura)
denatured 变性的,变质的(denaturatus)
denatured DNA 变性 DNA
denatured forage 变质饲料
denatured nucleic acid 变性核酸
denatured protein 变性蛋白质
denatured seeds 变质种子
denatured solonchak 变性盐土
denatured solonetz 变性碱土
denatured sugar 变性糖,改性糖
denatured tobacco 变质烟叶
denaturing agent 变性剂
denaturing gel electrophoresis 变性凝胶电泳
denaturing gradient polyacrylamide gel 变性梯度聚丙烯酰胺凝胶
dendranthema 菊属[*Dendranthema* (DC.) Des Moul. = *Chrysanthemum* L.](菊科)
dendrite ①树突 ②树木状的(dendritus)
dendritic 树枝状的,树木状的(dendriticus)
dendritic cell 树状细胞(cellula dendritica)
dendritic drainage pattern 树枝状水系{水利}
dendritic evolution 树状进化
dendritic hair 树状毛(pilusdendriticus)
dendritic potential 树突电位
dendrium 果园植物群落
dendrobenthamia ①四照花属[*Dendrobenthamia* Hutch. = *Cornus* L.](山茱萸科) ②四照花[*Cornus kousa* Buerg.]
dendrobium ①石斛属[*Dendrobium* Sw.] ②石斛[*Dendrobium nobile* Lindl.](兰科)
dendrobium mosaic 石斛花叶病(病毒病害)
dendrobium mosaic virus 石斛花叶病毒

dendrochemistry 木材化学 (dendrochemia)
dendrochronology 树木年代学,年轮学 (dendrochronologia)
dendroclimatology 树木气候学 (dendroclimatologia)
dendrogram 树形图 (dendrogramma)
dendrograph 树径自记器
dendroid 树木状的 (dendroideus)
dendrologist 树木学工作者,树木学家 (dendrologistus)
dendrology 树木学 (dendrologia)
dendrometer 测树器
dendrometry ①树木测量 ②树木测量学,测树学 (dendrometrica)
-dendron ⌞字尾⌝树
dendropathology 树木病理学 (dendropathologia)
dendrophilous 喜树的,适树的 (dendrophilus)
dendropoion 热带稀树草原植被型
dendrotoxin 树眼镜蛇毒素
dene ①沙丘 ②沙层 ③滨海沙地
dengue (= three-day sickness of cattle) 牛三日热
dengue virus (DEN) 牛三日热病毒
Denhardt's solution 邓哈德特溶液,Denhardt 溶液{生技}
deni- ⌞字头⌝十数的
denier 盾(纤维细度单位=9000 米长的克数)
denier balance 检位衡{蚕}
denim 斜纹棉布 (=cloth)
denitrate 脱硝酸,去硝酸
denitration 脱硝酸作用
denitrification 反硝化[作用],脱氮[作用] (denitrificatio)
denitrification activated sludge process 反硝化污泥活化法{环保}
denitrification inhibitor 反硝化抑制剂
denitrifying bacteria (= denitrobacteria) 反硝化细菌,脱氮细菌
denitrogen 排氮,除氮,脱氮
denitrogenation 脱氮[作用] (denitrogenatio)
denizen 外来生物
denomination ①命名,名称 ②单位分级(如长度,重量等) (denominatio)
denominator 分母{数}
denormal 非正规的 (denormalis)
denotation ①符号,表示,指示 指标,标志 ②名称 ③意义 (denotatio)
denote 标志,表示 (denotare)
denoter ①标志符 ②标志牌
dense ①紧密的,细密的 ②稠密的,密集的 ③浓密的 (densus)
dense binary code 紧密二进制码
dense body 致密体 (corpusdensus)
dense bundle 致密束(指水根系)
dense cloud 密云
dense cluster ①密簇生 ②密树丛
dense covering 紧密覆盖
dense crops ①密植作物{栽培} ②密林{森林}
dense crown 密集树冠
dense dibbling 多粒穴播
dense distribution 密集分布
dense drilling 密条播
dense ear 紧密穗
dense fibrillar RNP component 浓密纤丝状 RNP 组分
dense-flower bladderwort 密花狸藻 [*Utricularia racemosa* Wall.] (狸藻科)
dense-flowering 成束花的 (cumuliflorus)
dense fog 浓雾
dense forest 密林,丛林
dense growth 密集生长
dense hair 密毛 (pilus densus)
dense-head mountain ash 水榆 [*Sorbus sinifolia* K. Koch.] (蔷薇科)
dense hypericum 密花金丝桃 [*Hypericum densiflorum* Pursh] (金丝桃科)
dense lamellae 致密层
dense leaf sheath 密集叶鞘 (vagina densa)
dense leaf venation 密集叶脉序 (phyllovenatio densa)
dense manure 浓肥料
dense massive structure 致密块状构造
densc mounting 厚上蔟{蚕}
dense negative 密度大的底片{遥感}
dense plant stands 密集植物群丛{生态}
dense planting (= close planting) 密植,密播
dense population 密植群体
dense powder 浓缩火药{狩猎}
dense-pubescent cherry 多毛樱桃 [*Prunus polytricha* Koehne] (蔷薇科)
dense rearing 厚饲{蚕}
dense root system 密集根系 (systema radicis densa)
dense smoke 浓烟
dense soil ①紧密土壤 ②紧实地
dense sowing 密播
dense sowing in line 密条播

dense-spines coryphantha ①菠萝球属［*Coryphantha* spp.］（仙人掌科）②菠萝球［*Coryphantha pycnacantha* sp.］
dense stands ①密集植株 ②密集林分 ③密集群丛
dense stocking 密养{水产}
dense structure 致密结构（structura densa）
dense sward 密生草地
dense vegetation 密集植被（vegetatio densa）
dense wood ①致密材 ②压缩材
densely crowned ①叶簇密集的 ②树冠紧密的
densely cutinized epidermal wall 致密角化表皮壁（integumentum epidermide densicutinisum）
densely inhabited district 人口密集区
densely leaved 密叶的（pycnophyllus）
densely pubescent 茸毛密生的（densipubescens）
densely sown crop 密播作物
densimeter 密度计
densinigra soil 热带黑土（安哥拉）
densitometer 光密度计
densitometric method 光密度[测定]法
densitometry 光密度测定法（densitometrica）
densitricase grasses 密丛性禾（牧）草
density ①密度 ②郁闭度（densitas）
density class 密度级
density component 密度组分{环保}
density control 密度调节
density current 密度流，密差流{环保}
density dependence of mitosis 有丝分裂密度依赖性
density-dependent factor 依赖于密度的因子
density-dependent growth inhibition 依赖[于]密度的生长抑制
density-dependent inhibition 依赖于密度的抑制
density effect 密度效应
density flow 密度流（因密度不同而成的流动）{环保}
density fractionation 密度分级分离
density-gradient centrifugation 密度梯度离心
density-gradient electrophoresis 密度梯度电泳
density-gradient equilibrium centrifugation 密度梯度平衡离心
density-gradient equilibrium sedimentation 密度梯度平衡沉降
density-gradient separation 密度梯度分离
density gradient zonal centrifugation 密度梯度区带离心
density-independent factor 密度无关因子
density of bottle （测定液体、固体的）密度比重瓶
density of cell wall 细胞壁密度
density of crop ①作物密度{栽培}②林分密度{森林}
density of cropping 栽培密度，种植密度
density of crown cover 林冠疏密度
density of grain setting 禾谷类穗上着粒密度
density of infection 感染密度，危害密度
density of leaf canopy 叶冠郁闭度
density of livestock 牲畜密度
density of mesh 筛眼密度
density of must 果汁浓度
density of plantation 种植密度
density of planted plot 密植区
density of population ①人口密度 ②群体密度
density of radiant flux 辐射通量密度
density of released fish 放养鱼密度
density of seeding 播种密度
density of soil 土壤密度，[土壤]比重
density of sprinkling 洒水密度
density of stand 植株密度
density of stocking 立木度，林分疏密度
density of sward 草层密度
density of trees 树木密度
density of volume charge 体积电荷密度
density of wood 木材密度
density ratio 密度比率
density response 密度反应
density shift technique 密度转移技术
density slicing 灰度划分，密度划分{电脑}
density sorting machine 密度分选机
density splitting 密度分割{遥感}
density step-procedure 密度分级法
density tester 密度计
densography X射线照片密度检定法
densometer 气孔测定器
densovirus（DNV） 浓核病毒
dent ①齿 ②凹痕，凹陷（dens）
dent corn（=dent maize） 马齿种玉米［*Zea mays* L. var. *dentiformis* Sturt.］（禾本科）
dent variety 马齿种品种
dental formula 齿式，牙式{畜}
dental pulp 牙髓
dental sclerite 齿片
dentate ①具牙齿的 ②齿状的（dentatus）

dentate dontostemon ①花旗竿属[*Dontostemon* Andrz.](十字花科) ②花旗竿[*Dontostemon dentatus* Lédeb.]
dentate margin 齿状加厚(margo dentata)
dentate-serrate 具锯齿的(dentatiserratus)
dentate-sinuate 具波齿的(dentatisinuatus)
dentation 齿状结构(dentatura)
denticle(=denticulus) ①小齿,细牙齿 ②小齿状突起
denticulate 具小齿的,具细牙齿的(denticulatus)
denticulation 细牙齿,细齿(denticulatura)
denticulatus youngia 细齿黄鹌菜[*Youngia denticulata* Kitam.](菊科)
dentiform ①具牙齿的 ②齿状的(dentiformis)
dentigerous 有齿的(dentiger)
dentine 牙质(dentinus)
dentition ①出牙,生牙 ②牙列(dentitura){畜}
dentoid 牙齿状的(dentoideus)
denucleated 去核的,无核的(denucleatus)
denucleination 核酸减少(denucleinatio)
denudate ①裸的 ②裸露的,露出的(denudatus)
denudation ①除光{生态} ②滥伐{森林} ③剥蚀{土壤} ④裸露{地质}(denudatio)
denude 剥蚀
denuded area 剥蚀面积
denuded soil 剥蚀土壤
denutrition 营养缺乏,营养不足(denutritio)
Denver system 丹弗尔氏系统(人染色体分类法)
deodar cedar 雪松[*Cedrus deodara* Loud.](松科)
deodorant 除臭剂
deodorization 除臭作用,脱臭(deodorisatio){环保}
deodorization apparatus 脱臭装置{环保}
deodorization function 脱臭机能
deodorizer 去臭器
deodorizing power 除臭能力
deodorizing vessel 脱臭器
deoscillator 阻尼器,减振器
deoxidation 脱氧[作用](deoxidatio)
deoxidizing ①脱氧[作用] ②脱氧的
deoxy- ⌞字头⌝脱氧
deoxyadenosine (dA, dAdo)脱氧腺苷
deoxyadenosine monophosphate(dAMP) 脱氧腺苷[一磷]酸{分遗}
deoxyadenosine triphosphate (dATP)脱氧腺苷三磷酸
deoxyadenosyl cobalamin 脱氧腺苷钴胺素(钴胺素辅酶)
deoxyadenylate(=deoxyadenosine monophosphate) 脱氧腺苷酸
deoxyadenylic acid (dAMP) 脱氧腺苷酸
deoxycholate 脱氧胆酸盐
deoxycholic acid 脱氧胆酸[$C_{23}H_{37}(OH)_2COOH$]
deoxycorticosterone(DOC) 脱氧皮质[甾]酮
deoxycytidine (dC,dCyd) 脱氧胞苷
deoxycytidine deaminase (dCD)脱氧胞苷脱氨酶
deoxycytidine kinase (dCK)脱氧胞苷激酶
deoxycytidine monophosphate(dCMP) 脱氧胞苷[一磷]酸
deoxycytidine triphosphate (dCTP)脱氧胞苷三磷酸
deoxycytidinephosphate deaminase 脱氧胞苷酸脱氨酶
deoxycytidylate(=deoxycytidine monophosphate) 脱氧胞苷酸
deoxycytidylate hydroxymethylase 脱氧胞苷酸羟甲基化酶
deoxycytidylic acid (dCMP)脱氧胞苷酸
deoxydation(=deoxidation) 脱氧[作用](deoxydatio)
deoxygenation 脱氧[作用](deoxygenatio)
deoxygenation coefficient 脱氧系数{环保}
deoxyglucose 脱氧葡萄糖
deoxyguanosine (dG, dGuo)脱氧鸟苷
deoxyguanosine monophosphate (dGMP) 脱氧鸟苷[一磷]酸
deoxyguanosine triphosphate (dGTP)脱氧鸟苷三磷酸
deoxyguanylate(=deoxyguanosine monophosphate) 脱氧鸟苷酸
deoxyguanylic acid (dGMP)脱氧鸟苷酸
deoxyhemoglobin 脱氧血红蛋白{分生}
deoxyinosine(dI) 脱氧肌苷,脱氧次黄苷
deoxyinosine-5′-monophosphate (dIMP) 脱氧肌苷[一磷]酸,脱氧次黄苷酸
deoxyinosine triphosphate(dITP) 脱氧肌苷三磷酸,脱氧次黄苷三磷酸
deoxymethylcytidylic acid 脱氧甲[基]胞苷酸
deoxynivalenol(DON) 脱氧瓜蒌镰菌醇
deoxynucleoside 脱氧核[糖核]苷

deoxynucleoside diphosphate (dNop) 脱氧核苷二磷酸
deoxynucleoside hydrogen-phosphonate 脱氧核苷氢磷酸酯
deoxynucleoside triphosphate 脱氧核苷三磷酸
deoxynucleotide (= deoxyribonucleotide) 脱氧核苷酸
deoxynucleotidyl 脱氧核苷酸[基]
deoxypentose 脱氧戊糖
deoxypentosenucleic acid 脱氧戊糖核酸
deoxypyridoxine 脱氧吡哆醇
deoxyribo-olgiomer 脱氧核糖低聚物
deoxyriboaldolase 脱氧核糖醛缩酶
deoxyribonuclease (DNase) 脱氧核糖核酸酶
deoxyribonuclease extraction of DNA DNA的脱氧核糖核酸酶提取
deoxyribonucleic acid (DNA) 脱氧核糖核酸
deoxyribonucleic acid ligase (DNA ligase) DNA连接酶
deoxyribonucleic acid polymerase DNA聚合酶
deoxyribonucleic acid virus DNA病毒
deoxyribonucleoprotein (DNP) 脱氧核[糖核]蛋白
deoxyribonucleoprotein complex 脱氧核蛋白复合物
deoxyribonucleoside 脱氧核[糖核]苷
deoxyribonucleoside diphosphate kinase 脱氧核苷二磷酸激酶
deoxyribonucleoside methylphosphonate 脱氧核苷磷酸甲酯
deoxyribonucleoside monophosphate (dNMP) 脱氧核苷[一磷]酸
deoxyribonucleoside phosphoramidite 脱氧核苷亚磷酰胺
deoxyribonucleoside triphosphate (dNTP) 脱氧核[糖核]苷三磷酸
deoxyribonucleotide 脱氧核[糖核]苷酸
deoxyribopolymer 脱氧核糖多聚物
deoxyribose 脱氧核糖 [$CH_2CH \cdot CHOH \cdot CHOH \cdot CH_3 \cdot CHO$]
deoxyriboside 脱氧核[糖核]苷
deoxyribotide 脱氧核[糖核]苷酸
deoxysugar 脱氧糖
deoxythymidine (dT) 脱氧胸[腺嘧啶核]苷
deoxythymidine monophosphate (dTMP) 脱氧胸苷[一磷]酸
deoxythymidine triphosphate (dTTP) 脱氧胸[腺嘧啶核]苷三磷酸
deoxythymidylate (= deoxythymidine monophosphate) 脱氧胸苷酸
deoxythymidylic acid (TMP, dTMP) 脱氧胸苷酸
deoxyuridine (dU) 脱氧尿[嘧啶核]苷
deoxyuridine monophosphate (dUMP) 脱氧尿苷[一磷]酸
deoxyuridine triphosphatase (dUTPase) 脱氧尿[嘧啶核]苷三磷酸酶
deoxyuridylate 脱氧尿苷酸
deoxyuridylic acid (= deoxyuridine monophosphate) 脱氧尿苷酸
deoxyxylose 脱氧木糖
2,4-DEP (= 3Y9) 2,4-D 磷酯,伐垄酯(除草剂) [$C_{24}H_{21}Cl_6O_{61}P$]
depactin 蚕食蛋白(指肌动蛋白) {分生}
depalletizer 去码垛堆积机 {农施}
department ①部,司,局,室,处 ②系,学部 ③部门
department networks 部门级网络 {信息}
department of agriculture ①农科 ②农业系 ③农业处
department of agriculture and forestry 农林处
department of agronomy 农学系
department store 百货店 {农管}
departure ①距平{气象} ②离差{统计} ③横向距离{栽培} ④撤离离散{电脑}
departure process 离散过程
departure time 撤离时间
depasturage 放牧{畜}
depasture 放牧
depauperate ①疏落的(指少花) ②萎缩的 ③贫乏的 (depauperatus)
depauperate colony 衰落群落
depauperate family 寡种科
depauperation ①萎缩 ②衰弱 (depauperatio)
depegrams 露点图
dependability 可依赖性,可信赖性 (dependabilitas)
dependable ①可靠的 ②可信任的 (dependabilis)
dependable crop ①稳产 ②旱涝保收作物
dependable flow 可靠流量
dependable implement 易操纵农机具
dependence (= dependency) ①相关性 ②依赖性 (dependentia)
dependency analysis 依赖性分析,从属分析
dependency relation 依赖关系
dependent ①悬垂的,下垂的 ②依赖的,依靠的 (dependens)
dependent code 依赖性码 {电脑}
dependent differentiation 依赖分化,相关性分化

dependent sea 附属海
dependent union 依赖结合
dependent variable 依变数,因变数
dependovirus 依赖病毒
deperulate 脱鳞的(deperulatus)
deperulation 芽鳞脱落(deperulatio)
dephenolizing 除酚,脱酚{环保}
dephospho-CoA kinase 脱磷酸辅酶A激酶,脱磷酸CoA激酶
dephospho-CoA pyrophos-phorylase 脱磷辅酶A焦磷酸化酶
dephosphorylation 脱磷酸化[作用]
depict 描写,描述,叙述(depingere)
depigmentation ①脱色素[作用] ②褪色[作用](depigmentatio)
depilation 去毛,拔毛(depilatio){禽}
deplacement ①位移 ②替代[作用],置换[作用](deplacementum)
deplanate 扁平的(deplanatus)
deplantation 移植(deplantatio)
deplasmolysis 质壁分离复原
depleted ①贫化的 ②枯竭的,消耗的 ③废弃的,变质的 ④择伐的
depleted forest 择伐迹地林{森林}
depletion ①用尽,耗尽,损耗,衰退 ②捕尽 ③缺乏,亏损,贫化 ④降低,低压(depletio)
depletion curves 损耗曲线{遥感}
depletion hydrograph 废弃水文网{遥感}
depletion mode field effect transistor 耗尽型场效应晶体管{电脑}
depletion mutant ①缺失型突变体 ②缺失型突变型
depletion of soil moisture 土壤水分耗竭
deploy 展开,疏散(= spread out)(displicare)
deployment ①部署,配置,调度 ②采用,利用,推广应用
deployment of labour power 劳动力分配
depluming mite 鸡拔羽螨[*Knemidocoptes gallinae*(Railliet)]
depolarization ①去极化作用 ②消偏振作用(depolarisatio)
depolarizer ①去极[化]剂 ②消偏[振]镜
depolarizing phase 去极化期
depollination 免除授粉(depollinatio)
depollution 去污染(depollutio){环保}
depolymerase 解聚酶
depolymerization ①解聚[作用] ②非高分子化(depolymerisatio)
depolymerized 解聚的
depolymerized nucleic acid 解聚核酸
depolyploidization 去多倍化[作用](depolyploidisatio)
deposit ①附着 ②附着量 ③沉积,沉积物 ④矿床 ⑤存款,定钱 ⑥下蛋 ⑦存款(depositum)
deposit chamber 沉积室,沉积槽
deposit distribution 附着分布{农药}
deposit dose 沉积剂量
deposit efficiency 附着效率
deposit in situ 原地沉积[物]
deposit insurance system 存款保险制度{农经}
deposit produced by weathering 风化矿床{地质}
deposit rate ①沉积速度 ②附着量
deposit ratio ①沉积率 ②附着率
deposit spectrum 附着谱,附着分布
deposit the eggs 产卵
deposition ①沉积[作用] ②附着性(depositio)
deposition cycle 沉积循环,沉积旋回
deposition fabric 沉积组织
deposition film disk 沉积薄膜磁盘{信息}
deposition interface 沉积界面
deposition of minerals 矿物质沉积
depositional feature 沉积特征
depository ①贮存处 ②仓库
depot ①贮藏库,库房 ②车站,航空站
depot fat 储存脂肪
deppery milky 辣乳菇[*Lactarius piperatus* (Scop.) Fr.](乳菇科)
depravation 恶化,腐化(depravatio)
depreciation ①折旧 ②贬值(depreciatio)
depreciation funds (= depreciation costs) 折旧费
depreciation in currency 货币贬值
depreciation of machinery 机器折旧
depressant ①生活力降低 ②抑制剂,镇静剂
depressed ①凹陷的 ②顶基扁的 ③沉降的 ④降低的 ⑤扁平的(depressus)
depressed area ①沉降面积 ②灾区 ③贫困区 ④不景气地区
depressed atmospheric pressure storage installation 减压贮藏设施{农施}
depressed eggs 扁平卵
depressed flour beetle 拟谷盗(弱小谷盗)[*Palorus subdepressus* (Wollaston)](拟步甲科)
depressed sewer 倒虹管{环保}
depressing influence 降低影响
depressing reagents 反活化剂{环保}
depressing water level 下降地下水位

depression ①抑制{育种} ②[机能]衰退{生理} ③低压{气象} ④(物价)降低,减低(= lowering){农经} ⑤低地,洼地,沉降地{土壤}(depressio)
depression angle 俯角
depression-belt 低[气]压带
depression effect 抑郁效应,抑制效应{分遗}
depression region 低压区
depression spring 洼地泉水,溢泉
depressor ①抑制物 ②抑制剂
depressor effect 抑制效应
depressus plantain 小车前(平压车前)[*Plantago depressa* Willd](车前科)
deprivation ①剥夺,夺去 ②除去,丧失(deprivatio)
deprived 除去的,丧失的
deproceduring 非过程化{电脑}
depropagation 负增长反应(depropagatio)
deprotection 脱保护(deprotectio)
deproteinization 去蛋白作用(deproteinisatio)
deproteinization method 去蛋白作用法
deproteinizing agent 脱蛋白作用剂
deprotonation 去质子化,脱质子化(deprotonatio)
depside 缩酚酸
depsidone 缩酚酸环醚
depth ①深,深度 ②深色
depth adjuster 耕深调节装置
depth after the jump 跃后水深{水利}
depth and frequency of cultivation 中耕深度及次数
depth-area formula 雨量-面积公式
depth before the jump 跃前水深
depth bound 深[度]限度
depth butter algorithm 深度缓冲器算法
depth clipping 深度剪取
depth control 耕深调节[装置]
depth control device ①深耕调节装置 ②入土深度调节器
depth cue 深度提示
depth cueing 深度暗示
depth distribution 深层分布(指施肥)
depth dose 深层剂量
depth-first minimax procedure 深度优先最小最大过程{电脑}
depth-first procedure 深度优先过程
depth-first search 深度优先搜索
depth gage (= depth gauge) ①测深计,水位标尺 ②(开沟器)入土深度尺 ③(圆盘开沟器)深度限制环
depth indicator 深度计,入土深度指示器
depth information 深度信息
depth of arable layer 耕层深度
depth of bent cutting 弯插深度,船底插深度
depth of chest 胸深
depth of dibbling 点播深度
depth of draft 汲引水深{环保}
depth of erosion 侵蚀深度,冲刷深度
depth of field 视场深度,视野深度{遥感}
depth of flow 水流深度
depth of focus 焦点深度{显技}
depth of freezing 冻结深度
depth of grain 谷物[堆积]高度
depth of immersion 浸没深度
depth of manuring 施肥深度
depth of penetration 渗透深度
depth of penetration of root system 根系入土深度
depth of placement of fertilizer 施肥深度
depth of planting 栽植深度
depth of ploughing (= depth of plowing) 耕地深度,耕翻深度
depth of probe 测深{遥感}
depth of rainfall 降雨深度
depth of seeding (= depth of sowing) 播种深度
depth of snow cover 雪被厚度
depth of soil (= thickness of soil) 土壤厚度,土层深度
depth of soil cultivation 土壤耕作深度
depth of soil sealing (= depth of molding) 覆土深度
depth of tillage (= depth of preparation of soil) (播种前)整地深度
depth of tooth 齿深(指入土深度){农机}
depth of topsoil 表土厚度,表土深度,耕层深度
depth of weathering 风化深度
depth of weld 焊接深度
depth over width ratio (= d/w ratio) 深度宽度比
depth perceptain 深度感知{电脑}
depth recorder 深耕记录器,记录式深度计
depth regulation 深度调节
depth regulator 入土深度调节器
depth roller 深浅调节轮,限深轮
depth shadow mapping 深度阴影映射{电脑}
depth tilth 深耕[作],深耘地
depth zero of life 无生物深度
depulization 除蚤[法](depulisatio)
depulper 果肉分离机
depurant ①纯净的,清净的 ②清净剂(dupurans)

depuration ①清净 ②滤清 (depuratio)
depurination 脱嘌呤作用 (depurinatio)
deque (= double end queue) 双端队列,双排队,双向队列{电脑}
dequeen 废弃蜂王,取出蜂王
derandomization 非随机化 (derandomisatio)
deranged drainage pattern 紊乱状水系[型]{水利}
derangement 错位排列,错排
derate ①降低定额,降额 ②减载运行{电脑}(deratus)
derating 减额
derating factor 减额率
derating level 减额等级
deratization 驱鼠,灭鼠 (deratisatio)
Derbesia ①德氏藻属 [*Derbesia* spp.](德氏藻科) ②德氏藻 [*Derbesia* sp.]
Derbesia family 德氏藻科 [Derbesiacea]
derbid ①长翅蜡蝉 ②⌞复⌝长翅蜡蝉科 [Derbidae]
dereferencing 非关联化
deregenerative feedback 非再生反馈
derelict land ①弃耕地 ②冲积地
derepressed 去阻遏的 (derepressus)
derepression 去阻遏[作用],消阻遏作用 (derepressio)
derepressor 去阻遏物
deresination 提取树脂 (deresinatio)
derestrict 解除限制
derivant ①衍生物 ②导出数 (derivans)
derivation ①导流,引水 ②起源,来源 ③衍生,派生,导出 (derivatio)
derivation history 派生史,派生过程
derivation of water 排水
derivative ①衍生的,派生的 ②衍生物,派生物 ③导数,微商 ④诱导法 ⑤方案 (derivativus)
derivative action 导数作用
derivative hybrid 衍生杂种
derivative index 派生索引{电脑}
derivative of high order 高次导数
derivative spectrum 导数光谱
derivatization 衍生化 (derivatisatio)
derived ①诱导的,推导的 ②派生的,衍生的 ③导出的 ④分支的 (derivus)
derived data 导出数据
derived gene effect 诱导基因效应
derived line 诱导系
derived line method 诱导系育种法
derived lipid 衍生脂
derived map 派生地图{遥感}
derived network state 推导网络态
derived protein 衍生蛋白质
derived rule 导出规则
derived type 派生类型
derived unit 诱导单位
derm- ⌞字头⌝皮
-derm ⌞字尾⌝①皮,革 ②皮层
derma 真皮,皮肤 (dermis)
dermal 皮的,真皮的,皮肤的 (dermidis)
dermal administration 皮肤施用
dermal cell 真皮细胞 (cellula dermidis)
dermal gland 皮腺 (glandula dermidis)
dermal pore 皮孔 (porusdermidis)
dermal ridge 纹线
dermal system 表皮系[统] (systema dermidis)
dermal tissue 表皮组织 (teladermidis)
dermal toxicity 真皮毒性
dermatan sulfate 硫酸皮肤素
dermatitis 皮[肤]炎
dermatobasidium 皮生担子
dermatocalyptrogen 表皮根冠原 (dermatocalyptrogenum)
dermatocystidium 皮生囊状体
dermatogen 表皮原 (dermatogenum)
dermatogen initial 表皮原始细胞
dermatogloeocystidium 皮生胶囊体
dermatoglyphic pattern 纹样
dermatoglyphics (手心,手指,脚底,足趾)皮肤纹理学,肤纹学 (dermatoglyphica)
dermatology 皮肤病学 (dermatologia)
dermatomycosis 皮肤真菌病
dermatonecrototoxin 皮肤坏死毒素
dermatophyte ①肤癣菌,皮癣菌 ②表皮寄生物 (dermatophyta)
dermatophytosis 肤癣病,皮癣病
dermatoplasm 胞壁质 (dermatoplasma)
dermatoplast 具胞壁体 (dermatoplastus)
dermatopseudocystidium 皮生拟囊状体
dermatosetula 皮生刚毛
dermatosis 皮肤病
dermatosome 胞壁体 (dermatosoma)
dermatozoon 皮肤寄生虫
dermestid beetles 皮蠹科 [Dermestidae]
dermis 真皮,皮肤
dermotrophic 向皮肤的 (dermotrophilus)
dernopodsolic soil 生草灰化土
derocker 除石机,清石机
derria (= derris) 鱼藤(毒鱼藤) [*Derris elliptica* Benth.](豆科)
derrick crane 转臂起重机
Derris (= Rotenone) 鱼藤酮{农药}

derris extract 鱼藤精
derris moth (=chestnut thyridid) 鱼藤窗蛾(栗窗蛾)[*Striglina scitaria* Walker](窗蛾科)
derris root 鱼藤根
derusting 去锈
desaccharification 蔗糖回收,糖质抽提(desaccharificatio)
desalination 脱盐[作用],排盐[作用](desalinatio)
desalination of sea water 海水淡化
desalination of water 水的淡化
desalinization 脱盐[渍]化[作用](desalinisatio)
desalinization of soil 土壤脱盐[渍]化作用
desalinization of water 盐水淡化
desalinization rate 脱盐率
desalted water 脱盐水{环保}
desaltification 脱盐[作用]
desalting 脱盐[作用],淡化
desalting kit 海水淡化器
desalting plant 海水淡化厂
desalting reclamation 脱盐土壤改良
desamidase [脱]酰胺酶
desamidation (=deamidation) 脱酰胺[作用]
desaminase (=deaminase) 脱氨酶
desamination (=deamination) 脱氨作用
desaminocanavanine (=deaminocanavanine) 脱氨刀豆氨酸
desaspidin 异鳞毛蕨素
desaturase 去饱和酶,脱氢酶
desaturation 去饱和[作用](desaturatio)
descale 除锅垢或锈皮
descendant ①子裔,子代,后代 ②萌蘖枝(descendans)
descender 下伸部分,下行部分
descender line 下伸底线
descending ①下向的,下降的,下行的 ②下垂(descendans)
descending axis 根系(axis descendens)
descending branch ①下垂枝(ramus descendens) ②下沉部分
descending chromatography 下行层析
descending current 下行电流
descending development 下行展开[法]{生技}
descending face (采脂)下降割面
descending flow of sap ①下行液流 ②流胶病
descending inflorescence 下降花序(inflorescentia descendens)
descending inhibition 下行抑制
descending inhibitory system 下行抑制系统
descending node 降交点{遥感}
descending pathway 下行途径,下行通路
descending series 下行系列
descending shot 下降射击{狩猎}
descending stream 下降水流
descending system 下行制,向下分类法(systema descendens){分类}
descending water 下降水,渗透水
descent ①下来,下去 ②祖先 ③突击,突袭④系统,血统,起源
descent of water 水渗透,水下渗
descriminator 鉴频器
description ①描述,记载 ②说明(descriptio)
description manager 描述管理器
description of botanical character 植物学性状描述
description of crop ①作物记载{栽培}②林分记载{森林}
description of forest 林况记载
description of goods 货物名称,物品名称
description of morphological characteristics 形态特征描述
description of profile 剖面记载
descriptive ①描述的,记载的,记述的 ②说明的(descriptivus)
descriptive abstract 说明摘要,说明提要
descriptive agrobotany 记述农艺植物学,描述性农业植物学
descriptive chart 记载表
descriptive climatology 描述气候学
descriptive course of action 说明性行动步骤
descriptive decision theory 描述性决策理论
descriptive entomology 记述昆虫学
descriptive manual 说明书
descriptive pomology 记述果树学,果品学
descriptive statistic 基本统计量{统计}
descriptive text 图说(地图的文字说明){遥感}
deseeding machine (亚麻)脱粒机
deselection ①取消选择 ②断开(deselectio)
desensibilization 消[灭]过敏性(desensibilisatio)
desensitivity 脱敏[感]性(desensitivitas)
desensitization 脱敏[感]作用(消灭过敏性)(desensitisatio)
desensitizer 脱敏剂
desert ①沙漠{气象}②荒漠{生态}③漠境

{土壤} ④荒的,荒芜的,不毛的(deserta,desertorum)
desert annuals 荒漠一年生植物
desert area 沙漠地区
desert-candle ①独尾草属[*Eremurus* Bieb.](百合科) ②独尾草[*Eremurus chinensis* O.A.Fedtsch.]
desert corn-field beetle (=desert corn flea beetle) 玉米荒漠跳甲[*Chaetocnema ectypa* Horn](跳甲科)
desert crust 漠境结壳,漠境结皮
desert date 沙枣[*Elaeagnus angustsifolia* L.](胡颓子科)
desert deposit 漠境沉积物
desert devil 沙卷风
desert dry valley 漠境干谷
desert dust soil 漠境尘暴土[壤]
desert fruits 沙漠果树
desert garden 沙漠园(desertum)
desert grasshopper 沙漠蝗[*Trimerotropis pallidipennis*](蝗科)
desert gum 圆叶桉(野桉)[*Eucalyptus rudis* Endl.](桃金娘科)
desert lake 沙漠湖,漠境湖
desert-lime 澳洲沙柑[*Eremocitrus glauca* Swingle](芸香科)
desert locust 荒地蚱蜢[*Schistocerca gregaria* Förskal](蝗科)
desert oak 沙漠木麻黄[*Casuarina glauca* Sieb.](木麻黄科)
desert pavement 漠境石面,漠境砾幂面
desert plant (=eremophyte) 荒漠植物(eremophyta)
desert plant community 荒漠植物群落
desert plateau 荒漠高原
desert-rod 沙穗属[*Eremostachys* Bge.](唇形科)
desert rose 沙蔷薇(沙漠玫瑰)[*Adenium obesum* sp.](夹竹桃科)
desert salt bed 漠境盐床,漠境盐层
desert salt crust 漠境盐皮
desert sand 漠境沙[土]
desert shrub 荒漠灌丛
desert soil 漠境土
desert spider mite 芜菁红叶螨[*Tetranychus desertorum* Banks](蛛螨科)
desert steppe 荒漠化草原
desert steppe soil 荒漠草原土
desert storm 沙暴
desert succulents 荒漠肉质植物
desert-thorn shrub 沙棘[*Hippophaë yhamnoides* L.](胡颓子科)
desert tobacco 沙漠烟草[*Nicotiana trigonophylla*](茄科)
desert vegetation 荒漠植物群落,荒漠植被(vegetatio desertora)
desert wheatgrass 荒漠冰草[*Agropyron desertorum* Schult.](禾本科)
desert willow ①沙漠葳属[*Chilopsis* Don.](紫葳科) ②沙漠葳[*Chilopsis linearis* DC.]
desert wind squall 沙漠风飑
desert winter annuals 荒漠冬季一年生植物
desert woodland 沙漠林地
desert zone 沙漠带
deserta ①荒漠植物群落 ②荒漠植被 ③荒漠
deserted takyr 漠境龟裂土
desertification 荒漠化,沙漠化(desertificatio)
desertscape 荒漠景观{农系工}
desetope 选择位(指抗原的作用部位){分生}
deshooting 折心(指去主茎)
desiccant ①干燥的 ②干燥剂(desiccans)
desiccate 干燥(指烘干,晒干 晾干,吹干)(desiccare)
desiccated coconut 椰干
desiccated fruit 干果
desiccated milk (=dry milk) 奶粉
desiccated state 干燥状态,干态
desiccating agent 干燥剂
desiccating cane foliage 干燥蔗叶
desiccation ①干化{生态} ②干燥{显技}(desiccatio)
desiccation avoidance 干化避免{生态生理}
desiccation course 干化过程
desiccation cracks in soil 土壤干裂
desiccation fissure 干缩裂缝
desiccation lethality 干化致死率
desiccation resistance 抗干燥性,抗干化性
desiccation-sensitive species 干化敏感种
desiccation tolerance 干化耐性,耐干化性
desiccation-tolerant plant 耐干化植物
desiccator ①干燥器,干燥箱 ②防潮沙
desiccator cabinet 干燥橱,干燥柜
design ①设计{统计} ②配置,布局{园林}(designa)
design activity 设计活动
design adequacy 设计合理性,设计完备性
design aids 设计辅助工具
design analysis 设计分析
design automation (DA) 设计自动化
design automation system 设计自动化系统
design calculation 设计计算
design competition 设计竞争

design cycle 设计周期
design data 设计资料
design drawing 设计图
design entity 设计实体
design error 设计差错
design factor 设计因子
design fault 设计故障
design feature 设计特点,结构特点
design for testability 可测性设计
design inspection 设计审查
design methodology 设计方法学
design objective 设计目标
design of experiments 试验设计{遥感}
design of field experiment 田间试验设计{统计}
design optimization 设计优化
design parameter 设计参数{水利}
design phase 设计阶段
design principle 设计原则{园林}
design prototyping technique 设计原型技术{智培}
design requirement 设计需求
design rule check (DRC) 设计规则检查{电脑}
design science 设计科学
design simulation 设计模拟
design specification 设计规格说明
design strategy 设计策略
design target 设计指标,设计目标
design technique 设计技术
design theory 设计理论{统计}
design tool 设计工具
design value 设计值
design verification 设计验证
designated parameter 指名参数,指定参数
designated state 指定状态
designated station 指定试验站
designation ①标志,标记 ②名称(designatio)
designation number ①标志数,标志数字 ②指定数,指定数字
designation of origin 产地标记
designed discharge 设计流量
designer 设计者,设计员,设计师
designing 设计,计划 规划,策划
designing for reliability 可靠性设计
designing reliable software 设计可靠软件
desilicated 脱硅的(desilicatus)
desilicification 脱硅作用(desilicificatio)
desiling (=unloading of a silo) (青饲塔)卸料
desilter 清泥机,落淤器
desilting 清泥,落淤
desilting work 清淤工程
desintegration ①裂变,蜕变 ②分裂 ③去整合[作用](desintegratio)
desirability 合意性(desirabilitas)
desirable ①合意的,称心的,合乎需要的 ②理想的,所期望的 ③优良的(desirabilis)
desirable allele 优良等位基因
desirable allopolyploid 优良异源多倍体(allopolyploidadesirabilis)
desirable gene 合意基因,优良基因
desirable maturity range 期望成熟度范围
desirable phenotype 合意表型,优良表型
desirable plant characteristics 优良植株特征
desirable plant type 理想株型
desirable storage condition 合乎需要贮藏条件
desirable trait 优良特性
desirable type 理想型,期望型
desired gene 优良基因
desired material 要求的材料
desired number of seeds 希望种子数
desired output 预定产量,期望产量
desired precision 希望精确度
desired value 期望值
desk ①桌,办公桌 ②台
desk analogy system 台式模拟系统{智培}
desk calculator 台式计算器
desk computer 台式计算机
desk publishing system (DPS) 台式出版系统
desk size machine 台式计算机
deskew ①抗扭斜{电脑} ②消除歪斜{遥感}
desktop computer 台式计算机,桌上计算机
desktop conference 桌面视频会议
desktop copier 台式复印机
desktop publishing system 桌面出版系统{信息}
desktop video (DTV) 桌面视频
desludging 排泥{环保}
desm- ⌊字头⌉索,带
desman 欧洲麝鼠[*Desmana moschata*]
desmergate 工兵蚁(介于工蚁与兵蚁之间的蚁型)
desmetryne (= desmetryn) 敌草净(除草剂)[$C_8H_{15}N_5S$]
desmidium ①角丝鼓藻属[*Desmidium* spp.](鼓藻科) ②角丝鼓藻[*Desmidium* sp.]
desmids 鼓藻[科][Desmidaceae]
desmobacteria 丝状细菌

desmocalmin 桥粒钙蛋白〔分生〕
desmocollin 桥粒胶蛋白
desmoenzyme 不溶酶,结合酶
desmogen 维管束原(desmogenum)
desmoglea 桥粒芯
desmolase 碳链[裂解]酶
desmolipase 不溶性脂酶
desmolysing 断碳键的
desmolysis 解链作用,碳链分解作用
desmones 激素
desmosine 锁链[赖氨]素
desmosomal 桥粒的(desmosomalis)〔细胞〕
desmosomal junction 桥粒接合
desmosome 桥粒(desmosoma)
desmosome plaque 桥粒斑
desmotrope 稳变异构体
desmotropism 稳变异构[现象](desmotropismus)
desmotubule 胞壁微管(desmotubula)
desolation 荒地(desolatio)
desoldering gun 去焊枪
desolvation 去溶剂化(desolvatio)
desonucleosis virus (DNV) 浓核症病毒
desorption 解吸附作用(desorptio)
desorption ionization 解吸附电离
desoxy- ⌊字头⌉脱氧
desoxyadenosine 脱氧腺核苷
desoxynupharidin (= deoxynupharidin) 脱氧萍蓬碱 [$C_{15}H_{23}NO$]
desoxyribonuclease (DNase) 脱氧核糖核酸酶
desoxyribonucleic acid (DNA) 脱氧核糖核酸
desoxyribose 脱氧核糖 [$CH_2OH \cdot CHOH \cdot CHOH \cdot CH_2 \cdot CHO$]
despasture 放养,放牧
despin 反旋转,反自转
despiralization 解螺旋化〔作用〕(despiralisatio)
despiralize 解旋化,去螺旋
despiralized DNP 解旋化 DNP
desprouter (马铃薯)除芽分离筛
desprouting ①除芽〔栽培〕②除蘖〔园艺〕
desquamation 脱鳞(desquamatio)
dessert 鲜食的,生食的
dessert almond 甜杏仁
dessert fruit 生食果品(指餐后)
dessert quality 生食品质
dessert ripe stage 生食成熟度(期)
dessert sweet-dish 餐后甜点
dessert variety 鲜食品种
dessert wine 浓葡萄酒
destabilization 去稳定作用(destabilisatio)
destabilizing agent 去稳定剂
destacker 拆垛机
destage ①降级 ②离台
destaging 降级
destaging error 降级差错
destaining 脱色
destarched sweet potato 甘薯渣
desthiobiotin 脱硫生物素
desticker 分离器(分离果实与茎叶杂质)
destination 目的地(destinatio)
destocking 畜牧头数减少
destrip 消除条纹〔遥感〕
destroy ①毁灭,毁坏,破坏 ②消灭,扑灭(destruere)
destroyer 破碎器,粉碎机
destroying angel 鳞柄白鹅膏 [*Amanita virosa* Lamb. ex Secr.](鹅膏科)
destruction ①破坏 ②驱除,扑灭(杂草,病害) ③分解(destructio)
destruction by caterpillars 扑灭毛虫食害
destruction of algae 扑灭藻类〔环保〕
destruction of crop residues 灭茬
destruction of embryo 胚破坏
destruction of excess chlorine 过量氯破坏[法]〔环保〕
destruction of inflorescence 花序枯萎,花序死亡
destruction of natural selection 自然选择破坏〔环保〕
destruction of organic matter 有机物分解
destruction of rats 灭鼠,扑灭鼠害
destruction of soil 土壤破坏[作用]
destruction of weeds 除草,灭草
destruction rate 分解率
destructional form 破坏形式
destructive ①破坏性的,有害的 ②分解的(destructivus)
destructive component 破坏性组成部分,破坏性组分〔生态生理〕
destructive cursor 破坏性光标〔电脑〕
destructive disease 毁灭性病害
destructive distillation 分解蒸馏,干馏
destructive insect 害虫
destructive lumbering 滥伐
destructive material 分解物质
destructive mealybug 桔粉蚧 [*Pseudococcus citri* Risso]
destructive mechanism 破坏机制
destructive metabolism 分解代谢

destructive pest 害虫
destructive prune worm (= prune worm, mineola moth) 亚心叶李螟[*Mineola scjtulella* Hulst](斑螟科)
destructive read out (DRO) 破坏[性]读出{信息}
destructive substance 分解物质
destructive working ①滥伐 ②破坏性耕作
destructor ①炸毁装置 ②解除程序 ③垃圾毁灭机
destructure 变性(destructura)
desublimation 去升华作用
desuetude 已不用(= disuse),废止(= discontinuance)(desuetudo)
desulfhydrase 脱巯基酶
desulfinase 脱亚磺酸酶
desulfovibrio ①脱硫弧菌属[*Desulfovibrio* Kuyver et von Niel](弧菌科) ②脱硫弧菌[*Desulfovibrio* sp.]
desulfurase 脱硫酶
desulfuration 脱硫[作用](desulfuratio)
desulfurization 脱硫[作用](desulfurisatio)
desulfurization by active carbon 活性炭脱硫{环保}
desulfurization by catalytic oxidation 催化氧化脱硫
desulfurization chemical 脱硫剂
desulfurization from exhaust gas 从尾气脱硫
desulfurization of fuel oil 燃油脱硫{环保}
desulfurizer 去硫剂
desulphitation (酒)脱硫
desulphurase 脱硫酶
desynapsis 联会消失
desynchronization 去同步化[作用](desynchronisatio)
desyndesis (= desynapsis) 联会消失
detachable ①可换的 ②可分开的,可拆开的,可卸的 ③可采收的(detachabilis)
detachable blade 可换刀片,可换刀刃
detachable-hook chain 钩头链
detachable maturity 采收成熟度
detachable plugboard 可卸插接板{电脑}
detachable side 可拆栏板
detachable time 采收期
detachable V-belt 活络三角胶带
detached ①脱离的,分离的 ②派遣的 ③切断的 ④离生的
detached chromosomal gene 脱离染色体基因
detached keyboard 分离式键盘
detached leaf ①切断叶{栽培} ②离体叶{形态}
detached leaf method 切叶接种法
detached leaves 离脱叶
detached meristem 离生分生组织
detached-X chromosome 脱离 X 染色体
detacher 拆卸器
detachment ①(X 染色体)脱离 ②差遣,遣派 ③解吸,脱附 ④卸下
detachment of device 设备卸下
detail ①详记,详图 ②⌊复⌉明细,细目,项目,条款 ③⌊复⌉零件,元件,部分
detail calculation 详细计算
detail construction 构造详图
detail data 详细数据,明细数据
detail dealer 零售商{农经}
detail design ①设计详图 ②零件设计
detail drawing ①详图 ②零件图
detail plan 详细计划
detail point (航测)碎部点
detail record 详细记录
detail requirements 详细规格
detailed account 说明书
detailed analysis 详细分析
detailed arrangement 详细安排(指轮作)
detailed breeding planting plan 详细育种种植计划书
detailed computation 详细计算
detailed conversion of wood 制材
detailed correction 详细校正
detailed detection 详细探测
detailed diagnosis 详细诊断
detailed dissecting 详细解剖
detailed report 详细报告
detailed schedule 详细进度表
detailed soil map 土壤详图
detailed soil survey 土壤详测
detailed survey ①详细调查 ②详细测量
detailing ①详绘 ②详细说明,详细设计
detain ①阻拦 ②挽留 ③扣留
detain flood 滞洪
detaining layer 阻挡层{气象}
detannation 除去单宁,脱涩(detannatio)
detartarizing 除去酒石酸
detassel 去雄穗(玉米)
detasseled plant 去雄植株
detasseler 去雄[穗]器
detasseling 去雄[穗]
detasseling machine 去雄[穗]机
detasselling and pollination (玉米)去雄授粉
detasselling and selection (玉米)去雄选种
detectability ①可检测性 ②检测能力,探测

能力（detectabilitas）
detectable 可检测的，检出的（detectabilis）
detectable effect 检测效应
detectable element 可检测元素
detectable error 可检测误差
detectable limit 检出限界
detecting ①探测｛辐射｝②检查｛种子｝③检测｛电脑｝
detecting device 检测设备
detecting instrument 探测仪器
detecting tube 检测管
detection ①探测 ②检定，检查 ③发现，发明（detectio）
detection chip 检测芯片
detection noise 检测噪声
detection of fish school 鱼群侦察，鱼群探测
detection of new introduction 新引种的检定
detection of radiation products 辐射产物探测
detectivity 探测能力，可探测率（detectivitas）｛遥感｝
detectophone 探漏器
detector ①探测器 ②检波器
detent ①定位器稳定装置 ②制轮器（ditentere）
detention ①阻滞，滞留，阻留 ②扣留（detentio）
detention basin 滞洪区
detention of water 滞水，蓄水
detention reservoir 滞洪水库
detention time ①滞留时间 ②停留时间，逗留时间
deter ①阻止，制止②妨碍（deterrere）
detergent ①去垢剂，去污剂 ②洗涤剂
detergent waste 洗涤剂废水｛环保｝
deteriorating water balance 恶化水分平衡
deterioration ①萎凋 ②（因受微生物分解而）变质，败坏 ③劣化，退化，恶化 ④老朽化（deterioratio）
deterioration failure 退化失效，磨损失效
deterioration of cotton seeds 棉子退化
deterioration of improved variety 育成品种退化
deterioration of strain 品系退化
deterioration of sugarcane 甘蔗变质
determinant ①定子，因子｛遗传｝②确定种｛生态｝③决定体，决定[因]子｛分遗｝（determinans）
determinant cleavage 预定式卵裂
determinate ①有限的 ②预定的，确定的 ③固定的（determinatus）
determinate fault 确定[性]故障
determinate growth habit 有限生长习性
determinate growth type 有限生长型（大豆）
determinate habit 有限习性（habitus determinatus）
determinate inflorescence 有限花序（inflorescentia determinata）
determinate variation 预定变异
determinated disjunction 确定离开（指染色体）
determination ①鉴别，鉴定 ②测定 ③决定，确定 ④预定（determinatio）
determination data 确定数据
determination limit 测定限
determination of age 年龄鉴定
determination of association 联会测定
determination of cut（= regulation of cut）收获预定，采伐预定
determination of moisture content 水分含量测定
determination of parentage 系谱鉴定
determination of significance 显著性测定｛统计｝
determination of volume 求积法｛森林｝
determination of yield 产量测定
determinative ①鉴定的 ②决定的（determinativus）
determinative bacteriology 鉴定细菌学
determinative factor 决定因素
determiner ①因子，决定因素 ②定子
determining ①鉴定的 ②决定的
determining characteristic parameter 决定特征参数
determining molecular shape 决定分子形状
determining the fertility of the field 大田肥力鉴定
determining the quality of seed 种子品质鉴定
determinism 决定性（determinismus）
deterministic ①决定性的，决定型的 ②确定性的，确定型的（deterministicus）
deterministic automaton 确定型自动机
deterministic decision process 确定型决策过程
deterministic dynamic programming 确定型动态计划
deterrent ①制止物，阻碍物 ②威胁物（deterrens）
deterring factor 障碍因子
detonating combustion 爆震燃烧
detonation 爆震（detonatio）
detonator 雷管｛物｝
detortion（= distortion）扭曲（detortio）

detoxication (= detoxification) 解毒[作用](detoxicatio)
detoxify antidote 解毒剂
detoxifying oxidative reaction 脱毒氧化反应
detraining 解除锻炼,反锻炼{生理}
detrash ①(甘蔗)去叶,剥叶 ②除夹杂物
detrashed [已]除夹杂物的
detrashing mechanism 除杂装置
detriment ①损害 ②伤害(detrimentum)
detrimental ①有害的,损害的(= harmful) ②有害基因(detrimentalis)
detrimental consequence 有害后果
detrimental effects ①有害[基因]效应 ②副作用
detrimental effects of using pesticides 使用农药的副作用(有害效应)
detrimental gene 有害基因
detrimental mutation 有害突变
detrital 碎屑的,岩屑的(detritus)
detrital cone 岩屑锥
detrital fan 岩屑扇形地
detrital laterite 残存砖红壤
detrital rock 碎屑岩
detritivorous 食皮屑的(detritivorus)
detritophage 屑食性昆虫(detritophagus)
detritus ①碎屑状物质,杂粒 ②岩屑
detritus tank 杂粒池,沉沙池{环保}
deturioration ①变质 ②退化(deturioratio)
deutan ①红绿色盲 ②红绿色盲基因
deuteranomaly 绿色弱,第二色弱(deuteranomalia)
deuteranope 绿色盲者,第二色盲者(deuteranope)
deuteranopia 绿色盲,第二色盲(deuteranopia)
deuterauxin 再生长素
deuterion 胞衣,胞胎{畜}
deuterium (D)重氢,氘
deuterium-labelled 氘标记的
deutero- ⌞字头⌝①含氘 ②次,第二
deuterogamy 次配(deuterogamia)
deuterogenesis 后期发生
deuterohemin 次氯血红素
deuterohermaphroditic ①雌雄两性体的 ②雌雄两性体(deuterohermaphroditicus)
deuteromycetes 半知菌类[Deuteromycetes]
deuteron 氘核,重氢核
deuteron bundle 氘核束
deuteron irradiation 氘核照射
deuteron microbeam 氘核微束
deuteroparasite 第二次寄生物,重寄生物(deuteroparasita)
deuteroparasitism (= secondary parasitism) 第二次寄生现象,重寄生现象(deuteroparasitismus)
deuteroporphyrin 次卟啉
deuterostrophies 三级螺旋
deuterotoky 雌雄单性生殖(deuterotocia)
deutertion 氘化(deutertio)
deuthyalosome 未熟卵核(deuthyalosoma)
deuto- ⌞字头⌝第二,再
deutobroch 后网期(deutobrochus){遗传}
deutocerebrum 中脑
deutoplasm 滋养质,副质(= paraplasm)(deutoplasma)
deutoxylem 后生木质部(deutoxylema)
Deutsche Industry Norm (DIN) 德国工业标准
Devalda's method Devalda法,德瓦尔达法(指硝态氮定量测定)
devalidated name 失效名称(nomen devalidatum)
devaluate 使[货币]贬值{农经}
devaluation 贬值(devaluatio)
devastating 破坏,毁灭
devastating disease 毁灭性病害
devastating grasshopper 赤地[蚱]蜢[*Melanoplus devastator* Scudd.](蝗科)
devastation ①毁坏,损坏 ②荒芜,荒废(devastatio)
devastation of insect 害虫损坏
develop ①成长,发育 ②发展,开发 ③出现,发生,发现 ④冲洗,显影 ⑤(土地)利用
develop the economy and ensure supplies 发展经济,保障供给
develop the range and quality of agricultural production 向农业生产广度和深度进军
developed ①发育的,发展的 ②开展的,伸展的 ③显影的(evolutus)
developed image 显影图像
developed tissue 发育组织(tela evolutus)
developer ①显影剂 ②开发者
developer's toolkit 开发工具箱(指开发人员的软件工具箱)
developing ①发育的,发展的 ②开展的 ③显影(evolvens)
developing agent ①显色剂 ②展开剂 ③显影剂
developing cattlekeeping 发展养牛业
developing embryo 发育胚

developing fruit 发育果实
developing period 发育期
developing potato tuber 马铃薯块茎发育
developing poverity-striken mountain area 开发贫困山区{农系工}
developing sheepkeeping 发展养羊业
developing solvent 显色剂
developing tank ①显色槽 ②展开槽 ③显影槽
developing tiller 分蘖发育
development ①发育,成长{栽培} ②发展,开发{农经} ③出现,发生{病理} ④显影、显像{显技} ⑤[土地]利用{耕作}(evolutio)
development activity 开发活动
development aid 开发援助(对发展中国家的援助)
development area 发展中地区,开发地区
development bank 开发银行
development biology 发育生物学
development branch (= developmental branch) 发育枝
development by metamorphosis 变态发育
development cycle 开发周期
Development Department FAO (DD FAO) 粮农组织开发司
development division 开发部门
development economy ①开发经济 ②发展经济[学]
development engine 开发机
development engineering management system 开发工程管理系统
development environment 开发环境
development financing 开发经费,发展经费
development folder 显影夹
Development Fund 开发基金,发展基金
development life cycle 开发生存周期{电脑}
development module communication 开发模块通信{信息}
development of accuracy agriculture 精确农业的发展{智培}
development of agricultural co-operatives 农业合作社的发展
development of agricultural hi-tech industries 农业高新技术产业的发展{农系工}
development of character 性状发育
development of hydroelectric resources 水电资源开发{农系工}
development of information technique ①信息技术的发展{智培} ②信息技术的开发{农系工}
development of land 土地利用
development of light effect 光效应发育
development of livestock husbandry 畜牧业发展{农系工}
development of medium and small enterprises 中小企业发展
development of microspore culture 小孢子培养的发育
development of modern science and technology 现代科学技术发展,现代科技发展
development of protein malnutrition 蛋白质营养不足的发育
development of rural energy 农村电源发展,农村电源开发{农系工}
development of seasonality 季节性发育
development of the rural community 农村区社发展
development of water resources 水资源开发{农系工}
development organ 发育器官
development pattern ①发育型[式],发育模式 ②开发模式
development period ①发育期 ②开发周期
development period of useful bud 有效蕾期
development physiology 发育生理学
development planning [拟定]发展计划
development policy 发展政策
development process ①发育过程 ②发展过程
development project ①发展方案(草案) ②开发项目(课题)
development scheme ①发展,计划,开发计划 ②发展方案,开发方案
development stage 发育阶段
development system 开发系统,研制系统
development temperature 发育温度
developmental ①发育的 ②发展的,开发的
developmental alteration ①发育改变 ②发展改变
developmental balance theory 发育平衡说{遗传}
developmental biology 发育生物学
developmental buffering system 发育缓冲系统
developmental center 发育中心
developmental character 发育性状
developmental conditions 发育条件
developmental cycle 发育周期
developmental differentiation 发育分化
developmental direction 发展方向
developmental error 发育误差
developmental factor 发育因子
developmental flexibility 发育灵活度,发育易适应性
developmental genetics 发育遗传学

developmental goal 发展目标
developmental history (= development history) 发展史,发育周期
developmental homeostasis 发育自动调节
developmental index 发育指数
developmental information 发育信息
developmental instability 发育不稳定性
developmental malformation 发育畸形
developmental mechanics 发育结构学
developmental mechanism 发育机制
developmental metabolism 发育代谢[作用]
developmental noise 发育上杂音(指茎枝节与叶伸展的声音)
developmental pattern ①发育型 ②开发模式{农系工}
developmental phase ①发育相{形态} ②发育期{栽培}
developmental physiology (= development physiology) 发育生理学
developmental policy 发展方针{农系工}
developmental polymorphism 发育多态现象
developmental potency 发育效价
developmental potential 发育潜力
developmental process of knowledge economy 知识经济的发展过程{智培}
developmental rate 发育速率
developmental regulation 发育调节,发育控制
developmental rhythm 发育节律,发育规律
developmental sequence 发育序列
developmental stage 发育阶段
developmental status 发展状况
developmental strategies 发展战略,发展策略
developmental strategy of the energy 能源发展战略{农系工}
developmental tendency 发展趋势
developmental threshold 发育临界,发育阈
developmental variation 发展变异
developmental vigor 发育活力,发育优势
developmental zero 发育始点,临界点
developmentally regulated expression 由发育[所]调节的表达{分遗}
deviant ①离差值{统计} ②不正常的,异常的(devians)
deviant variety 异常变种
deviate at random 随机离差{统计}
deviating force 偏向力,偏转力
deviation ①(D)离差{统计} ②偏角{测} ③偏向{农机} ④偏距{气象} ⑤偏差{环保}(deviatio)
deviation from mean 离均差
deviation from regression 回归离差
deviation from the mean method 离均差法
deviation ratio 离差率
device ①装置,设备,机构 ②设计,图样
device augmentation 设备扩充
device availability 设备利用率
device coordinate (DC) 设备坐标
device description (DEVD) 设备描述
device-end (DE) 设备操作结束
device field (DFLD) 设备字段{电脑}
device input format (DIF) 设备输入格式
device output format (DOF) 设备输出格式
device power supply(DPS) 设备电源
device status table (DST) 设备状态表
device support routine (DSR) 设备支持程序{智培}
device support station (DSS) 设备支援站
device vector table (DVT) 设备向量表
devil ①尘暴 ②加辛辣调味品烧烤
devil hopper ①角蝉 ②⌊复⌉角蝉科(Membracidae)
devil rattan ①黄藤属[*Daemonorops* Bl.](棕榈科) ②黄藤[*Daemanorops margritae* (Hce.) Becc.]
devil tree 糖胶树[*Alstonia scholaris* R. Br.](夹竹桃科)
devil's beggarticks 羊齿叶鬼针草[*Bidens frondosa* L.](菊科)
devil's bit ①切落草属[*Succisa* Neck.](川续断科) ②切落草[*Succisa pratensis* Moench = *Scabiosa succisa* L.]
devil's cigar 地星脚瓶盘菌[*Urnula geaster* Peck]
devil's claws ①角胡麻属[*Proboscidea* Schmidol.] ②角胡麻[*Proboscidea jussieui* Steud.]
devil's-club-painbrush 橘黄山柳菊[*Hieracium aurantiacum* L.](菊科)
devil's-club-tongue 蒟蒻[*Amorphophallus rivieri* var. *konjac* K. Koch](天南星科)
devil's darning needles (= dragon flies) 差翅亚目(蜻蜓目)[Anisoptera]
devil's flower 朝颜剪秋罗[*Lychnis fulgens* Fisch.](石竹科)
devilwood 美洲木犀[*Osmanthus americanus* Gray](木犀科)
deviner 除蔓器,除藤茎器
devious ①弯曲的,迂回的,不直的 ②远隔的(devius)
devisceration 内脏切除[术](devisceratio)

devisee 法定继承人{农经}
devisor 立遗嘱人{农经}
devitalization 失去活力(devitalisatio)
devitalizing effect 早衰作用,促老作用
devoid ①缺乏的 ②没有,无
devolution 退行进化(deevolutio)
devolution upon death 继承顺序{农经}
devolve ①传递,转移 ②移交(devolvere)
Devon 德温牛(英国肉用牛品种)
Devonian [period] (D) 泥盆纪
devour 吞食,吞噬(devorare)
devulcanization 脱硫作用,反硫化作用(devulcanisatio)
dew ①露,露水 ②露湿 ③新鲜
dew berry 覆盆子(欧洲糙莓)[*Rubus idacus* L.](蔷薇科)
dew-cap 露冠
dew claw 悬蹄,后生蹄
dew-drop 露珠
dew duster 湿粉喷粉机
dew-fall 结露,下露水,生露
dew-leaves 集露叶
dew plant (= sundew) 毛颤苔 [*Drosera rotundifolia* L.](茅膏菜科)
dew point 露点
dew point apparatus 露点测定器
dew point control 露点调节
dew point curve 露点曲线
dew point hygrometer 露点湿度计
dew point recorders 露点记录器
dew point temperature 露点温度
dew-retted 露浸的(指麻类)
dew retting 露浸法,露水脱胶法{栽培}
Dewar's flask 杜氏瓶{生理}
dewater 脱水
dewaterer 脱水器
dewatering ①脱水 ②脱水的
dewatering of sewage sludge 污泥脱水{环保}
dewaxing 脱蜡{显技}
dewberry ①悬钩子属[*Rubus* L.](蔷薇科) ②悬钩子[*Rubus palmatus* Thunb.]
deweeding oil 除草油
dewet 去湿,脱湿
dewgrass (= orchard grass) 鸭茅(鸡眼草,果园草)[*Dactylis glomerata* L.](禾本科)
dewing 种子去翅
dewlap ①(牛)喉袋,垂皮 ②(火鸡)垂肉 ③叶片节,肥厚节
dewworm 蚯蚓[*Lumbricus terrestris* L.](巨蚓科)
dewy ①带露水的,沾露的 ②露浸的
Dexon (= diazoben) 地可松{农药}
dexter 右的
dexterity ①巧手,熟手 ②灵巧,灵活(dexteritas)
dexterous 两手灵巧的,善于用手的(dexterus)
dextrad 右旋的
dextral 右的(dextrus)
dextral fault 右断层{地质}
dextrality 右旋性(dextralitas)
dextran 葡聚糖 右旋糖酐 $[(C_6H_{12}O_6)_n]$
dextran bead 葡聚糖珠
dextran sulfate 葡聚糖硫酸酯
dextranase 葡聚糖酶
dextransucrase 葡聚糖蔗糖酶,蔗糖-6-葡糖基转移酶
dextrinase 糊精酶
dextrine (= dextrin) 糊精 $[(C_6H_{10}O_5)_n]$
dextrinogenic amylase 糊精淀粉酶
dextro- ⌊字头⌉ 右旋
dextroglucose 右旋糖,葡萄糖
dextrogyrate 右旋的(dextrogyratus)
dextroisomer 右旋异构体
dextrolactic acid 右旋乳酸
dextromycin 右霉素,新霉素
dextrorotation 右旋(dextrorotatio)
dextrorotatory (= dextrorotary) 右旋的(dextrorotatorius)
dextrorse 右旋的(dextrorsus)
dextrorse climber 右旋攀缘植物(Planta scandens dextrorsa)
dextrorse twinning stem 右旋缠绕茎(caulis volubilis dextrorsus)
dextrose ①右旋糖,葡萄糖 $[C_6H_{12}O_6]$ ②右旋的,顺时针的(dextrosus)
dextrose-casein agar 葡萄糖乳酪琼脂(培养基)
dextrostyly 右旋花柱式(dextrostylia)
DF (= dissociation factor) 解离因子
Df (= deficiency) 缺失
D/f (= duty/fee) 关税
DFDT (= F-DDT) 氟滴滴涕{农药}
DFP 丙氟磷,异丙氟(杀虫剂) $[C_6H_{14}FO_3P]$
dG (= deoxyguanosine) 脱氧鸟苷
dg (= decigram) 分克(= 1/10 克)
dGMP (= deoxyguanylicacid) 脱氧鸟苷酸
dGTP (deoxyguanosine triphosphate) 脱氧鸟苷三磷酸
dGuo (= deoxyguanosine) 脱氧鸟苷

dhal toor 小扁豆［*Lens culinaris* Medic.］（豆科）
Dhantu 坦都(甘蔗中国种)
DHBV（= duck hepatitis B virus） 鸭乙型肝炎病毒
DHP（= dihydropyridine） 二氢吡啶
DHU（= dihydrouracil） 二氢尿嘧啶｛分生｝
DHU arm（= dihydrouracil arm） 二氢尿嘧啶臂
DHU loop（= dihydrouracil loop） 二氢尿嘧啶环
Dhunchee fibre 田菁［*Sesbania aculeata* (Retz.) Pers.］（豆科）
di- ⌞字头⌝①二 ②双 ③联
DI ①（= defective interfering） 缺陷干扰 ②（= deoxyinosine）脱氧肌苷
D.I.（= deionized） 去离子的
di-mon mating 双单核配合
di-oval twin 二卵双生
DI particle（= defective interfering particle） 缺陷干扰颗粒
DI virus（= defective interfering virus） 缺陷干扰病毒
dia- ⌞字头⌝①横，通过 ②透析
diabantite 辉绿泥岩
diabase 辉绿岩
diabatic 非绝热的（diabaticus）
diabatic change 非绝热变化
diabetes 糖尿病
diabetes insipidus 尿崩症
diabetes mellitus 糖尿病
diabetes pancreaticus 胰腺性糖尿病
diabetogenic hormone 致糖尿激素
diaboline 达波灵碱，达包灵［$C_{21}H_{24}N_2O_3$］
diabolo roller 凹面镇压器，内凹式镇压器
diacanthous 二刺的（diacanthus）
diacetone 双丙酮，乙酰丙酮
diacetoxyscirpenol（= anguidin） 蛇形菌素
diachenium（= biachenium） 双悬果（diachenium）
diachyma 叶肉
diacid base 二元碱
diacon 透明塑料
diacritic 区别符｛电脑｝
diacylglycerol（DAG） 二酰甘油
diacytic type 横列型（指气孔）（typus diacyticus）
diad ①二分子 ②单价染色体 ③二价基 ④二重轴 ⑤双位二进制（dias）
diadelphia 两体雄蕊花［diadelphia］
diadelphous（= diadelphian） 两体［雄蕊］的（diadelphus）
diadelphous stamens 两体雄蕊（staminae diadelphae）
diadromous 扇状脉的（diadromus）
diaecious 雌雄异株的（diaecius）
diafiltration 透滤（diafiltratio）
diageic 匍匐茎的（diageicus）
diagenesis（= lithification） 岩化作用，成岩作用
diagenic 伴性的，雌雄异型的（diagenus）
diageotropism 横向地性（diageotropismus）
diagnosing 诊断
diagnosing genetic disease 诊断遗传病
diagnosing sequence 诊断序列
diagnosis ①诊断 ②鉴定，检定，鉴别 ③判断，分析
diagnosis by analysis of plant parts 植株各部分析诊断法
diagnosis by analysis of sap 汁液分析诊断法
diagnosis by total analysis of the plant 植株全量分析诊断法
diagnosis of crop plant 作物诊断，作物鉴定
diagnosis of nutrient condition 营养状况诊断
diagnosis of twin zygosity 双生配型鉴定
diagnosis program 诊断程序
diagnostic ①诊断的，鉴别的 ②病征，症候，症状（diagnosticus）
diagnostic and monitoring protocol（DMP） 诊断与监控协议｛信息｝
diagnostic character 鉴别性状
diagnostic control manager（DCM） 诊断控制管理程序
diagnostic criteria 诊断标准
diagnostic enzyme 诊断酶
diagnostic function test（DFT） 诊断功能试验
diagnostic horizon 诊断层，鉴定层｛土壤｝
diagnostic kit 诊断试剂盒｛生技｝
diagnostic method 诊断法，鉴定法｛土壤｝
diagnostic pairing configuration 鉴别配对表形
diagnostic procedure 诊断程序，诊断手续
diagnostic reagent 诊断试剂
diagnostic sampling 诊断用取样
diagnostic surface horizon 表土层诊断，表土层鉴定
diagnostic technique 诊断技术，鉴别技术
diagnostic tools 诊断用具，鉴别工具
diagnostic trait 诊断特性
diagnostic value 诊断评价

diagnostics 诊断学（diagnostica）
diagonal ①对角线的，斜的 ②对角线（diagonalis）
diagonal bedding 斜层理｛土壤｝
diagonal chiasmata 对角线交叉
diagonal chromatography 对角线层析｛生技｝
diagonal crossed seeding 对角交叉播种
diagonal cultivation 对角线中耕，交叉中耕
diagonal dibble treatment 交叉穴播处理
diagonal dragging 对角线平地，交叉平地
diagonal drawbar 斜拉杆，斜牵引杆
diagonal electrophoresis 对角线电泳
diagonal flow pump 对角流式泵｛环保｝
diagonal grain 斜纹理（granum diagonale）
diagonal harrowing 对角线耙地，交叉耙地
diagonal plane 对角面
diagonal porous wood 辐射孔材（lignum porum diagonale）
diagonal position 对角
diagonal rhizoma 斜卧根茎（rhizoma diagonalis）
diagonal scale ①对角面尺，斜尺 ②对角比例
diagonal switching 对角转接，对角转换｛遥感｝
diagonal symmetry 对角对称
diagonal topping ［甜菜］斜切顶
diagram ①图解 ②图式 ③花图式 ④图表（diagramma）
diagram method 图解法
diagram of color markings 斑纹图解
diagram of crops 作物图解
diagram of distribution 分布图解
diagrammatic（=diagrammatical） 图解的，图式的，图表的（diagrammaticus）
diagrammatic decomposition method 图解（表）分解法
diagrammatic representation 图示法
diagrammatic section 图解切面
diagrammatical construction 图解结构
diagraph 分度画线仪，分度仪
diagynic 雌性异型的（diagynus）
diaheliotropism 横向日性（diaheliotropismus）
diakinesis（=diakinesis stage） 终变期｛细胞｝
dial ①日规，日晷 ②（仪表计）刻度 ③盘，盘面 ④拨号（dialis）
dial-back trunk 拨回干线｛信息｝
dial-code 拨号代码
dial digit 拨号数位
dial exchange 拨号交换机（指自动电话交换机）
dial feed wheel 排肥盘
dial gage 指示表
dial in 拨入
dial in handset 拨号手机
dial indicator 数字盘
dial key 拨号键
dial manyplies（=third stomach，omasum，psalterium） 瓣胃（反刍动物的前胃）
dial number card 拨号卡
dial-out 拨出（指发出的拨号）
dial pilot lamp 拨号指示灯
dial pressure gage 表盘压力计
dial pulse 拨号脉冲
dial set 拨号机
dial thermometer 指针型温度计
dial up 拨号
dial-up control ［电话］拨号控制
dial-up line 拨号线
dial-up service 拨号服务（指通话呼叫服务）
dialect 方言（指地方话）
dialectics 辩证法（dialectica）
dialed circuit ①拨号电路 ②拨号线路
dialed number display 拨号数字显示
dialifor 氯亚磷（杀虫、杀螨剂）［$C_{14}H_{17}ClNO_4PS_2$］
diallate 燕麦敌（除草剂）［$C_{10}H_{17}Cl_2NOS$］
diallel 二对等位基因（diallelis）｛细胞｝
diallel analysis ［各式］配偶分析
diallel cross ①多系相互杂交（植物）②两雄同雌异时交配（动物）
diallel cross table 多系相互杂交表
diallel cross technique 多系相互杂交技术，二列杂交技术
diallel cross theory 多系相互杂交理论，二列杂交理论｛细胞｝
diallel crossing 多系相互杂交
diallel set 二对等位基因组
diallel table 二对等位基因表
diallelic 二对等位［基因］的（diallelicus）
diallelic crosses（=diallelcrosses） 多系相互杂交种
dialog（=dialogue） 对话｛信息｝
dialog box 对话框
dialog on-line 联机对话
dialog videotex system 对话式信息传视系统
dialuric acid 5-羟［基］巴比妥酸［$C_4H_4O_4N_2$］
dialycarpellary ①二心皮的 ②离生心皮的（dialycarpelaris）

dialycarpic 离果瓣的（dialycarpus）
dialydesmy 中柱分生（dialydesmia）
dialypetalous 离瓣的，离生花瓣的（dialypetalus）
dialypetalous flower 离瓣花（flos dialypetalus）
dialyphyllous 离生叶的（dialyphyllus）
dialysate 透析液，透析物
dialysepalous 离萼的，离[生]萼片的（dialysepalus）
dialyser 渗析器
dialysis 透析，渗析，渗透分析法
dialysis apparatus 透析仪，透析装置
dialysis bag 透析袋
dialysis culture 透析培养
dialysis fermentation 透析发酵
dialysis membrane 透析膜
dialysis tube（= dialysis tubing） 透析管
dialystaminous 离生雄蕊的（dialystaminus）
dialystele 离生中柱（dialystela）
dialyzable 可透析的（dialysabilis）
dialyzate 透析液（dialysatus）
dialyzator 透析仪（dialysator）
dialyzer ①渗析膜 ②渗析器
dialyzing paper 渗析纸
diamagnet 抗磁体，反磁体
diamagnetic 抗磁性的，反磁性的（diamagneticus）
diamagnetic compound 抗磁性化合物
diamagnetism 抗磁性，反磁性（diamagnetismus）
diamalt 麦芽浸出液
diameter 直径（diametre）
diameter at breast height（DBH）胸高直径
diameter at butt end 干基直径
diameter at height of the eye 目高直径
diameter at small end 小头直径，梢端直径
diameter at top（= top diameter） 小头直径（指木材）
diameter at top end 梢端直径
diameter breast-high 胸高直径
diameter growth 直径生长
diameter increment（= diameter growth） 直径生长，加粗生长
diameter-increment percent 直径生长率
diameter measurement 直径测量（指树木单株调查）
diameter of particles 土粒直径，颗粒直径
diameter over bark 连皮直径
diameter sizer （果实）径选机（按直径分级）
diameter under bark 去皮直径
diametrical 直径的（diametricus）
diametrical ploughing 十字形耕地，交叉耕地
diamide ①联氨 $[NH_2NH_2]$ ②肼
diamine ①二胺 $[NH_2RNH_2]$ ②联氨 $[NH_2NH_2]$
diamine dichloroplatinum（DDP） 二胺二氯铂
diamine oxidase 二胺氧化酶
diamino monocarboxylic acid 二氨基羧酸 $[(NH_2)_2 \cdot R \cdot COOH]$
diaminobenzidine（DAB） 二氨基联苯胺
diaminopimelate（DAP） ①二氨基庚二酸 ②二氨基庚二酸盐、酯或根
diaminopimelic acid 二氨基庚二酸
diammonium 二铵
diammonium orthophosphate （正）磷酸氢二铵 $[(NH_4)_2HPO_4]$
diammonium phosphate 磷酸氢二铵 $[(NH_4)_2 HPO_4]$
diamond 金刚石，钻石（adamas）
diamond-back moth（= cabbage moth） 菜蛾［*Plutella maculipennis* Curt.］（螟蛾科）
diamond-backed spittle bug 菱背沫蝉［*Lepyronia quandrangularis* Say］（沫蝉科）
diamond boll worm（= spiny boll worm, spiny worm）［鼎点］金刚钻［*Earias cupreoviridis* Walker］（夜蛾科）
diamond drag 菱形铁丝耢
diamond-flower 菱形花，V字形花
diamond harrow 菱形耙
diamond-leaf persimmon 老鸦柿［*Diospyros rhombifolia* Hemsl.］（柿科）
diamond-leaf pittosporum 菱叶海桐花［*Pittosporum rhombifolium* Cunn.］（海桐花科）
diamond-link chain harrow 菱形网状耙
diamond plow 菱形犁
diamond property 金刚石性质
diamond shape 菱形，斜方形
diamond-shaped display figure 菱形显示图
diamond skin disease（= swine erysipelas） 猪丹毒
diamond training V字形整枝〈园艺〉
diamond wheat（= Polish wheat） 波兰小麦［*Triticum polonicum* L.］（禾本科）
diamonding 菱形，斜方形
diandric 雄性异型的（diandrus）
diandrous（= diandreus, diandrian） 具两雄蕊的（diandrus）

diantheral 二药的（diantherus）
dianthovirus 香石竹病毒［组］（dianthovirus）
dianthus ①石竹属［*Dianthus* L.］（石竹科）②石竹［*Dianthus chinensis* L.］
dianthus family 石竹科［Caryophyllaceae］
dianthus garden 石竹园，石竹圃｛园林｝
diapason ①范围 ②水平
diapause ①滞育 ②休眠，冬眠状态（diapausus）
diapause hormone 滞育激素
diapectesis 血细胞渗出
diapensia ①岩梅属［*Diapensia* L.］（岩梅科）②岩梅［*Diapensia lapponica* L.］
diapensia family 岩梅科［Diapensiaceae］
diaper 菱形格子麻布
diaphanoscope 透视镜
diaphanous 透光的，透明的
diaphery 两花合萼的（diapheris）
diaphorase 黄递酶
diaphorase NADH 黄递酶 NADH
diaphoresis 发汗
diaphoretic ①发汗的 ②发汗剂（diaphoreticus）
diaphoromixis 多型异核融合，差别极性融合
diaphototropism 横向光性（diaphototropismus）
diaphragm ①隔膜｛解剖｝②调光板，光阑｛显技｝③膜片｛农机｝④膈｛昆虫｝⑤薄膜｛环保｝（diaphragma）
diaphragm assembly （真空调速器）膜片总成
diaphragm gage（= diaphragm pressure gage） 膜片压力计
diaphragm knapsack sprayer 背负式膜片泵喷雾器
diaphragm manometer 膜片测压计
diaphragm pump 隔膜泵
diaphragm sensor 膜片传感器｛农施｝
diaphragm separator accumulator 薄膜分隔式蓄能器
diaphragm sprayer 隔膜泵喷雾机［器］
diaphragm-type compressor 薄膜式压缩机
diaphragm valve 隔膜阀
diaphysis 骨干
diapire 底辟（构造）
diaporthin 栗疫菌素
diapositive 反底片，［照相］正片｛显技｝
diarch ①二极型｛遗传｝②二原型｛解剖｝（diarcus）
Diard Rayee 代爱德雷依（甘蔗热带原种）
Diard Rose 代爱德罗西（甘蔗热带原种）
diarrhea 腹泻
diary ①日记 ②日记账（diarium）
diaschistic 双价染色体分离（diaschisticus）
diasimillation 异化［作用］，分解代谢（diasimillatio）
diaspids（= armored scales） 盾蚧科［Diaspididae］
diaspore ①散布孢子，繁殖体，繁殖单元 ②［硬］水铝石［矿］（diaspora）
diaspore clay 水铝石质黏土｛土壤｝
diastase 淀粉酶制剂
diastatic 糖化的（diastaticus）
diastatic action 糖化作用
diastatic activity 糖化性，糖化活度
diastatic power 糖化力
diastem 分裂面
diaster 双星［期］
diastereoisomer 非对映［立体］异构物，非对映［异构］体
diastereoisomerism 非对映［立体］异构［现象］（diastereoisomerismus）
diastereotopic 非对映异位的（diastereotopus）
diastole ［心］舒张（diastola）
diathermance（= diathermancy） 透热性（diathermantia）｛辐射｝
diathermy（= diathermia） 透热疗法
diatiwara（= teak forest） 柚木林
diatom ①硅藻属［*Diatoma* spp.］（硅藻科）②硅藻［*Diatoma* sp.］
diatom analysis 硅藻分析
diatom earth 硅藻土
diatom family 硅藻科［Diatomaceae］
diatom filter 硅藻土滤池（= diatom earth filter）｛环保｝
diatom ooze（= diatomaceous ooze） 硅藻软泥
diatomaceous ①硅藻的 ②含硅藻的（diatomaceus）
diatomaceous earth（= diatom earth） 硅藻土
diatomaceous ooze 硅藻软泥
diatomaceous soil 硅藻土
diatomin(e) 硅藻色素
diatomite 硅藻土
diatoxanthin 硅藻黄质
diatropic 斜屈的（diatropus）
diatropism 斜屈性（diatropismus）
diauxic 二峰［生长］的（diauxicus）
diauxic growth 二峰生长
diauxic growth curve 二峰生长曲线

diauxie (=diauxy) 二峰生长现象(两阶段生长现象)(diauxia)
diazinon (=G24480) 二嗪
diazo- 重氮基
diazo compound 重氮化合物
diazo duplicator 重氮复印机
diazo positive 重氮正片{遥感}
diazo process 重氮法
diazo salt 重氮盐
diazoacridine 重氮吖啶
diazoben (=Dexon) 地可松(杀菌剂)[$C_8H_{10}N_3NaO_3S$]
diazobenzene 重氮苯
diazobenzyloxymethyl paper (**DBM paper**) 重氮苄氧甲基纸,DBM 纸
diazonium 重氮
diazonium compound 重氮化合物
diazonium nitrate 硝酸重氮
diazophenylthio paper (**DPT paper**) 重氮苯硫醚纸,DPT 纸
diazosulfanilic acid 对重氮苯磺酸
diazotisation 重氮化作用
diazotrophic organism 固氮生物(organismus diasotrophus)
diazouridine 重氮尿苷
dib 洼地、低地,谷地
Dibam (=Sodium dimethyl dithiocarbamate) 敌百亩(杀菌剂)[$C_3H_6NNaS_2$]
dibasic ①二[不同]基数的 ②二[不同]基数染色体 ③二碱价的 ④二元的(dibasicus)农,地亚农(杀虫,杀螨剂)[$C_{12}H_{21}N_2O_3PS$]
dibasic acid 二元酸
dibasic amino acid 氨基二羧酸
dibasic polyploid 二基数多倍体
dibber (=dibbler) ①点播器 ②穴播机,挖穴机
dibble ①穴播,点播 ②穴植,穴栽{栽培} ③开穴工具,小锄,尖锄{农具} ④插干(梢口直径1.5~6厘米,长1.5~5米){森林}
dibble application of fertilizer 施穴肥,穴施肥料
dibble planting 穴植,穴栽
dibble seeding 穴播,点播
dibbler ①点播器 ②穴播机,挖穴机
dibbling ①穴播,点播 ②挖穴,作穴
dibbling machine 穴播机,点播机
dibbling of rice seedling 稻秧穴栽,插秧
dibbling with a number of seeds in a planting hole 丛播法(指在一穴内播种多粒种子)
dibenzanthracene 二苯蒽[$C_{22}H_{14}$]
dibenzo-1,4-thiazine 硫氮杂蒽
dibit 二位组,双位{电脑}
dibit encoding 双位编码
dibotryal (=dibotryoid) 双总状花序的(dibotryus)
Dibrom (=naled) 二溴磷(有机磷杀虫、杀螨剂)[$C_4H_7Br_2Cl_2O_4P$]
Dibromochloropropane (=Fumazone, Nemagon) 二溴氯丙烷(土壤熏蒸剂,杀线虫剂)[$C_3H_5Br_2Cl$]
dibutyl phthalate 邻苯二[甲]酸二丁酯[$C_6H_4(COOC_4H_9)_2$]
DIC (=dissolved inorganic carbon) 溶性无机酸
dicalcium phosphate 磷酸二钙,二代磷酸钙
dicamba 麦草畏(除草剂)[$C_8H_6Cl_2O_3$]
dicap storage (=diode capacitor storage) 二极管电容存储器,管容存储器{电脑}
dicarboxyl cellulose 二羧基纤维素
dicarboxylic acid 二羧酸[$R(COOH)_2$]
dicarboxylic acid pathway 二羧酸途径
dicarboxylic amine acid 二羧氨酸
dicarpellary ①具两心皮的 ②具两果爿的(dicarpellaris)
dicarpellous 二果爿的(dicarpellus)
dicaryon ①双核 ②双核体
dicaryon mycelium 双核菌丝体(dicaryomycelium)
dicaryon phase (=dicaryophase) ①双核阶段 ②双核期(dicaryophasis)
dicaryophase 双核期(dicaryophasis)
dicaryophysis 双核化侧丝
dicaryophyte 双核化菌丝体(dicaryophyta)
dicaryospore 双核孢子(dicaryospora)
dicaryotic (=dikaryotic) 双核的(dicaryoticus)
dicaryotic aeciospore 双核锈孢子
dicaryotic cell 双核细胞
dicaryotic fruit body 双核子实体
dicaryotic phase 双核期(phasis dicaryoticus)
dicaryotization 双核化[作用](dicaryotisatio)
dice (为 dic 的复数)①骰子 ②小方块,小片
dice box 骰子盒
diceable 可分割的,可切割的(diceabilis)
diceable routine 可分割程序{电脑}
diceable test 可分割测试{电脑}
dicentric 具双着丝粒的(dicentricus){细胞}
dicentric bridge 双着丝粒桥
dicentric chromatid 双着丝粒染色单体

dicentric chromosome 双着丝粒染色体
dicentric daughter chromosome 双着丝粒子染色体
dicentric derivatives 双着丝粒衍生物
dicentric reunion product 双着丝粒复合产物
dicentric ring 双着丝粒环
dicentrine 荷苞牡丹碱［$C_{20}H_{21}O_4N$］
dicer 切菜机、切块机、切片机
dichasial 二歧的（dichasialis）
dichasial cyme（= dichasial inflorescence）二歧聚伞花序（cyma dichotoma）
dichasium ①二歧聚伞花序 ②二歧式
dichlamidius chimaera（= dichlamydeous chimaera） 二层周缘嵌合体（chimaera dichlamydea）
dichlamydeous 两被的（dichlamydeus）
dichlamydeous chimaera 二层周缘嵌合体（chimaera dichlamydea）
dichlamydeous flower 两被花（flos dichlamydeus）
dichlobenil 敌草腈(除草剂)［$C_7H_3Cl_2N$］
dichlofluanid（= dichlofluanide） 抑菌灵(杀菌剂)［$C_9H_{11}Cl_2FN_2O_2S_2$］
dichlone 二氯萘醌(杀菌剂)［$C_{10}H_4Cl_2O_2$］
dichloramine 二氯胺｛环保｝
dichloride 二氯化物
dichloro-diphenyl-trichlo-roethane（DDT）滴滴涕,二氯二苯三氯乙烷
dichloroethyl ether 二氯乙醚
dichlorofenthion 除线虫磷(杀线虫剂)［$C_{10}H_{13}Cl_2O_3PS$］
dichlorofluorescein 二氯荧光黄
dichloromethane（**DCM**） 二氯甲烷
Dichloropropanc（= Propylene dichloride）二氯丙烷
Dichloropropene 二氯丙烯(杀线虫剂)［$C_3H_4Cl_2$］
Dichlorothiolane dioxide 二氯丁砜,二氯环丁砜(杀线虫剂)［$C_4H_6Cl_2O_2S$］
dichlorprop（= 2,4-DP） 2,4-滴丙酸(除草剂)［$C_9H_8Cl_2O_3$］
dichlorvos 敌敌畏(杀虫剂)［$C_4H_7Cl_2O_4P$］
dichlozoline 菌核利(杀菌剂)［$C_{11}H_9Cl_2NO_3$］
dicho- ⌞字头⌝二,分开
dichoblastic 双出枝的（dichoblasticus）
dichogamous ［同花］雌雄蕊异熟的（dichogamus）
dichogamous flower 雌雄异熟花（flos dichogamus）
dichogamy ［同花］雌雄［蕊］异熟（dichogamia）
dichopatric 分布区分开的,异地的（dichopatrus）
dichopatric population 异地群体
dichopatric species 异地种
dichophase 二分化期（dichophasis）｛细胞｝
dichophysis 鹿角状丝｛真菌｝
dichopodial 重叉生的,歧轴的（dichopodius）
dichopodial development 歧轴式发展｛进化｝
dichopodium 重叉生式,歧轴式(指花序)
dichotocarpism 二型性,二型现象（dichotocarpismus）｛真菌｝
dichotomal ①二歧的 ②二叉的（dichotomus）
dichotomal flower 二歧式花（flos dichotomus）
dichotomia 二歧式
dichotomic method 二分法｛遗传｝
dichotomic pleiotropy 二歧多效性
dichotomizing search 对分检索｛电脑｝
dichotomous（= dichotomic） ①二歧的(指高等植物) ②二叉的(指低等植物)（dichotomus）
dichotomous anemone 二歧银莲花［*Anemone dichotoma* L.］(毛茛科)
dichotomous branching 二叉分枝式（ramificatio dichotoma）
dichotomous cyme 二歧聚伞花序（cyma dichotoma）
dichotomous key 二叉式检索表（clavis dichotomus）
dichotomous venation 叉状脉序（venatio dichotoma）
dichotomus ehretia 二叉厚壳树［*Ehretia dichotoma* Bl.］(紫草科)
dichotomy ①二歧式(指高等植物) ②二叉分枝式(指低等植物) ③二歧分枝,二歧式(指古植物) ④两分,两分法｛电脑｝（dichotomia）
dichotypic 二型的（dichotypicus）
dichotypy 二型态（dichotypia）
dichrocephala 茯苓菜（山胡椒菊）［*Dichrocephala latifolia* DC.］(菊科)
dichroic（= dichromatic） 二色性的（dichroicus）
dichroism（= dichromatism） 二色性（dichroismus）

dichromasia 二色性色盲
dichromat 二色觉者(dichromate)
dichromate 重铬酸盐[$M_2Cr_2O_7$]
dichromatic ①二色性的 ②二色性(dichromaticus)
dichromatism 二色性(dichromatismus)
dichromic ①二歧的 ②二叉的 ③二色的(dichromus)
dichrostachinic acid S-琥珀基半胱氨酸
dicing ①划线 ②切[割成]片
Dick test 狄克试验{生技}
Dicke switched radiometer 迪克型开关辐射计{遥感}
Dicksonii arecapalm 大腹槟榔(大腹子,猪槟榔)[*Areca dicksonii* Roxb.](棕榈科)
diclesium 宿被瘦果
diclinism(=dicliny) 雌雄[蕊]异花[同株](diclinismus)
diclinous 雌雄[蕊]异花的(diclinus)
diclinous flower 雌雄异花(flos diclinus)
dicliny 雌雄蕊异花(diclinia)
dicloran(=ditranil) 氯硝胺(杀菌剂)[$C_6H_4Cl_2N_2O_2$]
DICM(=differential-interference contrast microscope) 微分干涉相差显微镜{显技}
dicoccous 双果爿的(dicoccus)
dicode 双码(指双脉冲码)
dicoelous 具两室的(dicoelus)
dicofol 开乐散,三氯杀螨醇,螨净(杀螨剂)[$C_{14}H_9Cl_5O$]
dicot(=dicotyledon) 双子叶植物
dicotyledon ①双子叶 ②双子叶植物
dicotyledon roots 双子叶植物根系
Dicotyledoneae 双子叶植物亚纲{分类}
dicotyledonous 双子叶的(dicotyledonus)
dicotyledonous herb 双子叶草本植物(herba dicotyledona)
dicotyledonous plant 双子叶植物(planta dicotyledona)
dicotyledonous species 双子叶种(species dicotyledonae)
dicotyledonous stem 双子叶茎(caulis dicotyledonus)
dicotyledonous tree 双子叶树
dicotyledonous wood 双子叶树材
dicotyledonous woody plant 双子叶木本植物(planta lignosa dicotyledona)
dicotyledons(=dicotyls) 双子叶植物(dicotyles)
dicotyledony 双子叶式(dicotyledonis)
dicotylous 双子叶的(dicotylus)
dicotyls 双子叶植物(dicotyles)
dicoumarin 双[羟]香豆素
dicoumarol 双[羟]香豆素
dicranophorous 具叉状的(dicranophorus)
dicranopteris fern ①芒萁属[*Dicranopteris* spp.](里白科) ②芒萁(狼萁,铁芒萁)[*Dicranopteris dichotoma* sp.]
dicranotrichous 具叉状毛的(dicranotrichus)
dicroceliasis 双腔吸虫病,枪形吸虫病
dicrotaline 二猪屎豆碱[$C_{14}H_{19}NO_5$]
dicryl 地快乐(接触性除草剂)[$C_{10}H_9Cl_2NO$]
dictation ①口授,听写 ②指令(dictatio)
dictionary ①词典,代码词典 ②表(dictionarium)
dictionary in agriculture 农业词典
dictionary in agronomy 农学词典
dictionary information 词典信息
dictosporangium 砖格孢子囊
dictyate(=dictyotic stage,dictyotene) 核网期
dictyate stage 核网期
dictydine granule 表面微粒
dictyo- ⌞字头⌝网
dictyocarpous 具网纹果的(dictyocarpus)
dictyocauliasis 网尾线虫病
dictyodromous 网状脉的(dictyodromus)
dictyogenous 网脉的(dictyogenus)
dictyokinesis [分散]高尔基体分裂
dictyoneurous 具网状脉的(dictyoneurus)
dictyophyllous 具网脉叶的(dictyophyllus)
dictyoporospore 砖格孔出孢子(dictyoporospora)
dictyopterous 具网脉翅的(dictyopterus)
dictyosome 网体,[分散]高尔基体(dictyosoma)
dictyosorus 网状囊群
dictyospermous 具网纹种子的(dictyospermus)
dictyospermum scale 蔷薇轮蚧[*Chrysomphalus dictyospermi*(Morg.)]
dictyospore 砖格孢子(dictyospora)
dictyostele 网状中柱(dictyostela)
dictyostelium discoideum 盘基曲柄菌[*Dictyostelium discoideum* Raper]
dictyotene(=dictyotic stage) 核网期(dictyotenus)
Dicumarol 双杀鼠灵,敌害鼠(杀鼠剂)[$C_{19}H_{12}O_6$]

dicyan 双氰,氰气[$(CN)_2$]
dicyan-diamide 双氰胺,二聚氨基氰,氰基胍
dicyclic ①二轮列的{形态} ②二环的{生化}(dicyclus)
dicyclic compound 二环化合物
dicyclic flower 二轮花(flosdicyclus)
dicyclic stele 二轮中柱(stela dicycla)
dicyclohexylcarbodiimide (DCC,DCCl)二环己基碳二亚胺(常用缩合剂)
dicyclohexylurea (DCU)二环己[基]脲
dicycly 双轮式(dicyclia)
dicyme 双聚伞花序(dicyma)
dicymose 双聚伞花序的(dicymosus)
didactics 教授法(didactica)
diddle-net 抄网{水产}
didehydrothymidine(d4T) 双脱氢胸苷{分遗}
dideoxy chain-termination method 双脱氧链终止[DNA测序]法{分遗}
dideoxy sequencing method (= Sanger method) 双脱氧测序法,双脱氧序列测定法{分遗}
dideuteroethylene 二氘[代]乙烯
didinium 栉毛虫[Didinium]
didiploid 双二倍体(didiploida)
didromic 双扭曲的(didromus)
didromy 双扭曲式(didromia)
didymelia bark spot 树皮斑点病
didymocarpus 东南长蒴苣苔[*Didymocarpus hancei* Hemsl.](苦苣苔科)
didymospore 双胞孢子(didymospora)
didymostachous 双穗的(didymostachus)
didymous ①成双的 ②双生的,孪生的(didymus)
didymous anther 双生花药(anthera didyma)
didynamous 二强[雄蕊]的(didynamus)
didynamous flower 二强雄蕊花(flos didynamus)
didynamous stamen 二强雄蕊(stamen didynamum)
die ①死亡,死去 ②压模,冲模,硬模 ③(火)渐熄 ④小硅片,小片⑤管芯,芯片
die-attach 管芯连接
die away ①减少力量 ②渐消
die by die alignment 按芯片对准
die casting machine 模铸机
die drawing 模具图
die-hammer 印号锤
die off 先后死去
die out ①死绝 ②绝种
die size 芯片大小,芯片尺寸
dieback ①枝梢枯死,顶死 ②回枯病 ③矮化,萎缩
dieback of apricot 杏枝回枯病,杏树腐皮病[*Valsa japonica* Miyae et Hemmi]
dieback of cherry 樱桃枝枯病,樱桃树腐皮病[*Valsa leucostoma* Fr.]
dieback of coffee 咖啡果苦腐病,咖啡褐疫病[*Colletotrichum coffeanum* Noack]
dieback of European pear 洋梨枝枯病[*Diaporthe ambigua* Nitsch.]
dieback of kerria 棣棠枝枯病[*Metasphaeria kerriae* Syd. et Hara.]
dieback of leader and branch tip 主枝与枝尖枯死病
dieback of peach 桃胴枝病,桃树腐皮病[*Valsa leucostoma* Fr.]
dieback of pear 梨枝枯病[*Diaporthe ambigna* (Sacc.) Nitschke]
dieback of pine 松梢枯死病[*Cenangium abietis* (Pers.) Duby = *Nectria cucurbitula* Fr., *Diplodia pinea* (Desm.) Kickx.]
dieback of stone fruits 核果枝枯病,核果树腐皮病[*Valsa leucostoma* Fr.]
dieback or tip withering of pine 松梢枯死病[*Cenangium abietis* (Pers.) Duby = *Nectria cucurbitula* Fr. = *Diplodia pinea* (Desm.) Kickx.]
diecious (= dioecious) 雌雄异体(diecius)
died egg after body pigmentation stage 催青死卵{蚕}
died-fruit moth 干果粉螟[*Ephestia glaucinalis* Linnè](斑螟科)
dieffenbachia ①花叶万年青属[*Dieffenbachia* Schott](天南星科) ②花叶万年青[*Dieffenbachia picta* Schott]
dieldrin 狄氏剂(= compound 497)(杀虫剂)[$C_{12}H_8Cl_6O$]
dielectric ①介电的 ②介电质(dielectricus)
dielectric absorption 介[电]质吸收
dielectric constant 介电常数,电容率,介电恒量
dielectric drier 介电干燥机
dielectric drying 介电干燥
dielectric effect 介电效应
dielectric heating 介电加热法
dielectric isolation 介[电]质隔离
dielectric loss 介电消耗
dielectric printing 介[电]质印刷
dielectric-type moisture meter 介电质式湿度计

dielectric waveguide 介质波导[管]
dielectrometric titration 介电[常数]滴定
dielectrometry（= dielectrometric titration）介电[常数]滴定[法]
dielectronic recombination 双电子重合
dielectrophoresis 双向电泳
diels cherry 尾叶樱[*Prunus dielsiana* Schneid.]（蔷薇科）
diembryony 双生儿，二胎现象（diembryonia）
diencephalon 间脑
diene 双烯
dienoestrol（= synthetic oestrogenic hormone）合成雌[甾]激素
dientomophilous flower 双虫媒花（flos dientomophilus）
dientomophily 虫媒两型（dientomophilia）
diepoxide violaxanthin 二环氧化物紫黄质
diepoxybutane chemical mutagen 二环氧丁烷诱变剂
dieresilian 小坚果群的（dieresilius）
diesel 柴油机
diesel electric plant 柴油[机]发电厂
diesel engine 柴油机，柴油发动机
diesel-engine tractor 柴油拖拉机
diesel fuel oil 柴油
diesel motor 柴油机，狄赛尔内燃机
diesel oil ①柴油 ②柴油机润滑油
diesel pump 柴油泵
diesel tracklayer tractor 履带式柴油拖拉机，链轨式柴油拖拉机
diesterase 二酯酶
diestrus 发情间期
diet ①饲料，日料 ②饮食，膳食，食物
diet of insect 昆虫饲料
diet pellet 颗粒饲料
dietary ①饮食，摄食 ②膳食的，饲料的（dietarius）
dietary efficiency 饲料效率
dietary gill disease （鱼）营养性鳃病（缺乏维生素 B_5）
dietary marine fish 食用海水鱼
dietary measure ①膳食措施 ②饲料措施
dietary nutrient guide 饲料营养指南{加工}
dietetics 膳食学（dietetica）
diethyl diphenyl urea 二乙基二苯脲
diethyl ether 二乙氨基醚
diethyl pyrocarbonate（DEPC） 焦碳酸二乙酯
diethyl sulfate 硫酸二乙酯[$(C_2H_5)_2SO_4$]
diethyl sulphamino-o-anisidine 二乙氨基硫[代]氨基茴香胺
diethylaminoethyl cellulose（DEAE-cellulose）二乙氨乙基纤维素，DEAE-纤维素
diethyldioxide 二乙氨基二氧化氮
diethylstilbestrol 二乙基己烯雌酚
dietotherapy 膳食疗法，营养疗法（dietotherapia）
difference ①差，差分{数}②差异 ③差额④不同，相异，差别，区别（differentia）
difference among protein 蛋白质间差异
difference between means 平均数间差异
difference coefficient 差分系数
difference differential equation 差分微分方程
difference of level 水位差
difference of slope 坡度差
difference of threshold 阈差{生理}
difference of water level 水位差
difference spectrum 差光谱
difference temperature analysis（DTA）差热分析[法]{生态生理}
differenciate grasshopper 长额负蝗（尖头蚱蜢）[*Atractomorpha lata* Motschulsky = *A. bedeli* Bolivar]（蝗科）
different ①不同的，相异的 ②分别的，各不相同的 ③种种的，各种的（differens）
different duration varieties 不同生育期品种
different function karyotype 不同功能染色体组型
different ligand 不同配[位]体
different patterns 不同模式（指生活史）
differented nucleus 分化核
differential ①有分别的，基于差别的 ②差动的，差速的 ③微分的 ④差示的，示差的 ⑤鉴别的（differentialis）
differential action 差动作用
differential adhesiveness 差别黏着性
differential affinity 差别亲和力
differential amplifer 差动放大器
differential analyser（= differential analyzer） 微分分析仪
differential analysis 微分分析
differential and integral calculus 微积分学
differential approach 微分法
differential blood count 血球分类计数
differential brake 差速制动器
differential calculus 微分学
differential centrifugation 差速离心[分离]
differential chromosome segment 差别染色体节段
differential chromosome segment localization 差别染色体节段局部化

differential coefficient 微分系数
differential coiling 差别螺旋
differential-coiling model 差别螺旋模型
differential configuration 差别表型
differential contraction 差别收缩
differential count 分类计数
differential curve 微分曲线
differential degradation 差别降解
differential detection 鉴别检测,示差检测
differential diagnosis 鉴别诊断
differential distance [交叉]差别距离
differential drive 差动传动,差速传动
differential equation 微分方程
differential equation solver 微分方程解算机
differential erosion 差别侵蚀
differential expression 差异表达{分遗}
differential fertility ①差别能育性,差别生殖力{育种} ②差别肥力{耕作}
differential flotation centrifugation 差速浮式离心
differential gauge 压差计
differential gear 差动齿轮,差速齿轮
differential gene activation 差别基因激活(活化)
differential gene activity 差别基因活性
differential gene expression 差别基因表现
differential gene replication 差别基因复制
differential grasshopper (= yellow locust) 殊种蜢[*Melanoplus differentialis*(Thomas)](蝗科)
differential host 鉴别寄主
differential hybridization 示差杂交[法]{生技}
differential inhibition 分化抑制
differential-interference contrast microscope (**DICM**) 微分干涉相差显微镜
differential labelling 示差标记法
differential leveling 水准测量
differential lock 差速器锁
differential medium 鉴别性培养基,分化培养基
differential method 微分法
differential migration 差别移动
differential mitosis 差数有丝分裂
differential mode current 差模电流
differential mode interference 差模干扰
differential mortality 差别死亡率
differential motion 差速运动,差动
differential multiplication 差别增殖
differential operation 示差操作
differential operator 微分算符,微分算子
differential pairing 分别配对
differential pattern 差别型
differential permeability 差别透性
differential perpetuation [基因的]区分繁殖,永存差别(分化)
differential phase-shift keying (**DPSK**) 差动相移键控[技术]
differential phytogeographic method 植物地理微分法
differential plant 鉴别植物
differential plunger pump 差动式柱塞泵{环保}
differential polyneme 差别多线性
differential precipitation 示差沉淀
differential precocity 差别早熟现象
differential pressure 分压
differential pulse code modulation (**DPCM**) 差分脉码调制{信息}
differential pump 差动泵
differential radiometer 微分辐射计{遥感}
differential reaction 差别反应
differential reactivity 差别反应性
differential redundancy 差别冗余
differential refractive index detector 示差折光率检测器
differential relay protection 差动继电保护{农施}
differential reproduction 差别生殖
differential scattering 示差散射
differential screening 示差筛选
differential sedimentation 差别沉降,差速沉降,差示沉降
differential segment 差别区段,相异段,异化节段
differential selection 分别选择,差别选择
differential species 区别种(species differentialis)
differential spectra 差光谱
differential spectrophotometry 示差分光光度[测定]法
differential staining 鉴别染色,对比染色
differential staining technique 鉴别染色技术
differential steering brake 差速转向制动器
differential survival 差别生存
differential systematics 差别分类学,分析分类学(systematica differentialis)
differential thermal analysis 差热分析
differential thermal curve 差热曲线
differential thermometer 差示温度计
differential transformer 差动变压器
differential type delector 微分型检测器
differential type steering (= differential gear type steering mechanism) 差速齿

轮式操向装置
differential varieties 鉴别品种
differential viability 差别成活率
differential weathering 差异风化,分异风化
differential windlass ①差动滑车 ②差动卷扬机
differentially coherent detection 差动相干检测{遥感}
differentially permeable membrane 分别透[性]膜
differentiate 分化(differentiare)
differentiated race ①[性]分化型族 ②分化种
differentiated spikelet 分化小穗
differentiating amplifier 鉴别放大器,微分放大器
differentiating cell 分化细胞
differentiating solvent 鉴别溶剂
differentiation ①分化 ②微分 ③区别,分别,辨别(diffentiatio)
differentiation antigen 分化抗原
differentiation center 分化中心
differentiation cytogenetics (= cytogenetics of differentiation) 分化细胞遗传学(cytogenetica differentiationis)
differentiation filter 微分滤波器{遥感}
differentiation in cell culture 细胞培养的分化
differentiation in malignancy 恶性分化
differentiation in vitro 离体分化,试管内分化
differentiation inducer 分化诱导剂
differentiation into early wood 分化成早材
differentiation network 微分网络
differentiation of flower bud 花芽分化
differentiation of horizon 土层分化,发生层异化
differentiation of membrane 膜分化
differentiation of spike 穗分化
differentiation of spikelet 小穗分化
differentiation period 分化期
differentiation period of flower bud 花芽分化期
differentiation period of shoot 新梢分化期
differentiation phase ①分化阶段 ②分化相
differentiation potency 分化效能
differentiation with migration 移动分化
differentiator ①鉴别植物 ②鉴别品种 ③微分电路,微分器(diffentiator)
differently bristled 异形刺毛的(heterochaetus)
difficult 困难的(difficulis)
difficult ground conditions 困难的土地条件
"difficult" group "困难"群{分类}
difficult point 难点
difficult task 困难工作
difficult-threshing variety 难脱粒品种
difficulties and opportunities 困难与机遇
difficulties of adaptation 适应[性]困难
difficulty ①困难,艰难,费力 ②难事(difficultas)
diffisse 二裂缝的(diffissus)
diffluence ①分流 ②溢出 ③溶解(diffluentia)
diffracted rays 绕射线
diffraction 衍射,绕射(diffractio)
diffraction efficiency 衍射效率{遥感}
diffraction fringe 衍射条纹
diffraction grating 衍射光栅
diffraction pattern 衍射图[样]
diffraction pattern sampling 衍射图取样{遥感}
diffraction spectrum 衍射光谱
diffraction spot 衍射斑
diffraction symmetry 衍射对称性
diffractive ring 裂环{真菌}
diffractometer 衍射计
diffusate 渗出液,扩散液
diffuse ①扩散{生理} ②弥散{细胞} ③铺散,分散{形态} ④漫射{辐射} ⑤散布,传播,流布,传布{生态} ⑥漫散{遥感}(diffundera)
diffuse-aggregate 分散聚合的(diffusoaggregatus)
diffuse boundary 扩散界面
diffuse centromere 分散型着丝粒(centromera diffusa)
diffuse change 扩散变化
diffuse conductance (g) 扩散传导
diffuse double layer 扩散双[电]层
diffuse equilibrium 扩散平衡
diffuse growth (= diffused growth) 弥散生长(crescentia diffusa)
diffuse-in-aggregates parenchyma 星散聚合薄壁组织(parenchyma aggregata diffusa)
diffuse kinetochore (= diffuse centromere) 漫散着丝粒
diffuse light 漫射光{遥感}
diffuse nucleus (= diffused nucleus) 漫散核(nucleus diffusus)
diffuse parenchyma 星散薄壁组织(parenchyma diffusa)
diffuse permeability 扩散透性
diffuse porous wood 散孔材(lignum po-

roum diffusum)
diffuse radiation 扩散辐射(radiatio diffusa)
diffuse ray 星散射线(radius diffusus)
diffuse reflection 漫反射(reflectio diffusa)
diffuse reflector 漫反射体{遥感}
diffuse scattering 漫散射
diffuse sky radiation 天空辐射
diffuse skylight 漫散天[空]光{遥感}
diffuse spectrum 漫射光谱
diffuse stage 漫散期(staticum diffusum)
diffused aeration 扩散式曝气[法]{环保}
diffused air 扩散[的]空气
diffused air plate 空气扩散板
diffused air system 空气扩散系统
diffused chromatin 漫散染色质
diffused illumination (= diffuse illumination) 散射照明
diffused layer 扩散层
diffused light (= diffuse light, scattered light) 漫射光
diffused light source 扩散光源{遥感}
diffused nucleus 分散核
diffused resistor 扩散电阻[器]
diffused runoff 弥散流失
diffuser ①扩散器 ②喷雾器 ③浸提器 ④洗料器 ⑤散射器,柔光罩 ⑥扩散板
diffuser rating 扩散板定额{环保}
diffuser-type pump 导叶式泵
diffusibility ①扩散性 ②散布性(diffusibilitas)
diffusible 可扩散的,扩散性的(diffusibilis)
diffusible calcium 可扩散钙
diffusible electrolyte 扩散性电介质
diffusible product 可扩散产物
diffusible substance 扩散性物质
diffusing object 扩散物体
diffusing screen 散射荧光屏
diffusing substance 扩散物质
diffusion ①扩散 ②弥散 ③漫射 ④渗滤(diffusio)
diffusion approximation 扩散近似法{统计}
diffusion chamber 扩散盒,扩散小室
diffusion coefficient ①扩散系数{生理} ②漫射系数{气象}
diffusion constant 扩散常数
diffusion controlled reaction 扩散控制反应
diffusion controlled termination 扩散控制终止
diffusion current 扩散电流
diffusion distance 扩散距离
diffusion equation 扩散方程[式]
diffusion gradient 扩散梯度
diffusion halation 扩散光晕{遥感}
diffusion hormone 扩散激素
diffusion impurity source 扩散杂质源
diffusion index 扩散指数
diffusion law 扩散定律{生理}
diffusion layer 扩散层
diffusion method 扩散法(用于抗生素测定){生化}
diffusion of particulate 微粒扩散{环保}
diffusion of sewage 污水稀释{环保}
diffusion of water 水分扩散
diffusion pathway 扩散途径
diffusion permeability 扩散透性
diffusion plate 扩散板{环保}
diffusion porometer 扩散气孔计
diffusion potential 扩散电位
diffusion pressure 扩散压
diffusion pressure deficit (DPD) 扩散压逆差
diffusion process 扩散过程
diffusion property 扩散性质
diffusion rate 扩散速度
diffusion-reaction theory 弥散反应说{细胞}
diffusion resistance 扩散阻力
diffusion route 扩散路线
diffusion screen 扩散荧幕
diffusion tracheae 扩散气管{畜}
diffusion transfer process 扩散转移过程
diffusion treatment 扩散处理
diffusional flux 扩散流量
diffusional limitation 扩散限制
diffusional resistance 扩散阻力
diffusional transfer 扩散性转移
diffusional water 扩散水分
diffusive ①扩散的 ②弥散的(diffusivus)
diffusive equilibrium 扩散平衡
diffusive filter 扩散过滤器
diffusive infection 弥散侵染
diffusive resistance 扩散抗性
diffusivity ①扩散性 ②扩散率(diffusivitas)
diffusivity coefficient 扩散系数
diffusor 扩散器{环保}
difile 隘路,陕路
difolatan (= captafol) 敌菌丹(保护性杀菌剂)[$C_{10}H_9Cl_4NO_2S$]
DIFP (= disopropylfluorophosphate) 异丙基氟磷酸

dig ①挖掘 ②探索,钻研
dig in 通过挖掘混入土壤中
dig out 自土中挖出,挖掘
dig through 挖掘,发掘
dig up 翻土
digalactosyl diglyceride 双半乳糖甘油二酯
digallic acid 双没食子酸,鞣酸[$C_{14}H_{10}O_9$]
digametic 异配子型的(digameticus)
digametic sex 异配子型性别(sexus digameticus)
digamety 异配子型(digamatas)
digamma function 双伽玛函数{电脑}
digamous 两性同序的(digamus)
digamous flower 两性同序花(flos digamus)
digenesis 世代交替
digenetic ①两性的 ②寄生交替(digeneticus)
digenetic propagation 两性繁殖
digenetic reproduction 两性生殖
digeneutic 有两繁殖季的(digeneuticus)
digenic 二基因的(digenicus)
digenic control 二基因控制
digenic inheritance 二基因遗传
digenism ①二基因作用 ②世代交替(digenismus)
digenite 辉黄铜矿{地质}
digenomatic (=digenomic) 具双染色体组的(digenomaticus)
digenomic species 双染色体组种(即四倍体种)
digenous 具两性的(digenus)
digest ①消化 ②消化液 ③水解液(digerer)
digestant 消化剂
digested sludge 消化污泥,净化污泥{环保}
digester ①蒸煮器,浸煮器 ②消化剂 ③消化池{环保}
digester charge [一次]蒸解量
digester tankage 骨肉粉,脱脂杂肉粉
digestibility ①消化率,消化度 ②可消化性(digestibilitas)
digestible 可消化的(digestibilis)
digestible crude protein (DCP) 可消化粗蛋白质
digestible energy 可消化能
digestible nutrient 可消化养分
digestible true protein 可消化纯蛋白质
digestion ①消化 ②蒸煮,蒸解(digestio)
digestion coefficient 消化率,消化系数
digestion compartment (=digestion section) 消化间{环保}
digestion period 消化周期
digestion process 消化过程
digestion tank 消化槽,消化池{环保}
digestion time 消化期,消化时间
digestion trial 消化试验
digestive 消化的(digestivus)
digestive activity 消化活度
digestive cavity 消化腔
digestive disorder 消化紊乱,消化失调
digestive enzyme 消化酶
digestive gas 消化气体{环保}
digestive gland 消化腺
digestive juice (=digestive fluid) 消化液,胃液
digestive pouch 消化袋,消化囊
digestive system 消化系统
digestive tract 消化道{昆虫}
digestive vacuole 消化泡
digger ①挖掘机 ②挖掘器,掘取机 ③拔根(桑)
digger fork (甜菜)挖掘叉
digger wasp ①泥蜂 ②⌊复⌉泥蜂科[Sphecidae]
digging ①挖掘,挖翻 ②挖收,挖取,掘取
digging adaptation 掘土适应
digging around the root for transplanting 盘根(在根的周围挖起移植)
digging depth 挖掘深度
digging gripper 转盘开沟机
digging leg 挖掘足{昆虫}
digging out 掘出
digging share 挖掘铲
digging spade 平锹,掘锹
digging stump 挖树头,挖蔸
digicitrine 毛地黄酮
digicom 数据通信{信息}
diginin 毛地黄宁
diginose 2-脱氧毛地黄糖
digiography 数字图表{智培}
digiplex 数字运算多路通信装置{信息}
digiplot 数字作图{智培}
digit ①指 ②趾 ③数字(digitus)
digital ①指的 ②指状的 ③数字的(digitalis)
digital adder 数字加法器
digital-analog conversion 数字-模拟转换
digital-analog converter 数字-模拟转换器
digital-analog decoder 数字-模拟译码器
digital analog simulator 数字模拟仿真器
digital analog system 数字模拟系统{电脑}
digital approximation 数字逼近,数字近似
digital audio 数字音频
digital audio disk (DAD) 数字化唱片{电

脑}
digital audio tape (DAT) 数字音频磁带,数字录音带
digital automation 数字自动化
digital backup 数字后援
digital calculation 数字计算
digital camera 数字照相机
digital carriage 数字盒式磁带机
digital carrier system 数字载波系统{信息}
digital cartographic data 数字地图资料{遥感}
digital cassette 数字卡型盒式磁带机
digital code 数字码
digital coding 数字编码
digital communication network 数字通信网络
digital computer 数字计算机
digital computer programming 数字计算机程序设计
digital computing 数字计算
digital control 数字控制
digital control robot 数控机器人{物}
digital counter 数字计数器
digital data acquisition system (DDAS) 数字型数据采集系统{智培}
digital data communication system (DDCS) 数字式数据通信系统
digital data processing system (digital DP system) 数字数据处理系统
digital debug tape (DDT) 数字调试带
digital earth 数字地球{信息}
digital electronic computer 数字电子计算机,数字电脑
digital electronic switching system (DESS) 数字电子交换系统
digital filter 数字滤波[器]{遥感}
digital gradient 数字梯度
digital hardware counter 数字硬件计数器{电脑}
digital image classification 数字图像分类{智培}
digital image database 数字图像数据库{遥感}
digital image enhancement 数字图像增强
digital image-processing 数字图像加工,数字图像处理
digital image processing system 数字图像处理系统{智培}
digital imaging microscope 数字成像显微镜
digital imaging microscopy 数字成像[显微]镜检术
digital information 数字信息{智培}
digital information display 数字信息显示
digital information display system 数字信息显示系统
digital mapping program 数字制图程序{遥感}
digital multispectral scanner 数字式多谱段扫描仪{遥感}
digital navigation 数字式导航{遥感}
digital number (DN) 数字数值,数字值{遥感}
digital optical computer (DOC) 数字式光计算机
digital optical recording (DOR) 数字光记录
digital optical switch (DOS) 数字光开关{电脑}
digital printer 数字打印机
digital punch 数字式打孔
digital recorder 数字记录器
digital scanning 数字式扫描
digital signal processing (DSP) 数字信号处理
digital simulation 数字模拟{遥感}
digital solar aspect sensor (DSAS) 数字式太阳方位遥感器
digital television 数字电视
digital termination system (DTS) 数字[化]终端系统
digital terrain model (DTM) 数字地形模型
digital thermal infrared scanner 数字式热红外扫描仪{遥感}
digital transmission system 数字传输系统{信息}
digital video disk (DVD) 数字视盘,数码影碟
digital voltmeter (DVM) 数字电压表
digitali-form (=digital form) 指状(digitaliformis)
digitalin 毛地黄苷 [$C_{36}H_{56}O_{14}$]
digitalis (=fox-glove) ①毛地黄属[*Digitalis* L.](玄参科) ②毛地黄[*Digitalis purpurea* L.]
digitalis acid 毛地黄酸[$C_{34}H_{56}O_{12}$]
digitalis cardiac glycoside 毛地黄强心苷
digitalose 毛地黄糖[$C_7H_{14}O_5$]
digitalyzer 模拟数字转换器{遥感}
digitate ①指状的 ②掌状复出的 ③瘤状的 (digitatus)
digitate-pinnate 掌状羽裂的(digitatopinnatus)
digitate-trifoliate 具掌状三叶的(digitatotrifoliatus)

digitate-trifoliolate 具掌状三小叶的（digitatotrifoliolatus）
digitately ternate 掌状三出的（指复叶）（digitatim ternatus）
digitation 指状分裂，掌状分裂（digitatio）
digitigrade ①趾行的 ②趾行动物
digitinervate 具掌状脉的（digitinervatus）
digitinervius 具掌状脉的
digitipartite 具掌状裂片的（digitipartitus）
digitipinnate 具掌状羽叶的（digitipinnatus）
digitization 数字化（digitisatio）
digitized audio 数字化音频
digitized cloud map 数字云图｛遥感｝
digitized file 数字化文件｛遥感｝
digitized image 数字化图像
digitized video 数字化视频，数字影像｛遥感｝
digitizing switch 数字化开关
digitogenin 毛地黄皂苷配基
digitonide 毛地黄皂苷化物
digitonin 毛地黄皂苷［$C_{27}H_{46}O_{14}$］
digitoxigenin 毛地黄毒苷配基［$C_{25}H_{34}O_4$］
digitoxin 毛地黄毒苷［$C_{34}H_{54}O_{11}$］
digitoxose 毛地黄毒素糖［$C_6H_{12}O_4$］
digits 数字
diglyceride 二脂酰甘油酯，甘油二酯
dignathodontids 双颚齿蜈蚣科［Dignathodontidae］
dignity of science 科学尊严
digoneutism 二化性（digoneutismus）
digonic 两性腺的（digonicus）
digonous 两棱的（digonus）
digoxigenin 洋地黄毒苷，地高辛配基｛分生｝
digoxin 异羟基洋地黄毒苷原，地高辛
digressive ［染色单体］四线交换
digressive stage 消退期
digynian（= digynous） ①具两花柱的 ②具二心皮的 ③具双雌蕊的（digynus）
dihaploid 双单倍体（dihaploida）｛细胞｝
dihaploid potato 双单倍体马铃薯
dihaplophase 双单倍期，双核期（dihaplophasis）
dihedral 二面的，双面的（dihedralis）
dihedral angle 二面角，双面角
diheterozygote 双因子杂种（= dihybrid）双因子杂合子（diheterozygota）
diheterozygous 双因子杂合的（diheterozygus）
dihexyl 十二烷［$C_{12}H_{26}$］
dihogamy 雌雄［蕊］异熟（dihogamia）
Dihuang 地黄［*Rehmannia glutinosa* Libosch.］（玄参科）
dihybrid 双因子杂种，双因子杂合子（dihybrida）
dihybrid cross 双因子杂种杂交
dihybrid heterozygote 双因子杂种杂合子
dihybrid ratio 双因子杂种比率
dihybrid segregation ratio 双因子杂种分离比率
dihydrate 二水［合］物
dihydro- ⌞字头⌝二氢
dihydroanhydrovitamin A 二氢脱水维生素A
dihydroascorbate 二氢抗坏血酸
dihydrobenzene 二氢［化］苯［C_6H_8］
dihydrobilirubin 二氢胆红素
dihydrobiopterin 二氢生物蝶呤
dihydrocalciferol 二氢钙化甾醇
dihydrochalcone 二氢查耳酮
dihydrocholesterol 二氢胆甾醇，二氢胆固醇
dihydrocoenzyme 二氢辅酶，还原辅酶
dihydrodiethylstilbestrol 己［烷］雌酚
dihydroequilenin 二氢马萘雌［甾］酮
dihydrofolate 二氢叶酸
dihydrofolate reductase（DHFR） 二氢叶酸还原酶
dihydrofolic acid 二氢叶酸
dihydrol 二聚水
dihydrolipoamide 二氢硫辛酰胺
dihydrolipoamide dehydrogenase 二氢硫辛酰胺脱氢酶
dihydrolipoic acid 二氢硫辛酸
dihydrolipoic acid dehydrogenase 二氢硫辛酸脱氢酶，硫辛酰胺脱氢酶
dihydroneopterin 二氢新蝶呤
dihydroorotase 二氢乳清酸酶，氨甲酰天冬氨酸脱水酶
dihydroorotic acid dehydrogenase 二氢乳清酸脱氢酶
dihydropicolinate synthetase 二氢二甲基吡啶合成酶
dihydropteridine 二氢蝶啶
dihydropteridine reductase 二氢蝶啶还原酶
dihydropyridine（DHP） 二氢吡啶
dihydropyrimidinase 二氢嘧啶酶
dihydroriboflavin 二氢核黄素
dihydrospectinomycin 二氢壮观霉素
dihydrostreptomycin 二氢链霉素
dihydrotachysterol 二氢速甾醇
dihydrotestosterone（DHT） 二氢睾酮
dihydrouracil（DHU） 二氢尿嘧啶［$C_4H_6O_2N_2$］
dihydrouracil arm（DHU arm） 二氢尿嘧啶臂

dihydrouracil dehydrogenase 二氢尿嘧啶脱氢酶
dihydrouracil loop（DHU loop） 二氢尿嘧啶环
dihydrouridine（Du, bu） 二氢尿嘧啶核苷，二氢核苷
dihydrouridylic acid（hu） 二氢尿[嘧啶核]苷酸
dihydroxyacetone phosphate 二羟丙酮磷酸
dihydroxyacid dehydratase 二羟酸脱水酶
dihydroxyanthraqinone（= alizarine） 茜素
dihydroxyphthalophenone（= phenolphthalein） 酚肽
dihydroxystilbene（= synthetic oestrogen） 合成雌[甾]激素
dihydrozeatin 二氢玉米素（细胞分裂素）[$C_{10}H_{15}N_5O$]
diiodotyrosine（DIT） 二碘酪氨酸
diiso-compensating trisomic 双等臂[染色体]补偿三体生物
diisosomic 双等臂体的（diisosomicus）
diisotrisomic 双等臂[染色体]三体生物（diisotrisomica）
dijoint network 分离网｛信息｝
dikaryocyte 双核细胞（dicaryocyta）
dikaryolization 双核化[作用]（dicaryolisatio）
dikaryon ①双核 ②双核体（dicaryon）
dikaryophase 双核期（dicaryophasis）
dikaryophyte 双核植物体（dicaryophyta）
dikaryosis 双核性，双核现象（dicaryosis）
dikaryotic（= dicaryotic） 双核的（dicaryoticus）
dikaryotic haustorium 双核吸器
dikaryotic hybrid 双核杂种
dikaryotic mycelium 双核菌丝体
dikaryotic stage 双核期
dikaryotization 双核形成（dicaryotisatio）
dike ①堤 ②坝 ③岩脉 ④沟渠
dike burst 堤坝溃决
dike cutterbar 沟边割草器
dike-dam（= groin, jetty） 丁坝，堤坝，突堤｛水利｝
dike in 围堤，围入
diked field 围田
diked land 堤防地
diked marsh（= new marsh） 圩地
dikegulac 代剪灵（果树修剪激素）
diketopiperazine 二酮吡嗪，环缩二氨酸
dikinetic 具双着丝粒的
diking 筑坝、修堤
dilacerate 撕开的，撕裂的（dilaceratus）
dilamination 分层性（dilaminatio）
Dilan 硝滴涕（杀虫剂）的混合物
dilapidation ①荒废，残破，破损 ②倒塌，崩坏（dilapidatio）
dilatability 膨胀性（dilatabilitas）
dilatancy ①膨胀性 ②扩容性｛地质｝（dilatancia）
dilatate ①膨大的 ②扩张的（dilatatus）
dilatation ①扩张 ②膨胀（dilatatio）
dilatation parenchyma 扩张薄壁组织（parenchyma dilatationis）
dilatatus beadruby 宽叶舞鹤草[*Maianthemum dilatatum* Nels. et Macbr.]（百合科）
dilated 扩张的（dilatus）
dilated pit 扩口纹孔（porus dilatus）（解剖）
dilatometer 膨胀计
dilatometer method 膨胀计法
dilatometry ①膨胀测定 ②膨胀测定法（dilatometrica）｛物｝
dilator ①扩张器 ②扩张肌，开肌（dilator）
dilead orthoarsenate（= Lead arsenate） 砷酸铅｛农药｝
dilemma 二难推论，进退两难
dilimiter 定界符，分隔符
dill ①莳萝属[*Anethum* L.]（伞形科）②莳萝[*Anethum graveolens* L. = *A. arvense* Salisb., *A. sowa* Roxb.]
dill-leaved 莳萝叶的（anthifolius）
dill oil 莳萝油
dill pickles 香腌菜
dillenia ①第伦桃属[*Dillenia* L.]（锡叶藤科）②枇杷树[*Dillenia turbinata* Fin. et Gagnep.]
dillenia family 锡叶藤科[Dilleniaceae]
diluent ①稀释剂，冲淡剂 ②填料（指农药配合）
dilute 稀释（diluere）
dilute solution ①淡溶液 ②稀释液
dilute yellow crotalaria 响铃豆[*Crotalaria albida* Heyne]（豆科）
diluted ①稀薄的 ②稀释的（dilutus）
diluted fertilizer 稀薄肥料
diluted juice 稀释汁｛加工｝
diluted night soil 稀薄人屎尿，粪稀
diluted semen 稀释精液
diluted urine 尿肥
diluting-culture method 稀释培养法
diluting factor 稀释因子
diluting gene 稀释基因
diluting water 稀释水
dilution ①稀释，冲淡 ②稀度，淡度 ③稀释物，冲淡物（dilutio）

dilution and diffusion 稀释扩散
dilution assay method 稀释测定法
dilution cloning 稀释无性繁殖,稀释克隆[化]{农生技}
dilution discharge 稀释排放法{环保}
"dilution effect" "稀释效应"{生态生理}
dilution end point 稀释限度,稀释终点
dilution gene 稀释基因
dilution method 稀释法
dilution plate count 稀释平板计数
dilution plate method 稀释平板法{生技}
dilution ratio 稀释比率
dilution requirement 稀释需要量(指用水)
dilution technique 稀释技术
dilution water 稀释水
diluvial ①洪积的{土壤} ②大洪水的{水利}(diluvialis)
Diluvial epoch 洪积纪
diluvial land 洪积地
diluvial plateau 洪积台地
diluvial sand 洪积沙[土]
diluvial soil 洪积土
diluvium ①洪积层 ②大洪水
diluvium series 洪积层系
dilysogenic excision 二溶原切割{遗工}
dim ①不亮的,暗的,阴暗的 ②看不清楚的,模糊的,朦胧的,笼统的
dim light ①小光灯 ②微弱光
dim light plant 微弱光植物
dimagnesium phosphate 磷酸二镁{农化}
dimanin (= Benzalkonium chloride) 杀藻铵(杀藻剂)
dimecron (= phosphamidon) 磷胺{农药}
dimefox (= CR-409, BFPO, pestox-14) 甲氟磷,四甲氟(杀虫、杀螨剂)[$C_4H_{12}FN_2OP$]
dimegaly 卵(或精子)两型(dimegalis)
dimension ①尺寸,大小,面积,广度,范围②因次,维数,维,度(dimensio)
dimension bound 维数界限
dimension database 多维数据库
dimension information 维数信息
dimension lumber 规定尺寸木材
dimension of block 区组大小
dimension of cell 细胞大小
dimension quotient 维量商
dimension scale 分度尺{测}
dimensional ①尺寸的 ②面积的,容积的,体积的 ③因次的,维量的 ④双向的(dimensionalis)
dimensional analysis 维量分析
dimensional electrophoresis 双向电泳
dimensional equation 因次方程式
dimensional measurement 维量测量
dimensional stability 体积稳定性
dimensional stabilization 体积稳定化
dimensionaless coefficient 无因次系数
dimensionality ①度数 ②维数(dimensionalitas)
dimensionality of data 数据的维数
dimensioning 定尺寸,量尺寸,尺寸度量
dimensionless 无因次的,无度量,无量纲的
dimensionless point 无度量点
dimer ①二[聚]体,二[聚]物 ②二亚单位
dimer molecule 二分子聚合物
dimercaprol (BAL) 二巯基丙醇
dimercaptopropanol (BAL) 二巯基丙醇
dimercaptosuccinate 二巯基丁二酸
dimeric ①双节显性的 ②二亚单位的 ③二基数的(dimerus)
dimerization 二聚作用(dimerisatio)
dimerization cofactor 二聚辅因子
dimerizing thymine group 二聚胸腺嘧啶基
dimerous 二基数的(dimerus)
dimerous flower 二基数花(flos dimerus)
dimetan 地麦威,地麦丹,二甲蓝(杀蚜、杀螨剂)[$C_{11}H_{17}NO_3$]
dimethoate 乐果,乐戈(杀虫、杀螨剂)[$C_5H_{12}NO_3PS_2$]
dimethyl amine 二甲胺[CH_3NHCH_3]
dimethyl diphenyl urea 二甲基二苯脲[$(CH_3)_2(C_6H_5)_2N_2CO$]
dimethyl-p-phenylenediamine 二甲基对苯二胺[$C_6H_4NH_2N(CH_3)_2$]
dimethyl pyridine 二甲基吡啶[$C_5H_3(CH_3)_2N$]
dimethyl sulfate 硫酸二甲酯[$(CH_3O)_2SO_2$]
dimethyl sulfoxide (DMSO) 二甲基亚砜
dimethyl sulphoepoxide (DMSO) 二甲基硫环氧
dimethylallyl transferase 二甲丙烯基转移酶
dimethylallylpyrophosphate 二甲[基]烯丙基焦磷酸
dimethylaminoazobenzene 二甲基氨基偶氮苯
dimethylamobam 福美铵(杀菌剂)[$C_3H_{10}N_2S_2$]
dimethylformamide (DMF) 二甲基甲酰胺
dimethylguanosine (m^2G) 二甲基鸟嘌呤核苷
dimethylphenylene diamine 二甲[基]苯二胺[$C_6H_4NH_2N(CH_3)_2$]
dimethylpurine 二甲基嘌呤
dimetric ①正方的,四角形的 ②正二等轴侧

的（dimetricus）
dimetric projection 正二等轴侧投影，正二侧投影
dimidiate 对开的，折半的，半分的，各半的（dimidiatus）
dimidiato-cordate 半心形的（dimidiato-cordatus）
diminish 减少，缩小（diminuere）
diminished ①矮小的 ②减少的（diminutus）
diminished allocation 减少分配（指光合产物）（allocatio diminuta）
diminished radix 基数减1{电脑}
diminished radix complement 基数减1补码{电脑}
diminishing ①减少的，递减的 ②缩小的，缩减的 ③衰减的
diminishing output 减少产量，减产
diminishing return 报酬递减
diminishing shoot renewal 减少枝条更新
diminishing species 衰减种
diminishing yield 减少产量，减产
diminution ①（染色体）减失 ②减少，缩小，减缩（diminutio）
diminution of root 减根法，缩根法{电脑}
Dimite（=chlorfenethol） 杀螨醇{农药}
dimity （做卧室帷帐用）有棱条花布
dimixing 脱离
dimixis 二型异核融合
dimmer 光度调整器
dimming detector 变暗检测器
dimodial curve 双峰曲线{统计}
dimolecular 双分子的（dimolecularis）
dimolecular reaction 双分子反应
dimonoecious ①雌雄同异株的 ②雌雄同异体的（dimonoecius）
dimorphic（=dimorphous） ①二形的 ②双晶的（dimorphus）
dimorphic branch 二形枝（ramus dimorphus）
dimorphic crabgrass 粗穗马唐［*Digitaria heterantha* Merr.］（禾本科）
dimorphic flower 二形花（flos dimorphus）
dimorphic heterostyly 二形花柱异长（heterostylia dimorpha）
dimorphism ①二形性 ②二型［现象］③双晶现象（dimorphismus）
dimorphous ①二态的 ②二形的（dimorphus）
dimorphous leaves 二形叶（folii dimorphae）
dimorphy（=dimorphism）①二态现象 ②二形性（dimorphismus）
dimoulter（=dimolter） 二眠蚕{蚕}
dIMP（=deoxyinosine-5′-monophosphate） 脱氧次黄苷酸，脱氧肌苷酸
dimpled figure 靥窝花纹（木材）
din 音频连接器{电脑}
Dines anemograph 达因风速计
Dines anemometer 达因风速表
Dines pressure anemograph 达因风压计
dinex（=DNOCHP） 消螨酚，二硝环己酚（杀虫，杀螨剂）［$C_{12}H_{14}N_2O_5$］
dingbat ①装饰标志 ②图形标志{园林}
dingey（=dinghy） 小船，舢板
dingy 暗淡的，不透明的（opacus）
dingy cutworm 番茄褐夜蛾［*Feltia subgothica*（Haw.）］（夜蛾科）
dingy yellow horizon 暗黄色土层
dinicotinoylornithine 二烟酰鸟氨酸
dinitro benzene 二硝基苯
dinitro compound 二硝基化合物
dinitro cresol（=DNOC） 二硝甲酚
dinitro-ortho-cresol（DNOC） 二硝基邻甲苯酚（疏花疏果剂）
dinitro spray 煤焦油喷施（疏花防虫剂）
dinitroaniline herbicide 二硝基苯胺类除草剂
dinitroanilines 二硝基苯胺类
dinitrochlorobenzen（DNCB） 二硝基氯苯
dinitrofluorobenzene（DNFB） 二硝基氟苯
dinitrogen 双氮，分子氮
dinitrogenase 固氮酶
dinitrogenase reductase 固氮酶还原酶
dinitrophenol（DNP） 二硝基苯酚［$C_6H_3(NO_2)_2OH$］
dinitrophenyl（DNP） 二硝基苯基
dinitrophenylation 二硝基苯酚化，DNP化
dinkel wheat（=dinkel，spelt） 斯卑尔脱小麦［*Triticum spelta* L.］（禾本科）
Dinoben 氯硝草（地草平）（芽前除草剂）［$C_7H_2Cl_2NNaO_4$］
dinobryon ①钟罩藻属（锥囊藻属）［*Dinobryon* spp.］（钟罩藻科）②钟罩藻［*Dinobryon* sp.］
dinobryon family 钟罩藻科（锥囊藻科）［*Dinobryaceae*］
dinocap 敌螨普，开拉散，消螨普（杀螨剂）［$C_{13}H_{24}N_2O_6$］
dinoflagellate 双鞭甲藻（dinoflagellata）
dinoflagellate mitosis（=dinomitosis） 双鞭甲藻有丝分裂
dinokaryon 双鞭甲藻核体
dinomitosis（=dinoflagellate mitosis） 双

鞭甲藻有丝分裂
dinophyceae 甲藻科［Dinophyceae］
dinoseb（＝DNBP） 地乐酚，二硝丁酚（除草剂）［$C_{10}H_{12}N_2O_5$］
dinoseb acetate 地乐酯（除草剂）［$C_{12}H_{14}N_2O_6$］
dinoxanthin 双鞭藻黄质
dinucleotide 二核苷酸
dinucleotide coenzyme 二核苷酸辅酶
dinucleotide frequency 二核苷酸频率
dioctahedral structure 双八面体结构
diode 二极管
diode array 二极管阵列
diode electrode 二极管电极
diode peak detector 二极管峰值检波器｛信息｝
diode tester 二极管测试仪
diode-transistor logic（DTL） 二极管晶体管逻辑电路
dioecio-dimorphous 异株两型的（dioeciodimorphus）
dioecio-polygamous 单性两性花异株的（dioeciopolygamus）
dioecious ①雌雄异株的 ②雌雄异体的（dioecius）
dioecious fungi 雌雄异丝真菌
dioecious organism 雌雄异体生物
dioecious plant 雌雄异株植物（planta dioecia）
dioecious species 雌雄异株种（species dioecius）
dioecism（＝dioecy） ①雌雄异株 ②雌雄异体（dioecismus）
dioestrum 发情间期，间情期
Dionic water tester 戴氏测水器｛环保｝
dioon ①双子苏铁属［*Dioon* L.］（苏铁科） ②双子苏铁［*Dioon* sp.］
diopside 透辉石｛地质｝
diopter 屈光度
dioptid moths 蝶形蛾科［Dioptidae］
dioptric 屈折的，屈光的（dioptrus）
dioptric apparatus 屈光器
dioptric imaging 折射成像
dioptrics 屈光学（dioptrica）
dioptrometer（＝dioptometer） 屈光计
dioptroscopy 屈光测量法（dioptroscopia）
diorama 透视画
diorate 具双孔的（dioratus）
diorite 闪长岩
dioscin 薯蓣皂苷
dioscorea（＝yam） ①薯蓣属［*Dioscorea* L.］（薯蓣科） ②薯蓣（山药）［*Dioscorea batatas* Dcnc.］
dioscorea leaf beetle 薯蓣叶甲［*Lema honorata* Baly］（叶甲科）
dioscorine 薯蓣碱，地奥碱
diose 二糖
diosgenin 薯蓣皂苷配基
diosphenol 薯蓣酚，地奥酚
dioxacarb 二氧威（杀虫剂）［$C_{11}H_{13}NO_4$］
dioxane 二氧六环
dioxane as fixative 固定液用二氧六环
dioxane for hydration 脱水用二氧六环
dioxathion 敌杀磷，二噁磷，敌噁磷（杀虫剂）［$C_{12}H_{26}O_6P_2S_4$］
dioxide 二氧化物
dioxime 二肟
dioxygen 双氧
dioxygenase 双加氧酶
dip ①浸，沾，渍｛栽培｝ ②掬，汲｛水利｝ ③沉下，沉入｛水产｝ ④倾向，倾斜，渐斜｛土壤｝ ⑤倾角｛物｝ ⑥药浴，浸泡｛医｝
dip angle 倾角
dip compass 俯角罗盘
dip fault 倾向断层｛地质｝
dip grain 曲走纹理（木材）
dip iron 采脂铲
dip-pipe U字形管
dip-soldering 浸焊
dip washing 浸渍洗净
dipeptidase 二肽酶
dipeptide 二肽
dipericlinal chimera 二层周缘嵌合体（chimaera dipericlina）
dipetalous 二［花］瓣的（dipetalus）
diphacin（＝diphacinone） 敌鼠（抗血凝性杀鼠剂）［$C_{23}H_{16}O_3$］
diphase 双相（diphasis）
diphasic 二相的，双相的（diphasicus）
diphasic alternation of generation 二相世代交替
diphasic pulse 双相脉冲
diphenamid（＝Enide） 草乃敌（除草剂）［$C_{16}H_{17}NO$］
diphenol ①联苯酚［$HOC_6H_4C_6H_4OH$］ ②二酚［$R(OH)_2$］
diphenyl 二苯基［$(C_6H_5\text{-})_2$］
diphenyl amine 二苯胺［$NH(C_6H_5)_2$］
diphenyl amine blue 二苯胺蓝
diphenyl ether ①［二］苯醚［$(C_6H_5)_2O$］ ②二苯基醚［$R(OC_6H_5)_2$］
diphenyl oxide 氧化二苯，［二］苯醚［$C_6H_5OC_6H_5$］
diphenyl urea 二苯脲［$(C_6H_5NH)_2CO$］

diphosphate 二磷酸
diphosphatidylglycerol 双磷脂酰甘油，心磷脂
diphosphoinositide 二磷酸肌醇磷脂
diphosphopyridine nucleotide（NAD，Co Ⅰ，DPN） 二磷酸吡啶核苷酸，辅酶Ⅰ
diphosphoribulose carboxylase 二磷酸核酮糖羧化酶
diphosphothiamine 焦磷酸硫胺素，辅羧酶，脱羧辅酶
diphthamide 白喉酰胺
diphtheria 白喉
diphtheria toxin 白喉毒素
diphtheritic 白喉的（diphtheriticus）
diphyletic 二原的（diphyleticus）
diphyllous 具两叶的（diphyllus）
dipicolinic acid（DPA） 吡啶二羧酸
diplachne 朝鲜双稃草［*Diplachne serotina* var. *chinensis* Chwi］（禾本科）
diplanetic 两游的（diplaneticus）
diplanetism 两游现象（diplanetismus）｛真菌｝
diplasy 成双式（diplasius）｛形态｝
diplecolobous 皱折裂片的（diplecolobus）
diplecolobous cotyledon 回折子叶（cotyledon diplecolobus）
dipleurula 对称幼虫（dipleurula）
diplexer 双工器，天线共用器
diplo- ˪字头˥二，双
diplo-haploid twinning 双倍单倍双生
diplo-haplont ①双单倍体 ②双单倍体生物（diplohaplons）｛细胞｝
diplo-haplontic 双单倍体的（diplohaplonticus）
diplo-haplontic lifecycle 双单倍体生活周期
diplo-haplontic organism 双单倍体生物
diplo-haplontic plant 双单倍体植物
diplo-haplontic species 双单倍体种
diplobacillus 双杆菌（diplobacillus）
diplobiontic 双型世代的（diplobionticus）
diplobiontic yeast 复相核酵母
diplobivalent 双二价［染色］体（diplobivalens）
diploblastic ①双体层的 ②双体层（diploblasticus）
diplocaulescent 具二级茎轴的（diplocaulescens）
diplocauly 二茎性（diplocaulia）
diplochlamydeous 重被的（diplochlamydeus）
diplochlamydeous chimaera 重被嵌合体（chimaera diplochlamydea）
diplochromosome 双分染色体（diplochromosoma）
diplococcin 双球菌素
diplococcus ①双球菌属（微生物）②双球菌［*Diplococcus* sp.］
diplococcus pneumoniae 肺炎双球菌
diploconidium 双核分生孢子
diplodemicolpate 具二槽的，具双半沟的（diplodemicolpatus）
diplodia boll rot 黑荫病
diplodia boll rot of cotton 棉黑荫病，棉铃黑果病［*Diplodia gossypina* Cooka］
diplodia ear rot of corn 玉米干腐病［*Diplodia zeae*（Schw.）Lév.］
diplodnabactivirus 双脱噬菌体，双 DNA 噬菌体
diplogenotypic sex-determination 二倍基因型的性决定
diplogenotypic sex differentiation 二倍基因性型分化
diploglossata 重舌目［Diploglossata］
diploicin 双球抗生素
diploid 二倍体（diploida）｛细胞｝
diploid alfalfa 二倍体苜蓿
diploid apogamety（＝euapogamy） 双倍无配生殖，常无配生殖
diploid apogamy 二倍无配生殖，双倍无配生殖
diploid apomixis 二倍无融合生殖
diploid barley 二倍体大麦
diploid cell line 二倍体细胞系
diploid chromosome complement 二倍染色体组
diploid chromosome number 二倍染色体数
diploid complement 二倍染色组
diploid embryo 二倍胚
diploid eukaryote 二倍真核体
diploid female 二倍体雌株
diploid fruit body 二倍子实体
diploid fusion 二倍融合
diploid fusion nuclei 二倍融合核
diploid gametophyte 二倍配子体
diploid generation 二倍世代
diploid hybrid 二倍杂种
diploid intersexuality 二倍雌雄间性
diploid level 二倍体水平
diploid life cycle 二倍体生活周期
diploid macronucleus 二倍大核
diploid mitotic nucleus 二倍有丝分裂核
diploid model 二倍体模型
diploid nucleus 二倍核
diploid number 二倍数
diploid oats 二倍体燕麦

diploid organism 二倍体生物
diploid parent 二倍体亲本
diploid parentage ①二倍体亲缘 ②二倍体血统
diploid parthenogenesis 二倍单性生殖
diploid phase ①二倍期 ②二倍相
diploid plant 二倍体植物
diploid plantlet 二倍体幼苗
diploid secondary endosperm nucleus 二倍次级胚乳核
diploid series ①[小麦]二粒系{分类} ②二倍体系{细胞}
diploid set of chromosomes 二倍染色体组
diploid sex differentiation 二倍性分化
diploid sibs 二倍体姊妹种
diploid species 二倍体种
diploid sporophyte 二倍孢子体
diploid state 二倍态
diploid synkaryon 二倍结合核
diploid type 二倍型
diploid univalent chromosome 二倍单价染色体
diploid variety 二倍体品种
diploid vegetative phase 二倍营养体期
diploid wheat 二倍体小麦
diploid yeast 二倍体酵母菌
diploid yeast cell 二倍体酵母细胞
diploid zygote 二倍合子
diploidization 二倍化 (diploidisatio)
diploidy 二倍性,二倍态 (diploidas)
diplokaryotic 四倍体 (diplocaryoticus)
diploma ①毕业证书 ②特许证,执照 ③奖状
diplonema ①双线 ②(= diplotene stage) 双线期
diplont ①双倍体(染色体倍数个体) ②二倍性生物 (diplons)
diplont plant 双倍体植物
diplontic 双倍体的 (diplonticus)
diplontic elimination 双倍体淘汰
diplontic selection 双倍体选择
diplontic sterility 双倍体不育[性]
diploparasitism 二重寄生性 (diploparasitismus)
diploperistomous ①双齿层 ②双口缘的 (diploperistomus)
diplophase ①二倍期 ②二倍阶段 ③双线期 (diplophasis)
diplophenotypic sex determination 双倍表型性决定
diplosis 加倍作用 (= doubling)
diplosome 双心体 (diplosoma)
diplospory ①二倍性孢子形成 ②种细胞无孢子生殖 (diplosporia)
diplostemonous ①外轮对萼的(指雄蕊群) ②具外轮对萼雄蕊的(指花或植物) (diplostemonus)
diplostemony 二轮雄蕊式 (diplostemonius)
diplostichous 两列的,两行的 (diplostichus)
diplotegia (= dyplotegia) 宿萼蒴果 (diplotegium 的复数)
diplotegium 宿萼蒴果
diplotene [stage] 双线[期] (diplotenus)
diplounivalent ①双倍单价的 ②双倍单价染色体 (diplounivalens)
diplounivalent mitosis 双倍单价有丝分裂
diploxylic 双维管束的 (diploxylus)
diplozoic 左右对称的 (diplozoicus)
dipolar ①双极{细胞} ②偶极{物} (dipolaris)
dipolar aprotic solvent 偶极非质子溶剂
dipolar ion 偶极离子
dipolar molecule 偶极分子
dipolar protophilic solvent 偶极亲质子溶剂
dipolar protophobic solvent 偶极疏质子溶剂
dipolarity ①双极性 ②偶极性 (dipolaritas)
dipole ①偶极,偶极子 ②二极 (dipolos)
dipole character 偶极性状
dipole-dipole interaction 偶极-偶极相互作用,偶极间相互作用
dipole layer 偶极层
dipole modulation 偶极调制,双极调制
dipole molecule 偶极分子
dipole moment 偶极距
dipole orientation 偶极取向
dipole water molecule 偶极水分子
Dippel's siebold deutzia 迪皮氏溲疏[*Deutzia sieboldiana* var. *dippeliana*](绣球科)
dipper ①汲水杓,戽斗 ②药液槽
dipper dredge 戽斗式挖泥机{环保}
dipping 浸种{栽培} ②(木材)浸渍{森林} ③(畜,禽)药浴{畜}
dipping method 药浴法
dipping milk cooler 浸泡式牛奶冷却器
dipping of cane sett 甘蔗浸种,浸蔗种
dipping pool 浸渍池
dipping seeds 浸种
dipping the seedling 浸秧苗(浸树苗),蘸秧根
dipping treatment 浸种处理
dipping vat 药浴槽
dipsacaceous 川续断科的 (dipsacaceus)

dipstick 测深尺,油尺,机油标尺
dipteral ①双翅目的 ②双翅的,双翼的(dipterus)
dipterex (=trichlorfon) 敌百虫
dipterine 二翼[对叶盐蓬]碱, N-甲基色胺[$C_{11}H_{14}N_2$]
dipteris ①双扇蕨属[Dipteris spp.](双扇蕨科) ②双扇蕨[*Dipteris* sp.]
dipteris family 双扇蕨科[Dipteridaceae]
dipterocarp ①龙脑香属[*Dipterocarpus* Gaertn. f.](龙脑香科) ②龙脑香[*Dipterocarpus* sp.]
dipterocarp family 龙脑香科[*Dipterocarpaceae*]
dipterocarp forest 龙脑香林
dipterocarpous 二翼果的(dipterocarpus)
dipteronia ①金钱槭属[*Dipteronia* Oliv.](槭科) ②金钱槭[*Dipteronia sinensis* Oliv.]
dipterous ①具二翼的 ②具二翅的(dipterus)
dipteryzation 二翅化(dipterisatio)
dipulse system 双脉冲方式
dipylidiasis (犬)复孔绦虫病
dipyrenous 具二小核的(dipyrenus)
dipyrromethane 联吡咯甲烷
diquat ①敌草快(=diquat dibromede) ②敌草快阳离子(除草剂)[$C_{12}H_{12}N_2$]
diquat dibromide 敌草快,杀草快(除草剂)[$C_{12}H_{12}Br_2N_2$]
diquinone 二醌类
diraceme 复总状花序(diracema)
dire 可怕的,可怖的(dirus)
direct ①直的,不弯曲的,不曲折的{形态} ②直接的,直系的,嫡系的{育种}(directus)
direct acid damage 直接酸[损]害
direct acting factor 直接影响因素
direct action ①直接作用 ②直接行动
direct activation 直接激活
direct adaptation 直接适应
direct addition 直接加法
direct address 直接地址,一级地址{信息}
direct addressing 直接寻址,直接编址
direct allocation 直接分配
direct alternation 直接交替,直接变换
direct application 直接施用
direct assay 直接测定
direct assessment 直接评价
direct autogamy 天然自花受精
direct benefit 直接利益,直接利润
direct biopsy 直接活体解剖
direct broadcast satellite (DBS) 直播卫星{信息}
direct calculation 直接计算
direct call ①直接调用 ②直接呼叫{信息}
direct call facility 直接呼叫设施
direct circuit 直接电路
direct combine harvesting 直接联合收获机收获
direct combining (=direct harvesting) 联合收获[法]
direct-connected harrow 悬挂式耙
direct-connected mower 悬挂式刈草机
direct-connected planter 悬挂式播种机
direct-connected plow 悬挂式犁
direct-connected trailing type 直接联结牵引型
direct connection 直接联结
direct contact 直接接触
direct contact between the producing and marketing departments 产销直接挂钩
direct control 直接防治(病虫害)
direct control encode 直接控制编码
direct copying 直接晒印{遥感}
direct correlation 直接相关{统计}
direct count 直接计数
direct coupled amplifier 直接耦合放大器
direct coupled flip-flop 直接耦合触发器
direct coupling 直接耦合
direct cross 正交,直接杂交
direct current 直流[电]
direct current circuit 直流电路
direct current dynamo 直流发电机
direct-current motor 直流电动机
direct-current source 直流电源
direct cut [田间]直接切碎
direct-cut forage harvester 直割式青饲收割机
direct damage 直接损害
direct data entry (DDE) 直接数据输入
direct deactivation 直接去激活
direct derivation ①直接派生 ②直接推导
direct desulfurization 直接脱硫{环保}
direct detection 直接探测,直接检测
direct digital control (DDC) 直接数字控制,直接数控
direct distance dialing (DDD) 长途直接拨号电话{信息}
direct division 直接分裂(divisio directa)
direct drilling 直播,直接播种
direct drilling method 直播法
direct duplication 直接复制
direct dying 直接染色
direct effect 直接效应

direct electrostatic process 直接静电处理
direct elimination 直接排出
direct entry photocomposition 直接照相排版
direct evidence 直接证明
direct execution computer 直接执行计算机
direct factor 直接因子
direct fertilizer 直接肥料
direct filtration 直接过滤
direct fire suppression 直接灭火
direct flight muscle 直接飞行肌
direct-flow demineralization 直流式脱矿质〔环保〕
direct forest seeding 直播造林
direct gene influence 直接基因影响
direct green 直接绿〔显技〕
direct harvesting 直接收获
direct heating method 直接加热法〔农施〕
direct illumination 直接照明(光)
direct immunity control 直接免疫性控制
direct infection 直接侵染
direct influence 直接影响
direct injection 直接喷射
direct insertion 同向插入
direct interpolation 直接插入法〔统计〕
direct irrigation 直接灌溉
direct jump ①直跃〔水利〕②直接转移〔电脑〕
direct labour 直接劳动
direct light 直接光
direct line 定向线
direct line attachment (DIA) 直接线路附属装置
direct mail 直接邮件〔信息〕
direct manipulation of the DNA DNA直接操作
direct manure 直接肥料
direct measurement 直接量测〔遥感〕
direct memory access 直接存储存取
direct metamorphosis 直接变态,不全变态
direct method of isolation 直接分离法
direct microscopic method 直接显微镜法
direct-mounted 悬挂式的
direct nuclear division 直接核分裂 (divisio nuclearis directa)
direct numerical control (DNC) 直接数字控制
direct observation 直接观察
direct operation 直接操作
direct outward dialog (DOD) 直接向外拨号〔信息〕
direct oxidation 直接氧化
direct photograph 直接正像〔遥感〕
direct physical contact 直接物理接触
direct pink 直接粉红〔显技〕
direct planting ①直播 ②直接种植
direct planting of grafted sapling 嫁接苗直接种植〔圃地〕
direct plasmon control 直接细胞质基因控制
direct positive 直接正片〔遥感〕
direct pressure (= directed pressure) 定向压力
direct printing 直接印刷法〔遥感〕
direct radiation 直接辐射
direct reacting bilirubin 直〔接反〕应胆红素
direct read-out 直接读出〔遥感〕
direct reading 直接读数
direct reading radiant energy meter 直读式辐射能测量仪
direct reconstitution 直接重建(指细胞)
direct reeling method 直缫法〔蚕〕
direct refrigerating 直接冷却
direct relationship 直接〔相互〕关系
direct relative 嫡系亲缘关系
direct repair 直接修复
direct repeat (DR) 同向重复〔序列〕〔分生〕
direct response 直接反应
direct-return system 直接回水系统〔环保〕
direct rose 直接玫瑰红〔显技〕
direct sale 直接销售
direct-seed rice 直播稻
direct seed selection from the field 田间直播选种法
direct-seeded variety 直播品种
direct seeding 直播
direct-seeding method 直播法
direct segmentation 直接断裂〔真菌〕
direct selection 直接选择
direct self-pollination 天然自花授粉
direct shear apparatus (土壤)纯剪切仪
direct shelling 直接脱粒法
direct solar radiation 太阳直接辐射
direct sowing (= direct seeding) 直播
direct sowing culture 直播栽培
direct sowing culture of paddy rice in flooded paddy field 水稻水直播栽培
direct sowing culture of paddy rice on well-drained paddy field 水稻旱直播栽培
direct sowing in flooded paddy field 稻田水直播
direct sowing of rice between the rows of winter cereals 冬作套种水稻
direct sowing on dry field 旱直播田
direct sowing seed-raising 直播采种栽培
direct spindle type 直接纺锤体型

direct stratification 原生层理{地质}
direct structural continuity 直接结构连续性
direct support covering 直接支持交配(指家畜)
direct tandem inversion 直接连续倒位,正向衔接倒位
direct threshing (= direct thrashing) 直接脱粒
direct transplantation 直接移植(栽)
direct uv-reactivation 直接紫外[线]重激活
direct vision nephoscopes 直视测云器
direct water uptake 直接水分吸收
direct yellow 直接黄{显技}
directed 直接的,定向的(directus)
directed activation 定向激活
directed application ①直接施用,定向施用 ②直接撒施,定向撒施
directed beam display device 受控光束显示装置
directed beam scan 受控光束扫描
directed change 定向变化
directed cloning 定向无性繁殖,定向克隆[化]{农生技}
directed cycle 定向循环
directed dominance 定向显性{遗传}
directed education 定向培育
directed fertilization 定向授精
directed heritable alteration 定向可遗传改变
directed hybridization 定向杂交
directed line 定向线
directed mutagenesis 定向诱变
directed mutation 定向突变
directed non-disjunction 定向不离开(不分离)
directed orientation 定向取向
directed perturbation 定向微扰
directed sequencing 定向测序,定向序列测定{分遗}
directed variability 定向变异性
directed variation 定向变异
directing ①引导,指导 ②操纵
directing crop production management 指导作物生产管理{智培}
directing-post 路标
directing seeding of rice 水稻直播[栽培]
directing sign 指[向]标
direction ①方向,方位 ②监督,管理 ③指导,引导(directio)
direction angle 方向角
direction control 方向控制
direction cosine (DF) 方向余弦
direction finder ①定向仪 ②探向器
direction finding 定向
direction for safe use of agricultural chemicals 农药安全使用指导[书]
direction for use 使用说明
direction gradient filter 定向梯度滤波器{遥感}
direction of diffusion 扩散方向
direction of dominance 显性定向
direction of force 力的方向
direction of industrial development 产业发展方向
direction of leaves 叶的方向
direction of motion 运动方向
direction of plot 小区方向
direction of regeneration 更新方向
direction of rotation 转动方向,运转方向,旋转方向
direction of travel 进行方向
direction selectivity 方向选择性
direction vector 方向向量
directional 方向的,定向的,指向(directionalis)
directional antenna 定向天线
directional cloning (= directed cloning) 定向无性繁殖,定向克隆[化]{农生技}
directional coupler 定向耦合器,定向分支器
directional cross 定向交配
directional dominance 定向显性
directional filter 定向滤波器{遥感}
directional filtering 定向滤波
directional movement 定向运动
directional overrecurrent relay protection 定向过电流继电保护{农施}
directional pull 牵引力的纵向水平分力
directional selection 定向选择
directional statistics 定向统计{遥感}
directional template 方向模板(块){遥感}
directive ①定向的,方向的 ②指示的 ③命令,指令(directivus)
directive breeding 定向培育
directive command 指示指令,指示命令{电脑}
directive force 方向力
directive variation 定向变异
directivity gain 方向性增益
directly attached plow 悬挂式犁
directly refrigerated tank 直接冷冻箱
director ①管理人,指导者,指挥员 ②定向器,导控法 ③指导站
directory ①目录,名录 ②索引 ③号码表,一览表 ④指南
directory device 目录设备

directory index 目录索引
directory lookup system (DLS) 目录检查系统
directory subsystem 目录子系统{遥感}
directory system protocol 目录系统协议{信息}
directoryless 无目录
directress 女管理人,女指导者,女指挥员
directrix 指向线,准线{测}
diremption 分离,分割(diremptio)
dirigible wheel 操向轮
dirt ①污秽物 ②疏松土 ③灰土,泥土 ④灰尘
dirt and trash disposal equipment 泥叶处理设备(指甘蔗)
dirt band 泥层,沙层{环保}
dirt bucket ①装土斗 ②挖土铲斗
dirt farmer (= smallholder) 小自耕农
dirt road 泥土路
dirt scoop ①挖土铲斗 ②铲运机
dirt set 土堆装夹法{狩猎}
dirt shroud 防尘罩
dirt-slide (= road-slide, skidway) 集材道,木马道
dirty ①污秽的,脏的,覆满污秽物的{微生物} ②(天气)有暴风雨{气象}
dirty cane 脏蔗(指夹杂物多甘蔗)
dirty data 无效数据,脏数据
dirty gas 含尘气体{环保}
dirty read 错读,乱读{信息}
dirty water 脏水
dis- ⌞字头⌝分离,分开,脱
disability 无工作能力(disabilitas)
disabled 无工作能力的(disabilis)
disablement 无工作能力,丧失劳动能力
disaccharidase 二糖酶,双糖酶
disaccharide 二糖,双糖
disadvantage ①不利,缺点 ②损失,伤害,损害
disadvantageous ①不利的 ②损失的
disadvantageous action 不利作用
disaffect ①隔离 ②疏远(disaffectare)
disafforestation 伐尽森林,伐林造田
disaggregation 解聚作用(disaggregatio)
disallowed external interruption 不允许外部中断{信息}
disappearance 消失,不见(disappearantia)
disappearing finger 伸缩指杆,伸缩扒杆
disappearing stream 暗河,地下河{水利}
disarrangement 扰乱,紊乱
disarray 紊乱,混乱
disarticulated 脱节的(disarticulatus)
disassembly 分解,拆开,拆卸,解装配(disassemblius)
disassimilation 异化作用,分解作用(disassimilatio)
disassociation 离解[作用](disassociatio)
disassortative mating 非选型交配
disassortment ①不分配,非选配 ②不分组(disassortmentum)
disaster ①灾害,灾祸,天灾 ②灾难
disaster prevention forest 防灾林
disaster reduction 减灾
disastrous 灾难的(disastrus)
disastrous result 灾难性结果
disband ①解开(指束缚) ②解散 ③解放,释放
disbark 剥树皮
disbarking machine 剥皮机
disbranch 除枝,剪枝
disbud ①除芽,疏芽,摘芽 ②摘蕾
disbudding ①除芽,疏芽,摘芽 ②摘蕾
disbursement 支付,支出{农经}
disbuttoning ①除蒂 ②除蕾
disc (= disk) ① 盘,花盘,吸盘,鳞茎盘 ②圆盘,圆板,托盘(discus)
disc bed shaper 圆盘作畦打埂器
disc bedder 圆盘式作垄器
disc brake 盘式制动器
disc coulter 圆犁刀,圆盘开沟器
disc cover 圆盘种子覆土器
disc cultivation 圆盘中耕机中耕
disc cutter 圆盘刀
disc digger 圆盘挖掘机
disc doffer 圆盘式脱棉机
disc drill 圆盘播种机
disc electrophoresis [圆]盘电泳
disc flower (= disc floret) [盘]心花,管状花(flos tubulosus)
disc fungi 盘菌[亚纲][Discomycetes]
disc gang 圆盘[耙]组
disc gel electrophoresis 圆盘凝胶电泳
disc grader 圆盘分级机,圆盘精选机
disc harrow 圆盘耙
disc harrowing 圆盘耙耙地
disc hillers ①圆盘培土器 ②圆盘作垄器
disc implement 圆盘农机具
disc jointer 圆盘式小前犁
disc lister 圆盘开沟器
disc machine 窝眼圆盘选粮机
disc membrane 圆盘膜
disc mill 盘式磨粉机
disc mixer 盘式搅拌器
disc mower 盘式刈草机
disc paring plow 圆盘灭茬犁

disc plow (=disc plough) 圆盘犁
disc plowing 圆盘机具耕作
disc ratooner 圆盘式宿根[处理]机
disc ridger ①圆盘起垄机 ②圆盘培土器
disc ripper 圆盘松土机,圆盘松土器
disc roller 圆盘镇压器
disc saw 圆盘锯
disc scarifier 圆盘松土中耕机
disc screen 盘节{环保}
disc seeder 圆盘播种机
disc stubble cleaner ①圆盘式灭茬犁 ②圆盘浅耕机
disc terracer 圆盘式修梯田机
disc tillage ①圆盘犁耕地 ②圆盘耙耙地
disc tiller ①圆盘灭茬犁,圆盘浅耕犁 ②圆盘耙,圆盘式耕作机 ③垂直圆盘犁
disc topsoil plow 圆盘浅耕犁,圆盘灭茬犁
disc-type marker 圆盘划行器
disc wheel 辐板式车轮,圆盘轮
discal area ①中域,盘域{昆虫} ②圆盘形空地(地区){耕作} (area disca)
discal cell 中室{昆虫}
discard ①剔除,淘汰 ②丢弃,废弃
discard policy 废弃策略
discarded packet 废弃[信息]包
discarding in plants 植株淘汰
discarding in strains 品系淘汰
discarding in varieties 品种淘汰
discern 辨别,识别
discernible 可识别的,可辨明的 (discernibilis)
discernible reunion 可识别的复合
discernible substructure 可识别的亚结构,可识别的显微结构
discernment (=keenness in judging) 识别力
discfusor 盘式扩散器
discharge ①流量,泄量{水利} ②放电{电} ③卸料,卸载{农机} ④解雇{农经} ⑤排出物{农施}
discharge area of groundwater 地下水排泄区{环保}
discharge arrester 放电器
discharge bay 出水地
discharge capacity 泄水能力,流量
discharge channel 排水渠[道]
discharge cock 放水龙头{环保}
discharge coefficient 径流系数,流量系数
discharge conveyor ①卸载输送器{农机} ②排出物传送带{农施}
discharge curve 流量曲线
discharge diagram 流量图
discharge factor 流量因(系)数
discharge fan 排气风扇
discharge furrow 排水沟
discharge of ground water 地下水流量
discharge of pump 水泵排水量
discharge of sewage 污水排出量{环保}
discharge of water 流量,排水量
discharge opening 排水口,放水口
discharge orifice 放水孔口{环保}
discharge outlet 排水出路,排泄口
discharge papilla 卸孢乳头{微生物}
discharge pipe 放水管
discharge pump 排水泵
discharge rate ①放电率 ②排出量,排出率 ③流量率,放水率
discharge rating curve 流量曲线
discharge regulation 流量调节
discharge tube 喷粉管
discharge valve (=discharging valve) 排水阀,放水阀
discharged water 排出水
discharger ①放电器 ②卸料器
discharging tube 出水管,泄水管
Dische reaction 狄斯茨氏反应{分类}
dischidia ①瓜子金属[*Dischidia* R. Br.](萝藦科) ②瓜子金[*Dischidia chinensis* Champ.]
disciferous (=disciger) 具盘的 (discifer)
disciform 盘状的 (disciformis)
discing 圆盘耙耙地{耕作}
discipline ①训练 ②学科,科目 ③戒律 (disciplina)
disclimax 偏途演替顶极,偏途顶极
discocarp 盘状子囊果 (discocarpium)
discoid 盘状的 (discoideus)
discoid capitulum 盘状头状花序 (capitulum discoideum)
discoid flower (=disc flower) [盘]心花,管状花,筒状花 (flos discoideus)
discoid stem 盘状茎 (caulis discoideus)
discoidal 盘状的 (discoidalis)
discoidal cleavage 盘状卵裂
discoidal cross vein 前横脉{昆虫}
discolor (=discolour) 变色,褪色
discolorous leaf 上下[两面]异色叶 (folium discolorum)
discolouration (=discoloration) ①变色 ②褪色 ③染污,污点 (discoloratio)
discolouration effect 变色反应
discoloured (=discolored) ①变色的 ②退色的 (discoloratus)
discoloured actinidia 异色猕猴桃[*Actinidia callosa* var. *discolor* C. F. Liang]

（猕猴桃科）
discoloured rice 污染米［粒］（指米粒受污染变色）
discolouring agent 脱色剂
discomfort index 不舒适指数｛农施｝
discomycetes（= disc fungi） 盘菌［亚纲］［Discomycetes］
disconcordance 相异（disconcordantia）｛遗传｝
disconcordant 相异的（disconcordans）
disconcordant twin 相异双生
disconformity 假整合（disconformitas）
disconnect ①分离，不连接 ②脱接（disconnectere）
disconnect mode（DM） 断开方式
disconnect time-out 超时断开
disconnected ①分离的，不连接的 ②断开的（disjunctus）
disconnected phase 断开阶段
disconnecting ①折线 ②切断 ③断开
disconnecting device 切断装置
disconnecting link 断开链路
disconnection ①绝缘，断线 ②分离，分裂（disconnectio）
disconnector 断路器，拆线器
discontent 不满，不平
discontinuity 不连续性（discontinuitas）
discontinuous 不连续的，间断的（discontinuus）
discontinuous character 不连续性状
discontinuous density gradient 不连续密度梯度
discontinuous distribution 不连续分布
discontinuous DNA synthesis DNA 不连续合成｛分遗｝
discontinuous dynamic system 不连续动态系统
discontinuous electrophoresis 不连续电泳
discontinuous epitope 非连续表位｛分遗｝
discontinuous game 不连续对策｛农管｝
discontinuous genotype 不连续基因型
discontinuous gradient 不连续梯度
discontinuous growth ring 不连续生长轮（annulus annotinus discontinuus）
discontinuous phase 间断相（phasis discontinuus）
discontinuous phenotypic variation 不连续表型变异
discontinuous phyllotaxy 断叶序（phyllotaxia discontinua）
discontinuous replication 不连续复制
discontinuous ring 不连续年轮
discontinuous segregation 不连续分离
discontinuous sterilization 间歇灭菌法
discontinuous synthesis 不连续合成
discontinuous variable 不连续变数
discontinuous variant ①不连续变异体｛遗传｝②不连续变量｛统计｝
discontinuous variation 不连续变异
discontinuous zone electrophoresis 不连续区带电泳
discopodium ①盘状花托 ②单轴子囊盘
discordance 不一致性（discordantia）
discordance analysis 不一致性分析
discordant 不一致的（discordans）
discordant centromere orientation 不一致着丝点定向
discordant clone 相异无性［繁殖］系
discordant orientation 不一致定向
discordant polymitosis 不一致多次有丝分裂
discothecium 囊壳状子囊座
discount ①折扣，折算 ②贴现 ③减价｛农管｝
discount factor 折算因子
discount rate ①折扣率 ②贴现率
discounted cash flow analysis（DCFA） 现金流量折现分析法｛农经｝
discounted cost 折扣价值
discounted least squares method 折扣最小二乘法
discounted price 折扣价格
discounting ①贴现 ②折扣
discourse ①会谈 ②论说，谈论（discoursus）
discourse model 会谈模型｛信息｝
discous 盘状的（discus）
Discoverer “发现者”卫星｛遥感｝
discovery ①发现，发觉 ②发现物 ③显示（discorius）
discovery rate 发现率
discovery time 发现时间
discrepance （变量分析中的）残余项（discrepantia）｛统计｝
discrepancy 不同，差异，不符合（discrepancius）
discrepant ①不符合的 ②不同的（discrepans）
discrepant genome 不同基因组
discrete ①分离的，分立的，不连续的 ②无联系的，离散的（discretus）
discrete automaton 离散自动机
discrete channel 离散［信息］通道，离散信道
discrete circuit 分立电路
discrete class 不连续组，不连续级
discrete consumption stream 离散消费量流
discrete convolution 离散卷积｛遥感｝

discrete data 离散数据
discrete distribution 离散分布
discrete dynamic system 离散动态系统
discrete Fourier transform (DFT) 离散傅立叶交换{电脑}
discrete generation model 不连续世代模型
discrete information source 离散信息源
discrete logarithm 离散对数
discrete nucleolus 离散核仁
discrete nucleus 离散核
discrete optimization 离散最优化
discrete parameter 离散参数
discrete particle 分立粒子,离散颗粒,单粒{环保}
discrete population 不连续群体
discrete random variable 离散随机变数{统计}
discrete regulator 离散调整器
discrete setting 分离沉降,单粒沉降{环保}
discrete state 离散状态
discrete time control 离散时间控制
discrete topology 离散拓扑,离散结构
discrete type 离散类型
discrete unit 分立单位,分离单位
discrete value 离散值
discrete variable 不连续变数{统计}
discrete variate ①不连续变异体{遗传} ②不连续变量{统计}
discrete variation 不连续变异
discreteness 不连续,间断(discretivitas)
discretization 离散化(decretisatio)
discretization error 离散化误差
discriminability 鉴别力,分辨力(discriminabilitas)
discriminant 判别式(discriminans){统计}
discriminant analysis 判别式分析
discriminant coefficient 判别系数
discriminant function 判别式函数
discriminant value 判别值
discriminate ①判别的 ②区别对待的(discriminatus)
discriminated union 鉴别联合
discriminating dosage 判别剂量
discrimination ①鉴别,甄别,判别 ②区别对待(discriminatio)
discrimination network 判别网络
discrimination rule 辨识规则,鉴别规则
discriminative ①鉴别的,甄别的,判别的 ②区别对待的(discriminativus)
discriminator ①判别器,甄别器 ②监频器
discriminatory ①鉴别的,判别的 ②区别对待的(discriminatorius)
discriminatory analysis 判别分析{统计}
discriminatory effect 鉴别效应,甄别效应{遗传}
discus 盘,花盘
discussion ①讨论,辩论 ②论述(discussio)
disdrometer 雨滴谱仪
disease ①病,疾病 ②病害(diseasis)
disease and insect damage 病虫害
disease and insect pest control period 病虫害防除期
disease association 病害相关
disease-carrying agent 传病媒介体
disease-carrying insect 传病媒介虫
disease caused by some injurious material in soil 土壤污染病,厌地病
disease caused by wound 伤痍病
disease-causing organism 病原微生物
disease-causing organisms transmitted by fertilizer 肥料[病原]微生物传染(因为微生物混在肥料中)
disease character 病害性状
disease control 病害防治
disease development 发病
disease elimination 病害消除
disease enduring 耐病的
disease escaping 避病的
disease focus 发病中心,病灶
disease-free 无病的,健康的
disease-free material 无病的材料
disease-free mother stock 无病母本原种
disease-free plant 无病植物体,无病植株
disease-free poultry stock 无病禽畜
disease-free stock ①无病原种 ②无病砧木
disease garden (= disease nursery) 病害鉴定圃
disease incidence 发病率
disease index 病情指数
disease-indexed plant 有病指示植株
disease injury 病害
disease, insect and grass injury model 病虫草害模型{智培}
disease model 病害模型{智培}
disease of crops 作物病害
disease of domestic animals 家畜疫病
disease of plants 植物病害
disease patch 中心病区
disease percentage 发病率
disease-producing (= pathogenic) 病原的,致病的
disease-producing germ (= pathogenic fungus) 病原菌
disease protection 防病措施,预防[疾病]措

施
disease-related gene 病害相关基因
disease resistance 抗病性,抗病力
disease-resistant 抗病的
disease-resistant plant ①抗病植株 ②抗病植物
disease-resistant variety 抗病品种
disease severity 罹病度,感病度,发病率
disease-steady variety 抗病品种
disease susceptibility 感病性
disease-susceptible 感病的,易感的
disease-susceptible plant ①感病植株 ②感病植物
disease-susceptible variety 感病品种
disease symptom 病征
disease test ①病理检验 ②病害试验 ③病害测验
disease tolerance 耐病性
disease transmitted by seed 种子传染
disease-treated seed 消毒种子
diseased ①染病的,患病的,有病的 ②不健康的
diseased animal 病畜
diseased crop 有病作物
diseased plant 病株
diseased tissue 有病组织
diseased tuber 病薯
disengage ①分离 ②解脱,放开
disengage clutch 脱开式离合器
disengagement cutting 抚育伐,除伐
disengaging latch 分离掣爪
disengaging lever 分离操纵杆
disentanglement 解脱,脱离(disentanglementum)
disepalous 具两萼片的(disepalus)
disequilibrium 不平衡,失去平衡,不稳定(disaepuilibrium)
disforest 伐除森林
disfunction 机能常变(disfunctio)
disguised solonchak 隐藏盐土
dish ①皿,盘,碟 ②洼地(discus)
dish aerator 浅盘式曝气器{环保}
dish antenna 碟形天线{信息}
dish cloth 抹布,擦布
dish-cloth gourd ①丝瓜属[*Luffa* L.](葫芦科) ②丝瓜[*Luffa cylindrica* Roem.]
dish garden 盆景{园林}
dish-shaped ①碟状的(patelliformis) ②盘状的(disciformis)
dish-shaped particle 碟形土粒,碟形颗粒
dish washer 洗碟机
disharmonic habitate 不调和生境{生态}
disharmony 不调和(disharmonia)
disimmunity 脱免疫(disimmunitas)
disinfect 消毒,杀菌,灭菌
disinfectant ①消毒剂,灭菌剂 ②药物
disinfectant of stored fruit (=stored fruit protectant) 贮藏果实消毒剂,贮藏果实防腐剂
disinfecting efficiency 消毒效果
disinfection 消毒[作用](disinfectio)
disinfection by disinfectant 药物消毒,消毒剂消毒
disinfection charge 消毒费
disinfection of egg surface (蚕种)卵面消毒
disinfection of livestock house 畜舍消毒
disinfection of rice seed 稻种消毒
disinfection of rooms and tools for silkworm rearing 蚕室、蚕具消毒
disinfector ①消毒器 ②消毒剂
disinfestant 驱虫剂,除虫剂
disinfestation 消灭侵害,驱虫,除虫(disinfestatio)
disinheritance 剥夺继承权(disinheritantia){农经}
disinhibition 抑制解除,去抑制(disinhibitio)
disinsection 杀虫,灭虫(disinsectio)
disinsectization 杀虫[法],灭虫[法](disinsectisatio)
disintegrate ①分裂,分解 ②蜕变,裂变(disintegrare)
disintegrate aggregate 分解团聚结构{土壤}
disintegration ①解体[现象] ②崩解 ③蜕变 ④分散 ⑤分解,分裂 ⑥去整合,解整合(disintegratio)
disintegration by chemicals 药剂分解法
disintegration by enzymes 酶分解法
disintegration constant (=decay constant)(d) 衰变常数
disintegration product 崩解产物,蜕变产物
disintegrator ①粉碎机 ②粉碎器
disintegrator pump [筛渣]粉碎泵{环保}
disinter ①自土中挖出 ②发掘
disintoxicating 解毒
disintoxication 解毒[作用](disintoxicatio)
disjoining ①分离,分裂 ②分支,分叉
disjoint ①不相交,分离 ②不相接(disjungere)
disjoint circuit 不相接回路{信息}
disjoint network 分离网

disjoint sum 不相交和
disjointed 不连接的,分离的(disjunctus)
disjunct ①间断的,不连接的 ②(昆虫头、胸、腹)由缢缩分开的(disjunctus)
disjunct area 间断分布区
disjunct symbiotrophism 间断共生营养
disjunction ①离开{遗传} ②间断分布{生态} ③析取{生化} ④分离{物} ⑤"或"{电脑}(disjunctio)
disjunction distribution 离开分布,相邻分布
disjunction gate "或"门{电脑}
disjunction plane 分离面
disjunction search 按"或"查找{电脑}
disjunctional division 拆对分裂
disjunctive ①间断的,分离的 ②转折的 ③析取的 ④孪生的(disjunctivus)
disjunctive parenchyma cell 孪生薄壁细胞(cellula parenchyma disjunctiva){解剖}
disjunctive path 分离路线{信息}
disjunctive symbiosis 间断共生(symbiosis disjunctivus){真菌}
disjunctive tracheid 孪生管胞(tracheida disjunctiva)
disjunctor 孢间连丝,孢间连体{真菌}
disk(= disc) ①盘,花盘,吸盘{形态} ②圆盘,托盘{农机} ③(染色体的)横纹{遗传} ④磁盘{电脑}
disk adapter 磁盘适配器
disk allocation table(DAT) 磁盘分配表{信息}
disk and bucket trencher 轮斗式开沟机
disk angle (圆盘)偏角
disk approach angle 圆盘碎土角,耙片碎土角
disk-based operating system(DOS) 磁盘操作系统
disk bedder 圆盘式作垄器
disk blade ①圆盘刀 ②圆盘耙片
disk boot 圆盘开沟器
disk brush 磁盘刷
disk buffer ①磁盘缓冲器 ②磁盘缓存
disk centrifuge 圆盘[式]离心机
disk channel 磁盘通道{信息}
disk cleaner 窝眼盘清选机
disk clutch 盘式离合器
disk controller 磁盘控制器
disk copy 磁盘复制,磁盘拷贝
disk coulter(= disc coulter) 圆犁刀
disk coverer 覆土圆盘
disk device 磁盘设备
disk directory 磁盘目录
disk dish 圆盘凹度,耙片凹度
disk driver 磁盘驱动器
disk duplexing 磁盘复制
disk failure 磁盘失常
disk filter 盘式真空滤机(指污泥用){环保}
disk flower(= disk floret, disc flower) [盘]心花,管状花
disk gang 圆盘耙组{农机}
disk harrow(= disc harrow) 圆盘耙
disk harrowing 圆盘耙耙地{耕作}
disk information block 磁盘信息块
disk interface 磁盘接口
disk killer virus 磁盘杀手病毒
disk memory 磁盘存储器
disk meter 盘式流量计
disk module 磁盘模块
disk office support system(DIOSS) 磁盘办公室支持系统{电脑}
disk operating system(DOS) 磁盘操作系统
disk plow(= disc plow) 圆盘犁
disk recording format 磁盘记录格式
disk rice huller 盘式砻谷机
disk ripper 圆盘松土机
disk scraper 圆板刮泥板
disk screen(= disc screen) 盘形节{环保}
disk-seeder 圆盘播种机
disk stubble plough 圆盘翻茬机
disk tiller(= disc tiller) ①圆盘灭茬犁,圆盘浅耕犁 ②圆盘耙,圆盘式耕作机 ③垂直圆盘犁
disk type nozzle 圆片式喷嘴
disk type rotor 圆盘型转头{生技}
disk weeder 圆盘除草器
disker ①圆盘耙 ②圆盘灭茬犁
diskette 软盘磁盘{信息}
diskette centering 软盘同心度
diskette data 软盘数据
diskette unit 软盘装置
disking(= discing) 圆盘[耙]耕地,圆盘[耙]耙地
disking depth 圆盘耕地深度
disking width 圆盘耕地幅度
disklike 圆盘状的(discoideus)
diskware 磁盘软件
disleaf 除叶,去叶,摘叶
dislike 厌恶,憎恶(= averston)
dislike value 厌恶值{环保}
dislocate ①离位{遗传} ②脱位,脱臼{医}(dislocatus)
dislocated segment 离位[染色体]节段
dislocation ①离位{遗传} ②变位{土壤} ③转置,乱序{农机} ④脱位,脱臼{医} ⑤转位{数} ⑥位错{生化} ⑦断层{地质}(dislocatio)

dislocation hypothesis 离位假说
dislodgement 转移,移去,移走
dismantle ①拆开,拆下 ②拆散,拆卸(dismantellum)
dismantling 拆卸
dismiss ①丢弃,剔除,去掉 ②解雇,撤职,开除(dimittere)
dismissal 解雇(dismissalis)
dismountable auger conveyer 可卸式螺旋输送器
dismutase 歧化酶
dismutation 歧化作用(dismutatio)
disodium hexafluorosilicate 氟硅酸钠
disodium hexahydroendoxyphthalate 草藻灭钠盐,内氧酞酸钠(生长调节剂)
disodium methylarsonate 甲胂酸二钠
disomaty 四倍型(双倍体细胞形成)(disomatas)
disome 二[染色]体(disoma)
disomic ①二体的 ②$(n+1)$(disomicus){细胞}
disomic addition 二体加[系]
disomic addition line 二体加系
disomic chromosome 二体染色体
disomic gamete 二体配子
disomic gene 二体基因
disomic haploid $(n+1)$ 二体单倍体
disomic inheritance 二体遗传
disomic plant 二体植物
disomy 二体性(disomia)
disoperation 侵害[作用](disoperatio)
disoperculate 无盖的(disoperculatus)
disorder ①失调,无序 ②紊乱,错乱,混乱(disordinem)
disordered state 无序状态
disordered structure 无序结构
disorderly closedown 非正常停机,故障停机{信息}
disorganization ①解除组织,分离,分裂,瓦解 ②混乱,紊乱(disorganisatio)
disorientation 失定向,乱取向(disorientatio)
disparate ①相异的,不同的 ②不等的 ③不可比较的(disparatus)
disparate chiasmata 三线交叉,奇线两交叉
disparity ①不同 ②不等(disparitas)
disparity between wages paid in agriculture and industry 工农业之间的工资差别{农经}
disparlure 环氧十九烷(昆虫引诱剂)[$C_{19}H_{38}O$]
dispase 分散酶
dispatch ①发货,发运,发送 ②派遣,调遣,调度 ③急件,速办
dispatch delay 调度延迟
dispatch network 调度网络
dispatch strategy 调度策略{信息}
dispatcher ①调度程序 ②调度器 ③调度员
dispel ①驱散 ②消除
dispensary 药房
dispensation 配药(dispensatio)
dispensatory ①药方集,药谱 ②药房(dispensatoris)
dispense (= dispence) ①配药 ②调配 ③发药
dispenser ①排种器 ②撒播器 ③分配器 ④分液器
dispergation 解胶,胶液化(dispergatio)
dispermic 双精的(dispermus)
dispermic fertilization 双精受精
dispermous ①具双种子的 ②具二精子的(dispermus)
dispermy 二精入卵,双精受精(dispermia)
dispersal ①散布 ②消散(dispersus)
dispersal agent 散布因素
dispersal area 散布面积,漫布面积{环保}
dispersal curve 消散曲线
dispersal potential 散布潜力
dispersal surface 消散曲面{电脑}
dispersant 分散剂
disperse 分散,散乱(dispergere)
disperse phase (= dispersed phase) 分散内相
disperse system 分散系[统](systema dispersa)
dispersed ①分散的 ②弥散的 ③广布的,散布的(dispersus)
dispersed aeration 弥散式曝气{环保}
dispersed aeration process 弥散曝气法
dispersed-air flotation 弥散空气浮选{环保}
dispersed cell 分散细胞{解剖}
dispersed growth aerator 弥散生长曝气池{环保}
dispersed intelligence 分散智能{智培}
dispersed irrigation 分散性灌溉
dispersed leaf organization 弥散叶组织
dispersed medium 弥散剂
dispersed seeds 散布种子
dispersed soil 分散的土壤
dispersed species 广布种(species dispersae)
dispersed system 分散体系,分散系统
disperser ①粉碎器,松碎器 ②喷粉器 ③扩散器 ④分散剂 ⑤弥散器 ⑥色散器
dispersibility 分散性(dispersibilitas)

dispersible powder 松散粉末
dispersing agent 分散剂
dispersing type 分散型(叶)
dispersing-type arrangement 分散型排列
dispersion ①分散[作用]{生理} ②离中性,分散度{统计} ③离散性{遗传} ④[光的]色散{物} ⑤散布{生态} ⑥"与非"{电脑} (dispersio)
dispersion agent 分散剂
dispersion coefficient 离中性系数
dispersion degree 分散度
dispersion factor 色散因素{遥感}
dispersion force 分散力
dispersion gate "与非"门{电脑}
dispersion halo 分散晕{遥感}
dispersion measures 分散度量{统计}
dispersion medium 分散介体,分散媒,分散介质
dispersion of genes 基因离散性
dispersion of light 光的色散
dispersion phase (= dispersing phase) 分散外相
dispersion phenomenon 色散现象
dispersion rate 分散率
dispersion ratio 分散比
dispersion spectrum 色散谱
dispersion system 分散物系,分散体系{环保}
dispersion train 分散流{遥感}
dispersion treatment 分散处理
dispersity 分散度 (dispersitas)
dispersive process 分散过程,离散过程
dispersive replication 分散复制
dispersivity 分散性,分散度 (dispersivitas)
dispersoid 分散胶体,分散胶状体 (dispersoideus)
dispireme 双纽{细胞}
displace ①置换,代换 ②排出,排水 ③移置,转移 ④替位{分遗}
displaced loop (= displacement loop) 替位环{分遗}
displaced soil solution 代换的土壤溶液,置换出的土壤溶液
displaced synapsis 替位配对,错[位]配对{细胞}
displacement ①代换,置换,移位{土壤} ②位移{气象} ③替位{分遗} ④排气量,排水量{农机} ⑤顶替{生技}
displacement analysis 替位分析
displacement angle 位移角
displacement chromatography 顶替层析
displacement defered mode 位移递延方式{信息}
displacement ejector 位移射流计{环保}
displacement electrophoresis 顶替电泳
displacement error 位移误差
displacement feeder 位移投配机{环保}
displacement law 置换定律
displacement loop (D-loop) 替位环{分遗}
displacement mode 位移方式
displacement of air 空气代换
displacement of cation 阳离子代(置)换[作用]
displacement of electrolyte 电解质代换
displacement power of ion 离子代(置)换能力
displacement pump 位移泵{环保}
displacement reaction 置换反应
displacement relief 地势位移
displacer ①排出器,排挤器 ②平衡浮子
displant ①间株,拔株(拔去病株) ②改植,改种
display ①展览,陈列 ②显露,显示,表现 ③显示器
display I/O system 显示输入/输出系统
display / printer adapter (DPA) 显示器/打印机适配器
display adapter unit 显示适配部件{电脑}
display alarm 显示报警{电脑}
display background 显示背景
display board 显示板
display buffer ①显示缓冲器 ②显示缓冲区{电脑}
display calculator 显示计算器
display card ①显示卡 ②显示插件板{电脑}
display center 显示中心
display controller (= display control unit) 显示控制器
display cursor 显示光标
display data analysis 显示数据分析
display device 显示器件
display function 显示功能
display image 显示图像
display indicator 显示指示器
display lock 显示锁定
display menu 显示菜单{电脑}
display monitor 显示监视器
display processing command 显示处理命令{遥感}
display processing unit (DPU) 显示处理器
display system protocol (DSP) 显示系统协议{信息}
display typewriter 显示打字机
display unit 显示器
display window 显示窗口

dispore 二孢子(dispora)
disporous 二孢子的(disporus)
disposable ①一次性[使用]的,可自由使用的 ②易处理的,可任意处理的,可自由支配的(disposabilis)
disposable glove 一次性手套(指实验室用的){分技}
disposable income 可自由支配[的]纯收入
disposable microcentrifuge tube 一次性微量离心管
disposable personal income 个人可支配的收入
disposable tip 一次性吸头(指打针的针头)
disposal ①处理,处置 ②交付,出售 ③除去,排除,洗去
disposal by dilution 稀释处理(指废水){环保}
disposal of animal wastes 家畜废弃物处理
disposal of refuse in land fills 垃圾填地处理{环保}
disposal of surface water 表面水排除{耕作}
disposal of wood 木材处理
dispose ①处理,处置,配置,配备,布置 ②安排,排列 ③部署,分配 ④清除,除去 ⑤对付,解决(disposere)
dispose of used plastics 用过塑料薄膜的处理,废塑料薄膜处理{环保}
disposition ①排列{形态} ②素质{遗传} ③诱因{病理} ④布置,配置{园林} ⑤处理,整理{栽培} ⑥布局{信息}(dispositio)
disposition in aestivation 花被卷叠式排列
disposition of electronic equipment 电子设备配置{遥感}
disposition of leaves (=leaf arrangement)叶序(phyllotaxis)
disproportion ①不均衡,不成比例 ②不相称(disproportio){统计}
disproportionality 不均衡性(disproportionalitas)
disproportionate class numbers 不成比例组数
disproportionate contribution 歧化分布
disproportionate subclass numbers 不成比例次级组数
disproportionation 歧化作用(disproportionatio)
disprossession ①取消佃权 ②剥夺[产权]{农经}
disproving 反证
disputation 辩论,争论,议论(disputatio)
dispute ①争论,讨论,争辩 ②争端,纠纷 ③争夺,竞争(disputare)
dispute of transgenic products trade 转基因农产品贸易纠纷{农生技}
disqualification 不合[规]格(disqualificatio)
disquisition ①论文,专论 ②学术讲演,专题讲演(disquisitio)
disrepair 失修,需要修理(disreparare)
disroot 除根
disrotatory 对旋(disrotatorius)
disruption ①分裂,裂开,破裂 ②瓦解(disruptio)
disruption gene 破裂基因
disruptive ①分裂的,破裂的,裂开的,破坏的 ②瓦解的(disruptivus)
disruptive seasonal selection 分期选择
disruptive selection 分裂性选择,离心选择
dissect ①解剖 ②分析(dissecare)
dissected ①解剖的{解剖} ②多裂的{形态} ③分割的{土壤}(dissectus)
dissected plain 分割平原
dissecting ①解剖的 ②分割的(disectens)
dissecting apparatus 解剖器
dissecting microscope 解剖镜,解剖显微镜
dissecting needle 解剖针
dissecting pan 解剖皿
dissecting scissors 解剖剪
dissection ①解剖{解剖} ②分割{土壤} ③剖析{电脑} ④切割{遥感}(dissectio)
dissection [bucking] 造材{森林}
dissection of virus 病毒剖析
dissector ①解剖器 ②析像器
dissemination ①撒布,分散 ②传播,散布(disseminatio)
dissemination by water 水媒传播
dissemination of spores 孢子传播
disseminator ①撒播器 ②传播者
disseminule 传播体,散布体(disseminulus){生态}
dissepiment ①隔膜,隔壁{解剖} ②肢膜{昆虫}(dissepimentum)
dissertation ①长篇论文 ②长篇演讲(dissertatio)
dissilient (果实)裂成数份的(dissiliens)
dissimilar 不相似的(dissimilaris)
dissimilar gene 不相似基因
dissimilar phenotype 不相似表型
dissimilating part 异化部分
dissimilation ①异化作用 ②分解作用 ③分解代谢(dissimilatio){生理}
dissimilatory ①分解的 ②异化的(dissmilatorius)
dissimilatory metabolism (=dissimilation)分解代谢

dissimilatory process 异化过程
dissiminated ore 浸染矿{地质}
dissipation 分散,消散,散逸(dissipatio)
dissipation of energy 能的消散,能量散逸
dissipation of heat 热散逸
dissociated ①解离的,分裂的 ②分离的,游离的(dissociatus)
dissociated cell 解离细胞
dissociated inheritance 割据遗传性
dissociating tension (of cocoon filament) (蚕茧丝)解舒张力
dissociation ①离异,分化变异{遗传} ②解离{分遗} ③电离,离解{物} ④游离{生化}(dissociatio)
dissociation-activator system (Ds-Ac system) 解离-活化因子系统,解离-激体系统
dissociation constant (DC) 解离常数
dissociation cycle 解离周期
dissociation degree 离解度
dissociation factor (DF) 解离因子
dissociation product 解离产物
dissociator (DS) 离异因子
dissociator factor 离异因子
dissogeny (= dissogony) [一生]两次性成熟(dissogenia)
dissolubility 可溶性,溶解性,溶解力(dissolubilitas)
dissoluble ①可溶解的,可溶性的 ②可分解的,可分离的(dissolubilis)
dissolution ①溶解[作用] ②解散,消散(dissolutio)
dissolution-basin 溶蚀盆地,溶解盆地
dissolvability 溶解度,可溶性(dissolvabilitas)
dissolvant (= solvent) 溶剂
dissolve 溶解(dissolvare)
dissolved 溶解的,溶性的(dissolvus)
dissolved air 溶解空气
dissolved-air flotation 溶解空气浮选[法]{环保}
dissolved bone 溶性骨粉(肥料)
dissolved carbon dioxide 溶解二氧化碳
dissolved carbonate 溶性碳酸盐
dissolved chemical fertilizer 溶性化肥
dissolved colour 溶解色{环保}
dissolved form 溶性方式,溶性形态
dissolved gas 溶解气体
dissolved guano 溶性海鸟粪
dissolved impurity 溶解杂质
dissolved inorganic carbon (DIC) 溶性无机碳
dissolved matter 溶性物[质],溶解物质
dissolved oxygen (DO) 溶解氧
dissolved oxygen and chlorine ion 溶解氧和氯离子{环保}
dissolved oxygen and water temperature 溶解氧和水温{环保}
dissolved oxygen calibrator 溶解氧标定器
dissolved oxygen concentration 溶解氧浓度
dissolved oxygen controller 溶解氧控制器
dissolved oxygen electrode 溶解氧电极(指计量溶解氧的电极)
dissolved oxygen meter 溶[解]氧计
dissolved oxygen probe 溶[解]氧探头
dissolved oxygen requirement 溶解氧需要量
dissolved oxygen sag curve 溶解氧下垂曲线
dissolved particle 溶性粒子{生态生理}
dissolved solids 溶[解]性物质,溶[解]性固体
dissolved substance 溶性物质
dissolved sulfide 溶解硫化物{环保}
dissolvent ①溶解力的 ②溶剂(dissolvens)
dissolving ①消散的 ②溶解的(dissolvens)
dissolving box 溶解槽{环保}
dissolving pulp mill waste water 溶解[纸]浆厂废水{环保}
dissolving tank 溶解池{环保}
dissospermous 二倍种子的(dissospermus)
dissymmetrical 不对称的(dissymmetricus)
dissymmetry ①不对称性 ②不对称现象(dissymmetria)
distachyous 二穗的(distachyus)
distaff thistle ①苍术属[*Atractylis* L.](菊科) ②苍术[*Atractylis chinensis* DC.]
distal ①远的 ②远基的,远轴的 ③远侧的(distalis)
distal branch 远枝(ramusdistalis)
distal cell 远基细胞(cellula distalis)
distal centriole 远测中心粒(centriola distalis)
distal chiasma 远侧交叉(chiasma distalis)
distal chiasma localization 远侧交叉局部化
distal chromosome segment 远侧染色体节段
distal edge 远边(margina distalis)
distal end 远端(finis distalis)
distal face 远极面(facies distalis)
distal interlocking 远侧互锁

distal leaf area 远轴叶面积
distal margin 远边（margina distalis）
distal phalanx 末端指骨
distal pole 远极（pola distalis）
distal position 远侧位置
distal region ①远侧区{生技}②末端段{细胞}（regiodistalis）
distal segment 远侧节段
distal sequence 远侧序列（sequentia distalis）{分遗}
distal sequence element（DSE） 远侧序列元件
distal side 远极面
distamycin 远侧霉素，偏端霉素
distance ①距离 ②"异或"{电脑}（distantia）
distance activator 脱离活化剂
distance between auricle of the last two leaves 最后两个叶叶耳间距
distance between drains 沟距
distance between hills 穴距，株距
distance between individuals 株距
distance between leaves 节间距
distance between planting rows 行距
distance between plants（=intra-row spacing） ①株距 ②栽距，植距
distance between rows 行距
distance between rows of crested plot 畦距，垄距
distance between seedlings 苗距
distance between sets 集间距离{遥感}
distance between terraces （梯田）台阶间距
distance classifier 距离分类器{遥感}
distance control 遥控
distance decay 距离衰变
distance figure 距离数字
distance gate "异"门{电脑}
distance gauge 测距计
distance hormone 距离激素
distance-measure 测距器
distance measurement 测距
distance-measurer 测距器
distance meteorological station 遥测气象站
distance of distinct vision 明视距离
distance of drilling 条播行距
distance range 距离范围（指行株距离的范围）{栽培}
distance receptor 距离感受器
distance recorder 距离记录器
distance relay protection 距离继电保护{信息}
distance separation 空间隔离
distance signal 远程信号
distance teaching 远距离教学{智培}
distant ①远的，遥的{生技}②远缘的{育种}（distans）
distant control 遥控，远距离控制，间隔控制
distant core 远顶果心，离基果心（cor distans）
distant crossing 远缘杂交{育种}
distant early warning 远距预警
distant field ①远距田地 ②远距蔗地
distant grafting 远缘嫁接
distant hybrid 远缘杂种（hybrida distans）
distant hybridization 远缘杂交（hybridisatio distans）
distant pondweed 眼子菜［*Potamogeton distinctus* A. Bennett］（眼子菜科）
distant recording 遥测记录
distant run-water-sprinker 远距喷水机
distant signal 远距离信号
distant station 远程站，远程局{信息}
distele 双中柱（distela）
distemonous 双雄蕊的（distemonus）
distemper 马腺疫
distend 膨胀（distendere）
distended ray 膨胀射线
distension ①膨胀 ②膨大(指茎间)（distensio）
distension water 膨胀水
distichanthous 二列花的（distichanthus）
disticho-alternate phyllotaxy 二列互生叶序（phyllotaxis distichoalternatus）
distichophyllous 二列叶的（distichophyllus）
distichostachyous 二列穗的（distichostachyus）
distichous 二列的（distichus）
distichous blade 二列叶片（lamina disticha）
distichous imbricate 二列覆瓦状的（distichoimbricatus）
distichous opposite 二列对生的（distichoopositus）
distil 蒸馏
distillate ①蒸馏液，蒸馏物 ②灯油（distillatus）
distillation ①蒸馏 ②蒸馏法 ③蒸馏液，蒸馏物（distillatio）
distillation apparatus 蒸馏器
distillation column 蒸馏塔
distillation flask 蒸馏瓶
distillation in steam 蒸汽蒸馏

distilled water 蒸馏水
distiller 蒸馏器
distiller wash 酒糟
distillers' dried grains 干谷物酒糟,粮食酒糟
distillers' feed 饲料酒糟
distillers' residues 酒糟
distillers' wash 酒糟
distillery 造酒厂,酿酒厂,蒸馏室
distillery residues 酿酒残留物,酒糟
distillery waste ①酒厂废物(指残渣)②酒厂废水{环保}
distillery yeast 酿酒酵母
distilling tower 蒸馏塔
distinct ①分离的,离生的 ②种类不同的 ③清晰的,清楚的(distinctus)
distinct habitat 不同生境
distinct interface 不同接口
distinct stamen 离生雄蕊(stamen distincta){形态}
distinct variety ①稳定品种 ②特征明显的变种
distinction ①分别,区别,②特点,特征,特性(distinctio)
distinctive ①特殊的 ②有特色的,有区别的 ③醒目的,与众不同的(distinctivus)
distinctive ringing 特殊铃声,特殊振铃{电脑}
distinctive symptom 特殊症状
distinguish ①区别,辨别,识别 ②认明,分类出 ③具有特征的,赋予特色的,特异的
distinguished element 特异元素
distinguished vertex 特异顶点
distinguishing characteristic 明显特征
distinguishing state 区别状态
distinguishing test 辨别测试
distiproboscis 端喙
distomatosis 双盘吸虫病
distorted 扭曲的(distortus)
distorted development 扭曲发育,发育变形
distorted peak 畸峰{生技}
distorted segregation 不正常分离,异常分离
distortion ①扭曲、扭转{形态}②变形,畸变,失真{显技}③怪癖{畜}④斜视{物}(distortio)
distortion analyzer 失真分析仪{电脑}
distortion curve 畸变曲线{遥感}
distortion factor 失真因子,失真度
"distortion" of competition (EC) (欧洲共同体)竞争失调
distortion of image 影像畸变{遥感}
distortion set 失真仪
distortional segregation 畸变分离
distractile anther 离室药(anthera distractilis)
distress ①贫困 ②疲惫 ③灾难,不幸 ④损坏(districtia)
"distress" "损坏"{生态生理}
distributable 可分配的(distributabilis)
distributable pairing 可分配配对
distributable unit 可分配单位
distributary ①分流,分支 ②配水渠(管)(distributaris)
distributed ①分布的 ②散布的(distributus)
distributed array processor (DAP) 分布式阵列处理机
distributed artificial intelligence (= distributed AI) 分布式人工智能{智培}
distributed artificial intelligence system (= distributed AI system) 分布式人工智能系统
distributed communication architecture (DCA) 分布式通信结构,分布式通信体系结构{信息}
distributed computation 分布式计算
distributed computer control system (DCCS) 分布式计算机控制系统{智培}
distributed computer network (DCN) 分布式计算机网络
distributed computer system (DCS) 分布式计算机系统
distributed data processing (DDP) 分布式数据处理
distributed data test system (DDTS) 分布式数据测试系统
distributed database 分布数据库
distributed decision support system (DDSS) 分布式决策支持系统
distributed host command facility (DH-CF) 分布式主机命令设施
distributed indexed access method (DX-AM) 分布式索引存取方法
distributed inteligence microcomputer system (DIMS) 分布式智能微计算机系统
distributed knowledge base management system (DKBMS) 分布式知识库管理系统
distributed load 分布荷重,分配荷重
distributed management environment (DME) 分布式管理环境
distributed network system (DNs) 分布式网络系统{智培}
distributed network technology 分布式网络技术
distributed nucleus 散布核(nucleus distributus)

distributed processing system (DPS) 分布式处理系统〔智培〕
distributed robot system (DRS) 送货机器人系统〔农管〕
distributed tape reel (DTR) 分配用磁带卷
distributing canal 配水渠,分渠
distributing channel 配水槽〔环保〕
distributing frame 配线架〔信息〕
distributing main (= distribution main) ①配水干管〔环保〕②配水干渠〔水利〕
distributing network 配水管网
distributing pipe 配水管
distributing reservoir ①配水水库〔水利〕②配水池〔环保〕
distributing trough 配水槽
distributing valve 分配阀
distributing well 配水井〔环保〕
distribution ①分布 ②分配 ③销售 ④流通 (distributio)
distribution amplifier 分配放大器
distribution area ①分布面积 ②分布区
distribution binomial 二项分布〔统计〕
distribution cable 分配电缆〔信息〕
distribution center 分布中心
distribution chamber 分配室
distribution channel ①配水渠〔环保〕②⌞复⌝销售网〔农管〕
distribution coefficient 分配系数
distribution costs 销售费
distribution curve 分布曲线〔统计〕
distribution database 分布区数据库〔智培〕
distribution density 分布密度
distribution facility 流通设施〔农施〕
distribution-free 无分布的
distribution-free statistics 无分布的统计量,非参量型的统计量〔统计〕
distribution gate 分水闸,配水闸
distribution graph 分配[线]图
distribution gutter 配水槽〔环保〕
distribution kit 分布式配套元件
distribution medium 发行媒体〔信息〕
distribution network 分配网络
distribution of assimilates 同化物分配〔生态生理〕
distribution of crops 作物分布
distribution of cytological aberration 细胞畸变分布
distribution of dung 粪肥撒布,粪肥分配
distribution of felling 采伐顺序
distribution of income 收入分配
distribution of landed property ①地产分布 ②地产分配
distribution of parasites 寄生物分布
distribution of pathogen 病原分布
distribution of plants ①植树网 ②植物分布
distribution of precipitation 降水量分布
distribution of rain 雨量分布
distribution of semi-liquid manure 湿粪撒布
distribution of sewage 污水分布〔环保〕
distribution of soil 土壤分布
distribution of stress 应力分布
distribution of vacuole 空泡分布
distribution of vegetable mould 腐殖土撒布
distribution of vegetation 植被分布
distribution of water 配水〔环保〕
distribution pattern 分布型式,分布类型
distribution pipe 配水管
distribution range ①分布范围〔统计〕②分布幅〔生态〕
distribution rate ①播种量 ②施肥量
distribution ratio 分配比〔生技〕
distribution reservoir (= distributing reservoir) ①配水水库 ②配水池
distribution rill 配水沟[渠]
distribution stage 散布阶段〔土壤〕
distribution system 配水系统
distribution system capacity 配水系统容量
distribution table 施肥量表
distribution tape reel (DTR) 分配式磁带卷〔信息〕
distribution type 分布型
distribution well 配水井〔环保〕
distribution without market 市场外流通〔农管〕
distribution works 配水工程
distribution zone 配水区
distributional type 分布类型
distributional variation 分布变异
distributive ①分布的 ②分配的 (distributivus)
distributive lattice 分配格〔电脑〕
distributive law 分配律〔细胞〕
distributive operation 分配运算〔统计〕
distributive pairing 分配配对
distributivity 分布力 (disitrbutivitas)
distributor ①配水渠,分渠〔水利〕②配电盘,配电器〔电〕③施肥机,肥料撒布机,(播种机)排种装置〔农机〕④分配器〔电脑〕
distributor manure spreader 堆肥散布机
distributor transmitter 分配发送器〔信息〕
district 区,地区,区域 (districtus)
district office (美)林业管理局
district officer (美)林业局局长
district pollution 广域污染〔环保〕

district pumping station 地区泵站
district supplying a market 市场供应区域
disturbance ①扰动,扰乱 ②阻障,障碍,失调(disturbantia)
disturbance climax (= disclimax) 偏途演替顶极{生态}
disturbance in respiration 呼吸失调
disturbance indicator 指标失调
disturbance parameter 扰动参数
disturbance ring 伪年轮,副年轮
disturbed control 扰动控制{电脑}
disturbed land 扰乱地,扰动地(指由于不良耕作以致)
disturbed one output 干扰"1"输出{信息}
disturbed profile 扰乱剖面,扰动剖面
disturbed soil 扰乱土壤,扰动土壤
disturbed test 干扰测试
disturbing stimulus 干扰刺激
distylic species 两型花柱种
disul (2,4-Des-Na, disul-Na) 2,4-滴硫钠(除草剂)[$C_8H_7Cl_2NaO_5S$]
disulfide 二硫化物
disulfide bond (= disulfide link) 二硫键
disulfide bond assignment 二硫键排布
disulfide bridge 二硫桥
disulfide linkage S-S键合,二硫键合
disulfoton (= dithiodemeton, Dithiosystox) 乙拌磷(杀虫剂)[$C_8H_{19}O_2PS_3$]
disulfuric acid 焦硫酸
disulphide (= disulfide) 二硫化物
disuse ①不用 ②废弃(disusus)
disutility 无效用(disutilitas)
disybush (= disy-tree) ①树紫菀属[*Olearia* Moench](菊科) ②树紫菀[*Olearia* sp.]
disymmetrical 二对称的(disymmetricus)
Disyston (= disulfoton) 乙拌磷{农药}
ditactic 短臂交叉的(ditacticus)
ditch 沟,渠
ditch cleaner 清沟机,渠道清淤机
ditch cleaning 沟渠清淤
ditch cleaning machine (= ditch cleaner) 清沟机,清渠机
ditch-digger 挖沟机,开沟机
ditch drain 明排水沟
ditch-dredging machine 开沟机
ditch grass (= knotgrass, water couch, seaside millet) 两耳草[*Paspalum distichum* L.](禾本科)
ditch irrigation 沟灌
ditch-moss (water-weed) ①伊乐藻属[*Elodea* Rich.](菱科) ②伊乐藻[*Elodea canadensis* Rich. et Michx.]
ditch oxidation 环沟氧化法{环保}
ditch planting 沟种,沟植,沟栽
ditch sweeper 排水沟疏浚机,清沟机
ditch type rotor brush aerator 环沟转刷曝气池{环保}
ditched 陷入沟内的
ditcher 挖沟机
ditching 挖沟,筑渠
ditching machine 挖沟机
ditching plow (= ditching plough) 开沟犁
ditelomonotelosomic 双端单端体的(指具双端着丝粒单端着丝粒染色体的)
ditelosomic 双端体的(指具双端着丝粒染色体的)
ditelotrisomic 双端三体生物(ditelotrisomicus)
diterpene 双萜
diterpenoid 类双萜
ditertiary compensating trisomic 双三级补偿三体生物
Dithane (= zineb) 代森锌{农药}
Dithane A40 (= nabam) 代森钠
Dithane D14 (= nabam) 代森钠
Dithane M22 (= maneb) 代森锰
Dithane manganese (= maneb) 代森锰
Dithane S31 (= maneb) 代森锰
Dithane Z78 (= zineb) 代森锌
dithany (= dittany, fraxinella) 白藓[*Dictamnus alba* L.](芸香科)
dithecal (= dithecous) 二室的(dithecus)
dither ①抖动 ②颤振 ③明暗法(指图像) ④假随机信号{电脑}
dither pump 高频振动泵
dither signal 抖动信号
dithering ①抖动 ②高频颤动 ③浓淡相间法,明暗法{电脑}
dithianon 二噻农(杀菌剂)[$C_{14}H_4N_2O_2S_2$]
dithiocarbamate fungicide 二硫代氨基甲酸酯类杀菌剂
dithiocarbamates 二硫代氨基甲酯(或盐)类
dithiodemeton (= disulfoton) 乙拌磷{农药}
dithioerythritol (DTE) 二硫赤藓糖醇
Dithione (= sulfotep) 硫特普{农药}
dithionite 连二亚硫酸盐
Dithiosystox (= disulfoton) 乙拌磷
dithiotreitol (DTT) 二硫苏糖醇
dithizone 双硫腙,二苯基硫卡巴腙
ditib 双位{电脑}
ditokous 双产的(一孵产二卵的)(ditocus)
ditopogamy 花柱异长(ditopogamia)

dITP (= deoxyinosine triphosphate) 脱氧肌苷三磷酸,脱氧次黄苷三磷酸
ditrematous 肛门与生殖孔分开的 (ditrematus)
dittany ①白藓属 [*Dictamnus* L.] (芸香科) ②白藓 [*Dictamnus albus* L.]
ditto [do] 同前,同上 {电脑}
ditylenchosis 茎线虫病
ditylenchus ①双鳌刃线虫属 (茎线虫属) [*Ditylenchus* Filipjer] ②双鳌刃线虫 (茎线虫) [*Ditylenchus* sp.]
ditylenchus dipaci 二裂双鳌刃线虫,甘薯茎线虫 [*Ditylenchus dipaci* Filipjev]
ditype 双型 (ditypus)
ditypism 异性现象 (ditypismus)
diuranthera ①鹭鸶兰属 [*Diuranthera* Hemsl.] (百合科) ②鹭鸶兰 (鹭鸶草) [*Diuranthera minor* C. H. Wright]
diuresis ①利尿 ②多尿[症]
diuretic ①利尿的 ②利尿剂 (diureticus)
diuretic hormone 利尿激素
diurnal ①日间的 ②周日的,昼夜的 ③日,每日,周日 (diurnus)
diurnal acid rhythm 昼夜酸节律
diurnal activity 每日活动
diurnal amplitude of temperature 气温日振幅
diurnal animal 昼出动物
diurnal change 日变化
diurnal climate 昼夜气候,日变气候
diurnal dynamics 昼夜动态
diurnal fishes 昼夜移动性鱼类
diurnal fluctuation 昼夜(日)变动,昼夜(日)变化
diurnal increment 昼夜生长量
diurnal light rhythm 每日光照节律,昼夜光节律
diurnal maximum 日最高量
diurnal mean 日平均
diurnal migration 昼夜(日)迁移
diurnal minimum 日最低量
diurnal period 日周期
diurnal periodicity 日周期性
diurnal photoperiod 每日光周期,昼夜光周期
diurnal photoperiodism 昼夜光周期现象
diurnal range 日较差
diurnal rhythm 昼夜节律
diurnal sequence 昼夜顺序
diurnal stomatal dynamics 每日气孔动态
diurnal temperature 昼夜(日)温度
diurnal temperature alternation 昼夜温度交替
diurnal thermal cycle 每日温周期,昼夜温周期
diurnal thermal variation 昼夜体温变化
diurnal variation 昼夜变异,日变化
diurnal variation of soil surface 表土日变化
diurnal variation of temperature 气温日变化
diurnal variation of wind 风日变化
diurnal vertical migration 昼夜垂直移动
diurnal wind 日变风
diurnalism 日活动 (diurnalismus)
diurnation 昼夜变动 (diurnatio)
diuron 敌草隆(杀草剂) [$C_9H_{10}Cl_2N_2O$]
divagation 泛滥 (divagatio)
divalent 二价的 (divalens)
divalent cation 二价阳离子
divaricate 二极叉开的 (divaricatus)
divaricate saposhnikovia 防风 [*Siler divaricatum* Benth. et Hook. f. apud auctt. = *Ledebourtella seseloides* Wolff.] (伞形花科)
divective ①散流的 ②散流 (divectivus)
divergence (= divergency) ①开度(指叶) ②分歧,趋异 ③分枝式 ④辐散 ⑤分散,发散 (divergentia)
divergence analysis 发散分析 {遥感}
divergence index (= divergency index) 分歧指数
divergence theory 发散理论 {生态生理}
divergent ①略岔开的 ②分歧的,趋异的 ③辐散的 ④发散的 (divergens)
divergent adaptation 趋异适应
divergent branching system 发散分支系统 {电脑}
divergent character 分歧性状{形态}
divergent evolution 趋异进化
divergent land use 分散土地利用
divergent path 歧路,岔道
divergent phenotypic character 趋异表型性状
divergent selection 趋异选择
divergent series 发散级数 {遥感}
diverginervius 辐射脉的
diverging ①分歧 ②发散 ③扩张
diverging belt sorter 皮带式分级机
diverging channel (= divergent channel) 辐散槽
diverging lens 发散透镜
diverging nozzle 扩张型喷管,喇叭形管嘴
diverging out belt grader [果蔬]带式分级机
diverging ray 分歧射线 (radius divergens)

diverging tube 渐粗管,发散管{环保}
diverse ①多样的 ②异形的 ③不同的(diversus)
diverse cropping 多作,多种作物栽培
diverse crops a year 一年多作,一年多熟(一年栽培多种作物)
diverse damselflies 蟌蜓科[Epiophlebiidae]
diverse flower false-starwort 异花太子参(异花孩儿参)[*Pseudostellaria heterantha* Pax.](石竹科)
diverse ion effect 异离子效应
diverse process 不同过程
diversification ①多样化 ②多种经营(diversificatio)
diversification of crop 作物多样化
diversification of cultivation 栽培多样化
diversification of research approaches 研究途径多样化{智培}
diversification of tints 色彩多样化,多色性{显技}
diversified ①多样化的 ②多种经营的
diversified agriculture 多种经营农业
diversified economy 多种经济
diversified farm 多种经营农场,综合农场
diversified farming (=diversified economy) 多种经营
diversiflorous 异形花的,具多形花的(diversiflorus)
diversifoliate 异形叶的(指蕨类,苏铁类,棕榈类)(diversifoliatus)
diversifolious 异形叶的(diversifolius)
diversiform ①异形的,多形的 ②多样的(diversiformis)
diversify 轮换,变换(指作物)
diversileaf artocarpus 菠萝蜜(木菠萝,树菠萝)[*Artocarpus heterophyllus* Lam.](桑科)
diversileaf jackinthepulpit 天南星[*Arisaema heterophyllum* Bl.](天南星科)
diversilobous 异形裂片的(diversilobus)
diversion ①转向,转换,转移 ②导流,引水,引水渠 ③转义命令{电脑}(diversio)
diversion belt sizer 皮带式分级机
diversion box 分水箱
diversion canal 引水渠,排流槽
diversion channel 引水渠,分水渠{环保}
diversion conduit 分水管渠{环保}
diversion dam ①拦河坝,引水坝 ②分水坝
diversion ditch 分水沟,泄水沟
diversion manhole 分流井{环保}
diversion of river 河改向,河流转向
diversion of stream 河流改道
diversion of trade 商业贸易转换{农经}
diversion of water for sluicing sand 引水拉沙
diversion reaction 逆变反应
diversion work 引水工程
diversispinous 异刺的(diversispinus)
diversity ①多样性 ②"异或" ③参差 ④相异性
diversity gate "异"门{电脑}
diversity gene (D gene) 多变基因,D基因
diversity index 多样性指数
diversity region (D region) 多变区,D区{分遗}
divert 换向,转向(divertere)
diverter (=divertor) ①换向器 ②分流器 ③分流电阻
diverticulum ①侧生吸器 ②盲突,小囊突
divertor valve 换向阀
divi-divi (=dibi-dibi) 鞣质云实[*Caesalpinia coriaria* Willd.](苏木科)
divicine 香豌豆嘧啶
divide ①分裂,分开,被分开[为],划分,分割 ②分成组群 ③除{数} ④分水岭,分水线,分界线(dividere)
divide a plant for the purpose of propagation 分株
divide and conquer ①分而治之(指分步解决){农经} ②分隔占领法{遥感}
divide drains 隔离沟
divide into lots 土地分块(把土地分成小块)
divide line (=dividing line) 分水线
divide out ①除 ②约去
divided ①全裂的(指叶) ②分裂的 ③分划的,④组合的(dividus)
divided boot 双行开沟器,双行播种开沟器
divided centromere region 分裂着丝点区
divided circle 刻度盘{测}
divided difference 均差
divided leaf 全裂叶(folium dividum)
divided-leaf cutting 叶片插
divided share 组合犁铧
divided slit scan 分划扫描
dividend 被除数(dividens)
dividend policy 红利策略{农管}
dividends on land 土地报酬
divider ①分禾器,分秧器,分草器 ②劈裂用具 ③除法器 ④除数 ⑤⌞复⌝两脚规
dividing ①分群,分蜂 ②分裂的 ③分的(dividens)
dividing cell 分裂细胞
dividing crest (=dividing ridge) 分水岭
dividing knife 分禾刀

dividing line 分水线
dividing of root 分根
dividing vein 分脉（venadividens）
divine ①预见，预知 ②预告 ③推测，猜测
diving ①(农机)入土 ②潜水
diving beetle ①龙虱 ②⌊复⌉龙虱科［Dytiscidae］
diving cooler 浸入式冷却器
diving pump 潜水泵
divinyl 二乙烯，联乙烯
divinyl acetylene 二乙烯乙炔，二乙烯基代乙炔
divinylbenzene 二乙烯苯
divisibility ①可除性 ②可约性 ③可分裂性（divisibilitas）
divisible ①可分裂的，易分裂的 ②可除的，可约的（divisibilis）
division ①分裂｛细胞｝②区分，分配｛农管｝③划线，分界线，境界｛测｝④除法｛数｝⑤分度｛物｝⑥类｛分类｝⑦区，组，部，段，节｛栽培｝⑧部门，部分｛信息｝⑨⌊复⌉分株｛园｝（divisio）
division axis 分裂轴
division board 隔［离］板｛蜂｝
division board feeder 框式饲喂器｛蜂｝
division center 分裂中心（center divisionis）
division communication 部门通信｛信息｝
division furrow 分裂沟
division header 部分标题｛信息｝
division into annual coupes 区划轮伐法｛森林｝
division of agricultural region 农业区划
division of area 分区，区划
division of distance 分段距离
division of function 机能分工
division of labour 分工［现象］｛蜂｝
division of land 土地分块
division of work 分工
division of work among leaves 叶分工
division period 分裂期
division screen 纱隔板，分隔板｛蜂｝
division stage 分裂期（staticum divisionis）
division surface 分界面
divisional land cultivation method 土地区划化栽培法
divisor 除数
divoltine ①二化的 ②二抱的（divoltinus）
divoltinism ①二化性 ②二抱性（divoltinismus）
divot 草皮层，生草层
dixanthous 二色的（dixanthus）
dixy 大锅炉
dixylic 双木质部的（dixylicus）
dizonotreme 具两带状萌发孔（dizonotrema）
dizygote 二精合子（dizygota）
dizygotic 二精合子的（dizygoticus）
dizygotic twins 二卵双生，异卵双生
djenkolic acid 黎豆氨酸，S-亚甲胱氨酸
dl（=decilitre） 分升=1/10(升)
dm（=decimeter） 分米(=1/10 米)
DM（=dry matter） 干物质
DMA（=direct memory access） 直接存储器存取｛电脑｝
DMC ①杀螨醇 ②棉长素(植物生长调节剂)［$C_6H_{14}ClNO$］③(=double minute chromosome) 双微染色体
DMEM（=Dulbecco's minimum essential medium） Dulbecco 极限必需培养基，杜尔贝科极限必需培养基
DMI（=Dynamic Memory interface） 动态存储器接口｛电脑｝
DMPA（=K22023）草特磷(除草剂，杀蛆剂)［$C_{10}H_{14}Cl_2NO_2PS$］
DMSO（=dimethyl sulphoepoxide） 二甲基硫环氧
DN（=domain name） 域名｛电脑｝
DN-289（=dinoseb） 地乐酚
DN dry mix（=DNOC） 二硝甲酚
DNA（=deoxyribonucleic acid） 脱氧核糖核酸｛分遗｝
DNA-A（=A-form DNA） A 型 DNA
DNA adduct DNA 加合物
DNA affinity chromatography DNA 亲和层析
DNA-agar technique DNA 琼脂技术
DNA alkylation DNA 烷化
DNA alteration DNA 改变
DNA amplification DNA 扩增
DNA amplification in vitro DNA 体外扩增
DNA amplification polymorphism DNA 扩增多态性
DNA and cell modification DNA 与细胞饰变
DNA and differentiation DNA 与分化
DNA and molecular computer DNA 与分子计算机
DNA annealing reaction DNA 退火反应
DNA array DNA 阵列
DNA as double helix 双螺旋 DNA
DNA as genetic material 遗传物质 DNA
DNA as information carrier 信息载体

DNA
DNA as template for replication DNA复制模板
DNA as template for transcription DNA转录模板
DNA at centromere 着丝粒 DNA
DNA autoinhibition in transformation DNA转化自动抑制
DNA autoradiography DNA放射自显影术
DNA-B（=B-form DNA） B型 DNA
DNA bending DNA转折,DNA弯曲
DNA-binding assay DNA结合试验（分析）
DNA-binding domain DNA结合域
DNA-binding motif DNA结合特征序列
DNA-binding protein DNA结合蛋白
DNA blotting DNA印迹[法]
DNA body DNA小体
DNA-bound non histone chromosome protein DNA结合非组蛋白染色体蛋白质
DNA breakage DNA断裂
DNA breakdown DNA破坏
DNA buoyant density DNA浮力密度
DNA-carcinogen adduct DNA-致癌剂加合物
DNA catenation DNA连环
DNA chain DNA链
DNA chain growth rate DNA链增长率
DNA chip DNA芯片
DNA circle DNA环
DNA cistron DNA顺反子
DNA cistron amplification DNA顺反子扩增
DNA cleavage DNA裂解,DNA切割
DNA cloning DNA无性繁殖,DNA克隆[化]{农生技}
DNA cloning vector DNA无性繁殖载体,DNA克隆载体
DNA-coated gold microparticle DNA包被的金微粒
DNA-coated gold particle DNA包被的金颗粒
DNA code DNA密码
DNA complement DNA补体
DNA complexes with protein DNA同蛋白质的复合体
DNA concentration DNA浓度
DNA configuration DNA构型
DNA-containing fiber 含DNA丝
DNA content DNA含量
DNA content of bacteria 细菌DNA含量
DNA content of gene 基因的DNA含量
DNA content of nucleus 细胞核DNA含量
DNA content of phage 噬菌体DNA含量
DNA copy DNA副本
DNA crosslink DNA交联
DNA cyclization DNA成环
DNA damage DNA损害
DNA damage and repair DNA损害与修复
DNA damage repair DNA损害修复
DNA damaging agent DNA损害剂
DNA dark repair DNA暗修复
DNA database DNA数据库
DNA degradation DNA降解
DNA denaturation DNA变性
DNA-dependent DNA polymerase 依赖于DNA的DNA聚合酶
DNA-dependent RNA polymerase 依赖于DNA的RNA聚合酶,转录酶（=transcriptase）
DNA-dependent RNA synthesis 依赖于DNA的RNA合成
DNA-dependent synthesis 依赖于DNA的合成
DNA-destructive agent DNA破坏剂
DNA detection DNA检测
DNA-directed DNA polymerase DNA指导的DNA聚合酶
DNA-directed RNA [受]DNA指导的RNA
DNA-directed RNA polymerase [受]DNA指导的RNA聚合酶
DNA distortion DNA变形
DNA-DNA hybrid molecule DNA-DNA杂种分子
DNA-DNA hybridization DNA-DNA杂交
DNA donor-receptor system DNA供体-受体系统
DNA double helix DNA双螺旋
DNA-driven hybridization DNA驱动杂交
DNA-drug adduct DNA-药物加合物
DNA-drug complex DNA-药物复合物
DNA duplex DNA双链体
DNA duplication DNA重复
DNA endonuclease DNA核酸内切酶
DNA equilibrium density gradient method DNA平衡密度梯度法
DNA equivalence rule DNA等价法则
DNA evolution DNA进化
DNA excision repair DNA切补修复
DNA exonuclease DNA核酸外切酶
DNA exosome DNA外体
DNA expression DNA表现
DNA extraction DNA提取
DNA extraction precipitation method

DNA 提取沉淀法
DNA extractor DNA 提取器
DNA fiber autoradiography DNA 丝放射自显影术
DNA filament DNA 丝
DNA filter assay DNA 滤膜分析
DNA fingerprint DNA 指纹
DNA fingerprinting DNA 指纹分析
DNA foreign information DNA 外来信息
DNA fork DNA 叉
DNA fraction DNA 部分
DNA fragment DNA 断片
DNA fragment size DNA 断片大小
DNA fragmentation DNA 断裂
DNA function DNA 功能
DNA glycosidase DNA 糖苷酶
DNA gradient centrifugation DNA 梯度离心作用
DNA grooves DNA 沟
DNA gyrase DNA 促旋酶,DNA 旋转酶
DNA helicase DNA 解旋酶
DNA helix DNA 螺旋
DNA heterozygosity DNA 杂合性
DNA-histone complex DNA 组蛋白复合体
DNA-histone ratio DNA-组蛋白比率
DNA homology DNA 同源性
DNA hybrid form DNA 杂种型
DNA hybridization DNA 杂交
DNA hydrogen bond DNA 氢键
DNA in chromosome life cycle 染色体生活周期的 DNA
DNA in hybrid cell 杂种细胞的 DNA
DNA in nucleoid 核质体的 DNA
DNA in organelles 细胞器的 DNA
DNA incorporation DNA 渗入
DNA inhibitor DNA 抑制剂
DNA insertion sequence DNA 插入顺序
DNA integration DNA 整合[作用]
DNA intercalator DNA 嵌入剂
DNA internucleotide distance DNA 核苷酸间距离
DNA joint molecule DNA 接合分子
DNA jumping technique DNA 跳查技术
DNA ladder DNA 梯
DNA lesion DNA 损害
DNA ligase DNA 连接酶
DNA-like RNA (D-RNA, dRNA) DNA 状 RNA
DNA loop DNA 环
DNA looping DNA 成环
DNA macromolecule DNA 大分子
DNA-magnetic bead conjugation DNA 磁珠缀合物
DNA melting DNA 解链,DNA 熔解
DNA melting point DNA 解链点,DNA 熔解点
DNA methylase DNA 甲基化酶
DNA methylation DNA 甲基化[作用]
DNA microarray DNA 显微阵列
DNA microchip DNA 显微芯片
DNA microheterogeneity DNA 微[观]不均一性
DNA modification DNA 修饰
DNA modification-restriction enzyme DNA 修饰-限制酶
DNA modification-restriction system DNA 修饰-限制系统
DNA nicking DNA 切口形成
DNA nucleotide pair DNA 核苷酸对
DNA of chloroplast 叶绿体 DNA
DNA of chromatin fiber 染色质丝的 DNA
DNA of defective lambda 缺陷兰姆达(噬)菌体 DNA,缺陷 λDNA
DNA of mitochondrion 线粒体 DNA
DNA okazaki fragment DNA 冈崎片段
DNA oxidation DNA 氧化
DNA packaging DNA 包装
DNA packing ratio DNA 填装比率(每单位染色丝长度的 DNA 双螺旋长度)
DNA pair DNA 对
DNA pairing DNA 配对
DNA phage DNA 噬菌体
DNA photolyase DNA 光解酶
DNA photoreactivation DNA 光复活作用
DNA pitch DNA 螺距
DNA plasm DNA 浆
DNA polymerase DNA 聚合酶,DNA 多聚酶
DNA polymerase accessory protein DNA 聚合酶辅助蛋白
DNA polymerase activity DNA 聚合酶活性
DNA polymerase mutant DNA 聚合酶突变型
DNA polymorphism DNA 多态性
DNA polynucleotide DNA 多[聚]核苷酸
DNA polynucleotide chains code DNA 多[聚]核苷酸链密码
DNA precursor DNA 前体
DNA preparation DNA 备制
DNA probe DNA 探针
DNA-protein complex DNA 蛋白质复合物
DNA-protein interaction DNA-蛋白质相互作用
DNA provirus DNA 前病毒

DNA puff DNA 疏松
DNA puff formation DNA 疏松形成
DNA purification DNA 纯化
DNA ratio DNA 比率
DNA re-annealing method DNA 重退火法
DNA reassociation DNA 重结合
DNA reassociation kinetics DNA 重结合动力学
DNA recombination DNA 重组
DNA redundancy DNA 冗余(重复)
DNA regulation DNA 调节
DNA reiteration DNA 重复顺序,DNA 反复
DNA removal DNA 排除
DNA removal for enchromatic segment 常染色质节段 DNA 排除
DNA renaturation DNA 复性
DNA renaturation kinetics DNA 复性动力学
DNA repair DNA 修复
DNA repair enzyme DNA 修复酶
DNA repair process DNA 修复过程
DNA repair synthesis after UV-irradiation 紫外线辐射后 DNA 修复合成
DNA repair synthesis in xeroderma 干皮病的 DNA 修复合成
DNA replication DNA 复制
DNA replication enhancer DNA 复制增强子
DNA replication in nucleolus 核仁的 DNA 复制
DNA replication mutant DNA 复制突变体
DNA replication of phage 噬菌体 DNA 复制
DNA replication order DNA 复制顺序
DNA replication origin DNA 复制起源(点)
DNA replication polymerase DNA 复制聚合酶
DNA replication process DNA 复制过程
DNA replication protein DNA 复制蛋白质
DNA replication regulation of initiation DNA 复制起始调节
DNA resistance DNA 抗性
DNA restriction DNA 限制
DNA-restriction enzyme DNA 限制酶
DNA-ribosomal DNA-核蛋白体
DNA-RNA detection DNA-RNA 检测
DNA-RNA detection method DNA-RNA 检测法
DNA-RNA hybrid DNA-RNA 杂种,DNA-RNA 杂化物
DNA-RNA hybridization DNA-RNA 杂交
DNA-RNA removal schedule DNA-RNA 排除时间表
DNA-rRNA hybridization DNA-rRNA 杂交,DNA-核蛋白体 RNA 杂交
DNA saltation theory DNA 突变学说(不连续变异学说)
DNA satellite DNA 随体(卫星)
DNA satellite occurrence DNA 随体发生,DNA 卫星发生
DNA sealase DNA 密封酶,DNA 连接酶
DNA sedimentation DNA 沉降
DNA segregation DNA 分离
DNA separation of complementary strand DNA 互补链分离
DNA sequence DNA 序列
DNA sequence analysis DNA 序列分析
DNA sequence comparison DNA 序列比较
DNA sequence divergence DNA 序列分歧
DNA sequence homology DNA 序列同源
DNA sequence organization DNA 序列组织
DNA sequence pattern DNA 序列图形
DNA sequencer DNA 序列测定仪,DNA 测序仪
DNA sequencing DNA 序列测定,DNA 测序
DNA shear DNA 切断
DNA side-chain model DNA 侧链模型
DNA silencing DNA 无作用,DNA 无效应
DNA sizing DNA 定量
DNA steresis DNA 部分损失
DNA strand DNA 链
DNA strand exchange DNA 链交换
DNA strand separation DNA 链分离
DNA strand transfer protein DNA 链转移蛋白
DNA structure DNA 结构
DNA sugar-phosphate backbone DNA 糖磷酸主链[大分子]
DNA supercoiling (= DNA super helix) DNA 超螺旋
DNA superhelix DNA 超螺旋
DNA synthesis DNA 合成
DNA synthesis controlling factors DNA 合成控制因子
DNA synthesis in polykaryon 多核体的 DNA 合成
DNA synthesis phase DNA 合成期
DNA synthesizer DNA 合成仪

DNA synthetase DNA 合成酶
DNA template DNA 模板
DNA tetraplex DNA 四［链］螺旋，DNA 四链体
DNA theory of origin of repeated sequence DNA 重复序列起源的理论
DNA thermal cycler DNA 热循环仪
DNA topoisomerase DNA 拓扑异构酶
DNA topology DNA 拓扑学，DNA 拓扑结构
DNA torsional stress DNA 扭转应力
DNA transcript DNA 转录物
DNA transcription DNA 转录［作用］
DNA transfection DNA 转［感］染
DNA transfer by pollen DNA 的花粉转移法
DNA transfer in bacterial conjugation 细菌接合的 DNA 转移
DNA transformation DNA 转化
DNA transforming principle DNA 转化原则
DNA translocation DNA 移位［作用］
DNA transmission DNA 转送
DNA-treated pollen DNA 处理花粉
DNA triplex DNA 三［链］螺旋，DNA 三链体
DNA tumor virus DNA 肿瘤病毒
DNA twist DNA 扭曲
DNA typing DNA 分型
DNA untwisting DNA 解旋
DNA unwinding DNA 解链
DNA unwinding enzyme DNA 解链酶
DNA unwinding protein DNA 解链蛋白质
DNA uptake DNA 摄入
DNA UV light absorbance DNA 紫外光吸收率
DNA virus DNA 病毒
DNA viscosity DNA 黏度
DNA X-ray crystallography DNA X 射线结晶学
DNAase（deoxyribonuclease） 脱氧核糖核酸酶，DNA 酶
DNAase-free reagent 无 DNA 酶试剂
DNAase Ⅰ DNA 酶Ⅰ
DNAase Ⅰ-protected footprinting DNA 酶Ⅰ保护足迹法
DNAase Ⅰ footprinting DNA 酶Ⅰ足迹法
DNA，cDNA and terms prefixed by DNA DNA，互补 DNA 和以 DNA 为前缀的术语
DNBP（= dinoseb） 地乐酚｛农药｝
dNDP（= deoxyribonucleoside diphosphate） 脱氧核苷二磷酸
dNMP（= deoxyribonucleoside monophosphate） 脱氧核苷［一磷］酸
DNOC（= dinitrocresol egetol，krenite，DN dry mix） 二硝甲酚［$C_7H_6N_2O_5$］
DNOCHP（= dinex） 消螨酚
DNOSBP（= dinoseb） 地乐酚
DNP ①（= dinitrophenol） 二硝基苯酚 ②（= deoxyribonucleoprotein）脱氧核［糖核］蛋白
DNP fiber DNP 丝
dNTP（= deoxyribonucleoside triphosphate） 脱氧核苷三磷酸
DNV（= desonucleosis virus） 浓核症病毒
DO（= dissolved oxygen） 溶解氧｛环保｝
do it yourself（DIY） 自己动手组装｛电脑｝
do-nothing instruction 空操作指令，空指令｛电脑｝
do-nothing operation 空操作
do-nothing system 空系统
dobbin 农用马
Dobeneck's tonne of minimum nutrients 多氏最小养分桶｛生态生理｝
Dobson spectrophotometer 陶普生分光光度计｛遥感｝
dobsonfly（= fish fly） ①鱼蛉［*Corydalus cornutus*（L.）］ ②⌊复⌉鱼蛉科［Corydalidae］
docile ①易驯服的 ②易驾驭的 ③易教养的（docilus）
dock ①（= sorrel） 酸模属［*Rumex* L.］（蓼科）②酸模［*Rumex acetosa* L.］③盆地 ④（牲畜尾）剪短 ⑤码头 ⑥船坞
dock aphid（= permanent dock aphid） 酸模蚜［*Aphis rumicis* Maki = *A. laburni* Kaltenbach］（蚜科）
dock-cress ①稻槎菜属［*Lampsona* L.］（菊科）②稻槎菜［*Lampsona apogenoides* Maxim］
dock sawfly 酸模叶蜂［*Ametastegia glabrata*（Fall.）］（叶蜂科）
dock-tailed 断尾的，截断尾的，剪短尾的
dockage sieve 谷物含杂量测定筛
docked 残缺的（mutilatus）
docket ①概略 ②摘要
docking ①对接（指木工）②断尾 ③停靠
docking protein 停靠蛋白，船坞蛋白｛分生｝
Docor 郎中风（指热带和副热带的一种海风，同 harmattan 风）
docosanoic acid 廿二［烷］酸，山萮酸
docosanol 廿二［烷］醇［$CH_3(CH_2)_{20}CH_2OH$］
doctor ①博士（Dr.）②医师，大夫
Doctor Judes Guyot 三季梨（梨品种）

doctrine of forest rent 森林纯收益［理］论{森林}
document ①记录 ②文献,文件 ③公文,证件 ④文档(documentum)
document against acceptance 提货单,承兑交单{农经}
document against payment 支付书,付款交单{农经}
document content architecture(DCA) 文档内容结构,资料内容结构
document folder 文档夹
document indexing 文档索引
document printer 文档印刷机
document storage and retrieval system 文件存储与检索系统
documentalist 文献资料工作者(documentalistus)
docuterm 检索字{电脑}
dodder ①菟丝子属［*Cuscuta L.*］(菟丝子科) ②菟丝子［*Cuscuta chinensis* Lam.］
dodder family 菟丝子科［Cuscutaceae］
dodder gall weevil 菟丝子瘿象甲［*Smicronyx sculpticollis* Casey］(象甲科)
dodder mill 振动清选机
dodder of acer 槭菟丝子［*Cuscuta japonica* Choisy］(菟丝子科)
dodder of bean 菜豆菟丝子［*Cuscuta epilinum* Weihe］(菟丝子科)
dodder of brome grass 雀麦菟丝子［*Cuscuta japonica* Choisy］(菟丝子科)
dodder of citrus 柑橘菟丝子［*Cuscuta* sp.］(菟丝子科)
dodder of peach 桃菟丝子［*Cuscuta japonica* Choisy］(菟丝子科)
dodder of soybean 大豆菟丝子［*Cuscuta chinensis* Lamb.］(菟丝子科)
dodeca- ⌞字头⌝ 十二
dodecagonal 十二边形的(dodecagonalis)
dodecagynous 十二雌蕊的(dodecagynus)
dodecahedron 十二面体
dodecamerous 十二基数的(dedecamerus)
dodecandrous(= dodecander) 十二雄蕊的(dodecandrus)
dodecane 十二烷［$C_{12}H_{26}$］
dodecapeptide motif 十二肽特征序列{分遗}
dodecapetalous 十二花瓣的(dodecapetalus)
dodecaploid 十二倍体(dodecaploida)
dodecaploidy 十二倍性(dodecaploidas)
dodecenyl succinic anhydride(DDSA) 十二[碳]烯琥珀酸酐
dodging 局部遮光法{遥感}
dodine 多果定(杀菌剂)［$C_{15}H_{33}N_3O_2$］
doe ①母鹿,雌鹿 ②母兔,雌兔 ③母山羊
doe-skin ①母鹿皮 ②兔皮
doenitz cricket 棺头蟋蟀［*Loxoblemmus doenitzi* Stein］(蟋蟀科)
doer ①实行者,实干家 ②增长正常的畜,禽
doffer 脱棉器
doffer comb 脱棉梳
doffer roller 脱棉辊
doffing 脱棉
doffing mechanism (棉花收获机)脱棉器
dog ①犬,狗,雄狗(母狗为 bitch) ②(各种)抓,扣的机械装置,钩,卡,止动器
dog bent(= brown bent-grass) 狗剪股颖(小糠草)
dog biting louse 狗羽虱［*Trichodectes canis* DeG. = *Cretocephalus canis* DeG., T. *batus* Nitzsch］
dog brier(= dog-rose) 野蔷薇(犬蔷薇)［*Rosa canina* L.］(蔷薇科)
dog clutch 牙嵌式离合器
dog days 伏天
dog ear mite 狗耳痒螨［*Otodectes cynotis* subsp. *canis*(Hering)］(痒螨科)
dog flea 狗栉头蚤［*Ctenocephalides canis*(Curtis)］
dog follicle mite(= dog red mange mite) 狗蠕形螨(狗脂螨)［*Demodex canis* Leydig］
dog hip(= rose hip) 蔷薇果
dog itch mite 狗疥螨［*Sarcoptes canis* Gerlach］(疥螨科)
dog nettle(= small nettle, annual nettle) 小荨麻［*Urtica urens* L.］(荨麻科)
dog rose 野蔷薇(犬蔷薇)［*Rosa canina* L.］(蔷薇科)
dog sucking louse 狗长颚虱［*Linognathus setosus* Olf. = *L. piliferus*Burn.］(光兽虱科)
dog tick ①狗硬蜱［*Ixodes canisuga* Johnst.］②⌞复⌝蜱螨类［Acarina］
dog-tooth violet ①猪牙花属［*Erythronium* L.］(百合科) ②猪牙花［*Erythronium dens-canis* L.］
dogbane ①茶叶花属［*Apocynum* L.］(夹竹桃科) ②茶叶花(罗布麻)［*Apocynum venetum* L. = *A. sibiricum* Pall.］
dogbane family 夹竹桃科［Apocynaceae］
dogberry(= bloodtwig, dogwood) 欧洲红梾木(欧洲红瑞木)［*Cornus sanguinea* L.］(山茱萸科)
dogfish meal 鲨鱼粉

Dogger 道格世(中保罗纪)
dogrose (= brier) 荆棘
dog's fennel (= dog's camomile, stinking-mayweed) 臭甘菊[*Anthemis cotula* L.](菊科)
dog's mercury 宿根山靛[*Mercurialis perennis*](大戟科)
dog's-tail grass ①洋狗尾草属[*Cynosurus* L.](禾本科) ②洋狗尾草[*Cynosurus cristatus* L.]
dog's-tooth grass ①狗牙根属[*Cynodon* Rich](禾本科) ②狗乐根(绊根草)[*Cynodon dactylon* (L.)Pars. = *Panicum dacylon* L.]
dog's wheat (= awned wheat grass, fibrous rooted wheat grass) 狗冰草[*Agropyron caninum* (L.) P. B. = *Triticum caninum* L., *Roegneria canina* (L.) Nevski.](禾本科)
dogwood ①株木属[*Cornus* L.](山茱萸科) ②株木(台灯树)[*Cornus macrophylla* Wall. = *Chamaepericlymenum macrophylla* Wall.]
dogwood aphid 株木短痣蚜[*Anoecia corni* (Fabricius)]蚜科
dogwood borer 株木透翅蛾[*Synanthedon scitula* (Harris)](透翅蛾科)
dogwood clubgall midge 株木棒瘿蚊[*Mycodiplosis clavula* (Beutenmüller)](瘿蚊科)
dogwood family 山茱萸科[Cornaceae]
dogwood scale (= dogwood scurfy scale) 株木长蚧[*Chionaspis corni* Colley](盾蚧科)
dogwood spittle bug 株木裂翅沫蝉[*Clastoptera proteus* Fitch](沫蝉科)
dogwood twig borer 株木枝蛀天牛(山茱萸天牛)[*Oberea tripunctata* (Swed.)](天牛科)
dolabriform 斧形的(dolabriformis)
dolabripetalous 斧形瓣的(dolabripetalus)
doldrums 赤道无风带
dole 失业补助金{农经}
dole meadow 公共草甸
dolichacanthous 长刺的(dolichacanthus)
dolichanthous 长花的(dolichanthus)
dolichobotryous 长总状花序的(dolichobotryus)
dolichocarpous 长果的(dolichocarpus)
dolichol 多萜醇
dolichos (= lablab, hyacinth bean) 扁豆
dolichostachyous 长穗的(dolichostachyus)
dolichostylous 具长花柱的(dolichostylus)
dolichotrichous 长毛的(dolichotrichus)
dolines 落水洞,斗淋{环保}
dollar 美元(货币单位)
dollar mark 美元符号($)
dollar plant ①缎花属[*Lunaria* L.](十字花科) ②缎花[*Lunaria annua* L.]
dollar spot (禾草)菌核病
Dollo's law of irreversibility 杜罗氏不可逆性法则{进化}
dolmitic cement 白云质胶结物
dolomite 白云石,白云岩{地质}[$Ca(Mg)(CO_3)_2$]
dolomite carbonatite 白云碳酸岩
dolomite limestone 白云石质石灰土{土壤}
dolomite-marble 白云大理岩
dolomite-marl 白云泥灰岩
dolomite vegetation 白云岩植被{生态}
dolphin 海豚[*Delphinus delphis*]
domain ①公地 ②磁畴 ③领域 ④域,结构域
domain assembly 结构域装配{生技}
domain deletion 结构域删除
domain expert 领域专家{电脑}
domain-independent expert system 与领域无关的专家系统{智培}
domain integrity 域完整性
domain name (DN) 域名(电脑)
domain substitute 结构域置换{生技}
domatium (叶及植物体上)虫菌穴
dome (= dom) ①圆顶,圆罩,穹面[式]{物} ②架空,拱穴{水利} ③穹窿{地质}
dome aerator 圆罩式曝气器{环保}
dome cell 圆顶细胞
dome diffuser 圆罩式扩散器{环保}
dome organ 钟形感器
dome-shaped 圆顶状的
domed 弓形的(convexus)
domed mires 穹丘状沼泽
domestic ①饲养的,家养的 ②本国的,国内的,国产的,自制的 ③家庭的(domesticus)
domestic affairs 家务
domestic animals 家畜
domestic birds (= animal fowls) 家禽
domestic consumption 国内消费
domestic demand 家庭需水量,生活用水量,居民用水量{环保}
domestic demands 内需,国内需求
domestic farm fertilizer 农家肥
domestic fecal 家庭粪便{环保}
domestic fecal sewage 家庭粪便污水

domestic fowl ①鸡,家鸡[*Gallus domesticus* L.] ②⌊复⌉家禽
domestic fungi 木腐菌,食用菌[Domestomycetes]
domestic market 国内市场
domestic poultry 家禽
domestic price 国内价格
domestic production 国内生产
domestic quarantine 国内检疫
domestic rabbit (= tama rabbit) 家兔[*Oryctolagus cuniculus*]
domestic refuse 家庭垃圾
domestic rice 国产米
domestic robot ①家用机器人 ②国产机器人{物}
domestic seedling (= free stock) 共砧,自由砧,本砧
domestic sewage 家庭污水,生活污水{环保}
domestic sewer system 家庭污水管网,生活污水管网
domestic sewerage 家庭下水道工程,生活污水处理(指家庭的污水处理){环保}
domestic sheep 绵羊[*Ovis aries*]
domestic slaughtering 自宰,自家屠宰
domestic timber 国产木材
domestic trade 国内贸易
domestic trade in agricultural products 国内农产品贸易
domestic variety 本地品种
domestic wastes 生活垃圾,家庭垃圾(指家庭的废弃物){环保}
domestic water 生活用水,家庭用水
domesticated ①驯化的,驯服的 ②(牛、马)调教
domestication ①驯化 ②驯养,调教(domesticatio)
domestication of microorganism 微生物驯化
domicile ①住处 ②原籍(domilium)
dominance ①显性[现象]{遗传} ②优势度{生态} ③支配{电脑} ④超越 ⑤领先(dominantia)
dominance area 显种区
dominance change 显性转换
dominance component 显性组成部分
dominance deviation 显性离差
dominance gene 显性基因
dominance hypothesis 显性假说(关于杂种优势)
dominance in inheritance 遗传的显性
dominance interaction 显性相互作用
dominance modifier 显性修饰因子
dominance number 支配数
dominance ratio 显性比率
dominance strict 严格支配
dominance variance 显性方差
dominancy 显性度(dominantia)
dominant ①显性的{遗传} ②优势的{生态} ③优势种 ④主树{园林}(dominans)
dominant acting gene 显性作用基因
dominant age class 优势年龄组
dominant allele 显性等位基因
dominant bit 主位,最大位{电脑}
dominant character 显性性状
dominant characteristic 显性特征
dominant complementary gene 显性互补基因
dominant condition 显性条件
dominant crop 主要作物,优势作物
dominant crown 优势树冠
dominant detrimental mutant 显性有害基因突变体
dominant disorder 显性失常
dominant effect 显性效应
dominant epistasy 显性上位
dominant expression of malignancy 恶性的显性表现
dominant factor 显性因子
dominant gene 显性基因
dominant genetic effect 显性遗传效应
dominant homozygote 显性纯合子
dominant inheritance 显性遗传
dominant interference 显性干涉
dominant lethal 显性致死
dominant lethal assay 显性致死鉴定
dominant lethal genetic effects 显性致死遗传效应
dominant lethal method 显性致死法
dominant lethal mutation 显性致死突变
dominant lethality 显性致死[现象]
dominant Mendelian factor 显性曼德尔因子
dominant mutant ①显性突变型 ②显性突变体
dominant mutation 显性突变
dominant oncogenic 显性致癌的
dominant phase ①显性期 ②显性相
dominant plant 优势植物(planta dominans)
dominant process 主导过程
dominant race 优势小种{病理}
dominant regularity 显性规律性
dominant role 显性作用
dominant selectable marker 显性选择标记基因
dominant selection system 显性选择系统

dominant species ①优势种{生态}②优势树种{森林}
dominant stalk（= main stalk） 主茎
dominant stem（= dominanting stem, ruling stem, dominant tree） 优势木
dominant strategy 优[势]策略
dominant-super-suppression 显性超[校正]抑制
dominant suppressor 显性抑制基因
dominant tenement 需役地，要役地{农经}
dominant tissue 显性组织（tela dominans）
dominant tree 优势木
dominant tree layer 优势木层
dominant visible mutation 显性可见突变
dominant wave 盛行波，优势波{遥感}
dominant weed 优势杂草
dominant white cocoon 显性白茧
dominant wind 盛行风
dominate ①支配，控制 ②优势（dominari）
dominated crop 副林木
dominated stem 劣势木，被支配木
domination ①显性化 ②优势，支配（dominatio）
domination of strategy 策略优势
dominator 支配顶点{电脑}
dominigene 显性修饰因子
dominule 微生境优势种
DON（= deoxynivalenol） 脱氧瓜蒌镰菌醇
donation ①供给，授予 ②转移，移植 ③输血 ④赠送，赠品（donatio）
donator 供体{分遗}
done 已完成，结束{电脑}
done bit 完成位，操作位
done subsystem 完成子系统{电脑}
dongle 硬键
donkey 驴
donkey-engine 小型辅助发动机
donkey foal 幼驴
donkey manure 驴粪
donkey stallion 种驴，公驴
Donnan dialysis 杜南透析
Donnan equilibrium 杜南平衡{土壤}
Donnan free space 杜南自由空间，杜南无阻空间
Donnan membrane potential 杜南膜电势
donor ①供体，授体 ②移植体 ③输血者
donor bacteria 供体细菌
donor-cell nucleus 供体细胞核
donor chromosome 供体染色体
donor marker 供体标记基因
donor material 供体物质
donor moiety 供体部分(指供体一半部分)
donor parent 供体亲本(体)
donor segment 供体节段
donor site 供体部位
donor species 供体种
donor-specific phage 供体专一噬菌体
donor splice 供体剪接{农生技}
donor splicing site 供体剪接部位(位点)
donor variety 供体品种
Donora smog incident 多诺拉烟雾事件（指1948年10月发生于美国宾夕法尼亚州多诺拉地方的一次空气污染事件）{环保}
doodle bug ①蚁蛉 ②⌊复⌉蚁蛉科[Myrmeleontidae]
Doolittle's method 多李特尔氏法{统计}
doom 波林杆菌芽孢{微生物}
door ①门 ②便门，小门 ③出入口
door handle 门把手，门柄(指温室)
door lock 门锁
door sill 门槛(指温室)
DOPA（= dihydroxyphenyalanine） 3,4-二羟苯丙氨酸，多巴 [$C_9H_{11}O_4N$]
DOPA decarboxylase DOPA 脱羧酶
dopa-oxidase 多巴氧化酶，酪氨酸酶
dopachrome 多巴色素，红痣素
dopamine 多巴胺
dopamine hydroxylase 多巴胺羟化酶
dopant 掺杂物
dopase 多巴氧化酶
dope ①涂料 ②润滑油 ③防爆剂，吸收剂 ④(给赛马)服用兴奋剂 ⑤内部信息
doped 掺杂的，已掺杂过的
doped oxide diffusion 掺杂氧化物扩散
doped polycrystalline silicon diffusion 掺杂多晶硅扩散
doper 滑脂枪
doping 掺杂
Doppler effect 多普勒效应
Doppler navigation computer 多普勒导航计算机
Doppler navigation system 多普勒导航系统{遥感}
Doppler radar 多普勒雷达
Doppler ranging 多普勒测距
Doppler velocity 多普勒速度
dor beetle ①粪金龟属[*Geotrupes* spp.] ②粪金龟[*Geotrupes stercorarius*](金龟科)
Dorking 多金鸡(英国一种兼用鸡)
dormancy 休眠（dormantia）
dormancy awakening（= dormancy awaking） 休眠促醒
dormancy breaker 休眠破除剂，休眠促醒剂
dormancy breaking 休眠打破

dormancy bud (= dormant bud) 休眠芽
dormancy callus (= definitivecallus) 固定胼胝体
dormancy pattern 休眠模式
dormancy period (= dormant period) 休眠期
dormancy stage 休眠期
dormant ①休眠的,冬眠的 ②蛰伏的,潜伏的 (dormans)
dormant application 休眠期施用
dormant bud 休眠芽,潜伏芽 (hibernaculum)
dormant budding 休眠芽接{园艺}
dormant cambium cell 休眠形成层细胞
dormant cutting 休眠插
dormant grafting 休眠枝接
dormant period 休眠期
dormant pruning 休眠期修剪,冬季修剪
dormant season 休眠季,休眠期
dormant seed 休眠种子
dormant spore 休眠孢子
dormant spray (= dormant spraying) 休眠期喷射,休眠期喷药
dormant state ①休眠状态 ②待用状态,休止状态
dormant tissue 休眠组织 (tela dormiens)
dormant volcano 息火山
dormant wood 休眠枝
dormant wood cutting 休眠枝插,硬枝插{园艺}
dormant wood grafting 休眠枝接
dormer (温室)天窗
dormin ①休眠素,脱落酸 ②丙烯基乙基巴比妥酸 ③吡噻酸
dornase 链球菌 DNA 酶,链道酶
doronicum ①多榔菊属 [*Doronicum* L.] (菊科) ②多榔菊 [*Doronicum stenoglossum* Maxim.]
doropsy 立鳞病 (doropsia){水产}
dorsal ①背部,背面 ②脊状的 (dorsalis)
dorsal awn 背芒 (arista dorsalis)
dorsal blood vessel 背血管{昆虫}
dorsal carpellary bundle 心皮脊维管束 (fasciculus carpellaris dorsalis){解剖}
dorsal depression (担孢子)脊凹 (depressio dorsalis)
dorsal diaphragm 背膈{昆虫}
dorsal fin 背鳍
dorsal fin fold 背鳍褶
dorsal gland 背腺{昆虫}
dorsal line 背线
dorsal lip 背唇
dorsal median line 背中线
dorsal ocellus 背单眼
dorsal organ 背器[官]
dorsal portion of kernel 子粒背部
dorsal side 背面
dorsal sinus 背窦,围心窦{昆虫}
dorsal stylet 背口针{昆虫}
dorsal suture 背缝线 (sutura dorsalis)
dorsal trace 背迹 (vestigium dorsale)
dorsal trachea 背气管{昆虫}
dorsal-ventral axis 背腹轴
dorsal-ventral development 背腹发育
dorsal-ventral gradient 背腹梯度
dorsal-ventral pattern 背腹图式
dorsal-ventral polarity 背腹极性
dorsal vessel 背管 (指昆虫的体液循环器官)
dorsi-ventral 有背腹性的 (dorsiventralis)
dorsi-ventral leaf 异面叶 (folium dorsiventrale)
dorsicumbent 仰卧的 (dorsicumbens)
dorsiferous 生于背面的 (dorsiferus)
dorsifixed 背着的 (dorsifixus)
dorsifixed anther 背着药 (anthera dorsifixa)
dorsiventrality 背腹性 (dorsiventralitas)
dorsiventrally compressed 背腹扁的 (dorsiventraliter compressus)
dorsiventrally zygomorphic (= median zygomorphic) 左右[两侧]对称的 (mediane zygomorphus)
dorsopleural line 背侧线
dorsopleural suture 背侧缝
dorsoventral 背腹的 (dorsoventralis)
dorsum ①背面 ②后缘
Dortmund tank 多特蒙式竖流沉淀池{环保}
dorycnium 豆瑞属 [*Dorycnium* L.] (豆科)
dorylaimus ①枪线虫属 [*Dorylaimus* Dujardin] (矛线虫科) ②枪线虫 [*Dorylaimus* sp.]
DOS (= digital optical switch) 数字光开关{信息}
dosage ①剂量 ②定量,配量,日料,口粮 ③配药[量]
dosage ambivalence 剂量利害两值,剂量双效
dosage compensation 剂量补偿作用
dosage compensation mechanism 剂量补偿机制
dosage complementation 剂量互补作用
dosage difference 剂量差异
dosage effect 剂量效应
dosage-effect curve 剂量-效应曲线

dosage indifference ［Y 染色体］剂量无关
dosage modifier 剂量修饰基因
dosage-mortality curve 剂量-死亡率曲线
dosage of X-rays X 射线剂量
dosage rate 配药量｛环保｝
dosage reaction 剂量反应
dosage relations of gene 基因的剂量关系
dosage-response curve 剂量-反应曲线
dosage-response slope 剂量－反应斜率，剂量－效应斜率
dose ①剂量，分量 ②药量(一服药)
dose dependence 剂量相依性
dose-effect curve 剂量-效应曲线
dose-effect relationship 剂量-效应相互关系
dose effects of X-irradiation X 射线照射的剂量效应
dose fractionation 剂量分级分离法，剂量分割
dose frequency curve 剂量频率曲线
dose limit 剂量限度
dose modification factor 剂量修饰因子，剂量改正因子
dose modifying factor 剂量修饰因子，剂量改正因子
dose rate 剂量率
dose rate dependency 剂量率依存性
dose rate effects of X-irradiation X 射线照射的剂量率效应
dose response 剂量反应
dose-response curve 剂量-反应曲线
dose-response diagram 剂量－反应图［解］
dose-survival curve 剂量-存活曲线
dosenlibelle 圆形水准器｛环保｝
dosimeter 剂量计
dosimetry ①剂量测定 ②剂量测定法（dosimetrica)
dosimetry of ionizing radiation 电离辐射剂量测定法
dosing ①规定剂量辐射｛辐射｝②规定剂量施肥｛栽培｝③规定剂量配药｛医｝④投配｛环保｝
dosing apparatus 投配设备｛环保｝
dosing chamber ①投配室 ②投配池 ③投配箱
dosing cock 投配龙头
dosing cycle 投配周期
dosing equipment 投配设备
dosing mechanism 配量装置
dosing room 投配间
dosing siphon 投配虹吸
dosing tank 投配池
dosing unit 投配单元
dosser 布面清选机，绒布清选机
dosyphyllous 原叶的，毛叶的（dosyphyllus)
dot ①点，小点，斑点 ②果点，果斑 ③虚线（punctum)
dot blot 斑点印迹｛生技｝
dot blotting 斑点印迹［法］
dot chart 虚线图
dot density 点密度｛遥感｝
dot diagram 点式图示
dot grid 网点板｛遥感｝
dot hybridization 斑点杂交｛生技｝
dot mapping software 点描法制图软件｛遥感｝
dot matrix impact printer 点阵击打印机
dot-matrix plot 点阵图｛电脑｝
dot moth 圆点夜蛾［*Melanchra persicariae*（L.)］(夜蛾科)
dot notation 黑点符号
dot pattern ①点模式 ②点图形
dot printer 点式打印机
dot seeding（= dot sowing） 点播
dot-shaped 斑点状的（punctiformis)
dot size 点大小
dote ①腐烂，腐败 ②腐败物 ③朽木，死树（dota)
doted tree 腐朽树
dothiorella gummosis 真菌性流胶病
Dotted（Dt） 斑点［基因］
dotted 具斑点的（punctatus)
dotted crambus 点斑草螟［*Crambus atrisquamalis* Hampson］(草螟科)
dotted leaf 斑叶（folium punctatum)
dotted line 虚线，点线
dotted OR 点“或”｛电脑｝
dotted sweet potato weevil 甘薯白点象甲［*Alcidedes orientalis* Mshl.］(龟甲科)
dotting ①打点 ②打点杂交｛生技｝
dotting time 打点杂交时间
dotty ①有烂斑的｛病理｝②有点的，多点的｛显技｝
double ①加倍的，二倍的，二重的 ②双的，对的，两的，复的 ③重复的（duplex)
double acting ①双动的 ②双作用的 ③双动式
double-acting governor 双制式调速器
double acting pump 双作用泵
double-acting sprayer 双动式喷雾机
double action 双作用，双重作用
double-action disc harrow 双列圆盘耙
double-action harrow 双列耙
double-action ram （拖拉机悬挂系统)双作用油缸
double-action shock absorber 双作用减振

器
double-action tedder 双作用式摊草机,双动式摊草机
double adjustable sheave 双圆盘式可调皮带轮
double anaphase bridge 双后期桥{细胞}
double annual ring 双年轮（annulus annotinus duplus）
double antibody method 双抗体法
double backcrossing 双回交法
double bagging 双重套袋
double balloon catheter 双气囊导管
double-banded leafhopper 双纹叶蝉［*Erychroneura limbate* Matsumura］(叶蝉科)
double bar 重棒眼(果蝇)
double barrelled microelectrode 双管微电极
double-battery gin 双滚筒轧花机
double-beam balance 双轴天平
double beam mass spectrometer 双［光］束质谱仪
double-beam microspectrophotometer 双光束显微分光光度计
double-beam oscilloscope 双线示波器
double-beam spectrophotometer 双光束分光光度计
double bent 双弯弯头{环保}
double-bladed plough 双铧犁
double blind trial 双盲试验{生技}
double bond 双键
double bond migration 双键移位
double break 双断裂(染色体)
double-breasted plough 双壁开沟犁
double bridge 双桥（pons duplex）{细胞}
double bud-grafting 双芽嫁接
double budded tree 双芽接树
double budding 双芽接
double buds 重芽
double buffer 双缓冲器
double buffering 双重缓冲
double byte 双字节{电脑}
double Ca-superphosphate 重过磷酸钙
double chain 双链{分遗}
double chain palindrome 双链回文
double channel ①双通道{电脑}②双频道{信息}③双沟道{环保}
double check 双对照
double chlorination 双氯化法（指二次加氯）{环保}
double chop forage harvester 二次切碎青饲料收获机
double-chopper 双列重型圆盘耙
double clutching 二段联结
double coconut 海椰子［*Lodoicea seychellarum* Labill. = *L. maldivica*］(棕榈科)
double cocoon 双宫茧
double coiled spiral 双卷曲螺旋
double colonization 两度定居
double column 双柱分馏器
double confounding 双重混杂{统计}
double coupling method 双耦联法
double crib （贮存玉米）双排透仓
double crop 双作（指一年二茬）{耕作}
double crop paddy field 双作稻田
double crop system 双作制(两熟制)
double cropping 两熟,双季作,两期作(指一年一地栽培作物二次)
double-cropping area 两熟区,双季作区,两期作区
double-cropping by interplanting the season crop before the first is harvested 两熟套种法
double-cropping early rice 双季[作]早稻
double-cropping field 两熟田,双季作田,两期作田
double-cropping late rice 双季[作]晚稻
double-cropping of cotton and rapeseed 棉油两熟,棉花油菜籽两熟
double-cropping of paddy 水稻双季作
double-cropping of rice and bean 稻豆两熟
double-cropping paddy field 双季作稻田
double cropping rice 双季稻,双作稻
double-cross ①双杂交②双交
double-cross combination 双杂交配合
double-cross hybrid 双杂交杂种,双交种,双杂种
double-cross seeds 双杂交种子
double-cross tester 双交测验种
double crosses 双杂交种
double crossing-over（DCO） 双交换
double crossing-over tetrad 双交换四分体
double crossover 双交换
double cut-file 双纹锉(工具)
double-cut plow（= doubledeck plow） 双层犁
double-cylinder type thresher 双滚筒式脱粒机
double cylindrical bin 双圆筒形粮仓{农施}
double data structure 复式数据结构（指由图矩阵和布尔表达模式组成）{遥感}
double decomposition 复分解
double density 双密度
double-depth plow 双层犁
double-depth plowing 双层耕地
double diffused metal oxide semiconductor

(DDMOS) 双扩散金属氧化物半导体
double-diffusion treatment 双重连续扩散处理(木材防腐)
double diploid 双二倍体(diploida duplex)
double discharge spiral water turbine 双流式螺旋水轮机
double-disk harrow 双列圆盘耙
double disk marker 双[列]圆盘划行器{农施}
double-disk opener 双圆盘开沟器
double disking 双列圆盘耙耙地
double-distilled 重馏
double dominant 双显性个体
double dose 双倍剂量
double-double cross 双双杂交
double drilling 双行播种
double drum drier 双滚筒干燥器,双鼓干燥器
double edger 双圆锯裁边机
double-end knife colter 翻换式直犁刀
double endodermis 双重内皮层
double-entry bookkeeping 复式簿记{农经}
double exchange 双交换
double F_1 双交杂种第一代
double feed 双馈{电脑}
double fertilization 双受精(foecundatio duplex)
double-fertilized plot 加倍施肥区
double-file viburnum 蝴蝶树[*Viburnum tomentosum* Miq.](忍冬科)
double filtration 复过滤,二次过滤{环保}
double first cousin ①双重亲表兄妹 ②双重亲堂兄妹
double float 双浮漂
double flower 重瓣花(flosplenus)
double-flower cottonrose hibiscus 重瓣木芙蓉[*Hibiscus mutabilis* f. *plenus* (Andrews) S. Y. Hu](锦葵科)
double-flower creeping buttercup 重瓣匐枝毛茛[*Ranunculus repen* var. *plentiflorus*Fern.](毛茛科)
double-flower flowering plum 重瓣榆叶梅[*Prunus triloba* var. *pleno* Dipp.](蔷薇科)
double focusing 双聚焦
double focusing mass spectrometer 双聚焦质谱仪
double fragrant glorybower 重瓣臭茉莉[*Clerodendron fragrans* var. *pleniflorum* Hort.](马鞭草科)
double-frequency recording (DF) 双频制记录{信息}
double furrow 闭垄
double furrow plow (= double furrow plough) 双铧犁
double fuzzy deutzia 重瓣溲疏[*Deutzia scabra* var. *plena* Rehd.](绣球科)
double-gang disk harrow 双列圆盘耙
double-gang packer 双列镇压器
double germ 双胚
double-glazed sash 双层框盖,双层框窗(指温床盖)
double-glumed rice 双颖稻
double golden-rod (= tall golden-rod, high golden-rod) 高一枝黄花[*Solidago altissima* L.](菊科)
double grafting 二重接(insitio duplex)
double green revolution 双重绿色革命{农系工}
double-gun 双筒喷枪,双管喷枪
double haploid 双单倍体(haploida duplex)
double harness 双马挽具
double-harvest rice 双季稻
double hashing 双重散列
double-helical 双螺旋的(bihelicalis)
double-helical DNA 双螺旋 DNA
double-helical double helix 双螺旋形双螺旋
double-helical hypothesis (= double helix hypothesis) 双螺旋假说
double-helical spur gear 人字齿轮
double-helical structure 双螺旋结构
double helix 双螺旋(helix duplex)
double helix configuration 双螺旋构型
double-helix hypothesis 双螺旋假说{分遗}
double helix model 双螺旋模型{分遗}
double helix of DNA DNA 双螺旋
double heterozygote ①双杂合子 ②双杂合体
double hump 双锋
double hybrid 双杂种,双交种
double immunodiffusion 双向免疫扩散
double inheritance 双重遗传性
double interlocking 双互锁
double invasion 两度侵入
double isotrisomic 双等臂三体生物(isotrisomicus duplex)
double-jacketed kettle 二重锅
double kerneled rice 双粒稻
double key 双键
double knife mower 双刀割草机{农施}
double-label method 双标记法
double-labelled 双标记的
double labelling 双标记
double lattice design 双重格子方设计{统

计}
double layer ①双层 ②双电层,电偶层
double layer trimming 二层式整枝
double-layered cocoon 双层茧
double-layered panel 双层板
double leader 双顶枝
double leaf maplewort 二叶槭花草[*Epimedium diphyllum* Lodd.](小檗科)
double lens 双透镜
double magnifier 二重放大镜
double manure salt 硫酸钾镁盐{农化}
double mating 双重配种
double membrane 双膜(membrana duplex)
double-membraned structure 双膜结构
double metaphase plate 双中期板
double minute chromosome (DMC) 双微小染色体
double moldboard plow 双壁[开沟]犁
double monoisomomic 双单等臂[染色]体的(diplomonoisomomicus){细胞}
double monosomic ①双单体生物 ②双单体的(diplomonosomicus)
double monotelosomic 双单端[着丝粒染色]体的(diplomonotelosomicus)
double monster 连体怪胎{昆虫}
double muscle (=rump) 猪尻
double mutant 双突变体
double non-disjunction 双不离开
double nozzle 双头喷嘴
double nullisomic 双缺对染色体的
double nursing 一母哺双犊
double ocellus 双眼点{昆虫}
double or triple sowings a year 一年二、三熟(指一年播种二、三次)
double outer membrane 双外膜
double palindrome 双回文{分遗}
double perianth 重花被(perianthium plenum)
double peristome 双齿层(peristoma duplex)
double-plant interplanting 双株间作
double-plant seedlings 双株苗
double plate clutch 双片式离合器
double plow 复式犁
double plowing 套耕
double ply 双层{真菌}
double-pointed hoe 丁字镐
double-pointed pick 二头锄
double-pointed shovels 双尖互换式松土铲
double pot (试验用)双层盆
double precision computation 双精度计算
double primer method 双引物法{生技}
double profile 双重[纵]断面{水利}
double-prong guard (切割器)双联护刃器
double-purpose breed 两用品种,兼用品种
double-purpose cattle 兼用牛
double quantum process 双量子过程
double raking 双耙搂草
double recessive 双隐性的
double recessive recombinant 双隐性重组体
double reduction 双减数(reductio duplex)
double refraction 两折射[作用]
double refraction of flow 流动两折射
double resonance 双共振
double-return siphon 乙字存水弯{环保}
double-reversal feeding 二回反转饲育,双互换饲育{蚕}
double-reversal trial 二回反转试验,双互换[饲育]试验
double-ribbon conveyer 双带输送带
double-ridged stage 双棱期(指禾谷类作物小穗原基分化各时期之一)
double ring 双轮,复轮(木材)
double roll 复式滚筒制粉机
double row 双行
double row-line seeding 双行条播
double row planting 双行种植
double row seeding (=double row sowing) 双行条播,双行播种
double-run feed 内槽轮排种器
double salt 复盐
double samara 双翅果(disamara)
double sampling 双重取样,复式取样
double sash bed 双框温床,双斜面温床
double saxifrage tunic-flower 重瓣洋石竹[*Tunica saxifraga* var. *florepleno*](石竹科)
double seams 双卷边封罐法
double-section pump 双吸泵
double seeding 二重播(混播牧草)
double-serrate 有重锯齿的(duplicatoserratus)
double service (=double mating) 双重配种
double-shake cleaning 双向摇筛清选
double-shared plow 双铧犁
double-sickle cutterbar 双动刀切割器
double-sickle mower 双刀刈草机
double side-weir overflow 两侧溢流堰{水利}
double-sided pig drinker 猪双面饮水器
double-sided spraying 两面喷雾
double sigmoid growth curve 双S形生长

曲线
double signals 双信号
double-sized dicentric chromosome 双倍大的二着丝点染色体
double-sized ring 双倍大的环
double sloping bed 双斜面温床
double-socket pipe 双承口管{环保}
double-spines pincushion 白玉兔[*Mammillaria geminispina* sp.](仙人掌科)
double spiral 双螺旋(spiralisduplex)
double staining 双重染色{显技}
double staining method 双重染色法{显技}
double stem 双茎(caulis duplex)
double stem training 双干整枝
double strand(ds) 双链{分遗}
double-strand replicative form 双链复制型{分遗}
double-stranded 双链的,双股的
double-stranded complex 双链复合物
double-stranded conformation 双链构象
double-stranded DNA(ds DNA) 双链DNA
double-stranded DNA helix 双链DNA螺旋
double-stranded RNA(ds RNA) 双链RNA
double-stranded RNA-dependent protein kinase 依赖于双链RNA的蛋白激酶
double-stranded RNA virus 双链RNA病毒
double-stranded scission 双链分裂
double-stranded segment 双链节段
double-stranded sequence 双链序列
double suction pump 双吸泵
double summation 双重连加,双重积加{统计}
double summit 双心材
double superphosphate 重过磷酸钙
double superphosphate of lime 重过磷酸钙(石灰)
double-swivel nozzle 双头喷嘴(指喷雾机)
double tagging 双标记
double telosomic 双端[着丝点染色]体的(diplotelosomicus)
double tenon 双榫
double tetraploid 双四倍体(tetraploida duplex)
double thread spiral 双线螺旋
double tongue grafting 双舌接{园艺}
double trace 双迹
double transversion 双颠换{分遗}
double trisome 双三体(trisoma duplex)
double trisomic ①双三体生物 ②双三体的(diplotrisomicus)
double tube substructure 双管亚结构
double-tube tire 双内胎轮胎
double-turn plow 双壁[开沟]犁
double-twisted 二回旋曲的(bistortus)
double two-way selection 双二向选择
double type 双型,加倍型
double U training 双U形整枝
double unit membrane 双单位膜
double V-belt 双面三角胶带
double veil 双层菌幕{真菌}
double walled hive 重壁蜂箱,双壁蜂箱
double wave 重叠波
double weight paper 复合相纸(指厚纸基相纸){遥感}
double wheel 双盘压土轮
double-wheel plough (= double-wheel plow) 双轮犁
double whip grafting 双舌接{园艺}
double-wing ditcher(= double-wing plow) 双壁开沟犁
double-winged fruit(= double samara) 双翅果(disamara)
double working(= double grafting) 二重接{园艺}
double working disorder 二重接病
double X 双X(染色体)
double yoke ①双轭(马具) ②双牛轭
doubled 重复的,加倍的(duplicatus)
doubled haploid 加倍单倍体
doubled hybrid 加倍杂种
doubler 加倍器,倍增器
doublespan frame 双面温床,双面框架
doublet ①并联体{遗传} ②双重线{细胞} ③双合透镜{显技} ④偶极子,偶极天线{电}
doublet tubules 双联微管
doubletree ①双横木{农机} ②并生木{森林}
doubling ①加倍[作用]{细胞} ②重复{育种} ③重瓣[现象]{形态}(duplicatio)
doubling chromosome number 加倍染色体数
doubling dilution 加倍稀释
doubling dosage 加倍剂量
doubling dose 加倍剂量
doubling of chromosome 染色体加倍
doubling time 加倍时间,倍化时间,倍增时间
doubling-up procedure 双重对折方法
doubly chained technique 双链技术{电脑}
doubly coupled linear programming 双联线性规划
doubly dentate(= doubly toothed) 具重牙齿的(bidentatus)

doubly-linked ring 双链环{电脑}
doubly serrate 重锯齿的(biserratus)
doubly toothed 具重牙齿的(bidentatus)
doubtful 可疑的(dubius)
doubtful species 可疑种(species dubius)
doubtless 无疑的
doucin crabapple 道生沙果[*Malus pumila* var. *precox* Pall.](蔷薇科)
doucon 甜沙果(作矮化砧木用)
dough 生面团
dough nut 油炸甜团,炸糕
dough ripe 蜡熟的
dough ripe stage (=dough stage) 蜡熟期
Douglas fir (=Douglas spruce, Douglas tree) 花旗松(北美黄杉)[*Pseudotsuga douglasii* Carr.](松柏科)
Douglas fir adelges (=Cooley spruce gall aphid) 花旗松球蚜(黄杉球蚜)[*Adelges cooleyi* (Gillette)](球蚜科)
Douglas fir beetle 花旗松木蠹(黄杉木蠹)[*Dendroctonus pseudotsugae* Hopk.](小蠹科)
Douglas scale 道格拉斯波级[表]{遥感}
doum palm 姜果棕属[*Hyphaene* Gaertn.](棕榈科)
dourine (=covering disease) (马,骡)媾疫,马性病
dove 鸽[*Columba* sp.](鸠鸽科)
dove cote 鸽舍,鸽房
dove-like 似鸽的,鸽状的(columbarius)
dove tree ①珙桐属[*Davidia* Baill.](珙桐科) ②珙桐(=dove-flower tree)[*Davidia involucrata* Baill.]
dovelet 幼鸽
Dove's-foot cranesbill (=Dove's-foot geranium) 柔毛老鹳草[*Geranium molle* L.](牻牛儿苗科)
dovetail tenon 鸠尾榫
dovetailed hive 鸠尾榫蜂箱
Dow 9-B (=zinc trichlorophenate) 三氯酚锌(杀菌剂)[$C_{12}H_4Cl_6O_2Zn$]
Dow dormant 道氏休眠期药液
Dow ET14 皮蝇磷{农药}
Dow ET57(fenchlorphos) 皮蝇磷
dowel ①缀缝钉,合钉,暗榫 ②销钉 ③木钉
Dowex 道威克(离子交换树脂的商品名称)
Dowfume (=1,2-dichloroethane) 二氯乙烷
Dowicide (=2-phenylphenol) 联苯酚{农药}
Dowicide 2 2,4,5-三氯酚(杀菌剂)[$C_6H_3Cl_3O$]
Dowicide 7 (=PCP) 五氯酚
Dowicide A (=Natriphene) 联苯酚钠
down ①短茸毛(pubes) ②故障,故障停机,停机③⌊复⌉(白垩质)高原,丘陵,沙丘
down budding 下芽接{园艺}
down calver 临产母牛
down calving (母牛)临产
down-calving cow 临产母牛
down converter 下变频器{遥感}
down counter 向下数值计数器
down dressing 根部追肥
down feather 绒羽,纤羽{禽}
down feed system 下分式[给水]系统(指在室内){环保}
down feed two pipe system 下分式双管系统(布置){环保}
down flow 下向流,下降流{环保}
down flow regeneration 下向流再生
down grains 倒伏禾谷,倒伏谷物
down-hill method 下山法{信息}
down-hill side 溪谷
down-lead 下引线
down link (=downlink) 下行线路,下行链路
down load ①卸载 ②转载 ③向下发送
down regulation 负调节,减量调节,下调
down regulator 负调节物,减量调节物,下调物
down size 缩小尺寸
down stream 下游{水利}
down stream face 下游面
down suction (犁体)垂直间隙
down symbol 降符号
down-the-row picking 顺行采摘
down-the-row ridging 顺行培土
down-the-row thinner 顺行间苗机
down-the-row thinning 顺行间苗
down-the-row topping 顺行打顶
down-the-row weeding 顺行除草
down time 维修时期(指机器)
down to 降到
down washing 下沉洗流(指部分排出的烟囱烟气有向地面下降的现象){环保}
downcoast 下行海岸,向南海岸
downcomer 下水管,落水管{环保}
downdraft 下沉气流
downflow fixed bed 下流固定床{生技}
downgrade 降等,降级
downiness 短茸毛性(pubescentia)
downland 丘陵地,岗地
downline 下行线
downloading 卸下,卸载
downpipe (喷雾机)下悬喷管,下悬管

downpour 倾盆大雨
"down"promoter mutation 下向启动子突变
downrange station 离开发射中心测试站
Down's syndrome 唐氏综合征{遗传}
downsizing ①小型化,缩小化 ②向下适应
downslide 下滑
downslide motion 下滑运动
downslide surface 下滑面
downstream ①下游 ②顺游
downstream processing 下游处理
downstream sequence 下游序列
downstroke ①重笔 ②重打
downtake pipe 下出管,落出管
downthrown block 地堑,陷落地块
downtime 非工作状态时间,故障时间,停机时间{信息}
downtown area 闹市区
downward erosion 下切侵蚀
downward flow of water 下向水流
downward force 下向力
downward motion 下向运动
downward movement 下向运动
downward pressure 下向压力
downward project 向下投影
downward selection 向下选择
downward stroke 下降行程
downward velocity 下向速度
downwelling 下降流
downy ①具短茸毛的(pubescens){形态} ②具绒毛的{禽} ③丘陵地的,沙丘的{土壤}
downy-awned 毛芒的(hebestachyus)
downy-branched 毛枝的(hebecladus)
downy chess (= brome grass) 旱雀麦
downy-flowered 毛花的(pubiflorus)
downy-fruited 毛果的(hebecarpus)
downy groundcherry 黄姑娘[酸浆][*Physalis pubescen* L.](茄科)
downy-leaved 毛叶的(ptilophyllus)
downy mildew 霜霉病
downy mildew of alfalfa 苜蓿霜霉病[*Peronospora aestivalis* (Syd.)Gaum.]
downy mildew of box-thorn 枸杞霜霉病[*Peronospora lycii* Ling et M.C.Tai]
downy mildew of broad bean 蚕豆霜霉病[*Peronospora viciae* de Bary]
downy mildew of cabbage 甘蓝霜霉病[*Peronospora parasitica*(Pers.)Fr.]
downy mildew of Chinese cabbage 小白菜霜霉病[*Peronospora parasitica* (Pers.) Fr.]
downy mildew of common vetch 巢菜霜霉病[*Peronospora viciae* de Bary]
downy mildew of corn 玉米霜霉病[*Sclerospora maydis* Butter.]
downy mildew of cornflower 矢车菊霜霉病[*Bremia centaurea* Syd.]
downy mildew of crucifers 十字花科蔬菜霜霉病[*Peronospora parasitica* (Pers.) Fr.]
downy mildew of cucumber 黄瓜霜霉病[*Pseudoperonospora cubensis* (B. et C.) Roster]
downy mildew of cucurbits 瓜类霜霉病[*Peronoplasmopora cubensis* (B. et C.) Clinton.]
downy mildew of garden cress 独行菜霜霉病[*Peronospora lepidil-virginci* Gaum.]
downy mildew of garden radish 萝卜霜霉病[*Peronspora brassicae* Gaumann]
downy mildew of grape (= downy mildew of vine) 葡萄霜霉病[*Plasmopara vioicola* (B.et C.) Berl. et de Toni]
downy mildew of hemp 大麻霜霉病[*Pseudoperonospora cannabina* (Otth.) Curzi.]
downy mildew of leaf-mustard 芥菜霜霉病[*Peronospora parasitica*(Pers.)Fr.]
downy mildew of lentil 小扁豆霜霉病[*Peronospora viciae* de Bary]
downy mildew of lettuce 莴苣霜霉病[*Bermia lactucae* Begel.]
downy mildew of Indian mallow 苘麻霜霉病[*Plasmopara skvortzivii* Miura.]
downy mildew of melon 甜瓜霜霉病[*Pseudoperonospora cubensis* (B. et C.) Rostr.]
downy mildew of millet 粟白发病、谷子白发病[*Sclerospora graminicola* (Sacc.) Schroet.]
downy mildew of onion 洋葱霜霉病[*Peronospora schleideni* Unger.]
downy mildew of Pe-Tsai 白菜霜霉病[*Peronospora parasitica* (Pers.)Fr.]
downy mildew of pea 豌豆霜霉病[*Peronospora pisi* Syd.]
downy mildew of radish 萝卜霜霉病[*Peronospora parasitica* (Pers.)Fr.]
downy mildew of rice 稻霜霉病[*Sclerospora oryzae* Brizi.]
downy mildew of sorghum 高粱白发病[*Sclerospora sorghi* (Kulk.) West. et Upp.]
downy mildew of soybean 大豆霜霉病

[*Peronospora manschurica* (Naum.) Syd.]
downy mildew of spinach 菠菜霜霉病 [*Peronospora effusa* (Grev.) Ces.]
downy mildew of sugar cane 甘蔗霜霉病 [*Sclerospora sacchari* Miyake]
downy mildew of sunflower 向日葵霜霉病 [*Plasmopara halstedii* Fall.]
downy mildew of timothy 梯牧草(猫尾草)白发病 [*Sclerospora graminicola* (Sacc.) Schroet.]
downy mildew of turnip 芜菁霜霉病 [*Peronospora parasitica* (Pers.) Fr.]
downy mildew of wasabi 山葵霜霉病 [*Peronospora alliariae-wasabi* Gaum.]
downy mildew of water melon 西瓜霜霉病 [*Pseudoperonospora cubensis* (Berk. et Curt.) Rostr.]
downy mildew of Welsh onion 葱霜霉病 [*Peronospora destructor* (Berk.) Casp.]
downy myrtle 桃金娘 [*Rhodomyrtus tomentosa* (Ait.) Hassk.](桃金娘科)
downy oat-grass (= hairy oat-grass) 毛燕麦 [*Avena pubescens* L.](禾本科)
downy-pistiled 毛雌蕊的 (hebegynus)
downy rattle-snake plantain 柔毛斑叶兰 [*Goodyera pubescens* (Willd.) R. Br.](兰科)
downy rose myrte ①桃金娘属 [*Rhodomyrtus* Reichb.](桃金娘科) ②桃金娘 [*Rhodomyrtus tomentosa* (Ait.) Hassk.]
downy-toothed 毛齿的 (ptilodontus)
downy vetch (= winter vetch) 长柔毛野豌豆
doxorubicin (= adriamycin) 阿霉素
dozen 一打,十二个
dozer 推土机
DPC (= daily processing capacity) 日处理能力
DPD (= diffusion pressure deficit) 扩散压逆差
DPG (= 2,3-diphophoglycerate) 二磷酸甘油酸
D. P. L. cotton (= Delta Pineland cotton) 岱字棉
DPN (= diphosphopyridine nucleotide) 二磷酸吡啶核甘酸,辅酶 I
DPN kinase 辅酶 I 激酶,DNA 激酶
DPN-pyrophosphorylase 辅酶 I 焦磷酸化酶
DPNH (= reduced diphosphopyridine nucleotide) 还原型辅酶 I
DPNH-cytochrome b_5-reductase DPNH 细胞色素 b_5 还原酶
DPNH-cytochrome c-reductase DPNH 细胞色素 c 还原酶
DR (= direct repeat) 同向重复 [序列]{分遗}
DR curve (= dosage-response curve) DR 曲线,剂量-反应曲线
drab 土褐色的,暗黄色的
drab clay 暗色黏粒[土]
drab soil 褐土
dracaena (= dragon dracaena) ①龙血树属 [*Dracaena* Vand. ex L.] ②龙血树 (= dragon tree) [*Dracaena draco* L.] ③竹蕉(德利龙血树) [*Dracaena deremensis* Engler]
dracena ①朱蕉属 [*Cordyline* Royen.](百合科) ②朱蕉 [*Cordyline fruticosa* (L.) A. Chev.]
drachorhodin (= dracorhodin) 龙血树深红素
dracocephalous 龙头状的 (dracocephalus)
draconopterous 龙翅状的 (draconopterus)
dracunculus ①龙芋属 [*Dracunculus* Schott](天南星科) ②龙芋 [*Dracunculus vulgaris* Schott]
draft ①牵引,牵引力,拉力 ②气流,通风 ③马具,车辕 ④汇票,汇票支取,提款 ⑤草图,草稿,绘图,制图 ⑥汲出 ⑦汲水 ⑧引通
draft animals 挽用家畜,挽畜
draft apparatus 通风设备,通风机
draft beer 生啤酒,桶装啤酒(由桶内直接注出的啤酒)
draft cattle ①(= draft animals) 挽畜 ②(= draft cow) 挽用牛
draft center 阻力中心
draft chamber 通风室
draft control (悬挂装置)牵引力调节
draft copy 草稿复制
draft dynamometer 牵引力计
draft foal 挽用驹
draft hole (= ventilating hole) 通风洞,通气孔{环保}
draft horse 挽用马,役马
draft implement 牵引农具
draft indicator 拉力计
draft machine 绘图机,制图机
draft ox 挽用牛,役用犍牛
draft performance 役用能力
draft rope 牵引绳,拉绳
draft saddle 牵引鞍
draft tube ①通气管 ②引水管{环保}

draft tube mixer 抽管搅拌器,汲升管搅拌器{环保}
drafter 描图器,绘图器
drafting ability 牵引能力
drafting machine 绘图机,制图机
drafting room 制图室
drafting scale 制图尺
drafting set 全套绘图仪{遥感}
drafting software 绘图软件
drafting type 挽用型
draftman 制图员,制图者
drag ①阻力 ②牵引力,拉力,曳力 ③耙平 ④平地机,耢,拖板 ⑤打捞,捞泥 ⑥挖泥机,挖土机 ⑦制动装置
drag and drop 拖放(即拖曳和落下)
drag apron (施肥机)送肥装置
drag bar ①连接杆 ②牵引杆
drag chain (=drag links) 拖链,覆土链
drag coefficient 曳力系数,拉力系数{环保}
drag conveyor 刮板式输送器
drag coverer 覆土板
drag drill 牵引式条播机
drag-flight type unloader 刮板式卸载机
drag harrow 牵引耙,宽齿耙
drag line (=traction rope) 牵引钢索
drag links 覆土链,拖链
drag plow (=trailed plow) 牵引犁
drag rake 牵引式搂草机
drag shoe 制动块
drag turf 沼泽草皮
drag wheel (=gange wheel) ①导轮 ②限深轮
dragfold 牵引褶皱,拖曳褶皱{遥感}
dragged 拖拉的,牵引的
dragger 牵引机
dragging ①平地 ②耙地
dragging skidding 牵曳集材法
dragline cableway excavator 索道拉铲挖土机
dragline scraper 拉索式铲运机
dragnet ①小型拖网 ②地曳网
dragon arum ①天南星属[*Arisaema* Mart.](天南星科) ②天南星[*Arisaema consanguineum* Schott.]
dragon dracaena ①龙血树属[*Dracaena* Vand. ex L.] ②(=dragon tree) 龙血树[*Dracaena draco* L.]
dragon spruce (=Chinese spruce) 云杉[*Picea asperata* Mast.](松科)
dragon tree 龙血树[*Dracaena draco* L.](百合科)
Dragon Well green tea 龙井茶(我国名茶之一)
dragonfly ①蜻蜓 ②⌊复⌉蜻蜓目(Odenata)
dragonhead ①青兰属[*Dracocephalum* L.](唇形科) ②青兰[*Dracocephalum ruyschiania* L.]
dragon's blood 龙血树脂
dragon's eye ①龙眼属[*Euphoria* Comm.](无患子科) ②龙眼(桂圆)[*Euphoria longana* Lam.]
dragsheet (熏蒸用)拖篷
drain ①排水沟,排水暗沟(管) ②排水管 ③⌊复⌉排水系统,排水装置
drain channel 排水渠(河)槽
drain cleaner 清沟机
drain cock 放水栓
drain collector 排出水干管{环保}
drain conduit 排水管渠,出水渠{环保}
drain digger 挖沟机
drain ditch 排水沟,排水明沟{环保}
drain flux 排水流量
drain gutter 天沟,檐沟{环保}
drain header 排水主管
drain hole 排水孔
drain line 排水线路
drain pipe (=drain tile) 排水管
drain-pipe layer 排水管铺设机
drain pit (drain sump) 排水坑,排水井
drain plug 排水塞,放水塞
drain pump ①排水泵 ②抽油泵{环保}
drain trap 存水弯{环保}
drain valve 放水阀,放水活门
drainable rice nursery 旱秧田,易排水秧田
drainage ①排水,排出 ②水系(排水系统)
drainage after sprouting 萌芽后排水
drainage and irrigation equipment 排灌设备
drainage and irrigation hyelectric power 电力排灌
drainage area 排水区,排水面积,流域面积
drainage basin 流域
drainage by open channel 明渠排水
drainage by sand piles 沙井排水
drainage by underground pipe 暗管排水
drainage by well point 井点排水
drainage canal 排水渠
drainage channel 排水沟,明沟
drainage condition 排水条件
drainage density 河网密度,水系密度{水利}
drainage district 排水区域{环保}
drainage ditch 排水沟
drainage ditch on raised ridge 畦埂渠沟
drainage divide 分水线
drainage equilibrium 排水平衡

drainage facility 排水设备
drainage gate 排水闸
drainage machine 排水机
drainage machinery 排水机械
drainage map 流域图｛遥感｝
drainage network 排水网
drainage of foundation 基础排水｛环保｝
drainage of overwet land 过湿地排水
drainage outlet 排水口，泄水管
drainage pattern 水系型｛水利｝
drainage pipe 排水管
drainage pipe line 排水管线｛环保｝
drainage pump 排水泵｛环保｝
drainage quota 排水定额
drainage ratio 水道比，径流系数｛水利｝
drainage requirement 排水定额，需排量
drainage scheme 排水系统方案
drainage sluice 排水闸
drainage system 排水系统
drainage terrace 排水阶地
drainage-tile 排水瓦管
drainage tube 排水管
drainage water 排水
drainage well 排水井｛环保｝
drainage work 排水工程
drainage works 排水设施
drained 排水的
drained application （水田）落干施用，落干撒药，排干撒药
drained land 排水地，旱地
drained rice nursery 旱秧田
drained soil 排水土壤
drained treatment 排水处理，落干处理
drained weight 去汁重量
drainer ①排水渠，暗沟，阴沟 ②排水器，排水机
draining ①排水，放水 ②细流，滴流
draining board 滴水板｛环保｝
draining ditch 排水沟
draining equipment 排水设备
draining implement 排水机具
draining modulus 排水模数
draining of nursery 秧田排干、秧田排水
draining of rice nursery 秧田排水落干｛栽培｝
draining of salt 排盐
draining off 排水
draining plow 开排水沟犁
draining point 滴水叶尖｛生理｝
draining scheme 排水规划
draining shaft 排水竖井
draining trench 小排水沟
draining well 排水井
drainlayer 排水管铺设机
drainless area 无排水区
drainless basin 封闭盆地
drake 公鸭，雄鸭
drakling 小公鸭
dram 打兰（火药量单位）｛狩猎｝
DRAM (= direct random access memory) 直接随机存取存储器｛电脑｝
dramatic ①戏剧性的，急剧的 ②惊人的，奇迹般的 ③显著的，明显的，鲜明的（dramaticus）
dramatic change 惊人变化
dramatic decrease 急剧减低，显著减低
drank (= drauk, rye-like brome) 黑麦雀麦［*Bromus secalinus* L.］（禾本科）
draper ①带式输送器 ②布面清选机，绒面清选机
drassid spider (= webbing spider) 掠蛛［*Lampona obscoena* Koch］
drastic ①急剧的，激烈的，猛烈的，强烈的 ②烈性的（drasticus）
drastic change 激烈变化
drastic down-pruning （茶树）台刈
drastic evolution 飞跃进化
drastic increase 急剧增加
drastic morphological mutation 飞跃形态学突变
drastic reduction 急剧减少
drastic reorganization 急剧重组织
draught (= draft) ①牵引，牵引力，拉力 ②气流，通风｛气象｝③马具，车辕 ④汇票，汇票支取，提款 ⑤草图，草稿
draught animals (= draft cattle, draft animals) 挽畜
draught beer (= draft beer) 生啤酒
draught cow (= draft cow) 挽用牛
draught foal (= draft foal) 挽用驹
draught horse (= draft horse) 挽用马
draught ox (= draft ox) 挽用牛，役用犍牛
draught power ①牵引功率 ②牵引力
drauk (= drank, rye-like brome) 黑麦雀麦［*Bromus secalinus* L.］（禾本科）
draw ①搔苗，耢草｛栽培｝②牵引｛农机｝③取出（禽类内脏）｛禽｝④（烟囱等）通风，通气｛加工｝⑤（池水，井水等）汲取，疏干｛水利｝⑥画线｛电脑｝
draw-down of water level 水位降程
draw gear 牵引装置
draw hoe 除草锄，耨锄
draw key 活动键，滑键｛农机｝
draw net 拖网｛水产｝
draw-off 泄水［管］，排除［管］｛环保｝

draw-off pipe 泄水管〔环保〕
draw-off valve 泄水阀
draw out foundation 筑造巢脾〔蜂〕
draw out suckers 抽条,萌蘖,生蘖
draw samples 抽样
draw tongue 牵引杆,辕杆
draw tube (显微镜)活镜筒,抽筒
draw well 汲井
drawable 可绘制的(drawabilis)
drawback ①缺陷,缺点,不利 ②障碍,故障
drawbar 牵引杆,拉杆
drawbar clevis 牵引环,牵引钩,挂钩
drawbar dynamometer 拉力表
drawbar height 牵引点高度
drawbar horsepower(DBHP) 牵引马力,牵引功率
drawbar pull 牵引力
drawbar type 牵引杆型
drawbridge 吊桥,开合桥〔水利〕
drawdown (地下水)水位下降,抽降〔环保〕
drawer ①抽出,提出 ②抽屉
drawing ①搔苗,除草〔栽培〕②制图,绘图,描图〔测〕③拉弓,开弓〔狩猎〕④抽签,提取〔电脑〕
drawing board 制图板
drawing camera 描绘器
drawing compass 制图用圆规
drawing device 绘图装置
drawing engine 绘图机
drawing furnace 回火炉
drawing grid 绘图格网〔遥感〕
drawing ink 绘图墨(墨汁、墨水)
drawing instrument 绘图仪器
drawing interchange format(DXF) 绘图用交换格式
drawing interface 图表接口
drawing knife 制图用刀子
drawing machine 绘图机
drawing out 育出
drawing paper 制图用纸
drawing pen 制图用笔
drawing pencil 绘图铅笔
drawing pin 图钉
drawing prism 描绘棱镜
drawing processor 绘图处理机
drawing quality 描绘质量
drawing room 制图室
drawing scale 绘图分划尺
drawing string 制图用线绳
drawing table 制图桌
drawing tension 牵引压,拉力
drawing water 引水,汲水
drawn ①牵引用的 ②牵引式
drawn back 缩回的(retractus)
drawn comb 筑好巢脾〔蜂〕
drawn implement 牵引式农机具
drawn mower 牵引式刈草机
drawn plow 牵引式犁
drawout sample 抽样
dray 马车,载重马车
dray horse 挽马
dray saw 拖锯
drazoxolon 敌菌酮(杀菌剂)[$C_{10}H_8ClN_3O_2$]
dredge ①挖泥,清淤,疏浚 ②挖泥机(船)③采捞
dredge boat 挖泥船
dredge corn ①混合谷物饲料 ②(已脱粒)玉米粒
dredge pump 吸泥泵
dredger ①挖泥机(船),疏浚机(船)②采捞船
dredging ①挖泥,清淤,疏浚 ②采捞
dredging machine 挖泥机
dreen 林地沼泽(指处在大陆与边缘岛之间)
dregs ①渣滓,沉渣,酒糟,糟粕 ②屑,垃圾,废物
drench ①浸,泡 ②使湿透,灌注
drencher ①喂药器 ②人工降雨设备 ③大阈
drepanidium(= drepanium, sickle-shaped cyme) 镰状聚伞花序(drepanidium)
drepaniform 镰形的(drepaniformis)
drepanocarpous 具镰状果的(drepanocarpus)
drepanocladous 具镰状枝的(drepanocladus)
drepanolobate 具镰状分裂的(drepanolobatus)
drepanophyllous 具镰状叶的(drepanophyllus)
drepanopterous 具镰状翼的(drepanopterus)
dress ①梳理,整刷,梳整 ②准备,备制,调制 ③修剪 ④施肥 ⑤(杂草)清除 ⑥(种子夹杂物)剔除 ⑦种子消毒,拌种 ⑧鞣革 ⑨(牲畜)剥皮,除去内脏 ⑩包扎,敷药 ⑪选矿
dress water 选矿水〔环保〕
dressed carcass (已修整)胴体,屠体〔畜〕
dressed carcass facility 胴体设施,屠体设施
dressed carcass percentage 胴(屠)体[出肉]率
dressed flax 梳整亚麻
dressed seed 消毒种子,拌药种子
dressed weight 胴体重,屠体重
dresser ①清种机 ②种子消毒器,拌种器 ③追肥器 ④修整器,修整工具

dressing ①粉膜,粉衣 ②施肥,追肥 ③拌种 ④清选,精选
dressing agent 拌种剂
dressing cultivator 追肥中耕机
dressing fan 清粮风扇,清选风扇
dressing furrow 追肥沟,施肥沟
dressing hackle 整麻梳
dressing in row 行内追肥
dressing machine ①清粮机 ②拌种机
dressing material 包扎材料
dressing percentage 屠宰率
dressing powder 拌种药粉
dressing shoe 精选筛
dressing sieve 清选筛,下筛
Drew's formo-chrome-haematoxylin method 杜留氏甲醛铬酸苏木精[染色]法{显技}
dribble 滴下
dribble applicator (农药或液肥)滴洒机
dribbling 滴灌,洒水灌溉
driblet 小量,微量
dried 干的,干燥的
dried-air drying 干空气干燥
dried bean beetle (= common bean weevil) 大豆象(菜豆象)[*Acanthoscelides obtectus* (Say)](象甲科)
dried bean curd 豆腐干
dried bean without pod 去荚干豆
dried bêche-de-mer 海参
dried beef 牛肉干
dried beet 甜菜干
dried blood ①干血(肥料用) ②血粉(饲料用)
dried chips (= dried sugar beet pulp) 甜菜干渣
dried cocoon 干茧
dried cocoon certification 干茧检定
dried corm slice ①干球茎片 ②粗磨蒟蒻粉
dried corm slice of konjak 粗磨蒟蒻粉{加工}
dried currant 葡萄干
dried-currant moth (= almond moth) 粉斑螟[*Cadra cautella* (Walker)](斑蛾科)
dried day-lily [干]金针菜,干黄花菜{加工}
dried egg white processing 干蛋白加工{加工}
dried eggs 蛋粉
dried fig moth (= driedcurrant moth, almond moth) 粉斑螟
dried fish 鱼鲰干
dried fish beetle 鱼干蠹蠹[*Dermestes cadaverinus* Fabricius](皮蠹科)
dried flower 干花(如黄花菜)
dried forage 干饲料
dried fruit 干果
dried fruit beetle 干果露尾甲[*Carpophilus hemipterus* (Linnaeus)](露尾甲科)
dried-fruit mite ①干果螨[*Carpoglyphus lactis* (Linnaeus)] ②⌞复⌝果螨科[Carpoglyphidae]
dried-fruit moth fly ①干果螟[*Vitula edmandsae serratilineella* Ragonot] ②印度谷螟[*Plodia interpunctella* (Hübner)](谷蛾科)
dried fruit processing 干果加工{加工}
dried goods 干燥食品
dried grass 干草,干牧草
dried grass meal 干草粉
dried hay 干草(饲料)
dried kaki vines (= cured kaki vines) 柿干{加工}
dried land 干燥地
dried leaf 干叶(烟叶)
dried longan pulp 桂圆肉,干龙眼肉{加工}
dried malt 干麦芽
dried meat 干肉,肉干
dried meat flake processing 肉脯加工{加工}
dried milk 奶粉
dried mushrooms (= dried fungi) 干蘑菇
dried mussel 淡菜(指贻贝的肉经烧煮后曝晒而成的干制食品)
dried noodle processing 挂面加工{加工}
dried out 干透的(siocatus)
dried peat moss 干泥炭藓(一种肥料)
dried persimmon 柿饼{加工}
dried plum 李干
dried press 干榨机
dried product 干制品
dried prune 梅干,杏干
dried roughage 干粗料
dried skim milk 脱脂乳粉
dried sludge 干淤泥
dried soil 干土
dried top 枯梢
dried-up cane 风干蔗
dried vegetable 菜干,干菜
dried vinasse 干酒糟
dried weight 干重
dried yeast (= dry yeast) 干酵母
drier ①干燥器,干燥机 ②干性油 ③干燥剂
drift ①遗传漂变{遗传} ②飞入他群{蜂} ③吹送风{气象} ④漂移,漂流,吹流{土壤} ⑤推进{物} ⑥冰碛,冰碛物{地质} ⑦偏航{遥感}
drift angle 偏航角,漂移角{遥感}
drift bed 冰碛层

drift clay 冰碛黏土
drift-corrected amplifier 漂移校正放大器
drift-dammed lake 冰碛［阻滞］湖
drift deposit 冰碛沉积物
drift error 漂移误差｛统计｝
drift fishery 流网渔业
drift furrow 冰碛沟
drift hazard 飘雾害(指农药)
drift ice 吹冰,漂冰
drift land 冰碛地
drift landform 冰碛地形
drift log 漂木
drift net 流网,漂网
drift-net hauler 流网起网机
drift of spray 喷射漂移
drift path 流材路
drift range 漂程
drift region ［遗传］漂变区
drift road 流送线路
drift sand 流沙,风积沙
drift soil 冰碛土
drift spraying 飘雾喷射
drift trammel net 三层流网
drift wood 流送材
drifted material 洪积物
drifter ①流网渔船 ②漂流物
drifting ①飘散(指撒施) ②吹飑 ③漂流
drifting of bees 蜜蜂迷巢
drifting of soil 土壤漂流(移)
drifting-sand filter 流沙式滤池｛环保｝
driftless area 无碛带(冰期中)
driftway 牧路,赶牲畜的路,放牧路径
drill ①条播 ②条播机,(栽植用)钻洞机 ③钻,锥子,钻孔器,钻床 ④操练
drill and practice courseware 操练课件(指操练课程软件)｛智培｝
drill and punch 钻孔与冲孔
drill auger 挖穴螺旋钻
drill barrow 手推滚筒式条播机
drill coulter 条播开沟器
drill culture 条播栽培
drill furrow 条播沟
drill harrow 除草小耙
drill hoe 行间中耕器
drill hole 钻孔
drill planter 条播机(器)
drill planting ①条播 ②条植,条栽
drill plot 条播小区(试验),条播育种圃
drill-plot seeding 条播小区播种
drill plow 条播犁
drill seeding (= drilling) 条播
drill sowing (= drilling) 条播
drill spacing 条播行距
drill width 条播幅
drillability (种子或肥料)排出能力,排出量,流动性
drilled ①条播的 ②条施的
drilled crops 条播作物
drilled fertilizer 条施肥料
drilled field 条播地
drilled placement 条施(肥料)
drilled planting 条播,条种
drilled plot 条播区
drilled progeny 条播后代
drilled stands 条播植株密度
drilled well 钻入井,深井
driller ①条播机 ②钻孔器
drilling ①条播(播种) ②条施(施肥) ③钻孔,钻削,钻探
drilling attachment 条播附加装置
drilling depth 播种深度
drilling distance ①行距 ②株距
drilling machine ①条播机 ②钻床
drilling method 条播法
drilling mud 钻探泥浆
drilling on tilled land 耕作地条播
drilling seed 条播［种子］
drilling unit ①条播机单位 ②排种装置
drilling well 钻井,凿井｛环保｝
drimophilous 适盐的,喜盐的(drimophilus)
drink ①饮料 ②酒类
drinker 饮水器
drinking 饮,饮水
drinking bowl 饮水器
drinking center 饮水中心,饮水站｛环保｝
drinking fountain ①饮水泉 ②喷泉饮水器
drinking place ①给水站,采水处｛蜂｝ ②饮水处｛畜｝
drinking supply 饮水供应
drinking trough (= drinking bowl) 饮水器
drinking water 饮水,饮用水
drinking water quality standards 饮用水水质标准
drinking water supply 供水,饮水供应
drip ①滴,点滴 ②滴下,滴落
drip cooler 滴流式冷却器
drip culture 滴液培养
drip gutter 滴水沟
drip irrigation 滴灌
drip irrigation tube 滴灌管
drip point (= drip tip) 滴水［叶］尖
drip-proof device 防滴装置
drip-proof machine 防滴式机器(电机)

drip watering 滴流灌溉,滴灌
dripped 有滴性的
dripping of curdled milk (= dripping of curds) 沥干凝乳的乳清水
drive ①驾驶,乘坐(指非公共汽车) ②传动装置{农机} ③驱动
drive bay 驱动器座
drive current 驱动电流
drive diagnostic program (DDP) 驱动器诊断程序
drive element 驱动元件
drive-in-cultivator (拖拉机)驶入式悬挂中耕机
drive-in mounting 驶入式悬挂方式
drive latency 驱动器间隙
drive line 传动系
drive number 驱动器编号
drive-pipe 驱击管(指在套管内的){环保}
drive pulley 主动皮带轮,驱动皮带轮
drive pulse 驱动脉冲
drive shaft 传动轴
drive system 传动系统
drive-type walking tractor 驱动型手扶拖拉机
drive-wheel 主动轮,驱动轮
drived gene effect 引发的基因作用
drivel ①唾液 ②淌口水,流唾液{畜}
driven 从动的,被动的
driven bees 被赶离蜜蜂
driven pulley 从动皮带轮,被动皮带轮
driven trailer 从动型挂车
driven well 驱击井,冲击井{环保}
driven wheel 从动轮,被动轮
driver ①主动轮,驱动轮,驱动机 ②司机,驾驶员 ③夯,打桩机
driver skew 驱动器时差{电脑}
driver software 驱动器软件
driverless tractor 无人驾驶拖拉机
driver's cab 驾驶室
driver's platform 驾驶台
driver's seat 驾驶座
driver's tool kit 随车工具箱
driving ①主动,驱动 ②传动 ③驾驶
driving axle 主动轴,驱动轴
driving belt 传动带,传动皮带
driving bolt 主动销
driving device 传动装置
driving force 原动力,起动力,发动力,驱动力
driving gear ①主动齿轮 ②传动机构
driving iron ①驱蜂器 ②铁钻杆(支撑草窠或连接蜂箱用的)
driving key 传动键
driving platform 驾驶台
driving power 推动力
driving pulley 主动皮带轮,驱动皮带轮
driving rain 大风雨
driving signal 驱动信号,拉动信号
driving simulator 驱动模拟器
driving snow 大风雪
driving swarm 分出群
driving wheel 主动轮,驱动轮
drizzle ①毛毛雨,细雨{气象} ②喷水{水利}
drizzling fog 毛雨雾
drizzling rain 毛毛雨,细雨
dRNA (= DNA-like RNA) DNA 状 RNA
drogue 风向指示袋
-drome ⌊字尾⌉ ①奔跑 ②跑道 ③场
dromedary 单峰驼[*Camelus dromedarius* L.](骆驼科)
dromogram 血流速度描记图(dromogramma)
dromograph 血流速度描记器
dromotropic 传导速度的(dromotropus)
drone 雄蜂{蜂}
drone assembly place 雄蜂聚集区,雄蜂密集区(指在空中)
drone-breeding queen (= drone-laying queen) 产雄蜂蜂王
drone brood 雄蜂幼虫
drone cell 雄蜂房
drone comb 雄蜂巢脾
drone destroying 消灭雄蜂
drone egg 雄性卵,无精卵
drone fly (= syrphid fly) 食蚜蝇[*Tubifara tenax* L.](食蚜蝇科)
drone-rearing colony 父群,培育雄蜂的蜂群
drone-trap 雄蜂捕捉器,雄蜂驱除器
droop 下倾
droopbead holly 滕曲冬青[*Ilex geniculata* Maxim.](冬青科)
drooping ①下垂的,悬垂的 ②垂枝 ③垂枝性(pendulus)
drooping birch 欧洲白桦[*Betula pendula* Roth](桦木科)
drooping branch (桑树)横卧枝
drooping catchfly (= drooping silene) 矮雪轮[*Silene pendula* L.](石竹科)
drooping croup 斜尻(指马臀部下垂的)
drooping disease 立枯病
drooping mock-orange 俯垂山梅花[*Philadelphus laxus* Schrad.](绣毬科)
drooping shoot 垂枝(ramus pendulus)
drooping silene 矮雪轮(大蔓樱草)[*Silene pendula* L.](石竹科)

drooping wheatgrass 弯穗冰草(下垂冰草)[*Agropyron semicostatum*](禾本科)
drooping woodreed ①单蕊草属[*Cinna* L.](禾本科)②单蕊草[*Cinna latifolia* Griseb]
droopy leaf 下垂叶(folium pendulum)
droopy to disease 垂顶病
droopy top 垂梢病(指甘蔗)
drop ①滴,点滴 ②最小量,微量 ③滴状的 ④下跌,下降,落下 ⑤排种,排种器 ⑥引线
drop accretion 雨点累积
drop analysis 滴定分析
drop bottle 滴瓶{显技}
drop collector 点滴式集电器(测空中电位梯度用)
drop counter 计滴器
drop culture 滴换培养
drop-dead halt 完全停机{信息}
drop-down menu 下拉[式]菜单{电脑}
drop-in ①混入,混入信息 ②混杂,杂音 ③停止
drop in investments 停止投资{农经}
drop infection 水滴侵染
drop lance 喷嘴针
drop-leg sprayer 吊杆式喷雾器
drop lever 播种量调节杆
drop line device 下引线设备{电脑}
drop manhole 跌水井{环保}
drop method 点滴法{生技}
drop off 脱落(指果,叶)
drop oiler 滴油器
drop-out ①丢失,丢失信息 ②漏失,漏失信息 ③脱落
drop pipe 水落管{环保}
drop plate 排种盘
drop repeater 脱扣中继线{信息}
drop size 雾滴大小
drop solution 滴液
drop-sonde 下投式探空仪
drop theory 微滴[学]说{气象}
drop treatment 滴下处理
drop-tube potato planter 落薯管式马铃薯种植机
drop-type broadcaster 下排[种]式马铃薯撒播器
droplet ①小滴 ②水珠,滴沫 ③微滴
droplet countercurrent chromatography 小滴逆流层析
droplet culture(=drop culture) 滴换培养
droplet infection 水珠侵染
droplet separator ①滴水挡板 ②分滴器{环保}
droplet size 小滴大小,水珠大小,露滴直径
dropped channel 投入通道{信息}
dropped end cocoon in innerside layer 薄皮落茧
dropped end cocoon in outside layer 厚皮落茧
dropper ①穴播机,点播机 ②转臂收获机 ③真空阀 ④滴管
dropping ①点滴 ②滴下 ③下种,排种 ④落下
dropping board 栖木{禽}
dropping bottle 滴瓶
dropping device 排种装置
dropping distance ①株距②穴距
dropping end (蚕丝)落绪
dropping funnel 滴液漏斗
dropping glass 滴瓶
dropping in hill 穴播
dropping mechanism 排种装置{农机}
dropping mercury electrode 滴汞电极
dropping of blossoms 落花
droppings ①禽粪 ②畜粪
droppings of folded flock 羊圈粪
droppings pit 禽粪坑
drops ①跌水,落差{水利} ②落果,落粒{园艺} ③滴剂{微生物}
dropseed ①鼠尾粟属[*Sporobolus* R. Br.](禾本科) ②鼠尾粟[*Sporobolus elongatus* R. Br.]
dropsical 水肿的(dropsicalis)
dropsonde 下投式探空仪
dropsy 水肿,浮肿(dropsia)
dropwise 一滴一滴地
dropwise condensation [滴]粒状凝结
dropwort ①合叶子属[*Filipendula* (L.) Adans.](蔷薇科) ②合叶子[*Filipendula palmata* (Pall.) Maxim.]
drosera(=sundew) ①茅膏菜属[*Drosera* L.](茅膏菜科) ②茅膏菜[*Drosera peltata* Sm.]
droserone 茅膏[菜]酮,甲基二羟萘醌
drosograph 露量计
drosometer 露量表
drosophila(=fruit fly) 果蝇[*Drosophila melanogaster* L.](果蝇科)
drosophila chromosome 果蝇染色体
drosopterin 果蝇蝶呤
drought ①干燥,干涸 ②渴 ③久旱,旱灾,干旱
drought-adapted succulence 适应干旱的多汁性(指植物)
drought analysis 干旱分析
drought crack 旱裂,干裂
drought definition 干旱定义(指无雨超过半

个月的)
drought disaster control forest 防旱林
drought dormancy 干旱休眠
drought ecomorphs 干旱生态形态
drought endurance 耐旱性
drought-enduring gene resource 耐旱基因资源{育种}
drought-enduring plant 耐旱植物
drought-escaping (=drought-evading) 避干旱的
drought-escaping species 避旱种
drought-escaping xerophyte 避旱旱生植物
drought frequency 干旱频数,干旱频率
drought hardening 干旱锻炼
drought hardiness 耐旱性
drought in the north 北旱,北方干旱
drought index 干旱指数
drought injury 旱害
drought meadow 旱地草甸,干旱草甸
drought period 干旱期
drought photosynthesis 干旱光合作用{生态生理}
drought resistance 抗旱性
drought-resistant hybrid 抗旱杂种
drought-resistant species 抗旱种
drought-resistant structure 抗旱结构
drought-resistant variety 抗旱品种
drought rigor 干旱僵直
drought ring 旱轮{解剖}
drought season 干旱期
drought-sensitive species 干旱敏感种
drought spot ①旱斑 ②旱斑病
drought-stable protein 干旱稳定蛋白质
drought stress 旱害,干旱胁迫{生态}
drought-stressed plant 受干旱胁迫植物
drought-stricken plant 受旱害植株
drought survival 干旱存活{生态生理}
drought susceptible crops 不耐旱作物
drought tolerance 耐旱性
drought tolerant crops 耐旱作物
drought year 干旱年份,旱年
drought zone 旱区
droughty 干旱的
droughty season 干旱期
drouth 干旱
drouth period 干旱期
drouth tolerance 耐旱性
drouthy 干旱的
drouthy area 干旱面积
drouthy condition 干旱情况
drouthy period 干旱期
drove (赶着走的)畜群
drown ①淹歿,淹死 ②淹没 ③浸湿
drown out ①浸透 ②泡好 ③沤好
drowned pump 潜水泵
drowned weir 淹没堰{环保}
drug ①药物,药品,药材 ②麻醉药,毒品 ③滞销品 ④⌊复⌉药用植物
drug centaurium 伞埃蕾(伞形埃蕾)[*Erythraea centaurium* Pers. = *Centaurium umbellatum* Gilib.](龙胆科)
drug control ①毒品控制 ②药物控制
drug crops 药用作物
drug darkling beetle 洋虫[*Martianus dermestoides* Chevrolat](拟步甲科)
drug delivery 给药,施药
drug delivery route 给药途径,施药途径
drug dependence 药物依赖性,恃药性
drug-dependent strain 恃药性菌株
drug design 药物设计
drug eyebright 罗氏小米草[*Euphrasia officinalis* L. = *E. rostkoviana* Hayne, *E. rostkoviana* ssp. *serotina* Gan.](玄参科)
drug-fast 耐药性,抗药性
drug-fast strain 抗药性菌株
drug-induced apnea 药物引起的窒息
drug information system 药物信息系统
drug lion's ear 狮耳花(狮子耳)[*Leonotis leonurus* R. Br.](唇形科)
drug metabolism 药物代谢
drug mutachromosomic effect 药物诱变染色体效应
drug plants (=medicinal plants) 药用植物
drug resistance 抗药性
drug-resistance determinant 抗药性[决]定子
drug resistance factor 抗药性因子
drug-resistance gene 抗药性基因
drug resistance marker 抗药性标志基因
drug resistance selection 抗药性选择
drug-resistance strain 抗药性菌株
drug-resistant mutant 抗药突变体
drug resistant mutant cell 抗药突变细胞
drug screening 药物筛选
drug sensitivity 药物敏感性,感药性
drug solomon seal (=Solomon's seal) 玉竹[*Polygonatum officinale* All.](百合科)
drug speedwell (=common speedwell) 药用婆婆纳[*Veronica officinalis* L.](玄参科)
drug-store beetle (=biscuit beetle) 药谷盗(大谷盗)[*Stegobium paniceum* L. = *Sitodrepa panicea* L.](谷盗科)

drug susceptibility 药物感受性,药物易感性
drug sweet-flag ①菖蒲属[*Acorus* L.](天南星科) ②菖蒲(白菖)[*Acorus calamus* L.]
drug tolerance 耐药性
drugs (=chemicals) 药剂,药品
drum ①滚筒,圆筒,鼓轮 ②脱粒滚筒 ③桶 ④鼓膜 ⑤磁鼓,光电鼓{电脑}
drum belly 气臌,臌胀
drum brake 鼓式制动器
drum cam 凸轮滚筒,鼓轮
drum concentrator 鼓式浓缩器
drum drier (=drum dryer) 转筒式干燥器
drum drying 转筒式干燥
drum filter ①鼓式滤机 ②转筒过滤器{环保}
drum hay loader 鼓式干草载运机
drum membrane 鼓膜{昆虫}
drum mixer 鼓式混合机{环保}
drum of self-recording instrument [自记仪器的]钟筒
drum pasteurizer 鼓式巴氏灭菌器
drum plotter ①鼓式绘图机 ②滚筒绘图仪{电脑}
drum printer 鼓式打印机
drum roller 圆筒[光面]镇压器
drum scanning 鼓式扫描,鼓形扫描{电脑}
drum scanning recorder 扫描鼓式记录仪
drum screen 鼓形格节,转筒节{环保}
drum sieve 圆筒筛
drum sorter 滚筒式分级机
drum thresher 滚筒式脱粒机
drum-type sorting machine 滚筒式分级机{农施}
drum-type swath aerator 滚筒式条铺摊晒通气机
drum-type vacuum filter 鼓式真空过滤器
drum-type washer 转筒式清洗机
drumhead cabbage (=garden cabbage) 卷心菜(包心菜)
drumlin 鼓丘{土壤}
drummond evening primrose 待霄草[*Oenothera drummondii* Hook.](柳叶菜科)
drummond's phlox ①福禄考属[*Phlox* L.] ②(=annual phiox) 福禄考[*Phlox drummondii* Hook.]
drumstick 鼓槌(在多形核白血球中)
drumstick-like nuclear appendage 鼓槌状核附器
drupaceous 核果状的(drupaceus)
drupaceous fruit ①核果(fructus drupaceus) ②⌊复⌉核果类
drupaceous fruit trees 核果类果树
drupe (=stone-fruit) 核果(drupa)
drupe beater 核果剥肉机
drupe stock 核果砧木
drupelet (=drupel, small drupe) 小核果(drupeola)
drupetum 聚合核果
drupiferous 具核果的(drupiferus)
Drusa type 德鲁撒型(指胚囊)
druse 晶簇(drusus)
dry ①干的,干燥的 ②无雨的 ③缺水的 ④固体的,非液体的 ⑤无奶油的(指烤面包),无甜味的(指酒),无水果味的
dry adiabat ①干绝热的 ②干绝热[线]
dry adiabatic change 干绝热变化
dry adiabatic rate 干绝热率
dry adsorption 干吸附
dry air 干[燥]空气
dry-and-wet bulb hygrometer 干湿球温度表
dry applicator 撒肥机,厩肥施肥机
dry area 干旱[地]区
dry as a bone 十分干的
dry-band-type brake 干带式制动器
dry basal rot 茎基干腐病
dry battery 干电池组
dry bean ①干菜豆 ②干豆粒
dry bed 干燥架
dry berry 干浆果
dry blight of hawthorn 山楂干枯病[*Coryneum crataegicola* Miura]
dry branch 干树枝
dry bulb temperature 干球温度
dry bulb thermometer 干球温度表
dry bulk density 干容重
dry cell 干电池
dry cell weight 细胞干重
dry chernozems 干黑[钙]土
dry clean 干洗
dry climate 干燥气候
dry closet 干厕,茅坑{环保}
dry clutch 干式联轴节
dry-cold storage 干冷藏
dry combustion method 干烧法{土壤}
dry convection 干对流[气象]
dry cow 干乳牛(停乳期的乳牛)
dry culture ①旱地栽培 ②旱栽(水稻),旱作
dry damage 旱灾,旱害
dry deciduous forest 干旱落叶林
dry density 干容重
dry desert raw soil 干旱漠境粗质土
dry desulfurization process 干法脱硫{环

保}
dry distillation 干馏
dry distillation apparatus for chaff 谷糠干馏装置{农施}
dry distillation of wood 木材干馏
dry dusting 干喷粉
dry end 干燥口,出料口(干燥炉)
dry evaporation in kiln 窑内干蒸法
dry face 干割面(停止采脂的割面)
dry fallen wood 枯枝材
dry-farm field 旱田,旱地
dry farming ①旱作 ②旱地农作 ③非灌溉农业
dry-farming land 旱地耕作区,旱作田
dry-farming plow 圆盘粗耕犁
dry farmland cultural vegetation 旱地栽培植被
dry feed 干饲料
dry feed device 干投设备{环保}
dry-feed machine for chemical 干式投药机{环保}
dry-feed method 干投料法{环保}
dry feeding 干投{环保}
dry fertilization 干法授精
dry field to be replanted without irrigation 旱作地,非灌溉地
dry film resist 干膜抗蚀剂{电脑}
dry flower 干花
dry flume (= dry slide) 干滑道
dry forage 干饲料,干料,干草
dry forest soil 干旱森林土
dry formal feeding 固态追肥{栽培}
dry fruit (= drying fruit) 干果(fructus siccus)
dry gluing 干式胶合法
dry goods 杂粮,谷类
dry grafting 干接{园艺}
dry grain 干谷粒
dry grassland 干草原
dry ground 干旱地
dry gypsum soil 干旱石膏土
dry habitat 干旱生境{生态生理}
dry hand lining 船舷手钓
dry heart rot of beet (= black leg of beet) 甜菜丝核菌病
dry heat sterilization 干热灭菌法{微生物}
dry heat sterilizer 干热灭菌器
dry ice 干冰,固体 CO_2
dry ice in permanent preparation 永久制片的干冰
dry-ice keeper 干冰保存器
dry-ice maker 干冰制造器,制干冰器
dry ice method 干冰法{显技}
dry in the shade 晾干
dry intakes 干式取水口{环保}
dry land farming 旱地农业
dry lime-sulphur 干石灰硫磺合剂
dry loam sand 干旱壤沙土
dry locality 干旱环境{生态生理}
dry lot system ①围栏肥育法 ②干地围栏饲养法
dry martini 无味鸡尾酒
dry mash (饲料用)干粉料
dry masher 干料搅拌机
dry masonry dam 干砌圬工坝{水利}
dry mass 干质体,干重
dry matter (DM) 干物质
dry matter digestibility 干物质消化率
dry matter energy content 干物质含能量
dry matter partitioning ratio 干物质分配比率
dry matter per unit time 每单位时间的干物质
dry matter percentage 出干物质率
dry matter production 干物质生产
dry meadow 干草甸
dry measure 干量(指谷物){种子}
dry method 干导法{育种}
dry milk 奶粉
dry mill 干材锯木厂
dry milling 干式磨粉
dry monsoon 冬季季风
dry mount 干制片{显技}
dry mountain grassland 干旱山地草原
dry mushrooms (= shiitake fungus) 香菇[*Cortinellus shiitake* P. Henn](蘑菇科)
dry necrosis 干性坏死
dry nursery 旱秧田
dry off ①干涸,枯竭 ②干[乳],停乳
dry off a cow (产犊前)使母牛停乳
dry oil 干性油
dry onion 洋葱头
dry oven 烘箱,干燥箱
dry pelt 干毛皮{畜}
dry period ①旱期{栽培} ②干乳期{畜}
dry plant material 干植物物质,干植物材料
dry plate 干板
dry plate clutch 干式盘片离合器
dry preparation for plant materials 植物材料的干制片
dry pressing 干榨
dry process development 干式显影,干法显影
dry pruning 干剪(指修剪枯枝)
dry reed contact 干簧[片]触点

dry region 干旱地区
dry residual 干残渣{环保}
dry resistance 抗旱性
dry root weight 根干重
dry rot ①干腐 ②干腐病
dry rot fungus 干腐菌
dry rot of apple 苹果干腐病[*Botryosphaeria ribis* (Tode)Gross. et Dugg.]
dry rot of citron 枸橼干腐病[*Phytophthora citrophthora* (Smith et Smith)Leon.]
dry rot of citrus 柑橘干腐病[*Phytophthora citrophthra* (Smith et Smith)Leon.]
dry rot of corn 玉米干腐病[*Diplodeazeae* (Schw.)Lev.]
dry rot of fruits and vegetables 果蔬干腐病
dry rot of pomegranate 石榴干腐病[*Zythia versoniana* Sacc.]
dry rot of pomelo 柚干腐病[*Phytophthora parasitica* Dastur.]
dry rot of potato 马铃薯干腐病[*Fusarium coeruleum* (Lib.)Sacc.]
dry rot of sweet potato 甘薯干腐病[*Diaporthe batatatis* Harter et Field]
dry rot of wood 木材干腐病[*Merulius lacrymans* sp.]
dry run ①空运行,空运转 ②预检
dry sand 干沙,干旱沙地
dry sand soil 干沙土
dry sap rot 边材干腐
dry scale 干鳞片(squama sicca)
dry scrub 干旱密灌丛
dry season 旱季,枯水季
dry-season crops 旱季作物
dry-season planting 旱季种植
dry-seed dresser 干式拌种器
dry seed radiation 干种子辐射
dry seed treatment 干种子处理
dry seeded rice 旱播稻
dry seedling bed 旱秧田
dry set ①(稻田排水)落干 ②(洋葱)小鳞茎,子球
dry shoot weight (DSW) 茎干重,地上部干重
dry site 干旱生境{生态}
dry skim milk 脱脂奶粉
dry snow 干雪
dry soil 干土
dry solid content 干固体含量{环保}
dry spell 干(旱)期
dry spore 干孢子
dry sprayer 喷粉器
dry stage 干燥(旱)阶段,干燥(旱)期
dry state ①干旱状态 ②干燥状态
dry stem of hemp 干麻[秆]
dry steppe 干草原
dry stone drain 干砌石排水沟
dry storage 干藏法
dry storage system by warm air aeration 暖[气]通气[的]贮藏干燥法{农施}
dry substance 干物质
dry subtropical region 干旱亚热带地区
dry summer period 夏季干旱期
dry system 干燥系{显技}
dry territory 干旱区
dry test 干燥试验
dry time clock 干燥记时钟表
dry top rot 干梢腐病(指甘蔗)
dry topped 梢枯的
dry treatment 干处理(种子消毒)
dry type clutch 干式离合器
dry type meter (= dry type water meter) 干式水表{环保}
dry up ①凋萎,枯萎 ②(水源)涸竭
dry valley 干谷
dry weather 无雨天气
dry weather flow ①晴天流量(指合流沟管) ②干季流量(指七天以上的无雨期){环保}
dry weight (DW)干重
dry-weight basis 干重基础
dry-weight composition 干重成分
dry-weight method 干重法{栽培}
dry-weight per unit root length 单位根长干重
dry-weight yield 干重产量
dry well 枯井,干涸井
dry wet bulb thermometer 干湿球温度计
dry wind 干风
dry wine 无果味酒(无甜味酒)
dry withering of pine 松干枯病[*Cenangium japonicum* (P. Henn.)Miura]
dry wood ①枯立木 ②干燥材
dry wood cutting (= cutting by wood) 卫生伐{森林}
dry wood termite ①木白蚁(干材白蚁) ②⌊复⌉木白蚁科[Kalotermitidae]
dry woodland 干旱木本群落{生态}
dry work 重活(使人口渴的工作)
dry year 旱年
dry yield 干物质产量
dry zone 干区,干旱区
dryad ①仙女木属[*Dryas* L.](蔷薇科) ②仙女木[*Dryas octopetala* L.]
dryad's club 棒瑚菌

dryad's saddle 鳞蜂巢孔菌
dryberry mite 细叶刺瘿螨［*Phyllocoptes gracilis* (Nalepa)］(瘿螨科)
dryer ①干燥机 ②干燥剂
dryer capacity 干燥机能力
drying ①干燥 ②干旱,干化 ③胶固
drying agent 干燥剂
drying air 干燥空气
drying airflow-rate 干燥［所需］风量,干燥［所需］空气流量
drying bed 干化场(指污泥)｛环保｝
drying bin ①干燥箱 ②间歇式干燥机
drying box 干燥箱
drying chamber 干燥室
drying characteristic 干燥特性
drying column 竖筒式干燥室,干燥塔
drying cycle 干燥循环
drying defects 干燥性缺陷
drying-down 干燥(处理)
drying drum 干燥滚筒,干燥鼓
drying efficiency 干燥效率
drying equipment 干燥设备
drying for curing 预措干燥(指晒干,烘干,熏干,风干等)
drying fruit 干果
drying house 干燥房,干燥室,干燥库房
drying in transit 干燥过程
drying installation 干燥装置(设备)
drying loft 干燥室,干燥间
drying machine 干燥机
drying method by gradual rise of drying temperature 逐次升温干澡法｛农施｝
drying method under control of drying rate 干燥速度控制［下］干燥法｛农施｝
drying method under control of recirculating rate 循环量控制［下］干燥法｛农施｝
drying of air 死空气(指缺氧的空气)｛环保｝
drying of cereals 禾谷类干燥,谷物干燥
drying of grain 子粒干燥
drying of leaf midrib stage (= killing stage) 叶中肋干燥期(烟草熏干过程)
drying of sludge 污泥干化｛环保｝
drying of soil 土壤干燥
drying off ①干涸,枯竭 ②干［乳］
drying-off period 干涸期,断水干旱期
drying oil 干性油
drying on ground 地面干燥
drying out ①干燥 ②干枯病
drying-out of grapevine leaves 葡萄干枯病
drying oven 干燥箱,烘箱
drying paddy field in midsummer 中夏干化稻田
drying point 干燥极限
drying power 干燥力
drying rack 干燥架
drying rate 干燥速度
drying room 干燥室
drying section 干燥区,干燥带
drying shrinkage 干燥收缩［率］
drying specimen 干标本
drying storage facility 干燥贮藏设施｛农施｝
drying system ①干燥系统 ②干燥方式
drying system arranged dryers in parallel 并列干燥机［的］干燥方式
drying time 干化时间
drying tower (= dry tower) 干燥塔
drying tray 干燥盘
drying treatment 干燥处理
drying unit 干燥机组
drying yard 晒场
drying zone 干燥区
dryinid wasps 螯蜂科［Dryinidae］
dryland 旱地,干旱地
dryland area 旱地区
dryland blue-berry 旱地越橘［*Vaccinium pallidum* Ait.］(乌饭树科)
dryland crop 旱生作物,旱地作物
dryland farming 旱地农业,旱地农作
dryland plot 旱地小区
dryland rice 陆稻,旱稻
dryland soil 旱地土壤
dryland wireworm ①旱地金针虫［*Ctenicera glauca* (Germar)］②旱地膨胀金针虫［*Ctenicera inflata* Say］
drylot-feeding 舍饲
drymion 森林植被型
drymophilous ①喜林的,适林的 ②林地生的(drymophilus)
dryness 干燥性(ariditas)
dryness of the air 空气的干燥性
dryophilous 喜栎的(dryophilus)
dryopteris fern 华北鳞毛蕨［*Dryopteris laeta* sp.］(鳞毛蕨科)
ds (= double strand) 双链｛分遗｝
Ds (= dissociator) 离异因子,解离因子
Ds-Ac system (= dissociation-activator system) (玉米的)解离－活化因子(激体)系统
dsDNA (= duplex DNA, double stranded DNA) 双链 DNA
DSMA 甲胂钠(除草剂)［$CH_3AsNa_2O_3$］
DSP (= digital signal processing) 数字信号处理｛信息｝

dsRNA (= double-stranded RNA) 双链RNA
DSW (= dry shoot weight) 茎干重,地上部干重 {栽培}
dT (= deoxythymidine) 脱氧胸[腺嘧啶核]苷
Dt (= Dotted) 斑点[基因]
dT (= deoxyribosylthymidine) 胸[腺嘧啶]核苷,脱氧核苷
DTA (= differential thermal analysis) 差热分析
DTC (= data transfer channel) 数据传送通道 {信息}
DTE (= data terminal equipment) 数据终端设备 {信息}
dTMP (= deoxythymidylic acid) 脱氧胸苷酸
DTS (= data transmission system) 数据传输系统 {信息}
DTT (= dithiotreitol) 二硫苏糖醇
dTTP (= deoxythymidine triphosphate) 脱氧胸[腺嘧啶核]苷三磷酸
dU (= deoxyuridine) 脱氧尿苷 {分遗}
Du Pont fungicide A (= Zineb) 代森锌(广谱性杀菌剂) [$C_4H_6N_2S_4Zn$]
dual ①二的,双重的,二倍的 ②双重性的,二重性的 ③对偶的{电脑}(dualis){遗传}
dual all integer 对偶全整形 {电脑}
dual arm plotter 双臂式绘图机 {电脑}
dual-automaton 对偶自动机
dual-capstan tape-unit 双主动轮磁带机 {信息}
dual channel controller 双通道控制器 {信息}
dual-density floppy disk controller 双密度软盘控制器 {电脑}
dual effect mutation 双重反应突变,极突变 {遗传}
dual front wheel V形前车轮
dual-fuel engine 两用燃料引擎(指用柴油或沼气)
dual function 双[重]功能
dual functional catalyst 双功能催化剂
dual in-line package (DIP) 双列直插式封装 {电脑}
dual-main system 双干管制 {环保}
dual media typewriter 双媒体打字机
dual network 对偶网络 {信息}
dual phenomenon 双重(型)现象
dual pitch printer 双间距打印机
dual pollination 双重授粉{育种}
dual pricing 双重价格制{农经}
dual-purpose breed 兼用[品]种
dual-purpose breeding cattle 兼用种牛
dual purpose card 双用卡片
dual-purpose cattle 兼用牛
dual-purpose drill 两用条播机(平播与沟播兼用)
dual-purpose rice transplanter 大小苗两用水稻插秧机
dual-purpose type ①兼用型{畜} ②两用型{农机}
dual recognition 双重识别 {分生}
dual row planting 双行种植 {栽培}
dual-sided diskette 双面软盘 {电脑}
dual species 姊妹种
dual staining 双重染色[法] {显技}
dual supply 双供水 {环保}
dual water supply 分质供水 {环保}
dual wavelength radar 双波长雷达 {遥感}
dual wavelength spectrophotometer 双波长分光光度计
dub ①复制,翻版 ②灌音,配音 ③深渊 (= deep pool)
dubas 枣棕飞虱 [*Ommatissus binotatus* Fieb.](飞虱科)
dubbin 保护皮革油
dubbing of comb 巢脾切除{蜂}
Dubinin effect 杜宾宁效应{细胞}
dubious ①不明了的 ②怀疑的,可疑的 (dubius)
duck ①鸭[*Anas* spp.] ②母鸭 ③麻布,帆布
duck breeding 养鸭业
duck egg 鸭蛋
duck family 鸭科[Anatinae]
duck hepatitis B virus (**DHBV**) 鸭乙型肝炎病毒
duck-potato 慈姑 [*Sagittaria sagittifolia* L.](泽泻科)
duck production 养鸭业
duck-shed (= duck house) 鸭舍
duck-tongue weed (= monochoria) 鸭舌草 [*Monochoria vaginalis* Presl.](雨久花科)
duckfoot cultivator 鸭掌式中耕机
duckfoot harrow 宽齿耙
duckfoot point 鸭掌式锄铲
duckling 小鸭,幼鸭,雏鸭
duckweed (= ducksmeat) ①浮萍属 [*Lemna* L.](浮萍科) ②浮萍 [*Lemna minor* L.]
duckweed family 浮萍科 [Lemnaceae]
ducloux cherry 西南樱桃 [*Prunus duclouxii* Kochne](蔷薇科)
duct ①导管 ②管(ductus)
duct system 管系 (systema ducta)
ductile ①延性的,挠性的 ②可塑性的 (duc-

tilis)
ductile cast iron 延性铸钢,韧性铸铁
ductile substance 可塑性物质
ductility 延性(ductilitas)
ductus ejaculatorius 射精管
due date 到期日{农管}
due out 待发(指货物,信息等)
duff ①方生面团(刚发面团) ②粗腐殖质 ③下层落叶层,半腐层
duff horizon(= duff layer) 下层落叶层,半腐层
duff hygrometer 半腐层湿度计
duff mull 半腐解腐殖质
Duffy blood group 杜夫氏血型
dug ①(兽类)乳头,乳房 ②掘土
dug well 挖入井{环保}
Dulbecco's minimum essential medium (DMEM) 杜尔贝科氏极限必需培养基,Dulbecco氏极限必需培养基{生技}
Dulbecco's modified Eagle medium (DME) 杜尔贝科氏改进的伊格尔氏培养基
dulcacidous 酸甜味的(dulcacidus)
dulcamara mottle virus 蜀羊泉斑驳病毒
dulcin ①卫矛[己六]醇 ②对乙氧基苯脲,甘素[$NH_2CONHC_6H_4OC_2H_5$]
dulcitol 卫矛醇,半乳糖醇[$HOCH_2(CHOH)_4CH_2OH$]
dull ①不透明的,暗淡的(opacus) ②萧条的 ③呆滞的
dull-coloured 暗淡的,阴沉的(tristis)
dull-coloured carpesium 暗花金挖耳[*Carpesium triste* Maxim.](菊科)
dull day 阴天
dull glass 毛玻璃
dull vegetables 粗蔬菜,大路菜
dull weather 阴沉天气
dullness ①停滞,萧条,不景气 ②不透明
dumasia ①山黑豆属[*Dumasia* DC.](豆科) ②山黑豆[*Dumasia truncata* Sieb. et Zucc.]
dumb 哑的,无声的
dumb-bell shaped cleavage 哑铃形卵裂
dumb cane 花叶万年青属[*Dieffenbachia* Schott](天南星科)
dumb fruit 无核果
dumb plant 大王黛粉叶[*Dieffenbachia amoena* sp.](天南星科)
dumb terminal 简易终端,哑终端,直接输入终端{电脑}
dummy ①假的 ②仿造的
dummy demand 假想需求量{农经}
dummy entry 假进入{统计}
dummy frame 框式隔离板{蜂}
dummy input 伪输入{信息}
dummy message 假消息
dummy teaser 假畜(采精用)
dummy treatment 假伪处理{统计}
dummy treatment experiment 假伪处理试验
dummy variable 假伪变数{统计}
dummy variety 假伪品种
dumose(= dumous) 矮小多枝的(dumosus)
dump ①垃圾场,垃圾堆 ②倾翻,倾卸 ③清除 ④廉价出售,贱卖,倾销 ⑤转储,断电卸出,转出{电脑}
dUMP(= deoxyuridine monophosphate) 脱氧尿苷[一磷]酸{分遗}
dump and restart 断电后重新启动{信息}
dump before update 更新前转储{电脑}
dump car(= dump truck) 翻斗车,倾卸车,卸货车
dump out 转出,卸出
dump printout 转储打印
dump pump 抽吸泵,回油泵
dump rake ①垃圾耙 ②横向搂草机
dump truck 自动倾卸卡车
dump valve 放卸阀
dump vat 盛乳桶
dump well 污水井{环保}
dumper ①倾卸车,自卸车 ②垃圾车
dumping ①倾翻,倾卸 ②垃圾倾倒
dumping duty 倾销税
dumping facility 垃圾倾倒设施{农施}
dumping ground 垃圾倾倒场{环保}
dumping method 垃圾倾倒[方]法
dumping site ①垃圾场 ②堆积场
dumpload 一车负荷重
dumpy ①矮胖的 ②短脚的
dumpy locus 短脚座位(指果蝇)
dun (马)暗褐色的,黄棕色的
dun bee ①虻 ②⌊复⌉虻科[Tabanidae]
dun-coloured 蜡黄色的(helvolus)
dun horse 黄棕色马,暗褐色马
dun pea 紫花豌豆[*Pisum arvense* L.](豆科)
dunaliella ①杜氏藻属[*Dunaliella* spp.](藻类) ②杜氏藻[*Dunaliella* sp]
dunbaria ①野扁豆属[*Dunbaria* Wight et Arn.](豆科) ②野扁豆[*Dunbaria pillosa* DC.]
Duncan-grape fruit 邓肯葡萄柚(柑橘品种)
Duncan's multiple range test 邓肯氏多变程检验法
dunder 酒精车间废液{环保}

dune 沙丘
dune afforestation 沙丘造林
dune crops 沙丘作物
dune fixation (沙丘)飞沙固定
dune land 沙丘地
dune of the longitudinal type 纵沙丘
dune of the transversal type 横沙丘
dune plants 沙丘植物
dune sand 沙丘,丘状沙,沙丘沙
dune soil 沙丘土壤
dune vegetation 沙丘植被
dune work 固沙工程,海岸防沙
dung ①粪便 ②粪肥
dung beetle 蜉金龟,蜣螂(Aphodius sp.)(蜣螂类)
dung box 粪箱
dung cart 粪车,装粪拖车
dung channel cleaner 粪沟清理器
dung channel cleaning 粪沟清理
dung cleaner 粪便清理器
dung depot 粪库,粪窖
dung fly [稀]粪蝇[*Scatophaga stercoraria* Linnaeus]
dung fork 粪叉,厩肥叉
dung heap (=dung hill) 粪堆
dung hole (=dung pit) ①粪坑 ②渗井,污水坑
dung loader 装粪机,粪肥装载机
dung making 造粪
dung passage 起粪通道
dung pit 粪坑
dung removal 清除粪肥,起粪
dung removal installation 粪肥处理装置
dung scraper 刮粪铲
dung spreader 撒粪机
dung spreading float 厩肥撒布耢
dung tub 粪桶
dung water 粪水
dung yard 粪场
dunging ①施粪肥 ②排除粪便
dunging alley (=dung alley) 除粪通道
dunging channel 粪沟
dunging drain 排粪沟
dunging gutter 刮粪板,集粪板
dunging passage 排粪通道
dunk (食物)浸泡
Dunnett's procedure 邓尼特氏法{统计}
dunnione 董尼酮
duobinary 双二进制的(duobinarius){电脑}
duodecimal ①十二的,十二分算的 ②十二进制的(duodecimus)
duodecimal notation 十二进制记数法
duodenin 肠降血糖素
duodenum 十二指肠(duodenum)
duoduplex 双二重的(duoduplexus)
duoploid 十二倍体(duoploida)
duoploidy 十二倍性(duoploidas)
dupion (=double cocoon) 双宫茧
duplet ①电子对 ②对
duplex ①复式,双显性组合(二倍体=AA,三倍体=AAa,四倍体=AAaa) ②二倍的,双工的,双向的,二重的 ③双链体,双螺旋
duplex computer 双计算机
duplex console 双连控制台
duplex copying 双面复印
duplex DNA (=double stranded DNA)(dsDNA) 双链 DNA
duplex group of chromosome 复式染色体组
duplex horizontal sprayer 复式水平喷雾器,二联水平喷雾器
duplex mill 双面磨粉机
duplex pump 双联泵,双塞徒复泵
duplex register 双工寄存器
duplex scanning 双面扫描
duplex trisomic (AAa) 复式三体生物,双显性组合三体生物
duplexed system 双套系统,双重系统
duplexer 双工器{电脑}
duplibaculariate 具双棒丛的(duplibaculariatus)
duplibaculate 具双棒的(duplibaculatus)
duplicase 复制酶
duplicate ①重复的{统计} ②复制的{分遗}(duplicatus)
duplicate determination 重复决定
duplicate disomic gene 重复二体基因{遗传}
duplicate factor 重复因子
duplicate flower 重叠花(flos duplicatus){形态}
duplicate gene 重复基因
duplicate interaction 重复相互作用,重复互作
duplicate locus 重复座位
duplicate original 复制原版{电脑}
duplicate rows 重复行
duplicate test 重复试验
duplicated chromosome 重复染色体
duplicated record 复制记录{电脑}
duplicated segment 重复节段
duplicating ①复写,复制 ②重复
duplicating experimental condition 重复试验条件{统计}
duplicating transparency 复制透明片{遥

感｝
duplicating unit 复制装置
duplication ①重复 ②复制，复写（duplicatio）
duplication factor 重复因子｛统计｝
duplication of coverage 覆盖重叠｛遥感｝
duplicational polyploid 重复多倍体（即同源多倍体）
duplicato-crenate 重圆齿的（duplicato-crenatus）
duplicato-dentate 重牙齿的（duplicato-dentatus）
duplicato-pinnate 重羽状的（duplicatopinnatus）
duplicato-serrate 重锯齿的（duplicatoserratus）
duplicato-ternate 重三出的（duplicatoternatus）
duplicator 复印机，复制机
duplicon 复制子｛分遗｝
duponol ①阴离子活性剂 ②洗涤剂
dura（= durra） 埃及高粱
dura stem borer 高粱蛀茎夜蛾［*Sesamia cretica* Lederer］（夜蛾科）
durability ①耐久性 ②持久性 ③耐用性 ④耐冬性（durabilitas）
durability index 耐火率｛环保｝
durability of germination capacity 发芽力保存期
durability of the aggregate 团聚体耐久性
durability of wood 木材耐火性
durable 耐久的，持续的（durabilis）
durable cell 耐久细胞（指酵母）（cellula durabilis）
durable resistance 持久抗［病］性
durable structure 耐久结构
durable time 耐火期，耐用期
durable wood 耐久木材
durable years 耐久年数，耐用年数
duracomb foundation 耐用巢础，加固巢础｛蜂｝
duragilt foundation 镶金属边耐用巢础｛蜂｝
duramen（= heart wood） 心材
duraminization 心材化（duraminisatio）
duramycin 耐火霉素
duraset（= Tomacet） 甲苯酞氨酸
duration ①期间 ②持续期，延续时间 ③延续性 ④生存期（duratio）
duration from sowing to earing ［播种到］抽穗日数
duration in rice nursery 秧田期，秧田日数
duration of 5th instar 五龄日数
duration of action 作用持续期
duration of cambial activity 形成层活力的持续期
duration of day 日照长度
duration of diapause 停育时间，停育期｛蚕｝
duration of early frost 早霜期间
duration of estrus 发情持续期
duration of exposure 曝光持续时间
duration of feeding period 饲喂［持续］日数｛畜｝
duration of freezing 冻结持续时间
duration of germinating ability （种子）发芽力延续时间
duration of germination 发芽延续时间，发芽期限
duration of germination test 种子发芽试验期［间］
duration of gestation 怀孕期，妊娠期
duration of graft 接株寿命｛园艺｝
duration of growth 生育期间，生育期限
duration of illumination 光照持续时间
duration of inundation 受淹持续期
duration of lactation 产乳持续期，泌乳持续期
duration of lease 租赁期
duration of life 寿命
duration of meiosis 减数分裂持续期
duration of mitosis 有丝分裂持续期
duration of precipitation 降水持续时间，降水时数
duration of pregnancy 妊娠期间
duration of spawning season 产卵期持续时间
duration of staining 染色期限｛显技｝
duration of stomatal opening 气孔开放持续期
duration of sunshine 日照时间，日照长度
duration of the assimilation period 同化期持续时间｛生理｝
duration of whole larval stage 整个幼虫期日数，全龄日数
duration of X-rays treatment X射线处理时间
duration-time 持续时间
durban crowfootgrass 龙爪茅［*Diarrhena japonica* Fr. et Sav.］（禾本科）
Durham fermentation tube 杜汉氏发酵管｛微生物｝
durian（= durio） 榴莲［*Durio zibethinus* L.］（锦葵科）
durifruticeta 硬叶灌木群落，硬叶灌丛
duriherbosa 硬叶草本群落
durilignosa 硬叶木本群落

during stress 胁迫期间{生理生态}
during the day 白昼间,白天
during the night 夜间,夜晚
durinode 硬结核聚积层
durio (=durian) 榴莲
duripan 硬磐
duriprata 硬叶草甸,硬草草甸(duriprata){生态}
durisilvae 硬叶林,硬叶乔木群落
durmast (=durmast oak) 无梗花栎(无柄叶栎)[*Quercus sessilifolia* Bl.](山毛榉科)
durmast oak (=sessile oak) 无梗花栎[*Quercus sessiliflora* Salisb. = *Q. petraea* Liebl.](山毛榉科)
Duroc 杜洛克猪
Duroc-Jersey breed of pig 杜洛克-泽西猪(杜洛克×泽西杂种猪)
durometer 硬度计
durous 硬的,坚硬的(durus)
Durra 埃及高粱[*Sorghum vulgare* var. *durra*]
durum (=durum wheat, hard wheat) 硬粒小麦[*Triticum durum* Desf.](禾本科)
durum wheat 硬粒小麦[*Triticum durum* Desf.](禾本科)
dusk 黄昏
dusky ①黯黑的 ②暗淡的
dusky pear 褐梨[*Pyrus phaeocarpa* Rehd.](蔷薇科)
dusky sap beetle 黯黑露尾甲[*Carpophilus lugubris* Murray](露尾甲科)
dusky stink bug 三点暗蝽(黯黑臭蝽)[*Euschistus tristigmus* Say](蝽科)
dust ①花粉 ②尘埃,微尘,烟尘 ③垃圾 ④粉剂
dust application rate 喷粉量,施药量
dust arrester 吸尘器
dust bag 垃圾袋,尘埃袋{环保}
dust bin 垃圾箱
dust blower 喷粉器
dust bowl 尘暴(多见于美国南部五省)
dust canopy 喷粉防护篷
dust cart 垃圾车
dust coating 粉膜,粉衣
dust collection efficiency 集尘效率{环保}
dust collector 聚尘器,除尘器
dust concentration 粉尘浓度{环保}
dust conditioner 粉剂调理池{环保}
dust content 含尘量,杂质含量,微尘量
dust control 防尘
dust counter 计尘器
dust counterplan 尘埃对策
dust deposition ①喷粉附着 ②尘暴沉积
dust-devil 尘卷风
dust diluent 惰性粉
dust discharging plate 排粉盘
dust environment 尘埃环境
dust explosion 尘埃爆发(突发),尘爆{环保}
dust extractor 除尘器
dust fall 降尘
dust fall jar 尘降瓶
dust feed (喷粉机)排粉器
dust feed tube 排粉管
dust fertilizer 粉状肥料
dust filter 滤尘器
dust formulation ①粉剂型 ②粉剂配方
dust from cement factory 水泥厂粉尘{环保}
dust furrow 喷粉杀虫沟
dust head 喷粉头
dust heap 垃圾堆
dust hopper (喷粉机)粉剂箱
dust horizon 积尘层
dust infection 尘埃传染
dust-laden air 含尘空气
dust lice 啮虫
dust meter 喷粉机计量器
dust mixer ①花粉混合器 ②药粉混合器
dust mulch ①细土覆盖层 ②地面防风幕
dust-pan ①簸箕 ②灰箕,尘箕
dust particle 尘粒,粉粒
dust precipitation 尘降
dust precipitator 集尘装置,除尘装置{环保}
dust prevention 尘埃防止,防尘
dust proof 防尘
dust-proof chemicals 防尘剂
dust-proof machine 防尘式电机
dust reducing agent 减尘剂{环保}
dust removing filter 除尘滤器{环保}
dust removing from livestock house 畜舍除尘
dust resistivity 粉尘电阻率
dust sand 粉沙
dust shield 尘障,防尘装置
dust storm 尘暴
dust-type seed treater 干式拌种器
dustability 喷粉性
dustbrand 黑穗病
duster ①喷粉器,喷粉机 ②除尘器
duster for animal draught 畜力牵引喷粉机
dusting ①喷粉,撒粉 ②除尘
dusting attachment 喷粉装置
dusting beak 喷粉嘴

dusting equipment 喷粉机具
dusting pipe 喷粉管
dusty ①粉末状的 ②覆有尘埃的
dusty brown beetle (= barkeating beetle) 咖啡土潜虫[*Dasus simplex* Fabricius](拟步甲科)
dusty crust 粉状结壳
dusty miller ①雪叶莲[*Senecio cineraria* DC.](菊科) ②白绒毛矢车菊[*Centaurea cineraria* L.](菊科)
dusty surface 灰尘面(指满是灰尘的表面),灰面
dusty wing ①粉蛉 ②粉蛉科[Coniopterygidae]
Dutch band spreader 荷兰施肥机
Dutch barn silo 荷兰式带棚青贮塔
Dutch beech 银白杨[*Populus alba* L.](杨柳科)
Dutch clover 白三叶草[*Trimfolium repen* L.](豆科)
Dutch crocus 春番红花[*Crocus vernus* Wulfen](鸢尾科)
Dutch elm 荷兰榆[*Ulmus campestres* L.](榆科)
Dutch elm disease 榆树荷兰病[*Cerastomella ulmi* Buisman]
Dutch flax (= big seed false flax) 亚麻荠
Dutch harrow 钉板耙,带齿拖耙
Dutch hoe 荷兰锄
Dutch iris 荷兰鸢尾[*Iris hollandica* Hort.](鸢尾科)
Dutch light 旧式单斜面荷兰温室
dutchman's-pipe ①昙花属(令箭荷花属)[*Epiphyllum* Haw.](仙人掌科) ②昙花(昙华)[*Epiphyllum oxypetalum* Haw.] ③令箭荷花[*Epiphyllum acker mannii* Haw.]
dutchmanspipe (= birthwort) ①马兜铃属[*Aristolochia* L.](马兜铃科) ②马兜铃[*Aristolochia debilis* S.et Z.]
dutchmanspipe family (= birthwort family) 马兜铃科[Aristolochiaceae]
dutiable ①应纳关税的 ②应纳税的
dutiable goods 纳税货物
duties on agricultural products 农产品关税
dUTPase (= deoxyuridine triphosphatase) 脱氧尿[嘧啶核]苷三磷酸酶
duty ①负荷,负载 ②能率,效率,功率 ③任务,责任,职责 ④税
duty and task 职责与任务{农管}
duty free 免税的
duty of water 灌溉率(单位水量的灌溉面积)
duty on food 粮食关税
duvalia ①玉牛掌属[*Duvalia* spp.](萝藦科) ②玉牛掌[*Duvalia elegans* sp.]
DVAV dance 背腹颤动舞,快乐舞{蜂}
DVD (= digital video disk) 数字视盘,数码影碟{信息}
DW (= dry weight) 干重{栽培}
dwale (= deadly nightshade) 颠茄[*Atropa belladonna* L.](茄科)
dwarf ①矮小,矮小植物 ②矮干,矮秆 ③萎缩病(水稻,稗子,油菜) ④矮化病(大豆) ⑤矮生的(pumilus)
dwarf bamboo 矮苦竹[*Pleioblastus variegatus* Makino var. *viridis* Makino = *P. distinchus* var. *nesasa* Muroi et Okamura](禾本科)
dwarf banana 粉蕉(中国香蕉)[*Musa nana* Lour., M. *eavendishi* Lamb.](芭蕉科)
dwarf bean (= bush bean) 矮菜豆(龙牙豆)[*Phaseolus vulgaris* L. var. *humilis* Alef.](豆科)
dwarf bernard's lily 白纹草(银边吊兰)[*Chlorophytum bicheii* sp.](百合科)
dwarf birch 矮桦[*Betula nana* L.](桦木科)
dwarf branch 矮小枝(指桑树)
dwarf bunt of wheat 小麦矮腥黑穗病[*Tilletia contraversa*]
dwarf bush 矮灌[木]
dwarf bush bean 矮菜豆[*Phaseolus vulgaris* var. *humilis* Alef.](豆科)
dwarf carex 无蔓粗丝苔草[*Carex sachatinensis* var. *tenuinervis* DC.](莎草科)
dwarf cherry (= ground cherry) ①酸浆属[*Physalis* L.](蔷薇科) ②酸浆[*Physalis alkekengi* L.]
dwarf chickling vetch (= flatpod peavine) 红山黧豆(偏荚山黧豆)[*Lathyrus cicera* L.](豆科)
dwarf clubmoss ①卷柏属[*Selaginella* spp.](卷柏科) ②卷柏[*Selaginella tarmariscina* sp.]
dwarf-clubmoss family 卷柏科[Solaginellaceae]
dwarf coconut palm 矮种椰子树
dwarf colony 侏儒型菌落
dwarf cowlily 萍蓬草[*Nuphar pumilum* (Hoffin.) DC.](睡莲科)
dwarf culture 矮化栽培
dwarf date palm 矮枣椰[*Phoenix acaulis* Roxb.](棕榈科)
dwarf disease 萎缩病

dwarf disease of milk vetch 紫云英萎缩病[Milk vetch stunt virus]
dwarf elder (= Mediterranean elder) 矮接骨木[*Sambucus ebulus* L.](忍冬科)
dwarf elm 榆[*Ulmus pumila* L.](榆科)
dwarf fan palm (= dwarf palm) ①矮棡属 ②矮棡
dwarf flower bed 矮生花坛
dwarf flowering cherry 郁李[*Prunus japonica* Thunb.](蔷薇科)
dwarf fruit tree 矮生果树
dwarf fruit tree garden 矮生果园
dwarf gene 矮基因
dwarf glorybind ①旋花属[*Convolvulus* L.](旋花科) ②旋花[*Convolvulus tricolor* L.]
dwarf gooseberry 矮茶藨子[*Ribes triste* Pall.](虎耳草科)
dwarf ground rattan 棕竹[*Rhapis excelsa* (Thunb.) Henry ex Rehd.](棕榈科)
dwarf growth 矮化生长,矮生
dwarf growth form 矮生型
dwarf habit 矮生习性
dwarf induced mutant 矮化诱发突变体
dwarf internode 短节间(internodium pusillus)
dwarf-internode character 短节间性状
dwarf-internode gene 短节间基因
dwarf-internode line 短节间品系
dwarf-internode plant 短节间植株
dwarf-internode selection 短节间选择
dwarf-internode type 短节间型
dwarf-internode variety 短节间品种
dwarf iris 矮鸢尾[*Iris pumila* L.](鸢尾科)
dwarf ironwood (= bongossi, African oak) 非洲栎柞树
dwarf Japanese quince 日本木瓜[*Chaenomeles japonica* Pers.](蔷薇科)
dwarf lady-palm 矮棕竹[*Rhapis humilis* Bl.](棕榈科)
dwarf leaf rust of barley 大麦矮形锈病[*Puccinia simplex*]
dwarf lilyturf 沿阶草(小叶麦门冬)[*Ophiopogon japonicus* Ker.](百合科)
dwarf male 矮雄体(mas pumilus)
dwarf morning-glory 三色旋花[*Convolvulus tricolor* L.](旋花科)
dwarf or scaly mistletoes 矮生槲寄生[*Razoumofskya* spp.](槲寄生科)
dwarf or stunt of rice 水稻鸟巢瘟(萎缩病)[*Oryza virus* 1]'
dwarf palm ①矮棡属[*Chamaerops* L.](棕榈科) ②矮棡[*Chamaerops humilis* L.]
dwarf peach 寿星桃[*Prunus persica* var. *densa* Makino](蔷薇科)
dwarf pine (= mountain pine) 中欧山松
dwarf plants 矮生植物(plantae nanae)
dwarf podzol 薄层灰壤
dwarf rice plant 矮秆稻
dwarf rootstock 矮化砧
dwarf Russian almond 矮扁桃[*Prunus nana* Stokes](蔷薇科)
dwarf rust 小锈病
dwarf shoot 短枝(ramulus pusillus)
dwarf shrub bog 矮生灌木沼泽
dwarf shrub heath 矮生灌木荒原,矮灌荒原
dwarf shrubs 矮生灌丛,矮灌丛
dwarf silkworm 矮小蚕
dwarf silver fir 矮银枞[*Abies alba* var. *compacta* (Parsons) Rehd. f.](松科)
dwarf slicing bean (= dwarf snap bean) 矮性食荚菜豆
dwarf smut of wheat 小麦萎缩黑穗病
dwarf snap bean 矮性食荚菜豆[*Phaseolus vulgaris* var. *humilis* Alef.](豆科)
dwarf soil 薄土层,发育不良土
dwarf sorghum 矮高粱
dwarf spiders 微蛛科[Micryphantidae]
dwarf spikerush 矮针兰[*Eleocharis parvula* Link.](莎草科)
dwarf stature 矮株型,矮态型
dwarf stem 短缩茎
dwarf stock 矮性砧
dwarf stone pine 偃松[*Pinus pumila* (Pull.) Regel](松科)
dwarf strain 矮生品系
dwarf sweet pea 矮香豌豆[*Lathyrus odoratus* var. *nanellus* Bailey](豆科)
dwarf tree 矮生树
dwarf tree limit 矮乔木限界
dwarf tree orchard 矮生果园
dwarf trillium 矮延龄草[*Trillium nivole* Wats.](延龄草科)
dwarf type 矮生型
dwarf variety 矮生品种
dwarf virus disease 萎缩病
dwarf white Russian almond 白矮扁桃[*Prunus tenella* var. *alba* (Schmeid) Rehd.](蔷薇科)
dwarf white stripe bamboo 花叶苦竹[*Pleioblastus fortunei* sp. = *Arundinaria variegata* sp.](禾本科)

dwarf wind mill-palm 龙棕[*Trachycarpus nana* Becc.](棕榈科)
dwarf yellow daylily (=small yellow daylily) 矮黄花菜(小萱草,红萱)[*Hemerocallis minor* Mill.](百合科)
dwarfed ①矮化的 ②矮生的
dwarfed fruit tree 矮化果树
dwarfed growth 矮化生长
dwarfed isogenic variety 矮生异基因品种
dwarfed tree 矮化树
dwarfing ①矮化的 ②矮化病
dwarfing culture 矮化栽培
dwarfing effect 矮化效应(指接木后)
dwarfing rootstock 矮化根砧,矮化砧木
dwarfing stock 矮化砧,矮性砧
dwarfing tree 矮性树
dwarfish 矮小的,矮化的(nanus,pygmaeus)
dwarfish stock 矮化砧
dwarfishness 矮态
dwarfism ①矮生性,矮态 ②侏儒(nanismus)
dwarfness ①矮性 ②矮秆性(禾本科)(nanisitas)
dwarf/smidwarf variety 矮秆/半矮秆品种
Dweet 德威特(柑橘品种)
dweet mottle 斑驳病
dwell ①滞留 ②停止,静态 ③居住
dwell on 详细研究,详细讨论
dwell time ①滞留时间,停延时间 ②居住时间
dweller 居住者,居民
dwelling ①居住 ②住房,住所 ③停止
dwelling district 居住区
dwelling period 停止期
dwelling unit 居住单位
Dwey decimal system 杜威十进制系统{统计}
dwindle ①衰瘠 ②减少 ③变小,缩短
dyad ①二分体 ②二分细胞 ③双孢体 ④二合花粉(dyas)
dyad cell 二分细胞
dyad symmetry 二分[体]对称性{细胞}
dybarism 气压痛症(dybarismus)
dyckia ①小雀舌兰属[*Dyckia* Schult. f.](凤梨科) ②小雀舌兰(短叶雀舌兰)[*Dyckia brevifolia* Schult. f.]
dyclesium (=dyclosium) 宿被瘦果
dye ①染料 ②染色,色彩{显技}
dye affinity chromatography 染料亲和层析{生技}
dye-binding capacity method 吸染量[检验]法
dye binding technique 吸染[检验]技术
dye crops 染料作物
dye exclusion test 染料排除试验
dye-ligand affinity chromatography 染料配体亲和层析{生技}
dye manufactory waste water 染料制造厂废水{环保}
dye plants 染料植物
dye polymer 染料聚合物
dye sensitization 染料增感{遥感}
dye sensitizer 染料增感剂
dye spray card (for ULV) (超低容量用)染料喷射卡片
dye-stuff 染料
dye tracers 染色示踪{遥感}
dye-ware 染色器
dye waste 染料废水{环保}
dye-works 染厂
dye-yielding herb 染料草本植物
dyeing 染色{显技}
dyeing waste water 染色业废水{环保}
dyer's alkanet (=alkanna) 染料红根草
dyer's broom (=dyer's greenwood) 染料木
dyer's camomile 春黄菊[*Anthemis tinctoria* L.](菊科)
dyer's garcinia 人面果(歪歪果)[*Garcinia tinctoria* (DC.) W. F. Wight](山竹子科)
dyer's green weed (=dyer's broom, wood wax) 染料木[*Genista tinctoria* L.](豆科)
dyer's oak (=black oak, quercitron oak) 色柞(黑栎,美国栎)[*Quercus velutina*=*Q. tinctoria*](山毛榉科)
dyer's saffron 红花[*Carthamus tinctorius* L.](菊科)
dyer's weed (=dyeweed, weld) 彩色草木犀(淡黄草木犀)
Dyer's woad 菘蓝(板蓝根)[*Isatis tinctoria* L.](十字花科)
dyes 染料{显技}
dyestuff 染料(=dye){显技}
dyestuff crops (=dye crops) 染料作物
dyetree ①化香树属[*Platycarya* Sieb. et Zucc.][胡桃科] ②化香树[*Platycarya Strobilacea* Sieb. et Zucc.]
dyeweed 彩色木犀草[*Reseda luteola* L.](木犀草科)
dyewood 染料木材
dying ①死,枯死 ②干涸
dying of lakes 湖水干涸{环保}

dying-off (稻,麦)开始枯干
dying tree 垂死树
dyke ①土埂{耕作} ②堤{水利} ③岩脉{地质}
dyke breaching or bursting 决堤
dyke fortifying project 护堤工程
Dylox (=dipterex) 敌百虫
Dylox residues 敌百虫残留[量]
dynabook 电子书{电脑}
dynameter 倍率计(指显微镜的)
dynamic ①动力的 ②动态的(dynamicus)
dynamic accounting facility ①动态记账程序{农管} ②动态统计手段{统计}
dynamic accuracy 动态精确度
dynamic balance ①动力天平 ②动态平衡
dynamic balloon 动力气球{遥感}
dynamic change of temperature 温度的动力变化,温度动态
dynamic character 动力性状
dynamic characteristic 动态特性
dynamic component 动力分量
dynamic computer check 动态计算机检验
dynamic cooling 动力冷却
dynamic data exchange (**DDE**) 动态数据交换{信息}
dynamic equilibrium 动态平衡
dynamic fluid-mosaic model 动态流体镶嵌[膜]模型{分遗}
dynamic focus 动[力]式焦距
dynamic forecast 动态预测{智培}
dynamic forecast function 动态预测功能{智培}
dynamic forecast function of simulation model 模拟模型的动态预测功能
dynamic geology 动力地质学
dynamic head 动力水头
dynamic heating ①动力加热 ②动力增温变热
dynamic height 动力高度
dynamic image analysis 动态影像分析{遥感}
dynamic instability 动力不稳度
dynamic kilometer 动力千米,动力公里
dynamic level 动力水位
dynamic lift 动举力
dynamic load 动力负荷
dynamic mass spectrometer 动态质谱仪
dynamic mathematical models 动态数学模型
dynamic memory interface (**DMI**) 动态存储器接口
dynamic menuing 动态菜单选择{电脑}
dynamic metamorphism 动力变质作用
dynamic meter 动力米
dynamic model 动态模型{统计}
dynamic motion 动态
dynamic network collection (**DNC**) 动态网络收集
dynamic overlay 动态覆盖
dynamic parameter 动态参数
dynamic pipeline 动态流水线
dynamic prediction 动态预测(指作物生产系统){智培}
dynamic prediction function 动态预测功能{智培}
dynamic pressure 动力压
dynamic printout 动态打印
dynamic process of crop growth 作物生长的动态过程{智培}
dynamic production 动态生产[量]{智培}
dynamic programming (**DP**) 动态计划,动态规划
dynamic protection 机动保护
dynamic range 动态范围{遥感}
dynamic refresh 动态刷新
dynamic reliability 动态可靠性
dynamic resistance ①机动抗病性 ②动力阻力
dynamic scalable architecture (**DSA**) 动态可伸缩结构体系
dynamic selection 动力选择
dynamic similitude ①动力相似性 ②动态模拟{智培}
dynamic simulation of assimilate distribution process 同化物分配过程的动态模拟{智培}
dynamic simulation of reproductive growth 生殖生长的动态模拟{智培}
dynamic soil 动态土壤,动力土壤
dynamic soil system 动态土壤系统,动力土壤系统
dynamic stability 动力稳定度
dynamic stress ①动力应力 ②动力胁迫
dynamic stress syndrome 动力胁迫综合特征
dynamic surface tension 动态表面张力
dynamic threshold alternation 动态阈值改变
dynamic transient master control block (**DTM**) 动态瞬时主控块{电脑}
dynamic transition 动态转变
dynamic unit 动力单位
dynamic viscosity 动态黏度
dynamical balancing 动力平衡
dynamical constrain 动态约束
dynamical convection 动力对流
dynamical database dump 动态数据库转储,动态倒库

dynamical unbalance 动力不平衡
dynamicity 动力性,动态性(dynamicitas)
dynamicity in chromosome 染色体动力性
dynamicity of simulation model 模拟模型的动态性{智培}
dynamicization 动态化(dynamicisatio)
dynamicization of intelligent crop production 作物智能栽培学的动态化(为作物智能栽培学基本特征之一){智培}
dynamicizer 动态转换器
dynamics ①动力学 ②动态 ③动力(dynamica)
dynamics by years 年份动态
dynamics of crop growth and development 作物生长发育动态{智培}
dynamics of disease development 发病动态
dynamics of fish population 鱼类种群数量变动
dynamics of the atmosphere 大气动力学
dynamite 炸药{环保}
dynamo [直流发]电机
dynamo regulator 发电机调节器
dynamogenetic value 发展价值
dynamograph 肌力描记器
dynamometer ①测力计 ②测功器
dynamometer car 电测车
dynamometer link 测力杆,测力环
dynamometer pull 测力器拉力
dynamometrical bar 测力杆
dynamometry 测力法,测功法(dynamometrica)
dynamotor 电动发动机
-dynamous ⌊字尾⌉有……力的
dynaturtle 动态龟标{电脑}
dyne 达因(力单位)
dynein 达因蛋白,动力蛋白
dynein arm 动力蛋白臂{分生}
dynode 联极,倍增电极,二次放射极
dyplotegia 宿萼蒴果
Dyrene (=anilazine) 敌菌灵
dys- ⌊字头⌉①不良,不幸,反常 ②困难,障碍
dysbacteria 不良细菌
dysbacteriosis 不良细菌病
dysbolism 代谢障碍(dysbolismus)
dyscentric 具异常着丝粒的(dyscentricus)
dyscentric inversion 非着丝粒倒位,臂内倒位
dyscentric translocation 异常着丝粒易位
dysentery ①痢疾 ②(蜂)腹泻病(dysenteria)
dysentery bacillus 痢疾杆菌[*Bacillus dysenteriae* Flexner](杆菌科)
dysfibrinogenemia 异常血纤维蛋白原血
dysfunction 机能障碍(dysfunctio)
dysfunctional behavior 功能失调行为,机能失调行为
dysgalactia 泌乳障碍
dysgammaglobulinemia 异常γ球蛋白血
dysgenesis 不育
dysgenic ①劣生的 ②退化的(dysgenus)
dysgraphia 书写困难
dyskinetoplastic trypanosome 不动基体锥虫
dyslipoproteinemia 异常脂蛋白血
dysmnesia 记忆障碍
Dyson's interference microscope 戴松干涉显微镜
dysontogenesis [个体]发育不良
dysophylla ①水蜡烛属(水虎尾属)[*Dysophylla* Bl. et El. Gazar. et Watson.](唇形科) ②水蜡烛[*Dysophylla* sp.] ③水虎尾[*Dysophylla yatabeana* Mak.]
dysorexia 食欲障碍
dysosma ①八角莲属[*Dysosma* Woodson](小檗科) ②八角莲[*Dysosma versipellis* Woodson]
dyspareunia 交媾困难
dyspepsia 消化不良
dyspeptic 消化不良的(dyspepticus)
dysploid 非整倍体(dysploida)
dysploidon 非整倍种
dyspnea 呼吸困难
dysprosium 镝(Dy,66号元素)
dysregulation 调节异常(dysregulatio)
dysteleology 无究极论,无目的论(dysteleologia)
dystocia 难产
dystric ①不饱和的 ②酸性的 ③贫瘠的(dystricus)
dystric arenosols 不饱和红沙土
dystric lithosol 不饱和石质土,酸性石质土
dystrohistosol 不饱和有机土
dystrophic 营养不良的,贫养的(dystrophus)
dystrophic lake 泥塘,沼泽湖(指含大量腐殖酸的湖)
dystrophic peat 瘠薄泥炭,不饱和泥炭
dystrophic ranker 酸性硅质粗骨土
dystrophy 营养不良,贫养(dystrophia)
dystropic ①无授粉作用的 ②行为异常的(dystropus)
dystropy ①无授粉作用 ②行为异常(dystropia)
DZ (=dizygotic) 二精合子的
dziggetai 库兰野驴

E e

E ①(= error) 误差{统计} ②(= east) 东{气象} ③(= einstein) 爱因斯坦(能量单位){物} ④(= erythrocyte) 红细胞{分生}
E-838 (= Potasan) 扑打散
E antigen (= enhancement antigen) 增强抗原
E by N (= east by north) 东偏北
E by S (= east by south) 东偏南
e-e association (= end-to-end association) 末端对末端配对
E-function nomogram E函数列线图解法{统计}
E layer E层{气象}
E-mail (= electronic mail) 电子邮件,电子函件{信息}
E-mail address 电子邮件地址
E rosette (= erythrocyte rosette) 红细胞[玫瑰]花结,E[玫瑰]花结
E rosette test (= erythrocyte rosette test) 红细胞[玫瑰]花结试验,E[玫瑰]花结试验
e-s association (end-to-side association) 末端对侧边配对
E-T ratio (= effector target ratio) 效应物-靶比值{分生}
E600 (= para-oxon) 对氧磷{农药}
E605 (= parathion) 对硫磷
E1059 (= demeton) 1059
EAC (= erythrocyte antibody complement) 红细胞抗体补体{分生}
EAC rosette 红细胞抗体补体[玫瑰]花结,EAC[玫瑰]花结
Eadie plot 伊艾迪图,Eadie图{生技}
Eadie plotting 伊艾迪作图法,Eadie作图法
EAEC (= enteroadhesive *E. coli.*) 肠黏附性大肠埃希氏菌
eagle 鹰[*Aquila*](鹰科)
eagle claw 鹰爪式中耕机组
eagle's plough (= eagle's plow) 鹰式犁
eaglewood ①(= agar-wood) 沉香 ②(= aloe) 芦荟
eagre 高潮,涌潮,潮流(acer)
ear ①穗,谷穗(玉米)果穗 ②雌穗 ③穗状花序 ④肉穗花序 ⑤耳,耳朵 ⑥耳状的(acus)
ear axis ①穗轴 ②菌柄(axis spicatus)
ear bag 套穗袋
ear balance 称穗天平
ear-bearing ①结穗的 ②具穗状花序的(spicifer)
ear-bearing node 结穗节(nodus spiciferus)
ear blight 赤霉病
ear-breaking 断穗(玉米)
ear character 穗性状
ear characteristics 穗特征
ear conformation 穗外形
ear cutter 切穗器
ear density 穗密度
ear development stage 穗发育期
ear diameter 穗直径
ear differentiation 穗分化
ear drop-off 摘穗
ear-drops ①倒挂金钟属[*Fuchsia* L.](柳叶菜科) ②倒挂金钟[*Fuchsia hybrida* Voss.]
ear-eating caterpillar 黏虫[*Mythimna separata* (Walker).](夜蛾科)
ear emergence (= coming into ear) 吐穗,抽穗,露穗
ear flap 耳垂{畜}
ear forming (= spike forming) 结穗,孕穗
ear-forming stage 孕穗期,穗形成期
ear height 穗位高度
ear height grade 穗位高度级
ear initiation 穗原始体形成(initiatio spicata)
ear initiation stage 穗原始体形成期
ear length 穗长
ear-like ①肉穗花序的(spadiceus) ②穗状花序的(spicatus)
ear mange mite 耳螨(狗耳痒螨)[*Otodectes cynotis* Hering](痒螨科)
ear manuring 施穗肥
ear mark (= ear tag) 耳标,耳号
ear miner moth 麦穗夜蛾[*Hadena basilinea*](夜蛾科)
ear notch (= ear punch) 耳缺刻,耳号{畜}

ear notcher (=ear puncher) 刻耳器
ear number 穗数
ear of plant 植株穗
ear of rice 稻穗
ear ossicle 听骨
ear pickup 拾穗器
ear plucking 摘穗,采穗
ear pregnant stage 孕穗期
ear primordia stage 穗原基期,穗原始体形成期
ear protector 耳保护器,防音保护器
ear rot ①穗腐 ②穗腐病
ear selection 穗选择,穗选
ear-shaped ①耳状的 ②有耳垂的(auricularis)
ear shoot 穗枝(ramus spicatus)
ear-snapping unit (玉米)摘穗装置
ear sore 耳疼痛
ear sprouting period 抽穗期
ear stem 穗茎(指结穗茎)
ear tag 耳标
ear tagger 有耳标畜
ear tip 穗尖(apex spicata)
ear-to-hill planting 穗穴播种{育种}
ear-to-row method 穗行[育种]法
ear-to-row selection method 穗行选种法
ear-to-row test 穗行试验
ear type 穗型(typus spicatus)
ear weight 穗重
earbone 听骨,耳石{水产}
earcockle 穗瘿(小麦线虫病)
earcorn ①果穗 ②玉米[*Zea mays* L.](禾本科)
earcorn crusher 玉米穗碾碎机
earcorn granulator 玉米果穗粉碎机
earcorn reducer 玉米果穗切碎机
earhead ①谷穗(指高粱等) ②穗头
earing 抽穗
earing and filling of grain 抽穗灌浆
earing date 抽穗日期
earing period 抽穗期
earing stage 抽穗期
earing time 抽穗期
earleaf tassel-flower ①一点红属[*Emilia* Cass.](菊科) ②一点红(红背草)[*Emilia sonchifolia* DC.]
earless ①无谷穗的 ②无穗状花序的(exspicatus)
earlier hatched larvae 苗蚁(指蚕)
earlier-maturing variety [较]早熟品种
earlier planting 早播
earlier stage of growth 生长期较早
earlies (=early potatoes) 早熟马铃薯
earliest cereals 最早熟禾谷类
earliest flowering 最早开花
earliest geological period 最早地质时期
earliest living organism 最古老生物
earliest maturity variety 最早熟品种
earliness 早熟性(praecoxitas)
earliness of forecast 预报有效时间
earliness of maturity 早熟性
earliness of ripening 早熟性
early ①早,初 ②早期的,初期的 ③早熟的(praecox)
early autumn crops 早秋作物
early autumn cutting 初秋刈割{牧草}
early autumn rearing 初秋饲育{蚕}
early autumn rearing season 初秋饲育期
early bark 早期树皮,早皮
early barley 早熟大麦
early bite (=pre-grazing) 早春放牧
early blastula 早期囊胚,高囊胚期
early blight ①早疫病(马铃薯) ②轮纹病(番茄) ③斑点病(芹菜)
early blight of celery 芹菜斑点病[*Cercospora apii* Fres.]
early blight of eggplant 茄绵疫病[*Phytophthora parasitica* Dast.]
early blight of potato 马铃薯早疫病[*Alternaria solani* (Ell. et Mart.) Jones et Grout.]
early blight of tomato 番茄早疫病(番茄叶斑病)[*Alternaria solani* (Ell. et Mart.) Jones et Grout.]
early blossoming 早[开]花
early booting 早孕穗
early bud 早生芽,早期芽(gemma praecox)
early budding race of mulberry 桑早熟种,桑早生叶种
early budding variety 早生叶品种(桑) ②早发芽品种(茶)
early burning 早烧除,干前烧除(指田间杂草残茬)
early clean fallow ①早期清洁休闲,早期绝对休闲 ②早期清洁休闲地,早期绝对休闲地
early cleavage 早卵裂
early clone 早熟无性[繁殖]系,早熟克隆{农生技}
early crawford 早黄肉桃(桃品种)
early crop 早熟作物
early crop of soybean 早[熟]大豆
early crop rotation 早期轮作
early crop rotation system 早期轮作制
early cropping 早作,早栽培(包括早季作如

早稻栽培或早期作如春播作物栽培)
early cultivation ①早季栽培,早期栽培 ②早期耕作
early culture 早熟栽培
early cutting ①早期刈割{牧草} ②早插{园艺}
early date 早期
early delivering rice 头遍稻谷(指稻脱粒)
early deutzin 大花溲疏[*Deutzia grandiflora* Bunge](绣球科)
early development 早期发育
early diagnosis 早期诊断
early diagnostic indication 早期诊断指标
early diplonema 初双线期{细胞}
early dough stage 蜡熟初期
early drop of fruit 早期落果
early drought 早期干旱
early-duration variety 早生育期品种
early dwarf variety 早熟矮秆品种
early enzyme 早期酶(指早期噬菌体诱导酶或早期蛋白)
early etiolation 早期黄化[现象](aetiolatio praecox)
early failure 早期失效(指农药,化肥)
early fallow ①春耕休闲 ②春耕休闲地
early fattening 早期肥育(指家畜)
early feathering 早生羽毛的{禽}
early field care 早期田间管理
early field planting 早定植
early field practices 早期田间[管理]措施
early flint 早熟硬粒种(硬粒种玉米品种)
early flowering 早开花的
early-flowering type 早开花型
early foliage spray 早期根外追肥,早期叶面喷肥
early forcing cultivation 早熟促成栽培[法]
early forcing of sugarcane 甘蔗早熟促成栽培
early forcing of vegetable 蔬菜早熟促成栽培
early fritillary butterfly 蛛形蛱蝶[*Argynnis anadyomene* Felder]
early frost 早霜
early frost hidden 暗霜
early fruit species 早结果树种
early fruiting 早期结果
early-function gene 早期功能基因
early generation 早代{育种}
early generation evaluation 早代评定
early-generation pedigree-selection 早代系谱选择,早代系统选择
early-generation test 早代测验
early glacial period 早冰期
early grains (=early grain crops) 早熟谷类作物
early grastrula 原肠早期
early group 早熟类群(水稻品种)
early-grown potato 早栽马铃薯
early growth 早期生长
Early harvest 早黄(苹果品种)
early harvesting (牧草)早期收割
early heading ①早抽穗(禾谷类) ②早卷心(甘蓝类)
early heading variety ①早抽穗品种(禾谷类) ②早卷心品种(甘蓝类)
early hotbed 早熟温床(指栽培蔬菜用)
early hypersensitivity 早发型超敏性
early imaginal lethal 早期成虫致死
early in the 21st century 21世纪初期
early inbred line 早熟自(近)交系
early indication 早期标记
early leaf blight 早期叶枯病,叶早疫病
early lettuce 散叶莴苣[*Lactuca sativa* var. *acephala* Alef.](菊科)
early lilac 紫丁香[*Syringa oblata* Lindl.](木犀科)
early maturation 早熟
early maturing and high yielding 早熟高产
early-maturing and waterlogging resistant crop 早熟耐涝作物
early maturing culture 早熟栽培
early maturing group 早熟类群
early maturing habit 早熟[习]性
early-maturing intermediate non-glutinous rice 早熟中间型粳稻
early maturing species 早熟种
early maturing variety 早熟品种
early maturity ①早熟 ②早熟度,早熟性
early meiotic prophase 减数分裂早前期{细胞}
early mutant 早熟突变型
early orange leaf-rust 柑橘早期褐锈病,柑橘早期叶锈病
early parent 早熟亲本
early pea (="hotspur") 早熟豌豆
early phase 早期
early picking 早采摘,早收摘
early planting ①早播 ②早栽,早种植
early planting culture ①早播栽培 ②早插栽培(水稻)
early potato (=new potato) 早熟马铃薯
early prolific hybrids 早熟丰产(多育性)杂种
early promoter 早期启动子{分遗}
early prophase 早前期{细胞}
early protein 早期蛋白质

early pruning 早期修剪
early purple orchid 雄红门兰［*Orchis mascula* L.］（兰科）
early raising 早熟栽培，促成栽培
early receptor potential 早期感受器电位
early rice（= early season rice） 早［季］稻
early rice pests 早稻虫害
early ripe（= early maturing） 早熟的
early riped larva 初熟蚕
early ripeness（= earliness） 早熟度，早熟性
early ripening 早熟［性］
early ripening stage ①成熟初期 ②早熟期
early ripening variety 早熟品种
early runner 早熟蔓（指草莓）
early season 早期，早季
early-season culture ①早季栽培（如早稻栽培）②早期栽培（如春播作物栽培）
early season drop（= June drop） 早期落果，六月落果
early season rice 早［季］稻
early-season variety ①早季品种 ②早期品种
early seasonal cultivation ①早期栽培，早季栽培 ②早期耕作
early seeding（= early sowing） 早播
early seedling age 早苗令，稚苗令
early setting in seedling ①早插秧 ②早定苗
early shoot 早期嫩梢
early shoot borer 甘蔗螟［*Chilo zonellus* Kapur.］（螟蛾科）
early shooting 早抽薹
Early snowball 早雪球（花菜品种）
early soil 早土（指早期发软的土壤）
early sowing 早播
early sowing and early transplanting 早播早插
early spring 早春
early spring weeds 早春杂草
early stage ①早期 ②初期阶段
early-stage cultivation 早期栽培
early-stage development 早期发育
early strain 早熟品系
early successional stage 演替早期，早演替阶段｛生态｝
early summer 初夏
early-summer budding 初夏芽接｛园艺｝
early tending 早期田间管理
early thinning fruit 早疏果
early tillage 早整地（播种前）
early tillering stage 分蘖初期
early transcription 早期转录｛分遗｝
early transplantation 早移植，早移栽
early transplanted rice 早插［稻］秧
early transplanting culture 早插秧栽培
early transplanting rice 早插［稻］秧
early tuberization 早期块茎形成
early variety 早熟品种
early variety of rice 水稻早熟品种
early vegetable 早熟蔬菜
early vs late genes 前期与后期基因比较，前期基因对后期基因
early-warning method 预警方法｛生态生理｝
early-warning radar（**EWR**） 预警雷达｛物｝
early warning satellite 预警卫星｛遥感｝
early warning technique 预警技术｛生态生理｝
early wheat crop 早茬麦（早期作物小麦）
early winter 初冬
early winter rearing 初冬饲育｛蚕｝
early winter rearing season 初冬饲育期
early wood 早材（lignum praecox）
early-yield mulberry field 速成桑园
early zymotic efficiency of soil 早土壤发酵效应
earmark（= ear tag） 耳标（指猪羊）
earn 劳动报酬
earnest 定钱，定金
earnings（= wage） 工资
earphone 耳机｛信息｝
ear's dog 大耳狐［*Otocyon megatotis* sp.］（犬科）
earsh ①再生草 ②幼树，幼龄林
earth ①地球 ②陆地，大地，土地 ③土壤 ④覆土，盖土，培土
earth-air current 地空电流
earth albedo 地球反射率｛遥感｝
earth-almond（= chufa） 铁荸荠［*Cyperus esculentus* L.］（莎草科）
earth auger ①土钻 ②挖穴机，挖穴螺旋钻
earth ball cutting 球插，土团插｛园艺｝
earth balls 硬皮马勃科［*Sclerodermataceae*］（有毒菌类）
earth banking apparatus 筑埂器
earth bed 地层
earth borer 挖穴机（器）
earth bucket 挖土铲斗
earth chestnut ①地栗属［*Conopodium* Koch.］（伞形科）⌞拟⌝ ②（= creeping chickling, groundnut peavine）块茎香豌豆［*Lathyrus tuberosus* L.］（豆科）
earth clamping machine 埋藏覆土机
earth closet 厕所，土厕，干厕｛环保｝
earth column 土柱
earth connection 、接地［线］

earth coverage 地球覆盖范围{遥感}
earth crust (= earth's crust) 地壳
earth curvature correction 地球曲率校正
earth dam (= earthen dam) 土坝
earth drill ①土钻 ②(种树)挖洞机
earth equivalent of gravity 地球重力当量
earth exploration satellite 地球探测卫星{遥感}
earth filtering 地层滤波{遥感}
earth flow 土流,泥流
earth furrow 开垄
earth hummock 土岗
earth humus 土壤腐殖(植)质
earth kiln 土窑
earth layer 土层
earth leveler 平土器,平地机
earth light 大地光,地球反照
earth mole 暗沟犁
earth moss 毬苔属[*Phascum* Schreb](毬苔科)
earth mound 土堤
earth movement 地壳运动
earth mover ①推土机 ②挖土机
earth-moving equipment 推土[机]设备
earth-moving machine 推土机
earth mulch 土[覆]盖
earth-nut (= peanut) 花生[*Arachis hypogaea* L.](豆科)
earth-nut cake 花生油饼(粕)
Earth Observation Satellite (EOS) 地球观测卫星{遥感}
earth orbit 环地轨道
earth orbit mission 环地航行
earth-orbital photography 地球轨道摄影{遥感}
earth pea (= Bambara groundnut, Madagascar peanut) 马岛花生(地豆)[*Voandzeia subterranea* Thouarsi](豆科)
earth pillar 土柱
earth-pit 地下温室,地窖
earth pitch 矿物质焦油
earth pressure 土压力
earth radiation 地球辐射
Earth Radiation Budget Satellite (ERBS) 地球辐射收支测量卫星{遥感}
earth reservoir 土水库,土水池{环保}
Earth Resource Observation Satellite (EROS) 地球资源观测卫星{遥感}
Earth Resource Satellite (ERS) 地球资源卫星{遥感}
earth resource survey program 地球资源调查计划
earth resource survey satellite (ERSS) 地球资源勘查卫星{遥感}
Earth Resource Technology Satellite (ERTS) 地球资源技术卫星{遥感}
earth ridge ①窄垄 ②田埂,土埂
earth road 土沙路
earth roller 镇压器
earth rotation 地球自转
earth-scattering scoop 培土器{农具}
earth scraper 铲土机,铲运机
earth screw 土钻,挖穴钻
earth segment 地面段
earth sieve 土筛
earth slide 土滑,土崩
earth smell 土味
earth smoke (= common fumitory) 蓝堇[*Fumaria officinalis*](紫堇科)
earth soil 泥土,稀泥
earth star 地星属[*Geastrum* Pers.](地星科)
earth-star family 地星科[Geastraceae]
earth station 地面站{信息}
earth surface 地[表]面
earth synchronous orbit 地球同步轨道{遥感}
earth temperature 地温
earth thermometer 地温表
earth tongue 地舌菌属[*Geoglossum* Pers. ex Fr.](地舌菌科)
earth up ①覆土,盖土 ②培土 ③作垄
Earth Viewing [Equipment] Module (EVM) 地球观察[设备]舱{遥感}
earth water 硬水
earth wax 地蜡
earth work 土工作业,土方工程
earthboard 犁壁
earthen ①土制的 ②陶制的
earthen dam 土坝
earthen floors 土铺地
earthen pond 泥池,土池
earthen trough 陶制水槽
earthen ware 陶器
earthen-ware box 陶制花箱
earthen-ware pipe 陶管,瓦管
earthen-ware vessel 陶制容器
earthfill dam 土坝
earthflow (= landslide) ①土滑,塌方 ②山崩,地崩
earthing ①覆土,盖土 ②培土
earthing blade 培土板
earthing-in 覆土{栽培}
earthing of seeds ①种子层积,种子沙藏 ②种子覆土

earthing up ①培土 ②作垄
earthing-up body 培土犁体
earthing up inside hills 穴内培土
earthing up on the north side of row 行北面培土,行阴面培土
earthing-up plough (= earthing-up plow) 培土犁,培土器
earthmoving 运土,土方挖运
earthquake 地震
earthquake-centre 震中震源
earthquake country (= earthquake region) [地]震[地]区,震区
earthquake database 地震数据库
earthquake focus 震源
earthquake load 地震载重,地震荷重
earthquake zone (= seismic zone) [地]震带
earth's atmosphere 地球大气圈
earth's attraction 地心吸力
earth's axis 地轴
earth's continental area 地球[的]陆地面积
earth's crust 地壳
earth's gravitational field 地球重力场
earth's magnetism 地磁
earth's mentle 地幔
earth's nucleus 地核
earth's phytomass 地面植物量
earth's radius chart 地球径向线图
earth's rotation 地球自转
earth's surface (= earth surface) 地面,地表,地上
earth's surface area 地球表面面积,地面面积
Earthwatch 地球监视卫星{遥感}
earthwork construction machinery 土方施工机械{农施}
earthworking 土壤耕作
earthworking implement 土壤耕作机具
earthworm 蚯蚓 [*Lumbricus terrestris* L.](巨蚓科)
earthworm dejection structure 蚯蚓粪结构
earthy ①地上生的,陆生的 ②土的,土质的,土状的
earthy aggregate 土状团聚体
earthy peat 土质(状)泥炭
earthy room 土温室
earthy spring 泥泉
earthy sulfur 硫磺矿石(指天然产生的)
earthy taste 土腥味
earthy water 泥浆水{环保}
earwig ①蠼螋 ②⌞复⌝革翅目[Dermaptera]
earworm (= European corn borer) 玉米螟
earworm damage 玉米螟害[损失]
ease ①放松 ②缓和 ③简易性
ease of milking (= milking ability) 泌乳力
easement ①使用权 ②役权,地役权{农经}
easement transfer of real estate 土地转让
easily decomposable organic matter 易分解有机质
east (E)东,东方,东经(oriens)
East African Agricultural and Forestry Journal 东非农林杂志(季刊)
East Asia Climate 东亚气候
east by north (E by N) 东偏北
east by south (E by S) 东偏南
East China walnut 华东野核桃 [*Juglans cathayensis* var. *formosana* (Hayata) A. M. Lu et R. H. Chang]
East Coast fever 东海岸热(由小泰勒虫引起的一种牛的血孢子虫病)
East Indian arrow root 狭叶姜黄 [*Curcuma angustifolia* Roxb.](姜科)
East Indian bee 东印度蜂
East Indian coral tree 刺桐 [*Erythrina indica* Lam.](豆科)
East Indian lemongrass (= Malabar grass) 蜿蜒香茅 [*Cymbopogon flexuosus* Stapf.](禾本科)
East Indian lotus 莲 [*Nelumbo nucifera* Gaertn.](睡莲科)
East Indian satin wood 东印度椴木 [*Chloroxylon swietenia* DC.]
East Indian serpent-wood (= serpent wood, snake root) 美远志 [*Polygala senega* L.](远志科)
East Indian walnut 阔叶合欢(缅甸合欢) [*Albizzia lebbeck* Benth.](豆科)
east longitude 东经
east nonsoon 东季风(指印度旱季的风)
east northeast (ENE) 东东北
east southeast (ESE) 东东南
east-west direction 东西向
east-west house 东西[向]房屋
east-west row 东西[向]行
east wind 东风
easter bells 复活节钟草 [*Stellaria holostea* L.](石竹科)
easter giant 拳参蓼 [*Polygonum bistorta* L.](蓼科)
easter herald-trumpet ①清明花属 [*Beaumontia* Wall.](夹竹桃科) ②清明花(大花清明花,比蒙花) [*Beaumontia grandiflora* Wall.]
easter lily 麝香百合 [*Lilium longiflorum*

Thunb.](百合科)
easterlies 东风带
easterly wave 东风波
eastern ①东方的,自东方的 ②居于东方的
eastern arborvitae 金钟柏[*Thuja occidentalis* L.](松柏科)
eastern black walnut 黑核桃[*Juglans nigra* L.](胡桃科)
eastern blackheaded budworm 黑头卷蛾[*Acleris variana* (Fernald)](卷蛾科)
eastern bracken (= bracken fern) 欧洲蕨[*Pteridium aquilinum* Kuhn. var. *latiusculum* Und.](蕨科)
eastern cedar 铅笔柏[*Juniperus virginiana* L.](松柏科)
eastern cock chafer (= eastern May bug) 东方五月金龟子[*Melolontha hippocastani* F.](金龟科)
eastern gama grass (= Guatemala grass) 危地马拉摩擦禾[*Tripsacum laxum*](禾本科)
eastern hemlock (= Canada hemlock) 加拿大铁杉[*Tsuga canadensis* Carr.](松科)
eastern hercules beetle 东部独角仙[*Dynastes tityus* (Linnaeus)]
eastern larch (= tamarack) 美洲落叶松[*Larix laricina* K. Koch.](松科)
eastern lubber grasshopper 东方笨蝗(东部小翅笨蝗)[*Romalea microptera* P. de B.](蝗科)
eastern plane (= oriental plane) 法国梧桐
eastern red-bud (= Chinese red-bud) ①紫荆属[*Cercis* L.](苏木科) ②紫荆[*Cercis chinensis* Bunge]
eastern red-cedar 铅笔柏[*Sabina virginiana* (L.) Antoine](柏科)
Eastern Siberia forest 东西伯利亚森林
eastern subterranean termite (= yellow thorax termite) 黄胸散白蚁[*Reticulitermes flavipes* (Kollar)](白蚁科)
eastern tent-caterpillar (= apple tent caterpillar) 美国天幕虫(苹天幕毛虫)[*Malacosoma americanum* (Fabricius)](枯叶蛾科)
eastern wahoo 紫果卫矛[*Euonymus atropurpureus* Jaca.](卫矛科)
eastward 向东
easy ①容易的 ②舒适的 ③需求不脱的,松动的(指交易)
easy axis 易磁化轴{电脑}
easy bolting 不适时抽薹
easy order 简易次序
easy processing channel 易处理信道{信息}
easy push fit 滑动配合{农机}
easy running fit 轻转配合
easy shoot-rearing apparatus 简易条桑育装置{蚕}
easy-to-decorticate seed 易去皮种子
eat ①食,吞{畜} ②侵蚀{土壤} ③啮蚀,蛀蚀{昆虫} ④消耗{蜂}
eat down 放牧
eat up ①吃光 ②侵蚀
eatable ①可食的,食用的 ②食品,食物(eatabilis)
eatable maturity (= eatable ripeness) 食用成熟度
eatage 再生草
eating behavior 采食行动
eating habit 摄食习性{水产}
eating quality ①(= dessert quality) 生食品质 ②(= edible quality) 食用品质,食味
eating quality test 生食品质试验,食味试验
eating-ripe stage 生食成熟度
eating tetter 狼疮{真菌}
eats 食物
eau 水
eau-de Cologne (德)科伦产香水
eau-de-vie (= Brandy) 白兰地酒
eaves 檐,屋檐{农施}
eaves dropping 窃听{信息}
eaves gutter 檐沟
eaves height 檐高
EB virus (= Epstein-Barr virus) 依卜斯汀-巴尔病毒,EB病毒{分生}
ebb ①落潮,退潮 ②衰退,衰落
ebb line 退潮线
ebb-tide 落潮,退潮
ebenaceous and citrus fruits 柿橘类,假仁果类
ebonite 硬质橡胶,硬橡皮
ebonite bushing 硬橡皮衬套
ebony (= ebony tree, black sapote) 乌木[*Diospyros ebenum* Koen.](柿科)
ebony family 柿科[Ebenaceae]
eborine 象牙色的(eborinus)
EBP (= Kitazine) 稻瘟净{农药}
ebracteate 无苞的(ebracteatus)
ebracteolatus 无小苞的
EBS (= exon-binding site) 外显子结合部位{分生}
ebullience 沸腾(ebullientia)
ebullient 沸腾的(ebulliens)
ebulliometer 沸点计

ebulliometry ①沸点测定 ②沸点测定法(ebulliometrica)
ebullioscopy 沸点升高测定法(ebullioscopia)
ebullition 沸腾(ebullitio)
eburicoic acid 齿孔酸
EC_{50}(=effective concentration 50) 50%有效浓度
E.C.(=emulgifiable concentrate) 乳油{农药}
ECA(=Economic Commission for Africa) (联合国)非洲经济委员会
ecad 适应型(ecas)
ECAFE(=Economic Commission for Asia and the Far East) (联合国)亚洲及远东经济委员会
ecalcarate 无距的(ecalcaratus)
ecarinate 无龙骨状突起的(ecarinatus)
ecaudate(=excaudate) 无尾的(ecaudatus)
ecballium(=squirting cucumber) ①喷瓜属[*Ecballium* A. Rich.](葫芦科) ②喷瓜[*Ecballium elaterium* A. Rich.]
eccentric ①离心的,偏心的 ②偏心器,偏心轮(eccentricus)
eccentric angle 偏心角
eccentric anomaly 偏近点角
eccentric eruption 偏心喷发{环保}
eccentric force 偏心力
eccentric growth 偏心生长
eccentric pump 偏心轮式泵
eccentric ring 偏心年轮(annulus eccentricus)
eccentricity ①偏心 ②偏心率,偏心度(eccentricitas)
ECD(=extracellular domain) 胞外域{分生}
ecdemic 外来的(ecdemicus)
ecdysial 蜕皮的(ecdysialis){昆虫}
ecdysial fluid 蜕皮液
ecdysial hormone 蜕皮激素
ecdysis(=moult) 蜕皮
ecdysone 蜕皮[激]素,蜕化[激]素
ecdysone and gene control 蜕皮素与基因控制
ecdysone response element(EcRE) 蜕皮激素效应元件
ecdysteroid hormone 蜕皮类固醇激素
ECE(=Economic commission for Europe) (联合国)欧洲经济委员会
eceriferum mutant 无蜡质突变型(指大麦)
ecesis ①定居 ②土著
ECG(=electrocardiogram) 心电图
ecgonine 芽子碱[$C_9H_{15}NO_3$]
echard 无效水量
echelette 红外光栅
echelon ①阶梯 ②梯队
echeveria ①石莲花属[*Echeveria* DC.](景天科) ②石莲花[*Echeveria glauca* Baker]
echinacosid 海胆苷
echinate 具刺的,有刺的(echinatus)
echinenone 海胆酮,β-胡萝卜素-4-酮
echinine 叔异戊烯色氨酸
echinocactus ①仙人球属[*Echinocactus* Link et Otto](仙人掌科) ②仙人球[*Echinocactus wislizenii* Eng.]
echinocarpous 刺果的(echinocarpus)
echinocaulis 刺茎的
echinocephalous 刺头的(echinocephalus)
echinocereus ①鹿角掌属[*Echinocereus* Engelm.](仙人掌科) ②鹿角掌[*Echinocereus procumbens* Lem]
echinochrome 海胆色素
echinococcosis 棘球幼虫病
echinococcosis-hydatidosis 蜂孢子虫病
echinocupulous 刺杯的(echinocupulus)
echinocystic acid 刺囊酸
echinocyte 棘状细胞(echinocyta)
echinoderm 棘皮动物(Echinodermata)
echinoderm sperm head protein 棘皮动物精子头蛋白
echinolophate 有刺脊的(echinolophatus)
echinomycin 棘霉素
echinonectin 海胆粘连蛋白{分生}
echinopsine 蓝刺头碱[$C_{10}H_9NO$]
echinosepalous 刺萼片的(echinosepalus)
echinospermous 刺种子的(echinospermus)
echinulate 有小刺的(echinulatus)
echinuline 灰绿曲霉素
echiuroidae 棘尾类动物(Echiuroidae)
echlomezol(=Pansoil) 氯唑灵{农药}
echme(=echma) 钩状珠柄
echo ①回波 ②回音,回声 ③回送
echo attenuation 回波衰减
echo back data 回送数据{电脑}
echo cancellation 回音消除
echo-complex 回声群
echo depth sounder 回声测深仪
echo locator ①回声勘定器 ②回波勘定器
echo pulse 回波脉冲
echo signal ①回声信号 ②回波信号
echo-sounding 回声探测

echo sounding apparatus 回声探测器
echo talker 回波干扰[信号]
Echo virus 人肠细胞病变病毒,艾柯病毒{分生}
echolocation ①回声定位 ②回波定位(echolocatio)
echomotism 模仿动作(echomotismus)
echoranging 回声测距法
echosonogram 超声回波图(echosonogramma)
echylosis 非颗粒物质释放作用
eciophyte 本地植物(eciophyta)
ecize (= ecesis) ①定居 ②土著
ecklonia ①荒布属[*Ecklonia* spp.](昆布科) ②荒布(鹅掌菜)[*Ecklonia* sp.]
ECL (= enhanced chemiluminescence) 增强化学发光{生技}
ECLA (= Economic Commission for Latin America) (联合国)拉丁美洲经济委员会
eclair 奶油馅饼(有糖霜长形小饼)
eclampsia 惊厥
eclipse ①食{气象} ②晦暗,失色{种子}(eclipsis)
eclipse of the moon 月食
eclipse period (= ecliptic period) 晦暗期{遗传}
eclipse phage 隐蔽噬菌体
eclipse phase 隐蔽期(指细胞生长)
eclipse seed 失色种子
eclipse weather 日食天气
eclipsed conformation 重叠构象{分生}
eclipta (= false daisy) ①鳢肠属[*Eclipta* L.](菊科) ②鳢肠[*Eclipta prostrata* L. = *E. alba* Hassk.]
ecliptic 黄道(ecliptica){气象}
eclosion ①孵化{禽} ②羽化{昆虫} ③发蛾{蚕}(eclosio)
eclosion hormone 羽化激素
eclosion rate 发蛾率{蚕}
ECM (= extracellular matrix) 胞外基质{分生}
eco- ⌊字头⌉ ①生态 ②居住 ③宿主,寄主
Eco R Ⅱ restriction enzyme Eco R Ⅱ限制性内切酶
Eco R Ⅰ restriction enzyme Eco R Ⅰ限制性内切酶{分遗}
eco-species 生态种(ecospecies)
ecobiotic adaptation 生态生物适应
ecoclimate 生态气候
ecoclimatic 生态气候的(ecoclimaticus)
ecoclimatic adaptation 生态气候适应
ecoclimatic forecast 生态气候预报
ecoclimatology 生态气候学(ecoclimatologia)
ecoclines 生态渐变群,生态倾群
ecodeme 生态同类群
ecodormancy 生态休眠(ecodormantia)
ecofallow ①生态休闲 ②生态休闲地
ecogenesis 生态发生
ecogenetics 生态遗传学(ecogenetica)
ecogeographical divergence 生态地理趋异(divergentia ecogeographica)
E. coli (= *Escherichia coli*) 大肠埃希氏菌(大肠杆菌){微生物}
***E. coli* cAMP** 大肠埃希氏菌 cAMP,大肠埃希氏菌环腺苷酸
***E. coli* DNA complement** 大肠埃希氏菌 DNA 补体
***E. coli* DNA replication** 大肠埃希氏菌 DNA 复制
***E. coli* genetic map** 大肠埃希氏菌遗传图
***E. coli* information content of genome** 大肠埃希氏菌基因组的信息含量
ecologic (= ecological) 生态[学]的(ecologicus)
ecologic optimization 生态优化(optimisatio ecologica)
ecological 生态[学]的(ecologicus)
ecological adaptation 生态适应(adaptatio ecologica)
ecological advantage 生态学优点
ecological age 生态龄
ecological agriculture 生态农业(agricutura ecologica)
ecological amplitude 生态幅
ecological analysis 生态分析
ecological balance 生态平衡(balanx ecologica)
ecological barrier 生态阻障
ecological botany (= ecology of plants) 植物生态学(phytoecologia)
ecological breeding 生态育种学
ecological cardinal point 生态基点
ecological character 生态性状
ecological characteristics 生态特征(characteristica ecologica)
ecological classification 生态分类[法]
ecological compartment 生态区域化,生态区隔化(compartmentum ecologicum)
ecological competition 生态竞争
ecological component 生态组分
ecological condition 生态条件(conditio ecologica)
ecological connection 生态联系(connectio ecologica)

ecological control 生态防治
ecological correlation 生态相关
ecological crisis 生态危机
ecological density 生态密度
ecological differentiation 生态分化
ecological distribution 生态分布
ecological divergence 生态分歧
ecological economic belt 生态经济带(belteus economicus ecologicus)
ecological economics 生态经济学(ecoeconomica)
ecological effect 生态效应
ecological efficiency 生态效率
ecological environment 生态环境
ecological equilibrium 生态平衡
ecological equivalence 生态等值
ecological equivalent 生态等值种
ecological factor 生态因素,生境因素
ecological genetics(=ecogenetics) 生态遗传学(ecogenetica)
ecological geobotany 生态地植物学(ecogeobotanica)
ecological geography 生态地理学(ecogeographia)
ecological group 生态类群
ecological influence 生态影响
ecological interaction 生态相互作用,生态互作(interactio ecologica)
ecological isolation 生态隔离
ecological light unit 生态光照单位
ecological model 生态[学]模型
ecological morphology 生态形态学(ecomorphologia)
ecological mutant ①生态突变型 ②生态突变体
ecological niche 生态位,生态小境
ecological optimum 生态最适度
ecological paradox 生态学悖论
ecological parameter 生态参数
ecological phase 生态相
ecological physiology 生态生理学(ecophysiologia)
ecological plant anatomy 植物生态解剖学(phytoecotomia)
ecological plant geography 植物生态地理学(phytoecogeographia)
ecological plant physiology 植物生态生理学(phytoecophysiologia)
ecological polymorphism 生态多态现象
ecological production equation 生态生产方程
ecological pyramids 生态金字塔
ecological race(=local race) 生态族
ecological reality 生态现实性(realitas ecologicus)
ecological regime 生态状况
ecological relevance 生态学上关联(relevanx ecologica)
ecological response 生态反应
ecological rules 生态法则
ecological series 生态系列
ecological significance 生态学意义(significantia ecologica)
ecological speciation 生态性物种形成
ecological stability 生态稳定度
ecological strain 生态菌株
ecological structure 生态结构
ecological succession 生态演替
ecological survey 生态调查
ecological system(=ecosystem) 生态系[统]
ecological system management 生态系统管理
ecological tolerance 生态耐性
ecological type 生态型
ecological valence 生态效价(valentia ecologica)
ecological variation 生态变异
ecological winter hardiness 生态耐寒性
ecological zone 生态区,生态地带
ecologist 生态学工作者,生态学家(ecologistus)
ecologo-geographic distribution 生态地理分布
ecology 生态学(ecologia, aecologia)
ecomone 生态激素
ecomorph 生态形态(ecomorphe)
ecomorph of cold resistance 抗寒性生态形态
ecomorph of drought resistance 抗旱性生态形态
econometric ①计量经济的②计量经济学的(econometricus){农经}
econometric forecasting 计量经济学预测
econometric forecasting method 计量经济学预测法
econometric model 计量经济学模型
econometric specification 计量经济学规范
econometrics 计量经济学(econometrica)
economic(=economical) ①经济的,经济学的 ②节俭的,节约的(economicus)
economic age 经济龄(指林龄)
economic analysis 经济分析
Economic and Social Committee (欧洲经济共同体)经济及社会委员会

Economic and Social Council (of United Nations) (联合国)经济及社会理事会
Economic and Social Department (ES) (粮农组织)经济社会司
economic application 经济应用
economic area 经济区
economic aspect 经济方面
economic assessment 经济评价
economic assessment of rural energy project 农村电源[建设]项目经济评价
economic balance 经济平衡
economic belt 经济带(belteus economicus)
economic botany 经济植物学(botanica economica)
economic calculation system 经济核算制(systema calculationis economica){农管}
economic character 经济性状
economic choice of crops 作物的经济选择
economic coefficient 经济系数
Economic Commission for Africa(ECA) (联合国)非洲经济委员会
Economic Commission for Asia and the Far East (ECAFE) (联合国)亚洲及远东经济委员会
Economic Commission for Europe(ECE) (联合国)欧洲经济委员会
Economic Commission for Latin America (ECLA) (联合国)拉丁美洲经济委员会
economic committee 经济委员会
economic condition 经济条件
economic cooperation 经济协作(cooperatio economica)
economic cooperation administration 经济协作局(administratio cooperationis economica)
economic crisis 经济危机
economic crop growth 经济作物生长
economic crops 经济作物
economic cycle 经济循环,经济周期
economic damage 经济损害(damnum economicum)
economic depression 经济萧条
economic development 经济发展
economic dispatch 经济调度(dispatus economicus)
economic effect 经济效应
economic efficiency 经济效率
economic end-product 经济[最后]产物
economic entomology 经济昆虫学
economic evaluation 经济估价
economic feasibility 经济可行性(feasibilitas economicus)
economic fertility 经济肥力
economic fertilization 经济施肥
economic fertilizer use 经济使用肥料,节约使用肥料
economic fluctuation 经济波动
economic forecast 经济预测
economic forest 经济林
economic growth 经济增长
economic hierarchical model 经济递阶模型
economic implication 经济含义
economic independence 经济自主[性],经济独立性
economic information system (EIS) 经济信息系统
economic injury level 经济受害水平
economic level 经济水平
economic losses 经济损失
economic lot-size formula 经济批量公式
economic map 经济地图{遥感}
economic maturity 经济成熟度,采收成熟度
economic model 经济模型
economic network 经济网络
economic operation 经济操作
economic order quantity (EOQ) 经济订货量,最佳订货量{农管}
economic plant breeding 经济作物育种
economic plants 经济植物(plantae economicae)
economic policy 经济政策
economic produce 经济产品
economic programming 经济规划
economic progress 经济进展
economic purpose 经济目的
economic recommendation 经济推荐,经济推广(指品种)
economic recover 经济恢复
economic region 经济地区
economic regionalization 经济区划化
economic regulation 经济调整
economic relations 经济关系
economic ripeness 经济成熟度
economic rotation 经济轮伐期
economic ruin game 经济破产对策{农经}
economic service life 经济寿命
economic significance 经济意义,经济重要性
economic situation 经济形势(状况)
economic special zone 经济特区
economic strain 经济品系
economic suitability of seed 种子经济适合度(性)

economic system 经济制度
economic target 经济目标
economic technology information 经济技术信息
economic test 经济鉴定
economic threshold 经济阈值
economic trait ①经济特征 ②经济性状
economic trend 经济趋势
economic use 经济用途,经济使用
economic utilization 经济利用
economic value 经济价值
economic yield 经济产量
economical ①经济的 ②经济学的(economicus)
economical character (=economic character) 经济性状(指栽培的农艺性状){智培}
economical construction 经济建设
economical diameter of pipe 经济管径{环保}
economical estimation 经济评价,经济评估
economical final age 经济伐期龄
economical importance 经济重要性
economical load ①经济负担 ②经济负荷
economical potential 经济潜力
economical production 经济生产
economical scheme 经济表格
economical selection cutting 经济择伐
economical soap 日用皂,粗肥皂
economical unit 经济单位
economics 经济学(economica)
economics of agricultural development 农业发展经济学
economics of agricultural geography 农业经济地理
economics of agriculture 农业经济学
economics of farming technique 农业技术经济
economics of fishery management 渔业管理经济学
economics of forestry 林业经济学
economics of irrigation 灌溉经济学
economics of scale 规模经济学
economist 经济学家,经济学工作者(economistus)
economizer 节热器{农施}
economy ①经济,节省 ②经济学(economica)
economy aggregate model 经济集结模型
economy measure 经济手段
ecophene 生态变种反应(ecophena)
ecophenotype 生态表型(ecophenotypus)
ecophere 生态圈(eophaera)
ecophysiological 生态生理[学]的(ecophysiogicus)
ecophysiological adaptability 生态生理适应性(adaptabilitas ecophysiologicus){智培}
ecophysiological condition 生态生理状况(status ecophysiologicus)
ecophysiological flexibility 生态生理易适应性(flexibilitas ecophysiologicus)
ecophysiological process of crop 作物生态生理过程{智培}
ecophysiological research 生态生理研究(investigatio ecophysiologica){智培}
ecophysiological type 生态生理学型(typus ecophysiologicus)
ecophysiologist 生态生理学家,生态生理学工作者(ecophysiologistus)
ecophysiology 生态生理学(ecophysiologia)
ecoproterandry 雄花先熟性(ecoproterandria)
ecoproterogyny 雌花先熟性(ecoproterogynia)
ecornute 无角的(ecornutus)
ecorticate ①无树皮的 ②无皮层的(ecorticatus)
ecostate ①无肋的 ②无中脉的(ecostatus)
ecosystem 生态系统(体系)(ecosystema)
ecosystem autoregulation 生态系统自动调节
ecosystem component 生态系统组成部分
ecosystem function 生态系统功能
ecosystem partner 生态系统合作者,生态系统伙伴
ecosystem resilience 生态系统复原能力
ecosystem stress syndrome 生态[系统]胁迫综合特征
ecosystem structure 生态系统结构
ecosystem type 生态系统[类]型
ecotechnics 生态技术(ecotechnica)
ecotone 生态交错区(ecotona)
ecotope 生态环境,生态区(ecotopus)
ecotopic 生态地区的(ecotopus)
ecotopic adaptation 生态地区适应
ecotropic 向外性(ecotropus)
ecotropic retrovirus 向外逆转录病毒(retrovirus ecotropus){分遗}
ecotype 生态型(ecotypus)
ecotype selection 生态型选择
ecotypic 生态型的(ecotypicus)
ecotypic difference 生态型差异(differentia ecotypica)
ecotypic differentiation 生态型分化(dif-

ferentiatio ecotypica)
E.C.R. (= empirical coefficient of reunion) 经验复合系数{遗传}
EcRE (= ecdysone response element) 蜕皮激素效应元件{分生}
ectendotrophic mycorrhiza (= ectoendotrophic mycorrhiza) 内外[生]菌根 (mycorrhiza ectendotropha)
ecto- ⌞字头⌝外,外边,在外
ectoascus 外子囊,子囊外膜
ectobiology 细胞表面生物学 (ectobiologia)
ectoblast 外胚叶 (ectoblastum)
ectocarp 外果皮 (ectocarpium)
ectoconidium 外分生孢子
ectocribral bicollateral bundle 外筛双韧维管束 (fasciculus bicollateralis ectocribralis){解剖}
ectocrine 信息素,外激素
ectoderm 外胚层 (ectodermis)
ectodermal 外胚层的 (ectodermidis)
ectodermal dysplasia 外胚层器官发育不良
ectodesma 外连丝
ectodomain 胞外[结构]域 (ectodominicum){分生}
ectodynamic soil 外动力土,外成土
ectodynamomorphic soil (= ectodynamic soil) 外动力土,外成土
ectoenzyme (= exoenzyme, extracellar enyzme) 胞外酶
ectogene action 外力作用
ectogenesis 活体培养胚发育,体外发生
ectogeny (= ectogony) 果实直感,当代显性 (ectogenia)
ectognathous type 外口式 (typus ectognathus){昆虫}
ectohormone 外激素
ectomycorrhiza 外菌根
ectonexine 里层 (ectonexinium)
ectoparasite 外寄生物 (ectoparasita)
ectoparasitic 外寄生的 (ectoparasiticus)
ectoparasitic colonization 外寄生定殖 (colonisatio ectoparasitica)
ectoparasitic mycelium 外寄生菌丝[体] (mycelium ectoparasiticum)
ectoparasitic nematode 外寄生线虫
ectoparasitic phase 外寄生阶段 (phasis ectoparasiticus)
ectoparasitism 外寄生性 (ectoparasitismus)
ectophagous 外食的 (ectophagus)
ectophloic 外韧的 (ectophloicus){解剖}
ectophloic siphonostele 外韧管状中柱 (siphonostela ectophloica)
ectophloic type 外韧型 (typus ectophloicus)
ectophytic parasite 外寄生物 (parasita ectophytica)
ectopic 异位的(ectopus){遗传}
ectopic amplification 异位扩增 (amplificatio ectopa)
ectopic expression 异位表达 (expressio ectopa)
ectopic hormone 异位激素
ectopic insertion 异位插入 (insertio ectopa){分遗}
ectopic pairing 异位配对
ectopic-pregnancy 子宫外妊
ectoplasm 外质 (ectoplasma){细胞}
ectoplasmic region 外质区 (regio ectoplasmica)
ectoplast ①外质膜 ②外质体 (ectoplasta)
ectopy 异位,出位 (ectopia)
ectosarc (= ectoplasm) 外质
ectosexine 上层,外表层 (ectosexinium)
ectoskeleton 外骨骼
ectosome [生殖细胞]核外粒体 (ectosoma)
ectosphere 外围区 (ectosphera){细胞}
ectospore 外生孢子 (ectospora)
ectostroma 外子座
ectotoxin 外毒素
ectotrophic 外寄生的,体外营养的 (ectotrophus){病理}
ectotrophic mycorrhiza 外[生]菌根 (mycorrhiza ectotropha)
ectoxylar type 外木质型 (typus ectoxylaris)
ectozoic (= ectozoan) 外寄生虫的{医}
ectozoon 外寄生虫
Ecuador's farming 厄瓜多尔农业
ECV (= extracellular virus) 胞外病毒{分生}
eczematous 湿疹的 (eczematus)
ED-50 (= effective dose 50) 50%有效剂量
edaphic ①土壤的 ②土壤圈的,土壤层的 (edaphus)
edaphic climax 土壤演替顶极
edaphic condition 土壤条件
edaphic ecodeme 土壤生态类群
edaphic ecotone 土壤生态交错区{生态生理}
edaphic ecotype 土壤生态型
edaphic factor 土壤因子
edaphic formation 土壤群系

edaphic hindrance 土壤障碍
edaphic indicator ①土壤指示植物 ②土壤指示剂 ③土壤指标
edaphic race 土壤族
edaphic scale 土壤图表(比例尺)
edaphic stressor 土壤胁迫因子{生态生理}
edapho-climatic condition 风土条件
edaphogenic succession 土壤发生演替
edaphoid 拟土壤(edaphoideus)
edaphological 土壤的,土壤学的(edaphologicus)
edaphological properties 土壤性质
edaphology 土壤学(一般指农业土壤学)(edaphologia)
edaphon 土壤微生物(edaphos)
edaphonekton 土壤水生生物
edaphotropism 向土性(edaphotropismus)
edatope 土壤环境(edatopus)
eddish ①再生草{牧草} ②留茬[地]{栽培}
eddo (= taro, dasheen) 芋[*Colocasia esculenta* Schott = *C. antiquorum* var. *esculenta* Schott, *Colodium esculentum* Vent.](天南星科)
eddy ①涡,旋涡 ②涡流
eddy blow 旋流,涡流
eddy card memory 涡流卡片存储器{信息}
eddy chamber 涡流室
eddy current 涡流
eddy-current sensor 涡流式传感器
eddy diffusion 涡流扩散
eddy energy 涡动能量
eddy flow 漩涡,涡流{环保}
eddy flux 涡动通量
eddy-resistance ①涡动阻力 ②涡流阻力
eddy-stress 涡动应力
eddy-viscosity 涡动黏性
eddy zone 涡流区
eddying flow 涡流
ede 果汁饮料{加工}
edeine 伊短菌素
edelmist (= fermented manure) 发霉的厩肥
edelweiss (= lion's foot) 高山火绒草[*Leontopodium alpinum* Cass.](菊科)
edema 水肿
edentate 无齿的(edentatus)
edestin 麻仁球蛋白
EDF (= erythroid differentiation factor) 红细胞状分化因子{分生}
edge ①刃,刀口 ②棱果,棱 ③缘,边 ④肋,肋状突起
edge-board connector 板边连接器
edge-cell seed plate 槽口式排种盘
edge condition 边界条件
edge-covering device (薄膜或纸)覆盖物边缘覆土装置
edge crispening 勾边处理,轮廓增强{遥感}
edge detection 边缘检测
edge detector 边缘检测器
edge-drop plate 侧落式排种盘
edge effect ①边际效应,边缘影响 ②(群落)边界影响
edge enhancement 边缘增强{遥感}
edge extraction 边缘抽取
edge filling 边缘填充
edge filter 缝隙式滤清器
edge gradient 边沿梯度
edge grain ①径切面 ②径面纹理(木材)
edge-grain lumber 径截板
edge joint 边接合,拼接,拼缝(木工)
edge line 边沿线
edge notch 边沿切口{农生技}
edge of a field 地头
edge of chaos 混沌边缘{生态生理}
edge of forest 林缘
edge of leaf 叶缘
edge printing ①边沿印出 ②边沿曝光
edge sense network 边沿检测网络,脉冲边沿检测网络
edge sensor 边沿检测器{电脑}
edge sequence 边序列
edge sharpness 边缘锐度{遥感}
edge spacing 边距
edge stacking (= edge piling) 侧堆法
edge surface 侧面,边面
edge tool 削边刀
edge tree 林缘树
edge triggered flip-flop 边沿触发的触发器{信息}
edge water 边缘水
edge wave 边沿波
edger 修边器,切边机
edgewise (= edgeway) ①以刃向外或向前 ②以边向外或向前{农机}
edging ①饰边,修边,缘饰 ②窄边{园艺}
edging box 饰边花箱{园林}
edging candy-turft 常青屈曲花[*Iberis sempervirens* L.](十字花科)
edging lobelia 山梗菜[*Lobelia erinus* L.](半边莲科)
edging plants 饰边植物
edging shears 修边剪
edibility ①可食性,食用性 ②食用价值(edulibilitas)

edible ①可食的 ②食用的 ③⌊复⌉食品,食物(edulis)
edible almond (=peanut) ①花生属 ②花生
edible amaranth 苋菜(食用苋菜)[*Amaranthus tricolor* L.](苋科)
edible and fancy molass 食用糖蜜
edible burdock 牛蒡[*Arctium lappa* L.](菊科)
edible calathea (=leren) 食用蓝花蕉[*Calathea allouia* Lindl.](竹芋科)
edible canna (=Queensland arrowroot, purple arrowroot, achira) 姜芋[*Canna edulis* Ker](美人蕉科)
edible casimiroa 香肉果[*Casimiroa edulis* Llave et Lex](芸香科)
edible chestnut tree (=European chestnut, sweet chestnut tree, Spanish chestnut tree) 欧洲板栗[*Castanea sativa* Mill.](山毛榉科)
edible corn cob (=edible maize cob) 食用玉米穗轴(芯)
edible crops 食用作物
edible fat 食用脂
edible fish 食用鱼
edible flowers 花菜类
edible fungi 食用菌(蘑菇,香菇)
edible fungi planting punch 食用菌栽培床
edible fungi processing 食用菌加工{加工}
edible greens 绿叶类蔬菜
edible herbs 叶菜类蔬菜(属作香菜用的)
edible maize cob 可食用玉米穗轴(芯)
edible maturity 食用成熟度
edible meat offals (=edible offals) 可食用下水(内脏),可食用碎肉
edible mushrooms 食用蘑菇
edible mussel 厚壳贻贝(淡菜,壳菜)[*Mytilus crassitesta* Lischke]
edible oil 食用油,食油
edible oyster 牡蛎(蠔)[*Ostrea edulis*](牡蛎科)
edible palm (=date, date palm) 海枣(波斯枣海刺椰子)[*Phoenix dactylifera* Linn.](棕榈科)
edible podded kidney bean 软荚菜豆(品种)
edible podded pea (=sugar pea) 甜豌豆[*Pisum sativum* var. *saccharatum*](豆科)
edible portion 可食部分,食用部分
edible potato variety 食用马铃薯品种
edible product 食品,食用产品
edible quality 食用品质
edible roots 根菜类蔬菜
edible scale leaf 食用鳞叶
edible sea algae 紫菜
edible snake gourd 蛇瓜[*Trichosanthes anguina* L.](葫芦科)
edible syrup 食用糖浆
edible tree fungus ①木耳[*Hirneola polytricha* Fr. Schroet.]②木水母
edible tulip 山慈姑(老鸦瓣)[*Tulipa edulis* Baker](百合科)
edible urceola 阿霄藤[*Urceola esculenta* Benth. et Hook. f.]
edible viscera 食用内脏
edict (=decree) 布告,告示(edictum)
edifenphos (=edinphensoph) 克瘟散(杀菌剂)[$C_{14}H_{15}O_2PS_2$]
edification 开导,教导(=instruction)(edificatio)
edificato 建群种
edifice 大厦,建筑物(aedificium)
edinphensoph (=edifenphos) 克瘟散{农药}
edishock protein 热休克蛋白{分生}
edit 编辑(指报刊书籍)②剪辑(指影片,录音)(editus)
edit animation 编辑动画制作{智培}
edit controller 编辑控制器
edit display 编辑显示器
edit pattern 编辑模式
edit run program 编辑运行程序
edit window 编辑窗口
edited copy 编辑复本,编辑拷贝
edited master 编辑主拷贝
editic acid(EDTA) 乙二胺四乙酸
editing 编辑,编集{智培}
editing and output procedure 编辑与输出程序
editing controller 编辑操纵器,剪辑控制器
editing room 编辑室
editing session 编辑对话[期]
edition ①版本 ②发行总数 ③编辑(editio)
editional function 编辑功能
editor 编辑,主笔
editor program 编辑程序
editor soft 编辑[程序]软件
editorial 编辑的,主笔的(editorius)
editorial office 编辑部
editorial processing centre (EPC) 编辑处理中心
editorial staff 编辑人员,编辑工作者
editorial work 编辑工作
editosome 编辑体(指 RNA 编辑的场所)(editosoma){分遗}

edittogene 质体基因(edittogena)
Edman degradation 埃德曼降解[法],Edman 降解[法]{生技}
Edman stepwise degradation 埃德曼分步降解[法],Edman 分步降解[法]
EDTA ①(= disodium hexahydroendoxyphalate) 草藻灭钠盐,内氧酞酸钠{农药} ②(= editic acid, ethylene diamine tetraacetic acid) 乙二胺四乙酸{生化}
EDU (= ethylene diurea) 乙叉二脲(长效肥料)
education ①教育 ②培育(educatio)
education channel 教育信道{信息}
education for computer 计算机教育
educational and training grant 奖学金,助学金
educational bond 教育公债
educational reform 教育改革
educational robot 教育机器人{物}
educational software 教育软件
educational system engineering 教育系统工程
educator 教育工作者,教育家
eductant 诱发剂(eductans)
eduction ①诱发{分遗} ②排出{农机} ③演绎,推论{进化}(eductio)
eductor ①排泄器(= eduction pipe) ②排放装置,排放管 ③喷射器
eductor pipe 加气升水管{环保}
edulcorant 加甜剂
edulcoration ①加甜 ②脱酸(盐酸等物质洗净)(edulcoratio)
Edward's syndrome 爱德华氏综合征
EEC Association of the Cheese Blending Industry 欧洲经济共同体干酪融合业协会
EEC Committee for the Cider and Fruitwine Industry 欧洲经济共同体果汁及果酒工业委员会
EEC Committee for the Fruit and Vegetable Juice Industry 欧洲经济共同体果汁及蔬菜汁工业委员会
EEC Committee for the Mustard Industries 欧洲经济共同体芥末工业委员会
EEC Committee for the Wine, Aromatic Wine, Sparkling Wine and Liqueur Industries and Trade 欧洲经济共同体葡萄酒、香酒、汽酒、甜酒工业与贸易委员会
EEC Committee of the International Federation of Fruit Juice Producers 国际果汁生产者联合会欧洲经济共同体委员会
EEC Committee of the International Linen and Hemp Association 国际亚麻及大麻联合会共同市场委员会
E_1, E_2, E_3 (= first, second and third generation following irradiation with X-rays) X 射线照射第一代,第二代,第三代
EEG (= electroencephalgram) 脑电图
eelbuck 捕鳗筌(指竹制盛渔具)
eelgrass ①苦草属[*Vallisneria* L.](水鳖科) ②苦草[*Vallisneria spiralis* L.] ③(= grass wrack, grassweed) 大叶藻[*Zostera marina* L.](大叶藻科)
eelspear 鳗叉
eelworm ①线虫 ②⌞复⌝线虫科[Anguillulidae]
eelworm disease 线虫病
eelworm disease of potato 马铃薯线虫病
eelworm disease of tobacco 烟草[根瘤]线虫病[*Meloidogyne incognita* K. et W.]
eelworm infestation (= nematode infestation) 线虫侵袭
eelworm of wheat 小麦线虫
EES (= expert evaluation system) 专家评审系统{智培}
EF (= elongation factor) 延伸因子,伸长因子{分遗}
EF in protein synthesis 蛋白质合成的延伸因子
efface 抹掉,涂掉(exfacies)
effect ①结果,成果,效果,效能 ②效应,反应 ③作用,影响 ④实行,实施,实现 ⑤⌞复⌝动产,财产(effectus)
effect and criticality analysis 效应及后果分析
effect of age on egg production 年龄对产卵的影响
effect of age on egg size 年龄对卵大小的影响
effect of dilution 稀释效应
effect of fertilizer 肥效
effect of inbreeding 自交效应{育种}
effect of light on egg production 光对卵生产的影响
effect of low temperature 低温效应
effect of migration 移动效应
effect of risk 风险[的]效果,风险[的]效应
effect of season on feed consumption 季节对饲料消耗的影响
effect of undersampling 欠抽样效应
effect on yield 对产量影响
effect weight (= effective weight) 有效权衡{统计}
effecting ①实现 ②影响 ③实行,实施
effecting ecosystem 影响生态系统
effecting temporal regulation 实现暂时调

节

effective ①有效的,奏效的 ②实际的,实在的,现行的 ③显著的 ④有效药剂(effectivus)

effective absorption 有效吸收(absorptio effectiva)

effective accumulative insolation 有效积算日射量

effective accumulative temperature (= effective accumulated temperature) 有效积算温度,有效积温

effective address 有效地址{信息}

effective agent 有效药剂

effective aperture 有效孔径{遥感}

effective application width 有效撒药幅,有效撒施宽度

effective area 有效面积

effective bandwidth 有效带宽{信息}

effective biological dose 有效生物剂量

effective branching factor 有效分支因子

effective breeding individual 有效育种个体

effective breeding population ①有效育种群体 ②有效繁殖群体

effective breeding size 有效育种大小,有效育种数量

effective channel 有效河(渠)槽

effective charge density 有效电荷密度

effective cleaning 有效冲洗{环保}

effective concentration 50 (EC_{50}) 50%有效浓度

effective concentration 有效浓度

effective constituent 有效成分

effective contact 有效接触

effective countermeasure 有效对策{农管}

effective cross-section 有效截面,有效横切面

effective crossing-over 有效交换{遗传}

effective crossover 有效截面{土壤}

effective cumulative temperature 有效积温

effective dead time 有效静止时间

effective depth 有效深度

effective diameter 有效直径

effective domain 有效域{分遗}

effective dosage 有效剂量

effective dose 有效剂量(分量)

effective dose 50(ED-50) 50%有效剂量,半数有效剂量{农药}

effective dose 50(ED_{50}) 50%有效剂量

effective duration 有效生育期

effective electric power 有效电力

effective factor 有效因子

effective fertility ①有效肥力 ②有效生殖力,有效生殖率

effective fishing effort 有效渔捞努力量

effective fishing intensity 有效捕捞强度

effective fishing mortality coefficient 有效捕捞死亡系数

effective frequency 有效频率

effective fusion 有效融合

effective gene dose 有效基因剂量

effective germinative capacity 有效发芽力

effective grain size 有效粒径

effective half-life period 有效半衰期

effective head 有效水头,有效落差

effective heat unit summation 有效积温

effective heritability 有效遗传力

effective hitch point 悬挂机构转动瞬时中心

effective horsepower 有效马力

effective impulse 有效冲击

effective ingredient 有效成分

effective instruction 有效指令{信息}

effective isotropically radiated power (EIRP) 有效各向同性辐射功率{遥感}

effective lethal phase 致死效应期

effective life 有效寿命(指仪器或设备的使用年限)

effective magnification 有效放大率

effective management 有效管理

effective means of crop investigation 作物研究的有效手段{智培}

effective mechanism 有效机制

effective moisture 有效水分

effective network service system 有效网络服务系统{智培}

effective noise temperature 有效噪声温度{环保}

effective nuclear charge 有效核电荷

effective number 有效因子数{统计}

effective output 实际产量

effective pairing 有效配对,有效成对

effective-pairing-region hypothesis 有效配对区假说{遗传}

effective percentage 有效率

effective pollination period 有效授粉期

effective population size 有效群体大小

effective pore space 有效孔间,有效孔隙

effective porosity 有效孔隙度

effective power ①有效动力 ②有效功率

effective precipitation 有效降水量

effective pressure 有效压力

effective printing speed 有效打印速度

effective protocol 有效协议{信息}

effective publication 有效发表(指论文,文献)

effective pull 有效拉力,有效牵引力

effective quantum number 有效量子数
effective radiation 有效辐射
effective radiation layer 有效辐射层
effective radius 有效半径
effective radius of the earth 地球有效半径
effective rainfall 有效雨量
effective range 有效范围
effective ray 有效射线
effective recombinagen 有效重组剂
effective reduction 有效压缩
effective resistance ①有效阻力 ②有效电阻 ③有效抗性
effective rights 有效权利
effective rolling radius 有效滚动半径〔农机〕
effective salinity 有效盐[浓]度
effective search speed 有效查找速度
effective seedling 有效实生苗
effective segregation 有效分离,正分离
effective selection 有效选择
effective selection differential 有效选择差数
effective size ①有效粒径〔环保〕②有效大小〔统计〕
effective size of population 群体的有效大小〔统计〕
effective soil depth 有效土层
effective spraying 有效喷雾
effective stack height 烟囱有效高度〔环保〕
effective stage 有效期
effective statistic 有效统计量
effective stem length 有效茎长度
effective storage capacity ①有效贮水容量〔环保〕②有效贮藏容量〔栽培〕
effective strain 有效菌株〔微生物〕
effective stress 有效应力
effective substance 有效物质
effective swath width 有效割幅,有效收割宽度
effective system 有效系统
effective temperature 有效温度
effective temperature range 有效温度范围
effective temperature summation 有效积温
effective tiller 有效分蘖
effective tiller percentage 有效分蘖率
effective tillering 有效分蘖
effective treatment 有效处理
effective use 有效使用
effective UV dose 有效紫外线剂量
effective value 有效值
effective volume 有效容积
effective weight 有效权衡〔统计〕
effective width 有效[工作]幅宽
effective work 有效工作,有效操作
effectively dominant 有效显性的
effectively paired region 有效配对区
effectiveness 有效性,效益,效用,效率,效力(effectivitas)
effectiveness condition 有效性条件
effectiveness factor 效益因子〔环保〕
effectiveness of digital estimate 数字估计[的]效率,数字估计有效性
effectiveness of fertilizer 肥料效用
effectiveness of forecast 预报效率,预报有效性
effectiveness of inducing mutation 诱发突变有效性
effectivity of protective reaction 保护反应效力
effectless 无效的
effector ①效应物〔分遗〕②效应基因,效应子〔细胞〕③效应器〔物〕④格式控制字符〔电脑〕
effector cell 效应细胞
effector function 效应子功能
effector molecule 效应分子,效应物
effector phase 效应期
effector site 效应物部位〔分遗〕
effector substance 效应物
effector T cell 效应 T 细胞
effector-target ratio (E-T ratio) 效应物-靶比值〔分遗〕
effects ①效应〔统计〕②效果〔栽培〕
effects of using pesticides 使用农药效果
effects on chromosomes of chemical agents 化学因素对染色体的效应
effects on chromosomes of physical agents 物理因素对染色体的效应
effects on fitness 适合度效应
efferent stream 输出流〔信息〕
effervescence (=effervesce) 泡腾,冒气泡(effervescentia)
effervescence level 泡腾面
effervescent 泡腾的,起泡的(effervescens)
effervescing clay 起泡黏土
effervescing wine 兴奋酒(指葡萄酒)
effete ①地力衰竭的〔耕作〕②衰弱不堪的〔畜〕(effetus)
efficacious 有生产成效的(efficacius)〔栽培〕
efficacy 有效,效能(efficacia)
efficience coefficient 效能系数〔育种〕
efficiency ①效率,有效性 ②效力,效能(efficientia)

efficiency analysis 有效性分析
efficiency breeding (= breeding for performance) 生产性能的选育
efficiency cropping 有效率耕作
efficiency for feed utilization 饲料利用率
efficiency for light energy conversion 光能转换率
efficiency for light utilization 光照利用[效]率
efficiency for solar energy utilization 太阳能利用[效]率
efficiency of carboxylation 羧化[作用]效率
efficiency of dry matter production 干物质生产效率
efficiency of inducing mutation 诱发突变效率
efficiency of irrigation system 灌溉网效率,灌溉系统效率
efficiency of latin square 拉丁方效率{统计}
efficiency of organic production 有机体生产效率
efficiency of photosynthesis 光合作用效率
efficiency of photosystem Ⅱ 光系统Ⅱ效率{生态生理}
efficiency of plating(EOP) 成斑率{遗传}
efficiency of pollination 授粉效率
efficiency of randomized blocks 随机区组效率{统计}
efficiency of rank test 序次检验法效率,等级检验法效率{统计}
efficiency of retrieval system 检索系统效率{电脑}
efficiency of selection 选择效率
efficiency of use of land 用地效率,土地利用率
efficiency of water application 水分利用率,用水效率
efficiency of weed-killer 除草剂效力
efficiency strategy 效率策略,有效性策略{生态生理}
efficiency test ①效率测验 ②效率试验
efficiency testing (= performance testing) 效能测定,生产性能测定
efficiency wages (= payment by result) 计件工资
efficient ①有效力的 ②有能力的 (efficiens)
efficient absorption 有效吸收
efficient algorithm 有效算法
efficient basis of selection for yield 产量选择的有效依据
efficient donor 有效供体
efficient drainage system 有效排水系统
efficient estimate 有效估计
efficient estimator 有效估计量{统计}
efficient excision repair 有效切补修复{分遗}
efficient farm management 有效农场管理,有效农业企业管理
efficient grain production 有效子粒生产,有效谷物生产
efficient nitrogen utilization 氮素有效利用
efficient process 有效方法
efficient resources 有效资源
efficient rotation 合理轮作
efficient statistic 高效统计数{统计}
efficient transcription 有效转录{分遗}
efficient use of farm labour 农业劳动力有效使用
efficient use of fertilizer 有效利用肥料
efficient utilization 有效利用
effigurate ①成长的 ②定形的 (effiguratus)
effiguration [花]托余 (effiguratio)
effloresce 开花 (efflorestia)
efflorescence ①开花期{园艺} ②盐霜{气象} ③风化{土壤} (efflorescentia)
effluence 流出,流出物 (effluentia){水利}
effluent ①流出的,发出的 ②溢流,水流 ③(河流,下水道)流出物,河水,废水(气),污水 (effluentis)
effluent [emission] [排放大气中]污染物
effluent channel 溢流槽{环保}
effluent collecting trough 流出水集水槽
effluent gas 废气
effluent pump 污水[排除]泵
effluent-quality standard 污水质量标准{环保}
effluent trough 流出水槽{环保}
effluvium ①(微粒子)散发{物} ②(腐败物)臭气,恶臭{病理}
efflux 外流,流量,涌出,射流,排出水(物) (effluxus)
efflux of H^+ H^+流量,氢离子流量
effoliation 落叶 (effoliatio)
effort ①作用力,力 ②努力,尽力
effuse ①扩展的{形态} ②泻出的,流出的{水利} (effusus)
effuse branch 疏展枝 (ramus effusus)
effusion ①泻流,疏泄 ②渗出液 (effusio)
effusion culture 渗出液培养
efoliolate (= efoliolose) ①无小叶的 ②无鳞片的 (efoliolatus)
EGA (= enhanced graphics adapter) 增强型图形适配器{信息}
egerminate 发芽

egetol (= DNOC) 二硝甲酚{农药}
EGF (= epidermal growth factor) 表皮生长因子{生技}
egg ①蛋{禽} ②卵{胚胎}(ovum)
egg albumin 卵清蛋白,卵白蛋白{分生}
egg albumin fiber 卵清蛋白纤维
egg and poultry production 蛋品,家禽生产
egg apparatus 卵器(oviapparatus)
egg-apple (= eggplant) ①茄属[*Solanum* L.](茄科) ②茄[*Solanum melongena* L.]
egg breed 蛋用[品]种(指家禽)
egg candler 检蛋器,蛋品透光检验器
egg candler and grader 蛋品透光检验分级机
egg capsule 卵囊{昆虫}
egg-card 产卵台纸{蚕}
egg case ①(蚕种)卵箱 ②蛋箱
egg-casting 产卵
egg cell 卵细胞(ovum)
egg cell fusion 卵细胞融合
egg cell fusion with somatic cell 卵细胞同体细胞融合
egg cell nucleus 卵细胞核
egg chamber 卵室{昆虫}
egg cleaner 蛋品清洗机
egg cleaner and grader 蛋品清洗分级机{农施}
egg-collecting device 采卵器,采卵装置{水产}
egg collection conveyor 集蛋输送器
egg collection trough 集蛋槽
egg collection vehicle (禽)蛋品收集车
egg color ①卵色{蚕} ②蛋色{禽}
egg culture 卵培养{遗工}
egg cytoplasm 卵细胞质
egg deposit ①产卵 ②(一只鸡)产卵总数
egg deposition 产卵
egg dry cleaning machine 蛋品干洗机(用干洗剂)
egg eating habit 食卵习性,食卵癖
egg farm 产蛋鸡场
egg for spring rearing 春蚕种
egg for summer and autumn rearing 春秋蚕种
egg grader 蛋品分级机(器)
egg guide 导卵器{昆虫}
egg jelly 卵胶状物
egg killer 杀卵剂
egg laid in pile 累积卵{蚕}
egg larva 初龄幼虫
egg laying (= oviposition) ①产卵{昆虫} ②产蛋{禽}(ovipositio)
egg laying competition 产卵竞争
egg laying performance ①产卵能力 ②产蛋能力
egg laying test 产蛋能力鉴定
egg market 蛋品市场
egg mass ①卵块{蚕} ②产卵量{禽}
egg membrane 卵膜(ovimembrana)
egg mother cell (EMC) 大孢母细胞,卵母细胞(megasporocyta){胚胎}
egg nucleus 卵核(ovinucleus)
egg-parasite wasps (= scelionid wasps) 缘腹卵蜂科[Scelionidae]
egg-parasite wasps and others 细蜂总科[Proctotrupoid]
egg pod 卵荚{昆虫}
egg pouch 卵鞘{昆虫}
egg powder 蛋粉
egg powder processing 蛋粉加工{加工}
egg product processing 蛋品加工{加工}
egg production 蛋品生产
egg production capacity 产卵力,产卵量
egg products 蛋品
egg quality 蛋品质
egg raising 制种,采种(养蚕)
egg raising by cellular method 袋制采种法
egg raising with separated batches 一蛾采种法
egg receptacle ①受卵器 ②蛋品贮藏器
egg shape ①卵形{蚕} ②蛋形{禽}
egg shape figure 卵型指数
egg-shaped section 蛋形断面{环保}
egg shell 蛋壳
egg shell membrane 卵壳膜
egg-sperm binding 精卵结合{分生}
egg-sperm fusion 精卵融合
egg-squash 卵形南瓜[*Cucurbita pepo* var. *ovifera* L.](葫芦科)
egg stage 孵化期
egg surface 卵表面
egg tester 检蛋器
egg-to-egg cycle 生活周期,生活史
egg-tooth 破卵齿{昆虫}
egg transplantation 卵移植
egg tree 鸡蛋树(香港倒捻子)[*Garcinia xanthochymus* L.](山竹子科)
egg tube 卵巢管
egg type chicken 卵用鸡
egg-valve 产卵瓣{昆虫}
egg washer 洗蛋器
egg weight 卵重,蛋重
egg white 卵白
egg-white protein 卵清蛋白,卵白蛋白

egg with shell cracks 破壳蛋
egg yellow（=yolk） 蛋黄
egg yield 产卵量
egg yolk 卵黄
egg yolk coloured 蛋黄色的（vitellinus）
egg yolk index 卵黄指数
egg yolk preparation 蛋黄制品
eggar ①枯叶蛾 ②⌊复⌉（=tent caterpillar moths and allies）枯叶蛾科［Lasiocampidae］
eggery 产蛋室，产蛋窝
eggfruit ①鸡蛋果属［*Lucuma* Molin.］（山榄科）②鸡蛋果［*Lucuma nervosa* Molin.］
eggleaf rhododendron 马银花［*Rhododendron ovatum* Planch.］（杜鹃花科）
eggplant（=aubergine） 茄［*Solanum melongena* L.］（茄科）
eggplant ascochyta leaf spot 茄褐斑病［*Ascochyta melongena* Pad.］
eggplant borer 茄蛀螟［*Leucinodes orbonalis* Guenée)］（螟蛾科）
eggplant bug 茄缘蝽［*Acanthocoris sordidus* Thunberg］（缘蝽科）
eggplant cercospora leaf spot 茄圆星病［*Septoria solani* Spegazzini］
eggplant damping-off 茄猝倒病［*Pythium aphanidermatum*（Pds.）Fitz.］
eggplant flea beetle 茄跳甲［*Epitrix fuscula* Crotch］（跳甲科）
eggplant gray mold 茄灰霉病［*Botrytis cinerea* Pers.］
eggplant lace bug 茄网蝽［*Cargaphia solani* Heidemann］（网蝽科）
eggplant leafminer 茄潜叶蛾［*Keiferia inconspicuella*（Murtfeldt)］（潜蛾科）
eggplant mosaic virus 茄花叶病毒
eggplant mottle dwarf virus 茄斑矮病毒
eggplant phomopsis blight 茄褐纹病［*Phomopsis vexans*（Sacc. et Syd.）Harter］
eggplant phytophthora fruit rot 茄绵疫病［*Phytophthora melongenae* Sawada］
eggplant powdery mildew 茄白粉病［*Sphaerotheca fuliginea*（Schlecht）Poll.］
eggplant root knot nematode 茄根结线虫病［*Meloidogyne hapla* Clutwood］
eggplant southern bacterium wilt 茄青枯病［*Xanthomonas solanacearum*（E. Sm.）Dowson］
eggplant southern blight 茄白绢病［*Sclerotium rolfsii* Sacc.］
eggplant tortoise beetle 茄龟甲［*Cassida pallidula*］（龟甲科）
eggplant verticillium 茄黄萎病［*Verticillium alboatrum* Reinke et Berthod.］
eggs for silk production 普通蚕种
eggs laid in pile 累积卵｛蚕｝
eggs produced in spring 春采蚕种
eggshaped 卵形的（ovatus）
eglandular 无蜜腺的（eglandularis）
eglandulose 无腺的（eglandulosus）
eglin 水蛭［蛋白酶］抑制剂｛分生｝
egranulous 无颗粒的（egranulus）
egress ①出路 ②出口 ③排水
egret ①白鹭［*Ardea alba*］②冠毛
EGTA（=ethyleneglycol-bis（β-aminoethyl ether)-N,N´-tetraacetic acid） 乙二醇双乙胺醚-N,N'-四乙酸
Egyptian alfalfa weevil 埃及苜蓿象甲［*Hypera brunneipennis*（Boheman)］（象甲科）
Egyptian bean（=lablab） 扁豆［*Dolichos lablab* L.］（豆科）
Egyptian bee 埃及蜜蜂［*Apis mellifera fasciata* Latr.］（蜜蜂科）
Egyptian bollworm（=spiny bollworm, spotted cotton boll worm） 埃及金刚钻（棉斑实蛾）［*Earias insulana* Boisduval］
Egyptian cattail millet 珍珠粟（御谷，蜡烛稗，番稗，乌禾）［*Pennisetum glaucum*（L.）R. Br. =*Panicum glaucum* L.］（禾本科）
Egyptian clover（=Berseem） 埃及三叶草（埃及车轴草，亚历山大车轴草）［*Trifolium alexandrinum* L.］（豆科）
Egyptian cone wheat（=Egyptian wheat） 埃及圆锥小麦［*Triticum pyramidale* Perc.］（禾本科）
Egyptian corn（=broom corn, kafir corn, Guinea corn） 北非高粱［*Sorghum vulgare* L.］（禾本科）
Egyptian cotton 埃及棉（由海岛棉［*Gossypium barbadense* L.］的木棉［*G. arboreum* L.］与海岛棉杂交的）
Egyptian cushion scale（=Egypt icerya） 埃及吹绵蚧［*Icerya aegyptiaca* Douglas］（珠蚧科）
Egyptian lupine 埃及羽扇豆［*Lupinus termis*］（豆科）
Egyptian millet 黑黍［*Panicum miliaceum* L. var. *nigrum* Mill.］（禾本科）
Egyptian onion 珠芽洋葱［*Allium cepa*

var. *bulbelliferum* Bailey.］（石蒜科）
Egyptian paper plant 纸莎草［*Cyperus papyrus* L.］（莎草科）
Egyptian star-cluster ①五星花属［*Pentas* K. Schum.］（茜草科）②五星花［*Pentas lanceolata* K. Schum.］
Egyptian wheat 圆锥小麦［*Triticum pyramidale* Perc. = *T. turgidum* L.］（禾本科）
EH（= external host） 外部主机｛电脑｝
Eh-pH relationship Eh-pH 相互关系，氧化还原电位-酸碱度相互关系｛土壤｝
Eh-value Eh 值，氧化还原电位值
EHGC（= European Hopgrowers Convention） 欧洲啤酒花种植者委员会
ehlite（= elite） 原种
EHMO（= extended Huckel molecular orbital method） 推广的休克尔分子轨道法｛生技｝
ehretia ①厚壳属［*Ehretia* L.］（紫草科）②厚壳（厚壳树）［*Ehretia thyrsiflora* Nakai］
Ehrlich ascites cell Ehrlich 腹水细胞
Ehrlich line Ehrlich 系（指鼠乳瘤）
Ehrlich tumor Ehrlich 肿瘤
Ehrlich's haematoxylin Ehrlich 苏木精｛显技｝
EI ①（= electron impact）电子碰撞｛物｝②（= electron ionization）电子电离｛物｝③（= ethylene imine）乙撑亚胺｛生化｝
EIA ①（= enzyme immunoassay） 酶免疫测定｛生技｝②（= external interface adapter）外部接口适配器｛信息｝
eicosadienoic acid 廿碳二烯酸
eicosane 二十［碳］烷［$C_{20}H_{42}$］
eicosanoic acid 花生酸，廿［烷］酸
eicosanoiod 类二十烷酸，类花生酸
eider 绒鸭［*Somateria mollissima*］（鸭科）
eidograph 缩放仪
eIF（= eukaryotic initiation factor） 真核起始因子｛分生｝
eigen 固有
eigen fuzzy 固有模糊
eigenperiod 固有周期（eigenperiodus）
eigenvalue 固有值｛统计｝
eigenvector 固有向量
eigenvector transformation 固有向量变换，本征矢量变换｛遥感｝
eight 八［个］（octa）
eight bit ①八位 ②八位二进制｛电脑｝
eight bit register 八位寄存器
eight colour plotter 八色绘图仪
eight-dentated bark beetle 日本八齿小蠹［*Ips typographus japonicus* Niijima］（小蠹科）
eight-digit number 八位数
eight-fold 八倍
eight-furrow plough（= eightfurrow plow） 八铧犁
eight locules per pod 每蒴果八室
eight millimeter videotape（= 8 mm videotape） 八毫米录像带｛电脑｝
eight pen drifting plotter 八笔绘图仪
eight-plot rotation 八区轮作
eight-plot system 八区制（轮作）
Eight-Point Charter for Agriculture 农业"八字宪法"
eight replication planting 八重复播种（试验）
eight-spotted forester 八点虎蛾［*Alypia octomaculata*（Fabricius）］（虎蛾科）
eight-spotted leaf beetle 八星隐头叶甲［*Cryptocephalus japanus* Baly］（叶甲科）
eight-spotted pine borer 松八星吉丁虫［*Buprestis octoguttata*］（吉丁科）
eight-spotted wax hopper 八星蜡蝉［*Ricania speculum* WLK.］（蜡蝉科）
eight-striped prominent 八条舟蛾［*Epodonta lineata* Oberthür］（舟蛾科）
eight-toothed engraver 八齿小蠹虫［*Ips typographus*］（小蠹科）
eighteen-fold 十八倍
eighty-fold 八十倍
eikonal 光程函数（指哈密顿特征函数）｛电脑｝
eild （年老）不产奶的
eiloid 卷线形的（eiloideus）
einkorn（= eincorn, one-grained wheat, small spelt） 一粒小麦（栽培种）［*Triticum monococcum* L.］（禾本科）
einkorn group 一粒小麦类群
einkorn series 一粒小麦系
einkorn wheat（= einkorn, eincorn wheat） 一粒小麦［*Triticum monococcum* L.］（禾本科）
einstein（E） 爱因斯坦（能量单位）
einstein unit 爱因斯坦单位
either-OR operation "异或"操作｛电脑｝
either symbol 抉择符号
ejaculation 射精（ejaculatio）
ejaculatory duct 射精管（ductus ejaculatorius）

ejaculatory movement 激射运动
eject 抽出,排出 (ejectare)
eject key 抽出键,拆卸键
ejecting action 喷射作用{环保}
ejection ①排出 ②喷射 ③抛掷 (ejectio)
ejection mechanism 抛掷机构,撒布机构
ejector ①抽吸喷射器,射流器 ②抛掷器 ③推出器
ejector air pump 射气泵{环保}
ejector baler 带抛捆器的捡拾压捆机
ejector chopper 抛掷式切碎机
ejector pump 喷射泵
ejector vacuum pump 喷射真空泵
eke 草圈(类似继箱的作用){蜂}
EKG (=electrocardiogram) 心电图
ektexine (=exoexine) 外表层
ektodynamic soil 外动力土,外成土
ektonexine 外里层 (ectonexinium)(指粉孢)
EL 531 (=ancymidol) 嘧啶醇(植物生长调节剂)[$C_{15}H_{16}N_2O_2$]
elaborate ①详述,描述 ②精心做成 ③复杂 (elaborare)
elaborate composition 复杂组成
elaboration ①增加物,加工 ②详述 (elaboratio)
elachoglosse 小舌状的 (elachoglossus)
elaeagnaceous 胡颓子科的 (elaeagnaceus)
elaeagnine 胡颓子碱
elaeagnus ①胡颓子属 [*Elaeagnus* L.](胡颓子科) ②胡颓子 [*Elaeagnus pungens* Thunb.]
elaeagnus family 胡颓子科 [Elaeagnaceae]
elaeocarpus ①杜英属 [*Elaeocarpus* L.](杜英科) ②杜英[*Elaeocarpus decipiens* Hemsl.]
elaeocarpus family 杜英科 [Elaeocarpaceae]
elaeometer 验油比重计
elaeostearic acid 桐酸,十八碳三烯-9,11,13-酸 [$C_{18}H_{30}O_2$]
elaidic acid 反油酸,反十八碳烯-9-酸 [$CH_3(CH_2)_7CH:CH(CH_2)_7 \cdot COOH$]
elaine (=olein) 油脂
elaioplast (=elaioleucite) ①脂质体{生化} ②造油体,油粒{解剖}(elaioplastis)
elaiosome 油质体 (elaiosoma){细胞}
elaminate 无叶片的 (elaminatus)
elan ①蓬勃 ②跃进,突飞猛进
elapsed time 经过时间
elapsing 经过,经历
elasmid ①纹腿小蜂 ②⌞复⌝纹腿小蜂科(扁腿小蜂科)[Elasmidae]
elasmobranch 软骨鱼,板鳃鱼类 [Elasmobranchii]{水产}
elasmobranch sperm histone 板鳃鱼类精子组蛋白
elastase 弹性蛋白酶,胰肽酶 E
elastatinal 弹性[蛋白]酶抑制剂{分生}
elastes 弹器 (elastae)
elastic ①有弹性的 ②可伸缩的 (elasticus)
elastic axis 减震轴,缓冲轴{农机}
elastic claw (耙的)弹齿
elastic coefficient 弹性系数
elastic deformation 弹性变形
elastic fiber 弹性纤维
elastic limit 弹性极限
elastic limit of wood 木材弹性极限
elastic modulus 弹性系数{土壤}
elastic pipeline 弹性流水线
elastic rubber 弹性橡皮
elastic-stable aggregate 弹性稳定团粒,弹性稳定性团聚体
elastic strength 弹性强度
elastic system 弹性系统
elastic tension 弹性张力
elastic tire (=elastic tyre) 弹性轮胎
elastic wall 弹性壁 (integummentum elasticum){形态}
elasticity 弹性 (elasticitas)
elasticity modulus 弹性模数{生态生理}
elasticity of demand 需求伸缩性{农经}
elasticity of food demand 食品需求弹性
elasticity of wood 木材弹性
elastin 弹性蛋白
elastogel 弹性凝胶
elastoma 高弹体{生技}
elastomer 弹性高分子物质,弹性体
elastometer 弹性[测定]计
elastometry ①弹性测定 ②弹性测定法 (elastometrica)
elate 高的 (elatus)
elater ①弹[孢]丝 ②叩头虫 ③⌞复⌝叩头虫科(叩甲科)[Elateridae]
elateriform 金针虫式(幼虫)(elateriformis)
elaterine 苦瓜素 [$C_{10}H_{28}O_5$]
elaterium ①弹裂果 ②弹裂蒴果
elaterophore 弹丝托 (elaterophora)
ELB (=emergency location beacon) 紧急定位信标{信息}
elbow ①弯管,肘管,弯头{农机} ②肘{畜}(cubitum)

elbow joint 弯头接合,肘接
elbow pipe 弯头[管],弯管{环保}
elbow unions 直角弯管接头,肘管接头
elder ①接骨木属[*Sambucus* L.](忍冬科) ②(=European elder) 接骨木[*Sambucus williamsii* Hance]
elder aphid 接骨木蚜[*Aphis sambuci* Linnaeus](蚜科)
elder chain 年长链,兄链{电脑}
elder sequence theorem 年长顺序定理{电脑}
elder shoot borer (=elder borer, spindle worm) 接骨木夜蛾[*Achatodes zeae* (Harris)](夜蛾科)
elderly 稍老的(vetulus)
elecampane ①旋复花属[*Inula* L.](菊科) ②旋复花[*Inula britannica* L.]
elecampane inula (=scabwort, alant) 土木香[*Inula helenium* L.](菊科)
election 选择,选拔(electio)
elective ①选择的,选拔的 ②选用的(electivus)
elective affinity 选择亲和性(affinitas electivus)
elective culture 选择培养
elective factor 选用因子
electret 电介体(指永久极化的电介质)
electric ①电的 ②电动的,电力的,电气的(electricus)
electric accounting machine (EAM) 电动计算机,电动会计机,电算机
electric analog 电模拟
electric analogy 电模拟[法]
electric analyzer 电分析器
electric appliance control technique 电器控制技术
electric arc welding 电弧焊
electric berry harvester 电力浆果收获机
electric birefringence 电场致双折射
electric brake 电制动器
electric brooder 电热式育雏器,电气育雏器
electric brush 电刷
electric bunk distributor 电动饲料分配器
electric cable-towed plow 电力绳索牵引犁
electric capacity 电容
electric cell ①电池 ②发电细胞
electric charge 电荷
electric circuit 电路
electric clipper 电动剪毛机
electric coagulation 电[作用]凝聚
electric condenser 电容器
electric conductance 电导
electric conductivity ①电导性 ②电导率
electric conductivity meter 电导计
electric conductivity method 电导法{土壤}
electric conductor 导[电]体
electric-contact dynamometer 电接触式拉力仪
electric corona separation 电晕分离
electric coupling 电耦合
electric crane 电力起动机
electric cream separator 电动乳脂分离器
electric current 电流
electric current measurement 电流测量
electric dehydration 电脱水[作用](dehydratio electrica)
electric delay line 电延迟线
electric density 电密度
electric dichroism 电二向色性
electric dipole 电偶极子
electric discharge 放电
electric discharge printer 放电式印刷机
electric disturbance 电扰
electric double layer 双电层
electric drill 电钻
electric drink-mixing machine 电动饮料混合机
electric dry oven 电烘箱,电干燥炉
electric dust collector 电气集尘器{环保}
electric dynamometer 电气动力计,电测力计,电测功仪
electric ejaculation 电气射精
electric element 电池
electric energy 电能
electric engineering 电气工程
electric equipment system 电气设备[系统]
electric farming 电力耕作
electric fee 电[力]费
electric fence 电篱,电[牧]栏
electric fence controller 电栏控制器
electric fence post 电栏柱
electric fencing unit 电牧栏设备
electric field 电场{物}
electric field flow fractionation (EFFF) 电场流分级分离
electric field strength measurement 电场强度测量
electric fish screen 拦鱼电栅
electric fishes 发电鱼类
electric force 电力
electric furnace 电炉
electric furnace precipitator 电炉集尘装置{环保}
electric grinder 电磨机

electric hand drill 手电钻
electric hatching method 电孵法
electric-heated hotbed 电热温床
electric heater 电热器
electric heater unit 电加热装置
electric heating 电气加热
electric heating floor 电热地板〔农施〕
electric hotbed 电气温床
electric-hotbed rearing 电气温床饲育,电床育〔蚕〕
electric icebox 电气冰箱
electric ignition 电点火
electric impulse 电脉冲
electric incubator 电孵化器
electric induction grain drying 谷物电感应干燥
electric infrared heater 红外线电烤器
electric installation 电气设备
electric iron 电熨斗
electric irrigation 电力灌溉
electric irrigator 电力喷灌机
electric light 电灯
electric light culture (= electric lightening culture) 电光栽培
electric light fishing 电光捕鱼
electric lightening 电灯照明(指用电灯照明以延长光照时间)
electric lighting 电气照明
electric machine 电机
electric measuring instrument 电工仪表
electric medium constant 电介质常数
electric moisture meter 电湿度计
electric motor 电动机,马达
electric motor operation valve (= electric valve) 电动阀〔环保〕
electric network 电气网络,电网
electric noise measurement 电噪声测量
electric organ [发]电器官
electric osmosis 电渗[现象]
electric oven 电烘箱
electric pasture fence 电牧[围]栏
electric plough (= electric plow) 电犁
electric ploughing 电力耕作,电耕
electric point gauge 电针计
electric pole 电杆
electric potential 电位,电势
electric potential difference 电位差
electric potential gradient 电位梯度
electric power ①电力 ②电功率
electric power contract 电力合约(合同)〔农管〕
electric power system 电力系统
electric precipitation 电除尘〔环保〕
electric pump 电动泵
electric pump station with tower 塔式电泵站
electric research farm 电气研究农场
electric resistance 电阻
electric-resistance moisture meter 电阻湿度计
electric robot 电动机器人
electric screen 电屏蔽
electric seasoning 电气干燥
electric seedbed heater 温床电热器
electric sieve 电动筛
electric skate 电鳐
electric steam sterilizer 电力蒸汽消毒器
electric steamer 电力蒸煮器
electric stimulus 电刺激
electric stove 电热器,电炉
electric system 电[气]系统
electric tachometer 电转速计,电测速仪
electric tag detector 电动标志检测器,标志牌电检器
electric tape 绝缘胶布,绝缘胶带
electric thermometer 电温度计
electric tillage 电力耕作,电耕
electric torch 电筒
electric torque meter 电子式测扭矩计
electric traction 电力牵引
electric tractor 电动拖拉机
electric typewriter 电动打字机
electric valve 电动阀〔环保〕
electric ventilating fan 电动通风风扇
electric water pump 电力水泵
electric waves (= electromagnetic waves) 电磁波
electric welding 电焊
electric wire 电线
electric wire-imbedder 电垫埋线器
electric work 电气工程
electrical ①电的 ②电学的 (electricus)
electrical adsorption 电力吸附
electrical analysis 电解
electrical anemometer 电传风速表
electrical charge 电荷
electrical cotton picker 静电式摘(采)棉机
electrical coupling 电耦联
electrical drill 电钻〔环保〕
electrical engagement length 电接合长度
electrical engineering 电机工程学
electrical equipment 电气设备
electrical excitability 电激发力
electrical flocculation 电[作用]絮凝〔环保〕

electrical incubator ①电力定温箱 ②电力孵化器
electrical injury 电[伤]害
electrical insulation 电绝缘
electrical measurement 电测量
electrical neutrality（= electric neutrality）电中[和]性（neutralitas electricus）
electrical-optical isolator 光电绝缘法
electrical phenomenon 电学现象
electrical property 电性质
electrical resistance method 电阻法（测定水分）{生理}
electrical resistance moisture meter 电阻式土壤水分测定器
electrical rule checking（ERC） 电气规则检查
electrical schematic 电路图
electrical signal 电信号
electrical stimulator 电刺激器
electrical synapse 电突触（synapsis electricus）{分生}
electrical transmission 电传递（transmissio electrica）
electrical warning system 电信号系统
electrical water pressure transducers 水压电动功率转送器
electrically driven combine 电动联合收获机
electrically driven duplicator 电[驱]动复印机
electrically-driven membrane separation 电驱动膜分离{生技}
electrically facilitated flow 电易化流动，电促流动
electrically-heated nursery 电热育苗器
electrician 电工
electricity ①电 ②电学（electricitia）
electrification ①起电[装置] ②充电 ③电气化（electrificatio）
electrification of agriculture 农业电气化
electrification of rice seedling raising 水稻育秧电气化
electrified agriculture 电气化农业
electrizer 电疗机
electro- ⌞字头⌝电
electro-shock 电休克
electro-ultrafiltration 电超滤[作用]（electroultrafiltratio）
electroacoustic 电声的（electroacousticus）
electroacoustic tablet 电声板
electroacoustic transducer 电声换能器
electroacoustic transmission measuring system 电声传输测量系统
electroacupuncture 电针刺（electroacupunctura）
electroanalgesia 电针镇痛
electroanalysis 电解分析
electroantennogram 触角电图（electroantennogramma）
electrobasograph 步态电描记器
electrobiology 电生物学（electrobiologia）
electroblast 成发电细胞（electroblastus）
electroblotting device 电印迹装置，电印迹仪
electrocapillarity 电毛细管现象（electrocapillaritas）
electrocardiogram（ECG，EKG） 心电图（electrocardiogramma）
electrocardiogram data set 心电图数据传输器
electrocardiography 心电描记术（electrocardiographia）
electrocardiology 心电学（electrocardiologia）
electrocardiophonogram 心音电描记图（electrocardiophonogramma）
electrocardiophonography 心音电描记术（electrocardiophonographia）
electrocardiosignal 心电信号（electrocardiosignalis）
electrocatalysis 电催化
electrochemical 电化学的（electrochemicus）
electrochemical gradient 电化学梯度
electrochemical property 电化学性质
electrochemical proton gradient 电化学质子梯度
electrochemical reaction 电化学反应
electrochemical sensor 电化学传感器
electrochemical theory 电化学说
electrochemilluminescence 电化学发光（electrochemiluminescentia）
electrochemistry 电化学（electrochemia）
electrochromatography 电层析[法]（electrochromatographia）
electrochromeric display（ECD） 电致变色显示器
electrochromic 电致彩色显示[发光]（electrochromicus）
electrochromism 电致变色性（electrochromismus）
electrochronograph 电动精密记时计
electrocision 电切术（electrocisio）
electrocoagulation 电凝法（electrocoagulatio）

electrocommunication 电子通信(electrocommunicatio)
electroconvulsive 电惊厥的(electroconvulsivus)
electrocorticogram 皮层电图(electrocorticogramma)
electroculture 电气化栽培(electrocultura)
electrocutaneous stimulation 皮肤电刺激
electrocute 触电死(electrocutare)
electrocuter 电杀器
electrocuter trap 电气捕虫器,昆虫电杀器
electrocyte 发电细胞(electrocyta)
electrode ①电极 ②电焊条
electrode potential 电极位势
electrode reaction 电极反应
electrode water heater 电极式热水器
electrodefensive conditional reflex 电防御条件反射
electrodeionization 电去离子,电脱离子(electrodeionisatio)
electrodense 电子致密的(electrodensus)
electrodeposition 电镀(electrodepositio)
electrodialysis 电渗析,电透析
electrodiffusion 电扩散(electrodiffusio)
electroduster 静电喷粉器
electrodynamic anemometer 电动风速表
electrodynamics 电动力学(electrodynamica)
electrodynamometer 电力测功机
electroeluate 电洗脱物(electroeluatus)
electroelution 电洗脱(electroelutio)
electroencephalogram (EEG) 脑电图(electroencephalogramma)
electroendosmosis 电内渗
electrofilter 电滤器
electrofocusing 电聚焦
electrofocusing method 电聚焦法
electrofusion 电融合(electrofusio)
electrogenic ion pump 电致离子泵,生电离子泵
electrogenic pump 生电泵
electrogenic sodium pump 电致钠泵,生电钠泵
electrograph ①传真电报 ②示波器 ③电刻器,电记录器
electrography ①传真电报术 ②X光照相术,电子摄影 ③电刻术,电记录术(electographia)
electrogravitics 电磁重力学(electrogravitica)
electrohorticulture ①电气化园艺 ②电气化园艺学(electrohorticultura)
electrohydraulic 电动液压的(electrohydraulicus)
electroimmunoassay 电免疫测定[法]
electroimmunodiffusion 电泳免疫扩散(electroimmunodiffusio)
electrokinetic 电动的(electrokineticus)
electrokinetic phenomenon 电动现象
electrokinetic potential 动电势
electrokinetic separation technique 电动分离技术{生技}
electrokinetic ultrafiltration analysis 电动超滤分析
electrolemma 电膜
electrolic heat 电气热
electroluminescence 电[致]发光(electroluminescentia)
electroluminescent 电[致]发光的(electroluminescens)
electroluminescent display 电[致]发光显示器
electroluminescent screen (EL screen) 电[致]发光显示屏,电致发光屏幕
electrolysis 电解
electrolyte 电解质
electrolyte leakage 电解质渗漏
electrolyte solution 电解质溶液
electrolytic 电解的(electrolyticus)
electrolytic cell 电解池
electrolytic concentration 电解质浓度
electrolytic development 电解显影
electrolytic dissociation (= ionization) 电离
electrolytic floatation units 电解式气浮器{环保}
electrolytic oxidation 电解氧化
electrolytic printing 电解印刷
electrolytic process 电解法{环保}
electrolytic reduction 电解还原
electrolytic-resistance hydrometer 电解-电阻比重计
electrolytic separation 电解分离
electrolytic treatment 电解处理{环保}
electromagnet 电磁铁,电磁体
electromagnetic 电磁的(electromagneticus)
electromagnetic brake 电磁制动器
electromagnetic communication 电磁[波]通信
electromagnetic compatibility (EMC) 电磁兼容性
electromagnetic energy 电磁能

electromagnetic environment 电磁环境
electromagnetic field 电磁场
electromagnetic flowmeter 电磁流速计
electromagnetic focusing 电磁聚焦
electromagnetic induction 电磁感应
electromagnetic infrared wave 红外电磁波
electromagnetic interference (**EMI**) 电磁干涉
electromagnetic lens 电磁透镜{显技}
electromagnetic noise 电磁噪声
electromagnetic radiation 电磁辐射
electromagnetic relay 电磁继电器
electromagnetic seed cleaner 电磁式种子清选机
electromagnetic sensing systems 电磁感测系统{遥感}
electromagnetic spectrum 电磁波谱
electromagnetic valve 电磁阀{环保}
electromagnetic wave 电磁波
electromagnetic waveguide 电磁波导
electromechanical 机电的(electromechanicus)
electromechanical device 机电装置
electromechanical plotter 机电式绘图机
electromechanical printer 机电印刷机,电子印刷机
electromechanical transducer 机电换能器
electromer 电子异构体
electromeric 电子异构的(electromericus)
electromeric change 电子异构变化
electromeric migration 电子异构迁移
electromerization 电子异构(electromerisatio)
electrometric 电测[量]的(electrometricus)
electrometric measurement 电势测定
electrometric titration 电势滴定
electrometry 量电法,电测法(electrometrica)
electromigration 电迁移(electromigratio)
electromolecular propulsion 带电分子推进分离法
electromorph 电泳异型酶(指可通过电泳区分的同工酶)
electromotance 电动势(electromotantia)
electromotion 电动(electromotio)
electromotive 电动的(electromotivus)
electromotive force (EMF) 电动势
electromotive series 电动序
electromotor (= electric motor) 电动机
electromyogram (EMG) 肌电图(electromyogramma)
electron 电子{电}
electron accelerator 电子加速器
electron acceptor 电子受体
electron-affinic radiosensitizer 电子亲和放射敏感器
electron affinity 电子亲和势
electron beam (= E beam) 电子束
electron beam bonding (= E beam bonding) 电子束焊接,电子束压焊
electron beam evaporation 电子束蒸发
electron beam memory 电子束存储器
electron beam projection exposure apparatus 电子束投影曝光装置
electron beam recorder (**EBR**) 电子束记录仪(器){遥感}
electron beam scanning 电子束扫描
electron beam tester 电子束测试器
electron capture 电子俘获
electron card index 电子卡片索引
electron carrier 电子载体
electron cloud (= electronic cloud) 电子云
electron collision 电子碰撞
electron communication 电子通信
electron cryomicroscope 电子冷冻显微镜,冷冻电镜
electron cryomicroscopy 电子冷冻[显微]镜检术,冷冻电镜检术
electron crystallograph 电子晶体学
electron-dense 电子密
electron-dense chromatin 电子密染色质
electron-dense granule 电子密颗粒
electron-dense label 电子密标记
electron-dense layer 电子密层
electron-dense outer layer 电子密外层
electron-dense plate 电子密板
electron-dense sphere 电子密球
electron density 电子密度
electron density map 电子密度图
electron detection 电子探测
electron device 电子器件
electron diffraction 电子衍射
electron diffraction pattern 电子衍射图
electron digital computer 数字电子计算机
electron displacement 电子位移
electron distribution 电子分布
electron-donating group 供电子基团
electron donor 电子供体
electron donor-acceptor complex 电子供[体]受体复合物
electron emission 电子发射
electron excitation 电子激发
electron flow 电子流

electron gun 电子枪
electron-hole recombination 电子－空穴复合
electron impact（EI） 电子碰撞
electron impact desorption 电子碰撞解吸
electron impact ion source 电子碰撞离子源
electron ionization（EI） 电子电离
electron lattice interaction 电子晶格相互作用
electron level 电子位级
electron measurement 电子测量
electron microgram 电子显微照片
electron micrograph 电子显微[镜]照片
electron microscope 电子显微镜，电镜
electron microscopic autoradiography 电镜放射自显影术｛显技｝
electron microscopy 电子[显微]镜检术
electron microscopy of mitotic chromosome 有丝分裂染色体的电子[显微]镜检术
electron multiplier 电子倍增器
electron-nuclear double resonance（ENDOR） 电子－核双共振
electron optics 电子光学
electron-osmosis 电渗
electron pair 电子对
electron pair relay system 电子对中继系统
electron pair repulsion 电子对互斥
electron paramagnetic resonance（EPR） 电子顺磁共振
electron physics 电子物理学
electron-position formation 电子位形成
electron probe micro-analysis 电子探针微量分析
electron rays 电子射线
electron scanning micrograph 扫描电子显微[镜]照片
electron scanning microscope 扫描电子显微镜，扫描电镜
electron scattering 电子散射
electron scattering material 电子散射物
electron shell（= electronic shell） 电子层
electron shell repulsion 电子层推斥
electron shutt 电子穿梭
electron spectroscopy（ES） 电子能谱学（法）
electron spectroscopy for chemical analysis 化学分析用电子能谱[法]
electron spectrum 电子能谱
electron spin 电子自转
electron spin resonance（ESR） 电子顺磁共振
electron spin resonance imaging 电子顺磁共振成像
electron stain 电子染料，电子染色剂
electron staining 电子染色
electron transfer 电子传递，电子转移
electron transfer chain 电子传递链
electron transfer couplet 电子传递耦联体
electron transfer flayoprotein 电子转移黄素蛋白
electron transfer particle 电子转移粒子
electron transfer reaction 电子转移反应
electron transfer system 电子传递系统
electron transition 电子跃迁
electron transparent area 电子透明区
electron transport 电子传递
electron transport chain 电子传递链
electron transport particle 电子传递颗粒
electron tube 电子管
electron volt（ev） 电子伏[特]
electron withdrawing group 吸电子基团
electronarcosis 电麻醉
electronastic stimulus 电诱刺激
electronasty 感电性（electronastia）
electronegative ①电负的 ②阴电的（electronegativus）
electronegative element 电负元素
electronegativity ①电负性 ②电负度（electronegativitas）
electroneutrality 电中性（electroneutralitas）
electronic ①电子的 ②电子学的（electronicus）
electronic absorption spectrum 电子吸收光谱
electronic accounting machine 电子会计机｛农管｝
electronic analog computer 电子模拟计算机
electronic annunciator 电子信号器
electronic archive 电子档案
electronic automatic exchange 电子自动交换机
electronic aviation timetable 电子式航空时刻表
electronic axon model 轴突电子模型
electronic balance 电子天平，电子秤
electronic balance weight sorter 电子秤重量分级机｛农施｝
electronic behaviour 电子行为（指机器人自发的动作）
electronic biology 电子生物学
electronic blackboard 电子黑板
electronic boardroom 电子会议室
electronic brain 电脑，计算机
electronic calculator 电子计算器

electronic cardiac pacemaker 电子心脏起搏器
electronic cash register (ECR) 电子现金出纳机,电子收款机〔农管〕
electronic central office (ECO) 电子电话中心局〔信息〕
electronic charge 电子电荷
electronic Chinese English dictionary 电子汉英词典〔信息〕
electronic circuit packaging 电子电路组装
electronic cloud 电子云
electronic color separator 电子色选机
electronic computer 电子计算机,电脑
electronic computer-originated mail 计算机上的电子邮件〔电脑〕
electronic conference system 电子会议系统
electronic configuration 电子构型
electronic controlled incubator 电子控制培养箱
electronic cottage 电子化住宅
electronic countermeasure computer 电子对抗计算机
electronic data exchange 电子数据交换
electronic data gathering equipment (EDGE) 电子数据收集设备
electronic data processing (EDP) 电子数据处理
electronic data-processing system 电子数据处理系统
electronic delocalization 电子非定域化
electronic density detector 电子密度探测器(指在沉淀池污泥用)〔环保〕
electronic design 电子设计〔电脑〕
electronic design interchange format (EDIF) 电子设计数据互换格式
electronic desk calculator 台式电子计算器
electronic differential analyzer 电子微分分析
electronic digital computer 电子数字计算机
electronic discrete sequential automatic computer (EDSAC) 电子离散序列自动计算机
electronic document communication system (EDCS) 电子文档通信系统
electronic effect 电子效应
electronic encyclopedia 电子百科全书(electroencyclopeda)
electronic energy level 电子能级
electronic engineering 电子工程
electronic engraver 电子刻图机
electronic excitation 电子激发
electronic eye 电子眼
electronic factory automation 电子工厂自动化
electronic field production (EFP) 电子现场生产
electronic frog's eye 电子蛙眼
electronic funds transfer (EFT) 电子汇款
electronic funds transfer system (EFTS) 电子资金汇兑系统
electronic glass 电子玻璃
electronic humidistat 电子恒湿器
electronic imaging system 电子成像系统〔遥感〕
electronic information exchange system (EIES) 电子信息交换系统
electronic instruments 电子仪器
electronic journal 电子期刊
electronic keyboard 电子键盘
electronic leaf 电子叶状开关
electronic library 电子图书馆
electronic line scanner 电子扫描机〔遥感〕
electronic mail (E-mail) 电子邮件,电子函件〔信息〕
electronic mailbox 电子邮箱
electronic message system 电子信息系统〔信息〕
electronic migration 电子迁移
electronic model 电子模型
electronic money 电子货币
electronic news gathering 电子新闻采集
electronic news paper 电子报纸
electronic numerical integrator and calculator (ENIAC) 电子数字积分计算机
electronic office 电子办公室
electronic operated beet thinning 电子操纵甜菜间苗
electronic orbit 电子轨道
electronic passport 电子护照
electronic payment 电子支付
electronic pen 电子笔
electronic pigeon's eye 电子鸽眼
electronic potato harvester 电子控制式马铃薯收获机
electronic potato screener 电子控制式马铃薯分级机
electronic printer 电子印刷机
electronic product 电子产品
electronic proof 电子核对
electronic publishing system (EPS) 电子出版系统〔信息〕
electronic pulsator 电子脉动器
electronic quenching 电子猝灭
electronic remittance system 电子汇款系统
electronic reservation system 电子预订系统〔信息〕

electronic restaurant 电子餐厅
electronic robot 电子机器人
electronic scales 电子秤
electronic sensor 电子传感器
electronic sensor controlled thinner 电子传感间苗机
electronic sentry 电子警戒器
electronic shopping 电子购物
electronic shutter 电子快门{显技}
electronic signal measurement 电子信号测量{信息}
electronic simulation 电子模拟
electronic simulator 电子模拟器
electronic sorter 电子式分级机
electronic spectrum 电子光谱
electronic sphygmomanometer 电子血压计
electronic statistical machine 电子统计机
electronic sterilization 电子灭菌法
electronic stethoscope 电子听诊器
electronic stimulator 电子刺激器
electronic switch 电子开关
electronic switching system (ESS) 电子转接系统,电子转换系统{信息}
electronic system 电子控制系统
electronic technique 电子技术
electronic telephone 电子电话
electronic-to optical transducer 电光转换器
electronic train 电子列车
electronic transfer account 电子转账{农管}
electronic translator 电子译码器
electronic travel service 电子旅游服务
electronic tutor 电子教员
electronic typewriter 电子打字机
electronic vegetable blanching 电气蔬菜软化法
electronic voting 电子计票
electronic warfare computer 电子战计算机{物}
electronically controlled potato harvester 电子操纵式马铃薯收获机
electronically scanning microwave radiometer 电子扫描微波辐射计
electronics ①电子学 ②电子设备(electronica)
electronogram 电子衍射图(electronogramma)
electronograph 电子显像机
electrooptic ①电光的 ②电光器件(electroopticus)
electrooptic crystal storage 电光晶体存储器
electrooptic effect 电光效应
electrooptical detector 电光探测器
electrooptical imaging sensors 电[子]光[学]映像传感器
electroosmosis (= electronosmosis) 电渗
electroosmotic mobility 电渗迁移率
electropercussive processor 电冲击处理器
electrophile 亲电体
electrophile-responsive element 亲电体效应元件
electrophilic 亲电子的(electrophilus)
electrophilic addition 亲电子加成
electrophilic centre 亲电子中心
electrophilic group 亲电子基团
electrophilic reagent 亲电[子]试剂
electrophilic rearrangement 亲电[子]重排
electrophilic substitution 亲电[子]取代
electrophilicity 亲电[子]性(electrophilicitas)
electrophobic 疏电子的(electrophobus)
electrophoresis ①电泳 ②电离子透入法
electrophoresis apparatus 电泳仪
electrophoresis buffer 电泳缓冲液
electrophoresis chamber 电泳容器,电泳槽
electrophoresis-grade reagent 电泳级试剂
electrophoresis of isozyme 同工酶电泳
electrophoresis pattern (= electrophoretogram) 电泳图[谱]
electrophoresis tank 电泳槽
electrophoretic 电泳的(electrophoreticus)
electrophoretic analysis 电泳分析
electrophoretic band 电泳条带
electrophoretic buffer 电泳缓冲液
electrophoretic force 电泳力
electrophoretic light scattering (ELS) 电泳光散射
electrophoretic medium 电泳介质
electrophoretic migration 电泳迁移
electrophoretic mobility 电泳流动性
electrophoretic mobility shift assay (EMSA) 电泳流动性变动分析
electrophoretic pattern 电泳图
electrophoretic property 电泳性质
electrophoretic separation 电泳分离
electrophoretic technique of plant material 植物材料的电泳技术
electrophoretic transfer 电泳转移
electrophoretic variant 电泳变式
electrophoretically pure 电泳纯的
electrophoretogram 电泳图[谱]
electrophoretype 电泳型(electrophorety-

pus)
electrophorus 起电盘
electrophos 重过磷酸钙(肥料)
electrophotographic 电子照相的 (electrophoto graphicus)
electrophotographic printer 电子照相印刷机
electrophotographic process 电子照相法
electrophotography 电子照相术(electrophoto graphia)
electrophysiological 电生理[学]的(electrophysiologicus)
electrophysiological signal 电生理信号
electrophysiological threshold 电生理阈值
electrophysiology 电生理学(electrophysiologia)
electrophytogram 植物电图(electrophytogramma)
electroplate 电镀
electroplated film disk 电镀薄膜磁盘
electroplating waste 电镀废水{环保}
electroplax 电板
electropneumatic 电动气动[式]的(electropneumaticus)
electropolar 电极化[的],电极性[的](electropolaris)
electropolarization 电极化(electropolarisatio)
electropolarization chromatography 电极化层析{生技}
electroporation 电穿孔[法](electroporatio)
electroporation apparatus 电穿孔仪
electropositive 正电的,阳电的(electropositivus)
electropositive gel 阳电凝胶
electroreception 电感受(electroreceptio)
electroreceptor 电感受器
electrosalivogram 唾腺电图(electrosalivogramma)
electroscope 验电器
electrospray (ES) 电喷射
electrospray ionization 电喷射离子化[作用]
electrospray mass spectroscopy (ESMS) 电喷射质谱学
electrostatic 静电的(electrostaticus)
electrostatic analyzer 静电分析器
electrostatic attraction 静电吸引力
electrostatic bond 静电键
electrostatic bonding 静电键合
electrostatic capacitance meter 静电容量计
electrostatic capacity 静电容量
electrostatic charge 静电荷
electrostatic discharge (ESD) 静电释放,静电放电
electrostatic document copying machine 静电资料复印机
electrostatic duster 静电喷粉机
electrostatic dusting 静电喷粉
electrostatic energy 静电能
electrostatic field 静电场
electrostatic focusing 静电聚焦
electrostatic force 静电力
electrostatic image 静电图像
electrostatic interaction 静电相互作用
electrostatic photography 静电摄影术,静电照相术
electrostatic plotter 静电式绘图仪(机){遥感}
electrostatic potential 静电势
electrostatic precipitator 静电除尘器,静电聚尘器{环保}
electrostatic printer 静电复印机
electrostatic protection 静电防护
electrostatic repulsion 静电排斥
electrostatic separation 静电分离
electrostatic shielding 静电屏蔽
electrostatic sprayer 静电喷雾机
electrostatic unit 静电单位
electrostenolysis 狭区电解
electrostimulation 电刺激法(electrostimulatio)
electrostimulation to cultivation 电刺激栽培法{栽培}
electrostrictive effect 电致伸缩效应
electrotaxis 趋电性
electrotherapy 电疗法(electrotherapia)
electrothermal method 电热法
electrothermal printer 电热式打印机
electrotitration 电滴定(electrotitratio)
electrotome 电刀
electrotonic potential 电紧张电位
electrotonus 电紧张(electrotonus)
electrotransfection 电转染(electrotransfectio)
electrotransfer ①电转移 ②电子传递
electrotransformation 电转化[法](electrotransformatio)
electrotransport 电转运
electrotreatment of odor 电气法除臭{环保}
electrotropic 向电的(electrotropus)
electrotropism 向电性(electrotropismus)

electrovalence 电价(electrovalentia)
electrovalent bond 电价键
electrovalent coordination bond 电价配位键
electroviscous effect 电黏滞效应
elegant 雅致的(elegans)
elegant case worm 花形袋蓑蛾[*Eumeta hekmeyeri* Heyl.](蓑蛾科)
elegant deutzia 极美溲疏[*Deutzia elegantissima* (Lemoine) Rehd.](绣球科)
elegant grasshopper 咖啡短翅懒蝗[*Zonoceras elegans* Thunb.](蝗科)
elegant sasa 雅致箬竹[*Sasa elegans* Makino](禾本科)
eleidin 角母蛋白
elemene 榄香烯
element ①元素{化} ②零件,元件,构件{农机} ③要素,成分{农化} ④分子,单元,单体{生化} ⑤原种{育种}(elementum)
element identifier (element ID) 单元标识符{电脑}
element migration 元素迁移
element occurrence 元素出现
element of climate 气候要素
element of electric charge [单]元电荷
element of nutrition 营养元素
element of symmetry 对称素
element of wood 木材成分
element-specific increase 特异元素增加
elemental ①元素的,要素的 ②基本的,初步的(elementalis)
elemental analysis 元素分析
elemental composition 元素组成
elemental dimension format data 基本维量格式数据{遥感}
elemental form 基本形式
elemental network 基本网络
elemental nitrogen 元素氮
elementary ①初步的,基本的,原生的 ②未发展的,简单的(elementaris)
elementary action 基本作用
elementary agricultural producers' co-operatives 初级农业生产合作社
elementary body ①原粒体{细胞} ②原生小体,基体{微生物}(corpus elementaris)
elementary cell ①胚细胞{胚胎} ②单位晶格{物}(cellula elementaris)
elementary chain 初级链{电脑}
elementary chromatin fibril 基本染色质纤丝
elementary chromosome fibril 基本染色体纤丝
elementary color 原色,基色
elementary component 基本组分
elementary composition of nucleic acid 核酸基本成分
elementary data type 基本数据类型
elementary event 基本事件
elementary evolutionary process 单位进化进程
elementary membrane (= unit membrane) 单位膜(membrana elementaria)
elementary microstructure 基本(初始)微结构
elementary organism 单位生物(organismus elementaris)
elementary particle (EP) (线粒体膜)颗粒亚单位(particula elementaria)
elementary path 基本途径,基本路径
elementary quantity 单位量
elementary species 基本种(species elementaris)
elements experiment method 要素试验法
elemi 榄香,榄香脂(指橄榄科植物的树脂)
elemi oil 榄香油
elemol 榄香醇
elenchus 补遗,附录(elenchus)
eleostearate ①桐酸 ②桐酸盐、酯或根
eleostearic acid 桐酸[$C_{18}H_{32}O_2$]
elephant ①象属[*Elephas* L.](象科) ②象[*Elephas* sp.]
elephant apple (= wood-apple) ①木苹果属[*Feronia* Correa](芸香科) ②木苹果[*Feronia limenia* Swingle]
elephant-foot tree ①酒瓶兰属[*Beaucarnea* spp.](龙舌兰科) ②酒瓶兰(象腿树)[*Beaucarnea recurvata* sp.]
elephant grass 紫狼尾草(象草)[*Pennisetum purpureum* Schum.](禾本科)
elephant louse 象虱[*Haematomyzus elephantis* Piaget](盲虱科)
elephant's-ear ①秋海棠属[*Begonia* L.](秋海棠科) ②秋海棠[*Begonia evansiana* Andr.]
elepidote 无鳞片的(elepidotus)
eleutherantherous 离药的(eleutherantherus)
eleutherococcous 具分果爿的(eleutherococcus)
eleutheropetalous 离瓣的(eleutheropetalus)
eleutherophlebial 离脉的(eleutherophlebius)

eleutherophyllous 离叶的 (eleutherophyllus)
eleutherosepalous 离萼的 (eleutherosepalus)
eleutherotepalous 离被片的 (eleutherotepalus)
elevated 举起的,提高的,高架的 (elevatus)
elevated floor ①活动地板 ②高架地板
elevated-floor poultry house 活动地板禽舍
elevated flume (高架)渡槽
elevated hotbed 高设温床
elevated reservoir 高地水库{环保}
elevated supply tank 高架供水箱,压力供水箱
elevated tank 高位水箱,高架水箱{环保}
elevated working platform 升降工作台
elevating and conveying machinery 升运与运输机械
elevating conveyor (=elevator) 升运器
elevating grader 升运平土机
elevating scraper 自装式铲运机
elevation ①举起,提高,上升 ②标高,高度③高程 ④高地,山地 ⑤仰角 (elevatio)
elevation above sea level 海拔高度
elevation angle 升运角,倾斜角,仰角
elevation meter 坡度计,高程计
elevational drawing 立视图,正视图,前视图
elevational point 高程点
elevator ①升运机,升运器 ②电梯,升降机 ③谷仓
elevator and blower type grain cleaner 升运鼓风式扬场机
elevator boot 升运器滑板(滑脚)
elevator digger 升运式挖掘机
elevator pump 提升泵{环保}
elevator tower 大型粮仓
elf cups 猩红盘菌[*Peziza* sp.]
elf-dock (=elecampane) 土木香
elfin-tree 高山矮曲树
elfin-wood (=elfin-forest) 高山矮曲林
elfinwands ①漏斗花属[*Dierama* C.K.](鸢尾科) ②漏斗花[*Dierama* sp.]
elicitation ①引[导]出 ②激发 (elicitatio)
elicited response 引发反应
eligible ①合格的 ②适合的 (eligibilis)
eligible list 合格表,入选表
eliminate alkali by drainage 开沟排碱(用开沟排水来洗除生物碱)
eliminate the errors 消除误差
eliminated 消除的,排除的,剔除的 (eliminatus)
eliminated cocoon 选除茧
eliminating ①除去,剔除,弃除,排除,消除 ②减丢 ③淘汰丢 (eliminatens)
elimination ①淘汰 ②消除 ③剔除 ④除去,弃除,排除,排出 (eliminatio)
elimination chromatin 消除染色质
elimination coefficient 消除系数
elimination factor 消除因子
elimination key 排除法检索表,定距式检索表
elimination of chromosomal aberration 染色体畸变消除
elimination of fluorine 除氟{环保}
elimination of mineral 矿物质排出
elimination of phenol 脱酚{环保}
elimination of plankton 排除浮游生物
elimination of trouble 故障排除
elimination of unfit 不适者淘汰
elimination of water 脱水{环保}
elimination process 淘汰过程
eliminative behavior 排泄行为
eliminator ①排除器,消除器 ②分离器
ELISA (=enzyme-linked immunosorbent assay) 酶联免疫吸附测定[法]{生技}
elision 省略 (elisio)
elite ①原种 ②良种 ③精华 ④打字机字母尺寸
elite bull (=top bull) 良种公牛
elite herd-book 优良种畜登记簿
elite line 良种系
elite of teas 上品茶叶
elite plant ①选择株 ②原种植株
elite plot (=ehlite plot) 原种圃
elite seeds (=basic seed) 原种
elite stand 原种林
elite stock 原种[材料]
elite tree 优良母树
elk 驼鹿[*Alces alces* L.](鹿科)
elkhorn euphorbia 鹿角大戟[*Euphorbia alcicornis* Bak.](大戟科)
elkhorns 快刀乱麻(棱叶)[*Rhombophyllum nelii* sp.](番杏科)
ellagic acid 鞣花酸,联二没食子酸内酯[$C_{14}H_6O_8$]
ellagitannic acid 鞣花单宁酸[$C_{14}H_{10}O_{10}$]
ellagitannin 鞣花单宁
ellipse 椭圆 (ellipsus)
ellipsin 椭圆素
ellipsis ①省略 ②省略号,省略符号
ellipsograph 椭圆规
ellipsoid 椭球,椭面,椭圆体 (ellipsoideus)
ellipsoid of gyration 回转椭球
ellipsoidal 椭圆状的 (ellipsoidalis)

ellipsoidal coordinates 椭圆状坐标系
ellipsoidal structure 椭圆形结构
ellipsometer 椭圆率测量卫星系统,椭率计{遥感}
ellipsometry 椭圆对称 (ellipsometria)
elliptic (= eliliptical) 椭圆形的 (ellipticus)
elliptic growth 不对称生长(偏倚生长)
elliptic jewel-vine ①鱼藤属 [*Derris* Lour.] (豆科) ②鱼藤 [*Derris elliptica* Benth.]
elliptic-leaf-amsonia 椭圆叶水甘草 [*Amsonia elliptica* Roem. et Walt.] (夹竹桃科)
elliptic polarization 椭[圆偏]振
elliptic section 椭圆形断面
ellipticalness 椭圆性,椭圆状态 (ellipticitas)
ellipticity ①椭圆,扁圆 ②椭圆率 (ellipticitas)
elliptifolious 椭圆叶的 (elliptifolius)
elliptilimbous 椭圆叶片的 (elliptilimbus)
elliptocyte 椭圆红细胞 (elliptocyta)
elliptocytosis 椭圆红细胞增多症
ellitoral 亚浅海底的 (ellitoralis)
ellitoral zone 浅海带
elm ①榆属 [*Ulmus* L.] (榆科) ②榆 [*Ulmus pumila* L.]
elm borer 榆大天牛 [*Saperda tridentata* Oliv.] (天牛科)
elm calligrapha 榆叶甲 [*Calligrapha scalaris* (Leconte)] (叶甲科)
elm casebearer 榆鞘蛾 [*Coleophora limosipennella* Dup.] (鞘蛾科)
elm caterpillar 长吻蛱蝶 [*Vanessa antiopa* Linnaeus] (蛱蝶科)
elm cocxcomb-gall aphid 榆四节绵蚜 [*Colopha ulmicola* (Fitch)] (绵蚜科)
elm family 榆科 [Ulmaceae]
elm flea beetle 榆跳甲 [*Altica carinata* Germar] (跳甲科)
elm gall aphid 榆瘿拟四条棉蚜 [*Gobaishia nirecola* Matsumura] (绵蚜科)
elm lace bug 榆网蝽 [*Corythucha ulmi* O. et D.] (网蝽科)
elm leaf aphid 榆叶蚜 [*Myzocallis ulmifolii* (Monell)] (蚜科)
elm leaf beetle 榆叶甲 [*Galerucella xanthomelaena* Schr.] (叶甲科)
elm leaf miner 榆潜叶蜂 [*Fenusa ulmi* Sund.] (潜叶蜂科)
elm mite 榆瘿螨 [*Eriophyes ulmi* German] (瘿螨科)
elm sawfly [美国]榆叶蜂 [*Cimbex americana* Leach] (叶蜂科)
elm scurfy scale 美洲长蚧(榆长蚧) [*Chionaspis americana* Johns.] (蚧科)
elm spanworm 榆[角]尺蛾 [*Ennomos subsignaria* Hbn.] (尺蛾科)
elm sphinx 榆天蛾 [*Ceratomia amyntor* Hbn.] (天蛾科)
elm woolly aphis 榆绵蚜 [*Eriosoma longigerum* Hausmann] (绵蚜科)
elm zelkova 榆叶榉 [*Zelkova carpinifolia* (Pall.) K. Koch] (榆科)
elocular 无室的 (elocularis)
elongate 伸长,延长 (elongare)
elongate antenna 长触角 (antenna elongata)
elongate cicada 黑蛁蟟(寒蝉) [*Meimuna opalifera* Walker] (蝉科)
elongate coccus 鱼藤蚧 [*Coccus elongatus* Signoret] (蚧科)
elongate cottony scale [革]长粉蚧 [*Phenacoccus pergandei* Cockerell] (粉蚧科)
elongate flattened beetle ①长扁甲 ②复长扁甲科 [Cupedidae]
elongate flea beetle 长跳甲 [*Systena elongata* (Fabricius)] (跳甲科)
elongate longicorn beetle 细天牛 [*Distenia gracilis* Blessig] (天牛科)
elongate-necked blister beetle 细颈芫菁 [*Meloë semenowi* Jakowlew] (芫菁科)
elongate parlatoria scale 枯黄褐蚧 [*Parlatoria proteus* Curtis] (蚧科)
elongate white-marmorated longicorn beetle 锈纹天牛 [*Mesosa longipenis* Bates] (天牛科)
elongated 伸长的,延长的 (elongatus)
elongated internode 伸长节间 (internodium elongatum)
elongated shoot 延长枝 (ramus elongatus)
elongated zone 伸长区 (zona elongata)
elongating 伸长的,延长的 (elongasens)
elongating cell 伸长细胞
elongating stage 伸长期
elongating type 伸长型
elongation 伸长,延长,延伸 (elongatio)
elongation cycle 延伸循环
elongation disease (of rice plant) (稻)徒长病
elongation during translation 翻译时延伸
elongation factor (EF) 延伸因子,延长因子
elongation factor for protein synthesis 蛋

白质合成的延伸因子
elongation factor G 延伸因子 G,移位酶
elongation factor T 延伸因子 T
elongation growth 伸长生长
elongation in early stage 初期伸长
elongation of internode 拔节,节间伸(延)长
elongation of peptide chain 肽链延伸
elongation period 伸长期
elongation region 伸长区
elongation stage 伸长期,拔节期
elongation viscosity 伸长黏度
elongation zone 伸长区
eloquent 雄辩的,有说服力的 (eloquens)
ELS (= electrophoretic light scattering) 电泳光散射
elscholtzia mealybug 香薷粉蚧 [*Pseudococcus elscholtziae* Shinji] (粉蚧科)
else ①否则 ②其他{信息}
Elsholtzia ①香薷属 [*Elsholtzia* Willd.] (唇形科) ②香薷 [*Elsholtzia haichowensis* Sun.]
eluant (= eluent) ①洗提液,洗脱液 ②洗脱液 (eluans)
eluate 洗提物,洗脱物 (eluatus)
eluent ①洗提液 ②洗提剂,洗脱剂
elution 洗提,洗脱 (elutio)
elution peak 洗脱峰
elution profile 洗脱剖面图
elution volume 洗脱体积
Elutip Column 洗脱吸头柱,Elutip 柱(商)
elutriated sludge 淘洗污泥{环保}
elutriation ①淘析,淘洗 ②冲洗 (elutriatio)
elutriation method 淘析法,淘洗法,冲洗法{土壤}
elutriation of sludge 污泥淘洗{环保}
elutriation water 淘洗水
elutriator 淘析器
elutriator centrifuge 淘析离心机{生技}
elutriator rotor 淘析转头
eluvial 淋溶的 (eluvialis){土壤}
eluvial deposit 淋溶淀积物
eluvial-diluvial formation 淋溶洪积形成物
eluvial horizon 淋溶层
eluvial-hydromorphic soil 淋溶水成土
eluvial layer of soil 土壤淋溶层
eluvial sand 淋溶沙[土]
eluvial soil 淋溶土
eluviation 淋溶[作用] (eluviatio)
eluvium 淋溶层
elytriform 鞘翅状的 (elytriformis)
elytroid 似鞘翅的 (elytroideus)
elytrum ①鞘翅{昆虫} ②背鳞{水产}
Em (= mean error) 平均误差{统计}
em ①全身(指西文铅字) ②全方,厄门{电脑}
em dash 破折号
em leader 厄门引线,m 长引线,米长引线{信息}
emaciated 衰瘦的,瘦弱的 (emaciatus)
emaciation 衰瘦 (emaciatio)
eman 埃曼(射气单位){气象}
emanation ①射气 ②发散 (emanatio)
emanator ①射气测量计,射气投置器 ②放射器,发射器
emarginate 微缺的 (emarginatus)
emarginate eurya 滨柃 [*Eurya emarginata* Makino] (茶科)
emargination 缺口(指叶) (emarginatio)
emasculated ①去雄的 ②去势的,阉割的 (emasculatus)
emasculated floret 去雄小花 (flosculus emasculatus)
emasculated flower 去雄花 (flos emasculatus)
emasculated head 去雄穗 (spica emasculata)
emasculated spike 去雄穗 (spica emasculata)
emasculation ①去雄 ②去势,阉割 (emasculatio)
emasculation of spikes 穗[状花序]去雄
EMB medium EMB 培养基(一种特殊糖指示剂培养基)
E. M. B. agar (= eosin-methylene-blue agar) 伊红次甲基蓝琼脂(培养基)
embal (= emblic) 余甘子(油柑) [*Emblica officinalis* Gaertn. = *Phyllanthus emblica* L.] (大戟科)
embank ①筑堤 ②防护 ③围绕
embanked area 围堤区,防护区
embankment ①堤,堤防,坝 ②填土,填方
embankment mower 堤坡割草机
embargo 禁运,停止通商 (= stoppage){农经}
embargo on exports 输出品禁运,出口禁运
embargo on imports 输入品禁运,入口禁运
embark ①投资 ②搭载,乘船
embayment 海湾
Embden-Meyerhof-Parnas pathway (= EMP pathway) 恩布登-迈耶霍夫-帕纳斯三氏途径,EMP 途径(糖酵解途径)
embed ①封埋,包埋{显技} ②埋入,嵌入 ③栽种(花木)
embeddable 可嵌入的 (embeddabilis)

embeddable chain 可嵌[入]链〔电脑〕
embedded blank 嵌入空白
embedded computer system 嵌入式计算机系统
embedded controller 嵌入控制机
embedded electrode 埋入电极
embedded Markov chain 嵌入马尔可夫链〔电脑〕
embedded pointer 嵌入指针
embedded software 嵌入式软件
embedded veins 内嵌脉
embedding ①(种子)覆土,覆盖栽培 ②封埋,包埋,埋藏〔显技〕③嵌入〔电脑〕
embedding for block preparation 蜡块制片用包埋
embedding for electron microscopy 电子[显微]镜检术用包埋
embedding mapping 嵌入映像,嵌套映射〔电脑〕
embedding material 包埋材料,埋藏材料
embedding material removal 包埋材料移除
embedding medium 色埋剂〔显技〕
embelia ①信筒子属(酸藤子属)[*Embelia* Burm. f.](紫金牛科) ②信筒子(酸藤子)[*Embelia laeta* (L.) Mez.]
embelic acid 酸藤子酸[$C_{17}H_{26}O_4$]
embelin 酸藤子酚[$C_{17}H_{24}O_2(OH)_2$]
embellish 美化,装饰,修饰(embellus)
embellishment 装饰
embers 燃屑,余烬
embezzlement 挪用公款
embiid ①足丝蚁 ②⌊复⌉丝蚁科[Embiidae] ③⌊复⌉足丝蚁目[Embiodea],纺足目[Embioptera]
EMBL (= European Molecular Biology Laboratory) 欧洲分子生物学实验室〔分生〕
emblem 象征,标记
emblic leafflower (= embal, emblic myrobalan) 余甘子(油柑)[*Emblica officinalis* Gaertn. = *Phyllanthus emblica* L.](大戟科)
EMBO (= European Molecular Biology Organization) 欧洲分子生物学组织〔分生〕
embodiment ①具体化,体现 ②具体设备
embody ①具体表现 ②包括,包含
embodying 包括
emboldening ①加深 ②强化,增强
embolism 栓塞
embolium 缘片〔昆虫〕
embossed 具脐状突起的(embossus)
embossed card 凸形卡〔电脑〕
embossment ①凸出,凸起 ②浮彫图〔园林〕
embouchure 河口
emboweling 取出肠子,取出内脏
embrace ①抱持 ②接受,利用(embracchium)
embracing 抱持(amplectans)
embrittlement 脆化
embrocation ①涂擦,注灌 ②液体涂擦剂(embrocatio)
embroider 刺绣
embryo 胚,胚胎〔胚胎〕
embryo abortion 胚败育
embryo adaptation 胚胎适应性
embryo bisection (= embryo separation) 受精卵分离(指胚分割)
embryo bud (= embryonic bud) 胚芽
embryo cap 胚冠
embryo cavity 胚腔
embryo-cell 胚细胞
embryo culture 胚培养
embryo culture factor 胚培养因子
embryo culture material 胚培养材料
embryo culture medium 胚培养培养基
embryo culture method 胚培养法
embryo culture of tree 树木胚培养
embryo culture requirements 胚培养要求
embryo culture technique 胚培养技术
embryo development 胚发育
embryo development in vitro 胚离体发育,试管内胚发育
embryo differentiation 胚分化
embryo dormancy 胚休眠
embryo factor 胚生长因子
embryo failure 胚败育
embryo fiber 初生纤维
embryo genesis in vitro 离体胚发生,试管内胚发生
embryo grafting 胚接,种胚嫁接
embryo implantation 胚胎埋植
embryo induction and development 胚诱导与发育
embryo initial cell 胚原始细胞
embryo initiation in single cell 胚的单细胞原始体形成
embryo lethal 胚致死
embryo lethality 胚致死现象
embryo notorrhizal 胚根倚背胚
embryo nucleus 胚核
embryo of "Bei"-A stage 丙A胚子〔蚕〕
embryo of "Bei"-B stage 丙B胚子〔蚕〕
embryo of "Kō" stage 甲胚子〔蚕〕
embryo of Asteraceae type 紫菀型胚

embryo of Caryophyllaceae type 石竹型胚
embryo of Chenopodiaceae type 藜型胚
embryo of Onagraceae type 柳叶菜型胚
embryo of Piperaceae type 胡椒型胚
embryo of Solanaceae type 茄型胚
embryo orthoplocal 子叶折叠胚
embryo quotient（= embryoratio） 胚长比
embryo rescue 胚胎获救｛生技｝
embryo rice processing 胚芽米加工
embryo ripe 胚熟
embryo root（= embryonic root） 胚性根，种根
embryo sac 胚囊（saccus embryonalis）
embryo-sac abortion 胚囊败育
embryo-sac competition 胚囊竞生
embryo-sac haustorium 胚囊吸器
embryo-sac method 胚囊法
embryo-sac mother cell（EMC） 胚囊母细胞
embryo-sac mother cell method of study 胚囊母细胞研究法
embryo-sac nucleus 胚囊核
embryo-sac tube 胚囊管
embryo spirolobal 子叶螺卷胚
embryo stele 胚中柱
embryo structure 胚结构
embryo transfer 胚[胎]转移
embryo transplantation 胚移植法
embryo-transplantation technique 胚移植技术
embryo transplanting 胚移植
embryo ultrastructure 胚超微结构
embryo vesicle 胚泡囊（vesicula germinativa）
embryogenesis 胚[胎]发生
embryogenesis condition 胚发生条件
embryogenesis factor 胚发生因子
embryogenesis in citrus tissue 柑橘组织的胚发生
embryogenesis in nuclear explant 核外植体的胚发生
embryogenesis parameter 胚发生参数
embryogenetic 胚[胎]发生的（embryogeneticus）
embryogenetic stage 胚[胎]发生阶段
embryogeny 胚[胎]发生（embryogenesis）
embryoid ①胚状的 ②拟胚体，胚状体（embryoideus）
embryoless 无胚的（inembryonate）
embryoless seed 无胚种子（semen inembryonatum）
embryological ①胚胎的 ②胚胎学的（embryologicus）
embryological development 胚胎[学]发展
embryological genetics 胚胎遗传学
embryological pathway 胚胎学途径
embryology 胚胎学（embryologia）
embryomanipulation 胚操作（embryomanipulatio）
embryomicromanipulation 胚显微操作（embryomicromanipulatio）
embryonal 胚的，胚胎的（embryonalis）
embryonal axis 胚轴（axis embryonalis）
embryonal carcinoma cell（**EC cell**） 胚胎癌细胞（cellula carcinoma embryonalis）
embryonal cell 胚细胞（cellula embryonalis）
embryonal condition 胚态（condicio embryonalis）
embryonal foot 胚足（pes embryonalis）
embryonal root（= seed root） 种根，胚性根（radix embryonalis）
embryonal structure 原始结构（structura embryonalis）｛土壤｝
embryonal system 胚系[统]（systema embryonalis）
embryonal tube 胚管（tubus embryonalis）
embryonary sac（= embryo sac） 胚囊（saccus embryonaris）
embryonate 具胚的（embryonatus）
embryonic ①胚的 ②胚性的（embryonus）
embryonic arealization 胚场化（arealisatio embryona）
embryonic bud 胚芽（gemmaembryona）
embryonic cell 胚细胞（cellula embryona）
embryonic clone 胚无性繁殖系
embryonic complex 胚复合（complex embryonus）
embryonic cortex 胚皮层（cortex embryonus）
embryonic damage 胚损害
embryonic death ①胚死亡 ②死胎
embryonic development 胚[胎]发育（evolutio embryonus）
embryonic development period 胚[胎]发育期
embryonic differentiation 胚分化（differentiatio embryonus）
embryonic disturbance 胚障碍
embryonic dune 原始沙丘，初期沙丘｛土壤｝
embryonic evocator 胚诱发物
embryonic field 胚胎区，胚域
embryonic grafting 胚期嫁接
embryonic growth 胚生长
embryonic implantation 胚移植

embryonic inducer 胚诱发物
embryonic induction 胚[胎]诱发(导)
embryonic inductor 胚诱发剂
embryonic layer 胚层
embryonic lethal 胚胎致死
embryonic period 胚胎期
embryonic phase 胚胎期(phasis embryonus)
embryonic pith 胚髓(medulla embryona)
embryonic plant 胚[植物]体
embryonic procambium 胚原形成层(procambium embryonum)
embryonic reversal stage 反转期
embryonic root 种根,胚性根(radix embryona)
embryonic soil 原始土壤{土壤}
embryonic stage 胚期(staticum embryonum)
embryonic stem cell(**ES cell**) 胚胎干细胞{分生}
embryonic tissue 胚性组织(tela embryona)
embryonic type 胚型(typus embryonus)
embryonic vesicle 卵球(vesicula embryona)
embryophyta 有胚植物
embryophyta asiphonogamia 无管有胚植物
embryophyta siphonogamia 具管有胚植物
embryophytes 有胚植物(embryophyti)
embryophytic 有胚植物的(embryophyticus)
embryotega 胚盖
embryotomy 切胚法(embryotomia){显技}
EMC ①(=embryo-sac mother cell)胚囊母细胞 ②(=egg mother cell)卵母细胞 ③(=ceresan)西力生,氯化乙汞(杀菌剂)
EMC virus EMC病毒
emerald ①(=spanworm,looper) 尺蠖 ②(=fresh green colour)鲜绿色
emerald-green 绿柱石色的,翠绿色(smaragdinus)
emerge ①出苗,现苗{栽培} ②(幼蜂)出房{蜂} ③羽化{昆虫} ④浮出,现出{水产}(emergare)
emerged seedling 出苗,出土幼苗
emerged weeds 出土杂草
emergence ①出苗,现苗 ②瓤胞(用于柑果) ③突出体{解剖} ④羽化 ⑤(蚕)发蛾 ⑥出现,现出,暴露{土壤}(emergentia)
emergence [of seedling] room 出苗室
emergence counts 出苗计数
emergence curve 出苗曲线
emergence hole 羽化孔
emergence of seedlings 出苗,幼苗出土
emergence of tillers 分蘖出现
emergence percentage 出苗率
emergence period 羽化期
emergence rate 出苗[速]率
emergence stage 出苗期
emergency ①紧急,危急,急变 ②应急 ③临时(emergentia)
emergency aid 紧急援助
emergency application ①紧急施用(肥料,农药) ②紧急应用
emergency basin 备用池,应急池{环保}
emergency brake ①紧急制动 ②紧急制动器
emergency button 应急按钮{电脑}
emergency bypass 事故旁路{环保}
emergency changeover order 紧急转换命令{电脑}
emergency concentration 紧急浓度{遥感}
emergency control ①紧急防除(虫) ②紧急防治(病)
emergency crops 短期作物,救荒作物,救灾作物,应急作物
emergency disinfection apparatus 应急消毒设备{环保}
emergency district 禁伐林区
emergency feeding 紧急饲喂,应急饲喂{蜂}
emergency field 备耕地(指轮作)
emergency flowering 临时开花
emergency fund 应急基金
emergency irrigation 非常灌溉
emergency light 红灯,危急灯
emergency location beacon(**ELB**) 紧急定位信标{信息}
emergency lubrication 应急润滑
emergency maintenance time 应急维修时间
emergency mode 应急[运行]方式
emergency-off(=emergency power off) 应急断电{信息}
emergency outlet 事故出水口{环保}
emergency pasture 临时牧场
emergency plan 应急计划
emergency power system 应急电源设备(装置)
emergency pump 事故泵{环保}
emergency queen-cell 备用王台,备用母蜂台
emergency reaction 应急反应
emergency repair 紧急修理,临时修理
emergency restart 紧急重新启动,应急再启动
emergency route 应急通路{信息}

emergency slaughter (= emergency slaughtering) 急宰
emergency software 应急软件
emergency sport 突然芽变
emergency switch 应急开关
emergency system 急救设备
emergency tillage 应变耕作,防侵蚀耕作
emergency unload 应急卸载
emergency water supply 应急给水,事故给水{环保}
emergent ①出现的 ②突生的,突现的 ③露生的 ④紧急的(emergens)
emergent evolution 突生进化
emergent light 出射光
emergent type 露生型{生态}
emerging ①出苗的,现苗的 ②羽化的 ③突出的,突现的 ④新出现的(emergens)
emerging brood 羽化幼蜂(指刚出房){蜂}
emerging nation 新兴国家
emerging plant 出苗植株,幼苗
emerging technology 新出现技术,雏形技术
emerging weeds 浮生杂草
emerging young flower 现蕾
emersed 出水的(emersus)
emersed leaf 出水叶,水上叶(folium emersum)
emersed plant 出水植物(指长出水面的植物)(planta emersa)
emersed weed 出水杂草(指长出水面的杂草)(herba inutilis emersa)
emersiherbosa 湿生草本群落{生态}
emersion 浮出,现出(emersio)
Emerson's effect 爱默生氏效应{统计}
Emerson's formula 爱默生氏公式
emery (摩擦用)金刚砂
emery cloth 砂布
emery grinder type 研磨型{农机}
emery paper 砂纸
emery powder (= ground emery) [粉末]金刚砂
emery scourer 砂轮垄谷机
emery wheel 砂轮
emetic ①呕吐的,催吐的 ②催吐剂(emeticus)
emetine 吐根碱[$C_{29}H_{40}N_2O_4$]
EMG (= electromyo gram) 筋电图
emiction ①撒尿,小便 ②尿(emictio)
emigrant ①移动的,迁移的,移栖的 ②侨居国外,迁出者(emigrans)
emigrant aphid 移栖蚜虫
emigrating individual 移栖个体
emigration 迁出,移往,转往(emigratio)
eminence 隆起,突出(eminentia)
emiocytosis 胞泌作用
emissary sky 预兆天
emission ①发散,发射{生态生理} ②排放{环保} ③⌊复⌉散发[污染]物,排放量(emissio)
emission band 发射光谱带
emission by high chimney 高烟囱散发,高烟囱排放
emission factor 排放系数{环保}
emission frequency 发射频率
emission layer 发射层
emission of electron 电子发射
emission of heat 热辐射
emission pollutant 散发污染物,散发物
emission power 发射本领
emission security 发射安全性{环保}
emission spectrometric analysis 发射光谱分析
emission spectrophotometry 发射分光光度测定法
emission spectroscopy 发射光谱学
emission spectrum 发射光谱
emission standard ①散发标准 ②发射标准 ③排放标准
emission theory 微粒说{气象}
emissions of dust 尘埃发散[污染]物
emissive infrared (EI) 发射红外[线]
emissive power 发射强度,发射本领
emissivity 发射率,放射率(emissivitas)
emit 发射,放射,射出(emitere)
emitron 光电摄像管
emitter ①发射体 ②发射极 ③发射器
emitter function logic (EFL) 发射极功能逻辑电路{信息}
emitter pulse 发射器脉冲
emitting 发射的
emitting layer 发射层
emitting surface 辐射面
EMM (electrical and mechanical maintenance) 机电维修{电脑}
emmer (= emmer wheat, twograined spelt) 二粒小麦[*Triticum dicoccum* Schübl.](禾本科)
emmer group 二粒[小麦]类群
emmer series 二粒[小麦]系
emmer wheat (= emmer) 二粒小麦[*Triticum dicoccum* Schübl.](禾本科)
emodin 大黄素[$C_{15}H_7O_2(OH)_3$]
emoeba (= amoeba) 变形虫
emolliate 软化(emolliare)
emollient ①软化的{园艺} ②缓和的,缓冲

的{生化}(emolliens)
emollient ointment 润滑软膏
emolument 报酬,酬金,薪金,薪水,工资(emolumentum)
emotion ①情绪 ②激动(emotio)
emotional ①情绪的 ②激动的(emotionalis)
emotional glucosuria 情绪性糖尿
EMP (= Embden-Meyerhof-Parnas pathway) 恩布登-迈耶霍夫-帕纳斯三氏途径,EMP途径
emphasis ①强势 ②突出显示,强调
emphasized ①强调的 ②加重的(emphasisus)
emphasizer 加重电路,频率校正电路
emphysema 气肿
emphysematic (= emphysematous) 气肿性的(emphysematicus)
emphysematic carbuncle 气肿疽
emphysematic gangrene 坏疽性气肿,黑腿病
emphytic character 遗传性状
Empire E字棉(棉品种)
empiric (= empirical) 经验的(empiricus)
empiric diagram (= embirical floral diagram) 经验花图式(diagramma empirica)
empiric risk 经验危险{遗传}
empirical ①经验的,实验的 ②计算的(empiricus)
empirical coefficient 经验系数
empirical coefficient of reunion (E. C. R.) 经验复合系数{遗传}
empirical constant 经验常数
empirical curve 经验曲线
empirical data 经验数据
empirical discovery 经验发现
empirical distribution 经验分布
empirical forest 现实林
empirical formula ①计算公式{统计} ②经验公式{物}(formula empirica)
empirical law 经验法则{电脑}
empirical mode 计算众数
empirical number 实数,计算数值
empirical probability 经验概率{统计}
empirical threshold 假定临界{生理}
empirical value 计算数值,实验数值,经验数值{统计}
empirical yield 计算产量,假定产量
employ ①雇用 ②使用(implicare)
employee 雇工,雇员,职员
employee mode 职员方式
employees' federation (= workers' union) 劳工联合会
employer ①农场场主 ②雇主
employers' association (= employers' organization) 雇主协会
employment ①雇用,使用,工作 ②业务,职业
employment agency 职业介绍所
employment exchange 职业介绍
employment of the talent 人才使用{农经}
empodium 爪间突{蜂}
emporium ①商业中心,市场 ②商店
empress tree 梧桐[*Firmiana simplex* F. W. Wight](梧桐科)
empress tree weevil 梧桐黑象[*Cionus helleri* Reitter](象甲科)
emptier ①卸载器,卸粮器 ②倒空装置
emptiness ①空粒,秕粒 ②真空(vacuitas)
empty ①空的,空虚的(vacuus) ②未怀孕的,未妊娠的
empty bunch (油棕)空果穗
empty-cell processes 空细胞法(木材防腐)
empty cherry 咖啡空果病
empty glume (= empty lemma) 空颖(gluma vacua)
empty grain 空粒,空籽儿(granum vacuum)
empty loaded vehicle 空载车辆
empty medium 空白媒体{信息}
empty pollen 空胞花粉
empty position 空位{土壤}
empty record 空记录
empty run 空行程
empty seed 空籽儿
empty space 空隙
empty store 空存储
empty tape 空带
emptying time 泄空时间{环保}
empurpled 使成紫色
empyrean 太空(empyreus)
EMS (= ethyl methane sulfonate) 乙基甲烷磺酸(诱变剂)[$CH_3OSO_2C_2H_5$]
Emscher tank 隐化池(指双层沉淀池){环保}
emulate ①模拟,模仿 ②仿真,仿效(emulaturi)
emulated teaching machine 模拟教学机{智培}
emulation ①模拟 ②仿真(emulatio)
emulation computer 仿真计算机
emulation job 仿真作业
emulative technique 仿真技术

emulator 仿真器,模拟器
emulsibility 乳化性(emulsibilitas)
emulsifiability(= emulsibility) 乳化性(emulsifiabilitas)
emulsifiable concentrate (EC)乳油(指农药加工的一种形式)
emulsifiable paste 乳膏(指农药加工的一种形式)
emulsifiable solution 乳油{农药}
emulsification 乳化[作用](emusificatio)
emulsified 乳化的
emulsified waste 乳化废水{环保}
emulsifier(= emulsifying agent) 乳化剂
emulsify 乳化
emulsifying 乳化的
emulsifying agent 乳化剂
emulsifying property 乳化性
emulsin 苦杏仁酶
emulsion ①乳浊液,乳胶 ②乳剂[稀释液](emulsio)
emulsion break ①破乳作用 ②乳胶分解{环保}
emulsion breaker 乳剂破坏剂,破乳剂
emulsion breaking 乳剂破坏
emulsion coating 乳胶胶膜
emulsion colloid 乳胶体
emulsion dispersion 乳剂分散性
emulsion formula 乳剂配方
emulsion interference filter 乳胶干涉滤光片{遥感}
emulsion laser storage 乳胶激光存储器
emulsion layer 乳胶层
emulsion material 乳胶材料
emulsion separation 乳胶分离
emulsion sheet 乳胶片
emulsion stability 乳剂稳定性
emulsion stabilizer 乳剂稳定剂
emulsion theory 乳浊液理论
emulsoid 乳胶[液],乳胶体
emulsoid clay 乳胶黏粒
en- ⌞字头⌝在,在内
enable ①使能够,使成为可能 ②恢复操作 ③启动,起动 ④允许,允许操作(enabilis)
enable gate 启动门{电脑}
enable input 允许输入
enable signal 允许信号
enabled ①允许的 ②起动的,启动的
enabled condition 允许条件
enabled interruption 允许中断
enabled state 允许状态
enablement ①允许 ②启动 ③实现
enactment 制定,规定(enactmentum)
enamel ①釉质,珐琅质 ②搪瓷
enantioblastic(= enantioblastous) 对生种脐的(enantioblastus)
enantiomer 对映[异构]体{分生}
enantiomorph 对映体(enantiomorphe)
enantiostylous 对生花柱的(enantiostylus)
enantiostyly 对生花柱式(enantiostylia)
enantiotopic 对映异构的(enantiotopus)
enantiotropy ①对映现象 ②互变性(enantiotropia)
enarching(= inarching) 靠接{园艺}
enation ①耳状突起{形态}②耳突病{微生物}(enatio)
enation leaves 延生叶
enation theory 突出学说{解剖}
encapsidation 衣壳化(指包入衣壳内)(encapsidatio){分生}
encapsulant ①荚膜形成材料 ②包囊形成材料 ③密封剂(encapsulans)
encapsulate ①荚膜形成{微生物}②包囊形成{医}(encapsulare)
encapsulated ①荚膜包围的 ②包囊的(encapsulatus)
encapsulated fertilizer 胶膜肥料
encapsulated form 微囊型{农药}
encapsulated formulation 微囊剂型
encapsulated pesticides 微囊农药,包胶农药
encapsulation ①包囊,成囊 ②密封,封装(encapsulatio)
encapsulation technique 成囊技术,包囊技术
encarpium 子实体
encased knot 皮包节,死节(指果木)
encasement ①装箱,包装 ②包装物,壳层,外壳,胶膜,包皮
encatchment area 降水区
enceinte ①(家畜)怀胎的 ②围场
encephalitis 脑炎
encephalomalacia 脑软化症
encephalomyelitis 脑脊髓炎
encephalon 脑(encephalum)
enchanter's -nightshade ①露珠草属[*Circaea* Tourn. ex L.](柳叶菜科)②露珠草[*Circaea cordata* Royle]
enchylema 细胞液
-enchyma ⌞字尾⌝灌入,注入
enchyta 注射器
encipher ①加密 ②加密码 ③译成密码{信息}
enciphered data 加密数据
enciphered facsimile communications 加

密传真通信
encipherer（= encipheror） 加密编码器
encipherment 加密
encircle 环绕 包围
encircling cell 环绕细胞（cellula encirclaus）
encircling nets 围网类｛水产｝
enclave 永佃权｛农经｝
enclose ①用（墙，垣篱，栏，栅）围住，包围 ②封入，罩入，装入
enclose the inflorescence 花器套（笼）罩法｛育种｝
enclosed area 圈围面积｛畜｝
enclosed barn 闭式仓库
enclosed drive 闭式传动
enclosed knot 内含节，隐节（指果木）
enclosed pasture 有围篱牧场
enclosed scale thermometer 内标温度计
enclosed sea 内海，封闭海
enclosed type composter 密闭型发酵装置｛农施｝
enclosed type motor 闭式电动机
enclosing of game 围猎｛狩猎｝
enclosing wall 小围墙
enclosion hormone 脱皮激素｛生化｝
enclosure ①限内区｛生态｝②封固｛显技｝③外膜，外壳，罩套｛农机｝④围栏，围篱，围栅｛畜｝⑤温室｛栽培｝⑥⌊复⌉围圈面积
enclosure for pasturing cattle 分牧区
enclosure-pasturing system 分区放牧制，轮牧制
encode 编码｛分遗｝
encoded abstract 编码式文摘
encoded format 编码格式
encoded image 编码图像
encoded keyboard 编码键盘｛电脑｝
encoded protein 编码蛋白
encoder ①编码器 ②编码员｛物｝
encoding 编码｛分遗｝
encoding code model 编码模型
encoding scheme 编码方法
encompass 包围，围绕
encounter ①遭遇，遭到，碰到，碰撞 ②打击，攻击，冲击（encountrere）
encroach ①侵害，侵入｛栽培｝②侵蚀｛土壤｝
encrustation 结皮［作用］，板结｛土壤｝
encrusting substance 包被物质
encryption 加密（encryptia）｛信息｝
encryption key 加密键
encumber ①阻碍，妨碍 ②堆满，充塞
encumbrance ①阻碍物 ②累赘，负担（encumbrantia）
encyclopaedia 百科全书，万有文库
encyclopedic（= encyclopaedic） 百科［全书］的（encyclopaedicus）
encyclopedic knowledge system 百科知识系统
encyrtid parasite ①跳小蜂 ②⌊复⌉跳小蜂科［Encyrtidae］
encysted 被囊的（encystus）｛真菌｝
encysted stage 被囊期
encystment 被囊形成（encystmentum）
encystment stage 被囊形成期
end ①端，尖｛形态｝②末梢｛解剖｝③终，终点｛遗传｝④一局（三发箭）｛狩猎｝
END 结束语｛信息｝
end bar （巢框的）边条，侧板，边柱｛蜂｝
end bud 顶芽
end cell 端细胞｛真菌｝
end check 端裂（指木材）
end delivery thresher 端喂式脱粒机
end device 终端设备｛信息｝
end effector 终端执行器｛信息｝
end equipment 终端装置｛信息｝
end feeder （蚕丝）接绪器
end-filling 末端补平｛生技｝
end-grain（= cross section） 横断面（指木材）
end group analysis 末端分析｛分遗｝
end-labeled 末端标记的｛分生｝
end-labeled nucleic acid 末端标记核酸
end-labeling 末端标记
end lap 后向重叠，航向重叠｛遥感｝
end mark 终了标记｛电脑｝
end of active tillering stage 有效分蘖终止期
end of Bai-U（= ending of Bai-U） 梅雨期结束｛气象｝
end-of-dormancy date 冬眠结束日期
end of run（EOR） 运行结束
end of season 晚季，期终
end of the rainy season（= end of Bai-U） 梅雨期结束
end of timeout 暂停结束｛电脑｝
end of winter 冬季终止，冬季结束
end off 结束
end-on coordination 端向配位
end phase 终期
end-piece 末段｛细胞｝
end piling 竖堆，立堆
end-plate ①终板｛植生｝②基板｛病毒｝③尾板｛农机｝
end-plate potential 终板电位
end play ［轴］端隙
end point -50 50%终点

end-point dilution assay 终点稀释试验
end point mutant 终点突变型
end point mutation 终点突变
end point product (= end product) 终点产物
end-point titration 终点滴定[法]
end product ①最后产物{植生}②终点产物{分遗}
end-product activation 终点产物激活
end product inhibition 终点产物抑制
end product repression 终点产物阻遏
end racking 叉堆,叉形斜立堆
end-season crop 末期收获
end-season fertility ①末期结实性,末期能育性(指植物)②季末可孕(指动物)
end-season pollination 末期授粉
end-season sterility ①末期不结实性,期末不育性(指植物)②季末不孕(指动物)
end shake (筛)纵的摆动,纵的振动
end stacking 坚堆,立堆{牧草}
end-thrust ball bearing 止推滚珠轴承
end-to-end 末端对末端{细胞}
end-to-end association (e-e association) 末端对末端配对
end-to-end binding 末端对末端结合,头尾结合{生技}
end-to-end data system 终端站间数据系统{遥感}
end to end encryption 端到端加密,端端加密{信息}
end-to-end grafting 对头接{园艺}
end-to-end joining 末端对末端连接
end-to-side 末端对侧边
end-to-side association (e-s association) 末端对侧边配对
end turn 地头转向{农机}
end up 结束
end-user computer 最终用户计算机
end value 终值{统计}
end vein 脉梢{昆虫}
end view 侧视图
end wall 端壁{解剖}
end wheel drill 两端装轮式播种机
end window counter 钟罩计数器
endanger ①使受危险 ②危及
endarch 内始式(endarcus){解剖}
endarch bundle 内始式维管束(fasciculus endarcus)
endarch growth 内始式生长(crescentia endurca)
endeavour ①努力,尽力,竭力 ②企图
endecagynous 具十一雌蕊的(endecagynus)
endecandrous 具十一雄蕊的(endecandrus)
endecaphyllous 具十一叶的(endecaphyllus)
endelite 埃洛石{地质}
endemic ①地区性的,土著的{生态}②地方病{医}③特产,特产植物{栽培}(endemicus)
endemic disease 地方病
endemic genus 特有属(genus endemicus)
endemic goiter 地方性甲状腺肿
endemic infection 地方性传染病
endemic plant 当地植物(planta endemica)
endemic species 特有种(species endemicus)
endemicity 地方特有,风土性(endemicitas)
endemism ①特有分布 ②特有现象 ③地区性(endemismus)
endergonic ①吸收能的 ②吸收能(endergonus)
endergonic metabolism 吸能代谢,合成代谢
endergonic reaction 吸能[代谢]反应
endermic 皮肤的,皮下的(endermidis)
endexine 外壁内层(endexium)
endgate seeder 车尾悬挂撒播机
endgate spreader 车厢后部撒肥器
endhymenine [花粉]内壁(endhymeninium)
ending of Bai-U 梅雨期终止
endite ①内小叶 ②肢节内叶{昆虫}
endive (= escarole) 苣荬菜(菊苣)[*Cichorium endivia* L.](菊科)
endless ①无限的 ②不停的,不断的 ③环状的,循环的 ④无终的,永远的
endless apron manure spreader 传送式厩肥撒布机
endless belt ①环形带 ②输送器 ③循环传送带
endless belt conveyor drier 输送带干燥机
endless-belt mower 循环带式刈草机
endless-belt thresher 循环带式脱粒机
endless chain distributor (撒肥机)循环链式排肥器
endless chain mower 环链式刈草机
endless chain trench excavator 链斗式挖沟机
endless chain type bale loader 循环链式草捆装载机
endless floor moving apron [堆肥]传送装置(指在堆肥散布机的){农机}
endless mower 循环链刀式刈草机

endless saw 带锯
endless track 履带,链轨
endless-type seeder 履带式播种机
endo- ⌊字头⌉①内 ②桥(环内桥接)
endo-form 锈孢型(endoformis)
endo-glucosidase 内切糖苷酶
endo-*β*-galactosidase 内切-*β*-半乳糖苷酶
endoadaptation 内适性(endoadaptatio)
endoamylase 内淀粉[糖化]酶
endoanaphase 核内[有丝分裂]后期(endoanaphasis)
endoascus 内子囊{真菌}
endobasidium 内生担子
endobiont 内生生物(endobions)
endobiotic 生物体内的,体内生的(endobioticus)
endoblast 内胚层(endoblastus)
endocarp 内果皮(endocarpium){解剖}
endocarp-like tissue 内果皮状组织(tela endocarpiformis)
endocaryogamy 内部核配合(endocaryogamia)
endocellular 胞内的(endocellularis)
endocentric 同心的(endocentricus)
endochitinase 内切壳多糖酶,内切几丁质酶
endochorion 内卵壳{昆虫}
endochromocenter 核内染色中心
endoconidium 内分生孢子
endocrine ①内分泌 ②内分泌物(endocrinus)
endocrine cell 内分泌细胞(cellula endocrina)
endocrine dyscrasia 内分泌[体液]失调
endocrine gland 内分泌腺(glandis endocrinus)
endocrine organ 内分泌器官
endocrine system 内分泌系统
endocrinology 内分泌学(endocrinologia)
endocuticula(endocuticule) 内表皮{昆虫}
endocyanosis 胞内蓝藻共生
endocytic 胞内的(endocyticus){细胞}
endocytic vacuole 胞内空泡
endocytosis 胞吞作用{分遗}
endocytosis of rhizobium 根瘤菌的胞吞作用
endocytosis selectivity 胞吞作用选择性
endocytotic 胞吞的(endocytoticus){分遗}
endocytotic transport 胞吞运输(transporto endocytotica)
endodeme 同系交配,同类群
endodeoxyribonuclease 脱氧核糖核酸内切酶
endoderm(= entoderm) 内胚层(endodermis)
endodermal ①内胚层的{胚胎}②内皮层的{解剖}(endodermidis)
endodermis 内皮层
endodermis depression 内皮层低降(depressio endodermidis)
endodermis jump 内皮层跃升(saltus endodermidis)
endodermization 内胚层化(endodermisatio)
endodermoid 拟内皮层的(endodermoideus){解剖}
endodormancy 内休眠(endodormanctia){生态生理}
endoduplication 核内重复,核内复制(= endoreduplication)(endoduplicatio)
endodynamomorphic soil 内动力型土壤,岩成土壤
endoenergic(= endoergic) 吸能的
endoenzyme(= endoferment) [胞]内酶
endogamic population 同系交配群体
endogamous ①同系配合的{真菌}②同系交配的{遗传}(endogamus)
endogamous group 同系交配群
endogamy ①同系配合{真菌}②同系交配{遗传}(endogamia)
endogen ①内生,内长 ②内长茎植物(endogenum)
endogenetic 内生的,内形成的(endogeneticus)
endogenetic deformation 内生形变(deformatio endogenetica)
endogenetic rock 内成岩{地质}
endogenic action(= endogenic process, hypogenetic action) 内力作用
endogenote 内基因子(有些细菌合子中原有染色体的一部分与外基因子同源)(endogenotus)
endogenous ①内生的{解剖}②胞内生的{微生物}③内成的{土壤}④内源的{遗传}(endogenus)
endogenous activity 内生活动(activitas endogenus)
endogenous antigen 内源性抗原(antigenum endogenum)
endogenous auxin 内源植物生长素
endogenous branching 内生分枝(ramificatio endogena)
endogenous budding 内生出芽(gemmatio

endogena)
endogenous circadian rhythm 内源昼夜节律
endogenous control mechanism 内源控制机制
endogenous dormancy 内源休眠（dormantia endogena)
endogenous factor 内源因子
endogenous genetic time 内源遗传时间
endogenous growth pattern 内源生长模式
endogenous inhibitor 内源抑制剂
endogenous inhibitor of seed 种子内源抑制剂
endogenous metabolism 内源代谢
endogenous movement 内因运动
endogenous multiplication 胞内增殖
endogenous origin 内生源（origo endogena)
endogenous periodicity 内源周期[内生]周期（periodicitas endogenus)
endogenous phase 内生相(指发生于体内)(phasis endogenus)
endogenous process 内生过程
endogenous pyrogen 内源性热原（pyrogenum pyrogenum)｛分生｝
endogenous pyrogen acting factor 内源性热原激活因子
endogenous regulating mechanism 内源调节机制
endogenous regulatory gene 内源调节基因（gena regulatoria endogena)
endogenous respiration 内源呼吸（respiratio endogena)
endogenous respiration stage 内源呼吸阶段｛环保｝
endogenous retrovirus 内源性逆转录病毒（retrovirus endogenus)
endogenous rhythm (= endogen rhythmum) 内源节律[内生]节奏（rhythmum endogenum)
endogenous RNA 内源 RNA
endogenous RNA polymerase activity 内源 RNA 聚合酶活性
endogenous signal substance 内源信息物质
endogenous spore 内生孢子（spora endogena)
endogenous stem 内生茎（caulis endogenus)
endogenous substance 内源物质
endogenous synthesis 内生合成作用（synthesis endgenus)
endogenous timing 内源定时
endogenous virus 内源病毒
endogeny 内因性发育（endogenesis)
endoglucanase 内切葡聚糖酶
endolithic 石内的（endolithus)
endolithophytes 石内植物
endolymph 内淋巴（endolympha)
endolysin 内溶素
endolysis 内溶解
endomembrane 内膜（endomembrana)｛细胞｝
endomembrane system 内膜系[统]
endomesoderm 内中细胞层,内中胚叶（endomesodermis)
endometaphase 核内[有丝分裂]中期（endometaphasis)｛细胞｝
endometrical 子宫内膜的（endometricus)
endometrical cycle 子宫内膜周期（cyculus endometricus)
endometritis 子宫内膜炎
endometrium 子宫内膜
endometrium method for mitotic study 有丝分裂研究用子宫内膜法
endomitosis (= intranuclear mitosis) 核内有丝分裂｛细胞｝
endomitotic 核内有丝分裂的（endomitoticus)｛细胞｝
endomitotic polyploidization 核内有丝分裂多倍化
endomitotic replication 核内有丝分裂复制（重复）
endomixis ①内融合｛细胞｝②合生生殖｛微生物｝
endomorphic 内[生]变质的（endomorphicus)
endomorphism ①自同态 ②内生变质现象（endomorphismus)｛电脑｝
endomycete 内孢霉（endomyceta)
endomycin 内霉素
endomycorrhiza 内(生)菌根
endonexin 内联蛋白
endonexine 底层（endonexinium)
endonuclease 内切核酸酶
endonuclease sensitive site analysis 内切核酸酶敏感位点分析[法]｛分生｝
endonucleolysis 核酸内切溶解
endonucleolytic 内切核酸溶解的（endonucleolyticus)
endonucleolytic incision 内切核酸溶解切口
endoparasite 内寄生物（endoparasita)
endoparasitic 内寄生的（endoparasiticus)｛病理｝
endoparasitic colonization 内寄生定殖（colonisatio endoparasitica)
endoparasitic nematode 内寄生线虫

endoparasitic phase 内寄生阶段
endoparasitism 内寄生[现象](endoparasitismus)
endoparticle 内颗粒(endoparticulus){分遗}
endopeptidase 内肽酶,内切肽链酶
endoperidium 内包被{形态}
endoperistome 内齿层(endoperistoma){解剖}
endophallus 内阳茎{昆虫}
endophelloderm 内生栓内层(endophelloderma)
endophenotype 内表型(endophenotypus){遗传}
endophenotypic 内表型的(endophenotypicus)
endophloëm 内韧皮部(endophloema)
endophloic 内韧的(endophloicus)
endophytes 内生植物(endophyti)
endophytic 内生性的(endophyticus){病理}
endophytic colonization 内生性定殖(colonisaio endophytica)
endophytic oviposition 植物内产卵{昆虫}
endophytism 内生性(endophytismus)
endoplasm 内质(endoplasma)
endoplasmatic (= endoplasmic) 内质的(endoplasmaticus)
endoplasmatic membrane system 内质膜系统(systema membrana endoplasmatica)
endoplasmic 内质的(endoplasmicus){细胞}
endoplasmic region 内质区(regio endoplasmica)
endoplasmic reticulum (ER) 内质网(reticulum endoplasmicum)
endoplast 内质体(endoplastis)
endopleura 内种皮{解剖}
endopodite ①内肢 ②内肢节{昆虫}
endopolyploid (核)内(有丝分裂)多倍体(endopolyploida){细胞}
endopolyploid mitotic nucleus 内多倍有丝分裂核
endopolyploidization 内多倍化,内多倍性作用(endopolyploidisatio)
endopolyploidy 内多倍性(endopolyploidas)
endoprophase 核内[有丝分裂]前期(endoprophasis)
endoprotease 内切蛋白酶
endoproteolysis 内切蛋白酶解
endoptile 胚芽内包的(endoptilus)
ENDOR (= electron-nuclear double resonance) 电子-核双共振{物}
Endor 恩多尔(澳大利亚甘蔗品种)
endorachne 鹅肠菜[*Endorachne binghamiae* J. Agardh.]
endorder 后序{电脑}
endoreduplication 核内再复制(endoreduplicatio){细胞}
endoreduplication cycle 核内再复制周期
endoreduplication in cell culture 细胞培养的核内再复制
endorestitutional mitosis 核内再组有丝分裂
endorgan 终末器官(endorganum){昆虫}
endorhizous 内面生根的(endorrhizus)
endoribonuclease 内切核糖核酸酶
endorsement ①签名,签署 ②批注,签注(endorsementum)
Endo's agar 远藤氏琼脂培养基(鉴定大肠菌用)
Endo's medium 远藤氏培养基
endosarc (= endoplasm) 内质
endosclerotium 内育菌核
endoscopic 内向极的(endoscopicus)
endosexine 外里层(endosexinium)
endoskeleton 内骨骼
endosmosis 内渗[现象]
endosomal 内体的(endosomalis)
endosomal vesicle 内体小泡(vesiculus endosomalis)
endosomatic 体内的(endosomaticus)
endosome 内体,核内体,吞噬体(endosoma)
endosperm 胚乳(endospermium)
endosperm and perisperm culture 胚乳与外胚乳培养
endosperm anlage 胚乳原基
endosperm callus 胚乳愈合组织
endosperm cell 胚乳细胞
endosperm chromosome method of study 胚乳染色体研究法
endosperm culture 胚乳培养
endosperm development 胚乳发育
endosperm differentiation in vitro 胚乳离体分化,胚乳试管内分化
endosperm embryo 胚乳胚
endosperm flinders 胚乳碎片
endosperm growth in vitro 胚乳离体生长,胚乳试管内生长
endosperm haustorium 胚乳吸器
endosperm initial[cell] 胚乳原始细胞
endosperm jacket 胚乳套
endosperm mother cell 胚乳母细胞,胚乳原

基
endosperm mutation 胚乳突变
endosperm nucleus 胚乳核
endosperm polyploidy 胚乳多倍性
endosperm proliferation 胚乳增殖
endosperm seed 有胚乳种子
endosperm tissue 胚乳组织
endosperm triploid plant 胚乳三倍体植物
endospermic 胚乳的（endospermicus）
endospermless seed 无胚乳种子
endospore ①内生孢子（endospora）②［孢子］内壁
endosporic gametophyte 孢子内生配子体（gametophyta endosporica）
endosporium ［孢子］内壁
endosporulation 内生孢子形成（endosporulatio）
endosternite 腹内骨｛昆虫｝
endostome ①内珠孔 ②内口（endostomium）
endostroma 内子座
endostyle 内柱（endostylus）
endosubtilysin 枯草菌内溶素
endosulfan 硫丹（杀虫剂）［$C_9H_6Cl_6O_3S$］
endosymbiont 内共生体（endosymbions）
endosymbiosis 内共生
endosymbiosis theory 内共生说｛微生物｝
endotesta 内种皮｛解剖｝
endothall（＝endothal） 草藻灭，草多索（除草剂）［$C_8H_{10}O_5$］
endotheca ①［花粉］内壁 ②药室内壁｛解剖｝③内阳［茎］基鞘｛昆虫｝
endothecium ①［蒴］内层 ②药室内壁｛解剖｝
endothelial 内皮的｛解剖｝
endothelial cell 内皮细胞（cellula endothelialis）
endothelial cell growth factor 内皮细胞生长因子｛分生｝
endothelial-leucocyte adhesion molecule（E-LAM） 内皮［细胞］-白细胞黏附分子
endothelin 内皮素，内皮肽｛分生｝
endothelin-converting enzyme 内皮肽转化酶
endothelium 内皮
endothelium-derived relaxing factor（EDRF） 内皮［细胞］衍生松弛因子
endothelium tapetum 珠被绒毡层
endotherapeutic 内疗（endotherapeuticus）
endothermic（＝endothermal） 吸热的（endothermus）
endothermic reaction 吸热反应
endothia canker 萎缩病，胴枯病
endothion 因毒磷（杀虫、杀螨剂）［$C_6H_{13}O_6PS$］
endotoky 体内卵发育（endotocia）
endotoxin （菌体）内毒素
endotoxin shock 内毒素休克
endotoxoid 类内毒素
endotrophic 内生的，体内营养的（endotrophus）
endotrophic mycorrhiza 内［生］菌根（mycorrhiza endotropha）
endow ①授予，供给 ②赋予
endoxan 环磷酰胺
endoxylophyte 植物体内植物，体内植物（endoxylophyta）｛生态｝
endozoic 动物内生的（endozoicus）｛微生物｝
endozoochoric 动物体内传布的（endozoochorus）
endozoochoric distribution 动物体内传布分配（distributio endozoochora）｛分生｝
endozoochory 动物体内传布（endozoochorius）
endozoophyte 动物体内植物（endozoophyta）
endrin（＝compound 269） 异狄氏剂（杀虫剂）［$C_{12}H_8Cl_6O$］
endurance ①耐性，忍耐性 ②耐久性（toleratia）
endurance limit 耐久极限，疲劳极限｛农机｝
endwise ①两端相接 ②末端向前 ③纵向
endwise piling 纵向堆（木材）
endwise tensile strength 纵向抗拉强度
ENE（＝east northeast） 东东北
-ene ［字尾］烯
enediol 烯二醇
enema ①灌肠法 ②灌肠剂｛医｝
enemy of bee 蜂敌，蜜蜂天敌
energensis 能量释放
energetic 高能的（energeticus）
energetic optimum 高能最优［状态］（optimum energeticum）
energetics 力能学，动能学，唯能学（energetica）
energic nucleus 静止核（nucleus energicus）
energic stage 代谢期（staticum energicum）
energid 活质体（energis）
energizer ①增能器 ②激发器
energy 能，能量（energia）
energy absorption coefficient 能量吸收系数

energy balance 能量平衡
energy-balance equation 能量平衡方程〔遥感〕
energy band 能带
energy barrier 能障
energy budget 能量收支
energy capture 能量捕获,摄能
energy charge 能荷,能量负荷
energy conservation 能量守恒
energy consumption (= energy expenditure) 能量消耗
energy content 含能量
energy content in phytomass 植物量的含能量
energy conversion 能量转化,能量转换
energy conversion device 能量转换装置
energy conversion of livestock house 畜舍能量转换,畜舍节能
energy cost 能值
energy crisis 能量危机
energy crops 能源作物
energy cycle 能量循环
energy density 能量密度
energy diagram 能量图解
energy dispersion X-ray spectroscopy 能量分散 X-射线光谱学
energy dissipation 能量耗散,能量消散,能量散逸
energy distribution 能量分布
energy efficiency 能效,能量效率
energy engineering 能源工程
energy equivalent 能当量
energy equivalent of photon 光子能当量
energy exchange (= energy metabolism) 能量代谢
energy farming 能源农作(指电气化农作)
energy flow 能量流,能流
energy flow model 能流模型
energy flux (= energy flow) 能流
energy food 能源食物
energy gradient ①能量梯度 ②能量变化率
energy hill 能量高点〔环保〕
energy input 能量输入
energy level 能级
energy level diagrams 能[量]级图解
energy liberation 能量释放
energy line 能线
energy loss 能量损耗,能耗
energy metabolism 能量代谢
energy minimization 能量最低化
energy minimum 能量最低[值]
energy model 能量模型
energy of absorption 吸收能
energy of activation 活化能
energy of assimilation 同化能
energy of light 光能
energy of metabolism 代谢能
energy of nature 自然能
energy of radiation 辐射能
energy of respiration 呼吸能
energy of rotation 转动能
energy of swelling 膨胀能
energy of vibration 振动能
energy per unit mass 每单位重量的能量
energy-poor bond 低能键
energy production 能量产生,发电
energy-providing process 能量提供过程
energy quantum 能量子
energy randomization 能级随机化
energy recovery 能量回收
energy release 能量释放
energy requirement 能量需要
energy requirement of fusion 融合能量需要
energy-requiring reation 需能反应
energy reserve 能量储备
energy resource system 能[资]源系统
energy-rich bond 高能键
energy-rich compound 高能化合物
energy-rich phosphate 高能磷酸化物
energy-rich phosphate bond 高能磷酸键
energy-rich species 高能种
energy saving 节能
energy saving by management measure 管理措施节能[法]〔农管〕
energy saving on mechanical or electrical irrigation and drainage 机电排灌节能
energy saving through structural reformation 结构改善节能
energy source 能源
energy spectrum 能[量]谱
energy spectrum of radiation 辐射能谱
energy status 能量状态
energy transducer 换能器
energy transduction 能量转导
energy transfer 能量传递
energy transfer coefficient 能量传递系数
energy transformation 能量转化
energy transport 能[量]输送
energy uptake 能量吸收
energy use efficiency 用能效率
energy utility system 能量利用系统
energy utilization efficiency 能量利用效率
energy yield 能量产额
energy-yielding 产能量的

energy-yielding specific protein synthesis 产能量特异蛋白质合成
enervation 衰弱,虚弱(enervatio)
enervative 衰弱的(enervativus)
enervative sterility 衰弱不育性
enforce ①增加,加强 ②实施,执行
enforced heterozygosity 增强杂合性,强制杂合性
enforced idle time 强制空闲时间{电脑}
enforced rest stage 强迫休眠期{生态生理}
enforcement 强迫,强制
engage ①啮合,衔接 ②雇用,聘用 ③占线{信息}
engage clutch 啮合式离合器
engaged column 壁柱
engaged signal 占线信号{信息}
engagement(=engaging) 雇用
engender ①发生,造成(某种效果)②引起,惹起
engine ①发动机 ②引擎 ③机车
engine clutch 发动机联结器,发动机离合器
engine control system 发动机控制系统
engine displacement 发动机工作[容]量
engine-driven pump 机动泵
engine efficiency 发动机效率
engine failure 发动机故障
engine firing order 发动机点火顺序
engine heating device 发动机预热器
engine horsepower 发动机马力
engine ignition system 发动机点火系统
engine installation ①动力装置 ②发电厂,发电站
engine knock 发动机爆燃
engine lathe 机动车床
engine number 发动机牌号
engine oil 机器油,机器润滑油
engine output spectrum 发动机输出功率频谱
engine performance 发动机性能
engine pit 修车坑
engine plow 机动犁,自走式犁
engine-powered duster 动力喷粉器
engine support 发动机支架
engine tractor 内燃机拖拉机
engineer ①工程师 ②机工
engineer in charge 主任工程师,主管工程师
engineer in chief(=chief engineer) 总工程师
engineered ①工程的,[基因]工程的 ②[人工]改造的
engineered antibody [基因]工程抗体{生技}
engineered circuit 工程化电路{信息}
engineered protein [基因]工程蛋白[质]
engineered ribozyme [基因]工程核酶
engineered vaccine [基因]工程疫苗
engineering ①工程 ②工程学 ③工程业
engineering administration manual 工程管理手册
engineering approximation 工程近似
engineering bacteria 工程菌{分生}
engineering cell 工程细胞
engineering change(EC) 工程改变,工程更改
engineering chemistry 工程化学
engineering costs 工程费用
engineering cybernetics 工程控制论
engineering database system(EDBS) 工程数据库系统
engineering design 工程设计
engineering discipline 工程学科
engineering economy 工程经济[学]
engineering education 工程教育
engineering effort 工程计划
engineering geology 工程地质学
engineering index 工程索引(指工程技术文献)
engineering information system 工程信息系统
engineering job analysis 工程任务分析
engineering laboratory 工程实验室
engineering machine 工程计算机
engineering measures for land improvement 土地改良工程措施{耕作}
engineering performance standards 工程性能标准
engineering specification 工程规格,工程说明书
engineering system 工程系统
engineering technique 工程技术
engineering test evaluation 工程试验鉴定
engineering trends 工程趋向(指包括工程设计与工程技术的趋向)
englena 绿虫(植物性鞭毛虫类的原生动物){环保}
Engle's medium 恩格尔培养基
English bluebell 蓝绵枣儿(蓝钟花)[*Scilla nonscripta* Hoffmgg. et Link](百合科)
English bond(=block bond) 英式砌石法{水利}
English cleft graft · 英国劈接{园艺}
English daisy ①雏菊属[*Bellis* L.](菊科) ②雏菊[*Bellis perennis* L.]
English elm 英国榆[*Ulmus procera* Salisb.](榆科)
English forcing cucumber 无刺黄瓜[*Cuc-*

umis sativus var. *anglicus*]（葫芦科）

English gooseberry 圆醋栗（拱垂醋栗，欧洲醋栗）[*Ribes grossularis* L. = *Grossularia reclinata* Mill.]（虎耳草科）

English grain aphid 麦长管蚜 [*Macrosiphum granarium* (Kby.)]（蚜科）

English hawthorn 英国山楂 [*Crataegus oxyacantha* L.]（蔷薇科）

English holly 枸骨冬青（圣诞树）[*Ilex aquifolium* L.]（冬青科）

English iris 英国鸢尾 [*Iris xiphioides* Ehrh.]（鸢尾科）

English ivy 洋常春藤 [*Hedera helix* L.]（五加科）

English lavander ①熏衣草 [*Lavandula* L.]（唇形科）②熏衣草（欧熏衣草）[*Lavandula angustifolia* Mill.]

English oak 柞栎（英国栎，欧洲栎）[*Quercus robur* L. = *Q. pedunculata* Ehrh.]（山毛榉科）

English pea 皱粒豌豆 [*Pisum sativum* var. *pliculum* All.]（豆科）

English primrose 欧洲樱草 [*Primula vulgaris* Huds.]（报春花科）

English rhubarb 食用大黄 [*Rheum rhaponticum* L.]（蓼科）

English rye-grass (= perennial rye grass) 黑麦草 [*Lolium perenne* L.]（禾本科）

English setter 英吉利坐犬｛狩猎｝

English souffle 菠菜酸模 [*Rumex patientia* L.]（蓼科）

English spanner 英国制螺帽扳子（工具）

English style 英国式，英国风格（指庭园）

English tree (= false acacia) 刺槐

English walnut 胡桃（核桃）[*Juglans regia* L.]（胡桃科）

English wheat 圆锥小麦 [*Triticum turgidum* L.]（禾本科）

English wormseed (= treacle mustard) 桂竹香糖芥

English yew 欧洲紫杉（浆果紫杉）[*Taxus baccata* L.]（紫杉科）

engraft （接穗）插入，嫁接 (= insert)｛园艺｝

engram 记忆印迹

engrave 雕刻 (= carve)

engraved 有刻纹的 (= carved)

engraved big weevil 大穿孔象甲 [*Hylobius perforatus* Roelofs]（象甲科）

engraved thick weevil 粗穿孔象甲 [*Hylobus gigas* Kono]（象甲科）

engraver ①小蠹虫 (= bark beetle) ②[复齿小蠹科 [Ipididae] 和棘胫小蠹科 [Scolytidae]]

engraving ①刻划，雕刻术 ②雕刻图版色 (scalptura)

engross 喂肥，喂大

engulf 吞没

enhance ①（价值，价格）提高，增加 ②（力量）加强，增强

enhance pulse 增强脉冲，提升脉冲

enhanced chemiluminescence (ECL) 增强化学发光｛生态生理｝

enhanced graphics adapter (EGA) 增强图形适配器｛信息｝

enhanced imagery 增强图像｛遥感｝

enhanced small device (ESD) 增强型小设备

enhancement ①提高，增加 ②增强，强化，加强，增强

enhancement antigen (= E antigen) 增强抗原

enhancement by fixation 强化固定法｛显技｝

enhancement effect [双光]增益效应

enhancement engineering 增强工程｛生技｝

enhancement mode field effect transistor 增强型场效应晶体管｛电脑｝

enhancement technique 增强技术｛遥感｝

enhancer ①增强基因，扩大基因｛遗传｝②增强子｛分遗｝③增强器｛电脑｝

enhancer binding protein 强增子结合蛋白

enhancer element 增强子元件

enhancing antibody 封阻抗体，促进抗体

enhancing production 提高生产[量]

enhanson 增强体，增强子单元（指构成增强子元件的亚基）｛分遗｝

enhydrous 保持水分的 (enhydrus)

Enid (= diphenamid) 草乃敌｛农药｝

enisle 隔离

enkianthus ①吊钟花属 [*Enkianthus* Lour.]（杜鹃花科）②吊钟花 [*Enkianthus quinqueflorus* Lour.]

Enko stage 燕口期（指桑）

enlarged 加大的，增大的，放大的 (auctus)

enlarged partial disc picture 部分放大[云]图｛遥感｝

enlarged reproduction of agriculture 农业扩大再生产

enlargement ①扩大，增大｛栽培｝②放大｛显技｝③扩座，分区｛蚕｝

enlargement discharge 放大流量

enlargement of holdings of inadequate size (= upgrading of farms) 扩大小农场

enlargement of nucleus 核增大

enlargement of stock 牲畜头数的增长

enlargement period 增大期{细胞}
enlarger ①放大器 ②扩大器(机) ③放像机{电脑}
enlarger printer 放大印刷机,放印机
enlightenment 启示,启发,启蒙,开导
enlink 联结,结合
enlist ①征集,收集 ②获得
enmasse 全体,一齐
ennation 延伸体(ennatio)
ennea- ⌊字头⌉九
enneacanthous 具九刺的(enneacanthus)
enneagonous 具九边的,具九角的(enneagonus)
enneagynous(=enneagynian) 具九雌蕊的(enneagynus)
enneandrous 具九雄蕊的(enneandrus)
enneapetalous 具九花瓣的(enneapetalus)
enneaphyllous 具九叶的(enneaphyllus)
enneaploid 九倍体(enneaploida)
enneaploidy 九倍性(enneaploidas)
enneasepalous 具九萼片的(enneasepalus)
enneaspermous 具九种子的(enneaspermus)
enniatine 恩镰孢菌素
enodal 无节的(enodalis)
-enol ⌊字尾⌉烯醇
enol 烯醇
enol ester 烯醇酯
enol ether 烯醇醚
enol form 烯醇式
enol tautomer 烯醇互变异构体
enolase 烯醇化酶,磷酸丙酮酸水合酶
enolization 烯醇化[作用](enolisatio)
enology 葡萄酒酿造学(enologia)
enolphosphopyruvate 烯醇磷酸丙酮酸
enolphosphopyruvic acid 烯醇磷酸丙酮酸
enolpyruvate phosphate 烯醇丙酮酸磷酸
enormous ①极大的 ②巨大的 ③庞大的(enormis)
enormous quantity 巨大数量
enoyl- 烯酰[基]
enoyl-ACP reductase 烯酰[基]ACP还原酶
enoyl CoA(=enoyl coenzyme A) 烯酰CoA,烯酰辅酶A{分生}
enoyl-CoA hydratase 烯酰CoA水合酶,巴豆酸酶
enoyl hydrase 烯酰水合酶,烯酰CoA水合酶,巴豆酸酶
enquenouille 曲缚整枝{园艺}
enqueue ①入队,入队列 ②排列
enquire(=inquire) (ENQ)询问,查询{信息}
enquiry ①查研,查询 ②访问,询问
enrich ①使丰富(味,色,香)变浓厚,(品质)改进 ②使肥沃
enriched culture 补给性培养
enriched feed 浓缩饲料,精饲料
enriched medium 补给性培养基
enriched oxidation zone 氧化富集带{遥感}
enriched rice 富强米,营养米
enriched rice processing 富强米加工{加工}
enriching recovery 浓缩回收{环保}
enriching shoot 强枝
enrichment ①浓缩,加浓,浓度 ②加富,富集,丰富 ③增添装饰 ④优裕
enrichment culture 优裕培养,加富培养,增殖培养
enrichment horizon 肥沃层
enrichment medium 优裕培养基,加富培养基
enrichment methods for auxotrophic mutant 营养缺陷[突变]型浓缩法
enrichment of soil 土壤加肥
enrichment seeding 补种
enrockment 填石,堆石
enrollment ①登记,注册 ②开设
enroot 扎根,生根
ensate 剑形的(ensatus)
ensemble ①集合体,总体,集团 ②集合机(ensembilis)
ensemble average 总体均值{统计}
ensemble correlation function 总体相关函数
ensemble effect 集团效应
ensemble machine 组合机器,集合机
ensemble spectral density 总体谱密度
ensete ①象腿蕉属[*Ensete* Bruce](芭蕉科) ②象腿蕉(地涌金莲)[*Ensete lasiocarpum* Bruce]
ensifolious 剑叶的(ensifolius)
ensiform 剑状的(ensiformis)
ensigerous 具剑的(ensiger)
ensign coccid(=ensign scale) ①旌蚧 ②⌊复⌉旌蚧科[Ortheziidae]
ensign fly(=ensign wasp) ①旗腹姬蜂 ②⌊复⌉旗腹姬蜂科[Evaniidae]
ensilage ①青贮法 ②青贮料
ensilage blower 青贮料吹送器
ensilage crops 青贮作物
ensilage cutter 青贮料切碎机
ensilage cutter-blower 青贮料切碎鼓风机
ensilage fermentation 青贮发酵
ensilage harvester 青贮料[联合]收获机
ensilaging 青贮

ensile 青贮入窖
ensiling (=clamping) 青贮
enspace 半字空格(指排版)
enstatite-hypersthene 顽火-紫苏辉石{地质}
ensuing crop 后作物,后茬
ensuing state 后状态
ensuing state of adaptation 适应后状态
ensuing year 翌年
ensure ①保证,确定 ②安全 ③获得
ensure stable yields despite of drought or excessive rain 旱涝保收
ensure the self-sufficiency in grain 保障粮食自给{农经}
entada ①榼藤子属[*Entada* Adans.](豆科) ②榼藤子(过岗龙)[*Entada phaseoloides* (L.) Merr.]
entail 限定继承权{农经}
entailed forest 世袭林
entangled 混乱的,纠乱的(implexus)
entatic state 内稳态,拉紧态{分遗}
entelechy 主宰力,活力,生机(entelexia)
enter ①登记 ②加入,参加 ③进入,输入,键入 ④回行,回车{电脑}
enter action ①键入动作 ②输入动作{信息}
enter key 输入键
enter tape 磁带输入,进带
enteral (=enteric) 肠内的(enterus)
enteralgia 肠痛
enteric bacteria 肠热病细菌(bacteria enterae)
enteric virus infections 肠道病毒感染病
entering ①插入 ②进入 ③输入
enteritis 肠炎
entero- ⌊字头⌉ 肠
entero-oxyntin 肠泌酸素
enteroadhesive *E. coli*. (EAEC) 肠黏附性大肠埃希氏菌{微生物}
enteroaerogen 产气肠杆菌
enteroaggregative *E. coli*. (EAggEC) 肠聚集性大肠埃希氏菌
enterobacter ①肠杆菌属[*Enterobacter* Hormaeche et Edwards](肠杆菌科) ②肠杆菌[*Enterobacter* sp.]
enterobacteria 肠细菌
enterobactin 肠杆菌素
enterobius 肠线虫
enterococcin 肠球菌素
enterococcus 肠球菌
enterocrinin 促肠液激素
enterogastrone 肠抑胃素
enterohepatic circulation 肠肝循环
enteroinvasive *E. coli*. (EIEC) 肠侵染性大肠埃希氏菌
enterokinase 肠激酶,肠肽酶
enterolith 肠石
enteromorpha 浒苔(entermopha){环保}
enteron 肠,消化道
enteropathic *E. coli*. (EPEC) 肠致病性大肠埃希氏菌
enteropathogen 肠道病原体
enteropathogenic microorganism 肠道病原微生物
enteropeptidase (=enterokinase) 肠肽酶
enterotoxigenic *E. coli*. (ETEC) 肠毒性大肠埃希氏菌
enterotoxin 肠毒素
enterotoxin synthesis 肠毒素合成
enterovirus 肠道病毒
enterphone 看门电话{信息}
enterprise 事业,企业
enterprise bank 企业银行
enterprise management architecture (EMA) 企业管理系统结构,企业管理体系{农管}
enterprise network 企业网{信息}
enthalpy 热函,焓,热含量(enthalpia)
enticement 诱饵,毒饵
entine 内壁(指孢子,花粉粒)(entinium)
entire ①全缘的{形态} ②完全的,全部的,整个的,完整的 ③未阉割的 ④种马
entire area under crops 全部播种面积
entire carpophore 单一果柄(carpophorum integerum)
entire chromosome 整个染色体
entire continent 整个大陆
entire functional unit 全功能性单位
entire genome 整个基因组{分遗}
entire globe 全球(指整个地球)
entire growing season 全生长(育)期
entire growth period 全生长期
entire horse ①未经阉割的马 ②种马
entire leaf 全缘叶(folium integerum)
entire leaf cutting 全叶插{园艺}
entire length 全长
entire life 整个生命[过程],一生
entire long-wave 全部长波{电脑}
entire maturation 完全成熟
entire organism 整个有机体,整个生物(organismus integerum)
entire package 整个程序包{电脑}
entire plant 全株,整[个植]株(planta integera)
entire plant stand 整个植物群丛{生态}
entire process yield 整个过程产量

entire style 完全花柱(styla integera)
entire surface 整个表面(surperficies integerus)
entire year 全年(annus integerus)
entisol 新成土(entisolum)
entitle ①(品种)称号,定名为 ②给予权利(intitular)
entitled to inherit 具有继承权的
entity 实体,实在物
entity declaration 实体说明
entity integrity 实体完整性
entity interface 实体接口{电脑}
entity relationship approach(**ERA**) 实体联系方法
entity relationship diagram(**ERD**) 实体联系图
entity set model 实体集模型{遥感}
entity type 实体型
entity use 实体用途
ento- ⌞字头⌝内,在内
entoblast 内胚层(entoblastus)
entoderm 内胚叶(entoderma)
entodon ①绢藓属[*Entodon* ssp.](绢藓科)②绢藓[*Entodon* sp.]
entodon family 绢藓科[Entodontaceae]
entognathous 内口式(entognathus){昆虫}
entomo- ⌞字头⌝昆虫
entomobryids 长角跳虫科[Entomobryidae]
entomochory 昆虫传布(entomochorius){生态}
entomogamous 虫媒的(entomogamus)
entomogamy 虫媒花(entomogamia)
entomogenous 虫生的,寄生于昆虫体[内,外]的(entomogenus)
entomogenous fungi 昆虫寄生菌(fungi entomogenae)
entomological ①昆虫的 ②昆虫学的(entomologicus)
entomological store-box 昆虫标本盒
entomologist 昆虫学工作者,昆虫学家(entomologistus)
entomology 昆虫学(entomologia)
entomoparasitism 昆虫体寄生(entomoparasitismus)
entomopathogen 昆虫病原体(entomopathogene)
entomophage 食虫动物(entomophages)
entomophagous 食虫的(entomophagus)
entomophagous insect 食虫昆虫
entomophile(=entomophilous plant) 虫媒植物
entomophilia(=entomophily)虫媒
entomophilous 虫媒的(entomophilus)
entomophilous cross-pollinated plant 虫媒异花传粉植物
entomophilous flower 虫媒花(flos entomophilus)
entomophilous plant 虫媒植物(planta entomophila)
entomophilous pollination 虫媒传粉(pollinatio entomophila)
entomophthora ①虫霉属[*Entomophthora* Fres.](虫霉科)②虫霉[*Entomophthora* sp.]
entomophthora family 虫霉科[Entomophthoraceae]{真菌}
entomophyte 虫生植物(entomophyta)
entomophytic 虫体寄生的(entomophyticus)
entomopoxvirus(**EPV**) 昆虫痘病毒
entomosis 昆虫寄生病
entomosporios of pomaceous fruits 仁果类果树叶枯病[*Entomosporium macularum* Lov.]
entomotaxy 昆虫标本制存法(entomotaxia)
entomotomy 昆虫解剖学(entomotomia)
entophagous 内食的(entophagus)
entophyllous 叶内[侵染]的(entophyllus)
entophyte(=endophyte) 内生植物
entophytic(=endophytic) 内生性的
entoptygma(=amnion) 羊膜(entoptygma)
entosphere 中心球中心部分(entosphaera){细胞}
entospore 内生孢子(entospora)
entosternum 膜内突{昆虫}
entostroma 内子座
entotrophi 双尾目[Entotrophi]
entotrophous 内口式的(entotrophus){昆虫}
entozoa 内寄生动物(entozoon 的复数)
entrails ①内脏,肠 ②内部(entrailae)
entrained bed reactor 液流床反应器{生技}
entrainment ①雾沫 ②传输,输送 ③引开
entrance ①进水口 ②进入,进入道,进口(enterantia)
entrance angle 进入角{农机}
entrance block 巢门调节板(蜂箱)
entrance head 进口水头
entrance hole 进入孔,钻孔

entrance of hive 巢门,箱门,蜂箱出入口
entrance of slide 滑道入口
entrance pupil 入瞳(指入射光瞳)〔遥感〕
entrap 用陷阱捕捉
entrapment ①截留 ②包载,包住 ③诱捕,俘获 ④诱陷,圈套
entrapped air 截留空气
entrapped cell 截留细胞
entrapped enzyme 截留酶
entrepot ①仓库 ②货物集散地,市场
entrepreneurial income 企业主的收入
entrepreneur's profit 企业主所赚利润,纯利润
entrohistosol 饱和有机土
entropy ①熵〔气象〕②平均信息量〔信息〕(entropia)
entropy diagram 熵图解
entropy filter 滤熵器,选熵器
entropy flux 熵流
entropy increase 熵增加
entropy of hydration 水化熵
entropy power 熵功率
entropy rate 熵速率
entrust ①委托 ②信任
entry ①(表中)项目 ②账目 ③进入,入口
entry association 入口结合〔电脑〕
entry condition 入口条件
entry constant 入口常数
entry data 入口数据
entry date 进入日期
entry exclusion 进入排斥〔分遗〕
entry format 项目格式
entry platform 入口台,入口站台,入口平台〔信息〕
entry point access method 入口点存取方法〔电脑〕
entry point vector (EPV) 入口点向量〔信息〕
entry position ①入口位置 ②登记项位置
entry procedure ①注册 ②入口过程
entry recognition 入口识别
entry sequence ①入口顺序 ②输入顺序
entry site 进入位点〔分遗〕
entwine ①编织 ②盘绕,缠绕
enucleate 去核
enucleated ①无核的 ②去核的(enucleatus)〔细胞〕
enucleated cell ①无核细胞 ②去核细胞(cellula enucleata)
enucleation ①去核 ②剜出术(enucleatio)
enucleation technique 去核技术
enucleolation 去核仁(enucleolatio)
enumerate ①查点,点数,计数 ②列举,枚举(enumerare)
enumerated data type 枚举数据类型
enumerated scalar type 枚举标量类型
enumerating all paths 列举所有路径
enumeration ①查点,点数,计算 ②调查 ③目录 ④列举,枚举(enumeratio)
enumeration data 点数资料,计数数据
enumeration district 调查区
enumeration of crop varieties 作物品种目录
enumeration tag 枚举标志,列举标志
enumerator ①计算者 ②调查访问人员
envelop ①封,包〔加工〕②掩蔽,掩盖〔栽培〕
envelope ①总苞,包被,被〔形态〕②膜,套膜,膜被〔解剖〕③被膜,脆质鞘〔细胞〕④包络[线] ⑤机壳,方框〔电脑〕
envelope (of balloon) (气球)球皮
envelope antigen 被膜抗原
envelope apparatus (子囊菌)果被
envelope conformation 被膜构象,包膜构象〔分遗〕
envelope cursor 包络线光标〔电脑〕
envelope detection 包络线检测〔电脑〕
envelope glycoprotein 被膜糖蛋白,包膜糖蛋白〔分生〕
envelope of protein 蛋白质被膜
envelope protein 被膜蛋白,包膜蛋白
envelope tissue (=periblem) 皮层原(periblema)〔解剖〕
envelope type agglutination 包被型凝集作用
enveloped RNA virus 被膜 RNA 病毒
enveloped virus 被膜病毒,有包膜病毒
enveloping 具包被的(involucratus)
enveloping angle of screen 筛板包角
enveloping cell 包被细胞(cellula involucrata)
environment 环境
environment agencies 环境作用
environment and genetic determinism 环境与遗传决定性
environment contamination 环境污染
environment database 环境数据库〔智培〕
environment factor 环境因子
environment impact analysis (EIA) 环境影响分析
environment integration technique 环境集成化技术〔智培〕
environment isolation 环境隔离
environment of comprehensive evaluation 综合评定环境〔智培〕

environment pointer 环境指示植物
environment pollution 环境污染
environment protection 环境保护
environment recording, editing and printing (EREP) 环境记录,编辑和打印
environment requirement 环境要求
environment satellite 环境卫星〈遥感〉
environment science (= environmental science) 环境科学
environment stress 逆境,环境胁迫
environment survey satellite (ESSA) 环境测量卫星,"艾萨"卫星〈遥感〉
environment temperature 环境温度
environmental 环境的
environmental acclimatization 环境驯化
environmental actor 环境作用因子
environmental analysis 环境分析
environmental assessment 环境评价
environmental awareness 环境意识
environmental background value 环境背景值
environmental biology 环境生物学
environmental capacity 环境容量
environmental chamber 环境舱
environmental change 环境变化
environmental chemistry 环境化学
environmental circumstance 环境情况
environmental climatic factor 环境气候因素
environmental complex 环境综[合]体
environmental component 环境[组成]部分
environmental conditions 环境条件
environmental constraint 环境约束
environmental contamination (= environmental pollution) 环境污染
environmental control 环境控制
environmental control for saving energy 节能环境控制
environmental control system 环境控制系统
environmental correlation 环境相关〈统计〉
environmental covariance 环境协方差
environmental crisis 环境危机
environmental database 环境数据库
environmental degradation 环境退化
environmental destruction 环境破坏
environmental detection control center (EDCC) 环境监测控制中心
environmental deviation 环境离差〈统计〉
environmental disaster control 环境灾害监测
environmental disruption 环境破坏,公害
environmental disturbance 环境扰动
environmental dormancy 环境休眠
environmental effect 环境作用,环境效应
environmental engineering ①环境工程 ②环境工程学
environmental engineering of domestic animals 家畜环境工程
environmental entomology 环境昆虫学
environmental factor 环境因素
environmental forecasting 环境预报
environmental geology 环境地质学
environmental health (= environmental hygiene) 环境卫生
environmental hygiene 环境卫生
environmental impact 环境影响
environmental indicator 环境指示物〈环保〉
environmental influence 环境影响
environmental management 环境管理
environmental map 环境地图〈遥感〉
environmental measuring sensor 环境测量敏感元件〈农施〉
environmental model 环境模型〈智培〉
environmental modification 环境饰变,环境改进
environmental monitoring 环境监测〈遥感〉
environmental mutagen 环境诱变因素
environmental mutagenesis 环境诱变
environmental niche 环境位,环境小境
environmental parameter 环境参数
environmental perturbation 环境扰动
environmental pH 环境 pH,环境酸碱度
environmental physiology 环境生理学〈智培〉
environmental planning 环境规划〈遥感〉
environmental pollution 环境污染
environmental pollution range 环境污染范围〈环保〉
environmental polymorphism 环境多态现象
environmental protection 环境保护
environmental protection agency (EPA) 环境保护组织
environmental quality assessment 环境质量评价〈环保〉
environmental quality pattern 环境质量模式
environmental quality standard 环境质量标准(指空气、水、土壤、噪声等污染标准,以保护环境)
environmental recording editing and printing (EREP) 环境记录,编辑和打印程序〈智培〉
environmental regime 环境状况

environmental regional planning 环境区域规划
environmental remote sensing 环境遥感{遥感}
environmental requirement 环境需求
environmental research laboratory (ERL) 环境研究实验室
environmental research satellite (ERS) 环境研究卫星{遥感}
environmental resistance ①环境抗性,环境抗病性{育种} ②环境阻力{农机}
environmental response 环境反应
environmental restriction 环境限制
environmental science database 环境科学数据库
environmental sciences 环境科学
environmental self-purification 环境自净作用
environmental sex determination 环境的性决定
environmental signal 环境信号
environmental stability 环境稳定性
environmental standard 环境标准{环保}
environmental stimulus 环境刺激
environmental stress (= enviroment stress) 环境胁迫{生态生理}
environmental system engineering 环境系统工程{农系工}
environmental temperature 环境温度
environmental test 环境试验
environmental tolerance 环境忍耐力
environmental treatment 环境处理
environmental variability 环境变异性
environmental variance 环境变量,环境方差
environmental variation 环境变异
environmentalism 环境决定论 (environmentalismus)
environmentally stressed plant 受环境胁迫植物
environs 近郊,郊外,周围
envisage ①正视,面对(灾害,危险等) ②展望,想像 ③注视,观察
enwrap ①包,包扎,包裹 ②折叠
enwrapping 内卷的,内包的 (involutus)
enzootic 地方[流行]性的 (enzooticus)
enzootic ataxia 地方性家畜运动失调症
enzootic myoglobinuria 地方[流行]性肌红蛋白尿
enzooty 地方性兽疫 (enzootia)
enzymatic ①酶促的 ②酶的 (enzymaticus)
enzymatic activity 酶活性
enzymatic adaptation 酶促适应
enzymatic amplification 酶[促]扩增
enzymatic breakage 酶促断裂
enzymatic debridement 酶促清除创口
enzymatic degradation 酶降解
enzymatic digestion 酶促消化
enzymatic extraction of DNA-RNA DNA-RNA 的酶促提取
enzymatic inactivity 酶失活
enzymatic lysis 酶[促]裂解
enzymatic maturation system 酶促成熟系统
enzymatic oxidation 酶[促]氧化
enzymatic peptide synthesis 酶[促]多肽合成
enzymatic polymerization 酶[促]聚合
enzymatic process 酶[促]过程
enzymatic reaction 酶反应
enzymatic rendering 酶提取法
enzymatic synthesis 酶[促]合成
enzyme (= ferment) 酶 (emzumos)
enzyme action 酶作用
enzyme-activated irreversible inhibitor 酶激活不可逆抑制剂,自杀底物
enzyme activation 酶激活
enzyme activator 酶活化剂,酶激活剂
enzyme activity 酶活性
enzyme adaptation 酶适应
enzyme and DNA repair 酶与 DNA 修复
enzyme and incompatibility 酶与不亲和性
enzyme-cannot-make-enzyme paradox 酶不能产生酶的似非而是的说法
enzyme catalysis 酶催化
enzyme chemistry 酶化学
enzyme-cide 杀青(制茶工序之一)
enzyme classification (EC) 酶分类
enzyme commission nomenclature 酶[学]委员会命名[法]
enzyme complex 酶复合物
enzyme cytology 酶细胞学
enzyme deficiency in mutant 突变体酶缺乏
enzyme digestion method 酶消化法
enzyme electrode 酶电极
enzyme engineering 酶工程
enzyme equilibrium 酶平衡
enzyme extraction 酶提取
enzyme fermentation 酶发酵
enzyme for repair 修复酶
enzyme formation 酶形成
enzyme function 酶功能
enzyme immobilization 酶固定化
enzyme immunoassay (EIA) 酶免疫测定{法}
enzyme in DNA replication DNA 复制酶
enzyme in protein synthesis 蛋白质合成酶

enzyme in recombination 重组酶
enzyme in transcription 转录酶
enzyme in translation 转译酶
enzyme inactivation 酶钝化作用
enzyme induction 酶诱导,酶诱发
enzyme inhibitor ①酶抑制因子 ②酶抑制剂
enzyme-inhibitor complex 酶-抑制剂复合物
enzyme kinetics 酶动力学
enzyme-linked immunosorbent assay (ELISA) 酶联免疫吸附测定
enzyme-linked immunosorbent assay kit 酶联免疫吸附测定试剂盒
enzyme mechanism 酶[作用]机制
enzyme model 酶模型
enzyme multiplicity 酶[同工]多型[现象]
enzyme of mitochondrion 线粒体酶
enzyme poison (=enzyme inhibitor) 酶抑制剂,酶毒剂
enzyme polymorphism 酶多态性
enzyme precursor 酶前体
enzyme preparation 酶制剂
enzyme production 酶生产
enzyme protein 酶蛋白
enzyme ratio 酶比
enzyme reaction 酶反应
enzyme reaction mechanism 酶反应机制
enzyme repression 酶阻遏
enzyme resin 酶树脂
enzyme separation 酶分离
enzyme sequence 酶序列
enzyme specificity 酶特异性
enzyme spectrum 酶谱
enzyme-substrate complex 酶底[物]复合物
enzyme synthesis 酶合成
enzyme system 酶系统
enzyme template complex 酶模板复合体
enzyme theory 酶学理论{生化}
enzyme toxin 酶毒素
enzyme treatment for tissue softening 组织软化用酶处理
enzyme unit 酶单位
enzymic 酶的(enzymicus)
enzymic destruction 酶破坏作用
enzymic protein 酶蛋白质
enzymic synthesis 酶合成
enzymological 酶学的(enzymologicus)
enzymological property 酶学性质
enzymology 酶学(enzymologia)
enzymolysis 酶解作用
enzymopathy 酶病(enzymopathia)
eo- ⌊字头⌉ 最初,原始,曙
EO (=engine oil) 机器油,机器润滑油
eobiogenesis 原始生命起源,曙生物发生
eobiont 原始生物,曙生物(eobions)
Eocene[epoch] 始新世{地质}
Eoff's process 爱渥傅氏甘油发酵法{微生物}
eolation 风蚀[作用](aeolatio)
Eole 风神(气象卫星){遥感}
Eolei 伊奥利卫星(法国试验型气象卫星){遥感}
eolian ①风积的,风成的 ②风吹的(aeolius){土壤}
eolian activity 风成作用(活动性)
eolian basin 风成盆地
eolian deposit 风积物,风成沉积
eolian erosion 风蚀
eolian plain 风成平原
eolian rock 风成岩{地质}
eolian sand 风积沙
eolian sand ripple 风积沙波纹[脊]
eolian sediment 风成沉积
eolian soil 风成土
eolithic 原始石器时代(aeolithicus)
EOP (=efficiency of plating) 成斑率
eorospore 飘浮孢子(eorospora)
eosentomids 古蚖科[Eosentomidae]
eosin 曙红,酸性曙红,伊红,酸性桃红,四溴荧光素[$C_{20}H_8O_5Br_4$]{显技}
eosin as double stain 双重染色剂曙红
eosin-light green method 曙红亮绿法{显技}
eosin-methylene-blue agar (E. M. B. agar) 曙红次甲基蓝琼脂(培养基){微生物}
eosin Y 曙红 Y
eosinocyte 嗜曙红细胞(eosinocyta)
eosinophil (=eosinophile) 嗜曙红细胞{细胞}
eosinophilic (=eosinophilous) 喜曙红的(eosinophilus)
eosinophyll 叶曙红素
eosome 原始核蛋白体,曙核蛋白体(eosoma)
eozoon 原始动物,曙动物
EP (=elementary particle) (线粒体膜)颗粒亚单位
Ep (=potential evaporation) 可能蒸发率
E. P. A. (=European Productivity Agency) 欧洲生产率通讯社
epacme 繁盛期
epalpate 无须的(apalpatus){昆虫}
epaulette-tree ①白辛树属[*Pterostyrax* Sieb. et Zucc.](安息香科) ②白辛树[*Pterostyrax hispidus* Sieb. et Zucc.]

EPB（=1,2-dibromoethane）二溴乙烷（杀虫剂）［$C_2H_4Br_2$］CH_2Br-CH_2Br
EPBP（=S7） 氯苯磷（杀虫剂）［$C_{14}H_{13}Cl_2O_2PS$］
epharmone 适应型（epharmona）
epharmonic convergence 远缘植物形态调和会聚
epharmosis 有机适应
ephebogenesis 单雄发育，孤雄生殖
ephedra ①麻黄属［*Ephedra* L.］（麻黄科）②麻黄［*Ephedra sinica* Stapf.］
ephedra alkaloid 麻黄生物碱
ephedra family 麻黄科［Ephedraceae］
ephedrine 麻黄碱，麻黄素［$C_6H_5CH(OH)CH(NHCH_3)CH_3$］
ephedroid 似麻黄的（ephedroides）
ephedroid perforation plate 麻黄式穿孔板（platus perforationis ephedroides）
ephemeral ①短生的，短命的 ②短生植物（ephemerus）
ephemeral desert 短生植物荒漠（deserta ephemera）
ephemeral fever 短期发热
ephemeral plant 短生植物（planta ephemera）
ephemeral species 短生种（species ephemerus）
ephemeral therophyte 短生一年生植物（therophyta ephemera）
ephemeralization 短生论（ephemeralisatio）
ephemerellids 小蜉蝣科［Ephemerellidae］
ephemeretum 短生植物（一年生草本植物）
ephemerid（=ephemera） ①蜉蝣 ②⌊复⌉蜉蝣科［Ephemeridae］
ephemeris ①天文历，天文表 ②星历表 ③航海历
ephemeris data 星历数据｛气象｝
ephemeris time（ET） 历表时间，历书时
ephemerous（=ephemeral） ①短生的，短命的 ②短生植物
ephippium ①（水蚤）鞍状卵 ②卵鞍
ephydrid flies（=share flies）水蝇科［Ephydridae］
epi- ⌊字头⌉表，上面，表面，在……上
epi-illuminating microscope 落射光显微镜
epiachene 连萼瘦果（epiachenium）
epiamastatin 表抑氨肽酶肽
epiandrosterone 表雄［甾］酮
epiascidium 叶上［面生的］瓶状体
epibasal 上基部的（epibasalis）｛真菌｝
epibasal cell 上基细胞（cellula epibasalis）
epibasal half 基上半（semis epibasalis）｛真菌｝
epibasal tier 基上层（ordo epibasalis）
epibasidium 上担子
epiberberine 表小檗碱
epibiont 附生生物（epibions）
epibiotic ①残存的，残遗的 ②生物外生的，体外生的（epibioticus）
epibiotic plant 残存植物（planta epibiotica）
epibiotic species 残遗种（species epibioticus）
epiblast ①外胚叶（指植物）②上胚层（指动物）（epiblastus）
epiblastic ①外胚叶的 ②上胚层的（epiblasticus）
epiblem 根被皮（epiblema）｛解剖｝
epiboly 外包（原肠形成方式）（epibolia）
epicalyx 副萼
epicanthic fold（=epicanthic fold）内眦赘皮
epicarp 外果皮（epicarpium）
epicarpanthous 上位花的（epicarpanthus）
epicarpic 外果皮的（epicarpus）
epicatachol（=epicatechol） 表儿茶酚
epicatechin 表儿茶酸
epicenter 震中（地震中心）｛遥感｝
epicentre（=outbreak centre） 大发生中心（epicentra）｛植病｝
epichil（=epichile） 上唇（epichilium）
epichilium 上重瓣，上唇瓣（指兰花唇瓣的上部）
epichloe head blight 香柱病
epichloe head blight of brome grass 雀麦香柱病［*Epichloe typhina*（Pers. et. Fr.）Tul.］
epichloe head blight of grasses 禾本科牧草香柱病［*Epichloe typhina*（Pers. et Fr.）Tul.］
epichloe head blight of rice 稻香柱病［*Epichloe typhina*（Pers. et Fr.）Tul.］
epichlorohydrin 去氯醇［OCH_2CHCH_2Cl］
epicholestanol 表胆甾烷醇，表二氢胆甾醇，表二氢胆固醇
epicholesterol 表胆甾醇，表胆固醇
epiclinal 花托上的（epiclinalis）
epicole ①附生的 ②附生生物
epicormic branch 嫩枝，徒长枝（ramulus epicormus）
epicorolline 花冠上的（epicorollinus）
epicortex 外皮层｛真菌｝

epicotyl 上胚轴（epicotyle）
epicotyl dormancy 上胚轴休眠
epicotylar 上胚轴的（epicotylaris）
epicotyledonary 子叶上的（epicotyledonaris）
epicotyledonary node 子叶上节（nodus epicotyledonaris）
epicranial suture 头盖缝{昆虫}
epicranium 头盖
epicuticle 上表皮（epicuticula）{昆虫}
epicuticular 上表皮的（epicuticularis）
epicuticular wax 上表皮蜡
epicuticular wax lamellae 上表皮蜡层
epicyclic gear ①行星齿轮，行星齿轮装置 ②行星齿轮传动
epicyclic gearing 行星齿轮传动，周转轮系
epicyclic reduction gear 行星轮系减速装置，周转轮系减速装置
epicyclic train 周转齿轮系
epidemic ①流行性的 ②流行病（epidemicus）
epidemic disease 流行病
epidemic hemorrhagic fever（EHF） 流行性出血热
epidemic infection 流行性传染
epidemic laws 防疫法规
epidemic tremor 流行颤搐症
epidemics 流行病理论，流行病学（epidemica）
epidemiological ①流行病［学］的 ②猖獗发生的（epidemiologicus）
epidemiological bonitation 猖獗发生适度
epidemiological threshold 猖獗发生临界
epidemiology ①流行病学 ②害虫流行病学（epidemiologia）
epidemy 流行病（epidemia）
epidendrum ①树兰属［*Epidendrum* L.］（兰科）②树兰［*Epidendrum vetellinum* Lindl.］
epidermal 表皮的（epidermidis）{解剖}
epidermal cell 表皮细胞（cellula epidermidis）
epidermal cell wall 表皮细胞壁（integumentum cellulare epidermide）
epidermal gland 表皮腺（glandula epidermidis）
epidermal growth factor（EGF） 表皮生长因子
epidermal hair 表皮毛（pilus epidermidis）
epidermal hinge 表皮绞合，皮关节（cardo epidermidis）
epidermal hydat[h]ode 表皮排水器（hydatoda epidermidis）
epidermal layer 表皮层（stratum epidermide）
epidermal leaf resistance 叶表皮阻力
epidermal system 表皮系统（systema epidermidis）
epidermal tissue 表皮组织（tela epidermidis）
epidermal transpiration 表皮蒸腾
epidermidin 表皮菌素
epidermis ①表皮［层］{解剖} ②真皮{昆虫}
epidermis resistance 表皮抗性
epidermoid 拟表皮的（epidermoideus）
epidermolysis bullosa 表皮水疱症
epidermolytic 表皮溶解的（epidermolyticus）
epidermolytic toxin 表皮溶解毒素
epididymis 副睾{昆虫}
epidihydrocholesterol 表二氢胆甾醇，表二氢胆固醇，表胆甾烷醇
epidote 绿帘石 $4CaO \cdot 3(FeAl)_2O_3 \cdot 6SiO_2 \cdot H_2O$
epiendodermal 内皮层外的（epiendodermidis）{解剖}
epifile 后文件，尾文件{信息}
epifluorescence microscope 落射荧光显微镜
epigaeic（= epigaeous） 地面栖的（epigaeus）
epigamic 诱导性的，引诱性的（epigamus）
epigamic colour 雌雄性色
epigamic selection 引诱选择
epigeal（= epigeous，epigean） ①（子叶）出土的 ②地上生的（epigeus）{形态}
epigeal cotyledon 出土子叶（cotyledon epigeus）
epigeal germination 地面发芽（germinatio epigea）
epigeal stem 出土茎（caulis epigeus）
epigene action 外力作用{遥感}
epigenesis ①后生，渐成 ②后生说，渐成论{进化}
epigenesis theory 后生说，渐成论
epigenetic 外遗传的，后生的，渐成的（epigeneticus）
epigenetic change 后生变化
epigenetic concretion 外来结核，次生结核{土壤}
epigenetic development 渐成式发育
epigenetic homeostasis 后生自动调节
epigenetic momentum 后生动量

epigeneticist 渐成论者（epigeneticistus）
epigenetics 外遗传学（epigenetica）
epigenotype 后生型，总发育体系（epigenotypus）
epiglottis 表面具舌的
epigynous 上位的（指花被，雄蕊）（epigynus）{形态}
epigynous calyx 上位萼（calyx epigyna）
epigynous flower 上位花（flos epigynus）
epigyny 上位式（epigynia）
epilepsy 癫痫，羊角风（epilepsia）
epileptic 癫痫性（epilepticus）
epilimnion ①湖面温水层 ②表水层
epilimnion zone 环流带{环保}
epilithic 石面的（epilithicus）
epilithophyte 石面植物（epilithophyta）{生态}
epilogue ①（论文）结论，结尾 ②收尾，收尾程序（epiloguus）
epiloria 精神缺乏症
epimatium 肉质鳞被
epimedium ①淫羊藿属［*Epimedium* L.］（小檗科）②淫羊藿［*Epimedium macranthum* Morr. et Decne.］
epimer（= diastereomer） 差向［立体］异构体，表异构物
epimerase 差向［异构］酶，表异构酶
epimeride 差向［立体］异构体，表异构物
epimerization 差向异构化［作用］，表异构化［作用］（epimerisatio）
epimeron 后侧片{昆虫}
epimorphin 表皮形态发生素
epimorphism 满射，满同态（epimor phismus）{电脑}
epinastic 偏上的（epinasticus）
epinasty 偏上性，偏上生长（epinastas）
epinasty agent 促进剂
epinephrine（= adrenalin, suprarenalin）肾上腺素［$C_9H_{13}O_3N$］
epinephrine receptor 肾上腺素受体
epinephrine structure 肾上腺素结构
epinine 麻黄宁，N－甲基－二羟苯乙胺［$C_9H_{13}NO_2$］
epinotum 上背板{昆虫}
epinucleic 后生核型（epinucleicus）{细胞}
epipactis ①火烧兰属［*Epipactis* SW.］（兰科）②火烧兰［*Epipactis thunbergii* A. Gary］
epiparasitism 外寄生［现象］（epiparasitismus）
epipaschiid moth ①丛螟 ②⌞复⌝丛螟科［Epipaschiidae］
epipedon 表层{解剖}
epipelagic 海洋上层的，浅海层的（epipelagus）{水产}
epipelagic egg 浮性卵
epipelagic fishes 上层鱼类
epipeltate 向下盾形的（epipeltatus）
epipetalous 花冠上着生的（epipetalus）
epipetaly 联瓣雄蕊（epipetalia）
epipetric mosses（= epipetreous mosses）岩生苔藓
epipharynx ①内唇 ②咽上部{昆虫}
epiphase 表相（epiphasis）
epiphasic 表相［性］的（epiphasicus）
epiphenotype 后生表型（epiphenotypus）
epiphloedal 韧上的（epiphloedalis）{解剖}
epiphloëm 外韧皮部（epiphloema）
epiphragm 盖膜（epiphragma）{真菌}
epiphyll 叶附生植物（epiphylla）
epiphyllous 叶上着生的，叶面着生的（epiphyllus）
epiphyllum ①昙花属［*Epiphyllum* Haw.］（仙人掌科）②昙花［*Epiphyllum oxypetalum* Haw.］
epiphysis 胚芽原［细胞］（用于胚胎发生）
epiphyte ①附生植物{生态} ②皮上寄生菌{微生物}（epiphyta）
epiphyte currant 四川蔓茶藨子［*Ribes ambiguum* Maxim.］（茶藨子科）
epiphytic ①附生的 ②附生植物的（epiphyticus）
epiphytic colonization 附生性定殖（colonisatio epiphytica）
epiphytic ferns 附生蕨类植物（filicae epiphyticae）
epiphytic microflora 附生微生物群
epiphytic microorganism 附生微生物
epiphytic mosses 附生苔藓（musci epiphyticae）
epiphytic species 附生种（species epiphyticae）
epiphytic vascular plant 附生维管植物（planta vascularis epiphytica）
epiphytism 附生性（epiphytismus）
epiphytology 植物流行病学（epiphytologia）
epiphytotic 植物流行病的（epiphytoticus）{病理}
epiphytotic disease 植物流行病
epiphytotic infection 流行性侵染
epiphytotic pathogen 流行性病原
epiphytotics 植物流行病，流行［病害］（epi-

phytotica)
epiphytotics cause of advance 流行病害增进原因
epiplankton 上层浮游生物
epiplasm ［造孢］剩质（epiplasma）
epiploon ①脂肪体｛昆虫｝②大网膜｛动｝
epipodite ①表肢节 ②副肢（epipoditus）
epipodium ①前叶轴 ②蜜腺盘
epipodophyllotoxin 表鬼臼毒素
epipogium ①虎舌兰属［*Epipogium* Gmel.］（兰科）②虎舌兰［*Epipogium roseum* Lindl.］
epipolic 荧光性的（epipolicus）
epiproct 肛上板｛昆虫｝
epipterous 顶上有翅的（epipterus）｛昆虫｝
epirhizous 根上着生的（epirrhizus）
episemantide 表信息分子｛分遗｝
episematic 辨识的（episematicus）
episematic coloration 辨识色（coloratio episematica）
episepalous ①萼上的 ②对萼的（episepalus）
episite ①捕食昆虫 ②外部位，外位点（episitus）
episodic ①发作的 ②阵发的，突发的（episodicus）
episodic damage 阵发式损害（指害虫）
episodic frost 突发式霜冻
episodic period of frost 突发式霜期，短霜期
episodic secretion 阵发式分泌
episomal 游离型的（episomalis）｛分遗｝
episomal replication 游离型复制
episomal template 游离型模板
episomal vector 游离型载体
episome 游离体，附加体（episoma）｛分遗｝
episome induction 游离体诱导，游离体诱发
episperm 种皮（epispermium）｛解剖｝
episporangium 厚壁孢囊，外孢囊
epispore ①孢子外壁 ②［孢壁］花纹（episporium）
episporium 周壁｛真菌｝
epistase 珠心冠原（epistasa）｛解剖｝
epistasis（=epistasy） ①上位，异位显性 ②强性｛遗传｝
epistatic ①上位的，异位显性的 ②强性的（epistaticus）
epistatic action 上位作用
epistatic allelic pair 上位等位基因对
epistatic balance 上位平衡
epistatic deviation 上位离差
epistatic disequilibrium 上位不平衡，连锁不平衡
epistatic dominance 超显性，上位显性
epistatic effect 上位效应
epistatic equilibrium 上位平衡
epistatic factor 上位因子
epistatic gene 上位基因，异位显性基因
epistatic immunity 被动免疫性
epistatic interaction 上位互作，上位相互作用
epistatic parameter 上位参量｛统计｝
epistatic variance 上位方差｛统计｝
epistephanine 表千金藤碱
episternum 前侧片｛昆虫｝
episteroid 表甾类，表类固醇
epistomal suture 额唇基缝｛昆虫｝
epitaxial 外延的（epitaxialis）
epitaxial growth 外延生长
epitaxial layer 外延层
epitaxy 外延（epitaxia）
epitestosterone 表睾［甾］酮
epithalamus 视丘上部｛畜｝
epitheca 上壳｛真菌｝
epithecium 囊盘上层，囊层被｛真菌｝
epithelial ①上皮的 ②上皮细胞（epithelialis）｛解剖｝
epithelial cell 上皮细胞（cellula epithelialis）
epithelial tissue 上皮组织（tela epithelialis）
epithelium 上皮
epithelpotential 上皮电位
epithem 通水组织（epithema）
epithermal 超热的（epithermalis）
epithermal neutron 超热中子
epithermal neutron activation analysis 超热中子激活分析
epithozonathous type 后口式（typus epithozonathus）｛昆虫｝
epitome 摘要，撮要
epitope 表位（指抗原决定的部位）｛分遗｝
epitope identification 表位鉴定
epitope library 表位［文］库
epitope mapping 表位作图，表位定位
epitope scanning 表位扫描（定位）
epitope tag 附加表位
epitope tag scanning analysis 附加表位扫描分析
epitope-tagged 附加表位的
epitope tagging 表位附加，表位追加
epitrophy 向上发育（epitrophia）
epitropous（=epitropic） 向上的，倾上的，上转的（epitropus）｛胚胎｝
epitropous ovule ［向］上转胚珠（指倒生及

弯生胚珠)(ovulum epitropum)
epitropy 向上性(epitropia)
epivalve 上壳(epivalva)
epivirus 外病毒
epizoic 体外寄生的(epizoicus)
epizoite 附生生物(epizoita)
epizoochory(= epizoochore) 动物体外传布(epizoochorius)
epizoon 外寄生物,外寄生虫
epizootic ①动物流行病 ②兽疫流行(epizooticus){医}
epizootic abortion 流行性流产
epizootic disease 动物流行病,兽疫
epizootic infection 兽疫传染
epizootic lymphangitis (马)流行性淋巴管炎
epizootiology 动物流行病学,兽疫学(epizootiologia)
epizooty 动物流行病,兽疫(epizootia)
EPL(= equational programming language) 方程编程语言{电脑}
EPN(= EPN 300) 苯硫磷,伊皮恩(杀虫,杀螨剂)[$C_{14}H_{14}NO_4PS$]
epoch ①新纪元 ②世纪,时代{地质} ③[卫星]过近地点时刻{遥感}
Epoka 疫不加(马铃薯品种)
epon(= epoxy resin) 环氧树脂
Epon 812 埃邦 812(一种甘油碱基脂族环氧树脂){显技}
epoxidase 环氧酶
epoxidation 环氧化作用(epoxidatio)
epoxide 环氧化物
epoxide hydrolase 环氧化物[水解]酶
epoxy- 环氧,桥氧
epoxy glass 环氧玻璃
epoxy propane 环氧丙烷
epoxy resin 环氧树脂
Epoxyethane 环氧乙烷(熏蒸杀虫剂)[C_2H_4O]
epoxystearic acid 9,10-环氧硬脂酸
Eppendorf centrifuge Eppendorf 离心机(指一种微量离心机)(商)
Eppendorf tube Eppendorf 管,微量离心管(商)
E. P. P. O(= European and Mediterranean Plant Protection Organization) 欧洲及地中海植物保护组织
EPR(= electron paramagnetic resonance) 电子顺磁共振
EPR spectrum 电子顺磁共振波谱
EPROM(= erasable programmable read-only memory) 可擦可编程只读存储器{电脑}
epruinose 无粉的(epruinosus)
epsilon ε(希腊字母)
epsilon-free homomorphism ε无关同态
epsilon-free substitution ε无关置换
epsilon move ε动作
epsilon rule ε规律{电脑}
Epsom salt(= magnesium sulfate) 泻盐,硫酸镁{农药}
Epstein-Barr virus(= EB virus) 爱泼斯坦巴尔病毒
EPTC 扑草灭(除草剂)[$C_9H_{16}NOS$]
epure 图案,模型
EQ(= equal) 等于,等号{电脑}
EQU(= equilibrum) 平衡{信息}
equability ①稳定性,平稳 ②均等,均匀(aequabilitas)
equable ①稳定的,固定的 ②变化很少的 ③均一的,均匀的(aequabilis)
equable climate 稳定气候
equable phytoclimate 稳定植物小气候
equal ①相等的,同样的,一样的 ②等于(aequalis)
equal area chart 等面积图
equal-area transformation 等面积变换
equal chromosome number 等染色体数
equal cleavage 等卵裂
equal dichotomous branching 等二歧分枝式(ramificatio dichotoma aequalis)
equal dichotomy 等二歧式(dichotomia aequalis)
equal division 等分裂(divisio aequalis)
equal-effective precipitation basis 等有效降水量基础
equal electrical charge 等电荷
equal element 相等元素
equal energy spectrum 等能光谱
equal energy stimulus 等能刺激
equal facial leaf 等面叶
equal frequency 等频率
equal genetic recombination 等遗传重组
equal-leaved 等叶的(isophyllus)
equal length code 等长码{电脑}
equal-lobed 等裂片的(aequilobus)
equal parent index 亲本均等指数,父母均等指数
equal pay for equal work 同工同酬
equal-petaled 具等花瓣的(aequipetalus)
equal post-meiotic segregation 同减数分裂后分离
equal precision measurement 等精度量测{遥感}
equal-sided 等侧的(aequilateralis, isolateralis)

equal-spored 同形孢子的（isosporus）
equal stiffness 等僵硬［黏］度（rigiditas aequalis）｛土壤｝
equal-styled flower 等柱花（荞麦）（flos aequistylus）
equal surface projection 等面积投影｛测｝
equal to ①足够 ②等于
equal-trilobed 具等三裂的（aequilobus）
equal-valved 等裂片的（aequivalvatus）
equal-veined 均等脉的（aequi venosus）
equal-velocity line 等流速线
equal weight 同等权衡，同等权量｛统计｝
equalene 角鲨烯
equality 相等，等同（aequalitas）｛统计｝
equalization ①均等，一致化｛统计｝②均衡｛环保｝（aequalisatio）
equalization of burdens 平均负担
equalization of earthwork 土方平衡
equalization period 整理期
equalization tank 均衡池｛环保｝
equalization treatment 平衡处理
equalized paired feeding 并列饲养
equalizer ①平衡器，均衡器 ②补偿器
equalizing ①平衡处理｛统计｝②均衡｛环保｝
equalizing reservoir 均衡水库
equalizing storage 均衡贮存
equally 相等地，平等地
equally pinnate（= abruptly pinnate） 偶数羽状（指复叶）
equally pinnately compound leaf（= paripinnate compound leaf） 偶数羽状复叶｛形态｝
equally spaced treatment 等间距处理｛统计｝
equant 等长的，同尺度的（aequans）
equation ①方程，方程式，等式 ②均衡，平衡（aequatio）｛统计｝
equation of compatibility 协调方程
equation of continuity 连续方程
equation of motion 运动方程
equation of respiration 呼吸反应式｛生理｝
equation of state 状态方程［式］
equation of time 时差｛气象｝
equation system 等式系统
equational ①均等的，平均的 ②方程式的（aequationalis）
equational disjunction 均等离开
equational division 均等分裂
equational exception 异例均等［个体］
equational mitosis 均等有丝分裂
equational non-disjunction 均等不离开
equational phase 均等相
equational reduction division 均等减数分裂
equational segregation 均等分离
equational separation 均等分离
equational split 均等分裂
equator 赤道（aequator）
equatorial 赤道的（aequatorialis）
equatorial air mass 赤道气团
equatorial alignment 赤道［上］排成直线（指染色体）
equatorial axis 赤道轴（axis aequatorialis）｛细胞｝
equatorial belt of convergence 赤道辐合带｛气象｝
equatorial body 赤道体（corpus aequatorialis）｛细胞｝
equatorial bond 平伏［向］键，e 键｛分遗｝
equatorial brown clay 赤道棕色黏土｛土壤｝
equatorial calm belt（= doldrums） 赤道无风带
equatorial calms 赤道无风带
equatorial climate 赤道气候
equatorial climate type 赤道气候型
equatorial continental air 赤道大陆空气
equatorial coordinate 赤道坐标
equatorial counter current 赤道逆洋流
equatorial current 赤道洋流
equatorial easterlies 赤道东风带
equatorial flange 赤道环｛细胞｝
equatorial forest（= equatorial rain forest） 赤道雨林，热带雨林
equatorial frontal zone 赤道锋区
equatorial highland climate 赤道高原气候
equatorial lacuna 赤道隙（lacuna aequatorialis）｛细胞｝
equatorial low 赤道低压
equatorial maritime air 赤道海洋空气
equatorial plane 赤道面（planus aequatorialis）｛细胞｝
equatorial plate 赤道板，中期板（platus aequatorialis）
equatorial rainforest 赤道雨林
equatorial region 赤道区（regio aequatorialis）｛细胞｝
equatorial ridge 赤道脊（jugum aequatoriale）｛细胞｝
equatorial rim 赤道环（annulus aequatorialis）｛细胞｝
equatorial westerlies 赤道西风带
equatorial zone 赤道带（zona aequatorialis）

equi- ⌊字头⌉ 等,相等
equi-ionic point 等离子点
equiangular 等角的(equiangularis)
equiconditional region 同等条件区
equideparture 等距平(aequidepartura){气象}
equidifferent 等差的(aequidifferens)
equidimensional grains 大小相同土粒,大小相同颗粒
equidistance 等距离(aequidistantia)
equidistant ①等距离的 ②等距(aequidistans)
equidistribution 等分布,均匀分布(aequidistributio)
equijoin 等联结,等值连接
equilateral 等边的,等侧的(aequilateralis)
equilateral hyperbola 等边双曲线{统计}
equilateral triangle 等边三角形
equilateral triangular planting 等边三角形种植
equilenin 马萘雌[甾]酮[$C_{18}H_{18}O_2$]
equilibrant ①平衡力 ②平衡力的(aequilibrans)
equilibrate ①平衡,均衡 ②平均,相称(aequilibrare)
equilibrate convection 平衡对流
equilibration ①平衡,均衡 ②补偿,对消(aequilibratio)
equilibrial profile(= equilibrial slope) 平均坡度,平衡坡度
equilibrium 平衡
equilibrium carbon dioxide 平衡二氧化碳,平均 CO_2{环保}
equilibrium centrifugation 平衡离心
equilibrium concentration 平衡浓度
equilibrium condition 平衡状态,平衡条件
equilibrium constant 平衡常数
equilibrium constant of reaction 反应的平衡常数
equilibrium consumption 消费平衡
equilibrium density gradient centrifugation 平衡密度梯度离心
equilibrium dialysis 平衡透析
equilibrium dialyzate(= equilibrium dialysate) 平衡渗析液
equilibrium dialyze(= equilibrium dialysis) 平衡渗析
equilibrium distribution coefficient 平衡分布系数
equilibrium gene frequencies 平衡基因频率
equilibrium growth 均势生长
equilibrium in mixed strategy 混合决策平衡{农管}
equilibrium in pure strategy 纯策略平衡
equilibrium level 平衡水平
equilibrium model 均衡模型
equilibrium-moisture content 平衡含水量
equilibrium-moisture percentage 平衡含水量(率)
equilibrium of organs 器官平衡
equilibrium of permeability 渗透[性]平衡
equilibrium point 平衡点
equilibrium population ①平衡群体 ②均势种群
equilibrium potential 平衡电位
equilibrium price 均衡价格
equilibrium probability distribution 平衡概率分布
equilibrium reaction 平衡反应
equilibrium region 平衡区
equilibrium shifting 平衡移动
equilibrium stability 平衡稳定性
equilibrium state 平衡状态
equilibrium surface tension 平衡表面张力
equilibrium vapour pressure 饱和蒸汽压
equilibrium water 平衡水{环保}
equilibrium yield ①均势渔获量 ②均势产量
equilin 马烯雌[甾]酮[$C_{18}H_{20}O_2$]
equilinearity 等线性(aequilinearitas)
equilinearity of inheritance 遗传等线性
equilocal 等位的(aequilocalis){遗传}
equilocal mutation 等位突变(mutatio aequilocalis)
equimolar ①等克分子的 ②等克分子浓度的(aequimolaris)
equimolecular 等分子的(aequimolecularis)
equine ①马的(equinus) ②马[*Equus*]
equine contagious pleuropneumonia 马传染性胸膜肺炎(pleuropneumonia contagiosa equorum)
equine distemper 马瘟
equine encephalomyelitis(= Borna disease) 马[地方流行性]脑脊髓炎
equine gonadotropin 雌马促性腺激素
equine infectious anaemia(= swamp fever) 马传染性贫血
equine influenza(= pink eye) 马流行性感冒(influenza equorum)
equine plague(= African horse sickness) 非洲马瘟
equine strongylidosis 马圆线虫病
equine syphilis(= dourine) 马梅毒病,马媾病
equinia 马鼻疽

equinocial rainfall 二分降雨(指春分与秋分的降雨)(precipitatio aequinocialis)
equinoctial ①昼夜平分时的 ②二分的(指春分,秋分)(aequinoctialis)
equinoctial flower 定时开闭花(flos aequinoctialis)
equinoctial rain 二分雨(指春分与秋分的雨)(pluvia aequinoctialis){气象}
equinoxes 二分点(指春分,秋分)
equip ①装备,配备 ②准备
equipartition 均分(equipartio)
equipluves 等雨量线(aequipluves)
equipment ①装备,设备,装置 ②机具,机器 ③装备品,设备品,装置品(aequipmentum)
equipment augmentation 设备扩充
equipment complex 复合设备
equipment disuse error 设备误用错误
equipment drawing ①设备图 ②装置图
equipment error 设备误差
equipment failure 设备故障
equipment for pasture milking 牧场挤奶设备
equipment for transporting 运输工具
equipment inspection 设备检查
equipment interface 设备接口
equipment loan(= chattel loan) 动产信贷{农经}
equipment maintenance 设备维修
equipment manufacture 设备制造
equipment rack ①设备架 ②机柜,机箱{电脑}
equipment replacement 设备更新
equipment selection 设备选择
equipment unit 设备部件
equipoise ①平衡 ②平衡物
equiponderant 等量的(aequiponderans)
equiponderant state 等量状态
equipotence ①等势 ②等效 ③等位(aequipotentia)
equipotential ①等势的,等效的,等位的 ②等势,等效,等位(aequipotentialis)
equipotential bonding 等[电]位[屏蔽]接地
equipotential dose 等效剂量
equipotential lines 等势线
equipotential surface 等位面,等势面
equipotential temperature 等位温度
equiprobability 等概率(aequiprobabilitas)
equiprobability curve 等概率曲线
equiprobable 等概率的,等可能的(aequiprobalis)
equiprobable choice 等可能选择
equiscalar line of departure 等距平线
equisetaceous 木贼科的(equisetaceus)
equisetales 木贼目[Equisetales]
equisetic acid(= aconitic acid) 乌头酸[$COOHCH_2C(COOH)CHCOOH$]
equisetum(= horsetail) ①木贼属[*Eqisetum* L.](木贼科) ②(= common horsetail)[*Eqisetum hiemate* L.]
equisetum family 木贼科[Equisetaceae]
equistability 等稳定性(aequistabilitas)
equistasis 等势,等位(aequistasis)
equistatic 等势的,等位的(aequistaticus){遗传}
equistatic inheritance 等势遗传
equitable ①合理的 ②公平的,公正的 ③均等的(aequitabilis)
equitable sharing 均等共享
equitant ①跨状的 ②套褶的(equitans)
equitant leaf 套褶叶(folium equitans)
equivalence ①等值 ②等价 ③相当(aequivalentia)
equivalence class 等价类
equivalence relation 等价关系
equivalence rule of DNA DNA等价法则
equivalence transformation 等价变换
equivalent ①等值 ②当量 ③当量的 ④相当的 ⑤等价的,等效的(aequivalens)
equivalent acidity 当量酸度
equivalent alkalinity 当量碱度
equivalent blackbody temperature 等效黑体温度{遥感}
equivalent clear column radiance 等效晴空柱辐射{遥感}
equivalent concentration 当量浓度
equivalent conductance 当量电导
equivalent conductivity 当量电导[率]
equivalent diameter 当量直径
equivalent difference 当量差
equivalent diffusion distance 当量扩散距
equivalent evaporation 等量蒸发
equivalent exposure (温室)等值暴露面
equivalent focal length 等效焦距{遥感}
equivalent grain size 当量粒径
equivalent height 等值高度
equivalent length 当量长度
equivalent metric 等价度量{遥感}
equivalent normal incidence frequency 等值正射频率{辐射}
equivalent nuclear information 等价核信息
equivalent nucleus 等价[染色体]核
equivalent opacity 当量不透明性
equivalent per million(epm) 百万分之一

当量
equivalent point 当量点,等当点
equivalent porosity 当量孔(隙)度
equivalent potential source 等效电势源
equivalent radius 当量半径
equivalent resistance 等效电阻
equivalent sphere 当量球体
equivalent state 等价状态
equivalent system 等效系统
equivalent temperature 相当温度
equivalent weight 当量,化合当量
equivalent wheel thrust 轮胎当量牵引力
equivalve 等瓣的(aequivalvus)
equivalvular 等果爿的(aequivalvularis)
equivocal 不可靠的,可疑的,含糊的(aequivocus)
equivocal phenomenon 含糊现象,可疑现象
equivocal surface 含糊曲面,模糊曲面{电脑}
equivocation ①不明确 ②多义 ③条件信息量总平均值{信息}(aequivocatio)
ER ①(=erase)擦除{电脑} ②(=error rate)出错率,误差比{统计} ③(=endoplasmic reticulum)内质网{细胞} ④(=ergastoplasm)酿造质,动质{细胞} ⑤(=extremely rough)极粗糙{遗传}
ER element 内质网分子,ER分子
era 纪元,时代,代(aera){地质}
ERA (=electronic reading automation)电子阅读自动化{信息}
era of computer 电脑时代,计算机时代
era of information 信息时代
era of knowledge economy 知识经济时代{智培}
era of network 网络时代{信息}
erabutoxin 海蛇毒素
eradicant 铲除剂,彻底治疗剂
eradicant action 铲除作用,彻底治疗作用
eradicant fungicide 直接杀菌剂,铲除性杀菌剂,彻底治疗性杀菌剂
eradicant insecticide 触杀剂,直接杀虫剂
eradicate ①除草,拔草,薅草 ②除根,拔根③发射,放射(eradicare)
eradication ①铲除,根除 ②消灭,毁灭(指杂草) ③发射,放射(eradicatio)
eradication of epizootic disease 动物流行病的根除
eradicator 除草机
eramose 无枝的(eramosus)
eranthemum ①可爱花属[*Eranthemum* L.](爵床科) ②可爱花(喜花草)[*Eranthemum nervosum* R. Br.]
erasable ①可擦的,可抹的 ②可清除的(erasabilis)
erasable area 可清除区
erasable memory 可擦存储器
erasable optical disk 可擦光盘
erase 擦掉,抹去(erasus)
erase check 擦除检验
eraser ①消除器 ②橡皮擦,黑板擦
erasing ①擦除,消除 ②刮
erasing head 去磁头,消磁头{电脑}
erasing knife 刮刀
erasure 删除,消失错误
erbium 铒(Er,68号元素)
erbon 抑草蓬(除草剂)[$C_{11}H_9Cl_5O_3$]
erdin 土曲霉素
ERE (=estrogen response element) 雌激素效应元件{分生}
erect ①直立的 ②竖立的,竖起的(erectus)
erect a dam 打坝
erect branch 直立枝
erect-cane harvester 直立蔗收获机,甘蔗直立收获机
erect cell 直立细胞(cellula erecta)
erect ear 直立穗(spica erecta)
erect embryo 直立胚(embryo erecta)
erect-growing leaves 直立生长叶
erect growth habit 直立生长习性
erect habit 直立习性(habitus erectus)
erect head 直立穗(spica erecta)
erect leaf character 叶直立性状
erect-leaved variety 直立叶型品种
erect leaves 直立叶(folii erecti)
erect lobelia 直立半边莲[*Lobelia hancei* Hara](半边莲科)
erect milkvetch 直立黄芪[*Astragalus adsurgens* Pall.](豆科)
erect-patent ①斜上的 ②向上展开的(erectopatens)
erect rush 立灯心草[*Juncus beringensis* Buchen.](灯心草科)
erect selfheal 立夏枯[*Prunella prunelliformis* Makino](唇形科)
erect species 直立种(species erectae)
erect standard 旗瓣(vexillum)
erect stem 直立茎(caulis erectus)
erect stem yam 立茎草薢[*Dioscorea gracillima* Miq.](薯蓣科)
erect straw 直秆(stramentum erectum)
erect therophyte 直立一年生植物(erectotherophyti)
erect type 直立型(typus erectus)
erection ①直立 ②竖立 ③建立,建设 ④安装(erectio)

erectness 直立性(erectivitas)
erectoides 直立突变型(大麦)
erectopatent 向上开展的(erectopatens){形态}
erectophile 具直立叶的株型
erectophilous ①适直立的 ②喜直立的(erectophilus)
erector 架设器,安装器
erecttop wintercress 直顶山芥[*Barbarea orthoceras* Lédeb.](十字花科)
eremitic 隐居的(eremiticus){真菌}
eremium 荒漠群落
eremocarpous 单果的(eremocarpus)
eremoparasitism 独寄生[现象](eremoparasitismus)
eremophilone 雅槛蓝酮
eremophilous ①荒漠生的 ②喜荒漠的 ③适荒漠的(eremophilus)
eremophyte 荒漠植物(eremophyti)
erepsin 肠肽酶
erg 尔格(功的绝对单位)
ergamine 组胺,麦胺
ergastic ①后含的 ②后含物(ergasticus){细胞}
ergastic material 后含物(materialis ergasticus)
ergastic substance 后含物(substantia ergastica)
ergastome 脂质后含物(ergastoma)
ergastoplasm(ER) 酿造质,动质(ergastoplasma){细胞}
ergastoplasmic fibril 酿造质纤丝,动质纤丝(fibrilla ergastoplasmica)
ergate(=worker,working ant) 工蚁
ergeron (黄土起源的)石灰性母质
ergine ①麦碱[$C_{16}H_{17}N_3O$] ②有机生物触媒剂(酶,动素,维生素,激素)
ergocalciferol 麦角钙化[甾]醇,维生素 D_2
ergodic 各态历经的,遍历[性]的(ergodicus)
ergodic condition 遍历条件
ergodic process 遍历过程
ergodicity 遍历性(ergodicitas)
ergogram 测力图
ergometer 尔格计,测力计,功率计
ergon 尔刚(作用量单位)
ergone 动素
ergonomics ①功效学 ②人机工程学(ergonomica)
ergopeptide 麦角肽
ergopeptide alkaloid 麦角肽生物碱
ergopinacol 联麦角[甾]醇
ergoplasm 动质(ergoplasma){细胞}
ergosoft 人机工程软件{物}
ergosome 多核[糖核]蛋白体,多核糖体(ergosoma)
ergosterin(=ergosterol) 麦角固醇[$C_{28}H_{44}O$]
ergostoplasm 后含质(ergostoplasma)
ergot ①麦角属[*Claviceps* L.](麦角科) ②麦角[*Claviceps purpurea*(Fr.)Tul.]{真菌}
ergot alkaloid 麦角生物碱
ergot disease 麦角病
ergot disease of barley 大麦麦角病[*Claviceps purpurea*(Fr.)Tul.]
ergot disease of brome grass 雀麦麦角病[*Claviceps purpurea*(Fr.)Tul.]
ergot disease of cereals 禾谷类麦角病[*Claviceps purpurea*(Fr.)Tul.]
ergot disease of fescue 羊茅麦角病[*Claviceps purpurea*(Fr.)Tul.]
ergot disease of grasses 牧草麦角病[*Claviceps purpurea*(Fr.)Tul.]
ergot disease of orchard grass 鸭茅麦角病[*Claviceps purpurea*(Fr.)Tul.]
ergot disease of poa 早熟禾麦角病[*Claviceps purpurea*(Fr.)Tul.]
ergot disease of quack grass 匍匐冰草麦角病[*Claviceps purpurea*(Fr.)Tul.]
ergot disease of rye 麦角病[*Claviceps purpurea*(Fr.)Tul. = *Sphacelia regetum*]
ergot disease of wheat 小麦麦角病[*Claviceps purpurea*(Fr.)Tul.]
ergot of rye(=ergot disease of rye) [黑麦]麦角病
ergot of ryegrass 黑麦草麦角病[*Claviceps purpurea* (Fr.) Tul.]
ergotamine 麦角胺[$C_{33}H_{35}O_5N_5$]
ergothioneine 巯组氨酸三甲[基]内盐[$C_9H_{15}O_2N_3S$]
ergotine 麦角精,麦角浸膏,麦角碱
ergotinin 麦角异毒碱[$C_{35}H_{39}N_6O_5$]
ergotism 麦角中毒(ergotismus)
ergotoxin 麦角毒素
eri-silkworm 蓖麻蚕[*Philosamia cynthia ricina* Donovan](大蚕蛾科)
eriacanthous 具绵毛状刺的(eriacanthus)
eriantherous 具绵毛状药的(erianthérus)
erianthous 具绵毛状花的(erianthus)
erianthous persimmon 乌木[*Diospyros eriantha* Champ.](柿科)

erica ①石楠属(石斑木属)[*Photinia* Lindl.](蔷薇科) ②石楠[*Photinia serrulata* Lindl.] ③石斑木[*Photinia prunifolia* Lindl.]
ericaceous 石楠型的(ericaceosus)
ericaceous dwarf shrubs 石楠型矮生灌丛
ericaceous heath 石楠型荒原
ericaceous wood 石楠型林木
ericalyx 具绵毛状萼的
ericarpous 具绵毛状果的(ericarpus)
ericifruticeta 欧石楠灌木群落{生态}
ericoid 石楠状的(ericoides)
ericoid mycorrhiza 石楠状菌根(mycorrhiza ericoides)
ericophyte 石楠型植物(ericophyta)
erinacoeus 具刺的,刺猬状的(erinaceus)
erineam 叶疹病
eriocaulis 具绵毛状茎的
eriocephalous 具绵毛状头的(eriocephalus)
eriochrome black 铬黑
eriochrome blue black 铬蓝黑
erioclad 具绵毛状枝的(eriocladus)
eriodictin 圣草苷
eriodictyol 圣草酚,毛纲草酚
erioglaucine A 罌红 A(商)
erioleped 具绵毛状鳞片的(eriolepis)
eriometer ①微粒直径测定器 ②衍射测微器
erion 绵状毛
eriophorous 具绵状毛的(eriophorus)
eriophyid mite ①瘿螨 ②⌊复⌉瘿螨科[Eriophyidae]
eriophyllous 具绵状毛叶的(eriophyllus)
eriospermous 具绵状毛种子的(eriospermus)
eriostachyous 绵毛穗的(eriostachyus)
eriosyce ①极光球属[*Eriosyce* spp.](仙人掌科) ②极光球[*Eriosyce ceratistes* sp.]
eristalis (= drone fly) 蜂蝇[*Eristalis tenax* Linnaeus](食蚜蝇科)
eritrichium ①立萼草属[*Eritrichium* Schrad.](紫草科) ②立萼草[*Eritrichium pectinatum* DC.]
ERK (= extracellular signal-regulated kinase) 胞外信号调节激素{分生}
erlang ①错误 ②厄兰,占线小时{信息}
Erlenmeyer flask 三角烧瓶,锥瓶
Erlich's haematoxylin 爱尔立氏苏木精{显技}
Erman's birch 岳桦[*Betula ermanii* Cham.](桦木科)
ermine 白鼬,搔鼬[*Mustela erminea*]
ermine-colored 银鼠色的,白色间黄的(ermineus)
ermine moth ①食果巢蛾[*Hyponomeuta padella* L.] ②苹果蛾[*Hyponomeuta malinella* Zeller] ③⌊复⌉巢蛾科[Hyponomeutidae]
erode ①侵蚀 ②啮蚀 ③腐蚀(erodare)
eroded alluvial soil 侵蚀冲积土
eroded field 侵蚀土地
eroded land 侵蚀地
eroded phase 侵蚀相
eroded soil 侵蚀土
erodent ①侵蚀的 ②腐蚀的 ③腐蚀药(erodens)
erodibility ①侵蚀度 ②腐蚀性(erodibilitas)
erodible ①会被腐蚀的 ②受到侵蚀的(erodibilis)
Eros 埃罗斯(澳大利亚甘蔗品种)
erose 啮蚀状的(erosus)
erosion ①侵蚀{土壤} ②糜烂{微生物} ③冲刷{水利}(erosio)
erosion action 侵蚀作用
erosion activity 侵蚀活度,侵蚀活动性
erosion along highway 沿公路侵蚀
erosion base 侵蚀基准
erosion basis 侵蚀基面
erosion by water 水蚀
erosion column 侵蚀柱
erosion control 侵蚀防治
erosion control program 侵蚀防治计划
erosion cycle 侵蚀周期,侵蚀循环
erosion durability of soil 土壤抗蚀性
erosion gully 侵蚀沟
erosion index 侵蚀指数,侵蚀度
erosion loss 侵蚀损失
erosion pavement 侵蚀砾面,侵蚀砾幕
erosion pedestal 侵蚀残柱
erosion process 侵蚀过程
erosion rate 侵蚀速率
erosion ratio 侵蚀比
erosion soil 侵蚀土壤
erosion stream bed 侵蚀河床
erosion survey 侵蚀调查
erosional 侵蚀的(erosionalis)
erosional basin 侵蚀盆地
erosional escarpments 侵蚀陡崖
erosional feature 侵蚀特征
erosional form 侵蚀型
erosional lake 侵蚀湖
erosional landform 侵蚀地形
erosional mark 侵蚀痕迹

erosional mountain 侵蚀山地
erosional pattern 侵蚀图式
erosional plain 侵蚀平原
erosional surface 侵蚀面
erosional terrace 侵蚀阶地
erosional valley 侵蚀谷
erosive ①侵蚀性的 ②有腐蚀力的(erosivus)
erosive velocity ①侵蚀[性]速度{土壤} ②冲刷流速{水利}
erostrate 无喙的,缺嘴的(erostratus)
errand 出差,差事
errantia 悬浮植物群落
erratic ①不稳定的 ②无规律的(erraticus)
erratic behaviour 无规律行动
erratic precipitation 无规律降水量
erratic soil 无规律土壤
erratum ①印刷或书写错误 ②⌊复⌉勘误表
Errera's law 爱尔里拉氏法规{遗传}
errometer 气压土壤温度表
erroneous (= incorrect, mistake) 错误的(erroneus)
erroneous interception 错误拦阻
erroneous pairing 错误配对
erroneous pairing with guanine 错误同鸟嘌呤配对
error ①误差,机误{统计} ②错误,失错(errorem)
error alert 错误警告{电脑}
error analysis 误差分析
error budget 误差分配
error checking and correction (ECC) 检错和纠错{电脑}
error combination 误差组合
error control ①误差控制 ②错误防止
error correction code 纠错码
error correction nuclease 错误校正核酸酶
error detection and correction (EDAC) 错误检测和纠正
error distribution 误差分布
error free files of digital data 无差错数字数据文件
error frequency 误差频率
error function 误差函数
error insertion 错误插入
error line 错误路线(指方针,政策)
error mean square 误差均方
error measuring means 误差测量装置
error message 错误信息
error of closure 闭合差{测}
error of closure in azimuth 方位角闭合差
error of closure in leveling 水准闭合差
error of closure of angles 角度闭合差
error of closure of horizon 水平角闭合差
error of incorporation 掺入误差
error of measurement 测定误差,量度误差
error of observation ①观察误差 ②观测误差
error of parameter estimation 参量估计误差
error of random sampling 随机取样误差
error of reading 解读错误{分遗}
error of the first kind 第一类误差{生技}
error pattern 错误型
error probability 误差概率
error-prone inducible mutant 误差偏向可诱发突变体
error-prone process 误差偏向过程
error prone repair 误差偏向修复
error-prone repair synthesis 误差偏向修复合成
error-proneness 误差偏向,错误偏向
error propagation 误差传播{信息}
error regression 误差回归
error sum of products 误差总积和
error variance 误差方差,误差变量
ERS (= estimated recoverabic sugar) 估计可回收糖分{蔗}
ersan 稻丰散(杀虫剂)
erubescence ①发红,变红 ②红晕(erubescentia)
erubescent ①发红的,变红的 ②带红晕的(erubescens)
eruca 蠋(鳞翅目的幼虫)
erucic acid [顺]芥子酸
eruciform 蠋型(eruciformis)
erucina 拟蠋
erucivorous 食蠋的(erucivorus)
eructation ①喷出 ②嗳气(eructatio)
eruption ①发作,发疹 ②(泉水)涌出 ③(岩浆)喷出,(火山)喷火 ④勃发,突发(eruptio)
eruption canal 喷发通道(指火山喷发)
eruptive ①发作的 ②涌出的 ③喷出的 ④勃发的,突发的(eruptivus)
eruptive fever 发疹
eruptive rock 喷出岩,火成岩
ervil vetch (= lentil vetch, bitter vetch) 苦巢菜(苦野豌豆)
eryngo ①刺芹属[*Eryngium*(Tourn)L.](伞形花科) ②刺芹[*Eryngium foetidum* L.]
erysipelas 丹毒
erysipeloid 类丹毒(erysipeloideus)
erysopine 刺桐平

erythr- ⌞字头⌝红
erythranthous 红花的(erythranthus)
erythrasma 红癣
erythremia 多红细胞血(erythraemia)
erythrin 赤藓素
erythritol 赤藓糖醇
erythro- ⌞字头⌝红,赤
erythro configuration 赤型构型{分遗}
erythro isomer 赤型异构体
erythroagglutination 红细胞凝集作用(erythroagglutinatio)
erythroaphin 蚜红素
erythroblast 成红细胞(erythroblasta)
erythroblastosis 有核红细胞增多症
erythroblastosis foetalis 胎儿溶血症
erythrocarpous 红果的(erythrocarpus)
erythrocaulis 红茎的
erythrocephalous 红头的(erythrocephalus)
erythrochaetous 红刺的(erythrochaetus)
erythroclad 红枝的(erythrocladus)
erythrococcous 红果爿的(erythrococcus)
erythrocruorine 无脊[椎动物]血红蛋白
erythrocuprein 血球铜蛋白,超氧物歧化酶
erythrocyte(= red blood cell) 红细胞,红血球(erythrocyta)
erythrocyte ghost 血细胞血影{分生}
erythrocyte nuclei isolation 红细胞核分离
erythrocytometry 红细胞计数法(erythrocytometrica)
erythrocytosis 红细胞增多
erythrodextrin 红糊精
erythrogenic acid 生红酸,十八碳烯炔酸[$C_{18}H_{26}O_2$]
erythrogenic toxin 红斑毒素
erythrogenin 红细胞生成素
erythroglycan 红细胞聚糖
erythrogram 红细胞象图(erythrogramma)
erythroid 红细胞状的(erythroideus){分生}
erythroid differentiation factor(EDF) 红细胞状分化因子
erythroid stem cell 红细胞状干细胞
erythroid tissue 红细胞状组织
erythroidin 刺桐若定
erythroidine 刺桐定
erythrolabe 红敏素,视红素
erythroleped 红鳞片的(erythrolepis)
erythroleukemia 红白血症
erythromycin 红霉素
erythron 红细胞系
erythrophilous 喜红的(erythrophilus)
erythrophleine 格木碱
erythrophyll ①红叶 ②叶红素(erythrophylla)
erythrophyllous 红叶的(erythrophyllus)
erythropodous 红柄的(erythropodus)
erythropoiesis 红细胞生成
erythropoietic 生血性的(erythropoieticus)
erythropoietic porphyria 生血性卟啉症
erythropoietic protoporphyria 生血性原卟啉症
erythropoietin [促]红细胞生成素
erythropoietinogen 红细胞生成素原
erythropsin 视[紫]红质
erythropterin 红蝶呤
erythropterous 红翼的(erythropterus)
erythropyknosis 红细胞皱缩(erythropycnosis)
erythrorexis 红细胞解体
erythrose 赤藓糖
erythrose-4-phosphate 赤藓糖-4-磷酸
erythrosepalous 红萼片的(erythrosepalus)
erythrosine 赤藓红,四碘荧光素[$C_{28}H_8O_5I_4$]
erythrospermous 红种子的(erythrospermus)
erythrospinous 红刺的(erythrospinus)
erythrostachyous 红穗的(erythrostachyus)
erythrotrichous 红毛的(erythrotrichus)
erythrulose 赤藓酮糖[$CH_2OH \cdot CHOH \cdot CO \cdot CH_2OH$]
ES(FAO)(= Economic and Social Department) (粮农组织)经济社会司
es(= echo) 回波
ES ①(= electrospray)电喷射{生技} ②(= electron spectroscopy)电子能谱学{物}
ES cell(= embryonic stem cell) 胚胎干细胞{分生}
Esaki effect 隧道效应{信息}
esca disease of grapevine 葡萄干枯病,葡萄毛韧革菌病[*Stereum hirsutum* = *S. necator*]
escalation ①[逐步]升级,逐步上升 ②提高(escalatio)
escalation of locks 封锁逐步升级
escalator 自动梯
escallonia ①鼠刺属[*Escallonia* L. f.](鼠刺科) ②鼠刺[*Escallonia* sp.]

escallonia family 鼠刺科［Escalloniaceae］
escape ①野化｛栽培｝②逸出，漏出｛加工｝③排出，排出口｛农机｝④挥发｛生化｝⑤脱蜂器｛蜂｝⑥退水闸｛水利｝⑦回避｛病理｝⑧逃避，躲避｛生态生理｝⑨换码，换码符，扩展符，转义符｛电脑｝
escape board 脱蜂器，继箱脱蜂板
escape canal 退水渠
escape clause 例外条款｛农经｝
escape cock 放气龙头｛环保｝
escape covert 逃避隐蔽植被
escape grid 凹板筛
escape hole 排出口｛环保｝
escape mechanism 逃避机能
escape message 换码消息，逃脱消息
escape movement 逃避运动，躲避运动（指对强光的反应）
escape of nutrients 养分流失
escape pipe 排出管
escape rocket 逃逸火箭，救生火箭
escape synthesis 逃避合成｛分遗｝
escape valve 排气阀
escape weir 退（减）水堰
escaped plant 野化植物，逸出植物
escaped species 逸出种
escapement ①棘轮装置 ②间隔器，字母间隔 ③换码 ④逃逸
escapement amount 逃逸量
escaper （杂种）野化植株，衰退杂种
escaping ①逃避｛生态生理｝②换码｛电脑｝
escaping tendency 逃避趋势
escarole（＝endive） 苣荬菜，苦苣
escarpment ①鬣丘，马头丘 ②悬崖，急斜坡
Escherichia coli（＝*E. coli*） 大肠埃希氏菌
***Escherichia coli* bacteriophage** 大肠埃希氏菌噬菌体
***Escherichia coli* DNA** 大肠埃希氏菌 DNA
***Escherichia coli* restriction endonuclease** 大肠埃希氏菌限制性内切核酸酶
***Escherichia coli* ribosome** 大肠埃希氏菌核蛋白体
***Escherichia coli* rRNA** 大肠埃希氏菌 rRNA
***Escherichia coli* tRNA** 大肠埃希氏菌 tRNA
escort 护航（comitatus）
esculent ①适于食用的，可食的 ②食用物，食物 ③食用植物（esculens）
esculent crops 食用作物
esculent day-lily 可食萱草［*Hemerocallis esculenta* Koidz.］（百合科）
esculent plant 食用植物（planta esculens）
esculetin 七叶亭，6，7－二羟基香豆素
esculin（＝aesculin） 七叶苷
escutcheon ①乳镜｛畜｝②小盾片｛昆虫｝
escutellate 无小盾片的（escutellatus）｛昆虫｝
ESE（＝east southeast） 东东南
eseptate 无隔膜的，无隔壁的（eseptatus）
eserine 毒扁豆碱［$C_{15}H_{21}O_2N_3$］
esetulose 无小刚毛的（esetulosus）
ESI（＝extended storage interface） 扩充存储器接口｛信息｝
eskar 沙砾丘，蛇形丘
eslworm（＝eelworm，nematode） 线虫
esmaralda ①蜘蛛兰属（兰科）②蜘蛛兰
ESMS（＝electrospray mass spectroscopy） 电喷射质谱学
esophagostomiasis 食道口线虫病
esophagus 食道，食管（oesophagus）｛畜｝
esoteric 秘传的
esoteric formula 秘传药方，秘传处方（指中医）
esoteric method 秘传方法
esoteric unit names 秘密设备名
ESP（＝exchangeable sodium percentage） 交换性钠百分率，碱化度
espalier ①树篱，树墙 ②树棚，树架 ③篱式果树
espalier form 篱形，篱式｛园林｝
espalier growth form 篱形生长型
espalier training 篱形整枝
espalier training machine 篱形整枝机
espalier training of fruit tree 果树篱形整枝
espalier tree 篱形树
espalier trellis ①篱形棚 ②（＝lean to culture）篱形棚栽培，篱壁栽培
esparcette（＝cock's head，sainfoin） 驴食草（红豆草，驴喜豆，圣车轴车）［*Onobrychis viciifolia* Scop. ＝ *O. sativa* Lam.，*O. spicata* Moench，*O. vulgaris* Gouldl.］（豆科）
esparto grass（＝paper grass） 细茎针茅（西班牙及阿尔及利亚产的）［*Stipa tenuissima*］（禾本科）
esplanade ①草场｛牧草｝②斜堤｛水利｝
espouse （研究工作的）支持，赞助（spousare）
Espy-Koppen theory 埃斯皮－柯本学说｛气象｝
esquamate 无鳞片的（esquamatus）
ESR（＝electron spin resonance） 电子顺磁共振
essart（＝assart） 扩大耕地
essay ①实验，试验 ②分析，测定 ③论文
essence ①香精 ②精华 ③本质，实质 ④要素

(essentia)
essence of mint 薄荷油
essential ①必要的,不可缺少的,最重要的 ②精华的 ③基本的 ④本质的,实质的(essentialis)
essential advanced practice of agronomy 重要先进栽培措施
essential agrotechnique 基本栽培技术
essential amino acid 必需氨基酸,必要氨基酸
essential annual weeds 主要一年生杂草
essential association 基本结合
essential biennial crops 主要二年生作物
essential bunch grasses 主要疏丛性牧草
essential component 必要组分{生态生理}
essential cooperative game 必要合作对策{农管}
essential element 必需元素
essential farming practice 基本耕作措施
essential fatty acid 必需脂肪酸
essential group 必需基团{分生}
essential hazard 本质冒险,实质冒险
essential information 基本信息
essential medium 必需介质
essential nutrient 必需营养元素,必需养分
essential oil [香]精油
essential oil mutachromosomic effect 香精油诱变染色体效应
essential organ 重要器官(organa essentialis)
essential prerequisite 最重要先决条件
essential root weeds 主要根生杂草
essential strategy 必要策略{农管}
essential water ①必要水分,基本水分 ②组成水
essentiality ①本性,本质 ②必要性 ③实质性(essentialitas)
Essex plow (= Essex plough) 艾色克斯犁,英国犁
Esso 406 (= captan) 克菌丹
establish ①建立,设立 ②确立,证实 ③规定 ④稳固,固定 ⑤移植生长
established cell line 确立细胞系
established connection 确立连接
established crop 移植生长的作物
established pasture 建立的牧场
established tree 驯化树
establishing ①定植 ②建立 ③安置 ④使固定 ⑤制定,规定
establishing of a vineyard (= planting of a vineyard) 葡萄园定植(苗木)
establishing of farm workers 农工安置,农业工人居住点
establishing of orchard 果园建立
establishing shot 建立镜头{电脑}
establishment ①成活{栽培} ②定居,定殖{生态} ③成林{园林} ④组织,编成{农经} ⑤建立,创立,创建 ⑥制定{电脑}
establishment of natural enemy 天敌定殖(指害虫克星的定殖)
establishment of pasture 创建牧场
establishment of seedling ①幼苗成活,成苗,成株 ②定苗
estate ①大胶园,大农园 ②财产,地产
estate agent 经纪人
estate bookkeeping (= farm accounting) 农业簿记
estate buildings (= farm buildings) 农场建筑
estate held in free tenure (= freehold land) 私有土地,自有土地
estate management (= farm management) 农场管理学,农业企业管理学,经营学
estate owner 地主,土地占有者
estate rubber 大胶园橡胶
ester 酯
ester bond 酯键 ②⌊复⌉酯类
ester exchange 酯交换
ester linkage 酯键
ester number 酯化值
ester oxycellulose 氧化纤维素酯
ester phosphorus 酯磷
ester transfer 酯[基]转换
esterase 酯酶
esterastin 抑酯酶素
esterate site 酯部位
esteric 酯的(esterus)
esteric binding 酯结合
esterification 酯化[作用](esterificatio)
esteroil 酯油
esteroil crops 挥发油作物
esthesiometer 触觉测量器
esthesiometry 触觉测量法(esthesiometrica)
esthesis 感受力
estimate ①估计,估计量{统计} ②概算{农管} ③评价,评定(aestimare)
estimate of rate of fishing 渔获率估计
estimate of water energy 水能[量]估计
estimate survey 估测
estimate variance 估计方差
estimated cost 估计成本
estimated cross over value 估计交换值
estimated horsepower 估计马力
estimated loss 估计损失(耗)
estimated yield 估计产量,估产

estimating ①编制预算 ②估价,评估 ③估计
estimating by trees 每木估价
estimating heritability 估计遗传力
estimating yield by a glance 目测估产
estimation ①估计 ②评价,评估 ③判断 ④预算 ⑤鉴定(aestimatio)
estimation by eye 目测法{测}
estimation method 估计法{统计}
estimation of age 年龄鉴定
estimation of breeding value 育种值估计
estimation of key model parameter 关键模型参数的估计{智培}
estimation of missing plot 缺区估计
estimation of mortality 死亡率估计
estimation of natural resource 自然资源的估计{农经}
estimation of parameter 参数估计
estimation of variance of noise 噪声方差估计
estimation technique 估算技术
estimation theory 估算理论{统计}
estimator 估计数,估值{统计}
estimator of standard deviation 标准差估值
estipitate 无柄的
estipitate flower 无柄花
estipulate 无托叶的(estipulatus)
estipulate flower 无柄花,无托叶花(flos estipulatus)
estival 夏季的(aestivalis)
estival aspect 盛夏季相{生态}
estivation 花被卷叠式(aestivatio)
estopage 阻止,禁止
estrade 台,坛(sterncre)
estradiol(E_2) 雌二醇
estragole 蒿脑
estragon(=tarragon) 龙蒿,蛇蒿,狭叶青蒿[*Astemisia dracunculus* L.](菊科)
estragon oil 龙蒿油,蛇蒿油
estrane 雌[甾]烷
estrange 疏隔,疏远
estrapade (马)用后足立起
estriate 无条纹的(estriatus)
estrin 雌激素
estriol(E_3) 雌[甾]三醇
estriol glucuronate 雌[甾]三醇葡萄糖苷酸
estrogen 雌激素
estrogen-primed 雌激素引发的
estrogen response element(ERE) 雌激素效应元件
estrogenic hormone(=female hormone) 雌激素
estrone(E_1) 雌[甾]酮
estrophiolate 无种阜的(estrophiolatus)
estrous 动情的,发情的(estrus)
estrous cycle 动(发)情周期
estrualization ①催产 ②催情 ③催青(estrualisatio)
estrum 动(发)情期
estrus(=rut) 动情
estrus cycle(=estrous cycle) 动情周期,发情周期
estuarine 河口的,江口的(aestuarinus)
estuarine deposit 河口淤积[物]
estuarine fishes 河口鱼类
estuary ①河口,海湾,江口 ②江湾
ET(=evapotranspiration) 蒸发蒸腾[作用]{生态生理}
ET-57(=fenchlorphos) 皮蝇磷{农药}
etaerio 聚心皮果(etaerium)
etagatose 塔格糖
etalon ①标准,规格 ②波长测定仪 ③标准器,标准样件,标准量具
etamycin 抗结核链霉素
etch 蚀刻,酸蚀,药蚀,腐蚀
etch cutting 腐蚀切割
etch virus 蚀纹病(虫刻病毒)
etch virus of tobacco 烟草蚀纹病[*Nicotiana virus* 7]
etchant 腐蚀剂
etched foil process 腐蚀法
etching ①药蚀 ②蚀刻[画] ③侵蚀
etching waste stream 蚀刻制版工厂废液{环保}
eternal frost climate 永冻气候
Etesian climate 地中海气候
ethane 乙烷[CH_3CH_3]
ethanedioic acid 乙二酸,草酸[HOOC·COOH]
ethanedisulfonic acid 乙烷二磺酸
ethanol(=ethyl alcohol)[EtoH] 乙醇,酒精[C_2H_6O]
ethanol amine 乙醇胺,胆胺[$NH_2CH_2CH_2OH$]
ethanol amine phosphotransferase 乙醇胺转磷酸酶
ethanol content 乙醇含量
ethanol fermentation 乙醇发酵
ethanol precipitation 乙醇沉淀[法]
ethanolysis 乙醇分解[作用]
ethene 乙烯[C_2H_4]
etheogenesis(=ethiogenesis) 雄体单性生殖
ethephon 乙烯利,乙烯磷(植物生长调节素)[$C_2H_6ClO_3P$]
ether ①醚,乙醚{生化} ②以太{气象}

ether alcohol 醚酒精
ether as fixative 固定液用醚
ether extract (= ethered extract) 乙醚提取物
ether freezer 醚蒸散冷却器
ethereal oil 挥发性油
ethereal oil plants 挥发油植物
ethereal sulfate 硫酸苯酯
etherification 醚化 (etherificatio)
etherization 醚麻醉法 (etherisatio)
ETHERNET (= Ethernet) 以太网{信息}
Ethernet 以太网
Ethernet address 以太网地址
Ethernet cable 以太网电缆
Ethernet data 以太网数据
Ethernet interface 以太网接口
Ethernet protocol 以太网协议
ethics ①规范 ②伦理[观] ③道德[观] (ethica)
ethidium bromide 溴化乙锭
ethine 乙炔 [C_2H_2]
ethion 乙硫磷,1240 (杀螨剂) [$C_9H_{22}O_4P_2S_4$]
ethionine 乙[基]硫氨酸
Ethiopian eggplant 冬海红 [*Solanum integrifolium*] (茄科)
Ethiopian realm 埃塞俄比亚区
Ethiopian Region 非洲区 (埃塞俄比亚区)
ethisterone 17-乙炔睾[甾]酮
ethnic 人种的 (ethnicus)
ethnic group 人种群,种族团体
ethnobiology 人种生物学 (ethnobiologia)
ethnobotany 人种植物学 (ethnobotanica)
ethnography 人种志 (ethnographia)
ethnologic (= ethnological) 人种学的 (ethnologicus)
ethnology 人种学 (ethnologia)
ethnozoology 人种动物学 (ethnozoologia)
ethological 行为的 (ethologicus)
ethological function 行为功能
ethological isolating factor 行为隔离因素
ethological isolation 行为隔离
ethology 行为学 (ethologia)
Ethrel (= ethephon) 乙烯利,乙烯磷{农药}
ethyl 乙基
ethyl acetate 乙酸乙酯,醋酸乙酯 [$CH_3COOC_2H_5$]
ethyl alcohol 乙醇,酒精 [C_2H_5OH]
ethyl alcohol as fixative 固定液用乙醇
ethyl alcohol for dehydration 脱水用乙醇
ethyl alcohol in flooded soil 浸淹土壤中乙醇
ethyl carbamate 氨基甲酸乙酯 [$C_2H_5O \cdot CO \cdot OC_2H_5$]
ethyl cellulose 乙基纤维素
ethyl chlorophyllid 叶绿素乙酯
ethyl ethane sulfonate (EES) 乙基乙烷磺酸
ethyl ether 乙醚 [$(C_2H_5)_2O$]
ethyl hydrogen peroxide 乙基过氧化氢
ethyl mercaptan 乙硫醇 [C_2H_5SH]
ethyl mercuric chloride (= Ceresan) 西力生{农药}
ethyl mercury 乙基汞 [$Hg(C_2H_5)_2$]
ethyl-methane-sulphonate (EMS) 乙基甲烷磺酸
ethyl methanesulphonate 甲基磺酸乙酯
ethyl red 乙基红 [$C_{23}H_{23}N_2$]
ethyl urethane 乙基尿烷
ethyl vinyl ether 乙烯-乙醚
ethylamine 乙胺 [$C_2H_5NH_2$]
ethylation 乙基化 [作用] (ethylatio)
ethylbenzene 乙[基代]苯 [$C_6H_5C_2H_5$]
Ethylene 乙烯 (植物生长调节剂)
ethylene amide 次乙亚胺
ethylene biosynthesis 乙烯生物合成
ethylene chlorohydrin 2-氯乙醇
ethylene diamine 乙二胺 [$NH_2CH_2CH_2\text{-}NH_2$]
ethylene diamine tetraacetic acid (EDTA) 乙二胺四乙酸
Ethylene dibromide 二溴乙烷 (杀虫剂) [$CH_2Br\text{-}CH_2Br$]
Ethylene dichloride (= 1,2 - dichloroethane) 二氯乙烷{农药}
ethylene dinitrilotetraacetic acid (EDTA) 乙二胺四乙酸
ethylene diurea (EDU) 乙叉二脲 (长效肥料)
ethylene glycol 乙二醇 [$HOCH_2CH_2OH$]
ethylene glycol bis(β-amino-ethyl ether-N, N'-tetraacetic acid EGTA) 乙二醇双乙胺醚-N,N'四乙酸
ethylene glycol for dehydration 脱水用乙二醇
ethylene imine (EI) 乙烯亚胺,氮[杂]丙环
Ethylene oxide (= Epoxyethane) 环氧乙烷{农药}
ethylene precursor 乙烯前体
ethylene production in vitro 离体乙烯生产量,试管内乙烯生产量
ethylene reductase 乙烯还原酶,酰基辅酶A脱氢酶
ethylene removal catalyzer 乙烯除去催化

剂
ethylene tetrachloride 四氯化乙烯 [$(CH_2)_2Cl_4$]
ethyleneglycol-bis (β-aminoethyl ether)-N, N′-tetraacetic acid (EGTA) 乙二醇双乙胺醚-N,N′-四乙酸
ethylenimine 乙酰亚氨
ethylethane sulfonate 磺酸乙基乙烷
ethyliating agent 乙基剂
ethylmercuric iodide 碘化乙基汞 [$HgIC_2H_5$]
ethylmethane sulfonate (EMS) 甲基磺酸乙酯
etio- ⌊字头⌉ 本,初
etiocholane 苯胆烷
etiocholanedione 苯胆烷二酮
etiocholanolone 苯胆烷醇酮
etiocholanolone fever 苯胆烷醇酮热
etiolated ①黄化的 ②褪色的 (etiolatus)
etiolated plant 黄化植株
etiolated seedling 黄化幼苗
etiolation ①黄化[现象],黄萎 ②黄化,软化 (etiolatio)
etiolatron method 黄化法{园艺}
etiolement 黄化 (etiolementum)
etiology (= aetiology) 病原学 (aetiologia)
etioplast 白色[质]体,黄色体 (aetioplastis){细胞}
etioplast matrix 白色[质]体基质
etoposide 表鬼臼毒[素]吡喃葡糖苷,鬼臼亚乙苷
ETP (= electron transport particle) 电子传递粒子
ETX (= end of transmission text) 传输文本结束{信息}
eu- ⌊字头⌉ 真,优
eu-form 全孢型 (euformis){真菌}
euacranthic 真顶花的 (euacranthus){形态}
euacranthic flower 真顶生花 (flos euacranthus)
euanthic 真单花的 (euanthus)
euanthium-theory 真花学说{分类}
euapogamy 双倍无配生殖,常无配生殖 (euapogamia)
euascomycetes 真子囊菌[亚纲][Euascomycetes]
eubacteria 真细菌 (eubacterium 的复数)
eubasidiomycetes 真担子菌[亚纲][Eubasidiomycetes]
eubiont 真生物 (eubions)
eucalypte 真盖的 (eucalyptus)
eucalyptifolious 桉叶的 (eucalyptifolius)
eucalyptol 桉树脑,桉叶油素 [$C_{10}H_{18}O$]
eucalyptole mutachromosomic effect 桉树脑诱变染色体效应
eucalyptus ①桉属[*Eucalyptus* L′Hér.](桃金娘科)②蓝桉[*Eucalyptus globulus* Labill.]
eucalyptus oil 桉树油
eucalyptus scale 桉绒蚧[*Eriococcus* sp.]
eucalyptus stand 桉树群丛{生态}
eucalyptus weevil (= snout beetle) 桉象甲[*Gonipterus scutellatus* Gyllenhal](象甲科)
eucarpic 分体产果的 (eucarpus){真菌}
EUCARPLA (= European Association for Research on Plant-Breeding) 欧洲植物育种研究协会
eucarvone 优黄蒿萜酮
eucaryon 真核
eucaryote 真核生物 (eucaryota)
eucaryotic 真核的 (eucaryoticus)
eucaryotic cell 真核细胞 (cellula eucaryotica)
eucell 真核细胞 (eucellula)
eucentric 具常着丝点的,具单着丝点的 (eucentricus){遗传}
eucentric inversion 臂间倒位
eucentric translocation 常着丝点易位
eucephalous 显头的 (eucephalus){昆虫}
eucharis (= Amazon lily) ①亚马逊石蒜属[*Eucharis* Planch.](石蒜科)②亚马逊石蒜[*Eucharis grandiflora* Planch.]
euchlorine 优氯(氯和二氧化氯的混合物,从氯酸钾与浓盐酸制得){农药}
euchromatic 常染色质的 (euchromaticus)
euchromatic chromosome segment 常染色质染色体节段
euchromatic zone 常染色质区 (zona euchromatica)
euchromatin 常染色质 (euchromatinus)
euchromatization 常染色质化 (euchromatisatio)
euchromocenter 常染色中心 (euchromocentre)
euchromosome 常染色体 (euchromosoma)
euchrozems 深色砖红壤化土壤
euclidium ①硬果草属[*Euclidium* R. Br.](十字花科)②硬果草[*Euclidium syricum* R. Br.]
eucolloid 真胶体
eucommia ①杜仲属[*Eucommia* Oliv.](杜仲科)②杜仲[*Eucommia ulmoides*

Oliv.]
eucommia family 杜仲科[Eucommiaceae]
eucone eye 晶锥眼{昆虫}
eucyclic 同基数轮列的(eucyclicus)
eudesmol 桉叶油醇[$C_{15}H_{26}O$]
eudiometer 量气管,测气管
eudiometry ①气体测定 ②气体测定法(eudiometrica)
eudipleural 左右对称的(eudipleurus)
euflavine 优黄素
eugenia ①丁子香属[*Eugenia* L.](桃金娘科)② 丁子香[*Eugenia caryophyllata* Thunb.]
eugenic 优生的(eugenus)
eugenics 优生学(eugenica)
eugenin 丁子香色酮
eugenist 优生学家(eugenistus)
eugenol 丁子香酚 [$C_3H_5C_6H_3(OH)OCH_3$]
eugenol mutachromosomic effect 丁子香酚诱变染色体效应
eugenone 丁子香酮
eugeophytes 真地下芽植物(eugeophyti){生态}
euglena ①眼虫藻属[*Euglena* Ehrenb.](眼虫藻科)②眼虫藻[*Euglena* sp.]
euglena DNA 眼虫藻 DNA
euglena family 眼虫藻科[Euglenaceae]
euglena ribosome 眼虫藻核糖体
euglenoid 眼虫状的(eugleoides)
euglenophyceae 眼虫藻[纲][Euglenophyceae]
euglobulin 优球蛋白
euhalobic species 喜盐种(species euhalobicus)
euhalobion 真适盐种
euhalophyte 真盐生植物(euhalophyta)
euhaploid 整倍单倍体(euhaploida)
euhermaphrodite ①常雌雄同株 ②常雌雄同体(euhermaphroditum)
euheterosis 真杂种优势
euhylacion 热带雨林
euhymenium 真子实层
eukaryocyte 真核细胞(eucaryocyta)
eukaryon(=eucaryon) 真核
eukaryote(=eucaryote) ①真核生物 ②真核体(eucaryota){分生}
eukaryotic 真核的(eucaryoticus){分生}
eukaryotic algae 真核藻类(algae eucaryoticae)
eukaryotic cell 真核细胞(cellula eucaryotica)
eukaryotic cytoplasmic initiator tRNA 真核细胞质起始 tRNA
eukaryotic enzyme 真核酶
eukaryotic expression 真核表达(expressio eucaryotica)
eukaryotic initiation factor(EIF) 真核起始因子
eukaryotic interphase nucleus 真核分裂间期核
eukaryotic mRNA 真核 mRNA
eukaryotic organism 真核生物
eukaryotic ribosome 真核核蛋白体
eukaryotic rRNA species 真核 rRNA 种
eukaryotic vector 真核载体
eukeratin 优角蛋白
eulalia ①金茅属[*Eulalia* Kunth](禾本科)②金茅[*Eulalia speciosa* (Debeaux) Ktze.=*Erianthus speciosus* Deberux]
eulimnetic ①湖沼的 ②湖沼浮游植物(eulimneticus)
eulimnoplankton 湖沼浮游生物
eulittoral ①真滨海的,②真沿岸带,潮间带(eulittoralis)
eulittoral algae 真滨海藻类(algae eulittorales)
eulophia ①美冠兰属[*Eulophia* R. Br](兰科)② 美冠兰[*Eulophia faberi* Rolfe]
eulophid parasites 寡节小蜂科[Eulophidae]
eumeiosis ①常成熟分裂 ②常减数分裂
eumitosis 常有丝分裂
Eumycetes 真菌[门]
eumycin 优霉素
eunuch 去雄花(eunux)
euonymus ①卫矛属[*Euonymus* L.](卫矛科)②卫矛[*Euonymus alata* Reg.]
euonymus geometer 卫矛尺蛾[*Abraxas miranda* Butler](尺蛾科)
euonymus scale 卫矛长蚧[*Unaspis euonymi* (Comstock)](盾蚧科)
euparal 尤巴拉尔胶{显技}
Euparen(=dichlofluanid) 抑菌灵(保护性杀菌剂)[$C_9H_{11}Cl_2FN_2O_2S_2$]
eupatorium ①泽兰属[*Eupatorium* L.](菊科)②泽兰[*Eupatorium chinensis* L.]
eupatorium gall fly 泽兰实蝇[*Procecidochares utilis* Stone](实蝇科)
eupeptic ①易消化的 ②消化良好的(eupepticus)
eupeptide 消化舒良肽

euphenics 优型学(euphenica)
euphol 大戟甾醇,大戟固醇
euphorbia ①大戟属[*Euphorbia* L.](大戟科) ②大戟[*Euphorbia pekinensis* Rupr.]
euphorbia family 大戟科[Euphorbiaceae]
euphorbia pulcherrima (= common poinsettia) 一品红[*Euphorbia pulcherrima* Willd. = *Poinsettia pulcherrima* Graham](大戟科)
euphorbiaceous 大戟科的(euphorbiaceus)
euphorbol 甲叉大戟甾醇
euphorbone 大戟酮[$C_{24}H_{30}O_5$]
euphotic 真光的(euphoticus){水产}
euphotic layer 透光层,真光层
euphotic zone 强光带
euphrasy (= drug eyebright) 药用小米草[*Euphrasia officinalis* L.](玄参科)
euphylla (= euphylls) 真叶
euphyllode 真叶状柄(euphyllodium)
euphylloid 真叶状的(euphylloideus)
Euphytica 植物遗传育种杂志(在荷兰出版)
euplankton 真浮游生物
euplantula 跗垫{昆虫}
euplasmic 同质细胞质的(euplasmus)
euplectenchyma 真密丝组织{真菌}
euploid 整倍体(euploidea){细胞}
euploid mutant 整倍体突变型
euploid polyembryony 整倍体多胚性
euploid series 整倍体系
euploidy 整倍性(euploidas)
eupodid mites 真足螨科[Eupodidae]
eupodzolic 典型灰化的(eupodsolicus){土壤}
eupole 真极(eupola)
eupsychics 教育心理工程学(eupsychica)
euptelea ①领春木属(云叶属)[*Euptelea* Sieb. et Zucc.](领春木科) ②领春木(云叶)[*Euptelea pleiospermum* Hook. f. et Thoms]
euptelea family 领春木科(云叶科)[Eupteleaceae]
eupycnotic 常固缩的(eupycnoticus)
eupyrene sperm 正常精子
Eurasia continent 欧亚大陆
eurendzina 典型黑色石灰土
Euripa 欧洲信息提供协会{信息}
Eurographics 欧洲制图学会{电脑}
Euronet 欧洲网络(指包括计算机,广播,电视)
Europ ean alder (= common alder) 欧洲桤木(胶桤木)[*Alnus glutinosa* Vill.](桦科)
European academic research network(EARN) 欧洲学术研究网络
European Agricultural Community "green pool" 欧洲农业共同体"绿色联营"
European Agricultural Guidance and Guarantee Fund (EC) 欧洲农业开发与保险基金组织(欧洲共同体)
European alder leaf miner 欧洲桤木潜叶蜂[*Fenusa dohrni* Tisch.](叶蜂科)
European and Mediterranean Plant Protection Organization (E. P. P. O.) 欧洲及地中海植物保护组织
European apple sawfly 苹实叶蜂[*Hoplocampa testudinea* Klug](叶蜂科)
European apple sucker 苹喀木虱[*Cacopsylla mali* Schmidbg.](木虱科)
European article number(EAN) 欧洲商品号
European ash 高梣(欧洲白蜡树)[*Fraxinus excelsior* L.](木犀科)
European aspen 欧洲山杨(青杨)[*Populus tremula* L.](杨柳科)
European Association for Potato Research 欧洲马铃薯研究协会
European Association for Research on Plant Breeding 欧洲植物育种研究协会
European Atomic Energy Community (EURATOM) 欧洲原子能联营
European barberry 刺檗[*Berberis vulgaris* L.](小檗科)
European bean beetle (= broad bean weevil) 蚕豆红脚象(蚕豆红足象)[*Bruchus rufimanus* Boh.](象甲科)
European beech 欧洲山毛榉(欧洲椈,林山毛榉)[*Fagus sylvatica* L.](山毛榉科)
European birch (= European white birch) 欧洲白桦(欧洲桦)[*Betula pendula* Roth = *B. alba* L.](桦木科)
European bird cherry 稠李(稠梨)[*Prunus padus* L.](蔷薇科)
European black currant 茶藨(黑茶藨子)[*Ribes pauciflorum* Turcz. = R. *nigrum* L.](虎耳草科)
European bladder-nut 欧洲省沽油[*Staphylea pinnata* L.](省沽油科)
European blastomycosis 欧洲酵母病
European blue lupine (= blue lupine) 羽扇豆[*Lupinus hirsutus* L.](豆科)
European boxwood 锦熟黄杨[*Buxus sempervirens* L.](黄杨科)

European brown scale (= European fruit scale) 牡蛎圆蚧 [*Aspidiotus ostreaeformis* Curt.](盾蚧科)

European buckeye 欧洲七叶树 [*Aesculus hippocastanum* L.](七叶树科)

European bugleweed 欧地笋 [*Lycopus europaeus* L.](唇形科)

European canker 苹果溃疡病 [*Nectria galligena*=*Cylindrocarpon mali*]

European cantaloupe 罗马甜瓜(硬皮甜瓜,大甜瓜) [*Cucumismelo* L. var. *cantaloupensis* Naud.](葫芦科)

European chafer 欧金龟 [*Amphimallon majalis* Raz.](金龟科)

European chestnut (= Spanish chestnut) 欧洲栗 [*Castanea sativa* Mill.](山毛榉科)

European chicken flea 禽蚤(鼠蚤) [*Ceratophyllus gallinae* Schr.]

European Coffee Bureau 欧洲咖啡办事处

European Commission of Agriculture 欧洲农业委员会

European Community (**EC**) 欧洲共同体

European Community Information Services 欧洲共同体情报服务机构

European Computer Manufacturer's Association (**ECMA**) 欧洲计算机制造商协会

European Computer Network (**ECN**) 欧洲计算机网络

European Confederation of Agriculture 欧洲农业联合会

European corn borer (= European maize borer, maize stalk moth, millet stem borer) 玉米螟 [*Pyrausta nubilalis* Hbn.](螟蛾科)

European cow lily ①萍蓬草属 [*Nuphor* Sibth.et Smith](睡莲科) ②萍蓬草 [*Nuphor pumilum* (Hoffm.)DC.] ③欧洲萍蓬草 [*Nuphor luteum* (L.)Smith]

European cranberry (= cranberry) 酸果蔓

European cranberry bush 欧洲荚蒾 [*Viburnum opulus* L.](忍冬科)

European cranefly 欧洲大蚊 [*Tipula paludosa* Meigen](大蚊科)

European crowfoot ①耧斗菜属 [*Aquilagia* L.](毛茛科) ②耧斗菜 [*Aquilagia vulgaris* L.]

European cyclamen 欧洲仙客来 [*Cyclamen purpurascens* Mill.](报春花科)

European dewberry 欧洲木莓 [*Rubus caesius* L.](蔷薇科)

European dune wildryegrass (= lyme grass, upright sea lyme grass, European dunegrass) 沙丘野麦 [*Elymus arenarius* L.](禾本科)

European dunegrass (= upright sea lymegrass) 沙丘野麦 [*Elymus arenarius* Linn.](禾本科)

European dwarf cherry 欧洲矮樱桃 [*Prunus fruticosa* Pall.](蔷薇科)

European earwig 欧洲球螋(普通蠼螋) [*Forficula auricularia* Linnaeus](球螋科)

European elder 欧接骨木 [*Sambucus racemosa* L.](忍冬科)

European elm scale 榆红蚧 [*Gossyparia spuria* Mod.](毡蚧科)

European evonymus 欧卫矛 [*Euonymus europaeus* L.](卫矛科)

European fan palm 欧洲扇棕 [*Chamaerops humilis* L.](棕榈科)

European foul brood 欧洲腐蛆病,欧洲[幼虫]腐烂病 [*Bacillus pluton*]{蜂}

European fruit fly (= Mediterranean fruit fly) 地中海实蝇

European fruit lecanium (= brown apricot scale, plum scale) 金合欢蜡蚧(李蜡蚧)(蜡蚧科)

European fruit scale 欧洲果圆蚧 [*Quadraspidiotus ostreaeformis* Curt.](盾蚧科)

European golden-rod 一枝黄花 [*Solidago virgaurea* L.](菊科)

European gooseberry 圆醋栗(鹅莓) [*Ribes grossularia* L.](醋栗科)

European grain moth 谷蛾 [*Tinea granella* L.](谷蛾科)

European grape 葡萄 [*Vitis vinifera* L.](葡萄科)

European ground beetle 臭广肩步甲 [*Calosoma sycophanta* L.](步甲科)

European hackberry 欧洲朴 [*Celtis australis*](榆科)

European holly 圣诞树 [*Ilex aquifolium* L.](冬青科)

European hop 啤酒花(忽布) [*Humulus lupulus* L.](大麻科)

European Hop Growers Convention (EHGC) 欧洲啤酒花种植者委员会

European hop-hornbeam 欧洲铁木 [*Ostrya carpinifolia* Scop](榛木科)

European hornbeam (= white beech, hardbeam) 欧洲鹅耳枥 [*Carpinus betulus* L.](榛木科)

European hornet (= hornet) 大胡蜂[*Vespa crabro* L.](胡蜂科)

European horse biting louse 欧洲马羽虱[*Trichodectes pilosus* Giebel](兽羽虱科)

European Information Network (**EIN**) 欧洲信息网

European lady-slipper ①杓兰属[*Cypripedium* L.](兰科) ②杓兰[*Cypripedium macranthum* Sw.] ③欧洲杓兰[*Cypripedium calceolus* L.]

European linden 欧椴[*Tilia parvifolia* Ehrht.](椴科)

European maize borer (= European corn borer) 玉米螟

European mantid 薄翅螳螂[*Mantis religiosa* Linnaeus](螳螂科)

European meadow-sweet 欧洲合叶子[*Filipendula ulmaria* Maxim.](蔷薇科)

European Meteorological Satellite(**MeTeOSAT**) 欧洲气象卫星{遥感}

European mistletoe 槲寄生[*Viscum album* L.](桑寄生科)

European mole cricket (= mole cricket) 欧洲蝼蛄

European Molecular Biology Laboratory (**EMBL**) 欧洲分子生物学实验室{分生}

European Molecular Biology Organization (**EMBO**) 欧洲分子生物学组织{分生}

European monsoon 欧洲季风

European mountain-ash (= rowan tree) 欧花楸[*Sorbus aucuparia* L.](蔷薇科)

European pasqueflower ①白头翁属[*Pulsatilla* L.](毛茛科) ②白头翁[*Pulsatilla cernus* Spreng.]

European peach scale 欧洲桃蜡蚧[*Lecanium persicae* Fabricius](蜡蚧科)

European pear 洋梨[*Pyrus communis* L.](蔷薇科)

European pigeon bug (= pigeon bug) 鸽臭虫[*Cimex columbarius* Jenyns](臭虫科)

European pine caterpillar (= pine lasiocampid) 欧洲松毛虫[*Dendrolimus pini* Linnaeus](枯叶蛾科)

European pine sawfly (= conifer sawfly, foxcolored sawfly) 松锈褐角叶蜂(松树褐色叶蜂,松锈叶蜂)[*Neodiprion sertifer* (Geoff.)](叶蜂科)

European plum 洋李[*Prunus domestica* L.](蔷薇科)

European privet 欧洲女贞[*Ligustrum vulgare* L.](木犀科)

European Productivity Agency (E.P.A.) 欧洲生产率通讯社

European rabbit flea 兔蚤[*Spilopsyllus cuniculi* Dale]

European red elder 欧接骨木[*Sambucus racemosa* L.](忍冬科)

European red mite 榆全爪螨[*Panonychus ulmi* Koch](爪螨科)

European red raspberry 覆盆子[*Rubus idaeus* L.](蔷薇科)

European Remote Sensing Satellite (**ERSS**) 欧洲遥感卫星{遥感}

European shot-hole borer 异性小蠹[*Xyleborus dispar* (Fabricius)](小蠹科)

European silver fir 欧洲银冷杉(银枞)[*Abies alba* Mill.](松科)

European spruce 欧洲云杉[*Picea excelsa* Link.](松科)

European star-flower ①七瓣莲属[*Trientalis* L.](报春花科) ②七瓣莲[*Trientalis europaea* L.]

European stickseed 鹤虱[*Lappula myosotis* V.Wolf](紫草科)

European Tea Committee 欧洲茶叶委员会

European turkey oak 苦栎[*Quercus cerris*](山毛榉科)

European Union of Producers of Potato Derivations 欧洲马铃薯加工业联合会

European valnut aphid 胡桃黑斑蚜[*Chromaphis juglandicola* Kalt.](斑蚜科)

European verbena 马鞭草[*Verbena officinalis* L.](马鞭草科)

European waterhemlock 毒芹[*Cicuta virosa* Linn.](伞形花科)

European Weed Research Council (EWRC) 欧洲杂草研究委员会

European wheat stem maggot 麦秆蝇[*Meromyza saltatrix* Linnaeus](黄潜蝇科)

European wheat stem sawfly (= wheat stem sawfly) 麦茎蜂[*Cephus pygmaeus* L.](茎蜂科)

European white birch 欧洲白桦(垂枝桦,欧洲桦)[*Betula pendula* Roth = *B. alba* L.](桦木科)

European white hellebore 蒜藜芦[*Veratrum album* L.](百合科)

European white poplar 欧洲白杨[*Populus alba* L.](杨柳科)

European white waterlily 白睡莲[*Nymphaea alba* L.](睡莲科)

European wild ginger (= asarbaca) 欧洲细辛[*Asarum europaeum*](马兜铃科)

European winter-aconite 菟葵［*Eranthis hyemalis* Salisb.］(毛茛科)
European wolf-berry 欧洲枸杞［*Lycium europaeum* L.］(茄科)
European wood sanicle 变豆菜［*Sanicula europaea*］(伞形花科)
europium 铕（Eu,63 号元素）
eurotia ①优若属［*Eurotia* Adans］(藜科) ②优若［*Eurotia ceratoides*（L.）C. A. Mey.］
eury- ⌞字头⌝宽,广
eurya ①柃属［*Eurya* Thunb.］(茶科) ②柃［*Eurya japonica* Thunb.］
euryale ①芡实属［*Euryale* Salisb.］(睡莲科) ②芡实［*Euryale ferox* Salisb.］
euryandrous 宽雄蕊的（euryandrus）
eurybathic 广深性的（eurybathus）
eurybracteate 宽苞的（eurybracteatus）
eurycheilous 宽唇的（eurycheilus）
eurychoric 广域分布的（eurychoricus）
eurychoric plant 广域分布植物
eurychoric species 广域分布种
eurycladous 宽茎的（eurycladus）
eurydesmids 宽带山蛩科［Eurydesmidae］
euryhaline 广盐性的（euryhalinus）
euryhaline fishes 广盐性鱼类
euryhaline marine algae 广盐性海藻[类]
euryhaline plant 广盐性植物
euryhydric 广水性的（euryhydrus）
euryhydric plant 广水性植物（planta euryhydra）
euryhydric species 广水性种（species euryhydrae）
eurylobous 宽裂片的（eurylobus）
eurynotous 宽边的（指叶）（eurynotus）
euryo- ⌞字头⌝宽,广
euryoecic 广栖性的（euryoecus）
euryothermic 广温性的（euryothermus）
euryothermic pathogen 广温性病原
euryothermophils 广温植物（euryothermophiles）
eurypalnous 新型孢粉的（eurypalnus）
eurypalynous 多类型的（eurypalynus）
euryphagous 广食性的（euryphagus）
euryphagy 广食性（euryphagia）
euryplastic 广塑性的（euryplasticus）
eurypterous 宽翅的,宽翼的（eurypterus）
eurysalinity 广盐性（eurysalinitas）
eurytheme sulfur（= alfalfa butterfly） 苜蓿粉蝶［*Colias eurytheme* Boisduval］(粉蝶科)
eurytherm ①广温性 ②广温植物（eurythermae）
eurythermal microorganism 广温性微生物（microorgamismus eurythermus）
eurythermic（= eurythermal） 广温性的（eurythermus）
eurythermic pathogen（= euryothermic pathogen） 广温性病原（pathogenus euryothermus）
eurythermic plant 广温性植物（planta eurytherma）
eurythermophils（= euryothermophils） 广温性植物（eurythermophiles）
eurytomids（= jointworms, seed chalcids） 广肩小蜂科［Eurytomidae］
eurytopic 广幅的（eurytopus）
eurytopic species 广辐种（species eurytopae）
eurytrophy 广幅营养性（eurytrophia）
eurytropic 广适性的（eurytropus）
euryurids 宽尾山蛩科［Euryuridae］
euryxenic pathogen 广适性病原
euryxeny 广适性（euryxenia）
euscaphis ①野鸦椿属［*Euscaphis* Sieb. et Zucc.］(省沽油科) ②野鸦椿［*Euscaphis japonica* Kanitz.］
euselectivity 真选择性（euselectivitas）
eusexual 常有性［生殖］的,正常有性的（eusexualis）
eusporangiate ①真蕨囊｛形态｝②厚囊蕨｛分类｝③厚孢子囊（eusporangiatus）｛真菌｝
eusporangiate fern 厚囊蕨［亚纲］［Eusporangiatae］
eusporangiate type ①真蕨囊型｛形态｝②厚囊蕨型｛分类｝
eusporangium 厚孢子囊｛真菌｝
euspore 整数孢子,全孢子（euspora）
euspory 整数孢子形成（eusporia）
eustatic ①恒存性的 ②海面的（eustaticus）
eustatic fluctuation 海面变动
eustatic movement 海面升降运动
eustele 真中柱（eustela）｛解剖｝
eusternum 主腹片
eustoma ①草原龙胆属［*Eustoma* Salisb.］(龙胆科) ②草原龙胆［*Eustoma grandiflorum* sp.］
"eustress" "安定"｛生态生理｝
eustroma 真子座
eusymbiotic 真共生性的（eusymbioticus）
eusymbiotic pathogen 真共生性病原（pathogenum eusymbioticum）
eutectic 易熔的,低[共]熔的（eutectus）

eutectic freezing 易熔冻结{环保}
eutectic mixture 低共熔[混合]物
eutectic point 低共熔点
eutelegenesis 人工授精育种法,渐近优生学
eutelomere 常端粒(eutelomera){细胞}
euthenics 优境学(euthenica)
euthermophilous 真适温的,真喜温的(euthermophilus)
eutherophytes 真一年生植物(eutherophyti)
euto-ferriallitic soil 饱和铁质铝土
eutopic 同位的,自位的(eutopus)
eutric ①饱和的 ②肥沃的 ③中性(eutricus)
eutric arenosols 饱和红沙土
eutric lithosol 饱和石质土
eutroglobiotic 真洞居的(eutroglobioticus)
eutrohistosol 饱和有机土(eutrohistosolea){土壤}
eutrophic ①富含营养物质的 ②中性的(eutrophus)
eutrophic wastewater 富营养化废水{环保}
eutrophication 富营养化(eutrophicatio)
eutrophy 富营养(eutrophia)
eutrophyte 肥土植物(eutrophyta)
eutropic 向日性的(eutropus)
eV (=electron volt) 电子伏[特]
evacuate ①排泄 ②抽真空,抽出,排出(evacuare)
evacuation ①排泄[作用]{畜} ②排气(evacuatio)
evacuation network 排气网络{环保}
evade 躲避,逃避,逃跑(evadere)
evagination ①外突,外折 ②翻出(evaginatio)
evaginatious ①外折的 ②翻出的(evaginatius)
evaluate ①估计量,估计价 ②评价,评定 ③鉴定,测定 ④计算,求值(evaluare)
evaluating soil fertility 评定土地肥力
evaluation ①估计,估算,计算{统计} ②评价,评定{种子}(evaluatio)
evaluation criterion 评价准则
evaluation of agricultural project in view of national economy 农业项目的国民经济评价
evaluation of conformation 外貌评定
evaluation of crosses 杂交种评定
evaluation of farmlands 农田评价,农地评价
evaluation of rural energy resources 农村能源资源评价
evaluation of seed quality 种子质量评定
evaluation of seedlings 幼苗评定
evaluation of software 软件评估
evaluation of the cane 甘蔗定价
evaluation of work and allotment of points 评工计分
evaluation report 评价报告
evaluation unit 估算单元,计算部件
evaluator ①鉴别器 ②计算多项式
evalvular 无瓣的(evalvularis)
evanescent 隐失的(指叶脉)(evanescens)
evanish 消失
evansite 核磷铝石[$2AlPO_4 \cdot 4Al(OH)_3 \cdot 12H_2O$]
evaporable ①易蒸发的 ②蒸发性的(evaporabilis)
evaporate ①蒸发,汽化 ②除去水分(evaporare)
evaporated film disk 蒸发薄膜磁盘{电脑}
evaporated milk 炼乳
evaporating ability 蒸发力
evaporating dish 蒸发皿
evaporating surface 蒸发面
evaporation 蒸发(evaporatio)
evaporation capacity [最大]蒸发量
evaporation combustion 蒸发燃烧
evaporation cooling ①蒸发冷却 ②蒸发冷房
evaporation from land surface 地面蒸发
evaporation from vegetation 植被蒸发
evaporation from water surface 水面蒸发
evaporation gauge 蒸发器
evaporation loss 蒸发损耗
evaporation of water 水分蒸发
evaporation pan 蒸发皿
evaporation power 蒸发能力
evaporation-rainfall ratio 蒸发-降雨比率
evaporation rate 蒸发率
evaporation retardant 蒸发阻滞剂
evaporation suppressor 蒸发抑制器
evaporation tank 大型蒸发皿
evaporation to dryness 蒸[发至]干
evaporative 蒸发的(evaporativus)
evaporative condenser 蒸发冷凝器
evaporative cooling 蒸发冷却
evaporative-cooling glasshouse 蒸发冷却温室
evaporative loss 蒸发损失
evaporative power 蒸发力
evaporative stress 蒸发胁迫{生态生理}
evaporative surface condenser 蒸发表面冷凝器
evaporative water loss 蒸发水分损失

evaporativity 蒸发率（evaporativitas）
evaporator 蒸发器
evaporator coil 蒸发［器］蛇［形］管
evaporator tower 蒸发塔
evaporimeter 蒸发仪
evaporite 蒸发岩，蒸发盐｛地质｝
evapotranspiration（ET） ①蒸散｛气象｝②蒸发蒸腾［作用］｛生理｝（evapotranspiratio）
evapotranspiration pattern 蒸发蒸腾模式
evapotranspiration rate 蒸发蒸腾量（率）
evapotranspiration role 蒸发蒸腾作用
evapotranspiration speed 蒸发蒸腾速度
evasion 躲避，逃避（evasio）
evasion culture 避灾栽培（指病虫等灾害）
even ①平的，平坦的 ②平滑的，光滑的 ③偶的，偶数的 ④均匀的，匀整的，整齐的 ⑤有规律的（=regular）⑥同时的 ⑦相等的
even-aged forest 同龄林
even-aged stand 同龄林分
even-aged stand of woody plant 同龄木本植物群丛
even breaks 平整切断
even distribution ①平均分布 ②匀播
even fracture 光滑断口
even grain 均匀纹理
even-grained texture（=granulitic texture, equigranular） 等粒状结构
even ground 平坦地
even higher ploidy 偶高倍性
even loop 偶数环
even maturing 同时成熟
even number 偶数
even-order polyploid 偶序多倍体
even pinnate 偶数羽状的（指复叶）（paripinnatus）
even-pinnately compound leaf 偶数羽状复叶（folium compositum paripinnatum）
even-roof horizontal 左右对称屋脊形的棚架栽培
even seed 匀整种子
even seeding（=even sowing） 均匀播种，匀播
even-span greenhouse（=span-roof greenhouse） 双屋面温室，等斜面温室
even-span house 双屋面温室
even spreading （农药，肥料，种子）均匀撒布
even symmetry 偶对称
even tail （鱼）平尾
even texture 均匀质地
even thinning 均匀间苗
even-toed ungulate 偶蹄类［Artiodactyla］
evener ①平整器 ②（双畜犁）牵引均衡横木 ③均衡器
evening ①晚间，傍晚，黄昏 ②衰退期
evening calm 晚静无风
evening campion（=white campion） 白剪秋罗（全缘剪秋罗）［*Lychnis alba* L.］（石竹科）
evening cicada 日本夜蝉［*Tanna japonensis* Distant］（蝉科）
evening dew 黄昏露，夜露
evening moth 小星天蛾［*Macroglossum stellatarum* Linnaeus］（天蛾科）
evening observation 傍晚观测（每天下午19时）
evening primrose ①月见草属［*Oenothera* L.］（柳叶菜科）②月见草（夜来香）［*Oenothera biennis* L.］
evening-primrose family 柳叶菜科［Onagraceae］
evening stock 夜紫罗兰［*Matthiola bicornis* DC.］（十字花科）
evening tide 汐
evening trumpet flower 常绿钩吻藤［*Gelsemium sempervirens* Ait. f.］（马钱科）
evenly close planting 密植匀播
evenness ①匀整性，整齐性 ②匀度，均匀度
evenness of emergence 出苗整齐性
evenness of grains 子粒匀整性
evenness of seeding 播种均匀度
evenness of spread 撒布均匀度
event ①事件，事项，过程 ②现象，作用，活动 ③结果，结局，终局，场合 ④间隙，缝，孔，距离 ⑤核变化，核转变
event break 事件中断
event counter 事件计数器
event data 事件数据
event fast scanner 事件快速扫描器
event handling 事件处理
event scanning 事件扫描
event synchronization 事件同步，事件同时性
event trace 事件跟踪
eventilation 簸扬
eventual ①最后的 ②结果的
eventual correlation 最后相关
eventual lysis 最后溶菌作用（在某种情况下可能发生的溶菌作用）
eventual yield 最后产量
ever ①从来，曾经，有时 ②经常，一直，总是，始终，永远 ③愈来愈，更加，不断，日益 ④以前，前此，迄今 ⑤尽量，尽可能，究竟，到底
ever after 从那时以后，以后一直
ever and again 时时，常常，不时地

ever culture (= year-round culture) 周年栽培,常年栽培
ever sharp 总是尖的(指铅笔,工具)
ever used 迄今用过的
everbearing 连续结果,四季结果,常年结果
everblooming (= everflowering) 连续开花,四季开花,常年开花
everblooming Chinese rose (= Chinese monthly rose) 月月红(紫月红)[*Rosa chinesis* var. *semperflora* Koehne](蔷薇科)
everblooming grass pink 四季常夏石竹[*Dianthus plumarius* var. *semperflorens* Hort.](石竹科)
everflower 永久花,不凋花
everflowering plant 常年开花植物,中间性植物(指长日性与短日性而言)
everflowering rose 月季花[*Rosa chinensis* Jacq.](蔷薇科)
everfrozen 永冻的
everfrozen ground 永冻地
everfrozen layer 永冻层
everfrozen soil 永冻土
everglade 湿地,轻度沼泽化低地
Everglades-71 依耳古勒得-71(美国红麻品种)
evergreen 常绿的(sempervirens, sempervivus)
evergreen broad-leaved forest 常绿阔叶林
evergreen broad-leaved tree 常绿阔叶树
evergreen broad-leaved woodland 常绿阔叶木本群落〈生态〉
evergreen bushland 常绿矮灌丛地
evergreen candy-nut (= edging candytuft) 常青屈曲花[*Heris sempervirens* L.](菊科)
evergreen chinkapin ①栲属[*Castanopsis* Spach](山毛榉科) ②栲[*Castanopsis hystrix* Miq.]
evergreen coniferous forest 常绿针叶林
evergreen coniferous tree (evergreen conifer) 常绿针叶树
evergreen cutting 常绿树插〈园林〉
evergreen dwarf shrubs 常绿矮生灌丛
evergreen enkianthus ①吊钟花属[*Enkianthus* Lour.](杜鹃花科) ②吊钟花[*Enkianthus quinqueflorus* Lour.]
evergreen euonymus 大叶黄杨(正木)[*Euonymus japonicus* Thunb](卫矛科)
evergreen forest 常绿林
evergreen fruit tree 常绿果树
evergreen ground cover 常绿地被
evergreen herbage 常绿草本植物[群](herbidus sempervirens)
evergreen ivy 常春藤[*Hedera sinensis* Tobl.](五加科)
evergreen leaf 常绿叶(folium perenne)
evergreen magnolia 洋玉兰[*Magnolia grandiflora* L.](木兰科)
evergreen mediterranean tree 地中海常绿树
evergreen mucuna 常绿黧豆[*Mucuna sempervirens* Hemsley.](豆科)
evergreen needle 常绿针叶(acanthium sempervivum)
evergreen oak leaf-cut weevil 槲切叶象甲[*Euops punctatostriata* Motschulsky](象甲科)
evergreen plants 常绿植物(plantae sempervivae)
evergreen scrub 常绿密灌丛
evergreen shrub 常绿灌木(frutex sempervirens)
evergreen thorn (= dogwood) ①梾木属[*Cornus* L.](山茱萸科) ②梾木(灯台树)[*Cornus macrophylla* Wall.]
evergreen tree 常绿树(arbor sempervivus)
evergreen tropical rainforest 常绿热带雨林
evergreen undershrub 常绿小灌木(suffrutex sempervirens)
evergreen vegetation 常绿植被(vegetatio semperviva)
evergreen wood-fern 边孢鳞毛蕨[*Dryopteris marginalis* Gray](鳞毛蕨科)
evergreen woody plant 常绿木本植物(planta lignosa semperviva)
evergreen woody species 常绿木本种(species lignosae sempervisae)
evergreenness ①常绿[现象] ②常绿性(sempervirentas)
evergreens 常绿树(sempervives)
everlasting ①蜡菊属[*Helichrysum* Mill.](菊科) ②蜡菊[*Helichrysum bracteatum* Willd.]
everlasting flower (= permanent flower) 永久花,不凋花,万年花(flos permanens)
everlasting pea ①山黧豆属[*Lathyrus* L.](豆科) ②山黧豆[*Lathyrus palustris* L.]
everlasting persimmon 乌柿(丁香柿,山柿)[*Diospyros cathayensis* Stewart.](柿科)
everlasting thorn 欧洲火棘[*Pyracantha coccinea* Roem.](蔷薇科)
everlastings (= everlasting flower, everflower) 永久花,不凋花

evernic acid 扁枝衣二酸［$CH_3OC_6H_2(OH)(CH_3)COOC_6H_2(OH)(CH_3)COOH$］
everninocin 扁枝衣菌素
everninomicin 扁枝衣霉素
eversion 外转，外翻，翻转（eversio）
eversion of uterus 子宫脱垂
eversporting 常变的
eversporting displacement 常变替位｛遗传｝
eversporting single 常变单花
evert 翻转，翻覆
everted ovule 外转胚珠（ovulum evertum）
everyman's database 大众数据库
everywhere dense 处处稠密
eviction 收回（evictio）｛生技｝
evidence ①证明，证据，根据 ②⌞复⌝迹象，痕迹
evidence theory 证据理论｛信息｝
evident 明显的，显著的，明白的（evidens）
evident code 明码
evil ①不良的 ②有害的
evince ①表现，表明，表示 ②证明，显示（evincere）
eviscerate 取出内脏，切除内脏（eviscerare）
eviscerated weight 切除内脏体重｛畜｝
evisceration 内脏切除术（evisceratio）
evocation 诱发，唤起（evocatio）
evocator 诱发物，唤起物
evodia ①吴茱萸属［*Evodia* Forst.］（芸香科）②吴茱萸［*Evodia officinalis* Dode］
evodiamine 吴茱萸碱
evodone 吴茱萸酮
evogram 埃伏图（evogramma）｛气象｝
evoke 引起，诱发
evoked potential 诱发电位
evoked potential averager 诱发电位平衡器
evolute 渐屈线｛物｝
evolution ①进化，演化 ②进化论｛进化｝③发育，发展｛栽培｝（evolutio）
evolution and natural selection 进化与自然选择
evolution backwards 进化后退
evolution of genetic apparatus 遗传器进化
evolution of metabolic pathway 代谢途径的演变
evolution of metabolism 代谢作用的演变
evolution of mitosis 有丝分裂进化
evolution of ribosomal protein 核蛋白体蛋白的演变
evolution of species 物种进化
evolution of the C_4 pathway C_4 途径的演变
evolution pressure 进化压
evolution theory（= evolutionism） 进化论
evolutional ①进化的，演化的 ②发展的（evolutionalis）
evolutional load 进化载量
evolutional morphology 进化形态学
evolutional sequence 进化序列
evolutionary 进化的（evolutionarius）
evolutionary adaptability 进化适应性
evolutionary biology 进化生物学
evolutionary change 进化变异
evolutionary clock 进化钟
evolutionary computation（EC） 进化计算
evolutionary course 进化路程
evolutionary development 演变性开发
evolutionary device 进化方法
evolutionary distance 进化距离
evolutionary divergence 进化趋异
evolutionary diversification 进化多样化
evolutionary dynamics 进化动力学
evolutionary embryology 进化胚胎学（embryologia evolutionaris）
evolutionary factor 进化因子
evolutionary flexibility 进化易适应性（灵活性）
evolutionary force 进化力
evolutionary genetics 进化遗传学
evolutionary history of life 生命进化史
evolutionary homeostaxis 进化稳态
evolutionary inertia 进化惯性
evolutionary line 进化系
evolutionary lineage 进化谱系
evolutionary mechanism 进化机制
evolutionary mode 进化方式
evolutionary morphology 进化形态学（morphologia evolutionaris）
evolutionary origin 进化起源
evolutionary pathway 进化途径
evolutionary phenomenon 进化现象
evolutionary physiology 进化生理学
evolutionary plasticity 进化可塑性，进化易适应性
evolutionary point of view 进化观点
evolutionary polyploidy 进化多倍性
evolutionary pressure 进化压力
evolutionary process 进化过程
evolutionary rate 进化速率
evolutionary role 进化作用
evolutionary statics 进化静力学
evolutionary strategy（ES） 进化策略，发展

策略
evolutionary theory 进化[理]论
evolutionary virus 演化病毒{电脑}
evolutionism 进化论(evolutionismus)
evolutionist 进化论者(evolutionistus)
evolutive 进化[性]的(evolutivus)
evolutive adaptation 进化性适应(adaptatio evolutiva)
evolutive development 进化性发育
evolutive route 进化[性]路线
evolutive temperature acclimation 进化性温度驯化
evolve 开展,发展(evolvere)
evolvon 进化子(进化运算单位)
evulsion ①拔取,拔去 ②用力拔出,撕去
ewe 母绵羊,牝羊
ewe hogg 一岁母羔羊
ewe lamb 母羔羊,处女羊
ewe teg 二岁母羊
ewe with lamb 怀胎母绵羊,孕羊
ewe's milk 羊奶
ewe's milk cheese 羊奶酪
EWRC (= European Weed Research Council) 欧洲杂草研究委员会
ex- ⌞字头⌝ ①无,不,前 ②向外,向上,超过
ex or (= exclusive or) "异或"{电脑}
ex-root 根外的
ex-root dressing 根外追肥
ex vivo 来自体内{生技}
exact ①精确的 ②精密的(exactus)
exact breaking method 精确断点法{电脑}
exact calculation method 精确计算法
exact differential equation 精确微分方程
exact end position 精确结束位置
exact growth analysis 精确生长分析
exact image 精确图像{遥感}
exacting bacteria 需氨酸细菌
exactness 准确度,精确度(exactas)
exacum ①藻百年草属[*Exacum* L.](龙胆科) ②藻百年草[*Exacum affine* L.]
exafference 外传入感觉(exafferentia)
exaggeration 夸张,夸大(exaggeratio){分遗}
exaggeration factor 夸张因子
exaggeration gene 夸张基因
exalate 无翅的,无翼的(exalatus)
exalbuminous 无胚乳的(指种子)(exalbuminosus)
exalbuminous seed 无胚乳种子(semen exalbuminosus)
examination ①检查,检验,鉴定,审查,验证 ②试验,考查(examinatio)
examination mechanism 验证机制
examination methods for crop 作物试验法,作物检验(查)法
examination of botanical specimen 植物标本鉴定
examination of farm accounts 农场账目审查
examination of fertilizer 肥料检查
examination of seed 种子检查
examination of water 水[的]检验{环保}
examine ①检验,检查 ②调查,研究,审查
example ①样本,样品 ②标本 ③例题,例子,例证(exemplum)
example of crop 作物标本
example of grains 谷物样品
example of insect 昆虫标本
example of soil 土样,土例
exannulate 无环带的(exannulatus){真菌}
exannulate sporangium 无环带孢子囊(sporangium exannulatum)
exannulate synangium 无环带聚合囊(synangium exannulatum)
exanthema ①郁汁现象(缺铜) ②皮疹(病)
exanthema disease of citrus tree 柑橘树皮疹病
exanthema theory 郁汁学说{病理}
exanthium 萼状苞
exapodite 外肢,外肢节(exapodita)
exarate 裸蛹(exaratus)
exarch 外始式(exarcus){解剖}
exarch bundle 外始式维管束(fasciculus exarcus)
exarch growth 外始式生长(crescentia exarca)
exarillate 无假种皮的(exarillatus)
exaristate 无芒的(exaristatus)
exarticulate ①无关节的 ②脱臼(exarticulatus)
exasperate 具硬突起的(exasperatus){真菌}
exautogamous 经自合的(exautogamus){遗传}
excaecaria (= excacaria) ①土沉香属[*Excaecaria* L.](大戟科) ②土沉香[*Excaecaria agallocha* L.]
excavate 挖掘,挖土(excavare)
excavated cavities 挖穴,挖坑洼{环保}
excavation 挖掘,挖土(excavatio)
excavator 挖掘机,挖土机
exceed ①超过,大于{统计} ②优于,胜过{遗传}
exceed the 1 percent point 超过1%显著点

excel ①优于 ②超过,胜过 (excellere)
excellence ①优点,长处(= great merit) ②优越,卓越,优秀(= superiority, preeminence)(excellentia)
excellent ①最优的,极好的(= very good) ②优秀的,卓越的(= preeminent, surpassing)(excellens)
excellent crop 极好收成
excellent head type 最优穗型
excellent nitrogen responsiveness 最优氮反应性(指表现最优耐肥性)
excellent parent 最优亲本
excellent plant type 最优株型
excellent quality grain 最优质籽粒
excellent rhododendron 大喇叭杜鹃花[*Rhododendron excellens* Rahd. et Wils.](杜鹃花科)
excellent seedling production ①最优秧苗生产 ②最优实生苗生产,优异苗木产生
excellent standing ability 最优直立能力(指茎秆)
excellent visibility 优异能见度,最佳能见度(超过 500 米)
excellent yielding ability 最优生产力
excelsin 巴西果蛋白
excelsior (包装填垫用的)细刨花,木丝
excelsior flat cover 木丝夹心平顶箱盖{蜂}
excentric 偏位的,偏心的(excentricus){形态}
excentric embryo 偏位胚(embryo excentrica)
excentric growth 偏位生长(crescentia excentrica)
excentric mire 偏心圆状沼泽{生态}
exception ①异常 ②例外(exceptio)
exception condition 异常条件
exception exit 异常出口
exception gate 禁止门{电脑}
exception handling 异常[情况]处理
exception message ①异常消息 ②异常报文
exception operation 例外运算
exception report 例外报告
exception request (EXR) 异常请求
exceptional state 例外状态,特殊状态
excess ①过剩,多余,过多 ②过量,余量,极度,过度 ③额外的,附加的
excess activated sludge 剩余活性污泥{环保}
excess air 过剩空气
excess air ratio [过剩]空气比{环保}
excess amount (= excessive amount) 过量
excess application 过量应用
excess chlorine (= excess Cl) 过量氯
excess code 加编码,余码{电脑}
excess damage 过剩症
excess death 过剩死亡{环保}
excess demand 过度需求,过量需求
excess demand correspondence 过量需求应对
excess dry air 过剩干[燥]空气
excess fertilization 过量施肥
excess flow valve 溢流阀{水利}
excess heat 过量热
excess height 过高(超过规定高度)
excess ion 过多离子
excess length 过长(超过规定长度)
excess lime 过量石灰
excess lime treatment 过量石灰处理{环保}
excess moisture 涝,水分过多
excess moisture injury 涝害
excess moisture tolerance 耐涝性
excess Na (= excess sodium) 过量钠
excess of births over deaths 出生率多于死亡率(指人口){农经}
excess of growing stock 过剩蓄积{森林}
excess of nitrogen 氮过量
excess of plasmalemma 质膜过剩
excess of pressure 过剩压力
excess oxidase 过量氧化酶
excess production 超额生产
excess sludge 过量污泥,多余污泥{环保}
excess symptom 过剩症状
excess volume 过量,余量
excess water 多余水,积水
excess water tolerance 耐涝性
excessive ①过多的 ②过度的 ③极端的(excessivus)
excessive amount (= excess amount) 过量
excessive close planting 过度密植
excessive concentration 高浓度
excessive consumption 过度消耗
excessive demand 过多要求,需求过多
excessive desiccation 过度干化
excessive heat 过量热
excessive irradiance 过度辐照度
excessive moistening 过度湿润
excessive population 过度群体
excessive precipitation 非常降水量
excessive price 高价{农经}
excessive quantity 过量
excessive rain 久雨,淫雨
excessive stocking (= overstocking) 超载,载畜量过度
excessive transpiration 过度蒸腾
excessive uptake 过量吸收,过多吸收

excessive utilization of pasture 牧场过度利用
excessive vegetative growth 疯长,旺长,徒长
excessive vine growth 藤蔓疯长
excessively 过度地,过分地,过多地
excessively drained 排水良好的
excessively high salinity water 过高盐渍水,过高矿化水
exchaic ①古代的,古老的 ②古式的(exchaicus)
exchange ①交换{遗传}②兑换,兑换率{农经}③调换{栽培}
exchange absorption 交换吸收
exchange acidity 交换性酸度
exchange adsorption 交换吸附
exchange alkalinity 交换性碱度
exchange and consolidation 交换并合
exchange area ①调换面积{栽培}②电话交换区{信息}
exchange balance 交换平衡
exchange capacity 交换量
exchange coefficient 交换系数(指氧的质量转移系数){环保}
exchange complex 交换性复合体
exchange constant 交换常数
exchange control 外汇管制,汇兑管理
Exchange Control Office 外汇管理处{农经}
exchange control record (ECR) 交换控制记录{电脑}
exchange dealings ①互换交易{农经}②交易所业务(买卖)
exchange diffusion 交换性扩散
exchange efficiency 交换效率
exchange frequency 交换频率{遗传}
exchange hypothesis 交换假说(指染色体畸变的原因){遗传}
exchange identification 交换识别
exchange level 交换水平,交换量
exchange mechanism 交换机构
exchange model 交换模型
exchange model hypothesis 交换模型假说{遗传}
exchange neutrality 交换中性,交换中和{土壤}
exchange of air 空气交换
exchange of cytoplasm 细胞质交换
exchange of equal value 等价交换{农经}
exchange of genetic information 遗传信息交换
exchange of ion 离子变换
exchange of seed 交换种子
exchange pairing 交换配对{分遗}
exchange point 交换点
exchange power 交换能力{土壤}
exchange processing 交换处理
exchange properties 交换性质
exchange rate ①交换率{遗传}②兑换率{农经}
exchange reaction 交换反应
exchange rearrangement 交换重排
exchange resin [离子]交换树脂
exchange restriction ①交换限制{遗传}②外汇限制{农经}
exchange site 交换点,交换位{土壤}
exchange transaction ①互换交易 ②交易所业务(买卖)
exchange type 交换型
exchange valence 交换价{土壤}
exchange value 交换值
exchangeable ①可交换的,可互换的 ②可交易的
exchangeable acidity 交换性酸度
exchangeable aluminium 交换性铝
exchangeable base 交换性盐基
exchangeable basic cation 可交换碱性阳离子
exchangeable calcium 交换性钙
exchangeable cation 交换性阳离子
exchangeable disk store (EDS) 可交换磁盘存储器
exchangeable hydrogen 交换性氢
exchangeable ions 交换性离子
exchangeable iron 交换性铁
exchangeable magnesium 交换性镁
exchangeable nickel 交换性镍
exchangeable nutrients 交换性养分
exchangeable parts 可换零件
exchangeable phosphate 交换性磷酸盐
exchangeable potassium 交换性钾
exchangeable-potassium content 交换性钾含量
exchangeable sodium 交换性钠
exchangeable sodium percentage (ESP) 交换性钠百分率,碱化度
exchangeable value 可交换值{土壤}
exchanger ①交换器,热交换器,散热器 ②交换剂
exchequer ①财源,资金 ②国库(scaccarium)
excimer ①激发二聚体 ②受激子
exciple 囊盘被(excipulum)
exciplex 激发复合体{分生}
excise ①割去,切除 ②收税 ③消费税,货物税,执照税,牌照税(excidere)

excise duties (=excise tax) 消费税
excised ①切离的,离体的 ②切除的,切割的 (excisus){遗工}
excised embryo 离体胚
excised nucleotide sequence 切割核苷酸顺序
excision ①切割,切除,摘除 ③切割术,切除术 (excisio){遗工}
excision enzyme 切除酶
excision nuclease 切除核酸酶
excision protein 切除蛋白
excision repair 切除修复{分遗}
excision repair deficient mutant (exr-) 切除修复缺陷型突变体
excision step 切除步骤
excision theorem 切除定理{生技}
excisionase 切除酶,摘除酶
excitability ①激感性{生理} ②兴奋{物} (excitabilitas)
excitable ①易激发的 ②易兴奋的 (excitabilis)
excitable cell 易激发细胞 (cellula excitabilis)
excitable membrane 易激发膜 (membrana excitabilis)
excitable tissue 易激发组织 (tela excitabilis)
excitation ①激感[现象]{生理} ②激动[作用]{微生物} ③激发{分遗} ④兴奋{物} (excitatio)
excitation apparatus of synchronous generator regulated by SCR 同步发电机可控硅调节励磁装置{农施}
excitation contraction coupling 兴奋收缩耦联
excitation current 激发电流
excitation energy 激感(发)能
excitation light source 激发光源
excitation of atom 原子激发
excitation resistance 激发阻力
excitation-secretion coupling 兴奋分泌耦联
excitation spectroscopy 激发光谱学
excitation spectrum 激发光谱
excitatory ①激感的 ②激发的 ③激动的 ④兴奋的 (excitatorius)
excitatory amino acid 兴奋性氨基酸
excitatory conduction 激感(发)传导
excitatory input 兴奋输入{信息}
excitatory movement 激感(发)运动
excitatory postsynaptic potential (EPSP) 兴奋性突触后电位
excitatory synapse 兴奋性突触
excitatory transmitter 兴奋性递质
excite ①刺激 ②使兴奋 (excitare)
excited ①激发的 ②激动的 (excitus)
excited electronic state 电子激发态
excited energy level 受激能级
excited state 激发态,受激态
exciter 励磁机,激励器{电脑}
excitoacceleratory 兴奋加速的 (excitoacceleratorius)
excitoinhibitory 兴奋抑制的 (excitoinhibitorius)
excitomotion ①反射运动 ②反射机能 (excitomotio)
exciton 激[发]子{分遗}
excitosecretory 兴奋分泌的 (excitosecretorius)
EXCK (=extra-check) 特别对照
exclamation mark 惊叹号
exclosure ①限外区 ②禁牧区 ③围挡物{环保} (exclosura)
exclude 排除 (excludere)
excluded volume 已占体积,已占空间
excluded volume effect 已占体积效应
excluder (分蜂王用的)隔王板
exclusion ①排斥,排除 ②排阻,除去 ③杜绝,禁除 (exclusio)
exclusion-chromatography 排阻,层析
exclusion from succession 取消继承权{农经}
exclusion gate 禁门{电脑}
exclusion limit 排阻限
exclusion principle 排斥原则{分遗}
exclusive ①独有的,罕见的,惟一的,专属的 ②确限的{生态} ③排斥的,互斥的,排它的{电脑} (exclusivus)
exclusive economic zone 专属经济区
exclusive event 互斥事件
exclusive fishing jurisdiction 专属捕鱼管辖权
exclusive lock state 互斥锁定状态
exclusive mode 互斥方式
exclusive NOR ①"同" ②"同"操作 ③"同或"{电脑}
exclusive NOR element "同"元件
exclusive NOR gate ①"同"门 ②"同或"门{电脑}
exclusive option 排斥任选
exclusive-OR gate "异或"门{电脑}
exclusive-OR memory "异或"存储器
exclusive-OR operation "异或"操作
exclusive-OR register "异或"寄存器
exclusive reference 互斥引用
exclusive sale 专卖

exclusive species 确限种,专见种(species exclusivus)
exclusiveness 确限度(exclusivitas)
excoecaria ①海漆属[*Excoecaria* L.](大戟科)②海漆[*Excoecaria agallocha* L.]
excoemum 颖毛
exconjugant 接合后体(exconjugans)
excoriation ①剥皮{森林}②表皮脱落{昆虫}③擦伤{病理}(excoriatio)
excortication 剥皮(excorticatio)
excrement 排泄物,粪便(excrementum)
excrement manure 粪便肥料
excrement of livestock 牲畜粪便
excrements of farm-animals 家畜粪尿
excrescence ①[树]瘤 ②肿瘤,突出体 ③穗发芽(指谷穗籽粒因湿而发芽)
excrescence burl 瘤节(指果木)
excreta 排泄物(汗、尿、粪)
excrete ①排泄 ②分泌(excernere)
excreter 排出体
excretion ①排泄[作用]②分泌[作用](excretio)
excretion vector 分泌[型]载体
excretory 排泄的(excretoris)
excretory cell 排泄细胞
excretory idioblast 排泄异细胞
excretory organ 排泄器官
excretory product 排泄[产]物
excretory substance 排泄物质
excurrent ①贯顶的(指茎)②塔状的(指树形)③延伸的(指叶脉)④流出的(excurrens)
excursion 偏差,偏[漂]移,移动(excursio)
excursion trip 学术调查,参观访问
exec(=execute) 执行
execunet 执行网{信息}
execunet service 执行网业务{信息}
executable 可执行的(executabilis)
executable image 可执行映像
executable state 可执行状态
execute 执行(exsequi)
execute cycle 执行周期
execute input or output(EXIO) 执行输入或输出
executing phase 执行阶段
execution ①(工作,计划)执行,实行,实施 ②有效操作(executio)
execution channel program(EXCP) 执行通道程序{信息}
execution control function 执行控制功能
execution element(EE) 执行元件
execution information system(EIS) 执行性信息系统
execution time(E-time) 执行时间
executive center 执行中心
executive information system(EIS) 执行信息系统
executive system(EXEC system) 执行系统,操作系统
executive termination 执行终止
exeiridae 大唇泥蜂科[Exeidae, Exeiridae]
exemplar ①样品,标本 ②模范,典型
exemplification 例证,例子(exemplificatio)
exempt from land tax 免除土地税
exemption 免除,解除(exemptio)
exemption from disease 免疫
exemption from service 免役
exemption from taxes 免税
exendospermous 无胚乳的(exendospermus)
exercise ①运动 ②练习课,课题 ③实行,运用,使用(exercitium)
exergonic 放能的(exergonus)
exergonic reaction 放能[代谢]反应
exert ①发挥,运用 ②努力(exertus)
exerted 外露的,外突的(exertus)
exertion ①外露,外突 ②尽力,努力 ③发挥 ④行使(exertio)
exertion of anther 花药露出
exferment(=exoenzyme) 外源酶,胞外酶
exfiltration 超过滤(exfiltratio){环保}
exfoliate 片状剥落的
exfoliatin 脱叶菌素
exfoliating 片状剥落
exfoliation ①剥蚀[作用]{土壤}②剥落,片状剥落{形态}③剥离{农药}(exfoliatio)
exfoliative toxin 剥脱性毒素
exhalation 呼气,吐气(气体,气味等)(exhalatio)
exhaust ①用尽,耗尽,耗竭 ②疲惫 ③汲干,抽空 ④排出,排尽,排气
exhaust air 排气
exhaust aspirator 废气引水器
exhaust blower 排气吹风器{环保}
exhaust box 排气箱
exhaust cam 排气凸轮
exhaust duct 排气导管{环保}
exhaust fan 排风扇
exhaust gas ①废气 ②尾气 ③排气
exhaust gas desulfurization 排气脱硫{环保}
exhaust gas energy 排气能量

exhaust gas installation 尾气装置
exhaust gas water heater 尾气热水器
exhaust heat recovery 废热回收{环保}
exhaust muffler 排气消声器
exhaust pipe 排气管
exhaust port 排气孔,排气口
exhaust sprayer 废气喷雾机
exhaust steam 废气
exhaust stroke 排气行程
exhaust system 排气系统
exhaust valve 排气阀,排出阀
exhausted ①用尽的,耗竭的,肥力衰竭的{土壤} ②疲惫的{畜} ③汲干的{水利} ④空粒的{种子} ⑤变质的,变性的{加工}
exhausted soil 耗竭土壤(指养分耗尽的土壤)
exhausted tea 变质茶叶
exhausted well 汲干井
exhauster ①排气通风机,抽气装置 ②真空泵
exhausting ①排气 ②空罐{加工}
exhaustion ①(地力)衰竭 ②(养分)用尽,耗竭 ③(水源)枯竭 ④(罐头)脱气 ⑤(病畜)虚脱 ⑥穷举法{电脑}
exhaustion attack 穷举法进攻
exhaustion of can 罐头脱气
exhaustion of nutrients 养分耗竭
exhaustion of soil 土壤衰竭
exhaustion of soil nutrient 土壤养分耗竭
exhaustion theory of immunity 免疫衰竭说{微生物}
exhaustive ①穷举的 ②彻底的(exhaustivus)
exhaustive attack 穷举攻击,穷举破译
exhaustive index 穷举索引
exhaustive method 穷举法{电脑}
exhaustive methylation 彻底甲基化
exhaustive mutagenesis(=saturation mutagenesis) 彻底诱变,饱和诱变,全面诱变
exheterocaryon 异核后体(exheterocaryon)
exhibit ①陈列,展览 ②陈列品,展览品(exhibere)
exhibition ①展览,展览会 ②奖学金(exhibitio)
exhibition garden 展览[作物]标本园
exhibitor 展览者,陈列者
exhilarating drink 兴奋饮料(酒)
exhymenine 花粉外壁,孢子外壁(exhymeninium)
exiguous 微小的(exiguus)
exindusiate 无[囊群]盖的(exindusiatus)
exine(=extine) 花粉外壁,孢子外壁(exinium)
exine-held protein 花粉外壁蛋白
exinous 外壁的(exinus)
existence ①生存,生活 ②存在(existentia)
existence of ecotype 生态型生存
existence of isoenzyme 同功酶存在
existing computer system 现存计算机系统
existing conditions 生存条件
existing dependency 存在依赖性
existing route 现有路径
exit ①萌发孔 ②出口(exitus)
exit-age 液龄{环保}
exit condition 出口条件
exit gas 排气,出气
exit gate 太平门,安全门
exit list(**EXIST**) 出口表{电脑}
exit pupil 出瞳(指出射光瞳){遥感}
exit rule 出口规则
exit tube 出管
exit value 返回值
exitine 外壁内层(exitinium)
exjunction "异"{电脑}
exjunction gate "异"门
exmedial 离轴的(exmedius){形态}
exmedial ramified 离轴分歧的
exo- ⌞字头⌝外,外面
exo Ⅲ(=exonuclease Ⅲ) 外切核酸酶Ⅲ{分遗}
exoadaptation 体外适应(exoadaptatio)
exoamylase 外淀粉[糖化]酶
exoantigen 脱落抗原
exoatmosphere 外大气层
exobasidial 外担子的(exobasidius)
exobasidium 外生担子
exobiology 宇宙生物学,地外生物学(exobiologia)
exocarp 外果皮(exocarpium)
exocaryogamy 外来核配合(exocaryogamia)
exocellular [细]胞外的(exocellaris)
exocellular enzyme(=exoenzyme) 胞外酶
exochite [卵囊]外壳(exochitium){昆虫}
exochomophyte 石面植物(exochomophyta)
exochorion 外卵壳{昆虫}
exocone eye 外晶锥眼
exocortis 裂皮病(指柑橘)
exocrine 外分泌的(exocrinus)
exocrine cell 外分泌细胞(cellulus exocrinus)
exocrine gland 外分泌腺(glandula exocri-

na)
exocuticula (=exocuticle) ①外角皮 ②外表皮{昆虫}
exocyclic 环外的 (exocyclicus)
exocyclic amino group 环外氨基
exocytosis 胞吐作用,胞泌作用{分遗}
exodeoxyribonuclease 脱氧核糖核酸外切酶
exodermis (=exoderm) 外皮层{解剖}
exoenzyme 外源酶,胞外酶
exoergic (=exergic) 放能的
exoexine 外表层 (exoexinium)
exogamous ①异系配合的{真菌} ②异系交配的{遗传}(exogamus)
exogamy ①异系配合 ②异系交配 (exogamia)
exogen 外生 (exogenum)
exogenetic ①外生的 ②外源性,外因的,外力的 ③外成的 (exogeneticus)
exogenetic action 外力作用{遥感}
exogenetic force (=exogenic force) 外力
exogenetic rock 外生岩{地质}
exogenic (=exogenous) ①外生的 ②体外生的 ③外成的 ④外源的(exogenus)
exogenic force (=exogenous force) 外力
exogenic process 外成作用
exogenote 外基因子 (exogenotus)
exogenous ①外生的{形态} ②体外生的{微生物} ③外成的{土壤} ④外源的{分遗} ⑤外因的{环保} (exogenus)
exogenous active 外生活动 (activus exogenus)
exogenous antigene 外源性抗原 (antigenum exogenum)
exogenous auxin 外源植物生长激素,外源生长素
exogenous branching 外生分枝 (ramificatio exogena)
exogenous budding 体外生芽
exogenous DNA 外源 DNA
exogenous factor 外源因子
exogenous formation 外生形成
exogenous gene 外源基因
exogenous genetic material 外源遗传物质
exogenous growth regulator 外源生长调节剂
exogenous heterologous DNA 外源异源 DNA
exogenous homologous DNA 外源同源 DNA
exogenous metabolism 外生 (源) 代谢
exogenous mRNA 外源 mRNA
exogenous origin 外生源 (origo exogena)
exogenous phage particle 外源噬菌体颗粒
exogenous polynucleotide 外源多核苷酸
exogenous rhythm 外源节律 (rhythmum exogenum)
exogenous spore 外生孢子 (spora exogena)
exogenous stem 外生茎 (caulis exogenus)
exogenous timing ①外源定时 ②外源节律
exogenous toxin 外毒素
exogenous variable 外生变数 (variabilis exogenus)
exogenous zeitgeber 外源同步因素
exoglycosidase 外切糖苷酶
exogynous 花柱外露的 (exogynus)
exohormone 外激素,信息素
exolamelle (=tectum) 覆盖层,厚顶膜(exolamella)
exometer 荧光计
exomutation 外突变 (exomutatio)
exomycorrhiza (=exomycorhiza) 外菌根
exon 外显子{分生}
exon-binding site (**EBS**) 外显子结合位点
exon exchange 外显子交换
exon shuffling 外显子改组
exon trapping method 外显子截留法
exon trapping system 外显子截留系统
exonuclease Ⅲ (**exo Ⅲ**) 外切核酸酶Ⅲ{分遗}
exonuclease Ⅲ-protection technique 外切核酸酶Ⅲ保护技术
exonuclease 核酸外切酶,外切核酸酶
exonuclease activity 外切核酸酶活度
exonucleolytic 外切核酸溶解的 (exonucleolyticus){分遗}
exonucleolytic digestion 外切核酸溶解消化
exonucleolytic editing 外切核酸溶解编辑
exoparasite 体外寄生物
exopeptidase 外肽酶
exoperidium 外包被{真菌}
exoperistome 外齿层 (exoperistoma){解剖}
exophelloderm 外生栓内层 (exophelloderma)
exophenotype 外表型 (exophenotypus)
exophenotypic 外表型的 (exophenotypicus)
exophloeum 外[层]树皮
exophthalmic goiter 突眼性甲状腺肿
exophthalmos 眼球突出症
exophyllous 无叶鞘的 (exophyllus)
exophyte (=exoplant) 外植体 (exophyta)

{生技}

exophytic 外植体的(exophyticus)

exoplant 外植体(exoplanta)

exoplant method 外植体法{生技}

exoplasm 外质(exoplasma){细胞}

exoplasmosis 胞释酶作用

exopleura 外种皮

exopodite ①外肢,外足 ②外肢节

exoptile 无叶鞘的(exoptilus)

exorbitant price 过高价格

exorepressor 外阻遏物{分遗}

exorepressor system 外阻遏物系统

exoscopic 向外的,外向极的(exoscopus)

exoskeleton ①外骨骼{昆虫}②负重机器人{物}③骨骼装置{电脑}

exosmosis 外渗

exosomal 核外[染色]体的(exosomalis)

exosomal gene 核外体基因

exosomatic 体外的(exosomaticus)

exosome 核外[染色]体(exosoma)

exosome model 核外体模型

exosphere 外大气层(圈)(exosphera)

exospore ①外生孢子(exospora)②花粉外壁

exosporic gametophyte 孢子外生配子体(gametophyta exosporica)

exosporium 孢粉外壁

exostome 外珠孔(exostoma)

exosymbiosis 外共生[现象]

exotesta 外种皮

exothecium ①[蒴]外层 ②药室外壁

"exotherm" 放热{生态生理}

exothermic 放热的(exothermus)

exothermic reaction 放热反应

exotic 外来的(exoticus)

exotic fruits 外来果树

exotic germplasm 外来种质

exotic plant 外来植物

exotic species 外来种

exotic strain 外来品系

exotic weed 外来杂草

exotoky 体外卵发育(exotocia)

exotoxin (菌体)外毒素

exotrophic 外生的(exotrophus){微生物}

exotrophic mycorrhiza [外生]菌根(mycorrhiza exotropha)

exotrophy 外生性(exotrophia)

exotropic 屈外的(exotropus)

exotropism 屈外性(exotropismus){生态}

exp (=exponential function) 指数函数{信息}

expand ①扩大,变大 ②(叶)展开 ③(热)膨胀(expandere)

expand the area under cultivation 扩大耕地面积

expandability 可扩充性,可扩展性(expandabilitas)

expandable ①可扩充的,可扩展的 ②可展开的(expandabilis)

expandable bipolar microprocessor 可扩充双极型微处理机

expandable gate 可扩展门{电脑}

expanded ①扩大的,扩充的 ②膨胀的,膨化的(expandus)

expanded bed 膨胀床{生技}

expanded-bed adsorption 膨胀床吸附

expanded food processing 膨化食品加工{加工}

expanded memory manager (EMM) 扩充存储管理程序{电脑}

expanded polystyrene 多孔聚苯乙烯

expanded polystyrene container 多孔聚苯乙烯[薄膜]容器

expanded reproduction 扩大再生产

expanded sweep 扩展扫描

expanded technical assistance program 扩大技术援助计划{农经}

expanded volume 膨胀容积

expander (=expandor) ①扩大器 ②扩展电路

expanding cell population 扩展细胞群体

expanding cultivator 伸展式中耕机

expanding harrow 伸展式钉齿耙

expanding lattice clay 膨胀性晶格黏粒

expanding node 扩充节点{电脑}

expanding roller 伸张式镇压器

expanding roller sizer 具张开辊分级机

expanding sample estimate 扩展样本估计量{统计}

expanding stop 中心遮光板{显技}

expanse ①宽阔地区,广大范围{耕作}②膨胀{物}

expansibility ①膨胀率{物}②扩张性{土壤}③扩展性{电脑}(expansibilitas)

expansion ①扩大 ②扩张 ③膨胀,溶胀 ④展开 ⑤扩充,扩展(expansio)

expansion-bath treatment 膨胀浴处理(指木材防腐)

expansion bus 扩充总线{信息}

expansion capacity 扩充能力

expansion card ①扩充插件板 ②扩展卡{电脑}

expansion cascading 扩展级联

expansion coefficient 膨胀系数

expansion connector 扩展连接器

expansion factor 溶胀因子{生技}
expansion interface 扩展接口
expansion joint ①伸缩接合,伸缩缝 ②膨胀接头{环保}
expansion of air 空气膨胀
expansion of production 扩大生产
expansion option 扩充选件,扩充选项
expansion pipe 膨胀管{环保}
expansion ratio 膨胀比
expansion tank 膨胀箱{环保}
expansion type 扩展型{生态生理}
expansion unit 扩充部件
expansional cooling 膨胀冷却
expansive classification 展开分类法
expansive clay 膨胀性黏土,膨胀性黏粒
expect ①期望,指望 ②要求(expectare)
expect cost 期望费用
expectancy ①期望,期待,预期,料想,设想②需要(expectare)
expectancy life 期望寿命,期望使用年限(指农机具)
expectation ①期望 ②期望数,期望值(expectatio)
expectation value 期望值
expectation value of forest 森林期望值
expected ①期望的,期待的 ②预期的,预计的,预定的(expectus)
expected annual stockout cost(EASC) 期望年度脱销费用{农管}
expected approach time 预计时间,预期到达时间
expected breeding value 期望育种值
expected cost of production 期望生产费用{农管}
expected data 期望数据,预定数据
expected downtime 预期停机时间{信息}
expected frequency 预望频率
expected marginal loss(EML) 期望边际损失
expected marginal profit(EMP) 期望边际利润{农管}
expected monetary value(EMV) 期望货币价值
expected number 期望数
expected payoff 期望支付{农经}
expected performance time 期望完成时间
expected precipitation 期望降水量
expected relative value 相对期望值
expected revenue ①期望收益 ②期望税收{农经}
expected selection differential 期望选择差数
expected utility 期望效用
expected value 期望值{统计}
expected value of a perfect information(EVPI) 完全信息期望值
expected velocity factor 期望速率因子
expected yield 预期产量
expectorant 祛痰剂
expedient ①合理的,合适的 ②有利的 ③有助的(expediens)
expedient adaptation 合理适应
expedient choice 有计划选择
expedient of tillage 耕作法
expedient training 合理培育
expedited 快速的(expeditus)
expedited data transfer 加速数据传递
expedited message handling(EMH) 加速信息处理
expediting setting 快速固化
expedition ①探险,探险队 ②急速,迅速(expeditio)
expellee 被驱逐者,被逐出者(指资本主义国家的佃户)
expellent(=repellent) 驱除剂
expeller ①螺旋式压榨器 ②推出器
expeller press 螺旋榨油机
expend 消耗
expendable materials 消耗性物质
expenditure ①消耗,消耗量 ②开支,开销,支付 ③经费,费用,消费,使用(expenditura)
expenditure of assimilates 同化物消耗[量]
expenditure of capital 投资费用
expenditure of energy 能量消耗
expenditure on wages 工资开支
expenditure water 消耗水
expense ①费用,经费,支出 ②成本(expensa)
expense for administration 管理费
expense of production 生产费
experience ①经验 ②经历,阅历(experientia)
experience curve 经验曲线
experience of planned land utilization 有计划土地利用经验
experience on transplantation 移植(栽)经验
experienced agronomist 有经验农学家
experienced forestry pathologist 有经验林业病理学家
experiential knowledge 经验知识{智培}
experiment 实验,试验(experimentum)
experiment component 试验组成部分{统计}
experiment farm 实验农场
experiment plot 试验小区

experiment station 试验站,实验站
experiment-station field 试验站地
experimental 实验的,试验的(experimentalis)
experimental analogy method 模拟实验法
experimental analysis 试验分析
experimental animal 试验动物,供试动物
experimental apparatus 试(实)验仪器
experimental arboretum 实验树木园
experimental area 试验区
experimental arrangement 试验排列
experimental biology 实验生物学
experimental cereal farm 实验谷物农场
experimental check 试验对照
experimental circumstance 试验环境
experimental conditions 试验条件
experimental confirmation 试验证实
experimental cotton plantation 实验棉场,棉花试验场
experimental crop 试验作物,供试作物
experimental data 试验数据
experimental data management system (EDMS) 试验数据管理系统
experimental design 试验设计
experimental designer 试验设计者
experimental embryology 实验胚胎学
experimental entomology 实验昆虫学
experimental equipment 试验设备
experimental error 试验误差
experimental evidence 试验证明
experimental expense 试验经费
experimental experience 试验经验
experimental explanation 试验说明
experimental farm ①实验农场,试验场 ②试验地
experimental field (= trial field, test field) 试验地,试验田
experimental fishing 试捕,探捕
experimental floretum 实验花园
experimental forecast 经验预报
experimental genetics 实验遗传学
experimental geobotany 实验地植物学
experimental geology 实验地质学
experimental inference 试验推论,试验推断
experimental installation 实验装备
experimental irrigation station 灌溉实验站
experimental line 试验品系
experimental literature 试验文献
experimental location 试验地点
experimental medicine 实验医学
experimental morphology 实验形态学
experimental network 试验网[络]
experimental nursery ①试验苗圃,试验圃{育种} ②实验苗圃{森林}
experimental observation 试验观察
experimental parthenogenesis 人工单性生殖,人工孤雌生殖
experimental period 试验期
experimental plantation ①试验种植场,实验种植场 ②实验林
experimental planting plan 试验种植计划书
experimental plot (= trial plot) ①试验小区{统计} ②试验圃{育种} ③试验区{栽培}
experimental procedure ①试验处置 ②试验工作方法
experimental program 试验课题
experimental project 试验设计
experimental proof 试验证明
experimental record 试验记载
experimental result (= trial result) 试验结果,实验结果
experimental rice plantation 水稻试验场,实验稻场
experimental selection 试验选择
experimental station 试验站
experimental station system 试验站网
experimental tea plantation 茶树试验场,实验茶场
experimental temperature 试(实)验温度
experimental tobacco plantation 烟草试验场,实验烟场
experimental tractor 试验用拖拉机,小型拖拉机
experimental treatment 试验处理{统计}
experimental unit 试验单元(位)
experimental variability 试验变异性
experimental variety 试验品种,供试品种
experimentation 实验,试验(experimentatio)
experimenter 试验者,实验员
expert ①专家,专门人员,专业人员 ②能手,内行,有经验者,熟练者 ③老练的,熟练的(expertus)
expert approach 专家法{智能}
expert architecture 专家结构
expert assistant ①专家助手 ②专家辅助[人员]
expert control system 专家控制系统
expert database designer (EDD) 专家数据库设计器
expert database system 专家数据库系统
expert decision support system (EDSS) 专家决策支持系统
expert evaluation system (EES) 专家评审系统

expert experience 专家经验{智培}
expert experience of agricultural production 农业生产的专家经验
expert experience of crop production 作物栽培的专家经验
expert group 专家[小]组
expert knowledge 专家知识{智培}
expert knowledge of agricultural production 农业生产的专家知识
expert knowledge of crop production 作物栽培的专家知识
expert mode 专家方式
expert opinion 专家意见
expert problem solver 专家问题求解
expert system (ES) 专家系统{智培}
expert system application 专家系统应用
expert system development language 专家系统开发语言
expert system of multimedia intellectualization 多媒体智能化专家系统
expert tool 专家工具{智培}
expertise ①专门鉴定,评价 ②专门技术
expertise acquisition 专门技术获取,专门知识采集{智培}
expiration ①呼出[气],呼气{畜} ②终止,期满{农管} (expiratio)
expiration check 截止日期检查,期满检验
expiration data ①逾期数据 ②截止数据
expiratory 呼气的 (expiratorius)
expiratory center 呼气中枢
expired air 呼气
expirograph 呼气描记图
explain 解释,说明 (explainere)
explain phenomena 解释现象,说明现象
explanate 平铺的,平展的 (explanatus)
explanation ①说明,解释,解说 ②说明书 (explanatio)
explanation facilities 解释工具
explanation function 解释功能,说明功能
explanatory 说明的,解释的 (explantorius)
explanatory comment 说明法解
explanatory note 注释
explanatory pamphlet 图例说明
explant 外植体(取下植物组织,作为离体培养用){遗工}
explant culture 外植体培养
explant method 外植体法
explantation 外植法 (explantatio)
explanting 外植
explication ①说明,解释 ②引伸,发展 (explicatio)
explicit ①明白表示的,显式的 ②明确的 (explicitus)
explicit parameter 显式参数
explicit route (ER) 显式路径,显式路由{信息}
explode ①爆炸,爆发,破裂 ②推翻(指学说,观点,理论) ③分解,切开,剖开 (explodere)
exploded chart 切开图{电脑}
exploded file 爆炸性文件
exploded metaphase 破裂中期{细胞}
exploded slice 分解块,切出块{电脑}
exploit (资源)开发,利用
exploit potentialities 挖掘潜力
exploitability 利用,开发价值 (exploitabilitas)
exploitable ①可利用的,可开发的,②可采伐的,可捕捞的 (exploitabilis)
exploitable age 可采伐林龄
exploitable channel 可开发通道{信息}
exploitable population 可捕群体,可捕种群
exploitation ①(荒地)开垦{耕作} ②(资源)开发{农经} ③采伐{森林}(exploitatio)
exploitation and utilization of rural energy resources 农村能源资源开发与利用
exploitation felling (= exploitation cutting) 掠夺式采伐
exploitation forest 经济林
exploitation percent 利用率,采伐率
exploitation value (= liquidation value) 利用价值,开采价值
exploration ①勘探,勘测,探测 ②探查,探究,调查,考察 (exploratio)
explorative ①勘探的,探查的 ②探索的(explorativus)
explorative electrode 探查电极
exploratory ①勘查的,探索的,探测的 ②探查的,探究的(exploratorius)
exploratory analysis 勘查分析
exploratory behavior 探究情况
exploratory fishing 试捕,探捕
exploratory move 勘探移动
exploratory plot 探测区
exploratory sample 探查样品
exploratory scenario ①勘查提纲 ②探测方案
exploratory trials 探测试验
explore ①研究,探究 ②探测,调查(explorare)
explorer ①查探机 ②"探险者"卫星{遥感} ③探测线圈,测试线圈
exploring ①探测,探索 ②勘察 (explorens)
exploring forecasting technique 探索预测技术

exploring spot 探测点
explosimeter 爆炸计(指爆炸气体浓度装置){环保}
explosing ①爆炸的 ②爆破式的
explosing clearing of land 爆破式土地清理{耕作}
explosing method of tillage 爆破式整地法
explosing stumping 爆炸挖根
explosion ①爆炸,爆破,破裂 ②爆发,突发(explosio)
explosion command 爆炸命令{电脑}
explosion-containing component 限爆元件
explosion mechanism 爆破装置
explosion point 发火点
explosion pressure 爆炸压力
explosion proof 防爆
explosion-proof component 防爆元件
explosion-proof machine 防爆机械
explosion stroke 爆炸行程
explosion suppression and protection facility 防爆设施{农施}
explosive ①炸药,爆炸物 ②易爆炸的,易发作的(explosivus)
explosive epiphytotics 爆发性流行病
explosive evolution 爆发式进化(evolutio explosiva)
explosive limits 爆炸限{环保}
explosive plant waste 炸药厂废水{环保}
explosive speciation 爆发式物种形成(speciatio explosiva)
explosiveness 爆炸性(explosivitas)
explosives on the farm 农场爆炸技术,农场爆破技术
explosivity 爆发性(explosivitas)
exponent 指数(exponens){统计}
exponent growth 指数增长
exponent phase 指数期
exponent specification 指数说明
exponential 指数的(exponentialis){统计}
exponential amplification 指数式扩增
exponential complexity 指数复杂度
exponential curve 指数曲线
exponential decay curve 指数式衰减曲线
exponential decay model 指数衰退模型
exponential density function 指数密度函数
exponential detection function 指数检测函数
exponential distribution 指数分布
exponential filter 指数滤波器
exponential filtering 指数滤波{遥感}
exponential fitting 指数吻合
exponential function 指数函数
exponential growth 指数式生长(按指数律增长)
exponential growth curve 指数式生长曲线
exponential growth model 指数式生长模型
exponential growth phase 指数式生长期,对数生长期
exponential lag 指数滞后
exponential law 指数律{统计}
exponential notation 指数表示法,指数记数法
exponential probe ligation 指数式探针连接{生技}
exponential stability 指数稳定性
exponential survival curve 指数成活曲线,对数存活曲线
exponential transform 指数变换
exponential type 指数式
exponential waveform 指数曲线波形
exponometer 露光计
export ①输出,出口 ②输出品,出口货,输出量(exportare){农经}
export / import 出口和进口,输出和输入
export cotton goods 输出棉织品
export declaration 出口申报
export duty 出口税
export license 出口证
export market 出口市场
export policy 出口政策
export price 出口价格
export road 运输道路
export standard schedule 出口标准规格
export tax 出口税
export trade 出口贸易,对外贸易
exportable 可出口的,适宜输出的(exportabilis)
exportation ①输出 ②输出品,出口货(exportatio){农经}
exportation of nutrients 养分转移(指在植物体内),营养物质的转移
exported 出口的,输出的(exportus)
exported animal products 出口畜产品,输出畜产品
exported farm products 出口农产品,输出农产品
exported goods 出口货,输出品
exported timber 出口木材,输出木材
exporting country 出口国,输出国
expose ①裸露{地质} ②露光,曝光{显技} ③照射,曝射{辐射}
expose dose 照射剂量
exposed ①裸露的,裸出的 ②不遮盖的,开的
exposed country 裸露地
exposed drive 开式传动

exposed place 露天地方
exposed residues 暴露残基,裸露残基
exposed side 裸露面
exposed situation 露天场所
exposed surface 裸露面
exposing 曝光(exposens)
exposition ①露光,曝光 ②展览(expositio)
exposure ①露光,曝光 ②方位,方向 ③曝晒 ④陈列,展览 ⑤照射 ⑥露出,暴露 ⑦曝光号
exposure area 曝光区
exposure control 曝光控制
exposure counter 曝光计数器
exposure dose 照射剂量
exposure index 曝光指数
exposure latitude 曝光宽容度
exposure meter 曝光表,曝光计
exposure of tillering-node 分蘖节露出
exposure time 曝射时间
expound (理论)详细叙述,(经典)详加解释,详细说明(exponere)
express ①表现,表达 ②压榨 ③快递,直快④明确(expresser)
express logic 直快逻辑
express pump 高速泵
express read 快读
express warranty 明确保证
expressed ①表现的,表达的 ②对开的 ③压榨的
expressed character 表现性状
expressed folio 对开纸
expressed gene 表现基因
expressed mill 压榨机{加工}
expressed sequence tag 表达序列标志{分遗}
expression ①表现,表达 ②表现率,表达率 ③压榨(expressio)
expression cloning 表达无性繁殖,表达克隆化{农生技}
expression in hybrid 杂种表现
expression library 表达[文]库
expression of marker 标志基因表现,表型表现
expression parsing 表达[式]分析
expression plasmid 表达质粒
expression precision 表达[式]精度
expression product 表达产物
expression screening 表达筛选
expression system 表达系统
expression vector 表达载体{分遗}
expressivity 表现度,表达度(expressivitas)
expressor ①表现基因,表达子 ②压榨机
expropriate 征用(expropriare)
expropriate land 征用土地
expropriation 征用(expropriatio)
expropriation in the public interest 为公共利益而征用
expropriation law 征用法规
expulsion ①驱逐 ②开除(expulsio)
expunge ①擦去,抹掉 ②削除,取消(expungere)
expurgate 删除,删修,修订,订正(指书籍)(expurgare)
expurgated edition 修订版
exr- (= excision repair deficient mutant) 切除修复缺陷型突变体
exsanguination 放血(exsanguinatio)
exscapose 无梗的(exscaposus)
exscapous 无花茎的(exscapus)
exserted 伸出的(exsertus)
exsiccatae 成套蜡叶标本
exsiccate ①蜡叶标本,干制标本 ②干燥的(exsiccatus)
exsiccate specimen 蜡叶标本,干制标本
exsiccation 干燥,除湿(exsiccatio)
exsiccator 干燥器
exstipulate 无托叶的(exstipulatus)
EXT (= extension) 扩充,扩展{信息}
extant ①残存的,现存的 ②明显的,可见的(extans)
extend ①伸长,伸张,展延,广延,延长,加长,拉长 ②扩大,扩充,扩张,增大,推广 ③连续,延长,延伸[到] ④给予,提供(extendere)
extend address 扩充地址{信息}
extend information 扩展信息
extended ①伸出的,外展的 ②延长的,延伸的,延时的 ③扩充的
extended aeration 延时曝气法(指长时间通风法){环保}
extended aperture (= extended pit aperture) 外展纹孔口(apertura porrecta)
extended architecture 扩充体系结构
extended area service 扩充区服务,扩大区域服务{信息}
extended bind 扩展结合{分生}
extended chain 伸展链{分遗}
extended color 扩充彩色{电脑}
extended control mode (EC mode) 扩充控制方式,EC方式
extended data management system (EDMS) 扩充数据管理系统
extended database (EDB) 扩充[的]数据库
extended deletion 突变缺失
extended duration photo graphic reconnaissance satellite 延长寿命型照相侦察卫星{遥感}

extended edition 扩充版,扩充编辑
extended-filtration process 延时过滤法{环保}
extended forecasting 中期预报
extended Huckel molecular orbital method (EHMO) 推广的休克尔分子轨道法{生技}
extended memory specification 扩充存储器说明
extended model for monochrome vision 单色视觉扩展模型
extended network 扩充网络
extended networking 扩充联网
extended period 延伸期{栽培}
extended permission 扩展许可
extended pitch chain 加长节距链
extended price 扩充价格,总价格,总额
extended processor unit (EPU) 扩展处理机部件
extended range 扩展范围
extended requirement space 扩充要求空间
extended route 扩充路径,扩充路由{信息}
extended service 扩展服务
extender ①增量剂 ②填料{农药} ③扩张器,延伸器{电脑}
extendibility (= extensibility) [可]扩充性 (extensibitas)
extendible (= extensibilis) 可扩充的 (extendibilis)
extendible disk file 可扩展磁盘文件
extending ①延长的,伸长的 ②增量的
extending agent 增量剂
extending shoot 延长枝
extensibility ①(细胞壁)伸展性,扩充性 ②延性 (extensibilitas)
extensibility modulus 伸展性系数(指细胞壁)
extensin 伸展蛋白
extension ①推广{育种} ②伸长,延长{形态} ③扩大,扩张{遗传} ④增建,扩建{园林} ⑤延伸[反应]{生技} (extensio)
extension agent 推广员
extension area 推广面积,推广地区
extension area under crops 扩大播种面积
extension booklet [技术]推广小册子,科普读物
extension bracing 伸长直撑{环保}
extension canal 延长渠道
extension conditions 推广条件
extension course ①农业推广方向 ②农业推广进修班
extension divider 延长分禾器
extension factor 扩大因子
extension finger 扶茎秆,扶倒秆
extension gene 扩大基因
extension growth 伸展生长
extension hunting 扩充寻找,扩充搜索{电脑}
extension irrigation system 扩大灌溉系统
extension leader 延长主枝
extension memory 扩充存储器
extension of building 扩建
extension of land utilization 扩大土地利用
extension of multiple cropping areas 扩大复种面积
extension of superior seed or good variety 良种推广
extension officer (农业技术)推广员
extension organization 推广组织
extension period 伸展期
extension period of crop rotation 延长轮作周期
extension plan 推广计划
extension plot of seed growing 扩大良种繁育区
extension practices 推广措施
extension preparation 推广准备
extension process 推广手续
extension program 推广计划
extension region 推广区
extension register (E register) 扩充寄存器,E寄存器
extension service 推广部(品种推广机构)
extension specialist 推广专业人员,推广专家
extension spring 拉簧{农机}
extension station 推广站
extension system 推广系统
extension variety 推广品种
extension work 推广工作
extension work by mass approach 群众性推广工作
extension worker 推广工作者,推广员
extensional ①外延的,延伸的 ②扩充的 (extensionalis)
extensional database 外延数据库
extensional viscosity 延伸黏度
extensive ①广大的,广阔的 ②广泛的,远及的 ③大规模的,大面积的 ④粗放的 ⑤外延的,外伸的 ⑥扩大的,扩充的 (extensivus)
extensive agriculture 粗放农业
extensive arid region 广大干旱地区
extensive collection 广泛收集
extensive consumption 大规模消费
extensive cropping (= extensive cultivation) 粗放耕作
extensive crops 大面积栽培作物
extensive crossingover reduction 广泛交换

降低{遗传}
extensive cultivation ①大面积栽培{栽培} ②大面积耕作 ③粗放耕作{耕作}
extensive evaporating surface 广大蒸发面
extensive farming ①粗放农业 ②粗放耕作
extensive farming system 粗放耕作制
extensive feeding 大规模饲养
extensive field care 大面积田间管理,粗放田间管理
extensive forest 大面积森林
extensive forestry 粗放林业
extensive grazing 大面积放牧
extensive growing 大面积栽培
extensive injury 大面积损害
extensive inquiries 广泛调查
extensive mode 外伸模式(指根系)
extensive model calculation 大规模模型计算,大范围模型计算
extensive pasture 大面积牧场
extensive picking 粗摘,粗放采摘
extensive plan of agricultural development 宏伟的农业发展计划{农经}
extensive production 大面积生产
extensive pruning 粗剪,粗放修剪
extensive reforestation 大规模造林
extensive roguing 粗放去杂去劣
extensive root system 外伸根系
extensive segregation 广泛分离
extensive selection 大面积选种
extensive sheep grazing 粗放式牧羊
extensive survey 普查{农经}
extensive test 大规模试验
extensive training 粗放整枝
extensive use 粗放使用(指土地)
extensiveness 扩展[性](extensivitas)
extensiveness input / output control 扩展输入输出控制装置{信息}
extensor 伸肌{昆虫}
extent ①范围,程度 ②面积 ③长度(extenta)
extent of activity 活动范围
extent of adaption 适应范围
extent of alternating temperature 变温范围
extent of chance error 机误范围
extent of correction 校正程度
extent of correlation 相关程度
extent of photoinhibition 光抑制程度
extent of root growth 根系生长范围
extent of soil fertility 土壤肥力程度
extented 外展(extentus)
extenuation ①减弱,减轻,减少 ②衰弱,稀薄(extenuatio)
exterior ①外部的,表面的,外面的 ②外部,外面,表面{形态}③外貌 ④外景{园林}
exterior drainage 外流水系
exterior genitalia 外生殖器
exterior margin 外缘{昆虫}
exterior palea 外稃(palea exterior)
exterior paramera 雄外生殖器{昆虫}
exterior plywood 室外用胶合板
exterior region 前缘部
exterior respiration 外呼吸
exterior system design 外部系统设计
extermination 根除,驱除,消除,消灭(exterminatio)
extermination method 驱除法
exterminative (=exterminator) 驱除剂
exterminator 驱除剂
extern 外部参考
external ①外的,外部的 ②外生的,外在的 ③外界的,外地的,外国的 ④外面的,外观的,表面的 ⑤外用的 ⑥外来的,偶有的(externus)
external activity 外在活动
external agents 外力,外部因素
external angle 外角
external appearance 外形,外貌
external application 外用,外敷
external budding 外生芽
external buffer 外部缓冲器
external bursting pressure 外部破损压力{环保}
external bus 外总线{信息}
external calibration 外部校准
external call ①外部呼叫 ②外部调用{信息}
external coil 外螺旋{分遗}
external coiling 外螺旋
external combustion engine 外燃机
external command (XCMD) 外部命令{电脑}
external condition 外界条件
external constraint 外部限制
external copulatory organ 外交配器,外生殖器
external coupling 外部耦合
external cover 外部覆盖
external crack 外部裂纹(木材)
external data representation (XDR) 外部数据表示
external data storage 外部数据存储(相对于数据库)
external delay 外部延迟,外因延迟
external description 外部描述
external device 外部设备
external drainage 明沟排水

external economics 外部经济(指对有关生产发展的公用设施,如交通运输、电力、给排水等以及教育、社会福利及金融保险等各种城市设施的投资总称为外部经济){农经}
external environment 外界环境
external environmental condition 外界环境条件
external eruption 外喷发{环保}
external evidence 外部证据,外证
external factor 外在因素,外因,外部因素,外界因素
external fat 外脂肪,皮下脂肪
external fault 外部故障{电脑}
external fertilization 体外受精
external force 外力
external force feed 外槽轮排种器
external form 外型,外部形式
external friction 外摩擦
external gage 外径规
external gateway protocol (EGP) 外部网关协议{信息}
external gear 外齿轮
external genitalia 外生殖器
external guide sequence 外部指导序列{分生}
external host (EH) 外部主机{信息}
external influence 外部影响
external input 外部输入
external integument 外珠被(integumentum externum)
external interruption 外部中断
external irradiation 外部照射
external isolating mechanism 外界隔离机制
external layer of blast oderm 外胚叶
external margin 外图廓{遥感}
external marker 外部标志[基因]
external milieu 外部环境
external morphology 外部形态学(morphologia externa)
external object 外部目标
external operation ratio 外部运行率
external page table (EXPT) 外页表,外部页面表{电脑}
external parasitism 外寄生性
external perturbation 外部振动
external pest 皮肤害虫,体表害虫
external phenotype 外部表型
external phloëm 外生韧皮部(phloema externa)
external pressure 外压力
external procedure 外部过程
external program parameter 外部程序参数
external quality 外观品质,外部品质
external quarantine 对外检疫,国际检疫(quarantina externa)
external reference (EXTRN) ①外部参数,外部引用 ②外部调用{电脑}
external reproductive isolation 外生殖隔离
external residue 外部残留,表面残留
external resistance ①外电阻 ②外部阻力
external respiratory cavity 外部呼吸腔(cavitas respiratoris externus)
external seed coat 外种皮(spermodermis externus)
external signal 外界信号
external slope 外坡
external solution 外部溶液
external spiral 外螺旋
external standard 外标,外部标准
external standard method 外标法{生技}
external stimulus 外部刺激
external stop 外部光阑{遥感}
external storage ①外[部]存储器 ②外存
external stress 外部胁迫{生态生理}
external structural change 外结构变化
external substrate 外底物
external suppressor 外部抑制基因
external suppressor mutation 外部抑制基因突变
external surface 外表面
external tag method 外部标志法
external tariff (EC) (欧洲共同体)共同对外税则{农经}
external temperature (= outside temperature) 外界温度
external trade 对外贸易
external transfer resistance 外部传递阻力
external transpiration 表面蒸腾
external unit 外部设备
external work 外功
externalized form 外部化形式,外部化格式
externally programmed computer 外部程序计算机,外程序式计算机
exteroreception 外[界刺激]感受[作用](exteroreceptio)
exteroreceptive ①外感受性的 ②外感受性(exteroreceptivus)
exteroreceptor 外感受器
extesticulate 去势,阉割(extesticulatus)
extinct ①消灭的 ②不活动的 ③绝种的 ④失效的,无用的(extinstus)
extinct species 消失种,绝灭种(species extinctus)
extinct volcano 死火山

extinctance 消光率（extinctantia）
extinction ①扑灭，消灭 ②绝种 ③消光率，吸光率（extinctio）
extinction coefficient ①削弱系数{气象} ②消灭系数{栽培} ③消光系数{土壤}
extinction law 消光定律{生态生理}
extinction of marker 标志基因消失
extinction of parasite 寄生物的绝灭
extinction position 消光位置
extinction time 消失时间
extinctivity 消光比，消光率（extinctivitas）
extine ①[花粉粒] 外壁（extina）{胚胎} ②[孢子]外壁（extinium）{真菌}
extinguish ①扑灭 ②清偿（债务）（extinguere）
extinguisher ①消灭基因，绝灭基因{遗传} ②灭火器
extinguisher loci 消灭基因座位，绝灭基因座位
extirpate ①（杂草）根除，连根拔起 ②全部清除，彻底消灭（extirpare）
extirpation 摘除，切除（extirpatio）
extirpator 中耕除草机
extoxin 外毒素
extra- ⌞字头⌝特别，额外，外
Extra（=CCC） 矮壮素{农药}
extra ①额外的，特别的，特加的，附加的 ②特等的
extra allowance 特别补助，特别津贴
extra-axillary 腋外生的（extraaxillaris）
extra-axillary bud 副腋芽（gemma extraaxillaris）
extra-big log 特大原木{森林}
extra binding 特别精装本（指书籍装订）
extra buffer 附加缓冲区，临时缓冲区
extra cell 附加单元
extra charge 额外收费，特加费
extra check（EXCK） 特别对照
extra-check row 特别对照行
extra-chromosomal 额外染色体的，染色体外的（extra-chromosomalis）{细胞}
extra-chromosomal element 染色体外[遗传]因子
extra-chromosomal gene 染色体外基因
extra-chromosomal genetic element 染色体外遗传分子
extra-chromosomal genetic information 染色体外遗传信息
extra-chromosomal hereditary determinant 染色体外遗传因子，非染色体遗传因子
extra-chromosomal inheritance 染色体外遗传
extra-chromosomal mutation 染色体外突变
extra-chromosomal nucleolus 染色体外核仁
extra-chromosomal nucleolus organizer 染色体外核仁组成区
extra-chromosomal plasmid 染色体外质粒
extra-chromosomal rRNA 染色体外 rRNA
extra-chromosomal transmission 非染色体传递
extra-chromosomal tRNA 染色体外 tRNA
extra-chromosome 额外染色体（extrachromosoma）
extra-chromosome pair 额外染色体对
extra-copy 额外副本，额外复制
extra crop 额外收成，特大收成
extra-cutting 额外采伐
extra dividend 特别红利
extra-DNA synthesis 额外 DNA 合成
extra error 额外误差
extra-fascicular [维管]束外的（extrafascicularis）
extra-fascicular cambium 束外形成层（cambium extrafasciculare）
extra-fascicular water [维管]束外水分（aqua extrafascicularis）
extra-fascicular water translocation 束外水分运输
extra fine point 超细[笔]尖
extra-floral 花外的（extrafloralis）
extra-floral nectary 花外蜜腺（nectarius extrafloralis）
extra-foliaceous 叶外的（extrafoliaceus）
extra-foliaceous stipule 叶外托叶（stipula extrafoliacea）
extra-foreign chromosome 额外外来染色体
extra front end computer 外加前端[计算]机
extra gate 外加门{电脑}
extra-hard grain 特硬粒（小麦）
extra instruction 附加指令{电脑}
extra level 附加级
extra light amber honey 特浅琥珀色蜂蜜
extra-light seed harrow 特轻型播种耙{农机}
extra logic element 附加逻辑元件{信息}
extra-long staple cotton 特长纤维棉
extra loop ①额外环 ②环外的
extra-loop region 环外区
extra message 附加消息
extra-mitosis 另外有丝分裂（extramitosis）
extra molt （蚕）过剩脱皮
extra-normal soil 异常土

extra-nuclear 核外的（extranuclearis）
extra-nuclear DNA 核外 DNA
extra-nuclear gene 核外基因
extra-nuclear genome 核外基因组
extra-nuclear hereditary determinant 核外遗传因子
extra-nuclear inheritance 核外遗传
extra-nuclear nucleolus 核外核仁
extra-nuclear spindle fiber 核外纺锤丝
extra pay 额外报酬，附加工资
extra print order 附加打印指令
extra processor 外加处理机
extra pulse 额外脉冲
extra quality 特优质量，优质
extra-regional community 区外群落（communitas extraregionalis）
extra-residue 额外残基
extra-saccal 胚囊外的（extrasaccalis）
extra-staminal 雄蕊外的（extrastaminalis）
extra token 外加记号
extra white honey 特白蜂蜜
extra work 额外工作
extracarpellary 心皮外的（extracarpellaris）
extracarpellary tissue 心皮组织（tela extracarpellaris）
extracellular 细胞外的（extracellularis）
extracellular domain（ECD） 胞外域｛分生｝
extracellular enzyme 胞外酶
extracellular flagellum 细胞外鞭毛
extracellular fluid 胞外液（fluidus extracellularis）｛细胞｝
extracellular freezing ［细］胞外结冰
extracellular ice formation 细胞外冰形成，胞外结冰｛生态生理｝
extracellular infectious particle 细胞外侵染颗粒
extracellular matrix（ECM） 胞外基质
extracellular pathway 胞外途径
extracellular phage 细胞外噬菌体
extracellular region 胞外区
extracellular secretion 胞外分泌
extracellular signal 胞外信号
extracellular signal-regulated kinase（ERK） 胞外信号调节激素
extracellular space 细胞外空隙
extracellular structure 非细胞结构，细胞外结构
extracellular substance 胞外物质
extracellular virus（ECV） 胞外病毒
extracode ①附加码，附加代码 ②附加程序｛电脑｝
extracolumn effect 柱外效应｛生技｝
extract ①拔起，拔出 ②榨取，抽取，煎出，熬出 ③浸出汁，浸出物，提取物（extractus）
extract a root 开方，求根｛统计｝
extract of embryo 胚浸出液｛显技｝
extract sample 抽取样品
extractant 提取剂
extracted digit 抽出数位
extracted honey 分离蜜，机摇蜜
extracted meal ［榨油］提取饼渣
extracted race 选出种
extracting agent（= extraction agent） 提取剂，萃取剂｛环保｝
extracting seed from cone 球果脱粒
extracting solution 浸提液
extraction ①拔取法，摘出术｛畜｝②除伐 ③提取，析取 ④抽出，榨出，浸出，煎出，析取 ⑤浸出物，提取物（extractio）
extraction agent 提取剂，萃取剂
extraction and utilization of bee venom 蜂毒提取与利用
extraction apparatus 提取器，抽提器
extraction cartridge 提取柱（柱体）
extraction design method 析取设计法
extraction flask 浸提瓶
extraction fractionation 提取分级（分离）
extraction indexing 摘录标引｛电脑｝
extraction indicator 抽提指示剂，萃取指示剂
extraction method 提取法，抽出法
extraction of DNA DNA提取
extraction of nucleoprotein 核蛋白提取
extraction of old trees from young woods 引拔伐
extraction of RNA RNA提取
extraction of stumps 挖根
extraction rate ①吮吸速度 ②干燥速度 ③提取率
extraction solvent 抽提溶剂，萃取溶剂
extraction sucrose 榨得糖分，提取蔗糖
extraction yield 提取率
extractive ①浸出性的，可提取的 ②浸出物，提出物（extractivus）
extractive crystallization 提取结晶，萃取结晶
extractive distillation 抽提蒸馏
extractive fermentation 抽提发酵
extractor ①浸出器，提取器｛生化｝②除根器，挖根器｛农机｝③摇蜜机｛蜂｝④抽取字｛电脑｝
extraeconomic exploitation 超经济剥削｛农经｝
extragenetic 非遗传的（extrageneticus）

extragenetic mutation 非遗传突变
extragenic 基因外的(extragenicus)
extragenic mutation 基因外突变
extragenic promoter 基因外启动子
extragenic suppressor 基因外抑制基因
extragenital 性器官外的(extragenitus)
extrahaustorial membrane 吸器外膜
extralarge tractor 特大型拖拉机
extramatrical ①体外的 ②基物外的(extramatericus)
extramatrical colonization 体外定殖,基物外定殖(colonisatio extramatrica)
extramatrical mycelium 体外菌丝[体],基物外菌丝[体](mycelium extramatricum)
extramatrical mycorrhiza 体外菌根,基物外菌根(mycorrhiza extramatrica)
extramedial 离均数的(extramedius)
extramedial hybridity quotient 离均数杂种性商(计算杂种离开亲本均数的值){遗传}
extramedial response to hybridity 杂种性离均数反应
extramembranous 膜外的(extramembranosus)
extramural 城墙外的,城外的,郊外的(extramuralis)
extraneous ①外附的,外来的 ②额外的(extraneus)
extraneous coat 新异外壳
extraneous information 附加信息,外来信息
extraneous material 外来材料
extraneous stimulus 新异刺激
extraneous term 额外项
extraneous water 外来水,客水
extranormal soil 异常土
extranutrition 补充营养,追肥(extranutritio)
extraocular photoreceptor 眼外光感受器
extraoral 口外的(extraoralis)
extraordinarily high sensitivity 超常高敏感性
extraordinary ①非常的,异常的 ②例外的,特别的(extraordinaris)
extraordinary nucleolus 非普通核仁
extraordinary ray 异常光线
extraordinary wave 非常波
extraordinary yield 额外产量
extraorgan freezing 器官外结冰
extrapolate 外推(extrapolare)
extrapolated 外推的(extrapolatus)
extrapolated correlates 外推相关数{统计}
extrapolated mean 外推平均
extrapolated method 外推法
extrapolated value 外推值
extrapolation ①推算,推断 ②外推法,外延法(extrapolatio)
extrapolation method 外推法{统计}
extraporate 具外孔的(extraporatus)
extraradial 外辐射状的(extraradialis)
extraregulator 额外调节基因
extraregulator locus 额外调节基因座位
extraseminal 种子外的(extraseminalis)
extrasensitive clay 高敏感性黏土
extrasensitivity 超敏感性,过敏性(extrasensitivitas)
extrasheathing grasses 具鞘外枝禾(牧)草
extrastelar 中柱外的(extrastelaris)
extrastimulus 额外刺激
extraterrestrial 地球外的,宇宙的(extraterrestrius)
"extratissue freezing" "组织外结冰"
extratropic (=extratropical) 温带的(extratropus)
extratropic belt 温带
extratropical 温带的
extratropical cyclone 温带气旋
extratropical zone 温带
extravagant ①过度的,过分的,过高的 ②浪费的(extra,vagans)
extravaginal 穿叶鞘的(extravaginalis)
extravehicular 飞船外的,宇宙飞船外的
extravehicular activity (EVA) 宇宙飞船外活动
extravehicular life support system 宇宙飞船外生命维持系统
extraxylary fiber 木质部外纤维(fiber extraxylaris)
extrema (=extremum) 极值
extreme ①末端的,最远的,最外方的 ②极端的,极度的,至最高限度的(extremus)
extreme annual value 年极端值
extreme bacteria 极端细菌
extreme breadth 最大宽度
extreme case 极端情况
extreme climate 极端气候
extreme cold stress 极度冷胁迫
extreme danger 非常危险
extreme direction 极[端]方向
extreme environmental condition 外界环境条件,极端环境条件
extreme evaporative conditions 极端蒸发条件
extreme habitat 极端生境,最远生境
extreme high frequency 极高频{信息}
extreme hillside combine 丘陵地联合收获

机

extreme limit 极端限界,极限

extreme old age 极老时期,衰老时期

extreme osmotic conditions 极端渗透条件

extreme over-grazing 极度放牧

extreme pressure lubricant 高压润滑油

extreme ray 极度射线

extreme salt stress 极度盐胁迫

extreme shade 极端遮阳

extreme situation 极端情况

extreme stress 极度胁迫(指干旱)

extreme temperature 极端温度

extreme type 极端类型(指分化)

extreme value 极端值

extreme white 极白色

extremely early 极早[熟]的

extremely early maturing 极早熟的

extremely early variety 极早熟品种

extremely high frequency 极高频

extremely labile 极[端]不稳定的

extremely late 极晚[熟]的

extremely late maturing 极晚熟的

extremely late variety 极晚熟品种

extremely over-grazing 极度放牧

extremely rough (ER) 极粗糙

extremely rough mutant 极粗糙突变体

extremes 极端值(extremae)

extremity 末端(extremitas)

extremum 极值(最大,最小)

extrinsic ①外源的,外因性的 ②外来的 ③非固有的 ④含杂质的(extrinsticus)

extrinsic cytosol protein 外源细胞溶质蛋白,外源胞液蛋白

extrinsic factor 外因,外源因子

extrinsic gain 外因性增益

extrinsic phage 外源噬菌体

extrinsic semiconductor 含杂质半导体,非本征半导体

extrinsic speciation 外因性物种形成(speciatio extrinsica)

extrofloral 花外的(extrofloralis)

extrofloral nectary 花外蜜腺

extron (= exon) [基因]外显子

extron mutant 外显子突变体

extrorse 向外的(指花药)(extrorsus)

extrorse anther 向外药(anthera extrosa)

extruding 挤压过程{环保}

extrusion 挤出,榨出,喷出(extrusio)

extrusion stress (塑性变形的)挤压应力

extrusive bodies (= extrusives) 喷出岩体

extrusive rock 火山岩(指由火山喷出物而成的)

exuberance 茂盛,繁茂(exuberantia)

exuberant 繁茂的,茂盛的(exuberantis)

exudate ①渗出液,渗出物 ②溢泌物(exudatus)

exudation ①渗出[作用] ②溢泌[现象],溢泌[作用](exudatio)

exudation of liquid water 液体渗出

exudation of preservative 防腐剂渗出

exudation of resin 树脂渗出

exudation of sap 液泌,渗出液

exudation pressure 溢泌压,渗出压

exudation water 溢泌水,吐水

exudatoria 分泌乳突(exudatoria)

exunguiculate 无爪的(exunguiculatus)

exurate pupa 离蛹(pupe exurata)

exutive 脱落物的(exutivus)

exuviae 蜕皮(exuviae)

exuvial 蜕皮的(exuvius)

exuvial fluid 蜕皮液

exuvial gland 蜕皮腺

exuviation 蜕皮(exuviatio)

Eycleashymer's cleaner 爱氏清析液{显技}

eye ①目,眼 ②芽眼 ③梨果宿萼 ④色斑 ⑤(豆类)种脐 ⑥光电池,光电管(ocallus,oculus)

eye-albinism 眼白化现象

eye base (= interpupillary distance) 眼基线,眼距{遥感}

eye bolt ①有眼螺栓,埋头螺栓 ②环圈螺钉,环形螺钉

eye bud 芽眼(指在甘蔗或马铃薯块根上的)

eye color 眼色

eye-color mutant 眼色突变体

eye-color mutation 眼色突变

eye coordinate system 眼睛坐标系

eye cutting(= single eye cutting) 芽插,单芽插

eye-derived growth factor 眼[源]生长因子{分生}

eye diameter 眼径

eye-fitted curves 肉眼配合的曲线{统计}

eye fly 蚤蝇

eye-gaze 视线跟踪

eye gnat 眼疾蝇[*Hippelates pusio* (Loew)]

eye grafting 芽眼嫁接法

eye groove 芽沟

eye guard 护目罩

eye-hand machine 眼手机[器]

eye hitch 眼孔式联结器

eye joint 眼圈结合

eye lens 接目镜{显技}

eye level 视平线
eye mutant 复眼突变体
eye of cyclone 气旋眼
eye of storm 风暴眼
eye of typhoon 台风眼
eye of wind 风穴,风眼
eye pattern 眼图{遥感}
eye release 视距
eye rot(=European canker) 苹果溃疡病
eye spot ①眼点{畜} ②色素点{形态} ③眼点病{病理} ④轮斑病(甘蔗) ⑤眼状纹{蚕}
eye-spot of cereals 禾谷类眼点病[*Cercosporella herpotrichoides* Fron.]
eye-spot of jute 黄麻眼点病[*Hymenula nigra* Saw.]
eye-spot of rice 黑点米
eye-spot of sugarcane 甘蔗眼点病[*Helminthosporium sacchari*(Breda et Haan) Butl.]
eye-spotted bud moth 苹芽小卷叶蛾[*Spilonota ocellana* D. et S.](小卷叶蛾科)
eye survey 目测
eyeball control 目视控制
eyebright ①小米草属[*Euphrasia* L.](玄参科) ②小米草[*Euphrasia tatarica* Fisch.]
eyecup 眼窝
eyed click beetle 眼斑叩甲[*Alaus oculatus* (Linnaeus)](叩甲科)
eyed egg 有眼点卵{水产}
eyed hawk moth(=cherry hornworm) 蓝目灰天蛾(柳天蛾)[*Smerinthus planus* (Walker)](天蛾科)
eyeflap ①风镜,护目镜 ②眼罩,遮眼具
eyeing stage 有眼点期{水产}
eyelet ①小草眼 ②小孔(ocuolus)
eyelet machine 冲孔机
eyelet nozzle 具有固紧环喷嘴
eyelet work 打孔眼
eyelid 眼睑
eyelight 视力,目力
eyenut 环形螺帽
eyephone 眼视仪,眼屏
eyepiece 目镜{显技}
eyepiece micrometer 目镜测微尺
eyeshot 视界,视野
eyestalk 眼柄
eyetooth 眼齿,犬齿
ezomycin(=ezonomycin) 阻碍霉素(农用抗生素)
ezrin 埃兹蛋白{分生}

F f

F ①(= fertility)能育性,生殖力 ②(= sex factor)性因子 ③(= Wright inbreeding coefficient)莱特近交系数

F_1(= first filial generation) 杂交一代,子一代{育种}

F_2(= second filial generation) 子二代

F_3(= third filial generation) 子三代

F^+(= bearing an autonomous sex factor)(细菌)具自主性因子

F^-(= lacking an autonomou sex factor) 缺乏自主性因子

f(= fathom) 英寻(英国度量单位,= 183 厘米)

F-153(= Formosa-153) 台-153(中国甘蔗品种)

F-actin(= fibrous actin) 纤维状肌动蛋白,F 肌动蛋白

F-agent(= F factor) 能育因子

F^+ antigen(= fertility antigen) 能育抗原,F^+ 抗原

F^+ bacterium(= fertility bacterium) 能育细菌,F^+ 细菌

F body(= fluorescent body) 荧光小体,F 小体{分遗}

F^+ cell(= bacteria harboring an autonomous sex factor F) 具有一自主性因子 F 细胞,F^+ 细胞

F^- cell(= bacteria lacking the sex factor F) 缺乏性因子细胞,F^- 细胞

F-DDT(= DFDT) 氟滴滴涕(杀虫剂)[$C_{14}H_9Cl_3F_2$]

F_2-derived line 杂交子二代衍生品系

F distribution F 分布{统计}

F-distribution F 分布{统计}

F^+ donor(= fertility donor) 能育供体,F^+ 供体

F duction(= sex duction) 性导,F 导

F element(= sex element) 性分子,F 分子

F factor(= fertility factor) 致育因子,F 因子

F_2 generation F_2 代,子二代世代

F-horizon F 层{土壤}

F_1 hybrid(= hybrid of first filial generation) 子一代杂种

F_1 hybrid for double or three way cross 杂交原种{蚕}

F_1 hybrid plant F_1 杂种植株,子一代杂种植株

F incompatibility(= sex incompatibility) 性不亲和性,性不相容性,F 不亲和性

F_1 individual F_1 个体,子一代个体

F layer(= F region) ①F 层{气象} ②森林残落物层

F-layer(= F-horizon) F 层,腐殖质层,[森林]发酵残落物层

F-like plasmid 似 F 质粒

F-mediated transduction F 转导,性导

f-number f 值(指镜头相对孔径的倒数){显技}

F pilus(= sex pilus) 性绒毛

F plasmid F 质粒,F 游离体(= F episome),F 因子(= F factor),性因子(= sex factor)

F prime cell(F'cell) F'细胞(指具有自主的性因子 F 并带有遗传可识别节段的细胞)

F prime plasmid F 引物质粒,性引物质粒

F_2 ratio 子二代比率,F_2 比率

F^- recipient 缺乏性因子 F 受体,F^- 受体

F_1 region(= F_1 layer) F_1 层{气象}

F_2 region(= F_2 layer) F_2 层{气象}

f-stop f 光阑,f 制光圈{遥感}

F^+ strain(= fertility strain) 能育菌株,F^+ 菌株

F table F 表{统计}

F-table F 值表{统计}

F test F 测验法

F-test F 测验

F value F 值

FA(= filtrable agent) 过滤因子,可过滤物

FAB(= fast atom bombardment) 快[速]原子轰击{分生}

fabaceous 蚕豆状的(fabaceus)

Fabales 豆目[Fabales]{分类}

fabavirus 蚕豆病毒[组]

faber cymbidium 蕙兰(九子兰)[*Cymbidium faberi* Rolfe](兰科)

faber fir 冷杉[*Abies fabri* (Mast.) Craib](松科)

fabifolious 蚕豆叶的(fabifolius)
fabiform 蚕豆状的(fabiformis)
fabric ①织物,纺织物,编织物 ②结构,构造,组织 ③结构物,建筑物(fabrica)
fabric analysis 组织分析{土壤}
fabric filter 纤维织网过滤器
fabric of aggregate 团聚体组织
fabric reaction 组织反应
fabric-reinforced seal 织物加强密封
fabric ribbon 编织色带,纤维色带
fabric skeleton 组织骨架
fabric unit 组织单位
fabrication ①制造,制备 ②生产(fabricatio)
Fabry-Perot etalon 法布莱-珀罗标准具{遥感}
Fabry's disease 法布莱氏病,酰基鞘氨醇己三糖苷酶缺乏症
FAC (= Frequency Allocation Committee) 频率分配委员会{信息}
facade (建筑物)正面(facies)
face ①面,颜 ②(建筑物)表面,正面,前面(facia)
face centered lattice 面心点格{生技}
face check 表面开裂
face cord 面考(木材虚积垛单位,= 1′×4′×8′= 32 英尺){森林}
face covering 面盖(指绵羊面部羊毛生长情况)
face cut 弦切
face-down bonding 倒焊[法]
face fly 秋家蝇[*Musca autumnalis* De Geer](蝇科)
face in frames 框架侧面
face in type 对头型(指双列牛舍的牛头相对){农施}
face knot 材面节疤
face layer (= facer) 面层
face mask 面具
face of furrow 沟壁{水利}
face of the furrow 犁沟面
face out type 对尻型(指双列牛舍的牛尻相对){农施}
face protector 面防护器
face shield 面罩
face-shovel excavator 正铲挖掘机
face side ①表面,正面 ②木表,木材表面
face-up bonding 正焊[法]
face value ①表面价值(指货币){农经} ②账面价值{农管}
faced air cooling 强制空气冷却,强制气冷法
facepiece (= mask) 面罩
facer ①面层 ②大障碍,意外挫折
facet ①小眼面(= ommatidia) ②接触面 ③小平面(多面体的一面) ④刻面,凸线
facet analysis 逐面分析法,分面分析法{电脑}
facet number (果蝇)小眼面数
facetted eye 复眼
facial 面的,颜的(facialis)
facial bristle 颜鬃
facial carina 颜隆线
facial cystidium 表生囊状体(cystidium faciale){真菌}
facial orbit 颜框
facial plate 颜板
facial ridge 颜脊(faciallum)
Facial tubercle 颜瘤
faciation 变生群丛(faciatio)
facies ①演替系列变群丛 ②优势种 ③面,颜面 ④外观 ⑤相
facies change 相变{遥感}
facilitated diffusion 易化扩散,促进扩散
facilitated transport 易化运输,促进运输
facilitation 促进作用,易化[作用](facilitatio)
facilitatory region 易化区(指促进作用的区域){分生}
facilities (为 facility 的复数)①设备,设施 ②机制
facilities extension ①机制扩展 ②设施扩展,设备扩展
facilities for agriculture 农业设施
facilities for agronomy 农艺设施,栽培设施
facilities for horticulture 园艺设施
facilities management 设备管理
facility ①(手)灵巧,熟练 ②[复]设备,设施(facilitas)
facing ①砌面,覆壁,饰面{水利} ②(茶,咖啡)着色 ③向,方向 ④衬片
facing brick 护面砖
facing of pile 堆积方向
facing stone 护面石
facing the 21st century 面向 21 世纪
FACS (= fluorescence-activated cell sorter) 荧光激活细胞分选仪{分生}
facsimile (FAX,fax) ①传真,传真通信 ②复制,复写,摹写(facsimila){信息}
facsimile broadcasting 传真广播
facsimile camera 传真摄像机
facsimile communication (FAX communication) 传真通信
facsimile copy 传真复制
facsimile laser platemarker 传真激光制版机
facsimile machine 传真机

facsimile mail 传真信函
facsimile network 传真网
facsimile packet 传真[信息]包
facsimile paper 传真[感光]记录纸
facsimile printer 传真打印机
facsimile receiver 传真接收机
facsimile recorder 传真记录器
facsimile scanner 传真扫描器
facsimile service 传真服务
facsimile signal 传真信号
facsimile synchronizing 传真同步
facsimile system (FAX system) 传真系统(指图文)
facsimile telegraph 传真电报
facsimile transceiver 传真收发机
facsimilization 传真化(指传真通信化)(facsimilisatio)
fact ①事件(=event) ②事实(=known to be true) ③现实(=reality) (factum)
fact correction 事实校正
fact correlation 事件相关
fact database 事实数据库
fact information 事实情报
factitious ①人工的,人造的 ②人为的(factitius)
factitious host 人为寄主
factor 420 因子 420(指辅酶 F420){分生}
factor ①因子,因素 ②因数,系数 ③代理人,代办人
factor analysis 因子分析{统计}
factor at minimum 最小因子{生态生理}
factor complex 复合因素,因子复合体{生态生理}
factor cost 生产费用
factor of production 生产因素,生产要素{农管}
factor of safety 安全率,安全系数
factor of shape 形数{森林}
factor-pair 因子对
factor-product ratio 投入-产出比率,投入-产出关系(=input-output relationship){农经}
factor-specific mechanism 特殊因子机制{生态生理}
factorial ①因子的{统计}②工厂的(factorialis)
factorial analysis 因子试验分析
factorial arrangement 因子排列
factorial design 因子[试验]设计
factorial experiment 因子试验,析因实验
factorial experimental design 因子试验设计
factorial field experiment 田间因子试验
factorial hypothesis 因子假说{统计}
factorization 因子分解(factorisatio){统计}
factorization technique 因子分解技术
factors controlling Feulgen reaction 控制福尔根氏反应的因子
factors in chromosome 染色体的因子
factors in chromosome segregation 染色体分离因子
factors of change in quality 品质变化因素
factors of determing yield 决定产量因素
factors of erosion 侵蚀因素
factors of habitat ①产地因素,产地条件 ②生境因子,生境因素
factors of production 生产因素
factory 工厂,制造厂(factorius)
factory act 工厂法案
factory aquaculture 工厂化养鱼{水产}
factory automation ①工厂自动装置(机) ②工厂自动化
factory chicken farm 工厂化养鸡场
factory-controlled cane-farm 厂办蔗场
factory-controlled farm 厂办农场
factory cultivation 工厂化栽培
factory farm 工厂化农场
factory garden 工厂庭园,厂内庭园
factory management 工厂管理
factory mark 工厂牌号
factory mothership 加工母船{水产}
factory pig farm 工厂化养猪场
factory scale records 厂级记录
factory seasoning 厂内干燥
factory seedling culture ①工厂化育秧(指水稻) ②工厂化育苗(指蔬菜)
factory sterntrawler 加工尾拖网渔船
factory timber ①加工用材 ②车间用材
factory workers 工人,产业工人
factotum 多面手
facultative 兼性的(facultativus)
facultative aerobe 兼性需气[微]生物,兼性需氧[微]生物(aerobe facultativus)
facultative alternation of generation 兼性世代交替
facultative anaerobe 兼性厌气[微]生物,兼性厌氧[微]生物(anaerobe facultativus)
facultative anaerobiont 兼性厌气生物,兼性厌氧生物(anaerobions facultativa)
facultative apomict 兼性无融体
facultative apomixis 兼性无融生殖(apomixis facultativus)
facultative association 兼性结合,兼性配对

facultative autotroph 兼性自养生物（autotrophe facultativus）
facultative bacteria 兼性细菌（bacteria facultativae）
facultative chemoautotroph 兼性化能自养生物（chemoautotrophe facultativus）
facultative cleistogamy 兼性闭花受精（cleistogamia facultativa）
facultative denitrification 兼性反硝化［作用］（denitrificatio facultativa）
facultative halophyte 兼性盐生植物（halophyta facultativa）
facultative heterochromatin 兼性异染色质，功能型异染色质
facultative heterochromatization 兼性异染色质化
facultative heterotrophic bacteria 兼性异养细菌（bacteria heterotrophae facultativae）
facultative marker 兼性标志物，兼性标记［基因］
facultative parasite 兼性寄生物（parasita facultativa）
facultative parasitism 兼性寄生［现象］（parasitismus facultativus）
facultative parthenogenesis 兼性单性生殖，偶然单性生殖（parthenogensis facultativus）
facultative photoautotroph 兼性光能自养生物（photoautotrophe facultativus）
facultative plant 不定型植物（planta facultativa）
facultative pond 兼性［氧化］塘〈环保〉
facultative saprophyte 兼性腐生物（saprophyta facultativa）
facultative saprophytism 兼性腐生［现象］（saprophytismus facultativus）
facultative self-pollination 兼性自花授粉
facultative sexual biotype 兼性有性生物型
facultative shade plant 兼性阴地植物
facultatively anaerobic 兼厌氧性［的］
faculty ①能力，才能 ②（器官）机能，功能③（大学，科学院）分科学部，系（facultas）
faculty of agronomy 农学学部，农学研究部
FAD（= flavin adenine dinucleotide） 黄素腺嘌呤二核苷酸
FAD pyrophosphorylase FAD 焦磷酸化酶
fade ①褪色 ②凋萎，枯萎，凋落 ③衰弱，衰退
fade humidity 凋萎湿度
fade in 淡入，渐强（指图像）〈电脑〉
fade in-out 淡入淡出（指图像）
fade out 淡出，渐弱（指图像）
fade up 增亮（指图像）
fade zone 消失区（指图像）
faded ①褪色的，无色的（decoloratus）②凋萎的，枯萎的，凋落的（marcidus）
fading ①凋萎（marcor）②褪色（decolorans）③渐衰弱
fading ratio 凋萎比
fading variability 渐变变异性
faecal ①粪便的 ②沉淀物的，渣滓的（faecus）
faecal manure 粪肥
faecal matter（= faeces） 粪便，排泄物
faeces ①粪便，排泄物 ②沉淀物，渣滓（faecis）
fag ①香烟 ②劳累活，吃力的工作
fag-end ①（绳）末端，（织物）线头 ②（卷烟草）残梗 ③无用剩余物
fagaceae bark beetle 山毛榉小蠹［*Xyleborus concisus* Blandford］（小蠹科）
fagaramide 崖椒酰胺［$C_{14}H_{17}NO_3$］
fagarine 崖椒碱［$C_{21}H_{23}O_5N$］
fagarol 崖椒醇［$C_{20}H_{18}O_5$］
fagetum 山毛榉群落〈生态〉
faggot（= fagot） ①紫捆，紫束，枝条捆 ②成捆铁条，束铁
faggot drain 柴束排水沟，柴束排水管
faggot of peeled wood 剥皮枝条捆
fagineous 山毛榉状的（fagineus）
fagopyrin 荞麦碱
fagopyrism 荞麦中毒，荞麦疹（= buckwheat poisoning, buckwheat eczema）（fagopyrismus）
Fahrenheit（F） 华氏［温度］
Fahrenheit's degree 华氏度数
Fahrenheit's thermometer 华氏温度表
Fahrenheit's thermometric scale 华氏温［度］标
faience 彩陶，彩色瓷器
fail ①失败，失效 ②缺乏，不足，缺少 ③（作物）不长，（种子）不结实 ④（地力）衰退 ⑤出故障（failere）
fail data 失效数据
fail-frost 故障冻结
fail place 缺苗，缺株
fail-safe ①安全性 ②故障无碍的，系统可靠的
fail-safe circuit 安全电路
fail-safe computer 安全计算机
fail-safe facility 故障保险设施
fail to head ①不抽穗（指禾谷类）②不结球（指甘蓝类）
fail to pass 不及格（考试），不通过（论文）
fail to produce 不生产（减产），不长

fail to sprout 不发枝
fail to tiller 不分蘖,无分蘖(指禾谷类)
fail year 歉收年,荒年
failing ①弱点,缺点,短处 ②不足 ③失败
failure ①失败,不成功 ②歉收 ③不足,缺乏 ④衰弱,衰退 ⑤破产倒闭 ⑥故障 ⑦干涸,枯竭 ⑧未履行,未做(failer)
failure diagnosis 故障诊断
failure in duty 未履行任务
failure of crop 歉收,无收成
failure of rain 缺雨
failure of soil fertility 土壤肥力衰退
faint ①稀薄的 ②模糊的 ③淡的,暗淡的 ④微弱的,衰弱的 ⑤轻微的,细微的(faindre)
faint band 模糊条带{生技}
faint difference 轻微差别
faint red 淡红色
fair ①市集,墟集 ②交易会,展览会 ③晴天④公平,公正(指贸易)
fair and traditional practices 商业惯例,通行惯例{农经}
fair condition 情况良好
fair drawing 清绘{遥感}
fair price 公平价格
fair quality (= average quality) 中等质量,平均质量
fair straw strength 茎秆坚强
fair subdivision of payoff 支付的公平分配{农管}
fair-way 航道,水路
fair weather 晴天
fair-weather cirrus 晴天卷云
fair-weather cumulus 晴天积云
fair wind 惠风
fair yield 产量好,好收成
fairness ①晴 ②纯度 ③公平性,公正性
fairy flax (= purging flax) 泻亚麻[*Linum catharticum* L.](亚麻科)
fairy fly 柄翅卵蜂
fairy glove 毛地黄[*Digitalis purpurea* L.](玄参科)
fairy moths 长角蛾科[Adelidae]
fairy primrose ①报春花属[*Primula* L.](报春花科) ②报春花[*Primula malacoides* Fr.]
fairy-ring fungus 仙环菌
fairy-ring mushroom 食用小皮伞(硬柄小皮伞)[*Marasmius oreades* (Bolt.) Fr.](伞菌科)
fairy rose 小花月季(小月季花)[*Rosa chinensis* var. *minima* Voss](蔷薇科)
fairybells ①万寿竹属[*Disporum* Salisb.](百合科) ②万寿竹[*Disporum cantoniense* (Lour.) Merr.]
FAK (= focal adhesion kinase) 黏着斑激酶{分生}
fake host 伪主机{信息}
fakes 云母沙岩
falcaria ①链芹属[*Falcaria* Host.](伞形花科)②欧链芹[*Falcaria rivini* Host.]⌞拟⌝
falcate 镰刀状的(falcatus)
falcated leaf 镰状叶(folium falcatum)
falcated-leaved asparagus 镰刀天冬[*Asparagus falcatus* L.](百合科)
falcated thorowax 北柴胡[*Bupleurum falcatum* L.](豆科)
falcifolious 镰状叶的(falcifolius)
falciform 镰刀状的(falciformis)
falciphore 镰形柄(falciphora)
falcon ①鹰[*Falcon* spp.] ②牝鹰
falconry 猎鹰
fall ①秋 ②落下,跌落,降落,下降 ③水头,落差,瀑布 ④落叶期 ⑤衰退,衰亡 ⑥坡度,比降(fallere)
fall armyworm (= false armyworm, rice caterpillar) 稻夜蛾(草地贪夜蛾,伪黏虫)[*Laphygma frugiperda* J.E. Smith](夜蛾科)
fall away ①虚弱 ②死亡
fall bud grafting 秋季芽接
fall cankerworm 秋星尺蛾[*Alsophila pometaria* (Harris)](尺蛾科)
fall cropping 秋作,秋季栽培
fall crops 秋季作物
fall dandelion ①狮子草属[*Leontodon* L.](菊科) ②秋狮子草[*Leontodon autumnalis* L.]
fall dressing 秋季施肥,秋季追肥,秋肥
fall fallow ①秋耕休闲 ②秋耕休闲地
fall flower 秋季花卉
fall flower culture 秋季花卉栽培
fall flowering 秋季开花
fall frost ①晚霜 ②下霜
fall fruit forage 秋季果饲
fall grazing 秋季放牧
fall growth period 秋季生长期
fall head 降落水头{环保}
fall-in ①进入同步 ②落入 ③下降,降落
fall in ground-water level 地下水位降落
fall in prices (= decline in prices) 价格下降,跌价{农经}
fall lifting 秋季移植
fall manuring 秋肥,秋季施肥
fall mowing 秋季刈草

fall nursery 秋季苗圃
fall oat 秋播燕麦,冬燕麦
fall oculant 秋季芽接苗
fall of the water level 水位落差
fall of tide 退潮
fall of water 水位下降{环保}
fall off 光削
fall out (=fallout) ①尘埃,散落物(指放射性的) ②排出
fall-out area 排出口
fall out measurement 散落物测定{环保}
fall overturning 秋季翻转,秋翻{环保}
fall parterre 秋季对称花坛{园林}
fall pipe (=down pipe) 水落管{环保}
fall place 林中空地
fall planting ①秋季种植 ②秋季定植 ③秋种,秋播
fall planting bulb 秋植鳞茎,秋植球茎
fall plough 秋耕
fall-ploughed land (=fall-plowed land) 秋耕地
fall ploughing (=fall plowing) 秋耕
fall pollarding 秋季修剪树冠
fall potatoes 秋季薯类作物
fall pruning 秋剪
fall pruning wound 秋剪伤口
fall ratio 降落比
fall rolling 秋季镇压
fall rye 秋播黑麦,冬黑麦
fall season crop 秋播作物
fall season vegetable 秋季蔬菜
fall seed bed preparation 秋季[苗床]整地
fall seed plot 秋季留种区
fall seeded 秋播的
fall seeding (=fall sowing) 秋播
fall seeding stage (=fall emergence stage) 秋播出苗期
fall seeding time 秋播期
fall shoot (=autumnal shoot) 秋梢,秋生枝
fall sowing 秋播
fall sowing annual herbs 秋播一年生草本植物
fall-sown grains 秋播谷类作物
fall-sown oat field 秋播燕麦地
fall-sown type 秋播型
fall through ①导向 ②归于 ③无结果
fall tillage (=autumn cultivation, autumn work) 秋耕,秋季耕作
fall time ①衰减时间 ②下降时间
fall turnover 秋季翻转{环保}
fall variety 秋季品种
fall vigor (=fall vigour) 秋季生长强度
fall water supply 秋季供水
fall webworm 美国白蛾[*Hyphantria cunea* Drury](灯蛾科)
fall wheat 秋播小麦,冬小麦
fall wood 秋材,晚材
fall work 秋季作业
fallacious 错误的,谬误的(fallacius)
fallacious inference 谬误推理
fallback ①撤退 ②待援 ③低效运行
fallback mode 低效运行方式{信息}
fallback procedure 撤退过程
fallen dead wood 枯倒木
fallen trunk ①伐倒木 ②枯倒木
faller 伐木工
falling 落,下降,退落
falling birth-rate 降低出生率,出生率下降
falling cost 降低成本
falling edge 下降[边]沿
falling-film evaporator 降膜式蒸发器{生技}
falling-film reactor 降膜式反应器
falling leaves 落叶
falling of blossom 落花
falling of vagina 阴道脱垂
falling over 倒伏
falling phyllotaxy 下行叶序
falling-rate drying period 减速干燥期
falling rate of drying 降低干燥速度
falling sickness 癫痫
falling sphere viscometer 落球式黏度计
falling tide 落潮
fallopian tube 输卵管(oviductus)
fallout ①[放射性]微尘,[放射性]跌出物{辐射} ②(核)沉降灰{物} ③错栓{电脑}
fallout ratio (=fallout measure) 错检率
fallow ①休闲,休耕 ②休闲地
fallow-coloured 褐色的(指狐)(bruneus)
fallow cropping system 休闲耕作制
fallow crops 休闲作物
fallow cultigen 休闲地栽培种
fallow cultivation 休闲地耕作
fallow culture 休闲栽培
fallow deer 扁角鹿[*Dama dama*]
fallow farming system 休闲农作制,休闲耕作制
fallow fertilization 休闲地施肥法
fallow field 休闲田,休闲地
fallow ground 休闲地
fallow irrigation 休闲地灌溉
fallow land (=fallow ground) 休闲地,休耕地
fallow manuring 休闲地施肥

fallow paddy field 休闲稻田,休闲水田
fallow plot 休闲区
fallow plowing 休闲地翻耕
fallow rotation of crop 休闲地轮作
fallow rotation system 休闲轮作制
fallow soil 休闲地土壤
fallow soil cultivation 休闲地土壤耕作
fallow stage 休闲阶段
fallow system 休闲制
fallowing 休闲
fallowness 休闲状态
fallwind 下降风
false ①错误的,不正确的 ②假的,人造的,不真实的
false acacia ①刺槐属[*Robinia* L.](豆科) ②(= black locust) 刺槐(洋槐)[*Robinia pseudoacacia* L.]
false alarm 错误报警
false annual ring 假年轮(annulus annotinus falsus)
false apple leafminer 桃细蛾[*Lithocolletis malivorella* Matsumura]
false aralia ①假楤木属[*Dizygotheca* N. E. Br.](五加科) ②假楤木(线叶假楤木)[*Dizygotheca elegantissima* Vig et Guill.]
false arbor-vitae ①罗汉柏属[*Thujopsis* Sieb. et Zucc.](柏科) ②(= false arborvitae hiba) 罗汉柏[*Thujopsis dolabrata* (L. f.) Sieb. et Zucc.]
false axis (= sympodium) 假轴,合轴(axis falsus)
false bark 假皮层(cortex falsus)
false berry (= spurious berry) 假浆果(bacca spuria, pseudobacca)
false bird-of-paradise 倒垂赫蕉(五彩赫蕉)[*Heliconia marginata* sp.](旅人蕉科)
false bitter-sweet 美洲南蛇藤[*Celastrus scandons* L.](卫矛科)
false blast 拟稻热病
false-board spreader 推送板式撒布机
false branching 假分枝式(ramificatio falsa)
false broadbean sweetvetch 拟蚕豆岩黄蓍[*Hedysarum vicioides* Turcz.](豆科)
false brome-grass ①短柄草属[*Brachypodium* P.B.](禾本科) ②短柄草[*Brachypodium silvaticum* (Huds.) Beauv. = *Festuca sylvatica* Huds.]
false brown bamboo scale 竹褐圆蚧[*Anoplaspis penicillata* Green](盾蚧科)
false budworm (= corn ear worm) 棉铃虫[*Heliothis zea* (Boddie)](夜蛾科)
false cabbage aphis (= turnip aphid) 菜缢管蚜[*Rhopalosiphum pseudobrassicae* (Davis)](蚜科)
false cabbage sawfly 伪甘蓝叶蜂[*Dolerus japonicus* Kirby](叶蜂科)
false cell 假室(指子房)(cellula falsa)
false chinch bug 多彩长蝽(谷长蝽)[*Nysius ericae* Schill.](长蝽科)
false Chinese swertia 瘤毛獐牙菜[*Swertia pseudochinensis* Hara](龙胆科)
false cocoon 伪茧(指蚕)
false codling moth (= orange moth) 伪苹果蠹蛾(橘白点卷蛾)[*Argyroploce leucotreta* Meyrick](卷蛾科)
false color 假彩色,伪色(color falsa)
false color composite 假彩色合成{遥感}
false colour film 人造彩色胶片
false core 伪心材病[*Stereum* spp., *Schizophyllum commune* Fr.]
false crown 假根颈(corona falsa)
false-cypress ①花柏属[*Chamaecyparis* Spach](柏科) ②花柏[*Chamaecyparis pisifera* (Seib. et Zucc.) Endl.]
false daisy (= eclipta) ①鳢肠属[*Eclipta* L.](菊科) ②鳢肠[*Eclipta prostrata* L. = *E. alba* Hass K.]
false dichotomous branching (= dichotomous branching) 二叉分枝式(ramificatio dichotoma falsa)
false dissepiment 假隔膜(dissepimentum falsum)
false dragonhead ①假龙头花属[*Physotegia* Benth.](唇形科) ②假龙头花[*Physotegia virginiana* var. *alba* Hort.]
false drupe 假核果(drupe falsa)
false duramen (= false heartwood) 假心材(duramen falsus)
false ebony ①金链花属 ②(= golden chain, laburnum) 金链花[*Laburnum anagyroides* Medic. = *Cytisus laburnum* L., *L. vulgare* Gris.]
false egg (= mixote) 混配卵
false equilibrium 假平衡
false fertilization 假受精
false flax ①亚麻荠属[*Camelina* Crantz.](十字花科) ②亚麻荠[*Camelina sativa* L.]
false floor 栅格板,空格底板
false floral smut 假花黑穗病
false fritillary 伪蛱蝶[*Melitaea scotosia* Butler.](蛱蝶科)

false fruit 假果（fructus spurius，pseudocarpium）

false hellebore ①藜芦属［*Veratrum* L.］（百合科）②藜芦［*Veratrum nigrum* L.］

false hemp（= sunn） 菽麻

false hybrid 伪杂种（hybrida falsa）

false indigo ①紫穗槐属［*Amorpha* L.］（豆科）②紫穗槐［*Amorpha fruticosa* L.］

false indusium 假囊群盖（indusium falsum）{真菌}

false infection 假侵染

false Jerusalem-cherry 毛叶冬珊瑚［*Solanum capsicastrum* Link］（茄科）

false leaf trace 假叶迹（phyllovestigium spurium）

false lesser bulb fly 洋葱食蚜蝇［*Eumerus strigatus* Fallén］（食蚜蝇科）

false lily-of-the-valley ①舞鹤草属［*Maianthemum* Wigg.］（百合科）②舞鹤草［*Maianthemum bifolium*（L.）DC.］

false linkage 假连锁{遗传}

false loose-strife（= water primrose） 丁香蓼［*Ludwigia prostrata* Roxb. = *L. diffusa* Ham.］（柳叶菜科）

false -mallow ①赛葵属［*Malvastrum* A. Gray］（锦葵科）②赛葵［*Malvastrum coromandelianum*（L.）Garcke = *M. tricuspidatum* A. Gray］

false mangrove ①假红树属［*Laguncularia* spp.］②假红树［*Laguncularia racemosa* sp.］

false meal moth 粉螟［*Pyralis fimbrialis* Hübner］（粉螟科）

false-melic 紫裂稃茅［*Schizachne purpurascens* Franch. et Sav.］（禾本科）

false melon beetle 豆守瓜［*Luperodes menetriesi* Faldermann］（叶甲科）

false-mesquite calliandra 毛叶朱缨花［*Calliandra eriophylla* Benth.］（豆科）

false mite 卵形短须螨［*Brevipalpus obovatus* Donnadien］

false nerved 具假脉的（pseudonervis）

false-netted grape 华东葡萄［*Vitis pseudoreticulata* W. T. Wang］（葡萄科）

false nettle（= ramie） 苎麻

false nettle fourfooted butterfly（= Indian red admiral） 苎麻赤蛱蝶［*Vanessa indica* Herbst］（蛱蝶科）

false nettle noctuid 苎麻夜蛾［*Cocytodes caerulea* Guenée］（夜蛾科）

false oat ①三毛草属［*Trisetum* Pers.］（禾本科）②三毛草（蟹钩草）［*Trisetum bifidum*（Thunb.）Ohwi］

false-oatgrass（= French ryegrass，false oat，tall oatgrass） 燕麦草（大蟹草）［*Arrhenatherum elatius* Mertens et Koch.］（禾本科）

false oroko 见血封喉［*Antiaris toxicaria* Lesch.］（桑科）

false pak-choi 菜薹（菜心）［*Brassica chinensis* var. *tsaitai*］（十字花科）

false panax ①梁王茶属［*Nothopanax* Miq.］（五加科）②梁王茶［*Nothopanax delavayi* Fr.］

false pleiotropy 假多效性（pseudopleiotropia）

false point 假指［示］{狩猎}

false pore 假孔（用于泥炭藓）（pora spuria）

false powderpost beetles 长蠹科［Bostrichidae］

false pycnidium 假分生孢子器

false raceme 螺状聚伞花序

false ramification（= false branching） 假分枝式

false ray 假射线（radium spurium）

false reddish-tipped prominent 伪红端舟蛾［*Pygaera curtuloides* Erschoff］（舟蛾科）

false reduction 假减数（pseudoreductio）

false reversion ①假回复［变异］②假返祖遗传（pseudoreversio）

false rice borer 稻巢螟［*Ancylolomia japonica* Zeller = *A. chrysographella* Koll.］（巢蛾科）

false ring ①假年轮（annulus spurius）②单孔漏种活底板

false saffron（= safflower，bastard saffron） ①红花属［*Carthamus* L.］（菊科）②红花［*Carthamus tinctorius* L.］

false sap 双边材（alburnum falsum）

false sapwood 边材腐朽病

false science 伪科学

false signal 错误信号，假信号

false silkworm 伪蚕

false silverberry scale 茱萸白蚧［*Diaspis difficilis* Cockerell］（蚧科）

false smoke 假火焰（误以雾、家畜奔走、或道路交通所扬起的灰尘等为火焰）

false smut of rice 稻曲病［*Ustilaginoidea virens*（Cooke）Tak.］

false solomonseal ①鹿药属［*Smilacina* Desf.］（百合科）②鹿药［*Smilacina japonica* A. Gray］

false spider mites 细须螨科［Tenuipalpi-

dae]（叶螨科）
false spirea ①珍珠梅属［*Sorbaria* A. Br.］（蔷薇科）②珍珠梅［*Sorbaria sorbifolia* A. Br.］
false-spirea tree 高丛珍珠梅［*Sorbaria arborea* Schneid.］（蔷薇科）
false stable fly 厩腐蝇［*Muscina stabulans* (Fallén)］（蝇科）
false strawberry sawfly 草莓细腰叶蜂［*Emphytina albicinctus meridionalis* Takeuchi］（叶蜂科）
false stripe（= barley stripe mosaic） 大麦条纹花叶病（病毒病害）
false-sweet-flag aphid 菖蒲二叉蚜［*Toxoptera acori* Theobald］（蚜科）
false-sweet-flag big cutworm 菖蒲大夜蛾［*Gortyna leucostigma laevis* Butler］（夜蛾科）
false-sweet-flag cutworm 菖蒲灰夜蛾［*Apamea nictitans* L.］（夜蛾科）
false-tiger moths 拟灯蛾科［Callimorphidae］
false tinder-fungus 火木层孔菌［*Phellinus igniarius*（L. ex Fr.）Quél.］
false tissue 假组织（tela falsa）
false trichogyne 假受精丝
false truffle ①腹菌 ②大团囊菌
false umbel 假伞形花序（pseudoumbellum）
false univalent 假单价染色体（pseudounivalens）
false-valerian ①假败酱属［*Stachytarpheta* Vahl］（马鞭草科）②假败酱［*Stachytarpheta jamaicensis*（L.）Vahl］
false verticillate（= false whorl） 假轮生
false wall 假隔壁（septum spurium）
false weight 不足砝码
false whorl 假轮生（pseudoverticillus）
false wire worms（= darkling beetles） 拟步甲科（伪步行虫科）［Tenebriodidae］
false work 脚手架
false yeast 拟酵母
fame flower（= Surinam purslane） 土人参［*Talinum triangulare* = *T. racemosum*］（马齿苋科）
familial 家族性的（familialis）
familial accumulation 家族性积累
familial amaurotic idiocy 家族性黑蒙性白痴
familial Down's syndrome 家族性唐氏综合征
familial incidence 家族性发病
familiar 家族的，家内的（familiaris）
familiar accumulation 家族性积累
family ①科｛分类｝②族｛土壤｝③单种［植物］，集团｛生态｝④谱系，家系｛育种｝⑤系列｛电脑｝（familia）
family allowance 家庭津贴（补助费）
family computer 系列计算机
family constellation 家属性发现
family farm 家庭农场
family history 家史
family income 家庭收入
family kindred 家庭血亲关系，家庭亲缘
family labour（= family labour force） 家庭劳动力
family line breeding 母系选择育种法，母系系统选择育种法
family of soil 土族，土科
family pond 宅边塘
family resemblance 家系相似性
family tree 家系树，家系系统树
family tree of hemoglobin 血红蛋白的家系系统树
"family"analysis 家系分析，谱系分析
"family"breeding 家系育种，谱系育种
"family"garden 家系圃，谱系圃
"family"mean 家系平均，谱系平均
"family"method of breeding 家系育种法，谱系育种法
"family"selection 家系选择，谱系选择
"family"size 家系大小，谱系大小
famine ①饥荒，饥饿 ②（煤、水等）非常缺乏，荒 ③因饥荒而造成的（famina）
famine of water（= water famine） 水荒
famine prices（= high prices） 高价（因饥荒而造成的）
famine-relieving crops 救荒作物
famous ①著名的，出名的，驰名的 ②极好的，美妙的，令人满意的（famosus）
famous agronomist 著名农学家
fan ①扇形聚伞花序 ②风扇 ③风选机（flabellum）
fan-and-screen type barnyard cleaner 扇筛式扬场机
fan-and-screen type separator 扇－筛清选机
fan blower ①风扇 ②通风机
fan blower kiln 通风干燥窑
fan columbine 洋牡丹［*Aquilegia flabellata* Sieb. et Zucc.］（毛茛科）
fan-cyme 扇形聚伞花序（rhipidium）
fan-fold paper 折叠纸
fan-in ①扇入，②输入，输入端数｛信息｝
fan-jet 喷雾器喷出的水花

fan-leaved 扇状叶的(flabellifolius)
fan-leaved maple 扇叶槭[*Acer flabellatum* Rehd.](槭科)
fan maiden-hair fen 团扇铁线蕨[*Adiantum capillus-junonis* sp.](铁线蕨科)
fan-nerved(=fan-veined) 扇状脉的(flabellinervis)
fan-out ①扇出 ②输出,输出端数{信息}
fan-out/fan-in network 扇出/扇入网络{信息}
fan palm(=corypha) ①团扇葵属[*Corypha* L.](棕榈科) ②团扇葵(贝叶棕)[*Corypha umbraculifera* L.]
fan room 风选机房
fan-shaped 扇形的(flabelliformis)
fan-shaped training(=fan training, fan-shaped system) 扇形整枝
fan spray 扇形雾锥,扁平雾锥
fan-spray nozzle 扇形雾喷头
fan system 扇形排水系统{环保}
fan trained cordon 扇形单干形
fan trained tree 扇形整枝树
fan traning 扇形整枝
fan unit 通风设备,鼓风设备
fancier's dominance 条件显性
Fanconi's anemia 范康尼氏贫血症
Fanconi's syndrome 范康尼氏综合征,肾小管功能失调综合征
fancy ①精美的,颜色鲜艳的 ②特别装饰的 ③因其珍奇而特别培育的 ④高昂的 ⑤品质优良的 ⑥空想的,根据想像的(fancius)
fancy bread 特制面包
fancy breed ①(珍奇品种)特殊培育{栽培} ②理想种{畜} ③观赏品种{园林}
fancy breeds of fowl 观赏禽类
fancy fishes 观赏鱼类
fancy floral plant 珍品花卉
fancy geranium 蝶瓣天竺葵(麝香天竺葵)[*Pelargonium domesticum* Bailey](牻牛儿苗科)
fancy growing 精心栽培
fancy mat machine 高级织席机
fancy price 高昂价格
fancy theorist 空想理论家
fancy variety 优质品种
fancy veneer 装饰薄板
fancy work 刺绣
fang ①牙根 ②尖牙,凸齿
fang hole 牙窝
fanged ①有牙根的 ②具尖牙的
fanleaf of grapevine 葡萄扇叶病毒病
fanner 风选机,风车
fanning ①扇型(从烟囱排出的烟,受大气稳定度的影响,可分为五种烟型,扇型即其中的一种){环保} ②风选{育种}
fanning machine(=winnowing machine) 风选机
fanning mill ①风选机 ②清选风扇{农机}
fanning plume 扇形烟缕(指烟囱排烟){环保}
fanpalm ①蒲葵属[*Livistona* R. Br.](棕榈科) ②蒲葵[*Livistona chinensis* R. Br.]
Fanstmann's hypsometer 福氏测高计{测}
fantascope 幻视器
fanwort ①水盾草属[*Cabomba* Aubl.](莼菜科) ②水盾草[*Cabomba aquatica* Aubl.]
FAOUN(=Food and Agriculture Organization of the United Nations) 联合国粮食与农业组织,联合国粮农组织
FAQ(=free at quay) 码头交货[价格]{农管}
far ①远的,远处的,遥远的,长途的 ②远古,远处,遥远
far end crosstalk 无端串扰,远端串音{电脑}
far-flung 广泛的(=widely extended)
far gone 病重
far infrared 远红外
far infrared rays 远红外线
far-off 遥远的,永远的(=far-away)
far-reaching ①影响广大的 ②广泛采用的 ③远景的
far-reaching design 远景计划{农经}
far-red absorbing form 远红[光]吸收形式
far-red influence 远红[光]影响
far-red light 远红光
far-red radiant energy 远红辐射能
far-upstream sequence 远侧上游序列{分生}
farad(F) 法,法拉(电容单位)
faraday 法拉第(电量单位)
Faraday magnetooptical effect 法拉第磁光效应
Faraday rotation effect 法拉第旋转效应
faraday's constant 法拉第常数
faradipunctura 感应电针术
faratsihite 铁高岭石{地质}
farctate 充实的(farctatus)
farcy 皮疽,马鼻疽(malleus)
fardel 捆,把(=bundle)
farding-bag 第一胃,瘤胃
farewell-to-spring ①山字草属[*Clarkia* Pursh.](柳叶菜科) ②山字草(=rose clar-

kia) [*Clarkia elegans* Pursh.]
farewell-to-spring godetia 送春花(晚春锦)[*Godetia amoena* Lilja](柳叶菜科)
farges fir 鄂西冷杉[*Abies fargesii* Fr.](冷杉科)
farges paulownia 川桐(川泡桐)[*Paulownia fargesii* Franch.](玄参科)
farian 成行的,成列的,成排的(farius)
farina ①淀粉 ②花粉 ③谷粉,面粉
farinaceous ①粉质的 ②具粉的
farinaceous albumen 粉质胚乳(albumen farinaceum)
farinaceous dew of apple (= apple mildew) 苹果白粉病 [*Podosphaera leucotricha* (Ell. et Ev.) Salmon]
farinaceous food 含淀粉食物(cibus farinaceus)
farinaceous potato (= farinose potato) 粉质马铃薯
farinaceous sweet potato 粉质甘薯
farinograph 谷物淀粉计量器
farinose ①被粉的 ②具粉的(farinosus)
farinotom 谷物淀粉量测定器
farious 成行的,成列的,成排的(farius)
farm ①农地,农田 ②农场,种植场,饲养场,牧场 ③农家,农舍 ④耕作 ⑤农业,务农 ⑥农业的,农田的,土地的(firma)
farm accounting 农场会计,农业簿记{农经}
farm accounting agency 农场会计处,簿记机构
farm accounts 簿记核算结果
farm activity 农场生产部门
farm administration(= farmmanagement) 农场管理(经营)
farm adviser 农业顾问,农艺师
farm analysis 农场[经营]分析,经济活动分析
farm area ①农场面积 ②农地面积
farm-belt agriculture 农作带农业
farm business (= farm enterprise) 农场业务,农场企业,农场经营
farm butter (= farmhouse butter) 农家奶油(区别于工厂制的奶油)
farm capital construction 农田基本建设
farm cart 农用车
farm co-operative (= agricultural co-operative) 农业合作社
farm crane (= field hoist) 农用起动机
farm credit (= agricultural credit) 农业信贷(信用)
farm crisis 农业危机
farm cropping 农地耕作
farm crops (= agronomic crops, field crops) 农作物,大田作物
farm development ①农业发展 ②农场发展
farm ditch 农沟,毛渠,毛沟
farm dwellings (= house living quarters) 住宅,住宅区
farm economic ①企业经济的 ②农业经济的
farm economics (= agricultural economics, rural economics, agricultural economy) 农业经济学
farm efficiency 农场生产能力,农场效率
farm electricity 农用电力
farm electrification 农业电气化
farm engine 农用发动机
farm equipment ①农具,农机具 ②农场设备
farm equipment design 农具设计
farm equipment designer 农具设计者
farm equipment factory 农具制造厂
farm equipment patents 农具专利目录
farm equipment production 农具生产
farm equipment show 农具展览,农具展销
farm evaluation ①农地评价 ②农场估价
farm executives ①农业领导干部 ②农场经理(场长)
farm expenditure 农场经费
farm expense 农场费用
farm field 农田,农地
farm field history chart 农田档案{智培}
farm financing 农业资金
farm forage 农家饲料
farm forest 农场式森林
farm forestry 农场式林业
farm fuel storage 农场燃料贮藏库
farm-hand 农场工人
farm-hands 农业劳动力
farm history 农业史
farm house ①农舍,农家 ②农场住宅
farm house installation 农家设备
farm implement 农具,农机具
farm implement plant 农具制造厂
farm income 农场收入
Farm Institute (= Institute of Agriculture) 农业研究所
farm investment 农业投资
farm labour 农业劳动力
farm labourer ①农场劳动者,农业工人 ②雇农
farm land lease act 土地租借法案
farm laws 土地法
farm leveler 农用平地机
farm life (= rural life) 农村生活
farm loader 农用装载机
farm machine 农业机器

farm machinery 农业机械
farm machinery and implements 农业机具,农机具
farm machinery industry 农业机械工业
farm machinery manufactory 农机制造厂
farm machinery manufacture 农机制造
farm machinery manufacturer ①农机制造厂 ②农机制造者
farm machinery parameter measuring technique 农业机械参数测量技术
farm machinery repair 农业机械修理,农机修理
farm management ①农场管理 ②农场管理学
farm management measures 农场管理措施
farm management practices 农场管理技术
farm managers 农业领导干部
farm manure 农家肥料
farm materials 农业物资
farm mechanic 农业机械师
farm mechanics 农业机械学
farm mechanization 农业机械化
farm mixer 农用[饲料]拌和机
farm mortgage ban 立契抵押{农经}
farm motor 农用电动机
farm operator(= farm manager) 农场[企业]领导,农场场长,场主
farm organization 农场组织
farm planning (拟定)经营计划
farm pond 田间池塘
farm power 农业动力,农用动力
farm prices (= agricultural prices) 农产品价格
farm produce (= farm product) 农产品,农产物
farm produce process 农产品加工
farm produce storage 农产品贮藏
farm produce treatment 农产品处理
farm-produced fodder (= home-grown fodder) 农家生产饲料
farm-produced food 自产饲料
farm product procurement 农产品采购
farm production 农场(业)生产
farm production costs 农业生产成本
farm products 农产品
farm profitability 农业利润率
farm profits 农场利润
farm program 农场规划
farm pump 农用水泵
farm rationalization 农场[组织机构]合理化
farm rent 地租,租金
farm requirement 农业需要[量]
farm reservoir 田间水库
farm road 农道,田间小路
farm school (= agricultural school) 农业学校
farm science 农业科学
farm science looks ahead 农业科学展望
farm seed industry 农业种子业
farm seed wage 农业种子费用
farm shelter-belt 护田林带
farm size 农场规模,农场大小
farm-size category 农场规模类别
farm slack season 农闲季节
farm soil conservation 农地土壤保持
farm stock 农场资产
farm storage 农场仓库
farm storage facilities 农场仓库设备
farm structure 农场[企业]结构
farm surpluses 过剩农产品
farm tax 农业税
farm tenancy ①土地租赁 ②农场租佃
farm tire 农用轮胎
farm-tool manufacturing and repair plant 农具制造修配厂
farm tool store 农具室
farm tools 农具
farm track 农道,机耕道,田间小路
farm tractor 农用拖拉机
farm-tractor loader 农用机引装载机
farm trailer 农用挂车
farm transfer 转让农场(农庄,农地){农经}
farm truck 农用卡车
farm tyre (= farm tire) 农用轮胎
farm unit dispersion 耕作组分布法
farm use 农用,农业使用
farm utilization (= land utilization) 农地利用,土地利用
farm vehicles 农用车辆
farm village 农村
farm waggon 农用挂车,四轮大车
farm wastes 农场废弃物{环保}
farm water requirement 田间需水量
farm woodland ①农场林地 ②农民自有林
farm woodlot 农场林地
farm woods 农场式森林
farm work 农场作业,农活
farm work in sericulture 养蚕作业
farm worker 农业工人,农场工人,农工
farm working (= farm practice) 农场作业,农场措施
farm workshop 农场修配间
farm year 农业年度,农业年份
farmer ①农民 ②农场主 ③农夫,种植者
farmer co-operatives 农场主合作社

farmer distiller 自酿烧酒的人
farmer-ranchers 农牧场主
farmerette 农场女工
Farmer's fluid 法米尔氏固定液
farmer's house 农舍,农家
farmer's land 农地,栽培者土地
farmers' leisure season 农闲季节,农闲期
farmer's managerial ability 农业经营者能力,农民管理能力{农管}
farmers' mutual aid 农民互助
farmer's plough(=farmer's plow) 普通犁
farmers' self-help 农民自助
Farmers'Home Administration 农民内务署,农民家计署
farmholding 农家,农场,田庄
farmhouse butter 农家奶油
farming ①农业,农作,耕作 ②农业的,耕作的
farming adjustment 农业调整
farming almanac 种植日历(年历)
farming by the use of animals 畜耕,畜力耕作
farming efficiency 耕作效率
farming energy 农业能量(源)
farming group 农业集团
farming industry 农产品加工业,副业,农业产业
farming intensity 耕作集约度
farming laws 农业法规
farming method ①耕作法 ②农业经营管理方法
farming operation 农田操作
farming outlook 农业展望
farming plan ①耕作计划 ②经营计划
farming production system 农业生产系统{智培}
farming profitability(=farm profitability) 农业利润率
farming program 耕作计划
farming rotation(=crop rotation) 轮作
farming season 农事季节
farming system 耕作制
farming system and production management decision of intellectualization 智能化的农作制及生产管理决策{智培}
farming year 农作年份
farming zone 农作区,耕作区
farmland 农田,耕地{耕作}
farmland ecosystem 农田生态系统
farmland exploitation 农地开发
farmland reform(=land reform, agrarian reform) 土地改革
farmland water conservancy 农田水利
farmlink 农田信息网{信息}
farmstead ①农场建筑物 ②庄园,农庄
farmstead engineering 农场建筑工程
farmyard 农家场院
farmyard manure ①(=farm manure) 农家肥料 ②(=compost) 堆肥 ③(=manure) 厩肥
farmyard manure spreader 厩肥撒布机
farmyard work ①场院工作 ②庭园工作
farnesol 法尼醇麝子油醇[$C_{15}H_{25}OH$]
farnesyl- 法呢[基]
farnesyl transferase 法尼基转移酶
farnesylcysteine 法尼半胱氨酸
farnesylpyrophosphate 焦磷酸法呢酯
farnoquinone 金合欢醌,维生素 K_2
Farr technique 法尔技术,Farr 技术{生技}
farrago ①混杂 ②混杂物
farrier 蹄铁工
farrow ①哺乳子猪,哺乳小猪 ②一窝子猪,一胎子猪 ③分娩,产小猪
farrowed sow 分娩母猪
farrowing 分娩,产子
farrowing house 分娩畜舍
farrowing interval 产子间隔
farrowing pen 分娩畜圈
farrowing piggery 分娩猪舍
farrowing pin 分娩房
Farwestern blotting Farwestern 印迹法(指检测蛋白质的){分生}
fascia ①筋膜 ②横带
fasciated 扁化的,带化的(fasciatus)
fasciation 扁化[作用],带化[作用](fasciatio)
fascicle ①束簇 ②密[簇聚]伞花序 ③小束,小簇(fasciculus)
fascicled ①成束的 ②簇生的(fasciculatus)
fascicled leaves 簇生叶(foli fasciculati)
fascicled phyllotaxy 簇生叶序(phyllotaxia fasciculata)
fascicular ①[维管]束的 ②束生的,簇生的(fascicularis)
fascicular cambium 束中形成层(cambium fasciculare)
fascicular system 维管束系[统](systema fascicularis)
fascicular tree 丛生树
fascicular xylem 束中木质部(xylema fascicularis)
fasciculate 束状的,簇状的,丛状的(fasciculatus)
fasciculate basidium 束状担子(basidium fasciculatum)

fasciculated root 丛状根（radix fasciculata）
fasciculation ①束化［现象］②簇生（fasciculatio）
fascine 柴捆，梢捆，柴束
fascine ditch 梢料，（梢捆）暗沟
fascine drain 梢料，（梢捆）排水沟（管）
fascine road 束柴路
fascine-work 束柴作业
fasciolosis（= distomatosis, liver-fluke disease, fascioliasis）肝片吸虫病（fasciolosis）
fashion ①型 ②形式，式样 ③方式，方法（factio）
fashion design 式样设计
fassimile 无线电传真（fassimila）
fassula 小沟
fast ①快速的，迅速的 ②牢固的，坚牢的，紧牢的 ③不褪色的 ④可靠的 ⑤亲近的
fast acting insecticide 速效杀虫剂
fast-acting property 速效性
fast adaptation 快速适应
fast atom bombardment（**FAB**）快［速］原子轰击｛生技｝
fast atom bombardment ion source 快［速］原子轰击离子源
fast back 快速返回
fast blink 快速闪烁
fast blue-β-o-dianisidine 快蓝-β-o-邻联［二］茴香胺｛显技｝
fast busy 长久占线｛信息｝
fast charged particle 快带电粒子
fast component 快组分，快速组成部分
fast dye 不退色染料
fast electrons 快电子
fast-flowing river 快速流动河［流］
fast Fourier transform（**FFT**）快速傅立叶变换｛信息｝
fast-germinating species 快速发芽种
fast green 固绿，快绿，不褪绿
fast grower 快速生长植物
fast growing ①快速生长 ②促成栽培 ③发育快的
fast-growing herbaceous plant 速生草本植物
fast-growing herbs 速生草类
fast growing species 速生树种
fast hitch 快速联结器
fast ice 黑冰，坚冰
fast ion bombardment（**FIB**）快［速］离子轰击｛生技｝
fast maturing species（= fast ripening species）早熟种，速熟种
fast-milking 快速挤乳的
fast neutron 快中子
fast neutron radiation 快中子辐射
fast neutron source 快中子源
fast neutron yield 快中子产量
fast process of ageing 快速衰老过程
fast protein liquid chromatography（**FPLC**）快速蛋白质液相层析
fast reaction 快速反应
fast red 固红｛显技｝
fast-ripening 早熟的，快速成熟的
fast scan 快速扫描
fast starting 快速起动
fast store 快速存储｛电脑｝
fast time scale 快［速］时标｛电脑｝
fast turnaround（**FTA**）快速转换｛电脑｝
fast-working implement 快速作业农机具
fast-working tedder 快速摊草机
fast-working yeast 速效酵母
fasten ①使牢固，使固定，捆住，捆在一起 ②变牢固，变紧 ③握住，抓紧
fastener ①捆结物，加固器 ②夹子，卡子 ③持着器 ④U形铁箍
fastener foundation 巢础粘牢器，巢础固着器｛蜂｝
fastening ①加固，巩固，牢固 ②缚牢，结紧，扣紧 ③捆结物，加固器
fastening of implements 机具紧固
faster ①紧固件 ②夹具，线夹
faster rate 快速
fastidious 爱挑剔的，苛求的（fastidius）
fastidious microorganism 苛求微生物（指在合成培养基上不易生长的微生物）
fastidious organisms 苛求生物（指在合成培养基上不易生长的生物）
fastidium 厌食症
fastigiate 帚状的（fastigiatus）
fastigiate aster 帚状紫菀［*Aster fastigiatus* Fisch］（菊科）
fastigiate branch 密直枝（ramus fastigiatus）
fasting ①禁食 ②绝食 ③断食
fastness ①固定，固着 ②不褪色 ③稳固，巩固，坚固，安全 ④迅速，快速
fastness to light 耐光性
fastness to water 耐水性
fat ①脂肪 ②多脂的 ③丰满的，肥满的，厚的，粗的，宽的 ④肥沃的 ⑤［复］脂肪类
fat acidity 脂肪酸度
fat acidity index 脂肪酸度指数
fat and oil 油脂，动植物油

fat body 脂肪体（corpus adiposus）
fat calf（= fattening calf） 肥育牛犊
fat cell 脂肪细胞（cellula adiposa）
fat cheese 多脂干酪
fat clay 可塑性黏土,肥沃黏土
fat content 脂肪含量,含脂量
fat corrected milk（FCM） 标准含脂乳
fat decomposing bacteria 脂肪分解细菌
fat depot 脂肪库
fat-dissolving 脂溶性的
fat-free 脱脂的,无脂的
fat gland 皮脂腺
fat globule 脂肪球（globula adiposa）
fat hen（= white goosefoot, common lamb's quarters） 藜［*Chenopodium album* L.］(藜科)
fat hydrolysis 脂肪水解
fat lamb 肥羔羊,哺乳羔羊
fat land 肥沃地
fat line 粗线〔统计〕
fat link 粗链路〔信息〕
fat metabolism 脂肪代谢
fat-mobilizing hormone 脂肪调动激素
fat mutachromosomic effect 脂肪诱变染色体效应
fat of bone 骨脂,骨髓油
fat of wool 羊毛脂
fat oil 油脂
fat ox（= fattening ox） 肥育公牛,肥育阉牛
fat pasture 肥沃牧场
fat production 油脂生产
fat saponification 脂肪皂化
fat seed 脂肪种子（semen adiposus）
fat soil 肥沃土
fat soluble 脂溶性的
fat-soluble vitamin 脂溶性维生素
fat solvent 溶脂剂
fat splitting 脂肪裂解
fat stock 肥育家畜
fat-tailed sheep 肥尾羊,脂尾羊
fat test 脂肪测定
fat tissue 脂肪组织（tela adiposa）
fat trap 聚油脂阱〔环保〕
fat-type pig 脂用猪,脂型猪
fat vector 宽向量
fat yield ①油脂产量 ②出脂率
fata morgana 复杂蜃景
fatal 致命的（fatalis）
fatal condition flag 致命状态标志
fatal dose 致死剂量
fatal dryness 致死干度
fatal error 致命错误（指不可恢复的或严重的错误）
fatal humidity 致死湿度
fatal low temperature 致死低温
fatality rate 致死率
fatbits 粗位〔电脑〕
fate ①死亡 ②毁灭 ③命运 ④最后,结束,结局（fatum）
fate map 原基分布图
fate of the progeny 后代的命运
father 父,父本
father hugo's rose 黄蔷薇［*Rosa hugonis* Hemsl.］(蔷薇科)
father plant 父本
father son information 父子信息
fathom 英寻（f.,fm.）(英国度量单位,=183厘米)
fathom-wood 沙尺（长183厘米的量具）
fathometer 测深仪
fathoming 探测
fatigant house mosquito 致乏库蚊［*Culex fatigans* Wiedem.］(库蚊科)
fatigue ①疲劳,疲乏 ②(金属) 软化
fatigue crack 疲劳裂纹
fatigue durability 疲劳耐久性
fatigue failure 疲劳破坏,疲劳断裂
fatigue life 疲劳寿命
fatigue limit 疲劳极限,耐久极限
fatigue of soil 土壤疲劳,土壤衰竭
fatigue resistance 抗疲劳性,疲劳抗性
fatigue strength 疲劳强度
fatigueless counter 自动计数器
FATIS（within the OECD）(= Food and Agriculture Technical Information Service (within the OECD)）(经济合作与发展组织) 粮农技术情报科
fatiscent 有罅隙的,多孔隙的（fatiscens）
fatless cheese 无脂干酪
fatling 肥育幼畜
fatly ①肥大的 ②脂肪过多
fatner（= fattener） (肥育畜的) 饲养员
fatness ①肥大性 ②肥沃度
fatsia ①八角金盘属［*Fatsia* Decne. et Planch.］(五加科) ②八角金盘［*Fatsia japonica* Decne. et Planch.］
fatsia scale 八角金盘蚧［*Protopulvinaria japonica* Kuwana］(蚧科)
fatstock 肥育牲畜,肉用肥畜
fatstock keeping ①肥育家畜业 ②肥育家畜饲养
fatten ①肥育,肥大 ②使丰富,使肥沃
fattener (肥育畜的) 饲养员
fattening 肥育

fattening ability（= fattening capacity） 肥育能力
fattening animal（= fatstock） 肥育家畜，肉用肥畜
fattening barn 肥育畜舍
fattening battery 层架式肥育鸡笼
fattening breed 肥育品种
fattening by pasturage 放牧育肥
fattening calf（= store calf） 肥育牛犊
fattening capacity 肥育能力
fattening cattle ①肥育牛 ②肥育家畜
fattening character 肥育性状
fattening control organization 肥育检验组织
fattening efficiency 肥育效能
fattening enterprise 肥育业
fattening feed 肥育饲料
fattening for fat production 脂用型肥育
fattening for meat production 肉用型肥育
fattening ground 肥育场
fattening house 肥育畜舍
fattening of pig 猪肥育
fattening of young animal 幼畜肥育
fattening on cereals 谷物肥育（用谷物来肥育家畜或家禽）
fattening on home-grown feed 自产饲料肥育
fattening on pasture 放牧肥育，牧场肥育
fattening on root crops 块根作物肥育，饲喂块根肥育
fattening ox 肥育牛
fattening pen 肥育畜圈
fattening performance 肥育效能
fattening performance testing 肥育效能检查
fattening pig 肥育猪
fattening pig housing 肥育猪舍饲
fattening piggery 肥育猪舍
fattening pond 肥育池{水产}
fattening ration 肥育日料
fattening result 肥育效果
fattening stall 肥育牛舍
fattiness 丰满度，肥满度
fatty ①含脂肪的 ②似脂肪的
fatty acid 脂肪酸
fatty acid activating enzyme 脂肪酸活化酶，脂肪酸硫激酶
fatty acid-binding protein 脂肪酸结合蛋白
fatty acid dehydrogenase 脂肪酸脱氢酶
fatty acid desaturation 脂肪酸去饱和
fatty-acid ester 脂肪酸酯(化学修剪剂)
fatty acid flip-flop 脂肪酸翻转
fatty acid peroxidase 脂肪酸过氧物酶
fatty acid synthetase 脂肪酸合成酶
fatty acid thiokinase 脂肪酸硫激酶
fatty acyl-CoA dehydrogenase 脂[肪]酰辅酶A脱氢酶
fatty acyl-CoA synthetase 脂[肪]酰辅酶A合成酶
fatty acyl desaturase 脂酰去饱和酶，脂酰脱氢酶
fatty acyl carnitine 脂酰肉碱
fatty anhydrite 脂肪酐
fatty degeneration 脂肪变质
fatty fishes 多脂肪鱼类
fatty infiltration 脂肪浸润
fatty liver 脂肪肝
fatty membrane 脂肪膜
fatty oil 脂肪油
fatty resin 脂肪树脂
fatty series 脂肪系
fatty substance（= fatty matter） 脂肪性物质
fatuoid mutant 拟燕麦突变体
fatuoids 拟燕麦[突变]
fauces 咽喉，喉部
faucet ①（水）龙头 ②开关
fault ①缺点，缺陷，毛病，瑕疵 ②过失，过错，错误，谬误，误差 ③断层 ④故障（fillita）
fault basin 断层盆地
fault clays 断层泥（耳巴泥）
fault coast 断层海岸
fault detection 故障探测，故障检测
fault diagnosis 故障诊断
fault domain 出错范围
fault escarpment 断层崖
fault facet 断层三角面
fault finder 故障查找器
fault line gap 断层线隘口
fault line scarp 断层[线]崖
fault mountain（= faulted mountain） 断层山
fault plane（= fault surface） 断层面
fault rate 故障率
fault recognition 故障识别
fault scarp 断层崖
fault strike 断层走向
fault tectonic 断层构造
fault threshold 故障阈值
fault tolerant software 容错软件
fault valley 断层谷
fault zone 断层带
faulted fold 断层褶皱
faulted mountain 断层山

faulty base incorporation 错误碱基渗入{分遗}
faulty comformation 有缺点构象
faulty hoof 缺陷蹄
faulty line 故障线路{信息}
fauna ①动物区系 ②[地方]动物志
faunula 动物小区系
Fauriae beakgrain 佛氏龙常草[*Diarrhena fauriei* Ohwi](禾本科)
Fauriae primrose 佛氏报春[*Primula fauriei* Franch.](报春花科)
Faust leaf-roller weevil 浮士德卷叶象甲[*Byctiscus fausti* Sharp](象甲科)
faveolate 蜂窝状的(faveolatus)
faverel ①绮春属[*Erophila* DC.](十字花科) ②绮春[*Erophila verna* (L.) Bess. = *Draba verna* L.]
favism 蚕豆黄,蚕豆病(favismus)
favorable (= favourable) ①适宜的 ②有利的,有希望的(favorabilis)
favorable abiotic environmental condition 适宜非生物环境条件
favorable agronomic conditions 适宜农艺条件,适宜栽培条件
favorable climate 适宜气候
favorable competitive factor 有利竞争因素(指光,水分,养分等)
favorable concentration 适宜浓度,无害浓度
favorable cultural conditions 适宜栽培条件
favorable environmental condition 适宜环境条件
favorable flying day 宜飞日(适于航空作业的天气)
favorable gene 优良基因,有利基因
favorable growing conditions 适宜生长条件,适宜栽培条件
favorable locality 适宜环境
favorable plant type 有利植物型,优良植物型{园林}
favorable reaction norm 有利反应规范
favorable season 适宜季节,适时
favorable soil condition 适宜土壤条件
favorable water content 适宜含水量
favorable water economy 适宜水分经济,适宜水分节约,适宜节水
favorable weather 好天气
favorable wind 顺风
favored heterozygote 有利的杂合子
favourable balance of trade [贸易]顺差,贸易出超
favus ①黄癣,毛囊癣{医} ②蜂窝状小室{形态}
fawn ①小鹿 ②鹿毛色,淡褐黄色
fawn-coloured fox 红狐,赤狐
fawn-lily 加州赤莲[*Erythronium californicum* Purdy.](百合科)
fawn-pink 淡栗色的
fax (= facsimile) 传真{信息}
fax adapter 传真适配器
fax board 传真卡
fax computer 传真计算机
fax on demand 按需传真{信息}
fax service 传真[通信]业务
faxtile screwpine 露兜树[*Pandanus odoratissimus* L.](露兜树科)
Fay banana 肥蕉(费氏蕉)[*Musa troglodytarum* L.](芭蕉科)
FB element (= foldback element) 折回因子{分生}
FC (= field capacity) 田间持水量{土壤}
F'cell (= F prime cell) F'细胞
FCM ①(= fat corrected milk) 标准含脂乳 ②(= flow cytometer) 流式细胞测定仪 ③(= flow cytometry) 流式细胞测定法
FCS (= fetal calf serum) 胎牛血清
FD (= field desorption) 场解吸{生技}
Fd (= ferredoxin) 铁氧[化]还[原]蛋白
FD (FAO) (= Fisheries Department) (FAO) (粮农组织)渔业司
FDA (= Food and Drug Administration) [美国]食品与药品管理局
FDD (= flexible disc drive) 软盘机,软盘驱动器{信息}
FDDI (= fiber distributed data interface) 光纤分布式数据接口{信息}
FDF (= fuzzy data file) 模糊数据文件{电脑}
FDS ①(= flexible disc system) 软盘系统{信息} ②(= fixed disc storage) 固定磁盘存储器{信息}
FDU (= form description utility) 表格描述实用程序{信息}
feasibility 可行性(feasibilitas)
feasibility research (= feasibility study) 可行性研究
feasibility studies for agricultural construction project 农业建设项目可行性研究
feasibility test 可行性试验
feasible ①可[实]行的,可能的 ②合理的(feasibilis)
feasible level 合理水平,合理量,适量
feather ①羽片 ②羽毛(pinna)
feather cactus 白星[*Mammillaria plumosa* sp.](仙人掌科)
feather chewing lice 长角羽虱科[Philop-

teridae]
feather cockscomb 青葙(青葙子)[*Celosia argentea* L.](苋科)
feather-cone fir 大冷杉(= bracted fir, feather-cone red fir)[*Abies nobilis* Lindl.](松科)
feather eating (= feather picking) 啄[羽]毛癖,啄毛习性
feather figure 羽状花纹(指木材)
feather-fleece stenanthium 粗壮瘦花[*Stenanthium robustum* Wats.]
feather game 野禽
feather-grass ①针茅属[*Stipa* L.](禾本科) ②针茅[*Stipa capillata* L.]
feather joint ①榫接合(指木工) ②羽状节理{地质}
feather key 羽毛键,滑键
feather-like 羽毛状的(penniformis)
feather lovegrass 鲫鱼草[*Eragrostis amabilis* Wight et Arnott](禾本科)
feather mite ①(= northern fowl mite) 林禽刺螨[*Ornithonyssus sylviarum* (Canestrini et Fanzago)] ②(= tropical fowl mite) 热带鸡刺脂螨[*Liponyssus bursa* (Berlese)] ③羽螨鸡刺脂螨[*Megninia cubitalis* Mégnin et Rob.](刺螨科)
feather-veined 具羽状脉的(penninervus)
feathered columbine 唐松草[*Thalictrum aquilegifolium* L.](毛茛科)
feathered pink 羽裂石竹(常夏石竹)[*Dianthus plumarius* L.](石竹科)
featherfoil ①沼萩菜属[*Hottonia* L.](报春科) ②沼萩菜[*Hottonia palustris* L.]⌞拟⌝
feathering out 去侧枝
feathering reel 搂齿式拨禾轮
feathery 羽毛状的(pennatus)
feathery awn 羽状芒(arista pennata)
feathery bamboo 龙头竹[*Bambusa vulgaris* Schrad.](禾本科)
feathery crystal 羽状晶体(crystallus pinnatus)
feathery mottle (= sweet potato internal cork virus) 甘薯栓化病毒病
feature ①特征,特性,特色 ②地势,地形(featura)
feature detector 特征检测器
feature extraction 特征抽取
feature modeling 特征造型
feature selection 特征选择
febrifugal 去热的,退热的,解热的(febrifugus)
febrifuge 解热剂
febrifugin 常山碱
febrile 热病的,发热的(febrilis)
February spicebush 早发山胡椒[*Lindera praecox* Blume](樟科)
fecal (= faecal) 粪便的(faecalis)
fecal-borne 粪便传播
fecal manure 粪肥
fecal mass 粪便
fecal-oral route 粪口途径{生技}
feces ①粪便 ②沉淀物,渣滓(faecis)
feckless ①无用的 ②无效的
fecula 虫粪
fecund (= fertile) ①能育的,结实的 ②肥沃的,丰产的
fecund variety 丰产品种
fecundated ①结实的 ②受胎的 ③肥沃的(fecundatus)
fecundation ①受精[作用] ②受胎[作用](fecundatio)
fecundity ①(植物)繁殖力,(动物)生殖力 ②(植物)结实性,能育性,(动物)受精率 ③肥沃性 ④产蛋力(fecunditas)
fecundity rate 繁殖率,繁殖性能,生产性能
fed 补料{生技}
fed batch culture 补料分批培养{生技}
fed batch system 补料分批系统(指培养)
Federal Agency of Labour 联邦劳动机构
Federal Communication Commission (FCC) 联邦通信委员会{信息}
federal forest 国有林
Federal Information Processing Standard 联邦信息处理标准
federal seed regulation 联邦种子条例
Federal Telecommunication system (FTS) 联邦远程通信系统
Federal Wire System (= Fed Wire System)联邦有线系统
federated computer system 联合计算机系统
federated database system (FDBS) 联邦式数据库系统
federation of co-operation 合作社联盟,联社
Federation of Coffee Growers of America 美洲咖啡种植者联合会
Federation of the Oil Industry of the EEC 欧洲经济共同体榨油工业联合会
fee ①费,费用 ②税 ③报酬(feodum)
feeble ①虚弱的,衰弱的,无力的 ②朦胧的,不清楚的(fiebilis)
feeble-mindedness 痴呆,低能
feeble mutant 虚弱突变体

feebly arid 轻度干旱
feed ①饲料 ②送料,供料,加料,进给,喂入 ③一顿,一餐
feed alley (= feeding passage) 饲养通道
feed analysis 饲料分析
feed and feeding 饲料与饲养
feed auger 喂入螺旋
feed belt 喂送皮带,传送皮带
feed bunk 饲喂台,喂料台
feed car 饲料分送车
feed cleaning machine 饲料清洗机
feed cock 进给龙头〔环保〕
feed combination 饲料配合
feed composition table 饲料成分表
feed concentration 进给浓度〔环保〕
feed consumption 饲料消耗[量]
feed conversion 饲料转化,饲料利用
feed conversion capacity 饲料利用效率
feed conversion ratio 饲料消耗比,饲料转化率
feed conveyor canvas 喂入输送带
feed corn ①(= feeding grains) 饲用谷类作物 ②(= fodder maize, forage maize) 饲用玉米
feed crops 饲料作物
feed cut-off 阻塞筒
feed disk ①排种盘 ②排肥盘
feed ditch 供水沟(渠)
feed economy 饲料经济
feed efficiency 饲料[转化]效率
feed estimate 饲料估计,饲料预算
feed evaluation 饲料鉴定
feed fence 给饲栅
feed flow regulator 喂入量调节器
feed fodder (= forage) 饲料(指粗料)
feed function 进给功能,进料功能
feed governor (= feeding governor) 喂入[量]调节器
feed grains 饲用谷物,饲用籽粒,谷粒饲料
feed grinder (= feed mill) 饲料粉碎机
feed hole 馈送孔,中导孔〔电脑〕
feed hopper ①喂料斗 ②喂料分送斗
feed horn 馈电喇叭〔遥感〕
feed intake 饲料消耗
feed intake depression 饲料消耗降低
feed line 饲料输送管路
feed lot 饲用特定处(数英尺至数亩大面积)
feed manger 饲槽
feed masher 饲料切碎机
feed meter 饲料配量器,饲料配量计
feed metering 饲料配量
feed mill ①饲料粉碎机 ②混合饲料加工厂
feed mixer 饲料拌和机
feed of animal origin 动物性饲料
feed passage 饲养通道
feed preparating machinery 饲料调制机械,饲料加工机
feed preparation 饲料调制
feed processing 饲料加工
feed-processing plant ①饲料加工厂 ②饲料调制设备
feed processor 饲料调制机,饲料加工机
feed pump 供水泵,供油泵,进料泵
feed quality 饲料品质
feed rate ①(水稻拔秧机)进距 ②喂入量
feed ration 饲料定量,日料
feed requirements 饲料需要量
feed roll governor 进料滚筒调速器
feed roller ①喂入辊,排种槽轮(指播种机)②送纸轮(指打印机)
feed room 饲料调制间
feed rotor 喂入轮
feed run 排种器
feed screen 饲料筛
feed shortage 饲料缺乏
feed silo 饲料青饲塔
feed solid 进给固体〔环保〕
feed steamer 饲料蒸煮器
feed storage (= feed store) 饲料库
feed stuff 饲料
feed supplement (= feed additive, food additive) 饲料添加剂
feed tank ①饲料槽〔畜〕②进料箱〔环保〕
feed-through 导孔,通孔〔电脑〕
feed train 喂入轮系
feed tray 馈送托盘
feed trough 饲槽
feed unit (= feeding unit) 饲料单位
feed utilizing ability 饲料利用性
feed value 饲料价值
feed water 进给水〔环保〕
feed water piping 进给水管线〔环保〕
feed water pump 供水泵
feed worth 饲料价值
feedback 反馈〔分遗〕
feedback adjustment 反馈调整
feedback area 反馈区
feedback channel 反馈通道
feedback coefficient 反馈系数
feedback control 反馈控制
feedback free network 无反馈网络〔信息〕
feedback gain 反馈增益
feedback index 反馈指数
feedback information 反馈信息

feedback inhibition 反馈抑制
feedback inhibition inhibitor 反馈抑制抑制剂
feedback inhibition substrate 反馈抑制底物
feedback loop 反馈环
feedback mechanism 反馈机制
feedback mutation 反馈突变
feedback network 反馈网络{信息}
feedback path 反馈通道
feedback regulation 反馈调节
feedback repression 反馈阻抑{生技}
feedback resistant mutant 抗反馈突变型
feedback search 反馈搜索{电脑}
feedback suppression 反馈抑制
feeder ①喂入器,喂送器,进料器,供料器 ②饲料分送器,饲槽 ③供纸器 ④⌊复⌉肥育畜
feeder-beater 喂入轮{农机}
feeder belt 带式喂送器
feeder-carrier (= self-carrier) 自喂饲槽,自动饲槽
feeder cattle (= fattening cattle) 肥育牲畜,肥育牛
feeder cell 喂养细胞,饲养细胞
feeder drain 排水毛渠,吸水性排水管
feeder for piglets 小猪饲槽
feeder grain 饲用谷粒
feeder greens 饲用青饲料
feeder layer 饲养层{生技}
feeder layer technique 饲养层技术(指组织培养)
feeder line 馈线{电脑}
feeder lines 供电线路
feeder ox (= fattening ox) 肥育去势牛,肥育阉牛
feeder panel 给饲栅栏
feeder pathway (= feeding pathway) 饲养途径
feeder root 饲养根
feeders (= fatstock, fattening animals) 肥育牲畜,肉用肥畜
feeders keeping (= fatstock keeping) 肥育家畜业
feedforward 前馈{生技}
feedforward control 前馈控制
feedforward network model 前馈网络模型
feedhole ①饲喂孔,给饲孔{蜂} ②营养孔(低等生物体的)
feeding ①饲养,喂养 ②喂入,喂送,进料,供料 ③施肥 ④投加{环保}
feeding adaptation 摄食适应
feeding alley (= feed alley) 饲养通道
feeding and management 饲养管理
feeding area ①饲养区 ②饲养地
feeding barley (= feed barley) 饲料大麦,饲用大麦
feeding barley meal 饲用大麦粉
feeding basket 给桑笼{蚕}
feeding behavior 摄食行动
feeding block (育苗用)营养块、营养钵,营养方,营养杯
feeding bone meal 饲用骨粉
feeding bottle 哺乳瓶
feeding box mover 移箱机构
feeding cabbage 饲用甘蓝
feeding cake (= feeding oilcake) 饲用油粕,饲用油饼
feeding cake meal 饲用油饼粉
feeding canal 给水渠
feeding carrot 饲用胡萝卜
feeding cattle (= fattening cattle, feeder cattle) 肥育牛
feeding center 饲养中心、饲养站
feeding channel 供应孔道,投加渠{环保}
feeding consumption 饲养消耗量
feeding corn ①饲用玉米 ②饲用谷物
feeding corn meal ①饲用玉米面 ②饲用谷粉
feeding crops 饲料作物
feeding cylinder (= feeding beater, feeder beater) 喂入轮
feeding deterrent (昆虫)摄食阻碍物质,拒食物质,拒食剂(= antifeedant)
feeding device 投加设备,投药装置{环保}
feeding ditch 供水沟
feeding dose 给饲定额
feeding energy (= food energy value) 饲料能量价值
feeding equipment 饲养设备
feeding experiment 饲养试验
feeding floor 饲养场
feeding for fat production (= fattening for fat production) 脂用型肥育
feeding for fattening 育肥饲养
feeding for maintenance 保持饲养
feeding for meat production (= fattening for meat production) 肉用型肥育
feeding for performance (= feeding for production) 生产性饲养
feeding grains (= feed grain, feed corn) 饲料谷物,饲用谷类作物
feeding ground ①索饵场,育肥场 ②饲养场
feeding habit ①饲养习惯 ②饲养习性{畜} ③食性{蚕} ④摄食习性,索饵习性{水产}
feeding hair 食毛
feeding installation 供水装置{环保}

feeding intensity 摄食强度
feeding lime 饲用石灰
feeding machine 饲料分送机
feeding manger 饲料槽,牲口槽,牛马槽
feeding mechanism (= feed mechanism) 排种机构,喂料机构
feeding method 饲养方法
feeding migration 索饵洄游
feeding mood 摄食不振
feeding mouth 喂入口
feeding oat 饲用燕麦
feeding on pasture 放牧饲养,牧场饲养
feeding on plants ①植物饲养法(依靠植物来饲养的) ②食植[物]的
feeding panel 饲养栅栏
feeding passage (= feed alley) 饲养通道
feeding period 饲养期
feeding pig (= fattening pig) 肥育猪
feeding plan (= feeding program) 饲养计划
feeding potato 饲用马铃薯
feeding pump 给水泵,供油泵
feeding quality ①饲用品质 ②饲养质量
feeding rake ①饲槽挡栏 ②饲喂架
feeding roll 进料滚筒
feeding roots 饲用块根作物
feeding rye 饲用黑麦
feeding schedule 投饵安排,投饵计划
feeding screen 饲料筛
feeding season 饲养季节,饲养期
feeding stand (= feeding stool) 给桑台
feeding standard 饲养标准
feeding stimulant (昆虫)摄食刺激剂,摄食刺激物质
feeding straw 饲用稿秆
feeding stuff costs 饲料费用
feeding stuffcuber 饲料制粒机
feeding stuffs 饲料
feeding sugar ①饲用糖 ②饲料糖分
feeding sunflower 饲用向日葵
feeding syrup 饲用糖浆
feeding system ①(压捆机)喂入系统 ②饲料分配系统 ③饲养法
feeding table 饲养台,喂入台
feeding time 饲养时间
feeding tissue 饲养组织
feeding to appetite 自由采食
feeding trial (= feeding experiment) 饲养试验
feeding trolley 饲料分送小车
feeding trough (= feed trough) 饲槽
feeding up 舍饲肥育
feeding value (= feed value) 饲料价值
feeding wagon 供饲车,给饲车
feeding with mulberry leaves smeared with something 添食(指养蚕)
feeding yeast 饲用(料)酵母
feedlots 围栏肥育法{畜}
feedstock ①(送入机器或加工厂的)原料 ②原种(指贮存物)
feedyard 屋外给饲场
feeler ①触角 (= antenna){昆虫} ②仿形器{农机} ③测隙规、厚薄规、探测器{物}
feeler gage 厚薄规
feeler mechanism 仿形机构
feeling ①知觉 ②感觉{物} ③触觉
feeling language 触觉语言{信息}
feeling the pulse (中医)切脉
feer 划分耕作区
Feglgen nuclear staining 福尔根氏核染色
Fehling's reaction 费林氏反应{显技}
Fehling's solution 费林氏试液{显技}
Fehling's test 费林氏试验
feijoa ①费约果属[*Feijoa* O. Berg](凤梨科) ②费约果(凤梨)[*Feijoa sellowiana* O. Berg]
feinting 虚击,佯攻{狩猎}
feinut 榧子[*Torreya grandis* Fort.](紫杉科)
feldspar 长石{地质}
feldspathic grit 长石粗沙岩
feldspathic sandstone 长石沙岩
feldspathoids 似长石
F'element (= substituted sex element) 代换性分子,F'分子{分遗}
felica ①费利菊[*Felica* Cass.](菊科) ②(= blue daisy) 费利菊[*Felica amelloides* Voss]
feline leukemia 猫白血病
feline leukemia virus 猫白血病毒
felinine 猫尿氨酸,S-[3-羟基 1,1-二甲(基)丙基]半胱氨酸
fell ①伐倒、采伐 ②荒山 ③兽皮、毛皮
felled timber 伐倒木
felled tree 采伐木、伐倒木
feller 伐木机、伐木工
fellfield ①采伐地{森林} ②荒原,稀矮植物区{生态}
felling 伐木,采伐
felling age 伐期龄
felling and bucking 伐木造材
felling area ①伐区 ②采伐面积
felling axe 采伐斧
felling budget 标准采伐量
felling cycle 采伐周期,轮伐期

felling direction （伐木）倒向
felling for group system 划伐{森林}
felling height 伐根高度
felling machine 伐木机
felling notch 预定采伐标记
felling of trees 采伐
felling operation 伐木作业
felling period 采伐期
felling plan 采伐计划
felling point 伐点、采伐高
felling quantity 采伐量
felling rule 伐木规则
felling saw 伐木锯
felling season 采伐季节
felling section 采伐点(下锯位置)
felling series 采伐顺序,采伐列区
felling shake 伐木震裂
felling under selection system 择伐
felling with axe 围伐,砍伐
felly (= felloe) 轮缘,轮圈
felpet (= Folpan) 灭菌丹,费尔顿(杀菌剂) [$C_9H_4Cl_3NO_3S$]
felt ①毡,毛毡{加工} ②灰色膏药病(指果树){病理}
felt gasket 毡垫片
felt grain 径面纹理(木材)
felt hat 毡帽
felt of apple 苹果灰色膏药病[*Septobasidium bogoriense* Pat.]
felt of peach 桃灰色膏药病[*Septobasidium bogoriense* Pat.]
felt of pear 梨灰色膏药病[*Septobasidium bogoriense* Pat.]
felt of tea 茶灰色膏药病[*Septobasidium pedicellatum* Pat.]
felt pad 毡片,毡垫{蜂}
felt tissue 真菌组织
felted beech scale 山毛榉隐蚧[*Cryptococcus fagisuga* Lindinger]
felting ①制毡法 ②制毡材料
felty body 毡状体
felworth ①獐牙菜属[*Swertia* L.](龙胆科) ②獐牙菜[*Swertia bimaculata* Hook. f. et Thoms.]
female ①雌的,雌性的 ②母的,牝的 ③插座(femineus)
female agaric (= female agarick) 药用拟层孔菌[*Fomitopsis officinalis* (Vill. ex Fr.) Bond. et Sing.]
female bacteria 母细菌
female bee 雌蜂
female carrier 女性携带者
female cell 母细胞
female choice 雌选择
female cone 雌球花(strobilus femineus)
female connector 插座连接器{电脑}
female determinating factor 雌决定因子
female determinating substance 雌性决定物质
female differentiation 雌分化
female donkey 母驴
female flower 雌花(flos femineus)
female gametangium 雌配子囊,大配子囊
female gamete 雌配子(gameta feminea)
female gametophyte 雌配子体(gametophyta feminea)
female germ cell 雌生殖细胞
female goat 母山羊,牝山羊
female gonad ①雌性生殖腺 ②女性生殖腺
female gonadal dysgenesis 女性生殖腺发育不全症
female hemp plant 雌麻(大麻雌株)
female heterogametic 雌性异配子的
female heterogamety 雌异配性(heterogametia feminea)
female hinny 母骡(母驴公马交配所得)
female hormone 雌性激素
female individual 雌性个体
female inflorescence 雌花序(inflorescentia feminea)
female intersex 雌间性体(雌株生雄花)
female lamb 母羔羊,雌羔
female line 雌系
female moth 雌蛾
female moth grinder 雌蛾式磨碎机
female multiple choice 雌多次选择
female nucleus 雌核(nucleus femineus)
female offspring 雌性子代
female organ 雌器(organa feminea)
female parent 雌亲,母本(parens femineus)
female-parent value 母本值
female parthenogenesis 雌单性生殖(parthenogenesis femineus)
female plant ①母株、雌株 ②母本
female plant of the common hemp 苴麻
female progeny 雌后代
female pronucleus 雌原核(pronucleus femineus)
female receptacle 雌托(receptaculum femineum)
female reproductive appendage 雌生殖附属器
female reproductive organ 雌性生殖器官

(organum reproductivum femineum)
female screw 内螺纹,阴螺纹
female sector 雌部分(sector femineus)
female sex 雌性(sexus femineus)
female sex organ 雌性器官
female sexualization 雌性化(sexualisatio feminea)
female sporophyte 雌孢子体(sporophyta feminea)
female sporophytic tissue 雌孢子体组织(tela sporophytica feminea)
female stage 雌期(staticum femineum)
female sterile mutant 雌性不育突变型
female sterility 雌不育性(sterilitas femineus)
female substance 雌性物质(substantia feminea)
female symbol 雌性符号♀
female tendency 雌性倾向(tendentia feminea)
female tree 雌树(arbor femineus)
femaleness 雌性(femina)
femaleness gene 雌性基因
fembot 女性机器人{物}
femel-cutting forest 划伐林
femel-cutting system 划伐作业
femel system 择伐作业
femina 雌性
feminine 雌性的(femininus)
feminization 女性化,雌性化(feminisatio)
feminized male hemp 雌化雄麻(大麻)
femoral ①股骨的 ②腿节的(femoralis)
femorotibial 腿胫节的(femorotibius)
femorotibial joint 腿胫关节
femtogram (fg) 毫微微克(=10^{-15}克)
femur ①股,股骨 ②股节,腿节
fen 沼泽低地,沼泽群落,低位沼泽
fen clay 沼地黏土
fen colter 沼泽地用开沟器
fen community 沼泽群落{生态}
fen land 沼地
fen peat 沼地泥炭、低位沼泽泥炭
fen soil 低位沼泽土
fenac 伐草克(除草剂)[$C_8H_5Cl_3O_2$]
fence ①篱,围篱、篱笆 ②围墙、围垣,围栏 ③栅栏
fence erector 围篱架设机
fence for protection against avalanches 防雪栅
fence in 筑围墙
fence planting 围篱种植
fence roof 遮栅
fence season 禁猎期
fencer 电篱
fenchane 葑烷[$C_{10}H_{18}$]
fenchane derivative 葑烷衍生物
fenchlorphos (=ronnel, Fenchlorfos) 皮蝇磷(杀虫剂)[$C_8H_8Cl_3O_3PS$]
fenchol 葑醇,小茴香醇[$C_{10}H_{18}O$]
fenchone 葑酮,小茴香酮[$C_{10}H_{16}O$]
fenchyl alcohol 葑醇,小茴香醇[$C_{10}H_{18}O$]
fencing ①围篱材料 ②围篱垣 ③围栏
fencing post 围篱柱
fender ①挡板、护板、隔板 ②防御物,防冲料
fenestra 窗孔,膜孔
fenestrate ①具穿孔的,具窗孔的 ②具膜孔的,[孢子]砖格的{真菌}(fenestratus)
fenestration 穿孔(fenestratio)
fenestriform 窗格状的(fenestriformis)
fenestriform pit 窗格形纹孔(porous fenestriformis)
fenitrothion 杀螟松,杀螟硫磷(杀虫剂)[$C_9H_{12}NO_5PS$]
fennel ①茴香属[*Foeniculum* Mill.](伞形花科)②茴香[*Foeniculum vulgare* Mill. =*F. officinale* All.]
fennel-flower ①黑种草属[*Nigella* L.](毛茛科)②黑种草[*Nigella damascena* L.]
fennel-leaf pondweed 红线儿苗[*Potamogeton pectinatus* Linn.](眼子菜科)
fennel oil (=fennel seed oil) 茴香油
fennel oil mutachromosomic effect 茴香油诱变染色体效应
fenny 沼泽的,湿地的
fenoprop [$C_9H_7Cl_3O_3$] 2,4,5-涕丙酸(除草剂)
fensoil (="low moor") 低位沼泽
fenson (=PCl) 除螨酯
fenthion 倍硫磷,百治屠(杀虫剂)[$C_{10}H_{15}O_3PS_2$]
fentin acetate 薯瘟锡(杀菌剂)[$C_{20}H_{18}O_2Sn$]
fentin chloride 三苯锡氯(杀菌剂)[$C_{18}H_{15}ClSn$]
fentin hydroxide 毒菌锡(杀菌剂)[$C_{18}H_{16}OSn$]
fenugreek ①胡卢巴属[*Trigonella* L.](豆科)②胡卢巴[*Trigonella foenum-graecum* L.]
fenuron 非草隆(除草剂)[$C_9H_{12}N_2O$]
FEO (=Flora Europea Organization) 欧洲植物区系组织
feofitin 脱镁叶绿素

feracious 多出产的,肥沃的(feracius)
feral(=wild) 野生的(ferus)
ferbam(=ferric dimethyldithiocarbamate, Fermate) 福美铁(杀菌剂)[$C_9H_{18}FeN_3S_6$]
feritrophic membrane 围食膜
fermate(=ferbam) 福美铁
Fermat's principle 费马原理(指最小时间原理){电脑}
ferment ①酶、酵素(指一般脱离生活细菌的酶) ②发酵(fermentum)
ferment material 酿热物
fermentability(=fermentation ability) 发酵性(fermentabilitas)
fermentable ①易发酵的 ②发酵性的(fermentabilis)
fermentable sugar 发酵性糖
fermentation 发酵(fermentatio)
fermentation apparatus 发酵装置
fermentation assimilation 发酵性同化
fermentation capacity 发酵[能]力
fermentation chamber 发酵室{加工}
fermentation energy 发酵能
fermentation floor 发酵床{农施}
fermentation hotbed 酿热温床
fermentation in casks(=fermentation in barrels) 桶法发酵
fermentation industry waste water 发酵[产]业废水,酵母工业废水{环保}
fermentation nature 发酵性质
fermentation of human excrement 人屎尿腐熟
fermentation process 发酵过程
fermentation quality 发酵质量
fermentation tank 发酵槽
fermentation tube 发酵管
fermentation vat 发酵桶
fermentative 发酵性的,发酵力的(fermentativus)
fermentative assimilation 发酵性同化
fermentative bacterium 发酵性细菌(bacterium fermentativum)
fermentative energy 发酵力能量
fermentative retting 发酵沤麻,发酵浸渍(指浸麻)
fermented beverage 发酵饮料
fermented cider 发酵苹果酒
fermented dairy product 发酵奶制品
fermented feed 发酵饲料
fermented manure 腐熟厩肥
fermented milk 发酵乳,发酵牛奶
fermented must 发酵果汁(果酒)
fermented night soil 腐熟人屎尿
fermented rice 发酵米
fermented soil 熟土,发酵土
fermented soybean 豆豉{加工}
fermented soybean processing 豆豉加工{加工}
fermented tea 发酵茶(红茶)
fermenter(=fermentor, fermenting vat) 发酵桶
fermenting force 发酵[能]力
fermentogen 酶原
fermentograph 发酵图谱
fermentology 发酵学(fermentologia)
fermentor 发酵桶
fermentor agitation 发酵桶搅拌
fermentor control 发酵桶控制
fermentor cooling 发酵桶冷却
fermicidin 杀酵母素
fermicute 硬壁细菌(fermicuta)
fern 蕨类植物[Filicales]
fern age 蕨类时代
fern allies 拟蕨植物
fern aphid 蕨并脉蚜[*Idiopterus nephrelepidis* Davis](蚜科)
fern asparagus 文竹[*Asparagus plumosus* Baker](百合科)
fern ball 蕨球
fern bamboo 无毛蕨叶苦竹[*Pleioblastus nezasa* Muroiet.](禾本科)
fern broad-headed leafhopper 蕨广头叶蝉[*Agallia pteroides* Matsumura](叶蝉科)
fern caterpillar(=Florida fern caterpillar) 蕨毛虫(佛州蕨夜蛾)[*Callopistria floridensis* Guen.](夜蛾科)
fern erne(=bracken) 蕨[*Pteridium aquilinum* Retz.](凤尾蕨科)
fern house 蕨类温室
fern leaf 蕨叶病
fern-leaf hedge bamboo 凤尾竹[*Bambusa multiplex* var. *nana*(Roxb.) Keng. f.](禾本科)
fern leaf of tomato 番茄蕨叶病[*Cucumis virus* 1]
fern-leaf yarrow 凤尾蓍草[*Achillea filipendulina* Lam.](菊科)
fern-leaved 蕨叶的(filicifolius)
fern-like ①似蕨的 ②蕨状的(filicinus)
fern looper 蕨尺蛾[*Lithina chlorosata* Scopoli](尺蛾科)
fern-palm ①苏铁属[*Cycas* L.](苏铁科) ②苏铁[*Cycas revoluta* Thunb.]
fern planthopper 蕨黑里蜡蝉[*Cixiopsis*

punctatus Matsumura]（蜡蝉科）
fern plants（= ferns） ①蕨纲［Filicales］②蕨类植物（Filicinae）
fern-prothalii 蕨原叶体
fern scale 桔长盾蚧（蜘蛛抱蛋盾蚧）［*Pinnaspis aspidistrae* Sign.］（盾蚧科）
fern stem borer 蕨四节叶蜂［*Blasticotoma filiceti* Klug］（叶蜂科）
fern stem sawfly 蕨茎叶蜂［*Heptamelus oschroleucus*（Steph.）］（茎蜂科）
fern type 蕨类植物型
fern white fly 蕨粉虱［*Aleurotulus nephrolepidis* Quaintance］（粉虱科）
fernane 羊齿烷
fernane type 羊齿烷型
Ferngach flask 弗氏烧瓶｛显技｝
ferns ①蕨纲［Filicales］②蕨类植物［Filicinae］
ferocactus 龙王珠（黄仙人掌）［*Hamatocactus setipinus* sp.］（仙人掌科）
feroniella ①克拉商果属［*Feroniella* L.］②克拉商果［*Feroniella oblata* L.］
ferrallitic 铁铝质的（ferralliticus）
ferrallitic ratio 铁铝率，铁铝比［Fe_2O_3/Al_2O_3］
ferrallitic savanna soil 热带草原铁铝土
ferrallitic soil 铁铝质土
ferralsol（= ferrallitic soil） 铁铝土
ferrate 铁酸盐，高铁酸盐［M_2FeO_4］
ferredoxin（Fd） 铁氧［化］还［原］蛋白
ferredoxin reducing factor 铁氧还蛋白还原因子
ferreirin 2′,5,7-三羟［基］-4′-甲氧异黄酮
ferret 电子侦察机，电子间谍｛物｝
ferri- ⌊字头⌉ 铁
ferri ion 铁离子（指三价的）
ferric 铁的（ferricus）
ferric ammonium sulphate 硫酸铁铵［$(NH_4)Fe(SO_4)_2 \cdot 12H_2O$］
ferric carbonate 碳酸铁［$Fe_2(CO_3)_3$］
ferric chloride 氯化铁，三氯化铁［$FeCl_3$］
ferric cyanide 氰化铁［$Fe(CN)_3$］
ferric dimethyldithiocarbamate（= ferbam） 福美铁
ferric ferrocyanid 氰亚铁酸，六氰络亚铁酸铁，亚铁氰化铁，普鲁士蓝｛显技｝$Fe_4[Fe(CN)_6]_3$
ferric hydroxide 氢氧化铁，三氢氧化铁［$Fe(OH)_3$］
ferric hydroxide in fixative 固定液的氢氧化铁
ferric oxide 氧化铁，三氧化二铁［Fe_2O_3］
ferric phosphate 磷酸铁
ferric protoporphycin 高铁原卟啉，高铁血红素
ferric salt 铁盐
ferric siallite 铁质硅铝土
ferric thiocyanate 硫氰酸铁［$Fe(NS)_3 \cdot 3H_2O$］
ferrichrome 高铁环六肽（指一种霉菌色素）
ferricytochrome 亚铁细胞色素
ferriginous 铁质的（ferri ginus）
ferriginous sediment 铁质沉积｛环保｝
ferrigluconate 葡糖酸高铁盐
ferriheme 高铁血红素，高铁原卟啉
ferrihemoglobin 高铁血红蛋白
ferrihydronium 铁代水合离子
ferrimorphic soil 铁成土
ferrisilica complexes 铁硅混合物
ferrite ①铁素体，铁氧体 ②铁酸盘
ferritin 铁蛋白
ferritin-labeled antibodies 铁蛋白标记抗体
ferritin-labeled antibody technique 铁蛋白标记抗体技术
ferritin labeling 铁蛋白标记［法］｛生技｝
ferro- ⌊字头⌉ 铁，亚铁
ferro-vanadium steel 钒钢
ferroacoustic storage 铁声存储器
ferrochelatase 亚铁螯合酶
ferroconcrete 钢筋混凝土
ferroconcrete dam 钢筋混凝土坝｛水利｝
ferroelectric display 铁电显示器
ferroelectricity 铁电现象（ferroelectricitas）
ferrography 铁磁粉记录｛信息｝
ferroheme ［亚铁］血红素
ferroin 邻菲咯啉亚铁离子［$Fe(C_{12}H_8N_2)_3{}^{2+}$］
ferromagnesian ①铁镁的 ②铁镁矿物
ferromagnetic 铁磁［性］的（ferromagneticus）
ferromagnetic material 铁磁材料（指铁氧体磁性材料）
ferromagnetics 铁磁学（ferromagnetica）
ferromagnetism 铁磁性（ferromagnetismus）
ferromanganese 锰铁（合金）
ferrophosphorus 磷铁（合金）
ferroprotoporphyrin 亚铁原卟啉，血红素
ferrosilicon 硅铁
ferrous acid ①偏铁酸［$HFeO_2$］②铁酸［H_3FeO_3］

ferrous bicarbonate 碳酸氢亚铁 [$Fe(HCO_3)_2$]
ferrous carbonate 碳酸亚铁 [$FeCO_3$]
ferrous chloride 氯化亚铁,二氯化铁 [$FeCl_2 \cdot 4H_2O$]
ferrous compound 亚铁化合物
ferrous cyanide 氰化亚铁 [$Fe(CN)_2$]
ferrous hydroxide 氢氧化亚铁 [$Fe(OH)_2$]
ferrous ions 亚铁离子
ferrous lactate 乳酸亚铁,2-羟基丙酸亚铁 [$Fe(C_3H_5O_2)_2$]
ferrous material 含铁材料
ferrous metal 黑色金属
ferrous oxide 氧化亚铁,一氧化铁 [FeO]
ferrous phosphate 磷酸亚铁 [$Fe_3(PO_4)_2$]
ferrous salt 亚铁盐,二价铁盐
ferrous sulphate 硫酸亚铁,绿矾 [$FeSO_4 \cdot 3H_3O$]
ferrous sulphate dosimeter 硫酸亚铁剂量计
ferrous sulphide 硫化亚铁 [FeS]
ferroxidase 亚铁氧化酶
ferrugination 铁质化[作用] (ferruginatio)
ferruginization 铁质化[作用] (ferruginisatio)
ferruginous ①含铁的 ②铁锈的 (ferrugineus)
ferruginous alteration product 铁质交替产物
ferruginous cement (= iron oxide cement) 铁质胶结物
ferruginous incrustation 铁质结壳[作用]
ferruginous lateritic soil 铁质砖红壤性土
ferruginous soil 铁质土{土壤}
ferruginous spring 含铁泉{水利}
ferruginous tropical soil 热带铁质土
ferrule ①金属箍,箍 ②套圈
ferry ①渡口,渡船 ②船渡,来回运输
ferry boat 渡船
ferti-seeding 施肥播种
fertigation (= fertirrigation) 施肥灌溉(指在灌溉水中加化肥或粪水)
fertile ①能育的,结实的 ②肥沃的,丰产的 (fertilis)
fertile allopolyploid 能育异源多倍体 (allopolyploida fertilis)
fertile branch 能育枝,结果枝(ramus fertilis)
fertile derivatives 能育衍生物 (derivativae fertiles)
fertile flower 能育花 (flos fertilis)
fertile frond 能育叶,孢子叶 (frons fertilis)
fertile glume 能育颖、实颖 (gluma fertilis)
fertile hypha 结实菌丝 (hypha fertilis)
fertile land 肥沃地
fertile leaf 能育叶,实叶 (folium fertile)
fertile mycelium 结实菌丝体 (mycelium fertile)
fertile offspring 能育子代,可稔子代
fertile pasture 肥沃牧场
fertile pinna 实羽片 (pinna fertilis)
fertile pinnule 实小羽片 (pinnula fertilis)
fertile plain ①丰产地 ②肥沃平原
fertile plant 能育植株,能结实植株 (planta fertilis)
fertile pollen 能育花粉 (pollen fertilis)
fertile pond 肥水池
fertile progeny 能育后代
fertile screw pine 露兜树 [*Pandanus odoratissimus* var. *sinensis* Kaneh.] (露兜树科)
fertile soil 肥土,沃土,土壤肥沃
fertile spike 能育穗,孢子囊穗 (spica fertilis)
fertile stem 能育茎,实茎 (caulis fertilis)
fertile telome 实顶枝 (teloma fertilis)
fertile tiller 有效分蘖
fertile-type cytoplasma 可育型胞质
fertile worker 产卵工蜂,能育工蜂
fertilicine 受精素
fertility ①(F)能育性,结实性 ②能孕性 ③生殖力 ④肥沃性,肥力 ⑤丰产,多产 (fecunditas)
fertility characterization 肥力鉴定
fertility degree 肥力等级
fertility differential tester 能育差别测验种
fertility differentials 能育差别测验种
fertility disturbance 能育性扰乱
fertility evaluation 肥力评价
fertility excess 生殖力超[过]量
fertility factor (F-factor) (= fertility agent) 能育因素,致育因子
fertility gradient 肥力梯度
fertility index 肥力指标
fertility inhibition (Fi) 能育性抑制
fertility inhibition type 能育性抑制型
fertility level 地力水平
fertility-maintaining mechanism 肥力保持机制
fertility mutant 能育性突变体
fertility of soil 土壤肥力
fertility of sugarcane 甘蔗能育性
fertility of the ocean 海洋生产力

fertility performance 生殖能力
fertility potentialities 潜在肥力
fertility restoration 能育性恢复
fertility restorer ①能育性恢复基因 ②能育性恢复系
fertility restorer gene（= fertility restoring gene） 能育性恢复基因
fertility restorer line（= fertility restoring line） 能育性恢复系
fertility status 肥力状况
fertility test 肥力测验
fertility variation 肥力变化
fertility vitamin 多产维生素,能育维生素,维生素 E
fertilizability 受精率（fertilisabilitas）
fertilization ①施肥[法] ②受精[作用] ③授粉,传粉（fertilisatio）
fertilization by soil injection 灌注式土壤施肥
fertilization cone 受精锥
fertilization essential 施肥要素（指 N、P、K 三要素）
fertilization failure 受精失败,不受精
fertilization for heading 施穗肥
fertilization in vitro 离体受精,试管内受精
fertilization membrane 受精膜
fertilization percentage 受精率
fertilization physiology 受精生理学
fertilization practice 施肥技术,施肥措施
fertilization process 受精过程
fertilization rate 施肥量
fertilization stasis 受精停滞
fertilization system 施肥制[度]
fertilization trace 受精径迹
fertilization tube 受精管
fertilized egg 受精卵
fertilized egg cell 受精卵细胞
fertilized egg ratio 受精卵比率
fertilized ovum 受精卵
fertilized soil 施肥土壤
fertilizer 肥料（artificial manure）（指化学肥料或矿质肥料）
fertilizer agitator 肥料搅动器
fertilizer apparatus 排肥器
fertilizer application 施肥
fertilizer application at puddling （稻田）整地施肥,灌水耖田施肥
fertilizer applicator ①施肥机 ②追肥机,追肥器 ③追肥铲 ④施肥开沟器
fertilizer applied in winter 冬肥（指在冬季施肥料）
fertilizer attachment 施肥附加装置
fertilizer availability 肥料有效性
fertilizer baffle 肥量调节板
fertilizer blend（= mixed fertilizer） 混合肥料
fertilizer blender 肥料拌和机
fertilizer brand 肥料商标,肥料牌号
fertilizer briquette [育苗]营养块
fertilizer broadcaster 撒化肥机,肥料撒布机
fertilizer concentrate 精肥
fertilizer constituents 肥料成分
fertilizer containing three nutrients 完全肥料,含三要素肥料
fertilizer containing two macronutrients 含二要素肥料
fertilizer cost 肥料费,施肥费用,施肥成本
fertilizer crusher 肥料碾碎机
fertilizer deficiency 缺肥
fertilizer dibbler 施肥点播机
fertilizer distributor 撒肥机
fertilizer distributor spout 施肥导管
fertilizer dose 施肥量
fertilizer drill 肥料条播机,施肥机
fertilizer drilling 条施,按行施肥
fertilizer effectiveness 肥料有效性
fertilizer efficiency 肥效
fertilizer element 肥料元素,肥料要素
fertilizer evaluation 肥料评价
fertilizer experiment 肥料试验
fertilizer fast 耐肥
fertilizer feeding device 排肥装置
fertilizer field experiment 肥料田间试验
fertilizer filler 肥料填充物
fertilizer for gravel culture 沙砾栽培肥料（指营养液）
fertilizer for the root 根肥（指在根部施肥料）
fertilizer formula 施肥公式,肥料公式（肥料组成）
fertilizer grain drill 肥料谷物条播机
fertilizer granulation 肥料造粒,肥料颗粒形成
fertilizer grinder 肥料粉碎机
fertilizer guarantee 肥料保证[成分]
fertilizer industry 肥料工业,化肥工业
fertilizer injector 肥料喷射器,肥料注入器
fertilizer injury 肥料害（指肥料烧灼植株）
fertilizer-insecticide 农药肥料
fertilizer interaction 肥料相互作用
fertilizer intolerant 不耐肥
fertilizer irrigation 施肥灌溉
fertilizer loader 肥料装载机
fertilizer made of refuse or sediment 渣滓肥
fertilizer manufacture 肥料制造,化肥制造

fertilizer materials 肥料原料,化肥原料
fertilizer metering 施肥计量
fertilizer mill 化肥厂
fertilizer mixer 肥料混合机,肥料配合机
fertilizer mixture 肥料配合
fertilizer mulch 覆盖肥料
fertilizer needs 肥料需要[量],需肥量
fertilizer needs of crops 作物需肥量
fertilizer norm 施肥定量
fertilizer of animal origin 动物质肥料
fertilizer phosphorus 磷肥
fertilizer placement 定点施肥
fertilizer plant 化肥厂
fertilizer practice 施肥技术
fertilizer prilla (= prilled fertilizer) 粒状化肥
fertilizer production 肥料生产
fertilizer programs 施肥方案
fertilizer pump 液肥泵
fertilizer rate 施肥量
fertilizer ratio 肥料配合比例(指 N、P、K 的比例)
fertilizer recommendation 肥料推荐,肥料介绍
fertilizer requirement 需肥量,肥料需要量
fertilizer requirement experiment 需肥量试验
fertilizer response 肥料反应,肥料效应
fertilizer response curves 肥料反应曲线
fertilizer response test 肥效试验,肥料效应试验
fertilizer-responsive (高度)耐肥
fertilizer salt 肥料盐类
fertilizer schedule 施肥时间表
fertilizer-seeder 种子肥料混播机
fertilizer setting 肥料沉淀
fertilizer shed 肥料仓库
fertilizer side placer 行侧施肥开沟器
fertilizer solubility 肥料溶解度
fertilizer source 肥源
fertilizer sower 肥料撒布机,撒肥机
fertilizer sowing 施肥,撒肥
fertilizer sowing rate 施肥量
fertilizer spreader 施肥机,撒肥机
fertilizer spreading 施肥,撒肥
fertilizer spreading practice 施肥技术
fertilizer standard 肥料标准
fertilizer system 施肥制度
fertilizer technology 肥料工艺学
fertilizer test 肥料试验
fertilizer tolerability 耐肥性
fertilizer-tolerant variety 耐肥品种
fertilizer treatment 肥料处理
fertilizer trials 肥料试验
fertilizer trials on paddy 水稻肥料试验
fertilizer usage (= fertilization) 施肥法
fertilizer use 肥料使用,肥料用途
fertilizer value 肥料价值
fertilizer-water irrigation (= fertirrigation) 施肥灌溉
fertilizine (= fertilizin) 受精素,精子凝集素
fertilizing ①施肥 ②受精
fertilizing equipment 施肥机具
fertilizing hair 受精毛
fertilizing machine 施肥机
fertilizing machinery 施肥机械
fertilizing substances 施肥物质,造肥物质
fertilizing trial (= fertilizing test) 施肥试验
fertilizing tube 受精管
fertilizing value 施肥价值
fertilizing value of sludge 污泥的施肥价值〈环保〉
fertirrigation 施肥灌溉
ferulago ①类阿魏属[*Ferulago* Koch.](伞形花科)②类阿魏[*Ferulago campestris* (Bess). Grec. = *Ferula campestris* Bess.]
ferulic acid 阿魏酸,4-羟[基]-3-甲氧[基]肉桂酸[$CH_3OC_6H_3(OH)CH:CHCOOH$]
feruloyl eaterase 阿魏酸酯酶
fervenulin 热诚菌素
fescue ①孤茅属(羊茅属)[*Festuca* L.](禾本科)②羊茅[*Festuca ovina* L.]
fescue wasteland 羊茅撂荒地
festering 化脓,脓肿
festival harvest 丰收节,收获节
festoon ①叶环 ②花彩、垂花饰 (festoon)
festuca necrosis virus 羊茅坏死病毒
festuca scale 羊茅绒蚧[*Eriococcus festucae* Kuwana et Fukaya]
FET (= field effect transistor) 场效应晶体管〈电脑〉
fetal 胎[儿]的 (fetalis)
fetal antigenicity 胎儿抗原性 (antigenicitas fetalis)
fetal calf serum (FCS) 胎牛血清
fetal cell 胎细胞 (cellula fetalis)
fetal fluids 胎水
fetal membrane 胎膜
fetal sac 胎衣
fetal sex 胎性别 (sexus fetalis)
fetalization 胎化 (fetalisatio)

fetation 受胎,妊娠(fetatio)
fetch ①风浪区{气象}②售得,卖得 ③取出,读取{电脑}
fetch a good price 卖得好价
fetch data 取数据
feterita(= kaoliang) 高粱(蜀黍)[*Sorghum vulgare* Pers.](禾本科)
Feterita sorghum 费突立塔高粱(费突立塔蜀黍)(为粒用高粱种)
fetid 具臭味的(felosmus)
fetid odor 恶臭气味
fetid serissa ①六月雪属[*Serissa* Comm. ex Juss.](茜草科)②(= June snow)六月雪(满天星)[*Serissa serissoides*(DC.) Druce]
fetid yew ①榧属[*Torreya* Arn.](紫杉科)②榧[*Torreya grandis* Fort.]
fetlock 距毛(指牛马蹄上丛毛)
fetlock joint 第一指(趾)关节,球节(articulus phalangis primae)
fetter-bush 亮叶南烛[*Lyonia lucida*(Lam.) K. Koch.](杜鹃花科)
fetuin 胎球蛋白
fetus(= foetus) 胎,胎儿
fetus at risk 风险胎儿
Feulgen hydrolysis 福尔根氏水解
Feulgen-naphthoic acid hydrazide reaction 福尔根氏萘甲酸肼反应
Feulgen-positive 福尔根氏反应阳性的
Feulgen-positive intranuclear body 福尔根氏反应阳性核内体
Feulgen-positive lateral loop 福尔根氏反应阳性侧环
Feulgen procedure 福尔根氏染色法
Feulgen reaction 福尔根氏反应
Feulgen reaction procedure 福尔根氏反应程序
Feulgen reaction validity 福尔根氏反应有效性
Feulgen reagent 福尔根氏试剂
Feulgen stain 福尔根染色{显技}
fever ①发烧,发热 ②热病(febris){医}
fever blister 单纯疱疹(Herpes simplex)
fever fly 热病毛蚊[*Dilophus febrilis*(Linnaeus)]
fever-tree ①金鸡纳树[*Cinchona officinalis* L.](茜草科)②(= blue-gum)蓝桉
feverfew chrysanthemum 小白菊[*Chrysanthemum parthenium* Pers.](菊科)
feverish ①发烧的,发热的 ②热病的
feverwort 莛子藨属[*Triosteum* L.](忍冬科)
few ①不多,很少 ②少数,数个
few-awned 少芒的(oligoaristatus)
few-flower wildrice(= annual wildrice) 茭白[*Zizania latifolia* Turcz.](禾本科)
few-flowered 少花的(oliganthus. pauciflorus)
few-hairy cherry 微毛樱桃[*Prunus clarofolia* Schneid.](蔷薇科)
few possibility 几乎没有可能性,很少可能性(Olïgopossibilitas)
few-seed sedge 少子苔草[*Carex oligosperma* Michx.](莎草科)
few-seeded 少子的(oligospermus)
few seeds 少量种子
F' factor(= substituted sex factor) 代换性因子,F'因子
FFF(= field flow fractionation) 场流分级[分离]法{生技}
FG(= fine granule) 微粒剂
FGF(= fibroblast growth factor) 成纤维细胞生长因子{分生}
fi(= fertility inhibition) 能育性抑制
fi⁺ 能表现能育性抑制
fi⁻ 不能表现能育性抑制
fi⁻ plasmid fi⁻质粒,不能表现能育性抑制质粒
fi⁺ plasmid fi⁺质粒,能表现能育性抑制质粒
FIA(= fluorescent immunoassay) 荧光免疫测定{生技}
FIB(= fast ion bombardment) 快[速]离子轰击{生技}
fiber(= fibre) ①纤维 ②光[导]纤[维],光纤(fibra)
fiber analysis 纤维分析
fiber antigen 尾丝抗原(指噬菌体)
fiber attachment point 着丝点
fiber board 纤维板
fiber bundle 纤维维管束
fiber bundle strength 纤维维管束强度
fiber cell 纤维细胞
fiber channel standard 光纤信道标准{信息}
fiber cleanliness 纤维清洁度
fiber colour 纤维色泽
fiber cotton 皮棉
fiber crops 纤维作物
fiber decortication 剥皮纤维
fiber development 纤维发育
fiber diagram 纤维图
fiber diffraction 纤维衍射
fiber distributed data interface(FDDI) 光纤分布式数据接口{信息}
fiber duct 光纤管道

fiber fineness 纤维纯度,纤维细度
fiber flax 纤维用亚麻[*Linum usitatissimum proles elongata* Vav. et Ell.](亚麻科)
fiber identification 纤维鉴定
fiber length 纤维长度
fiber length distribution 纤维长度分布
fiber loss 光纤损耗
fiber maturity 纤维成熟度
fiber number 纤维值(指麻类)
fiber-optic (= fibre optic) 光纤[维]
fiber-optic cable (= fibreoptic cable) 光缆,光纤电缆{信息}
fiber-optic communications 光纤通信
fiber-optic transmission system 光纤传输系统{信息}
fiber plants 纤维植物
fiber plate 纤维片,纤维板
fiber properties 纤维特性
fiber quality 纤维品质
fiber rope 纤维绳
fiber saturation point 纤维饱和点
fiber separator 纤维分离机
fiber sheet (= fibre sheet) 纤维[纸]板
fiber strength 纤维强度
fiber structure 纤维结构
fiber tensile strength 纤维延伸强度
fiber testing 纤维测定
fiber tracheid 纤维管胞
fiber uniformity 纤维整齐度
fiber yield ①出麻率 ②衣分(棉)
fiberglass 玻璃纤维,玻璃丝(断热材料)
fiberglass fabric 玻璃丝纺织物
fiberglass fishing boat 玻璃钢渔船
fiberization 纤维分离
Fibonacci angle 费氏角(用于叶序)
Fibonacci series 费氏级数
fibration 纤维结构(fibratio)
fibre (= fiber) ①纤维 ②纹理
fibre agave 剑麻[*Agave sisalana* Perr.](龙舌兰科)
fibre attachment point (= fiber attachment point) 着丝点{细胞}
fibre banana 蕉麻[*Musa textilis* Nees](芭蕉科)
fibre crops (= fiber crops) 纤维[用]作物
fibre optics 纤维光学
fibre palm 椆麻,线麻
fibred 纤维的
fibriform 纤维状的(fibriformis)
fibriform vessel member 纤维状导管分子
fibril ①小纤维 ②纤丝 ③原纤维 ④根毛(fibrilla)
fibril angle 纤维角
fibril ghost 脱肌球蛋白肌原纤维{生化}
fibril sealant 血纤维蛋白粘合剂
fibrilar 纤维状的,纤丝状的(fibrillaris)
fibrillar center 纤维中心(指核仁的)
fibrillar component 纤丝状成分
fibrillar connection 纤丝状联结
fibrillar element 纤丝状分子
fibrillar ribonucleo protein component 纤丝状核糖核蛋白组[成部]分
fibrillar subunit 纤维亚单位
fibrillar theory 丝状说(指原生质)
fibrillarin 纤维蛋白(指核仁的)
fibrillate 具纤丝的(fibrillatus)
fibrillation ①纤维性颤动 ②纤维化作用(fibrillatio){物}
fibrillin 原纤维蛋白
fibrillogenesis 原纤维生成
fibrillose 纤维状的(fibrillosus)
fibrillose root 纤维状根(radix fibrillosus)
fibrin ①血纤维蛋白[单体] ②线聚血纤维蛋白 ③[交聚]血纤维[蛋白]
fibrin stabilizing factor 血纤维稳定因子
fibrin thread 血纤维蛋白丝
fibrinase 血纤维形成酶,血纤维交链酶
fibrinectin 血纤维联结蛋白
fibrinogen 血纤维蛋白原
fibrinogenesis 血纤维蛋白生成
fibrinogenopenia 血纤维蛋白原缺乏
fibrinokinase 血纤[维蛋白溶酶原]激活酶
fibrinolysin 血纤维蛋白溶酶
fibrinolysis 血纤维蛋白溶解作用
fibrinolytic 溶解血纤维蛋白的,血纤维蛋白溶解的(fibrinolyticus)
fibrinolytics 纤溶剂,溶纤物(fibrinolytica)
fibrinopeptide 血纤维蛋白肽
fibrinous ①血纤维蛋白的 ②含血纤维蛋白的(fibrinosus)
fibrist 低分解有机土
fibroblast 成纤维细胞(fibroblastus)
fibroblast culture 成纤维细胞培养
fibroblast growth factor (FGF) 成纤维细胞生长因子
fibroblast hybrid 成纤维细胞杂种
fibrocyte 纤维细胞(fibrocyta)
fibroglycan 纤[维蛋白]聚糖(指成纤维细胞的一种蛋白聚糖)
fibroid 纤维状的(fibroideus)
fibroin ①丝心蛋白 ②丝素{蚕}
fibroma 纤维瘤

fibromodulin 纤调蛋白[聚糖]
fibronectin 纤连蛋白,纤维粘连蛋白{分生}
fibronectin type Ⅲ module 纤连蛋白型Ⅲ组件
fibropapillomatosis 纤维乳头状瘤病
fibrous ①具纤维的 ②纤维状的(fibrosus)
fibrous aggregate 纤维状团粒,纤维状团聚体
fibrous body 毡状体(corpus fibrosus)
fibrous bundle 纤维束(fasciculus fibrosus)
fibrous cell 纤维状细胞(cellula fibrosa)
fibrous central core 纤维中心髓部
fibrous coding DNA 纤维状编码 DNA,丝状编码 DNA{分遗}
fibrous component 纤维成分
fibrous core 纤维髓部
fibrous DNA 纤维状 DNA
fibrous fracture 纤维状断口
fibrous lamina 纤维状片层(lamina fibrosa)
fibrous layer 纤维层(指花药)(stratum fibrosum)
fibrous peat 纤维质泥炭
fibrous protein 纤维状蛋白
fibrous root ①纤维根 ②须根(radix fibrosus)
fibrous root system (= fibrous roots) 须根系(systema radicalis fibrosus)
fibrous sheath 纤维鞘(vagina fibrosa)
fibrous structure 纤维结构(structura fibrosa)
fibrous texture 纤维构造(textura fibrosa)
fibrous tissue 纤维组织(prosenchyma)
fibrous tracheid (= fiber-tracheid) 纤维管胞(tracheida fibrosa){解剖}
fibrous waste 纤维废水{环保}
fibrousness 纤维性(fibrositas)
fibrousrooted wheat grass (= awned wheat grass) 狗冰草[*Agropyron caninum* (L.) P. B. = *Triticum caninum* L., *Roegneria canina* (L.) Nevski](禾本科)
fibrovascular 维管[组织]的(fibrovascularis)
fibrovascular bundle 维管束(fasciculus fibrovascularis)
fibrovascular cord 维管束(corda fibrovascularis)
fibrovascular cylinder 维管中柱(cylindrus fibrovascularis)
fibrovascular system 维管束系[统](systema fibrovascularis)
fibrovascular tissue 维管组织(tela fibrovascularis)
fibula ①(= buckle) 锁状联合 ②腓骨 ③翅扣
fibuliform 锁状联合的(fibuliformis)
fiche ①胶片 ②卡片{电脑}
ficin 无花果蛋白酶
fickle 常变的,多变的,不定的
Fick's law 费克定律{土壤}
ficoll 菲科尔(指水溶性聚蔗糖)
fiction ①假定 ②虚构,杜撰 ③捏造(fictio)
fictitious ①假的 ②想像的,虚拟的,虚构的(fictitius)
fictitious agriculture 虚拟农业{智培}
fictitious crop 虚拟作物{智培}
fictitious reality technology 虚拟现实技术{智培}
fictitious ring (= false ring) 伪年轮
fictitious technology 虚拟技术{智培}
fictitious variable 虚构变数{智培}
ficus borer (= fig borer, fig longicorn beetle, rubber root borer) 芒果天牛(榕八星天牛)[*Batccera rubus* Linnaeus](天牛科)
ficus rubber (= Indian rubber tree) 印度橡胶树
fid 分裂(fidus)
fiddle 手提播种器
fiddle-back grain 细波纹
fiddle-leaved 提琴叶的(pandurifolius)
fiddle-shaped 提琴状的(panduratus, panduriformis)
fiddle-sower 点播器
fiddle-wood 提琴木属[*Citharexylum* Mill.](马鞭草科)⌞拟⌝
fidelity ①确限度{生态} ②正确,精确 ③保真性,忠实性{生技} ④保真度{电脑}(fidelitas)
fidelity criteria 保真度准则
Fidji (= Fiji) 菲[德]济(甘蔗热带原种)
fiducial ①置信的 ②可靠的 ③基准的,标准的(fiducius)
fiducial distribution 置信分布{统计}
fiducial inference 置信推断{统计}
fiducial interval 置信区间,置信距{统计}
fiducial limits 可靠极限
fiducial mark ①基准点,地物点 ②框标
fiducial temperature 标准温度,补偿温度
fiduciary ①信用的,信托的 ②受[信]托人(fiduciarius)
fiduciary object 信用客体{电脑}
field ①田,大田,田地,耕地,(稻)本田,田间,田野 ②空地,场地 ③范围,领域 ④视野 ⑤牧场 ⑥场电,磁场 ⑦字段{电脑}

field access 字段存取{电脑}
field action 地点作用,场作用{物}
field agent ①现场指导员 ②田间因素
field alterable control element (**FACE**) 现场可变控制元件{信息}
field appearance 地貌
field approbation 田间鉴定
field arrangement 田间排列
field bail 野外挤奶装置
field baler 捡拾压捆机
field-balm ①活血丹属(连钱草属)[*Glechoma* L.](唇形科) ②活血丹(欧亚活血丹)[*Glechoma hederacea* L.]
field barn 露地粮库,田间谷仓
field bean 蚕豆[*Faba vulgaris* Moench.](豆科)
field beans 大田豆类[作物]
field bee (= working bee) 工蜂
field beet (= fodder beet, mangel) 饲用甜菜[*Beta vulgaris crassa* Alef.](藜科)
field bindweed 田旋花[*Convolvulus arvensis* L.](旋花科)
field-book 田间记载本
field boom 直线状喷雾头
field box 田间采果箱
field brome-grass (= field brome) 野雀麦[*Bromus arvensis* L.](禾本科)
field budding 田间芽接
field bund 田埂
field buttercup (= tall buttercup) 毛茛
field cabbage 油菜[*Brassica campestris* L.](十字花科)
field camomile (= field chamomile) 刺甘菊
field canalization 农田沟渠化
field capacity (FC) ①田间持水量 ②田间作业能力
field care 田间管理,田间操作
field chamomile (= field camomile, corn chamomile) 刺甘菊[*Anthemis arvensis* L.](菊科)
field check (= field examination) 野外检查,田间检查{遥感}
field chlorosis 大田退绿病
field chopper 田间切碎收获机(美)
field clamp (= field clamping) 露地堆藏,田间堆藏
field comparison 田间比较
field condition 田间条件
field contour 田地等高线
field control 田间防治
field cow 役牛,耕牛
field cricket ①田蟋蟀[*Gryllus campestris* (Fabricius)] ②油葫芦[*Gryllulus testaceus* Walker] ③黑蟋蟀[*Gryllus assimilis* Fabricius] ④大蟋蟀[*Brachytrupes portentosus* Licht.](蟋蟀科)
field cropping (= outdoor cropping) 大田栽培,露地栽培
field crops (= agronomic plants) 大田作物,农作物
field cultivation ①大田耕作{耕作} ②大田栽培{栽培}
field cultivator ①大田耕作机,大田作物中耕机 ②休闲地除草耕松机
field curing 田间自然风干
field cutter (田间)饲料切碎机
field cutting 地插
field damage 田间损失
field data 田间数据,田间资料
field data collection 田间数据收集{智培}
field design 田间设计
field desorption (**FD**) 场解吸{生技}
field diagram 田地图,野外图
field ditch 农渠
field ditch system 毛沟系统,田间灌水渠系统,田间渠系
field dodder 田菟丝子[*Cuscuta arvensis*](菟丝子科)
field drag 重型耙
field drainage equipment 田间排水机具
field drill 条播机
field drying 田间干燥
field duster ①田间喷粉器 ②大田喷粉机
field effect transistor (FET) [电]场效应晶体管
field efficiency 田间效率
field elm 欧洲白榆[*Ulmus laevis* Pall.](榆科)
field emergence 田间出苗,田间现苗{栽培}
field engineer (**FE**) 现场工程师
field engineering (**FE**) 现场工程设计
field eryngo 野刺芹[*Eryngium campestre* L.](伞形科)
field evaluation 田间评价
field experience 田间经验
field experiment (= field test, field trial) 田间试验,大田试验
field fault 田间故障{农机}
field fennel flower 野黑种草[*Nigella arvensis* L.](毛茛科)
field fertilizer trials 田间肥料试验
field flow fractionation (**FFF**) 场流分级(分离)法{生技}
field flower 野花
field for seed production 种子田

field forage chopper 田间饲料收割切碎机
field forage growing 大田饲料作物栽培
field forage harvester ①大田青饲料收获机 ②刈草切碎机
field forget-me-not（= common forget-me-not） 野勿忘草［*Myosotis arvensis* Hill.］（紫草科）
field frequency 场频｛电脑｝
field gardening 大田园艺学
field garlic 菜园葱［*Allium oleraceum* L.］（百合科）
field germination 田间发芽
field glasses 双筒望远镜
field grafting（= field working） 地接，就地嫁接（指不移植砧木，于苗圃进行嫁接）｛园艺｝
field grass growing 大田牧草栽培
field groundsel 狗舌草［*Senecio campestris* DC.］（菊科）
field-grown 田地生长的（arvensis）
field-grown straw 田地生长茎秆
field growth period （稻）本田生长期
field guard 田间警卫，大田警卫
field hand 田间农业劳动者
field-hardened 经过田间锻炼的
field harrow 大田耙
field hay drying 田间干燥干草
field heap spreader 田间粪堆撒开机，扬粪机
field heaping（= stack） 田间堆积，堆垛
field heat 田间热［量］
field hedge 大田篱笆，田篱
field hoist 大田起重机，农用起重机
field horse-tail（= common horsetail, toad pipe） 问荆［*Equisetum arvense* L.］（木贼科）
field husband 农业劳动者
field husbandry 农地耕作，耕种
field immunity 田间免疫性
field impurity 田间混杂度
field in crop 作物地
field increasing plot 大田繁殖区
field infection 田间侵染
field information collection technology 田间信息采集技术｛智培｝
field inspection 田间检查
field inspector 田间检查员
field intake rate 田间吸收量
field intervals 田界
field-inversion gel electrophoresis（FIGE） 倒转电场凝胶电泳｛分生｝
field investigation 田间研究，田间调查｛智培｝
field jet nozzle 大田用喷嘴
field knautia（= field scabious） 野克氏草（田野山萝卜）
field labour 农活，田间劳作
field land 耕地，田地
field layer 草本层（festratum）
field layout 土地规划图
field losses 田间损失
field machinery 大田用机械
field macro diagrams（FMDs） 现场宏指令图｛信息｝
field madder 野茜草属［*Sheradia* Dill.］（茜草科）⌞拟⌝
field maintenance 现场维修
field management 田间管理
field management process 田间管理过程｛智培｝
field map 田间种植图
field maple（= common maple） 栓皮槭［*Acer campestre* L.］（槭科）
field maturing process 土地熟化过程
field measurement 田间测定
field measuring 野外测量
field mechanization 田间作业机械化
field meeting 田间集会
field melilot（= common melilot, yellow sweetclover） 黄香草木犀［*Melilotus officinalis*（L.）Pall.］（豆科）
field mice 田鼠
field mint ①薄荷属［*Mentha* L.］（唇形科） ②（= corn mint）薄荷［*Mentha arvensis* L.］
field mixtures 大田混播牧草
field moisture capacity 田间持水量
field moisture deficiency 田间水分不足
field moisture equivalent 田间水分当量
field moisture index 田间水分指数
field mouse（= field mice） 田鼠，野鼠（*Mus* sp.）｛仓鼠科｝
field mouse-ear（= chick weed） 野卷耳［*Cerastium arvense* L.］（石竹科）
field mower 割草机，牧草割草机
field mustard 田芥菜［*Brassica* L.］（十字花科）
field name（= local name） 本地名称
field note 大田记录
field nursery 林间苗圃
field observation 田间观察，现场观察
field of ecophysiology 生态生理学领域
field of force 力场
field of gravity 重力场
field of knowledge 知识范围
field of microscope （显微镜）视野

field of mother plant 采梢园(指从桑树母株上采摘嫩叶的桑园)
field of pressure 气压场,压力场
field of the sampling 取样场地
field of view (= field of vision) 视野,视域,视场
field of vorticity 涡度场
field operation 田间操作,田间作业,大田工作
field pansy 田堇菜[*Viola arvensis* Murr. = *V. tricolor* var. *arvensis* Wahl.](堇菜科)
field patch 现场修补
field pattern (= layout of field) 田区配置,田区计划
field pea (= grey pea) 紫花豌豆[*Pisum arvense* L. = *P. sativum* L. var. *arvense* Poir.](豆科)
field pelleter 捡拾压饼机,捡拾压块机(指饲料)
field pennycress 菥蓂[*Thlaspi arvense* L.](十字花科)
field performance 田间工作性能{农机}
field period 野外时期{测}
field phenomena 地点现象,场现象
field photosynthetic ability 田间光合作用能力
field physiology 大田生理学,田间生理学
field piece 场境
field plan (= field experiment design) 田间试验设计
field planning 耕地计划
field planting (= field setting) 定植
field planting plan 田间种植计划书
field plot 田间[试验]小区{统计}
field-plot experiment 田间小区试验
field-plot technique 田间[小区]试验技术
field plot test 田间小区试验
field population 田间群体
field practices 大田操作,田间技术,田间措施
field press 田间笔记本(指野外观察记载用的)
field protection 大田防护
field pumpkin (= pumpkin, summer squash) 西葫芦[*Cucurbita pepo* L.](葫芦科)
field rail 栏杆
field record 田间记载
field resistance ①田间抗性(指病虫害,自然灾害)②田间阻力,大田阻力
field ridge ①田垄,畦垄 ②田间灌水沟
field rod 标杆
field rod pipe (喷雾机)大田长喷杆
field rodent 野鼠
field roller (= land roller) 镇压器
field rotation 大田[作物]轮作
field-run plant 正常植株(苗)
field safeguarding forest 农田防护林
field salad (= corn salad, lamb's lettuce) 菜拟缬草(野苣)[*Valerianella locusta* Betck. = *V. olitoria* Moench](败酱科)
field sampling 现场取样,田间取样
field sanitation 田间卫生
field scabious 野克氏草(田野山萝卜)[*Knautia arvensis* (L.) Coult.](川续断科)
field scale 田间比例尺
field setting 定植,栽植
field slug 网纹蛞蝓[*Agriolimax reticulatus* (Müll.)](蛞蝓科)
field sorrel (= red sorrel, sheep sorrel, horse sorrel) 小酸模[*Rumex acetosella* L.](蓼科)
field sow thistle 苦荬菜[*Sonchus arvensis* L.](菊科)
field spectroscopy 野外光谱学
field speed 田间作业速度,田间工作速度
field stack 谷堆
field stalk lodging 田间茎秆倒伏
field stand structure (= field population structure) 大田群体结构
field start 字段开始{电脑}
field station 田间工作站
field stop 视场光阑{遥感}
field storage 露地贮藏,田间贮藏
field stratum 地面植被层
field strip cropping ①大田带状栽培,大田宽行条播[栽培]②(横坡平行)带状种植法
field study ①田间研究,大田研究 ②校外实习,野外实习
field surface 地面,田面,地表
field survey ①田间调查 ②野外调查
field surveying 农田测量
field system 农田系统
field technique 田间技术
field test 田间试验,大田试验
field test plot 田间试验[小]区
field testing technique 田间检验技术
field theory 场论,域论{遥感}
field thresher 田间脱粒机
field threshing 田间脱粒
field tiller 休闲地耕作机
field-to-field survey ①分片测量,逐块(地块)测量 ②通盘调查

field topography 地势
field trash ①蔗田残叶,甘蔗夹杂物 ②田间残留物
field trefoil (= hare's-foot) 野三叶草[*Trifolium arvense* L.](豆科)
field trench 田间明沟
field trials 田间试验
field-type rotary tiller 大田旋耕机
field vegetables 大田蔬菜
field vole 田鼠(普通田鼠)[*Microtus agrestis* L.]
field wafer 田间捡拾压块机
field water capacity (= field water holding capacity) 田间持水量
field water conservancy 农田水利
field water-holding capacity 田间持水量
field weeds 耕地杂草(segetales)
field welded 现场焊接
field wheel 地轮、外轮
field windbreak ①大田风障 ②大田防风林
field wood-rush 地杨梅[*Luzula campestris* L.](灯心草科)
field work 大田作业,田间操作
field worker ①田间工作人员,调查访问人员 ②大田工人
field working (= field grafting) 地接,就地嫁接
fieldbook 测量手册,田间记录本
fieldistor 场效应晶体管
fieldmark 田界
fierce ①凶猛的 ②强烈的(ferus)
fiery hunter 红步行虫(广肩步行虫)[*Calosoma calidum* (Fabricius)](步行甲科)
fifth generation computer 第五代计算机
fifth normal form (**5NF**) 第五范式{信息}
fig (= fig tree) 无花果[*Ficus carica* L.](桑科)
fig beetle (= peach beetle) 桃花金龟[*Cotinis texana* Casey](金龟科)
fig-coffee 用无花果焙制的咖啡代用品
fig fruit 隐花果(syconus)
fig-leaved 具榕树叶的(ficifolius)
fig-like 无花果状的(ficarius)
fig-marigold ①松叶菊属[*Mesembryanthemum* Dill.](番杏科) ②松叶菊[*Mesembryanthemum spectabile* Haw.]
fig mite 无花果瘿螨(榕瘿螨)[*Aceria ficus* (Cotte)](瘿螨科)
fig moth (= almond moth) 粉斑螟[*Cadra cautella* (Walker)]
fig scale 榕蛎蚧[*Lepidosaphes ficus* Sign.](蚧科)
fig tree ①榕属[*Ficus* L.](桑科) ②无花果[*Ficus carica* L.] ③榕树[*Ficus retusa* Linn.] ④赤榕[*Ficus wightiana* Wall.]
fig-tree series 无花果系
fig wasp ①榕小蜂[*Blastophaga psenes* (Linnaeus)] ②⌊复⌉榕小蜂科[Agaonidae]
fig wax scale 榕龟蜡蚧[*Ceroplastes rusci* (Linnaeus)](蜡蚧科)
Figaron 吲熟酯(疏果剂)(商)
FIGE (= field-inversion gel electrophoresis) 倒转电场凝胶电泳{分生}
fight-flight reaction (= emergence reaction) 应急反应
fighting bull 斗牛
figleaf grape 榕叶葡萄[*Vitis ficifolia* Bunge](葡萄科)
figment 虚构(figmentum)
figural ①外形的 ②图示的(figuralis)
figuration 外形,轮廓(figuratio)
figurative ①象征的 ②造形的 ③数字形式的 ④图像的,图形的(figurativus)
figurative constant 象征常数
figurative language 象征语言{电脑}
figure ①花纹 ②图,图解,图示,插图 ③形,形状,外形 ④价格,价钱 ⑤数字(figura)
figure code 数字电码{信息}
figure line 外形线{信息}
figure-of-eight 8字形
figure-of-eight knot 8字形结(结索法)
figure-of-eight structure (= figure-8 structure) 8字形结构{细胞}
figure out ①合计 ②算出{统计}
figure shift (**FIGS**) 变数字位,换数字挡{统计}
figured 具花纹的(figuratus)
figured cloth 花纹布
figured grain 花纹纹理
figured porous wood 花纹孔材
figured wood 花纹材
figurine 小雕像,小塑像{园林}
figwort ①玄参属[*Scrophularia* L.](玄参科) ②玄参(元参)[*Scrophularia oldhami* Oliv.] ③(= pilewort, lesser celandine) 春榕茛[*Ficaria verna* Huds = *Ranunculus ficaria* L.](毛茛科)
figwort family 玄参科[Scrophulariaceae]
figwort weevil 玄参象甲[*Cionus scrophulariae* (Linnaeus)](象甲科)
Fiji longan 番龙眼[*Pometia pinnata* Forst.](无患子科)
Fijian leaf folder 稻显纹纵卷叶螟[*Susumia exigua* (Butler)](卷蛾科)

filaceous ①多根须的 ②有丝的（filaceus）
filament ①花丝 ②丝状体 ③丝，纤丝（filamentum）
filament bundling protein 纤丝成束蛋白｛分生｝
filament current 灯丝电流
filament flow 线流
filament lamp 电灯
filament severing protein 纤丝切割蛋白［质］｛分生｝
filament sheath 轴丝鞘（vagina filamentosa）
filamental flowering crab 垂丝海棠［*Malus halliana* Koehne］（蔷薇科）
filamentary 丝状的（filamentaris）
filamentation 花丝形成（filamentatio）
filamentous（= filar） 丝状的（filamentosus）
filamentous actin（**F-actin**） 丝状肌动蛋白
filamentous algae 丝状藻［*Algae filamentosae*］
filamentous appendage 丝状附器
filamentous bacteria 丝状细菌（bacteria filamentae）
filamentous bacteriophage 丝状噬菌体（bacteriophaga filamentosa）｛分生｝
filamentous capsid 丝状衣壳（capsida filamenta）
filamentous DNA phage 丝状 DNA 噬菌体
filamentous fungi 丝状真菌（fungi filamentae）
filamentous material 丝状物质
filamentous microorganism 丝状微生物（microorganismus filamentosus）
filamentous organism 丝状生物（organismus filamentosus）
filamentous phage 丝状噬菌体
filamentous precursor 丝状前体
filamentous stage 丝状体期（staticum filamentosum）
filamentous type 丝状型（触角）（typus filamentosus）
filamentous type colony 丝状型菌落（colonia typa filamentosa）
filamentous yeast 丝状酵母（fermentum filamentosum）
filaments guide button （蚕丝）集绪器
filamin 细丝蛋白（指肌动蛋白）｛分生｝
filar substance 丝质（substantia filaris）
filar theory 丝状说（指原生质）
filarce 和兰牻牛儿苗（芹叶太阳花）［*Erodium cicutarium* L'Herit］（牻牛儿苗科）
filaria 丝虫
filariasis （肺）丝虫病
filariform ①丝状的 ②丝虫型的（filariformis）
filator 纺丝器
filature 缫丝，制丝（filatura）
filature factory 缫丝厂，制丝工厂
filbert（= hazelnut, lambert nut） 大榛子［*Corylus maxima* Mill.］（桦木科）
filbert aphid（= hazel aphid） 榛角斑蚜［*Myzocallis coryli*（Goetze）］（蚜科）
filbert bud mite（= nut gall mite） 榛小植刺瘿螨［*Phytocoptella avellanae*（Nalepa）］（瘿螨科）
filbert weevil 榛象甲［*Curculio uniformis* LeC.］（象甲科）
filbert worm 榛小卷蛾［*Melissopus latiferreanus*（Walshingham）］（小卷蛾科）
file ①锉，锉刀（工具）②文件｛信息｝
file computer 文件计算机
file control area（**FCA**） 文件控制区
file control block（**FCB**） 文件控制块
file identification（**file ID**） 文件标识，文件标志
file identifier（**file ID**） 文件标识符
file management system（**FMS**） 文件管理系统
file meristem 肋状分生组织
file name 文件名
file processor 外存储器信息处理机
file protect mode（**FPM**） 文件保护方式
file scan 文件扫描
file transfer protocol（**FTP**） 文件传送协议｛信息｝
filial ①子的，子女的 ②分公司，分局，支局（filius）
filial generation（F_1, F_2, F_3） 杂交后代，子代
filial organism 子代有机体
filial regression ①杂种子代退化 ②亲子回归｛统计｝
filicauline ①丝状柄的 ②丝状茎的（filicaulis）
filicauline plant 丝状茎植物（planta filicaulis）
filicic acid 绵马酸
filicology（= pteridology） 蕨类植物学（filicologia）
filiferous 具丝的（filifer）
filifolious 丝状叶的（filifolius）
filiform 丝状的（filiformis）
filiform antenna 丝状触角（antenna fili-

formis)
filiform apparatus 丝状器(apparatus filiformis)
filiform growth 丝状生长(cresentia filiformis)
filiform hair 丝状毛(pilus filiformis)
filiform leaves 线叶病
filiform microorganism 丝状微生物(microorganismus filiformis)
filing ①锉破法(促进坚硬种皮种子发芽)②文件处理(归档,编排){电脑}
filing criteria 编档准则{信息}
filing rule 编档规则
filipendulous ①悬疣的 ②以丝连结的(指丝状根的中部或顶部有块状肿胀物(filipendulus)
Filippi's gland 非力皮腺
fill ①使满,装满,充满 ②充填,填塞,充塞 ③填筑
fill and draw 注排法,注满和汲取{环保}
fill-and-draw elutriation 注排淘洗,分批淘洗{环保}
fill area 填充区{电脑}
fill by gravity 自流充灌{环保}
fill by siphon 虹吸充灌
fill dam 填筑坝{水利}
fill in 填好
fill light 填充光线
fill register 填补寄存器{电脑}
fill up 填满,满装,充满
filled cavity 填土穴
filled grain 饱满子粒,饱满种子,充实子粒
filled-grain percentage 饱满子粒率
filled out 充满的,实心的(farctus)
filled seed 饱满种子
filled surface 填充性表面
filled valley 淤积谷
filler ①混播作物 ②填充烟叶(雪茄烟的中身)③填料,填充物,注入物 ④注入口,注入孔,漏斗 ⑤补栽果树 ⑥宾树(指在庭园中仅次于主栽的树)
filler ridger 筑埂机
filler tree 填空树,补植树
fillet ①畦 ②角间隆 ③凹面,圆角
filleting ①嵌缝法(木工)②作畦,起垄
filling ①填充,填塞,充实 ②填料,填充物③(纺织)纬线 ④充满,饱满 ⑤填补[反应]
filling aperture 注入口,加油孔,加水孔
filling capacity 装料量
filling cavity 填土穴
filling cyclone 填塞气旋
filling engine 填充机
filling fiber 填充用纤维
filling fork 填充叉
filling gap 补植,补栽{栽培}
filling hopper 装料漏斗
filling-in 补平[反应]{生技}
filling injector 加液器
filling material 填充物,填料
filling plant 填充植物
filling pump 注入泵,注液泵
filling stage (= filling period) 灌浆期
filling station (汽油)加油站
filling tank 加油罐,注油罐
filling tissue 填充组织
filling up ①补植,补栽,补种 ②(种子)灌浆,充实
filling up of seed 种子灌浆
filling value 填充密度
filling work 装料作业,装料工作
fillistered joint (= rebated joint) 槽舌接(木工)
fillmass 糖膏
filly 母驹,牝驹,小母马
film ①薄膜{土壤}②薄层 ③软片,胶卷 ④涂片{显技}⑤薄雾 ⑥塑料[薄膜]
film adhesive 胶膜,胶纸
film bag 塑料袋
film cassette 胶片盒{遥感}
film channel 胶卷槽
film clip 剪片
film contraction 胶片收缩{遥感}
film density 胶片密度{遥感}
film disk 薄膜磁盘{信息}
film electrophoresis 薄膜电泳
film filter combination 胶片滤光片组合{遥感}
film flow 薄膜流动,生物膜{环保}
film force 水膜力
film gate 镜头窗框
film grain noise 胶片颗粒噪声{遥感}
film integrated circuit 薄膜集成电路{信息}
film layer 覆盖薄膜铺放机
film laying 铺放[塑料]薄膜
film library instantaneous presentation (FLIP) 胶卷文库立即显示{信息}
film loop ①环形胶卷 ②环形电影{遥感}
film moisture 薄膜水分
film of cold air 薄层冷空气
film packaging 薄膜包装,塑料包装
film-recovery photographic reconnaissance satellite 胶片回收型照相侦察卫星{遥感}
film ribbon 薄膜打字机带,薄膜色带
film scanner 胶片扫描器

film setting 照相排版
film solid medium 薄膜固体培养基
film speed ①胶片感光度 ②胶片运行速度{遥感}
film strip 长条软片
film theory 水膜理论
film water 薄膜水
filmy ①膜状的 ②有雾的
filmy fern ①膜叶蕨属[*Hymenophyllum* J. Sm.](膜叶蕨科) ②膜叶蕨[*Hymenophyllum barbatum* Baker.]
filobactivirus 丝状噬菌体
filopodium 丝足
filovirus 丝状病毒
filter ①过滤器 ②滤纸,滤膜 ③过滤 ④滤光片,滤色片 ⑤滤池(filtrum)
filter aid 助滤物,助滤剂
filter apparatus 滤器
filter area ①滤池面积 ②过滤面积{环保}
filter bag 过滤袋
filter basin (= filter box) 滤池{环保}
filter bed ①滤床,滤层 ②(= settling sump) 沉淀池,澄清池
filter bed depth 滤层深度{环保}
filter belt press 滤带脱水机(指用于化学处理的污泥){环保}
filter-binding assay 滤膜结合试验{生技}
filter cake 滤渣,滤饼
filter capacity 滤清器通过能力
filter cloth 滤布
filter cycle 滤池运行循环{环保}
filter cylinder 滤筒
filter diaphragm 滤膜
filter drum 滤鼓,滤桶
filter dust collector 过滤聚尘器
filter element 滤片,过滤芯
filter factor 滤光[片]系数{遥感}
filter feeder 滤食者
filter film 滤膜{环保}
filter floor 滤池底[板]{环保}
filter fly 滤池蝇,灰蝇
filter gain 滤波器增益{遥感}
filter gallery 滤池管廊{环保}
filter house (= filter plant) 滤站{环保}
filter hybridization 滤膜杂交{分遗}
filter layer 过滤层
filter leaf 过滤叶{环保}
filter light 取景器光{电脑}
filter loading 滤池负荷率
filter mass (= filter material) 滤料{环保}
filter medium 过滤介质,滤媒,滤料
filter membrane 滤膜
filter milk claw 滤净集乳器
filter mud 滤泥(指糖厂){环保}
filter paper 滤纸
filter paper analysis 滤纸分析
filter passer 过滤性病毒
filter plant 过滤设备
filter press (= filtering press) 压滤器,压力过滤器
filter process 过滤法
filter rate 滤速
filter rate controller 滤速调节器{环保}
filter residue 滤渣(指制糖)
filter run ①过滤周期 ②滤池运行周期{环保}
filter screen 滤网
filter slime 滤池黏泥
filter slurry 滤浆
filter-sterilizer 过滤消毒器
filter tip (香烟)滤嘴
filter valve 滤池阀
filter wash 滤池冲洗
filter yield 滤池产水量{环保}
filterability ①过滤率 ②过滤性(filterabilitas)
filterable 可过滤的,过滤性的(filterabilis)
filterable bacteria 过滤性细菌(bacteria filterabiles)
filterable form 滤过型
filterable form of bacteria 细菌的可滤态
filterable membrane 滤膜
filterable organism 过滤性有机体,过滤性生物(organismus filterabilis)
filterable stage 滤过阶段
filterable virus 滤过性病毒(virus filterabilis)
filtered accumulation 过滤累加,筛选累加{环保}
filtered solution 过滤溶液
filtered water 过滤水
filtering ①过滤 ②滤波,滤色,滤光(filterens)
filtering area (= filter area) 过滤面积
filtering effect 过滤效应
filtering equipment [污泥]过滤[脱水]设备{环保}
filtering funnel 过滤漏斗
filtering layer 滤层{环保}
filtering mass (= filter mass) 滤料
filtering press (= filter-press) 过滤机,压滤机
filtering surface 滤层表面
filtering velocity (= filter rate) 滤速

filth ①肮脏,污染 ②污物,不洁物,垃圾,不干净食物
filtrable(=filterable) ①可过滤的 ②过滤性的(filtrabilis)
filtrable agent(FA) 过滤因子,可过滤物
filtrable form(=filterable form) 过滤型
filtrate ①滤液 ②过滤物
filtrating mouth parts 滤口型
filtration 过滤(filtratio)
filtration area(=filtering area) 过滤面积
filtration by settling 沉淀滤清
filtration coefficient 渗透系数
filtration concentration method 过滤浓度法[遗工]
filtration device 过滤设备
filtration efficiency 过滤效率
filtration end point 过滤终点
filtration enrichment 过滤浓缩法
filtration field 过滤场
filtration fraction 过滤部分,过滤分数
filtration manifold 多功能过滤装置
filtration module 过滤模数,过滤系数
filtration permeability 滤过透性
filtration plant 滤水厂
filtration pressure 过滤压力
filtration resistance 过滤阻力
filtration sterilization 过滤天菌
filtration velocity 滤速,过滤速度
filtring 过滤,滤清
filtros plate 扩散板{环保}
fimbria ①菌毛 ②睫毛 ③流苏
fimbrial ①菌毛的 ②睫毛的 ③流苏的(fimbrialis)
fimbrial antigen 菌毛抗原(antigenum fimbriale)
fimbriate ①流苏状的 ②具睫毛的(fimbriatus)
fimbriate lobe(**of endophallus**) (内阳茎)毛缘突,羽状突
fimbrilla ①小流苏 ②小睫毛
fimbrillate ①具小流苏的 ②具小睫毛的(fimbrillatus)
fimbrilliferous 具多数小流苏的(fimbrillifer)
fimbrin 丝束蛋白(指肌动蛋白){分生}
fimbrisepalous 睫毛萼的(fimbrisepalus)
fimbristipulous 睫毛托叶的(fimbristipulus)
fimbristylis ①飘拂草属[*Fimbristylis* Vahl](莎草科) ②飘拂草[*Fimbristylis miliacea* Vahl]
fimbristylis push 棱穗飘拂草[*Fimbristylis dichotoma* Vahl](莎草科)
fimbrium(=pilus) 菌毛,绒毛,丝状附器{分遗}
fimetarious 粪生的(fimetarius)
FIMS(=Fourier transform mass spectrometer) 傅立叶变换质谱仪
fin ①鳍 ②(去草皮或切角)小前犁 ③鱼鳞板
fin colter(=fin coulter) 立式犁刀
fin ray 鳍条
fin spine 鳍棘
final ①最后的,最终的 ②确定的,决定的,不变动的(finalis)
final account system 清算系统{农管}
final age 伐期龄,主伐龄
final age of the maximum average production value 平均产值最大的伐期龄{森林}
final age of the maximum forest net income 森林最大净收入的伐期龄
final age of the maximum forest rent 林利最大的主伐龄
final bit 结束位{电脑}
final branching 最后分枝(ramificatio finalis)
final callus 最后胼胝体(callus finalis)
final check 最后检查
final clarification 最后澄清{环保}
final clarifier 最后澄清池{环保}
final cleaning 最终清选,精选
final clearing 主伐,清理伐
final clipping 最后剪形
final concentration 终浓度
final copy 最后拷贝,最终副本
final counts 最后计数
final cutting 终伐,主伐
final date of quality guarantee limit (农药)质量保证最后有效期限
final decay 末期腐朽
final decision 最后决定
final demand ①最终需求 ②最后要求
final disinfection 最终消毒
final disposal 最终处理
final dressing(=last topdressing) 最终追肥
final drive casing 最终传动箱,末端传动箱
final drive reduction 最后传动减速
final drive shaft 最终传动轴
final effective tiller 最后有效分蘖
final fattening period 最后肥育期
final felling 终伐,主伐
final filter 精滤器
final host 终寄主,最后宿主

final hydrogen acceptor 最终氢受体〔分生〕
final income 主伐收入
final internode 最下节间(internodium finale)
final map 成图,最后成图〔遥感〕
final mean annual increment 伐期年平均生长量
final moisture content 干燥后含水量
final of evolution 进化的终极
final period of dormancy 休眠终期
final period of duration 生育末期,最后生育期
final product 最终产物
final puddling (稻本田插秧前灌水)整地,耖田
final ratoon crop 最后一季宿根作物(指甘蔗)
final reading 末次读数,终读数
final revision 总修正
final selection 最后选择,决选
final settling 最终沉降,最后沉淀
final settling basin (= final settling tank) 最终沉淀池〔环保〕
final signal unit (FSU) 最终信号部件,最终信号单元〔信息〕
final singling 定苗(指最后一次间苗)
final state 终态(status finalis)
final stock 最后库存
final temperature 终温
final test 最后试验
final thinning (of seedlings) 定苗
final tillering 分蘖后期
final tillering stage 最后分蘖期
final time of booting 最后孕穗期
final treatment 最后处理
final vacuum pressure 最后真空压力〔农施〕
final velocity 最终速度,终速
final weeding ①最后除草 ②最后去杂
final weight 最终体重
final yield ①最终产量 ②主伐收获
finalism 结局论,目的论(finalismus)
finalized run 出版原图,清绘原图〔遥感〕
finance ①财政,财务,金融 ②拨款,供给资金(finantia)〔农经〕
finance communication 金融通信
finance device 金融设备
finance function 财务职能
financial 财政的,金融的,经济的(financialis)
financial accounting 财务会计学
financial administrative control (FAC) 财政管理
financial aid 财政援助,经济援助
financial aid by credit 信贷援助
financial assistance 经济援助
financial estimates of agricultural engineering project 农业工程项目财务估算〔农经〕
financial evaluation of agricultural project 农业项目财务评价〔农经〕
financial loss 经济损失
financial management 财务管理
financial planning 财务计划
financial rotation 经济轮伐期
financial services 金融服务
financial utility 财务实用程序〔电脑〕
financial year 财政年度
financial yield 经济收获
financing 拨款,供给资金,供给经费〔农经〕
financing by ploughing-back profits 资金自给
finch 小雀类
find ①(由试验)发觉,知道,获得 ②(由研究或计算)获知 ③查找
find and replace 查找并替换
finder ①定向器 ②测距器 ③查找程序
finder switch 呼叫选择器〔信息〕
finding ①查找 ②定位 ③探测
finding error 找错
findings ①发现物 ②调查的结果
fine ①小的,细小的,微细的,细致的,微的 ②细的,薄的 ③精密的,精细的 ④优质的(finis)
fine adjustment 精调,精确调节(指精密仪器)
fine adjustment screw ①细调节螺旋(精密天平) ②细调节轮(显微镜)
fine balance 精密天平
fine bent-grass 欧洲剪股颖[*Agrostis vulgaris* With.](禾本科)
fine branch 小分枝(ramus minutus)
fine bristle 小刚毛,小刺毛(setula)
fine chemicals 优质化学药品
fine clay 细黏土
fine clipping 细剪切〔生技〕
fine coil 细螺旋
fine control 精细控制,微调控制
fine crumb 细团块,细屑粒状
fine droplet spraying 细滴喷雾,弥雾
fine droplets 雾滴,微滴
fine dust 微尘
fine earth 细土
fine end 细端
fine fiber 细纤维
fine fibrous 细纤维的

fine filamented 细丝状的（fibrosulus）
fine file 细锉（工具）
fine finger spacing cutterbar 窄齿距切割器
fine fissure 微裂
fine fleece sheep 细毛羊
fine forceps 镊子
fine fuels 轻燃料，易燃燃料
fine gradation 精细分级
fine grain ①细致纹理｛解剖｝②小谷粒｛栽培｝
fine grain crop 细粮作物，小谷物
fine grain humus 细粒腐殖（植）质
fine-grained 细粒的
fine-grained rock 细粒碎屑岩
fine-grained soil 细粒状土壤
fine-grained wood 细纹木材
fine grainy ①细小籽粒的｛种子｝②细致纹理的｛解剖｝③细粒的｛土壤｝
fine grainy soil（=fine grained soil） 细粒土壤
fine granular 细团粒
fine gravel 细砾
fine hackle 细麻梳
fine index 细索引
fine kernel 小子粒，小种子
fine kernel rice 小粒稻［*Oryza minuta* Presl.］（禾本科）
fine leaf spiraea 细叶绣线菊［*Spiraea nevosa* var. *angulifolia* Ohwi.］（蔷薇科）
fine line 细实线｛统计｝
fine lump 细团块
fine mesh ①细孔目，细筛孔，细筛眼 ②细筛
fine offals 制粉的副产品
fine oil filter 机油细滤器
fine particle ①细土粒 ②细颗粒，细粒
fine pattern 精细图案，精致图
fine point 尖端
fine pore 小孔［隙］
fine positioning 精［确］定位
fine pruning 精剪，细剪
fine quartz sand 细石英砂
fine rain 小雨
fine-ribbed 具细中肋的（costulatus）
fine ridge 小埂
fine root 细根
fine sand 细沙粒，细沙［土］
fine sand soil 细沙土
fine sandy loam 细沙壤土
fine sandy loam soil 细沙壤土
fine saw 细锯
fine scale 精密标度
fine scissors （杂交用）小剪子
fine screen 细筛
fine seeds 细粒种子
fine sieve 细筛，细眼筛
fine silt 细粉粒
fine soil 细土
fine soil grain 细土粒
fine-staple cotton 细绒棉
fine-striped planthopper 细条飞虱［*Liburnia propinqua* (Fabricius)］（飞虱科）
fine structure genetic map 精细结构遗传学图
fine sugar 精制糖
fine suspended solid 细悬浮固体
fine texture 细质地
fine-textured drainage pattern 细结构水系［型］｛水利｝
fine-tuning 细调，微调｛指仪器｝
fine weather 好天气，晴天
fine-weather effect 晴天效应
fine wheat feed 麦麸饲料
fine wool 细［羊］毛
fine-wool sheep 细毛羊
fine workmanship 精巧工艺品
finedown （抽成）极细的
finely divided 细深裂的（tenuisectus）
finely divided suspended matter 细分悬浮物｛环保｝
finely granular structure 细团粒结构
finely nutty 小核
finely sandy 细沙的
finely squamose 细鳞片状
fineness ①精密度，精细度｛显技｝②纯度｛种子｝③微细度｛栽培｝④优良｛育种｝⑤（羊毛）细度｛畜｝
fineness modulus ①细度系数 ②纯度系数
fineness modulus analyzer 饲料粉碎度测定器
fineness of grinding 磨粉细度
fineness of staple 纤维细度
fineness ratio 细度比
finer cotton 细绒棉
finer textured material 细质地物质，细粒物质
finespun 纤细的
finest grade 优等，上等
finestill 精馏，蒸馏
finestiller 蒸馏器
finetooth holly 落霜红［*Ilex serrata* Thunb.］（冬青科）
finger ①指 ②护刃器 ③指杆，销，钉齿，齿 ④指状拔毛器 ⑤果指（指香蕉果）
finger-and-toe 根肿病
finger-and-toe disease 甘蓝根肿病［*Plas-*

modiophora brassicae Woron.]
finger bar 护刃器梁(指割草机的)
finger cirton 佛手[*Citrus medica* L. var. *sarcodactylis* Swingle](芸香科)
finger-flower 毛地黄[*Digitalis purpurea* L.](玄参科)
finger grass (= crab grass) 马唐属[*Digitaria* Scop.](禾本科)
finger-grass ①虎尾草属[*Chloris* Sw.](禾本科) ②虎尾草[*Chloris virgata* Sw. = *C. caudata* Trin., *C. alberti* Rgl.]
finger joint 指形接合(木工)
finger milking 把握法挤乳
finger millet (= Ragi, African millet, cornkan) 龙爪稷(穇子,鸭脚粟,掌粟)[*Eleusine coracana* (L.) Gaertn. = *Cynosurus coracanus* L.](禾本科)
finger nail plant ①艳凤梨属[*Neoregelia* B. Smith] ②艳凤梨(西洋万年青)[*Neoregelia spectabilis* B. Smith]
finger opening 指开度
finger pattern 指纹型
finger plate (棉花)指式排种盘
finger post 路牌,路标
finger print ①指纹,印纹 ②指纹图谱 ③酶解图谱
finger-print pattern 指纹模式
finger-print technique 指纹法,指纹技术
finger-printer reader 指纹阅读器{电脑}
finger printing 指纹法,指纹分析
finger reel 楼齿式拨禾轮
finger-stalk 蕉柄,果柄,果指柄(指香蕉)
finger stripper 指杆式摘棉铃机
finger-type transplanter 夹指式栽植机
finger weeder 指形除草耙
finger-wheel rake 指轮式搂草机
finger-wheel swatch turner 指轮式草条翻晒机
fingerleaf morningglory 七爪龙[*Ipomoea digitata* L.](旋花科)
fingerless cutterbar 无护刃器切割器
fingerling 幼鱼,鱼苗(一指长小鱼){水产}
fining ①净化 ②澄清
finish ①结束,完成,使完成 ②终,终了,终结,最后,完结 ③加工,修整(最后一道加工手续),修饰,装饰 ④光洁度(finire)
finish closing of crop 完全封垄
finish drying 彻底干燥
finish earing 全部抽穗
finish fallowing 终止休闲
finish furrow 开垄
finish level[l]ing 完成平地
finish of drainage 排水完毕
finish of embryonic implantation 胚移植完成
finish of fall ploughing (= finish of autumn ploughing) 秋耕完毕
finish of flower bud falling 落蕾终止
finish of fruit drop ①落果终止 ②落粒终止
finish of leggy 徒长结束
finish of preparation of soil 整地完成
finish of reclamation 开垦完成
finish of seed bed preparation 苗床整地完毕
finish of tillage 整地完毕(播种前)
finish of tilth 耘地完毕
finish rolling machine 精加工滚压机
finish rotary harrow 精耕旋转耙
finish shelling 全部翻茬
finish-time 结束时间
finish transplanting rice 完成插秧
finished ①完成的,完结的 ②现有的,原有的,现成的 ③加工精制的,制成的
finished area under crop 现有播种面积
finished cutter 修整切刀
finished depth of seeding 原有播种深度
finished distance between hills 原有株(穴)距
finished distance between rows 原有行距
finished fibre yield ①原有出麻率 ②原有衣分
finished measure (= finished size) 加工后尺寸,成品尺寸
finished product 成品,精制品
finished screen 下筛,细筛
finished sieve 精选筛,下筛,细筛
finished stock 加工材
finished thresher 精选脱粒机
finished unit area yield 原有单位面积产量
finisher ①果酱调制器 ②精制器 ③磨光器 ④肥育者(指鸡,猪等)
finishing ①精制 ②加工,精磨,光制,最后加工 ③调整,修整,整理 ④修饰,装饰 ⑤肥育
finishing cattle 肥育末期牛(屠宰前的肥育牛)
finishing drying 加工干燥
finishing period 催肥期,肥育期
finishing ratio 精选比率
finishing ration (屠宰前)肥育饲料
finite ①有限制的,有限度的 ②限定的(finitus)
finite chain 有限链{电脑}
finite cone 有限锥
finite covering 有限覆盖
finite-difference ratio 有限差比

finite input source 有限输入源
finite population 有限群体
finite population correction 有效总体矫正〈统计〉
finite sequence 有限序列〈分遗〉
finite translator 有限翻译器
finiteness 有限[性]
finned cylinder 有散热片汽缸
finned heating pipe 有散热片加热管,有翅加热管〈农施〉
finny ①有鳍的 ②多鳍的(pinnalatus)
finny creature 有鳍动物
finny race 有鳍种
finocchio 甘茴香[*Foeniculum dulce*](伞形科)
fiord(=fjord) 峡湾
fiorin(=red to grass) 小糠草(红顶草,白翦股颖)
fir ①冷杉属[*Abies* Mill.](冷杉科) ②冷杉[*Abies fabri* Craib]
fir bark 冷杉皮
fir cone 冷杉球果
fir-cone oil 冷杉球果油
fir family 冷杉科[Abietaceae]
fir forest 冷杉林(abietum)
fir looper 冷杉尺蛾[*Semiothisa pumila* Kuzn](尺蛾科)
fir resin 冷杉树脂
fir seed moth 冷杉子小蠹蛾[*Laspeyresia bracteatana*(Fernald)]
fir volatile oil 冷杉挥发油
fire ①火,火灾,大火 ②热病 ③发射,射击 ④燃烧 ⑤消防〈环保〉
fire alarm 火警警报器
fire alarm equipment 火警警报设备,火灾警报设备
fire analysis 火情分析
fire annihilator 灭火器
fire ant(=tobacco ant) 火蚁[*Solenopsis geminata* Fabricius](蚁科)
fire atlas 防火图
fire ball ①原子弹爆炸中心 ②火球
fire beater(=fire swatter) 灭火器,灭火连枷
fire behavior 火势
fire belt 防火带
fire blight 火疫,日烧病
fire blight of pear 梨火疫病[*Erwinia amylovorura*(Bur.) Winslow et Al.]
fire bomb 燃烧弹
fire box (蒸汽机)燃烧室,火箱
fire brand 火源
fire break 防火障
fire brick 耐火砖
fire bridge 挡火墙
fire brigade 消防队,救火队
fire bug 红蝽
fire burns 燃烧
fire cannon 空气加温器(果园防冻用)
fire cement 耐火水泥〈环保〉
fire-checking action 防火作用
fire class 火种
fire climax 火烧[演替]极顶
Fire code 法尔码〈电脑〉
fire concentration 火害频度(每年的火灾次数)
fire control 火灾控制
fire control improvements 防火设施
fire control line 火灾控制线
fire control plan 防火方案
fire control unit 防火区
fire cracker 爆竹,鞭炮
fire cracker flower 红爆竹莲[*Brevoortia idamata* Wood.](石蒜科)
fire cracker vine ①炮仗花属[*Pyrostegia* C. Presl](紫葳科) ②炮仗花[*Pyrostegia ignea* Presl]
fire cured 火烘的
fire curing ①火烤法,烤干法 ②火烘,烘干
fire cycle 火灾循环
fire dahlia 红大丽花[*Dahlia coccinea* Cav.](菊科)
fire damage 火灾损失
fire damp 沼气,甲烷[CH_4]
fire-danger station 火险观测站
fire demand 消防需水量
fire detection 火灾侦查
fire district 防火区
fire dog (炉的)薪架
fire drying 火力干燥,火烘干
fire edge(=fire margin) 火缘
fire engine 消防车,救火车
fire escape 大平梯,救火梯
fire extinguisher 灭火器
fire extinguishing apparatus 灭火器
fire factor ①火烧因素〈生态〉 ②灼烧因素〈栽培〉
fire fighter 消防队员
fire fighting act 消防法〈农施〉
fire fighting equipment 消防设备〈环保〉
fire finder 火灾定位仪
fire finder map 探火方向图
fire flow 消防流量,消防用水〈环保〉
fire fly ①萤火虫 ②⌊复⌉萤科[Lampyridae]

fire-fly luciferase 萤火虫萤火素酶
fire foam 灭火沫
fire guard ①炉栏 ②防火员
fire hazards 火险(因天气而发生的火灾危险)
fire hose 水龙带
fire hose nozzle [消防]水龙带喷嘴
fire hydrant [消防]消防栓
fire in stems 树干火,遍燃火
fire insurance 火灾保险
fire insurance tree 防火母树
fire irons 火炉用具(火棒、火钳、火铲等)
fire-lane 防火隔离线
fire line 防火线
fire-mantle 防火树带
fire nozzle 消防喷嘴
fire occurrence map 火灾次数图
fire-patrol ①防火巡查 ②火灾巡逻队
fire pink (= fire pink silene) 火红雪轮[*Silene virginica* L.](石竹科)
fire place 壁炉
fire plough (= fire plow) 防火犁
fire plug 消防栓,给水栓
fire polishing 加火抛光(玻璃)
fire power 火力
fire pressure 消防水压,救火水压{环保}
fire presuppression 防火准备措施
fire prevention 防火
fire prevention dyke 防火堤
fire proof 防火的,耐火的
fire proof building 耐火建筑物
fire proof installation 防火设施
fire proof material (= fire proofing material) 耐火材料
fire proofed wood 耐火材
fire proofing 防火
fire-proofing agent (= fire proofing chemicals) 防火剂
fire-proofing reagent 防火药剂{环保}
fire-proofing treatment of wood 木材耐火处理
fire-proofing wood (= fire proofed wood) 耐火材
fire protection tree 防火树
fire pump 消防水泵
fire raising 纵火,放火
fire rapidly spreading 飞火(指火势迅速蔓延)
fire resistance 抗火性
fire-resistant fruit 抗火果实
fire-resistant seed 抗火种子
fire retardant chemical (= fire proofing agent) 阻火剂
fire-retardant preservative 防火防腐剂
fire risk 火源危险,起火危险
fire scan 火情空中红外线探测,火情扫描
fire scar 火伤疤痕,火后伤疤
fire season 火灾季节
fire size class 火灾等级
fire-slash 火灾迹地
fire spike ①齿丝爵床属[*Odontonema* Nees](爵床科) ②齿丝爵床[*Odontonema strictum* Kuntze.]
fire station 消防站
fire storage 消防储水量
fire strategy 灭火策略
fire stream 消防射水流,救火流注
fire suppression 火灾扑灭
fire tea 焙茶
fire tower 瞭望塔(防火用)
fire-trace 防火带
fire trail 救火道
fire tube 火管,暖气管
fire walker 防火巡逻员
fire wall 防火墙
fire watch tower 防火瞭望台
fire watcher ①防火瞭望哨 ②防火巡逻员
fire water ①消防水 ②烈酒(如威士忌酒)
fire weather 防火天气
fire weed ①柳兰[*Chamaenerion angustifolium* Scop. = *Epilobium angustifolium* L.](柳叶菜科) ②(= hairy thornapple, metel) 白花曼陀罗[*Datura metel* L.](茄科)
fire-wood 薪炭木,薪炭材
fire wood cutting 薪材砍伐
fire wound 火伤
firebreak ①火障 ②防火线 ③防火墙
firebreak area 防火区
firebreak forest 防火林
firebreak line 防火线
firebreak plow 防火[开沟]犁
fireclay 耐火黏土
firestone 火石
firethorn ①火把果属[*Pyracantha* M. Roem.](蔷薇科) ②火把果[*Pyracantha crenatoserrate* (Hance) Rehd.]
firewall (= fire wall) 防火墙{信息}
firing ①着火,点火 ②开火,射击
firing base 发射场,发射台,发射基地
firing game 射击对策
firing ignition 点火
firing order 点火次序
firing pin 撞针

firing rule 点火规则
firing soil 硬土
firing temperature 点火温度
firing test missile station 导弹发射试验站{物}
firing time 点火时间
firm ①坚固的,坚硬的,坚实的 ②不易改变的,固定的,稳定的,稳固的 ③栽苗覆土 ④厂商,公司(firmus)
firm butter 硬脂
firm ground 陆地
firm offer ①固定供应 ②确定发价,短期内有效发价
firm red heart 赤髓腐病
firm-ripe stage 硬熟期,硬熟度
firm soil 硬土
firm threshing variety 不易脱粒品种
firm wood cutting 硬木插
firmament 苍天,太空
firming ①镇压 ②压实
firming wheel 压土轮
firmly cemented 坚实胶结的
firmness ①硬度 ②坚实性(firmitas)
firmness measurement instrument 硬度测定仪器(指水果)
firmness of processed sweet potato 加工甘薯的硬度
firmware 固件{电脑}
firmware development 固件开发
firmware device 固件设备
firmware engineering 固件工程
firn ①永久积雪 ②粒雪(firna)
firn basin [冰川]粒雪盆
firn line [冰川]粒雪线
first ①第一的,最初的,最先的,首先的,初步的,开始的,开端的 ②第一流的,第一位的,最上等的,头等的 ③最重要的,基本的,概要的 ④⌊复⌉一等品
first aid 急救
first aid of electric shock 触电急救,电击急救
first anaphase (A1)第一减数分裂后期
first artificial pollination 第一次人工授粉
first autumn frost 早霜
first backcross (B_1)第一次回交
first base 第一碱基
first-born ①头胎的 ②头生子畜
first bottom 泛滥地,滩地
first-calf cow (= first calver) 初胎母牛
first class 头等的,第一流的
first-class standard ①一级良种 ②一级主伐木
first cleavage division 第一卵裂分裂
first come first service (FCFS) 先来先服务法{信息}
first contact 初亏
first contraction stage 第一收缩期
first cost 最初成本
first cousin 亲表兄妹,亲堂兄妹,头表
first crop ①头茬作物,前茬作物 ②初次收成(指茶叶采摘,牧草收割) ③夏果(指果树)
first-crop fig 早熟无花果
first crop hay 初次收割干草
first crop season 头茬期
first crop tea 头春茶(指制品,第一次采摘的茶青制成的)
first crop tea leaf 头春茶[青](指第一次采摘茶叶)
first cropping 头茬栽培,头作,第一作
first cut ①第一次刈草 ②开道作业(为供农机作业开路而收刈)
first cutting (= first cut) 初次收割{牧草}
first cutting for regeneration 前伐
first defoliation 第一次打叶
first degree statistics 初级统计学
first disbudding 第一次摘芽
first division segregation 第一次分裂分离
first dressing ①第一次追肥 ②第一次清选,第一次清理 ③第一次疏麻
first drop 初次落果
first earlies (= very early potatoes) 第一批成熟马铃薯
first edition 初版(出版物)
first ended first out (FEFO) 先结束先送{信息}
first enzyme 第一酶
first expressed juice 初压汁{加工}
first farrowing sow 第一次分娩的母猪
first felling-line 初次疏伐线
first filial generation (F_1)杂交一代,子一代
first fit policy 首次满足策略{农管}
first floor (= second story) 第二层楼,第一层楼面
first flower 始花
first frost 初霜
first fruit ①初次结果 ②最早产品
first fruiting node 第一结果节
first furrow (= outside furrow) 田边犁沟,地边第一犁
first gear 第一挡,起动挡
first generation 第一代
first generation certified seeds 第一代检验种
first generation computer 第一代计算机
first generation hybrid 第一代杂种

first generation industrial robot 第一代工业机器人,第一代产业机器人
first generation instrument 第一代仪器
first generation kit 第一代试剂盒{生技}
first generation microcomputer 第一代微型计算机
first generation synthetic 第一代综合种
first grazing 第一次放牧
first green revolution 第一次绿色革命
first growth ①初生草 ②初生枝 ③原始林,处女林
first guess field 初估值场{遥感}
first hand 第一手的(直接得自来源的)
first hand data 第一手资料(直接得来的资料)
first hand information 第一手情报(直接得来情报)
first hand materials 第一手材料
first harrowing 第一次耙地
first heading time 抽穗始期
first in first out (FIFO) 先进先出{信息}
first in last out (FILO) 先进后出{信息}
first intermediate host 第一中间宿主
first intertillage 第一次中耕
first introduction 初次引种
first leaf 第一片真叶(指种子植物)
first legs 第一对腿
first level[l]ing 第一次平地
first level interrupt handler (FLIH) 第一级中断处理器{信息}
first litter sow (= first farrowing sow) 第一次分娩后的母猪
first log 根段材
first man-made cereal 人为首创谷类作物(小黑麦)
first mating 第一次交配
first maturation division 第一成熟分裂
first maturity 最初成熟,首次成熟
first maxilla 第一小颚,第一下颚
first meiotic chromosome 第一减数分裂染色体
first meiotic division 第一成熟分裂
first messenger 第一信使{分遗}
first metaphase (MI) 第一[分裂]中期
first order 第一级
first order branch 一级枝
first-order equation 一次方程
first-order interaction 第一级连反应{统计}
first-order kinetics 一级[反应]动力学
first-order reaction 一级反应
first order segregant 初级分离子
first outlet 初次排出口(脱粒机)
first pass effect 第一关卡反应{分生}
first peak 初期峰值,第一峰值
first peptide bond 第一肽键
first permanent wilting point 初期(起始)萎蔫点
first-phase reaction 第一相反应{生技}
first picking ①第一次收花(棉花)②第一次采摘(果树)
first piece 最初加工部分,粗加工部分
first pinching 第一次摘心
first ploughing (= first plowing) 第一次耕地,粗耕
first plucked tea 头春茶(第一次采茶制成的成品)
first plucking of tea 头春采青,头次采青(指茶叶)
first polar body 第一极体
first polocyte 第一极细胞
first principal component 第一主成分,第一主组成部分{统计}
first probability distribution 第一概率分布{统计}
first product 最初产物,最初产品
first puddling ①第一次涂泥(指稻田四周田埂涂泥,防漏水)②首次灌水整地(秒田)
first quarter (of the moon) 上弦
first rate ①第一流的 ②最佳的
first rate comprehensive maintenance workshop 第一流综合维修车间{农施}
first reaction of cyanide decomposition 氰化物分解[第]一次反应{环保}
first rest 休眠初期
first ridging 第一次培土
first ring cell 第一环细胞
first roguing 第一次去杂去劣
first scutching 碎茎(麻的初加工)
first season crop 早期作物,前茬作物(指两季稻的早稻)
first-season secondary 冬前分蘖(指秋植蔗)
first, second, third, backcross generation (B_1, B_2, B_3) 第一,第二,第三回交子代
first setting of fruit 第一次结果,初次坐果
first sign 第一信号{生技}
first signal system 第一信号系统
first snow 初雪
first speaker 第一个发话者,第一个发言人{信息}
first spermatocyte 第一次精母细胞
first spraying 第一次喷药
first stage of succession 第一演替阶段{生态生理}
first step 第一步
first stomach (= rumen paunch) 第一胃,瘤胃

first-strand of cDNA cDNA 第一链,互补DNA 第一链〔分遗〕
first telophase (T_1) 第一[分裂]末期
first terrace 一级阶地
first thinning 第一次间苗
first topping 第一次打顶
first treatment 初加工,初处理
first tuber generation 第一代块茎(指马铃薯)〔栽培〕
first weeding ①第一次除草 ②初次去杂
first wilting 初期萎蔫
first wing 前翅
first year crop 第一年收成(指蒟蒻第一年结的小蒟蒻)
firstling ①初生物 ②初次收获 ③初产幼畜
firth 海湾,河口〔水利〕
fiscal ①国库岁收的 ②财政的 ③会计的(fiscalis)
fiscal year 会计年度
Fischer euphorbia 狼毒大戟[*Euphorbia fischeriana* Steud.](大戟科)
Fischer method 费希尔测定法,(农产品湿度的)化学药品测定法
Fischer projection 费希尔投影式
Fischer's medium 费氏培养基
fisetin 漆树黄酮,3,7,3′,4′-四羟[基]黄酮[$C_{15}H_{10}O_6$]
fish ①鱼 ②鱼肉(piscis)
fish adhesive 鱼胶
fish and shrimp bait processing 鱼虾饵料加工〔加工〕
fish attracting lamp 诱鱼灯
fish bait 钓饵
fish behavior 鱼类行动,鱼类习性
fish bone device 鱼骨形器件
fish breeding (=fish farming) 渔业,养鱼
fish composition 鱼类组成
fish concentration 鱼类群聚,鱼类集群,鱼群
fish cultivation in rice field 稻田养鱼
fish cultural technique 养鱼技术
fish culture (=fish farming) 养鱼
fish culture in hot-spring 温泉养鱼
fish culture in lake 湖泊养鱼
fish culture in net pen 网箱养鱼
fish culture in reservoir 水库养鱼
fish culture in running water 流水养鱼
fish culture in stagnant water 静水养鱼
fish culture net cabin 养鱼网箱
fish density 鱼群密度,鱼类密度
fish detection 鱼群探测
fish-eye sieve 鱼眼筛
fish farm 养鱼场
fish farming ①鱼类养殖 ②养鱼业
fish fauna ①鱼类区系 ②鱼类志
fish fertilizer 鱼肥
fish finder 探鱼仪
fish finding 鱼情探测
fish flour 食用鱼粉
fish fork 鱼叉
fish gelatin 鱼固胶
fish geranium 马蹄纹天竺葵[*Pelargonium zonale* Ait.](牻牛儿苗科)
fish-globe (养金鱼的)养鱼缸
fish glue 鱼胶
fish guano 鱼渣粉,鱼肥
fish killer 负子蝽
fish ladder 鱼梯,鱼道
fish line 钓丝,钓线
fish liver oil 鱼肝油
fish manure 鱼肥
fish meal 鱼粉
fish migration 鱼类洄游
fish mold ①鱼霉病 ②⌊复⌉鱼霉,水霉
fish moth (=silver fish) 西洋衣鱼[*Lepisma saccharina* L.]
fish oil 鱼油(农药助剂)
fish oil soap 鱼油皂
fish pass 鱼道,鱼梯
fish pelargonium 小花天竺葵[*Pelargonium inquinans* Ait.](牻牛儿苗科)
fish plate 鱼尾板
fish pole bamboo 人面竹(金黄竹)[*Phyllostachys aurea* Carr. ex C. Rivicre](禾本科)
fish pond 鱼池,鱼塘
fish population dynamic 鱼类种群动态
fish roe 鱼子,鱼卵
fish scale pits (=fishscale shaped terrace) 鱼鳞坑(系坡地保水措施之一)
fish school 鱼群
fish scrap 鱼粕
fish screen 鱼栅,拦渔网
fish shelter forest 护渔林
fish sound ①鳔 ②鱼声
fish stakes (=fish weir) 鱼梁,鱼栅
fish stock assessment 鱼类资源估计
fish stocking 鱼类放养
fish-tail palm 鱼尾椰子(酒假桄榔)[*Caryota urens* L.](棕榈科)
fish tankage 鱼肉粉,鱼渣粉
fish-toxicity 鱼毒性
fish twine 钓丝,钓线
fishback 锯齿板,疏齿板
fishbone 鱼骨

fishbone dust 鱼骨粉
fisher ①渔民,渔工 ②渔船 ③食鱼貂
fisher boat 渔船
Fisheries Department (FI) (FAO) (粮农组织) 渔业司
fisheries jurisdictional waters 渔业专管水域
fisheries legislation 渔业法规
fisherman ①渔工 ②钓鱼人
Fisher's method 费氏法{统计}
Fisher's t-table 费氏 t 表
Fisher's t-test 费氏 t 测验
Fisher's Z-table 费氏 Z 表
fishery ①渔业,水产业 ②捕鱼场所,养鱼场所 ③捕鱼权
fishery forecast 渔情预报,渔况预报
fishery resource 渔业资源,水产资源
fishery resource assessment 渔业资源评价
fishery resource monitoring 渔业资源监测
fishfly ①鱼蛉 ②⌊复⌉(= dobson flies) 鱼蛉科[Corydalidae]
fishiness 鱼腥味
fishing ①捕鱼,钓鱼 ②钓取场所
fishing area 渔区
fishing boat 渔船
fishing chart 渔区图
fishing effort 渔捞努力量
fishing gathering lamp 集鱼灯
fishing ground 渔场
fishing investigation 渔捞调查
fishing-line ①钓丝,钓线 ②手钓,延绳钓 ③(拖网下纲的)水扣纲
fishing net 渔网
fishing off season 休渔期
fishing period 渔期,鱼讯
fishing power 渔捞能力
fishing-right 捕鱼权
fishing rod 钓竿
fishing school 鱼群
fishing season 鱼汛,捕鱼期
fishing stream 捕鱼区
fishing tackle ①钓具 ②捕鱼索具,渔捞索具
fishing tools 捕捞工具
fishleaf 鱼叶(茶芽萌发时鳞片上真叶的叶子)
fishlet 小鱼
fishlouse 鱼虱[*Caligus* spp.]
fishscale-shaped terrace field 鱼鳞坑{耕作}
fishtail palm (= toddy palm) ①假桄榔属[*Caryota* L.](棕榈科) ②假桄榔(鱼尾葵)[*Caryota ochlandra* Hance]
fishy 鱼腥的
fishy taste 鱼腥味
fissicorn 裂角的(fissicornis)
fissident 裂齿的(fissidens)
fissifolious 裂叶的(fissifolius)
fissile ①易破裂的 ②劈裂的(fissilis)
fissility 分裂性(fissilitas)
fission ①分裂,裂殖{真菌} ②[原子]核裂{辐射}(fissio)
fission product 分裂产物,裂变产物
fission yeast 裂殖酵母
fissiparity 裂体生殖(fissiparitas)
fissiparous 裂体生殖的(fissiparus)
fissirostral 裂喙的(fissirostris)
fissural 裂缝的,间隙的(fissuralis)
fissurate 劈裂的(fissuratus)
fissure ①裂缝,裂隙,缝隙 ②龟裂(fissura)
fissure-bark 裂缝状树皮,片裂树皮
fissure drainage 裂隙排水
fissure limestone land 裂隙石灰岩地
fissure network soil 网状裂隙土壤
fissured ①缝裂的 ②龟裂的(fissus)
fissuriform 缝裂状的(fissuriformis)
fist ①拳,拳头 ②手迹 ③指标
fistula ①管,筒{形态} ②腔{解剖} ③瘘,瘘管
fistular (= fistulose, fistulous) ①管状的 ②空管的 ③贯空的(如葱)(fistularis)
fistular onion 大葱[*Allium fistulosum* L.](石蒜科)
fistuliflorous 具管状花的(fistuliflorus)
fit ①适合的,切合的,恰当的,正当的{栽培} ②备齐的,备妥的{加工} ③强健的,健康的 ④{畜}(病)发作{医}
fit for breeding (= suitable for breeding) 适于繁殖的
fit for tillage (= suitable for cultivation, arable) 适于耕作的,适耕的,可耕的
fit grafting 合接{园艺}
fit plasmid 产致育抑制子质粒
FITC (= fluorescein isothiocyanate) 异硫氰酸荧光黄
fitchet 白貂[*Mustelea patorius*]
fitful ①发作的 ②不规则的 ③间歇的
fitment ①家具 ②设备
fitness 适合度(habilitas convenientia)
fitness for breeding 繁育适合度
fitness of environment 环境适合度
fitted ①拟合的 ②配合的
fitter ①装配工 ②裁缝师 ③钳工
fitter type 适合型
fitting ①适当的,适合的 ②装配,安装 ③⌊复⌉管件,配件
fitting a curve 曲线安配{统计}

fitting arrangement 安装系统图
fittings 配件
fittings for pipe 管子配件{环保}
five 五,五个,第五
five-by five 断音{电脑}
five-calyx persimmon 五蒂柿[*Diospyros corallina* Chun et Chen](柿科)
five-carbon sugar 五碳糖
five-combs echinocereus ①鹿角掌属(鹿角柱属)[*Echinocereus* Engelm.](仙人掌科) ②(= procumbent hedgehog cactus)鹿角掌[*Echinocereus procumbens* Lem] ③鹿角柱[*Echinocereus pentalophus* sp.]
five-course rotation 五年轮作,五区轮作
five-crop rotation 五年轮作,五区轮作
five-day forecast 五天预报
five-day mean 五天平均
five-finger ①委陵菜属[*Potentilla* L.](蔷薇科) ②委陵菜[*Potentilla chinensis* Ser.]
five-fold 五数的,五倍的(quinarius, quinatus)
five-leaf akebia ①木通属[*Akebia* Decne.](木通科) ②木通[*Akebia quinata* Decne.]
five-leaf grass 匍匐委陵菜[*Potentilla reptans* L.](蔷薇科)
five-lobed grape 五角叶葡萄[*Vitis quinquangularis* Rehd.](葡萄科)
five molter 五眠蚕{蚕}
five percent point 5%显著点{统计}
five-plot rotation 五区轮作
five-plot system 五区[轮作]制
five-ranked 五列式(quinqueserialis)
five-spot 叶芹草[*Phacelia tanacetifolia* Benth.](田基麻科)
five-tooth weeder 五齿中耕除草机
five-year plan 五年计划
fix ①定影 ②定位 ③固定(fixus)
fixation ①固定 ②定影 ③定色(fixatio){显技}
fixation by chance 偶然固定
fixation fluid 固定液
fixation image 固定象
fixation of fertilizer elements 肥料要素的固定
fixation of free nitrogen 游离氨的固定
fixation of nitrogen 固氮作用
fixation of shifting sand 流沙固定
fixation on slide 附贴{显技}
fixative ①固定的 ②⌊复⌉固定剂,固定液(fixativus){显技}
fixative collar 固定垫圈
fixator 介体
fixed ①固定的 ②不易变的,不动的 ③不易挥发的
fixed acid 不挥发酸
fixed ammonium 固定态铵
fixed amount 固定量,定额
fixed amount method 定额法{农施}
fixed analogue 固定模拟
fixed-angle centrifuge 固定角离心机
fixed-angle rotor 固定角转头{生技}
fixed area (FA) 固定区域,固定区,固定磁鼓存储面积{信息}
fixed ash 固定灰分
fixed assets 固定资产{农经}
fixed base 固定碱
fixed-bed catalyst 固定床催化剂{生技}
fixed-bed ion exchange 固定床离子交换
fixed-bed reactor 固定床反应器
fixed block 定滑轮
fixed block architecture device (FBA device) 固定块结构设备{信息}
fixed-bridge scraper 固定桥[下]刮泥器(用于辐流沉淀池){环保}
fixed capital 固定资本,固定资金
fixed capital of agricultural enterprises 农业企业固定基金
fixed character 固定性状
fixed comb 固定巢脾{蜂}
fixed comb hive 固定巢脾蜂箱
fixed cost ①固定费 ②固定成本{农管}
fixed cover 固定盖{环保}
fixed cycle operation ①固定周期运算{统计} ②固定周期操作{信息}
fixed dam 固定坝{水利}
fixed daylength 固定日照长度,固定日长
fixed debt 固定负债,固定欠债{农经}
fixed deposit 定期存款
fixed disk storage (FDS) 固定磁盘存储器{电脑}
fixed displacement motor 固定排量液压马达
fixed distributor 固定配水器,固定布水器{环保}
fixed dose 固定剂量
fixed drawbar 刚性牵引装置
fixed-effects model 固定效应模型{统计}
fixed error 固定误差
fixed film 固定薄膜
fixed fishing gear 定置渔具
fixed fishing tackle 固定渔具
fixed format 固定格式
fixed frequency 固定频率

fixed function 固定功能
fixed hour 固定时间,定时
fixed lines 固定[品]系
fixed linkage 固定式悬挂装置
fixed lipid 固定脂,基本脂
fixed matter 固定物质,不挥发物质
fixed model 固定模型
fixed mutation 固定突变
fixed nitrogen 固定氮
fixed nozzle 固定喷嘴
fixed oil 不挥发油
fixed percentage method 固定百分率法,定率法{农施}
fixed plow (= special plow) 专用犁
fixed point 定点
fixed-point computer 定点计算机
fixed point observation 定点观察
fixed position 定位
fixed potassium 固定态钾
fixed price 固定价格
fixed production 定产
fixed property tax 固定资产税
fixed quotas for grain production 粮食生产定额
fixed race 固定族{生态}
fixed rate of interest 定息,固定利率
fixed regenerration block 固定更新区
fixed reserve (= standing reserve) 固定预备林{森林}
fixed screen 固定筛
fixed separation distance 固定分离距离
fixed shear knife (压捆室)固定刀片,定刀
fixed solid 固定固体
fixed spray 固定喷洒,固定喷水{环保}
fixed stain mount 固定染色装置{显技}
fixed suspension 固定吊架
fixed topping knife (甜菜)固定切顶刀
fixed vane pump 定子滑片泵
fixed variable 固定变数{统计}
fixed variety 固定品种
fixed virus 稳定病毒,固定病毒(指狂犬病毒)
fixed-volume rotor 定容式转头{生技}
fixed weir 固定堰
fixer 固定剂,定影剂{显技}
fixiform 定形的(fixiformis)
fixing ①固定[手续]②定影{显技}
fixing agent 固定剂{显技}
fixing atmospheric nitrogen 固定大气氮素
fixing method 固定法{显技}
fixing of farm output quotas for each household 包产到户
fixing of quotas 规定分配额(限额)
fixing point 固定点,标定点
fixing rice heterosis 固定水稻杂种优势{农生技}
fixing solution 固定液{显技}
fixing the bed of stream 固定河床
fixity ①固定性 ②不挥发性(fixitas)
fixity of species theory 物种恒定学说{进化}
fixture ①夹具,工件夹具 ②装置物 ③固定物,固着物(fixtura)
fjord (= fiord) 峡湾
flabby 疏松的(laxus)
flabellate 扇形的(flabellatus)
flabellate dichotomy 扇形二分枝式(dichotomia flabellata){形态}
flabellate-leaf maple 扇叶槭[*Acer flabellatum* Rehd.](槭科)
flabelliform 扇形的(flabelliformis)
flabelliform-dissected 扇形分裂的(flabelliformidissectus)
flabellinerved 扇骨形脉的(flabellinervis)
flabellulate 小扇形的(flabellulatus)
flabellum ①扇状器官{形态}②扇形板{昆虫}
flaccid ①萎蔫的 ②软弱的(flaccidus)
flaccid anemone 鹅掌草[*Anemone flaccida* Fr. Schm.](毛茛科)
flaccid leaf 萎蔫叶(folium flaccidum)
flaccidifolious 柔软叶的(flaccidifolius)
flacherie 软化病(指蚕)
flacoid 萎软病
flacourtia ①刺篱木属(卢甘属)[*Flacourtia* L'Hér.](大风子科)②刺篱木[*Flacourtia indica* (Burm. f.) Merr.]③卢甘[*Flacourtia rukan* Z. et M.]
flacourtia family 大风子科[Flacourtiaceae]
flag ①鸢尾属[*Iris* L.](鸢尾科)②鸢尾[*Iris tectorum* Maxim]③旗瓣 ④标记,标志 ⑤特征[值]{电脑}(vexillum)
flag-bearing 具旗瓣的(vexillifer)
flag crown form 旗状树冠类型{遥感}
flag iris (= German iris) 德国鸢尾[*Iris germanica* L.](鸢尾科)
flag leaf 旗叶,顶叶,止叶,剑叶
flag leaf sheath 剑叶叶鞘
flag-like 旗瓣状的(vexilliformis)
flag logic function 标记逻辑功能{信息}
flag smut 秆黑粉病
flag smut of rye (= stripe smut of rye) 黑麦秆黑粉病[*Tuburcinia occulta* = *Uro-*

cystis occulta]
flag smut of wheat 小麦秆黑粉病[*Urocystis agropyri* (Preuss.) Schroet.]
flagella 鞭毛(flagellum 的复数)
flagella stain 鞭毛染色{显技}
flagella staining 鞭毛染色法
flagellar ①鞭毛状的 ②纤匍枝状的(flagellaris)
flagellar antigen (H antigen) 鞭毛抗原
flagellar basal body 鞭毛基体
flagellar microtubule 鞭毛微管[丝]
flagellar movement 鞭毛运动
flagellar substance 鞭毛物质
flagellaria ①须叶藤属(鞭藤属)[*Flagellaria* L.](须叶藤科) ②须叶藤(鞭藤)[*Flagellaria indica* L.]
flagellaria family 须叶藤科(鞭藤科)[Flagellariaceae]
flagellate ①有鞭毛的 ②具鞭状匍枝的(flagellatus)
flagellated chamber 鞭毛室
flagellated zoospore 具鞭毛游动孢子
flagellates ①鞭毛藻 ②鞭毛虫类[Flagellatae]
flagellation 鞭毛鼓动作用(flagellatio)
flagelliferous ①具鞭毛的 ②具纤匍枝的(flagelliferus)
flagelliform 鞭毛状的(flagelliformis)
flagellin 鞭毛蛋白
flagellous 鞭毛的(flagellosus)
flagellous movement (= flagellar movement) 鞭毛运动
flagellum ①鞭毛{微生物} ②鞭节{昆虫} ③纤匍枝的{形态}
flagellum antigen 鞭毛抗原
flagellum base 鞭毛基
flagellum organ 鞭毛器官
flagging ①凋萎,萎蔫 ②萎凋(制茶) ③石板
flail ①连枷 ②甩刀
flail chopper 连枷式切碎机,甩刀式切碎机
flail forager 连枷式青饲料联合收获机
flail knife 甩刀{农机}
flail mower 连枷式刈草机,甩刀式刈草机
flail spreader 连枷式撒布机
flail topper 甩刀式去梢器(指甘蔗)
flail-type forage harvester 甩刀式饲料收获机
flail type mower 甩刀式割草机
flail-type side-delivery manure spreader 侧甩式撒厩肥机
flailing [连枷]脱粒
flailing action 脱粒作用
flair point 识别点,明显地物点{遥感}
flake ①薄片,絮片,碎片 ②⌊复⌉雪片 ③⌊复⌉丛柔毛,丛卷毛(flocci)
flake bark 片状树皮
flake board 碎料板,细刨花板
flake structure 薄片结构
flake tapioca 木薯粉块
flaked fertilizer 薄片状肥料,层状肥料
flaking ①去壳,去皮,脱荚 ②剥去
flaking mill 谷粒碾片机,谷粒压片机
flaking roll 脱粒棍
flaky ①絮片状的 ②薄层的 ③具丛柔毛的(floccidus)
flaky fir 鳞皮冷杉[*Abies squamata* Mast.](冷杉科)
flaky pastry 酥饼
flamboyant ①灿烂的 ②浮夸的
flamboyant-tree ①凤凰木属[*Delonix* Raf.](苏木科) ②(= flame-tree) 凤凰木[*Delonix regia* (Bojea) Raf.]
flame 火焰(flama)
flame arrester 阻火器{环保}
flame blocker 火焰分簇间苗器
flame blocking 火焰分簇间苗
flame-bottletree 槭叶瓶木[*Brachychiton acerifolium* F. Mueil.](梧桐科)
flame burner 火焰中耕机
flame-coloured 火红色的(flammeus)
flame cultivation 火焰中耕
flame cultivator 火焰中耕机
flame emission ①火焰发射 ②火焰燃烧
flame figure 火焰状花纹
flame fuchsia 长筒倒挂金钟[*Fuchsia fulgens* DC.](柳叶菜科)
flame gun 火焰灭草喷射机
flame hardening 火焰[淬火]硬化
flame kalanchoe 火焰落地生根[*Kalanchoe flammea* Stapf](景天科)
flame nettle ①锦紫苏属[*Coleus* Lour.](唇形科) ②锦紫苏[*Coleus blumei* Benth.]
flame-of-the-forest (= flambeau) ①火焰树属(苞萼木属)[*Spathodea* Beauv.](紫葳科) ②火焰树(苞萼木)[*Spathodea campanulata* Beauv.]
flame photometer 火焰光度计
flame photometry ①火焰光度测定 ②火焰光度测定法
flame proof 耐火性
flame-ray gerbera 扶郎花(非洲菊)[*Gerbera jamesonii* Bolus](菊科)
flame resistance 抗火性

flame retardant of plastics 塑料阻燃剂
flame spectrometric analysis 火焰光谱分析
flame spectrophotometer 火焰分光光度计
flame spectrophotometry 火焰分光光度[测定]法
flame sprayer 火焰中耕机
flame sterilization 火焰灭菌
flame thinning 火焰间苗
flame thrower 火焰中耕机,火焰灭草机
flame trap (煤气管线上)阻火器{环保}
flame-tree 凤凰木[*Delonix regia* Raf.](梧桐科)
flame vine ①炮仗花属[*Pyrostegia* C. Presl.](紫葳科) ②炮仗花(炮仗藤)[*Pyrostegia ignea* L.=*P. venusta* Baill.]
flame violet 火红紫罗兰[*Episcia reptans* Mart.](苦苣苔科)
flame weeder 火焰除草器
flame weeding 火焰除草
flamer ①火焰喷射器 ②火焰灭草器
flaming 火焰灭草,火焰中耕
flaming collector 火焰集电器
flaming grouse 火红色千里光[*Senecio takedanus* Kitam.](菊科)
flaming poppy ①火焰罂粟属[*Stylomecon* spp.](罂粟科) ②火焰罂粟[*Stylomecon heterophylla* sp.]
flaming porous wood 火焰型孔材
flaming sword ①丽穗凤梨属[*Vriesea* Lindl.](凤梨科) ②丽穗凤梨(剑凤梨)[*Vriesea splendens* Lem.]
flaming vriesia 条斑花叶兰[*Vriasia splendens* Lem.](兰科)
flamingo flower (=flamingo anthurium) ①花烛属[*Anthurium* Schott](天南星科) ②花烛(火鹤花,安祖花,红鹤芋)[*Anthurium andraeanum* Lindl.]
flamingo primrose 灰毛报春[*Primula seclusa* Balf. f. et Forrest](报春花科)
flammability 可燃性(flammabilitas)
flammable 可燃的,易燃的(flammabilis)
flamy figure 火焰状花纹
flan (含有水果等无硬皮)糕点
flange 凸缘,突缘,轮缘
flange nut 凸缘螺母
flanged joint 凸缘联结
flanged pipe 凸缘管
flanged wheel 格板式排种轮
flank ①胁[部],腰(指牛马) ②侧面(指建筑物或水),侧翼(指左或右侧)
flank curvature 偏曲,不等生长(指攀援植物)
flank movement 侧面运动{水利}
flanking fire 侧面火
flanking meristem 侧面分生组织
flanking region 旁侧区{分遗}
flanking sequence 旁侧序列{分遗}
flannel ①法兰绒 ②⌊复⌉法兰绒内衣 ③法兰绒擦布块
flannel flower 法绒花[*Actinotus helianthi* sp.](伞形花科)
flannel moths 绒蛾科[Megalopygidae]
flannel mullein ①毛蕊花属[*Verbascum* L.](玄参科) ②毛蕊花(毛蕊草)[*Verbascum thapsus* L.]
flannelette 绒布,棉织法兰绒
flap ①活瓣 ②挡板,挡帘
flap-eared 垂耳的
flap gate ①翻拍门{显技} ②挡潮门{环保}
flap planting ①[防风]屏障播种,留株播种 ②锹植
flap valve 舌阀
flapjack 烙饼
flapper ①苍蝇拍,拍子 ②逐稿轮 ③抛撒器
flare ①逐渐张开 ②火舌,火苗 ③光斑,闪烁
flare of roots 板根
flaring up ①爆燃{农机} ②(新病)突发,爆发{医} ③快速,闪速{信息}
flary cavity 开张果洼
flash ①闪烁,闪光 ②决流{水利} ③强脉冲
flash-back 逆火
flash-board ①挡洪板{环保} ②决流板{水利}
flash-bottomed tank 平底池{环保}
flash card 快速卡,闪光记录卡片{电脑}
flash chromatography 快速层析,急速层析{生技}
flash dryer 快速干燥装置(指污泥用){环保}
flash evaporation 快速蒸发,闪蒸
flash evaporator 快速蒸发器,闪蒸器
flash exposure 闪烁曝光
flash-ferm process 快速发酵工艺,急速发酵工艺
flash fermentation 快速发酵,急速发酵
flash flood 暴洪,骤发洪水
flash fuels 轻燃料,易燃料
flash memory 闪速存储器,快擦写存储器
flash-mix tank 快速混合池{环保}
flash mixer 快速混合器,闪急混合器
flash pan 引火盘
flash pasteurization 快速(瞬间)巴氏灭菌法,闪电巴氏灭菌法
flash photolysis 闪光光解

flash photometry 闪光光度学
flash point 引火点,闪点
flash polymerization 瞬间聚合作用,快速聚合作用
flash sterilization 快速灭菌,急速灭菌
flash type 闪跃型,闪光型{生理}
flash vaporization point 闪点
flasher 闪光灯,明暗灯
flashing 闪光
flashing jack 闪光插座
flashing light 闪光,曝光
flashing point (= flash point) 引火点
flashing temperature 引火温度
flashleaf 胎叶(茶树)
flask 烧瓶,三角瓶
flat ①坪,平地,平原 ②(河边)低地,滨海地,海滩,沼泽地 ③平面{形态} ④平的,平坦的,平滑的,扁平的,平卧的,展开的,浅的 ⑤淡而无味的,走味的
flat arch 平拱,扁拱{水利}
flat area 平地
flat bark beetles (= cucujid beetles) 扁甲科[Cucujidae]
flat-bed chromatography 平板层析{生技}
flat-bed line plotter 平板行式绘图仪
flat-bed lorry 平板卡车
flat-bed scanner 平板扫描器
flat-belly bug 平腹蝽[*Brachyplatys silphoides* Fabricius](蝽科)
flat-belly wasp 平腹小蜂[*Anostatus albitaris* Ashmead](小蜂科)
flat-belt drive 平皮带传动
flat-belt pulley 平皮带轮
flat bog 平地沼泽
flat-bottom bins 平底粮箱
flat-bottomed 平底的
flat-bottomed flask 平底烧瓶
flat-bottomed valley 平底谷地
flat break 平面耕翻,平耕
flat broken land 平面耕翻地
flat bug ①扁蝽 ②⌊复⌉扁蝽科[Aradidae]
flat chisel 平凿(凿平面用)
flat coast 平直海岸
flat codium 扁平松藻[*Codium latum* Suringar.](松藻科)
flat country 平原
flat cover 平顶箱盖{蜂}
flat covering roller (播种机)光面覆土压土轮
flat creeping juniper 平伏桧[*Juniperus horizontalis* var. *glomerata* Rehd.](柏科)
flat crown 平顶形树冠
flat-crowned sweep 平顶铲,高速耕耘铲
flat culture 平地栽培,平作
flat culture harvesting system 平作收获法
flat dish 浅盘
flat-drop plate 平落式排种盘
flat field camera 平场照相机{遥感}
flat floor 平床,平底,平地板,平板面{农施}
flat floor type cattle barn 平板面型牛舍,平床型牛舍
flat floor warehouse 平板面货仓,平底仓库
flat-flowered 扁花的(planiflorus, platyanthus)
flat fly ①虱蝇 ②⌊复⌉虱蝇科[Hippoboscidae]
flat footed fly 扁足蝇
flat form training 扁平整枝,篱壁整枝
flat fritillary 平贝母[*Fritillaria ussuriensis* Maxim.](百合科)
flat-fruit meadowrue 扁果唐松草[*Thalictrum foetidum* var. *glabrescens* Takeda.](毛茛科)
flat-fruited 扁果的(homalocarpus, platycarpus)
flat furrow plowing (= flat furrow ploughing) 平耕法,平垄耕作
flat garden 平庭{园林}
flat gelidium 扁平石花菜[*Gelidium subcostatum* Okamura](石花菜科)
flat gradient 缓斜坡
flat grafting 平接{园艺}
flat grain 弦面纹理(木材)
flat grain beetle 长角扁谷盗[*Cryptolestes pusillus* (Schönherr) = *Laemophloeus minutus* Olivier](谷盗科)
flat grain lumber 弦切板材
flat ground 坚实地
flat-headed apple borer (= apple tree borer, apple borer) 苹吉丁[*Chrysobothris femorata* (Olivier)(吉丁科)]
flat-headed borers (= jewel beetles, metalic wood) 吉丁科[Buprestidae]
flat hoe 平切铲
flat hoof 扁平蹄
flat-iron 熨斗
flat key 平键
flat knot 平结(结索法)
flat land 平地,平原
flat-leaf aeonium 平叶莲花掌(大叶莲花掌)[*Aeonium tabulaeforme* Webb. et Berth.](景天科)
flat-leaved 扁叶的(homalophyllus, platyphyllus)

flat-legged horntail 扁足树蜂［*Tremex longicollis* Kônow］（树蜂科）
flat loss 平坦损耗
flat method 扁平整枝法
flat mirror 平面镜（指显微镜的反光镜）
flat mouth tongs 平口钳（工具）
flat-nosed 平头式（指弹头）
flat nutty structure 平核状桔构
flat out 倾全力
flat package 扁平封装
flat panel display 平面显示器
flat pans 浅锅
flat pea 林生山黧豆（林地香豌豆）［*Lathyrus sylvestris* L.］（豆科）
flat peach 蟠桃［*Prunus persica* var. *compressa*（Loud.）Bean.］（蔷薇科）
flat-petaled 扁花瓣的（planipetalus）
flat piling 平堆［法］
flat plant bug 橡胶暗蝽［*Dinocoris variolosus* Walker］（蝽科）
flat planting 平播
flat plate radiometer（FPR） 平板辐射计｛遥感｝
flat plates 浅盘
flat plowing（= flat ploughing） 平耕法
flat-pod peavine（= dwarf chicking vetch） 扁荚山黧豆（红山黧豆）［*Lathyrus cicera* L.］（豆科）
flat-podded 扁荚的（planisiliquus）
flat position of seed piece 平放种苗（指甘蔗）
flat price 一律价格，共同价格
flat raft 平筏［排］
flat rate charge 按时计价付费｛农管｝
flat ribbon cable 扁平带状电缆｛信息｝
flat roll 光面［圆筒］镇压器
flat roller 光面［圆筒］镇压器
flat roof 平坦屋顶｛园林｝
flat runner 平滑板
flat sandy shore 低平沙质海滨
flat screen 平面分选筛
flat screen display 扁屏幕显示器｛电脑｝
flat seedbed 平面苗床
flat sided bottle 平边瓶（用于病毒检验）
flat sieve 平筛，平面筛
flat slope 缓坡
flat sour 平酸（只产酸不产气的腐败罐头）
flat-sour bacteria 平酸细菌
flat-sour spoilage 平酸腐败
flat sowing 平播
flat-stalked 扁茎的（planicaulis）
flat stone mill 平面石磨
flat surface 平整表面
flat trowel 平面移植铲
flat tubular radiator 扁管散热器
flat tuning 粗调（指调节仪器）
flat-veined 扁脉的（planinervus）
flat washer 平垫圈
flat wax gourd 扁冬瓜
flat wood land 平坦林地，平地森林
flat wood soil 平地森林土
flatbusting（= flatbreaking） 平耕
flatheaded 扁头的（planiceps）
flatheaded apple-tree borer 苹吉丁（苹果树扁头吉丁虫）［*Chrysobothris femorata* Oliv.］（吉丁科）
flatheaded borer ①吉丁虫 ②⌊复⌉（= jewel beetles, metallic wood borers） 吉丁科［Buprestidae］
flatheaded cone borer 果栖吉丁［*Chrysophana placida* var. *conicola* Van Dyke］
flatheaded hickory borer 山核桃吉丁［*Dicerca obscura* Fabricius］
flatheaded peach tree borer 桃吉丁［*Sphenoptera lafertei* Obbenberger］（吉丁科）
flatheaded wood borers（= jewel borers） 吉丁科［Buprestidae］
flatid planthoppers 蛾蜡蝉科［Flatidae］
flatness 平直度
flatsawn 弦截，弦向下锯法
flatsawn grain 弦截纹理
flatsawn timber 弦切材
flatsedge ①莎草属［*Cyperus* L.］（莎草科）②莎草［*Cyperus rotundus* L.］
flatsedge family 莎草科［Cyperaceae］
flatspine prickly ash 野花椒［*Zanthoxylum simulans* Hance］（芸香科）
flatted membrane 平整膜
flatten 使平，变平
flatten culture 平作
flatten lens 平面镜
flatten out 整平，使平坦
flatten stem 扁茎
flattened ［水］平扁的（applanatus, complanatus）
flattened leaf 平扁叶，平展叶（folium applanatum）
flattened meadow-grass 加拿大莓系［*Poa compressa* L.］（禾本科）
flattened moths（= webworms） 织叶蛾科［Depressariidae］
flattened rice leafhopper 稻扁叶蝉

[*Strongylocephalus agrestis* Fallén](叶蝉科)
flattened sandy ground beetle 蓖麻伪步行虫(蓖麻拟步甲)[*Gonocephalum pubens* Marseul](拟步甲科)
flattener ①展开器{电脑}②平整器{耕作}
flattening ①(叶)平展{形态}②平整{耕作}
flattening index 平整指数
flatulence 胃肠气胀(flatulentia)
flatulent ①气胀的 ②空虚的(flatulens)
flatulent distension 臌胀
flatuous (=flatulent) ①气胀的 ②空虚的
flatworm ①扁虫 ②⌞复⌝扁甲科[Cucujidae]
flav- ⌞字头⌝黄
flavacid 黄色灭菌素
flavacidin 黄色杀菌素,黄筛素
flavane 黄烷[$C_{15}H_{14}O$]
flavanol 黄烷醇[$C_{15}H_{14}O_2$]
flavanolic constituent 黄烷醇成分
flavanone 黄烷酮[$C_{15}H_{12}O_2$]
flavanone synthase 黄烷酮合酶
flavedo 外果皮(指柑橘)
flavescent 淡黄色的,变黄色的(flavescens)
flavianic acid 黄萘酸,2,4-二硝基萘酚-7-磺酸
flavicidin 黄青霉素
flavin (=flavine) 黄素
flavin adenine dinucleotide (FAD)黄素腺嘌呤二核苷酸
flavin mononucleotide (FMN)黄素单核苷酸
flavin nucleotide 黄素核苷酸
flavin oxidase 黄素氧化酶
flavivirus 黄病毒
flavobacterium ①黄杆菌属[*Flavobacterium* Bergey et al.](黄杆菌科)②黄杆菌[*Flavobacterium* sp.]
flavobacterium family 黄杆菌科[Flavobacteriaceae]
flavodoxin 黄素氧[化]还[原]蛋白
flavoenzyme 黄素酶
flavohemoglobin 黄素血红蛋白{分生}
flavokinase [核]黄素激酶
flavone 黄酮,2-苯基-1,4-苯并吡喃酮[$C_{15}H_{10}O_2$]
flavone glycoside 黄酮糖苷
flavonoid 类黄酮,2-苯基-1,4-苯并吡喃酮
flavonol 黄酮醇[$C_{15}H_{10}O_3$]
flavonone 二氢黄酮,黄烷酮
flavoprotein 黄素蛋白
flavoseal 果皮涂蜡剂(指柑橘类)
flavour ①味,滋味,风味,香味,香气,芳香 ②调味,使有特殊风味
flavour and aroma (泡茶)香气(品茶项目)
flavour and taste 香气味(烟草)
flavour precursor 风味前体物质{分生}
flavoured 具有芳香味的,加香料的
flavouring agent 调味剂
flavouring crops (=flavoring crops) 香料作物
flavouring quality 风味品质,美味品质
flavoxanthin 黄黄质
flaw ①雪崩风,一阵烈风 ②裂纹,裂隙,破口,裂缝 ③缺陷,缺点,瑕疵
flaw detector 裂缝检查器
flax ①亚麻属[*Linum* L.](亚麻科)②亚麻[*Linum usitatissimum* L.]
flax anthracnose 亚麻炭疽病[*Colletotrichum lini* (West.) Tochinai]
flax arctiid 亚麻灯蛾[*Phragmatobia fuliginosa* Linnaeus](灯蛾科)
flax bast 亚麻纤维
flax bench 亚麻台(十字形堆放亚麻用)
flax binder 亚麻刈捆机
flax blank 亚麻空白地(指缺株或漏播地)
flax boll 亚麻蒴果
flax bollworm 亚麻果夜蛾[*Heliothis onois* Denis et Schiffermüller](夜蛾科)
flax brake 打麻机,亚麻揉碎机
flax breaker 亚麻碎茎机,亚麻揉碎机
flax breaking machine 揉麻机,亚麻碎茎机
flax breeding ①亚麻育种 ②亚麻育种学
flax budworm 亚麻芽夜蛾[*Heliothis dipsacea* Linnaeus](夜蛾科)
flax buncher 亚麻割捆机
flax capsule (=flax boll) 亚麻蒴果
flax colter 亚麻播种开沟器
flax comb 亚麻梳
flax combine 亚麻联合收获机
flax crop 亚麻收获量
flax cropping system 亚麻耕作制
flax culture ①亚麻栽培 ②亚麻栽培学
flax cutter 亚麻收割机
flax cutworm 亚麻夜蛾[*Rhyacia nigrum* L.](夜蛾科)
flax decorticator 亚麻揉碎机
flax degumming 亚麻脱胶
flax dodder 亚麻菟丝子[*Cuscuta epilinum* Weihe.](菟丝子科)
flax dresser 整麻机

flax dresser's knife 整麻器
flax dressing ①亚麻梳整,打麻 ②亚麻追肥
flax drier 亚麻干燥机
flax drill 亚麻播种机,亚麻条播机
flax family 亚麻科［Linaceae］
flax fatigue 亚麻厌地病
flax feed 亚麻饲料
flax fiber 亚麻纤维
flax fiber drier 亚麻纤维干燥机
flax field 亚麻地
flax field care 亚麻田间管理
flax flea beetle 亚麻黑跳甲［*Longitarsus parvulus* Paky.］(跳甲科)
flax gatherer 亚麻［收获机］导入板
flax grower 麻农,亚麻栽培者
flax growing ①亚麻栽培 ②亚麻栽培学
flax hackle 亚麻梳
flax hackling 亚麻梳整
flax hand brake 亚麻手工打麻
flax harvester 亚麻收获机
flax industry 亚麻工业
flax lifter 亚麻捡拾器
flax lily (＝New Zealand flax, tough flax-lily, New Zealand fiberlily) 新西兰麻［*Phormium tenax* Forst.］(百合科)
flax mill 亚麻加工厂
flax moth 亚麻细卷蛾［*Phalonia epilinana* Z.］(小卷蛾科)
flax mutant 亚麻突变型
flax noils 亚麻落麻(梳整时落下或梳出的)
flax oakum (＝flax tow) 亚麻短纤维
flax oil 亚麻油
flax oil-cake 亚麻油饼,亚麻油粕
flax opener 亚麻［播种机］开沟器
flax output ①亚麻出麻率 ②亚麻生产量
flax processing 亚麻加工
flax pulling machine (＝flax puller) 拔麻机,亚麻拔取机
flax raising 亚麻栽培
flax resowing 亚麻补种
flax retting 浸麻,沤麻
flax roll 亚麻［脱粒］辊
flax rust 亚麻锈病［*Melampsora liniperda* (Koern.) Palm. ＝ *M. lini.* (Ehrenb.) Lev.］
flax screen 亚麻子筛
flax scutcher 打麻机
flax scutching 打麻
flax seed 倭麻属［Radiola Hill.］(亚麻抖)
flax shaker 亚麻抖动器
flax sorter 亚麻子精选机
flax sowing machine 亚麻播种机
flax spreader 亚麻铺放装置
flax spreading 亚麻铺放
flax stock (浸过)亚麻秆
flax straw (未浸)亚麻秆
flax stripper 亚麻拔取机
flax thread 亚麻线
flax thresher 亚麻［子］脱粒机
flax threshing machine 亚麻［子］脱粒机
flax thrips 亚麻蓟马［*Thrips lini* Lind］(蓟马科)
flax tillage 亚麻整地(播种前)
flax tortrix moth 亚麻卷蛾［*Cnephasia virgaureana* Treits.］(卷蛾科)
flax tow 亚麻短纤维
flax tow scutcher 亚麻短纤维加工机
flax trusser 亚麻捡拾捆束机
flax wastes 亚麻废物,废麻
flax weed control 亚麻除草,亚麻杂草防除
flax wilt 亚麻萎蔫病［*Fusarium lini* Bolley］
flaxen ①亚麻的②亚麻状的③亚麻色的,淡黄色的④亚麻纤维
flaxen linen 亚麻布
flaxleaf navel-seed 亚麻叶琉璃草［*Omphalodes linifolia* Moench］(紫草科)
flaxseed 亚麻种子,亚麻子
flaxseed cleaner 亚麻子清选机
flaxseed cleaning 亚麻子清选
flaxseed cylinder 亚麻选种筒
flaxseed meal 亚麻子粉
flaxseed oil 亚麻油
flay ①剥(兽)皮 ②剥(树,果)皮 ③剥取,铲取
flea ①跳虫［*Cammarus* Dulex］②⌊复⌉跳虫科［Poduridae］
flea beetle ①(＝altise, halticid beetle) 跳甲 ②⌊复⌉跳甲科［Halticidae, Alticidae］
flea hopper ①盲蝽 ②⌊复⌉(＝leaf bugs) 盲蝽科［Miridae, Capsidae］
fleabane ①蚤草属［*Pulicaria* Gaertn.］(菊科) ②蚤草［*Pulicaria vulgaris* Gaertn.］③飞蓬属［*Erigeron* L.］(菊科) ④飞蓬［*Erigeron acris* L.］{分类}
fleabane oil 飞蓬油
fleas 蚤目［Siphonaptera］
fleck 斑点,暗点(macula)
flecken 黄色斑点病(生理病害)
flecken of barley 大麦黄色斑点病(生理病害)
flecken of wheat 小麦黄色斑点病(生理病害)
fledgeling 初生羽毛的雏鸟

fleece ①云朵 ②(一次在一只羊所剪)羊毛,羊被(带毛的羊皮)
fleece weight 剪毛量
fleecing 剪羊毛
fleecy clouds 卷毛云
fleecy sky 卷毛云天
fleet ballistic missile 舰载弹道导弹{物}
fleeting 飞逝的,疾驰的
Flemming's body 弗来铭氏体,中体
Flemming's fixative 弗来铭氏固定液{显技}
Flemming's fluid 弗来铭固定液
Flemming's tri-color stain 弗来铭三色染色法
flesh ①肉 ②果肉(caro)
flesh color 果肉色泽
flesh-colored 肉色的(carneus)
flesh fingered citron 佛手柑[*Citrus medica* var. *sarcodactylis* (Noot.) Swing.](芸香科)
flesh firmness 果肉硬度
flesh-flowered 肉质花的(sarcanthus)
flesh fly ①麻蝇 ②⌊复⌉麻蝇科[Sarcophagidae]
flesh-headed 肉质头的(sarcocephalus)
flesh-leaved 肉质叶的(sarcophyllus)
flesh root 多肉根,肉质根(radix carnosus)
flesh-rooted 肉质根的(sarcorrhizus)
flesh-twigged 肉质枝的(sarcocladus)
flesh wound 轻伤
fleshing 长膘能力
fleshing ability 长膘能力,肉的生产能力
fleshing action 冲洗,洗净
fleshware 人员素质(指研究工作人员)
fleshy 肉质的(carnosus, sarcoideus)
fleshy bud 肉质芽(gemma cornosa)
fleshy cyrtanthera 珊瑚花[*Cyrtanthera carnea* (Lindl.) Bremek.](爵床科)
fleshy fly (= flesh fly) ①麻蝇[*Bereaca* sp.] ②⌊复⌉麻蝇科[Sarcophagidae]
fleshy fruit 肉质果(fructus carnosus)
fleshy fungi 多肉菌(fungi carnosae)
fleshy layer 肉质层(straum carnosum)
fleshy leaf 肉质叶(folium cornosum)
fleshy-leaf actinidia 肉叶猕猴桃[*Actinidia carnosifolia* C. Y. Wu](猕猴桃科)
fleshy root 肉质根(radix carnosa)
fleshy-root neoporteria (= napiform neoporteria) 豹头[*Neoporteria napina* sp.](仙人掌科)
fleshy seed 肉质种子(semencarno sum)
fleshy stem 肉质茎(caulis carnosus)
fletchers 箭匠
fletching 装箭羽
fleur-de-lis 黄菖蒲[*Iris pseudacorus* L.](鸢尾科)
flex reflection 反复反射{遥感}
flexboot 可选启动{电脑}
flexed 折的,曲折的(flexus)
flexibility ①灵活度{遗传} ②易适应性{育种} ③可挠性,可塑性{物} ④柔软性{加工}(flexibilitas)
flexibility of planting date 灵活播种期,灵活种植期
flexibility of wood 木材可挠性
flexible ①可曲折的,多曲折的,易曲折的 ②柔韧的 ③挠性的,可塑的 ④通用的(flexilis)
flexible active site 可塑活性位点{分遗}
flexible assembling system 灵活装配系统
flexible automation 灵活自动化
flexible bus 软总线{信息}
flexible cord 软线,花线
flexible coupling 柔性联轴器{环保}
flexible disk 软[磁]盘{信息}
flexible disk driver ①软盘机 ②软盘驱动器
flexible freight container 通用水上运输集装箱
flexible glue 挠性胶
flexible harrow ①网状耙 ②胶链耙
flexible hoe 挠性中耕锄
flexible intermediate bulk container 通用中间型体积集装箱
flexible pine 大枝松[*Pinus flexilis* James](松科)
flexible pipe (= flexible tube) 软管,可弯曲管
flexible pressure 挠性压力
flexible robot 柔性机器人,灵活机器人{物}
flexible roller-mulcher-tiller 挠性松土覆盖镇压机
flexible-tined tiller 弹齿式中耕机
flexible tube 软管
flexible tube auger conveyer 软管式螺旋输送器
flexible way 灵活方式
flexible wire 软线
flexile strength 挠性强度,柔韧弹度
flexor (= fexor muscle) 屈肌
flexor membrane 屈膜
flexor row 股腹鬃列
flexuose ①[多]曲折的,之字形的 ②锯齿状的(flexuosus)
flexural strength 抗弯强度
flexure 绕曲,弯曲(ftexura)
flexure stability 弯曲稳定性,屈折稳定性
flick knife 折叠小刀(削铅笔用){测}

flicker ①前后振动,摆动 ②(光)明灭不定,忽隐忽现,闪光 ③摆动器,抛掷器,撒布器,搅杆
flicker fusion 闪光融合
flicker graphics planes 闪示图版{遥感}
flicker image displayed 闪示图像,闪示影像{遥感}
flickering 闪烁,闪光
flight ①飞行,飞翔,航程 ②疾速行动,飞驰而过 ③飞升,升腾 ④鸟群
flight altitude 航高,飞行高度
flight board 飞行起落板
flight chart (= flight map) 飞行图{遥感}
flight computer 飞行计算机
flight control system 飞行控制系统
flight conveyor 刮板式输送器
flight elevator 刮板开运器
flight entrance 巢门
flight from the land 农村人口外流
flight height 飞行高度
flight hole 飞行口,通气口
flight limit 飞行极限
flight line (= flight path) 航线,飞行路线
flight muscle 飞行肌,翅肌
flight note 飞行声(蜂)
flight of capital 资本外流
flight path computer 航线计算机
flight scraper 环链板刮泥器(用于平流式沉淀池){环保}
flight sewer 阶梯沟管{环保}
flight shooting 远程飘射(狩猎)
flight simulation 飞行仿真
flight strip 航带
flinch 退缩,畏缩
flindersine 弗林辛,二甲吡醇并喹啉酮
fling ①猛投,掷,抛 ②急动
flinger 抛掷器,撒布器
flint ①礎石 ②极硬物
flint corn (= flint maize) 硬粒种玉米[*Zea mays* L. var. *indurata* Bailey = *Zea indurata* Sturt.](禾本科)
flint glass 燧石玻璃,火石玻璃,硬玻璃
flint lock gun 火石簧板枪
flint wheat 硬粒小麦[*Triticum durum* Desf.](禾本科)
flinty 极硬质的,似燧石的(durius)
flinty bent-grass (= corn grass) 无伤草
flinty soil 硅质土
flip ①轻击,击下 ②倒转,翻动 ③飞行(指短距离的) ④浮标 ⑤交换
flip-boot virus 倒转引导病毒{电脑}
flip chip 倒装法{电脑}
flip-flop (= flipflop) ①翻转,滚转{分遗} ②触发器{电脑}
flip-flop exchange 翻转互换(指球状核蛋白小体)
flip-flop mechanism 翻转机制
flip-flop movement 翻转运动
flip network 交换网络{信息}
flipper ①鳍 ②挡泥板 ③升降舵
flippy (= floppy) ①软盘 ②软盘机
flit (= flow control units) 流控单位{信息}
flitch 背板,板皮(指木材)
flixweed 播娘蒿[*Descurainia sophia* (L.) Webb. et Benth](十字花科)
float ①浮,浮动,飘浮,漂,漂流 ②浮标,浮子,浮球,浮筒{水利} ③覆土环,拖板,平地耙,细平耢 ④小木筏,渡船
float ball 浮球{环保}
float chamber 浮子室,浮筒室
float constant 浮动常数{电脑}
float controlled valve (= float valve) 浮子阀{环保}
float factor 浮动因子
float hair 浮毛
float line ①浮延绳钓 ②浮子纲,上纲
float operated regulating valve 浮筒控制调整阀{环保}
float-operated switch 浮体控制开关
float reeling 浮缫(指蚕)
float switch 浮球开关(指电开关)
float-type carburetor 浮子式化油器
float-type meter 浮子式量计{环保}
float valve 浮子阀
floatage 浮力
floatation ①浮选 ②浮力 ③浮选分离法{环保}
floatation chamber 浮选池,气浮池{环保}
floatation coefficient 漂浮系数{生技}
floatation machine 浮选机
floatation process 浮选过程
floatation units 浮选装置
floater ①漂浮物 ②(浮选时)上浮不饱满种子
floating ①[漂]浮的 ②浮点的(natans)
floating ability 漂浮本领
floating accumulator 浮点累加器
floating aquatics 浮水生物
floating-arm draw-off 浮臂式倾取上面液{环保}
floating bladder 漂浮气囊(vesica natans)
floating boom 浮动挡栅
floating breakwater 防浪木排
floating capital 流动资金
floating channel 浮式渠槽
floating cover 浮盖{环保}

floating data 浮点数据
floating decimal 浮点十进制
floating drawbar (拖拉机)浮动式牵引装置
floating dust 浮尘{环保}
floating fine particle 漂浮细粒{环保}
floating fishing factory 鱼类加工船(厂)
floating foxtail 曲节看麦娘[*Alopecurus geniculatus* L.](禾本科)
floating-heart ①荇菜属[*Nymphoides* Hill.](龙胆科) ②荇菜[*Nymphoides peltatum* Britt. et Bend.]
floating hook 流送用钩杆
floating ice 浮冰
floating lateral boom 浮动横挡木
floating leaf 漂叶(folium natans)
floating-leaf pondweed 飘浮眼子菜[*Potamogeton natans* L.](眼子菜科)
floating light ①灯船 ②灯浮
floating liverwort ①钱苔属[*Riccia* Mich.](钱苔科) ②钱苔[*Riccia sarocarpus* Bisch.]
floating log set 浮木装夹[法]{狩猎}
floating mark 浮标
floating master 浮动主机{信息}
floating matters 漂浮物
floating meadow 浮岛(指枯死的植物体大量堆积在较浅的湖泊中,由于下层分解,产生气体,从而使堆积物连带底层泥土一起浮上水面,称为浮岛){环保}
floating measurement 浮标测流{水利}
floating-moss ①槐叶蘋属[*Salvinia* Adans.](槐叶蘋科) ②槐叶蘋[*Salvinia natans* (L.) All.]
floating nursery 浮[动]苗床,移动苗床
floating plant ①浮生植物 ②浮株(planta natans)
floating-point 浮点{电脑}
floating point computer 浮点计算机
floating point operation (FLOP) ①浮点操作 ②浮点运算
floating pump assembling unit 浮船水泵机组{环保}
floating rice 浮水稻
floating root 浮根(radix natans)
floating scum 浮渣
floating seedling (= floated seedling) 浮秧,漂秧
floating seedling rate 漂秧率
floating soap 浮皂
floating solid 漂浮固体
floating stage 漂浮阶段
floating sweet grass (= floating meadow grass, floatgrass) 浮甜茅[*Glyceria fluitans* L.](禾本科)
floating the field (水田)整地
floating tissue 漂浮组织(tela natans)
floating vaporizer 浮式蒸发器
floating velocity 漂浮速度
floating weeds 浮水杂草
floating wood 流送木材
floating zero 浮动零点
floating-β-lipoprotein 漂浮-β-脂蛋白{分生}
floats 磷灰石粉
floattype rain gauge 浮筒式雨量器
floc ①絮凝物 ②絮粒(floccus)
floc forming bacteria 形成絮粒细菌
floc nucleus 絮粒核
floc settler 絮粒沉淀池{环保}
floc strength 絮粒强度
floccose ①被丛卷毛的 ②絮状的(floccosus)
flocculant 絮凝剂
flocculate ①凝聚 ②絮凝物
flocculated colloid 絮凝胶体
flocculated sludge 絮凝污泥{环保}
flocculating agent 絮凝剂
flocculating aids 助凝剂
flocculating yeast 絮凝酵母
flocculation 絮凝[作用],结絮[作用](flocculatio)
flocculation accelerator 絮凝促进剂
flocculation of soil 土壤絮凝作用
flocculation precipitation reaction 絮凝沉淀反应
flocculation tank 絮凝池{环保}
flocculation value 絮凝值
flocculation zone 絮凝区
flocculator 絮凝器
flocculence 絮凝法(flocculentia)
flocculent ①被短丛卷毛的 ②絮凝的,絮结的 ③絮状的(flocculens)
flocculent precipitate 絮凝沉淀,絮凝沉析物
flocculent settling 絮状沉降
flocculent sludge 絮状污泥
flocculent structure 絮状结构
flocculi ①谱斑{气象} ②絮凝粒{土壤}
flocculose 丛卷毛状的(flocculosus)
floccus ①丛卷毛 ②絮凝物
flock ①羊群,畜群 ②鸟群 ③一丛,一簇 ④⌊复⌉絮状体,凝聚体 ⑤⌊复⌉绒屑,毛屑
flock average 群平均
flock-book (羊)良种登记本
flock master 畜[群]主
flock mating system 畜群交配方式

flock of sheep 羊群
flock size 群大小
flock test 群鉴定
flocking ①集群,成群 ②絮聚
flocking agent 絮聚剂{环保}
flocking instinct 集群性,集群本能,成群天性
flocky ①絮状的 ②毛屑状的 ③簇生的,丛生的
flocky precipitate 絮状沉淀
floe 浮冰块
floe berg 集积浮冰
flood ①洪水,泛滥 ②大量流出,溢出 ③涨潮 ④漫溢,淹没 ⑤充斥(市场)
flood area 泛滥区[域]
flood basin 泛滥盆地,泛滥区
flood bed ①河滩地 ②[洪水]泛滥地
flood capacity 洪水量
flood channel ①洪水泛道 ②涨潮道
flood control 防洪,治水
flood control dam 防洪坝
flood control forest 防汛林
flood control reservoir 防洪水库
flood control system 防洪体系
flood current ①洪流,涨潮流 ②涨潮
flood-dam 防洪坝
flood deposit 洪积物,洪水沉积
flood dike 防洪堤
flood discharge 洪水流量,泄洪
flood discharge level 洪水位
flood diversion area 分洪区
flood diversion channel 溢洪道
flood drainage 排涝
flood, drought and wind disasters 水旱风灾
flood embankment 防洪堤
flood erosion 洪水侵蚀
flood estimates 洪水估算
flood fall ①退洪 ②落潮
flood flow ①洪水径流,最大径流 ②洪流量{水利}
flood forecasting 洪水预报
flood frequency 洪水频率,洪水次数
flood gate 防(泄)洪闸,挡潮闸
flood gun 注射电子枪,读数电子枪{电脑}
flood hazard mapping 洪水灾害制图{遥感}
flood height 洪水位,洪水高度
flood hydrograph 洪水过程线
flood injury 洪害
flood irrigated pasture 泛水灌溉牧场
flood irrigation 浸灌,淹灌
flood land 泛滥地,河滩地,行洪河槽
flood level 洪水位
flood light 泛光灯,强力照明灯
flood line 高潮线{水利}
flood mapping 洪泛制图{遥感}
flood out 被洪水迫使离开
flood peak 洪峰{水利}
flood period ①洪水期 ②汛期
flood plain 泛滥平原,泛滥地,沃野
flood plain accumulation 泛滥平原沉积
flood-plain bench 泛滥平原阶地
flood-plain deposit 泛滥平原沉积物
flood-plain forests 泛滥平原林区
flood-plain marsh 泛滥平原沼泽
flood-plain soil 泛滥平原土壤
flood-plain swamp 泛滥平原沼泽
flood-plain terrace 泛滥平原阶地
flood plane 洪水水面
flood prevention 防汛
flood protection 防洪
flood relief loan 水灾贷款(信贷)
flood retarding basin 滞洪区
flood retarding project 滞洪工程,拦河工程
flood routing 洪水波路线
flood season 汛期,洪水季节
flood stage 洪水位
flood storage 蓄洪,防洪库容
flood storage work 蓄洪工程
flood tide 涨潮
flood tolerance 耐淹性
flood washing ①洪水冲刷 ②流水清洗
flood water 洪水
flood-water level 洪水水位{水利}
flood water mosquito 泛水伊蚊[*Aedes sticticus* Meigen]
flood way 泄洪道,分洪河道
flood year 洪水年份
flood zone 洪水带,泛滥区
flooded 泛滥,漫流,淹灌
flooded area 泛滥区,淹没区,受淹区
flooded cable 满注电缆,淹没电缆{信息}
flooded conditions 泛滥情况,淹灌情况(条件)
flooded gum 圆叶桉树(卵叶桉)[*Eucalyptus ovata* Labill.](桃金娘科)
flooded nursery 水育秧田
flooded paddy field 灌溉稻田
flooded region ①淹水地区,受淹地区 ②淹灌地区,浸灌地区
flooded soil 灌溉地,水浇地
flooded solonchak soil 泛滥盐土
flooded water in paddy field 稻田灌溉水
flooding ①泛滥,灌(注)水,漫灌{栽培} ②满

屏幕{电脑}
flooding damage 洪害
flooding duration 灌溉期,泛滥期
flooding-induced hypoxia 淹水引发缺氧
flooding injury 水害
flooding irrigation 漫灌
flooding period (洪水)泛滥期,灌水期
flooding pipe 溢水管{环保}
flooding resistance 抗淹性
flooding season 汛期
floor ①地板,地面,层面,楼面 ②(楼)层 ③(海,洞)底部 ④(物价,工资等)最低标准 ⑤芯片
floor beam 地楞横梁
floor covering 畜栅,畜圈
floor diagram (调整机具时)地面划线图
floor drier 地面通风干燥机,底部通风干燥机
floor drying 晒场干燥,地面干燥
floor feeding 地面饲喂(指鸡),就地饲喂
floor joist 地板搁栅,地板筑围墙
floor layout 芯片设计图{电脑}
floor management 地面饲养,平养
floor plank 地板
floor planning ①芯片布设图,芯片布置图{电脑} ②平面计划{农施}
floor plate 垫板,底板
floor price 最低价格
floor rearing poultry house 地面饲养禽舍,地面饲养鸡舍
floor space (=surface area) 住房面积
floor space allotment 禽舍面积分配(指饲养密度)
floor stratum 林地覆盖层
floor tile (生物滤池)底面瓦{环保}
floor truck 搬运小车,独轮手推车
floor type milking machine 固定型挤奶机
floorboard (=bottom board) 箱底,底板
floored 成层的(tabulatus)
floored chamber 光室{显技}
flooring board 地板
floorings ①地板材料 ②铺面
floorlamp 落地台灯,立灯
floorless chamber 暗室,无光室{显技}
floppers 落地生根(干不死)[*Kalanchoe pinnata* Pers.](景天科)
floppy (=flippy) ①软盘 ②软盘机
floppy disk controller (**FDC**) 软盘控制器{电脑}
floppy disk drive (**FDD**) 软盘驱动器{电脑}
floppy diskette 软[磁]盘{信息}
floptical 磁光软盘,光磁软盘(flopticus)
flora ①植物区系 ②植物志 ③花
flora axis (=floral axis) 花轴(axis floralis)
flora bud 花[序]芽(gemma floralis)
flora envelope 花被(perianthium)
Flora Europaea Organization (**FEO**) 欧洲植物区系组织
flora leaf 花叶(folium florale)
flora of the temperate zone ①温带植物区系 ②温带植物志
flora region 植物区(regio floralis)
flora whorl 花轮(verticillus floralis)
floral 花的(floralis)
floral abnormality 花异常性(abnormalitas floralis)
floral anatomy (=flora anatomy) 花部解剖(anatomia floralis)
floral apex (=flora apex) 花原端(apex floralis)
floral axis 花轴(axis floralis)
floral biology 花生物学(biologia floralis)
floral branch 花枝(ramus floralis)
floral bud 花芽(gemma floralis)
floral-bud-colour 花芽色
floral-bud formation 花芽形成
floral design 花卉装饰设计{园林}
floral diagram 花图式(diagramma floralis)
floral differentiation 花芽分化(differentiatio floralis)
floral disc 花盘(discs floralis)
floral envelope 花被(perianthium)
floral essence 花香精
floral formation 花形成(formatiofloralis)
floral formula 花程式(formula floralis)
floral glume 花颖(gluma floralis)
floral histogenesis 花组织发生(histogenesis floralis)
floral honey 花蜜(mel florale)
floral induction 成花诱导(inductio floralis)
floral initiation 花原始体形成(initiatio floralis)
floral initiation stage 花原始体形成期
floral leaf 花叶(folium florale)
floral nectary 花蜜腺(nectarius floralis)
floral nursery 花卉苗圃(plantarium florale)
floral oil 花露油(oleum florale)
floral organ 花器(organa floralis)
floral part 花器部分(parsfloralis)
floral plant 花卉(planta floralis)
floral preservative agent [延长切]花期保持

剂

floral primordium (= flora primordium) 花原基 (primordium florale)

floral receptacle 花托 (receptaculum florale)

floral region (= floristic region) 植物区

floral shoot ①花柄,花梗 ②花枝 (ramulus floralis)

floral stalk development 抽薹

floral sterility 小花不孕性 (sterilitas floscularis)

floral stimulation 成花刺激[作用] (stimulatio floralis)

floral stimulus 成花刺激 (stimulus floralis)

floral structure 花结构 (structure floralis)

floral tube 花管 (tubus floralis)

floral whorl 花轮 (verticillus floralis)

floral zone (= floristic zone) 植物带

florence fennel (= sweet fennel) 甜茴香 [*Foeniculum dulce* Mill. = *F. vulgare* Mill. var. *dulce* Thell.] (伞形花科)

florens flask 平底烧瓶

florentine tulip 林生郁金香 [*Tulipa sylvestris* L.] (百合科)

florescence ①花期,花候 ②开花 (florescentia)

florescent 开花的 (florescens)

floret 小花 (flosculus)

floret bud 小花芽 (gemma flocularis)

floret differentiation stage (= spikelet differentiation stage) 小花分化期

floret disjunction 小花分离 (disjunctio floscularis)

floret primordium 小花原基 (primordium flosculare)

floretta 生丝〈蚕〉

floretum 花园,花圃

floriade 园庭园艺展览 (floriadium)

floriation 花饰 (floriatio)〈园林〉

floribundus tylophora 多花娃儿藤 [*Tylophora floribunda* Miquel.] (萝藦科)

floricultural 花卉栽培的,花卉园艺[学]的 (floriculturalis)

floricultural enterprise 花卉[园艺]业

floricultural product 花卉园艺产品

floricultural science 花卉园艺学,花卉栽培学 (floricultura)

floriculture ①花卉栽培 ②花卉园艺学 (floricultura)

floriculturist 花卉栽培者,花卉园艺家,花卉园艺工作者 (floriculturistus)

florid 多花的 (floridus)

Florida arrowroot (= coontie) 美国泽米 [*Zamia floridana* A. DC.] (苏铁科)

Florida carpenter ant 佛罗里达木工蚁 [*Camponotus abdominalis floridanus* Buckley] (蚁科)

Florida fern caterpillar 佛罗里达蕨毛虫(佛州夜蛾) [*Callopistria floridensis* Guenée] (夜蛾科)

Florida harvester ant 佛罗里收获蚁 [*Pogonomyrmex badius* Latreille] (蚁科)

Florida long-leaved pine (= Florida pine, Florida yellow pine) 长叶松 [*Pinus palustris* Mill.] (松科)

Florida red scale 茶褐圆蚧 [*Chrysomphalus aonidum* Linnaeus = *Aspidiotus ficus* Ashm. et Riley., *C. ficus* Ashm.] (盾蚧科)

Florida ring spot (= ring spot, eyespot) 轮斑病

Florida wax scale 佛罗里达蜡蚧(龟甲盘蚧) [*Ceroplastes floridensis* Comst.]

Floridean starch 红藻淀粉

floriferous (= floriparous) 具花的 (florifer)

floriferous shoot 花茎,花枝 (ramulus floriferus)

floriform 花状的 (floriformis)

florigen 成花激素

floriglume (= floral glume) 花颖 (floriguma)

florilege 花谱 (florilegium)

florin 小糠草(红顶草) [*Agrostis alba* L.] (禾本科)

floriparous 具花的,花状的 (floriparus)

floripondic datura 木本曼陀罗 [*Datura arborea* L.] (茄科)

florist ①花卉工作者,养花家,花卉学家 ②⌊复⌉花卉作物 (floristus)

florist crops 花卉作物

floristic ①植物的 ②植物种类的 (floristicus)

floristic area 植物区系区

floristic composition 植物种类成分 (compositio floristica)

floristic plant (= floral plant) 花卉

floristic plant geography 植物分布学,植物地理学

floristic region 植物区系区,植物区 (regio floristica)

floristic zone 植物带 (zona floristica)

floristry 种花法,种花技术(floristrica)
florist's callalily ①马蹄莲属[*Zantedeschia* Spr.](睡莲科) ②马蹄莲(水芋)[*Zantedeschia aethiopica* Spr.]
florist's chrysanthemum 菊[*Chrysanthemum morifolium* Ramat.](菊科)
florist's cineraria 瓜叶菊[*Cineraria cruenta* Masson](菊科)
florist's cyclamen 仙客来(兔子花)[*Cyclamen persicum* Mill](报春花科)
florist's flowering begonia 四季海棠[*Begonia semperflorens* Link et Otto](秋海棠科)
florist's pyrenthrum 红花除虫菊[*Chrysanthemum coccineum* Willd.](菊科)
florist's violet 香堇[*Viola odorata* L.](堇菜科)
floroglucine 间苯三酚
florology 植物区系学(florologia)
florulent 花的(florulens)
Florunner 佛罗俑匍(美国花生品种)
floscular(=flosculous) 花的,小花的(floscularis)
floscule(=flosculus, floweret)小花
floss ①(玉米)花丝 ②蚕丝 ③棉絮 ④绒毛{禽}
floss cotton wool 棉絮
floss-flower ①藿香蓟属[*Ageratum* L.](菊科) ②藿香蓟[*Ageratum conyzoides* L.]
floss of cocoon 茧衣{蚕}
floss removing machine 除绒机
floss silk 丝绵
floss silk implement 纺丝机(自茧衣上纺成粗丝,再制成丝线)
flossy ①如散丝的 ②有柔毛的
flossy cocoon(=fluffy cocoon) 绵茧
Flotal 弗洛塔尔(意大利土壤结构改良剂)
flotation(=floatation) ①浮选{栽培} ②漂浮,漂游
flotation agent 浮选剂
flotation chamber(=flotation tank) 浮选池{环保}
flotation promotor 促浮选剂
flotation velocity 悬浮速度
flotation washer 清洗浮选机
flote-grass(=floating meadow grass)[漂]浮甜茅
flour 面粉(谷物磨成粉),细粉
flour beetle ①面粉扁甲[*Cathartus cassiae* Reiche](扁甲科) ②赤拟谷盗[*Tribolium castaneum* Herbst] ③杂拟谷盗[*Tribolium confusum* du Val](拟步甲科) ④大黄粉虫[*Tenebrio molitor* Linnaeus](拟步甲科)
flour bleaching 粉的精制(指面粉熏硫变白)
flour corn(=soft corn) 粉质种玉米[*Zea mays* L. *amylacea* Sturt.](禾本科)
flour dresser 面粉筛分器
flour extraction rate 出粉率
flour grade 面粉等级
flour industry 制粉工业,面粉工业
flour kneader 揉面机
flour-mill ①磨粉机 ②面粉厂,磨粉厂
flour milling 磨粉
Flour Milling Associations Group of the EEC Countries 欧洲经济共同体面粉企业总会
flour-milling machine(=flour mill) 磨粉机,面粉碾磨机
flour milling percentage 出粉率
flour mite(=grain mite) 粗脚粉螨[*Acarus siro* Linnaeus](粉螨科)
flour moth(=Mediterranean flour moth) 地中海粉螟[*Anagastra kühniella* Zeller](螟蛾科)
flour quality 面粉品质
flour sieve 粉筛
flour weight base(FWB) 粉重标准
flour yield 出粉率
flouride 氟化物
flourish 繁茂,生长茂盛
floury ①粉状的 ②粉质的 ③似面粉的(amylaceus)
floury potato 粉质马铃薯
floury seed 粉质种子(semen amylaceus)
floury structure 粉末结构
floury texture 粉状质地
flow ①流,流动 ②流量 ③涨潮 ④流蜜期 ⑤流程
flow analysis 流程分析
flow-balancing(=flow equalization) 流量平衡{环保}
flow birefringence 双折射流(丝光流),流动双折射
flow cell sorter 流式细胞分选仪
flow channel 流槽,水流渠道
flow chart ①流程图 ②程序图
flow coefficient 流量系数{环保}
flow control units 流控制单位
flow control valve 流量控制阀
flow controller 流量控制器{环保}
flow conveyor 流式输送器
flow cytometer(FCM) 流式细胞测定仪
flow cytometry(FCM) 流式细胞测定法,流式细胞[计量]术

flow diagram (= flow sheet) 流程图{环保}
flow dichroism 流动双色性
flow direction 流向
flow dust method 流动尘埃法,沉降尘埃法{农施}
flow index 流动指数
flow indicator 流量计,流量指示计
flow injection analysis 流动注射分析
flow line 流水作业线
flow-line harvesting 流水作业式收获
flow meter 流量计,流速计
flow microfluorometer 流动显微荧光计
flow net 流网
flow of groundwater 地下水流动
flow of gum 流胶病
flow of heat 热流
flow of information 信息流[程]
flow of milk 分泌乳液
flow of sand 沙流,移沙
flow of sap 液流
flow of stream 流量,河流流量
flow of trade 商业流通,贸易渠道
flow of variability 变异性流动
flow-off 流口,径流
flow path 渗径,流程
flow pattern 流型
flow pipe 送水管
flow plan 运输线路图
flow plasticity 流态塑性
flow process 加工流程
flow process line 流水生产线
flow programmed chromatography 流动程序层析,程序变流层析
flow programming 流式程序设计,程序变流{生技}
flow rate ①流量,流速 ②流量计
flow-rate indicator 流速指示器{环保}
flow recorder 流量自记器
flow regulation cock 调流阀,调流龙头{环保}
flow resistance 流动阻力
flow restricting valve 流量限制阀
flow sheet (= flowsheeting) 流程图
flow shop 流水式车间
flow sorter 流式分选仪
flow structure 流状结构{遥感}
flow-through cell 流通池{生技}
flow-through centrifugation (= maximum velocity centrifugation) 最大速度离心
flow-through electrophoresis 流通电泳
flow variability 水流变异性
flow velocity 流速
flow without friction 无摩擦流动
flowability 流动性
flowable formulation 易流动的制剂
flowable suspension 易流动的悬浮液
flowchart (= flow chart) 流程图
flowcharting 流程图表示{电脑}
flower ①花 ②花卉 ③(发酵的)泡(flos)
flower abscission (= flower shedding) 落花
flower arrangement 花卉布置,花卉装饰{园林}
flower basket 花篮
flower bean (= scarlet runner bean) 红花菜豆[*Phaseolus coccineus* L.](豆科)
flower bearing 着花,座花
flower bed ①花坛{园林} ②花床,花卉苗床{园艺}
flower bed of multiple variety 多品种花坛
flower bed of single variety 单品种花坛
flower bed planting 花坛种植{园林}
flower bedding 花坛坛植{园林}
flower beetle ①(= legume blister beetle) 豆红带芫菁[*Mylabris pustulatus* Thunberg](芫菁科) ②花生白点花金龟[*Oxycetonia versicolor* Fabricius](金龟科)
flower blooming 花开放
flower border 花境{园林}
flower bouquet (= flower truss) 花束
flower box 花箱
flower breaks 碎色花病
flower bud ①花芽(gemma florifera) ②花蕾(alabastrum)
flower bud abscission (= flower bud falling) 落蕾
flower-bud-appearing stage 现蕾期
flower bud differentiation 花芽分化
flower bud expanding 花芽开展
flower bud falling 落蕾
flower bud formation 花芽形成
flower bud initiation 花芽原始体形成
flower bud shedding 落蕾
flower bug ①花蝽 ②⌊复⌉(= anthocorid bugs) 花蝽科[Anthocoridae]
flower bulb 鳞茎花卉
flower cap 花冠
flower catalogue 花卉目录
flower chafer 绿白斑花金龟[*Cetonia pilifera* Motschulsky](金龟科)
flower cluster ①花簇,花穗 ②团伞花序
flower colorimetry 花卉比色法
flower colour 花色

flower colour inheritance 花色遗传
flower corsage 花束装饰
flower crab 海棠(西府海棠)[*Malus micromalus* Mak.](蔷薇科)
flower crops 需花作物
flower culture ①花卉栽培 ②花卉园艺学(floricultura)
flower-cup fern ①岩蕨属[*Woodsia* R. Br.](岩蕨科)②岩蕨[*Woodsia polystichoides* Eaton]
flower decoration ①花卉装饰 ②观赏花卉
flower diagram 花图式(diagramma floris)
flower disc 花盘(discus floris)
flower disp osition 花序(inflorescentia)
flower drop 落花
flower-eating moth 辣椒食花麦蛾[*Gnorimoschema gudmanella* Wals.](麦蛾科)
flower exhibition (= flower corse) 花卉展览
flower expansion 花开期(指单花)(anthesis)
flower flies (= hoven flies, syrphids) 食蚜蝇科[Syrphidae]
flower forcing 催花,花卉促成栽培
flower formation 花形成
flower-forming hormone 花芽形成激素,开花激素
flower-forming substance 花芽形成物质
flower formula 花程式(formula floralis)
flower garden 花园,花圃(floretum)
flower gardener 花园工人,花匠,花卉园艺工作者,花卉园艺家
flower gardening ①花卉园艺 ②花卉园艺学(floricultura)
flower gentle 苋菜(三色苋)[*Amaranthus tricolor* L.](苋科)
flower glume 花颖(florigluma)
flower grower 花卉栽培者,花农
flower growing ①花卉栽培 ②花卉园艺学(floricultura)
flower head 花穗(spica floralis)
flower honey (floral honey) 花[蜂]蜜(mel florale)
flower hormone 花激素
flower-inducing substance 激花物质,激花素
flower induction 诱导开花
flower infection 花器侵染
flower inhibition 抑制开花
flower-initiating substance 催花物质
flower initiation 花原始体形成
flower-like 花状的(anthoideus)
flower market 花市
"flower" model "花朵"模型{分遗}
flower nursery 花圃
flower-of-an-hour 野西瓜苗[*Hibiscus trionum* L.](锦葵科)
flower of jove 伞形剪秋罗[*Lychnis flosjovis* Desr.](石竹科)
flower oil 薄荷油,花油
flower order 花序
flower organ 花器(organa floris)
flower peduncle (= pedicel) 花梗
flower petal 花瓣
flower picking 摘花
flower picking shears 摘花剪
flower pigment 花色素
flower plot 独立花坛,花圃{园林}
flower pollinator 花授粉器
flower pot 花钵,花盆
flower primordia 花原基(primordia floralis)
flower production ①花卉生产 ②花卉园艺学
flower promoting hormone 花促进激素
flower receptacle 花托(receptaculus floralis)
flower scent 花芳香
flower season 花候,花季,花期
flower seed 花子
flower seedling 花苗,花秧
flower-seedling infection 花苗侵染
flower seeds ①花种 ②花子,花卉种子
flower setting (= flower bearing) 着花,座花
flower shedding 落花
flower show 花展,花卉展览
flower stalk (= peduncle) 花序梗,花梗(pedunculus)
flower stalk development 抽薹
flower structure 花部构造(structura floralis)
flower synchronization 花同步化(flori synchronisatio)
flower tea 花茶
flower thinning 疏花,摘花
flower thrips 花蓟马[*Frankliniella tritici* Fitch](蓟马科)
flower truss 花束(truss floralis)
flower tub 花桶
flower type 花型(typus floris)
flower vase 花瓶
flower vegetables 花菜类蔬菜
flower visiting insect 访花昆虫(指蜜蜂等)

flower whorl 花轮
flowered purslane 龙须牡丹（大马齿苋，半支莲）［*Portulaca grandiflora* Hook.］（马齿苋科）
floweret（= floscule） 小花（flosculus）
flowering ①开花（florescentia）②开花的（florens）
flowering almon（= cherry） 麦李［*Prunus glandulosa* Thunb.］（蔷薇科）
flowering almond 榆叶梅［*Prunus triloba* Lindl.］（蔷薇科）
flowering and ornamental plants 花卉
flowering ash 花白蜡树［*Fraxinus ornus* L.］（木犀科）
flowering bean 红花菜豆（多花菜豆，荷包豆，龙爪豆）［*Phaseolus coccineus* L. = *P. multiflorus* Willd.］（豆科）
flowering behavior 开花动态，开花习性
flowering bulbs 鳞茎花卉，球根花卉
flowering cabbage（= kale, borecole） 羽衣甘蓝［*Brassica oleracea* var. *acephala* DC.］（十字花科）
flowering cherry 樱花（日本晚樱，东京樱花）［*Prunus lannesiana* Wils.］（蔷薇科）
flowering cowparsnip 花独活（花土当归）［*Heracleum lanatum* Michx.］（伞形科）
flowering culm 开花茎（指禾谷类）
flowering currant 茶藨子［*Ribes pauciflorum* Turcz.］（虎耳草科）
flowering dogwood 美国四照花（花狗木）［*Cornus florida* L.］（山茱萸科）
flowering factor 开花因素
flowering-fen 王紫萁［*Osmunda regalis* L.］（紫萁科）
flowering fen family 紫萁科（Osmundaceae）
flowering first 先叶开花的（proterantheus）
flowering flax 大花亚麻［*Linum grandiflorum* Desf.］（亚麻科）
flowering glume ①花颖（florigluma）②外颖，外稃（lemma, palea superior）
flowering habit 开花习性
flowering hedge 花篱
flowering hormone 成花激素
flowering in pulses 脉冲状态开花
flowering in two rows 二列开花的（distichanthus）
flowering inducting technique 开花诱导技术
flowering inhibitor 开花抑制素
flowering intensity 开花强度
flowering maple（= China jute, butter print, velvet leaf） ①苘麻属［*Abutilon* L.］（锦葵科）②苘麻［*Abutilon avicennae* Gaertn.］
flowering order 开花顺序
flowering peach 碧桃［*Prunus persica* var. *duplex* Rehd.］（蔷薇科）
flowering period（= blooming period） 开花期
flowering phase 花期，开花阶段
flowering plant ①有花植物（anthophyta）②显花植物（phanerogamae）
flowering plum 榆叶梅［*Prunus triloba* Lindl.］（蔷薇科）
flowering process 开花过程
flowering quince 木瓜［*Chaenomeles sinensis*（Touin）Koehne］（蔷薇科）
flowering regulation 开花调节
flowering rehmannia 花地黄［*Rehmannia japonica* Makino］（玄参科）
flowering response 开花反应
flowering-rush ①花蔺属［*Butomus* L.］（花蔺科）②花蔺［*Butomus umbellatus* L.］
flowering rush ①花蔺属［*Butomus* L.］（花蔺科）②花蔺［*Butomus umbellatus* L.］
flowering rush family 花蔺科［Butomaceae］
flowering season 花候，花季，花期
flowering shrub 观赏灌木（frutex ornata）
flowering shrubbery 观赏灌木林，观花灌木林
flowering spurge euphorbia 花大戟［*Euphorbia corollata* L.］（大戟科）
flowering stage 开花期
flowering substance 开花物质
flowering thinning 疏花
flowering time 开花期
flowering tree 观赏树木（arbor ornatus）
flowering tree and shrub 花木，观花树木与灌木
flowering wood 花枝
flowerless 无花的
flowers added as accessory 插花时把根扎紧（插花技术之一）
flowers and ornamental plants 花卉与装饰植物
flowers in Greece 希腊的花卉
flowers of sulphur 硫磺华
flowers-of-tan ①煤绒菌属［*Fuligo* Hall. ex. Pers.］（真菌）②煤绒菌［*Fuligo septica*（L.）Weber］
flowers setting 着花，坐花

flowery 多花的（floreus）
flowery contoneaster 多花栒子［*Contoneaster multiflorus* sp.］（蔷薇科）
flowery senna 多花决明［*Cassia corymbosa* Lam.］（苏木科）
flowing（= fluent）流动的
flowing chromatogram 流动层析谱
flowing clayey paste 流动黏性泥浆
flowing culture 液流栽培
flowing equilibrum 流动平衡
flowing information 流动信息｛信息｝
flowing reserve 流动储备林｛森林｝
flowing through period 流经时间，穿流周期｛环保｝
flowing water 流［动］水
flowing water fish culture 流水养鱼，活水养鱼｛水产｝
flowing well 自流井
flowline（= flow-line, flow line）流线
flowmeter 流量计
flowsheeting（= flow sheet）流程图
floxuridine 5-氟脱氧尿苷
flu（= fluenza）流行性感冒
fluctuate ①波动的 ②不规则的
fluctuating light intensity 波动光强度
fluctuating variation 彷徨变异
fluctuating water table 变化（动）的地下水面
fluctuation ①彷徨变异｛遗传｝②变异反应｛微生物｝③波动，变动（指高下，上下，高低，起落）｛气象｝（fluctuatio）
fluctuation analysis 彷徨变异分析
fluctuation curve 变动曲线
fluctuation in chromosome shape 染色体形状的彷徨变异
fluctuation in grain supply and demand 粮食供求波动｛农管｝
fluctuation of glacier 冰川进退
fluctuation of labour 劳动力变动
fluctuation of sea level 海平面运动
fluctuation of temperature 温度变化，温度起落
fluctuation of water quality 水质起伏｛环保｝
fluctuation of water table 地下水位变动
fluctuation test ①彷徨变异测验｛遗传｝②起落检验｛气象｝
fludrocortisone 9-氟皮质［甾］醇，氟氢可的松
flue ①［水平］烟道 ②［锅炉］通气管，焰管
flue-cured 熏制的
flue-cured tobacco leaf（= redried tobacco leaf）烤烟，熏制烟草
flue-cured type 熏制种，熏种型（烟草）
flue-cured variety 熏制品种（烟草）
flue curing 烟熏干燥法（火力干燥）（烟草）
flue drier 烟道式干燥机
flue gas 烟道气
flue gas desulfurization 烟道气脱硫｛环保｝
flue-heated hot bed 管道加热温床（甘薯育苗用）
flue heating 管道加热
fluent ①流动的，流动性的 ②流畅的 ③水流（fluens）
fluent computer（= intelligent computer）智能计算机｛智培｝
fluent solution 流动溶液
fluerics ①流控学 ②射流区（fluerica）｛环保｝
fluff ①绒毛 ②软毛，柔毛
fluff louse 鸡姬虱［*Goniocotes gallinae* DeG.］
fluffer ①松土器，膨松器 ②圆筒刷
fluffy ①松软的 ②绒毛状的
fluffy cocoon 绵茧
fluffy precipitate 絮状沉淀
fluid ①流动性的，流动的 ②液体的，流体的 ③液体，流体，流质（fluidus）
fluid body 流体
fluid clutch 液力耦合器
fluid computer 射流计算机，流体计算机
fluid computor 流体计算机
fluid container ①减震箱 ②液体容器，流体容器
fluid coupling 液压离合器
fluid drive 液力传动
fluid dynamics 流体动力学
fluid electrode 流体电极
fluid element ①流体单位变化 ②流体元素
fluid fertilizer 液体肥料
fluid flow 流体流
fluid horsepower 流体马力
fluid layer 流体层
fluid manure 液肥，厩肥汁，厩液
fluid manure spreader 液肥洒施机
fluid mash feeder 糊状饲料分送器
fluid mash feeding 糊状饲料
fluid measurement 流体测量
fluid mechanics 流体力学
fluid medium ①液体培养基 ②培养液
fluid mixing 流体混合
fluid mosaic membrane 流体镶嵌膜
fluid-mosaic-membrane model 流体镶嵌膜模型｛分生｝
fluid mosaic model 流体镶嵌模型

fluid motor 水力发动机,液力发动机,液压马达
fluid mud 稀泥
fluid network 流体网络
fluid of constant volume 定容流体
fluid-ounce 流量英两,流体英两{物}
fluid phase 液体相
fluid pressure 流体压力,液压
fluid pressure line 液压系统,流压管路
fluid pump 液泵,流体泵
fluid speed meter 流速计
fluid technology 射流技术
fluidic ①流体的 ②射流的(fluidicus)
fluidic circuit 射流线路
fluidic sensor 射流传感器
fluidic theory 流体论
fluidics ①液体学 ②射流学,射流技术,流控技术(fluidica)
fluidity 流动性,流动度(fluiditas)
fluidization 流体化(fluidisatio)
fluidization state 流态
fluidized bed ①流化床{生技} ②流动床{环保}
fluidized bed dryer 流化床干燥器
fluidized bed ion exchange 流动床离子交换
fluidized bed reactor 流化床反应器
fluidized carbon beds 流化碳床{环保}
fluidized combustion 流化[床]燃烧(用于污泥)
fluidized conveyance 液力运输
flukeworm 吸虫,蛭[*Trematoda*](寄生虫)
flume ①水槽,斜槽,渡槽,引水槽,测流槽②溪流,峡流
flume wastes 斜槽废水(指用水流输送甜菜的废水和清洗甜菜的废水,统称为斜槽废水){环保}
flunitrazepan 氟硝安定(指催眠用)
fluocin 荧光极毛杆菌素
fluometuron 伏草隆(除草剂)[$C_{10}H_{11}F_3N_2O$]
fluor ①萤石 ②含氟矿石 ③受激荧光源 ④荧光材料
fluor apatite 氟磷灰石[$Ca_5(PO_4)_3F$]
fluoranthene 荧蒽[$C_{16}H_{10}$]
fluoration 氟化[作用](fluoratio)
fluoremeter 荧光计
fluorene 芴[$C_6H_4CH_2C_6H_4$]
fluoresamine 荧光胺
fluorescein 荧光素[$C_{20}H_{12}O_5$]
fluorescein diacetate staining 二乙酸荧光素染色
fluorescein isothiocyanate(FITC) 异硫氰酸荧光黄(染料){显技}
fluorescein-labeled 荧光素标记的
fluorescence 荧光(fluorescentia)
fluorescence-activated cell sorter(FACS) 荧光激活细胞分选仪
fluorescence analysis 荧光分析
fluorescence-based DNA sequencing 荧光法DNA序列测定,荧光法DNA测序{分遗}
fluorescence correlation spectroscopy 荧光相关光谱学
fluorescence detection 荧光检测
fluorescence detector 荧光检测器
fluorescence display 荧光显示器
fluorescence efficiency 荧光效率
fluorescence energy transfer 荧光能量转移
fluorescence enhancement 荧光增强
fluorescence excitation 荧光激发
fluorescence in vivo 活体荧光
fluorescence intensity 荧光强度
fluorescence labeling 荧光标记
fluorescence lifetime 荧光寿命
fluorescence microscope 荧光显微镜
fluorescence microscopy 荧光[显微]镜检术
fluorescence polarization 荧光偏振
fluorescence probe 荧光探针
fluorescence quenching 荧光猝火
fluorescence schedule 荧光表
fluorescence spectrophotometer 荧光分光光度计
fluorescence spectrophotometry 荧光分光光度法
fluorescence spectrum 荧光光谱
fluorescence standard substance 荧光标准物
fluorescence yield 荧光产额
fluorescent ①荧光性的 ②发荧光的(fluorescens)
fluorescent antibody 荧光抗体
fluorescent antibody technique 荧光抗体技术
fluorescent antiserum 荧光抗血酶
fluorescent bacterium 荧光细菌(bacterium fluorescens)
fluorescent body(F body)荧光小体,F小体
fluorescent display 荧光显示
fluorescent dye 荧光染料
fluorescent dye method 荧光色素法(检定抗酸菌)
fluorescent dye primer 荧光染料引物
fluorescent dye terminator 荧光染料终止剂
fluorescent immunoassay(FIA) 荧光免疫

测定
fluorescent indicator 荧光指示剂
fluorescent lamp 荧光灯
fluorescent light 荧光[灯]
fluorescent light trap (捕虫用)荧光灯,荧光诱蛾灯
fluorescent lighting 荧光
fluorescent microscope 荧光显微镜
fluorescent microscopy 荧光[显微]镜检术
fluorescent primer 荧光引物(标记物)
fluorescent quantitation 荧光定量[法]
fluorescent screen 荧光屏
fluorescent spectrometry 荧光光谱测量技术
fluorescent staining 荧光染色法
fluorescent terminator 荧光终止剂
fluorescent thin-layer plate 荧光薄层板
fluorescently labeled 荧光标记的
fluorescently-labeled primer 荧光标记引物
fluorescently-labeled terminator 荧光标记终止剂
fluorescin 荧光蛋白,荧光素 [$C_{20}H_{24}O_5$]
fluoride 氟化物
fluoride sodium 氟化钠
fluorimeter 荧光计
fluorimetric method 荧光测定法
fluorimetry ①荧光测定 ②荧光测定法(fluorimetrica)
fluorination 氟化,加氟(fluorinatio)
fluorine 氟(F,9 号元素)
fluorine-containing gas 含氟气体
fluorite 荧石,氟石 [CaF_2]
fluorite lens 荧石透镜
fluorite objective 荧石物镜
fluoroacetamide 氟乙酰氨,敌蚜胺(杀鼠剂)[C_2H_4FNO]
fluoroacetate ①氟乙酸 [FCH_2CO_2H] ②氟乙酸盐,酯或根
fluoroacetyl coenzyme A 氟乙酰辅酶 A,氟乙酰 CoA
fluoroadenine 氟腺嘌呤
fluorochrome 荧光染料
fluorodensitometry 荧光象测密术(fluorodensitometrica)
Fluorodinitrobenzene 氟二氮苯
fluorograph 荧光[自]显影图
fluorography 荧光[自]显影[术]
fluorography enhancer spray 荧光[自]显影,增效喷雾[剂]
fluorometer 荧光计
fluorometric 荧光测定的(fluometricus)
fluorometric analysis 荧光测定分析
fluorometric method 荧光测定法
fluorometry ①荧光测定 ②荧光测定法(fluorometrica)
fluorophenylalanine 氟苯丙氨酸
fluorophore 荧光基团
fluorophotometer 荧光光度计
fluoroscope 荧光镜
fluorosis 氟中毒
fluorospectrophotometer 荧光分光光度计
fluorospectrophotometry 荧光分光光度法
fluorosphere 荧光发生圈
fluorouridine triphosphate 氟尿苷三磷酸
fluorspar ①荧石 ②氟石 [CaF_2]
fluosilicic acid 氟硅酸 [H_2SiF_6]
flurry ①风雪 ②急骤 ③急骤风飑 ④雪崩风
flush ①冲,冲动,冲洗 ②新发条,萌蘖枝 ③潮发 ④涌,激流 ⑤平的,同平面的,齐平的 ⑥清仓的 ⑦气流的
flush bolt ①平头螺栓 ②平头插销
flush closedown 清仓关闭{电脑}
flush conductor 齐平导线{信息}
flush dryer 气流干燥机{农施}
flush end (= blunt end) 平端,平整末端{生技}
flush head rivet 平面铆钉
flush irrigation 冲洗灌溉,淹灌,漫灌
flush of water 决水,泻水,泄水
flush-out valve 清洗阀,冲洗阀{环保}
flush period 降雨期
flush point 驱鸟指示
flush printed board 齐平式印刷版
flush pruning 新发枝修剪
flush tank 冲洗水柜{环保}
flush time 通过时间
flush-type hydrant 平地式消防龙头{环保}
flush weir 泄沙堰
flush worm on tea (= tea flush worm) 茶白点小卷蛾 [*Laspeyresia leucostoma* Meyrick](小卷蛾科)
flushback 反冲{环保}
flushed veins 多脉
flusher 冲洗器
flushing ①萌芽{形态} ②[补饲]催情{畜} ③冲洗,洗去{加工}
flushing action 冲洗作用
flushing date 萌芽期
flushing manhole 冲洗井{环保}
flushing oil 洗涤油
flushing siphon 冲洗虹吸管
flushing time 冲洗时间
flute ①凹槽,凹沟 ②笛状物,长笛
flute budding 嵌片芽接
flute-holing yellow-headed borer 咖啡黄头

尾蛀甲［*Necnitocris princeps* Jordan］
fluted 具小槽纹的（rivulosus）
fluted disk colter 锯齿形圆犁刀
fluted force-feed drill 槽轮排种式条播机
fluted nut 凹面螺母
fluted-roll drill 槽轮式条播机
fluted scale（=cottony cushion scale）吹绵蚧
fluted twist drill 麻花钻
fluted-wheel feed ［外］槽轮排种器
flutter ①颤动 ②抖动
fluvent 冲积新成土
fluvial ①河的，河流的 ②河溪生的（fluvialis）
fluvial bog 河成沼泽
fluvial deposit 河流沉积
fluvial erosion 河流侵蚀，河蚀
fluvial sediment（=fluvial deposit）河流沉积物
fluvial terrace 河流阶地
fluviatile ①河川的 ②河溪生的（fluviatilis）
fluviatile deposit 河流沉积物
fluviatile facies（=river facies）河流相
fluviatile loam 冲积壤土
fluvio-marine deposit 河海沉积物
fluviogenic soil 冲积土壤
fluvioglacial accumulation 冰水堆积
fluvioglacial deposit 冰水沉积物
fluvioglacial erosion 冰水冲刷
fluvisol 冲积土（fluviosolum）
fluwheel chopper 轮刀式切碎机，轮刀式铡草机
flux ①通量，流量，流动｛水利｝②焊剂，助熔剂，熔接剂｛农机｝③痢疾｛医｝（fluxus）④磁通｛信息｝
flux curve 磁通曲线
flux density 通量密度
flux dresser's knife 采脂刀
flux intensity 流动（通量）强度
flux of heat 热流
flux reversal 磁通翻转
fluxion gneiss 流状花岗岩
fluxion structure（=fluidal，flow structure）流动结构（构造）
fly ①蝇，苍蝇 ②家蝇［*Musca domestica vicina* Macq.］（蝇科）③飞行，浮飞
fly agaric（=fly mushroom）哈蟆菌［*Amanita muscaria*（L. ex Fr.）Fers. ex Hook.］（伞菌科）
fly ash ①飘尘（指燃烧中的飞粒）｛环保｝②飞灰｛遥感｝
fly-ball governor 飞球调速器
fly-blown 有虫卵的，生蛆的，腐坏的
fly-borne disease 苍蝇传染疾病
fly-by ①鸟瞰（=bird's-eye view）②飞经
fly-catcher 捕蝇器
"fly" crop 高产作物
fly honeysuckle 黄忍冬［*Lonicera xylosteum* L.］（忍冬科）
fly in 飞入
fly lens 蝇眼透镜
fly mushroom 蛤蟆菌［*Amanita muscaria*（L. ex Fr.）Pers. ex Hook.］（伞菌科）
fly-net 捕蝇网
fly-paper 捕蝇纸
fly poison ①棋盘花属［*Zygadenus* Michx.］（百合科）②棋盘花［*Zygadenus sibiricus*（Kunth.）A. Gray.］
fly powder 除蝇粉
fly-sheet 广告纸
fly speck 煤点病（果树）
fly speck of apple 苹果煤点病［*Leptothyrium pomi*（M. et F.）Sacc.］
fly tissue 飞翔组织（tela volans）
fly-trap ①捕蝇草属［*Dionaea* Ellis.］（茅膏菜科）②捕蝇草［*Dionaea muscipula* Keng et Keng］③捕蝇叶 ④捕蝇器
fly weather 飞行天气
flyback 回扫［时间］，回扫描［时间］｛生技｝
flyback time 回扫时间
flyblow 苍蝇卵
flyer ①快速马 ②飞行物
flying ①飞翔的，能飞的 ②浮动的（volans）
flying agaric（=fly mushroom）蛤蟆菌［*Amanita muscaria*（L. ex Fr.）Pers. ex Hook.］
flying bee 采集蜂，飞翔蜂
flying belt printer 飞带打印机
flying bent 莫离草［*Molinia coerulea* Moench］（禾本科）
flying-disk drive 浮动磁盘机
flying dragon 飞龙枳［*Poncirus trifoliata* var. *monstrosa* Swingle］（芸香科）
flying hair 飞毛（pilus volans）
flying head 浮动磁头｛电脑｝
flying height（=flight altitude）①飞行高度，航高 ②浮飞高度，浮动高度
flying herd management 高产乳品业
flying laboratory 飞行实验室
flying locust（=migratory locust）飞蝗
flying membrane 飞膜，翼膜（membrana volans）
flying mouse 飞鼠｛电脑｝

flying nursing 临时苗圃,移动苗圃
flying organ 飞行器官
flying-out flour 飞粉
flying point recorder 飞点记录器
flying printer 飞行式打印机,轮式打印机
flying route 飞行路线
flying speed ①飞行速度 ②浮动速度
flying spot 飞点
flying spot microscope 飞点显微镜(电视式显微镜)
flying spot pick-up device 飞点摄像机{遥感}
flying spot scan 飞点扫描
flying-spot scanner 飞点扫描器
flying spot scanner digitizer 飞点扫描数字化器
flying spot tube 飞点扫描管
flying survey 临时踏勘,预测
flying tissue 飞翔组织(tela volans)
flyland 飞地(突出本村外的土地)
flyleaf 扉页(书籍前后的空白页)
flyover 天桥,立体交叉{水利}
flyproof ①防蝇的 ②防蝇剂
flyspeck 苍蝇粪
flywheel (= flier) 飞轮
flywheel forage harvester 轮刀式饲料收获机
fm (= fathom) 英寻(英国度量单位, = 183厘米)
FM ①(= format manager) 格式管理程序{信息} ②(= frequency modulation) 调频{电脑}
Fm derived Fn line Fm 衍生 Fn 系{育种}
FM-telemetry transmitter 调频遥测发射器
FMDV (= foot and mouth disease virus) 口蹄疫病毒
fMet (= formylmethionine) 甲酰甲硫氨酸
fMet-tRNA (= N-formylmethionine tRNA) N-甲酰甲硫氨酸 tRNA
fMet-tRNA and initiation N-甲酰甲硫氨酸 tRNA 与起始
FMN (= flavin mononucleotide) 黄素单核苷酸
FN (= fundamental number) (染色体组的)染色体数,基数
foal 驹,小马,幼马
foal registration 马驹登记(良种血统登记)
foalfoot (= coltsfoot) 款冬
foaling 产驹,生小马
foaling box 产驹圈
foaling order (= foal order) 产次(产驹次序)
foam ①泡沫 ②(马)出汗珠
foam breaker 破泡剂,泡沫破坏剂
foam disease 泡沫病(指果树)
foam gluing 泡沫胶合(木工)
foam inhibitor 抑泡剂,泡沫抑制剂
foam recycle ①泡沫反复循环 ②泡沫回流{环保}
foam separation 泡沫分离
foam stabilizer 稳泡剂,泡沫稳定剂
foam suppressant 消沫剂,消泡剂
foam theory 泡沫说(指原生质)
foamability 起沫性,起泡性
foamflower 泡沫花(心叶黄水枝)[*Tierella cordifolia* L.](虎耳草科)
foaming 起泡,发泡
foaming adjuvant 起泡剂
foaming agent 起泡剂,发泡剂
foaming characteristics 起泡沫特征
foaming substance 发泡物质
foamless 不起泡沫的
foamy 泡沫状的(spumosus)
foamy adhesive 起泡沫胶黏剂
FOB (= free on board) 离岸价格,船上交货[价格]{农管}
fobbing 形成泡沫,起泡沫
FOC (= free of charge) 免费
focal 焦点的,在焦点上的(focalis)
focal adhesion (= adhesion plaque) 黏着斑{分生}
focal adhesion kinase (FAK) 黏着斑激酶{分生}
focal attraction 诱导焦点
focal contact (= adhesion plaque) 黏着斑
focal depth 焦深,焦点深度
focal disease development 中心发病
focal distance 焦距,焦点距离
focal length 焦距
focal plane 焦平面{遥感}
focal plane shutter 焦面快门{遥感}
focal point (= focus point) 焦点
focus ①焦点 ②位点 ③病灶 ④调焦,聚焦
focus monitor 焦距监控器
focus of infection 传染中心,传染灶,疫源地
focus point 焦点
focus window 快动窗口,焦点窗口
focusing ①聚焦 ②调焦
focusing device 聚焦装置
focusing electrode 聚焦极{遥感}
fodder 粗饲料,蒿秆饲料,蒿料,草料,秣
fodder barley (= barley for feeding) 饲用大麦
fodder beet (= mangold , field beet) 饲用甜菜[*Beta vulgaris crassa* Alef.](藜科)

fodder borecole (=fodder kale) 饲用甘蓝[*Brassica oleracea* L.](十字花科)
fodder carrot (=carrot for feeding) 饲用胡萝卜
fodder cellulose 饲料纤维素
fodder concentrate 精饲料
fodder conservation policy 饲料保藏方法
fodder corn 饲用玉米
fodder costs 饲料费用
fodder crop growing 饲料作物栽培
fodder crop rotation 饲料作物轮作
fodder cropping (=forage cropping) 饲料作物栽培
fodder crops 饲料作物
fodder crusher 饲料轧碎机
fodder culture 饲料作物栽培
fodder culture land 饲料作物栽培地
fodder cutter 饲料切碎机,铡草机
fodder-cutting knife 铡草刀
fodder distributor 饲料分配器,饲料分送器
fodder fallow ①饲料作物休闲 ②饲料作物休闲地
fodder grain 饲用谷物
fodder grain crops 饲粮[兼用]作物(指禾谷类子粒作为粮食,而茎秆作为饲料)
fodder grains 饲用谷类作物
fodder grass cultivation 饲用禾草栽培
fodder grasses 饲用牧(禾)草,青饲草
fodder-grassland rotation 饲料草田轮作
fodder grinder 饲料粉碎机
fodder growing 饲料作物栽培
fodder kale (=fodder borecole) 饲用甘蓝
fodder legumes 饲用豆类
fodder maize (=fodder corn) 饲用玉米
fodder mill 混合饲料加工厂
fodder mixer (=fodder mixing machine) 饲料混合机
fodder mixing 饲料混合,饲料搅拌
fodder oats 饲用燕麦
fodder plants 饲料植物,饲用植物
fodder potato 饲用马铃薯
fodder production 饲料生产
fodder rack 饲料架
fodder rack for rabbit 兔用喂料架
fodder reserves 饲料贮备
fodder root crops (=fodder roots) 饲用块根作物
fodder rye 饲用黑麦
fodder steamer 饲料蒸煮器
fodder stock (=fodder reserves) 饲料贮备
fodder sugar beet (=fodder sugar mangel) 半糖用甜菜[*Beta vulgaris* var. *altissima* f. *semisacchariferа*](藜科)
fodder trees 饲料树木
fodder unit 饲料单位
fodder utilization 饲料利用
fodder vetch 无蔓野豌豆(无蔓箭舌豌豆)[*Vicia sativa* var. *normalis* Makino](豆科)
fodder wheat 饲用小麦
fodder yield (=forage yield) 饲料产量
foddering 用粗饲料饲喂
foecundation (=fecundation) ①受孕,受胎(指动物)(=impregnation) ②受精[作用],授粉[作用](指植物)(=fertilization)(foecundatio)
foehn 焚风
foehn cyclone 焚风气旋
foehn wind 焚风
foetal (=fetal) 胎[儿]的
foetal membrane 胎膜
foetal sac 胎囊
foetalization 产后胎期性状(foetelisatio)
foetid ①臭的,臭味的 ②烈味的(foetidus)
foetus (=fetus) 胎儿,胎胚
foetus diagnosis 胎儿诊断
fog ①雾,烟雾 ②再生草 ③能见度不及格(能见度1～2千米) ④图像模糊,灰雾{电脑}
fog absorption 雾吸收
fog application 烟雾撒药,烟雾散布
fog bank 雾堤(海上的浓雾)
fog bow 雾虹
fog culture 喷雾栽培
fog damage 雾害
fog-damage control forest 防雾林
fog dissipation 雾消
fog-drip 雾滴
fog droplet 雾滴
fog generator 烟雾发生器
fog gun 烟雾喷枪,烟雾喷射器
fog in patches 成片雾
fog machine (=fogging machine) 喷烟机(器),烟雾发生器
fog nozzle ①喷烟嘴 ②细雾喷嘴,弥雾喷嘴
fog particle 雾粒
fog rain 雾雨
fog scale 雾级标度
fogger 烟雾发生器
fogging ①喷雾 ②弥雾
fogging apparatus 弥雾器
fogging machine 弥雾机
fogging nozzle 烟雾喷头
foggot (=fogot) 柴束,柴捆,枝条捆
foggot-wood 柴捆
foggy ①有雾的 ②多雾的(hebulosus)

foil ①箔 ②衬托,陪衬 (foillum)
folacin ①叶酸 ②叶酸类似物
folate ①叶酸 ②叶酸盐、酯或根
fold ①中隆{昆虫} ②折,折叠,折襞,折合{形态} ③羊栏,羊圈{畜} ④倍{统计} ⑤褶皱,褶曲{地质}
fold axis 褶轴,褶皱轴{遥感}
fold belt 褶皱带
fold domain 折叠域{生技}
fold of bean 豆荚,豆壳
fold-over harrow 折翼式耙
fold period 褶皱期{地质}
fold plane 折叠面
fold surface 折叠表面
fold yard manure (= yard manure, farmyard manure) 农家肥料
foldback ①具折叠的 ②具回折的{分遗}
foldback DNA 回折 DNA{分遗}
foldback element (FB element) 回折因子
foldback pairing 回折配对
foldback sequence 回折序列
foldcarpet 褶皱盖层
folded 具褶的 (plicatus)
folded basin 褶皱果底,褶皱果洼
folded chain 折叠链
folded-chain crystal 折叠链晶体
folded conformation 折叠构象
folded fiber model 折叠丝模型(染色体)
folded filter paper 折叠滤纸
folded form 折叠型
folded seedling 折叠苗,折断苗,勾秧
folded seedling rate 勾秧率
folded spectrum technique 折叠光谱技术
folded tissue 折叠组织 (tela plicata)
folder ①硬纸夹 ②折叠卡片
folding ①折叠,折合 ②羊栏放养,栏放
folding back 反折叠
folding boom 折叠式喷杆
folding calyx 折叠萼片
folding chair 折叠椅
folding cultivator 折叠式中耕机
folding elevator 折叠式升运器
folding intermediate 折叠中间体,折叠中间态{生技}
folding knife 折叠刀
folding nucleus 折叠核
folding pathway 折叠途径{生技}
folding pocket magnifier 袖珍折叠式扩大镜,有鞘扩大镜
folding process 折叠过程
folding ratio 折叠比,折叠率
folding rule 折叠尺
folding screen 屏风,屏障
folding strength 耐折强度
folding unit 折叠单位
foldyard manure 羊圈粪
Folger 福尔格(美国甜高粱品种)
foliaceous 叶状的 (foliaceus)
foliaceous lichen (= folioselichen) 叶状地衣
foliaceous stem 叶状茎 (caulis foliaceus)
foliaceous stipule 叶状托叶 (stipula foliacea)
foliage ①营养叶(指蕨类) ②茎叶(指禾谷类) ③叶簇
foliage angle 叶角
foliage application 叶面撒药,叶面散布
foliage area density 叶面积密度
foliage branch 营养枝,叶枝
foliage bud 叶芽 (gemma frondosa)
foliage condition 茎叶状态
foliage density 叶密度
foliage disease 叶面病害
foliage dressing 叶面追(施)肥
foliage expansion 叶开展
foliage-feeding insect 食叶害虫
foliage fertilization 根外施肥,叶面施肥
foliage inclination 叶倾斜度
foliage injury 受害叶
foliage insecticides 叶面杀虫剂
foliage leaf 营养叶 (frons)
foliage organ 叶器官
foliage plants 观叶植物
foliage shoot 叶枝 (blastus frondosus)
foliage spray ①叶面喷药,叶面喷射 ②根外喷施
foliage stem 营养茎 (caulis frondosus)
foliage treatment 叶面处理
foliage tree (= foliaged tree) 阔叶树
foliage volume 叶量
folial (= foliole) 小叶 (foliolum)
folial gap (= foliar gap, leaf gap) 叶隙
folial trace (= foliar trace, leaf trace) 叶迹
foliar 叶的 (foliaris)
foliar absorption 叶片吸收
foliar age 叶龄
foliar age index 叶龄指数
foliar analysis 叶片分析
foliar application ①根外施肥 ②叶面施肥,叶面撒药
foliar-applied herbicide 叶施除草剂
foliar base 叶基 (basis foliaris)
foliar bud 叶芽 (gemma foliaris)

foliar bundle 叶输导束(fasciculus foliaris)
foliar cycle 叶轮(cyculus foliaris)
foliar diagnosis 叶诊断(diagnosis foliaris)
foliar diagnostic symptom 叶诊断症状
foliar feeding 叶面喷肥,叶面追肥
foliar mass 叶体,叶量
foliar nutrient 叶面养分
foliar ray (= folial ray) 叶射线(radius foliaris)
foliar spray 叶面喷射,叶面喷药
foliar symptom 叶症状
foliar tendril (= leaf tendril) 叶卷须
foliar trace 叶迹
foliar treatment 叶处理
foliated ①具叶的 ②叶状的 ③页片状的(foliatus)
foliated season 有叶季[节],有叶期
foliated structure 片状结构
foliation 叶卷叠式,幼叶卷叠式(foliatio)
foliature 生叶[现象](foliatura)
folic 叶的(folicus)
folic acid 叶酸
folic acid analogue 叶酸类似物
folicolous 叶上生的(folicolus)
foliferous (= foliiferous) ①叶状的 ②具叶的(foliifer)
foliiform 叶状的(foliiformis)
foliiparous (= folious) 具叶的(foliiparus)
Folin reagent 福林试剂{生技}
folinate (folinic acid) 亚叶酸
foline 叶素
folinic acid 亚叶酸,噬橙菌因子,N^5-甲酰-5,6,7,8-四氢叶酸
folio ①对折 ②页码{电脑}(folium)
foliobranchiate 具叶状鳃的(foliobranchiatus)
foliocellosis (= mottle leaf) 缺钙病
foliolar (= foliolean) 小叶的(foliolaris)
foliolate 具小叶的(foliolatus)
foliole (= foliolum) 小叶
foliolose 具小叶的(foliolosus)
foliorization 成叶作用(foliorisatio)
foliose 叶状的(foliosus)
foliose aletris (= foliosus aletris) 多叶肺筋草[*Aletris foliosa* Bureau et Frauch.](百合科)
foliose thallophyte 叶状菌藻植物(thallophyta foliosa)
folious 具叶的(folius)
follicetum 蓇葖群
follicle ①蓇葖{形态} ②泡,滤泡,卵泡{昆虫} ③毛囊{畜}(folliculus)
follicle cell 卵泡细胞,滤泡细胞
follicle mite ①毛囊蠕形螨[*Demodex folliculorum* (Simon)] ②⌊复⌉蠕形螨科[Demodicidae]
follicle stimulating hormone (FSH) 促滤泡激素,促卵泡激素{分生}
follicle stimulating hormone releasing factor (FRF) 促滤泡激素释放因子
follicle stimulating hormone releasing hormone (FRH) 促滤泡激素释放激素
follicular ①蓇葖的 ②卵泡的,滤泡的 ③有腺囊的(follicularis)
follicular hormone 滤泡激素
follicular hyperkeratosis 毛囊性角质化过度症
folliculated ①具蓇葖的 ②蓇葖状的(folliculatus)
folliculogenesis 滤泡生成{分生}
folliliberin 促滤泡[激]素释放[激]素{分生}
follitropic hormone (= follitropin) 促滤泡[激]素
follitropin 促滤泡[激]素,促卵泡[激]素
follow 跟随{电脑}
follow the plough 务农
follow up (= follow tracing) ①跟踪,追踪,随动装置 ②后援
follow-up control ①跟踪调节 ②跟随控制,随动控制
follow-up pressure 定压加压法
follow up survey (= follow tracing survey) 跟踪调查,补充调查,增补调查
follow-up system ①跟踪系统 ②随动系统,伺服系统
follower ①从动轮 ②随动件 ③跟随器
following 跟踪,追踪
following crop 后[茬]作物
following crop cultivation 后[茬]作物栽培
following error 跟踪误差
following mechanism 随动机构
following section 以后部分,下面部分(指一篇论文或报道的后面部分)
following tiller 后[生]分蘖
following-up system 随动系统,跟踪系统
following year 来年,第二年,下年
Folosan (= tecnazene) 四氯硝基苯(杀菌剂)[$C_6HCl_4NO_2$]
Folpan (= folpet) 灭菌丹
folyl monoglutamate 叶酰单谷氨酸
foment 热敷(fomentare)
fomentation 热敷法

fomes ①层孔菌属［*Fomes*（Fr.）Kickx］（真菌）②层孔菌［*Fomes* sp.］
fomes rot 根朽病［*Fomes pomaceus*（Pers. ex Gray）Lloyd.］
fomites 染菌杂物（fomitae）
fonglove aphid（= potato aphid） 茄长管蚜［*Macrosiphum solani*（Kaltenbach）］
font ①源泉，喷水池{水利}②字型，字体{电脑}
font card 字体卡
font design 字体设计
fontana 镀银法{显技}
fontanesia ①雪柳属［*Fontanesia* Labill.］（木犀科）②雪柳［*Fontanesia fortunei* Carr.］
food ①食物，食料，食粮，粮食②营养物，营养品，食品③饲料
food aid（FAO） 粮食援助（联合国粮农组织）
food allergy 食物过敏
food analysis 食品分析
Food and Agriculture Organization of the United Nations（FAOUN） 联合国粮食与农业组织，联合国粮农组织
Food and Agriculture Technical Information Service（FATIS）（within the OECD）（经济合作与发展组织）粮农技术情报科
Food and Drug Administration（FDA）［美国］食品与药品管理局{分生}
food and feeds 粮饲，粮食与饲料（禾谷类作物是属粮饲作物，因为籽粒可作粮食，而茎秆可作饲草）
food antiseptic 食物防腐剂
food attractant 食物引诱物质，食物引诱剂
food borne infection 食物传染
food-borne intoxication（= food intoxication） 食物中毒
food canning 食品罐藏，食品罐头制造
food-card 粮票，粮卡
food chain 食物链
food chamber 饲料箱{蜂}
food channel 食道
food chemistry 食品化学
food chopper 饲料切碎机
food color（= food colour） 食用色（指食用染料用于食品和饮料着色）{环保}
food competition 食物竞争
food complex 食物网（指各种食物链交织在一起的，形成食物网）{环保}
food conditions 养料状况
food consumption ①粮食消费②粮食消耗量
food consumption ratio（= food conversion ratio, food conversion index） 饲料转化率
food control bureau 粮食管理局
food control law 粮食管理法规，粮食控制法规
food conversion 食物转化
food conversion rate（= food conversion index, food conversion ratio） 饲料转化率
food cooker 饲料蒸煮器
food crops 粮食作物，食用作物
food cutter（= feed cutter） 饲料切碎机，铡草机
food cycle 食物循环
food deficiency disease 营养缺乏症
food delivery 粮食交付
food economy 粮食节约，粮食经济学
food energy value 饲料的能量价值
food factor 食物系数
food fish 食用鱼
food fluid 营养液
food gland 舌腺，幼虫饲料腺，咽腺（gland）
food grains 食用谷物，粮食
food habit 食性
food habits of insect 昆虫食性
food hygiene 食品卫生［学］
food hygiene law（= food sanitation law） 食品卫生法规
food industry 食品工业
food infection 食物浸染
food intake 摄食
food intake dose 食物摄入量
food irradiation 食品照射
food law ①粮食法规②食品法
food marketing under refrigerated condition（= food marketing under cold temperature） 冷藏食品运销
food material 营养物质，养料
food meatus 食道{昆虫}
food-microorganism ratio 食物－微生物比率
food mixer 饲料混合机
food organism 饵料生物
food organization 粮食组织
food pastes（= alimentary pastes） 面食品
food patch 饲料地
food plants 食用植物
food poisoning 食物中毒
food pollen 饵虫花粉
food potato 食用马铃薯
food preference 食物选择，食物嗜好
food preparation equipment ①粮食加工机具②饲料调制机具
food preparing machine 饲料调制机，饲料

加工机
food preservation 食物保存,食物罐藏
food preservation industry (= canning industry) 罐头工业,罐头制造业
food processing and manufacturing 食品加工及制造
food-processing factory 粮食加工厂
food processors (= food processing plant) 食品加工企业
food producing country 粮食生产国
food production 粮食生产
food quality inspection 食品质量检查
food ration 粮食定量供应,口粮
food rationing 粮食定量配给
food rationing system ①粮食定量配给制 ②食品配给制
food requirements 粮食需要量
food reserve ①粮食贮备 ②营养物质储备
food reservoir ①贮食囊 ②食物贮存室
food residue 食物残留量
food safe ①食物安全 ②食品橱(柜),食橱
food sanitation law 食品卫生法规
food science 食品科学,饮食学,营养学
food scientist 食品科学家
food self-support ratio 粮食自给[比]率
food-shaped loop 足形套{昆虫}
food shield 腹足盾
food shortage 粮食短缺,缺粮
food source 饲料源,食料源
food spoilage 食物腐败
food state 粮食情况
food store 饲料库
food stuff 食品,食料,粮食
food-stuff bureau 食品局,粮食局
food-stuff industry 食品[工]业,食品产业
food supply 粮食供应
food-surplus household 余粮户
food surpluses 粮食过剩,食品过剩
food synthesizing 饵料合成
food technique (food technology) 食品技术{加工}
food tolerant species 广食性种类
food unit 饲料单位
food utilization 饲料利用
food utilization capacity 饲料利用效率(能力)
food vacuole 食泡
food value ①营养价值{生化} ②饲料价值{畜}
food vinegar 食用醋
food waste 食品废水{环保}
food web 食物链网
food yeast 食用酵母
food yolk 营养卵黄
foodforward (= feedforward) 前馈{生技}
foodforward stimulation 前馈促进,前馈刺激
fool ①果酱(醋栗酱与奶油或牛乳制成的酱) ②李囊果病
fool-proof ①确保[十分]安全的 ②有安全装置的 ③防止错误操作的
fool-proof vase plant ①红苞凤梨属(水塔花属)[*Billbergia* Thunb.](凤梨科) ②红苞凤梨(水塔花)[*Billbergia pyramidalis* Lindl.]
foolish seedling of rice (= bakanae disease of rice) 水稻恶苗病[*Gibberella fujikuroi* (Saw.) Wr.]
fool's parsley 毒芹属[*Aethusa* L.](伞形花科) ②毒芹[*Aethusa cynapium* L.]
foot ①英尺(= 30.4 厘米) ②足,脚 ③基足 ④山麓,坡底 ⑤底部,底端 ⑥开沟器,锄齿,爪 ⑦⌊复⌉下脚料,渣滓,沉渣,油粕,粗制糖
foot accelerator 脚踏加速器
foot and mouth disease (= aphthous fever) 口蹄疫
foot and mouth disease virus (FMDV) 口蹄疫病毒
foot bath 蹄消毒槽{农施}
foot board 踏板
foot brake 脚踏制动器
foot bridge 人行桥
foot cell 足细胞
foot dipping 蹄药浴
foot end 植物地下部分
foot furrow of rice nursery bed 秧田脚踏沟(秧田走道的沟)
foot hold 立足点
foot layer 基层
foot leaf 基部叶,脚叶
foot lever ①脚踏操纵杆 ②脚踏板,踏板
foot mark 足迹,脚印
foot masher 脚踏式搅碎机
foot operated clutch 脚踏联结器,脚踏离合器
foot operated potato cutter 脚踏式马铃薯切块机(播种用)
foot operated rice thresher 脚踏式水稻脱粒机
foot path (= footpath) ①小径,小路 ②行人道,步行道③苗床小径,畦道
foot-path ditch 行走沟(秧田)
foot pound 英尺磅(一磅物质升高一英尺所需的能)
foot-pound-second system 英尺-磅-秒制
foot rope 沉子网,下网

foot rot ①基腐,根腐 ②基腐病,根腐病{病理} ③蹄腐病[*Paronychia contagiosa*]{医}
foot rot and leaf blight of bromegrass 禾草基腐病[*Helminthosporium bromi* Died.]
foot rot of citrus 柑橘褐腐疫病[*Phytophthora citrophthra* (Somith et Smith) Leon.]
foot rot of cornflower 矢车菊白绢病[*Hypochnus centrifogus* Tul.]
foot rot of flax 亚麻根腐病
foot rot of lily 百合根腐病[*Phytophthora cactorum* Schroet.]
foot rot of sheep 羊腐蹄病
foot rot of wheat 小麦根腐病[*Cochliobolus sativus* (Ito et Kurib.) Drechs. = *Helminthosporum sativum* Pam. Kinget Bakke]
foot rule 英制尺
foot scent 足[迹]味(狩猎)
foot-stalk ①草茎 ②[叶]柄 ③[花]梗 ④下颚柄
foot step ①脚步 ②脚踏板
foot stool 脚凳(马具)
foot thresher (= foot thrasher) 脚踏脱粒机
foot valve 底阀,吸水阀,进水阀
foot wall (= lower wall) 下盘{地质}
footage 尺码
footer ①脚标,脚注 ②页末标志 ③⌊复⌉页标志{电脑}
foothill 山麓
footing ①全计,总额{统计} ②基础 ③底座{电脑}
footnote 脚注,附注
footpath ①小径,小路(指公园) ②苗床小路,畦道(指农田) ③行人道,步行道(指街道)
footpath ditch 行走沟,步行沟(指秧田)
footpedal 脚踏开关{信息}
footplane ①犁托 ②中耕器锄柄下部
footprint ①足迹{生技} ②足迹蛋白{分生} ③脚印(指卫星天线波束射到地面的覆盖区){物} ④轨迹{信息}
footprint processor 轨迹处理器
footprint technique 足迹技术
footprinting 足迹法{生技}
footslope 坡麓,坡底
for data 循环数据
for your information (FYI) 用户信息{信息}
forage ①饲料 ②饲草,牧草 ③蜜源区 ④索饵
forage area ①饲草面积 ②牧草区
forage base 饲料基地
forage blend 饲料的混合
forage blower ①饲料吹送器 ②饲料抛送机
forage chopper (= food chopper) 饲料切碎机
forage conditioner 饲料调制机
forage conservation 饲料保存
forage crimper 牧草压扁碾折机
forage crop cultivation 饲料作物栽培
forage crop growing ①饲料作物栽培 ②饲料作物栽培学
forage crop production ①饲料作物生产 ②饲料作物栽培[学]
forage crops 饲料作物
forage crusher 牧草压扁机
forage culture ①饲料作物栽培 ②饲料作物栽培学
forage cutter 饲料切碎机,铡草机
forage dehydrator (= forage dryer) 饲料干燥机
forage drier (= forage dryer) 饲料干燥机
forage drying plant 饲料干燥设备
forage equipment 饲料调制设备
forage fallow ①饲料休闲 ②饲料休闲地
forage farming 饲料业,饲料作物经营
forage fodder 草料
forage fork 饲料叉,饲草叉
forage grass seed processing 牧草种子加工,饲草种子加工
forage grasses 饲用禾草,饲草
forage growing ①饲草栽培 ②饲草生长
forage-growing farm 饲料作物农场
forage harvester 饲料收获机
forage harvesting [青]饲料收获
forage herbs (= herbage herbs) 饲用草本植物
forage legume 豆科牧草
forage looper 饲料尺蛾(菊芹尺蛾)[*Coenurgina erechtea* Cram.](尺蛾科)
forage maize 饲用玉米
forage migration 索饵洄游
forage mixer (= forage mixing machine) 饲料混合机
forage mixing 饲料混合,饲料拌和
forage mixtures 饲草混播
forage pit 饲料坑,饲料窖
forage plants 饲料植物
forage poisoning 饲料中毒
forage preparing facility 饲料制作(备)设施{农施}
forage production 饲料生产[量]
forage rake 饲料搂耙,饲料叉{农具}
forage ration 饲料定量供应,日料

forage roots 饲用块根作物
forage seed 饲料作物种子
forage seed cultivation 饲料作物采种栽培
forage seed harvesting 饲料作物采种,饲料作物种子收获
forage seed production 饲料作物种子生产,饲料作物采种栽培
forage silo 饲料青贮塔
forage sorghum 饲用高粱
forage species 饲用种
forage straw 饲用蒿秆,蒿秆料,草料
forage trailer 饲料挂车
forage yield 饲料产量(指茎叶收获量)
forager ①饲料收割切碎机 ②青饲料联合收获机 ③采集蜂
foraging (= food finding) 寻食,觅食
foraging bee (= forager, field bee) 采集蜂,飞翔蜂,外勤蜂
foragizer 饲料压块机,饲料压饼机
foramen ①散孔{解剖} ②孔{昆虫}
foraminate 具散孔的 (foraminatus)
foraminate perforation plate 麻黄式穿孔板 (platus perforationis foraminatus)
foraminiferans 有孔虫类
foraminoid 拟圆孔 (foraminoideus)
foraminose 穿孔的 (foraminosus)
foraminulose 具小孔的 (foraminulosus)
forate 具散孔的 (foratus)
forb ①阔叶草本 ②亚灌木,半灌木 (suffrutex)
forbear ①祖先 ②抑制,自制
Forbes' disease 福比斯氏症,糖元积累症Ⅲ型
Forbes scale 福比斯氏梨圆蚧 [*Aspidiotus forbesi* John.]
forbid ①禁止,不许 ②妨碍,阻止
forbidden 被禁止的,禁用的
forbidden band 禁带{物}
forbidden clone 禁忌克隆,禁忌无性繁殖系{农生技}
forbidden clone hypothesis 禁用无性[繁殖]系假设(假说),禁用克隆假设(假说){农生技}
forbidden lines 禁线
forbidden transition 禁戒跃迁
force ①力,力量 ②强迫,迫使,强制,突破 ③促成,提早成熟 ④瀑布 ⑤人工转移 (fortia)
force capillary attraction 毛管吸力
force cell 测力计,测力传息器
force coefficient 力系数
force dehydration 强制去水,强制脱水
force diagram 力图解
force efficiency 力效率
force-feed 强制喂入(指农机进料)
force-feed auger elevator 强制喂入螺旋输送器
force-feed drill 强制式条播机
force-feed mechanism 强制式排种机构,强制式排肥机构
force feedback 力反馈
force-feeding 强制喂饵
force interrupt 人工中断
force main 泵压水管{环保}
force measurement 强制测量
force moulting 强制换羽{禽}
force of attraction 引力
force of gravity 重力
force potential 力势
force pump 压力泵,压送泵
force quit 强制退出
force ratio 力率
force start 强制启动
force time 强制时间
forced ①(温室)促成早熟的,催育的,催熟的 ②强制的 ③鼓风的
forced air cooling 鼓风冷却
forced-air drier 鼓风干燥机
forced air drying 鼓风干燥
forced air precooling installation 强制通风预冷设施{农施}
forced burning 强制烧除
forced circulation evaporation 强制循环蒸发
forced circulation evaporator 强制循环蒸发器
forced cloning (= directional cloning) 定向无性繁殖,定向克隆[化]{农生技}
forced convection 强迫对流
forced convection cooling 强制对流冷却
forced crossing 强迫杂交
forced culture 促成栽培
forced decision rule 强制决定规则{农管}
forced dialing 强制返回拨号{信息}
forced discharge scraper 强制卸土铲运机
forced disconnect 强行断开(指电路)
forced dormancy 强制休眠,促成休眠
forced dormancy period 强制休眠期
forced draught (= forced draft) 强行通风
forced draught cooling tower 强制通风冷却塔{环保}
forced fattening 强制肥育
forced-feed lubrication 强制润滑,压力润滑
forced germination 发芽促进
forced heterocaryon 强制异核体
forced molting 强制换毛鸡
forced oscillation ①受迫振动 ②受迫振荡,

强迫摆动
forced ripening 催熟
forced sale 强制出售
forced seed germination 种子催芽
forced slaughter 强制屠宰
forced sprouting 催芽
forced upward wind 强迫上升气流
forced ventilation 受迫通风,强制通风,受迫换气
forced vibration 受迫振动
forceload 人工装入
forceps (= pincette) 镊子
forcible 强迫的,强制的
forcible separation 强制剥离
forcing ①促成,催育,催熟 ②强制 ③促成栽培,早熟栽培
forcing bed 促成[栽培]温床
forcing crops (= forcing cultured crops) 促成栽培作物
forcing culture 促成栽培
forcing culture of pollen grain 花粉粒催芽培养
forcing cultured crops 促成栽培作物
forcing dormancy 促成休眠
forcing etiolation 促成软化(指栽培)
forcing flowering season 促成花期,提前花期
forcing frame 促成[栽培]温床
forcing house 促成[栽培]温室
forcing method 促成栽培法
forcing of germination 催芽
forcing of sprouting 催芽
forcing or delaying flowering season 催延花期(指花期提前或延后)
forcing plant 人工催育植物
forcing plot 促成栽培圃(小区)
forcing pot 促成栽培盆
forcing tension 促成张力,压致张力
forcing trench 促成栽培沟
forcing trials 促成栽培试验
forcing variety 促成栽培品种
forcipate 钳状的(forcipatus)
ford 浅滩,渡口
Ford system 福特管理制,福特制{信息}
Ford's super six tractor 超级福特六型拖拉机
Ford's tractor 福特(公司)拖拉机
fore- ⌊字头⌉前,预先
fore ①在前面的,在前部的 ②前部 ③当场,在手头
fore-and-aft 前后,纵向
fore-and-aft leveling 纵向调平
fore cooler 预冷器
fore cropping 前作
fore crops 前作物,前茬
fore culture 前作,前作物栽培
fore elder 祖先
fore end 前端
fore horse 前马,梢子马(拉大车的)
fore intestine 前肠
fore kidney 前肾
fore leaf 先出叶(prophyllum)
fore limb 前肢
fore milk 初乳
fore part 前部
fore plow (= foreplough) 前犁
fore quarter 胴体的前半身
fore-runner ①象征,征兆,预兆 ②先头波
fore runner tip 先行[叶]尖
fore share 小前犁犁铧
fore shin circumference 前管围
fore stomach 前胃
fore-tooth 前齿,门齿
fore udder 前乳房
fore wheel 前轮
fore wing 前翅
fore winter 早冬
forearm ①前臂(antebrachium){昆虫} ②前把,前柄{农具} ③前机械臂{信息}
forebear (= forbear) ①祖先 ②抑制,自制
forebode 预示,预兆
forecarriage 前轮架,前导轮架
forecarriage plow 前轮架式犁
forecarriage wheel 前导轮
forecast 预报,预测
forecast and appraisal of management evaluation (FAME) 管理评价用的预测与估算系统{智培}
forecast center 预报中心{智培}
forecast districts 预报区
forecast function of growth model 生长模型的预测功能{智培}
forecast of epiphytotic 植物病害流行预报
forecast of synoptic position 天气形势预报
forecast terminology 预报术语
forecast verification 预报检验
forecast zone 预报区
forecasting 预测,预报
forecasting crop yield 预测作物产量{智培}
forecasting method 预测方法{智培}
forecasting model 预报模型,预测模型
forecasting of occurrence (病虫害,自然灾害)发生预报
forecasting of rural energy demand 农村电源需求预测

forecasting of sprouting date 发芽[日]期预测(指春季)
forecasting station 预报站
forecasting technique 预报技术,预测技术
forecasting the environment 预报环境{智培}
forecasting theory 预报理论{智培}
forecourt (= front-yard) 前庭,前院(指场院)
forecourt planting 前庭种植{园林}
foredeep 陆外渊
forefoot 前脚
forefront 最前部,最前面
foregoing ①前面的 ②前述的
foregoing crops 前作物,前茬
foregrinding 预先碾碎
foreground ①(农业,育种,栽培,耕作等的)前景 ②前台{电脑}
foreground color 前[台]景色
foreground image 前台图像
foregut 前肠
forehand 体前部
forehead 额,前额 (frons)
foreign ①外国的,外地的,在外国的,在外地的 ②自外国来的,自外地来的,来自外部的,外来的 (foris)
foreign body 异物
foreign body pneumonia 异物性肺炎
foreign DNA 外源 DNA
foreign exchange ①国外交换{育种} ②外汇{农经} ③外局交换{信息}
foreign exchange reserves 外汇贮备
Foreign Exchange Service (FES) 国际电报电话局{信息}
foreign gene 外源基因
foreign grain 异种谷粒,异种子粒,外来杂粒
foreign grain beetle 异谷盗(米扁虫)[*Ahasverus advena* (Waltl)](锯谷盗科)
foreign-grain mixing prevention 防止外来混粒(指要防止外来子粒混杂)
foreign host 外来主机{信息}
foreign inert matter 惰性杂质
foreign investment 外商投资{农经}
foreign market 国外市场
foreign material ①杂质,混杂物 ②外来材料,国外材料
foreign matters 杂质,夹杂物
foreign matters of seed 种子夹杂物
foreign medium 外部媒体{信息}
foreign organism 外来生物
foreign policy 对外政策{农经}
foreign pollen 外来花粉
foreign project management 国外项目管理
foreign quarantine notice 外国检疫纪要
foreign regulatory gene 外来调节基因
foreign rice 外来米
foreign rice notes 国外水稻简讯
foreign seeds 混杂种子
foreign source 外源
foreign strain 外地品系
foreign substance 杂质
foreign trade 对外贸易{农经}
foreign trade monopoly 对外贸易专营
foreign variety 外地品种,国外品种
foreign vegetables 外地蔬菜,国外蔬菜
foreign water 客水
foreign workers 外籍工人
foreknow 预知
foreland 岬,海角,滩地,前沿
foreleg (= front leg) ①前腿,前足 ②前肢
foreloader 前悬挂式装载机
forelock 额毛,鬃
foreman 工头,监工
foremilking (= premilking) 挤乳前准备
foremost 第一的,首要的,主要的
forenoon 上午,午前
forensic medicine 法医学
foresee 预见,预知,看穿
foresee warming 预知变暖(指气候)
foreshadowing 预示,预测
foreshore 前岸,前滩
foreshore plain 前滩平原
foreskin 包皮
forespore 前孢子 (forespora)
forest ①森林 ②林木 ③林区,林分 (silva)
forest accountant 森林出纳员(指森林金库的)
forest administration 森林管理[学]
forest aerial photography 森林航空摄影{遥感}
forest aerial reconnaissance 森林航空勘查
forest aerial survey 森林航空调查
forest age 林龄
forest area ①森林面积 ②森林带
forest armyworm (= forest tent caterpillar) 森林天幕毛虫[*Malacosoma disstria* Hübner](枯叶蛾科)
forest aspect 森林外貌
forest assessment 森林估价,森林资源清查
forest assistant 林业技术员(美)
forest belt 森林带
forest biomass 林木生物量
forest bog 森林沼泽
forest botany 森林植物学 (silvibotanica)
forest brown earth 森林棕壤

forest bug 森林红蝽［*Pentatoma rufipes* (Linnaeus)］(红蝽科)
forest canopy 林冠
forest capital 森林投资,森林资金
forest chemistry 森林化学
forest clearings 森林皆伐地
forest concession 森林采伐权
forest conservancy 森林保护
forest-cover 森林覆盖
forest cover rate 森林覆盖率
forest culture ①造林 ②造林学
forest damage 森林损害
forest decline 森林衰落
forest-denudation ［森林］滥伐
forest-depot 集材场,楞场
forest description 森林记载
forest-deterioration 森林破坏
forest-devastation 森林荒废
forest devil 倒树器
forest disease 森林病害
forest disease and pest monitoring 森林病虫害监测
forest district (= forest division, territorial division) 森林区划,森林施业分区
forest division 森林区划
forest drywood 林干材
forest ecology 森林生态学
forest economics 森林经济学
forest economy ①森林经济 ②森林经济学
forest edge 林缘
forest entomology 森林昆虫学
forest expectation value 森林期望值
forest experimental station 森林试验站
forest fertilization 森林施肥法
forest finance 森林财政
forest fire 森林火灾
forest-fire control 森林防火
forest-fire insurance 森林火灾保险
forest-fire meteorology 林火气象学
forest-fire monitoring 森林火灾监测
forest-fire surveillance 森林火灾监视
forest floor ①林地 ②森林覆被
forest fly 马虱蝇［*Hippobosca equina* Linnaeus］
forest for community 公有林
forest for conservation of water supply 水源涵养林
forest for firewood 薪炭林
forest for protection against soil denudation 防沙林
forest for scenery 风景林
forest form 林相
forest form-factor 林分形数,林木形数
forest fringe 林缘
forest gap 森林空地,森林间隙,森林无立木地
forest garden 森林树木园
forest genetics 林木遗传学
forest grassland ①森林草地 ②混牧林
forest gray gum 细叶桉［*Eucalyptus tereticornis* Smith］(桃金娘科)
forest grazing 林内放牧
forest-guard 护林员,守林员
forest harrow 森林耙
forest hemlock 丽江铁杉［*Tsuga forrestii* Downie］(松科)
forest humus 森林腐殖质
forest humus soil 森林腐殖质土
forest hygienics 森林卫生学
forest in use 利用林
forest industry 森林工业,林业
forest insect 森林害虫
forest interpretation 森林判读
forest inventory 森林资源清查(登记)
forest land 林地
forest law (= forest act) 森林法
forest limit 森林限界
forest line 森林线
forest litter 森林地被物
forest-loving 喜林的,林地生的(drymophilus, hylophilus)
forest malaria mosquito 森林按蚊［*Anopheles bifurcatus* L.］(按蚊科)
forest management 森林经理［学］
forest meadow 森林草甸
forest measurement (= forest mensuration) 测树学
forest mensuration (= forest measurement) ①测树 ②测树学
forest meteorology 森林气象学
forest moss peat 森林苔藓泥炭
forest net yield 森林纯收获,森林纯收益
forest nursery 森林苗圃
forest oak 澳洲木麻黄［*Casuarina suberosa* Otto et Dietr.］(木麻黄科)
forest on land liable to inundation 浸水地林
forest organization (= forest management, forest regulation) 森林经理学
forest park 森林公园
forest pasture 森林牧场
forest pasturing 森林放牧
forest pathology 森林病理学
forest peat 森林泥炭
forest photogrammetry 森林摄影测量

forest plants 森林植物
forest plot 森林小区
forest plow 林地犁
forest police 森林警察
forest policy ①林政学 ②森林政策
forest precipitation 林内降水量
forest produce 林产物
forest product 林产品
forest productivity 森林生产率
forest protection 森林保护
forest protection station 森林保护站
forest railway 森林铁道
forest range 护林区
forest ranger 护林员
forest reclamation 森林土壤改良
forest recovery 森林恢复
forest region 森林地区,林区
forest reserve 后备林
forest reserves 森林保留地,封禁林地
forest road 林道
forest science (=forestry) 林学,森林学,森林科学
forest shelterbelt 护田林带
forest site type 森林立地型
forest soil 森林土
forest stage 森林阶段
forest stand 林分
forest statics 森林静力学
forest statistics 森林统计学
forest steppe 森林草原
forest-steppe belt 森林草原带
forest still not exploited 未利用林,未开发森林
forest survey 森林调查
forest surveying 森林测量
forest swamp 森林沼泽
forest technology 森林工艺学
forest tent carterpillar 森林天幕毛虫[*Malacosoma disstria* Hbn.](枯叶蛾科)
forest tractor 林地拖拉机
forest tree 森林树木,林木
forest tree breeding 林木育种[学]
forest tree improvement 林木改良
forest tree morphogenesis in vitro 林木离体形态发生,林木试管内形态发生
forest-tree seeds 林木种子
forest-tree's nursery 林木育苗圃
forest tundra 森林冻原
forest tundra bush 森林冻原疏林
forest type 林型
forest typology 林型学(silvitypologia)
forest undergrowth 森林下木,林下植物
forest understorey 森林下层树
forest utilization 森林利用
forest valuation 森林估价
forest value 林价
forest vegetation 森林植被
forest volume 森林材积
forest warden (=forest-guard) 护林员
forest weather station 森林天气站
forest weeder 林地除草器
forest weeds 林地杂草
forest year 森林事业年度
forest zone 森林带
forest zoology 森林动物学
forestal 森林的
forestation 造林,植林,绿化
forested ①造林的 ②有林的
forested area 造林面积
forested steppe 造林[干]草原
foresteerage 前导轮架操向
forester 林务员,森林工作者
foresting 造林
forestis 禁林
forestry ①林学,造林学 ②林业(silvicultura)
forestry act 森林法案
forestry area ①森林面积 ②林地
Forestry Department (FD)(FAO) (粮农组织)林业司
forestry machinery 林业机械
forestry mechanization 林业机械化
forestry plant 林业植物
forestry tractor 林业拖拉机
foretelling 预言,预测
foretop (=forelock) 额毛,鬃
forevacuum 前级真空,预真空(forevacuum)
forewarmer (牛乳)预先加热器,预热器
forewarn 预先警告
forewold 森林边缘
forewood 林缘树
foreword 前言,序言,引言
forficate 剪刀形的(forficatus)
forficulid earwigs 球螋科[Forficulidae]
forge ①锻铁厂,铁工厂 ②熔铁炉,锻铁炉
forge furnace 锻炉
forge hammer 锻锤
forge tongs 锻工钳
forge welding 锻接
forget ①遗忘 ②忽略
forget-me-not ①勿忘草属[*Myosotis* L.](紫草科) ②勿忘草[*Myosotis sylvatica* Hoffm.]
forgiving system 宽容系统{电脑}

fork ①叉（furca）②草叉 ③（路）岔口 ④支出 ⑤分派，派生{信息}
fork budding 钩形芽接{园艺}
fork grafting 叉接{园艺}
fork length 叉尾长{水利}
fork-lift 叉形装载器，叉状抓爪
fork-lift truck 升降叉式载运车
fork-light loader 叉子装载机
fork loader 叉式装载机
fork loading chute 叉形装蔗斗
fork-tailed bush katydid 叉尾螽斯［*Scudderia furcata* Brunn.］（螽斯科）
fork tedder 叉式摊草机
fork truck 叉式载运车
fork-type potato spinner 叉式马铃薯挖掘抛掷机
fork wrench 叉形扳手（工具）
forked ①分叉的 ②叉状的（furcatus）
forked axle 叉轴
forked branching ①二歧分枝式（高等植物）②二叉分枝式（下等植物）③二歧分枝（古植物）（dichotomia）
forked carpophore 叉状果柄（carpophora furcata）
forked cyme ①二歧聚伞花序 ②二歧式（dichasium）
forked growth 分叉生长
forked haytedder 叉状干草摊晒机
forked mycorrhiza 叉状菌根（mycorrhiza furcata）
forked tree 分叉木
forked vein 叉状脉（vena furcata）
forked venation 叉状脉序（venatio furcata）
forking ①分叉{形态}②用叉操作{栽培}
forking lackspur（= branching lackspur）飞燕草
forking potato digger 叉式挖薯机
forklift-mounted scoop 叉状抓爪悬挂式挖掘机
forlorn 荒凉的（desolatus）
form ①形状，外形，形态 ②型，格式，方式 ③表格 ④类型，种类，种（forma）
form change 变型
form class （树干）形级
form coefficient 形状系数{水利}
form culture 整形栽培
form-exponent 形状指数
form factor ①（= factor of shape）形数{森林}②形状因子{栽培}
form feed（FF）①换页，走纸 ②格式进纸，格式馈给{电脑}
form for light interception 受光态势，受光型
form-formative process ①类型形成过程 ②形态形成过程
form genus 形态属
form-height 形状高
form letter 打印信件，格式信件{信息}
form line 地形线
form of code 密码形式
form of first aid 急救方式
form of frame 框架形式，温床形式{农施}
form of layer crown 层式树冠{园林}
form of the jump 水跃形状{水利}
form of value 价值形态{农经}
form of variability 变异性类型
form parameter 形式参数
form printer 表格打印机
form pruning（= shape pruning）整形修剪
form-quotient 形率，形商
form transformation 类型转化
form view 格式视图{电脑}
form without layer crown 无层式树冠
forma 变型
formal ①整齐的，匀称的 ②形式上的，外表上的（formis）
formal design 整形设计
formal garden 整形庭园{园林}
formal gardening 整形园艺学
formal genetics 形式遗传学
formal information system 正式信息系统
formal model 形式模型{遥感}
formal style 整形式
formaldehyde 甲醛［HCHO］
formaldehyde as fixative 固定液用甲醛
formaldehyde dehydrogenase 甲醛脱氢酶
formaldehyde dust 甲醛粉剂
formaldehyde theory 甲醛学说{生理}
formalin 甲醛水溶液，福尔马林［HCHO］{显技}
formalin acetic alcohol 甲醛乙酸酒精混合液{显技}
formalin alcohol 甲醛酒精混合液
formalin as fixative 固定液用福尔马林
formalin sublimate 福尔马林升汞合剂{显技}
formalin treatment 福尔马林处理（种子消毒）
formalin vapour 福尔马林蒸汽
formalin vapour for permanent squash 永久压片用福尔马林蒸汽
formalism 形式主义，形式论（formalismus）
formality ①形式性{信息}②克氏浓度{分生}（formalitas）

formalization 形式化（formalisatio）
formamidase 甲酰胺酶
formamide 甲酰胺［$HCONH_2$］
formamidino（= amiclinclio） 亚胺甲基氨［基］
formamido- 甲酰胺基［HCONH］
formant 共振峰﹛信息﹜
format ①（书籍）版式 ②格式，形式
format identification（FID） 格式标识，格式识别﹛电脑﹜
formate ①甲酸 ②甲酸盐、酯或根
formate dehydrogenase 甲酸脱氢酶
formate dehydrogenlyase 甲酸脱氢酶，氢解酶
formate transacetylase 甲酸转乙酰基酶
formation ①形成 ②［植物］群系（formatio）
formation class 群系纲﹛生态﹜
formation factor 形成因素
formation group 群系组
formation heat 形成热
formation of aggregate 团粒作用
formation of hologram 全息图形成，全息图制作﹛电脑﹜
formation of intelligent crop production 作物智能栽培学的形成﹛智培﹜
formation of late wood 晚材形成
formation of organ 器官形成
formation of pellets 颗粒饲料形成
formation of sexuality 性别形成，性征形成
formation of woods 造林（狭义）
formation period 成林期
formative action（of herbicide）（除草剂的）形成作用
formative factor 形成因素
formative stage 成型阶段
formative substance 形成物质
formative tissue 形成组织（tela formativa）
formative yolk 成胚卵黄
formatless input 无格式输入
formatted 格式化的﹛电脑﹜
formatted image 格式化图像
formatted model 格式化模型
formatter ①格式标识符 ②格式化程序 ③格式器 ④划盘程序﹛电脑﹜
formatting ①格式化 ②格式编排，编排格式﹛电脑﹜
formazan 甲臜
formed ①有形的 ②成形的
formed element 有形元件﹛生技﹜
formenkreis 型圈（formencreis）
former ①形成器，模型 ②以前的，早先的 ③前者
former individual farmer 以前个体农民
formic acid 甲酸［HCOOH］
formic acid as fixative 固定液用甲酸
formic acid for extraction 提取用甲酸
formic acid in buffer 缓冲液甲酸
formic dehydrogenase 甲酸脱氢酶
formic fermentation 甲酸发酵
formicary 蚁巢
formimidoyl- 亚胺甲基
formimino- 亚胺甲基
formiminoglutamic acid 亚胺甲基谷氨酸
formiminotransferase 亚胺甲基转移酶
formin 形成素
forming ①形成 ②造型
forming face 形成面
formless 无形状的
formless stage（果木）不整形期
formol acetic alcohol 甲醛乙酸乙醇
formol propionic alcohol 甲醛丙酸乙醇
formol titration 甲醛滴定
formolvaccina 甲醛疫苗
formoononetin 7-羟［基］-4′-甲氧异黄酮
Formosan breynia 台湾黑面神［*Breynia formosana* Hayata］（大戟科）
Formosan cypress 台湾花柏［*Chamaecyparis formosensis* Matsum.］（柏科）
Formosan Douglas fir 台湾黄杉［*Pseudotsuga wilsoniana* Hayata］（松科）
Formosan false-nettle 台湾苧麻［*Boehmeria formosana* Hayata］（荨麻科）
Formosan garden lettuce 台湾莴苣［*Lactuca formosana* Maxim］（菊科）
Formosan gum ①枫香树属［*Liquidambar* L.］（金缕梅科）②枫香树（枫香）［*Liquidambar formosana* Hance］
Formosan hairy aphid 台湾毛管蚜［*Greenidea formosanum* Maki］（蚜科）
Formosan hairy toadlily 台湾毛油点草［*Tricyrtis formosana* Baker］（百合科）
Formosan juniper 绿叶刺柏［*Juniperus formosana* Hayata］（柏科）
Formosan long winged rice grass hopper 台湾稻蝗［*Oxya formosana* Shiraki］（蝗科）
Formosan polypody 台湾水龙骨［*Polypodium formosanum* Bak.］（水龙骨科）
Formosan rice-plant weevil 稻鳞象甲［*Echinocomys squameus* Billberg］（象甲科）
Formosan sedge 台湾苔草［*Carex formosesis* Leviet Van.］（莎草科）

Formosan subterranean termite (= Formosan white ant) 家白蚁[*Coptotermes formosanus* Shiraki](白蚁科)
Formosan sweet green 枫香[*Liquidambar formosana* Hance.](金缕梅科)
Formosan swift (= rice skipper) 台湾稻苞虫[*Borbo cinnara* Wallace](弄蝶科)
Formosan willow 台湾柳叶菜[*Epilobium formosanum* Masam.](柳叶菜科)
formothion 安果(杀虫,杀螨剂)[$C_6H_{12}NO_4PS_2$]
formula ①式,公式 ②分子式 ③药方,处方,配制方(formula)
formula feed (商品)配合饲料
formula feed production 配合饲料生产
formula for determining the volume (= cubing formula) 求积式(指求木材材积的公式)
formula model 公式模型
formula of flower 花式
formula recognition 公式识别
formulate ①公式化 ②配制 ③写成公式(formulare)
formulated concentrate 加工成的原液{农药}
formulation ①公式化,公式表示,明确的表达,确切的陈述 ②配方,处方 ③精制 ④剂型 ⑤组成,构成(formulatio)
formulation of decision situation 决策形势的构成
formulation of diet 日料配方(合)
formulation of insecticides 杀虫剂剂型
formulation of pesticides 农药剂型
formulation of the theory 用公式阐明理论,理论公式化
formycin monophosphate 一磷酸间型霉素
formycin *β* 间型霉素 β
formyl- 甲酰[基]
formyl group 甲酰基
formyl methionine 甲酰甲硫氨酸
formylation 甲酰化(formylatio)
formylation of methionine 甲硫氨酸甲酰化
formylglycine 甲酰甘氨酸
formylkynurenine 甲酰犬尿氨酸
formylmethionine (fMet) 甲酰甲硫氨酸
formylmethionyl-leucyl-phenylalanine (FMLP) 甲酰甲硫氨酰-亮氨酸-苯丙氨酸
formyltetrahydrofolate 甲酰四氢叶酸
formyltetrahydrofolate deformylase 甲酰四氢叶酸脱甲酰酶
formyltetrahydrofolate synthetase 甲酰四氢叶酸合成酶
formyltetrahydrofolic acid 甲酰四氢叶酸
fornicate 具冠筒鳞片(fornicatus)
forracre 地头{耕作}
forsake 放弃,弃绝,遗弃
forskolin 毛喉素
Forssman antigen 福斯曼抗原
Forssman glycolipid 福斯曼糖脂
forster mother 代孕母亲
forswear 放弃,戒绝
Forsythia ①连翘属[*Forsythia* Vahl.](木犀科) ②连翘[*Forsythia suspensa* (Thunb.) Vahl]
fort 要塞{遥感}
forthcoming ①将出现的,将出土的(指植物) ②需要时即可供给的,随要随有的,现成的 ③热心帮助的
forthcoming generation 下一代(即将出现的世代)
forthright ①坦白的 ②直率的
forthwith 立刻,即刻(= at once){信息}
fortified food 强化食物,加营养食物
fortified guano 加料海鸟粪{农化}
fortified wine 加白兰地葡萄酒
fortifier 增强剂,添加剂
fortify ①加固{水利} ②加营养,防冻{畜} ③使丰富,充实
fortifying agent 增强剂,添加剂
fortimicin 健霉素,福提霉素
Fortin barometer 福丁气压表
fortnight 两星期(= a period of two weeks)
fortuitous ①偶然[发生]的,意外的 ②不规则的(fortuitosus)
fortuitous "jitter" 不规则"跳动"
fortuitous distortion 偶然失真,不规则失真{电脑}
fortuitous feature 偶发特征
fortunat actinidia 光萼猕猴桃[*Actinidia fortunatii* Finet et Gagnep.](猕猴桃科)
Fortune apios 土栾儿(山红豆)[*Apios fortunei* Maxim.](豆科)
Fortune eupatorium 佩兰[*Eupatorium fortunei* Tuncz.](菊科)
Fortune firethorn 火棘[*Pyracantha fortuneana* (Maxim.) L.](蔷薇科)
Fortune fontanesia 雪柳[*Fontanesia fortunei* Carr.](木犀科)
Fortune keteleeria ①油杉属[*Keteleeria* Carr.](松科) ②油杉[*Keteleeria fortunei* (A. Murr.) Carr.]
Fortune loose strife 星宿菜[*Lysimachia fortunei* Maxim.](报春花科)

Fortune plum-yew 三尖杉［*Cephalotaxus fortunei* Hook. f.］(粗榧科)

fortunearia ①牛鼻栓属［*Fortunearia* Rehd. et Wils.］(金缕梅科) ②牛鼻栓［*Fortunearia sinensis* Rehd. et Wils.］

Fortunei saxitrage 佛氏虎耳草［*Saxifraga fortunei* J. D. Hoocker］(虎耳草科)

Fortune's cape jasmine 重瓣栀子［*Gardenia jasminoides* var. *fortuniana* Lindl.］(茜草科)

Fortune's China-bells ①赤杨叶属(拟赤杨属)［*Alniphyllum* Matsum.］(安息香科) ②赤杨叶(拟赤杨)［*Alniphyllum fortunei* (Hemsl.) Perkins］

Fortune's osmanthus 齿叶木犀［*Osmanthus fortunei* Carr.］(木犀科)

Fortune's paulownia ①泡桐属［*Paulownia* Sieb. et Zucc.］(玄参科) ②泡桐(白花泡桐)［*Paulownia fortunei* (Seem.) Hemsl.］

Fortune's rhododendron 云锦杜鹃(天目杜鹃)［*Rhododendron simsii* Planch.］(杜鹃花科)

Fortune's wind mill palm ①棕榈属［*Trachycarpus* H. Wendl.］(棕榈科) ②棕榈［*Trachycarpus fortunei* (Hook. f.) H. Wendl.］

forward ①早的,早熟的 ②向前的,在前面的,向前进行的 ③进步的,急进的 ④正向的

forward-backward counter 可逆计数器,双向计数器(指前后向计数器)

forward check 正向检查

forward crops 先锋作物

forward current 正向电流

forward-curved-blade fan 前弯叶片风扇

forward digging speed 掘进速度

forward direction 前向

forward error detection 前向误差检测

forward intersection 前［方］交会｛测｝

forward kernel 前向核,正向核｛遥感｝

forward lap 前向重叠,航向重叠｛遥感｝

forward mixing 前向混合,顺向混合｛生技｝

forward-mounted 前悬挂的

forward mounting 前悬挂

forward mutation 正向突变

forward mutation method 正向突变法

forward mutation rate 正向突变率

forward osmosis 正向渗透

forward overlap 前向重叠,航向重叠

forward planter 前悬挂式播种机

forward pointer ①正向指针 ②前向指引｛遥感｝

forward primer 正向引物｛生技｝

forward pruning 正向修剪

forward reaction 正向反应,正反应

forward scan 正向扫描

forward scattered 前向散射,正向散射｛遥感｝

forward selective system 正向选择法

forward sight 前视｛测｝

forward speed 前进速度

forward transactions 期货交易｛农经｝

forward vision 前视

forwarding ①发货,发运 ②转发 ③早熟

forwarding culture 早熟栽培

forwarding register 转运寄存器｛电脑｝

fosfomycin (= phosphonomycin) 磷霉素

fossa magna 大深沟｛形态｝

fossaperturate 具凹［萌发］孔 (fossaperturatus)

fosse moat 壕沟

fossette 核洼｛园艺｝

fossil 化石 (fossilis)

fossil bacteria 化石细菌 (bacteria fossiles)

fossil botany 化石植物学 (fossilibotanica)

fossil delta 古三角洲｛水利｝

fossil DNA 化石 DNA｛分遗｝

fossil fauna 化石动物区系 (fauna fossilis)

fossil fuel 矿石燃料

fossil-fuelled power plant 烧矿石燃料动力厂

fossil laterite 古砖红壤｛土壤｝

fossil plain 古平原,化石平原

fossil plant 化石植物 (planta fossilis)

fossil pollen grain 化石花粉粒 (granum pollinis fossilis)

fossil resin 化石树脂

fossil soil 古土壤

fossil swamp 古沼泽

fossil terra rossa 古红色石灰土｛土壤｝

fossil tree 水杉［*Metasequoia glyptostroboides* Hu et Cheng.］(水杉科)

fossil wood 化石木 (lignum fossile)

fossilization 化石［作用］(fossilisatio)

fossilized 化石化的 (fossilistus)

fossilized leaf 化石化叶 (folium fossilistum)

fossilized material 化石化材料

fossorial wasp 蜂狼

fossulate 具沟的 (fossulatus)

foster ①营养品｛加工｝②培植｛栽培｝③寄养｛畜｝④促进

foster children 养子

Foster cotton 福字棉(美国棉品种)

foster mother ①寄养母畜 ②育雏器
foster tissue 营养组织
fostering (畜)寄养,抚育
Fostion MM (=dimethoate) 乐果
foul ①有恶臭的,令人厌恶的 ②污秽的,不洁的 ③暴风雨的,险恶的,(风)不利的,逆的 ④(水管,水道)填塞的,阻塞的 ⑤(线绳)纠缠的 ⑥蹄周炎,蹄冠炎
foul brood (蜂的)幼虫腐臭病,孵化病
foul land 污染地,杂草地
foul play 违反规则
foul pollution 极度污染
foul seed 恶臭种子(semen foetidus)
foul weather 坏天气
foul wind 逆风
fouling ①淤积,结垢,污垢 ②腐臭,恶臭
fouling organism 船底附着生物,附着生物,污垢生物,污染生物
fouling products 污垢物
fouling rate 污垢率{环保}
foundation ①基地 ②巢础 ③基金 ④(水坝)底部,基础,底基 ⑤建筑物,建立物(住宅,房屋)
foundation animal 农畜品系的祖先,系祖
foundation area 基地面积
foundation detail 基础详图
foundation fastener 巢础固着器,埋线器
foundation planting 宅旁地种植,屋旁种植
foundation seed 原种
foundation seed cotton 原种棉
foundation seed farm 原种场
foundation seed material 原种材料
foundation seeds 原种,原始种
foundation splint 巢础加固木条,垫板
foundation stock ①种畜群,基础畜群 ②原种 ③基本群体
foundation stock farm 原种圃,原种场
foundation stock seed 基础原种
foundation stone (=basic stone) 基石
foundation work 地基作业{农施}
founder ①建立者{遗传} ②(马)跌在泥中 ③蹄叶炎
founder effect 建立者效应(指群体形成)
founder population 建立者群体
"founder" principle "建立者"原则(群体遗传学的一原则)
foundering (马)跛脚
founding process waste water 铸造作业废水{环保}
foundry (金属或玻璃)铸造厂
foundry type 铸字
fount ①(=spring) 泉水 ②铅字
fount disk 铅字盘
fountain ①泉(水)源 ②喷泉 ③喷水池(器)(fontana)
fountain-grass ①狼尾草属[*Pennisetum* Rich.](禾本科) ②狼尾草[*Pennisetum alopecuroides* (L.) Spreng.]
fountain head 水源,本源
fountain-palm ①蒲葵属[*Livistona* R. Br.](棕榈科) ②蒲葵[*Livistona chinensis* R.Br.]
fountain plant (=coral-plant) ①炮仗竹属[*Russelia* Jacq.](玄参科) ②炮仗竹(爆竹花)[*Russelia equisetiformis* Schlecht. et Cham.]
fountain type 线型(指花冠)
fountain zone theory 泉源地带理论{地质}
four "Fs" 四"Fs"传染(指 fingers 手指,feces 粪便,food 食物和 flies 苍蝇)
four-arm Kniffin system 四蔓尼芬式整形(方法)(指葡萄)
four-calyx actinidia 四萼猕猴桃[*Actinidia tetramera* Maxim.](猕猴桃科)
four-carbon plant (C_4 植物)四碳植物
four-celled 四室的(tetralocularis)
four-color wandering jew zebrina 四色吊竹梅[*Zebrina pendula* var. *quadricolor* Bailey](鸭跖草科)
four-counter machine 四计数[器]机
four-course-rotation 四区轮作
four-course system 四区制(轮作)
four crops a year 一年四作,一年四熟
four-dimensional NMR 四维核磁共振,四维 NMR{分生}
four-dimensional X-ray crystallography 四维 X 射线晶体学
four elements 四要素(指肥料的氮,磷,钾外,再加一碳){农化}
four-fold pollen-grain 四合花粉粒
four-footed butterflies (=brushfooted butterflies) 蛱蝶科[Nymphalidae]
four-furrow plough 四铧犁
four groups of set 四组群{统计}
four-helix bundle 四螺旋束{分遗}
four-hole spring sheller (玉米用)四[喂入]口弹压式脱粒机
four-leaf kidney vetch 四叶绒毛花[*Anthyllis tetraphylla* (Thunb.) Fisch.](豆科)
four-leaf ladybell 四叶沙参[*Adenophora tetraphylla* (Thunb.) Fisch.](桔梗科)
four-leaf oxalis 四叶酢浆草[*Oxalis tetraphylla* Cav.](酢浆草科)
four-leaved all-seed 四叶多荚草[*Poly-*

carpon tetraphyllum Linn.]（石竹科）
four locules per pod 每荚果四室
four moulter（= four molter） 四眠蚕{蚕}
four-o'clock ①紫茉莉属［*Mirabilis* L.］（紫茉莉科）②紫茉莉［*Mirabilis jalapa* L.］
four-o'clock family 紫茉莉科［Nyctaginaceae］
four-patched stink bug 四缀斑蝽［*Urochela quadrinotata* Reuter］（蝽科）
four-plant hill 四株穴（每穴有四株）
four-plot rotation 四区轮作
four-plot system 四区制（指轮作）
four-point linkage 四杆机构
four point transformation 四点变换
four-pole network 四端网络
four replication planting 四重复播种（试验）
four-row cereal-nursery seeder 四行禾谷类苗圃播种机
four-row cultivator 四行中耕机
four-row interrow cultivator 四行行间中耕机
four-row keyboard 四行键盘
four-row nursery seeder 四行苗圃播种机
four-rowed barley（= four-row barley） 四棱大麦［*Hordeum irregulare*］（禾本科）
four-rowed spike 四棱穗状花序（spica tetrasticha）
four-rowed wild barley 野生四棱大麦［*Hordeum pusillum*］（禾本科）
four-section straw rack 四键逐稿器
four-spotted bean weevil（= cowpea weevil） 四纹豆象［*Callosobruchus maculatus*（Fabricius）］（象甲科）
four-spotted chysopa 四星草蛉［*Chrysopa cognata* Mac Lachlan］（草蛉科）
four-spotted leaf beetle 四星叶甲［*Monolepta hieroglyphica biarcuata* Weise］（叶甲科）
four-spotted leafhopper 四星叶蝉［*Macrosteles quadrimaculatus*（Matsumura）］（叶蝉科）
four-spotted longicorn beetle 四星天牛［*Stenygrinum quadrinotatum* Bates］（天牛科）
four-spotted melon leaf beetle 甜瓜四星叶甲［*Palanloca quadriplagiata* Baly］（叶甲科）
four-spotted spider mite 加拿大红叶螨（四点蛛螨）［*Tetranychus canadensis* McG.］（蛛螨科）
four-spotted stink bug 四星蝽［*Homalogonia obtusa* Walker.］（蝽科）
four-spotted tree cricket 四点树蟀［*Oecanthus nigricornis quadripunctatus* Beut.］（树蟀科）
four-square setup 转鼓试验装置
four-strand double crossing-over 四线双交换，四股双交换，四链双交换{细胞}
four-strand exchange 四线交换，四股交换，四链交换
four strand stage 四线期{细胞}
four-strand type 四线型，四股型，四链型
four striped chafer 四纹金龟［*Popillia quadriguttata* Fabricius］（金龟科）
four-striped flower longicorn 四纹花天牛［*Strangalia ochraceofasciata* Motschulsky］（天牛科）
four-stroke cycle 四冲程循环
four-stroke cycle engine 四冲程发动机
four terrace ①四级梯田 ②四级阶地
four-way junction 四通管接头
four-way levelling 纵横调平，纵横平地
four wheel brake 四轮重型耙
four-wheel drive tractor 四轮驱动拖拉机
four-wheeled manure spreader 四轮撒肥车
four-wheeled tractor 四轮拖拉机
fourfold table 四格列联表{统计}
Fourier analyzer 傅立叶分析仪{遥感}
Fourier coefficient 傅立叶系数
Fourier kernel 傅立叶核
Fourier law 傅立叶法则{农施}
Fourier series 傅立叶级数
Fourier space 傅立叶空间{生技}
Fourier synthesis 傅立叶合成
Fourier transform 傅立叶变换
Fourier transform hologram 傅立叶变换全息图
Fourier transform image 傅立叶交换影像{遥感}
Fourier transform infrared spectrometer（FTIR） 傅立叶变换红外光谱计
Fourier transform infrared spectroscopy（FT-IR） 傅立叶变换红外光谱学
Fourier transform len 傅立叶透镜
Fourier transform mass spectrometer（FIMS） 傅立叶变换质谱仪
Fourier transform mass spectrometry（FT-MS） 傅立叶变换质谱法
Fourier transform nuclear magnetic resonance 傅立叶变换核磁共振
Fourier transform plane 傅立叶变换平面{遥感}
Fourier transform spectrometer 傅立叶变换光谱仪
Fourier transform spectrometry（FTS） 傅

立叶变换光谱测定法
Fourier transform spectroscopy (FTS) 傅立叶变换光谱学
fourseed vetch (= sparrow vetch) 鸟嘴豆(四子野豌豆)[*Vicia tetrasperma* (L.) *Schreber*](豆科)
fourth disease 第四种病(指甘蔗)
fourth generation computer 第四代计算机
fourth normal form (4NF) 第四范式{电脑}
fourth stomach (= true stomach, abomasum, reed) 第四胃,真胃,皱胃
fourway memory 四线存储器{电脑}
fourway piece 四通件,四通管{环保}
fourway union 四通接头{环保}
fovea 孔穴,凹点
foveolate ①蜂窝状的 ②具蜂窝状小孔的 ③具孔穴的(foveolatus)
foveolate leaf 多洼叶(folium foveolatum)
foveole 小孔穴(foveola)
fowl ①家禽 ②鸡 ③禽肉,鸡肉
fowl achondroplasia 家禽软骨症
fowl bluegrass (= fowl meadow grass) 泽地早熟禾[*Poa palustris* L.](禾本科)
fowl breeding 养鸡业
fowl cholera 鸡霍乱[*Pasteurellosis avium*]
fowl cyst mite 禽皮下囊螨[*Laminosioptes cysticola*(Vizioli)](鸡雏螨科)
fowl diphtheria (= avian diphtheria) 禽痘(禽白喉)[*Variola avium*, *Epithelioma contagiosum* et *Diphtheriaavium*]
fowl excrement (= fowl dung) 禽粪
fowl keeping ①养禽学 ②养鸡学
fowl leucosis (= fowl leukosis) 禽白血病,鸡白血病
fowl manure ①禽粪 ②鸡粪
fowl meadow grass (= fowl bluegrass) 泽地早熟禾
fowl paralysis (= Marek's disease) 家禽麻痹症,禽马立克病
fowl paratyphoid 家禽副伤寒
fowl pest (= fowl plague) 禽瘟,鸡瘟[*Pestis avium*]
fowl plasma in tissue culture 组织培养的家禽血浆
fowl pox 禽痘,鸡痘
fowl pox and avian diphtheria 鸡瘟和鸡白喉
fowl-pox virus 禽痘病毒
fowl raising 鸡饲养
fowl run 养禽场,养鸡场
fowl tick (= blue bug, poultry tick) 波斯隐喙蜱[*Argas persicus* Oken](软蜱科)
fowl tuberculosis 家禽结核病[*Tuberculosis avium*]
fowl typhoid 禽伤寒,鸡伤寒[*Typhus avium*]
fowl yard 家禽运动场
fowling 捕禽,捕鸟
fowling net 捕禽网
fowling piece 猎枪,鸟枪
fox ①狐狸[*Vulpes vulpes*]②狐皮 ③电传打写机
fox-coloured 狐狸色的,红棕色的(vulpinus)
fox grape 美国蘡薁[*Vitis labrusca* L.](葡萄科)
fox test message 电传打字机检测报文{信息}
fox trap 捕狐网
foxberry (= blackberry) 黑莓[*Rubus fructicosus* L. = *R. suberectus* Anders.](蔷薇科)
foxed bean 狸小豆
foxglove ①毛地黄属[*Digitalis* L.](玄参科)②毛地黄[*Digitalis purpurea* L.]
foxglove aphid 毛地黄蚜[*Myzus solani* Kaltenbach](蚜科)
foxhound 猎狐犬,福克斯洪狗
foxtail ①狐尾 ②狐尾草(= foxtail grass)
foxtail barley 芒麦草[*Hordeum jubatum* L.](禾本科)
foxtail clover 狐尾三叶草[*Trifolium rebens* L.](豆科)
foxtail fescue 狐尾羊茅[*Festuca megatura* Nutt.](禾本科)
foxtail grass ①狗尾草属[*Setaria* Beauv.](禾本科)②狗尾草[*Setaria viridis* Beauv.]
foxtail midge (= meadow foxtail midge) 草原看麦娘瘿蚊[*Dasyneura alopecuri* (Reu ter)](瘿蚊科)
foxtail millet 小米(粟,谷子)[*Setaria italica* (L.) Beauv. = *Panicum italica* L.](禾本科)
foxtail millet thrips 粟蓟马[*Anaphothrips flavicinctus* Karny](蓟马科)
foxtail millet webworm 粟穗螟[*Mampava bipunctella* Ragonot](草螟科)
foxy-red 狐狸红的,赤褐色的(rufus)
foxy-tree (= tree infected by fungi) 菌害木
FP factor FP因子,促进细菌寄生染色体,转移的性因子
FPA (= floating point arithmetic) 浮点运

算{电脑}
FPLC(= fast protein liquid chromatography) 快速蛋白质液相层析{分生}
FR(= framework region) 构架区{生技}
fr-cu(= fracto-cumulus) 碎积云{气象}
fr-st(= fracto-stratus) 碎层云
fractal 分形的(fractalis)
fractal curve 分形曲线
fractal model 分形模型
fractal pattern 分形图像
fraction ①分级,粒级{土壤} ②分数,小数{数} ③部分,分组,小部分{物} ④碎片,断片{分遗} ⑤分圃{育种} ⑥分馏{加工}(fractio)
Fraction collector 部分收集器,分馏物收集器
fraction defect 废品率
fraction number 分数
fraction of saturation 饱和分数
fractional analysis ①分组分析{物} ②粒级分析{土壤} ③分馏分析{生化}
fractional centrifugation 分级离心作用
fractional centrifying 分级离心
fractional column(= fractionating column) 分馏塔,分馏柱
fractional computer 分数计算机
fractional condenser 分凝器
fractional crystallization 分级结晶
fractional culture 分组培养
fractional digit 小数数字,小数位{统计}
fractional distillation 分馏法
fractional error 比例[误]差率{统计}
fractional fertilization 分期施肥
fractional irradiation(= fractionated irradiation) 分段照射
fractional mutant ①部分突变体 ②部分突变型
fractional power law 分数幂定律{气象}
fractional precipitation 分段沉淀,分级沉淀
fractional replication 部分重复
fractional sterilization 分段灭菌,间歇灭菌
fractional stimulation 分级刺激[作用]
fractional stimulus 分次刺激
fractionated dose 分次剂量
fractionated irradiation 分次辐射
fractionation ①[基因]碎粒 ②分级分离,分次 ③分馏(fractionatio)
fractionation of exposure 分次照射
fractioned irradiation 分次照射
fracto-cumulus(fr-cu) 碎积云(fractocumulus)
fracto-nimbus 碎雨云(fractonimbus)
fracto-stratus(fr-st) 碎层云(fractostratus)
fractoserial 间断排列的(fractoserialis)
fracture ①断口,断面{土壤} ②骨折 ③折断,破裂,断裂(fractura)
fracture of bone 骨折
fracture plane 断面,裂面,破碎面
fracture zone 断裂带{遥感}
fracturing effect 碎粒效果{耕作}
fragaria(= strawberry) ①草莓属[*Fragaria* L.](蔷薇科) ②草莓[*Fragaria chiloensis* Duch.]
fragibility 易碎性,易裂性(fragibilitas)
fragilaria ①脆杆藻属[*Fragilaria* spp.](脆杆藻科) ②脆杆藻[*Fragilaria* sp.]
fragilaria family 脆杆藻科[Fragilariaceae]
fragile ①易脆的,易碎的 ②易断的(fragilis)
fragile rachis 易断穗轴,易断花序轴(rachis fragilis)
fragile site 脆性位点,易断位点{分遗}
fragility 脆性(fragilitas)
fragipan 脆磐
fragipan soil 脆磐土
fragment ①[染色体]断片 ②破片,碎屑,碎片,断片 ③片段{分遗} ④分段{电脑}(fragmentum)
fragment chromosome 断片染色体
fragment length mapping [核酸]片段长度[凝胶电泳]制图法{分遗}
fragment length polymorphism 片段长度多态性{分遗}
fragment map 断片图
fragmental deposit 碎屑沉积物
fragmental soil 砾质土,粗骨土
fragmental structure 碎屑状结构,碎片状结构
fragmental texture 碎屑质地
fragmentary material 碎屑物质
fragmentated 断裂的(fragmentatus, aceratus)
fragmentation ①[染色体]断裂 ②碎屑化[作用],碎裂[作用]{土壤} ③分段储存{电脑} ④片段{分遗}(fragmentatio)
fragmentation of chromosome 染色体断裂
fragmentation spores 断裂孢子
fragmentation transparency 片段透明度{分遗}
fragmented chromatin mass 断片染色质块
fragmented holdings 分散土地
fragmentimurate 具断裂网脊的(fragmen-

timuratus)
fragmospore 多横隔孢子 (fragmospora)
fragrance 芳香,香气 (fragrantia)
fragrant 芳香的 (fragrans)
fragrant alocasia ①海芋属[*Alocasia* Schott.](天南星科) ②海芋[*Alocasia odora* (Roxb.) C. Koch]
fragrant arrowwood 香荚蒾[*Viburmum farreri* W.T.Stearn](忍冬科)
fragrant balm 香蜂花[*Melissa officinalis* L.](唇形科)
fragrant citrus 香橙[*Citrus junos* Sieb. et Tanaka](芸香科)
fragrant daphne ①瑞香属[*Daphne* L.](瑞香科) ②瑞香[*Daphne odora* Thunb.]
fragrant evening primrose 月见草(夜来香,香待宵草)[*Oenothera odorata* Jacq.](柳叶菜科)
fragrant fern 香鳞毛蕨[*Dryopteris fragrans* Schott.](鳞毛蕨科)
fragrant flower ①木犀属[*Osmanthus* Lour.](木犀科) ②木犀(桂花)[*Osmanthus fragrans* Lour.] ③芳香花卉 (flos fragrans)
fragrant flowered garlic 韭(韭花,韭菜)[*Allium odorum* L.](石蒜科)
fragrant goldenrod 香一枝黄花[*Solidago odora* Ait.](菊科)
fragrant loose-strife 灵香草[*Lysimachia foenum-graecum* Hance](报春花科)
fragrant loquat 香花枇杷[*Eriobotrya fragrans* Champ. ex Benth.](蔷薇科)
fragrant luculia ①滇丁香属[*Luculia* Sweet](茜草科) ②滇丁香[*Luculia gratissima* Sweet]
fragrant olive (=fragrant flower) 桂花(木犀)[*Osmanthus fragrans* Lour.](木犀科)
fragrant pink 香石竹[*Dianthus fragrans* Adam.](石竹科)
fragrant plantain lily ①玉簪属[*Hosta* Tratt.](百合科) ②玉簪[*Hosta plantaginea* (Lam.) Aschers.]
fragrant rondeletia ①郎德木属[*Rondeletia* L.](茜草科) ②郎德木[*Rondeletia odorata* Jacq.]
fragrant sarcococca ①野扇花属[*Sarcococca* Lindl.](黄杨科) ②野扇花[*Sarcococca ruscifolia* Stapf]
fragrant snowbell 玉铃花[*Styrax obassia* Sieb. et Zucc.](安息香科)
fragrant soap 香皂
fragrant solomon's-seal 香黄精[*Polygonatum odoratum* (Mill.) Druce](百合科)
fragrant solomonseal 玉竹(山玉竹)[*Polygonatum officinale* All.](百合科)
fragrant sumac 香漆树[*Rhus aromatica* Alt.](漆树科)
fragrant tail-grape ①鹰爪花属[*Artabotrys* R. Br.](番荔枝科) ②鹰爪花(鹰爪)[*Artabotrys odoratissimus* R. Br.]
fragrant taste 香味
fragrant tea 花香茶
fragrant weigela 香锦带花[*Weigela fragrans* Ohwi.](忍冬科)
fragrant winter-hazel 香蜡瓣花[*Corylopsis glabrescus* Franch et Sav.](蜡瓣花科)
frail 柔弱的 (debilis)
frailea 小狮子球[*Frailea schilinzkyana* sp.](仙人掌科)
frame ①温床 ②犁柱 ③框架,机架 ④巢框 ⑤读框{分生} ⑥帧{信息} ⑦像幅,像框{遥感}
frame address 帧地址
frame area 保护地
frame buffer display 帧缓冲显示器
frame culture 温床栽培
frame double-share plough (=frame double-share plow) 架式双铧犁
frame experiment 温床试验
frame formation (茶叶)加工
frame hive 蜂箱
frame holder 巢框架
frame hopping 跳码(指在翻译中跳过某些密码子){分遗}
frame of board (=frame of plank) 木板墙框(指温室)
frame of hotbed 温床墙框
frame overlapping 读框重叠{分遗}
frame plough (=frame plow) 架式多铧犁
frame rule for rice planting 插秧用架式尺,插秧用框尺
frame runner 支架巢框的铁片,巢框垫片
frame saw 框锯(木工)
frame seeding 温床播种
frame spacer 巢框间隔器,距离夹
frame spacing nail 巢框间隔钉
frame suppression (=frameshift suppression) 移码抑制{分遗}
frame synchronization 帧同步
frame synchronizer 帧同步器
frame system 框架系统
frame tongs 巢框钳
frame window 帧窗口,框窗口

frame with manure hotbed 厩肥[酿热]温床
frameshift 移码,码组移动{分遗}
frameshift mutagen 移码诱变剂
frameshift mutant 移码突变型
frameshift mutation 移码突变
frameshift suppression 移码[突变]抑制
frameshift suppressor 移码[突变]抑制基因
frameshift suppressor tRNA 移码抑制基因 tRNA
framework ①方格,格子,栅 ②框架,骨架,构架工程{水利} ③结构{农经} ④构架{分遗}
framework gene (FWG) 构架基因
framework pruning 骨架修剪(指树木)
framework region (FR) 构架区
framework system 框架系统
framework tree species 骨干树种
framing ①构架 ②车架,框架 ③结构 ④分帧,成帧,组帧{电脑}
framing format 帧格式,帧内信息编排{信息}
Franchet groundcherry 璎珞酸浆[*Physalis alkekengi* var. *francheti* Hort.](茄科)
Franchet photinia 密花石楠[*Photinia franchetiana* Diels](蔷薇科)
Franchet sophora 闽槐(佛氏槐树)[*Sophora franchetiana* Dunn.](豆科)
Franchet whitlow-grass 佛氏葶苈[*Draba franchetii* O. E. Schulz.](十字花科)
francium 钫(Fr,67号元素)
frangipani (= red plumeria) 红鸡蛋花[*Plumeria rubra* L. = *Phaseolus coccineus* L.](夹竹桃科)
frangipani plant ①鸡蛋花属[*Plumeria* L.](夹竹桃科) ②鸡蛋花[*Plumeria acuminata* Ait.]
frangula-like rhamnelia 猫乳[*Rhamnella franguloides* Weberb.](鼠李科)
frankenia ①瓣鳞花属[*Frankenia* L.](瓣鳞花科) ②瓣鳞花[*Frankenia* sp.]
frankia ①弗兰克氏菌属[*Frankia Brunchorst*](细菌) ②弗兰克氏菌[*Frankia* sp.]
frankincense 乳香(一种树脂发出的香味)
frankincense tree 乳香树[*Boswellia carteri* Birdw.](橄榄科)
franking ①打印标的 ②盖邮戳的{信息}
Franklin tree ①富兰克林木属[*Franklinia* spp.](山茶科) ②富兰克林木[*Franklinia alatamaha* sp.]
frass ①蛀屑 ②虫粪,虫排泄物
fraternal 兄弟的(fraternalis)
fraternal chromosome 同源染色体{细胞}
fraternal pairing (等臂染色体)外配对,异臂配对(指不同染色体臂配对)
fraternal transposition 同源[染色体]转位
fraternal twin 异卵双生(geminus fraternalis)
fraternity 聚体雄蕊(fraternitas)
fraudulent base 骗得碱基
Fraunhofer diffraction 夫琅和费衍射{遥感}
Fraunhofer line 夫琅和费线{遥感}
Fraunhofer Line Discerniminator (FLD) 夫琅和费线鉴别仪{遥感}
fraxin 梣皮苷[$C_{18}H_{18}O_{16}$]
fraxinella (= dithany, dittany) ①白鲜属[*Dictamnus* L.](芸香科) ②白鲜[*Dictamnus albus* L.]
fraxinus-aceretum 白蜡树-槭树林
fraxinus constricted aphid 梣缢管蚜[*Rhopalosiphum fraxinicola* Matsumura]
fraxinus elongate scolytid 梣长小蠹[*Crossotarsus contaminatus* Blandford]
fray ①斗争,竞争 ②冲突,干扰 ③擦,磨损 ④擦伤
frayed end 翻口[末]端{分遗}
frazil ①冰粒,冰晶 ②屑冰
frazil crystal 冰晶
frazil ice 冰絮
frazzle 破烂,破损
freak ①变态,畸形 ②反常
freak storm 极反常风暴
free ①自由的,游离的,无限制的 ②分离,离生的 ③无的,免费的 ④松的,不固定的 ⑤丰富的,过多的,随时有的{加工} ⑥自主的,独立的{分遗}(liber)
free acid 游离酸
free acidity 游离酸度
free air 自由空气
free amino acid 游离氨基酸
free amino group 自由氨基,游离氨基
free anemophily 风媒自由传粉
free area ①有效筛孔面积 ②空闲区,自由区{电脑}
free assortment 自由分离
free at frontier price 边境免税价格
free atmosphere 自由大气
free auxin 自由生长激素
free available residual chlorine 游离有效剩余氯{环保}
free balloon 自由气球
free beaks 头喙亚目(同翅目)[Auchenorrhyncha]
free bearer 自然结果树

free board 干舷,超高{环保}
free breeding on pasture 在牧场上自由繁育(指牛)
free carbonic acid 游离碳酸
free cell 游离细胞
free cell culture 游离细胞培养
free central placenta 特立中央胎座
free-central placentation 特立中央胎座式
free charge 免费
free chlorine 游离氯
free choice 任食,自由采食
free commodity 自由商品
free competition 自由竞争
free cross pollination 自由异花传粉
free curve 任意曲线
free cutting 无支承切割
free cyanide 游离氰[化物]
free diffusion 自由扩散
free discharge scraper 自由卸土铲运机
free disposal 自由处置
free-draining 排水良好,排水流畅
free electrolyte 自由电解质,游离电解质
free electron 自由电子
free energy 自由能
free energy change 自由能变化(改变)
free energy computation 自由能计算
free energy function 自由能函数
free enthalpy 自由焓
free exchange of services 自由换工{农经}
free expansion 自由膨胀
free fall 自由跌落{水利}
free fatty acid 游离脂肪酸
free fit 自由配合
free float 自由浮动
free flooding irrigation 大水漫灌
free flow 自由[水]流,无压流
free flow electrophoresis 自由流动电泳
free flowering 自然开花
free flowing material 良好流动性物质,良好散撒性物质
free flowing steam sterilization 常压蒸汽灭菌
free formation of cell 细胞自由形成,细胞游离形成
free from snow 无雪
free fuzzy function 自由模糊函数
free gas 自由气体,游离气体
free genetic variability 自由遗传变异性
free genetic variation 自由遗传变异
free grazing 自由放牧
free grower 野生植物
free-hand drawing 草图,示意图
free-hand section 徒手切片{显技}
free head 自由水头{环保}
free hydrogen 游离氢
free impedance 自由阻抗
free insulin 游离胰岛素
free ion 游离离子(指 Al 及重金属)
free iron 游离铁
free lifting force 净举,自由上升力
free line 空闲线{信息}
free list 海关免税品,自由化[产品]清单
free-living female gamete 自由生活雌配子
free-living male gamete 自由生活雄配子
free-living microorganism 自由生活微生物
free-living unicellular algae 自由生活的单细胞藻类
free macromolecules 游离大分子,自由大分子
free martin 双生间雌
free martinism 双生间雌现象
free mating ①自由交配 ②自由交尾
free meander 自由河曲(指河道自由弯曲)
free milling 轻碾磨
free moisture 自由水
free moisture content 自由含水量
free movement 自由运动
free movement of goods 商品自由流通
free moving spore (=zoospore) 游动孢子(zoospora)
free nitrogen 游离氮
free nitrogen fixing bacteria 游离氮固定细菌
free nomenclature 自由命名法
free nuclear division (=free nudeus division) 游离核分裂
free nuclear stage 游离核期
free nuclei 游离核
free nucleus division 游离核分裂
free occurrence 自由出现
free of charge ①成果,收效,盈利 ②不收费的,免费的
free of duty 免税
free of ice 不结冰
free of interest 无息的,无利率的
free open-textured sand 松沙
free organic acid 游离有机酸
free oscillation 自由颤动,自由振动
free oxide 游离氧化物
free oxygen 游离氧
free particle 自由颗粒
free pasturing (=free grazing) 自由放牧
free path 自由路径
free piston engine 自由活塞式发动机

free plasmid 游离质粒
free play 空行程
free pollination 自由传粉
free polypeptide synthesizing system 自由多肽合成系统
free pore 自由孔[隙],无水孔[隙]
free pore space 自由孔隙,无水孔隙
free price 自由[市场]价格
free production 自由生产
free pupa 离蛹
free quotations on the world market 世界市场的自由开价{农经}
free radical 自由基,游离基
free radical induced catalysis 自由基引发催化[作用]
free radical polymerization 自由基聚合
free radical reaction 自由基反应
free radical scavenger 自由基清除剂
free range rearing 草原饲养
free reference 自由参考,自由参照,自由引用
free ribosomal protein 自由核蛋白体蛋白
free ribosome 自由核蛋白体
free rotation 自由旋转
free-running ①自激的,自由振荡的 ②自由活动
free-running juice 自流液
free salt 自由盐,游离盐
free seed loss 落粒损失
free-setting the crown 树冠修整
free settling 自由沉降
free single cell 游离单细胞
free skin 离皮
free software 自由软件,免费软件
free software foundation (FSF) 免费软件组织,自由软件基金会
free soil 疏松土壤
free space 自由空间
free stall 开放式牛栏,散养牛圈
free stall barn 开放式牛舍,散养牛圈
free stock 共砧,自由砧{园艺}
free surface 自由液面{环保}
free surface of liquid 液体自由面
free swimming 自由游动
free-thinning 自由疏伐
free threshing variety 易脱粒品种
free trade 自由贸易
free-trade area 自由贸易地区
free trashing 易脱叶(指甘蔗)
free utricle 胞果,胞囊,泡囊状果被
free valence 游离价
free variability 自由变异性
free-veined 离脉的(eleuthrophlebius)
free volume 自由体积
free water 自由水
free water surface 自由水面
free wheel 滑轮
freeboard 出水高度,干舷(指自水面至甲板间的船舷)
freed of caffeine 除去咖啡因的
freedom ①自由 ②免除,免费 ③使用权,不限制
Freedom from Hunger Campaign (FAO) (粮农组织)免饥饿运动
freedom from nuisance 无公害{环保}
freedom of establishment 居住自由
freehold land 私有土地,自有土地
freemartin 自由马丁{细胞}
freesia ①小苍兰属(洋玉簪属)[*Freesia* Klatt](鸢尾科) ②小苍兰[*Freesia refracta* Klatt]
freesia mosaic virus 小苍兰花叶病毒[Freesia virus 1 (Smith)]
freestone 离核
freestone apricot 离核杏
freestone peach ①离核毛桃[*Prunus persica* var. *aganopersica* Voss.](蔷薇科) ②离核桃(品种)
freestone pear 离核梨
freeware ①免费件,免费软件 ②自由件
freeze ①冷冻 ②(财物,存款)封存,冻结,(物价,工资)稳定
freeze branding 冷冻烙号
freeze-dried residue 冷冻干燥残留物
freeze drier ①冷冻干燥机 ②(= lyophilizer) 冷冻干燥仪
freeze dry 冻干,冷冻干燥
freeze-drying (= lyophilization) 冷冻干燥[法]
freeze-drying method 冷冻干燥法
freeze etching 冰冻蚀刻
freeze-fracture method 冷冻折断法
freeze fracturing 冷冻断裂,冷冻折断{生技}
freeze injury ①冻害 ②霜害
freeze mode (= freeze state) ①保持状态 ②冻结状态
freeze preservation 冷冻保存
freeze preservation thawing 冷冻保存融解(解冻)
freeze pressing 冷冻压榨
freeze resistance 耐冻性
freeze-sectioning 冷冻切片法{显技}
freeze squeezing 冷冻挤压
freeze substitution 冷冻置换,冷冻代换
freeze substitution in electron microscopy

电子[显微]镜检术的冷冻置换
freeze-thaw 融冻作用
freeze-thaw lysate 融冻裂解物
freezer 冷冻机,冷冻器,制冷器,冷藏箱
freezing ①冻结的,结冰的,冰冻的 ②严寒的,酷寒的
freezing apparatus 冷藏器
freezing avoidance 避冻
freezing box 冰[冻]箱
freezing chamber ①冷冻室,冷藏室 ②冷箱
freezing damage 冻害
freezing dehydration 结冰脱水作用
freezing disk 冷冻盘{显技}
freezing-drying microtomy 冷冻干燥切片术{显技}
freezing fixation 冷冻固定
freezing hardiness 耐冻性
freezing index 低温指数{环保}
freezing injury 冻害
freezing level ①冻结高度,凝固高度 ②封冻水位
freezing microtome 冰冻切片机,冷冻切片机{显技}
freezing microtomy 冷冻切片法{显技}
freezing mixture 冻结混合物
freezing nuclei 凝固核
freezing pattern 冰冻模式
freezing period 冰冻期
freezing plant 冷冻设备
freezing point ①冰点,冻结点 ②凝固点
freezing point depressing glycoprotein 冰点降低糖蛋白,降凝固点糖蛋白{分生}
freezing point depression 冰点降低
freezing point depression method 冰点下降法
freezing point line 冰点线
freezing prevention 冰冻防止
freezing process ①结冰过程,冰冻过程 ②冻结法,凝固法{环保}
freezing rain 冻雨
freezing risk 冰冻危害
freezing room 冻结间
freezing-sensitive plant 冰冻敏感植物,严寒敏感植物
freezing-sensitive tissue 冰冻敏感组织
freezing storage 冻藏
freezing stress 冻害,严寒胁迫
freezing temperature 冻结温度,结冰温度
freezing tolerance 耐冻
freezing-tolerant plant 耐[冰]冻植物
freezing treatment 冷冻处理
freezing vegetable 冷冻蔬菜,冷藏蔬菜
freezing weather 冰冻天气,严寒天气
freight ①水上运输,运送货物 ②运费
freight subsidies 运输补贴
French bean ①(= kidney bean) 菜豆[*Phaseolus vulagris* L.](豆科) ②(= string bean, green bean) 嫩荚菜豆
French bean fly (= bean fly) 豆秆潜蝇(法国豆蝇)[*Agromyza phaseoli* Coquillett](秆蝇科)
French cell press (= French press) 弗氏细胞压榨器{生技}
French clover (= crimson clover) 绛三叶草[*Trifolium incarnatum* L.](豆科)
French degree 法国度{环保}
French endive (= witloof chicory, Brussel witloof) 菊苣(苦苣)[*Cichorium intybus* var. *foliosum*](菊科)
French garden 法国庭园{园林}
French gelatin 法国胶
French-honeysuckle ①岩黄芪属[*Hedysarum* L.](豆科) ②岩黄芪[*Hedysarum esculentum* Ledeb.]
French lavender 法国薰衣草[*Lavandula stoechas*](唇形科)
French marigold 万寿菊(藤菊)[*Tagetes patula* L.](菊科)
French mercury (= garden mercury) 一年生山靛[*Mercurialis annua* L.](大戟科)
French Meteorological Satellite (EOLE) 法国气象卫星,"风神"卫星
French mulberry ①紫珠属[*Callicarpa* L.](马鞭草科) ②紫珠[*Callicarpa dichotoma* (Lour.) K.Koch]
French nettle 小野芝麻[*Lamium purpureum* L.](唇形科)
French poodle 法国波得儿犬{狩猎}
French rose 法国蔷薇[*Rosa gallica* L.](蔷薇科)
French rye-grass (= tall oatgrass, false oat) 高黑麦草(燕麦草)[*Arrhenatherum elatius* (L.) Presl](禾本科)
French spotted marigold 细叶万寿菊[*Tagetes signata* Bartling](菊科)
French willow 柳兰[*Chamaenerion angustifolium* (L.) Scop.](柳叶菜科)
frenching 焦灼病,细叶病,秃化病(缺锰)
frenulum ①系带 ②翅缰
frenulum hook 翅缰钩
Freone (= freon) 氟利昂,氟氯烷[CCl_2F_2]
freone compressor 氟氯烷冷冻剂压缩机
freone in electron microscopy 电子[显微]镜检术用氟利昂
frequency ①频率{遗传} ②次数,频数{统

计}(frequentia)
frequency analysis 频率分析
frequency analyzer 频率分析仪
frequency band 频带,频段
frequency bandwidth 频带宽度
frequency bias 频偏{遥感}
frequency channel 频道
frequency class ①频率级 ②次数组{统计}
frequency converter 变频器
frequency counter 频率计数器
frequency curve ①频率曲线 ②次数曲线
frequency demodulation 鉴频{遥感}
frequency-dependent selection 依赖于频率的选择{育种}
frequency detector 频率检测器
frequency distribution ①次数分布 ②频率分布
frequency distribution diagram 次数分布图,频数分布图
frequency distribution of cluster mutants 簇状突变体分布频率
frequency distribution table 次数分布表,频数分布表
frequency divider 分频器
frequency division multiple system 分频多路系统{信息}
frequency doubler 倍频器
frequency histogram 频数直方柱图,频率直方柱图
frequency hopping 跳频
frequency index 频率指数
frequency meter 频率计
frequency-meter anemometer 频率表式风速计
frequency modulated signal 调频信号
frequency modulation (FM) 调频
frequency modulation data (FM data) 调频数据
frequency of bud-variation 芽变异频率
frequency of cyclone 气旋频率
frequency of dosing 投配频率{环保}
frequency of induced chlorophyll mutation 诱发叶绿素突变频率
frequency of induced gene mutation 诱发基因突变频率
frequency of irrigation 灌溉次数,灌水频率
frequency of mutation 突变频率
frequency of somatic mutation 体细胞突变频率
frequency of temperature 温度频率
frequency of washing 冲洗频率
frequency of wind 风频率
frequency polygon 频率多边形图,次数多边形图
frequency range 频率范围{遥感}
frequency response 频率响应[度]
frequency response of optical system 光学系统的频率响应
frequency scan radar 频率扫描雷达{物}
frequency scanning 频率扫描
frequency sensitivity 频率敏感性
frequency shift 频移{遥感}
frequency shift keying 频移键控
frequency spectrum 频谱
frequency stability 频率稳定度
frequency sweep 扫频
frequency swing 频率摆动,最大频偏{遥感}
frequency table 次数表{统计}
frequency translator 频率变换器
frequent ①时常发生的 ②屡次的 ③常见的,平常的,习惯的(frequens)
frequent asked questions (FAQ) 经常提出的问题{电脑}
frequent disease 常见病[害],多发病
frequent drought 经常干旱
frequent hoeing 多次锄地,勤锄
frequent irrigation 经常灌溉,勤灌
frequent observation 经常观察
frequent term 常用词{电脑}
frequent weeding 多次去杂,多次除草
fresh ①新的,新鲜的,鲜艳的 ②新做的,未腌的,淡的,未罐装的,未冰冻的 ③清爽的,清新的
fresh air 新鲜空气
fresh air-mass 新鲜气团
fresh bean 鲜嫩菜豆
fresh breeze (= fresh wind) 清风,清劲风
fresh butter 淡牛油
fresh cheese 新鲜干酪
fresh chemicals 新到药品,新到农药
fresh cocoon 生茧
fresh cocoon reeling 生[蚕茧]缫丝
fresh cocoon testing 生茧检定
fresh colour 鲜艳颜色
fresh compost 新做堆肥
fresh cut 新伐
fresh deposit 新[鲜]沉积物{环保}
fresh egg 鲜蛋
fresh fallow 无厩肥休闲地,新休闲地
fresh figs (= green figs) 新鲜无花果
fresh fish 鲜鱼
fresh flower 鲜花
fresh forage yield 新鲜饲草收获量
fresh fruit 新鲜水果
fresh fruit etiology 新鲜水果病原学

fresh gale 强风,八级风(蒲福风级)
fresh hayrick 新干草堆
fresh hide 生毛皮
fresh humus 新鲜腐殖质
fresh ice 新冰
fresh keeping 新鲜贮存法
fresh keeping materials 新鲜贮存剂
fresh leaf 鲜叶
fresh manure 新鲜厩肥
fresh material 新鲜材料
fresh matter 新鲜材料
fresh meat 鲜肉
fresh milk 鲜乳
fresh night soil 新鲜人屎尿
fresh nutrient medium 新鲜培养基,新鲜营养基
fresh oil 鲜油
fresh organic matter 新鲜有机质
fresh paddy 新稻谷
fresh regolith 新鲜风化层,新鲜土体
fresh sewage 新[鲜]污水{环保}
fresh sludge 新[鲜]污泥{环保}
fresh soil 生土,原土
fresh soiling 新鲜青刈草
fresh soybean 毛豆(大豆荚)
fresh specimen 新鲜标本{显技}
fresh vegetable 新鲜蔬菜
fresh water 淡水
fresh-water algae 淡水藻[类]
fresh-water culture of fish 淡水养鱼业
fresh water deposit 淡水沉积物
fresh water fish 淡水鱼
fresh water fishery 淡水养鱼[业]
fresh water fishing 淡水养鱼
fresh water lake 淡水湖
fresh-water macrophyte 淡水大型植物
fresh-water marsh 淡水沼泽
fresh water pisciculture 淡水养鱼
fresh water tank 淡水箱,淡水池{环保}
fresh weight (FW) 鲜重
fresh wind 清风,清劲风
fresh yield 青割产量(指牧草)
freshen 使新鲜,变为新鲜
freshening ①开始产奶 ②产犊,生小牛,分娩
freshet 泛滥,春汛,淡水河流
freshly exposed surface 新暴露面
freshly green-manured soils 新施绿肥地
freshly plowed soil 新耕土
freshness ①新鲜 ②新鲜度
freshness preservation 新鲜度保存
freshness retention 新鲜度保持
freshy fruit 果肉(pulpa)
freshy-trunk treebine 肉瓶树(青紫葛)[*Cissus juttae* sp.](葡萄科)
Fresnel lens 菲涅尔透镜{生技}
Fresnel-zone plate 菲涅尔带片{遥感}
fret ①磨损,摩擦,损耗 ②侵蚀 ③⌊复⌉基质间片
fret membrane 卍字形膜
fret saw 缕花锯,钢丝锯,嵌锯(木工)
Freund's adjuvant 弗罗德佐剂{分遗}
Freund's complete adjuvant (FCA) 弗罗德完全佐剂{分遗}
Freund's incomplete adjuvant 弗罗德不完全佐剂
FRF (= follicle-stimulating hormone releasing factor) 促滤泡激素释放因子
friability ①松散性,酥性,脆性 ②易碎性(friabilitas)
friability of soil 土壤酥性,土壤松散性
friable ①易碎的,脆的 ②松散的,散碎的 ③酥的(friabilis)
friable consistency 松散结持性[度]
friable humus 松散腐殖(植)质
friable sand 松散沙
friable sandstone 松散沙岩
friable soil 松散土壤
friable state 松散状态
friable texture 松散质地
friction ①摩擦 ②摩擦力(frictio)
friction area 摩擦面积
friction brake 摩擦制动器
friction clutch 摩擦式离合器
friction coefficient (= frictional coefficient) 摩擦系数{环保}
friction disk 摩擦圆盘,摩擦片
friction feed 摩擦送纸,摩擦进纸,摩擦供纸(指印刷或打印)
friction feed printer 摩擦进纸打印机
friction feeder 摩擦供纸设备
friction gearing 摩擦传动装置
friction head 摩擦水头{环保}
friction layer (= frictional layer) ①摩擦层 ②集材杆,押棒
friction loss (= frictional loss) 摩擦损失(指能损失)
friction phase 摩擦相
friction pressure control 摩擦压力控制
friction separator 摩擦式[谷物]清选机
friction-top pail 紧盖小桶{蜂}
frictional coefficient 摩擦系数
frictional force 摩擦力
frictional resistance 摩擦阻力
frictionally driven 摩擦推动的
frictionating 摩擦

frictionless 无摩擦
frictionometer 摩擦系数测定计
friedelin 无羁萜,软木三萜酮
Friedreich's ataxia 弗里杜里茨氏运动失调
Friend cell 弗里德氏细胞{分生}
Friend leukemia virus 弗里德氏白血病毒
friendliness 友好性,友善性
friendly soft ware 方便用户的软件{信息}
friendship plant ①巴拿巴冷水花[*Pilea involucrata* sp.](荨麻科) ②垂兰水塔花[*Billbergia nutans* Wendl.](凤梨科)
Friesian (= Holstein Friesian) 荷兰红白花牛
fright 惊骇
frightful ①可怕的(= causing fear),令人恐怖的(= dreadful) ②极大的(= very great),非常的(= awful)
frigid 寒冷的,严寒的(frigidus)
frigid climate 寒冷气候
frigid weather 寒冷天气
frigid zone 寒带
frigidity 冷,寒冷(frigiditas)
frigidity factor 交配冷淡因子
frigofuge 避寒植物,嫌寒植物(frigofugus)
frigolable 不耐寒的,无抗寒性的(frigolabilis)
frigorideserta 寒荒漠群落{生态}
frigorific mixture 冷冻混合物
frigorimeter 冷却计
frigostable 耐低温的,耐寒的(frigostabilis)
frill ①镯状褶 ②上菌环 ③下菌环(frillum)
frill treatment 边缘处理(除草剂)
frilling ①脱膜 ②皱褶
fringe ①流苏,缝 ②[穗状边]缘 ③蒴齿 ④[干涉]条纹(fimbrilla)
fringe-flower (= butterfly-flower) ①蛾蝶花属[*Schizanthus* Ruiz et Pav.](茄科) ②蛾蝶花[*Schizanthus pinnatus* Ruiz et Pav.]
fringe-flowered 具流苏状花的,睫毛花(blepharanthus)
fringe-fruited 具流苏状果的,睫毛果的(blepharicarpus)
fringe-leaved 缕缘叶的,睫毛叶的(blepharophyllus)
fringe or border of a windbreak 防风林缘
fringe-petaled 缕缘瓣的(crossopetalus)
fringe region of the atmosphere 大气边缘层
fringe-tree ①流苏树属[*Chionanthus* Royan.](木犀科) ②流苏树[*Chionanthus retusus* Lindl.]
fringebell 裂缘花[*Schizocodon soldanelloides* Makino.](裂缘花科)
fringecups 大穗杯花[*Tellima grandiflora* sp.](虎耳草科)
fringed ①具流苏的 ②具缝的 ③具睫毛的(fimbriatus)
fringed chirita 蚂蟥七(石蜈蚣,石螃蟹)[*Chirita fimbrisepala* Hand.-Mazz.](苦苣苔科)
fringed coffee scale 咖啡镣蚧[*Asterolecanium coffeae* Newstead]
fringed galax (= fringebell) 裂缘花[*Schizocodon soldenelloides* Makino.](裂缘花科)
fringed gentian 缘裂龙胆[*Gentiana orinita* Froel.](龙胆科)
fringed hibiscus 拱手花篮(吊灯花)[*Hibiscus schizopetalus* (Mast.) Hook. f.](锦葵科)
fringed iris 蝴蝶花[*Iris japonica* Thunb.](鸢尾科)
fringed nettle grub 黑点刺蛾[*Natada nararia* Moore]
fringed orchid ①玉凤花属[*Habenaria* Willd.](兰科) ②玉凤花[*Habenaria miersiana* Champ.]
fringed pink (= lilac pink) 瞿麦[*Dianthus superbus* L.](石竹科)
fringed scales (= pit scales) 镣蚧科[Asterolecaniidae]
fringed wing 缨翅
fringed-winged apple bud moth 苹遮颜蛾[*Holcocera maligemmella* Martf.]
fringeleaf ruellia 缘毛叶芦莉草[*Ruellia ciliosa* Pursh](爵床科)
fringing 镶边
fringing effect 边缘效应{遥感}
fringing reef 裙礁,岸礁
friose 丙糖,三碳糖
Frit flies and others 黄潜蝇科[Oscinidae, Chloropidae]
Frit fly 瑞典麦秆蝇[*Oscinella frit* L.](秆蝇科)
fritillaria (= fritillary) ①贝母属[*Fritillaria* L.](百合科) ②贝母[*Fritillaria verticillata* Willd. var. *thunbergii* Bak.]
fritillaria alkaloid 贝母生物碱
Fritillaria type 贝母型(指胚囊)
fritillarine 贝母碱
fritted glass 多孔玻璃
frizzle 卷毛(突变型)

frizzled feather 逆羽毛,翻毛(鸡)
frizzled hair 卷曲毛{畜}
frog ①蛙[*Rana*]②蹄叉,角叉 ③结合板 ④犁托
frog hoppers ①沫蝉 ②⌊复⌉沫蝉科[Cercopidae]
frog mouth sieve 鱼鳞筛
frog spawn 蛙卵
frog spittle 昆虫分泌泡沫
frogeye leaf spot (= frogeye cercospora leaf spot) ①蛙眼病,白星病(烟草)②果腐病(苹果)
frogeye leaf spot of tobacco 烟草蛙眼病[*Cercospora nicotianae* Ell. et Ev.]
frogeye leaf spot or stem and rot of fruit of pepper 辣椒褐斑病[*Cercospora capsici* Halsted et Wolf.]
frogflower ①毛茛属[*Ranunculus* L.](毛茛科)②毛茛[*Ranunculus japonicus* Thunb.]
froggrass (= crab-grass) 盐角草(海蓬子)[*Salicornia herbacea* L.](藜科)
frog's-bit ①水鳖属[*Hydrocharis* L.](水鳖科)②水鳖(马尿花)[*Hydrocharis morsus-ranae* L.]
frog's-bit family 水鳖科[Hydrocharitceae]
frog's legs 蛙腿
from each according to his ability to each according to his work 各尽所能,按劳取酬
frond ①叶(指蕨类、棕榈类及苏铁类)②植物体(指藻类及苔藓)(frons)
frondage 叶的长势
frondescence ①叶卷叠式 ②叶状柄 ③生叶,发叶(frondescentia)
frondlet 小叶体(frondoculus)
frondome 叶(frondoma)
frondose (= frondous) ①多叶的 ②具叶的(frondosus)
front ①锋{气象}②正面,前部 ③前方(frons)
front axle 前轴,前桥{农机}
front axle shaft 前轮车轴
front-carried duster 胸挂式喷粉机
front cavity 前腔(cavitas frons)
front characteristics 锋的特征
front computer (= front-end computer) 前端计算机
front coverer 前培土器
front edge 前沿
front end 前端的
front-end mower 前置式割草机
front-end network processor 前端网络处理器{信息}
front-end processor (FEP) 前端处理器
front-end software 前端软件
front face 原始割面(采脂)
front garden 前花园{园林}
front idler 前惰轮
front lay ①前沿放置 ②前端定位装置
front lens 前透镜
front light (= front lamp) 前灯
front line 锋线
front loader 前悬挂装载机
front mounted 前悬挂[式]的
front-mounted implement 前悬挂式农具
front-mounted in-line 前正悬挂[式]
front mounted loader 前悬挂装载机
front-mounted swather 前悬挂刈晒机
front-mounted type 前悬挂式
front part 前部
front power lift 前悬挂农具的提升机构
front power takeoff 前动力输出轴
front ratio(Rf) 前沿比{分遗}
front rotating spreader 前部旋转式撒肥机
front side 正面
front tooth (= fore tooth) 前齿,门齿
front tread 前轮距
front tyre (= front tire) 前轮胎
front view 正视图,正面观,前面,正面
front wheel 前轮
front wheel adjustment 前轮定位
front wheel drive 前轮驱动
front wing 前翅
front yard 前院
front-yard garden 前院庭园{园林}
frontal ①锋的②正面的,前面的,前方的,前部的(frontalis)
frontal action 锋的作用,锋的活动
frontal analysis ①锋分析 ②正面分析,迎头分析
frontal barometric gradient 锋面气压梯度
frontal change 锋面变化
frontal chromatography 正面层析
frontal cloud 锋面云
frontal commissure 额神经索
frontal cyclone 锋面气旋
frontal fog 锋面雾
frontal ganglion 额神经节
frontal gland 额腺
frontal inversion 锋面逆温{遥感}
frontal line 锋线
frontal line of snowmelt 融雪[前]锋线

frontal mass 锋区气团
frontal precipitation 锋面降水
frontal process ①额突 ②触角突
frontal profile ①锋面剖面{气象} ②正前剖面{土壤}
frontal section 水平纵切{显技}
frontal seta 额刚毛
frontal slope 前坡
frontal structure 锋结构
frontal surface 锋面
frontal suture 额缝
frontal thunder-storm 锋面雷暴
frontal topography 锋面形势
frontal wave 锋面波
frontal zone 锋带
frontier ①国境,边疆,边界 ②极限 ③科技新领域,尖端 ④拓荒 ⑤末梢
frontier node 末梢节点
frontier orbital 边缘轨道,前沿轨道{生技}
frontier point 边[界]点
frontier science 前沿科学
frontier spirit 拓荒精神(指开辟新技术领域的精神)
frontier trade 边境贸易,边贸
frontoclypeal region 额唇基部
frontoclypeal suture 额唇基缝
frontogenesis 锋生{气象}
frontogenetical area 锋生区
frontogenetical front 锋生锋
frontology 锋面学,锋的学说(frontologia)
frontolysis 锋消
frontolytical area 锋消区
frontolytical front [在]消灭中的锋
frost ①霜,霜冻 ②严寒(frigus)
frost acclimatization 霜冻驯化
frost alarm 霜冻警报
frost and dew ①霜露 ②露和霜
frost belt 霜带
frost-bite 冻伤,霜害
frost-bite annual ring (=frostring) 冻伤年轮
frost-bitten 受冻伤的,受冻害的(=suffering from frost-bite)
frost-bound (土地)冻硬的
frost canker 冻瘤
frost cleft 冻裂
frost control 防霜
frost control forest 防霜林
frost cracking 冻裂
frost damage 霜害,霜冻损害
frost damage in spring 晚霜害
frost damage prevention 霜害预防
frost day 霜日
frost deposit 霜冻沉积物
"frost drying" 霜冻干化
frost endurance 耐霜性,耐寒性
frost formation (=frosting) 结霜
frost-free growing season 无霜生长期
frost-free period 无霜期
frost-free season 无霜期间
frost grape 霜葡萄[*Vitis monticola* Buckley=*V. vulpina* Gray](葡萄科)
frost hardening 霜冻锻炼(指幼苗)
frost hardiness 耐霜性
frost hardy ①耐霜性的,耐寒的 ②冻心材
frost-hardy vegetable 耐寒蔬菜
frost heart wood 冻心材
frost heave of plant 植株冻拔
frost heaving ①冻拔,掀耸,冻举 ②霜柱 ③冻胀丘
frost heaving injury 冻拔害
frost heaving stage 霜柱期
frost hole 霜[冻]穴,霜[冻]孔
frost hollow 成霜洼地
frost injury (=damage) 冻害,霜害
frost kill 冻死
frost killing 冻死
frost lifting 冻拔
frost line 霜线,霜冻线,霜结线
frost locality 多霜地
frost measurement 霜冻测量
frost mist 雾凇,冻雨
frost nail 马掌钉
frost observation 霜冻观测
frost penetration 冰冻渗入作用,冻土层厚度,土壤冰冻层厚度{土壤}
frost penetration depth 霜冻渗入深度
frost period 霜期
frost plasmolysis 霜冻质壁分离
frost pocket 霜袋地
frost point 霜点
frost-point hygrometer 霜点湿度计
frost prevention 防霜,霜冻预防
frost prevention equipment 防霜设备
frost-prone land 易受冻害地
frost-proof date 无霜期
frost-proof storage (=frost storage) 防霜贮藏
frost protecting fan 防霜风扇
frost protection 防霜,防寒
frost protection blower (果园用)防霜[冻]热风吹送器
frost protection equipment 防霜冻机具
frost protection irrigation 防霜灌溉

frost protection machine 防霜冻机
frost protection sprinkling 防霜[冻]喷灌
frost protectives 防霜剂
frost resistance 抗霜性,抗寒性
frost resistance genotype 抗寒性基因型
frost-resistant 抗霜的,抗寒的
frost-resistant hybrid 抗霜杂种
frost-resisting power 抗寒力
frost rib 霜冻伤疤(指果木)
frost ring 霜轮,假年轮
frost season 霜期
frost-shed 防霜棚
frost-shoe 防霜蹄铁,防滑蹄铁
frost split 冻裂
frost stress 霜[冻]胁迫{生态生理}
frost survival 霜冻存活
frost survival capacity 霜冻存活能力
frost-susceptible 易受霜冻的
frost-tender 易受霜冻的,不耐寒的
frost-thaw lysate 冻融裂解物
frost weather 严寒天气
frost weathering 霜风化,冰冻风化[作用]
frost work 冻裂功
frost zone 霜带
frostbite 冻伤,霜害
frostbitten 受冻伤的,受冻害的,冻坏的
frostcrack 霜裂,冻裂(指树干)
frosted 霜冻的
frosted hawk moth 梧桐天蛾[*Psilogramma menephron increta* Walker](天蛾科)
frosted orange moth 香橙黄夜蛾[*Gortyna flavago* (Schiff.)](夜蛾科)
frosted pear aphid 梨降霜蚜[*Aphis pirifoilae* Shinji](蚜科)
frostiness 严寒
frosting ①糖霜 ②起霜 ③下霜,落霜
frostless duration (= frostless season) 无霜期间
frostless period 无霜期
frostless season 无霜期
frostless zone 无霜带
frosty ①下霜的,严寒的 ②结霜的
frosty bight (= frosty mildew, areolate mildew) 白霉病(棉花)
frosty day 下雪天
frosty night 下霜夜晚
frotend loader 前端装载机
froth 泡沫
froth blower 喷泡沫机
froth flotation 泡沫选矿,浮沫选矿{环保}
frother (= frothing agent) 起沫剂
frothing 起沫
Froude number 福罗德氏数(福氏数){水利}
frowzy ①恶臭的,霉臭的 ②肮脏的,不整洁的
frozen 冻结的
frozen accident theory of origin of genetic code 遗传密码起源的偶然结冻学说{分遗}
frozen-ball method 冻土[移植]法
frozen chamber 冷冻室
frozen-coefficient method 冻结系数法{电脑}
frozen concentrated juice 冷冻浓缩果汁
frozen crust 冻壳
frozen-dehydration method 冷冻干燥法
frozen dew 冻露
frozen earth 冻土
frozen egg processing 冰蛋加工{加工}
frozen embryo transfer 冰冻胚胎转移
frozen fish 冻鱼
frozen food industry 冷冻食品业
frozen fruit 冷藏水果
frozen ground 冻地,地冻
frozen-ground phenomena 地冻现象
frozen injury 冻害
frozen meat 冻肉
frozen-pack 冷冻食品
frozen-pack storage 冷冻食品贮藏
frozen price 冻结物价
frozen rain 冻雨
frozen semen 冷冻精液
frozen snow 冻雪
frozen snow crust 冻雪结壳
frozen soil 冻土
frozen variability 冻结变异性
frozen vegetable 冷冻蔬菜
frozen vertical resistance 垂直抗寒性,垂直抗冷冻性
frozen zone 寒带
fructan 果聚糖
fructescence ①结果期 ②果熟期(fructescentia)
fructicose lichon 灌木状地衣
fructiferous ①具果的 ②产果的(fructifer)
fructification ①结实,果实形成 ②子实体{真菌}(fructificatio)
fructificative 结实的,结果的(fructificativus)
fructify 结实,结果(fructifia)
fructofuranosan 呋喃果聚糖
fructofuranose 呋喃果糖
fructofuranosidase 呋喃果糖苷酶
fructofuranoside 呋喃果糖苷
fructokinase 果糖激酶

fructopyranose 吡喃果糖
fructosaccharase 果糖苷酶
fructosan 果聚糖［$(C_6H_{12}O_6)n$］
fructosansucrase 果聚糖产糖酶
fructose 果糖［$C_6H_{12}O_6$］
fructose-1, 6-diphosphatase 果糖-1,6-二磷酸酶
fructose-1, 6-diphosphate 果糖-1,6-二磷酸［$CH_3O(PO_4H_3)(CHOH)_3COCH_2O(PO_3H_2)$］
fructose-1-monophosphate 果糖-1-一磷酸
fructose-1-phosphate 果糖-1-磷酸,1-磷酸果糖
fructose-6-phosphate 果糖-6-磷酸,6-磷酸果糖
fructose-6-phosphate-2-kinase 果糖-6-磷酸-2-激酶
fructosidase 果糖苷酶
fructoside 果糖苷
fructosuria 果糖尿［症］
frugifer ①具果的 ②产果的
frugivorous 食果的（frugivorus）
fruit ①果实 ②水果,果品 ③产物 ④收获,成果 ⑤⌞复⌝果树（fructus）
fruit-abscission（= fruit drop, fruit fall）落果
fruit air transport 水果空运
fruit and grain crops 需果作物（指生产果实与颖果的作物）
fruit and nut picking machine 水果与坚果采摘机
fruit and seed crops（= fruit and grain crops）需果作物
fruit and vegetable dryer 果蔬干燥机
fruit and vegetable growing 果树与蔬菜栽培
fruit and vegetable processing plant 果蔬加工厂
fruit and vegetable storage cellar 果蔬贮藏窖
fruit and vegetable storage environment engineering 果蔬贮藏［保鲜］环境工程
fruit apex 果顶部
fruit aroma 水果香味,果香
fruit auction market 水果拍卖市场｛农管｝
fruit bag 果袋
fruit-bearing 具果的,产果的,结实的（fructifer）
fruit bearing accelerator 结果加速剂
fruit-bearing branch 结果枝
fruit-bearing forest 果林
fruit-bearing in alternate years 隔年结果
fruit-bearing part 结果部位
fruit-bearing percentage 结果率
fruit-bearing shoot 着果枝（ramus fructificans）
fruit-bearing tree 结果树
fruit biodeterioration 水果生物败坏
fruit body（= fruiting body） 子实体（thalamium）
fruit bowl 水果钵
fruit branch ［结］果枝（carpoclonium）
fruit breeding 果树育种
fruit bruising 水果损伤
fruit bud 花芽（gemma fructifera）
fruit bud differentiation 花芽分化
fruit bud formation 花芽形成
fruit bud grafting 花芽接
fruit bulk-bin 水果散装箱
fruit butter 果泥,果酱
fruit by-product 水果副产物（指加工）
fruit cake 果子饼
fruit calpe 桃褐斑夜蛾［*Calpe capucina* Esper］（夜蛾科）
fruit can 水果罐头
fruit canning 水果罐藏,水果罐头制造
fruit case 水果箱
fruit catcher 采果器
fruit catching frame 采果架,采果框
fruit cavity 果腔
fruit cellar 果窖
fruit character ①结实习性 ②果实性状
fruit cluster 果穗,果簇,果串（葡萄）
fruit coating 果实涂被
fruit coats 果皮
fruit cocktail 什锦水果
fruit collection 水果捡拾器
fruit collection and processing station 果品收购加工站
fruit colour（= fruit color） 果色
fruit colour mutation 果色突变
fruit core 果心
fruit corking 果实栓化（指苹果果肉）
fruit crack（= fruit cracking） 果裂
fruit crate 果筐
fruit cropping 果树栽培
fruit crops 果树作物
fruit crossing 果树杂交
fruit crusher 果实压榨机,水果压榨机
fruit culture（= fruit growing） ①果树栽培 ②果树栽培学,果树园艺学（pomologia）
fruit cutter 果实切割器
fruit cutting 果实插,果插
fruit deformation ①果实变形 ②畸实病
fruit deformation of alder tree 桤木畸实病

[*Taphrina alni-incanae* Magn.]
fruit dehydrator 水果脱水机,水果干燥机
fruit depression 萼洼
fruit dessication 水果脱水干燥
fruit development 果实发育
fruit disinfection 果实消毒
fruit dispersal agent 果实分散作用力
fruit dot 果点,果斑(punctum fructarium)
fruit drop ①落果 ②落粒
fruit drop control 落果防止,落果控制
fruit-drop regulator 落果调节剂
fruit espalier 果树棚,果树篱
fruit essence 水果香精
fruit extract 果汁,水果汁
fruit farming 果树栽培
fruit firmness 果实硬度
fruit flavour 水果风味
fruit flesh 果肉
fruit fly ①实蝇 ②⌞复⌝(=trypetids)实蝇科[Tephritidae, Trypetidae]
fruit forage 果饲
fruit formation 果实形成
fruit-formation period 果实形成期
fruit garden 果园(fructum)
fruit gardening ①果树栽培 ②果树园艺学(pomologia)
fruit gatherer 果实采摘机,水果采集器
fruit glaciat 糖衣蜜饯
fruit grader (=fruit grading machine) 果实分级机,水果分级机
fruit grafting 果实接,果接{园艺}
fruit grater 水果磨碎机
fruit grower 果农,果树栽植者
fruit growing (=fruit culture) ①果树栽培 ②果树栽培学,果树园艺学
fruit-growing area 果树栽培地区
fruit-growing farm 果树栽培农场
fruit growth period 果实生长期
fruit growth rate 果实生长率
fruit habit 结实习性(habitus fructiferus)
fruit harvesting mechanization 水果采收机械化
fruit hedge 果树篱
fruit house 水果贮藏库
fruit in storage 贮藏的水果
fruit in syrup 糖渍水果
fruit inspection ①水果检验 ②水果分选输送器
fruit involucre 果实总苞(involucra fructaria)
fruit jam 果酱
fruit jelly 果冻
fruit juice 果子露,果汁
fruit juice filter 果汁过滤器,果汁滤子器
fruit juice homogenizer 果汁匀质机
fruit kiln 果实烘干炉(房)
fruit-knife 果刀,削皮刀
fruit liqueur 利口酒(果实泡在烧酒中制成的)
fruit maceration 果实浸渍
fruit market 水果市场,果品市场
fruit marketing center 水果交易中心{农管}
fruit measure 果实分级器
fruit mincer (=fruit mincing machine) 水果切碎机
fruit mincing 水果切削,水果切碎
fruit morbidity 果实罹病率
fruit moth 梨小食心虫[*Grapholitha molesta* Busck](小卷蛾科)
fruit mould 灰腐病[*Sclerotinia fuckeliana*]
fruit mummification 果实僵化
fruit navel 果脐
fruit nursery bed 果树苗圃
fruit nutrition 果树营养
fruit of unequal halves 不等裂片肉果
fruit package 装果容器
fruit packing house 果品包装室
fruit paste 果膏
fruit peel 果皮
fruit peeler 果实削皮器,水果剥皮器
fruit picker 采果器
fruit picking 采果
fruit piercing moth (=citrus sucker) 通草落叶夜蛾[*Ophiderus fullonica* Clerk](夜蛾科)
fruit pith 果心(medulla fructaria)
fruit plantation 果树种植园
fruit plants 果用植物(plantae fructares)
fruit potential 结果潜力
fruit precooling 水果预冷
fruit press 果实压榨机,水果榨汁机
fruit processing 果品加工{加工}
fruit processing line 水果加工线
fruit processing line with sorter-grader 带分送分级机的水果加工线
fruit processing machinery 水果加工机械
fruit processing plant 水果加工厂
fruit produce 果品
fruit production 果品生产
fruit promoting 催果
fruit pudding 水果布丁
fruit pulp 果肉(pulpa fructaria)

fruit pulper 果酱机,水果搅碎机
fruit puree 果泥
fruit quality 果实品质
fruit quality standardization 果实品质标准化
fruit rail transport 水果铁路运输
fruit receptacle 果托(receptaculus fructarius)
fruit removal 摘果
fruit residues 水果残渣,果渣
fruit resources 果树资源
fruit respiration measurement 水果呼吸测定
fruit ripening 果实成熟
fruit-ripening hormone 果实成熟激素
fruit rot ①果腐病(柑桔类) ②黑霉病(桃) ③褐斑病(茄子) ④疫病(辣椒)
fruit rot of apple 苹果果腐病[*Trichothecium roseum* (Bull.)Link.]
fruit rot of eggplant 茄果腐病[*Phytophthora melongenae* Saw.]
fruit rot of grape 葡萄果腐病[*Trichothecium roseum* (Schw.) Burr.]
fruit rot of pear 梨果腐病[*Trichothecium roseum* (Bull.)Link.]
fruit rot of tomato 番茄果腐病[*Botryosporium pulchrum* Corda]
fruit salad 水果沙拉
fruit sawfly 实蜂
fruit scab 果实疮痂病
fruit scale ①种鳞 ②果园蚧
fruit scar 果痕(cicatrix fructares)
fruit science 果树学
fruit seeder 去子机,去核机
fruit separator 水果分级机
fruit set 结果,坐果
fruit set percentage 结果率
fruit setting 坐果,结果
fruit setting garden 结果果园
fruit setting habit 结果习性
fruit shape 果实形,果形
fruit shed 果棚,果库
fruit shedding 落果
fruit-shoot ratio 果-枝比值
fruit show 果品展览
fruit shredder 水果切碎机
fruit shrub 灌木果树
fruit sirup (=fruit syrup) 果子露
fruit size 果实大小
fruit sizer 水果分级机
fruit skin (=peel) 果皮
fruit sorter 水果分选机,水果分级机
fruit sorting 果品分级,果品分选
fruit spot of apple 苹果黑点病[*Mycosphaerella pomi* Lindau.]
fruit spot of tomato 番茄果斑病[*Phytobacter lycopersicum* Croe.]
fruit sprayer 果树喷雾机
fruit spraying 果树喷射
fruit spur [短]果枝[brachyblastus]
fruit spur group [短]果枝群
fruit stalk 果柄
fruit stem 果柄,果梗(pediculus)
fruit stone extractor 果核分离机
fruit storage ①果实贮藏库 ②果实贮藏
fruit store (=fruit shed, fruit warehouse) 果实贮藏库
fruit sugar (=fructose) 果糖[$C_6H_{12}O_6$]
fruit telemetry 水果遥测法
fruit texture 水果[组织]质地
fruit thinner 蔬果器
fruit thinning 疏果,摘果
fruit thinning agent 疏果剂
fruit thinning by chemicals 药剂疏果
fruit transport injury 水果运输损伤
fruit tree 果树
fruit tree black scale (=black scale, olive scale) 油榄黑盔蚧[*Saissetia oleae* Bernard](蜡蚧科)
fruit tree coccus 果树蚧[*Coccus cerasorus* Cockerell](蚧科)
fruit tree katydid 日本螽斯[*Holochlora japonica* Brunner](螽斯科)
fruit tree leaf-roller 果树卷蛾[*Archips argyrospilus* (Wlk.)](卷蛾科)
fruit tree looper 枣步曲[*Phigalia sinuosaria* Butler](尺蛾科)
fruit tree nursery 果树苗圃
fruit tree raising 果树栽培
fruit tree red spider 梅旁叶螨[*Paratetranychus pilosus* C. et F.](叶螨科)
fruit tree red spider mite 榆后叶螨[*Metatetranychus ulmi* Koch](叶螨科)
fruit tree tortrix moth ①果树褐卷蛾[*Acleris rhombana* (Schiff.)] ②⌊复⌉果树卷叶虫类[*Acleris*, *Archips*, *Argyroploce*, and *Pandemis* spp.]
fruit truck transport 水果卡车运输
fruit twig 果枝
fruit utilization 水果利用
fruit variety 果树品种
fruit-vegetable drier 果蔬干燥机
fruit vegetables 果菜类蔬菜
fruit vinegar 果醋

fruit walls 果皮
fruit warehouse 水果库
fruit washer 洗果器,果实洗涤机,水果清洗机
fruit waxing 水果涂蜡
fruit white rot of grape 葡萄白腐病［*Coniothyrium diplodiella* (Speg.) Sacc.］
fruit wine 果酒
fruit wine processing 果酒加工{加工}
fruit wiper 拭果机
fruit zone 果树带
fruitade 果子露
fruitage ①结果,结实 ②水果,果品 ③效果
fruiter ①结果树 ②果农,果树栽培者
fruiterer 水果商
fruitery ①果实 ②果园 ③果库
fruitful ①结实的,能育的{育种} ②肥沃的{土壤}
fruitful culm 能结实茎秆,有效茎秆
fruitful flower 有效花
fruitful soil (=fertile soil) 肥沃土壤
fruitful tiller (=effective tiller) 有效分蘖
fruitful year (=bumper year) 丰年,大年(指果树结果的大小年)
fruitfulness ①结实性,能育性 ②肥沃性(fertilitas)
fruiting 结果,结实
fruiting activity 结实活动性
fruiting age 结果龄
fruiting behaviour 结果习性,结果动态
fruiting body 子实体(指真菌)
fruiting branch 结果枝
fruiting cane 结果蔓
fruiting habit 结果习性
fruiting house 生育畜舍{农施}
fruiting lateral 结果枝
fruiting organ 产孢器官
fruiting period 结实周期,结实日数(指自开花到成熟的)
fruiting phase 结实期
fruiting room 生育室(指家畜)
fruiting stage ①结实期(一年生) ②结果期(多年生)
fruiting wood 结果枝 (carpoclonium)
fruiting year 结果年
fruitless ①不结实的,无果的,不育的 ②贫瘠的 ③无效的,无益的 (sterilis)
fruitless culm (=ineffective culm) 不结实茎秆,无效茎秆
fruitless flower (=ineffective flower) 无效花
fruitless tiller (=ineffective tiller) 无效分蘖
fruitlessness ①不结实性,不育性 ②贫瘠性(sterilitas)
fruitlet ①果实(指瘦果) ②幼果,小果(fructiculus)
Fruitlet abscission 幼果脱落
fruitlet mining tortrix 幼果钻心虫
fruits ①果树 ②果用植物 ③果品 (fructae)
fruits and vegetables 水果与蔬菜,果蔬类
fruits for canning 罐藏用水果(果品)
fruits for cookery 烹饪用水果(果品)
fruits for drying 干果用果实(果品)
fruits for storing 贮藏用水果
fruits in Alaska 阿拉斯加的果树
fruitspur (=spur) 结果枝
fruitworm beetles 小花甲科［Eyturidae］
fruity ①果实状的 ②有水果香味的
fruity tea 果香茶
frumentaceous ①谷类的 ②似谷类的 ③谷类制成的 (frumentaceus)
frumentarious 谷类的 (frumentarius)
frush 蹄叉
frustule ［硅］藻细胞 (frustula)
frustum (=trucated cone) 缺顶体
frustum of neiloid (=truncated neiloid) 缺顶凹曲线体
frustum of paraboloid (=truncated paraboloid) 缺顶抛物线体,截头体
frutescence 灌木状 (frutescentia)
frutescent 近灌木状的 (frutescens)
frutex 灌木
frutices (为 frutex 的复数) 灌木
fruticeta 灌木群落,灌丛林
fruticle 小灌木 (fruticulus)
fruticose breynia ①黑面神属［*Breynia* L.］(大戟科) ②黑面神(暗鬼木;鬼画符)［*Breynia fruticosa* Hook. f.］
fruticose dracaena ①朱蕉属［*Cordyline* Comm］(龙舌兰科) ②朱蕉［*Cordyline fruticosa* (L.) A. Chev.］
fruticose lichen 枝状地衣
fruticous (=fruticose) ①枝状的 ②灌木状的 (fruticosus)
fruticous desert 灌木［状］荒漠 (deserta fruticoa)
fruticous tundra 灌木［状］冻原 (tundra fruticoa)
fruticulose 小灌木状的 (fruticulosus)
fruticulus (=fruticle) 小灌木 (fruticulus)
fry ①油煎,油炸 ②鱼苗,鱼秧 ③破坏(frigere)
fry pan 油锅
fryer ①肉用鸡 ②肥育子鸡

FSH (= follicle-stimulating hormone) 促滤泡[激]素
FTIR ①(= Fourier transform infrared spectroscopy) 傅立叶变换红外光谱学 ②(= Fourier translation infrared spectrometer) 傅立叶变换红外光谱计
FTMS ①(= Fourier transform mass spectrometry) 傅立叶变换质谱法 ②(= Fourier transform mass spectromer) 傅立叶变换质谱仪
FTNMR (= Fourier transform nuclear magnetic resonance) 傅立叶变换核磁共振
FTP (= file transfer protocol) 文件传送协议{电脑}
FTS ①(= Fourier transform spectroscopy) 傅立叶变换光谱学 ②(= Fourier transform spectrometry) 傅立叶变换光谱法
Fu-lin (= India bread, Tuckahoe) 茯苓[*Poria cocos* (Schw.) Wolf.](多孔菌科)
fuchsia ①倒挂金钟属[*Fuchsia* L.](柳叶菜科) ②倒挂金钟[*Fuchsia hybrida* Voss.]
fuchsia-flowered gooseberry 美丽茶藨子[*Ribes speciosum* Pursh](虎耳草科)
fuchsin 品红,碱性品红
fuchsin sulphurous acid 品红硫酸
fucoglycosphingolipid 岩藻糖鞘糖脂
fucoidin 岩藻多糖
Fucolipid 岩藻糖脂
fucosamine 岩藻糖胺
fucosan 岩藻聚糖
fucose 岩藻糖[$C_5H_{11}O_4CHO$]
fucosidase 岩藻糖苷酶
fucoside 岩藻糖苷
fucosidosis 岩藻糖代谢病
fucosterol 岩藻甾醇
fucosylation 岩藻糖基化(fucosylatio)
fucosylchitobiose 岩藻糖[基]壳二糖
fucosylgalactose 岩藻糖[基]半乳糖
fucosylinositol 岩藻糖[基]肌醇
fucosyllacto-N-neooctose 岩藻糖[基]乳糖-N-拟辛糖
fucosyllacto-N-octose 岩藻糖[基]乳糖-N-辛糖
fucosyllactobiuronic acid 岩藻糖[基]乳糖醛酸
fucosyllactose 岩藻糖[基]乳糖
fucosyltransferase 岩藻糖基转移酶
fucoxanthin 岩藻黄质[$C_{40}H_{56}O_6$]
fucoxanthol 岩藻黄醇
fucugetine 福本色素
fudge (由牛奶,巧克力制成的)软糖
FUDR (= 5-fluorodeoxyuride) 5-氟脱氧尿苷
fuel 燃料(focalis)
fuel-air mixture analyzer 燃油-空气混合气成分分析仪
fuel alcohol 燃料酒精
fuel and air (= fuel-air mixture) 燃料与空气混合物
fuel atomizer 燃料喷雾器
fuel cell 燃料电池
fuel control unit 供油量调节机构
fuel depot 燃料仓库,油料库
fuel filter 燃油滤清器
fuel gas 燃料气
fuel gauge 燃油计
fuel heating air drying 燃料加热风干,火力干燥
fuel industry 燃料工业
fuel injection equipment 燃油喷射装置,喷油装置
fuel injection needle 喷油针
fuel injection pipe 燃料喷射管
fuel injection valve 燃料喷射阀
fuel injector 燃料喷射器,燃料喷嘴
fuel injector pump (= fuel lift pump) 燃油泵
fuel jet 燃油喷口
fuel level gauge 油位表,燃料液面指示器
fuel line 燃油管路
fuel manifold 燃油管,供油管
fuel meter 燃油存量计
fuel-metering device 燃油计量机构
fuel oil 燃油,柴油
fuel oil atomization 燃油雾化
fuel oil filter 柴油滤清器
fuel pump 输油泵
fuel-saving on farm-use power 农用动力节油{农施}
fuel spraying 燃油雾化喷射
fuel stainer 燃油滤清器,滤油器
fuel supply pump 燃料输送泵
fuel system 燃油系统
fuel technology 燃料技术
fuel transfer pump 燃料供给泵
fuel wood 薪材,烧材
fugacious 早落性的,早谢的,先落的(fugacius){形态}
fugacious calyx 早落性萼(calyx fugacius)
fugacious leaf 早落性叶(folium fugacium)
fugacity ①早落性,先落性,[易]落性 ②[易]逸性,[易]逸度 ③有效压力(fugacitas)

fugacity of flower 落花
fugacity of fruit 落果
fugitive 暂时的,短暂的(fugitivus)
fugitive glue 短效黏合剂
Fuji 富士(苹果品种)
Fuji cherry 豆樱[*Prunus incisa* Thunb.](蔷薇科)
Fuji-film floppy disk 富士塑膜软盘{电脑}
Fuji-nandina 淡紫实南天竹[*Nandina domestica* Thunb. var. *porphyrocarpa* Makino.](小檗科)
Fuji-sanense John's wort 富士小连翘[*Hypericum fujisanense* Makino.](金丝桃科)
Fuji-sanense rose 富士山蔷薇[*Rosa fujisanensis* Makino.](蔷薇科)
Fuji-sanense thistle 富士山蓟[*Cirsium purpuratum* Matsum](菊科)
Fuke rice (= Absidia diseased rice) 霉病米
Fukulai-mikan 富库来蜜柑[*Citrus fumida* Hort. et Tanaka](芸香科)
fulcraceous 有支持的(fulcraceus)
fulcrate ①有支持的 ②具叶附属物的(如刺,卷须,托叶)(fulcratus)
fulcrum ①支点 ②支轴 ③核心(fulcrum)
fulfil ①充满 ②满足 ③完成履行
fulfillment ①充满 ②满足 ③完现,履行 ④完成,结束
fulfillment of cold requirement 低温需求的满足
fulgorid planthoppers (= lanternflies) 樗鸡科[Fulgoridae]
fulgurites 闪袭熔矿管孔(因闪电打击大地,使大地中的矿物熔成许多的玻璃状管子){地质}
full ①满的,装满的,充满的 ②有很多的,多的 ③完全的 ④丰满的,溜圆的
full abrasion 完全磨损
full-acting governor 全制式调速器
full-bill drop 多粒式穴播排种器
full-blooded 纯种的
full bloom (花)盛开
full bloom stage 开花盛期,盛花期
full-blossom period (= full bloom period) 盛花期(果树)
full-blossom spray 盛花期喷雾
full-blossomed 盛开的
full blown 全开的,盛开的
full bodied 完满的,溜圆的(指畜体)
full body 完满性
full-boled 完满的(指树干)
full-cell process 满细胞法,全吸收法(木材防腐)
full cloudiness 全阴,昙
full color 全[彩]色
full cone 完顶体
full-cream cheese 全乳脂干酪
full-cream milk powder 全脂乳粉
full day 全日,整天
full digger bottom 全翻耕犁体
full-disk display 全景圆盘[云]图{遥感}
full dominance 完全显性
full duplex (FD) ①全双工 ②全双向的,同时双向
full duplex communication 全双工通信
full duplex operation 全双工操作
full effect 充分效应
full electronic switching system 全电子交换机系统{信息}
full employment 完全就业{农经}
full expectation 完全期望[数]
full fallow ①完全休闲 ②完全休闲地
full fallow garden 全休闲果园
full-fat cheese 全脂干酪
full feeding 肥育饲养
full figure 全图,全像{遥感}
full floating axle 全浮式驱动桥
full flow valve 全流阀
full foliation 全叶卷叠式{形态}
full food 全价饲料
full fructification 最高度结实
full fruit period 盛果期
full function database 全功能数据库{智培}
full grain (= full kernel) 饱满子粒
full-grown ①完全成熟的 ②充分成长的 ③发育完全的
full hand milking 全手工挤乳
full heading 全抽穗
full heading stage 全抽穗期
full heading time 全抽穗期
full-herringbone cut 鱼骨法(指采脂切割法)
full-hill plate 多粒槽口式排种盘
full install 完全安装
full irrigation 充分灌溉,完全灌溉,满灌
full labour power 全劳动力
full-length cDNA 全长 cDNA,全长互补 DNA{分遗}
full-leveling combine 坡地谷物联合收获机
full light 全日照
full line 实线(指制图)
full load 全载荷,满载荷
full mast ①丰年{园艺} ②全果饲(指山毛榉或栎树等果实做猪等的饲料)
full maturity ①完熟 ②完熟度

full mechanization 全面机械化
full milk 全乳
full moon 望月
full-moon maple 日本槭[*Acer japonicum* Thunb.](槭科)
full motion video 全运动视频{电脑}
full mouse operating modeler 全鼠标操作模型程序{电脑}
full mutant 全突变型
full opening 全开,满开(指花)
full out ①全速 ②最高量
full pressure suit 全压服,密闭服(宇航员用)
full production 成批生产
full productive age 盛果期
full progress 全速进行
full radiator ①完全辐射体 ②完全散热器
full ration 全价日料
full record 全期[间]记载{畜}
full resolution 原分辨率,高分辨率
full resolution picture 高分辨率影像{遥感}
full reversal 完全逆转
full-ripe 完熟的
full-ripe stage 完熟期
full ripeness 完熟[度]
full scale ①原大 ②满标,最大定标量
full scale model 原大模型
full screen processing(FSP) 全屏幕处理,满屏处理{电脑}
full season ①全期,全生长季 ②旺季(贸易繁荣期)
full seed 饱满种子
full seeding 撒播
full seedling 全苗
full set 全套,整套
full shade 全荫
full sib family selection 全同胞家(谱)系选择
full-sib mating 全同胞交配
full-sib selection 全同胞选择
full sibs 全同胞
full simulation program 全模拟程序
full-size drawing 原大图
full speed 全速[度]
full spiral cut 全螺旋法(指采脂切割法)
full stand 全苗,齐苗
full stocked wood 密林,大森林
full-stroke hay press 全行程干草压捆机{农机}
full summer 盛夏
full sun 全日照
full-text database 全文数据库{信息}
full threshing 完全脱粒
full-time farm 专业农场
full-time farm building ①永久性农用仓库 ②永久性农用建筑物
full-time farm household 专业农家
full-time farmer 职业农民
full-time holding (= fulltime farm) 专业农场
full-time job 全天工作,整日工作
full-time labour 全时工人
full-time man (= full-time worker) 全日时工作工人
full-time service 全日工作,全日服务
full treatment 完全处理
full-tree logging 选根集材,伐倒木集材
full turgor [完]全膨压
full use 充分利用,充分使用
full utilization 全利用,充分利用
full validity 全部有效性{农化}
full-way centrifugal pump 带杂污水离心泵{环保}
full weight ①饱满度 ②全重,毛重
full-weight of grain 子粒饱满度
full-width cylinder 全幅宽脱粒滚筒{农机}
full-width fertilizer distributor 全幅式化肥撒布机
full-width seed broadcaster 全幅滚筒宽撒播机
full-width straw rack 等刈幅逐稿器
Fuller rose beetle 蔷薇象甲[*Pantomorus cervinus* (Boheman)](象甲科)
Fuller's earth 漂白土
Fuller's herb 肥皂草[*Saponaria officinalis* L.](石竹科)
Fuller's teasel 起绒草[*Dipsacus fullonum* L. = *D. sativus* L. Honck.](川续断科)
Fuller's thistle 披针叶蓟[*Cirsium lanceolatum* Scop](菊科)
fulling board ①压榨板 ②压榨机
fully automated computer program 全自动计算机程序{电脑}
fully automatic 完全自动化,全盘自动化
fully automatic compiling technique(FACT) 全自动[化]编译技术{信息}
fully automatic high-quality translation (FAHQT) 全自动[化]高质量翻译{信息}
fully aware viewers 全感知浏览器{电脑}
fully contracted rectangular weir 全收缩矩形堰,三面收缩矩形堰{环保}
fully developed 充分发育的
fully dissolved 完全溶解[的]
fully fermented compost 完熟堆肥
fully formed cob 充分发育穗轴

fully functional network 全功能网络
fully improved cultural practices 全面改善栽培技术
fully mechanized 全面机械化的
fully open stomata 完全开放气孔
fully qualified domain name(FQDN) 全称域名{信息}
fully ripened compost 完全腐熟堆肥
fully ripened grain 完熟子粒
fully ripened kernel 完熟子粒
fully ripened straw compost 完全腐熟稿秆堆肥
fully saturated condition 充分饱和条件
fully-stocked 完全郁闭
fulmagillin 浅黄烟曲霉素
fulminate 雷酸盐[C：NOM]
fulminating (= fulminant) 暴发性
fulminic acid 雷酸
fulvate 富里酸盐
fulvic acid 富里酸
fulvous 黄褐色的(fulvus)
fulvous day-lily ①萱草属[*Hemerocallis* L.](百合科) ②萱草[*Hemerocallis fulva* L.]
fumarase 延胡索酸酶,反丁烯二酸酶
fumarate ①延胡索酸,反丁烯二酸 ②延胡索酸盐、酯或根,反丁烯二酸盐、酯或根
fumaric acid 延胡索酸,反丁烯二酸[COOHCH：CHCOOH]
fumaric acid fermentation 丁烯二酸发酵
fumaric dehydrogenase 丁烯二酸脱氢酶{生化}
fumaric reductase 延胡索酸还原酶,琥珀酸脱氢酶
fumaroyl acetoacetate 延胡索酰乙酰乙酸
fumaryl- 延胡索酰[基],反丁烯二酰[基][—COCH = CHCO—]
fumarylacetoacetic acid 延胡索酰乙酰乙酸
fumatorium 熏蒸室,熏蒸消毒室
Fumazone (= Dibromochloropropane)二溴氯丙烷
fume ①烟,气,汽 ②熏(fumus)
fume damage 烟害
fume hood 通烟罩
fume protection forest 防烟林
fumed 烟熏的,烘熏的
fumidil-B 烟曲霉素-B(商品名)
fumigacin (= fumigatin) 烟曲霉酸
fumigant 熏蒸剂
fumigant injector 熏蒸剂注射器
fumigate 熏蒸
fumigatin 烟曲霉醌
fumigating 熏蒸,熏烟
fumigating method 熏烟法
fumigating nozzle 熏蒸喷头
fumigation 熏蒸,熏烟(fumigatio)
fumigation chamber 熏蒸室
fumigation efficiency 熏蒸效力
fumigation fungicides 熏烟杀菌剂
fumigation shoe 土壤熏蒸开沟器
fumigation tent 熏蒸帐篷
fumigation vault 熏蒸室
fumigator 熏蒸器
fuming acid 发烟酸
fuming nitric acid 发烟硝酸
fuming sulfuric acid 发烟硫酸
Fumiron (= PMTS) 富民隆
fumitory ①蓝堇属[*Fumaria* L.](紫堇科) ②(= earth smoke)蓝堇[*Fumaria officinalis* L.]
fumitory family 紫堇科(荷包牡丹科)[Fumariaceae]
fumonism 串珠镰孢菌[毒]素
fumous 烟色的,灰褐色的(fumus)
fumulus (= fum) 缟状
Funadoko 舟床蜜柑[*Citrus funadoko* Hort. et Y. Tanaka.](芸香科)
function ①机能,功能 ②函数 ③作用(functio)
function analysis technique 功能分析技术
function array 功能阵列
function button 功能按钮
function calculator 函数[型台式]计算机
function control sequence(FCS) 功能控制序列
function diskette 功能软盘
function distribution computer 功能分布计算机
function element 功能元件
function flowchart 功能流程图
function in plant 植物的功能
function keyboard 功能键盘
function library 功能库
function management data(FMD) 功能管理数据
function monitor 功能监视器{遥感}
function of lysosome 溶酶体功能
function simulation 机能模拟{智培}
function system 功能系统
functional accommodation 功能配合
functional adaptation 功能适应
functional allelism 功能等位性{遗传}
functional analog computer 函数式模拟计算机
functional analysis approach 功能分析方

法
functional analysis system technique 功能分析系统技术
functional biochemistry 功能生化,机能生化
functional change 功能改变,机能改变
functional character ①功能性状{遗传} ②功能字符{电脑}
functional characteristies 功能特征
functional check 功能检验
functional cistron 功能性顺反子{分遗}
functional complementation 功能性互补作用
functional completeness 功能完备性
functional correlation 机能相关
functional corrugated fiberboard 机能性波纹纤维板{农施}
functional counter 操作计数器
functional declines 功能下降
functional device 功能器件
functional diploid 功能性二倍体(diploida functionalis){细胞}
functional disease 机能性疾病,官能症
functional disturbance 功能失调
functional disturbance of drought 干旱[的]功能失调{生态生理}
functional disturbance of heat 热[的]功能失调
functional disturbance of salt 盐[的]功能失调
functional diversity 功能多样性
functional domain 功能域{生技}
functional egg 功能卵(ovum functionale)
functional equation 函数方程式
functional equivalent 功能当量
functional film 机能性薄膜(指塑料薄膜)
functional fitness 功能适合度
functional flower 有效花,功能花(flos functionalis)
functional gene 功能性基因
functional group ①功能团{生理} ②功能类群{生态}
functional gymnastics 机能锻炼
functional harmony 机能协调性
functional hermaphroditism 机能雌雄同体(hermaphroditismus functionalis)
functional inactivation 功能性失活
functional independence 机能独立性
functional integration 功能整合
functional interaction 功能相互作用
functional interchangeability 功能互换性
functional leaf system 机能性叶系统
functional life span 功能寿命(指叶)
functional localization 功能定位{生技}
functional male sterility 功能性雄性不育
functional material 机能性材料
functional measure 有效措施{栽培}
functional messenger 功能信使{分遗}
functional modification methylase 功能性修饰甲基酶
functional nodule 有效根瘤(nodula functionalis)
functional pattern 功能型{生态生理}
functional period 功能期
functional pollen sterility 功能性花粉不育[Sterilitas pollinis functionalis]
functional polymer 功能多聚体,功能高分子{生技}
functional protection 功能性保护
functional redundancy 功能冗余性
functional relationship (性状与适应间的)功能关系
functional reliability 作用可靠性
functional resistance 功能抗病性
functional restoration 机能恢复
functional specialization 功能专效化
functional state 功能状态{生态生理}
functional subunit 功能亚单位
functional trait 功能性状
functional type 功能型{生态生理}
functional type of calcium metabolism 钙代谢[的]功能型
functional type of carbon metabolism 碳代谢[的]功能型
functional type of drought survival 干旱存活[的]功能型
functional type of nitrate partioning 硝酸盐分配[的]功能型
functional type of osmotic potential 渗透势[的]功能型
functional type of senescence 衰老[的]功能型
functional type of temperature resistance 温度抗性[的]功能型
functional type of water economy 水分经济[的]功能型,节水[的]功能型
functional type of winter survival 冬季存活[的]功能型
functional unit ①机能单位{生理} ②功能单位{遗传}
functional unit of inheritance 遗传功能单位
functional zygote 功能性合子
functionally distributed computer system 功能分布式计算机系统
functionally distributed network 功能分布式网络

functive 功能体(functivus)
fund ①基金,资金,经费 ②⌊复⌉财源(fundus)
fund transfer network 资金转移网络
fund transfer system 资金转移系统
fundament ①基础,原基 ②臀部 ③肛门
fundamental 基本的,基础的,十分重要的(fundamentalis)
fundamental characteristics 基本特征
fundamental colour 基色〈显技〉
fundamental cultivation 基本耕作
fundamental difference 基本差异
fundamental form 基本形[态]
fundamental frequency 基频
fundamental hereditory unit 基本遗传单位
fundamental karyotype 基本染色体组型,基本核型
fundamental meristem 基本分生组织(meristema fundamentalis)
fundamental microbiology 基础微生物学
fundamental nature 根本性质
fundamental number (FN)(染色体组的)染色体数,基数
fundamental operating system 基本操作系统
fundamental policy 基本方针
fundamental principle 基本原理
fundamental problem of decision theory 决策理论的基本问题
fundamental process 基本过程
fundamental registry 基础登记,基础记录
fundamental research ①基础研究 ②基本研究
fundamental research project 基本研究课题
fundamental respiration 基本呼吸(respiratio fundamentalis)
fundamental soil cultivation system 基本土壤耕作制
fundamental species 主要[树种],基本[树]种(species fundamentalis)
fundamental state 基本情况
fundamental system 基本系[统](systema fundamentalis)
fundamental tissue (=ground tissue) 基本组织(tela fundamentalis)
fundamental tissue system 基本组织系统
fundamental type 基本型(typus fundamentalis)
fundamental unit 基本单位
fundamentum 胚基
fundatrigenia 干雌(蚜虫)
fundatrix 干母(蚜虫)
fundatrix aphid 干母蚜虫
funds ①资金 ②基金
funds from outside sources 国外资金,外来资金
funds program 基金计划
fundus 底
funeral wreath 葬礼花圈〈园艺〉
fungal (=fungus) ①真菌 ②海绵肿
fungal cellulase 真菌纤维酶
fungal chromosome method 真菌染色体法
fungal colony 真菌菌落
fungal disease (=fungous disease) 真菌病害
fungal hypha 真菌菌丝(hypha funga)
fungal population 真菌群体,真菌种群
fungal spore (=fungus spore) 真菌孢子(spora funga)
fungal tissue (=spongy tisue) 海绵组织
fungi (为 fungus 的复数)①真菌 ②菌类
fungi chromin 抗真菌色素
fungi imperfect ①半知菌 ②半知菌类(fungi imperfecti)
fungi trap 真菌捕捉器
fungic 真菌的(fungus)
fungicidal action (=bacteriocidal action) 杀菌作用
fungicidal activity (=bacteriocidal activity) 杀菌活性,杀菌力
fungicidal dust 杀菌粉剂
fungicidal spectrum (=bacteriocidal spectrum) 杀菌谱
fungicidal treatment 杀菌剂处理
fungicide ①杀真菌 ②杀[真]菌剂
fungicide control 杀菌剂防治
fungicide paint 杀菌涂料,杀菌油漆
fungicide resistance 真菌抗药性
fungilytic action 溶菌作用
fungin 真菌纤维素
fungistasis 抑真菌[作用]
fungistat 抑[真]菌剂(fungistas)
fungistatic 抑[真]菌的(fungistaticus)
fungistatic action 抑[真]菌作用
fungistatic agent 抑[真]菌剂
fungistatic substance 抑真菌物质
fungivorous 食真菌的(fungivorus)
fungivorous plants 食菌植物(plantae fungivores)
fungoid ①真菌状的 ②似真菌的(fungoideus)
fungoid disease 真菌病[害]
fungoid growth 真菌式生长
fungoliches 真菌地衣

fungose (= fungous) ①属真菌的②海绵质的
fungous ①属真菌的 ②海绵质的 (fungus)
fungous disease 真菌病[害]
fungus ①真菌 ②海绵肿 [Fungus]
fungus beetle ①菌甲 ②⌊复⌉菌甲科 [Lathridiidae]
fungus body 菌体 (corpufungus)
fungus colony 真菌菌落 (colonia funga)
fungus disease 真菌病害 (diseasis fungus)
fungus disease of silkworm 硬化病{蚕}
fungus diseases 丝状菌病{蚕}
fungus flies (= scab gnats) 蕈蚊科 [Mycetophilidae]
fungus flora 真菌区系 (flora funga)
fungus gall 菌瘤,菌瘿
fungus garden of termites 白蚁菌圃
fungus gnats (= mushroom flies) ①尖眼蕈蚊科 [Sciaridae] ②蕈蚊科 [Mycetophilidae]
fungus histone 真菌组蛋白
fungus moth 菌谷蛾 [*Tinea defectella* Zeller] (谷蛾科)
fungus oasis 真菌绿洲
fungus pit (= mycangium) [甲虫]贮菌器
fungus root 菌根
fungus springtails 菰疣跳虫 [*Achorutes armatus*] (跳虫科)
fungus suillus 美味牛肝菌 [*Boletus edulis* bull. ex Fr.] {真菌}
fungus train 菌株
fungus weevils 长角象甲科 [Anthribidae]
funicle (= funiculus) ①珠柄 ②菌丝索
funicular 绳索状的 (funicularis)
funicular railway 缆车
funicular stage 蜂窝水阶段{土壤}
funicular state of soil 土壤蜂窝水状态(指土壤水膜连接状态)
funiculate 具珠柄 (funiculatus)
funiculus ①珠柄{胚胎} ②菌丝索{真菌}
funiform 绳索状的 (funiformis)
funk ①火绒状质地 ②层孔菌子实体{真菌} ③惊慌,恐惧{狩猎}
funkia (= plantain lily) ①玉簪属 [*Hosta* Tratt] (百合科) ②玉簪 [*Hosta plantaginea* Aschers.]
funnel ①漏斗 ②烟囱 ③通风口,风洞,通光口 (infundibulum)
funnel cloud 漏斗云,管状云 (tuba)
funnel creeper ①猫爪藤属 [*Doxantha* Miers] (紫葳科) ②猫爪藤 [*Doxantha unguis-cati* Miers]
funnel flow 漏斗流束(谷物)
funnel-form (= funneliform) 漏斗状的 (infundibuliformis)
funnel-forming rosette 漏斗状莲座[叶]丛 (形成漏斗莲座[叶]丛)
funnel of tornado 龙卷漏斗
funnel scale (漏斗形)量斗
funnel-shaped 漏斗状的 (infundibuliformis)
funnel-shaped calyx 漏斗状萼 (calyx infundibuliformis)
funnel-shaped corolla 漏斗状花冠 (corolla infundibuliformis)
funnel-shaped leaf base 漏斗状叶基 (basis folii infundibuliformis)
funnel shaped seed tube 漏斗式输种管
funnel-shaped tana 漏斗状棚架
funnel-shaped tana training 杯状棚架整枝
funnel stand 漏斗架
funnel web weavers 漏斗网蛛科 [Agelenidae]
funneling 漏斗式流束
funsiform bacteria 梭形细菌 (bacteria funsiformae)
funtumine 丝纹树[甾]胺
fur ①毛皮兽 ②毛皮 ③沟,畦
fur animal 毛皮兽
fur beetle 毛皮蠹 [*Attagenus pellio* Linnaeus] (皮蠹科)
fur breed 毛皮用种
fur breeding ①毛皮兽育种 ②毛皮兽繁育
fur-clad 具毛皮的
fur game 毛皮兽
fur moth 毛皮谷蛾 [*Monopis monachella* Hübner] (谷蛾科)
fur seal 海狗,膃肭兽 [*Callorhinus ursinus*]
fur squirrels 灰鼠类
furacillin 呋喃西林,硝基呋喃腙
furane 呋喃
furane derivative 味喃衍生物
furane resin 呋喃树脂
furanocoumarin 呋喃香豆素
furanomycin 呋喃霉素
furanose 呋喃糖
furanose ring 呋喃糖环
furanoside 呋喃糖苷
furca ①叉{形态} ②(甲壳类)尾叉{水产} ③叉骨{畜} ④阳茎端基{昆虫}
furcal apophysis 叉骨内突
furcate 分叉的 (furcatus)
furcate growth 叉状生长

furcate hair 分叉毛（pilus furcatus）
furcate-veined 叉分脉的（furcatovenosus）
furcate venation 叉状脉序（venatio furcata）
furcate viburnum 叉状荚蒾［*Viburnum furatum* Blume］（忍冬科）
furcation 分叉（furcatio）
furcellate 具小分叉的（furcellatus）
furciferous 具叉状突起的（furcifer）
furcula ①状骨，锁骨，（动物）叉状隆［胚胎］②叉状器 ③叉突，弹器
furfur 糠麸
furfuraceous ①糠秕状的 ②具软鳞片的（furfuraceus）
furfural 糠醛［C_4H_3OCHO］
furfural resin 糖醛树脂
furiery 毛皮
furin（= PACE） 弗林蛋白酶
furl 卷起，折起，缩卷
furlong 村边小田
furnace ①炉，火炉 ②熔炉（fornax）
furnace ash 炉灰
furnace kiln 热炉干燥窑
furnace pole 劈柴
furnace slag（= furnace scale） 炉渣
furnace warming 火炉加温
furnish 供给，供应
furniture 家具（furnitura）
furniture beetle ①家具窃蠹（家具翻死虫）［*Anobium punctatum*（De Geer）］②⌞复⌝窃蠹科［Anobiidae］
furniture carpet beetle 家具皮蠹［*Anthrenus flavipes* Leconte］（皮蠹科）
furniture industry 家具［工］业
furoic acid 呋喃甲酸［C_4H_3OCOOH］
furovirus 真菌传棒状病毒
furred 密生短毛的（velutinus）
furred game 毛皮兽
furrow ①沟，犁沟｛耕作｝②腹沟，槽｛形态｝③槽纹，皱纹（sulcus）｛形态｝
furrow application ①沟施，垄沟施肥 ②垄沟撒药，垄沟散布
furrow applicator 沟底施肥机
furrow bank 灌水沟壁
furrow-blanching 沟垄软化
furrow bottom ①［犁］沟底｛耕作｝②开沟犁体｛农机｝
furrow climate 畦沟气候
furrow-closing hoe 覆土器
furrow coverer 覆土器
furrow cross-section ①腹沟横切面｛形态｝②犁沟断面｛耕作｝
furrow depth 沟深，犁沟深度
furrow ditch 垄沟
furrow drain 排水毛沟，排水垄沟
furrow drill（= lister drill） 沟播机
furrow drilling ①沟播 ②垄作 ③深种
furrow erosion 沟蚀
furrow face 犁沟壁
furrow fertilization 沟施［肥法］
furrow field 沟播地
furrow filling disk 填沟圆盘
furrow follower 犁沟仿形器
furrow formation 凹陷形成
furrow-forming wheel 压种沟轮
furrow irrigation 沟灌
furrow irrigation system 沟灌系统｛水利｝
furrow-leaved 具槽纹叶的（aulacophyllus）
furrow-lobed 具槽纹裂片的（aulacolobus）
furrow-making device 作沟器，挖沟装置
furrow mark 犁沟印
furrow membrane 沟膜
furrow opener 开沟器
furrow opening 开墒，开沟，开第一条犁沟，耕第一犁
furrow pan 犁沟底，耕盘
furrow planting 沟植，沟栽
furrow plastering （稻田）沟壁涂泥
furrow plough ①铧式犁 ②开沟犁
furrow ploughing 垄耕，分垄耕地法
furrow press 沟耕土垡镇压轮（指用于压下草多的架空垡片）
furrow pusher 犁翼，犁壁延长板
furrow ridge 沟垄，沟背
furrow rim 沟边，沟缘
furrow-seeded 具槽纹种子的（aulacospermus）
furrow seeder 沟播机
furrow slice 垡片，犁垡，犁块
furrow soil 沟灌土
furrow sole 沟底
furrow sowing 沟播，沟种
furrow-stemmed 具槽纹茎的（sulcicaulis）
furrow-thorned 具槽纹刺的（aulacanthus）
furrow transplanting 沟栽
furrow wall ［犁］沟壁
furrow wheel （犁的）沟轮
furrow width 犁沟宽度
furrow wing case 沟纹翅鞘
furrowed ①具沟的 ②有沟纹的，有槽纹的（sulcatus）
furrowed field 沟耕地，沟耕田
furrower ①开沟铲 ②培土器

furrowing ①开沟 ②凹陷分裂
furrowing blade 开沟铲
furrowing plough（= furrowing plow） 开沟犁
furrowing seeder 开沟播种机
furrowing shovel 挖沟铲
furrowmeter 耕深尺
furry 被短柔毛的（furius）
furry jasmine 毛茉莉［*Jasminum multiflorum* Andr.］（木犀科）
furs 皮货
furskin （兽类）毛皮
further crop 后作物
further formation 进一步形成
further normalization 逐步规范化｛智培｝
furunculosis 疖疮
furunculus（= boils） 疖子
furze ①荆豆属［*Ulex* L.］（豆科）②荆豆［*Ulex europaeus* L.］
fusant 融合子，融合体｛分生｝
fusarin 镰菌素
fusarinc acid（= fusaric acid） 萎蔫酸，5-丁基吡啶-2-甲酸
fusarinine 镰刀霉氨酸，N-羟戊烯基羟基鸟氨酸
fusariosis 枯萎病，镰孢菌病
fusarium 镰孢［霉］属（镰刀菌属）［*Fusarium* Link et Fr.］
fusarium basal rot of onion 洋葱干腐病［*Fusavium oxysporum* f. *cepae* Snyderet Hansen.］
fusarium blight 赤霉病（水稻）
fusarium blight of soybean 大豆枯萎病［*Fusarium oxysporum* f. *tracheiphilum* Snyd. et Hans.］
fusarium disease 镰刀菌病害
fusarium dry rot 镰刀菌干腐病
fusarium head blight 赤霉丝疫病
fusarium mould 麦类红色雪腐病［*Fusarium nivale* Ces.］
fusarium pod-rot of soybean 大豆赤霉病［*Fusarium oxysporum* Schl.］
fusarium root rot 溃疡病
fusarium rot 烂根病，根腐病（菜豆，四季豆，芸豆）
fusarium rot of citrus 柑橘［镰刀菌］腐败病［*Fusarium dimerum* Penz］
fusarium rot of sponge-gourd 丝瓜黑腐病［*Fusarium* sp.］
fusarium wilt ①萎蔫病（茄）②枯萎病（棉）
fusarium wilt of beet 甜菜萎蔫病［*Fusarium conglutinans* Wr. var. *betae* Stewart］
fusarium wilt of broad bean 蚕豆萎蔫病［*Fusarium vasinfectum* Atk.］
fusarium wilt of castor-bean 蓖麻萎蔫病［*Fusarium sambucinum* Fuck.］
fusarium wilt of cotton 棉萎蔫病［*Fusarium vasinfectum* Atk.］
fusarium wilt of cucumber 黄瓜镰刀菌萎蔫病［*Fusarium reticulatum mont* Mont.］
fusarium wilt of cucurbits 瓜类萎蔫病［*Fusarium nivale*（Fr.）Ces.］
fusarium wilt of flax 亚麻萎蔫病［*Fusarium lini* Bolley］
fusarium wilt of gambo hemp 红麻萎蔫病［*Fusarium vasinfectum* Atk.］
fusarium wilt of Korean pine 海松萎蔫病［*Fusarium solani* Mart. App. et Wr. var. *martii* App. et Wr.］
fusarium wilt of mung bean 绿豆萎蔫病［*Fusarium bulbigenum* Cke. et. Mass. var. *tracheiphilum*（Smith）Wr.］
fusarium wilt of pea 豌豆萎蔫病［*Fusarium oxysporum* Schlecht. f. 8 Snyder］
fusarium wilt of peanut 花生萎蔫病［*Fusarium vasinfectum* Atk.］
fusarium wilt of sesame 芝麻萎蔫病［*Fusarium vasinfectum* Atk. var. *sesami* Zap.］
fusarium wilt of soybean 大豆萎蔫病［*Fusarium bulbigenum* Cke. et Mass. var. *tracheiphilum*（Smith）Wr.］
fusarium wilt of strawberry 草莓萎蔫病［*Fusarium oxysporum* Schlecht.］
fusarium wilt of sweet potato 甘薯萎蔫病［*Fusarium bulbigenum* C. et M. var. *batatae* Wr.］
fusarium wilt of tobacco 烟草萎蔫病［*Fusarium oxysporum* var. *nicotianae* J. Johnson.］
fusarium wilt of tomato 番茄萎蔫病［*Fusarium bulbigenum* Cke. et Mass. var. *lycopersici*（Brush.）Wr. et Reink.］
fusarium wilt of watermelon 西瓜萎蔫病［*Fusarium bulbigenum* Cke. et Mass.］
fuscin 暗褐菌素
fuscipes wood-fern 黑色鳞毛蕨［*Dryopteris fuscicaefolium* Reich.］（鳞毛蕨科）
fuscous 深灰褐色的（fuscus）
fuscous soil 暗色土
fuse ①融合，并合 ②熔化，熔炼 ③保险丝 ④导火线
fuse arming computer（FAC） 引信发火计算机

fuse cutout 熔断器(指一种保护电器)
fuse map ①熔丝图 ②熔丝映象
fused beaks 胸喙亚目(同翅目)[Sternorrhyncha]
fused calcium magnesium phosphate 熔化磷酸镁钙,钙镁磷肥{农化}
fused dimer 并合二体{遗传}
fused magnesium phosphate 熔成苦土磷肥,熔成磷酸镁[$Mg_3(PO_4)_2$]
fused phosphate 熔成磷肥
fused phosphate fertilizers 熔成磷肥{农化}
fused phosphatic fertilizer 熔成磷肥(熔凝磷肥)
fused plasmodium ①并合原质团 ②并合变形体(plasmodium fusum)
fused replicon 融合复制子{分生}
fused ring compound 融合环化合物
fused tricalcium phosphate 熔成过磷酸三钙,熔成磷肥
fusel ①杂醇油 ②劣等酒 ③戊醇[$C_5H_{11}OH$]
fusel oil 杂醇油
fuser ①熔合装置,熔凝器 ②上色,上色棍{电脑}
fuser station 熔凝台
fusibility 易熔性,可熔性(fusibilitas)
fusible 易熔的,可熔的(fusibilis)
fusible alloy 易熔合金
fusible metal 易熔金属
fusicoccin 壳梭孢[菌]素
fusidic acid 梭链孢酸
fusiform 纺锤状的,梭状的(fusiformis)
fusiform initial 纺锤状原始细胞(initialis fusiformis)
fusiform parenchyma cell 纺锤状薄壁细胞
fusiform ray 纺锤射线(radius fusiformis)
fusiform root 纺锤根(radix fusiformis)
fusiform wood parenchyma cell 纺锤木薄壁细胞
fusing ①定影{电脑} ②融合{分遗}
fusing ability of Rous sarcoma virus 劳氏肉瘤病毒融合本领(能力)
fusing level ①定影水平 ②定影级别
fusion 融合,并合{遗工} ②熔化{物}(fusio)
fusion and nitrogen fixation 融合与氮素固定
fusion body 融合体
fusion by micromanipulation 融合显微操作法
fusion cell 融合细胞
fusion chain 融合链{分遗}
fusion from within 内融合
fusion from without 外融合
fusion in monolayers 单层融合
fusion in suspension 悬浮液中融合
fusion in vivo 活体融合,体内融合
fusion index 融合指数
fusion inhibition 融合抑制
fusion inhibition by carbohydrate 融合抑制的碳水化合物法
fusion inhibition by cytochalasin 融合抑制的细胞松弛素法
fusion method 融合方法{分生}
fusion nucleus 融合核,并合核
fusion of animal cells 动物细胞融合
fusion of anucleate cells 无核细胞融合
fusion of blastomere [分]裂球融合
fusion of chromocenters 染色中心并合
fusion of farms ①农地合并 ②农场合并
fusion of hyphae 菌丝融合
fusion of intracellular membranes 细胞内膜融合
fusion of leucocytes 白细胞融合
fusion of microcell 微细胞融合
fusion of mutant cell 突变细胞融合
fusion of myoblasts 成肌细胞融合
fusion of nuclei 核并合
fusion of nucleoli 核仁并合
fusion of plant cells 植物细胞融合
fusion of protoplasts 原生质体融合
fusion of protozoa 原生动物融合
fusion point ①溶化点 ②熔点
fusion protein label 融合蛋白标记物
fusion-pseudopolyploidy 并合假多倍性
fusion splice 熔接
fusion stabilization of fused cell 融合细胞的融合稳定[作用]
fusion technique 融合技术
fusion translocation 并合易位,着丝粒并合{细胞}
fusion zone 熔化区
fusogen 融合剂
fusogenic 融合的(fusogenus)
fusogenic agent 融合剂
fusogenic peptide 融合肽
fusome 融合体,胞间桥(fusoma)
fusospirochetal group 螺旋菌落
fussarium boll rot of cotton (=boll rot of cotton) 棉铃红腐病[*Fusarium* sp.]
fussol 氟乙酰胺[FCH_2CONH_2]
fustian 粗柳条棉布
fustic 黄颜木[*Chlorophora tinctoria*]
fustin 佛提素,3′,4′,7-三羟黄烷醇
fusty ①腐臭的 ②有霉湿味的

fusulus 吐丝器{昆虫}
futile ①无用的 ②无效果的(futilus)
futility 无用,无效(futilitas)
futility cut-off 无效修剪,无价值修剪{园艺}
future ①未来[的],将来[的] ②⌊复⌉期货,期货订单
future generation computer system (FGCS) 新一代计算机系统
future position 未来地位
future value 终值,后价
futures market 期货市场(交易所)
futures trading 期货交易
futures trading in commodities 商品期货交易
fuzhu 腐竹(一种豆乳制品)
fuzhu processing 腐竹加工{加工}
fuzz ①绒毛,细毛 ②[棉花]短绒
fuzze grain (= wolly grain) 毛状纹理
fuzzification 模糊化(fussificatio)
fuzzification function 模糊化函数
fuzzification process 模糊化过程
fuzziness ①蓬松 ②模糊性
fuzzing mathematics 模糊数学
fuzzy ①有短绒毛的{形态} ②磨破的,磨损的{农机} ③卷缩的{病理} ④模糊的{显技}
fuzzy associative memories (FAM) 模糊联想记忆{信息}
fuzzy beautyberry 柔毛紫珠[*Callicarpa mollis* Sieb. et Succ.](马鞭草科)
fuzzy category 模糊范畴
fuzzy coat [细胞]毛被
fuzzy computational accelerator 模糊计算加速器
fuzzy computer 模糊计算机
fuzzy degree 模糊度
fuzzy expert system 模糊专家系统{智培}
fuzzy feedback control system 模糊反馈控制系统
fuzzy formula 模糊公式
fuzzy inference language (FIL) 模糊推理语言
fuzzy information technology 模糊信息技术
fuzzy intelligent computer 模糊智能计算机
fuzzy linear programming 模糊线性规划
fuzzy logic 模糊逻辑
fuzzy premise 模糊前提
fuzzy recognition 模糊识别
fuzzy rule 模糊规划
fuzzy scheduling 模糊规划
fuzzy seed 具绒毛种子
fuzzy state 模糊状态
fuzzy statistics 模糊统计[学]
fuzzy theory 模糊理论{智培}
FW (= fresh weight) 鲜重
FW293 (= dicofol) 开乐散
FWB (= flour weight base) 粉重标准
fwe-finger (= cinquefoil) ①委陵菜属[*Potentilla* L.](蔷薇科) ②委陵菜[*Potentilla chinensis* Ser.]
FWG (= framework gene) 构架基因{分遗}
fynbos 高山硬叶灌木群落,塞宝斯群落{生态生理}

G g

G 1 ①(= gap 1) 缺口 1{细胞} ②(= first gap in cell cycle) 间隙 1 DNA 合成前准备期{细胞}
G 2 ①(= gap 2) 缺口 2{细胞} ②(= second gap in cell cycle) 间隙 2 有丝分裂前准备期{细胞}
G 11 (= hexachlorophene) 六氯酚{农药}
G 13870 (= phenylbutazone) 保泰松(布他酮)
G 24480 (= diazinon) 二嗪农
g_1 (= symmetry of measurement) 度量对称{统计}
g_2 (= kurtosis of measurement) 度量峰态
G-22008 (= pyrolan) 吡唑蓝
G bacteria (= Gram negative bacteria) 革兰氏阴性细菌
G-band (= Giemsa band) 吉姆沙带,G 带{染色体}
G-banding (= Giemsa banding) 吉姆沙显带法,G 显带法{染色体}
G-colony (= giant-colony) 巨大菌落{微生物}
G factor G 因子,移位因子
G-horizon G 层,潜育层{土壤}
G-layer G 层{气象}
G-Nadi reaction 吉-纳底反应(细胞色素氧化作用)
G period G 期,[真核体]核间期(如 G_1,G_2)
G_1-phase DNA 合成前准备期,G_1 期
G_2-phase 有丝分裂合成前期,G_2 期
g-region [染色单体]短 DNA 区
g-suit (宇航员穿的)抗荷服
G418 (= Geneticin) 遗传霉素{分生}
GA (= gibberellic acid) 920, 赤霉素,赤霉酸(植物生长调节剂) [$C_{19}H_{22}O_6$]
gabaergic γ-氨基丁酸能的
gabbro 辉长岩{地质}
gabbro 辉长岩
gabbro norite 辉长苏长岩
gabbro sienite (= gabbro syenite) 辉长正长岩
gabbro texture 辉长结构
gabion boom 石笼挡栅,石笼河鲠
Gabor code 盖博码{电脑}
gad 测杆,测条
gadbee 虻,牛虻,马虻
gadding 蔓延,蔓生(指杂草)
gadfly (= gadbee) ①虻,畜虻,牛虻 ②⌊复⌉(= deer and horse flies)虻科[Tabanidae]
gadget ①小器具,小机械 ②窗口零件
gadgetry 机械或电子设备
gadoid 鳕
gadoleic acid 9-廿碳烯酸 [$C_{19}H_{37}COOH$]
gadolinium 钆(Gd,64 号元素
gaff ①鱼叉 ②取鱼钩 ③斜[帆]桁
gaffer 帮工
gag ①张口器 ②闭塞,堵塞,塞盖 ③关闭,封闭
gag lever 止动杆
gag post 限位秆
gag-shoe attachment 开沟器限深板
gage ①(= green-gage) 青梅 [*Prunus italica* Borkh.](蔷薇科) ②(= gauge) 表,计,仪,规,量规 ③(= track) 轮距,轨距
gage board (= gauge board) 仪表板,仪表盘
gage wheel (= depth wheel) 限深轮
gagea ①顶冰花属 [*Gagea* Salisb.](百合科) ②顶冰花 [*Gagea lutea* Roem. et Schult.]
gaillardia ①天人菊属[*Gaillardia* Foug.](菊科) ②天人菊[*Gaillardia pulchella* Foug.]
gain ①增益,增加 ②增加量,增量
gain and risk 增益与风险
gain by interception 截留增加(指水分)
gain characteristic 增益特性
gain control ①亮度调整,明暗调节{电脑} ②增益控制
gain error 增益误差
gain factor 增益因子
gain in weight 增加重量,增重
Gaine 佳音(美国小麦品种)
gaining insight 增进洞察力
gait 步态,步调,步法
gaiter 欧洲红瑞木 [*Cornus sanguinea* L.](山茱萸科)

gaiting (马)步态调教
Gajanimma 盖贾尼马橙[*Citrus pennivesiculata* Tanaka](芸香科)
gal ①(= gallon)加仑(容量单位,1 加仑 = 4.56升) ②伽(重力加速度单位) ③(= galactose) 半乳糖
gal operon 半乳糖操纵子{分遗}
gal repressor 半乳糖阻遏物
gal series 半乳糖系列
galactan 半乳聚糖 [$(C_6H_{10}O_5)x$]
galactaric acid 半乳糖二酸,黏酸
galactase 半乳糖酶
galactic ①乳汁的 ②巨型的,极大的 ③银河的 (galacticus)
galactic database 巨型数据库
galactic noise 银河噪声{遥感}
galactin 催乳激素
galactinol 肌醇半乳糖苷
galactitol 半乳糖醇,卫矛醇
galactitol dehydrogenase 半乳糖醇脱氢酶
galactobiose 半乳二糖
galactoflavin 半乳糖黄素
galactofuranose 呋喃半乳糖
galactofuranosidase 呋喃半乳糖苷酶
galactofuranoside 呋喃半乳糖苷
galactogen 半乳多糖,半乳糖原
galactogogue ①催乳的 ②催乳剂
galactokinase 半乳糖激酶
galactolipid 半乳糖脂
galactomannan 半乳甘露聚糖
galactomannoglycan 半乳甘戊烯[基]羟基鸟氨酸
galactometer 乳汁比重计
galactonic acid 半乳糖酸 [$CH_2(OH)(CHOH)_4COOH$]
galactonolactone dehydrogenase 半乳糖酸内酯脱氢酶
galactophorous duct 乳管
galactopoietic 生乳的 (galactopoieticus)
galactopyranose 吡喃[型]半乳糖
galactosamine 半乳糖胺,2-氨基半乳糖,软骨糖胺 [$C_6H_{11}(NH_2)O_5$]
galactosaminide 氨基半乳糖苷
galactosaminuronic acid 半乳糖胺醛酸
galactosaminyl transferase 氨基半乳糖基转移酶
galactosan (= galactan) 半乳聚糖
galactose (Gal) 半乳糖 [$C_5H_{11}O_5CHO$]
galactose-1-phosphate 半乳糖-1-磷酸, 1-磷酸半乳糖
galactose-1-phosphate uridyl transferase 半乳糖-1-磷酸尿苷酰转移酶
galactose operon 半乳糖操纵子{分遗}
galactose operon expression 半乳糖操纵子表现
galactose operon transduction 半乳糖操纵子转导
galactose oxidase 半乳糖氧化酶
galactosemia 半乳糖血症 (galactosaemia)
galactosidase 半乳糖苷酶
galactoside 半乳糖苷
galactoside acetylase 半乳糖苷乙酰基转移酶
galactoside-binding protein 半乳糖苷结合蛋白
galactoside permease 半乳糖苷透[性]酶
galactoside transacetylase 半乳糖苷转乙酰酶
galactosis 乳汁分泌
galactosuria 半乳糖尿
galactosyl- 半乳糖[基]
galactosyl diglyceride 半乳糖甘油二酯
galactosylation 半乳糖基化(galactosylatio)
galactowaldenase 半乳糖瓦尔登转化酶, UDP半乳糖-4-差向异构酶
galactozymase 半乳糖酶,乳酿酶
galacturia 乳糜尿[症]
galacturonic acid 半乳糖醛酸 [$C_6H_{10}O_7$]
galacturonic ester reductase 半乳糖醛酸酯还原酶
galacturonorhamnan 半乳糖醛酸鼠李聚糖
galangal ①山姜属[*Alpinia* L.](姜科) ②良姜(高良姜)[*Alpinia officinarum* Hance]
galangin 高良姜精[$C_{15}H_{10}O_5$]
galanthamine 雪花[莲]胺
galanthine 雪花[莲]碱 [$C_{18}H_{23}NO_4$]
galanthus ①雪花莲属[*Galanthus* L.](石蒜科) ②雪花莲[*Galanthus nivalis* L.]
Galapagos islands 加拉帕戈斯岛
galbanum 古蓬香脂,波斯树脂
galbulus 浆果状球果(肉质球果)
gale 大风(八级风){气象}
gale pollution 大风污染{环保}
gale signal (= gale cones) 大风信号
gale warning 大风警报,风暴警报
galea ①盔瓣 ②外颚叶 ③盔节
galeate ①盔形的 ②具外颚叶的 (galeatus)
galega herb (= goat's rue) 山羊豆[*Galega officinalis* L.](豆科)
galena 方铅矿{地质}
galenical 草药,生药制剂,盖仑制剂 (galenicus){药物}

galeola ①山珊瑚属[*Galeola* Lour.]（兰科）②山珊瑚[*Galeola* sp.]
galericulate 帽状的（galericulatus）
galinsoga ①嘉陵梭属[*Galinsoga* Ruiz. et Pav.]（菊科）②牛膝菊[*Galinsoga parviflora* Pav.]
galiosin 茜素酸苷
galipot（= solidified resin, solid resin）固体树脂
galium horn worm 茜草天蛾[*Celerio gallii* Rottemburg]（天蛾科）
galium looper 茜草尺蛾[*Lampropteryx suffumata* Schiffermüller]（尺蛾科）
gall ①瘿，虫瘿 ②五倍子，没食子 ③瘤疖，疮 ④胆汁 ⑤橡实 ⑥菌瘿（galla）
gall aphid（= psylla）①木虱（瘿蚜）②⌞复⌝木虱科[Psyllidae Chermidae]
gall bladder 胆囊
gall fly 五倍子蝇（瘿蝇）
gall gnat（= gall midge）①瘿蚊 ②⌞复⌝瘿蚊科[Cecidomyliidae]
gall mite（= eriophyd mite）①瘿螨 ②⌞复⌝瘿螨科[Eriophyidae]
gall oak 染色栎[*Quercus infectoria* Oliv.]（山毛榉科）
gall of cereals 禾谷类作物黑穗病
gall of tea 茶饼病[*Exobasidium vexans* Mass.]
gall plant 瘿瘤植物
gall sickness 牛边虫病
gall stone 胆石
gall wasp ①瘿蜂[*Ibalia leucospoides* (Hochenwarth)] ②⌞复⌝瘿蜂科[Cynipidae]
gallacetophenone 没食子苯乙酮[$CH_3COC_6H_2(OH)_3$]
gallanilide 没食子酸苯胺[$C_{13}H_{11}NO_4$]
gallant soldier（= smallflower galinsoga, kew weed）牛膝菊[*Galinsoga parviflora* Pav.]（菊科）
gallate 没食子酸[$C_6H_2(OH)_3COOH$]
gallberry 光滑冬青[*Ilex glabra*]（冬青科）
gallery ①长廊，画廊，柱廊{园林} ②虫蛀道，虫道{昆虫}
gallery forest 长廊林（沿河道）
gallic acid 没食子酸[$C_6H_2(OH)_3COOH$]
gallicin 没食子酸甲酯[$C_6H_2(OH)_3COCH_3$]
gallicolous 瘿栖的（gallicolus）
gallinacean 鹑鸡类[Gallinaceus]
gallinaceous birds 鹑鸡目[Galliformes]
galline 鸡精蛋白
galliphagous（= gallivorous）食瘿的（galliphagus, gallivorus）
gallium 镓（Ga 31 号元素）
gallium arsenide 砷化镓[GaAs]
gallium arsenide transistor 砷化镓晶体管{电脑}
gallnut（= nut tree）①欧洲榛[*Corylus avellana* L.]（榛科）②（= gall, gall nut）五倍子
gallocyanin 没食子花青[$C_{15}H_{12}O_5N_2$]
gallocyanin as double stain 双重染色[剂]用没食子花青
gallon（gal）加仑（容量单位，1 加仑 = 4.56 升）
gallop ①（马四蹄同时离地的）飞驰，疾驰，跑步 ②跳步{电脑}
galloping test 跳步测试{电脑}
gallosin 茜素酸苷
gallotannic acid 棓单宁酸
gallotannin 棓单宁
Galloway ①盖洛威牛（苏格兰一种肉用牛）②盖洛威马（苏格兰一种小型马）
gallows plough 双轮单铧犁，前导轮架式单铧犁
gallworm（= cyst nematode）囊线虫[*Heterodera marioni*]（线虫科）
Galois field 伽罗瓦域，有限域{统计}
galosh（雨天用）胶套鞋
galtonia ①夏风信子属[*Galtonia* Deene.]（百合科）②夏风信子[*Galtonia candicans* Deene.]
Galton's apparatus 高尔敦氏装置
Galton's curve 高尔敦曲线{统计}
Galton's law of regression 高尔敦回归法则
galvanic ①[流]电的 ②电流（指电池的）③电镀的，镀锌的（galvanicus）
galvanic current 直流，动电电流
galvanic series 动电序列（指由化学反应发生的电流）{环保}
galvanic skin response（GSR）皮肤电反应
galvanization 电镀（galvanisatio）
galvanized iron 白铁皮
galvanized iron wire 铅丝
galvanized pipe 镀锌铁管{环保}
galvanized sheet iron 电镀钢板，电镀铁片
galvanizer 电镀器
galvanizing 电镀
galvanometer 电流计，检流计
galvanonasty 感电性（galvanonastas）
galvanotaxis 趋电性

galvanotropism 向电性（galvanotropismus）

gama grass ①摩擦禾属［*Tripsacum* L.］（禾本科）②鸭茅状摩擦禾［*Tripsacum dactyloides* L.］

gamba（= big bluestem） 大蓝秆草

Gambian fever 冈比亚热（由 Trypanosoma gambiense 所致）

Gambian malaria mosquito 冈比亚按蚊［*Anopheles gambiae* Giles］（按蚊科）

gambier 槟榔膏

gambier-catechu（= gambir，Bengal gambir） 黑儿茶［*Uncaria gambier* Roxb.］（茜草科）

gambier plant ①钩藤属［*Uncaria* Schreb.］（茜草科）②钩藤［*Uncaria rhynchophylla* Miq.］

gambier tree hopper 槟榔青黑角蝉［*Centrotypus shelfordi* Distant］（角蝉科）

gambo hemp 红麻（洋麻，芙蓉麻）［*Hibiscus cannabinus* L.］（锦葵科）

gamboge ①（= gamboge tree）藤黄树［*Garcinia hanburyi* Hook. f.］（藤黄科）②藤黄（由藤黄树伤口所分泌的树脂）

gambose 蹄状的（gambosus）

gambrel （马）后腿踝关节

game ①狩猎动物，猎物 ②对策

game against nature 用于自然界的对策

game bag 猎物袋

game bird 猎鸟

game bite（= damage caused by game） 猎物伤害

game cock（= game fowl） 斗鸡（流苏鹬）［*Philomachus pugnnax*］

game cover 猎物隐藏处

game fishes 游钓鱼类

game habitat 猎物栖息处

game idea 对策计划

game land 狩猎场

game law 狩猎法

game of market competition 市场竞争对策｛农管｝

game of survival 生存对策，存活对策｛生态生理｝

game park 猎兽园

game preserve（= game cover） 猎物隐藏处

game refuge 禁猎区

game theory 对策论｛农经｝

gametangial 配子囊的（gametangialis）

gametangial contact 配子囊接触

gametangial copulation 配子囊交配

gametangic apomixis 配［子］囊无融合生殖（apomixis gametangicus）

gametangiogamy 配子囊接合，配子囊交配，多核配子融合（gametangiogamia）

gametangiophore 配子囊柄（gametangiophora）

gametangium 配子囊

gamete 配子（gameta）

gamete abortion 配子败育

gamete deficiency-duplication 配子缺失复制

gamete fusion 配子并合，配子融合

gamete genotype 配子基因型

gamete lethal 配子致死（gametolethalis）

gamete lytic enzyme 配子溶酶

gamete mortality 配子死亡率

gamete nucleus 配子核（gametonucleus）

gamete phase ①配子期 ②配子相

gamete selection 配子选择（gametoselectio）

gametic 配子的（gameticus）

gametic alternation of nuclear phase 配子核相等交替

gametic apogmy 配子无配生殖（apogomia gametica）

gametic array 配子系列（配子依次排列）

gametic copulation 配子交配

gametic excess 配子过多

gametic expectation 配子期望数

gametic-gametangial copulation 配子-配子囊接合

gametic inactivation 配子钝化

gametic incompatibility 配子不亲和性

gametic isolation 配子隔离，配子分离

gametic lethal factor 配子致死因子

gametic meiosis 配子减数分裂

gametic mortality 配子死亡率

gametic mutation 配子突变

gametic nucleus 配子核｛遗传｝

gametic number 配子［染色体］数

gametic pathenogenesis 配子单性生殖

gametic polyploidization 配子多倍化

gametic ratio 配子［分离］比

gametic reduction 配子减数

gametic reproduction 配子生殖

gametic selection 配子选择

gametic sterility 配子不育［性］

gametic union 配子聚合

gametically balanced lethality 配子平衡致死现象

gametid 配子细胞（gametis）

gameto- ⌞字头⌝配偶

gametoblast 成配子细胞（gametoblastus）

gametocide 杀配子剂,杀精剂,除雄剂
gametoclonal variation 配子克隆变异,配子无性[繁殖]系变异{农生技}
gametocyst 配子囊(gametocystum)
gametocyte 配子母细胞(gametocyta)
gametogamy 配子配合(gametogamia)
gametogenesis 配子发生
gametogeny(=gametogenesis) 配子发生
gametogonium 配原细胞
gametogony 配子生殖(gametogonia)
gametokinetic hormone 配子激活素
gametophore 配子托(gametophorum)
gametophyte 配子体(gametophyta)
gametophyte apomixis(= gametophytic apomixis) 配子体无融合生殖(gametophytoapomixis)
gametophyte lethal factor 配子体致死因子
gametophyte sheath 配子体鞘(gametophytovagina)
gametophyte stage 配子体期
gametophytic 配子体的(gametophyticus)
gametophytic apomixis 配子体无融合生殖
gametophytic gene 配子体基因
gametophytic incompatibility 配子体不亲和性
gametophytic reaction 配子体反应
gametophytic self-incompatibility alleles 配子体自交不亲和基因
gametophytic system 配子体系
gametophytic type 配子体型(typus gametophyticus)
gametospore(=gameto sporidium) 配子孢子(gametosporidium)
gametotaxis 趋配子性
gametothallus 配子菌体
gametotoky 配子单性生殖,雌雄单性生殖
gametotropism 向配子性(gametotropismus)
gamic 受精的(gamus)
gamic female 有性雌蚜
gaming 制定对策
gamma ①γ(希腊字母)②伽马(地磁场强度单位)③微克
gamma aminobutyric acid γ-氨基丁酸
gamma carboxyl glutamic acid(Gla) γ-羧基谷氨酸,伽玛羧基谷氨酸
gamma cellulose γ-纤维素,丙种纤维素
gamma chain(γ-chain) γ-链
gamma correction γ校正,伽玛校正
gamma cytomembrane γ-细胞质膜
gamma distribution γ分布,伽玛分布
gamma emission γ[射线]发射,伽玛[射线]发射
gamma emitter γ[射线]发射体,伽玛发射体
gamma field ①γ-辐射图 ②γ-辐射场
gamma globulin(γ-globulin) γ-球蛋白
gamma glutamyl cycle γ谷氨酰循环,伽玛谷氨酰循环
gamma irradiation γ-射线照射,丙射线照射
gamma moth(=common silvery moth) 银星夜蛾[*plusia gamma* Linnaeus](夜蛾科)
gamma multichannel analyzer γ多道分析器,伽玛分析器
gamma radiation γ-射线辐射,丙射线辐射
gamma radiation field γ-射线辐射场,丙射线辐射场
gamma ramp γ斜面,伽玛斜面
gamma-ray(γ-ray) γ-射线
gamma-ray actinometer γ-射线强度测定器,丙射线强度测定器
gamma-ray beams γ-射线束,丙射线束
gamma-ray counter γ-射线计数器
gamma-ray detection γ射线探测,伽玛射线探测
gamma-ray detector γ射线探测器,伽玛射线探测器
gamma-ray dose γ-射线剂量,丙射线剂量
gamma-ray measurement γ射线测量,伽玛射线测量
gamma-ray method of treatment γ-射线处理法
gamma-ray source γ-射线源,丙射线源
gamma-ray spectrometer γ-射线谱仪,丙射线谱仪
gamma-ray transport theory γ-射线传递理论{辐射}
gammagraphy γ-射线照相术
gammatherapy γ-放射疗法,^{60}Co放射疗法
gammeter 反差系数计
gammexane(= gamexane) 六氯化苯[$C_6H_6Cl_6$]
gammon ①腊火腿,熏火腿 ②腊制,熏制
gamobium (世代交替的)有性世代
gamocarpous 合生心皮的(gamocarpus)
gamodeme 交配同类群
gamogastrous 合生子房的(gamogastrus)
gamogenesis 两性生殖,雌雄生殖,有性生殖
gamogony 配子生殖(gamogonia)
gamoid dimorphism 配子两型现象
gamomery 合生花冠(gamomerium)
gamone 交配素,配素
gamont(=gametocyte) 配母细胞
gamontogamy 配母细胞配合(gamontogamia)

gamopetalous 合瓣的(gamopetalus)
gamopetalous calyx 合瓣萼(calyx gamopetalus)
gamopetalous corolla (= sympetalous corolla) 合瓣花冠(corolla gamopetala)
gamopetalous corona 合瓣副冠(corona gamopetala)
gamopetalous flower 合瓣花(flos gamopetalus)
gamopetalous irregular corolla 不整齐合瓣花冠(corolla irregularis gamopetala)
gamopetalous perianth 合瓣花被(perianthium gamopetalum)
gamopetalous regular corolla 整齐合瓣花冠(corolla regularis gamopetalus)
gamopetaly (=sympetaly) 合瓣式(gamopetalia)
gamophase 配子期(gamophasis)
gamophyceae 接合藻[Gamophyceae]
gamophyllous (= synaphyllous) 合叶的(gamophyllus)
gamophylly 合叶性(gamophyllia)
gamosepal 合萼(gamosepalum)
gamosepalous 合萼的(gamosepalus)
gamosepalous calyx 合片萼(calyx gamosepalus)
gamostaminate 具合生雄蕊的(gamostaminatus)
gamostele 合生中柱(gamostela)
gamostylous 合生花柱的(gamostylus)
gamotropism 向配性(配子相互吸引)(gamotropismus)
gamp (= umbrella) 伞
gamut 全部,整个范围
gamut of color 色调范围,色域
gamy ①猎物多的 ②有猎物气味的 ③配合(gamius)
ganciclovir (GCV) 9-(1,3-二羟-2-丙氧甲基)鸟嘌呤
gander 公鹅,雄鹅
gang ①(在一起工作的工人)一群,一队,一组 ②组,圆盘组 ③联成,联动
gang cultivator 分组式中耕机
gang disk plow 分组圆盘犁
gang drill ①分组式条播机 ②排钻头
gang mower 分组式刈草机
gang plough (=gang plow) 多铧犁
gang punch 复穿孔,群穿孔
gang saw 框锯,排锯(木工)
gang sawmill (=gang mill) 框锯制材厂
gang seeder 分组式播种机
gang switch 联动开关
gang tuning 统调[法],联调{电脑}
ganged control 联动控制
Ganges amaranth (= flower gentle) 苋菜(苋)[*Amaranthus tricolor* L.](苋科)
Ganges River 恒河(河名){水利}
Ganges type 恒河型
gangliocyte 神经节细胞(gangliocyta)
ganglion 神经节
ganglionaris 芒神经节
ganglioneous ①具神经节的 ②具节的(ganglioneus)
ganglioneous hair 节分枝毛(pilus ganglioneus)
ganglionic 神经节的(ganglionicus)
ganglionic cell 神经节细胞
ganglionic commissure 神经节接索
ganglionic plate 神经节板
ganglioside 神经节苷
gangliosidosis 神经节苷脂沉积症
gangrene ①坏疽{医} ②树瘤{森林}
gangrenous coryza (= bovine malignant catarrh) 牛鼻炎,牛鼻卡他
gangway 通路,出入口
ganoid ①光鳞的 ②光鳞鱼(ganoideus)
ganoid scale 硬鳞
gantry ①(支撑起重机的)桥形台架,拱形架,吊机架,龙门架 ②行车式
gantry crane 龙门起重机{农施}
gantry robot 行车式机器人{物}
gantry system 桥形台架系统
Gantt chart 施工进度表{农施}
gap ①(因缺苗、漏播或漏耕的)空白地,漏耕地,漏播地,间隙{栽培} ②(水坝)裂缝,缺口{水利} ③无立木地{森林} ④峡谷{土壤} ⑤间隔{电脑}
gap 1 (G1) 缺口 1{分生}
gap 2 (G2) 缺口 2
gap character 间隔符{电脑}
gap coding 中断编码{电脑}
gap-cover 补植木
gap cutting (= gap felling) 团状伐
gap digit 间隔位,空位
gap-filling adhesive (= gapfilling glue) 补隙胶黏剂(木工)
gap gauge 隙规
gap junction 缺口接合
gap junction protein 缺口接合蛋白{分生}
gap length 间隙大小,间隙长度
gap loss 间隙损耗{电脑}
gap of forest canopy 林冠间隙
gap planting 补植{栽培}
gap repair 缺口修复

gap width 间隙宽度
gape ①开口,裂缝,嘴裂 ②⌊复⌉张嘴病
gaping ①张口状的(ringens)②破裂的(ruptilis)
gapless 无间隙的
gapless structure 无间隙结构
gapo 咖坡群落(亚马孙河泛滥低地棕榈林)
gapped ①有缺口的{分生}②有间隙的{栽培}
gapped duplex 缺口双链体
gapped tape 间隔带
gapper 间苗机,疏苗机
gapping (= thinning) 间苗,疏苗
gapping blade 间苗锄铲
gapping machine 间苗机,疏苗机
gapping rule 间苗尺
gapping tine 间苗锄齿
gapping up (= gap planting) 补植
gappy stand 缺株
gaps 缺口染色体
garage ①汽车间,车库,机库 ②修车厂 ③存取臂存放区{信息}
garage for agricultural machinery 农业机械[机]库
garbage ①下水,内脏 ②泔水,残羹 ③垃圾,污物,废物 ④无用数据,无用信息,不用单元{信息} ⑤食品加工厂废料
garbage classification 垃圾分类{环保}
garbage compost 垃圾堆肥
garbage disposal 垃圾处理
garbage grinder 食品加工废料磨碎机,厨余磨碎机
garbage tankage 垃圾动物肥
garbage worm (= trichina worm) 旋毛虫
garbanzo (= chickpea) 鹰嘴豆[*Cicer arietinum* L.](豆科)
garble ①失误,[电讯]失真 ②混淆(garbilis)
garbled 含混的,混乱的
garbling 精节选
garcinia ①藤黄属[*Garcinia* L.](藤黄科)②藤黄[*Garcinia hanburyi* Hook. f.]
garcinia family 藤黄科[Guttiferae]
garden ①圃,试验圃 ②花园,果园,菜园 ③⌊复⌉公园 ④⌊复⌉广场 ⑤特别肥沃地 ⑥园艺的,园林的,园圃的(hortensis)
garden alternanthera (= parrot leaf) 五色草(小叶红)[*Alternanthera ficoidea* (L.) R. Br. ex Room et Schult.](苋科)
garden angelica ①欧白芷属[*Archangelica* Hoffm.](伞形科)②欧白芷[*Archangelica officinalis* (Moench.) Hoffm.]
garden annuals 一年生园艺植物
garden architect 庭园设计师,庭园建筑师{园林}
garden architecture ①庭园建筑 ②庭园建筑学
garden asparagus (= common asparagus) 石刁柏[*Asparagus officinalis* L.](百合科)
garden axe 园斧
garden balsam ①凤仙花属[*Impatiens* L.](凤仙花科)②凤仙花[*Impatiens balsamina* L.]
garden bean ①(= common bean, kidney bean) 菜豆[*Phaseolus vulgaris* L.](豆科)②⌊复⌉园艺豆类[作物]
garden bed 庭园花坛{园林}
garden beet (= red beet) 食用甜菜[*Beta vulgaris* ssp *esculenta* Gürke](藜科)
garden bowl 花钵
garden burnet (= great burnet) 地榆[*Sanguisorba officinalis* L.](蔷薇科)
garden cabbage 卷心菜(包心菜)[*Brassica oleracea* L. var. *capitata* L.](十字花科)
garden cane 果蔗(指供食用的)
garden carrot 野胡萝卜[*Daucus carota* var. *sativa* DC.](伞形花科)
garden celery ①芹属[*Apium* L.](伞形花科)②芹菜[*Apium graveolens* L.]
garden centipede ①(= garden symphylan)庭园蚰蜒[*Scutigerella immaculata* (Newport)]②⌊复⌉(= geophilids)地蜈蚣科[Geophilidae]
garden chafer 果园丽金龟[*Phyllopertha horticola* (Linnaeus)](金龟科)
garden chervil (= chervil) 细叶芹
garden chrysanthemum (= garland chrysanthemum, crowndaisy) 茼蒿[*Chrysanthemum coronarium* L. var. *spatiosum* Bailey](菊科)
garden city 庭园都市,园林都市,花园都市
garden click beetle (= garden wireworm) 红尾叩甲[*Athous haemorrhoidalis* (Fabricius)](叩甲科)
garden coreopsis 两色金鸡菊(波斯菊)[*Coreopsis tinctoria* Nutt.](菊科)
garden cress (= pepper grass) 独行菜(栽培独行菜)[*Lepidium sativum* L. = *L. ruderale* Willd.](十字花科)
garden cress oil 独行菜油
garden cricker 园圃蟋蟀[*Pteronemobius fascipes* Walker](蟋蟀科)
garden crops 园艺作物
garden croton ①变叶木属[*Codiaeum* A.

Juss.]（大戟科）②变叶木[*Codiaeum variegatum* var. *pictum* Muell.-Arg.]
garden crowfoot 耧斗菜（普通耧斗菜，洋牡丹）[*Aquilegia vulgaris* L.]（毛茛科）
garden cultivator 园艺中耕机
garden cutlery 修枝刀
garden cutworm 庭园切根虫[*Euxoa informis* Leech]（夜蛾科）
garden dahlia（= common dahlia） 大丽菊[*Dahlia pinnata* Cav.]（菊科）
garden dart moth 黑切根虫[*Euxoa nigricans* Linnaeus]（夜蛾科）
garden design 园林设计，庭园设计
garden drill 园艺播种机
garden eggplant 长茄子[*Solanum melongena* L.]（茄科）
garden entrance 花园进口，园门口
garden euphorbia 飞扬草[*Euphorbia hirta* L.]（大戟科）
garden farming 园田化
garden fleahopper 园圃盲蝽[*Halticus bracteatus* (Say)]（盲蝽科）
garden forks 搂菜叉
garden frame 温床
garden geranium ①天竺葵属[*Pelargonium* L'Hérit.]（牻牛儿苗科）②天竺葵[*Pelargonium hortorum* Bailey]
garden gooseberry（= gooseberry bush） 园醋栗（须具利）[*Ribes grossularia* L.]（虎耳草科）
garden hedge 庭园篱笆
garden heliotrope（= valerian） 缬草[*Valeriana officinalis* L.]（败酱科）
garden hoe 园锄，手锄
garden hose（灌水用）园圃用软管
garden house ①花房，温室{园艺}②园亭{园林}
garden implements 园艺用农机具
garden knife 园艺用刀
garden label 圃地标签，圃地木牌
garden lay-out 庭园布局，园林布局
garden-lettuce 莴苣[*Lactuca sativa* L.]（菊科）
garden loam 园地壤土
garden lovage（= lovage, bladder seed） ①圆叶当归属[*Levisticum* L.]（伞形花科）②圆叶当归[*Levisticum officinale* Koch = *L. levisticum* L.]
garden making ①造园 ②造园学
garden mattock 园镐，鹤嘴锄
garden mercury（= French mercury） 一年生山靛
garden mint（= spearmint） 绿薄荷（留兰香）[*Mentha spicata* L. = *M. viridis* L.]（唇形科）
garden mould（= garden soil） 园土
garden myrrh（= sweet cicely, sweet scented myrrh） 欧洲没药[*Myrrhis odorata* L.]（伞形花科）
garden nasturtium（= common nasturtium, Indian cress） 旱金莲（金莲花）[*Tropaeolum majus* L.]（金莲花科）
garden of acclimatization 驯化圃
garden of annuals 一年生草花[花]园
garden of breeding 育种圃
garden onion 洋葱[*Allium cepa* L.]（石蒜科）
garden operation 园圃操作
garden orache（= mountain spinach） 法国菠菜[*Atriplex hortensis* L.]（藜科）
garden pansy 园三色堇[*Viola tricolor* var. *hortensis* DC.]（堇菜科）
garden patchouli（= patchuli, patchouly） 园艺刺蕊草（园艺广藿香）[*Pogostemon hortensis* Backer]（唇形科）
garden path 庭园小径，花园径道
garden patience（= patient dock, herb patience） 菠菜酸模[*Rumex patientia* L.]（蓼科）
garden pea（= pea, green pea） 豌豆[*Pisum sativum* L.]（豆科）
garden pea leafminer 菊潜叶蝇[*Phytomyza atricornis* Meigen]（潜蝇科）
garden pebble moth 甘蓝螟[*Mesographe forficalis* Linnaeus]（螟蛾科）
garden perennials 多年生园艺植物
garden phlox 天蓝绣球（草夹竹桃，锥花福禄考）[*Phlox paniculata* L.]
garden pink 常夏石竹（羽裂石竹）[*Dianthus plumarius* L.]（石竹科）
garden plan 园林计划
garden planning 园林规划，园林布局
garden plants ①园艺植物 ②园林植物
garden-plot ①园圃，园地，菜园 ②试验圃小区
garden plow 园圃用犁
garden plum（= common plum, damson tree） 洋李[*Prunus domestica* L.]（蔷薇科）
garden poppy（= opium poppy） 罂粟
garden portulaca 半支莲[*Portulaca grandiflora* L.]（马齿苋科）
garden pruner 果园整枝剪
garden radish 萝卜[*Raphanus sativus*

L.](十字花科)

garden rake 园圃用搂耙

garden refuse 庭园垃圾{环保}

garden rhubarb (= paieplnt) 食用大黄[*Rheum rhaponticum* L.](蓼科)

garden roller 园圃镇压器

garden room 庭园空间,园林空地

garden rue (= common rue, herb of grace) 芸香[*Ruta graveolens* L.](芸香科)

garden sage 鼠尾草[*Salvia japonica* Thunb.](唇形科)

garden sass (= garden sance, greens) 青菜,绿叶蔬菜

garden save (= save) 撒尔维亚(药鼠尾草)[*Salvia officinalis* L.](唇形科)

garden saw 修枝锯

garden sculpture 庭园雕刻物{园林}

garden seeder 园圃播种机

garden shears 园艺用修枝剪

garden shelter forest 护园林

garden shovel 园铲

garden slug 庭园蛞蝓[*Arion hortensis* Fér.](蛞蝓科)

garden snail (= brown garden snail) 庭园大蜗牛[*Helix aspersa* Müll.](蜗牛科)

garden soil 园土,种花土

garden sorrel (= sorrel, sheep's sorrel) 小酸模[*Rumex acetosella* L.](蓼科)

garden spade 花铲

garden species 园艺种

garden spinach (garden orache) 法国菠菜

garden sprayer 园艺喷雾器,园艺喷雾机

garden springtail 园圃圆跳虫[*Bourletiella hortensis* Fitch](跳虫科)

garden sprinkler 园艺用喷灌机

garden statuary 庭园雕像{园林}

garden strawberry 园艺草莓[*Fragaria vesca* var. *hortensis*](蔷薇科)

garden stuffs 绿叶类蔬菜

garden-styled farming 园田化耕作

garden suburb 园林郊区

garden symphylid (= garden symphylan) 蚰蜒(庭园蚰蜒,庭园么蚰)[*Scutigerella immaculatus* (Newport)](么蚰科)

garden syringe 喷壶

garden thrips 台湾蓟马[*Frankliniella formosae* Moulton](蓟马科)

garden thyme (= common thyme, thyme) 百里香(麝香草)[*Thymus vulgaris* L.](唇形科)

garden tillage (播种前)园圃整地,园田耕作

garden tools 园艺工具,手用农具

garden tractor 园艺拖拉机

garden tree and shrub 庭园花木

garden trowel 移植铲,移植镘

garden turnip (= turnip) 芜菁

garden-type rotary tiller 园艺型旋耕机

garden variety 园艺品种

garden verbena 铺地马鞭草(铺地锦)[*Verbena hybrida* Vossl](马鞭草科)

garden webworm 庭园野螟[*Loxostege rantalis* (Guenée)](野螟科)

garden white (= cabbage white) 菜白蝶

garden woodbine 忍冬[*Lonicera caprifolium* L.](忍冬科)

gardener 园丁,花匠,园艺家,园林工人

gardener's apprentice (= apprentice in gardening, apprentice in horticulture) 园艺学徒

gardener's assistant 园艺家助手

gardener's garters (= reed canary grass) 虉草(草芦)[*Phalaris arundinacea* L. = *Digraphis arundinacea* (L.) Trin.](禾本科)

gardenia ①栀子属[*Gardenia* L.](茜草科) ②栀子[*Gardenia florida* L. = *G. jasminoides* G.J Sol.]

gardening ①园艺 ②园艺学 (horticultura)

gardening co-operative 园艺生产合作社

gardening enterprise 园艺企业

gardening equipment 园艺用工具

gardening installation 园艺设施{农施}

gardening institution 园艺公共设施

gardening knife 园艺用刀

gardening shears 园艺用整枝剪

gardening tools 园艺家具,园艺用工具

gardening under glass 温室园艺

gardenization 园田化

gardenization farming 园田化农业

gardenization of crop production 作物栽培园田化,作物生产田园化

gardenization of farmland 耕地园田化,农田园田化

gardenization of wheat growing 小麦栽培园田化

garder 油的取样器

gare (绵羊腿上的)粗毛

garget ①(= virginian poke, poke) 美国商陆[*Phytolacca americana* L.](商陆科) ②乳房炎,乳腺炎

gargoylism 脂肪软骨营养不良症,软骨代谢障碍症 (gargoylismus)

garigue ①咖里哥宇群落(地中海区常绿矮灌丛) ②灌木 ③荒地

garland ①花环,花冠 ②索环
garland chrysanthemum 茼蒿[*Chrysanthemum coronarium* L. var. *spatiosum* Bailey](菊科)
garland-flower ①姜花属[*Hedychium* Koen.](姜科) ②姜花[*Hedychium coronarium* Koen.]
garland heath 加兰欧石南[*Erica subdivaricata* Bergius](杜鹃花科)
garland-shaped 小伞形的(sertuliformis)
garlic 大蒜[*Allium sativum* L.](百合科)
garlic band 大蒜辫(大蒜编成辫条)
garlic bulb 蒜头,大蒜鳞茎
garlic bulblet 大蒜小鳞茎
garlic clove 蒜瓣(一个大蒜的瓣片)
garlic in strings 成辫大蒜
garlic macrosporium leaf spot 大蒜黑斑病[*Macrosporium porri* Ellis]
garlic mustard 葱芥属[*Alliaria* Scop.](十字花科)
garlic oil 大蒜油
garlic pickles 大蒜泡菜
garlic rust 蒜锈病[*Puccinia allii* (DC) Rudolch.]
garlic-scented agaric 蒜头状小皮伞[*Marasmius scorodonius* (Fr.) Fr.](伞菌科)
garlic sprout (= garlic stem) 蒜苗,蒜薹
garlic weevil 大蒜短角象[*Brachycerus algirus* Fabricius](短角象甲科)
garlic wild (= Japanese onion) 野蒜[*Allium grayi* Regel.](石蒜科)
garlicin 蒜素
garner 粮仓,谷仓
garnet ①石榴石{地质} ②深红色
garnet-gneiss 石榴石片麻岩{地质}
garnet-phyllite 石榴石千枚岩
garnierite 硅镁镍矿{地质}
garnish 装饰
garnish vegetables 配饰蔬菜(烹饪时在肉上装饰用的)
garret ①顶仓 ②天窗
garth ①庭园 ②鱼梁
garth shade tree 庭荫树
garua (= camanchaca) 浓湿雾(见于南美洲西海岸)
gas 气体(gassa)
gas absorption 气体吸收
gas adsorbent 气体吸附剂
gas analysis 气体分析
gas analyzer 气体分析器
gas atomization ①气体雾化 ②燃气雾化
gas-bag 蓄气囊
gas bell 气鼓泡
gas black 烟黑
gas boiler 沼气锅炉
gas-bracket 煤气管
gas brooder 气体孵化器
gas bubble 气泡
gas burette 气体量管,量气管
gas capacity 气体容量
gas chamber ①毒气室 ②(水果)贮藏室
gas channel 气道
gas chromatograph 气相层析仪
gas chromatograph-mass spectrometer (GC-MS) 气相层析－质谱联用仪{生技}
gas chromatographic determination 气相层析测定
gas chromatography (GC) 气相层析[法]
gas collection 集气
gas collector ①集气罩 ②气体收集器{环保}
gas composition 气体成分
gas concentration 气体浓度
gas constant 气体常数
gas content 气体含量
gas control material 气体调节剂(物)
gas counting 气体计数
gas diffusion 气体扩散
gas discharge 气体流量,气体放量
gas discharge display 气体放电显示器
gas disperser 气体弥散器
gas dispersoid 气溶胶,气态分散体
gas dome 沼气浮盖{环保}
gas engine 燃气发动机,燃气机,煤气机
gas exchange ①气体代谢{生理} ②气体交换{土壤}
gas-exchange balance 气体交换平衡
gas-exchange measurement ①气体代谢测定 ②气体交换测定
gas exchange pattern 气体交换模式
gas exchange quotient 气体交换系数
gas exchanging surface 气体交换面
gas filled 充气
gas-fired furnace 煤气炉
gas-fired water heater 烧污泥气[的]热水器{环保}
gas flow counter 气流式计数器
gas-flow radiation counter 气流辐射计数器
gas formation 气体形成
gas gangrene 气性坏疽
gas generator 气体发生器
gas-heated brooder 煤气加热式育雏室
gas-heated steamer 煤气加热式蒸煮器
gas holder 贮气罐

gas injury 烟害
gas laser producer 气体激光器
gas law 气体定律{气象}
gas leak hunting 寻漏气
gas lift 气升,气体上升
gas lift pump 污泥气泵(指在污泥消化池旁的){环保}
gas-liquid chromatographic method 气液层析法
gas-liquid chromatography (GLC) 气液层析{生技}
gas-liquid partition chromatography 气液分配层析法
gas liquor (=ammonia liquor) 煤气液{环保}
gas mask 防毒面具
gas meter ①气量计 ②煤气计
gas mineral 气田
gas mixing device 气体混合装置{环保}
gas mixture ①混合气体 ②气体混合物
gas molecule 气体分子
gas motor 气体发动机
gas oil 汽油,瓦斯油,粗柴油
gas opening 排烟口
gas outlet 排气管
gas output 产气量
gas oven ①煤气炉 ②毒气室
gas panel 气体显示屏
gas permeability 透气性
gas phase ①气态{气象} ②气相{土壤}
gas-phase biocatalysis 气相生物催化
gas-phase protein sequencer 气相蛋白质测序仪,气相蛋白质序列测定仪{分遗}
gas plant (=gasplant dittany) ①白鲜属[*Dictamnus* L.](芸香科) ②白鲜[*Dictamnus albus* L.]
gas pressure 气体压力
gas-producing bacteria 产气细菌
gas production 产气量
gas-proof 防气的
gas-proof machine 防瓦斯机,防气机
gas purification 气体净化,气体除尘{环保}
gas purifier 气体净化器
gas purifying installation 气体净化装置
gas radiation 气体辐射
gas recirculation 污泥气回流{环保}
gas recirculation burning system 废气再循环燃烧系统(这是为减少生氮的氧化物正在开创的新方法){环保}
gas-resistance 抗气性
gas sample 气体样品
gas sample tube 气体采样管
gas sampler 气体采样器
gas sampling 气体采样
gas-solid chromatography (GSC) 气固层析{生技}
gas-solubility 气体溶解度
gas-solubility coefficient 气体溶解度系数
gas-sphere (=air-sphere) 气界,气圈
gas storage 充气贮藏,气体贮藏(用人工混合气体贮藏种子、果实等)
gas stove 煤气炉
gas tar (制煤气时产生的)煤焦油
gas technology 气体技术
gas tent 熏蒸气帐篷
gas theory 气体论{气象}
gas thermometer 气体温度表
gas thread 气体螺纹
gas-tight 气密的,不漏气的
gas tightness 气密性
gas tractor 煤气拖拉机
gas transfer 气体传递
gas transport 气体运输
gas turbine 燃气轮机
gas turbine drier 燃气轮干燥机
gas vacuole 气泡,假液泡
gas vent 透气管
gas volume 气体容积
gas-volumetric method 气体容量法,气体容积分析法
gas washing waste water 煤气洗涤废水{环保}
gas water 洗气水{环保}
gas works 煤气厂
gas works waste 煤气厂废水{环保}
gaseous 气体的(gaseosus)
gaseous atmosphere 气质大气
gaseous chlorine 气态氯{环保}
gaseous contaminants 气体污染[物]{环保}
gaseous development 气体显影{电脑}
gaseous diffusion 气体扩散
gaseous diffusion plant 气体扩散工厂
gaseous exchange 气体交换
gaseous fertilizer 气体肥料
gaseous flux 气体流动,气流
gaseous fuel 气体燃料
gaseous heating 气体加温
gaseous metabolic product 气体代谢产物
gaseous metabolism 气体代谢
gaseous mixture 气体混合物
gaseous nitrogen 气态氮
gaseous oxygen 气态氧
gaseous phase 气相
gaseous pollutant 气体污染物{环保}

gaseous spoilage 产气腐败
gaseous state 气态
gaseous volume 气体容积
gaseous waste 废气{环保}
gaseous waste product 气态废物
gaseousness 气态
gash ①(长而深的)切痕,深痕,伤口 ②裂缝
gashed 浅裂的(lobatus)
gashing 采脂
gasification 汽化(gasificatio)
gasifier 汽化器,燃气发生器
gasket ①垫圈,垫板,接合塑料{农机} ②⌞复⌝束帆索{水产}
gasohol(=gazohol, gas spirit) 气体醇,气体酒精
gasoline(=gasolene, petrol motor spirit) 汽油
gasoline engine 汽油发动机,汽油机
gasoline skidder 汽油集材机
gasoline trap 汽油阱,汽油分离阱{环保}
gasometer 气量计
gasometric apparatus 测气器
gasometry 气体测量法(gasometrica)
gasplant dittany ①白鲜属[*Dictamnus* L.](芸香科) ②白鲜[*Dictamnus albus* L.]
gassing ①熏蒸,气体消毒{微生物} ②充气{土壤}
gassing machine ①熏蒸机 ②土埋注药器
gassy ①气体的,似气体的 ②充满气体的(gassius)
gassy fermentation 气体发酵
gassy milk 产气丰乳
gaster 胃(stomachum)
gasterectasis 胃扩张,胃胀
gasteria ①芝麻掌属[*Gasteria* Duval](仙人掌科) ②芝麻掌[*Gasteria verrucose* Duval]
gasteromycetes 腹菌[Gasteromycetes]
gasterospore 腹孢子(gasterospora)
gastral mesoblast(=gastral mesoderm) 原肠中胚层
gastric 胃的(gastricus)
gastric acidity 胃酸度
gastric fever 胃热
gastric inhibitory polypeptide(GIP) 肠抑胃肽
gastric juice 胃液
gastric lipase 胃脂肪酶
gastric mucin 胃黏蛋白
gastric ulcer 胃溃疡
gastricism 消化障碍(gastricismus)
gastricsin 胃亚蛋白酶
gastrin 胃泌素
gastrin sulphate 硫酸胃泌素
gastritis 胃炎
gastro- ⌞字头⌝腹
gastrocarp 腹果(gastrocarpium){真菌}
gastrodia ①天麻属[*Gastrodia* L.](兰科) ②天麻[*Gastrodia elata* Bl.]
gastroenteritis 胃肠炎
gastroferrin 胃液铁蛋白
gastrointestinal hormone 胃肠道激素
gastrointestinal tract 胃肠道
gastrolith 胃石
gastrone 抑胃素
gastropathy 胃病(gastropathia)
gastrophilosis 马胃蝇幼虫病
gastropod sperm histone 腹足动物精子组蛋白
gastropods 腹足纲[Gastropoda]
gastroptosis 胃下垂
gastrosis 胃病
gastrul stage(=gastrula stage) 原肠期
gastrula 原肠胚
gastrulation 原肠[胚]形成[作用](gastrulatio)
gate ①围墙门,篱笆门 ②闸门 ③门{信息}
gate chamber 闸室(井){环保}
gate control device 闸门启闭装置
gate control theory 闸门控制理论,门控理论{分生}
gate post 闸门柱
gate pulse 门脉冲
gate saw 框锯
gate-type stall 侧出式挤乳房
gate valve 闸门阀,闸式阀门,平板阀
gated channel 具闸门通道,门控通道
gated pipe 具闸门管
gateway 网关{信息}
gateway daemon(GATED) 网关守护神
gateway host 网关宿主机
gateway interface 网关接口
gateway of gateway protocol(GGP) 网关到网关协议
gateway of network 网络网关
gather ①采集 ②收集 ③聚合,聚集 ④了解,推断 ⑤化脓
gather grapes 采收葡萄
gathered furrow 内翻犁沟
gatherer ①拢禾器,集茎器{农机} ②切齿,门齿{畜}
gathering ①采集 ②收集 ③聚合,聚集,会集 ④集聚 ⑤内翻法 ⑥脓肿,化脓
gathering and snapping mechanism 夹送-摘穗机构
gathering arm (收获机)集茎导入臂

gathering ground 聚水区,流域
gathering hairs 钩毛(蜂类)
gathering light vessel 集鱼灯船
gathering load 集中荷载,集荷{农施}
gathering network 集合网络
gathering ploughing (= gathering plowing, throw-in plowing) 内翻耕
gathering returning ploughing 内翻来回耕地
gathering system 集荷系统{农施}
gathering type 集聚型(指叶)
gathering-type arrangement 集聚型排列(叶)
gathering young herbs ①郊游踏青 ②采花摘草
gating 选通{信息}
gating circuit 选通电路
GATT (= General Agreement on Tariffs and Trade) 海关及贸易总协定
gauche ①扭的,扭曲的,歪的 ②左方的,左边的 ③非对称的
gauche conformation 扭曲构象,邻位交叉构象{分生}
Gaucher's disease 高雪氏病,葡糖脑苷脂酶缺乏症
gaudens 戈登(指月见草染色体组)
gauge (= gage) ①表,计,仪 ②规,量规 ③轮距,轨距
gauge glass [玻璃]水位计
gauge hole 计量孔
gauge line 计量管{环保}
gauge pressure 计示压力
gauge wheel 导轮
gauged orifice 计量孔口
gauging [用量]规检验,检测,测量
Gaulin homogenizer Gaulin 匀浆器(商){生技}
Gaulin press Gaulin 压榨器,Gaulin 压碎器(商)
gaultherin 白珠木苷
Gaur 野黄牛[*Bos gaurus*]
gaura ①山桃草属[*Gaura* L.](柳叶菜科) ②山桃草[*Gaura lindheimeri* Engelmet et Gray]
gauss 高斯(磁场强度单位)
Gauss distribution (= Gaussian distribution) 高斯分布{统计}
Gauss-Doolittle method 高斯-多李特尔二氏法{统计}
Gauss filter 高斯滤波器{遥感}
Gauss-Krugerprojection 高斯-克吕格投影{遥感}
Gauss-Markoff theorem 高斯-马可夫原理{统计}
Gauss multipliers 高斯乘数{统计}
Gaussian curve 高斯氏曲线(正态分布)
Gaussian distribution 高斯分布,正态分布
Gaussian noise 高斯噪声{环保}
Gaussian random vector 高斯随机向量
Gautheret's medium 高狄里特氏培养基
gauze ①薄纱,纱布(丝棉混纺) ②金属网,铁丝网(供纱窗用)
gauze bag 纱布袋(防止异花授粉用)
gay-feather ①矮百合属[*Chamaelirium* Willd.](百合科) ②矮百合[*Chamaelirium luteum* Willd.]
Gay-Lussac's law 给吕萨克定律{物}
gazebo 凉亭{园林}
gazelle ①瞪羚属[*Gazella* Licht.] ②瞪羚[*Gazella subgutturosa* Guld]
gazette ①报刊名称 ②政府公报
gazk soil (= reliet gypseous soil) 残余石膏盐土{土壤}
GB (= gigabyta) 吉咖字节(10^9 字节){信息}
GC (= gas chromatography) 气相层析{生技}
GC content GC 含量(G = guanosine 鸟苷酸,C = cytidine 胞苷酸){分遗}
GC-MS (= gas chromatograph-mass spectromer) 气相层析-质谱联用仪
G + C ratio 鸟嘌呤+胞密啶比率,G + C 比率
GC tailing GC 加尾{分遗}
GC value GC 值{分遗}
GCP (= granulocyte chemotactic peptide) 粒细胞趋化肽{分生}
GCSF (= granulocyte colony stimulating factor) 粒细胞集落刺激因子{分生}
Gd (= gadolinium) 钆(64 号元素)
GDP (= guanosine diphosphate) 鸟苷二磷酸{分遗}
GDP dissociation inhibitor (**GDI**) GDP 解离抑制因子
GDP dissociation stimulator (**GDS**) GDP 解离刺激因子
GDP mannoside pyrophosphorylase GDP 甘露糖苷焦磷酸化酶
GDV (= granule-derived virus) 颗粒衍生病毒{分生}
gean (= gean cherry, sweet cherry)欧洲甜樱桃[*Prunus avium* L. = *Cerasus avium* L.](蔷薇科)
gear ①齿轮 ②装备用具 ③马具
gear case (= gear box) 齿轮箱
gear compressor 齿轮式压缩机

gear controls 换挡机构
gear depending power takeoff 非独立式动力输出轴
gear-grinding machine 磨齿机
gear-hobbing machine 滚齿机
gear lever 变速操纵杆
gear lubricant 齿轮润滑剂
gear motor 齿轮液压马达
gear oil 齿轮油
gear pump 齿轮泵
gear reduction ratio 齿轮减速比
gear-shaping machine 插齿机
gear shift lock 变速滑杆锁定装置
gear shifting box 变速箱
gear shifting gate device 变速杆槽板式定位机构
gear shifting lever 变速杆
gear structure 渔具结构
gear train 齿轮传动系
gear-type hydraulic motor 齿轮式液压马达
gear-type transmission 齿轮式变速装置
gear-wheel pump 齿轮泵
geared locomotive 齿轮转动机车
geared pump 齿轮转动泵
"Geest" (heath-covered, infertile and sandy region of the northern lowlands of Germany) 吉土质地区(德国北海岸的贫瘠沙丘地带)
GEF (= guanine nucleotide exchange factor) 鸟嘌呤核苷酸交换因子{分遗}
gegenion 反离子,反荷离子
Geiger counter 辐射性勘测器,盖革氏计数器
Geiger-Mueller counter (G-M counter) 盖革-米勒二氏计数器
Geiger-Muller tube 盖革-穆勒二氏[计数]管
Geigy 338 (= chlorobenzilate) 乙酯杀螨醇
Geiter's method 基尔特法(研究叶绿体)
geitonogamy 同株异花受精(geitonogamia)
geitonogenesis 同株异花发生
geitonogenetic 同株异花发生的(geitonogeneticus)
gel ①凝胶,凝胶体,冻胶 ②胶滞液
gel autoradiography 凝胶放射自显影
gel chromatography 凝胶层析[法]
gel diffusion 凝胶扩散
gel dryer 凝胶干燥机,干胶仪
gel electrophoresis 凝胶电泳
gel exclusion chromatography 凝胶排阻层析
gel filtration (GF)凝胶过滤
gel filtration chromatography (GFC) 凝胶过滤层析
gel fluorography 凝胶荧光[自]显影
gel immunofiltration 凝胶免疫过滤
gel-loading buffer 凝胶荷载缓冲液
gel microdrop 凝胶微滴
gel mobility shift assay (GMSA) 凝胶迁移率变动分析
gel mold 凝胶模
gel peptization 凝胶分散[作用],凝胶胶溶[作用]
gel permeation chromatography (GPC)凝胶渗透层析[法]
gel porosity 凝胶孔隙度
gel retardation 凝胶阻滞
gel shift analysis 凝胶移位分析
gel-shift binding assay 凝胶移位结合试验
gel state 凝胶态
gel strength [凝]胶结强度
gelatinase 白明胶酶
gelatination (= gelation)胶凝[作用](gelatinatio)
gelatine (= gelatin) ①[动物]胶,[白]明胶,水胶 ②凝胶[体]
gelatine coating 白明胶胶膜
gelatine coating for slide 载玻片用白明胶胶膜
gelatine culture media 明胶培养基
gelatine liquefaction 明胶溶解,明胶液化
gelatine liquefying bacteria 明胶液化细菌
gelatine medium 明胶培养基
gelatine plate method 明胶平面(板)法
gelatinization ①明胶化[作用] ②胶凝[作用](gelatinisatio)
gelatinization temperature 胶凝化温度
gelatinized cellulose acetate 胶化乙酸纤维素
gelatinized cornstarch 淀粉糊
gelatinolytic 液化明胶的(gelatinolyticus)
gelatinous 凝胶状的,胶质的(gelatinus)
gelatinous fiber 胶质纤维(fiber gelatinus)
gelatinous layer 胶质层(stratum gelatinum)
gelatinous lichen 胶质地衣
gelatinous membrane 胶质膜(membrana gelatina)
gelatinous precipitate 凝胶状沉淀[物]
gelatinous section 明胶切片(sectio gelatina){显技}
gelatinous sheath 明胶鞘(vagina gelatina)
gelatinous tissue 胶质组织(tela gelatina)
gelation ①胶凝[作用] ②胶凝化[作用](gelatio)

gelation capsule 胶凝胶囊
gelation time 胶凝时间
geld 去势,阉割
gelding 去势,阉割
gele topborer (= top borer) 粟灰螟 [*Chilotraea infuscatella* Snellen] (灰螟科)
gelechid moth ①(= Angoumois grain moth) 麦蛾 [*Sitotroga cerealella* Oliv. = *Gelechia cerealella* Oliv.] ②⌞复⌝麦蛾科 [Gelechiidae]
"gelée royale" (= royal jelly) 蜂王浆
gellow pondlily (= spatter-dock) ①萍蓬草属 [*Naphar* Sm.] (睡莲科) ②萍蓬草 [*Naphar pumilum* (Hoffm.) DC.]
gelose ①琼脂糖 ②(= gelectan) 半乳聚糖
gelsolin 胶溶素,凝溶胶蛋白
gem 叶芽 (gemma)
gem-studded puffball 网纹马勃 [*Lycoperdon perlatum* Pers.] (马勃科)
geminate ①双生的,两个合生的 ②成对的 ③重复的,二倍的 (geminatus)
gemini ①二价[染色]体 ②双生儿 ③双子星座{物} (geminus)
geminicolpate 具对沟的 (geminicolpatus)
geminiflorous 双花的 (geminiflorus)
geminispinous 双刺的 (geminispinus)
geminivirus 双生病毒
geminus 二价[染色]体
gemma ①胞芽{形态} ②芽孢{真菌}
gemma cup ①胞芽杯 ②壳斗 ③黑蛋巢菌属
gemmaceous 叶芽的 (gemmaceus)
gemmate 小芽状 (gemmatus)
gemmation ①芽生,出芽生殖 ②芽序 ③胞芽形成 (gemmatio)
gemmifer 产芽体
gemmiferous 具芽的 (gemmiferus)
gemmiform 芽状的 (gemmiformis)
gemmiparous 生芽的 (gemmiparus)
gemmule 微芽,原芽 (= pangen) (gemmula)
gemopetalous 全瓣的(gemopetalus)
gemskresse (= hutchinsia) ①何金菜属 [*Hutchinsia* R.Br.] (十字花科) ②何金菜 [*Hutchinsia* sp.]
gena 颊
GenBank nucleotide sequence database GenBank 核苷酸序列资料库{分遗}
gender 性[别] (= sex) (genus)
gender determination (= sex determination) 性决定
gender difference 性差异
gene 基因 (gena) {分遗}
gene action 基因作用
gene-action visualization 基因作用具体化
gene activation 基因活化
gene activity 基因活度
gene amplification 基因扩增
gene amplification time 基因扩增期
gene analysis 基因分析
gene and growth depression 基因与生长衰退
gene arrangement 基因排列
gene as unit of function 基因作为功能单位
gene balance 基因平衡
gene bank 基因库
gene-banks and cryobiology 基因库与低温生物学
gene basis 基因基础
gene battery 基因组
gene block 基因区段(组)
gene blocking 基因阻碍
gene center 基因中心
gene center concept 基因中心概念
gene center theory 基因中心学说{遗传}
gene chip 基因芯片{分遗}
gene cloning 基因无性繁殖,基因克隆[化]{农生技}
gene cluster 基因[连锁]群,基因簇
gene coding 基因编码
gene colinearity with protein 基因同蛋白质共线性
gene combination 基因组合
gene compensation 基因补偿[作用]
gene complementation 基因互补作用
gene complex 基因综合体
gene-complex theory 基因综合学说{遗传}
gene concept 基因概念
gene-controlled character 基因控制性状
gene controlling nitrogen fixation 控制固氮基因
gene conversion 基因转变,基因转换
gene conversion theory 基因转变学说
gene copy 基因复本,基因拷贝
gene-cytoplasm interaction 基因-细胞质相互作用
gene defect 基因缺陷
gene delivery 基因递送
gene delivery system 基因递送系统
gene deployment 基因部署
gene diagnosis 基因诊断
gene difference 基因差异
gene-differential chimera 基因差别嵌合体
gene differentiation 基因分化
gene differentiation among population 群体间基因分化

gene discovery 基因显露
gene disruption 基因破坏
gene distance 基因距离
gene diversity 基因多样性，异质性指数
gene diversity-within population 群体内的基因多样性
gene dosage 基因剂量
gene dosage compensation 基因剂量补偿
gene dosage in hybrid 杂种基因剂量
gene dosage in parental cells 亲代细胞的基因剂量
gene dose 基因分量
gene duplication 基因复制，基因重复
gene economy 基因经济性
gene effect 基因效应
gene elimination 基因消失
gene equilibrium 基因平衡
gene exchange 基因交流
gene expression 基因表达
gene expression system 基因表达系统
gene family 基因家系
gene fixation 基因固定
gene flow 基因流
gene flux 基因流动
gene for gene concept 基因针对性概念
gene-for-gene hypothesis ①基因对基因假说 ②基因针对性假说{遗传}
gene-for-gene theory ①基因对基因学说 ②基因针对性学说
gene frequency 基因频率
gene function 基因功能
gene fusion 基因融合
gene group 基因组，基因群
gene gun 基因枪
gene immunization 基因免疫
gene inactivation 基因失活
gene influence 基因影响
gene information 基因信息
gene inoculation 基因接种
gene instability 基因不稳定性
gene integration 基因整合
gene interaction 基因互作
gene interaction with environment 基因同环境互作
gene isolation 基因分离
gene knock-out 基因失效
gene library 基因文库(与 gene pool 基因库意近似，但有区别)
gene localization 基因局部化
gene location 基因定位
gene loci for malate dehydrogenase 苹果酸脱氢酶的基因座位
gene locus 基因座位
gene magnification 基因放大
gene manipulation 基因操作
gene map 基因图
gene mapping ①基因制图 ②基因定位
gene mapping procedure 基因制图程序
gene material transfer 基因物质转移
gene multiplication 基因多重化
gene multiplicity 基因多重性
gene mutation 基因突变
gene mutation rate 基因突变率
gene number 基因数
gene number paradox 基因数悖理(指基因数似是而非的说法)
gene order 基因序列
gene organization 基因组织
gene overlap 基因重叠
gene overlapping 基因重叠区
gene patent 基因专利
gene plasticity 基因可塑性
gene pool 基因库
gene position effect 基因位置效应
gene probe 基因探针
gene product transport in vivo 活体的基因产物转运，试管内基因产物转运
gene-protein colinearity 基因-蛋白质共线性
gene-protein relationship 基因-蛋白质相互关系
gene-ratio 基因比例
gene-reaction system 基因反应系统
gene rearrangement 基因重排
gene recombination 基因重组
gene redundancy 基因冗余(重复)
gene reduplication 基因再重复，基因复制
gene regulation 基因调节
gene regulator 基因调节物
gene regulatory function 基因调节功能
gene regulatory protein 基因调节蛋白
gene regulatory system 基因调节系统
gene reiteration 基因[顺序]反复
gene replacement 基因置换
gene repression 基因阻遏
gene resortment 基因重配
gene senescence 基因衰老
gene sequence 基因序列
gene silencing 基因静止，基因沉默
gene source 基因[供]源
gene-specific genetic regulation 基因专效遗传调节
gene-specific transcription factor 基因专效转录因子
gene specificity 基因专效性
gene splicing 基因剪接

gene-splicing technology 基因拼接技术{农生技}
gene stability 基因稳定性
gene stock 基因材料
gene string 基因线
gene structure 基因结构
gene substitution 基因代换
gene suppressor 基因抑制物
gene symbol 基因符号
gene symbolization 基因标志符号
gene synthesis 基因合成
gene system 基因系统
gene tagged 基因标志
gene targeting 基因导向,基因寻靶
gene technology ①基因工程[学] ②(=gene technique) 基因技术
gene theory 基因学说{遗传}
gene therapy 基因治疗
gene transcript 基因转录本
gene transfer 基因转移
gene transfer agent 基因转移因素
gene transfer in cell culture 细胞培养的基因转移
gene transfer vector 基因转移载体{农生技}
gene transposition 基因转位
gene vaccine 基因疫苗
genealogical ①系谱的,系统的 ②血缘的(genealogicus)
genealogical classification 系统分类[法](classificatio genealogica)
genealogical tree 系统树(arbor genealogicus)
genealogy ①家系 ②系统,系谱 ③血统 ④系统学,系谱学(genealogia)
genecology 遗传生态学(genecologia)
genepistasis 进化静止说{进化}
geneps (=genip tree, honey berry, Spanish lime) 蜜果[*Melicocca bijuga* L.]
genera 属
genera of cloud 云属
general ①普通的,一般的,全面的,普遍的 ②概括的,大概的 ③公共的 ④综合的(generalis)
general accounting system 通用会计系统{农经}
general agent 总代理人
General Agreement on Tariffs and Trade (GATT) 海关及贸易总协定
general appearance 一般外貌
general arrangement 安装图,总图{电脑}
general bacterial population 一般细菌群体(总数){环保}
general biology 普通生物学
general botany 普通植物学(botanica generalis)
general circulation models (GCMS) 普通环流模型(指大气){生态生理}
general circulation of atmosphere 大气环流{气象}
general combination ability (=general combining ability) 普通配合力{育种}
general comment 一般注释
general communication interface 通用通信接口{信息}
general computer 通用计算机
general conclusion 一般结论
general confession 一般概念
general course 普通课程,基础课程
general crop failure 全面歉收
general crop production ①普通作物生产 ②普通作物学
general crop report 综合作物报告
general cropping system 普通耕作制
general cultivation 全面耕作
general cutting plan 总采伐计划
general data stream (GDS) 通用数据流
general dealer 杂货店,百货商店(指英国)
general design 综合设计
general disease development 一般发病,周遍发病
general drawing 总图
general electric (GE) 通用电气
general engineering tool 通用工程工具
general evaluation 总评,一般估价
general field crops 普通大田作物,普通农作物
general flowchart 综合流程图,总流程图
general forecast 一般天气预报
general formula 通式,一般公式,普通公式
general game 总对策{农管}
general genetics 普通遗传学(genetica generalis)
general geology 普通地质学
general growth pattern 一般生长特征,一般生长型
general horticulture 普通园艺学(horticultura generalis)
general idea 一般观念,概念
general immunity 一般(全身)免疫性
general immunization 全身免疫性
general index 综合指数
general infection ①普遍侵染 ②虫害
general initiation factor 通用起始因子{分遗}

general input / output model 总输入输出模型{电脑}
general involucre 总苞(involucra generalis)
general law of nature 自然界的一般法则
general layout 总布置图
general ledger 总账
general manufacturing management automated control (GEMMAC) 通用生产(制造)管理自动控制系统(指美国)
general marker effect 普通标志[基因]效应
general mean 公共平均数
general meeting 一般会议
general metamorphosis 普通变态(metamorphosis generalis)
general mixed farming 混作,混合栽培
general nutrient deficiency 一般营养元素缺乏
general operational requirement 一般操作要求
general opinion 舆论
general optimal value 一般最大值
general outline 概要,概论
general overhaul 大修
general overheads ①总经常费 ②总杂费开销,总额外开销{农管}
general plan 总计划
general-plan of working 作业总计划,经营总计划{农经}
general planning ①总体规划 ②总体布局
general plant pathology 普通植物病理学
general plant physiology 普通植物生理学(phytophysiologia generalis)
general principles 普通原理,一般原则,通则
general procedure ①通用程序,一般程序 ②通用过程
general-purpose 通用型
general-purpose algorithm 通用算法{统计}
general purpose bulk forage building 通用混合饲料仓库
general purpose computer (GPC) 通用计算机
general purpose digital computer 通用数字计算机
general purpose elevator 通用式升运器
general purpose genotype 通用基因型
general purpose information system 通用信息系统
general purpose plough 通用犁
general purpose simulation system (GPSS) 通用模拟系统{智培}
general purpose software 通用软件
general purpose sweep 通用双翼铲
general purpose tractor 普通型拖拉机,通用拖拉机
general purpose vehicle ①通用车辆,通用交通工具 ②通用飞行器
general purpose vision system 通用视频系统{电脑}
general recombination 普通重组
general regulatory factor (GRF) 通用调节因子{分生}
general requirements ①普通规格 ②一般需要量
general resemblance 大体相似
general reserve 总藏量,总储备
general resistance (= generalized resistance) 一般抗[病]性
general resource 通用资源
general rotation 普通换茬
general rule ①普通规律 ②一般习惯
general scale 基本比例尺,普通比例尺{遥感}
general schedule 普通时间表(指切片制片程序){显技}
general share 通用犁铧
general shears 普通整枝剪
general solution ①一般解答 ②普通溶液
general stability criterion 一般稳定性准则
general statistic 宏观统计{遥感}
general symbol 通用符号
general tendency 一般倾向,普通倾向
general term 通用术语,通用名词
general theory 普通原理,一般理论
general transcription factor 通用转录因子{分遗}
general transduction 普遍性转导{遗传}
general use interface 通用接口{电脑}
general user 普通用户,一般用户{信息}
general utility 通用,普通用途
general vigor 综合活力
general warning indicator 通用报警指示器
general waste disposal 一般废弃物处理,一般垃圾处理{环保}
general world position system (GPS) 全球定位系统{信息}
general yield table 总收获表
generality ①通用性 ②相关率(generalitas)
generalization ①总结,综合,概括,归纳 ②一般化,普遍化,泛化(generalisatio)
generalization of pathogenesis 遍发病程
generalized ①通用的,一般的 ②广义的 ③共通的(generalistus)
generalized binomial distribution 广义二

项分布{统计}

generalized coordinate 广义坐标

generalized correlation 广义相关

generalized discriminant analysis 广义判别函数分析{统计}

generalized information system (**GIS**) 通用信息系统

generalized interaction 共通连应{统计}

generalized least squares method 广义最小二乘法

generalized linear system 广义线性系统

generalized management model (**GMM**) 广义管理模型{电脑}

generalized matched filter (**GMF**) 广义匹配滤波器

generalized probable error 共通或差{统计}

generalized recombination 一般化重组,普通重组

generalized regulation 一般化调节,普遍调节

generalized section ①综合切面{显技} ②综合剖面{土壤}

generalized standard error 共通标准差

generalized transduction 一般化转导,普遍性转导

generate ①使发生 ②产生 ③生成(generare)

generated error 生成误差

generating ①分生的 ②发生的 ③生成的

generating system 生成系统{电脑}

generating tissue 分生组织(meristima)

generation ①世代,代 ②产生,发生 ③生殖,繁殖(generatio)

generation by generation 代代,一代接一代

generation cycle 世代周期(指细胞)

generation interval 世代间隔,世代间期

generation number 代号,世代号

generation of computer 计算机[世]代

generation of system engineering 系统工程世代

generation period 世代期间

generation technique 世代技术

generation test 世代试验(试验农药对昆虫后代的影响)

generation time (Tg) 世代时间(指连续二世代平均时间)

generational sterility 世代性不育,繁殖不育性

generative ①生殖的,能生产的 ②有生产力的,有生殖力(generativus)

generative apogamy 有性无配生殖(apogamia generativa)

generative apospory 种细胞无孢子生殖(aposporia generativa)

generative capacity ①生产能力 ②生殖能力

generative cell 生殖细胞(celula generativa)

generative center 发生中心(center generativus)

generative growth phase 生殖生长期,生殖生长阶段

generative hyphae 生殖菌丝(hyphae generativae)

generative meristem 生殖分生组织(meristema generativa)

generative nucleus 生殖核(nucleus generativus)

generative organ 生殖器官(organa generativa)

generative parthenogenesis 生殖细胞单性生殖,单倍单性生殖(parthenogenesis generativus)

generative period 生殖期(periodus generativus)

generative phase 生殖相

generative polyploidization 生殖细胞多倍化

generative power ①生产力 ②生殖力

generative propagation 有性生殖,有性繁殖(propogatio generativa)

generative reproduction 有性繁殖,有性生殖(= sexual reproduction)(reproductio generativa)

generative time ①生殖期 ②裂殖时间(spatium generativum)

generator ①发电机 ②发生器,蒸汽发生器 ③生成程序

generator cell 产孢细胞,生殖细胞{真菌}

generator potential 启动电位

generic ①属的 ②一般的,共性的(genericus)

generic assortative mating 属间选型交配,近缘交配{育种}

generic coefficient 种属系数

generic crosses 种属杂交种

generic crossing 种属杂交

generic name 属名(nomen genericus)

generic resource bank 种属资源库{育种}

generic-specific concept 种属概念

generic technology 共性技术(technologia generica)

generitype 属的典型种(generitypus)

generous ①丰富的,肥沃的 ②(酒)强的,浓的 ③(畜)纯种的(generosus)

generous manure 优质肥料

generous soil 肥土,肥沃土壤
generous wine 强烈酒
genes as units of inheritance 遗传单位基因
genes in common 共同[祖先来源]基因
GeneScreen 基因筛(商){分遗}
genesic (=genesial) 发生的,起源的 (genesicus)
genesilogy 生殖科学 (genesilogia)
genesis ①发生,起源 ②生殖{遗传} ③始创,首创,创造
genesis of soil 土壤起源,土壤发生,土壤形成
genetic ①遗传学的,遗传性的 ②起源的,发生的 (geneticus)
genetic abnormality 遗传反常性
genetic adaptibility 遗传适应力,进化可塑性
genetic adjustment 遗传调整,遗传调节
genetic advance 遗传进度
genetic algorithm 遗传算法
genetic analysis 遗传分析
genetic antipolarity 遗传反极性
genetic apparatus 遗传器
genetic assessment 遗传学鉴定
genetic assimilation 遗传同化
genetic assortative mating 遗传选型交配
genetic background 遗传本底,残留基因型
genetic balance (=genetic equilibrium) 遗传平衡
genetic barrier 遗传障碍
genetic basis 遗传基础
genetic block 遗传阻障,遗传障碍
genetic carrier 遗传载体
genetic change 遗传变化,遗传变异
genetic changes within population 群体内遗传变异
genetic characteristics 遗传特征
genetic circularity 遗传环状结构,遗传环状性(指染色体)
genetic classification 遗传学分类[法]
genetic classification of climates 气候形成分类法
genetic classification of soils 土壤发生分类法
genetic classification system ①遗传学分类系统 ②发生分类系统
genetic code 遗传密码{分遗}
genetic code dictionary 遗传密码词典
genetic code dictionary of sense word 遗传密码有[意]义字词典
genetic code elucidation 遗传密码说明
genetic code overlapping 遗传密码重叠
genetic code synonym 遗传密码同义词
genetic code table 遗传密码表
genetic code triplet 遗传密码三联体
genetic code triplet reading frame 遗传密码三联体解读码组
genetic code word 遗传密码字
genetic coefficient ①遗传系数{遗传} ②发生系数{土壤}
genetic coefficient of variance 遗传变量系数
genetic coherence 遗传连接
genetic compensation 遗传补偿,顺反子间遗传互补作用
genetic complement 遗传补码
genetic complementation 遗传互补[作用]
genetic complex 遗传综合体
genetic complexity 遗传综合性
genetic component 遗传组成部分
genetic composition 遗传组成
genetic conditioning 遗传决定(调节)
genetic consequence 遗传后果
genetic consideration 遗传学观点
genetic continuity 遗传连续性
genetic contribution 遗传贡献
genetic control ①遗传控制 ②遗传防治
genetic control system 遗传控制系统
genetic control theory 遗传控制理论
genetic correction 遗传校正
genetic correlation 遗传相关
genetic counseling 遗传咨询
genetic covariance 遗传互变量,遗传协方差
genetic crosses 遗传杂交种
genetic crossing 遗传杂交
genetic damage 遗传损害
genetic database 遗传数据库
genetic death 遗传死亡
genetic defect 遗传缺陷
genetic deficiency 遗传缺失
genetic demonstration of operon 操纵子的遗传证明
genetic detasseling 遗传去雄
genetic determinant 遗传决定子{分遗}
genetic diagnosis 遗传诊断
genetic difference 遗传差异
genetic disability 遗传失去能力
genetic disassortative mating 遗传非选型交配
genetic disease (=hereditary disease) 遗传病
genetic disoperation 遗传减退[作用]
genetic disorder 遗传紊乱
genetic distance 遗传距离
genetic divergence 遗传趋异
genetic diversity 遗传多样性
genetic DNA 遗传 DNA
genetic donor 遗传供体

genetic dosage effect 遗传剂量效应
genetic drift 遗传漂变
genetic effect 遗传效应
genetic effectiveness 遗传有效性
genetic endosymbiosis 遗传内共生现象
genetic endosymbiosis of chloroplast 叶绿体的遗传内共生
genetic engineering (genetic technology) ①遗传工程 ②遗传工程学
genetic-environmental interaction 遗传-环境连应
genetic environmental variation 遗传环境变异
genetic equilibrium 遗传平衡
genetic erosion 遗传冲刷
genetic evaluation 遗传学评价
genetic exchange 遗传互换
genetic expression 遗传表现,遗传表达
genetic extinction 遗传绝灭,遗传死亡
genetic facilitation 遗传促进[作用]
genetic factor 遗传因子
genetic findings 遗传发现物
genetic fine structure 遗传微(精)细结构
genetic fingerprint 遗传指纹
genetic fingerprinting 遗传指纹分析
genetic fitness 遗传适合度
genetic flexibility 遗传易适应性,遗传灵活性
genetic formula 遗传公式
genetic function 遗传功能
genetic gain 遗传获得量
genetic genome differentiation 遗传染色体组分化
genetic goitrous cretinism 遗传性甲状腺呆小症,遗传性克汀病
genetic grade 遗传阶梯
genetic hazard 遗传障碍,遗传故障
genetic heterogeneity 遗传异质性
genetic history of population 群体遗传学史
genetic homeostasis 遗传稳态
genetic homogeneity 遗传同质性
genetic homologue 遗传同源染色体
genetic hot spot 遗传热点
genetic imbalance 遗传不平衡
genetic immunity 遗传免疫性
genetic immunization 遗传免疫法
genetic imprinting 遗传印记
genetic improvement 遗传改良
genetic inactivation 遗传钝化
genetic inception ①演化发生 ②遗传发生
genetic inertia 遗传惰性
genetic information 遗传信息
genetic injury 遗传损害
genetic inoculation 遗传接种
genetic input 遗传输入
genetic instability 遗传易变性,遗传不稳定度
genetic integration 遗传整合
genetic interaction ①遗传互作{遗传} ②遗传连应{统计}
genetic interference 遗传干扰
genetic isolate 遗传隔离群体,遗传隔离种群
genetic isolating factor 遗传[性]隔离因子
genetic isolation 遗传隔离
genetic knockout experiment 遗传失效试验
genetic lattice 遗传格子方[法]
genetic linkage 遗传连锁
genetic linkage map 遗传连锁图
genetic linkage structure 遗传连锁结构
genetic linkage value 遗传连锁值
genetic load 遗传负荷(担)
genetic localization 遗传局部化
genetic loci 遗传座位
genetic male sterility 遗传雄性不育
genetic malformation 遗传畸形
genetic manipulation 遗传操作
genetic map (=genetical map) 遗传图
genetic map correspondence with DNA molecule 遗传图同DNA分子相对应
genetic map of arg_1 gene 精氨酸1基因的遗传图,arg_1 基因的遗传图
genetic map of phage λ 噬菌体λ的遗传图
genetic map of T_4 phage T_4 噬菌体遗传图
genetic mapping 遗传制图
genetic mapping technique 遗传制图技术
genetic marker 遗传标记[基因]
genetic material 遗传材料
genetic means ①遗传平均数 ②遗传手段
genetic mechanism 遗传机制
genetic mechanism for crop improvement 作物改良的遗传机制
genetic message 遗传信息
genetic milieu 遗传本底
genetic mimic 遗传模拟,拟遗传型,拟基因型
genetic mobility 遗传流动性
genetic mobilization 遗传移动
genetic model 遗传模型
genetic modification 遗传修饰
genetic module 遗传组件
genetic mosaic 遗传嵌合体
genetic mutability 遗传突变可能性
genetic nomenclature 遗传命名[法]
genetic organization 遗传构成(组织)
genetic parameter 遗传性参数
genetic parasitism 遗传寄生

genetic-physiologic disturbance 遗传性生理失调
genetic plasticity 遗传可塑性,遗传可变性
genetic point of view (= genetic standpoint) 遗传学观点
genetic polarity 遗传极性
genetic polymorphism 遗传性多态现象,遗传多态性
genetic pool in breeding 育种的遗传库
genetic population 遗传群体
genetic potential 遗传潜力
genetic potentiality 遗传潜力
genetic principle 遗传学原理
genetic problem 遗传学问题
genetic production 遗传生产量
genetic profile 发生剖面
genetic prognosis 遗传预告(测)
genetic programme 遗传程序
genetic programming 遗传编程
genetic proof 遗传学证明
genetic purity 遗传纯度
genetic ratio 遗传比率
genetic recipient 遗传受体〈分遗〉
genetic recombination 遗传重组
genetic recombination by breakage and reunion 断裂与复合的遗传重组
genetic recombination by copy-choice 样板选择的遗传重组
genetic recombination by crossover 交换的遗传重组
genetic recombination chiasmata 遗传重组交叉
genetic recombination exonuclease I 遗传重组核酸外切酶 I
genetic recombination in phage 噬菌体的遗传重组
genetic recombination synapsis 遗传重组联会
genetic recombination test 遗传重组试验
genetic reconstruction 遗传重建
genetic rectification 遗传改正
genetic regulation 遗传调节
genetic regulation of pairing 配对的遗传调节
genetic relation 遗传关系
genetic relationship 遗传相互关系
genetic replication 遗传复制
genetic resistance 遗传抗性
genetic resolution power 遗传分辨率
genetic resortment 遗传重配
genetic resource 遗传资源
genetic response 遗传反应
genetic risk 遗传危险(风险)
genetic screening 遗传筛选
genetic segregation 遗传分离
genetic segregation ratio 遗传分离比率
genetic shade plant 遗传阴地植物
genetic shift 遗传移位
genetic similarity 遗传相似性
genetic slippage 遗传滑阻
genetic stability 遗传稳定性,遗传稳定度
genetic stability of the meristem 分生组织的遗传稳定度
genetic step 遗传阶梯
genetic sterility 遗传性不育
genetic stock catalogue 遗传材料目录
genetic stocks 遗传材料
genetic strain 遗传品系,遗传株系
genetic structure 遗传结构
genetic structure of population 遗传群体结构
genetic suppression 遗传阻遏
genetic surgery ①遗传外科 ②遗传外科学,遗传工程学
genetic switch 遗传开关
genetic syndrome 遗传综合征
genetic synecology 植物群落发生学
genetic system 遗传系统
genetic technique 遗传[学]技术
genetic technology (= genetic engineering) 遗传工程
genetic tester 遗传测验种
genetic transcription 遗传转录
genetic transcription of DNA DNA 遗传转录
genetic transduction 遗传转导
genetic transfer 遗传转移
genetic transformation 遗传转化
genetic translation 遗传翻译
genetic tumor 遗传肿瘤
genetic typing 遗传分型
genetic unbalance 遗传不平衡
genetic uniformity 遗传一致性
genetic unit 遗传单位
genetic value 遗传值
genetic variability 遗传变异性
genetic variance 遗传变量,遗传方差
genetic variant (= genetical variant) 遗传变异体
genetic variation 遗传变异
genetic vulnerability 遗传脆弱性
genetical (= genetic) ①遗传学的,遗传性的 ②起源的,发生的 (geneticus)
genetical basis (= genetic basis) 遗传基础
genetical constitution (= genetic constitution) 遗传结构

genetical evidence (= genetic evidence) 遗传学证明
genetical factor (= genetic factor) 遗传因子
genetical interference (= genetic interference) 遗传干扰
genetical investigation 遗传学研究
genetical marker 遗传标记
genetical non-disjunction (= genetic non-disjunction) 遗传不分离
genetical population 遗传群体
genetical uniformity (= genetic uniformity) 遗传一致性
genetically abnormal progeny 遗传反常后代
genetically engineered antibody 遗传工程抗体
genetically engineered bacteria 遗传工程细菌
genetically engineered cell 遗传工程细胞
genetically engineered drug 遗传工程药物
genetically engineered food 遗传工程食物(粮)
genetically engineered microorganism 遗传工程微生物
genetically engineered protein 遗传工程蛋白质
genetically engineered vaccine 遗传工程疫苗
genetically engineered virus 遗传工程病毒
genetically heterogeneous 遗传异源的
genetically modified bacteria 遗传修饰细菌
genetically modified cell 遗传修饰细胞
genetically modified microorganism 遗传修饰微生物
genetically modified plant 遗传修饰植物
genetically modified virus 遗传修饰病毒
geneticin 遗传霉素
geneticist (= genetician) 遗传学工作者,遗传学家(geneticistus)
genetics 遗传学(genetica)
genetics and isozyme 遗传学与同工酶
genetics and protoplast 遗传学与原生质体
genetics and regeneration 遗传学与再生
genetics and transformation 遗传学与转化
genetics of cell culture 细胞培养遗传学
genetics of cereal crops 禾谷类遗传学
genetics of chloroplast 叶绿体遗传学
genetics of garden plants 园艺作物遗传学
genetics of incompatibility 不亲和性遗传学
genetype (= genotype) ①基因型 ②遗传型(genotypus)
Genevese nomenclature 日内瓦命名法(nomenclatura genevesa)
genge (= chinese milky vetch, chinese milk vetch) 紫云英[*Astragalus sinicus* L.](豆科)
genial ①利于生长的 ②温和的,暖和的(genius)
genial climate 暖和气候
genial sunshine 和煦阳光
genic ①基因的 ②遗传的(genicus)
genic analysis 基因分析
genic balance 基因平衡
genic balance theory 基因平衡学说
genic composition 基因组成
genic controlled expression 基因控制表现
genic disharmonies 基因不和谐
genic inheritance 基因遗传
genic interaction 基因互作
genic nature 基因本性,基因遗传性
genic value 基因价
geniculate 膝曲状的(geniculatus)
geniculate antenna 膝状触角(antenna geniculata)
geniculum [藻]节片
genipa (= genipa fruit) ①酒味子属[*Genipa* L.](茜草科) ②酒味子[*Genipa americana* L.]
genistein 染料木黄酮,5,7,4-三羟[基]异黄酮[$C_{15}H_{10}O_5$]
genital ①生殖的 ②生殖器的(genitalis)
genital appendage 生殖附器
genital armature 生殖装备,生殖防护器
genital cell 生殖细胞(cellula genitalis)
genital chamber 生殖腔
genital clasper 抱握器
genital disc 生殖器成虫盘
genital eminence 生殖器隆起
genital furrow 生殖沟
genital gland 生殖腺
genital lobe 生殖叶
genital malformation 生殖器畸形
genital organ 生殖器
genital plate 生殖板
genital pouch 阳[茎]端囊
genital segment 生殖节
genital system 生殖系统
genitalia 外生殖器
genite (= Genite 923, Genitol 923, Compound 923, nitricide) 杀螨磺(杀螨剂)[$C_{12}H_8Cl_2O_3$]
Genite 923 (= genite) 杀螨磺
Genitol 923 (= genite) 杀螨磺

genitus 衍生云
genius ①创造能力,天才,才华 ②天资
genlock 同步耦合器{电脑}
geno- ⌞字头⌝种族,子孙
genoblast 成熟性细胞(genoblastus)
genocline 遗传渐变群
genocopy ①拟基因型,拟遗传型 ②遗传模拟(genocopius)
genodeme 遗传同类群
genohormone 基因激素
genoid 类基因,细胞质基因(genoideus)
genom(=genome) 基因组(genomium){分遗}
genom analysis(=genome analysis) 基因组分析
genom of hybrid 杂种基因组
genome 基因组(genomma)
genome alloploid 基因组异源倍体
genome allopolyploid 基因组异源多倍体
genome allopolyploid derivative 基因组异源多倍体衍生物
genome allotetraploid 基因组异源四倍体
genome amplification 基因组扩增
genome analysis 基因组分析{染色体}
genome complexity 基因组复杂性
genome constitution 基因组结构
genome elimination 基因组消减
genome evolution 基因组进化
genome exclusion 基因组排斥
genome fragment 基因组断片
genome homology 基因组同源
genome incompatibility 基因组不亲和性
genome information 基因组信息
genome mapping(=genomic mapping) 基因组制图
genome mumber 基因组数
genome mutation 基因组突变
genome organization 基因组组建
genome preservation 基因组保留
genome project 基因组[序列测定]计划,基因组[测序]计划{分遗}
genome rearrangement 基因组重排
genome reconstruction 基因组重建
genome reiteration 基因组重复顺序,基因组反复
genome relationship 基因组相互关系
genome reorganization 基因组重组建
genome segregation 基因组分离
genomere 基因粒(genomera)
genomic 基因组的(genomicus)
genomic correlation 基因组相关
genomic DNA 基因组 DNA
genomic exclusion 基因组排斥
genomic fingerprinting 基因组指纹分析
genomic footprinting 基因组足迹分析
genomic imprinting 基因组印记[法]
genomic instability 基因组不稳定性
genomic library 基因组文库
genomic mapping 基因组制图
genomic marker 基因组标志[基因]
genomic sequencing 基因组序列测定,基因组测序{分遗}
genomic subtraction 基因组扣除
genomic theory(=genome theory) 基因组学说
genomic walking 基因组步查,基因组步移
genonema 基因丝(线)
genonomy 种内亲缘关系(genonomia)
genopathy 基因病(genopathia)
genophenes 基因型反应类型
genophore ①柄(用于花生) ②基因带(genophorum)
genorheithrum 基因源流
genosome 基因体(genosoma)
genospecies 基因型种
genotoxicity 基因毒性(genotoxicitas)
genotroph 基因营养,遗传营养(genotrophe)
genotrophic 遗传营养的(genotrophus)
genotropic 向基因的(genotropus)
genotropic action 向基因作用
genotype ①基因型 ②遗传型 ③因子型(genotypus)
genotype classes 基因型级
genotype constitution 基因型结构
genotype effects on monoploid 单倍体的基因型效应
genotype-environment correlation 遗传环境相关
genotype-environment interaction 遗传环境互作
genotype frequency 基因型频率
genotype set 基因型组
genotype variability 基因型变异性
genotypic(=genotypical)①基因型的 ②遗传型的(genotypicus)
genotypic activity 基因型活度
genotypic adaptation 基因型适应
genotypic assortative mating 基因型选型交配
genotypic characteristics 基因型特征
genotypic cohesion 基因型黏合
genotypic control 基因型控制
genotypic correlation 基因型相关
genotypic covariance 基因型互变量,基因型协方差

genotypic covariance component 基因型协方差组成部分
genotypic difference 基因型差异
genotypic distance 基因型距离
genotypic drought resistance 遗传型抗旱性
genotypic effect 基因型效应
genotypic environment 遗传型环境
genotypic expression 基因型表现
genotypic factor 基因型因子
genotypic feature 基因型特性
genotypic frequency 基因型频率
genotypic heterogeneity 基因型异质性
genotypic level 基因型水平
genotypic material 基因型物质
genotypic milieu (= genotypic background) 遗传本底
genotypic mixing 基因型混合
genotypic nature 基因型本性,基因型遗传性
genotypic potentiality 基因型潜力
genotypic ratio 基因型比率
genotypic recurrent selection 基因型轮回选择
genotypic reversion 基因型回复
genotypic revertant 基因型回复[突变]体
genotypic segregation ratio 基因型分离比率
genotypic selection 基因型选择
genotypic sex determination 基因型性决定
genotypic specialization 基因型特化
genotypic standard deviation 基因型标准差
genotypic suppression 基因型抑制
genotypic susceptibility 基因型感染性,基因型感病性
genotypic value 遗传型值
genotypic variance 基因型变量,基因型方差
genotypic variant 基因型变异体
genotypical (= genotypic) 基因型的 (genotypus)
genotypical balance 基因型平衡
genotypical stability 基因型稳定性
genotypically adapted plant 基因型适应植物
genovariation 基因变异 (genovariatio)
gentamycin 庆大霉素
Gentex 欧洲电报自动交换网络{信息}
gentian ①龙胆属 [*Gentiana* L.] (龙胆科) ②龙胆 [*Gentiana scabra* Bge. = *G. fortunei* Hook.]
gentian family 龙胆科 [Gentianaceae]
gentian violet 龙胆紫 [$C_{24}H_{28}N_3Cl$]
gentianin ①[黄]龙胆黄 ②[无茎]龙胆花翠苷 [$C_{10}H_9O_2N$]
gentianopsis ①扁蕾属[*Gentianopsis* Ma] (龙胆科) ②扁蕾[*Gentianopsis* sp.]
gentianose 龙胆三糖 [$C_{18}H_{32}O_6$]
gentiobiose 龙胆二糖酶
gentiodextrins 龙胆糊精
gentiopicrin 龙胆苦苷
gentisic acid 龙胆酸,2,5-二羟[基]苯甲酸 [$(HO)_2C_6H_3COOH$]
gentisin [黄]龙胆黄
gentle ①温和的,温柔的,柔软的 ②适度的,缓和的 ③缓坡(3°~8°) (gentilis)
gentle breeze 微风 (三级风) (蒲福风级)
gentle handling 均匀翻动
gentle humus 温性腐殖质
gentle rain 细雨
gentle slope 缓坡,微斜坡地
genuflexous 膝曲状的 (genuflexus)
genuine ①真正的,真实的 ②标准的 ③纯的,纯种的 ④天然的固有的 (genuinus)
genuine aneuploid 真正非整倍体 {细胞}
genuine part 标准件 {农机}
genuine pleiotropism (= genuine pleiotropy) [基因]真多效性 {细胞}
genuine reversal 真正反转,真正逆转
genuine solution 真解 {电脑}
genuineness 纯[正]度 (genuinitas) {种子}
genuineness control 纯正度控制
genuineness of seeds 种子纯度
genuineness of strain 品系纯度
genus 属 {分类}
genus cross 属间杂交
genus hybrid 属间杂种
genus name 属名
geo- ⌞字头⌝地,土地
geo-growth reaction 地理生长反应
geobiochemistry 地球生物化学 (geobiochemia)
geobion 地面植物群落
geobotanical 地植物学的 (geobotanicus)
geobotanical cartography 地植物学制图 (cartographia geobotanica)
geobotanical chart 地植物学图
geobotanical investigation 地植物学调查 (investigatio geobantica)
geobotanical region 地植物区域 (regio geobotantica)
geobotanical zone 地植物带 (zona geobotantica)
geobotany 地植物学 (geobotanica)
geocarpic 地下结实(果)的 (geocarpus)
geocarpy 地下结实性 (geocarpium)
geocentric 以地球为中心的 (geocentricus)

geocentric coordinate 地心坐标
geocentric horizon ①地心 ②地平
geocentric latitude 地心纬度
geocentric longitude 地心经度
geochemical 地球化学的(geochemicus)
geochemical anomaly 地球化学异常
geochemical balance 地球化学平衡
geochemical cycle 地球化学循环
geochemical nature 地球化学特性
geochemical plant group 地球化学植物类群
geochemistry 地球化学(geochemia)
geochory 土壤传播(geochoria)
geochronology 地质年代学(geochronologia)
geoclimatic drying power 地面气候干燥力
geocline 地理渐变型
geocoding system 地理编码系统{遥感}
geocoenosium 地理群落
geocole 地栖的
geocryptophytes 地下芽植物(geocryptophyti)
geocycle 地质循环(geocyclus)
geodesic ①大地测量的 ②最短线的(geodesicus)
geodesic coordinate 大地测量坐标
geodesic distance 大地测量距离
geodesic line 测地线,[最]短程线
geodesic method 测地线法,短程线法
geodesic spacecraft 测地航天器
geodesy 大地测量学(geodesia)
geodetic 大地测量的(geodeticus)
geodetic curve 大地测量曲线
Geodetic Satellite(GEOS) 大地测量卫星{遥感}
geodetic surveying 大地测量
Geodetic/Geophysical Satellite(Geosat) 大地测量/地球物理卫星{遥感}
geodetics(=geodesy) ①大地测量学 ②大地测量(geodetica)
geodistomycetes 耐干木腐菌
geodorum ①地宝兰属[*Geodorum* G. Jacks.](兰科) ②地宝兰[*Geodorum* sp.]
geodynamic 地球动力的,地球动力学的(geodynamicus)
geodynamic factor 地球动力学因素,地变动因素
geodynamic meter [地球]动力米
geodynamics 地球动力学(geodynamica)
geodyte 地上生物(geodyta)
geoecotype 地理生态型(geoecotypus)
geoelectric 地电的(geoelectricus)
geoelectric effect 地电效应
geofault 大地断层
geoffrayism 直接适应论(布丰观点)(geoffrayismus){进化}
geographic ①地理的 ②地理学的(geographicus)
geographic adaptiveness of crop 作物地理适应性{智培}
geographic aspect 地理状况
geographic azimuth 地理方位角{遥感}
geographic base file(GBF) 地理基础文件{遥感}
geographic cline 地理渐变群
geographic complex of production 地域生产综合体
geographic coordinates 地理坐标
geographic display system 地理显示系统
geographic distribution(=geographical distribution) 地理分布
geographic environment 地理环境
geographic information system(GIS) 地球信息系统(3S技术之一){智培}
geographic isolate 地理隔离种群
geographic isolation(=geographical isolation) 地理隔离[作用]
geographic landscape 地球景观{生态}
geographic latitude(=geographical latitude) 地理纬度{遥感}
geographic location 地理位置
geographic longitude(=geographical longitude) 地理经度{遥感}
geographic meridian 地理子午线
geographic polymorphism(=geographical polymorphism) 地理多态现象
geographic race 地理族,亚种
geographic region 地理区
geographic setting 地理位置
geographic speciation 地理物种形成
geographic subdivision 地理亚分区
geographic subspecies 地理亚种
geographic synecology 植物群落地理学
geographic value 地理坐标值{遥感}
geographical(=geographic) ①地理的 ②地理学的(geographicus)
geographical barrier 地理阻障
geographical center 地理中心
geographical coordinates 地理坐标
geographical data 地理数据
geographical database 地理数据库
geographical demarcation 地理分区
geographical distribution 地理分布
geographical distribution map 地理分布图{智培}

geographical distribution map of crop field plot 作物田间小区[的]地理分布图{智培}
geographical divergence 地理趋异
geographical ecology 地理生态学{geoecologia}
geographical indicator 地理指示植物
geographical information system (= geographic information system) 地理信息系统
geographical inversion 地形性逆温{环保}
geographical isolation 地球隔离
geographical landscape 地理景观
geographical latitude 地理纬度
geographical longitude 地理经度
geographical management information system (GMIS) 地理管理信息系统{信息}
geographical mapping 地理制图{智培}
geographical origin 地理起源
geographical population 地理种群
geographical relics 地理残留种
geographical variation 地理变异
geographical variety 地理变种
geographical wide cross 地理远缘杂交
geographical zone 地理带
geography 地理学(geographia)
geoid 大地水平面(geoidus)
geoidalsurface 大地水准面,地平面
geoinformation system 地学信息系统
geoisothermal surface 等地温面
geoisotherms 等地温线
geologic ①地质的 ②地质学的(geologicus)
geologic age (= geological age) 地质时代
geologic chronology (= the geologic time scale, geologic calendar) 地质年代表
geologic compass 地质罗盘仪
geologic database (= geological database) 地质数据库
geologic horizon 地质层位
geologic map (= geological map) 地质图
geologic norm of erosion 地质侵蚀范畴
geologic orbital photography 地质轨道摄影{遥感}
geologic process of erosion 地质侵蚀过程
geologic structure 地质构造
geologic survey (= geological survey) 地质测量
geologic term 地质时期
geologic time (= geological time) 地质时间
geologic time divisions 地质年代划分
geological (= geologic) ①地质的 ②地质学的(geologicus)
geological classification system 地质分类系统
geological climate 地质气候
geological cycle 地质循环
geological erosion 地质侵蚀
geological formation 地层
geological function 地质作用
geological hammer 地质锤
geological hazards 地质灾害
geological map 地质图
geological mapping 地质制图
geological origin 地质起源
geological period 地质纪(地层年代单位)
Geological Satellite (Geosat) 地质卫星{遥感}
geological section 地质断面
geological simultaneity 地质同时性
geological stratification 地质层
geological structure 地质结构
geological survey 地质调查
geological system 地质系统
geological time 地质年代
geology 地质学(geologia)
geology database 地质学数据库
geomagnetic 地磁的(geomagneticus)
geomagnetic chart 地磁图
geomagnetic coordinates 地磁坐标
geomagnetic field 地磁场
geomagnetic latitude 地磁纬度
geomagnetism 地磁(geomagnetismus)
geomechanics 地质力学(geomechanica)
geometer ①几何计,乘积计 ②尺蠖
geometric ①几何的 ②几何学的 ③乘积性的(geometricus)
geometric algorithm 几何算法
geometric arrangement 几何排列
geometric calibration 几何校准
geometric complexity 几何组合
geometric correction (= geometric rectification) 几何校正
geometric effects of genes 基因的乘积式作用(效应)
geometric fit 几何适合,几何契合{生技}
geometric form 乘积式型,几何型
geometric gene action 基因的乘积性作用
geometric graph 几何图
geometric growth 乘积式增长,几何增长
geometric increase 乘积式增加,几何增加
geometric interaction 乘积性互作
geometric means 几何平均数
geometric media 几何媒体
geometric model 几何模型

geometric optical model 几何光学模型
geometric optics (= geometrical optics) 几何光学
geometric probability 几何概率
geometric progression (= geometric series) 几何级数,等比级数
geometric reasoning 几何推理
geometrical (= geometric) ①几何的 ②几何学的 ③乘积性的 (geometricus)
geometrical center 几何中心
geometrical isomer 几何异构体
geometrical operation 几何操作
geometrical pattern 几何式图案
geometrid ①(= geometer, looper, span worm) 尺蛾 ②⌊复⌉(= geometer moths, measuring worm moths) 尺蛾科 [Geometridae]
geometry 几何学 (geometria)
geometry accelerator 几何加速器
geometry manager 几何管理程序{电脑}
geomorphological ①地貌的 ②地貌学的 (geomorphologicus)
geomorphological element 地貌单元,地貌成分
geomorphological mapping 地貌制图
geomorphological sequence 地貌系列
geomorphology 地貌学 (geomorphologia)
geonetwork 地理网络
geopedology 地[球]土壤学 (geopedologia)
geophagous 食土的 (geophagus)
geophile 地栖的 (geophilus)
geophilic (= geophilous) ①喜土的 ②地上生的 (geophilus)
geophilic fungi 地域性真菌,地上生真菌
geophilids 地蜈蚣科 [Geophilidae]
geophilomorpha 地蜈蚣目 [Geophilomorpha]
geophilous 适土的,喜土的 (geophilus)
geophone 地震检波器
geophysical ①地球物理的 ②地球物理学的 (geophysicus)
geophysical airborne survey system (GASS) 地球物理航空测量系统{遥感}
geophysical satellite 地球物理卫星{遥感}
geophysics 地球物理学 (geophysica)
geophytes 地下芽植物 (geophyti)
geoponic ①耕作的,农作的 ②农村的 (geoponicus)
geoponics 耕作学 (geoponica)
geopotential [重力]势,地球重力势,地位势 (geopotentialis)
geopotential height 地位势高度
geopotential meter 地位势米
geoproximycetes 近地喜湿的木腐菌
Georgia (= Dahlia) 大丽花属 [*Dahlia* Cav.] (菊科)
Georgia heart pine (= brome pine, Georgia long-leaved pine, Georgia pine, Georgia pitch pine, Georgia yellow pine) 美国长叶松 [*Pinus palustris* Mill.] (松科)
Georgia Red 佐治亚红(美国甘薯品种)
geoscience 地学(geoscientia)
geoscience analysis 地学分析
geoside 水杨梅苷
geosmin 土臭味素(指放线菌)
geosphere 陆界,陆圈 (geosphera)
geostationary 地球静止的 (geostationarius)
geostationary meteorological satellite system 地球静止气象卫星系统
geostationary operational environmental satellite 地球静止业务环境卫星
geostationary orbit 地球静止轨道{遥感}
geostationary satellite 对地静止卫星,地球同步卫星{遥感}
geostrophic 地转的 (geostrophicus)
geostrophic current 地转风气流
geostrophic deviation (= geostrophic departure) 地转偏差
geostrophic dividers 地转风速分析器
geostrophic equilibrium 地转平衡
geostrophic wind 地转风
geostrophic wind scale 地转风风速标尺
geosycline 地槽
geosynchronous 地球同步的(geosynchronus)
geosynchronous earth observation system (GEOS) 地球同步观测系统
geosynchronous satellite 地球同步卫星{遥感}
geotaxis (= geotaxy) 趋地性
geotechnical ①岩土技术 ②地学技术{地质}
geotectology 大地构造学(geotectologia)
geothermal (= geothermic) 地温的,地热的 (geothermus)
geothermal energy 地热能
geothermal gradient (= geothermic gradient) 地温梯度,地温增加率
geothermal metamorphism 地热变质作用
geothermal power generation 地热发电
geothermal water pollution 地热水污染{环保}

geothermic 地温的(geothermus)
geothermic depth 地温深度,增温深度
geothermic step 单位深度地温差
geothermometer 地温计
geothermy 地热(geothermia)
geothite 针铁矿
geotrichosis 地霉病,地丝菌病
geotropic 向地性的(geotropus)
geotropic stolon 向地性匍匐茎(stolo geotropa)
geotropism 向地性(geotropismus)
geotype 地理型(geotypus)
geoxyl 地生茎(geoxyllum)
geozoology 地动物学(geozoologia)
geranic acid 牻牛儿酸
geraniol 牻牛儿醇
geranium ①老鹳草属[*Geranium* L.](牻牛儿苗科) ②老鹳草[*Geranium wilfordii* Maxim.] ③(= apple geranium, nutmeg geranium) 豆蔻天竺葵(香天竺葵)[*Pelargonium odoratissimum* L'Her.]
geranium oil 香天竺葵油
geranium sawfly 天竺葵叶蜂[*Protemphytus carpini* (Hartig)]
geranyl- 牻牛儿[基][$C_{10}H_{17}$—]
geranylpyrophosphate 牻牛儿[基]焦磷酸,3,7-二甲基辛二烯-2,6-焦磷酸
geratology 老年医学,衰老现象学(geratologia)
gerbera ①大丁草属[*Gerbera* Gronov.](菊科) ②大丁草[*Gerbera anandria* (L.) Sch. Bip.]
geriatrics 老年医学,老年病学,老人[医]学(geriatrica){生技}
germ ①胚,胚质,种质,胚芽,芽孢,胚乳,胚原基 ②萌芽,萌发 ③微生物 ④病菌 ⑤发端,原始起源(germa)
germ-ball 胚球
germ-band (= germinal band) 胚带
germ carrier (= germ vector) 带菌体
germ-carrying 带菌的
germ cell (= reproductive cell, generative cell) 生殖细胞
germ contamination 芽孢沾染
germ free animal 无菌动物
germ-free box (= sterile cupboard) 无菌接种箱
germ-free mouse 无菌小鼠
germ-free plant 无菌植物(植株)
germ furrow ①(花粉粒)萌发沟 ②(胚胎)生殖沟
germ gland (= gonital gland) 生殖腺
germ layer (= germinal layer) 胚层
germ line 种系,种迹
germ line body 种系体
germ line cell 种系细胞
germ line chimera 种系嵌合体
germ-line chromosome 种系染色体
germ-line differentiation 种系分化
germ line karyotype 种系核型
germ line mutation 种系突变
germ line transformation 种系转化
germ middling 胚粉粒
germ nucleolus 生殖核仁
germ nucleus 生殖核
germ pore ①芽孔 ②萌发孔
germ reactor (= germ-carrier) 带菌者
germ separator 胚分离器
germ theory 生源说{进化}
germ track ①种迹(vestigium germinum) ②种系
germ tract 生殖域{昆虫}
germ tube ①芽管 ②萌发管(tubus germinus)
germ vector 带菌体
German camomile (= wild camomile, Hungarian camomile, camomile, matricary) 母菊[*Matricaria chamomilla* L.](菊科)
German catchfly ①威石竹属[*Viscaria* Bernh.](石竹科) ②威石竹[*Viscaria alpina* G. Don.]
German celery (= rooted celery) 根用芹菜
German cockroach (= crouton bug, small tan German cockroach) 德国小蠊[*Phyllodromia germanica* (L.) = *Blattella germanica* (L.)](姬蠊科)
German iris (= flag iris) 德国鸢尾[*Iris germanica* L.](鸢尾科)
German ivy 德国千里光[*Senecio scandens* DC. = *s. mikaniodes* Otto](菊科)
German madwort 糙草[*Asperugo procumbens* L.](紫草科)
German millet 德国粟,饲用粟(粟栽培种分类)[*Setaria italica* Beauv. var. *stramifolia* Bailey](禾本科)
German oak (= holm oak) 冬青栎(圣栎)
German pellitory 环菊属[*Anacyclus* L.](菊科)⌞拟⌝
German spearmint 皱叶绿薄荷(德国留兰香)[*Mentha spicata* var. *crispata*](唇形科)
German tamarisk ①水柏枝属[*Myricaria*

Desv.](柽柳科)②水柏枝[*Myricaria germanica* (L.) Desv.]

German thinning 德国疏伐(即下层疏伐)

German wasp 德国黄蜂[*Vespula germanica* (Fabricius)](胡蜂科)

German wheat (= spelt dinkel) 斯卑尔脱小麦

germander ①石蚕属[*Teucrium* L.](唇形科)②石蚕[*Teucrium japonicum* Willd.]

germander speedwell 石蚕状婆婆纳[*Veronica chamaedrys* L.](玄参科)

germanium 锗(Ge,32号元素)

germarium ①卵巢②原卵区

germchit 种苗

germen ①生殖线②生殖细胞

germen and soma 生殖细胞与体细胞

germicidal 杀菌的(germicidalis)

germicidal action 杀菌作用

germicidal soap 杀菌皂

germicidal tube 杀菌灯管

germicide 杀菌剂

germifuge 抑菌剂,杀菌剂

germinability 发芽能力(germinabilitas)

germinable 能发芽的,能萌发的(germinabilis)

germinable seed 可发芽种子

germinal ①芽的②萌发的③胚[质]的④配子的(germinus)

germinal aperture 萌发孔(apertura germina)

germinal area 胚区(area germina)

germinal bud 胚芽(gemma germina)

germinal cell 生殖细胞(cellula germina)

germinal center 萌发中心(centrus germinus)

germinal change 配子变化

germinal choice 配子选配

germinal constitution 配子结构(constitutio germina)

germinal disk (= geminal disc) ①萌发盘②胚盘③种脐(discus germinus)

germinal furrow 萌发沟(sulcus germinus)

germinal instability 配子不稳定性(instabilitas germinus)

germinal layer (= germlayer) 胚层(stratum germinum)

germinal lid [萌发]孔盖(用于花粉)(operculum germinum)

germinal macula 胚斑(macula germina)

germinal membrane 胚[质]膜(membrana germina)

germinal mutation 生殖细胞突变(mutatio germina)

germinal root 种子根,胚根(radix germinus)

germinal selection 配子选择(selectio germina)

germinal slit 种皮裂缝(fissura germina)

germinal spot 卵细胞核仁

germinal stability 配子稳定性(stabilitas germinus)

germinal tissue 胚组织(tela germina)

germinal vesicle 胚泡(vesicula germina)

germinant ①发芽,萌发②生长(germinans)

germinate 发芽(germinare)

germinated energy 发芽势

germinated grain 发芽子粒

germinating (= germinant) ①发芽,萌发②生长(germinatans)

germinating ability (= germinating capacity) 发芽本领,发芽能力

germinating accelerator 发芽加速剂

germinating apparatus (= germinator) 发芽器

germinating bed (= germination bed) 发芽床

germinating box 发芽箱

germinating capacity (= germinating ability, germination capacity) 发芽本领,发芽能力

germinating chamber (= germinator, germination chamber) 发芽器

germinating energy (= germination energy, germinating viability) 发芽势

germinating eye 发芽芽眼(如马铃薯)

germinating flat ①发芽床②发芽箱

germinating force 发芽力

germinating growth 发芽生长

germinating inhibitor 发芽抑制剂

germinating period 发芽期

germinating potential (= germinating viability) 发芽势

germinating power (= germination power, germinating ability) 发芽本领,发芽能力

germinating power of seeds in the dark 黑暗种子发芽本领,种子在黑暗的发芽本领

germinating power of seeds in the field 田间种子发芽本领

germinating power of seeds in the light 光照种子发芽本领,种子在光照下的发芽本领

germinating seed (= germination seed) 发芽种子

germinating seeds per unit time 每单位时

间的发芽种子数
germinating temperature (= germination temperature) 发芽温度
germinating test (= germination test) 发芽试验
germinating testing equipment 发芽试验装置
germinating viability 发芽势
germinating vitality 萌芽力
germinating weed 芽期杂草
germination 发芽,萌发 (germinatio)
germination accelerator 发芽加速剂
germination bed 发芽床
germination by repetition 萌发分生孢子{真菌}
germination capacity 发芽本领,发芽能力
germination control 发芽控制
germination curve 发芽曲线
germination dish 发芽皿
germination examination 发芽检查
germination factor 发芽系数
germination failure 不发芽,萌发失败
germination in a standing stage 穗发芽(指禾谷类在未收割前,穗上子粒已萌发)
germination in the second year 越冬发芽,次年发芽
germination inhibiting method 发芽抑制法
germination inhibitor (= germinating inhibitor) 发芽抑制剂(物)
germination number 发芽数,发芽量
germination percent 发芽百分数
germination percentage (= germination value) [种子]发芽率
germination period 发芽期
germination potential 发芽势
germination process 发芽过程
germination promotor 发芽促进剂
germination readings 发芽读数
germination-regulating mechanism 发芽调节机制
germination requirements 萌发必要条件
germination rete (= germinating energy) 发芽势
germination seed 萌发种子(semen germinationis)
germination speed ①发芽速度 ②发芽势
germination stimulator 发芽刺激剂
germination substratum 发芽床
germination techniques 发芽技术
germination temperature 发芽温度,萌发温度
germination test 发芽试验
germination tester 发芽试验器
germination testing apparatus 发芽试验器
germination trials 发芽试验
germination value 发芽值
germinative 发芽的,萌发的 (germinativus)
germinative energy 发芽势
germinative examination 发芽试验
germinative force 发芽力
germinative transmission 种胚传播
germinative transmission of pathogen 种胚病原传播
germinator ①发芽器 ②定温箱
germless seed 无胚种子
germling ①[萌发]幼体,幼殖体 ②萌发孢子
germplasm 种质 (germplasma)
germplasm bank (= germplasm pool) 种质库
germplasm preservation 种(遗传)质保存
germplasm resources 种质资源
germplasm storage 种质贮存
germplasm theory 种质学说
germs of cereals 谷物胚芽
germule 小芽 (germula)
gerontogenesis 老年发生
gerontology 老年学,老人学 (gerontologia)
gerontomorphosis 特化进化 (gerontomorpyhosis)
gerontoplast 老质体,特化质体 (gerontoplasta)
gesneria ①苦苣苔属[*Gesneria* L.] (苦苣苔科) ②苦苣苔[*Gesneria* sp.]
gesneria family 苦苣苔科[Gesneriaceae]
gestagen 孕激素
gestation ①怀孕,妊娠 ②怀孕期,妊娠期 (gestatio)
gestation period 怀孕期,妊娠期
gesture 手势,姿势 (gestura)
gesture mode 手势模式
get about 散布
get ahead 有进展
get area 占用区{信息}
get in ①收割 ②收集
get into (温度)升至,达到
get operation 获取操作
get over ①病好,恢复,复元 ②克服(困难)
get through ①结束 ②完成 ③到达目的
get under 控制
get up 起立(指幼苗起身)
geum sawfly 水杨梅叶蜂[*Metallus gei* (Brisch.)] (叶蜂科)
Gev (= billion electron volt) 十亿电子伏
Gey's medium 吉依氏培养基

geyser ①喷泉,间歇泉 ②热水锅炉
geyserite 硅华
GF (= growth factor) 生长因子{分生}
GFC (= gel filtration chromatography) 凝胶过滤层析{生技}
G_1, G_2, G_3 (= first, second and third self-bred generation) 自交第一代,第二代,第三代
GH (= growth hormone) 生长激素
Ghana coffee survey 加纳咖啡调查
Ghedda wax 甘达蜂蜡
gheddic acid 卅四[烷]酸 [$C_{34}H_{68}O_2$]
ghee 酥油(在印度,水牛乳制的)
ghent gladioli 唐菖蒲[*Gladiolus grandavensis* Van Houffe](鸢尾科)
gherkin (= west lndian gherkin, gooseberry gourd) 西印度黄瓜[*Cucumis anguria*](葫芦科) ②小黄瓜,醋渍黄瓜
ghost moth ① 蝙蝠蛾 ②[复]蝙蝠蛾科[Hepialidae]
ghost ①泡膜,囊膜{形态} ②外壳,空骸细胞{细胞} ③血影[细胞]{分生} ④假峰{生技} ⑤重像{电脑}
ghost band 假带,鬼带{生技}
ghost cell 血影细胞
ghost element 虚元素
ghost image 重影,双重图像{遥感}
ghost peak 假峰,鬼峰{生技}
ghost-plant wormwood 甜菜子[*Artemisia lactiflora* Wall.](菊科)
ghost signal 假信号,幻影信号
ghost swift moth 忽布蝙蝠蛾[*Hepialus humuli* (Linnaeus)](蝙蝠蛾科)
ghost weed 银边翠[*Euphorbia corollata* L.](大戟科)
GHRF (= growth hormone releasing factor) 生长激素释放因子
gi (= gravity) ①重力 ②(= diffuse conductane) 扩散传导
giant 巨大的,高大的,巨型的(gigas)
giant arbor-vitae (= giant cedar, conoe cedar) 美国西部侧柏[*Thuja plicata* D. Don](柏科)
giant arrowhead 大慈姑[*Sagittaria montevidensis* Cham. et Schlecht.](泽泻科)
giant arum ①蒟蒻属[*Amorphophallus* Bl.](天南星科) ②蒟蒻(魔芋)[*Amorphophallus rivieri* Dur. = *Hydrosme rivieri* Engl.]
giant bagworm 日本大蓑蛾[*Cryptothelea japonica* Heylaerts](蓑蛾科)
giant bamboo ①苏麻竹属(牡竹属)[*Dendrocalamus* Nees](禾本科) ②苏麻竹[*Dendrocalamus giganteus* (Wall.) Munro = *Bambusa giganteus* Wall.]
giant bee 排蜂,岩蜂[*Apis dorsata*](蜜蜂科)
giant bellflower ①大钟花属[*Ostrowskia* Regel] ②大钟花[*Ostrowskia magnifica* Regel]
giant caladium 龟甲芋[*Alocasia cuprea* C. Koch](天南星科)
giant cell 巨型细胞
giant cell induced by foreign bodies 由外体诱发的巨型细胞
giant cells in bone resorption 骨回吸的巨型细胞
giant cells in tuberculosis 结核病的巨型细胞
giant cells in virus infection 病毒侵染的巨型细胞
giant centrophore 巨型中心球(centrophora gigantea){细胞}
giant chromosome 巨型染色体(如果蝇的唾腺染色体)
giant-cinquefoil 大花委陵菜[*Potentilla megalantha* Takede](蔷薇科)
giant colony 巨型菌落(colonia gigantea)
giant computer (= giant-scale computer) 巨型计算机
giant cricket [花生]大蟋蟀[*Brachytrupes portentosus* Lichtenstein = *B. achatinus* Stoll](蟋蟀科)
giant culture 巨型培养
giant dogwood ①梾木属[*Cornus* L.](山茱萸科) ②梾木(灯台树)[*Cornus macrophyll* Wall. = *C. brachypoda* K. Koch non C. A. Mey. = *C. controversa* Hemsl.]
giant-dracena (= tikouka) 巨朱蕉[*Cordyline australis* Hook](龙舌兰科)
giant egg 大卵{蚕}
giant fennel ①阿魏属[*Ferula* L.](伞形花科) ②阿魏[*Ferula asafoetida* L.]
giant filbert 大栗[*Corylus maxima* Mill.]
giant fir 大冷杉[*Abies grandis* Lindl.](松科)
giant form 巨型
giant garlic (= rocambole) 葫蒜[*Allium scorodoprasum* L.](百合科)
giant gum 杏仁桉[*Eucalyptus amygdalina* Labill.](桃金娘科)
giant hairy aphid 粟毛管蚜[*Greenidea kuwanai* Pergande](蚜科)
giant hairysheath edible bamboo 淡竹

[*Phyllostachys puberrula* (Miq.) Munro = *Bambusa puberrula* Miq.] (禾本科)

giant holl-fern 大耳蕨[*Polystichum munitum* Presl.] (鳞毛蕨科)

giant hornet 德国大黄蜂 [*Vespa crabro germana* Christ] (胡蜂科)

giant horntail 枞大树蜂 [*Urocerus gigas* Linnaeus] (树蜂科)

giant hyssop ①华香草属 [*Lophanthus* Adans.] (唇形科) ②华香草 [*Lophanthus chinensis* Benth.]

giant isopyrum 大扁果草[*Isopyrum raddeanum* Maxim.] (毛茛科)

giant Italian combine 意大利大型联合收获机

giant jumping plant louse 大跳木虱 [*Psylla magnifera* Kuwayama] (木虱科)

giant katydid 纺织娘 [*Mecopoda elongata* Linnaeus] (螽斯科)

giant knotweed (= Japanese fleece flower) 虎杖 [*Polygonum cuspidatum* Sieb. et Zucc.] (蓼科)

giant mealybug ①柿草履蚧 [*Drosicha corpulenta* Kuwana] ② 杧果大绵蚧 [*Drosicha stebbingii* Stebb.] (绵蚧科)

giant Mexican cereus ①武伦柱属[*Pachycereus* spp.] (仙人掌科) ②武伦柱[*Pachycereus pringlet* sp.]

giant micelle 巨胶束

giant milkweed (= Yercum fibre) 牛角瓜 [*Calotropis gigantea* R. Br.] (萝藦科)

giant mistletoes 桑寄生 [*Loranthus yadoriki* Sieb.] (桑寄生科)

giant mistletoes of peach 桃桑寄生 [*Loranthus parasiticus* (Linn.) Merr.] (桑寄生科)

giant mistletoes of pear 梨桑寄生 [*Loranthus parasiticus* (Linn.) Merr.] (桑寄生科)

giant mistletoes of plum 李桑寄生 [*Loranthus parasiti*cus (Linn.) Merr.] (桑寄生科)

giant molecule 巨分子

giant moth borer 蔗蝶蛾 [*Castnia licoides* Boisduval] (螟蛾科)

giant onion 大花葱(硕葱)[*Allium giganteum* L.] (百合科)

giant panda 大熊猫 [*Ailuropoda melanoleuca*] (熊猫科)

giant plough (= giant plow) 大型犁

giant pollen 巨大花粉

giant protea 蓟花山龙眼 [*Protea cynaroides* sp.] (山龙眼科)

giant puffball 大秃马勃 [*Calvatia gigantea* (Batsch ex Fr.) Lloyd] (马勃科)

giant pumpkin (= winter squash) 笋瓜 [*Cucurbita maxima* Duch.] (葫芦科)

giant ragweed 三裂豚草(大豚草) [*Ambrosia trifida* L.] (菊科)

giant redwood (= giant sequoia) 巨杉

giant reed (= great reed, bamboo reed, cane) 芦竹 [*Arundo donax* L.] (禾本科)

giant RNA 巨型 RNA

giant rosette ①巨型莲座叶 ②巨型根出叶 ③巨型辐射叶

"giant rosette" plant 巨型辐射叶植物 (planta rosulacea giantea)

giant ryegrass 巨野麦 [*Elymus giganteus* Vahl. = *E. sabulosus* MB.] (禾本科)

giant sequoia (= giant redwood) 巨杉 [*Sequoidendron giganteum* Buchh.]

giant silkworm (= luna moth) ①天蚕蛾 ②⌊复⌉大蚕蛾科 [Saturniidae]

giant sirex (= giant horntail) 大树蜂

giant snail (= African snail) 非洲大蜗牛(褐云玛瑙螺)[*Achatina fulica* Fèrussac] (蜗牛科)

giant snowdrop 大雪花莲[*Galanthus elwesii* Hook. f.] (石蒜科)

giant spider-flower ①紫龙须属 [*Cleome* L.] (白花菜科) ②紫龙须(醉蝶花)[*Cleome spinosa* L.]

giant St. John's wort 黄海棠(金丝蝴蝶) [*Hypericum ascyron* L.] (金丝桃科)

giant summer-hyacinth 大风信子属 [*Galtonia* Decne.] (百合科)

giant sunflower 大向日葵 [*Helianthus giganteus* L.] (菊科)

giant timber bamboo 刚竹(斑竹, 苦竹) [*Phyllostachys reticulata* (Rupr.) K. Koch] (禾本科)

giant tobacco 绒毛烟草 [*Nicotiana tomentosa*] (茄科)

giant tractor 大型拖拉机

giant typhonium 独脚莲(独角莲)[*Typhonium giganteum* Engl.] (天南星科)

giant water bug ①美洲负子蝽(美洲田鳖, 大田鳖) [*Lethocerus americanus* Leidy] ②⌊复⌉负子蝽科 [Belostomatidae]

giant whip 鞭节(触角)(flagellum) {蜂}

giant wild silkworm (= atlas moth) 大柏天蚕 [*Attacus atlas* Linnaeus] (大蚕蛾科)

giant willow aphid 柳瘤大蚜［*Tuberolachnus salignus* Gmelin］（蚜科）
giant willow-herb 柳兰［*Chamaenerion angustifolium*（L.）Scop.］（柳叶菜科）
giantism ①巨大性，硕大态 ②巨型现象（gigantismus）
giardia 贾第鞭毛虫（Giardia）
giardiasis 贾第鞭毛虫病
gibbane 赤霉素烷
Gibberella blight of corn 玉米幼苗立枯病
gibberellane 赤霉素烷
gibberellenic acid 赤霉烯酸
Gibberellic acid（＝GA） 920赤霉素，赤霉酸
gibberellin（＝GA，Gibberellic acid，Gibrel，Gib-sol，Gib-Tabs）920，赤霉素，赤霉酸
［OCO(CH_3)OHCH_2OH COOH］
gibberellin A_1 赤霉素 A_1［$C_{19}H_{24}O_6$］
gibberellin A_2 赤霉素 A_2［$C_{19}H_{26}O_6$］
gibberellin A_3 赤霉素 A_3［$C_{19}H_{22}O_6$］
gibberellin A_4 赤霉素 A_4［$C_{19}H_{24}O_5$］
gibberellin induced phenomena 赤霉素诱导现象
gibberellin induction 赤霉素诱导
gibberellin-like substance 赤霉素类似物质
gibberellin treatment 赤霉素处理
gibberene 赤霉芴，1，7-二甲基芴
gibberic acid 赤霉低酸
gibberish 无用信息，无用数据｛信息｝
gibberone 赤霉素酮
gibbose（＝gibbous） ①种瘤状突起的 ②脐状突起的 ③浅囊状的（gibbosus）
gibbosity 基部膨大性（gibbositas）
gibbospore 不规则圆形孢子（gibbospora）
Gibbs adsorption equation 吉布斯吸附方程式｛生技｝
Gibbs free energy 吉布斯自由能
Gibbs free energy of activation 吉布斯活化自由能，吉布斯激活自由能
gibbsite（＝hydrargillite） 三水铝矿
giblets 家禽的内脏
Gibson mix 吉布森混合比例计算法｛统计｝
gid 羊多头绦虫蚴病，脑包虫病
gid of sheep 羊多头绦虫蚴病，羊眩晕病
giddiness 眩晕
Giemsa 吉姆沙［染料］（含有甲蓝及其氧化物、淡蓝与曙红盐的混合染料）｛染色体｝
Giemsa band（G-band） 吉姆沙带，G带
Giemsa banding（G-banding） 吉姆沙显带法，G显带法
Giemsa preparation 吉姆沙制片
Giemsa staining 吉姆沙染色法
Giemsa staining method 吉姆沙染色法
Giemsa's stain 吉姆沙氏染色剂
GIF（＝graphic interchange format） 图形交换格式｛电脑｝
Giffard white-fly 橙黄粉虱［*Bemisia giffardi* Kotinsky］（粉虱科）
gift ①天资，天才 ②赠送，赠品
gig ①二轮马车，轻便马车 ②鱼叉，捕鱼快艇
giga- ⌊字头⌉ ①吉［咖］，十亿，千兆（10^9） ②巨型
gigabasidium 巨型担子
gigabyte（Gbyte） 吉咖字节｛电脑｝
gigantic（＝gigantean） 巨大的（giganteus）
gigantic acid 巨曲霉酸
gigantic egg 巨大卵
gigantism ①巨大性 ②硕大态 ③巨型性现象（gigantismus）
gigantoblast 巨型有核红细胞（gigantoblastus）
gigantocyte 巨细胞（gigantocyta）
gigartinine 胍氨甲酰鸟氨酸
gigas ①巨大，巨体 ②巨型的
gigas characteristics 巨型特征
gigas effect of polyploidy 多倍性的巨体作用
gigaseal 吉咖封口，千兆封口｛生技｝
Gilg willow 河柳［*Salix gilgiana* Seemen.］（杨柳科）
gilia ①吉莉花属（吉莉草属）［*Gilia* Ruiz et. Pav.］（花忍科） ②吉莉花［*Gilia rubra* Heller］
gill ①鳃｛水产｝ ②菌褶｛真菌｝ ③垂肉｛禽｝ ④散热片｛农机｝ ⑤峡谷｛耕作｝ ⑥基尔（完成一次给定操作的时间单位）｛信息｝
gill arch 鳃弓
gill-bearing ①具菌褶的 ②有鳃的 ③有垂肉的（如火鸡）
gill cover 鳃盖
gill filament 鳃丝
gill fungi 伞菌
gill-net 刺网
gill-over-the-ground（＝field balm） 活血丹［*Nepeta hederacea* Trev.］（唇形科）
gill-shaped 鳃状的
gill slit 鳃裂
gill tooth 鳃齿
gill trama 褶髓
gill tuft 鳃簇
gillaroo 爱尔兰鲑［*Salmo stomachicus*］
gilled fir（＝balsam fir） 香脂冷杉［*Abies balsamea* Mill.］（松科）
Gillet grass 吉利草（苏丹草×约翰逊草）
gillyflower（＝wallflower） 桂竹香

[*Cheiranthus cheiri* L.](十字花科)
Gilpin sulky 普通乘式犁,吉尔平乘式犁
Gilson's fluid 吉尔逊氏液{显技}
Gilson's mercuronitric mixture 吉尔逊氏硝酸水银混液{显技}
gilt ①金黄色的(chryseus, aurarius, aureus) ②小母猪,后备母猪
gilt and sow building for breeding and gestation 配种和妊娠小母猪和母猪的猪舍
Gily willow 水杨柳(腺柳)[*Salix glandulosa* Seem.](杨柳科)
gimbal ⌞复⌝(罗盘)水平环,平衡环{测}
gimlet 手钻,钻头
gimmer hogg (= ewe hogg, ewe tag) 一岁小母羊
gimmer lamb (= ewe lamb) 小牝羊,母羔
gin ①轧花机,轧棉机{农机} ②起重装置,三脚起重机 ③打桩机 ④绞车,绞盘,辘轳{水利} ⑤网,渔网{水产} ⑥陷阱{狩猎} ⑦杜松子酒,锦酒{加工}
gin-block 起重滑车
gin breast 轧花机分离室
gin compress 轧花压包机
gin hood 轧花机外罩
gin plant ①轧花厂 ②轧花机
gin run (轧花机)轧棉棍
gin saw 轧花机底部梳齿板
gin stand 轧花机机座
gin turn-out 轧花机出棉率
ginandromorph 雌雄嵌合体(ginandromorphium)
gingelly (= sesame) 芝麻(脂麻)[*Sesamum indicum* L.](胡麻科)
gingelly borer moth 芝麻芽蛀螟[*Antigastra catalaunalis* Duponchel](螟蛾科)
ginger ①姜属[*Zingiber* Adans.](姜科) ②姜[*Zingiber officinale* Rosc.]
ginger-ale 姜汁麦酒{加工}
ginger beer 生姜啤酒
ginger bread 姜饼,姜汁饼干
ginger family 姜科[Zingiberaceae]
ginger-lily ①姜花属[*Hedychium* Koen.](姜科) ②姜花[*Hedychium coronarium* Koen.]
ginger oil 姜油
ginger plant (= common tansy) 艾菊[*Chrysanthemum vulgare* L.](菊科)
ginger race 姜根
ginger snap 姜汁饼干{加工}
ginger stem 子姜
ginger vegetables 姜类蔬菜
ginger water 姜汤
ginger wine 姜酒
gingergrass 萎草(索非亚香茅)[*Cymbopogon martini* Stapf. var. *sofia*](禾本科)
gingergrass oil 姜草油
gingerol 姜辣素,姜醇
gingerone 姜酮
gingham 条纹布,花格布
gingivitis 龈炎(gingivitis)
ginkgetin 银杏黄素
ginkgo (= maiden hair tree) ①银杏属[*Ginkgo* L.](银杏科) ②银杏[*Ginkgo biloba* L.]
ginkgo family 银杏科[Ginkgoaceae]
ginkgo order 银杏目[Ginkgoales]
ginkgoic acid 银杏酸
ginned cotton 皮棉,去子棉花
ginner 轧花机,轧棉机
ginnery 轧花厂,轧棉厂
ginning 轧花
ginning machine 轧花机,轧棉机
ginning outturn 出皮棉率
ginning percentage 轧花率
ginning plant 轧花厂
ginning practices 轧花方法
ginning rib (= gin rib) (轧花机)轧肋
ginnol 银杏醇
ginseng ①人参属[*Panax* L.](五加科) ②人参[*Panax schinseng* Ness.]
ginseng cultivation (= ginseng growing) 人参栽培
ginseng oil 人参油
ginsengenin 人参皂苷配基
ginsenoside 人参糖苷
giobertite 菱镁矿{地质}
gipsy moth (= gypsy moth) 舞毒蛾[*Lymantria dispar* L. = *Porthetria dispar* L., *Ocneria dispar* L.](毒蛾科)
giraffe 长颈鹿[*Giraffa camelopardalis*](长颈鹿科)
girald actinidia 陕西猕猴桃[*Actinidia arguta* var. *giraldii* (Diels) Vorosh.](猕猴桃科)
girald daphne 黄瑞香[*Daphne giraldii* Nitsche](瑞香科)
girandole 旋转喷水{园林}
girasole 菊芋(= Jerusalam artichoke, topinamber)[*Helianthus tuberosus* L.](菊科)
girder 大梁,桁架
girder sclerenchyma 工字厚壁组织
girder-shaped 工字[形]的

girdle ①成带现象{生态} ②横沟,腰带{微生物}
girdle canal 环围道
girdle plate 环板
girdle side 环侧,带面
girdle view ①带面,环面 ②带面观
girdled ①有环带的 (cingens) ②环绕的 (cinctus)
girdler (沟胫天牛科,吉丁科的钻蛀性甲虫的)带状幼虫
girdling ①环剥,环状剥皮 (=ringing) ②束腰 ③环割,轮切 (害虫防治)
girth ①肚带,腹带 ②干围(指树木) ③周围,周量
girth above buttress 扩基上端干围
girth breast height 胸高干围
girth class 干围级
girth increment 干围增加量
girth limit 干围限界
girth quotient 干围率
GIS (=geographic information system) 地理信息系统{信息}
gist 要点,要旨,要义,精义
gitogenin 芰皂配基[$C_{27}H_{44}O_4$]
gitoxin 芰他毒
give-away price 倾售价格,抛售价格
give back ①恢复 ②归还
give cattle at grass (=put cattle to pasture) (牛)出牧
give notice of termination [**of a contract**] (租约)通知到期
give off 放出(气,烟等)
give out ①用尽 ②疲惫 ③分配,分发
give over 停止 (=stop)
given ①已知的 ②一定的,特定的
given interval of time 已知时间间隔(距){生态生理}
Gix (=F-DDT) 氟滴滴涕
Giza 31 基查31(美国棉花品种)
gizzard (=mastax) 沙囊(鸟或昆虫的前胃)
glaber (=glabrous) ①平滑的,光滑的,光净的 ②无毛的 (glabrus)
glaber green brier 土茯苓(光菝葜)[*Smilax glabra* Roxb.](百合科)
glaber rosemallow 无毛木槿[*Hibiscus glaber* Matsum](锦葵科)
glaberrima 西非稻(光壳稻)[*Oryza glaberrima* Stend.](禾本科)
glabrate ①平滑的 ②脱毛的 (glabratus)
glabrescent 近无毛的 (glabrescens)
glabriflorous 无毛花的
glabrifolious 光秃叶的 (glabrifolius)
glabripetalous 光秃瓣的 (glabripetalus)
glabrous ①平滑的 ②无毛的 (glabrus)
glabrous-chaffed wheat 光壳小麦
glabrous custard-apple 光滑番荔枝[*Annona glabra* L.](番荔枝科)
glabrous gene 无毛基因
glabrous glume 光颖 (gluma glabra)
glabrous-leaf cherry 光叶樱[*Prunus glabra* (Pamp.) Koehne](蔷薇科)
glabrous-leaf persimmon 光叶柿[*Diospyros diversilimba* Merr. ex Chun](柿科)
glabrous strain 无毛品系
glabrous ternstroemia ①厚皮香属[*Ternstroemia* L.](茶科) ②厚皮香[*Ternstroemia gymnanthera* Bedd.]
glabrous variety 无毛品种
glace ①(水果)覆有糖霜的 ②(皮革,布疋)光滑的
glaceing 糖衣
glacial ①冰的,冰状的 ②冰结化的 ③冰河的,冰河时代的 ④冰川的 (glacialis)
glacial acetic acid 冰乙酸,冰醋酸[CH_3COOH]
glacial age (=ice age) ①冰期 ②冰川期
glacial amphitheater 冰斗
glacial anticyclone 冰川反气旋
glacial anticyclone theory 冰川反气旋学说{气象}
glacial basin 冰川盆地
glacial boundary 冰川边界
glacial carved valley 冰蚀谷
glacial currant 冰川茶藨[*Ribes glaciale* Wall.](茶藨子科)
glacial debris 冰碛物
glacial deposit 冰川沉积物
glacial drift 冰碛物
glacial epoch 冰川时代,冰期
glacial erosion 冰蚀
glacial erosion lake 冰蚀湖
glacial flora ①冰川植物区系 ②冰川植物态 (flora glacialis)
glacial fluting 冰川刻蚀凹槽
glacial lady beetle 冰形瓢虫[*Hippodamia glacialis* Fabricius](瓢虫科)
glacial lake 冰川湖,冰成湖
glacial meltwater 冰川融水
glacial periods 冰期
glacial plucking 冰川剥蚀作用
glacial recession 冰川退缩
glacial refugee 冰川孑遗
glacial replenishment 冰川补给[河流]
glacial sediment 冰川沉积

glacial slide 冰川滑动
glacial soil 冰碛土，冰川土
glacial swamp 冰川沼泽
glacial theory 冰川学说
glacial till 冰碛物
glacial tongue 冰舌
glacial transport 冰川搬运
glacial trough 冰川槽
glacial zone 冰川带
glaciation 冰川[作用] (glaciatio)
glacier 冰川
glacier breeze 冰川微风
glacier fall 冰川瀑布
glacier period 冰川期
glacier plain 冰川平原
glacier wind 冰川风
glacio-climatology 冰川气候学 (glacioclimatologia)
glaciofluvial deposit 冰水沉积物
glaciological ①冰川的 ②冰川学的 (glaciologicus)
glaciological data 冰川学资料
glaciological database 冰川学数据库
glaciologist 冰川工作者，冰川学家 (glaciologistus)
glaciology 冰川学 (glaciologia)
glacis 缓坡
glad (= gladiolus) 唐菖蒲 [*Gladiolus gandavensis* Van Houtte] (鸢尾科)
glade ①林中空地 ②林间通道
glade planting 通道栽植
gladiate ①具剑的 ②剑状的 (gladiatus)
gladiole 胸骨体 (gladiolum)
gladioli-flowered type 唐菖蒲花型
gladiolic acid 剑霉酸
gladiolus ①唐菖蒲属 [*Gladiolus* (Tourn.) L.] (鸢尾科) ②(= glad) 唐菖蒲 [*Gladiolus gandavensis* Van Houtte]
gladiolus thrips 唐菖蒲蓟马 [*Taeniothrips simplex* Mor.] (蓟马科)
Glagah (爪哇语) 割手密(甘蔗野生种)
glair 蛋白
glance ①瞥视 ②闪跃，闪光
gland ①产菌体孢子 {真菌} ②腺，腺体 {解剖} ③压盖，密封装置 {环保} (glandula)
gland distribution 腺分布
gland hair (= glandular hair) 腺毛
gland lure 腺制诱剂
gland orifice 腺孔
gland size 腺体积
glandaceous 腺状的 (glandaceus)
glanders (= farcy) 鼻疽，马鼻疽 [*Malleomyces malleus*]
glandless 无腺[体]的 (eglandulosus)
glandless boll 无腺[棉]铃
glandular 具腺的 (glandulosus)
glandular cell 腺胞 (cellula glandulifera)
glandular dentate 具腺齿的 (glanduloso-dentatus)
glandular disk 腺盘 (discus glanduliferus)
glandular hair 腺毛 (pilus glanduliferus)
glandular hermaphroditism 性腺雌雄同体 (hermaphroditismus glanduliferus)
glandular-hispid 具硬腺毛的 (glanduloso-hispidus)
glandular pubescent 具腺毛的 (glandulosopubescens)
glandular punctate 具腺点的 (glandulosopunctatus)
glandular scale 腺鳞 (squama glandulifera)
glandular spine 腺刺 (spinus glanduliferus)
glandular stomach (= proventriculus) 腺胃 (stomachum glanduliferum)
glandular tapetum 腺质绒毡层 (tapetum glanduliferum)
glandular tissue 腺组织 (tela glandulifera)
glandular trichome 腺毛状体 (trichoma glandulifera)
glanduliferous 具小腺体的 (glandulifer)
glans 槲果
glare 闪光
glare filter 滤光器
glare ice 光滑冰
glaserite 钾硭硝 [$Na_2SO_4 \cdot 3K_2SO_4$]
Glasgow Minimum Essential Medium (GMEM) 格拉斯哥极限必需培养基(高) {生技}
glass 玻璃，玻片 (glassa)
glass bead 玻璃珠
glass bead culture system 玻璃珠培养法 {生技}
glass beaker 玻璃烧杯
glass bed 温床，玻璃温床
glass bell (育种用)玻璃[钟]罩
glass-blower 吹制玻璃者
glass-blowing 吹制玻璃
glass box 透明箱(指工作严格规定的程序)
glass cement 玻璃腻子
glass-culture 温室栽培
glass-cutter 玻璃切割器，割玻璃刀
glass electrode 玻璃电极

glass fiber 玻璃纤维
glass fiber material 玻璃纤维材料
glass filter 玻璃滤器
glass filter laser 玻璃纤维激光器
glass float 玻璃浮子
glass frame 玻璃框架(指温床)
glass funnel 玻璃漏斗
glass gauge 玻璃水位计{环保}
glass guide 导向玻璃棒
glass-lined tower 玻璃镶面青贮塔
glass manufactory waste water (= glass waste) 玻璃制造厂废水{环保}
glass microelectrode 玻璃微电极
glass optical fiber 玻璃光纤{信息}
glass paper 玻璃纸,透明纸
glass pipet 玻璃移液管
glass plate 玻璃板
glass powder 玻璃粉
glass-raised crop 温室[栽培]作物
glass regulator 窗玻璃升降装置
glass rod 玻璃棒
glass sash 玻璃窗框,玻璃框(温室)
glass semiconductor memory 玻璃半导体存储器
glass slide 玻璃载片,载玻片{显技}
glass sphere 玻璃球
glass state 玻璃态
glass technology 玻璃技术
glass top 玻璃屋顶(指温室)
glass tube 玻璃管
glass ware 玻璃器皿
glass warmhouse 玻璃温床
glass water gage 玻璃水位计(水尺)
glass wool 玻璃棉玻璃毛
glasshouse (= greenhouse) 温室,玻璃房,暖房,花房
glasshouse bench 温室植台
glasshouse camel cricket (= greenhouse grasshopper) 温室蟋螽 [*Tachycines asynamorus* Adel.](蟋螽科)
glasshouse climate (= greenhouse climate) 温室气候
glasshouse crops 温室作物
glasshouse cultivation (= cultivation under glass) 温室栽培
glasshouse culture 温室栽培
glasshouse leafhopper 温室斑叶蝉 [*Erythroneura pallidifrons* (J. Edw.)](叶蝉科)
glasshouse millipede 温室马陆 [*Paradesmus gracilis* (C.L. Koch)](马陆科)
glasshouse orthezia (= greenhouse orthezia) 桔旌蚧(温室旌蚧) [*Orthezia insignis* Browne](旌蚧科)
glasshouse plant (= greenhouse plant, glass-raised crop) 温室作(植)物
glasshouse-potato aphid 马铃薯长须蚜 [*Aulacorthum solani* Kltb.](蚜科)
glasshouse soil 温室土壤
glasshouse spider mite (= common red spider mite) 普通红叶螨(棉红蜘蛛) [*Tetranychus urticae* Koch](叶螨科)
glasshouse symphylid (= garden symphylan) 庭园么蚰 [*Scutigerella immaculata* (Newport)](么蚰科)
glasshouse thrips (= greenhouse thrips) 温室蓟马
glasshouse type 温室类型
glasshouse whitefly (= greenhouse fly) 温室粉虱 [*Trialeurodes vaporariorum* (Westwood)](粉虱科)
glasshouse whitefly parasite 台湾姬小蜂 [*Encarsia formosa* Gahan]
glassine 玻璃质的,透明质的 (glassinus)
glassine bag (植物杂交用)玻璃纸袋,透明纸袋
glassine paper 玻璃纸,透明纸
glassiness ①透明性{显技} ②镜面明洁度{物} ③玻璃质{种子} ④苹果水心病{病理}
glassivation 玻璃纯化(glassivatio)
glassware 玻璃器具,玻璃制品
glasswort ①海蓬子属 [*Salicornia* L.](藜科) ②海蓬子 [*Salicornia europaea* L. = *S. herbacea* L.]
glassy ①湿材 ②透明质的 (vitreus)
glassy apples (= water core of apples) 苹果水心病
glassy bag (= glassine bag) 玻璃纸袋,透明纸袋
glassy beetle 玻璃金龟(拟日本金龟) [*Popillia atrocoerulea* Bates](金龟科)
glassy cutworm 透翅缓夜蛾 [*Crymodes devastator* (Brace)](夜蛾科)
glassy feldspar 透长石
glassy kernel 透明质子粒(指硬质子粒)
glassy percentage 透明质率(指种子)
glassy surface 玻璃屋顶(指温室)
glassy texture 玻璃结构
glassy-wings (= clearwing moth) 透翅蛾
glauberite 钙硭硝 [$CaSO_4 \cdot Na_2SO_4$]
Glauber's salts 硭硝,元明粉,十合水硫酸钠,格劳伯盐 [$Na_2SO_4 \cdot 10H_2O$]
glaucescent ①苍白色的,淡灰绿色的,淡灰蓝色的 ②带白色的 (glaucesens)

glaucobilin 胆蓝素
glaucoma 绿内障
glauconite 海绿石
glauconitic sand 海绿沙
glauconitic sandstone 海绿(石)沙岩
glaucophyllus-nightshade 粉绿柳叶茄[*Solanum glaucophyllum* Desf.](茄科)
glaucous ①苍白色的,淡灰绿色的,淡灰蓝色的 ②具白霜的,具白粉的(glaucus)
glaucous sweetleaf 羊舌树[*Symplocos glauca* Koidz.]
glaucousness ①苍白色 ②淡灰绿色,淡灰蓝色(glaucusitas)
glavanotaxis(=electrotaxis) 趋电性
glaves(=glave, glavis) 焚风(见于法罗群岛)
glaze ①雨凇{气象} ②釉
glazed earthen pot 涂釉陶盆,上釉陶盆
glazed frost 雨凇
glazed pot 上釉试(花)盆
glazed rain 冻雨,冰雨
glazier 装玻璃工人,玻璃装配工
glazki 眼状石灰斑
GLC(=gas liquid chromatography) 气液层析{生技}
gleam of egg 蛋的透光度
glean 拾[落]穗,捡穗
gleaner 捡穗机,拾穗人
gleaning ①拾穗,捡穗 ②⌊复⌉杂穗(拾起的落穗)
gleba ①产孢体 ②产孢组织
gleba chamber 产孢组织腔
glebula 小产孢组织
glechonophyllous 软叶的(glechonophyllus)
glei(=gley) ①潜育,灰黏 ②潜育层
glei alluvial brown soil 潜育棕色冲积土
glei forest grey soil 潜育森林灰色土
glei horizon(=gley horizon) 潜育层
glei soil(=gley soil) 潜育土
gleization 潜育化[化用],灰黏化[作用](gleisatio)
glen 狭谷,幽谷
gley(=glei) ①潜育,灰黏 ②潜育层
gley formation 潜育层形成
gley horizon 潜育层,灰黏层
gley-like rice soil 潜育状水稻土,拟潜育水稻土
gley podzol(=gley podsol) 潜育灰壤
gley-prairie soil 潜育湿草原土
gley process 潜育过程,灰黏化过程
gley soil 潜育土
gley spot 潜育斑
gleyed forest soil 潜育森林土
gleyed sand 潜育砂[土]
gleyed soil 潜育土壤
gleyedness 潜育度,潜育性
gleyey process 潜育过程(轻潜育过程)
gleying process 潜育化过程,灰黏化过程
gleyization(=gleization) 潜育化[作用],灰黏化[作用]
gleysol 潜育土
glia 神经胶质
glia cell 神经胶质细胞
glia tissue 神经胶质组织
gliadin 麦醇溶蛋白
glial 胶质的{glialis}
glial cell growth factor(**GCGF**) 胶质细胞生长因子{分生}
glial fibrillary acidic protein(**GFAD**) 胶质纤维酸性蛋白
glial growth factor 胶质[细胞]生长因子{分生}
glicerine(=glycerol) 甘油,丙三醇
glide 滑行,滑动,滑移,滑翔
glide path 滑翔路线,流动路线
glide plane 滑移面
glide reflection 滑移
gliding 滑行,滑动,滑移,滑翔
gliding bacteria 滑行细菌
gliding growth 滑过生长
gliding intergradation 间渡变异{遗传}
gliding microtome 滑行切片机{显技}
gliding motion 滑行运动
gliding movement 滑移运动
glimmer ①微光,薄光 ②闪光
glimmering luster 微光泽
glioma 神经胶质瘤
glioma cell 神经胶质瘤细胞
glioma cell hybrid 神经胶质瘤细胞杂种
gliotoxin 支霉黏毒
Gln(=glutamine) 谷氨酰胺
gloaming 薄暮,黄昏
global ①球面[散布]的 ②周面的 ③全球性的④总体的,全局的 ⑤全天的(globalis)
global agricultural productive estimation 全球农业生产估算{农经}
global aligment 总体[序列]对比{生技}
global carbon balance 全球碳平衡{生态生理}
global circulation 全球环流
global climate 全球气候
global communication satellite system 全球通信卫星系统{遥感}
global conformation change 总体构象变化

{分生}
global control 全局控制{生技}
global distributed schema (GDS) 全局分布模式{信息}
global distribution 全球分布
global economy 全球经济{农经}
global energy minimum 总体能量最低
global environment 全球环境
global error 整体性误差
global Ethernet link 全局以太网连接{信息}
global facility 整体部件,公用部件
global flight 环球飞行{遥感}
global fluctuation 全球波动
global function 全功能
global homology 总体同源性{分生}
global increase 全球增加[量]
global information system 全球信息系统
global knowledge base 全局性知识库{智培}
global level 总体水平
global map 全球[地]图{遥感}
global network system 全球化网络系统{信息}
global observing system 全球观测系统
global positioning system (GPS) ①全球定位系统{智培}②全球卫星定位导航系统{遥感}
global productive network 全球生产网络
global radiation 环球辐射
global regulation 全局调节{分遗}
global regulatory circuit 全局调节回路{信息}
global regulatory network 全局调节网络
global regulon 全局调节子{分遗}
global scale 全球范围
global solar radiation 全天日射{气象}
global spatial data infrastructure 全球空间数据基础设施{信息}
global strategy 全球策略
global telecommunication system 全球电传通讯系统
global title 通用标题
global total 全球总计
global warming 全球变暖
global water circulation 全球水分循环
global weather 全球天气
global weather reconnais sance 全球天气侦察
globalization 全球化(globalisatio)
globate 球形的(globatus)
globba ①舞女花属[*Globba* L.](姜科)②舞女花[*Globba chinensis* K. Schum.]
globe ①球形物,球体 ②球状,玻璃器(globus)
globe-amaranth 千日红[*Gomphrena globosa* L.](苋科)
globe artichoke (= artichoke) 洋蓟(朝鲜蓟)[*Cynara scolymus* L.](菊科)
globe butterfly-bush 球花醉鱼草[*Buddleja globosa* Hope.](马钱科)
globe candytuft 伞形屈曲花[*Iberis umbellata* L.](十字花科)
globe-daisy 球花属[*Globularia* L.](球花科)
globe euphorbia 球大戟(松球掌)[*Euphorbia globosa* Sims.](大戟科)
globe-flower ①金莲花属[*Trollius* L.](毛茛科) ②金莲花[*Trollius chinensis* Bge.]
globe lightning (= ball lightning) 球状电闪
globe-mallow ①球葵属[*Sphaeralcea* St. Hil.](锦葵科)②球葵[*Sphaeralcea* sp.]
globe-shaped crown 圆头形树冠
globe taro 球芋[*Colocasia globulifera*](天南星科)
globe thistle ①蓝刺头属[*Echinops* L.](菊科)②蓝刺头[*Echinops latifolius* Tausch.]
globe-tulip (= star-tulip, mariposa lily) ①美百合属(雅灯笼属)[*Calochortus* Pursh.](百合科)②美百合[*Calochortus* sp.]
globe valve 球阀{环保}
globin 珠蛋白
globin gene 珠蛋白基因
globoid ①球状的 ②球状体(globoideus)
globose 球形的(globosus)
globose bamboo fringed scale 竹园镣蚧[*Asterolecanium hemisphaericum* Kuwana](镣蚧科)
globose phaenosperma ①显子草属[*Phaenosperma* Munro](禾本科)②显子草[*Phaenosperma globosa* Munro]
globose scale 杏球蚧(可蜡蚧)[*Lecanium prunastri* Fonsc. = *Eulecanium prunastri* (Fonsc.)](球蚧科)
globose spider beetle 麦蛛甲[*Gibbium psyllioides* Czempinski](蛛甲科)
globose sporidium 球形担孢子
globose Zo-sasa ①柳叶箬属[*Isachne* R. Br.](禾本科)②柳叶箬[*Isachne globosa* (Thunb.) O. Ktze.]
globoside 红细胞糖苷脂
globosity 球形,球状(globositas)

globular 球形的,球状的(globularis)
globular actin 球状肌动蛋白〈分生〉
globular control DNA 球状控制 DNA〈分遗〉
globular DNA 球状 DNA
globular flower 球形花(flos globularis)
globular jointing 球状节理〈地质〉
globular macromolecule 球状大分子
globular planthopper 球形蜡蝉[*Gergithus variabilis* Butler]
globular projection 球形投影
globular protein 球状蛋白[质]
globular protein subunit 球状蛋白[质]亚单位
globular root of mustard (=root mustard) 根用芥菜(大头菜)[*Brassica juncea* var. *megarrhiza* Tsen et Lee.](十字花科)
globular shoot 球形枝(ramunovellus globularis)
globular stage 球形期(指胚)
globular stink bug 龟蝽[*Coptosoma punctissimum* Montandon](龟蝽科)
globular tree-hopper 黑角蝉[*Gargara genistae* Fabricius](角蝉科)
globularia ①球花属[*Globularia* L.](球花科)②球花[*Globularia vulgaris* L.]
globularia family 球花科(Globulariaceae)
globule ①精囊球,小球,小体 ②小球形(globulus)
globule cloud 球状云
globulimeter 血球计算器,红细胞计算器
globulin 球蛋白
globulin edestin 球蛋白小体
globulin in fluorescence microscopy 荧光[显微]镜检术的球蛋白
globulin zinc insulin 球蛋白锌胰岛素
globulose 小球形的(globulosus)
gloched (=glochid) 钩毛(glochidium)
glochideous 具钩毛的(glochideus)
glochidiate 具钩毛的(glochidiatus)
glochidion ①算盘子属[*Glochidion* Forst.](大戟科)②算盘子[*Glochidion fortunei* Hance]
glochidium 钩毛
glococide 配糖体
gloeospore 黏孢子,胶鞘孢子(gloeospora)
Gloeosporium rot (=bitterrot) 苦腐病(苹果)
Gloger's rule 古洛格氏法则〈遗传〉
glome 团簇花序(gloma)
glomerate ①具团簇花序的 ②团集的,成球状的(glomeratus)
glomerate flatsedge 头状穗莎草[*Cyperus glomeratus* L.](莎草科)
glomerida 球马陆目
glomerule 团伞花序(glomrulus)
glomerulonephritis 血管球性肾炎,肾小球性肾炎
glomerulosclerosis 肾血管球硬化,肾小球硬化
glomerulus ①血管球 ②肾血球 ③肾小球
gloomy 暗的,黑暗的(=dark)
gloomy scale 暗圆蚧[*Chrysomphalus tenebricosus* (Comst.)](盾蚧科)
glorious woodbetony 华丽马先蒿[*Pedicularis glorisa* Bisset et Moore](玄参科)
glory 彩光[环]
glory-bind (bindweed) ①旋花属[*Convolvulus* L.](旋花科)②旋花[*Convolvulus chinensis* Ker-Gawl.]
glory-bower ①臭牡丹属(赪桐属)[*Clerodendron* L.](马鞭草科)②臭牡丹[*Clerodendron fragrans* Vent.]③赪桐[*Clerodendron japonicum* (Thunb.) Sweet]
glory-bush ①光荣花属[*Tibouchina* Aubl.](野牡丹科)②光荣花[*Tibouchina semidecandria* Cogn.]
glory-flower ①垂果藤属[*Eccremocarpus* Ruiz](紫葳科)②垂果藤(智利垂果藤)[*Eccremocarpus scaber* Ruiz et Pav.]
glory-lily ①嘉兰属[*Gloriosa* L. = *Methonica* Burm.](百合科)②嘉兰[*Gloriosa superba* Linn.]
glory-of-Texas 大统领[*Thelocactus bicolar* Britt et Rose](仙人掌科)
glory-of-the-snow ①雪宝花属[*Chionodoxa* Boiss.](百合科)②雪宝花[*Chionodoxa luciliae* Boiss.]
glory-of-the-sun chilestar 香白棒莲[*Leucocoryne ixioides* Lindl.]
glory-pea ①耀花豆属[*Clianthus* Banks et Soland](豆科)②耀花豆[*Clianthus scandens* (Lour.) Merr.]
glory-tree ①臭牡丹属[*Clerodendron* L.](马鞭草科)②臭牡丹[*Clerodendron fragrans* Vent.]
gloss ①光泽,光辉,光彩 ②光滑面,光泽面③珐琅质(glossa)
gloss clipping 粗剪
gloss oil 光泽油
gloss paint 光泽涂料
gloss silk (蚕)精炼绢丝
gloss white 光泽白(指硫酸钡和矾土白的沉

淀物)
gloss yarn 练丝(蚕)
glossa ①舌 ②中唇舌{昆虫}
glossal canal 舌槽
glossal groove 中舌舌槽{蜂}
glossaria 舌间区
glossary 术语,词汇(glossae)
glossitis 舌炎
glossmeter 光泽计
glossopodium 舌足(用于水韭)
glossy 有光泽的,有光辉的(vernicosus)
glossy abelia 大花六道木[*Abelia grandiflora* Rehd.](忍冬科)
glossy begonia 亮叶海棠[*Begonia nitida* Dry.](秋海棠科)
glossy buckthorn 桤叶鼠李(欧鼠李)[*Rhamnus frangula* L.](鼠李科)
glossy ganoderma (= Ling chih) 灵芝[*Ganoderma lucidum* Karst.](灵芝科)
glossy ganoderma family 灵芝科[Ganodetaceae](真菌)
glossy privet 女贞[*Ligustrum lucidum* Ait.](木犀科)
Glover scale 橘长蛎蚧[*Lepidosaphes gloverii* (Pack.)](蚧科)
glow 发光,辉光
glow lamp 白炽灯
glowing star-of-bethlehem 华美虎眼万年青[*Ornithogalum splendens* L.](百合科)
glowworm ①萤火虫 ②⌊复⌉萤科[Lanpyridae]
gloxinia (= sinningia) ①大岩桐属[*Sinningia* Nees.](梧桐科) ②(= common sinningia)大岩桐[*Sinningia speciosa* Beath. et Hoot.]
Glu (= glutamic acid) 谷氨酸
glucagon 高血糖素
glucalogue 葡糖类似物
glucan (= dextran) 葡聚糖
glucanase 葡聚糖酶
glucaric acid 葡糖二酸
glucitol 葡糖醇,山梨[糖]醇
glucoamylase 葡糖淀粉酶,葡糖糖化酶
glucoascorbic acid 葡糖型抗坏血酸
glucobrassicin 芸薹葡糖硫苷
glucocerebrosidase 葡糖脑苷脂酶
glucocerebroside 葡糖脑苷脂
glucocorticoid 糖皮质激素
glucocorticosteroid 糖皮质类固醇
glucofuranose 呋喃[型]葡糖
glucogallic acid 没食子酸葡糖苷
glucogen (= glycogen) 糖原
glucogen inclusion 糖原内含物
glucogenesis 葡糖生成[作用]
glucogenic 生成葡糖的(glucogenus)
glucogenic amino acid 生[葡]糖氨基酸
glucoheptoascorbic acid 葡庚糖抗坏血酸
glucoheptose 葡庚糖[$C_7H_{14}O_7$]
glucokinase 葡糖激酶
glucolipid (= glucolipide) 糖脂
glucomannan 葡甘露聚糖
gluconate ①葡糖酸[$HOCH_2(CHOH)_4COOH$] ②葡糖酸盐、酯或根
gluconeogenesis 葡糖异生[作用],糖原异生[作用]
gluconic acid 葡糖酸[$HOCH_2(CHOH)_4COOH$]
gluconic acid fermentation 葡糖酸发酵
gluconoacetone 葡糖酸丙酮
gluconokinase 葡糖酸激酶
gluconolactonase 葡糖酸内酯酶
gluconolactone 葡糖酸内酯
glucophosphatase 葡糖磷酸酶
glucophosphomutase 葡糖磷酸变位酶
glucoprotein 糖蛋白
glucopyranose 吡喃[型]葡糖
glucoreceptor 葡糖感受器
glucosaccharase 葡糖苷酶
glucosame-6-phosphate 6-磷酸氨基葡糖,氨基葡糖-6-磷酸
glucosamine 葡糖胺,氨基葡糖
glucosaminide 氨基葡糖苷
glucosaminoglycan 葡糖氨基聚糖
glucosan 葡聚糖
glucosan transglycosylase 葡聚糖转糖苷基酶
glucosansacrase 葡聚糖蔗糖酶
glucosazone 葡糖脎[$C_{18}H_{22}N_4O_4$]
glucose 葡萄糖,右旋糖[$C_5H_{11}O_5CHO$]
glucose-1-phosphate 葡糖-1-磷酸,1-磷酸葡糖
glucose-6-phosphatase 葡糖-6-磷酸[酯]酶
glucose-6-phosphate 葡糖-6-磷酸,6-磷酸葡糖
glucose-6-phosphate dehydrogenase (G6PD) 葡糖-6-磷酸脱氢酶
glucose-6-phosphate dehydrogenase deficiency 葡糖-6-磷酸脱氢酶缺失症,G6PD缺乏症
glucose agar 葡糖琼脂(培养基)
glucose-alanine cycle 葡糖-丙氨酸循环
glucose as monomer unit 单体单位的葡萄糖
glucose broth 葡糖肉汁

glucose dehydrogenase 葡糖脱氢酶
glucose-dependent insulinotropic peptide (GIP) 依赖于葡糖的促胰岛素肽
glucose dissimilation 葡糖异化
glucose equivalent 葡[萄]糖当量
glucose isomerase 葡糖异构酶
glucose isomerization 葡糖异构
glucose oxidase 葡糖氧化酶
glucose oxidation in krebs cycle 克雷柏氏[三羧酸]循环的葡糖氧化[作用]
glucose phenylhydrazone 葡糖苯腙
glucose phosphate isomerase (GPI) 磷酸葡糖异构酶
glucose-sensitive operon 葡糖敏感性操纵子
glucose tolerance 耐糖性{畜}
glucose tolerance test 耐糖性试验
glucosidase 葡糖苷酶
glucoside ①葡糖苷 ②糖苷
glucoside linkage (= glucosidic bond) 葡糖苷键
glucosido-fructofuranoside 葡糖[苷基]-呋喃果糖苷,蔗糖
glucosidosorboside 葡糖山梨糖苷
glucosiduronate ①葡糖苷酸 ②葡糖苷酸盐、酯或根
glucosiduronic acid 葡糖苷酸
glucosiduronide 葡糖苷酸
glucosinase β-硫代葡糖苷酶
glucosinolate β-硫代葡糖苷酸
glucosinolates in organ culture 器官培养的β-硫代葡糖苷酸
glucosone 葡糖醛酮[$C_4H_9O_4 \cdot COCHO$]
glucostasis 血糖稳定
glucosuria 葡糖尿
glucosyl- 葡糖[基][$C_6H_{11}O_5$—]
glucosylase 转葡糖基酶
glucosylation 葡糖基化(glucosylatio)
glucosylceramidase 葡糖[苷]-N-脂酰鞘氨醇酶
glucosylceramide 葡糖苷[脂][-N-]酰鞘氨醇
glucosylglycerolipid 葡糖苷油脂
glucosyloxy- 葡糖氧[基][$C_6H_{11}O_6$—]
glucosylsphingosine 葡糖鞘氨醇
glucosyltransferase 葡糖基转移酶
glucotropaeolin 金莲葡糖硫苷
glucuronamide 葡糖醛酰胺
glucuronate 葡糖醛酸
glucurone 葡糖醛酸内酯
glucuronic acid 葡糖醛酸[$COH(CHOH)_4COOH$]
glucuronide 葡糖苷酸
glucuronolactone 葡糖醛酸内酯
glucuronyl- 葡糖苷酸[基],葡糖醛酸[基]
glucuronyl transferase 葡糖醛酸转移酶
glue ①胶,黏胶 ②胶黏剂,胶料
glue film 胶膜(纸)
glue line 胶层
glue size 上胶
glue spread 涂胶
glue waste 制胶废水{环保}
glumaceous 颖状的(glumaceus)
glumal 颖的(glumalis)
glume 颖[片](gluma)
glume blight 颖枯病
glume blotch (= node canker) 颖[斑]枯病(小麦)
glume-blotch of wheat (= node canker of wheat) 小麦颖枯病[*Septoria nodurum* Berk.]
glume character 颖性状
glume colour 颖色
glume mold of sorghum 高粱颖霉病[*Helminthosporium caryopsidium* Sacc.]
glume mould 颖霉病
glume-shaped 颖状的(glumaceus)
glume spot (= narrow brown spot) 颖枯病(稻)
glume spot of rice 稻颖枯病[*Phyllosticta glumarum* (Ell. et Fr.) Miyake]
glume strength 颖强度
glume surface 颖表面
glume tenacity 颖韧度
glume thickness 颖厚度
glume tip 颖尖
glume toughness 颖厚度
glumelle (= glumellule) ①内稃 ②浆片(glumella)
glumitocin 谷催产素,4-丝-8-谷酰胺催产素,软骨鱼催产素
glumous (= glumose) 颖状的(glumosus)
glumous flower 颖花(flos glumosus)
gluside 糖精
glut 充斥
glut in the market (= market glut) 供过于求,市场充斥
glutaconate ①戊烯二酸 ②戊烯二酸盐、酯或根
glutaconic acid 戊烯二酸
glutamate ①谷氨酸 ②谷氨酸盐、酯或根
glutamate decarboxylase 谷氨酸脱羧酶
glutamate dehydrogenase 谷氨酸脱氢酶
glutamate oxaloacetate transaminase 谷氨酸草酰乙酸转氨酶
glutamate pyruvate transaminase 谷[氨

酸]丙[酮酸]转氨酶
glutamic acid (Glu) 谷氨酸
[$COOHCH(NH_2)(CH_2)_2COOH$]
glutamic acid-γ-aldehyde 谷氨酸-γ-醛
glutamic acid-γ-semialdehyde 谷氨酸-γ-半缩醛
glutamic dehydrogenase 谷氨酸脱氢酶
glutamic-oxaloacetic transaminase (GOT) 谷[氨酸]草[酰乙酸]转氨酶
glutamic-pyruvic transaminase (GPT) 谷[氨酸]丙[酮酸]转氨酶
glutamic semialdehyde 谷氨酸半缩醛
glutaminase 谷氨酰胺酶
glutamine 谷氨酰胺
[$HOOCC_3H_5NH_2CONH_2$]
glutamine in rice plants 稻株谷氨酰胺
glutamine synthetase 谷氨酰胺合成酶
glutamyl- 谷氨酰[基]
glutamyl cycle 谷氨酰循环
glutamyl cyclotransferase 谷氨酰环化转移酶
glutamyl cysteine synthetase 谷氨酰半胱氨酸合成酶
glutamyl phosphate ①谷氨酰基磷酸 ②谷氨酰基磷酸盐、酯或根
glutamyl transpeptidase 谷氨酰转肽酶
glutaraldehyde 戊二醛
glutaraldehyde in electron microscopy 电子[显微]镜检术的戊二醛
glutarate ①戊二酸 ②戊二酸盐、酯或根
glutarate dehydrogenase 戊二酸脱氢酶
glutaric acid 戊二酸
[$COOH(CH_2)_3COOH$]
glutathione (GSH, GSSG)谷胱甘肽
[$HOOCCH(NH_2)CH_2CH_2CONHCH(CH_2SH)CONHCH_2COOH$]
glutathione in radioprotection 辐射防护用谷胱甘肽
glutathione peroxidase 谷胱甘肽过氧化物酶
glutathione reductase 谷胱甘肽还原酶
glutathione synthetase 谷胱甘肽合成酶
glutelin 谷蛋白
gluten ①菌黏膜，黏胶质 ②谷蛋白 ③面筋(麸质) ④糊粉层
gluten cell 糊粉层细胞
gluten feed 麸质饲料
gluten processing 面筋加工{加工}
gluten quality 面筋品质
glutenin 麦谷蛋白
glutenin fiber 麦谷蛋白纤维
glutin ①明胶蛋白 ②谷胶酪蛋白
glutinose (= glutinous) ①具黏胶质的，胶黏的 ②胶状的 ③胶霉素 (glutinosus)
glutinosin 胶霉
glutinous rice (= waxy rice) 糯米
glutinous rice plant (= waxy rice plant) 糯稻 [*Oryza glutinosa* Lour.] (禾本科)
glutinous starch 糯淀粉
glutinous substance 胶着物质(指蚕卵)
glutinous wheat 含面筋小麦，强力小麦
gluttonous stage (桑蚕)盛食期
Gly (= glycine) 甘氨酸
glyc- ⌊字头⌉糖
glycal 烯糖(指脱去二个 HO 的糖)
glycan 聚糖
glycation 糖化，加糖[作用](glycatio)
glycemia 糖血(血糖过多)
glyceollin 大豆抗毒素
glyceraldehyde 甘油醛
[$CHOHCOHCH_2OH$]
glyceraldehyde-3-phosphate 甘油醛-3-磷酸
glyceraldehyde-3-phosphate dehydrogenase 甘油醛-3-磷酸脱氢酶
glycerate ①甘油酸[$HOCH_2CHOHCOOH$] ②甘油酸盐
glycerate-3-phosphate 甘油酸-3-磷酸
glycerate pathway 甘油酸途径
glyceric acid 甘油酸
[$HOCH_2CHOHCOOH$]
glyceridase 甘油脂酶
glyceride 甘油酯
glycerine (= glycerin) 甘油，丙三醇
[$CH_2OHCHOHCH_2OH$]{生化}
glycerine gum 甘油树胶
glycerine jelly 甘油胶
glycerine method 甘油[切片]法{显技}
glycerine soaps 甘油皂
glycerine trinitrate 甘油三硝酸酯
glyceroglycolipid 甘油糖脂
glycerokinase 甘油激酶
glycerol 甘油
[$C_3H_5(OH)_3$]
glycerol-3-phosphate dehydrogenase (GP-DH) 甘油-3-磷酸脱氢酶
glycerol facilitator 甘油易化蛋白
glycerol for dehydration 脱水用甘油{显技}
glycerol in electron microscopy 电子[显微]镜检术用甘油
glycerol in fats 脂肪甘油
glycerol kinase 甘油激酶
glycerol monooleate (GMO) 甘油单油酸酯
glycerol phosphate 甘油磷酸
glycerol phosphate shuttle 甘油磷酸[往返]

移动(穿梭)
glycerol shock 甘油休克
glycerol trinitrate 甘油三硝酸
glycerophosphatase 甘油磷酸酶
glycerophosphate 磷酸甘油,甘油磷酸 [$C_3H_5(OH)_2 \cdot H_2PO_4$]
glycerophosphate acyl transferase 磷酸甘油酯酰[基]转移酶
glycerophosphate dehydrogenase 磷酸甘油脱氢酶
glycerophosphate mutase 磷酸甘油变位酶
glycerophosphate transacylase 磷酸甘油转酰基酶
glycerophosphatide 甘油磷脂
glycerophosphoric acid 甘油磷酸,磷酸甘油 [$C_3H_5(OH)_2H_2PO_4$]
glycerophosphoryl choline 甘油磷酰胆碱
glycerophosphorylethanolamine 甘油磷酰乙醇胺
glycerose 甘油糖 [$C_3H_6C_3$]
glyceryl 甘油酯
glycerylphosphatide 甘油磷脂
glycinamide 甘氨酰胺 [$NH_2CH_2CONH_2$]
glycinamide ribonucleotide 甘氨酰胺核苷酸
glycinamidine 甘氨脒
glycine (Gly) 甘氨酸 [NH_2CH_2COOH]
glycine amide 甘氨酰胺 [$NH_2CH_2CONH_2$]
glycine betain 甘氨酸甜菜碱
glycine-rich protein (GRP) 富甘氨酸蛋白
glycinergic synapse 甘氨酸能突触
glycinin 大豆球蛋白
glycitol 多羟[直链]糖醇
glycobiology 糖生物学(glycobiologia)
glycocalyx 含糖萼
glycocalyx component 糖萼组分
glycocholic acid 甘氨胆酸
glycocoll 甘氨酸 [NH_2CH_2COOH]
glycoconjugate[s] 复合糖,糖复合物
glycocyamine 胍基乙酸 [$HN:C(NH_2)NHCH_2CO_2H$]
glycogen 糖原,肌淀粉 [$(C_6H_{10}O_5)n$]
glycogen granule (=glycogenosome) 糖原微粒
glycogen molecule 糖原分子
glycogen phosphorylase 糖原磷酸化酶
glycogen storage disease (=glycogenosis) 糖原积储病
glycogen synthesis 糖原合成
glycogen synthetase 糖原合成酶
glycogenase 糖原酶
glycogenesis 糖原生成[作用]
glycogenic 生糖原的,糖原生成的(glycogenus)
glycogenic amino acid 生糖[原]氨基酸
glycogenolysis 糖原分解[作用]
glycogenosome 糖原颗粒(glycogenosoma)
glycol 甘醇,乙二醇 [$CH_2(OH)CH_2(OH)$]
glycol ester 乙二醇酯
glycol methacrylate 异丁烯酸甘醇
glycol monoethyl ether 甘醇乙基醚
glycol monoethyl ether for dehydration 脱水用甘醇乙基醚
glycolaldehyde 羟乙醛[$HOCH_2CHO$]
glycolase 乙二醇酯酶,甘醇酯酶
glycolate 羟乙酸 [$CH_2OHCOOH$]
glycolate metabolism 羟乙酸代谢
glycolate oxidase 羟乙酸氧化酶
glycolate pathway 羟乙酸途径{生态生理}
glycolipid 糖脂
glycolipid in membrane 膜糖脂
glycolisome 乙醇酸[氧化]酶体
glycollic acid 羟基乙酸,乙醇酸 [$CH_2OHCOOH$]
glycollic acid in roots 根系羟[基]乙酸
glycollic acid oxidase 羟[基]乙酸氧化酶
glycollic acid pathway 羟[基]乙酸途径
glycolysis 糖酵解
glycolytic 糖酵解的(glycolyticus)
glycolytic enzyme 糖酵解酶
glycolytic pathway 糖酵解途径
glycolytic phosphorylation 糖酵解磷酸化
glycolytic rate 糖酵解速度
glycone (=glycon) 糖基苷的糖部
glyconeogenesis 糖原异生[作用]
glycopenia 低血糖
glycopeptidase 糖肽酶
glycopeptide 糖肽
glycopeptide in membrane 膜糖肽
glycophorin 血型糖蛋白
glycophosphoglyceride 磷脂酰糖
glycophospholipid 糖磷脂
glycophytes 甜土植物,淡土植物(glycophyti)
glycoprotein 糖蛋白
glycoprotein in membrane 膜糖蛋白
glycoprotein of cell surface 细胞表面的糖

蛋白
glycorrhachia 糖脊液炎,脊髓液含糖过多
glycosamine 葡糖胺,氨基葡糖
glycosaminoglycan 糖胺聚糖,黏多糖
glycose 单糖
glycosidase 糖苷酶
glycosidase of lysosome 溶酶体的糖苷酶
glycoside 糖苷
glycosidic bond 糖苷键
glycosidic linkage 配糖键
glycosmis ①山小橘属(酒饼叶属)[*Glycosmis* Correa](芸香科) ②山小橘[*Glycosmis citrifolia* (Willd) Lindl.] ③ 酒饼叶[*Glycomis pentaphylla* (Retz.) Corea]
glycosphingolipid 鞘糖脂
glycostatic 糖原稳定的(glycostaticus)
glycostatic action 糖原稳定作用
glycostatic hormone 糖原稳定激素
glycosuria 糖尿
glycosyl- 糖基
glycosylase 糖基化酶
glycosylasparaginase 糖基天冬酰胺酶
glycosylated 糖基化的
glycosylated protein 糖基化蛋白
glycosylation 糖基化[作用](glycosylatio)
glycosylation-dependent cell adhesion molecule (GlyCAM) 依赖于糖基化的细胞黏着分子{分生}
glycosylation site 糖基化位点
glycosylphosphopolyrenol 糖基化磷酸多萜醇
glycosyltransferase 糖基转移酶
glycotropic hormone 生糖激素
glycuresis 糖尿
glycuronate ①糖羰酸 ②糖醛酸
glycuronide 糖苷酸
glycycarpous 甜果的 (glycycarpus)
glycyl- 苷氨酰[基][H_2NCH_2CO—]
glycylalanine 甘氨酰丙氨酸
glycylglycine 双甘氨肽 [$CH_2(NH_2)CONHCH_2COOH$]
glycylglycine dipeptidase 甘[氨酰]甘[氨酸]二肽酶
glycyphagids 嗜甜螨科 [Glycyphagidae]
glycyphyllous 甜叶的 (glycyphyllus)
glycyrhizous 甜根的 (glycyrrhizus)
glycyrrhizin 甘草皂苷
glyoxal 乙二醛 [CHOCHO]
glyoxalase 乙二醛酶
glyoxylase Ⅰ 乙二醛酶Ⅰ,乳酰谷胱甘肽裂解酶
glyoxylase Ⅱ 乙二醛酶Ⅱ,2-羟[基]酰谷胱甘肽水解酶
glyoxylate 乙醛酸 [CHOCOOH]
glyoxylate cycle (=glyoxylate bypass) 乙醛酸循环,乙醛酸支路
glyoxylate shunt 乙醛酸支路
glyoxylic acid 乙醛酸 [CHOCOOH]
glyoxysome 乙醛酸循环体
glyph 图示符,象形符{电脑}
glyphipterygids 雕翅蛾科 [Glyphipterygidae]
glyphosate 草甘膦,镇草宁(除草剂) [$C_3H_8NO_5P$]
glyptocarpous 具槽纹果的 (glyptocarpus)
glyptodont 具槽齿的 (glyptodontus)
glyptospermous 具槽纹种子的 (glyptospermus)
Gm (=1-methylguanylic acid) 1-甲基鸟苷酸
G-M counter (=Geiger-Muelier counter) 盖革-米勒计数器
GMCSF (=granulocyte-macrophage colony stimulating factor) 粒细胞巨噬细胞集落刺激因子{分生}
gmeline ①石梓属[*Gmelina* L.](马鞭草科) ②石梓[*Gmelina chinensis* Benth.]
GMP (=guanylic acid guanosine monophosphate) 鸟苷酸
G:N ratio 糖氮比值
gnarled ①具瘤状突起的 ②有结节的 (nodosus)
gnarly grain 瘤形纹理
gnat ①蚋 ②⌊复⌉(=black flies) 蚋科 [Simuliidae]
gnathal region 颚口
gnathal segment 颚节
gnathal 颚的 (gnathalis)
gnathite ①颚形附器 ②颚 (gnathitus)
gnathobase 基颚 (gnathobasis)
gnathocephalon 颚头部
gnathochilarium 颚唇
gnathopoda 颚足
gnathos 颚形突
gnatworm (=wiggler) 孑孓
gnaw 咬
gnawed ①爱咬的,被啃的 ②啮蚀状的 (erosus)
gnawed by rabbits 兔咬害
gnawer 啮齿动物
gnawing 咬
gnawing beetle (=grain beetle) 谷盗
gneiss 片麻岩{地质}
gneissic clay soil 片麻岩黏土
gnemon tree 马来买麻藤(马来倪藤)[*Gne-*

tum gnemon L.](买麻藤科)
gnetaceous 买麻藤科的(gnetaceus)
gnomon 日晷{气象}
gnotobiology 限菌生物学(gnotobiologia)
gnotobiosis 限菌培养,限菌饲养
gnotobiota 限菌区系
gnotobiotic 限菌培养的(gnotobioticus)
gnotobiotic culture 限菌培养,已知微生物培养
go after 设法获得(=try to obtain)
go ahead ①一直向前 ②放行信号,向引信号
go broke 破产
go cipher 发送密码
go-devil (排水)管清洁器
go down ①(渔船)沉没 ②(日,月)下落(=set) ③(食物)被吞下(=be swallowed) ④(海风)平静,平息(=become calm) ⑤(物价)跌落(=go lower) ⑥(耕作)继续(=continued)(栽培经验)被记录下来(=be recorded)
go forth 公布,发表
go forward ①发生 ②进展
go in (日,月)被云遮蔽
go into 调查,细心检查
go mouldy 生霉,发霉,长霉(=to mildew)
go off ①品质变坏 ②(栽培措施)实行 ③(农产品)出售,卖掉 ④砰然发射
go out ①熄灭 ②(工作)结束
go over 察看,查看,详细检查
go round 绕道
go through ①详细讨论 ②费用,花费
go to seed 结实,结子
go together ①互相调和 ②相配,匹配
go under ①沉没 ②失败 ③破产
go up ①(养分)上升 ②攀登,攀缘
go with ①匹配,配合 ②适合
goa 黄羊(羚羊的一种)
goa bean (=winged bean) 四棱豆[*Psophocarpus tetragonolobus* DC.](豆科)
goal ①终点 ②目标
goal determination 目标决定
goal in top-down parsing 自顶向下分析的目标
goal of system analysis and design 系统分析和设计的目标
goat ①山羊属[*Capra* L.] ②山羊 ③⌊复⌉山羊类
goat biting louse (=common goat biting louse) 羊虱(山羊羽虱)[*Bovicola caprae* (Gurlt)=*Trichodectes*](兽羽虱科)
goat breeder 山羊饲养员
goat breeding ①养山羊业 ②养山羊学
goat chafer (=longicorn beetle) 天牛
goat fever 山羊热,山羊布鲁士菌病[*Brucellosis melitensis*]
goat fly (=straw fly) 小麦黄潜蝇[*Chlorops pumilionis* Bjerk](黄潜蝇科)
goat follicle mite (=goat mange mite) 山羊蠕形螨(羊毛囊螨)[*Demodex caprae* Raill.](蠕形螨科)
goat grass ①山羊草属[*Aegilops* L.](禾本科) ②山羊草[*Aegilops squarrosa* L.]
goat herd 山羊群
goat house (=goat shed) 羊舍
goat keeper (=goatman) 养山羊人
goat keeping (=goat raising) ①养羊业 ②养羊学
goat louse 羊畜虱[*Damalinia caprae* Gurlt]
goat management 山羊饲养管理
goat manure 羊粪
goat pox 山羊痘
goat scab mite 羊痒螨[*Psoroptes communis ovis* Hering](痒螨科)
goat shed (=goat house) 羊舍
goat skin 山羊皮
goat sucking louse 山羊长颚虱[*Linognathus stenopsis* (Burmeister)]光兽虱科
goat willow (=common sallow) 黄花柳(山毛柳)[*Salix caprea* L.](杨柳科)
goat's 属羊的(caprinus)
goat's-beard ①珊瑚菌属[*Clavaria* Vaill. ex Fr.](珊瑚菌科) ②珊瑚菌[*Clavaria juncea* Fr.] ③草地婆罗门参[*Tragopogon pratensis* L.](菊科)
goat's milk 羊奶
goat's milk cheese 山羊乳酪
goat's-rue 山羊豆[*Galega officinalis* L.](豆科)
goat's-wheat ①木蓼属[*Atraphaxis* L.](蓼科) ②木蓼[*Atraphaxis manchurica* Kitag.]
goatsbeard ①假升麻属[*Aruncus* Adans.](蔷薇科) ②假升麻[*Aruncus sylvester* Kostel.]
goatweed ①羊角芹属[*Aegopodium* L.](伞形花科) ②(=bishop's elder, dwarf elder) 羊角芹(竹节菜)[*Aegopodium podagraria* L.]
gobbler (公)火鸡[*Meleagris gallopavo*]
goblet cell 杯状细胞(cellula cyathiformis)
goblet-prunning 灌状修剪
goblet-shaped 杯状的(scyphiformis)
goblet-training 灌状整枝,杯形整枝

goblet vase 高杯形(指修剪形式)
gobo ①牛蒡(=great burdock)[*Arctium lappa* L.](菊科) ②蟋蟀草(牛筋草)[*Eleusine indica* (L.) Gaertn.](禾本科)
goboazami 菊牛蒡[*Cirsium dipsacoleps* Matsum.](菊科)
Godetia (=Clarkia) 古代稀属[*Godetia*](柳叶菜科)
Godon hoodia 丽盃角[*Hoodia godonii* sp.](萝藦科)
godown (=warehouse) (东方的)仓库
goering cymbidium 春兰[*Cymbidium goeringii* (Rchb. f.) Rchb. f.](兰科)
goffered filter 皱纹滤纸
goggles 护目镜,遮灰镜,风镜
going in for agriculture in a big way 大办农业
going muddy phenomenon 泥泞化[现象]
goitre (=goiter) ①瘤突 ②甲状腺肿
goitrogenic glycoside 致甲亢糖苷
gold ①金(Au,79 号元素) ②金黄色
gold aster (=golden aster) ①金菊属[*Chrysopsis* Nutt.](菊科) ②金菊[*Chrysopsis* sp.]
gold-band lily (=golden rayed lily) 天香百合[*Lilium auratum* Lindl.](百合科)
gold basket 岩生庭荠[*Alyssum saxatile* L.](十字花科)
gold beater's skin 牛肠膜
gold chloride 氯化金,三氯化金[$AuCl_3$]
gold doping 掺金
gold-dust (=alyssum) ①庭荠属[*Alyssum* Tourn. ex L.](十字花科) ②庭荠[*Alyssum sibiricum* Willd.]
gold-dust dracaena 砂金龙血树[*Dracaena godseffiana* Hort.](龙舌兰科)
gold-dust tree 花叶东瀛珊瑚(洒金东瀛珊瑚)[*Aucuba japonica* var. *variegata* D'ombrain](山茱萸科)
gold-flower actinidia 金花猕猴桃[*Actinidia chrysantha* C.F.Liang](猕猴桃科)
gold-gelbe epheutute 绿萝[*Seindapsus aureus* Engl.](天南星科)
gold impregnation method 镀金法{显技}
gold-lobed 金黄裂片的(aurilobus)
"Gold Medal" 金牌
gold-of-pleasure ①亚麻荠属[*Camelina* Crantz.](十字花科) ②(=bigseed false-flax)亚麻荠[*Camelina sativa* L.]
gold particle 金颗粒
gold-plush prickly-pear 黄毛掌[*Opuntia microdasys* Pfeiffer](仙人掌科)
gold-poppy ①花菱草属[*Eschscholtzia* Cham.](罂粟科) ②花菱草[*Eschscholtzia californica* Cham.]
gold-ripe stage 黄熟期
gold ripeness ①黄熟 ②黄熟度
gold size 贴金胶水(金漆)
gold-thread ①黄连属[*Coptis* Salisb](毛茛科) ②黄连[*Coptis chinensis* Fr.]
Goldbach problem 哥德巴赫问题(有名的数学科学问题)
Goldberg-Hogness box (=TaTa box) 戈德堡-霍格内斯框{生技}
golden ball cactus ①金琥属[*Echinocactus* Link et Otto.](仙人掌科) ②金琥(象牙球)[*Echinocactus grusonii* Hildmann.] ③黄翁(金晃球)[*Notocactus leninghausii* A. Berger]
golden bamboo ①刚竹属[*Phyllostachys* S. et Z.](禾本科) ②刚竹[*Phyllostachys reticulata* (Rupr.) K.Koch]
golden bean kumquat 金豆(豆金柑,山金柑)[*Fortunella hindsii* Swing.](芸香科)
golden bee 黄金种蜜蜂
golden-bell ①连翘属[*Forsythia* Vahl](木犀科) ②连翘[*Forsythia suspensa* Vahl]
golden brown 金褐色,淡褐色
golden calla 黄花马蹄莲[*Zantedeschia elliottiana* Engler](天南星科)
golden camellia 金花茶[*Camellia chrysantha* Tuyama](茶科)
golden camomile ①春黄菊属[*Anthemis* L.](菊科) ②春黄菊[*Anthemis tinctoria* L.]
golden cape chinkerichee 金边虎眼万年青[*Ornithogalum minatum* Jacq.](百合科)
golden-carpet 金毡景天[*Sedum aere* L.](景天科)
golden century plant 金边龙舌兰[*Agave americana* var. *marginata* Trel.](龙舌兰科)
golden-chain ①金链花属[*Laburnum* Medic.](豆科) ②金链花[*Laburnum anagyroides* Med. = *Cytisus laburnum* L.]
golden clover springtail 三叶草黄跳虫[*Bourletiella lutea* Lubb.](跳蝌)
golden-club 金棒属[*Orontium* L.](天南星科)
golden coppertip 金黄火星花[*Crocosmia aurea* Planch.](鸢尾科)
golden coreopsis 小波斯菊(蛇目菊)[*Core-*

opsis tinctoria Nutt.]（菊科）

golden crocus 金黄番红花[*Crocus chrysanthus* sp.]（鸢尾科）

golden currant 金茶藨子[*Ribes aureum* Pursh]（茶藨子科）

golden dewdrop ①假连翘属[*Duranta* L.]（马鞭草科）②假连翘[*Duranta repens* L.]

golden-eye lacewing 北美草蛉[*Chrysopa oculata* Say]（草蛉科）

golden eyed flies（= green lacewings） 草蛉科[Chrysepidae]

golden flax [金]黄亚麻[*Linum flavum* L.]（亚麻科）

golden fleece 美的苘麻[*Abutilon hybridum* Voss]（锦葵科）

golden gram（= mung bean） 绿豆

golden-green 金绿色的，黄绿色的（chlorochryseus）

golden groundsel ①（= golden ragwort）金色千里光[*Senecio aureus* L.]（菊科）②（= florist's cineraria）爪叶菊[*Cineraria cruenta* Masson]（菊科）

golden-lace 金筒球[*Mammillaria elongata* DC.]（仙人掌科）

golden larch ①金钱松属[*Pseudolarix* Gord.]（松科）②金钱松[*Pseudolarix amabilis* Rehd.]

golden loosestrife 黄莲花[*Nelumbo lutea* Pers.]（睡莲科）

golden lycoris 忽地笑[*Lycoris aurea* Herb.]（石蒜科）

golden marguerite（= golden chamomile, dyer's chamomile, yellow camomile） 春黄菊[*Anthemis tinctoria* L.]（菊科）

golden monkey flower 锦花沟酸浆（黄猴面花）[*Mimulus luteus* L.]（玄参科）

golden-nematode of potato 马铃薯金黄线虫[*Heterodera rostochiensis* Wollenweber]

golden oak scale（= quercus scale） 栎凹点链蚧[*Asterolecanium variolosum*（Ratz.）]（镣蚧科）

golden oatgrass（= yellow oatgrass） 草原三毛草

golden osier 黄金柳[*Salix alba* var. *vitellina* Stokes]（杨柳科）

golden peony 金黄牡丹[*Paeonia lutea* Delavay et Franch.]（毛茛科）

golden phlanix tree（= flame tree） 凤凰木[*Delonix regia* Raf.]（苏木科）

golden pholiota 多脂鳞伞（肥鳞伞，黄伞）[*Pholiota adiposa* Quél.]（一种食用菌）

golden rain-tree ①栾树属[*Koelreuteria* Laxm.]（无患子科）②栾树[*Koelreuteria paniculata* Laxm.]

golden ratio 黄金比率

golden ray ①橐吾属[*Ligularia* Cass.]（菊科）②橐吾[*Ligularia tussilaginea* Mak.]

golden rod ①一枝黄花属[*Solidago* L.]（菊科）②一枝黄花[*Solidago virgaurea* L.]③拼版盖膜{电脑}

golden rose of china（= Father Hugo rose） 黄蔷薇[*Rosa hugonis* Hemsl.]（蔷薇科）

golden-saxifrage ①金腰子属[*Chrysosplenium* L.]（虎耳草科）②金腰子[*Chrysosplenium alternifolium* L.]

golden-seal ①白毛茛属[*Hydrastis* Ellis.]（毛茛科）②白毛茛[*Hydrastis canadensis* L.]

golden-shower senna 腊肠树[*Cassia fistula* L.]（豆科）

golden-shower thryallis ①金英属[*Thryallis* Mart.]（金虎尾科）②金英[*Thryallis glauca* Ktze.]

golden spider beetle 金黄蛛甲[*Niptus hololeucus*（Faldermann）]（蛛甲科）

golden star dryopteris 金星蕨[*Dryopteris thelypteris* A. Gray.]（鳞毛蕨科）

golden summer day-lily 金黄萱草[*Hemerocallis aurantiaca* Backer]（百合科）

golden syrup 黄糖浆

golden-thistle（= scolymus, Spanish oyster plant） ①金蓟属[*Scolymus* L.]（菊科）②金蓟（西班牙洋蓟）[*Scolymus hispanicus* L.]

golden tickseed（= calliopsis） ①波斯菊属[*Coreopsis* L.]（菊科）②波斯菊（小波斯菊，蛇目菊）[*Coreopsis tinctoria* Nutt.]

golden tom-thumb 锦绣玉属[*Parodia* spp.]（仙人掌科）②锦绣玉[*Parodia aureispina* sp.]

golden tortoise beetle 金黄龟甲[*Metriona bicolor*（Fabricius）]（龟甲科）

golden-tuft 金庭荠（岩生庭荠）[*Alyssum saxatile* L.]（十字花科）

golden wattle（= broadleaved wattle） 阔叶相思[*Acacia pycnantha* Benth.]（豆科）

golden wave 金鸡菊[*Coreopsis drummondii* Torr. et Gray]（菊科）

golden white fir 金叶白冷杉[*Abies concolor* var. *aurea* Boiss.]（松科）

golden winter jasmine 金叶迎春[*Jasmimum nudifbrum* f. *aureum* Dipp. f.]

(木犀科)
golden wonder millet 金黄粟(粟栽培种分类)
golden-yellow 金黄的(aureus)
golden yew 金叶浆果紫杉[*Taxus baccata* var. *aurea* Carr.](紫杉科)
goldencup st. John's wort 金丝梅[*Tamarix chinensis* Lour.](柽柳科)
goldendrop ①驴臭草属[*Onosma* L.](紫草科) ②驴臭草[*Onosma paniculatum* Bur. et Fr.]
goldenpert 金黄水八角[*Gratiola lutea*](玄参科)
goldenrod ①一枝黄花属[*Solidago* L.](菊科) ②一枝黄花[*Solidago virgaurea* L.]
goldfish 金鱼[*Cyprinus auratus* (L.)]{鲤科}
goldgrass (=crested dog's tail) 洋狗尾草
goldilocks 欧紫菀[*Linosyris vulgaris* Cass. = *Aster linosyris* Berth.](菊科)
goldlocks (=beggar's lice) 野毛茛
Goldman equation 哥德曼方程[式]
goldmoss stonecrop (=biting stonecrop, wall pepper) 辛辣景天(苔景天)[*Sedum acer* L.](景天科)
Goldschmidt barometer 戈尔德施米特气压计
Golgi apparatus (=Golgi body, Golgi complex, Golgi material) 高尔基体{细胞}
Golgi apparatus and lysosome formation 高尔基体与溶酶体形成
Golgi apparatus and secretion 高尔基体与分泌作用
Golgi body (=Golgi apparatus) 高尔基体
Golgi cisternae 高尔基潴泡
Golgi complex 高尔基[复合]体
Golgi material 高尔基[质]体
Golgi membrane 高尔基膜
Golgi network 高尔基网
Golgi protease 高尔基体蛋白酶
Golgi saccule 高尔基小囊
Golgi vesicle 高尔基泡
Golgi zone 高尔基区
golgiogenesis 高尔基体发生
golgiokinesis 高尔基体分裂
golgiolysis 高尔基体溶解
golgiorrhexis 高尔基体断裂
golgiosome 高尔基体(golgiosoma)
Golgi's bichromate and nitrate of silver method 高尔基氏重铬酸,硝酸银法{显技}
goluptious ①甘味的 ②愉快的(goluptiosus)
gomma 时序标记{电脑}
gomphids 箭蜓科[Gomphidae]
gomphosis 嵌合
Gomphrena virus 千日红病毒
gomuti palm (=sugar palm) 桄榔[*Arenga pinnata* Merr.](棕榈科)
gon- ⌊字头⌉生育,后代
gonad 性腺,生殖腺(gonas)
gonad development 生殖腺发育
gonad hormone 性腺激素
gonad index 性腺指数
gonad stimulating hormone 促性腺激素
gonadal hormone 性腺激素
gonadectomy ①去势,去性腺 ②性腺切除术(gonadectomia)
gonadic 性腺的(gonadicus)
gonadogenesis 性腺发生
gonadoliberin 促性腺[激]素释放素
gonadotrophic hormone (=gonadotropic hormone) 促性腺[激]素
gonadotrophic prolactin (=gonadotropic prolactin) 促性腺催乳[激]素
gonadotropic 促性腺的(gonadotropus)
gonadotropin (=gonadotrophin)(GTP) 促性腺[激]素
gonadotropin releasing hormone (=gonadotrophin releasing hormone) 促性腺[激]素释放激素
gonapophysis 生殖突{蜂}
gonatanthus ①曲苞芋属[*Gonatanthus* Klotzsch](天南星科) ②曲苞芋[*Gonatanthus pumila* (D. Don) Engl. et Krause]
gondoic acid 廿碳-11-烯酸
gondola ①(气球)悬篮,吊篮 ②圆球室
gone (=germ cell) 生殖细胞(gona)
gonecystolith 精囊石
goneoclin ①显性杂合体 ②显性杂合子(goneoclinus)
goneoclinic heredity 偏性遗传(hereditas goneoclinicus)
goneoclinic hybrid 偏性遗传杂种(hybridus goneclinicus)
gonesclinic ①偏性遗传的 ②偏性遗传(gonesclinicus)
gong 锣,铜锣
gongylocarpous 具圆节果的(gongylocarpus)
gongylus 圆节
gonia 性原细胞
gonial ①性原细胞的 ②卵原的(gonialis)
gonial apospory 卵原无孢子生殖

gonial tissue 性原组织
gonianthous 具角花的 (gonianthus)
gonic lethal 性原细胞致死
gonidial ①(地衣)藻[细]胞的{形态}②微生子的{微生物}(gonidialis)
gonidial layer 藻层 (stratum gonidiale)
gonidial phase 微生子期
gonidiferous 含微生子的 (gonidifer)
gonidiogenous 产微生子的 (gonidiogenus)
gonidioid 微生子形的 (gonidioideus)
gonidiophore 微生子体 (gonidiophorum)
gonidium ①藻[细]胞(指地衣)②微生子
gonimoblast filament 产孢丝 (filamentum gonimoblastum)
goniocalyx 具棱萼的
goniocarpous 具棱果的 (goniocarpus)
goniocladous 具棱枝的 (goniocladus)
gonioma 生殖细胞瘤
goniometer ①测角计 ②测向器
goniometer eyepiece 测角目镜
goniometry ①测角法 ②定向法 (goniometrica)
goniometry direction finding 测角定向术
goniophyllous 具棱叶的,多角叶的 (goniophyllus)
goniospermous 具棱种子的 (goniospermus)
goniospore 棱角孢子 (goniospora)
goniotreme 具角萌发孔 (goniotrema)
gonitangium 微生子囊
gonium 性原细胞
gonoblast 原生殖细胞 (gonoblastus)
gonocaryum ①棱核木属(棱榄属)[*Gonocaryum* Miq.](茶茱萸科)②棱核木(棱榄)[*Gonocaryum maclurei* Merr.]
gonochoric 雌雄异体的 (gonochoricus)
gonochoric individual 雌雄异体个体
gonochorism 雌雄异体性 (gonochorismus)
gonochoristic 雌雄异体的
gonococcus (GC) 淋球菌
gonocyte 性原细胞,生殖母细胞 (gonocyta)
gonogamete 减数分裂配子 (gonogameta)
gonogenesis 配体发生
gonomery 两亲染色体分立 (gonomerius)
gonophore ①雌雄蕊柄 ②副性器官 ③生殖[芽]体 (gonophorum)
gonophyll 生殖叶 (gonophyllum)
gonophyll theory 生殖叶学说
gonoplasm 生殖原生质,精原质 (gonoplasma)
gonopoda 生殖肢
gonopore 生殖孔 (gonopora)
gonosome (= sex chromosome) 性染色体 (gonosoma)
gonosomic mosaic 性染色体嵌合体
gonosphere 雌配囊球,精珠子 (gonosphera)
gonospores 减数分裂孢子 (gonosporae)
gonotocont (= gonotokont) 减数分裂体,母细胞 (gonotocontum)
gonotokozygote (= gonotokont) 性母细胞 (gonotocozygota)
gonozoospore 减数分裂游动孢子 (gonozoospora)
goober (= peanut) 花生
Gooch crucible 古氏坩埚
good ①良好的 ②优质的 ③可靠的,有效的 ④正常的
good appetite stage (桑蚕)中食期
good breeding 良好繁育
Good Clinical Practice (GMP) 优质临床规范{生技}
good crop year 好收成年份,丰年
good for ①(款项)可支付 ②有效
good harvest 好收成,丰收
good King Henry (= allgood) 食用亨利藜[*Chenopodium bonus-henricus* L.](藜科)
Good Manufacturing Practice (GMP) 优质生产规范(指药品及生物制品){生技}
good milker 高产奶牛
good raising ①肥育饲养 ②丰产栽培
good seedling 健苗,壮苗
good sense 判断正确
good soil 肥沃土壤
good stand ①良好植株[密度]{栽培}②良好林分{森林}
good tilth 良好耕性{耕作}
good time 正常工作时间
good visibility 良好能见度(能见度12~20千米)
goodenia family 草海桐科[Goodeniaceae]
goodness of fit 适合度,吻合度
goods (= freight, commodities) 货物
goods traffic 货流
goodwill (商品)信誉,商誉
goose ①鹅属[*Anser* Briss]②鹅[*Anser anser* Briss]③母鹅,雌鹅
goose berries (= currants) ①茶藨子属[*Ribes* L.](茶藨子科)②茶藨子[*Ribes pauciflorum* Turcz.]
goose body louse 鹅巨毛虱[*Trinoton anserinum* (Fabricius)]
goose fat (= goose-dripping) 鹅脂

goose grass (= silverweed) 鹅食委陵菜[*Potentilla anserina* L.](蔷薇科)
goose-grass (= cleavers) 猪殃殃[*Galium aparine* L. = *G. vaillanta* DC.](茜草科)
goose-grease 鹅油
goose-liver paste 肥鹅[鸭肝]馅饼
gooseberry ①醋栗属[*Grossularia* Mill.](醋栗科) ②醋栗[*Grossularia alpestre* (Dcnc.) Berger.]
gooseberry aphid 醋栗蚜[*Aphis grossulariae* Kaltenbach](蚜科)
gooseberry bryobia 醋栗苔螨[*Bryobia ribis*]
gooseberry bush 圆醋栗[*Ribes grossularia* L.](醋栗科)
gooseberry family 醋栗科[Grossulariaceae]
gooseberry fruit worm (= gooseberry moth) 醋栗螟[*Zophodia convolutella* Hbn.](螟蛾科)
gooseberry geometer 醋栗尺蛾[*Abraxas grossudariana* (L.)](尺蛾科)
gooseberry gourd (= West Indian gherkin) 西印度黄瓜[*Cucumis anguria*](葫芦科)
gooseberry mildew 醋栗白粉病[*Sphaerotheca morsuvae* (Schw.) Berk.]
gooseberry moth (= gooseberry fruitworm) 醋栗螟
gooseberry sawfly 醋栗叶蜂[*Diphadnus pallipes* Lepeletier](叶蜂科)
gooseberry-sowthistle aphid 醋栗苦菜蚜[*Hyperomyzus pallidus* H. R. L.](蚜科)
gooseberry weevil 醋栗泥翅象甲[*Pseudocneorrhinus bifasciatus* Roelofs](象甲科)
gooseberry witchbroom aphid 醋栗丛枝蚜[*Kakimia houghtonensis* (Troop)](蚜科)
goosefoot ①藜属[*Chenopodium* L.](藜科) ②藜[*Chenopodium album* L.]
goosefoot family 藜科[Chenepodiceae]
goosegrass ①(= wire grass, yard grass)打碗花[*Calystegia hederacea* Wall.](旋花科) ②蟋蟀草(牛筋草)[*Eleusine indica* Gaertner](禾本科)
gopher plant (= caper spurge, mole plant) 续随子[*Euphorbia lathyrus* L.](大戟科)
gopher tortoise tick 疣状花蜱[*Amblyomma tuberculatum* Marx]
gophere 小粟鼠
goral 青羊(野羊)
gordon euryale 芡实[*Euryale ferox* Salisb.](睡莲科)
gore ①三角地{耕作} ②血块{生化}
gorge ①峡,峡谷 ②[花]喉 ③嗉囊
gorgonin 珊瑚硬蛋白
gorilla 大猩猩[*Gorilla* spp.]
gorlic acid 告尔酸,环戊烯十三碳烯酸
gormand 徒长枝(= water sprout)(gormans)
gorra (= cola) ①苏丹梧桐属 ②苏丹梧桐
gorse (= furse) ①荆豆属[*Ulex* L.](豆科) ②荆豆(乌株木)[*Ulex europaeus* L.]
gorse-broom lace bug 金雀花萼网蝽[*Dictyonota strichnocera* Fieber](网蝽科)
Goru 高鲁(甘蔗热带种原种)
goshawk 苍鹰[*Astur palumbarius*]
gosling 小鹅,幼鹅,雏鹅
gossamer 小阳春
gossamer wings (= hair streaks) 灰蝶科[Lycaenidae]
gossypetin 棉子纤维素[$C_{15}H_{10}O_8$]
gossypine ①棉絮状的 ②棉子细胞(gossypinus)
gossypium ①棉属[*Gossypium* L.](锦葵科) ②海岛棉[*Gossypium barbadense* L.] ③陆地棉[*Gossypium hirsutum* L.] ④鸡脚棉[*Gossypium nanking* Mcy.] ⑤树棉[*Gossypium arboreum* L.] ⑥草棉[*Gossypium herbaceum* L.]
gossypium aphid 木棉蚜[*Aphis nerii* Boyer](蚜科)
gossypol 棉子酚
gossypol determination 棉子酚测定
gossypol value 棉子酚值
gossypose 棉子糖[$C_{18}H_{32}O_{16}$]
GOT (= glutamic-oxaloacetic transaminase) 谷[氨酸]草[酰乙酸]转氨酶
gouger (= weevil) 象甲(象鼻虫)
gougerotin 谷氏菌素
gourd ①瓠果(pepo) ②南瓜属[*Cucurbita* L.](葫芦科) ③南瓜[*Cucurbita moschata* Duch.]
gourd family 葫芦科[Cucurbitaceae]
gourd-shaped 瓠形的(peponoideus)
gourd shaving tool 瓠果削皮器
gourd vegetables 瓜类蔬菜
Gourley's method 乔来氏法(研究维管束){显技}
gourmet powder 味精
gout 痛风
gout fly (= straw fly) 麦黄潜蝇(麦秆蝇)[*Chlorops pumilionis* Bjerk](秆蝇科)
govern 治理,控制

government agent ①调节剂 ②政府机构
government aid 国家援助
government budget 国家预算
government trade monopoly 国家专营贸易
governmental aid (= state subsidy) 国家所给的补助金(津贴)
governmental organization 政府组织
governor (= governer) 调整器,调速器,调节阀
governor-controlled sheave 调速器控制皮带轮
governor rod 调速器拉杆
governorsplum 刺篱木[*Flacourtia indica* (Burm. f.) Merr.](大风子科)
Gowen's crossover suppressor 高文氏交换抑制基因
GP (= general purpose) 通用型
G_6PD (= glucose-6-phosphate dehydrogenase) 葡糖-6-磷酸脱氢酶
G_3PDH (glycerol-3-phosphate dehydrogenase) 甘油-3-磷酸脱氢酶
GPI (= glucose phosphate isomerase) 磷酸葡糖异构酶
GPM (= gallons per minute) 每分加仑数,加仑/分
GPT (= glutamic-pyruvic transaminase) 谷[氨酸]丙[酮酸]转氨酶
GR_{50} (= growth reduction by 50%) 生长下降50%
Graafian follicle 格拉夫氏泡,囊状卵泡
grab ①攫取,突攫 ②攫取机,抓斗,抓子,抓爪
grab bucket 抓斗,吊斗
grab crane 抓斗式起重机
grab excavator 抓斗式挖掘机
grab forks 捕兽叉
grab harvesting [用]抓爪收获(指甘蔗)
grab hook [起重]抓钩
grab jaw ①抓斗爪子 ②抓斗颚板
grab-type loader 抓取式装载机
grabber 爪钩,攫取器
graben 地堑
graben fault 地堑断层{地质}
grabrescent razorsedge 光秃珍珠茅[*Seleria rugosa* R. Br. var. *grabrescens* Ohwi et T Koyama.](莎草科)
graceful 雅致的(elegans)
graceful degradation ①故障的弱化,软故障 ②机件故障降级操作{电脑}
graceful exit 从容退出{电脑}
graceful gypsophila 缕丝花[*Gypsophila elegans* Bieb.](石竹科)
gracilaria ①红藻属[*Gracilaria* spp.](红藻科) ②红藻[*Gracilaria* sp.]
gracilaria family 红藻科[*Gracilariaceae*]
gracilariopsis 绳红藻[*Gracilariopsis chorda* Ohmi](红藻科)
gracilicute 薄壁[细]菌(gracilicuta)
gracilispinous 细刺的(gracilispinus)
gradability 拖曳力(gradabilitas)
gradatae 级度类
gradate sorus 级度囊群(sorus gradatus)
gradate type 级度型(typus gradatus)
gradation ①分级 ②度,标度 ③阶段,阶梯④顺序 ⑤渐进,进展 ⑥⌞复⌝等级,品级,层次(gradatio)
gradation of age classes 龄级顺序
gradation of moisture 水分分级
grade ①分级,分类,分选 ②等级,品级 ③度,程度 ④倾斜度,坡度 ⑤平土,平整{耕作} ⑥级进杂种(gradus)
grade-1 development 一级开发{农经}
grade ability 爬坡能力
grade breeding 级进育种法(逐步改良品种)
grade distribution 等级分布
grade division 分度
grade green 绿度
grade hybrid 级进杂种
grade-line 坡度线,纵坡线
grade-line of canal 渠道纵坡,渠道纵剖面
grade-line of tile drain 排水暗管(瓦管)纵坡
grade machine (= grading machine) 分级机,分选机,选果机
grade of arc 弧度
grade of fertilizer 肥料品级
grade of fit 配合等级
grade of grain 颗粒等级,颗粒级配{环保}
grade of locality 地位级
grade of maturity 成熟度
grade of polishing 精白度(米)
grade of productivity 肥沃度
grade of rice kernel 米粒等级
grade of service (GOS) 服务等级,服务范围{信息}
grade of slope 坡度
grade point 坡度点
grade rod 水准尺
grade stake 坡度桩
grade tunnel 非承压水隧道{环保}
graded bench 均衡阶地,分级阶地
graded coloring 分层着色
graded crush 分级压碎
graded fruits 分级果品
graded gravel 分级砾石
graded index fiber 等级指数纤维

graded seeds 分级种子
graded stream 均衡河流
graded tilling 分层耕作
grader ①分选机 ②平地机
grader bladder 平土机刮土铲
grader egg 蛋品分级机
grader scraper 平地铲运机
gradient ①梯度,级度 ②陡度,坡度 ③梯度风高度 ④斜度,倾斜度(gradiens)
gradient algorithm 梯度算法
gradient centrifugation 梯度离心
gradient dialysis 梯度透析
gradient elution 梯度洗脱
gradient elution chromatography 梯度洗脱层析
gradient force 梯度力
gradient former (=gradientforming apparatus) 梯度[形成]仪{生技}
gradient gel eletrophoresis 梯度凝胶电泳
gradient irrigation 梯度灌溉
gradient layer 梯度层
gradient level 梯度,比降
gradient mixing device 梯度混合仪
gradient of curvature 弯曲陡度
gradient of genetic polarity 遗传极性梯度
gradient of polarity 极性梯度
gradient of potential temperature 位温梯度{环保}
gradient of slope 坡面,陡度
gradient of temperature 温度梯度
gradient of turgor pressure 紧张压陡度
gradient plate ①梯度浓度平板 ②倾斜平面培养 ③梯度培养皿
gradient programmer 梯度编程器{生技}
gradient programming 梯度编程[序]{智培}
gradient projection 梯度投影
gradient shading 梯度浓淡算法{电脑}
gradient sievorptive chromatography 梯度分子节层析{生技}
gradient velocity 梯度风速
gradient wind 梯度风
grading ①分级,分选 ②级进杂交,级进育种 ③平整场地
grading-and-washing plant ①分级清洗设备 ②分级清洗站
grading by size 大小分级法
grading by weight 重量分级法
grading curve ①分级曲线 ②颗粒级组曲线{环保}
grading cylinder ①分级滚筒 ②分级圆筒筛
grading factor 分级系数{园艺}
grading fruits 选果
grading machine 分级机,分选机
grading mill 分级磨粉机
grading of fruit 果实分级
grading product according to quality 产品按质分等
grading reel 分级圆筛,分选圆筒筛
grading roller 分级辊,分选辊
grading rules 分级规格
grading schedules 分级规则,分级表
grading screen 分级筛
grading sieve 分选筛,清选筛
grading-up 优良化,贵化
gradiometer 测斜仪,坡度仪
gradocal filter 分级滤器
gradocal membrane 分级滤膜
gradual ①逐渐的,渐进的 ②不陡的(gradus)
gradual change 渐进变化,缓变
gradual dehydration 逐渐去水,逐渐脱水
gradual drop 逐渐[平稳]下降
gradual exhaustion 渐次消耗
gradual failure 渐变失效
gradual metamorphosis 渐变态
gradual regeneration 逐渐更新
gradual succession 逐渐演替
gradual variation 渐进变异
gradually activity manure 缓效性肥料
gradually activity nutrients 缓效性养分
graduate ①量筒,量杯 ②分度
graduate gardener (=graduate horticulturist) 园艺学位(获得毕业证书的园艺学家)
graduated circle 分度环
graduated cylinder 量筒
graduated flask 量瓶
graduated glass cylinder (量雨用)量杯
graduated scale 分度尺
graduated taxation 分级课税
graduation ①刻度,分度 ②毕业,结业 ③校正,校准(graduatio)
Graeco-Latin square 希腊拉丁方{统计}
Graepel-type sieve 格雷佩式筛
Graffi leukemia virus 格拉夫氏白血病毒
graft ①嫁接 ②接枝,接穗{园艺} ③植皮{医} ④移虫(人工培养蜂王) ⑤移植,移植物{遗工}
graft chimaera (=graft chimera) 嫁接嵌合体
graft compatibility (=grafting compatibility) 嫁接亲和性
graft cutter 接枝切取机
graft hybrid (=grafting hybrid) 嫁接杂种
graft hybrid seedling 嫁接杂种幼苗

graft incompatibility (= grafting incompatibility) 嫁接不亲和性
graft inoculation 嫁接接种
graft on root 根接
graft rejection 移植[物]排斥
graft transmission 嫁接传递
graft union [嫁接]接合部
graft variation 嫁接变异
graft-versus-host reaction (GVH) 移植物抗宿主反应
graftage 嫁接法
grafted 嫁接的 (insitus)
grafted nursery plant 嫁接苗
grafted sapling (= grafted seedling) 嫁接苗
grafted seedling 嫁接苗
grafter ①分图{电脑}②嫁接图{园艺}
graftibility 可嫁接性 (insitibilitas)
grafting ①嫁接{园艺}②移植{遗工}(insitio)
grafting affinity 嫁接亲和力
grafting between families 科间嫁接
grafting bud 接芽
grafting by approach 靠接,贴接
grafting chimaera 嫁接嵌合体
grafting clay 嫁接用黏土,接泥
grafting compatibility 嫁接亲和性
grafting component 嫁接成分
grafting congeniality 嫁接亲和力
grafting effect 嫁接效应
grafting experiment 嫁接试验
grafting hybrid 嫁接杂种
grafting in the dormant bud 休眠芽接
grafting in the growing bud 生长芽接
grafting incompatibility 嫁接不亲和性
grafting knife 嫁接刀,枝接刀
grafting machine 嫁接用具,嫁接机
grafting mallet 嫁接木槌
grafting mentor method 嫁接蒙导法
grafting proper 枝接
grafting robot 嫁接用机器人
grafting scion 嫁接接穗
grafting time 嫁接期
grafting tool 嫁接用具
grafting variation 嫁接变异
grafting wax 接蜡
grafting with cuttings 混合接
grafting with galvanized wire 铁丝接
Graham flour (= whole wheat flour) 全麦面粉
grain ①谷物,粮食,子粒,谷粒 ②颖果{形态}③小硬粒{种子}④纹理{解剖}⑤喱(来复枪弹头重量单位,1 喱 = 0.045 克){狩猎}(granum)
grain admixture 子粒夹杂物
grain aeration cooling 谷物通风降温
grain aerator ①谷物通风器 ②谷物通风操杆 ③谷物有效通风装置
grain alcohol ①乙醇,酒精 ②谷酒,白酒
grain analysis 子粒分析
Grain and Feed Committee of the EEC 欧洲经济共同体谷物与饲料贸易委员会
grain-and-fertilizer drill 谷物肥料条播机
grain-and-grass drill 谷物牧草条播机
grain-and-grass harvesting machine 谷物牧草收获机{农机}
grain-and-seed cleaner-grader 谷物与种子清选分级机
grain aphid ①燕麦长管蚜(谷长管蚜)[*Macrosiphum avenae* (Fabricius)]②玉米缢管蚜[*Rhopalosiphum maidis* Fitch](蚜科)
grain army worm ①黏虫[*Leucania separata* Walker](夜蛾科)②白脉黏虫[*Leucania venalba* Moore]③劳氏黏虫[*Leucania loreyi* (Duponchel)]
grain auger ①谷粒螺旋推运器 ②卸粮螺旋
grain bag 粮袋
grain barn 谷仓,粮库
grain beating table 打谷台,脱粒台
grain beetle ①(= flour beetle) 谷盗 ②⌈复⌉谷盗科[Ostomatidae]
grain billbug 谷象(谷蠹)[*Calandra granaria* L. = *Sitophilus granarius* L.](象甲科)
grain bin ①粮仓 ②粮箱,粮柜
grain bin aerator 粮仓通风器
grain binder 谷物割捆机
grain blower ①扬谷机 ②谷粒吹送器 ③谷物风力装载器
grain breeding ①谷类作物育种 ②谷类作物育种学
Grain buds 小满(中国的 24 节气之一)
grain-chaff separation 粒壳分离,谷粒壳糠分离
grain characteristics 子粒特征
grain chilling 谷物冷藏
grain circulation policy 粮食流通政策{农管}
grain cleaner 谷物清选机
grain cleaning 谷物清选,清粮
grain cleaning machine 谷物清选机
grain cleaning machinery 谷物清选机械
grain cleaning plant 谷物清选设备
grain-cleaning rate 谷粒清洁率

grain column 谷物干燥塔
grain combine 谷物联合收获机
grain combine harvester 谷物联合收获机
grain compensation fund 粮食补偿基金
grain complex 土粒复合体
grain concentrate 精料
grain conditioning ①谷物检验 ②谷物加工处理
grain conductor 导种管,输种管
grain conveyor 谷物输送器
grain cooking behaviour 子粒蒸煮表现
grain cooling system 谷物降温系统
grain corn 粒用玉米,食用玉米[*Zea mays* L.](禾本科)
grain counter 谷粒计数器
grain crisis 粮食危机
grain crop variety 谷类作物品种
grain crops 谷类作物
grain crusher 谷物压碎机
grain cutans 颗粒表面胶膜
grain cutter ①谷粒切断器 ②谷穗切断机
grain damage 子粒损伤[失]
grain deficit household (= grain-deficient) 缺粮户
grain density 着粒密度
grain development ①子粒发育 ②谷物发育
grain dimension 子粒大小
grain direction 纹理方向(指木材上的)
grain discharge auger 卸粮螺旋
grain disinfection apparatus 种子消毒装置
grain divider ①(收刈台)分禾器 ②外分禾器
grain dormancy 种子休眠,子粒休眠
grain drill 谷物条播机,谷物播种机
grain drop 落粒,掉子
grain dryer (= grain drier) 谷物干燥机
grain drying 谷物干燥
grain drying-and-storage equipment 谷物干燥与贮藏设备
grain drying facilities standard 谷物干燥设施标准{农施}
grain-drying plant 谷物干燥设备
grain duster ①谷物喷粉机 ②谷物干拌机(拌药消毒)
grain elevator ①谷物[装载]升运器 ②谷粒升运器 ③粮仓
grain-embracing device 揽禾机构
grain emptiness 空粒[现象],秕粒[现象]
grain empty 空粒,秕粒
grain equivalent 谷物当量
grain exchange ①谷物交换,谷物交易 ②谷物交易所
grain exporting country 谷物输出国,谷物出口国
grain fanner 清粮机,簸谷机
grain fanning-sorting machine 谷物风选机
grain farmer 谷农,谷类作物栽培者
grain farming 谷类作物栽培
grain fattening 谷物肥育(用谷物来肥育家畜或家禽)
grain feed 粒饲,子粒饲料,颗粒饲料
grain fertility 子粒结实率
grain field 谷类作物栽培地
grain filling 子粒充实,子粒饱满
grain filling stage 子粒充实期,子粒饱满期
grain flea beetle 麦跳甲(粟茎跳甲)[*Chaetocnema hortensis* Geoff.](跳甲科)
grain fodder (= grain feed) 粒饲,子粒饲料,颗粒饲料
grain formation 子粒形成
grain formation stage 子粒形成期
grain fracture (= grain milling) 磨谷,砻谷
grain gall midge 麦黄吸浆虫[*Contarinia tritici* Kirby](瘿蚊科)
grain grader 谷物分级机,谷物分选机
grain grading equipment 谷物分级装置
grain grinder 谷物粉碎机
grain grower (= grain farmer) 谷物栽培者,谷农
grain growing ①谷类作物栽培 ②谷类作物栽培学
grain growing country 谷物生产国
grain growing farm 谷物农场
grain growth 谷物生长
grain handling ①谷物处理(指搬运,装御,翻晒) ②谷物加工
grain handling equipment ①谷物加工设备 ②谷物装卸设备
grain handling plant 谷物加工厂,谷物加工站
grain harvest 谷物收获
grain harvester 谷物收获机
grain harvesting machinery 谷物收获机械
grain hatch 谷物出[入]口,装粮口,卸粮口
grain header 刈穗机,收割机
grain-hulling rate 脱壳率
grain husbandry ①谷物业 ②谷类作物栽培
grain husking mill 碾房,磨坊
grain-importing country 谷物输入国,谷物进口国
Grain in ear 芒种(中国的 24 节气之一)
grain inspection 谷物检验
grain installation 谷仓,粮库
grain itch mite (= straw itch) 虱状蒲螨[*Pyemotes tritici* (Lageze-Fossat et Montagnel)](济螨科)

grain leaf butterfly (=rice green caterpillar) 稻眼蝶[*Melanitis leda ismene* Cramer=*Cydohprnea leda* Linnaeus]
grain legumes 粒用豆类
grain length (=kernel length) 子粒长度,粒长
grain lifter 扶禾器
grain loader 装粮机
grain loading bin 装粮箱
grain losses 子粒损失
grain maize (=grain corn) 粒用玉米,食用玉米
grain market 谷物市场
grain marketing season 谷物销售季节
grain-mash feed 粒-粉混合[湿]饲料,谷粉混合湿饲料
grain mass 粮食,谷物
grain mill ①谷物磨粉机 ②谷物磨
grain millet 粒用粟
grain milling 磨谷,砻谷
grain mite (=flour mite, cheese mite) 干酪螨(粗脚粉螨)[*Tyroglyphus siro* Linnaeus=*Acarus siro* Linnaeus, *Tyrolichus casei* Linnaeus](粉螨科)
grain moisture content 谷物含水量
grain moisture meter 谷物湿度计
grain moth ①(=European grain moth, corn moth) 谷蛾[*Tinea granella* L.] ②⌊复⌉谷蛾科[Tineidae]
grain narrow hard beetle 小圆甲[*Murmidius ovalis* Beck](邻坚甲科)
grain number per panicle 每穗[子]粒数
grain of board 板面纹理(木材)
grain of ice 冰粒
grain of nograde 等外子(谷)粒
grain of seed 种子子粒
grain of wood 木材纹理
grain oil 杂醇油
grain output ①谷物生产量 ②谷物生产率(指机械)
grain output of combine 谷物联合收获机生产率
grain polishing mill 碾米机
grain pre-cleaner 谷物粗选器
grain probe 谷物取样器
grain processing 谷物加工
grain production ①谷物生产 ②谷物产量
grain protectant 谷物防护剂
grain purchase 粮食采购
grain quality ①子粒品质 ②谷物质量
Grain rain 谷雨(中国的24节气之一)
grain register 收获谷物记量器
grain related facilities 谷物有关设施{农施}
grain reserve ①储备粮 ②储粮量
grain rubble separator 谷物去石机
grain runner 扬谷轮
grain rust mite 多刺畸瘿螨[*Abacarus hystrix* (Nalepa)](瘿螨科)
grain sample ①谷物样品 ②子粒样品
grain sampler ①谷物取样品 ②子粒取样器
grain save 粮食安全
grain saver 谷物收集器
grain saving guard 谷物扶倒器
grain saving pan (=grain saver) 谷粒收集器
grain saving reel 收倒伏作物拨禾轮
grain sawfly ①欧洲麦茎蜂[*Cephus pygmaeus* Linnaeus] ②(=black grain stem sawfly) 麦黑足茎蜂[*Cephus tabidus* Fabricius](茎蜂科)
grain scale ①粮秤,谷粒秤 ②谷物天平,粗天平
grain screen 谷筛
grain seed processing 谷物种子加工
grain seeds 谷种
grain selection ①子粒选择 ②谷物清选机
grain selector 子粒选择器,子粒分选器
grain self-sufficiency 粮食自给{农经}
grain separation 土粒分离
grain separator ①谷物脱粒机 ②谷物清选机
grain setting 着粒,结子
grain shape 粒形,子粒形状
grain shattering 掉粒,落粒
grain shedding 落粒
grain shoveler 扬谷机,扬场机
grain sieve ①谷筛 ②(联合收获机)谷粒筛,下筛
grain silo 谷物贮藏仓,贮粮塔,谷柜
grain size 粒径,子粒大小
grain size distribution curve 粒径分布曲线
grain sizing machine 谷粒径选机
grain skipper ①禾枯红小弄蝶[*Toticola augias* L.](弄蝶科) ②禾古铜弄蝶[*Hesperia conjuncta* H. S.] ③隐纹弄蝶[*Pelopidas mathias* Fabricius] ④禾九点弄蝶[*Hesperia philino* Moschell]
grain sluice 谷粒节流器
grain smut of kaoliang 高粱坚黑穗病[*Sphacetothea sorghi* Clinton]
grain sorghum 粒用高粱(高粱,蜀黍,普通高粱)[*Andropogon sorghum* Link=*Sorghum vulgare* Pers.](禾本科)
grain sorter 谷物清选机

grain sorter with slit system 谷物纵线清选机
grain sorting machine 谷物清选机
grain spade 谷铲
grain spreader 谷物匀布机
grain steam drier 谷物蒸汽干燥机
grain stillage 酒糟,谷糟
grain storage 谷仓,粮仓,粮库
grain storage facilities 谷物贮藏设备
grain storage system 谷物贮藏系统
grain storage vessel 谷物贮藏器
grain store (= granary) 谷仓
grain storing operation 谷物贮藏操作
grain-straw ratio (= grainto-straw rate) 粒秆比率
grain supply and demand 粮食供求
grain tank 粮箱
grain testing sieve 谷物检验筛
grain texture (= kernel texture) 子粒质地,粒质
grain thresher 谷物脱粒机
grain threshing 谷物脱粒
grain threshing machine 谷物脱粒机
grain thrips 谷蓟马(禾蓟马)[*Limothrips cerealium* (Haliday)](蓟马科)
grain thrower 扬谷机,抛谷机
grain-to-straw rate 粒秆比率
grain trailer 谷物挂车
grain trait 子粒性状
grain transparency tester 子粒透明度测定器
grain treatment ①种子处理(指消毒)②谷物加工
grain tree (= kermes oak) 胭脂虫树[*Quercus coccifera*](山毛榉科)
grain trier 谷物取样器
grain tube 输种管
grain unit 子粒单位,子粒容重
grain unit scale 子粒容重秤
grain washer 洗谷机
grain wastes 谷物废物,谷物壳屑
grain weevil (= granary weevil) 谷象[*Sitophilus granarius* (L.) = *Calandra granaria* L.](象甲科)
grain weigher ①粮秤 ②过磅员,衡器
grain weight 粒重,种子绝对重量
grain weight per liter 每升粒重
grain width 子粒宽度
grain worm 米淡墨虫[*Anchonoma xeraula* Meyrick]
grain yard 打谷场,晒谷场
grain year 谷物栽培年度
grain yield ①谷物产量,谷物收获量 ②子粒产量
grain-yield index 子粒-产量指数
grain yield per acre 每英亩子粒产量
grained ①粒状的 ②粗糙的,不光滑的
grained moth 猫形舟蛾[*Dicranura vinula felina* Butler](舟蛾科)
grained noctuid 木纹夜蛾[*Rhyacia putris* Linnaeus](夜蛾科)
grainer ①蒸发器,滴液管 ②脱毛器
graining 谷粒形成,结实
grainy flour 上等面粉
-gram ⌞字尾⌝①图 ②标记
gram ①克(g)(重量单位)②绿豆(gramma)
gram atom 克原子
gram-calorie 克卡,小卡
gram caterpillar (= corn ear worm) 棉铃虫[*Heliothis zea* (Boddie)](夜蛾科)
gram centimeter 克厘米
gram chick-pea 鹰嘴豆(鸡豆)[*Cicer arietinum* L.](豆科)
gram equivalent weight 克当量
gram ion 克离子
gram molecular solution 克分子溶液
gram molecule 克分子
Gram negative 革兰氏[染色]阴性
Gram-negative bacteria (G-bacteria) 革兰氏[染色]阴性细菌
Gram positive 革兰氏[染色]阳性
Gram-positive bacteria 革兰氏[染色]阳性细菌
Gram stain 革兰氏染色
Gram stain solution 革兰氏染色液
Gram staining 革兰氏染色法
gram ton 1000千克,吨
Gram-variable bacteria 革兰氏染色变性细菌
grama-grass ①格兰马草属[*Bouteloua* Lagasca](禾本科)②格兰马草[*Bouteloua gracilis* Lag.]
grambulia 均等仙影拳(均等仙人山)[*Cereus geometrizans* Mart.](仙人掌科)
gramicidin 短杆菌肽
graminaceous ①禾本科的 ②产颖果的(graminaceus)
graminaceous cereal crop 禾本科谷类作物
graminaceous crops (= gramineous crops) 禾本科作物
gramine 芦竹碱,2-二甲氨甲基吲哚[$C_{11}H_{14}N_2$]
gramineae 禾本科[Gramineae]

gramineous (=gramineal) ①禾本科的 ②禾草状的 (gramineus)
gramineous grasses 禾本科牧草
gramineous leaf roller 禾本科卷叶虫
gramineous type 禾本科型(指气孔)(typus gramineus)
gramineous weeds (=grassy weed) 禾本科杂草
graminicole ①禾本科寄生的 ②禾本科植物寄生物 (graminicolis)
graminicolous 草栖的 (graminicolus)
graminivorous 食草的 (graminivorus)
graminoid ①似禾草的 ②⌊复⌉禾草状植物 (graminoideus)
graminoid species 禾草状[植物]种
gramme (=gram) 克 (gramma)
grammole (=grammol) 克分子,摩[尔]
grana ①[叶绿体]基粒 ②颗粒 (granum的复数)
grana lamellae 基粒层
grana suspension 质体基粒悬液
grana system 基粒系统
grana type 基粒型
granada ①石榴属[*Punica* L.](石榴科) ②石榴[*Punica granatum* L.]
granada family 石榴科[Punicaceae]
granadilla ①西番莲属[*Passiflora* L.](西番莲科) ②西番莲[*Passiflora caerulea* L.]
granadilla family 西番莲科 (Passifloraceae)
granadilla fruit 鸡蛋果[*Passiflora edulis* Sims](西番莲科)
granary ①谷仓 ②盛产谷物地区,大量谷物输出地区 ③粮食丰产地 (granarium)
granary insect 粮食仓库害虫,仓虫
"granary" of the country "粮仓",盛产粮食的地区
granary weevil (= grain weevil) 谷象[*Sitophilus granarius* (L.) = *Calandra granaria* (L.), *C. remotepunctata* Gyll.](象甲科)
grand ①大的 ②最重要的 ③完全的,全部的 (grandis)
"grand bank" system "高畦深沟"法(指种植或整地){耕作}
grand calorie 大卡(热量单位),千卡
grand canyon 大峡谷
grand challenge 巨大挑战
grand climacteric 多灾年份
grand crinum ①文殊兰属[*Crinum* L.](石蒜科) ②文殊兰[*Crinum asiaticum* var. *sinicum* Baker]
grand curve of growth 大(全部)生长曲线
grand fir 大冷杉[*Abies grandis* Lindl.](松科)
grand lecanium 大蜡蚧[*Lecanium glandi* Kuwana](蜡蚧科)
grand licuala palm 扇轴榈[*Licuala grandis* Wendl.](棕榈科)
grand myrtle 银薇[*Lagerstroemia indica* var. *alba* Nichols.](千屈菜科)
grand parent eggs of F_1 hybrid 原原蚕种
grand parent silkworm of F_1 hybrid 原原种(指蚕)
grand period of growth 大生长期
grand scale integration (GSI) 超大规模集成[电路]{电脑}
grand surprise 长吻蛱蝶[*Vanessa antiopa* Linnaeus](蛱蝶科)
grand torreya (= Chinese torreya) 榧[*Torreya grandis* Fortune](紫杉科)
grand total 全体总数,综合,总计{统计}
grand view 壮丽景色{园林}
grand weather 极好天气
grandchild vine 孙蔓(指蔓生植物子蔓上的分枝)
grande passerage 宽叶独行菜[*Lepidium latifolium* L.](十字花科)
grandeur ①伟大 ②壮丽 ③华丽,绚丽
grandfather ①存档{电脑} ②祖父{遗传}
grandicorn 大角的 (grandicornis)
grandident 大齿 (grandidens)
grandiflorous 大花的 (grandiflorus)
grandifolious 大叶的 (grandifolius)
grandifolium swallowwort 大叶牛皮消[*Cynanchum grandifolium* Hemsl.](萝藦科)
grandiloquent 夸张的,夸大的 (grandiloquens)
grandiose 宏伟的,堂皇的 (grandiosus)
grandispinous 大刺的 (grandispinus)
grandmother axis 祖轴
grandular ①颗粒状的 ②具颗粒的 (grandularis)
grandular admixture 颗粒状夹杂物
grange 农庄,农场
granger ①农场主 ②农庄庄员,农民
granger's cattle 乳肉兼用牛
graniferous 单子叶植物 (granifer)
graniform 谷粒状的 (graniformis)
granite 花岗岩{地质}
granite-gneiss 花岗片麻岩
granite sand 花岗岩砂[土]

granitic subsoil 花岗岩发育的心土
granitoid texture 花岗结构
granny knot 逆结(结索法)
Granosan (=EMC) 西力生
granose 多颗粒的,多谷粒的(granosus)
grant ①允许,准许,给予 ②承认 ③补助金,津贴 ④授权(credere)
grant access 许可存取{电脑}
grant authorize 特许
granting of awards 奖励,奖赏
grants-in-aid 补助金
granular ①粒状的 ②团粒,粒状{土壤} ③粒剂{农药}(granularis)
granular activated carbon 粒状活性炭{环保}
granular aggregate 团粒团聚体,粒状团聚体
granular application 粒施(指施用粒肥)
granular applicator ①颗粒肥料撒施机 ②粒剂撒施机
granular component 粒剂成分
granular cortex 粒状皮层
granular fertilizer 颗粒肥料
granular fertilizer distributor 撒颗粒肥机,颗粒肥料撒播装置
granular formulation 颗粒制剂
granular herbicide 颗粒除草剂
granular herbicide applicator 颗粒除草剂撒布器
granular insecticide 颗粒杀虫剂
granular insecticide applicator 颗粒杀虫剂撒布器
granular manure 颗粒肥,粒肥
granular material 颗粒材料{环保}
granular snow 粒状雪
granular soil 团粒土壤,粒状土壤
granular structure ①团粒结构 ②粒状构造
granular systemics 颗粒状内吸农药
granular texture 粒状质地
granular theory 粒状说(指原生质){细胞}
granular vaginitis 粒状阴道炎(exanthema vesiculosa coitale)
granular zone 粒状带
granularis pitscalegrass 粒状亥氏草[*Hackelochloa granularis* Kuntze](禾本科)
granularity 团粒度,团粒性(granularitas)
granulate 颗粒状的(granulatus)
granulated fertilizer 颗粒肥料,粒肥
granulated honey 结晶蜜
granulated insecticide 颗粒杀虫剂
granulated sugar 砂糖
granulating (=granulation) 制造颗粒[剂],成粒法
granulating by absorption method 吸收型成粒法
granulating by coating method 薄膜型成粒法
granulating by wetting method 湿润型成粒法
granulation ①团粒化[作用]{土壤} ②颗粒[现象]{解剖} ③成粒[作用],颗粒形成[作用]{农药}(granulatio)
granulation tissue 造粒组织(指肉芽组织){解剖}(tela granulationis)
granulator (=pelleter) 制造颗粒肥料机
granule ①(G)粒剂{农药} ②糖丸{医} ③团粒{土壤} ④[颗]粒{细胞} ⑤微粒{微生物}(granulum)
granule application 粒剂施用,粒剂散布
granule applicator 粒剂撒施机
granule-derived virus (GDV) 颗粒体衍生病毒
granule-spreading nozzle 颗粒剂喷嘴
granuliberin 颗粒释放肽
granuliferous ①具颗粒的 ②具谷粒的(granuliferus)
granuliform 颗粒状的(granuliformis)
granulin 颗粒体蛋白
granuloblast 成粒细胞(granuloblastus)
granulocrine 颗粒性分泌
granulocyte 颗粒细胞(granulocyta)
granulocyte chemotactic peptide (GCP) 颗粒细胞趋化肽
granulocyte colony stimulating factor (GCSF) 颗粒细胞集落刺激因子
granulocyte-macrophage colony stimulating factor (GMCSF) 颗粒细胞-巨噬细胞集落刺激因子
granulocytopenia 粒性白细胞减少[症]
granuloformation 颗粒形成,造粒,成粒(granuloformatio)
granuloma 肉芽瘤
granulometric composition 粒状组成
granuloplasm 颗粒质(granuloplasma)
granulose ①颗粒状的,具颗粒的 ②淀粉素(granulosus)
granulosis 颗粒体
granulosis virus (GV) 颗粒体病毒
granulum 小颗粒
granum [叶绿体]基粒,[质体]基粒
granum thylakoid 基粒类囊体
granuophylocyte 网状细胞(granuophylocyta)
Granville wilt (=bacterial wilt) 细菌性萎蔫病(茄科)
granzyme 粒酶

grape ①葡萄属［*Vitis* L.］（葡萄科）②葡萄［*Vitis vinifera* L.］
grape anthracnose（= anthracnose of grape） 葡萄炭疽病
grape area（= area of grape production, area under grape） 葡萄种植面积
grape arm 葡萄臂蔓，葡萄主枝
grape asteropetes（= grape tiger moth） 葡萄小虎蛾［*Asteropetes noctuina* Butler］（虎蛾科）
grape berry 葡萄粒
grape berry moth 葡萄小卷蛾（葡萄小食心虫）［*Paralobesia viteana* （Clemens）］（小卷蛾科）
grape berry thinning 疏果粒（指葡萄等）
grape binding 葡萄缚蔓
grape black rot 葡萄黑腐病［*Guignardia bidwellii* （Ell.） Viala et Rav.］
grape blister 葡萄疱斑病
grape blossom midge 葡萄花瘿蚊［*Contarinia johnsoni* Sling］（瘿蚊科）
grape borer（= grape tiger longicorn） 葡萄虎天牛［*Xylotrechus pyrrhoderus* Bates］（天牛科）
grape bud moth 葡萄果蠹蛾［*Clysia ambiguella* Hübner］
grape cane 葡萄藤（指落叶后）
grape cane borer 苹枝长蠹［*Amphicerus bicaudatus* Say］（长蠹科）
grape cane gallmaker 葡萄茎瘿象甲［*Ampeloglypter sesostris* （LeConte）］（象甲科）
grape clearwing moth 葡萄透翅蛾［*Paranthrene regalis* Butler］（透翅蛾科）
grape cluster 葡萄串（果穗）
grape codling moth（= vine moth） 葡萄卷枝蛾［*Clysia ambiguella* Hb.］（小卷蛾科）
grape colaspis 葡萄肖叶甲［*Colaspis brunnea* （Fabricius）］（叶甲科）
grape crusher 葡萄压榨机
grape culture 葡萄栽培
grape curculio（= grape seed weevil） 葡萄实象甲［*Craponius inaequalis* （Say）］（象甲科）
grape cutting 葡萄扦插
grape downy mildew（= downy mildew of grapevine） 葡萄霜霉病［*Plasmopara viticola* （Berk. et Curt.） Barl.］
grape erineum mite（= grape leaf blister mite） 葡萄缺节瘿螨（葡萄潜叶螨）［*Eriophyes vitis* Pgst.］（瘿螨科）
grape family 葡萄科［Vitaceae］
grape-fern ①阴地蕨属［*Botrychium* Sw.］（瓶尔小草科）②阴地蕨［*Botrychium ternatum* （Thunb.） Diels.］
grape flea beetle（= vine flea beetle） 葡萄跳甲［*Altica chalybea* Illiger］（跳甲科）
grape flower vine（= chinese wisteria） 紫藤［*Wisteria sinensis* Sweet］（豆科）
grape for wine 酿酒用葡萄
grape fruit moth 葡萄缀穗蛾［*Polychrosis botrana* Den. et Schiff.］（夜蛾科）
grape fruitade 浓缩葡萄汁
grape gall midge 葡萄吸浆虫［*Cecidomyia oenophila* Haim］（瘿蚊科）
grape gooseberry（= Peruvian cherry） 灯笼果［*Physalis peruviana* Linn.］（茄科）
grape grater 葡萄擦碎器
grape green beetle 葡萄绿丽金龟［*Anomala dimidiata* （Hope）］（金龟科）
grape grey mold 葡萄灰霉病［*Botrytis cinerea* Fr.］
grape growing ①葡萄栽培 ②葡萄栽培学
grape harvester 葡萄采收机
grape horn worm 葡萄天蛾［*Ampelophaga rubiginosa* Bremer et Grey］（天蛾科）
grape house 葡萄温室
grape-hyacinth（= muscari） ①麝香兰属（蓝瓶花属）［*Muscari* Mill.］（百合科）②麝香兰（蓝瓶花，蓝壶花）［*Muscari botryoides* Mill.］
grape juice 葡萄汁
grape juice processing 葡萄汁加工｛加工｝
grape-leaf actinidia 葡萄叶猕猴桃［*Actinidia vitifolia* C. Y. Wu］（猕猴桃科）
grape leaf beetle ①葡萄叶虫［*Acrothinium gaschkevitschii* Matschulsky］②葡萄十星叶甲［*Oides decempunctata* Billberg］（叶甲科）
grape leaf louse（= grape phylloxera, grapelouse） 葡萄根瘤蚜［*Phylloxera vitifoliae* F. Fitch.］（根瘤蚜科）
grape-leaf skeletonizer 葡萄叶烟翅斑蛾［*Harrisina americana* Guérin］（斑蛾科）
grape leaf spot 葡萄褐斑病［*Cercospora vitis* Sacc.］
grape leaf worm 葡萄透翅蛾［*Sciapteron regale* Butler］（透翅蛾科）
grape leaffolder 葡萄野螟［*Desmia funeralis* （Hübner）］（野螟科）
grape leafhopper ①葡萄二星斑叶蝉［*Erythroneura apicalis* Nawa］②葡萄伴斑叶蝉［*Erythroneura comes* （Say）］（叶

蜂科)

grape leafroller 葡萄灰黑螟[*Sylepta luctuosalis* Guenée](野螟科)

grape leafroller weevil 葡萄卷叶象甲[*Aspidiobyctiscus lacunipennis* Jekel](象甲科)

grape leafworm 葡萄细斑蛾[*Illiberis tenuis* Butler](斑蛾科)

grape mealybug 葡萄粉蚧[*Pseudococcus maritimus* Ehrh.](粉蚧科)

grape moth (= vine moth) 葡萄缀穗蛾[*Polychrosis botrana* Denis et Schiff.](小卷蛾科)

grape must (未发酵)葡萄汁

grape nursery 葡萄苗圃

grape open-centered training 葡萄开心整枝

grape owlet moth 葡萄[褐]虎蛾[*Seudyra subflava* Moore](虎蛾科)

grape pear (= juneberry) 欧洲唐棣[*Amelanchier vulgaris* Moench.](蔷薇科)

grape phylloxera (= vine louse) 葡萄根瘤蚜[*Phylloxera vitifoliae* Fitch = *Dactylosphaera vitifilii* Schimer., *Peritymbia vitisana* Westw., *Peritymbia vitifolii* Fitch. *Phylloxera vastatrix* Planch.](蚜科)

grape physalospora rot 葡萄粒枯病[*Physalospora baccae* Cav.]

grape picker 葡萄采摘机

grape pip 葡萄核

grape plantation plough 葡萄种植犁

grape planting 葡萄栽植

grape plume moth 葡萄羽蛾[*Pterophorus periscelidactylus* Fitch = *Oxyptilus*](羽蛾科)

grape powdery mildew 葡萄白粉病[*Uncinula necator* (Schw.) Burr.]

grape prunning 葡萄修剪

grape region (= viticultural region) 葡萄种植区

grape rhizopus rot 葡萄软腐病[*Rhizopus nigricans* Ehnenb.]

grape root borer 葡萄蠹根透翅蛾[*Vitacea polistiformis* (Harris)](透翅蛾科)

grape rootworm 葡萄根肖叶甲[*Fidia viticida* Walsh](叶甲科)

grape sawfly 葡萄叶蜂[*Erythraspides vitis* (Harris)](叶蜂科)

grape scale 葡萄圆盾蚧[*Aspidiotus uvae* Comst.](盾蚧科)

grape scissors 葡萄剪

grape seed chalcid 葡萄子广肩小蜂[*Evoxysoma vitis* (Saunders)](广肩小蜂科)

grape seed oil 葡萄子油

grape seed weevil (= grape curculio) 葡萄实象甲

grape sphinx moth 葡萄天蛾[*Theretra japonica* Del'Orza](天蛾科)

grape spittle bug 葡萄沫蝉[*Aphrophora vitis* Matsumura](沫蝉科)

grape sprayer 葡萄园用喷雾机

grape stalk 葡萄接穗

grape sugar 葡萄糖[$C_5H_{11}O_5CHO$]

grape thrips (= vine thrips) 葡萄蓟马[*Drepanothrips reuteri* Uzel](蓟马科)

grape tiger longicorn 葡萄虎天牛[*Xylotrechus pyrrhoderus* Bates](天牛科)

grape-tree (= sea grape) 海滨葡萄[*Coccoloba uvifera*](葡萄科)

grape trellis 葡萄架

grape trichothecium rot 葡萄枯腐病[*Trichothecium roseum* LK. ex Fr.]

grape tussock moth 葡萄毒蛾[*Cifuna eurydice* Butler](毒蛾科)

grape vine ①葡萄藤,葡萄蔓 ②葡萄[*Vitis vinifera* L.](葡萄科)

grape-vine aphid 葡萄藤蚜(葡萄蔓蚜)[*Aphis illinoisensis* Shimer](蚜科)

grape-vine bitter rot (= grape ripe rot) 葡萄炭疽病[*Glomerella cingulata* (stoneman) Sckrenk et Spauld.]

grape-vine downy mildew 葡萄霜霉病[*Plasmopara viticola* Berl. et de Toni.]

grape-vine fanleaf virus (= grapevine arriciamento virus, grapevine court-noué virus, grapevine roncet virus, grapevine urticado virus) 葡萄扇叶病毒

grape-vine flea-beetle (= grape flea-beetle, vine flea beetle) 葡萄跳甲[*Altica chalybea* (Illiger) = *Haltica chalybea* (Illiger)](跳甲科)

grape-vine lesion nematode 葡萄短体线虫[*Pratylenchus pratensis* (de Man) Filipjev]

grape-vine looper 葡萄藤尺蛾(葡萄蔓尺蛾)[*Lygris diversilineata* Hbn.](尺蛾科)

grape-vine rust 葡萄锈病[*Phakopsora ampelopsidis* Diet. et Sye.]

grape-vine snail 葡萄蜗牛[*Helix pomatia*](蜗牛科)

grape-vine stem nematode 葡萄茎线虫[*Ditylenchus dipsaci* (Kühn.) Filipjev]

grape-vine tendril 葡萄藤卷须(pampinus)

grape-vine tumour 葡萄根癌病[*Agrobacte-*

rium tumefaciens (Smith et Towns.) Conn.]
grape-vine yellow mosaic 葡萄黄化镶嵌病（病毒病害）
grape white rot (= hail disease) 葡萄白腐病 [*Coniothyium diplodie* (Speg.) Sacc.]
grape whitefly 葡萄粉虱 [*Trialeurodes vittata* Quaint.]（粉虱科）
grape windfall 葡萄落粒
grape working over 葡萄加工
grapefruit 葡萄柚(酸柚) [*Citrus paradisi* Macf.]（芸香科）
grapefruit juice [葡萄]柚汁
grapefruit rind stipple 葡萄柚果皮条纹病（生理病害）
grapery 葡萄园
grapes (马脚上生的)葡萄状肉芽
-graph ⌞字尾⌝照片
graph ①图,图表 ②图式,图示 ③标绘图
graph application 图应用
graph paper 毫米方格纸
-graphic ⌞字尾⌝图解,书写,图形
graphic analysis 图解
graphic analytical method 图解分析法{统计}
graphic computor 图解计算机,图形计算机
graphic data 图解数据,图形数据
graphic display 图形显示
graphic evaluation and review technique (GERT) 图解评审技术{电脑}
graphic input procedure 图形输入法
graphic method 图解法
graphic method of valuation 曲线求积法
graphic printer 图形打印机
graphic processing facility (GDF) 图形处理装置
graphic representation 图示
graphic scale 图解比例尺
graphic structure 文象构造{地质}
graphical book 图册{测}
graphical calculation 图解计算
graphical determination 图解[测定]
graphical explanation 图解说明
graphical method 图解法
graphical plot 图表,图像
graphical solution 图解
graphical statics 图解静力学
graphical symbol 图例,图解符
graphical window 图形窗口{电脑}
graphicalization 图形化(graphicalisatio)⌞拟⌝
graphicalization of natural landscape 自然景观图形化{智培}
graphics 图形学,制图学(graphica)
graphing board 绘图板
graphite 石墨
graphite carbon 石墨碳
graphite electrode 石墨电极
graphite lubrication 石墨润滑
graphite pencil (育种用)黑铅笔,石墨笔
graphometer 半圆测角器
graphtyper 字符图像电传机{信息}
grapple ①捉牢,抓住 ②格斗,抓斗 ③系钩
grapple fork 抓蔗叉
grasp ①抓紧,紧握,抱住 ②夹持 ③捕捉,捕获
grasping leg 捕捉足
grass ①⌞复⌝草,草本 ②禾草,牧草 ③草地,草原
grass acreage 草地面积
grass and cereal fly 三点禾蝇 [*Geomyza tripunctata* Fallén]（锯齿翅蝇科）
grass and cereal mite (= grass mite) 谷虱螨 [*Pediculopsis graminum* Reuter = *Siteroptes*]（虱螨科）
grass and wood ashes 草木灰
grass aphid 草蚜 [*Metopolophium festucae* (Theobald)]（蚜科）
grass-arable system 草田轮作制
grass blade ①(禾本科牧草)叶片 ②牧草切刀
grass breeding ①牧草育种 ②牧草育种学
grass breeding trials 牧草育种试验
grass bug 姬缘蝽
grass carp (= white amur) 草鱼,鲩 [*Ctenopharyngodon idella* (Cuv. et Val.)]
grass carpet 草坪
grass chopper 牧草切碎机
grass-clover leg 禾草三叶草[混播]放牧地
grass-cock 牧草垛,新鲜干草垛
grass community 草本群落
grass-covered land 生草地
grass cricket 禾草蟋蟀 [*Cyrtoripha ritzemae* (Saussure)]（蟋蟀科）
grass crop technique 牧草收获技术
grass cutter (公园用)草地剪草机
grass cutting 割草,剪草
grass cutting scissors 剪草剪
grass cylinder 草子清选筒
grass divider 分草器
grass dryer 牧草干燥机
grass drying 牧草干燥
grass-eating (= grass-feeding) 食草的

grass eliminator 除草机
grass-emmer hybrid 禾－草二粒小麦杂种
grass experimental plot 牧草试验区
grass family 禾本科［Gramineae］
grass farm ①牧草农场 ②草地牧场
grass farming 草地农业，草地经营
grass farming practices 草地农业技术
grass-fed 用草料喂养的
grass-feeding 食草的
grass field 牧草栽培地
grass-fire 地表火
grass flora ①草本植物区系 ②草本植物志
grass fly 黄潜蝇
grass fodder 草料
grass glade 林中草地
grass glume 内稃（palea）
grass grouping ①牧草分类 ②牧草组合
grass growing ①牧草栽培 ②牧草栽培学
grass-grown 牧草生长地
grass harvester 牧草收获机
grass host 杂草寄主
grass husbandry 牧草管理
grass killer 除草剂
grass-killing chemicals 除草剂
grass layer 牧草层
grass leafhopper 淡红斑叶蝉［*Erythroneura circumscripta* Matsumura］（叶蝉科）
grass leafroller（＝rice case worm） 稻纵卷叶野螟［*Cnaphalocrocis medinalis* Guenée］（野螟科）
grass-leaved sweet flag 石菖蒲［*Acorus gramiaeus* Soland.］（天南星科）
grass-legume mixtures 豆科－禾本科混播牧草
grass line 副索（架空集材），牵引索
grass looper 稻毛胫夜蛾［*Mocis repdnda* Fabricius］（夜蛾科）
grass-loving 喜草的，嗜草的（agrophilus）
grass meal 草粉
grass-minimum temperature 最低草温
grass minimum thermometer 最低草温计，最低草温表
grass mixtures 牧草混播
grass moor 草本沼泽
grass moth ①草螟 ②⌞复⌝草螟科［Crambidae］
grass mould（＝grass mold） 腐草土
grass mower ①剪草机 ②刈草机
grass mowing 刈草，剪草
grass mowing machine 刈草机
grass mulch 草覆盖
grass mulch system 禾草覆盖法
grass nail 分草钉
grass-nut（＝triplet lily） 疏布罗地石蒜［*Brodiaea laxa* Wats］（石蒜科）
grass-of-parnassia ①梅花草属［*Parnassia* L.］（虎耳草科）②梅花草［*Parnassia palustris* L.］
grass palea 护颖（stragulum）
grass pea（＝chickling vetch，vetchling，grass peavine） 草香豌豆［*Lathyrus sativus* L.］（豆科）
grass pink 常夏石竹［*Dianthus plumarius* L.］（石竹科）
grass plant ①牧草，禾草 ②草本植物
grass plant bug（＝grass capsia） 牧草盲蝽［*Lygus pratensis* Linnaeus］（盲蝽科）
grass processor 牧草压扁机
grass production 牧草生产
grass rejuvenator 草子破皮机
grass reseeder 牧草播种机
grass roots 牧草根系
grass sawfly 牧草叶蜂［*Pachynematus extensicornis*（Norton）］（叶蜂科）
grass scale 草绒蚧［*Eriococcus graminis* Maskell］（蚧科）
grass scurfy scale 草屑长蚧［*Chionaspis graminis* Green］（长蚧科）
grass scythe 大草镰
grass seed ①牧草种子，草子 ②⌞复⌝牧草种
grass seed cleaner 草子清选机
grass seed drier 草子干燥机
grass-seed drill 牧草播种机
grass seed plot 牧草种子区
grass seed production 牧草种子生产
grass seeder 牧草播种机
grass shears 草剪
grass sheath miner 牧草潜叶蝇［*Cerodontha dorsalis* Loew］（黄潜蝇科）
grass sickle（＝grass hook） 草镰
grass silage 牧草青贮，禾草青贮饲料
grass-silage harvester 牧草青贮收获机
grass sorghum 草高粱（草蜀黍）（高粱分类类型）
grass species 牧草种
grass spreader 牧草撒散机
grass stage 生草阶段（指草地）
grass staggers 草地强直痉搐，家畜晕倒病〔医〕
grass steppe 禾（牧）草草原
grass temperature 草温
grass tetany （牛）牧草搐搦
grass thrips 美洲锥形蓟马［*Anaphothrips obscurus*（Müller）］（蓟马科）

grass tree (= black boy) 树百合(黑孩子)[*Xanthorrhoea arborea* sp.](百合科)
grass variety 牧草品种
grass weed (= eelgrass) 大叶藻
grass worm (= army worm) 一星黏虫(美洲黏虫)[*Pseudaletia unipuncta* Haworth = *Cirphis*, *Leucania*, *Mythimna*, *Sideridis*](夜蛾科)
grass-wrack ①大叶藻属[*Zostera* L.](大叶藻科) ②(= eelgrass, grass weed) 大叶藻[*Zostera marina* L.]
grass yield 牧草产量
grassbank 植草堤岸
grassed waterway 铺草排水沟(指甘蔗地用)
grasserie (蚕)脓病
grasseriomycin 蚕病霉素
grasses ①牧草 ②禾本科 ③草类
grasshopper 蚱蜢
grasshopper bee fly 普通蜂虻(蜢寄蜂虻)[*Systoechus vulgaris* Loew](蜂虻科)
grasshopper maggot ①克氏麻蝇[*Blaesoxipha kellyi* (Aldrich) = *Sarcophaga*](麻蝇科) ②蜢寄麻蝇类[*Blaesoxipha* spp.]
grasshopper plague 虫灾
grasshoppers 蝗科[Acrididae]
grassland ①草地,牧草地 ②牧场,放牧地 ③生草地 ④草原 ⑤草甸
grassland agriculture (= grassland farming) 草地农业,草地经营(管理)
grassland area 草地面积
grassland deterioration 草地退化
grassland drill 草地条播机
grassland ecology 草地生态学
grassland farm 牧草场
grassland farmer ①草地经营者 ②牧人
grassland farming ①草地耕作 ②草地农业 ③草原经营
grassland farming system 草地耕作制
grassland forest 草地森林
grassland grazing 草地放牧
grassland harrow 草地耙
grassland harrowing 草地耙地
grassland husbandry 草地经营
grassland improvement 草地改良
grassland management 草地管理
grassland manager 草地管理者
grassland plant 草地植物
grassland region 草原地带,草地区
grassland rejuvenator 草地松土器
grassland roller 草地镇压器
grassland rotation 草地轮作,草田轮作(指牧草与大田作物轮作)
grassland rotation system 草地轮作制,草田轮作制
grassland science 草地学
grassland seed (= grass seed, herbage seed) 牧草种子
grassland species 草地[牧草]种
grassland steppe 草地干草原
grassland utilization 草地利用
grassland variety 草地品种
grassland vegetation 草地植被
grassland yield 草地产量
grassleaf daylily 红萱草[*Hemerocallis minor* Mill.](百合科)
grassplot 小块草地
grassplot treatment 小块草地处理{环保}
grassroots ①农业数据检索系统{智培} ②基础,根本
grassy ①草本的(herbaceus) ②禾草状的 ③禾本科的(graminaceus)
grassy shoot 草苗病(指甘蔗)
grassy taste 青草味
grassy turf 草土,生草土
grassy weed 禾本科杂草,窄叶杂草
grate ①炉,炉条,炉栅 ②擦碎,磨损 ③光栅 ④栅栏
grate bar 栅栏杆{园林}
grater ①擦子,擦板 ②碾种机
graticulation 在方格纸上作图(graticulatio)
graticule 接目测微尺
grating ①格子{加工} ②栅栏{畜} ③光栅{物} ④水栅{环保}
grating constant 光栅常数
grating for stopping floating wood 栏伐木坝
grating nephoscope 分格测云器
grating null 无光栅
grating selector 光栅选择器
gratiola (= hedge hyssop) 水八角[*Gratiola officinalis* L.](玄参科)
gratis 免费(gratis)
gratuitous ①不收费的,免费的 ②任意的,随意的,无故的,无理由的 ③自由得到的 ④安慰的(gratuitus)
gratuitous inducer 安慰诱导物(一种酶的诱导物,本身不被代谢)
gratuitous induction 安慰诱导{生技}
gratuitous induction of enzyme 酶的安慰诱导
graunch 意外错误(指计算机)
graupel 霰,软雹
grave ①严肃的,严重的{农管} ②雕刻{加

工}(gravis)
grave mistake 严重错误
gravel 砾,砾石(glarea)
gravel bed 砾[石]层{环保}
gravel bind ①沙蔓属[*Soldanella* L.](报春科) ②沙蔓[*Soldanella alpina* L.] ⌊拟⌉
gravel culture ①沙砾培养 ②砾培(指盆栽),沙砾栽培
gravel dam 砾石坝
gravel facing 砾石护面(砌面)
gravel filter 卵石滤水器,砾石滤水器{环保}
gravel ground 砾地
gravel land 沙砾地
gravel layer 砾层
gravel path 砾石路,碎石小道
gravel plain 砾质平原,沙砾平原
gravel road 碎石路,砾石路,沙砾路
gravel soil 砾质土,砾土
gravel terrace 砾质阶地
gravelly 砾质的(glareosus)
gravelly loam 砾质壤土
gravelly soil 砾质土
graveolent 极臭的(指臭气甚浓)(graveolens)
gravid female 怀卵亲鱼
gravid female prawn 怀卵亲虾
gravimetric 重量[测定]的(gravimetricus)
gravimetric analysis 重量分析
gravimetric concentration 重量[测定]浓度
gravimetric density 重量密度
gravimetric method 重量[分析]法
gravimetric stomach analysis 胃重量分析,胃含物分析
gravimetric water capacity 重量持水量
gravimetry ①重量测定 ②重量测定法(gravimetrica)
gravireceptor 重力感受器
gravisphere 引力图
gravitation 万有引力,重力(gravitatio)
gravitation attraction 地球引力
gravitation-capillary pore space 重力-毛管孔[隙]{土壤}
gravitation pore space 重力孔[隙]
gravitational 重力的(gravitationis)
gravitational acceleration 重力加速度
gravitational constant 引力常数
gravitational discharge 重力排出物
gravitational energy 重力能,引力能
gravitational field 引力场,重力场
gravitational potential 重力位势
gravitational potential energy 引力势能,重力势能
gravitational receptor 重力感受器
gravitational water 重力水
gravitational wave 重力波
gravitative differentiation 重力差别,重力差异
gravitometer 直读比重计
graviton 引力子
gravitropism 向重力性(gravitropismus)
gravity (g)(=gravity force) 重力(gravitas)
gravity cable logging 重力索道集材
gravity circulation dry kiln 自然循环干燥窑
gravity computer 重力计算机
gravity dam 重力坝{水利}
gravity distributor 自流式排肥器
gravity drainage 重力排水,自流排水
gravity dust collector 重力集尘器{农施}
gravity effect 引力影响
gravity feed ①自流喂入 ②自流式喂送器 ③自流式排肥器
gravity field 重力场
gravity filter ①自流式滤清器,重力滤器 ②重力滤池{环保}
gravity filtration 重力过滤
gravity flow 重力流,自流
gravity-flow drier 自流式干燥机
gravity-flow irrigated area 自流灌区
gravity flow of air 空气重力流动{环保}
gravity ground water 重力地下水
gravity irrigation 重力灌溉,自流灌溉
gravity lubrication 重力润滑
gravity meter 重力计,重力仪,重差计{遥感}
gravity oiling 重力注油,重力灌油
gravity potential 位势
gravity receptor (=gravireceptor, gravitational receptor) 重力感受器
gravity sand filter 重力沙滤池{环保}
gravity sand filtration process 重力沙滤法{环保}
gravity seed cleaner 自力清选机
gravity separation 重力分离法{环保}
gravity separator 比重清选分离机
gravity spring 重力泉,自流泉
gravity supply 重力供料,自动供料
gravity tank 重力箱
gravity water 重力[给]水{环保}
gravity water wheel 重力水轮机
gray ①(=grey) 灰色的 ②灰毛马,芦毛马 ③细叶桉[*Eucalyptus tereticornis* Smith](桃金娘科)
gray balance 灰度平衡{电脑}

gray bar 灰色条纹
gray beet weevil 甜菜灰象虫［*Tanymecus palliatus* Fabricius］（象甲科）
gray birch 红桦［*Betula lutea* Michx. f.］（桦木科）
gray blight 轮斑病（茶）
gray blight of tea 茶轮斑病［*Pestalotia theae* Sawada］
gray blister beetle 铁线莲芫菁［*Epicauta cinerea*（Förster）］（芫菁科）
gray body（= grey body） 灰体｛气象｝
gray body radiation（= grey body radiation） 灰体辐射
gray borer 黄螟［*Argyroploce schistaceana* Sneilen］（卷蛾科）
gray box 灰盒子｛电脑｝
gray-brown desert soil 灰棕漠境土
gray-brown forest soil 灰棕色森林土，灰棕壤
gray-brown podzolic soil 灰棕色灰化土
gray chokecherry 灰叶稠李［*Prunus grayana* Maxim.］（蔷薇科）
gray-cinnamonic soil 灰褐土
gray crescent 灰月区（poliocrescens）｛细胞｝
gray desert soil 灰漠境土
gray-desert steppe soil 灰漠草原土
gray echeveria ①石莲花属［*Echeveria* DC.］（景天科）②石莲花［*Echeveria glauca* = *E. secunda* var. *glauca* sp.］
gray ferruginous soil 灰色铁质土
gray field slug 田灰蛞蝓［*Deroceras laeve*（Müller）］（蛞蝓科）
gray forest soil 灰色森林土｛土壤｝
gray garden slug 庭园灰蛞蝓［*Deroceras reticulatum*（Müller）］（蛞蝓科）
gray-glaucous acaena 灰蓝芒刺果［*Acaena caestiglauca* sp.］（蔷薇科）
gray gum（= gray） 细叶桉
gray horse 灰白色马
gray horse fly 灰虻［*Tabanus griseus* Kröber］（虻科）
gray humic acid 灰色胡敏酸
gray leaf spot ①角斑病（小麦）②黑斑病（油菜子）③紫斑病（高粱）
gray leaf spot of kaoliang 高粱紫斑病［*Cercospora sorghi* Ell. et Fr.］
gray leaf spot of tomato 番茄褐斑病［*Stemphylium lycopersici* Yamamoto.］
gray level 灰度级｛遥感｝
gray level distribution 灰度［级］分布
gray level transformation 灰度［级］变换
gray lowland soil 灰色低地土
gray matter 灰质
gray mold（= gray mould） ①灰霉 ②灰霉病
gray mold neck rot of onion 洋葱灰霉病（洋葱灰穗病）［*Botrytis allii* Mann.］
gray mold of apricot 杏灰霉病［*Botrytis cinerea* Pers.］
gray mold of bean 四季豆灰霉病［*Botrytis cinerea* Pers.］
gray mold of begonia 秋海棠灰霉病［*Botrytis cinerea* Pers.］
gray mold of broad bean 蚕豆花腐病［*Botrytis cinerea* Pers.］
gray mold of buckwheat 荞麦灰霉病［*Botrytis tenuis* Nees.］
gray mold of cabbage 甘蓝灰霉病［*Botrytis cinerea* Pers.］
gray mold of carrot 胡萝卜灰霉病［*Botrytis cinerea* Pers.］
gray mold of castor 蓖麻灰霉病［*Botrytis cinerea* Pers.］
gray mold of citrus 柑橘灰霉病［*Botrytis cinerea* Pers.］
gray mold of coriander 芫荽灰霉病［*Botrytis cinerea* Pers.］
gray mold of eggplant 茄灰霉病［*Botrytis cinerea* Pers.］
gray mold of fig 无花果灰霉病［*Botrytis depradens* Cke.］
gray mold of kaki 柿灰霉病［*Botrytis cinerea* Pers.］
gray mold of lettuce 莴苣灰霉病［*Botrytis cinerea* Pers.］
gray mold of mulberry 桑灰霉病［*Botrytis cinerea* Pers.］
gray mold of onion 洋葱灰霉病［*Botrytis allii* Munn.］
gray mold of pea 豌豆灰霉病［*Botrytis cinerea* Pers.］
gray mold of pepper 辣椒灰霉病［*Botrytis cinerea* Pers.］
gray mold of potato 马铃薯灰霉病
gray mold of rose 蔷薇灰霉病［*Botrytis cinerea* Pers.］
gray mold of strawberry 草莓灰霉病［*Botrytis cinerea* Pers.］
gray mold of sunflower 向日葵灰霉病［*Botrytis cinerea* Pers.］
gray mold of sweet potato 甘薯灰霉病［*Botrytis cinerea* Pers.］
gray mold of tobacco 烟草灰霉病［*Botrytis*

cinerea Pers.]
gray mold of tomato 番茄灰霉病[*Botrytis cinerea* Pers.]
gray mold of wheat 小麦灰霉病[*Botrytis cinerea* Pers.]
gray-mold rot 灰腐病
gray mold shoot blight 赤色斑点病(蚕豆)
gray mullet 鲻[*Mugil cephalus* L.]{水产}
gray rot of tomato 番茄灰腐病[*Ascochyta lycopersici* Brun.]
gray scale 灰色标度,灰阶
gray solodic soil 灰色脱碱土
gray speck of soybean 大豆灰斑病[*Cercospora sojina* Hara]
gray spot of apple 苹果灰斑病[*Phyllosticta mali* Pril. et Delacr. = *P. pirina* Sacc.]
gray steppe soil 灰色草原土
gray sugarcane mealybug 甘蔗灰粉蚧[*Pseudococcus boninsis* Kuwana](粉蚧科)
gray tropical clay 热带灰色黏土
gray warp soil 灰色冲积土
gray willow leaf beetle 柳灰叶甲[*Pyrrhalta decora decora* (Say)](叶甲科)
gray wooded soil 灰色森林土
graybanded leaf-roller 灰带卷蛾[*Argyrotaenia mariana* (Fernald)](卷蛾科)
graying 灰色化的,淡化的
graylevel (= gray level) 灰度级
graywacke 硬砂岩{地质}
graze ①放牧 ②食草,啃草 ③轻擦,擦伤表皮
graze down 放养,放牧
grazed enclosure 放牧围栏
grazer 放牧牲畜
grazier 牧人
graziery ①畜牧业 ②放牧肥育
grazing ①放牧 ②索饵,摄食 ③食草,啃食
grazing activity 索饵活动
grazing allotment 放牧分配区,分区放牧,轮牧区
grazing animals ①放牧牲畜 ②食草动物
grazing area 放牧面积
grazing behavior 啃食习性,啃食行为(动)
grazing calendar 放牧历
grazing capacity ①放牧地容畜量,容牧量 ②牧养力,放牧强度
grazing co-operative 放牧合作社
grazing crops 放牧作物
grazing day 放牧日
grazing-day unit 放牧日单位
grazing district 放牧区
grazing efficiency 放牧效率
grazing fallow ①放牧休闲 ②放牧休闲地
grazing fanna ①食草动物群落 ②食草动物志
grazing fence 放牧围栏
grazing forest 放牧林,森林牧场
grazing ground 放牧地
grazing habit 食草习性
grazing height 放牧[牧草]高度
grazing in alpine land 高山放牧
grazing in forest 林内放牧
grazing intensity 放牧强度
grazing land 放牧地
grazing management 放牧管理
grazing meadow 放牧草地,放牧草甸
grazing performance (= grazing efficiency) 放牧效率
grazing period 放牧期
grazing permit 许可放牧,放牧许可证
grazing practices 放牧技术
grazing preference 食草适口性,食草嗜好性
grazing pressure 放牧压
grazing procedure 放牧手续(步骤,程序)
grazing rate 摄食率
grazing result 放牧结果
grazing right 放牧权
grazing season 放牧季节,放牧期
grazing stock management 放牧牲畜管理
grazing system 放牧制
grazing time 放牧时期,放牧期
grazing trials 放牧试验
grazing type 放牧型
grazing unit 放牧单位
grazing use 放牧使用
grazing variety 放牧品种
grazing woodland 森林牧场
grease ①润滑油,黄油,动物油脂 ②马踵炎
grease band 黏虫带,捕虫圈
grease banding 脂膏绷带
grease content 油脂含量
grease interceptor 油脂截留器(池){环保}
grease lubrication 滑油润滑
grease removal 油脂除去
grease seal 油封,黄油密封
grease separation 油脂分离{环保}
grease separator 油脂分离器{环保}
grease trap ①油分离阱 ②油脂捕集器{环保}
grease wool 含脂羊毛
greaser 注油器
greasy ①含脂的 ②涂有油脂的

greasy cutworm 小地老虎
greasy spot of citrus ①柑橘脂点病（non-infecious）②柑橘黄斑病（柑橘褐色小圆星病）[*Mycosphaerella horii* Hara.]
greasy spot of lime 中国柠檬脂点病（non-infectious）
greasy wool 污毛，含脂毛｛畜｝
great ①（体积，数量，程度）超过一般标准的，巨大的，很多的，非常的 ②伟大的 ③重要的，著名的
great aster 大花紫菀[*Aster grandiflorus* L.]（菊科）
great bellflower 阔叶风铃草[*Campanula latifolia* L.]（桔梗科）
great bindweed 打碗花[*Calystegia hederacea* Wall.]（旋花科）
great burdock（= gobo greater burdock）牛蒡
great burnet 地榆[*Sanguisorba officinalis* L.]（蔷薇科）
great California fir（= grand fir） 大冷杉
great capricorn beetle 栎大天牛（橡大天牛）[*Cerambyx cerdo* Linnaeus]（天牛科）
great cat-tail（= common cat-tail） 宽叶香蒲[*Typha latifolia* L.]（香蒲科）
great circle ①大圈｛气象｝②大圆｛遥感｝
great cloudness 大阴，阴
Great cold 大寒（中国的 24 节气之一）
great coneflower 大金光菊[*Rudbeckia maxima* Nutt.]（菊科）
great drought 大旱
great grouse 大松鸡[*Tetrao urogallus*]
great headed garlic 大头蒜[*Allium ampeloprasum* L.]（石蒜科）
Great heat 大暑（中国的 24 节气之一）
great hog-plum 金酸枣（加耶芒果）[*Spondias cytherea* Sonn.]（漆树科）
great land owner 大量土地占有者，大地主
great maple（= sycamore maple） 悬铃木槭（大槭树，山槭，七裂槭）
great millet（= sorghum） 高粱（蜀黍）[*Sorghum bicolor* Moench = *S. vulgare* L.]（禾本科）
great millet stem maggot fly 高粱芒角蝇[*Atherigona soccata* Rond.]
great mole cricket 大蝼蛄[*Gryllotalpa unispina* Saussure]（蝼蛄科）
great morel（= belladona） 颠茄
great mucuna 大油麻藤[*Mucuna gigantea* DC.]（豆科）
great pine（= gigantic pine） 砂糖松[*Pinus lambertiana* Dougl.]（松科）
great plain 大平原，大草原
great plain's yucca 小丝兰[*Yucca glauca* Nutt.]（龙舌兰科）
great quantity 大量[观察]
great quantity cross 大量杂交
great reed 台湾芦竹[*Arundo formosana* Hack.]（禾本科）
great rose-mallow 大花秋葵[*Hibiscus grandiflorous* Michx.]（锦葵科）
great sanicle（= common badysmantle） 斗篷草[*Alchemilla vulgaris* L.]（蔷薇科）
great scarlet poppy 大红罂粟[*Papaver bracteat* Lindl.]（罂粟科）
great significance 重大意义，重大重要性
great slug（= spotted garden slug） 大蛞蝓[*Limax maximus* Linnaeus]（蛞蝓科）
Great Snow 大雪（中国的 24 节气之一）
great snow（= heavy snow） 大雪
great spotted woodpecker 大斑点啄木鸟[*Denarocopos major*]
great sugar pine（= great pine） 砂糖松
great water rush（= black rush） 水葱（莞）[*Scirpus lacustris* L.]（莎草科）
great white-daisy（= ox-eye daisy） 滨菊[*Leucanthemum vulgare* Lam.]（菊科）
great willow-herb（= fire weed） 柳兰
greater burnet-saxifraga 虎耳草茴芹[*Pimpinella saxifraga* L.]（伞形花科）
greater celandine 白屈菜[*Chelidonium majus* L.]（罂粟科）
greater circulation 大循环
greater crop yield [大]丰收
greater dodder（= larger dodder） 欧菟丝子
greater nettle（= stinging nettle） 大荨麻[*Urtica dioica* L.]（荨麻科）
greater periwinkle 蔓长春花[*Vinca major* L.]（夹竹桃科）
greater plantain（= common plantain, ripple grass） 大车前[*Plantago major* L.]（车前科）
greater than（GT） 大于｛统计｝
greater variance 大方差｛统计｝
greater wax moth（= bee moth, honey comb moth, large wax moth） 大蜡螟[*Galleria mellonella*（Linnaeus）]（蜡螟科）
greater yellow rattle 大猪鼻花[*Rhinanthus major* Ehrh.]（玄参科）
greatest common divisor（GCD） 最大公约数
greatest lower bound（GLB） 下确界，最大

下界{电脑}
greatest need 最大需要[量]
greatleaf maidenhair 大叶铁线蕨[*Adiantum macrophyllum* Sw.](铁线蕨科)
greaved (= ochreate) 具托叶鞘的
greaves (= gristle) 饲用油渣
Grecian foxglove 希腊毛地黄[*Digitalis lanata* Ehrh.](玄参科)
Grecian laurel 月桂[*Laurus nobilis* L.](樟科)
greedy scale ①贪食圆蚧[*Hemiberlesia rapax* (Comstock)](圆蚧科) ②山茶蒌圆蚧[*Aspidiotus comelliae* Signoret]
greedy strategy 贪婪策略
greedy tree 贪心树{电脑}
Greek alphabet 希腊字母(生物统计学用为符号)
Greek lotus (= common bird's foot trefoil) 百脉根(牛角花)[*Lotus corniculatus* L.](豆科)
Greek valerian ①花荵属[*Polemonium* L.](花荵科) ②花荵[*Polemonium coeruleum* L.]
green ①绿色的,未成熟的,新鲜的,青的,嫩的,未充分发育的 ②旺盛的,充沛的 ③(木材)湿的,未干燥的 ④(皮革)未鞣的 ⑤青皮苹果
green agriculture 绿色农业(指传统农业){农经}
green alder 绿桤木[*Alnus viridis* DC.](桦科)
green algae 绿藻[科][Chlorophyceae]
green amaranth (= slender amaranth) 绿苋[*Amaranthus viridis* L. = *A. gracilis* Desf.](苋科)
green apple aphid (= apple tree aphid) ①苹[绿]蚜[*Aphis pomi* DeG.](蚜科)
green area ①绿化区 ②绿化面积{园林}
green ash 披针叶梣[*Fraxinus lanceolata* Borkh](木犀科)
green automobiles 绿色汽车(指所用汽油来自植物原料其特点:节能,低废,高效,轻质,易于回收利用,是环保观念对汽车的影响,是汽车技术发展的必然结果)
green axial shoot 绿色主枝
green bacteria 绿色细菌(bacteria virides)
green bamboo 绿竹[*Bambusa oldhami* Munro](禾本科)
green bame-berry 绿类叶升麻[*Actaea viridiflora* sp.](毛茛科)
green bean 嫩荚菜豆
green belt 绿化地带
green blister beetle 绿芫菁[*Lytta chinensis* Motschulsky](芫菁科)
green boll 青铃(棉)
green-boll separator 青铃分离器
green-boll trap 青铃收集器
green borer 绿色吉丁虫[*Agrilus viridis* L.](吉丁科)
green briar ①菝葜属[*Smilax* L.](菝葜科) ②菝葜[*Smilax faurei* Lévl.]
green bristlegrass (= green foxtail, green panic grass) 狗尾草(莠)[*Setaria viridis* (L.) Beauv. = *Panicum viride* L.](禾本科)
green broad-winged planthopper 碧蛾蜡蝉[*Geisha distinctissima* Walker](蜡蝉科)
green budworm 绿小卷蛾[*Hedia variegana* Hbn.](小卷蛾科)
green bug (= spring-grain aphid) 麦二叉蚜(麦绿蚜)[*Toxoptera graminum* Rond.](蚜科)
green bunch onion (= green onion) 叶用葱
green cabbage (= borecole) 羽衣甘蓝
green calla 绿苞疆南星[*Arum creticum* sp.](天南星科)
green cane 新鲜蔗
green capsid 绿盲蝽[*Lygus lucorum* Meyer-Dür](盲蝽科)
green caterpillar 螟蛉
green chafer 绿铜丽金龟[*Anomala albopilosa* Hope](金龟科)
green chemical industry 绿色化工,绿色化学工业(指大部分有机化学品主要来自植物原料){环保}
green chloroplast 叶绿体
green chrysanthemum aphis (= green fly) 菊绿缢管蚜[*Rhopalosiphum rufomaculatum* Wilson](蚜科)
green citrus aphid (= spiraea aphid) 绣线菊蚜[*Aphis spiraecola* Patch](蚜科)
green clover treehopper 三叶草绿角蝉[*Stictocephala inermis* Fabricius](角蝉科)
green cloverworm 苜蓿绿夜蛾[*Plathypena scabra* (Fabricius)](夜蛾科)
green cochlid 梨青刺蛾[*Parasa consocia* Walker](刺蛾科)
green coconut bug 椰子绿缘蝽[*Amblypelta cocophaga* Chint](缘蝽科)
green coffee 生咖啡
green coffee scale (= green scale) 咖啡绿蚧[*Coccus viridis* Green = *Lecanium viride* Green](蚧科)
green corn ①青玉米 ②青谷物

green cotton aphid (= cotton aphid) 棉蚜[*Aphis gossypii* Glover]
green cotton weevil 棉绿象甲[*Hypomeces squamosus* Fabricius](象甲科)
green cover 绿色覆盖
green cricket 油葫芦[*Gryllus testaceus* Walker](蟋蟀科)
green-crop dryer 青饲料干燥器
green crops 青刈作物(作青饲或绿肥)
green dead-kernel rice 死青稻粒,死青米
green dressing 施绿肥
green duck 雏鸭(9~12周)
green ebony ①蓝花楹属[*Jacaranda* Juss.](紫葳科) ②蓝花楹[*Jacaranda acutifolia* Humb, et Bonpl.]
green egg 未成熟卵
green excoecaria 背绿桂花[*Excoecaria cochinchinensis* var. *viridis* (Pax et Hoffm.) Merri](大戟科)
green fallow ①绿色休闲 ②绿色休闲地
green feed (= green fodder) 青饲料
green feeding 青饲
green fence 绿篱
green figs 新鲜无花果
green fingers 园艺术,园艺技能
green flax 青亚麻,青麻
green flea 绿圆跳虫[*Siminohurus viridis* (Linnaeus)](圆跳虫科)
green-fleshed 绿色果肉的(chlorosarcus)
green-flower chinese rose 金樱子[*Rosa laevigata* Michx.](蔷薇科)
green-flowered 绿花的(chloranthus)
green fluid 绿色流体
green-fluorescent 绿荧光性的
green fly (= green chrysanthemum aphis) 菊绿缢管蚜
green fodder (= green forage) 青饲料
green food 绿色食品{农经}
green forage 青饲料
green forage chain 青绿饲草链
green forage shredder 青饲切碎机
green foxtail 狗尾草(莠)[*Setaria viridis* (L.)Beauv. = *Panicum viride* L.](禾本科)
green fruit 绿果,未成熟果实
green fruit worm ①食心虫 ②⌊复⌉小食心虫属[*Grapholitha* spp.](小卷蛾科)
green-fruited 绿果的(chlorocarpus)
green fruitworm 绿果夜蛾[*Lithophane antennata* Wlk](夜蛾科)
green gage (= gage) 青梅
green gall aphid 绿球蚜[*Chermes viridis*](球蚜科)
green gland 绿腺,排泄腺(甲壳类头部的)
green glume 绿色颖片,绿颖(gluma viridis)
green gram (= mung bean) 绿豆[*Phaseolus aureus* Roxb.](豆科)
green gray cabbage aphid 甘蓝蚜(菜蚜)[*Bravicaryne brassicae* L.](蚜科)
green hands 新手,新工人
green harvested material 青割原料
green-headed 绿头的(chlorocephalus)
green hedge 绿篱,生篱
green immature grain 未熟青子粒
green Japanese beetle (= Japanese beetle) 日本丽金龟(豆金龟)[*Popillia japonica* Newman](金龟科)
green June beetle 六月绿金龟(绿花金龟)[*Cotinis nitida* (L.)](金龟科)
green-kernelled rice 青稻粒
green lacewing ①绿草蛉[*Chrysopa carnea* Stephens] ②⌊复⌉(= aphis lions) 草蛉科[Chrysopidae]
GREEN language 绿色语言{电脑}
green leaf ①生叶,鲜叶[烟叶] ②绿叶
green leaf bug 绿盲蝽[*Lygus lucorum* Mayer-Dür](盲蝽科)
green leaf hopper 大青叶蝉[*Tettigoniella viridis* Linnaeus = *Cicadella*](叶蝉科)
green leaf weevil 绿叶象(莱象)[*Phyllobius maculicornis* Germar](象甲科)
green-leaved 绿叶的(chlorophyllus)
green light 绿光
green liquor 绿液,碱化液,碱化液(指纸浆厂的){环保}
green longicorn beetle 四颈绿天牛[*Chlidonium quadricolle* Bates](天牛科)
green lumber 湿材,生材
green maize 青玉米
green manure 绿肥
green manure crops 绿肥作物
green manurial fallow ①绿肥休闲 ②绿肥休闲地
green manuring 施用绿肥
green manuring by alfalfa 施用苜蓿绿肥
green manuring by lupine 施用羽扇豆绿肥
green manuring by mung bean 施用绿豆绿肥
green manuring by rape 施用油菜绿肥
green mass 绿色体
green material 鲜嫩材料
green matter 绿色物质
green mature 绿熟
green meadow grasshopper (= long horn

grasshopper and katydids) 螽斯科[*Tettigoniidae*]
green meadow locust 草地青蝗(绿条蝗)[*Chortophaga viridifasciata* DeG.](蝗科)
green mealybug (= guava mealy scale) 咖啡绿绵蚧[*Pulvinaria psidii* Maskell](绵蚧科)
green millet (= kaoliang) 蜀黍(高粱)[*Sorghum vulgare* Pers.](禾本科)
green mirid bug 绿盲蝽[*Lygus lucorum* Meyer-Dür](盲蝽科)
green molasses 原糖蜜
green mold (= green mould) ①青霉 ②青霉病
green mold of apple 苹果青霉病[*Penicillium glaucum* L.]
green mold of citron 枸橼绿霉病[*Penicillium digitatum* Sacc.]
green mold of citrus 柑橘绿霉病[*Penicillium digitatum* Sacc.]
green mold of lemon 柠檬绿霉病[*Penicillium digitatum* Sacc.]
green mold of mandarin and tangerine orange 橘绿霉病[*Penicillium digitatum* Sacc.]
green mold of orange 金橘绿霉病[*Penicillium digitatum* Sacc.]
green mold of pear 梨青霉病[*Penicillium expansum* Link.]
green mold of plum 李青霉病[*Penicillium corylophilum* Dierckx.]
green mold of sweet orange 甜橙绿霉病[*Penicillium digitatum* Sacc.]
green mold pomelo 柚绿霉病[*Penicillium digitatum* Sacc.]
green monitor 绿色监视器{电脑}
green mosaic 绿色花叶病,萎缩病(麦类)
green mosaic of barley 大麦萎缩病(病毒病害)
green mould (= green mold) ①绿霉 ②绿霉病,青霉病
green mud 绿泥{环保}
green mugwort leafhopper 艾蒿绿叶蝉[*Euscelis impictifrons* Boheman](叶蝉科)
green muscardine 绿僵病[*Spiacaria prasina*]
green muscardine fungus 绿僵菌[*Metarrhizium anisopliae* (Metsch) *Sorokin*]
green needlegrass 绿针茅[*Stipa viridula* L.](禾本科)
green oats 青刈燕麦
green oil 光绿油{显技}
green olive 青橄榄
green onion 叶用葱
green orange bug (= spiny orange bug) 橘刺蝽[*Biprorulus viridana* L.](网蝽科)
green panic grass (= green foxtail) 狗尾草(莠)
green part 绿色部[分]
green pea 嫩豌豆,青豌豆
green pea harvester 嫩豌豆收获机
green pea viner 嫩豌豆脱粒机
green peach aphid (= mealy plum aphid)桃大尾蚜(绿桃蚜)[*Hyalopterus arundinis* Fabricius = *H. pruni* (Fabricius)](蚜科)
green peach louse 桃[赤]蚜(烟蚜)[*Myzus persicae* Sulz.](蚜科)
green pear aphid 梨绿蚜[*Nippolachnus piri* Matsumura](蚜科)
green pepper 青椒
green-pink weigela 美丽锦带花[*Weigela decora* Nakai](忍冬科)
"green plan" 绿化计划
green plant 绿色植物
green plant bug 稻绿蝽[*Nezara viridula* Linnaeus](盲蝽科)
green plant mass 绿色植物量
green plantation ①蔬菜种植园 ②[人工]绿地{园林}
green pod stage 绿荚期
green potato bug 马铃薯绿蝽(稻绿蝽)[*Nezara viridula* L.](盲蝽科)
green power supply 绿色电源{农施}
green pruning 绿枝修剪,活枝修剪
green pug moth 梨花尺蛾[*Chloroclystis rectangulata* (L.)](尺蛾科)
green rape 青刈油菜
green ratio 树冠比(树冠高/树高)
green revolution 绿色革命
green rice bug 稻绿蝽(花角绿蝽)[*Nezara antennata* Scott](蝽科)
green rice caterpillar (= rice leaf feeder) 稻螟蛉[*Naranga aenescens* Moore](夜蛾科)
green rice leafhopper (= rice leafhopper) 稻大白叶蝉[*Cicadella spectra* Distant = *Tettigella*](叶蝉科)
green rice moth 绿米螟[*Doloessa viridis* Zell. = *Thagora figurana* Wk.](螟蛾科)
green ripe stage [果实]绿熟期
green ripeness ①绿熟 ②绿熟度

green robot 绿色自动交通信号,绿色机器人{信息}
green rose 绿月季花[*Rosa chinensis* var. *viridiflora* Dipp.](蔷薇科)
green rose chafer 蔷薇绿虎甲[*Dichelonyx backi* Kby](金龟科)
green-rot ①绿腐 ②绿腐病
green rye 青刈黑麦
green sand 绿砂(钾质肥料)
green sapota 绿心果(calocarpum viride)
green scale (=green coffee scale) 咖啡绿蚧[*Coccus viridis* Green](蚧科)
green scaly weevil (=sugarcane shoot borer) 绿鳞象甲[*Hypomeces squamosus* Herbst](象甲科)
green scum (死水上)绿色浮沫
green sedge 绿苔[*Carex viridula* Fran. et Savat non Michx.](莎草科)
green-seeded 绿子的(chlorospermus)
green seeded soybean 青[子]大豆
green shoot 嫩枝
green slender planthopper 稻绿飞虱[*Saccharosydne procerus* Matsumura](飞虱科)
green smartweed (=pale smartweed) 大马蓼[*Polygonum lapathifolium* L. = *P. scabrum* Moench.](蓼科)
green smut (of rice) 稻瘟病[*Piricularia oryzae* Cav.]
green smut of corn 玉米曲病[*Ustilaginoidea virens* (Cke) Tak.]
green soybean (=soiling soybean) 青刈大豆,青大豆
Green Sport 绿斯波特(甘蔗热带原种)
green-spotted bug 绿点蝽[*Nezara viridula aurantiaca* Cost.](蝽科)
green stem cutting 嫩枝插条
green stem forsythia 金钟花[*Forsythia viridissima* Lindl.](木犀科)
green stink bug 喜绿蝽[*Acrosternum hilare* (Say)](蝽科)
green-striped grasshopper 绿条蝗[*Chortophaga viridifasciata* (De Geer)](蝗科)
green-striped-winged grasshopper 花胫绿纹蝗[*Aiolopus tamulus* Fabricius](蝗科)
green stuff 蔬菜类
green sugarcane aphid (=sorghum aphid) 高粱蚜(蔗黄蚜)[*Aphis sacchari* Zehntner](蚜科)
green sulfur bacteria 绿色硫磺细菌
green surface 绿地{园林}
green sward ①草皮 ②草坪
green taro 大野芋(印度芋)[*Colocasia gigantea* (*indica*) Hook. f.](天南星科)
green tea 绿茶(不发酵茶)
green tea leafhopper 茶绿叶蝉[*Chlorita formosana* Paoli](叶蝉科)
green tea processing 绿茶加工{加工}
green-threaded 绿丝的(chloronemus)
Green Thumb "绿拇指"系统(指美国农业部经营的可视数据检索系统){信息}
green tiger beetle 绿虎甲[*Cicindela campestris* Linnaeus](虎甲科)
green timber 生材,湿材
green tip kafir-lily 垂笑君子兰[*Clivia nobilis* Lindl.](石蒜科)
green-tiped 先端绿色的(chloroterminatus)
green tissue 绿色组织(tela viridis)
green tobacco (=wild tobacco, Aztec tobacco) 黄花烟草(黄花芋)[*Nicotiana rustica* L.](茄科)
green tobacco aphid (=green peach aphid, tobacco aphid) 桃[赤]蚜(烟蚜)
green tomato bug (=southern green stink bug) 稻绿蝽
green tortoise beetle 绿[蚌]龟甲[*Cassida viridis* L.](龟甲科)
green tree cricket 梨蟋蟀[*Madasumma hibinonis* Matsumura](蟋蟀科)
green tuber 新鲜块茎,幼嫩块茎
green tunnel 绿阴道{园林}
green vegetables 新鲜蔬菜
green-veined white (=imported cabbage worm) 菜粉蝶(白粉蝶)[*Pieris napi* L.](粉蝶科)
green vernalization 绿色体春化
green water 绿色水(指降雨形成的土壤水,真正为作物蒸腾进行光合作用的水){生态生理}
green watery top 青汁甘蔗梢
green wattle acacia 下延金合欢(下延相思树)[*Acacia decurrens* (Wendl.) Willd.](豆科)
green weight 青重,鲜重
green yield ①出青量,出青率(茶) ②青割量,青草收获量{牧草}
Greenacher's borax carmine 格林纳史氏硼酸胭脂红{显技}
greenery 温室
greengage (=reineclaude) 意大利李[*Prunus insititia* var. *italica*](蔷薇科)
greengrocer 菜商
greenhead 牛虻

greenhouse 温室
greenhouse aphid (= green peach aphid) 桃[赤]蚜(烟蚜)[*Myzus persicae* Sulzer](蚜科)
greenhouse bench 温室种植台(工作台)
greenhouse budding 温室芽接
greenhouse care 温室管理
greenhouse CO_2 content 温室 CO_2 含量,温室二氧化碳含量
greenhouse CO_2 content control 温室 CO_2 浓度控制
greenhouse construction 温室构造
greenhouse controller 温室控制装置
greenhouse cooling 温室降温
greenhouse covering film 温室覆盖薄膜
greenhouse cropping ①温室耕作 ②温室栽培
greenhouse culture ①温室栽培 ②温室培养
greenhouse data 温室数据,温室资料
greenhouse effect 温室效应
greenhouse energy conservation 温室节能
greenhouse environment 温室环境
greenhouse environment engineering 温室环境工程
greenhouse experiment 温室试验
greenhouse experiment error 温室试验误差
greenhouse flat 温室种植台,温室实验台
greenhouse fly (= greenhouse whitefly) 温室粉虱[*Trialeurodes vaporariorum* (Westwood)](粉虱科)
greenhouse forced ventilation 温室强制通风
greenhouse forcing culture 温室促成栽培
greenhouse gardening 温室园艺
greenhouse gas 温室气体
greenhouse growing 温室栽培
greenhouse-grown crop 温室栽培作物
greenhouse-grown straw 温室生长茎秆
greenhouse heat balance 温室热量平衡
greenhouse heat conservation 温室保温
greenhouse heating 温室加温
greenhouse horticulture ①温室园艺 ②温室园艺学
greenhouse humidity control 温室湿度控制
greenhouse irrigation and drainage 温室灌溉排水,温室灌排
greenhouse leaftier 温室野螟[*Udea rubigalis* (Guenée)](野螟科)
greenhouse management 温室管理
greenhouse natural ventilation 温室自然通风
greenhouse observation 温室观察
greenhouse orthezia 橘旌蚧(温室旌蚧)[*Orthezia insignis* Douglas](旌蚧科)
greenhouse planning 温室设计
greenhouse plants ①温室植物 ②温室植株
greenhouse pot 温室试验盆
greenhouse pot culture 温室盆栽
greenhouse pot experiment 温室盆栽试验
greenhouse potting ①温室盆栽 ②温室[装]上盆
greenhouse potting on (= greenhouse repotting) 温室(盆栽)换盆
greenhouse red spider mite (= cotton red spider) 普通红叶螨(棉红蜘蛛)[*Tetranychus telarius* L.](叶螨科)
greenhouse sample 温室样本
greenhouse slug (= keeled slug) 温室蛞蝓(龙骨蛞蝓)[*Milax gagates* (Draparnand)](蛞蝓科)
greenhouse soil air 温室土壤空气
greenhouse soil moisture control 温室土壤水分控制
greenhouse sprayer 温室喷雾机(器)
greenhouse stone cricket 温室蟋螽[*Tachycines asynamorus* Adelung]
greenhouse syndrome 温室综合征
greenhouse test 温室试验
greenhouse thrips (= coffee thrips of quinine) 温室蓟马[*Heliothrips haemorrhoidalis* (Bouchè)](蓟马科)
greenhouse vegetable growing 温室蔬菜栽培
greenhouse ventilation 温室通风
greenhouse vine culture 温室葡萄栽培
greenhouse whitefly (= glasshouse whitefly) 温室粉虱
greening ①绿化{园林} ②青果病
greening back (果树)返青
greening process ①变绿过程 ②返青过程
greening truck 绿化用卡车{园林}
greenish 浅绿色的(chlorinus)
greenish-brown 绿褐色的(viridifuscus)
greenish delicate geometrid 绿丽尺蛾[*Hemithea aestivaria* Hübner](尺蛾科)
greenish fritillary butterfly 银纹蛱蝶[*Argynnis laodioe japonica* Ménétriés](蛱蝶科)
greenish noctuid 绿铜翅夜蛾[*Eurois prasina* Fabricius](夜蛾科)
greenish yellow-brown hawk moth 豆天蛾[*Clanis bilineata* Walker](天蛾科)
greenland 绿草地
Greenland bluegrass 格陵兰早熟禾[*Poa glauca* Vahl.](禾本科)

greenleaf desmodium 青叶山绿豆［*Desmodium intortum* L.］（豆科）
Greenleaf filter 虹吸滤池〈环保〉
greenness ①绿色 ②新鲜 ③未成熟
greens ①绿叶类，蔬菜类 ②绿茧蚕种
greensand 绿砂（指一种钠离子交换矿砂）〈环保〉
greenward（＝lawn, turf） 绿地，绿草地，草地〈园林〉
Greenwich civil time 格林尼治民用时（世界时）
Greenwich mean time 格林尼治平均地方时
Greenwich meridian 格林尼治子午线
greenwood ①生材，湿材 ②绿林 ③绿枝，嫩枝
greenwood cutting ①绿枝插，嫩枝插 ②（桑）新梢插木
greenwood grafting 绿枝接，嫩枝接〈园艺〉
gregale 格雷大风（地中海中部和西部及其欧洲沿岸的东北大风）
gregaria phase 聚生阶段
gregariae 聚生度
gregarious ①聚生的 ②群集的 ③群居的（gregarius）
gregarious phase ①群居相，群居型 ②聚生相，聚生型
gregarious plant 聚生植物（planta gregaria）
gregariousness 聚生度
Gregorian calendar 阳历，格里历
grevillea ①银桦属［*Grevillea* R. Br.］（山龙眼科）②银桦［*Grevillea robusta* Cuun.］
grevillol 银桦酚，十三烷［基］苯二酚
grewia ①扁担杆属［*Grewia* L.］（椴树科）②扁担杆［*Grewia biloba* G. Don var. *parviflora*（Gbe.）Hand.］
grey ①灰色的（canus）②灰毛马，芦毛马
grey alder（＝gray alder） 灰桤木［*Alnus incana*（L.）Moench.］（桦木科）
grey blight 灰色斑枯病
grey-blue 灰蓝色的，蓝绿色的（glaucus）
grey borer of the sugarcane（＝white sugarcane moth borer） 黄螟［*Argyroploce schistaceana* Snellen］（小卷蛾科）
grey brick 青砖
grey brown earth 灰棕壤
grey-brown soil 灰棕色土
grey citrus scale（＝citricola scale） 橘灰蚧［*Coccus pseudomagnoliarum*（Kuwana）］（蚧科）
grey cotton-leaf thrips 棉灰蓟马［*Hercothrips sudanensis* Bagnall et Cameron］（蓟马科）
grey desert soil（＝sierozem） 灰钙土，灰漠境土〈土壤〉
grey ear rot 灰穗立腐病
grey earth 灰壤
grey enchancement 灰色增强
grey field slug 麦蛞蝓［*Agriolimax agrestis* L.］（蛞蝓科）
grey forest soil（＝grey wooded soil, gray forest soil） 灰色森林土
grey garden slug 庭园灰蛞蝓［*Deroceras reticulatum*（Müller）］（蛞蝓科）
grey hairgrass 灰白棒芒草［*Corynephorus canescens* P. B.］（禾本科）⌞拟⌝
grey-headed 灰头的（poliocephalus）
grey horse（＝gray horse） 灰白色马
grey leaf 叶斑病
grey-leaf actinidia 华南猕猴桃［*Actinidia glaucophylla* F. Chun］（猕猴桃科）
grey leaved 灰叶的（poliophyllus）
grey level 灰度级〈电脑〉
grey market 半黑市〈农经〉
grey matter 灰白物质
grey mockorange 美洲野茉莉［*Styrax americana* Lam.］（安息香科）
grey mould（＝gray mold） ①灰霉 ②灰霉病
grey mould neck rot 灰霉颈腐病
grey mould of lettuce 莴苣灰霉病
grey mould of lupine 羽扇豆灰霉病［*Botrytis cinerea* Pers］
grey mould rot 灰霉腐败病
grey pea（＝field pea） 紫花豌豆
grey pear scale 桃白圆盾蚧［*Epidiaspis leperli*（Signoret）］（盾蚧科）
grey rice moth（＝Angoumois grain moth） 麦蛾［*Sitotroga cerealella*（Olivier）］（麦蛾科）
grey scale image 灰度图〈电脑〉
grey speck disease（＝grey spot disease） 灰斑病
grey speck of soybean 大豆灰斑病
grey spot disease of oats（＝grey speck disease of oats） 燕麦灰斑病
grey sugarcane borer 蔗灰小卷蛾［*Laspeyresia schistaceana* Snellen = *Grapholitha*］（小卷蛾科）
grey sugarcane mealybug 蔗灰粉蚧［*Pseudococcus boninsis* Kuwana］（粉蚧科）
grey thyme 欧百里香［*Thymus serpyllum*

L.]（唇形科）
greyback cockchafer（= greyback cane beetle） 蔗灰背金龟［*Lepidoderma albohirtum* Waterhouse］（金龟科）
greyblue spicebush 山胡椒［*Lindera glauca* Bl.］（樟科）
greyish brown ant 黑蚁［*Lasius niger* Linnaeus］（蚁科）
greyish sclerotial disease 灰色菌核病
greyish-white 灰白色的（canescens）
greyish yellow-hindwinged noctuid 桑绿毛夜蛾［*Triphaena semiherbida* Walker］（夜蛾科）
GRF（= general regulatory factor） 通用调节因子〈分生〉
GRH（= growth hormone releasing hormone） 生长［激］素释放激素
grid ①方格 ②栅格 ③网，载网，铜网 ④栅 ⑤铁格架子，烤架 ⑥坐标
grid adaptation 网格适应
grid analysis 方格分析，样方分析
grid azimuth 坐标方位角
grid bearing 坐标象限角
grid chart 栅格图表
grid harrow 网状耙
grid magnetic azimuth adjustment 磁方位改正〈测〉
grid nephoscope 栅状测云器
grid network 格型网
grid section（篦条式筛）篦条，格板
grid-type drum 条格式滚筒
gridiron ①格状铸铁［块］②格状［水］管网〈环保〉
gridiron method 方格测法〈育种〉
gridiron training 炉栅式整枝
Griess's reagent 格利斯试剂〈土壤〉
GRIF（= growth hormone release inhibitory factor） 生长激素释放的抑制因子
griffin 兀鹰［*Gyps*］（鹰科）
grill 栅格，网格
grilled 具方格状的（cancellatus）
grilled-fruited 具方格果的（cinclidocarpus）
grilse 幼鲑（首次溯河产卵鲑）
grime 污秽物
grimy 覆有污秽物的，肮脏的
grind 研磨，磨粉，制粉
grindekol 胶草醇
grindelia ①胶草属［*Grindelia* spp.］（菊科）②胶草［*Grindelia* sp.］
grinder ①研磨机，粉碎机 ②臼齿
grinder mixer 磨粉混合机
grinding 研磨，磨碎，磨粉，粉碎
grinding aids 磨料
grinding barley 碾碎［的］大麦粒
grinding machine ①磨，磨粉机 ②磨刀机 ③搓擦机 ④磨床
grinding meal 研磨粉
grinding mill 磨粉机
grinding paste of safe stone 石糊〈显技〉
grinding plate ①粉碎锤片 ②磨碎砥，石磨盘
grinding rate ①压榨率（指甘蔗）②磨粉率（指谷物）
grinding roll 研磨滚子
grinding screen 粉碎筛
grinding season 榨蔗季节
grinding stone（= grindstone） 磨石，磨刀石
grinding tooth 臼齿
grinding wheel 砂轮，磨轮
grip ①夹子，夹压器 ②把手，柄 ③紧握，抓紧，夹持
gripes 腹绞痛
grippe（= influenza） 流行性感冒
gripper ①种夹，夹苗器 ②抓爪 ③夹头 ④取秧器
gripper-ditcher 转盘开沟机
gripper mechanism ①夹持机构，夹紧机构 ②夹种机构
gripper path 取秧器运动轨迹
gripping 夹秧，夹苗
gripping plough 开沟犁
gripping tightness 夹紧度
grisamine 灰霉胺
grisein 灰霉素
griseofulvin 灰黄霉素（杀菌剂）［$C_{17}H_{17}ClO_6$］
griseous 灰色的，带灰色的（griseus）
griseoviridin 灰绿霉素
grisette 灰鹅膏［*Amanita vaginata* (Bull. ex Fr.) Vitt.］（鹅膏科）
grist 制粉用谷物
grist mill ①制粉机 ②制粉加工厂，磨坊
gristle ①软骨 ②饲用油渣
gristly 软骨质的（cartilegineus）
grit ①石细胞团（sclereida）②（机械故障）障碍物 ③沙砾 ④硬渣
grit blow-off 排沙［管］〈环保〉
grit catcher 沉沙井〈环保〉
grit cell 石细胞（sclereida）
grit chamber 沉沙池〈环保〉
grit channel 沉沙槽〈环保〉
grit deposal 沉沙处置
grit dredger 除沙机
grit removal 除沙

grit-removal basin 除沙池
grit washer 洗沙装置(除有机物质)〔环保〕
grits ①粗燕麦粉 ②粗麦粉
gritstone 粗沙岩
grittiness 沙砾性
gritty ①粗沙质的 ②多沙的(arenosus)
gritty soil 沙砾质土
grizzled ①灰色的 ②灰色毛的
grizzly bear 黑熊[*Selenarctos thibetanus*]
grizzly-bear cactus 灰熊掌[*Opuntia erinacea* Engelment et Bigel.](仙人掌科)
gRNA(=guide RNA) 指导 RNA〔分遗〕
groats ①米(去壳的谷) ②(去壳未压碎)燕麦片
groats crops 制米作物
groats industry 制米工业,碾米业
groats of buckwheat(=groats of saracen corn) 荞麦米
groats-yield 出米率
groggy ①不稳的,摇晃的 ②软弱
groin ①鼠蹊,腹股沟〔畜〕②防波堤〔水利〕
groin gland 鼠蹊腺
grommet ①(栽植机)夹苗器 ②保护垫圈
gromwell(=puccoon) ①紫草属[*Lithospermum* L.](紫草科) ②紫草[*Lithospermum erythrorhizon* Sieb. et Zucc.] ③(=common gromwell) 药用紫草[*Lithospermum officinale* L.]
groom 马饲养员
grooming ①管理,护理,保养 ②刷拭
grooming dance 修饰舞〔蜂〕
groove ①小沟,沟槽,凹槽,槽口 ②沟纹(sulcus)
groove and tongue joint 雌雄榫接(木工)
groove board joint 套接(木工)
grooved 具沟的(sulcatus, canaliculatus)
grooved-fruited 具槽纹果的(glyptocarpus)
grooved-nerved 具槽纹脉的(sulcinervis)
grooved pulley 槽轮,滑车轮
grooved roller (牧草压扁机)凹槽辊
grooved-toothed 具槽齿的,具圆齿的(glyptodontus, aulacodontus)
grooving of the rind 蔗皮凹槽
grooving plane 开沟刨(木工用)
grope ①摸索,探索 ②寻找
groped end cocoon 有绪茧
grosbeak(=bee eater) 蜂虎[*Merops apiaster*]
gross ①全部的,整个的,总计的 ②繁茂的 ③浓的,厚的,固体的 ④粗糙的,粗大的 ⑤(食物)油腻的 ⑥大体,总体 ⑦总计,大部分,大量,总量,总数(grossus)
gross absorption 总吸收量
gross anatomy ①大体解剖 ②本体解剖
gross assimilation 总同化率
gross benefit 总收益
gross cane yield 甘蔗总产量
gross carbon gain 碳总增加[量]
gross chromosomal mutation frequency 染色体大突变频率
gross culture 总体培养
gross density 总密度
gross discharge 总(毛)流量
gross domestic product 国内产品总值〔农经〕
gross efficiency 总效率
gross energy(GE) 总能量
gross error 总体误差,粗差
gross exports 总输出量,总出口量
gross flood 洪水,大水
gross growth period 大生长期
gross harvest 总产量,总收获量
gross head 总水头〔环保〕
gross heat budget 总热量[收支]
gross heat value 总发热值
gross hypothesis 粗略假设
gross imports 总输入量,总进口量
gross income(=gross revenue) 总收入
gross investment 总投资额
Gross leukemia virus 格罗斯氏白血病病毒
gross margin 总余额,毛利润
gross minus 总支出,总减〔农管〕
gross morphology of bacteria 细菌总体形态学
gross mutation 大突变
gross national product(GNP) 国民生产总产值,社会总产品
gross output 总[生]产量
gross output value of agriculture 农业总产值
gross pairing 全部配对
gross photosynthesis 粗光能合成
gross photosynthetic yield 粗光能合成产量,总光合产量
gross plus 总收入,总加〔农管〕
gross price 毛重价格
gross primary production(PPg) 总初级生产量〔农经〕
gross private domestic investment 私营企业国内总投资〔农经〕
gross production 总产量
gross profit(=gross margin) 毛利〔农经〕
gross raised bog 大丘状沼泽,高位沼泽
gross return 总收益

gross return without acquisitions 未获得的总收益
gross revenue 总收入
gross sample 全部样品
gross structure 粗糙结构
gross sugar 糖量
gross take-off weight 最大起飞重量(指运输机起飞的总重量)
gross ton ①长吨,英吨(=1.016 公吨=2240 磅) ②总吨位
gross vehicle weight (GVW) 车辆总重量
gross volume ①粗材积 ②总容积
gross wages 毛工资
gross weight 总重,毛重
grossulariaceous 茶藨子科的(grossulariaceus)
grotesque 变态的
grotto ①岩洞{地质} ②拱形洞{水利} ③人工窑洞{加工}
ground ①土地,土壤 ②场,场地 ③接地 ④⌊复⌉庭园
ground acquisition and command station 地面接收和指令站{气象}
ground almond (=chufa) 铁荸荠(地栗)
ground application 地面施用,地面撒药,地面散布
ground area 土地面积
ground ash 白蜡树根蘖
ground avalanche 土崩
ground bait 鱼饵,锈饵(投入水中诱鱼用)
ground beetle ①步行虫(步甲) ②⌊复⌉步甲科[Carabidae]
ground bug ①地鳖[*Eupolyphaga sinensis* Walker] ②⌊复⌉地鳖科[Polyphagidae]
ground camera 地面照相机{遥感}
ground-cherry ①酸浆属[*Physalis* L.](茄科) ②酸浆[*Physalis alkekengi* L.] ③灯笼果[*Physalis peruviana* L.] ④矮生樱桃[*Prunus fruticosa*]
ground clearance (车辆)地隙(离地距离)
ground clearing 田地清除
ground coffee 磨制过的咖啡
ground color (=ground colour) ①地色,土色 ②底色,原色
ground concentration of pollution material 污染物的地面浓度{环保}
ground connection 接地{农机}
ground contact area 接地面
ground contact pressure 接地压力
ground contours 土地等高线,地形,地貌,地势
ground control 地面控制
ground control map 地面控制图
ground control point 地面控制点{遥感}
ground cover ①地被 ②地被物
ground cover plant 地被植物
ground cracking stage 裂土期(指种子萌发时冲出表土)
ground crop sprayer 大田作物喷雾器
ground crops (=field crops) 大田作物,农作物
ground crust 土表结壳,土表结皮,地面板结
ground cutter (甘蔗)贴地切割器
ground cutting 贴地切割,低割
ground cytoplasm 基胞质
ground data collection area 地面数据搜集区{遥感}
ground data handling system 地面数据获取系统
ground data management 地面数据管理,地面资料管理
ground depending power take-off 同步式动力输出轴
ground discharge 霹雳,云地放电
ground disinfection 土壤消毒
ground drain 地下排水沟,暗沟
ground-driven 地轮驱动的,地轮转动的
ground-driven mower 地轮驱动刈草机
ground-driven spreader 地轮驱动撒肥机
ground earth line 接地线{信息}
ground echo 地面回波{遥感}
ground elder 羊角芹(竹节菜)[*Aegopodium podograria* L.=*A. ternaium* Gilib., *A. angelicaefolium* Salisb.](伞形花科)
ground elevation 地面高程{测}
ground equipment 地面设备
ground fertilizer (=base fertilizer) 基肥,底肥
ground fir 高山石松[*Lycopodium alpinum* var. *nikoense* Takeda](石松科)
ground fire 地表火,土壤火表
ground fishes 底层鱼类
ground fleas 棘跳虫类[*Onychiurus* spp.]
ground floor (=first story) 地平层面(一楼){环保}
ground floor plan 底层平面图{环保}
ground fog 浅雾,近地面雾
ground form 基本形态
ground frost 地面霜冻
ground game 小猎兽
ground generator 地面发生器(人工降水用)
ground glass 毛玻璃,磨砂玻璃
ground glass stopper 磨砂瓶塞
ground globedaisy 裸茎球花[*Globularia nudicaulis* L.](球花科)
ground grasshopper 黑爪蝗[*Mecostethus*

magister Rehn]（蝗科）
ground guidance system 地面制导系统{遥感}
ground hay 碎干草
ground ice ①底冰（河底结冰，河床未冻）②地下冰层
ground injection 土壤注射
ground inversion 地面逆温
ground ivy ①活血丹属[*Glechoma* L.]（唇形科）②活血丹[*Glechoma hederacea* L.]
ground laurel（=trailing arbutus） 山枇杷柴属[*Epigaea* L.]（杜鹃花科）
ground layer ①底土层{耕作}②地被层{生态}
ground leaf（=basal leaf） 基生叶
ground level 地平[面]
ground limestone 石灰石粉{农化}
ground line ①基线{测量}②钩丝{水产}
ground litter 枯枝落叶层
ground-liverwort ①地卷属[*Peltigera* Willd.]（地卷科）②地卷[*Peltigera rufescens*（Weis.）Humb.]
ground lug 抓地爪，抓地板
ground making（=tillage） （播种前）整地
ground making of paddy field 稻田整地，水田整地
ground map 地图
ground mealybug 地粉蚧[*Rhizoecus falcifer* Künckel d'Herculais]（粉蚧科）
ground meristem 基本分生组织（meristema fundamenta）
ground microcoenosium 地面小群落
ground mixing 地面混波{遥感}
ground mobility 地面行驶机动性
ground moistening 地下湿润（土壤地下水浸润）
ground monitoring 地面监测
ground moraine 地下冰碛层
ground nadir 地底点{遥感}
ground oak ①栎树根蘖②胭脂虫栎[*Quercus coccifera* L.]（山毛榉科）
ground oats 碎燕麦
ground object 地物{测}
ground observation platform 地面[观测]平台{遥感}
ground pea 野豆[*Apios tuberosa*]（豆科）
ground pea chips 去皮碎豌豆
ground phenomena 地面现象
ground phosphate rock 磷矿粉
ground phosphorite 磷灰土粉，磷矿粉肥
ground pine（=lycopod） ①石松属[*Lycopodium* L.]（石松科）②石松[*Lycopodium clavatum* L.]
ground-pink（=mosspink） 针叶福禄考[*Phlox subulata* L.]
ground plan 平面图{遥感}
ground plane 地线层，接地层{信息}
ground plasm 基质
ground pressure 接地压力
ground pulp 磨浆（指木浆）
ground receiving radius 地面接收半径{遥感}
ground rent 地租
ground respiration 基本呼吸
ground rice ①陆稻②米粉
ground rot 绵腐病（西瓜）
ground rule 基本准则
ground seedbed 地面苗床
ground shed 园地棚舍
ground shoot 根出条，茎枝（turio）
ground shrub（=tailing dwarf shrub） 葡地性灌木
ground skidder 地曳式集材机
ground slide 土滑道
ground speed 地速，前进速度{农机}
ground speed power-take-off 同步式动力输出轴
ground state 基态{细胞}
ground station 地面站
ground storage 地下贮藏库
ground stratum 地面植被层
ground stud 接地柱，地线接线柱{信息}
ground substance 基质
ground surface 地[表]面
ground target 地面目标
ground temperature 地温
ground-thermometer 地温表
ground tilling mill 旋耕碎土机
ground tissue 基本组织（tela fundamenta）
ground tissue system 基本组织系统（systema tela fundamental）{解剖}
ground to air 地对空
ground to air missile 地对空导弹{物}
ground to ground 地对地
ground tools 土壤耕作器具
ground treatment 地面处理
ground truth 地面实况{遥感}
ground vegetation 地面植被
ground visibility 地面能见度{遥感}
ground water 地下水，潜水
ground water artery 地下水干道{环保}
ground-water basin 地下水盆地
ground-water divide 地下水分水岭
ground-water draining 地下水排水
ground-water finding 地下水探查

ground-water flow 地下水流
ground water hydrology 地下水文学
ground-water lateritic soil 潜水砖红壤性土
ground-water level 地下水位，地下水面，潜水面
ground-water management 地下水管理
ground-water movement 地下水运动
ground-water podzol 潜水灰壤
ground-water podzolization 潜水灰壤化［作用］
ground-water pollution 地下水污染
ground-water recharge 地下水补给（回灌）
ground water reservoir 地下水库
ground-water rice soil 潜育水稻土
ground-water soil 潜水土壤
ground-water storage 地下水储量
ground-water supply 地下水供水
ground-water surface 地下水面
ground-water table 地下水位，潜水位
ground water training 地下水引水装置
ground wheel driven 地轮驱动的
Ground Wind Vortex Sensing System (GWVSS) 地面风涡遥感系统〈遥感〉
ground work ①基础工作 ②基本原理
ground working 土壤耕作
ground-working equipment 土壤耕作机具
ground-working tools 土壤耕作部件
groundhog 挖土机
grounding 接地〈农机〉
groundmass 石基，基质〈地质〉
groundnut (= peanut) 花生［*Arachis hypogaea* L.］（豆科）
groundnut abortion 花生败育
groundnut abortion of flower 花生花败育
groundnut abortion of pod 花生荚败育
groundnut abortion of seed 花生种子败育
groundnut after-culture 花生补种
groundnut after-manuring 花生追肥
groundnut agrotechnique 花生农业技术，花生栽培技术〈栽培〉
groundnut autoplastic graft 花生同体嫁接〈育种〉
groundnut borer 花生蠹［*Caryedon fuscus* (Goeze)］
groundnut breeding ①花生育种 ②花生育种学
groundnut cake 花生饼
groundnut character 花生性状
groundnut character correlation coefficient 花生性状相关系数
groundnut chlorosis virus 花生退绿病毒
groundnut cleaner 花生清选机
groundnut cleaning 花生清选
groundnut clump virus 花生丛生病毒
groundnut cost of production 花生生产成本
groundnut crinkle virus 花生皱缩病毒
groundnut cultivation ①花生耕作 ②花生中耕 ③花生栽培〈栽培〉
groundnut cultivator 花生中耕机
groundnut culture ①花生栽培 ②花生栽培学
groundnut date test 花生播种期试验
groundnut dibbler 花生点播器
groundnut dibbling 花生点播(种)
groundnut digging 花生刨收，花生收获
groundnut drainage 花生排水
groundnut dwarf virus 花生矮缩病毒
groundnut eyespot virus 花生眼点病毒
groundnut fertilizer test 花生肥料试验
groundnut field care 花生田间管理
groundnut field-plot experiment 花生田间小区试验
groundnut field-plot technique 花生田间技术
groundnut field test 花生田间试验
groundnut germination test 花生发芽试验
groundnut growing ①花生栽培 ②花生栽培学〈栽培〉
groundnut growing period 花生生长期
groundnut growing space 花生营养面积
groundnut growth form 花生生长型
groundnut habit of growth 花生生长习性
groundnut harvesting 花生收获
groundnut inoculation 花生人工接种
groundnut intercropping 花生间作
groundnut intertillage 花生中耕
groundnut leaf moth 花生阿夜蛾［*Achaea finita* Guenée］（夜蛾科）
groundnut leafminer 花生潜叶麦蛾［*Aproaerema nerteria* Meyrick］（麦蛾科）
groundnut lifter 花生挖掘器
groundnut meal 花生饼粉
groundnut mild mottle virus 花生轻型斑驳病毒
groundnut nitrogen fixation 花生固氮作用
groundnut oil 花生油
groundnut peavine (= creeping chickling) 块茎香豌豆
groundnut period of dormancy 花生种子休眠期
groundnut picker 花生摘果机
groundnut pinching 花生打尖
groundnut planter 花生播种机
groundnut pod yield ①花生出荚率 ②花生荚果产量〈栽培〉

groundnut polyploid 花生多倍体
groundnut pot experiment 花生盆栽试验
groundnut radiation breeding 花生辐射育种
groundnut radiation dosage 花生辐射剂量
Groundnut Research Institute (GRI) 花生研究所
groundnut ring-spot virus 花生环斑病毒
groundnut rosette (= rosette of peanut) 花生丛簇病
groundnut rosette virus 花生丛簇病毒
groundnut seed growing 花生良种繁育
groundnut seed pod 花生留种荚果
groundnut seed yield 花生出仁率
groundnut selection 花生选种
groundnut sheller ①花生脱壳机 ②花生仁去皮机
groundnut soil 花生土
groundnut sorter 花生清选机
groundnut sowing in bed 花生苗床播种,花生宽垄播种
groundnut stripper 花生摘果机
groundnut stunt disease virus 花生矮化病病毒
groundnut surul 花生麦蛾[*Stomopteryx subsecivella* Zeller](麦蛾科)
groundnut tending 花生田间管理
groundnut tetraploid 花生四倍体
groundnut thresher 花生脱粒机
groundnut topping 花生打顶(尖)
groundnut unit area yield 花生单位面积产量
groundnut weeder 花生除草机
groundnut yield estimation 花生估产
groundplasm 基[胞]质
groundsel ①千里光属[*Senecio* L.](菊科) ②千里光[*Senecio scandens* Ham.] ③(= ragwort) 欧洲狗舌草[*Senecio vulgaris* L.]
groundsel-tree 基树属[*Baccharis* L.](菊科)⌞拟⌝
groundwood waste water 磨木浆废水{环保}
group ①组群{统计}②种群{生态}③类{栽培}④群{解剖}⑤类型,菌群{微生物}⑥族{分类}⑦组{农机}⑧基(基因){生化}⑨界(地质年代单位)⑩集群{育种}⑪集体,团体,集团{农经}(gruppa)
group Ⅰ intron 组Ⅰ内含子{分生}
group Ⅱ intron 组Ⅱ内含子
group battery 群饲
group breeding (= group service) 组群交配
group comparisons 组群比较
group contract 集体合同(契约)
group cutting system 群状采伐方式
group effect 集体效应
group farming 集体经营
group feeding 集体饲养,分组饲养
group feeding and management 集体饲养与管理,分组公司养与管理{农施}
group flagellar antigen 种群鞭毛抗原
group frequency band 基团频带{生技}
group index 组件索引,部件索引
group mass selection 集群混合选择
group method 群状采伐法
group mixture (= mixture by groups) 群状混交,块状混交{森林}
group network 组级网络{信息}
group penning 分组饲养
group phase 种群相
group piecework rate 集体计件工资
group planting 丛植,块植
group processing system 集团处理方式{农施}
group selection ①集群选择{育种}②群状择伐{森林}
group selection method 集群选择育种法
group selection system 群状择伐作业{森林}
group-selective affinity chromatography 基团选择性亲和层析{生技}
group-selective ligand 基团选择性配体
group shooting 子弹群射击
group specific antigen 种群专效抗原
group specific substance 种群专效物质
group specificity 种群专一性
group-system 划伐作业,群状采伐方式
group technology (GT) 成组技术,组合技术
group transfer 基因转移(分遗)
group-transfer reaction 基因转移反应
group translocation 基因转位
group variation 集群变异
group window 组窗口{电脑}
group work 集体作业,分组作业
grouped data 已分类资料,分组资料
grouped row 假植行
grouped-row planting 假植
grouping ①区分{栽培}②分类,归组{统计}③集合{生态}
grouping bed 对称花坛{园林}
grouping ends efficiency 索绪效率{蚕}
grouping error 归组误差,分组误差
grouping factor 分组因子
grouping habit 集合习性
grouping isolation 分组隔离

grouping mechanism 穴播机构
grouping of commodities 商品组合
grouping of frequency distribution 次数分布归组{统计}
groupware 群件{电脑}
grouse 松鸡[*Tetraoparcirotros* sp.](松鸡科)
grouse locust ①窄菱蝗[*Acrydium arenosum angustum* Hancock] ②⌊复⌉(=pigmy grasshoppers) 菱蝗科[Tetrigidae]
grove 树丛
grove tractor 园林拖拉机,窄型园艺拖拉机
grow ①生长,长大,增长 ②变成,逐渐 ③使生长
grow fat 脂肪增多
grow lean 变瘦
grow older 渐老
grow out 发芽
grow prolifically 生长繁茂
grow-regulators spraying 生长调节素(剂)喷射
grow smaller 生长缓慢
grow up 长大
grower ①栽培者,生产者 ②⌊复⌉(=growing birds) 生长期家禽
growing ①生长的(crescens) ②栽培 ③成长,生长
growing and fattening pig housing 成长肥育猪舍饲
growing apex 生长点(apex vegetationis)
growing area ①栽培面积 ②栽培地点,栽培地区
growing behavior (=pattern of growth) ①生长型,生长状态,生长相 ②生长习性
growing body 生长体
growing conditions 生长条件
growing crops 栽培作物
growing degree-day 生长期有效积温(植物生长期内逐日温度与生物学下界温度的差之和)
growing field crop 栽培大田作物
growing fork 生长[复制]叉{生技}
growing in competition 竞争[中]成长
growing in plastic greenhouse 塑料温室栽培
growing in plastic tunnel 塑料隧道栽培,拱棚栽培
growing medium 生长基质(指植物)
growing method 栽培法
growing mould 发霉,生霉,长霉
growing movement 生长运动
growing of bees 养蜂业
growing of field crop 大田作物栽培
growing of grass seed 牧草采种栽培
growing-on nursery 培养苗圃,培育圃
growing-on plot 培育小区
growing-on trial (=growing on test) 培育试验
growing order ①生长次序 ②栽培顺序
growing organ 生长器官,成长器官
growing period 生育期间,生育日数
growing pig housing 成长猪舍饲,长肉猪舍饲
growing plant in hill 穴栽
growing plants 栽培植物
growing point 生长点(punctum vegetationis)
growing power 生长力,生活能力{栽培}
growing practices 栽培技术,栽培措施
growing process 生育过程,成长过程
growing process simulation 生长过程模拟{智培}
growing ration 生长期日料,生长用饲料
growing region ①栽培地区,生产地区{栽培} ②生长区{解剖}
growing rice seedling 育秧
growing room 栽培室(指蘑菇栽培用的)
growing roots 生长根系
growing season ①栽培季节,生长季节 ②生长期
growing season grafting 生长期嫁接
growing seed crops 栽培采种作物
growing seedling in hotbed 温床育苗
growing shoot 成长茎,正生长茎
growing space 营养面积
growing speed 生长速度
growing stock 立木蓄积,林木蓄积
growing table beet 食用甜菜栽培
growing tip (=growth cone) 生长锥
growing under artificial light 人工光照栽培
growing under cover 覆盖栽培
growing vegetable transplants 蔬菜移植栽培法
growing vine 生长藤,生长蔓
growing wood cutting (=green wood cutting) 嫩枝插,绿枝插
growing zone ①生长带{解剖} ②栽培区{栽培}
growler [海上]碎啸冰(在海上,长度不到1米)
grown silkworm 壮蚕
grown with other crops 间作
growth ①生长{栽培} ②林分,林木{森林} ③赘瘤{病理} ④增值{农经}(vegetatio, cresentia)
growth accelerator 生长促进剂

growth accounting 增值会计学〔农经〕
growth activator 生长激活剂
growth analysis 生长分析
growth and development 生长与发育,生育
growth and differentiation hormone 生长和分化激素
growth and form 生长与形状
growth arrest 生长抑制
growth balance 生长平衡
growth band 生长带
growth branch 生长枝(ramus vegetationis)
growth bud 叶芽(gemma vegetationis)
growth by apposition 附加生长
growth by division 分裂生长
growth cabinet ①小温室,生长室 ②生育橱,生育箱
growth capacity 生长本领(capacitas vegetationis)
growth center 生长中心
growth chamber ①生长室 ②生长箱,人工气候箱
growth characteristics 生长特征
growth check(=set-back) 生长缓慢
growth condition 生长条件
growth cone(=growing tip) 生长锥(conus vegetationis)
growth control 生长控制,生长调节
growth correlation 生长相关
growth crack 生长裂缝,生长裂痕
growth curvature 生长弯曲度,增长曲线(curvatura vegetationis)
growth curve 生长曲线(curvus vegetationis)
growth cycle 生长周期
growth direction 生长方向
growth disturbance 生长干扰
growth duration 生育期
growth efficiency 生长效率
growth extent 生长范围
growth factor(GF) 生长因素,生长因子
growth factor auxotrophy 生长因子营养缺陷现象
growth feature 生长特性
growth form 生长类型(forma vegetationis)
growth form spectrum 生长型谱
growth formula 生长公式
growth gradient 生长梯度
growth habit ①生长习性〔栽培〕②长草习性〔牧草〕
growth helping matter 生长促进物质
growth hormone(GH) 生长[激]素
growth hormone release inhibitory factor(GRIF) 生长[激]素释放的抑制因子
growth hormone release inhibitory hormone(GRIH) 生长[激]素释放的抑制激素
growth hormone releasing factor(GHRF) 生长[激]素释放因子
growth hormone releasing hormone(GHRH) 生长[激]素释放激素
growth in elongation 伸长生长,增长
growth in height 高度生长,增高
growth in length 长度生长,增长
growth in reproductive phase 生殖期生长
growth in storeys 分层生长(指林木)
growth in surface 表面生长
growth in thickness ①厚度生长,增厚,增粗 ②肥大生长
growth in volume ①材积生长 ②容积生长
growth increment [生长]增长量
growth inhibiting dosage 生长抑制剂量
growth inhibiting substance 生长抑制物质
growth inhibition 生长抑制
growth inhibition activity 生长抑制活性
growth inhibition of flower stalk 花柄生长抑制
growth inhibitor 生长抑制剂
growth-initiation factor 成长起始因子
growth intensity 生长强度
growth layer 生长层
growth limiting effect 生长限制效应
growth measurement 生长测定
growth medium 生长培养基
growth model 生长模型
growth modification 生长变形
growth movement 生长运动
growth of callus 愈合组织生长
growth of cell division 细胞分裂生长
growth of haploid cell 单倍体细胞生长
growth of isolated single cell 分离单细胞生长
growth of pollen tube 花粉管生长
growth of population ①群体增长 ②人口增长
growth-oriented environment 面向生长[的]环境
growth pattern ①生长型式,生长模式 ②生长状态
growth performance 生长表现,生长性能
growth period 生长期
growth periodicity 生长周期性(periodiocitas vegetationis)
growth phase 生长期,生育期
growth phase transition 生育期改变

growth phenomena 生长现象
growth plate 生长面（platus vegetationis）
growth point（= growing point） 生长点
growth point culture 生长点培养
growth potential 生长潜力
growth process 生长过程
growth process of rice plants 水稻生长过程
growth promoting additive 生长促进添加剂
growth promoting factor 生长促进因素
growth promoting hormone 生长促进激素
growth promoting substance 生长促进物质
growth promoting value 生长促进值
growth promotion 生长促进
growth promotion gene 生长促进基因
growth promotor 生长促进剂
growth quantity 生长量
growth rate 生长速率,生长速度,增长率
growth-rate curve 生长速度(率)曲线
growth reduction 生长减弱
growth region 生长区
growth regulating compound 生长调节化合物
growth regulating substance 生长调节物[质]
growth regulating weed killer 生长调节除草剂
growth regulation 生长调节
growth regulator（= growth regulating substance） 生长调节剂
growth regulator and callus induction 生长调节剂与愈合组织诱导
growth regulator and meristem culture 生长调节剂与分生组织培养
growth regulatory substance（= growth regulator, growth regulating substance） 生长调节剂(物质)
growth retardant 生长阻滞剂
growth retardation 生长抑制,生长阻滞
growth retarding substance 生长阻滞物质
growth rhythm 生长规律,生长节律
growth ring 生长轮,年轮（annulus annotinus）
growth ring boundary 生长轮界（bodinarius annulus annotinus）
growth room 生长室
growth season 生长季节
growth seasonity 生长季节性
growth simulation 生长模拟〔智培〕
growth speed 生长速度
growth stage 生长阶段,生长期
growth stage estimation 生长阶段估算〔遥感〕
growth stimulation 生长刺激
growth stimulator 生长刺激剂
growth substance 生长物质,生长素
growth supplementary factor 生长辅助因子
growth suppression 生长抑制
growth suppressor 生长抑制剂,生长阻遏剂
growth suppressor gene 生长抑制基因
growth system 生长系统
growth temperature 生长温度
growth temperature range 生长温度范围
growth tip（= growth cone） 生长尖,生长锥
growth tissue culture-derived plant 源于生长组织培养的植物体
growth tube 生长管
growth type 生长型
growth vigor 生长活力,生长健势,生长强度
growth yield 生长[产]量
growth zone 生长带,生长区
growthiness（= rapid growth） 快速生长
growthplace 生长地
groyne（= groin） 丁坝,防波(沙)堤
grub ①挖土,翻土,掘〔耕作〕②蛴螬,螬〔昆虫〕③幼蜂〔蜂〕
grub axe 锄头
grub-breaker 掘根开荒犁
grub felling 掘根伐
grub hoe 植树镐,挖根锹
grub hole 蛴螬孔,虫孔
grub puller 掘根机
grub up 掘根,挖根,刨根
grubber ①掘根机 ②掘土工具
grubber blade 除草器刀片
grubber plow ①掘根犁 ②深耕中耕机
grubbing ①除草 ②除根,掘根,挖根
grubbing-harrow 圆盘中耕机
grubbing hoe ①挖根锄 ②深耕松土中耕机 ③挖掘铲
grubbing machine ①挖根机,灭茬机 ②碎土机,挖土机
grubbing up weeds 根除杂草,挖除杂草
grubby 有虫子的,生蛆的
gruel 粥,燕麦粥（gratum）
grume 凝块
grumose（= gramous） 成聚团颗粒的（grumosus）
grumosol（= grumosolic soil） 热带腐殖质黑黏土
grumous（= grumose） ①成团聚颗粒的 ②分成颗粒状小束的,凝结的（grumosus）
grylloblattids 蛩蠊亚目(真翅目)［Grylloblattcdae］［Orthoptera］
GSC（= gas solid chromatography） 气固

层析{生技}
GSH (=glutathione) 还原型谷胱甘肽
GSM (=graphics system module) 图形系统模块{信息}
GSR (=galvanic skin response) 皮肤电反应
GSSG (=glutathione (oxidized form))氧化型谷胱甘肽
GTP ①(=gonadotropin) 促性腺激素 ②(=guanosine triphosphate) 鸟苷三磷酸
GTP binding protein (**G-protein**) 鸟苷三磷酸结合蛋白,GTP 结合蛋白,G 蛋白{分生}
GTP cyclohydrolase 鸟苷三磷酸环水解酶,GTP 环水解酶
GTP-dependent reaction 依赖于鸟苷三磷酸的反应,依赖于 GTP 的反应
GTP hydrolysis GTP 水解,鸟苷三磷酸水解
GTP in translation 翻译的 GTP,翻译的鸟苷三磷酸
GTPase (=guanosine triphosphatase) 鸟苷三磷酸酶
GTPase activating protein (**GAP**) 鸟苷三磷酸酶激活蛋白,GTP 酶激活蛋白
GTPase in protein synthesis 蛋白质合成的鸟苷三磷酸酶
Gua (=guanine) 鸟嘌呤
guacin 愈创树脂
guaiac (=guaiacum wood) 愈创树,愈创木
guaiacol 愈创木酚,邻甲氧基苯酚[$CH_3OC_6H_4OH$]
guaiaconic acid 愈创木脂酸
guaiacum (=guaiacin) 愈创木脂
guaiacum resin 愈创木脂
guaiacum wood (=guaiac, lignum vitae) 愈创木[*Guajacum officinale* L.]
guaiacum wood oil 愈创木油
guaiaretic acid 愈创木脂酸
guaiazulene 愈创菌
guaiene 愈创烯
guaiol 愈创萜醇[$G_{15}H_{26}O$]
guanabana 刺果番荔枝[*Annona muricata* L.](番荔枝科)
guanaco 大羊驼(原驼)
guanase 鸟嘌呤[脱氨]酶
guanidine 胍
guanidine cross-linkage 胍交联
guanidine hydrochloride (**Gu·HCl**) 盐酸胍[$CH_5N_3 \cdot HCl$]
guanidine nitrate 硝酸胍[$CH_5N_3HNO_3$]
guanidinoacetate transmethylase 胍乙酸转甲基酶
guanidinoacetic acid 胍基乙酸
guanidotaurine 胍基牛磺酸
guanine (Gua) 鸟嘌呤[$C_5H_5N_5O$]
guanine deaminase 鸟嘌呤[脱氨]酶
guanine deoxyriboside (dG) 鸟嘌呤脱氧核(酸核)苷
guanine group 鸟嘌呤基
guanine nucleotide 鸟嘌呤核苷酸
guanine nucleotide binding protein 鸟嘌呤核苷酸结合蛋白
guanine nucleotide-dependent regulatory protein 依赖于鸟嘌呤核苷酸的调节蛋白
guanine nucleotide exchange factor (**GEF**) 鸟嘌呤核苷酸变换因子
guanine nucleotide regulatory protein 鸟嘌呤核苷酸调节蛋白
guanine nucleotide releasing factor 鸟嘌呤核苷酸释放因子
guanine phosphoribosyl transferase (**GDRT**) 鸟嘌呤磷酸核糖转移酶
guano [海]鸟粪
guanopterin 鸟蝶呤
guanosine (G, Guo) 鸟[嘌呤核]苷[$C_{10}H_{15}O_5N_5$]
guanosine-5′-diphosphate-3′-diphosphate (=guanosine tetraphosphate) 鸟苷-5′-二磷酸-3′-二磷酸,鸟苷四磷酸
guanosine-5′-phosphate 鸟苷-5′-磷酸
guanosine-5′-triphosphate-3′-diphosphate (=guanosine pentaphosphate) 鸟苷-5′-三磷酸-3′-二磷酸,鸟苷五磷酸
guanosine deaminase 鸟苷脱氨酸
guanosine diphosphate (GDP) 鸟苷二磷酸
guanosine monophosphate (**GMP**) 鸟苷[一磷]酸
guanosine tetraphosphate (PPGPP) 鸟苷四磷酸
guanosine triphosphatase (GTPase) 鸟苷三磷酸酶
guanosine triphosphate (GTP) 鸟苷三磷酸
guanylate (=guanosine monophosphate) 鸟苷酸[$C_5H_4N_4OC_5H_8O_3PO_3H_2$]
guanylate binding protein 鸟苷酸结合蛋白
guanylate cyclase 鸟苷酸环化酶
guanylation 鸟苷酸化[作用]
guanylation of tRNA tRNA 鸟苷酸化
guanylic acid (GMP) 鸟[嘌呤核]苷酸[$C_5H_4N_4OC_5H_8O_3PO_3H_2$]
guanylic deaminase 鸟苷酸脱氨酶
guanylyl transferase 鸟苷酸转移酶
Guar (=cluster bean) 丛生豆(品种)
Guarana (=Brazilian cocoa) 巴西可可[*Paullinia cupana* H. B. et K.](无患子科)
guarantee ①保证书 ②担保,保证 ③担保人,

保证人 ④作为保证的物(保证品,抵押品)
guarantee agreement 保证公约
guarantee harvest irrespective of drought and flood 旱涝保收
guarantee list 保证单
guarantee period 保证期
guarantee price 保证价格
guaranteed production quota 包产指标
guaranteed reagent (G.R.) 保证试剂
guarantor 保证人,担保人
guaranty ①保证 ②保证书 ③保证品,抵押品
guard ①护刃器 ②警戒,戒守,守望{森林} ③保护者,防护人
guard alignment 护刃器调位对准
guard band 保护带,保护频带
guard bar ①护刃器梁 ②导杆,护杆
guard bee 守卫蜂
guard bit 保护位{电脑}
guard byte 保护字节{电脑}
guard cell 保卫细胞(cellula inclusiva)
guard-cell mother cell 保卫细胞母细胞
guard cell wall 保卫细胞壁(integumentum cellulare inclusivum)
guard column 保护柱
guard digit 保护数位{电脑}
guard enable 允许保护
guard finger 护刃器护齿
guard gage (切割器)护刃器调节规
guard hair 护毛
guard hill 保护穴
guard ledger (切割器)护刃器定刀片
guard lifter 扶倒器,扶茎器
guard moat 保护沟
guard petal (向日葵)舌状花
guard plate (切割器)定刀片
guard plot 保护区
guard rail ①保护栏杆{园林} ②分娩栅{畜} ③护轨{信息}
guard row 保护行
guard stake 保护桩
guard zone 保护带
guarded command 保护命令{电脑}
guarded pupa 护蛹
guardian 管理人,保护人,监护人
guardian coloring 威吓色
guardian process 监护进程
guardless mower 无护刃器刈草机
guardstone 标石
guarry stone (= broken stone, rough stone) 荒石(指未经加工的石块)
Guatemala grass (= Eastern gama grass) 危地马拉摩擦禾
Guatemala rhubarb 珊瑚掌[*Jatropha podagrica* Hook.](大戟科)
guava ①番石榴属[*Psidium* L.](桃金娘科) ②(= common guava) 番石榴[*Psidium guajava* L.]
guava fruit fly (= central American fruit fly) 中美实蝇[*Anastrepha striata* Shiner](实蝇科)
guava mealy scale (= green mealy scale) 咖啡绿绵蚧[*Pulvinaria psidii* Maskell](绵蚧科)
guayule (= Mexican rubber) 银胶菊[*Parthenium argentatum* A. Gray](菊科)
guayule rubber 银胶菊橡胶
guayule-seed harvester 银胶菊种子收获机
gudgeon 鮈[*Gobio gobio* (Linnaeus)]{水产}
gudgeon pin 轴头销
gueldenstaedtia (= Mikoudai) ①米口袋属[*Gueldenstaedtia* Fisch.](豆科) ②米口袋[*Gueldenstaedtia multiflora* Bge]
guelder rose 绣球花(琼花)[*Viburnum opulus* var. *sterile*](忍冬科)
guelder-rose leaf beetle 绣球花守瓜[*Galerucella viburni* Paykull](叶甲科)
Guernsey [cattle] 格恩西乳牛(指英国海峡格恩西岛产的乳牛)
Guernsey cattle 格恩西乳牛,更赛牛(乳用品种)
Guernsey lily 格恩西百合[*Nerine sarniensis* Herh](石蒜科)
guess ①假定 ②猜想,猜测,推断
guess mean 假定平均数
guess row 衔接行
guessmer 猜测体(guessmerum){生技}
guest ①寄生物{微生物} ②客虫{昆虫} ③客体{生技} ④客座{电脑}
guest-host effect 宾主效应{电脑}
guest professor 客座教授
guest scholar 客座学者
guger-tree ①木荷属[*Schima* Reinw. ex Bl.](茶科) ②木荷[*Schima confertiflora* Merr.]
GUI (= graphics user interface) 图形用户界面{信息}
guidance ①指导,引导,领导 ②导航 ③控制,操纵,遥控 ④导槽 ⑤制导
guidance computer 导航计算机
guidance radar 制导雷达{物}
guidance system 制导系统
guide ①指导原理,指南{栽培} ②导杆,导体,导机,导轮{农机} ③引导,指导,领导{农

管〉
guide bar 导向杆,导向板
guide blade 导向叶片,导向叶轮
guide blade pump 导叶式泵
guide book 指导书,指南(指信息,旅游等)
guide card 引导卡
guide hole 导孔
guide in window 导入窗口
guide line ①指导线,引线,准线,准绳 ②控制线,检查线 ③标线
guide mark 安装标记
guide member 导向器
guide post 指示标
guide pulley 导轮
guide RNA (gRNA) 指导 RNA(作用为 RNA 拼接时,将 mRNA 前体束拉出来)
guide roller 导轮
guide sequence 指导序列〈分遗〉
guide vane 导向叶板
guide wheel 导向轮
guide wire 尺度绳,定距绳,准绳
guided air defence rocket 防空火箭〈物〉
guided missile 导弹〈物〉
guided missile control 导弹控制
guided missile countermeassure 防导弹措施
guided missile system engineering 导弹系统工程
guided missile target 导弹目标
guided missile tracking system 导弹跟踪系统
guided space vehicle 制导航天飞行器〈物〉
guiding ①导向 ②引导,制导 ③波导控制
guiding agricultural production 指导农业生产
guiding dam 导水坝〈水利〉
guiding gutter 导水槽〈环保〉
guiding hole 中导孔
guiding in line 在线指导〈智培〉
guiding price (= standard price) 标准价格
Guilbert's rules 吉贝法则〈气象〉
guillotine ①截断机,切断机 ②切纸机
Guinea coffee survey 几内亚咖啡调查
Guinea corn (= kafir) 几内亚高粱(南非高粱,埃及高粱,白高粱)
Guinea feather louse 几内亚羽虱[*Goniodes numidae* Mjöberg](长角羽虱科)
Guinea fowl 珠鸡[*Numida meleagris* Hoffm.]
Guinea grass 天竺草(大黍,羊草)[*Panicum maximum* Jacq.](禾本科)
Guinea pig 豚鼠(天竺鼠,荷兰猪)[*Cavia cobaya*]
Guinea worm 丝虫[*Filaria medinensis*]
guinnat salmon 大鳞大马哈鱼[*Oncorhynchus tschawytscha* Waibaum]〈水产〉
guise ①假装,伪装 ②装束〈狩猎〉
guitar-shaped 六弦琴形的
gula ①食管〈禽〉②咽喉〈畜〉③外咽片〈昆虫〉④花喉〈形态〉
gular ①食管的 ②咽喉的 ③外咽片的 ④花喉的(gularis)
gular suture 咽喉缝
gulch 峡谷
gulf ①海湾 ②深坑,深渊
Gulf Coast tick 海湾沿岸钝眼蜱(海湾花蜱)[*Amblyomma maculatum* Koch](蜱总科)
Gulf stream 墨西哥湾流
Gulf white butterfly 海湾菜粉蝶[*Pieris monusta* Linnaeus](粉蝶科)
Gulf wireworm 广颈叩甲[*Conoderus amplicollis* (Gyllenhal)](叩甲科)
gullet ①鞭毛窝 ②水道 ③狭路,隘路 ④食道,咽喉颈
gullet saw 深齿锯(工具)
gullies class 沟道等级
gullies classification 沟的分类〈水利〉
gully 沟壑,冲刷沟,雨水口
gully control 沟蚀防治
gully erosion 沟蚀,沟状侵蚀
gully erosion form 沟蚀形态
gully head 沟头
gully trap ①雨水井 ②沉泥井 ③进水口防臭井(指集水井存水间隔)〈环保〉
gullying 沟状冲刷,沟蚀
gulomethylose 6-脱氧古洛糖
gulonate 古洛糖酸[$C_6H_{12}O_7$]
gulonic acid 古洛糖酸[$C_6H_{12}O_7$]
gulonolactone 古洛糖酸内酯
gulose 古洛糖[$C_6H_{12}O_6$]
gum ①树胶 ②[牙]龈
gum Arabic ①(= gum Senegal) 阿拉伯胶树[*Acacia senegal* Willd.](豆科)②阿拉伯胶
gum Arabic tree (= babul acacia) 胶相思(阿拉伯相思树)[*Acacia arabica* Willd.](豆科)
gum benjamin (= gum benzoin) 安息香[*Styrax benzoin* Dry.](安息香科)
gum benzoin (= gum benjamin) 安息香
gum canal 树胶道(canalis gummiferus)
gum cavity 树胶腔(cavitas gummiferus)
gum check 脂囊
gum damar (= gum dammar) 达玛胶
gum disease 胶滴病,流胶病

gum duct 树胶管(ductus gummiferus)
gum elastic(=elastic caoutchouc) 弹性橡胶
gum formation ①树胶形成{解剖}②黏胶形成{土壤}
gum guaiac(=guaiacum resin) 愈创木脂
gum-lac 虫胶片
gum lac tree ①树脂油桐[*Aleurites laccifera*](大戟科)②(=sacred fig tree)菩提树
gum mucilage 胶水{显技}
gum of a tree 树胶
gum of pine 粗松脂
gum passage 树胶道(canalis gummiferus)
gum plant 橡胶植物
gum plug 树胶塞(瓶塞)
gum pocket 树胶囊
gum resin 树胶脂
gum rosin 松香
gum scale ①绒蚧 ②⌞复⌝绒蚧属[*Eriococcus* spp.](毡蚧科)
gum spitting blight 漏脂病
gum spot [树]胶斑
gum storage 贮胶器(proventius gummiferus)
gum-succory ①粉苞菊属[*Chondrilla* L.](菊科)②粉苞菊[*Chondrilla gummifera* Mill.]
gum sugar 胶糖,阿拉伯糖
gum syrup 阿拉伯树胶糖浆
gum tragacanth(=gutta-percha tree) 胶木[*Palaquium gutta* Burck.](山榄科)
gum-tree ①桉树属[*Eucalytus* L'Hérit](桃金娘科)②树胶桉[*Eucalyptus esinifera* Sm.]
gum turpentine(=gum spirits of turpentine) 树胶精油
gum vein [树]胶斑(=gum streak, gum spot)
gumb 胶土
gumbo ①(=okra) 秋葵[*Hibiscus esculentus* L.](锦葵科)②坚硬黏土
gumbrine 胶盐土
gummase(=laccase) 漆酵素,漆[氧化]酶
gummiferous 产树胶的(gummifer)
gumming(=gummosis) 流胶
gummose ①树胶糖 ②胶黏的(gummosus)
gummosis ①流胶 ②流胶病(gummosis)
gummosis of apple 苹果流胶病(生理病害)
gummosis of citrus 柑橘流胶病
gummosis of peach 桃流胶病
gummy ①胶黏的,黏性的 ②含有树胶的,分泌树胶的
gummy precipitation 胶质沉淀
gummy stem blight(=stemend rot) [西瓜]蔓枯病
gun ①定向仪 ②唧筒,喷枪,润滑油枪 ③电子枪
gun cotton 火药棉
gun flinching 恐枪病{狩猎}
gun-injection 枪注法(木材防腐)
gun jet nozzle 喷枪式喷嘴,远射程喷嘴
gun metal 炮铜,青铜(铜与锡或锌的合金)
gun sprayer 喷枪式喷雾机
gun spraying 喷枪喷射
gun-type nozzle 喷枪式喷嘴
Gunn oscillator 耿氏振荡器
gunnera ①古奴草属(根乃拉草属)[*Gunnera* L.](小二仙草科)②古奴草[*Gunnera manicata* Lind.]
gunning stick 伐木定向仪
gunny 麻袋
gunsight aiming point 瞄准点
Guo(=guanosine) 鸟[嘌呤核]苷
gur 印度土糖(蔗)
gusano rosado grande 棉芽三纹夜蛾[*Sacadodes pyralis* Dyar.](夜蛾科)
gusdusin 味[转]导素
gush 涌出,喷出,迸出
gush out(=well up) ①涌出作用 ②伤流现象
gusset [正联结处]髓板肥厚部分{真菌}
gust(=gusty wind) 阵风
gust amplitude 阵风振幅
gust and lulis 阵风阵息
gust front 飑锋
gustation 尝味
gustative 味觉(gustativus)
gustatory 味觉的(gustatoris)
gustatory cell 味觉细胞
gustatory nerve 味觉神经
gustatory organ 味觉器官
gustatory receptor 味觉感受器
gustatory sensation 味觉
gustin 味肽
gustiness 阵风性
gustiness factor 阵风系数
gusto 风味
gut 肠
gut hormone 胃肠激素
gutta ①古塔胶,杜仲胶{生化}②滴 ③斑点{形态}
gutta-meter 滴法张力计
gutta-percha 胶木胶,古塔波胶,杜仲胶

gutta-percha moth 古塔胶树窗蛾［*Rhodoneura myrtaca* Dr.］（窗蛾科）
gutta-percha tree 胶木［*Isonandra gutta* Hook. = *Palaquium gutta* Burck.］（山榄科）
guttate 水滴状的（guttatus）
guttation 吐水［作用］（guttatio）｛植生｝
gutted horse 凹腹马（腹部内陷）
gutter ①檐槽，小沟｛水利｝②厩肥场｛农化｝③垂直流脂沟｛形态｝④空页｛信息｝⑤街沟，边沟｛环保｝
gutter-cleaner 阴沟清淤机，粪沟清理机
gutter drain ①排泄沟 ②排粪管，排粪孔，排粪沟
gutter plough（= gutter plow） ①开沟犁 ②起垄犁
gutter sowing 沟播
guttiform 水滴形的，点滴形的（guttiformis）
guvacine 四氢烟酸［C_5H_8NCOOH］
guy ①（起重机）吊索 ②（帐篷）支索，牵索，拉索
guy rope 吊索，吊绳
Guyana Space Center 圭亚那空间中心｛遥感｝
guying 系索
Guyot pruning 居约氏修剪（指葡萄上用的）
GV（= granulosis virus） 颗粒体病毒
GVH（= graft-versus-host reaction） 移植物抗宿主反应
GVHD（= graft-versus host disease） 移植物抗宿主病
GVW（= gross vehicle weight） 车辆总重量
gyle 发酵麦芽汁
gymbidium mosaic virus（= gymbidium black streak virus） 建兰花叶病毒
gymnadenia ①手参属［*Gymnadenia* R. Br.］（兰科）②手参［*Gymnadenia conopsca* R. Br.］
gymnanthous 裸花的（gymnanthus）
gymnanthous plant 裸花植物（planta gymnantha）
gymnoascus fungi 裸子囊菌（fungi gymnoascae）
gymnocarpous 裸果的（gymnocarpus）
gymnoclad 裸枝的（gymnocladus）
gymnocyte 裸细胞（gymnocyta）
gymnomycetes 裸菌类［Gymnomycetes］
gymnoplast 裸质体（gymnoplastum）
gymnosperm 裸子植物（gymnosperma）
gymnospermous 裸子的（gymnospermus）
gymnosperms 裸子植物纲［Gymnospermae］
gymnosporangium 裸孢子囊
gymnospore 裸孢子（gymnospora）
gymnosporophyll 裸孢子叶（gymnosporophyllum）
gymnostomous 不具蒴齿的（gymnostomus）
gymnotus 电鳗
gymse 古氏染剂｛显技｝
gyn- ⌊字头⌉雌
gynaeceum 雌蕊
gynaecoentric theory 雌性中心［进化］学说
gynaecology 妇科学（gynaecologia）
gynaecomastia 男性乳房发育
gynander ①雌雄蕊合体的 ②⌊复⌉雌雄嵌合体（gynandrus）
gynandrian 合蕊的（gynandrius）
gynandrism ①雌雄蕊合体 ②雌雄嵌合（gynandrismus）
gynandrium 合蕊柱（用于兰科）
gynandroid 男化女人，雌雄人（gynandroides）
gynandromorph（= gynander） 雌雄嵌合体（蜂）（gynandromorphum）
gynandromorphism 雌雄嵌合体［现象］（gynandromorphismus）
gynandromyxis 雌雄组合生殖｛真菌｝
gynandrophore 两蕊柄（gynandrophorum）
gynandrosporous 同丝矮雄型的（gynandrosporus）
gynandrous 雌雄蕊合体（gynandrus）
gynantherous 雌化雄蕊（gynantherus）
gyne 雌蚁（gyna）
gynecogenic 孤雌生殖的（gynecogenus）
gynephoric 具雌性的（gynephorus）
gynetrium（= pampas grass） 蒲苇
gynetype 雌模标本（gynetypus）
gynixus（= gynizus） 柱头斑（用于兰科）
gyno- ⌊字头⌉①雌 ②女
gynoautosome 雌性常染色体（gynoautosoma）
gynobase 子房基，雌蕊托（gynobasis）
gynobasic 着生子房基部的（指花柱）（gynobasicus）
gynochore 雌幼分布的（gynochorus）
gynodimorphism 雌全二形性（gynodimerphismus）
gynodioecious ①雌花两性花异株的 ②雌性两性异体的 ③雌全异株的 ④雌全异体的（gynodioecius）
gynodioecy ①雌花两性花异株 ②雌性两性

异体 ③雌全异株 ④雌全异体（gynodioecia）
gynodynamus 雌性强的（gynodynamus）
gynoecial chamber 雌蕊群室（camera gynoecialis）
gynoecial primordia 雌蕊群原基（primordia gynoecialis）
gynoecious strain 雌性品系
gynoecism 全雌花性（gynoecismus）
gynoecium（= gynaecium） 雌蕊[群]
gynoecy 全雌性（gynoecia）
gynogamone 1 雌性交配素1
gynogamone-1-complex effect 雌性交配素-1-复合物效应
gynogenesis 雌核发育
gynogenetic 产雌的（gynogeneticus）
gynogenetic development 产雌发育
gynogenetis 雌性产生技术（gynogenetica）{农施}
gynomerogony 具单雌核卵片发育（gynomerogonia）
gynomonoecious ①雌花两性花同株的 ②雌性两性同体的 ③雌全同株的 ④雌全同体的（gynomonoecius）
gynomonoecism ①雌花两性花同株性 ②雌性两性同体性 ③雌全同株性 ④雌全同体性（gynomonoecismus）
gynomonoecy ①雌花两性花同株 ②雌性两性同体 ③雌全同株 ④雌全同体（gynomonoecia）
gynophore 雌蕊柄，子房柄（gynophorum）
gynophylly 子房叶化[现象]（gynophyllia）
gynoplasm 雌质（gynoplasma）
gynopodium 雌蕊柄基
gynosporangium 雌孢子囊，大孢子囊
gynospore 雌孢子，大孢子（gynospora）
gynospore membrane（= megaspore membrane） 大孢子壁
gynosporocyte（= megaspore mother cell） 大孢子母细胞
gynosporogenesis 雌孢子发生，大孢子发生
gynostegium 合蕊冠(用于萝藦科)
gynostemium 合蕊柱
gynotermone 雌性决定物质，兆雄素
-gynous ⌊字尾⌉雌
gynura（= valvet plant） ①土三七属[*Gynura* Cass.]（菊科）②土三七[*Gynura segetum*（Lour.）Merr.]
gyplure 类舞毒蛾醇
gypsic horizon 石膏层
gypsiferous 含石膏的（gypsifer）
gypsophila（= chalk-plant） ①丝石竹属[*Gypsophila* L.]（石竹科）②丝石竹[*Gypsophila oldhamiana* Miq.]
gypsophilous 适石膏的，喜石膏的（gypsophilus）
gypsophobous 避石膏的，嫌石膏的（gypsophobus）
gypsum 石膏[$CaSO_4 \cdot 2H_2O$]
gypsum block 石膏块（酵母培养用）
gypsum block medium 石膏块培养基
gypsum crust 石膏结壳
gypsum crystal 石膏晶体
gypsum horizon 石膏层
gypsum pan 石膏盘
gypsum pink 抱茎叶丝石竹[*Gypsophila perfoliata* L.]（石竹科）
gypsum requirement 石膏需用量
gypsum salt series 石膏盐系列
gypsum soil 石膏土[壤]
gypsum sphere 石膏球
gypsum test-plate 石膏检查片{显技}
gypsy moth（= gipsy moth） 舞毒蛾[*Lymantria dispar* L. = *Porthetria dispar* L.，*Ocneria dispar* L.]（毒蛾科）
gypsy wheel 锚链轮
gyrase 促旋酶，回旋酶
gyrate 盘旋的（gyratus）
gyrating current 旋转流，八卦流{水利}
gyration 回转[现象]，转动（gyratio）
gyratory crusher 锥体回转碾碎机
gyratory motion 回转运动
gyre ①线圈 ②卷曲（gyrus）
gyrocompass 回转罗盘
gyrodactyliasis（= gyrodactyliosis） 三代虫病{水产}
gyroflexous 环状的（gyroflexus）
gyromagnetic frequency 回转磁频率
gyrophoric acid 三苔色酸[$C_{24}H_{20}O_{19}$]
gyropilot 自动驾驶仪
gyroscope ①陀螺仪 ②旋转机
gyroscopic couple 陀螺力偶
gyroscopic force 陀螺力，环动力
gyrose 波状的（gyrosus）
gyrotedder hay conditioner 旋转式干草摊晒机
gyrotiller 旋耕机
gyrotilling 旋转耕作，旋耕
gyrotron 振动陀螺仪
gyrus 螺纹
gyttja 湖底沉积物，腐泥
gyttja soil 湖成腐殖质土，腐泥土
GZT（= Greenwich zone time） 格林尼治区时间{信息}

H h

H^+ (= hydrogen ion) 氢离子
H (= heritability) 遗传力,遗传率
h (= host range mutant) 寄主范围突变型
H-210 corn picker-husker H-210 型玉米摘穗剥皮机
"H" antigen (= flagellar antigen) 鞭毛抗原,H 抗原
H-bond (= hydrogen bond) 氢键
H-chain (= heavy chain) 重链
H-horizon H 层{土壤}
H-ion concentration (= hydrogen-ion concentration) 氢离子浓度
H-joint recombination H 形接合重组{分遗}
H-layer (= humus layer) 腐殖质层
H_2-oxidizing bacteria (= hydrogen-oxidizing bacteria) 氢氧化细菌
H-RNA (= heterogeneous RNA) 不均一 RNA{分遗}
H-shaped budding H 形芽接{园艺}
H-shaped training H 形整枝{园艺}
H-strand (= heavy strand) 重链{分遗}
H^+ toxicity 氢离子毒性
HA (= hydroxylamine) 羟胺
ha (= hectare) 公顷(1 公顷 = 10,000 平方米 = 15 亩)
ha ha fence 哈哈篱,凹陷篱
HAA (= hepatitis associated antigen) 肝炎相关抗原,澳大利亚抗原
Haage campion 哈吉氏剪秋罗[*Lychnis haageana*](石竹科)
Haage globeamaranth 细叶千日红[*Gomphrena haageana*](苋科)
Haar function 哈尔函数{电脑}
Haar transform 哈尔变换{遥感}
habenaria ①玉凤花属[*Habenaria* Willd.](兰科) ②玉凤花[*Habenaria miessiana* Champ.]
Haber's process 哈伯氏固氮法
habit ①习性,惯常的行为 ②习惯(habitus)
habit character 习性性状
habit of growth 生长习性
habit of smoking 吸烟习惯
habitable room 居室{农施}
habitat ①生境,栖息地 ②产地,生育地 ③分布区
habitat adaptation 生境适应{生态生理}
habitat complex 生境综错[作用]
habitat condition 生境条件
habitat-dependent mineral accumulation 依赖于生境的矿物质累积
habitat diversity 生境多样性
habitat exclusion 生境排除
habitat factor 生境因子
habitat-form 生境型
habitat group 生境类群
habitat island 生境孤岛{环保}
habitat isolation 生境隔离
habitat niche 生境[地]位
habitat pattern 生境[模]型
habitat preference 生境偏好
habitat-related factor 生境有关的因子,有关生境的因子
habitat segregation 生境分离
habitat selection 生境选择
habitat-specific constraint 生境特殊抑制
habitation ①聚居地,住处 ②居住(habitatio)
habitual abortion 习惯性流产
habitual manuring 习惯施肥法,传统施肥法
habituation ①习性形成 ②驯化(habituatio)
habitudinal isolation 风土隔离
habranthus ①美花莲属[*Habranthus* Herb.](睡莲科) ②美花莲[*Habranthus* sp.]
habronemiasis 柔线虫病
Hachijo blackberry 八丈草莓[*Rubus hachijoensis* NaKal.](蔷薇科)
Hachijo plume-grass 簇生芒(密集芒)[*Miscanthus condensatus* Makino.](禾本科)
Hachijo pteris 八丈蕨[*Pteris fauriel* Hieron](凤尾蕨科)
Hachijo rattlesnakeplantain 八丈斑叶兰[*Goodyera hachijoensis* Yatabe](兰科)
hack ①劈,砍,乱砍 ②刻痕,切痕 ③饲料架,

晒架 ④鹤嘴锄 ⑤(采脂用)刮刀 ⑥锄地,锄草
hackberry ①朴属[*Celtis* L.](榆科)②朴树[*Celtis sinensis* Pers.]
hackberry engraver 朴棘胫小蠹[*Scolytus muticus* Say](小蠹科)
hackberry lacebug 朴网蝽[*Corythucha celtidis* O. &D.](网蝽科)
hackberry tree 欧朴[*Celtis australis* L.](榆科)
Hackel cleistogenes 朝阳青茅[*Cleistogenes hackeli* Honda](禾本科)
hacker 电脑黑客,计算机捣乱者(指破坏程序系统)
hacker attack 黑客袭击
hacker fight 黑客战
hacker game 黑客对策
Hacker's drill machine 黑克尔条播机
hacking ①程序"挖口",破坏程序 ②非法用机{电脑} ③砍,削平
hacking knife 砍刀
hackle ①麻梳 ②梳整,梳理 ③鸡颈羽毛 ④梳麻机,梳棉机
hackle drum 梳齿滚筒,梳麻滚筒
hackled cotton 梳整棉
hackled flax 梳整亚麻(梳好的亚麻纤维)
hackled hemp 梳整大麻
hackling 梳整,梳理
hackling machine 梳整机,梳理机
hackling of barley 大麦脱粒(指用梳脱机)
hackling threshing machine (=long thresher) [谷物]横喂式脱粒机
hackmatack 美洲落叶松[*Larix occidentalis* Nutt.](松科)
Hackney 海克伦马,乘用马
hacksaw 弓形锯,小锯,手锯
hadacidin N-羟基-N-甲酰甘氨酸
Hadamard Kernel 哈达玛核{遥感}
Hadley cell 哈得来环流[圈]
hadro- ⌞字头⌝厚,强
hadrocentric bundle (=amphicribral bundle) 周韧维管束(fasciculus hadrocentricus)
hadromase 木质分解酶
hadrome 无维木质部(hadroma)
hadrome sheath 无维木质部鞘,导水细胞鞘(hadromovagina)
hadromestome 木质部(hadromestoma)
hadromycosis 木质[部]真菌病害
Haeckel's law 海卡尔法则(生物发生律){进化}
haem- ⌞字头⌝血
haem (=heme) 血红素
haema cytometry 血球计算法(haema cytometrica)
haemagglutination 血凝集[作用](haemagglutinatio)
haemagglutination titer 血凝集滴定度
haemagglutination unit 血凝集单位
haemagglutinin 红细胞凝集素,血球凝集素
haemal ①血的 ②血管的(haemalis)
haemanthamine 网球花胺
haemanthus ①网球花属[*Haemanthus* L.](石蒜科)②网球花[*Haemanthus multiflorus* Martyn.]
haematein 氧化苏木精
haematin (=hematin)羟高铁血红素
haematine crystal (=hematine crystal) [氧化]苏木精{显技}
haemato- ⌞字头⌝血
haematobic 血中生活的(haematobicus)
haematocatharsis 清血法
haematocathartic 清血剂
haematochrome 血色[素](haematochroma)
haematocrit 血流比容计,血球容量计
haematocytozoon 血球寄生物(haematocytozoon)
haematogenic immunity 血液免疫性(immunitas haematogenus)
haematoglobin 血红蛋白
haematoidin 类胆红素
haematolith 血[结]石
haematolysis (=hematolysis) 溶血作用
haematometer 血红蛋白计
haematophagous 食血的,噬血的(haematophagus)
haematophyte 血生植物(haematophyta)
haematoporphyrin 血卟啉
haematoxin 血毒素
haematoxylin (=hematoxylin) 苏木精[$C_{16}H_{14}O_6 \cdot 3H_2O$]{显技}
haematozoon 血生动物
haemerythrin (=haemoerythrin) 血红素
haemic 血的(haemicus)
haemin 氯高铁血红素[$C_{34}H_{32}O_4N_4ClFe$]
haemo- ⌞字头⌝血
haemochrome 血色原
haemoclastic 破坏血球的(haemoclasticus)
haemocoele 血腔(haemocoelum)
haemocyanin (=haematocyanin hemocyanin) 血蓝蛋白
haemocytolysis (=hemocytolysis) 溶血作用
haemocytometer 血球计算计

haemodilution 血稀释(haemodilutio)
haemodynamics 血流动力学(haemodynamica)
haemoerythrin 血红素
haemoflavoprotein (=hemoflavoprotein) 血红素黄素蛋白
haemofuscin (=hemofuscin) 血褐素
haemoglobinometer (=hemoglobinometer) 血红蛋白计
haemoglutinin (=hemoglutinin) 凝血素
haemoid 似血的(haemoideus)
haemolymph (=hemolymph) 血淋巴
haemolysate (=hemolysate) 溶血液
haemolysin (=hemolysin) 溶血素
haemolysis (=hemolysis, haematolysis) 溶血作用
haemomanometer 血压计
haemometer 血红素计
haemophilia (=hemophilia) 血友病
haemophilia A 血友病A
haemophilic 嗜血的(haemophilus)
haemophilous 适血的(haemophilus)
haemophotograph 血球照相
haemoplasmodium 血孢虫
haemopoietin (=hemopoietin) 促红细胞生成素
haemorrhage (=hemorrhage)出血(haemorrhagus)
haemorrhagic bovine septicaemia (=pasteurellosis of cattle) 牛巴氏杆菌病
haemorrhagic diathesis (=hemorrhagic diathesis) 出血素质,血友病
haemorrhagic septicaemia (=hemorrhagic septicemia) 出血性败血病
haemorrhagic septicaemia of swine (=swine plague) 猪出血性败血病
haemorrhagin (=hemorrhagin) 出血毒素
haemosensitin 血敏素
haemosiderin (=hemosiderin) 血铁黄素,血铁黄蛋白
haemospasia (=hemospasia) 放血
haemostat (=hemostat) ①止血剂 ②止血钳
haemotachometer 血流速度计(=hemotachometer)
haemotropic 向血的(haemotropus)
haemozoin (=hemozoin) 血虫素
haerangiomycetes 黏孢囊菌类[Haerangiomycetes]
haerangium 黏孢囊
haerothecium 黏孢果(haerothecium)
hafnium 铪(Hf,72号元素)
haft 柄,把
hag 采伐
hagberry tree (=bird cherry) 稠李
Hageman factor (HF) 哈格曼因子,接触因子,凝血因子Ⅻ{分生}
Hagen-Poiseuille law 哈根-普色伊尔定律{生态生理}
Hager tulip 黑格尔氏郁金香[*Tulipa hageri*](百合科)
haggard ①野的,悍的 ②憔悴的,枯槁的
hail 雹,冰雹(grando)
hail damage 雹害,雹灾
hail destroying rocket 防雹火箭
hail disease 软腐病
hail downpour (=hail shooting, hailing) 下雹子,降雹
hail fallout zone 冰雹沉降区,降雹区
hail generation zone 冰雹产生区
hail injury 雹害,雹灾
hail mitigation 消雹
hail protection 防雹
hail rain 雹雨
hail shooting (=hailfall, hail downpour) 降雹
hail-shower 雹阵
hail stone (=hailstone) 雹块
hail storms 雹暴
hail suppression program 防雹计划
hailstreak 雹击线
hailswath 雹击带
Hainan heath 海南毛兰[*Eria hainanensis* sp.](兰科)
Hainan wild orange 海南野生橙[*Citrus hainanensis* Tanaka.](芸香科)
hair ①毛,体毛 ②毛发 ③茸毛(capillus, pilus)
hair-awn muhly 毛芒乱子草[*Muhlenbergia capillaris*](禾本科)
hair-cap-moss ①金发藓属[*Polytrichum* L.](金发藓科) ②大金发藓[*Polytrichum commune* L.]
hair catcher 除毛器{环保}
hair cell 毛原细胞
hair check 细裂缝(指木材)
hair cystolith 毛内钟乳体(cystolithus capillus)
hair fern 易北河岩蕨[*Woodsia ilvensis* R.Br.](岩蕨科)
hair fescue 细叶羊茅[*Festuca capillata*](禾本科)
hair-grass ①银须草属[*Aira* L.](禾本科) ②银须草[*Aira capillaris* Host.]
hair group 毛群

hair hygrograph 毛发湿度计
hair hygrometer 毛发湿度表
hair layer 茸毛层
hair-leaf Japanese cherry 毛叶山樱花［*Prumus serrulata* var. *pubescens* Wils.］(蔷薇科)
hair-like 毛状的(capiliformis, capillaceus)
hair-like efflorescence 毛状盐霜
hair-net 胞网,细毛体(acpillitium)
hair palm (= European fan-palm) 欧洲扇棕［*Chamaerops humilis* L.］(棕榈科)
hair-pointed 毛尖的,细尖的(trichocuspidatus)
hair-shaped 毛发状的(capillaris)
hair side of belt 皮带毛边
hair-streams 毛发顺向,毛浪
hair washing machine 洗毛机
hairiness 多毛,被毛(pilositas)
hairleaf watercrowfoot buttercup 细叶水毛茛［*Ranunculus aquatilis* var. *capillaceus*］
hairless 无毛的(impuber)
hairless bee 老油蜂,秃顶蜂
hairline ①胶层 ②细线条
hairline crack 毛细裂缝,发纹
hairpin 发夹
hairpin conductor 发夹型导体{电脑}
hairpin like structure 发夹状结构{分遗}
hairpin loop 发夹环
hairpin structure 发夹结构
hairstreak ①灰蝶 ②⌊复⌉(= coppers, family of blues, gossamer wings) 灰蝶科［Lycaenidae］
hairtail 带鱼［*Trichiurus haumela* (Forkàl)］{水产}
hairvein agrimony ①龙牙草属［*Agrimonia* L.］(蔷薇科) ②龙牙草［*Agrimonia pilosa* Ledeb.］
hairy ①具毛的 ②多毛的(capillatus)
hairy apple 毛山荆子［*Malus manshurica* (Maxim.) Kom.］(蔷薇科)
hairy astridia ①鹿角海棠属［*Astridia* spp.］(番杏科) ②鹿角海棠［*Astridia velutina* sp.］
hairy bittercress 硬毛碎末荠［*Cardamine hirsuta* L.］(十字花科)
hairy brome 毕尼氏雀麦(一种分枝雀麦)［*Bromus benekeni*］(禾本科)
hairy caterpillars 灯蛾科、毒蛾科的幼虫
hairy cell leukemia (HCL) 多毛细胞白血症
hairy chestnut 板栗(中国栗)［*Castanea mollissima* Borkh.］(山毛榉科)
hairy chinch bug 毛长蝽［*Blissus leucopterus hirtus* Montd.］(长蝽科)
hairy cowpea 毛豇豆［*Vigna pilosa* Baker］(豆科)
hairy crabgrass 马唐［*Digitaria sanguinalis* (L.) Scop. = *Panicum sanguinale* L.］(禾本科)
hairy crazyweed 长柔毛棘豆［*Oxytropis villosa*］(豆科)
hairy crowfoot 硬毛毛茛［*Ranunculus hirsutus*］(毛茛科)
hairy cupgrass ①野黍属［*Eriochloa* H. B. K.］(禾本科) ②野黍(野猪草)［*Eriochloa villosa* Kunth］
hairy danthonia 毛扁芒草［*Danthonia pilosa*］(禾本科)
hairy dayflower 毛鸭跖草［*Commelina hirtella*］(鸭跖草科)
hairy dropseed 毛鼠尾粟［*Sporobolus asper* var. *pilosus*］(禾本科)
hairy flax 毛亚麻［*Linum hirsutum*］(亚麻科)
hairy-flower actinidia 毛花猕猴桃［*Actinidia eriantha* Benth.］(猕猴桃科)
hairy flower bee 毛花蜂［*Anthophora occidentalis* Cresson］
hairy-fruited 毛果的(trichocarpus)
hairy fungus 发菌［*Coriolus hirsutus* Quel.］
hairy fungus beetle ①毛蕈甲［*Typhaea stercorea* (Linnaeus)］②⌊复⌉毛蕈甲科［Mycetophagidae］
hairy galinsoga (= small flower galinsoga) 牛膝菊［*Galinsoga parviflora* Pav.］(菊科)
hairy goldaster 毛金菊［*Chrysopsis villosa* Nutt.］(菊科)
hairy grape 毛叶葡萄［*Vitis lanata* Roxb.］(葡萄科)
hairy grass 总状雀麦［*Bromus racemosus*］(禾本科)
hairy green-weed 长毛染料木［*Genista pilosa* L.］(豆科)
hairy ground tongue 毛舌菌［*Trichoglossum hirsutum* (Pers. ex Fr.) Boud.］(真菌)
hairy-headed 毛头的(trichocephalus)
hairy indigo 毛靛蓝(毛槐蓝)［*Indigofera hirsuta* L.］(豆科)
hairy-leaf apricot 毛叶杏［*Prunus arme-*

niaca var. *holosericea* Batal]（蔷薇科）
hairy-leaf cherry 毛叶欧李［*Prunus dictyoneura* Diels］（蔷薇科）
hairy-leaved 毛叶的（trichophyllus）
hairy mole cricket 多毛蝼蛄［*Gryllotalpa hirsuta* Burmeister］（蝼蛄科）
hairy-nerved 毛脉的（trichoneurus）
hairy-pistil actinidia 毛蕊猕猴桃［*Actinidia trichogyna* Franch.］（猕猴桃科）
hairy root ①毛根（radix capillata）②发根［症］
hairy-rooted 毛根的，须根的（trichorrihizus）
hairy-seeded 毛子的（trichospermus）
hairy sepel rocket ①香［花］芥属［*Hesperis* L.］（十字花科）②香芥（香花芥）［*Hesperis trichosepala* Turcz.］
hairy sheath 毛鞘（vagina capillata）
hairy spider beetle 四纹蛛甲［*Ptinus villiger* Reit.］（蛛甲科）
hairy-stalked 毛柄的（capillipes）
hairy-style cherry 毛柱樱［*Prunus pogonostyla* Maxim.］（蔷薇科）
hairy tare（= tare vetch） 小巢菜（硬毛果野豌豆，毛苕子）［*Vicia hirsuta*（L.）Gray.］（豆科）
hairy thornapple（= fire weed） 白花曼陀罗［*Datura metel* L.］（茄科）
hairy toadlily 毛油点草［*Tricyrtis hirta* Hook.］（百合科）
hairy vetch（= hair vetch, Russian vetch, sand vetch, downy vetch, winter vetch）毛巢菜（长柔毛野豌豆，苏联毛巢菜）［*Vicia villosa* Roth.］（豆科）
hairy vetch bruchid（= vetch bruchid） 长毛野豌豆象甲［*Bruchus brachialis* Fahraeus］（龟甲科）
hairy wildrye 毛野麦［*Elymus villosus*］（禾本科）
hairy willowweed ①柳叶菜属［*Epilobium* L.］（柳叶菜科）②柳叶菜［*Epilobium hirsulum* L.］
hairyvein agrimony 龙牙草（仙鹤草）［*Agrimovia pilosa* Ledeb.］（蔷薇科）
hake ①（犁）耕深调节板 ②牵引调节板 ③格架 ④（= stockfish）岬无须鳕［*Merluccius capensis* Castlenau］｛水产｝
hake bar 牵引横板
hake plate 耕深调节板，牵引点调节板
hakea ①哈克木属（针垫木属）［*Hakea* Schrad.］（山龙眼科）②（= sea-urchin-tree）哈克木（海胆木）［*Hakea laurina* Schrad.］
Hakone calamagrostis 箱根野青茅［*Calamagrostis hakonensis* Franch et Sav.］（禾本科）
Hakonese muhlv 箱根乱子草［*Muhlenhergia hakonensis* Makino.］（禾本科）
Hakonesis pleioblastus 箱根苦竹［*Pleioblastus chino* Makino.］（禾本科）
Hakuniku-yu 白肉柚［*Citrus maxima form* Hakunikuyu Hort.］（芸香科）
Hakusanensis aconite 白山乌头［*Aconitum hakusanese* Nakai］（毛茛科）
Hakusanensis crowfoot 白山老鹳草［*Geranium hakusanese* Matsum.］（牻牛儿苗科）
Hakusanensis euphorbia 白山大戟［*Euphobia sendaica* Makino.］（大戟科）
Hakusanensis hogfennel 白山前胡［*Peucedanum multivittatum* Maxim.］（伞形花科）
Hakusanensis knotweed 白山蓼［*Polygonum weyrichii* var. *japonicum* Makino.］（蓼科）
Hakusanensis patrinia 白山败酱［*Patrinia triloba* Miq.］（败酱科）
Hakusanensis sedge 白山苔草［*Carex curta* Goodenough.］（莎草科）
Hakusanensis wedgeleaf primrose 白山楔叶报春花［*Primula cuneifolia* var. *hakusanensis* Makino.］（报春花科）
halarch sere 盐生演替系列｛生态｝
halation 光晕（halatio）｛电脑｝
halazone（= p-dichloramidobenzo-sulfonic acid） 对二氯基氨磺酰苯甲酸（饮水消毒剂）
halberd-leaved orache 戟叶滨藜［*Atriplex patula* var. *hastata*］（藜科）
halberd-leaved willow 戟叶柳［*Salix hastata*］（杨柳科）
halbered-shaped（= halbertheaded, halbert-shaped） 戟形的（hastatus）
halcyon days（= halcyone days） 平安时期（冬至前后七天的风平浪静时期）
halcyon weather 平静天气
Haldane's law（= Haldane's rule） 哈罗登氏法则（群体遗传学定律）
Hale 海尔（桃品种）
half ①半，半个，二分之一 ②一部分 ③不完全，不充分
half a turn（= semiturning） 半转
half add 半加
half adder 半加法器
half adder binary 二进位半加器
half-adherent 半附着的（semiadherens）

half adjust 舍入(指四舍五入)
half-anatropous 半倒生的(semianatropus)
half and half 两者各半混成物
half-arrow-shaped 半箭形的(semisagittatus)
half-attached 半附着的(semiliber)
half-axle 半轴
half baked 未成熟的,无经验的
half-balancing 半平衡
half balk 对开圆木,半圆木
half band width 半带宽{生技}
half-blood(=half breed) 半纯种,半纯血种
half-bloom stage 半开花期
half bog 半沼泽
half-bog soil 半沼泽土,黑泥土
half-bordered 半缘的(semimarginatus)
half-bordered pit-pair (=half-bordered pits) 半缘纹孔对(poroparia semimarginata)
half-box 无盖轴箱
half breed 半纯种,混合种,杂种
half cell 半电池
half-chair conformation 半椅式构象{分生}
half choke 半喉缩{狩猎}
half-chromatid 半染色单体{细胞}
half-chromatid aberration 半染色单体畸变
half chromatid conversion 半染色单体转换
half-chromatid translocation 半染色单体易位
half-chromosome 半染色体
half-clasping 半抱茎的(semiamplexicaulis)
half-clean rice 半碾米,糙米
half-cleft grafting 半劈接{园艺}
half cold-resistant vegetables 半抗寒蔬菜
half-compound starch grain 半复合淀粉粒(granum amyleum semicompositum)
half-cordate 半心形的(semicordatus)
half cousin 半亲表兄妹,半亲堂兄妹
half covering training 半埋土整枝
half crawler tractor 半履带拖拉机
half-cylindric 半柱形的(semicylindricus)
half-depth-super 浅继箱{蜂}
half-desert 半沙漠,半荒漠
half diesel engine 半柴油[发动]机
half-double 半重瓣的(semiplenus)
half-drying of cocoon 茧半干{蚕桑}
half-drying oil 半干性油
half duplex(HD,HDX) 半双向,半双用,半双工{电脑}
half-embracing 半抱合的(semiamplexus)
half-epigynous 半上位的(semiepigynus)
half-equitant 半跨状的(semiequitans)
half fallow ①半休闲 ②半休闲地
half-fallow crops 半休闲作物
half-fermented tea 半发酵茶(如武夷岩茶)
half first cousin(=half cousin) 半亲表兄妹,半亲堂兄妹
half flowing 半流动
half-free stone 半离核(pyrena semilibera)
half-fruit 双悬果爿(semicarpium)
half-gateway 半网关{信息}
half-grooved 具半槽纹的(semisulcatus)
half-hairy 半被毛的(semitrichus)
half-hardy 半耐寒(semipatiens)
half-hardy plant 半耐寒植物(planta semipatiens)
half-height diameter (=middiameter)(树木)中央直径
half-herringbone cut 半腓骨切法(采脂)
half heterogamy ①半异配生殖 ②半配子异型(semiheterogamia)
half-high ridge 半高畦{耕作}
half-hybrid 半杂种(一种与另一种的变种杂交)
half-incised 二半裂的(semifidus)
half indicator 停机指示灯,停机指示器
half-inferior 半下位的(semiinferius)
half-inferior ovary 半下位子房(ovarium semi-inferium)
half leaf method 半叶法(测光合)
half lethal dose(HLD) 半数致死剂量
half lichenes 半地衣类[Deuterolichenes]
half life(=half life period) 半衰期(指同位素)
half light ①半受光的 ②半阳
half-lived time 半衰期(农药施用后消失一半所需的时间)
half-lobed 半裂片的(semilobatus)
half-logs 半圆木,对开材
half-milled rice 半碾米,糙米
half-monopetalous 半合瓣的(semimonopetalus)
half moon 上下弦,半规月
half-moon crosstie(=halfround sleeper) 半圆枕木,对开枕木
half-moon hoe 半月形锄
half-moon loco 半月形黄芪[*Astragalus allochrous*](豆科)
half-moon-shaped 半月形的,新月形的(semilunatus)
half mutant 半突变型(semimutans)
half-mutation 半突变(semimutatio)

half natural logarithm 半自然对数,二分之一自然对数{统计}
half negative vegetables 半阴性蔬菜
half-netted 半网状的(semireticulatus)
half-open 半张开的,稍伸展的(semiapertus)
half-parasite 半寄生物(semiparasita)
half-partitioned 具不完全隔膜的(semiloculatus)
half-pinnate 羽状半裂的(semipinnatus)
half-plaid latin square 半裂条拉丁方{统计}
half polished rice 半精米,半白米
half price 半价
half race 半族{进化}
half-round ①半圆材 ②半圆形的(semicircularis)
half saprophyte ①半腐生菌 ②半腐生[植]物(semisaprophyta)
half shovel (中耕机)单翼平铲
half shrub 半灌木(semifructex)
half-sib 半同胞,异亲兄妹
half-sib-family selection 半同胞家系选择
half-sib mating 半同胞交配,半同胞婚配
half-sib progeny 半同胞后代
half-sib selection 半同胞选择
half sister chromatid 半姊妹染色单体
half site 半位点{分遗}
half size 原大一半(为通常大小的一半)(指绘图)
half-span house 半屋面温室,单斜面温室
half speed shaft 半速轴,凸轮轴
half-spiked 半穗状花序的(semispicatus)
half spindle 半纺锤体(semifusus){细胞}
half spindle components (= chromosomal fiber) 染色体牵丝
half-stamen 半雄蕊(semistamen)
half standard ①中干(指林木) ②半标准 ③半高干果树
half standard-pitch auger 半标准螺距螺旋
half-stem-clasping (= halfstem-embracing) 半抱茎的(semiamplexicaulis)
half sugar beet 半糖用甜菜
half sugar mangel [**-wurzel**] 半糖用甜菜
half-superior 半上位的(指子房)(semisuperior)
half sweep 单翼[除草]铲
half-terete 半圆柱状的(semiteres)
half-tetrad 半四分体(hemitetras){细胞}
half-tetrad analysis 半四分体分析
half-tide level 半潮位
half timber 半干材
half-track 半履带,半链轨
half-track combine 半履带式谷物联合收获机
half-track tractor 半履带式拖拉机
half-track unit 半履带行走机构
half-track vehicle 半履带式车辆
half-transfer signal (= stop-transfer signal) 停止转移信号
half translocation 半易位
half translocation frequency 半易位频率
half-transparent 半透明的(semipellucidus)
half-turn plow (= half-turn plough) 翻转铧式犁
half-turn type mounted reversible disk plow 半悬挂式翻转双向圆盘犁
half-turn type semi-mounted reversible moldboard plow 半悬挂式翻转双向铧式犁
half-turn type trailed reversible disk plow 牵引式翻转双向圆盘犁
half-turn type trailed reversible moldboard plow 牵引式翻转双向铧式犁
half-turned slice 立垡
half-upright 半直立的(semierectus)
half value 半值
half value layer (HVL) 半值层
half-whorled 半轮生的(semiverticillatus)
half-winged 半翅的(semialatus)
half-winterness 半冬[种]性
halftone 半色调
halfwave potential 半波电位
halfwidth 半宽度
halibut-liver oil 比目鱼肝油
halicole 盐土植物
halictid bees (= sweat bees) 集蜂科[Halictidae]
halide 卤化物
halimasch (= hallimasch) 蜜环菌
haline water 高盐水
halisteresis 骨软化
halite ①岩[石]盐 ②石盐类[NaCl]
Hall effect 霍尔效应{电脑}
hall-mark ①检验标记 ②品质证明
Hall scale 霍尔蚧[*Nilotaspis halli* Green](蚧科)
hallachrome 红痣素,多巴色素
Haller rockcress 哈勒氏筷子芥[*Arabis halleri*](十字花科)
Haller's mixedflower 哈勒氏牧根草[*Phyteuma halleri*](桔梗科)
halloysite 埃洛石(叙永石,多水高岭石)

halloysitic acid 叙永酸
Hall's crabapple 垂丝海棠［*Malus halliana* Koehne］(蔷薇科)
Hall's Japanese honeysuckle 白金银花［*Lonicera japonica* var. *halliana* Nichols］(忍冬科)
Hall's panicum 霍尔氏稷［*Panicum halli*］(禾本科)
Hall's three-dimension morphology structure 霍尔三维形态结构
hallucination 幻觉,错觉 (hallucinatio)
hallucinatory effect 幻觉效应
hallucinogen 致幻剂
hallucinosis 幻觉病
halm (= haulm) 茎秆 (指稻,麦,豆类)
halny wiatr 焚风 (波兰语)
halo- ⌊字头⌉盐
halo ①孔环{形态}②晕{气象}③晕圈(围绕接合孢子厚壁菌丝鞘的黏附层){真菌}④光环{电脑}
halo blight ①斑枯病 (燕麦,大麦)②晕枯病
halo blight of beans 菜豆斑枯病
halo blight of ryegrass 黑麦草晕枯病［*pseudomonas coronafaceus* stevens var. *stropurpurea* Stapp.］
halo effect 光环效应{遥感}
halo of 22° 22度晕
halo of 46° 46度晕
halo sap 内含边材,双边材
halobiont 盐生生物 (halobions)
halobios ①盐生生物 ②海洋生物
halobiotic ①盐生的 ②海洋的 (halobioticus)
halochromy 加酸显色 (halochromia){显技}
halodrymium 红树群落,红树林
haloeremium 盐生荒漠群落
halogen 卤素
halogen acid ①氢卤酸 ②卤代酸
halogen disinfectants 卤族消毒剂
halogenated hydrocarbon 卤化烃
halogenated phenol 卤化酚
halogenated terpene 卤化萜
halogenation 卤化 (halogenatio)
halogenetic polder soil 盐成圩田土壤
halogenic soil 盐成土
halogenide (= halide) 卤化物
halometer 盐量计
halometry ①盐度测定 ②盐度测定法 (halometria)
halomorphic soil 盐成土
halomorphism 盐生状态 (halomorphismus)
halonate 具孔环 (halonatus){形态}
haloparasitism 全寄生性 (haloparasitismus)
haloperidol 氟哌啶醇
halophiles ①适盐植物,喜盐植物 ②嗜盐微生物
halophilous (= halophilic) 适盐的,喜盐的 (halophilus)
halophilous bacteria (= halophilic bacteria) 适盐细菌,嗜盐细菌 (bacteria halophilae)
halophilous grass (= halophilic grass) 适盐草本植物
halophilous plant 适盐植物 (planta halophilia)
halophily 盐性适应 (halophilia)
halophobes ①避盐植物,嫌盐植物 ②厌盐微生物
halophobous (= halophobic) 避盐的,嫌盐的 (halophobus)
halophobous species 避盐种 (species halophobae)
halophyte 盐生植物 (halophyta)
halophytic bacteria 盐生细菌 (bacteria halophyticae)
halophytic community 盐生［植物］群落 (communitas halophyticus)
halophytic dicotyledons 盐生双子叶植物 (dicotyledonae halophyticae)
halophytic habitat 盐生［植物］生境 (habitatus halophyticus)
halophytic monocotyledons 盐生单子叶植物 (monocotyledonae halophyticae)
halophytic rosette plant 盐生辐射叶植物 (planta rosulacea halophytica)
halophytic vascular plant 盐生维管植物 (planta vascularis halophytica)
halophytic vegetation 盐生植被 (vegetatio halophytica)
haloplankton 海水浮游生物
halorhodopsin 盐细菌视紫红素
halosere 盐生演替系列 (haloserium)
halothane 卤烷
halotolerant 耐盐的 (halotolerans)
halt ①停机{电脑}②暂停,停止,{生技}③阻挡,防止{农机}
halter 马缰,马络 (马具)
halter chain 络头链 (马具)
halter rope 缰绳,系绳
haltere 平衡器,平衡棒
halticid beetles (= flea beetles) 跳甲科

[Halticidae]
halting state 停机状态
halve operator 二等分算子{电脑}
halved 二等分的,两半的(dimidiatus)
halved joint 槽舌接(指木工)
halves pass 减半传递{信息}
ham ①村落,市镇 ②火腿
ham beetle ①郭公虫 ②⌊复⌉(=copra beetles)郭公虫科[Cleridae]
ham skipper (=cheese skipper) 酪蝇[*Piophila casei* (L.)](酪蝇科)
hamabiosis 无益共生
hamabo hibiscus 日本黄槿[*Hibiscus hamabo* Sied. et Zucc.](锦葵科)
hamabuto (=corkwing) 珊瑚菜(滨防风)[*Glehnia littoralis* Fr. Schm.](伞形花科)
hamamelose 金缕梅糖
hamate 钩头状的(hamatus)
hames (套包前的二根)夹棒,颈轭(马具)
hamestasis 体内平衡
Hamilton cycle 哈密顿循环{分生}
Hamilton microsyringe 哈密顿微量注射器
hamlet 小村落
hammada (=rock desert) 石漠
hammer ①锤 ②锤片 ③锤骨 ④印字锤
hammer grinder (=hammer crusher) 锤式粉碎机
hammer head 锤头(工具)
hammer-head ribozyme 锤头[状]核酶{分遗}
hammer-head structure 锤头[状]结构{分遗}
hammer-knife mower 锤刀式[旋转]刈草机,甩刀式刈草机
hammer mill 锤式粉碎机
hammer-screen clearance 锤筛间隙
hammer-shaped 锤状的(malleatus)
hammer-type sprinkler 锤式喷灌器
hammer-type thrower 锤式抛掷机
hammered gun 明机枪{狩猎}
hammerer 锻工
hammering ①锤击 ②锻打
hammerless gun 暗机枪{狩猎}
hammock (=hanging bed) 吊床
hammock bean 菝葜叶菜豆[*Phaseolus smilacifolius*](豆科)
hammock forest 硬木林,内陆常绿阔叶林
hammock seat (驾驶室的)悬吊式座位
hamose (=hamous) 具钩的(hamosus)
hamper 妨碍,阻止
Hampshire ①汉普夏猪 ②汉普夏牛(大型肉用种)
Hampshire sheep 汉普夏绵羊
Hampshire swine 汉普夏猪
hamster 田鼠(大鼠,原仓鼠)[*Crcietus cricetus*](仓鼠科)
hamulate (=hamulose)①具小钩的 ②小钩状的
hamulus ①钩毛{形态} ②翅钩{昆虫} ③钩状突{动} ④小钩{真菌}
hamus 钩
Hana yu 花柚[*Citrus hanayu* Hort et Shirai](芸香科)
Hanceanus holly 菜冬青(赫氏冬青,腌菜冬青)[*Ilex goshiensis* Hayata](冬青科)
Hance's fluid 汉斯氏液{显技}
Hancock grape 菱叶葡萄[*Vitis hancockii* Hance](葡萄科)
hand ①手,工作手 ②手的,手动的,手摇的,手提的,手推的
hand anemometer 手提风速表
hand auger ①取样器 ②手钻
hand ax 手斧
hand barking 人工剥皮
hand barrow broadcaster 手推撒播机
hand beet puller 甜菜人力拔取机
hand bellowed duster 手摇风箱式喷粉器
hand bench 手工台
hand boom ①喷枪 ②手动喷水器
hand brailer 捞网
hand brake 手制动器
hand brake lever 制动手柄,手刹车操纵杆
hand brother 手摇式喷雾器
hand card 手工梳毛器(牛、马用)
hand chaff cutter 手动铡草机,手动稿秆切碎机
hand-cleaned screen 人工清选筛
hand clearing 人工开垦
hand clover huller 手摇三叶草去壳机
hand-colored map 手工着色地图{遥感}
hand composition 手工排字
hand control signal box 手控信号台
hand corn planter 手推玉米播种机
hand crane 手摇起重机
hand cranking 手摇
hand cross 人工杂交
hand crossing 人工杂交
hand cultivator 手扶中耕机
hand cutting 手割
hand digger 人力掘取机,人工收获机(指块根、块茎作物)
hand dissemination 人工撒播法
hand-drawn original 清绘原图{遥感}
hand drill ①手推条播机 ②手钻

hand drill planter 手推条播机
hand-driven grinder 手摇砂轮机
hand-driven maize sheller 手摇玉米脱粒机
hand duster 手摇喷粉器
hand dynamo 手摇发电机
hand-emasculation ①人工去雄 ②去势，阉割
hand fanner 手摇清粮机(风选机)
hand-fed 人工饲喂的
hand-fed transplanter 手置式移植机
hand feeding 人工饲养
hand feeding type thresher 人工喂入型脱粒机
hand fertilizer spreader 手推施肥机
hand-free telephone 固定电话{信息}
hand garden hoe 耘锄
hand gear 手动装置
hand grubber 手动碎土机
hand gun ①手喷枪 ②手动喷粉器
hand gun duster 手动喷粉器
hand gun loader 手压油枪注油器
hand-held calculator 手提式计算器
hand-held computer（HHC） 手提[式]计算机，袖珍计算机
hand-held minimonitor 手提式小型监视器
hand-held radioisotope minimonitor 手提式放射性同位素小型监视器
hand-held ultraviolet lamp 手提式紫外[线]灯
hand horse clipper 马毛手剪
hand hybridization 人工杂交法
hand injector （土壤消毒用）手动喷射器
hand lens （育种用）扩大镜
hand level 袖珍水平仪
hand-lift scraper 手提升式刮土铲运机
hand-made 手[工]制
hand microtome 手摇切片机{显技}
hand milking 手工挤奶，手挤
hand mill ①臼米 ②小型磨粉机
hand mist sprayer 手摇喷雾器
hand on back ground 工作经验
hand-operated chopper 手摇切碎机，手摇铡草机
hand-operated duster 手动喷粉器
hand-operated potato sorter 手动马铃薯挑选机
hand-operated pump 手摇泵{环保}
hand-operated rice transplanter 人力水稻插秧机
hand operation 手工操作
hand pack filler 手压式填装器
hand packing device 人工包装装置
hand picking（= plucking） ①手工采摘 ②人工挑选
hand planet 手推中耕机
hand planting 人工种植，人工栽植
hand plough（= hand plow） 手扶犁，步犁
hand pollination 人工授粉
hand-priming device 手油泵
hand rail 栏杆，扶手
hand rake ①手用搂耙 ②手拉集草机
hand reeled raw silk 座缫生丝
hand reeling filature 座缫制丝
hand reeling machine 手摇纺线机，手摇纺车，座缫机
hand refractometer 手提折光计
hand ridger 手推培土机
hand roller 手拉镇压器
hand rotadigger 手扶旋转锄
hand saw 手锯
hand screw ①千斤顶，起重机 ②螺旋夹钳，虎钳（工具）
hand seamer 手摇封罐机
hand sectioning 徒手切片法{显技}
hand seed drill 手推条播机
hand-seeded 手播的
hand seeder 手推播种机
hand separation 手工分离（种子）
hand shaker 手摇抖落器（脱粒）{农机}
hand shears 摘茶用剪
hand-shears plucking 手剪采摘
hand sowing machine（= hand sower, hand seeder） 手推播种机
hand spade 锹，铁锹
hand steering gear 手动转向装置
hand straw cutter 人力铡草机
hand sweet potato slicer 手摇甘薯切片机
hand syringe 手动喷射器
hand threshing 手工脱粒，人工脱粒
hand threshing rake 手持打谷器
hand-tie baler 手捆式捡拾压捆机
hand topper ①（人力掘取机）手用打顶器 ②手动摘心器
hand tractor（= walking tractor） 手扶拖拉机
hand transplanting ①人工移植 ②人工插秧
hand trusser 手动捆束机
hand viewer 便携式观察器
hand vise 老虎钳（工具）
hand water pump 手动压水机，手动水泵
hand weeder 手推除草机
hand weeding ①人工除草，拔草 ②人工去杂
hand-wired baler 手工铁丝拧结式捡拾压捆机
handbook 手册
handcar 手推车

handcontrolled grass cutter （公园用）手动剪草机
handcontrolled manipulation 手控操纵
handcontrolled sprinkler 手控式喷灌器
handhold（= handle） 手把，手柄
handhole 探孔，手孔
handicraft 手工艺，手工业
handing time 人工操作时间，手工操作时间
handlance ①喷水器，喷枪 ②手压泵
handle ①把手，提手 ②犁柄 ③输送，传送 ④铺放，堆放 ⑤处理，管理 ⑥操纵，运用 ⑦驯养 ⑧掌握，指挥
handler ①装卸装置 ②输送装置 ③堆垛机 ④处理器，处理程序{电脑}
handling ①加工处理，处理 ②管理，控制 ③堆放 ④装卸，输送
handling and packing 加工处理与包装
handling and storage 加工处理与贮藏
handling equipment ①加工处理设备 ②装卸设备
handling facilities ①加工处理设备 ②装卸设备
handling failure 处理故障
handling machine 处理机
handling machinery ①加工处理机械 ②装卸设备(机械)
handling of catch ①渔获物处理 ②猎获物处理
handling of land 土地开发，开垦
handling of large population 大田群体控制
handling of plants 田间管理
handling time 处理时间
handmower 手推剪草机
handover 转移，转换
hands-free telephone 非手提式电话{信息}
hands-on ①动手上机 ②老手，内行 ③实际训练，实践经验{信息}
hands-on operation 内行操作
handset 电话手机
handshaking infection 握手传染
handwheel 操纵盘，驾驶盘，方向盘
handwork 手工
handy type computer 便携式台式计算机
handyman ①手巧的人 ②操纵机
hang ①悬，挂，垂，吊 ②做法，用法 ③挂起，停机，暂停{信息} ④坐果{园艺}
hang on ①紧握，抓紧 ②不放弃
hang on the tree（= fruit set） 坐果
hang-over time 释放延迟时间
hang-up ①暂停，中止 ②停机，停止
hangar ①飞机库，棚厂 ②堆藏棚
hanged retention water 悬着水
hanger ①悬架，吊架，吊杆 ②支架，托架
hanger hot house 托架温室
hanger rod 吊杆，悬杆
hanging ①悬吊，悬挂，吊 ②⌞复⌝窗帘，幔帐 ③倾斜
hanging basket 悬篮，吊篮
hanging-basket culture 悬篮栽培（指花卉）
hanging branch 悬枝，悬挂枝条
hanging cirque 悬冰斗
hanging colter 吊柄犁刀，立柄犁刀
hanging cutter 直犁刀，柄式犁刀
hanging drop 悬滴{显技}
hanging drop apparatus 悬滴装置
hanging drop culture 悬滴培养
hanging drop method （孢子发芽用）悬滴法
hanging drop preparation ①悬滴装置 ②悬滴标本
hanging drop technique 悬滴培养技术
hanging feeder 吊挂饲槽
hanging fiber 悬吊纤维板{环保}
hanging flies 蚊蝎蛉科［Bittacidae］
hanging garden 悬园{园林}
hanging glacier 悬冰川
hanging hook 吊钩，挂钩
hanging indent 缩排(指排字)
hanging layer 悬着层
hanging on 悬垂的（suspensus）
hanging plough（= hanging plow） 步犁
hanging poultry drinker 架空式家禽饮水器
hanging shelf 吊板
hanging sprayer 悬挂式喷雾机
hanging type 悬挂式
hanging wall（= upper wall） 上盘
hanging water 悬着水
hangover fire 潜伏火，休眠火
hank （扭绞的）一束毛线、丝等，一支线
Hankow willow 旱柳［*Salix matsudana* Koidz.］（杨柳科）
Hank's balanced salt solution（HBSS） 汉克氏平衡盐溶液{生技}
Hank's medium 汉克斯氏培养基
Hank's solution 汉克斯氏液
Hanson's haematoxylin 汉逊氏苏木精（染料）{显技}
Hanson's lily 竹叶百合［*Lilium hansonii* Leichtl］（百合科）
Hantaan virus 汉坦病毒（Hantavirus）
hap ①机会 ②偶然发生，发生
hapalanthous 柔花的（hapalanthus）
haplo- ⌞字头⌝单
haplo-Ⅳ 单数第四染色体
haplo-dikaryotic life cycle 单倍体－二核体生活周期

haplo-diploid life cycle 单倍－二倍体生活周期
haplo-diploid sex deter mination 单倍－二倍体性决定
haplo-diploid system 单倍－二倍体系统
haplo-triplo-disomic 单倍－三倍－二体的（haplotriplodisomicus）
haplobionatic 单型世代菌体（haplobionaticus）
haplobiont 单型世代植物（haplobions）
haplobiontic yeast 单核相酵母（fermentum haplobionticum）
haplocaulescent 具一级茎轴的（haplocaulescens）
haplocaulous 单茎的（haplocaulis）
haplocheilic 单唇的（haplocheilus）
haplochlamydeous ①单轮花被的 ②单层的（haplo chlamydeus）
haplochlamydeous chimaera 单层嵌合体（chimaera haplochlamydea）
haplochlamydeous flower 单被花（flos haplochlamydeus）
haplochlamydeous periclinal chimera 单层周边嵌合体（chimaera periclina haplochlamydea）
haplochromosome 单倍染色体（haplochromosoma）
haploconidium 单核分生孢子
haplocorm 鳞茎，球茎（haplocormus）
haplodiploidy 单倍二倍性（haplodiploidas）
haplodiplont 单倍孢子体（haplodiplons）
haplodiplontic 单倍孢子体的（haplodiplonticus）
haplogenotypic sex-deter mination 单倍基因型的性决定
haplogenotypic sex differentiation 单倍基因型的性分化
haploheteroecy（= haploid dioecy）①单倍雌雄异株 ②单倍雌雄异体（haploheteroecia）
haploid 单倍体（haploida）{细胞}
haploid and anther culture 单倍体与花药培养
haploid and breeding 单倍体与育种
haploid apogamety（= haploid apogamy）单倍无配[子]生殖（haploapogamia）
haploid breeding 单倍体育种
haploid breeding method 单倍体育种法
haploid cell 单倍细胞（haplocellula）
haploid cell culture 单倍细胞培养
haploid cell line 单倍细胞系
haploid chromosome number 单倍染色体数
haploid chromosome set 单倍染色体组
haploid chromosomes 单倍染色体（haplochromosomae）
haploid-diploid cycle 单倍－二倍循环
haploid egg 单倍卵（haploovum）
haploid embryo 单倍体胚（haploembryo）
haploid from anther 花药的单倍体
haploid from hybrid 杂种的单倍体
haploid fruit body 单倍子实体
haploid gamete 单倍配子（haplogameta）
haploid gametophyte 单倍配子体（haplogametophyta）
haploid generation 单倍世代（haplogeneratio）
haploid genetic nucleus 单倍遗传核
haploid germ cell 单倍生殖细胞
haploid heterokaryon 单倍异核体
haploid hypha 单倍菌丝（haplohypha）
haploid incompatibility 单倍体不亲和性（haploincompatibilitas）
haploid induction 单倍体诱导，单倍体诱发
haploid-insufficient 单倍不完全显性[的]（haploinsufficiens）
haploid irradiation 单倍体照射
haploid life cycle 单倍体生活周期
haploid method of breeding 单倍体育种法
haploid microspore 单倍小孢子
haploid model 单倍体模型
haploid mutation breeding 单倍体突变育种
haploid nucleus 单倍核（haplonucleus）
haploid number（n） 单倍数（haplonumberus）
haploid organism 单倍生物
haploid pairing 单倍体配对
haploid parthenogenesis 单倍单性生殖，生殖细胞单性生殖（= generative parthenogenesis）（haploparthenogenesis）
haploid phase ①单倍期 ②单倍相（haplophasis）
haploid plant 单倍[体]植物（haploplanta）
haploid set 单倍体[染色体]组
haploid set of autosome（A） 单倍常染色体组
haploid sex differentiation 单倍性分化
haploid significance 单倍体的重要性
haploid spore 单倍孢子
haploid sporophyte 单倍孢子体（haplosporophyta）
haploid state 单倍态
haploid strain 单倍体品系
haploid-sufficient 单倍完全显性[的]

(haplosufficiens)
haploid totipotent cell 单倍全能细胞
haploid type 单倍型(haplotypus)
haploid vegetative phase 单倍营养体期
haploid yeast 单倍酵母菌(haplofermentum)
haploidization 单倍化(haploidisatio)
haploidy 单倍性,单倍态(haploidas)
haplokaryotype 单倍染色体组型(haplocaryotypus)
haplomict 单倍杂种(haplomicte)
haplomitosis ①半有丝分裂 ②核粒纽丝分裂
haplomycelium 单倍菌丝体
haplomycosis 单倍真菌病
haplont 单倍体,单倍性生物(haplons)
haplont plant 单倍性植物(haplontophyta)
haplontic 单倍性的(haplonticus)
haplontic organism 单倍性生物
haplontic species 单倍性种
haplontic sterility 单倍性不育
haploperistomous 单齿层的(haploperistomus)
haplopetalous 单层花瓣的(haplopetalus)
haplopetalous corolla 单层花冠(corolla haplopetala)
haplophase 单倍期(haplophasis)
haplophasic 单倍期的(haplophasicus)
haplophasic lethal 单倍期致死
haplophenotypic sex deter mination 单倍表型性决定
haplophyll 初始叶(haplophyllum)
haplopolyploid 单倍多倍体(haplopolyploidus)
haplosis 减半作用
haplosomic (= monosomic) ①单体的 ②单体生物(haplosomicus)
haplospory 配母细胞无性生殖,单倍孢子形成(haplosporia)
haplostachyous 单穗的(haplostachyus)
haplostele 单中柱(haplostela)
haplostemonous 具单轮雄蕊的(haplostemonus)
haplostemony 单轮雄蕊(haplostemonia)
haplostichous 单列的(haplostichus)
haplotrama 单相型菌髓(haplotrama)
haplotype ①单模标本 ②单倍型(haplotypus)
haploxylic 单维管束的(haploxylus)
haplozygote (= hemizygote) 半合子(haplozygota)
hapten 半抗原,辅抗原(haptenus)
hapten carrier complex 半抗原载体复合物
hapten radioimmunoassay 半抗原放射免疫测定
haptera 吸胞
hapteron ①吸着器 ②菌索基
haptic ①触觉的 ②感触的(hapticus)
haptic display system 触觉显示系统
haptoglobin 触珠蛋白,结合珠蛋白
haptonasty 感触性
haptospore 附着孢子(haptospora)
haptotaxis (= thigmotropism) 趋触性
haptotropism 向触性(haptotropismus)
haptotypic characters 内部环境特性(charactrae haptotypicae)
haras ①马群 ②养马场
harbinger ①先驱 ②前兆
harbor (= harbour) 海港,港口
harbor chart 港口图{遥感}
harbouring of vineyard 葡萄园埋土
hard ①硬的,坚硬的,坚固的,结实的(durus) ②强烈的,猛烈的,激烈的 ③困难的,艰难的,艰苦的,辛苦的,难受的,费力的 ④严格的,严厉的,苛刻的
hard and soft acid and base (HSAB) 软硬酸碱
hard balance plough (= hard balance plow) 刚性平衡犁
hard bark 硬[树]皮(cortexdurus)
hard bast 硬韧皮部(liberdurus)
hard beam 欧洲鹅耳枥(桦叶鹅耳枥)[*Carpinus betulus* L.](桦木科)
hard bluegrass 硬质早熟禾[*Poa sphondylodes* Trin. et Bunge](禾本科)
hard board 硬纤维板,高压板
hard board mill waste water 硬纤维板厂废水{环保}
hard-bristled 硬刺毛的(contematosus)
hard cash 现金,现款
hard cemented soil 硬结土
hard cheese 硬质干酪
hard clam 文蛤[*Meretrix meretrix* L.]
hard clay bottom 重黏土犁体
hard clot 血凝块
hard coat 硬壳
hard-coated seed 硬壳种子
hard-coatedness 硬实性,硬壳性
hard consistency 硬性结持性,硬性结持[度]
hard copy 硬拷贝
hard copy task (HCT) 硬拷贝任务{信息}
hard crate 硬筐
hard currency 硬币,硬通货
hard detergent 硬性洗涤剂(经生物处理不能

完全去除)〈环保〉
hard disk [计算机]硬盘
hard dough 硬面团
hard dough stage (= hardripe stage) 硬熟期(坚蜡熟期)
hard end 蒂腐病(西洋茄)
hard facility 硬设施
hard facing ①表面硬化 ②表面淬火
hard fescue 硬羊茅[*Festuca duriuscula* L. = *F. ovina* var. *duriuscula*](禾本科)
hard fiber 硬纤维(fiber durus)
hard fiber plants 硬纤维植物
hard fine para rubber 细硬白拉胶,细硬巴西三叶橡胶
hard flour 硬质粉
hard flowered 硬花的(rigidiflorus, sclerantbus)
hard foliage forest (= sclerophyllous forest) 硬叶常绿林
hard frost 黑霜,黑冻
hard gill 硬菌褶〈真菌〉
hard glass 硬玻璃
hard grain ①硬粒,硬子〈种子〉②压紧绞理〈解剖〉
hard-grass ①硬茅属[*Sclerochloa* P. B.](禾本科)②硬茅[*Sclerochloa dura* P. B.]
hard-grass prairie 硬茅湿草原
hard image 高反差影像〈遥感〉
hard leaf bitten disease 椰子啮叶病
hard-leaved 硬叶的(rigidifclius, sclerophyllus)
hard leaved forest 硬叶林
hard line fibre 硬质长纤维
hard liquor 烈酒(如威士忌)
hard maple 糖槭(银槭,岩槭)[*Acer saccharum* Marsh](槭科)
hard maturing stage (= hard ripe stage) 硬熟期
hard meadow-grass ①刚茅草属[*Scleropoa* Gris.](禾本科)②刚茅草[*Scleropoa rigida* Gris.]
hard melandrium 白花女娄菜[*Melandrium firmum* Rohrb.](石竹科)
hard milking cow 高产乳牛
hard-mouthed horse 紧衔马
hard pan 耕底层,硬磐
hard pinch 重摘心
hard pine 硬松类
hard radiation 强透射辐射
hard rain 暴水,暴雨
hard red spring wheat 红皮硬粒春小麦(普通小麦分类)
hard red wheat 红皮硬粒小麦(品种)
hard red winter wheat 红皮硬粒冬小麦(普通小麦分类)
hard resin 硬树脂
hard rime 霜凇
hard rind cane 硬皮蔗
hard-ripe stage 硬熟期
hard ripeness ①硬熟 ②硬熟度
hard road 石砾路
hard rock 硬岩石
hard-roed fish 带卵鱼
hard-scaled 具硬鳞的(copholepis)
hard seed 硬粒种子,硬子(semen durus)
hard seed-coat 硬质种皮
hard seed content 硬子含量
hard shell surface 硬壳面
hard-shelled 硬皮的
hard-sided kernel 紧种皮种子
hard-skinned fruit (= pepo, peponidium) 瓠果(pepo)
hard soap 硬皂,钠皂
hard soldering 硬焊接
hard-sphere model 硬球模型
hard spring wheat 硬粒春小麦
hard starch cell 硬质淀粉细胞
hard stop 硬停机,立即停机〈电脑〉
hard surfaced share 表面硬化犁铧
hard target 硬目标
hard-textured rice 硬质米
hard-to-kill weed 难以杀除的杂草
hard to settle 不易配准的母牛
hard-toothed 具硬齿的(sclerodontus)
hard vegetable oil 硬植物油
hard wasteland 坚实撂荒地
hard water 硬水
hard wheat 硬粒小麦[*Triticum durum* Desf.](禾本科)
hard white wheat 白皮硬粒小麦(品种)
hard-winged 具硬翅的(scleropterus)
hard winter wheat 硬粒冬小麦(品种)
hard wire 硬线,直接配线〈信息〉
hard wired ①电路的 ②硬连接线的,硬连线的 ③硬件实现的
hard wiring 硬连线〈信息〉
hard wood (= heavy wood) 硬材,阔叶树材,硬木
hard-wood creosote 硬材杂酚油(木馏油)
hard-wood cutting 硬木插〈园艺〉
hard-wood forest (= broadleaved forest) 阔叶林
hard wood mulching cutting 地面覆盖的硬木插

hardbacked ticks 硬蜱科［Ixodidae］
Harden and Young ester 哈杨二氏酯，果糖-1，6-二磷酸
harden horizon 硬层
hardenability ①可硬化性，可硬化度 ②可淬性（indurabilitas）
hardened layer 硬化层
hardener 硬化剂
hardener in electron microscopy 电子［显微］镜检术用硬化剂
hardening ①硬化｛显技｝②锻炼，健化（指幼苗）｛生理｝③淬火｛农机｝④坚固，固化｛生态｝
hardening bath 硬化液
hardening by alternative temperature 变温锻炼法
hardening capacity 健化能力（指幼苗锻炼）
hardening chamber （幼苗）健化室
hardening of fats 脂肪硬化
hardening of the soil 土壤硬化，土壤板结
hardening-off ①锻炼 ②幼苗健化
hardening period 锻炼期（指幼苗）
hardening process ①健化过程｛栽培｝②硬化法｛森林｝
hardening process of wood 木材硬化法
hardening room（= hardening chamber）健化室
hardening treatment 健化处理
hardest first strategy 最难优先策略
hardhack spiraed 长绒毛绣线菊［*Spiraea tomentosa*］（菊科）
hardiness ①抗性，抵抗力 ②耐寒性
hardiness to heat 抗热性
hardinggrass 狭翅球茎虉草［*Phalaria tuberosa* L. var. *stenoptera* Hitchc.］（禾本科）
hardness 硬度（duritia）
hardness meter 硬度计
hardness of culm 茎秆硬度
hardness of water 水硬度
hardness of wood 木材硬度
hardness scale 硬度计
hardness test 硬度测定
hardness tester 硬度测定器
hardometer 硬度计
hards ①麻屑，毛屑 ②硬煤
hardsalt 硬盐
hardshell custardapple 硬皮番荔枝［*Anona scleroderma*］（番荔枝科）
hardware ①硬件，硬设备 ②计算机 ③金属器具 ④铁器类
hardware accelarator 硬件加速器
hardware aid to software 硬件辅助软件
hardware construction（= hardware building）硬件建设｛智培｝
hardware description language 硬件描述语言｛智培｝
hardware interface layer 硬件接口层
hardware logic simulation 硬件逻辑模拟
hardware maintenance 硬件维修
hardware monitor 硬件监视器
hardware net 硬件网络
hardware optimization 硬件优化
hardy ①有抵抗力的 ②耐寒的，抗寒的
hardy annuals 耐寒一年生植物
hardy-aster 翠菊［*Callistephus chinensis* Nees］（菊科）
hardy catalpa 美国梓树（黄金树）［*Catalpa speciosa* Warder.］（紫葳科）
hardy crop 耐寒作物
hardy garland larkspur 美丽翠雀花［*Delphinium cheilanthum* var. *formosum* Huth.］（毛茛科）
hardy giant timber bamboo 刚竹［*Phyllostachys bambusoides* Sieb. et Zucc.］（禾本科）
hardy orange 枸橼（香橼）［*Citrus medica* L.］（芸香科）
hardy ryegrass 散黑麦草（疏离黑麦草）［*Lolium remotum* Schrank.］（禾本科）
hardy stock 耐寒砧木
hardy type 抗寒型
hardy variety 抗寒品种
hardy vegetables 耐寒蔬菜
Hardy-Weinberg equilibrium 哈蒂－乌因柏格氏平衡｛遗传｝
Hardy-Weinberg law（= Hardy-Weinberg rule）哈蒂－乌因柏格氏定律（群体遗传学的基本规律）
Hardy's formula 哈蒂氏公式
hare 野兔［*Oryctolagus* sp.］（兔科）
harebell ①（= bluebell）圆叶风铃草［*Campanula rotundifolia*］（桔梗科）②钓钟柳［*Penstemon campanulatus*］（杨柳科）
hare's ear（= roundleaf thorowax）圆叶柴胡［*Bupleurum rotundifolium*］（伞形科）
hare's eye 朝颜剪秋罗［*Lychnis dioica* L.］（石竹科）
hare's foot fern ①骨碎补属［*Davallia* Smith］（水龙骨科）②骨碎补［*Davallia carariensis*（L.）Smith］
hare's-tail-grass（= rabbittail-grass）①兔尾草属［*Lagurus* L.］（禾本科）②兔尾草［*Lagurus ovatus* L.］

haricot (= haricot bean, kidney bean) ①菜豆[*Phaseolus vulgaris* L.](豆科) ②嫩豆荚,嫩菜豆
haricot bean weevil 菜豆象[*Acanthoscelides obtectus* (Say)](象甲科)
hariff (= goose-grass) 猪殃殃
harl 韧皮纤维
Harland box 匙叶黄杨[*Buxus harlandii* Hance](黄杨科)
Harleco resin 哈利可树脂
harlequin cabbage bug (= harlequin bug) 北美甘蓝蝽(卷心菜斑色蝽)[*Murgantia histrionica* (Hahn)](蝽科)
harlequin glorybower 臭梧桐(海州常山)[*Clerodendron trichotomum* Thunb.](马鞭草科)
harm 损害,危害,伤害,损伤(= injury, damage)
harmaline 哈马灵,二氢骆驼蓬碱[$C_{13}H_{14}N_2O$]
harmattan (= harmatan, harmetan, hermitan) (撒哈拉沙漠)哈麦丹风
harmful 有害的(= injurious)
harmful concentration 有害浓度
harmful decrease 有害降低
harmful effect 有害效应
harmful element 有害元素
harmful environmental influence 有害环境影响
harmful gas in livestock house 畜舍有害气体
harmful impurity 有害混杂物(指混在种子中的)
harmful level 有害水平(指酸度)
harmful reaction 有害反应
harmful reducing substance 有害还原物质
harmful reduction products 有害还原产物
harmful substance 有害物质
harmful weed (= hazardous weed, noxious weed) 有害杂草,害草,毒草
harmine 哈尔碱,骆驼蓬碱[$C_{13}H_{12}N_2O$]
harmless 无害的
harmless admixture 无害夹杂物
harmless breakdown product 无害分解产物
harmogegathy 涨(harmogegathia)
harmomegathus ①涨缩 ②调节器
harmomegathy 调节(harmomegathia)
harmonic 调和的(harmonicus)
harmonic analyser 谐和分析器,调和分析器
harmonic analysis 调和分析
harmonic boundary 调和边界
harmonic control 协调防治
harmonic dial 谐波标度盘
harmonic distortion 调和失真{电脑}
harmonic fertilization 调和施肥[法],配合施肥法
harmonic mean 调和平均数
harmonic motion 谐和运动
harmonic oscillation 谐振荡,谐和摆动
harmonic series ①谐序,谐波级数{气象} ②调和级数{数}
harmonic telephone ringer 谐波电话铃,谐波电话信号器{信息}
harmonic wave 谐波
harmonics 谐波(harmonica)
harmonious ①调和的,和谐的 ②协调的(harmonius)
harmonious adjustment 调和,调节
harmonization 协调化,协调一致(harmonisatio)
harmony ①协调性 ②(意见、看法)一致 ③和谐(harmonia)
harmony theory 和谐理论{信息}
harness ①马具,挽具驾[马],套[马] ②(风力,水力)动力利用 ③线束,电缆{信息}
harness alkaline land with sedimentation of silts 引淤压碱{耕作}
harness drawing 线扎图{信息}
harnessing flood 治洪,治水患{水利}
harnessing of river 治河,开发河流
harp ridge 尖垄{耕作}
harpactophagous 捕食的(harpactophagus)
harpago (= harpes) 抱握器
harpoon fork 鱼叉式[草捆]抓取器
harpophyll 剑状叶(harpophyllum)
harrisia (= climbing harrisia) ①卧龙柱属[*Harrisia* spp.](仙人掌科) ②卧龙柱[*Harrisia guelichii* sp.]
Harris's haematoxylin 哈里斯苏木精{显技}
harrow 耙
harrow bar 耙联结器
harrow cart 运耙车
harrow draft ①耙牵引阻力 ②耙联结器
harrow leaf 单个耙组,耙串
harrow plow (= one-way disk plow) 垂直圆盘犁
harrow point 耙齿
harrow section 耙节
harrow sole 耙底层
harrow tooth 耙齿
harrowing 耙地{耕作}
harrowing by heavy harrow 重耙耙地法
harrowing effect 耙地效应

harrowing stria 耙地条痕
harrua 浓湿雾(见于厄瓜多尔、秘鲁、智利沿岸)
harsh ①粗糙的 ②涩口的 ③苛刻的(asper)
harsh condition 苛刻条件
harsh consistency 刚性结持[性]
harsh flavour 涩味
harsh short staple cotton 粗短绒棉,粗短纤维棉
harsher enviroment 更苛刻环境
hartiford fern 掌状海金沙[*Lygodium palmatium* Sw.](海金沙科)
Hartig net 哈氏网{真菌}
Hartnup's disease 哈纳氏病,色氨酸加氧酶缺乏病
hart's thorn(= purging buckthorn) 泻鼠李
harts-tongue-fern 荷叶蕨属[*Phyllitis* Hill](水龙骨科)
Hartweg lupine 哈[特威格]氏羽扇豆(=色羽扇豆)[*Lupinus hartwegii* Lindl.](豆科)
hartwort 鹿草属[*Tordylium* L.](伞形科)
Harvard architecture 哈佛[体系]结构{电脑}
harvest ①收获,收割,采收 ②产量
harvest-aid practices 收获辅助措施(如机收前的地内排水,收获路线确定,修整道路,抢修机械及准备晒场仓库等)
harvest cooler (果实)采收用冷藏装置
harvest cutting 采伐,主伐
harvest fluctuation 收获量变动,产量变化
harvest fly 蝉
harvest in the granary 谷物丰产地收获
harvest index 收获指数,经济[产量]系数
harvest interval 采收间隔[时间]
harvest man 收庄稼人,收获季雇工
harvest maturity 收获成熟度
harvest mite ①秋收恙螨[*Trombicula autumualis* (Shaw)](恙螨科) ②虱状蒲螨[*Pyemotes tritici* (L.F.et M.)](蒲螨科)
harvest moon 获月{气象}
harvest operation 收获作业
harvest procedure 收获程序,收获作业过程
harvest prospects 收获估产[量]
harvest quadrat 收获样方
harvest season 收获季节,收获期
harvest time 收获期,收割期
harvest twine 捆绳
harvestable 可采收利用的
harvestable size 可捕尺寸{水产}
harvested area 收获面积
harvested crop 收获量,作物产量
harvested material 收获物,产物
harvested population 捕获种群
harvested sample 收获样本
harvester ①收获机 ②收割机
harvester ant 收获蚁[*Messor semirufus* E. André]
harvester conveyor 收获机[卸粮]输送器
harvester-decorticator ①收割脱壳机 ②收割剥麻机
harvester oil 农业机械用润滑油
harvester-shredder ①割草切碎机 ②青饲料收获切碎机
harvester-stacker 收获堆垛机
harvester termites 草白蚁科[Hodotermitidae]
harvester-thresher 收割脱粒机,谷物联合收获机
harvester-viner 豌豆联合收获机
harvesting 收获
harvesting before frost 霜前收获
harvesting crop 收获作物(指时间)
harvesting date 收获日期
harvesting equipment 收获机具
harvesting instrument 收获农具
harvesting machine 收获机
harvesting machinery 收获机械
harvesting of cereals 禾谷类收获,收获谷物
harvesting operation 收获操作
harvesting outfit ①收获机组 ②收获全套装备
harvesting performance (收获机具)收获性能
harvesting remains 收获残留物,收获残株
harvesting season 收获季节,收获期
harvesting technique 收获技术
harvesting time ①收获期 ②采收期
harvestless 无收获的,无收成的,歉收的
harvestore 青贮塔
Harvks-beard 北海道还阳参[*Crepis hokkaidoensis* Babcock.](菊科)
hase-wax 木蜡
hash ①散列 ②杂乱信号 ③无用数据,无用信息
hash addressing 散列编址{信息}
hash code 散列码
hash data 无用数据
hash information 无用信息
hashing method 杂凑法{遥感}
hashing technique 散列技术{信息}
hashish ①(= bhang) 印度大麻 ②印度大麻叶
haslet 猪(或其他动物的)内脏

Hassaku 八朔柑［*Citrus hassaku* Tanaka］（芸香科）
Hassaku dwarf 八朔柑萎缩病（病毒病害）
Hasse diagram 海塞图解｛电脑｝
Hasselman process 盐类混合注入法（木材保护法的一种）
Hassian matrix 赫森矩阵｛电脑｝
hassock ①（= tussock-grass） 丛生须草 ②草丛
hastate 戟形的（hastatus）
hastened maturity 促熟，促进成熟，催熟
hastening germination 催芽，促进发芽
hastening growth 促进生长，加速生长
hastening maturity 催熟，加速成熟
hastening of generation 加速［育种］世代
hastening of germination 催芽
hastening sprouting 催芽
hastening sprouting bed 催芽床
hastiferous 具戟的（hastifer）
hastifolious 戟形叶的
hastiform（= hastile） 戟形的（hastiformis）
hastilabival 戟形唇的（hastilabius）
hastile（= hastiform） 戟形的（hastilis）
hasting of maturity 催熟，加速成熟
hasting pear 早熟梨
hasting tomato 早熟番茄
hastings 早熟果蔬
hasty map 速成图｛遥感｝
hasty survey 速测
HAT（= hot air treatment） 热气处理
hat ①随机编码｛电脑｝ ②帽
hat-shaped 帽形的（pileiformis）
hat-tree ①蘋婆属［*Sterculia* L.］（梧桐科） ②蘋婆［*Sterculia nobilis* Sm.］
hatch ①升降口，闸口，舱口 ②孵化，一窝 ③（制图）划线，阴影线
hatch（of egg）（卵）孵化
hatch egg artificially 人工孵卵
Hatch-stack cycle 哈斯二氏循环
Hatch-Stack cycle 哈奇－斯莱克循环，哈斯二氏循环
Hatch-Stack-Kortschak pathway 哈奇－斯莱克－科特萨克途径｛生态生理｝
hatch tarpaulin 升降口防水罩
hatchability 孵化率
hatchability for practical use 实用孵化率｛蚕｝
hatched ①孵出的 ②制划线条的
hatched drawing 细线条图
hatched grafting 镶接｛园艺｝
hatchelling 短纤维，麻屑
hatcher 孵卵器，孵化器
hatchery ①（鱼）孵化场 ②（家禽）孵化室，孵化厅
hatchery house（= hatching house） 孵化室
hatchet 手斧，斧头
hatchet cactus 精巧球［*Pelecyphora aselliformis* Ehrenh.］（仙人掌科）
hatchet-leaved arborvitae 日本罗汉柏［*Thujopsis dolabrata* Sieb. et Zucc.］（柏科）
hatchet-shaped 斧头状的（dolabratus, dolabriformis）
hatchet-vetch 一叶萩［*Securinega coronilla* DC.］（豆科）
hatching ①孵化 ②阴影线（制图） ③脱皮 ④策划
hatching apparatus 孵卵器，孵化器
hatching case of silkworm eggs 蚕卵孵化箱
hatching egg ①孵化卵 ②受精卵
hatching enzyme 孵化酶
hatching jar（养鱼）孵化缸
hatching pond 孵化池
hatching rate 孵化率
hatching spine 破卵刺
hatching time 策划时间
Hathooni 哈索奥尼（甘蔗印度原种）
HAU（= hemagglutinin unit） 血球凝集素单位
haul ①曳，拖，拉，牵引 ②拖拉距离 ③通信距离
haulage ①牵引 ②运输，运送，转运，拖运，搬运
haulage capacity（= towing capacity） 拖曳能力
haulage contractor 货运承办者
haulage power 牵引力，拉力
haulage scraper 拖曳刮土机
haulage tractor 牵引用拖拉机
hauler 拖车
hauling ①起网，拉网 ②起钓 ③转向
hauling scraper ①牵引刮土机 ②铲运机
haulm ①茎秆，豆秸（指豆科作物） ②茎叶（指块根、块茎作物）
haulm chain 茎叶输送器
haulm chopper 豆秸切碎机
haulm collector 茎叶收集机（器）
haulm cutter 茎叶切除器
haulm cutting machine（= haulm pulverizer） 茎叶切碎机
haulm divider 分茎器
haulm hopper 茎叶漏斗，茎叶篮
haulm plucker 拔茎器

haulm pulling machine 拔茎机
haulm reel 茎叶切碎滚筒
haulm remover 茎叶清除器
haulmiser 茎秆切碎机,豆秸切碎机
haunch 股节{昆虫}
Haupt's medium 霍普特培养基
haustellate 吸吮的(haustellatus)
haustellum 吸喙
haustoria (为 haustorium 的复数)吸器(haustoria)
haustorial (= haustoral)吸器的(haustorialis)
haustorial tube 吸器管(tubus haustorialis)
haustorium 吸器
haustorium cell 吸器细胞(cellula haustralis)
haustral 吸器的(haustralis)
haustrum (= haustorium) 吸器
hautbois strawberry 麝香草莓[*Fragaria moschata* Duchesne](蔷薇科)
Havana cigar 哈压纳雪茄烟(指古巴哈瓦纳产的,驰名国际)
haw ①山楂属[*Crataegus* L.](蔷薇科)②山楂[*Crataegus pinnatifida* Bunge]{分类}③庭园,园地,园篱,{园林}④瞬膜{动}
haw berry 山楂果
Hawaiian beet webworm 夏威夷甜菜螟(甜菜螟)[*Hymenia recurvalis* (Fabricius)](螟蛾科)
Hawaiian coccophagus 夏威夷软蚧蚜小蜂(黑寄生小蜂)[*Coccophagus hawaiiensis* Timberlal.]
Hawaiian sugarcane borer 夏威夷蔗象[*Rhabdocnemis obscura* Boisduval](象甲科)
Hawaiian sugarcane leafroller 夏威夷蔗螟[*Omiodes accepta* Butler]
hawkmoth ①天蛾 ②⌞复⌝(= sphinx moths)天蛾科[Sphingidae]
hawknut 地栗属[*Bunium* L.](伞形花科)
hawk's-beard ①还阳参属[*Crepis* L.](菊科)②还阳参[*Crepis rigescens* Diels]
hawk's bill turtle 玳瑁[*Eremochelus imbricata* (L).(海龟科)
hawkweed ①山柳菊属[*Hieracium* L.](菊科)②(= hawkweed golden mouse-ear)山柳菊[*Hieracium urameri* Fr. et Sav.]
Haworth aconium 霍沃氏莲花掌[*Aconium haworthii* Webb et Berth](毛茛科)
haworthia ①十二卷属(蛇尾兰属)[*Haworthia* Duval](百合科)②十二卷(蛇尾兰)[*Haworthia fasciata* Haw.]
hawthorn (= haw thornapple) ①山楂属[*Crataegus* L.](蔷薇科)②山楂[*Crataegus pinnatifida* Bge.]③刺山楂[*Crataegus oxyacantha* L.]
hawthorn lace bug 刺山楂网蝽[*Corythucha cydoniae* Fitch](网蝽科)
hawthorn-leaf cherry 山楂叶樱[*Prunus crataegifolius* Hand. Mazz.](蔷薇科)
hawthorn-leaf maple 山楂叶槭[*Acer crataegifolium* Sied. et Zucc.](槭科)
hawthorn-leaf raspberry 蓬累[*Rubus crataegifolius* Bunge](蔷薇科)
hawthorn leaf roller 山楂卷蛾[*Cacoecia crataegana* Hübner](卷蛾科)
hawthorn stem midge 山楂茎瘿蚊[*Thomasiniana crataegi* Barnes](瘿蚊科)
hay 干草,秣(faenum)
hay and straw press 干草与茎秆压捆机
hay bacillus 枯草杆菌
hay baler (= hay baling press) 干草压捆机
hay band (= straw band) 草辫绳(做草帽用)
hay barn 秣仓,干草棚,干草库
hay binder 捆草机
hay bundle 干草束,干草把
hay carrier 干草运输挂车
hay cock (= hay stack, hay risk) [圆锥形]干草堆
hay cocker 干草垛堆机,垛草机
hay cocking 干草垛堆,干草码堆
hay collector 集草机
hay conditioner 干草调制机,干草压碎机
hay conditioning 干草[快速]干燥
hay crimper (= forage crimper) 干草压扁碾折机
hay crops 干草作物
hay crusher 干草压碎机,干草压扁机
hay curing 制干草(干草干燥)
hay cutting 干草收割
hay dryer 干草干燥机
hay drying 干草干燥
hay equivalent 干草当量
hay feeder ①草架 ②干草喂送器
hay fever 干草热,花粉热(由花粉引起感染鼻与喉的病)
hay field 干草地,刈草地
hay fire-fanging 干草发热
hay fork 干草叉,集草叉
hay frame 干草架,喂草架
hay grading 干草规格,干草分级

hay grinder 干草粉碎机
hay harvest 干草收割
hay harvesting 干草割制
hay heating 干草发热
hay infusion 枯草浸液
hay infusion bacteria 枯草杆菌
hay knife 刈草刀
hay lifter (= hay-ricking machine) 干草堆草机,牧草堆草机
hay loader 干草装载机
hay loft 干草棚
hay machine 牧草收割机
hay maker 干草调制机
hay meadow 干草草甸,干草地
hay meal 干草粉
hay mower 牧草割草机
hay pasture 干草用牧草
hay-plant 西藏干草[*Prangos pabularia* Lindl.](伞形花科)
hay press 干草压捆机
hay pressing ①干草压捆 ②干草压榨
hay quality 干草质量
hay rack ①搂草耙,搂草机 ②干草架,干草运输架
hay ridger [侧向]搂草铺条机
hay rig 运草栅条架
hay scatterer 干草铺条撒布器
hay shed 干草棚,干草库
hay sling 装载干草用钢索抓钩
hay spreader 干草摊散机
hay stack 干草垛
hay stacker 垛草机,干草堆垛机
hay sweep 集草器,干草推集器
hay table 干草收刈台
hay tea 干草茶
hay tedder [干草]摊晒机,摊草机
hay tongs 干草夹子
hay tower 干草塔
hay tramper 填草器,干草装填器
hay trap 干草通气口,干草天窗,干草通气窗
hay turner 干草翻转机,翻草机
hay wafering machine 干草压块机,干草压饼机
hay yield 干草产量
haying 干草刈制,干草调制
haylage ①干草饲料 ②干草调制法
hayland (= hay field) 干草地,割草地
haymaking 干草收割,干草割制
haymaking equipment 干草制备机具,牧草收获机具
haymaking machine ①干草调制机 ②干草收割机
haymaking machinery 干草制备机械,牧草收获机械
haymow 干草堆(成长条形)
haynaldia 簇毛麦属[*Haynaldia* spp.](禾本科) ②簇毛麦[*Haynaldia* sp.]
hayrick (= hay stack) 干草垛
hayricking machine 垛草机
hayrig (转运用)干草栅条架
haystore 干草贮藏
haywagon 干草拖车
haywire 捆草用金属线
hazard ①危害,危险,冒险 ②公害 ③事故,失事 ④障碍 ⑤机会
hazard detection 冒险检测
hazard-free circuit 无危险电路
hazard index 危险指数
hazard rate 冒险率
hazardless 无危险的,无冒险的
hazardous ①危险的,冒险的 ②有害的
hazardous chemical 危险药品
hazardous transition 冒险变换
hazardous waste control 有害废物控制
hazardous wastes 有害废料,有害废水,有害垃圾{环保}
hazardous weed 有害杂草,危险杂草
haze ①霾{气象} ②模糊{电脑}
haze layer 霾层
haze line 霾线
haze-penetrating filter 透雾滤光器
haze-reduction filter 去霾滤光片{遥感}
haze tallow (= haze wax) 木蜡
hazel ①榛属[*Corylus* L.](榛科) ②榛[*Corylus heterophylla* Fisch.]
hazel alder (= smooth alder) 锯叶桤木[*Alnus serrulatoides* Call.](桦木科)
hazel aphid (= firbert aphid) 榛角斑蚜[*Myzocallis coryli* (Goeze)](蚜科)
hazel bottle tree (= hazel sterculia) 香苹婆[*Sterculia foetida* L.](梧桐科)
hazel-bush (= filbert, common hazel-nut, European filbert) 欧洲榛[*Corylus avellana* L.](榛科)
hazel grouse 花尾榛鸡[*Tetrastes bonasia*](鸦科)
hazel leaf roller weevil 榛卷叶象甲[*Byctiscus betnlae* Linnaeus](象甲科)
hazel-nut ①榛[*Corylus heterophyllus* mexin](榛木科) ②榛子(指果实)
hazel-nut butter 榛子油脂
hazel-nut family 榛科(corylaceae)
hazel-nut oil 榛子油
hazel-nut weevil 榛实象甲[*Curculio neoc-*

orylus Gibson](象甲科)
hazel tree 欧洲榛 [*Corylus avellana* L.] (榛木科)
hazeltine weeder ①除草器 ②割草镰
hazelwort (= asarabacca) 欧洲细辛 [*Asarum europaeum* L.] (马兜铃科)
hazy picture 模糊图像{遥感}
HCCH (= BHC) 六六六
HCG (= human chorionic gonadotrophin) 人绒毛膜促性腺激素
hcrd- (= host-cell reactivation deficient) 寄主细胞复活缺陷型
HD ①(= high density) 高密度{信息} ②(= heavy duty) 重型{农机}
HDA (= heteroduplex analysis) 异质双链分析{分遗}
HDD (= hard decision detection) 硬判定探测{信息}
HDDR (= high density digital recorder) 高密度数字记录器{信息}
HDL (= high density lipoprotein) 高密度脂蛋白{分生}
HDLC (= high-level data link controller) 高级数据链路控制器{信息}
HDP (= helix-destabilizing protein) 螺旋松解蛋白,螺旋去稳定蛋白{分生}
HDPE (= high density polyethylene) 高密度聚乙烯{分生}
HDR (= high density recorder) ①高密度录音机 ②高密度记录器{信息}
HDTV (= high definition television) 高清晰度电视{电脑}
He (= helium) 氦
he-ass (= male ass) 公驴,牡驴
he-goat (= male goat) 公山羊,牡山羊
head ①头状花序 (capitum) ②穗 (禾本科作物) (spica) ③小叶球 (十字花科蔬菜) (strobilus) ④顶端,上端 ⑤前面,前部 ⑥压头 ⑦水源,流源,水头,水位差 ⑧泡沫{物} ⑨头,头部 ⑩牲畜头数 ⑪圆盘,间苗圆盘 ⑫标题 ⑬磁头
head bag (杂交用) 套穗袋
head-bearing culm 结穗茎秆
head-bearing culms per plant 每株穗数
head-bearing tiller 结穗分蘖,有效分蘖
head-binocular 头戴双目镜
head box (制木浆用) 流料箱
head cabbage (= garden cabbage) 卷心菜
head capsule 头壳{蜂}
head cell 头细胞 (藻类植物)
head character 穗性状
head clogging 磁头堵塞
head coefficient 扬程系数
head collar 皮项圈,套包 (马具)
head crash 磁头碰撞
head density 穗密度
head dominant 主优势木
head drain 地头沟
head emergence 抽穗,出穗
head erosion 沟头侵蚀
head feed combine 端喂式联合收获机
head-feed rice combine 端喂式水稻联合收获机
head feed thresher 端喂式脱粒机
head fire 顺风火,头火 (指森林火灾)
head flowered 头状花序的 (cephalanthus)
head formation ①(禾本科作物) 穗形成 ②(十字花科蔬菜)结球
head formation habit 结球[习]性
head garden lettuce 结球莴苣 [*Lactuca sativa* var. *capitata* L.] (菊科)
head-germ 头芽{胚胎}
head growth 头增长{分生}
head irrigation (= surface irrigation) 地面灌溉
head lettuce (= heading lettuce) 卷心莴苣 (球叶莴苣) [*Lactuca sativa* var. *capitata* DC.] (十字花科)
head light (= head lamp) 头灯
head log 梢头木,前缘木
head loss 水头损失
head-loss indicator 水头损失指示器{环保}
head louse 头虱 [*Pediculus humanus capitis* DeG.] (虱科)
head-mounted display (HMD) 头盔式显示器
head of cabbage 甘蓝叶球
head of cattle 家畜头数
head of river 河源,河流源头
head of scythe 大镰柄端
head of sheaf 禾捆穗部
head of sperm 精子头部
head of water 水头{环保}
head on 正面的
head pigmentation stage 点青期{蚕}
head pocket 头囊
head pressure 水头压力,输送压力
head process 头突{细胞}
head-producing tiller 结穗分蘖,有效分蘖
head-producing tillers per plant 每株有效分蘖数
head progeny row 子代穗行
head pruning 头状修剪
head pulley ①主动皮带轮 ②(升运器) 上滚轮
head rice 头等米,一等米,一级米
head rice yield ①头等米产量 ②头等出米率

head row ①穗行 ②⌊复⌉穗行区
head-row test 穗行试验
head sample 穗样本,穗样品
head saw 主锯,原木锯
head selection 穗选
head selection method 穗选法
head set 结球(指洋白菜){栽培}
head shaft 驱动轴,主动轴
head sieve 谷穗[喂入]筛
head smut 丝黑穗病
head smut of corn 玉米丝黑穗病[*Sphacelotheca reliana* (Kuehn.) Clint.]
head smut of kaoliang (= head smut of sorghum) 高粱丝黑穗病[*Sphacelotheca reliana* (Kuehn.) Clint.)]
head space 顶室(容器中物面至顶部空的部分)
head sprout 抽穗
head sprouting period 抽穗期
head tank 压力槽(池),落差蓄水池
head thresher 谷穗脱粒机
head-to-head polymer 头接头聚合物,头-头聚合物{分遗}
head-to-row test 穗行试验{育种}
head-to-tail ligation 头尾连接,首尾连接{分遗}
head-to-tail polymer 头接尾聚合物,头-尾聚合物
head type 穗型(typus spicatus)
head water 上游水体,河源{环保}
head-water elevation 上游高程{环保}
head wheel (升运器)上鼓轮
head yoke 项枷,牛轭
headblight of wheat 小麦赤霉病
headboard 推出板
headed cabbage (= head cabbage, garden cabbage) 卷心菜(包心菜,结球甘蓝)[*Brassica oleracea* var. *capitata* L.](十字花科)
headed chromosome 短臂染色体
headed grains 结穗谷[类作]物
headed plant-to-seed method 结球母本采种法
headend 头端器{信息}
header ①干渠{水利}②刈穗机,收割机,收获机 ③(谷物联合收获机)收割台,(棉花收获机)导入器{农机} ④标题(指报文页头){电脑} ⑤首部{信息}
header-box (联合收获机附加的)卸粮挂车
header drive 收割台传动装置
header-harvester 谷物联合收获机
header label (HDR) 首标,首部标签,头部标号
header lift 收割台升降机构
header-thresher 谷物联合收获机
headful hypothesis 头端假说{遗传}
headgate 渠首闸,进水闸
heading ①抽穗(禾本科作物) ②卷心,结球(十字花科蔬菜) ③摘心 ④报文头,标题{电脑}
heading and footing 加标题和页码{信息}
heading back 截短(果木)
heading back pruning (= cutting back pruning) 截短修剪
heading control 标题控制
heading date ①抽穗期(禾谷类) ②卷心期(甘蓝类)
heading formation 结球,卷心
heading kernel 抽穗子粒
heading period 抽穗期
heading stage (= heading time) 抽穗期
headland ①地头(作为农机操作的回转地带),地边(耕地的边缘,作为保护地带) ②岬,海角
headland furrow 地头沟,地边沟
headland plow (= headland plough) 地头耕作犁
headland plowing (= headland ploughing) 地头地耕翻
headless 无头的(acephalus)
headliner 标题制作器
headphone ①耳机 ②记录电话{信息}
headpiece (= headband) 额革,脑门革(马具)
headrace 引水渠
headrig ①地头 ②主锯
headspring 泉源
headstall (马)络头,马笼头(马具)
headstock 悬挂架,联结架
headstone 渠头石,墙头石
headward acceleration 头向加速度
headward erosion 溯源侵蚀,向源侵蚀
headwaters 水源,河源,上游
headwind 迎头风,逆风,迎面风
headwork ①渠首[工程] ②枢纽
heal-all (= self-heal) 夏枯草[*Prunnella vulgaris* L.](唇形科)
healing (= fusion) 愈合,并合,融合
health ①健康 ②卫生
health care system 保健系统
health organization 卫生组织
health system [医疗]卫生系统
healthiness condition 健康条件
healthy appearance 健康表现(指种子)
healthy carrier 健康带菌者
healthy functioning 起健康作用,健康功能

{生态生理}
healthy individual 健康个体(指植株)
healthy leaf blade 健康叶片,正常叶片
healthy leaves 健康叶,正常叶
healthy plant 健株,健康植株,无病植株
healthy seed 健康种子,饱满种子
healthy seedling 健苗,健康幼苗,无病幼苗
healthy soil 好土,无病土壤
heap ①堆,堆积,堆叠 ②堆场 ③堆阵
heap method 堆积烧炭法
heap sort 堆叠分类{信息}
heapcloud 直展云
heaping ①堆积 ②装满 ③堆阵操作{信息}
hearing acuity 听敏度
heart ①心,心脏 ②髓心,中心部分 ③(土地)生产力,土壤肥力 ④心形物
heart and dart moth 切根夜蛾[*Euxoa exclamationis* Linnaeus](夜蛾科)
heart beat 心搏
heart-block 心传导阻滞
heart bud 心芽
heart center 髓心
heart-check (木材)心裂
heart cherry tree 欧洲心形甜樱桃[树][*Prunus avium* var. *juliana*](蔷薇科)
heart failure 心力衰竭
heart formation 心叶形成
heart girth 胸围
heart-leaved twayblade 心叶对叶兰[*Listera cordata* R. Br.](兰科)
heart-of-Jesesus ①花叶芋[*Caladium* Vent.](天南星科) ②花叶芋(五彩芋)[*Caladium bicolor* Vent.]
heart pine (= broom pine) 美国长叶松
heart root system 心形根系
heart rot 心腐病
heart rot of beet 甜菜心腐病
heart-seed ①倒地铃属[*Cardiospermum* L.](无患子科) ②倒地铃[*Cardiospermum halicacabum* L.]
heart-shaped 心形的(cordiformis)
heart-shaped hoe 心形锄
heart stage 心期
heart tetraploid nuclei 心脏四倍体核
heart tree 心材树
heart vine (= string of hearts) 吊灯花[*Ceropegia woodii* Schlecht.](萝藦科)
heart wood 心材
heart-wood tree 心材树
hearten 使恢复(指地力)
hearth ①炉膛 ②炉床 ③锻造炉,熔铁炉
heartleaf figmarigold (= heartleaf mesembryanthemum) 心叶日中花[*Mesembryanthemum cordifolium* L.f.](番杏科)
heartleaf globedaisy 心叶球花[*Globularia cordifolia* L.](球花科)
heartleaf grape 心叶葡萄[*Vitis cordifolia* Michx.](葡萄科)
heartleaf houttuynia 蕺菜(鱼腥草)[*Houttuynia cordata* Thunb.](三白草科)
heartleaf mask-flower 心叶假面花[*Alonson compacta* Hort.](玄参科)
heart's cease (= pansy) 三色堇[*Viola tricolor* L.](堇菜科)
heartwater 心囊积水病
heat ①热 ②性冲动,发情 ③加热,加温
heat absorption capacity 吸热能力
heat acclimatization 热驯化
heat and moisture balance in livestock house 畜舍热湿平衡{农施}
heat asphyxiation (植物)灼伤
heat balance method 热量平衡法
heat balances 热量平衡
heat budget 热积存
heat by respiration 呼吸热
heat calorie 热,热质
heat capacitivity 热容率
heat capacity 热容[量]
Heat Capacity Mapping Mission (HCMM) 热容量成像卫星{遥感}
heat collection of combustion 燃烧热回收
heat compensation point 热补偿点
heat conduction 热传导
heat conductivity 导热性,导热率,热传导度
heat conductivity coefficient 导热系数
heat content ①焓 ②热容量,热函[数]{土壤}
heat convection 热对流
heat cumulus 热成积云
heat current 热流
heat damage 热损伤,热[损]害
heat-damaged kernel 受热害子粒
heat-dependent photoinhibition 依赖于热的光抑制[作用]
heat-developing film 热显影胶卷{显技}
heat dormancy 热休眠{生理}
heat dose 热剂量
heat dose dependence 热[剂]量相依性
heat dose law 热剂量定律[生态生理]
heat duration 热持续期
heat effect 热影响,热效应
heat efficiency 热效率
heat elimination 散热
heat emission 热放射

heat-endurance 耐热性
heat energy 热能
heat engine 热力机,热力发动机
heat equator 热赤道
heat equivalent 热当量
heat exchange 热交换
heat exchanger 热交换器（干燥机）
heat exhaustion 热量消耗
heat-exposed site 曝热生境（指受热晒的生境）{生态生理}
heat filter 热过滤器
heat fixation 热固定
heat fixing 热定影{电脑}
heat flow 热流
heat flux ①热通量 ②热流［量］
heat fusing ①热定影 ②热熔化
heat generator 酿热物
heat hardiness 耐热力,抗热力
heat hardy vegetables 耐热蔬菜
heat inactivation 热失活
heat injury （= high temperature injury） 热害,灼伤
heat input 输入热量,热量消耗
heat-insulated gate valve 热绝缘闸阀{环保}
heat-insulating bark 绝热树皮
heat insulating material 绝热材料,保温材料
heat insulation 热绝缘,保温
heat insulation container 绝热容器
heat insulator 绝热体
heat isolation 热绝缘,热隔离
heat-killed 热杀的
heat-labile 不耐热的,热不稳定的
heat-labile antibody 热不稳定抗体
heat lightning 热闪{气象}
heat limit 热极限
heat load calculation 热负载计算,供热量计算
heat loss 热［量］损失
heat loss calculation 热量损失计算
heat loss coefficient 热量损失系数
heat loss from livestock house 畜舍失热,畜舍热量损失
heat low 热低压
heat mount detector 发情检查器
heat necrosis 热枯死,热坏死
heat obtainment of livestock house 畜舍得热,畜舍热获得
heat of absorption 吸收热
heat of combustion 燃烧热
heat of decomposition 分解热
heat of dilution 稀释热
heat of dissolution 溶解热
heat of fermentation 发酵热（指垃圾）{环保}
heat of formation 生成热
heat of fusion 熔化热,熔解热
heat of hydration 水合热
heat of liquefaction 液化热
heat of micellization 胶束形成热
heat of mixing 混合热
heat of reaction 反应热
heat of solidification 凝固热
heat of solution 溶解热
heat of sublimation 升华热
heat of vaporization 蒸发热,汽化热
heat period 发情期
heat pipe 热管
heat preservation of livestock house 畜舍保温
heat prevention 热防止
heat protection 热保护
heat pump 热泵
heat radiating 散热
heat radiation （= thermal radiation） 热辐射
heat rays 热［射］线
heat reactivation 加热复活作用
heat regime 热［量］状况
heat regulating centre 体温调节中枢
heat regulation ①体温调节{畜} ②热量调节{加工} ③温度调节{生态生理}
heat reserving box 保温箱
heat reserving material 保温材料
heat resistance 抗热性
heat-resistant desert 抗热荒漠{生态生理}
heat-resistant eukaryote 抗热真核生物
heat resistant variety 抗热品种
heat-resisting plant 抗热植物
heat rigor of cell 细胞热僵
heat risk 热危害
heat sealer 热封机
heat-sensitive 热敏的
heat-sensitive printer 热敏印刷机
heat-sensitive species 热敏［感］种
heat sensor ①热传感器 ②热感受器
heat-shield system 热屏蔽系统
heat shock 热休克,热激{分遗}
heat-shock element （HSE） 热激元件
heat-shock factor （HSF） 热激因子
heat-shock gene 热激基因
heat-shock proteins （HSP） 热激蛋白
heat-shock response 热激反应

heat sink 散热器,散热片
heat siphon 热虹吸{环保}
heat source 热源
heat stabilizer 热稳定剂
heat-stable 耐热的,热稳定的
heat-stable antibody 热稳定抗体
heat stable protein 热稳定蛋白[质]{分生}
heat storage ①热贮藏,储热,蓄热 ②热储量
heat stress 热害,热胁迫
heat subject 热门课题(指研究){智培}
heat sum 热总额
heat summation 积温
heat supplied 供热量
heat supply 供热
heat survival 热存活
heat test 耐热试验
heat therapy 热疗法
heat thunderstorm 热雷暴
heat tolerance 耐热性,耐暑性
heat-tolerant prokaryote 耐热原核生物
heat transfer 热量输送,热传递,传热,导热[体]
heat transfer coefficient 传热系数
heat transfer efficiency 传热效率{农施}
heat transference 热传导
heat transmission 热传递
heat transmission coefficient 热传递系数
heat treated phosphate fertilizer 热制磷肥,烧成磷肥
heat treatment 热处理
heat unit 热量单位
heat unit accumulation 总积温
heat unit system 热量单位法(测成熟期)
heat value 热值,发热值
heat vigour 热生长强度,热健势
heat wave ①热浪{气象} ②热波{辐射}
heated air drier 火力干燥机,热风干燥机
heated air drying 火力干燥,热风干燥
heated glasshouse 加温温室
heated ground 加温土
heated honey 加温蜂蜜
heated plot 加温[小]区
heater ①暖房,温室 ②加热器,暖气设备 ③热水器 ④电热器
heater block 加热器部件
heater case 电热箱
heaterless ①无加热器的 ②直热式的
heath ①欧石南属[*Erica* L.](杜鹃花科) ②欧石南[*Erica arborea* L.] ③荒地 ④石南荒原 ⑤灌木
heath bell 石南花
heath border 石南花境{园林}
heath false bromegrass 羽叶短柄草(羽状短柄草)[*Brachypodium pinnatum* P. B.](禾本科)
heath family 杜鹃花科[Ericaceae]
heath-fruits 荒地果树,废地果树,灌木果树
heath-grass ①三齿稃属[*Triodia* R. Br.](禾本科) ②三齿稃[*Triodia formosana* Honda.]
heath peat 灌木泥炭
heath plow (= brush-and-bog plow) 灌木沼泽犁
heath podzol 灌木灰壤
heath soil 灌木土,石南荒原土壤
heath spittle bug 石南沫蝉[*Clastoptera saint-cyri* Prov.](沫蝉科)
heather ①彩萼石南属(帚石南属)[*Calluna* Salisb.](杜鹃花科) ②彩萼石南(帚石南)[*Calluna vulgaris* Salisb. = *Erica vulgaris* L.]
heather bee (= Dutch bee) 石南蜂,荷兰蜂
heather honey 石南蜜
heather moor 帚石南泥炭沼泽
heathland 灌木地
heaths 眼蝶
heating ①加热,加温 ②供暖,取暖 ③发热 ④暖房
heating and power center 热电站
heating apparatus 加热装置,加热器
heating area 传热面积
heating block 加热器
heating by infrared rays 红外线加热
heating capacity 加热能力
heating cycle 热循环
heating degree hour 暖房度小时(指暖房用电每小时度数)
heating element 加热元件
heating for livestock house 畜舍供暖
heating furnace 加热炉
heating load 暖房负荷{农施}
heating manure 酿热厩肥
heating material 酿热材料,酿热物
heating medium 热媒体{环保}
heating of grains 子粒发热
heating of hay ①干草发热 ②枯草发热
heating of manure 厩肥发酵,厩肥腐熟
heating of seeds 种子发热
heating pipe 加热管
heating plate 热板
heating plot 加热[小]区
heating power 燃力,热力
heating power of wood 木材燃力
heating soil 加温土

heating surface 加热面,放热面
heating system 供暖系统
heating temperature 加热温度
heating time 加热时间
heating-up 升温
heating up surface 受热面
heating value 热值
heatproof ①耐热的 ②防热的
heatstroke 中暑,日猝病
heave ①隆起 ②膨胀 ③土壤膨胀,土举
heave out of soil 出土(种苗子叶)
heavenly bamboo ①南天竹属[*Nandina* Thunb.](小檗科) ②南天竹[*Nandina domestica* Thunb.]
heavenly-blue 天蓝色的
heaves 马肺气肿病,马气喘病
heavier-textured soil 黏重土壤
heaviest flowering 开花很多,盛花,多花
heavily fertilized conditions 重施肥条件
heavily polluted ①严重污染的 ②严重污染环境
heaving ①霜举,冻举,冻拔,掀耸 ②冰害 ③根露出土
heaving resistance 冻拔抗性
heavy ①重的,笨重的 ②丰富的 ③大的 ④浓的,浓厚的,浓密的
heavy alluvial soil 黏重冲积土,黏土质冲积土
heavy atom 重原子
heavy atom derivatives of hemoglobin 血红蛋白的重原子衍生物
heavy atom landmark technique 重原子界标技术
heavy bearer ①丰产果树 ②丰产种
heavy-bearing 丰产的,结实累累的
heavy blowings 重吹出物
heavy bread 未发胀面包
heavy cane 粗大甘蔗
heavy chain (H-chain) 重链{分遗}
heavy chain immunoglobulin 重链免疫球蛋白
heavy clay 重黏土{土壤}
heavy clay loam 重黏壤土
heavy clay soil 重黏土
heavy clay subsoil 重黏土心土
heavy clipping 重修剪
heavy crop ①丰收,高产 ②高产作物
heavy dose 重剂量
heavy draft 重挽用的,重拉的
heavy draft horse 重挽马
heavy draught (=heavy draft) 重挽的
heavy dressing 重施,大量施肥
heavy duty (HD) 重型
heavy duty deep tread tyre 重型深纹轮胎
heavy duty disk harrow 重型圆盘耙
heavy duty harrow 重型耙
heavy-duty I/O writer (=heavy-duty input/output writer) 重载输入输出打字机
heavy duty plough 深耕犁
heavy duty shears 强力修枝剪
heavy duty tiller ①重型耕耘机,重型中耕机 ②重型切土器
heavy duty type oil 重载荷用润滑油
heavy-eared 笨重花穗的(barystachys)
heavy-eared type 重穗型
heavy feeder 浓缩饲料,精饲料
heavy fertilization 重施肥法
heavy fertilizer application 重施肥料
heavy fertilizing 重施肥
heavy fishing 滥捕,过度捕捞
heavy flat grassland roller 重型光面草地镇压器
heavy-flowering variety 盛花品种,多花品种
heavy fog 重雾
heavy foliage 密叶(frons ponderosus)
heavy fraction 黏重粒级,黏重部分
heavy frame 重型机架
heavy frost 严霜
heavy fuel oil 重油
heavy fuels 重燃料,慢燃物
heavy going 运行困难
heavy grading 陡坡
heavy grazing 过度放牧
heavy hail 大雹
heavy harrow 重型耙
heavy horse-drawn steerage hoe 重型马拉操向中耕机{农机}
heavy hydrogen 重氢
heavy ice 重冰
heavy ions 重离子
heavy irrigation 大量灌溉,过量灌溉,漫灌
heavy isotope 重同位素
heavy label 重标记
heavy land 黏土质地,难耕作地
heavy layer 厚层,黏层
heavy livestock (=large animals) 大家畜,大牲畜
heavy load 重载荷
heavy loading 重装载
heavy loam 重壤土,黏质壤土
heavy manuring 重施肥
heavy manuring culture 多肥栽培,高肥栽培
heavy mat of cane 厚蔗层
heavy meromyosin 重酶解肌球蛋白

heavy metal 重金属
heavy-metal compartmentalization 重金属区隔化{生态生理}
heavy metal complexing agents 重金属复合诱变剂
heavy metal contamination 重金属元素污染
heavy-metal enzyme 重金属酶
heavy-metal indicator 重金属指示植物
heavy metal ion 重金属离子
heavy-metal of mycorhiza 菌根重金属
heavy metal pollution 重金属污染,重金属毒害{环保}
heavy-metal resistance 重金属抗性
heavy-metal stain 重金属染料
heavy-metal stress 重金属胁迫{生态生理}
heavy nitrogen supply 重施氮肥,多供应氮
heavy oil 重油
heavy oil engine 重油发动机
heavy operation 重作业
heavy overcast 阴沉{气象}
heavy panicle type 重穗型
heavy particle 重粒子(指 β^{10},γ,α)
heavy passing shower 大阵雨
heavy pinching 重摘心
heavy pine(= bull-pine) 美国西部黄松[*Pinus ponderosa* Dougl.](松科)
heavy plow(= heavy plough) 重型犁,深耕犁
heavy podzol 重灰壤
heavy producing 高产的,具有高度生产效能的
heavy pruning(= severe pruning) 重剪{园艺}
heavy rain 大雨
heavy rain shower(= heavy shower) 大阵雨
heavy rainfall 多雨
heavy repair 大修
heavy rocker plow(= grub breaker plough) 挖掘开荒犁
heavy rubbish 重夹杂物,重混杂物
heavy seeding(= dense seeding) 密播
heavy shoulder DNA 重肩 DNA
heavy sky 阴沉天空
heavy snow 大雪
Heavy snow 大雪(中国的 24 节气之一)
heavy soil 黏重土壤
heavy spike loosestrife 狼尾花[*Lysimachia barystachys* Bunge](报春花科)
heavy squall 烈飑
heavy stocking(= heavy grazing) 重放牧
heavy strand(= heavy chain)(H-strand) 重链{分遗}
heavy sucking variety 强吸收品种
heavy texture 黏重质地
heavy thinning ①重间苗 ②强度疏伐
heavy tillering plant 多分蘖植株
heavy tillering variety 多分蘖品种
heavy tined harrow 重型钉齿耙
heavy-type loader 重型装载机
heavy typewriter 重型打字机
heavy vehicular traffic 重型交通车辆
heavy water 重水
heavy watering 大量灌水,漫灌
heavy weight tractor 重型拖拉机
heavy wood 重材
heavy work 重作业,重活
heavy yield 丰收,丰产
heavy yielder 高产作物
heavy yielding variety 高产品种
heavy - metallic element 重金属元素
hebe ①木本婆婆纳属[*Hebe* comm.](玄参科) ②木本婆婆纳[*Hebe andersonii* Comm.]
hebecalyx 毛萼的
hebecarpous 毛果的(hebecarpus)
hebeclad 毛枝的(hebecladus)
hebegynous 毛花柱的(hebegynus)
hebeleped 被毛鳞的(hebelepis)
hebestachyous 毛穗的,毛芒的(hebestachyus)
hebetate 具钝尖头的(hebetatus)
hebiscetin 木槿黄酮
hecogenin 龙舌兰皂苷配基
hectare(ha) 公顷
hectogram(= hectogramme)(hg) 百克(= 100 克)
hectoliter(hl) 百升
hectometer(hm) 百米
Hector 黑克脱(澳大利亚甘蔗品种)
hectorite 锂蒙脱石{地质}
hedamycin 希达霉素
Heddon frame 赫登氏巢框
hederagenin 常春[藤苷]配基
hedge ①生篱,绿篱{园林} ②围栏,栅栏{畜} ③风障{栽培}
hedge acacia 银合欢[*Leucaena glauca* Benth.](豆科)
hedge apple ①桑橙属[*Maclura* Nutt.](桑科) ②桑橙[*Maclura pomifera* Nutt.]
hedge bamboo 观音竹(凤凰竹)[*Bambusa multiplex* (Lour.) Racuschel = *Arundarbor multiplex* Lour.](禾本科)

hedge bedstraw (=white bedstraw) 白猪秧[*Galium mollugo* L.](茜草科)
hedge bill (修绿篱用)长柄镰
hedge bindweed 篱天剑[*Convolulus sepium*](旋花科)
hedge butterfly (=blackveined white) 山楂粉蝶(苹果粉蝶,苹芽粉蝶)[*Aporia crataegi* L.](粉蝶科)
hedge cactus 秘鲁仙影拳[*Cereus peruvianus* Mill.](仙人掌科)
hedge clipper 绿篱修剪器,绿篱修剪机
hedge clipping 绿篱修剪,绿篱整枝
hedge clipping shears 绿篱整枝剪
hedge cutter ①绿篱修剪器,绿篱修剪机 ②动力修枝剪
hedge glorybind 篱天剑(旋花)[*Calystegia sepium* (L.)R. Br.](旋花科)
hedge-hog (=hedgehog) 刺猬[*Erinaceus* europaeus](猬科)
hedge-hog cactus ①仙人球属(刺猬掌属)[*Echinopsis* Zucc.](仙人掌科) ②仙人球(花盛球,草球)[*Echinopsis tubiflora* Zucc.]
hedge hog slug 豪猪蛞蝓[*Arion intermedius* (Norm.)](蛞蝓科)
hedge-hog wheat 密穗小麦[*Triticum compactum* Host.](禾本科)
hedge hyssop ①水八角属[*Gratiola* L.](玄参科) ②水八角[*Gratiola officinalis* L.]
hedge knotwood 篱蓼[*Polygonum dumetorum* L.](蓼科)
hedge maker ①围篱机 ②绿篱修剪机
hedge maple (=common maple) 栓皮槭[*Acer compestre* L.](槭树科)
hedge mustard 药用大蒜芥[*Sisymbrium officinale* L.](十字花科)
hedge nettle ①水苏属[*Stachys* L.](唇形科) ②林水苏[*Stachys silvatica* L.]
hedge parsley ①窃衣属[*Torilis* Adans.](伞形花科) ②窃衣[*Torilis anthriscus* Gmel.]
hedge plant 绿篱植物{园林}
hedge planting 篱式栽植
hedge row (灌木树栽成的)绿篱,栅篱
hedge-row system 绿篱整枝法,栅篱整枝法
hedge-row training 绿篱整枝
hedge sageretia ①雀梅藤[*Sageretia* Brongn.](鼠李科) ②雀梅藤[*Sageretia theezans* Brongn.]
hedge tree 绿篱树
hedge trimmer 绿篱修剪机,机械剪
hedge trimming 绿篱修剪
hedge vetch (=bush vetch) 野豌豆[*Vicia sepium* L.](豆科)
hedge woundwort (=hedge neetle) 林水苏[*Stachys silvatica* L.](唇形科)
hedgehog ①刺猬[*Erinaceus europaeus*]猬科 ②有刺蒴果
hedgehog fungus 猴头菌[*Hericium erinaceus* (Bull.) Pers.](猴头菌科)
hedger ①围篱机,植篱机 ②绿篱修剪机
hedging ①围植绿篱 ②修剪绿篱 ③包围,妨碍
hedging machine ①围篱机,植篱机 ②绿篱修剪机
HEED (=high energy electron diffraction) 高能电子衍射{物}
heel ①踵{畜} ②犁踵{农具} ③禽距{禽}
heel cutting 踵[状]插{园艺}
heel fly (=common cattle grub, ox warble fly) [纹]皮蝇[*Hypoderma lineatum* (De Villers)](皮蝇科)
heeling-in 埋植,假植
Hegari 海格高粱(粒用高粱的一种)
Hehner number 亥氏值(指不溶脂酸及不皂化物总值)
Heidenhain's haematoxylin 海德汉氏苏木精{显技}
Heidenhain's iron alum haematoxylin 海德汉氏铁矾苏木精
Heidenhain's iron-haematoxylin 海德汉氏铁苏木精
heifer (=heifer calf) 母犊,后备母牛,青年母牛
heifer in milk 初产乳母犊,初产乳青年母牛
height ①高度,海拔 ②高地
height above sea level 海拔高度
height acceleration (=height increment) 高度生长量
height adjustment 高度调节
height arm 高程尺{测}
height at hip cross 十字部高,臀部高
height at withers 鬐甲高,体高
height class ①树高级 ②高度级{森林}
height computation 高程计算
height curve ①高度曲线 ②树高曲线
height-finding instrument 测高仪
height gauge 高差测定器
height grade 高度,高级
height growth 向上生长,高度生长
height increment 高度生长量
height indicator 高度表,高度指示器
height inheritance 高度遗传
height-loving 喜高的,高地生的(hypsophi-

lus)

height mark 高程标志

height measure 测高,量高

height measurement 高度测定(量)

height mutation 高度突变

height of crop ①作物高度 ②林木高度

height of cutting 收割高度,割茬高度

height of plant 植株高度

height of the jump 水跃高度

height of tree 树高

height of trunk ①干高 ②主干高(指果树)

height of water level 水位高度

height overall 总高度,全高

height point 高程点

height setting 高度调节

height-shoot 顶枝

heighten an effort 提高效果

heightening accuracy 高程精确度

heilu soil (= dark loessial soil) 黑垆土

heir 继承人

heirless farm 无人继承的农场(归于国家)

HeLa cell 海拉细胞{分遗}

HeLa cell clone 海拉细胞无性系,海拉细胞克隆{农生技}

HeLa cell cloning 海拉细胞无性[繁殖]繁殖,海拉细胞克隆{农生技}

HeLa cell dilution technique 海拉细胞稀释技术

HeLa cell heterokaryon 海拉细胞异核体

HeLa cell hybrid 海拉细胞杂种

HeLa cell isolation technique 海拉细胞分离技术

HeLa cell line 海拉细胞系

HeLa cell rRNA processing 海拉细胞核糖体 RNA 加工{分遗}

Helber counting chamber 海尔柏氏计菌室{微生物}

helcodermatus spine 破茧刺{蚕}

helcosis 溃疡

held (工具)柄榫头

held alert 保持警告

held retention water 支持水

held terminal 挂起终端,截听终端{信息}

held water 吸着水

helenine 土木香脑

helenium ①堆心菊属[*Helenium* L.](菊科)②堆心菊[*Helenium autumnale* L.]

heleoplankton 池沼浮游生物(heleoplankton)

Helfer persimmon 柬埔寨乌木[*Diospyros helferi* Clark.](柿科)

heliamphora ①捕蝇瓶子草属[*Heliamphora* spp.](瓶子草科)②捕蝇瓶子草[*Heliamphora nutans* sp.]

helianthine 甲基橙{显技}

helical 螺旋状的(helicus)

helical base-paired region 螺旋碱基配对区{分遗}

helical base-paired segment 螺旋碱基配对节段

helical bundle 螺旋束{分遗}

helical configuration 螺旋构型

helical conveyer 螺旋输送器

helical digger 螺旋挖掘机

helical fan 螺旋式风扇

helical gear 螺旋齿轮

helical line 螺旋线

helical moldboard 螺旋型犁壁

helical molecule 螺旋分子{分遗}

helical plough 螺旋式犁

helical repeat 螺旋重复{分遗}

helical scan 螺线扫描{信息}

helical scan magnetic recording 螺旋扫描磁记录

helical structure 螺旋结构

helical stump cutter 螺旋式树桩挖掘机

helical symmetry 螺旋对称

helical tooth 螺旋齿

helical viron 螺旋病毒粒子

helicase 解螺旋酶{分生}

helicia ①山龙眼属[*Helicia* Lour.](山龙眼科)②山龙眼[*Helicia formosana* Hemsl.]

helicids 大蜗牛科[Helicidae]

heliciform 螺状的(heliciformis)

helicism 螺旋式(helicismus)

helicity 螺旋性(helicitas)

helicobasidium 卷旋担子{真菌}

helicocarp 螺旋果(helicocarpum)

helicoid ①螺状的 ②旋涡形 ③螺旋体 ④螺旋面(helicoideus)

helicoid cell 螺形细胞(cellula helicoidea)

helicoid conveyor 螺旋[体]式输送器

helicoid cyme 螺状聚伞花序(cyma helicoidea)

helicoid cystolith 螺状钟乳体(cystolithus helicoideus)

helicoid dichotomous branching 螺状二歧分枝式(ramificatio dichotoma helicoidea)

helicoid dichotomy 螺状二歧式(dichotomia helicoidea)

helicoid inflorescence 螺形花序(inflorescentia helicoidea)

helicoid uniparous branching 单出聚伞状一侧分枝式（ramificatio uniparahelicoidea）
helicoid uniparous cyme 螺形单歧聚伞花序（cyma uniparahelicoidea）
helicoidal 螺状的（helicoideus）
helicoidal anemometer 螺旋桨式风速表
helicoidal bottom 螺旋型犁体
helicoidal moldboard 螺旋型犁壁
helicopepsin 螺蛋白酶，蜗牛蛋白酶
helicopter 直升飞机{遥感}
helicopter service for agriculture 直升飞机为农业服务
helicopter-sower 直升机播种机
helicopter-sprayer 直升机喷雾机
helicopter-spraying 直升机喷雾
helicorubin 螺血红蛋白
helicosporae 卷旋孢子类［Helicosporae］
helicospore 卷旋孢子（helicospora）
helicototrichon ①异燕麦属［*Helictotrichon* Besser.］（禾本科）②异燕麦［*Helictotrichon schellianum*（Hack.）Kitag.］
helicotron 螺线质谱计
helicotylenchus concavus 凹形螺旋线虫［*Helicotylenchus concavus* Rомán］
helicotylenchus dithystera 双宫螺旋线虫［*Helicotylenchus dithystera* Sher］
helicotylenchus erythrinae 珊瑚红螺旋线虫［*Helicotylenchus erythrinae* Golden］
helicotylenchus nannus 小螺旋线虫［*Helicotylenchus nannus* Sheiner］
helics 螺旋构型（指染色体或DNA）
helio- ⌞字头⌝日，太阳
heliograph 日光仪，日照记录器，日射计
heliogreenhouse 日光温室
heliohothouse 日光温室
heliometric index 总辐射平均强度表指数
heliophiles 喜阳植物，适阳植物
heliophilous（= heliophilic） 喜阳的，适阳的（heliophilus）
heliophilous meadow（= heliophilic meadow） 喜阳草甸
heliophilous plant 喜阳植物，适阳植物
heliophilous seed 喜阳种子，适阳种子（semen heliophilus）
heliophilous species 喜阳种，适阳种（species heliophilae）
heliophilous tree 阳性树（arbor heliophilus）
heliophobes 嫌阳植物，避阳植物
heliophobous（= heliophobic） 嫌阳的，避阳的（heliophobus）
heliophobous plant 嫌阳植物，避阳植物（planta heliophoba）
heliophobous seed 嫌阳种子，避阳种子（semen heliophobus）
heliophobous tree 阴性树（arbor heliophobus）
heliophyte 阳地植物，阳生植物（heliophyta）
heliophytic 阳地植物的（heliophyticus）
heliophytic characteristics 阳地植物特征（characteristicae heliophytiae）
helioplant 太阳能利用装置
helioplastic 适光变态的（helioplasticus）
heliopsis ①赛菊芋属［*Heliopsis* Pers.］（菊科）②赛菊芋［*Heliopsis helianthoides* Sweet.］
heliosphere 日光层，太阳层（heliosphera）
heliosupine 天芥菜品（生物碱）
heliotactic 趋日的，趋阳的（heliotacticus）
heliotaxis 趋日性
heliotherapy 日光疗法（heliotherapia）
heliotridine 天芥菜定［$C_6H_3(OCH_2O)(CHO)$］
heliotrinic acid（= heliotric acid） 天芥菜春酸
heliotrope ①天芥菜属［*Heliotropium* L.］（紫草科）②天芥菜［*Heliotropium europaeum* Ait.］③鸡血石{地质}
heliotrope oil 天芥菜油
heliotropic 向日的，向阳的（heliotropus）
heliotropic crops 向阳（光）作物
heliotropic movement 向阳运动
heliotropic species 向日种（species heliotropus）
heliotropine 天芥菜精［$C_6H_3(OCH_2O)(CHO)$］{生化}
heliotropism 向日性（heliotropismus）
helium 氦（He，2号元素）
Helium ion 氦离子
helix ①螺旋 ②螺线{分遗}
helix asperser 苹果蜗牛［*Helix asperser* sp.］（蜗牛科）
helix breaker 螺旋断裂剂
helix-coil transition 螺旋卷曲转变
helix-destabilizing protein（HDP） 螺旋松解蛋白，螺旋去稳定蛋白
helix-loop-helix motif（HLH motif） 螺旋-环-螺旋特征序列{分遗}
helix-loop-helix protein（HLH protein） 螺旋-环-螺旋蛋白
helix parameter 螺旋参数
helix stability 螺旋稳定性

helix-turn-helix motif (HTH motif) 螺旋-转角-螺旋特征序列{分遗}
helix-turn-helix protein (HTH protein) 螺旋-转角-螺旋蛋白
helix wheel 螺旋轮
helixin 螺菌素
hell fence 木桩围栏
hellebore ①嚏根草属[*Helleborus* L.](毛茛科)②嚏根草[*Helleborus niger* L.]
helleborine ①头蕊兰属[*Cephalanthera* Rich.](兰科)②头蕊兰[*Cephalanthera rubra* Rich.]
hellebrigenin 嚏根[苷]配基
hellgrammite 具角鱼蛉[*Corydalus cornutus* Linnaeus]
hello 呼叫{信息}
hello program 试用程序
hello screen 问候屏幕
hellosis 日射病,中暑(heliosis)
Helly metric 海利米制{电脑}
Helly's fixative 海利氏固定液{显技}
helm ①舵,舵柄,舵轮,驾驶盘 ②山头
helm wind 山头风
helmet ①盔瓣(cassis, galea) ②护面罩,机罩
helmet-shaped 盔形的(cassideus, galeiformis)
helmet shell ①耳蜗 ②蛞蝓
Helmholtz free energy 赫姆霍兹自由能
helmia ①腋花紫薇属[*Helmia* spp.](千屈菜科)②腋花紫薇[*Helmia salicifolia* sp.]
helminth 蠕虫,肠虫
helminthiasis 蠕虫病
helminthic (=anthelmintic) 驱蠕虫药
helminthicide (=vermicide) 杀蠕虫药
helminthoid 蠕虫形的(helminthoides)
helminthology 蠕虫学(helminthologia)
helminthosporin 长蠕孢素,三羟基甲基蒽醌
helminthosporiose spot of foxtail 狗尾草胡麻斑病[*Helminthosporium oryzae* Breda de Haan]
helminthosporiose spot of rice 稻胡麻斑病[*Helminthosporium oryzae* Breda de Haan = *Cochliobolus miyabeanus* (Ito et Kurib.) Drechsler]
helminthosporiosis 长蠕孢菌病
helminthosporol 长蠕孢醇
helminthosporoside 蠕孢菌素
Helminthostachyaceae 七指蕨科
helmsman 舵手,操舵机构
helo- ⌞字头⌝沼生,沼泽
helobial 沼生的(helobius)
helobial type 沼生目型(指胚乳)(typus helobius)
helobios 池沼生物
helohylium (=helophylium) 沼泽森林群落
helolochmium 草甸植丛群落
helophyte 沼生植物(helophyta)
helophytology 沼泽植物学(helophytologia)
heloplankton 沼泽浮游生物
helotism 役生[现象],主仆共生(helotismus)
HELP 求助程序{信息}
help ①帮助,援助,协助 ②求助,救助 ③助长,促进 ④阻止,抑制 ⑤补救方法
help desk 求助台{信息}
help menu 求助菜单{电脑}
help panel 求助显示屏面
help screen 求助屏幕
help view 求助视图
help window 求助窗口
helper ①辅助细胞 ②辅助病毒 ③辅助机构 ④辅助功能 ⑤助手,帮助者
helper bacteriophage 辅助噬菌体{分生}
helper cell 辅助细胞
helper-dependent vector 依赖于辅助病毒的载体{分生}
helper factor 辅助因子
helper-free vector 自主载体
helper-independent vector 不依赖于辅助病毒的载体
helper phage 辅助噬菌体
helper T cell (T_H) 辅助 T 细胞
helper T lymphocyte 辅助 T 淋巴细胞
helper virus 辅助病毒
helve 柄,手柄,把柄,摇把
helvella (=helvela) ①马鞍菌属[*Helvella* L. ex Fr.](马鞍菌科)②马鞍菌[*Helvella ephippium* Lév.]
helvella family 马鞍菌科[Helvellaceae]
helvolic acid 烟曲霉酸
helvolous 蜜黄色的(helvolus)
helwingia ①青荚叶属[*Helwingia* Wild.](山茱萸科)②青荚叶[*Helwingia japonica* F.G. Dietr.]
helwingia family 山茱萸科[Helwingiacea]
hemacytometer 血球计数器,红细胞计数器
hemacytometer counting method 血球计数法,红细胞计菌法
hemadsorption (HD)(=adsorption hemagglutination) 血吸附,红血球吸附

hemafecia 便血(haemafecia)
hemagglutination 血细胞凝集作用,血凝反应
hemagglutination inhibition(HI) 血凝抑制
hemagglutinin(HA) 红细胞凝集素,血凝素(=haemagglutinin)
hemagglutinin unit(HAU) 血球凝集素单位,红细胞凝集素单位
hemal ①血的 ②血管的(haemalis)
hemal tube 血管
hemaphein 血褐质
hematein(=haematein) 氧化苏木精{显技}
hemathermal 血温的(hemathermalis)
hematic acid 血酸
hematimeter 血细胞计数器
hematin 羟高铁血红素
hematine crystal 苏木精{显技}
hematite 赤铁矿
hemato- ⌞字头⌝血
hematocele 血囊肿
hematochrome 血色素
hematocrit 血细胞容量计,分血器
hematocyte(=hemocyte) 血细胞,血球{生化}
hematoidin 类胆红素
hematologic examination 血液学检查法
hematology 血液学(haematologia)
hematolysis 溶血[作用](haematolysis)
hematoma 血肿(haematoma)
hematomancy 验血诊断法(haematomancia)
hematometachysis 输血法(haematometachysis)
hematometer ①血红蛋白计 ②血压计
hematonic 补血药(haematonicus)
hematopathy 血液病(haematopathia)
hematopexis 血凝固(haematopexis)
hematophagous 食血的(haematophagus)
hematopoiesis 红细胞生成作用,血生成(haematopoiesis)
hematopoietic 造血的,生血的(haematopoieticus)
hematopoietic cell 造血细胞(cellula haematopoietica){分生}
hematopoietic cytokine 造血细胞因子
hematopoietic growth factor 造血生长因子
hematopoietin [促]红细胞生成素
hematoporphyrin 血卟啉
hematosin 高铁血红素
hematothermal 温血的(haematothermalis)
hematoxylin(=haematoxylin) 苏木精{显技}
hematoxylin staining 苏木精染色
hematozoon 血[液]寄生虫(haematozoon)
hematuria 血尿[症](haematuria)
heme 血红素,亚铁原卟啉
heme and dative bond 血红素与配价键
heme-binding domain 血红素结合域{分生}
heme-binding site 血红素结合位点
heme in cytochrome 细胞色素的血红素
heme iron 血红素铁
heme oxidase 血红素氧化酶
heme oxygenase 血红素加氧酶
heme polymerase 血红素聚合酶
heme protein 血红素蛋白
hemel(=hexamethy1 melamine) 六甲基三聚氰酰胺
hemelytra 半翅
hemeostasis 自动调节动态平衡
hemeralopia 昼盲症,夜视症(haemeralopia){遗传}
hemeranthic 白天开花(hemeranthus)
hemerythrin 蚯蚓血红蛋白
hemi- ⌞字头⌝①半 ②一侧,半侧 ③偏
hemi-alloploid 半异源多倍体,部分异源多倍体
hemi-autoploid 半同源倍体,半同源多倍体(semiautoploida)
hemi-autopolyploid 半同源多倍体(semi-autopolyploida)
hemi-autopolyploidy 半同源多倍性(semi-autopolyploidas)
hemi-form 冬夏孢型(hemiformis)
hemi-isodesmosome 半异桥粒(semi-isodesmosoma)
hemiacetal 半缩醛
hemiaerophyte 半气生植物(hemiaerophyta)
hemiaerophytic 半气生的(hemiaerophyticus)
hemiamphicarpous 具双型果的(hemi-amphicarpus)
hemianatropal(=hemianatropous) 半倒生的(hemianatropus)
hemiangiocarp 半被果,半被子实体(hemi-angiocarpium)
hemianopsia 偏盲(hemianopsia)
hemiascomycetes 半子囊菌[类]
hemiascospore 半子囊菌孢子(hemiascospora)
hemiascus 半子囊

hemiauxin 半［植物］生长素
hemibasidiomycetes 半担子菌［类］
hemibasidium 半担子
hemibilirubin 半胆红素［$C_{33}H_{44}O_6N_4$］
hemibranch 半鳃
hemicarp 半果（hemicarpium）
hemicellulase 半纤维素酶
hemicellulose 半纤维素
hemicephalous 半头的(hemicephalus)
hemichlamydeous 半被的（hemichlamydeus）
hemichromogen 高铁血色原（hemichromogenum）｛分生｝
hemichromosome 半染色体（semichromosoma）｛细胞｝
hemiclone 半无性［繁殖］系，半克隆
hemicompatible 半亲和性的（hemicompatibilis）
hemicompatible di-mon's mating 半亲和性双单核体配合
hemiconcentric 半同心的（hemiconcentricus）
hemicontinuous 半连续的（hemicontinuus）
hemicormophyte 半茎叶植物（hemicormophyta）
hemicryptophyte 地面芽植物（hemicryptophyta）
hemicryptophyte climate 地面芽植物气候（climata hemicryptophytica）
hemicycle 半周，半圈（hemicyclus）
hemicyclic 半轮生的(hemicyclicus)
hemicyclic flower 半轮生花（flos hemicyclicus）
hemicycliophora membranifer 具膜半环线虫，具膜鞘线虫［*Hemicycliophora membranifer* Loos］（鞘线虫科）
hemicycly 半轮生性(hemicyclia)
hemidesmosome 半桥粒（hemidesmosoma）｛分遗｝
hemielytron（= hemelytron） 半鞘翅
hemiendophyte 半内生植物（hemiendophyta）
hemiepiphyte 半匍匐植物（hemiepiphyta）
hemieremion 半荒漠（hemieremio）
hemiglobin 高铁血红蛋白｛分生｝
hemihaploid 半单倍体（semihaploida）
hemihelicoid 半轮生的（hemihelicoideus）
hemiidentic 半相同的，近似的（hemi identicus）
hemikaryon（= haploid nucleus） 单倍核（hemicaryon）
hemikaryotic 单倍核的（semicaryoticus）｛细胞｝
hemimetabola 半变态类
hemimetabolic insect 半变态昆虫（hemimetabola）
hemimetaboly 半变态（hemimetabolia）
hemin 氯高铁血红素
hemin crystal 氯高铁血红素结晶｛显技｝
hemin enzyme 氯高铁血红素酶
hemin-sensitive inhibitor of translation 转译的氯高铁血素敏感性抑制剂
hemiorthotropic 半直生的（hemiorthotropus）
hemiorthotropy 半直生式（hemiorthotropia）
hemiparasite 兼性寄生物，半寄生物（hemiparasita）
hemiparasitic 兼性寄生的，半寄生的（hemiparasiticus）
hemiparasitic plant 半寄生植物（planta hemiparasitica）
hemiparasitism 半寄生性（hemiparasitismus）
hemipelagic deposit 近海沉积［物］
hemipeloric 半整齐的（hemipelorus）
hemipentacotyledon 半五裂子叶｛形态｝
hemipheustic respiration 半气门式呼吸
hemiphyll ①半叶 ②半果瓣（hemiphyllum）
hemipinic acid 3,4-二甲氧基邻苯二甲酸
hemiplankton 半浮游生物
hemiploid 半倍体（semiploida）｛细胞｝
hemiptelea ①刺榆属［*Hemiptelea* Planch.］（榆科）②刺榆［*Hemiptelea davidii* Pl.］
Hemiptera 半翅目
hemipterous insect 半翅目昆虫
hemisaprophytes 半腐生植物（hemisaprophyti）
hemisphere ①半球 ②大脑半球（hemisphera）
hemispherectomy 大脑半球切除术（hemispherectomia）
hemispherical 半球形的（hemisphericus）
hemispherical absorptance 半球形吸收比
hemispherical cushion forms 半球形垫形［组织］
hemispherical emittance 半球形发射率
hemispherical humid shell 半球形湿润外壳（指气孔）
hemispherical reflectance 半球［形］反射比
hemispherical scale 橘蜡蚧（橘盔蚧）

[*Saissetia hemisphaerica* Targ.]（蜡蚧科）
hemispherical transmittance 半球形透射比
hemist 半分解有机土
hemisteppe 半草原
hemisyncotyly 半合生子叶式（hemisyncotylia）
hemiterpene 半萜[C_5H_8]
hemitetracotyledon 半四裂子叶
hemitricotyledon 半三裂子叶
hemitricotyly 半三裂子叶式（hemitricotylia）
hemitroglobiotic 半洞居（hemitroglobioticus）
hemitropous（＝hemitropal）横生的，半倒生的（hemitropus）
hemitropous ovule 半倒生胚珠（ovulum hemitropum）
hemizoospore 半游动孢子（hemizoospora）
hemizygosity 半合性(semizygositas)
hemizygote 半合子（semizygota）
hemizygotic 半合子的（semizygoticus）
hemizygotic gene 半合子基因（gena hemizygotica）
hemizygous 半合子的（semizygus）
hemizygous gene 半合基因（gena semizyga）
Hemja 享雅(甘蔗印度原种)
hemlock ①铁杉属[*Tsuga* Carr.](松科) ②铁杉[*Tsuga chinensis* Pritz.]
hemlock borer 铁杉吉丁[虫][*Melanophila fulvoguttata* Harris](吉丁科)
hemlock-leaved moonwort 蕨萁[*Botrychium virginanum* (L.) Sw.](瓶尔小草科)
hemlock looper 铁杉尺蛾[*Lambdina fiscellaria* Guen.](尺蛾科)
hemlock sawfly 铁杉叶蜂[*Neodiprion tsugae* Midd.](叶蜂科)
hemlock scale 铁杉圆蚧[*Aspidiotus ithacae* Ferris](盾蚧科)
hemlock spruce（＝California hemlock spruce） 加州铁杉[*Tsuga canadensis* Sarg.](松科)
hemlock water dropwort 藏红花色水芹[*Oenanthe crocata* L.](伞形花科)
hemlock water-parsnip 愉悦泽芹[*Sium cicutaefolium* Schrank.](伞形花科)
hemo- ⌞字头⌝血
hemobilirubin 间[接反]应胆红素
hemochromatosis 血色素沉着症，血色病（haemochromatosis）
hemochrome（＝haemochrome） 血色素
hemochromogen 血色原
hemochromoprotein 血色蛋白
hemocircular 血液循环的（haemocircularis）
hemoclasis 溶血作用（haemoclasis）
hemoconcentration 血浓缩（haemoconcentratio）
hemoculture 血培养（haemocultura）
hemocuprein 血铜蛋白，超氧物歧化酶
hemocuprin 血铜蛋白辅基
hemocyte（＝haemocyte） 血细胞，血球（haemocyta）
hemocytoblast 原血细胞，血干细胞，造血母细胞
hemocytometer 血细胞计
hemodialysis 血液透析[作用]（haemodialysis）
hemodiastase 血液淀粉酶
hemodilution 血稀释（haemodilutio）
hemodromograph 血流计
hemoenolate 高烯醇
hemoenolate anion 高烯醇阴离子
hemoferrin 血铁素，蚯蚓血红蛋白辅基
hemoflavoprotein 血红素黄素蛋白
hemofuscin 血褐素
hemoglobin（＝haemoglobin） 血红蛋白
hemoglobin and myoglobin 血红蛋白与肌红蛋白
hemoglobin C 血红蛋白 C
hemoglobin DPG effect 血红蛋白 DPG 效应
hemoglobin genes per haploid complement 每单倍染色体组的血红蛋白基因
hemoglobin in erythroid cells 拟红细胞血红蛋白
hemoglobin in heterokaryons 异核体血红蛋白
hemoglobin Lepore 勒卜氏血红蛋白
hemoglobin mutants in termination codons 血红蛋白终止密码子的突变体
hemoglobin pH effect 血红蛋白 pH 效应
hemoglobin polypeptide chain growth 血红蛋白多肽链增长
hemoglobin synthesis 血红蛋白合成
hemoglobin use in showing direction of translation 血红蛋白用于指示翻译方向
hemoglobinometer（＝haemoglobinometer） 血红蛋白计
hemoglobinopathy 血红蛋白病（hemoglobinopathia）
hemoglobinophilous bacteria 嗜血红蛋白细

菌（bacteria haemoglobinophilae）
hemoglobinuria 血红蛋白尿［症］（haemoglobinuria）
hemoglobinuric fever 血红蛋白尿热病（牛巴贝西虫病）
hemogram 血象（haemogramma）
hemolymph（= haemolyph） 血淋巴
hemolysate 溶血产物（haemolysata）
hemolysin 溶血素
hemolysis 溶血（haemolysis）
hemolytic（= haemolytic） 溶血的（haemolyticus）
hemolytic anemia 溶血性贫血
hemolytic antibody 溶血性抗体
hemolytic factor 溶血因子
hemolytic icterus（= hemolytic jaundice） 溶血性黄疸
hemonchosis 血矛线虫病（haemonchosis）
hemopexin 血液结合素
hemopexis 血凝固（haemopexis）
hemophilia 血友病（haemophilia）
hemophilia B 血友病 B
hemophilus influenza 流感嗜血菌［*Hemophilus influenza* Bergey et al.］
hemophthisis 贫血（haemophthisis）
hemopoiesis 红细胞生成作用（haemopoiesis）
hemopoietic cell 红细胞生成细胞，造血细胞
hemopoietin（= haemopoietin） 促红细胞生成素
hemoporphyrin 血卟啉
hemoprotein 血红素蛋白
hemopyrrole 血吡咯
hemorrhage 出血
hemosiderin 血铁黄素，血铁黄蛋白
hemosozin 抗溶血素
hemospasia（= haemospasis） 放血（haemospasis）
hemospast 抽血器，吸杯
hemostasis 止血（haemostasis）
hemostat（= haemostat） ①止血剂 ②止血器
hemotherapy 血液疗法（hemotherapia）
hemp ①大麻属［*Cannabis* L.］（大麻科）②大麻［*Cannabis sativa* L.］
hemp agrimony（= water hemp, hemp eupatorium） 大麻叶泽兰［*Eupatorium cannabinum* L.］（菊科）
hemp area 大麻［播种］面积
hemp borer 大麻花蚤［*Mordellistena cannabisi* Matsumura］（花蚤科）
hemp brake 打麻机
hemp breaker 大麻揉碎机，大麻碎茎机
hemp breeding method 大麻育种法
hemp comb ①麻梳 ②梳麻器
hemp combings 大麻短纤维，麻屑
hemp cropping system 大麻耕作制
hemp crushing mill 大麻碎茎机
hemp curculio 日本大麻象［*Eutionopus mongolicus* Faust］（象甲科）
hemp dagger moth 大麻剑纹夜蛾［*Acronycta consanguis* Butler］（夜蛾科）
hemp date test 大麻播种期试验
hemp degumming 大麻脱胶
hemp dressing 大麻梳理
hemp family 大麻科［Cannabinaceae］
hemp fiber yield 大麻出麻率
hemp flea-beetle 大麻跳甲（忽布跳甲）［*Psylliodes attenuata* Koch］（跳甲科）
hemp growing ①大麻栽培 ②大麻栽培学｛栽培｝
hemp growing period 大麻生长期
hemp growing space 大麻营养面积
hemp harvesting 大麻收获
hemp harvesting machine ①大麻收获机 ②大麻联合收获机
hemp harvesting time 大麻收获期
hemp helodid 大麻褐沼甲［*Scirtes japonicus* Kirsenwetter］（沼甲科）
hemp hose 麻布水龙带｛环保｝
hemp insect control 大麻虫害防治
hemp-like 大麻状的（cannabinus）
hemp longicorn beetle 麻天牛（大麻天牛）［*Thyestilla gebleri* Faldermann］（天牛科）
hemp maldevelopment 大麻发育不良
hemp-mallow 红麻（洋麻，槿麻）［*Hibiscus cannabinus* L.］（锦葵科）
hemp meal 大麻子粉
hemp moth 大麻食心虫［*Grapholitha delineana* Walker］（小卷蛾科）
hemp nettle ①鼬瓣花属［*Galeopsis* L.］（唇形科）②鼬瓣花（黄鼠狼花）［*Galeopsis tetrahit* L.］
hemp oil 大麻子油
hemp oil-cake 大麻油饼，大麻油粕
hemp oil content 大麻含油量
hemp palm ①棕榈属［*Trachycarpus* H. Wendl.］（棕榈科）②棕榈［*Trachycarpus excelsa* Wendl. = T. *fortunei* H. Wendl.］
hemp palm scale（= cyanophyllum scale） 蓝叶圆蚧（大麻椰圆蚧）［*Aspidiotus cyanophylli* Signoret］（盾蚧科）

hemp reaping machine (= hemp cutter) 大麻收割机
hemp retting 大麻浸渍,浸麻
hemp retting machine 浸麻机
hemp rolling and scutching machine 大麻揉打机
hemp rope 麻绳
hemp sack 麻袋
hemp scutcher (= hemp scutching machine) 打麻机
hemp scutching 大麻打麻
hemp-seed cake 大麻子饼
hemp-seed oil 大麻子油
hemp seeder 大麻播种机
hemp seeding 大麻播种
hemp sesbania 大果田菁 [*Sesbania macrocarpa*] (豆科)
hemp spreader 大麻铺散机
hemp stock 大麻茎秆 (浸渍后)
hemp tow 大麻短纤维,大麻麻屑
hemp tree ①牡荆属 [*Vitex* L.] (马鞭草科) ②牡荆 [*Vitex canabifolia* Sieb. et Zucc.]
hemp turner 大麻翻晒机
hemp weevil 大麻象甲 [*Rhinoncus pericapius* Linnaeus] (象甲科)
hempa (= hexamethyl phosphoramide) 六甲基磷酰胺,六甲磷 (昆虫不育剂) [$C_6H_{18}N_3OP$]
hempdresser 梳麻工
hempen 大麻的,大麻制的
hempy 似大麻的 (cannabinus)
hemsley actinidia 长叶猕猴桃 [*Actinidia hemslyana* Dunn.] (猕猴桃科)
hemstitching 花边现象{电脑}
hen 母鸡
hen-bird 雌禽
hen-coop 鸡窝、鸡棚
hen-day average 母鸡日产 [蛋] 平均
hen dung (= hen manure) 鸡粪
hen-farm (= hennery) 养鸡场
hen-feathered race 雌鸟羽衣族
hen-house 鸡舍
hen-housed average 母鸡入舍[产蛋]平均
hen of the woods 贝叶多孔菌 [*Polyporus frondosus* Fr.] (多孔菌科)
hen pigeon 母鸽,雌鸽
hen-roost (鸡窝、鸡棚里) 栖架,栖木
hen run (= chicken run) 养鸡场
henbane ①天仙子属 [*Hyoscyamus* L.] (茄科) ②天仙子 [*Hyoscyamus niger* L.]
henbane flea beetle 天仙子跳甲 [*Psylliodes hyoscyami* L.]
henbane mosaic disease 天仙子花叶病 [*Hyoscyamus virus* 1(Smith)]
henbane mosaic virus (= hyoscyamus mosaic virus) 天仙子花叶病毒 [*Hyoscyamus virus* 1 (Smith)]
henbit (= dead nettle) 宝盖草 [*Lamium amplexicaule* L.] (唇形科)
hence for heaping sand 堆沙墙,堆沙围墙
hendecaploid 十一倍体 (hendecaploida) {细胞}
hendecaploidy 十一倍性 (hendecaploidas)
Henderson-Hasselbach equation 韩哈二氏方程 [式]
henequen (= Mexican sisal hemp, hennequen, Yucatan sisal) 灰叶剑麻 [*Agave fourcroydes* Lem.] (龙舌兰科)
henicopids 沙蜈蚣科 [Henicopidae]
henna (= henna plant) ①指甲花属 (散沫花属) [*Lawsonia* L.] (千屈菜科) ②指甲花 (散沫花) [*Lawsonia inermis* L.]
hennequin (= henequen) 灰叶剑麻
hennery (= hen-run) ①养鸡场 ②鸡舍
henon bamboo 淡竹 [*Phyllostachys nigra* Munro var. *henonis* Makino.] (禾本科)
henry 亨[利] (电感单位)
Henry chinkapin 锥栗 [*Castanea henryi* (Skan) Rehd. et Wils.] (山毛榉科)
Henry crabgrass (= large crabgrass) 大马唐 [*Digitaria adscendens* Henr. = *D. marginata* Fernald.] (禾本科)
Henry lily 亨利百合 [*Lilium henryl* Baker] (百合科)
Henry loquat 窄叶枇杷 [*Eriobotraya henyri* Nakai] (蔷薇科)
hen's dropping 鸡排粪
hen's dung 鸡粪
hen's egg 鸡蛋
Hensen's node 顶结 {分遗}
hentriaconta- ⌊字头⌉三十一
HEPA (= high efficiency particulate air filter) 高效微粒空气滤器{环保}
heparan 类肝素,乙酰 [型] 肝素
heparan sulfate sulfatase 硫酸乙酰肝素硫酸酯酶
heparin 肝素,肝磷脂
heparinase 肝素酶
heparitin 类肝素,乙酰 [型]肝素
hepatectomy 肝切除 [术] (hepatectomia)
hepatic ①肝的 ②肝色的 (hepaticus)
hepatic coma 肝 [性] 昏迷
hepatic porphyria 肝性卟啉症

hepatica ①獐耳细辛属［*Hepatica* Mill.］（毛茛科）②獐耳细辛［*Hepatica asiatica* Nakai］
hepaticae 苔类（地钱类）［Hepaticae］
hepatin 动物淀粉
hepatitis 肝炎
hepatitis associated antigen （HAA）肝炎相关抗原，澳大利亚抗原
hepatitis B antigen 乙型肝炎抗原
hepato- ˪字头˥肝
hepatoalbumin 肝清蛋白
hepatocellular 肝细胞的（hepatocellularis）
hepatocellular carcinoma（HCC） 肝细胞癌
hepatocellular jaundice 肝细胞性黄疸
hepatocrinin 促肝泌素
hepatocuprein 肝铜蛋白，超氧物歧化酶
hepatocyte 肝细胞（hepatocyta）
hepatocyte grow factor（HGF） 肝细胞生长因子｛分生｝
hepatocyte nuclear factor（HNF） 肝细胞核因子
hepatoflavin 核黄素
hepatoglobulin 肝球蛋白
hepatoma 肝癌，肝细胞瘤
hepatoma hybrid 肝细胞瘤杂种
hepatotoxic agent 肝毒剂
hepatotoxin 肝毒素
hepatovirus 肝病毒
hepialid moths（= swifts） 蝙蝠蛾科［Hepialidae］
hepta- ˪字头˥七，庚
hepta-oxide 七氧化物
heptachlor 七氯，七氯化茚（杀虫剂）［$C_{10}H_5Cl_7$］
heptageniids 扁蜉科［Heptageniidae］
heptagonal 七角形的（heptagonus）
heptagynous（= heptagynian） 具七雌蕊的（heptagynus）
heptahedron 七面体
heptahydrate 七水合物
heptalobous 七裂片的(heptalobus)
heptamer 七聚物，七［聚］体
heptamerous 七数的，七基数的（heptamerus）
heptamerous flower 七出花（flos heptamerus）
heptandrian（= heptandrous） 具七雄蕊的（heptandrus）
heptane 庚烷［C_7H_{16}］
heptaneurous 有七脉的（heptaneurus）
heptapetalous 具七花瓣的（heptapetalus）
heptaphyllous 具七叶的（heptaphyllus）
heptaploid 七倍体（heptaploida）｛细胞｝
heptaploidy 七倍性（heptaploidas）｛细胞｝
heptarch 七原型(heptarcus)
heptavalent ①七价的 ②七价染色体（heptavalens）
heptitol 庚糖醇
heptoglobin 七球蛋白｛分生｝
heptose 庚糖［$C_7H_{14}O_7$］
heptulose 庚酮糖
heptylate ①庚酸 ②庚酸盐、酯或根
heptylic acid 庚酸［$CH_3(CH_2)_5CH_2COOH$］
heracleum weevil 白芷象［*Catapionus viridimetallicus* Motschulsky］（象甲科）
heralds-trumpet ①清明花属［*Beaumontia* Wall.］（夹竹桃科）②清明花［*Beaumontia grandiflora* Wall.］
herb ①草［类］②药草 ③草本植物（herba）
herb-drug system 中药配方系统，草药配方系统
herb garden ①（= herbary）草药圃 ②（= kitchen garden）菜园
herb growing ①草本植物栽培｛园林｝②草药栽培｛栽培｝
herb layer（= herbaceous layer） 草本层（herbstratum）
herb-like ①草本的（herbaceus）②禾草状的（gramineus）③禾本科的（graminaceus）
herb-of-grace 芸香［*Ruta graveoleus* L.］（芸香科）
herb-Paris 王孙［*Paris quadrifolia* L］（百合科）
herb patience（= garden patience） 菠菜酸模
herb robert（= herb robin，crane's bill） 罗伯特老鹳草［*Geranium robertianum*］（牻牛儿苗科）
herb-tea 煎［草］药，汤药
herb tree-mallow 裂叶花葵［*Lavatera trimestris* L.］（锦葵科）
herb zone 草本带
herbaceous ①草本的 ②草质的（herbaceus）
herbaceous border 草本花境｛园林｝
herbaceous crop plant 草本作物
herbaceous crops 草本作物
herbaceous cutting 草质插｛园艺｝
herbaceous dicots（= herbaceous dicotyledons） 草本双子叶植物
herbaceous flora ①草本植物区系 ②草本植

物志

herbaceous flowering plant 草本显花植物

herbaceous fruits 草质果树（fructae herbaceae）

herbaceous grafting 草质嫁接

herbaceous grasses 草本牧草

herbaceous helophyte 草本沼生植物（helophyta herbacea）

herbaceous hygrophyte 草本湿生植物（hygrophyta herbacea）

herbaceous layer 草本层（stratum herbaceum）

herbaceous legumes 草本豆类

herbaceous mesophyte 草本中生植物（mesophyta herbacea）

herbaceous perennial flower 多年生草本花卉（flos perennis herbaceus）

herbaceous perennials 多年生草本植物

herbaceous plant community 草本植物群落｛生态｝

herbaceous plants 草本植物（plantae herbaceae）

herbaceous root 草质根

herbaceous soil covering 草本地被物

herbaceous stage 草本[群落]阶段（staticum herbaceum）

herbaceous stands 草本[植物]群丛

herbaceous stem 草质茎（caulis herbaceus）

herbaceous steppe 草本草原（steppus herbaceus）

herbaceous swamp 草本沼泽

herbaceous terminal cleft grafting 草质顶劈接

herbaceous vegetation 草本植被

herbaceous walk 草花路｛园林｝

herbaceous wild flowers 草本野生花卉

herbage ①草，牧草 ②牧草地｛牧草｝③草本植物群落

herbage crops 草本作物

herbage cultivar 牧草栽培品种

herbage dissection 牧草解剖

herbage food 草料

herbage grasses 牧草

herbage herbs（= forage herbs） 饲用牧草

herbage intake 食草量，（牧草）采食量

herbage mixture 牧草混播

herbage plants 草本植物

herbage seed（= grass seed） 牧草种子

herbage seed drill 牧草播种机

herbage seed production 牧草种子生产（繁育）

herbage species 牧草种

herbage strain 牧草品系

herbage variety 牧草品种

herbage yield 牧草收获量，茎叶产量

herbal ①草本录 ②牧草志（herbum）

herbalism 本草学（herbalismus）

herbalist ①药草栽培者 ②草本植物采集者 ③草木植物学家（herbarius）

herbane（= hemp broomrape） 大麻列当［*Orobanche ramosa* L.］（列当科）

herbarium ①植物标本室 ②蜡叶标本

herbarium identification 蜡叶标本鉴定

herbarium material 植物标本材料

herbarium sheet 蜡叶标本（schedula, scheda）

herbarium specimen 腊叶植物标本

herbary 草药圃（herbarium）

herbelet（= herblet） 小草本

herbescent 草本状的，成草的（berbescens）

herbicidal 除草的（herbicidalis）

herbicidal action 除草作用

herbicidal activity 除草力，除草活性

herbicidal oils 石油除草剂

herbicide 除草剂，灭草剂，杀草剂

herbicide application 除草剂施用

herbicide applicator 除草剂撒布器

herbicide mechanism 除草剂机制

herbicide metabolism 除草剂代谢

herbicide resistance 除草剂抗性

herbicide selectivity 除草剂选择性

herbicide-treated layer 除草剂处理层

herbicide trials 除草剂试验

herbicidin 除草菌素

herbicolous 草寄生的（herbicolus）

herbiferous 长草的（herbiferus）

herbimycin 除草霉素

herbisan（= EXD） 草必散（除草剂）［$C_6H_{10}O_2S_4$］

herbivores 食草动物，一级消费者｛环保｝

herbivorous 食草的，草食性的（herbivorus）

herblet（= herbelet） 小草本

herbology 杂草学（herbologia）

herborization 植物采集（herborisatio）

herbosa 草本植被，草本群落

herbrobert geranium（= herb robert） 罗伯特氏老鹳草［*Geranium robertianum* L.］（牻牛儿苗科）

herbst bloodleaf ①血苋属［*Iresine* P.Br.］（苋科）②血苋［*Iresine herbstii* Hook.］

herby ①草的，草本的，多草的 ②似草的

hercogamy 不能自花受精现象（hercoga-

mia)
hercynine 组氨酸三甲基内盐
herd ①畜群,牧群 ②牧人,牧工 ③畜群管理
herd average (畜)群平均
herd cattle 放牛
herd improvement 畜群改良
herd management 群养
herd replacement (=flock replacement) 畜群复壮
herd sire 种公畜
herd size 畜群大小
herd test 畜群鉴定
herdbook 谱系记载簿
herdbook animal 谱系[记载]畜
herding instinct (=flocking instinct) 集群本能,集群性
herd's grass ①梯牧草属[*Phleum* L.](禾本科) ②梯牧草[*Phleum pratense* L.]
herdsman 牧人
here about 在附近,在这一带(=near or about here)
here and there 各处,在不同的地方(=in various place)
here, there and everywhere 到处,处处
hereditability 可遗传性(hereditabilitas)
hereditable 可遗传的(hereditabilis)
hereditarily determined character 遗传决定性状
hereditary 遗传的(hereditaris)
hereditary basis 遗传基础(basis hereditaris)
hereditary biological time 遗传生物时,遗传生物钟
hereditary capacity 遗传力,遗传性(capacitas hereditaris)
hereditary change 遗传变异
hereditary character 遗传性状(character hereditaris)
hereditary clinic 遗传临床
hereditary code 遗传密码
hereditary conservation 遗传保守性(conservatio hereditaris)
hereditary defect 遗传缺陷(defectus hereditaris)
hereditary determinant 遗传定子,遗传因子(determinans hereditaris)
hereditary difference 遗传差异性(differentia hereditaris)
hereditary disease 遗传病,遗传性疾病(diseasis hereditaris)
hereditary factor 遗传因子(factor hereditaris)
hereditary feature 遗传特性(characteristica hereditaris)
hereditary force 遗传力(vishereditaris)
hereditary form 遗传型(forma hereditaris)
hereditary fructose intolerance 遗传性果糖不耐症
hereditary gene 遗传基因(gena hereditaris)
hereditary genius 遗传天资(genius hereditaris)
hereditary grid 遗传格子
hereditary health law 遗传健康法(优生法)
hereditary illness 遗传病
hereditary information 遗传信息(informatio hereditaris)
hereditary material 遗传物质(substantia hereditaris)
hereditary mechanism 遗传机制(mechanismus hereditaris)
hereditary particle 遗传微粒(particulus hereditaris)
hereditary predisposition 遗传素质(predispositio hereditaris)
hereditary stability 遗传稳定性(stabilitas hereditaris)
hereditary structure 遗传结构(structura hereditaris)
hereditary substance 遗传物质(substantia hereditaris)
hereditary unit 遗传单位(monas hereditaris)
hereditary univalent 遗传单价体(univalens hereditaris)
hereditary variability 遗传变异性(variabilitas hereditaris)
hereditary variation 遗传变异(variatio hereditaris)
hereditation 遗传性作用(hereditatio)
heredity ①遗传 ②遗传学(hereditas)
Hereford 海福特牛(肉用品种)
heremetabola 后长变态
hereroa ①龙骨角属[*Hereroa* spp.](番杏科) ②龙骨角[*Hereroa granulata* sp.]
heretical 异端的(hereticus)
heriff (=cleavers) 猪殃殃
heritability (H) 遗传力,遗传率(heritabilitas)
heritability calculation 遗传力计算
heritability determination 遗传力测定
heritability estimate 遗传力估计
heritability in broad sense 广义遗传力

heritability in narrow sense 狭义遗传力
heritability in standard unit 标准单位遗传力
heritability index 遗传力指标
heritability method 遗传力法
heritability of earliness 早熟性的遗传力
heritability of morphological characters 形态性状的遗传力
heritability percentage 遗传力率
heritability value 遗传力值
heritable 可遗传的,遗传性的(heritabilis)
heritable abnormality 遗传性不正常(abnormalitas heritabilis)
heritable change 遗传性改变
heritable character 遗传性性状(character heritabilis)
heritable component 遗传性组成部分(componens heritabilis)
heritable difference 遗传性差异(differentia heritabilis)
heritable disease(= inherited disease) 遗传病,遗传性疾病(diseasis heritabilis)
heritable mechanism 遗传性机制(machanismus heritabilis)
heritable portion 可遗传部分(portio heritabilis)
heritable semisterility 遗传性半不育性(semisterilitas heritabilis)
heritable variability 可遗传变异性(variabilitas heritabilis)
heritable variation 遗传性变异,可遗传变异(variatio heritabilis)
heritage 继承人{农经}
herkogamy(= hercogamy) 不能自花受精现象(hercogamia)
Hermann's fluid 赫曼氏液(改良佛来铭氏液){显技}
hermaphrodite ①雌雄同株 ②雌雄同体 ③两性体 ④阴阳人 ⑤两性的(hermaphroditus)
hermaphrodite bee 两性蜂
hermaphrodite flower 两性花,完全花(flos hermaphroditus)
hermaphrodite plant 雌雄同株[植物](planta hermaphrodita)
hermaphroditic ①雌雄同株的 ②雌雄同体的 ③两性体的 ④阴阳人的(hermaphroditicus)
hermaphroditic individual ①雌雄同株植株 ②雌雄同体个体
hermaphroditic offspring ①雌雄同株子代 ②雌雄同体子代
hermaphroditism ①雌雄同株[现象]②雌雄同体[现象](hermaphroditismus)
hermetic 密封的,气密的,不透气的(hermeticus)
hermetic seal 密封
hermetically sealed silo 密闭式青贮塔
hermetism 被子实体性,被果性(hermetismus)
hermetization 密封,封闭(hermetisatio)
Hermite polynomial 埃尔米特多项式{遥感}
hernandia ①莲叶桐属[*Hernandia* Plum et L.](莲叶桐科)②(= Jack-in the box)莲叶桐[*Hernandia peltata* Meisn.]
hernanolia family 莲叶桐科[Hernandiaceae]
herniarin 7-甲氧[基]香豆素
herniary ①治疝草属[*Herniaria* L.](石竹科)②治疝草[*Herniaria glabra* L.]
herniary breastwort(= rupture wort) 吐根
heroin 海洛因,二乙酰吗啡化盐酸[$C_{21}H_{23}O_5N \cdot Cl$]
heron's bill ①牻牛儿苗属[*Erodium* L'Herit.](牻牛儿苗科)②牻牛儿苗[*Erodium stephanianum* Willd.]
herpes 疱疹,匍行疹
herpes simplex virus(HSV)单纯疱疹病毒
herpes virus 疱疹病毒
herpes virus electron micrograph 疱疹病毒电子显微照片
herpes virus integration into host DNA 疱疹病毒间寄主 DNA 内整合
herring ①鲱[*Clupes* sp.]②⌞复⌝鲱科[Clupeidae]{水产}
herring cake 鲱鱼粕
herring meal 鲱鱼粉
herringbone ①鲱骨形,鱼刺形,人字形 ②鲱骨形的,鱼刺形的,人字形的
herringbone face 鲱骨形割面(采脂)
herringbone figure 鲱骨花纹(木材)
herringbone gear 人字齿轮
herringbone milking parlour 人字形挤乳间,鱼骨形挤奶间
herringbone system 鲱骨形[灌溉]系统
herringbone tooth 人字齿
Hers' disease 赫斯氏症,糖原积储症 M 型
Hershey circle 荷雪圆环{生技}
hertone(= nonhistone chromosomal protein) 非组蛋白染色体蛋白质
hertz 赫[兹](频率单位)
Hertz's diagram 海尔茨图解{气象}
hesitation 暂停(hesitatio){信息}

hesperaloe ①晚芦荟属［*Hesperaloe* Engelm.］(百合科) ②晚芦荟［*Hesperaloe* sp.］
hesperethusa (= limonia) ①橘子果属［*Hesperethusa* Roem.］(芸香科) ②橘子果(柑果子)［*Hesperethusa crenulata* Roem.］
hesperetin 橘皮素［$C_{16}H_{14}O_6$］
hesperetol 橘皮醇［$CH_2CHC_6H_3(OH)OCH_3$］
hesperiden 橘皮苷
hesperidinase 橘皮苷酶
hesperidium 柑果
hessian 粗麻布,麻袋布
Hessian fly 小麦瘿蚊(小麦瘿蝇)［*Mayetiola destructor* Say = *Phytophaga destructor* Say］(瘿蚊科)
het 杂合噬菌体{分生}
heteracanthous 异形刺的 (heteracanthus)
heterakiasis 异刺线虫病 (heteraciasis)
heterandrous 雄蕊异长的 (heterandrus)
heteranthery 雄蕊异长 (heterantheria)
heteranthous 异形花的 (heteranthus)
heterarchical approach 异分层结构方法{电脑}
heterauxesis 比速增长
hetereu-form 转主全孢型
hetero- ⌞字头⌝异,杂,不同,变
hetero-R state (= heteroresistance state) 异抗性态
heteroaerobic 复杂好气菌的 (heteroaerobicus)
heteroallele 异［点］等位基因 (heteroallela) {细胞}
heteroallelic 异［点］等位的 (heteroallelicus) {细胞}
heteroallelic combination 异［点］等位基因组合
heteroallelic gene 异［点］等位基因
heteroallelic mutation 异［点］等位基因突变
heteroantagonism 异型拮抗作用 (heteroantagonismus)
heteroantibody 异种抗体
heteroantigen 异种抗原
heteroauxin (= Indoleacietic acid) 吲哚乙酸
heteroauxone 异生长物质(有高度生物学作用而有机体本身却不能合成的物质)
heterobasidiomycetes 有隔担子菌类,异担子菌类
heterobasidium 有隔担子,异担子
heterobeltiosis 超亲优势
heterobifunctional agent 异双功能试剂
heterobiopolymer 生物杂聚物
heterobrachial 异臂的(指染色体) (heterobrachius)
heterobrachial chromosome 异臂染色体
heterobrachial inversion 异臂倒位
heterobrochate 异形网状的 (heterobrochatus)
heterocarpous 果实异形的,异形果的 (heterocarpus)
heterocarpy 果实异形性 (heterocarpia)
heterocaryon ①异核体 ②混合体
heterocaryosis 异核性,异核现象{遗传}
heterocaryote 有异核的 (heterocaryotus) {遗传}
heterocaryotic (= heterokaryotic) 异核的 (heterocaryoticus)
heterocaryotic vigor (= heterokaryotic vigor) 异核优势 (vigor heterocaryotus)
heterocatalysis 异催化［作用］
heterocatalytic function 异催化功能
heterocatalytic function of DNA DNA的异催化功能
heterocellular 异型细胞的 (heterocellularis)
heterocellular ray 异型细胞射线
heterocentric 具异着丝点的 (heterocentricus)
heterocephalous 具二种头状花序的 (heterocephalus)
heterochaetous 异形刚毛的 (heterochaetus)
heterochain 杂链{分生}
heterochain polymer 杂链聚合物
heterochlamydeous 异形花被的,异形萼冠的 (heterochlamydeus)
heterochlamydeous flower 异被花 (flos heterochlamydeus)
heterochromasy 异染色性 (heterochromasia)
heterochromatic ①花瓣变色的{形态} ②异染色的{显技} ③异染色质的{遗传} (heterochromaticus)
heterochromatic chromosome segment 异染色质染色体节段
heterochromatic effect on crossing-over 异染色质对交换效应
heterochromatic element 异染色质分子
heterochromatic fusion 异染色质并合,异染色质融合
heterochromatic knob 异染色质染色纽
heterochromatic region 异染色质区
heterochromatic zone 异染色质区

heterochromatin 异染色质(heterochromatina)
heterochromatin and repetitious DNA 异染色质与重复 DNA
heterochromatin content 异染色质含量
heterochromatin in X-chromosome 性染色体的异染色质
heterochromatinization 异染色质化(heterochromatinisatio)
heterochromatinized 异染色质化的(heterochromatinisus)
heterochromatism 花瓣变色性(heterochromatismus)
heterochromaty 异染现象,鉴别染色(heterochromatas)
heterochromosome 异染色体,性染色体(heterochromosoma)
heterochromous ①异色的(用于菊科)②不同色的(heterochromus)
heterochronogenous soil 次生土
heterochrony (= heterochronism) [进化中]发育差时,异时性(heterochronia)
heterochrosis 变色
heterocline (= heteroclinous) 异托的,雌雄异托的(heteroclinus)
heteroclite 构造畸形的(heteroclitus)
heteroclone 异核系
heterocolpate 具异沟孔的(heterocolpatus)
heterocomplex 杂络物
heterocotylous 子叶异形的(heterocotylus)
heterocycle 杂环
heterocyclic ① 异基数轮列的{形态} ②杂环的{生化}(heterocyclicus)
heterocyclic amino acid 杂环氨基酸
heterocyclic base mutachromosomic effect 杂环碱基诱变染色体效应
heterocyclic compound 杂环化合物
heterocyclic polymer 杂环多聚物
heterocyclic ring 杂环
heterocyclic ring structure 杂环环状结构
heterocyclization 杂环化(heterocyclisatio)
heterocycly ①杂环性 ②异周期性(heterocyclia)
heterocyst ①异形细胞 ②异形胞(heterocystus)
heterocyst-forming cyanobacteria 形成异形胞蓝细菌
heterocyton (= heterocytosome) 胞质基因杂合体
heterocytonic 胞质基因杂合体的(heterocytonus)
heterocytotropic antibody 嗜异种细胞抗体
heterodera javanica 爪哇孢囊线虫[*Heterodera javanica* Treub.]
heterodera radicicola 根部孢囊线虫[*Heterodera radicola* Schmidt]
heterodesmosome 异桥粒(指结合细胞表面区与非细胞结构的桥粒)(heterodesmosoma)
heterodicentric 异二着丝粒的(heterodicentrus)
heterodichogamous 异型雌雄蕊异熟的(包括有雄蕊先熟与雌蕊先熟的雌雄异熟)(heterodichogamus)
heterodichogamy 异型雌雄蕊异熟(heterodichogamia)
heterodimer 异二聚体
heterodisperse system 非均一体系{分生}
heterodistyly 花柱异长(heterodistylia)
heterodont 异齿的(heterodontus)
heterodromous 异向旋转的(heterodromus)
heterodromy 异向旋转式(heterodromia)
heteroduplex 异质双链,杂种双链{分遗}
heteroduplex analysis (HDA) 异质双链分析
heteroduplex DNA 异质双链 DNA
heteroduplex electron micrograph 异质双链电子显微相片
heteroduplex heterozygote 杂种双链杂合子
heteroduplex joint 异质双链接合
heteroduplex map 杂种双链图
heteroduplex mapping 杂种双链制图,杂种双链定位法
heteroduplex mapping of DNA DNA 的杂种双链制图
heteroduplex model 异质双链模型
heteroduplex region 异质双链区
heteroduplex repair 异质双链修复
heterodynamic 异动态的,异动力的(heterodynamicus)
heteroecious ①转主寄生的,异寄生的 ②[雌雄]杂合同苞的(苔藓)(heteroecius)
heteroecism 转主寄生[现象](heteroecismus)
heteroenzyme (= heterozyme) 异源同工酶
heterofermentation 异质[型]发酵(heterofermentatio)
heterofermentative 异质[型]发酵的(heterofermentativus)
heterofermentative lactic bacteria 异质乳

酸发酵细菌

heterofertilization 异雄核受精(heterofoecundatio)

heterofracture type 异弯曲型(typus heterofracturalis)

heterofusion 异体融合(heterfusio)

heterogameon 异配种(自交时产生形态稳定的群体,而杂交时则后代有各种类型)

heterogametangium 异形配子囊

heterogamete 异形配子(heterogameta)

heterogametic 异形配子的(heterogameticus)

heterogametic sex 异配性别(sexus heterogameticus)

heterogamety 配子异型,异配性(heterogametas)

heterogamic 异型配子的(heterogamus)

heterogamic mating 异型配子交配

heterogamic type 异型配子型

heterogamous ①具异型花的(指菊科花序) ②异型配子的 ③具两类花 ④性器官不正常排列(heterogamus)

heterogamous reproduction 异配生殖

heterogamy ①异配生殖 ②配子异型 ③雌雄花的改变 ④花排列的改变(heterogamia)

heterogeneity ①异质性 ②间杂性 ③不均匀性,不均一性,多相性,非均质性(heterogeneitas)

heterogeneity coefficient 异质性系数

heterogeneity index 异质性指数

heterogeneity of error 误差不均一性{统计}

heterogeneity of interaction 连应不均一性{统计}

heterogeneous(= heterogeneic) ①异形的 ②杂的,异质的,异源的 ③非均匀的,多相的(heterogeneus)

heterogeneous alternation of generation 异相世代交替

heterogeneous atmosphere reaction 多相大气反应{环保}

heterogeneous catalysis 多相催化(catalysis heterogeneus)

heterogeneous category 异源类

heterogeneous computer 异功能计算机

heterogeneous cytoplasmic particle 不均匀细胞质颗粒

heterogeneous environment 异质环境

heterogeneous equilibrium 多相平衡(aequilibrium heterogeneum)

heterogeneous host spectrum 异质寄主谱

heterogeneous hybrid 异形杂种

heterogeneous induction 异源诱导

heterogeneous information system 异源信息系统

heterogeneous inheritance 异形遗传,变性遗传(inheritantia heterogenea)

heterogeneous light 杂色光,多色光{遥感}

heterogeneous medium 异相介质

heterogeneous membrane electrode 非均匀膜电极

heterogeneous nuclear RMA(Hn RNA) 核不均一 RNA(分遗)

heterogeneous nuclear RNA base composition 核不均一 RNA 碱基成分

heterogeneous nuclear RNA degradation 核不均一 RNA 降解

heterogeneous nuclear RNA hybridization to DNA 核不均一 RNA 与 DNA 杂交

heterogeneous nuclear RNA inhibition of synthesis 核不均一 RNA 合成的抑制

heterogeneous nuclear RNA interaction with ribosome 核不均一 RNA 同核蛋白体互相作用

heterogeneous nuclear RNA linkage to viral RNA 核不均一 RNA 与病毒 RNA 键合

heterogeneous nuclear RNA migration 核不均一 RNA 移动

heterogeneous nuclear RNA polyA 核不均一 RNA 多腺苷酸

heterogeneous nuclear RNA relation to mRNA 核不均一 RNA 与 mRNA 的关系

heterogeneous nuclear RNA ribonucleoprotein complexes 核不均一 RNA 核糖核蛋白复合体

heterogeneous nuclear RNA sequence 核不均一 RNA 顺序

heterogeneous nuclear RNA size 核不均一 RNA 大小

heterogeneous nuclear RNA synthesis 核不均一 RNA 合成

heterogeneous nuclear RNA translation 核不均一 RNA 翻译{分遗}

heterogeneous nuclear RNA turnover 核不均一 RNA 转换

heterogeneous plasmon 不均一细胞质基因组{分遗}

heterogeneous plasmotype 不均一细胞质基因组型

heterogeneous population 异源群体

heterogeneous porosity 非均一孔[隙]度

heterogeneous ray 异形射线

heterogeneous reaction 多相反应

heterogeneous RNA 不均一 RNA{分遗}

heterogeneous substance 非均质物质,多相[物]质

heterogeneous system 多相系,非均质系
heterogeneous tissue 异形组织(tela heterogenea)
heterogeneous variance 不均一变量,不均一方差
heterogeneric 异属的,异类的(heterogenericus)
heterogeneric tRNA 异类 tRNA{分遗}
heterogenesis ①突变 ②异型有性世代交替 ③异源,异祖发生
heterogenetic 异源的(heterogeneticus){遗传}
heterogenetic antigen 异族抗原
heterogenetic association 异源[染色体]联会
heterogenetic pairing 异源[染色体]配对
heterogenetive association 异源[染色体]联会,异源配对(associatio heterogenetiva)
heterogenic 异基因的(heterogenicus)
heterogenic adaptation 不连续适应(adaptatio heterogenica)
heterogenic growth 异速生长(crescentia heterogenica)
heterogenic incompatibility 异基因不亲和性
heterogenic incompatibility system 异基因不亲和性系统
heterogenic mating 异基因配合
heterogenic partner 异基因配偶,异基因交配伴侣
heterogenic sexual incompatibility 异基因性不亲和性
heterogenicity (= heterogeneity) 不均一性,异质性(heterogenicitas)
heterogenote 杂基因子(heterogenotus)
heterogenotic 杂基因子的(heterogenoticus)
heterogenotic merozygote 杂基因子部分合子
heterogenous 异质的,异源的(heterogenus)
heterogenous antibody 异源抗体
heterogenous host spectrum 异质寄主谱
heterogenous infection chain 异主侵染链
heteroglycan 杂聚糖,杂多糖
heterogonous 花蕊异长的(heterogonus)
heterogony ①花蕊异长 ②异速生长(heterogonia)
heterograft 异种移值
heterogyna 蚁类
heterogynism 异雌现象(heterogynismus)
heterogynous 异雌的,雌性二型的(heterogynus)
heterohormone 异激素
heteroimmune 异种免疫(heteroimmunus)
heteroimmune phage 异种免疫噬菌体
heteroimmune serum 异种免疫血清
heteroimmune superinfection 异种免疫超感染
heteroimmunity 异种免疫性(heteroimmunitas)
heteroimmunization 异种免疫[作用](heteroimmunisatio)
heterojunction 异质结{电脑}
heterokaryocyte 异核细胞(heterocaryocyta)
heterokaryon ①异核体 ②混核体
heterokaryon DNA synthesis 异核体 DNA 合成{分遗}
heterokaryon formation 异核体形成
heterokaryon genetics 异核体遗传学
heterokaryon hybrid cell 异核体杂种细胞
heterokaryon plant cell 异核体植物细胞
heterokaryons of algae 藻类异核体
heterokaryosis (= heterocaryosis) 异核性,异核现象
heterokaryote (= heterocaryote) 具异型核的(heterocaryotus)
heterokaryotic (= heterocaryotic) 异核的(heterocaryotus)
heterokaryotic dikaryon 异核双核体
heterokaryotic multikaryon 异核多核[体]
heterokaryotic mycelium 异核菌丝体(mycelium heterocaryotum)
heterokaryotic vigor (= heterocaryotic vigor) 异核优势
heterokaryotype 异核型,异染色体组型(heterocaryotypus)
heterokaryotypic 异核型的,异染色体组型的(heterokaryotypicus)
heterokinesis 异化分裂
heterokont 异鞭毛的(heterokons)
heterokontae 不等鞭毛藻
heterolabeling 异标志,异标记
heterolactic fermentative 混[合]乳酸发酵,不纯乳酸发酵
heteroleped 异鳞片(heterolepis)
heterolichenes 异层地衣
heterolipid 杂脂
heterolobous 异形裂片(heterolobus)
heterological system 杂合系统
heterologous ①异源的 ②异种的(heterologus)
heterologous antiserum 异源抗血清(anti-

serum heterologum)
heterologous bivalent 异源二价染色体
heterologous DNA 异源 DNA {分遗}
heterologous gene 异源基因
heterologous immunization 异种免疫
heterologous interference 异种干扰
heterologous protein 异源蛋白质
heterologous sequence 异源序列
heterologous translational system 异源翻译系统{分遗}
heterology 异源性(heterologia)
heterolysis ①异种溶解 ②外力溶解
heteromeric ①异质的,异层的 ②异数同义的(heteromericus)
heteromeric gene 异数同义基因
heteromeric lichenes (= heteromerous lichenes) 异层地衣
heteromeric species 异层种(指地衣)
heteromericarpy ①果瓣异形性 ②果瓣异数性(heteromericarpia)
heteromerous 异数的,异基数的(heteromerus)
heteromerous flower 异数花(flos heteromerus)
heteromerous lichenes (= heterolichenes) 异层地衣
heteromerozygote 异部分合子(heteromerozygota)
heterometabola ①半变态 ②不完全变态
heterometaboly ①半变态类 ②不完全变态类[Heterometabolia]
heteromixis ①异核融合 ②异株异核生殖
heteromorphic ①异形的,异态的{遗传} ②完全变态的{昆虫}(heteromorphus)
heteromorphic bivalent 异形二价染色体
heteromorphic chromosome 异形染色体(chromosoma heteromorpha)
heteromorphic flower 异形花(flos heteromorphus)
heteromorphic incompatibility 异态不亲和性(incompatibilitas heteromorphus)
heteromorphic nuclei 异形核(nuclei heteromorphae)
heteromorphic pair 异形对
heteromorphism 异态性,异态现象(heteromorphismus)
heteromorphosis 异形化形态,异相,同源异形(= homoeosis)
heteromorphous (= heteromorphic) 异形的(heteromorphus)
heteromorphy (= heteromorphism) 异形性,异态性(heteromorphia)
heteromultimer 异多聚物
heteronemous 异形丝的(heteronemus)
heteronerved 异形脉的(heteronervus)
heteronomous 异律的,异规的(heteronomus)
heteronuclear 异核的(heteronuclearis)
heteronuclear double resonance 异核双共振{分生}
heteronuclear multiple quantum coherence (HMQC) 异核多级量子相干[性]{分生}
heteronuclear NMR 异核核磁共振{分生}
heteroparthenogenesis 周期性孤雌生殖
heteropetalous 异形瓣的(heteropetalus)
heterophagic lysosome 异养吞噬溶酶体,异噬性溶酶体
heterophagous 杂食性的(heterophagus)
heterophagy 异养吞噬现象,异噬性(heterophagia)
heterophasic 异相的(heterophasicus)
heterophasic alternation of generation 异相世代交替
heterophasic fusion 异相融合
heterophasic multinucleate cell 异相多核细胞
heterophasic polykaryon 异相多核体
heterophenogamy 异表型交配(heterophenogamia)
heterophil 异嗜性(heterophile)
heterophil antibody 异嗜性抗体
heterophil antigen 异嗜性抗原
heterophil hapten 异嗜性半抗原
heterophil leucocyte 异嗜性白血球
heterophilic (= heterophilous) 异嗜性的(heterophilus)
heterophilic adhesion 异嗜性黏着
heterophyadic 具异形茎的(heterophyadicus)
heterophyllous 具异形叶的(heterophyllus)
heterophylly 异形叶性(heterophyllia)
heterophylly false starwort 异叶孩儿参(异叶假繁缕)[*Pseudostellaris heterophylla* Pax](石竹科)
heterophyte ①异形植物 ②异养植物(heterophyta)
heterophytic 异形植物的(heterophyticus)
heteroplasmic 异胞质的(heteroplasmus)
heteroplasmon 异质体
heteroplasmonic 异质体的(heteroplasmonus)
heteroplasmy 异质性(heteroplasmia)
heteroplastic 异种的,异质的(heteroplas-

ticus)
heteroplastic graft ①种间嫁接,异种嫁接 ②种间移植,异种移植
heteroplastic transplantation 种间移植,异种移植
heteroplastidic 异质体的(heteroplastidus)
heteroploid 异倍体(heteroploida)
heteroploid cell line 异倍细胞系
heteroploid series 异倍体系列
heteroploid species 异倍体种
heteroploid strain 异倍体品系
heteroploidy 异倍性(heteroploidas)
heteropod 异形柄(heteropodus)
heteropolar 异极的,不等极的(heteropolaris)
heteropolar bond 有极链
heteropolarity 极性(heteropolaritas)
heteropolyacid 杂多酸
heteropolybase 杂多碱
heteropolymer 杂聚物
heteropolymeric enzyme 异多聚酶
heteropolymeric protein 异多聚蛋白质,杂肽蛋白
heteropolysaccharidase 杂多糖酶
heteropolysaccharide 杂多糖
heteropore membrane [人工]杂孔膜
Heteroptera 异翅目
heteropterous 异形翼的,异形翅的(heteropterus)
heteropycnosis 异固缩
heteropycnotic 异固缩的(heteropycnoticus)
heteropycnotic attraction 异染色质吸引(attractio heteropycnotica)
heteropycnotic chromosome 异固缩染色体(chromosoma heteropycnotica)
heteropycnotic segment 异染色质节段,异固缩节段
heteropycnotic X-chromosome 异固缩性染色体
heterorugate 具异形皱的(heterorugatus)
heterosequential 异顺序的,异序列的(heterosequentius)
heterosequential species 异序列种
heterosexual 异性的(heterosexualis)
heteroside 异苷类(指配基,不是糖)
heterosis (= hybrid vigor) 杂种优势{育种}
heterosis breeding 杂种优势育种
heterosis fixation 杂种优势固定
heterosomal ①染色体间的 ②性染色体的(heterosomalis)
heterosomal aberration 染色体间畸变
heterosome (= sexchromosome) 性染色体(heterosoma)
heterospecific regulation 异特异性调节,异型调节
heterospermous 异形种子的(heterospermus)
heterospermy 精子二型(heterospermia)
heterosphere 非均质层(heterospherum)
heterosporangic 异孢子囊的(heterosporangicus)
heterospore 异形孢子(heterospora)
heterosporophytes 异孢植物(heterosporophyti)
heterosporous 具异形孢子的(heterosporus)
heterosporous vascular plant 异孢子维管植物(planta vascularis heterospora)
heterospory 孢子异型,异孢现象(heterosporia)
heterosteric 异[型空间]配[位]的(heterostericus)
heterostyle 花柱异长(heterostylus)
heterostyled (= heterostylous, heterostylic) 花柱异长的(heterostylosus)
heterostyled flower 花柱异长花(flos heterostylosus)
heterostylism ①花柱异长现象 ②异形花性(heterostylismus)
heterostyly 花柱异长[现象](heterostylia)
heterostyly incompatibility 花柱异长不亲和性
heterosugar 异型糖
heterosynapsis 异型联会
heterosyndesis 异型联会
heterosynkaryon ①异合子核 ②异结合核(heterosyncaryon)
heterotactic 异序列的(heterotacticus)
heterotasithynic 异侧压的(heterotasithynus)
heterotetraploid 异四倍体(heterotetraploida)
heterothallic 异宗配合的(heterothallus)
heterothallic yeast 异宗配合酵母[菌]
heterothallism (= heterothally) ①异宗配合[现象]{真菌} ②雌雄异株{遗传}(heterothallismus)
heterotherm 变温
heterothrips 异蓟马科[Heterothripidae]
heterotic 杂种优势的(heteroticus)
heterotic loci 杂种优势座位
heterotic vigor (= heterosis) 杂种优势

heterotopia 异位发生(异常生长)
heterotopic 异位的,立体异位的 (heterotopus)
heterotopic graft (= heterotopic transplantation) 异位移植
heterotransplant 种间组织移植
heterotransplantation 异种移植[法] (heterotransplantatio)
heterotrichous 异丝体的,异鞭毛的 (heterotrichus)
heterotrimer 异源三聚体,异源三体{细胞}
heterotristylism 三式花柱性 (heterotristylismus)
heterotristylous flower 三式花柱花 (flos heterotristylus)
heterotristyly 三式花柱式 (heterotristylia)
heterotropal (= heterotropous) ①横生的(胚珠) ②并生的(胚珠) (heterotropus)
heterotroph ①异养 ②异养生物 (heterotrophe)
heterotrophic 异养的(有机营养) (heterotrophicus)
heterotrophic bacteria 异养[细]菌 (bacteria heterotrophae)
heterotrophic effect 异养效应 (effectus heterotrophus)
heterotrophic interaction 异养相互作用 (interactio heteropha)
heterotrophic microbes 异养微生物 (microbes heterotrophae)
heterotrophic mycobiont 异地[地衣]共生菌 (mycobions heterotrophus)
heterotrophic nutrition 异养营养 (nutritio heterotropha)
heterotrophic plant 异养植物 (planta heterotropha)
heterotrophic succession 异养演替 (successio heterotropha)
heterotrophism 异养性 (heterotrophismus)
heterotrophy 异养 (heterotrophia)
heterotropic 异向的 (heterotropus)
heterotropic chromosome 异向染色体,性染色体 (= sex chromosome) (chromosoma heterotropica)
heterotropic ligand 异向配[位]体
heterotype 异型 (heterotypus)
heterotypic (= heterotypical) 异型的 (heterotypicus)
heterotypic adhesion receptor 异型黏着受体
heterotypic division 异型分裂 (divisio heterotypica)
heterotypic histone tetramer 异型组蛋白四聚物
heterotypic mitosis 异型分裂 (mitosis heterotypicus)
heterotypic nuclear division 异型核分裂 (divisio nuclearis heterotypica)
heteroxanthine 7-甲[基]黄嘌呤
heteroxeny (= heteroecism) 转主寄生[现象] (heteroxenismus)
heterozygosis ①杂合现象 ②异型接合性
heterozygosis theory 杂合子学说
heterozygosity ①杂合性 ②异型接合性 (heterozygositas)
heterozygosity sterility 杂合性不育[性]
heterozygote ①杂合子 ②杂合体 ③异型接合体 ④异型接合子 (heterozygota)
heterozygote advantage 杂合子优点
heterozygote screening 杂合子筛选
heterozygotic 杂合子的 (heterozygoticus)
heterozygotic breeding 杂合子育种
heterozygotic stimulation 杂合子刺激 (stimulatio heterozygotica)
heterozygous 杂合的 (heterozygus)
heterozygous advantage 杂合有利性
heterozygous allele pair 杂合等位基因对
heterozygous bacteriophage (= heterozygous phage) 杂合噬菌体
heterozygous development 杂合发育
heterozygous dominant genotype 杂合显性基因型
heterozygous gene pair 杂合基因对
heterozygous genotype 杂合基因型
heterozygous individual 杂合个体
heterozygous inversion 杂合倒位
heterozygous inversion type 杂合倒位型
heterozygous locus 杂合座位
heterozygous non-allele 杂合非等位基因
heterozygous nonallelic mutation 杂合非等位基因突变
heterozygous pair 杂合对
heterozygous paracentric inversion 杂合臂内倒位
heterozygous pericentric inversion 杂合臂间倒位
heterozygous reciprocal translocation 杂合相互易位
heterozygous sex 杂合性别
heterozygous structural change 杂合结构改变
heterozygous tetraploid 杂合四倍体 (tetraploida heterozyga)

heterozygous translocation 杂合易位
Hets（= partially heterozygous phage）部分杂合噬菌体
heuristic ①启发式的 ②探试的,探索的 ③探试法（heuristicus）
heuristic approach 探试法
heuristic control 探试控制
heuristic procedure 启发式程序
heuristic technique 探试技术
heuristics ①启发式知识,②启发性论据 ③探试法（heuristica）
heuristics robot 职能机器人{物}
Hevea（= rubber tree） ①三叶胶属(三叶橡胶属)［*Hevea* Aubl.］（大戟科）②三叶胶（巴西橡胶）［*Hevea brasiliensis* Muell. Arg.］
hevea black scale 香蕉黑蜡蚧［*Saissetia nigrum* Nieth.］（蜡蚧科）
hevea tussock moth（= small tussock moth） 荞麦毒蛾(灰带毒蛾)［*Orgyia postica* Walker］（毒蛾科）
heveene 橡胶分解产物
hevelian halo 淡晕{气象}
hevin 橡胶蛋白
hew ①砍,劈 ②劈枋 ③砍成,削作
hew down 伐倒
hewer 砍伐者
Hex locus Hex 座位(指肺炎球菌)
hexa- ⌞字头⌝六,己
hexacanthous 六刺的（hexacanthus）
hexachloro-cyclohexane（= BHC） 六六六{农药}
Hexachloroethane 六氯乙烷(熏蒸剂)
hexacocan- ⌞字头⌝廿六
hexacoccous 六果爿的（hexacoccus）
hexacotylous 具六子叶的（hexacotylus）
hexacyclic 六轮的（hexacyclicus）
hexad ①不等二价体 ②六价物,六价元素,六价基（hexas）
hexadecanal 十六烷醛
hexaedrous 六角的（hexaedrus）
hexagon 六角
hexagon bolt 六角头螺栓
hexagon head machine screw 六角小螺钉,六角固定螺钉
hexagon nut 六角螺母
hexagon planting 六角[形]栽植
hexagon socket head bolt 内六角螺钉
hexagonal ①六角的,六棱的 ②六方的 ③六位体的（hexagonus）
hexagonal array 六方阵列
hexagonal capsomer 六位体壳粒(指病毒)
hexagonal close packing 六方密堆积{生技}
hexagonal crystal 六方晶
hexagonal lattice 六方点格
hexagonal phase 六角相
hexagonal system 六方晶系
hexagynous（= hexagynian） 六雌蕊的（hexagynus）
hexagynous flower 六雌蕊花（flos hexagynus）
hexahydrate 六水合物
hexahydrobilin 六氢后胆色素
hexalepid 六鳞片的（hexalepidus）
hexalin 环己醇
hexalure 棉红铃虫性引诱剂
hexamer ①六聚物(体) ②六位体(指病毒)
hexameric linker 六聚体接头
hexamerous 六数的,六基数（hexamerus）
hexamerous flower 六数花（flos hexamerus）
hexamethonium bromide 溴化己烷双胺
hexamethyl melamine（hemel） 六甲基三聚氰酰胺(诱变剂)
hexamethyl phosphoramide（hempa） 六甲基磷酰胺(诱变剂)
hexamethylene-tetramine 环六亚甲基四胺,乌洛托品
hexamethylolmelamine（HMM） 六羟甲基三聚氰胺
hexamethylpararosaniline 结晶紫,龙胆紫(染料)
hexamine 六氯,乌洛托品
hexamitiasis 六鞭毛虫病(由六鞭毛虫 Hexamita 所致)
hexanal 己醛
hexandrous（= hexandrian） 六雄蕊的（hexandrus）
hexandrous flower 六雄蕊花（flos hexandrus）
hexandry 六雄蕊式（hexandria）
hexane 己烷［C_6H_{14}］
hexanoate ①己酸 ②己酸盐、酯或根
hexanoic acid 己酸［$C_5H_{11}COOH$］
hexanol 己醇［$C_6H_{13}OH$］
hexanthous 六花的（hexanthus）
hexapetaloid 六花瓣状的（hexapetaloideus）
hexapetalous 六花瓣的（hexapetalus）
hexapetalous flower 六瓣花（flos hexapetalus）
hexaphosphate 六磷酸盐{农化}
hexaphyllous 六叶的（hexaphyllus）
hexaploid 六倍体（hexaploida）

hexaploid complement 六倍体染色体组
hexaploid oat 六倍体燕麦
hexaploid series [小麦]普通系,六倍体系
hexaploid wheat 六倍体小麦
hexaploidy 六倍性(hexaploidas)
hexapod ①六足动物 ②六足昆虫(hexadpoa)
Hexapoda ①六足纲 ②六足类
hexapode larva 六足幼虫
hexapodous 具六足的(hexapodus)
hexapterous 六翅的(hexapterus)
hexapyranose 吡喃己糖,六环己糖
hexarch 六原型(hexarcus)
hexaric acid 己糖二酸
hexasepalous 六萼片的(hexasepalus)
hexasomic ①六体的 ②六体生物(hexasomicus)
hexastemonous(= hexandrous) 具六雄蕊的(hexastemonus)
hexastichous 六列的(hexastichus)
hexavalent ①六价的 ②六价染色体(hexavalens)
hexel leafroller weevil 榛缘卷象[*Byctiscus betulae* (L.)](象甲科)
hexestrol 己雌酚
hexitol 己糖醇 [$CH_2OH(CHOH)_4CH_2OH$]
hexobiose 己二糖
hexoestrol(= hexestrol) 己雌酚
hexokinase 己糖激酶
hexokinase-mediated reactions in glycolysis 糖解己糖激酶的中间反应
hexon 六位体[壳粒]{分生}
hexon antigen 六位体[壳粒]抗原
hexonic acid 己糖酸 [$CH_2OH(CHOH)_3$ $CHOHCOOH$]
hexonmer 六位体壳粒
hexopentosan 己戊聚糖
hexosamine 己糖胺,氨基己糖
hexosaminidase 氨基己糖苷酶
hexosaminitol 己糖胺醇
hexosan 己聚糖
hexose 己糖 [$C_6H_{12}O_6$]
hexose-6-phosphate 己糖-6-磷酸
hexose diphosphatase 己糖二磷酸酶
hexose diphosphate 二磷酸己糖,己糖二磷酸 [$C_6H_{10}O_4(OPO_3H_2)_2$]
hexose monophosphate 磷酸己糖,己糖磷酸 [$C_6H_{11}O_5 \cdot O \cdot PO_3H_2$]
hexose monophosphate pathway (shunt) 磷酸己糖途径(支路)
hexose monophosphate shunt 磷酸己糖支路,磷酸己糖途径
hexose phosphate 己糖磷酸,磷酸己糖
hexose phosphate dehydrogenase 磷酸己糖脱氢酶
hexose phosphoketolase pathway 己糖磷酸羟乙醛酶途径{生态生理}
hexuronic acid 己糖醛酸
hey day 全盛时期(= time of greatest prosperity or power)
Heyne patchouli 海恩氏刺蕊草(广藿香)[*Pogostemon patchouli* Pellet = *P. cabin* Benth.](唇形科)
HF ①(= hydrofluoric acid) 氢氟酸 ②(= high frequency) 高频 ③(= Hegeman factor) 海氏因子,接触因子,凝血因子
HFC(= high-frequency current) 高频电路{信息}
HFCS(= High Fructose Crop Sirup) 高果糖作物糖浆
HFL(= high frequency lysogeny) 高频溶源{生技}
HFO(= high frequency oscillator) 高频振荡器{信息}
Hfr(= high frequency recombination) 高频重组{分生}
Hfr cell(= high frequency recombination cell) 高频重组细胞
Hfr derivatives(= high frequency recombination derivatives) 高频重组衍生物
Hfr strain(= high frequency recombination) 高频重组菌株
HFS(= high frequency switch) 高频转换{信息}
HFSS(= high frequency switching system) 高频变换系统{信息}
HFT(= high frequency transduction) 高频转导{分生}
Hg delay line 水银延迟线{信息}
HGF(= hyperglycemic factor) 高血糖因素{分生}
HGH(= human growth hormone) 人生长激素{分生}
HGPRT(= hypoxanthine guanine phosphoribosyl transferase) 次黄鸟嘌呤转磷酸核糖基酶,次黄鸟嘌呤磷酸核糖基转移酶{分遗}
hi(= high) ①高,高新(指技术) ②大(体积,容积)
hi-fi(= high-fidelity) ①高保真度 ②高保真性
hi fi(= high-fidelity) ①高保真度 ②高保真性
hi-tech(= high-technology) 高[新]技术
hi-tech bioengineering 高[新]技术生物工程

{生技}
hi-tech capital 高[新]技术资本
hi-tech developmental strategy 高[新]技术发展策略
hi-tech enterprise 高[新]技术企业
hi-tech industrial developmental area 高[新]技术产业开发区,高[新]技术工业开发区
hi-tech industrialization 高[新]技术产业化,高[新]技术工业化
hi-tech industry 高[新]技术产业,高[新]技术工业
hi-tech investment 高[新]技术投资
hi-tech material 高[新]技术材料
hi-tech system 高[新]技术系统
hi-volume sampler 大体积取样器{环保}
hiant 开口状,开裂的(hians)
hiba arborvitae ①罗汉松属[*Podocarpus* L'Her.](罗汉松科) ②罗汉松[*Podocarpus chinensis* Wall.]
hibernacle [离体]冬芽(hibernaculum)
hibernal 冬季的(hibernalis)
hibernal annual 越冬一年生植物(annuus hibernalis)
hibernalisation 越冬(hibernalisatio)
hibernant 冬眠的(hibernans)
hibernate 冬眠,蛰伏(hibernare)
hibernating animal 冬眠动物
hibernating bud 越年芽
hibernating egg ①越年卵,黑种(指蚕) ②越冬卵(指一般昆虫)
hibernating gland 冬眠腺
hibernating larvae 越冬幼虫
hibernation 冬眠(hibernatio)
hibernous 冬天的(hibernus)
hibiscus ①木槿属[*Hibiscus* L.](锦葵科) ②木槿[*Hibiscus syriacus* L.]
hibiscus leaf roller 木槿卷蛾[*Pandemis heparana* Schiffermüller](卷蛾科)
HIC (= hydrophobic interaction chromatography) 疏水互作层析{生技}
hiccup 打嗝,打呃
hickory ①山核桃属[*Carya* Nutt.](胡桃科) ②山核桃[*Carya cathyensis* Sarg.]
hickory bark beetle 山核桃小蠹[*Scolytus quadrispinosus* Say](小蠹科)
hickory horned devil (= regal moth) 棉斑角蝎蛾(核桃角蝎蛾)[*Citheronia regalis* F.](犀额蛾科)
hickory leaf roller 山核桃卷叶虫[*Argyrotaenia juglandana* (Fernald)](卷蛾科)
hickory plant bug 山核桃盲蝽[*Neolygus caryae* Knight](盲蝽科)
hickory shuckworm 山核桃小蠹蛾[*Laspeyresia caryana* Fitch](小卷蛾科)
hickory tussock moth 山核桃毒蛾[*Halisidota caryae* Harr.](毒蛾科)
Hicks broad leaf 希克阔叶(美国烤烟品种)
hidden ①隐藏的,隐暗的 ②潜在的 ③隐线的 ④阴面的
hidden breaksin RNA RNA的隐藏断裂{分遗}
hidden defect 潜在缺陷,隐伤
hidden fire scar 潜在火伤痕暗疤
hidden genetic variability 隐暗遗传变异性{遗传}
hidden layer 隐蔽层{遥感}
hidden line elimination (= hidden line removal) 隐线消除{电脑}
hidden replication 隐暗重复{统计}
hidden satellite 隐藏随体{遗传}
hidden solonchak 潜在盐土
hidden surface removal 阴面消除{农施}
hide ①[生]皮,毛皮,皮革 ②隐蔽,隐藏,潜伏
hide beetle ①斑皮蠹[*Dermestes maculatus* DeG.] ②⌞复⌝皮蠹科[Dermestidae]
hide glue 皮胶
hide powder method 皮粉法(分析单宁材料)
hidebound ①(家畜由于营养不良)非常瘦的,皮包骨的 ②[树]皮紧的
hides and skins 皮革
hiding strategy 隐藏策略
hiemal ①冬季的 ②冬天的 ③冬生的 ④雨绿的(hiemalis)
hiemal aspect 冬季相{生态}
hiemefruticeta ①雨绿灌丛 ②雨绿灌木群落
hiemelignosa 雨绿木本群落(hiemilignosa)
hiemiduriherbosa 雨绿旱生草本群落
hiemisilvae ①雨绿林 ②雨绿乔木群落
hieracium (= hawkweed) ①山柳菊属[*Hieracium* L.] ②山柳菊[*Hieracium krameri* Fr. et Sav.]
hierarchical ①分层的,层次的 ②分级的 ③级系的(hierarchicus)
hierarchical classification ①[染色体]级系分类 ②成套分类{统计}
hierarchical computer network 分级计算机网络
hierarchical control system 级系控制系统{细胞}
hierarchical data 分级数据
hierarchical file structure 分级文件结构{电脑}
hierarchical model 层次模型{遥感}
hierarchical polygonal structure 分级多边形结构{遥感}

hierarchical population ［染色体］级系群体
hierarchical sequence 层次序列{遥感}
hierarchization ①［染色体］级系化 ②等级化 (hierarchisatio)
hierarchy ①［染色体］级系 ②层次 ③分级 (hierarchia)
hierarchy of field ［染色体］场的级系
hierarchy pointer 分级指示器{遥感}
hierarchy segment 层次片段{分生}
hieroglyphic 象形文字的 (hieroglyphicus)
hieroglyphic vriesia 象形文字花叶兰［*Vriesia hieroglyphica* Morr.］(凤梨科)
higan cherry 日本早樱［*Prunus subhirtella* Miq.］(蔷薇科)
high ①高的,高度的,高级的,高等的,高超的,高新的 ②高价的,高纬度的,高速转动的,高气压的(反气旋的) ③(声音)尖锐的,高调的,高音的 ④(颜色)浓的,深的,鲜艳的,⑤强烈的,非常的,重大的,很大的 ⑥严重的,正盛的
high ability to tiller 高分蘖力
high accuracy 高精度{智培}
high accuracy formula 高精度公式
high accuracy survey 高精［确］度测量
high activity processing 高效处理
high adaptability 高适应力
high added value 高附加值{农管}
high affinity receptor 高亲和性受体{分生}
high air temperature 高气温
high alkalinity 高碱度
high altitude 高空(按美国标准指 1500～6000 米的高空)
high altitude cool region 高寒地区
high-altitude cosmic radiation 高空宇宙辐射
High Altitude Large Optics (HALO) 高空大型光学计划,黑洛计划{遥感}
high altitude observatory 高山观测台{气象}
high altitude photography 高空摄影{遥感}
high-altitude station 高山站{遥感}
high-amylose corn 直链淀粉含量高的玉米,直链淀粉含量高的谷物
high amylose grain 直链淀粉含量高的子粒
high analysis fertilizer 浓缩肥料,高成分肥料
high and constant yield (= high and stable yield) 高产稳产
high and new agricultural technical industries 农业高新技术产业
high and new technical developmental zone 高新技术开发区
high and new technical enterprise 高新技术企业
high and new technical industrial area 高新技术产业区
high and new technical industry 高新技术产业
high and new technology 高新技术
high and new technology in agriculture 农业高新技术
high arch dam 高拱坝{水利}
high-arch tractor (= high-clearance tractor) 高地隙拖拉机
high atmosphere 高大气圈
high back (驾驶员座位)高靠背
high-beam plow (= high-beam plough) 高辕犁,高架犁
high bog 高［位］沼泽
high bush 高灌木
high-bush blueberry 南方越橘［*Vaccinium australe* Small.］(乌饭树科)
high byte 高字节{电脑}
high caloric fuel gas 高热量［燃料］气体{环保}
high capacity ①高容量 ②高负载,重载
high-capacity disk 大容量磁盘{遥感}
high-capacity machine 高效机器
high carbon dioxide treatment 高 CO_2 处理,高二氧化碳处理
high carbon steel 高碳钢
high carboxylation efficiency 高羧化效率
high chiasma movement index 高交叉移动指数{遗传}
high chimney 高烟囱{环保}
high-chromosome plants 多染色体植物
high-clearance 高地隙
high cloud overcast 多高云,阴天
high colour 红晕(指果实的色泽)
high combiner 高产配合种(玉米){育种}
high-combining clone 高配合无性系,高配合克隆{农生技}
high-combining inbred 高配合近［亲自］交
high-combining line 高配合系
high commercial yield 高商品产量
high concentrate dust 高浓度粉剂
high concentration formulation 高浓度制剂
high concentration of radioactivity 高放射性浓度
high-contrast 高反差,硬调{遥感}
high correlation 高度相关{统计}
high cover 上木
high-crop tractor 高地隙中耕拖拉机
high current power supply 高电流电源

high-cut training 高刈整枝(桑)
high cutting bar 高割型切割器
high dam 高坝,高水坝,水坝{水利}
high data rate storage subsystem 高速资料存储子系统,高速数据存储子系统{智培}
high definition 高清晰度{电脑}
high definition television(HDTV) 高清晰度电视
high degree of sensitivity 高度敏感性
high density assembly 高密度装配
high density culture 高密度栽培
high-density digital recording 高密度数字记录
high density digital tape(HD-DT) 高密度数字磁带{遥感}
high density lipoprotein(HDL) 高密度脂蛋白{生化}
high-density pickup baler 高密度捡拾压捆机
high density polyethylene(HDPE) 高密度聚乙烯
high diffusion conductance 高扩散传导
high diffusion resistance 高扩散阻力
high-dose irradiation 高剂量辐射
high-drum picker 高滚筒摘棉机
high dry objective 高倍干燥系物镜{显技}
high-dump wagon 高位倾卸式拖车{农机}
high earthing up 高培土,大培土{栽培}
high efficiency 高效率
high efficiency data collection 高效数据采集{智培}
high efficiency of crop production 作物生产的高效率{智培}
high efficiency particulate air filter(HEPA) 高效微粒空气滤器{环保}
high electron-mobility transistor(HEMT) 高电子迁移晶体管{电脑}
high-energy bond 高能键
high-energy bond and amino acid activation 高能键与氨基酸激活作用
high-energy bond and free energy storage 高能键与自由能储藏
high-energy bond in biosynthetic reactions 生物合成反应的高能键
high-energy bond in grouptransfer reaction 基转移反应的高能键
high-energy compound 高能化合物
high energy electron diffraction(HEED) 高能电子衍射
high energy microparticle bombardment 高能微粒轰击
high energy phosphate 高能磷酸
high-energy phosphate bond 高能磷酸键
high-energy phosphate compound 高能磷酸化合物
high energy photon 高能光子
high energy radiation 高能量辐射
high energy requirement 高能量需求
high-energy tape 高能磁带{信息}
high evaporation 高蒸发[作用]
high face 高割面(采脂)
high farming 高效农业,高水平农业{农系工}
high fatal temperature 致死高温
high fertility ①高肥力{耕作} ②高结实率{栽培}
high fertilizer-responsive nonlodging variety 适应高肥不倒伏品种{栽培}
high-fidelity(hi-fi) ①高保真度 ②高保真性
high flood 大洪水
high flood level 高水位
high floor piggery 高床型猪舍{农施}
high flow year 丰水年
high flush tank 高冲洗箱{环保}
high fog 高雾
high forest 乔林,实生林
high forest system 乔林作业
high frequency(HF) 高频率
high frequency antigen 高频[率]抗原
high frequency emphasis filtering 高频增强滤波{遥感}
high frequency grain dryer 谷物高频干燥机{农施}
high frequency grain insect control 谷物高频除虫
high frequency heating 高频率电热
high frequency lysogenization 高频溶源化
high frequency lysogeny(HFL) 高频溶源
high frequency recombination(Hfr) 高频重组{分生}
high frequency recombination cell(HFR cell) 高频重组细胞
high frequency recombination strain(Hfr strain) 高频重组菌株
high frequency relay protection 高频继电保护{信息}
high-frequency titration 高频滴定
high frequency transduction(HFT) 高频转导
high frequency transfer 高频转移
high function terminal(HFT) 高功能终端{信息}
high-functional assimilation system 高效同化系统
high-gain photomultiplier 高增益光[电]倍增器
high golden-rod(= tall golden-rod) 高一枝黄花[*Solidago altissima* L.](菊科)

high-grade 高级的,优级的
high-grade compound fertilizers 优质复合肥,优级化肥
high-grade registry 优级登记(蚕,畜)
high-grade rice 上等米,优质米
high-grade seed-potato 高级种薯,优质种薯
high-grade superphosphate lime 优级过磷酸钙{农化}
high grain yield 高子粒产量
high hardness rice 硬质米
high head 高水头,高压
high head pump 高扬程泵
high-headed training 高干整枝
high humidity 高湿度
high humidity treatment 高湿处理
high impact 高冲击强度,高冲力
high in fiber 高纤维含量,富含纤维
high in sucrose 高蔗糖含量,富含蔗糖
high index 高指数
high intensity ①高密度 ②高强度
high intensity light fixture 高强度光照设备
high-inversion fog 高逆温雾
high investment 高投入,高投资
high irradiance 高辐照度
high latitude 高纬度
high lead 高索(架空线路)
high-lead skidder 半悬式集材机
high level ①高水平,高级 ②高空 ③高量 ④高标准 ⑤高放射性 ⑥高位的
high level anticyclone 高空反气旋
high level cutting 高[位]割(指割脂)
high-level data link control(HDLC) 高级数据链路控制{信息}
high-level data link control protocol(HDLC protocol) 高级数据链路控制规程{信息}
high level expression 高水平表达{分遗}
high-level language(HLL) 高级语言{电脑}
high level laterite 高地砖红壤{土壤}
high level of nitrogen 高氮量
high level production 高水平生产
high lift pump 高压泵{环保}
high-lift pumping station 二级[高压]泵站{环保}
high light intensity 高光密度,高光照强度
high load combustion 高负荷燃烧{环保}
high-loader-trailer 高台架挂车
high-low application 上下层施肥法
high-lysine corn 高赖氨酸玉米(一种营养玉米)
high magnification 高倍放大{显技}
high mallow ①锦葵属[*Malva* L.](锦葵科) ②锦葵[*Malva sylvestris* L.]
high memory 高存储器,高端存储器
high-mettled 暴躁的,烈性的(指马)
high milling yield ①高出粉率(小麦) ②高出米率(稻)
high mobility group protein(HMG protein) 高迁移率旋蛋白{分生}
high moisture grain 高水分谷粒
high moisture material 高水分原料
high molecular coagulant 高分子凝聚剂{环保}
high molecular compound 高分子化合物
high molecular weight 高分子量
high molecular weight DNA 高分子量DNA{分遗}
high molecular weight particle 高分子量颗粒
high molecule 高分子
high moor 高位沼泽
high moor land 高位沼泽地
high moor peat 高位泥炭
high mountain belt 高山带
high mountain range 高山脉
high mountain region 高山地区
high mountain soil 高山土壤
high mountains 高山区
high mowing 高位刈,高刈
high negative interference(HNI) 高负干扰
high nitrogen level 高氮量,高氮水平
high-nitrogen-response variety 高氮反应品种,高耐肥品种
high-nutritious forage crop 高营养饲料作物
high oblique 高度倾斜的
high oil-content 高含油量
high order interaction 高级相互作用,多因子相互作用{统计}
high output 高产量
high overcast 高密云[天空]
high pass 高通{信息}
high-pass filter 高通滤波器{遥感}
high-pass filtering 高通滤波
high peat-bog 高泥炭沼泽
high percentage 高百分率,高比率
high performance ①高效 ②高产 ③高性能
high-performance affinity chromatography(HPAC) 高效亲和层析{生技}
high-performance animal 高产家畜
high-performance capillary electrophoresis(HPCE) 高效毛细管电泳
high performance computer 高性能计算机
high performance computing act 高性能计

算机法案{电脑}
high-performance liquid chromatograph 高效液相层析仪{生技}
high performance liquid chromatography (HPLC) 高效液相层析
high-performance polymer 高性能聚合物{分生}
high pH value 高 pH 值,高酸碱度值{土壤}
high plain grasshopper 高原蝗[*Dissosteira longipennis* Thos.]{蝗科}
high plant-body 高秆植株(指水稻)
high planting ①堆植法 ②丛播法
high plateau 高原
high point survey 高地观测
high polar glacier 高极地冰川
high-pole 大圆材,长圆材
high polymer 高分子聚合物,高聚合物
high power amplifier (HPA) 大功率放大器
high power objective 高倍[放大]物镜{显技}
high-powered 高倍的(指显微镜){显技}
high-precision leveling 高精[确]度水准测量
high pressure 高气压,高压
high pressure admission 高压进气
high pressure column 高压柱
high pressure fan 高压风扇
high pressure gas 高压气体{环保}
high pressure gas combustion 高压气体燃烧
high-pressure homogenization 高压匀浆{生技}
high-pressure homogenizer 高压匀浆器
high-pressure hose 高压软管
high-pressure liquid chromatograph 高压液相层析仪{分技}
high-pressure liquid chromatography (HPLC) 高压液相层析
high-pressure nozzle 高压喷嘴
high-pressure orchard sprayer (= speed sprayer) 果园高压喷雾机(器)
high-pressure plunger pump 高压柱塞泵
high-pressure pump 高压泵
high-pressure region 高压地区
high pressure retort 高压杀菌釜(锅)
high pressure sodium lamp 高压钠[照相]灯{农施}
high pressure spray (= high pressure spraying) 高压喷射,高压喷药{农药}
high-pressure sprayer 高压喷雾机
high-pressure spraying 高压喷雾
high-pressure sprinkler 高压喷灌机
high-pressure tyre 高压轮胎
high-pressure water 高压水{环保}
high-priced species 高价品种{水产}
high production ①高产量 ②高产地
high productive crops 高产作物
high productive soil 高产土壤
high productivity 高生产力
high protein content 高蛋白质含量
high-protein diet ①高蛋白[质]食物 ②高蛋白[质]饲料
high-protein strain 高蛋白质品系
high pruning 高修剪,高剪
high-purity oxygen 纯氧(指高纯度氧){环保}
high quality 优质,高品质,高质量
high-quality milk 高质量奶
high quality potato 优质马铃薯
high-quality product 优质产品
high-quality seeds 优质种子,良种
high-quality stock seed 高质量原种,优质原种
high-quality wheat for special use 专用优质小麦
high radiation stress 高辐射胁迫{生态生理}
high-rate ①高速 ②高负荷[率]
high-rate activated sludge process 高速活性污泥法{环保}
high-rate aeration 高速曝气,高负荷率曝气法{环保}
high-rate biological filter (= high-rate biofilter) ①高速生物滤器 ②高负荷率生物滤池{环保}
high-rate compost 高速堆肥,高效堆肥
high-rate composting 高速堆肥制造,高效堆肥制造
high-rate digestion 高速消化,高负荷率消化{环保}
high-rate digestion unit 高负荷率消化设备
high-rate filter ①高速滤器 ②高速滤池{环保}
high-rate oxidation pond 高负荷率氧化塘{环保}
high-rate treatment 高负荷率处理
high-rate tricking filter 高速滴滤池,高负荷率生物滤池{环保}
high reduction (hr) 高缩微率
high regenerative capacity 高再生能力
high resolution (hi-res) ①高分辨率 ②高清晰度{遥感}
high resolution autoradiograph 高清晰度放射自显影术{显技}
high-resolution banding technique 高分辨显带技术{染色体}

high resolution chromatographic separation 高分辨层析分离{生技}
high-resolution chromosome banding 高分辨染色体显带{染色体}
high-resolution column 高分辨柱
high-resolution diffraction 高分辨衍射
high resolution display 高分辨率显示器
high-resolution electron microscope 高分辨电子显微镜,高分辨电镜{显技}
high-resolution electron microscopy (HR-EM) 高分辨电子显微镜检术,高分辨电镜检术
high resolution infrared radiometer 高分辨红外辐射仪
high resolution infrared sounder (NIMBUS F) 高分辨红外探测仪("雨云-F"卫星)
high-resolution liquid chromatography 高分辨液相层析{生技}
high resolution NMR 高分辨核磁共振,高分辨 NMR
high-resolution structure 高分辨结构
high resolution visible scanner 高分辨率可见光扫描仪
high-resolution x-ray structure 高分辨 X 射线[衍射]结构
high resolving power 高分辨率
high-response parent 高反应亲本,高耐肥亲本
high-response variety 高反应品种,高耐肥品种
high-responsive plant type 高反应性株型,高耐肥株型
high ridge 高垄,高畦
high ridge method 高垄法,高畦法{耕作}
high rigger (索道集材)高索架设者,架索工
high road 公路
high rough rice yield 高稻谷产量
high roughage system 高大粗饲料[育成]法
high-salt buffer 高盐缓冲液
high salt concentration 高盐浓度
high sea ①猛浪[海面](浪高 12～20 英尺) ②⌊复⌉公海
high-service works 高区供水厂{环保}
high slope 陡坡
high soil moisture content 高土壤含水量
high specific speed pump 高比速泵
high speed 高速
high-speed agitator 高速搅动器{环保}
high-speed bottom plow (= high-speed bottom plough) 高速铧犁
high-speed camera 高速摄影机
high-speed capture ①高速捕获{狩猎} ②高速拍摄{显技}
high speed centrifugation 高速离心
high-speed centrifuge 高速离心机
high-speed combine 高速联合收获机
high speed computer 高速计算机
high-speed cultivation 高速中耕,快速中耕
high-speed cultivator 高速中耕机
high-speed decision 快速决策
high-speed drill 高速播种机
high-speed elevator 高速升运器
high speed facsimile 高速传真{信息}
high-speed forage harvester 高速饲料收获机
high-speed harvesting 快速收获
high-speed hay maker 高速干草刈制机
high-speed homogenizer 高速匀浆器{生技}
high-speed information network 高速信息网络{信息}
high-speed knife 高速切刈器
high-speed local network (HSLN) 高速局部网[络]{信息}
high-speed mass memory 高速大容量内存储器{遥感}
high-speed mower 高速刈草机
high-speed opener 高速开沟器
high-speed photography 高速摄影术{遥感}
high-speed planter 高速播种机
high-speed planting 高速播种
high-speed plow 高速犁
high-speed precision planter 高速精密播种机
high-speed printer (HSP) 高速打印机
high-speed railway 高速铁路
high-speed reader (HSR) 高速阅读器,高速输入机{信息}
high-speed scan 高速扫描
high-speed sprayer 高速喷雾器
high-speed spraying 高速喷雾
high-speed steel 高速钢
high-speed sweep 高速中耕箭形平铲
high-speed tedder 高速摊草机
high-speed three-row ridger 高速三行筑垄机
high-speed tractor 高速拖拉机
high stability 高速稳定性
high stand 高隐棚{狩猎}
high stocking (= heavy stocking) 最高载畜量
high straight-away shot 高送射{狩猎}
high strain 高胁变{生态生理}
high strength bolt 高强度螺栓
high stringency hybridization 极严格杂交{农生技}

high stringency probe 极严格探针{生技}
high stumped budding 高干芽接
high sugar beet 高糖量甜菜
high sugar cane 高秆甘蔗
high sugar variety 高糖品种
high technic area 高[新]技术区
high technology (= high technique) 高[新]技术
high technology industry 高[新]技术产业
high technology robot 高[新]技术机器人{物}
high temper 高温回火
high temperature 高温[度]
high-temperature bath 高温水浴
high-temperature drier 高温干燥机
high temperature dust content waste gas treatment 高温含尘废气处理{环保}
high temperature fermentation 高温发酵{生技}
high temperature injury 高温害,热害
high-temperature oven 高温烘箱{农施}
high-temperature phosphate 高温磷酸盐,熔成磷肥{农化}
high-temperature short time pasteurization 高温短时[间]灭菌法
high temperature treatment 高温处理
high tenacity 高韧度,高韧性
high tension ignition 高[电]压点火
high threshold logic circuit 高阈值逻辑电路{信息}
high throughput 高流通量
high throughput capillary electrophoresis 高流通量毛管电泳
high tide 高潮,满潮
high tide shoreline 高潮滨线
high tiller number 高分蘖数
high tillering ability 高分蘖力
high tillering type 高分蘖型
high topping ①高位打顶 ②截头高立木
high tub 高桶,高框{园林}
high tunnel 高烟囱{环保}
high twig shears 高枝剪
high usage trunk 高利用率干线{信息}
high vacuum 高[度]真空
high vacuum orbital simulator 高真空轨道运行模拟器
high variable gene segment 高变基因节段{分遗}
high-velocity tines 高速钉齿,高速中耕铲
high-volatile 高挥发性的
high voltage capillary electrophoresis 高压毛管电泳
high voltage electron microscope 高压电[子显微]镜{显技}
high voltage electrophoresis 高压电泳
high voltage switch gear 高压开关电器
high volume 高容量
high volume application 高容量撒药,多量撒药,多量散布{农药}
high-volume spray (= high-volume spraying) 高容量喷射,高容量喷药
high-volume sprayer 高容量喷雾器
high water ①高水,高水分 ②高潮
high water bed ①高水位 ②河床
high water-conducting capacity 高水分输导能力
high water level 高水位,高潮位
high water line 高潮线
high water mark ①高水位线 ②高潮线 ③洪水痕迹
high water mean 平均高潮位
high water season ①丰水期,高水位季节 ②汛期
high water-storing capacity 高贮水能力
high wheeler 高轮车
high wind 大风
high yield 高产量
high yield culture (= high yielding culture) 高产栽培,丰产栽培
high yield culture technique 高产栽培技术
high yield demonstration field 高产样板田
high-yield early-maturing variety 丰产早熟品种
high yield of biomass 高生物量产额
high yield of crop production 作物生产的高产量{智培}
high yield plot 丰产田,高产田
high yield potential 高产潜力
high yield year 高产年,丰收年
high yielder 高产品种
high-yielding 高产的,丰产的
high-yielding ability 高产能力,高产性
high-yielding animal (= high performance animal) 高产家畜
high-yielding capacity 高产性
high yielding clone 高产无性[繁殖]系,高产克隆{农生技}
high-yielding crops 高产作物
high-yielding culture 高产栽培
high-yielding field 丰产地,高产田
high-yielding grasses 高产禾[牧]草
high-yielding line 高产品系
high-yielding materials 高产材料
high-yielding paddy field 高产稻田
high-yielding strain 高产品系
high-yielding variety 高产品种

high zonal circulation 强纬向环流
high-zone tolerance 高区耐受性(指耐病虫害性)
higher ①高等的 ②较高的
higher and better yield 优质高产
higher animals 高等动物
higher categories 高级分类单位
higher crop yield 高产作物产量
higher degree polynomial 高次多项式{统计}
higher fatty acid 高级脂肪酸
higher-fungi 高等真菌
higher latitude 高纬度
higher level ①上层,高架{水利} ②高层次
higher nervous activity 高级神经活动
higher-nodal-position tiller 高节位分蘖
higher order interaction 高级连应{统计}
higher order soft ware technology (HOSWT) 高级软件技术
higher order structure 高级结构
higher order tiller 高序位分蘖
higher organism 高等生物
higher plants 高等植物(plantae superiores)
higher professional education 高等职业教育,高职教育
higher quality 高等品质,优质
higher surveying 高等测量学
higher-tillering rice variety 水稻高分蘖品种
highest occupied molecular orbital (HOMO) 最高占据分子轨道{分生}
highest order 最高位
highest priority 最高优先权
highest productivity 最高生产率
highest stubble height 最高割茬高度
highest temperature 最高温度
highest yield 最高产量{智培}
highest yield variety 最高产品种
highland 高原,高地,山地
highland agriculture 高原农业,山区农业,山地农业
highland cold climate agricultural experiment station 高寒地区农业试验站
highland oak 高地栎[*Quercus wisliceni* A. DC.](山毛榉科)
highlight ①重点,显著部分,最精彩处 ②强光,(图像)最明亮部分{遥感} ③着重,强调,突出
highlighting ①突出的,醒目的 ②光线最强的 ③加亮 ④强调
highly acidic 高酸性的
highly active 高效的
highly effective management of crop culture 作物栽培高效管理{智培}
highly effective pesticide 高效农药
highly pollen-fertile 高度花粉可育的
highly pollen-sterile 高度花粉不育的
highly potent herbicide 高效除草剂
highly productive commercial variety 高产商品品种
highly productive crops 高产作物
highly repetitive DNA 高度重复 DNA
highly repetitive sequence 高度重复序列{分遗}
highly resinous species 多树脂树种
highly resistant 旱抗逆的,高抗逆的
highly resistant variety 高抗逆(病,虫等)品种{智培}
highly responsive lodging-resistant variety 高反应性抗倒伏品种,高耐肥抗倒伏品种(主要是耐氮肥)
highly responsive variety 高反应性品种,高耐肥品种
highly sensitive response indicator 高敏[感]反应指示器
highly significance 极显著{统计}
highly significant 极显著的{统计}
highly specialized ①高度专业化的 ②高度专业化性的
highly specialized culture 高度专业化栽培
highly yielding ability 高产性能
highly yielding crops 高产作物
highly yielding theory and technology of crop 作物高产理论与技术{智培}
highmoor 高位沼泽
highway ①公路,大路,道路 ②母线,公共通路{信息}
highway bridge 公路大桥
highway ditch 护路沟
highway engineering 道路工程学
highway erosion control 公路侵蚀防治
highway location survey 公路定位测量,公路选线测量{遥感}
highway mower [公]路边刈草机
highway mowing [公]路边刈草
highway patrol 公共通路巡逻{信息}
highway switching network 公共通路交换网络{信息}
highway transport 公路运输
highway tree 公路树
hilar 种脐的(hilaris)
hilar orifice 种脐孔
hilate 四分体痕(hilatus)
hile-bearing (= hiliferous) 具种脐的(hiliferus)

hileia (= tropical rain forest) 热带雨林{生态}
hill ①小山,丘陵,山区,山地 ②土堆 ③土坡,斜坡 ④(点播)穴 ⑤培土
Hill and Mayer's fluid 希马二氏液{显技}
hill application of fertilizer 穴施肥料
hill arrangement ①[播]穴排列(指穴播) ②兜(墩)排列(指水稻)
hill cattle ①山区家畜 ②山区品种
hill check planter 方形穴播机
hill check planting 方形穴播
hill climbing approach (hill climbing method) 爬山法{电脑}
Hill coefficient 希尔系数
hill country 丘陵地
hill culture ①垄作 ②坡地栽培
hill cutter 平丘铲
hill dressing 穴施追肥
hill drop ①穴播,点播 ②穴播排种装置(器)
hill-drop boot 穴播开沟器
hill-drop distance 穴距,[播]穴间距离,点播距离
hill-drop drill (= hill planter) 穴播机
hill-drop drilling 穴播
hill-drop mechanism 多粒穴播排种机构
hill-drop planter 穴播机,点播器
hill-drop planting 簇播,多粒穴播
hill dropping 穴播,点播
hill-dropping more than one kernel 多粒穴播
hill-dropping one kernel 单粒穴播
Hill equation 希尔方程式
hill farm ①山区农场 ②山区农地
hill farmer 山区农民
hill farmer school 山区农民(业)学校
hill farming 山区农业,山地农业
hill fog 山雾
hill formation ①堆土法 ②造山,筑山{园林}
hill garden 筑山庭园,假山园林{园林}
hill gooseberry 桃金娘[*Rhodomyrtus tomentosa* (Ait.) Hassk.](桃金娘科)
hill grazing 山区放牧
hill-growing 丘陵生的,山冈生的(collinus)
hill land 丘陵地
hill-loving 喜生于丘陵的,喜生于山冈的(bunophilus)
hill meadow (= mountain meadow) 山地草甸
hill moor (= high moor) 高位沼泽
hill pasture (= mountain pasture) 山地牧场
hill peat 丘陵泥炭
hill periphery ①穴周围(花生穴播的穴) ②兜周际(水稻插秧的兜)
hill placement ①穴施 ②穴播
hill planting ①穴植,穴栽,穴播 ②丘植
Hill plot 希尔图{生技}
Hill plotting 希尔作图法
Hill reaction 希尔反应
Hill reaction in photosynthesis 光合作用的希尔氏反应
hill rice (= upland rice) 旱稻,陆稻
hill seeder 穴播机,点播机
hill seeding 穴播
hill selection method 穴选法
hill shape 山形
hill sheep 山地绵羊
hill soil 丘陵土壤,山地土壤
hill sowing 穴播
hill space within row 株距
hill spacing ①(= hill space) 穴距 ②穴种
hill spread 穴距,穴范围
hill strawberry 绿草莓[*Fragaria viridis* Duch. = *F. collina* Ehrh.](蔷薇科)
hill test 单株试验(每穴一株)
hill-to-row method 穴行法
hill-to-row test 穴行试验
hill-unit selection 单穴选择
hill up 培土
hiller (= scrapar hiller) 培土器
hiller hoe 培土锄铲
hilling ①培土 ②穴播,点播
hilling sweep 培土器
hillock ①小丘 ②垄 ③波状地形
hillock drill 垄播机,垄作播种机
hillplot 穴播区{栽培}
hillside 山坡,坡地
hillside combine (= hillside harvester) 坡地联合收获机
hillside combine-thresher 坡地联合收获机
hillside farm 坡地农田
hillside farming 坡地农业
hillside header ①坡地收获机 ②坡地收刈台
hillside hitch 坡地机具联结器,坡地机具联结装置
hillside land 坡地
hillside orchard 坡地果园
hillside plough (= hillside plow) 坡地犁
hillside ploughing 开垦山坡地
hillside tractor 坡地拖拉机
hillslope ①山坡 ②山坡地
hillslope sequence 山坡地势系列
hilly 多丘陵的,多斜坡的
hilly area 丘陵地区
hilly country 丘陵地,山地

hilly grassland 丘陵草地,高原草地
hilly ground 丘陵地
hilly land 倾斜地,坡地
hilly region 丘陵地区,山区
hilly road 斜坡路
hilum ①种脐 ②(肾)门
hilum appendage 种阜(strophiolum)
Hilyard's reaction 黑加尔德反应{土壤}
Himalaya black bear 喜马拉雅黑熊(喜峰熊)[*Ursus tibetanus*](熊科)
Himalaya creeper 喜马拉雅爬山虎(三叶爬山虎)[*Parthenocissus himalayana* (Royle) Planch.](葡萄科)
Himalaya cypress 喜马拉雅柏木[*Cupressus torulosa* D. Don.](柏科)
Himalaya dragon-head 喜马拉雅青兰[*Dracocephalum speciosum* Benth](唇形科)
Himalaya fir 喜马拉雅冷杉[*Abies spectabilis* (Don.) Spach. = *A. webbiana* Lindl.](松科)
Himalaya hemlock 喜马拉雅铁杉[*Tsuga dumosa* (Don.) Eichler.](松科)
Himalaya-honeysuckle ①来色木属[*Leycesteria* Wall.](忍冬科) ②来色木[*Leycesteria fomosa* Wall.]
Himalaya juniper 喜马拉雅圆柏[*Juniperus pseudosabina* Hook. f.](柏科)
Himalaya pricklyash 野花椒(刺秦椒)[*Zanthoxylem setosum* Hemsley](芸香科)
Himalaya primrose 喜马拉雅报春花(球花报春)[*Primula denticulata* Smith.](报春科)
Himalaya roscoca 高山象牙参[*Roscoca alpina* Smith.](姜科)
Himalaya sarcococca 云南野扇花[*Sarcococca hookerlana* Baill.](黄杨科)
Himalayan cherry 红毛樱[*Prunus rufa* (Wall.) Hook. f.](蔷薇科)
Himalayan maple 喜马拉雅槭(飞蛾树)[*Acer camphellii* Hook. f. et Thoms.](槭树科)
Himalayan pine 乔松[*Pinus wallichiana* Jacks = *P. excelsa* Wall.](松科)
Himalayan rabbit 喜马拉雅兔
Himalayan spruce 喜马拉雅云杉[*Picea morinda* Link.](松科)
Himalayan teasel ①川续断属[*Dipsacus* L.](川续断科) ②川续断[*Dipsacus asper* Wall.]
Himalayan-teasel family 川续断科[Dipsaceae]
Himawari "向日葵"气象卫星{遥感}
Himekitsu 姬橘[*Citrus himekitsu* Hort. et Tan.](芸香科)
hind ①在后的,后面的 ②农工
Hind Ⅱ restriction enzyme 兴得Ⅱ限制性内切酶
Hind Ⅲ restriction enzyme 兴得Ⅲ限制性内切酶
hind axle 后[轮]轴
hind body ①后体{畜} ②腹部{昆虫}
hind-brain 后脑{畜}
hind-flank 后腹
hind gut 后肠
hind intestine 后肠
hind leg ①后腿,后足{昆虫} ②后肢
hind limb 后肢
hind quarter 后臀部
hind toe 后趾
hind udder 后乳房
hind wheel 后轮,尾轮
hind wing 后翅
hinded root 后生根
hinder ①后部的 ②阻碍,妨碍,妨害
hindered setting 干扰沉降(指干扰悬胶及其上层液间的界面沉降){环保}
hindquarters (畜体)后半身
hindrance ①阻碍,妨害 ②障碍物
hindrecin 抑制素
Hind's cane ①青篱竹属[*Arundinaria* Michx.](禾本科) ②青篱竹(茶秆竹)[*Arundinaria amabilis* McClure]
Hindu datura 白花曼陀罗(毛曼陀罗)[*Datura metel* L.](茄科)
Hindu lotus ①莲属[*Nelumbo* Adans](睡莲科) ②莲(荷花)[*Nelumbo nucifera* Gaertn.]
hinge ①铰合 ②铰链 ③折叶,合叶
hinge area ①铰链区,关节区 ②铰合区
hinge joint ①铰链接合 ②铰链
hinge point 铰链点,铰链中心
hinge region 铰链区{生技}
hinny 骡(公马母驴的后代)[*Equus asinus* L.]
hinoki ceder (= hinoki false cypress) 日本扁柏[*Chamaecyparis obtusa* Endl.](柏科)
hinokitol 日桧醇
Hinosan (= Hinozan) 克瘟散
hinterland 内地,腹地(指海岸或河岸的后方地区)
hip ①蔷薇果(cynarrhodium){形态} ②臀 ③基节{昆虫} ④自来值{信息}

hip cross （臀）十字部
hip height 臀高{形态}
hip width（= hipbone width） 腰角宽
hipbone 臀骨
hipbone width 腰角宽
hipped ①臀的 ②臀部下垂的，斜尻的
hipping 培土，壅土
hippocrepiform 马蹄形的（hippocrepiformis）
hippology 马学（hippologia）
hippulin 异马烯雌[甾]酮
hippuran 马尿酸钠 [$C_6H_5CONHCH_2COONa$]
hippurate 马尿酸盐 [$C_6H_5CONHCH_2COOM$]
hippuric acid 马尿酸 [$C_6H_5CONHCH_2COOH$]
hippuricase 马尿酸酶
hiptage ①狗角藤属（飞鸢果属）[*Hiptage* Gaertn.]（金虎尾科） ②狗角藤（风车藤，飞鸢果）[*Hiptage benghalensis*（L.）Kurz]
Hirado-buntan 平户文旦柚 [*Citrus grandis* Osbeck]（芸香科）
hire ①租用，雇用 ②租金，工资
hire purchase ①分期付款 ②用分期付款所购之物
hired labour 雇佣劳动
hirsute ①具硬毛的 ②硬毛状的（hirsutus）
hirsute arundinella ①野古草属 [*Arundinella* Raddi]（禾本科） ②野古草 [*Aruudinella anomala* Steud.]
hirsute gonostegia 蔓苎麻（糯米团）[*Gonostegia hirta* Miq.]
hirsute leaf 具硬毛叶（folium hirsutum）
hirsute raspberry 锅莓 [*Rubus hirsutus* Thunb.]（蔷薇科）
hirsute sheath 具硬毛鞘（vagina hirsuta）
hirsutidin 三甲花翠素，报春色素
hirsutin 三甲花翠苷，报春色素苷
hirtellous 具微硬毛的（hirtellus）
hirtellous loosestrife 多毛紫苏 [*Perilla frutescens* var *hirtella* Makino et Nemoto]（唇形科）
hirticaulis 具硬毛茎的
hirtiflorous 具硬毛花的（hirtiflorus）
hirtifolious 具硬毛叶的（hirtifolius）
hirtose 具长硬毛的（hirtosus）
hirudin 水蛭素
hirudinea 蛭类（Hirudinea）
hiryu rhododendron 石岩杜鹃 [*Rhododendron obtusum*（Lindl.）Planch.]（杜鹃花科）
his（= histidine） 组氨酸
his operon 组氨酸操纵子{分遗}
hisactophilin 富组亲动蛋白（指富含组氨酸的膜周边蛋白，可促进肌动蛋白的聚合）
hispid 具糙硬毛的（hispidus）
hispid actinidia 硬毛猕猴桃 [*Actinidia chinensis* var. *hispida* C. F. Liang]（猕猴桃科）
hispidulous 具短硬毛的（hispidulus）
hispine beetles 铁甲科 [Hispinae]
histaminase 组胺酶
histamine 组胺
histamine oxidase 组胺氧化酶
histamine radioprotection 组胺辐射防护
histapeptide 组胺肽（指病毒）
hister beetle ①阎虫 ②⌊复⌉阎虫科 [Histeridae]
histic epipedon 泥炭表层
histidase 组氨酸酶
histidinal 组氨醛
histidine（His） 组氨酸 [$C_3H_3N_2CH_2CH(NH_2)CO_2H$]{分遗}
histidine and hydrogen bonding 组氨酸与氢键合
histidine and mRNA 组氨酸与 mRNA
histidine and myoglobin 组氨酸与肌红蛋白
histidine biosynthesis 组氨酸生物合成
histidine deaminase 组氨酸脱氨酶
histidine decarboxylase 组氨酸脱羧酶
histidine operon（his operon） 组氨酸操纵子{分遗}
histidine regulation of biosynthesis 生物合成的组氨酸调节
histidinemia 组氨酸血[症]
histidinol 组氨醇
histidinuria 组氨酸尿
histidyl- 组氨酰[基]
histiocyte（= macrophage） 巨噬细胞（histiocyta）
histiotype 组织型（histiotypus）
histiotype marker 组织型标志基因
histiotypic 组织型的（histiotypicus）
histiotypic aggregation 组织型聚集
histiotypic differentiation 组织型分化
histo- ⌊字头⌉组织，细胞组织
histoautoradiograph 组织放射自显影照片{显技}
histoautoradiography 组织放射自显影术
histoblast 成组织细胞（histoblastus）
histochemical 组织化学的（histochemicus）
histochemical criteria 组织化学标准
histochemical identification 组织化学鉴定

histochemical method 组织化学法
histochemical stain 组织化学染色剂{显技}
histochemistry 组织化学(histochemia)
histocompatibility 组织亲和性,组织相容性(histocompatibilitas)
histocompatibility antigen 组织亲和性抗原
histocompatibility complex 组织亲和性复合体
histocompatibility gene 组织亲和性基因
histocompatibility protein 组织亲和性蛋白
histocompatible 组织亲和的(histocompatibilis)
histocyte 组织细胞(histocyta)
histodiagnosis 组织诊断
histodifferentiation 组织分化(histodifferentiatio)
histogen 组织原(histogenum)
histogen theory 组织原学说{解剖}
histogenesis 组织发生
histogenetic 组织原的(histogeneticus)
histogenetic attachment 组织发生着生式
histogenetic immunity 组织免疫性
histogenic layer 组织发生层
histogeny 组织发生(histogenia)
histogram ①直方柱形图,柱形图{统计} ②组织图{解剖} ③频率图{气象}(histogramma)
histogram adjust 直方柱形图调整
histogram equalization 直方柱形图均衡化
histogram linearization 直方柱形图线性化
histogram match 直方柱形图匹配
histogram modification 直方柱形图修改,柱形图修正
histogram normality 直方柱形图正规化(标准化)
histogram specification 直方柱形图规定化
histogram threshold 直方柱形图阈值
histohaematin(= histohematin) 细胞色素
histoincompatibility 组织不亲和性,组织不相容性(histoincompatibilitas)
histoincompatibility gene 组织不亲和性基因
histological 组织的(histologicus)
histological change 组织变化
histological characteristics 组织特征
histological difference 组织差异
histological differentiation 组织分化
histological section 组织切片{显技}
histological structure 组织结构
histological trait 组织[学]性状
histological type 组织型
histology 组织学(histologia)
histology of wood 木材组织学
histolysis 组织溶解
histomoniasis (传染性)肠肝炎
histomycetes 粗丝真菌类[Histomycetes]
histone 组蛋白{分遗}
histone absence in bacteria and fungi 细菌与真菌无组蛋白
histone absence of Poly A in mRNA 信使RNA的多[聚]腺苷酸无组蛋白{分遗}
histone acetylation 组蛋白乙酰化
histone amino acid sequence 组蛋白氨基酸序列
histone and chromatin condensation 组蛋白与染色质浓缩
histone and chromosome structure 组蛋白与染色体结构
histone arginine content 组蛋白精氨酸含量
histone as basic nuclear protein 作为碱性核蛋白的组蛋白
histone as genetic repressor 遗传阻遏物组蛋白
histone basic residue 组蛋白碱性残基
histone cation 组蛋白阳离子
histone characteristics 组蛋白特性
histone cistron 组蛋白顺反子
histone classification 组蛋白分类
histone complex 组蛋白络合物
histone core 组蛋白核心
histone cross-linking 组蛋白交联
histone denaturation 组蛋白变性
histone-DNA weight ratio 组蛋白-DNA重量比
histone fractionation 组蛋白分级分离
histone gene 组蛋白基因
histone interaction 组蛋白互相作用
histone kinase 组蛋白激酶
histone-like protein 组蛋白状蛋白
histone lysine content 组蛋白赖氨酸含量
histone methylation 组蛋白甲基化
histone modification 组蛋白改性
histone mRNA assay 组蛋白mRNA测定
histone nomenclature 组蛋白命名法
histone octamer 组蛋白八聚体
histone of chromatin fiber 染色质丝组蛋白
histone of nucleated erythrocyte 有核红细胞组蛋白
histone sequence 组蛋白序列
histone serine content 组蛋白丝氨酸含量
histone species specificity 组蛋白种特异性
histone tissue specificity 组蛋白组织特异性
histopine 章鱼组氨酸

histoplasmin 组织胞质菌素
histoplasmosis 组织胞浆菌病
historadiography 放射组织自显影术{显技}
historic (= historical) 历史的(historicus)
historic times 有历史记载的时期
historical analogy 历史类推
historical average crop calendar 历史平均作物历
historical climates 历史气候
historical condition 历史条件
historical data 历史数据
historical database 历史数据库
historical development (= systematic development) 系统发育
historical geology 地史学(histogeologia)
historical material 史料,历史资料
historical opportunity 历史机遇
historical pedology 历史土壤学(histopaedologia)
historical record 历史记录
historical review 历史回顾
historical rule 历史规律
historical version 历史版本
historigram 记录曲线,经过曲线,实在曲线(historigramma)
history ①历史,来历 ②变化规律 ③关系曲线,坐标曲线 ④历史学(historia)
history file 历史文件
history management system 历史管理系统
history memory 历史存储器
history of agriculture 农业史
history of agronomy 农学史,农艺史
history of forestry 林业史
history of molecular genetics 分子遗传学史
history register 历史寄存器
histosol 有机土(histosolum)
histosorous 组织内孢子堆(histosorus)
histotope 组[织]位(histotoppa)
histotroph 组织营养素(histotrophe)
histotropic 组织性的,亲组织的(histotropus)
histotropic colonization 组织性定殖
histotropic pathogen 组织性病原
histotype 组织型(histotypus)
histotypic 组织型的(histotypicus)
histotypic culture 组织型培养(cultura histotypica)
histozyme 马尿酸酶
hit ①击,击中,打击 ②碰撞,冲中,命中,冲击 ③尝试 ④瞬断
hit and miss system 尝试[断续]法{农机}
hit detection 击中检测{分遗}
hit echo analyzing 击音解析{农施}
hit hypothesis 击中假说{分遗}
hit indicator 瞬断指示器{电脑}
hit noise 打击噪声(环保)
hit-on-the-fly printer 飞击式打印机
hit probability 击中概率
hit ratio 命中率
hit theory 击中学说{分遗}
hitch ①急拉,急推 ②联结,钩挂 ③牵引装置 ④挂结器,挂结装置,悬挂装置
hitch angle 牵引线与阻力线夹角
hitch clevis 连接环,连接卡,挂钩
hitch for wagons 挂车牵引装置
hitch-hiking effect 附带效应{分遗}
hitch mechanism 挂接机构
hitch point 牵引点,挂结点,悬挂点
hitch pole 辕杆,牵引杆
hitch rail 牵引杆,牵引装置
hitcher 牵引杆
hitching ①联结,挂结 ②联结(或悬挂)装置调节
hitching shackle 联钩环,挂结钩环
HIV (= human immunodeficiency virus) 人体免疫缺失病毒{分生}
hive ①蜂巢,蜂箱 ②蜂群 ③移蜂入巢{蜂}
hive bee (= honey bee) ①蜜蜂 ②⌊复⌉蜜蜂类[Apini]
hive body 箱体,箱身
hive entrance (= entrance of hive) 蜂箱出入口,巢门
hive frame 蜂箱架
hive honey 蜂巢蜜
hive lifter 蜂箱升运机
hive loader 蜂箱运载机
hive mind 蜂群情绪(蜂群里的气氛)
hive roof (= roof of hive) 蜂箱盖
hive stand ①养蜂场 ②蜂箱座,蜂箱架
hive tool 起刮刀
hiver 招蜂器
hives 荨麻疹
hizarocin 放射菌酮
hl (= hectoliter) 百升(= 100 升 = 1 市石)
HLA (= human leucocyte antigen) 人体白细胞抗原
HLA type 人体白细胞抗原型,HLA 型
HLB (= hydrophile-lipophile balance) 亲水性-亲油性平衡,亲水亲油平衡
HLD (= half lethal dose) 半数致死剂量,50%致死剂量{分生}
HLH (= helix-loop-helix) 螺旋-环-螺旋{分遗}
HLH motif (= helix-loop-helix motif) 螺

旋-环-螺旋特征序列,HLH 特征序列
HLH protein (= helix-loop-helix protein) 螺旋-环-螺旋蛋白
hm (= hectometer) 百米(= 100 米)
HMA (= host memory address) 主存储器地址{信息}
HMC (= 5-hydroxymethyl cytosine) 5-羟甲基胞嘧啶
HMG-CoA (= β-hydroxy-β-methyl glutaryl-CoA) β-羟基-β-甲基戊二酸单酰CoA
HMG-DNA complexes (= high mobility group-DNA complexes) 高移迁率 DNA 复合体,HMG-DNA 复合体
HMG protein (= high mobility group protein) 高迁移率蛋白,HMG 蛋白
HMM (= hexamethylolmelamine) 六羟甲基三聚氰胺
HMO (= Hückel's molecular orbital method) 休克尔分子轨道法{分遗}
HMQC (= heteronuclear multiple quantum coherence) 异核多级量子相干[性]{分遗}
HNI (= high negative interference) 高负干扰
HnRNA (= heterogeneous nuclear RNA) 核不均一 RNA
HnRNP (= heterogeneous nuclear ribonucleoprotein) 核不均一核糖核蛋白{分遗}
H_2O-cluster (= water molecule cluster) 水分子团
Hoagland's solution 荷格兰德溶液{生理}
hoar (毛发)灰白的,斑白的
hoar-frost 白霜,厚霜,雾凇
Hoar frost falls 霜降(中国的 24 节气之一)
hoard ①(饲料)窖藏 ②囤积
hoarder 囤积者
hoarding ①板围,板檣 ②临时围篱 ③囤积
hoarhound ①夏至草属[*Marrubium* L.](唇形科) ②夏至草[*Marrubium incisum* Benth.]
hoary 被灰白毛的(canescens)
hoary madwort ①婆儿草属[*Berteroa* DC.](十字花科) ②婆儿草[*Berteroa incana* (L.) DC.]
hoary pea ①灰叶属[*Tephrosia* Pers.](豆科) ②灰叶[*Tephrosia purpurea* Pers.]
hoary plantain 中车前[*Plantago media* L.](车前科)
hobbing machine 滚齿机
hobble ①跛行(= gait) ②(马的)足缚(把马的腿拴住) ③缚住马腿的绳子
hobby computer 业余[爱好者]计算机
hobby programming 业余程序设计员{电脑}
hobnail 平头钉
hock ①跗关节(articula tarsi){畜} ②德国白葡萄酒
hock joint 跗关节
hock tendon 跟腱
Hocke's law 胡克定律{环保}
hod 灰(沙)斗
Hodgsoni goldenray 霍氏橐吾[*Ligularia hodgsonii* Hook. fil.](菊科)
hodgsonia squash ①油渣果属[*Hodgsonia* Hook. f. et Thoms.](葫芦科) ②油渣果(油瓜,猪油果)[*Hodgsonia macrocarpa* Cogn.]
hodograph ①高空风分析图{气象} ②速矢端迹{物}
hodometer 路(车)程计,轮转计(计算车轮回转次数)
hoe ①锄,耘锄 ②中耕铲
hoe crops (= hoed crops) 中耕作物
hoe culture 锄耘
hoe excavator 挖掘铲,反铲
hoe for animal draft 畜力牵引锄
hoe for cereals 谷锄
hoe knife 锄力,铲刀
hoe opener (= hoe furrow opener, hoe-type coulter) 锄铲式开沟器
hoe rake 作垄锄,锄铲
hoe singling 锄苗,疏苗(甜菜)
hoe teeth ①齿锄 ②(= hoe tine) 中耕锄齿
hoe thinner 中耕间苗机
hoe trowel 除草用小铲
hoe-type trenching machine 反铲挖沟机
hoe-up weeds 锄草
hoecake 玉米饼
hoeing 锄地,中耕除草,行间中耕
hoeing-and-ridging tools 锄地和培土工具
hoeing cultivator 中耕松土机
hoeing implement for paddy field 稻田中耕除草农具
hoeing machine 中耕机
hoeing plough 中耕犁
hoeing toolbar 中耕通用机架
hoest (= horst) 地垒{地质}
Hofacker and Sadler law 贺色契尔与塞德勒二氏法则{分遗}
Hoffman frame 霍夫曼巢框{蜂}
Hoffmen blue 何夫曼蓝(染料){显技}
Hofstee plot 霍夫斯蒂图{分生}
Hofstee plotting 霍夫斯蒂作图法
hog ①(去势肉用)公猪 ②粉碎机
hog badger 獾[*Meles meles* L.](鼬科)

hog bristle 猪鬃
hog cholera (= swine fever) 猪霍乱,猪瘟
hog cholera virus 猪瘟病毒
hog crop (= pig crop, pig stock) 猪头数
hog fallowing cattle 牛粪养猪
hog farm (= pig farm) 养猪场
hog farmer (= pig farmer) 养猪者
hog farming ①养猪业 ②养猪学
hog feeding 猪饲养,猪肥育
hog flu (= pig influenza) 猪流感
hog follicle mite 猪蠕形螨[*Demodex phylloides* Csokor]
hog house ①猪舍 ②养猪场
hog husbandry 养猪业
hog itch mite (= pig itch mite) 猪疥螨[*Sarcoptes scabiei* Gerlach](疥螨科)
hog-keeping ①养猪 ②养猪学
hog louse (= pig louse) 猪[盲]虱[*Haematopinus suis* (Linnaeus)](盲虱科)
hog manure 猪粪
hog millet (= millet, common millet) 黍(稷,黄米,糜子)[*Panicum miliaceum* L.](禾本科)
hog peanut ①两型豆属[*Amphicarpaea* Elliot](豆科) ②两型豆[*Amphicarpaea edgeworthii* Benth.]
hog plum ①西门木[*Ximenia americana* L.](铁青树科) ②猪事[*spondias mombin* L.](蔷薇科)
hog production 猪生产,猪饲养
hog raiser 养猪家,养猪工作者,猪饲养员
hog raising ①猪饲养,养猪业 ②养猪学
hog succory ①羊莴苣属[*Arnoseris* Gaertn.](菊科) ②羊莴苣[*Arnoseris minima* Link.]
hog unit 猪单位(指屠宰场或肉食加工厂表示的废水负荷量的单位){环保}
hog weed (= common cow parsnip) 牛防风
hogback 猪背脊
hogcote (= hogpen) 猪栏,猪圈
hogfennel (= hog's fennel) ①前胡属[*Peucedanum* L.](伞形花科) ②前胡[*Peucedanum decursivum* Maxim.]
hogget (= hogg, teg, hoggerel) (第一次剪毛前的)羔羊,小母羊
hogging 猪的配种期
hogling ①子猪 ②羔羊
hog's-fennel ①前胡属[*Peucedanum* L.](伞形科) ②欧前胡 (= dropwort, sulphur wort) [*Peucedanum officinale* L.]
hogsty (= pigcote) 猪圈,猪栏
hogweed (= common cow parsnap) 欧白芷(牛防风)[*Heracleum spondylium* L.](伞形花科)
hoist ①绞盘,卷扬机 ②起重机,吊车,滑车 ③升运机 ④升起,举起,起动,吊动
hoisting 起重,吊动
hoisting device 升运装置,起重装置
hoisting equipment 起重设备
hoisting machine 起重机
hoisting machinery 起重机械
holandric 限雄的,全雄的 (holandrus)
holandric gene 全雄基因,限雄基因
holandric inheritance 全雄遗传,限雄遗传
Holarctic ①北极区的,全北极的 ②全北区 (holarcticus)
holarctic origin 全北极的起源 (origina holarctica)
Holarctic Region 全北区(生物分布区) (Regio Holarctica)
holard 土壤总水量
hold 保持
hold acknowledge 保持应答{信息}
hold button 保持按钮
hold capacity of dryer 保持干燥机容量{农施}
hold delivery 保持传送
hold-down ①夹子,夹板 ②压紧
hold-down beater 喂入轮
hold-fast union [草履虫]黏着结合
hold off ①保持一定距离 ②不接近
hold-on rice thresher 打稻机
hold over ①延搁,延期 ②残留木,保残木
hold thistle (= milk thistle) ①水飞蓟属[*Silybum* Adans.](菊科) ②水飞蓟[*Silybum marianum* Gaertn.]
hold time 保持时间
hold up ①阻滞[量]{水利} ②显示,展示{栽培}
hold up hook 运输钩,吊钩
holdback ①退缩 ②阻碍,抑制 ③保持装置,制动装置
holdbat 管子箍{环保}
holder ①柄,把 ②夹持器 ③夹座,支架,托架 ④占有者,地主,业主 ⑤储罐{信息}
holdfast ①固着器{形态} ②支持物,吸附物{微生物}
holding ①握株{栽培} ②持枪{狩猎} ③保有[物],所有[权],不动产{农经} ④保持{信息}
holding action 保持作用
holding beam 维持电子束
holding bin (干燥机)盛粮箱
holding capacity 保持容量

holding cost 保持费用
holding ground 水上贮木场
holding moisture 保持水分
holding paddock [小牧场]围栏
holding pasteurization 持续灭菌法
holding soil 保持土壤(免于流失)
holding tank 装液箱,集液箱
holding up 不放奶(指牛)
hole ①穴 ②洞,孔,坑 ③兽穴
hole application 穴施(指肥料或农药)
hole borer 挖穴器,挖穴机
hole count check 计孔检验{电脑}
hole current 空穴电流
hole digger ①挖穴器,挖穴机 ②挖坑器,挖坑机
hole digging ①挖穴 ②挖坑
hole irrigation 穴灌,点浇
hole method 穴栽法,穴植法
hole pattern 穿孔模式
hole planting 穴栽,穴植,穴播
hole seeding 穴播,丛播
hole seeding method 穴播法,点播法
hole sowing 穴播,点播
hole transplanting 穴植,穴栽
hole treatment 播种穴处理
hole type nozzle (喷粉器,喷雾器)喷孔型喷嘴
holed 穿孔的(perfossus)
holendozoa [动物]体内寄生菌
holiday holly (= English holly) 圣诞树[*Ilex equifolium* L.](冬青科)
holism 全体说(holismus){遗传}
holland 荷兰麻布(一种洁白的亚麻细布)
hollander 打浆机
Holliday junction 霍利迪连接体{分生}
Holliday model 霍利迪模型
Holliday structure 霍利迪结构
hollow ①空的,中空的,空心的 ②凹陷的 ③[树]洞 ④洼地
hollow axle 空心轴
hollow-back (马)凹背,鞍形背
hollow ball-shaped structure 空心球形结构
hollow brick 空心砖
hollow butt (木材)根端孔
hollow-cone type nozzle 空心雾锥喷嘴(头)
hollow fiber 中空纤维
hollow fiber culture 中空纤维培养
hollow fiber filter 中空纤维滤器
hollow fiber reactor 中空纤维反应器
hollow fiber technique 中空纤维技术,微孔纤维技术{生技}
hollow frog 空心犁托
hollow fruit 空心果(fructus cavus)
hollow-ground slide (= hollow slide) 凹载片,圆窝载片{显技}
hollow-head wrench 空心头扳手
hollow heart 空心病
hollow heart of potato 马铃薯空心病(non-infectious)
hollow kernel 空粒,空子(不饱满的子粒)(gramum cavum)
hollow knot 空孔节,脱落节(指果木)
hollow-leaved 凹叶的(concavifolius)
hollow pith 空心髓(medulla cava)
hollow-ribbed 空心肋的(cenopleurus)
hollow-seeded ①空心种子的 ②具凸凹镜状双悬果爿的(coelospermus)
hollow spindle 凹陷纺锤体
hollow stalk 空茎病,空洞病
hollow stalk of rape (= black leg of rape) 油菜空洞病(油菜软腐病)[*Erwinis aroideae* (Townsend) Holland]
hollow stalk rot (= blackleg) 黑胫病
hollow-stalked 空心茎的(cavicaulis)
hollow stem 空心秆(calamus)
hollow-stemmed 空心梗的(coilopodus)
hollow tree 空心树(arborcavus)
hollowed ①空心的(cavus) ②凹陷的,凹面的,内陷的(excavatus)
hollowing 挖空[法]
holly ①冬青属[*Ilex* L.](冬青科) ②冬青[*Ilex purpurea* Hassk var. *oldhami* Loes.]
holly barberry (= holly mohonia) 冬青叶十大功劳[*Mohonia aquifolium* Nutt.](小檗科)
holly blue 乌不宿灰蝶[*Celastrina argiolus ladenides* de I'orza](灰蝶科)
holly bud moth 乌不宿芽卷蛾[*Rhopobola naevana ilicifoliana* Kearfott](卷蛾科)
holly family 冬青科[Aquifoliaceae]
holly fern ①耳蕨属[*Polystichum* Roth.](鳞毛蕨科) ②耳蕨[*Polystichum fortunei* J. Sm.] ③贯众属[*Cyrtomium* Fresl.](鳞毛蕨科) ④贯众[*cyrtomium fortunei* J. Sm.]
holly grape ①十大功劳属[*Mahonia* Nutt.](小檗科) ②十大功劳[*Mahonia fortunei* Mouill.]
holly-grape mahonia 异叶十大功劳[*Mahonia heterophylla* (Zab.) Schneid.](小檗科)
holly leaf euonymus 刺叶卫矛(冬青卫矛)[*Euonymus aquifolium* Loes et Rehd.]

（卫矛科）

holly leaf miner 冬青潜叶蝇［*Phytomyza ilicis* Curt.］（黄潜蝇科）

holly osmanthus 刺叶桂花［*Osmanthus ilicifolius*（Hassk.）Mouillof］（木犀科）

holly scale 冬青圆蚧［*Aspidiotus britannicus* Newst.］（盾蚧科）

hollyhock ①蜀葵属［*Althaea* L.］（锦葵科）②蜀葵［*Althaea rosea* Cav.］

hollyhock plant bug 蜀葵盲蝽［*Melanotrichus althaeae* Hussey］（盲蝽科）

hollyhock weevil 蜀葵长吻象甲［*Apion longirostre* Olivier］（象甲科）

holm 河边低地

holm oak（= evergreen oak）冬青栎（圣栎）［*Quercus ilex* L.］（山毛榉科）

holmium 钬（Ho，67号元素）

holo- ［字头］全

holobasidiomycetes 无隔担子菌类［Holobasidiomycetes］

holobasidium（= homobasidium）无隔担子

holoblastic cleavage 全割卵裂

holoblastic division 完全分裂（divisio holoblastica）

holocamera 全息摄影机｛显技｝

holocarpic（= holocarpous）整体产果的（holocarpus）

holocellulose 全纤维素

Holocene［epoch］ 全新世

holocentric 散漫着丝点的（holocentricus）

holocentric chromosome 散漫着丝点染色体

holocentric condition（= holokinetic condition）散漫着丝点状态

holochlamydeous 全被的

holochrome 全色素

holocrine 全分泌（腺分泌的一种类型）（holocrinus）

holocrine secretion 全分泌，腺溶分泌

holocrystalline（= hypocrystalline）全晶质

holocrystalline rocks 全晶质岩

holocyclic ①全抱的 ②常绿的（holocyclus）

holodeme 全交配同类群

holoenzyme 全酶

hologamy 整体交配，配子大型（hologamia）

hologenesis 全体发生｛遗传｝

hologenetic action 全体发生活动（actio hologenetica）

hologenic 限雄因子的（hologenicus）｛遗传｝

hologenic inheritance 限雄遗传，全雄遗传（inheritantia hologenica）

hologeny ①个体系统发生 ②整体发生学（hologenia）

hologram ①全息图 ②全息照相（hologramma）

holographic 全息的（holographus）

holographic biology research 全息生物学研究

holographic display 全息显示

holographic filter ①全息［照相］滤光器｛电脑｝②全息滤波器｛遥感｝

holographic grating 全息光栅

holographic storage 全息摄景存储｛遥感｝

holography ①全息术 ②全息摄影（holographia）

hologymnocarpous 果实全裸的（hologymnocarpus）

hologynic 限雌的（hologynus）

hologynic gene 限雌基因，全雌基因（gena hologynica））

hologynic inheritance 限雌遗传，全雌遗传

holohairy actinidia 全毛猕猴桃［*Actinidia holotricha* Finet et Gagnep.］（猕猴桃科）

holohedral character 全面形特征

holokinetic 具散漫着丝点的

holokinetic chromosome 散漫着丝点染色体

hololens 全息透镜

holometabola 全变态类

holometabolan 全变态昆虫（holometabolanus）

holometabolous 全变态的（holometabolus）

holomycin 全霉素

holoparasite 全寄生生物（holoparasita）

holoparasitism 全寄生性（holoparasitismus）

holopetalous 全瓣的，不分裂花瓣的（holopetalus）

holophene 全息录音机

holophonics 三维录音（holophonica）｛信息｝

holophyllous 全绿叶的（holophyllus）

holophyte 自养植物（holophyta）

holophytic 自养的，全植［物］营养的，植物式［营养］（holophyticus）

holophytic nutrition 植物式营养（指靠光合作用取食）

holoplankton 终生浮游生物

holopneustic ①全气门式 ②全气门的（holopneusticus）

holoprotein 全蛋白质

holoptic ①接眼式 ②接眼的（holopticus）

{昆虫}
holosaprophyte 全腐生物(holosaprophyta)
holosericeous 全被细绢状毛的(holosericeus)
holoside 低聚糖
holosporous 全孢子的(holosporus)
holosteous 骨骼发育完全的(holosteus)
holosteric barometer 固体气压表(即空盒气压表)
holotoxin 海参毒素
holotype ①整体型,全型 ②完模标本(holotypus)
holotype specimen 整体植物标本
holozoic 全动[物]营养的,动物式营养的(holozoicus)
holozoic nutrition 动物式营养(指靠有机物取食)
holozygote 全合子(holozygota)
Holstein Friesian 荷兰乳牛,红白斑乳牛
holy clover(= sainfoin, esparect, cock's head) 驴喜豆(驴食豆)[*Onobrychis sativa* Lam = *O. viciaefolia* Scop.](豆科)
Holy Fire 麦角
holy-grass 香草 [*Hierochloë odorata* Wahlb.](禾本科)
holy thistle(= blessed thistle) 轴节蓟(药廉菊)
holy wort(= verbena) 马鞭草
holywood(= guaiacum wood, guaiac) 愈疮木
homalium ①天料木属[*Homalium* Jacq.](天料木科) ②天料木[*Homalium hainanense* Gagnep.]
homalocarpous 平滑果的(homalocarpus)
homalocladous 直枝的(homalocladus)
homalophyllous 平展叶的(homalophyllus)
homalotropous 平生的(homalotropus)
homarine 龙虾肌碱[$C_7H_7NO_2$]
home ①农家,家庭 ②产地,出产地 ③农家的,家庭的,本国的,国内的 ④本农场的 ⑤出发点,起始地
home and abroad 国内外,国内与国外
home apprenticeship 本农场学徒
home area toll 国内长途电话{信息}
home automation 家庭自动化
home-brewed (啤酒等)家庭酿造的
home canning 家庭罐头制造法
home computer 家用计算机
home computerization 家庭计算机化
home consuming crops 自给作物,国内消费作物
home consumption 国内消费量
home economics 家庭经济
home environment 产地环境
home extension intercom 家用分机交互通信{信息}
home facsimile 家用传真{信息}
home farm 家庭农场
home garden 家庭园圃(指菜园或花圃)
home gardening ①家庭园艺 ②家庭园艺学
home greenhouse 家庭温室
home-grown 国产的,自产的
home-grown fodder(= farm-produced fodder) 自产饲料,农场栽培饲料
home-grown rice 国产米
home-grown software 国产软件,自产软件
home industries 国内工业,本国工业
home killing 自[家]屠宰
home landscape 家庭景观,家庭园景{园林}
home-made 本国制的,自制的
home market 国内市场
home mixing fertilizer(= home mixed fertilizer) 自配肥料
home office computer 家用事务计算机
home on 直通电话用户
home page 主页,网页{信息}
home position ①原位,初始位置,起始位置 ②引导位置(指智能用户电报的)
home products 国内产品,国产产品
home range 放牧范围
home robot 家用机器人{物}
home rule 地方自治
home seed 自产种子,本场种子
home seed-raising 自行采种栽培
home slaughtering 自宰,自家屠宰
home-spun 手织的
home storage 室内贮藏
home supply 自给
home trade 国内贸易
home window 初始窗口{电脑}
home-yard orchard 宅旁果园
homeo- ⌞字头⌝相同,相等,类似
homeobox 同源[异型]框{生技}
homeodomain(HD) 同源[异型]域{分遗}
homeokinesis 均等分裂
homeologous chromosome 同型染色体(chromosoma homeologa)
homeologue 同型染色体(homeologuus)
homeomorph 异物同态,异种同态(homeomorphe)
homeoplastic graft ①同种嫁接 ②同种移植
homeoprotein 同源异型蛋白
homeorhesis 同态碎片

homeosis 同源异形
homeosmoticity 恒渗[透压]性,等渗性(homeosmoticitas)
homeostasis 体内平衡,自动平衡,[稳衡]自体调节
homeostat ①同态调节器 ②自动平衡系,稳衡系 ③动态平衡
homeostatic 体内平衡的,稳衡的(homeostaticus)
homeostatic control 稳衡控制
homeostatic effect 稳衡效应(effectus homeostaticus)
homeostatic mechanism 稳衡机制
homeostatic nature 体内平衡特性(natura homeostatica)
homeostatic system 稳衡系统,自体平衡系统,自体调节系统
homeosynapsis 同型联会(homoeosynapsis)
homeotherm 恒温动物(homeotherma)
homeothermia 恒温性(homoeothermia)
homeothermic 恒温的(homeothermicus)
homeotic 同源异形的(homeoticus)
homeotic mutant ①同源异形突变型 ②同源异形突变体
homeotic mutation 同源异形突变(mutatio homeotica)
homeotic transformation 同源异形转化(transformatio homeotica)
homeotransplant (= homotransplant) 同种移植
homeotypic (= homotypic) 同型的
homeotypic division 同型分裂(第二次减数分裂)
homestasis 体内平衡,自动调整节
homestead ①宅地,农园 ②农舍
homestead act 宅地法案
homing ①返回的,回归性的 ②返航{水产} ③归巢{生技} ④引导,复位{电脑}
homing behavior 返回行为,归巢行为
homing devices 追踪装置(一种电子装置)
homing fishes 回归鱼类,返回鱼类
homing habit 回归性,返回性
homing instinct 回归本能,返回本能
homing pigeon 信鸽,传书鸽
homing receptor 回归受体{生技}
homing sequence 引导序列,起始序列{分遗}
hominid ①(= human being) 人类 ②⌞复⌝人科[Hominidae]
hominy 玉米粥
Homo 人属[*Homo*](人科)
homo- ⌞字头⌝同,等,似,高
HOMO (= highest occupied molecular orbital) 最高占据分子轨道{分生}
homoacetogenic bacteria 同型产乙酸细菌(bacteria homoacetogenicae)
homoallele 同点等位基因
homoallelic 同点等位的(homoallelicus)
homoallelic combination 同点等位基因组合
homoallelic gene 同点等位基因
homoamino acid 高氨基酸
homoarginine 高精氨酸
homobasidiomycetes 无隔担子菌类[Homobasidiomycetes]
homobasidium 无隔担子
homobifunctional agent 同[基]双功能试剂
homobium 合体共生
homobrachial 同臂内的(homobrachialis)
homobrachial inversion 臂内倒位
homobrochate 具同形网状的(homobrochatus)
homobront 雷暴等时线,初雷等时线(homobrons)
homocarpous 同型果的(homocarpus)
homocaryon 同核体
homocaryotic 同核体的(homocaryoticus)
homocellular 同形细胞的(homocellularis)
homocellular ray 同型细胞射线(radius homocellularis)
homocentric 同心的(homocentricus)
homochlamydeous 同形花被的(homochlamydeus)
homochlamydeous flower 等被花(flos homochlamydeus)
homochromatism 同色性(homochromatismus)
homochromatography 同系层析(homochromatographia)
homochromous 同色的(homochromus)
homocitric acid 高柠檬酸
homocitrullyl-amino-adenosine 高瓜氨酰氨基腺苷
homoclime 相同气候
homoclinal mountain (= monoclinal mountain) 单斜山
homocopolymer 同型共聚物
homocysteine 高半胱氨酸,同型半胱氨酸
homocystine 高胱氨酸,同型胱氨酸
homocystinuria 高胱氨酸尿[症]
homocytonic 同胞质的(homocytonus)
homocytotropic 嗜同种细胞的(homocytotropus)
homocytotropic antibody 嗜同种细胞抗体
homodesmosome 同桥粒(指结合二细胞表

面间的桥粒）(homodesmosoma)
homodimer 同型二聚体，二体｛细胞｝
homodromous (= homodromal, homodromic) 同向旋转的 (homodromus)
homodromy 同向旋转式 (homodromia)
homoduplex 同质双链
homodynamic ①同动态的 ②同动力的 (homodynamicus)
homodynamic gene 同动力基因 (gena homodynamica)
homodynamic insect 同动态昆虫
homodynamy ①等价 ②同动态 (homodynamia)
homoeandry 同形雄蕊式 (homoeandris)
homoenolate anion 高烯醇阴离子
homoeochromatism 异种同色 (homoeochromatismus)
homoeochrome 同色的 (homoeochromus)
homoeologous (= partly homologous) 部分同源的 (homoeologus)
homoeologous chromosome 部分同源染色体
homoeologous chromosome set 部分同源染色体组
homoeologous gene 部分同源基因
homoeologous group 部分同源组
homoeologue 部分同源染色体
homoeomerous ①同层的 ②同跗节的 (homoeomerus)
homoeomerous lichenes 同层地衣 (lichenes homoeomerae)
homoeomorphic (= homoeomorphous) 同形态的 (homoeomorphus)
homoeonomous 同质的 (homoeonomus)
homoeosis 同源异形
homoeotic 同源异形的 (homoeoticus)
homoeotic mutant ①同源异形突变型 ②同源异形突变体 (mutans homoeoticus)
homoeotype 等模标本 (homoeotypus)
homoeotypic division 同型分裂 (divisio homoeotypica)
homoeotypic mitosis 同型有丝分裂 (mitosis homoeotypicus)
homofermentation 同质［型］发酵 (homofermentatio)
homofermentative lactic bacteria 同质乳酸发酵细菌
homogametangium 同形配子囊
homogamete 同型配子 (homogameta)
homogametic 同型配子的 (homogameticus)
homogametic sex 同配性别 (sexus homogameticus)
homogamety 配子同型 (homogametia)
homogamous (= homogamic) ①同配生殖的 ②具同形花的（指菊科植物）
homogamous flower 同形花 (flos homogamus)
homogamy ①同配生殖 ②雌雄［蕊］同熟 ③同型交配 (homogamia)
homogenate 匀浆 (homogenare)｛遗工｝
homogeneity ①同质性｛遗传｝②均一性，均匀性｛统计｝(homogeneitas)
homogeneity of variance 方差的均一性
homogeneity tests 均一性测验
homogeneon 同质种
homogeneous ①同形的｛解剖｝②同质的｛遗传｝③均匀的｛统计｝④均相的｛生技｝⑤同机件的｛电脑｝(homogeneus)
homogeneous alternation of generation 同质世代交替
homogeneous atmosphere 均质大气
homogeneous catalysis 均相催化
homogeneous computer network 同机种［计算机］网络，同机件［计算机］网络
homogeneous EIA 均相酶免疫测定，均相EIA
homogeneous equilibrium 均相平衡
homogeneous lichenes 同质地衣
homogeneous light 单色光
homogeneous liquid 均匀液
homogeneous material 均匀物质，均质物质
homogeneous medium 同相介质 (medium homogeneum)
homogeneous mesophyll 同形叶肉 (mesophyllum homogeneum)
homogeneous oil immersion 混合油浸镜（显微镜）
homogeneous path 均匀路途
homogeneous plant stand 同形植物群丛
homogeneous population 均匀总体，均一群体
homogeneous precipitation 均匀沉淀
homogeneous ray 同形射线 (radius homogeneus)
homogeneous reactor 均相反应器｛环保｝
homogeneous soil 均质土壤
homogeneous soil unit 均质土壤单位
homogeneous staining region (HSR) 均匀着色区
homogeneous system 单相系，均匀系 (systema homogenea)
homogeneous texture 均质结构
homogeneous tissue 同形组织 (tela homogenea)

homogeneous variance 均匀方差{统计}
homogeneous variety 同质品种
homogeneric 同质的,同类的(homogenerus)
homogeneric tRNA 同类 tRNA
homogenesis(= homogeny) 同源发生,同构发生
homogenetic 同源的(homogeneticus)
homogenetic association 同源联会
homogenetic pairing 同源配对
homogenic 同基因的(homogenicus)
homogenic adaptation 连续适应
homogenic incompatibility 同基因不亲和性
homogenic incompatibility system 同基因不亲和性系统
homogenic sexual incompatibility 同基因性不亲和性
homogenization ①均质化 ②匀浆(homogenisatio)
homogenize 搅匀,均匀化
homogenized milk 均脂牛乳
homogenizer ①匀浆器{遗工} ②(牛乳房用)均质器{畜}
homogenom 同源染色体组
homogenote 同基因子(homogenota)
homogenotic 同基因子的(homogenoticus)
homogenotic merozygote 同基因子部分合子
homogentisate 尿黑酸,2,5-二羟苯乙酸[$(OH)_2 \cdot C_6H_3 \cdot CH_2 \cdot COOH$]
homogentisate oxidase 尿黑酸氧化酶
homogentisic acid 尿黑酸,2,5-二羟苯乙酸[$(OH)_2C_6H_3 \cdot CH_2 \cdot COOH$]
homogeny ①同源发生,同构发生 ②同质性(homogenia)
homoglycan 同多糖
homogonous 花蕊同长的(homogonus)
homogony 花蕊同长(homogonia)
homograft ①同种嫁接 ②同种移植
homoheteromixis 同株异核生殖
homoheterostyly 异柱式(homoheterostylia)
homoideus 同型[中带]
homoimmune 同源免疫(homoimmunus)
homoimmunity 同源免疫性(homoimmunitas)
homoio- ⌊字头⌉等,似,恒
homoiochlamydeous 同形花被的(homoiochlamydeus)
homoiohydric 恒水的(homoiohydrus)
homoiohydric cormophyte 恒水茎叶植物(cormophyta homoiohydra)
homoiohydric ferns 恒水蕨类
homoiohydric land plant 恒水陆生植物(planta terrestris homoidhyora)
homoiohydric plant 恒水植物(planta homoiohydra)
homoiohydric vascular plant 恒水维管植物(planta vascularis homoiohydra)
homoiohydric vascular species 恒水维管种(species vasculares homoiohydra)
homoionic system 单元离子系
homoiothermal ①恒温的 ②恒温动物(homoiothermus)
homoiothermic(= homothermic) 调温的(homoiothermus)
homoiothermicity 恒温性(homoiothermicitas)
homoiothermism(= homothermism) 温度调节
homoiotransplant 种内组织移植
homoisocitric acid 高异柠檬酸
homoisoleucine 高异亮氨酸
homokaryon(= homocaryon) 同核体
homokaryosis 同核性,同核现象(homocaryosis)
homokaryotic 同核的(homocaryoticus)
homokaryotype 同染色体组型(homocaryotypus)
homokaryotypic 同染色体组型的,同核型(homocaryotypicus)
homolactic fermentation 纯乳酸发酵
homolanthionine 高羊毛氨酸
homolecithal 均黄卵的(homolecithalis){遗传}
homolog(= homologue) 同系物
homologization 同源作用(homologisatio)
homologous ①同源的 ②同系的 ③同种异体的(homologus)
homologous alternation of generation 同源世代交替
homologous antigen 同源抗原
homologous antiserum 同源抗血清
homologous arm 同源臂(指染色体)
homologous centromere 同源着丝点
homologous chromosome ①同源染色体 ②对应染色体
homologous chromosome locus 同源染色体座位
homologous chromosome segment 同源染色体节段
homologous chromosome sets per cell 每细胞同源染色体组数
homologous DNA 同源 DNA
homologous floral organ 同源花器(organa

floralis homologa)
homologous gene 同源基因 (gena homologa)
homologous genomes 同源基因组{分遗}
homologous genotype 同源基因型
homologous helper plasmid 同源辅助质粒
homologous immunization 同种(源)免疫
homologous impeller 同系叶轮{环保}
homologous isochromosome 同源等臂染色体
homologous kappa 同源卡巴粒
homologous linkage structure 同源连锁结构
homologous linkage unit 同源连锁单位
homologous locipair 同源座位对
homologous meiotic pairing 同源减数分裂配对
homologous nonsister chromatid 同源非姊妹染色单体
homologous operator 同源操纵基因
homologous organs 同源器官 (organum homologum)
homologous pairing 同源配对{细胞}
homologous phage 同源噬菌体
homologous protein 同源蛋白[质]
homologous recessive 同源隐性
homologous recombination 同源重组{细胞}
homologous series 同源系列 (series homologus){遗传}
homologous series in variation 同源变异性系列
homologous serum 同源血清
homologous strain (= homologous line) 纯合品系
homologous synapsis 同源联会
homologous telomere 同源端粒
homologous theory 同源学说,同源论{遗传}
homologous type 同源型 (typus homologus)
homologous variation 同源变异 (variatio homologa)
homologous variety 同源品种
homologue ①同源染色体 ②对应染色体 ③同系物
homology 同源 (homologia)
homology of chromosome ①染色体同源 ②染色体对应性
homology relationship 同源亲缘关系
homology search 同源[性]检索{电脑}
homomeric ①同数的,同基数的 ②同数同义的 (homomerus)
homomeric genes 同数同义基因
homomerous (= homomeric) 同数的,同基数的 (homomerus)
homomerous flower 同数花 (flos homomerus)
homomerozygote 同部分接合子,同基因接合体 (homomerozygota)
homomery 同数,同基数 (homomerius)
homometaboly 同变态(指昆虫的不完全变态之一) (homometabolia)
homomixis ①同株同核生殖 ②同核融合
homomorpha ①成幼同型{昆虫} ②同型{遗传}
homomorphic 同形的 (homomorphus)
homomorphic bivalent 同形二价染色体
homomorphic chromosome 同形染色体 (chromosoma homomorpha)
homomorphic configuration 同形构型
homomorphic filter 同形过滤器,同形滤波器
homomorphic heterostyly 同形花柱异长 (heterostylia homomorpha)
homomorphic incompatibility ①同态不育 ②同态不亲和 (incompatibilitas homomorphus)
homomorphism ①同形{遗传} ②同态{电脑} ③同质异晶[现象]{地质} (homomorphismus)
homomorphism interpolation theorem 同态内插定理
homomorphism mapping 同态映射
homomorphosis 形态同相
homomorphous 同形的 (homomorphus)
homomorphous flower 同形花 (flos homomorphus)
homomorphy 同形性 (homomorphia)
homomultimer 同多聚物
homonomial 同名的 (homonomialis)
homonomial organ 同名器官 (organa homonomialis)
homonomous 同规的 (homonomus){昆虫}
homonuclear 同核的 (homonuclearis)
homonucleside 同型核苷
homonym 异物同名 (homonymum)
homoosis 同源异形 (homoosis)
homopantoyltaurine 高泛酰牛磺酸
homopause 均质层顶
homopetalous 同形花瓣的 (homopetalus)
homophasic 同相的 (homophasus)
homophasic alternation of generation 同相世代交替
homophasic fusion 同相融合
homophasic multinucleate cell 同相多核细胞
homophasic polykaryon 同相多核体

homophilic adhesion 同嗜黏着{生技}
homophyadic 具同形茎的(homophyadicus)
homophylic 同孢子体的(homophylus)
homophyllous 同型叶的(homophyllus)
homoplasmic 同胞质的(homoplasmus){遗传}
homoplasmon 同质体
homoplasmonic 同质体的,同胞质团的(homoplasmonus)
homoplastic ①同种的,同质的 ②相似的,同型的(homoplasticus)
homoplastic graft ①同种嫁接,种内嫁接 ②同种移植,种内移植
homoplastic transplantation 同种移植,种内移植
homoplastidic 同质体的(homoplastidus)
homoplasy ①非同源相似{遗传} ②平行演化{进化}(homoplasia)
homoploid 同倍体(homoploida)
homoploidy 同倍性(homoploidas)
homopolar 同极的(homopolaris)
homopolymer 同聚物同型多聚体
homopolymeric tailing 同聚物加尾
homopolymerization 同聚化,同聚[反应](homopolymerisatio)
homopolynucleotide 同聚核苷酸
homopolypeptide 同聚肽,同多肽
homopolysaccharide 同多糖
homopore membrane [人工]均孔膜
Homoptera 同翅目
homopteran 同翅昆虫(homopterus)
homopterous 同翅的(homopterus)
homorhizic roots 同根型根系
homosequential 同顺序的,同序列的(homosequentius)
homoserine 高丝氨酸
homoserine lactone 高丝氨酸内酯
homosexuality 同性融合(homosexualitas)
homosomal 同体的,染色体内的(homosomalis)
homosomal aberration 染色体内畸变
homosomal mutation 染色体内突变
homospecific regulation 同特异性调节,同型调节
homosphere 均质层(homospherum)
homosporangium 同型孢子囊
homospore 同型孢子(homospora)
homosporous 具同型孢子的(homosporus)
homospory 孢子同型,同孢现象(homosporia)
homosteric 同构[象]的(homostericus)
homosteric enzyme 同构[象]酶
homosteriod 同系类固醇,同系甾类
homostrophic reflex 同向反曲,同向折转反射
homostyle 花柱同长(homostylus)
homostyled (= homostylous, homostylic) 花柱同长的(homostylosus)
homostyly 花柱同长(homostylia)
homosynapsis 同型联会
homosyndesis 同型联会
homotactic 同序列的(homotacticus)
homotene 原始型
homotenous 原始的(homotenus)
homothallic 同宗配合的(homothallicus)
homothallic yeast 同宗配合酵母[菌]
homothallism (= homothally) ①同宗配合 ②雌雄同株 ③雌雄同体(homothallismus)
homotope ①同位,同位[种族]差异体 ②同族[元]素
homotopic ①等位的,同位的{生技} ②同伦的{数}
homotopy 同伦(homotopia)
homotransplant 同种移值
homotransplantation 同种移植[法](homotransplantatio)
homotrimer 同源三体,同[源]三聚体{细胞}
homotroph 同养(homotrophe)
homotrophic 同养的(homotrophus)
homotrophic effect 同养效应
homotrophic interaction 同养相互作用
homotropic 同向的(homotropus)
homotropic ligand 同向配体
homotropous ①同向弯曲的{形态} ②正合{气象}(homotropus)
homotropy 同向弯曲式(homotropis)
homotype 同型(homotypus)
homotypic 同型的(homotypicus)
homotypic division (= homotype division) 同型分裂(divisio homotypica)
homotypic nuclear division 同型核分裂(divisio nuclearis homotypica)
homotyposis 同型原理
homovanillic acid 高香草酸,邻-甲基香草酸
homovitexin 高杜荆碱
homoxylous wood 同型木(lignum homoxylum)
homozygosis 纯合[现象],纯质性
homozygosis frequency 纯合频率
homozygosity ①纯合性 ②同型接合性(homozygositas)
homozygote ①纯合子 ②纯合体 ③同型接合

体 ④同型接合子(homozygota)
homozygote disadvantage load 纯合子不利负荷
homozygote typing cell 纯合子分型细胞
homozygotic ①纯合体的 ②纯合子的 ③同型接合体的 ④同型接合子的(homozygoticus)
homozygotic state 纯合子状态
homozygotization 纯合子化(homozygotisatio)
homozygous ①纯合的 ②同型的 ③纯合子的(homozygus)
homozygous allele pair 纯合等位基因对
homozygous cell line 纯合细胞系
homozygous diploid 纯合二倍体(diploida homozyga)
homozygous dominance 纯合显性(dominantia homozyga)
homozygous gene 纯合基因(gena homozyga)
homozygous gene pair 纯合基因对
homozygous genotype 纯合基因型(genotypus homozygus)
homozygous individual 纯合个体(individuum homozygum)
homozygous line 纯合[品]系(linea homozyga)
homozygous non-allele 纯合非等位基因
homozygous plants 纯合植物(plantae homozygae)
homozygous recessive genotype 纯合隐性基因型
homozygous sex 纯合性别(sexus homozygus)
homozygous state 纯合状态
homozygous strain ①纯合品系 ②纯合菌株
homozygous transformed stocks 纯合转化品系
homozygous variety 纯合品种
homunculus 雏形人
hondapara ①五桠果属[*Dillenia* L.](五桠果科) ②五桠果(第伦桃)[*Dillenia indica* L.]
hondapara family 五桠果科[Dilleniaceae]
Honduras mahogany 南美桃花心木(洪都拉斯桃花心木)[*Swietenia macrophylla* King.](楝科)
hone(= whetstone) 磨刀石
honestly significant difference test 真正显著差异性测验{统计}
honesty(= moonwort) ①缎花属[*Lunaria* L.](十字花科) ②(= dollar plant) 缎花[*Lunaria annua* L.]
honesty theorem 诚实定理{信息}
honewort(= stone parsley) 邪蒿属[*Sison* L.](伞形花科)
honey 蜂蜜,花蜜
honey agaric 蜜环菌[*Armillaria mellea* (Fr.) Quel.](伞菌科)
honey analysis 蜂蜜分析
honey bee(= bive bee) 蜜蜂
honey bell ①蜜钟花属[*Mahernia* L.](梧桐科) ②蜜钟花[*Mahernia verticillata* L.]
honey berry(= geneps. genep tree) ①蜜莓果属[*Melicocca* L.](无患子科) ②蜜莓果[*Melicocca bijuga* L.]
honey buch ①蜜花属[*Melianthus* L.](蜜花科) ②蜜花(大叶蜜花)[*Melianthus major* L.]
honey-buch family 蜜花科[Melianthaceae]
honey buzzard 八角鹰[*Pernis apivorus*]
honey can 蜜罐,蜜听
honey cart 运肥车,粪车
honey carton 巢蜜纸盒
honey centrifuge 分蜜机,摇蜜机
honey chamber 贮蜜继箱
honey clover(= white melilot) 白香木犀
honey-coloured 蜜色的,蜜黄色的(halvolus melleus)
honey crops 蜜源作物
honey cup(= nectary) 蜜腺(nectarium)
honey dew 白香瓜(白兰瓜)[*Cucumis melo* L.](葫芦科)
honey evaporator 蜂蜜蒸发器
honey extractor 分蜜机,摇蜜机
honey filter 蜂蜜过滤机
honey flow ①蜜源 ②流蜜期
honey flower 蜜花属[*Melianthus.* L.](蜜花科)
honey flower family 蜜花科[Melianthaceae]
honey from sugar-fed bees 糖[饲]蜂蜜
honey fungus(= bootlace fungus) 假蜜环菌(榛蘑)[*Armillaria mellea* (Vahl ex Fr.) Karst.]
honey gate 出蜜口,出蜜栓(指摇蜜机或贮蜜桶)
honey gland(= honey cup) 蜜腺(nectaricum)
honey grader 蜂蜜分级仪
honey harvest ①收蜜 ②采蜜期

honey house ①取蜜室,取蜜车间 ②贮蜜室,贮蜜仓库
honey in combs 巢脾蜜
honey jar 蜜瓶
honey knife 割蜜盖刀
honey label 蜂蜜标签
honey-leaved 蜜叶(melifolii)
honey locust ①皂荚属[*Gleditschia* L. = *Cleditchia* L.](豆科) ②皂荚[*Gleditschia sinensis* Lem.]
honey loosener 松蜜器(取浓蜜用)
honey myrtle ①白千层属[*Melaleuea* L.](桃金娘科) ②白千层[*Melaleuea leucadendra* L.]
honey palm (= wine palm) 蜜果
Honey peach 水蜜桃(桃品种)
honey plant (= nectar plant) 蜜源植物
honey pore (= honey pit) 蜜孔(porus nectarifer)
honey pot 蜜罐
honey press 压蜜机,榨蜜机
honey presser 蜂蜜压出器
honey-pump 蜂蜜泵
honey-ripener 蜂蜜浓缩器,蜂蜜熟化器,贮蜜槽
honey sac 蜜囊(saccus nectariferus)
honey separator 蜂蜜分离器,分蜜器
honey spot 蜜点(macula nectarifera)
honey stomach 蜜胃
honey stopper 蜜胃瓣门
honey strainer 滤蜜器
honey structure 蜂窝状结构{土壤}
honey substitute 蜂蜜代用品,人造蜜
honey-sweet 蜜甜的,蜜味的(mellitus)
honey tap (= honey gate) 出蜜口,出蜜栓(指摇蜜机或贮蜜桶)
honey tin 蜜听,装蜜铁罐
honey tube 蜜管
honey vinegar 蜜醋
honey wax separator 蜜蜡分离机
honey yield 产蜜量
honeybee ①(= hive bee) 蜜蜂[*Apis mellifera* L.] ②⌊复⌉蜜蜂类[Apini] ③⌊复⌉蜜蜂科[Apidae]
honeybee gum 蜜蜂胶
honeycomb ①贮蜜用巢脾,蜜脾 ②蜂窝式通风板
honeycomb bag 蜂巢胃,第二胃
honeycomb check 蜂窝状裂(木材)
honeycomb radiator 蜂窝散热器
honeycomb ringworm (= favus) 黄癣
honeycomb structure 蜂巢状结构
honeycomb support 蜂窝状载体{生技}
honeycomb tetter 黄癣
honeycomb type 蜂窝型
honeycomb weathering 蜂窝状风化
honeycombed 蜂窝状的(flaveolatus)
honeydew ①甘露,蜜露 ②加有糖蜜烟草
honeydew honey 甘露蜜
honeysuckle ①忍冬属[*Lonicera* L.](忍冬科) ②忍冬(金银花)[*Lonicera japonica* Thunb.]
honeysuckle clover (= red clover) 红三叶(红车轴草,红花苜蓿,红和蓝翘摇,红爪草)[*Trifolium pratense* L. = T. *purpureum* Gillib.](豆科)
honeysuckle family 忍冬科[Caprifoliaceae]
honeysuckle sawfly 忍冬叶蜂[*Zaraea inflata* Norton](叶蜂科)
honeywort 蜡花属[*Cerinthe* L.](紫草科)
Hongcone fir ①黄杉属[*Pseudotsuga* Carr.](松科) ②黄杉[*Pseudotsuga sinensis* Dode]
Honghe orange 红河橙[*Citrus hongheensis* Ye et al.](芸香科)
Hongkong dogwood 香港四照花[*Dendrobenthamia hongkongensis* (Hemsl.) Hutch.](山茱萸科)
Hongkong hawthorn ①石班木属[*Raphiolepis* (= Rhaphiolepis) Lindl.](蔷薇科) ②石班木[*Raphiolepis indica* Lindl.]
Hongkong kumquat 金豆(山橘)[*Fortunella hindsii* (Champ.) Swingle.](芸香科)
honing 搪磨
honing machine 磨缸机
honorarium 酬劳金
honour (= honor) ①信用 ②保证
hooch 私造劣酒,酒
hood ①兜瓣,兜囊(cucullus){形态} ②外壳,外套,外罩,挡板,遮板{农机} ③外颚叶,头兜,鼓膜兜{昆虫} ④遮光罩{电脑}
hood development 兜瓣发育
hood inheritance 兜瓣遗传
hood-shape-head leafhopper 头罩叶蝉[*Idiocerus vitticollis* Matsumura](叶蝉科)
hood shield (中耕机的作物)护罩
hood-winged geometrid 隐支尺蠖[*Tanaorhinus confuciaria* Walker]
hooded ①兜状的,盔状的(cucullatus)
hooded awn 盔状芒(arista cucullata)
hooded barley 戴帽大麦(指穗型)
hooded plant 戴帽植株(戴帽状穗型)

hooded strain 戴帽品系(穗型)
hooded type 戴帽型(指穗)
hoof 蹄(牛,马)(ungula)
hoof-and-horn meal 蹄角粉(肥料)
hoof cultivation 蹄耕法,蹄形耕作
hoof cutter 修蹄刀
hoof cutting 修蹄
hoof-shaped 蹄状的(gambosus)
hoof shovel 蹄形松土铲
hoof trimming 削蹄,修蹄
Hooibrenk system 篱壁式整枝(指葡萄整枝法之一)
hook ①钩{形态}②吊钩,挂钩,牵引钩{农机}③趾钩{禽}
hook bolt 钩头螺栓
hook budding 钩状芽接{园艺}
hook chian 钩形链,可拆链
hook fishery 钓鱼业
hook formation 钩状形成(unciformatio)
hook-fruited 具钩状果的(ancistrocarpus)
hook gage 钩子水位计{环保}
hook in 上钩
hook joint 足关节{畜}
hook-leaved 具钩状叶的(ancistrophyllus)
hook lever(= cant hook) (集材用)搬钩[杆],钩梃
hook link 钩形链节
hook-link chain 钩头链
hook off 脱钩
hook scale 带钩尺(用具)
hook-shaped budding(= hook budding) 钩形芽接{园艺}
hook tips 钩蛾科[Drepanidae]
hook tooth 钩齿
hook worm 钩虫,钩口线虫
hookah 水烟袋
hooked ①具钩的 ②钩状的(uncatus)
hooked-back 反钩的,倒钩的,回钩的
hooked hair 钩毛(pilus uncatus)
hooked-like 钩状的(unciformis)
hooker mayten ①美登木属[*Maytenus* Feuill.](卫矛科) ②美登木[*Maytenus hookerlana* sp.]
hooker's holly fern 尖羽贯众[*Cyrtomium hookeriaum* C. Chr.](鳞毛蕨科)
hooker's St. Johnswort 金丝海棠[*Hypericum hookerianum* Wight et Arn.](金丝桃科)
hooker's winghead 匙叶翼首花[*Pterocephalus hooker* sp.](川续断科)
hooking 挂钩
hooklet 小钩(hamulus)
hookup ①挂钩,联结器,联结装置 ②悬挂装置
hoop 箍,箍圈
hoop-coop plant 鸡眼草[*Kummerowia striata* (Thunb.) Schind](豆科)
hoop iron(= hoop binding) ①带钢 ②(打包用)铁箍
hoop pine ①南洋杉属[*Araucaria* Juss.](南洋杉科) ②南洋杉[*Araucaria cunninghamii* Sweet]
hoop-pine family 南洋杉科(Araucariaceae)
hoop scraper 环形刮刀
hoop tension 环箍张力{环保}
hooping 箍
hoose (牛,羊)肺线虫病
Hoover potato digger 升运式马铃薯挖掘机
hop ①葎草属[*Humulus* L.](大麻科) ②葎草[*Humulus scandens* (Lour.) Merr.] ③啤酒花(忽布)[*Humulus lupulus* L.] ④蛇麻(酒花)[*Humulus lupulus* L. var. *cardifolius* Maxim.] ⑤跳跃{电脑} ⑥转发,转寄{信息}
hop aphid 忽布疣额蚜[*Phorodon humuli* Schr.](蚜科)
hop capsid 忽布黄斑盲蝽[*Calocoris fulvomaculatus* De Geer](盲蝽科)
hop clover ①霍布三叶草[*Trifolium agarium* L.](豆科) ②天蓝[*Medicago lupulina* L.](豆科)
hop cone 忽布球果
hop count 跳跃计数,跨越计数
hop-Damson aphid(= hop aphid) 忽布疣额蚜
hop dog(= larva of pale tussock moth) 苹红尾毒蛾[larva of *Dasychira pudibunda* (Linnaeus)](毒蛾科)
hop drier 忽布干燥机
hop drying kiln 忽布干燥炉
hop extract 啤酒花精
hop field 啤酒花栽培地
hop flea beetle 忽布跳甲(大麻跳甲)[*Psylliodes punctulatus* Melsh.](跳甲科)
hop garden 啤酒花圃,[啤]酒花种植园
hop grower 啤酒花栽培者
hop growing 啤酒花栽培
hop-hornbeam ①苗榆属[*Ostrya* Scop.](榛科) ②苗榆[*Ostrya japonica* Sarg.]
hop leafhopper 忽布叶蝉[*Euacanthus interruptus* Linnaeus](叶蝉科)
hop looper 忽布夜蛾[*Hypena humuli* Harr.](夜蛾科)

hop market 啤酒花市场
hop medic（= hop clover） 天蓝
hop mildew（= hop mould） 啤酒花白粉病［*Sphaerotheca humuli*（DC.）Burr.］
hop picker 啤酒花采摘机，啤酒花脱果机
hop picking 啤酒花采摘，啤酒花采收
hop picking machine 啤酒花收获机
hop plant bug 忽布盲蝽［*Taedia hawleyi* Knight］（盲蝽科）
hop plantation 啤酒花种植场(园)
hop plow 啤酒花种植园用犁
hop plucker 啤酒花采集机
hop pole 啤酒花用杆
hop powder 啤酒花粉
hop root weevil 忽布根象甲［*Epipolaeus caliginosus* Fabricius］（象甲科）
hop seal 啤酒花质量标记
hop separator 啤酒花分离器
hop sprayer 啤酒花喷雾器
hop stripper 啤酒花采摘机
hop Trade Committee of the Common Market 共同市场啤酒花贸易委员会
hop-tree ①榆橘属［*Ptelea* L.］（芸香科）②榆橘［*Ptelea trifoliata* L.］
hop trefoil（= hop clover） 天蓝
Hopcide（= CPMC, Hopside） 害扑威（杀虫剂）［$C_8H_8ClNO_2$］
Hopei pear 河北梨［*Pyrus hopeiensis* Yü］（蔷薇科）
Hopfield type neutral network 霍普菲尔特型神经网络{信息}
Hopkin's bioclimate law 霍布金生物气候律
Hopkin's host selection principle 霍布金寄主选择原理{昆虫}
hoplolaimus coronatus 具副冠纽带线虫［*Hoplolaimus coronatus* Thorne］（纽带线虫科）
hoplolaimus galetus 盔状纽带线虫［*Hoplolaimus galetus* Thorne］（纽带线虫科）
hopper ①粮箱，粮斗，料斗 ②漏斗，装料漏斗 ③(播种机)种子箱，种子筒 ④水槽 ⑤食槽 ⑥小蝗虫 ⑦储片盒，送卡箱{信息}
hopper base 箱底，漏斗底
hopper-bottomed tank 锥底池{环保}
hopper capacity 送卡箱容量{信息}
hopper control 蝗虫防治
hopper filter 锥底滤水器{环保}
hopper floor 蔗段箱底，蔗种箱底
hopper gate 漏斗闸门
hopper-type scale 斗式秤
hoppered bottom 锥形底，斗底{环保}
hopping library（= jumping library） 跳查文库{生技}
hoppy 忽布的，啤酒花的
hopscotch method 跳点法{电脑}
hopyard（= hop garden） 啤酒花圃，啤酒花种植园
horde ①游牧部落 ②群众，大众 ③众多
horde of consumers 众多消费者
hordein 大麦醇溶蛋白
hordeivirus 大麦病毒
hordenine 大麦芽碱，对二甲氨乙基苯酚［$HOC_6H_4CH_2CH_2N(CH_3)_2$］
hordeum mosaic virus 大麦花叶病毒
horehound ①夏至草属［*Marrubium* L.］（唇形科）②夏至草［*Marrubium incisum* Benth.］
horismascope 尿蛋白测定器
horizon ①地平圈 ②地平 ③水平 ④层，土层，层位
horizon A A层，淋溶层{土壤}
horizon B B层，淀积层
horizon C C层，母质层
horizon camera 地平[照]相机{遥感}
horizon clearance 水平间隙{遥感}
horizon closure 水平闭合差{测}
horizon D D层，基岩层
horizon of soil 土层
horizon plain 地平面，平面
horizonation 分化层(指土体结构)（horizonatio）{土壤}
horizontal ①水平的 ②平展的(指枝条) ③卧式的 ④水平细胞（horizontalis）
horizontal adjustment 水平校正{环保}
horizontal advance 水平推进，横向推进
horizontal angle 方位角
horizontal arm effect 平臂效应{遥感}
horizontal band-saw 横带锯
horizontal branch 水平枝（ramus horizontalis）
horizontal channel 横渠
horizontal circle 地平圈
horizontal clearance（= track wide） 轮距，轨距
horizontal component 水平组成部分
horizontal control point 平面控制点
horizontal conveyor 横输送带
horizontal coordinates 水平坐标
horizontal cordon training 水平单干形整枝
horizontal corn binder 卧捆式玉米割捆机
horizontal cushion 水平节位
horizontal cutter 水平[圆盘]式割草机
horizontal-cutter forage harvester 水平切刀式饲料收获机

horizontal cutting 水平插〔园艺〕
horizontal density 水平郁闭度
horizontal deviation 水平偏差
horizontal disk separator 卧式圆盘种子清选机
horizontal disk-type root cutter 水平圆盘式块根切碎机
horizontal distance 水平距离
horizontal distribution 水平分布
horizontal ditch 水平沟
horizontal division 水平划分
horizontal drier 卧式干燥机
horizontal drill machine 卧式钻床
horizontal drilling machine 水平式条播机，卧式条播机
horizontal engine 卧式发动机
horizontal evolution 水平进化
horizontal feed ①水平送料〔环保〕②水平馈送〔电脑〕③横喂式〔农机〕
horizontal feed "trash" planter 横喂式带叶茎下种机（指甘蔗种植用的）
horizontal flow 平流〔环保〕
horizontal flow chart 横向流程图〔电脑〕
horizontal-flow sand filter 平流沙滤池〔环保〕
horizontal-flow sedimentation basin 平流沉淀池〔环保〕
horizontal flow tank 平流池〔环保〕
horizontal flue 水平烟道
horizontal force 水平力
horizontal format 横向格式〔信息〕
horizontal gene transfer 基因水平转移〔分遗〕
horizontal grinding mill 卧式磨粉机
horizontal habit 水平习性（指稻叶）（habitus horizontalis）
horizontal hammer mill 水平[旋转]锤式粉碎机
horizontal hydraulic adjustment 联结装置的水平调节
horizontal hydraulic press 卧式液力压榨机
horizontal intercellular canal（= transverse intercellular canal） 横向胞间道（canalis intercellularis horizontalis）
horizontal irrigation well 横井
horizontal justification 水平调整
horizontal layering （= continuous layering） 水平压条
horizontal leaves 水平叶（指稻）（folii horizontales）
horizontal line 水平线
horizontal method of digging 平面挖翻法
horizontal microscope 卧式显微镜〔显技〕
horizontal migration 水平移动
horizontal mixing 水平混合
horizontal movement（= horizontal motion） 水平运动
horizontal multiple layering 水平多株压条法〔园艺〕
horizontal one-stage pump 卧式单级泵
horizontal orchard trellis 水平果园篱栅
horizontal palmette training 水平多干形整枝
horizontal pathodeme 水平致病同类群
horizontal plan 平面图
horizontal plane 水平面
horizontal planting 水平种植
horizontal plate 水平盘〔测〕
horizontal plate planter 水平排种盘式播种机
horizontal platform 卧式割台
horizontal position 水平位置
horizontal projection 水平投影
horizontal pump 卧式泵
horizontal resistance 水平抗[病]性
horizontal retrace 水平回扫〔遥感〕
horizontal revolving disc 卧式旋转圆盘刀〔农机〕
horizontal root 水平根（radix horizontalis）
horizontal rotary drier 卧式旋转干燥机
horizontal rotor 水平转头〔生技〕
horizontal saw-frame 横框锯
horizontal scale 水平比例尺〔遥感〕
horizontal screw conveyer 卧式螺旋输送器
horizontal scrolling 水平滚动，横滚
horizontal section 水平断面
horizontal sedimentation basin（= horizontal sedimentation tank） 平流沉淀池〔环保〕
horizontal shaft water turbine 横轴水轮机，水平轴式水轮机
horizontal shear 水平剪切
horizontal shift 水平位移
horizontal silo ①地面青贮间 ②地下青贮窖
horizontal slab gel electrophoresis 水平板凝胶电泳
horizontal soil zonality 水平土壤地带性
horizontal soil zone 水平土壤带
horizontal spacing 水平间距调整
horizontal spindle cotton picker 水平摘锭采棉机
horizontal spindle press 水平轴式压榨机
horizontal-spindle pump 平轴式泵〔环保〕
horizontal spread 水平伸展，水平蔓延（指杂草）

horizontal strata 水平岩层{地质}
horizontal stratification 水平层理,水平成层结构
horizontal suction ①水平吸收{生理}②犁的水平间隙{农具}
horizontal surface 水平面
horizontal survey 水平测量
horizontal synchronization 水平同步
horizontal system 横向系统
horizontal tank 平流池{环保}
horizontal texture 水平质地,水平垒结
horizontal thrust 水平推力
horizontal training 水平整枝
horizontal transmission 水平传递
horizontal transporter 水平输送器,卧式输送带
horizontal trellis 水平棚架(指种植葡萄用)
horizontal type 水平式,横式,队式
horizontal-type pump 卧式泵
horizontal visibility 水平能见度{气象}
horizontal volute propeller pump 卧式蜗壳旋桨泵
horizontal water movement 水平水分运动
horizontal wind vector 水平风向量
horizontal zonality 水平地带性
horizontally oscillating thinner 水平摆动式间苗器
hormesis (毒质在无毒浓度下的)刺激作用
hormetic (毒质在无毒浓度下的)刺激作用的(hormeticus)
hormogenic 产生激素的(hormogenus)
hormogenium 连锁体(=hormogen){真菌}
hormonal 激素的(hormonalis)
hormonal control 激素控制
hormonal coordination 激素协调
hormonal herbicides 激素除草剂
hormonal receptor (=hormone receptor)激素受体
hormonal regulation 激素调节
hormonal signal 激素信号
hormone 激素
hormone action 激素作用
hormone and anthocyanin 激素与花色素苷
hormone and callus growth 激素与愈合组织生长
hormone and cell culture 激素与细胞培养
hormone and cell division 激素与细胞分裂
hormone and differentiation 激素与分化
hormone and gene regulation 激素与基因调节
hormone and isozyme 激素与同工酶
hormone and metabolism 激素与代谢作用
hormone and organogenesis 激素与器官形成
hormone balance 激素平衡
hormone controlling flowering 控制开花激素
hormone culture ovule 激素培养胚珠
hormone derivation 激素衍生物
hormone effect in vitro 离体激素效应,试管内激素效应
hormone-ethylene balance theory 激素-乙烯平衡学说{生理}
hormone in medium 培养基激素
hormone induction of division 分裂的激素诱导
hormone like herbicide (=hormone type herbicide) 激素型除草剂
hormone mimic 合成激素,模拟激素
hormone nuclear receptor 激素核受体{分遗}
hormone receptor 激素受体
hormone response element (HRE) 激素效应元件{生技}
hormone signaling 激素信号传导{生技}
hormone spray 激素喷射
hormone system 激素系统
hormone weed killer 激素除草剂
hormonogenic 产生激素的(hormonogenicus)
hormospore 连锁孢子(hormospora)
horn ①角 ②距 ③触须 ④角蜂,角山(cornus)
horn cell 角质细胞(cellula cornuta)
horn-flowered 角状花的(anthocerus)
horn fly 骚扰角蝇[*Haematobia irritans* (Linnaeus)]{蝇科}
horn-fruited 角状果的(ceratocarous)
horn-leaved 角状叶的(ceratophyllus)
horn meal (肥料用)角粉
horn of plenty 食用喇叭菌[*Craterellus cornucopioides* (L. ex Fr.) Pers.]
horn opener 锄铲式开沟器
horn poppy (=horned poppy) ①海罂粟属[*Glaucium* Mill.](罂粟科) ②海罂粟[*Glaucium tenue* Regel et Schmalh.]
horn relay 电喇叭继电器
horn ring 角上环带{畜}
horn-seeded 具角状种子的(ceratospermus)
horn-shaped 角状的(corniformis)
horn-stalked 角状茎的(ceratocaulis)
horn worms 天蛾科幼虫(=larvae of Sphingidae)
hornbast 角质纤维(corniblastus)

hornbeam ①鹅耳枥属［*Carpinus* L.］（榛木科）②鹅耳枥［*Carpinus turczaninowii* Hance］
hornbeam maple 鹅耳枥叶槭［*Acer carpinifolium* Sieb. et Zucc.］（槭科）
hornberg（=hornstone） 角页岩｛地质｝
hornblende 角闪石｛地质｝
horned ①角状的 ②角质的（cornutus）
horned animals 有角家畜，有角牲畜
horned nectary 角形蜜槽（nectarium cornutum）
horned poppy ①海罂粟属［*Glaucium* Mill.］（罂粟科）②海罂粟［*Glaucium tenue* Regel et Schmalh.］
horned rampion ①牧根草属［*Phyteuma* L.］（桔梗科）②牧根草［*Phyteuma scheuchzeri* All.］
horned squash bug 瓜角缘蝽［*Anasa armigera*（Say）］（缘蝽科）
horned stock 有角家畜
horned treehopper 黄角蝉［*Orthobelus flavipes* Uhler］（角蝉科）
horned wax scale 角蜡蚧［*Ceroplastes pseudoceriferus* Green.］（蜡蚧科）
hornemann willow weed 深山柳叶菜［*Epilobium hornemanni* var. *foucandianum* Hara.］（柳叶菜科）
hornet ①（=European hornet） 大胡蜂［*Vespa crabro* L.］②⌊复⌉（=yellow jackets, papernest）胡蜂科［Vespidae］③草莓地上茎
hornet moth（=poplar clearwing） 大杨透翅蛾［*Aegeria apiformis* Clerck］（透翅蛾科）
hornification 角质化（hornificatio）
hornless 无角的（ecornutus）
hornlike 角状的（cornutus）
hornrim saxifrage 角边虎耳草［*Saxifraga marginata* Stornb.］（虎耳草科）
horns ［内］阳茎角｛蜂｝
horntail ①树蜂 ②⌊复⌉树蜂科［Siricidae］
hornwort ①金鱼藻属［*Ceratophyllum* L.］（金鱼藻科）②金鱼藻［*Ceratophyllum demersum* L.］
hornwort family 金鱼藻科［Ceratophyllaceae］
hornworts 角苔纲［Anthocerotae］
horny ①角质的（corneus）②角状的（cornutus）
horny knot 角质节
horny layer 角质层（culticulus）
horny substance 角质
horny wall 角壁
horopter circle 双眼单视界圆
horotelic evolution 中（常）速进化
horotelic rate 常速
horotelic rate of evolution 进化的常速
horrible 可怕的，令人恐怖的（horribilis）
horror 恐怖，极端讨厌
horror autotoxicus 恐惧中毒，自身中毒禁忌
horse ①马［*Equus caballius* L.］②⌊复⌉马科［Equidae］
horse-balm 柯林逊属［*Collinsonia* L.］（唇形科）⌊拟⌉
horse banana（=plantain） 大蕉
horse barn 马厩
horse bean 马蚕豆（中粒种蚕豆）［*Vicia faba* var. *equina* L.］（豆科）
horse biting louse 马羽虱［*Bovicola equi*（Denny）］（兽羽虱科）
horse botfly（=common horse botfly） 大马胃蝇（肠胃蝇）［*Gasterophilus intestinalis* DeG.］（胃蝇科）
horse bots 胃蝇科［Gasterophilidae］
horse breaking 马调教，驯马
horse breeder 马饲养员
horse breeding ①养马业 ②马育种
horse brier（=common greenbrieor） 圆叶菝葜［*Smilax rotundifolia* L.］（菝葜科）
horse butcher's shop 马肉铺（店）
horse card 马梳，马刷
horse castration 马去势
horse-chestnut ①七叶树属［*Aesculus* L.］（七叶树科）②七叶树［*Aesculus chinensis* Bunge］③（=common horse-chestnut）欧洲七叶树［*Aesculus hippocastanum* L.］
horse-chestnut family 七叶树科［Hippocastanaceae］
horse collar 马项圈，马套包，颈套
horse colt 驹，幼马
horse comb 马用铁刷
horse cultivator 畜力中耕机，马拉中耕机
horse daisy（=scentless mayweed） 淡甘菊（不香母菊）［*Matricaria inodora* L.］（菊科）
horse disc harrow 马拉圆盘耙
horse-drawn 马拉的，畜力牵引的
horse-drawn binder 马拉割捆机
horse-drawn expanding harrow 马拉伸展式钉齿耙
horse-drawn finger-wheel rake 马拉指轮式搂草耙
horse-drawn machinery 畜力牵引式机具，马拉机具

horse-drawn motorized duster 马拉机动喷粉机
horse-drawn mower（= horse mover） 马拉刈草机
horse-drawn plough（= horse drawn plow） 马拉犁
horse-drawn potato spinner 马拉马铃薯挖掘抛掷机
horse-drawn rake 马拉搂草机
horse-drawn reaper 马拉收割机
horse-drawn ridging plow 马拉起垄犁
horse-drawn side-delivery rake 马拉侧向搂草机
horse drill planter 马拉条播机
horse-driven duster 马拉喷粉器
horse-driven motor sprayer 马拉动力喷雾器
horse dung 马粪
horse fly ①虻 ②⌞复⌝（= deer flies, gad flies）虻科［Tabanidae］
horse follicle mite（= horse mange mite） 马蠕形螨［*Demodex equi* Raill.］（蠕形螨科）
horse foot mange mite 马足痒螨［*Chorioptes equi*（Gerl.）］（痒螨科）
horse gang 马拉多铧犁
horse gear 畜力传动装置，马拉传动装置
horse gentain（= feuerwort） ①莲子藨属［*Triosteum* L.］（忍冬科）②莲子藨［*Triosteum sinuatum* Maxim.］
horse gin 畜力卷扬机
horse gnat 马蚋［*Simulium equinum* Linnaeus］（蚋科）
horse gram（= twin-flower dolichos, asparagus bean） 长豇豆（长豆角）［*Dolichos sesquipedalis* L.］（豆科）
horse grubber 马拉碎土机
horse hack 马拉碎土锄
horse hair 马毛，马鬃
horse-hair lichen 树发［*Alectoria jubata* Arn.］（松萝科）
horse harness 马具，挽具
horse hay mower 马拉干草刈草机
horse hay press 马拉干草压捆机
horse hide 马皮
horse hoe 畜力中耕锄，马拉中耕除草器
horse-hoeing husbandry 马拉农具耕作
horse husbandry 养马业，马饲养
horse implement 畜力农具，马拉农具
horse instrument 马拉农具
horse itch mite 马疥螨［*Sarcoptes scabiei equi* Gerlach］（疥螨科）
horse keeping ①养马学 ②养马业
horse latitude high 副热带高压
horse latitudes 副热带，无风带
horse leather 马革
horse louse 马畜虱［*Damalinia equi* Denny］
horse mango（= coarse mango） 灰杧（粗杧木）［*Mangifera foetida* Lour.］（漆树科）
horse manure 马厩肥，马粪［肥］
horse marker 马拉划行器
horse-mint（= monarda） ①香蜂草属（美国薄荷属）［*Monarda* L.］（唇形科）②（= wild bergamot）香蜂草［*Monarda fistulosa* L.］③（= oswegotea）美国薄荷［*Monarda didyma* L.］
horse mushroom 可吃的野蘑菇［*Agaricus arvensis* Scheaff. ex Fr.］（伞菌科）
horse paddy weeder 畜力水田中耕除草机，畜力水稻田中耕除草机
horse ploughing（= horse plowing） 马力耕地
horse-pox 马痘
horse psoroptic mange mite（= horse scab mite） 马痒螨［*Psoroptes equi*（Raspail）］
horse raddish flea beetle ［辣根］阔条跳甲［*Phyllotreta armoraciae* Koch］（跳甲科）
horse raddish leaf beetle（= cabbage leaf beetle） 辣根猿叶虫［*Phaedon cochleariae* Fabricius］（叶甲科）
horse-radish ①辣根属［*Armoracia* Gaertn.］（十字花科）②辣根［*Armoracia lapathifolia* Gilib.］
horse-radish［tree］family 辣木科［Moringaceae］
horse-radish peroxidase（HRP） 辣根过氧化物酶
horse radish tree ①辣木属［*Moringa* Burm.］（辣木科）②辣木［*Moringa oleifera* Lam.］
horse raising ①马饲养 ②养马学
horse rake 马拉搂草耙
horse road 畜路，牛马道，大车道
horse scraper 马拉无齿耙，马拉拖板
horse-shoe 马蹄铁，马撑
horse-shoe base 马蹄形镜座，镜脚（显微镜）
horse-shoe geranium 马蹄纹天竺葵［*Pelargonium zonale* Ait.］（牻牛儿苗科）
horse-shoe mapping 马蹄形映射〈电脑〉
horse-shoe section 马蹄形断面
horse-shoe-shaped 马蹄形的（hippocrepiformis）
horse-shoe-vetch ①马掌花属［*Hippocre-*

pis L.]（豆科）②马掌花[*Hippocrepis unisiliquosa* L.]
horse shoeing 钉马蹄铁
horse-sleigh 马橇
horse sorrel（= red sorrel） 大酸模（水生酸模）[*Rumex hydrolapathem* Huds. = *R. maximus* Gmel.]（蓼科）
horse sucking louse 驴[盲]虱[*Haematopinus asini* Linnaeus]（盲虱科）
horse-tail ①木贼属[*Equisetum* L.]（木贼科）②木贼[*Equisetum hiemale* var. *japonicum* Milde.]
horse-tail beefwood（= beefwood） 木麻黄
horse-tail scouring-rush（= horse-tail） 木贼属[*Equisetum* L.]（木贼科）
horse thresher 畜力脱粒机
horse traction 马拉,畜力牵引
horse tree ①吊杆（马具）②锯木架
horse weeder 马拉除草机,畜力除草机
horse works ①畜力耕作 ②畜力作业
horseflesh 马肉
horseing ①发情马 ②交配 ③乘马,备马
horselock 襻绳,马襻
horseman 马饲养员
horsepower（HP） 马力,功率
horsepower hour（h. p. hr.） 马力小时
horsepower plough 马拉犁
horsepower rating 额定功率
horse's hoof 马蹄
horseweed（= horseweed Fleabane, Canadian fleabane） 加拿大飞蓬[*Erigeron canadensis* L.]（菊科）
horsing season （马）发情季节,（马）配种季节
horst 地垒{地质}
horst mountain 地垒山
hortense（= hortensial） 园圃的（hortensis）
hortensia ①绣球属（八仙花属）[*Hydrangea* L.]（绣球科）②绣球（八仙花）[*Hydrangea macrophylla* DC. f. *hortensia* (Maxim.) Rehd.]
horticultural ①园艺的 ②园艺学的（horticulturalis）
Horticultural Abstract 园艺文摘
horticultural adviser 园艺顾问
horticultural area 园艺区
horticultural crops 园艺作物
horticultural enterprise ①园艺业 ②园艺农场
horticultural equipment 园艺用工具
horticultural exhibition 园艺展览
horticultural gardening 园艺栽培
horticultural machine 园艺机器
horticultural machinery 园艺机械
horticultural manufacture 园艺制造
horticultural nursery 园艺苗圃
horticultural plantation 园艺种植园
horticultural plants 园艺植物（plantae horticulturales）
horticultural production 园艺生产
horticultural products 园艺产品
horticultural research 园艺研究
horticultural science 园艺科学,园艺学（scientia horticulturalis）
horticultural seeds 园艺种子
horticultural show 园艺展览
horticultural society 园艺学会
horticultural species 园艺种（species horticulturalis）
horticultural store 园艺仓库
horticultural terminology 园艺学名词
horticultural tractor（= garden tractor） 园艺拖拉机,园圃拖拉机
horticulture ①园艺 ②园艺学（horticultura）
horticulture under glass 温室园艺
horticulture under structure 保护园艺（指在温室,塑料棚内的园艺）
horticulturist 园艺工作者,园艺家（horticulturistus）
hortulamus 园中的
hortulana 园艺的（hortulanus）
hortulana plum 果酱李[*Prunus hortulana* Baily.]（蔷薇科）
hortussiccus 腊叶标本集（hortussiccus）
hose ①软管（橡皮、塑料或帆布制成的）②蓇葖果 ③玉米果穗鞘
hose connection（= hose coupling） ①软管接头 ②软管联结
hose director 软管喷头,软管导流口
hose elbow 软管弯头
hose fitting 软管接头
hose-in-hose 套冠
hose line 软管管路
hose nozzle 软管喷嘴
hose-pipe 软管,蛇形管
hose-proof machine 防水式电机
hose reel 软管卷绕轮
hose-type pump 软管式泵
hose valve 软管阀,水龙带阀{环保}
hosho oil 香樟油
hosie ormosia 红豆树[*Ormosia hosiei* Hemsl. et Wils.]（豆科）
hosing 用软管灌溉

hospital barn 隔离厩,隔离畜舍
hospital pen 隔离畜圈,卫生畜圈,病畜圈
host ①寄主,宿主 ②受体,主体 ③宿主机,主机(hospes)
host application program 主机应用程序{电脑}
host avoidance 寄主回避性
host bacteria 寄主细菌
host bus 主机总线{信息}
host cell 寄主细胞
host-cell DNA polymerase 寄主细胞 DNA 聚合酶
host cell reactivation 寄主细胞重激活(复活)[作用]
host-cell reactivation deficient mutant (hcr-) 寄主细胞复活缺陷型
host component 寄主组分
host computer 主机,主计算机
host computer software 主计算机软件
host condition 寄主状态
host-controlled DNA modification 寄主控制 DNA 饰变
host-controlled DNA restriction 寄主控制 DNA 限制
host-controlled variation 寄主控制变异
host core RNA polymerase 寄主核心 RNA 聚合酶
host data language 宿主型数据语言{电脑}
host defense 寄主防御
host density 寄主密度
host-guest complex 主客体络合物,主客体复合物{分生}
host-guest coordination compound 主客体配合物
host habitation 寄主聚居地
host-host protocol 主机-主机传输协议{信息}
host-induced modification 寄主诱发饰变
host initiated program 主机启动程序
host-killing efficiency 寄主杀伤效率
host machine 主机
host-mediated assay 中间寄主鉴定
host mediated method 寄主媒介法
host monitoring protocol (HMP) 主机监督协议{信息}
host-parasite interaction 寄主寄生物间相互作用
host-parasite reaction 寄主寄生物反应,寄主寄生物关系
host-parasite relation 寄主-寄生物关系
host-parasite relationship 寄主寄生物相互关系
host-pathogen interaction 寄主-病原相互作用
host-pathogen relationship 寄主-病原相互关系
host plant 宿主,寄主植物(hospes)
host race 寄主族
host range 寄主范围
host range gene 寄主范围基因
host range mutant (h) ①寄主范围突变体 ②寄生范围突变型
host reaction 寄主反应
host-recombination system 寄主重组系统
host-resistance 抗寄主性,寄主抗性
host restriction 寄主限制
host selection 寄主选择
host sigma factor 寄主 δ 因子
host-specific modification pattern 寄主特异修饰型
host specificity 寄主专化性
host strain 寄主菌株
host-symbiote coadaptation 寄主-共生物互适应
hot 热[的],炎热[的](thermus)
hot air blower 热风鼓风机
hot-air disinfection 高温消毒,高温灭菌
hot air distributing duct 热风分配管
hot air drier 热风干燥机
hot air drying 热风干燥
hot air drying kiln 热风干燥窑
hot air heater 热风暖房机{农施}
hot air oven 干热灭菌箱
hot air sterilization 干热灭菌
hot air sterilizer 干热灭菌器
hot-air type heater 热风型加热器
hot and cold water system 冷热水管系统{环保}
hot-bath disinfection method 热浴消毒法,温汤浸种[消毒]法
hot blast 热风
hot blast fog machine 热风喷烟机
hot-bulb 烧球,热球
hot-bulb engine 烧球式柴油机
hot cap 加温罩,暖冠
hot chassis 接地底盘{信息}
hot cloud 热云
hot combustion process 高温燃烧过程
hot day 炎热日
hot desert 炎热荒漠{生态}
hot-desert clone 炎热荒漠无性系,炎热荒漠克隆{农生技}
hot dip coating 金属热浸涂层{环保}
hot dog processing 热狗加工,小红肠加工{加工}
hot fermentation 高温发酵

hot gardening 温室园艺学
hot ground ①加温土 ②温床
hot habitat 炎热生境〔生态生理〕
hot hole 加温穴
hot house 温室,暖房
hot-house effect 温室效应
hot-house fruit 温室果品
hot-house gardening 温室园艺
hot-house raising 温室栽培,促成栽培
hot key 热键〔电脑〕
hot manure 热性厩肥
hot memory 热存储器
hot money 流动的国际短期资金
hot pepper 辣椒(番椒)[*Capsicum frutescens* L.](茄科)
hot phenol 热酚
hot phenol method 热酚法〔遗工〕
hot pickled mustard-green 榨菜(我国四川名产)
hot plate 加热板,电热板
hot pool 热池,热水池〔环保〕
hot-pressed ferrite (HPF) 热压铁氧体
hot pressing (香油)热榨法
hot print 热打印
hot process 热法〔环保〕
hot rice nursery 加温秧田
hot rice-nursery bed 加热秧田苗床
hot ridge 加温垄
hot rolling waste water 热轧钢废水〔环保〕
hot-room ①加温室〔蜂〕②(烟草)烘房
hot sauce 辣酱(一种调味品)〔加工〕
hot season 热季
hot setting 高温固化
hot setting adhesive 高温固化胶黏剂
hot side 热方
hot spells 旱风,干热风
hot spot ①热点(基因高频率突变区) ②点斑
hot spot contention 热点竞争
hot spot of agricultural research 农业研究热点
hot spots for frameshift mutation 码组移动突变热点,移码突变热点〔分遗〕
hot spring 温泉
hot spring organism 温泉生物
hot standby 热备用品
hot-steady variety 耐热品种
hot topic 热门题目
hot waste water 高温废水〔环保〕
hot water 热水,暖水,温水
hot-water bath 热水浴
hot water bottle (杂交用)暖水瓶
hot water brooder 热水育雏器
hot water deposit 热水沉积物〔环保〕
hot water disinfection 温汤消毒法,温汤浸种法
hot water dressing (= hot water treatment) 温汤浸种
hot-water eluate 热水洗提物〔环保〕
hot water emasculation method 温汤去雄法
hot-water energy 热水能[量]
hot water for bulk emasculation 温汤集团去雄法
hot water funnel 热水用漏斗
hot-water heater ①热水加温器 ②热水暖房机〔农施〕
hot water heating 热水加温
hot water heating for livestock house 畜舍热水供暖〔农施〕
hot-water piping 热水管道〔环保〕
hot water radiator 热水散热器
hot water retting 温水浸麻
hot water seed treatment 温汤浸种
hot water supply 热水供应〔环保〕
hot-water tank 热水罐,热水箱〔环保〕
hot water treated cane 甘蔗热水处理
hot water treatment ①温汤浸种〔栽培〕②热水处理〔微生物〕
hot water vat 热水槽
hot-water wax press 热水榨蜡机
hot wave 热浪
hot weather 酷热天气
hot wind 热风
hot wire 热线〔信息〕
hot-wire anemometer 热线风速表
hot-wire microphone 热线扩音机
hot zone ①炎热压(指炎热生境)〔生态生理〕②行末区〔电脑〕③热带〔气象〕
hotbed 温床
hotbed by electric heating 电气加热温床
hotbed by steam heating 蒸汽加热温床
hotbed combine 联合温床
hotbed cultivation 温床栽培
hotbed culture 温床栽培
hotbed forcing 温床促成[栽培]
hotbed ground 温床场[地]
hotbed growing 温床栽培
hotbed inclosed with straw mats 稿秆温床
hotbed nursery 温床秧田
hotbed plant 温床植物
hotbed raising seedlings 温床育苗
hotbed seeder 温床播种机
hotframe 温床框
hotkap (= hotcap) 暖冠,暖罩(防作物冻害的)

Hotleing transform 霍特林变换〈遥感〉
hotpit 加温地窖,热窖
hotspur (=early pea) 早熟豌豆
hottentot fig ①松叶菊属[*Carpobrotus* spp.](番杏科) ②松叶菊[*Carpobrotus edulis* sp.]
Houdan ①奥当马(法国种) ②奥当鸡
hough (=hock) 跗关节
hound ①猎犬 ②(拖车车架的)斜杆,斜撑杆
hound's-berry (=black night-shade) 龙葵
hound's-tongue ①倒提壶属[*Cynoglossum* L.](紫草科) ②倒提壶[*Cynoglossum amabile* Stapf. et Drum.]
Houpt's fixative 郝氏固定液〈显技〉
hour ①时间 ②小时
hour-glass 沙漏,滴漏
hour-glass cell 滴漏细胞
hour-glass pointer 沙漏指针
hour-hand 时针
hour meter 时间计,时间表
hour of observation 观测时,观察时
hourly ①每小时,每小时一次 ②时时,随时
hourly amount 合计小时
hourly earnings 计时收入
hourly observation 每小时观测,每小时观察
hourly precipitation 一小时降水量
hourly value 每小时数值
hourly variation coefficient 时变化系数〈环保〉
hours fished 捕捞作业时数
hour's fishing 每小时渔获量
hours of sunshine 日照时间
house ①房屋,住宅 ②家族,家系
house ant 家蚁[*Leptothorax congruus* Smith](蚁科)
house-apiary 养蜂屋,屋式养蜂场
house automation 家庭自动化
house bee 幼蜂,巢内蜂,内勤蜂
house branch 接户[供水]支管〈环保〉
house brooder 室内育雏器
house building 住房建筑
house cable 室内电缆〈信息〉
house centipede 家百足(家蚰蜒)[*Scutigera cleoptrata* Linnaeus]
house connection 接户[废水]支管〈环保〉
house cricket 家促织(家蟋蟀,灶马)[*Acheta domestica* Fabricius](蟋蟀科)
house drain 室内总排水管〈环保〉
house flies, stable flies and allies 蝇科[Muscidae]
house fly (=typhoid fly) [欧洲]家蝇[*Musca domestica* L.](蝇科)
house fungus 住屋真菌,伏果圆炷菌[*Gyrophana lacrymans* (Wulf. ex Fr.) Pat.]
house inlet 住户进水口,住户雨水口〈环保〉
house living quarters ①农舍,农家 ②农场住宅(=farm house)
house longhorn beetle (=old house borer, Euro pean house-borer, European house-longhorn) 家天牛[*Hylotrupes bajulus* Linnaeus](天牛科)
house lot 住宅地,住宅区
house microclimate 室内小气候
house mite 家嗜甜螨[*Glycyphagus domesticus* De Geer](嗜甜螨科)
house mouse 小家鼠[*Mus musculus* L.](鼠科)
house mouse mite 家鼠螨[*Lyponyssoides sanguineus* Hirst]
house plant 室用植物(指观赏植物)
house rat (=black rat) 玄鼠
house sewage 住户污水,生活污水〈环保〉
house sewer 接户污水管〈环保〉
house site 住宅位置,住宅坐落
house-sparrow 家雀(麻雀)[*Passer domesticus* L.](文鸟科)
house spider 家蛛[*Tegenaria domestica*]
housed livestock (=stabled cattle) 舍饲的牲畜
household ①家属,家眷 ②家务 ③家庭的 ④家常的,普通的
household bacteriology 家庭细菌学
household biogas installation 家庭沼气设施,户用沼气装置〈农施〉
household firewood saving stoves 家庭省柴炉灶,户用省柴炉灶〈农施〉
household garden 家庭园圃(种菜,栽花)
household management 家务管理
household milk 鲜奶
household refuse (=garbage) 家庭垃圾
household sewage (=house sewage) 生活污水,家庭污水〈环保〉
household waste water 生活废水,生活污水〈环保〉
household water filter 家庭水滤器
housekeeper ①内务处理程序〈电脑〉 ②管家[人]
housekeeping ①管家,"家务"〈分生〉 ②内务,内务操作,内务处理〈电脑〉 ③家政,家务管理〈农经〉
housekeeping gene 管家基因,"家务"基因
housekeeping information 内务辅助信息
housekeeping instruction 内务指令
housekeeping operation 内务操作

housekeeping protein “家务”蛋白质
housekeeping software 内务处理软件
houseleek ①生长草属［*Sempervivum* L.］（景天科）②生长草［*Sempervivum acuminatum* Jacq.］
housework 家务
housing ①贮藏,保藏 ②（机器的）壳体,箱体,外罩,护罩 ③轴承座,轴承盖 ④（家畜）舍饲 ⑤马饰,马衣 ⑥住房
housing conditions 住房条件
housing cost 保藏费,保管费
housing counts 住房计数
housing estate 定居区
housing model 住房模型
housing reform 房屋改革,房改
housing shortage 住房短缺
housing system 住房制度
housing time 入舍时间（指鸡）
Houssay animal 胡赛氏动物（即切去胰和垂体的动物）
Houttuynia ①蕺菜属［*Houttuynia* Thunb.］（三白草科）②蕺菜（鱼腥草,臭菜）［*Houttuynia cordata* Thunb.］
hovel 棚,茅舍,小屋
hoven（= bloat, tympanitis） 气胀病
Hovenia ①枳椇属［*Hovenia* Thunb.］（鼠李科）②枳椇（拐枣）［*Hovenia dulcis* Thunb.］
hover ①育雏伞,育雏器｛禽｝②顶棚,遮棚｛栽培｝
hover fly ①（= syrphid fly） 食蚜蝇 ②⌊复⌉（= flower flies）食蚜蝇科［Syrphidae］
hover ground 松散土,不坚硬土壤
hoverer 育雏器
How persimmon 镜面柿［*Diospyros howii* Merr et Chun］（柿科）
Howard scale 贺氏圆蚧［*Aspidiotus howardi* Ckll.］
Howard warajicoccus 贺氏草履蚧［*Warajicoccus howardi* Kuwana］
Howard's convex scale（= quinine scale） 奎宁盾蚧［*Howardia biclavis* Comstock］
howler 嗥鸣器
HP（= horse power） 马力
HPAC（= high-performance affinity chromatography） 高效亲和层析｛生技｝
HPCE（= high-performance capillary electrophoresis） 高效毛细管电泳｛生技｝
h.p.hr.（= horse power hour） 马力小时
HPLC ①（= high-performance liquid chromatography） 高效液相层析｛生技｝②（= high-pressure liquid chromatography） 高压液相层析｛生技｝
hr（= high reduction） 高缩微率
HRE（= hormone response element） 激素效应元件｛分生｝
HREM（= high-resolution electron microscop） 高分辨电［子显微］镜检术｛显技｝
H_2S（= hydrogen sulfide） 硫化氢
HSAB（= hard and soft acid and base） 软硬酸碱｛土壤｝
HSF（= heat shock factor） 热休克因子,热激因子｛分生｝
hsiang-ku 香菇［*Lentinus edodes* Sing.］（指可食菌类）
hsien mu ①蚬木属［*Burretiodendron* Rehd.］（椴树科）②蚬木［*Burretiodendron hsien-mu* Chum et How］
hsien rice 籼稻
hsong sui rose 大花香水月季［*Rosa odorata* var. *gigantea* Rehd. et Wils.］（蔷薇科）
HSP ①（= human splicing factor） 人剪接因子｛生技｝②（= heat shock protein）热激蛋白｛分生｝
HSR（= homogeneous staining region） 均匀着色区（染色体）
HSSK-70 南斯拉夫玉米单交种
HSZ（= heat shock element） 热休克元件,热激元件｛分生｝
HT transductor HT 转导物（指能增加噬菌体突变体转导细菌标记基因的转导物）
HTAC（= high temperature air combustion） 高温空气燃烧｛生态生理｝
HTAC technology 高温空气燃烧技术
HTH（= helix-turn-helix） 螺旋－转角－螺旋｛分遗｝
HTH motif（= helix-turn-helix motif） 螺旋－转角－螺旋特征序列,HTH 特征序列
HTH protein（= helix-turn-helix protein） 螺旋－转角－螺旋蛋白,HTH 蛋白
HTML（= hypertext markup language） 超文本标识语言｛信息｝
Hu-Yang 湖羊
Huanglian 黄连［*Coptis chinensis* Franch.］（毛茛科）
Huangqi 黄芪（西芪）［*Astragalus membranaceus* Bge］（豆科）
Huangqin（= skullcap） 黄芩［*Scutellaria baicalensis* Georgi］（唇形科）
hub ①毂,轮毂,毂盘,毂环｛农机｝②集线器｛信息｝③插孔,插座｛电脑｝④钟口｛环保｝⑤枢纽
hub board 集线器板
hub bolt 毂轮螺栓

hub bore 毂孔
hub brake 轮毂制动器
hub cloud 滚轴状云
hub flange 毂缘
hub key 毂键
hub layout 插孔布局
hub of communication 交通枢纽
hub of pipe 管子钟口
hub sleeve 毂套
hubam sweet clover 一年生白香草木犀［*Melilotus alba* var. *annua* Coe.］(豆科)
Huber value 休伯值〔生态生理〕
Huber's formula 休伯氏公式(木材求积式)
Hückel's molecular orbital method (**HMO**) 休克尔分子轨道法〔分生〕
Hückel's rule 休克尔规则〔分生〕
huckle 臀部,尻
huckleberry 欧洲越橘［*Vaccinium myrtillus* L.］(乌饭树科)
huckleberry family 乌饭树科［Vacciniaceae］
hud 坚果壳 (hudus)
hue ①色度 ②颜色,色彩 ③色调 ④色相
hue component 色彩组分
hue saturation-brightness (**HSB**) 色调饱和亮度
hue saturation intensity (**HSI**) 色调饱和强度
huernia ①泥龙属［*Huernia* spp.］(萝藦科) ②泥龙［*Huernia longituba* Pillans］
Huffman code 霍夫曼〔电脑〕
huge 巨大的,庞大的
huge-comma moth 日本旋目夜蛾［*Speiredonia japonica* Guene'e.］(夜蛾科)
huge seaweed ①大囊伞藻属(巨藻属)［*Macrocytis* spp.］(藻类) ②大囊伞藻(巨藻)［*Macrocytis* sp.］
Hughes press Hughes 压碎器,休斯氏压碎器
Hugo rose (= Father Hogo rose) 黄蔷薇［*Rosa hugonis* Hemsl.］(蔷薇科)
hull ①外壳,谷壳,荚壳 ②膜片 ③鳞球被 ④机体
hull aspirator 吸壳器(引出种子壳)
hull-cracked rice 伤裂稻谷
hull extractor (棉铃)去壳机
hull percentage 出壳率(指稻谷)
hull rice 稻谷
hull-shaped 总苞状的 (involutriformis)
hull size 谷壳大小
hulled 脱壳的,脱皮的
hulled barley 去皮大麦,大麦米,珍珠麦
hulled coffee 去皮咖啡,净豆
hulled cottonseed cake 棉子饼
hulled grain 去皮谷物(玉米),脱壳谷物(麦类),原粮
hulled kernel 脱壳子粒
hulled rice (= husked rice, brown rice, carge rice) 糙米
hulled rice ratio 糙米率
huller (= husker) 脱壳机,脱皮机,打谷机
huller picker 摘棉脱子机
huller with winnower 脱壳簸扬机
hulless (= hull-less) 无壳的,无皮的
hulless barley (= hull-less barley, naked barley) 裸大麦［*Hordeum sativum* var. *nudum* L. = *H. vulgare* var. *nudum* Hook. f.］(禾本科)
hulless oats (= hull-less oats, naked oats) 裸燕麦(油麦,莜麦)［*Avena nuda* L.］(禾本科)
hulling (= dehulling) 脱壳,脱皮
hulling disk 脱壳盘,脱粒盘
hulling loss ①耗皮率(指咖啡) ②脱壳率(谷物)
hulling machine ①砻谷机 ②脱壳机 ③(三叶草)脱粒机
hulling mill ①砻谷机 ②脱壳机,去皮机
hulling rate 脱壳率(指谷物)
hulling ratio 出壳率,脱壳率
hully 有壳的,有皮的
hum ①(= humilis) 淡［云］〔气象〕 ②发嗡嗡声〔电脑〕
human ①人的 ②人类的 (humanus)
human abortus study 人体流产研究
human activity 人类活动
human activity system 人类活动系统
human affairs 人事
human agency 人类作用
human aided machine translation 人工辅助机器翻译,人助机译,半自动机器翻译
human anatomy 人体解剖学
human-animal faeces and urine 人畜粪尿
human anti-mouse antibody 人体抗鼠抗体
human being ①人 ②〔复〕人类
human bioclimatology 人体生物气候学
human biology 人类生物学
human body louse (= body louse) 体虱(衣虱)［*Pediculus humanus humanus* L.］(人虱科)
human bot fly 人肤蝇［*Dermatobia hominis* L. Jr.］(蝇科)
human chorionic gonadotrophin (**HCG**) 人绒毛膜促性腺激素
human chromosome classification 人染色

体分类法
human climate 人生气候
human-computer dialogue 人机对话{信息}
human-computer interaction 人机互作,人机相互作用
human cytogenetics 人体细胞遗传学(homocytogenetica)
human disorder 人体疾病
human ecologic environment 人类生态环境
human ecology 人类生态学
human element 主观因素
human embryology 人类胚胎学
human engineering ①环境工程学(指人为因素或行动的工程) ②(=ergonomics)人类工程学(工效学,人机工程学)
human error 人为误差
human excrements 人体排泄物,人粪便
human excreta (=human excrements) 人屎尿
human factor 人为因素(指人或人员的因素)
human flea 人蚤[*Pulex irritans* Linnaeus](蚤科)
human genetic resource 人类遗传资源
human genetics 人类遗传学
human genome 人[体]基因组,人类基因组{分遗}
human genome project 人类基因组计划(项目)
human growth hormone (HGH) 人[体]生长激素
human head louse (=head louse) 头虱[*Pediculus humanus capitis* De Geer][人]虱科
human immunodeficiency virus (HIV) 人体免疫缺失病毒
human incurring error 人为差错
human information processing 人类信息处理
human intelligence 人[的]智能
human leucocyte antigen (HLA) 人体白细胞抗原
human leucocyte antigen complex (HLA complex) 人体白细胞抗原复合体
human leucocyte antigen typing (HLA typing) 人体白细胞抗原分型
human leucocyte chromosome 人体白细胞染色体
human lice [人]虱科[pediculidae]
human louse 人虱[*Pediculus humanus* Linnaeus]([人]虱科)
human-machine interface 人机界面,人机接口{信息}
human mange 人疥螨[*Sarcoptes scabiei hominis* Hering](疥螨科)
human menopausal gonadotropin (HMG) 人绝经期促性腺激素
human mitotic chromosome 人类有丝分裂染色体
human network 人类网络
human organism 人有机体
human performance technology 人力有效技术{农施}
human placental lactogen 人胎盘催乳激素
human population 人群体,人口
human population genetics 人[类]群体遗传学
human power 人力
human resource 人力资源
human resource information system (HRIS) 人力资源信息系统
human serum 人体血清
human serum albumin (=HSA) 人血清清蛋白,人血清白蛋白
human splicing factor (HSP) 人剪接因子{农生技}
human T-cell lymphotropic virus (HTLV) 人[体]嗜T淋巴细胞病毒
human technology 人类工程学(humanotechnologia)
human translation 人工翻译
human trial 人体试验
human vision 人类视觉
human waste treatment plant 人屎尿处理厂{环保}
human window 人类窗口{电脑}
humanism 人道主义(humanismus)
humanistic system 人类系统(systema humanistica)
humanity 人类(humanitas)
humanization 人源化(humanisatio)
humanized antibody 人源化抗体
"humanized" milk 育婴牛乳
humankind (=mankind)人类
humanoid 人形机
humanoid robot 人形机器人{物}
humanware 人件(指在控制系统中考虑人的技术因素等)
humate 腐殖酸盐
humble bee ①(=bumble bee) 熊蜂 ②⌞复⌝熊蜂科[Bombidae]
humble-plant (=sensitive plant) 含羞草[*Mimosa pudica* L.](豆科)
Humboldt 亨博尔特潮流{生态生理}
Humboldt caladium 亨博尔特盃芋[*Caladium humboldtii* Schott.](天南星科)
humectant 湿润剂,吸湿剂

humection 湿润,增湿(humectio)
humeral 肩的(humeralis){昆虫}
humeral angle 肩角
humeral bristle 肩鬃
humeral callus 肩胛
humeral carina 肩隆线
humeral cross vein 肩横脉
humeral lobe 肩叶
humeral nerve 肩脉
humeral pit 肩陷
humeral stripe 肩条
humeral vein 肩脉
humeral veinlet 肩小脉
humerus 上膊骨,肱骨
humic ①腐殖的 ②腐殖质的,胡敏的(humus)
humic acid ①腐殖酸 ②黑腐酸
humic alkali soil 腐殖质碱土
humic alloplane 腐殖质水铝石英土
humic carbonate soil 腐殖质碳酸土
humic colloid 腐殖质胶体
humic compound 腐殖化合物,胡敏化合物
humic fertilizer 腐殖质肥料,胡敏酸肥料
humic gley soil 腐殖质潜育土
humic iron pan 腐殖质铁磐
humic latosol 腐殖质砖红壤
humic-like substance 类腐殖物质,类胡敏物质
humic matter 腐殖质
humic particle 腐殖质颗粒
humic peat 腐殖质泥炭
humic sialite 腐殖硅铝土
humic soil 腐殖质土
humic substance 腐殖物质
humics 腐殖质
humid 湿的,潮湿的(humidus)
humid air 湿空气
humid area 湿润地区
humid climate 湿润气候
humid farming 灌溉农业
humid humus 潮湿腐殖质
humid injury 湿害
humid limestone brown loam 湿润石灰岩棕色壤土
humid mesothermal climate 湿温气候
humid nature 湿润性[质]
humid region 湿润地区
humid soil 湿润土,湿境土
humid temperate climate 湿润温和气候
humid tropical forest 湿润热带林
humid tropical region 潮湿热带地区
humid tropics [润]湿热带[地]区
humid wood soil 湿润森林土
humid zone 湿润带
humidification 潮湿,润湿(humidificatio)
humidified greenhouse 湿润温室
humidifier 增湿器
humidify 使潮湿,润湿
humidifying 加湿
humidiherbosa 湿地草本植被
humidistat 保湿箱,恒湿箱
humidity 湿度(humiditas)
humidity control 湿度调节
humidity factor 湿度因素
humidity mixing ratio 湿度混合比
humidity of the air 空气湿度
humidity sensitive resistance 湿度敏感[性]抗性,感湿性抗性
humidity sensor 湿度感受器
humidostat 恒湿[度调节]仪
humification 腐殖化[作用](humificatio)
humification coefficient 腐殖化系数
humified organic matter 腐殖化有机质
humified organic soil 腐殖化有机质土
humifying 腐殖化的{土壤}
humilis ①淡[云] ②低矮的 ③矮生的
humilis deadnettle 低矮野芝麻[*Lamium humile* Maxim.](唇形科)
humin ①胡敏素 ②腐黑物
humivore 腐殖质分解者(humivorus)
hummel ①无角的(ecornutus) ②无芒的(exaristatus)
hummeler(=hummeller) 除芒器,去芒器
humming 作嗡嗡声{蜂}
hummingbird moth(=sphinx) 天蛾
hummock ①波状地 ②草丘
hummock cutter plough 草丘铲除犁
humo-fulvic acid 胡敏-富里酸
humocarbonate soil 腐殖质碳酸盐土
humod 腐殖质灰土
humophos 腐殖质磷酸混合肥料
humoral 体液的(humorus)
humoral antibody 体液抗体
humoral factor 体液因素
humoral fluid 体液
humoral immunity 体液免疫性
humoral immunization 体液免疫
humoral regulation 体液调节(regulatio humora)
humoral secretion 体液分泌
humoral theory of disease 体液致病说{微生物}
humox 腐殖质氧化土
hump 驼峰{畜}

humpbacked fly ①泥蛉 ②蚤蝇 ③⌊复⌉(=phorid flies) 蚤蝇科[Phoridae]
humper 伛偻人,驼背人
humulene 葎草烯[C_5H_8]
humulith (=humulite) 腐殖岩
humulone 葎草[香苦]酮
humult 腐殖质老成土
humulus false looper 长须夜蛾[*Hypena rostralis* Lannacus](夜蛾科)
humulus lupulus (=common hop) 啤酒花(忽布)[*Humulus lupulus* L.](大麻科)
humus 腐殖质{土壤}
humus bucket 腐殖质挖掘铲斗
humus-calcie pseudogleyed soil 腐殖质钙质假潜育土
humus carbonate soil (=rendina) 腐殖质碳酸盐土,黑色石灰土
humus-clay complex 腐殖质黏粒复合体
humus coal 腐殖煤,褐煤
humus colloid 腐殖质胶体
humus content 腐殖质含量
humus earth 腐殖质土
humus enriched horizon 腐殖质富积层
humus film 腐殖质膜
humus formation 腐殖质形成
humus fractionation 腐殖质分组
humus hardpan 腐殖质硬盘
humus horizon 腐殖质层
humus layer 腐殖质层
humus ortstein 腐殖质铁磐[结石]
humus plant 腐殖质植物
humus reserve 腐殖质储量
humus sludge 腐殖质污泥{环保}
humus soil 腐殖土
humus tank 腐殖质沉淀池(指生物滤池后沉淀池){环保}
humus theory 腐殖质学说{土壤}
humus-zeolite complex 腐殖质沸石复合体
humusless 无腐殖质的
Humutiatenga (=Indian wild orange) 印度野橘[*Citrus indica* Tanaka](芸香科)
hunch ①隆肉,肉鞍{畜}②厚块,厚片 ③圆形隆起物
hundredfold 一百倍
hundredth ①第一百 ②百分之一[的]
hung 挂起
hung terminal 挂起终端{信息}
Hungarian brome (=awnless brome) 无芒雀麦
Hungarian camomile (=German camomile) 母菊[*Matricaria chamomilla* L.](菊科)
Hungarian grass (=Hungarian millet) 匈牙利粟[*Setaria italica* Beauv. var. *nigrofructa* Bailey.](禾本科)
Hungarian method 匈牙利法{电脑}
Hungarian oats (=tartarian oats) 侧穗燕麦
Hungarian vetch 匈牙利野豌豆(匈牙利巢菜)[*Vicia pannonica* L.](豆科)
hunger 饥饿
hunger-cure 饥饿疗法
hunger sign 营养缺乏症状
hunger swarm 饥饿飞逃[蜂]群
hunger year 荒年,灾年
Hungerford's fluid 韩格弗氏液{显技}
hungry fine wool 营养不良羊毛
hungry rice (=ponio) 直长马唐[*Digitaria exilis* Stapf.](禾本科)
hungry soil 瘠薄土壤
hungry symptom 缺乏病症状
hunk (切下)厚片
hunt ①狩猎,追猎 ②寻找,寻求 ③驱逐 ④寻线,查寻{信息}
hunt by chasing (=hunt by beating) 追出猎,赶出猎
hunt by stalking 潜近猎
hunt group 查寻组{信息}
hunt mode 查寻方式
hunt report 查寻报告
hunter ①猎蝽 ②⌊复⌉猎蝽科[Reduviidae] ③狩猎家
hunter sportsman 狩猎家
Hunter's syndrome 亨特氏综合征
hunting ①狩猎 ②寻找
hunting cabin 猎房
hunting dog 猎犬
hunting field 猎区,狩猎场
hunting-ground 猎区,猎地
hunting instrument 猎具
hunting license 狩猎许可证
hunting net 猎网
hunting of big games ①大规模狩猎 ②猎巨兽
hunting period 寻找周期{信息}
hunting right 狩猎权
hunting service 寻找服务{信息}
hunting time 寻线时间
hunting zone ①猎区{狩猎}②搜索范围{电脑}
Huntington's chorea 韩丁顿氏舞蹈病
huntsman 狩猎者,猎人
huon pine 陆均松属(泪杉属,泪柏属)[*Dacrydium* Soland](紫杉科)
Hupeh anemone 打破碗儿花(湖北秋牡丹)

[*Anemone hupehensis* Lem.](毛茛科)
Hupeh crab [apple] 湖北海棠[*Malus hupehensis* (Pamp.) Rehd.](蔷薇科)
hurdle ①枝编篱 ②栅格
hurds 麻屑,亚麻屑
hurlbone 股骨
Hurler's syndrome 赫尔勒氏综合征
Huron [era] 休伦代
hurricane 飓风(十二级以上)(蒲福风级)
hurricane analog technique 飓风路经相似方法
hurricane cloud 飓风云
hurricane warning system 飓风警报系统
hurst ①小丘 ②小块树丛
hurt ①受伤,伤害 ②有害,有不良影响
hurt-sickle (= cornflower) 矢车菊
husbandry ①耕作,栽培 ②农业经营,管理 ③饲养
husbandry officer (大规模)种植企业管理人
husbandryman 畜牧业主,畜牧业管理员
husk ①(玉米穗)苞叶,总苞 ②外皮,外壳,外果皮,谷壳,荚壳 ③剥皮,去荚
husk auger 苞叶排出螺旋
husk corn (= podcorn) 有稃种玉米
husk extension 苞叶伸展
husk furnace 谷壳火炉,皮壳火炉{农施}
husk layer 苞叶层
husk leaves 苞叶
husk length 苞叶长度
husk percentage (= husk ratio) (豆荚)出壳率
husk score 剥苞叶(玉米)
husk tightness 苞叶紧贴度
husk-tomato ①酸浆属[*Physalis* L.](茄科) ②酸浆(红姑娘)[*Physalis alkekengi* L.]
husked ①具外皮的 ②具外壳的 ③具总苞的 ④脱皮的,脱壳的 (paleaceus, glumaceus, involucratus)
husked barley (= hulled barley) 去皮大麦,大麦米,珍珠麦
husked millet 黍米,稷米
husked rice (= hulled rice, brown rice) 糙米
husker ①脱壳机 ②(玉米)剥苞叶机
husker-shredder (= huskershelter) (玉米)剥苞叶碎茎机
husking (= hulling, dehulling) ①(稻)脱壳 ②(豆)脱荚 ③(咖啡)脱皮 ④(玉米)去苞叶
husking date 去苞叶日期
husking machine 剥苞叶机
husking mechanism 剥苞叶机构
husking ratio ①脱壳率 ②耗皮率
husking roll 剥苞叶棍
huskless 无外壳的
husky ①多外壳的 ②具外壳的 (paleatus)
hut ①菌盖,菌伞 ②(简陋的)小屋,棚
Hut operon 哈特操纵子{分遗}
hutchinsia 何金莱属[*Hutchinsia* R. Br.](十字花科)
Huygenian eyepiece 惠更斯目镜{显技}
HVL (= half value layer) 半值层
HWT (= hot water treatment) 温汤浸种,温汤处理(指稻种子播前防病处理){栽培}
hyacinth ①风信子属[*Hyacinthus* L.](百合科) ②风信子[*Hyacinthus orientalis* L.]
hyacinth bletilla 白芨[*Bletilla striata* (Thunb.) Reichb. f.](兰科)
hyacinth dolichos (= hyacinth bean, lablab) 扁豆[*Dolichos lablab* L.](豆科)
hyacinth yellow rot 风信子黄腐病
hyal- ⌊字头⌉①玻璃 ②透明,明
hyaleuronidase 透明质酸酶
hyaline ①透明的 ②透明素
hyaline cell 透明细胞(用于泥炭藓)
hyaline layer 透明层(指种皮)
hyalinization 透明化作用 (hyalinisatio)
hyalobiouronic acid 透明生物醛酸
hyalodermis 无色皮部(泥炭藓) (hyalodermis)
hyalodictyae 淡色砖格孢子类[Hyalodictyae]
hyalodidymae 淡色双胞孢子类[Hyalodidymae]
hyaloid 透明状的 (hyaloideus)
hyalomere (= hyaloplasm) 透明质
hyalophragmiae 淡色多隔孢子类[Hyalophragmiae]
hyaloplasm 透明质 (hyaloplasma)
hyaloplasm phase 透明质相
hyalosome ①拟核仁{细胞} ②透明体{物} (hyalosoma)
hyalosporae 淡色无隔孢子类[Hyalosporae]
hyaluronectin 透明质蛋白
hyaluronic acid 透明质酸
hyaluronidase 透明质酸酶
hybernacle (= hibernacle) 冬芽 (hybernaculum)
hybrid ①杂种,杂交种 ②杂交物,杂化物 ③混合[物] (hybrida)
hybrid access method 混合访问方法{电脑}
hybrid amaranth 绿穗苋[*Amaranthus*

hybridus L.](苋科)
hybrid analog computer 混合模拟计算机
hybrid analysis 杂种分析
hybrid and breeding 杂种与育种
hybrid and embryo culture 杂种与胚培养
hybrid anther 杂种花药
hybrid arrested translation 杂化物扣留翻译{分生}
hybrid azalea 杂种杜鹃[*Azalea hybrida* sp.](杜鹃花科)
hybrid belt 杂种带
hybrid breakdown 杂种破落,杂种衰退
hybrid breeding 杂种育种
hybrid cell 杂种细胞
hybrid cell line 杂种细胞系
hybrid circuit 混合电路
hybrid cline 杂种渐变群
hybrid clone 杂种无性[繁殖]系,杂种克隆
hybrid clover (= alsike clover) 杂三叶草
hybrid coding 混合编码{电脑}
hybrid coil 混合线圈,差动线圈
hybrid columbine 杂交耧斗菜[*Aquilegia hybrida* sp.](毛茛科)
hybrid combination 杂种组合
hybrid complex ①杂种染色体组 ②杂种复合体
hybrid computer 混合计算机
hybrid computer simulation 混合计算机仿真
hybrid corn 杂交[种]玉米
hybrid daylily 杂交萱草[*Hemerocallis hybrida* sp.](百合科)
hybrid depletion method 杂种耗竭法{生技}
hybrid DNA 杂种 DNA
hybrid DNA hypothesis 杂种 DNA 假说{分遗}
hybrid DNA segment 杂种 DNA 节段
hybrid DNA sequence 杂种 DNA 序列
hybrid duplex molecule 杂种双链分子
hybrid dysgenesis 杂种劣化
hybrid embryo 杂种胚
hybrid embryo culture 杂种胚培养
hybrid endosperm 杂种胚乳
hybrid enzyme 杂种酶
hybrid fertility 杂种能育性,杂种结实性
hybrid form 杂种类型,杂交型
hybrid from Chinese female moth (蚕)中母体(中母蛾的杂种)
hybrid from Japanese female moth (蚕)日母体(日母蛾的杂种)
hybrid from protoplast 原生质体杂种
hybrid generation 杂种世代
hybrid genome contribution 杂种基因组贡献
hybrid genotype 杂种基因型
hybrid growth in vitro 杂种离体生长,试管内杂种生长
hybrid heterozygosity 杂种杂合性
hybrid hydathodal cell 杂种吐水细胞
hybrid incapacitation 杂种[生殖]无能[作用]
hybrid incapacity 杂种[生殖]无能
hybrid index 杂种指数
hybrid index method 杂种指数法
hybrid integrated circuit (HIC) 混合集成电路{信息}
hybrid inviability 杂种不活性
hybrid karyotype analysis 杂种核型分析
hybrid kernel 杂种子粒,杂种种子
hybrid line 杂种系,杂种品系
hybrid local network 混合局部网络{信息}
hybrid main program 混合主程序
hybrid maize (= hybrid corn) 杂交玉米
hybrid materials 杂种材料
hybrid molecule 杂种分子
hybrid monitor 混合监督器
hybrid montebretia 火星花(小番红花)[*Crocosmia crocosmiflora* sp.](鸢尾科)
hybrid morphology 杂种形态
hybrid nature 杂种本性,杂种遗传性
hybrid nursery 杂种圃
hybrid of animal cell 动物细胞杂种
hybrid of single cross 单交杂种,单交种{育种}
hybrid optical /digital processor 光学-数学混合处理机
hybrid orbital 杂化轨道
hybrid organism 杂种有机体
hybrid origin 杂种来源
hybrid plant 杂种植株
hybrid plasmid 杂种质粒
hybrid population 杂种群体
hybrid production 杂种生产
hybrid progeny 杂种后代
hybrid promoter 杂化启动子{分遗}
hybrid protein 杂化蛋白质
hybrid released translation 杂化物释放翻译
hybrid ribosome 杂种核蛋白体
hybrid rice 杂交稻
hybrid RNA-DNA 杂种 RNA-DNA
hybrid rose (= modern rose) 现代月季花[*Rosa hybrida* Hort.](蔷薇科)
hybrid screening 杂种筛选
hybrid seed 杂种种子

hybrid seed production 杂种种子生产,杂种制种
hybrid seed production using cytoplasmic male sterility 采用胞质雄性不育生产杂种种子
hybrid seedling 杂种实生苗,杂种子苗
hybrid segregate 杂种分离体
hybrid selection ①杂种选择 ②杂化物选择
hybrid sesame 杂交芝麻
hybrid software 混合软件
hybrid species 杂交种
hybrid sterility 杂种不育性
hybrid substance 杂种[特异]物质
hybrid sunflower 杂交向日葵
hybrid swarm 杂种群集,杂种群
hybrid swine 杂交猪
hybrid telecommunication 混合远程通信
hybrid tobacco mosaic virus 杂交烟草花叶病毒
hybrid tumor (= hybridoma) 杂交瘤
hybrid variety F_1 杂种品种
hybrid vigor (= hybrid vigour, heterosis) 杂种优势
hybrid vigor rate 杂种优势率
hybrid virus 混合病毒{电脑}
hybrid weakness 杂种劣势
hybrid zone 杂交地带
hybrid zygote 杂种合子
hybridism 杂种状态,杂种型 (hybridismus)
hybridity 杂种性(关于杂交优势) (hybriditas)
hybridization ①杂交,人工杂交 ②杂化作用 (hybridisatio)
hybridization after removing the male part (of the flower) 去雄杂交
hybridization arrest experiment 杂交扣留实验{生技}
hybridization bag 杂交袋
hybridization breeding 杂交育种
hybridization in situ 原位杂交
hybridization in vitro 离体杂交,试管内杂交
hybridization marker 杂交标志基因
hybridization method of breeding 杂交育种法
hybridization of complementary polynucleotides 互补多核苷酸杂化作用
hybridization probe 杂交探针
hybridization program 杂交计划
hybridization solution 杂交溶液
hybridization solvent 杂交溶剂
hybridization technique 人工杂交技术
hybridization theory 杂交理论
hybridize 杂交
hybridized combination 杂交组合
hybridizing copulation 杂交配合
hybridogenesis 杂种产生作用{水产}
hybridogenetic reproduction 杂种产生繁殖
hybridogenic 产杂种的 (hybridogenus)
hybridogenic homozygote 产杂种纯合子
hybridologist 杂交育种工作者,杂交育种家 (hybridologistus)
hybridology 杂交育种学 (hybridologia)
hybridoma 杂交瘤
hybridoma cell line 杂交瘤细胞系
hydantoin 乙内酰脲
hydantoin propionate 乙内酰脲丙酸
hydathodal cell 吐水细胞 (cellula hydathodalis)
hydathodal hair 吐水毛 (pilus hydathodalis)
hydathode ①排水器 ②排水孔 (hydathodium)
hydatid disease 棘球幼虫病
hydatid tapeworm 棘球绦虫 [Echinococcus]{医}
hydatogen rock (= hydatogenous rock) 水成岩
hydatogen sediment 水成沉积物
hydatogenous 水成的 (hydatogenus)
hydatogenous rock 水成岩
hydna family 齿菌科 [Hydnaceae]
hydnocarpic acid 副大风子酸,环戊烯十一[烷]酸 [$C_5H_7(CH_2)_{10}CO_2H$]
hydnology 食菌学 (hydnologia)
hydra ①湿生型 ②⌊复⌉水螅
hydrachnid ①水螨 ②⌊复⌉水螨科 [Hydrachnidae]
hydradephaga 水生食肉类[昆虫]
hydradephagous 水生食肉的 (hydradephagus)
hydrangea ①八仙花属(绣球花属) [*Hydrangea* L.] (八仙花科) ②八仙花(绣球花) [*Hydrangea macrophylla* (Thunb.) DC.]
hydrangea family 八仙花科(绣球科) [Hydrangeaceae]
hydrangea ringspot virus 绣球环斑病毒
hydrangea vine ①钻地风属 [*Schizophragma* Sieb. et Zucc.] (绣球科) ②钻地风 [*Schizophragma hydrangeoides* Sieb. et Zucc.]
hydrangenol 绣球酚
hydranginic acid 绣球酸,二羟[基]芪甲酸
hydrant 给水栓,配水栓,消防栓

hydrarch 水生演替（hydrarcus）
hydrargyrum 汞（Hg，80 号元素）
hydrase 水化酶
hydrastine 白毛茛碱［$C_{21}H_{21}NO_6$］
hydratase 水合酶
hydrate ①水合物，水化物 ②氢氧化物
hydrate cellulose 水合纤维素
hydrate of lime 石灰水合物
hydrated aluminium silicate 水化铝硅酸盐
hydrated cell 水合细胞（cellula hydrata）
hydrated iron oxide 水化氧化铁
hydrated lime 消石灰，熟石灰
hydrated salt 水合盐
hydrated state 水合［状］态（status hydratus）
hydrated thallophyte 水合菌藻植物（thallophyta hydrata）
hydrated tonoplast 水合液泡膜
hydrated water 水合水（水化物中的水）
hydration ①水合［作用］②水化［作用］（hydratio）
hydration energy 水化能
hydration-mantle 水膜，水化衣
hydration repulsion 水合排斥（repulsio hydrationis）
hydration shell 水合层，水化膜
hydration water 水合水
hydrature 水合度（hydratura）
hydraulic ①水力的 ②液压的，水压的（hydraulicus）
hydraulic actuator 液压传动机构
hydraulic agitation 水力搅拌
hydraulic agitation equipment 水力搅拌设备
hydraulic agitator 水力搅拌器
hydraulic amplifier 液压放大器
hydraulic barking 水力剥皮
hydraulic brake 液压制动器
hydraulic brake system 液压制动系统
hydraulic capacitance 水力电容［值］
hydraulic car lift 液压举车机
hydraulic cement 水硬水泥
hydraulic characteristic 水力特性
hydraulic circulator clarifier 水力循环澄清池｛环保｝
hydraulic clutch 液压式离合器
hydraulic conductivity 水力传导性（率），导水性（率）
hydraulic control unit 液压操纵机构
hydraulic cylinder 液压油缸
hydraulic depth control （悬挂装置）液压耕深调节器
hydraulic device 水力装置
hydraulic diameter 水力直径
hydraulic dust collector 水力除尘器｛环保｝
hydraulic dynamometer 水力测力计，水力测功计
hydraulic efficiency 水力效率
hydraulic ejector 水力射流泵｛环保｝
hydraulic element 水力要素｛环保｝
hydraulic engine 水力引擎，水力发动机
hydraulic engineering ①水利工程 ②水利工程学
hydraulic engineering development act 发展水利工程法［案］
hydraulic equipment 水力设备｛环保｝
hydraulic excavator 液力挖土机
hydraulic flow 湍流
hydraulic gear 液力传动机构
hydraulic governor 液压调速器
hydraulic grade line 水力坡度线
hydraulic gradient 水力梯度，水力坡降
hydraulic head 水头
hydraulic hitch 液压悬挂装置
hydraulic jack 液体千斤顶
hydraulic jib-type loader 液压转臂式装载机
hydraulic jump 水跃｛水利｝
hydraulic lift system 液压提升系统
hydraulic lifting device 自动调节的液压提升器
hydraulic load 水力负荷
hydraulic loader 液压装载机
hydraulic loading of filter 滤池的水力负荷｛环保｝
hydraulic machinery 水力机械
hydraulic mean depth 水力平均深度
hydraulic model testing 水力模型试验
hydraulic motor 水力发动机
hydraulic operated tractor loader 拖拉机液压操纵装载机
hydraulic overload 水力超负荷
hydraulic parameter 水力参数
hydraulic potential 水力势
hydraulic power 水力，水能
hydraulic power steering 液压转向
hydraulic pressure 水压力
hydraulic pump 水力泵，液压泵
hydraulic radius 水力半径
hydraulic ram ①水力夯锤 ②水锤泵
hydraulic regulator 水力调节器
hydraulic resistance 液压阻力
hydraulic seal 水封，液体密封
hydraulic selector 液压选速机构
hydraulic servo 液压伺服机构

hydraulic servomotor 液压伺服马达
hydraulic shock 水力冲击
hydraulic shock absorber 液压减振器
hydraulic slope 水力坡度
hydraulic sloughing 水力脱膜{环保}
hydraulic sprayer 液压喷雾器
hydraulic steering booster 液压转向加力器
hydraulic stirring device 水力搅动(拌)设备{环保}
hydraulic subsiding value 水力沉降值{环保}
hydraulic system ①液压系统 ②液压装置
hydraulic test 水力试验{水利}
hydraulic tipping 液压倾卸
hydraulic tipping trailer 液压倾卸挂车
hydraulic torque converter 液压变扭器
hydraulic tractor 液压传动式拖拉机
hydraulic transient 水力瞬变{环保}
hydraulic turbine pump 水轮泵
hydraulic unit 液压机构
hydraulic value 水力值{环保}
hydraulic wheel hub motor 静液压轮轮毂马达
hydraulic works ①水利工程 ②农用水利设备
hydraulically operated cane loader 液压操纵甘蔗装载机
hydraulically operated lift 液压提升器
hydraulically raised plow 液压起落犁
hydraulics ①水力学 ②液压系统(hydraulica)
hydrazide 酰肼
hydrazine 肼,联氨(抑制剂)
hydrazine-benzaldehyde schiff reaction 肼-苯甲醛席夫反应
hydrazinolysis 肼解[作用](hydrasinolysis)
hydrazoic acid 氢叠氮酸
hydrazone 腙
hydremia 稀血症
hydrenchyma 积水组织{解剖}
hydric 水生的(hydrus)
hydride 氢化物
hydride ion 氢负离子
hydride transfer 氢负离子转移
hydrilla ①黑藻属[*Hydrilla* Rich.](水鳖科) ②黑藻[*Hydrilla verticillata* Casp.]
hydrion ①氢离子 ②质子
hydro- ⌞字头⌝水,氢
hydro-electric 水力发电的
hydro-electric power station 水力发电站
hydro-electric resource 水电资源
hydro-electric station 水力发电站
hydro-energy 水能
hydro-extractor 脱水机,挤压机
hydro-halophytes 湿盐生植物(hydrohalophyti)
hydro-jet 喷液
hydro-junction 水利枢纽
hydro-precooling installation 水预冷[却]设施{农施}
hydro-regime 水状况
hydro-sequence 水系列
hydro system 水利系统,水系统(hydrosystema)
hydroactive reaction 水分主动反应
hydrobilirubin 氢胆红素[$C_{32}H_{40}O_7N_4$]
hydrobiology 水生生物学(hydrobiologia)
hydrobiont 水生生物(hydrobions)
hydrobios 水生生物,积水生物
hydrobiotite 水化黑云母
hydrobromic acid 氢溴酸[HBr]
hydrocarbon ①碳氢化物,烃 ②碳化氢
hydrocarbon mutachromosomic effect 碳氢化合物诱变染色体效应
hydrocarbon residue 烃残基
hydrocellulose 水解纤维素[$C_{12}H_{22}O_{11}$]
hydrocephalus 脑积水,水脑
hydrocharitaceous 水鳖科的(hydrocharitaceus)
hydrochloric acid 盐酸,氢氯酸[HCl]
hydrochloric acid as fixative 固定液用氢氯酸{显技}
hydrochloric acid extract 盐酸浸提液
hydrochloric acid for softening 软化用氢氯酸
hydrochloric acid in squash 压片用氢氯酸
hydrochloride 盐酸化物
hydrochlorous acid 次氯酸[$HClO_2$]
hydrochore 水布植物
hydrochorous 水布的(hydrochorus)
hydrochory 水媒传播(hydrochoria)
hydroclastic split 加水分解
hydrocole 水栖的
hydroconductibility coefficient 导水系数
hydrocooler 水冷却器
hydrocooling 用水冷却
hydrocooling tank 水冷却箱
hydrocortisone 氢化可的松,皮质[甾]醇
hydrocryptophytes 水下芽植物(hydrocryptophyti)
hydrocyanic acid ①氢氰酸 ②氰化氢[HCN]

hydrocycle 水分循环 (hydrocirculus)
hydrodiffusion 水散作用 (hydrodiffusio)
hydrodistllation 水蒸馏 (hydrodistillatio)
hydrodynamic 水力的,水压的,流体动力学的 (hydrodynamicus)
hydrodynamic effect 流体[动力]效应
hydrodynamic lag 水力延缓
hydrodynamic transformer 液力变换器
hydrodynamics 流体动力学 (hydrodynamica)
hydrodynamometer 流速计,水力计
hydrofluoric acid (HF) 氢氟酸
hydrofluorocarbon oil 氢氟化碳油
hydrogamy 水媒 (hydrogamia)
hydrogel 水凝胶
hydrogen 氢(H,1 号元素)
hydrogen acceptor 受氢体
hydrogen activity 氢离子活度{物}
hydrogen azide 叠氮化氢
hydrogen bacteria 氢细菌
hydrogen bond (H-bond) 氢键
hydrogen bond and DNA stability 氢键与DNA稳定性{分遗}
hydrogen bond and doublehelical structure of DNA 氢键与DNA双螺旋结构
hydrogen bond and solubility in aqueous medium 氢键与水介质溶解度
hydrogen bond and tRNA tertiary structure 氢键与tRNA三级结构
hydrogen bond as stabilizing force in DNA double helix 氢键作为DNA双螺旋的稳定力
hydrogen bond as stabilizing force in α-helix 氢键作为α螺旋的稳定力
hydrogen bond-bridge 氢键桥
hydrogen bond formation by water molecule 水分子的氢键形成[法]
hydrogen bond in water 水的氢键
hydrogen bridge 氢桥
hydrogen bromide 溴化氢[HBr]
hydrogen chloride 氯化氢[HCl]
hydrogen clay 氢质黏土
hydrogen cyanide (= hydrocyanic acid) 氢氰酸(杀虫熏蒸剂)[HCN]
hydrogen cyanide poisoning 氰化氢中毒{环保}
hydrogen cycle 氢循环[反应]{环保}
hydrogen donator 氢供体
hydrogen donor 供氢体
hydrogen electrode 氢电极
hydrogen energy 氢能
hydrogen exchange 氢交换
hydrogen fluoride 氟化氢[HF]
hydrogen ion 氢离子
hydrogen-ion concentration (= hydrogen concentration) 氢离子浓度
hydrogen ion exchanger 氢离子交换剂{环保}
hydrogen ion exponent 氢离子浓度指数
hydrogen-ion index 氢离子指数
hydrogen-ion indicator 氢离子指示剂
hydrogen line 氢气谱线
hydrogen nitrate 硝酸[HNO_3]
hydrogen nitride 氨[NH_3]
hydrogen-oxidizing bacteria 氢氧化细菌
hydrogen peroxidase 过氧化氢酶
hydrogen peroxide 过氧化氢[H_2O_2]
hydrogen peroxide and bacterial killing 过氧化氢与细菌杀伤
hydrogen peroxide for tissue softening 组织软化用过氧化氢
hydrogen peroxide production in cell 细胞的过氧化氢产生
hydrogen phosphide 磷化氢[H_3P]
hydrogen-producing acetogenic bacteria 产氢产乙酸细菌
hydrogen pump 氢泵
hydrogen-sodium exchange 氢钠离子交换
hydrogen soil 氢质土
hydrogen sulphide (= hydrogen sulfide) 硫化氢[H_2S]
hydrogen sulphide poisoning 硫化氢中毒{环保}
hydrogen sulphide radioprotection 硫化氢辐射防护
hydrogen transfer 转氢体
hydrogenase 氢化酶
hydrogenated fat 氢化脂
hydrogenating desulfurization 加氢脱硫{环保}
hydrogenation 氢化[作用],加氢[作用] (hydrogenatio)
hydrogenesis 水分凝结(指在土壤或岩石中)
hydrogenic rock 水成岩
hydrogenic soil 水成土
hydrogeniodide 碘化氢
hydrogenogen 产氢菌 (hydrogenogenum)
hydrogenolyase (= hydrogeniyase) 氢解酶,甲酸脱氢酶
hydrogenolysis 氢解作用
hydrogenomonas ①氢单孢菌属[*Hydrogenomonas* Orla-Jensen](细菌) ②氢单孢菌[*Hydrogenomonas* sp.]
hydrogenosome 氢酶体,氢化酶颗粒
hydrogenotrophic bacteria 氢营养细菌 (ba-

cteria hydrogenotrophae)
hydrogeologic (= hydrogeological) 水文地质的(hydrogeologicus){遥感}
hydrogeologic map (= hydrogeological map) 水文地质图
hydrogeological condition 水文地质条件
hydrogeological map 水文地质图
hydrogeological survey 水文地质调查
hydrogeological unit 水文地质单元
hydrogeology 水文地质学(hydrogeologia)
hydrogeophyte 水生地下芽植物(hydrogeophyta)
hydrograph 流量过程线,水文曲线,历日水文图
hydrographic ①水文的 ②水路的(hydrographus)
hydrographic geology 水文地质[学]
hydrographic net 水系
hydrographical condition 水文条件
hydrography ①水文地理学,水道学,陆地水文测验学 ②水体测绘学(hydrographia)
hydrohemicryptophytes 水生地面芽植物(hydrohemicryptophyti)
hydroid ①导水细胞 ②水螅,螅体(hydroides)
hydrokinetic complex and transmission 流体变速装置
hydrokinetic transmission 液动力传动
hydrokinetics 液体运动学(hydrokinetica)
hydrol 二聚水分子
hydrol humus latosol 水化腐殖质砖红壤
hydrolabile (= hydrolable) 水分不稳定的(hydrolabilis)
hydrolabile phase 水分不稳定期(phasis hydrolabilis){生态生理}
hydrolabile plant 水分不稳定植物(planta hydrolabilis)
hydrolabile water balance 水分不稳定的水分平衡{生态生理}
hydrolase 水解酶
hydrolea ①田基麻属[*Hydrolea* L.](田基麻科)②田基麻[*Hydrolea zeylanica* (L.) Vahl]
hydrolea family 田基麻科(Hydrophyllaceae)
hydrolith 水成岩
hydrolocation 水声定位(hydrolocatio)
hydrologic (= hydrological) ①水文的 ②水文学的(hydrologicus)
hydrologic balance (= hydrologic budget) 水分平衡
hydrologic cycle 水分循环
hydrologic data 水文数据,水文资料
hydrologic forecast center 水文预报中心
hydrologic forecasting (= hydrologic forecast) 水文预报
hydrologic map 水文图
hydrologic services 水文服务事业
hydrologic technique 水文技术
hydrological budget 水文预算
hydrological condition 水文状况,水文条件
hydrological constants 水文常数
hydrological database 水文数据库
hydrological station 水文站
hydrological survey 水文调查,河流调查(指关于水资源和使用要求)
hydrologist 水文工作者,水文学家(hydrologistus)
hydrology 水文学(hydrologia)
hydrology literature 水文学文献
hydrolysate 水解物,水解液
hydrolysis 水解作用
hydrolysis constant 水解常数{环保}
hydrolyte 水解质(hydrolytus)
hydrolytic 水解的(hydrolyticus)
hydrolytic acidity 水解性酸度
hydrolytic activity 水解活性(activitas hydrolyticus)
hydrolytic adsorption 水解吸附
hydrolytic deamination 水解脱氨基作用
hydrolytic decomposition 水解[作用]
hydrolytic degradation 水解降解(degradatio hydrolytica)
hydrolytic enzyme 水解酶
hydrolytic humus 水解腐殖(植)质{土壤}
hydrolytic reaction 水解反应
hydrolyzable nitrogen 水解性氮,可水解氮
hydrolyzable tannin 水解性单宁
hydrolyzate (= hydrolysate)水解产物
hydrolyze 水解
hydrolyzed nitrogen 水解性氮
hydrolyzed polyacrylonitrile 水解聚丙烯腈
hydrolyzed straw 水解禾秆
hydroma 水囊瘤
hydrome 导水组织(hydroma)
hydromechanics 流体力学,水力学(hydromechanica)
hydromechanization 水利机械化(hydromechanisatio)
hydromel 蜂蜜水
hydromelioration 水利土壤改良(hydromelioratio)

hydrometeor 水汽凝结体
hydrometeorologic 水文气象[学]的(hedrometeorologicus)
hydrometeorologic forecasting 水文气象预报
hydrometeorology 水文气象学(hydrometeorologia)
hydrometer [液体]比重计,量水表,浮秤
hydrometer method 液体比重计法
hydrometric moisture meter 吸湿计
hydrometric scheme 水流测量计划
hydrometric tube 测流管
hydrometry ①液体比重测定 ②液体比重测定法 ③水流测定分析 ④水文测量学(hydrometria)
hydromica (= hydrous mica) 水云母
hydromodulus 用水率
hydromorphic 水成的(hydromorphus)
hydromorphic horizon (= hydrogenic horizon) 水成层
hydromorphic soil (= aquatic soil) 水成土
hydromorphism 水生形态(hydromorphismus)
hydromorphous bleached horizon 水漂层
hydromorphous process 水成过程,水渍过程
hydromorphy 水生形态(hydromorphia)
hydromuscovite 水白云母
hydromycin 水合霉素
hydronasty 感水性(hydronastia)
hydronephrosis 肾积水
hydronium 水合氢离子
hydronium clay 水合氢黏粒
hydropathic 水疗的(hydropathus)
hydropathy 水疗法(hydrophia)
hydroperiodic 水周期的(hydroperiodicus){生态生理}
hydroperiodic alternation 水[周]期交替(alternatio hydroperiodica)
hydroperiodic induction 水周期诱导(inductio hydroperiodica)
hydroperiodism 水周期性现象(hydroperiodismus){生态生理}
hydroperoxide 过氧化氢化物
hydroperoxyl radical 过羟自由基[HO_2]
hydrophil ①(= hydrophyte) 水生植物 ②亲水(hydrophile)
hydrophil-lipophil balance 亲水亲脂平衡
hydrophile ①亲水物 ②亲水胶体
hydrophile-lipophile balance (HLB) 亲水性-亲脂性平衡,亲水亲脂平衡
hydrophilia 亲水性
hydrophilic ①亲水的 ②喜水的(hydrophilus)
hydrophilic amino acid 亲水氨基酸
hydrophilic bacteria 喜湿细菌(bacteria hydrophilae)
hydrophilic colloid 亲水胶体
hydrophilic compound 亲水化合物
hydrophilic environment 亲水环境
hydrophilic group 亲水基
hydrophilic interaction chromatography 亲水互作层析
hydrophilic nature 亲水性
hydrophilic plant 水生植物(hydrophyta)
hydrophilic polymer 亲水聚合物
hydrophilic property 亲水性
hydrophilic surface 亲水表面
hydrophilicity (= hydrophily, hydrophilia) 亲水性(hydrophilicitas)
hydrophilicity profile 亲水性剖面图
hydrophilous ①亲水的 ②水生的 ③水媒的(hydrophilus)
hydrophilous flower 水媒花(flos hydrophilus)
hydrophilous plant 水媒植物(planta hydrophila)
hydrophilous pollination 水媒传粉(pollinatio hydrophila)
hydrophily ①水媒{遗传} ②亲水性{生化}(hydrophilia)
hydrophobe ①疏水物 ②疏水胶体
hydrophobia 恐水病,疯犬病
hydrophobic 疏水的,嫌水的(hydrophobus)
hydrophobic amino acid 疏水氨基酸
hydrophobic association 疏水组合(associatio hydrophoba)
hydrophobic barrier 疏水阻挡层,疏水障碍物
hydrophobic bond 疏水键
hydrophobic bonding 疏水键合
hydrophobic chromatography 疏水层析
hydrophobic cluster 疏水簇(指氨基酸)
hydrophobic collapse 疏水折叠
hydrophobic colloid 疏水胶体
hydrophobic core 疏水中心
hydrophobic effect 疏水效应
hydrophobic element 疏水成分
hydrophobic environment 疏水环境
hydrophobic group 疏水基
hydrophobic hydration 疏水水合
hydrophobic interaction 疏水互相作用
hydrophobic interaction chromatography (HIC) 疏水互作层析

hydrophobic labeling 疏水标记
hydrophobic medium 疏水介质
hydrophobic nature 疏水性
hydrophobic potential 疏水势
hydrophobic property 疏水性
hydrophobic sol 疏水溶胶
hydrophobic surface 疏水[表]面
hydrophobic tail 疏水尾
hydrophobicity 疏水性 (hydrophobicitas)
hydrophobicity profile 疏水性剖面图
hydrophobin 疏水蛋白
hydrophobous 避水的,疏水的 (hydrophobus)
hydrophone 水听器
hydrophotometer 水下光度计
hydrophysiological 水分生理[学]的 (hydrophysiologicus)
hydrophysiological feature 水分生理特征
hydrophysiology 水分生理学 (hydrophysiologia)
hydrophyte 水生植物 (hydrophyta)
hydrophytic 水生的 (hydrophyticus)
hydrophytic weeds 水生杂草
hydroplankton 水中浮游生物 (hydroplankton)
hydropneumatic 液压气动的,液压气力的 (hydropneumaticus)
hydropneumatic sprayer 气力喷雾机
hydropneumatic suspension system 液压空气悬架系统
hydroponic ①溶液培养的 ②水培的 (hydroponicus)
hydroponic culture 溶液培养,水培,无土栽培
hydroponic farm (= hydroponix) 水培农场 (指园艺的溶液培养)
hydroponic system 溶液培养法,无土栽培法
hydroponics 溶液培养法,无土栽培法 (hydroponica)
hydropower 水力发出的电力
hydropower resources 水利资源
hydropower station 水电站
hydropropyl methacrylate 氢丙基异丁烯酸
hydropsy ①水肿 ②积水 (hydropsia)
hydropsyche ①纹石蛾 ②⌊复⌉纹石蛾科 [Hydropsychidae]
hydropulper 废纸制浆机 {环保}
hydroquinone 氢醌 [$C_6H_6O_2$]
hydroquinone in staining 染色用氢醌 {显技}
hydroscale 液压式果园塔架
hydroscope 验湿器 {环保}
hydroscopic ①吸水的 ②吸湿的 (hydroscopus)
hydroscopic movement 吸水运动
hydroscopic nature 吸水性
hydroscopic particle 吸湿性粒子 {环保}
hydroscopic properties 吸水性
hydroscopic soil water 吸湿土壤水
hydroscopic water 吸收水
hydroscopicity 吸湿性,吸湿度 (hydroscopicitas)
hydroseeder 液力传动播种机
hydrosere 水生演替系列 {生态}
hydrosizer (马铃薯)浮选机
hydrosol 水溶胶
hydrosolvent 水溶剂
hydrosphere 水界,水圈,地球水面 (hydrosphera)
hydrospore 水孢子 (hydrospora)
hydrostability 水分稳定性 (hydrostabilitas) {生态生理}
hydrostable (= hydrostabile) 水分稳定的 (hydrostabilis) {生态生理}
hydrostable phase 水分稳定期 (phasis hydrostabilis)
hydrostable plant 水分稳定植物 (planta hydrostabilis)
hydrostable type 水分稳定型 (typus hydrostabilis)
hydrostable water balance 水分稳定的水分平衡 (aquobalanx hydrostabilis)
hydrostatic ①水压的 ②静液压的 ③流体静力[学]的 (hydrostaticus)
hydrostatic drive 静液压传动
hydrostatic equation 流体静力方程
hydrostatic gear box [静]液压变速箱
hydrostatic gradient 静液压梯度
hydrostatic head 静水头 {环保}
hydrostatic organ 水中平衡器
hydrostatic pressure 流体静压力,[静]水压[力],喷水压力
hydrostatic process 水压法
hydrostatic steering system 静液压转向机构
hydrostatic tracklayer tractor 静液压履带式拖拉机
hydrostatic tractor 静液压传动拖拉机
hydrostatic transmission 静液压传动
hydrostatics 流体[静]力学 (hydrostatica)
hydrostation (= hydroelectric station) 水力发电站
hydrosulfide group (= hydrosulfuryl-) 巯基,硫氢基

hydrosulfite ①亚硫酸氢盐［$MHSO_3$］②连二亚硫酸盐［$M_2S_2O_4$］
hydrosurvey 水文测量
hydrotaxis（= hydrotaxy）趋水性
hydrotechnical 水利技术的（hydrotechnicus）
hydrotechnical amelioration 水利技术土壤改良
hydrotechnical construction 水利工程建筑物
hydrotechnics 水利技术（hydrotechnica）
hydrothermal condition 热液条件
hydrothermal factor 热液因数
hydrotherophytes 水生一年生植物（hydrotherophyti）
hydrotrencher 液力挖沟机
hydrotropic 向水性的（hydrotropus）
hydrotropic substance 向水物质
hydrotropism 向水性（hydrotropismus）
hydrous ①含水的 ②水合的，水化的 ③水状的（hydrus）
hydrous alumino-silicate 含水铝硅酸盐
hydrous mica 水化云母
hydrous oxide 水化氧化物
hydroxamic acid 氧肟酸，异羟肟酸
hydroxide 氢氧化物
hydroxide alkalinity 氢氧化物碱度，苛性碱度
hydroxide ion 氢氧离子，羟离子
hydroxide radical ①羟基 ②氢氧根
hydroxocobalamine 羟钴胺素，维生素 B_{12a}
hydroxy-（= hydroxyl-）羟基
hydroxy acid 羟酸［$C_nH_{2n}(OH) \cdot CO_2H$］
hydroxy apatite 羟［基］磷灰石
hydroxy fatty acid 羟［基］脂肪酸
hydroxyacyl-CoA racemase 羟酰辅酶 A 消旋酶
hydroxyalkylation 羟烷基化
hydroxyallysine 羟赖氨醛
hydroxyallysine aldol 羟赖氨醛醇，联赖氨酸
hydroxyandrostene dione 羟雄［甾］烯二酮
hydroxyanthraquinone 羟基蒽醌
hydroxyapatite 羟磷灰石｛农化｝
hydroxyapatite chromatography 羟磷灰石层析法
hydroxybenzoic aicd 对羟苯甲酸
hydroxydione 羟孕［甾］二酮
hydroxyesteriol 羟雌［甾］三醇
hydroxyestradiol 羟雌［甾］二醇
hydroxyestrone 羟雌［甾］酮
hydroxyethyl starch 羟乙基淀粉
hydroxyimidazole propionic acid 羟咪唑丙酸
hydroxyindole（= hydroxyindo）羟基吲哚
hydroxyketone 羟基酮，醇酮
hydroxyl- 羟［基］
hydroxyl compound 羟基化合物
hydroxyl group 羟基
hydroxyl ion 氢氧根离子，羟离子
hydroxyl terminal 羟基端
hydroxylamine（HA）羟胺［NH_2OH］
hydroxylamine sulfate 硫酸羟胺
hydroxylase 羟化酶
hydroxylation 羟化［作用］（hydroxylatio）
hydroxylauric acid 羟基月桂酸，2-羟基十二［烷］酸
hydroxylysine 羟［基］赖氨酸
hydroxylysyl glycoside 羟赖氨酰糖苷
hydroxymethylase 羟甲基化酶
hydroxymethylfural 羟甲基糠醛
hydroxymethylglutaryl CoA cleavage enzyme 甲羟戊二酸单酰 CoA 裂解酶
hydroxymethyloxindol 羟甲基羟吲哚（生长抑制剂）
hydroxymethyltetrahydrofolic acid 羟甲基四氢叶酸
hydroxymyristic acid 羟基豆蔻酸，2-羟基十四［烷］酸
hydroxynervone 羟烯脑苷脂，羟神经苷脂
hydroxynervonic acid 羟基神经酸，2-羟基二十四碳-15-烯酸
hydroxypantothenic acid 羟［基］泛酸
hydroxyphenyketouria 羟苯酮尿
hydroxypregnenolone 羟基孕［甾］烯醇酮
hydroxyproline（Hyp）羟脯氨酸
hydroxyproline-rich glycoprotein（HRGP）富羟脯氨酸糖蛋白
hydroxyprolyl- 羟脯氨酰［基］
hydroxypyruvate 羟基丙酮酸［$CH_2OH \cdot CO \cdot COOH$］
hydroxypyruvate phosphate 羟基丙酮酸磷酸
hydroxypyruvate reductase 羟基丙酮酸还原酶
hydroxyquinone 羟基醌
hydroxyskatol 羟基甲基吲哚
hydroxystreptomycin 羟基链霉素
hydroxytestosterone 羟睾［甾］酮
hydroxytryptophane decarboxylase 羟色氨酸脱羧酶
hydroxytyramine 羟酪胺
hydroxyurea（Hu）羟基脲［$CH_4O_2N_2$］
hydroxyurea in localized breakage 局部断裂用羟基脲

hydrurus family 水树藻科[Hydruraceae]
hyena 鬣狗(Hyaena)
hyetal 雨的,降雨的(hyetalis)
hyetal coefficient 雨量系数
hyetal regions 雨量区域
hyetograph ①雨量记录表 ②暴雨峰型图
hyetographic curve 雨量计曲线
hyetography 雨量分布学(hyetographia)
hyetology 降水量学(hyetologia)
hyetometer 雨量计
hygiene ①卫生学 ②健康法
hygienic ①卫生的 ②卫生学的(hygienicus)
hygienic measure 卫生措施
hygric 耐湿的(hygrus)
hygrine 古液碱
hygro- ⌞字头⌝湿,湿气
hygrochastic 吸湿开裂的(hygrochasticus)
hygrocole 湿生动物
hygrocolous ①湿生的{生态} ②湿栖的{昆虫}(hygrocolus)
hygrodeik 图示湿度表
hygrogram 湿度自记曲线(hygrogramma)
hygrograph 湿度计
hygrokinesis 感湿性
hygrometabolism 湿代谢作用(hygrometabolismus)
hygrometer 湿度表,测湿仪
hygrometric 测湿的,吸湿的(hygrometricus)
hygrometric continentality 降水大陆度
hygrometric equation 湿度公式
hygrometric method 湿度测定法
hygrometric state 湿态
hygrometry 湿度测量法,测湿法(hygrometrica)
hygromorphism 湿生型(hygromorphismus)
hygromycin 湿霉素,潮霉素
hygropetrobios 湿岩生物
hygrophilous 喜湿的,适湿的(hygrophilus)
hygrophilous plant 喜湿植物,适湿植物(planta hygrophila)
hygrophilous vegetation 适湿植被(vegetatio hygrophila)
hygrophorbium (=low moor) 低位沼泽
hygrophyte 湿生植物(hygrophyta)
hygrophytic 湿生的(hygrophyticus)
hygrophytic crop plant 湿生作物
hygrophytic habitat 湿生生境
hygrophytic mosses 湿生藓类
hygrophytic weeds 湿生杂草
hygroplasm 液质(hygroplasma)
hygropoion 湿生高禾草群落
hygroscope 湿度器
hygroscopic ①吸湿的 ②收湿的(hygroscopicus)
hygroscopic absorption 吸湿性吸收
hygroscopic body 吸湿体
hygroscopic capacity 吸湿量
hygroscopic coefficient 吸湿系数
hygroscopic matter 吸湿性物质
hygroscopic moisture 吸湿水
hygroscopic movement 吸湿运动
hygroscopic potential 吸湿潜力
hygroscopic pressure 吸湿压
hygroscopic property 吸湿性
hygroscopic substance 吸湿性物质
hygroscopic treating agent 吸湿处理剂
hygroscopic water 吸湿水
hygroscopicity ①吸湿性 ②收湿性(hygroscopicitas)
hygroscopicity of manure 肥料吸湿性
hygroscopicity of soil 土壤吸湿性
hygrostat 恒湿器
hygrotaxis 趋湿性
hygrothermogram 温湿自记曲线(hygrothermogramma)
hygrothermograph 温湿计
hygrotropism 向湿性(hygrotropismus)
hylacolous 树栖的(hylacolus)
hylaeion 希列亚植被型,雨林植被型,雨林
hylaeion hypotropicum 亚热带雨林
hylea (=hylaea, hileia) 热带雨林
hylodophilous 喜疏林的,适疏林的(hylodophilus)
hylogamy 特种配子配合(hylogamia)
hylophagous 食木的(hylophagus)
hylophilous 喜林的,适林的(hylophilus)
hylum (=hilum) ①种脐 ②[肾]门
hymatomelanic acid 吉马多美朗酸
hymen 膜
hymenanthous 膜质化的(hymenanthus)
hymenial 子实层的(hymenialis)
hymenial cystidium 子实层囊状体(cystidium hymeniale)
hymenial parenchyma 子实层薄壁组织(parenchyma hymenialis)
hymenial peridium 子实层包被(peridium hymeniale)
hymenial veil 子实层菌幕(veillum hymeniale)

hymeniderm 膜皮（hymenidermis）
hymenium 子实层
hymeno- ⌊字头⌉膜，子实层
hymenocarp 子实层果（hymenocarpum）
hymenode 膜状的（hymenodes）
hymenoleped 膜质鳞片的（hymenolepis）
hymenolichenes（＝basidiolichenes） 担子菌地衣
hymenomycetes 层菌
hymenophore 子实层体（hymenophorum）
hymenophyllous 膜质叶的（hymenophyllus）
hymenophyllum ①膜叶蕨属［*Hymenphyllum* spp.］（膜叶蕨科）②膜叶蕨［*Hymenphyllum* sp.］
hymenophyllum family 膜叶蕨科［Hymenophyllaceae］
hymenopode 子实层基，下子实层（hymenopodium）
Hymenoptera 膜翅目
hymenopteran 膜翅目昆虫（hymenopterus）
hymenopterous 膜翅［目］的（hymenopterus）
hymenopterous parasite 寄生蜂
hymenorhizous 膜质根的（hymenorrhizus）
hymenosepalous 膜质萼片的（hymenosepalus）
hyocyamine（＝hyoscine） 天仙子碱［$C_{17}H_{21}O_4N$］
hyodeoxycholic acid 猪脱氧胆酸，3，6-二羟基胆烷酸
Hyokan 日本瓢柑［*Citrus amphullacea* Tanaka.］（芸香科）
hyoscymine 天仙子胺［$C_{17}H_{23}O_3N$］
Hyp（＝hydroxyproline） 羟脯氨酸
hypabyssal rock 浅成岩｛地质｝
hypanthium ①隐头花序 ②肥大花托
hypanthodium 隐头花序
hypaphorin 色氨酸三甲基内盐
hypaphrodisia 性欲减退
hyparchic gene 下效基因
hypecoum ①角茴香属［*Hypecoum* L.］（罂粟科）②角茴香［*Hypecoum pendulum* L.］
hyper- ⌊字头⌉高，过多，超
hyper data system 超数据系统
hyper-Graeco Latin square 高级希腊拉丁方｛统计｝
hyper-graph 超图｛遥感｝
hyper market 超高级市场，大型超级市场
hyper media communication 超媒体通信｛信息｝
hyper-nutrition 过高营养（hypernutritio）
hyperaccess 超级访问软件｛电脑｝
hyperacidity ①酸过多 ②高酸度（hyperaciditas）
hyperacoustic 超声的
hyperacute rejection 超急排斥
hyperaemia（＝hyperemia） 充血
hyperagrininemia 高精氨酸血症
hyperalimentation 营养过度（hyperalimentatio）
hyperaltitude photography 超高空摄影｛遥感｝
hyperammonemia 高氨血，血氨过多症
hyperbaria 气压过高
hyperbarism 过气压病，高气压病（hyperbarismus）
hyperbasarthrum 基上节亚组（指马铃薯）
hyperbilirubinaemia 高胆红素血症
hyperboid 双曲面（hyperboideus）
hyperbola 双曲线，抛物线
hyperbolic 双曲线的（hyperbolicus）
hyperbolic function 双曲线函数
hyperbolicity 双曲［线］性（hyperbolicitas）
hyperbolidal gear 双曲线齿轮
hyperboreus burreed 北方黑三棱［*Sparganium hyperboreum* Laest.］（黑三棱科）
hypercalcemia 高钙血，血钙过多
hypercard 超卡｛电脑｝
hyperchannel 超级信道［网络互联系统］｛信息｝
hyperchimera 嵌镶嵌合体，混杂嵌合体
hypercholesterolemia 高胆固醇血，胆固醇过多症
hyperchromatosis（＝hyperchromasy） 高度染色质增加
hyperchromic effect 增色效应
hyperchromicity ①增色现象（效应）②增色性，增色度（hyperchromicitas）
hyperchromism 增色性（hyperchromismus）
hypercomplex ①超复杂的 ②超复数的（hypercomplexus）
hyperconjugation 超共轭（hyperconjugatio）
hypercube database 超立方体数据库
hypercube ensemble 超立方总体
hypercube network 超立方网［络］｛信息｝
hyperdata system（＝hyper data system） 超数据系统｛电脑｝
hyperdeduction 超演绎（hyperdeductio）
hyperdiploid 超二倍体（hyperdiploida）

hyperdiploidy 超二倍性（hyperdiploidas）
hyperdisk 管理磁盘｛电脑｝
hyperdispersion 不平均分布（hyperdispersio）｛统计｝
hyperedge 超边
hyperemia 充血（hyperaemia）
hyperergic 异常的，过度的（hyperergus）
hyperergic effect 异常反应
hyperexcitability 超兴奋性（hyperexcitabilitas）
hyperfiltration 超滤（hyperfiltratio）
hyperfiltration membrane 超滤膜（membrana hyperfiltrationis）
hyperfine interaction 超精细相互作用
hyperfine splitting 超精细分裂
hyperfine structure 超精细结构
hyperfocal distance 超焦距
hyperfunction 功能亢进（hyperfunctio）
hypergamesis 过交配
hypergammaglobulinema 高 γ 球蛋白血［症］
hypergeometric distrbution 超几何分布｛统计｝
hyperglycemia 高血糖，血糖过多症
hyperglycemic factor（HGF） 高血糖因素
hypergonadism 生殖腺机能亢进（hypergonadismus）｛畜｝
hypergravity 超重（hypergravitas）
hypericin 金丝桃蒽酮
hypericum（= St. Johnswort） ①金丝桃属［*Hypericum* L.］（金丝桃科） ②金丝桃［*Hypericum chinensis* L.］
hypericum family 金丝桃科（Hypericaceae）
hyperimmune serum 过免疫血清
hyperimmunization 高度免疫（hyperimmunisatio）
hyperin 海棠苷［$C_{21}H_{20}O_{12}$］
hyperinfection 高度传染（hyperinfectio）
hypermature 过熟的（hypermatura）
hypermedia 超媒体｛信息｝
hypermedia application 超媒体应用
hypermetamorphosis 复变态，过变态
hypermetropia（= hyperopia） 远视
hypermodified base 高度修饰碱基｛分遗｝
hypermorph 超效等位基因｛遗传｝
hypermutation 高突变，超突变（hypermutatio）｛遗传｝
hyperon 超子｛分生｝
hyperophthalmotonic effect 眼高张力效应
hyperosmotic 高渗的（hyperosmoticus）
hyperosmotic anhydration 高渗性脱水（anhydratio hyperosmotica）
hyperosmotic solution 高渗溶液
hyperoxic 含氧量高的（hyperoxicus）
hyperoxide 过氧化物
hyperparasite 超寄生物，重寄生物（hyperparasita）
hyperparasitism（= mycoparasitism, direct parasitism, interfungus parsitism） 菌寄生，重寄生（hyperparasitismus）
hyperparasitoidism 重寄生［现象］（hyperparasitoidismus）
hyperphosphate 高磷酸盐，过磷酸盐｛农化｝
hyperpituitarism 垂体机能亢进（hyperpituitarismus）
hyperplasia（= hyperplasy）过度生长
hyperplastic 过度生长的（hyperplasticus）
hyperplastic disease 过度生长病
hyperplastic growth 过度生长
hyperplastoid 超拟质体（hyperplastoideus）
hyperploid 超倍体（hyperploida）｛细胞｝
hyperploid meiotic product 超倍减数分裂产物
hyperploidy 超倍性（hyperploidas）｛细胞｝
hyperpneustic 多气门式
hyperpolarization 超极化（hyperpolarisatio）
hyperpolarizing current 超极化电流
hyperpolyploid 超多倍体（hyperpolyploida）｛细胞｝
hyperprint utility 超打印实用程序｛电脑｝
hyperprolinemia 脯氨酸过多血症
hyperrec mutant 高重组缺陷型突变体｛分遗｝
hyperreiterated DNA 高度重复 DNA｛分遗｝
hyperrepressed mutant 过阻遏突变体
hypersensibility 超敏性，超敏反应，过敏反应
hypersensitisation 超敏感化（hypersensitisatio）
hypersensitive 超敏性的，过敏性的（hypersensitivus）
hypersensitive reaction 超敏性反应
hypersensitive site 超敏性位点｛分遗｝
hypersensitiveness 过敏性，超敏性
hypersensitivity 过敏性，超敏性（hypersensitivitas）
hypersonic ①高超音速的 ②超声的（hypersonicus）
hyperspace 多维空间

hypersteroscopic image 超立体影像｛遥感｝
hyperstomatic（= hyperstomatous） 气孔上生的（hyperstomaticus）
hyperstrophy 肥大（hyperstrophia）
hyperstructure 超级结构（hyperstructura）
hypersusceptibility 超易感性，超感受性，过敏感性（hypersusceptibilitas）
hypertensin 血管紧张肽
hypertensinase 血管紧张肽酶
hypertensinogen 血管紧张肽原
hypertensinogenase 血管紧张肽原酶
hypertension 高血压（hypertensio）
hypertext 超文本，电子文本｛信息｝
hypertext transfer protocal（**HTTP**） 超文本传输协议｛信息｝
hypertexture 超级纹理（hypertextura）
hyperthermophilic archaebacteria 超喜热古生菌（archaebacteria hyperthermophilicae）
hyperthermy 超常温［现象］（hyperthermia）
hypertonia 高渗压
hypertonic ①高渗的 ②张力亢进的（hypertonicus）
hypertonic medium 高渗介质（medium hypertonicum）
hypertonic solution 高渗溶液
hypertonic surrounding medium 高渗环境介质
hypertonicity 高渗压（hypertonicitas）
hypertrophic 肥大的（hypertrophus）
hypertrophy ①肿胀 ②徒长 ③肥大（hypertrophia）
hyperuricemia 血尿酸过多症
hypervalinemia 血缬氨酸过多症
hypervariable 超易变的（hypervariabilis）
hypervariable codon 超易变密码子｛分遗｝
hypervariable region 超易变区
hypervariable sequence 超易变序列
hypervariable site 超易变位点
hyperventilation 过度通风，过度换气（hyperventilatio）
hypervisor 管理程序｛电脑｝
hypervitaminosis 维生素过多症
hypervolume 超容量（hypervolumen）
hyph- ⌞字头⌝网结
hypha 菌丝
hyphal 菌丝的（hyphalis）
hyphal aversion 菌丝反向生长现象
hyphal body 菌丝体（mycelium）
hyphal hole 菌丝孔
hyphal knot 菌丝结
hyphal peg 菌丝突，菌丝栓
hyphal pycnidium 丝壁分生孢子器
hyphal rhizoid 根状菌丝
hyphal strand 菌丝束
hyphal tip 菌丝尖
hyphal tissue 菌丝组织（tela hyphalis）
hyphen（**HYP**） 连字符｛电脑｝
hyphenation program 加连字符程序｛电脑｝
hyphodromous 隐脉的（hyphodromus）
hypholytic 溶菌丝的（hypholyticus）
hypholytic action 溶菌丝作用（actio hypholytica）
hyphomycetes 丝孢菌类［Hyphomycetes］
hyphopodium 附着枝，足丝（hyphopodium）
hyphydrogamy 水媒（hyphydrogamia）
hypna family 灰藓科［Hypnaceae］
hypnocyst 链格孢状胞，交链霉状胞（hypnocystus）
hypnosis ［种子］休眠
hypnosporangium 休眠孢子囊
hypnospore ［厚壁］休眠孢子（hypnospora）
hypnozygote 休眠合子（hypnozygota）
hypo- ⌞字头⌝低，过少，次
hypo clearing agent 硫代硫酸钠清洁剂
hypo-triploid 亚三倍体（hypotriploida）
hypo-triploidy 亚三倍性（hypotriploidas）
hypoachene 下位瘦果（hypoachenium）
hypoalimentation 营养不足（hypoalimentatio）
hypoalimentosis 营养不足症
hypoascidium 叶下［面向里的］瓶状体
hypobaria 低气压
hypobaric 低气压的，低压的（hypobaricus）
hypobaric storage 低压贮藏（指用于农产品）
hypobarism 低气压病（hypobarismus）
hypobasal ①次基部的 ②基下的（hypobasalis）
hypobasal cell 次基部细胞（cellula hypobasalis）
hypobasal half 基下半｛真菌｝
hypobasal tier 基下层
hypobasidial 下担子的（hypobasidialis）
hypobasidium ［下］担子
hypoblast ①基芽｛形态｝②下胚层｛胚胎｝（hypoblastus）
hypoblastic 下胚层的（hypoblasticus）
hypoblastic organ 下胚层器官（organum hypoblasticum）
Hypoborus ficus 无花果木蠹［*Hypoborus ficus*］

hypobranchial gland 腮下腺
hypocalcemia 血钙过少[症]（hypocalcaemia）
hypocapnia 低碳酸血
hypocarpic 果托的（hypocarpus）
hypocarpium（= hypocarp） 果托
hypochil 唇瓣基（hypochillum）{昆虫}
hypochile（= lower labium） 下唇（hypochile）
hypochlorite 次氯酸盐［MOCl］
hypochlorite of lime 次氯酸钙，漂白粉{环保}
hypochlorous acid 次氯酸
hypochnus blight of soybean 大豆纹枯病（大豆丝菌核病）［*Pellieularia sasakii* S. Ito.］
hypocholesterolemia 低胆甾醇血，低胆固醇血
hypochromic anemia 低血色素贫血症
hypochromic effect 减色效应
hypochromicity ①减色现象（效应）②减色性，减色度（hypochromicitas）
hypochromism 减色性（hypochromismus）
hypocotyl ［下］胚轴（hypocotyle）
hypocotylar 下胚轴的（hypocotylaris）
hypocotyledonary 属下胚轴的（hypocotypledonaris）
hypocotyledonary axis 下胚轴（aixs hypocotyledonaris）
hypocrateriform 高脚碟状的（hypocrateriformis）
hypocrateriform corolla 高脚碟状花冠（corolla hypocrateriformis）
hypocraterimorphous 盆状的（hypocraterimorphus）
hypocrea ①肉座菌属［*Hypocrea* Fr.］（肉座菌科）②肉座菌［*Hypocrea* sp.］
hypocrea family 肉座菌科［Hypocreaceae］
hypocreaceous 肉座菌状的（hypocreaceus）
hypocrystalline 半晶质
hypodactylism ①少指现象 ②少趾现象（hypodactylismus）
hypodermal ①皮下的{解剖}②真皮的{昆虫}（hypodermidis）
hypodermal colour 真皮色
hypodermal strand 皮下束（fasciculus hypodermus）
hypodermal tissue 皮下组织（见于松针叶）（tela hypoderma）
hypodermic（= hypodermal） 皮下的
hypodermic injection 皮下注射
hypodermic inoculation 皮下接种
hypodermic layer 皮下层（stratum hypodermum）
hypodermic microthermister 皮下微热敏电阻器
hypodermic needle 皮下针
hypodermis ①下表皮，真皮 ②皮下组织 ③下胚层
hypodispersion 平均分布{统计}
hypodontia 缺齿
hypofunction 机能减退（hypofunctio）
hypogaeous（= hypogean，hypogeal） ①地下生的 ②留土的（指子叶）（hypogaeus）
hypogaeous cotyledon 留土子叶（cotyledon hypogaeus）
hypogaeous germination 地下萌发，地下发芽（germinatio hypogaeus）
hypogammaglobulinaemia 低 γ 球蛋白血［症］
hypogeal（= hypogean，hypogeous） 地下的（hypogaeus）
hypogeal cotyledon（= hypogaeous cotyledon） 留土子叶（cotyledon hypogaeus）
hypogeal fungi 地下真菌（fungi hypogaeae）
hypogene rock 深成岩{地质}
hypogenesis 无性发育
hypogenous 自下生出的（hypogenus）
hypogeum 地下室，地窖（hypogaeum）
hypoglycaemia（= hypoglycemia） 低血糖［症］
hypoglycin A 降糖氨酸，甲叉环丙基丙氨酸
hypoglycogenolysis 糖原分解不足
hypognathous 下口式的（hypognathus）
hypognathous type 下口式
hypogonadism 生殖腺机能减退（hypogonadismus）{畜}
hypogravity 低重（hypogravitas）
hypogynous 下位的（指花被，雄蕊）（hypogynus）
hypogynous corolla 下位花冠（corolla hypogyna）
hypogynous flower 下位花（flos hypogynus）
hypogyny 下位式（hypogynia）
hypohexaploid 亚六倍体（hypohexaploida）
hypohexaploidy 亚六倍性（hypohexaploidas）
hypohydrogamy 水下配子生殖（hypo-

hydrogamia)
hypoliminion 湖底静水层
hypomagnesaemia 饲草性肢体搐搦
hypomorph 亚效等位基因,下效等位基因
hypomorph gene 下效等位基因
hyponastic 偏下性的,偏下发育的(hyponasticus)
hyponasty 偏下性,偏下发育(hyponastia)
hyponeustic 半气门[式]的(hyponeusticus)
hyponitrite 连二次硝酸盐[$M_2N_2O_2$]{农化}
hyponitrous aicd 连二次硝酸[$H_2N_2O_2$]
hyponym 难判名(hyponymum)
hypoosmotic 低渗的(hypoosmoticus)
hypoparathyroidism 甲状旁腺机能减退
hypopeltate 下面盾状的(hypopeltatus)
hypopetalous 下位花瓣的(hypopetalus)
hypopharyngeal gland 舌腺,幼虫饲料腺{蜂}
hypopharynx ①舌{昆虫}②舌状突起{动}③咽头下部{畜}
hypophase 低相,下相(hypophasis)
hypophasic 低相的(hypophasicus)
hypophloedes 内树皮,内皮
hypophosphatasia 低磷酸酯酶症
hypophosphate 低磷酸盐,连二磷酸盐[$M_4P_2O_6$]{农化}
hypophosphatemia 低磷酸盐血症
hypophyll ①下叶②叶下部③菌肉下层(hypophyllum)
hypophyllary 高出叶的(hypophyllaris)
hypophyllous 叶背着生的,叶下着生的(hypophyllus)
hypophyse cell 胚根原细胞(cellula hypophysa)
hypophysectomy 垂体切除术(hypophysectomia)
hypophysin 垂体后叶激素
hypophysis ①胚根原[细胞]②脑垂体
hypopituitarism 垂体机能减退(hypopituitarismus)
hypoplankton 下层浮游生物
hypoplasia ①发育不全②细胞减生[现象]
hypoplastic 发育不全的(hypoplasticus)
hypoplastic ovary 发育不全卵巢(指果蝇)
hypoplasty 发育不全(hypoplastia)
hypoploid 亚倍体(hypoploida)
hypoploid meiotic product 亚倍减数分裂产物
hypoploidy 亚倍性(hypoploidas){细胞}
hypopodium ①心皮柄{胚胎}②足,柄{真菌}
hypopolyploid 亚多倍体(hypopolyploida){细胞}
hypopolyploidy 亚多倍性(hypopolyploidas){细胞}
hypoproct 肛下板{昆虫}
hypoprothrombinemia 低凝血酶原血
hypopygium ①肛门②肛下板③膨腹端④露腹节
hyposensitization 脱敏感化(hyposensitisatio)
hyposophilous 喜高的,适高的(hyposophilus)
hyposperm (= hypostate) 珠基(hypospermum)
hyposporangiate 下孢子囊的(hyposporangium)
hyposporangium 下孢子囊
hypostase 承珠盘(hypostasa)
hypostasis 下位性
hypostasy 下位性
hypostatic 下位的(hypostaticus)
hypostatic factor 下位因子
hypostatic gene 下位基因
hypostatic reaction 下位反应
hypostoma ①下颜②口后片{昆虫}
hypostomal area 口后区
hypostomal bridge 口后桥
hypostomal sclerite 口后片
hypostomal suture 口后沟
hypostomatal (= hypostomatous, hypostomatic) 气孔下生的(hypostomatus)
hypostroma 下子座
hypotaurine 亚牛磺酸,氨乙基亚磺酸
hypotension 低血压(hypotensio)
hypotensive agent 降血压剂
hypothalamic hypophysiotropic hormone 下丘脑促垂体激素
hypothalamic releasing factor 下丘脑释放因子
hypothalamus 下丘脑,丘脑下部
hypothallus 囊基膜(hypothellus)
hypotheca ①下函(硅藻)②下壳{真菌}
hypothecium 子囊下层,囊层基,下盘基
hypothermia ①低温症②体温过低
hypothermophilous 喜低温的,适低温的(hypothermophilus)
hypothermy 休温过低(hypothermia)
hypothesis ①假定,假设②假说
hypothesis testing 假设测验
hypothetical ①假设的,假定的②理想的(hypotheticus)

hypothetical global climate 理想全球气候
hypothetical number 假设预计数
hypothetical reference circuit 假设参考电路{信息}
hypothetical reference digital path 假设参考数字通道
hypothetical situation 假定情况
hypothetical structure 假定结构(structura hypothetica)
hypothetical substance 假定物质
hypothetical unit 假定单位
hypothyreosis(=hypothyroidism) 甲状腺机能减退
hypotonic 低渗[压]的(hypotonus){生化}
hypotonic salt solution 低渗盐溶液
hypotonic shock 低渗休克
hypotonic solution 低渗溶液
hypotrichosis 少毛症
hypotrichous ①下毛的{真菌}②少毛的{形态}(hypotrichus)
hypotrophy ①生长不足②发育障碍③营养不足(hypotrophia)
hypotropy 向下发育(hypotropia)
hypotype ①亚型②补模标本(hypotypus)
hypovalve 下瓣(hvpovalva)
hypovitaminosis 维生素缺乏症
hypoxanthine 次黄嘌呤[$C_5H_4N_4O$]
hypoxanthine-9,*β-D*-ribofuranoside 次黄嘌呤-9,*β-D*-呋喃核糖核苷
hypoxanthine deoxyriboside 次黄嘌呤脱氧核苷
hypoxanthine guanine phosphoribosyl transferase(HGPRT) 次黄嘌呤鸟嘌呤转磷酸核糖基酶,次黄鸟嘌呤磷酸核糖转移酶
hypoxanthine riboside 次黄嘌呤核苷,次黄苷
hypoxia 缺氧
hypoxia-tolerant species 耐缺氧种
hypoxic 缺氧的,含氧量低的(hypoxicus)
hypoxyphoremia 血氧输送功能不正常(hypoxyphoraemia)
hypsochrome 浅色团
hypsochromic effect 向色(增色)效应,增频效应
hypsograph 测高仪
hypsographic map 测高图
hypsometer 测高计
hypsometric 测高的(hypsometricus)
hypsometric equation 测高公式
hypsometrical map 地形图
hypsometry 测高法(hypsometria)
hypsophyll 高出叶(hypsophyllum)
hypsophyllary 高出叶的(hypsophyllaris)
hyson 熙春茶(我国绿茶的著名品种)
hyssop ①海索草属(神香草属)[*Hyssopus* L.](唇形科)②海索草(神香草)[*Hyssopus officinalis* L.]
hysteranthous 花后展叶的(hysteranthus)
hysterectomy 子宫切除术(hysterectomia)
hysteresis ①滞后[作用]{遗传}②平衡阻碍{土壤}③磁带{物}
hysteresis effect 滞后效应
hysteresis loop 滞后环{遗传}
hysteretic enzyme 滞后酶
hysteria 癔病,歇斯底里症(一种精神性神经病)
hysterogenetic(=hysterogenic) 后成的(hysterogenus)
hysterostele 退化中柱(hysterostela)
hysterothecium 船状囊壳,缝裂囊壳
hystrella ①心皮②果爿(=carpel)(hystra)
hyther 温湿度共同影响
hythergraph 温湿图
HYV(=high yielding variety) 高产品种,丰产品种
Hyvar(=bromacil Hyvar, X, Hyvar X-L) 除草剂
Hz(=hertz) 赫兹,周/秒{信息}

I i

I ①(=colicinogenic factor) 产大肠杆菌因子{分生}②(=inosine) 次黄[嘌呤核]苷,肌苷{分遗} ③(=irradiance) 辐照度{生态生理}

I_1, I_2, I_3 (=first, second and third generation of selffertilization) 自交第一代,自交第二代,自交第三代

I_{50} (=median inhibition dose, 50 percent inhibition dose) 抑制中剂量,50%抑制剂量

i (=interval) 组距{统计}

I-beam 工字梁{水利}

I-beam steel 工字钢

I-bolt 工字形螺栓

I-DNA (=information DNA) 信息 DNA

I-like plasmid I 状质粒

I-line (=inbreed line) ①近交系 ②自交系

I-pattern 被层内图案

I pilus I 绒毛,性毛

I plasmid (=colicinogenic factor plasmid) 产大肠杆菌因子质粒,I 质粒

I-shaped budding "I"字形芽接

i-soma 侵袭体

i-some (=infosome) 信息体

I type (=intermediate type) 中间型

IA (=interface adapter) 接口适配器{信息}

IAA ①(=indoleacetic acid) 吲哚乙酸 ②(=indole-3-acetic acid) 吲哚-3-乙酸 ③(=iodoacetic acid) 碘乙酸

IAAE (=International Association of Agricultural Economists) 国际农业经济学家协会

IAAld (=indole acetaldehyde) 吲哚乙醛(植物生长调节剂)

IAC ①(=indole acetaldehyde) 吲哚乙醛 ②(=International Academy of Cytology) 国际细胞学会

IAFD (=International Association of Food Distribution) 国际粮食分配协会

IAHP (=International Association of Horticultural Producers) 国际园艺生产者协会

IAIAS (=Inter-American Institute of Agricultural Science) 美洲间农业科学研究所

IAIE (=Inter-American Institute of Ecology) 美洲间生态学研究所

IAN (indoleacetonitrile) 吲哚乙腈(植物生长调节剂)

IASC (=International Association of Seed Crushers) 国际榨油商协会

iaspideous 碧玉色的(iaspideus)

iatrochemistry 医疗化学(iatrochemia)

IAVFH (=International Association of veterinary Food Hygienists) 国际饲料卫生学家协会

IB (=Bene symbol for B blood group) B 血型基因

IBA (=indolebutyric acid) 吲哚丁酸(植物生长调节剂)[$C_{12}H_{13}NO_2$]

IBDU (=isobutyline diurea) 异丁叉二脲(长效肥料)

ibex (=goat, capra) 山羊[*Capra bircus* L.](牛科)

IBM (=international Business Machine Corporation) 国际商用机器公司

ibogaine 伊菠因(抗抑郁药)[$C_{20}H_{26}O$]

ibotenic acid 鹅膏蕈氨酸

IBP (=initiator binding protein) 起始子结合蛋白{分生}

IBS (=intron-binding site) 内含子结合部位{分遗}

IC (=integrated circuit) 集成电路[卡],存储卡{信息}

ICA (=International Co-operative Alliance) 国际合作社联盟

ICAC (=International Cotton Advisory Committee) 国际棉花咨询(顾问)委员会

icaco (=cocoa plum) 可可李

ICAE ①(=lnternational Commission of Agricultural Engineering) 国际农业工程委员会 ②(=lnternational Conference of Agricultural Economists) 国际农业经济学者会议

icariin 淫羊藿苷[$C_{33}H_{42}O_{16}$]

ICC (=lnternational Association for Cereal Chemistry) 国际谷物化学协会

ice ①冰 ②冰冻甜食
ice abrasion 冰磨蚀
ice accretion 积冰
ice age 冰期
ice atlas 冰图
ice avalanche 冰崩
ice-axe 破冰斧
ice-bacteriology 冰细菌学（glaciobacteriologia）
ice ball method 冻土移植法
ice-bank churn cooler 冰箱式桶装冷却器
ice-bank evaporator 冰箱式蒸发器
ice-bar 冰坝
ice-bath ①冰浴 ②冰浴器
ice block（= ice pieces） 冰块
ice-bound 冰封的
ice break 冰折（指果木）
ice breaker 破冰船
ice breaker plow（= ice breaker plough） 破冰犁，破凌犁，顶凌耕作犁
ice brine system 冰盐水制冷系统｛环保｝
ice build-up tank 制冰箱
ice building-up 结成冰堆
ice-bulb temperature 冰球温度
ice calorimeter 冰卡计
ice cap ①冰盖｛地质｝②冰冠，冰帽｛气象｝③冰台｛土壤｝
ice-cap climate 冰盖气候，冰冠气候
ice cascade 冰瀑
ice cellar 冰窖
ice chart 冰区图｛遥感｝
ice chest（= ice box） 冰箱
ice climate 冰雪气候
ice cloud 冰晶云
ice-cold 冰冻的，冰冷的（gelidus）
ice-coloured 冰色的
ice conditions 冰情
ice cooling 冰冷
ice cover 覆冰量
ice-cream 冰淇淋
ice crusher 破冰机，碎冰机
ice crust 冰壳，冰层
ice crusted ground 冰壳地
ice crystal 冰晶
ice-crystal fog 冰晶雾
ice crystal formation 冰晶形成
ice-crystal nucleus 冰晶核
ice crystal theory of precipitation 降雨冰晶学说｛气象｝
ice cube 方块冰
ice damage 冰灾，冰害
ice deposit 积冰
ice desert 冰漠
ice drift 流冰，漂冰
ice dyes 冰染染料｛显技｝
ice fall 冰瀑
ice field 冰原
ice field belt 冰原带｛遥感｝
ice fish ①银鱼属［*Salanx*］（银鱼科）②银鱼［*Salanx cuvieri* Cuvier et Valenciennes］
ice fishing 冰下捕鱼
ice floe 浮冰，冰盘
ice flow 冰流
ice fog 冰雾
ice foot 冰棚，冰墙｛遥感｝
ice-foot glacier 山麓冰川
ice formation 冰形成，结冰
ice-formation condition 结冰条件
ice formation within the plant 植株体内结冰
ice-free ①不冻的 ②无冰的
ice-free harbour（= ice-free port） 不冻港
ice house ①储冰库 ②冰箱
ice jams 冰塞，冰阻，冰块堆积
ice layer 冰层
ice machine（= ice generator, ice making machine） 制冰机
ice mist 冰雾
ice mound 冰山，冰堆
ice nucleation active bacteria 冰成核活性细菌
ice observing station 测冰站
ice pack 冰冻包装｛环保｝
ice particles 冰粒
ice pellets 冰丸（包括冰粒和小雹）
ice pick 破冰镐（工具）
ice pillar（= ice colum in ground） 霜柱
ice-pit storage 冰窖贮藏
ice plant ①龙须海棠属［*Mesembryanthemum* L.］（番杏科）②龙须海棠（美丽日中花）［*Mesembryanthemum spectabile* Haw.］③冰叶日中花（冰花）［*Mesembryanthemum crystallinum* L.］④制冰厂
ice-plant family（= carpetweed family） 番杏科［Alzoaceae］
ice point 冰点
ice rain 冰雨
ice-saturation 冰面饱和
ice segregation 除冰，冰隔作用，冰的分凝作用
ice set 冰孔装夹［法］｛狩猎｝
ice sheet 薄冰层，冰原
ice sky 冰照云光（有冰面反射的有云天空）

ice-slide 冰滑道
ice stake 破冰铁砧,破冰棒(工具)
ice-storage (=ice storehouse) 藏冰库
ice storm 冰暴
ice tank coil 冰箱冷却蛇管
ice-tongs 冰钳(工具)
ice water 冰水
ice wine 冰镇葡萄酒
icebag 冰囊
iceberg 冰山
iceblink 冰映光
icebox 冰箱
icebox effect 冰箱效应,冰室效应{环保}
iced fish 冰鲜鱼,冰藏鱼
iced water tank 冰水式冷却箱
iceland 冰岛
iceland low 冰岛低压
iceland moss ①冰岛衣属[*Cetraria* Ach.](梅花衣科) ②冰岛衣[*Cetraria islandica* (L.) Ach.]
iceland poppy 冰岛罂粟[*Papaver nudicaule* L.](罂粟科)
icesafe 冰窖
ICF (= International Centre of Fertilizers) 国际肥料中心
Ichandarins 宜橙柑(宜昌橙×温州柑)
Ichang bitter-orange 宜昌橙[*Citrus ichangensis* Swingle](芸香科)
Ichang lemon 香圆[*Citrus wilsonii* Tanaka](芸香科)
ICHC (= International Committee for Horticultural Congresses) 国际园艺会议委员会
Ichneumon fly ①姬蜂 ②⌊复⌉姬蜂科[Ichneumonidae]
ichnocarpous 纤细果的(ichnocarpus)
ichnograph 平面图
ichnostachyous 纤穗的(ichnostachyus)
ichthulin 鱼卵磷蛋白
ichthy- ⌊字头⌉鱼
ichthylepidin 鱼鳞硬蛋白
ichthyltoxin (=ichthyoötoxin) 鱼卵毒素
ichthyoacanthotoxin 鱼刺毒素
ichthyocholaotoxin 鱼胆毒素
ichthyocolla 鱼胶
ichthyofauna 鱼类区系
ichthyography 鱼类记载学,鱼类志(ichthyographia)
ichthyoid ①鱼的,鱼状的 ②鱼状动物(ichthyoides)
ichthyolite 鱼化石
ichthyologist 鱼类学工作者,鱼类学家(ichthylogistus)
ichthyology 鱼类学(ichthyologia)
ichthyoötoxic fishes 有毒鱼类
ichthyoötoxin 鱼卵毒素
ichthyophagous 食鱼的(ichthyophagus)
ichthyophonosis 鲑醉病,鲑鱼病(ichthypohonosis)
ichthyophthiriasis 白点病,小瓜虫病{水产}
ichthyosis [鱼]鳞癣
ICIA (= International Crop Improvement Association) 国际作物改良协会
icicle 冰柱
ICID (= International Commission on Irrigation and Drainage) 国际灌溉排水委员会
icing 积冰,结冰
icing meter 积冰计
ICO (= International Coffee Organization) 国际咖啡组织
icon ①图标,图符{电脑} ②雕像,画像{园林}
icon box 雕像框
icon menu 图符菜单,图形式菜单,插图菜单
icones 彩色图谱{真菌}
iconic programming 图符程序设计
iconographic model 图解模型
iconography ①插画,插图 ②图解,图解学
iconoscope 光电摄像管
icosadeltahedron 三角二十面体
icosahedral 二十面的(icosahedralis)
icosahedral capsid 二十面体衣壳
icosahedral phage head 二十面体噬菌体头部
icosahedral symmetry 二十面体对称(symmetria icosahedralis)
icosahedron 二十面体
icosander (= icosandrous) 具二十雄蕊的(icosandrus)
icosane (= eicosane) 二十碳烷[$C_{20}H_{42}$]
ICR ①(= internal control region) 内部控制区,内控区{生技} ②(= Institute for Cancer Research) 种瘤研究所{分生}
-ics ⌊字尾⌉[科]学,[技]术,[方]法
ICSH (= interstitial cell stimulating hormone) 促间质细胞激素
icterus 黄疸
icy ①极冷的,冰冷的 ②覆盖着冰的
icy road 覆冰路(覆盖着冰的道路)
icy shower 冰雨
icy wind 冰冷风
ID (= inside diameter) 内径
Id (= iden) 遗子{遗传}

ID ①(= inside diameter) 内径 ②(= infection dose) 感染剂量{微生物}
ID_{50}(= infection dose 50) 50%感染剂量,半感染量
IDA (= International Development Association) 国际开发协会
idaein 越橘色苷
Idaho white pine 爱达荷白松(山白松)[*Pinus monticola* Dougl.](松科)
IDC (= infectious dropsy of carp) 鲤传染性腹水症
idea ①观念,概念 ②想法,想像,主意,意见 ③计划,目的
ideal ①理想的,完善的,完全的 ②想像中的,理想中的 ③个体的 (idealis)
ideal adaptation 个体适应,理想适应
ideal assimilation system 理想同化系统
ideal case 理想情况
ideal communication channel 理想信道{信息}
ideal condition 理想环境
ideal crop plant-form 作物理想株型{智培}
ideal crystal 理想晶体
ideal filter (= ideal highpass filter, ideal lowpass filter) 理想滤波器{遥感}
ideal fluid 理想流体
ideal forest (= normal forest) 正常林
ideal gas 理想气体
ideal instants 理想瞬间
ideal machine 理想[计算]机
ideal moisture condition 理想水分状况,理想含水状态{土壤}
ideal plant type 理想株型
ideal solution 理想溶液
ideal true type 理想体型
ideal type 理想型
ideal value 理想值
ideal variety 理想品种
idealism 唯心主义,唯心论 (idealismus)
idealized form 理想化形式
idealized pattern 理想化模式
identical ①同一的 ②完全相同的,完全一样的 (identicus)
identical allele 同一等位基因
identical arm 同一臂(指染色体)
identical by descent 亲缘相同的
identical catalytic activity 同一催化活度
identical condition 同一条件
identical defect 同一缺陷,同一缺点
identical distribution 同一分布,恒等分布
identical equation 恒等式
identical gene sequence 同一基因序列
identical genetic information 同一遗传信息{分遗}
identical genome 同一基因组{分遗}
identical genotype 同一基因型{遗传}
identical gradient 同一梯度
identical ligand 同一配[位]体
identical loci 同一座位
identical operation 相同运算{统计}
identical pattern 同一图形
identical polypeptide chain 同一多肽链{分遗}
identical processor 相同处理机{电脑}
identical register 相同寄存器{电脑}
identical sister-chromosome 同一姐妹染色体{细胞}
identical twins 同卵双生
identifiability 可[同时]识别性 (identifiabilitas)
identifiable 可同时辨识的,可同时鉴定的
identification 鉴定,辨识,识别 (identificatio)
identification beacon 识别信标{信息}
identification card 身份证
identification character (ID character) 标识符{电脑}
identification of bacteria 细菌鉴定
identification of character expression 性状表达鉴定{分遗}
identification of chromosomes 染色体鉴定{染色体}
identification of clone 无性系鉴定,克隆鉴定{农生技}
identification of cybrid 胞质杂种鉴定
identification of genome 基因组鉴定{分遗}
identification of genotypes 基因型鉴定
identification of grasses 牧草鉴定
identification of heterokaryons 异核体鉴定
identification of reconstituted cell 重建细胞鉴定
identification of seed 种子鉴定
identification of species 物种鉴定
identification of strain ①品系鉴定{育种} ②菌株鉴定{微生物}
identification of variety 品种鉴定
identification of weeds 杂草鉴定
identification on outward (IDO) 外向拨号识别{信息}
identification tag (= identification tally) 禽号,号圈,号带,号标,鉴别号
identification unit 鉴别装置,辨识装置,识别装置
identifier (ID) 识别符,标识符{电脑}
identify ①识别,标识 ②恒等,同等,等同

identifying of plants 植物鉴定
identity ①等同,恒等,同一性 ②绝对相同,完全相同,独一无二 ③个性 ④恒等式(identitas)
identity function 恒等函数
identity of operation 等同运算
ideograph 标准图,理想图,象征图(ideographus)
ideology 思想方式,意识形态(ideologia)
ideotype ①异模标本 ②理想型(ideotypus)
idesia ①山桐子属[*Idesia* Maxim.](大风子科) ②山桐子[*Idesia polycarpa* Maxim.]
IDH (=isocitrate dehydrogenase) 异柠檬酸脱氢酶
idio- ⌊字头⌉ ①差别,特别,个别 ②独有,不同
idio-adaptation 个别适应(idioadaptatio)
idioadaptive evolution 特殊适应性演化
idiobiology 个体生物学(idiobiologia)
idioblast 异细胞(idioblastus)
idiochromatin 生殖染色质(idiochromatina)
idiochromidia 核外生殖染色质粒
idiochromosome 性染色体(idiochromosoma)
idiocratic 特异性的,特异反应的(idiocraticus)
idiocy 白痴(idiota)
idiogamy ①自花受精 ②自体受精(idiogamia)
idiogram ①基因组型模式图 ②表意文字,表意符号(idiogramma)
idiomorphic soil 自型土
idiopathy 自发病(idiopathia)
idiophase 分化期(idiophasis)
idioplasm (=germplasm)种质(idioplasma)
idioplasmic theory 种质说{进化}
idiosome (=idiozome) ①围心质 ②吸引球 ③核旁体(idiosoma)
idiosyncrasy ①特异反应 ②特异性体质(idiosyncrasia)
idiotope 独特位(idiotopus){生技}
idiotroph 特殊营养
idiotrophic 特殊营养的(idiotrophus)
idiotype 个体基因型,个体遗传型(idiotypus)
idiotypic 个体基因型的(idiotypicus)
idiotypic antibody 个体基因型抗体
idiotypic determinant 个体基因型决定子{分遗}
idiotypic marker 个体基因型标记[基因]
idiovariation 突变(idiovariatio)
iditol 艾杜糖醇 [$CH_2OH \cdot (CHOH)_4 \cdot CH_2OH$]
idle ①不工作的,停顿的 ②无用的,无价值的 ③空转的 ④空闲的
idle call 空调用{信息}
idle condition 空闲状态
idle control of engine 发动机怠速控制
idle gear 惰轮,空转轮
idle line 空闲线[路]{信息}
idle motion ①空行程,空转,惰转 ②无载荷下工作,空载运转
idle pulley 惰轮,张紧轮
idle time 空耗时间
idle travel 空行程
idle wheel 惰轮,导向轮
idleland 休闲地{耕作}
idler ①惰轮,空转轮 ②张紧皮带轮 ③支持轮
idling 无载荷运转,空载运转
idling reaction 无用反应
idometer 厚度计
idonic acid 艾杜糖酸 [$HO \cdot CH_2(CHOH)_4 \cdot COOH$]
idonolactone 艾杜糖酸内酯
idose 艾杜糖[$C_6H_{12}O_6$]
idoxuridine 碘苷,5-碘脱氧尿苷
IDP (=inosine diphosphate) 次黄苷二磷酸
iduronate ①艾杜糖醛酸 ②艾杜糖醛酸盐、酯或根
iduronic acid 艾杜糖醛酸
IE (=immunoelectrophoresis) 免疫电泳
IEE (=Institution of Electrical Engineers) 电气工程师学会(指英国){电脑}
IEEE (=Institute of Electrical and Electronics Engineers) 电气和电子工程师学会(指美国)
IEM (=immunoelectromicroscopy) 免疫电[子显微]镜检术{显技}
IEP (=isoelectric point) 等电点
IER (=income equivalent ration) 收入等值比{耕作}
IF (=initiation factor) 起始因子
IF-1,-2,-3 起始因子-1,-2,-3
IF-THEN 如果-则,蕴涵{电脑}
IF-THEN operation 如果-则操作,蕴涵操作
IFAP (=Intenational Federation of Agricultural Producers) 国际农业生产者联合会
ife sansevieria 圆叶虎尾兰[*Sansevieria cylindrica* Bojor](龙舌兰科)
IFLA (=International Federation of Landscape Architects) 国际造园师联合

会
IFN（= interferon） 干扰素
IFTW（= International Federation of Tobacco Workers） 国际烟草工作者联合会
Ig（= immunoglobulin） 免疫球蛋白
igelite 聚氯乙烯塑料
igneous ①火成的{地质} ②似火的（igneus）
igneous rock ①岩浆岩 ②火成岩
igneous rock structure 火成岩结构
igneous substratum 火成底层，火成岩基
ignite 点燃，点火，发火（ignire）
ignited soil 灼烧土壤
igniter 发火器，点火器
igniting chamber 点火室
ignition ①点火{农机} ②灼烧{土壤}（ignitio）
ignition advance 点火提前
ignition ball 点火球
ignition coil 点火线圈
ignition lag 点火延迟
ignition loss 灼烧损失量
ignition plug 火花塞
ignition point 发火点
ignition system ①点火装置 ②（发动机）点火系统
ignition temperature 点火温度
ignition timing 点火时间调整
ignore ①忽略，忽视 ②无作用（ignorare）
ignore bit 忽略位{电脑}
ignore data 忽略数据
IGP（= indole glycerol phosphate） 吲哚甘油磷酸
IGP rate of synthesis IGP 合成速率
IGP synthetase IGP 合成酶
IGS（= internal guide sequence） 内部指导序列{分生}
IHF（= integration host factor） 整合寄主因子{生技}
IHN（= infectious haematopoietic necrosis） 传染性造血器坏死病{水产}
ihtrabrachial （染色体）臂内的（intrabrachius）
IIRR（= International Institute of Rice Researches） 国际水稻研究所
il- ⌞字头⌝否定
ilamycin 岛霉素
Ile（= isoleucine） 异亮氨酸
ileocolon 回结肠，前后肠
ileum 回肠，小肠
ilex（= holly） ①冬青属[*Ilex* L.]（冬青科） ②冬青[*Ilex purpurea* Hassk. var. *oldhami* Loes.]
ilex sucker 冬青双色木虱[*Trichochcrmes bicolor* Kuwayama]（木虱科）
Ilford developer 依弗特显像剂
iliac bone 肠骨，髂骨{畜}
iliac crest 肠骨脊，髂骨脊
iliac fossa 肠骨窝，髂骨窝
iliacus 肠肌，髂肌
iliau 叶鞘紧贴病（指甘蔗）
ilium 髂骨，肠骨（ilium）
ill ①不健康的，生病的 ②恶劣的，坏的
ill-balanced soil 不平衡土壤
ill-conditioned ①不健康情况的，病态的 ②坏条件的
ill-conditioned equation 病态方程
ill-conditioned matrix 病态矩阵
ill-conditioning ①病态的 ②病态条件
ill coupling 病态耦合
ill-drained 排水不良的
ill-drained field 排水不良地
ill-drained paddy field 湿稻田，排水不良稻田
ill-drained paddy-field soil 湿稻田土壤，排水不良稻田土壤
ill-drained soil 排水不良土壤
ill-nourished ①营养不良的 ②未喂肥的
ill weeds 致病杂草
illecebrum ①软花属[*Illecebrum* L.]（软花科） ②软花[*Illecebrum verticillatum* L.]
illegal 不合法的，违法的，非法的（illegalis）
illegal guard mode 非法保护方式
illegitimate ①未经法律允许的，不正当的，违法的 ②不合逻辑的，推理错误的（illegitimatus）
illegitimate base-pairing 不正常碱基配对
illegitimate combination 不正常结合[现象]{真菌}
illegitimate copulation ①不正常接合 ②同性接合
illegitimate crossing over 不正常交换
illegitimate mating 不正常交配
illegitimate name 不合法名（nomen illegitimatum）
illegitimate pairing 不正常配对
illegitimate pollination ①不正规传粉 ②人工自花授粉（pollinatio illegitimata）
illegitimate recombination 不正常重组
illegitimate traffic 非法贸易
illegitimate union 异型花配合（unio illegitimata）
ILLIAC iv 伊利阿克 iv 计算机
illicit ①非法的，违法的，不法的，不正当的 ②

禁止的（illicitus）
illicit transport 不法转运，不法运输
illicium ①八角属［*Illicium* L.］（八角科）②八角［*Illicium verum* Hook.f.］
illicium family 八角科［Illiciaceae］
illimerization 黏粒移动（illimerisatio）
illimitable 无边际的，无限的（illimitabilis）
Illinois nut（=pecan） 培甘（美洲山核桃）
illipe 印度赤铁树［*Madhuca indica* H.J.L.］（山榄科）
illipe butter 印度铁树脂
illite 伊利石
illite hydromica 伊利水云母
illiteracy（=analphabetism） 文盲状态（illiteracia）
illness 不健康，疾病
illogical 不合逻辑的，不合理的（illogicus）
illuminance 照［明］度（illuminantia）
illuminant ①照明的，发光的 ②照明剂，发光体（illuminans）
illuminating 照明，发光
illuminating apparatus 照明装置
illuminating effect 照明效应
illuminating engineering 照明工程
illuminating gas 可燃气体
illuminating strength 照明强度
illumination ①光照 ②照明［设备］ ③阐明（illuminatio）
illumination climate 光照气候
illumination culture （电灯）照明栽培
illumination intensity 光照度
illumination model 光照模型
illuminator ①照明装置 ②发光器 ③反光镜
illuminometer 照度计（表）
illupe（=illipe） 印度赤铁树
illusion ①幻象，幻影，迷惑 ②错觉（illusio）
illustrated parts catalog（IPC） 插图部分目录，图解零件目录｛电脑｝
illustration ①解说，说明，例证（举例或以图表说明）②例子，实例，插图，图解（illustratio）
illustrative ①说明的 ②作为例证的（illustrativus）
illustrative materials 说明材料
illustrious ①著名的，杰出的 ②有光泽的，光辉的（illustrius）
illuvial ①淀积的 ②移入的（illuvius）｛土壤｝
illuvial clay 淀积黏粒
illuvial horizon 淀积层，B层
illuvial humus 淀积腐殖（植）质
illuvial iron 淀积铁
illuvial layer of soil 土壤淀积层，土壤移入层，土壤中层
illuvial soil 淀积土壤
illuviation 淀积［作用］（illuviatio）
illuvium 淀积层
ilmenite 钛铁矿
ILO（=International Labour Office） 国际劳工局
I.L.O.（=International Labour Organization） 国际劳工组织
im- ⌞字头⌝ ①否定 ②在内，在上，入内 ③对着，向着
i.m. ①（=intramuscular administration）肌内施用 ②（=intramuscular injection）肌内注射
IMAC（=immobilized metal ion affinity chromatography） 固定化金属离子亲和层析｛分生｝
image ①相片｛显技｝ ②图像，映像｛电脑｝ ③影像｛遥感｝（imago）
image addition ①影像相加 ②图像相加
image analyzed microscopy 图像分析［显微］镜检术
image at night 夜间图像
image boundary 影像边缘
image contract 影像反差
image converter 图像转换器
image coordinate 影像坐标
image data compaction 图像数据压缩
image database 图像数据库
image definition 影像清晰度
image degradation 影像退化，影像衰减
image description 影像描绘
image device 成像器件
image displacement 影像位移
image enhanced microscopy 图像增强［显微］镜检术
image enhancement technique 图像增强技术
image exclusive OR operation 图像"异"运算｛电脑｝
image fidelity 影像逼真度（保真度）
image field 像场
image formation 成像，图像形成
image getter 图像吸收率
image graphics 映像图形学
image I/O system ①图像输入/输出系统 ②影像输入/输出系统
image illumination uniformity 像面照度均匀性
image intensifier 图像亮化器，图像增强器
image intensity 图像强度
image library 图像库

image lock 图像锁定,图像同步
image magnification ①图像放大 ②影像放大
image maker 成像仪
image master 图片底片
image matching 图像匹配
image measuring apparatus 图像量测仪
image mosaic 图像镶嵌
image multiplier 图像倍增器
image OR operation 图像"或"运算{电脑}
image printer 图像打印机,图像打印设备
image processing 图像加工,图像处理{智培}
image projector 影像投影仪
image quantization 图像量子化
image recognition 图像识别
image reconstruction 图像重构
image reversing film 图像反转胶片
image scale 图像比例尺
image scanning 图像扫描
image sensor 图像传感器,析像器
image software 图像软件
image subtraction ①影像相减 ②图像相减
imager 成像仪
imagery ①成像 ②显像术
imagery of plant community 植物群落显像术
imagesetter 图像排字机,照相制版机
imaginable 可想像的 (imaginabilis)
imaginal 成虫的 (imaginus)
imaginal bud ①成虫芽,成虫原基 ②器官芽 (gemma imaginalis)
imaginal disc (= imaginal bud) 器官芽
imaginal line 虚线
imaginary ①假想的,虚构的 ③虚的,虚数的 (imaginaris)
imaginary constant 虚常数
imaginary line (= imaginal line) 虚线
imaginary number 虚数
imagination 想像力
imagineering 假想工程
imaging 成像,成像技术
imaging agent 显像剂
imaging densitometer 图像光密度计
imaging device 成像设备
imaging fluorimeter 图像荧光计
imaging system 成像系统
imaging technology 成像工程[学],成像技术
imago (= adult, mature insect) 成虫
imago analysis ①影像分析 ②图像分析,映像分析
imbalance 不均衡,不平衡 (imbalanx)
imbecilitas phenylpyuvica 苯丙酮酸尿性愚痴 (智力发育不全)
imbecility 愚痴 (imbecilitas)
imbedded ①嵌入的 ②埋入的 ③埋藏的,包埋的
imbedded code (= embedded code) 嵌入码,埋入码{电脑}
imbedded type column base construction 柱基埋入型构建{农施}
imbedding ①卵子着床{蚕} ②包埋,埋藏{显技} ③嵌入{电脑}
imbedding in celloidin 火棉胶包埋(指火棉胶制片的包埋法)
imbedding in gelation 明胶包埋
imbedding in paraffin 石蜡包埋
imbedding in plastics 塑料包埋
imbedding table 包埋台
imbedding tool 埋线器{物}
imbibant 吸涨体 (imbibans){生理}
imbibe 吸收(水分),吸液
imbibed state 吸液状态
imbibed water (= bound water) 束缚水,结合水
imbibited water (= imbibitional water) 吸涨水
imbibition ①吸涨[作用],吸液 ②吸收 (imbibitio)
imbibition of water 水的吸收
imbibition pressure 吸涨压
imbibitional ①吸涨的 ②吸收的 (imbibitionalis)
imbibitional moisture 吸涨水
imbibitional water 吸涨水
imbricate 覆瓦状的,叠盖的 (imbricatus)
imbricate fault 叠互式断层{地质}
imbricate phyllotaxy 覆瓦状叶序 (phyllotaxia imbricata)
IMDM (= Iscove's modified Dulbecco's medium) 伊斯考夫氏改良杜尔贝科氏培养基{分生}
Imhoff cone 殷氏圆锥管{环保}
Imhoff-cone test 殷氏圆锥管试验(指污水沉淀){环保}
Imhoff tank 隐化池,双层沉淀池{环保}
imictron 模拟神经元{物}
Imidan (= phosmet) 亚胺硫磷{农药}
imidazole 咪唑,异吡唑
imidazole alkaloid 咪唑生物碱
imidazole lactic acid 咪唑乳酸
imidazole ring 咪唑环
imidazolidone caproic acid 咪唑酮己酸
imide 酰亚胺
imidic acid 亚胺酸 [RC(OH):NH]
imidoester (= imidoate) 亚氨酸酯

[R·C(OR):NH]
Imidoxon 亚胺氧磷 [$C_{11}H_{12}NO_5PS$]（触杀性杀虫，杀螨剂）
imine 亚胺
imine-enamine tautomerism 亚胺-烯胺互变异构[现象]{分生}
imine linkage 亚胺键
imino- 亚氨基
imino acid 亚氨基酸 [NH·$(R·COOH)_2$]
imino glutaric acid 亚氨基戊二酸
imino group 亚氨基
iminourea 胍[CH_5N_3]
iminoxyl free radical 氧化亚胺自由基
imipramine 丙咪嗪
imitation ①赝品，伪造 ②模拟，仿造，模造（imitatio）
imitative ①模拟的，仿造的 ②伪造的（imitativus）
imitative colour 拟色，模仿色
imitator 模拟器
immaculate ①无斑点的，无瑕斑的 ②纯净的，纯洁的（immaculatus）
immarginate 无边缘的，无明显边缘的（immarginatus）
immaterial ①非物质的，无形的 ②不重要的
immature ①未成熟的 ②发育不全的 ③未成年的，幼年的（immaturus）
immature base [rice] grain 基部未成熟稻粒
immature compost 未腐熟堆肥
immature cotton boll（= immature boll）僵铃，未成熟棉铃
immature cotton waste 废原棉
immature delivery （死胎）早产
immature ear 青穗，未成熟穗
immature embryo 未成熟胚
immature fish 未成熟鱼，幼鱼
immature kernel（= immature grain） 未成熟子粒，瘪粒
immature larva 未熟蚕{蚕}
immature leaves 未成熟叶，幼叶
immature locust 蝻子
immature nut 未熟果(指坚果)
immature peg 未成熟胚栓
immature picking ①嫩叶采摘（茶）②幼果采收（果树）
immature reproductive cell 未成熟生殖细胞
immature seed 青子，未成熟种子
immature soil 不熟化土壤，未熟化土壤
immature stand 未熟林分
immature tea field 幼年茶园
immature wood 未熟枝，嫩枝
immature wood cutting 未熟枝插，软木插
immaturity 未熟度（immaturitas）
immeasurability ①不可计量性 ②不能测量（immeasurabilitas）
immeasurable 不能衡量的，无法计量的（immeasurabilis）
immediate ①即刻的，立即的 ②直接的，最接近的 ③速发的（immediatus）
immediate cancel 立即取消，立即作废
immediate contagion 直接感染
immediate early gene 前早期基因，立即早期基因{分遗}
immediate early phase ①前早期，立即早期{分遗} ②直接早期{生态生理}
immediate early promoter 前早期启动子，立即早期启动子{分遗}
immediate early transcription 前早期转录，立即早期转录{分遗}
immediate effect 直接效应{生态生理}
immediate evolutionary material 直接进化物
immediate hypersensitivity 速发过敏性
immediate killing 立即杀死
immediate objective 短期目标
immediate parent 直接亲本
immediate precursor 直接前体
immediate predecessor 直接前有物
immediate printing 立即打印
immediate product 直接产物
immediate progenitor 直接祖先
immediate reaction 直接反应
immediate sowing after harvest 收获后立即播种
immedicable 难治的（immedicabilis）
immedium sand filter（= upward flow sand filter） 上升式流沙池{环保}
immense 广大的，极大的，巨大的（immensus）
immense reserve 巨大储备
immense value 巨大价值
immersed ①沉水的 ②陷入的（immersus）
immersed bog 淹没沼泽
immersion ①油浸 ②浸渍，浸入，浸没（immersio）
immersion cleaning 浸洗，浸选
immersion cleaning equipment 浸泡洗涤设备
immersion cooling 浸冷
immersion medium 浸没介质{显技}
immersion method ①[油]浸法{显技} ②浸渍法{土壤}
immersion milk cooler 浸泡式牛奶冷却器

immersion objective 油浸系物镜
immersion oil 油浸用油
immersion pump 潜水泵
immersion refractometer 浸式折光仪
immersion refractometry 浸式折光测定法
immersion system 油浸系{显技}
immersional wetting 浸润作用,湿润[作用]
immigrant ①外来者,迁移者 ②移民 ③外来的,移栖的(immigrans)
immigrant individual 移栖个体
immigrate 由国外迁入
immigrating individual 移入个体,迁入个体
immigration ①(基因流)迁入,迁移{遗传} ②移居,入境,移民{农经}(immigratio)
immigration coefficient 迁移系数
immigration load 迁移负荷
immigration pressure 移动压力
immigration quota ①迁入定额(指由国外入境定居规定的数量) ②移动量
immigration rate 移动率
imminent 危急的,急迫的,迫近的(imminens)
immiscibility 无混杂性,不可混合性(immiscibilitas)
immiscible 无混杂的,不可混合的(immiscibilis)
immission ①注入,浸入,纳入 ②⌞复⌝注入[污染]物(immissio){生态生理}
immission concentration 注入浓度
immission pollutant 注入污染物
immission-stressed spruce tree 受注入[污染物]胁迫的云杉树
immittance 导抗,阻纳(immittantia){电脑}
immix ①混合,掺和 ②混杂(immiscere)
immixtous ①混合的,掺和的 ②混杂的(immixtus)
immixture 混合,掺和,混杂(immixtura)
immobile ①不能移动的 ②固定的,不动的(immobilis){土壤}
immobile component 固定组分,不移动组分{土壤}
immobile layer 不移动层,固定层
immobile phosphorus 固定性磷
immobility 固定[性](immobilitas)
immobilization ①固定,固着 ②停止 ③制动术(immobilisatio)
immobilized ①固定的,固定化的 ②永生化的
immobilized antibody 固定抗体
immobilized bacteroid 固定化类菌体
immobilized enzyme 固定化酶
immobilized metal affinity chromatography(IMAC) 固定化金属离子亲和层析
immobilized microorganism 固定化微生物
immobilized protein 固定化蛋白质
immoderate ①无节制的 ②极端的(immoderatus)
immortal 不朽的,永远生存的,永生的(immortalis)
immortal cell line 永生细胞系(指长期不断增殖的细胞系)
immortalization 永生化(immortalisatio)
immortalized cell 永生化细胞(指长期不断增殖化的细胞)
immortalizing gene 永生化基因(指长期不断增殖化的基因)
immortelle ①干花菊属(灰毛菊属)[*Xeranthemum* L.](菊科) ②干花菊[*Xeranthemum annuum* L.] ③灰毛菊[*Xeranthemum cylindraceum* sp.] ④不凋花(immortellus)
immotile 不游动的(immotilis)
immovable 不可移动的(immovabilis)
immune 免疫的(immunus){微生物}
immune adherence 抗原抗体黏着,免疫黏着
immune adsorbent 免疫吸附剂
immune antibody 免疫抗体
immune body 免疫体
immune cell 免疫细胞
immune clearance 免疫清除
immune competent cell 免疫感受细胞,免疫活性细胞
immune complex 抗原抗体复合物
immune conglutination 免疫共凝集反应
immune cytolysis 免疫胞溶
immune deficiency 免疫缺失,免疫缺乏
immune deviation ①免疫偏离 ②免疫离差
immune elimination 免疫消除
immune escape 免疫避免
immune globulin 免疫球蛋白
immune hemagglutinin 免疫凝血素,免疫血球凝集素
immune hemolysin 免疫溶血素
immune hemolysis 免疫溶血
immune hypersensitivity 免疫过敏性
immune network 免疫网络
immune opsonin 免疫调理素
immune precipitate 免疫沉淀物
immune reconstitution 免疫重建
immune repertoire 免疫系统全部
immune response (Ir) 免疫反应
immune response gene (Ir gene) 免疫反应基因
immune ribonucleic acid (iRNA) 免疫核

糖核酸，免疫 RNA〔分遗〕
immune rootstock 免疫根砧
immune seedling reaction 幼苗免疫反应
immune serum 免疫血清
immune set 禁集〔电脑〕
immune stock 免疫砧木
immune surveillance 免疫监视
immune system 免疫系统
immune theory 免疫学说〔生理〕
immune tolerance 免疫耐受性
immune variety 免疫品种
immunifacient 使免疫的（immunifaciens）
immunity 免疫性（immunitas）
immunity breeding 免疫性育种
immunity class 免疫组
immunity of lysogenic bacteria 溶源细菌免疫性
immunity pattern 免疫性型
immunity region 免疫性区
immunity repressor 免疫性阻遏物
immunity substance 免疫性物质
immunity vector 免疫性载体
immunization ①免疫［接种］作用 ②免疫法（immunisatio）
immunization schedule 免疫程序
immuno- ⌞字头⌝ ①免疫 ②自由
immunoabsorbent 免疫吸收剂
immunoactive insulin 免疫反应性胰岛素
immunoadhesin 免疫黏附素
immunoadjuvant 免疫佐剂
immunoadsorbent 免疫吸附剂
immunoadsorption 免疫吸附（immunoadsorptio）
immunoaffinity 免疫亲和［性］（immunoaffinitas）
immunoaffinity chromatography 免疫亲和层析
immunoaffinity electrophoresis 免疫亲和电泳（immunoaffinoelectrophoresis）
immunoaffinity purification 免疫亲和纯化
immunoaffinoelectrophoresis 免疫亲和电泳
immunoassay 免疫测定法
immunobiology 免疫生物学（immunobiologia）
immunoblot 免疫印迹
immunoblotting 免疫印迹法
immunocapture 免疫捕获，免疫捕捉
immunochemiluminescence 免疫化学发光（immunochemiluminescentia）
immunochemiluminometry 免疫化学发光测定法（immunochemiluminometrica）
immunochemistry 免疫化学（immunochemia）
immunocompetent 免疫活性的，有免疫能力的（immunocompetens）
immunocompetent cell 免疫活性细胞（cellula immunocompetens）
immunoconglutination 免疫共凝集［作用］（immunoconglutinatio）
immunoconglutinin 免疫共凝集素，抗补体抗体
immunocore electrophoresis 免疫核心［扩散］电泳［法］
immunocyte 免疫细胞（immunocyta）
immunocyte adherence 免疫细胞粘连（着）［immunocytoadherantia］
immunocytochemistry 免疫细胞化学（immunocytochemia）
immunodeficiency 免疫缺乏（immunodeficientia）
immunodepletion 免疫衰退（immunodepletio）
immunodepressant 免疫抑制剂
immunodepression 免疫抑制（immunodepressio）
immunodetection 免疫检测（immunodetectio）
immunodiagnosis 免疫诊断
immunodiffusion 免疫扩散（immunodiffusio）
immunodominance ①免疫优势 ②免疫显性（immunodominantia）
immunodominant epitope 优势免疫表位〔分生〕
immunoelectromicroscopy（IEM） 免疫电子［显微］镜检术
immunoelectrophoresis（IE，IEP） 免疫电泳
immunoelectrophoresis technique 免疫电泳技术
immunoferritin technique 免疫铁蛋白技术
immunofiltration 免疫过滤（immunofiltratio）
immunofiltration technique 免疫过滤技术
immunofixation 免疫固定（immunofixatio）
immunofluorescence（IF） 免疫荧光（immunofluorescentia）
immunofluorescence technique 免疫荧光技术
immunogen 免疫原（immunogenum）
immunogenetics 免疫遗传学（immunogenetica）
immunogenic 免疫原的（immunogenus）

immunogenicity 免疫原性（immunogenicitas）
immunoglobulin (Ig) 免疫球蛋白
immunoglobulin chain of rabbit reticulocyte 兔网状红细胞的免疫球蛋白链
immunoglobulin class 免疫球蛋白类别
immunoglobulin heavy chain binding protein 免疫球蛋白重链结合蛋白
immunoglobulin light chain 免疫球蛋白轻链
immunoglobulin mRNA 免疫球蛋白信使RNA
immunohistochemical method 免疫组织化学法
immunohistochemistry 免疫组织化学（immunohistochemia）
immunoincompatibility 免疫不亲和性（immunoincompatibilitas）
immunoisoelectric 免疫等电的（immunoisoelectricus）
immunoisoelectric focusing 免疫等电聚焦
immunoliposome 免疫脂质体（immunoliposoma）
immunolocalization 免疫定位（immunolocalisatio）
immunologic (= immunological) ①免疫的 ②免疫学的（immunologicus）
immunologic priming 免疫启动
immunologic specificity 免疫专一性，免疫特异性
immunological 免疫[学]的（immunologicus）
immunological adjuvant 免疫佐剂
immunological competence 免疫感受性，免疫活性
immunological data 免疫学数据
immunological difference 免疫差异
immunological disease 免疫性疾病
immunological diversity 免疫多样性
immunological drift 免疫漂变
immunological enhancement 免疫增强作用
immunological genetics 免疫遗传学（immunogenetica）
immunological memory 免疫记忆
immunological network 免疫网络
immunological paralysis 免疫麻痹
immunological phenomenon 免疫现象
immunological rejection 免疫排斥
immunological suppression 免疫抑制
immunological surveillance 免疫监督
immunological tolerance 免疫耐受性
immunological unresponsiveness 免疫无反应性
immunologically competent cell 免疫活性细胞
immunologist 免疫学工作者，免疫学家（immunologistus）
immunology 免疫学（immunologia）
immunoluminescence 免疫发光（immunoluminescentia）
immunoluminescent 免疫发光的（immunoluminescens）
immunomagnetic 免疫磁性的（immunomagnesius）
immunomagnetic assay 免疫磁性测定[法]
immunomagnetic separation 免疫磁性分离[法]（separatio immunomagnetica）
immunomodifier 免疫调节剂
immunomodulation ①免疫调制 ②免疫调节（immunomodulatio）
immunomodulator 免疫调制剂
immunomodulatory protein 免疫调制蛋白质
immunopathology 免疫病理学（immunopathologia）
immunoperoxidase staining 免疫过氧化物酶染色
immunopharmacology 免疫药物学，免疫药理学（immunopharmacologia）
immunophilin 亲免素，亲免蛋白（指可与免疫抑制剂结合的蛋白）
immunophylaxis 免疫预防
immunopotentiation 免疫增强（immunopotentiatio）
immunopotentiator 免疫增强剂
immunoprecipitate 免疫沉淀物
immunoprecipitation 免疫沉淀[法]（immunoprecipitatio）
immunoprecipitin 免疫沉淀素
immunoproliferative disease 免疫增生病
immunoprotein 免疫蛋白
immunoradioautography 免疫放射自显术
immunoradiometric assay (**IRMA**) 免疫放射测定试验(法)
immunoreaction 免疫反应
immunoreactivity 免疫反应性（immunoreactivitas）
immunoregulation 免疫调节（immunoregulatio）
immunoregulator 免疫调节剂
immunoregulatory 免疫调节的（immunoregulatorius）
immunoregulatory activity 免疫调节活性（activitas immunoregulatoria）
immunoscreening 免疫筛选

immunoselection ①免疫选择 ②免疫选种 (immunoselectio)
immunosensor 免疫传感器
immunosome 免疫体 (immunosoma)
immunosorbent 免疫吸附剂 (immunosorbens)
immunospecificity 免疫专一性,免疫特异性 (immunospecificitas)
immunostaining 免疫染色
immunostimulant 免疫刺激剂
immunostimulating complex (ISCOM) 免疫刺激复合物
immunostimulation 免疫刺激 (immunostimulatio)
immunosuppresive 免疫抑制的 (immunosuppresivus)
immunosuppresive agent 免疫抑制剂
immunosuppressant 免疫抑制剂
immunosuppressant-binding protein 免疫抑制剂结合蛋白
immunosuppression 免疫抑制 (immunosuppressio)
immunosuppressive drug 免疫抑制药物
immunosurveillance 免疫监视 (immunosurveillantia)
immunotherapy 免疫治疗 (immunotherapia)
immunotoxin 免疫毒素
immutability 不变性 (immutabilitas)
immutability of species 种的不变性
immutable 不变的,不可改变的 (immutabilis)
immutable characteristics 不变特性
IMO (= International Meteorological Organization) 国际气候学组织
IMP (= inosinic acid) 次黄苷酸,肌苷酸
imp 萌蘖条,嫩枝接穗 (impa)
impact ①撞碰,冲突 ②撞击,冲积 ③冲击力 ④影响 (impingere)
impact action ①冲击作用 ②影响作用
impact allowance 冲击容许量{环保}
impact allowance load 允许冲击负荷
impact analysis 影响分析
impact cell mill 冲击式细胞破碎装置
impact coefficient 冲击系数
impact cutting 砍切
impact load 冲击负荷
impact loss 冲击损失
impact mill 冲击式磨粉机,锤式磨粉机
impact modulator 对冲型调制器
impact nozzle 撞击式喷头
impact printer 击打式打印机
impact resistance 抗冲击性
impact screen 振动筛
impact strength 冲击强度
impact stress 冲击应力
impact test 冲击试验
impaction ①秘结{医} ②嵌塞{加工} (impactio)
impair ①损害,使弱,使坏 ②(量,值等)减少 ③不成对的 (impejorare)
impaired development 受抑发育
impairment ①恶化 ②损害,损伤 ③功能破坏
impairment of function 功能破坏{生态生理}
impairment of photosynthesis 光合作用[功能]破坏
impalement ①穿刺 ②桩围,栅围
impaler loader 插架式草捆装载机
impalpable ①无定形的 ②不可触觉的,难察觉的 ③难理解的 (impalpabilis)
impalpable structure 无定形结构{土壤}
imparipinnate 奇数羽状的 (指复叶) (imparipinnatus)
imparipinnate compound leaf 奇数羽状复叶 (folium compositum imparipinnatum)
imparity ①不等,不同 ②不均衡,不整齐,不平均 (imparitas)
imparkation 围作狩猎园 (imparcatio)
impartial ①公平的,公正的 ②不偏袒的,无偏见的 (impartialis)
impartiality 公正,公平 (impartialitas)
impartible 不可分的,不能分割的 (impartibilis)
impassable 不能通行的 (impassabilis)
impasse 困境,绝境,僵局
impaternate offspring 无父后代
impatient ①急躁的,不耐烦的 ②急切的 (impatiens)
impatient aphid 凤仙花瘤额蚜 [*Myzus impatiensae* Shinji] (蚜科)
impedance ①阻抗 ②阻碍 (impedantia)
impedance matching 阻抗匹配
impedance matrix 阻抗矩阵
impedance plephysmogram 阻抗体积描记图
impedance pneumograph 阻抗呼吸描记器
impedance starter 降压起动器
impedance transducer 阻抗换能器
impede 阻碍,妨碍 (impedire)
impeded drainage 排水不良
impediment 阻碍,妨碍 (impedimentum)

impedin 阻抑素,阻抗素
impediography 超声阻抗描记术(impediographia)
impeller ①叶轮片 ②高速搅拌机
impeller-blower 叶轮式鼓风机
impeller pump 叶片泵,叶轮泵
impeller type husker 叶轮式去壳机,叶轮式剥苞叶机
impeller-type root chopper 叶轮式块根切碎机
impelling ①推进 ②强迫 ③冲动,刺激
impelling action 推进作用
impelling force 强迫力
impending ①紧急的,迫切的 ②吊在头上的
impenetrable 不透过的(impenetrabilis)
impenetrable tunic 非渗透性膜
imperative ①紧急的,必要的,急切的 ②强制的,命令的(imperativus)
imperative operation 强制操作
imperatorin 白茅苷
imperceptible ①察觉不到的,不可觉的 ②极轻微的(imperceptibilis)
imperfect 不完全的(imperfectus)
imperfect albumin 不完全蛋白
imperfect annulus 不完全环带(annulus imperfectus)
imperfect chiasma 不全交叉(chiasma imperfecta)
imperfect cleavage 不完全介[劈]理{地质}
imperfect combustion 不完全燃烧
imperfect flower 不具备花,不完全花(flos imperfectus)
imperfect fungi 半知菌(fungi imperfecti)
imperfect grain 不完全子粒,碎粒(granum imperfectum)
imperfect heart-wood 熟材
imperfect heart-wood tree 熟材树
imperfect kernel of rice 不完整米粒,碎米粒
imperfect leaf 不完全叶(folium imperfectum)
imperfect phase 无性阶段(phasis imperfectus)
imperfect pistil 不完全雌蕊(pistillum imperfectum)
imperfect seed 不完整种子,碎子(semen imperfectus)
imperfect stage 不完全期,无性阶段(staticum imperfectum)
imperfect stamen 不完全雄蕊(stamen imperfectus)
imperfect yeast 半知酵母
imperfectly drained 不完全排水的,排水不良的
imperfectly drained paddy field 半湿稻田
imperfectly matched hybrid 不完全匹配杂种{生技}
imperfectly matched sequence 不完全匹配序列{分遗}
imperfectly ripened grain 未完全成熟子粒
imperforate ①无穿孔的 ②闭锁的(imperforatus)
imperforate tracheary cell (= tracheid) 管胞(cellula trachearis imperforata)
imperforation 闭锁,孔道闭塞(imperforatio)
imperial fritillary 壮丽贝母[*Fritillaria imperialis* L.](百合科)
imperial mushroom 橙盖鹅膏[*Amanita caesarea* (Scop ex Fr.) Pers. ex Schw.](鹅膏科)
impermanent 非永久的(impermanens)
impermeability 不透[水]性(impermeabilitas)
impermeability factor ①不透水因子 ②径流因数{环保}
impermeable ①不渗透的 ②不透水的(impermeabilis)
impermeable barrier 不透水障
impermeable element 不透水成分
impermeable layer 不透层
impermeable membrane 不透膜(membrana impermeabilis)
impermeable seed 不透水种子(semen impermeabilis)
impermeable seedcoat 不透水种皮(spermodermis impermeabilis)
impermeable soil 不通透土壤,不渗水土壤
impermeable stratum (= impermeable layer) 不透层
impersonation ①模仿 ②顶替(impersonatio)
impervious 不透[水]的(impervius)
impervious bed (= impervious strata) 不透水层{环保}
impervious machine 密封式电机
impervious seed 硬壳种子,不透水种子(semen impervius)
impervious soil (= impermeable soil) 不透[水]土壤
impervious surface 不透水地面{环保}
impervious to water 耐水性的
imperviousness (= impermeability) 不透水性,不透性
impetigo 脓包病(impetigo)
impetus ①动力,原动力,推动力 ②刺激,冲

动,冲击
imping 枝接,接木法{园艺}
impingement ①空气采样法{微生物} ②冲击{物} ③(雾点)动力附着{农机}
impingement aerator 冲击式曝气器{环保}
impingement separator 冲击式分离器
impinger 空气采样器
implant ①组织的嫁接部分 ②灌输,注入,埋入 ③植入
implantation 埋植,植入,移植(implantatio)
implantation of blastocyst 胚胞植入
implanted electrode 埋藏电极
implement ①机具,农具,工具,器具,器械②实现,履行
implement adapter 农具联结器
implement carrier 农机具运输车
implement drawbar (= implement bar) 农具牵引杆,农具拉杆{农具}
implement headstock 农具悬挂架
implement porter ①通用机架 ②自动底盘
implement shed (= implement shelter) 农具棚,工具室
implement tool 农具
implement trade 农机具贸易
implement washer 农具清洗设备
implementation ①工具 ②实现,实施,施工 ③执行(implementatio)
implementation environment protection 实现环境保护{农经}
implementation expert 执行专家{智培}
implementation of agricultural engineering project 农业工程项目施工{农施}
implet (= network point) 网点{信息}
implexed 交织的,缠结的(implexus)
implication ①含义,隐含,含蓄,暗示 ②牵连(implicatio)
implication relation 隐含关系
implicit ①内含的,内隐的,隐含的 ②无疑的(implicitus)
implicit action 隐含动作
implicit address 隐含地址{信息}
implicit function theorem 隐函数定理{遥感}
implicit topology 隐含拓扑[关系]{遥感}
implicity 隐含性(implicitas)
implied ①隐式的 ②预测的
implied association 隐式结合
implied expression 隐式表达
implied OR 隐"或"{电脑}
implied yield 预测产量
imply 隐含,蕴含(implicare)
impolarizable electrode 去极化电极
imponderable ①无重量的,不能称重的 ②结果无法估计的(imponderabilis)
impondment lake 蓄水湖,水库
imporosity 不透气性,无孔[隙]性(imporositas)
imporous 无孔[隙]的,非多孔性的(imporus)
import ①输入,进口 ②⌊复⌉输入品,进口货
import agency 进口办事处
import duty 进口税
import freeze (= suspension of imports) 进口冻结
import license (= import permit) 进口许可证
import price 进口价格
import quota 进口限额
import requirements 进口需要量
import restriction 进口管制,进口限制
importance 重要[性],重大
importance sampling 重要[性]抽样
importance test 重要性检验
importance value (=dominance) 优势度
important ①重要的,重大的 ②严重的(importans)
important agronomic characters 重要农艺性状
important feature 重要特征
important foundation 重要基础
important indicator 重要指示植物(指维管植物)
important role 重要作用
important scientific discovery 重大科学发现
important source 重要资源
important task 严重任务,重要任务
importation ①输入,进口 ②输入品,进口货(importatio)
imported cabbage webworm (= cabbage webworm) 菜[心]螟[*Hellula rogatalis* (Fabricius)](野螟科)
imported cabbage worm (= small white butterfly, cabbage butterfly, small cabbage white, small garden white) 菜粉蝶(白粉蝶,菜青虫)[*Pieris rapae* L.](粉蝶科)
imported currant worm (= imported currant sawfly) 茶藨黄叶蜂[*Nematus ribessii* (Scopoli)](叶蜂科)
imported pea moth 豌豆食心虫[*Grapholitha nigricana* Stephens](小卷蛾科)
imported rice 进口大米
imported timber 进口木材
imported weed 引进杂草

import/export (I/E) 输入和输出,进口和出口
importing country 进口国,输入国
impose ①加(税,义务)于 ②强使 ③利用
imposed dormancy 强制休眠
imposed rest 强制休眠
imposition ①征税,课税 ②税 ③装版(电脑)(impositio)
impossibility 不可能性,不可能的事(impossibilitas)
impossible ①不可能的 ②无法忍受的(impossibilis)
impossible event 不可能事件
impossible land 废地(不能耕作地)
impost (= tax) 税
impotable 不可饮的,不适合饮用的(impotabilis)
impotable water 非适饮水,不适合饮用水{环保}
impotence ①不育 ②性无能 ③天阉(impotentia)
impotence of ovule 胚珠不育
impotence of pistil 雌蕊不育
impotence of pollen grain 花粉粒不育
impotence of stamens 雄蕊退化
impotent ①不能性交的 ②无繁殖力的(impotens)
impotent pollen 无效花粉
impound ①(将牲畜)关入栏内 ②没收,全部取得 ③贮水备灌溉用
impound water 静水,蓄水
impoundage 蓄水区,集水区
impounded 蓄水的
impounded area 蓄水面积
impounded basin 蓄水池,蓄水区
impounded dam 蓄水坝{水利}
impounded reservoir (= impounding reservoir) 蓄水库
impounded water 蓄水
impounding 蓄水的
impounding reservoir 蓄水库
impoundment 蓄水池,水库
impoverished ①贫瘠的 ②穷困的
impoverished soil 贫瘠土壤
impoverishment ①贫瘠,贫化,瘠化 ②荒废(impoverishmentum)
impracticable ①不能实行的 ②不能通行的,不能使用的(impracticabilis)
imprecise ①不准确的,不精确的,不精密的 ②含糊不清的,非确切的(imprecisus)
imprecise information risk 不准确信息风险
imprecise interrupt 不精确中断
impreg 浸胶材,浸渍木
impregnability 浸透能力(impregnabilitas){环保}
impregnant ①浸渍剂 ②受胎的,怀孕的,受精的(impregnans)
impregnate ①浸透,灌注,饱和 ②使充满 ③受精,受胎(impregnare)
impregnated wood 浸渍材
impregnating plant 浸渍厂
impregnating process 防腐法
impregnation ①浸渍{森林} ②沉淀法{显技} ③受胎,怀孕,受精{畜} ④注入{环保}(impregnatio)
impregnation method by pressure 加压注入法
impressed ①压入的 ②具印痕的 ③强制的(impressus)
impressed leaf 凹脉叶(folium impressum)
impressed variation 强制变异(variatio impressa)
impression ①压痕,压印,印痕 ②观念(impressio)
impression control 压印控制(指印刷或打印时字迹轻重的控制){电脑}
impression cylinder 压印滚筒
imprint ①印痕,压痕 ②盖印,打印 ③印刷,印码(impremere)
imprint position 打印位置,印刷位置
imprinter 印码器,印刷器
imprinting ①印象,印记,"胚教"{遗传} ②印码,印刷{信息}
improper ①不适当的,不合适的 ②不正确的,错误的 ③非正常的
improper character 非法字符,不正确字符{电脑}
improper code 非法代码,不正确代码
improved ①改良的,改善的,改进的 ②育成的(emendatus)
improved adaptation 改善适应[性]
improved agronomic practices 改进农业技术,改进栽培技术
improved breed 育成种
improved breed cattle housing 育成[种]牛舍饲
improved farm management 改善农场管理,改善农业经营
improved land 改良土地{耕作}
improved line 育成品系
improved livestock breed 改良畜种
improved mass selection 改良混合选择法{育种}
improved pasture 改良牧场

improved programming technology 改进程序设计技术{智培}
improved race 育成种(指动物)
improved soil structure 改良的土壤结构
improved strain 改良品系
improved straw cocooning frame 改良蔟{蚕}
improved variety 育成品种
improvement ①改良,改进,改善,改正 ②抚育
improvement cutting 抚育伐
improvement in quality 改进品质
improvement of farm structure (= agricultural structural improvement) 农业结构的改革
improvement of grassland 草地改良
improvement of soil fertility 土壤肥力改良,地力培养
improvement planting ①改进种植 ②改进植树
improvement report 天气好转报[告]
improvement thinning ①改进间苗 ②改进疏伐
improver 改进者
improving agriculture 改进农业
imprudent ①轻率的 ②不谨慎的 (imprudens)
impubis 无毛的
impulse ①脉冲 ②冲量 ③冲击,冲动 (impulsus)
impulse blade 动刀片
impulse coding 脉冲编码
impulse counter 脉冲计数器
impulse generator 脉冲发生器
impulse modulation 脉冲调制
impulse noise 脉冲噪声{环保}
impulse pump 冲动泵{环保}
impulse radiation 脉冲辐射
impulse starter 冲动式起动机
impulse testing 脉冲检测
impulse transmitter 冲动传播器
impulse turbine 冲动式涡轮
impulse water turbine 冲动式水轮机
impulse wheel 冲击式水车
impulser 脉冲发生器
impulsing ①发生脉冲 ②冲击,激动
impulsive ①冲动的 ②冲击的 ③瞬动的 (impulsivus)
impulsive control 撞击控制
impulsive force 冲击力,冲力
impulsive warming 爆发性增温
impure ①不纯的,掺杂的 ②混合的 (impurus)
impure seeds 不纯种子
impure vector 不纯向量
impurities in cane 甘蔗夹杂物
impurities in food 食物中杂质
impurities in seeds 种子夹杂物
impurities separation 夹杂物分离
impurity ①混杂度 ②不纯性,不纯度 ③土壤杂草感染度 ④⌊复⌉夹杂物,杂质 (impuritas)
impurity index 混杂度指数
impurity of seeds 种子混杂度
imputrescibility 不腐败性 (imputrescibilitas)
imputrescible 不腐败的 (imputrescibilis)
IMS (= information management system) 信息管理系统{信息}
imuran 咪唑硫嘌呤
in- ⌊字头⌉ ①不 ②在内,在上,向内
in. (= inch) 英寸 (1 英寸 = 2.54 厘米)
in-and-out 自由出入(指牛舍)
in-bin drying 箱内干燥
in block form 巨块状
in branch 入支路{信息}
in bud 孕蕾,含苞
in bulk 散装,桶装
in cake 糕饼状,成松块
in calf (牛)怀孕
in calf cow 怀孕母牛
in-can milk cooler 奶桶内冷却机
in-churn milk cooler 奶桶内冷却器
in corpore 体内
in crystal form 结晶状
in-fan ①输入,扇入 ②输入端{信息}
in-flight calibration 飞行校准{遥感}
in foal (马)怀孕的
in-foal mare 怀孕母马
in-frame ①符合读柜的,读框内的{分遗} ②帧内{电脑}
in-frame deletion 读框内缺失
in-frame fusion 读框内融合
in-frame insertion 读框内插入
in-frame start codon 读框内起始密码子
in-frame stop codon 读框内终止密码子
in fresh condition 新鲜状态
in fruit 结果[实]的
in-fruit branch 结果枝
in-gate 输入门{信息}
in-house ①本身的 ②内部的 ③内务的
in-house communication system 内部通信系统
in-house line 内部线路
in-house network 内部网络
in knees (马)X 形腿

in lamb （羊）怀孕
in lamb nanny goat 怀孕母山羊
in leaf 生叶
in-line ①一列式的，串联式的 ②在线中的，线内的 ③直流型的 ④联机，在线{信息}
in-line analysis 线内分析，直读分析
in-line arrangement 顺排（指排卵）
in-line assembly 插入组装，成行装配{电脑}
in-line code 直接代码，插入代码
in-line coding 联机编码，直接插入编码
in-line data process 联机数据处理
in-line displacement 线内取代[反应]{生技}
in-line engine 直列式发机
in-line filter 线内滤器
in-line forager 直流型青饲料收获机
in-line guide 在线指导
in-line guide of agricultural production 农业生产的在线指导{智培}
in-line harvester 直流型收获机
in-line management protocol 内部管理协议{电脑}
in-line quick coupling 准直快速接头
in lumps 块团状
in milk 正产乳的奶牛
in-pair 成双的
in parallel 并联{分遗}
in-phase 同相的
in-place cleaning ①就地清选 ②就地清洗
in-place topping 适位摘心，适当摘心
in-plant 厂内
in-real 内真值，输入实数{信息}
in-sack drier 袋装干燥机
in-sequence 按序{信息}
in series 串联
in situ 原位，原地
in situ activation 原位激活{分遗}
in situ amplification 原位扩增
in situ chemical probing 原位化学探测
in situ culture 原位培养
in situ DNA-DNA hybridization 原位 DNA-DNA 杂交
in situ DNA-RNA hybridization 原位 DNA-RNA 杂交
in situ electrophoresis 原位电泳
in situ hybridization 原位杂交
in situ neutron activation analysis 原位中子活化分析
in situ nucleic acid hybridization 原位核酸杂交
in-situ test 现场试验，就地试验
in-situ topping ①适位打顶（甜菜）{栽培} ②适位摘心（蔬菜）{园艺}
in-sync 同步
in terms of ammonium sulfate 硫酸铵换算
in toto ①全 ②整体
in utero 在子宫中
in vacuo 在真空中
in vitro 离体，[活]体外，试管内
in vitro and in vivo 离体与活体
in vitro assay 离体试验
in vitro chlorophyll fluorometry 体外叶绿素荧光测定法
in vitro complementation 离体互补
in vitro culture 离体培养
in vitro development 离体发育
in vitro diagnosis（IVD） 体外诊断
in vitro dry matter digestibility（IVD） 离体干物质消化率
in vitro genetic assay [活]体外遗传鉴定，试管内遗传鉴定
in vitro growth 离体生长
in vitro marker 离体标记
in vitro mutagenesis 体外诱变
in vitro packaging 体外包装
in vitro pollination and fertilization 体外授粉与受精
in vitro protein synthesis 体外蛋白质合成，试管内蛋白质合成
in vitro recombination 体外重组
in vitro system 离体系统，[活]体外系统，试管内系统
in vitro test 离体试验
in vitro transcription 离体转录，[活]体外转录，试管内转录
in vitro translation 体外翻译
in vivo 活体，[活]体内
in vivo chlorophyll fluorescence 活体叶绿素荧光
in vivo chlorophyll fluorometry 活体叶绿素荧光测定
in vivo culturing of imaginal disc 器官芽的体内培养
in vivo fluorescence 活体荧光
in vivo marker 活体标记
in vivo neutron activation analysis 活体中子活化分析
in vivo staining 活体染色{显技}
in vivo substrate 活体底物，[活]体内底物
in vivo synthesis 活体合成
in vivo test 活体试验
in-wintering 越冬
INAA（= instrumental neutron activation analysis） 仪器中子活化分析
inability ①无能力 ②无力量（inabilitas）
inaccessible ①不能接近的，不能进入的，不能达到的 ②隐蔽的（inacessibilis）

inaccessible antigen 隐蔽抗原
inaccessible area （因交通不便）不通行地区
inaccessible forest 边远林，不可及林
inaccuracy 不准确度（inaccuracia）
inaccurate 不准确的（inaccuratus）
inaccurate drop （由于排种器故障）不精确落子
inachus scrub hopper 伊那香弄蝶［*Aeromachs inachus* Menetries］（弄蝶科）
inaction ①无作用 ②不活动 ③不做事（inactio）
inaction region 不活动区
inactivated vaccine 失活疫苗
inactivation ①钝化 ②失活 ③失效（inactivatio）
inactivation of X-chromosome X染色体失活，性染色体失活
inactivator 失活剂，钝化剂
inactive ①钝化的，钝性的 ②失活的，不活泼的 ③静态的，待用的｛电脑｝（inactivus）
inactive age 待用期限
inactive allele 失活等位基因，无效等位基因
inactive chromatin 失活杂色质｛分遗｝
inactive constraint 不起作用［的］约束
inactive entry 静入口
inactive enzyme 失活酶
inactive form 钝化型，失活型
inactive gene 失活基因，不活动基因
inactive humus 非活性腐殖（植）质
inactive insect 不传病毒昆虫
inactive leaves 不活动叶
inactive line 待用线［路］
inactive link 待用链路
inactive message 钝性信息
inactive page 待用页面｛智培｝
inactive phage 失活噬菌体
inactive porosity 无效孔［隙］度，非活性孔［隙］度｛土壤｝
inactive state ①待用状态，关闭状态｛电脑｝②失活状态｛生态生理｝
inactive tissue 钝化组织（tela inactiva）
inactive window 不活动窗口｛电脑｝
inactive X-chromosome 失活性染色体，失活X染色体
inactive-X hypothesis 失活X［染色体］假说，失活性［染色体］假说
inactiving DNA alternation 失活DNA交替｛分遗｝
inadaptation 不适应（inadaptatio）
inadaptive 不适应的（inadaptivus）
inadaptive phase 不适应期（阶段）
inadequacy 不全，不足（inadequatia）
inadequate ①不适当的 ②不充分的，不足的（inadequatus）
inadequate carbohydrate reserve 同化产物储备不足｛生态生理｝
inadequate leaf growth 不适当叶生长
inadequate nutrient 不充足养分，不足够养分
inadequate root growth 根不充分生长
inadequate soil tillage 不合理土壤耕作，不合理整地
inadequate supply 不适当供应
inadequate water uptake 水分吸收不足
inadhering 不附着的（inadherens）
inadmissible 不能承认的，不可允许的（inadmissibilis）
inadmissible abrasion 临界磨损
inadmissible strategy 不可取策略，不可允许策略
inadvertence ①不注意 ②粗心，疏忽（inadvertentia）
inadvertent disclosure 疏忽泄密｛信息｝
inaequi- ⌊字头⌉不等
inaequident 具不规则牙齿的（inaequidens）
inaequiglumis 不等颖的
inaequilateral 不等侧的（inaequilateralis）
inaequivalved 不等瓣裂的（inaequivalvatus）
inalienable 不能转让的，不转卖的（inalienabilis）
inalterable 不可变更的，不变的（inalterabilis）
inanimate ①无生命的 ②非动物的（inanimatus）
inanimate nature 非动物界，无生物界
inanimate object 无生物
inanition ①虚弱 ②营养不足（inanitio）
inanition atrophy 营养不足性萎缩
inantherate 无药的（inantheratus）
inantherate flower 无药花（flos inantheratus）
inaperturate 无口的（inaperturatus）
inappendiculate 无附属物的，无附属丝的（inappendiculatus）
inappetance 食欲缺乏（inappetantia）
inapplicable 不适用的（inapplicabilis）
inappropriate 不适当的（inappropriatus）
inappropriate management 不适当管理
inarable land 废地，不可耕地
inarching 靠接｛园艺｝
inarching by bark incision 皮下靠接
inarching by cleaving 劈裂靠接
inarching by inlaying 嵌靠接

inarching by tongueing 舌状靠接
inarching by veneering 镶合靠接，切靠接
inarching with a branch 单枝靠接
inarching with an eye 单芽靠接
inarticulate 不分节的，无节的（inarticulatus）
inattention 不注意，缺少注意力（inattentio）
inaudible 听不见的（inaudibilis）
inavailable 无效的（inavailabilis）
inavailable water 无效水
inaxial root 侧根（radix lateralis）
inband 同频[带]信号传输，带内｛信息｝
inband signaling ①同频带信号传输 ②带内信号方式
inbetweening ①中间运动 ②插画｛电脑｝
inblock 整块，整块，单块
inborn 先天的（innatus）
inborn error 先天性障碍（缺陷）
inborn error of metabolism ①先天性代谢障碍 ②先天性代谢病
inbound ①接收的 ②进入的 ③入站｛信息｝
inbound pacing 接收速度，入站速度
inbound path 入站路径
inbred ①近交，近亲交配 ②[人工]自交｛育种｝
inbred behavior 近交行为
inbred character 近交性状
inbred data ①自交资料 ②近交资料
inbred depression 近交衰退
inbred ear 自交穗
inbred embryo 自交胚
inbred endosperm 自交胚乳
inbred gamete 近交配子
inbred hybrid ①近交杂种（动）②自交杂种（植）
inbred-hybrid correlation 近交-杂种相关
inbred individual ①近交个体 ②自交个体
inbred line（I-line） ①近交系 ②自交系
inbred-line parent 自交系亲本
inbred minimum 近交极低值
inbred mutant 自交突变型
inbred parent 近交亲本
inbred plant 自交植株
inbred population 近交群体
inbred seed 自交种子
inbred strain 近交品系
inbred-variety cross（= topcross） 顶交
inbreds ①近交系 ②自交系，自交种｛育种｝
inbreeding 近交，同系配合｛育种｝
inbreeding coefficient 近交系数
inbreeding coefficient of a population 群体近交系数
inbreeding coefficient of an individual 个体近交系数
inbreeding degeneration 近交衰退
inbreeding depression 近交衰退，近交退化
inbreeding deterioration 近交衰退
inbreeding line（= inbreds） ①近交系 ②自交系
inbreeding load 近交负荷
inbreeding method 近交法
inbreeding minimum 近交最低值
inbreeding procedure 近交步骤
inbreeding process ①近交过程 ②自交过程
inbreeding repression 近交抑制
Inca wheat（= Chinese spinach） 繁穗苋[*Amaranthus caudatus*]（苋科）
incandescence 炽热，赤热（incandescentia）
incandescent 炽热的，赤热的，自炽的（incandescens）
incandescent cloud 赤热云
incandescent electric light 白炽电光
incandescent lamp 白炽灯
incandescent light 白炽光
incanescent 微白色的，变灰白色的（incanescens）
incanous 被灰白毛的（incanus）
incapacity 无能力
incarnation 实体（incarnatio）
incarvillea ①角蒿属[*Incarvillea* Juss.]（紫葳科）②角蒿[*Incarvillea sinensis* Lam.]
incased pupa 裹蛹
incasement（= preformation） [预先]完成
incense-bearing 具香味的（turifer）
incense-wood 香木（南美产）[*Icica heptaphyllum* March.]
incense-cedar（= incenocedar） ①肖楠属[*Libocedrus* Endl.]（松科）②香肖楠[*Libocedrus decurrens* Torr.]
incentive ①诱发的，刺激的 ②奖助的 ③奖励金（incentivus）
incentive for cultivation（= premium for cultivation） 栽培奖金
incentive premium 奖励金
incentive scheme 奖励计划
inception ①开始，初期 ②发生（inceptio）
inceptisol 始成土（inceptisolum）
incessant ①不断的 ②不停的（incessans）
incest ①近亲交配 ②血缘婚配，血族婚配
incest-breeding ①近系交配 ②血缘婚配
incest taboo 血族婚配禁令

inch（in.） 英寸,吋（1 英寸=2.54 厘米）
inches per second（ips） 每秒英寸数
inching switch 微动开关,微调开关
inchondriosis ①吞噬作用 ②细胞内食作用 ③异吞噬性
inchromomeric fiber 染色粒间丝
inchylocytosis 胞壁胞饮作用
inchylosis 胞壁穿透作用
incidence ①发生率,发病率 ②入射（incidentia）
incidence angle（=incident angle） 入射角
incidence calculus 发生率计算
incidence of genetic disease 遗传病发生率
incident ①入射的 ②易发生的（incidens）
incident beam（=incident light） 入射光
incident energy 入射能
incident light 入射光
incident photon 入射光子
incident radiant energy 入射辐射能
incident radiation 入射辐射
incident rays 入射线
incident solar rays 入射太阳辐射[线]
incident wave switching 入射波开关特性
incidental ①附属的,附带的 ②偶然的,不重要的 ③易发生的（incidentalis）
incidental consequent 附带影响,偶然影响
incidental expenses 杂费
incidental felling 临时采伐
incidental light intensity 偶发光[照]密度
incidental time 非主要工作时间
incidentals 临时费,杂费
incineration ①火烧灭菌法 ②焚化,烧尽（incineratio）
incineration of garbage 垃圾焚化{环保}
incinerator 焚化炉
incipience ①开始 ②初发,初期（incipientia）
incipient ①开始的,初始的 ②初期的,初发的（incipiens）
incipient concretion 初期结核,雏[形]结核{土壤}
incipient decay 初[期]腐[朽]
incipient drying 初干
incipient failure 初发故障
incipient inhibition 初期抑制{生态生理}
incipient low 初生低压
incipient plasmolysis 初始质壁分离（plasmolysis incipiens）
incipient podzolization 初期灰化[作用]
incipient pollution damage 初始污染[损]害{环保}
incipient species 端始种
incipient stage 初始阶段,初期{栽培}
incipient water shortage 初期水分亏缺
incipient wilting 初萎
incircuit 内电路{信息}
incircuit emulator（ICE） 电路内部仿真器
incircuit interface 内电路接口
incise ①切入 ②雕刻
incised ①具缺刻的 ②锐裂的（incisus）
incised bugle 锐裂筋骨草［*Ajuga incisa* Maxim.］（唇形科）
incised corydalis ①紫堇属［*Corydalis* Vent.］（荷包牡丹科）②紫堇（刻叶紫堇）［*Corydalis incisa* Pers.］
incised-crenate 具缺刻状钝齿的（incisocrenatus）
incised-dentate 具缺刻状牙齿的（incisodentatus）
incised leaf 缺刻叶（folium incisum）
incised margin 缺刻缘（margo incisa）
incised-serrate 具缺刻状锯齿的（incisoserratus）
incising 刻痕
incision ①缺刻 ②切口（incisura）
incision repair 切口修复
incisive tooth（=incisor） 切齿,门齿
incisure 切迹,切口（incisura）
inclement weather （寒冷而有暴雨狂风的）恶劣天气
inclination ①倾斜,弯曲 ②[倾]斜率,倾度,斜度 ③倾向性 ④倾角（inclinatio）
inclination compass 倾斜指南针
inclination joint 倾斜关节{显技}
inclination of the orbit plane 轨道倾角{遥感}
incline ①伏地索道,地面索道 ②斜面,斜坡
incline-topping 切顶偏斜
inclined ①倾斜的 ②先端下倾的（指枝条）（inclinatus）
inclined apron cleaner 倾斜式绒布选种机
inclined bedding 倾斜层理{地质}
inclined bolt ①倾斜布面选种器 ②种子斜面清选器
inclined column grain drier 倾斜筒式谷物干燥机
inclined elevator 倾斜升运器
inclined fold 不对称褶皱{地质}
inclined force 斜力{环保}
inclined gage（=inclined gauge） 倾斜高度计（量液高度）
inclined haulage 曳扬搬运（指林木）
inclined illumination 倾斜照明
inclined mesh screen 斜网筛{农施}

inclined piling 斜堆
inclined plane 倾斜面
inclined plate planter 倾斜排种盘播种机
inclined plate seed-metering device 侧斜圆盘排种器
inclined point quadrat method 倾斜点样方法{生态}
inclined pull 倾斜牵引力
inclined-shaft pump 斜轴泵
inclined stacking 斜面堆积(木材干燥)
inclined stem globe valve 斜杆球阀{环保}
inclined upright leaves 倾向直立叶(指稻叶)
inclining 倾斜的
inclinometer 倾斜仪
inclosed ①围住的{狩猎}②闭锁的{解剖}
inclosure (= enclosure) ①限内区{生态}②封固{显技}③外膜,外壳,罩套{农机}④围栏,围篱,围栅{畜}⑤温室{栽培}
include "引用"功能{电脑}
include function "引用"功能
included ①内含的,内藏的,在内的 ②不伸出的(inclusus)
included angle 夹角,接触角,包容角
included aperture 内含纹孔口(apertura inclusa)
included gene 内含基因{分遗}
included inversion 内含倒位
included phloëm 内含韧皮部(phloema inclusa){解剖}
included pit aperture (= included aperture) 内含纹孔口{解剖}
included sapwood 内含边材(alburnum inclusum)
includer ①内含体 ②内含物{分生}
includer mechanism 内含物机制
including 包括在内的(includens)
inclusion 内含物,包含物(inclusio){细胞}
inclusion body 内含体
inclusion gate 包含门{信息}
inclusion granule 内含颗粒,包含颗粒{生技}
inclusion in cell (= inclusion of cell) 细胞内含物
inclusion NOR operation "或非"操作{电脑}
inclusion OR element "或"单元{电脑}
inclusion OR gate "或"门
inclusion particle 内含颗粒
inclusive ①计算在内的 ②内容丰富的(inclusivus)
inclusive AND "与"{电脑}
inclusive NAND "与非"{电脑}
inclusive NOR "或非"
inclusive OR "同或"
incoagulability 不凝结性(incoagulabilitas)
incoagulable ①不能凝结的 ②不能混凝的(incoagulabilis)
incoherence ①不相干性 ②不连性 ③无黏着性 ④非凝结性(incoherentia)
incoherent ①不相干的 ②不连的 ③无黏着的 ④无凝结的,松散的(incoherens)
incoherent light (= nonherent light) 非相干光,不相干光{遥感}
incoherent optical processing 非相干光学处理{遥感}
incombustibility 不燃性(incombustibilitas)
income ①收入,所得 ②输入,进入
income and expenditure 收入和费用,收支
income elasticity 收入弹性,收入伸缩性
income equivalent ratio (IER) 收入等值比{耕作}
income increase of the peasants 农民增收,农民收入增加{农经}
income maximization 所得最大作用
income rotation 收入轮伐期
income table 现金收入表
income tax 所得税
income value 收入价
incoming ①进来的,来到的 ②新来的 ③进入的,输入的,引入的
incoming call 输入呼叫{信息}
incoming data 输入数据
incoming DNA 进来 DNA
incoming flow 进水[量]{环保}
incoming light 入射光,射进光
incoming light quanta 入射光量子,射进光量子
incoming message 输入消息
incoming polar air 进来极地空气
incoming radiant energy 射进能
incoming radiation 射进辐射
incoming solar energy 入射太阳能,射进太阳能
incoming waste 进入废水,流来废水{环保}
incommensurable 不可通约的(incommensurabilis)
incomparability 不可比性(incomparabilitas)
incomparability of consequence 结果[的]不可比性
incomparable ①不能比较的 ②无比的(incomparabilis)
incomparable element 不能比元素
incompatibility ①不亲和性,不相容性 ②不

育 (incompatibilitas)
incompatibility allele 不亲和性等位基因
incompatibility allele mechanism 不亲和性等位基因机制
incompatibility allele system 不亲和性等位基因系统
incompatibility biochemistry 不亲和性生物化学
incompatibility classification 不亲和性分类
incompatibility gene 不亲和性基因
incompatibility group 不亲和性种群
incompatibility in vitro 离体不亲和性,试管内不亲和性
incompatibility modification 不亲和性改变
incompatibility pollination 不亲和性授粉
incompatible ①不亲和的 ②不相容的,禁忌的 ③不匹配的 (incompatibilis)
incompatible action 不相容动作
incompatible crossing 不亲和杂交
incompatible data 不相容数据
incompatible event 不相容事件,互斥事件
incompatible group 不相容组{生技}
incompatible pollen tube 不亲和花粉管
incompatible termini 不匹配末端{分遗}
incompetent 不合格的,不能胜任的 (incompetens)
incompetent worker 不能胜任工人{农管}
incomplete 不完全的 (incompletus)
incomplete annulus 不完全环带 (annulus incompletus)
incomplete antibody 不完全抗体
incomplete antigen 不完全抗原
incomplete block 不完全区组{统计}
incomplete block design 不完全区组设计
incomplete cell division 不完全细胞分裂
incomplete chromatid aberration 不完全染色单体畸变
incomplete closing of crop 不完全封垄 (行)
incomplete color blindness 不完全色盲,弱色盲
incomplete combustion 不完全燃烧{环保}
incomplete cyme 单歧聚伞花序 (cyma incompleta)
incomplete cytokinesis 不完全胞质分裂
incomplete decomposition 不完全分解
incomplete development 发育不全,不完全发育
incomplete diallel cross ①不完全多系相互(双列)杂交 ②不完全两雄同雌异时交配{畜}
incomplete digestion 不完全消化
incomplete dominance 不完全显性
incomplete end cocoon 未正绪茧{蚕}
incomplete equilibrium 不完全平稳
incomplete estrous cycle 不全发情周期
incomplete exchange 不完全互换
incomplete fertilizer (= incomplete manure) 不完全肥料(指不具备 N, P_2O_5, K_2O)
incomplete flower 不完全花 (flos incompletus)
incomplete genetic block 不完全遗传性阻碍
incomplete homologous genome 不完全同源染色体组
incomplete homology 不完全同源
incomplete isolating mechanism 不完全隔离机制
incomplete latin square 不完全拉丁方{统计}
incomplete lattice square design 不完全格子方设计{统计}
incomplete leaf 不完全叶 (folium incompletum)
incomplete male sterility 不完全雄性不育
incomplete male sterility single cross 不完全雄性不育单交
incomplete metamorphosis 不完全变态
incomplete nitrogen assimilation 不完全氮同化作用
incomplete parameter checking 不完全参数检查
incomplete penetrance 不完全外显率
incomplete plant ①殊株{栽培} ②残苗{森林}
incomplete randomized block 不完全随机区组{统计}
incomplete ripeness 未完全成熟,未熟
incomplete set 不完全[染色体]组
incomplete sex linkage ①不完全性连锁,部分性连锁 ②不完全伴性
incomplete stabilization 不完全稳定化
incomplete treatment 不完全处理
incomplete wood 稀疏森林,未郁闭森林
incompleted mulberry field 未成桑园
incompletely exuviated larva 早脱皮蚕
incompletely exuviated pupa 半化蛹蚕{蚕}
incompletely linked genes 不完全连锁基因{分遗}
incomprehensible 不能理解的 (incomprehensibilis)
incompressibility 不可压缩[性] (incompressibilitas)
incompressible 不能压缩的 (incompressibilis)
incompressible fluid 不能压缩液体
inconclusive ①不确定的,非决定性的 ②不

能产生明确效果的,无结果的(inconclusivus)
incondensable 不冷凝的,不能浓缩的(incondensabilis)
inconformity 不一致,不符合(inconformitas)
incongruity 不和谐,不调和,不适宜(incongruitas)
inconnector 内接符{电脑}
inconsequent ①不连贯的 ②矛盾的,前后不符的 ③无关紧要的(inconsequens)
inconsistency ①不一致性 ②不相容性 ③不协调性(inconsistencia)
inconsistent ①不一致的 ②不协调的 ③不相容的(inconsistens)
inconsistent estimator 不一致估计量{统计}
inconsistent order 非一致序{电脑}
inconspicuous 不显著的(inconspicuus)
inconstancy 不定,易变(inconstantia)
incontinence of milk 乳溢
incontrollable 不能控制的
inconvenience 不方便,不适合(inconvenientia)
inconvenient 不方便的,引起困扰的(inconveniens)
inconvenient land 非宜林地
inconvertibility 不可转化性(inconvertibilitas)
inconvertible 不可转化的,不可逆的(inconvertibilis)
incoordinated reflex 不协调反射,非对等反射
incorporated [已]掺入的(incorporatus)
incorporation ①参入 ②掺入 ③结合(incorporatio)
incorporation mistake (= incorporation error) 掺入误差
incorporation of fertilizer in the soil 肥料施入土壤
incorporation rate 掺入量
incorporator 掺和机
incorrect 不正确的,错误的(incorrectus)
incorrect fertilization 不正确施肥
incorrect length 不正确长度(指打尖,打顶)
incorrect topping 不正确打顶
incorruptibility 不腐败性(incorruptibilituas)
incrassate 加厚的,变厚的(incrassatus)
increase ①增加,增大,增多,提高 ②繁殖③增加量(incresentia)
increase in economic activity 商情复兴(经济活动性增大)
increase in planting 增植,种植增加
increase in population ①群体增加{栽培} ②人口增加{农经}
increase in price 价格提高,涨价
increase in productivity 提高生产率
increase in value 增值
increase in yield 增产
increase nursery 繁殖圃
increase of farm income 农场(业)收入增加
increase of fecundity 繁殖力增强
increase of production 生产高涨
increase of productivity 生产率提高
increase of seeds 种子繁殖,良种繁育
increase of stock 牲畜头数的增长
increase of temperature 温度增高
increased agricultural production 农业增产,提高农业产量,增加农业生产
increased depth of ploughing (= increase depth of plowing) 增加耕翻深度
increased desiccation tolerance 增加干化耐[受]性,增加耐干化性
increased distance between hills 加大穴距,扩大株距
increased salinity 增大盐浓度
increased weight 增重
increased yield 增产
increasing area under crops 扩大(增加)播种面积
increasing available nutrient 增加有效养分
increasing CO_2 增加 CO_2,增加二氧化碳
increasing failure rate(IFR) [单调]增加故障率{电脑}
increasing fiber yield ①提高出麻率(麻类) ②提高衣分(棉)
increasing flour yield 提高出粉率
increasing fruitfulness 提高结实性(率)
increasing green manuring 增施绿肥
increasing nitrogen-fixing capacity 增强固氮能力
increasing plot 繁殖区
increasing productivity 提高生产力(率)
increasing risk aversion 递增厌恶风险
increasing seedless variety 繁殖无核品种
increasing sequence 递增序列
increasing spreading varieties 扩大推广品种
increasing supply 增加供应
increasing warmth 增加温暖
increasing yield 增加产量
incredible ①难以相信的,惊人的(incredibilis)
increment ①增加 ②增量,增长量,生长量 ③利润(incrementum)

increment address 增量地址{信息}
increment addressing 增量编址
increment borer (=growing tip) 生长锥 (cornus vegetationis)
increment core 生长样木
increment curve (=growth curve) 生长曲线
increment due to quantity 材积生长{森林}
increment felling 生长伐
increment in caliber 增粗,直径增长量
increment in diameter 增粗,直径增长量
increment in height 增高,高度增长量
increment in thickness 增厚,厚度增长量
increment of growth 生长量,增长量
increment rate 生长率,增长率
incremental 增量的 (incrementalis)
incremental compaction 增量精简法,增量压缩
incremental computer 增量计算机
incremental cost ①增量成本 ②追加费用
incremental data recorder 增量数据记录器
incremental development 增量式开发
incremental loading (=stepped feeding) 分段投加污水{环保}
incrementally optimal measure 增加最优措施{农经}
incrementally optimal plan 增值最佳方案{农经}
incrementally optimal sequence 增加最优序列{分遗}
incrementation 增量 (incrementatio)
incrementation parameter 增量参数
incrementation processing 增产处理
incretin 肠降血糖素,肠促胰岛素
incretion 内分泌 (incretio)
incretology 内分泌学 (incretologia)
incretory 内分泌的 (incretoris)
incross ①品种内杂交 ②品种内异系交配
incrossbred ①品种内杂种 ②品种内异系杂种
incrossing 品种内杂交(指品种内近交系间交配)
incrust (=encrust) ①结壳 ②长壳(皮)
incrustation ①结壳,覆以硬壳 ②外皮,硬壳 (incrustatio)
incrusted 有壳的 (incrustatus)
incrusted soil 结壳土壤
incrusting matter 结壳物质,包被物
incrystallizable 不结晶的 (incrystallisabilis)
incubating enterprise 孵育企业
incubation ①保温 ②潜伏 ③培育,培养 ④孵化 ⑤(蚕) 催青,(蔗种)催芽 (incubatio)
incubation chamber ①培养室 ②孵化室 ③催青室
incubation in raise temperature 渐进催青
incubation in the dark 暗催青
incubation in the light 明催青
incubation medium recovery 培养基复原
incubation method 培养法
incubation of seed piece 蔗种催芽
incubation period ①潜伏期 ②培养期 ③孵化期 ④催青期
incubation process 培养法
incubation room 培养室
incubation shaker 培养振动器
incubative ①潜伏的 ②孵化的 (incubativus)
incubative stage 潜伏期
incubative temperature 定温
incubator ①定温箱,恒温箱 ②培养箱,培育箱 ②孵化器,孵卵器
incubator house (= chicken brooding house) 育雏室,雏鸡舍
incubator test (=stability test) 稳定度试验{环保}
incubous ①重载 ②沉重的负担 (incubus)
incumbent 内曲的 (incumbens)
incumbent anther 内曲花药 (anthera incumbens)
incumbent cotyledon 背倚子叶 (cotyledon incumbens)
incumbent radicle 内曲胚根 (radicula incumbens)
incumbrance (=encumbrance) ①负担,累赘 ②(地产)债权
incunabulum 茧
incurable 不能治疗的,不可救药的 (incurabilis)
incurable disease 不治之症
incurable habits 无法矫正的习惯
incurrence 遭受,招致 (incurrentia)
incursion ①侵入,袭击 ②进入,流入 (incursio)
incurvariid moths 穿孔蛾科 [Incurvariidae]
incurvate 内弯的 (incurvatus)
incurved 内弯的,弯曲的 (incurvus)
incus ①砧状 ②砧状云
indaialaurel fig 榕树 [*Ficus retusa* L. var. *nitide* Mig.] (桑科)
indanthrene dye 阴丹士林染料{显技}
indazole 吲唑 [$C_6H_4CH{:}NNH$]
indebted ①欠债的,负债的 ②感激的
indebtedness 欠债,负债

indeciduous 不脱落的,不落叶的,常绿的(indeciduus)
indecisive 非决定性的(indecisivus)
indecisive evidence 非决定性证据
indecomposed manure 未腐熟厩肥
indefeasible 不能取消的,不能废除的(indefeasibilis)
indefinite ①不定的,无定数的(indeterminatus) ②无限的(indefinitus)
indefinite blocking 非确定性阻塞
indefinite branching (= racemose branching, raceme branching) 总状分枝式
indefinite bud 不定芽(gemma indefinita)
indefinite corymb 无限伞房花序(corymbus indeterminatus)
indefinite form 不定型,不定形式(forma indefinita)
indefinite inflorescence 无限花序(inflorescentia indeterminata)
indefinite number 不定数
indefinite variability 不定变异性(variabilitas indefinitus)
indefinitive spermatogonium 不确定精原细胞(spermatogonium indefinitivum)
indehiscence 不裂性,闭合性,闭蒴性(indehiscentia)
indehiscent 不裂的,闭合的(indehiscens)
indehiscent capsule 闭蒴(指芝麻)(capsula indehiscens)
indehiscent crosses 闭蒴型杂交种
indehiscent fruit 闭果(fructus indehiscens)
indehiscent index 闭蒴型指数(index indehiscens)
indehiscent parent 闭蒴型亲本(parens indehiscens)
indehiscent pod 闭荚,闭蒴(scytinum)
indehiscent selection 闭蒴型选种(selectio indehiscens)
indehiscent strain 闭蒴型品系(linea indehiscens)
indehiscent type 闭蒴型(typus indehiscens)
indehiscent variety 闭蒴型品种
indemnification ①赔偿 ②赔偿物(indemnificatio)
indemnity ①保证,补偿 ②保证物,补偿物(indemnitas)
indene 茚[$C_6H_4CH_2CH{:}CH$]
indent ①洼地,凹陷地 ②(选粮筒或选粮盘的)窝眼 ③行首缩进{电脑}
indent cylinder separator 窝眼滚筒脱粒机
indent tab character (IT) 缩排标记字符
indentation ①锯齿,缺刻 ②行首缩进(indentatio)
indented ①有锯齿的 ②锯齿状的 ③有窝眼的(indentatus)
indented cylinder ①窝眼式滚筒 ②选粮筒
indented cylinder cleaner 窝眼筒清选机
indented cylinder grader 窝眼滚筒分级机
indented disk 窝眼圆盘
identification light 标志灯
indenture 凹痕(指针叶树材结构)(indentura)
independence ①独立 ②独立性(independentia)
independence in analysis of variance 方差分析的独立性{统计}
independence in relative value 相对值的独立性
independence number 独立数
independence test 独立性测验
independent ①独立的,单独的 ②无关的,自由的(independens)
independent action 独立作用
independent analysis 独立分析
independent assortment 自由组合,独立分配
independent autophene 独立自主表型,独立自发表型性状
independent beam plow 组式犁,独立梁式犁
independent centromere orientation 独立着丝点定向
independent character ①独立性状 ②独立分配现象
independent check 独立检查
independent comparison 独立比较
independent compilation 独立编译{电脑}
independent component release (ICR) 独立元件释放,独立部件释放{信息}
independent correction 独立校正
independent culling level method 独立淘汰选择法
independent culling method 独立淘汰法
independent cylinder 分置式油缸
independent evolution course 独立进化途径
independent expression 独立表现
independent farming system 独立农作制
independent fertilizer 独立肥料(N,P,K分开)
independent gene 独立分配基因
independent genetic segregation 独立遗传分离
independent genetic system 独立遗传系统

independent hydraulic lift 独立液压起落机构
independent inheritance 独立遗传
independent inversion 各别倒位
independent monohybrid segregation 独立单基因杂种分离
independent mutation 独立突变,自由突变
independent origin 独立来源
independent overlapping 独立重叠
independent pair 独立对(指染色体)
independent power-take-off 独立式动力输出轴
independent replicon 独立复制子{分遗}
independent resource 独立资源
independent segregation 独立分离,自由分离
independent software vendor (ISV) 独立软件供应商
independent suspension 独立式悬架
independent translocation 独立易位{遗传}
independent variable 自变数
independent variate 自变量
independent wheel brake 独立式车轮制动器
independent work station (IWS) 独立工作站{信息}
independently mounted 独立悬挂式的
indescribable 难以描述的(indescribabilis)
indestructibility 不灭性(indestructibilitas)
indestructible 不可毁灭的(indestructibilis)
indeterminacy 不确定性(indeterminatia)
indeterminacy principle 模糊原理,不确定原理{分生}
indeterminate ①无限的 ②不固定的,不确定的(indeterminatus)
indeterminate cleavage 不定[型卵]裂
indeterminate fault 不确定故障
indeterminate gametophyte 不定配子体(gametophyta indeterminata)
indeterminate growth habit 无限生长习性
indeterminate growth type 无限生长型(大豆)
indeterminate inflorescence (=indefinite inflorescence) 无限花序(inflorescentia indeter minata)
indeterminate state 不确定状态
indetermined 未定的(indeterminus)
index ①指数 ②索引,索引信号 ③指标,指针 ④比率 ⑤变址
index address 变址地址{信息}
index arm 指标
index-breeding ①指数育种 ②指数选育
index build 索引建立
index case 索引病例,先证者
index character ①指标性状 ②指数性状 ③索引字符,换行字符
index chart 索引图{遥感}
index contour 指标等高线,固定等高线
index correction 指标订正{测}
index diagram 索引图[解]
index disk 变址磁盘{信息}
index error 指标误差
index figure of kernel shape 粒形指数
index-forest 法正林
index fossil 标准化石
index method 指数法(指薯类作物育种方法)
index mineral 指标矿物,指示矿物
index mosaic 索引镶嵌图{遥感}
index number ①索引号码 ②指数(指物价,工资,细菌特征等)
index number of stations 站(台)索引号码
index of aridity 干燥指数
index of biological activity 生物活动性指标
index of clay migration 黏粒移动指标
index of coincidence 符合指数
index of cold resistance 抗寒性指数
index of cooperation 合作指数
index of cultivation 栽培指标
index of discharge 流量指数
index of dispersion 分散指数
index of diversity 多样性指数{生态生理}
index of fidelity 准确度指数
index of indicator value 指标值指数
index of meandering 曲流指数,河道蜿蜒指数
index of nutrition 营养指数
index of progeny performance 后代生产性能指标
index of quality 质量指标
index of refraction 折射率
index of similarity 相似性指数
index of stability 稳定指标
index of stock density 资源密度指数
index of subdivision 群体分化指数
index of tilth 耕性指数
index of tolerance 忍耐指标,容许指数
index of transmissibility 传递指标
index of uniformity 匀整度指数
index of warmth 温量指数
index organism 指示生物,指标生物
index percent 指率{统计}
index plate 分度盘

index selection 指数选择
index sequential file 顺序索引文件{遥感}
index stand 指标林
index system ①指标体系{农经}②索引系统{电脑}
index system of sustainable development 可持续发展指标体系
index tissue 指示组织,指标组织
index tree 指标木
index value 指标值
indexable ①可加索引的 ②可变址的{信息}(indexabilis)
indexed non-sequential file 倒排索引文件{遥感}
indexing ①加标记,指标化 ②变址 ③标引
indexing register 变址寄存器
indexing technique 标引技术
india abutilon 印度苘麻[*Abutilon indicum* Sweet](锦葵科)
India aurel fig ①榕属[*Ficus* L.](桑科)②榕[*Ficus relusa* L.]
India boltonia ①马兰属[*Boltonia* L'Her](菊科)②马兰(波菊)[*Boltonia indica* (L.) Benth.]
India cabbage white 多点菜粉蝶[*Pieris canidia* Sparrman](粉蝶科)
India caoutchouc tree (= India rubber, Assam rubber) 印度橡胶[树][*Ficus elastica* Raxb.](桑科)
India dillenia (= Indian dillenia) 第伦桃(五桠果)[*Dillenia indica* L.](锡叶藤科)
India field cress 印度大蒜芥[*Sisymbrium indicum* L. = *Rorippa indica* Hieron](十字花科)
India ink 印度墨汁,黑墨水(指实验室用的)
India-ink capsule stain 印度墨汁荚膜染色法
India-ink method of isolating bacteria 分离细菌墨汁法
India-ink negative stain 印度墨汁负染色法
India ivygourd (= Indian ivygourd) ①红瓜属[*Coccinia* Wight et Arm.](葫芦科)②红瓜[*Coccinia cordifolia* (L.) Cogn.]
India lovegrass 画眉草(蚊子草)[*Eragrostis pilose* (L.) Beauv. = *Poa pilosa* L.](禾本科)
India mockstrawberry 日本蛇莓[*Duchesnea indica* var. *japonica* kitam. = *D. chrysantha* Miq.](蔷薇科)
India mustard 芥菜(大芥菜)[*Brassica juncea* (L.) Czernacw et Coss.](十字花科)
India paper 印度纸(一种很薄的纸)
India paspalum 鸭乸草[*Paspalum scrobiculatum* L.](禾本科)
India poke berry ①商陆属[*Phytolacca* L.](商陆科)②商陆[*Phytolacca acinosa* Roxb.]
India quassia wood ①苦木属[*Picrasma* Bl.](苦木科)②苦木(苦树,黄楝树)[*Picrasma quassioides* Benn.]
India rhaphiolepis ①车轮梅属[*Rhaphiolepis* Lindl.](蔷薇科)②车轮梅[*Rhaphiolepis indica* Lindl.]
India rubber 橡皮(擦铅笔字或墨水迹用)
India rubber tree (= India rubber plant) 印度榕(印度橡胶树)[*Ficus elastica* Roxb.](桑科)
India sansevieria 印度虎尾兰[*Sansevieria roxburghiana* Schult.](龙舌兰科)
India skullcap 耳挖草(立浪草,韩信草)[*Scutellaria indica* Linn.](唇形科)
India sundew 印度茅膏菜[*Drosera indica* L.](茅膏菜科)
India trumpet flower ①木蝴蝶属(千张纸属)[*Oroxylum* Vent.](紫葳科)②木蝴蝶(千张纸,千层纸)[*Oroxylum indicum* (L.) Vent.]
Indian-almond (= tropicalalmond) 榄仁树[*Terminalia catappa* L.](使君子科)
Indian anthracnose of cotton 棉花印度炭疽病[*Colletotrichum indicum* Dastur.]
Indian aphid 印度膨管蚜[*Amphorophora indica* ven der Goot](蚜科)
Indian arrowroot 蒟蒻薯[*Tacca pinnatifida* Forst.](蒟蒻薯科)
Indian aster (= starwort) 马兰(鸡儿肠)[*Aster indicus* L. = *A. yomenz* Honda.](菊科)
Indian azalea 印度杜鹃花[*Rhododendron indicum* Sweet. = *Azalea indica* L.](杜鹃花科)
Indian bean ①梓属[*Catalpa* Scop.](紫葳科)②美国木豆树[*Catalpa bignonioides* Walt.]
Indian bee 印度蜜蜂[*Apis indica* Fabricius.](蜜蜂科)
Indian blanket 天人菊[*Gaillardia pulchella* Fong](菊科)
Indian bread 茯苓[*Poria cocos* Wolf.](多孔菌科)
Indian buffalo 印度水牛[*Bos bubalis*]
Indian bug 印度蝽象[*Dolycoris indicus* Stal.](蝽科)

Indian cabbage moth 印度瓜野螟［*Glyphodes indica* Saunders］(野螟科)
Indian cane (＝bamboo) 竹
Indian canna (＝India canna) ①美人蕉属［*Canna* L.］(美人蕉科) ②美人蕉［*Canna indica* L.］
Indian canna family 美人蕉科 (cannaceae)
Indian cedar (＝deodar cedar) 雪松
Indian corn (＝corn, maize) 玉米［*Zea mays* L.］(禾本科)
Indian cotton 草棉(印度棉)［*Gossypium herbaceum* L.］(锦葵科)
Indian cress 亚洲金莲花(西伯利亚金莲花)［*Trollius asiaticus* L.］(毛茛科)
Indian date 罗望子(酸豆)［*Tamarindus indica* L.］(苏木科)
Indian dwarf wheat 印度矮生小麦［*Triticum sphaerococum* Pers.］(禾本科)
Indian fig (＝Indian fig tree, nopal) 迪氏仙人掌［*Opuntia ficusindica* Mill. = *O. dilleni* Haw.］(仙人掌科)
Indian grass 沼茅［*Moliniopsis japonica* Hayata］(禾本科)
Indian hawthorn 尖梅花(石斑木)［*Raphiolepis indica* Lindl = *R. salicifolia* Lindl.］(蔷薇科)
Indian heliotrope (＝Indian turnsole) 大尾摇［*Heliotropium indicum* L.］(紫草科)
Indian hemp ① (＝jute) 黄麻［*Corchorus capsularis* L.］(椴树科) ②茶叶花属［*Apocynum* L.］(夹竹桃科) ③茶叶花(罗布麻)［*Apocynum venetum* L.］
Indian honey bee (＝Indian bee) 印度蜜蜂［*Apis indica* Fabricius］(蜜蜂科)
Indian iphigenia ①山慈姑属［*Iphigenia* Kunth］(百合科) ②山慈姑［*Iphigenia indica* Kunth.］
Indian jujube 滇刺枣［*Ziziphus mauritiana* Lam.］(鼠李科)
Indian leadwort 印度蓝茉莉［*Plumbago indica* L.］(白花丹科)
Indian lettuce 山莴苣(印度莴苣)［*Lactuca indica* L.］(菊科)
Indian licorice 印度相思树(相思子)［*Acacia intsia* Willd.］(豆科)
Indian lilac (＝Crape-myrile) 百日红(紫薇)［*Lagerstroemia indica* L.］
Indian long pepper (＝Piner longam) 荜拨［*Piper longum* L.］(胡椒科)
Indian lotus 莲［*Nelumbium nelumbo* Druce = *N. speciosum* Willd, *Nelumbo nucifera* Gaertn.］(睡莲科)
Indian mahogany 印度红木［*Soynida febrifuga* A. Juss.］
Indian mallow (＝China jute) 苘麻［*Abutilon avicennae* Gaertn.］(锦葵科)
Indian mallow anthracnose 苘麻炭疽病［*Colletotrichum pekinensis* Katsura］
Indian mallow rust 苘麻锈病［*Puccinia heterospora* Berk. et Curk.］
Indian mango (＝mango) 杧果［*Mangifera indica* L.］(漆树科)
Indian meal (＝corn meal, maize meal) 玉米粉(粗粉)
Indian meal moth (＝dry fruit moth fly) 印度谷螟［*Plodia interpunctella* Hübner］(螟蛾科)
Indian millet (＝pearl millet, African millet) 蜡烛稗(御谷)
Indian mock strawberry ①蛇莓属［*Duchesnea* Smith］(蔷薇科) ②蛇莓［*Duchesnea indica* Focke］
Indian monsoons 印度季风
Indian mulberry ①鸡眼藤属［*Morinda* L.］(茜草科) ②橘叶鸡眼藤(橘叶鸡眼草)［*Morinda citrifolia* L.］
Indian mustard 芥菜［*Brassica juncea* (L.) Czern. et Coss.］(十字花科)
Indian painted lady 苎麻赤蛱蝶［*Vanessa indica* Herbst = *Pyrameis*］(蛱蝶科)
Indian persimmon 印度乌木［*Diospyros tomentosa* Roxb.］(柿科)
Indian pink ［中国］石竹［*Dianthus chinensis* L.］(石竹科)
Indian pipe ①水晶兰属［*Monotropa* L.］(水晶兰科) ②水晶兰［*Monotropa uniflora* L.］
Indian pipe family 水晶兰科［Monotropaceae］
Indian pitcher 猪笼草(瓶子草)［*Nepenthes mirabilis* (Lour.) Drude］(猪笼草科)
Indian plum (＝Batoko plum) 印度椅树(刺篱木果)［*Flacourtia indica* Merr.］(大风子科)
Indian pod borer (＝leguminous pod borer, lima bean pod borer, mung moth) 豇豆荚螟［*Maruca testulalis* Geyer］(螟蛾科)
Indian poke 绿藜芦［*Veratrum viride*］(百合科)
Indian potato 大马勃［*Lycoperdon solidum*］(马勃科)

Indian prune (= Rukam) 卢甘果(罗庚梅,大叶刺篱木)[*Flacourtia rukam* Zoll.](大风子科)

Indian radish 印度萝卜[*Raphanus indicus* Sinsk.](十字花科)

Indian Remote Sensing Satellite (IRSS) 印度遥感卫星{遥感}

Indian rice 野稻茭(菰,茭白)[*Zizania acquatica* Gronov.]

Indian rice stem fly (= rice seedling fly) 稻秧芒角蝇[*Atherigona exigua* Stein]

Indian rubber fig (= Indian rubber tree) 印度榕

Indian rubber silk moth 印度胶树野蚕[*Ocinara dilectula* Walker](蚕蛾科)

Indian rubber tree (= India rubber tree, Indian rubber fig, Indian caoutchouc tree, Assam rubber tree) 印度榕(印度橡胶树)[*Ficus elastica* Roxb.](桑科)

Indian sago palm (= Kittoopalm, toddy fishtall-pam) 酒假桄榔(孔雀椰子)[*Caryota ureus* L.](棕榈科)

Indian sandalwood 印度白檀[*Sandoricum indicum* Cav.](檀香科)

Indian shoot 美人蕉[*Canna indica* L.](美人蕉科)

Indian sorrel (= Jamaica sorrel) 玫瑰茄(山茄)

Indian spinach (= vine spinach) 落葵

Indian strawberry 蛇莓[*Fragaria indica* Andr. = *Duchesnea indica* (Andr.) Focke](蔷薇科)

Indian sugarcane planthopper 印度蔗飞虱[*Pyrilla perpusilla* Walker](飞虱科)

Indian summer (= Saint Martin's summer, after summer) 秋老虎(美国十、十一月间的热期)

Indian tobacco 印度烟草[*Nicotiana bigelovi*](茄科)

Indian-tobacco lobelia 路单利草(祛痰菜)[*Lobelia inflata* L.](半边莲科)

Indian tree cotton 树棉(木棉)[*Gossypium arboreum* L. = *G. nanking* Meyen., *G. indicum* Lam.](锦葵科)

Indian tree cricket 印度树蟀[*Oecanthus indicus* Saussure](蟋蟀科)

Indian turnip ①天南星属[*Arisaema* Mart.](天南星科) ②天南星[*Arisaema consanguineum* Schott.]

Indian wild fig (= Banyan tree) 孟加拉榕(印度榕树)[*Ficus bengalensis* L.](桑科)

Indian wild orange 印度野橘[*Citrus indica* Tanaka](芸香科)

Indian wild pear 川梨[*Pyrus pashia* Buch.](蔷薇科)

Indian yellow flax ①石海椒属[*Reinwardtia* Dum.](亚麻科) ②石海椒[*Reinwardtia trigyna* (Roxb.) Planch.]

Indica-Japonica sterility 籼-粳不育性(指籼稻与粳稻杂交不育)

Indica type 籼型,印度型(水稻)(typus Indicus)

Indica variety 籼型品种,印度型品种(稻)

indican ①尿蓝母,β-吲哚硫酸钾(指动物) ②β-吲哚葡糖苷(指植物)[$C_{14}H_{17}O_6N_3 \cdot H_2O$]

indicanuria 尿蓝母脲

indicate ①指示,指出 ②表示,象征,简单地叙述(indicare)

indicated horsepower 指示马力

indicated power 指示功率

indicated pressure 指示压力

indicated resource 指示资源

indicating ①指示,指标 ②显示 ③表示

indicating method 指标林木法

indicating percent 指率{统计}

indicating recorder 指示记录器

indicating value 指示值

indicating wood 指示木

indication ①指示,显示,表示,暗示,指出,说明 ②指标,示数,示度,读数 ③象征,迹象,征兆 ④标记,信号(indicatio)

indication-applied occurrence 指示应用性出现

indication error 指示误差

indication of origin 产地标记

indication strain 指示菌株

indications on label 标签指示项目(如登记号码,名称,有效成分,含量,内容量及最终有效期限等){农药}

indicative abstract 指示性摘要

indicator ①指示植物 ②指示剂 ③指示器 ④指针,指示标,标记 ⑤测量检查仪器 ⑥指示符

indicator community 指示群落

indicator crop 指示作物

indicator culture 指示培养

indicator diagram 指示线图解

indicator dial 指示表刻度盘,指示盘{环保}

indicator gene (= reporter gene) 指示基因{分遗}

indicator lamp 指示[器]灯

indicator light 指示灯

indicator medium 指示培养基
indicator of fertility level 肥力水平指示剂
indicator of water relation 水分关系指示器
indicator organism 指示生物
indicator paper 试纸
indicator pencil 指示器记录头
indicator plant 指示植物{环保}
indicator plant for mines 矿山指示植物
indicator plant of bog 沼泽指示植物
indicator plant of climate 气候指示植物
indicator plant of soil 土壤指示植物
indicator scale 刻度尺
indicator solution 指示[剂]溶液
indicator species 指示种
indicator strain ①指示品系{育种} ②指示菌株{病理}
indicator variety 指示品种
indicator vegetation 指示植被
indicatrix ①指示表,千分表 ②指标线
indicaxanthin 梨果仙人掌黄质
indicial response 指数响应,指数效应
indicus witchgrass 囊颖草(印度稗)[*Panicum indicum* var. *oryzetorum* Ohwi.](禾本科)
indies goabean ①四棱豆属[*Psophocarpus* Neck.](豆科) ②四棱豆[*Psophocarpus tetragonolobus* DC.]
indifference 不显著,无差异,无关,不重视(indifferentia){统计}
indifference curve 无差异曲线
indifference map 无差别图
indifferent ①不显著的 ②不重要的 ③中性的,中位的 ④随遇的,无关的
indifferent air mass 中性气团,变性气团(失掉发源地性质的气团)
indifferent co-orientation 无关互定向
indifferent electrode 无关电极
indifferent equilibrium 随遇平衡
indiffusible 不扩散的(indiffusibilis)
indiffusible ion 不扩散离子,非扩散离子
indigence 贫穷(indigentia)
indigene ①土著[植物] ②自生种,原始种
indigenous ①土产的,土著的,本地产的 ②内在的(indigenus)
indigenous agricultural practices 本地农业技术
indigenous cane 本地甘蔗
indigenous dehiscent type 本地裂蒴型(指芝麻)
indigenous fault 内在故障,原有故障
indigenous fertilizer 本地肥料
indigenous flora ①本地植物志,乡土植物志 ②本地植物区系,乡土植物区系(flora indigena)
indigenous plant 乡土植物
indigenous race 本地种
indigenous rice 本地米
indigenous species 乡土种
indigenous variety 本地品种
indigent 贫穷的(indigens)
indigested 不消化的(indigestus)
indigestible ①难消化的 ②不能消化的(indigestibilis){生化}
indigestion 不消化,消化不良,消化失调(indigestio)
indigo ①槐蓝属[*Indigofera* L.](豆科) ②槐蓝[*Indigofera tinetoria* L.] ③靛蓝(=indigotine)(染料){显技}
indigo aphid 靛蓝蚜[*Capitophorus hippophaes* Walker](蚜科)
indigo-bush amorpha ①紫穗槐属[*Amorpha* L.](豆科) ②紫穗槐[*Amorpha fruticosa* L.]
indigo-carmine 靛蓝胭脂红[$C_{16}H_8O_3N_2(SO_3Na)_2$]
indigo dyes 靛蓝染料
indigo elongate weevil 蓝靛长象甲[*Lixus maculatus* Roelofs](象甲科)
indigo flea beetle 靛蓝跳甲[*Crepidodera chloris* Fondras](跳甲科)
indigo leaf-cut weevil 靛蓝切叶象甲[*Euops indigena* Voss.](象甲科)
indigo plant (=polygonum indigo) 蓼蓝[*Polygonum tinctorium* Lour.](蓼科)
indigo red 靛红[$C_{16}H_{10}N_2O_2$]
indigo weevil 靛蓝粗象甲[*Ceutorrhynchus asper* Roelofs](象甲科)
indigo white 靛白{显技}
indigotine (=indigo) 靛蓝(蓝色素)
Indioa 印度种(指稻)
indirect ①间接的,非直接的 ②迂回的,不正的 ③辅助的(indirectus)
indirect acting factor 间接影响因素
indirect activation 间接激活,间接活化
indirect activation theory 间接活化[学]说{遗传}
indirect aerological analysis 间接高空分析
indirect aerology 间接高空学
indirect agglutination 间接凝集
indirect appraisal method 间接鉴定法
indirect autogamy 间接自花受精(autogamia indirecta)
indirect benefit 间接利益
indirect blocking test 间接阻断试验
indirect costs 间接费用

indirect desulfurization 间接脱硫{环保}
indirect division 间接分裂（divisio indirecta）
indirect estimate 间接估计
indirect factor 间接因素
indirect fertilizer 间接肥料
indirect fire drier 间接火烘干燥机
indirect fire suppression 间接灭火
indirect flight muscle 间接飞行肌
indirect harvester 分段收获机
indirect harvesting 分段收获[法]
indirect heating type 间接加热型{农施}
indirect hemagglutination 间接血凝
indirect illumination 间接照明
indirect immunofluorescence 间接免疫荧光
indirect influence 间接影响
indirect inhibition 间接抑制
indirect interpretation mark 间接解译标志{遥感}
indirect labour 间接劳动(非直接参加生产)
indirect life history 间接生活史
indirect manure 间接肥料(指有机肥,厩肥)
indirect measurement 间接测量
indirect metamorphosis 全变态
indirect method 间接法
indirect mutagenesis 间接突变发生,间接诱变
indirect nature 间接自然力
indirect nuclear division 间接核分裂（divisio nuclearis indirecta）
indirect reacting bilirubin 间接反应胆红素
indirect refrigerated tank 间接冷冻箱
indirect repair 间接修复
indirect respiration 间接呼吸,组织呼吸
indirect selection 间接选择
indirect selection test 间接选种试验
indirect self-fertilization 间接自花受精
indirect teaching method 间接教授方法{智培}
indirect user 间接用户{信息}
indirect utility 间接效用
indirect uv-reactivation 间接紫外[线]重激活
indispensable ①不可缺少的 ②绝对必要的,必需的（indispensabilis）
indispensable enzyme 必需酶
indispensible amino acid 必需氨基酸
indistinct 不清楚的（indistinctus）
indistinguishable 不可区别的（indistinguishabilis）
indite 编入
inditron 字码[指示]管{电脑}
indium 铟（In,49 号元素）
individual ①个别的,单个的,单一的,独一的（singularis),独特的,特别的（particularis）②个体,单体,单株（individuum）
individual action 个别作用
individual allele 单等位基因
individual base 个别碱基
individual battery 单饲,单笼饲(鸡)
individual brake 单闸,各轮分开操纵的制动器
individual character 个体性状
individual chromosome 每个染色体,单染色体
individual chromosome thread 单染色体线
individual constant 个体常数
individual consulation（= individual advice）个别辅导
individual control 单控制,个别控制
individual course 个体进程,各个进程
individual crop plant 各个作物,单株作物
individual decision making 个体决策
individual density 植株密度
individual development 个体发育
individual difference 个体差异
individual distortion 单个畸变
individual ear culture 单穗栽培
individual ecology 个体生态学
individual economy 个体经济
individual element retrieval 单要素检索{遥感}
individual farmer 个体农民
individual feeding 单个饲养,单饲
individual field 个别田地
individual habitat 个体生境,个体所在地
individual head 单穗
individual immunity 个体免疫性
individual leaves 各个叶,每个叶
individual line ①单系{育种} ②专用线路{信息}
individual loop 单循环,单回路
individual mating 个体交配
individual micell theory 单独微粒体学说{森林}
individual morbidity 植株罹病率
individual organs 个体器官,每个器官
individual ownership 个体所有制{农经}
individual parts 每部分,各个部分
individual piecework wage 个人计件工资
individual plant 单株
individual plant bioclimate 单株生物气候
individual plant method 单株法{育种}
individual plant selection 单株选种,株选

(individual selectio)
individual planting 单株种植
individual plot 每个小区,单个小区{统计}
individual plot yield 每小区产量
individual private economy 个体私营经济{农经}
individual progeny 个体后代,单株后代
individual rearing 个别饲育
individual region 每个地区,个别地区
individual reproduction 个体繁殖,个体生殖
individual rhythm 个体节律
individual seal packaging 单个密封包装(指水果)
individual seedling 单株幼苗
individual selection ①个体选择 ②单株选择
individual selective advantage 个体选择有利性(优点)
individual selective disadvantage 个体选择不利性(缺点)
individual small-scale farming 个体小农业
individual sow feeder 母猪单饲槽
individual spacing ①株距 ②植株密度{栽培}
individual stage 个别期,单期
individual superhelix 每个超螺旋,单超螺旋
individual survival 单株成活,个别成活
individual system costing 单系统费用总计
individual test 个体测定,单株测定
individual thresher 单株脱粒机
individual variability 个本变异性
individual variant 个体变异体
individual variation 个体变异
individual vitality 个体生活力
individual working (=individual work) 单独作业,个人操作,个体劳动
individual year 个别年度
individual yield 单株产量
individualism 并体共生 (individualismus){微生物}
individualistic ①单个的 ②专用的 (individualisticus)
individuality 个[体]性 (individualitas)
individuality of chromosome 染色体个性
individualization 单独性,特殊化(individualisatio)
individuation 个体化 (individuatio)
individuation field 个体化场{胚胎}
Indo-Chinese excoecaria 紫背桂(红背桂花)[*Excoecaria cochinchinensis* Lour.](大戟科)
Indochina actinidia 中越猕猴桃 [*Actinidia indochinensis* Merr.](猕猴桃科)
Indochina canna 越南美人蕉[*Canna humilis* sp.](美人蕉科)
Indochina persimmon 文柿 [*Diospyros mum* (A. Chev.) Lec.](柿科)
indole 吲哚
indole-3-acetic acid (IAA) 吲哚-3-乙酸
indole acetaldehyde (IAC) 吲哚乙醛
indole acetamide 吲哚乙酰胺 [$C_8H_6 \cdot N{:}CH_2CONH_2$]
indole acetic oxidase 吲哚乙酸氧化酶
indole acetonitrile (IAN) 吲哚乙腈 [$C_8H_6NCH_2CN$]
indole butyric acid (IBA) 吲哚丁酸,氮[杂]茚基丁酸 [$C_8H_3N(CH_2)_3COOH$]
indole glycerol phosphate (IGP) 吲哚甘油磷酸
indole glycerol phosphate synthase 吲哚甘油磷酸合酶
indole propionic acid (IPA) 吲哚丙酸,氮[杂]茚基丙酸[$C_8H_6N(CH_2)_2COOH$]
indole-pyruvic acid (IPYA) 吲哚丙酮酸
indole reaction for protein 蛋白质的吲哚反应
indole reaction for tryptophane 色氨酸的吲哚反应
indole reaction with DNA 吲哚同DNA反应
indoleacetic acid (IAA) 吲哚乙酸(植物生长调节剂)[$C_{10}H_9NO_2$]
indolebutyric acid 吲哚丁酸
indolent 无痛的 (indolens)
indolepropionic acid 吲哚丙酸
indolgenic bacteria 产吲哚细菌 (bacteria indolgenae)
indolic form of nitrogen 吲哚态氮
indolmycin 吲哚霉素
indologenous 制成吲哚的 (indologenus){生化}
indolyl- 吲哚[基]
indolylacetic acid 吲哚乙酸
indolylalkylamine alkaloid 吲哚[基]烷基胺生物碱
indolylethylamine 吲哚乙胺
indolylethylamine alkaloid 吲哚乙胺生物碱
Indonesian farming 印度尼西亚农业
indonium ①碘 ②三价碘
indoor 户内的,室内的 (umbratilis)
indoor climate 室内气候
indoor culture 室内栽培,温室栽培
indoor decoration 室内装饰{园林}
indoor farm equipment 农场室内用工具
indoor feeding (=stable feeding) 畜舍饲养,舍饲

indoor flower 温室花卉
indoor foliage plant 室内观叶植物
indoor forcing 室内促成栽培(指水仙花)
indoor-grafting (=indoorworking) 室内接,掘接{园艺}
indoor growing 室内栽培
indoor observation 室内观察
indoor period 室内时期
indoor pipe system 室内管网{环保}
indoor plants 温室植物
indoor raising of seedling 室内育苗
indoor seasoning 室内干燥,室内风干
indoor seedage 室内播种法
indoor seeding 室内播种
indoor steel mesh silo 室内钢丝网储存箱
indoor stock keeping 家畜舍饲
indoor storage 室内贮藏
indoor storage elevator 仓内升运机
indoor temperature 室内温度
indoor wintering 室内越冬,户内越冬
indoor working (=indoor grafting) 室内接
indophenol 靛酚 [$C_{12}H_9O_2N$]
indophenol blue 靛酚蓝
indophenol oxidase (IPO) 靛酚氧化酶
indopyracet clearance 碘吡清除率
INDOR (=internuclear double resonance) 核间双共振{物}
indospicine α-氨基-ε-脒基乙酸
indoxyl- 吲哚氧基
indoxyl 吲哚酚
indoxylglucuronic acid 葡糖吲哚苷酸
indoxylphosphate 磷酸吲哚酚
indoxylsulfuric acid 吲哚硫酸
induce 诱导,诱发 (inducere)
induced ①诱发的,诱导的{遗传} ②诱生的{解剖} ③感生的{物} (inducatus)
induced accumulation 诱导累积
induced anisotropy 感生各向异性{信息}
induced apomixis 诱发无融合生殖
induced appraisal method 诱发鉴定法
induced autotetraploid 诱发同源四倍体
induced autotetraploidy 诱发同源四倍性
induced change 诱发变异
induced chromosomal aberration 诱发染色体畸变
induced chromosome 诱发染色体
induced current 感生电流{物}
induced dipole 感生偶极子
induced dipole moment 感生偶极子距
induced DNA bending 诱发 DNA 弯曲
induced DNA lesion 诱发 DNA 损害
induced draft 抽吸风力
induced endurance 诱导耐[病]性
induced enzyme 诱导酶
induced failure 诱发故障
induced fit 诱导适合,诱导契合
induced fit conformation change 诱导适合构象改变,诱导契合变构
induced-fit model 诱导适合模型
induced-fit theory 诱导适合理论,诱导契合学说{分生}
induced frequency 诱导频率
induced gene effective pleiotropy 诱发基因有效多效性
induced jitter 感应跳动{物}
induced lesion 诱发损害
induced luminescence 诱导发光
induced mature ①催熟 ②催青{蚕}
induced microspore 诱发小孢子
induced movement 诱发运动
induced mutagenesis 诱发突变形成,诱变
induced mutation 诱发突变
induced mutation for resistance to disease 抗病诱发突变
induced mutation in maize 玉米诱发突变
induced mutation in plant breeding 作物育种的诱发突变
induced mutation of polygenes 诱发多基因突变
induced parthenocarpy 诱导单性结实(parthenocarpia inducata)
induced parthenogenesis 诱导单性生殖(parthenogenesis inducatus)
induced periderma 诱生周皮(periderma inducata)
induced period 诱导期
induced plant 诱导植株
induced plasmon-mutation 诱发细胞质突变
induced polyploid 诱发多倍体
induced polyploidy 诱发多倍性
induced process 诱导过程
induced protection 诱导保护
induced reaction 诱导反应
induced resistance 诱发抗(病)性
induced reversion 诱发回复[变异]
induced somatic mutation 诱发体细胞突变(mutatio somatica inducata)
induced spawning 诱导产卵,催产
induced sporulation 诱发孢子形成(sporulatio inducata)
induced synthesis 诱导合成
induced transition 诱发转换
induced twinning 诱导受孕双胎

induced uptake 诱导摄入
induced variation 诱发变异(variatio inducata)
induced variegation 诱发花斑
inducer 诱导物,诱发物(inducer)
inducer in operon 操纵子的诱导物
inducibility [可]诱导性(inducibilitas)
inducible 可诱导的,能诱发的(inducibilis)
inducible bacterial operon 诱导细菌操纵子
inducible enzyme 诱导酶
inducible enzyme synthesis 诱导酶合成
inducible enzyme system 诱导酶系统
inducible expression 诱导表达
inducible operon 诱导操纵子
inducible phage 诱导噬菌体
inducible promoter 诱导启动子{分遗}
inducible strain 诱导菌株
inducible system 诱导系统
inducing 诱导的,诱发的,诱变的
inducing agents 诱变剂
inducing chromosome 诱发染色体
inducing graft 诱发移植
inductance 电感(inductantia)
induction ①诱导,诱发{细胞} ②促成[作用]{栽培} ③(电磁)感应{物} ④归纳{统计}(inductio)
induction coil 感应线圈
induction converter 感应换流器
induction hardening 感应硬化
induction heat sterilization 感应热灭菌法
induction motor 感应电动机,感应马达
induction of enzyme formation 酶形成诱导
induction of flowering 诱导开花
induction of mutation 诱变,人工突变
induction of mutation by ^{32}P ^{32}P 诱发突变
induction of mutation in cereal crops 谷类作物诱发突变
induction of plantlet 幼苗诱导,幼苗诱发
induction of polygenic mutation 多基因突变诱导
induction of prophage 原噬菌体诱导
induction of recessive lethal 隐性致死[基因]诱导
induction of somatic change 体细胞变异诱导
induction of waxy mutant 蜡质突变型诱导
induction period (= induction phase) 诱导期,诱发期 ②酝酿期
induction phase 诱导期
induction pipe ①进气管 ②吸管
induction principle 归纳原理
induction system 归纳系统
induction type magneto 感应式磁电机
induction valve 进气阀
inductionless ①无感应的 ②无电感的
inductive ①诱导的,诱发的 ②电感的,感应的 ③归纳的(inductivus)
inductive approach (= inductive method) 归纳法{统计}
inductive effect 感应效应
inductive logic 归纳逻辑
inductive phase 诱发期
inductive reasoning 归纳推理
inductive requirement 诱发需要量
inductive resistance 抗诱发性
inductive statistics 归纳统计学
inductive stimulus 诱发刺激
inductive tool 归纳工具
inductivity ①诱导率,诱发率 ②感应率(inductivitas)
inductor ①诱导剂 ②感应器,感应体 ③电感器
indumentum 表被[物],被毛
induplicate 内向镊合的(induplicatus)
induplicate leaf 内向镊合叶(folium induplicatum)
induplicate valvate 内向镊合瓣的(induplicatovalvatus)
induplicative 内向镊合状的(induplicativus)
indurated 硬结的,固结的(induratus)
indurated red-earth 坚硬红壤
induration 硬化,硬结(induratio)
indusium ①菌裙,菌膜网,菌伞{真菌} ②柱头下毛圈{形态} ③裙状构造{微生物}
industrial ①工业的 ②产业的 ③供工业用的(industrialis)
industrial administration ①工业经营[学] ②产业经营[学]
industrial age ①工业时代 ②产业时代
industrial and commercial enterprise 工商企业
industrial area ①工业区 ②产业区
industrial botany 工艺植物学(industrobotania)
industrial climatology 工业气候学(industroclimatologia)
industrial communication association (ICA) 工业通信协会{信息}
industrial computer 工业[控制]计算机
industrial control communication 工业控制通信
industrial cropping 工业原料作物栽培
industrial crops 工业原料作物
industrial development ①产业发展 ②工业发展

industrial discharge map 工业排废图
industrial disease 工业病
industrial distribution ①产业布局 ②工业布局
industrial district 工业区
industrial dust 工业粉尘{环保}
industrial economics ①产业经济[学] ②工业经济[学]
industrial engineering (**IE**) ①产业工程 ②工业工程
industrial exhalation 工业废气
industrial facility ①工业设施 ②产业设施
industrial fermentation 工业发酵
"industrial" honey 工业制造用蜜
industrial interference 产业干扰,工业干扰
industrial land ①工业用地 ②产业用地
industrial maturity 工艺成熟度
industrial melanism 工业黑化现象
industrial meteorology 工业气象学 (industrometeorologia)
industrial microbiology 工业微生物学 (industromicrobiologia)
industrial microcomputer 工业微型计算机
industrial mower 工业用刈草机
industrial noise 工业噪声{环保}
industrial nuisance 工业公害{环保}
industrial park 花园工厂(指在不影响生产活动的厂区的空地上栽花、植树、种草、全面绿化){环保}
industrial plants 工业原料植物
industrial pollution 工业污染
industrial potato 工业用马铃薯
industrial potatoes 工业用薯类作物
industrial processing 工业加工
industrial processing of wine 工业用酒制造法
industrial processing system ①产业加工系统 ②工业加工系统
industrial products 工业品
industrial psychology 企业心理学,产业心理学
industrial refuse 工业垃圾,产业垃圾{环保}
industrial river 工业[废水处理出口]河{环保}
industrial robot 工业机器人
industrial security 产业安全,工业安全
industrial sewage 产业污水,工业污水{环保}
industrial solid waste 工业废弃物,工业固体垃圾{环保}
industrial target 工业目标
industrial tire (= industrial tyre) 工业用轮胎
industrial trace gases 工业微量气体
industrial tractor 工业用拖拉机
industrial utility 工业效用
industrial utilization 工业利用
industrial waste 工业废渣,工业垃圾
industrial waste water 工业废水
industrial water 工业用水
industrial water service 工业用水设施{环保}
industrial water supply 工业给水,工业供水
industrial wood 锯材,工业用木材
industrial yeast 工业用酵母
industrial zone 工业区,产业区
industrialization ①工业化,②产业化 (industrialisatio)
industrialization of agriculture 农业产业化{农经}
industrialization of superconductivity technology 超导技术产业化
industrialization on the benchland 滩涂产业化{农经}
industrialization policies 产业化政策
industrialization strategy 产业化策略
industrialized ①工业化的 ②产业化的
industrialized country 工业化国家
industrialized production system of mushroom 蘑菇产业化生产方式
industry ①工业 ②产业 (industria)
industry driving factor 产业拉动因子
industry refuse ①产业废物 ②工业废物{环保}
induviate 具残留部的 (induviatus)
inearth 埋于地下
inedible 不可食用的 (inedibilis)
ineffective 无效的 (ineffectivus)
ineffective nutrients 无效养分
ineffective strain 无效菌株
ineffective temperature 无效温度
ineffective tillering 无效分蘖
ineffective tillering stage 无效分蘖期
ineffective tillers 无效分蘖
ineffective time 停工时间
ineffective water 无效水
inefficiency 无效 (inefficientia)
inefficient (= ineffective) 无效的 (inefficiens)
inefficient insecticide 无效杀虫剂
inefficient statistic 低效统计数(量)
inefficient use of the land 土地的无效利用
inelastic ①无弹性的 ②无伸缩性的 (inelasticus)
inelastic scattering 非弹性散射

inembryonate 无胚的(inembryonatus)
inequalifolious 不等叶的(inaequalifolius)
inequality ①不等性 ②不等式(inaequalitas)
inequident 具不规则牙齿的(inaequidens)
inequigranular 不等粒状的(inaequigranularis)
inequilateral 两侧不等的,不等边的(inaequilateralis)
inequilobate 不等裂片的(inaequilobatus)
inequilongous 不等长的(inaequilongus)
inequivalence "异"{电脑}
inequivalve ①不等果瓣 ②不等甲壳(inaequivalva)
inerm (=inermous) 无刺的(inermus)
inermis (=inermous) 无刺的(inermus)
inermis ailanthus pricklyash 无刺樗叶花椒[*Zanthoxylum ailanthoides* forma *inermis* Hatus](芸香科)
inermis peelberry poisonsumac 无刺毛漆树[*Rhus trichocarpa* Mig forma *subinermis* Kitam](漆树科)
inermis peppertree pricklyash 无刺崖椒[*Zanthoxylum schinifolium* forma *inermis* Nakai]
inermis thistle 无刺蓟[*Cirsium indefensum* Kitam.](菊科)
inert 不活性的,惰性的(iners)
inert atmospheric nitrogen 惰性大气氮
inert carrier 惰性载体
inert chromatin 惰性染色质
inert chromosome 惰性染色体
inert element 惰性元素
inert filler 惰性填料
inert gas 惰性气体
inert gene 惰性基因
inert humus 惰性腐殖质
inert ingredient 惰性成分,不活性成分
inert matters ①惰性物质(指土壤) ②(=foreign matters)夹杂物(指种子)
inert mineral 惰性矿物
inert powder 惰性粉剂{环保}
inert region (染色体)惰性区
inert solid 惰性固体
inert solvent 惰性溶剂
inert support 惰性支持体
inertia ①惯性,惰性 ②惯量
inertia force (=inertial force) 惯性力
inertia navigation system 惯性导航系统(遥感)
inertia type shaker 惯性抖动器
inertia wave 惯性波
inertial 惯性的(inertialis)
inertial delay 惯性延迟
inertial force dust collector 惯性力集尘器{环保}
inertial guidance system 惯性制导系统
inertial navigation computer 惯性导航计算机
inertial oscillation 惯性振动
inertialess 无惯性的
inertness 惰性,惯性
inessential ①非本质的,无实质的,非物质的 ②不紧要的,不重要的,无关紧要的(inessentialis)
inessential cooperative game 非本质合作对策
inessential general game 非本质一般对策
inevagination 内陷(inevaginatio)
inevitable ①不可避免的,必然发生的 ②时常看到或听到的(inevitabilis)
inevitable consequence 必然发生的结果
inevitable direct effect 必然发生的直接效应
inexact 不正确的,不准确的,不精确的(inexactus)
inexact data 不准确数据
inexact environment 模糊环境
inexact regression analysis 不确切回归分析{统计}
inexactness 不确切性,不准确性(inexctivitas)
inexhaustible 取之不尽的,无穷无尽的(inexhaustibilis)
inexhaustible fertility of soil 无穷土壤肥力
inexistence 不存在(inexistentia)
inexperience 无经验,缺乏经验(inexperientia)
inexplicable 不可解释的,无法说明的
inextinguishable 不能消灭的,不能扑灭的(inextinguishabilis)
inf (=infimum) 下确界{信息}
infant ①幼稚的,初期的 ②幼儿的,婴儿的 ③幼儿,婴儿(infans)
infant farming 原始农业
infant industries 初期工业
infant mortality 婴儿死亡率
infantile 幼儿的,婴儿的,幼稚的(infantilis)
infantile paralysis 小儿麻痹症(paralysis infantilis)
infarctate 坚实的(infarctatus)
infect ①侵染{病理} ②传染,感染{微生物}(infacere)
infected cell 受感染细胞,感病细胞

infected disk 受感染磁盘{电脑}
infected field 感病地,染病地(指育种圃)
infected seed 感病种子
infected soil 侵染土壤
infected water 传染水
infecting potential 侵染力
infection ①侵染{病理} ②感染{微生物} ③接种,传染{医}(infectio)
infection by Rous sarcoma virus 受劳氏肉瘤病毒侵染
infection by virus 受病毒侵染
infection carrier 传染载体
infection center 侵染中心,发病中心
infection complex 侵染复合
infection court 侵染点
infection degree 侵染程度
infection density 传染密度
infection disease 传染病
infection gate 传染途径
infection hypha 传染丝
infection-like transmission 侵染状传递
infection process 传染过程
infection rate ①侵染率{病理} ②传染速度{医}
infection route 传染途径
infection source 侵染源
infection success rate 传染成功率
infection thread 侵染丝
infection through air 空气传染
infection tube 侵染管
infection type 侵染型,感染型
infection way 传染方式
infectiosity ①侵染率 ②传染率(infectiositas)
infectious ①侵染性的 ②传染性的 ③感染性的(infectius)
infectious abortion 传染性流产
infectious abortion of mares 母马(或母驴)传染性流产[*Salmonella abortus equi*]
infectious agent 传染病原
infectious anemia of horses 马类传染性贫血
infectious bacteriophage 感染噬菌体
infectious center assay 侵染中心检定{植病}
infectious cold(= infectious coryza) 传染性伤风
infectious coryza of fowl 家禽传染性鼻炎
infectious cycle 侵染性周期{植病}
infectious degeneration of grapes(= fanleaf of grapevine) 葡萄扇叶病毒病
infectious disease ①侵染性病害{病理} ②传染病{医}
infectious dose (ID) 感染剂量{微生物}
infectious dose 50 (ID50) 半感染剂量,50%感染剂量
infectious droplet(= infective droplet) ①侵染性水珠 ②传染唾沫
infectious dropsy of carp (IDC) 鲤传染性腹水症{水产}
infectious encephalomyelitis of sheep 羊传染性脑脊髓炎,羊跳跃病
infectious enteritis of swine 猪传染性肠炎
infectious flacherie 传染性软化病(蚕)
infectious haematopoietic necrosis (IHN) 传染性造血器坏死病{水产}
infectious hepatitis 传染性肝炎
infectious heredity 感染遗传
infectious laryngotracheitis of fowl 禽喉气管炎
infectious mastitis 传染性乳房炎,传染性乳腺炎
infectious necrotic hepatitis 羊黑疫,羊传染性坏死性肝炎
infectious nucleic acid 感染性核酸
infectious pancreatic necrosis (IPN) 传染性胰脏坏死病{水产}
infectious phage progeny 感染噬菌体后代
infectious plasmid 感染质粒
infectious progeny 感染后代
infectious RNA 感染 RNA
infectious virus 感染病毒
infectious virus nucleic acid 感染病毒核酸
infectiousness ①侵染性 ②传染性(infectivita)
infective ①侵染的 ②传染的 ③感染的(infectivus)
infective bacteriophage 感染噬菌体
infective dose (ID) ①感染剂量 ②侵染剂量
infective reservoir 侵染库
infectivity ①侵染性,侵染度 ②感染率(infectivitas)
infecundity ①不育性 ②不孕性(infecunditas)
infeed ①喂入器 ②馈电{信息}
infeed hopper 喂入斗
infer 推断,推知{统计}
inference ①推断 ②推理{信息}(inferentia){统计}
inference about population 群体推断,总体推断
inference chain 推理链{信息}
inference engine(= inference machine) 推理机{农施}
inference strategy 推理策略
inferential ①推断的 ②推理的(inferentia-

lis)
inferential rule 推理规则
inferior ①在下的,下位的 ②在内的,内部的 ③低劣的,劣质的,次等的 ④下标 ⑤脚注,附注{电脑}
inferior allele 次要等位基因
inferior calyx 下位萼(calyx inferior){形态}
inferior cell wall 内细胞壁{解剖}
inferior cocoon 下脚茧
inferior cultural practice 低级栽培技术
inferior figure ①下标 ②下角,下角数字,下附数字{电脑}
inferior genotype 次要基因型
inferior glume 内颖(gluma inferior)
inferior limit 下限
inferior mirage 下现蜃景{气象}
inferior ovary 下位子房(ovarium inferium)
inferior palea 内稃(palea inferior)
inferior quality 劣质,低质量
inferior seed quality 低劣种子品质
inferior seed variety 劣质种子品种
inferior stand 次等林分
inferior vitality 低生活力
inferior wing 后翅
inferiors 下层子窗口{电脑}
inferred pattern 推论图形
infertile(=sterile) ①不结实的 ②不肥沃的 ③不育的(infecunidus)
infertile egg 未受精卵
infertile land 瘠地,瘦地
infertile soil 瘠土
infertility ①不育性 ②不结实性 ③贫瘠,缺乏肥力(infecunitas)
infest (虫、鼠、草)侵害
infestation ①侵袭,侵扰(指病虫害) ②传染 ③蔓延(infestatio)
infested field ①侵染圃地 ②受害田
infested plant 被害植株
infested soil 侵染土壤,侵害土壤
infested with weeds 杂草为害的,杂草丛生的,长满杂草的
infidelity 不正确,不精确(infidelitas)
infield roadway 场内道路
infiltrate 浸润液,渗液(infiltratus)
infiltrating water 渗入水
infiltration ①入渗,渗透,渗入,渗润 ②浸润,浸透(infiltratio)
infiltration capacity 渗入量,渗透量
infiltration for block preparation 蜡块制片,透蜡法{显技}
infiltration gallery 渗水渠{环保}
infiltration irrigation 浸渗灌溉
infiltration method ①透蜡法{显技} ②浸润法{水利}
infiltration method after Molisch 莫利施氏透蜡法{显技}
infiltration paraffin 透蜡,浸蜡{显技}
infiltration pattern 入渗型(式),渗透型(式)
infiltration pond 渗水池{环保}
infiltration rate 入渗率,渗透率
infiltration velocity 渗透速度,入渗速度
infiltration water 入渗水,渗透水
infiltrator 渗入者(水)
infiltrometer [土壤]透水性测定仪,渗透计
infinite ①无限的,无穷的 ②无法计量的(infinitus)
infinite antagonistic game 无限对抗对策
infinite dilution 无限稀释
infinite population 无限群体,无限总体{统计}
infinite speed variation 无极变速
infinitely great 无穷大
infinitely small 无穷小
infinitely variable speed 无级变速
infinitesimal ①无穷小的,无限小的 ②无穷小(infinitesimalis){统计}
infinitude 无限性(infinitudo)
infinity ①无限性,无穷大 ②无穷不连续点(infinitas)
infirm 虚弱的
infirm constitution 虚弱体质
infistulated 多瘘管的(infistulatus){医}
infix ①插入 ②中缀{电脑}
infix expression 插入表达式
inflammability 可燃性,易燃性(inflammabilitas)
inflammability limit 可燃极限
inflammable 易燃的,可燃的(inflammabilis)
inflammable gas 易燃气体
inflammable liquid 可燃液体
inflammation ①发炎,炎症{医} ②着火,燃烧{农机}(inflammatio)
inflammation of lungs 肺炎
inflammation of maw 胃炎
inflammation of udder 乳腺炎
inflammatory 发炎的,炎性的(inflammatoris)
inflammatory factor 发炎因子
inflammatory mediator 发光介质
inflammatory swelling 炎性肿胀
inflata latreille 小头虻科[Acroceridae]
inflated 膨大的,膨胀的(inflatus)

inflated price 上涨价格
inflated tire 充气轮胎
inflating apparatus 幼虫吹胀器
inflation ①膨胀 ②充气,打气 ③通货膨胀 (inflatio)
inflation pressure 充气压力
inflation sand 风积沙地
inflation table (轮胎)充气表
inflected 弯曲的 (inflectus)
inflection 弯曲 (inflectio)
inflection point 屈折点
inflexed 内折的,内曲的 (inflexus)
inflexible 不可弯曲的 (inflexibilis)
inflexion point 反曲点,转折点
inflorescence 花序 (inflorescentia)
inflorescence axis 花序轴 (axis inflorescentia)
inflorescence binding 花穗绑捆病(指甘蔗)
inflorescence primordia 花序原基
inflow 入流,流入量
inflow device 入流设备{环保}
inflow-storage-discharge curve 入流-调蓄-出流曲线,进水-蓄水-排水曲线
inflowing 入流
inflowing T-piece 入流三通(指支管),汇流三通{环保}
inflowing water 入流水
influence ①影响 ②感应 (influentia)
influence line 影响线
influence of oxygen 氧影响
influence on social development 对社会发展的影响
influence theory 感应[学]说,诱生学说
influencing factor 作用因素,影响因素
influencing morphogenesis 影响形态发生
influencing tropism 影响向性
influent ①流入的 ②进水,入流 (influens)
influent flow 入流量{环保}
influent substrate 进水基质(指进水受作用的物质){环保}
influential zone of pathogen 病原感应圈
influenza 流行性感冒,流感
influenza virus 流感病毒
influx 流入量,注入口,汇流处
influx of CO_2 CO_2 流入量,二氧化碳流入量
info (= information) 信息
infochemicals 信息化合物
infocom network 信息通信网络
infolded wall 折叠胞壁
infolding ①陷入 ②包封 ③怀抱
infoliate 被叶的 (infoliatus)
infological 信息逻辑的 (infologicus)
infoport 信息港
inforcosm 信息社会
inform ①传达 ②通知,通告 (informare){信息}
informacial 信息商业{农管}
informal 非正式的,非正规的,不规则的 (informalis)
informal coalition 非正式联盟
informal design 不规则式设计{统计}
informal garden 不规则园林,不规则庭园
informal information system 非正式信息系统
informal proof 非正式证明
informatics 信息[科]学 (informatica)
informatin 信使颗粒蛋白,信使素
information ①信息{分遗} ②新知(变量的倒数){统计} ③情报{气象} (informatio)
Information Abstract 信息文摘
information acquisition 信息采集{信息}
information advisory center 信息咨询中心
information agriculture 信息农业{智培}
information agriculture development 信息农业发展
information analysis centre 信息分析中心
information analyst 信息分析专家
information area 信息区
information bank system 信息库系统
information base (= information bank) 信息库
information bearer channel 信息运载通道
information bit 信息位
information block 信息块
information capacity 信息容量
information carrier 信息载体
information center 信息中心
information channel 信息通道
information classification 信息分类
information coding 信息编码
information collection 信息采集
information common service industry 信息公用事业
information communication ①信息通信 ②信息传播设备
information community 信息共同体
information compression 信息压缩
information computing center 信息计算中心
information content ①信息量 ②信息内容
information content binary unit 信息量二进制单位
information content decimal unit 信息量十进制单位
information content natural unit (NAT)

信息量自然单位
information costs 信息费用
information database 情报数据库
information decoding 信息译码
information density 信息密度
information display system 信息显示系统
information economics 信息经济学{农经}
information element 信息元
information encoding 信息编码
information engineering 信息工程
information entry ①信息入口 ②信息项
information environment 信息环境
information environmental science 信息环境科学
information era 信息时代
information estimation 信息估计
information explosion 信息爆炸
information feedback 信息反馈
information flow 信息流
information flow and cAMP 信息流与cAMP
information flow and protein structure 信息流与蛋白质结构
information flow by transcription 转录信息流
information flow by translation 翻译信息流
information flowchart 信息流程图
information handling center (= information processing center) 信息处理中心
information hub 信息集中器
information industry 信息产业
information insurance 信息保险
information leaflet 传单,简报
information logic machine 信息逻辑机
information management function 信息管理功能(指有关预测的作物生长模型){智培}
information management system (**IMS**) 信息管理系统
information network system 信息网络系统{智培}
information on actual weather 天气实况报告
information option 信息选择{智培}
information-oriented language (**INOL**) [面向]信息[的]语言{智培}
information parameter 信息参数
information pollution 信息污染
information pool 信息池,信息库
information-processing element 信息加工元件{物}
information rate 信息[传输速]率
information reception 信息接收
information resource management (**IRM**) 信息资源管理
information retrieval (**IR**) 信息检索
information retrieval means 信息检索手段{智培}
information retrieval technology 信息检索技术{智培}
information revolution 信息革命
information science 信息科学{智培}
information science service for agriculture 信息科学为农业服务{农经}
information scientist 信息科学家,信息科学工作者{智培}
information security 信息安全性
information service ①信息服务,信息业务 ②信息机构 ③情报工作
information service system 信息服务系统{智培}
information sharing 信息共享
information society 信息化社会
information source 信息源
information standardization 信息标准化
information storage unit 信息存储器
information stream 信息流
information superhighway 信息高速公路
information system 信息系统{智培}
information system engineering 信息系统工程
information system factories (**ISF**) 信息系统工厂,信息系统加工厂
information system network 信息系统网络
information system of crop space 作物空间信息系统{智培}
information technology (= information technique) 信息技术{智培}
information technology industry 信息技术产业
information technology security evaluation criteria (**ITSEC**) 信息技术安全性评价标准
information theft 盗窃信息
information theory 信息论
information throughput rate 信息传送速度
information to aid in decision 决策辅助信息
information transfer 信息传递
information transfer channel 信息传递信道
information transmission system 信息传输系统
information trip 研究(考察)旅行
information trunk 信息干线
information unit 信息单位
information world 信息世界

informational capacity 信息容量
informational DNA 信息 DNA
informational macromolecule 信息大分子，信息高分子
informational message 信息[性]消息
informational molecule 信息分子
informational pattern 信息图形
informational strength 信息强度
informational suppressor 信息抑制基因，信息抑制因子
informative 信息的（informativus）
informative abstract 信息摘要
informative indicator [plant] 信息指示植物
informative pattern 信息模式（指可提供数据的图形）
informatization 信息化（informatisatio）（作物智能栽培学基本特征之一）{智培}
informatization of crop production 作物生产信息化{智培}
informatization of database 数据库的信息化
informatization of intelligent crop production 作物智能栽培学的信息化（为作物智能栽培学基本特征之一）{智培}
informatization of the national economy 国民经济信息化
informaton 信息粒（informaton）{分遗}
informedness ①信息性 ②指导性
informofer ①信息转换体 ②信息子
informosome 信息体，mRNA 蛋白体（informosoma）
informotherapy 信息疗法（informotherapia）
infortainment 信息娱乐服务
infossate 下陷的，埋着的（infossatus）
infra- ⌊字头⌉下，外
infra-axillary 腋下生的（infraxillaris）
infra-littoral deposit 远岸沉积物
infra-protein 变性蛋白
infra-red（IR） ①红外[线]的 ②红外线
infra-red absorption 红外线吸收
infra-red absorption hygrometer 红外吸收湿度表
infra-red absorption spectrum 红外线吸收光谱
infra-red analysis 红外线分析
infra-red drier 红外线[加热]干燥机
infra-red drying 红外线加热干燥
infra-red energy source 红外线能源
infra-red gas analyzer 红外气体分析仪
infra-red heat drier 红外线加热干燥器
infra-red light 红外光
infra-red method 红外线法
infra-red radiation 红外辐射
infra-red radiometry 红外辐射测量术
infra-red rays 红外线
infra-red spectrogram 红外光谱图
infra-red spectrophotometric assay 红外分光光度测定试验
infra-red spectroscopy 红外光谱术(学)
infra-red spectrum 红外光谱
infra-red tracking system 红外追踪系统
infrabar ①(果蝇)次级棒眼{遗传} ②低气压
infracapillary space 毛管间空隙{土壤}
infraclavicular region 锁骨下部位
infraclypeus 前唇基（infraclypeus）
infracted 内曲的，内折的（infractus）
infraction ①犯规，违法 ②不全骨折（infractio）
infracutaneous 表皮下的（infracutaneus）
infradian frequency 超昼夜频率
infraepimeron 下后侧片（infraepimeron）
infraepisternum 下前侧片
infrafoliaceous 叶腋外生的（infrafoliaceus）
infragenital 生殖孔下的
infraglacial deposit 冰川底碛
infrahuman 代试动物
inframarginal 缘下的
inframolecular level 亚分子水平
infranodal 节下的（infranodalis）
infranodal canal 节下道（canalis infranodalis）
infrapermafrost water 冻结层下水
infrared-absorbing gas 红外[线]吸收气体
infrared-absorbing trace gases 红外[线]吸收微量气体
infrared analyzer 红外线分析器
infrared camouflage 红外伪装
infrared ceramic heater 红外陶瓷加热器
infrared coupled diode 红外耦合二极管
infrared-cut glass ①红外切割玻璃 ②红外雕花玻璃[器]
infrared dichroism 红外二色性
infrared energy 红外[线]能量
infrared film 红外胶片
infrared Fourier transform Raman spectroscopy 红外傅立叶变换拉曼光谱学
infrared geology 红外地质学
infrared guidance 红外制导
infrared heater 红外加热器
infrared heating 红外[线]加热
infrared horizon sensor 红外地平仪
infrared hot plate 红外加热板

infrared image 红外图像
infrared image converter 红外变像管
infrared imagery 红外成像
infrared interferometric spectrophotometer (IRIS) 红外干涉分光光度计
infrared microscope 红外光显微镜
infrared of absorbing gases 吸收气体的红外线
infrared photography 红外摄影,红外照相
infrared remote control 红外遥控{遥感}
infrared remote sensing 红外遥感
infrared sensor 红外传感器
infrared spectrometer 红外光谱仪
infrared spectrophotometer 红外分光光度计
infrared spin scan radiometer 红外自旋扫描辐射计
infrared temperature profile radiometer 红外温度剖面辐射计
infrareticulate 具内网的(infrareticulatus)
infrasonic frequency 次声频
infraspecific evolution 次级种进化,微进化,种内进化
infraspecific speciation 亚种[种]形成
infrastigmatal 气门下的
infrastructure ①公共设施,基础设施 ②基本结构
infrastructure technologies 基础设施技术
infratechnology 基础技术(工程)(infratechnologia)
infratectal 覆盖层内的(infratectalis)
infrategillar 被层内的(infrategillaris)
infrategillar baculum 被层下[棒]柱(baculum infrategillare)
infra-red spectrophotometry ①红外分光光度测定 ②红外分光光度测定法
infrequent 罕见的,少有的(infrequens)
infriction 涂擦[法](infrictio)
infringing 侵害
infructescence 果序(infructescentia)
infructuose 不结实的(infructuosus)
infundibular 漏斗状的(infundibularis)
infundibular corolla 漏斗状花冠(corolla infundibularis)
infundibular leaf 漏斗状叶(folium infundibulare)
infundibule 漏斗
infundibuliform 漏斗状的(infundibuliformis)
infundibuliform corolla 漏斗状花冠(corolla infundibuliformis)
infundibulum (=infundibule) 漏斗
infuse ①注入 ②浸制,泡制
infused leaf 底叶(泡茶的茶叶渣)
infusibility 难熔性(infusibilitas)
infusion ①浸,泡 ②注入,混合 ③水浸液,浸剂,泡剂(infusio)
infusion broth 肉浸汁(培养基)
infusion method 浸渍法(木材防腐)
infusorial earth 硅藻土
ingathering ①收获 ②收纳
ingest 吸食,摄食(ingenere)
ingestion 摄食,吸食(ingestio)
ingestion action 口服作用,吸食作用
ingestion in nutrition 营养的摄食
ingestive infection 摄食传染
ingot steel 锭钢
ingraft ①接树,接枝 ②嫁接{园艺}
ingraftment 接穗
ingredient ①拼分[混合物],拼合料 ②(混合物)成分(ingrediens)
ingredient of sludge 污泥成分{环保}
ingredient statement 成分说明
ingress ①入口处{水利} ②通道进入{信息} ③进口,进入{环保} ④浸入{土壤}(ingressus)
ingress of ground water 地下水侵入
ingression 海浸(ingressio)
ingression sea 进浸海
ingrowing 向内生的
ingrowth ①向内生长 ②向内生长物(increscentia)
inguinal hernia 腹股沟疝{医}
ingurgitation 吞咽(ingurgigatio)
inhabitant 居民(inhabitans)
inhabited environment 居住环境
inhabited region 居住区,居民区
inhabited satellite 载人卫星,载生物卫星
inhalant 吸入的(inhalans)
inhalant siphon 鳃管,入水管
inhalation 吸入法(inhalantio)
inhalation insecticide 吸入性杀虫剂
inhalation pneumonia 吸入性肺炎{医}
inhaled toxicity 吸入中毒,呼吸中毒
inharmonic 非调和的(inharmonicus)
inharmonic mode 非调和方式
inherence 固有性状(inherentia)
inherent ①固有的 ②遗传的,先天的(inherens)
inherent ambiguity 固有多义性{分遗}
inherent earliness 固有早熟性
inherent error 固有误差
inherent fertility 潜在肥力
inherent immunity 天然免疫,先天免疫

inherent moisture 固有水分
inherent priority 固有优先权
inherent resistance 遗传抵抗性
inherent stability 固有稳定性
inherent tillering capacity 遗传分蘖力
inherent viscosity 特性黏度
inherit ①遗传 ②继承{农管}(inheres)
inheritable 可遗传的(inheritabilis)
inheritable character 可遗传性状
inheritance ①遗传 ②继承(inheritantia)
inheritance of acidity in tomatoes 番茄酸度遗传
inheritance of acquired characters 获得性状遗传
inheritance of appressed branching 紧贴分枝遗传(指水稻)
inheritance of gene structure 基因结构遗传
inheritance of mutation 突变遗传
inheritance of photoperiodic reaction 光期反应遗传
inheritance of protective reaction 保护反应遗传
inheritance pattern 遗传型
inheritance system 继承系统{信息}
inherited 遗传的(inheritus)
inherited characteristics 遗传特征
inherited disease 遗传病
inherited immunity 遗传免疫性,天然免疫性
inherited nutrition deficiency 遗传性营养缺乏症
inhibine (=inhibin) 抑菌素
inhibit ①抑制,阻碍 ②阻止,禁止(inhibere)
inhibit circuit pulse 禁止电路脉冲
inhibit concentration 抑制浓度{农药}
inhibit gate 禁止门{信息}
inhibit pulse 禁止脉冲
inhibit sprouting 抑制发芽
inhibit wire 禁止线
inhibitable ①可抑制的,可阻止的 ②可禁止的 ③可拒绝的(inhibitabilis)
inhibitable cytochrome 可抑制细胞色素
inhibited oxidation 受抑制氧化,阻滞氧化{土壤}
inhibited reaction 受抑制反应,阻滞反应
inhibited self-pollination 抑制性自花受粉
inhibiter 抑制剂
inhibiting 抑制的(inhibitens)
inhibiting action 抑制作用
inhibiting agent 抑制剂
inhibiting factor 抑制因子
inhibiting gene 抑制基因
inhibiting germination 抑制发芽
inhibiting hormone 抑制激素
inhibiting input 禁止输入{信息}
inhibiting of sprouting (=retarding of sprouting) 发芽抑制,发芽阻滞
inhibiting range 抑制范围
inhibiting signal 禁止信号
inhibiting sprouting 抑制发芽,防止发芽
inhibiting substance 抑制物质
inhibition ①抑制作用 ②阻碍作用 ③禁止(inhibitio)
inhibition of auxiliary bud sprouting 抑制副芽萌发
inhibition of germination 抑制发芽
inhibition of ripening (=suppression of ripening) 成熟抑制
inhibition of RNA synthesis by UV-irradiation RNA合成受紫外线辐射的抑制
inhibition rule 禁止规则
inhibition zone method 抑制圈法
inhibitive 抑制性的(inhibitivus)
inhibitive factor 抑制因子
inhibitor ①抑制因子,阻碍因子{遗传} ②抑制剂,抑制素 ③阻化剂,抗腐蚀剂{农机}
inhibitor effectiveness 抑制剂效力
inhibitor for nitrification 硝化作用抑制剂
inhibitor gene 抑制基因
inhibitor of cytokinesis 胞质分裂抑制剂
inhibitor of DNA synthesis DNA合成的抑制因子
inhibitor of enzyme 酶抑制剂
inhibitor of photosynthesis 光合作用抑制剂
inhibitor of spindle 纺锤体抑制剂
inhibitor of transcription 转录抑制因子
inhibitory ①抑制的,抑止的,阻碍的 ②禁止的(inhibitoris)
inhibitory action 抑制作用(actio inhibitoris)
inhibitory coating 保护层,防护层
inhibitory factor ①抑制因子 ②抑制因素
inhibitory gene 抑制基因
inhibitory hormone 抑制激素
inhibitory influence 抑制影响
inhibitory polyculture 抑制[性]多种栽培{栽培}
inhibitory pruning 抑制修剪
inhibitory substance (=inhibiting substance) 抑制物质
inhive 使定居于蜂箱中
inhomogeneity 不均一性,多相性(inhomogeneitas)
inhomogeneous ①非均相的,非均一的 ②不

同质的（inhomogeneus）
inhomogeneous reaction 非均相反应{生技}
inhomogeneous soil 不同质土壤
inhomologous ①异源的，非同源的 ②不同质的 ③非均相的（inhomologus）
inifer 引发—转移剂{生技}
iniferter 引发—转移—终止剂{生技}
initial ①原始的，开始的，起始的 ②原始细胞，母细胞（initialis）
initial absorption of preservative 防腐剂初吸收量(木材防腐)
initial address message（IAM） 起始地址信息
initial bias 原始偏祖{统计}
initial boiling point 初沸点
initial cell 原始细胞（cellula matricalis）
initial chaining value（ICV） 初始链接值
initial community 先锋群落
initial concentration 初浓度
initial condition 原始条件，最初条件
initial cost ①创办费 ②基本建设费 ③最初成本
initial cultivation 首次栽培(指荒地)
initial data 原始数据
initial disturbance 初始扰动
initial dressing 基肥
initial dry weight 原始干重
initial effect 初效
initial error ①初期错误 ②初始误差
initial expenses（= startingup costs） 筹建费用
initial failure 早期失效
initial fertility 原始肥力
initial flower bud 原始花芽
initial form 原始型
initial frequency 最初频率，原始频率
initial gap 初始间隙
initial graphics exchange specification（IGES） 初始图形交换规范
initial heat 初热
initial image generation system 原始图像产生系统{遥感}
initial immunization 首次免疫法
initial incorporation 初掺入
initial individual selection 原始单株选择
initial interval 初始间隔
initial investment 初期投资
initial layer 原始层{土壤}
initial leaf 初生叶（folium initiale）
initial loading 初始装入
initial marsh 原始沼泽
initial meiosis 原始减数分裂(合子减数分裂)（meiosis initialis）
initial moisture content 初始含水量，原始含水量
initial ordinate 原始坐标
initial orientation 初定向
initial parenchyma 原始薄壁组织（parenchyma initialis）
initial pathogen 初次侵染源
initial peat 原始泥炭
initial period of growth and development 生育最初时期，萌芽期
initial phase 起始阶段{智培}
initial population 原始群体
initial position 初始位置
initial process 原始过程，启发过程
initial ray 原始射线（radius initialis）
initial reading 起始读数
initial removal 起始去除量{环保}
initial ring 发生环
initial seedling 原始实生苗
initial set 初凝{气象}
initial settling rate 起始沉降速度
initial soil 原始土壤
initial species 原始种（species initialis）
initial speed 初速度
initial spindle 原始纺锤体（fusus initialis）
initial stage 原始期，最初阶段
initial stage of growth 最初生长阶段
initial stage of spikelet differentiation 小穗分化原始期
initial state 起始状态，初态
initial step 初步，起始步骤
initial stock 原始材料
initial stress 初应力
initial synoptic situation 原始天气形态
initial temperature 起始温度
initial toxicity 初期毒性
initial training ①初期锻炼{生理} ②初期培训{农管}
initial uptake 原始吸收
initial vacuum 前排气(真空)
initial value 原始值{统计}
initial velocity 初速度
initial wilting 初萎
initial yield 最初产量，原始产量
initialization 初始化（initialisatio）
initialization vector（IV） 初始化向量
initialize ①初始化 ②预置
initialize date 预置数据
initialize format 预置格式
initialize graphics 初始化制图
initiate 启动（initiare）

initiate button 启动按钮
initiating development process 启动发育过程,起始发育过程{生态生理}
initiating transcription 起始转录
initiation ①起始 ②原始,发端 ③创始,指引 ④原始体形成 ⑤发生,启动 (initiatio)
initiation codon 起始密码子
initiation complex 起始复合物
initiation complex in protein synthesis 蛋白质合成的起始复合物
initiation elongation 起始延伸
initiation factor(IF) 起始因子,核蛋白体解离因子
initiation factors in translation 转译起始因子
initiation mass 起始质体
initiation mutants of DNA replication DNA 复制的起始突变体
initiation of DNA synthesis DNA 合成起始
initiation of gametangium 配子囊原始体形成
initiation of job 作业启动
initiation of pairing 配对起始
initiation of polymerization 聚合作用起始
initiation of protein synthesis 蛋白质合成的起始
initiation of sporangium 孢子囊原始体形成
initiation of transcription 转录起始
initiation of translation 转译起始
initiation point 起始点
initiation rate 起始速度
initiation replication 起始复制
initiation sequence 起始顺序
initiation signal 起始信号
initiation site 起始位点{分遗}
initiative ①发端的,原始的 ②起始的 (initiativus)
initiative signal 起始信号
initiator ①起始因子,起始子 ②起动因子,启动物 ③起始区{分遗} ④启动程序{电脑}
initiator aminoacyl tRNA 起始氨酰 tRNA
initiator binding protein (IBP) 起始子结合蛋白{分遗}
initiator codon 起始密码子
initiator controlling site 起始控制部位
initiator fMet-tRNA 起始 fMet-tRNA
initiator procedure 启动程序过程{电脑}
initiator RNA 起始 RNA
initiator tRNA 起始 tRNA
initiator tRNA anticodon 起始 tRNA 反密码子
inject ①注入 ②插进 (injacere)
injection ①注射,注入 ②喷射,喷入 ③入轨 (injectio)
injection advance 喷油提前
injection aerator 喷射曝气装置{环保}
injection device ①喷射装置 ②注入装置
injection fumigation ①喷射熏蒸法 ②喷射熏烟
injection in soil 喷射土内,注(灌)入土内
injection knife 注肥铲,追肥铲
injection laser 注入式激光器
injection logic 注入逻辑
injection method 注射法
injection nozzle ①喷射管嘴{环保} ②墨喷嘴{电脑}
injection of mitochondria 线粒体注入
injection pressure 喷射压力
injection pump 喷射泵
injection rate 注入量
injection shank 施液肥开沟器
injection spray tube 喷雾管
injector ①喷嘴,喷油嘴,喷射器{农机} ②注射器{病理} ③喷射阀{水利}
injured 有损害的,受损伤的 (injurus)
injured cane 受损害蔗
injured plant 受损伤植株 (planta injura)
injured tissue 受伤害组织 (tela injura)
injurious ①有害的 ②引起伤害的 (injurius)
injurious animal 有害动物,害兽
injurious beast 害兽
injurious bird 害鸟
injurious concentration 有害浓度
injurious deficit 有害亏缺(指水分)
injurious effect of weeds 杂草害,杂草的有害效应
injurious insect 害虫
injurious insect exterminator 除虫剂
injurious nitrogen 有害氮
injurious overdosage 有害超剂量
injurious plant 有害植物
injurious weeds 有害杂草
injuriousness 有害性
injuriousness of a product 制剂有害性{农药}
injury 伤害,损害,损伤 (injurius)
injury by continuous cropping 连作害
injury by excessive concentration of element 浓度害(指元素的超浓度致害)
injury by frost 霜害,冻害
injury by hail 雹害
injury by successive cropping (= injury by continuous cropping) 连作害

injury of viscera 内脏损伤
injury pattern 损害模式
injury potential 损伤电位
injury threshold 损害阈值
injury threshold dose 损害阈值剂量
ink ①墨水 ②油墨
ink bleed 渗墨
ink cap（= ink mushroom） 鬼伞属［*Coprinus* Pers. ex Gray］（伞菌科）②鬼伞［*Coprinus atramentarius*（Bull.）Fr.］
ink cartridge 墨水盒
ink disease of chestnut 栗黑水病［*Phytophthora cambivora*（Petri）Buism.］
ink disease of iris 鸢尾硬化病［*Mysterosporium adustum* Mass.］
ink distributor roller 油墨滚筒
ink droplet 墨滴
ink duct 油墨槽
ink for writing on slide 载玻片用墨水（指写在载玻片上用的墨水）{显技}
ink fountain 墨斗
ink-jet nozzle 喷墨针嘴（用以制备 cDNA 显微阵列）{生技}
ink jet printer 喷墨打印机
ink-jet printing technology 喷墨印迹术（指制备寡核苷酸显微阵列技术）
ink jet typewriter 喷墨打字机
ink mist printer 墨水喷射印刷机
ink plant（= tanner's sumac） 马桑漆树
ink ribbon 墨带，色带
ink spot disease 墨点病
Inka system 因卡式曝气系统{环保}
inker 印字器，黑滚
inking ①墨迹式画图 ②涂油墨
inking and painting 上墨与着色
inking chard 记录图表
inking up 加油墨，上墨
inkless 无墨的
inkless pen recorder 无墨描笔记录器
inkwriter 印字机
inland ①内陆的，内地的，国内的 ②内陆，内地，国内
inland basin 内陆盆地
inland climate 内陆气候
inland delta 内陆三角洲
inland desert 内陆沙漠
inland drainage ①地下排水 ②内陆水系，内陆排水系
inland dune 内陆沙丘
inland duty（= inland revenue tax） 内地关卡税，内地收益税
inland ice 大陆冰盖
inland inundation 内涝
inland lake 内陆湖
inland plain 内陆平原
inland quarantine 国内检疫
inland sand 内陆沙
inland sea 内陆海
inland trade 国内贸易
inland water 内陆水
inland water fishery 内陆水域渔业
inlandity 内陆率{气象}
inlay ①镶入，嵌入 ②镶嵌物，嵌体
inlay graft（= inlaying grafting） 插接
inlayed work ①嵌接工{园艺} ②镶嵌工（指木工）
inlaying ①嵌接{园艺} ②镶嵌，拼花{加工}
inlaying grafting 插接
inlaying saw 镶嵌锯（木材）
inlaying tools 嵌接工具
inlet ①入口，进口{农机} ②引入，注入，流入{水利} ③雨水口{环保}
inlet chamber 进口室，入流井{环保}
inlet channel 进水渠，引水渠
inlet device 入口装置{环保}
inlet manifold 吸入管，吸水管，进水管{环保}
inlet of threshing machine 脱粒机入口
inlet pipe 进水管{环保}
inlet port ①入口，吸入孔 ②进水窗口
inlet rill 引水小河流
inlet tappet 进气阀挺杆
inlet time 进水时间
inlet valve ①入口阀 ②进水阀
inlet water 进水{环保}
innate ①先天的，遗传的{遗传} ②底着的{形态} ③内因的（innatus）
innate anther 底着药（anthera innata）
innate immunity 先天免疫性
innate rhythm 内因［的］节律
innate universal veil 底着外菌幕，内生周包膜
inner ①在内的 ②内部的
inner albumen 内胚乳（endospermium）
inner anhydride 内酐
inner anterior quadrant（cell） 内前四分体（细胞）
inner aperture 纹孔内口（apertura interanea）
inner bank 凸岸
inner bark 内［树］皮（cortex internus）
inner border 内图廓{遥感}
inner capillary water 内毛管水{土壤}
inner cell 内细胞（cellula interna）
inner chamber 内室（camera interna）
inner compartment 内区域{生技}

inner computer 内部计算机
inner core 内果心[轴](cora interna)
inner cover 内盖,副盖,子盖{蜂}
inner dike 内堤
inner endodermis 内生内皮层(endodermis internus)
inner evaporation of soil 土壤内蒸发
inner face 内面
inner friction 内摩擦
inner gill 内菌褶(lamella interanea)
inner gland 内腺,潜在腺(glandula interna)
inner glume 内颖(gluma interior)
inner insertion 内插入
inner integument 内珠被(endopleura tegmen)
inner layer 内层(stratum internum){土壤}
inner layer sericin 内层丝胶{蚕}
inner lobe 内颚叶{昆虫}
inner margin 内缘(翅)
inner membrane 内膜
inner mitochondrial membrane 线粒体内膜
inner molecular reaction 分子内反应
inner noise 内部噪声
inner orbital 内层轨道
inner palea 内稃(palea interior)
inner perianth 内花被(perianthium internum)
inner pericycle 内生中柱鞘(pericyclus internus)
inner perigone 内花盖(perigonium internum)
inner phloëm 内韧皮部(phloema interanea)
inner physiological state 内部生理状况
inner plexiform layer 内网织层(stratum endoplexiforme)
inner posterior quadrant (cell) 内后四分体(细胞)
inner product ①内乘积{数} ②内产物{细胞}
inner product computer 内积计算机
inner product of protoplasm 原生质内产物
inner salt 内盐
inner seed-coat 内种皮(endopleura)
inner shoe 内滑掌,内滑脚{农机}
inner shoe ground clearance 内滑掌地隙
inner surface ①内表面 ②[木材]向心面 ③内壁{环保}
inner-surface of wood 板材向心面(指板材靠近髓心的材纹){森林}
inner suture 内缝线,腹缝线(sutura ventralis)
inner tiller 内分蘖
inner tube 内胎{农机}
inner veil 内菌幕(veillum internum)
inner vestibule 后腔(vestibulum internum)
inner volume 内水体积{生技}
inner wall 内壁(integumentum internum)
innermost zone 最内层
inning ①收集 ②⌊复⌉开垦地
innocuous 无害的,无毒的(innocuus)
innocuous complex 无害络合物
innocuous drug 良性药物
innocuous product 无害产物
innocuous snakes 无毒蛇
innocuous trace gases 无毒微量气体
innocuousness 无害性(innocuusitas)
innocuousness to plants 对植物无害
innovant 新生的,新萌发的(innovans)
innovation ①新生枝,嫩枝 ②改革,革新,创新(innovatio)
innovation basis 创新基础
innovation capacity 创新能力
innovation of agricaltural science and technology 农业科技创新{农经}
innovation of farm implements 农具改革
innovation of management system 管理制度创新
innovation process ①创新过程 ②更新过程{森林}
innovation shoot 更新条
innovation system 创新体系
innovation system of the national agricaltural knowledge 国家农业知识创新体系{智培}
innovation technique 创新技术
innovative information technology 创新信息技术{智培}
innumerable 无数的,数不清的(innumerabilis)
innumerable causes 无数原因,种种原因
innutrition 营养缺乏,营养不良(innutritio)
inocomma 肌节
inoculant 接种物(inoculans)
inoculating 接种的
inoculating loop 接种环
inoculating needle 接种针
inoculation ①接种{微生物} ②芽接{园艺}(inoculatio)
inoculation chamber 接种室

inoculation hood 接种箱
inoculation method 接种法
inoculation of nodule bacteria 根瘤菌接种
inoculation room (= inoculation chamber) 接种室
inoculation technique 接种技术
inoculation treatment 接种处理
inoculation with needles 针接种法
inoculative 接种的 (inoculativus)
inoculative material ①接种用材料 ②传染物质
inoculator ①接种工具 ②接种者
inoculum 接种物,接种体 (inoculum)
inoculum potential 接种体潜势
inodorous 无气味的 (inodorus)
inoperative 不再可操作的 (inoperativus)
inoperculate 无[囊]盖的 (inoperculatus)
inophyllous 具线状脉叶的 (inophyllus)
inorder ①中序 ②对称 (inordo) {电脑}
inordinate 无秩序的 (inordinatus)
inorganic 无机的 (inorganicus)
inorganic adhesive 无机胶黏剂
inorganic agricultural chemicals 无机农药
inorganic anion 无机阴离子
inorganic arsenic chemicals 无机砷剂{环保}
inorganic carbon 无机碳
inorganic chemistry 无机化学
inorganic chromatography 无机层析法
inorganic colloid 无机胶体
inorganic compound 无机化合物
inorganic constituent 无机组成,无机成分
inorganic dissolved component 无机可溶成分,溶解无机成分{环保}
inorganic dissolved substance 溶解无机物[质]
inorganic electron acceptor 无机电子受体
inorganic element 无机成分,无机元素,矿质元素
inorganic fertilizer 无机肥料,矿质肥料
inorganic form 无机态
inorganic formulation 无机制剂
inorganic gas 无机气体{环保}
inorganic ion 无机离子
inorganic manure 无机肥料
inorganic matter 无机物
inorganic mercury chemicals 无机汞剂{环保}
inorganic metabolism 无机代谢[作用]
inorganic molecule 无机分子
inorganic nitrogen 无机氮
inorganic nitrogen compound 无机氮化合物
inorganic nitrogen metabolism 无机氮代谢
inorganic nutrient 矿质养分,无机养分
inorganic nutrition 矿质营养,无机营养
inorganic nutritive element 无机营养元素,矿质营养元素
inorganic pesticide 无机农药
inorganic phosphate 无机磷酸
inorganic phosphorus 无机磷
inorganic pollutant 无机污染物{环保}
inorganic pollution 无机污染{环保}
inorganic pyrophosphate 无机焦磷酸
inorganic salt 无机盐
inorganic sediments 无机沉积物
inorganic solid 无机固体,矿质固体{环保}
inorganic substance 无机物质
inorganic toxic materials 无机有害物质
inorganic toxin 无机毒素
inorganics 无机物
inosculating 网结的,联结的 (inosculatens)
inosculation 网结 (inosculatio)
inose 肌醇,环己六醇 [$C_6H_6(OH)_6$]
inosinate 次黄[嘌呤核]苷酸,肌苷酸
inosine 次黄[嘌呤核]苷,肌苷
inosine diphosphate (IDP) 次黄苷二磷酸
inosine in tRNA tRNA 的次黄苷{分遗}
inosine monophosphate (IMP) 次黄苷[一磷]酸
inosine triphosphate(ITP) 次黄苷三磷酸
inosinic acid (IMP) 次黄[嘌呤核]苷酸,肌苷酸
inosinicase 次黄核苷酸酶,肌苷酸酶
inositide 肌醇磷脂
inositol 肌醇,环己六醇 [$C_6H_6(OH)_6$]
inositol monophosphatase 肌醇一磷酸酶
inositol monophosphate 肌醇[一]磷酸
inositol phosphatidyl transferase 肌醇磷脂酰转移酶
inositol triphosphate (IP_3) 肌醇三磷酸
inotropic effect 收缩能效应
IN/OUT (= Input-Output) 输入/输出
inovirus 丝状病毒
inpediment in ripening (= impediment in ripening) 成熟障碍
inperheating method 超热法
inplace 原地
inplant 近距离的
inplant computer network system 近距离计算机网络系统
inpouring 倾入的,流入的
inprocess 加工中的
inprocess monitor 加工中[的]监视器

input ①输入 ②输入功率 ③输入端 ④投入生产的各种因素 ⑤(=expenditure)消费,费用,开销
input image (=inimage) ①输入影像{遥感} ②输入图像{电脑}
input load 输入负荷
input of labour 劳动消耗
input-output relationship 投入-产出关系
input parameter 输入参数
input power 输入功率
input shaft 输入轴
input-to process indicator (IP) 输入处理指示器
input/output (I/O) ①输入输出,输入输出设备{信息} ②投入产出{栽培}
input/output area (I/O area) 输入输出区,输入输出存储区{电脑}
input/output bound (I/O bound) 输入输出限制[范围]
input/output buffer (I/O buffer) 输入输出缓冲区,输入输出缓冲器
input/output cable (I/O cable) 输入输出电缆{信息}
input/output control system (IOCS) 输入输出控制系统
input/output controller (I/O controller) 输入输出控制器
input/output device (I/O device) 输入输出装置(设备){信息}
input/output expander (I/O expander) 输入输出扩展电路(扩展器)
input/output format (I/O format) 输入输出格式,输入输出形式
input/output interface 输入输出接口
input/output interrupt (I/O interrupt) 输入输出中断
input/output limited (I/O limited) 输入输出限制
input/output list (I/O list) 输入输出[列]表
input/output management (I/O management) 输入输出管理
input/output method 投入产出法{农施}
input/output multiplexer 输入输出多路转接器{信息}
input/output operation (I/O operation) 输入输出操作
input/output processor (I/O processor, IOP) 输入输出处理机
input/output space (I/O space) 输入输出空间
input/output unit 输入输出装置{农施}
inquiline ①寓栖动物 ②寄食昆虫
inquinant 染污了的,带黑色的 (inquinans)
inquire (=enquire) 询问{信息}
inquiry ①咨询 ②询问,打听 ③探查,审查
inquiry service 咨询服务{智培}
inquiry service of agricultural production information 农业生产信息咨询服务{智培}
inquiry system 咨询系统{智培}
INRA-200 印拉-200(法国玉米早熟杂交种)
inroad 侵袭,侵入
inrow 行内的
inrow weeder 行内除草器
inrow weeding 行内除草
inrow weeds 行内杂草
inrush ①涌入{水利} ②闯入{畜}
insalubrious (气候,环境等)不利于健康的
insanitary 不卫生的 (insanitaris)
inscribe ①写上 ②转录{信息}
inscriber 记录器
insculptate 雕空的,挖空了的 (insculptatus)
insect ①昆虫 (insectum) ②⌞复⌝昆虫纲 (Insecta, Hexapoda)
insect and pest control 病虫害防治
insect attractants 昆虫引诱剂
insect bacteroid 昆虫拟细菌体
insect bait 捕虫饵
insect boom 杀虫剂喷杆
insect-borne 昆虫传染
insect-borne disease 昆虫传染病
insect-borne virus 昆虫传染病毒
insect-catching leaf 捕虫叶
insect cell culture 昆虫细胞培养
insect cell expression system 昆虫细胞表达系统
insect chemosterilants 化学绝虫剂,昆虫化学绝育剂
insect collector 捕虫器
insect control 害虫防治,害虫防除
insect control chemicals 杀虫剂
insect control equipment 治虫药械,害虫防除设备
insect damage (=brood tree) ①割虫木 ②放虫树(指紫胶虫,白蜡虫等)
insect depredation 昆虫侵袭
insect distribution 昆虫分布
insect eater 食虫动物
insect-eating 食虫的
insect-eating bat 食虫蝙蝠 [Microchiroptera]
insect electrocutor 昆虫电杀器
insect enemies 天敌
insect epidemiology 昆虫流行病学

insect fauna 昆虫区系
insect flower 除虫菊[*Chrysanthemum cinerariaefolium* Visiani.](菊科)
insect forecasting (= insect prediction) 虫害[发生]预测
insect fungi 昆虫真菌
insect gall 虫瘿
insect growth regulators 昆虫生长调节剂
insect hole 虫孔
insect hormone 昆虫激素
insect infection ①害虫传播 ②昆虫传染
insect infestation 昆虫侵袭,遭受虫害
insect injury 虫害
insect larva 昆虫幼虫
insect larva bioreactor 昆虫幼虫生物反应器
insect-net 昆虫采集网
insect neurohormone 昆虫神经激素
insect-paste 杀虫胶,杀虫膏
insect pest ①虫害,病虫害 ②害虫
insect pest control 虫害防除
insect pest-resistant variety 抗虫[害]品种
insect-pests in nursery 苗圃害虫
insect-pin 昆虫针
insect pollinated flower 虫媒花
insect pollination (= entomophilous polljnation) 虫媒传粉
insect pollinator 传粉昆虫
insect population 昆虫群体
insect population control 昆虫群体控制
insect powder 杀虫粉,驱虫粉
insect-powder plant (= insect flower, Dalmatian chrysanthemum) 除虫菊[*Chrysanthemum cinerariaefolium* Visiani.](菊科)
insect ravage 害虫毁坏
insect repellents 驱虫剂,昆虫驱避剂
insect-repelling 驱虫的
insect resistance ①昆虫抗药性 ②抗虫性
insect-resistant variety 抗虫品种
insect species 昆虫种
insect sterilant 昆虫不育剂
insect symbiont 昆虫共生物
insect transmission 昆虫传播
insect trap 捕虫器
insect-trap light 灯光捕虫器,诱蛾灯
insect-trench 捕虫沟,诱杀沟
insect vector 媒介昆虫,传病昆虫
insect virus 昆虫病毒
insectary 养虫室(insectarium)
insecticidal 杀虫[剂]的(insecticidalis)
insecticidal action 杀虫作用
insecticidal activity 杀虫力,杀虫活性
insecticidal crystal protein 杀虫晶体蛋白
insecticidal dust 杀虫粉剂
insecticidal film 杀虫薄膜
insecticidal lacquer 杀虫漆
insecticidal residues 杀虫剂残留量
insecticidal seed treatment 杀虫剂种子处理,杀虫剂拌种
insecticidal spectrum 杀虫谱(指农药的杀虫范围)
insecticidal synergist 杀虫增效剂
insecticide 杀虫剂
insecticide application equipment 杀虫剂施用机具
insecticide applicator 杀虫剂撒布机
insecticide burn (= insecticide damage) 药害(指杀虫剂灼伤植株或烧苗)
insecticide detection 杀虫剂检定
insecticide from plants 植物性杀虫剂(植物制成的杀虫剂)
insecticide in the form of spray or smoke 烟雾[状杀虫]剂
insecticide made of plant material (= insecticide of plant origin) 植物性杀虫剂
insecticide metabolism 杀虫剂代谢
insecticide mutachromosomic effect 杀虫剂诱变染色体效应
insecticide resistance 昆虫抗药性(指对杀虫剂的抗性),抗杀虫剂性
insecticide resistant pest 抗药性害虫
insecticide solution 杀虫剂溶液
insecticide sprayer 杀虫剂喷雾机
insecticide waste 农药厂废水{环保}
insectifuge 驱虫剂
insection 刻痕(insectio)
insectivore 食虫生物
insectivorous 食虫的(insectivorus)
insectivorous insect 食虫昆虫(insectum insectivorum)
insectivorous leaf 食虫叶(folium insectivorum)
insectivorous organ 食虫器官(organum insectivore)
insectivorous plant 食虫植物(planta insectivora)
insectivorous sac 食虫囊(saccus insectivorus)
insectofungicide 杀虫杀菌剂
insectology (= entomology) 昆虫学(insectologia)
insectoverdin 虫绿蛋白
insectproof 防虫的
insectproof compartment 防虫区划,防虫隔离区

insectproof program 防虫规划
Insects awaken 惊蛰(中国 24 节气之一)
insecure ①不安全的 ②不可靠的
insecurity ①不稳定 ②不安全(insecuritas)
inseminated ①授精的 ②播种的(inseminatus)
insemination ①授精 ②播种(inseminatio)
insemination technique 人工授精技术
inseminator 人工授精技术员
insensate 无知觉的,无感觉力的(insensatus)
insensibility ①无知觉 ②不了解 ③不能欣赏(insensibilitas)
insensible 昏迷的,人事不省的,无感觉的(insensibilis)
insensitive ①不灵敏的 ②非敏感的,感觉迟钝的(insensitivus)
insensitive pesticide 非敏感性农药
insensitivity 不敏感性,无敏感性(insensitivitas){物}
insensitivity to photoperiod 对光期无敏感性
inseparable 不可分的(inseparabilis)
inseparable action 不可分动作
inseparation 合生(innatio)
insequent drainage 斜向排水
insert ①插入,嵌进 ②着生(insercre)
insert matters (= foreign matters, impurities) 夹杂物
insertability 可插入性(insertabilitas)
insertable 可插入的(insertabilis)
insertable DNA 能插入 DNA{分遗}
inserted ①着生的{形态} ②悬挂式的{农机} ③插入的{分遗} ④嵌入的{信息}(insertus)
inserted bud 接芽(gemma inserta)
inserted fragment 插入断片(片段)
inserted implement 悬挂式农具
inserted mode 插入方式(modus insertus)
inserted teeth 嵌入齿(指锯齿)(dens insertus)
insertin 插入蛋白
insertion ①着生{形态} ②着丝{遗传} ③插入{分遗} ④插页{电脑}(insertio)
insertion element 插入元件,插入片段
insertion gain 插入增益,接入增益
insertion hotspot 插入热点
insertion inactivation 插入失活
insertion loss 插入损耗,接入损耗
insertion model 插入模型
insertion mutation 插入突变
insertion mutation type 插入突变型
insertion of a single base pair 一单碱基对插入
insertion region ①着丝点 ②插入区
insertion sequence (IS) ①插入序列{分遗} ②接入顺序{电脑}
insertion sequence selection 插入序列选择[法]
insertion site 插入位点
insertion vector 插入载体
insertional ①插入的 ②着丝的 ③着生的(insertionalis)
insertional duplication 插入复制{分遗}
insertional mutagenesis 插入诱变
insertional mutation 插入突变
insertional translocation 插入易位,插入移位
insertional vector (= insertion vector) 插入载体
insertosome 插入体(insertosoma)
inset ①插入,嵌入,夹入 ②插页,插图
inshore 近岸的,沿岸的
inshore current 近岸流
inshore fishery 沿海渔业
inside ①内侧 ②内面 ③内部
inside calipers 内径测径规,内径测定器
inside diameter(D) 内径
inside divider 内分禾器
inside light of plants 植株内光照
inside light of tree crowns (= inside light of woods) 树冠内光照,林内光照
inside out 内侧翻外(指耕作)
inside-out method 内侧外翻耕作法,离心环行耕作法,从内到外环行耕作法
inside plant 内站{信息}
inside row 内行(受边行保护的行)
insight ①透视,洞察 ②洞察力
insignificant ①不重要的 ②无意义的 ③无价值的,无用的,无效的(insignificans)
insignificant digit 无效数位{电脑}
insipid ①无生命力的 ②无味道的(insipidus)
insipid food 无味道食物
insolation ①日照,日射,太阳辐射 ②曝晒 ③日光浴(insolatio)
insolation damage 曝晒害
insolation duration 日射时间
insolubility 不溶性(insolubilitas)
insolubility of protoplasm 原生质不溶性
insoluble 不溶[解]的(insolubilis)
insoluble compound 不溶化合物
insoluble enzyme 固相酶
insoluble ferment 不溶性酶
insoluble inorganic compound 不溶无机化

合物
insoluble matter 不溶物质
insoluble phosphate 不溶磷酸盐
insoluble residues 不溶残渣
insoluble tar 重木焦油
insoluble toxin 不溶性毒素
insomnia 失眠
inspan 套车(指牛,驴,马)
inspecting authority 监察署,检查站
inspection ①检查,检验 ②观测,目测 ③视诊,望诊(inspectio)
inspection and adjustment workshop 检查与调整工场(车间)
inspection and repair technique 检修技术,检查与修理技术
inspection chamber 检查室{环保}
inspection door 检视孔
inspection gage 检验规
inspection grade 检验等级
inspection hole ①观测孔 ②检查口 ③检验镜
inspection house 检查室
inspection manual 检验手册
inspection of agricultural products 农产品检验
inspection of commercial fertilizer 商品肥料检验
inspection of foreign matter 夹杂物检查
inspection of seed quality 种子品质检验
inspection of seedlings and replanting 查苗补苗
inspection on seed and nursery stocks 种苗检查
inspection provision ①检验准备 ②检验规定
inspection room 检查室
inspection sampling 抽样检验
inspection standard 检验规格,检验标准
inspection standard of rice, wheat, barley and rye 大米,小麦、大麦和黑麦的检验规格
inspection system 检验制度
inspection table 检验台
inspection time 检验时间,检查时间
inspection well 检查井{环保}
inspector 检查员,检验员
inspiration 吸气,进气(inspiratio)
inspirator ①吸入器 ②注射器,喷注器
inspiratory center 吸气中枢
inspire ①吸入 ②灌注,注入
inspissate ①增稠 ②凝集,浓缩
inspissated juice 浓缩果汁
inspissated milk 浓缩乳
inspissation 蒸浓,浓缩,稠密(inspissatio)
inspissator 浓缩器,蒸浓器
instability 不稳定性,不稳定度(instabilitas)
instability condition 不稳定条件
instability constant 不稳定常数
instability energy 不稳定能量
instability of inherited disease 遗传病不稳定性
instability showers 不稳定阵雨
instable(=unstable) ①不稳定的,易变的,②不稳固的,不固定的(instabilis)
instable allele 易变等位基因
instable gene 易变基因
install 安装,安置(installare)
installable 可安装的(installabilis)
installation ①装置,设备,设施 ②安装,装设,装配(installatio)
installation agriculture 设施农业
installation and checkout phase 安装验收阶段
installation capacity 设备能力
installation date 安装日期
installation exercise 安装作业
installation horticulture 设施园艺
installation of agriculture (= agriculture installation) 农业设施(为农业新兴学科之一)
installation of air precooling by pressure difference 差压通风预冷设施{农施}
installation of horticulture 园艺设施(为园艺新兴学科之一)
installation performance specification (IPS) 安装性能说明{信息}
installation verification procedure (IVP) 安装验证过程
installed user program (IUP) 用户安装程序{信息}
installment 分期信贷{农经}
instaminate 缺雄蕊的,无雄蕊的(instaminatus)
instaminate flower 雌蕊花(flos instaminatus)
instance ①例,实例 ②例证(instantia)
instancing ①引出,引用 ②建立实例
instant ①即刻的,立即的 ②紧迫的,紧急的(instans)
instant coffee 咖啡粉,咖啡精,速溶咖啡
instant cooking rice processing 速熟米饭加工
instant insanity 顿时错乱
instant jump 立即跳转{电脑}
instant need to help 急需帮助
instant noodle processing 方便面加工{加工}

instantaneous 即时的,瞬间的,瞬时的 (instantaneus)
instantaneous availability 瞬时有效性
instantaneous center of rotation 虚牵引点,瞬时[回转]中心
instantaneous death 即死
instantaneous failure rate 瞬时失败率
instantaneous field of view (IFOV) 瞬时视场
instantaneous flow rate 瞬时流量{环保}
instantaneous gas exchange 瞬间气体交换
instantaneous gas-exchange ratio 瞬间气体交换比率
instantaneous strain 一时变形(木材)
instantaneous sympatric speciation (= instantaneous speciation) 瞬时物种形成
instantaneous system 即时系统{信息}
instantaneous unavailability 瞬时不可用性,瞬时无效性
instantaneous value 瞬时值,即时值
instantaneous velocity 瞬间速度
instar 龄[虫]
instar form 龄态
instar stage 龄期
instead 代替,更换
instill 滴注,滴入
instillation 滴入法 (instillatio)
instinct ①本能,天性 ②充满的 (instinctus)
instinct of existence 生存本能
instinctive behavior 本能行为
instipulate 无托叶的 (instipulatus)
institute 研究所,协会,学会
Institute for Advanced Computation (IAC) 高级计算研究所
Institute for New Generation Computer Technology (ICOT) 新一代计算机技术研究所
Institute of Agricultural Biotechnology 农业生物技术研究所
Institute of Agriculture 农业研究所
Institute Pasteur 巴斯德研究所(国际著名的微生物研究机构,在巴黎)
institution ①建立,设立 ②制度,惯例 ③学会,学校 (institutio)
institutional forest 实验林
institutional waste 实验废料(指院校馆所实验的废料或废水){环保}
instruction ①教授,讲授,教学,教育 ②知识 ③指导,说明书 ④指令{信息} (intructio)
instruction book 说明书
instruction code 指令代码
instruction control unit (ICU) 指令控制器{信息}
instruction for weed-killing 除草指导
instruction forest 教育林
instruction on network 网上教学
instruction practice 教学实习
instruction sheet 说明单
instruction system construction 教学体系建设(指作物智能栽培学){智培}
instruction system construction of intelligent crop production 作物智能栽培学的教学体系建设
instruction theory (= instructive theory) 指导理论{分生}
instruction time (I-time) 指令时间,指令执行时间
instructional database system (IDBS) 教学数据库系统{智培}
instructional design 教学设计
instructional software 教学软件
instructive ①指导性的 ②有教育意义的 (instructivus)
instructive theory of antibody formation 抗体形成的指导理论
instructor ①教师,讲师 ②辅导员 ③指导程序{电脑}
instrument ①工具,器具 ②(精密)仪器 ③手段,方法 (instrumentum)
instrument case 工具箱
instrument error (= instrumental error) 仪器误差
instrument light 仪表灯
instrument panel 仪表板
instrument panel light 仪表板灯
instrument platform 仪器平台
instrument room 工具室,仪器室
instrument screen (= instrument shelter) 百叶箱
instrument shed 工具棚
instrument shelter 仪器[百叶]箱
instrument vehicle 测试车
instrumental ①仪器的,器械的 ②作为手段的 (instrumentalis)
instrumental analysis 仪器分析
instrumental error 仪器误差
instrumental insemination 人工授精,机械授精
instrumental neutron activation analysis (INAA) 仪器中子活化分析
instrumental observation 仪器观测
instrumental survey 仪器测量
instrumentation ①仪器,测试设备 ②使用仪器,装备仪器 ③方法,手段,探测 (instrumentatio)
instrumentation system 测试设备系统

instrumentation tool 探测工具
instruments available for the radiactivity measurement 放射性测定器
insufficiency 不充足,不够(insufficientia)
insufficient 不充足的,不够的(insufficiens)
insufficient aeration 不充分透气
insufficient drainage 不充分排水,排水不畅
insufficient light 不充足光照
insufficient maturity 不完全成熟
insufficient quantity 不足数量
insufflation 吹入[法](insufflatio)
insula ①网隙 ②小窝 ③着生面 ④果脐 ⑤负网间面
insular ①海岛生的 ②隔离的(insularis)
insular species 隔离种(species insularis)
insulated ①隔离的 ②绝缘的,绝热的 ③密封的(insulatus)
insulated cab 密封驾驶室
insulated conduction 绝缘传导
insulated containers 隔热容器
insulated fishroom 隔热鱼舱
insulated truck 保温车[厢]
insulating ①绝缘 ②隔离
insulating board 绝缘板
insulating groove 隔热槽
insulating layer 绝缘层
insulating material 绝缘材料
insulating outer layer 绝缘外层
insulating paper 绝缘纸
insulation 绝缘(insulatio)
insulation joints 绝缘接头{环保}
insulator 绝缘体
insulin 胰岛素
insulin amino acid composition 胰岛素氨基酸成分
insulin and glucose transport 胰岛素与葡萄糖运输
insulin conversion from proinsulin 胰岛素转化自胰岛素原
insulin hormone function 胰岛素激素功能
insulin-like growth factor (IGF) 胰岛素样生长因子{分生}
insulin mechanism of secretion 胰岛素的分泌机制
insulin receptor 胰岛素受体
insulinase 胰岛素酶
insulinotropic hormone 促胰岛素
insuperable 不能克服的(insuperabilis)
insuperable barrier 不能克服的障碍
insurance ①保险 ②保险费,保险金 ③保险单(insurantia)
insurance against drought 干旱保险
insurance against loss by fire (= fire insurance) 火灾保险
insurance against sickness 疾病保险
insurance policy ①保险单 ②保险政策
insurmountable 不能克服的(insurmountabilis)
insurmountable barrier 不能克服的障碍
insusceptibility 不易感性,无感病性(insusceptibilitas)
insusceptible 不易感的,无感病的(insusceptibilis)
insymbol 内部符号,内符{电脑}
INT (= special phage recombination system) 特殊噬菌体重组系统
int (= integration deficient mutant) 整合缺陷[突变]型
INT-allele INT等位基因
intact ①无损的,完整的,整体的 ②未触动的(intactus)
intact chromosome complement 完整染色体组
intact packing 完整包装
intaglio 凹版印刷
intake ①吸入,吸气 ②开垦地(指开发沼泽地或填埋海边地) ③进水口,取水口{环保}
intake and output 吸入与输出{生态生理}
intake chamber 进水室{环保}
intake duct 进水渠{环保}
intake gate 进水闸门{环保}
intake of water works 水厂取水口{环保}
intake rate 吸入率,吸入速率
intake stroke 吸气行程
intake structure 取水构筑物{环保}
intake valve 吸气阀
intake velocity 进水速度{环保}
intangible ①不可触摸的,无形的 ②难以明白的(intangibilis)
intangible value 无形价值
intangible variation 难解变异
intarsia 木镶嵌
intasome 整合体(intasoma){生技}
intectate 无覆盖层的(intectatus)
integer (= integra) 整数
integer constant 整常数
integer conversion 整数转换
integer expression 整数表达式
integer form 整数形式
integer performance 整数性能
integer type 整型
integer value 整数值
integerrimine 全缘[千里光]碱
integra (= integer) ①整数{统计} ②完整,

全缘{形态}③总体{环保}
integra kalanchoe 全缘落地生根[*Kalanchoe integra* O. Kuntze.](景天科)
integra radix 无枝根(radix integra)
integra vagina 全鞘(vagina integra)
integral ①全悬挂的{农机}②积分的{数}③完全的,整的{形态}(integralis)
integral control 积分控制
integral equation 积分方程
integral expression 总表达,整个表现
integral formula 积分公式
integral function 积分函数
integral moldboard plow 悬挂式铧式犁
integral-mounted 全悬挂的{农机}
integral-mounted alternative plow 悬挂式翻转[双向]犁
integral-mounted plow (=integral plow)[全]悬挂式犁
integral-mounted share plow 悬挂铧式犁{农机}
integral planter 悬挂式播种机
integral protein 整蛋白
integral protein in fluid mosaic model 液体镶嵌模型的整蛋白
integral-rear-mounted mower 后悬挂式刈草机
integral type (=integral mounted type)全悬挂式的
integral type detector 全悬挂式检测器
integrand 被积函数
integraph 积分器,求积器
integrase 整合酶
integrase mediated mechanism 整合酶层间促成机制
integraseless phage mutant 无整合酶噬菌体突变型
integrate ①积分②总计,总和③使完整(integrare)
integrated ①整合的②集成的③综合的④总的,总和的,一体化的(integratus)
integrated adapter 集成适配器,集成转接器{电脑}
integrated application 集成应用{智培}
integrated attachment 集成配件,集成附件
integrated automatic test system 综合自动测试系统
integrated circuit (IC) 集成电路
integrated circuit microelectrode 集成电路微电极
integrated civil engineering system (ICES) 综合土木工程系统
integrated component 集成器件
integrated computer 综合计算机,集成化计算机{电脑}
integrated computer aided crop production 综合计算机辅助作物栽培{智培}
integrated computer aided manufacture (ICAM) 综合计算机辅助制造
integrated computer system 综合计算机系统,集成计算机系统
integrated computing 综合计算技术
integrated console 联控台{信息}
integrated control 综合防治
integrated control technique 综合防治技术
integrated data processing (IDP) 集中数据处理,综合数据处理{智培}
integrated data storage (IDS) 综合数据存储
integrated database management system (IDMS) 集成数据库管理系统{智培}
integrated development for regional economy 地区经济综合开发{农经}
integrated device electronics (IDE) 集成器件电子学
integrated digital network 综合数字网络{信息}
integrated engineering database (IEDB) 集成式工程数据库
integrated episome 整合游离基因{分遗}
integrated group 整合基
integrated information system 综合信息系统{遥感}
integrated injection logic (IIL) 集成注入逻辑[电路]{信息}
integrated management approach 综合管理途径{农管}
integrated manufacturing system (IMS) 综合制造系统
integrated navigation computer 组合导航计算机
integrated network management system (INMS) 综合网络管理系统{信息}
integrated open hypermedia (IOH) 集成开放超媒体
integrated optics (IO) 集成光学
integrated part 整合部分
integrated pest management (=integrated pest control) 病虫害综合防治
integrated precipitation 总降水量
integrated production line 综合生产线{农施}
integrated project support enviroment (IPSE) 集成化工程项目支持环境
integrated protective circuit 集中保护电路
integrated rDNA 整合核蛋白体 DNA,整合 rDNA{分遗}
integrated results 总和结果{统计}

integrated software engineering environment (ISEE) 集成化软件工程环境
integrated state 整合状态〔生技〕
integrated system 集成[化]系统,集中[式]系统,综合系统
integrated transport policy 交通一体化政策
integrated utilization 综合利用
integrated vector 整合型载体〔生技〕
integrated video terminal 综合视频终端〔电脑〕
integratification 集成化(为作物智能栽培学基本特征之一)(integratificatio)〔智培〕
integratification degree 集成化程度
integratification of intelligent crop production 作物智能栽培学的集成化
integratification of production technology 生产技术的集成化
integrating ①集成 ②积分 ③统一 ④整体
integrating bar 整体光棒〔电脑〕
integrating factor 积分因子
integrating irrigation 统一灌溉
integrating network 积分网络
integrating temperature 积温
integrating watt meter 积算电力计
integration ①统一性,完整性〔进化〕②整合〔分遗〕③积分〔数〕④全面选择〔育种〕⑤(排水水系的)并集〔水利〕⑥(遗传变异)综合〔遗传〕⑦一体化〔农经〕⑧集成,集中〔电脑〕
integration-defective phage mutant 整合缺陷噬菌体突变型
integration deficient mutant (int^-) 整合缺陷[突变]型
integration degree 集成度
integration efficiency 整合效率
integration efficiency in bacterial conjugation 细菌接合的整合效率
integration host factor (IHF) 整合寄主因子
integration into farming 农业一体化
integration of donor gene 供体基因整合
integration of prophage 原噬菌体整合
integration of transforming DNA 转化DNA整合
integration process 整合过程
integration protein 整合蛋白
integration site 整合位点,整合部位〔细胞〕
integration system 整合系统
integration testing 综合测试
integrative plasmid 整合质粒
integrative recombination 整合重组
integrative suppression 整合抑制
integrator ①整合基因 ②积分仪 ③积分电路 ④累计器
integrator gene 整合基因
integrifolious ①全缘叶的 ②单叶的(integrifolius)
integrin 整联蛋白,整合蛋白
integrin receptor 整联蛋白受体
integrin superfamily 整联蛋白超家族
integripetalous 全缘花瓣的(integripetalus)
integrity 完整性,完全性(integritas)
integrity constraint 完整性约束
integrity control 完整性控制
integrity detection 完整性检测
integrity of knowledge 知识完整性〔智培〕
integron 整合子〔分遗〕
integrum holly 细叶冬青(全缘冬青)[*Ilex integra* Thunb.](冬青科)
integument ①珠被〔解剖〕②体壁〔昆虫〕(integumentum)
integument cell 珠被细胞
integumental bundle 珠被维管束(fasciculus integumentalis)
integumental nervous system 体壁神经系统
integumental scolophore 体壁弦音器
integumentary ①珠被的〔解剖〕②体壁的〔昆虫〕(integumentaris)
integumentary perisperm 珠被外胚乳(perisperma integumentaris)
integumentary tapetum 珠被绒毡层(tapetum integumentare)
intellect 人工智能,理解力,智能,智力(intellectus)
intellectronics [人工]智能电子学(intellectronica)
intellectual ①智能的 ②知识的(intellectualis)
intellectual access ①智能存取 ②智能访问〔电脑〕
intellectual economic stage 知识经济阶段
intellectual economic strategy 知识经济策略〔农经〕
intellectual economy 知识经济[学]
intellectual labour force 知识劳动力
intellectual property rights (= intellectual right) 知识产权
intellectual space technique 智能空间技术,智能航天技术
intellectual technology 智能技术
intellectuality of comprehensive system 综合系统的智能性
intellectualization 智能化(为作物智能栽培学基本特点之一)(intellectualisatio)〔智培〕

intellectualization crop production 作物智能化生产
intellectualization decision support system 智能化决策支持系统〔智培〕
intellectualization electron book 智能化电子书〔智培〕
intellectualization farming system 智能化农作体系〔智培〕
intellectualization information network of crop production 作物生产的智能化信息网络〔智培〕
intellectualization information system of crop production 作物生产的智能化信息系统〔智培〕
intellectualization level 智能化水平
intellectualization of agromechanical equipment technology 智能化农业机械装备技术〔智培〕
intellectualization recognition of crop morphology 作物形态的智能化识别
intellectualized 智能化的
intellectualized crop growing 作物智能化栽培
intellectualized farming 智能化耕作
intelligence ①智能,智力 ②信息,消息,信号(intelligentia)
intelligence amplifer 智能放大器
intelligence base 智能库〔信息〕
intelligence decision support system 智能决策支持系统〔智培〕
intelligence instrument 智能仪器
intelligence quotient (IQ) 智能系数,智商
intelligence quotient classification 智商分类
intelligence robot 智能机器人
intelligence science 智能科学
intelligent 智能的,智力的(intelligens)
intelligent agriculture decision support system 农业智能决策支持系统〔智培〕
intelligent artifact 智能产品
intelligent automation system (IAS) 智能自动化系统
intelligent behavior 智能行为
intelligent computation 智能计算〔电脑〕
intelligent computer 智能计算机
intelligent computer aided instruction (ICAI) 智能计算机辅助教学〔智培〕
intelligent computer aided manufacture system (ICAMS) 智能计算机辅助制造系统
intelligent copier 智能复印机
intelligent crop culture (=intelligent crop production) ①作物智能栽培 ②作物智能栽培学〔智培〕
intelligent crop instruction 作物智能教学〔智培〕
intelligent crop instruction system 作物智能教学系统
intelligent crop production ①作物智能生产,作物智能栽培 ②作物智能栽培学〔智培〕
intelligent database (IDB) 智能数据库
intelligent database machine (IDM) 智能数据库机[器]
intelligent decision and management of crop production 作物生产的智能决策与管理〔智培〕
intelligent decision of crop production 作物生产智能决策
intelligent decision support system 智能决策支持系统〔智培〕
intelligent decision support system of knowledge system 知识系统的智能决策支持系统〔智培〕
intelligent decision system 智能决策系统
intelligent disk controller (IDC) 智能磁盘控制器
intelligent farming management 智能农作管理(指定时,定位的)〔智培〕
intelligent graphics printer 智能印图机,灵巧印图机
intelligent health diagnosis 智能健康诊断〔智培〕
intelligent hub 智能集线器
intelligent knowledge base system (IKBS) 智能知识库系统
intelligent management decision system 智能管理决策系统〔智培〕
intelligent management method 智能管理方法(指作物智能生产)〔智培〕
intelligent management technology 智能管理技术(指作物智能生产)〔智培〕
intelligent network 智能网络〔信息〕
intelligent rendering 智能描绘技术〔电脑〕
intelligent robot 智能机器人
intelligent terminal 智能终端〔信息〕
intelligent tutor system (ITS) 智能导师系统
intelligential computer aided design (ICAD) 智能计算机辅助设计
intelligential computer aided engineering (ICAE) 智能计算机辅助工程
intelligential computer aided manufacturing (ICAM) 智能计算机辅助制造
intelligential computer assisted instruction (ICAI) 智能计算机辅助教学
intelligential office automation system (IOAS) 智能办公室自动化系统

intelligibility 可理解性（intelligibilitas）
intemperate ①无节制的 ②过度的，过激的（intemperatus）
intemperate action 过激行动
intemperate habit 无节制习性
intended 预期的（intendus）
intended selection differential 预期选择差｛畜｝
intense ①强的，强烈的，激烈的 ②紧张的，热烈的 ③认真的 ④集约的（intensus）
intense evaporation 强烈蒸发
intense light 强光
intense radiation 强辐射
intense use 集约使用（指土地）
intensely podzolized soil 强度灰化土
intensification ①增强，强化 ②加厚 ③集约程度（intensificatio）
intensification of cropping 耕种集约程度，栽培集约程度
intensification of farming 集约经营
intensifier ①强化因子 ②增强器 ③增强剂 ④压力放大器
intensifying ①强化 ②加强
intensifying factor（= intensifier） 强化因子
intensity ①强度 ②密度 ③光亮度，明暗度｛电脑｝（intensitas）
intensity correction 强度校正
intensity distribution in optical image 光学图像强度分布｛遥感｝
intensity-duration curve 强度时间曲线
intensity factor ①密度因素｛栽培｝②强度因素｛土壤｝
intensity of egg laying 产卵强度（鸡）
intensity of evaporation 蒸发强度
intensity of grazing 放牧强度
intensity of growth 生长强度
intensity of illumination 光照强度，照明强度
intensity of infestation 侵害强度
intensity of infra-red 红外线强度
intensity of irradiation 照射强度
intensity of lactational metabolism 泌乳代谢强度｛畜｝
intensity of parasitism 寄生强度
intensity of photosynthesis 光合［作用］强度
intensity of precipitation 降水强度
intensity of protective reaction 保护反应强度
intensity of radiation 辐射强度
intensity of rainfall 降雨强度
intensity of respiration 呼吸［作用］强度
intensity of selection 选择强度
intensity of sporulation 孢子形成密度
intensity of stress 应力强度
intensity of transpiration 蒸腾强度
intensity of turbulence 湍（紊）流强度
intensity of wash water 冲洗水强度｛环保｝
intensity of winter nature 冬性强度（指春化要求低温程度）
intensity of X-rays X 射线强度
intensity resolution 亮度分辨率
intensive ①强度的 ②集约的 ③精细的 ④密集的 ⑤集中的（intensivus）
intensive agricultural district 集约农业区
intensive agriculture 集约农业
intensive cell division 强度细胞分裂
intensive condensed rearing 密集饲养
intensive cropping 集约耕作
intensive cultivation ①集约栽培 ②精耕细作
intensive cultivation of agricultural production 农业生产的精耕细作｛智培｝
intensive cultivation practices 集约栽培技术
intensive cultivation system 集约栽培制
intensive culture 集约栽培
intensive digestion stage 密集消化阶段，强烈消化阶段｛环保｝
intensive drying method 集中干燥方法
intensive evaporation 强烈蒸发
intensive farming ①集约耕作，精耕细作 ②集约农业，集约经营
intensive farming system ①集约耕作制 ②集约农作制
intensive farming system without definite rotation 无一定轮作的集约农作制
intensive feeding 集约饲养，精细饲养
intensive forestry 集约林业
intensive grazing 集约放牧
intensive growth 强度生长
intensive growth respiration 强度生长呼吸
intensive levelling 精细平地
intensive management ①集约经营 ②精密管理
intensive method 集约方法（指栽培，耕作）
intensive mode recording（IMR） 紧密模式记录
intensive pasture 集约牧场
intensive plowing（= intensive ploughing） 精耕
intensive puddling 精细［稻田灌水］整地（耖地）
intensive research 精细研究
intensive respiratory metabolism 强呼吸代

谢[作用]
intensive root system 密集根系(systema radicis intensiva)
intensive short rotation 集约短期轮作{耕作}
intensive short rotation forest 集约短期轮伐林
intensive survey 详细测量
intensive transpiration 强度蒸腾
intention ①意图,意向 ②目的 ③意义 ④愈合(intentio)
intention list 意向表
intentional 有意的,故意的(intentionalis)
intentional reconstruction ①有目的重建 ②愈合重建
intepost 卫星邮政{信息}
inter- ⌊字头⌉间
Inter-American Coffee Agreement 美洲间咖啡协定
Inter-American Coffee Commission 美洲间咖啡委员会
Inter-American Institute of Agricultural Science(IAIAS) 美洲间农业科学研究所
Inter-American Technical Cocoa Committee 美洲间可可技术委员会
inter-autogamous period 自交间期
inter-axillary 腋间生的(interaxillaris)
inter-chromomere 中间染色粒(interchromomera)
inter-chromosome balance 染色体间平衡
inter-cultivation 中耕(intercultivatio)
inter-experimental unit 小区间,试验单位间{统计}
inter-genera 属间(intergenera)
inter-genera selectivity 属间选择性
inter-lacing scan 交错扫描
inter-row ①行间{栽培} ②横行间{电脑}
inter-row closing 行间封垄{栽培}
inter-row cultivation 行间中耕
inter-row distance 行距
inter-row hoe 行间耘锄
inter-row information 横行间信息{统计}
inter-row plow with automatic sensing device hydraulically controlled and safety mechanism 带液压操纵自动传感器和安全机构的行间犁
inter-row rotary hoe 行间旋转锄
inter-row space 行距
inter-row tillage 行间中耕
inter-row weeding 行间除草
interacting 相互作用,交互作用
interacting computation 交互计算
interacting control 相互控制
interacting factor 相互作用因子
interacting gene 相互作用基因
interaction ①相互作用,互作{遗传} ②连应{统计} ③关联{信息}(interactio)
interaction among individuals 个体间相互作用
interaction analysis 互作分析
interaction balance 关联平衡(balanx interactionis)
interaction between variety and fertilizer 品种与肥料间连应
interaction between variety and spacing 品种与植株密度间连应
interaction cloning 互作无性繁殖,互作克隆[化]{农生技}
interaction deviation 连应离差,上位离差
interaction effect 连应效应
interaction hypothesis 连应假说
interaction load 相互作用负荷
interaction matrix 交互作用矩阵{遥感}
interaction of alleles 等位基因互作
interaction of genes 基因互作
interaction of lesions 损伤相互作用
interaction of social group 社会集团的相互作用
interaction of width × spacing 行距×株距连应
interaction prediction approach 关联预测法
interaction time ①相互作用时间 ②人机对话时间{信息}
interaction variance 连应变量,上位方差
interactive ①相互作用的,交互[作用]的,人机对话的 ②活性的(interactivus)
interactive analysis 人机对话分析{信息}
interactive design system(IDS) ①交互式设计系统 ②人机对话设计系统{信息}
interactive digitizing 人机联系数字化
interactive display 人机联系显示
interactive media 交互[作用]媒体{电脑}
interactive traffic 交互式通话{信息}
interactive transcriptional factor 活性转录因子{分遗}
interactive video 交互[式]电视,交互视频{电脑}
interactivity 相互性,交互性,互操作性(interactivitas)
interalkylation 内烷基化
interallele 中间等位基因{细胞}
interallele interaction 中间等位基因互作
interallelic 等位间的,等位基因间的(interallelicus)
interallelic complementation 等位基因间互

补作用
interallelic cross 等位基因间杂交
interallelic interaction 等位基因间互作
interallelic recombination 等位基因间重组
interanimal transfer 动物间传递
interannual ①年度间的 ②年际的（interannuus）
interannual correlation coefficient 年度间相关系数
interannual variability 年际变率{气象}
interannual variation 年度间变异
interarm （染色体)臂间的
interarm duplication 臂间复制{分遗}
interarm fiber 臂间丝
interarm pairing 臂间配对
interarrival time 到达时[间]隔{信息}
interascicular pseudoparenchyma 侧丝状菌丝（pseudoparenchyma interascicularis）
interassimilation 相互同化（interassimilatio）
interatism 整合论（interatismus）{分遗}
interatomic 原子间的（interatomicus）
interattraction 相互吸引（interattractio）
interautogamy 营养系内交配（interautogamia)｛森林｝
interband ①(唾腺染色体)间带 ②间纹
interband region 间带区
interbatch selection 蛾区选拔
interbedded 互层的
interbedding 互层{土壤}
interbiotic 间生[式]的（interbioticus）
interblock gap (IBG) 块间隔,块间间隙{电脑}
interblock information 区组间信息{统计}
interbody clearance 犁体间距
interbreed ①品种间杂交 ②变种间杂交
interbreed crossing 品种间杂交
interbreeding 杂种繁殖
interbreeding group 杂种繁殖种群
interbreeding individual 杂种繁殖个体
interbreeding population 杂种繁殖群体
interburst hyperpolarization 爆发间超极化
intercalary ①间生的 ②中间的,居间的（intercalaris）
intercalary attachment 中间附着
intercalary band 间瓣环
intercalary cell 居间细胞（cellula intercalaris）
intercalary chromosomal segment 中间染色体节段
intercalary day 闰日{气象}
intercalary deficiency 中间缺失
intercalary deletion 中间缺失
intercalary division 居间分裂（divisio intercalaris）
intercalary fabric 层错组织{土壤}
intercalary growth ①居间生长 ②节间生长（crescentia intercalaris）
intercalary growth point 节间生长点（punctum vegetationis intercalaris）
intercalary inflorescence 居间花序（inflorescentia intercalaris）
intercalary inversion 中间倒位（inversio intercalaris）
intercalary knob formation 中间染色纽形成
intercalary meristem 居间分生组织（meristema intercalaris）
intercalary plate ①中间[藻]片{解剖} ②加插板{昆虫}（platus intercalaris）
intercalary pseudosatellite 中间拟随体（pseudosatelles intercalaris）
intercalary satellite 中间随体（satelles intercalaris）
intercalary section 中间段
intercalary segment 闰节
intercalary trabant 中间髓体（trabantum intercalare）
intercalary translocation 中间易位
intercalary vein 闰脉,加插脉
intercalated ①居间的 ②间生的 ③插入的（intercalatus）
intercalated bed 夹层{土壤}
intercalated pinnule 间小羽片（pinnula intercalata）
intercalating agent 嵌入剂
intercalating dye 嵌入染料{生技}
intercalation ①间层{土壤} ②嵌入{分遗} ③夹层{生技}（intercalatio）
intercalation coordination compound 夹层配合物
intercalation into DNA 嵌入DNA内
intercalative dye 嵌入染料,插入染料
intercalator 嵌入剂,插入剂
intercarpellary ①在心皮间的 ②在果瓣间的（intercarpellaris）
intercellular 胞间的（intercellularis）
intercellular adhesion 胞间粘连（adhesio intercellularis）
intercellular adhesion molecular 胞间粘连分子
intercellular air 胞间空气
intercellular air space 胞间气隙

intercellular bonding 胞间联结
intercellular boundary 胞间边界
intercellular bridge 胞间桥（pons intercellularis）
intercellular canal 胞间道（canalis intercellularis）
intercellular cavity 胞间腔（cavitas intercellularis）
intercellular collision 胞间冲击（collisio intercellularis）
intercellular communication 胞间联络（communicatio intercellularis）
intercellular complex 胞间复合体
intercellular contact 胞间接触
intercellular differentiation 胞间分化（differentiatio intercellularis）
intercellular duct 胞间管（ductus intercellularis）
intercellular fluid 胞间液（fluidus intercellularis）
intercellular hair 胞间毛（pilus intercellularis）
intercellular invasion 胞间侵入（invasio intercellularis）
intercellular junction 胞间连接（junctura intercellularis）
intercellular lacuna 胞间腔隙（lacuna intercellularis）
intercellular layer 胞间层（stratum intercellulare）
intercellular mechanism 胞间机制（mechanismus intercellularis）
intercellular partial pressure 胞间分压
intercellular passage 胞间道（meatus intercellularis）
intercellular regulator 胞间调节器
intercellular space 胞间隙（spatium intercellulare）
intercellular-space rate 细胞间隙率
intercellular substance 胞间质（substantia intercellularis）
intercellular system 胞间系[统]（systema intercellularis）
intercellular transport 胞间运输
intercentric 着丝点间的（intercentricus）
intercentric segment 着丝点间节段
intercentromeric region 着丝点间区
intercept ①截流{水利} ②截阻{狩猎} ③截距{统计} ④侦听，截听，窃听{信息}
intercepted drain system 截流式排水管系统{环保}
intercepted station 被截站，截听站{信息}
intercepted water 截留水
intercepting chamber 截流井{环保}
intercepting dam 截水坝{水利}
intercepting ditch 截水沟
intercepting drain 拦水排水沟
intercepting layer 交界层
intercepting layout 截流式布置{环保}
intercepting safety 截阻保险
intercepting safety sear 截阻保险扣杆
intercepting safety stop 截阻保险，截阻块
intercepting sewer 截流沟渠，截流下水道{环保}
intercepting system 截留系统，阻断系统{生态生理}
intercepting trunk 截听干线{信息}
interception ①阻止作用 ②拦截 ③截流（interceptio）
interception probability 拦截概率
interception storage 截流贮水量
interception storage capacity 截流贮水能力，截流贮水量
interceptometer 受雨器
interceptor ①中间收集器 ②截流井{环保}
interchain 链间的{分遗}
interchain disulfide bond 链间二硫键
interchain hydrogen bond 链间氢键
interchange ①互换{遗传} ②交换{信息}
interchange association 互换配对
interchange box ①交换盒 ②交换开关
interchange break point 互换断裂点
interchange channel 交换信道
interchange configuration 互换表形
interchange distribution 互换分布
interchange frequency 互换频率
interchange homozygosity 互换纯合性
interchange monosomic 互换单体生物{细胞}
interchange of air 换气{环保}
interchange of energy 能量交换，换能
interchange of heat 热交换
interchange transmission group（TG） 交换传输组{信息}
interchange trisomic 互换$(2n+1)$型{细胞}
interchangeability ①可互换性 ②可交换性
interchangeability disk 可[交]换磁盘
interchangeable ①可互换的 ②可交换的
interchangeable bodies 可互换犁体
interchangeable orifice tips 可换孔盘式喷嘴
interchangeable type bar 可更换打印字条
interchanger 交换器
interchannel ①联结渠(河)道，通道 ②信道间的{信息}

interchannel interference 信道间干扰{信息}
intercharacter 字符间的{电脑}
intercharacter gap 字符间隙
intercharacter space 字符间空格
interchromosomal 染色体间的(interchromosomalis){细胞}
interchromosomal aberration 染色体间畸变
interchromosomal genetic recombination 染色体间遗传重组
interchromosomal interference 染色体间干扰
interchromosomal linkage 染色体间连锁
intercisternal 潴泡间的(intercisternus){分生}
intercisternal element 潴泡间分子
intercisternal matrix 潴泡间基质
intercistronic 顺反子间的(intercistronus){分遗}
intercistronic complementation 顺反子间互补作用
intercistronic second site reversion 顺反子间第二部位回复
intercistronic space 顺反子间空间,顺反子间间隙
intercity 城市间
intercity network 城市间[电]网[络]{信息}
interclass ①组间的 ②群间的(interclassus){统计}
interclass correlation 组间相关
interclass fertile 群间能育,群间可结实
interclass variance 组间变量,组间方差
intercloud discharge 云间放电
intercolpar 沟间的(intercolparis)
intercolpar thickening 沟间加厚
intercolpate 沟间的(intercolpatus)
intercolpium 沟间区
intercolumn information 直行间信息{统计}
intercom (= intercommunication system) 内部通信系统
intercommunication ①互通[信],相互联络 ②内部通信(intercommunicatio)
intercomputer communication 计算机间通信
interconnect ①互联 ②内联
interconnect chip 互联芯片
interconnect delay 互联延迟
interconnect materials 互联材料
interconnected 互联的(interconnectus)
interconnected cell 互联细胞
interconnecting device 转接器
interconnection ①互联,连接{信息} ②联络线{环保}
interconnection constraint 互联约束
interconnection network (= internet) 互联网络,互联网{电脑}
interconnection rule 互联规则
interconnection switch 转换开关
intercontinental 洲际的(intercontinentalis)
intercontinental circuit 洲际电路{信息}
intercontinental connection 洲际连接
interconversion ①互变 ②互转换(interconversio)
interconversion reaction 互变反应
interconvertible form 互转换形式
intercooler 中间冷却器
intercostal ①肋间的 ②脉间的(intercostalis)
intercostal vein 肋间脉(nervus intercostalis)
intercotyledonary 子叶间的(intercotyledonaris)
intercrop ①间作作物 ②间作
intercrop filler 间作物
intercropping 间作
intercropping and close planting 间作密植
intercropping system 间作方式,间作制
intercross ①相互杂交,互交 ②交叉
intercross population 互交群体
intercrossing 相互杂交,互交
intercrystalline 晶间的(intercrystallinus)
intercultivation implements 中耕机具
interdeme selection 群间选择
interdentium 齿间隙
interdependence 相互依赖(interdependentia)
interdependency (= interdependence) ①内部相关性,相关性 ②内部相依性,相依性,相互依赖(interdependencia)
interdict ①禁止 ②限制,制止
interdiction ①封锁 ②禁止 ③限制(interdictio)
interdisciplinary 跨学科的,学科间的(interdisciplinarius)
interdisciplinary approach 跨学科[研究]方法
interdisciplinary research 学科间的研究,跨学科研究
interdiurnal 日际(日与日之间的)(interdiurnus)
interdiurnal pressure variation 气压日际变化
interdiurnal temperature variation 温度日

际变化
interdiurnal variability 日际变异性
interdynamic 互动的（interdynamicus）
interdynamic factor 互动因子
interecologic hybrid 生态间杂种
interelectrode 电极间的（interelectrodo）
interelectrode capacitance 电极间电容
interelectrode distance 电极间距离
interenin 肾上腺皮质激素提出物
interest ①利息 ②关心
interest-bearing 有利息的，可生息的
interest expense 支付利息｛农经｝
interest field 利益范围，权利范围
interest rate 利率
interesterification 交换酯化（interesterificatio）
interface ①界面（指软件），接触面 ②接口（指硬件）（interfacies）
interface computer 接口计算机
interface software 界面软件
interface standard 接口标准
interfaces between phases 两相间界面｛环保｝
interfacial 界面的（interfacius）
interfacial active agent（=interfacial agent）界面活性剂，表面活性剂｛环保｝
interfacial agent 界面活性剂
interfacial excess 界面超额｛生技｝
interfacial polymerization 界面聚合
interfacial tension 界面[间]张力
interfacility 设备（interfacilitas）
interfacility link 设备连接线
interfacing ①接口连接（指硬件）②界面连接（指软件）
interfamiliar 科间的（interfamiliaris）
interfamiliar grafting 科间嫁接
interfamiliar hybrid 科间杂种
interfarm 农场（地）间的
interfascicular [维管]束间的（interfascicularis）｛解剖｝
interfascicular cambium 束间形成层（cambium interfasciculare）
interfascicular conjunctive tissue 束间结合组织（tela conjunctiva interfascicularis）
interfascicular phloëm 束间韧皮部（phloema interfascicularis）
interfascicular ray 束间射线（radius interfascicularis）
interfascicular xylem 束间木质部（xylema interfascicularis）
interfere ①干扰，干涉 ②妨害，妨碍
interference ①[交叉]干扰｛遗传｝②干涉｛物｝③蹄冠交突伤 ④（零件配合）过盈｛农机｝⑤互阻｛环保｝（interferentia）
interference analyzer 干扰分析仪
interference colour in electron microscopy 电子[显微]镜检术的干扰色
interference detection 干扰侦察
interference distance 干扰距离
interference factor 干扰因子
interference figure ①干扰图 ②干涉像
interference filter 干涉滤波器
interference fringe 干涉条纹
interference index 干扰指数
interference microscope 干涉显微镜｛显技｝
interference microscopy 干涉[显微]镜检术｛显技｝
interference of colour 色干涉
interference of light 光干涉
interference of well 井的互阻｛环保｝
interference pattern 干涉图形
interference phenomenon 干扰现象
interference pleiotropy 干扰多效性
interference range 干扰范围
interference-resistant mutant 抗干扰突变体，抗干扰突变型
interfering branch 干扰枝
interfering float time 干扰浮动时间
interfering protein 干扰蛋白，干扰因子
interfering signal 干扰信号
interferogram 干扰图（interferogramma）
interferometer 干涉仪
interferometry 干涉量度学（interferometrica）
interferon （IFN）干扰素
interfertile 种间能育的（interfertilis）
interfertility 种间能育性（interfertilitas）
interfibrous 纤维间的（interfibrus）
interfilar 丝间的（interfilaris）
interfilar substance 丝间质（substantia interfilaris）
interfix ①相关 ②相互定位，中间定位（interfixus）
interflorescence 内部晶化（interflorescentia）
interflow ①混流，相互流 ②过度流量
interfluve 河间地
interfoliaceous（=interfoliate） 叶间的（指托叶生于对生叶间的）（interfoliaceus）
interfoliar [两]叶间的（interfoliaris）
interfoyles ①苞片 ②鳞片 ③托叶
interframe ①帧间的｛电脑｝②读框间的｛分生｝

interframe coding 帧间编码
interfruitful 种间可结实的
interfruitfulness 种间可结实性
interganlionic nerve cord 神经节间索
intergeneration correlation 世代间相关
intergeneric 属间的（intergenericus）
intergeneric competition 属间竞争
intergeneric cross 属间杂交
intergeneric crossing 属间杂交
intergeneric difference 属间差异
intergeneric grafting 属间嫁接
intergeneric hybrid 属间杂种
intergeneric hybridization（= intergeneric cross） 属间杂交
intergeneric protoplast fusion 属间原生质体融合
intergeneric selectivity（= inter-genera selectivity） 属间选择性
intergenic 基因间的（intergenicus）{分遗}
intergenic change 基因间变化
intergenic cis-trans position effect 基因间顺反位置效应
intergenic complementation 基因间互补[作用]
intergenic crossing-over 基因间变换
intergenic distance 基因间距离
intergenic mutation 基因间突变
intergenic rearrangement 基因间重排
intergenic recombination 基因间重组
intergenic region 基因间区
intergenic selectivity 基因间选择性
intergenic suppression 基因间抑制
intergenic suppressor 基因间抑制基因
intergenic suppressor mutation 基因间抑制基因突变
intergenomic 染色体组间的，基因组间的（intergenomicus）
intergenomic homology 染色体组间同源
intergenomic pairing 染色体组间配对
intergenous hybrid（= inter generic hybrid） 属间杂种
intergenous hybridization（= intergeneric hybridization） 属间杂交
interglacial period（= interglacial stage） 间冰期
intergradation 间渡，相互移行（intergradatio）{遗传}
intergradation index 间渡指数
intergrade layer silicate 中间型层状硅酸盐
intergrade soil 过渡性土壤
intergradient mineral 中间过渡矿物
intergrafting（= double grafting） 二重接
intergranular brace 粒间系结{土壤}
intergroup selection 群间选择
intergrown grain 木瘤
intergrown knot 愈合节，活节
intergrowth 杂生
interhoe 行间中耕锄，行间中耕机
interhost 中间寄主，中间宿主（interhospes）
interhourly variability 时际变率{气象}
interhybrid 杂种间的（interhybridus）
interhybrid difference 杂种间差异
interhybrid selection 杂种间选择
interim ①间歇的，期间的 ②临时的，暂时的 ③间歇
interim defence communication satellite system（IDCSS） 临时防御通信卫星系统{遥感}
interim loan 临时贷款{农经}
interim technical order 临时技术指示
interinhibitive 相互制约的（interinhibitivus）
interionic 离子间的（interionicus）
interionic attraction 离子间互吸
interionic selectivity 离子间选择性
interior ①在内的，内部的 ②内地的，内陆的 ③国内的 ④室内的（interior）
interior basin 内陆盆地
interior crop row 作物中间行
interior drainage 地内排水
interior edge（= inner edge） 内缘
interior element 内元素
interior foliage plant 室内观叶植物
interior gateway protocol（IGP） 内部网关协议{信息}
interior glue 室内用胶黏剂
interior label 内部标号
interior lake 内陆湖
interior lowland 内陆低地
interior of the root 根内部
interior palea ①内稃（禾本科）②托苞（palea interior）
interior palp 内须
interior plain 内陆平原
interior surface 内表面
interior tissue 内部组织（tela interior）
interirrigation ①间歇灌溉，轮番灌溉 ②灌溉间期（interirrigatio）
interkinesis 分裂间期
interlace ①交叉，交织 ②交错（interlaqueus）
interlace operation 交叉操作
interlaced scanning 隔行扫描

interlaced video 双扫描视频
interlacing ①交错扫描,隔行扫描 ②交叉存取 ③交错的,交织的
interlacing access 交叉存取
interlacing branch 交织树枝
interlacing ridge 交织隆起
interlactation 干乳期(interlactatio)
interlacunar 隙间的(interlacunaris)
interlacunar ridge 隙间脊(jugum interlacunare)
interlayer 层间的(interstratum){土壤}
interlayer exchange site 层间交换点
interlayer surface 层间面
interleaver 衬纸机
interleukin 白[细胞]介素
interlinear 品系间的(interlinearis)
interlinear hybrid 单交杂种,品系间杂种
interlink ①互联,相互联结 ②链接 ③连环
interlinked 相互联结的
interlinked substructure 相互联结亚结构
interlobular ①小裂片间{形态} ②叶间的{昆虫}(interlobularis)
interlobular incision 叶间切
interlobule (=style) 花柱(stylus)
interlocal 座位间的(interlocalis)
interlocal interaction 座位间相互作用
interlocal recombination 座位间重组
interlocked ①互锁的 ②交错的
interlocked chromosome 互锁染色体
interlocked cyclic molecules 互锁环[状]分子
interlocked form 互锁型
interlocked grain 交错纹理
interlocking ①互锁[作用]{细胞} ②连锁{电脑}
interlocking bivalents 互锁二价染色体
interlocking bridge 互锁桥
interlocking chromosome 互锁染色体
interlocking control system 互锁控制系统
interlocking device 连锁装置
interlocking in dicentric chromosome 具双着丝点染色体互锁
interlocking mechanism 连锁机构
interlocular 室间的(interlocularis)
interlocus 座位间
interlocus interaction 座位间相互作用
interlucation 受光伐,透光伐
interlude ①插算 ②插入物 ③中间程序,中间段{电脑}
intermarriage 族间婚姻,族间结婚
intermaxillary 颌间的(intermaxillaris)
intermaxillary gland 颌间腺
intermaxillary space [下]颌间隙
intermediacy 中间性(intermediatia)
intermedial 中间型的(intermedius)
intermediary ①中间的 ②媒介的(intermediaris)
intermediary agent 媒介
intermediary alternation of nuclear phase 居间核相交替
intermediary heredity 居间遗传
intermediary inheritance 居间遗传
intermediary meiosis 居间减数分裂
intermediary metabolism 中间代谢
intermediary method 媒介法
intermediary trade 中介贸易
intermediate ①中势的 ②居间的,中间的 ③中间物(intermediatus)
intermediate altitude communication satellite 中高空通信卫星{遥感}
intermediate belt 中间带,过渡带{土壤}
intermediate bud 中间芽(gemma intermediatus)
intermediate bundle 中间维管束(fasciculus intermediatus)
intermediate character 中间性状
intermediate colony 中间型群落
intermediate column 中型柱
intermediate complex 中间络合物
intermediate crop ①第二次收获 ②中间作物
intermediate culture 补植,补种
intermediate cutting 间伐
intermediate day plant 中[间]日照植物
intermediate decay 中期腐朽
intermediate density lipoprotein (IDL) 中间密度脂蛋白
intermediate distributing frame (IDF) 中间配线架{信息}
intermediate fellings 间伐
intermediate fiber ①中间纤维 ②纺锤状薄壁细胞
intermediate filament (IF) 中间纤丝
intermediate form (=intermedial form) 中间类型
intermediate gradation 中间层次
intermediate growth 居间生长
intermediate heredity 中间遗传
intermediate host (=interhost) 中间寄主,中间宿主
intermediate host reservoir 中间寄主伫主
intermediate house 中温温室
intermediate hybrid 中间杂种,居间杂种
intermediate inheritance 中间遗传
intermediate latitude 中纬度
intermediate layer 过渡层,中间层

intermediate-level processing 中级处理
intermediate-level waste 中放废物{生技}
intermediate lucerne (=intermediate medic) 杂色苜蓿[*Medicago media*](豆科)
intermediate metabolism 中间代谢
intermediate metabolites 中间代谢物
intermediate mire 过渡沼泽
intermediate moor (=intermediate mire) 中间沼泽,过渡沼泽
intermediate phase ①中间期 ②中间相{土壤}
intermediate plant 中间性植物(指对日照反应)
intermediate pore width 中等孔宽度
intermediate precursor 中间前体
intermediate pressure sprinkler 中压喷灌机
intermediate product 中间产物
intermediate reductionproduct 中间还原产物
intermediate regrafting 中间重复嫁接
intermediate-repeat DNA 中度重复 DNA{分遗}
intermediate ribonucleoprotein particle 中间核糖核蛋白颗粒
intermediate rice 中稻
intermediate rice soil 中间型水稻土
intermediate rock 中性岩
intermediate soil 过渡土壤,中间土壤
intermediate soybean 中间型大豆[*Glycine gracilis*](豆科)
intermediate space 中间空地
intermediate spotted woodpecker 中斑啄木鸟[*Picus medius*]
intermediate stage 中间期
intermediate stock 中砧(第一接穗)
intermediate substance 间质
intermediate temperature 中温
intermediate temperature group 中温菌群
intermediate temperature setting 中温固化
intermediate temperature setting adhesive 中温固化胶黏剂
intermediate tine (耙)中间齿
intermediate total 中计,中间总数{统计}
intermediate tree 间型木
intermediate type 居间型{土壤}
intermediate utilization 中间利用
intermediate vector 中间载体
intermediate water 中层水
intermediate wheatgrass 中冰草(中生小麦草)[*Agropyron intermedium* P. B.](禾本科)
intermediate yield 第二次收获量
intermedin 促黑激素,中叶素
intermedium 媒浸{显技}
intermembrane 膜间的(intermembrana)
intermembrane space 膜间隙
intermembrane zone 膜间区
intermembranous 膜间的(intermembranus)
intermeshing 相互啮合,相互咬合
intermeshing rolls (磨碎机)咬合对辊
intermetallic 金属间的(intermetallicus)
intermicellar ①微胞间的,微胞际的 ②微晶间的,胶束间的(intermicellaris)
intermicellar solution 微胞间溶液
intermicellar substance 微胞间物质
intermicellar swelling 微胞际膨胀,胶胞间膨胀
intermicrotubular 微管间的(intermicrotubularis)
intermicrotubular bridge 微管间桥
intermigration 相互移迁,相互移住(intermigratio)
interminable ①无终止的 ②冗长的(interminabilis)
intermingle ①混合 ②混植 ③混作
intermingled rearing 混饲
intermission ①中断,暂停 ②间歇(intermissio)
intermitosis [有丝]分裂间期{细胞}
intermitotic [有丝]分裂间期的(intermitoticus)
intermitotic cell 分裂间期细胞(cellula intermitotica)
intermitted ploughing (=intermitted plowing) 间歇耕地,来回耕地
intermittency 间歇现象(intermittencismus)
intermittent ①间歇的 ②断续的(intermittens)
intermittent application of fertilizer 间歇施肥
intermittent clinostat 间歇回转器
intermittent control 间歇控制
intermittent denitrification reactor 间歇反硝化反应器
intermittent drift 间歇漂变
intermittent drift character 间歇漂变性状
intermittent drying 间歇式干燥,中间干燥
intermittent fault 间歇故障,间发故障
intermittent filter 间歇式滤池{环保}
intermittent growth 断续生长
intermittent irrigation 间歇性灌溉
intermittent lake 间歇湖

intermittent light 间歇光,断续灯
intermittent limping 间断步行
intermittent load 间歇载荷
intermittent management 间歇性经营,隔年作业
intermittent motion 间歇运动
intermittent oiling 间歇加油法
intermittent propulsion 断续推进
intermittent rain 间歇雨
intermittent sand filtration 间歇式沙滤{环保}
intermittent spring 间歇泉
intermittent steaming 间歇性蒸煮
intermittent sterilization 间歇灭菌[法]
intermittent stimulation 间歇刺激
intermittent stream 间歇河
intermittent sunfleck 间歇太阳斑点
intermittent water stress 断续水胁迫{生态生理}
intermittent working 隔年作业
intermittent yield 隔年收获[量]
intermix 混合,混杂,掺和
intermix application 混合涂布法
intermixture 混合物
intermodulation 互调[制](intermodulatio)
intermolecular 分子间的(intermolecularis)
intermolecular condensation 分子间缩合(condensatio intermolecularis)
intermolecular disulfide bond 分子间二硫键
intermolecular force 分子间[作用]力(fortia intermolecularis)
intermolecular hydrogen bond 分子间氢键
intermolecular interaction 分子间相互作用(interactio intermolecularis)
intermolecular ligation 分子间连接(ligatio intermolecularis)
intermolecular radiation effects 分子间辐射效应
intermolecular recombination 分子间重组
intermolecular respiration 分子间呼吸
intermolecular transfer of energy 分子间能量转移
intermontane 山间的
intermontane basin 山间盆地
intermonthly variability 月际变率
internal ①内部的,内在的 ②国内的(internus)
internal activity 内在活动{生理}
internal adjustment ①内面校正{森林} ②内部调节{生态生理}
internal agent 内因{土壤}
internal analog transmission 内部模拟传输{信息}
internal autocrine 内部自分泌
internal balance 内部平衡{遗传}
internal bark necrosis 内皮坏死,粗皮病(苹果)
internal bracket 内括号
internal breakdown ①内部崩溃{土壤} ②赭色心腐病(根菜类) ③橡皮病(苹果)
internal browning 内部褐化{病理}
internal bursting pressure 内破损压力{环保}
internal cause 内因
internal cellular environment 内部细胞环境
internal check 内部干裂(指木材)
internal chiasma 内交叉
internal clock 体内钟{物}
internal codon 内密码子
internal coil 内螺旋{分遗}
internal coiling 内螺旋
internal combustion engine 内燃机
internal combustion pump 内燃泵
internal conduction 内部输导(conductio internalis){解剖}
internal confidence 内在可靠性{统计}
internal control region (ICR) 内部控制区,内控区{生技}
internal conversion 内转化
internal cork ①内部栓化 ②缩果病(苹果)(suber internus)
internal cork of apple 苹果缩果病(缺硼症)
internal crack ①内部裂纹(指木材) ②空洞果(指果实)
internal curtain 内部挡帘{农施}
internal cystidium 内囊状体(cystidium internale){真菌}
internal data structure 内部数据结构(指只在处理过程中保持的)
internal dense lamellae 内致密层
internal diameter (ID) 内径
internal diffusion 内部扩散(diffusio internalis)
internal drainage 内部排水,地内排水
internal economy 国内经济,本国经济
internal energy 内能
internal environment 内部环境
internal environmental condition 内部环境条件
internal exposure 体内照射
internal factor 内部因素
internal fertilization 内受精

internal floral nectary 内蜜腺 (nectarium florale internale)
internal-fraternal pairing 内外配对(指二不同染色体的染色体臂配对)
internal friction ①内摩擦 ②内摩擦力
internal friction resistance 内摩擦阻力
internal gage (= internal gauge) 内径规
internal gear 内齿轮
internal gear motor 内啮合齿轮马达
internal guide sequence (IGS) 内部指导序列{分遗}
internal hair 内部毛 (pilus internalis)
internal heat 内热
internal heterozygote 内杂合子
internal home network 室内网络
internal hormone 内源激素
internal inducer 内诱导物
internal inducer hypothesis for constitutive mutants 组成突变体的内诱导物假说{分遗}
internal initiation 内[部]起始
internal initiation of translation 内部翻译起始{分遗}
internal initiation site 内起始部位
internal integration 内部整合
internal integument 内珠被 (integumentum internum)
internal irradiation 内部照射
internal irradiation of inducing mutation 内诱变照射
internal latent heat 内潜热
internal membrane 内膜
internal metabolic change 内部代谢变化
internal migration 国内迁移
internal milieu 内部环境
internal molecular motion 内部分子运动
internal movement in agricultural products 国内农产品流通
internal object 内部对象,内部目标
internal origin of mitochondria 线粒体的内起源
internal osmotic potential 内部渗透势
internal oxidation 内氧化
internal pairing 内配对(指一等臂染色体的二臂配对)
internal parasites 内寄生物
internal parasitic disease 内寄生虫病
internal phloëm 内生韧皮部 (phloema interna)
internal pressure 内压力
internal price 国内价格
internal promoter 内启动子
internal proteins or phage head 噬菌体头部的内蛋白
internal quality ①内部质量 ②内观品质
internal quarantine 国内检疫
internal recombination mechanism 内部重组机制
internal-repeat sequence 内部重复序列{分遗}
internal reproductive isolation 内生殖隔离
internal residue 内部残留
internal resistance ①内阻力 ②内电阻
internal respiration 内呼吸
internal respiratory cavity 内呼吸腔
internal ribozyme entry site (IRES) 内部核酶进入位点{分遗}
internal rotation 内旋转
internal salt 内盐
internal sapwood 内边材 (alburnum internum)
internal secretion 内分泌
internal seed coat 内种皮 (endopleura)
internal sensor 内部传感器{电脑}
internal shift 内移位
internal signal sequence 内信号序列{分遗}
internal skeleton 内骨骼
internal solar collection greenhouse 内部集热型[太阳能利用]温室{农施}
internal spiral 内螺旋
internal sprouting 内发芽(指马铃薯)
internal stability 内部稳定性
internal stagnant water 内滞水
internal stalk necrosis 茎内坏死
internal standard 内部标准,内标{生技}
internal standard method 内标法
internal structure 内[部]结构
internal surface area 内表面面积
internal tagging 体内标志放流
internal target cyclotron 内靶回旋加速器(辐射设备)
internal therapeutics 内部治疗法
internal trade (= inland trade) 国内贸易
internal translator 内部翻译程序{分遗}
internal translocation 内易位
internal volume 内体积
internal water 内部水分
internal water circulation [局部]内水分循环
internal water deficit 内部缺水
internalization 内[在]化作用 (internalisatio){分生}
international 国际的,万国的 (internationalis)
international agreement 国际协定

International Agricultural Aviation Centre (IAAC) 国际农业航空中心
International Association for Cereal Chemistry (IACC) 国际谷物化学协会
International Association for Quality Research on Food Plants (IAQRFP) 国际粮食作物品质研究协会
International Association of Agricultural Economics (IAAE) 国际农业经济学协会
International Association of Agricultural Medicine 国际农业医药协会
International Association of Botanical Gardens (IABG) 国际植物园协会
International Association of Breeder for the Production of New Varieties 国际生产作物新品种育种家协会
International Association of Food Distribution (IAFD) 国际粮食分配协会
International Association of Horticultural Producers (IAHP) 国际园艺生产者协会
International Botanical Congress 国际植物学会议
International Botanical Nomenclature Code 国际植物命名法规
international business 国际商业
international candle 国际烛光 {遥感}
International Centre of Fertilizers (ICF) 国际化肥中心
international co-operation 国际合作,国际协作
International Co-operative Alliance (ICA) 国际合作社联盟
international code 国际电码 {信息}
International Coffee Organization (ICO) 国际咖啡组织
international collaboration 国际协作,国际合作
international collaboration in agricultural research 国际农业研究协作(会)
International Commission for Agricultural Industries 国际农用工业委员会
International commission for Biological Control 国际生物防治委员会
International Commission of Agricultural Engineering (ICAE) 国际农业工程(技术)委员会
International Commission of Sugar Technology 国际制糖工艺委员会
International Commission on Irrigation and Drainage (ICID) 国际灌溉排水委员会
International Committee for Horticultural Congresses (ICHC) 国际园艺会议委员会
International Committee of Scientific Management in Agriculture 国际农业劳动科学管理委员会
International Communication Association (ICA) 国际通信协会
International Computation Center (ICC) 国际计算中心 {统计}
international computer 国际[制式]计算机
international computer program 国际计算机程序
International Confederation for Agricultural Credit 国际农业信贷联合会
International Confederation of Agriculture 国际农业联合会
International Confederation of European Sugar-Beet Growers 国际欧洲甜菜栽培者联合会
International Confederation of Technical Agricultural Engineers 国际农艺师协会
international conference 国际会议
International Conference of Agriculture Economists (ICAE) 国际农业经济学者会议
International Conference on Agriculture 国际农业会议
international congress 国际会议
International Congress of Agricultural Engineering 国际农业工程会议
International Convention for the Protection of Plants 国际植物保护协定
International Cotton Advisory Committee (ICAC) 国际棉花咨询(顾问)委员会
International Crop Improvement Association (ICIA) 国际作物改良协会
International Development Association (IDA) 国际开发协会
international economy 国际经济
International Electrotechnical Comission (IEC) 国际电子技术委员会
international environment 国际环境
International Federation for Information Processing 国际信息处理联合会
International Federation of Agricultural Producers (IFAP) 国际农业生产者联合会
International Federation of Automatic Control (IFAC) 国际自动控制联合会
International Federation of Beekeepers' Association 国际养蜂协会联合会
International Federation of Landscape Architects (IFLA) 国际造园师联合会
International Federation of Operational Research Society (IFORS) 国际运筹学

协会

International Federation of Seed Trade 国际种子贸易联合会

International Federation of Tobacco Workers (IETW) 国际烟草工作者联合会

International Grassland Congress 国际草地会议

international harvester 万国牌收获机

International Horticultural Advisory Bureau 国际园艺咨询局

International Horticultural Congress 国际园艺会议

International Hunting Council 国际狩猎理事会

international index numbers 国际区站号{气象}

International Institute for Applied Analysis (IIAA) 国际应用[系统]分析研究所

International Institute of Agriculture 国际农业研究所

International Institute of Rice Research (IIRR) 国际水稻研究所

International Institute of Sugar beet Research 国际甜菜研究所

International Joint Conference on Artificial Intelligence 国际人工智能联合会议

International Labour Office (ILO) 国际劳工局

International Labour Organization (I. L. O.) 国际劳工组织

international level 国际水平

International level of advancement 国际先进水平

international market 国际市场

International Medical Information Association (IMIA) 国际医学信息协会

International Meteorological Organization (IMO) 国际气象组织(WMO的前身){气象}

International Meteorological Telecommunication Network 国际气象电传通信网

International Meteorological Teleprinter Network 国际气象电传打字电报网

international Morse code 国际莫尔斯电码{信息}

international on-line retrieval system 国际联机检索系统

international one-in-a-million map 国际百万分之一地图

International Organisation of Oil Crops (IOOC) 国际油料作物组织

International Organization for Standardization (IOS) 国际标准化组织

International Organization for Standardization Sizes (ISO sizes) 国际标准化组织规格

International Organization of Citrus Virologists (IOCY) 国际柑橘病毒学家组织

International Peasant Union (IPU) 国际农民联合会

international phenological garden 国际物候园

International Photobiological Congress 国际光生物学会议{物}

international polar year 国际极年

international program 国际计划

international quarantine 国际检疫,对外检疫

International Rice Commission (IRC) 国际水稻委员会

International Rice Research Institute (IRRI) 国际水稻研究所

International Rules 国际法规

international rules of botanical nomenclature 国际植物学命名规则

International Science Organization 国际科学组织

International Seed Analysis Certificate 国际种子检验证

international seed exchange 国际种子互换

International Seed Testing Association (ISTA) 国际种子检验协会

International Sericultural Commission (ISC) 国际蚕桑委员会

international shipping centre 国际航运中心

international signs 国际符号

International Society for Horticultural Science (ISHS) 国际园艺科学会

International Society of Soil Science (ISSS) 国际土壤学会

international standard (IS) 国际标准

International Standard Book Number (ISBN) 国际标准书号

international standardization 国际标准化

International Statistical Institute (ISI) 国际统计研究所

International Sugar Agreement(ISA) 国际食糖协定

International Sugar Council (ISC) 国际食糖会议

international symbol 国际符号

international symposium 国际学术讨论会

international system of units 国际单位制

International Tea Committee (ITC) 国际茶叶委员会

International Telecommunications Satellite Consortium（**INTELSAT**） 国际电信卫星协议(组织)〈遥感〉
International Telecommunications Union（**ITU**） 国际电信联盟
International Telegraph and Telephone Consultative Committee（**CCITT**） 国际电报电话咨询委员会
international temperature scale 国际温标
international textural grade 国际土壤质地等级
international trade 国际贸易
international trade system 国际贸易系统
International Union of Biochemistry（**IUB**） 国际生物化学联合会
International Union of Forest Research Organization 国际森林研究组织联合会
International Union of Microbiological Societies（**IUMS**） 国际微生物学会联合会
International Union of Nutritional Science（**IUNS**） 国际营养学联合会
International Union of Pure and Applied Chemistry（**IUPAC**） 国际纯化学与应用化学联合会
international unit 国际单位
international unit of measure 国际度量衡单位
international visual storm warning signal 国际风暴警报[目视]信号
international weather code 国际[天气]电码
International Wheat Agreement（**IWA**） 国际小麦协定
International Wheat Council（**IWC**） 国际小麦会议
internationalization 国际化（internationalisatio）
internationalization strategy 国际化战略
internema 间线〈分遗〉
Internet 因特网〈信息〉
internet（= internetwork, interconnection network） 互联网〈信息〉
Internet address 因特网地址，Internet 地址
Internet control message protocol（**ICMP**） 因特网控制信息协议
internet engineering note（**IEN**） 互联网工程备忘录
internet network operation center（**INOC**） 互联网网络操作中心
Internet number 因特网号，Internet 号
Internet packet exchange（**IPX**） 因特网分组交换，Internet 分组交换
Internet protocol（**IP**） 因特网协议，Internet 协议
Internet service provider（**ISP**） 因特网服务提供者
internet support package 互联网支持包，网间支持包
internodal ①节间的〈解剖〉②节点间的〈信息〉（internodalis）
internodal borer 蔗条螟［*Chilo sacchariphagus indicus*（Kapur）= *Proceras indicus*（Kapur）］（螟蛾科）
internodal elongation 节间伸长
internodal growth 节间生长
internode ①节间 ②节点间（internodium）
internode bored 螟蛀节(指甘蔗)
internode character 节间性状
internode diameter 节间直径
internode elongation 节间伸长
internode elongation stage 节间伸长期，拔节期
internode length 节间长度
internuclear 核间的（internuclearis）〈细胞〉
internuclear distance 核间距
internuclear double resonance（**INDOR**） 核间双共振〈生技〉
internuclear spindle 核间纺锤体
internucleosomal DNA 核苷体间 DNA
internucleotide linkage 核苷酸间键合
interoception 内感受（interoceptio）〈物〉
interoceptor（= interceptor, enteroceptor） 内接受器，内感受器
interocular distance 眼距〈遥感〉
interoffice communication 局间通信〈信息〉
interogamous hybrid 配子异型杂种
interoperability ［可］互操作性（interoperabilitas）
interoperable 可互操作的（interoperabilis）
interoperable data 可互操作数据
interoperation 互操作（interoperatio）
interpenetration 相互渗透（interpenetratio）
interpenetration twin 穿插双晶〈地质〉
interpeptide bridge 肽间桥
interpermeation 相互渗透（interpermeatio）
interpetiolar ［两］叶柄间的（interpetiolaris）
interphase（= interkinesis） 分裂间期（interphasis）
interphase and cell cycle 分裂间期与细胞周期

interphase chromosome 分裂间期染色体
interphase coiling 分裂间期螺旋
interphase nucleus 分裂间期核
interphasic chromatin 分裂间期染色体
interphylar 门间的(interphylaris){分类}
interplacental 胎座间的(interplacentalis)
interplanar ①平面间的 ②晶面间的(interplanaris)
interplanar spacing 晶面间距{生技}
interplaner 星际的(interplaneris)
interplaner space 星际空间
interplanetary 星际监视的(interplanetarius)
interplanetary monitoring probe satellite 星际监视人造卫星
interplant ①株间 ②间作,间植{栽培} ③林中幼树{森林}
interplant competition ①植株间竞争 ②植物间竞争
interplant difference 植株间差异
interplant distance 株间距,株距
interplant hoe 株间中耕锄
interplant hoeing 株间中耕除草
interplant spacing 株距
interplant steerage hoe 可操纵式株间中耕器
interplant trees 间植树木
interplanted ①间作的 ②间植的
interplanted crops 间作作物
interplanting ①间作 ②间种,间植
interplanting of another crop 间作物
interplanting of fruit tree and grain crop 果(树)粮(食)作物间作
interplanting of mixed crops 混播作物间作
interplanting of three crops on the same field 三茬套种(一年种植三作物)
interplay 相互作用,相互影响
interplay of external factor 外界因子的相互作用
interplical 褶间的(interplicus)
interplot [小]区间的{统计}
interpolar 极间的(interpolaris)
interpolar microtubule 极间微管[丝]
interpolated 插入的,内插的(interpolatus)
interpolated map 插图
interpolation ①插入计算法,内插法{统计} ②插入,内插{信息}(interpolatio)
interpolation algorithm 内插算法
interpolation error 插算误差
interpolation formula 插算公式
interpolation method 内插法
interpolation zoom 内插电子放大
interpolator ①内插器 ②校对机 ③转发器{信息}
interpollination 交互授粉(interpollinatio)
interpolypeptide 多肽间的
interpolypeptide complementation 多肽间互补作用
interpopulation ①群体间的 ②种群间的
interpopulation copulation 群体间交配
interpopulation dispersion 种群间散布
interpopulation selection 群体间选择
interporal lacuna 孔间隙(lacuna interporalis)
interposition ①插入,介入 ②插入物(interpositio)
interposition growth 侵入生长(auctus interpositionis)
interpretation 说明,解释,翻译(interpretatio)
interpretation geological map 解释地质图
interpretation of results 结果的解释,结果说明
interpretation of vegetation 植被说明
interpretation rule 解释规则
interpreter ①口译译员 ②翻译机,解释器 ③解释程序{信息}
interpretive ①解释的,解析的 ②翻译的,口译的(interpretivus)
interpretive classification 描述分类,解释分类(classificatio interpretiva)
interpretive structural modelling 解析结构模型[制作]
interprocessor interrupt 处理机间中断
interracial 族间的(interracialis)
interracial combination 族间配合
interracial cross 族间杂交
interracial gene difference 族间基因差异
interracial hybrid 族间杂种
interreduplication 间期复制(interreduplicatio)
interrelated database 相关数据库
interrelation 相互关系(interrelatio)
interrelationship 相互关系
interrod 行间
interrod cultivation 行间中耕
interrod cultivator (= interrow cleaner, inter-row cultivator) 行间中耕机
interrod width 行间宽度,行距,行幅
interrogation 询问(interrogatio){信息}
interrogator 询问机
interrogator responder 问答器
interrogator transponder 问答机
interrupt (INT) 中断{信息}

interrupt analysis 中断分析
interrupt assignment strategy 中断指定策略
interrupt control block (ICB) 中断控制块
interrupt inhibit 中断禁止
interrupt request (IR) 中断请求,中断要求{信息}
interrupt service task (IST) 中断服务任务
interrupt time-out 中断超时
interrupt timer 中断计时器
interrupted 间断的(interruptus)
interrupted fertilization 间断受精
interrupted gene 间断基因
interrupted illumination 间歇光照
interrupted mating ①中断接合 ②中断交配
interruptedly pinnate ①参差羽状的(指复叶) ②偶数羽状的(指复叶)(interrupte pinnatus)
interrupter 断路器,断续器,断流器{电}
interruptibility 可中断性(interruptibilitas)
interruptible 可中断的(interruptibilis)
interrupting light 间歇光
interruption ①间断,中断 ②妨害,阻碍(interruptio)
interruption network 中断网络
interruption of canopy [树冠]闭郁破坏
interruption of growth 生长阻滞
interruption of nitrogen supply 氮供应中断
interruption pending ①中断保留 ②中断悬挂
intersaccadic 跳跃[运动]间的(intersaccadicus)
intersatellite link 卫星间联系
interscan 内扫描
interseasonal 季度间的,季际的
interseasonal correlation 季度间相关
interseasonal variability 季[节]际变率
intersecting ①交叉的,交切的{统计} ②相交的{电脑}
intersecting chain 相交链
intersecting line 切线
intersection ①横断,横切[显技] ②相交,交会,交叉,交叉点,交切线{统计} ③"与"{电脑}(intersectio)
intersection gate "与"门{电脑}
intersection method 交会法{测}
intersection point 交叉点
intersection search 交叉搜索{电脑}
intersectional crossing 区间杂交(指同属异区的)
interseeded crops 间播作物
interseeding 间播,间种
intersegmental 节间的(intersegmentalis){昆虫}
intersegmental membrane 节间膜
intersegmental plate 颈片
intersegmentalia 节间片
interseminal 种子间的(interseminalis)
interseminal scales 种子间鳞片(squamae interseminales)
intersequential variability 序变率{气象}
intersex ①间性体 ②雌雄间体(intersexum)
intersex development 间性体发育
intersex hybrid 间性[体]杂种
intersexuality ①雌雄间性 ②间性遗传(intersexualitas)
intershield 中间盾片(指二重芽接)
intersowing 间播
intersown 间播的
interspace ①间隙,空隙 ②中间{土壤} ③星际{遥感}(interspatium)
interspecies 种间的
interspecies cross 种间杂交
interspecies hybrid 种间杂种
interspecies hybridization method 种间杂交法
interspecies hydrogen transfer 种间氢转移
interspecific 种间的(interspecificus)
interspecific and intergeneric crossing 种属间杂交
interspecific and intergeneric hybrid 种属间杂种
interspecific competition 种间竞争
interspecific correlation 种间相关
interspecific cross 种间杂交
interspecific crossing 种间杂交
interspecific difference 种间差异
interspecific gene transfer 种间基因转移
interspecific grafting 种间嫁接
interspecific heterokaryon 种间异核体
interspecific hybrid 种间杂种
interspecific hybrid cell 种间杂种细胞
interspecific hybrid clone 种间杂种无性[繁殖]系
interspecific hybridization 种间杂交
interspecific incompatibility 种间不亲和性
interspecific mating 种间交配
interspecific relationship 种间[相互]关系
interspecific selection 种间选择
interspecific somatic cell hybrid 种间体细胞杂种
interspecific somatic hybridization 种间体细胞杂交
interspecific transfer 种间移植

interspersed repeat sequence (IRS) 散布重复序列{分遗}
interspersion 散置(interspersio)
interspersion of DNA sequence DNA顺序散置
interspike interval 峰电位间隔{物}
interstage ①级间 ②级间的
interstage network 级间网络
interstaminal (= interstaminate) 雄蕊间的(interstaminalis)
interstate 州际的,省际的
interstate park 州际公园
interstate quarantine 省际检疫
interstation 台间,站间(interstatio){信息}
interstation interference 台间干扰
interstellar 星际的(interstellaris)
interstellar communication 星际通信{信息}
intersterile 互交不孕的,互交不育的(intersterilis)
intersterility 互交不孕性,互交不育性(intersterilitas)
interstice 间隙,裂缝(interstitium)
interstice of soil 土壤罅隙,土壤裂缝
interstice silo 间隙青贮窖,裂缝青贮窖
interstitial ①间隙的 ②间质的 ③中间的 ④脉间的 ⑤胞间的(interstitialis)
interstitial body 脉间体(corpus interstitialis){解剖}
interstitial canal 胞间道(canalis interstitialis){解剖}
interstitial cavity 胞间腔(cavitas interstitialis)
interstitial cell 间质细胞(cellula interstitialis)
interstitial cell stimulating hormone (ICSH) 促间质细胞激素
interstitial chiasma 中间交叉{遗传}
interstitial collagen 间质胶原
interstitial crossing-over 中间交换
interstitial deficiency 中间缺失
interstitial deletion (= intercalary deletion) 中间缺失
interstitial distance 中间距离
interstitial duct 脉间管(ductus interstitialis)
interstitial growth 中间生长,向内生长(auctus interstitialis)
interstitial pulmonary emphysema 间质性肺气肿
interstitial region 脉间区(regio interstitialis)
interstitial rib 脉间肋(costa interstitialis)
interstitial ridge 脉间隆起线(jugum interstitiale)
interstitial segment (染色体)中间节段
interstitial space 胞间隙(spatium interstititale)
interstitial strips 脉间条纹(striae interstitiales)
interstitial tissue 间质组织(tela interstitialis)
interstitial translocation 中间易位
interstitial vein 脉间脉(vena interstitialis)
interstitial volume 间隙体积
interstitial water 岩间水,空隙水
interstitiales 间脉
interstock 品系间的
interstock hybrid 品系间杂种
interstrand 链间的{分遗}
interstrand pairing 链间配对
interstratification 间层作用(interstratificatio)
interstratified 间层的,夹层的
interstratified bed 间层,夹层,内分层{环保}
interstratified mineral 间层矿物,夹层矿物
interstratify 间层,夹层
interstream area 河间地
interstructure space 结构间隙
intersymbol interference (ISI) 信号间干扰,符号间干扰{信息}
intersync mode 互同步方式
intersystem coupling 系统间耦合
intersystole 收缩间期
intertextic fabric 交织状组织{土壤}
intertidal ①潮间的 ②潮间区(intertidalis){生态生理}
intertidal algae 潮间藻类
intertidal region 潮间区,潮水浸淹带
intertidal zone 潮间带
intertidal-zone seaweeds 潮间带海草类
intertillage 中耕{耕作}
intertillage crops (= intertilled crops) 中耕作物
intertillage operation 中耕操作
intertillage tools 中耕机具
intertoil trunk 长途电话局间干线,长途局间中继线{信息}
intertrack crosstalk 道间干扰,串道{信息}
intertree cultivation 树间耕作
intertree tiller ①树间旋耕机 ②树间碎土机,树间碎土器

intertropic 热带的(intertropicus)
intertropic convergence 热带辐合区
intertropical confluence zone 热带汇流区
intertropical front 热带锋
intertropical zone 热带
interuser communication vehicle (IUCV) 用户间通信载体
intervaginal 叶鞘间的(intervaginalis)
intervaginal scale 鞘间鳞片(squama intervaginalis)
interval ①(时间)间隔 ②距离 ③距 ④组距,区间{统计}(intervallum)
interval analysis 区间分析{统计}
interval between graticule wires 十字丝距{测}
interval contraction 区间收缩
interval control 间隔控制
interval counter 间隔计数器
interval estimate 间距估计
interval sampling 间隔取样
intervalometer ①时间间隔计,定时器 ②定时曝光控制仪
intervalvular (= intervalves) 裂片间的(intervalvularis)
intervarietal ①品种间的{育种} ②变种间的{分类}(intervarietalis)
intervarietal correlation 品种间相关
intervarietal cross 品种间杂交
intervarietal crossing 品种间杂交
intervarietal free-cross pollination 品种间自由异花授粉
intervarietal free crossing 品种间自由杂交
intervarietal grafting 品种间嫁接
intervarietal hybrid ①品种间杂种 ②变种间杂种
intervarietal hybridization 品种间杂交
intervarietal mating reaction 变种间交配反应
intervarietal sterility 品种间不育性
intervarietal variation 品种间变异
intervascular 维管间的(intervascularis){解剖}
intervascular pit 管间纹孔(porus intervascularis)
intervascular pitting 管间纹孔式(porosans intervascularis)
intervehicle information system (IVIS) 车载信息系统
interveinal necrosis 脉间坏死病,白缟病
intervening ①干涉的 ②居间的
intervening agency 干涉机构
intervening atmosphere 居间气层
intervening grafting 二重接{园}
intervening medium 居间媒质
intervening sequence 居间序列,间插序列{分遗}
intervent 干涉剂{生技}
intervention ①应急 ②插入,介入 ③调停 ④干涉,干预(interventio)
intervention button 应急按钮{电脑}
intervention switch 应急开关
interview ①探询 ②访问{信息}
intervillous 绒毛间的(intervillus)
interwave 内波
interwhole plot information 主区间信息{统计}
interworking 交互工作
interxylary 木间的(interxylaris)
interxylary cork 木间木栓(suber interxylaris)
interxylary phloëm 木间韧皮部(phloema interxylaris)
interzonal ①带间的,区间的,区域间的 ②中间的(interzonalis)
interzonal connection 中间连接
interzonal fiber 中间丝
interzonal microtubule 中间微管丝
interzone call 区域间呼叫{信息}
intesaxle differential 桥间差速器
intestinal 肠内的(intestinalis)
intestinal bacteria 肠内细菌(bacteria intestinales)
intestinal carrier 粪便内带菌者
intestinal constipation 便秘
intestinal flagellates 肠鞭虫
intestinal flora 肠内微生物区系
intestinal juice 肠液
intestinal mucosa 肠黏膜
intestinal parasitic worm 肠内寄生蠕虫,肠内寄生虫
intestinal Salmonella infection 肠沙门杆菌感染
intestinal tract disease 肠胃病
intestinal wall 肠壁
intestine ①肠(intestina) ②⌊复⌉内脏,内部器官
intestiniform 念珠状的(intestiniformis)
intexine (= intextine) 外壁内层(intexinium)
inthrow 闭垄耕作,内翻法
inthrower 培土器,覆土器
intillable land 不能耕作地
intima 内膜{昆虫}
intimate ①亲密的,亲近的 ②直接的,详细的(intimatus)

intimate association 亲近配对
intine ①[花粉粒,孢子]内壁 ②[芽孢]内膜 (intinium)
intine-held protein 内壁蛋白
intolerance 不耐性 (intolerantia)
intolerance of light 畏光
intolerance of shade 需光
intolerant ①不耐性的 ②不耐阴的 (intolerans)
intolerant to waterlogging 不耐涝
intolerant tree 阳性树
intolerant-tree forest 阳树林
intonation ①声调,语调 ②发声,转调 (intonatio){电脑}
intorted 旋曲的,旋扭的 (intortus)
intortion 扭转 (intortio)
intoxicant ①使中毒的 ②致醉的 ③毒物
intoxicant grain 中毒谷粒(指赤霉病)
intoxicate ①中毒 ②致醉 ③毒杀
intoxication ①中毒,毒杀 ②醉
intra- ⌊字头⌉内
intra-array diffusion 内阵列扩散{电脑}
intra-axillary 腋内生的 (intraaxillaris)
intra-block information 区组内信息{统计}
intra-block variation 区组内变异
intra-cambial 形成层内的 (intracambialis)
intra-chromosome balance 染色体内平衡
Intra-Continental Association for Hybrid Maize 国际玉米杂交协会
intra-experimental unit (= intraplot) 小区内,试验单位内{统计}
intra-residue 残基内的
intra-row spacing 株距
intra-sire regression of daughteron dam 公畜内母女回归{统计}
intraallelic 等位基因内的 (intraallelicus)
intraallelic complementation [等位]基因内互补作用
intraallelic crossing-over 基因内交换
intraallelic interaction 基因内互作
intraautogamy 个体内交配 (intraautogamia)
intrability 润透性 (intrabilitas){土壤}
intrabreeding 同系交配,同系配合
intracardiac injection 心内注射
intracarpellary 心皮内的 (intracarpellaris)
intracellular 胞内的 (intracellularis){细胞}
intracellular antibody 胞内抗体
intracellular bundle 胞内束 (fasciculus intracellularis)
intracellular canalicle 胞内微管 (canaliculus intracellularis)
intracellular compartmentation 胞内区隔化,胞内区室化
intracellular concentration 胞内浓度
intracellular dark repair 胞内暗修复
intracellular degradation 胞内降解
intracellular differentiation 胞内分化
intracellular digestion 胞内消化
intracellular distribution 胞内分布
intracellular electrode 胞内电极
intracellular enzyme 胞内酶
intracellular factor 胞内因子
intracellular fluid [细]胞内液
intracellular frame 胞内架
intracellular freezing [细]胞内结冰
intracellular ice formation 胞内冰形成,胞内结冰
intracellular intermediate 胞内中间物
intracellular localization [细]胞内局部化
intracellular membrane 胞内膜
intracellular milieu 胞内环境
intracellular movement 胞内运动
intracellular neutralization 胞内中和
intracellular parasites 胞内寄生物
intracellular perfusion 胞内灌注[法]
intracellular phage growth 胞内噬菌体生长
intracellular potential 胞内电位
intracellular process 胞内过程
intracellular recording 胞内记录
intracellular region 胞内区
intracellular regulation 胞内调节
intracellular solute 胞内溶质
intracellular structure 胞内结构
intracellular symbiosis 胞内共生
intracellular toxin 胞内毒素
intracellular transport 胞内运输
intracellular transport material 胞内运输物质
intracellular water content 胞内含水量
intrachain 链内的{分遗}
intrachain disulfide bond 链内二硫键
intrachain hydrogen bond 链内氢键
intrachange [染色体]内改变
intrachromosomal 染色体内的 (intrachromosomalis){细胞}
intrachromosomal aberration 染色体内畸变
intrachromosomal crossingover frequency 染色体内交换频率
intrachromosomal duplication 染色体内复制

intrachromosomal genetic recombination 染色体内遗传重组
intrachromosomal mutation 染色体内突变
intrachromosomal recombination 染色体内重组
intrachromosomal shift 染色体内移位,染色体内转移
intrachromosomal structural change 染色体内结构改变
intrachromosomal translocation 染色体内易位
intrachromosomal transposition 染色体内转位
intracistronic 顺反子内的(intracistronicus){分遗}
intracistronic complementation 顺反子内互补作用
intracistronic second site reversion 顺反子内第二部位回复
intracistronic suppression 顺反子内抑制
intraclass ①组内的 ②同群内的
intraclass correlation 组内相关{统计}
intraclass correlation coefficient 组内相关系数
intraclass sterile 同群内不育的{育种}
intraclass sterility 同群内不育性
intraclass variance 组内变量,组内方差
intraclone 无性克隆内的,无性[繁殖]系内的,克隆内的
intracodon 密码子内的{分遗}
intracodon recombination 密码子内重组
intracodon suppression 密码子内抑制
intracolic 大肠内(intracolus)
intraconnection 内连(intraconnectio)
intracorporeal organ 体内器官
intracristal 脊内的(intracristalis)
intracristal space 脊内隙
intracrystalline 晶体内的(intracrystallinus)
intracrystalline water 晶体内水
intractability ①难解性 ②难处理(intractabilitas)
intractable ①难控制的,难处理的 ②难对付的(intractabilis)
intractable soil 难处理土壤(指不能进行机耕的土壤)
intracytoplasmic 胞质内的(intracytoplasmicus)
intracytoplasmic anchoring 胞质内固着
intracytoplasmic membrane system 胞质内膜系
intracytoplasmic membraneous structure 胞质内膜质结构
intrademe selection 群内选择
intradermal 皮内的(intradermus)
intradermal injection 皮内注射
intradermal test (结核菌素)皮内试验
intrafarm 农场企业内部的
intrafascicular [维管]束内的(intrafascicularis)
intrafascicular cambium 束内形成层
intrafascicular medullary ray 束内髓射线(radius medullaris intrafascicularis)
intrafax 闭路传真[传输]系统{信息}
intrafilar 花丝内的(intrafilaris)
intrafloral 花内的(intrafloralis)
intrafloral nectary 花内蜜腺(nectarium intraflorale)
intrafoliaceous 叶腋内的(intrafoliaceus)
intrafoliaceous stipule 叶前托叶(stipula intrafoliacea)
intragenic 基因内的(intragenus){分遗}
intragenic change 基因内变化
intragenic complementation 基因内互补
intragenic cross 基因内杂交
intragenic genetic complementation 基因内遗传互补作用
intragenic genetic recombination 基因内遗传重组
intragenic mutation 基因内突变
intragenic polarity pattern 基因内极性型
intragenic promoter 基因内启动子
intragenic recombination 基因内重组
intragenic selectivity 基因内选择性
intragenic suppression 基因内抑制
intragenic suppressor 基因内抑制基因
intrageniculate 膝状体内(intrageniculatus)
intragenous 属内的(intragenus)
intragroup 群内的
intragroup plant selection 群内植株选择
intragroup selection 群内选择
intrahaploid ①核内单倍体 ②单倍体内的(intrahaploida)
intrahaploid pairing 单倍体内配对
intraindividual 个体内的(intraindividualis)
intraindividual somatic polyploidy 个体内体细胞多倍性
intraindividual variation 个体内变异
intralamellar space 间片内隙
intralocus 座位内的
intralocus interaction 座位内互作
intramarginal 近边缘内的(intramarginalis)

intramatrical 体内的,基物内的(intramatricus)
intramatrical colonization 体内定殖
intramatrical infection 体内侵染
intramatrical mycelium 体内菌丝体(mycelium intramatricum)
intramatrical mycorrhiza 体内菌根(mycorrhiza intramatrica)
intramedullary 髓内的(intramedullaris)
intramedullary dose 髓内剂量
intramembrane 内膜(intramembrana)
intramembranous 膜内的(intramembranus)
intramembranous particles 膜内颗粒
intramicellar ①微胞内的 ②胶粒内的(intramicellaris){土壤}
intramicellar swelling 微胞内膨胀,胶粒内膨胀
intramolecular 分子内的(intramolecularis)
intramolecular chaperone 分子内伴侣[肽]
intramolecular disulfide bond 分子内二硫键
intramolecular hydrogen bond 分子内氢键
intramolecular migration 分子内迁移作用
intramolecular rearrangement 分子内重排[作用]
intramolecular respiration 分子内呼吸
intramuscular 肌内的(intramuscularis)
intramuscular administration(i. m.) 肌内施用
intramuscular electrode 肌内电极
intramuscular injection(i. m.) 肌内注射
intramuscular inoculation 肌内接种
intranet 内部网络(指用因特网技术的)
intranode 节点内(intranodium){信息}
intranode routing 节点内路由
intranucellar 珠心内的(intranucellaris)
intranuclear 核内的(intranuclearis)
intranuclear centriole 核内中心粒(centriola intranuclearis)
intranuclear inclusion 核内内含物(inclusio intranuclearis)
intranuclear mitosis 核内有丝分裂(mitosis intranuclearis)
intranuclear nuclear division 核内核分裂
intranuclear organelle 核内细胞器(organella intranuclearis)
intranuclear spindle 核内纺锤体(fusus intranuclearis)
intranuclear spindle fiber 核内纺锤丝
intranucleolar 核仁内的(intranucleolaris)
intranucleolar chromatin 核仁内染色质
intranucleotide 核苷酸内的
intranucleotide base change 核苷酸内碱基变化
intraocular 眼内的(intraocularis)
intraoffice network 办公室[内部]网络
intraoperonal 操纵子内的(intraoperonalis){分遗}
intraoperonal mapping 操纵子内制图
intraovular 胚珠内的(intraovularis)
intrapalear 颖片内的(intrapalearis)
intraparticle 颗粒内的,粒子内的(intraparticulus){环保}
intraperitoneal 膜腹内的(intraperitoneus)
intraperitoneal administration 腹膜内施用(指农药)
intraperitoneal injection(i. p.) 腹膜内注射
intrapetiolar 叶柄内的(intrapetiolaris)
intrapetiolar bud 叶柄内芽(gemma intrapetiolaris)
intraphagic 噬菌体内的(intraphagus)
intraplot [小]区内的{统计}
intrapopulation 群体内的(intrapopulatio)
intrapopulation copulation 群体内交配
intrapulmonary respiration 器官呼吸
intraradial 内辐射状的(intraradius)
intrareticulate 内网的(intrareticulatus)
intraretinal 视网膜内的(intraretinalis)
intrarious 向轴的(intrarius)
intrasaccal 囊内的(intrasaccalis)
intraseminal 种子内的(intraseminalis)
intraseminal growth 种子内生长(auctus intraseminalis)
intrasexual 性内的(intrasexualis)
intrasexual selection 性内选择
intraspecific 种内的(intraspecificus)
intraspecific category 种内类别
intraspecific cell fusion 种内细胞融合
intraspecific competition(= intraspecies competition) 种内竞争
intraspecific crossing 种内杂交
intraspecific differentiation 种内分化
intraspecific hybridization 种内杂交
intraspecific mating 种内交配
intraspecific relationship 种内亲缘关系
intraspecific selection 种内选择,种内选种
intrastaminal 雄蕊内的(intrastaminalis)
intrastelar 中柱内的(intrastelaris)

intrasterile 种内不育的(intrasterilis)
intrastrand pairing 链内配对{分遗}
intrastructural space 结构内隙(spatium intrastructurale)
intratarget dosage 靶内剂量
intratectal ①覆盖层内的 ②厚顶膜下的(intratectus)
intrategillar 被层内的(intrategillaris)
intrategillar rod 被层内柱
intrauterine 子宫内的,宫内的(intrauterinus)
intrauterine death 死胎
intrauterine diagnosis 宫内诊断(diagnosis intrauterinus)
intravaginal 鞘内的(intravaginalis)
intravarietal ①品种内的{育种} ②变种内的{分类}(intravarietalis)
intravarietal bias 品种内偏祖
intravarietal breeding 品种内育种
intravarietal crossing 品种内杂交
intravenous 静脉内的(intravenus)
intravenous administration 静脉内施用
intravenous injection (i. v.) 静脉内注射
intravital 活体内的(intravitalis)
intravital staining 活体[内]染色{显技}
intraxylary phloëm (= internal phloëm) 内生韧皮部(phloema intraxylaris)
intrazonal 隐域的,隐地带性的(intrazonalis){土壤}
intrazonal community 隐域生物群落
intrazonal soil 隐域土
intrazonal vegetation 隐域植被
intricate 错综的,缠绕的(intricatus)
intricate clematis 黄花铁线莲[*Clematis intricata* Bunge](毛茛科)
intrinsic ①固有的 ②内在的,内源的,内因性的 ③本质的 ④本征的(intrinsicus)
intrinsic accuracy 内在精[确]度
intrinsic allen pattern 内因性异质型
intrinsic coagulation 内源性凝血
intrinsic factor 内因性因子
intrinsic instability 固有不稳定性
intrinsic mutability 内因性突变可能性
intrinsic mutation 内因性突变
intrinsic mutation rate 内因性突变率
intrinsic permeability 内渗透性{土壤}
intrinsic pressure 内聚压力,固有压力
intrinsic probability 固有概率{统计}
intrinsic procedure ①内部过程,内在过程 ②固有过程
intrinsic property 特性性质,内因性性质
intrinsic protein 内在蛋白[质]
intrinsic semiconductor 本征半导体{电脑}
intrinsic speciation 内因性物种形成(speciatio intrinsica)
intrinsic terminator 内在终止子{分遗}
intrinsic viscosity 特性黏度
intro- ⌞字头⌝在内,进入
introcurved 内弯的(introcurvus)
introduce ①引进,传入 ②输入 ③采用 ④介绍
introduce queen 诱入蜂王,介绍蜂王
introduced ①引进的,引种的 ②输入的
introduced crop 引进作物
introduced disease 感染病害
introduced line 引进[品]系
introduced plant 外来植物
introduced race 引入品种(指动物)
introduced species 外来种
introduced type 引进类型
introduced variety 引进品种
introducer 引种者
introducing cage 诱入王笼,诱入器
introduction ①引入,引进,传入 ②引种 ③引言,引论,导论(introductio)
introduction activity 引种活动
introduction and acclimatization 引种驯化法
introduction breeding 引种育种
introduction garden 引种圃
introduction of crop 作物引种
introduction of the talent 人才引进{农系工}
introduction station 引种[试验]站
introductory history 史学导论
introflexed 内折的(introflexus)
introgression 渐渗现象(introgressio)
introgression of cytoplasmresistant genes 抗胞质基因渐渗
introgressive 渐渗的(introgressivus)
introgressive hybridization 渐渗杂交
intromarginal 近边缘内的(intromarginalis)
intromittent 插入的(intromittens)
intromittent organ 射精器
intron ①[基因]内显子,基因内区{细胞} ②内含子{分遗}
intron-binding site (IBS) 内含子结合位点
intron-encoded endonuclease 内含子编码内切核酸酶
intron-encoded protein 内含子编码蛋白[质]
intron homing 内含子寻靶,内含子归巢
intron lariat 内含子套索
intron-like element 内含子样因子
intron mobility 内含子移动

intron mutant 内显子突变体
intron transposition 内含子转位
introrse 向内的 (introrsus)
introrse anther 向内药 (anthera introrsa)
introscope 内壁显微镜,内壁检验仪 (introscopa)
introsnal floral nectary (= floral nectary) [花]蜜腺 (nectarius floralis)
introspection 反省,内省,自省 (introspectio)
intruded 侵入的,推进的 (intrusus)
intruder ①盗窃信息者,盗窃者{信息} ②不速之客闯入程序{电脑}
intrusion ①侵入 ②侵入体 (intrusio)
intrusion of cold air 冷空气侵袭
intrusion tectonics 侵入构造{地质}
intrusion tone 扰音,串音{电脑}
intrusive 侵入的 (intrusivus)
intrusive growth 侵入生长 (auctus intrusivus)
intrusive igneous rock 侵入火成岩{地质}
intrusive masses (= intrusive bodies) 侵入岩体
intrusive rock (= irruptive rock) 侵入岩
intrusive virus 侵入型病毒 (virus intrusivus){电脑}
intrusus (= intruded) 侵入的
intubation 插管法 (intubatio)
intuition ①直观,直觉,直感 ②直观知识,直觉知识 (intuitio)
intuitive forecasting technique 直觉预测技术
intumescence ①膨胀 ②肿胀 (intumescentia)
intumescent 膨胀的,肿大的 (intumescens)
intussusception ①内吸收,摄取 ②内填 (intussusceptio)
intussusception growth 内填生长 (auctus intussusceptionis)
inula ①旋覆花属 [*Inula* L.] (菊科) ②旋覆花 [*Inula britannica* L.]
inulase (= inulinase) 菊粉酶
inuline 菊粉 [$(C_6H_{10}O_5)n$]
inulobiose 菊粉二糖
inuncant 表面有钩毛的 (inuncatus)
inunction 涂擦法 (inunctio)
inundated ①沼地生的 ②泛滥的,水淹的 (inundatus)
inundated area 泛滥区
inundated district (= flood periphery) 泛滥区域,洪水区域
inundated field 水淹地
inundated plain 泛滥平原
inundating flood 泛滥洪水
inundation ①洪水泛滥 ②淹没,水灾 (inundatio)
inundation tolerance 耐淹性
inundation watering 淹灌,大水漫灌
inundative method 漫(淹)灌法
inundatus thistle 沼地[生]蓟 [*Cirsium inundatum* Makino] (菊科)
inutile 无用的,无价值的 (inutilis)
invade ①侵入,侵害 ②蔓延 (invadere)
invaded tissue 罹病组织
invader 侵入病菌
invading plant 侵入植株
invading water 侵蚀水
invaginated 内陷的 (invaginatus)
invagination 内陷,内褶 (invaginatio)
invalid 无效的 (invalis)
invalid address 无效地址{信息}
invalid code 无效码
invalid command 无效命令
invalid key 无效键
invalid name 无效名 (nomen invalis)
invalid page 无效页面{智培}
invalid routing data 无效路由数据{信息}
invalid tiller (= ineffective tiller) 无效分蘖
invalid tillering (= ineffective tillering) 无效分蘖
invalid tillering stage 无效分蘖期(指水稻)
invalidation 无效[作用] (invalidatio)
invaluable 无法估计的,非常宝贵的,无价的 (invaluabilis)
invariable ①不变的 ②不变数,常数 (invariabilis)
invariable aspect 稳定季相,不变季相
invariable linear system 不变线性系统
invariance ①倒变量{统计} ②不变性{遗传} (invariantia)
invariant ①不变的 ②不变量,不变式{统计}
invariant computation 不变式计算
invariant decision function 不变决策函数
invariant factor 不变因子
invariant scalar 不变标量
invariant uridine 不变尿苷{分遗}
invasin 侵染素
invasion ①侵袭,侵害 ②侵入,侵占 (invasio)
invasion by weeds 杂草侵害,杂草丛生
invasion court 入侵处
invasion of heather 灌木侵入,灌木丛生

invasion theory 侵入学说{解剖}
invasive ①侵入的,侵害的 ②侵染的(invasivus)
invasive enzyme 侵染酶
invasive power 侵害力
invasiveness 侵袭力(invasivity){生技}
invention ①发明,创造 ②研究生论文报告(inventio)
inventor 发明者
inventory ①财产目录,存货清册 ②编制财产目录,存货清点 ③库存
inventory analysis 库存分析,存储分析
inventory control 库存控制,库存管理
inventory costs 库存费用
inventory of forest lands 林地资源调查
inventory of stand 林分测定
inventory of taxes 税收目录
inventory records 存货记录
invermination 蠕虫感染(inverminatio)
inverse ①反转的,倒转的{形态} ②[垡片]翻转的{耕作} ③反向的{生技}(inversus)
inverse association 反向结合{生技}
inverse color highlighting 反转色加亮{电脑}
inverse correlation 逆相关,负相关{统计}
inverse duplication 反复制
inverse fast Fourier transform 快速傅立叶反变换{遥感}
inverse filter restoration 反向滤波器复原{遥感}
inverse fuel cell 燃料发生电池
inverse function 反函数
inverse isotope dilution analysis 反向同位素稀释分析
inverse kernel 逆核,反向核{遥感}
inverse mapper 逆映象器{电脑}
inverse mapping 逆映射
inverse move 逆移动
inverse network 倒置网络{信息}
inverse number 逆数
inverse operation 倒向运算
inverse PCR (iPCR) 反向聚合酶反应,反向PCR{分生}
inverse probability 逆概率,反推机率
inverse probe 反转探针
inverse ratio 反比
inverse sampling 颠倒采样,逆取样法
inverse sine transformation 反正弦变换{统计}
inverse transcriptase 反转录酶
inverse transcription 反转录
inverse video 反转视频{信息}
inversed-gradient high performance liquid chromatography 反梯度高效液相层析{生技}
inversed grafting 反嫁接{园艺}
inversely clavate 倒棒状的(obclavatus, obclavus)
inversely conical 倒圆锥形的(obconicus)
inversely crenate 倒圆齿状的(obcrenatus)
inversely egg-shaped 倒卵形的(obovatus, oboviformis)
inversely heart-shaped 倒心形的(obcordatus)
inversely lanceolate 倒披针形的(oblanceolatus)
inversely pear-shaped 倒梨形的(obpyriformis)
inversely proportion to 反比例
inversion ①倒位{遗传} ②转化{生化} ③逆转{物} ④逆增{气象} ⑤[垡片]翻转{耕作}(inversio)
inversion bridge 倒位桥
inversion chiasma 倒位交叉
inversion chromosome 倒位染色体
inversion crossover 倒位变换
inversion fog 逆温雾
inversion haze 逆温霾
inversion heterozygosity 倒位杂合性
inversion heterozygote ①倒位杂合子 ②倒位杂合体
inversion hybrid 倒位杂种
inversion layer 逆增层,逆温层
inversion loop 倒位环
inversion mode 倒转方式{电脑}
inversion of relief 地形倒置,地形倒转
inversion of three base pairs 三碱基对倒位
inversion point 倒位点
inversion polymorphism 倒位多态性
inversion race 倒位族
inversion region 倒位区
inversion segment 倒位[节]段
inversion sequence 逆序列{分遗}
inversion stimulation factor (ISF) 倒位刺激因子
inversion stock 倒位母本
inversion temperature 逆增温度,逆温
inversion trisomic 倒位三体生物
inversometric (蔗糖)转化测定的
inversometry (蔗糖)转化测定法(inversometrica)
inversor ①反转片(指摄影){显技} ②反演器{遥感}
invert ①逆,颠倒,倒转,反转 ②内翻 ③转化(invertere)

invert correlation 逆相关
invert emulsion 转化乳胶[剂]
invert microscope 倒置显微镜
invert sugar 转化糖
invert the furrow slice 翻转垡片
invertase (= invertin) 蔗糖酶,转化酶
invertebrate ①无脊椎的 ②无脊椎动物 (invertebratus)
invertebrate animal 无脊椎动物(如昆虫,蠕虫)
invertebrate pest control 无脊椎害物(虫)防治
inverted ①倒垂的{形态} ②倒转的,倒置的{农机} ③反向的{分遗} (inversus)
inverted drainage well 反渗排水井,渗井
inverted duplication 倒位复制,反向复制
inverted furrow 反叠犁沟
inverted insertion 反向插入
inverted microscope (= invert microscope) 倒置显微镜
inverted-pan method 覆盆法(土壤消毒)
inverted position 倒转层位{地质}
inverted repeat sequence (IRS) 反向重复序列{分遗}
inverted siphon 倒虹吸管,倒虹吸
inverted superposition 倒重叠式 (superpositus inversus)
inverted T-form budding 倒T形芽接
inverted terminal repeat (ITR) 反向末端重复{分遗}
inverted V-bottom 倒V形底,锥形底
inverted V-engine 倒置V形发动机
inverted well 吸水井,反渗井
inverter ①交换器 ②倒相器
invertibility 可逆性 (invertibilitas)
invertible 可逆的 (invertibis)
invertible function 可逆函数
invertible matrix 可逆矩阵
invertin 转化酶
inverting ①翻土(整地工作) ②转化
inverting method 转化法
invest ①投入 ②投资 (investire) {农经}
invested capital 投资资金
invested enterprise 投资企业
investigation ①研究调查,考察,勘察,勘查 ②检查,审查 (investigatio)
investigator ①研究者,调查者 ②审查者,检查者
investitus 裸的 (investitus)
investment ①投资{农经} ②投入{环保}
investment contract 投资合同
investment costs 投资费用
investment policy 投资政策
investment type 投入型{生态生理}
inviability ①无活性 ②无生活力 (inviabilitas) {生理}
inviable 不成活的 (inviabilis)
inviable hybrid 不成活杂种
inviable individual 不成活个体
inviable progeny 不成活后代
inviable zygote 不成活合子
invierno 热带美洲雨季
invigilator 监视器
invigorating 粗壮的,强壮的,强化的 (tonicus)
invigorating effect 强化作用
invincible 无敌的,战无不胜的 (invincibilis)
invisible ①看不见的 ②无形的 ③隐存的 (invisibilis)
invisible exports 无形输出(指非具体商品输出而带来的收入,如旅游费,运费,保险费等)
invisible grain damage 子粒暗伤
invisible imports 无形输入
invisible ink 隐存墨水
invisible lethal 不可见致死
invisible mutation 不可见突变
invisible radiation 不可见辐射
invitation ①准许 ②邀请 (invitatio)
invitation delay 准许延迟
invitation to send (ITS) ①准许发送 ②发出邀请{信息}
invocatable 不可挽回的 (invocatabilis)
invocatable control strategy 不可挽回[的]控制策略{农管}
invocation ①调用,启用 ②援引 (invocatio)
invocation procedure 引用过程
invoice 发货单,发货清单{农管}
involucel (= involucret) 小总苞 (involucellum)
involucellate 具小总苞的 (involucellatus)
involucral 总苞的 (involucralis)
involucral scale 总苞片 (squama involucralis)
involucrate (= involucred) 具总苞的 (involucratus)
involucratus solomonseal 有总苞黄精[*Polygonatum involucratum* Maxim.](百合科)
involucre (= perianth) 总苞 (involucrum)
involucriform 总苞状的 (involucriformis)
involuntary ①不随意的 ②强制的 ③偶然的 (involuntaris)

involuntary benefit 意外利益
involuntary interrupt 强制中断
involuntary muscle 不随意肌
involute ①内卷的 ②渐开线,渐伸线 (involutus)
involute gear 渐开线[啮合]齿轮
involute heart cam 渐开线心形凸轮
involute petal 内卷瓣 (petalum involutum)
involute tooth 渐开线齿
involution ①内卷{形态} ②退化{微生物} (involutio)
involution form 衰残型,退化型(指细菌)
involve ①包,卷 ②包含
involvulus 卷蠋(幼虫卷在叶中生活)
inward ①内部的,里面的 ②向内的 ③固有的 ④内地的,国内的
inward correspondence 向内应对
inward flow turbine 向心式透平机
inward pressure 内向压{环保}
inward toll board 长途接收台{信息}
inward wide area telephone service (INWATS, inward WATS) 内部大范围电话业务,局内电话业务
inwardly plicate 内褶的 (introrsum plicatus)
iodate 碘酸盐[MIO_3]
iodation 碘化作用 (iodatio)
iodic acid 碘酸 [MIO_3]
iodide 碘化物 [MI]
iodinase 碘化酶
iodinated 含碘的 (iodinatus)
iodination 碘化作用 (iodinatio)
iodine 碘 (I,53 号元素)
iodine as mordant 软化剂用碘
iodine flask 碘瓶
iodine green 碘绿
iodine index 碘指标
iodine method 碘法{显技}
iodine number 碘值
iodine plate 碘片
iodine pump 碘泵
iodine solution 碘液
iodine test 碘试法
iodine tincture 碘酒,碘酊
iodine value 碘值
iodine weed (= sea blite) 碱蓬 [*Suaeda glauca* Bge] (藜科)
iodinin 碘色菌素
iodized starch 碘化淀粉
iodized wrapper 碘化包装纸(指包水果用的)
iodo- ⌞字头⌝ 碘 [化]
iodoacetamide (IAM)碘乙酰胺 [ICH_2CONH_2]
iodoacetic acid (IAA)碘乙酸 [CH_2ICOOH]
iododeoxyuridine 碘[代脱氧尿嘧啶核]苷
iodoform 碘仿,黄碘,三碘甲烷 [CHI_3]
iodogorgoic acid 碘代珊氨酸,3,5-二碘酪氨酸 [$HOC_6H_2I_2CH_2CH(NH_2)COOH$]
iodometric titration method 碘[量]滴定法
iodometry 碘量滴定法 (iodometrica)
iodophilic 嗜碘的 (iodophilus)
iodoprotein 碘蛋白
iodopsin 视青紫[质]
iodopyrine 碘[安替]匹林
iodostarch reaction 碘淀粉反应
iodouracil 碘[代]尿嘧啶
iodous acid 亚碘酸[HIO_2]
iogen 菌拟淀粉
iojap 自主叶绿体(突变型)
iomoth 玉米天蚕蛾 [*Automeris io* Fabricius] (天蚕蛾科)
ion 离子 (ion)
ion absorption 离子吸收
ion adsorption 离子吸附
ion antagonism 离子拮抗作用
ion atmosphere 离子氛
ion beam 离子束
ion beam clearing 离子束清洗
ion-binding process 离子结合过程
ion bombardment 离子轰击
ion-capture theory 离子捕获[学]说
ion channel 离子通道
ion channel blocker 离子通道封阻剂
ion channel protein 离子通道蛋白
ion channel reconstitution 离子通道重建
ion chromatograph 离子层析仪
ion chromatography 离子层析
ion core 离子芯,离子实
ion current 离子电流
ion cyclotron resonance mass spectrometer 离子回旋共振质谱仪
ion deficiency 离子缺乏
ion density 离子密度
ion deposition printer 离子注入打印机,离子淀积打印机
ion diffusion 离子扩散
ion etching 离子蚀刻
ion exchange 离子交换
ion-exchange capacity 离子交换容量
ion exchange chromatography 离子交换层析
ion exchange column 离子交换柱

ion-exchange equilibria 离子交换平衡
ion-exchange material 离子交换剂
ion exchange membrane 离子交换膜
ion exchange membrane method 离子交换膜法〔环保〕
ion-exchange process 离子交换过程
ion exchange reaction 离子交换反应
ion exchange resin 离子交换树脂
ion exchange solution 离子交换溶液
ion-exchange unit 离子交换单元
ion exchanger ①离子交换剂 ②离子交换器
ion exclusion 离子排阻,离子排斥
ion exclusion chromatography 离子排斥层析
ion floatation 离子浮选
ion flux 离子流
ion gradient 离子梯度
ion hydration 离子水化[作用]
ion implantation 离子注入
ion implantation apparatus 离子注入装置
ion-induced 离子感生的
ion intake 离子吸入
ion life 离子寿命
ion pair 离子对
ion pair chromatography 离子对层析
ion pair partitioning 离子对分配
ion pairing agent 离子配对剂
ion population 离子组合
ion product 离子积
ion product constant 离子积常数
ion pump 离子泵
ion ratio 离子比
ion selective electrode 离子选择电极
ion sensor 离子传感器
ion-sieving phenomenon 离子筛分现象
ion source 离子源
ion-specific effect 离子特异效应(指对酶,蛋白质,膜)
ion spray 离子喷射
ion substitution 离子取代[作用]
ion transport 离子传递,离子转运,离子运输
ion transport process 离子运输过程
ion transporter 离子转运蛋白
ion uptake 离子吸收
ionic 离子的(ionicus)
ionic activity 离子活度
ionic activity coefficient 离子活度系数
ionic activity product 离子活度积
ionic association 离子缔合
ionic atmosphere 离子氛
ionic balance 离子平衡
ionic bond 离子键
ionic composition 离子成分
ionic concentration 离子浓度
ionic conductivity 离子电导率
ionic crystal 离子晶体
ionic current 离子流
ionic detergent 离子去污剂
ionic diameter 离子直径
ionic distribution 离子分布
ionic equilibrium 离子平衡
ionic exchanger 离子交换剂
ionic imbalance 离子不平衡
ionic lattice 离子格子
ionic mobility 离子淌度,离子迁移率
ionic model 离子模型
ionic permselectivity 离子选择通透性
ionic pump 离子泵
ionic radius 离子半径
ionic selectivity 离子选择性
ionic sieving 离子过筛
ionic silicate 离子硅酸盐
ionic size 离子大小
ionic solvation 离子溶剂化
ionic strength 离子强度
ionic surface-active agent (= ionic surfactant) 离子表面活性剂
ionite 离子交换剂
ionium 钍(Th,90 号元素)
ionization 电离,离子化(ionisatio)
ionization by collision 碰撞电离
ionization chamber 电离箱
ionization constant 电离常数
ionization current 电离电流
ionization energy 电离能
ionization equilibrium 电离平衡
ionization layer (= ionosphere) 电离层
ionization of gas 气体电离
ionization potential 电离电位
ionized layer (= ionsphere) 电离层
ionizer 催[电]离素,电离剂
ionizing 电离
ionizing particle 电离粒子
ionizing power 电离本领
ionizing radiation 电离辐射
ionizing radiation effect on crossing-over 电离辐射对交换的效应
ionizing solvent 电离溶剂
ionocolorimeter 氢离子比色计
ionogen 可电离基因
ionogenic 致电离的(ionogenus)
ionogram 电离图(ionogramma)
ionography ①区带电泳 ②离子[放射]照相法

ionometer ①电离子计 ②射线力计
ionomycin 离子霉素
ionone 芷香酮,紫罗酮 [$C_{13}H_{20}O$]
ionophore 离子载体(ionophorum)
ionophoresis 电泳,电离电渗(疗法)
ionosphere 电离层(ionosphera)
ionospheric 电离层的(ionosphericus)
ionospheric composition 电离层组织
ionospheric disturbance 电离层扰动
ionospheric layer 电离层
ionospheric recorder 电离层记录器
ionospheric storm 电离层暴
ionospheric tide 电离层潮
iontophoresis 离子电渗疗法
ionylideneacetic acid 芷香叉乙酸
IOS (= International Organization for Standardization) 国际标准化组织{信息}
ioterium 毒腺
iothion 二碘丙醇
ioxynil 碘苯腈(除草剂) [$C_7H_3I_2NO$]
i. p. ①(= intraperitoneal administration) 腹膜内施用 ②(= intraperitoneal injection) 腹膜内注射
IPA (= indole propionic acid) 吲哚丙酸 [$C_8H_6 \cdot N \cdot (CH_2)_2COOH$]
Ipazine 草怕津,抑草津(除草剂) [$C_{10}H_{18}ClN_5$]
IPC ①(= propham) 苯胺灵{农药} ②(= inter process communication) 进程间通信{信息}
ipecacuanha (= ipecac) 吐根 [*Uragoga ipecacuanha* = *Psychotria ipecacuanha*] (茜草科)
ipecacuanha alkaloid 吐根生物碱
ipecacuanhin 吐根苷
ipecamine 吐根碱
ipil ①印茄属 [*Intsia* Thouars] (豆科) ②印茄 [*Intsia bijuga* O. Ktze]
IPN (= infectious pancreatic necrosis) 传染性胰脏坏死病{水产}
IPO (= indophenol oxidase) 靛酚氧化酶
ipomeamarone 甘薯黑疤霉酮
ipomeanine 甘薯黑疤霉二酮
ipomoea ①甘薯属(牵牛属) [*Ipomoea* L.] (旋花科) ②(= sweet potato) 甘薯(番薯,白薯) [*Ipomoea batatas* Poir.] ③牵牛 [*Ipomoea nil* L.]
ipomoea tortoise beetle ①黑斑金叶甲 [*Laccoptera tredecimpunctata* Fabricius] ②三带黄绿龟甲 [*Cassida circumdata* Herb.] (龟甲科)
IPPC (= IPC, propham) 苯胺灵{农药}
ips (= inches per second) 每秒英寸数
ipsi-lateral 同侧的
ipso position 本位{分生}
IPTG (= isopropyl-β-*D*-thiogalactoside) 异丙基-β-*D*-硫代半乳糖苷
IPU (= International Peanut Union) 国际花生联合会
IPYA (= indolepyruvic acid) 吲哚丙酮酸
IQ (= intelligence quotient) 智能系数,智商
ir- ⌞字头⌝不,非
Ir (= immune response) 免疫反应
IR ①(= infra-red) 红外线,红外[线]的 ②(= infra-red radiation) 红外辐射
IR-8 国际稻研所 8 号(国际水稻研究所育成的水稻品种,1966 年定名的)
IR-24 国际稻研所 24 号(国际水稻研究所育成的水稻品种,1971 年定名的)
Ir gene (= immune response gene) 免疫反应基因
iraser ①红外激射 ②红外激射器
IRC (= International Rice Commission) 国际水稻委员会
IRES (= internal ribozyme entry site) 内部核酶进入位点{分遗}
IRI (= International Rice Institute) 国际水稻研究所
iridal 属于虹膜的(iridalis)
irideremia (= aniridia) 无虹膜(指眼球的)
iridescence 虹彩(iridescentia)
iridescent 虹彩的(iridescens)
iridescent altocumulous 虹彩高积云
iridescent cloud 彩云
iridioplatinum 铂铱合金
iridium 铱(Ir, 77 号元素)
iridocyte 虹色细胞(iridocyta)
iridodial 琉虹彩二醛
iridoid 环烯醚萜类化合物
iridovirus 红色病毒,虹彩病毒
irigenin 鸢尾配基
irigenol 鸢尾精醇
iris (= irid) ①鸢尾属 [*Iris* L.] (鸢尾科) ②鸢尾 [*Iris* sp.] ③虹膜{昆虫} ④隔膜,膜片{农机} ⑤可变光阑,光圈{显技}
iris canna 垂花美人蕉 [*Canna iridiflora* Ruiz] (美人蕉科)
iris diaphram 虹彩光圈{显技}
iris family 鸢尾科(Iridaceae)
iris garden 鸢尾花圃{园林}
iris-like cymbidium 红蝉兰 [*Cymbidium iridioides* D. Don] (兰科)
iris mosaic virus (= iris stripe virus) 鸢尾

花叶病毒［*Iris virus* 1 = *Marmor iridis* (Holmes)］
iris oil 鸢尾油
iris sawfly 鸢尾叶蜂［*Rhadinoceraea micans* Klug］(叶蜂科)
iris tectorium (= roof iris) 鸢尾［*Iris tectorum* Maxim.］(鸢尾科)
iris thrips 鸢尾蓟马［*Bregmatothrips iridis* Wastson］(蓟马科)
iris weevil 鸢尾象甲［*Mononychus vulpeculus* Fabricius］(象甲科)
iris whitefly 鸢尾粉虱［*Aleyrodes spiraeoides* Quaintance］(粉虱科)
irisation 虹彩 (irisatio)
Irish cobler 男爵(马铃薯品种)
Irish method 重量法(种子发芽)
Irish potato (= potato) 马铃薯［*Solanum tuberosum* L.］(茄科)
Irish potato degeneration 马铃薯退化
Irish potato digger 马铃薯收获机,马铃薯挖取机
Irish potato dormancy 马铃薯休眠
Irish potato tuberization 马铃薯结薯,马铃薯块茎形成
Irish setter 爱尔兰坐犬{狩猎}
Irish yew 欧洲紫杉［*Taxus baccata* L.］(紫杉科)
iritis 虹膜炎
IRMA (= immunoradiometric assay) 免疫放射测定[法]
iRNA (= immune ribonucleic acid) 免疫核糖核酸,免疫 RNA {分遗}
iroko (= fustic tree) 绯桑
iron 铁 (Fe, 26 号元素)
iron absorption 铁吸收
iron acetate 乙酸铁［$Fe(CH_3COO)_3$］
iron acetate modification 乙酸铁改良法(固定用){显技}
iron-acetic-carmine schedule 铁-乙酸-胭脂红表(指配合表)
iron age 铁器时代
iron alum 铁矾［$MFe(SO_4)_2 \cdot 12H_2O$］{显技}
iron alumina ratio 铁铝率,铁铝氧化物分子比
iron and steel industry waste 钢铁工业废水{环保}
iron arsenate 砷酸铁
iron bacteria 铁细菌 (bacteria ferreae)
iron-bearing formation 含铁岩层{环保}
iron-bearing organism 含铁有机体
iron-binding globulin (= transferrin) 铁结合球蛋白,运铁蛋白{分遗}
iron carbonate spring 碳酸铁矿泉
iron casting 铸铁件
iron chelate 螯合铁
iron chloride 氯化铁［$FeCl_2$］
iron chlorosis 铁褪绿病
iron clay 铁质黏土
iron compound 铁化合物
iron concretion 铁结核{土壤}
iron containing material 含铁材料
iron crust soil 铁质结壳土壤
iron cutter 铁剪
iron deficiency 褪绿病(缺铁)
iron deficiency disease 缺铁病害,褪绿病
iron deficiency of rice 稻褪绿病(稻缺铁)
iron-deficient soil 缺铁土壤
iron enzyme 含铁酶
iron granule 铁微粒{土壤}
iron grist mill 铁制磨粉机
iron haematoxylin 铁[矾]苏木精{显技}
iron hard pan 铁硬盘
iron-humus ortstein 铁-腐殖质硬盘
iron hydroxide 氢氧化铁［$Fe(OH)_3$］
iron including materials 含铁材料
iron lateritic soil 铁质砖红壤性土
iron-magnesia mica 铁镁云母
iron-manganese concretion 铁锰结核
iron manufacture industry sewage 钢铁厂废水,钢铁制造业废水{环保}
iron-molybdenum cofactor 铁钼辅因子{分遗}
iron-molybdenum protein 铁钼蛋白
iron mottling 铁锈斑
iron oxide 氧化铁,三氧化二铁［Fe_2O_3］
iron pan 铁盘,坚硬耕层
iron phosphate 磷酸铁,磷酸高铁［$FePO_4 \cdot 2H_2O$］
iron phytate 植酸铁
iron pipe 铁管{环保}
iron podzol 铁质灰壤
iron protoporphyrin 铁-原卟啉
iron ration 铁配给量,铁定量{环保}
iron removal 除铁{环保}
iron-requiring 需铁的,喜铁的 (siderophilus)
iron response element (IRE) 铁反应元件
iron-rich soil (= iron riched soil) 富铁土
iron-silica pan 铁硅盘
iron stake 铁桩
iron sulfate 硫酸铁(通常指硫酸亚铁 $FeSO_4$){显技}
iron sulfide 硫化铁
iron-sulfur center 铁硫中心,Fe-S 中心

iron-sulfur cluster 铁硫簇
iron-sulfur protein 铁硫蛋白
iron toxicity 铁毒性
iron translocation 铁转运
iron trap 捕兽夹
iron vitriol 绿矾,铁矾 [$MFe(SO_4)_2 \cdot 12H_2O$]{显技}
iron wire 铁丝
ironbark 铁皮桉 [*Eucalyptus sideroxylon*](桃金娘科)
irone 鸢尾酮,甲基芷香酮 [$C_{14}H_{22}O$]
ironing 铁烫灭菌法
IRONMAN language requirement "铁人"语言要求{信息}
ironophores 铁载体
ironspat 蹄铁
ironweed ①斑鸠菊属[*Vernonia* Schreb.](菊科)②斑鸠菊[*Vernonia edulis* L.]
ironwood ①铁木属[*Parrotia* L.](金缕梅科)②美国铁木[*Ostrya virginiana* K. Koch.]③铁木类(包括硬质木材,如铁刀木、愈疮木等)
ironwort ①矿石草属[*Sideritis* L.](唇形科)②矿石草[*Sideritis montana* L.]
irpexin 担子菌抗生素
irradiance 辐照度(I)(irradiantia)
irradiate 光照,照射
irradiated 要照射的(irradiatus)
irradiated cell 要照射的细胞
irradiated food 要照射的食品
irradiated phage genome 要照射的噬菌体基因组
irradiated population 要照射的群体
irradiated potato 要照射的马铃薯
irradiated tissue 要照射的组织(tela irradiata)
irradiation ①照射,照光 ②扩散(irradiatio)
irradiation breeding 照射育种,辐射育种
irradiation chamber 照射室
irradiation dose 照射剂量
irradiation effects 照射效应
irradiation effects in cell culture 细胞培养的照射效应
irradiation effects in seeds 种子的照射效应
irradiation effects of media 培养基的照射效应
irradiation induced reversion 照射诱发回复
irradiation induction of giant cells 巨细胞的照射诱导
irradiation mutation breeding 辐射突变育种
irradiation of potato tuber 马铃薯块茎照射
irradiation of vegetatives and fruits 果(树)蔬(菜)照射
irradiation period 照射期
irradiation program 照射计划,照射程序
irrational ①无理的,不合理的 ②无理数(irrationalis)
irrational function 无理函数
irrational number 无理数
Irrawaddy river 伊洛瓦底江(江名){水利}
irreciprocal conductivity 单向传导性
irreclaimable 不能开垦的(irreclaimabilis)
irrecoverable ①不可恢复的 ②不能换回的 ③不可补救的(irrecoverabilis)
irrecoverable error 不可恢复错误
irrecoverable read error 不可校正读出误差
irreducible 不可约的(irriducibilis)
irreducible Markov chain 不可约马尔米夫链{电脑}
irregular ①不规则的 ②不整齐的(irregularis)
irregular allopolyploid ①不规则异源多倍体 ②同源异源多倍体
irregular amphiploid 不规则双倍体
irregular barley (= Abyssinian barley) 埃塞俄比亚大麦 [*Hordeum irregulare* Aberg. et Wiebe.](禾本科)
irregular branching morphology 不规则分枝形态[学]
irregular calyx 不整齐萼(calyx irregularis)
irregular choripetalous corolla 不整齐离瓣花冠(corolla choripetala irregularis)
irregular corolla 不整齐花冠(corolla irregularis)
irregular depth 不规则耕深,不规则入土深度
irregular deviation 不规则离差(deviatio irregularis){统计}
irregular distribution 不规则分布,无规则分布
irregular dominance 不规则显性(dominantia irregularis)
irregular feed 无规则饲料(指无一定比例的)
irregular flower 不整齐花(flos irregularis)
irregular fluctuation 不规则徬徨变异,无规律徬徨变异
irregular forest 复层林
irregular gamopetalous corolla 不整齐合瓣花冠(corolla gamopetala irregularis)
irregular grain 不规则纹理(granum irreg-

ulare)
irregular grid structure 不规格网结构〔遥感〕
irregular growth 不正常生长
irregular leaf distribution 无规则叶分布(指稻叶)
irregular marked noctuid 豆云纹夜蛾[*Caunìnda annetta* Butler](夜蛾科)
irregular meiotic division 不规则减数分裂(divisio meiotica irregularis)
irregular multiplication 不规则繁殖
irregular planting 不规则种植
irregular rainfall 无规则降雨量
irregular random planting 不规则随机种植
irregular reflection 乱反射
irregular-shaped particle 不规则形颗粒
irregular stocking 散生(指林木)
irregular style 不整齐式
irregular type 不规则型
irregular-type granule 不规则型粒剂
irregularity 不整齐性,不规则(irregularitas)
irrelevance ①不恰当组合 ②不相关[性](irrelevantia)
irrelevant ①不恰当的 ②不相关的,无关的(irrelevans)
irrelevant variable 无关变数
irremediable 不能补救的(irremediabilis)
irremovable 不能移动的(irremovabilis)
irreparable 不能弥补的,不可挽救的(irreparabilis)
irreparable biological damage 不能修复的生物损伤
irreparable temperaturesensitive mutant 不能回复温度敏感突变体
irreplaceable 不能替换的(irreplaceabilis)
irrepressible 不能抑制的,不能控制的(irrepressibilis)
irresolvable ①不能分解的 ②不能解决的(irresolvabilis)
irrespective ①不考虑 ②不顾(irrespectivus)
irresponsible 无责任的,不负责任的(irresponsibilis)
irreticence 非密闭性(irreticentia)
irreversibility 不可逆性,不可变性(irreversibilitas)
irreversible 不可逆的(irreversibilis)
irreversible alteration of cell 细胞的不可逆性变化
irreversible cell 不可逆电池
irreversible coagulation 不可逆凝聚
irreversible colloid 不可逆胶体
irreversible damage 不可逆损害
irreversible diffusion 不可逆扩散
irreversible dissociation 不可逆解离
irreversible effect 不可逆效应
irreversible electrode 不可逆电极
irreversible encryption 不可逆加密
irreversible gel 不可逆凝胶
irreversible inactivation 不可逆失活
irreversible increase 不可逆增加
irreversible inhibition 不可逆抑制[作用]
irreversible injury 不可逆损害
irreversible magnetic process 不可逆磁化过程
irreversible mutation 不可逆突变
irreversible reaction 不可逆反应
irreversible shock 不可逆休克
irreversible state 不可逆状态
irreversible steering 不可逆式转向器
irreversible uptake 不可逆摄入
irreversible wilting point 永久凋萎点
irrevocable ①不能取消的,不能撤消的,不能撤回的,不能挽回的 ②不能改变的,不能废止的 ③最后的(irrevocabilis)
irrevocable control strategy 不能撤回[的]控制策略
IRRI (=International Rice Research Institute) 国际水稻研究所
irrigable area 可灌溉面积
irrigate 灌溉(irrigare)
irrigated 灌溉的,浇水的(irrigatus)
irrigated agriculture (=irrigated farming) 灌溉农业
irrigated area ①灌溉面积 ②灌溉地区
irrigated conditions 灌溉条件
irrigated crop rotation 灌溉地轮作
irrigated crops 灌溉地作物
irrigated farming 灌溉农业
irrigated field 灌溉地,水浇地
irrigated forage crops 灌溉地饲料作物
irrigated grassland 灌溉草地
irrigated land (=irrigated field) 灌溉地,水浇地
irrigated nursery 水秧田
irrigated pasture 灌溉地牧场
irrigated plot 灌溉小区
irrigated soil ①灌溉地土壤 ②灌溉地
irrigated spring barley 灌溉地春大麦
irrigated takyr 灌溉龟裂土
irrigated water 灌溉水
irrigated wheat 灌溉地小麦
irrigated zone 灌溉地带,灌区

irrigating 灌溉,浇水
irrigating culture 灌溉栽培
irrigating farming 灌溉农业
irrigating head 灌溉水源
irrigating machine 灌溉机械
irrigating network 灌溉网
irrigating shovel 灌溉开沟铲(双翼开沟铲)
irrigating water norm 灌溉定额
irrigating water quota 灌溉定额
irrigation 灌溉,浇水,浇地 (irrigatio)
irrigation agriculture 灌溉农业
irrigation and drainage 灌溉与排水,灌排
irrigation and drainage engineering 灌排工程
irrigation and drainage projects 灌排计划,灌排工程
irrigation area 灌溉面积,灌溉区
irrigation at flowering stage 花期灌溉,灌扬花水
irrigation at seed filling stage 种子灌浆期灌溉,灌浆水
irrigation basin 灌溉盆地
irrigation before seeding 播前灌溉
irrigation border 灌水畦
irrigation by filtration 浸润灌溉
irrigation by flooding 大水漫灌,淹灌
irrigation by gravity 自流灌溉
irrigation by infiltration 渗入灌溉
irrigation by natural flow (= irrigation by gravity) 自流灌溉
irrigation by overdamming 泛滥灌溉,漓漫灌溉
irrigation by plots 畦灌
irrigation by spraying 喷灌
irrigation by sprinkling 喷灌
irrigation by well water 井灌,井水灌溉
irrigation canal 灌溉渠道
irrigation channel 灌溉渠槽
irrigation costs 灌溉费用(成本)
irrigation coupling 灌溉水管接头
irrigation cycle 灌溉周期
irrigation date 灌水日期
irrigation design 灌溉设计
irrigation district 灌溉地区
irrigation ditch 灌水渠,灌水沟,灌溉明沟
irrigation ditcher 灌溉挖掘机
irrigation efficiency 灌溉效率
irrigation equipment 灌溉设备
irrigation expert 灌溉专业人员,灌溉专家
irrigation facilities 灌溉设备
irrigation farming 灌溉农业
irrigation field 灌溉地
irrigation for upland field 旱地灌溉
irrigation frequency 灌溉次数
irrigation furrow 灌溉沟
irrigation gallery 灌溉暗道,灌溉廊道
irrigation gun 远射程喷洒装置,喷雨枪
irrigation hydromodulus 灌溉用水率
irrigation implement 灌溉工具
irrigation in growing period 生育期灌溉
irrigation installation 灌溉装置,灌溉设备
irrigation interval 灌溉期距,灌溉间期
irrigation level 灌溉水位,灌溉水平
irrigation main 灌溉干渠
irrigation map 灌溉图
irrigation method 灌溉方法
irrigation network 灌溉网
irrigation norm 灌溉量,灌溉定额
irrigation of accuracy agriculture 精确农业[的]灌溉(为精确农业主要措施之一){智培}
irrigation of flowering time 开花期灌溉,灌扬花水(水稻)
irrigation of sewage 污水灌溉
irrigation over grassland 草地污水灌溉,草地漫灌{环保}
irrigation pipe 灌溉水管,灌溉管道
irrigation pipe coupler 灌溉水管接头
irrigation pipe-line 灌溉管路(线)
irrigation pipe trailer 灌溉管挂车
irrigation pipe with quick coupling 快接式喷灌管
irrigation plant ①人工降雨装置 ②灌溉设备
irrigation practices 灌溉技术,灌溉措施
irrigation principle 灌溉原理{水利}
irrigation project 灌溉计划,灌溉工程
irrigation pump 灌溉泵,抽水泵
irrigation pumping station 灌溉抽水站
irrigation regime 灌溉制度
irrigation requirement 灌溉需水量,灌溉(净)定额
irrigation reservoir 灌溉水库
irrigation rig ①灌溉装置 ②人工降雨装置,喷灌装置
irrigation rill 灌溉溪流
irrigation scheduling ①灌溉规则 ②灌溉时间安排
irrigation season 灌溉期,灌溉季节
irrigation sewage disposal farm 污水灌溉农田{环保}
irrigation shovel 灌溉开沟铲
irrigation station 灌溉站
irrigation steel 灌溉开沟犁
irrigation storage 灌溉蓄水
irrigation system 灌溉系统

irrigation system of sewage 污水灌溉系统
irrigation technique 灌溉技术
irrigation timing 灌溉时间安排,定时灌溉
irrigation tool 灌水工具
irrigation treatment 灌溉处理
irrigation trials 灌溉试验
irrigation unit ①灌溉单元 ②灌溉设备
irrigation valve 灌溉阀,灌水栓
irrigation water 灌溉[用]水
irrigation well 灌溉井
irrigationist ①灌溉者 ②水利专家
irrigator ①灌溉者 ②灌溉装置,喷灌机
irritability 应激性,感应性(irritabilitas)
irritable 可感应的,易受刺激的(irritabilis)
irritable plant 易受刺激植物(planta irritabilis)
irritant ①刺激[性]的 ②刺激物,刺激剂(irritans)
irritant agent 刺激剂
irritant gas 刺激性气体
irritating smog 刺激性烟雾{环保}
irritation 刺激(irritatio)
irrometer(=tensiometer) 张力计
irrorate 露湿的,沾湿的(irroratus)
irrotational 无转动的,无旋转的(irrotationalis)
irrotational binding 无旋键
IRS ①(=interspersed repeat sequence) 散布重复序列{分遗} ②(=inverted repeat sequence)反向重复序列{分遗}
IS(=insertion sequence) 插入序列{农生技}
ISA ①(=international sugar Agreement)国际食糖协定{农管} ②(=instruction set architectures)指令系统结构{电脑}
isabel(=isabelle) 淡栗色马(isabella)
isabnormal 等反常线(isabnormalis)
isactine 日射化学强度等值线(isactinus)
isadelphous 两轮同数的(指雄蕊)(isadelphus)
isalea 等日射线,等日射量线
isallobar 等变压线
isallobaric analysis 等变压分析
isallobaric chart 等变压图
isallobaric component of wind 风的等变压部分
isallobaric gradient 等变压梯度
isallobaric high 正变压中心
isallobaric low 负变压中心
isallobaric wind 等变压风
isallohypse 等变高线
isallotherm 等变温线(isallotherma){气象}
isametral 等偏差线(isametralis)
isanakatabar (在高低气压系统经过时的)等气压较差线
isanakatabaric chart 等气压较差线图
isanemone 等风速线(isanemonus)
isanic acid 生红酸,十四碳烯-4-酸[$C_{13}H_{19}CO_2H$]
isanomalous 等距平线[的](isanomalus)
isanomaly 等距平线(isanomalia)
isanther 等开花期
isanthesic line 等始花期线
isarithmic ①等值的{遥感} ②有节奏的{信息}(isarithmicus)
isarithmic control 有节奏控制
isarithmic line 等值线
isarithmic map 分级图{遥感}
isarithmic network 有节奏网络
isatine 靛红{显技}
isauxesis(=ontogenetic heterauxesis) 同步发育,同等增大(部分发育率与整体发育率相同)
ISC ①(=International Sericultural Commission) 国际蚕桑委员会 ②(=International Sugar Council)国际食糖会议
ischemia 局部缺血(ischaemia)
ischemic(=ischaemic) 局部缺血的(ischaemicus)
ischiadic(=ischiatic) 坐骨的(ischiaticus)
ischidrosis 汗团
ischiopodite 座肢节
ischium ①坐骨{畜} ②座节{昆虫}
Iscove's modified Delbecco's medium(IMDM) 伊斯考夫改良杜尔贝科培养基{生技}
ISDN(=integrated services digital network) 综合业务数字网络{信息}
-ise ⌞字尾⌝性质,状态
isentrope 等熵线{气象}
isentropic 等熵的(isentropus)
isentropic analysis 等熵面分析
isentropic atmosphere 等熵大气
isentropic change 等熵变化,绝热变化
isentropic chart 等熵图
isentropic motion 等熵运动
isentropic process 等熵过程
isentropic surfaces 等熵面
iseoric line 等年温较差线
isepire 等降水大陆度(isepira)
ISF(=inversion stimulation factor) 倒位刺激因子{分遗}

ISHS (= International Society for Horticultural Science) 国际园艺科学会
ISI (= International Statistical Institute) 国际统计研究所
isidiose 具珊瑚状瘤的 (isidiosus)
isidium 针芽,裂芽(指地衣)
isin glue (= fish glue) 鱼胶
isinglass 鱼明胶
island ①岛,岛屿,安全岛 ②甲板室,舰台
island arc 岛弧
island hill 岛丘
island marsh 岛状沼泽
island model 岛式模型
island of accumulation 堆积岛
islandicum 岛青霉素
islanditoxin 岛青毒素
isle ①岛,小岛,屿 ②住在岛上
isle of Wight disease 怀得岛病,恙虫病(指蜜蜂成虫的一种疫病)
islet (= small island) ①小岛,屿 ②小岛状物 ③岛状[孤立]地带
islets of Langerhans (= islands of Langerhans) 兰氏岛,胰岛 {分生}
-ism ⌊字尾⌉性质,状态,行为等
iso- ⌊字头⌉①同,等 ②异
iso-allely 同等位基因性 (isoallelia)
iso-anabariocenter (= isanabaric centre) 等升压中心
iso-anisosyndetic 等(染色体)臂异(染色体)臂联会的 (isoanisosyndeticus)
iso-anisosyndetic allopolyploid 等臂异臂联会异源多倍体
iso-coefficient 等[雨量]系数线 (isocoefficiens)
iso-immunization 同种免疫 (isoimmunisatio)
iso-intensity curve 等强度曲线
iso-nonlabeling 同无标记的
iso-octane 异辛烷 [$CH_3(CH_2)_6CH_3$]
iso-orthotherm 等正温线
iso-subchromatid union 亚等点连接
iso-tRNA (= isoacceptor tRNA) 同工 tRNA {分遗}
iso-X-chromosome 等臂 X 染色体 (iso-X-chromosoma)
isoaccepting tRNA (= isoacceptor tRNA) 同功 tRNA,同工 tRNA {分遗}
isoacceptor 同工受体
isoacceptor transfer RNA 同功转移 RNA,同功 tRNA,同工 tRNA
isoacceptor tRNA (= iso-tRNA) 同功 tRNA,同工 tRNA
isoacceptor tRNA species 同功 tRNA 种,同工 tRNA 种
isoadenine 异腺嘌呤
isoagglutination 同种凝集作用 (isoagglutinatio)
isoagglutinin 同种凝集素
isoallele 同等位基因 (isoallela)
isoallopregnane diol 异别孕二醇
isoalloxazine 异咯嗪
isoamplitude 等振幅线
isoamyl alcohol 异戊醇 [$C(H_3)_2CHCH_2CH_2OH$]
isoamyl alcohol in electron microscopy 电子[显微]镜检术用异戊醇
isoamyl alcohol in flooded soil 水淹土中异戊醇(稻田)
isoamylase 异淀粉酶
isoantagonism 自行颉颃[作用] (isoantagonismus)
isoanth 等花期线
isoantibody ①自体抗体 ②同种抗体
isoantigen ①自体抗原 ②同种抗原
isoascorbic acid 异抗坏血酸,阿拉伯糖型抗坏血酸
isoatmic 等蒸发线 (isoatmicus)
isoaurore 极光等频[率]线 (isoaurore)
isobar ①等压线 ②同量异位素
isobar type 等压线型式
isobaric 等压[线]的 (isobaricus)
isobaric analysis 等压线分析
isobaric chart 等压面图
isobaric cooling 等压冷却
isobaric line (= isobarometric line) 等压线
isobaric motion 等压运动
isobaric surface 等压面
isobase 等基线 (isobasis)
isobaths 等(水)深线
isobathytherm 海内等温线
isobenzan 碳氯灵(杀虫剂) [$C_9H_4Cl_8O$]
isobestic point 等消光点
isobilateral 等面的,二侧相等的 (isobilateralis)
isobilateral mesophyll 等面叶肉 (mesophyllum isobilaterale)
isobilaterally symmetrical (= bisymmetrical) 二轴对称的 (isobilateraliter symmetricus)
isobiochore 等生活型线
isoblabe 等度侵染线
isobrachial 等臂的 (isobrachialis)

isobrachial chromosome 等臂染色体(chromosoma isobrachialis)
isobrious 相等发育的(指胚)(isobrius)
isobront 等雷暴日数线,初雷等时线(isobrons){气象}
isobutane 异丁烷,三甲基丁烷[$(CH_3)_2CHCH_3$]
isobutane in electron microscopy 电子[显微]镜检术用异丁烷
isobutydine diurea 亚异丁基二脲,异丁叉二脲
isobutyl alcohol 异丁醇[$(CH_3)_2CHCH_2OH$]
isobutyl mustard oil 异丁芥子油
isobutylene 异丁烯
isobutylidene diurea (IBDU) 异丁叉二脲,亚异丁基二脲(长效肥料)
isobutyric acid 异丁酸[$(CH_3)_2CHCOOH$]
isobutyric anhydride 异丁酸酐
isocamphane 异莰烷[$C_{10}H_{18}$]
isocamphane derivative 异莰烷衍生物
isocaproaldehyde 异己醛[$(CH_3)_2CH(CH_2)_2CHO$]
isocarpic 同心皮数的(isocarpus)
isocaudarner 同尾酶
isocellobiose 异纤维二糖
isocenter 同心线
isoceraunic line (=isokeraunic line) ①年雷暴日百分频率等值线 ②等雷雨[次数与强度]线
isocheim 等冬温线
isochion 等雪线
isochomous 等叉的(isochomus)
isochore 等容线
isochoric change 等容变化(恒变化)
isochromatic 等色的(isochromaticus)
isochromatid 等臂染色单体
isochromatid aberration 等臂染色单体畸变
isochromatid break 等臂染色单体断裂,等点断裂
isochromatid deletion 等臂染色单体缺失,等点缺失
isochromatid union 等臂染色单体连接,等点连接
isochromocentric 等染色中心的,等心的(isochromocentricus)
isochromocentric nucleus 等心核(nucleus isochromocentricus)
isochromosome 等臂染色体(isochromosoma)
isochromosome pair 等臂染色体对
isochrone 同时线
isochronism 等时性(isochronismus)
isochronous (=isochronal) 等时的(isochronus)
isochronous digital signal 等时数字信号
isochronous transmission 等时传输
Isocil 异草定(除草剂)[$C_8H_{11}BrN_2O_2$]
isocitratase (=isocitrase) 异柠檬酸[裂合]酶
isocitrate 异柠檬酸盐
isocitrate dehydrogenase 异柠檬酸脱氢酶{生化}
isocitrate lyase 异柠檬酸[裂合]酶
isocitric acid 异柠檬酸[$HO_2CCHOHCH(CO_2H)CH_2COOH$]
isocitric dehydrogenase 异柠檬酸脱氢酶
isocitric enzyme 异柠檬酸脱氢酶
isoclasite 水磷灰石,氢氧磷酸钙石
isoclimatic line 等气候线
isoclinal fold 等斜褶皱
isoclinal line 等斜线
isocline 等斜线(isoclinus)
isococlaurine 异衡州乌药碱
isocoding 同编码
isocolloid 异胶质
isocolohicine 异秋水仙碱
isocompound 异构化合物
isocon 分流直像管{遥感}
isoconcentration point 等浓点
isocorrelation 等相关线(isocorrelatio)
isocorydine (=artabotrine, luteanine) 异紫堇定
isocotylous 等子叶的(isocotylus)
isocount 等计数
isocratic elution 常液洗脱
isocryme 最冷期等水温线
isocyclic 同基数轮列的(isocyclicus)
isocyclic compound 纯环化合物
isocytolysin 同族溶细胞素
isocytotoxin 同族细胞毒素(isocytotoxina)
isodef 等少量百分率线
isodense 等密度线(isodensus)
isodensity 等密度[线]
isodensity centrifugation 等密度离心
isodensity equilibrium sedimentation 等密度平衡沉降
isodesmosine 异锁链[赖氨]素
isodesmosome 同桥粒(isodesmosoma)
isodevelopmental zone 等发生带
isodiametric 等[直]径的(isodiametricus)
isodiametric cell 等径细胞(cellula isodiametrica)

isodiaphore 等[气候因素]月变线
isodicentric 具等二着丝点的（isodicentricus）
isodicentric chromosome 等二着丝点染色体
isodimorphism 同二晶[现象]（isodimorphismus）
isodirectional distribution 同向分布
isodose ①等剂量的 ②等剂量线
isodose line 等剂量线
isodrin 异艾氏剂(杀虫剂) [$C_{12}H_8Cl_6$]
isodrosotherm 等露点线（isodrosotherma）
isodynam 等风力线（isodynama）
isodynamic ①等力的 ②放出力能的（isodynamicus）
isodynamic enzyme 等力酶
isodynamic line 等风力线
isodynamic surface 等磁力面
isodyne 等力线
isoelectric 等电的（isoelectricus）
isoelectric analysis 等电分析
isoelectric condensation 等电聚焦
isoelectric edge 等电面
isoelectric equilibrium electrophoresis 等电平衡电泳
isoelectric focusing 等电聚焦
isoelectric focusing electrophoresis 等电聚焦电泳
isoelectric fractionation 等电分级分离
isoelectric pH 等电 pH,等电酸碱度
isoelectric point （IEP)等电点
isoelectric precipitation 等点沉积
isoelectric separation 等电分离
isoelectric spectrum 等电谱
isoelectrofocusing（= isoelectric focusing）等电聚焦
isoenergetic 等能的（isoenergeticus）
isoenzyme（= isozyme） 同工酶
isoenzyme pattern 同工酶型
isoeral 等春温线（isoerales）
isoetes（= quillwort） ①水韭属[*Isoetes* L.]（水韭科）②水韭[*Isoetes Iacustrus* L.]
isoetes family 水韭科[Isoetaceae]
isofacial 同面的（isofacialis）
isofemale line 单雌系
isoflavone 异黄酮
isoform 同种型,同工型,同等型（isoforma）
isogal 等重力线
isogala 异半乳糖
isogala series 异半乳糖系列
isogam 等磁力线
isogametangiogamy 同形配子囊配合（isogametangiogamia）
isogametangium 同形配子囊
isogamete 同形配子（isogameta）
isogamous ①同配生殖的 ②配子同型的 ③同质的,纯质的（isogamus）
isogamous conjugation 同质接合,纯质接合
isogamy ①同配生殖 ②配子同型（isogamia）
isogene 等基因（isogena）
isogenetic ①同宗的{真菌} ②同源的{遗传}（isogeneticus）
isogenic 等基因的（isogenus）
isogenic graft 等基因移植
isogenic line 等基因系（linea isogenica）
isogenic population 等基因群体
isogenic strain 等基因品系
isogenicity 基因纯化（isogenicitas）
isogenomatic 同基因组的,同染色体组的（isogenomaticus）
isogenome 同染色体组,同基因组（isogenoma）
isogenous 雌雄同型遗传的（isogenus）
isogeny 雌雄同型遗传（isogenia）
isogeotherms 等地温线（isogeothermae）
isoglobo 异红细胞
isoglobo pentose 异红细胞五糖
isoglobo series 异红细胞系列
isoglutamine 异谷氨酰酸
isogon 同风向线
isogonal（= isogonic line） 等[磁]偏线
isogonic chart 等偏图{遥感}
isogonic line 等[磁]偏线
isograde 同等级（isogradus）
isogradient 等梯度线（isogradiens）
isograft [同种]同基因(组织)移植
isogram 等值图表（isogramma）
isograph 等值线图{遥感}
isogriv 等坐标磁偏角线{遥感}
isoguanine 异鸟嘌呤
isogynous 等雌蕊的
isohaemoagglutinin 同种红细胞凝集素
isohel 等日照线
isohemolysin 自体溶血素
isohormone 同工激素
isohume 等湿度线
isohumic belt 等腐殖质带
isohydric 等氢离子的
isohydric principle 等氢离子原理{分生}
isohydric shift 等氢离子转移

isohydric suspension 等氢离子浓度悬液
isohyet 等雨量线
isohyetal 等雨量线（isohyetalis）
isohygrometric line 等湿度线
isohyle 森林线
isohypse 等高线
isoimmune plasma 同种免疫血浆
isoimmune serum 同种免疫血清
isoinhibitor 同效抑制剂，同工抑制剂
isoionic point 等离[子]点
isoiony 等离子浓度
isokatabaric center 等降压中心
isokatanabar 等气压较差线
isokinetic gradient 等动力梯度
isokinetin 异激动素，2-呋喃甲氨基嘌呤
isokont 等鞭毛的
isolabeling 同标记
isolactose 异乳糖
isolan 异索威，异蓝（杀虫剂）［$C_{10}H_{17}N_3O_2$］
isolate ①分离 ②分离菌 ③隔离 ④隔离种群（isolata）
isolated ①孤立的，隔离的，单独的 ②绝缘的 ③分离的（isolatus）
isolated amplifier 绝缘放大器
isolated chromosome 单独染色体
isolated culture ①隔离栽培｛栽培｝②隔离培养｛微生物｝
isolated echo 孤立回波｛遥感｝
isolated electron 孤立电子
isolated factor 单独因素
isolated farm 隔离农庄，孤立庄园，独立农场
isolated form 隔离型
isolated free nitrogen fixing bacteria 自生游离氮固定细菌
isolated gate field effect transistor（IGFET） 绝缘栅场效应晶体管｛电脑｝
isolated hill 孤山
isolated location 隔离位置
isolated network 孤立网络｛信息｝
isolated nucleus 分离核
isolated pacing response（IPR） 分离定步响应，隔离整步响应｛信息｝
isolated planting ①隔离种植｛育种｝②孤植｛园艺｝
isolated plot 隔离区
isolated point 孤立点
isolated population 隔离群体
isolated pulse half-width 孤立脉冲半幅宽
isolated ribosome 分离的核蛋白体（核糖体）
isolated seed production 隔离采种栽培，隔离种子生产
isolated system 孤立系统，隔离系统
isolated tree 孤立树（arbor isolatus）
isolateral ①等边的 ②等面的（isolateralis）
isolateral leaf 等面叶（folium isolaterale）
isolaterality 等面式（isolateralitas）
isolates 隔离群（isolatae）
isolating factor 隔离因素
isolating mechanism 隔离机制
isolation ①隔离｛育种｝②分离｛微生物｝③绝缘｛物｝（isolatio）
isolation barrier 隔离阻障
isolation bed 隔离花坛｛园林｝
isolation belt（=isolation strip） 隔离带
isolation body 分离体
isolation chamber 隔离室（采种用）
isolation diagnostic 分离诊断
isolation distance 隔离距离
isolation ditch 隔离沟
isolation envelope 分离膜
isolation estimate 隔离估计值
isolation field（= isolation plot） 隔离圃［地］
isolation gene 隔离基因
isolation index 隔离指数
isolation level 隔离级别
isolation loss 隔离损失
isolation material 绝缘材料
isolation mechanism 隔离机理
isolation medium 分离培养基
isolation method 分离法
isolation of auxotrophic mutant 营养突变体分离
isolation of microbes 微生物分离
isolation of mutants 突变体分离
isolation of pure culture 纯培养分离
isolation of the crown 树冠透光伐
isolation period 隔离期，检疫期
isolation pig housing 隔离猪舍饲
isolation plot 隔离小区
isolation row 隔离行，保护行
isolation strip 隔离带，保护带
isolation technics（= isolation technique） 分离技术
isolator ①隔离器 ②绝缘体 ③隔振体
isolator valve 隔离阀，关闭阀
isolecithal egg 均黄卵
isolectin 同工凝集素
isoleic acid 异油酸
isoleucine（Ile） 异亮氨酸［$CH_3CH_2CH(CH_3)CH(NH_2)COOH$］
isoleucine biosynthesis 异亮氨酸生物合成
isoleucyl- 异亮氨酰［基］

isoline ①等基因系{遗传} ②等值线{气象}(isolinea)
isolocus 等座位
isolocus break 等座位断裂(染色体,染色线)
isolocus deletion 等座位缺失
isolocus discontinuity 等座位不连续性
isologous 相同的(isologus)
isoluminescence point 等发光点
isolysin 同族溶素
isomaltose 异麦芽糖,6-葡糖-α 葡糖苷[$C_{12}H_{22}O_{11}H_2O$]
isomar (=phenocontour) 等物候线
isomastigote 等鞭毛的(isomastigotus)
isombre 等蒸发线
isomenal 月平均等值线(主要指气温而言)(isomenalis)
isomentabole 气压日际等变线
isomer ①异构体 ②同质异能素
isomerase 异构酶
isomere 同质部分(isomera)
isomeric ①同数的,同基数的 ②[同分]异构的,[同质]异能的,同组异序的(isomerus)
isomeric growth 等速生长
isomeric RNA phage 异构 RNA 噬菌体
isomeric transformation 异构转化
isomeric value 降水百分率{气象}
isomerism [同分]异构[现象](isomerismus)
isomerization [同分]异构化[作用](isomerisatio)
isomerous (=isomeric) 同数的(isomerus)
isomerous flower 同数花(flos isomerus)
isomers 等比值线(主要指月降水量对年降水量的百分率而言)
isomery ①异构现象 ②异构性(isomeria)
isometabole 等逐日变差线
isometric ①等距离的 ②等径的{物} ③同质异能的 ④同组异序的(isometricus)
isometric DNA sequence 同组异序 DNA 序列{分遗}
isometric mapping 等距映射(映象){电脑}
isometric space 等度量空间{遥感}
isometric surface coordinate 等距曲面坐标
isometric view 等距视图,等轴视图
isometropal 等秋温线
isometry 等速生长(isometrius)
isomolar ①等克分子的 ②等克分子量
isomorph ①亚等位基因 ②同类形态 ③同晶体型
isomorphic (=isomorphous) ①同形的,同形态的 ②同晶的 ③同构的(isomorphus)
isomorphic cooperative game 同构合作对策
isomorphic generation 等形世代交替
isomorphic graph 同构图
isomorphic mapping 同构映射{电脑}
isomorphism ①同态性 ②同构性(isomorphismus)
isomorphous replacement 同晶替代,同晶置换
isomutant 同质突变体,同基因突变体
isoneph 等云量线(isonephus)
isoniazide 异烟肼
isonicotinic acid 异烟酸,吡啶甲酸[C_5H_4NCOOH]
isonicotinyl hydrazine 异烟[酰]肼
isonif 等雪量线
isonym 等名(isonymum)
isonymous substitution 同编码代换
isoombre (=isombre) 等蒸发线
isoosmotic 等渗线(isoosmoticus)
isoosmotic solution 等渗透液
isopach 等原线{遥感}
isopachous map 等厚图
isopag 等冻期线(isopagus)
isopague 等冻期线(isopaguus)
isoparaffin 异烷烃
isoparallage 等年温较差线
isoparametric 等参数的(isoparametricus)
isopectrics 同冻线
isopelletierine 异石榴碱
isopentane 异戊烷[$(CH_3)_2CHC_2H_5$]
isopentane in electron microscopy 电子[显微]镜检术用异戊烷
isopentanol 异戊醇
isopentenyl- 异戊烯[基]
isopentenylation 异戊烯基化作用(isopentenylatio)
isopentenylpyrophosphate 异戊烯焦磷酸
isopeptide bond 异肽键
isoperimetrical (=isoperimetric) 等周的(isoperimetricus)
isopestox (=mipafox) 丙胺氟磷,丙胺磷(杀虫剂)[$C_6H_{16}FN_2OP$]
isopetalous 同形花瓣的(isopetalus)
isophago 等害线
isophane 植物生长阶级中同时线(isophana)
isophane insulin 鱼精蛋白锌胰岛素
isophase 等相线(isophasis)
isophasm [of pressure] 等变压值线
isophene ①等物候线 ②等表型线
isophene map 等表型线图

isophenic 同表型的(isophenus)
isophenogamy 同型交配
isophenological line 等物候学线
isophenous 同表型的(isophenus)
isophil(= isophile) 同嗜性
isophil antibody 同嗜性抗体
isophil antigen 同嗜性抗原
isophote 等明度线(isophotus){显技}
isophtor (风暴)等灾线
isophyllous 同形叶的(isophyllus)
isophylly 等叶式(isophyllia)
isopical deposit 同类沉积物
isopiestic method 等压法
isopiestics 等压线(isopiestica)
isopipteses 同时出现线
isopire 等温度较差线
isoplanar ①同平面的 ②等平面的(isoplanaris)
isoplanar isolation 等平面隔离
isoplanogamete 同型游动配子(isoplanogameta)
isopleth 等值线(isoplethae)
isopleth map 等值线图
isoplethic curve 等值曲线
isoplith 等长片断
isoploid 偶倍体(isoploida)
isoploidy 偶倍性(isoploidas)
isopluvial 等雨量线
isopolar 等极的(isopolaris)
isopole(= isopoll, isopollenline) 等花粉线
isopolyacid 同多酸
isopolybase 同多碱
isopolyploid 偶倍多倍体(isopolyploida)
isopolyploidy 偶倍多倍性(isopolyploidas)
isopotential 等位势线
isopreference curve 等偏好曲线
isoprene 异戊二烯
isoprenoid 类异戊二烯
isoprenoid in cell culture 细胞培养的类异戊二烯
isoprenylation(= prenylation) 异戊二烯化
isopropalin 异乐灵(除草剂) [$C_{15}H_{23}N_3O_4$]
isopropanol 异丙醇 [$(CH_3)_2CH(OH)$]
isopropyl alcohol 异丙醇 [$(CH_3)_2CH(OH)$]
isopropyl alcohol as fixative 固定液用异丙醇
isopropyl alcohol for dehydration 脱水用异丙醇
isopropyl N-phenylcarbamate 苯胺灵
isopropyl-β-D-thiogalactoside(IPTG) 异丙基-β-D 硫代半乳糖苷
isoprotein 同工蛋白[质]
isoproterenol 异丙基肾上腺素
isoprotic 等质子的(isoproticus)
isoprotic pH 等质子 pH
isopter 等视力线
isoptera ①白蚁类 ②等翅目(Isoptera)
isopterous 等翅的(isopterus)
isopulse 恒定脉冲
isopycnic 等密度的(isopycnicus)
isopycnic banding 等密度显带,等密度分带{染色体}
isopycnic centrifugation 等密度离心
isopycnic sedimentation 等密度沉降
isopycnosis 异固缩
isopycnotic 异固缩的(isopycnoticus)
isopyrum ①人字果属[*Isopyrum* L.](毛茛科) ②人字果[*Isopyrum thalictroides* L.]
isoquinoline 异喹啉
isoquinoline alkaloid 异喹啉生物碱
isoracemization 等消旋(isoracemisatio)
isorhamnetin 异鼠李亭
isorhamnose 异鼠李糖[$C_6H_{12}O_5$]
isorhamnoside 异鼠李糖苷
isorheic elution 恒流[量]洗脱
isoriboflavin 异核黄素
isoryme 最冷月份平均温度等值线(isorymes)
isosbestic point 等消光点
isoschizomer 同裂酶,同切口酶,同切点酶
isoseismal map 等震线图{遥感}
isosemantic substitution 同义取代
isosepiapterin 异墨蝶呤
isoserin 异丝氨酸 [$H_2NCH_2CH(OH)COOH$]
isosmotic 等渗的(isosmoticus)
isosmotic pressure 等渗压
isosmotic solution 等渗溶液
isosmoticity 等渗(isosmoticitas)
isospore 同形孢子(isospora)
isosporous 同形孢子的(isosporus)
isospory 孢子同型(isosporium)
isostasy 地壳均衡(isostasia)
isostath 等密度线
isostatic 等压线
isostemonous 同数雄蕊的(isostemonus)
isostemony 同数雄蕊式(isostemonia)
isoster 等比容线
isosteric ①[电子]等排的 ②同(型空间)配

[位]的 ③等比容线（isostericus）
isosteric surface 等比容面
isostich 等长片断
isostichous 等列的（isostichus）
isostomous 萼冠同形的（isostomus）
isostyled 等花柱的（isostylus）
isosyndetic ①同种联会的 ②同亲对合性（isosyndeticus）
isosyndetic allopolyploid 同种联会异源多倍体
isotac 等解冻线
isotach 等风速线
isotachophoresis 等速电泳
isotactic 同向[异体立构]的，同向立构的（isotacticus）
isotactic polymer 同向[异体立构]聚合物
isotalant 等年温较差线（isotalans）
isotelocompensating trisomic 等[臂]端[着丝点]补偿三体生物
isotertiary compensating trisomic 等[臂]三级补偿三体生物
isotetrandrine 异侧地拱素 [$C_{38}H_{42}N_2O$]
Isothan 异喹灵(杀菌剂) [$C_{21}H_{32}BrN$]
isothene 等气压平衡线
isothere 等夏温线
isotherm 等温线，恒温线
isothermal (=isotherm) 等温[线]的
isothermal adsorption 等温吸附
isothermal amplification technique 等温扩增技术
isothermal annealing 等温退火
isothermal atmosphere 等温大气
isothermal change 等温变化
isothermal compression 等温压缩
isothermal efficiency 等温效率
isothermal equilibrium 等温平衡
isothermal expansion 等温膨胀
isothermal foliage 等温叶簇
isothermal layer 等温层
isothermal line 等温线
isothermal quenching 等温淬火
isothermal surface 等温面
isothermobath 等水温线(指水中垂直剖面上的){水利}
isothermobrose 平均夏雨等值线
isothermohyps 等温线(垂直剖面图上的)
isothioate 叶蚜磷(杀虫剂) [$C_7H_{17}O_2PS_3$]
isothiocyanate 异硫氰酸盐
isothreonine 异苏氨酸
isothyme 等蒸发线（isothyma）
isotimic 等值线
isotocin 硬骨鱼催产素
isotomic dichotomy 相等二歧分枝（dichotomia isotomica）
isotomids 异跳虫科 [Isotomidae]
isotomy 等二歧分枝（isotomia）
isotone ①同量异位素{分生} ②保序{电脑}
isotone mapping 保序映射
isotonic ①等渗压的 ②等张力的（isotonicus）
isotonic coefficient 等渗系数
isotonic concentration 等渗[压]浓度
isotonic pressure 等渗压
isotonic solution 等渗溶液
isotonicity ①等渗性 ②等张力性 ③保序性（isotonicitas）
isotope ①同位素 ②同种位
isotope abundance (=isotopic abundance) 同位素丰度
isotope centre 同位素中心(指同位素生产、利用、供应的中心)
isotope dating 同位素年代测定
isotope dilution analysis (=isotopic dilution analysis) 同位素稀释分析
isotope dilution method 同位素稀释法
isotope discrimination 同位素辨别法
isotope effect 同位素效应
isotope exchange 同位素交换
isotope exchange method 同位素交换法
isotope gauge 同位素仪表
isotope labeling 同位素标记
isotope scanner [放射性]同位素扫描器
isotope tracer 同位素示踪物
isotopic 同位素的
isotopic abundance 同位素丰度
isotopic analysis 同位素分析
isotopic correlation safeguards technique 同位素相关保护技术
isotopic dilation mass spectrometry 同位素稀释质谱法
isotopic dilution analysis 同位素稀释法分析
isotopic element 同位素
isotopic labeling (=isotope labeling) 同位素标记
isotopic mass 同位素质量
isotopic method 同位素稀释法
isotopic tagging 同位素标记，同位素示踪
isotopic trace technique 同位素示踪技术
isotopic tracer 示踪同位素，同位素示踪物
isotopic tracing 同位素示踪
isotopic trapping 同位素俘获
isotopically labeled 同位素标记的

isotopically tagged 同位素示踪的,同位素标记的
isotrilobine 异三裂碱
isotrisomic 等[臂]三体生物(isotrisomicus)
isotrisomy 等[臂]三体性(isotrisomia)
isotrophic 等营养的(isotrophus)
isotrophism 等营养现象(isotrophismus)
isotropic ①各向同性的{遗传}②均质的{土壤}③无向性的{物}(isotropus)
isotropic deposit 均质沉积物
isotropic fiber 各向同性纤维
isotropic mapping 各向同性映射{电脑}
isotropic properties 各向同性,同向性
isotropic radiation 各向同强度辐射
isotropic scatterer 各向同性散射体
isotropic soil 均质土壤
isotropic temperature factor 各向同性温度因子
isotropic turbulence 各向同性湍流{环保}
isotropism 各向同性(isotropismus)
isotropous ①各向同性的{遗传}②均质的{土壤}(isotrpous)
isotropy 等轴性,各向同性(isotropia)
isotype ①等模式{昆虫}②同型,同种型{分遗}③国际语言教育系统{电脑}(isotypus)
isotype determinant 同型决定子{分遗}
isotype exclusion 同[种]型排斥
isotype specimen 等模式标本
isotype switching 同[种]型转换
isotypic variation 同型变异
isotypical genus 同模属
isovalerate ①异戊酸②异戊酸盐、酯或根
isovaleric acid 异戊酸[$(CH_3)_2CHCH_2$-COOH]
isovaleryl 异戊酰
isovaleryl CoA 异戊酰 CoA,异戊酰辅酶 A
isovalthine 异缬硫氨酸
isoxanthopterin 异黄蝶呤
isoxathion 异噁唑磷(杀虫剂)[$C_{13}H_{16}NO_4PS$]
isoxazole 异噁唑
isoxazole alkaloid 异噁唑生物碱
isozygote 纯合子(isozygotus)
isozygotic 纯合的(isozygoticus)
isozygoty 纯合性(isozygotia)
isozyme 同工酶
isozyme analysis 同工酶分析
isozyme and tissue culture 同工酶与组织培养
isozyme in plant tissue culture 植物组织培养的同工酶
isozyme pattern 同工酶酶谱
isozyme physiology 同工酶生理学
isozyme profile 同工酶分布图
isozyme property 同工酶性质
isozyme system in plant 植物的同工酶系统
isozyme technique 同工酶技术
isozyme variant 同工酶变异体
ISP(=Internet service provider) 因特网服务提供者{电脑}
isp(=insystem programmable) 系统内可编程的{电脑}
issid planthoppers 瓢蜡蝉科[Issidae]
ISSS(=International Society of Soil Science) 国际土壤学会
issue ①流出②出口,河口{水利}③出版④发行⑤结果,结局
issue copy 出版期数
issue in order 发布命令
ISTA(=International Seed Testing Association) 国际种子检验协会
istamycin 天神霉素
isthmus ①[藻]腰②峡(isthmus)
istle ①龙舌兰[*Agave americana* L.](龙舌兰科)②龙舌兰纤维
isu tree ①蚊母树属[*Distylium* Sieb. et Zucc.](金缕梅科)②蚊母树[*Distylium racemosum* Sieb. et Zucc.]
itaconate ①衣康酸,甲叉丁二酸②衣康酸盐、酯或根
itaconic acid 衣康酸,甲叉丁二酸
itai-itai disease 骨痛病(指长期饮用含镉河水的结果){环保}
Italian bee(=Italian honey bee) 意大利蜜蜂
Italian-bells 意大利风铃草[*Campanula isophylla* Moretti](桔梗科)
Italian broccoli 花茎甘蓝[*Brassica oleracea* var. *italica* Planch.](十字花科)
Italian bugloss ①牛舌草属[*Anchusa* L.](紫草科)②牛舌草[*Anchusa azurea* Mill.]
Italian clematis 意大利铁线莲[*Clematis viticella* L.](毛茛科)
Italian clover(=crimson clover, carnation clover, French clover) 肉色三叶草(降车轴草,金花草,猩红苜蓿,意大利车轴草)[*Trifolium incaratum* L.](豆科)
Italian cypress(=common evergreen cypress) 地中海柏树[*Cupressus sempervirens* L.](柏科)
Italian garden 意大利式庭园{园林}
Italian honey bee 意大利蜜蜂(蜜蜂)[*Apis mellifica* var. *ligustica* Spin.](蜜蜂科)

Italian jasmine 小黄馨（常春小黄素馨）[*Jasminum humile* L.]（木犀科）
Italian leprosy 糙皮病，玉米疹
Italian locust 意大利[星翅]蝗 [*Calliptamus italicus* Linnaeus]（蝗科）
Italian millet 粟（小米，谷子）[*Panicum italicum* L.]（禾本科）
Italian orange 意大利红橘 [*Citrus reticulata*]（芸香科）
Italian pear scale 意大利梨蚧 [*Epidiaspis piricola* Del Guer]（蚧科）
Italian poplar（= Lombardy poplar） 钻天杨 [*Populus nigra* L. var. *italica* Moench]（杨柳科）
Italian round lemon 意大利圆柠檬（柠檬品种）
Italian rye-grass 一年生黑麦草（多花黑麦草，意大利黑麦草）[*lolium multiflorum* Lam.]（禾本科）
Italian stone-pine 意大利五叶松 [*Pinus pinea* L.]（松科）
italic ①斜体的 ②斜体，斜体字（italicus）
italic font 斜体字
ITC（= International Tea Commission） 国际茶叶委员会
itch ①疥癣 ②痒{医}
itch mite ①疥螨 [*Sarcoptes scabiei* De G.] ②疥螨科 [Sarcoptidae]
itchgrass ①罗氏草属 [*Rottboellia* L. f.]（禾本科）②罗氏草 [*Rottboellia axaltata* L.]
item ①条款，项目，细则 ②物品，产品 ③零件，元件
item advance 按项目进行，项目前进法{农经}
item by item sequential inspection 逐个项目顺序检验
item code 项目代码，项码
item description 项目说明
item design 项目设计，项目组成
iteration ①重复{统计} ②迭代{遥感}（iteratio）
iteration method 迭代法
iterative ①重复的 ②迭代的（iterativus）
iterative computation 重复计算
iterative estimation 重复估计，循回估计{统计}
iterative procedure 重复过程
iteron 重复子，重复区{分生}
itinerant 巡回的（itinerans）
itinerant library 巡回图书馆
itinerant school 巡回学校，流动学校
itinerant teaching 巡回教学
itinerary map 路线图
itinerary pillar 路标
ITOS（= improved TIROS operational satellite） 艾托斯卫星，改进型泰罗斯业务卫星{气象}
ITP（= inosine triphosphate） 次黄苷三磷酸
ITR（= inverted terminal repeat） 反向末端重复{分遗}
IUB（= International Union of Biochemistry） 国际生物化学联合会
IUMS（= International Union of Microbiological Societies） 国际微生物学会联合会
IUPAC（= International Union of Pure and Applied Chemistry） 国际纯化学与应用化学联合会
i. v. ①（= intravenous administration）静脉内施用{分生} ②（= intravenous injection）静脉内注射{分生}
IVD ①（= in vitro diagnosis）体外诊断{分生} ②（= in vitro dry matter digestibility）离体干物质消化率{分生}
ivermectin 双氢除虫菌素，伊佛霉素
ivory ①象牙 ②印刷纸、厚光纸
ivory nut 象牙椰子果
ivory nut palm（= ivorypalm） ①象牙椰子属 [*Phytelephas* Ruiz.]（棕榈科）②（= common ivorypalm, taguanut）象牙椰子 [*Phytelephas macrocarpa* Ruiz.]
ivory-white 象牙白（eborinus, eburneus, eburnus）
ivy ①常春藤属 [*Hedera* L.]（常春藤科）②常春藤[*Hedera sinensis* L.]
ivy aphid 常春藤蚜 [*Aphis hederae* Kltb.]（蚜科）
ivy arum ①藤芋属（绿萝属）[*Scindapsus* Schott]（天南星科）②藤芋 [*Scindapsus sinensis* Engl.] ③绿萝 [*Scindapsus aureus* Engler]
ivy family 常春藤科 [Hederaceae]
ivy geranium（= ivy leaved pelargonium） 蔓性天竺葵（盾叶蔓天竺葵）[*Pelargonium peltatum* Ait.]（牻牛儿苗科）
ivy glorybind 打碗花 [*Calystegia hederacea* Wall.]（旋花科）
ivy gourd ①红瓜属 [*Coccinia* Wight et Arn.]（葫芦科）②红瓜 [*Coccinia cordifolia*（L.）Coga.]
ivy-leaf cyclamen ①仙客来属 [*Cyclamen*（Tourn.）L.]（报春花科）②仙客来 [*Cyclamen europacum* L.]

ivy-leaved 常春藤叶的（hederifolius）

ivy-leaved speedwell 常春藤叶婆婆纳［*Aeronica hederifolia* L.］（玄参科）

ivy-like 似常春藤的（hederaceus）

ivy scale（= oleander scale） 夹竹桃圆蚧［*Aspidiotus nerii* Bouché］（盾蚧科）

ivy vine pelargonium 盾叶天竺葵［*Pelargonium peltatum*（L.）Ait.］（牻牛儿苗科）

ivyleaf morning-glory 裂叶牵牛（牵牛子）［*Ipomoea hederacea* Jacq.］（旋花科）

IWA（= International Wheat Agreement）国际小麦协定

IWC（= International Wheat Council） 国际小麦会议

ixeris ①苦荬菜属［*Ixeris* Cass.］（菊科）②苦荬菜［*Ixeris denticulata*（Houtt.）Stebbins］

ixia ①黏射干属［*Ixia* L.］（鸢尾科）②黏射干［*Ixia maculata* L.］

ixiolirion ①鸢尾蒜属［*Ixiolirion* Herb.］（石蒜科）②鸢尾蒜［*Ixiolirion tataricum* sp.］

ixoderm 黏皮（ixoderma）

ixohymeniderm 黏皮层（ixohymenidermis）

ixohypoderm 黏层（ixchypodermis）

ixora ①龙船花属［*Ixora* L.］（茜草科）②龙船花［*Ixora chinensis* Lam.］

ixotrichoderm 黏毛皮（ixotrichoderma）

ixtle（= tampico fibre） 龙舌兰麻

izod value 摆式装置冲击值

J j

J_1, J_2, J_3 (= first, second and third generations of inbreeding) 近交第一代,交近第二代,近交第三代
J 38 (= formothion) 安果{农药}
J 49 绿叶宁(杀菌剂)[$C_{11}H_{10}ClN_3O$]
J ①(= flux) 通量{水利} ②(= joule) 焦耳(电能单位){物}
J-bolt J 形螺栓
J gene (= joining gene) J 基因,连接基因{分生}
J region (= joining region) J 区,连接区
J-shaped curve 丁字形曲线
jab 突击,猛击
jabber 超时传输{信息}
jabber control 超时传输控制
jabinth 风信子[*Hyacinthus orientalis* L.](百合科)
Jablonski diagram 雅布隆斯基图解(一种分子能量图){分生}
Jaboticaba (= jambo, clove tree, rose-apple) 蒲桃[*Eugenia jambos* L. = *Syzygium jambos* Alston.](桃金娘科)
jaburan lily turf 白沿阶草[*Ophiopogon jaburan* Lodd.](百合科)
jaca-tree (= Jack-tree, jack fruit, Jakfruit) 波罗密[*Artocarpus integer* Merr.](桑科)
Jacaranda ①蓝花楹属[*Jacaranda* Juss.](紫葳科) ②蓝花楹[*Jacaranda acutifolia* Humb. et Bounpl = *J. ovalifolia* R. Br.]
Jacaranda wood (= Bahia rosewood, Rio rosewood, Brazilian rosewood) 巴西黑檀[*Dalbergia nigra* Fr. Allem.](豆科)
jaccalin 菠萝蜜蛋白
jack ①顶重器,千斤顶 ②夹薯器 ③劳动者 ④公驴 ⑤狗鱼 ⑥插孔,插口,插座
jack ass 雄驴,公驴
Jack-bean (= sword-bean) 矮刀豆[*Canavalia ensiformis* DC.](豆科)
jack connection 插孔连接{电脑}
jack-in-prison 黑种草[*Nigella damascena* L.](毛茛科)
jack-in the box ①莲叶桐属[*Hernandia* L.](莲叶桐科) ②莲叶桐[*Hernandia ovigera* L.]
jack-in-the-pulpit ①天南星属[*Arisaema* Mart.](天南星科) ②天南星[*Arisaema consanguineum* Schott]
jack-in-the-pulpit family 天南星科[Araceae]
jack light ①集鱼灯 ②安全灯
jack-o'-lanten 橙黄磷光陡头菇[*Clitocybe illudens* (Schw) Sacc.]
jack panel 插孔板
jack pine (= Banksian pine) 班克松(加拿大短叶松)[*Pinus banksiana* Lamb.](松科)
jack plane 粗刨(指木工)
jack screw 千斤顶螺杆
jack-stay 撑杆
jack tree (= jackfruit, jack fruit tree) 波罗蜜(木波罗,树波罗)[*Artocarpus heterophyllus* Lam.](桑科)
jacked bullet 包壳弹{狩猎}
jacket ①(马铃薯)皮 ②汽缸壁,(锅炉)外套 ③毛皮 ④(渔船)外层油漆 ⑤套,夹套,套管
jacket cell 套细胞
jacket filler 剪装器
jacket initial 套层原始细胞(initialis vestitus)
jacket layer 套层(stratum vestitum)
jackfruit tree (= jack tree) 木波罗
jacking up 用千斤顶支起
jackknife clam ①剑蛏[*Ensis*] ②竹蛏[*Solen*]{水产}
Jackman elematis 大花铁线莲[*Clematis jackmanii* Mooro](毛茛科)
jackplug 插头
jackpole 鲣竿钓
Jackson candle turbidimeter 杰克逊烛光浊度计{环保}
jacktree ①秤锤树属[*Sinojackia* Hu](安息香科) ②秤锤树[*Sinojackia xylocarpa* Hu]
Jaco-bean lily ①龙头花属[*Sprekelia* Heist.](石蒜科) ②火燕兰[*Sprekelia for-*

mosissima Herb.]
Jacob-Monod model 雅各布-莫诺德二氏模型
Jacobine 雅可宾碱
jacobinia ①珊瑚花属[*Jacobinia* Moric.](爵床科) ②珊瑚花[*Jacobinia carnea* Nichols]
Jacob's-ladder ①花荵属[*Polemonium* L.](花荵科) ②花荵[*Polemonium caeruleum* L.]
Jacob's-rod ①日光兰属[*Asphodeline* Reichb.](百合科) ②日光兰[*Asphodeline lutea* Reichb.]
Jacobsen's apparatus 雅各布生发芽试验器
jacquin's yellow-flowered monkshood 长叶文殊兰(牙买加文殊兰)[*Crinum longifolium* Thunb.](石蒜科)
jag ①锯齿(serra) ②破片,断片 ③皮刺 ④(干草,粮秣)小驮载 ⑤⌞复⌝鞍袋
jagged ①锯齿状的(serratus) ②条裂的(laciniatus)
jaggies 锯齿线(serratilinea)
jaggy 锯齿形(serratiformis)
jak fruit borer 三带实蝇[*Dacus umbrosus* Fabricius](实蝇科)
jalap 球根牵牛(药喇叭,加拉藤)[*Ipomoea purga* Wender.](旋花科)
jalapin 紫茉莉苷[$C_{34}H_{56}O_{16}$]
jalapinolic acid 紫茉莉脑酸, 11-羟[基]十六[烷]酸[$C_{16}H_{32}O_3$]
jam ①果酱{加工} ②壅塞,阻塞,塞住,故障{信息} ③卡片堵塞,堵片{电脑} ④失真胶片{显技}
jam-jar 果酱瓶
jam pot 果酱罐
jam processing 果酱加工
jam puffs 果酱点心
jam signal 阻塞信号,人为干扰信号{信息}
Jamaica birch tree 香脂树属[*Bursera* Jacq.](橄榄科)
Jamaica honey suckle 樟叶西番莲[*Passiflora laurifolia* Linn.](西番莲科)
Jamaica pepper (= allspice, pimento) 多香果[*Pimenta officinalis*](桃金娘科)
Jamaica plum (= golden apple, hog plum, yellow mombin) 猪李[*Spondias mombin axillarisBurbt et Flill*](漆树科)
Jamaica quassia[wood] 牙买加苦树[*picrasma excelsa*](苦木科)
Jamaica sago tree 鳞秕泽米[*Zamia pumila* sp.](苏铁科)
Jamaica sorrel (= Indian sorrel, red sorrel, roselle) 玫瑰茄(山茄)[*Hibiscus sabdariffa* L.](锦葵科)
jambolan (= jambolan plum, Java plum) 海南蒲桃(乌墨蒲桃)[*Syzygium cumini* (L.) skeels = *Eugenia jambolan* Lam.](桃金娘科)
jambos (= rose apple) 蒲桃[*Eugenia jambos* L. = *Syzygium jambos* (L.) Alston](桃金娘科)
Jamesii gentian 白山龙胆[*Gentiana jamesii* Hemsl.](龙胆科)
Jamestown weed (= Jimson weed) 曼陀罗[*Datura stramonium* L.](茄科)
Jamfruit (= Calabura) 文丁果(牙买加樱桃)[*Muntingia calabura* L.](蔷薇科)
Jamin's chain 介民氏链
jamming ①抑制 ②[人为]干扰 ③阻塞,堵塞
jamming avoidance response 避干扰反应
janam leaf (= fish leaf) 鱼叶,苞叶
janglerice (= shanwamillet) 芒稷(光头稗)[*Echinochloa colona* Link.](禾本科)
Janus green 丹纳绿,詹纳斯绿(染料){显技}
japacotine 日乌头碱
japan 漆,清漆,假漆
Japan ampelopsis 白敛[*Ampelopsis japonica* Makino](葡萄科)
Japan bark beetle 日本棘胫小蠹[*Scolytus japonicus* Walker](棘胫小蠹科)
Japan cedar 柳杉[*Cryptomeria japonica* D.Don.](松科)
Japan chestnut (= Japanese chestnut) 日本栗[*Castanea crenata* Sieb. et Zuce. = *C. japonica* Blume.](山毛榉科)
Japan cleyera 红淡比[*Cleyera japonica* Thunb.](茶科)
Japan clover (= bush clover) 鸡眼草[*Lespedeza striata* Hook.](豆科)
Japan club-horned sawfly 日本锤角叶蜂[*Orientabia japonica* Cameron](叶蜂科)
Japan fatsia 八角金盘[*Fatsia japonica* Decne et Planch.](五加科)
Japan helwingia 青荚叶[*Helwingia japonica* F.G.Dietr.](山茱萸科)
Japan Information Processing Development Centre (JIPDEC) 日本情报处理开发中心{信息}
Japan Information Processing Network (JIPNET) 日本情报处理网
Japan jackinthepulpit 斑拔[*Arisaema serratum* Schott](天南星科)
Japan lac 漆

Japan laurel （= Japanese aukuba） 东瀛珊瑚(青木)［*Aucuba japonica* Thunb.］(山茱萸科)

Japan pagoda-tree 槐［*Sophora japonica* L.］(豆科)

Japan plum （= loquat） 枇杷［*Eriobotrya japonica* Lindl.］(蔷薇科)

Japan poplar 辽杨［*Populus maximowiczii* A. Henry.］(杨柳科)

Japan quince 倭海棠［*Chaenomeles lagenaria* Koidz. = *C. japonica* Lindl.］(蔷薇科)

Japan tallow 木蜡

Japan walnut 山胡桃［*Juglans sieboldiana* Maxim.］(胡桃科)

Japan wax （= Japan tallow） 木蜡

Japan wood-oil tree 罂子桐［*Aleurites cordata* Steud.］(大戟科)

Japanese abelia 日本六道木［*Abelia spathulata* Sieb. et Zucc.］(忍冬科)

Japanese adsuki bean 日本赤豆［*Phaseolus angularis* var. *nipponensis* Ohwi］(豆科)

Japanese alder 赤杨［*Alnus japonica* Steud.］(桦木科)

Japanese alder leaf beetle 赤杨萤叶甲［*Agelastica coerulea* Baly］(叶甲科)

Japanese allium 日本野葱(山薤)［*Allium japonicum* Regel.］(石蒜科)

Japanese anemone 秋牡丹［*Anemone hupehensis* var. *japonica* Bowles et Stearn = *A. japonica* Sieb. et Zucc.］(毛茛科)

Japanese angelica 日本当归［*Ligusticum acutilobium* Sieb. et Zucc.］(伞形花科)

Japanese angelica tree 八角金盘［*Aralia japonica* Decne. et Planch］(五加科)

Japanese anise-tree 毒八角(莽草)［*Illicium anisatum* L.］(八角科)

Japanese apple leaf miner 苹果潜蛾［*Lyonetia ringoniella* Matsumura］(潜蛾科)

Japanese apricot 梅［*Prunus mume* Sieb. et Zucc.］(蔷薇科)

Japanese arborvitae 鲜柏［*Thuja standishii* (Gord) Carr.］(柏科)

Japanese ardisia 紫金牛［*Ardisia japonica* Bl.］(紫金牛科)

Japanese artichoke 甘露子(宝塔菜,草石蚕)［*Stachys sieboldii* Miq.］(唇形科)

Japanese ash 日本白蜡树［*Fraxinus longicuspis* Sieb. et Zucc.］(木犀科)

Japanese asiatic ginseng 竹节参(日本人参)［*Panax japonicum* C.A.Meyer］(五加科)

Japanese aucuba 东瀛珊瑚［*Aucuba japonica* Thunb.］(山茱萸科)

Japanese azalea 日本杜鹃花［*Rhododendron japonicum* Suringar］(杜鹃花科)

Japanese B encephalitis 日本乙型脑炎

Japanese B encephalitis virus (JEV) 日本乙型脑炎病毒

Japanese banana 芭蕉［*Musa basjoo* Sieb. et Zucc.］(芭蕉科)

Japanese Bantam 日本矮脚鸡

Japanese barberry 日本小檗［*Berberis thunbergii* DC.］(小檗科)

Japanese barnyard millet （= barnyard grass, sawa millet） 䅟(䅟子,稗,稗子)［*Echinochloa frumentacea* Engelm.］(禾本科)

Japanese bead-tree 苦楝(楝)［*Melia azedarach* L.］(楝科)

Japanese beauty-berry 白棠子树(日本紫珠)［*Callicarpa japonica* Thunb.］(马鞭草科)

Japanese beetle （= green Japanese beetle） 日本丽金龟(豆金龟)［*Popillia japonica* Newman］(金龟科)

Japanese bellflower （= balloonflower） 桔梗［*Platycodon grandiflorum* (Jacq.) A. DC. = *P. glaucum* (Thunb.) Nakai.］(桔梗科)

Japanese betony 水苏［*Stachys japonica* Miq.］(唇形科)

Japanese birch 白桦［*Betula japonica* Sieb.］(桦木科)

Japanese black pine 黑松［*Pinus thunbergii* Parl.］(松科)

Japanese black rice bug （= rice black stink bug） 稻黑蝽［*Scotinophora lurida* (Burmeister)］(蝽科)

Japanese blue berry 深红越橘［*Vaccinium japonicum* Miq.］(乌饭树科)

Japanese box 八丈黄杨［*Buxus microphylla* var. *suffruticosa* forma *major* Mikino.］(黄杨科)

Japanese boykinia 八幡草(少女草)［*Boykinia tellimoides* Engl. et Irmsch.］(虎耳草科)

Japanese broad-winged katydid 日本螽斯［*Holochlora japonica* Brunner von Wattenwyl］(螽斯科)

Japanese brown cattle 日本褐毛牛

Japanese butterbur 蜂斗菜［*Petasites japonicus* (Sieb. et Zucc.) Schmidt］(菊科)

Japanese butterbur aphid 疑冬蚜［*Aphis fukii* Shinji］（蚜科）

Japanese butterfly-bush 日本醉鱼草［*Buddleja japonica* Hemsl.］（马钱科）

Japanese camellia 山茶［*Camellia japonica* L.］（茶科）

Japanese camellia scale 山茶圆蚧［*Aspidiotus degeneratus* Leonardi］（盾蚧科）

Japanese campanumoea 土党参（蔓桔梗，金钱豹）［*Campanumoea javanica* var. *japonica* Makino］（桔梗科）

Japanese cayratia 乌蔹莓［*Cayratia japonica*（Thunb.）Gagn.］（葡萄科）

Japanese cedar（＝Japanese crytomeria）①柳杉属［*Crytomeria* D. Don］（杉科）②柳杉［*Crytomeria japonica* D. Don］

Japanese char 远东红点鲑［*Salvelinus leucomaenis*（Pallas）］

Japanese cherry fruit-fly 日本樱桃实蝇［*Rhacochlaena japonica* Ito］（实蝇科）

Japanese cherry scale 樱桃白蚧［*Diaspis amygdali* Tryon］（盾蚧科）

Japanese chestnut 日本栗［*Castanea crenata* Sieb. et Zucc.］（山毛榉科）

Japanese cinnamon 天竺桂［*Cinnamomum japonicum* siebold.］（樟科）

Japanese cinnamon-vine 穿山龙［*Dioscorea nipponica* Makino］（薯蓣科）

Japanese citrus thrips 橘锥蓟马［*Ecacanthothrips inarmatus* Kurosawa］（蓟马科）

Japanese claw fern 野雉尾（日本珠蕨）［*Onychium japonicum* Kunze］（水龙骨科）

Japanese clematis 铁线莲［*Clematis florida* Thunb.］（毛茛科）

Japanese clethra（＝tree clethra）山柳［*Clethra barbinervis* Sieb. et Zucc.］（山柳科）

Japanese cleyera（＝Japan cleyera）①红淡比属（肖柃属）［*Cleyera* Thunb.］（茶科）②红淡比（肖柃）［*Cleyera japonica* Thunb.］

Japanese clover（＝common lespedeza）鸡眼草（长萼鸡眼草，朝鲜胡枝子）［*Kummerowia striata* Schindl. ＝*Lespedeza striata* Hook et Arn.］（禾本科）

Japanese cnidium 滨蛇床［*Cnidium japonicum* Miqnel.］（伞形花科）

Japanese coriaria 毒空木［*Coriaria japonica* A. Gray］（马桑科）

Japanese corner dogwood（＝common macrocarpium）山茱萸［*Macrocarpium officinalis*（Sieb. et Zucc.）Nakai］（山茱萸科）

Japanese creeper（＝Boston ivy）爬墙虎（爬山虎，地锦）［*Parthenocissus tricuspidata*（Sieb. et Zucc.）Planch.］（葡萄科）

Japanese creeping water fern 无人岛金星蕨［*Thelypteris ogasawarensis* Koidz.］（金星蕨科）

Japanese croomia 黄精叶钩吻（金刚大）［*Croomia japonica* Miq.］（百部科）

Japanese cryptotaenia 鸭儿芹［*Cryptotaenia japonica* Hassk］（伞形花科）

Japanese cudweed（＝cotton weed）［白背］鼠曲草［*Gnaphalium japonicum* Thunb.］（菊科）

Japanese cypress 日本扁柏［*Chamaecyparis obtusa*（Sieb et Zucc.）Sieb. et Zucc. ap Endl.］

Japanese dock 日本酸模［*Rumex japonicus* Houtt.］（蓼科）

Japanese dodder 金灯藤［*Cuscuta japonica* Choisy］（菟丝子科）

Japanese double file viburnum 蝴蝶荚蒾［*Viburnum tomentosum* Thunb.］（忍冬科）

Japanese Douglas fir 日本黄杉［*Pseudotsuga japonica* Beissn.］（松科）

Japanese Earth Observation Satellite（JEOS）日本地球观测卫星｛遥感｝

Japanese elder aphid 接骨木膨角蚜［*Aulacorthum magnoliae* Essig et Kuwana］（蚜科）

Japanese elm 春榆（柳榆）［*Ulmus japonica* Sarg. ＝*U. campestris* var. *japonica* Rehd.］（榆科）

Japanese elm cutworm 榆土夜蛾［*Calymnia affinis* Linnaeus］（夜蛾科）

Japanese elm leaf roller 榆卷蛾［*Peronea boscana* Fabricius］（卷蛾科）

Japanese elm moth 榆菜蛾［*Cerostoma vittella* Linnaeus］

Japanese elm round scale 榆圆蚧［*Aspidiotus ulmi* Johnson］（盾蚧科）

Japanese elm scale 榆红蚧［*Gossyparia spuria* Mordwilko］（红蚧科）

Japanese eupatorium 泽兰［*Eupatorium japonicum* Thunb.］（菊科）

Japanese eurya 柃木［*Eurya japonica* Thunb.］（茶科）

Japanese evodia 臭辣树（贼仔树）［*Evodia glauca* Miq.］（芸香科）

Japanese fatsia 日本八角金盘［*Fatsia ja-*

ponica Decne et Planch.]（五加科）

Japanese fibert 日本榛［*Corylus sieboldiana* Maxim.］（榛科）

Japanese fir 日本冷杉［*Abies firma* Sieb. et Zucc.］（松科）

Japanese flowering cherry 樱花［*Prunus yedoensis* Mats］（蔷薇科）

Japanese flowering crabapple 重瓣海棠［*Malus floribunda* var. *parkmanii* Koide］（蔷薇科）

Japanese flowering quince（= dwarf Japanese quince） 日本木瓜［*Chaenomeles japonica* Lindl.］（蔷薇科）

Japanese giant silk moth（= Japanese giant silkworm） 樟蚕［*Dictyoploca japonica* Butler］（大蚕蛾科）

Japanese glorybower 赪桐［*Clerodendrun japonicum*（Thunb.）Sweet］（马鞭草科）

Japanese goatsucker 夜鹰［*Nycticorax nycticorax nycticorax*］（鹰科）

Japanese grain aphid（= grain aphid） 麦长管蚜

Japanese grain moth 一点谷螟［*Aphomia gularis* Zeller］（蜡螟科）

Japanese hedge bindweed 日本打碗花（日本天剑）［*Calystegia japonica* Choisy = *C. sepium* var. *japonica* Makino］（旋花科）

Japanese hedgeparsley 日本窃衣［*Torilis japonica* DC.］（伞形花科）

Japanese helwingia 青荚叶［*Helwingia japonica*（Thunb.）Dietr.］（山茱萸科）

Japanese hemlock 日本铁杉［*Tsuga diversifolia* Mast.］（松科）

Japanese hill cherry（= wild cherry） 野樱（山樱）［*Prunus jamasakura* Sieb. et Koidz.］（蔷薇科）

Japanese hogfennel 无人岛前胡［*Peucedanum boninense* Tuyama］（伞形花科）

Japanese holly 波绿冬青［*Ilexcrenata* Thunb. = *I. fortunei* Hort.］（冬青科）

Japanese honeysuckle 忍冬（金银花）［*Lonicera japonica* Thunb.］（忍冬科）

Japanese hop 葎草［*Humulus scandens*（Lour.）Merr.］（大麻科）

Japanese hop-hornbeam 苗榆（穗子榆）［*Ostrya japonica* Sarg.］（榛科）

Japanese horse-chestnut 日本七叶树［*Aesculus turbinata* Bl.］（七叶树科）

Japanese horse-radish 山萮菜［*Eutrema wasabi*（Sieb.）Maxim.］（十字花科）

Japanese hydrangea vine 苜叶钻地风［*Schizophragma hydrangeoides* Sieb. et Zucc.］（虎耳草科）

Japanese inula 旋复花［*Inula japonica* Thunb.］（菊科）

Japanese iris 花菖蒲［*Iris kaempferi* Sieb.］（鸢尾科）

Japanese ivy 地锦（爬山虎）［*Parthenocissus tricuspidata* Planch.］（葡萄科）

Japanese jasmine 云南黄素馨［*Jasminum mesnyi* Hce.］（木犀科）

Japanese kadsura 日本南五味子［*Kadsura japonica* L.］（五味子科）

Japanese kerria ①棣棠属［*Kerria* DC.］（蔷薇科）②棣棠［*Kerria japonica*（L.）DC.］

Japanese knotweed 虎杖［*Polygonum cuspidatum* Sieb. et Zucc.］（蓼科）

Japanese lacquer tree 漆树［*Rhus verniciflua* Stokes］（漆树科）

Japanese ladybell 沙参［*Adenophora triphylla* A. DC. var. *japonica* Hara.］（桔梗科）

Japanese larch 日本落叶松［*Larix leptolepis* Gord.］（松科）

Japanese late cherry 日本晚樱［*Prunus serrulata* var. *lannesiana*（Carr.）Rehd.］（蔷薇科）

Japanese lawngrass 结缕草（紫芽）［*Zoysia japonica* Steud.］（禾本科）

Japanese lecanorchis 无叶兰（日本盂兰）［*Lecanorchis japonia* Bl.］（兰科）

Japanese led scale 橘红圆蚧［*Aonidella aurantii* Mask. = *Chrysomphalus aurantii* Mask.］（盾蚧科）

Japanese leek 葱［*Allium fistulosum* L.］（百合科）

Japanese lily 鹿子百合［*Lilium speciosum* Thunb.］（百合科）

Japanese lindsaca 刃叶林赛蕨［*Lindsaca cultrata* Suartz.］（林赛蕨科）

Japanese Longtailed Fowl 日本长尾鸡

Japanese mahonia 日本十大功劳［*Mahonia japonica*（Thunb.）DC.］（小檗科）

Japanese malaria mosquito 日本按蚊［*Anopheles lindesayi japonicus* Yamada］（按蚊科）

Japanese maple 鸡爪槭（鸡爪枫）［*Acer palmatum* Thunb.］（槭树科）

Japanese mazus 通泉草［*Mazus japonicus* O. Kuntze］（玄参科）

Japanese medlar（= loquat, Japan plum）枇杷

Japanese millet（= barnyard grass, barnyard millet) 稗(稗子,䅟子,湖南稷子)[*Echinochloa crus-galli* (L.) Beauv. = *Panicum crus-galli* L. var. *frumentaceum* (Roxb) Wight = *Panicum frumentaceum* Roxb.](禾本科)

Japanese mint 日本薄荷[*Mentha arvensis* L. var. *piperascens* Maliny.](唇形科)

Japanese morning glory 日本牵牛[*Pharbitis nil* Choisy](旋花科)

Japanese mucuna 常春油麻藤(日本油麻藤)[*Mucuna sempervirens* Hemsley](豆科)

Japanese mulberry 鸡桑(小叶桑,岛桑)[*Morus acidosa* Griff. = *Morus australis* Poir.](桑科)

Japanese mustard 日本菘(水白菜,水入菜)[*Brassica japonica* Sieb.](十字花科)

Japanese orixa ①臭常山属(常山属)[*Orixa* Thunb.](芸香科) ②臭常山(常山,日本常山)[*Orixa japonica* Thunb.]

Japanese oyster 长牡蛎[*Ostrea gigas* (Thunbery) = *Crassostrea gigas* (Thunbery)](水产)

Japanese pachysandra 富贵草(顶花板凳果)[*Pachysandra terminalis* Sieb. et Zucc.](黄杨科)

Japanese pagoda tree 槐[树][*Sophora japonica* L.](豆科)

Japanese pear 砂梨(日本梨)[*Pyrus serotina* Rehd.](蔷薇科)

Japanese pear lace bug 梨网蝽[*Stephanitis nashi* Esaki et Takeya](网蝽科)

Japanese pear scale 梨蚧[*Coccus bituberculatus* Targioni](蚧科)

Japanese pearl-oyster 马氏珠贝母[*Pinctada martensii* (Dunker)](水产)

Japanese pearlwort 日本漆姑草[*Sagina japonica* DC.](石竹科)

Japanese peppermint (= Japanese field mint) 薄荷草(日本薄荷)[*Mentha arvensis* L. var. *piperascens* Holmes.](唇形科)

Japanese persimmon (= kaki) 柿[*Diospyros kaki* L.](柿科)

Japanese photinia 扇骨木[*Photinia glabra* Maxim.](蔷薇科)

Japanese pine 黑松 (日本黑松) [*Pinus thunbergii* Parl.](松科)

Japanese pittosporum 海桐[*Pittosporum tobira* Aitu](海桐科)

Japanese platanthera 阔叶长距兰(舌唇兰,日本红门兰)[*Platanthera japonica* Lindl.](兰科)

Japanese plow 日本犁

Japanese plum 李[*Prunus salicina* Lindl.](蔷薇科)

Japanese plum yew (= cow's-tail pine) 日本粗榧[*Cephalotaxus harringtonia* (Forbes) Koch](粗榧科)

Japanese plume-grass (= silvergrass) 芒[*Miscanthus sinensis* Anders.](禾本科)

Japanese podocarpus 竹柏[*Podocarpus nagi* (Thunb.) Zoll. et Mor.](罗汉松科)

Japanese pogonia 日本朱兰[*Pogonia japonica* Reichb. fil.](兰科)

Japanese pollia 杜若[*Pollia japonica* Thunb.](鸭跖草科)

Japanese poplar 辽杨[*Populus maximowiczii* Henry](杨柳科)

Japanese premna 腐婢(豆腐柴)[*Premna japonica* Miq.](马鞭草科)

Japanese prickly ash (= Japanese pepper) 秦椒[*Zanthoxylum piperitum* DC.](芸香科)

Japanese primrose 七重樱草[*Primula japonica* Gray](报春花科)

Japanese privet 日本女贞[*Ligustrum japonicum* Thunb.](木犀科)

Japanese quail (= quail) 鹌鹑{禽}

Japanese quillwort 日本水韭[*Isoetes japonica* Al. Br.](水韭科)

Japanese quince 日本木瓜(贴梗海棠,贴梗木瓜)[*Chaenomeles lagenaria* Koidz.](蔷薇科)

Japanese raisin tree 枳椇(拐枣)[*Hovenia dulcis* Thund.](鼠李科)

Japanese raspberry 茅莓(红梅消)[*Rubus parvifolius* L.](蔷薇科)

Japanese red maple (= Japanese maple) 鸡爪槭(鸡爪枫) [*Acer palmatum* Thunb.](槭树科)

Japanese red pine 日本赤松[*Pinus densifolra* Sieb. et Zucc.](松科)

Japanese ribbon wapato 爪皮草[*Sagittaria pygmaea* Miq.](泽泻科)

Japanese rice leafminer 稻潜蝇[*Agromxza oryzae* (Munakata) = *Oscinis oryzella* (Matsumura)](潜蝇科)

Japanese rice planthopper 札幌飞虱[*Unkanodes sapporonus* Matsumura]

Japanese rice root aphid 稻缢管蚜[*Rhopalo siphum raflabdominalis* Sasaki](蚜科)

Japanese rose ①日本蔷薇[*Rose cathayen-*

sis Bailey = *R. multiflora* var. *cathayensis* Rehd et Wils]（蔷薇科）②重瓣海棠花［*Kerria japonica* var. *pleniflora* Witte.］（蔷薇科）

Japanese scabious 蓝盆花［*Scabiousa japonica* Miq.］（川续断科）

Japanese scopolia 莨菪［*Scopolia japonica* Maxim.］（茄科）

Japanese silk moth 日本柞蚕［*Antheraea yamamai* Guerin-Meneville.］（蚕蛾科）

Japanese silkworm oak 柞［*Quercus glandulifera* Bl.］（山毛榉科）

Japanese silver-leaf（= golden ray） 橐吾［*Ligularia tussilaginea* Makino.］（菊科）

Japanese skimmia 香茵芋［*Skimmia japonica* Thunb.］（芸香科）

Japanese snailseed 日本木防己（未防己）［*Cocculus trilobus* DC.］（防已科）

Japanese snowball 日本绣球［*Viburnum tomentosum* var. *sterile* K. Koch］（忍冬科）

Japanese snowbell（= Japanese styrax） 野茉莉［*Styrax japonica* Sieb. et Zucc.］（安息香科）

Japanese solomonplume 鹿药［*Smilacina japonica* A. Gray.］（百合科）

Japanese spicebush 三桠乌药［*Lindra obtusiloba* Bl.］（樟科）

Japanese spindle tree 大叶黄杨［*Euonymus japonica* Thunb.］（卫矛科）

Japanese spirea（= Japanese spiraea） 绣线菊［*Spiraea joponica* L. F.］（蔷薇科）

Japanese spurge 富贵草［*pachysandra terminalis* Sieb. et Zucc.］（黄杨科）

Japanese St. Johnswort 小连翘（地耳草）［*Hypericum japonicum* Thunb.］（金丝桃科）

Japanese star jasmine 日本络石［*Trachelospernum asiaticum* sp.］（夹竹桃科）

Japanese stephania 千金藤［*Stephania japonica* Miers.］（防已科）

Japanese stewartia 假山茶［*Stewartia pseudocamellia* Maxim.］（茶科）

Japanese stone pine 偃松［*Pinus pumila* Regel］（松科）

Japanese stonecrop 黄花万年草（瓦莲花）［*Sedum japonicum* Sieb］（景天科）

Japanese strobus pine 日本五须松［*Pinus penta phylla* Mayr.］（松科）

Japanese sumac 盐肤木［*Rhus javanica* L.］（漆树科）

Japanese sweetflag 石菖蒲［*Acorus gramineus* Soland］（天南星科）

Japanese tachibana 立花橘［*Citrus tachibana*（Makino）Tan.］（芸香科）

Japanese thistle 蓟（日本蓟）［*Cirsium japonicum* DC.］（菊科）

Japanese thuja 日本罗汉柏 ［*Thujopsis dolabrata* S. et Z.］（柏科）

Japanese torreya 日本榧［*Torreya nucifera* S. et Z.］（紫杉科）

Japanese tubeflower 赪桐［*Clerodendrum japonicum*（Thunb.）Sweet］（马鞭草科）

Japanese tusser（= Japan oak silkworm, Japanese tussah silkworm） 日本柞蚕［*Antheraea yamamai* Guenée］（大蚕蛾科）

Japanese udo salad 土当归［*Aralia cordata* Thunb.］（五加科）

Japanese varnish tree 漆树［*Rhus verniciflua* Stokes］（漆树科）

Japanese vernacular name 日本本国名

Japanese wax tree 野漆树（木栌）［*Rhus succedanea* L.］（漆树科）

Japanese weigela 杨栌（日本锦带花）［*Weigela japonica* Miq.］（忍冬科）

Japanese wheat stem sawfly 日本麦茎蜂［*Hartigia viater* Smith］（茎蜂科）

Japanese white pine 日本五针松［*Pinus parviflora* Sieb. et Zucc.］（松科）

Japanese winged walking stick 跳竹节虫［*Micadina phluctaencides* Rehn］（异蛸科）

Japanese wingnut 泽胡桃（寿香木）［*Pterocarya rhoifolia* S. et Z.］（松科）

Japanese wisteria 多花紫藤［*Wisteria floribunda* DC.］（豆科）

Japanese xylosma ①柞木属［*Xylosma* Forst. f.］（大风子科）②柞木［*Xylosma congestum*（Lour.）Merr.］

Japanese yam 日本薯蓣［*Dioscorea japonica* Thunb.］（薯蓣科）

Japanese yew 日本紫杉［*Taxus cuspidata* Sieb. et Zucc.］（紫杉科）

Japanese zelkova 光叶榉［*Zelkova serrata*（Thunb.）Makino］（榆科）

japgarden juniper 平铺圆柏（匍匐桧）［*Juniperus horizontalis* Moench］（柏科）

Japonica type 粳型，日本型（稻）

Japonica type rice 粳［型］稻，日本型稻［*Oryza sativa* L. ssp. *keng* Ting = *Oryza sativa* L. ssp. *japonica* Kato］（禾本科）

Japonica variety 粳型品种，日本型品种(水稻)
japygids 铗尾科[Japygidae]
jar ①广口瓶(装罐用) ②(染色)缸 ③电瓶，蓄电池壳 ④坛，瓮 ⑤噪声{环保}
jar test ①瓶式检验，混凝法检验 ②搅拌试验{环保}
jargon 行话
jarovisatzia 春化处理
jarovization (= vernalization) 春化作用
jarrah 赤桉 [*Eucalyptus marginata* Sm.](桃金娘科)
jarring 震动
Jasen 雅森(澳大利亚甘蔗品种)
jasione ①菊头桔梗属[*Jasione* L.](桔梗科) ②菊头桔梗[*Jasione montana* L.]
jasmine (= jessamine) ①茉莉属[*Jasminum* L.](木犀科) ②茉莉[*Jasminum sambac* Soland.]
jasmine bug 茉莉蝽 [*Antestia cruciata* Fabricius](蝽科)
jasmine oil 茉莉油
jasmine pandorea ①粉花凌霄属[*Pandorea* Spach.](紫葳科) ②粉花凌霄[*Pandorea jasminoides* Schum.]
jasmine tea 茉莉花茶，花熏茶，花茶
jasmine tobacco 大花烟草[*Nicotiana alata* var. *grandiflora* Comos.](茄科)
jasminorange ①九里香属[*Murraya* L.](芸香科) ②九里香[*Murraya paniculata* Jack.]
Jasmolin Ⅱ 茉莉菊酯Ⅱ(天然除虫菊的杀虫有效成分之一)[$C_{22}H_{30}O_5$]
jasmone 茉莉酮
jasmonic acid 茉莉酸
jasper 碧玉{地质}
jauche 厩液
jaundice 黄疸
Java almond (= Yufa nut) 爪哇橄榄[*Canarium commune* L.](橄榄科)
Java bishopwood 重阳木[*Bischofia javanica* Bl.](大戟科)
Java citronella 爪哇香茅(温特氏香茅)[*Cymbopogon winterianus* Jowitt.](禾本科)
Java devilpepper (= rauwolfia) 蛇根木[*Rauwolfia serpentina* Bentham.](夹竹桃科)
Java flour moth (= rice moth) 米蛾[*Corcyrpa cephalonica* Stainton](谷蛾科)
Java jute (= Deccan hemp, kenaf, ambari hemp) 红麻(洋麻，槿麻)[*Hibiscus cannabinus* L.](锦葵科)
Java peach [钢夹]颚(= flat peach jaw or trap){狩猎}
Java plum 乌墨蒲桃[*Eugenia jainbolana* Lam.](桃金娘科)
Java ratio 爪哇比率(指甘蔗转光度与初压汁转光度的比)
Java tea ①直管草属[*Orthosiphon* Benth.](唇形科) ②直管草[*Orthosiphon wulfenioides* (Diels.) H-M]
Java yeast 爪哇酵母
Javanese long pepper 爪哇长果胡椒(药用胡椒)[*Piper officinarum* L.](胡椒科)
Javanica type 爪哇型(粳稻与籼稻杂交的中间类型)
javanicin 爪哇镰菌素，茄镰孢菌素
Java's soil 爪哇土壤
Jave glorybower 赪桐(唐桐)[*Clerodendrum squamatum* Vahl.](马鞭草科)
javel water 爪维尔水，次氯酸钠消毒水{环保}
Javelin (= ensign wasps) 旗腹姬蜂科[Evaniidae]
javellization 漂白粉消毒净水[法]{环保}
jaw ①颚，颌 ②⌊复⌉峡谷，水道的狭窄入口 ③⌊复⌉虎钳，夹具，夹紧装置
jaw-bone 颌骨
jaw-capsule 颚鞘
jaw clutch 牙嵌式离合器
jaw crusher 颚式破碎机
jaw-foot 颚足
jaw grab 颚式抓斗，爪式抓斗
jaw-tooth 臼齿，磨牙
jaw-type jump clutch 波纹面滑跳式离合器
jean 斜纹布
jecoric acid 十八[碳]三烯酸，肝酸
jecorin 肝糖磷脂
Jeffrey pine 杰佛利松[*Pinus ponderosa* var. *jeffreyi* Vasey.](松科)
Jeffrey's maceration method 杰佛利氏浸离法
Jeffrey's vulcanizing method 杰佛利氏加硫法
Jehol bark beetle 耶和小蠹[*Cryphalus jeholensis* Murayama](小蠹科)
jejunum 空肠
jelling point 胶冻点(果冻凝固点)
jelly ①胶状物 ②果冻 ③凝胶 (gelata)
jelly-fish 海蜇[*Rhopilema esculenta* Kishinouye]{水产}
jelly fungi 木耳，胶质菌[*Auricularia auricula-judac* Schröt. = *Hirneodapolytricha* Fr. Schroet.](木耳科)

jelly like 胶状的(gelatinosus)
jelly like structure 凝胶状结构
jelly strength 胶质强度
jellyware 胶件{电脑}
Jenkin's filter 琴金氏滤器
jennerization 种痘
jennet 母驴
jenny 纺织机
jensenlin 詹森[丙酸]杆菌素
Jepson ceanothus ①美洲茶属[*Ceanothus* L.](鼠李科) ②美洲茶[*Ceanothus americanus* L.]
jequirty 相思子[*Abrus precatorius* L.](豆科)
jerk ①急推,急拉,急动,急停,急扭,急抬,急投 ②反射,反跳
jerky ①急速的 ②不平稳的
jerky movement 急速运动
Jersey 娟姗牛
Jersey pine 杰塞松[*Pinus virginiana* Mill.](松科)
Jerusalem artichoke (=Jerusalem potato) 菊芋(洋姜)[*Helianthus tuberosus* L.](菊科)
Jerusalem cherry 玉珊瑚(冬珊瑚)[*Solanum pseudocapsicum* L.](茄科)
Jerusalem corn (=Guinea corn, Egyptian millet, white durra) 埃及高粱(白高粱)[*Sorghum cernuum*](禾本科)
Jerusalem cricket ①棕色沙螽[*Stenopelmatus tuscus* Haldeman] ②沙螽科[Stenopel matidae]
Jerusalem cross 皱叶剪秋罗[*Lychnis chalcedonica* L.](石竹科)
Jerusalem date 蝴蝶羊蹄甲[*Bauhinia monandra* Kurz](豆科)
Jerusalem pea (=mung bean) 绿豆
Jerusalem sage ①糙苏属[*Phlomis* L.](唇形科) ②灌糙苏(夫罗迷司)[*Phlomis ubrasa* Turtz.]
Jerusalem thorn (=Christ's thorn) 刺马甲子[*Paliurus spinachristi* Mill.](鼠李科)
jervine 蒜藜芦碱[$C_{27}H_{39}NO_3$]
jessamine ①胡蔓藤属(断肠草属)[*Gelsemium* Juss.](马钱科) ②胡蔓藤(断肠草)[*Gelsemium elegans* Benth.]
Jesuit's-nut 菱[*Trapa natans* L.](菱科)
jet ①喷射 ②喷口,喷嘴 ③⌊复⌉(液体,气体)射流
jet aeration 射流曝气{环保}
jet aerator 射流曝气器
jet agitation 喷射搅拌
jet agitator 喷射式搅拌器,液力搅拌器
jet agitator nozzle 液力搅拌器喷嘴
jet arch 喷雾器拱形喷杆
jet atomizing burner 喷灯
jet barker 液力剥皮机
jet blower 喷射吹风机
jet condenser 喷射式冷凝器
jet conveyer 抛掷输送器
jet crop drier 喷射式作物干燥机
jet diffuser 喷射扩压管,射流扩散器
jet drier [高压]喷气干燥炉
jet ejector 射流泵{环保}
jet fertilizer spreader 喷射式撒肥机,喷射式施肥机
jet flow (=jet stream) 急流,射流
jet fuel 喷气燃料,煤精
jet humidifier 射流增湿器{环保}
jet irrigation 喷灌,喷射灌溉
jet line 喷嘴供液管路
jet mixer 喷射混合器
jet mixing system 喷射混合系统(法)
jet nozzle 喷嘴
jet pipe 喷管
jet propulsion 喷射推进
jet propulsion laboratory (JPL) 喷气推进实验室
jet pump 喷射泵
jet reactor 喷射反应器
jet sprayer 喷射式喷雾机
jet streak 急流
jet stream (=jet flow) 急流
jet type washer 喷射洗涤机
jet-type watering machine 远射程喷灌机
jet unit 射流装置{环保}
jet velocity 喷射速度
Jetbead ①鸡麻属[*Rhodotypos* Siebet Zucc.](蔷薇科) ②鸡麻[*Rhodotypos scandens* (Thunb.) Mak.](蔷薇科)
jette bouts (蚕丝)接绪器
jetted well (用高速射流掘的)射流井
jetter 喷洗器,喷洗装置
jetter assembly 喷洗装置
jetting 射流[法]{环保}
jetting machine 高压水清洗机{环保}
jetty ①突堤,防波堤,丁坝 ②码头
jew plum (=Otaheite apple, ambarella) 加椰檬果[*Spondias cytherea*=*S. aulcis*](漆树科)
Jewel 钻石(美国甘薯品种)
Jewel beetles (=flat-headed borers, metallic wood borers) 吉丁虫科[Buprésti-

dae]
jewelvine ①鱼藤属[*Derris* Lour.](豆科) ②鱼藤[*Derris elliptica* Benth.]
jew's ear (= wood ear) 黑木耳[*Auricularia auricula* (L. ex Hook.) Underw.]
jews marrow ①(= Japanese kerria) 棣棠花[*Kerria japonica* DC.](蔷薇科) ②长蒴黄麻[*Corchorus olitorius* L.](蔷薇科)
Jew's myrtle 假叶树[*Ruscus aculeatus* L.](假叶树科)
JH (= juvenile hormone) 保幼激素
jib ①(起重机)转臂,起重臂 ②挺杆
jib crane 转臂起重机
jib cylinder 转臂[操纵]油缸
jib-type 旋臂式,转臂式
jib-type ditcher 转臂式挖掘机
jib-type loader 转臂式装载机
jib-type stationary hoist 转臂式固定起重机
jibber 突然停止的马
jibbing (马)突然停止前进
Jiegeng (= balloon flower) 桔梗[*Platycodon grandiflorum* A. DC.](桔梗科)
jiffy 瞬间,片刻
jig ①夹具 ②钻模,样板{农机} ③诱杀剂,诱饵{农药} ④淘簸筛{农具} ⑤鳕钩{水产}
jig fishing 拟饵曳绳钓
jig-saw (= fret saw) 镂花锯,线锯
jigger ①砂蚤[*Sarcopsylla penetrans*] ②辘轳 ③淘簸筛
jiggers and sticktights 潜蚤科[Tungidae, Echidnophagidae]
jigging 拟饵曳绳钓,滚钓作业
jigging screen ①淘簸筛 ②振动筛
Jimson weed (= thorn apple) 曼陀罗[*Datura stramonium* L.](茄科)
jin 斤(=0.5公斤)
Jin-Luo 经络(中医针灸的理论基础)
Jin-Luo scientific system 经络科学体系
Jin-Luo substance 经络物质
Jin-Luo system 经络系统
Jin-Luo theory 经络理论
Jinning's formula 金宁氏公式(计算自交后代结果)
Jipi-japa (= Panama hat plant) 巴拿马草[*Carludovica palmata* Ruiz. et Pav.](巴拿马草科)
jitter ①抖动,跳动,振动,颤动{信息} ②(信号)不稳定性 ③(速度)偏差,误差,起伏 ④疏散,散开,破碎(扫描点错误移动时的图片失真)
job ①工作,作业 ②零工 ③任务
job accounting 作业记账,作业统计{农管}
job analysis 工作分析
job breakdown ①工作损耗 ②劳动分析
job description 工作规程
job evaluation 工作评价,劳动估价
job factor 工作因素
job rotation 工作轮换,工作调换
job shop 修理车间
job transfer and manipulation (JTM) 作业传送与操纵
jobber 计件工资,零工
Job's tears (= Jobis tears) ①薏苡属[*Coix* L.](禾本科) ②薏苡[*Coix lacryma-jobi* L.]
jodinin 碘菌素
jodoform 碘仿,黄碘,三碘甲烷
joe-pye weed (= thoroughwort) ①泽兰属 ②泽兰
joey ①幼袋鼠,袋鼠仔 ②幼兽
jog ①轻推,轻摇,轻撞 ②慢行,缓行 ③啮合
jog trot (马)缓行,缓步
jog-trough conveyor 振动槽式输送器
joggle joint 榫接(木工)
johnin 副结核菌素
John's disease 副结核菌病
John's wort (= Saint John's wort) ①金丝桃属[*Hypericum* L.](金丝桃科) ②金丝桃[*Hypericum monogynum* L.]
John's wort family (= hypericum family) 金丝桃科[Hypericaceae]
Johnson grass (= Aleppo grass) 约翰逊草(宿根高粱、阿拉伯高粱)[*Sorghum halepense* Pers. = *Andropogon halepensis* Brot.](禾本科)
Johnson noise 热噪声,散弹噪声{环保}
johore jak 香面包树[*Artocarpus odoratissima* Blanco.](桑科)
JOIN 汇合,汇合指令{信息}
join ①联结,结合,连接,②连合,连接 ③节理{土壤}(jungere)
join force ①联合行动 ②共同合作
join topology 连接布局
joinability 可连接性
joinable 可连接的
joinase 连接酶
joiner ①装配工,安装工 ②结合物
joinery 细木工
joining ①连接{分遗} ②交配{畜}
joining gene (J gene) 连接基因,J基因{分遗}
joining gene segment 连接基因节段
joining region (J region) 连接区,J区{分遗}
joining season (= mating season, covering

season, service period) 交配期
joint ①节,关节(甘蔗)节段 ②接连,连锁,接合面,接缝,③铰接头,铰链 ④共同的,共有的,联合的,接合的 ⑤"或"操作{电脑}
joint action 联合行动,集体行动
joint buying office (= buying co-operative, purchasing co-operative) 采购合作社,购买合作社
joint conditioning time 接合养护期(指木材胶合)
joint cost 共用费用{农管}
joint denial "或非"操作{电脑}
joint denial gate "或非"门
joint dependency 连接相关,连接依赖性
joint distribution 联合分布{统计}
joint distribution function 联合分布函数
joint drive 万向节传动
joint dynamometer 万向节式测功仪
joint effect 共同效应,联合效应
joint estimate 联合估计[数]{统计}
joint evil 关节病
joint factor 接合系数
joint fertilization 共同受精
joint-fir family 买麻藤科[Gnetaceae]
joint fluid 润滑液
joint fracture 关节折断
joint gate "或"门{电脑}
joint gill 足与体间的鳃(指甲壳纲动物)
joint grass (= knotgrass, water couch) 两耳草[*Paspalum distichum* L. = *P. michauxianum* Kunh.](禾本科)
joint ill 关节病,脐病
joint influence 共同影响,联合影响
joint information content ①"或"信息量 ②联合信息量{信息}
joint molecule 接合分子
joint molecule in genetic recombination 遗传重组的接合分子
joint oil 润滑油,润滑液
joint owner (= co-tenant) 共有者,共同占有者
joint ownership 共同占有,共同所有
joint part 接连部,接合部
joint part of tuberous root 块根头(块根接连部)
joint pipe 接合管
joint plane 节理平面{土壤}
joint point 连接点
joint probability 联合概率
joint property (= collective property) 集体财产
joint random variable 联合随机变数{统计}
joint state-private enterprise 公私合营企业{农经}
joint stationary random process 联合平稳随机过程
joint stock 合资,共同资本{农经}
joint strength 胶接强度(指木材)
joint transduction 连锁转导{生技}
joint transformation 连锁转化
joint use 联合使用,集体使用
joint users group 联合用户组{信息}
joint water 润滑液
joint-weed 糠穗蓼[*Polygonum minutulum* Makino](蓼科)
joint work 共同工作,共同作业
jointed ①有节的,有关节的(articulatus) ②铰节的,铰联的
jointed-arm robot 有臂关节的机器人{物}
jointed charlock (= wild radish) 野萝卜
jointed goatgrass 具节山羊草[*Aegilops cylindrica* Host.](禾本科)
jointed-spherical robot 有球面关节的机器人
jointed tendril 有节卷须(cirrus articulatus)
jointer ①小前犁 ②刮茬铲 ③直犁刀 ④接合器 ⑤接线器{信息}
jointer shank 小前犁(柄)
jointing ①节间伸长期,拔节期{栽培} ②接合 ③整锯,修整刀头,油刀{农机}
jointing and earing 拔节孕穗
jointing plane 合缝刨
jointing stage ①拔节期,伸长期 ②接合期
jointing tool 整齿工具(木工修整锯齿)
jointless 无关节的(exarticulatus)
jointly managed device 联合管理设备
joints bored 螟蛀节{指玉米}
jointweed ①蓼属[*Polygonum* L.](蓼科) ②蓼[*Polygonum hydropiper* L.]
jointworms 广肩小蜂科[Eurytomidae]
joist 搁栅
jojoba ①希蒙德木属[*Simmondsia* Jacq.](黄杨科) ②希蒙德木(藿藿巴,费约果)[*Simmondsia chinensis* (Link.) Schneid]
Jonathan freckle 红玉斑点病
Jone's formula 仲氏公式(计算自交后代结果)
jonquil 长寿花(黄水仙)[*Narcissus jonquilla* L.](石蒜科)
Jordan canonical form 乔丹标准型{电脑}
Jordan decomposition 乔丹分解
Jordan engine 乔丹氏打浆机
Jordan form 乔丹形式
Jordan sunshine recorder 乔丹日照计
jordanon 约登种,同系[宗]培养物

Jordan's irrigation 约旦河灌溉{水利}
josamycin 交沙霉素
Joseph's coat 雁来红(老少年)[*Amaranthus melancholicus* L.](苋科)
Josephson circuit 约瑟夫逊电路{信息}
Josephson effect 约瑟夫逊效应{信息}
Josephson logic device 约瑟夫逊逻辑器件
joshua tree yucca 短叶丝兰[*Yucca brevifolia* Engelm.](龙舌兰科)
joule (J)焦耳(电能单位)
journal ①杂志,定期刊物,日志,会计日志 ②枢轴,轴头 ③数据通信系统应用记录
journal bearing 轴承
journal box 轴箱
journal day book 日记账
Journal of Crop Science 作物学报
Journal of Plant Breeding 作物育种杂志
journal printer 日志打印机,日记打印机
journal teleprinter 日志电传打字机,日记电传打字机
journey ①旅行 ②旅程,行程,路程
journey work 短工,散工
journeyman 熟练工人
jovellana ①二唇花属[*Jovellana* Linn.](玄参科) ②二唇花[*Jovellana violacea* sp.]
Jowar phadka (= phadka grasshopper) 高粱蔗蝗[*Hieroglyphus nigrorepletus* Bolivar]
jowl ①颊 ②(禽鸟)肉髯 ③下颌,颌骨 ④(家畜)垂肉
joy dance 快乐舞(即背腹颤动舞){蜂}
joy weed ①虾钳菜属[*Alternanthera* Forsk.](苋科) ②虾钳菜[*Alternanthera sessilis* R.Br.]
joybox 操纵盒
joystick (=joy stick) 操纵杆
joystick pointer 操纵杆式[光标]指示器
JRC-632 印度黄麻圆果品种
JRO-632 印度黄麻长果品种
jubaea ①密棕属[*Jubaea* spp.](棕榈科) ②密棕[*Jubaea chilensis* sp.]
Judas-tree ①紫荆属[*Cercis* L.](豆科) ②紫荆[*Cercis chinensis* Bge.] ③南欧紫荆[*Cercis siliquastrum* L.]
Judas's ear (=Jew's ear) 木耳
judge at show 展览会评判员
judging ①鉴别,鉴定 ②评判,判断
judging method 鉴别方法,评定办法
judging of exterior 外貌鉴别
judging standard 鉴别标准
judgment ①鉴别,判断 ②鉴别力,判断力 ③鉴定,评价,估价
judgment of conformation 外貌鉴定
judgment with naked eye 肉眼鉴别
judicious ①适宜的,合理的 ②有见识的,明智的(judicius)
judicious mating 合理交配,定向杂交
jug 水罐(指有把手的)
jugal ①颧骨的 ②面颊的
jugal bone 颧骨
jugal bridge 颧弓
jugal fold 轭褶
jugal region 轭域
jugal vein 轭脉
jugate 羽状复叶的,有小叶的(jugatus)
juggernaut polymerase 摧毁聚合酶,依赖于DNA的RNA聚合酶
juglandaceous 胡桃科的(juglandaceus)
juglans ①胡桃属[*Juglans* L.](胡桃科) ②胡桃[*Juglans regia* L.]
juglans family 胡桃科(Juglandaceae)
juglone 胡桃醌(抑制剂)[$C_{10}H_6O_3$]
jugular ①颈的 ②颈静脉的(jugularis)
jugular foramen 颈静脉孔
jugular notch 颈静脉切迹
jugular recess 颈静脉窝
jugular undulation 颈静脉搏动
jugular vein 颈静脉
jugular yoke 牛轭
jugum ①果棱(伞形科) ②小叶对{形态}(翅)轭{昆虫}
juice ①液,汁 ②树液,树汁 ③果汁,果露(jus)
juice boiler 果汁蒸煮器
juice characteristics ①果汁特性 ②蔗汁特性
juice concentrate 浓缩果汁
juice extractor 果汁压榨机
juice fruit (= juicy fruit) 液果,多汁果(fructus succosus)
juice mixer 果汁搅拌器,果汁混合器
juice press 榨汁机、绞汁机
juice processing technique 果汁加工技术
juice pump 汁液泵
juice purity 纯糖率
juice quality 果汁品质(指蔗汁等)
juice sac (=juicy, sac, sack) 汁胞,汁囊
juice vesicle 砂瓤(vesicula succosa)
juicer 汁液榨取器
juices 体液
juiciness 多汁性
juicy 多汁的(succosus)
juicy fodder 多汁饲料

juicy sac (= juice sac) 汁囊(saccus succosus)
jujube ①枣属[*Zizyphus* Mill.](鼠李科) ②枣[*Zizyphus sativa* Gaertn.]
jujube mosaic 枣花叶病(病毒病害)
jujube moth 枣实菜蛾[*Cerostoma sasakii* Matsumura]
jujube rust 枣锈病[*Phakopsora zizyphi-vulgaris* (P.Henn.) Diet.]
jujube witche's broom 枣疯病(病毒病害)
jukebox optical disk system 自动换光盘系统{电脑}
julaceous 具柔荑花序的(julaceus)
Julian calendar 朱利安历法{信息}
Julian date 朱利安日期
julida 马陆目[Julida]
julids 马陆科[Julidae]
juliform 柔荑花序状的(juliformis)
julus 柔荑花(amentum)
jumble ①杂乱堆,一团糟 ②混杂
jumble bale collector 散放草堆拾集机
jumbo chip 特大芯片,大型芯片
Jumbo frame 坚波氏巢框(17⅝英寸×12½英寸)
jumbo group 大群,大组
Jumbo hive 坚波氏蜂箱
jumbo size 大尺寸,大规格
jumbo windmill 巨型风力发动机
jump ①水跃{水利} ②突增,猛升,暴涨 ③跳,跳跃{昆虫} ④转移{电脑}
jump clutch [波纹面]滑跳式离合器
jump condition 跳跃条件,跃转条件,转移条件{环保}
jump counter 跳进式[脉冲]计数器
jump cut 跳跃剪接{生技}
jump fire 飞火
jump in temperature 温度突变
jump lock 转移封锁
jump menu 转移菜单{电脑}
jump prediction 转移预测
jump reverse 回跳,回归跳动
jump-spark ignition 火花点火
jumper ①跃障器{农机} ②跨接线{森林} ③跨线,跳线{信息}
jumper cable 跳线电缆{信息}
jumper plow 越障犁
jumper selectable 选择跨接线
jumper tester 跨接测试器
jumper wire 跨接线
jumping ①跳动,跳跃 ②突变现象
jumping borer 甘蔗螟[*Elasmopalpus lignosellus* Zell.]
jumping gene 跳跃基因,跳动基因{分遗}
jumping leg 跳跃足
jumping library 跳查文库{生技}
jumping plant lice (= psyllids) 木虱科[Psyllidae, Chermidae]
jumping spiders 跳蛛科[Salticidae]
jumple bale collector 草捆拾集机
juncaceous 灯心草科的(juncaceus)
juncoid grass ①灯心草型草本植物 ②灯心草型牧草
junction ①连接,联合{生技} ②接头,连接点,接合点,结,结面{电脑} ③连接线,中继线{信息}(junctio)
junction and communication 接合与交通,接合与联络
junction bench mark 连测水准标点
junction chamber 连接室(井){环保}
junction diode 结式二极管
junction diversity 连接多样性{生技}
junction drain ①接合排水管 ②汇流排水沟 ③集水沟
junction field effect transistor 结面型[电]场效应晶体管
junction in membrane 膜接合
junction line 中继线
junction of pipes 管道接口
junction piece 接合块
junction point ①接合点(部) ②结点
junction station 汇接站{信息}
junction temperature 接合温度
junction transistor 结式晶体管
junctional complex 连接复合体
junctional membrane 连接腹
junctional potential 接点电位
junctor ①连接器{电脑} ②联络线,连接线{信息}
juncture 接合处,接合点(junctura)
juncus (= rush) ①灯心草属[*Juncus* L.](灯心草科) ②灯心草[*Juncus effusus* L.]
June beetle 六月鳃角金龟[*Polyphylla anxina* Lewis](金龟科)
June berry ①扶移属[*Amelanchier* Med.](蔷薇科) ②扶移[*Amelanchier sinica* (Schneid.) Chun.]
June budding 六月芽接
June bug (= summer chafer) 六月金龟[*Amphimallus solstitialis* Linnaeus](金龟科)
June clover 红三叶草[*Trifolium pratense* L.](豆科)
June drop (= June fruitdrop) 早期落果,六月落果
June grape 河岸葡萄 [*Vitis riparia*

Michx.]（葡萄科）

June grass（= kentucky bluegrass） 六月禾（莓系）

June snow ①六月雪属［*Serissa comm*. ex *Juss*.］（茜草科）②六月雪［*Serissa serrissoides*（DC.）Drucc］

June-struck cutting 早坚材插

junenol 桧醇

jungle ①热带植丛 ②丛林，灌丛 ③未垦地，薮地

jungle-flame ixora 橙红龙船花［*Ixora coccinea* L.］（茜草科）

jungle form 灌丛型

jungle fowl 林原鸡

jungle jak（= Anjeli wood tree） 毛木波罗（硬毛面包果）［*Artocarpus hirsuta* Lam.］（桑科）

jungle-plum-leaf persimmon 枝辣柿［*Diospyros siderophyllus* H.L.Li］（柿科）

junglerice 芒稷［*Echinochloa colonum* Link.］（禾本科）

junior ①较年幼的 ②较低的 ③初级的（juvenis）

junior computer operator 初级计算机操作员

junior programmer 初级程序员｛电脑｝

junior systems analyst 初级系统分析员

juniper ①桧属［*Juniperus* L.］（柏科）②桧［*Juniperus chinensis* L.］

juniper berry 刺柏子

juniper forest 桧林（juniperetum）

juniper oil 桧油

juniper scale 刺柏盾蚧［*Carulaspis juniperi*（Bouché）］（盾蚧科）

juniper swamp 桧林沼泽

juniper tip midge 桧瘿蚊（刺柏瘿）［*Oligotrophus betheli* Felt］

juniper webworm 桧麦蛾（刺柏麦蛾）［*Dichomeris marginella* Denis et Schiffermüller］（麦蛾科）

juniperic acid 圆柏酸，桧酸，16-羟［基］十六［烷］酸［$HOCH_2(CH_2)_{13}CH_2COOH$］

juniperin 桧素，杜松素

junk ①块，厚片 ②废弃物，废料堆 ③腌肉

"junk" DNA "无用"DNA，"无功能"DNA｛分遗｝

junk wind 行船风（亚洲的东南季风）

junket（= curd milk） 凝结乳

Juno 朱诺（澳大利亚甘蔗品种）

jupiter's flower（= flower of jove） 伞形剪秋罗［*Lychnis flosjovis* Desr.］（石竹科）

Jura type of folding 侏罗式褶皱｛地质｝

Jurassic period 侏罗纪

juridical person（= juristic person） 法人｛农管｝

jurinea 久苓菊属［*Jurinea* Cass.］（菊科）

jurisdiction ①管辖权 ②管辖范围（jurisdictio）

jurmeric ①姜黄属［*Curcuma* L.］（姜科）②姜黄［*Curcuma longa* L.］

jury pump 备用泵｛环保｝

just ①公平的，公正的，正直的 ②应得的，应该有的 ③合理的，有理的（justus）

just enough 适量

just-in-time（JIT） 准时制

just-in-time manufacturing 及时制造｛加工｝

just noticeable difference 刚能识别，最小可觉差｛遥感｝

just opinion 合理意见，合理化建议

just suspicions 有根据的怀疑

justacrine 邻分泌，并分泌｛分生｝

justicia ①爵床属［*Justicia* L.］（爵床科）②爵床［*Justicia procumbens* L.］

justicia family 爵床科［Acanthineae］

justification ①（码速）调整｛信息｝②（版面）对齐｛电脑｝（justificatio）

justification range 调整范围

justified 对齐（指版面）

justify ①调整 ②证明正确

jut ①突出 ②尖端

jute ①黄麻属［*Corchorus* L.］（椴科）②黄麻［*Corchorus capsularis* L.］

jute agrotechniques 黄麻栽培技术

jute apion 黄麻象［*Apion corchori* Marshall］（象甲科）

jute bag 麻袋

jute bark borer（= roselle spiral borer） 玫瑰茄旋蛀吉丁［*Agrilus acutus* Thunberg］（吉丁科）

jute brake 黄麻打麻机

jute breeding ①黄麻育种 ②黄麻育种学

jute degumming 黄麻脱胶

jute following wheat 麦茬黄麻

jute free beater 黄麻自动打麻机，活动式打麻轮

jute growing ①黄麻栽培 ②黄麻栽培学

jute hybridization 黄麻杂交

jute-leaf melochia 马鬃子［*Melochia corchorifolia* L.］（梧桐科）

jute leaf miner 黄麻潜叶吉丁［*Trachys pacifica* Kerr］（吉丁科）

jute-leaf raspberry 山莓［*Rubus corchorifolius* L.f.］（蔷薇科）

jute paper 黄麻纸
jute processing 黄麻加工〔加工〕
jute protection 黄麻防护
jute radiation breeding 黄麻辐射育种
jute root knot nematode 黄麻根结线虫 [*Meloidogyne incognite* Kof. et Wh.]
jute rope 黄麻绳
jute seed growing 黄麻良种繁育
jute semilooper 黄麻褐夜蛾 [*Cosmophila sabulifera* Guenée](夜蛾科)
jute waste 黄麻绒,黄麻废屑
juty ①黄麻的 ②黄麻制的
juvabione 保幼生物素、保幼酮
juvenescence 复壮现象(juvenescentia)
juvenescent phase 青年期
juvenile ①幼年的,幼态的 ②幼鱼 ③幼鸟 ④二岁赛跑马
juvenile cell 幼态细胞
juvenile character 幼年性状
juvenile fish 幼鱼
juvenile form 幼态[类型]
juvenile growth ①幼年生长 ②幼苗生长
juvenile hormone(JH) 保幼激素
juvenile lethal 幼态致死
juvenile metabolism 幼苗代谢
juvenile period 幼年期
juvenile phase 幼年期
juvenile plant 幼株
juvenile school (鱼)未成熟群,幼年群
juvenile selection 早期选择,幼林选择
juvenile shoot 幼枝,嫩枝
juvenile soil 幼年土
juvenile stage 幼年期、幼龄期
juvenile state 幼态
juvenile swamp 幼年沼泽
juvenile water 岩浆水〔环保〕
juvenile wood 中心木质部
juvenility 幼态(juvenilitas)
juxtanuclear 并列核的(juxtanuclearis)
juxtanuclear mass 并列核质体
juxtapose 并列,并置
juxtaposed cells 并列细胞
juxtaposing protein 并列蛋白
juxtaposition ①并列 ②并置(juxtapositus)
juxtaposition eye 并列象眼

K k

k（= estimated parameter） 估计参数｛统计｝
K 1875（= DCPM） 杀螨醚
K 6451（chlorfenson） 杀螨酯
K 22023（= DMPA） 草特磷
K ①（= constant） 常数｛统计｝②（= kappa）卡巴｛分遗｝
K antigen（= capsular antigen） 荚膜抗原，K 抗原
K cell（= killer cell） 杀伤细胞｛分生｝
K chain（= kappa chain） 卡巴链，K 链｛分遗｝
K-horizon K 层｛土壤｝
K value ［大气污染］K 值，［大气污染］常数值（指按不同污染物和不同地区来确定 K 值）｛环保｝
"K" wings K 形翅（指病蜂翅展开的状态）
kabicidin 杀真菌素
kadondong beetle 槟榔青跳甲［*Podontia quatuordecimpunctata* Linnaeus］（跳甲科）
kadsura ①南五味子属［*Kadsura* Kaempf.］（五味子科）②南五味子［*Kadsura heteroclita* Roxb.］
Kaempfer cicada（= huey-gu） 蟪蛄［*Platypleura kaempferi* Fabricius］
Kaempfer golden-ray 克氏橐吾［*Ligularia kaempferi* Sieb. et Zucc.］（菊科）
Kaempfer rhododendron 克氏杜鹃花［*Rhododendron kaempferi* Planch.］（杜鹃花科）
kaempferol 堪非醇，4，5，7-三羟黄酮醇［$C_{15}H_{10}O_6$］
kafir（= kaffir corn, Guinea corn） 南非高粱［*Andropogon sorghum* Brot. var. *caffrorum* Swen.］（禾本科）
kafir-lily ①君子兰属［*Clivia* Lindl.］（石蒜科）②君子兰［*Clivia miniata* Regel.］
kafirin 高粱醇溶蛋白
kafiroic acid 高粱酸
Kagayama mulberry 加贺山桑［*Morus kagayamae* Koidz.］（桑科）
Kahle's fixative 卡耳固定液｛显技｝
kaido crab-apple（= midget crab-apple） 西府海棠［*Malus micromalus* Makino］（蔷薇科）
kaikias 东北风，北东北风（希腊名）
Kaimi clover 卡因米山绿豆［*Desmodium canum*］（豆科）
kainic acid 红藻氨酸，2-羧甲基-3-异丙烯基脯氨酸
kainite 钾盐镁钒，钾泻盐［$KCl \cdot MgSO_4 \cdot 3H_2O$］
Kainozoic era 新生代
kairomone 种间激素
Kaiser window 凯萨窗｛电脑｝
Kaiser's gelatin 凯萨胶｛显技｝
kaki（= oriental persimmon） 柿［*Diospyros kaki* L. f.］（柿科）
kakogenic（= dysgenic） 劣生的
kalanchoe ①高凉菜属（落地生根属）［*Kalanchoe* Adans.］（景天科）②高凉菜［*Kalanchoe laciniata* DC.］③落地生根［*Kalanchoe laxiflora* Baker］
kalayo 山荔枝（赤才）［*Eriglossum rubiginosum* Blume］（无患子科）
kalcine 重碳酸钾盐
kale（= borecole, cow cabbage） 羽衣甘蓝（饲用甘蓝）［*Brassica subspontanea* Lizg.］（十字花科）
kale beet 牛皮菜
kale borecole（= cabbage mustard） 芥蓝菜［*Brassica alboglabra* Bailey］（十字花科）
kale cutter 饲用甘蓝收割机
kale harvester 羽衣甘蓝收获机
kale-turnip（= kohlrabi） 球茎甘蓝
kalema 激浪（见于几内亚海岸）
kaleyard 菜园（= kitchen garden）
kali ①钾（= kalium）②氧化钾［K_2O］
kali salt 钾盐
kali saltpeter 钾硝石［KNO_3］
kalicinite（= Kalicite） 重碳钾盐
kalidion 囊状果
kalium（= calium, potassium） 钾
kalk（= lime） 石灰［CaO］

kallidin ①赖氨酰舒缓激肽 ②胰激肽
kallidinogen 胰激肽原
kallikrein 激肽释放酶
kallikreinogen 激肽释放酶原
kalloplankton 胶囊浮游生物
Kalman filter 卡尔曼滤波器{遥感}
Kalman filtering 卡尔曼滤波
kalmia ①山月桂属[*Kalmia* L.](杜鹃花科) ②山月桂[*Kalmia latifolia* L.]
kalopanax ①刺楸属[*Kalopanax* Miq.](五加科) ②刺楸[*Kalopanax pictus* (Thunb.) Nakai]
kalotermites 木白蚁科[Kalotermitidae]
Kaludai Boothan 卡吕戴布塞(甘蔗热带原种)
kaluszite 钾石膏
kalymma 染色体基质
kalytra (= calytra) 根冠
kamala tree (= kamila tree) 粗糠柴(痨哩仔)[*Mallotus philippinensis* Muell-Arg.](大戟科)
Kamchatka bugbane 野菜升麻[*Cimicifuga simplex* Wormsk.](毛茛科)
Kamchatka stonecrop 费菜[*Sedum kamtschaticum* Fisch.](景天科)
kame 冰砾阜,冰碛阜
kame moraine 冰砾碛
kames 块菌子实体
Kamille 母菊(西洋甘菊)[*Matricaria chamomilla* L.](菊科)
kan (= kanamycin) 卡那霉素
kana (= false name) 假名
kanaff (= Deccan hemp kenaf, hempmallow) 红麻(洋麻)[*Hibiscus cannabinus* L.](锦葵科)
kanaff degumming 红麻脱胶
kanaff dressing ①红麻追肥 ②红麻梳理
kanaff growing ①红麻栽培 ②红麻栽培学
kanaff retting 沤红麻,浸红麻
kanamycin (Kan) 卡那霉素
kanamycin resistance 卡那霉素抗性
kanamycin-resistant strain 抗卡那霉素菌株
kanchanomycin 肯查诺霉素
kanchanomycin-binding region 肯查诺霉素结合区
kandelia ①秋茄树属[*Kandelia* Wight et Arn.](红树科) ②秋茄树[*Kandelia candel* (L.) Druce]
kangaroo 袋鼠[Macropus](袋鼠科)
kangaroo-paws 红鼠爪花[*Anigozanthus flavidus* D.Don](血草科)
kankar 石灰磐,灰质核
kanniedood aloe (= tiger aloe) 翠花掌(蛇皮掌,什锦芦荟,千代田锦)[*Aloe variegata* L.](百合科)
kanran 寒兰[*Cymbidium kanran* Mak.](兰科)
kans grass 割手密(甜根子草)[*Saccharum spontaneum* L.](禾本科)
Kansar 康沙尔(甘蔗印度原种)
Kansas gayfeather 堪萨斯蛇鞭菊[*Liatris pycnostachya* Michx.](菊科)
Kansas standard 堪萨斯标准{电脑}
Kantorovich inequality 康托洛维奇不等式
kanugin 水黄精
kaoliang (= sorghum) 高粱(中国高粱,蜀黍)[*Andropogon sorghum* Brot. var. *sinensis* Swen.](禾本科)
kaoliang hiller 高粱培土器
kaoliang hybrid vigor (= kaoliang heterosis) 高粱杂种优势
kaoliang inbred-line 高粱近交系
kaoliang mass-selection 高粱混合选种
kaoliang planting plan 高粱种植计划书(指育种)
kaoliang seed growing 高粱良种繁育
kaoliang selfing 高粱自交
kaolin (= kaoline) 高岭土,陶土
kaolinite 高岭石{地质} [$Al_2O_3 \cdot 2SiO_2 \cdot 2H_2O$]
kaolinitic laterite 高岭砖红壤
kaolinization 高岭化[作用]
kaolinton 高岭黏土
kaolisol 高岭化土
kapayang (= Pangi) 扁仁果[*Pangium edule* Reinw.]
kapeller-Adler test 克皮利尔-爱德利尔试验{遗传}
kapok (= kapok tree, silkcotton tree) 吉贝(爪哇木棉)[*Ceiba pentandra* Gaertn. = *Eriodendron anfractuosum* DC.](木棉科)
kapok pod-boring moth (= kapok pod borer) 爪哇木棉果夜蛾[*Mudaria variabilis* Rpke.](夜蛾科)
kapok seed oil 木棉子油
kapok wants (= cotton bug) ①棉红蝽[*Dysdercus cingulatus* Fabricius] ②爪哇木棉黑带红蝽[*Dysdercus nigroasciatus* Stal](红蝽科)
kappa (κ) 卡巴{分遗}
kappa chain (K chain) 卡巴链,k 链{分遗}
kappa factor κ因子,卡巴因子

kappa of Paramecium 草履虫卡巴
kappa particle κ粒,卡巴粒
karaburan 黑风暴(中亚东北风)
karanda 假虎刺(刺黄果)[*Carissa carandas* L.](夹竹桃科)
karathane (=dinocap) 敌螨普
kariz (=Kan'er well) 坎儿井{水利}
karling 冰斗群,锐脊
Karmex (=karmex Diuron weed killer, karmex DL Diuron weed killer) 敌草隆
Karmex W (=monuron) 灭草隆
Karnak 卡纳克(棉品种)
Karpechenko's fixative 卡皮成科氏固定液{显技}
karri 变色桉[*Eucalyptus diversicolor* F. V. M.](桃金娘科)
karst 岩溶,喀斯特
karst erosion 岩溶侵蚀
karst fen 岩溶沼泽
karst region 岩溶地区(指火山附近地区)
karst topography 岩溶地形
karst water 岩溶水
karstenite 硬石膏
karte ①卡片 ②纸片 ③病历卡
kary- ⌞字头⌝核
karyasis 核接合{细胞}(caryasis)
karyaster 核星体{细胞}(caryaster)
karyaster stage 核星期
karyo- ⌞字头⌝①核 ②胡桃
karyo-race 染色体小种
karyobionta 有核生物(caryobionta)
karyochrome 核[深]染色细胞(caryochrome)
karyochylema (=karyenchyma) 核液(caryochylema)
karyoclastic ①核分解 ②核分解剂,核反抑制剂
karyoclastic poison 无丝分裂毒物,核分解毒
karyodesma 核质丝(caryodesma)
karyoenchyma 核液
karyogamy 核配(caryogamia)
karyogenesis 核生成(caryogenesis)
karyogenetics 核遗传学(caryogenetica)
karyogram 核图(caryogramma)
karyoid 拟核体(指细菌核)(caryoides)
karyokinesis ①有丝分裂 ②核分裂(caryokinesis)
karyokinetic division ①有丝分裂 ②核分裂
karyokinetic phase ①有丝分裂相 ②核分裂相(phasis caryokineticus)
karyokinetic process 核分裂过程
karyolemma 核膜(caryolemma)
karyolobism 核分叶(caryolobismus)
karyological ①核学的 ②胞核的(caryologicus)
karyological instability 胞核不稳定性
karyological race 核学族
karyology 胞核学(caryologia)
karyology of the hybrid 杂种胞核学
karyology of the triploid hybrid 三倍体杂种胞核学
karyolymph 核液(caryolymphus)
karyolysis 核溶解(caryolysis)
karyomere 染色体泡(caryomera)
karyomerite ①染色体泡 ②局部核(caryomeritus)
karyometry ①核测定 ②核测定法(caryometrica)
karyomicrosome 核微粒(caryomicrosoma)
karyomite ①染色体 ②易染体(caryomita)
karyomitome 核网丝(caryomitoma)
karyomitosis 有丝分裂(caryomitosis)
karyomixis 核融合(caryomixis)
karyomorphology 核形态学(caryomorphologia)
karyon (=cell nucleus) [细]胞核(caryon)
karyongram 核模式图(caryongramma)
karyophage ①噬核细胞 ②噬核体(caryophaga)
karyophthisis 核消耗(caryophthisis)
karyoplasm 核质(caryoplasma)
karyoplasmic 质核的(caryoplasmicus)
karyoplasmic interaction 质核互作(interactio caryoplasmica)
karyoplasmic ratio 质核比率
karyoplast 核质体,微型细胞
karyopycnosis 核固缩(caryopycnosis)
karyorhexis 核破裂(caryorrhexis)
karyoskeleton (=nuclear skeleton) 核骨架(caryoskeleton)
karyosome 染色质核仁(caryosoma)
karyosphere (=nucleate cell) 核球,核细胞(caryosphera)
karyostenosis 直接核分裂(caryostenosis)
karyota 有核细胞(caryota)
karyotaxonomy 核分类学(caryotaxonomia)
karyotheca 核膜(caryotheca)
karyotin 核质(caryotina)
karyotype 核型(caryotypus)
karyotype analysis 核型分析
karyotype evolution 核型进化

karyotype orthoselection 染色体组型直向选择,核型直向选择
karyotype unbalance 核型不平衡
karyotyping 核型分析,染色体组型分析{染色体}
Kashmir goat 克什米尔山羊
kassod tree(= Siamese senna) 铁刀木［*Cassia siamea* Lam.］(豆科)
Kassoer 卡斯索伊尔(甘蔗天然杂交种)
kasugamycin 春雷霉素,春B霉素(杀菌剂)［$C_{14}H_{25}N_3O_9$］
kat(= khat tea, Arabian tea) 阿拉伯茶［*Catha edulis* Forsk.］(卫矛科)
kata- ⌊字头⌉分解,降
kata-isallobar 等负变压线
kata thermometer 冷却温度表
katabatic 下降,下沉(catabaticus)
katabatic front 下滑锋
katabatic wind 山风,下降风,下吹风
katabolism 分解代谢(catabolismus)
katabolite 分解代谢产物(catabolitus)
katachromasis 末期核变(catachromasis)
katadromic 向下的,下行的(catadromus)
katadromically(= catadromically) 下行,向下
katafront 下滑锋,急行锋
katagenesis ①退行进化 ②促退生殖(catagenesis)
katakinesis 放能作用(catakinesis)
katakinetic 放能(catakineticus)
katallobar center 负变压中心
katamnesis 病后经过(catamnesis)
katang 爪哇重阳木(茄冬)［*Bischoffia javanica* Bl.］(大戟科)
katanin 剑蛋白
kataphalanx 冷锋面(cataphalanx)
kataphase 后末期(有丝分裂)(cataphasis)
kataphoresis 电泳(cataphoresis)
kataplasmatic gall 退变瘿
Katara 卡塔拉(甘蔗印度原种)
katathermometer 冷却温度计
Katha 卡撒(甘蔗印度原种)
kathaemoglobin(= kathemoglobin) 变性高铁血红蛋白
katharometer 热导检测器
kathepsin 组织蛋白酶
kathode 阴极,负极
kathodic ①背螺旋丝的 ②阴极的,负极的(cathodicus)
katoaceticacid 丙酮酸
katsura mealybug 桂粉蚧［*Pseudococcus katsurae* Shinji］(粉蚧科)
katsura tree ①连香树属［*Carcidiphyllum* Sieb. et Zucc.］(连香树科) ②连香树(紫荆叶木)［*Carcidiphyllum japonicum* Sieb. et Zucc.］
katsura tree family 连香树科［Cercidiphyllaceae］
katydid ①(= catydid) 螽斯 ②⌊复⌉(= long-horned grasshoppers) 螽斯科［Tettigoniidae］
kaurene 贝壳杉烯
kaurenic acid 贝壳杉烯酸
kaurenoic acid 异贝壳杉烯酸
kauri 贝壳杉脂
kauri-copal(= kaurigum) 贝壳杉珐琊,硬树脂
kauri-pine(= New Zealand kauri) 南方贝壳杉(澳洲贝壳杉,新西兰贝壳杉)［*Agathis australis* Salish.］(南洋杉科)
Kava pepper 卡瓦胡椒［*Piper methysticum*］(胡椒科)
kavain 醉椒素［$CH_3OC_{13}H_{11}O_7$］
kaya 榧树(油榧)［*Torreya nucifera* Sieb. et Zucc.］(紫杉科)
kaya-oil 榧子油
kaya spined beetle 榧铁叶甲［*Rhadinosa nigrocyanea* Motschulsky］(叶甲科)
Kazal protease inhibitor 凯赞尔蛋白酶抑制剂
Kazinoki paper-mulberry 葡蟠［*Broussonetia kazinoki*］(桑科)
kb(= kilobase) 千碱基(核酸链长度单位)
KB cells KB细胞株(指人癌)
kbps(= kilobits per second) 千位/每秒
K_{cat}(= catalytic constant) 催化常数{分生}
kebiren 原生侧芽菌(指甘蔗)
keblock(= wild mustard) 野芥
ked(= sheep tick) 羊硬蜱(蓖子硬蜱,羊蜱蝇)［*lxodes ricinus* Linnaeus］(硬蜱科)
ked and louseflies(= sheep ticks) 虱蝇科［Hipdoboscidae］
keel ①龙骨瓣 ②龙骨状突起 ③中肋(carina)
keel bone ①(动物)龙骨脊,胸骨 ②(船,飞艇等的)龙骨
keeled ①具龙骨瓣的 ②具龙骨突起的(carinatus)
keeled breast 鸡胸
keeled glume 龙骨状颖片,脊颖(gluma carinata)
keeled lemma 龙骨状外稃,船形外稃(lemma carinata)
keeled slug(= greenhouse slug) 温室蛞蝓

keelson 内龙骨
keen ①锐利的,锋利的 ②强烈的,深刻的 ③敏捷的,敏锐的,尖锐的
keen intelligence 敏捷智力
keen land 耕翻地
keen sight 敏锐视力
keen wind 刺骨寒风
keep ①保卫,保护 ②保持,保管,保有,保存,保留 ③经营管理,经售 ④阻拦,阻止,阻碍,防止,抑制 ⑤记入,记 ⑥饲料准备 ⑦(切割器)压刀板 ⑧养,养护{动} ⑨停留在
keep accounts 记账
keep away 远离,不接近
keep back 留在后面,不前进
keep bees 养蜂
keep down 蹲下,蹲伏
keep in ①保持,保持在内部,隐藏 ②(林火)继续烧着,不熄灭 ③排紧(指在排版中)
keep in stock 蓄积保持(指林木)
keep off 远离,不接近
keep out ①保持在外面 ②排疏(指在排印中) ③禁用
keep-out area 禁用区{电脑}
keep pigs 养猪
keep up ①遵守 ②继续 ③保持
keeper ①饲养员,看守者 ②柄,把 ③夹子,卡箍,保持器
keeper electrode 定位电极,保持电极
keeper voltage 保持电压
keeping ①饲养 ②保管,保藏 ③管理,照护④保持
keeping in one's care 自己饲养,家里饲养
keeping of small animals 小动物饲养,小家畜饲养
keeping quality ①耐藏力,耐贮性 ②耐久性,耐用性
keeping quality of flower 花持久性
keeve(=cask, vat) 大桶{环保}
kefir(=kephir) 酸奶酒,克非尔奶酒(高加索产)
kefir grain 酸乳酒曲
keg(=1/2 keeve) (十加仑以下)小桶
keimplasma(=germ plasm) 种质
Keiskei azalea 阴地踯躅[*Rhododendron keiskei* Miq.](杜鹃花科)
kekuioil plant(=bancouloil plant) 石栗[*Aleurites moluccana*(L.) Willd.](大戟科)
kekune oil 烛果油
Kell-Cellano antibody 凯尔-塞拉诺二氏抗体
Kell-Cellano blood group 凯尔-塞拉诺二氏血型
kelp ①巨藻[*Macrocystis pyrifera*] ②海草灰
Kelthane(=Kelthane AP, Kelthane Dust Base, Kelthane EC, Kelthane MF, Kelthane W) 开乐散
Kelvin temperature 开氏温度,绝对温度
Kelvin temperature scale 开氏温标,绝对温标
kemp ①死毛,落毛 ②(羊毛中的)粗毛
kenaf(=kanaff) 红麻
Kenchoh(=Lanjut) 瓠形杧[*Mangifera lagenifera* Griff.](漆树科)
kendyr(=kendir, turka) 茶叶花(罗布麻)[*Apocynum sibiricum* Pall. = *A. venetum* L.](夹竹桃科)
kenenchyma 空组织
keng rice(=Japonica type rice) 粳稻(日本型稻)[*Oryza sativa* L. subsp. *keng* Ting = *Oryza sativa* L. subsp. *japonica* Kato.]
kenilworth ivy ①梅花草属[*Cymbalaria* Med.](玄参科) ②梅花草[*Cymbalaria muralis* Gaertn.]
Kennedy Space Center(KSC) 肯尼迪航天中心{遥感}
kennel ①沟,水沟 ②狗房,狗舍
kenning 认识
kenotoxin 疲劳毒素
kent(=drawing paper) 绘图纸
kentia palm(=sentry palm) ①守卫棕属[*Howea* Bece.](棕榈科) ②守卫棕[*Howea forsterana* Bece.]
kentish plough [单犁体]转壁双向犁
Kentucky bluegrass(=bluegrass, meadow grass) 草地早熟禾(六月禾,莓系)[*Poa pratensis* L.](禾本科)
Kentucky coffee-tree ①肥皂荚属[*Gymnocladus* Lam.](豆科) ②美国肥皂荚[*Gymnocladus dioeca* K. Koch.]
Kenya agriculture 肯尼亚农业
Kenya mealybug(=coffee root mealybug) 咖啡根粉蚧[*Planococcus kenyae* Pelley](粉蚧科)
kephalin 脑磷脂
Kepler's equations 开普勒方程{遥感}
kept apart 分离的(segregatus)
K_{eq}(=equilibrium constant) 平衡常数(=最终平衡产物,最初平衡反应物)
K_{eq} of water 水的平衡常数
keracyanin 花青素鼠李葡糖苷
kerasin 角苷脂[$C_{48}H_3O_8N$]
keratan 角质素

keratan sulfate 硫酸角质素
keratanase 角质素酶
keratein 还原角蛋白［$C_{41}H_{21}O_{14}N_{12}S$］
keratin 角蛋白{分遗}
keratin filament 角蛋白丝
keratin isopeptide bonds 角蛋白异肽键
keratin mRNA assay 角蛋白信使 RNA 测定
keratinase 角蛋白酶
keratinization 角［质］化作用（ceratinisatio）
keratinocyte 角蛋白细胞（ceratinocyta）{分生}
keratinocyte growth factor 角蛋白细胞生长因子
kerato- ⌞字头⌝角，角质
keratogenous ①成角质的 ②角质化的（ceratogenus）
keratohyaline 透明角质
keratoid ①似角质的 ②角质状的（ceratoideus）
keratomalacia 角膜软化症（ceratomalacia）
keratonectin 角膜粘连蛋白
keratose ①角质的 ②角质物（ceratosus）
keratosis 角化病（ceratosis）
keratosulfate 硫酸角质
kerf ①截口，缝隙{土壤} ②锯痕，锯口{加工} ③（伐木）砍伐端{森林} ④（气割的）割缝{农机}
kerion 脓癣，癣脓肿
kermes ①红蚧 ②胭脂虫
kermes oak（＝grain tree, ground oak）胭脂虫栎［*Quercus coccifera* L.］（山毛榉科）
kermesic acid 胭脂酮酸
kern ①核 ②农民 ③菜心
kerned character 出格字符{电脑}
kerned font 出格字模
kernel ①仁，珠心（nucellus）②子粒，种子（granum）③核 ④核心，内核（nucleus）
kernel colour 子粒色
kernel dump 核心转存{电脑}
kernel fruit 仁果
kernel injury 子粒损害
kernel length 子粒长度
kernel maturity 种子成熟度，子粒成熟度
kernel object 核心对象，核心目标{电脑}
kernel quality 种子品质，子粒品质
kernel rot ①赤霉病（玉米）②黑蚀米
kernel row number 子粒行数（玉米）
kernel size 子粒大小
kernel smut 粒黑粉病，粒黑粉菌
kernel smut of kaoliang 高粱粒黑粉病［*Sphacelotheca sorghi*（Link.）Clint.］
kernel smut of millet 粟粒黑穗病［*Ustilago crameri* Koern.］
kernel smut of rice 稻粒黑粉病［*Neovossia horrida*（Tak.）Padwick et Azmatullah Kahn.］
kernel software 核心软件
kernel starchiness 种子淀粉率，种子淀粉含量
kernel texture 种子结构，种子质地
kernel type 种子型，子粒型
kernel weight 种子重，子粒重
kernel weight per plant 每株种子重
kernel window manager 核心窗口管理程序{电脑}
kernel yield 种子产量
kernicterus 脑核性黄疸
kerning 压缩字距{电脑}
kernpilze（＝Pyrenomycetes） 核菌类
kerosene 煤油
kerosene emulsion 石油乳剂
Kerr effect 克尔效应（指电场致双折射）{生技}
Kerr magnetooptical effect 克尔磁光效应
Kerria ①棣棠属［*Kerria* DC.］（蔷薇科）②棣棠［*Kerria japonica* DC.］
kestose 蔗果三糖
kestrel 茶隼（红隼）［*Falco tinnunculus* Linn.］
ketal 酮缩醇，缩酮
ketchup 番茄酱（用番茄蘑菇等制成）
ketene ①烯酮 ②乙烯酮
ketimine 酮亚胺
ketipic acid 草酰二乙酸，β,β'－己二酮二酸
keto- ①酮基 ②氧代
keto acid 酮酸［RCO·COOH］
keto acid decarboxylase 酮酸脱羧酶
keto-acyl 酮脂酰
keto-alcohol 酮醇［$RCOCH_2OH$］
keto-enol system 酮－烯醇系统
keto-enol tautomerization 酮［式］－烯醇［式］互变异构
keto-ester 酮酸酯
keto form 酮式
keto glytaramicacid 酮戊酰胺酸，酮戊二酸单酰胺
keto-myo-inositol 酮肌醇，氧代环己六醇
keto state 酮［状］态
ketoacidosis 酮酸中毒
ketoacyl coenzyme A（＝ketoacyl CoA）酮脂酰辅酶 A，酮脂酰 CoA{分遗}

ketoadipic acid 酮己二酸
ketoadipoyl-CoA 酮己二酸单酰 CoA
ketoamine 酮胺,氨基酮
ketobutyric acid 丁酮酸 [$CH_3CH_2COCO_2H$]
ketocaproic acid 己酮酸
ketodibasic acid 酮二羧酸 [COOH·R·CO·COOH]
ketoestradiol 酮雌[甾]二醇
ketoestrone 酮雌[甾]酮
ketogenesis 生酮作用
ketogenic amino acid 生酮氨基酸
ketogenic and glucogenic amino acid 生酮[兼]生糖氨基酸
ketogenic-antiketogenic ratio 生酮抗酮比值
ketogenic diet 生酮饲料
ketogenic hormone 生酮激素
ketogluconate ①酮葡糖酸 ②酮葡糖酸盐、酯或根
ketogluconic acid 酮葡糖酸,葡糖酮酸
ketoglutaramate 酮戊二酸单酰胺
ketoglutarate ①酮戊二酸 ②酮戊二酸盐、酯或根
ketoglutaric acid 酮戊二酸 [$COOH \cdot CH_2 \cdot CH_2CO \cdot COOH$]
ketoglutaric dehydrogenase 酮戊二酸脱氢酶
ketogulonate ①酮古洛糖酸 ②酮古洛糖酸盐、酯或根
ketogulonic acid 酮古洛糖酸
ketoheptose 庚酮糖
ketohexonate 己酮糖酸
ketohexonic acid 己酮糖酸
ketohexose 己酮糖
ketoimine 酮亚胺
ketoimine crosslink 酮亚铵交联
ketoindole 羟吲哚
ketoisocaproate 酮异己酸
ketoisocaproic acid 酮异己酸
ketoisovalerate ①酮异戊酸 ②酮异戊酸盐、酯或根
ketoisovaleric acid 酮异戊酸
ketol 乙酮醇 [RCOCHOHR]
ketolactol 内缩酮
ketolysis 解酮[作用]
ketonaldehydmutase 酮醛变位酶
ketone ①酮 ②甲酮
ketone body 酮体
ketonemia 酮血
ketonization 酮基化作用
ketonuria 酮尿
ketopalmitate ①酮棕榈酸 ②酮棕榈酸盐、酯或根
ketopalmitic acid 酮棕榈酸,酮软脂酸
ketopyrrolidine 吡咯烷酮,α-γ-丁内酰胺
ketorednctase 酮还原酶
ketose 酮糖
ketose reductase 酮糖还原酶
ketosis 酮病
ketostearate ①酮硬脂酸 ②酮硬脂酸盐、酯或根
ketostearic acid 酮硬脂酸 [$CH_2(CH_2)_{13}CH_2COCH_2CO_2H$]
ketosubstrate 酮基底物
ketosuria 酮糖尿
ketoxylose 木酮糖
kettle 水锅
kettle depression 锅形陷落{土壤}
kettle hole 窪地
kettle type boiler 锅式蒸煮器
keturonate ①糖酮酸 ②糖酮酸盐、酯或根
keturonic acid 糖酮酸
ketyl radical 羰自由基 [R_2CONa]
keV (= kiloelectron volt) 千电子伏[特]
Kew barometer 寇乌气压计
Kew pattern barometer 寇乌式气压表,定槽式气压表
kew wallflower 邱园桂竹香 [*Cheiranthus kewensis* Hort.] (十字花科)
kew weed (= smallflower galinsoga, gallant soldier) 牛膝菊 [*Galinsoga parviflora* Cav.] (菊科)
Kewali 基瓦利(甘蔗印度原种)
key ①检索表 ②键,钥匙 ③题解 ④低岛,暗礁 ⑤主要的,关键的
key area 关键地区
key-auto-key 键控自动键{电脑}
key bed 标准层
key boss 键槽轮毂
key characteristics 主特征
key code receiver 键码接收器{信息}
key color (= key colour) 主色,关键色,基[本]色
key column 关键列
key component 键标成分
key condition 关键码条件,键条件
key course 重点学科
key dam 主坝{水利}
key device 关键器件,主要器件
key distribution center 密钥分配中心
key driver 键译器
key enzyme 关键酶
key event 关键事件
key feedback area [键]码反馈区

key feeder 键式传送装置
Key field 关键码字段,键码段
key fruit（= samara） 翅果（samara）
key gene 主基因｛分遗｝
key generator 键标生成器
key group 指示组
key gun 密钥枪
key horizon 标准层,主要土层
key in 键盘输入｛电脑｝
key in data 键盘输入数据
key industries ①基本工业 ②基本产业
key industry（= primary production） 基础生产,一级生产｛农系工｝
key industry organism 基础生产生物,基础生产者(指绿色植物)
key interlock 键锁
key jack 键插口
key lock 键封锁,键锁
key man 重要人物,中心人物
key map 索引地图
key mapping 键位映射｛电脑｝
key matching 键标匹配
key material 关键材料,主要材料
key number 键号数
key of wool graduation 羊毛鉴定说明
key off 切断
key on 接通(指电信)｛信息｝
key operation 关键操作
key out 断开
Key part 关键部分｛智培｝
key part of accuracy agro-technique system 精确农业技术体系的关键部分｛智培｝
key pitch 键距
key point ①关键,要点,重点 ②制高点,据点
key points and strategies 重点与对策(策略)
key position 关键[码]位置,主要位置,险要位置｛信息｝
key practices 关键实践
key puller 拔键器
key punch 键控穿孔机
key result 重要成果
key ring 钥匙环
key role 重要作用
key sample 主要样本
key scan 键扫描
key species 检索种
key state 关键状态
key state laboratory 国家重点实验室
key step 关键步骤
key straw rack 键式逐稿器
key switch 按键开关
key technology 关键技术
key telephone set 按键电话｛信息｝
key to cereals 禾谷类作物检索表
key to diagram 图例,图解
key to genus 分属检索表
key to interpret the vegetation types 植被类型解释检索表
key to orders 分目检索表
key to varieties 品种检索表
key to variety identification 品种鉴定检索表
key-type plough 键式犁
key way 键槽
key window 键窗口
key words 电码字
key wrench 套管扳子
keybank 电键组
keybar 键杆
keyboard 键盘
keyboard character（KCHAR） 键盘字符｛信息｝
keyboard data ready（KBDR） 键盘数据就绪
keyboard lock flag（KBLOKF） 键盘锁定标志
keyboard perforator 键盘穿孔机｛电脑｝
keyboard printer 键盘打印机
keyboard read only memory（keyboard ROM） 键盘只读存储器
keyboard sent/receive（KSR） 键盘发送/接收,键盘收发机
keycap 键帽
keycard 键卡
keycoder 键盘编码器
keyed access 按键访问
keyer 键控器
keyframe ①主帧,关键帧 ②键架 ③关键画面｛电脑｝
keyhole 匙孔
keying ①编号 ②键控 ③提示码｛电脑｝
keying frequency 键控频率
keying line 键控线路,网控线路,遥控线路
keying loss 键控失真｛电脑｝
keying rate 键控速率
keying slot 键槽
keying unit 键控部件,键控器
keymat 键标帽,键垫
keynote message 重点信息
keypad ①键区 ②键组,小键盘,袖珍键盘 ③键台,专用键台｛电脑｝
keystone 拱顶石,枢石,冠石｛水利｝
keystoning ①梯形畸变 ②梯形失真｛电脑｝
keystroke（= key stroke） 击键

keyword-in-context (KWIC) 上下文内关键词,前后文内关键词
keyword-out-context (KWOC) 上下文外关键词,前后文外关键词
keywords 关键词(指一篇科学论文)
kg (kilogram) 千克
Khadya 坎戴阿(甘蔗印度原种)
khaki 土黄色,枯草色
Khaki Campbell 康贝尔鸭(英国品种)
Khapra beetle 谷[斑]皮蠹 [*Trogoderma granarium* Everts](皮蠹科)
kharez (=Karier, Kaner well) 坎[儿]井{水利}
Khasi papeda 印缅橙(卡西大翼橙)[*Citrus latipes* (Swingle) Tanaka.](芸香科)
khat (= khat tea, Arabian tea, kat) 阿拉伯茶[*Catha edulis* Forsk.](卫矛科)
khella (=tooth-pick) 卫纳佳阿美[*Ammi visnaga* Lam.](伞形科)
khellin 呋喃并色酮[$C_{14}H_{12}O_5$]
Khingan fir 华北冷杉(白果枞,臭松)[*Abies nephrolepis* Maxim.](松科)
khorassan wheat 东方小麦(高拉山小麦)[*Triticum orientale* Perc. = *T. turanicum* Takubz.](禾本科)
khus -khus (=vetiver) 香根草[*Vetiveria zizanioides* Stapf.](禾本科)
kibble 粗碾,粗磨
kibbler 粉碎机
kibbling machine 粉碎机,磨碎机
kibbling mill 筒式磨粉机,粗磨机
kibe 冻疮
kick ①踢,突跳 ②弹力,回弹,反应力 ③冲击,急冲,刺激力 ④挑剔
kick back 回程
kick off ①断开(指电路) ②分离 ③撤除
kick out ①分离 ②断开 ③卫星脱离运载火箭
kicker ①弹踢器,抖动器 ②具有踢癖的马
kicker-roll cleaner (甜菜去叶用)弹踢轮式清理器
kicker roller ①(分离薯类泥土用)弹踢辊 ②(清花机)楔齿滚筒
kicker teder 弹踢式摊草机
kicker wheel (块根收获机械)弹踢轮
kid ①小山羊 ②山羊皮革 ③产羔
kid-glove orange 红橘(朱橘)[*Citrus reticulata* var. *erythrosa* (Tanaka,) H. H. Hu. = *C. erythrosa* Tanaka.](芸香科)
kid gloves (山羊)皮手套
kid registry 产羔登记(山羊)
kid skins 小山羊皮
kidd antibody 基德氏抗体
kidding 分娩(山羊),产羔
kidding order 产次,分娩顺序
kidney 肾[脏](renes)
kidney bean 菜豆(四季豆)[*Phaseolus vulgaris* L.](豆科)
kidney bean tree (= Chinese wisteria) 紫藤(藤萝树)[*Wisteria sinensis* Hemsl.](豆科)
kidney cotton 巴西棉[*Gossypium barbadense* var. *brasiliense* T.B. Hutch.](锦葵科)
kidney disease 肾病
kidney duct 肾管
kidney-leaf saxifrage 肾叶虎耳草[*Saxifraga reniformis* Ohwi.](虎耳草科)
kidney-leaved 肾叶的(renifolius)
kidney potato 红皮肾形马铃薯
kidney-shaped (= kidneyform) 肾形的(reniformis)
kidney-shaped egg (蚕)肾脏形卵
kidney vetch ①绒毛花属[*Anthyllis* L.](豆科) ②绒毛花[*Anthyllis vulneraria* L.]
kidney worm 肾虫
kier waste 漂煮锅废水{环保}
kiering 碱水中煮沸(指布在碱水漂煮锅中煮沸){环保}
kieselguhr 硅藻土
kieserite 硫酸镁石,硫镁矾水,镁矾[$MgSO_4 \cdot 2H_2O$]
Kikuthrin 扑虫菊,甲基炔呋菊酯
kikuyu grass 克谷优草(隐花狼尾草)[*Pennisetum clandestinum* Hochet et Chiov.](禾本科)
kilk (=wild mustard) 野芥
kill ①杀 ②猎获物
kill-wort 白屈菜[*Chelidonium majus* L.](罂粟科)
killas 板岩,片岩{地质}
killer ①杀伤细胞 ②杀伤剂 ③断路器
killer bacteria 杀伤细菌
killer cell (K cell) 杀伤细胞
killer character 杀伤细胞性状
killer individual 杀伤个体
killer strain 杀伤菌株
killer type 杀伤细胞型
killer yeast 杀伤酵母
killing ①杀死{显技} ②杀伤{分遗}
killing [point of] temperature 致死温度
killing back 枝梢冻死
killing-bottle 毒瓶
killing calf (=beef calf) 供屠宰牛犊,肉用牛犊

killing capacity 杀伤本领
killing curve 杀伤曲线,杀菌曲线
killing freeze 严寒
killing frost 严霜
killing mask (牲畜戴的)屠宰面具
killing point of preservatives 防腐剂致死点
killing potato vine 消灭马铃薯蔓草
killing probability 杀死概率
kilmarnock willow (= goat willow) 黄华柳(山毛柳,黄花柳)[*Salix caprea* L.](杨柳科)
kiln ①火炉 ②烘干炉,干燥炉 ③窑,炭窑
kiln burning 炭窑制炭法
kiln charge 窑干装载量
kiln degrade 窑干降等
kiln dried tea 锅炒茶
kiln dried wood 人工干燥材
kiln drying 人工干燥,烘干,烤房干燥,窑中干燥
kiln run ①窑干燥过程 ②一次干燥材积
kiln seasoning (= kiln drying) 人工干燥,烘干,烤房干燥,窑内干燥
kiln site 炭窑地点
kilo- ⌞字头⌝千
kilo (K,k) 千
kilobase (kb) 千碱基(核酸链长度单位){分遗}
kilobaud 千波特(发报速率单位){信息}
kilobit 千比特,千位(信息量单位){信息}
kilobits per second (kbps) 每秒千位数,千位/每秒
kilobyte (k byte, kB) 千字节{电脑}
kilobytes per second 每秒千字节数,千字节/每秒
kilocalorie (kcal, cal) 千卡,大卡(热量单位){物}
kilocron 千柯隆(= 10^9 年)
kilocurie 千居里(放射性强度单位){物}
kilocycle ①千周,千赫 ②千周波
kilodalton 千道尔顿(分子量单位){物}
kilogram (kg) 千克(= 1000 克)
kilogram-calorie (kcal, Cal) 大卡,千卡(热量单位)
kilogram-force 千克力
kilogram mass 千克质量
kilogram-meter 千克米
kilogram-weight 千克重
kilohertz (kHz) 千赫(频率单位){物}
kiloliter 千升
kilolux 千勒[克斯](光照度单位){物}
kilomega 吉,吉咖,千兆(= 10^9)
kilomegabit 吉咖二进位,吉咖位(10^9 位)
kilomegahertz 吉咖赫,千兆赫(10^9 赫){信息}
kilometer (km) 千米,公里(= 1000 米)
kilometer-ton 公里吨(功单位)
kiloohm 千欧[姆]
kilopackets 千信息包,千分组{信息}
kilorad (**krad**) 千拉德(辐射剂量单位)
kiloton 千吨
kilovolt 千伏
kilowatt 千瓦(= 1000 瓦)
kilowatt hour 千瓦特小时
kilowatt hour meter 千瓦小时计,电度计
kin- ⌞字头⌝运动
kin 血缘,家系
kin selection 血缘选择
kinase 激酶
kind ①类,属 ②种类,性质,本质
kind name 种类名称
kind of call 呼叫种类{信息}
kind of crop 作物种类
kind of odor 臭气种类{环保}
kindling ①(兔)产仔 ②着火
kindling point 燃点,着火点
kindred ①血缘族,血缘关系(如一个人的所有亲戚) ②血族的,同种的
kindred plant 同种植物,近缘植物
kine- ⌞字头⌝运动
kinematic ①运动的 ②运动学的 (kinematicus)
kinematic analysis 运动学分析
kinematic boundary condition 运动学的边界条件
kinematic front 运动锋
kinematic viscosity (= kinetic viscosity) 动力黏度,运动黏度
kinematics 运动学 (kinematica)
kinesin 移动素,驱动蛋白
-kinesiologia ⌞字尾⌝运动,动态
kinesiology ①运动学 ②运动疗法
kinesis 动态
kinesthetic 动觉的 (kinestheticus)
kinesthetic receptor 动觉感受器,运动感受器
kinesthetic sense 动觉,运动感觉
kinetenoid 类激动素
kinetic ①着丝粒的{细胞} ②动力的,动力学的{物} (kineticus)
kinetic activity of chromosome 染色体的着丝粒活性
kinetic body 着丝粒
kinetic coefficient 动力学系数
kinetic colorimetry 动力学比色法
kinetic complexity 动力学复杂度
kinetic constant 动力学常数

kinetic constriction 着丝粒
kinetic control 动力学控制
kinetic control system 动力学控制系统,动态控制系统
kinetic energy 动能
kinetic equation 动力学方程
kinetic equilibrium 动态平衡
kinetic filter 动力学滤波器〔信息〕
kinetic flow factor 动流因素
kinetic friction 动摩擦
kinetic limitation 动能限制
kinetic proofreading 动力学校正
kinetic property 动力学性质
kinetic simulator 动态特性模拟器
kinetic specificity 着丝粒专一性
kinetic tank 动力油箱
kinetic theory of gas 气体分子运动论
kinetic viscosity 运动黏度,动力黏度
kinetics 动力学(kinetica)
kinetics of enzyme 酶动力学
kinetics of induction 诱导动力学
kinetid 动器(如鞭毛,纤毛)(kinetis)
Kinetin 激动素(细胞分裂素)[$C_{10}H_9N_5O$]
Kinetin concentration 激动素浓度
Kinetin induction of division 分裂的激动素诱导
kinetin level 激动素水平
kinetin nicotine production 激动素烟碱生产
kineto- ⌞字头⌝运动
kinetocardiogram 心动图(kinetocardiogramma)
kinetochore 动原粒,着丝粒
kinetochore microtubule 动原粒微管丝
kinetochore of prematurely condensed chromosome 早熟浓缩染色体的着丝粒
kinetochore plate 动原粒板
kinetochore protein 动原粒蛋白
kinetochore region of chromosome 染色体着丝粒区
kinetogene 毛基体基因,动粒基因(kinetogena)
kinetogenesis 动态发生说〔进化〕
kinetome 动系,动器系
kinetomere ①着丝粒,染色粒 ②动原粒
kinetonema 动丝(kinetonema)
kinetonucleus 动核(kinetonucleus)
kinetoplasm 动质(kinetoplasma)
kinetoplast ①动质体,动核 ②生毛体
kinetoplast DNA 生毛体 DNA
kinetoplast of trypanosome 锥虫生毛体
kinetosome 动体,毛基体(kinetosoma)
kinetotherapy 运动疗法(kinetotherapia)
kinety 动体列,动器排列行
king-cup 驴蹄草(立金花)[*Caltha palustris* L. var. *sibirica* Reg.](毛茛科)
king fisher daisy 伯杰氏费利菊[*Felicia bergeriana* O. Hoffm.](菊科)
king-nut 条裂山核桃[*Carya laciniosa* (Michx. f.) Loud.](胡桃科)
king orange 柑(沙柑,王橘,九年母)[*Citrus nobilis* Lour.](芸香科)
king palm ①假槟榔属[*Archontophoenix* Wendl. et Drude](棕榈科) ②假槟榔[*Archontophoenix alexandrae* Wendl. et Drude]
king pin 轴销,立销,转向节主销
king pin tilt 主销内倾
king post ①(装载机)转臂支柱 ②主柱
king roller (甘蔗压榨机)立轧辊
king salmon (= chinook salmon) 大鳞大马哈鱼[*Oncorchynhus tschawytscha* (Walbaum)]
kingbolt 中心立轴
kingdom ①界 ②生物界(regnum)
Kingdom Animalia 动物界
kingdom of organisms 生物界
King's clover 草木犀[*Melilotus suaveolens* Ledeb.](豆科)
King's-spear ①日光兰属[*Asphodeline* Reichb.](百合科) ②日光兰[*Asphodeline lutea* Reichb.]
King's type dairy barn 金氏型乳牛舍
kinin ①激肽 ②(植物)细胞分裂素
kininase 激肽酶
kininogen 激肽原
kininogenase 激肽原酶
kink (绳索,软管,铁线,草绳)纠结,扭结,打结,打扣,扭折
kink site 扭折位〔生技〕
kinker 扭结器
kinker shaft 扭结器轴
kino ①金诺(单宁的一种) ②电影
kino eucalyptus 树胶桉[*Eucalyptus resinifera* Sm.](桃金娘科)
kinofilm 电影影片
Kinoform 开诺全息照片,位相衍射成像相片〔显技〕
kinomere (= centromere) 着丝粒(kinomera)
kinoplasm 动质(kinoplasma)
kinosome 动微粒(kinosoma)
kinship ①亲缘关系,血缘关系 ②相似,类似

Kirchhoff radiation law 基尔霍夫辐射定律{遥感}
Kirchoff's law 基尔霍夫定律{气象}
kirromycin 黄色霉素
Kirsch nonlinear edge enhancement 柯斯奇非线性边缘增强{遥感}
kiss pressure 接触压力
kissing 相吻(指核苷酸的配对){分遗}
kissing bug (= bed bug hunter, masked hunter) 臭虫猎蝽[*Reduvius personalis* (Linnaeus)](猎蝽科)
kistrin 蝮蛇毒素
kit ①一套工具 ②工具箱,工具袋,用具包 ③木桶 ④试剂盒
kit assembler 成套汇编程序{智培}
kit software 成套软件
Kitadakensis draba 北岳葶苈[*Draba kitadakensis* Koida](十字花科)
Kitazine (= EBP) 稻瘟净(杀菌剂)[$C_{11}H_{17}O_3PS$]
kitchen 厨房
kitchen garden 菜园,菜圃
kitchen-garden purslane 菜用马齿苋[*Portulaca oleracea* L. var. *sativa* DC.](马齿苋科)
kitchen gardener 菜农,种菜人
kitchen herbs [调味]香菜
kitchen left-overs (= kitchen waste) 泔水
kitchen plants 烹调用蔬菜
kitchen sink 洗涤槽,洗碟槽
kitchen waste 厨房废物,泔水
kite [探测]风筝
kite-ascent 风筝探测
kite observation 风筝观测
kiteballon 风筝气球
kitol 鲸醇
kitool fiber (= kitul fiber) 孔雀椰子纤维
kitool palm (= kitul palm) 孔雀椰子,糖桄榔[*Caryota urens*](棕榈科)
kittentails ①猫尾草属[*Synthyris* Benth W. N.] ②猫尾草[*Synthyris* sp.]
kiwi (= kiwi fruit, Chinese gooseberry, yangtao) 中华猕猴桃(猕猴桃,阳桃)[*Actinidia chinensis* Planch.](猕猴桃科)
Kjeldahl flask 克氏烧瓶
Kjeldahl method (= kjeldahl determination) 克氏[定氮]法
Kjeldahl nitrogen 总有机氮{环保}
kladodium 叶状茎(cladodium)
kladogenesis [地区]适应分化(cladogenesis)
klamathweed beetle 四双叶甲[*Chrysolina quadrigemina* Suffrian]
Kleinschmidt's technique 克莱因斯密特氏技术{分遗}
Klenow enzyme 克列诺酶(指大肠杆菌DNA聚合酶){分遗}
Klenow fragment 克列诺片段(指大肠杆菌DNA聚合酶的片段)
Klinefelter's syndrome 克氏综合征
klinokinesis 调转动态
klinostat [植物]回转器
klinotaxis 调转趋性(clinotaxis)
klo (= kilobase) 千碱基{分遗}
klone (= clone) 克隆,无性繁殖系,无性系
kluf 狭谷,沟
kluge 异机种系统{信息}
klysmoeionion 潮间带植被{生态}
klystron 速调管
Km (= Michaelis constant) 米氏常数(用于胞膜运输)
knacker ①废畜,废马 ②收购废畜的屠宰者
knacker yard (= knackery) 废畜屠宰场(指不食用的废畜)
knag ①木节,树瘤 ②木钉 ③鹿角叉枝
knaggy 多节的
knapsack 背囊
knapsack air-blast sprayer with engine drive 背负鼓风式机动喷雾器
knapsack compressed air type sprayer 背负式气力喷雾器
knapsack duster 背负式喷粉器
knapsack duster with engine drive 发动机驱动背负式喷粉机
knapsack lever type sprayer 背负式杠杆喷雾机,背负式杠杆喷雾器
knapsack mist sprayer 背负式喷雾器
knapsack power duster 背负式动力喷粉机
knapsack seeder 背负式播种机
knapsack sprayer 背负式喷雾器
knapsack sprayer-duster 背负式喷雾喷粉机
knapsack sprayer with diagram pump 带膜片泵背负式喷雾器
knapsack sprayer with piston pump 背负活塞泵喷雾器
knapsack sprayer with pressurized cylinder 背负式压力筒喷雾器
knapsack station 背囊式电台{信息}
knapsack sulphur duster 背负式硫磺喷粉器
knapsack type sprayer 背负式喷雾器
knapweed ①矢车菊属[*Centaurea* L.](菊科) ②矢车菊[*Centaurea cyanus* L.]
knaur 树瘤

knawel 一年生细蓝［*Scleranthus annuus* L.］(石竹科)
knead ①和面,和泥 ②捏制(面包,陶器)
kneaded mass 捏和土块
kneaded nursery bed 捏和秧田苗床
kneader (= kneading machine) 和面机,和泥机
kneading of nursery bed 秧田苗床捏和
knee ①根膝(genu) ②膝,膝盖,膝关节 ③拐点
knee bend 90°弯头{环保}
knee cap 膝盖骨
knee colter 弯柄犁刀
knee hygroma 膝关节水囊肿
knee joint ①锁状联合 ②膝关节
knee jointed 膝曲的
knee pan 膝盖骨,关节盘
knee-pan-shaped 小盘状的
knee pipe 弯管{环保}
"knee roots" "膝根[系]"{生态生理}
knee sprung 前腕跛病
knee voltage 拐点电压,膝点电压
kneed 膝曲的(geniculatus)
kneed timber 多节材
kneeing habit 膝曲习性(指浮稻)
knephopelagic 深海中层的(knephopelagus)
knephoplankton 微光性浮游生物(knephoplankton)
knick in slope (= knick point) 裂点{遥感}
knick point 裂点{遥感}
knife ①刀,小刀,菜刀 ②切片刀 ③铡刀,铲刀 ④切割器
knife and fork model 刀叉模型(指DNA复制){分遗}
knife angle 进刀角
knife applicator 施肥刀形开沟器,撒药刀形开沟器
knife barker 刀式去皮机(指去树皮)
knife blade cover 刀铲式覆土器
knife clip (切割器)压刀板
knife colter (= knife coulter, knife cutter, sliding colter) 直犁刀
knife coverer 刀式覆土器
knife cut 刀割病(指甘蔗)
knife cylinder 刀齿滚筒,切碎滚筒
knife disk 圆盘刀
knife edge 刀刃,刀口,刀锋
knife grinder ①磨刀砂轮(磨切割器刀刃) ②滚刀式粉碎机
knife harrow 刀齿耙,中耕松土器
knife holder ①刀架 ②(切割器)压刀板,压刃板
knife register 刀片对心
knife-roller gin 刀辊式轧花机
knife section (切割器)动切片,动刀片
knife-shaped 小刀形的(cultratus)
knife speed 切割速度
knife stone 磨刀石
knife stroke (= knife throw) (切割器)割刀行程
knife switch 闸刀开关
knife tooth harrow 刀齿耙
knife topper 刀式打顶器(甜菜用)
knife-type shedder 甩刀式茎秆切碎机
knife weeder 单面平切铲刀,单翼平铲
knife wheel 刀盘
knifer ①(硬种皮)破皮机 ②剖土机
Kniffin's training system 肯尼申整枝法
knifing 刀割,刀切,切割
knifing cultivator 平面耕耘机,平切中耕机
Knight-Darwin law 耐特-达尔文法则{遗传}
Knight's star ①孤挺花属［*Hippeastrum* Herb. = *Amaryllis*］(石蒜科) ②孤挺花［*Amaryllis belladonna* L.］
knik wind 东南风(见于阿拉斯加)
knit ①编织 ②结合,紧联,接合 ③起皱
knitting ①编织 ②编织物
knitting machine 编网机,编织机
knitting needle ①网梭,梭子 ②织针
knob ①染色纽{遗传} ②节状突起,节,瘤{形态} ③圆形把手{农机} ④小丘{土壤}
knob celery (= celeriac, rooted celery, German celery) 根芹菜
knob-like ①瘤状的 ②核状的(nodulus)
knobby 分成颗粒状小束的(grumosus)
knock ①(果实)抖动,抖落 ②(芝麻)敲击,打落 ③爆震,爆击,爆声 ④(机器)运转不规则
knock test 爆震试验
knockbal 叔丁威,特灭威(杀虫剂)［$C_{12}H_{17}NO_2$］
knockdown 击倒作用(指农药的效用)
knocker (果实)抖落器
knocker feed 敲击式排肥器
knocker-type sprinkler 门环式喷灌机,具楔形转向导流罩喷雾机
knocking ①抖落,摇落,打落(指对果实){栽培} ②爆震{环保}
knocking out 推出,抖出,叩出,敲落
knockout ①(= knocker) 推种器 ②抹去,剔除
knockout beam (撞倒树用)撞杆
knockout experiment 剔除实验,失效试验{生技}

knockout pawl 爪式推种器
knoll 圆丘
knop 节(指树干等的)
Knop's hypothesis 克诺卜假说(指 β-氧化作用){生技}
Knop's solution 克诺卜氏溶液{生理}
knot ①浬/小时 ②节 ③叶垫 ④瘤,突起物 ⑤结,绳结
knot cluster 复节(指林木)
knot disease 丘疹病,结节病
knot hole 节孔
knot-root disease 根结病
knot-tying device 打结器,打结装置
knotgrass (= knotweed)扁蓄［*Polygonum aviculare* L.］(蓼科)
knotgrass moth 扁蓄夜蛾(酸模剑纹夜蛾)［*Apatele rumicis* L.］(夜蛾科)
knotless net 无结节网
knotless netting 无结节网片
knotroot (= Chinese artichoke) 草石蚕(甘露子,宝塔菜)［*Stachys sieboldii* Miq.］(唇形科)
knotroot foxtail 莠狗尾草(小粒狼尾草)［*Setaria geniculata* (Lam.) Beauv.］(禾本科)
knott-garden 花纹园
knotted 具节的 (nodosus)
knotted figwort (= brownwort) 林生玄参［*Scrophularia nodosa*］(玄参科)
knotted hedgeparsley 具节窃衣［*Torilis modosa* Gaert］(伞形花科)
knotted wire (方形穴播用)尺度绳,定距绳,准绳
knotter (= knot tying device) 打结器
knotter jaw 打结嘴
knottiness 结节性,多节,枝节 (nodositas)
knotting ①打结 ②节形成
knotting cycle 打结工作循环
knotty (= knotted) 具节的
knotweed ①蓼属［*Polygonium* L.］(蓼科) ②蓼［*Polygonium hydropiper* L.］
knotweed family (= buckwheat family) 蓼科 (polygonaceae)
knotweedleaf violet 蓼叶堇菜［*Viola thibaudieri* Fr. et Sav.］(堇菜科)
know-how 技术诀窍
knowledge ①知识,学识,学问 ②经验,见闻,消息 ③了解,理解,通晓
knowledge accommodation 知识调节
knowledge acquisition system (KAS) 知识获取系统
knowledge acquisition tool (KAT) 知识获取工具
knowledge base 知识库{智培}
knowledge compilation 知识编译
knowledge difference 知识差距
knowledge economy (= knowledge economics) 知识经济[学]
knowledge engineering 知识工程{智培}
knowledge engineering method 知识工程方法(指在作物智能栽培学的创造性应用)
knowledge engineering of crop production 作物生产知识工程{智培}
knowledge engineering path 知识工程途径{智培}
knowledge engineering technology 知识工程技术(指在作物智能栽培学的创造性应用){智培}
knowledge engineering tool 知识工程工具
knowledge factory 知识工厂
knowledge handbook 知识手册
knowledge industry 知识[工]业,知识界
knowledge information handling 知识信息处理
knowledge intensive system 知识强化系统
knowledge model 知识模型{智培}
knowledge network 知识网
knowledge reasoning 知识推理{智培}
knowledge representation system (KRS) 知识表示系统
knowledge space 知识空间
knowledge structure 知识结构
knowledge system 知识系统
knowledge type agroeconomics 知识型农业经济
knowledge use 知识利用
knowledge worker 知识工作者
knowledgeability of comprehensive system 综合系统的知识性{智培}
knowledgeman 智慧人(有知识的人)
knowledgeware 知识件,智件
known error condition 已知错误条件
known genotype 已知基因型
known number 已知数
known state 已知状态
knuckle ①指关节,趾关节 ②肘关节 ③(铰接)接头,(活动)关节 ④钩爪
knuckle-bone ①指关节,指骨 ②(羊)蹠骨
knuckle pin 球销
knuckling 小鳞茎(指郁金香的)
Knudson's medium 克纽德逊培养基,knudson 培养基
knurled nut 滚花螺母
knurling 滚花
koa haole (= whitepopinac leadtree) 银合欢［*Leucaena glauca* Benth.］(豆科)

koagulations vitamin 凝血维生素,维生素 K
kobe lespedeza 神户胡枝子(日本胡枝子)[*Lespedeza japonica*](豆科)
kobus magnolia 日本辛夷[*Magnolia kobus* DC.](木兰科)
Koch-Ehrlich's anilin water solution of gentian violet 考茨-埃尔利茨二氏龙胆紫苯胺水溶液{显技}
Koch's postulate 考茨氏证病律,考氏假定{病理}
koch's steam-sterilizer 考茨氏蒸汽杀菌器
Kodak developer 柯达显像剂
koeleria ①落草属[*Koeleria* Pers.](禾本科) ②落草[*Koeleria cristata* (L.) Pers. = *Poa cristata* L.]
koeleria wasteland 落草撂荒地
koelreuteria ①栾树属[*Koelreuteria* Laxm.](无患子科) ②栾树[*Koelreuteria paniculata* Laxm.]
kohlrabi 苤蓝(球茎甘蓝)[*Brassica caulorapa* Pasq.](十字花科)
koisk 信息查询站
koji 日本酒曲
koji agar 曲汁琼脂(培养基)
kojibiose 曲二糖,2-葡糖-α-葡糖苷
kojic acid 曲酸[$C_6H_6O_4$]
kok-saghys 橡胶草[*Taraxacum kok-saghyz* Rodin.](菊科)
Kokanee 肯氏红大麻哈鱼[*Oncorhynchus nerka kennerlyi* (Suckley)]
kola (=cola, kola tree) ①可乐果属[*Cola* Schott.](梧桐科) ②可乐果[*Cola acuminata* Schott.]
kola nut 可乐果果实(富含咖啡精)
kole roga fungus 科勒薄膜霉[*Pellicularia koleroga* Cooke.]
kolkhose member 集体农庄庄员
kolkhoz (=collective farm) 集体农庄(来自俄文 колхоз)
Kolle flask 考氏烧瓶(培养用)
Koller's fixative 柯勒尔氏固定液{显技}
Kollman's fixative 柯尔曼氏固定液
kolomikta-vine 深山木天蓼[*Actinidia kolomicta* Maxim.](猕猴桃科)
Komarov apple 山楂海棠[*Malus komarovii* (Sarg.) Rehd.](蔷薇科)
kombiant 联合企业
Kona storm 科纳风暴(见于夏威夷群岛)
Konig's hypsometer 克里希氏测高器
konimeter 计尘器
koniscope (=coniscope) 计尘仪(coniscopa)
Konish China fir 台湾杉木[*Cunninghamia konishii* Hayata](杉科)
konisphere 尘圈,尘层
konjak 魔芋(蒟蒻)[*Amorphophallus rivieri* Hook. f. var. *konjac* K. Koch.](天南星科)
kopje 独山
Koppen's climatic classification 柯本气候分类法
kopremia 粪血症(kopraemia)
koprosterol 粪甾醇[$C_{27}H_{48}O$]
korakan (=African millet) 龙爪稷(穇子)
kordofan pea (=Asian pigeonwings) 蓝花豆(羊豆)[*Clitoria ternata* L.](豆科)
Korean aster 三褶脉紫菀[*Aster ageratoides* Turcz.](菊科)
Korean barberry 朝鲜小檗[*Berberis koreana* Palib.](小檗科)
Korean beautyberry 小紫珠[*Callicarpa dichotoma* Koch](马鞭草科)
Korean beetle 朝鲜金龟子[*Holotrichia diomphalia* Bates](金龟科)
Korean bigcatkin willow 朝鲜蒲柳[*Salix graciliglans* Nakai](杨柳科)
Korean callery pear 朝鲜豆梨[*Pyrus calleryana* var. *fauriei*](蔷薇科)
Korean cod 狭鳕,明太鱼[*Theragra chalcogramma* (Pallaw)]
Korean evodia 臭檀(丹尼尔氏吴茱萸)[*Evodia daniellii* Hemsl](芸香科)
Korean fontanesia 朝鲜连翘[*Abeliophyllum distichum* sp.](木犀科)
Korean goosefoot 朝鲜藜[*Chenopodium koraiense* Nakai](藜科)
Korean hackberry 大叶朴[*Celtis koraiensis* Nakai](榆科)
Korean indigo 朝鲜庭藤[*Indigofera koreana* Ohwi.](豆科)
Korean lawn grass (=Korean velvet grass) 细叶结缕草[*Zoysia tenuifolia* Willd.](禾本科)
Korean lespedeza 长萼鸡眼草(鸡眼草,朝鲜胡枝子)[*Lespedeza stipulacea* Maxim. = *Kummerowia stipulacea* (Maxim.) Mak.](豆科)
Korean mountain-ash 朝鲜花楸[*Sorbus commixta* Hedlund.](蔷薇科)
Korean pear curculio 朝鲜梨虎[*Rhynchites coreanus* Kono](象甲科)
Korean pine 海松(红松,果松)[*Pinus koraiensis* Sieb. et Zucc.](松科)
Korean plum yew 朝鲜[粗]榧[*Cephalo-*

taxus peduneulata Sieb. et Zucc.](粗榧科)
Korean poplar 香杨[*Populus koreana* Rehd.](杨柳科)
Korean raspberry 插田藨[*Rubus coreanus* Miq.](蔷薇科)
Korean spikesedge 朝鲜针蔺[*Eleocharis leviseta* Nakai](莎草科)
Korean weigela 锦带花(海仙花)[*Weigela coraeensis* Thunb.](忍冬科)
Korlan (=fenchlorphos) 皮蝇磷
kormus (=cormus) ①茎叶体(孢子植物)②球茎
Kornberg DNA polymerase 科恩伯格氏DNA聚合酶
Kornberg enzyme 科恩伯格酶
koroseal 氯乙烯树脂
Korpi 科尔皮(甘蔗热带原种)
korron 烟斑
korumella 柱轴(corumella)
kosmos (=Cosmos) "宇宙"[系列]卫星{遥感}
kossava (=kosava, koschawa) 科萨瓦风(贝尔格莱德东南方多瑙河上的谷风)
Koto 柯托(荷兰小麦品种)
koumiss (中亚)用马奶酿成的奶酒
Kousa dogwood 四照花[*Cornus kousa* Hance.](山茱萸科)
Koyama spruce 红皮云松[*Picea koyamae* Shirasawa.](松科)
krad (=kilorad) 千拉德(辐射剂量单位)
krad dose 千拉德剂量
kraft 牛皮纸
kraft liner waste water 牛皮纸制造业废水{环保}
kraft paper 牛皮纸,包皮纸
kraft pulp 牛皮纸浆、硫酸盐纸浆
kraft pulp mill waste water 硫酸盐纸浆[厂]废水{环保}
Krakatoa winds 高空信风(热带18～24千米高空的东风层)
Krameri geranium 克氏老鹳草[*Geranium krameri* Franch et Sav.](牻牛儿苗科)
Kramite 尿素甲醛(肥料商品名称)
Kranz-type 克兰兹型{生态生理}
krasnozem 红壤
krausen (=krauesen) 啤酒主发酵期
Krause's membrane 克氏膜{昆虫}
kraut 酸腌甘蓝{加工}
Krenite (=DNOC) 二硝甲酚{农药}
kreotoxin 肉毒素
Krilium 克里依姆(一种土壤结构改良剂)
"kringle"domain "环饼"结构域{分生}
"kringle"sequence "环饼"序列
"kringle"structure "环饼"结构
krishum 马蔺[*Iris ensata* L.](鸢尾科)
krisik 咖啡穴茎蚁[*Cremastogaster treubii vastatrix* Forel]
krotowina 填土动物穴,鼹鼠穴
krugite 镁钾钙矾 [$K_2SO_4 \cdot MgSO_4 \cdot CaSO_4 \cdot 2H_2O$]
krummholz 高山矮曲林{生态}
Krupple gene 克鲁波基因(指在果蝇上)
Krupple protein 克鲁波蛋白
kryptoblast 隐芽(cryptoblasta)
kryptoclimate 室内小气候
kryptoclimatology 室内小气候学(cryptoclimatologia)
kryptocotyledons 隐子叶植物
krypton 氪(Kr,36号元素)
krypton washout technique 氪洗出术
kryptopyrrole 隐吡咯,2,4-二甲基-3-乙基吡咯
kryptosterol 隐甾醇,羊毛甾醇
kryptoxanthin 隐黄质,玉米黄质 [$C_{40}H_{55}OH$]
Ks (=substrate constant) 底物常数{分生}
KT50 (=50 percent knockdown time, median knockdown time) 50%击落时间,击落中时间(指农药处理后,有50%害虫不能起飞或行动的时间)
kudzu (=kudzuvine) 葛
kudzu starch 葛淀粉
kudzu vine (=ko-hemp) 葛[*Pueraria thunbergiana* Benth.](豆科)
kudzubean (=kudzu, kudzuvine) ①葛属[*Pueraria* DC.](豆科) ②葛[*Pueraria thunbergiana* Benth.]
kuhlmannin 6-羟[基]-7,8-二甲氧-4苯香豆素
kuhseng 苦参[*Sophora flavescens* Ait.](豆科)
kulri teak borer 栗长角天牛[*Stromatium longicorne* Newsman]
Kulu 库鲁(澳大利水稻品种)
Kuma bamboo ①倭竹属[*Shibataea* Makino](禾本科) ②倭竹[*Shibataea chinensis* Nakai]
Kuma bamboo grass 维奇赤竹[*Sasa veitchii* McClure](禾本科)
Kuma shihataea 阿龟笹[*Shihataea kumasaca* Makino](禾本科)
kumiss 马乳酒
kumquat (=Chinese orange) 圆金橘(圆金柑)[*Citrus japonica* Thunb. = *Fortuael-*

la japonica (Thunb.)Swingle]（芸香科）

Kunitz's protease inhibitor Kunitz 蛋白酶抑制剂

Kunkel method Kunkel 法（指定位诱变）{分遗}

Küpffer cell 枯氏细胞（指肝的巨噬细胞）

Kura clover 苦拉三叶草［*Trifolium ambiguum* MB.］（豆科）

kuro-shio 黑潮，台湾暖流

kurrajong bottle tree ①瓶子木属［*Brachychiton* Schott et Endl.］（梧桐科）②瓶子木（异叶瓶木）［*Brachychiton populneum* R. Br.］

Kurram santonica 库勒蒙山道年［*Artemisia kurramensis* Qazilbash.］（菊科）

kurtosis 峰态，峭度（curtosis）{统计}

kuru 库鲁症

Kusamaki mealy aphid 草地新叶蚜［*Neophyllaphis podicarpi* Takahashi］（蚜科）

Kusamaki scale 草地蛎蚧［*Lepidosaphes japonicum* Kuwana］（盾蚧科）

Kuwana pear aphid 梨绵蚜［*Cprociphilus kawanai* Monzen］（绵蚜科）

Kuwini mango 香杧果［*Mangifera odorata* Griff.］（漆树科）

kVA 千伏安，千伏特安培

KW polybeta 多倍体甜菜

kwashiorkor 加西卡［蛋白质缺乏］症，红体病

kyan process（= kyaning, kyanizing）注入升汞法，氯化汞浸注法（指木材防腐）

kyanite 蓝晶石{地质}

kyanizing process 氯化汞浸注法（木材防腐）

Kyloe 基洛爱牛（苏格兰品种）

kymogram 记录图，记波图（kymogramma）

kymograph ①记波器 ②转筒记录器 ③波形自记器

kymography 转筒记录法，记波法{电脑}

kynurenic acid 犬尿喹啉酸

kynureninase 犬尿氨酸酶

kynurenine 犬尿氨酸

kynurenine formamidase 犬尿氨酸甲酰胺酶

kynurenine formylase 犬尿氨酸甲酰化酶

kynurenine hydroxylase 犬尿氨酸羟化酶

kynuric acid 犬尿酸［$C_9H_7O_5N$］

kynurine 犬尿碱［C_9H_7ON］

kysthoptosis 阴道脱垂

Kyte-Doolittle analysis Kyte-Doolittle 分析（指分析蛋白质疏水性）